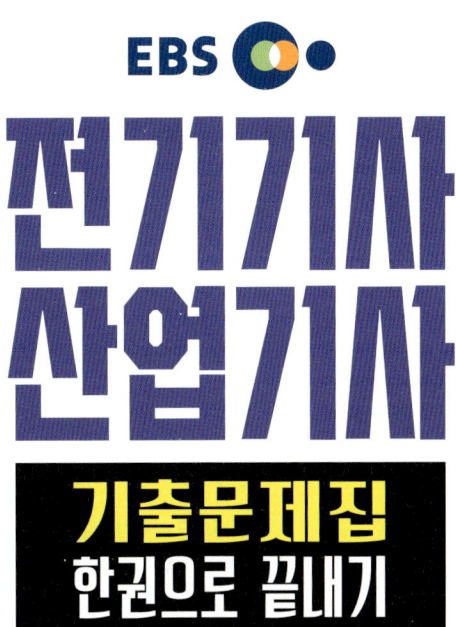

EBS
전기기사 산업기사
기출문제집
한권으로 끝내기

필기

시대에듀

전기기사·산업기사 필기
기출문제집

편·저·자·약·력

류승헌
- 現 베스트 전기기술학원 원장
- 現 경동솔라 기술고문
- 現 일렉소프트 기술고문
- H전기아카데미 부원장
- A전기공과학원 부원장
- 기아자동차 외부강사
- 삼천리 자격증과정 강의
- 대림대학·오산대학 자격증과정 강의
- 카보텍 기술고문
- 인텍트 기술고문
- 거성이엔지 건축사무소 감리
- 대성전기공사 감리

민병진
- 現 베스트 전기기술학원 원장
- D전기학원 강의
- C전기기술학원 부원장
- H전기기술학원 강의
- 삼천리 도시가스 위탁강의
- 오산대학교 산학협력강의
- 순천향대학교 산학협력강의
- 대림대학교 산학협력강의

끝까지 책임진다! 시대에듀!
QR코드를 통해 도서 출간 이후 발견된 오류나 개정법령, 변경된 시험 정보, 최신기출문제, 도서 업데이트 자료 등이 있는지 확인해 보세요! 시대에듀 합격 스마트 앱을 통해서도 알려 드리고 있으니 구글 플레이나 앱 스토어에서 다운받아 사용하세요.
또한, 파본 도서인 경우에는 구입하신 곳에서 교환해 드립니다.

편집진행 윤진영·김경숙 | **표지디자인** 권은경·길전홍선 | **본문디자인** 정경일

머리말

본 교재는 전기(산업)기사 자격증 취득을 위한 1차 필기시험 대비 수험서로서 최근 10년 동안 출제된 전기기사, 산업기사 문제만을 수록하여 수험생 여러분이 고민 없이 빠른 학습이 가능하도록 하였습니다.

현재 기출문제는 예전과 달리 동일한 문제가 반복적으로 출제되는 게 아니라 조금씩 변화를 주며 출제되고 있는 상황입니다. 따라서 이에 맞게 기출문제를 철저히 분석하여 각 문항별로 충실하게 해설을 달아 수험생 여러분들의 부담을 줄일 수 있도록 하였습니다.

본 교재를 통해서 시험 전 최종적으로 이론을 확실히 정리하고 최신출제경향을 파악하시기 바랍니다.

끝으로 본 교재로 필기시험을 준비하시는 수험생 여러분들에게 깊은 감사를 드리며 전원 합격하시기를 기원하겠습니다.

오·탈자 및 오답이 발견될 경우 연락을 주시면 수정하여 보다 나은 수험서가 되도록 노력하겠습니다.

편저자 씀

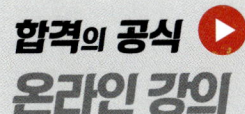

보다 깊이 있는 학습을 원하는 수험생들을 위한
시대에듀의 동영상 강의가 준비되어 있습니다.
www.sdedu.co.kr ➜ 회원가입(로그인) ➜ 강의 살펴보기

시험안내

개 요

전기를 합리적으로 사용하는 것은 전력부문의 투자효율성을 높이는 것은 물론 국가경제의 효율성 측면에도 중요하다. 하지만 자칫 전기를 소홀하게 다룰 경우 큰 사고의 위험도 많다. 그러므로 전기설비의 운전 및 조작, 유지·보수에 관한 전문 자격제도를 실시해 전기로 인한 재해를 방지해 안전성을 높이고자 자격제도를 제정하였다.

수행직무 및 진로

전기기계기구의 설계, 제작, 관리 등과 전기설비를 구성하는 모든 기자재의 규격, 크기, 용량 등을 산정하기 위한 계산 및 자료의 활용과 전기설비의 설계, 도면 및 시방서 작성, 점검 및 유지, 시험작동, 운용관리 등에 전문적인 역할과 전기안전의 관리를 담당한다. 또한 공사현장에서 공사를 시공, 감독하거나 제조공정의 관리, 발전, 소전 및 변전시설의 유지관리, 기타 전기시설에 관한 보안관리업무를 수행한다.

시험일정

구 분	필기원서접수 (인터넷)	필기시험	필기합격 (예정자) 발표	실기원서접수 (인터넷)	실기시험	최종 합격자 발표일
제1회	1.12~1.15	1.30~3.3	3.11	3.23~3.26	4.18~5.6	1차 6.5 / 2차 6.12
제2회	4.20~4.23	5.9~5.29	6.10	6.22~6.25	7.18~8.5	1차 9.4 / 2차 9.11
제3회	7.20~7.23	8.7~9.1	9.9	9.21~9.23, 9.28	10.24~11.13	1차 12.11 / 2차 12.18

※ 상기 시험일정은 시행처의 사정에 따라 변경될 수 있으니, www.q-net.or.kr에서 확인하시기 바랍니다.

시험요강

❶ 시행처 : 한국산업인력공단(www.q-net.or.kr)
❷ 관련 학과 : 대학의 전기공학, 전기제어공학, 전기전자공학 등 관련 학과
❸ 시험과목
  ㉠ 필기 : 전기자기학, 전력공학, 전기기기, 회로이론 및 제어공학(산업기사 제외), 전기설비기술기준
  ㉡ 실기 : 전기설비설계 및 관리
❹ 검정방법
  ㉠ 필기 : 객관식 4지 택일형, 과목당 20문항(과목당 30분)
  ㉡ 실기 : 필답형(기사 2시간 30분, 산업기사 2시간)
❺ 합격기준
  ㉠ 필기 : 100점을 만점으로 하여 과목당 40점 이상, 전 과목 평균 60점 이상
  ㉡ 실기 : 100점을 만점으로 하여 60점 이상

출제기준

필기과목명	주요항목	세부항목	
전기자기학	진공 중의 정전계	• 정전기 및 전자유도 • 전 계 • 전기력선 • 전 하	• 전 위 • 가우스의 정리 • 전기쌍극자
	진공 중의 도체계	• 도체계의 전하 및 전위분포 • 전위계수, 용량계수 및 유도계수 • 도체계의 정전에너지	• 정전용량 • 도체 간에 작용하는 정전력 • 정전차폐
	유전체	• 분극도와 전계 • 전속밀도 • 유전체 내의 전계 • 경계조건	• 정전용량 • 전계의 에너지 • 유전체 사이의 힘 • 유전체의 특수현상
	전계의 특수 해법 및 전류	• 전기영상법 • 정전계의 2차원 문제	• 전류에 관련된 제현상 • 저항률 및 도전율
	자 계	• 자석 및 자기유도 • 자계 및 자위 • 자기쌍극자	• 자계와 전류 사이의 힘 • 분포전류에 의한 자계
	자성체와 자기회로	• 자화의 세기 • 자속밀도 및 자속 • 투자율과 자화율 • 경계면의 조건 • 감자력과 자기차폐	• 자계의 에너지 • 강자성체의 자화 • 자기회로 • 영구자석
	전자유도 및 인덕턴스	• 전자유도 현상 • 자기 및 상호유도작용 • 자계에너지와 전자유도 • 도체의 운동에 의한 기전력 • 전류에 작용하는 힘	• 전자유도에 의한 전계 • 도체 내의 전류 분포 • 전류에 의한 자계에너지 • 인덕턴스
	전자계	• 변위전류 • 맥스웰의 방정식 • 전자파 및 평면파 • 경계조건	• 전자계에서의 전압 • 전자와 하전입자의 운동 • 방전현상

시험안내

필기과목명	주요항목	세부항목	
전력공학	발·변전 일반	• 수력발전 • 화력발전 • 원자력발전	• 신재생에너지발전 • 변전방식 및 변전설비 • 소내전원설비 및 보호계전방식
	송·배전선로의 전기적 특성	• 선로정수 • 전력원선도 • 코로나 현상 • 단거리 송전선로의 특성	• 중거리 송전선로의 특성 • 장거리 송전선로의 특성 • 분포정전용량의 영향 • 가공전선로 및 지중전선로
	송·배전방식과 그 설비 및 운용	• 송전방식 • 배전방식 • 중성점접지방식	• 전력계통의 구성 및 운용 • 고장계산과 대책
	계통보호방식 및 설비	• 이상전압과 그 방호 • 전력계통의 운용과 보호	• 전력계통의 안정도 • 차단보호방식
	옥내배선	• 저압 옥내배선 • 고압 옥내배선	• 수전설비 • 동력설비
	배전반 및 제어기기의 종류와 특성	• 배전반의 종류와 배전반 운용 • 전력제어와 그 특성 • 보호계전기 및 보호계전방식	• 조상설비 • 전압조정 • 원격조작 및 원격제어
	개폐기류의 종류와 특성	• 개폐기 • 차단기	• 퓨 즈 • 기타 개폐장치
전기기기	직류기	• 직류발전기의 구조 및 원리 • 전기자 권선법 • 정 류 • 직류발전기의 종류와 그 특성 및 운전 • 직류발전기의 병렬운전	• 직류전동기의 구조 및 원리 • 직류전동기의 종류와 특성 • 직류전동기의 기동, 제동 및 속도제어 • 직류기의 손실, 효율, 온도상승 및 정격 • 직류기의 시험
	동기기	• 동기발전기의 구조 및 원리 • 전기자 권선법 • 동기발전기의 특성 • 단락현상 • 여자장치와 전압조정	• 동기발전기의 병렬운전 • 동기전동기 특성 및 용도 • 동기조상기 • 동기기의 손실, 효율, 온도상승 및 정격 • 특수동기기
	전력변환기	• 정류용 반도체 소자 • 정류회로의 특성	• 제어정류기
	변압기	• 변압기의 구조 및 원리 • 변압기의 등가회로 • 전압강하 및 전압변동률 • 변압기의 3상 결선 • 상수의 변환 • 변압기의 병렬운전	• 변압기의 종류 및 그 특성 • 변압기의 손실, 효율, 온도상승 및 정격 • 변압기의 시험 및 보수 • 계기용 변성기 • 특수변압기

필기과목명	주요항목	세부항목	
전기기기	유도전동기	• 유도전동기의 구조 및 원리 • 유도전동기의 등가회로 및 특성 • 유도전동기의 기동 및 제동 • 유도전동기제어 • 특수 농형 유도전동기	• 특수유도기 • 단상 유도전동기 • 유도전동기의 시험 • 원선도
	교류 정류자기	• 교류 정류자기의 종류, 구조 및 원리 • 단상 직권 정류자전동기 • 단상 반발전동기 • 단상 분권전동기	• 3상 직권 정류자전동기 • 3상 분권 정류자전동기 • 정류자형 주파수변환기
	제어용 기기 및 보호기기	• 제어기기의 종류 • 제어기기의 구조 및 원리 • 제어기기의 특성 및 시험 • 보호기기의 종류	• 보호기기의 구조 및 원리 • 보호기기의 특성 및 시험 • 제어장치 및 보호장치
회로이론 및 제어공학	회로이론	• 전기회로의 기초 • 직류회로 • 교류회로 • 비정현파 교류 • 다상 교류 • 대칭좌표법	• 4단자 및 2단자 • 분포정수회로 • 라플라스변환 • 회로의 전달함수 • 과도현상
	제어공학 (전기산업기사 제외)	• 자동제어계의 요소 및 구성 • 블록선도와 신호흐름선도 • 상태공간해석 • 정상오차와 주파수응답	• 안정도판별법 • 근궤적과 자동제어의 보상 • 샘플값제어 • 시퀀스제어
전기설비기술기준 (전기설비기술기준 및 한국전기설비규정)	총 칙	• 기술기준 총칙 및 KEC 총칙에 관한 사항 • 일반사항 • 전 선	• 전로의 절연 • 접지시스템 • 피뢰시스템
	저압 전기설비	• 통 칙 • 안전을 위한 보호 • 전선로	• 배선 및 조명설비 • 특수설비
	고압, 특고압 전기설비	• 통 칙 • 안전을 위한 보호 • 접지설비 • 전선로	• 기계, 기구 시설 및 옥내배선 • 발전소, 변전소, 개폐소 등의 전기설비 • 전력보안통신설비
	전기철도설비	• 통 칙 • 전기철도의 전기방식 • 전기철도의 변전방식 • 전기철도의 전차선로	• 전기철도의 전기철도차량 설비 • 전기철도의 설비를 위한 보호 • 전기철도의 안전을 위한 보호
	분산형 전원설비	• 통 칙 • 전기저장장치 • 태양광발전설비	• 풍력발전설비 • 연료전지설비

목차

[전기기사]

문제편

2016년	3
2017년	41
2018년	81
2019년	120
2020년	160
2021년	201
2022년	243
2023년	284
2024년	323
2025년	364

정답 및 해설편

2016년	407
2017년	444
2018년	482
2019년	520
2020년	560
2021년	601
2022년	645
2023년	691
2024년	732
2025년	776

문제편

전기기사

2016년~2025년

※ 시행처에서 발표한 최종 답안에 따라 복수정답과 전항정답(정답없음)을 수록하였으며, 출제 기준 및 법령 변경 등으로 유효하지 않은 문제는 변경 또는 삭제하였습니다.
CBT 형식으로 진행(기사 : 2022년 3회부터)됨에 따라 수험자의 기억에 의해 문제를 복원하여 수록하였기 때문에 실제 시행 문제와 일부 상이할 수 있는 점 양해바랍니다.

합격의 공식 *시대에듀* www.sdedu.co.kr

2016년 제1회 기출문제

제1과목 전기자기학

01
전류가 흐르고 있는 도체와 직각방향으로 자계를 가하게 되면 도체 측면에 정·부의 전하가 생기는 것을 무슨 효과라 하는가?

① 톰슨(Thomson)효과
② 펠티에(Peltier)효과
③ 제베크(Seebeck)효과
④ 홀(Hall)효과

02
전선을 균일하게 2배의 길이로 당겨 늘였을 때 전선의 체적이 불변이라면 저항은 몇 배가 되는가?

① 2
② 4
③ 6
④ 8

03
한 변의 길이가 l[m]인 정삼각형 회로에 전류 I[A]가 흐르고 있을 때 삼각형 중심에서의 자계의 세기[AT/m]는?

① $\dfrac{\sqrt{2}\,I}{3\pi l}$
② $\dfrac{9I}{\pi l}$
③ $\dfrac{2\sqrt{2}\,I}{3\pi l}$
④ $\dfrac{9I}{2\pi l}$

04
전기쌍극자에 관한 설명으로 틀린 것은?

① 전계의 세기는 거리의 세제곱에 반비례한다.
② 전계의 세기는 주위 매질에 따라 달라진다.
③ 전계의 세기는 쌍극자모멘트에 비례한다.
④ 쌍극자의 전위는 거리에 반비례한다.

05
변위전류밀도와 관계없는 것은?

① 전계의 세기
② 유전율
③ 자계의 세기
④ 전속밀도

06
인덕턴스가 20[mH]인 코일에 흐르는 전류가 0.2초 동안 2[A] 변화했다면 자기유도현상에 의해 코일에 유기되는 기전력은 몇 [V]인가?

① 0.1
② 0.2
③ 0.3
④ 0.4

07
극판간격 d[m], 면적 S[m^2], 유전율 ε[F/m]이고, 정전용량이 C[F]인 평행판 콘덴서에 $v = V_m \sin \omega t$ [V]의 전압을 가할 때의 변위전류[A]는?

① $\omega C V_m \cos \omega t$
② $C V_m \sin \omega t$
③ $-C V_m \sin \omega t$
④ $-\omega C V_m \cos \omega t$

08
송전선의 전류가 0.01초 사이에 10[kA] 변화될 때 이 송전선에 나란한 통신선에 유도되는 유도전압은 몇 [V]인가?(단, 송전선과 통신선 간의 상호유도계수는 0.3[mH]이다)

① 30
② 3×10^2
③ 3×10^3
④ 3×10^4

정답 1 ④ 2 ② 3 ④ 4 ④ 5 ③ 6 ② 7 ① 8 ②

09
반지름 a[m]인 구대칭 전하에 의한 구내외의 전계의 세기에 해당되는 것은?

①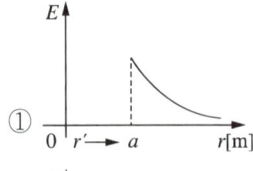

②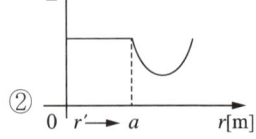

③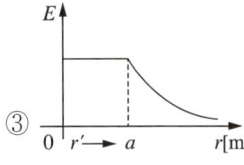

④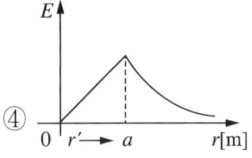

10
내부저항이 r[Ω]인 전지 M개를 병렬로 연결했을 때, 전지로부터 최대전력을 공급받기 위한 부하저항 [Ω]은?

① $\dfrac{r}{M}$
② Mr
③ r
④ $M^2 r$

11
한 변의 길이가 3[m]인 정삼각형의 회로에 2[A]의 전류가 흐를 때 정삼각형 중심에서의 자계의 크기는 몇 [AT/m]인가?

① $\dfrac{1}{\pi}$
② $\dfrac{2}{\pi}$
③ $\dfrac{3}{\pi}$
④ $\dfrac{4}{\pi}$

12
그림과 같이 공기 중에서 무한평면도체의 표면으로부터 2[m]인 곳에 점전하 4[C]이 있다. 전하가 받는 힘은 몇 [N]인가?

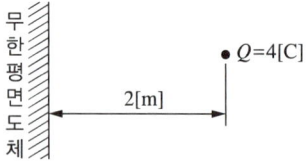

① 3×10^9
② 9×10^9
③ 1.2×10^{10}
④ 3.6×10^{10}

13
무한히 넓은 평면 자성체의 앞 a[m] 거리의 경계면에 평행하게 무한히 긴 직선전류 I[A]가 흐를 때, 단위길이당 작용력은 몇 [N/m]인가?

① $\dfrac{\mu_0}{4\pi a}\left(\dfrac{\mu+\mu_0}{\mu-\mu_0}\right)I^2$
② $\dfrac{\mu_0}{2\pi a}\left(\dfrac{\mu+\mu_0}{\mu-\mu_0}\right)I^2$
③ $\dfrac{\mu_0}{4\pi a}\left(\dfrac{\mu-\mu_0}{\mu+\mu_0}\right)I^2$
④ $\dfrac{\mu_0}{2\pi a}\left(\dfrac{\mu-\mu_0}{\mu+\mu_0}\right)I^2$

14
대지면 높이 h[m]로 평행하게 가설된 매우 긴 선전하(선전하밀도 λ[C/m])가 지면으로부터 받는 힘[N/m]은?

① h에 비례한다.
② h에 반비례한다.
③ h^2에 비례한다.
④ h^2에 반비례한다.

15
서로 멀리 떨어져 있는 두 도체를 각각 V_1[V], V_2[V] ($V_1 > V_2$)의 전위로 충전한 후 가느다란 도선으로 연결하였을 때 그 도선에 흐르는 전하 Q[C]는?(단, C_1, C_2는 두 도체의 정전용량이다)

① $\dfrac{C_1 C_2 (V_1 - V_2)}{C_1 + C_2}$
② $\dfrac{2 C_1 C_2 (V_1 - V_2)}{C_1 + C_2}$
③ $\dfrac{C_1 C_2 (V_1 - V_2)}{2(C_1 + C_2)}$
④ $\dfrac{2(C_1 V_1 - C_2 V_2)}{C_1 C_2}$

16
벡터 $A = 5e^{-r}\cos\phi a_r - 5\cos\phi a_z$가 원통좌표계로 주어졌다. 점 $\left(2, \frac{3\pi}{2}, 0\right)$에서의 $\nabla \times A$를 구하였다. a_z방향의 계수는?

① 2.5
② -2.5
③ 0.34
④ -0.34

17
자속밀도가 10[Wb/m²]인 자계 내의 길이 4[cm]의 도체를 자계와 직각으로 놓고 이 도체를 0.4초 동안 1[m]씩 균일하게 이동하였을 때 발생하는 기전력은 몇 [V]인가?

① 1
② 2
③ 3
④ 4

18
반지름이 3[m]인 구에 공간전하밀도가 1[C/m³]가 분포되어 있을 경우 구의 중심으로부터 1[m]인 곳의 전위는 몇 [V]인가?

① $\frac{1}{2\varepsilon_0}$
② $\frac{1}{3\varepsilon_0}$
③ $\frac{1}{4\varepsilon_0}$
④ $\frac{1}{5\varepsilon_0}$

19
판 간격이 d인 평행판 공기콘덴서 중에 두께 t이고, 비유전율이 ε_s인 유전체를 삽입하였을 경우에 공기의 절연파괴를 발생하지 않고 가할 수 있는 판 간의 전위차는?(단, 유전체가 없을 때 가할 수 있는 전압을 V라 하고 공기의 절연내력은 ε_0라 한다)

① $V\left(1 - \frac{t}{\varepsilon_s d}\right)$
② $\frac{Vt}{d}\left(1 - \frac{1}{\varepsilon_s}\right)$
③ $V\left(1 + \frac{t}{\varepsilon_s d}\right)$
④ $V\left(1 - \frac{t}{d}\left(1 - \frac{1}{\varepsilon_s}\right)\right)$

20
비투자율 800, 원형단면적 10[cm²], 평균 자로의 길이 30[cm]인 환상철심에 600회의 권선을 감은 코일이 있다. 여기에 1[A]의 전류가 흐를 때 코일 내에 생기는 자속은 약 몇 [Wb]인가?

① 1×10^{-3}
② 1×10^{-4}
③ 2×10^{-3}
④ 2×10^{-4}

제2과목 전력공학

21
화력발전소에서 재열기의 목적은?

① 급수 예열
② 석탄 건조
③ 공기 예열
④ 증기 가열

22
동기조상기에 관한 설명으로 틀린 것은?

① 동기전동기의 V특성을 이용하는 설비이다.
② 동기전동기의 부족여자로 하여 컨덕터로 사용한다.
③ 동기전동기를 과여자로 하여 콘덴서로 사용한다.
④ 송전계통의 전압을 일정하게 유지하기 위한 설비이다.

23
송전계통의 안정도를 증진시키는 방법이 아닌 것은?

① 전압변동을 적게 한다.
② 제동저항기를 설치한다.
③ 직렬리액턴스를 크게 한다.
④ 중간조상기방식을 채용한다.

24
송전선로의 각 상전압이 평형되어 있을 때 3상 1회선 송전선의 작용정전용량[μF/km]을 옳게 나타낸 것은?(단, r은 도체의 반지름[m], D는 도체의 등가선간 거리[m]이다)

① $\dfrac{0.02413}{\log_{10}\dfrac{D}{r}}$ ② $\dfrac{0.2413}{\log_{10}\dfrac{D}{r}}$

③ $\dfrac{0.02413}{\log_{10}\dfrac{D^2}{r}}$ ④ $\dfrac{0.2413}{\log_{10}\dfrac{D^2}{r}}$

25
연간 전력량이 E[kWh]이고, 연간 최대전력이 W[kW]인 연부하율은 몇 [%]인가?

① $\dfrac{E}{W}\times 100$

② $\dfrac{\sqrt{3}\,W}{E}\times 100$

③ $\dfrac{8{,}760\,W}{E}\times 100$

④ $\dfrac{E}{8{,}760\,W}\times 100$

26
플리커 경감을 위한 전력공급측의 방안이 아닌 것은?
① 공급전압을 낮춘다.
② 전용변압기로 공급한다.
③ 단독 공급계통을 구성한다.
④ 단락용량이 큰 계통에서 공급한다.

27
차단기의 정격 차단시간은?
① 고장 발생부터 소호까지의 시간
② 가동접촉자 시동부터 소호까지의 시간
③ 트립코일 여자부터 소호까지의 시간
④ 가동접촉자 개구부터 소호까지의 시간

28
그림과 같은 전력계통의 154[kV] 송전선로에서 고장지락 임피던스 Z_{gf}를 통해서 1선 지락 고장이 발생되었을 때 고장점에서 본 영상 %임피던스는?(단, 그림에 표시한 임피던스는 모두 동일용량, 100[MVA] 기준으로 환산한 %임피던스임)

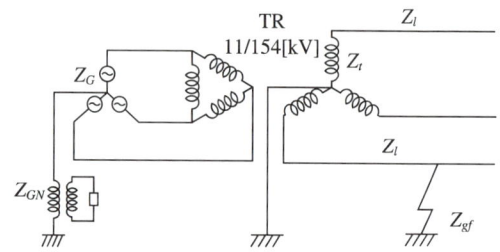

① $Z_0 = Z_l + Z_t + Z_G$
② $Z_0 = Z_l + Z_t + Z_{gf}$
③ $Z_0 = Z_l + Z_t + 3Z_{gf}$
④ $Z_0 = Z_l + Z_t + Z_{gf} + Z_G + Z_{GN}$

29
3상 결선 변압기의 단상운전에 의한 소손방지 목적으로 설치하는 계전기는?
① 단락 계전기 ② 결상 계전기
③ 지락 계전기 ④ 과전압 계전기

30
그림과 같은 단거리 배전선로의 송전단 전압 6,600[V], 역률은 0.9이고, 수전단 전압 6,100[V], 역률 0.8일 때 회로에 흐르는 전류 I[A]는?(단, E_s 및 E_r은 송·수전단 대지전압이며, $r = 20[\Omega]$, $x = 10[\Omega]$이다)

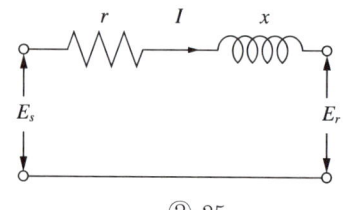

① 20 ② 35
③ 53 ④ 65

31
단락용량 5,000[MVA]인 모선의 전압이 154[kV]라면 등가 모선임피던스는 약 몇 [Ω]인가?

① 2.54
② 4.74
③ 6.34
④ 8.24

32
피뢰기가 그 역할을 잘하기 위하여 구비되어야 할 조건으로 틀린 것은?

① 속류를 차단할 것
② 내구력이 높을 것
③ 충격방전 개시전압이 낮을 것
④ 제한전압은 피뢰기의 정격전압과 같게 할 것

33
피뢰기의 제한전압이란?

① 충격파의 방전개시전압
② 상용주파수의 방전개시전압
③ 전류가 흐르고 있을 때의 단자전압
④ 피뢰기 동작 중 단자전압의 파곳값

34
그림과 같은 22[kV] 3상 3선식 전선로의 P점에 단락이 발생하였다면 3상 단락전류는 약 몇 [A]인가?(단, %리액턴스는 8[%]이며 저항분은 무시한다)

① 6,561
② 8,560
③ 11,364
④ 12,684

35
전력계통에서 내부 이상전압의 크기가 가장 큰 경우는?

① 유도성 소전류 차단 시
② 수차발전기의 부하 차단 시
③ 무부하선로 충전전류 차단 시
④ 송전선로의 부하차단기 투입 시

36
비등수형 원자로의 특색이 아닌 것은?

① 열교환기가 필요하다.
② 기포에 의한 자기 제어성이 있다.
③ 방사능 때문에 증기는 완전히 기수분리를 해야 한다.
④ 순환펌프로서는 급수펌프뿐이므로 펌프동력이 작다.

37
150[kVA] 단상변압기 3대를 △ − △ 결선으로 사용하다가 1대의 고장으로 V − V 결선하여 사용하면 약 몇 [kVA]부하까지 걸 수 있겠는가?

① 200
② 220
③ 240
④ 260

38
저압배전선로에 대한 설명으로 틀린 것은?

① 저압뱅킹방식은 전압변동을 경감할 수 있다.
② 밸런서(Balancer)는 단상 2선식에 필요하다.
③ 배전선로의 부하율이 F일 때 손실계수는 F와 F^2의 중간값이다.
④ 수용률이란 최대수용전력을 설비용량으로 나눈 값을 퍼센트로 나타낸 것이다.

39
송전선로에서 송전전력, 거리, 전력손실률과 전선의 밀도가 일정하다고 할 때, 전선단면적 A[mm²]는 전압 V[V]와 어떤 관계에 있는가?

① V에 비례한다.
② V^2에 비례한다.
③ $\dfrac{1}{V}$에 비례한다.
④ $\dfrac{1}{V^2}$에 비례한다.

40
인터로크(Interlock)의 기능에 대한 설명으로 맞는 것은?
① 조작자의 의중에 따라 개폐되어야 한다.
② 차단기가 열려 있어야 단로기를 닫을 수 있다.
③ 차단기가 닫혀 있어서 단로기를 닫을 수 있다.
④ 차단기와 단로기를 별도로 닫고, 열 수 있어야 한다.

제3과목 전기기기

41
스텝 모터의 일반적인 특징으로 틀린 것은?
① 기동·정지 특성은 나쁘다.
② 회전각은 입력펄스 수에 비례한다.
③ 회전속도는 입력펄스 주파수에 비례한다.
④ 고속 응답이 좋고, 고출력의 운전이 가능하다.

42
정전압 계통에 접속된 동기발전기의 여자를 약하게 하면?
① 출력이 감소한다.
② 전압이 강하한다.
③ 앞선 무효전류가 증가한다.
④ 뒤진 무효전류가 증가한다.

43
4극 3상 유도전동기가 있다. 전원전압 200[V]로 전부하를 걸었을 때 전류는 21.5[A]이다. 이 전동기의 출력은 약 몇 [W]인가?(단, 전부하역률 86[%], 효율 85[%]이다)
① 5,029   ② 5,444
③ 5,820   ④ 6,103

44
회전형 전동기와 선형 전동기(Linear Motor)를 비교한 설명 중 틀린 것은?
① 선형의 경우 회전형에 비해 공극의 크기가 작다.
② 선형의 경우 직접적으로 직선운동을 얻을 수 있다.
③ 선형의 경우 회전형에 비해 부하관성의 영향이 크다.
④ 선형의 경우 전원의 상 순서를 바꾸어 이동방향을 변경한다.

45
직류기 권선법에 대한 설명 중 틀린 것은?
① 단중파권은 균압환이 필요하다.
② 단중중권의 병렬회로수는 극수와 같다.
③ 저전류·고전압 출력은 파권이 유리하다.
④ 단중파권의 유기전압은 단중중권의 $\frac{P}{2}$이다.

46
다이오드를 사용하는 정류회로에서 과대한 부하전류로 인하여 다이오드가 소손될 우려가 있을 때 가장 적절한 조치는 어느 것인가?
① 다이오드를 병렬로 추가한다.
② 다이오드를 직렬로 추가한다.
③ 다이오드 양단에 적당한 값의 저항을 추가한다.
④ 다이오드 양단에 적당한 값의 콘덴서를 추가한다.

47
직류기의 전기자 반작용에 의한 영향이 아닌 것은?
① 자속이 감소하므로 유기기전력이 감소한다.
② 발전기의 경우 회전방향으로 기하학적 중성축이 형성된다.
③ 전동기의 경우 회전방향과 반대방향으로 기하학적 중성축이 형성된다.
④ 브러시에 의해 단락된 코일에는 기전력이 발생하므로 브러시 사이의 유기기전력이 증가한다.

48
어떤 정류기의 부하전압이 2,000[V]이고 맥동률이 3[%]이면 교류분의 진폭[V]은?
① 20 ② 30
③ 50 ④ 60

49
변압기의 전일효율이 최대가 되는 조건은?
① 하루 중의 무부하손의 합 = 하루 중의 부하손의 합
② 하루 중의 무부하손의 합 < 하루 중의 부하손의 합
③ 하루 중의 무부하손의 합 > 하루 중의 부하손의 합
④ 하루 중의 무부하손의 합 = 2×하루 중의 부하손의 합

50
철손 1.6[kW], 전부하동손 2.4[kW]인 변압기에는 약 몇 [%] 부하에서 효율이 최대로 되는가?
① 82 ② 95
③ 97 ④ 100

51
단상변압기에 정현파 유기기전력을 유기하기 위한 여자전류의 파형은?
① 정현파 ② 삼각파
③ 왜형파 ④ 구형파

52
4극, 60[Hz]의 유도전동기가 슬립 5[%]로 전부하운전하고 있을 때 2차 권선의 손실이 94.25[W]라고 하면 토크는 약 몇 [N·m]인가?
① 1.02 ② 2.04
③ 10.0 ④ 20.0

53
직류발전기의 외부 특성곡선에서 나타내는 관계로 옳은 것은?
① 계자전류와 단자전압
② 계자전류와 부하전류
③ 부하전류와 단자전압
④ 부하전류와 유기기전력

54
동기발전기의 제동권선의 주요 작용은?
① 제동작용 ② 난조방지작용
③ 시동권선작용 ④ 자려작용(自勵作用)

55
유도전동기를 정격상태로 사용 중, 전압이 10[%] 상승하면 다음과 같은 특성의 변화가 있다. 틀린 것은?(단, 부하는 일정토크라고 가정한다)
① 슬립이 작아진다.
② 효율이 떨어진다.
③ 속도가 감소한다.
④ 히스테리시스손과 와류손이 증가한다.

56
교류기에서 유기기전력의 특정 고조파분을 제거하고 또 권선을 절약하기 위하여 자주 사용되는 권선법은?
① 전절권 ② 분포권
③ 집중권 ④ 단절권

57
변압비 3,000/100[V]인 단상변압기 2대의 고압측을 그림과 같이 직렬로 3,300[V] 전원에 연결하고, 저압측에 각각 5[Ω], 7[Ω]의 저항을 접속하였을 때, 고압측의 단자전압 E_1은 약 몇 [V]인가?

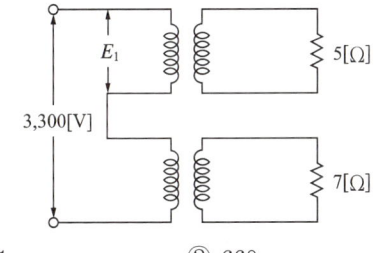

① 471 ② 660
③ 1,375 ④ 1,925

정답 48 ④ 49 ① 50 ① 51 ③ 52 ③ 53 ③ 54 ② 55 ②, ③ 56 ④ 57 ③

58
대칭 3상 권선에 평형 3상 교류가 흐르는 경우 회전자계의 설명으로 틀린 것은?

① 발생 회전자계방향 변경 가능
② 발생 회전자계는 전류와 같은 주기
③ 발생 회전자계속도는 동기속도보다 늦음
④ 발생 회전자계세기는 각 코일 최대자계의 1.5배

59
3상 3,300[V], 100[kVA]의 동기발전기의 정격전류는 약 몇 [A]인가?

① 17.5
② 25
③ 30.3
④ 33.3

60
12극의 3상 동기발전기가 있다. 기계각 15°에 대응하는 전기각은?

① 30°
② 45°
③ 60°
④ 90°

제4과목 회로이론 및 제어공학

61
$G(s)H(s) = \dfrac{K(s+1)}{s^2(s+2)(s+3)}$ 에서 근궤적의 수는?

① 1
② 2
③ 3
④ 4

62
그림과 같은 이산치계의 z변환 전달함수 $\dfrac{C(z)}{R(z)}$를 구하면?(단, $Z\left[\dfrac{1}{s+a}\right] = \dfrac{z}{z-e^{-aT}}$ 임)

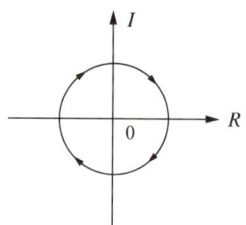

① $\dfrac{2z}{z-e^{-T}} - \dfrac{2z}{z-e^{-2T}}$

② $\dfrac{2z^2}{(z-e^{-T})(z-e^{-2T})}$

③ $\dfrac{2z}{z-e^{-2T}} - \dfrac{2z}{z-e^{-T}}$

④ $\dfrac{2z}{(z-e^{-T})(z-e^{-2T})}$

63
벡터 궤적이 다음과 같이 표시되는 요소는?

① 비례요소
② 1차 지연요소
③ 2차 지연요소
④ 부동작 시간요소

64
제어오차가 검출될 때 오차가 변화하는 속도에 비례하여 조작량을 조절하는 동작으로 오차가 커지는 것을 사전에 방지하는 제어동작은?

① 미분동작제어
② 비례동작제어
③ 적분동작제어
④ 온-오프(On-Off)제어

65
다음의 논리회로를 간단히 하면?

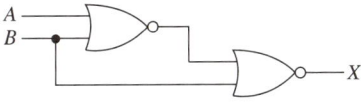

① $X = AB$
② $X = A\overline{B}$
③ $X = \overline{A}B$
④ $X = \overline{AB}$

66
주파수응답에 의한 위치제어계의 설계에서 계통의 안정도 척도와 관계가 적은 것은?

① 공진치
② 위상여유
③ 이득여유
④ 고유주파수

67
다음과 같은 상태방정식으로 표현되는 제어계에 대한 설명으로 틀린 것은?

$$\dot{x}=\begin{bmatrix}0 & 1\\-2 & -3\end{bmatrix}x+\begin{bmatrix}1 & 1\\0 & -2\end{bmatrix}u$$

① 2차 제어계이다.
② x는 (2×1)의 벡터이다.
③ 특성방정식은 $(s+1)(s+2)=0$이다.
④ 제어계는 부족제동(Under Damped)된 상태에 있다.

68
단위계단입력에 대한 응답특성이 $c(t) = 1 - e^{-\frac{1}{T}t}$로 나타나는 제어계는?

① 비례제어계
② 적분제어계
③ 1차 지연제어계
④ 2차 지연제어계

69
그림과 같은 신호흐름선도에서 $C(s)/R(s)$의 값은?

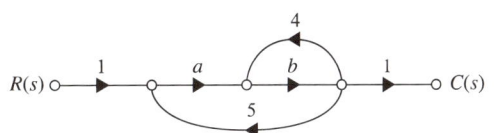

① $\dfrac{ab}{1-4b-5ab}$
② $\dfrac{ab}{1+4b-5ab}$
③ $\dfrac{ab}{1-4b+5ab}$
④ $\dfrac{ab}{1+4b+5ab}$

70
나이퀴스트(Nyquist)선도에서의 임계점 $(-1, j0)$에 대응하는 보드선도에서의 이득[dB]과 위상[°]은?

① 1, 0
② 0, -90
③ 0, 90
④ 0, -180

71
선간전압이 200[V], 선전류가 $10\sqrt{3}$[A], 부하역률이 80[%]인 평형 3상회로의 무효전력[Var]은?

① 3,600
② 3,000
③ 2,400
④ 1,800

72
평형 3상 △결선 회로에서 선간선압(E_l)과 상전압(E_p)의 관계로 옳은 것은?

① $E_l = \sqrt{3}\,E_p$
② $E_l = 3E_p$
③ $E_l = E_p$
④ $E_l = \dfrac{1}{\sqrt{3}}E_p$

73
$F(s) = \dfrac{5s+3}{s(s+1)}$일 때 $f(t)$의 정상값은?

① 5
② 3
③ 1
④ 0

74
다음의 T형 4단자망 회로에서 $ABCD$ 파라미터 사이의 성질 중 성립되는 대칭조건은?

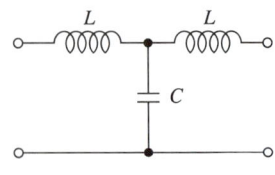

① $A = D$
② $A = C$
③ $B = C$
④ $B = A$

75
그림과 같이 전압 V와 저항 R로 구성되는 회로단자 A–B 간에 적당한 저항 R_L을 접속하여 R_L에서 소비되는 전력을 최대로 하게 했다. 이때 R_L에서 소비되는 전력 P는?

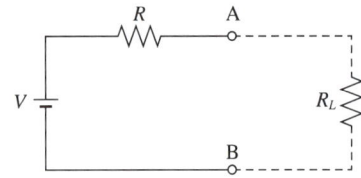

① $\dfrac{V^2}{4R}$
② $\dfrac{V^2}{2R}$
③ R
④ $2R$

76
정격전압에서 1[kW]의 전력을 소비하는 저항에 정격의 80[%] 전압을 가할 때의 전력[W]은?

① 320
② 540
③ 640
④ 860

77
그림에서 $t=0$에서 스위치 S를 닫았다. 콘덴서에 충전된 초기전압 $V_C(0)$가 1[V]이었다면 전류 $i(t)$를 변환한 값 $I(s)$는?

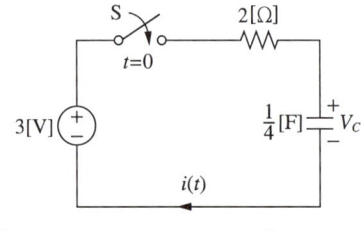

① $\dfrac{3}{2s+4}$
② $\dfrac{3}{s(2s+4)}$
③ $\dfrac{2}{s(s+2)}$
④ $\dfrac{1}{s+2}$

78
그림의 RLC 직병렬회로를 등가 병렬회로로 바꿀 경우, 저항과 리액턴스는 각각 몇 [Ω]인가?

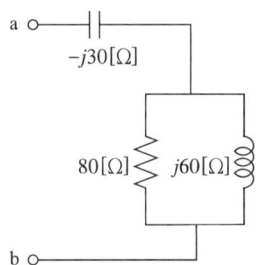

① 46.23, $j87.67$
② 46.23, $j107.15$
③ 31.25, $j87.67$
④ 31.25, $j107.15$

79
분포정수회로에서 선로의 특성임피던스를 Z_0, 전파정수를 γ라 할 때 무한장 선로에 있어서 송전단에서 본 직렬임피던스는?

① $\dfrac{Z_0}{\gamma}$
② $\sqrt{\gamma Z_0}$
③ γZ_0
④ $\dfrac{\gamma}{Z_0}$

80
그림과 같은 회로에서 i_x는 몇 [A]인가?

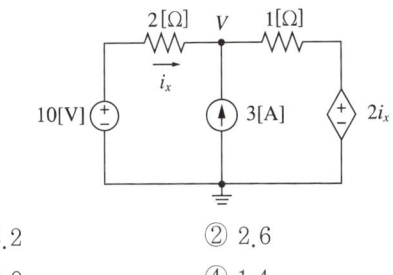

① 3.2 ② 2.6
③ 2.0 ④ 1.4

제5과목 전기설비기술기준

81
※ KEC 규정 적용으로 문제 삭제

정격전류 20[A]와 40[A]인 전동기와 정격전류 10[A]인 전열기 5대에 전기를 공급하는 단상 220[V] 저압 옥내간선이 있다. 몇 [A] 이상의 허용전류가 있는 전선을 사용하여야 하는가?

① 100 ② 116
③ 125 ④ 132

82
폭발성 또는 연소성의 가스가 침입할 우려가 있는 것에 시설하는 지중전선로의 지중함은 그 크기가 최소 몇 [m³] 이상인 경우에는 통풍장치 기타 가스를 방산시키기 위한 적당한 장치를 시설하여야 하는가?

① 1 ② 3
③ 5 ④ 10

83
저압 옥상전선로의 시설에 대한 설명으로 틀린 것은?
① 전선은 절연전선을 사용한다.
② 전선은 지름 2.6[mm] 이상의 경동선을 사용한다.
③ 전선과 옥상전선로를 시설하는 조영재와의 이격거리를 0.5[m]로 한다.
④ 전선은 상시 부는 바람 등에 의하여 식물에 접촉하지 않도록 시설한다.

84
전압의 종별에서 교류 600[V]는 무엇으로 분류하는가?
① 저 압 ② 고 압
③ 특고압 ④ 초고압

85
35[kV] 기계기구, 모선 등을 옥외에 시설하는 변전소의 구내에 취급자 이외의 사람이 들어가지 않도록 울타리를 시설하는 경우에 울타리의 높이와 울타리로부터의 충전부분까지의 거리의 합계는 몇 [m]인가?

① 5 ② 6
③ 7 ④ 8

86
가공전선로의 지지물에 시설하는 지선의 안전율은 일반적인 경우 얼마 이상이어야 하는가?

① 2.0 ② 2.2
③ 2.5 ④ 2.7

87
※ KEC 규정 적용으로 문제 삭제

전로에 시설하는 고압용 기계기구의 철대 및 금속제 외함에는 제 몇 종 접지공사를 하여야 하는가?
① 제1종 접지공사 ② 제2종 접지공사
③ 제3종 접지공사 ④ 특별 제3종 접지공사

88
저압 가공전선로의 지지물에 시설하는 통신선 또는 이에 직접 접속하는 가공통신선이 도로를 횡단하는 경우, 일반적으로 지표상 몇 [m] 이상의 높이로 시설하여야 하는가?

① 6.0 ② 4.0
③ 5.0 ④ 3.0

89
특고압용 제2종 보안장치 또는 이에 준하는 보안장치 등이 되어 있지 않은 25[kV] 이하인 특고압 가공전선로의 지지물에 시설하는 통신선 또는 이에 직접 접속하는 통신선으로 사용할 수 있는 것은?

① 광섬유 케이블
② CN/CV 케이블
③ 캡타이어 케이블
④ 지름 2.6[mm] 이상의 절연전선

90
고압 가공전선과 건조물의 상부 조영재와의 옆쪽 이격거리는 몇 [m] 이상인가?(단, 전선에 사람이 쉽게 접촉할 우려가 있고 케이블이 아닌 경우이다)

① 1.0 ② 1.2
③ 1.5 ④ 2.0

91
동일 지지물에 고압 가공전선과 저압 가공전선을 병가할 경우 일반적으로 양 전선 간의 이격거리는 몇 [cm] 이상인가?

① 50 ② 60
③ 70 ④ 80

92
765[kV] 가공전선 시설 시 2차 접근상태에서 건조물을 시설하는 경우 건조물 상부와 가공전선 사이의 수직거리는 몇 [m] 이상인가?(단, 전선의 높이가 최저상태로 사람이 올라갈 우려가 있는 개소를 말한다)

① 15
② 20
③ 25
④ 28

93
배선공사 중 전선이 반드시 절연전선이 아니라도 상관없는 공사방법은?

① 금속관공사
② 합성수지관공사
③ 버스덕트공사
④ 플로어덕트공사

94
※ KEC 규정 적용으로 문제 삭제

사용전압이 특고압인 전기집진장치에 전원을 공급하기 위해 케이블을 사람이 접촉할 우려가 없도록 시설하는 경우 케이블의 피복에 사용하는 금속체는 몇 종 접지공사로 할 수 있는가?

① 제1종 접지공사
② 제2종 접지공사
③ 제3종 접지공사
④ 특별 제3종 접지공사

95
터널 등에 시설하는 사용전압이 220[V]인 저압의 전구선으로 편조 고무코드를 사용하는 경우 단면적은 몇 [mm^2] 이상인가?

① 0.5 ② 0.75
③ 1.0 ④ 1.25

96
저압 및 고압 가공전선의 높이에 대한 기준으로 틀린 것은?

① 철도를 횡단하는 경우는 레일면상 6.5[m] 이상이다.
② 횡단보도교 위에 시설하는 경우는 저압의 경우는 그 노면상에서 3[m] 이상이다.
③ 횡단보도교 위에 시설하는 경우는 고압의 경우는 그 노면상에서 3.5[m] 이상이다.
④ 다리의 하부 기타 이와 유사한 장소에 시설하는 저압의 전기철도용 급전선은 지표상 3.5[m]까지로 감할 수 있다.

97
※ KEC 규정 적용으로 문제 삭제

고·저압 혼촉에 의한 위험을 방지하려고 시행하는 제2종 접지공사에 대한 기준으로 틀린 것은?
① 제2종 접지공사는 변압기의 시설장소마다 시행하여야 한다.
② 토지의 상황에 의하여 접지저항값을 얻기 어려운 경우 가공접지선을 사용하여 접지극을 100[m]까지 떼어 놓을 수 있다.
③ 가공 공동지선을 설치하여 접지공사를 하는 경우 각 변압기를 중심으로 지름 400[m] 이내의 지역에 접지를 하여야 한다.
④ 저압 전로의 사용전압이 300[V] 이하인 경우 그 접지공사를 중성점에 하기 어려우면 저압측의 1단자에 시행할 수 있다.

98
의료장소에서 인접하는 의료장소와의 바닥면적 합계가 몇 [m²] 이하인 경우 기준접지 바를 공용으로 할 수 있는가?
① 30
② 50
③ 80
④ 100

99
최대사용전압이 22,900[V]인 3상 4선식 중성선 다중 접지식 전로와 대지 사이의 절연내력 시험전압은 몇 [V]인가?
① 21,068
② 25,229
③ 28,752
④ 32,510

100
사용전압이 22.9[kV]인 특고압 가공전선이 도로를 횡단하는 경우 지표상 높이는 최소 몇 [m] 이상인가?
① 4.5
② 5
③ 5.5
④ 6

정답 97 × 98 ② 99 ① 100 ④

2016년 제2회 기출문제

제1과목 전기자기학

01
자유공간 중에 $x=2$, $z=4$인 무한장 직선상에 ρ_L [C/m]인 균일한 선전하가 있다. 점(0, 0, 4)의 전계 E[V/m]는?

① $E = \dfrac{-\rho_L}{4\pi\varepsilon_0} a_x$ ② $E = \dfrac{\rho_L}{4\pi\varepsilon_0} a_x$

③ $E = \dfrac{-\rho_L}{2\pi\varepsilon_0} a_x$ ④ $E = \dfrac{\rho_L}{2\pi\varepsilon_0} a_x$

02
자기모멘트 9.8×10^{-5}[Wb·m]의 막대자석을 지구자계의 수평분력 10.5[AT/m]인 곳에서 지자기 자오면으로부터 90°회전시키는 데 필요한 일은 약 몇 [J]인가?

① 1.03×10^{-3} ② 1.03×10^{-5}
③ 9.03×10^{-3} ④ 9.03×10^{-5}

03
단면적 S[m²], 단위길이당 권수가 n_0[회/m]인 무한히 긴 솔레노이드의 자기인덕턴스[H/m]를 구하면?

① $\mu S n_0$ ② $\mu S n_0^2$
③ $\mu S^2 n_0$ ④ $\mu S^2 n_0^2$

04
평행판 콘덴서에 어떤 유전체를 넣었을 때 전속밀도가 4.8×10^{-7}[C/m²]이고 단위체적당 정전에너지가 5.3×10^{-3}[J/m³]이었다. 이 유전체의 유전율은 몇 [F/m]인가?

① 1.15×10^{-11} ② 2.17×10^{-11}
③ 3.19×10^{-11} ④ 4.21×10^{-11}

05
쌍극자모멘트가 M[C·m]인 전기쌍극자에서 점 P의 전계는 $\theta = \dfrac{\pi}{2}$에서 어떻게 되는가?(단, θ는 전기쌍극자의 중심에서 축방향과 점 P를 잇는 선분의 사이각이다)

① 0 ② 최 소
③ 최 대 ④ $-\infty$

06
감자력이 0인 것은?

① 구자성체
② 환상철심
③ 타원자성체
④ 굵고 짧은 막대자성체

07
그림과 같이 반지름 10[cm]인 반원과 그 양단으로부터 직선으로 된 도선에 10[A]의 전류가 흐를 때, 중심 0에서의 자계의 세기와 방향은?

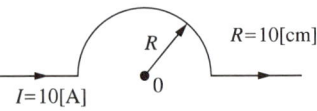

① 2.5[AT/m], 방향 ⊙
② 25[AT/m], 방향 ⊙
③ 2.5[AT/m], 방향 ⊗
④ 25[AT/m], 방향 ⊗

정답 1① 2① 3② 4② 5② 6② 7④

08
패러데이관에 대한 설명으로 틀린 것은?
① 관 내의 전속수는 일정하다.
② 관의 밀도는 전속밀도와 같다.
③ 진전하가 없는 점에서 불연속이다.
④ 관 양단에 양(+), 음(−)의 단위전하가 있다.

09
그림과 같은 원통상 도선 한 가닥이 유전율 ε[F/m]인 매질 내에 지상 h[m] 높이로 지면과 나란히 가선되어 있을 때 대지와 도선 간의 단위길이당 정전용량[F/m]은?

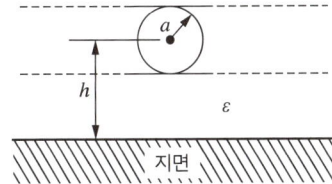

① $\dfrac{2\pi\varepsilon}{\sinh^{-1}\dfrac{h}{a}}$
② $\dfrac{\pi\varepsilon}{\sinh^{-1}\dfrac{h}{a}}$
③ $\dfrac{2\pi\varepsilon}{\cosh^{-1}\dfrac{h}{a}}$
④ $\dfrac{\pi\varepsilon}{\cosh^{-1}\dfrac{h}{a}}$

10
전위 $V = 3xy + z + 4$일 때 전계 E는?
① $i3x + j3y + k$
② $-i3y + j3x + k$
③ $i3x - j3y - k$
④ $-i3y - j3x - k$

11
한 변이 L[m]되는 정사각형의 도선회로에 전류 I[A]가 흐르고 있을 때 회로중심에서의 자속밀도는 몇 [Wb/m²]인가?
① $\dfrac{2\sqrt{2}}{\pi}\mu_0\dfrac{L}{I}$
② $\dfrac{\sqrt{2}}{\pi}\mu_0\dfrac{I}{L}$
③ $\dfrac{2\sqrt{2}}{\pi}\mu_0\dfrac{I}{L}$
④ $\dfrac{4\sqrt{2}}{\pi}\mu_0\dfrac{L}{I}$

12
다음 식 중에서 틀린 것은?
① 가우스의 정리 : $\text{div}D = \rho$
② 푸아송의 방정식 : $\nabla^2 V = \dfrac{\rho}{\varepsilon}$
③ 라플라스의 방정식 : $\nabla^2 V = 0$
④ 발산의 정리 : $\oint_s A \cdot ds = \int_v \text{div}A\, dv$

13
환상철심에 권선수 20인 A코일과 권선수 80인 B코일이 감겨 있을 때, A코일의 자기인덕턴스가 5[mH]라면 두 코일의 상호인덕턴스는 몇 [mH]인가?(단, 누설자속은 없는 것으로 본다)
① 20
② 1.25
③ 0.8
④ 0.05

14
표피효과에 대한 설명으로 옳은 것은?
① 주파수가 높을수록 침투깊이가 얇아진다.
② 투자율이 크면 표피효과가 작게 나타난다.
③ 표피효과에 따른 표피저항은 단면적에 비례한다.
④ 도전율이 큰 도체에는 표피효과가 작게 나타난다.

15
자기회로에서 키르히호프의 법칙에 대한 설명으로 옳은 것은?
① 임의의 결합점으로 유입하는 자속의 대수합은 0이다.
② 임의의 폐자로에서 자속과 기자력의 대수합은 0이다.
③ 임의의 폐자로에서 자기저항과 기자력의 대수합은 0이다.
④ 임의의 폐자로에서 각 부의 자기저항과 자속의 대수합은 0이다.

정답 8 ③ 9 ③ 10 ④ 11 ③ 12 ② 13 ① 14 ① 15 ①

16

W_1과 W_2의 에너지를 갖는 두 콘덴서를 병렬연결한 경우의 총에너지 W와의 관계로 옳은 것은?(단, $W_1 \neq W_2$이다)

① $W_1 + W_2 = W$ ② $W_1 + W_2 > W$
③ $W_1 - W_2 = W$ ④ $W_1 + W_2 < W$

17

두 종류의 유전율(ε_1, ε_2)을 가진 유전체 경계면에 진전하가 존재하지 않을 때 성립하는 경계조건을 옳게 나타낸 것은?(단, θ_1, θ_2는 각각 유전체 경계면의 법선벡터와 E_1, E_2가 이루는 각이다)

① $E_1 \sin\theta_1 = E_2 \sin\theta_2$, $D_1 \sin\theta_1 = D_2 \sin\theta_2$, $\dfrac{\tan\theta_1}{\tan\theta_2} = \dfrac{\varepsilon_2}{\varepsilon_1}$

② $E_1 \cos\theta_1 = E_2 \cos\theta_2$, $D_1 \sin\theta_1 = D_2 \sin\theta_2$, $\dfrac{\tan\theta_1}{\tan\theta_2} = \dfrac{\varepsilon_2}{\varepsilon_1}$

③ $E_1 \sin\theta_1 = E_2 \sin\theta_2$, $D_1 \cos\theta_1 = D_2 \cos\theta_2$, $\dfrac{\tan\theta_1}{\tan\theta_2} = \dfrac{\varepsilon_1}{\varepsilon_2}$

④ $E_1 \cos\theta_1 = E_2 \cos\theta_2$, $D_1 \cos\theta_1 = D_2 \cos\theta_2$, $\dfrac{\tan\theta_1}{\tan\theta_2} = \dfrac{\varepsilon_1}{\varepsilon_2}$

18

무한히 넓은 두 장의 평면판 도체를 간격 d[m]로 평행하게 배치하고 각각의 평면판에 면전하밀도 $\pm \sigma$ [C/m²]로 분포되어 있는 경우 전기력선은 면에 수직으로 나와 평행하게 발산한다. 이 평면판 내부의 전계의 세기는 몇 [V/m]인가?

① $\dfrac{\sigma}{\varepsilon_0}$ ② $\dfrac{\sigma}{2\varepsilon_0}$
③ $\dfrac{\sigma}{2\pi\varepsilon_0}$ ④ $\dfrac{\sigma}{4\pi\varepsilon_0}$

19

전자파의 특성에 대한 설명으로 틀린 것은?

① 전자파의 속도는 주파수와 무관하다.
② 전파 E_x를 고유임피던스로 나누면 자파 H_y가 된다.
③ 전파 E_x와 자파 H_y의 진동방향은 진행방향에 수평인 종파이다.
④ 매질이 도전성을 갖지 않으면 전파 E_x와 자파 H_y는 동위상이 된다.

20

압전효과를 이용하지 않은 것은?

① 수정발진기 ② 마이크로폰
③ 초음파발생기 ④ 자속계

제2과목 전력공학

21

송전선로의 현수애자련 연면섬락과 가장 관계가 먼 것은?

① 댐 퍼 ② 철탑 접지저항
③ 현수애자련의 개수 ④ 현수애자련의 소손

22

그림과 같은 주상변압기 2차 측 접지공사의 목적은?

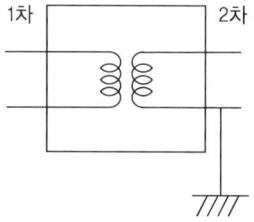

① 1차 측 과전류 억제
② 2차 측 과전류 억제
③ 1차 측 전압상승 억제
④ 2차 측 전압상승 억제

23
선로 전압강하 보상기(LDC)에 대한 설명으로 옳은 것은?
① 승압기로 저하된 전압을 보상하는 것
② 분로리액터로 전압상승을 억제하는 것
③ 선로의 전압강하를 고려하여 모선전압을 조정하는 것
④ 직렬콘덴서로 선로의 리액턴스를 보상하는 것

24
송전전압 154[kV], 2회선 선로가 있다. 선로길이가 240[km]이고 선로의 작용 정전용량이 0.02[μF/km]라고 한다. 이것을 자기여자를 일으키지 않고 충전하기 위해서는 최소한 몇 [MVA] 이상의 발전기를 이용하여야 하는가?(단, 주파수는 60[Hz]이다)
① 78   ② 86
③ 89   ④ 95

25
송전계통에서 1선 지락 시 유도장해가 가장 작은 중성점 접지방식은?
① 비접지방식
② 저항접지방식
③ 직접접지방식
④ 소호리액터접지방식

26
22.9[kV-Y] 3상 4선식 중성선 다중접지계통의 특성에 대한 내용으로 틀린 것은?
① 1선 지락사고 시 1상 단락전류에 해당하는 큰 전류가 흐른다.
② 전원의 중성점과 주상변압기의 1차 및 2차를 공통의 중성선으로 연결하여 접지한다.
③ 각 상에 접속된 부하가 불평형일 때도 불완전 1선 지락고장의 검출감도가 상당히 예민하다.
④ 고저압 혼촉사고 시에는 중성선에 막대한 전위상승을 일으켜 수용가에 위험을 줄 우려가 있다.

27
송전계통에서 자동재폐로 방식의 장점이 아닌 것은?
① 신뢰도 향상
② 공급 지장시간의 단축
③ 보호계전방식의 단순화
④ 고장상의 고속도 차단, 고속도 재투입

28
유효낙차 100[m], 최대사용수량 20[m³/s]인 발전소의 최대출력은 약 몇 [kW]인가?(단, 수차 및 발전기의 합성효율은 85[%]라 한다)
① 14,160   ② 16,660
③ 21,990   ④ 33,320

29
수력발전소에서 흡출관을 사용하는 목적은?
① 압력을 줄인다.
② 유효낙차를 늘린다.
③ 속도 변동률을 작게 한다.
④ 물의 유선을 일정하게 한다.

30
방향성을 갖지 않는 계전기는?
① 전력계전기
② 과전류계전기
③ 비율차동계전기
④ 선택지락계전기

31
송전단 전압이 66[kV]이고, 수전단 전압이 62[kV]로 송전 중이던 선로에서 부하가 급격히 감소하여 수전단 전압이 63.5[kV]가 되었다. 전압강하율은 약 몇 [%]인가?
① 2.28   ② 3.94
③ 6.06   ④ 6.45

32
154[kV] 송전선로의 전압을 345[kV]로 승압하고 같은 손실률로 송전한다고 가정하면 송전전력은 승압 전의 약 몇 배 정도인가?

① 2
② 3
③ 4
④ 5

33
각 전력계통을 연계선으로 상호연결하면 여러 가지 장점이 있다. 틀린 것은?

① 경계급전이 용이하다.
② 주파수의 변화가 작아진다.
③ 각 전력계통의 신뢰도가 증가한다.
④ 배후전력(Back Power)이 크기 때문에 고장이 적으며, 그 영향의 범위가 작아진다.

34
3상 3선식 송전선로에서 연가의 효과가 아닌 것은?

① 작용 정전용량의 감소
② 각 상의 임피던스 평형
③ 통신선의 유도장해 감소
④ 직렬공진의 방지

35
그림과 같이 정수가 서로 같은 평행 2회선 송전선로의 4단자 정수 중 B에 해당되는 것은?

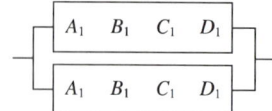

① $4B_1$
② $2B_1$
③ $\frac{1}{2}B_1$
④ $\frac{1}{4}B_1$

36
초고압용 차단기에 개폐저항기를 사용하는 주된 이유는?

① 차단속도 증진
② 차단전류 감소
③ 이상전압 억제
④ 부하설비 증대

37
3상 3선식 송전선로의 선간거리가 각각 50[cm], 60[cm], 70[cm]인 경우 기하학적 평균 선간거리는 약 몇 [cm]인가?

① 50.4
② 59.4
③ 62.8
④ 64.8

38
각 수용가의 수용설비용량이 50[kW], 100[kW], 80[kW], 60[kW], 150[kW]이며, 각각의 수용률이 0.6, 0.6, 0.5, 0.5, 0.4일 때 부하의 부등률이 1.30이라면 변압기 용량은 약 몇 [kVA]가 필요한가?(단, 평균 부하역률은 80[%]라고 한다)

① 142
② 165
③ 183
④ 212

39
초고압 송전선로에 단도체 대신 복도체를 사용할 경우 틀린 것은?

① 전선의 작용인덕턴스를 감소시킨다.
② 선로의 작용정전용량을 증가시킨다.
③ 전선 표면의 전위경도를 저감시킨다.
④ 전선의 코로나 임계전압을 저감시킨다.

40
이상전압에 대한 방호장치가 아닌 것은?

① 피뢰기
② 가공지선
③ 방전코일
④ 서지흡수기

제3과목 전기기기

41
그림은 단상 직권 정류자 전동기의 개념도이다. C를 무엇이라고 하는가?

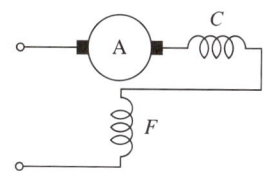

① 제어권선 ② 보상권선
③ 보극권선 ④ 단층권선

42
자극수 p, 파권, 전기자 도체수가 z인 직류발전기를 N[rpm]의 회전속도로 무부하 운전할 때 기전력이 E[V]이다. 1극당 주자속[Wb]은?

① $\dfrac{120E}{pzN}$ ② $\dfrac{120z}{pEN}$
③ $\dfrac{120zN}{pE}$ ④ $\dfrac{120pz}{EN}$

43
3상 권선형 유도전동기의 도크속도 곡선이 비례추이 한다는 것은 그 곡선이 무엇에 비례해서 이동하는 것을 말하는가?

① 슬립 ② 회전수
③ 2차 저항 ④ 공급전압의 크기

44
단상 전파정류에서 공급전압이 E일 때 무부하 직류 전압의 평균값은?(단, 브리지 다이오드를 사용한 전파 정류회로이다)

① $0.90E$ ② $0.45E$
③ $0.75E$ ④ $1.17E$

45
3,300/200[V], 10[kVA] 단상변압기의 2차를 단락하여 1차 측에 300[V]를 가하니 2차에 120[A]의 전류가 흘렀다. 이 변압기의 임피던스전압 및 %임피던스강하는 약 얼마인가?

① 125[V], 3.8[%] ② 125[V], 3.5[%]
③ 200[V], 4.0[%] ④ 200[V], 4.2[%]

46
직류기의 전기자 반작용 결과가 아닌 것은?

① 주자속이 감소한다.
② 전기적 중성축이 이동한다.
③ 주자속에 영향을 미치지 않는다.
④ 정류자편 사이의 전압이 불균일하게 된다.

47
동기조상기의 구조상 특이점이 아닌 것은?

① 고정자는 수차발전기와 같다.
② 계자코일이나 자극이 대단히 크다.
③ 안정운전용 제동권선이 설치된다.
④ 전동기축은 동력을 전달하는 관계로 비교적 굵다.

48
VVVF(Variable Voltage Variable Frequency)는 어떤 전동기의 속도제어에 사용되는가?

① 동기전동기 ② 유도전동기
③ 직류복권전동기 ④ 직류타여자전동기

49
3상 유도전동기의 기동법 중 Y-△기동법으로 기동 시 1차 권선의 각 상에 가해지는 전압은 기동 시 및 운전 시 각각 정격전압의 몇 배가 가해지는가?

① $1, \dfrac{1}{\sqrt{3}}$ ② $\dfrac{1}{\sqrt{3}}, 1$
③ $\sqrt{3}, \dfrac{1}{\sqrt{3}}$ ④ $\dfrac{1}{\sqrt{3}}, \sqrt{3}$

정답 41 ② 42 ① 43 ③ 44 ① 45 ① 46 ③ 47 ④ 48 ② 49 ②

50
SCR에 관한 설명으로 틀린 것은?
① 3단자 소자이다.
② 스위칭 소자이다.
③ 직류전압만을 제어한다.
④ 적은 게이트 신호로 대전력을 제어한다.

51
평형 3상회로의 전류를 측정하기 위해서 변류비 200:5의 변류기를 그림과 같이 접속하였더니 전류계의 지시가 1.5[A]이었다. 1차 전류는 몇 [A]인가?

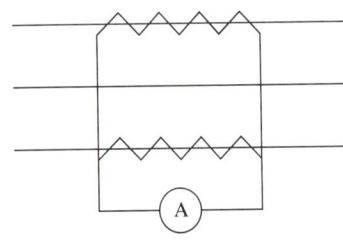

① 60
② $60\sqrt{3}$
③ 30
④ $30\sqrt{3}$

52
유도전동기의 최대토크를 발생하는 슬립을 s_t, 최대출력을 발생하는 슬립을 s_p라 하면 대소관계는?
① $s_p = s_t$
② $s_p > s_t$
③ $s_p < s_t$
④ 일정치 않다.

53
정격 200[V], 10[kW] 직류 분권발전기의 전압변동률은 몇 [%]인가?(단, 전기자 및 분권계자저항은 각각 0.1[Ω], 100[Ω]이다)
① 2.6
② 3.0
③ 3.6
④ 4.5

54
동기발전기의 단락비를 계산하는 데 필요한 시험은?
① 부하시험과 돌발 단락시험
② 단상 단락시험과 3상 단락시험
③ 무부하 포화시험과 3상 단락시험
④ 정상, 역상, 영상 리액턴스의 측정시험

55
직류 분권발전기에 대한 설명으로 옳은 것은?
① 단자전압이 강하하면 계자전류가 증가한다.
② 부하에 의한 전압의 변동이 타여자 발전기에 비하여 크다.
③ 타여자 발전기의 경우보다 외부특성 곡선이 상향(上向)으로 된다.
④ 분권권선의 접속방법에 관계없이 자기여자로 전압을 올릴 수가 있다.

56
정격출력 10,000[kVA], 정격전압 6,600[V], 정격역률 0.6인 3상 동기발전기가 있다. 동기리액턴스 0.6[p.u]인 경우의 전압변동률[%]은?
① 21
② 31
③ 40
④ 52

57
3상 유도전압 조정기의 동작원리 중 가장 적당한 것은?
① 두 전류 사이에 작용하는 힘이다.
② 교번자계의 전자유도작용을 이용한다.
③ 충전된 두 물체 사이에 작용하는 힘이다.
④ 회전자계에 의한 유도작용을 이용하여 2차 전압의 위상전압 조정에 따라 변화한다.

58
단권변압기 2대를 V결선하여 선로전압 3,000[V]를 3,300[V]로 승압하여 300[kVA]의 부하에 전력을 공급하려고 한다. 단권변압기 1대의 자기용량은 약 [kVA]인가?

① 9.09 ② 15.72
③ 21.72 ④ 31.50

59
정격용량 100[kVA]인 단상변압기 3대를 △-△결선하여 300[kVA]의 3상 출력을 얻고 있다. 한 상에 고장이 발생하여 결선을 V결선으로 하는 경우 a) 뱅크용량[kVA], b) 각 변압기의 출력[kVA]은?

① a) 253, b) 126.5 ② a) 200, b) 100
③ a) 173, b) 86.6 ④ a) 152, b) 75.6

60
계자권선이 전기자에 병렬로만 연결된 직류기는?

① 분권기 ② 직권기
③ 복권기 ④ 타여자기

제4과목 회로이론 및 제어공학

61
다음의 설명 중 틀린 것은?

① 최소위상함수는 양의 위상여유이면 안정하다.
② 이득교차주파수는 진폭비가 1이 되는 주파수이다.
③ 최소위상함수는 위상여유가 0이면 임계안정하다.
④ 최소위상함수의 상대안정도는 위상각의 증가와 함께 작아진다.

62
2차 제어계 $G(s)H(s)$의 나이퀴스트선도의 특징이 아닌 것은?

① 이득여유는 ∞ 이다.
② 교차량 $|GH|=0$이다.
③ 모두 불안정한 제어계이다.
④ 부의 실축과 교차하지 않는다.

63
다음과 같은 상태방정식의 고윳값 λ_1과 λ_2는?

$$\begin{bmatrix}\dot{x}_1\\\dot{x}_2\end{bmatrix}=\begin{bmatrix}1 & -2\\-3 & 2\end{bmatrix}\begin{bmatrix}x_1\\x_2\end{bmatrix}+\begin{bmatrix}2 & -3\\-4 & 3\end{bmatrix}\begin{bmatrix}r_1\\r_2\end{bmatrix}$$

① 4, −1 ② −4, 1
③ 6, −1 ④ −6, 1

64
제어기에서 미분제어의 특성으로 가장 적합한 것은?

① 대역폭이 감소한다.
② 제동을 감소시킨다.
③ 작동오차의 변화율에 반응하여 동작한다.
④ 정상상태의 오차를 줄이는 효과를 갖는다.

65
폐루프 시스템의 특징으로 틀린 것은?

① 정확성이 증가한다.
② 감쇠폭이 증가한다.
③ 발진을 일으키고 불안정한 상태로 되어갈 가능성이 있다.
④ 계의 특성변화에 대한 입력 대 출력비의 감도가 증가한다.

66
나이퀴스트(Nyquist) 판정법의 설명으로 틀린 것은?

① 안정성을 판정하는 동시에 안정도를 제시해준다.
② 계의 안정도를 개선하는 방법에 대한 정보를 제시해준다.
③ 나이퀴스트(Nyquist)선도는 제어계의 오차응답에 관한 정보를 준다.
④ 루스-후르비츠(Routh-Hurwitz) 판정법과 같이 계의 안정여부를 직접 판정해준다.

67
그림의 신호흐름선도에서 $\dfrac{y_2}{y_1}$ 은?

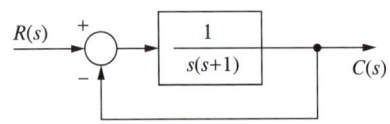

① $\dfrac{a^3}{1-3ab}$ ② $\dfrac{a^3}{(1-ab)^3}$

③ $\dfrac{a^3}{(1-3ab+ab)}$ ④ $\dfrac{a^3}{(1-3ab+2ab)}$

68
그림과 같은 블록선도로 표시되는 제어계는 무슨 형인가?

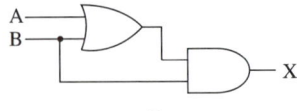

① 0 ② 1
③ 2 ④ 3

69
다음 논리회로의 출력 X는?

① A ② B
③ A+B ④ A·B

70
단위계단함수 $u(t)$를 z 변환하면?

① 1
② $\dfrac{1}{z}$
③ 0
④ $\dfrac{z}{(z-1)}$

71
전압의 순시값이 다음과 같을 때 실횻값은 약 몇 [V]인가?

$$v = 3 + 10\sqrt{2}\sin\omega t + 5\sqrt{2}\sin(3\omega t - 30°)\,[V]$$

① 11.6 ② 13.2
③ 16.4 ④ 20.1

72
$v = 100\sqrt{2}\sin\left(\omega t + \dfrac{\pi}{3}\right)[V]$를 복소수로 나타내면?

① $25 + j25\sqrt{3}$
② $50 + j25\sqrt{3}$
③ $25 + j50\sqrt{3}$
④ $50 + j50\sqrt{3}$

73
분포정수회로에서 선로의 단위길이당 저항을 100[Ω], 200[mH], 누설컨덕턴스를 0.5[℧]라 할 때 일그러짐이 없는 조건을 만족하기 위한 정전용량은 몇 [μF]인가?

① 0.001 ② 0.1
③ 10 ④ 1,000

74
그림과 같이 $r = 1[\Omega]$인 저항을 무한히 연결할 때 a-b에서의 합성저항은?

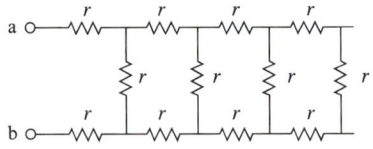

① $1 + \sqrt{3}$ ② $\sqrt{3}$
③ $1 + \sqrt{2}$ ④ ∞

75
3상 불평형 전압에서 역상전압이 35[V]이고, 정상전압이 100[V], 영상전압이 10[V]라 할 때, 전압의 불평형률은?

① 0.10
② 0.25
③ 0.35
④ 0.45

76
4단자 정수 A, B, C, D 중에서 어드미턴스 차원을 가진 정수는?

① A
② B
③ C
④ D

77
다음 회로의 4단자 정수는?

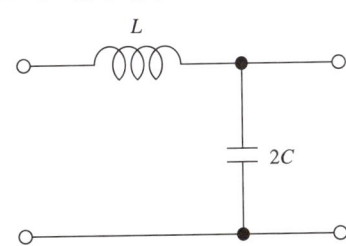

① $A = 1 + 2\omega^2 LC$, $B = j2\omega C$, $C = j\omega L$, $D = 0$
② $A = 1 - 2\omega^2 LC$, $B = j\omega L$, $C = j2\omega C$, $D = 1$
③ $A = 2\omega^2 LC$, $B = j\omega L$, $C = j2\omega C$, $D = 1$
④ $A = 2\omega^2 LC$, $B = j2\omega C$, $C = j\omega L$, $D = 0$

78
인덕턴스 0.5[H], 저항 2[Ω]의 직렬회로에 30[V]의 직류전압을 급히 가했을 때 스위치를 닫은 후 0.1초 후의 전류의 순시값 i[A]와 회로의 시정수 τ[s]는?

① $i = 4.95$, $\tau = 0.25$
② $i = 12.75$, $\tau = 0.35$
③ $i = 5.95$, $\tau = 0.45$
④ $i = 13.95$, $\tau = 0.25$

79
$f(t) = u(t-a) - u(t-b)$의 라플라스 변환 $F(s)$는?

① $\dfrac{1}{s^2}(e^{-as} - e^{-bs})$
② $\dfrac{1}{s}(e^{-as} - e^{-bs})$
③ $\dfrac{1}{s^2}(e^{as} + e^{bs})$
④ $\dfrac{1}{s}(e^{as} + e^{bs})$

80
한 상의 임피던스가 $6 + j8$[Ω]인 △ 부하에 대칭선간전압 200[V]를 인가할 때 3상 전력[W]은?

① 2,400
② 4,160
③ 7,200
④ 10,800

제5과목 전기설비기술기준

81
특고압 가공전선이 삭도와 제2차 접근상태로 시설할 경우에 특고압 가공전선로의 보안공사는?

① 고압 보안공사
② 제1종 특고압 보안공사
③ 제2종 특고압 보안공사
④ 제3종 특고압 보안공사

82
※ KEC 규정 적용으로 문제 삭제

저압전로 중 전선 상호 간 및 전로와 대지 사이의 절연저항값은 대지전압이 150[V] 초과 300[V] 이하인 경우에 몇 [MΩ]되어야 하는가?

① 0.1
② 0.2
③ 0.3
④ 0.4

정답 75 ③ 76 ③ 77 ② 78 ① 79 ② 80 ③ 81 ③ 82 ×

83
철도 또는 궤도를 횡단하는 저고압 가공전선의 높이는 레일면상 몇 [m] 이상인가?

① 5.5 ② 6.5
③ 7.5 ④ 8.5

84
갑종 풍압하중을 계산할 때 강관에 의하여 구성된 철탑에서 구성재의 수직 투영면적 1[m²]에 대한 풍압하중은 몇 [Pa]를 기초로 하여 계산한 것인가?(단, 단주는 제외한다)

① 588 ② 1,117
③ 1,255 ④ 2,157

85
발전소의 계측요소가 아닌 것은?
① 발전기의 고정자 온도
② 저압용 변압기의 온도
③ 발전기의 전압 및 전류
④ 주요 변압기의 전류 및 전압

86
특고압 가공전선로에서 발생하는 극저주파 전자계는 자계의 경우 지표상 1[m]에서 측정 시 몇 [μT] 이하인가?

① 28.0 ② 46.5
③ 70.0 ④ 83.3

87
애자사용공사에 의한 저압 옥내배선 시 전선 상호 간의 간격은 몇 [cm] 이상인가?

① 2 ② 4
③ 6 ④ 8

88
가공전선과 첨가 통신선과의 시공방법으로 틀린 것은?
① 통신선은 가공전선의 아래에 시설할 것
② 통신선과 고압 가공전선 사이의 이격거리는 60[cm] 이상일 것
③ 통신선과 특고압 가공전선로의 다중접지한 중성선 사이의 이격거리는 1.2[m] 이상일 것
④ 통신선은 특고압 가공전선로의 지지물에 시설하는 기계기구에 부속되는 전선과 접촉할 우려가 없도록 지지물 또는 완금류에 견고하게 시설할 것

89
※ KEC 규정 적용으로 답 변경

가공 약전류전선을 사용전압이 22.9[kV]인 특고압 가공전선과 동일 지지물에 공가하고자 할 때 가공전선으로 경동연선을 사용한다면 단면적이 몇 [mm²] 이상인가?

① 22 ② 38
③ 50 ④ 55

90
발전소·변전소 또는 이에 준하는 곳의 특고압전로에 대한 접속상태를 모의모선의 사용 또는 기타의 방법으로 표시하여야 하는데, 그 표시의 의무가 없는 것은?
① 전선로의 회선수가 3회선 이하로서 복모선
② 전선로의 회선수가 2회선 이하로서 복모선
③ 전선로의 회선수가 3회선 이하로서 단일모선
④ 전선로의 회선수가 2회선 이하로서 단일모선

91
※ KEC 규정 적용으로 문제 삭제

배류시설에 대한 설명으로 옳은 것은?
① 배류시설에는 영상 변류기를 사용하여 전식작용에 의한 장해를 방지한다.
② 배류선을 귀선에 접속하는 위치는 귀선용 레일의 저항이 증가되는 곳으로 한다.
③ 배류회로는 배류선과 금속제 지중관로 및 귀선과의 접속점을 제외하고 대지와 단락시킨다.
④ 배류시설은 다른 금속제 지중관로 및 귀선용 레일에 대한 전식작용에 의한 장해를 현저히 증가시킬 우려가 없도록 시설한다.

92
전기울타리의 시설에 사용되는 전선은 지름 몇 [mm] 이상의 경동선인가?

① 2.0
② 2.6
③ 3.2
④ 4.0

93
사용전압이 161[kV]인 가공전선로를 시가지 내에 시설할 때 전선의 지표상의 높이는 몇 [m] 이상이어야 하는가?

① 8.65
② 9.56
③ 10.47
④ 11.56

94
지중전선로는 기설 지중약전류전선로에 대하여 다음의 어느 것에 의하여 통신상의 장해를 주지 아니하도록 기설 약전류전선로로부터 충분히 이격시키는가?

① 충전전류 또는 표피작용
② 누설전류 또는 유도작용
③ 충전전류 또는 유도작용
④ 누설전류 또는 표피작용

95
ACSR 전선을 사용전압 직류 1,500[V]의 가공급전선으로 사용할 경우 안전율은 얼마 이상이 되는 이도로 시설하여야 하는가?

① 2.0
② 2.1
③ 2.2
④ 2.5

96
154[kV] 가공전선과 가공약전류전선이 교차하는 경우에 시설하는 보호망을 구성하는 금속선 중 가공전선의 바로 아래에 시설되는 것 이외의 다른 부분에 시설되는 금속선은 지름 몇 [mm] 이상의 아연도 철선이어야 하는가?

① 2.6
② 3.2
③ 4.0
④ 5.0

97
설계하중이 6.8[kN]인 철근 콘크리트주의 길이가 17[m]라 한다. 이 지지물을 지반이 연약한 곳 이외의 곳에서 안전율을 고려하지 않고 시설하려고 하면 땅에 묻히는 깊이는 몇 [m] 이상으로 하여야 하는가?

① 2.0
② 2.3
③ 2.5
④ 2.8

98
전로를 대지로부터 반드시 절연하여야 하는 것은?

① 시험용 변압기
② 저압 가공전선로의 접지측 전선
③ 전로의 중성점에 접지공사를 하는 경우의 접지점
④ 계기용 변성기의 2차 측 전로에 접지공사를 하는 경우의 접지점

99
※ KEC 규정 적용으로 문제 삭제

고압 계기용 변성기의 2차 측 전로의 접지공사는?

① 제1종 접지공사
② 제2종 접지공사
③ 제3종 접지공사
④ 특별 제3종 접지공사

100
일반주택 및 아파트 각 호실의 현관등은 몇 분 이내에 소등되도록 타임스위치를 시설해야 하는가?

① 3
② 4
③ 5
④ 6

정답 92 ① 93 ④ 94 ② 95 ④ 96 ③ 97 ④ 98 ② 99 × 100 ①

2016년 제3회 기출문제

제1과목 전기자기학

01
선전하밀도 ρ[C/m]를 갖는 코일이 반원형의 형태를 취할 때 반원의 중심에서 전계의 세기를 구하면 몇 [V/m]인가?(단, 반지름은 r[m]이다)

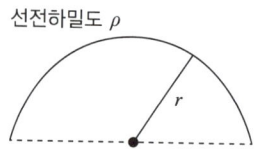

① $\dfrac{\rho}{8\pi\varepsilon_0 r^2}$ ② $\dfrac{\rho}{4\pi\varepsilon_0 r}$

③ $\dfrac{\rho}{4\pi\varepsilon_0 r^2}$ ④ $\dfrac{\rho}{2\pi\varepsilon_0 r}$

02
베이클라이트 중의 전속밀도가 D[C/m²]일 때의 분극의 세기는 몇 [C/m²]인가?(단, 베이클라이트의 비유전율은 ε_r이다)

① $D(\varepsilon_r - 1)$ ② $D\left(1 + \dfrac{1}{\varepsilon_r}\right)$

③ $D\left(1 - \dfrac{1}{\varepsilon_r}\right)$ ④ $D(\varepsilon_r + 1)$

03
다음의 관계식 중 성립할 수 없는 것은?(단, μ는 투자율, μ_0는 진공의 투자율, χ는 자화율, J는 자화의 세기이다)

① $\mu = \mu_0 + \chi$ ② $J = \chi B$

③ $\mu_s = 1 + \dfrac{\chi}{\mu_0}$ ④ $B = \mu H$

04
진공 중의 자계 10[AT/m]인 점에 5×10^{-3}[Wb]의 자극을 놓으면 그 자극에 작용하는 힘[N]은?

① 5×10^{-2}
② 5×10^{-3}
③ 2.5×10^{-2}
④ 2.5×10^{-3}

05
원점에 +1[C], 점 (2, 0)에 −2[C]의 점전하가 있을 때 전계의 세기가 0인 점은?

① $(-3 - 2\sqrt{3},\ 0)$
② $(-3 + 2\sqrt{3},\ 0)$
③ $(-2 - 2\sqrt{2},\ 0)$
④ $(-2 + 2\sqrt{2},\ 0)$

06
손실 유전체에서 전자파에 관한 전파정수 γ로서 옳은 것은?

① $j\omega\sqrt{\mu\varepsilon}\sqrt{j\dfrac{\sigma}{\omega\varepsilon}}$

② $j\omega\sqrt{\mu\varepsilon}\sqrt{1 - j\dfrac{\sigma}{2\omega\varepsilon}}$

③ $j\omega\sqrt{\mu\varepsilon}\sqrt{1 - j\dfrac{\sigma}{\omega\varepsilon}}$

④ $j\omega\sqrt{\mu\varepsilon}\sqrt{1 - j\dfrac{\omega\varepsilon}{\sigma}}$

정답 1 ④ 2 ③ 3 ② 4 ① 5 ③ 6 ③

07

진공 중에서 $+q[C]$과 $-q[C]$의 점전하가 미소거리 $a[m]$만큼 떨어져 있을 때 이 쌍극자가 P점에 만드는 전계[V/m]와 전위[V]의 크기는?

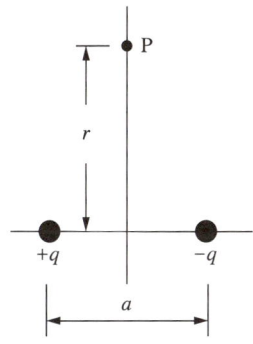

① $E = \dfrac{qa}{4\pi\varepsilon_0 r^2}$, $V = 0$

② $E = \dfrac{qa}{4\pi\varepsilon_0 r^3}$, $V = 0$

③ $E = \dfrac{qa}{4\pi\varepsilon_0 r^2}$, $V = \dfrac{qa}{4\pi\varepsilon_0 r}$

④ $E = \dfrac{qa}{4\pi\varepsilon_0 r^3}$, $V = \dfrac{qa}{4\pi\varepsilon_0 r^2}$

08

반지름 $a[m]$인 원형코일에 전류 $I[A]$가 흘렀을 때 코일 중심에서의 자계의 세기[AT/m]는?

① $\dfrac{I}{4\pi a}$ ② $\dfrac{I}{2\pi a}$

③ $\dfrac{I}{4a}$ ④ $\dfrac{I}{2a}$

09

전계와 자계와의 관계에서 고유임피던스는?

① $\sqrt{\varepsilon\mu}$ ② $\sqrt{\dfrac{\mu}{\varepsilon}}$

③ $\sqrt{\dfrac{\varepsilon}{\mu}}$ ④ $\dfrac{1}{\sqrt{\varepsilon\mu}}$

10

쌍극자모멘트가 $M[C\cdot m]$인 전기쌍극자에 의한 임의의 점 P에서의 전계의 크기는 전기 쌍극자의 중심에서 축방향과 점 P를 잇는 선분 사이의 각이 얼마일 때 최대가 되는가?

① 0 ② $\dfrac{\pi}{2}$

③ $\dfrac{\pi}{3}$ ④ $\dfrac{\pi}{4}$

11

자성체의 자화의 세기 $J = 8[kA/m]$, 자화율 $\chi_m = 0.02$일 때 자속밀도는 약 몇 [T]인가?

① 7,000 ② 7,500

③ 8,000 ④ 8,500

12

그림과 같은 평행판 콘덴서에 극판의 면적이 $S[m^2]$, 전전하밀도를 $\sigma[C/m^2]$, 유전율이 각각 $\varepsilon_1 = 4$, $\varepsilon_2 = 2$인 유전체를 채우고 a, b 양단에 $V[V]$의 전압을 인가할 때 ε_1, ε_2인 유전체 내부의 전계의 세기 E_1, E_2와의 관계식은?

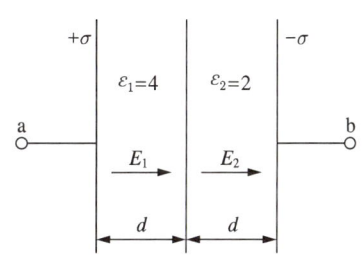

① $E_1 = 2E_2$ ② $E_1 = 4E_2$

③ $2E_1 = E_2$ ④ $E_1 = E_2$

13

자성체 $3\times4\times20[cm^3]$가 자속밀도 $B=130[mT]$로 자화되었을 때 자기모멘트가 $48[A\cdot m^2]$이었다면 자화의 세기(M)는 몇 [A/m]인가?

① 10^4 ② 10^5

③ 2×10^4 ④ 2×10^5

정답 7 ② 8 ④ 9 ② 10 ① 11 ③ 12 ③ 13 ④

14
반지름 2[mm], 간격 1[m]의 평행왕복 도선이 있다. 도체 간에 전압 6[kV]를 가했을 때 단위길이당 작용하는 힘은 몇 [N/m]인가?

① 8.06×10^{-5}
② 8.06×10^{-6}
③ 6.87×10^{-5}
④ 6.87×10^{-6}

15
자계와 전류계의 대응으로 틀린 것은?

① 자속 ↔ 전류
② 기자력 ↔ 기전력
③ 투자율 ↔ 유전율
④ 자계의 세기 ↔ 전계의 세기

16
반지름이 a[m]이고 단위길이에 대한 권수가 n인 무한장 솔레노이드의 단위길이당 자기인덕턴스는 몇 [H/m]인가?

① $\mu \pi a^2 n^2$
② $\mu \pi a n$
③ $\dfrac{an}{2\mu\pi}$
④ $4\mu \pi a^2 n^2$

17
도전율 σ, 투자율 μ인 도체에 교류전류가 흐를 때 표피효과의 영향에 대한 설명으로 옳은 것은?

① σ가 클수록 작아진다.
② μ가 클수록 작아진다.
③ μ_s가 클수록 작아진다.
④ 주파수가 높을수록 커진다.

18
철심부의 평균길이가 l_2, 공극의 길이가 l_1, 단면적이 S인 자기회로이다. 자속밀도를 B[Wb/m²]로 하기 위한 기자력[AT]은?

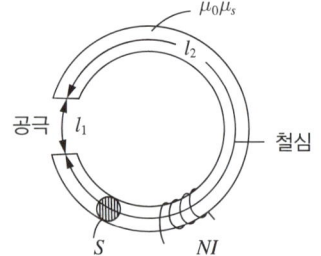

① $\dfrac{\mu_0}{B}\left(l_1 + \dfrac{\mu_s}{l_2}\right)$
② $\dfrac{B}{\mu_0}\left(l_2 + \dfrac{l_1}{\mu_s}\right)$
③ $\dfrac{\mu_0}{B}\left(l_2 + \dfrac{\mu_s}{l_1}\right)$
④ $\dfrac{B}{\mu_0}\left(l_1 + \dfrac{l_2}{\mu_s}\right)$

19
비투자율 μ_s는 역자성체에서 다음 어느 값을 갖는가?

① $\mu_s = 0$
② $\mu_s < 1$
③ $\mu_s > 1$
④ $\mu_s = 1$

20
유전율이 ε_1, ε_2인 유전체 경계면에 수직으로 전계가 작용할 때 단위면적당에 작용하는 수직력은?

① $2\left(\dfrac{1}{\varepsilon_2} - \dfrac{1}{\varepsilon_1}\right)E^2$
② $2\left(\dfrac{1}{\varepsilon_2} - \dfrac{1}{\varepsilon_1}\right)D^2$
③ $\dfrac{1}{2}\left(\dfrac{1}{\varepsilon_2} - \dfrac{1}{\varepsilon_1}\right)E^2$
④ $\dfrac{1}{2}\left(\dfrac{1}{\varepsilon_2} - \dfrac{1}{\varepsilon_1}\right)D^2$

제2과목 전력공학

21
수전단의 전력원 방정식이 $P_r^2 + (Q_r + 400)^2 = 250,000$으로 표현되는 전력계통에서 가능한 최대로 공급할 수 있는 부하전력(P_r)과 이때 전압을 일정하게 유지하는 데 필요한 무효전력(Q_r)은 각각 얼마인가?

① $P_r = 500$, $Q_r = -400$
② $P_r = 400$, $Q_r = 500$
③ $P_r = 300$, $Q_r = 100$
④ $P_r = 200$, $Q_r = -300$

22
중성점 직접접지방식에 대한 설명으로 틀린 것은?
① 계통의 과도안정도가 나쁘다.
② 변압기의 단절연(段絶緣)이 가능하다.
③ 1선 지락 시 건전상의 전압은 거의 상승하지 않는다.
④ 1선 지락전류가 적어 차단기의 차단능력이 감소된다.

23
보호계전기의 보호방식 중 표시선 계전방식이 아닌 것은?
① 방향비교방식
② 위상비교방식
③ 전압방향방식
④ 전류순환방식

24
전력선에 영상전류가 흐를 때 통신선로에 발생되는 유도장해는?
① 고조파유도장해
② 전력유도장해
③ 전자유도장해
④ 정전유도장해

25
그림과 같이 부하가 균일한 밀도로 도중에서 분기되어 선로전류가 송전단에 이를수록 직선적으로 증가할 경우 선로의 전압강하는 이 송전단전류와 같은 전류의 부하가 선로의 말단에만 집중되어 있을 경우의 전압강하보다 어떻게 되는가?(단, 부하역률은 모두 같다고 한다)

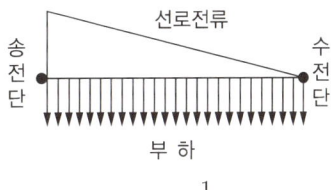

① $\frac{1}{3}$
② $\frac{1}{2}$
③ 1
④ 2

26
송전거리, 전력, 손실률 및 역률이 일정하다면 전선의 굵기는?
① 전류에 비례한다.
② 전류에 반비례한다.
③ 전압의 제곱에 비례한다.
④ 전압의 제곱에 반비례한다.

27
차단기의 차단능력이 가장 가벼운 것은?
① 중성점 직접접지계통의 지락전류 차단
② 중성점 저항접지계통의 지락전류 차단
③ 송전선로의 단락사고 시의 단락사고 차단
④ 중성점을 소호리액터로 접지한 장거리 송전선로의 지락전류 차단

28
송전선로에서 1선 지락 시에 건전상의 전압상승이 가장 적은 접지방식은?
① 비접지방식
② 직접접지방식
③ 저항접지방식
④ 소호리액터접지방식

29
변압기의 결선 중에서 1차에 제3고조파가 있을 때 2차에 제3고조파 전압이 외부로 나타나는 결선은?
① Y-Y
② Y-△
③ △-Y
④ △-△

30
3상 3선식의 전선 소요량에 대한 3상 4선식의 전선 소요량의 비는 얼마인가?(단, 배전거리, 배전전력 및 전력손실은 같고, 4선식의 중성선의 굵기는 외선의 굵기와 같으며, 외선과 중성선 간의 전압은 3선식의 선간전압과 같다)
① $\frac{4}{9}$
② $\frac{2}{3}$
③ $\frac{3}{4}$
④ $\frac{1}{3}$

31
한류리액터의 사용 목적은?
① 누설전류의 제한
② 단락전류의 제한
③ 접지전류의 제한
④ 이상전압 발생의 방지

32
배전선로의 손실을 경감하기 위한 대책으로 적절하지 않은 것은?
① 누전차단기 설치
② 배전전압의 승압
③ 전력용 콘덴서 설치
④ 전류밀도의 감소와 평형

33
동일 모선에 2개 이상의 급전선(Feeder)을 가진 비접지 배전계통에서 지락사고에 대한 보호계전기는?
① OCR
② OVR
③ SGR
④ DFR

34
컴퓨터에 의한 전력조류계산에서 슬랙(Slack)모선의 지정값은?(단, 슬랙모선을 기준모선으로 한다)
① 유효전력과 무효전력
② 모선전압의 크기와 유효전력
③ 모선전압의 크기와 무효전력
④ 모선전압의 크기와 모선전압의 위상각

35
단상변압기 3대를 △결선으로 운전하던 중 1대의 고장으로 V결선한 경우 V결선과 △결선의 출력비는 약 몇 [%]인가?
① 52.2
② 57.7
③ 66.7
④ 86.6

36
댐의 부속설비가 아닌 것은?
① 수 로
② 수 조
③ 취수구
④ 흡출관

37
발전기의 단락비가 작은 경우의 현상으로 옳은 것은?
① 단락전류가 커진다.
② 안정도가 높아진다.
③ 전압변동률이 커진다.
④ 선로를 충전할 수 있는 용량이 증가한다.

38
중거리 송전선로의 특성은 무슨 회로로 다루어야 하는가?
① RL 집중정수회로
② RLC 집중정수회로
③ 분포정수회로
④ 특성임피던스회로

39
전력용 콘덴서의 사용전압을 2배로 증가시키고자 한다. 이때 정전용량을 변화시켜 동일용량[kVar]으로 유지하려면 승압 전의 정전용량보다 어떻게 변화하면 되는가?

① 4배로 증가
② 2배로 증가
③ $\frac{1}{2}$로 감소
④ $\frac{1}{4}$로 감소

40
통신선과 평행인 주파수 60[Hz]의 3상 1회선 송전선이 있다. 1선 지락 때문에 영상전류가 100[A] 흐르고 있다면 통신선에 유도되는 전자유도전압은 약 몇 [V]인가?(단, 영상전류는 전 전선에 걸쳐서 같으며, 송전선과 통신선과의 상호인덕턴스는 0.06[mH/km], 그 평행 길이는 40[km]이다)

① 156.6
② 162.8
③ 230.2
④ 271.4

제3과목 전기기기

41
3단자 사이리스터가 아닌 것은?

① SCR
② GTO
③ SCS
④ TRIAC

42
슬롯수 36의 고정자 철심이 있다. 여기에 3상 4극의 2층권으로 권선할 때 매극 매상의 슬롯수와 코일수는?

① 3과 18
② 9와 36
③ 3과 36
④ 8와 18

43
상수 m, 매극 매상당 슬롯수 q인 동기발전기에서 n차 고조파분에 대한 분포계수는?

① $\left(q\sin\frac{n\pi}{mq}\right)/\left(\sin\frac{n\pi}{m}\right)$
② $\left(\sin\frac{n\pi}{m}\right)/\left(q\sin\frac{n\pi}{mq}\right)$
③ $\left(\sin\frac{\pi}{2m}\right)/\left(q\sin\frac{n\pi}{2mq}\right)$
④ $\left(\sin\frac{n\pi}{2m}\right)/\left(q\sin\frac{n\pi}{2mq}\right)$

44
유도전동기 1극의 자속 및 2차 도체에 흐르는 전류와 토크와의 관계는?

① 토크는 1극의 자속과 2차 유효전류의 곱에 비례한다.
② 토크는 1극의 자속과 2차 유효전류의 제곱에 비례한다.
③ 토크는 1극의 자속과 2차 유효전류의 곱에 반비례한다.
④ 토크는 1극의 자속과 2차 유효전류의 제곱에 반비례한다.

45
3,000[V]의 단상 배전선전압을 3,300[V]로 승압하는 단권변압기의 자기용량은 약 몇 [kVA]인가?(단, 여기서 부하용량은 100[kVA]이다)

① 2.1
② 5.3
③ 7.4
④ 9.1

46
직류 분권발전기를 병렬운전하기 위해서는 발전기 용량 P와 정격전압 V는?

① P와 V 모두 달라도 된다.
② P는 같고, V는 달라도 된다.
③ P와 V가 모두 같아야 한다.
④ P는 달라도 V는 같아야 한다.

정답 39 ④ 40 ④ 41 ③ 42 ③ 43 ④ 44 ① 45 ④ 46 ④

47

비철극형 3상 동기발전기의 동기리액턴스 X_s=10 [Ω], 유도기전력 E=6,000[V], 단자전압 V=5,000 [V], 부하각 δ=30°일 때 출력은 몇 [kW]인가?(단, 전기자 권선저항은 무시한다)

① 1,500
② 3,500
③ 4,500
④ 5,500

48

권선형 유도전동기의 2차권선의 전압 sE_2와 같은 위상의 전압 E_c를 공급하고 있다. E_c를 점점 크게 하면 유도전동기의 회전방향과 속도는 어떻게 변하는가?

① 속도는 회전자계와 같은 방향으로 동기속도까지만 상승한다.
② 속도는 회전자계와 반대 방향으로 동기속도까지만 상승한다.
③ 속도는 회전자계와 같은 방향으로 동기속도 이상으로 회전할 수 있다.
④ 속도는 회전자계와 반대 방향으로 동기속도 이상으로 회전할 수 있다.

49

3상 유도전동기 원선도에서 역률[%]을 표시하는 것은?

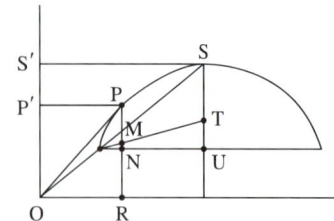

① $\dfrac{\overline{OS'}}{\overline{OS}} \times 100$
② $\dfrac{\overline{SS'}}{\overline{OS}} \times 100$
③ $\dfrac{\overline{OP'}}{\overline{OP}} \times 100$
④ $\dfrac{\overline{OS}}{\overline{OP}} \times 100$

50

정격출력이 7.5[kW]의 3상 유도전동기가 전부하 운전에서 2차 저항손이 300[W]이다. 슬립은 약 몇 [%]인가?

① 3.85
② 4.61
③ 7.51
④ 9.42

51

권선형 유도전동기 기동 시 2차 측에 저항을 넣는 이유는?

① 회전수 감소
② 기동전류 증대
③ 기동토크 감소
④ 기동전류 감소와 기동토크 증대

52

변압기에서 철손을 구할 수 있는 시험은?

① 유도시험
② 단락시험
③ 부하시험
④ 무부하시험

53

6극 직류발전기의 정류자 편수가 132, 유기기전력이 210[V], 직렬도체수가 132개이고 중권이다. 정류자 편간 전압은 약 몇 [V]인가?

① 4
② 9.5
③ 12
④ 16

54

주파수 60[Hz], 슬립 0.2인 경우 회전자 속도가 720[rpm]일 때 유도전동기의 극수는?

① 4
② 6
③ 8
④ 12

55
단상변압기를 병렬운전할 경우 부하전류의 분담은?
① 용량에 비례하고 누설임피던스에 비례
② 용량에 비례하고 누설임피던스에 반비례
③ 용량에 반비례하고 누설리액턴스에 비례
④ 용량에 반비례하고 누설리액턴스의 제곱에 비례

56
유도전동기의 1차 전압 변화에 의한 속도제어 시 SCR을 사용하여 변화시키는 것은?
① 토크
② 전류
③ 주파수
④ 위상각

57
단락비가 큰 동기기에 대한 설명으로 옳은 것은?
① 안정도가 높다.
② 기계가 소형이다.
③ 전압변동률이 크다.
④ 전기자 반작용이 크다.

58
동기전동기의 기동법 중 자기동법(Self-starting Method)에서 계자권선을 저항을 통해서 단락시키는 이유는?
① 기동이 쉽다.
② 기동권선으로 이용한다.
③ 고전압의 유도를 방지한다.
④ 전기자 반작용을 방지한다.

59
직류발전기의 전기자 반작용의 영향이 아닌 것은?
① 주자속이 증가한다.
② 전기적 중성축이 이동한다.
③ 정류작용에 악영향을 준다.
④ 정류자편 사이의 전압이 불균일하게 된다.

60
변압기 운전에 있어 효율이 최대가 되는 부하는 전부하의 75[%]였다고 하면, 전부하에서의 철손과 동손의 비는?
① 4 : 3
② 9 : 16
③ 10 : 15
④ 18 : 30

제4과목 회로이론 및 제어공학

61
$\mathcal{L}^{-1}\left[\dfrac{s}{(s+1)^2}\right]$는?
① $e^t - te^{-t}$
② $e^{-t} - te^{-t}$
③ $e^{-t} + te^{-t}$
④ $e^{-t} + 2te^{-t}$

62
그림의 블록선도에서 K에 대한 폐루프 전달함수 $T = \dfrac{C(s)}{R(s)}$의 감도 S_K^T는?

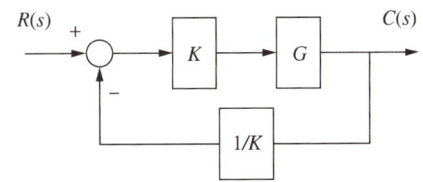

① -1
② -0.5
③ 0.5
④ 1

63
전달함수 $G(s) = \dfrac{C(s)}{R(s)} = \dfrac{1}{(s+a)^2}$인 제어계의 임펄스응답 $c(t)$는?
① e^{-at}
② $1 - e^{-at}$
③ te^{-at}
④ $\dfrac{1}{2}t^2$

64
비례요소를 나타내는 전달함수는?

① $G(s) = K$ ② $G(s) = Ks$
③ $G(s) = \dfrac{K}{s}$ ④ $G(s) = \dfrac{K}{Ts+1}$

65
$G(s)H(s) = \dfrac{K(s+1)}{s^2(s+2)(s+3)}$ 에서 점근선의 교차점을 구하면?

① $-\dfrac{5}{6}$ ② $-\dfrac{1}{5}$
③ $-\dfrac{4}{3}$ ④ $-\dfrac{1}{3}$

66
$F(s) = s^3 + 4s^2 + 2s + K = 0$ 에서 시스템이 안정하기 위한 K의 범위는?

① $0 < K < 8$ ② $-8 < K < 0$
③ $1 < K < 8$ ④ $-1 < K < 8$

67
근궤적에 대한 설명 중 옳은 것은?
① 점근선은 허수축에서만 교차한다.
② 근궤적이 허수축을 끊는 K의 값은 일정하다.
③ 근궤적은 절대안정도 및 상대안정도와 관계가 없다.
④ 근궤적의 개수는 극점의 수와 영점의 수 중에서 큰 것과 일치한다.

68
단위 피드백제어계의 개루프 전달함수가 $G(s) = \dfrac{1}{(s+1)(s+2)}$ 일 때 단위 계단입력에 대한 정상편차는?

① $\dfrac{1}{3}$ ② $\dfrac{2}{3}$
③ 1 ④ $\dfrac{4}{3}$

69
다음의 전달함수 중에서 극점이 $-1 \pm j2$, 영점이 -2인 것은?

① $\dfrac{s+2}{(s+1)^2+4}$ ② $\dfrac{s-2}{(s+1)^2+4}$
③ $\dfrac{s+2}{(s-1)^2+4}$ ④ $\dfrac{s-2}{(s-1)^2+4}$

70
다음의 논리회로를 간단히 하면?

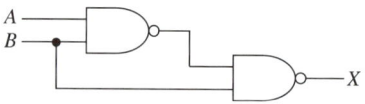

① $\overline{A} + B$
② $A + \overline{B}$
③ $\overline{A} + \overline{B}$
④ $A + B$

71
그림의 사다리꼴 회로에서 부하전압 V_L의 크기는 몇 [V]인가?

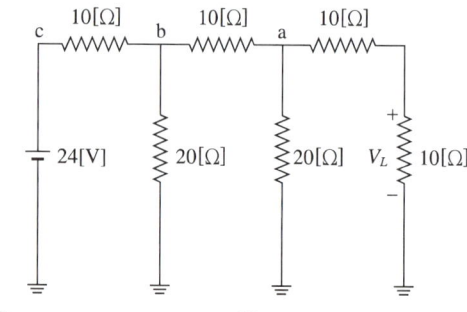

① 3.0 ② 3.25
③ 4.0 ④ 4.15

72
전압비 10^6을 데시벨[dB]로 나타내면?

① 20 ② 60
③ 100 ④ 120

73
그림과 같은 파형의 파고율은?

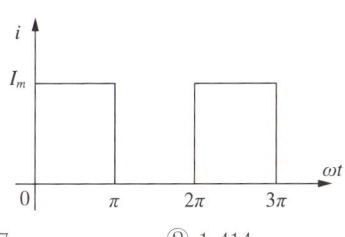

① 0.707
② 1.414
③ 1.732
④ 2.000

74
그림과 같은 직류전압의 라플라스 변환을 구하면?

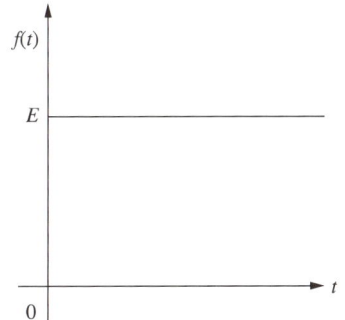

① $\dfrac{E}{s-1}$
② $\dfrac{E}{s+1}$
③ $\dfrac{E}{s}$
④ $\dfrac{E}{s^2}$

75
구동점 임피던스 함수에 있어서 극점(Pole)은?
① 개방회로 상태를 의미한다.
② 단락회로 상태를 의미한다.
③ 아무 상태도 아니다.
④ 전류가 많이 흐르는 상태를 의미한다.

76
전하보존의 법칙(Conservation of Charge)과 가장 관계가 있는 것은?
① 키르히호프의 전류법칙
② 키르히호프의 전압법칙
③ 옴의 법칙
④ 렌츠의 법칙

77
$i = 3t^2 + 2t$[A]의 전류가 도선을 30초간 흘렀을 때 통과한 전체 전기량[Ah]은?
① 4.25
② 6.75
③ 7.75
④ 8.25

78
인덕턴스 L=20[mH]인 코일에 실횻값 E=50[V], 주파수 f=60[Hz]인 정현파 전압을 인가했을 때 코일에 축적되는 평균 자기에너지는 약 몇 [J]인가?
① 6.3
② 4.4
③ 0.63
④ 0.44

79
전송선로의 특성임피던스가 100[Ω]이고, 부하저항이 400[Ω]일 때 전압 정재파비 S는 얼마인가?
① 0.25
② 0.6
③ 1.67
④ 4.0

80
상전압이 120[V]인 평형 3상 Y결선의 전원에 Y결선 부하를 도선으로 연결하였다. 도선의 임피던스는 $1+j$[Ω]이고 부하의 임피던스는 $20+j10$[Ω]이다. 이때 부하에 걸리는 전압은 약 몇 [V]인가?
① $67.18 \angle -25.4°$
② $101.62 \angle 0°$
③ $113.14 \angle -1.1°$
④ $118.42 \angle -30°$

제5과목 전기설비기술기준

81
특고압 가공전선이 도로·횡단보도교·철도 또는 궤도와 제1차 접근상태로 시설되는 경우 특고압 가공전선로는 제 몇 종 보안공사에 의하여야 하는가?

① 제1종 특고압 보안공사
② 제2종 특고압 보안공사
③ 제3종 특고압 보안공사
④ 제4종 특고압 보안공사

82
※ KEC 규정 적용으로 문제 삭제

직류 귀선은 궤도 근접 부분이 금속제 지중관로와 접근하거나 교차하는 경우에 전기부식방지를 위한 상호 이격거리는 몇 [m] 이상이어야 하는가?

① 1.0
② 1.5
③ 2.5
④ 3.0

83
철탑의 강도계산에 사용하는 이상 시 상정하중이 가하여지는 경우의 그 이상 시 상정하중에 대한 철탑의 기초에 대한 안전율은 얼마 이상이어야 하는가?

① 1.2
② 1.33
③ 1.5
④ 2.5

84
전기울타리의 시설에 관한 규정 중 틀린 것은?

① 전선과 수목 사이의 이격거리는 50[cm] 이상이어야 한다.
② 전기울타리는 사람이 쉽게 출입하지 아니하는 곳에 시설하여야 한다.
③ 전선은 인장강도 1.38[kN] 이상의 것 또는 지름 2[mm] 이상의 경동선이어야 한다.
④ 전기울타리용 전원 장치에 전기를 공급하는 전로의 사용전압은 250[V] 이하이어야 한다.

85
수소냉각식 발전기 또는 이에 부속하는 수소냉각장치에 관한 시설 기준으로 틀린 것은?

① 발전기 안의 수소의 온도를 계측하는 장치를 시설할 것
② 조상기 안의 수소의 압력계측장치 및 압력 변동에 대한 경보장치를 시설할 것
③ 발전기 안의 수소의 순도가 70[%] 이하로 저하할 경우에 경보하는 장치를 시설할 것
④ 발전기는 기밀구조의 것이고, 또한 수소가 대기압에서 폭발하는 경우에 생기는 압력에 견디는 강도를 가지는 것일 것

86
가공전선로의 지지물에 시설하는 지선의 시방세목을 설명한 것 중 옳은 것은?

① 안전율은 1.2 이상일 것
② 허용 인장하중의 최저는 5.26[kN]으로 할 것
③ 소선은 지름 1.6[mm] 이상인 금속선을 사용할 것
④ 지선에 연선을 사용할 경우 소선 3가닥 이상의 연선일 것

87
사용전압 22.9[kV]인 가공전선과 지지물과의 이격거리는 일반적으로 몇 [cm] 이상이어야 하는가?

① 5
② 10
③ 15
④ 20

88
시가지 내에 시설하는 154[kV] 가공전선로에 지락 또는 단락이 생겼을 때 몇 초 안에 자동적으로 이를 전로로부터 차단하는 장치를 시설하여야 하는가?

① 1
② 3
③ 5
④ 10

정답 81 ③ 82 × 83 ② 84 ① 85 ③ 86 ④ 87 ④ 88 ①

89
가요전선관공사에 대한 설명 중 틀린 것은?
① 가요전선관 안에서는 전선의 접속점이 없어야 한다.
② 1종 금속제 가요전선관의 두께는 1.2[mm] 이상이어야 한다.
③ 가요전선관 내에 수용되는 전선은 연선이어야 하며 단면적 10[mm^2] 이하는 무방하다.
④ 가요전선관 내에 수용되는 전선은 옥외용 비닐절연전선을 제외하고는 절연전선이어야 한다.

90
태양전지 발전소에 시설하는 태양전기 모듈, 전선 및 개폐기의 시설에 대한 설명으로 틀린 것은?
① 전선은 공칭단면적 2.5[mm^2] 이상의 연동선을 사용할 것
② 태양전지 모듈에 접속하는 부하측 전로에는 개폐기를 시설할 것
③ 태양전지 모듈을 병렬로 접속하는 전로에 과전류 차단기를 시설할 것
④ 옥측에 시설하는 경우 금속관공사, 합성수지관공사, 애자사용공사로 배선할 것

91
※ KEC 규정 적용으로 문제 삭제
옥내에 시설하는 관등회로의 사용전압이 1,000[V]를 초과하는 방전등공사에 사용되는 네온변압기 외함의 접지공사로 옳은 것은?
① 제1종 접지공사 ② 제2종 접지공사
③ 제3종 접지공사 ④ 특별 제3종 접지공사

92
주택 등 저압 수용장소에서 고정전기설비에 TN-C-S 접지방식으로 접지공사 시 중성선 겸용 보호도체(PEN)를 알루미늄으로 사용할 경우 단면적은 몇 [mm^2] 이상이어야 하는가?
① 2.5   ② 6
③ 10   ④ 16

93
가공전선로에 사용하는 지지물의 강도 계산에 적용하는 갑종 풍압하중을 계산할 때 구성재의 수직 투영면적 1[m^2]에 대한 풍압값[Pa]의 기준으로 틀린 것은?
① 목주 : 588
② 원형 철주 : 588
③ 원형 철근콘크리트주 : 1,038
④ 강관으로 구성된 철탑(단주는 제외) : 1,255

94
주택의 옥내를 통과하여 그 주택 이외의 장소에 전기를 공급하기 위한 옥내배선을 공사하는 방법이다. 사람이 접촉할 우려가 없는 은폐된 장소에서 시행하는 공사 종류가 아닌 것은?(단, 주택의 옥내전로의 대지전압은 300[V]이다)
① 금속관공사
② 케이블공사
③ 금속덕트공사
④ 합성수지관공사

95
발전소, 변전소, 개폐소의 시설부지조성을 위해 산지를 전용할 경우에 전용하고자 하는 산지의 평균 경사도는 몇 도 이하이어야 하는가?
① 10   ② 15
③ 20   ④ 25

96
통신선과 저압 가공전선 또는 특고압 가공전선로의 다중접지를 한 중성선 사이의 이격거리는 몇 [cm] 이상인가?
① 15   ② 30
③ 60   ④ 90

97
전기방식시설의 전기방식회로의 전선 중 지중에 시설하는 것으로 틀린 것은?

① 전선은 공칭단면적 4.0[mm²]의 연동선 또는 이와 동등 이상의 세기 및 굵기의 것일 것
② 양극에 부속하는 전선은 공칭단면적 2.5[mm²] 이상의 연동선 또는 이와 동등 이상의 세기 및 굵기의 것을 사용할 수 있을 것
③ 전선을 직접 매설식에 의하여 시설하는 경우 차량 기타의 중량물의 압력을 받을 우려가 없는 것에 매설 깊이를 1.2[m] 이상으로 할 것
④ 입상 부분의 전선 중 깊이 60[cm] 미만인 부분은 사람이 접촉할 우려가 없고 또한 손상을 받을 우려가 없도록 적당한 방호장치를 할 것

98
고압 가공전선이 안테나와 접근상태로 시설되는 경우에 가공전선과 안테나 사이의 수평 이격거리는 최소 몇 [cm] 이상이어야 하는가?(단, 가공전선으로는 케이블을 사용하지 않는다고 한다)

① 60
② 80
③ 100
④ 120

99
유도장해의 방지를 위한 규정으로 사용전압 60[kV] 이하인 가공전선로의 유도전류는 전화선로의 길이 12[km]마다 몇 [μA]를 넘지 않도록 하여야 하는가?

① 1
② 2
③ 3
④ 4

100
전동기의 절연내력시험은 권선과 대지 간에 계속하여 시험전압을 가할 경우, 최소 몇 분간은 견디어야 하는가?

① 5
② 10
③ 20
④ 30

2017년 제1회 기출문제

제1과목 전기자기학

01
평행평판 공기콘덴서의 양 극판에 $+\sigma$[C/m²], $-\sigma$[C/m²]의 전하가 분포되어 있다. 이 두 전극 사이에 유전율 ε[F/m]인 유전체를 삽입한 경우의 전계[V/m]는?(단, 유전체의 분극전하밀도를 $+\sigma'$[C/m²], $-\sigma'$[C/m²]이라 한다)

① $\dfrac{\sigma}{\varepsilon_0}$
② $\dfrac{\sigma+\sigma'}{\varepsilon_0}$
③ $\dfrac{\sigma}{\varepsilon_0} - \dfrac{\sigma'}{\varepsilon}$
④ $\dfrac{\sigma-\sigma'}{\varepsilon_0}$

02
자계와 직각으로 놓인 도체에 I[A]의 전류를 흘릴 때 f[N]의 힘이 작용하였다. 이 도체를 v[m/s]의 속도로 자계와 직각으로 운동시킬 때의 기전력 e[V]는?

① $\dfrac{fv}{I^2}$
② $\dfrac{fv}{I}$
③ $\dfrac{fv^2}{I}$
④ $\dfrac{fv}{2I}$

03
폐회로에 유도되는 유도기전력에 관한 설명으로 옳은 것은?

① 유도기전력은 권선수의 제곱에 비례한다.
② 렌츠의 법칙은 유도기전력의 크기를 결정하는 법칙이다.
③ 자계가 일정한 공간 내에서 폐회로가 운동하여도 유도기전력이 유도된다.
④ 전계가 일정한 공간 내에서 폐회로가 운동하여도 유도기전력이 유도된다.

04
반지름 a, b인 두 개의 구 형상 도체 전극이 도전율 k인 매질 속에 중심거리 r만큼 떨어져 있다. 양 전극 간의 저항은?(단, $r \gg a, b$이다)

① $4\pi k\left(\dfrac{1}{a}+\dfrac{1}{b}\right)$
② $4\pi k\left(\dfrac{1}{a}-\dfrac{1}{b}\right)$
③ $\dfrac{1}{4\pi k}\left(\dfrac{1}{a}+\dfrac{1}{b}\right)$
④ $\dfrac{1}{4\pi k}\left(\dfrac{1}{a}-\dfrac{1}{b}\right)$

05
그림과 같이 반지름 a인 무한장 평행도체 A, B가 간격 d로 놓여 있고, 단위길이당 각각 $+\lambda$, $-\lambda$의 전하가 균일하게 분포되어 있다. A, B 도체 간의 전위차[V]는?(단, $d \gg a$이다)

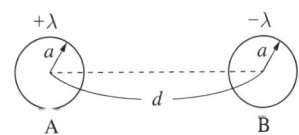

① $\dfrac{\lambda}{\pi\varepsilon_0}\ln\dfrac{d-a}{a}$
② $\dfrac{\lambda}{2\pi\varepsilon_0}\ln\dfrac{d}{a}$
③ $\dfrac{\lambda}{\pi\varepsilon_0}\ln\dfrac{a}{d}$
④ $\dfrac{\lambda}{2\pi\varepsilon_0}\ln\dfrac{a}{d}$

정답 1 ④ 2 ② 3 ③ 4 ③ 5 ①

06
매질1(ε_1)은 나일론(비율전율 $\varepsilon_s = 4$)이고 매질2(ε_2)는 진공일 때 전속밀도 D가 경계면에서 각각 θ_1, θ_2의 각을 이룰 때, $\theta_2 = 30°$라면 θ_1의 값은?

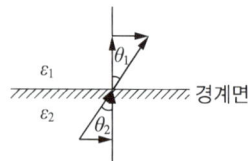

① $\tan^{-1}\dfrac{4}{\sqrt{3}}$
② $\tan^{-1}\dfrac{\sqrt{3}}{4}$
③ $\tan^{-1}\dfrac{\sqrt{3}}{2}$
④ $\tan^{-1}\dfrac{2}{\sqrt{3}}$

07
자기회로에 관한 설명으로 옳은 것은?
① 자기회로의 자기저항은 자기회로의 단면적에 비례한다.
② 자기회로의 기자력은 자기저항과 자속의 곱과 같다.
③ 자기저항 R_{m1}과 R_{m2}을 직렬연결 시 합성 자기저항은 $\dfrac{1}{R_m} = \dfrac{1}{R_{m1}} + \dfrac{1}{R_{m2}}$이다.
④ 자기회로의 자기저항은 자기회로의 길이에 반비례한다.

08
두 개의 콘덴서를 직렬접속하고 직류전압을 인가 시 설명으로 옳지 않은 것은?
① 정전용량이 작은 콘덴서의 전압이 많이 걸린다.
② 합성 정전용량은 각 콘덴서의 정전용량의 합과 같다.
③ 합성 정전용량은 각 콘덴서의 정전용량보다 작아진다.
④ 각 콘덴서의 두 전극에 정전유도에 의하여 정·부의 동일한 전하가 나타나고 전하량은 일정하다.

09
길이가 1[cm], 지름 5[mm]인 동선에 1[A]의 전류를 흘렸을 때 전자가 동선을 흐르는 데 걸리는 평균 시간은 약 몇 초인가?(단, 동선의 전자밀도는 1×10^{28} [개/m³]이다)
① 3
② 31
③ 314
④ 3,147

10
일반적인 전자계에서 성립되는 기본방정식이 아닌 것은?(단, i는 전류밀도, ρ는 공간전하밀도이다)
① $\nabla \times H = i + \dfrac{\partial D}{\partial t}$
② $\nabla \times E = -\dfrac{\partial B}{\partial t}$
③ $\nabla \cdot D = \rho$
④ $\nabla \cdot B = \mu H$

11
전계 E[V/m], 자계 H[AT/m]의 전자계가 평면파를 이루고, 자유공간으로 단위시간에 전파될 때 단위면적당 전력밀도[W/m²]의 크기는?
① EH^2
② EH
③ $\dfrac{1}{2}EH^2$
④ $\dfrac{1}{2}EH$

12
옴의 법칙을 미분형태로 표시하면?(단, i는 전류밀도이고, ρ는 저항률, E는 전계이다)
① $i = \dfrac{1}{\rho}E$
② $i = \rho E$
③ $i = \text{div}E$
④ $i = \nabla \times E$

13
0.2[μF]인 평행판 공기 콘덴서가 있다. 전극 간에 그 간격의 절반 두께의 유리판을 넣었다면 콘덴서의 용량은 약 몇 [μF]인가?(단, 유리의 비유전율은 10이다)

① 0.26
② 0.36
③ 0.46
④ 0.56

14
한 변의 길이가 $\sqrt{2}$ [m]인 정사각형의 4개 꼭짓점에 +10^{-9}[C]의 점전하가 각각 있을 때 이 사각형의 중심에서의 전위[V]는?

① 0
② 18
③ 36
④ 72

15
기계적인 변형력을 가할 때, 결정체의 표면에 전위차가 발생되는 현상은?

① 볼타효과
② 전계효과
③ 압전효과
④ 파이로효과

16
면적이 $S[m^2]$인 금속판 2매를 간격이 d[m]되게 공기 중에 나란하게 놓았을 때 두 도체 사이의 정전용량[F]은?

① $\frac{S}{d}\varepsilon_0$
② $\frac{d}{S}\varepsilon_0$
③ $\frac{d}{S^2}\varepsilon_0$
④ $\frac{S^2}{d}\varepsilon_0$

17
면전하밀도가 ρ_s[C/m²]인 무한히 넓은 도체판에서 R[m]만큼 떨어져 있는 점의 전계의 세기[V/m]는?

① $\frac{\rho_s}{\varepsilon_0}$
② $\frac{\rho_s}{2\varepsilon_0}$
③ $\frac{\rho_s}{2R}$
④ $\frac{\rho_s}{4\pi R^2}$

18
300회 감은 코일에 3[A]의 전류가 흐를 때의 기자력[AT]은?

① 10
② 90
③ 100
④ 900

19
구리로 만든 지름 20[cm]의 반구에 물을 채우고 그 중에 지름 10[cm]의 구를 띄운다. 이때에 두 개의 구가 동심구라면 두 구 사이의 저항은 약 몇 [Ω]인가? (단, 물의 도전율은 10^{-3}[℧/m]라 하고, 물이 충만되어 있다고 한다)

① 1,590
② 2,590
③ 2,800
④ 3,180

20
자기회로에서 철심의 투자율을 μ라 하고 회로의 길이를 l이라 할 때 그 회로의 일부에 미소공극 l_g를 만들면 회로의 자기저항은 처음의 몇 배인가?(단, $l_g \ll l$, 즉 $l-l_g \fallingdotseq l$이다)

① $1+\frac{\mu l_g}{\mu_0 l}$
② $1+\frac{\mu l}{\mu_0 l_g}$
③ $1+\frac{\mu_0 l_g}{\mu l}$
④ $1+\frac{\mu_0 l}{\mu l_g}$

정답 13 ② 14 ③ 15 ③ 16 ① 17 ② 18 ④ 19 ① 20 ①

제2과목 전력공학

21
초고압 송전계통에 단권변압기가 사용되는데 그 이유로 볼 수 없는 것은?
① 효율이 높다.
② 단락전류가 작다.
③ 전압변동률이 작다.
④ 자로가 단축되어 재료를 절약할 수 있다.

22
피뢰기의 구비조건이 아닌 것은?
① 상용주파방전 개시전압이 낮을 것
② 충격방전 개시전압이 낮을 것
③ 속류 차단능력이 클 것
④ 제한전압이 낮을 것

23
어떤 화력발전소의 증기조건이 고온원 540[℃], 저온원 30[℃]일 때 이 온도 간에서 움직이는 카르노 사이클의 이론 열효율[%]은?
① 85.2
② 80.5
③ 75.3
④ 62.7

24
그림과 같은 회로의 영상, 정상, 역상임피던스 Z_0, Z_1, Z_2는?

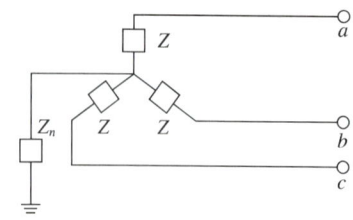

① $Z_0 = Z + 3Z_n$, $Z_1 = Z_2 = Z$
② $Z_0 = 3Z_n$, $Z_1 = Z$, $Z_2 = 3Z$
③ $Z_0 = 3Z + Z_n$, $Z_1 = 3Z$, $Z_2 = Z$
④ $Z_0 = Z + Z_n$, $Z_1 = Z_2 = Z + 3Z_n$

25
비접지식 송전선로에 있어서 1선 지락고장이 생겼을 경우 지락점에 흐르는 전류는?
① 직류 전류
② 고장상의 영상전압과 동상의 전류
③ 고장상의 영상전압보다 90도 빠른 전류
④ 고장상의 영상전압보다 90도 늦은 전류

26
가공전선로에 사용하는 전선의 굵기를 결정할 때 고려할 사항이 아닌 것은?
① 절연저항
② 전압강하
③ 허용전류
④ 기계적 강도

27
조상설비가 아닌 것은?
① 정지형무효전력 보상장치
② 자동고장구분개폐기
③ 전력용콘덴서
④ 분로리액터

28
코로나현상에 대한 설명이 아닌 것은?
① 전선을 부각시킨다.
② 코로나 현상은 전력의 손실을 일으킨다.
③ 코로나 방전에 의하여 전파 장해가 일어난다.
④ 코로나 손실은 전원주파수의 $\frac{2}{3}$ 제곱에 비례한다.

29

다음 (㉮), (㉯), (㉰)에 들어갈 내용으로 옳은 것은?

> 원자력이란 일반적으로 무거운 원자핵이 핵분열하여 가벼운 핵으로 바뀌면서 발생하는 핵분열에너지를 이용하는 것이고, (㉮)발전은 가벼운 원자핵을(과) (㉯)하여 무거운 핵으로 바꾸면서 (㉰) 전후의 질량결손에 해당하는 방출에너지를 이용하는 방식이다.

① ㉮ 원자핵융합 ㉯ 융합 ㉰ 결합
② ㉮ 핵결합 ㉯ 반응 ㉰ 융합
③ ㉮ 핵융합 ㉯ 융합 ㉰ 핵반응
④ ㉮ 핵반응 ㉯ 반응 ㉰ 결합

30

경간 200[m], 장력 1,000[kg], 하중 2[kg/m]인 가공전선의 이도(Dip)는 몇 [m]인가?

① 10
② 11
③ 12
④ 13

31

영상변류기를 사용하는 계전기는?

① 과전류계전기
② 과전압계전기
③ 부족전압계전기
④ 선택지락계전기

32

전력계통의 안정도 향상 방법이 아닌 것은?

① 선로 및 기기의 리액턴스를 낮게 한다.
② 고속도 재폐로 차단기를 채용한다.
③ 중성점 직접접지방식을 채용한다.
④ 고속도 AVR을 채용한다.

33

증식비가 1보다 큰 원자로는?

① 경수로
② 흑연로
③ 중수로
④ 고속증식로

34

송전용량이 증가함에 따라 송전선의 단락 및 지락전류도 증가하여 계통에 여러 가지 장해요인이 되고 있다. 이들의 경감대책으로 적합하지 않은 것은?

① 계통의 전압을 높인다.
② 고장 시 모선 분리 방식을 채용한다.
③ 발전기와 변압기의 임피던스를 작게 한다.
④ 송전선 또는 모선 간에 한류리액터를 삽입한다.

35

송배전 선로에서 선택지락계전기(SGR)의 용도는?

① 다회선에서 접지 고장 회선의 선택
② 단일 회선에서 접지 전류의 대소 선택
③ 단일 회선에서 접지 전류의 방향 선택
④ 단일 회선에서 접지 사고의 지속 시간 선택

36

그림과 같은 회로의 일반회로정수가 아닌 것은?

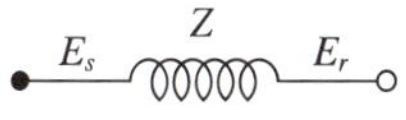

① $B = Z+1$
② $A = 1$
③ $C = 0$
④ $D = 1$

37

송전선로의 중성점에 접지하는 목적이 아닌 것은?

① 송전용량의 증가
② 과도안정도의 증진
③ 이상전압 발생의 억제
④ 보호계전기의 신속, 확실한 동작

38
부하전류가 흐르는 전로는 개폐할 수 없으나 기기의 점검이나 수리를 위하여 회로를 분리하거나, 계통의 접속을 바꾸는데 사용하는 것은?
① 차단기　　② 단로기
③ 전력용 퓨즈　④ 부하 개폐기

39
보호계전기와 그 사용 목적이 잘못된 것은?
① 비율차동계전기 : 발전기 내부 단락 검출용
② 전압평형계전기 : 발전기 출력측 PT 퓨즈 단선에 의한 오작동 방지
③ 역상과전류계전기 : 발전기 부하불평형 회전자 과열 소손
④ 과전압계전기 : 과부하 단락사고

40
송전선로의 정상임피던스를 Z_1, 역상임피던스를 Z_2, 영상임피던스를 Z_0라 할 때 옳은 것은?
① $Z_1 = Z_2 = Z_0$　② $Z_1 = Z_2 < Z_0$
③ $Z_1 > Z_2 = Z_0$　④ $Z_1 < Z_2 = Z_0$

제3과목 전기기기

41
그림과 같은 회로에서 전원전압의 실효치 200[V], 점호각 30°일 때 출력전압은 약 몇 [V]인가?(단, 정상 상태이다)

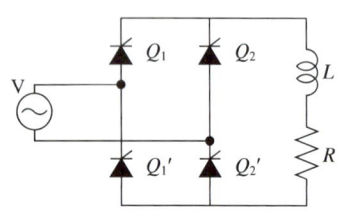

① 157.8　　② 168.0
③ 177.8　　④ 187.8

42
분권발전기의 회전 방향을 반대로 하면 일어나는 현상은?
① 전압이 유기된다.
② 발전기가 소손된다.
③ 잔류자기가 소멸된다.
④ 높은 전압이 발생한다.

43
극수가 24일 때, 전기각 180°에 해당되는 기계각은?
① 7.5°
② 15°
③ 22.5°
④ 30°

44
단락비가 큰 동기기의 특징으로 옳은 것은?
① 안정도가 떨어진다.
② 전압변동률이 크다.
③ 선로 충전용량이 크다.
④ 단자 단락 시 단락전류가 적게 흐른다.

45
단상 직권 정류자 전동기에서 보상권선과 저항도선의 작용을 설명한 것 중 틀린 것은?
① 보상권선은 역률을 좋게 한다.
② 보상권선은 변압기의 기전력을 크게 한다.
③ 보상권선은 전기자 반작용을 제거해 준다.
④ 저항도선은 변압기 기전력에 의한 단락전류를 작게 한다.

정답　38 ②　39 ④　40 ②　41 ②　42 ③　43 ②　44 ③　45 ②

46
5[kVA], 3,000/200[V]의 변압기의 단락시험에서 임피던스전압 120[V], 동손 150[W]라 하면 %저항강하는 약 몇 [%]인가?

① 2 ② 3
③ 4 ④ 5

47
변압기의 규약 효율 산출에 필요한 기본요건이 아닌 것은?

① 파형은 정현파를 기준으로 한다.
② 별도의 지정이 없는 경우 역률은 100[%] 기준이다.
③ 부하손은 40[℃]를 기준으로 보정한 값을 사용한다.
④ 손실은 각 권선에 대한 부하손의 합과 무부하손의 합이다.

48
직류기에 보극을 설치하는 목적은?

① 정류 개선 ② 토크의 증가
③ 회전수 일정 ④ 기동토크의 증가

49
4극, 3상 동기기가 48개의 슬롯을 가진다. 전기자권선 분포계수 K_d를 구하면 약 얼마인가?

① 0.923 ② 0.945
③ 0.957 ④ 0.969

50
슬립 s_t에서 최대 토크를 발생하는 3상 유도전동기에 2차 측 한 상의 저항을 r_2라 하면 최대 토크로 기동하기 위한 2차 측 한 상에 외부로부터 가해주어야 할 저항 [Ω]은?

① $\frac{1-s_t}{s_t}r_2$ ② $\frac{1+s_t}{s_t}r_2$
③ $\frac{r_2}{1-s_t}$ ④ $\frac{r_2}{s_t}$

51
어떤 단상변압기의 2차 무부하전압이 240[V]이고, 정격부하 시의 2차 단자전압이 230[V]이다. 전압변동률은 약 몇 [%]인가?

① 4.35 ② 5.15
③ 6.65 ④ 7.35

52
일반적인 농형 유도전동기에 비하여 2중 농형 유도전동기의 특징으로 옳은 것은?

① 손실이 적다. ② 슬립이 크다.
③ 최대 토크가 크다. ④ 기동토크가 크다.

53
유도전동기의 안정 운전의 조건은?(단, T_m : 전동기 토크, T_L : 부하 토크, n : 회전수)

① $\frac{dT_m}{dn} < \frac{dT_L}{dn}$ ② $\frac{dT_m}{dn} = \frac{dT_L^2}{dn}$
③ $\frac{dT_m}{dn} > \frac{dT_L}{dn}$ ④ $\frac{dT_m}{dn} \neq \frac{dT_L^2}{dn}$

54
사이리스터에서 게이트 전류가 증가하면?

① 순방향 저지전압이 증가한다.
② 순방향 저지전압이 감소한다.
③ 역방향 저지전압이 증가한다.
④ 역방향 저지전압이 감소한다.

55
60[Hz]인 3상 8극 및 2극의 유도전동기를 차동종속으로 접속하여 운전할 때의 무부하속도[rpm]는?

① 720 ② 900
③ 1,000 ④ 1,200

정답 46 ② 47 ③ 48 ① 49 ③ 50 ① 51 ① 52 ④ 53 ① 54 ② 55 ④

56
원통형 회전자를 가진 동기발전기는 부하각 δ가 몇 도일 때 최대 출력을 낼 수 있는가?

① 0° ② 30°
③ 60° ④ 90°

57
직류발전기의 병렬운전에 있어서 균압선을 붙이는 발전기는?

① 타여자발전기
② 직권발전기와 분권발전기
③ 직권발전기와 복권발전기
④ 분권발전기와 복권발전기

58
변압기의 절연내력시험 방법이 아닌 것은?

① 가압시험 ② 유도시험
③ 무부하시험 ④ 충격전압시험

59
직류발전기의 유기기전력이 230[V], 극수가 4, 정류자 편수가 162인 정류자 편간 평균전압은 약 몇 [V]인가?(단, 권선법은 중권이다)

① 5.68 ② 6.28
③ 9.42 ④ 10.2

60
동기발전기의 단자 부근에서 단락이 일어났다고 하면 단락전류는 어떻게 되는가?

① 전류가 계속 증가한다.
② 큰 전류가 증가와 감소를 반복한다.
③ 처음에는 큰 전류이나 점차 감소한다.
④ 일정한 큰 전류가 지속적으로 흐른다.

제4과목 회로이론 및 제어공학

61
다음과 같은 시스템에 단위계단입력 신호가 가해졌을 때 지연시간에 가장 가까운 값[s]은?

$$\frac{C(s)}{R(s)} = \frac{1}{s+1}$$

① 0.5
② 0.7
③ 0.9
④ 1.2

62
그림에서 ①에 알맞은 신호 이름은?

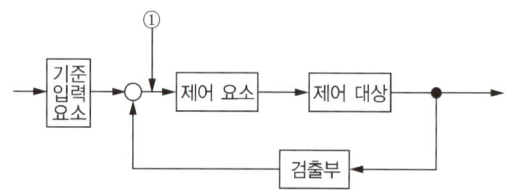

① 조작량
② 제어량
③ 기준입력
④ 동작신호

63
드모르간의 정리를 나타낸 식은?

① $\overline{A+B} = A \cdot B$
② $\overline{A+B} = \overline{A} + \overline{B}$
③ $\overline{A \cdot B} = \overline{A} \cdot \overline{B}$
④ $\overline{A+B} = \overline{A} \cdot \overline{B}$

64
다음 단위 궤환 제어계의 미분방정식은?

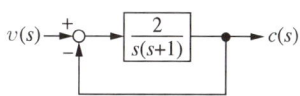

① $\dfrac{d^2c(t)}{dt^2} + \dfrac{dc(t)}{dt} + c(t) = 2u(t)$

② $\dfrac{d^2c(t)}{dt^2} + \dfrac{dc(t)}{dt} + 2c(t) = u(t)$

③ $\dfrac{d^2c(t)}{dt^2} + \dfrac{dc(t)}{dt} + 2c(t) = 5u(t)$

④ $\dfrac{d^2c(t)}{dt^2} + \dfrac{dc(t)}{dt} + 2c(t) = 2u(t)$

65
특성방정식이 다음과 같다. 이를 z 변환하여 z 평면에 도시할 때 단위원 밖에 놓일 근은 몇 개인가?

$$(s+1)(s+2)(s-3) = 0$$

① 0 ② 1
③ 2 ④ 3

66
다음 진리표의 논리소자는?

입력		출력
A	B	C
0	0	1
0	1	0
1	0	0
1	1	0

① OR
② NOR
③ NOT
④ NAND

67
근궤적이 s 평면의 $j\omega$ 축과 교차할 때 폐루프의 제어계는?

① 안정하다.
② 알 수 없다.
③ 불안정하다.
④ 임계상태이다.

68
특성방정식 $s^3 + 2s^2 + (k+3)s + 10 = 0$에서 Routh 안정도 판별법으로 판별 시 안정하기 위한 k의 범위는?

① $k > 2$ ② $k < 2$
③ $k > 1$ ④ $k < 1$

69
그림과 같은 신호흐름선도에서 전달함수 $\dfrac{Y(s)}{X(s)}$ 는 무엇인가?

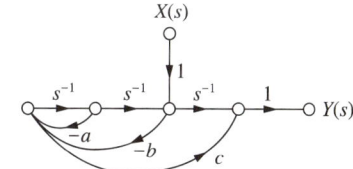

① $\dfrac{s+a}{s^2+as-b^2}$ ② $\dfrac{bcs^2+s}{s^2+as+b}$

③ $\dfrac{-bcs^2+s+a}{s^2+as}$ ④ $\dfrac{-bcs^2+s+a}{s^2+as+b}$

70
$G(s)H(s) = \dfrac{2}{(s+1)(s+2)}$ 의 이득여유[dB]는?

① 20 ② -20
③ 0   ④ ∞

정답 64 ④ 65 ② 66 ② 67 ④ 68 ① 69 ④ 70 ③

71
$R_1 = R_2 = 100[\Omega]$이며 $L_1 = 5[H]$인 회로에서 시정수는 몇 [s]인가?

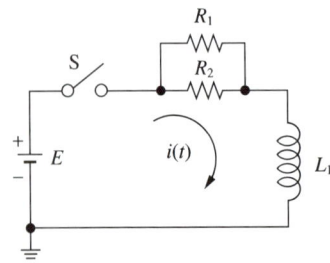

① 0.001   ② 0.01
③ 0.1   ④ 1

72
최댓값이 10[V]인 정현파 전압이 있다. $t=0$에서의 순시값이 5[V]이고 이 순간에 전압이 증가하고 있다. 주파수가 60[Hz]일 때, $t=2[\text{ms}]$에서의 전압의 순시값[V]은?

① 10sin30°   ② 10sin43.2°
③ 10sin73.2°   ④ 10sin103.2°

73
비접지 3상 Y회로에서 전류 $I_a = 15+j2[A]$, $I_b = -20-j14[A]$일 경우 $I_c[A]$는?

① $5+j12$ ② $-5+j12$
③ $5-j12$ ④ $-5-j12$

74
그림과 같은 회로의 구동점 임피던스 Z_{ab}는?

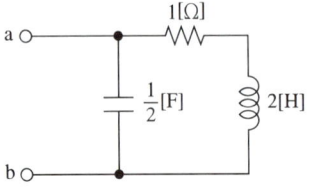

75
콘덴서 $C[F]$에서 단위 임펄스의 전류원을 접속하여 동작시키면 콘덴서의 전압 $V_c(t)$는?(단, $u(t)$는 단위계단 함수이다)

① $V_c(t) = C$ ② $V_c(t) = Cu(t)$
③ $V_c(t) = \dfrac{1}{C}$ ④ $V_c(t) = \dfrac{1}{C}u(t)$

76
그림과 같은 구형파의 라플라스 변환은?

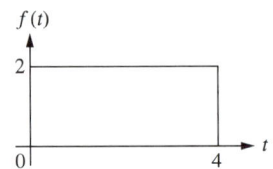

① $\dfrac{2}{s}(1-e^{4s})$ ② $\dfrac{2}{s}(1-e^{-4s})$
③ $\dfrac{4}{s}(1-e^{4s})$ ④ $\dfrac{4}{s}(1-e^{-4s})$

71 윗단
① $\dfrac{2(2s+1)}{2s^2+s+2}$ ② $\dfrac{2s+1}{2s^2+s+2}$
③ $\dfrac{2(2s-1)}{2s^2+s+2}$ ④ $\dfrac{2s^2+s+2}{2(2s+1)}$

77
그림과 같은 회로의 컨덕턴스 G_2에서 흐르는 전류 i는 몇 [A]인가?

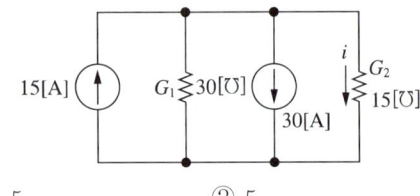

① -5 ② 5
③ -10 ④ 10

78
분포정수 전송회로에 대한 설명이 아닌 것은?

① $\dfrac{R}{L} = \dfrac{G}{C}$ 인 회로를 무왜형 회로라 한다.
② $R = G = 0$ 인 회로를 무손실 회로라 한다.
③ 무손실 회로와 무왜형 회로의 감쇠정수는 $\sqrt{RG}$ 이다.
④ 무손실 회로와 무왜형 회로에서의 위상속도는 $\dfrac{1}{\sqrt{LC}}$ 이다.

79
다음 회로에서 절점 a와 절점 b의 전압이 같은 조건은?

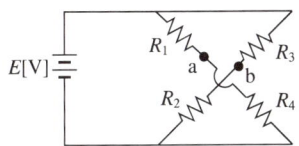

① $R_1 R_3 = R_2 R_4$
② $R_1 R_2 = R_3 R_4$
③ $R_1 + R_3 = R_2 + R_4$
④ $R_1 + R_2 = R_3 + R_4$

80
그림과 같은 파형의 파고율은?

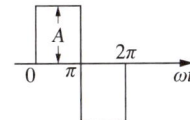

① 1
② 2
③ $\sqrt{2}$
④ $\sqrt{3}$

제5과목 전기설비기술기준

81
가섭선에 의하여 시설하는 안테나가 있다. 이 안테나 주위에 경동연선을 사용한 고압 가공전선이 지나가고 있다면 수평 이격거리는 몇 [cm] 이상이어야 하는가?

① 40
② 60
③ 80
④ 100

82
지중에 매설되어 있는 금속제 수도관로를 각종 접지공사의 접지극으로 사용하려면 대지와의 전기저항값이 몇 [Ω] 이하의 값을 유지하여야 하는가?

① 1
② 2
③ 3
④ 5

83
가공전선로의 지지물에 시설하는 지선으로 연선을 사용할 경우에는 소선이 최소 몇 가닥 이상이어야 하는가?

① 3
② 4
③ 5
④ 6

84
옥내의 저압전선으로 나전선 사용이 허용되지 않는 경우는?

① 금속관공사에 의하여 시설하는 경우
② 버스덕트공사에 의하여 시설하는 경우
③ 라이팅덕트공사에 의하여 시설하는 경우
④ 애자사용공사에 의하여 전개된 곳에 전기로용 전선을 시설하는 경우

85
가공전선로의 지지물에 취급자가 오르고 내리는 데 사용하는 발판 볼트 등은 지표상 몇 [m] 미만에 시설하여서는 아니 되는가?

① 1.2
② 1.5
③ 1.8
④ 2.0

86
철도·궤도 또는 자동차도의 전용터널 안의 전선로의 시설방법으로 틀린 것은?

① 고압전선은 케이블공사로 하였다.
② 저압전선을 가요전선관공사에 의하여 시설하였다.
③ 저압전선으로 지름 2.0[mm]의 경동선을 사용하였다.
④ 저압전선을 애자사용공사에 의하여 시설하고 이를 레일면상 또는 노면상 2.5[m] 이상의 높이로 유지하였다.

87
수소냉각식 발전기 등의 시설기준으로 틀린 것은?

① 발전기 안의 수소의 온도를 계측하는 장치를 시설할 것
② 수소를 통하는 관은 수소가 대기압에서 폭발하는 경우에 생기는 압력에 견디는 강도를 가질 것
③ 발전기 안의 수소의 순도가 95[%] 이하로 저하한 경우에 이를 경보하는 장치를 시설할 것
④ 발전기 안의 수소의 압력을 계측하는 장치 및 그 압력이 현저히 변동한 경우에 이를 경보하는 장치를 시설할 것

88
※ KEC 규정 적용으로 문제 삭제

과전류차단기로 저압전로에 사용하는 80[A] 퓨즈를 수평으로 붙이고, 정격전류의 1.6배 전류를 통한 경우에 몇 분 안에 용단되어야 하는가?(단, IEC 표준을 도입한 과전류차단기로 저압전로에 사용하는 퓨즈는 제외한다)

① 30
② 60
③ 120
④ 180

89
조상기의 내부에 고장이 생긴 경우 자동적으로 전로로부터 차단하는 장치는 조상기의 뱅크용량이 몇 [kVA] 이상이어야 시설하는가?

① 5,000
② 10,000
③ 15,000
④ 20,000

90
발열선을 도로, 주차장 또는 조영물의 조영재에 고정시켜 시설하는 경우 발열선에 전기를 공급하는 전로의 대지전압을 몇 [V] 이하이어야 하는가?

① 100
② 150
③ 200
④ 300

91
※ KEC 규정 적용으로 문제 삭제

전로에 400[V]를 넘는 기계기구를 시설하는 경우 기계기구의 철대 및 금속제 외함의 접지저항은 몇 [Ω] 이상인가?

① 10
② 30
③ 50
④ 100

92
사람이 접촉할 우려가 있는 경우 고압 가공전선과 상부 조영재의 옆쪽에서의 이격거리는 몇 [m] 이상이어야 하는가?(단, 전선은 경동연선이라고 한다)

① 0.6
② 0.8
③ 1.0
④ 1.2

93
특고압 가공전선로에서 사용전압이 60[kV]를 넘는 경우, 전화선로의 길이 몇 [km]마다 유도전류가 3[μA]를 넘지 않도록 하여야 하는가?

① 12
② 40
③ 80
④ 100

94
※ KEC 규정 적용으로 문제 삭제

고압의 계기용 변성기의 2차 측 전로에는 몇 종 접지공사를 하여야 하는가?

① 제1종 접지공사
② 제2종 접지공사
③ 제3종 접지공사
④ 특별 제3종 접지공사

95
※ KEC 규정 적용으로 문제 삭제

가공 직류 절연 귀선은 특별한 경우를 제외하고 어느 전선에 준하여 시설하여야 하는가?

① 저압 가공전선
② 고압 가공전선
③ 특고압 가공전선
④ 가공 약전류 전선

96
직선형의 철탑을 사용한 특고압 가공전선로가 연속하여 10기 이상 사용하는 부분에는 몇 기 이하마다 내장애자장치가 되어 있는 철탑 1기를 시설하여야 하는가?

① 5
② 10
③ 15
④ 20

97
옥외용 비닐절연전선을 사용한 저압 가공전선이 횡단보도교 위에 시설되는 경우에 그 전선의 노면상 높이는 몇 [m] 이상으로 하여야 하는가?

① 2.5
② 3.0
③ 3.5
④ 4.0

98
애자사용공사를 습기가 많은 장소에 시설하는 경우 전선과 조영재 사이의 이격거리는 몇 [cm] 이상이어야 하는가?(단, 사용전압은 440[V]인 경우이다)

① 2.0
② 2.5
③ 4.5
④ 6.0

99
저압 옥내 간선 및 분기회로의 시설 규정 중 틀린 것은?

① 저압 옥내 간선의 전원측 전로에는 간선을 보호하는 과전류차단기를 시설하여야 한다.
② 간선보호용 과전류차단기는 옥내 간선의 허용전류를 초과하는 정격전류를 가져야 한다.
③ 간선으로 사용하는 전선은 전기사용기계 기구의 정격전류 합계 이상의 허용전류를 가져야 한다.
④ 저압 옥내 간선과 분기점에서 전선의 길이가 3[m] 이하인 곳에 개폐기 및 과전류차단기를 시설하여야 한다.

100
터널 등에 시설하는 사용전압이 220[V]인 전구선이 0.6/1[kV] EP 고무 절연 클로로프렌 캡타이어 케이블일 경우 단면적은 최소 몇 [mm^2] 이상이어야 하는가?

① 0.5
② 0.75
③ 1.25
④ 1.4

정답 94 × 95 × 96 ② 97 ② 98 ③ 99 ② 100 ②

제1과목 전기자기학

01
원통좌표계에서 전류밀도 $j = Kr^2 a_z$ [A/m²]일 때 암페어의 법칙을 사용한 자계의 세기 H[AT/m]는?(단, K는 상수이다)

① $H = \dfrac{K}{4} r^4 a_\phi$

② $H = \dfrac{K}{4} r^3 a_\phi$

③ $H = \dfrac{K}{4} r^4 a_z$

④ $H = \dfrac{K}{4} r^3 a_z$

02
최대 정전용량 C_0[F]인 그림과 같은 콘덴서의 정전용량이 각도에 비례하여 변화한다고 한다. 이 콘덴서를 전압 V[V]로 충전했을 때 회전자에 작용하는 토크는?

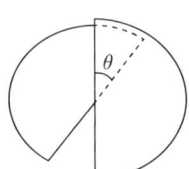

① $\dfrac{C_0 V^2}{2}$ [N·m]

② $\dfrac{C_0^2 V}{2\pi}$ [N·m]

③ $\dfrac{C_0 V^2}{2\pi}$ [N·m]

④ $\dfrac{C_0 V^2}{\pi}$ [N·m]

03
내부도체 반지름이 10[mm], 외부도체의 내반지름이 20[mm]인 동축케이블에서 내부도체 표면에 전류 I가 흐르고, 얇은 외부도체에 반대방향인 전류가 흐를 때 단위길이당 외부 인덕턴스는 약 몇 [H/m]인가?

① 0.28×10^{-7}
② 1.39×10^{-7}
③ 2.03×10^{-7}
④ 2.78×10^{-7}

04
무한평면에 일정한 전류가 표면에 한 방향으로 흐르고 있다. 평면으로부터 r만큼 떨어진 점과 $2r$만큼 떨어진 점과의 자계의 비는 얼마인가?

① 1
② $\sqrt{2}$
③ 2
④ 4

05
어떤 공간의 비유전율은 2이고, 전위 $V(x, y) = \dfrac{1}{x} + 2xy^2$이라고 할 때 점 $\left(\dfrac{1}{2}, 2\right)$에서의 전하밀도 ρ는 약 몇 [pC/m³]인가?

① -20
② -40
③ -160
④ -320

06

그림과 같은 히스테리시스 루프를 가진 철심이 강한 평등자계에 의해 매초 60[Hz]로 자화할 경우 히스테리스 손실은 몇 [W]인가?(단, 철심의 체적은 20[cm^3], B_r=5[Wb/m^2], H_c=2[AT/m]이다)

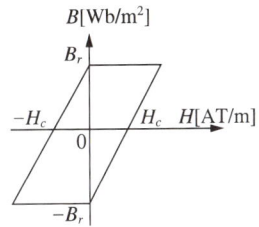

① 1.2×10^{-2}
② 2.4×10^{-2}
③ 3.6×10^{-2}
④ 4.8×10^{-2}

07

그림과 같이 직각 코일이 $B = 0.05 \dfrac{a_x + a_y}{\sqrt{2}}$ [T]인 자계에 위치하고 있다. 코일에 5[A] 전류가 흐를 때 z축에서의 토크는 약 몇 [N·m]인가?

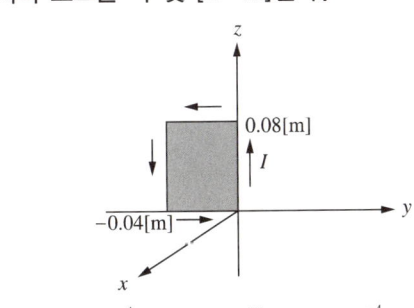

① $2.66 \times 10^{-4} a_x$
② $5.66 \times 10^{-4} a_x$
③ $2.66 \times 10^{-4} a_z$
④ $5.66 \times 10^{-4} a_z$

08

그림과 같이 무한평면 도체 앞 a[m] 거리에 점전하 Q[C]가 있다. 점 O에서 x[m]인 P점의 전하밀도 σ[C/m^2]는?

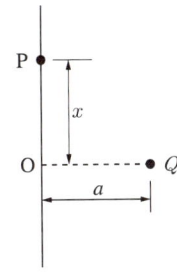

① $\dfrac{Q}{4\pi} \cdot \dfrac{a}{(a^2+x^2)^{\frac{3}{2}}}$

② $\dfrac{Q}{2\pi} \cdot \dfrac{a}{(a^2+x^2)^{\frac{3}{2}}}$

③ $\dfrac{Q}{4\pi} \cdot \dfrac{a}{(a^2+x^2)^{\frac{2}{3}}}$

④ $\dfrac{Q}{2\pi} \cdot \dfrac{a}{(a^2+x^2)^{\frac{2}{3}}}$

09

유전율 $\varepsilon = 8.855 \times 10^{-12}$[F/m]인 진공 중을 전자파가 전파할 때 진공 중의 투자율[H/m]은?

① 7.58×10^{-5}
② 7.58×10^{-7}
③ 12.56×10^{-5}
④ 12.56×10^{-7}

10

막대자석 위쪽에 동축도체 원판을 놓고 회로의 한 끝은 원판의 주변에 접촉시켜 회전하도록 해놓은 그림과 같은 패러데이 원판 실험을 할 때 검류계에 전류가 흐르지 않는 경우는?

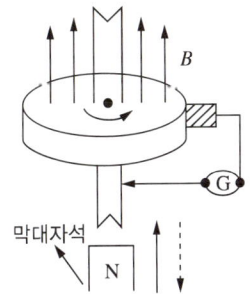

① 자석만을 일정한 방향으로 회전시킬 때
② 원판만을 일정한 방향으로 회전시킬 때
③ 자석을 축 방향으로 전진시킨 후 후퇴시킬 때
④ 원판과 자석을 동시에 같은 방향, 같은 속도로 회전시킬 때

11
점전하에 의한 전계의 세기[V/m]를 나타내는 식은? (단, r은 거리, Q는 전하량, λ는 선전하밀도, σ는 표면전하밀도이다)

① $\dfrac{1}{4\pi\varepsilon_0}\dfrac{Q}{r^2}$ ② $\dfrac{1}{4\pi\varepsilon_0}\dfrac{\sigma}{r^2}$
③ $\dfrac{1}{2\pi\varepsilon_0}\dfrac{Q}{r^2}$ ④ $\dfrac{1}{2\pi\varepsilon_0}\dfrac{\sigma}{r^2}$

12
유전율 ε, 투자율 μ인 매질에서의 전파속도 v는?

① $\dfrac{1}{\sqrt{\varepsilon\mu}}$ ② $\sqrt{\varepsilon\mu}$
③ $\sqrt{\dfrac{\varepsilon}{\mu}}$ ④ $\sqrt{\dfrac{\mu}{\varepsilon}}$

13
전계 E[V/m], 전속밀도 D[C/m²], 유전율 $\varepsilon = \varepsilon_0\varepsilon_s$ [F/m], 분극의 세기 P[C/m²] 사이의 관계는?

① $P = D + \varepsilon_0 E$ ② $P = D - \varepsilon_0 E$
③ $P = \dfrac{D+E}{\varepsilon_0}$ ④ $P = \dfrac{D-E}{\varepsilon_0}$

14
서로 결합하고 있는 두 코일 C_1과 C_2의 자기인덕턴스가 각각 L_{c1}, L_{c2}라고 한다. 이 둘을 직렬로 연결하여 합성인덕턴스 값을 얻은 후 두 코일 간 상호인덕턴스의 크기($|M|$)를 얻고자 한다. 직렬로 연결할 때, 두 코일 간 자속이 서로 가해져서 보강되는 방향의 합성인덕턴스의 값이 L_1, 서로 상쇄되는 방향의 합성인덕턴스의 값이 L_2일 때, 다음 중 알맞은 식은?

① $L_1 < L_2$, $|M| = \dfrac{L_2 + L_1}{4}$
② $L_1 > L_2$, $|M| = \dfrac{L_1 + L_2}{4}$
③ $L_1 < L_2$, $|M| = \dfrac{L_2 - L_1}{4}$
④ $L_1 > L_2$, $|M| = \dfrac{L_1 - L_2}{4}$

15
정전용량이 C_0[F]인 평행판 공기콘덴서가 있다. 이것의 극판에 평행으로 판간격 d[m]의 $\dfrac{1}{2}$ 두께인 유리판을 삽입하였을 때의 정전용량[F]은?(단, 유리판의 유전율은 ε[F/m]이라 한다)

① $\dfrac{2C_0}{1+\dfrac{1}{\varepsilon}}$ ② $\dfrac{C_0}{1+\dfrac{1}{\varepsilon}}$
③ $\dfrac{2C_0}{1+\dfrac{\varepsilon_0}{\varepsilon}}$ ④ $\dfrac{C_0}{1+\dfrac{\varepsilon}{\varepsilon_0}}$

16
벡터퍼텐셜 $A = 3x^2 y a_x + 2x a_y - z^3 a_z$ [Wb/m]일 때의 자계의 세기 H[A/m]는?(단, μ는 투자율이라 한다)

① $\dfrac{1}{\mu}(2 - 3x^2)a_y$ ② $\dfrac{1}{\mu}(3 - 2x^2)a_y$
③ $\dfrac{1}{\mu}(2 - 3x^2)a_z$ ④ $\dfrac{1}{\mu}(3 - 2x^2)a_z$

17
자기회로에서 자기저항의 관계로 옳은 것은?
① 자기회로의 길이에 비례
② 자기회로의 단면적에 비례
③ 자성체의 비투자율에 비례
④ 자성체의 비투자율의 제곱에 비례

18
그림과 같은 길이가 1[m]인 동축 원통 사이의 정전용량 [F/m]은?

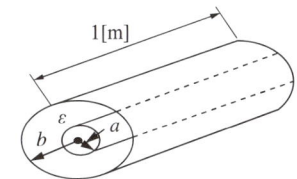

① $C = \dfrac{2\pi}{\varepsilon \ln \dfrac{b}{a}}$ ② $C = \dfrac{\varepsilon}{2\pi \ln \dfrac{b}{a}}$

③ $C = \dfrac{2\pi\varepsilon}{\ln \dfrac{b}{a}}$ ④ $C = \dfrac{2\pi\varepsilon}{\ln \dfrac{a}{b}}$

19
철심이 든 환상 솔레노이드의 권수는 500회, 평균 반지름은 10[cm], 철심의 단면적은 10[cm²], 비투자율 4,000이다. 이 환상 솔레노이드에 2[A]의 전류를 흘릴 때 철심 내의 자속[Wb]은?

① 4×10^{-3} ② 4×10^{-4}
③ 8×10^{-3} ④ 8×10^{-4}

20
그림과 같은 정방형관 단면의 격자점 ⑥의 전위를 반복법으로 구하면 약 몇 [V]인가?

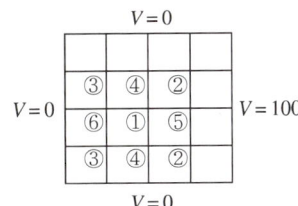

① 6.3 ② 9.4
③ 18.8 ④ 53.2

제2과목 전력공학

21
동기조상기(A)와 전력용 콘덴서(B)를 비교한 것으로 옳은 것은?

① 시충전 : (A) 불가능, (B) 가능
② 전력손실 : (A) 작다, (B) 크다
③ 무효전력 조정 : (A) 계단적, (B) 연속적
④ 무효전력 : (A) 진상·지상용, (B) 진상용

22
어떤 공장의 소모전력이 100[kW]이며, 이 부하의 역률이 0.6일 때, 역률을 0.9로 개선하기 위한 전력용 콘덴서의 용량은 약 몇 [kVA]인가?

① 75 ② 80
③ 85 ④ 90

23
수력발전소에서 사용되는 수차 중 15[m] 이하의 저낙차에 적합하여 조력발전용으로 알맞은 수차는?

① 카플란수차
② 펠턴수차
③ 프란시스수차
④ 튜블러수차

24
어떤 화력발전소에서 과열기 출구의 증기압이 169 [kg/cm²]이다. 이것은 약 몇 [atm]인가?

① 127.1 ② 163.6
③ 1,650 ④ 12,850

25
가공 송전선로를 가선할 때에는 하중조건과 온도조건을 고려하여 적당한 이도(Dip)를 주도록 하여야 한다. 이도에 대한 설명으로 옳은 것은?
① 이도의 대소는 지지물의 높이를 좌우한다.
② 전선을 가선할 때 전선을 팽팽하게 하는 것을 이도가 크다고 한다.
③ 이도가 작으면 전선이 좌우로 크게 흔들려서 다른 상의 전선에 접촉하여 위험하게 된다.
④ 이도가 작으면 이에 비례하여 전선의 장력이 증가되며, 너무 작으면 전선 상호 간이 꼬이게 된다.

26
승압기에 의하여 전압 V_e에서 V_h로 승압할 때, 2차 정격전압 e, 자기용량 W인 단상 승압기가 공급할 수 있는 부하용량은?
① $\dfrac{V_h}{e} \times W$
② $\dfrac{V_e}{e} \times W$
③ $\dfrac{V_e}{V_h - V_e} \times W$
④ $\dfrac{V_h - V_e}{V_e} \times W$

27
일반적으로 부하의 역률을 저하시키는 원인은?
① 전등의 과부하
② 선로의 충전전류
③ 유도전동기의 경부하 운전
④ 동기전동기의 중부하 운전

28
송전단 전압을 V_s, 수전단 전압을 V_r, 선로의 리액턴스를 X라 할 때 정상 시의 최대 송전전력의 개략적인 값은?
① $\dfrac{V_s - V_r}{X}$
② $\dfrac{V_s^2 - V_r^2}{X}$
③ $\dfrac{V_s(V_s - V_r)}{X}$
④ $\dfrac{V_s V_r}{X}$

29
가공지선의 설치 목적이 아닌 것은?
① 전압강하의 방지
② 직격뢰에 대한 차폐
③ 유도뢰에 대한 정전차폐
④ 통신선에 대한 전자유도 장해 경감

30
피뢰기가 방전을 개시할 때의 단자전압의 순시값을 방전 개시전압이라 한다. 방전 중의 단자 전압의 파곳값을 무엇이라 하는가?
① 속 류
② 제한전압
③ 기준충격 절연강도
④ 상용주파 허용단자전압

31
송전계통의 한 부분이 그림과 같이 3상변압기로 1차 측은 △로, 2차 측은 Y로 중성점이 접지되어 있을 경우, 1차 측에 흐르는 영상전류는?

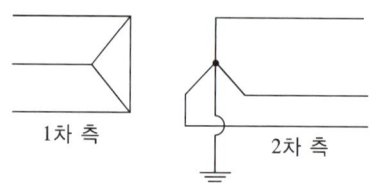

① 1차 측 선로에서 ∞이다.
② 1차 측 선로에서 반드시 0이다.
③ 1차 측 변압기 내부에서는 반드시 0이다.
④ 1차 측 변압기 내부와 1차 측 선로에서 반드시 0이다.

32
배전선로에 관한 설명으로 틀린 것은?
① 밸런서는 단상 2선식에 필요하다.
② 저압뱅킹방식은 전압 변동을 경감할 수 있다.
③ 배전선로의 부하율이 F일 때 손실계수는 F와 F^2의 사이의 값이다.
④ 수용률이란 최대수용전력을 설비용량으로 나눈 값을 퍼센트로 나타낸다.

33
수차 발전기에 제동권선을 설치하는 주된 목적은?
① 정지시간 단축
② 회전력의 증가
③ 과부하 내량의 증대
④ 발전기 안정도의 증진

34
3상 3선식 가공송전선로에서 한 선의 저항은 15[Ω], 리액턴스는 20[Ω]이고, 수전단 선간전압은 30[kV], 부하역률은 0.8(뒤짐)이다. 전압강하율을 10[%]라 하면, 이 송전선로는 몇 [kW]까지 수전할 수 있는가?
① 2,500
② 3,000
③ 3,500
④ 4,000

35
송전선로에서 사용하는 변압기 결선에 △결선이 포함되어 있는 이유는?
① 직류분의 제거
② 제3고조파의 제거
③ 제5고조파의 제거
④ 제7고조파의 제거

36
교류송전방식과 비교하여 직류송전방식의 설명이 아닌 것은?
① 전압변동률이 양호하고 무효전력에 기인하는 전력손실이 생기지 않는다.
② 안정도의 한계가 없으므로 송전용량을 높일 수 있다.
③ 전력변환기에서 고조파가 발생한다.
④ 고전압, 대전류의 차단이 용이하다.

37
전압 66,000[V], 주파수 60[Hz], 길이 15[km], 심선 1선당 작용 정전용량 0.3587[μF/km]인 한 선당 지중 전선로의 3상 무부하 충전전류는 약 몇 [A]인가?(단, 정전용량 이외의 선로정수는 무시한다)
① 62.5
② 68.2
③ 73.6
④ 77.3

38
전력계통에서 사용되고 있는 GCB(Gas Circuit Breaker)용 가스는?
① N_2 가스
② SF_6 가스
③ 아르곤 가스
④ 네온 가스

39
차단기와 아크 소호원리가 바르지 않은 것은?
① OCB : 절연유에 분해 가스 흡부력 이용
② VCB : 공기 중 냉각에 의한 아크 소호
③ ABB : 압축공기를 아크에 불어 넣어서 차단
④ MBB : 전자력을 이용하여 아크를 소호실 내로 유도하여 냉각

40
네트워크 배전방식의 설명으로 옳지 않은 것은?
① 전압 변동이 적다.
② 배전 신뢰도가 높다.
③ 전력손실이 감소한다.
④ 인축의 접촉사고가 적어진다.

제3과목 전기기기

41
정류회로에 사용되는 환류다이오드(Free Wheeling Diode)에 대한 설명으로 틀린 것은?
① 순저항 부하의 경우 불필요하게 된다.
② 유도성 부하의 경우 불필요하게 된다.
③ 환류다이오드 동작 시 부하출력 전압은 0[V]가 된다.
④ 유도성 부하의 경우 부하전류의 평활화에 유용하다.

42
3상 변압기를 병렬운전하는 경우 불가능한 조합은?
① △-Y와 Y-△
② △-△와 Y-Y
③ △-Y와 △-Y
④ △-Y와 △-△

43
3상 직권 정류자 전동기에 중간(직렬)변압기가 쓰이고 있는 이유가 아닌 것은?
① 정류자 전압의 조정
② 회전자 상수의 감소
③ 실효 권수비 선정 조정
④ 경부하 때 속도의 이상 상승 방지

44
직류 분권전동기를 무부하로 운전 중 계자회로에 단선이 생긴 경우 발생하는 현상으로 옳은 것은?
① 역전한다.
② 즉시 정지한다.
③ 과속도로 되어 위험하다.
④ 무부하이므로 서서히 정지한다.

45
변압기에 있어서 부하와는 관계없이 자속만을 발생시키는 전류는?
① 1차 전류
② 자화전류
③ 여자전류
④ 철손전류

46
직류전동기의 규약효율을 나타낸 식으로 옳은 것은?
① $\dfrac{출력}{입력} \times 100[\%]$
② $\dfrac{입력}{입력 + 손실} \times 100[\%]$
③ $\dfrac{출력}{출력 + 손실} \times 100[\%]$
④ $\dfrac{입력 - 손실}{입력} \times 100[\%]$

47
직류전동기에서 정속도(Constant Speed)전동기라고 볼 수 있는 전동기는?
① 직권전동기
② 타여자전동기
③ 화동복권전동기
④ 차동복권전동기

48
단상 유도전동기의 기동방법 중 기동토크가 가장 큰 것은?
① 반발 기동형
② 분상 기동형
③ 셰이딩 코일형
④ 콘덴서 분상 기동형

49
부흐홀츠 계전기에 대한 설명으로 틀린 것은?
① 오동작의 가능성이 많다.
② 전기적 신호로 동작한다.
③ 변압기의 보호에 사용된다.
④ 변압기의 주탱크와 콘서베이터를 연결하는 관중에 설치한다.

50
직류기에서 정류코일의 자기인덕턴스를 L이라 할 때 정류코일의 전류가 정류주기 T_c 사이에 I_c에서 $-I_c$로 변한다면 정류코일의 리액턴스 전압[V]의 평균값은?

① $L\dfrac{T_c}{2I_c}$ ② $L\dfrac{I_c}{2T_c}$
③ $L\dfrac{2I_c}{T_c}$ ④ $L\dfrac{I_c}{T_c}$

51
일반적인 전동기에 비하여 리니어 전동기(Linear Motor)의 장점이 아닌 것은?
① 구조가 간단하여 신뢰성이 높다.
② 마찰을 거치지 않고 추진력이 얻어진다.
③ 원심력에 의한 가속제한이 없고 고속을 쉽게 얻을 수 있다.
④ 기어, 벨트 등 동력변환기구가 필요 없고 직접 원운동이 얻어진다.

52
직류를 다른 전압의 직류로 변환하는 전력변환기기는?
① 초 퍼
② 인버터
③ 사이클로 컨버터
④ 브리지형 인버터

53
와전류 손실을 패러데이 법칙으로 설명한 과정 중 틀린 것은?
① 와전류가 철심으로 흘러 발열
② 유기전압 발생으로 철심에 와전류가 흐름
③ 시변 자속으로 강자성체 철심에 유기전압 발생
④ 와전류 에너지 손실량은 전류 경로 크기에 반비례

54
주파수가 정격보다 3[%] 감소하고 동시에 전압이 정격보다 3[%] 상승된 전원에서 운전되는 변압기가 있다. 철손이 fB_m^2에 비례한다면 이 변압기 철손은 정격상태에 비하여 어떻게 달라지는가?(단, f : 주파수, B_m : 자속밀도 최대치이다)
① 약 8.7[%] 증가
② 약 8.7[%] 감소
③ 약 9.4[%] 증가
④ 약 9.4[%] 감소

55
교류정류자기에서 갭의 자속분포가 정현파로 ϕ_m = 0.14[Wb], P = 2, a = 1, Z = 200, N = 1,200[rpm] 인 경우 브러시 축이 자극 축과 30°라면 속도 기전력의 실횻값 E_s는 약 몇 [V]인가?
① 160 ② 400
③ 560 ④ 800

56
역률 0.85의 부하 350[kW]에 50[kW]를 소비하는 동기전동기를 병렬로 접속하여 합성 부하의 역률을 0.95로 개선하려면 전동기의 진상 무효전력은 약 몇 [kVar]인가?
① 68 ② 72
③ 80 ④ 85

57
변압기의 무부하시험, 단락시험에서 구할 수 없는 것은?
① 철 손 ② 동 손
③ 절연내력 ④ 전압변동률

58
3상 동기발전기의 단락곡선이 직선으로 되는 이유는?
① 전기자 반작용으로
② 무부하 상태이므로
③ 자기포화가 있으므로
④ 누설 리액턴스가 크므로

59
정격출력 5,000[kVA], 정격전압 3.3[kV], 동기임피던스가 매상 1.8[Ω]인 3상 동기발전기의 단락비는 약 얼마인가?
① 1.1 ② 1.2
③ 1.3 ④ 1.4

60
동기기의 회전자에 의한 분류가 아닌 것은?
① 원통형 ② 유도자형
③ 회전계자형 ④ 회전전기자형

제4과목 회로이론 및 제어공학

61
기준 입력과 주궤환량과의 차로서, 제어계의 동작을 일으키는 원인이 되는 신호는?
① 조작 신호 ② 동작 신호
③ 주궤환 신호 ④ 기준 입력 신호

62
폐루프 전달함수 $C(s)/R(s)$가 다음과 같은 2차 제어계에 대한 설명 중 틀린 것은?

$$\frac{C(s)}{R(s)} = \frac{\omega_n^2}{s^2 + 2\delta\omega_n s + \omega_n^2}$$

① 최대 오버슈트는 $e^{-\pi\delta/\sqrt{1-\delta^2}}$이다.
② 이 폐루프계의 특성방정식은
$s^2 + 2\delta\omega_n s + \omega_n^2 = 0$이다.
③ 이 계는 $\delta = 0.1$일 때 부족 제동된 상태에 있게 된다.
④ δ값을 작게 할수록 제동은 많이 걸리게 되니 비교 안정도는 향상된다.

63
3차인 이산치 시스템의 특성방정식의 근이 −0.3, −0.2, +0.5로 주어져 있다. 이 시스템의 안정도는?
① 이 시스템은 안정한 시스템이다.
② 이 시스템은 불안정한 시스템이다.
③ 이 시스템은 임계 안정한 시스템이다.
④ 위 정보로서는 이 시스템의 안정도를 알 수 없다.

64
다음의 특성방정식을 Routh-Hurwitz 방법으로 안정도를 판별하고자 한다. 이때 안정도를 판별하기 위하여 가장 잘 해석한 것은 어느 것인가?

$$q(s) = s^5 + 2s^4 + 2s^3 + 4s^2 + 11s + 10$$

① s 평면의 우반면에 근은 없으나 불안정하다.
② s 평면의 우반면에 근이 1개 존재하여 불안정하다.
③ s 평면의 우반면에 근이 2개 존재하여 불안정하다.
④ s 평면의 우반면에 근이 3개 존재하여 불안정하다.

정답 57 ③ 58 ① 59 ② 60 ① 61 ② 62 ④ 63 ① 64 ③

65

전달함수 $G(s)H(s) = \dfrac{K(s+1)}{s(s+1)(s+2)}$ 일 때 근궤적의 수는?

① 1 ② 2
③ 3 ④ 4

66

다음의 미분방정식을 신호흐름선도에 옳게 나타낸 것은?(단, $c(t) = X_1(t)$, $X_2(t) = \dfrac{d}{dt}X_1(t)$로 표시한다)

$$2\dfrac{dc(t)}{dt} + 5c(t) = r(t)$$

①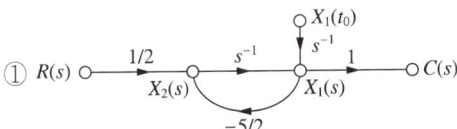
②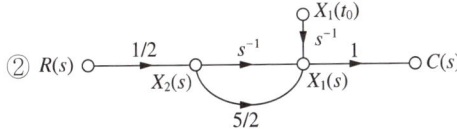
③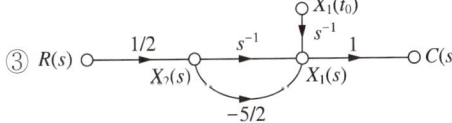
④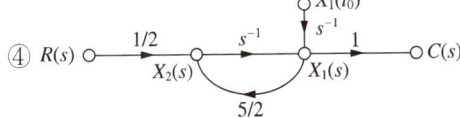

67

다음 블록선도의 전체전달함수가 1이 되기 위한 조건은?

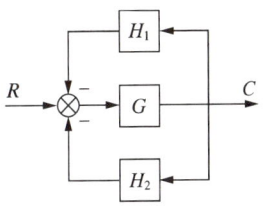

① $G = \dfrac{1}{1 - H_1 - H_2}$

② $G = \dfrac{1}{1 + H_1 + H_2}$

③ $G = \dfrac{-1}{1 - H_1 - H_2}$

④ $G = \dfrac{-1}{1 + H_1 + H_2}$

68

특성방정식의 모든 근이 s 복소평면의 좌반면에 있으면 이 계는 어떠한가?

① 안 정 ② 준안정
③ 불안정 ④ 조건부안정

69

그림의 회로는 어느 게이트(Gate)에 해당되는가?

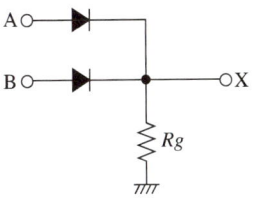

① OR ② AND
③ NOT ④ NOR

70
전달함수가 $G(s) = \dfrac{Y(s)}{X(s)} = \dfrac{1}{s^2(s+1)}$ 로 주어진 시스템의 단위 임펄스 응답은?

① $y(t) = 1 - t + e^{-t}$
② $y(t) = 1 + t + e^{-t}$
③ $y(t) = t - 1 + e^{-t}$
④ $y(t) = t - 1 - e^{-t}$

71
다음과 같은 회로망에서 영상파라미터(영상전달정수) θ 는?

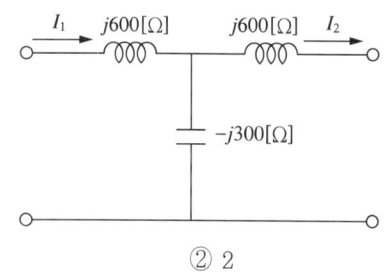

① 10　　② 2
③ 1　　④ 0

72
△결선된 대칭 3상부하가 있다. 역률이 0.8(지상)이고 소비전력이 1,800[W]이다. 선로의 저항 0.5[Ω]에서 발생하는 선로손실이 50[W]이면 부하단자전압[V]은?

① 627　　② 525
③ 326　　④ 225

73
$E = 40 + j30$ [V]의 전압을 가하면 $I = 30 + j10$ [A]의 전류가 흐르는 회로의 역률은?

① 0.949　　② 0.831
③ 0.764　　④ 0.651

74
그림과 같은 회로에서 스위치 S를 닫았을 때, 과도분을 포함하지 않기 위한 $R[\Omega]$ 은?

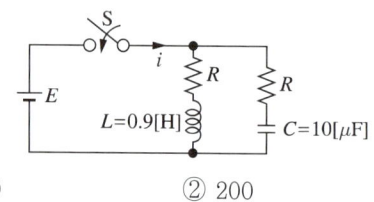

① 100　　② 200
③ 300　　④ 400

75
분포정수회로에서 직렬임피던스를 Z, 병렬어드미턴스를 Y 라 할 때, 선로의 특성임피던스 Z_0 는?

① ZY　　② $\sqrt{ZY}$
③ $\sqrt{\dfrac{Y}{Z}}$　　④ $\sqrt{\dfrac{Z}{Y}}$

76
다음과 같은 회로의 공진 시 어드미턴스[℧]는?

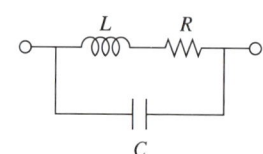

① $\dfrac{RL}{C}$　　② $\dfrac{RC}{L}$
③ $\dfrac{L}{RC}$　　④ $\dfrac{R}{LC}$

77
그림과 같은 회로에서 전류 I[A]는?

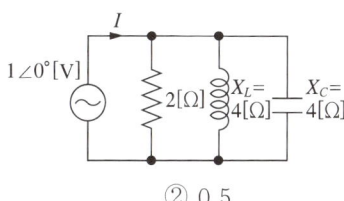

① 0.2
② 0.5
③ 0.7
④ 0.9

78
$F(s) = \dfrac{s+1}{s^2+2s}$ 로 주어졌을 때 $F(s)$의 역변환은?

① $\dfrac{1}{2}(1+e^t)$
② $\dfrac{1}{2}(1+e^{-2t})$
③ $\dfrac{1}{2}(1-e^{-t})$
④ $\dfrac{1}{2}(1-e^{-2t})$

79
$e(t) = 100\sqrt{2}\sin\omega t + 150\sqrt{2}\sin 3\omega t + 260\sqrt{2}\sin 5\omega t$[V]인 전압을 $R-L$ 직렬회로에 가할 때에 제5고조파 전류의 실횻값은 약 몇 [A]인가? (단, $R = 12[\Omega]$, $\omega L = 1[\Omega]$이다)

① 10
② 15
③ 20
④ 25

80
그림과 같은 파형의 전압 순시값은?

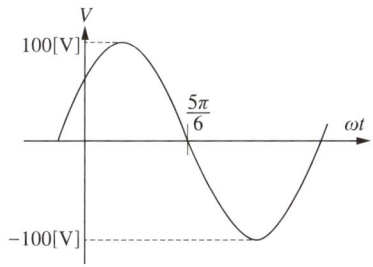

① $100\sin\left(\omega t + \dfrac{\pi}{6}\right)$
② $100\sqrt{2}\sin\left(\omega t + \dfrac{\pi}{6}\right)$
③ $100\sin\left(\omega t - \dfrac{\pi}{6}\right)$
④ $100\sqrt{2}\sin\left(\omega t - \dfrac{\pi}{6}\right)$

제5과목 전기설비기술기준

81
가공전선로의 지지물에 시설하는 지선에 관한 사항으로 옳은 것은?

① 소선은 지름 2.0[mm] 이상인 금속선을 사용한다.
② 도로를 횡단하여 시설하는 지선의 높이는 지표상 6.0[m] 이상이다.
③ 지선의 안전율은 1.2 이상이고 허용인장하중의 최저는 4.31[kN]으로 한다.
④ 지선에 연선을 사용할 경우에는 소선은 3가닥 이상의 연선을 사용한다.

82
※ KEC 규정 적용으로 변경(400[V] 미만 ➡ 이하)

옥내배선의 사용전압이 400[V] 미만일 때 전광표시장치·출퇴표시등 기타 이와 유사한 장치 또는 제어회로 등의 배선에 다심케이블을 시설하는 경우 배선의 단면적은 몇 [mm²] 이상인가?

① 0.75
② 1.5
③ 1
④ 2.5

83
154[kV] 가공송전선로를 제1종 특고압 보안공사로 할 때 사용되는 경동연선의 굵기는 몇 [mm²] 이상이어야 하는가?

① 100
② 150
③ 200
④ 250

정답 77 ② 78 ② 79 ③ 80 ① 81 ④ 82 ① 83 ②

84
일반적으로 저압 옥내간선에서 분기하여 전기사용 기계기구에 이르는 저압 옥내전로는 저압 옥내간선과의 분기점에서 전선의 길이가 몇 [m] 이하인 곳에 개폐기 및 과전류차단기를 시설하여야 하는가?

① 0.5
② 1.0
③ 2.0
④ 3.0

85
전동기의 과부하 보호장치의 시설에서 전원측 전로에 시설한 배선용 차단기의 정격전류가 몇 [A] 이하의 것이면 이 전로에 접속하는 단상전동기에는 과부하 보호장치를 생략할 수 있는가?

① 15
② 20
③ 30
④ 50

86
사용전압이 35[kV] 이하인 특고압 가공전선과 가공 약전류 전선 등을 동일 지지물에 시설하는 경우, 특고압 가공전선로는 어떤 종류의 보안공사로 하여야 하는가?

① 고압보안공사
② 제1종 특고압 보안공사
③ 제2종 특고압 보안공사
④ 제3종 특고압 보안공사

87 ※ KEC 규정 적용으로 문제 삭제
사용전압이 고압인 전로의 전선으로 사용할 수 없는 케이블은?

① MI케이블
② 연피케이블
③ 비닐외장케이블
④ 폴리에틸렌외장케이블

88 ※ KEC 규정 적용으로 문제 삭제
가로등, 경기장, 공장, 아파트 단지 등의 일반조명을 위하여 시설하는 고압방전등은 그 효율이 몇 [lm/W] 이상의 것이어야 하는가?

① 30
② 50
③ 70
④ 100

89 ※ KEC 규정 적용으로 문제 삭제
제1종 접지공사의 접지선의 굵기는 공칭단면적 몇 [mm^2] 이상의 연동선이어야 하는가?

① 2.5
② 4.0
③ 6.0
④ 8.0

90
금속관공사에서 절연부싱을 사용하는 가장 주된 목적은?

① 관의 끝이 터지는 것을 방지
② 관 내 해충 및 이물질 출입 방지
③ 관의 단구에서 조영재의 접촉 방지
④ 관의 단구에서 전선 피복의 손상 방지

91
최대사용전압이 3.3[kV]인 차단기 전로의 절연내력 시험전압은 몇 [V]인가?

① 3,036
② 4,125
③ 4,950
④ 6,600

92 ※ KEC 규정 적용으로 문제 삭제
관·암거·기타 지중전선을 넣은 방호장치의 금속제 부분(케이블을 지지하는 금구류는 제외한다) 및 지중 전선의 피복으로 사용하는 금속체에는 몇 종 접지공사를 하여야 하는가?

① 제1종 접지공사
② 제2종 접지공사
③ 제3종 접지공사
④ 특별 제3종 접지공사

93
가반형(이동형)의 용접전극을 사용하는 아크 용접장치를 시설할 때 용접변압기의 1차 측 전로의 대지전압은 몇 [V] 이하이어야 하는가?

① 200　　　　　② 250
③ 300　　　　　④ 600

94
※ KEC 규정 적용으로 답 변경

지중전선로를 직접 매설식에 의하여 차량 기타 중량물의 압력을 받을 우려가 있는 장소에 시설할 경우에는 그 매설 깊이를 최소 몇 [m] 이상으로 하여야 하는가?

① 1.0　　　　　② 1.2
③ 1.5　　　　　④ 1.8

95
사용전압이 22.9[kV]인 특고압 가공전선과 그 지지물·완금류·지주 또는 지선 사이의 이격거리는 몇 [cm] 이상이어야 하는가?

① 15　　　　　② 20
③ 25　　　　　④ 30

96
건조한 장소로서 전개된 장소에 고압 옥내배선을 시설할 수 있는 공사방법은?

① 덕트공사　　　② 금속관공사
③ 애자사용공사　④ 합성수지관공사

97
※ KEC 규정 적용으로 문제 삭제

제3종 접지공사를 하여야 할 곳은?

① 고압용 변압기의 외함
② 고압의 계기용변성기의 2차 측 전로
③ 특고압 계기용변성기의 2차 측 전로
④ 특고압과 고압의 혼촉방지를 위한 방전장치

98
※ KEC 규정 적용으로 문제 삭제

전기철도에서 배류시설에 강제배류기를 사용할 경우 시설방법에 대한 설명으로 틀린 것은?

① 강제배류기용 전원장치의 변압기는 절연변압기일 것
② 강제배류기를 보호하기 위하여 적정한 과전류차단기를 시설할 것
③ 귀선에서 강제배류기를 거쳐 금속제 지중관로로 통하는 전류를 저지하는 구조로 할 것
④ 강제배류기는 제2종 접지공사를 한 금속제 외함 기타 견고한 함에 넣어 시설하거나 사람이 접촉할 우려가 없도록 시설할 것

99
고압 가공전선에 케이블을 사용하는 경우 케이블을 조가용선에 행거로 시설하고자 할 때 행거의 간격은 몇 [cm] 이하로 하여야 하는가?

① 30　　　　　② 50
③ 80　　　　　④ 100

100
고압 가공전선로의 지지물에 시설하는 통신선의 높이는 도로를 횡단하는 경우 교통에 지장을 줄 우려가 없다면 지표상 몇 [m]까지로 감할 수 있는가?

① 4　　　　　② 4.5
③ 5　　　　　④ 6

2017년 제3회 기출문제

제1과목 전기자기학

01
변위전류와 가장 관계가 깊은 것은?
① 반도체
② 유전체
③ 자성체
④ 도 체

02
다음 설명 중 옳은 것은?
① 무한직선도선에 흐르는 전류에 의한 도선 내부에서 자계의 크기는 도선의 반경에 비례한다.
② 무한직선도선에 흐르는 전류에 의한 도선 외부에서 자계의 크기는 도선의 중심과의 거리에 무관하다.
③ 무한장 솔레노이드 내부자계의 크기는 코일에 흐르는 전류의 크기에 비례한다.
④ 무한장 솔레노이드 내부자계의 크기는 단위길이당 권수의 제곱에 비례한다.

03
커패시터를 제조하는데 A, B, C, D와 같은 4가지의 유전재료가 있다. 커패시터 내의 전계를 일정하게 하였을 때, 단위체적당 가장 큰 에너지밀도를 나타내는 재료부터 순서대로 나열한 것은?(단, 유전재료 A, B, C, D의 비유전율은 각각 $\varepsilon_{rA} = 8$, $\varepsilon_{rB} = 10$, $\varepsilon_{rC} = 2$, $\varepsilon_{rD} = 4$이다)
① $C > D > A > B$
② $B > A > D > C$
③ $D > A > C > B$
④ $A > B > D > C$

04
투자율 μ[H/m], 자계의 세기 H[AT/m], 자속밀도 B[Wb/m²]인 곳의 자계 에너지밀도[J/m³]는?
① $\dfrac{B^2}{2\mu}$
② $\dfrac{H^2}{2\mu}$
③ $\dfrac{1}{2}\mu H$
④ BH

05
전계 및 자계의 세기가 각각 E, H일 때, 포인팅 벡터 P의 표시로 옳은 것은?
① $P = \dfrac{1}{2} E \times H$
② $P = E \operatorname{rot} H$
③ $P = E \times H$
④ $P = H \operatorname{rot} E$

06
인덕턴스의 단위[H]와 같지 않은 것은?
① [J/A·s]
② [Ω·s]
③ [Wb/A]
④ [J/A²]

07
규소강판과 같은 자심재료의 히스테리시스 곡선의 특징은?
① 보자력이 큰 것이 좋다.
② 보자력과 잔류자기가 모두 큰 것이 좋다.
③ 히스테리시스 곡선의 면적이 큰 것이 좋다.
④ 히스테리시스 곡선의 면적이 작은 것이 좋다.

08
자화의 세기 단위로 옳은 것은?
① [AT/Wb] ② [AT/m^2]
③ [Wb·m] ④ [Wb/m^2]

09
반지름 1[cm]인 원형코일에 전류 10[A]가 흐를 때, 코일의 중심에서 코일면에 수직으로 $\sqrt{3}$ [cm] 떨어진 점의 자계의 세기는 몇 [AT/m]인가?
① $\frac{1}{16} \times 10^3$ ② $\frac{3}{16} \times 10^3$
③ $\frac{5}{16} \times 10^3$ ④ $\frac{7}{16} \times 10^3$

10
그림과 같은 유전속 분포가 이루어질 때 ε_1과 ε_2의 크기 관계는?

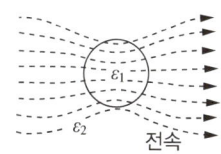

① $\varepsilon_1 > \varepsilon_2$
② $\varepsilon_1 < \varepsilon_2$
③ $\varepsilon_1 = \varepsilon_2$
④ $\varepsilon_1 > 0$, $\varepsilon_2 > 0$

11
Poisson 및 Laplace 방정식을 유도하는 데 관련이 없는 식은?
① $\text{rot } E = -\frac{\partial B}{\partial t}$ ② $E = -\text{grad } V$
③ $\text{div } D = \rho_v$ ④ $D = \varepsilon E$

12
액체 유전체를 포함한 콘덴서 용량이 C[F]인 것에 V[V]의 전압을 가했을 경우에 흐르는 누설전류[A]는? (단, 유전체의 유전율은 ε[F/m], 고유저항은 ρ[Ω·m]이다)
① $\frac{\rho\varepsilon}{CV}$ ② $\frac{C}{\rho\varepsilon V}$
③ $\frac{CV}{\rho\varepsilon}$ ④ $\frac{\rho\varepsilon V}{C}$

13
점전하에 의한 전위함수가 $V = \frac{1}{x^2+y^2}$ [V]일 때 grad V는?
① $-\frac{ix+jy}{(x^2+y^2)^2}$ ② $-\frac{i2x+j2y}{(x^2+y^2)^2}$
③ $-\frac{i2x}{(x^2+y^2)^2}$ ④ $-\frac{j2y}{(x^2+y^2)^2}$

14
평등자계 내에 전자가 수직으로 입사하였을 때 전자의 운동을 바르게 나타낸 것은?
① 구심력은 전자속도에 반비례한다.
② 원심력은 자계의 세기에 반비례한다.
③ 원운동을 하고 반지름은 자계의 세기에 비례한다.
④ 원운동을 하고 반지름은 전자의 회전속도에 비례한다.

15
공간 도체 내의 한 점에 있어서 자속이 시간적으로 변화하는 경우에 성립하는 식은?
① $\nabla \times E = \frac{\partial H}{\partial t}$ ② $\nabla \times E = -\frac{\partial H}{\partial t}$
③ $\nabla \times E = \frac{\partial B}{\partial t}$ ④ $\nabla \times E = -\frac{\partial B}{\partial t}$

정답 8 ④ 9 ① 10 ① 11 ① 12 ③ 13 ② 14 ④ 15 ④

16
정전계 해석에 관한 설명으로 틀린 것은?
① 푸아송 방정식은 가우스 정리의 미분형으로 구할 수 있다.
② 도체 표면에서의 전계의 세기는 표면에 대해 법선방향을 갖는다.
③ 라플라스 방정식은 전극이나 도체의 형태에 관계없이 체적전하밀도가 0인 모든 점에서 $\nabla^2 V = 0$을 만족한다.
④ 라플라스 방정식은 비선형 방정식이다.

17
다이아몬드와 같은 단결정 물체에 전장을 가할 때 유도되는 분극은?
① 전자분극
② 이온분극과 배향분극
③ 전자분극과 이온분극
④ 전자분극, 이온분극, 배향분극

18
중심은 원점에 있고 반지름 a[m]인 원형 선도체가 $z=0$인 평면에 있다. 도체에 선전하밀도 ρ_L[C/m]가 분포되어 있을 때 $z=b$[m]인 점에서 전계 E[V/m]는?(단, a_r, a_z는 원통좌표계에서 r 및 z방향의 단위벡터이다)

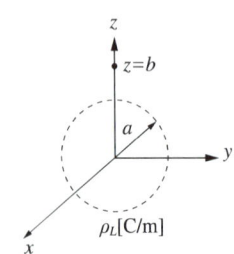

① $\dfrac{ab\rho_L}{2\pi\varepsilon_0(a^2+b^2)}a_r$ ② $\dfrac{ab\rho_L}{4\pi\varepsilon_0(a^2+b^2)}a_z$

③ $\dfrac{ab\rho_L}{2\varepsilon_0(a^2+b^2)^{\frac{3}{2}}}a_z$ ④ $\dfrac{ab\rho_L}{4\varepsilon_0(a^2+b^2)^{\frac{3}{2}}}a_z$

19
$V = x^2$[V]로 주어지는 전위분포일 때 $x=20$[cm]인 점의 전계는?
① $+x$방향으로 40[V/m]
② $-x$방향으로 40[V/m]
③ $+x$방향으로 0.4[V/m]
④ $-x$방향으로 0.4[V/m]

20
면적 S[m^2], 간격 d[m]인 평행판 콘덴서에 전하 Q[C]를 충전하였을 때 정전에너지 W[J]는?
① $W = \dfrac{dQ^2}{\varepsilon S}$ ② $W = \dfrac{dQ^2}{2\varepsilon S}$
③ $W = \dfrac{dQ^2}{4\varepsilon S}$ ④ $W = \dfrac{dQ^2}{8\varepsilon S}$

제2과목 전력공학

21
초호각(Arcing Horn)의 역할은?
① 풍압을 조절한다.
② 송전효율을 높인다.
③ 애자의 파손을 방지한다.
④ 고주파수의 섬락전압을 높인다.

22
조속기의 폐쇄시간이 짧을수록 옳은 것은?
① 수격작용은 작아진다.
② 발전기의 전압상승률은 커진다.
③ 수차의 속도변동률은 작아진다.
④ 수압관 내의 수압상승률은 작아진다.

23
개폐서지의 이상전압을 감쇄할 목적으로 설치하는 것은?
① 단로기
② 차단기
③ 리액터
④ 개폐저항기

24
22[kV], 60[Hz] 1회선의 3상 송전선에서 무부하 충전전류는 약 몇 [A]인가?(단, 송전선의 길이는 20[km]이고, 1선 1[km]당 정전용량은 0.5[μF]이다)
① 12
② 24
③ 36
④ 48

25
송전전력, 부하역률, 송전거리, 전력손실, 선간전압이 동일할 때 3상 3선식에 의한 소요전선량은 단상 2선식의 몇 [%]인가?
① 50
② 67
③ 75
④ 87

26
모선보호용 계전기로 사용하면 가장 유리한 것은?
① 거리 방향계전기
② 역상 계전기
③ 재폐로 계전기
④ 과전류 계전기

27
장거리 송전선로는 일반적으로 어떤 회로로 취급하여 회로를 해석하는가?
① 분포정수회로
② 분산부하회로
③ 집중정수회로
④ 특성임피던스회로

28
유도장해를 방지하기 위한 전력선 측의 대책으로 틀린 것은?
① 차폐선을 설치한다.
② 고속도 차단기를 사용한다.
③ 중성점 전압을 가능한 높게 한다.
④ 중성점 접지에 고저항을 넣어서 지락전류를 줄인다.

29
현수애자에 대한 설명으로 틀린 것은?
① 애자를 연결하는 방법에 따라 클래비스형과 볼소켓형이 있다.
② 큰 하중에 대하여는 2연 또는 3연으로 하여 사용할 수 있다.
③ 애자의 연결개수를 가감함으로써 임의의 송전전압에 사용할 수 있다.
④ 2~4층의 갓 모양의 자기편을 시멘트로 접착하고 그 자기를 주철제 베이스로 지지한다.

30
그림과 같은 수전단전압 3.3[kV], 역률 0.85(뒤짐)인 부하 300[kW]에 공급하는 선로가 있다. 이때 송전단전압은 약 몇 [V]인가?

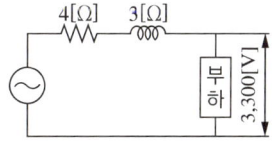

① 3,430
② 3,530
③ 3,730
④ 3,830

31
△-△ 결선된 3상 변압기를 사용한 비접지방식의 선로가 있다. 이때 1선 지락고장이 발생하면 다른 건전한 2선의 대지전압은 지락 전의 몇 배까지 상승하는가?
① $\dfrac{\sqrt{3}}{2}$
② $\sqrt{3}$
③ $\sqrt{2}$
④ 1

32
증기의 엔탈피란?
① 증기 1[kg]의 잠열
② 증기 1[kg]의 현열
③ 증기 1[kg]의 보유열량
④ 증기 1[kg]의 증발열을 그 온도로 나눈 것

33
전력용 콘덴서에 의하여 얻을 수 있는 전류는?
① 지상전류 ② 진상전류
③ 동상전류 ④ 영상전류

34
송전선로의 고장전류 계산에 영상임피던스가 필요한 경우는?
① 1선 지락 ② 3상 단락
③ 3선 단선 ④ 선간 단락

35
배전용 변전소의 주변압기로 주로 사용되는 것은?
① 강압 변압기 ② 체승 변압기
③ 단권 변압기 ④ 3권선 변압기

36
송전선로에 매설지선을 설치하는 주된 목적은?
① 철탑 기초의 강도를 보강하기 위하여
② 직격뢰로부터 송전선을 차폐보호하기 위하여
③ 현수애자 1연의 전압분담을 균일화하기 위하여
④ 철탑으로부터 송전선로의 역섬락을 방지하기 위하여

37
4단자 정수 $A = D = 0.8$, $B = j1.0$인 3상 송전선로에 송전단전압 160[kV]를 인가할 때 무부하 시 수전단 전압은 몇 [kV]인가?
① 154 ② 164
③ 180 ④ 200

38
부하역률이 현저히 낮은 경우 발생하는 현상이 아닌 것은?
① 전기요금의 증가
② 유효전력의 증가
③ 전력손실의 증가
④ 선로의 전압강하 증가

39
원자로의 감속재에 대한 설명으로 틀린 것은?
① 감속능력이 클 것
② 원자질량이 클 것
③ 사용재료로 경수를 사용
④ 고속 중성자를 열 중성자로 바꾸는 작용

40
그림과 같은 3상 송전계통에서 송전단 전압은 3,300[V]이다. 점 P에서 3상 단락사고가 발생했다면 발전기에 흐르는 단락전류는 약 몇 [A]인가?

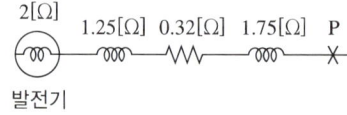

① 320 ② 330
③ 380 ④ 410

제3과목 전기기기

41
변압기의 보호방식 중 비율차동계전기를 사용하는 경우는?
① 고조파 발생을 억제하기 위하여
② 과여자 전류를 억제하기 위하여
③ 과전압 발생을 억제하기 위하여
④ 변압기 상간 단락보호를 위하여

42
3상 유도기에서 출력의 변환식으로 옳은 것은?
① $P_o = P_2 + P_{2c} = \dfrac{N}{N_s}P_2 = (2-s)P_2$
② $(1-s)P_2 = \dfrac{N}{N_s}P_2 = P_o - P_{2c} = P_o - sP_2$
③ $P_o = P_2 - P_{2c} = P_2 - sP_2 = \dfrac{N}{N_s}P_2 = (1-s)P_2$
④ $P_o = P_2 + P_{2c} = P_2 + sP_2 = \dfrac{N}{N_s}P_2 = (1+s)P_2$

43
비돌극형 동기발전기 한 상의 단자전압을 V, 유기기전력을 E, 동기리액턴스를 X_s, 부하각이 δ이고 전기자 저항을 무시할 때 한 상의 최대출력[W]은?
① $\dfrac{EV}{X_s}$
② $\dfrac{3EV}{X_s}$
③ $\dfrac{E^2 V}{X_s}\sin\delta$
④ $\dfrac{EV^2}{X_s}\sin\delta$

44
동기전동기에 대한 설명으로 옳은 것은?
① 기동토크가 크다.
② 역률조정을 할 수 있다.
③ 가변속전동기로서 다양하게 응용된다.
④ 공극이 매우 작아 설치 및 보수가 어렵다.

45
직류전동기의 속도제어 방법이 아닌 것은?
① 계자제어법
② 전압제어법
③ 주파수제어법
④ 직렬저항제어법

46
60[Hz]의 3상 유도전동기를 동일전압으로 50[Hz]에 사용할 때 ㉠ 무부하전류, ㉡ 온도상승, ㉢ 속도는 어떻게 변하겠는가?
① ㉠ $\dfrac{60}{50}$으로 증가, ㉡ $\dfrac{60}{50}$으로 증가, ㉢ $\dfrac{50}{60}$으로 감소
② ㉠ $\dfrac{60}{50}$으로 증가, ㉡ $\dfrac{50}{60}$으로 감소, ㉢ $\dfrac{50}{60}$으로 감소
③ ㉠ $\dfrac{50}{60}$으로 감소, ㉡ $\dfrac{60}{50}$으로 증가, ㉢ $\dfrac{50}{60}$으로 감소
④ ㉠ $\dfrac{50}{60}$으로 감소, ㉡ $\dfrac{60}{50}$으로 증가, ㉢ $\dfrac{60}{50}$으로 증가

47
보극이 없는 직류발전기에서 부하의 증가에 따라 브러시의 위치를 어떻게 하여야 하는가?
① 그대로 둔다.
② 계자극의 중간에 놓는다.
③ 발전기의 회전방향으로 이동시킨다.
④ 발전기의 회전방향과 반대로 이동시킨다.

48
동기발전기의 안정도를 증진시키기 위한 대책이 아닌 것은?
① 속응 여자방식을 사용한다.
② 정상 임피던스를 작게 한다.
③ 역상·영상 임피던스를 작게 한다.
④ 회전자의 플라이 휠 효과를 크게 한다.

정답 41 ④ 42 ③ 43 ① 44 ② 45 ③ 46 ① 47 ③ 48 ③

49
반발기동형 단상유도전동기의 회전방향을 변경하려면?

① 전원의 2선을 바꾼다.
② 주권선의 2선을 바꾼다.
③ 브러시의 접속선을 바꾼다.
④ 브러시의 위치를 조정한다.

50
일반적인 변압기의 무부하손 중 효율에 가장 큰 영향을 미치는 것은?

① 와전류손　　② 유전체손
③ 히스테리시스손　　④ 여자전류 저항손

51
농형 유도전동기에 주로 사용되는 속도제어법은?

① 극수 제어법　　② 종속 제어법
③ 2차 여자 제어법　　④ 2차 저항 제어법

52
동기발전기의 단락비가 1.2이면 이 발전기의 %동기임피던스[p.u]는?

① 0.12　　② 0.25
③ 0.52　　④ 0.83

53
3상 권선형 유도전동기에서 2차 측 저항을 2배로 하면 그 최대토크는 어떻게 되는가?

① 불변이다.
② 2배 증가한다.
③ $\frac{1}{2}$로 감소한다.
④ $\sqrt{2}$배 증가한다.

54
전기자 총도체수 152, 4극, 파권인 직류발전기가 전기자전류를 100[A]로 할 때 매극당 감자기자력[AT/극]은 얼마인가?(단, 브러시의 이동각은 10°이다)

① 33.6　　② 52.8
③ 105.6　　④ 211.2

55
다음 (　) 안에 옳은 내용을 순서대로 나열한 것은?

> SCR에서는 게이트전류가 흐르면 순방향의 저지상태에서 (　)상태로 된다. 게이트전류를 가하여 도통 완료까지의 시간을 (　)시간이라 하고 이 시간이 길면 (　)시의 (　)이 많고 소자가 파괴된다.

① 온(On), 턴온(Turn On), 스위칭, 전력손실
② 온(On), 턴온(Turn On), 전력손실, 스위칭
③ 스위칭, 온(On), 턴온(Turn On), 전력손실
④ 턴온(Turn On), 스위칭, 온(On), 전력손실

56
3,000/200[V] 변압기의 1차 임피던스가 225[Ω]이면 2차 환산 임피던스는 약 몇 [Ω]인가?

① 1.0　　② 1.5
③ 2.1　　④ 2.8

57
60[Hz], 1,328/230[V]의 단상변압기가 있다. 무부하 전류 $I = 3\sin\omega t + 1.1\sin(3\omega t + \alpha_3)$[A]이다. 지금 위와 똑같은 변압기 3대로 Y-△결선하여 1차에 2,300[V]의 평형전압을 걸고 2차를 무부하로 하면 △회로를 순환하는 전류(실효치)는 약 몇 [A]인가?

① 0.77　　② 1.10
③ 4.48　　④ 6.35

58

정격전압, 정격주파수가 6,600/220[V], 60[Hz], 와류손이 720[W]인 단상변압기가 있다. 이 변압기를 3,300[V], 50[Hz]의 전원에 사용하는 경우 와류손은 약 몇 [W]인가?

① 120　　② 150
③ 180　　④ 200

59

다이오드 2개를 이용하여 전파정류를 하고, 순저항부하에 전력을 공급하는 회로가 있다. 저항에 걸리는 직류분 전압이 90[V]라면 다이오드에 걸리는 최대역전압[V]의 크기는?

① 90　　② 242.8
③ 254.5　　④ 282.8

60

직류전동기의 전기자전류가 10[A]일 때 5[kg·m]의 토크가 발생하였다. 이 전동기의 계자속이 80[%]로 감소되고, 전기자전류가 12[A]로 되면 토크는 약 몇 [kg·m]인가?

① 5.2　　② 4.8
③ 4.3　　④ 3.9

제4과목 회로이론 및 제어공학

61

다음 논리회로가 나타내는 식은?

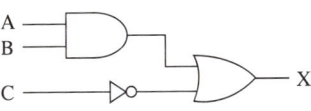

① $X = (A \cdot B) + \overline{C}$
② $X = \overline{(A \cdot B)} + C$
③ $X = \overline{(A + B)} \cdot C$
④ $X = (A + B) \cdot \overline{C}$

62

특성방정식 $s^5 + 2s^4 + 2s^3 + 3s^2 + 4s + 1$을 Routh-Hurwitz 판별법으로 분석한 결과로 옳은 것은?

① s-평면의 우반면에 근이 존재하지 않기 때문에 안정한 시스템이다.
② s-평면의 우반면에 근이 1개 존재하기 때문에 불안정한 시스템이다.
③ s-평면의 우반면에 근이 2개 존재하기 때문에 불안정한 시스템이다.
④ s-평면의 우반면에 근이 3개 존재하기 때문에 불안정한 시스템이다.

63

다음 블록선도의 전달함수는?

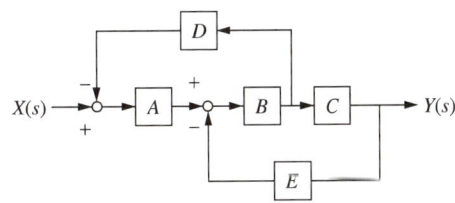

① $\dfrac{Y(s)}{X(s)} = \dfrac{ABC}{1 + BCD + ABE}$
② $\dfrac{Y(s)}{X(s)} = \dfrac{ABC}{1 + BCD + ABD}$
③ $\dfrac{Y(s)}{X(s)} = \dfrac{ABC}{1 + BCE + ABD}$
④ $\dfrac{Y(s)}{X(s)} = \dfrac{ABC}{1 + BCE + ABE}$

64
제어기에서 적분제어의 영향으로 가장 적합한 것은?
① 대역폭이 증가한다.
② 응답 속응성을 개선시킨다.
③ 작동오차의 변화율에 반응하여 동작한다.
④ 정상상태의 오차를 줄이는 효과를 갖는다.

65
$G(j\omega) = \dfrac{1}{j\omega T + 1}$ 의 크기와 위상각은?
① $G(j\omega) = \sqrt{\omega^2 T^2 + 1} \angle \tan^{-1}\omega T$
② $G(j\omega) = \sqrt{\omega^2 T^2 + 1} \angle -\tan^{-1}\omega T$
③ $G(j\omega) = \dfrac{1}{\sqrt{\omega^2 T^2 + 1}} \angle \tan^{-1}\omega T$
④ $G(j\omega) = \dfrac{1}{\sqrt{\omega^2 T^2 + 1}} \angle -\tan^{-1}\omega T$

66
상태방정식으로 표시되는 제어계의 천이행렬 $\phi(t)$ 는?

$$\dot{X} = \begin{bmatrix} 0 & 1 \\ 0 & 0 \end{bmatrix} X + \begin{bmatrix} 0 \\ 1 \end{bmatrix} U$$

① $\begin{bmatrix} 0 & t \\ 1 & 1 \end{bmatrix}$
② $\begin{bmatrix} 1 & 1 \\ 0 & t \end{bmatrix}$
③ $\begin{bmatrix} 1 & t \\ 0 & 1 \end{bmatrix}$
④ $\begin{bmatrix} 0 & t \\ 1 & 0 \end{bmatrix}$

67
주파수 특성의 정수 중 대역폭이 좁으면 좁을수록 이때의 응답속도는 어떻게 되는가?
① 빨라진다.
② 늦어진다.
③ 빨라졌다 늦어진다.
④ 늦어졌다 빨라진다.

68
그림과 같은 요소는 제어계의 어떤 요소인가?

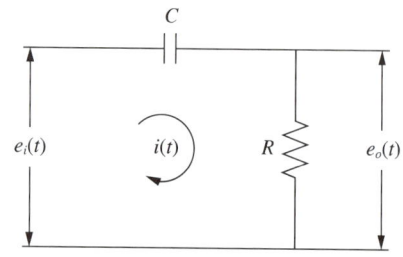

① 적분요소
② 미분요소
③ 1차 지연요소
④ 1차 지연 미분요소

69
제어장치가 제어대상에 가하는 제어신호로 제어장치의 출력인 동시에 제어대상의 입력인 신호는?
① 목푯값
② 조작량
③ 제어량
④ 동작신호

70
Routh 안정판별표에서 수열의 제1열이 다음과 같을 때 이 계통의 특성방정식에 양의 실수부를 갖는 근이 몇 개인가?

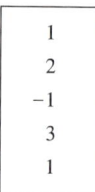

① 전혀 없다.
② 1개 있다.
③ 2개 있다.
④ 3개 있다.

71
성형(Y)결선의 부하가 있다. 선간전압 300[V]의 3상 교류를 가했을 때 선전류가 40[A]이고, 역률이 0.8이라면 리액턴스는 약 몇 [Ω]인가?
① 1.66
② 2.60
③ 3.56
④ 4.33

72

그림과 같은 $R-C$ 병렬회로에서 전원전압이 $e(t)=3e^{-5t}$인 경우 이 회로의 임피던스는?

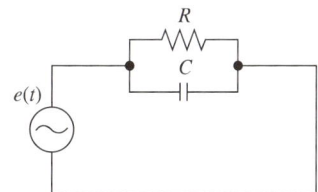

① $\dfrac{j\omega RC}{1+j\omega RC}$ ② $\dfrac{R}{1-5RC}$

③ $\dfrac{R}{1+RCs}$ ④ $\dfrac{1+j\omega RC}{R}$

73

정현파 교류전원 $e=E_m\sin(\omega t+\theta)$[V]가 인가된 RLC 직렬회로에 있어서 $\omega L > \dfrac{1}{\omega C}$ 일 경우, 이 회로에 흐르는 전류 I[A]의 위상은 인가전압 e[V]의 위상보다 어떻게 되는가?

① $\tan^{-1}\dfrac{\omega L - \dfrac{1}{\omega C}}{R}$ 앞선다.

② $\tan^{-1}\dfrac{\omega L - \dfrac{1}{\omega C}}{R}$ 뒤진다.

③ $\tan^{-1}R\left(\dfrac{1}{\omega L}-\omega C\right)$ 앞선다.

④ $\tan^{-1}R\left(\dfrac{1}{\omega L}-\omega C\right)$ 뒤진다.

74

입력신호 $x(t)$와 출력신호 $y(t)$의 관계가 다음과 같을 때 전달함수는?

$$\dfrac{d^2}{dt^2}y(t)+5\dfrac{d}{dt}y(t)+6y(t)=x(t)$$

① $\dfrac{1}{(s+2)(s+3)}$ ② $\dfrac{s+1}{(s+2)(s+3)}$

③ $\dfrac{s+4}{(s+2)(s+3)}$ ④ $\dfrac{s}{(s+2)(s+3)}$

75

그림의 회로에서 합성인덕턴스는?

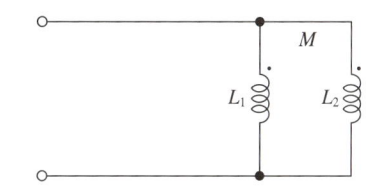

① $\dfrac{L_1L_2-M^2}{L_1+L_2-2M}$ ② $\dfrac{L_1L_2+M^2}{L_1+L_2-2M}$

③ $\dfrac{L_1L_2-M^2}{L_1+L_2+2M}$ ④ $\dfrac{L_1L_2+M^2}{L_1+L_2+2M}$

76

RL 직렬회로에 $e=100\sin(120\pi t)$[V]의 전압을 인가하여 $i=2\sin(120\pi t-45°)$[A]의 전류가 흐르도록 하려면 저항은 몇 [Ω]인가?

① 25.0 ② 35.4
③ 50.0 ④ 70.7

77

분포정수 선로에서 위상정수를 β[rad/m]라 할 때 파장은?

① $2\pi\beta$ ② $\dfrac{2\pi}{\beta}$

③ $4\pi\beta$ ④ $\dfrac{4\pi}{\beta}$

78

회로에서의 전류방향을 옳게 나타낸 것은?

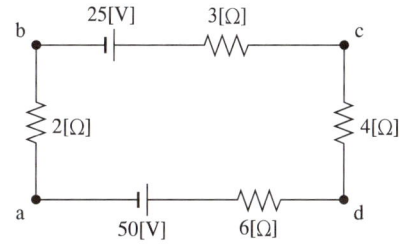

① 알 수 없다. ② 시계방향이다.
③ 흐르지 않는다. ④ 반시계방향이다.

79

3상 △부하에서 각 선전류를 I_a, I_b, I_c라 하면 전류의 영상분[A]은?(단, 회로는 평형상태이다)

① ∞
② 1
③ $\frac{1}{3}$
④ 0

80

회로에서 10[mH]의 인덕턴스에 흐르는 전류는 일반적으로 $i(t) = A + Be^{-at}$로 표시된다. a의 값은?

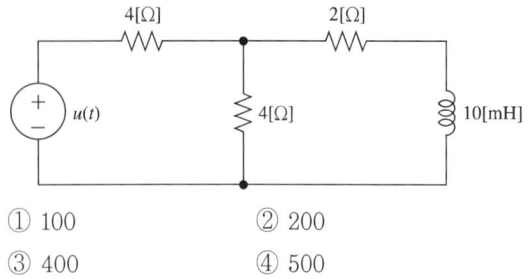

① 100
② 200
③ 400
④ 500

제5과목 전기설비기술기준

81

"지중관로"에 대한 정의로 가장 옳은 것은?

① 지중전선로·지중 약전류 전선로와 지중매설지선 등을 말한다.
② 지중전선로·지중 약전류 전선로와 복합케이블선로·기타 이와 유사한 것 및 이들에 부속되는 지중함을 말한다.
③ 지중전선로·지중 약전류 전선로·지중에 시설하는 수관 및 가스관과 지중매설지선을 말한다.
④ 지중전선로·지중 약전류 전선로·지중 광섬유 케이블 선로·지중에 시설하는 수관 및 가스관과 기타 이와 유사한 것 및 이들에 부속하는 지중함 등을 말한다.

82 ※ KEC 규정 적용으로 변경(상도체 ➡ 선도체)

공통접지공사 적용 시 상도체의 단면적이 16[mm²]인 경우 보호도체(PE)에 적합한 단면적은?(단, 보호도체의 재질이 상도체와 같은 경우)

① 4
② 6
③ 10
④ 16

83 ※ KEC 규정 적용으로 문제 삭제

케이블트레이공사 적용 시 적합한 사항은?

① 난연성 케이블을 사용한다.
② 케이블 트레이의 안전율은 2.0 이상으로 한다.
③ 케이블 트레이 안에서 전선접속은 허용하지 않는다.
④ 사용전압이 400[V] 미만인 경우 특별 제3종 접지공사를 적용한다.

84

고압 가공전선으로 경동선을 사용하는 경우 안전율은 얼마 이상이 되는 이도(弛度)로 시설하여야 하는가?

① 2.0
② 2.2
③ 2.5
④ 4.0

85

특수장소에 시설하는 전선로의 기준으로 틀린 것은?

① 교량의 윗면에 시설하는 저압전선로는 교량 노면상 5[m] 이상으로 할 것
② 교량에 시설하는 고압전선로에서 전선과 조영재 사이의 이격거리는 20[cm] 이상일 것
③ 저압전선로와 고압전선로를 같은 벼랑에 시설하는 경우 고압전선과 저압전선 사이의 이격거리는 50[cm] 이상일 것
④ 벼랑과 같은 수직부분에 시설하는 전선로는 부득이한 경우에 시설하며, 이때 전선의 지지점 간의 거리는 15[m] 이하로 할 것

86
※ KEC 규정 적용으로 문제 삭제

저압 옥내배선에 적용하는 사용전선의 내용 중 틀린 것은?

① 단면적 2.5[mm^2] 이상의 연동선이어야 한다.
② 미네럴인슈레이션케이블로 옥내배선을 하려면 케이블 단면적은 2[mm^2] 이상이어야 한다.
③ 진열장 등 사용전압이 400[V] 미만인 경우 0.75[mm^2] 이상인 코드 또는 캡타이어 케이블을 사용할 수 있다.
④ 전광표시장치 또는 제어회로에 사용전압이 400[V] 미만인 경우 사용하는 배선은 단면적 1.5[mm^2] 이상의 연동선을 사용하고 합성수지관공사로 할 수 있다.

87
※ KEC 규정 적용으로 문제 삭제

가공 접지선을 사용하여 제2종 접지공사를 하는 경우 변압기의 시설 장소로부터 몇 [m]까지 떼어 놓을 수 있는가?

① 50
② 100
③ 150
④ 200

88
고압 옥내배선의 시설공사로 할 수 없는 것은?

① 케이블공사
② 가요전선관공사
③ 케이블트레이공사
④ 애자사용공사(건조한 장소로서 전개된 장소)

89
가공전선로의 지지물에 시설하는 지선의 시설기준으로 옳은 것은?

① 지선의 안전율은 1.2 이상일 것
② 소선은 최소 5가닥 이상의 연선일 것
③ 도로를 횡단하여 시설하는 지선의 높이는 일반적으로 지표상 5[m] 이상으로 할 것
④ 지중부분 및 지표상 60[cm]까지의 부분은 아연도금을 한 철봉 등 부식하기 어려운 재료를 사용할 것

90
고압 인입선 시설에 대한 설명으로 틀린 것은?

① 15[m] 떨어진 다른 수용가에 고압 연접인입선을 시설하였다.
② 전선은 5[mm] 경동선과 동등한 세기의 고압 절연전선을 사용하였다.
③ 고압 가공인입선 아래에 위험표시를 하고 지표상 3.5[m]의 높이에 설치하였다.
④ 횡단보도교 위에 시설하는 경우 케이블을 사용하여 노면상에서 3.5[m]의 높이에 시설하였다.

91
지중 전선로의 시설에서 관로식에 의하여 시설하는 경우 매설깊이는 몇 [m] 이상으로 하여야 하는가?

① 0.6
② 1.0
③ 1.2
④ 1.5

92
최대 사용전압 7[kV] 이하 전로의 절연내력을 시험할 때 시험전압을 연속하여 몇 분간 가하였을 때 이에 견디어야 하는가?

① 5분
② 10분
③ 15분
④ 30분

93
가공전선로 지지물 기초의 안전율은 일반적으로 얼마 이상인가?

① 1.5
② 2
③ 2.2
④ 2.5

94
애자사용공사에 의한 저압 옥내배선을 시설할 때 전선의 지지점 간의 거리는 전선을 조영재의 윗면 또는 옆면에 따라 붙일 경우 몇 [m] 이하인가?

① 1.5
② 2
③ 2.5
④ 3

정답 86 × 87 × 88 ② 89 ③ 90 ① 91 ② 92 ② 93 ② 94 ②

95
가공전선로에 사용하는 지지물의 강도 계산 시 구성재의 수직 투영면적 1[m²]에 대한 풍압을 기초로 적용하는 갑종풍압하중 값의 기준으로 틀린 것은?
① 목주 : 588[Pa]
② 원형 철주 : 588[Pa]
③ 철근콘크리트주 : 1,117[Pa]
④ 강관으로 구성된 철탑(단주는 제외) : 1,255[Pa]

96
절연유의 구외 유출방지 설비를 하여야 하는 변압기의 사용전압은 몇 [kV] 이상인가?
① 10
② 50
③ 100
④ 150

97
일반 변전소 또는 이에 준하는 곳의 주요 변압기에 반드시 시설하여야 하는 계측장치가 아닌 것은?
① 주파수
② 전 압
③ 전 류
④ 전 력

98
백열전등 또는 방전등에 전기를 공급하는 옥내전로의 대지전압은 몇 [V] 이하인가?
① 120
② 150
③ 200
④ 300

99
345[kV] 가공전선이 154[kV] 가공전선과 교차하는 경우 이들 양 전선 상호 간의 이격거리는 몇 [m] 이상이어야 하는가?
① 4.48
② 4.96
③ 5.48
④ 5.82

100
사용전압 154[kV]의 특고압 가공전선로를 시가지에 시설하는 경우 지표상 몇 [m] 이상에 시설하여야 하는가?
① 7
② 8
③ 9.44
④ 11.44

2018년 제1회 기출문제

제1과목 전기자기학

01

$x = 0$인 무한평면을 경계면으로 하여 $x < 0$인 영역에는 비유전율 $\varepsilon_{r1} = 2$, $x > 0$인 영역에는 $\varepsilon_{r2} = 4$인 유전체가 있다. ε_{r1}인 유전체 내에서 전계 $E_1 = 20a_x - 10a_y + 5a_z$ [V/m]일 때 $x > 0$인 영역에 있는 ε_{r2}인 유전체 내에서 전속밀도 D_2 [C/m²]는? (단, 경계면상에는 자유전하가 없다고 한다)

① $D_2 = \varepsilon_0(20a_x - 40a_y + 5a_z)$
② $D_2 = \varepsilon_0(40a_x - 40a_y + 20a_z)$
③ $D_2 = \varepsilon_0(80a_x - 20a_y + 10a_z)$
④ $D_2 = \varepsilon_0(40a_x - 20a_y + 20a_z)$

02

그림과 같이 반지름 a[m]의 한 번 감긴 원형코일이 균일한 자속밀도 B[Wb/m²]인 자계에 놓여 있다. 지금 코일 면을 자계와 나란하게 전류 I[A]를 흘리면 원형코일이 자계로부터 받는 회전 모멘트는 몇 [N·m/rad]인가?

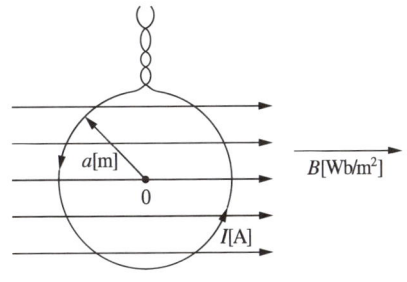

① $\pi a B I$
② $2\pi a B I$
③ $\pi a^2 B I$
④ $2\pi a^2 B I$

03

40[V/m]인 전계 내의 50[V]되는 점에서 1[C]의 전하가 전계 방향으로 80[cm] 이동하였을 때, 그 점의 전위는 몇 [V]인가?

① 18
② 22
③ 35
④ 65

04

내압 1,000[V] 정전용량 1[μF], 내압 750[V] 정전용량 2[μF], 내압 500[V] 정전용량 5[μF]인 콘덴서 3개를 직렬로 접속하고 인가전압을 서서히 높이면 최초로 파괴되는 콘덴서는?

① 1[μF]
② 2[μF]
③ 5[μF]
④ 동시에 파괴된다.

05

점전하에 의한 전계는 쿨롱의 법칙을 사용하면 되지만 분포되어 있는 전하에 의한 전계를 구할 때는 무엇을 이용하는가?

① 렌츠의 법칙
② 가우스의 정리
③ 라플라스 방정식
④ 스토크스의 정리

정답 1 ② 2 ③ 3 ① 4 ① 5 ②

06

비유전율 ε_{r1}, ε_{r2}인 두 유전체가 나란히 무한평면으로 접하고 있고, 이 경계면에 평행으로 유전체의 비유전율 ε_{r1} 내에 경계면으로부터 d[m]인 위치에 선전하밀도 ρ[C/m]인 선상전하가 있을 때, 이 선전하와 유전체 ε_{r2} 간의 단위 길이당의 작용력은 몇 [N/m]인가?

① $9 \times 10^9 \times \dfrac{\rho^2}{\varepsilon_{r2}d} \times \dfrac{\varepsilon_{r1} + \varepsilon_{r2}}{\varepsilon_{r1} - \varepsilon_{r2}}$

② $2.25 \times 10^9 \times \dfrac{\rho^2}{\varepsilon_{r2}d} \times \dfrac{\varepsilon_{r1} - \varepsilon_{r2}}{\varepsilon_{r1} + \varepsilon_{r2}}$

③ $9 \times 10^9 \times \dfrac{\rho^2}{\varepsilon_{r1}d} \times \dfrac{\varepsilon_{r1} - \varepsilon_{r2}}{\varepsilon_{r1} + \varepsilon_{r2}}$

④ $2.25 \times 10^9 \times \dfrac{\rho^2}{\varepsilon_{r1}d} \times \dfrac{\varepsilon_{r1} - \varepsilon_{r2}}{\varepsilon_{r1} + \varepsilon_{r2}}$

07

평면도체 표면에서 r[m]의 거리에 점전하 Q[C]이 있을 때 이 전하를 무한원까지 운반하는 데 필요한 일은 몇 [J]인가?

① $\dfrac{Q^2}{4\pi\varepsilon_0 r}$ ② $\dfrac{Q^2}{8\pi\varepsilon_0 r}$

③ $\dfrac{Q^2}{16\pi\varepsilon_0 r}$ ④ $\dfrac{Q^2}{32\pi\varepsilon_0 r}$

08

그림과 같이 단면적 $S = 10$[cm²], 자로의 길이 $l = 20\pi$ [cm], 비유전률 $\mu_s = 1,000$인 철심에 $N_1 = N_2 = 100$인 두 코일을 감았다. 두 코일 사이의 상호인덕턴스는 몇 [mH]인가?

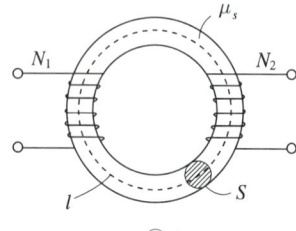

① 0.1 ② 1
③ 2 ④ 20

09

1[μA]의 전류가 흐르고 있을 때, 1초 동안 통과하는 전자 수는 약 몇 개인가?(단, 전자 1개의 전하는 1.602 $\times 10^{-19}$[C]이다)

① 6.24×10^{10}
② 6.24×10^{11}
③ 6.24×10^{12}
④ 6.24×10^{13}

10

자속밀도 10[Wb/m²] 자계 중에 10[cm] 도체를 자계와 30°의 각도로 30[m/s]로 움직일 때, 도체에 유기되는 기전력은 몇 [V]인가?

① 15
② $15\sqrt{3}$
③ 1,500
④ $1,500\sqrt{3}$

11

내부장치 또는 공간을 물질로 포위시켜 외부자계의 영향을 차폐시키는 방식을 자기차폐라 한다. 다음 중 자기차폐에 가장 좋은 것은?

① 비투자율이 1보다 작은 역자성체
② 강자성체 중에서 비투자율이 큰 물질
③ 강자성체 중에서 비투자율이 작은 물질
④ 비투자율에 관계없이 물질의 두께에만 관계되므로 되도록 두꺼운 물질

12

균일하게 원형단면을 흐르는 전류 I[A]에 의한, 반지름 a[m], 길이 l[m], 비투자율 μ_s인 원통도체의 내부 인덕턴스는 몇 [H]인가?

① $10^{-7}\mu_s l$ ② $3 \times 10^{-7}\mu_s l$

③ $\dfrac{1}{4a} \times 10^{-7}\mu_s l$ ④ $\dfrac{1}{2} \times 10^{-7}\mu_s l$

13
다음 조건들 중 초전도체에 부합되는 것은?(단, μ_r은 비투자율, χ_m은 비자화율, B는 자속밀도이며 작동온도는 임계온도 이하라 한다)

① $\chi_m = -1,\ \mu_r = 0,\ B = 0$
② $\chi_m = 0,\ \mu_r = 0,\ B = 0$
③ $\chi_m = 1,\ \mu_r = 0,\ B = 0$
④ $\chi_m = -1,\ \mu_r = 1,\ B = 0$

14
진공 중에 균일하게 대전된 반지름 a[m]인 선전하밀도 λ_l[C/m]의 원환이 있을 때, 그 중심으로부터 중심축상 x[m]의 거리에 있는 점의 전계의 세기는 몇 [V/m]인가?

① $\dfrac{a\lambda_l x}{2\varepsilon_0 (a^2 + x^2)^{\frac{3}{2}}}$ ② $\dfrac{a\lambda_l x}{\varepsilon_0 (a^2 + x^2)^{\frac{3}{2}}}$

③ $\dfrac{\lambda_l x}{2\varepsilon_0 (a^2 + x^2)}$ ④ $\dfrac{\lambda_l x}{\varepsilon_0 (a^2 + x^2)}$

15
역자성체에서 비투자율(μ_s)은 어느 값을 갖는가?

① $\mu_s = 1$ ② $\mu_0 < 1$
③ $\mu_s > 1$ ④ $\mu_s = 0$

16
한 변의 길이가 10[cm]인 정사각형 회로에 직류전류 10[A]가 흐를 때, 정사각형의 중심에서의 자계 세기는 몇 [A/m]인가?

① $\dfrac{100\sqrt{2}}{\pi}$ ② $\dfrac{200\sqrt{2}}{\pi}$
③ $\dfrac{300\sqrt{2}}{\pi}$ ④ $\dfrac{400\sqrt{2}}{\pi}$

17
유전률이 ε_1, ε_2[F/m]인 유전체 경계면에 단위면적당 작용하는 힘은 몇 [N/m^2]인가?(단, 전계가 경계면에 수직인 경우이며, 두 유전체의 전속밀도 $D_1 = D_2 = D$이다)

① $2\left(\dfrac{1}{\varepsilon_1} - \dfrac{1}{\varepsilon_2}\right)D^2$ ② $2\left(\dfrac{1}{\varepsilon_1} + \dfrac{1}{\varepsilon_2}\right)D^2$

③ $\dfrac{1}{2}\left(\dfrac{1}{\varepsilon_1} + \dfrac{1}{\varepsilon_2}\right)D^2$ ④ $\dfrac{1}{2}\left(\dfrac{1}{\varepsilon_2} - \dfrac{1}{\varepsilon_1}\right)D^2$

18
패러데이관(Faraday Tube)의 성질에 대한 설명으로 틀린 것은?

① 패러데이관 중에 있는 전속수는 그 관 속에 진전하가 없으면 일정하며 연속적이다.
② 패러데이관의 양단에는 양 또는 음의 단위 진전하가 존재하고 있다.
③ 패러데이관 한 개의 단위 전위차당 보유 에너지는 1/2[J]이다.
④ 패러데이관의 밀도는 전속밀도와 같지 않다.

19
공기 중에 있는 지름 6[cm]인 단일 도체구의 정전용량은 약 몇 [pF]인가?

① 0.34   ② 0.67
③ 3.34   ④ 6.71

20
평면파 전파가 $E = 30\cos(10^9 t + 20z)j$[V/m]로 주어졌다면 이 전자파의 위상 속도는 몇 [m/s]인가?

① 5×10^7 ② $\dfrac{1}{3} \times 10^8$
③ 10^9 ④ $\dfrac{2}{3}$

제2과목 전력공학

21
%임피던스와 관련된 설명으로 틀린 것은?
① 정격전류가 증가하면 %임피던스는 감소한다.
② 직렬리액터가 감소하면 %임피던스도 감소한다.
③ 전기기계의 %임피던스가 크면 차단기의 용량은 작아진다.
④ 송전계통에서는 임피던스의 크기를 옴값 대신에 % 값으로 나타내는 경우가 많다.

22
피뢰기의 충격방전 개시전압은 무엇으로 표시하는가?
① 직류전압의 크기
② 충격파의 평균치
③ 충격파의 최대치
④ 충격파의 실효치

23
4단자 정수가 A, B, C, D인 선로에 임피던스가 $\frac{1}{Z_T}$인 변압기가 수전단에 접속된 경우 계통의 4단자 정수 중 D_0는?
① $D_0 = \frac{C + DZ_T}{Z_T}$ ② $D_0 = \frac{C + AZ_T}{Z_T}$
③ $D_0 = \frac{D + CZ_T}{Z_T}$ ④ $D_0 = \frac{B + AZ_T}{Z_T}$

24
3상 결선 변압기의 단상운전에 의한 소손방지목적으로 설치하는 계전기는?
① 차동계전기
② 역상계전기
③ 단락계전기
④ 과전류계산기

25
한류리액터를 사용하는 가장 큰 목적은?
① 충전전류의 제한
② 접지전류의 제한
③ 누설전류의 제한
④ 단락전류의 제한

26
모선 보호에 사용되는 계전방식이 아닌 것은?
① 위상 비교방식
② 선택접지 계전방식
③ 방향거리 계전방식
④ 전류차동 보호방식

27
설비용량이 360[kW], 수용률 0.8, 부등률 1.2일 때 최대수용전력은 몇 [kW]인가?
① 120
② 240
③ 360
④ 480

28
SF_6가스차단기에 대한 설명으로 틀린 것은?
① SF_6가스 자체는 불활성 기체이다.
② SF_6가스는 공기에 비하여 소호능력이 약 100배 정도이다.
③ 절연거리를 적게 할 수 있어 차단기 전체를 소형, 경량화할 수 있다.
④ SF_6가스를 이용한 것으로서 독성이 있으므로 취급에 유의하여야 한다.

29
송전선로의 일반회로정수가 $A = 0.7$, $B = j190$, $D = 0.9$일 때 C의 값은?
① $-j1.95 \times 10^{-3}$
② $j1.95 \times 10^{-3}$
③ $-j1.95 \times 10^{-4}$
④ $j1.95 \times 10^{-4}$

30
그림과 같이 전력선과 통신선 사이에 차폐선을 설치하였다. 이 경우에 통신선의 차폐계수(K)를 구하는 관계식은?(단, 차폐선을 통신선에 근접하여 설치한다)

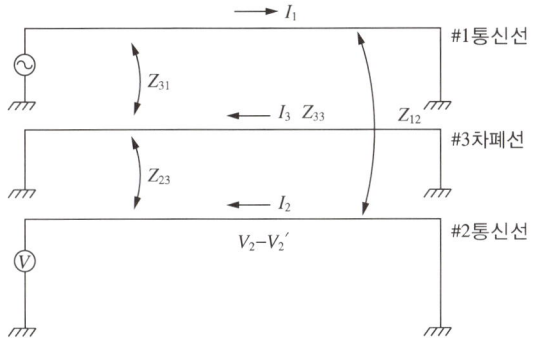

① $K = 1 + \dfrac{Z_{31}}{Z_{12}}$
② $K = 1 - \dfrac{Z_{31}}{Z_{33}}$
③ $K = 1 - \dfrac{Z_{23}}{Z_{33}}$
④ $K = 1 + \dfrac{Z_{23}}{Z_{33}}$

31
단상변압기 3대에 의한 △결선에서 1대를 제거하고 동일 전력을 V결선으로 보낸다면 동손은 약 몇 배가 되는가?

① 0.67
② 2.0
③ 2.7
④ 3.0

32
송전선로의 정전용량은 등가 선간거리 D가 증가하면 어떻게 되는가?

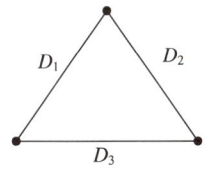

$D = (D_1, D_2, D_3)$

① 증가한다.
② 감소한다.
③ 변하지 않는다.
④ D^2에 반비례하여 감소한다.

33
변압기 등 전력설비 내부고장 시 변류기에 유입하는 전류와 유출하는 전류의 차로 동작하는 보호계전기는?

① 차동계전기
② 지락계전기
③ 과전류계전기
④ 역상전류계전기

34
배전계통에서 사용하는 고압용 차단기의 종류가 아닌 것은?

① 기중차단기(ACB)
② 공기차단기(ABB)
③ 진공차단기(VCB)
④ 유입차단기(OCB)

35
그림과 같이 "수류가 고체에 둘러싸여 있고 A로부터 유입되는 수량과 B로부터 유출되는 수량이 같다"고 하는 이론은?

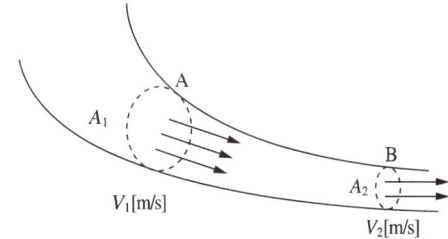

① 수두이론
② 연속의 원리
③ 베르누이의 정리
④ 토리첼리의 정리

36
A, B 및 C상 전류를 각각 I_a, I_b 및 I_c라 할 때 $I_x = \dfrac{1}{3}(I_a + a^2 I_b + a I_c)$, $a = -\dfrac{1}{2} + j\dfrac{\sqrt{3}}{2}$으로 표시되는 I_x는 어떤 전류인가?

① 정상전류
② 역상전류
③ 영상전류
④ 역상전류와 영상전류의 합

37
부하역률이 0.8인 선로의 저항손실은 0.9인 선로의 저항손실에 비해서 약 몇 배 정도 되는가?
① 0.97
② 1.1
③ 1.27
④ 1.5

38
단상 2선식 배전선로의 선로임피던스가 $2+j5[\Omega]$이고 무유도성 부하전류 10[A]일 때 송전단 역률은?(단, 수전단 전압의 크기는 100[V]이고, 위상각은 0°이다)
① $\dfrac{5}{12}$
② $\dfrac{5}{13}$
③ $\dfrac{11}{12}$
④ $\dfrac{12}{13}$

39
송전선에서 재폐로 방식을 사용하는 목적은?
① 역률 개선
② 안정도 증진
③ 유도장해의 경감
④ 코로나 발생방지

40
대용량 고전압의 안정권선(△권선)이 있다. 이 권선의 설치 목적과 관계가 먼 것은?
① 고장전류 저감
② 제3고조파 제거
③ 조상 설비 설치
④ 소내용 전원 공급

제3과목 전기기기

41
직류전동기의 회전수를 $\dfrac{1}{2}$로 하자면 계자자속을 어떻게 해야 하는가?
① $\dfrac{1}{4}$로 감소시킨다.
② $\dfrac{1}{2}$로 감소시킨다.
③ 2배로 증가시킨다.
④ 4배로 증가시킨다.

42
단상 직권 정류자 전동기의 전기자 권선과 계자 권선에 대한 설명으로 틀린 것은?
① 계자 권선의 권수를 적게 한다.
② 전기자 권선의 권수를 크게 한다.
③ 변압기 기전력을 적게 하여 역률 저하를 방지한다.
④ 브러시로 단락되는 코일 중의 단락전류를 많게 한다.

43
동기조상기의 여자전류를 줄이면?
① 콘덴서로 작용
② 리액터로 작용
③ 진상전류로 됨
④ 저항손의 보상

44
교류발전기의 고조파 발생을 방지하는 방법으로 틀린 것은?
① 전기자 반작용을 크게 한다.
② 전기자 권선을 단절권으로 감는다.
③ 전기자 슬롯을 스큐 슬롯으로 한다.
④ 전기자 권선의 결선을 성형으로 한다.

37 ③ 38 ④ 39 ② 40 ① 41 ③ 42 ④ 43 ② 44 ①

45
150[kVA]의 변압기의 철손이 1[kW], 전부하동손이 2.5[kW]이다. 역률 80[%]에 있어서의 최대효율은 약 몇 [%]인가?

① 95　　② 96
③ 97.4　④ 98.5

46
권선형 유도전동기의 전부하 운전 시 슬립이 4[%]이고 2차 정격전압이 150[V]이면 2차 유도기전력은 몇 [V]인가?

① 9　② 8
③ 7　④ 6

47
단상 직권전동기의 종류가 아닌 것은?

① 직권형　　② 아트킨손형
③ 보상직권형　④ 유도보상직권형

48
직류발전기가 90[%] 부하에서 최대효율이 된다면 이 발전기의 전부하에 있어서 고정손과 부하손의 비는?

① 1.1　② 1.0
③ 0.9　④ 0.81

49
권선형 유도전동기에서 비례추이에 대한 설명으로 틀린 것은?(단, S_m은 최대토크 시 슬립이다)

① r_2를 크게 하면 S_m은 커진다.
② r_2를 삽입하면 최대토크가 변한다.
③ r_2를 크게 하면 기동토크도 커진다.
④ r_2를 크게 하면 기동전류는 감소한다.

50
전기자저항 $r_a = 0.2[\Omega]$, 동기리액턴스 $X_S = 20[\Omega]$인 Y결선의 3상 동기발전기가 있다. 3상 중 1상의 단자전압 $V = 4,400[V]$, 유도기전력 $E = 6,600[V]$이다. 부하각 $\delta = 30°$라고 하면 발전기의 출력은 약 몇 [kW]인가?

① 2,178　② 3,251
③ 4,253　④ 5,532

51
사이리스터 2개를 사용한 단상 전파정류회로에서 직류전압 100[V]를 얻으려면 PIV가 약 몇 [V]인 다이오드를 사용하면 되는가?

① 111　② 141
③ 222　④ 314

52
변압기 결선방식 중 3상에서 6상으로 변환할 수 없는 것은?

① 2중 성형　　② 환상 결선
③ 대각 결선　　④ 2중 6각 결선

53
반도체 정류기에 적용된 소자 중 첨두 역방향 내전압이 가장 큰 것은?

① 셀렌 정류기　　② 실리콘 정류기
③ 게르마늄 정류기　④ 아산화동 정류기

54
단상변압기 3대를 이용하여 3상 △-Y결선을 했을 때 1차와 2차 전압의 각변위(위상차)는?

① 0°　② 60°
③ 150°　④ 180°

정답 45 ③　46 ④　47 ②　48 ④　49 ②　50 ①　51 ④　52 ④　53 ②　54 ③

55
권선형 유도전동기 저항제어법의 단점 중 틀린 것은?
① 운전 효율이 낮다.
② 부하에 대한 속도 변동이 작다.
③ 제어용 저항기는 가격이 비싸다.
④ 부하가 적을 때는 광범위한 속도 조정이 곤란하다.

56
부하 급변 시 부하각과 부하 속도가 진동하는 난조 현상을 일으키는 원인이 아닌 것은?
① 전기자 회로의 저항이 너무 큰 경우
② 원동기의 토크에 고조파가 포함된 경우
③ 원동기의 조속기 감도가 너무 예민한 경우
④ 자속의 분포가 기울어져 자속의 크기가 감소한 경우

57
3상 유도전동기의 슬립이 s일 때 2차 효율[%]은?
① $(1-s) \times 100$
② $(2-s) \times 100$
③ $(3-s) \times 100$
④ $(4-s) \times 100$

58
실리콘 제어정류기(SCR)의 설명 중 틀린 것은?
① P-N-P-N 구조로 되어 있다.
② 인버터 회로에 이용될 수 있다.
③ 고속도의 스위치 작용을 할 수 있다.
④ 게이트에 (+)와 (-)의 특성을 갖는 펄스를 인가하여 제어한다.

59
동기전동기에서 전기자 반작용을 설명한 것 중 옳은 것은?
① 공급전압보다 앞선 전류는 감자작용을 한다.
② 공급전압보다 뒤진 전류는 감자작용을 한다.
③ 공급전압보다 앞선 전류는 교차자화작용을 한다.
④ 공급전압보다 뒤진 전류는 교차자화작용을 한다.

60
정격부하에서 역률 0.8(뒤짐)로 운전될 때, 전압 변동률이 12[%]인 변압기가 있다. 이 변압기에 역률 100[%]의 정격부하를 걸고 운전할 때의 전압 변동률은 약 몇 [%]인가?(단, %저항강하는 %리액턴스강하의 1/12이라고 한다)
① 0.909
② 1.5
③ 6.85
④ 16.18

제4과목   회로이론 및 제어공학

61
다음 방정식으로 표시되는 제어계가 있다. 이 계를 상태 방정식 $\dot{x}(t) = Ax(t) + Bu(t)$로 나타내면 계수 행렬 A는?

$$\frac{d^3c(t)}{dt^3} + 5\frac{d^2c(t)}{dt^2} + \frac{dc(t)}{dt} + 2c(t) = r(t)$$

① $\begin{bmatrix} 0 & 1 & 0 \\ 0 & 0 & 1 \\ -2 & -1 & -5 \end{bmatrix}$
② $\begin{bmatrix} 0 & 1 & 0 \\ 0 & 0 & 1 \\ 5 & 1 & 2 \end{bmatrix}$
③ $\begin{bmatrix} 0 & 0 & 1 \\ 1 & 0 & 0 \\ 0 & 5 & 2 \end{bmatrix}$
④ $\begin{bmatrix} 0 & 1 & 0 \\ 0 & 0 & 1 \\ -2 & -1 & 0 \end{bmatrix}$

62
개루프 전달함수 $G(s)$가 다음과 같이 주어지는 단위 부궤환계가 있다. 단위계단입력이 주어졌을 때, 정상상태 편차가 0.05가 되기 위해서는 K의 값은 얼마인가?

$$G(s) = \frac{6K(s+1)}{(s+2)(s+3)}$$

① 19 ② 20
③ 0.95 ④ 0.05

63
다음과 같은 진리표를 갖는 회로의 종류는?

입력		출력
A	B	
0	0	0
0	1	1
1	0	1
1	1	0

① AND ② NOR
③ NAND ④ EX-OR

64
신호흐름선도에서 전달함수 $\dfrac{C}{R}$를 구하면?

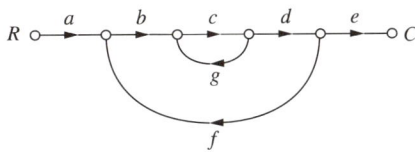

① $\dfrac{abcdg}{1-abcde}$ ② $\dfrac{abcde}{1-cg-bcdf}$
③ $\dfrac{abcde}{1-cg-cgf}$ ④ $\dfrac{abcde}{c+cg+cgf}$

65
단위계단함수의 라플라스변환과 z 변환함수는?

① $\dfrac{1}{s}$, $\dfrac{z}{z-1}$ ② s, $\dfrac{z}{z-1}$
③ $\dfrac{1}{s}$, $\dfrac{z-1}{z}$ ④ s, $\dfrac{z-1}{z}$

66
제어량의 종류에 따른 분류가 아닌 것은?
① 자동조정 ② 서보기구
③ 적응제어 ④ 프로세스제어

67
안정한 제어계에 임펄스 응답을 가했을 때 제어계의 정상상태 출력은?
① 0 ② +∞ 또는 -∞
③ +의 일정한 값 ④ -의 일정한 값

68
특성방정식이 $s^3 + 2s^2 + Ks + 5 = 0$가 안정하기 위한 K의 값은?
① $K > 0$ ② $K < 0$
③ $K > \dfrac{5}{2}$ ④ $K < \dfrac{5}{2}$

69
그림과 같은 블록선도에서 $C(s)/R(s)$의 값은?

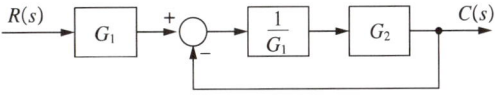

① $\dfrac{G_1}{G_1 - G_2}$ ② $\dfrac{G_2}{G_1 - G_2}$
③ $\dfrac{G_2}{G_1 + G_2}$ ④ $\dfrac{G_1 G_2}{G_1 + G_2}$

70
개루프 전달함수 $G(s)H(s) = \dfrac{K(s-5)}{s(s-1)^2(s+2)^2}$ 일 때 주어지는 계에서 점근선의 교차점은?

① $-\dfrac{3}{2}$ ② $-\dfrac{7}{4}$
③ $\dfrac{5}{3}$ ④ $-\dfrac{1}{5}$

71
대칭좌표법에서 불평형률을 나타내는 것은?

① $\dfrac{영상분}{정상분} \times 100$

② $\dfrac{정상분}{역상분} \times 100$

③ $\dfrac{정상분}{영상분} \times 100$

④ $\dfrac{역상분}{정상분} \times 100$

72
내부저항 0.1[Ω]인 건전지 10개를 직렬로 접속하고 이것을 한 조로 하여 5조 병렬로 접속하면 합성 내부저항은 몇 [Ω]인가?

① 5   ② 1
③ 0.5   ④ 0.2

73
최댓값이 E_m 인 반파 정류 정현파의 실횻값은 몇 [V]인가?

① $\dfrac{2E_m}{\pi}$ ② $\sqrt{2}\,E_m$
③ $\dfrac{E_m}{\sqrt{2}}$ ④ $\dfrac{E_m}{2}$

74
그림의 왜형파를 푸리에의 급수로 전개할 때, 옳은 것은?

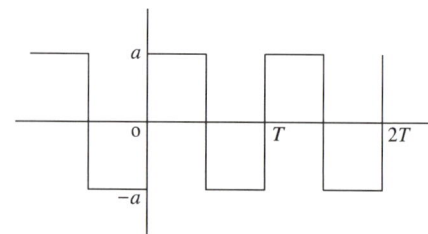

① 우수파만 포함한다.
② 기수파만 포함한다.
③ 우수파·기수파 모두 포함한다.
④ 푸리에의 급수로 전개할 수 없다.

75
그림과 같은 4단자 회로망에서 하이브리드파라미터 H_{11} 은?

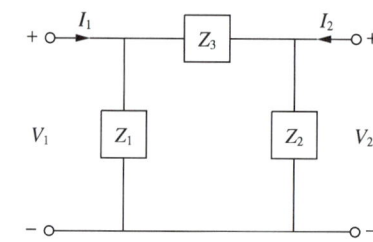

① $\dfrac{Z_1}{Z_1+Z_3}$ ② $\dfrac{Z_1}{Z_1+Z_2}$
③ $\dfrac{Z_1 Z_3}{Z_1+Z_3}$ ④ $\dfrac{Z_1 Z_2}{Z_1+Z_2}$

76
함수 $f(t)$의 라플라스 변환은 어떤 식으로 정의되는가?

① $\displaystyle\int_0^\infty f(t)e^{st}dt$ ② $\displaystyle\int_0^\infty f(t)e^{-st}dt$
③ $\displaystyle\int_0^\infty f(-t)e^{st}dt$ ④ $\displaystyle\int_{-\infty}^\infty f(-t)e^{-st}dt$

77
$R-L$ 직렬회로에서 스위치 S가 1번 위치에 오랫동안 있다가 $t=0^+$에서 위치 2번으로 옮겨진 후, $\frac{L}{R}(s)$ 후에 L에 흐르는 전류[A]는?

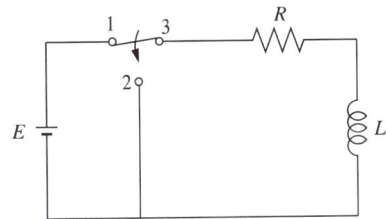

① $\frac{E}{R}$

② $0.5\frac{E}{R}$

③ $0.368\frac{E}{R}$

④ $0.632\frac{E}{R}$

78
그림과 같이 $R[\Omega]$의 저항을 Y결선으로 하여 단자의 a, b 및 c에 비대칭 3상 전압을 가할 때, a단자의 중성점 N에 대한 전압은 약 몇 [V]인가?(단, V_{ab} = 210[V], $V_{bc}=-90-j180$[V], $V_{ca}=-120+j180$[V])

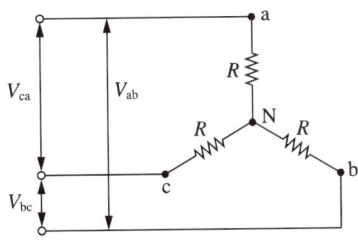

① 100 ② 116
③ 121 ④ 125

79
분포 정수회로에서 선로정수가 R, L, C, G이고 무왜형 조건이 $RC=GL$과 같은 관계가 성립될 때 선로의 특성 임피던스 Z_0는?(단, 선로의 단위길이당 저항을 R, 인덕턴스를 L, 정전용량을 C, 누설컨덕턴스를 G라 한다)

① $Z_0 = \frac{1}{\sqrt{CL}}$

② $Z_0 = \sqrt{\frac{L}{C}}$

③ $Z_0 = \sqrt{CL}$

④ $Z_0 = \sqrt{RG}$

80
대칭좌표법에서 대칭분을 각 상전압으로 표시한 것 중 틀린 것은?

① $E_0 = \frac{1}{3}(E_a + E_b + E_c)$

② $E_1 = \frac{1}{3}(E_a + aE_b + a^2E_c)$

③ $E_2 = \frac{1}{3}(E_a + a^2E_b + aE_c)$

④ $E_3 = \frac{1}{3}(E_a^2 + E_b^2 + E_c^2)$

제5과목 전기설비기술기준

81
그림은 전력선 반송통신용 결합장치의 보안장치를 나타낸 것이다. S의 명칭으로 옳은 것은?

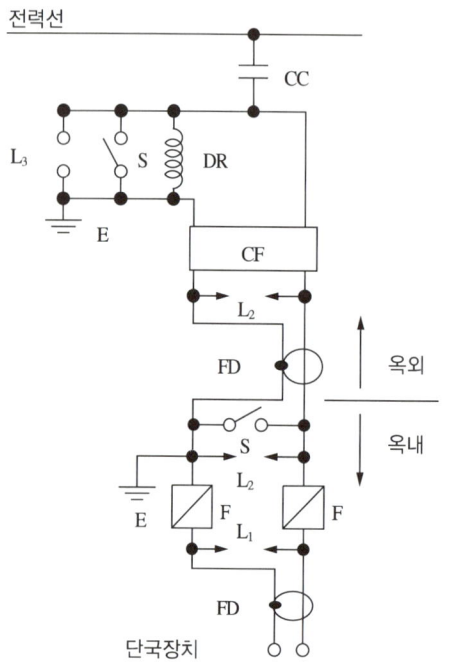

① 동축 케이블
② 결합 콘덴서
③ 접지용 개폐기
④ 구상용 방전갭

82
※ KEC 규정 적용으로 문제 삭제

가공 직류 전차선의 레일면상의 높이는 4.8[m] 이상이어야 하나 광산 기타의 갱도 안의 윗면에 시설하는 경우는 몇 [m] 이상이어야 하는가?

① 1.8   ② 2
③ 2.2   ④ 2.4

83
저압 옥내간선에서 분기하여 전기사용기계기구에 이르는 저압 옥내전로는 분기점에서 전선의 길이가 몇 [m] 이하인 곳에 개폐기 및 과전류차단기를 시설하여야 하는가?

① 2   ② 3
③ 4   ④ 5

84
※ KEC 규정 적용으로 변경(미만 ➡ 이하)

무대, 무대마루 밑, 오케스트라 박스, 영사실 기타 사람이나 무대 도구가 접촉할 우려가 있는 곳에 시설하는 저압 옥내배선·전구선 또는 이동전선은 사용전압이 몇 [V] 미만이어야 하는가?

① 60   ② 110
③ 220   ④ 400

85
사용전압이 60[kV] 이하인 경우 전화선로의 길이 12[km]마다 유도전류는 몇 [μA]를 넘지 않도록 하여야 하는가?

① 1   ② 2
③ 3   ④ 5

86
고압 가공전선으로 경동선 또는 내열 동합금선을 사용할 때 그 안전율은 최소 얼마 이상이 되는 이도로 시설하여야 하는가?

① 2.0   ② 2.2
③ 2.5   ④ 3.3

87
가공전선로 지지물의 승탑 및 승주방지를 위한 발판 볼트는 지표상 몇 [m] 미만에 시설하여서는 아니 되는가?

① 1.2   ② 1.5
③ 1.8   ④ 2.0

81 ③ 82 × 83 ② 84 ④ 85 ② 86 ② 87 ③

88
과전류차단기로 시설하는 퓨즈 중 고압전로에 사용하는 포장퓨즈는 정격전류의 몇 배의 전류에 견디어야 하는가?

① 1.1
② 1.25
③ 1.3
④ 1.6

89
최대 사용전압 23[kV]의 권선으로 중성점접지식전로 (중성선을 가지는 것으로 그 중성선에 다중접지를 하는 전로)에 접속되는 변압기는 몇 [V]의 절연내력 시험전 압에 견디어야 하는가?

① 21,160
② 25,300
③ 38,750
④ 34,500

90 ※ KEC 규정 적용으로 문제 삭제
케이블 트레이공사에 사용하는 케이블 트레이의 시설 기준으로 틀린 것은?

① 케이블 트레이 안전율은 1.3 이상이어야 한다.
② 비금속제 케이블 트레이는 난연성 재료의 것이어야 한다.
③ 전선의 피복 등을 손상시킬 돌기 등이 없이 매끈해야 한다.
④ 저압옥내배선의 사용전압이 400[V] 미만인 경우에는 금속제 트레이에 제3종 접지공사를 하여야 한다.

91
특고압을 직접 저압으로 변성하는 변압기를 시설하여서는 아니 되는 변압기는?

① 광산에서 물을 양수하기 위한 양수기용 변압기
② 전기로 등 전류가 큰 전기를 소비하기 위한 변압기
③ 교류식 전기철도용 신호회로에 전기를 공급하기 위한 변압기
④ 발전소·변전소·개폐소 또는 이에 준하는 곳의 소내용 변압기

92
전로에 대한 설명 중 옳은 것은?

① 통상의 사용 상태에서 전기를 절연한 곳
② 통상의 사용 상태에서 전기를 접지한 곳
③ 통상의 사용 상태에서 전기가 통하고 있는 곳
④ 통상의 사용 상태에서 전기가 통하고 있지 않은 곳

93
터널 안 전선로의 시설방법으로 옳은 것은?

① 저압전선은 지름 2.6[mm]의 경동선의 절연전선을 사용하였다.
② 고압전선은 절연전선을 사용하여 합성수지관공사로 하였다.
③ 저압전선을 애자사용공사에 의하여 시설하고 이를 레일면상 또는 노면상 2.2[m]의 높이로 시설하였다.
④ 고압전선을 금속관공사에 의하여 시설하고 이를 레일면상 또는 노면상 2.4[m]의 높이로 시설하였다.

94 ※ KEC 규정 적용으로 문제 삭제
제3종 접지공사에 사용되는 접지선의 굵기는 공칭단면적 몇 [mm^2] 이상의 연동선을 사용하여야 하는가?

① 0.75
② 2.5
③ 6
④ 16

95
저압 옥측전선로에서 목조의 조영물에 시설할 수 있는 공사 방법은?

① 금속관공사
② 버스덕트공사
③ 합성수지관공사
④ 연피 또는 알루미늄 케이블공사

정답 88 ③ 89 ① 90 × 91 ① 92 ③ 93 ① 94 × 95 ③

96
발전소·변전소·개폐소 또는 이에 준하는 곳에서 개폐기 또는 차단기에 사용하는 압축공기장치의 공기압축기는 최고 사용압력의 1.5배의 수압을 연속하여 몇 분간 가하여 시험을 하였을 때에 이에 견디고 또한 새지 아니하여야 하는가?

① 5
② 10
③ 15
④ 20

97
저압 옥상전선로를 전개된 장소에 시설하는 내용으로 틀린 것은?

① 전선은 절연전선일 것
② 전선의 지름 2.5[mm^2] 이상의 경동선일 것
③ 전선과 그 저압 옥상전선로를 시설하는 조영재와의 이격거리는 2[m] 이상일 것
④ 전선은 조영재에 내수성이 있는 애자를 사용하여 지지하고 그 지지점 간의 거리는 15[m] 이하일 것

98
태양전지 모듈의 시설에 대한 설명으로 옳은 것은?

① 충전부분은 노출하여 시설할 것
② 출력배선은 극성별로 확인 가능토록 표시할 것
③ 전선은 공칭단면적 1.5[mm^2] 이상의 연동선을 사용할 것
④ 전선을 옥내에 시설할 경우에는 애자사용공사에 준하여 시설할 것

99
※ KEC 규정 적용으로 문제 삭제

금속덕트공사에 의한 저압 옥내배선공사시설에 대한 설명으로 틀린 것은?

① 저압 옥내배선의 사용전압이 400[V] 미만인 경우에는 덕트에 제3종 접지공사를 한다.
② 금속 덕트는 두께 1.0[mm] 이상인 철판으로 제작하고 덕트 상호 간에 완전하게 접속한다.
③ 덕트를 조영재에 붙이는 경우 덕트 지지점 간의 거리를 3[m] 이하로 견고하게 붙인다.
④ 금속 덕트에 넣은 전선의 단면적의 합계가 덕트의 내부 단면적의 20[%] 이하가 되도록 한다.

100
고압 보안공사에서 지지물이 A종 철주인 경우 경간은 몇 [m] 이하인가?

① 100
② 150
③ 250
④ 400

2018년 제2회 기출문제

제1과목 전기자기학

01

매질 1의 $\mu_{s1}=500$, 매질 2의 $\mu_{s2}=1,000$이다. 매질 2에서 경계면에 대하여 45°의 각도로 자계가 입사한 경우 매질 1에서 경계면과 자계의 각도에 가장 가까운 것은?

① 20° ② 30°
③ 60° ④ 80°

02

대지의 고유저항이 $\rho[\Omega \cdot m]$일 때 반지름 $a[m]$인 그림과 같은 반구 접지극의 접지저항$[\Omega]$은?

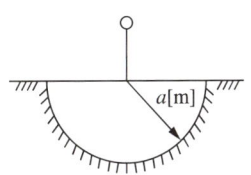

① $\dfrac{\rho}{4\pi a}$ ② $\dfrac{\rho}{2\pi a}$
③ $\dfrac{2\pi \rho}{a}$ ④ $2\pi \rho a$

03

히스테리시스 곡선에서 히스테리시스 손실에 해당하는 것은?

① 보자력의 크기
② 잔류자기의 크기
③ 보자력과 잔류자기의 곱
④ 히스테리시스 곡선의 면적

04

다음 (가), (나)에 대한 법칙으로 알맞은 것은?

> 전자유도에 의하여 회로에 발생되는 기전력은 쇄교 자속수의 시간에 대한 감소비율에 비례한다는 (가)에 따르고 특히, 유도된 기전력의 방향은 (나)에 따른다.

① (가) 패러데이의 법칙, (나) 렌츠의 법칙
② (가) 렌츠의 법칙, (나) 패러데이의 법칙
③ (가) 플레밍의 왼손 법칙, (나) 패러데이의 법칙
④ (가) 패러데이의 법칙, (나) 플레밍의 왼손 법칙

05

N회 감긴 환상코일의 단면적이 $S[m^2]$이고 평균 길이가 $l[m]$이다. 이 코일의 권수를 2배로 늘이고 인덕턴스를 일정하게 하려고 할 때, 다음 중 옳은 것은?

① 길이를 2배로 한다.
② 단면적을 $\dfrac{1}{4}$로 한다.
③ 비투자율을 $\dfrac{1}{2}$배로 한다.
④ 전류의 세기를 4배로 한다.

06

무한장 솔레노이드에 전류가 흐를 때 발생되는 자장에 관한 설명으로 옳은 것은?

① 내부 자장은 평등자장이다.
② 외부 자장은 평등자장이다.
③ 내부 자장의 세기는 0이다.
④ 외부와 내부의 자장의 세기는 같다.

정답 1 ③ 2 ② 3 ④ 4 ① 5 ② 6 ①

07

자기회로에서 키르히호프의 법칙으로 알맞은 것은?
(단, R : 자기저항, ϕ : 자속, N : 코일 권수, I : 전류이다)

① $\sum_{i=1}^{n} \phi_i = \infty$

② $\sum_{i=1}^{n} N_i \phi_i = 0$

③ $\sum_{i=1}^{n} R_i \phi_i = \sum_{i=1}^{n} N_i I_i$

④ $\sum_{i=1}^{n} R_i \phi_i = \sum_{i=1}^{n} N_i L_i$

08

전하밀도 ρ_s[C/m²]인 무한 판상 전하분포에 의한 임의 점의 전장에 대하여 틀린 것은?

① 전장의 세기는 매질에 따라 변한다.
② 전장의 세기는 거리 r에 반비례한다.
③ 전장은 판에 수직방향으로만 존재한다.
④ 전장의 세기는 전하밀도 ρ_s에 비례한다.

09

한 변의 길이가 l[m]인 정사각형 도체 회로에 전류 I[A]를 흘릴 때 회로의 중심점에서 자계의 세기는 몇 [AT/m]인가?

① $\dfrac{2I}{\pi l}$
② $\dfrac{I}{\sqrt{2}\,\pi l}$
③ $\dfrac{\sqrt{2}\,I}{\pi l}$
④ $\dfrac{2\sqrt{2}\,I}{\pi l}$

10

반지름이 a[m]의 원형 단면을 가진 도선에 전도전류 $i_c = I_c \sin 2\pi ft$[A]가 흐를 때 변위전류밀도의 최댓값 J_d는 몇 [A/m²]가 되는가?(단, 도전율은 σ[S/m]이고, 비유전율은 ε_r이다)

① $\dfrac{f\varepsilon_r I_c}{4\pi \times 10^9 \sigma a^2}$
② $\dfrac{\varepsilon_r I_c}{4\pi f \times 10^9 \sigma a^2}$
③ $\dfrac{f\varepsilon_r I_c}{9\pi \times 10^9 \sigma a^2}$
④ $\dfrac{f\varepsilon_r I_c}{18\pi \times 10^9 \sigma a^2}$

11

대전 도체 표면전하밀도는 도체 표면의 모양에 따라 어떻게 분포하는가?

① 표면전하밀도는 뾰족할수록 커진다.
② 표면전하밀도는 평면일 때 가장 크다.
③ 표면전하밀도는 곡률이 크면 작아진다.
④ 표면전하밀도는 표면의 모양과 무관하다.

12

일정전압의 직류전원에 저항을 접속하여 전류를 흘릴 때, 저항값을 20[%] 감소시키면 흐르는 전류는 처음 저항에 흐르는 전류의 몇 배가 되는가?

① 1.0배
② 1.1배
③ 1.25배
④ 1.5배

13

유전율이 ε인 유전체 내에 있는 점전하 Q에서 발산되는 전기력선의 수는 총 몇 개인가?

① Q
② $\dfrac{Q}{\varepsilon_0 \varepsilon_s}$
③ $\dfrac{Q}{\varepsilon_s}$
④ $\dfrac{Q}{\varepsilon_0}$

14

내부도체의 반지름이 a[m]이고, 외부도체의 내반지름이 b[m], 외반지름이 c[m]인 동축케이블의 단위길이당 자기 인덕턴스는 몇 [H/m]인가?

① $\dfrac{\mu_0}{2\pi} \ln \dfrac{b}{a}$
② $\dfrac{\mu_0}{\pi} \ln \dfrac{b}{a}$
③ $\dfrac{2\pi}{\mu_0} \ln \dfrac{b}{a}$
④ $\dfrac{\pi}{\mu_0} \ln \dfrac{b}{a}$

15
공기 중에서 1[m] 간격을 가진 두 개의 평행 도체 전류의 단위길이에 작용하는 힘은 몇 [N]인가?(단, 전류는 1[A]라고 한다)

① 2×10^{-7} ② 4×10^{-7}
③ $2\pi \times 10^{-7}$ ④ $4\pi \times 10^{-7}$

16
공기 중에서 코로나방전이 3.5[kV/mm] 전계에서 발생한다고 하면, 이때 도체의 표면에 작용하는 힘은 약 몇 [N/m²]인가?

① 27   ② 54
③ 81   ④ 108

17
무한장 직선 전류에 의한 자계의 세기[AT/m]는?

① 거리 r에 비례한다.
② 거리 r^2에 비례한다.
③ 거리 r에 반비례한다.
④ 거리 r^2에 반비례한다.

18
전계 $E = \sqrt{2}\,E_e \sin\omega\left(t - \dfrac{x}{c}\right)$[V/m]의 평면 전자파가 있다. 진공 중에서 자계의 실횻값은 몇 [A/m]인가?

① $0.707 \times 10^{-3} E_e$
② $1.44 \times 10^{-3} E_e$
③ $2.65 \times 10^{-3} E_e$
④ $5.37 \times 10^{-3} E_e$

19
Biot-Savart의 법칙에 의하면, 전류소에 의해서 임의의 한 점(P)에 생기는 자계의 세기를 구할 수 있다. 다음 중 설명으로 틀린 것은?

① 자계의 세기는 전류의 크기에 비례한다.
② MKS 단위계를 사용할 경우 비례상수는 $\dfrac{1}{4\pi}$ 이다.
③ 자계의 세기는 전류소와 점 P와의 거리에 반비례한다.
④ 자계의 방향은 전류소 및 이 전류소와 점 P를 연결하는 직선을 포함하는 면에 법선방향이다.

20
$x > 0$인 영역에 $\varepsilon_1 = 3$인 유전체, $x < 0$인 영역에 $\varepsilon_2 = 5$인 유전체가 있다. 유전율 ε_2인 영역에서 전계가 $E_2 = 20a_x + 30a_y - 40a_z$[V/m]일 때, 유전율 ε_1인 영역에서의 전계 E_1[V/m]은?

① $\dfrac{100}{3}a_x + 30a_y - 40a_z$
② $20a_x + 90a_y - 40a_z$
③ $100a_x + 10a_y - 40a_z$
④ $60a_x + 30a_y - 40a_z$

제2과목 전력공학

21
1[kWh]를 열량으로 환산하면 약 몇 [kcal]인가?

① 80   ② 256
③ 539   ④ 860

정답 15 ① 16 ② 17 ③ 18 ③ 19 ③ 20 ① 21 ④

22
22.9[kV], Y결선된 자가용 수전설비의 계기용 변압기의 2차 측 정격전압은 몇 [V]인가?
① 110
② 220
③ $110\sqrt{3}$
④ $220\sqrt{3}$

23
순저항 부하의 부하전력 P[kW], 전압 E[V], 선로의 길이 l[m], 고유저항 ρ[Ω·mm²/m]인 단상 2선식 선로에서 선로 손실을 q[W]라 하면, 전선의 단면적 [mm²]은 어떻게 표현되는가?

① $\dfrac{\rho l P^2}{qE^2}\times 10^6$
② $\dfrac{2\rho l P^2}{qE^2}\times 10^6$
③ $\dfrac{\rho l P^2}{2qE^2}\times 10^6$
④ $\dfrac{2\rho l P^2}{q^2 E}\times 10^6$

24
동작전류의 크기가 커질수록 동작시간이 짧게되는 특성을 가진 계전기는?
① 순한시 계전기
② 정한시 계전기
③ 반한시 계전기
④ 반한시 정한시 계전기

25
소호리액터를 송전계통에 사용하면 리액터의 인덕턴스와 선로의 정전용량이 어떤 상태로 되어 지락전류를 소멸시키는가?
① 병렬공진
② 직렬공진
③ 고임피던스
④ 저임피던스

26
동기조상기에 대한 설명으로 틀린 것은?
① 시충전이 불가능하다.
② 전압 조정이 연속적이다.
③ 중부하 시에는 과여자로 운전하여 앞선 전류를 취한다.
④ 경부하 시에는 부족여자로 운전하여 뒤진 전류를 취한다.

27
화력발전소에서 가장 큰 손실은?
① 소내용 동력
② 송풍기 손실
③ 복수기에서의 손실
④ 연도 배출가스 손실

28
정전용량 0.01[μF/km], 길이 173.2[km], 선간전압 60[kV], 주파수 60[Hz]인 3상 송전선로의 충전전류는 약 몇 [A]인가?
① 6.3
② 12.5
③ 22.6
④ 37.2

29
발전용량 9,800[kW]의 수력발전소 최대사용 수량이 10[m³/s]일 때, 유효낙차는 몇 [m]인가?
① 100
② 125
③ 150
④ 175

30
차단기의 정격 차단시간은?
① 고장 발생부터 소호까지의 시간
② 트립코일 여자부터 소호까지의 시간
③ 가동 접촉자의 개극부터 소호까지의 시간
④ 가동 접촉자의 동작시간부터 소호까지의 시간

31
부하전류의 차단능력이 없는 것은?
① DS
② NFB
③ OCB
④ VCB

32
전선의 굵기가 균일하고 부하가 송전단에서 말단까지 균일하게 분포되어 있을 때 배전선말단에서 전압강하는?(단, 배전선 전체저항 R, 송전단의 부하전류는 I이다)

① $\frac{1}{2}RI$ ② $\frac{1}{\sqrt{2}}RI$
③ $\frac{1}{\sqrt{3}}RI$ ④ $\frac{1}{3}RI$

33
역률 개선용 콘덴서를 부하와 병렬로 연결하고자 한다. △결선방식과 Y결선방식을 비교하면 콘덴서의 정전용량[μF]의 크기는 어떠한가?

① △결선방식과 Y결선방식은 동일하다.
② Y결선방식이 △결선방식의 $\frac{1}{2}$이다.
③ △결선방식이 Y결선방식의 $\frac{1}{3}$이다.
④ Y결선방식이 △결선방식의 $\frac{1}{\sqrt{3}}$이다.

34
송전선로에서 고조파 제거 방법이 아닌 것은?

① 변압기를 △결선 한다.
② 능동형 필터를 설치한다.
③ 유도전압 조정장치를 설치한다.
④ 무효전력 보상장치를 설치한다.

35
송전선로에 댐퍼(Damper)를 설치하는 주된 이유는?

① 전선의 진동방지
② 전선의 이탈방지
③ 코로나현상의 방지
④ 현수애자의 경사방지

36
400[kVA] 단상변압기 3대를 △-△결선으로 사용하다가 1대의 고장으로 V-V결선을 하여 사용하면 약 몇 [kVA]부하까지 걸 수 있겠는가?

① 400 ② 566
③ 693 ④ 800

37
직격뢰에 대한 방호설비로 가장 적당한 것은?

① 복도체 ② 가공지선
③ 서지흡수기 ④ 정전방전기

38
선로정수를 평형되게 하고, 근접 통신선에 대한 유도장해를 줄일 수 있는 방법은?

① 연가를 시행한다.
② 전선으로 복도체를 사용한다.
③ 전선로의 이도를 충분하게 한다.
④ 소호리액터 접지를 하여 중성점 전위를 줄여준다.

39
직류 송전방식에 대한 설명으로 틀린 것은?

① 선로의 절연이 교류방식보다 용이하다.
② 리액턴스 또는 위상각에 대해서 고려할 필요가 없다.
③ 케이블 송전일 경우 유전손이 없기 때문에 교류방식보다 유리하다.
④ 비동기 연계가 불가능하므로 주파수가 다른 계통 간의 연계가 불가능하다.

40
저압배전계통을 구성하는 방식 중, 캐스케이딩(Cascading)을 일으킬 우려가 있는 방식은?

① 방사상방식
② 저압뱅킹방식
③ 저압네트워크방식
④ 스포트네트워크방식

정답 32 ① 33 ③ 34 ③ 35 ① 36 ③ 37 ② 38 ① 39 ④ 40 ②

제3과목 전기기기

41 동기발전기의 전기자권선을 분포권으로 하면 어떻게 되는가?
① 난조를 방지한다.
② 기전력의 파형이 좋아진다.
③ 권선의 리액턴스가 커진다.
④ 집중권에 비하여 합성 유기기전력이 증가한다.

42 부하전류가 2배로 증가하면 변압기의 2차 측 동손은 어떻게 되는가?
① $\frac{1}{4}$로 감소한다.
② $\frac{1}{2}$로 감소한다.
③ 2배로 증가한다.
④ 4배로 증가한다.

43 동기전동기에서 출력이 100[%]일 때 역률이 1이 되도록 계자전류를 조정한 다음에 공급전압 V 및 계자전류 I_f를 일정하게 하고, 전부하 이하에서 운전하면 동기전동기의 역률은?
① 뒤진 역률이 되고, 부하가 감소할수록 역률은 낮아진다.
② 뒤진 역률이 되고, 부하가 감소할수록 역률은 좋아진다.
③ 앞선 역률이 되고, 부하가 감소할수록 역률은 낮아진다.
④ 앞선 역률이 되고, 부하가 감소할수록 역률은 좋아진다.

44 유도기전력의 크기가 서로 같은 A, B 2대의 동기발전기를 병렬 운전할 때, A발전기의 유기기전력 위상이 B보다 앞설 때 발생하는 현상이 아닌 것은?
① 동기화력이 발생한다.
② 고조파 무효순환전류가 발생된다.
③ 유효전류인 동기화전류가 발생된다.
④ 전기자 동손을 증가시키며 과열의 원인이 된다.

45 직류기의 철손에 관한 설명으로 틀린 것은?
① 성층철심을 사용하면 와전류손이 감소한다.
② 철손에는 풍손과 와전류손 및 저항손이 있다.
③ 철에 규소를 넣게 되면 히스테리시스손이 감소한다.
④ 전기자 철심에는 철손을 작게 하기 위해 규소강판을 사용한다.

46 직류 분권발전기의 극수 4, 전기자 총도체수 600으로 매분 600회전할 때 유기기전력이 220[V]라 한다. 전기자 권선이 파권일 때 매극당 자속은 약 몇 [Wb]인가?
① 0.0154
② 0.0183
③ 0.0192
④ 0.0199

47 어떤 정류회로의 부하전압이 50[V]이고 맥동률이 3[%]이면 직류 출력전압에 포함된 교류분은 몇 [V]인가?
① 1.2
② 1.5
③ 1.8
④ 2.1

48 3상 수은 정류기의 직류 평균 부하전류가 50[A]가 되는 1상 양극 전류 실횻값은 약 몇 [A]인가?
① 9.6
② 17
③ 29
④ 87

정답 41 ② 42 ④ 43 ③ 44 ② 45 ② 46 ② 47 ② 48 ③

49

그림은 동기발전기의 구동 개념도이다. 그림에서 2를 발전기라 할 때 3의 명칭으로 적합한 것은?

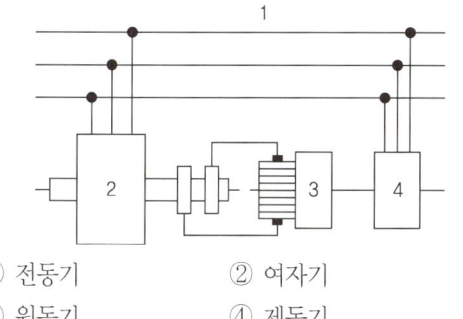

① 전동기 ② 여자기
③ 원동기 ④ 제동기

50

유도전동기의 2차 회로에 2차 주파수와 같은 주파수로 적당한 크기와 적당한 위상의 전압을 외부에서 가해주는 속도제어법은?

① 1차 전압 제어
② 2차 저항 제어
③ 2차 여자 제어
④ 극수 변환 제어

51

변압기의 1차 측을 Y결선, 2차 측을 △결선으로 한 경우 1차와 2차 간의 전압의 위상차는?

① 0° ② 30°
③ 45° ④ 60°

52

이상적인 변압기의 무부하에서 위상관계로 옳은 것은?

① 자속과 여자전류는 동위상이다.
② 자속은 인가전압 보다 90° 앞선다.
③ 인가전압은 1차 유기기전력 보다 90° 앞선다.
④ 1차 유기기전력과 2차 유기기전력의 위상은 반대이다.

53

정격출력 50[kW], 4극 220[V], 60[Hz]인 3상 유도전동기가 전부하 슬립 0.04, 효율 90[%]로 운전되고 있을 때 다음 중 틀린 것은?

① 2차 효율 = 96[%]
② 1차 입력 = 55.56[kW]
③ 회전자입력 = 47.9[kW]
④ 회전자동손 = 2.08[kW]

54

저항부하를 갖는 정류회로에서 직류분 전압이 200[V]일 때 다이오드에 가해지는 첨두역전압(PIV)의 크기는 약 몇 [V]인가?

① 346
② 628
③ 692
④ 1,038

55

3상 변압기를 1차 Y, 2차 △로 결선하고 1차에 선간전압 3,300[V]를 가했을 때의 무부하 2차 선간전압은 몇 [V]인가?(단, 전압비는 30 : 1이다)

① 63.5
② 110
③ 173
④ 190.5

56

직류발전기의 유기기전력과 반비례하는 것은?

① 자 속
② 회전수
③ 전체 도체수
④ 병렬 회로수

57
일반적인 3상 유도전동기에 대한 설명 중 틀린 것은?
① 불평형 전압으로 운전하는 경우 전류는 증가하나 토크는 감소한다.
② 원선도 작성을 위해서는 무부하시험, 구속시험, 1차 권선저항 측정을 하여야 한다.
③ 농형은 권선형에 비해 구조가 견고하며 권선형에 비해 대형전동기로 널리 사용된다.
④ 권선형 회전자의 3선 중 1선이 단선되면 동기속도의 50[%]에서 더 이상 가속되지 못하는 현상을 게르게스현상이라 한다.

58
변압기 보호장치의 주된 목적이 아닌 것은?
① 전압 불평형 개선
② 절연내력 저하 방지
③ 변압기 자체 사고의 최소화
④ 다른 부분으로의 사고 확산 방지

59
직류기에서 기계각의 극수가 P인 경우 전기각과의 관계는 어떻게 되는가?
① 전기각 $\times 2P$ ② 전기각 $\times 3P$
③ 전기각 $\times \dfrac{2}{P}$ ④ 전기각 $\times \dfrac{3}{P}$

60
3상 권선형 유도전동기의 전부하 슬립 5[%], 2차 1상의 저항 0.5[Ω]이다. 이 전동기의 기동 토크를 전부하 토크와 같도록 하려면 외부에서 2차에 삽입할 저항[Ω]은?
① 8.5 ② 9
③ 9.5 ④ 10

제4과목 회로이론 및 제어공학

61
$G(s) = \dfrac{1}{0.005s(0.1s+1)^2}$ 에서 $\omega = 10[\mathrm{rad/s}]$ 일 때의 이득 및 위상각은?
① 20[dB], $-90°$ ② 20[dB], $-180°$
③ 40[dB], $-90°$ ④ 40[dB], $-180°$

62
그림과 같은 논리회로는?

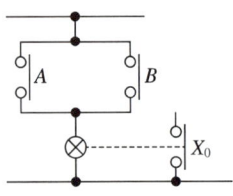

① OR 회로 ② AND 회로
③ NOT 회로 ④ NOR 회로

63
그림은 제어계와 그 제어계의 근궤적을 작도한 것이다. 이것으로부터 결정된 이득여유값은?

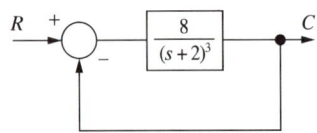

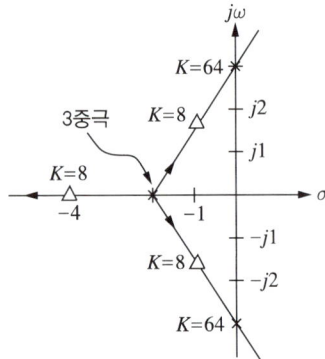

① 2 ② 4
③ 8 ④ 64

64

그림과 같은 스프링 시스템을 전기적 시스템으로 변환했을 때 이에 대응하는 회로는?

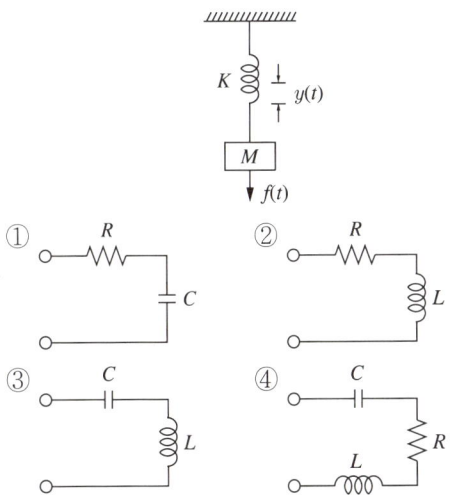

65

$\dfrac{d^2}{dt^2}c(t) + 5\dfrac{d}{dt}c(t) + 4c(t) = r(t)$ 와 같은 함수를 상태함수로 변환하였다. 벡터 A, B의 값으로 적당한 것은?

$$\frac{d}{dt}X(t) = AX(t) + Br(t)$$

① $A = \begin{bmatrix} 0 & 1 \\ -5 & -4 \end{bmatrix}$, $B = \begin{bmatrix} 0 \\ 1 \end{bmatrix}$

② $A = \begin{bmatrix} 0 & 1 \\ 5 & 4 \end{bmatrix}$, $B = \begin{bmatrix} 0 \\ 1 \end{bmatrix}$

③ $A = \begin{bmatrix} 0 & 1 \\ -4 & -5 \end{bmatrix}$, $B = \begin{bmatrix} 0 \\ 1 \end{bmatrix}$

④ $A = \begin{bmatrix} 0 & 1 \\ 4 & 5 \end{bmatrix}$, $B = \begin{bmatrix} 0 \\ 1 \end{bmatrix}$

66

전달함수 $G(s) = \dfrac{1}{s+a}$ 일 때, 이 계의 임펄스응답 $c(t)$를 나타내는 것은?(단, a는 상수이다)

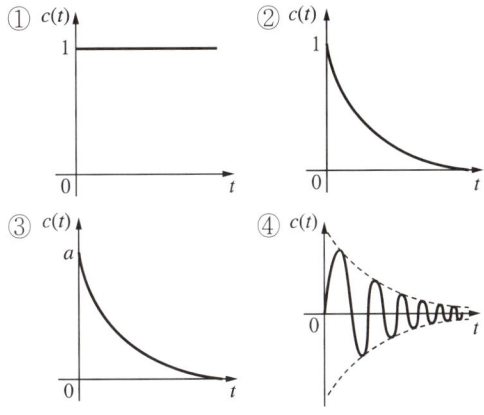

67

궤환(Feed Back) 제어계의 특징이 아닌 것은?

① 정확성이 증가한다.
② 대역폭이 증가한다.
③ 구조가 간단하고 설치비가 저렴하다.
④ 계(系)의 특성 변화에 대한 입력 대 출력비의 감도가 감소한다.

68

이산 시스템(Discrete Data System)에서의 안정도 해석에 대한 설명 중 옳은 것은?

① 특성방정식의 모든 근이 z평면의 음의 반평면에 있으면 안정하다.
② 특성방정식의 모든 근이 z평면의 양의 반평면에 있으면 안정하다.
③ 특성방정식의 모든 근이 z평면의 단위원 내부에 있으면 안정하다.
④ 특성방정석의 모든 근이 z평면의 단위원 외부에 있으면 안정하다.

69
노 내 온도를 제어하는 프로세스 제어계에서 검출부에 해당하는 것은?

① 노
② 밸브
③ 증폭기
④ 열전대

70
단위 부궤환 제어시스템의 루프전달함수 $G(s)H(s)$가 다음과 같이 주어져 있다. 이득여유가 20[dB]이면 이때의 K의 값은?

$$G(s)H(s) = \frac{K}{(s+1)(s+3)}$$

① $\frac{3}{10}$
② $\frac{3}{20}$
③ $\frac{1}{20}$
④ $\frac{1}{40}$

71
$R = 100[\Omega]$, $X_c = 100[\Omega]$이고 L만을 가변할 수 있는 RLC직렬회로가 있다. 이때 $f = 500[Hz]$, $E = 100[V]$를 인가하여 L을 변환시킬 때 L의 단자 전압 E_L의 최댓값은 몇 [V]인가?(단, 공진회로이다.)

① 50
② 100
③ 150
④ 200

72
어떤 회로에 전압을 115[V] 인가하였더니 유효전력이 230[W], 무효전력이 345[Var]를 지시한다면 회로에 흐르는 전류는 약 몇 [A]인가?

① 2.5
② 5.6
③ 3.6
④ 4.5

73
시정수의 의미를 설명한 것 중 틀린 것은?

① 시정수가 작으면 과도현상이 짧다.
② 시정수가 크면 정상상태에 늦게 도달한다.
③ 시정수는 τ로 표기하며 단위는 초[s]이다.
④ 시정수는 과도 기간 중 변화해야 할 양의 $0.632[\%]$가 변화하는 데 소요된 시간이다.

74
무손실 선로에 있어서 감쇠정수 α, 위상정수를 β라 하면 α와 β의 값은?(단, R, G, L, C는 선로 단위 길이당의 저항, 컨덕턴스, 인덕턴스, 커패시턴스이다)

① $\alpha = \sqrt{RG}$, $\beta = 0$
② $\alpha = 0$, $\beta = \frac{1}{\sqrt{LC}}$
③ $\alpha = 0$, $\beta = \omega\sqrt{LC}$
④ $\alpha = \sqrt{RG}$, $\beta = \omega\sqrt{LC}$

75
어떤 소자에 걸리는 전압이 $100\sqrt{2}\cos\left(314t - \frac{\pi}{6}\right)$ [V]이고, 흐르는 전류가 $3\sqrt{2}\cos\left(314t + \frac{\pi}{6}\right)$[A]일 때 소비되는 전력[W]은?

① 100
② 150
③ 250
④ 300

76
그림(a)와 그림(b)가 역회로 관계에 있으려면 L의 값은 몇 [mH]인가?

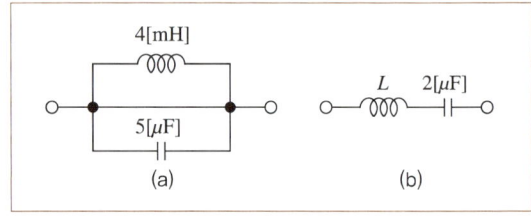

① 1
② 2
③ 5
④ 10

77
2개의 전력계로 평형 3상 부하의 전력을 측정하였더니 한쪽의 지시가 다른 쪽 전력계 지시의 3배였다면 부하의 역률은 약 얼마인가?

① 0.46   ② 0.55
③ 0.65   ④ 0.76

78
$F(s) = \dfrac{1}{s(s+a)}$ 의 라플라스 역변환은?

① e^{-at} ② $1 - e^{-at}$
③ $a(1 - e^{-at})$ ④ $\dfrac{1}{a}(1 - e^{-at})$

79
선간전압이 200[V]인 대칭 3상 전원에 평형 3상 부하가 접속되어 있다. 부하 1상의 저항은 10[Ω], 유도리액턴스 15[Ω], 용량리액턴스 5[Ω]가 직렬로 접속된 것이다. 부하가 △결선일 경우, 선로전류[A]와 3상 전력[W]은 약 얼마인가?

① $I_l = 10\sqrt{6}$, $P_3 = 6,000$
② $I_l = 10\sqrt{6}$, $P_3 = 8,000$
③ $I_l = 10\sqrt{3}$, $P_3 = 6,000$
④ $I_l = 10\sqrt{3}$, $P_3 = 8,000$

80
공간적으로 서로 $\dfrac{2\pi}{n}$[rad]의 각도를 두고 배치한 n개의 코일에 대칭 n상 교류를 흘리면 그 중심에 생기는 회전자계의 모양은?

① 원형 회전자계
② 타원형 회전자계
③ 원통형 회전자계
④ 원추형 회전자계

제5과목 전기설비기술기준

81
※ KEC 규정 적용으로 변경(미만 ➡ 이하)

애자사용공사에 의한 저압 옥내배선 시설 중 틀린 것은?

① 전선은 인입용 비닐절연전선일 것
② 전선 상호 간의 간격은 6[cm] 이상일 것
③ 전선의 지지점 간의 거리는 전선을 조영재의 윗면에 따라 붙일 경우에는 2[m] 이하일 것
④ 전선과 조영재 사이의 이격거리는 사용전압이 400[V] 미만인 경우에는 2.5[cm] 이상일 것

82
저압 및 고압 가공전선의 높이는 도로를 횡단하는 경우와 철도를 횡단하는 경우에 각각 몇 [m] 이상이어야 하는가?

① 도로 : 지표상 5, 철도 : 레일면상 6
② 도로 : 지표상 5, 철도 : 레일면상 6.5
③ 도로 : 지표상 6, 철도 : 레일면상 6
④ 도로 : 지표상 6, 철도 : 레일면상 6.5

83
사용전압이 몇 [V] 이상의 중성점 직접접지식 전로에 접속하는 변압기를 설치하는 곳에는 절연유의 구외 유출 및 지하 침투를 방지하기 위하여 절연유 유출 방지설비를 하여야 하는가?

① 25,000   ② 50,000
③ 75,000   ④ 100,000

84
※ KEC 규정 적용으로 문제 삭제

제1종 접지공사의 접지극을 시설할 때 동결 깊이를 감안하여 지하 몇 [cm] 이상의 깊이로 매설하여야 하는가?

① 60   ② 75
③ 90   ④ 100

정답 77 ④ 78 ④ 79 ① 80 ① 81 ① 82 ④ 83 ④ 84 ×

85
※ KEC 규정 적용으로 문제 삭제

특고압 가공전선이 도로 등과 교차하여 도로 상부 측에 시설할 경우에 보호망도 같이 시설하려고 한다. 보호망은 제 몇 종 접지공사로 하여야 하는가?
① 제1종 접지공사
② 제2종 접지공사
③ 제3종 접지공사
④ 특별 제3종 접지공사

86
발전용 수력 설비에서 필댐의 축제재료로 필댐의 본체에 사용하는 토질재료로 적합하지 않은 것은?
① 묽은 진흙으로 되지 않을 것
② 댐의 안정에 필요한 강도 및 수밀성이 있을 것
③ 유기물을 포함하고 있으며 광물성분은 불용성일 것
④ 댐의 안정에 지장을 줄 수 있는 팽창성 또는 수축성이 없을 것

87
전기울타리용 전원 장치에 전기를 공급하는 전로의 사용전압은 몇 [V] 이하이어야 하는가?
① 150
② 200
③ 250
④ 300

88
사용전압이 22.9[kV]인 특고압 가공전선로(중성선 다중접지식의 것으로서 전로에 지락이 생겼을 때에 2초 이내에 자동적으로 이를 전로로부터 차단하는 장치가 되어 있는 것에 한한다)가 상호 간 접근 또는 교차하는 경우 사용전선이 양쪽 모두 케이블인 경우 이격거리는 몇 [m] 이상인가?
① 0.25
② 0.5
③ 0.75
④ 1.0

89
전력계통의 일부가 전력계통의 전원과 전기적으로 분리된 상태에서 분산형전원에 의해서만 가압되는 상태를 무엇이라 하는가?
① 계통연계
② 접속설비
③ 단독운전
④ 단순 병렬운전

90
고압 가공인입선이 케이블 이외의 것으로서 그 전선의 아래쪽에 위험표시를 하였다면 전선의 지표상 높이는 몇 [m]까지 감할 수 있는가?
① 2.5
② 3.5
③ 4.5
④ 5.5

91
특고압의 기계기구·모선 등을 옥외로 시설하는 변전소의 구내에 취급자 이외의 자가 들어가지 못하도록 시설하는 울타리·담 등의 높이는 몇 [m] 이상으로 하여야 하는가?
① 2
② 2.2
③ 2.5
④ 3

92
가반형의 용접 전극을 사용하는 아크 용접장치의 용접 변압기의 1차 측 전로의 대지전압은 몇 [V] 이하이어야 하는가?
① 60
② 150
③ 300
④ 400

93
지중 전선로를 직접 매설식에 의하여 시설하는 경우에 차량 기타 중량물의 압력을 받을 우려가 없는 장소의 매설 깊이는 몇 [cm] 이상이어야 하는가?
① 60
② 100
③ 120
④ 150

정답 85 × 86 ③ 87 ③ 88 ② 89 ③ 90 ② 91 ① 92 ③ 93 ①

94
특고압을 옥내에 시설하는 경우 그 사용전압의 최대 한도는 몇 [kV] 이하인가?(단, 케이블 트레이공사는 제외)

① 25
② 80
③ 100
④ 160

95
샤워시설이 있는 욕실 등 인체가 물에 젖어 있는 상태에서 전기를 사용하는 장소에 콘센트를 시설할 경우 인체감전보호용 누전차단기의 정격감도전류는 몇 [mA] 이하인가?

① 5
② 10
③ 15
④ 30

96
※ KEC 규정 적용으로 문제 삭제

버스덕트공사에서 저압 옥내배선의 사용전압이 400[V] 미만인 경우에는 덕트에 제 몇 종 접지공사를 하여야 하는가?

① 제1종 접지공사
② 제2종 접지공사
③ 제3종 접지공사
④ 특별 제3종 접지공사

97
※ KEC 규정 적용으로 문제 삭제

전로의 사용전압이 400[V] 미만이고, 대지전압이 220[V]인 옥내전로에서 분기회로의 절연저항값은 몇 [MΩ] 이상이어야 하는가?

① 0.1
② 0.2
③ 0.4
④ 0.5

98
괄호 안에 들어갈 내용으로 옳은 것은?

> 유희용 전차에 전기를 공급하는 전로의 사용전압은 직류의 경우는 (Ⓐ)[V] 이하, 교류의 경우는 (Ⓑ)[V] 이하이어야 한다.

① Ⓐ 60, Ⓑ 40
② Ⓐ 40, Ⓑ 60
③ Ⓐ 30, Ⓑ 60
④ Ⓐ 60, Ⓑ 30

99
철탑의 강도계산을 할 때 이상 시 상정하중이 가하여지는 경우 철탑의 기초에 대한 안전율은 얼마 이상이어야 하는가?

① 1.33
② 1.83
③ 2.25
④ 2.75

100
발전기를 자동적으로 전로로부터 차단하는 장치를 반드시 시설하지 않아도 되는 경우는?

① 발전기에 과전류나 과전압이 생긴 경우
② 용량 5,000[kVA] 이상인 발전기의 내부에 고장이 생긴 경우
③ 용량 500[kVA] 이상의 발전기를 구동하는 수차의 압유 장치의 유압이 현저히 저하한 경우
④ 용량 2,000[kVA] 이상인 수차 발전기의 스러스트 베어링의 온도가 현저히 상승하는 경우

2018년 제3회 기출문제

제1과목 전기자기학

01
전기력선의 설명 중 틀린 것은?
① 전기력선은 부전하에서 시작하여 정전하에서 끝난다.
② 단위 전하에서는 $1/\varepsilon_0$개의 전기력선이 출입한다.
③ 전기력선은 전위가 높은 점에서 낮은 점으로 향한다.
④ 전기력선의 방향은 그 점의 전계의 방향과 일치하며 밀도는 그 점에서의 전계의 크기와 같다.

02
그 양이 증가함에 따라 무한장 솔레노이드의 자기인덕턴스 값이 증가하지 않는 것은 무엇인가?
① 철심의 반경 ② 철심의 길이
③ 코일의 권수 ④ 철심의 투자율

03
유전율 ε, 전계의 세기 E인 유전체의 단위 체적에 축적되는 에너지는?
① $\dfrac{E}{2\varepsilon}$ ② $\dfrac{\varepsilon E}{2}$
③ $\dfrac{\varepsilon E^2}{2}$ ④ $\dfrac{\varepsilon^2 E^2}{2}$

04
비투자율 1,000인 철심이 든 환상솔레노이드의 권수가 600회, 평균 지름 20[cm], 철심의 단면적 10[cm²]이다. 이 솔레노이드에 2[A]의 전류가 흐를 때 철심 내의 자속은 약 몇 [Wb]인가?
① 1.2×10^{-3} ② 1.2×10^{-4}
③ 2.4×10^{-3} ④ 2.4×10^{-4}

05
자기인덕턴스 L_1, L_2와 상호인덕턴스 M 사이의 결합계수는?(단, 단위는 [H]이다)
① $\dfrac{M}{L_1 L_2}$ ② $\dfrac{L_1 L_2}{M}$
③ $\dfrac{M}{\sqrt{L_1 L_2}}$ ④ $\dfrac{\sqrt{L_1 L_2}}{M}$

06
맥스웰의 전자방정식에 대한 의미를 설명한 것으로 틀린 것은?
① 자계의 회전은 전류밀도와 같다.
② 자계는 발산하며, 자극은 단독으로 존재한다.
③ 전계의 회전은 자속밀도의 시간적 감소율과 같다.
④ 단위체적당 발산 전속 수는 단위체적당 공간전하 밀도와 같다.

07
판자석의 세기가 0.01[Wb/m], 반지름이 5[cm]인 원형 자석판이 있다. 자석의 중심에서 축상 10[cm]인 점에서의 자위의 세기는 몇 [AT]인가?
① 100 ② 175
③ 370 ④ 420

08
길이 $l[\text{m}]$, 지름 $d[\text{m}]$인 원통이 길이 방향으로 균일하게 자화되어 자화의 세기가 $J[\text{Wb/m}^2]$인 경우 원통 양단에서의 전자극의 세기$[\text{Wb}]$는?

① $\pi d^2 J$
② $\pi d J$
③ $\dfrac{4J}{\pi d^2}$
④ $\dfrac{\pi d^2 J}{4}$

09
자성체 경계면에 전류가 없을 때의 경계 조건을 틀린 것은?

① 자계 H의 접선 성분 $H_{1T} = H_{2T}$
② 자속밀도 B의 법선 성분 $B_{1N} = B_{2N}$
③ 경계면에서의 자력선의 굴절 $\dfrac{\tan\theta_1}{\tan\theta_2} = \dfrac{\mu_1}{\mu_2}$
④ 전속밀도 D의 법선 성분 $D_{1N} = D_{2N} = \dfrac{\mu_2}{\mu_1}$

10
단면적 $S[\text{m}^2]$, 단위 길이당 권수가 $n_0[\text{회/m}]$인 무한히 긴 솔레노이드의 자기인덕턴스$[\text{H/m}]$는?

① $\mu S n_0$
② $\mu S n_0^2$
③ $\mu S^2 n_0$
④ $\mu S^2 n_0^2$

11
$\sigma = 1[\mho/\text{m}]$, $\varepsilon_s = 6$, $\mu = \mu_0$인 유전체에 교류전압을 가할 때 변위전류와 전도전류의 크기가 같아지는 주파수는 약 몇 $[\text{Hz}]$인가?

① 3.0×10^9
② 4.2×10^9
③ 4.7×10^9
④ 5.1×10^9

12
대지면의 높이 $h[\text{m}]$로 평행하게 가설된 매우 긴 선전하가 지면으로부터 받는 힘은?

① h에 비례
② h에 반비례
③ h^2에 비례
④ h^2에 반비례

13
전계 E의 x, y, z 성분을 E_x, E_y, E_z라 할 때 $\text{div} E$는?

① $\dfrac{\partial E_x}{\partial x} + \dfrac{\partial E_y}{\partial y} + \dfrac{\partial E_z}{\partial z}$
② $i\dfrac{\partial E_x}{\partial x} + j\dfrac{\partial E_y}{\partial y} + k\dfrac{\partial E_z}{\partial z}$
③ $\dfrac{\partial^2 E_x}{\partial x^2} + \dfrac{\partial^2 E_y}{\partial y^2} + \dfrac{\partial^2 E_z}{\partial z^2}$
④ $i\dfrac{\partial^2 E_x}{\partial x^2} + j\dfrac{\partial^2 E_y}{\partial y^2} + k\dfrac{\partial^2 E_z}{\partial z^2}$

14
평면도체 표면에서 $d[\text{m}]$ 거리에 점전하 $Q[\text{C}]$이 있을 때 이 전하를 무한원점까지 운반하는 데 필요한 일$[\text{J}]$은?

① $\dfrac{Q^2}{4\pi\varepsilon_0 d}$
② $\dfrac{Q^2}{8\pi\varepsilon_0 d}$
③ $\dfrac{Q^2}{16\pi\varepsilon_0 d}$
④ $\dfrac{Q^2}{32\pi\varepsilon_0 d}$

15
정전에너지, 전속밀도 및 유전상수 ε_r의 관계에 대한 설명 중 틀린 것은?

① 굴절각이 큰 유전체는 ε_r이 크다.
② 동일 전속밀도에서는 ε_r이 클수록 정전에너지는 작아진다.
③ 동일 정전에너지에서는 ε_r이 클수록 전속밀도가 커진다.
④ 전속은 매질에 축적되는 에너지가 최대가 되도록 분포된다.

정답 8 ④ 9 ④ 10 ② 11 ① 12 ② 13 ① 14 ③ 15 ④

16
동심 구형 콘덴서의 내외 반지름을 각각 5배로 증가시키면 정전용량은 몇 배로 증가하는가?

① 5
② 10
③ 15
④ 20

17
3개의 점전하 $Q_1 = 3[C]$, $Q_2 = 1[C]$, $Q_3 = -3[C]$을 점 $P_1(1, 0, 0)$, $P_2(2, 0, 0)$, $P_3(3, 0, 0)$에 어떻게 놓으면 원점에서의 전계의 크기가 최대가 되는가?

① P_1에 Q_1, P_2에 Q_2, P_3에 Q_3
② P_1에 Q_2, P_2에 Q_3, P_3에 Q_1
③ P_1에 Q_3, P_2에 Q_1, P_3에 Q_2
④ P_1에 Q_3, P_2에 Q_2, P_3에 Q_1

18
도체나 반도체에 전류를 흘리고 이것과 직각 방향으로 자계를 가하면 이 두 방향과 직각 방향으로 기전력이 생기는 현상을 무엇이라 하는가?

① 홀 효과
② 핀치 효과
③ 볼타 효과
④ 압전 효과

19
유전율이 $\varepsilon = 4\varepsilon_0$이고 투자율이 μ_0인 비도전성 유전체에서 전자파의 전계의 세기가 $E(z, t) = a_y 377 \cos(10^9 t - \beta Z)[V/m]$일 때의 자계의 세기 H는 몇 [A/m]인가?

① $-a_z 2\cos(10^9 t - \beta Z)$
② $-a_x 2\cos(10^9 t - \beta Z)$
③ $-a_z 7.1 \times 10^4 \cos(10^9 t - \beta Z)$
④ $-a_x 7.1 \times 10^4 \cos(10^9 t - \beta Z)$

20
진공 중에서 선전하밀도 $\rho_l = 6 \times 10^{-8}[C/m]$인 무한히 긴 직선상 선전하가 x축과 나란하고 $z = 2[m]$점을 지나고 있다. 이 선전하에 의하여 반지름 5[m]인 원점에 중심을 둔 구표면 S_0를 통과하는 전기력선수는 약 몇 [V/m]인가?

① 3.1×10^4
② 4.8×10^4
③ 5.5×10^4
④ 6.2×10^4

제2과목 전력공학

21
망상(Network) 배전방식에 대한 설명으로 옳은 것은?

① 전압 변동이 대체로 크다.
② 부하 증가에 대한 융통성이 적다.
③ 방사상 방식보다 무정전 공급의 신뢰도가 더 높다.
④ 인축에 대한 감전사고가 적어서 농촌에 적합하다.

22
1년 365일 중 185일은 이 양 이하로 내려가지 않는 유량은?

① 평수량
② 풍수량
③ 고수량
④ 저수량

23
서지파(진행파)가 서지 임피던스 Z_1의 선로 측에서 서지 임피던스 Z_2의 선로 측으로 입사할 때 투과계수(투과파 전압 ÷ 입사파 전압) b를 나타내는 식은?

① $b = \dfrac{Z_2 - Z_1}{Z_1 + Z_2}$
② $b = \dfrac{2Z_2}{Z_1 + Z_2}$
③ $b = \dfrac{Z_1 - Z_2}{Z_1 + Z_2}$
④ $b = \dfrac{2Z_1}{Z_1 + Z_2}$

24
최소 동작 전류 이상의 전류가 흐르면 한도를 넘는 양(量)과는 상관없이 즉시 동작하는 계전기는?
① 순한시 계전기 ② 반한시 계전기
③ 정한시 계전기 ④ 반한시 정한시 계전기

25
송전전력, 송전거리, 전선의 비중 및 전력손실률이 일정하다고 하면 전선의 단면적 $A[\text{mm}^2]$와 송전전압 $V[\text{kV}]$와의 관계로 옳은 것은?
① $A \propto V$ ② $A \propto V^2$
③ $A \propto \dfrac{1}{\sqrt{V}}$ ④ $A \propto \dfrac{1}{V^2}$

26
선로에 따라 균일하게 부하가 분포된 선로의 전력 손실은 이들 부하가 선로의 말단에 집중적으로 접속되어 있을 때보다 어떻게 되는가?
① $\dfrac{1}{2}$로 된다. ② $\dfrac{1}{3}$로 된다.
③ 2배로 된다. ④ 3배로 된다.

27
3상 송전선로에서 선간단락이 발생하였을 때 다음 중 옳은 것은?
① 역상전류만 흐른다.
② 정상전류와 역상전류가 흐른다.
③ 역상전류와 영상전류가 흐른다.
④ 정상전류와 영상전류가 흐른다.

28
배전선의 전압조정장치가 아닌 것은?
① 승압기 ② 리클로저
③ 유도전압조정기 ④ 주상변압기 탭 절환장치

29
반지름 $r[\text{m}]$이고 소도체 간격 S인 4 복도체 송전선로에서 전선 A, B, C가 수평으로 배열되어 있다. 등가선간거리가 $D[\text{m}]$로 배치되고 완전 연가된 경우 송전선로의 인덕턴스는 몇 $[\text{mH/km}]$인가?

① $0.4605 \log_{10} \dfrac{D}{\sqrt{rS^2}} + 0.0125$

② $0.4605 \log_{10} \dfrac{D}{\sqrt[2]{rS}} + 0.025$

③ $0.4605 \log_{10} \dfrac{D}{\sqrt[3]{rS^2}} + 0.0167$

④ $0.4605 \log_{10} \dfrac{D}{\sqrt[4]{rS^3}} + 0.0125$

30
송전선로에 복도체를 사용하는 주된 목적은?
① 인덕턴스를 증가시키기 위하여
② 정전용량을 감소시키기 위하여
③ 코로나 발생을 감소시키기 위하여
④ 전선 표면의 전위경도를 증가시키기 위하여

31
3상용 차단기의 정격전압은 170[kV]이고 정격차단전류가 50[kA]일 때 차단기의 정격차단용량은 약 몇 [MVA]인가?
① 5,000 ② 10,000
③ 15,000 ④ 20,000

32
그림과 같은 선로의 등가선간거리는 몇 [m]인가?

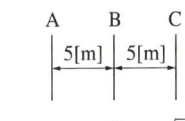

① 5 ② $5\sqrt{2}$
③ $5\sqrt[3]{2}$ ④ $10\sqrt[3]{2}$

33
송전계통의 안정도 향상 대책이 아닌 것은?
① 전압 변동을 적게 한다.
② 고속도 재폐로 방식을 채용한다.
③ 고장시간, 고장전류를 적게 한다.
④ 계통의 직렬 리액턴스를 증가시킨다.

34
송배전 선로의 전선 굵기를 결정하는 주요 요소가 아닌 것은?
① 전압강하
② 허용전류
③ 기계적 강도
④ 부하의 종류

35
배전선로에서 사고범위의 확대를 방지하기 위한 대책으로 적당하지 않은 것은?
① 선택접지계전방식 채택
② 자동고장 검출장치 설치
③ 진상콘덴서 설치하여 전압보상
④ 특고압의 경우 자동구분개폐기 설치

36
발전기 또는 주변압기의 내부고장 보호용으로 가장 널리 쓰이는 것은?
① 거리계전기
② 과전류계전기
③ 비율차동계전기
④ 방향단락계전기

37
최근에 우리나라에서 많이 채용되고 있는 가스 절연 개폐 설비(GIS)의 특징으로 틀린 것은?
① 대기 절연을 이용한 것에 비해 현저하게 소형화할 수 있으나 비교적 고가이다.
② 소음이 적고 충전부가 완전한 밀폐형으로 되어 있기 때문에 안정성이 높다.
③ 가스 압력에 대한 엄중 감시가 필요하며 내부 점검 및 부품 교환이 번거롭다.
④ 한랭지, 산악 지방에서도 액화 방지 및 산화 방지 대책이 필요 없다.

38
변류기 수리 시 2차 측을 단락시키는 이유는?
① 1차 측 과전류 방지
② 2차 측 과전류 방지
③ 1차 측 과전압 방지
④ 2차 측 과전압 방지

39
기준 선간전압 23[kV], 기준 3상 용량 5,000[kVA], 1선의 유도 리액턴스가 15[Ω]일 때 %리액턴스는?
① 28.36[%]
② 14.18[%]
③ 7.09[%]
④ 3.55[%]

40
화력발전소에서 재열기의 사용 목적은?
① 증기를 가열한다.
② 공기를 가열한다.
③ 급수를 가열한다.
④ 석탄을 건조한다.

제3과목 전기기기

41
일반적인 변압기의 손실 중에서 온도상승에 관계가 가장 적은 요소는?
① 철 손
② 동 손
③ 와류손
④ 유전체손

42
2방향성 3단자 사이리스터는 어느 것인가?
① SCR
② SSS
③ SCS
④ TRIAC

43
변압기의 권수를 N이라고 할 때 누설리액턴스는?
① N에 비례한다.   ② N^2에 비례한다.
③ N에 반비례한다.   ④ N^2에 반비례한다.

44
200[V], 10[kW]의 직류 분권전동기가 있다. 전기자저항은 0.2[Ω], 계자저항은 40[Ω]이고 정격전압에서 전류가 15[A]인 경우 5[kg·m]의 토크를 발생한다. 부하가 증가하여 전류가 25[A]로 되는 경우 발생토크 [kg·m]는?
① 2.5   ② 5
③ 7.5   ④ 10

45
1차 전압 6,600[V], 2차 전압 220[V], 주파수 60[Hz], 1차 권수 1,000회의 변압기가 있다. 최대 자속은 약 몇 [Wb]인가?
① 0.020   ② 0.025
③ 0.030   ④ 0.032

46
직류 복권발전기의 병렬운전에 있어 균압선을 붙이는 목적은 무엇인가?
① 손실을 경감한다.
② 운전을 안정하게 한다.
③ 고조파의 발생을 방지한다.
④ 직원계자 간의 전류증가를 방지한다.

47
유도전동기의 2차 여자제어법에 대한 설명으로 틀린 것은?
① 역률을 개선할 수 있다.
② 권선형 전동기에 한하여 이용된다.
③ 동기속도의 이하로 광범위하게 제어할 수 있다.
④ 2차 저항손이 매우 커지며 효율이 저하된다.

48
50[Ω]의 계자저항을 갖는 직류 분권발전기가 있다. 이 발전기의 출력이 5.4[kW]일 때 단자전압은 100[V], 유기기전력은 115[V]이다. 이 발전기의 출력이 2[kW]일 때 단자전압이 125[V]라면 유기기전력은 약 몇 [V]인가?
① 130   ② 145
③ 152   ④ 159

49
15[kVA], 3,000/200[V] 변압기의 1차 측 환산 등가 임피던스가 $5.4 + j6[Ω]$일 때, %저항강하 p와 %리액턴스강하 q는 각각 약 몇 [%]인가?
① $p = 0.9$, $q = 1$ ② $p = 0.7$, $q = 1.2$
③ $p = 1.2$, $q = 1$ ④ $p = 1.3$, $q = 0.9$

50
직류기의 온도상승 시험 방법 중 반환부하법의 종류가 아닌 것은?
① 카프법   ② 홉킨슨법
③ 스코트법   ④ 블론델법

51
직류발전기의 병렬 운전에서 부하분담의 방법은?
① 계자전류와 무관하다.
② 계자전류를 증가하면 부하분담은 감소한다.
③ 계자전류를 증가하면 부하분담은 증가한다.
④ 계자전류를 감소하면 부하분담은 증가한다.

52
동기기의 기전력의 파형 개선책이 아닌 것은?
① 단절권   ② 집중권
③ 공극조정   ④ 자극모양

정답 43 ② 44 ④ 45 ② 46 ② 47 ④ 48 ① 49 ① 50 ③ 51 ③ 52 ②

53
10극 50[Hz] 3상 유도전동기가 있다. 회전자도 3상이고 회전자가 정지할 때 2차 1상 간의 전압이 150[V]이다. 이것을 회전자계와 같은 방향으로 400[rpm]으로 회전시킬 때 2차 전압은 몇 [V]인가?

① 50
② 75
③ 100
④ 150

54
3상 직권 정류자전동기에 중간 변압기를 사용하는 이유로 적당하지 않은 것은?

① 중간 변압기를 이용하여 속도 상승을 억제할 수 있다.
② 회전자 전압을 정류작용에 맞는 값으로 선정할 수 있다.
③ 중간 변압기를 사용하여 누설 리액턴스를 감소할 수 있다.
④ 중간 변압기의 권수비를 바꾸어 전동기 특성을 조정할 수 있다.

55
단상 직권 정류자전동기에서 보상권선과 저항도선의 작용을 설명한 것으로 틀린 것은?

① 역률을 좋게 한다.
② 변압기 기전력을 크게 한다.
③ 전기자 반작용을 감소시킨다.
④ 저항도선은 변압기 기전력에 의한 단락전류를 적게 한다.

56
역률 100[%]일 때의 전압 변동률 ε은 어떻게 표시되는가?

① %저항강하
② %리액턴스강하
③ %서셉턴스강하
④ %임피던스강하

57
유도자형 동기발전기의 설명으로 옳은 것은?

① 전기자만 고정되어 있다.
② 계자극만 고정되어 있다.
③ 회전자가 없는 특수 발전기이다.
④ 계자극과 전기자가 고정되어 있다.

58
돌극형 동기발전기에서 직축 동기리액턴스를 X_d, 횡축 동기리액턴스를 X_q라 할 때의 관계는?

① $X_d < X_q$
② $X_d > X_q$
③ $X_d = X_q$
④ $X_d \ll X_q$

59
직류발전기를 3상 유도전동기에서 구동하고 있다. 이 발전기에 55[kW]의 부하를 걸 때 전동기의 전류는 약 몇 [A]인가?(단, 발전기의 효율은 88[%], 전동기의 단자전압은 400[V], 전동기의 효율은 88[%], 전동기의 역률은 82[%]로 한다)

① 125
② 225
③ 325
④ 425

60
3상 농형 유도전동기의 기동방법으로 틀린 것은?

① Y-△ 기동
② 전전압 기동
③ 리액터 기동
④ 2차 저항에 의한 기동

제4과목 회로이론 및 제어공학

61
일반적인 제어시스템에서 안정의 조건은?
① 입력이 있는 경우 초깃값에 관계없이 출력이 0으로 간다.
② 입력이 없는 경우 초깃값에 관계없이 출력이 무한대로 간다.
③ 시스템이 유한한 입력에 대해서 무한한 출력을 얻는 경우
④ 시스템이 유한한 입력에 대해서 유한한 출력을 얻는 경우

62
$s^3 + 11s^2 + 2s + 40 = 0$에는 양의 실수부를 갖는 근은 몇 개 있는가?
① 1   ② 2
③ 3   ④ 없다.

63
다음 그림의 전달함수 $\dfrac{Y(z)}{R(z)}$는 다음 중 어느 것인가?

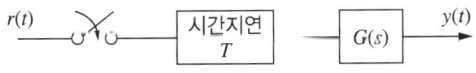

[이상적 표본기]

① $G(z)z$ ② $G(z)z^{-1}$
③ $G(z)Tz^{-1}$ ④ $G(z)Tz$

64
그림과 같은 블록선도에서 전달함수 $\dfrac{C(s)}{R(s)}$를 구하면?

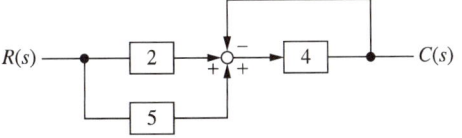

① $\dfrac{1}{8}$ ② $\dfrac{5}{28}$
③ $\dfrac{28}{5}$ ④ 8

65
논리식 $L = \overline{x}\cdot\overline{y} + \overline{x}\cdot y + x\cdot y$를 간략화한 것은?
① $x+y$ ② $\overline{x}+y$
③ $x+\overline{y}$ ④ $\overline{x}+\overline{y}$

66
특정방정식 $s^2 + 2\zeta\omega_n s + \omega_n^2 = 0$에서 감쇠진동을 하는 제동비 ζ의 값은?
① $\zeta > 1$ ② $\zeta = 1$
③ $\zeta = 0$ ④ $0 < \zeta < 1$

67
다음의 회로를 블록선도로 그린 것 중 옳은 것은?

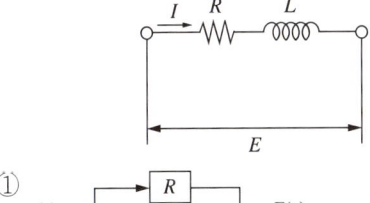

①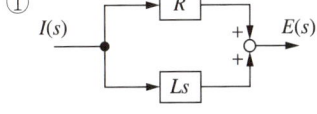

②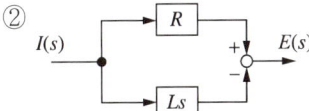

③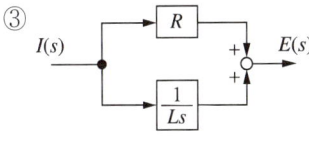

④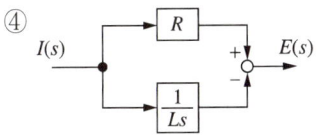

정답 61 ④ 62 ② 63 ② 64 ③ 65 ② 66 ④ 67 ①

68
일정 입력에 대해 잔류 편차가 있는 제어계는?
① 비례 제어계
② 적분 제어계
③ 비례 적분 제어계
④ 비례 적분 미분 제어계

69
개루프 전달함수 $G(s)H(s)$가 다음과 같이 주어지는 부궤환계에서 근궤적 점근선의 실수축과의 교차점은?

$$G(s)H(s) = \frac{K}{s(s+4)(s+5)}$$

① 0
② -1
③ -2
④ -3

70
$G(j\omega) = \frac{K}{j\omega(j\omega+1)}$ 에 있어서 진폭 A 및 위상각 θ는?

$$\lim_{\omega \to \infty} G(j\omega) = A \angle \theta$$

① $A=0$, $\theta=-90°$
② $A=0$, $\theta=-180°$
③ $A=\infty$, $\theta=-90°$
④ $A=\infty$, $\theta=-180°$

71
그림과 같이 10[Ω]의 저항에 권수비가 10 : 1의 결합회로를 연결했을 때 4단자 정수 A, B, C, D는?

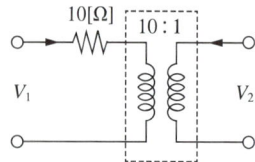

① $A=1, B=10, C=0, D=10$
② $A=10, B=1, C=0, D=10$
③ $A=10, B=0, C=1, D=\frac{1}{10}$
④ $A=10, B=1, C=0, D=\frac{1}{10}$

72
전류의 대칭분을 I_0, I_1, I_2, 유기기전력을 E_a, E_b, E_c, 단자전압의 대칭분을 V_0, V_1, V_2라 할 때 3상 교류발전기의 기본식 중 정상분 V_1 값은?(단, Z_0, Z_1, Z_2는 영상, 정상, 역상 임피던스이다)

① $-Z_0 I_0$
② $-Z_2 I_2$
③ $E_a - Z_1 I_1$
④ $E_b - Z_2 I_2$

73
최댓값이 I_m인 정현파 교류의 반파정류 파형의 실횻값은?

① $\frac{I_m}{2}$
② $\frac{I_m}{\sqrt{2}}$
③ $\frac{2I_m}{\pi}$
④ $\frac{\pi I_m}{2}$

74
2전력계법으로 평형 3상 전력을 측정하였더니 한쪽의 지시가 700[W], 다른 쪽의 지시가 1,400[W]이었다. 피상전력은 약 몇 [VA]인가?

① 2,425
② 2,771
③ 2,873
④ 2,974

75
그림과 같은 RC 회로에서 스위치를 넣은 순간 전류는?(단, 초기조건은 0이다)

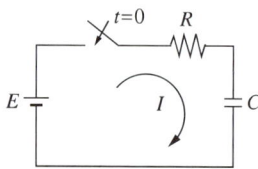

① 불변전류이다.
② 진동전류이다.
③ 증가함수로 나타난다.
④ 감쇠함수로 나타난다.

76
무손실 선로의 정상상태에 대한 설명으로 틀린 것은?

① 전파정수 γ은 $j\omega\sqrt{LC}$이다.

② 특성 임피던스 $Z_0 = \sqrt{\dfrac{C}{L}}$이다.

③ 진행파의 전파속도 $v = \dfrac{1}{\sqrt{LC}}$이다.

④ 감쇠정수 $a = 0$, 위상정수 $\beta = \omega\sqrt{LC}$이다.

77
그림과 같은 파형의 파고율은?

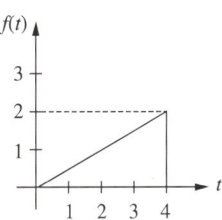

① 1
② $\dfrac{1}{\sqrt{2}}$
③ $\sqrt{2}$
④ $\sqrt{3}$

78
회로에서 저항 R에 흐르는 전류 $I[A]$는?

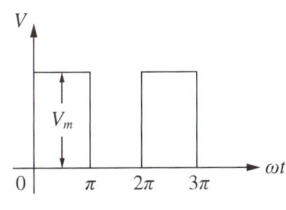

① -1
② -2
③ 2
④ 4

79
$R = 100[\Omega]$, $C = 30[\mu F]$의 직렬회로에 $f = 60[Hz]$, $V = 100[V]$의 교류전압을 인가할 때 전류는 약 몇 [A]인가?

① 0.42
② 0.64
③ 0.75
④ 0.87

80
그림과 같은 파형의 Laplace 변환은?

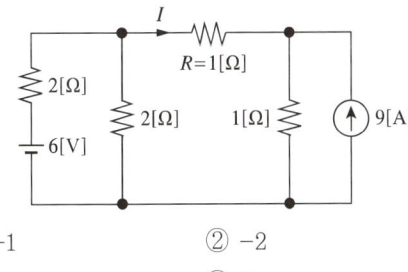

① $\dfrac{1}{2s^2}(1 - e^{-4s} - se^{-4s})$

② $\dfrac{1}{2s^2}(1 - e^{-4s} - 4e^{-4s})$

③ $\dfrac{1}{2s^2}(1 - se^{-4s} - 4e^{-4s})$

④ $\dfrac{1}{2s^2}(1 - e^{-4s} - 4se^{-4s})$

제5과목 전기설비기술기준

81
철근 콘크리트주를 사용하는 25[kV] 교류 전차 선로를 도로 등과 제1차 접근상태에 시설하는 경우 경간의 최대한도는 몇 [m]인가?

① 40
② 50
③ 60
④ 70

82
※ KEC 규정 적용으로 문제 삭제

3.3[kV]용 계기용 변성기의 2차 측 전로의 접지공사는?

① 제1종 접지공사
② 제2종 접지공사
③ 제3종 접지공사
④ 특별 제3종 접지공사

83
지중 전선로에 있어서 폭발성 가스가 침입할 우려가 있는 장소에 시설하는 지중함은 크기가 몇 [m³] 이상일 때 가스를 방산시키기 위한 장치를 시설하여야 하는가?
① 0.25 ② 0.5
③ 0.75 ④ 1.0

84
최대사용전압이 220[V]인 전동기의 절연내력 시험을 하고자 할 때 시험 전압은 몇 [V]인가?
① 300 ② 330
③ 450 ④ 500

85
금속덕트공사에 적당하지 않은 것은?
① 전선은 절연전선을 사용한다.
② 덕트의 끝부분은 항시 개방시킨다.
③ 덕트 안에는 전선의 접속점이 없도록 한다.
④ 덕트의 안쪽 면 및 바깥 면에는 산화 방지를 위하여 아연도금을 한다.

86
다음 그림에서 L1은 어떤 크기로 동작하는 기기의 명칭인가?

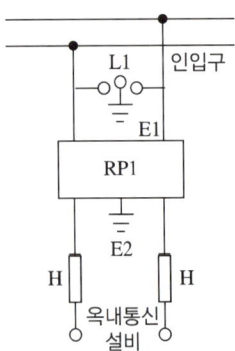

① 교류 1,000[V] 이하에서 동작하는 단로기
② 교류 1,000[V] 이하에서 동작하는 피뢰기
③ 교류 1,500[V] 이하에서 동작하는 단로기
④ 교류 1,500[V] 이하에서 동작하는 피뢰기

87
옥내에 시설하는 고압용 이동전선으로 옳은 것은?
① 6[mm] 연동선
② 비닐외장케이블
③ 옥외용 비닐절연전선
④ 고압용의 캡타이어케이블

88
관광숙박업 또는 숙박업을 하는 객실의 입구 등에 조명용 전등을 설치할 때는 몇 분 이내에 소등되는 타임스위치를 시설하여야 하는가?
① 1 ② 3
③ 5 ④ 10

89
특고압 옥외 배전용 변압기가 1대일 경우 특고압 측에 일반적으로 시설하여야 하는 것은?
① 방전기
② 계기용 변류기
③ 계기용 변압기
④ 개폐기 및 과전류차단기

90
사용전압이 22.9[kV]인 특고압 가공전선이 도로를 횡단하는 경우, 지표상 높이는 최소 몇 [m] 이상인가?
① 4.5 ② 5
③ 5.5 ④ 6

91
고압 가공전선로의 지지물로서 사용하는 목주의 풍압하중에 대한 안전율은 얼마 이상이어야 하는가?
① 1.2 ② 1.3
③ 2.2 ④ 2.5

92
가공 전선로에 사용하는 지지물의 강도계산에 적용하는 갑종 풍압하중을 계산할 때 구성재의 수직 투영면적 1[m²]에 대한 풍압의 기준으로 틀린 것은?

① 목주 : 588[Pa]
② 원형 철주 : 588[Pa]
③ 원형 철근콘크리트주 : 882[Pa]
④ 강관으로 구성(단주는 제외)된 철탑 : 1,255[Pa]

93
3상 4선식 22.9[kV], 중성선 다중접지 방식의 특고압 가공전선 아래에 통신선을 첨가하고자 한다. 특고압 가공전선과 통신선과의 이격거리는 몇 [cm] 이상인가?

① 60
② 75
③ 100
④ 120

94
방전등용 안정기를 저압의 옥내배선과 직접 접속하여 시설할 경우 옥내전로의 대지전압은 최대 몇 [V]인가?

① 100
② 150
③ 300
④ 450

95
특고압용 타냉식 변압기의 냉각장치에 고장이 생긴 경우를 대비하여 어떤 보호장치를 하여야 하는가?

① 경보장치
② 속도조정장치
③ 온도시험장치
④ 냉매흐름장치

96
발전소의 개폐기 또는 차단기에 사용하는 압축공기장치의 주 공기탱크에 시설하는 압력계의 최고 눈금의 범위로 옳은 것은?

① 사용압력의 1배 이상 2배 이하
② 사용압력의 1.15배 이상 2배 이하
③ 사용압력의 1.5배 이상 3배 이하
④ 사용압력의 2배 이상 3배 이하

97
최대사용전압 22.9[kV]인 3상 4선식 다중 접지방식의 지중 전선로의 절연내력시험을 직류로 할 경우 시험전압은 몇 [V]인가?

① 16,448
② 21,068
③ 32,796
④ 42,136

98
교통이 번잡한 도로를 횡단하여 저압 가공전선을 시설하는 경우 지표상 높이는 몇 [m] 이상으로 하여야 하는가?

① 4.0
② 5.0
③ 6.0
④ 6.5

99 ※ KEC 규정 적용으로 문제 삭제
66[kV] 가공전선과 6[kV] 가공전선을 동일 지지물에 병가하는 경우에 특고압 가공전선은 케이블인 경우를 제외하고는 단면적이 몇 [mm²] 이상인 경동연선을 사용하여야 하는가?

① 22
② 38
③ 55
④ 100

100 ※ KEC 규정 적용으로 문제 삭제
특고압 가공전선이 노로 통과 교차하는 경우에 특고압 가공전선이 도로 등의 위에 시설되는 때에 설치하는 보호망에 대한 설명으로 옳은 것은?

① 보호망은 제3종 접지공사를 한다.
② 보호망을 구성하는 금속선의 인장강도는 6[kN] 이상으로 한다.
③ 보호망을 구성하는 금속선은 지름 1.0[mm] 이상의 경동선을 사용한다.
④ 보호망을 구성하는 금속선 상호의 간격은 가로, 세로 각 1.5[m] 이하로 한다.

정답 92 ③ 93 ② 94 ③ 95 ① 96 ③ 97 ④ 98 ③ 99 × 100 ×

2019년 제1회 기출문제

제1과목 전기자기학

01
평행판 콘덴서에 어떤 유전체를 넣었을 때 전속밀도가 2.4×10^{-7}[C/m²]이고, 단위체적 중의 에너지가 5.3×10^{-3}[J/m³]이었다. 이 유전체의 유전율은 약 몇 [F/m]인가?

① 2.17×10^{-11}
② 5.43×10^{-11}
③ 5.17×10^{-12}
④ 5.43×10^{-12}

02
서로 다른 두 유전체 사이의 경계면에 전하분포가 없다면 경계면 양쪽에서의 전계 및 전속밀도는?

① 전계 및 전속밀도의 접선성분은 서로 같다.
② 전계 및 전속밀도의 법선성분은 서로 같다.
③ 전계의 법선성분이 서로 같고, 전속밀도의 접선성분이 서로 같다.
④ 전계의 접선성분이 서로 같고, 전속밀도의 법선성분이 서로 같다.

03
와류손에 대한 설명으로 틀린 것은?(단, f : 주파수, B_m : 최대자속밀도, t : 두께, ρ : 저항률이다)

① t^2에 비례한다.
② f^2에 비례한다.
③ ρ^2에 비례한다.
④ B_m^2에 비례한다.

04
$x > 0$인 영역에서 비유전율을 $\varepsilon_{r1} = 3$인 유전체, $x < 0$인 영역에서 비유전율 $\varepsilon_{r2} = 5$인 유전체가 있다. $x < 0$인 영역에서 전계 $E_2 = 20a_x + 30a_y - 40a_z$ [V/m]일 때 $x > 0$인 영역에서의 전속밀도는 몇 [C/m²]인가?

① $10(10a_x + 9a_y - 12a_z)\varepsilon_0$
② $20(5a_x - 10a_y + 6a_z)\varepsilon_0$
③ $50(2a_x + 3a_y - 4a_z)\varepsilon_0$
④ $50(2a_x - 3a_y + 4a_z)\varepsilon_0$

05
q[C]의 전하가 진공 중에서 v[m/s]의 속도로 운동하고 있을 때, 이 운동방향과 θ의 각으로 r[m] 떨어진 점의 자계의 세기[AT/m]는?

① $\dfrac{q\sin\theta}{4\pi r^2 v}$
② $\dfrac{v\sin\theta}{4\pi r^2 q}$
③ $\dfrac{qv\sin\theta}{4\pi r^2}$
④ $\dfrac{v\sin\theta}{4\pi r^2 q^2}$

06
원형 선전류 I[A]의 중심축상 점 P의 자위[A]를 나타내는 식은?(단, θ는 점 P에서 원형전류를 바라보는 평면각이다)

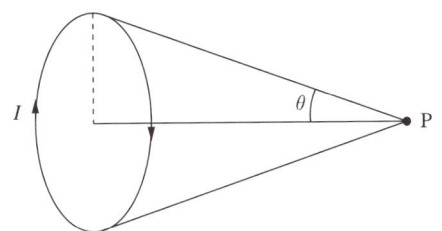

① $\frac{I}{2}(1-\cos\theta)$

② $\frac{I}{4}(1-\cos\theta)$

③ $\frac{I}{2}(1-\sin\theta)$

④ $\frac{I}{4}(1-\sin\theta)$

07
진공 중에서 무한장 직선도체에 선전하밀도 $\rho_L = 2\pi \times 10^{-3}$[C/m]가 균일하게 분포된 경우 직선도체에서 2[m]와 4[m] 떨어진 두 점 사이의 전위차는 몇 [V]인가?

① $\frac{10^{-3}}{\pi\varepsilon_0}\ln 2$ ② $\frac{10^{-3}}{\varepsilon_0}\ln 2$

③ $\frac{1}{\pi\varepsilon_0}\ln 2$ ④ $\frac{1}{\varepsilon_0}\ln 2$

08
균일한 자장 내에 놓여 있는 직선도선에 전류 및 길이를 각각 2배로 하면 이 도선에 작용하는 힘은 몇 배가 되는가?

① 1 ② 2
③ 4 ④ 8

09
환상철심에 권수 3,000회 A코일과 권수 200회 B코일이 감겨져 있다. A코일의 자기인덕턴스가 360[mH]일 때 A, B 두 코일의 상호인덕턴스는 몇 [mH]인가?(단, 결합계수는 1이다)

① 16 ② 24
③ 36 ④ 72

10
맥스웰 방정식 중 틀린 것은?

① $\oint_s B \cdot dS = \rho_s$

② $\oint_s D \cdot dS = \int_v \rho dv$

③ $\oint_c E \cdot dl = -\int_s \frac{\partial B}{\partial t} \cdot dS$

④ $\oint_c H \cdot dl = I + \int_s \frac{\partial D}{\partial t} \cdot dS$

11
자기회로의 자기저항에 대한 설명으로 옳은 것은?

① 투자율에 반비례한다.
② 자기회로의 단면적에 비례한다.
③ 자기회로의 길이에 반비례한다.
④ 단면적에 반비례하고, 길이의 제곱에 비례한다.

12
접지된 구도체와 점전하 간에 작용하는 힘은?

① 항상 흡인력이다.
② 항상 반발력이다.
③ 조건적 흡인력이다.
④ 조건적 반발력이다.

정답 6 ① 7 ② 8 ③ 9 ② 10 ① 11 ① 12 ①

13

그림과 같이 전류가 흐르는 반원형 도선이 평면 $Z=0$ 상에 놓여 있다. 이 도선이 자속밀도 $B = 0.6a_x - 0.5a_y + a_z$[Wb/m^2]인 균일 자계 내에 놓여 있을 때 도선의 직선 부분에 작용하는 힘[N]은?

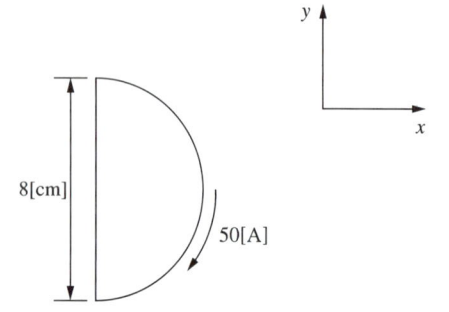

① $4a_x + 2.4a_z$ ② $4a_x - 2.4a_z$
③ $5a_x - 3.5a_z$ ④ $-5a_x + 3.5a_z$

14

평행한 두 도선 간의 전자력은?(단, 두 도선 간의 거리는 r[m]라 한다)

① r에 비례   ② r^2에 비례
③ r에 반비례   ④ r^2에 반비례

15

다음의 관계식 중 성립할 수 없는 것은?(단, μ는 투자율, χ는 자화율, μ_0는 진공의 투자율, J는 자화의 세기이다)

① $J = \chi B$ ② $B = \mu H$
③ $\mu = \mu_0 + \chi$ ④ $\mu_s = 1 + \dfrac{\chi}{\mu_0}$

16

평행판 콘덴서의 극판 사이에 유전율 ε, 저항률 ρ인 유전체를 삽입하였을 때, 두 전극 간의 저항 R과 정전 용량 C의 관계는?

① $R = \rho\varepsilon C$ ② $RC = \dfrac{\varepsilon}{\rho}$
③ $RC = \rho\varepsilon$ ④ $RC\rho\varepsilon = 1$

17

비투자율 $\mu_s = 1$, 비유전율 $\varepsilon_s = 90$인 매질 내의 고유 임피던스는 약 몇 [Ω]인가?

① 32.5   ② 39.7
③ 42.3   ④ 45.6

18

사이클로트론에서 양자가 매초 3×10^{15}개의 비율로 가속되어 나오고 있다. 양자가 15[MeV]의 에너지를 가지고 있다고 할 때, 이 사이클로트론의 가속용 고주파 전계를 만들기 위하여 150[kW]의 전력을 필요로 한다면 에너지 효율[%]은?

① 2.8   ② 3.8
③ 4.8   ④ 5.8

19

단면적 4[cm^2]의 철심에 6×10^{-4}[Wb]의 자속을 통하게 하려면 2,800[AT/m]의 자계가 필요하다. 이 철심의 비투자율은 약 얼마인가?

① 346   ② 375
③ 407   ④ 426

20

대전된 도체의 특징으로 틀린 것은?

① 가우스정리에 의해 내부에는 전하가 존재한다.
② 전계는 도체 표면에 수직인 방향으로 진행된다.
③ 도체에 인가된 전하는 도체 표면에만 분포한다.
④ 도체 표면에서의 전하밀도는 곡률이 클수록 높다.

제2과목 전력공학

21
송배전 선로에서 도체의 굵기는 같게 하고 도체 간의 간격을 크게 하면 도체의 인덕턴스는?

① 커진다.
② 작아진다.
③ 변함이 없다.
④ 도체의 굵기 및 도체 간의 간격과는 무관하다.

22
동일 전력을 동일 선간전압, 동일 역률로 동일 거리에 보낼 때 사용하는 전선의 총중량이 같으면 3상 3선식인 때와 단상 2선식일 때의 전력손실비는?

① 1
② $\frac{3}{4}$
③ $\frac{2}{3}$
④ $\frac{1}{\sqrt{3}}$

23
배전반에 접속되어 운전 중인 계기용 변압기(PT) 및 변류기(CT)의 2차 측 회로를 점검할 때 조치사항으로 옳은 것은?

① CT만 단락시킨다.
② PT만 단락시킨다.
③ CT와 PT 모두를 단락시킨다.
④ CT와 PT 모두를 개방시킨다.

24
배전선로의 역률 개선에 따른 효과로 적합하지 않은 것은?

① 선로의 전력손실 경감
② 선로의 전압강하의 감소
③ 전원측 설비의 이용률 향상
④ 선로 절연의 비용 절감

25
총낙차 300[m], 사용수량 20[m³/s]인 수력발전소의 발전기출력은 약 몇 [kW]인가?(단, 수차 및 발전기효율은 각각 90[%], 98[%]라 하고, 손실낙차는 총낙차의 6[%]라고 한다)

① 48,750
② 51,860
③ 54,170
④ 54,970

26
수전단을 단락한 경우 송전단에서 본 임피던스가 330[Ω]이고, 수전단을 개방한 경우 송전단에서 본 어드미턴스가 1.875×10^{-3}[℧]일 때 송전단의 특성임피던스는 약 몇 [Ω]인가?

① 120
② 220
③ 320
④ 420

27
다중접지계통에 사용되는 재폐로 기능을 갖는 일종의 차단기로서 과부하 또는 고장전류가 흐르면 순시동작하고, 일정시간 후에는 자동적으로 재폐로하는 보호기기는?

① 라인퓨즈
② 리클로저
③ 세셔널라이저
④ 고장구간 자동개폐기

28
송전선 중간에 전원이 없을 경우에 송전단의 전압 $E_S = AE_R + BI_R$이 된다. 수전단의 전압 E_R의 식으로 옳은 것은?(단, I_S, I_R은 송전단 및 수전단의 전류이다)

① $E_R = AE_S + CI_S$
② $E_R = BE_S + AI_S$
③ $E_R = DE_S - BI_S$
④ $E_R = CE_S - DI_S$

29
비접지식 3상 송배전계통에서 1선 지락고장 시 고장전류를 계산하는 데 사용되는 정전용량은?
① 작용정전용량 ② 대지정전용량
③ 합성정전용량 ④ 선간정전용량

30
비접지계통의 지락사고 시 계전기에 영상전류를 공급하기 위하여 설치하는 기기는?
① PT ② CT
③ ZCT ④ GPT

31
이상전압의 파곳값을 저감시켜 전력사용설비를 보호하기 위하여 설치하는 것은?
① 초호환 ② 피뢰기
③ 계전기 ④ 접지봉

32
임피던스 Z_1, Z_2 및 Z_3을 그림과 같이 접속한 선로의 A쪽에서 전압파 E가 진행해 왔을 때 접속점 B에서 무반사로 되기 위한 조건은?

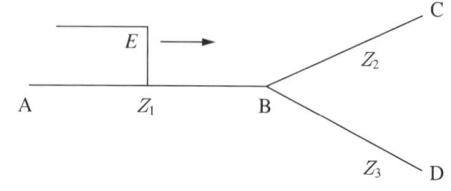

① $Z_1 = Z_2 + Z_3$
② $\dfrac{1}{Z_3} = \dfrac{1}{Z_1} + \dfrac{1}{Z_2}$
③ $\dfrac{1}{Z_1} = \dfrac{1}{Z_2} + \dfrac{1}{Z_3}$
④ $\dfrac{1}{Z_2} = \dfrac{1}{Z_1} + \dfrac{1}{Z_3}$

33
저압 뱅킹방식에서 저전압의 고장에 의하여 건전한 변압기의 일부 또는 전부가 차단되는 현상은?
① 아킹(Arcing)
② 플리커(Flicker)
③ 밸런스(Balance)
④ 캐스케이딩(Cascading)

34
변전소의 가스차단기에 대한 설명으로 틀린 것은?
① 근거리 차단에 유리하지 못하다.
② 불연성이므로 화재의 위험성이 적다.
③ 특고압 계통의 차단기로 많이 사용된다.
④ 이상전압의 발생이 적고, 절연회복이 우수하다.

35
켈빈(Kelvin)의 법칙이 적용되는 경우는?
① 전압강하를 감소시키고자 하는 경우
② 부하배분의 균형을 얻고자 하는 경우
③ 전력손실량을 축소시키고자 하는 경우
④ 경제적인 전선의 굵기를 선정하고자 하는 경우

36
보호계전기의 반한시·정한시 특성은?
① 동작전류가 커질수록 동작시간이 짧게 되는 특성
② 최소동작전류 이상의 전류가 흐르면 즉시 동작하는 특성
③ 동작전류의 크기에 관계없이 일정한 시간에 동작하는 특성
④ 동작전류가 커질수록 동작시간이 짧아지며, 어떤 전류 이상이 되면 동작전류의 크기에 관계없이 일정한 시간에서 동작하는 특성

37
단도체 방식과 비교할 때 복도체 방식의 특징이 아닌 것은?
① 안정도가 증가된다.
② 인덕턴스가 감소된다.
③ 송전용량이 증가된다.
④ 코로나 임계전압이 감소된다.

38
1선 지락 시에 지락전류가 가장 작은 송전계통은?
① 비접지식
② 직접접지식
③ 저항접지식
④ 소호리액터접지식

39
수차의 캐비테이션 방지책으로 틀린 것은?
① 흡출수두를 증대시킨다.
② 과부하 운전을 가능한 한 피한다.
③ 수차의 비속도를 너무 크게 잡지 않는다.
④ 침식에 강한 금속재료로 러너를 제작한다.

40
선간전압이 154[kV]이고, 1상당의 임피던스가 $j8[\Omega]$인 기기가 있을 때, 기준용량을 100[MVA]로 하면 %임피던스는 약 몇 [%]인가?
① 2.75 ② 3.15
③ 3.37 ④ 4.25

제3과목 전기기기

41
3상 비돌극형 동기발전기가 있다. 정격출력 5,000[kVA], 정격전압 6,000[V], 정격역률 0.8이다. 여자를 정격상태로 유지할 때 이 발전기의 최대출력은 약 몇 [kW]인가?(단, 1상의 동기리액턴스는 0.8[P.U]이며 저항은 무시한다)
① 7,500 ② 10,000
③ 11,500 ④ 12,500

42
직류기의 손실 중에서 기계손으로 옳은 것은?
① 풍손
② 와류손
③ 표류 부하손
④ 브러시의 전기손

43
다음 ( )에 알맞은 것은?

> 직류발전기에서 계자권선이 전기자에 병렬로 연결된 직류기는 (ⓐ) 발전기라 하며, 전기자권선과 계자권선이 직렬로 접속된 직류기는 (ⓑ) 발전기라 한다.

① ⓐ 분권, ⓑ 직권
② ⓐ 직권, ⓑ 분권
③ ⓐ 복권, ⓑ 분권
④ ⓐ 자여자, ⓑ 타여자

44
1차 전압 6,600[V], 2차 전압 220[V], 주파수 60[Hz], 1차 권선 1,200회인 경우 변압기의 최대 자속[Wb]은?
① 0.36 ② 0.63
③ 0.012 ④ 0.021

정답 37 ④ 38 ④ 39 ① 40 ③ 41 ② 42 ① 43 ① 44 ④

45
직류발전기의 정류 초기에 전류변화가 크며 이때 발생되는 불꽃정류로 옳은 것은?
① 과정류
② 직선정류
③ 부족정류
④ 정현파정류

46
3상 유도전동기의 속도제어법으로 틀린 것은?
① 1차 저항법
② 극수제어법
③ 전압제어법
④ 주파수제어법

47
60[Hz]의 변압기에 50[Hz]의 동일 전압을 가했을 때의 자속밀도는 60[Hz] 때와 비교하였을 경우 어떻게 되는가?
① $\frac{5}{6}$ 로 감소
② $\frac{6}{5}$ 으로 증가
③ $\left(\frac{5}{6}\right)^{1.6}$ 로 감소
④ $\left(\frac{6}{5}\right)^{2}$ 으로 증가

48
2대의 변압기로 V결선하여 3상 변압하는 경우 변압기 이용률은 약 몇 [%]인가?
① 57.8
② 66.6
③ 86.6
④ 100

49
3상 유도전동기의 기동법 중 전전압 기동에 대한 설명으로 틀린 것은?
① 기동 시에 역률이 좋지 않다.
② 소용량으로 기동 시간이 길다.
③ 소용량 농형 전동기의 기동법이다.
④ 전동기 단자에 직접 정격전압을 가한다.

50
동기발전기의 전기자 권선법 중 집중권인 경우 매극 매상의 홈(Slot)수는?
① 1개
② 2개
③ 3개
④ 4개

51
유도전동기의 속도제어를 인버터방식으로 사용하는 경우 1차 주파수에 비례하여 1차 전압을 공급하는 이유는?
① 역률을 제어하기 위해
② 슬립을 증가시키기 위해
③ 자속을 일정하게 하기 위해
④ 발생토크를 증가시키기 위해

52
3상 유도전압조정기의 원리를 응용한 것은?
① 3상 변압기
② 3상 유도전동기
③ 3상 동기발전기
④ 3상 교류자전동기

53
정류회로에서 상의 수를 크게 했을 경우 옳은 것은?
① 맥동주파수와 맥동률이 증가한다.
② 맥동률과 맥동주파수가 감소한다.
③ 맥동주파수는 증가하나 맥동률은 감소한다.
④ 맥동률과 주파수는 감소하나 출력이 증가한다.

45 ① 46 ① 47 ② 48 ③ 49 ② 50 ① 51 ③ 52 ② 53 ③ 정답

54
동기전동기의 위상 특성곡선(V 곡선)에 대한 설명으로 옳은 것은?
① 출력을 일정하게 유지할 때 부하전류와 전기자전류의 관계를 나타낸 곡선
② 역률을 일정하게 유지할 때 계자전류와 전기자전류의 관계를 나타낸 곡선
③ 계자전류를 일정하게 유지할 때 전기자전류와 출력 사이의 관계를 나타낸 곡선
④ 공급전압 V와 부하가 일정할 때 계자전류의 변화에 대한 전기자전류의 변화를 나타낸 곡선

55
유도전동기의 기동 시 공급하는 전압을 단권변압기에 의해서 일시 강하시켜서 기동전류를 제한하는 기동방법은?
① Y-△ 기동
② 저항 기동
③ 직접 기동
④ 기동 보상기에 의한 기동

56
그림과 같은 회로에서 V(전원전압의 실효치) = 100 [V], 점호각 α = 30°인 때의 부하 시의 직류전압 $E_{d\alpha}$ [V]는 약 얼마인가?(단, 전류가 연속하는 경우이다.)

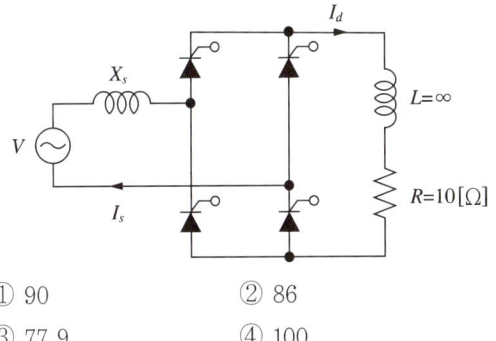

① 90
② 86
③ 77.9
④ 100

57
직류 분권전동기가 전기자전류 100[A]일 때 50[kg·m]의 토크를 발생하고 있다. 부하가 증가하여 전기자전류가 120[A]로 되었다면 발생토크[kg·m]는 얼마인가?
① 60
② 67
③ 88
④ 160

58
비례추이와 관계있는 전동기로 옳은 것은?
① 동기전동기
② 농형 유도전동기
③ 단상 정류자전동기
④ 권선형 유도전동기

59
동기발전기의 단락비가 적을 때의 설명으로 옳은 것은?
① 동기임피던스가 크고 전기자 반작용이 작다.
② 동기임피던스가 크고 전기자 반작용이 크다.
③ 동기임피던스가 작고 전기자 반작용이 작다.
④ 동기임피던스가 작고 전기자 반작용이 크다.

60
3/4 부하에서 효율이 최대인 주상변압기의 전부하 시 철손과 동손의 비는?
① 8 : 4
② 4 : 8
③ 9 : 16
④ 16 : 9

제4과목 회로이론 및 제어공학

61
다음의 신호흐름선도를 메이슨의 공식을 이용하여 전달함수를 구하고자 한다. 이 신호흐름선도에서 루프(Loop)는 몇 개인가?

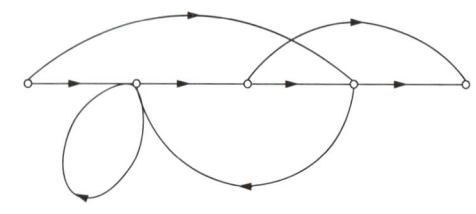

① 0　　　　　② 1
③ 2　　　　　④ 3

62
특성 방정식 중에서 안정된 시스템인 것은?

① $2s^3 + 3s^2 + 4s + 5 = 0$
② $s^4 + 3s^3 - s^2 + s + 10 = 0$
③ $s^5 + s^3 + 2s^2 + 4s + 3 = 0$
④ $s^4 - 2s^3 - 3s^2 + 4s + 5 = 0$

63
타이머에서 입력신호가 주어지면 바로 동작하고, 입력신호가 차단된 후에는 일정시간이 지난 후에 출력이 소멸되는 동작형태는?

① 한시동작 순시복귀　② 순시동작 순시복귀
③ 한시동작 한시복귀　④ 순시동작 한시복귀

64
단위궤환 제어시스템의 전향경로 전달함수가 $G(s) = \dfrac{K}{s(s^2 + 5s + 4)}$ 일 때, 이 시스템이 안정하기 위한 K의 범위는?

① $K < -20$　　　② $-20 < K < 0$
③ $0 < K < 20$　　④ $20 < K$

65
$R(z) = \dfrac{(1 - e^{-aT})z}{(z-1)(z - e^{-aT})}$ 의 역변환은?

① te^{aT}
② te^{-aT}
③ $1 - e^{-aT}$
④ $1 + e^{-aT}$

66
시간영역에서 자동제어계를 해석할 때 기본시험입력에 보통 사용되지 않는 입력은?

① 정속도 입력
② 정현파 입력
③ 단위계단 입력
④ 정가속도 입력

67
$G(s)H(s) = \dfrac{K(s-1)}{s(s+1)(s-4)}$ 에서 점근선의 교차점을 구하면?

① -1　　　　② 0
③ 1　　　　　④ 2

68
n차 선형 시불변 시스템의 상태방정식을 $\dfrac{d}{dt}X(t) = AX(t) + Br(t)$로 표시할 때 상태천이 행렬 $\Phi(t)$ ($n \times n$행렬)에 관하여 틀린 것은?

① $\Phi(t) = e^{At}$
② $\dfrac{d\Phi(t)}{dt} = A \cdot \Phi(t)$
③ $\Phi(t) = \mathcal{L}^{-1}[(sI - A)^{-1}]$
④ $\Phi(t)$는 시스템의 정상상태응답을 나타낸다.

69
다음의 신호흐름선도에서 C/R는?

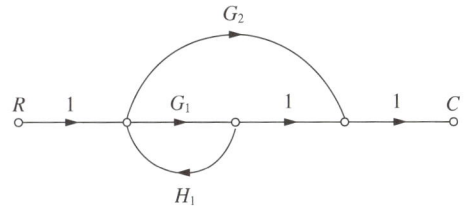

① $\dfrac{G_1+G_2}{1-G_1H_1}$　② $\dfrac{G_1G_2}{1-G_1H_1}$
③ $\dfrac{G_1+G_2}{1+G_1H_1}$　④ $\dfrac{G_1G_2}{1+G_1H_1}$

70
PD 조절기와 전달함수 $G(s)=1.2+0.02s$의 영점은?

① -60　② -50
③ 50　④ 60

71
$e=100\sqrt{2}\sin\omega t + 75\sqrt{2}\sin3\omega t + 20\sqrt{2}\sin5\omega t$[V]인 전압을 RL직렬회로에 가할 때 제3고조파 전류의 실횻값은 몇 [A]인가?(단, $R=4[\Omega]$, $\omega L = 1[\Omega]$이다)

① 15　② $15\sqrt{2}$
③ 20　④ $20\sqrt{2}$

72
전원과 부하가 △ 결선된 3상 평형회로가 있다. 전원전압이 200[V], 부하 1상의 임피던스가 $6+j8[\Omega]$일 때 선전류[A]는?

① 20　② $20\sqrt{3}$
③ $\dfrac{20}{\sqrt{3}}$　④ $\dfrac{\sqrt{3}}{20}$

73
분포정수 선로에서 무왜형 조건이 성립하면 어떻게 되는가?

① 감쇠량이 최소로 된다.
② 전파속도가 최대로 된다.
③ 감쇠량은 주파수에 비례한다.
④ 위상정수가 주파수에 관계없이 일정하다.

74
회로에서 $V=10$[V], $R=10[\Omega]$, $L=1$[H], $C=10[\mu F]$ 그리고 $V_c(0)=0$일 때 스위치 K를 닫은 직후 전류의 변화율 $\dfrac{di}{dt}(0^+)$의 값[A/s]은?

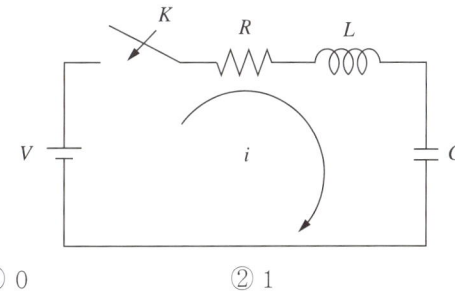

① 0　② 1
③ 5　④ 10

75
$F(s)=\dfrac{2s+15}{s^3+s^2+3s}$일 때 $f(t)$의 최종값은?

① 2　② 3
③ 5　④ 15

76
대칭 5상 교류 성형결선에서 선간전압과 상전압 간의 위상차는 몇 도인가?

① $27°$　② $36°$
③ $54°$　④ $72°$

77
정현파 교류 $V = V_m \sin\omega t$ 의 전압을 반파정류하였을 때의 실횻값은 몇 [V]인가?

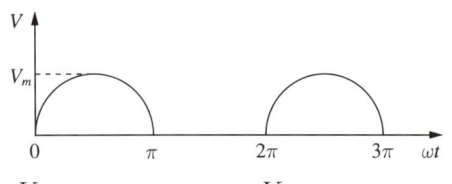

① $\dfrac{V_m}{\sqrt{2}}$ ② $\dfrac{V_m}{2}$

③ $\dfrac{V_m}{2\sqrt{2}}$ ④ $\sqrt{2}\,V_m$

78
회로망 출력단자 a-b에서 바라본 등가임피던스는? (단, $V_1 = 6[V]$, $V_2 = 3[V]$, $I_1 = 10[A]$, $R_1 = 15[\Omega]$, $R_2 = 10[\Omega]$, $L = 2[H]$, $j\omega = s$ 이다)

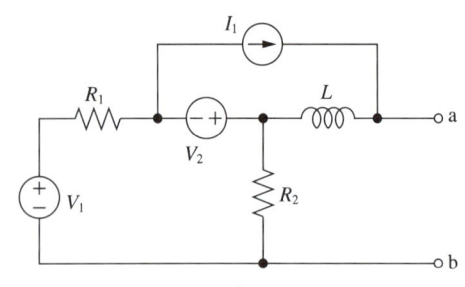

① $s + 15$ ② $2s + 6$

③ $\dfrac{3}{s+2}$ ④ $\dfrac{1}{s+3}$

79
대칭 3상 전압이 a상 V_a, b상 $V_b = a^2 V_a$, c상 $V_c = aV_a$일 때 a상을 기준으로 한 대칭분 전압 중 정상분 $V_1[V]$는 어떻게 표시되는가?

① $\dfrac{1}{3}V_a$ ② V_a

③ aV_a ④ $a^2 V_a$

80
다음과 같은 비정현파 기전력 및 전류에 의한 평균전력을 구하면 몇 [W]인가?

$$e = 100\sin\omega t - 50\sin(3\omega t + 30°)$$
$$+ 20\sin(5\omega t + 45°)[V]$$
$$I = 20\sin\omega t + 10\sin(3\omega t - 30°)$$
$$+ 5\sin(5\omega t - 45°)[A]$$

① 825   ② 875
③ 925   ④ 1,175

제5과목　전기설비기술기준

81
지중전선로의 매설방법이 아닌 것은?

① 관로식   ② 인입식
③ 암거식   ④ 직접 매설식

82
특고압용 변압기로서 그 내부에 고장이 생긴 경우에 반드시 자동 차단되어야 하는 변압기의 뱅크용량은 몇 [kVA] 이상인가?

① 5,000   ② 10,000
③ 50,000   ④ 100,000

83
※ KEC 규정 적용으로 문제 삭제

옥내에서 시설하는 관등회로의 사용전압이 12,000[V]인 방전등공사 시의 네온변압기 외함에는 몇 종 접지공사를 해야 하는가?

① 제1종 접지공사
② 제2종 접지공사
③ 제3종 접지공사
④ 특별 제3종 접지공사

84
※ KEC 규정 적용으로 문제 삭제

전력보안 가공통신선(광섬유 케이블은 제외)을 조가할 경우 조가용선은?
① 금속으로 된 단선
② 강심 알루미늄 연선
③ 금속선으로 된 연선
④ 알루미늄으로 된 단선

85
※ KEC 규정 적용으로 문제 삭제

특고압 전선로의 철탑의 가장 높은 곳에 220[V]용 항공 장애등을 설치하였다. 이 등기구의 금속제외함은 몇 종 접지공사를 하여야 하는가?
① 제1종 접지공사
② 제2종 접지공사
③ 제3종 접지공사
④ 특별 제3종 접지공사

86
저고압 가공전선과 가공약전류전선 등을 동일 지지물에 시설하는 기준으로 틀린 것은?
① 가공전선을 가공약전류전선 등의 위로 하고 별개의 완금류에 시설할 것
② 전선로의 지지물로서 사용하는 목주의 풍압하중에 대한 안전율은 1.5 이상일 것
③ 가공전선과 가공약전류전선 등 사이의 이격거리는 저압과 고압 모두 75[cm] 이상일 것
④ 가공전선이 가공약전류전선에 대하여 유도작용에 의한 통신상의 장해를 줄 우려가 있는 경우에는 가공전선을 적당한 거리에서 연가할 것

87
풀용 수중조명등에 사용되는 절연 변압기의 2차 측 전로의 사용전압이 몇 [V]를 초과하는 경우에는 그 전로에 지락이 생겼을 때에 자동적으로 전로를 차단하는 장치를 하여야 하는가?
① 30
② 60
③ 150
④ 300

88
석유류를 저장하는 장소의 전등배선에 사용하지 않는 공사방법은?
① 케이블공사
② 금속관공사
③ 애자사용공사
④ 합성수지관공사

89
사용전압이 154[kV]인 가공송전선의 시설에서 전선과 식물과의 이격거리는 일반적인 경우에 몇 [m] 이상으로 하여야 하는가?
① 2.8
② 3.2
③ 3.6
④ 4.2

90
※ KEC 규정 적용으로 문제 삭제

과전류차단기로 저압 전로에 사용하는 퓨즈를 수평으로 붙인 경우 이 퓨즈는 정격전류의 몇 배의 전류에 견딜 수 있어야 하는가?
① 1.1
② 1.25
③ 1.6
④ 2

91
농사용 서입 가공전선로의 시설 기준으로 틀린 것은?
① 사용전압이 저압일 것
② 전선로의 경간은 40[m] 이하일 것
③ 저압 가공전선의 인장강도는 1.38[kN] 이상일 것
④ 저압 가공전선의 지표상 높이는 3.5[m] 이상일 것

92
※ KEC 규정 적용으로 문제 삭제

고압 가공전선로에 시설하는 피뢰기의 제1종 접지공사의 접지선이 그 제1종 접지공사 전용의 것인 경우에 접지저항값은 몇 [Ω]까지 허용되는가?
① 20
② 30
③ 50
④ 75

정답 84 × 85 × 86 ③ 87 ① 88 ③ 89 ② 90 × 91 ② 92 ×

93
고압 옥측전선로에 사용할 수 있는 전선은?
① 케이블 ② 나경동선
③ 절연전선 ④ 다심형 전선

94
발전기를 전로로부터 자동적으로 차단하는 장치를 시설하여야 하는 경우에 해당되지 않는 것은?
① 발전기에 과전류가 생긴 경우
② 용량이 5,000[kVA] 이상인 발전기의 내부에 고장이 생긴 경우
③ 용량이 500[kVA] 이상의 발전기를 구동하는 수차의 압유장치의 유압이 현저히 저하한 경우
④ 용량이 100[kVA] 이상의 발전기를 구동하는 풍차의 압유장치의 유압, 압축공기장치의 공기압이 현저히 저하한 경우

95
고압 옥내배선이 수관과 접근하여 시설되는 경우에는 몇 [cm] 이상 이격시켜야 하는가?
① 15 ② 30
③ 45 ④ 60

96
최대사용전압이 22,900[V]인 3상 4선식 중성선 다중 접지식 전로와 대지 사이의 절연내력 시험전압은 몇 [V]인가?
① 32,510 ② 28,752
③ 25,229 ④ 21,068

97
라이팅덕트공사에 의한 저압 옥내배선공사 시설 기준으로 틀린 것은?
① 덕트의 끝부분은 막을 것
② 덕트는 조영재에 견고하게 붙일 것
③ 덕트는 조영재를 관통하여 시설할 것
④ 덕트의 지지점 간의 거리는 2[m] 이하로 할 것

98
금속덕트공사에 의한 저압 옥내배선에서, 금속덕트에 넣은 전선의 단면적의 합계는 일반적으로 덕트 내부 단면적의 몇 [%] 이하이어야 하는가?(단, 전광표시장치·출퇴표시등 기타 이와 유사한 장치 또는 제어회로 등의 배선만을 넣는 경우에는 50[%])
① 20 ② 30
③ 40 ④ 50

99
지중전선로에 사용하는 지중함의 시설기준으로 틀린 것은?
① 조명 및 세척이 가능한 적당한 장치를 시설할 것
② 견고하고 차량 기타 중량물의 압력에 견디는 구조일 것
③ 그 안의 고인 물을 제거할 수 있는 구조로 되어 있을 것
④ 뚜껑은 시설자 이외의 자가 쉽게 열 수 없도록 시설할 것

100
철탑의 강도계산에 사용하는 이상 시 상정하중을 계산하는 데 사용되는 것은?
① 미진에 의한 요동과 철구조물의 인장하중
② 뇌가 철탑에 가하여졌을 경우의 충격하중
③ 이상전압이 전선로에 내습하였을 때 생기는 충격하중
④ 풍압이 전선로에 직각방향으로 가하여지는 경우의 하중

정답: 93 ① 94 ② 95 ① 96 ④ 97 ③ 98 ① 99 ① 100 ④

2019년 제2회 기출문제

제1과목 전기자기학

01
진공 중에서 한 변이 a[m]인 정사각형 단일 코일이 있다. 코일에 I[A]의 전류를 흘릴 때 정사각형 중심에서 자계의 세기는 몇 [AT/m]인가?

① $\dfrac{2\sqrt{2}\,I}{\pi a}$ ② $\dfrac{I}{\sqrt{2}\,a}$
③ $\dfrac{I}{2a}$ ④ $\dfrac{4I}{a}$

02
단면적 S, 길이 l, 투자율 μ인 자성체의 자기회로에 권선을 N회 감아서 I의 전류를 흐르게 할 때 자속은?

① $\dfrac{\mu SI}{Nl}$ ② $\dfrac{\mu NI}{Sl}$
③ $\dfrac{NIl}{\mu S}$ ④ $\dfrac{\mu SNI}{l}$

03
자속밀도가 0.3[Wb/m²]인 평등자계 내에 5[A]의 전류가 흐르는 길이 2[m]인 직선도체가 있다. 이 도체를 자계 방향에 대하여 60°의 각도로 놓았을 때 이 도체가 받는 힘은 약 몇 [N]인가?

① 1.3 ② 2.6
③ 4.7 ④ 5.2

04
어떤 대전체가 진공 중에서 전속이 Q[C]이었다. 이 대전체를 비유전율 10인 유전체 속으로 가져갈 경우에 전속[C]은?

① Q ② $10Q$
③ $\dfrac{Q}{10}$ ④ $10\varepsilon_0 Q$

05
30[V/m]의 전계 내의 80[V]되는 점에서 1[C]의 전하를 전계 방향으로 80[cm] 이동한 경우, 그 점의 전위 [V]는?

① 9 ② 24
③ 30 ④ 56

06
다음 중 스토크스(Stokes)의 정리는?

① $\oint H \cdot ds = \iint_s (\nabla \cdot H) \cdot ds$
② $\int B \cdot ds = \int_s (\nabla \times H) \cdot ds$
③ $\oint_c H \cdot ds = \int (\nabla \cdot H) \cdot dl$
④ $\oint_c H \cdot dl = \int_s (\nabla \times H) \cdot ds$

정답 1 ① 2 ④ 3 ② 4 ① 5 ④ 6 ④

07

그림과 같이 평행한 무한장 직선도선에 I[A], $4I$[A]인 전류가 흐른다. 두 선 사이의 점 P에서 자계의 세기가 0이라고 하면 $\dfrac{a}{b}$는?

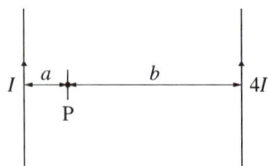

① 2　　　　　　　② 4
③ $\dfrac{1}{2}$　　　　　　④ $\dfrac{1}{4}$

08

정상전류계에서 옴의 법칙에 대한 미분형은?(단, i는 전류밀도, k는 도전율, ρ는 고유 저항, E는 전계의 세기이다)

① $i = kE$　　　　② $i = \dfrac{E}{k}$
③ $i = \rho E$　　　　④ $i = -kE$

09

진공 내의 점(3, 0, 0)[m]에 4×10^{-9}[C]의 전하가 있다. 이때 점(6, 4, 0)[m]의 전계의 크기는 약 몇 [V/m]이며, 전계의 방향을 표시하는 단위벡터는 어떻게 표시되는가?

① 전계의 크기 : $\dfrac{36}{25}$, 단위벡터 : $\dfrac{1}{5}(3a_x + 4a_y)$
② 전계의 크기 : $\dfrac{36}{125}$, 단위벡터 : $3a_x + 4a_y$
③ 전계의 크기 : $\dfrac{36}{25}$, 단위벡터 : $a_x + a_y$
④ 전계의 크기 : $\dfrac{36}{125}$, 단위벡터 : $\dfrac{1}{5}(a_x + a_y)$

10

전속밀도 $D = X^2 i + Y^2 j + Z^2 k$[C/m²]를 발생시키는 점(1, 2, 3)에서의 체적 전하밀도는 몇 [C/m³]인가?

① 12　　　　　　② 13
③ 14　　　　　　④ 15

11

다음 식 중에서 틀린 것은?

① $E = -\operatorname{grad} V$
② $\displaystyle\int_s E \cdot n\,ds = \dfrac{Q}{\varepsilon_o}$
③ $\operatorname{grad} V = i\dfrac{\partial^2 V}{\partial x^2} + j\dfrac{\partial^2 V}{\partial y^2} + k\dfrac{\partial^2 V}{\partial z^2}$
④ $V = \displaystyle\int_p^\infty E \cdot dl$

12

도전율 σ인 도체에서 전장 E에 의해 전류밀도 J가 흘렀을 때 이 도체에서 소비되는 전력을 표시한 식은?

① $\displaystyle\int_v E \cdot J\,dv$
② $\displaystyle\int_v E \times J\,dv$
③ $\dfrac{1}{\sigma}\displaystyle\int E \cdot J\,dv$
④ $\dfrac{1}{\sigma}\displaystyle\int_v E \times J\,dv$

13

자극의 세기가 8×10^{-6}[Wb], 길이가 3[cm]인 막대자석을 120[AT/m]의 평등자계 내에 자력선과 30°의 각도로 놓으면 이 막대자석이 받는 회전력은 몇 [N·m]인가?

① 1.44×10^{-4}　　② 1.44×10^{-5}
③ 3.02×10^{-4}　　④ 3.02×10^{-5}

14
자기회로와 전기회로의 대응으로 틀린 것은?
① 자속 ↔ 전류
② 기자력 ↔ 기전력
③ 투자율 ↔ 유전율
④ 자계의 세기 ↔ 전계의 세기

15
자기인덕턴스의 성질을 옳게 표현한 것은?
① 항상 0이다.
② 항상 정(正)이다.
③ 항상 부(負)이다.
④ 유도되는 기전력에 따라 정(正)도 되고 부(負)도 된다.

16
진공 중에서 빛의 속도가 일치하는 전자파의 전파속도를 얻기 위한 조건으로 옳은 것은?
① $\varepsilon_r = 0$, $\mu_r = 0$
② $\varepsilon_r = 1$, $\mu_r = 1$
③ $\varepsilon_r = 0$, $\mu_r = 1$
④ $\varepsilon_r = 1$, $\mu_r = 0$

17
4[A] 전류가 흐르는 코일과 쇄교하는 자속수가 4[Wb]이다. 이 전류 회로에 축적되어 있는 자기에너지[J]는?
① 4
② 2
③ 8
④ 16

18
유전율이 ε, 도전율이 σ, 반경이 r_1, $r_2(r_1 < r_2)$, 길이가 l인 동축케이블에서 저항 R은 얼마인가?
① $\dfrac{2\pi rl}{\ln\dfrac{r_2}{r_1}}$
② $\dfrac{2\pi \varepsilon l}{\dfrac{1}{r_1} - \dfrac{1}{r_2}}$
③ $\dfrac{1}{2\pi\sigma l}\ln\dfrac{r_2}{r_1}$
④ $\dfrac{1}{2\pi rl}\ln\dfrac{r_2}{r_1}$

19
어떤 환상 솔레노이드의 단면적이 S이고, 자로의 길이가 l, 투자율이 μ라고 한다. 이 철심에 균등하게 코일을 N회 감고 전류를 흘렸을 때 자기 인덕턴스에 대한 설명으로 옳은 것은?
① 투자율 μ에 반비례한다.
② 권선수 N^2에 비례한다.
③ 자로의 길이 l에 비례한다.
④ 단면적 S에 반비례한다.

20
상이한 매질의 경계면에서 전자파가 만족해야 할 조건이 아닌 것은?(단, 경계면은 두 개의 무손실 매질 사이이다)
① 경계면 양측에서 전계의 접선성분은 서로 같다.
② 경계면의 양측에서 자계의 접선성분은 서로 같다.
③ 경계면의 양측에서 자속밀도의 접선성분은 서로 같다.
④ 경계면의 양측에서 전속밀도의 법선성분은 서로 같다.

정답 14 ③ 15 ② 16 ② 17 ③ 18 ③ 19 ② 20 ③

제2과목 전력공학

21
단도체 방식과 비교하여 복도체 방식의 송전선로를 설명한 것으로 틀린 것은?

① 선로의 송전용량이 증가된다.
② 계통의 안정도를 증진시킨다.
③ 전선의 인덕턴스가 감소하고, 정전용량이 증가된다.
④ 전선 표면의 전위경도가 저감되어 코로나 임계전압을 낮출 수 있다.

22
유효낙차 100[m], 최대사용수량 20[m³/s], 수차효율 70[%]인 수력발전소의 연간 발전전력량은 약 몇 [kWh]인가?(단, 발전기의 효율은 85[%]라고 한다)

① 2.5×10^7
② 5×10^7
③ 10×10^7
④ 20×10^7

23
부하역률이 $\cos\theta$인 경우 배전선로의 전력손실은 같은 크기의 부하전력으로 역률이 1인 경우의 전력손실에 비하여 어떻게 되는가?

① $\dfrac{1}{\cos\theta}$
② $\dfrac{1}{\cos^2\theta}$
③ $\cos\theta$
④ $\cos^2\theta$

24
선택지락계전기의 용도를 옳게 설명한 것은?

① 단일 회선에서 지락고장 회선의 선택 차단
② 단일 회선에서 지락전류의 방향 선택 차단
③ 병행 2회선에서 지락고장 회선의 선택 차단
④ 병행 2회선에서 지락고장의 지속시간 선택 차단

25
직류송전방식에 관한 설명으로 틀린 것은?

① 교류송전방식보다 안정도가 낮다.
② 직류계통과 연계 운전 시 교류계통의 차단용량은 작아진다.
③ 교류송전방식에 비해 절연계급을 낮출 수 있다.
④ 비동기 연계가 가능하다.

26
터빈(Turbine)의 임계속도란?

① 비상조속기를 동작시키는 회전수
② 회전자의 고유 진동수와 일치하는 위험 회전수
③ 부하를 급히 차단하였을 때의 순간 최대 회전수
④ 부하 차단 후 자동적으로 정정된 회전수

27
변전소, 발전소 등에 설치하는 피뢰기에 대한 설명 중 틀린 것은?

① 방전전류는 뇌충격전류의 파곳값으로 표시한다.
② 피뢰기의 직렬갭은 속류를 차단 및 소호하는 역할을 한다.
③ 정격전압은 상용주파수 정현파 전압의 최고한도를 규정한 순시값이다.
④ 속류란 방전현상이 실질적으로 끝난 후에도 전력계통에서 피뢰기에 공급되어 흐르는 전류를 말한다.

28
아킹혼(Arcing Horn)의 설치 목적은?

① 이상전압 소멸
② 전선의 진동방지
③ 코로나 손실방지
④ 섬락사고에 대한 애자보호

29
일반회로정수가 A, B, C, D이고 송전단 전압이 E_S인 경우 무부하 시 수전단 전압은?

① $\dfrac{E_S}{A}$
② $\dfrac{E_S}{B}$
③ $\dfrac{A}{C}E_S$
④ $\dfrac{C}{A}E_S$

30
10,000[kVA] 기준으로 등가 임피던스가 0.4[%]인 발전소에 설치될 차단기의 차단용량은 몇 [MVA]인가?

① 1,000
② 1,500
③ 2,000
④ 2,500

31
변전소에서 접지를 하는 목적으로 적절하지 않은 것은?

① 기기의 보호
② 근무자의 안전
③ 차단 시 아크의 소호
④ 송전시스템의 중성점 접지

32
중거리 송전선로의 T형 회로에서 송전단 전류 I_s는? (단, Z, Y는 선로의 직렬 임피던스와 병렬 어드미턴스이고, E_r은 수전단 전압, I_r은 수전단 전류이다)

① $E_r\left(1+\dfrac{ZY}{2}\right)+ZI_r$
② $I_r\left(1+\dfrac{ZY}{2}\right)+E_rY$
③ $E_r\left(1+\dfrac{ZY}{2}\right)+ZI_r\left(1+\dfrac{ZY}{4}\right)$
④ $I_r\left(1+\dfrac{ZY}{2}\right)+E_rY\left(1+\dfrac{ZY}{4}\right)$

33
한 대의 주상변압기에 역률(뒤짐) $\cos\theta_1$, 유효전력 P_1[kW]의 부하와 역률(뒤짐) $\cos\theta_2$, 유효전력 P_2[kW]의 부하가 병렬로 접속되어 있을 때 주상변압기 2차 측에서 본 부하의 종합역률은 어떻게 되는가?

① $\dfrac{P_1+P_2}{\dfrac{P_1}{\cos\theta_1}+\dfrac{P_2}{\cos\theta_2}}$

② $\dfrac{P_1+P_2}{\dfrac{P_1}{\sin\theta_1}+\dfrac{P_2}{\sin\theta_2}}$

③ $\dfrac{P_1+P_2}{\sqrt{(P_1+P_2)^2+(P_1\tan\theta_1+P_2\tan\theta_2)^2}}$

④ $\dfrac{P_1+P_2}{\sqrt{(P_1+P_2)^2+(P_1\sin\theta_1+P_2\sin\theta_2)^2}}$

34
33[kV] 이하의 단거리 송배전선로에 적용되는 비접지 방식에서 지락전류는 다음 중 어느 것을 말하는가?

① 누설전류
② 충전전류
③ 뒤진 전류
④ 단락전류

35
옥내배선의 전선 굵기를 결정할 때 고려해야 할 사항으로 틀린 것은?

① 허용전류
② 전압강하
③ 배선방식
④ 기계적 강도

36
고압 배전선로 구성방식 중, 고장 시 자동적으로 고장개소의 분리 및 건전선로에 폐로하여 전력을 공급하는 개폐기를 가지며, 수요 분포에 따라 임의의 분기선으로부터 전력을 공급하는 방식은?

① 환상식
② 망상식
③ 뱅킹식
④ 가지식(수지식)

정답 29 ① 30 ④ 31 ③ 32 ② 33 ③ 34 ② 35 ③ 36 ①

37

그림과 같은 2기 계통에 있어서 발전기에서 전동기로 전달되는 전력 P는?(단, $X = X_G + X_L + X_M$이고 E_G, E_M은 각각 발전기 및 전동기의 유기기전력, δ는 E_G와 E_M 간의 상차각이다)

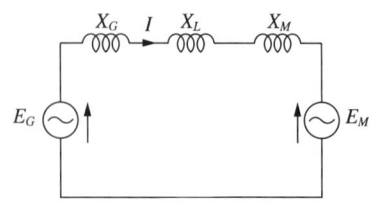

① $P = \dfrac{E_G}{XE_M}\sin\delta$ ② $P = \dfrac{E_G E_M}{X}\sin\delta$

③ $P = \dfrac{E_G E_M}{X}\cos\delta$ ④ $P = XE_G E_M \cos\delta$

38

전력계통 연계 시의 특징으로 틀린 것은?

① 단락전류가 감소한다.
② 경제 급전이 용이하다.
③ 공급신뢰도가 향상된다.
④ 사고 시 다른 계통으로의 영향이 파급될 수 있다.

39

공통 중성선 다중 접지방식의 배전선로에서 Recloser(R), Sectionalizer(S), Line Fuse(F)의 보호협조가 가장 적합한 배열은?(단, 보호협조는 변전소를 기준으로 한다)

① S – F – R ② S – R – F
③ F – S – R ④ R – S – F

40

송전선의 특성 임피던스와 전파정수는 어떤 시험으로 구할 수 있는가?

① 뇌파시험 ② 정격부하시험
③ 절연강도 측정시험 ④ 무부하시험과 단락시험

제3과목 전기기기

41

단상 변압기의 병렬운전 시 요구사항으로 틀린 것은?

① 극성이 같을 것
② 정격출력이 같을 것
③ 정격전압과 권수비가 같을 것
④ 저항과 리액턴스의 비가 같을 것

42

유도전동기로 동기전동기를 기동하는 경우, 유도전동기의 극수는 동기전동기의 극수보다 2극 적은 것을 사용하는 이유로 옳은 것은?(단, s는 슬립이며 N_s는 동기속도이다)

① 같은 극수의 유도전동기는 동기속도보다 sN_s 만큼 늦으므로
② 같은 극수의 유도전동기는 동기속도보다 sN_s 만큼 빠르므로
③ 같은 극수의 유도전동기는 동기속도보다 $(1-s)N_s$ 만큼 늦으므로
④ 같은 극수의 유도전동기는 동기속도보다 $(1-s)N_s$ 만큼 빠르므로

43

동기발전기에 회전계자형을 사용하는 경우에 대한 이유로 틀린 것은?

① 기전력의 파형을 개선한다.
② 전기자가 고정자이므로 고압 대전류용에 좋고, 절연하기 쉽다.
③ 계자가 회전자지만 저압 소용량의 직류이므로 구조가 간단하다.
④ 전기자보다 계자극을 회전자로 하는 것이 기계적으로 튼튼하다.

44
3상 동기발전기의 매극 매상의 슬롯수를 3이라 할 때 분포권 계수는?

① $6\sin\dfrac{\pi}{18}$ ② $3\sin\dfrac{\pi}{36}$

③ $\dfrac{1}{6\sin\dfrac{\pi}{18}}$ ④ $\dfrac{1}{12\sin\dfrac{\pi}{36}}$

45
변압기의 누설리액턴스를 나타낸 것은?(단, N은 권수이다)

① N에 비례
② N^2에 반비례
③ N^2에 비례
④ N에 반비례

46
가정용 재봉틀, 소형공구, 영사기, 치과의료용, 엔진 등에 사용하고 있으며, 교류, 직류 양쪽 모두에 사용되는 만능전동기는?

① 전기 동력계
② 3상 유도전동기
③ 차동 복권전동기
④ 단상 직권 정류자전동기

47
정격전압 220[V], 무부하 단자전압 230[V], 정격출력이 40[kW]인 직류 분권발전기의 계자저항이 22[Ω], 전기자 반작용에 의한 전압강하가 5[V]라면 전기자 회로의 저항[Ω]은 약 얼마인가?

① 0.026
② 0.028
③ 0.035
④ 0.042

48
전력용 변압기에서 1차에 정현파 전압을 인가하였을 때, 2차에 정현파 전압이 유기되기 위해서는 1차에 흘러들어가는 여자전류는 기본파 전류 외에 주로 몇 고조파 전류가 포함되는가?

① 제2고조파   ② 제3고조파
③ 제4고조파   ④ 제5고조파

49
스텝각이 2°, 스테핑주파수(Pulse Rate)가 1,800[pps]인 스테핑모터의 축속도[rps]는?

① 8   ② 10
③ 12   ④ 14

50
변압기에서 사용되는 변압기유의 구비 조건으로 틀린 것은?

① 점도가 높을 것
② 응고점이 낮을 것
③ 인화점이 높을 것
④ 절연 내력이 클 것

51
동기발전기의 병렬 운전 중 위상차가 생기면 어떤 현상이 발생하는가?

① 무효 횡류가 흐른다.
② 무효 전력이 생긴다.
③ 유효 횡류가 흐른다.
④ 출력이 요동하고 권선이 가열된다.

52
단상 유도전동기의 토크에 대한 2차 저항을 어느 정도 이상으로 증가시킬 때 나타나는 현상으로 옳은 것은?

① 역회전 가능   ② 최대토크 일정
③ 기동토크 증가 ④ 토크는 항상 (+)

정답 44 ③ 45 ③ 46 ④ 47 ① 48 ② 49 ② 50 ① 51 ③ 52 전항정답

53
직류기에 관련된 사항으로 잘못 짝지어진 것은?
① 보극 – 리액턴스 전압 감소
② 보상권선 – 전기자 반작용 감소
③ 전기자 반작용 – 직류전동기 속도 감소
④ 정류기간 – 전기자 코일이 단락되는 기간

54
그림은 전원전압 및 주파수가 일정할 때의 다상 유도전동기의 특성을 표시하는 곡선이다. 1차 전류를 나타내는 곡선은 몇 번 곡선인가?

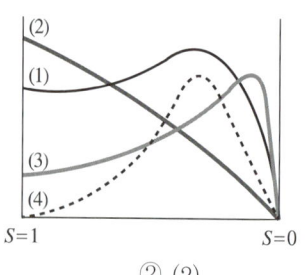

① (1)   ② (2)
③ (3)   ④ (4)

55
직류발전기의 외부 특성곡선에서 나타내는 관계로 옳은 것은?
① 계자전류와 단자전압
② 계자전류와 부하전류
③ 부하전류와 단자전압
④ 부하전류와 유기기전력

56
동기전동기가 무부하 운전 중에 부하가 걸리면 동기전동기의 속도는?
① 정지한다.
② 동기속도와 같다.
③ 동기속도보다 빨라진다.
④ 동기속도 이하로 떨어진다.

57
100[V], 10[A], 1,500[rpm]인 직류 분권발전기의 정격 시의 계자전류는 2[A]이다. 이때 계자회로에는 10[Ω]의 외부저항이 삽입되어 있다. 계자권선의 저항[Ω]은?
① 20   ② 40
③ 80   ④ 100

58
50[Hz]로 설계된 3상 유도전동기를 60[Hz]에 사용하는 경우 단자전압을 110[%]로 높일 때 일어나는 현상으로 틀린 것은?
① 철손불변
② 여자전류 감소
③ 온도상승 증가
④ 출력이 일정하면 유효전류 감소

59
직류기발전기에서 양호한 정류(整流)를 얻는 조건으로 틀린 것은?
① 정류주기를 크게 할 것
② 리액턴스 전압을 크게 할 것
③ 브러시의 접촉저항을 크게 할 것
④ 전기자 코일의 인덕턴스를 작게 할 것

60
상전압 200[V]의 3상 반파정류회로의 각 상에 SCR을 사용하여 정류제어할 때 위상각을 $\pi/6$로 하면 순 저항부하에서 얻을 수 있는 직류전압[V]은?
① 90   ② 180
③ 203   ④ 234

제4과목 회로이론 및 제어공학

61
폐루프 전달함수 $\dfrac{G(s)}{1+G(s)H(s)}$의 극의 위치를 개루프 전달함수 $G(s)H(s)$의 이득상수 K의 함수로 나타내는 기법은?

① 근궤적법 ② 보드선도법
③ 이득선도법 ④ Nyquist 판정법

62
블록선도 변환이 틀린 것은?

① $X_1 \to \bigcirc \to G \to X_3$, X_2 ⇒ $X_1 \to G \to \bigcirc \to X_3$, $G \leftarrow X_2$

② $X_1 \to G \to X_2$, X_2 ⇒ $X_1 \to \to X_2$, $X_2 \to G \to$

③ $X_1 \to G \to X_2$, X_1 ⇒ $X_1 \to G \to X_2$, $X_1 \to \dfrac{1}{G} \to$

④ $X_1 \to G \to \bigcirc \to X_3$, X_2 ⇒ $X_1 \to G \to X_3$, $G \leftarrow X_2$

63
다음 회로망에서 입력전압을 $V_1(t)$, 출력전압을 $V_2(t)$라 할 때, $\dfrac{V_2(s)}{V_1(s)}$에 대한 고유주파수 ω_n과 제동비 ζ의 값은?(단, $R=100[\Omega]$, $L=2[H]$, $C=200[\mu F]$이고, 모든 초기전하는 0이다)

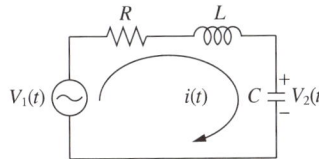

① $\omega_n=50$, $\zeta=0.5$ ② $\omega_n=50$, $\zeta=0.7$
③ $\omega_n=250$, $\zeta=0.5$ ④ $\omega_n=250$, $\zeta=0.7$

64
다음 신호흐름선도의 일반식은?

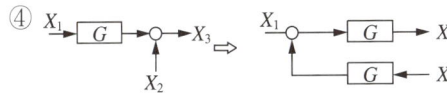

① $G=\dfrac{1-bd}{abc}$ ② $G=\dfrac{1+bd}{abc}$
③ $G=\dfrac{abc}{1+bd}$ ④ $G=\dfrac{abc}{1-bd}$

65
다음 중 이진값 신호가 아닌 것은?

① 디지털 신호
② 아날로그 신호
③ 스위치의 On-Off 신호
④ 반도체 소자의 동작, 부동작 상태

66
보드선도에서 이득여유에 대한 정보를 얻을 수 있는 것은?

① 위상곡선 0°에서의 이득과 0[dB]과의 차이
② 위상곡선 180°에서의 이득과 0[dB]과의 차이
③ 위상곡선 -90°에서의 이득과 0[dB]과의 차이
④ 위상곡선 -180°에서의 이득과 0[dB]과의 차이

67
단위 궤환제어계의 개루프 전달함수가 $G(s)=\dfrac{K}{s(s+2)}$일 때, K가 $-\infty$로부터 $+\infty$까지 변하는 경우 특성방정식의 근에 대한 설명으로 틀린 것은?

① $-\infty<K<0$에 대하여 근은 모두 실근이다.
② $0<K<1$에 대하여 2개의 근은 모두 음의 실근이다.
③ $K=0$에 대하여 $s_1=0$, $s_2=-2$의 근은 $G(s)$의 극점과 일치한다.
④ $1<K<\infty$에 대하여 2개의 근은 음의 실수부 중근이다.

정답 61 ① 62 ④ 63 ① 64 ④ 65 ② 66 ④ 67 ④

68

2차계 과도응답에 대한 특성 방정식의 근은 $s_1, s_2 = -\zeta\omega_n \pm j\omega_n\sqrt{1-\zeta^2}$ 이다. 감쇠비 ζ가 $0 < \zeta < 1$ 사이에 존재할 때 나타나는 현상은?

① 과제동
② 무제동
③ 부족제동
④ 임계제동

69

그림의 시퀀스 회로에서 전자접촉기 X에 의한 A접점 (Normal Open Contact)의 사용 목적은?

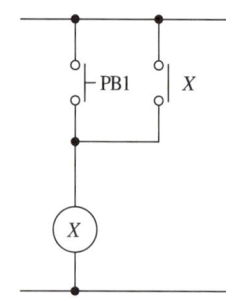

① 자기유지회로
② 지연회로
③ 우선 선택회로
④ 인터로크(Interlock)회로

70

다음의 블록선도에서 특성방정식의 근은?

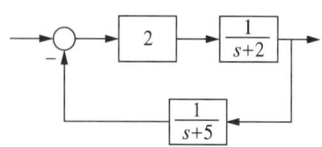

① -2, -5
② 2, 5
③ -3, -4
④ 3, 4

71

평형 3상 3선식 회로에서 부하는 Y결선이고, 선간전압이 173.2∠0°[V]일 때 선전류는 20∠-120°[A]이었다면, Y결선된 부하 한 상의 임피던스는 약 몇 [Ω]인가?

① $5 \angle 60°$
② $5 \angle 90°$
③ $5\sqrt{3} \angle 60°$
④ $5\sqrt{3} \angle 90°$

72

그림과 같은 RC 저역통과 필터회로에 단위임펄스를 입력으로 가했을 때 응답 $h(t)$는?

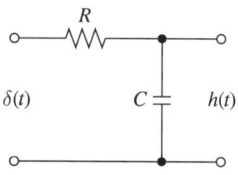

① $h(t) = RCe^{-\frac{t}{RC}}$
② $h(t) = \frac{1}{RC}e^{-\frac{t}{RC}}$
③ $h(t) = \frac{R}{1+j\omega RC}$
④ $h(t) = \frac{1}{RC}e^{-\frac{C}{R}t}$

73

2전력계법으로 평형 3상 전력을 측정하였더니 한쪽의 지시가 500[W], 다른 한쪽의 지시가 1,500[W]이었다. 피상전력은 약 몇 [VA]인가?

① 2,000
② 2,310
③ 2,646
④ 2,771

74
회로에서 4단자 정수 A, B, C, D의 값은?

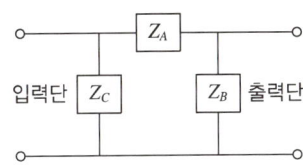

① $A = 1 + \dfrac{Z_A}{Z_B}$, $B = Z_A$, $C = \dfrac{1}{Z_A}$,
$D = 1 + \dfrac{Z_B}{Z_A}$

② $A = 1 + \dfrac{Z_A}{Z_B}$, $B = Z_A$, $C = \dfrac{1}{Z_B}$,
$D = 1 + \dfrac{Z_A}{Z_B}$

③ $A = 1 + \dfrac{Z_A}{Z_B}$, $B = Z_A$, $C = \dfrac{Z_A + Z_B + Z_C}{Z_B Z_C}$,
$D = \dfrac{1}{Z_B Z_C}$

④ $A = 1 + \dfrac{Z_A}{Z_B}$, $B = Z_A$, $C = \dfrac{Z_A + Z_B + Z_C}{Z_B Z_C}$,
$D = 1 + \dfrac{Z_A}{Z_C}$

75
길이에 따라 비례하는 저항값을 가진 어떤 전열선에 E_0[V]의 전압을 인가하면 P_0[W]의 전력이 소비된다. 이 전열선을 잘라 원래 길이의 $\dfrac{2}{3}$로 만들고 E[V]의 전압을 가한다면 소비전력 P[W]는?

① $P = \dfrac{P_0}{2}\left(\dfrac{E}{E_0}\right)^2$

② $P = \dfrac{3P_0}{2}\left(\dfrac{E}{E_0}\right)^2$

③ $P = \dfrac{2P_0}{3}\left(\dfrac{E}{E_0}\right)^2$

④ $P = \dfrac{\sqrt{3}\,P_0}{2}\left(\dfrac{E}{E_0}\right)^2$

76
$f(t) = e^{j\omega t}$의 라플라스 변환은?

① $\dfrac{1}{s - j\omega}$

② $\dfrac{1}{s + j\omega}$

③ $\dfrac{1}{s^2 + \omega^2}$

④ $\dfrac{\omega}{s^2 + \omega^2}$

77
1[km]당 인덕턴스 25[mH], 정전용량 0.005[μF]의 선로가 있다. 무손실 선로라고 가정한 경우 진행파의 위상(전파) 속도는 약 몇 [km/s]인가?

① 8.95×10^4
② 9.95×10^4
③ 89.5×10^4
④ 99.5×10^4

78
그림과 같은 순 저항회로에서 대칭 3상 전압을 가할 때 각 선에 흐르는 전류가 같으려면 R의 값은 몇 [Ω]인가?

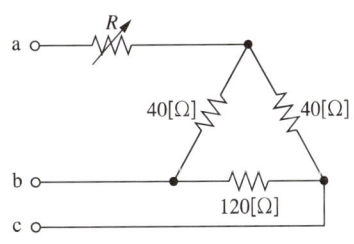

① 8
② 12
③ 16
④ 20

79
전류 $I = 30\sin\omega t + 40\sin(3\omega t + 45°)$[A]의 실 횻값[A]은?

① 25
② $25\sqrt{2}$
③ 50
④ $50\sqrt{2}$

80
어떤 콘덴서를 300[V]로 충전하는 데 9[J]의 에너지가 필요하였다. 이 콘덴서의 정전용량은 몇 [μF]인가?

① 100
② 200
③ 300
④ 400

제5과목 **전기설비기술기준**

81
※ KEC 규정 적용으로 문제 삭제

전기집진장치에 특고압을 공급하기 위한 전기설비로서 변압기로부터 정류기에 이르는 케이블을 넣는 방호장치의 금속제 부분에 사람이 접촉할 우려가 없도록 시설하는 경우 제 몇 종 접지공사로 할 수 있는가?

① 제1종 접지공사
② 제2종 접지공사
③ 제3종 접지공사
④ 특별 제3종 접지공사

82
고압용 기계기구를 시설하여서는 안 되는 경우는?

① 시가지 외로서 지표상 3[m]인 경우
② 발전소, 변전소, 개폐소 또는 이에 준하는 곳에 시설하는 경우
③ 옥내에 설치한 기계기구를 취급자 이외의 사람이 출입할 수 없도록 설치한 곳에 시설하는 경우
④ 공장 등의 구내에서 기계기구의 주위에 사람이 쉽게 접촉할 우려가 없도록 적당한 울타리를 설치하는 경우

83
※ KEC 규정 적용으로 문제 삭제

440[V]용 전동기의 외함을 접지할 때 접지저항값은 몇 [Ω] 이하로 유지하여야 하는가?

① 10
② 20
③ 30
④ 100

84
어떤 공장에서 케이블을 사용하는 사용전압이 22[kV]인 가공전선을 건물 옆쪽에서 1차 접근상태로 시설하는 경우, 케이블과 건물의 조영재 이격거리는 몇 [cm] 이상이어야 하는가?

① 50
② 80
③ 100
④ 120

85
옥내에 시설하는 전동기가 소손되는 것을 방지하기 위한 과부하 보호 장치를 하지 않아도 되는 것은?

① 정격 출력이 7.5[kW] 이상인 경우
② 정격 출력이 0.2[kW] 이하인 경우
③ 정격 출력이 2.5[kW]이며, 과전류차단기가 없는 경우
④ 전동기 출력이 4[kW]이며, 취급자가 감시할 수 없는 경우

86
사용전압 66[kV]의 가공전선로를 시가지에 시설할 경우 전선의 지표상 최소 높이는 몇 [m]인가?

① 6.48
② 8.36
③ 10.48
④ 12.36

87
※ KEC 규정 적용으로 답 변경

차량 기타 중량물의 압력을 받을 우려가 있는 장소에 지중전선로를 직접 매설식으로 시설하는 경우 매설깊이는 몇 [m] 이상이어야 하는가?

① 0.8
② 1.0
③ 1.2
④ 1.5

88
※ KEC 규정 적용으로 문제 삭제

가공직류전차선의 레일면상의 높이는 일반적인 경우 몇 [m] 이상이어야 하는가?

① 4.3
② 4.8
③ 5.2
④ 5.8

89 ※ KEC 규정 적용으로 문제 삭제

전로에 시설하는 고압용 기계기구의 철대 및 금속제 외함에는 제 몇 종 접지공사를 하여야 하는가?

① 제1종 접지공사
② 제2종 접지공사
③ 제3종 접지공사
④ 특별 제3종 접지공사

90

저압 옥상전선로의 시설에 대한 설명으로 틀린 것은?

① 전선은 절연전선을 사용한다.
② 전선은 지름 2.6[mm] 이상의 경동선은 사용한다.
③ 전선은 상시 부는 바람 등에 의하여 식물에 접촉하지 않도록 시설한다.
④ 전선과 옥상전선로를 시설하는 조영재와의 이격거리를 0.5[m]로 한다.

91

가공전선로의 지지물에 취급자가 오르고 내리는 데 사용하는 발판 볼트 등은 지표상 몇 [m] 미만에 시설하여서는 아니 되는가?

① 1.2
② 1.8
③ 2.2
④ 2.5

92 ※ KEC 규정 적용으로 문제 삭제

저압 옥내배선의 사용전압이 400[V] 미만인 경우 버스덕트공사는 몇 종 접지공사를 하여야 하는가?

① 제1종 접지공사
② 제2종 접지공사
③ 제3종 접지공사
④ 특별 제3종 접지공사

93 ※ KEC 규정 적용으로 문제 삭제

저압 전로에서 그 전로에 지락이 생겼을 경우에 0.5초 이내에 자동적으로 전로를 차단하는 장치를 시설 시 자동차단기의 정격감도전류가 100[mA]이면 제3종 접지공사의 접지저항값은 몇 [Ω] 이하로 하여야 하는가?(단, 전기적 위험도가 높은 장소인 경우이다)

① 50
② 100
③ 150
④ 200

94

고압 가공전선로에 사용하는 가공지선으로 나경동선을 사용할 때의 최소 굵기[mm]는?

① 3.2
② 3.5
③ 4.0
④ 5.0

95

특고압용 변압기의 보호장치인 냉각장치에 고장이 생긴 경우 변압기의 온도가 현저하게 상승한 경우에 이를 경보하는 장치를 반드시 하지 않아도 되는 경우는?

① 유입 풍랭식
② 유입 자랭식
③ 송유 풍랭식
④ 송유 수랭식

96

빙설의 정도에 따라 풍압하중을 적용하도록 규정하고 있는 내용 중 옳은 것은?(단, 빙설이 많은 지방 중 해안지방 기타 저온계절에 최대풍압이 생기는 지방은 제외한다)

① 빙설이 많은 지방에서는 고온계절에는 갑종 풍압하중, 저온계절에는 을종 풍압하중을 적용한다.
② 빙설이 많은 지방에서는 고온계절에는 을종 풍압하중, 저온계절에는 갑종 풍압하중을 적용한다.
③ 빙설이 적은 지방에서는 고온계절에는 갑종 풍압하중, 저온계절에는 을종 풍압하중을 적용한다.
④ 빙설이 적은 지방에서는 고온계절에는 을종 풍압하중, 저온계절에는 갑종 풍압하중을 적용한다.

정답 89 × 90 ④ 91 ② 92 × 93 × 94 ③ 95 ② 96 ①

97
가공전선로의 지지물에 시설하는 지선의 시설 기준으로 옳은 것은?
① 지선의 안전율은 2.2 이상이어야 한다.
② 연선을 사용할 경우에는 소선(素線) 3가닥 이상이어야 한다.
③ 도로를 횡단하여 시설하는 지선의 높이는 지표상 4[m] 이상으로 하여야 한다.
④ 지중부분 및 지표상 20[cm]까지의 부분에는 내식성이 있는 것 또는 아연도금을 한다.

98
무선용 안테나 등을 지지하는 철탑의 기초 안전율은 얼마 이상이어야 하는가?
① 1.0
② 1.5
③ 2.0
④ 2.5

99
조상설비의 조상기(調相機) 내부에 고장이 생긴 경우에 자동적으로 전로로부터 차단하는 장치를 시설해야 하는 뱅크용량[kVA]으로 옳은 것은?
① 1,000
② 1,500
③ 10,000
④ 15,000

100
특고압 가공전선로의 지지물로 사용하는 B종 철주에서 각도형은 전선로 중 몇 도를 넘는 수평 각도를 이루는 곳에 사용되는가?
① 1
② 2
③ 3
④ 5

2019년 제3회 기출문제

제1과목 전기자기학

01
원통 좌표계에서 일반적으로 벡터가 $A = 5r\sin\phi a_z$ 로 표현될 때 점 $\left(2, \dfrac{\pi}{2}, 0\right)$ 에서 curl A를 구하면?

① $5a_r$
② $5\pi a_\phi$
③ $-5a_\phi$
④ $-5\pi a_\phi$

02
전하 q[C]가 진공 중의 자계 H[AT/m]에 수직방향으로 v[m/s]의 속도로 움직일 때 받는 힘은 몇 [N]인가? (단, 진공 중의 투자율은 μ_0이다)

① qvH
② $\mu_0 qH$
③ πqvH
④ $\mu_0 qvH$

03
환상철심의 평균 자계의 세기가 3,000[AT/m]이고, 비투자율이 600인 철심 중의 자화의 세기는 약 몇 [Wb/m²]인가?

① 0.75
② 2.26
③ 4.52
④ 9.04

04
강자성체의 세 가지 특성에 포함되지 않는 것은?

① 자기포화 특성
② 와전류 특성
③ 고투자율 특성
④ 히스테리시스 특성

05
전기 저항에 대한 설명으로 틀린 것은?

① 저항의 단위는 옴[Ω]을 사용한다.
② 저항률(ρ)의 역수를 도전율이라고 한다.
③ 금속선의 저항 R은 길이 l에 반비례한다.
④ 전류가 흐르고 있는 금속선에 있어서 임의 두 점 간의 전위차는 전류에 비례한다.

06
변위 전류와 가장 관계가 깊은 것은?

① 도 체
② 반도체
③ 유전체
④ 자성체

07
전자파의 특성에 대한 설명으로 틀린 것은?

① 전자파의 속도는 주파수와 무관하다.
② 전파 E_x를 고유임피던스로 나누면 자파 H_y가 된다.
③ 전파 E_x와 자파 H_y의 진동방향은 진행 방향에 수평이 종파이다.
④ 매질이 도전성을 갖지 않으면 전파 E_x와 자파 H_y는 동위상이 된다.

08
도전도 $k = 6 \times 10^{17}$[℧/m], 투자율 $\mu = \dfrac{6}{\pi} \times 10^{-7}$ [H/m]인 평면도체 표면에 10[kHz]의 전류가 흐를 때, 침투깊이 δ[m]는?

① $\dfrac{1}{6} \times 10^{-7}$
② $\dfrac{1}{8.5} \times 10^{-7}$
③ $\dfrac{36}{\pi} \times 10^{-6}$
④ $\dfrac{36}{\pi} \times 10^{-10}$

정답 1 ③ 2 ④ 3 ② 4 ② 5 ③ 6 ③ 7 ③ 8 ①

09
평행판 콘덴서의 극간 전압이 일정한 상태에서 극간에 공기가 있을 때의 흡인력을 F_1, 극판 사이에 극판 간격의 $\frac{2}{3}$ 두께의 유리판($\varepsilon_r = 10$)을 삽입할 때의 흡인력을 F_2라 하면 $\frac{F_2}{F_1}$는?

① 0.6 ② 0.8
③ 1.5 ④ 2.5

10
자계의 벡터퍼텐셜을 A라 할 때 자계의 시간적 변화에 의하여 생기는 전계의 세기 E는?

① $E = \text{rot} A$
② $\text{rot} E = A$
③ $E = -\frac{\partial A}{\partial t}$
④ $\text{rot} E = -\frac{\partial A}{\partial t}$

11
무한장 직선형 도선에 I[A]의 전류가 흐를 경우 도선으로부터 R[m] 떨어진 점의 자속밀도 B[Wb/m²]는?

① $B = \frac{\mu I}{2\pi R}$ ② $B = \frac{I}{2\pi \mu R}$
③ $B = \frac{\mu I}{4\pi R}$ ④ $B = \frac{I}{4\pi \mu R}$

12
송전선의 전류가 0.01초 사이에 10[kA] 변화될 때 이 송전선에 나란한 통신선에 유도되는 유도 전압은 몇 [V]인가?(단, 송전선과 통신선 간의 상호유도계수는 0.3[mH]이다)

① 30 ② 300
③ 3,000 ④ 30,000

13
단면적 15[cm²]의 자석 근처에 같은 단면적을 가진 철편을 놓을 때 그곳을 통하는 자속이 3×10^{-4}[Wb]이면 철편에 작용하는 흡인력은 약 몇 [N]인가?

① 12.2 ② 23.9
③ 36.6 ④ 48.8

14
길이 l[m]인 동축 원통 도체의 내외원통에 각각 $+\lambda$, $-\lambda$[C/m]의 전하가 분포되어 있다. 내외원통 사이에 유전율 ε인 유전체가 채워져 있을 때, 전계의 세기 [V/m]는?(단, V는 내외원통 간의 전위차, D는 전속 밀도이고, a, b는 내외원통의 반지름이며, 원통 중심에서의 거리 r은 $a < r < b$인 경우이다)

① $\dfrac{V}{r \cdot \ln \dfrac{b}{a}}$ ② $\dfrac{V}{\varepsilon \cdot \ln \dfrac{b}{a}}$
③ $\dfrac{D}{r \cdot \ln \dfrac{b}{a}}$ ④ $\dfrac{D}{\varepsilon \cdot \ln \dfrac{b}{a}}$

15
정전용량이 1[μF]이고 판의 간격이 d인 공기콘덴서가 있다. 두께 $\frac{1}{2}d$, 비유전율 $\varepsilon_r = 2$ 유전체를 그 콘덴서의 한 전극면에 접촉하여 넣었을 때 전체의 정전용량 [μF]은?

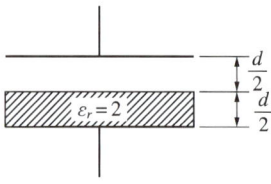

① 2 ② $\frac{1}{2}$
③ $\frac{4}{3}$ ④ $\frac{5}{3}$

16
정전용량이 각각 C_1, C_2, 그 사이의 상호 유도계수가 M인 절연된 두 도체가 있다. 두 도체를 가는 선으로 연결할 경우, 정전용량은 어떻게 표현되는가?

① $C_1 + C_2 - M$
② $C_1 + C_2 + M$
③ $C_1 + C_2 + 2M$
④ $2C_1 + 2C_2 + M$

17
진공 중에서 점 P(1, 2, 3) 및 점 Q(2, 0, 5)에 각각 300[μC], -100[μC]인 점전하가 놓여 있을 때 점전하 -100[μC]에 작용하는 힘은 몇 [N]인가?

① $10i - 20j + 20k$
② $10i + 20j - 20k$
③ $-10i + 20j + 20k$
④ $-10i + 20j - 20k$

18
단면적이 s[m^2], 단위길이에 대한 권수가 n[회/m]인 무한히 긴 솔레노이드의 단위길이당 자기인덕턴스 [H/m]는?

① $\mu \cdot s \cdot n$
② $\mu \cdot s \cdot n^2$
③ $\mu \cdot s^2 \cdot n$
④ $\mu \cdot s^2 \cdot n^2$

19
반지름 a[m]의 구 도체에 전하 Q[C]가 주어질 때 구 도체 표면에 작용하는 정전응력은 몇 [N/m^2]인가?

① $\dfrac{9Q^2}{16\pi^2\varepsilon_0 a^6}$
② $\dfrac{9Q^2}{32\pi^2\varepsilon_0 a^6}$
③ $\dfrac{Q^2}{16\pi^2\varepsilon_0 a^4}$
④ $\dfrac{Q^2}{32\pi^2\varepsilon_0 a^4}$

20
다음 금속 중 저항률이 가장 작은 것은?

① 은
② 철
③ 백금
④ 알루미늄

제2과목 전력공학

21
플리커 경감을 위한 전력 공급 측의 방안이 아닌 것은?

① 공급전압을 낮춘다.
② 전용 변압기로 공급한다.
③ 단독 공급계통을 구성한다.
④ 단락용량이 큰 계통에서 공급한다.

22
수력발전설비에서 흡출관을 사용하는 목적으로 옳은 것은?

① 압력을 줄이기 위하여
② 유효낙차를 늘리기 위하여
③ 속도변동률을 적게 하기 위하여
④ 물의 유선을 일정하게 하기 위하여

23
원자로에서 중성자가 원자로 외부로 유출되어 인체에 위험을 주는 것을 방지하고 방열의 효과를 주기 위한 것은?

① 제어재
② 차폐재
③ 반사체
④ 구조재

24
역률 80[%], 500[kVA]의 부하설비에 100[kVA]의 진상용 콘덴서를 설치하여 역률을 개선하면 수전점에서의 부하는 약 몇 [kVA]가 되는가?

① 400
② 425
③ 450
④ 475

25
변성기의 정격부담을 표시하는 단위는?
① [W] ② [S]
③ [dyne] ④ [VA]

26
같은 선로와 같은 부하에서 교류 단상 3선식은 단상 2선식에 비하여 전압강하와 배전효율이 어떻게 되는가?
① 전압강하는 적고, 배전효율은 높다.
② 전압강하는 크고, 배전효율은 낮다.
③ 전압강하는 적고, 배전효율은 낮다.
④ 전압강하는 크고, 배전효율은 높다.

27
부하전류의 차단에 사용되지 않는 것은?
① DS ② ACB
③ OCB ④ VCB

28
인터로크(Interlock)의 기능에 대한 설명으로 옳은 것은?
① 조작자의 의중에 따라 개폐되어야 한다.
② 차단기가 열려 있어야 단로기를 닫을 수 있다.
③ 차단기가 닫혀 있어야 단로기를 닫을 수 있다.
④ 차단기와 단로기를 별도로 닫고, 열 수 있어야 한다.

29
각 전력계통을 연계선으로 상호 연결하였을 때 장점으로 틀린 것은?
① 건설비 및 운전경비를 절감하므로 경제급전이 용이하다.
② 주파수의 변화가 작아진다.
③ 각 전력계통의 신뢰도가 증가된다.
④ 선로 임피던스가 증가되어 단락전류가 감소된다.

30
연가에 의한 효과가 아닌 것은?
① 직렬공진의 방지
② 대지정전용량의 감소
③ 통신선의 유도장해 감소
④ 선로정수의 평형

31
가공지선에 대한 설명 중 틀린 것은?
① 유도뢰 서지에 대하여도 그 가설구간 전체에 사고방지의 효과가 있다.
② 직격뢰에 대하여 특히 유효하며 탑 상부에 시설하므로 뇌는 주로 가공지선에 내습한다.
③ 송전선의 1선 지락 시 지락전류의 일부가 가공지선에 흘러 차폐작용을 하므로 전자유도장해를 적게 할 수 있다.
④ 가공지선 때문에 송전선로의 대지정전용량이 감소하므로 대지 사이에 방전할 때 유도전압이 특히 커서 차폐효과가 좋다.

32
케이블의 전력 손실과 관계가 없는 것은?
① 철 손
② 유전체손
③ 시스손
④ 도체의 저항손

33
전압요소가 필요한 계전기가 아닌 것은?
① 주파수계전기
② 동기탈조계전기
③ 지락 과전류계전기
④ 방향성 지락 과전류계전기

34
다음 중 송전선로의 코로나 임계전압이 높아지는 경우가 아닌 것은?
① 날씨가 맑다.
② 기압이 높다.
③ 상대공기밀도가 낮다.
④ 전선의 반지름과 선간거리가 크다.

35
가공선계통은 지중선계통보다 인덕턴스 및 정전용량이 어떠한가?
① 인덕턴스, 정전용량이 모두 작다.
② 인덕턴스, 정전용량이 모두 크다.
③ 인덕턴스는 크고, 정전용량은 작다.
④ 인덕턴스는 작고, 정전용량은 크다.

36
3상 무부하 발전기의 1선 지락 고장 시에 흐르는 지락전류는?(단, E는 접지된 상의 무부하 기전력이고 Z_0, Z_1, Z_2는 발전기의 영상, 정상, 역상 임피던스이다)
① $\dfrac{E}{Z_0+Z_1+Z_2}$
② $\dfrac{\sqrt{3}\,E}{Z_0+Z_1+Z_2}$
③ $\dfrac{3E}{Z_0+Z_1+Z_2}$
④ $\dfrac{E^2}{Z_0+Z_1+Z_2}$

37
송전선의 특성임피던스는 저항과 누설컨덕턴스를 무시하면 어떻게 표현되는가?(단, L은 선로의 인덕턴스, C는 선로의 정전용량이다)
① $\sqrt{\dfrac{L}{C}}$
② $\sqrt{\dfrac{C}{L}}$
③ $\dfrac{L}{C}$
④ $\dfrac{C}{L}$

38
전력원선도에서는 알 수 없는 것은?
① 송수전할 수 있는 최대전력
② 선로 손실
③ 수전단 역률
④ 코로나손

39
수력발전소의 분류 중 낙차를 얻는 방법에 의한 분류 방법이 아닌 것은?
① 댐식 발전소
② 수로식 발전소
③ 양수식 발전소
④ 유역 변경식 발전소

40
어느 수용가의 부하설비는 전등설비가 500[W], 전열설비가 600[W], 전동기설비가 400[W], 기타설비가 100[W]이다. 이 수용가의 최대수용전력이 1,200[W]이면 수용률은 몇 [%]인가?
① 55
② 65
③ 75
④ 85

제3과목 전기기기

41
터빈발전기의 냉각을 수소냉각방식으로 하는 이유로 틀린 것은?
① 풍손이 공기 냉각 시의 약 1/10로 줄어든다.
② 열전도율이 좋고 가스냉각기의 크기가 작아진다.
③ 절연물의 산화작용이 없으므로 절연열화가 작아서 수명이 길다.
④ 반폐형으로 하기 때문에 이물질의 침입이 없고 소음이 감소한다.

42
전력변환기기로 틀린 것은?
① 컨버터 ② 정류기
③ 인버터 ④ 유도전동기

43
동기발전기의 돌발 단락 시 발생되는 현상으로 틀린 것은?
① 큰 과도전류가 흘러 권선 소손
② 단락전류는 전기자저항으로 제한
③ 코일 상호 간 큰 전자력에 의한 코일 파손
④ 큰 단락전류 후 점차 감소하여 지속 단락전류 유지

44
정류자형 주파수변환기의 회전자에 주파수 f_1의 교류를 가할 때 시계방향으로 회전자계가 발생하였다. 정류자 위의 브러시 사이에 나타나는 주파수 f_c를 설명한 것 중 틀린 것은?(단, n : 회전자의 속도, n_s : 회전자계의 속도, s : 슬립이다)
① 회전자를 정지시키면 $f_c = f_1$인 주파수가 된다.
② 회전자를 반시계방향으로 $n = n_s$의 속도로 회전시키면, $f_c = 0[\text{Hz}]$가 된다.
③ 회전자를 반시계방향으로 $n < n_s$의 속도로 회전시키면, $f_c = sf_1[\text{Hz}]$가 된다.
④ 회전자를 시계방향으로 $n < n_s$의 속도로 회전시키면, $f_c < f_1$인 주파수가 된다.

45
E를 전압, r을 1차로 환산한 저항, x를 1차로 환산한 리액턴스라고 할 때 유도전동기의 원선도에서 원의 지름을 나타내는 것은?
① $E \cdot r$ ② $E \cdot x$
③ $\dfrac{E}{x}$ ④ $\dfrac{E}{r}$

46
변압기의 백분율 저항강하가 3[%], 백분율 리액턴스 강하가 4[%]일 때 뒤진 역률 80[%]인 경우의 전압변동률[%]은?
① 2.5 ② 3.4
③ 4.8 ④ -3.6

47
직류발전기에 직결한 3상 유도전동기가 있다. 발전기의 부하 100[kW], 효율 90[%]이며 전동기 단자전압 3,300[V], 효율 90[%], 역률 90[%]이다. 전동기에 흘러들어 가는 전류는 약 몇 [A]인가?
① 2.4 ② 4.8
③ 19 ④ 24

48
농형 유도전동기에 주로 사용되는 속도제어법은?
① 극수변환법 ② 종속접속법
③ 2차 저항제어법 ④ 2차 여자제어법

49
단상 유도전동기의 특징을 설명한 것으로 옳은 것은?
① 기동토크가 없으므로 기동장치가 필요하다.
② 기계손이 있어도 무부하 속도는 동기속도보다 크다.
③ 권선형은 비례추이가 불가능하며, 최대 토크는 불변이다.
④ 슬립은 $0 > s > -1$이고 2보다 작고 0이 되기 전에 토크가 0이 된다.

50
유도전동기의 회전속도를 $N[\text{rpm}]$, 동기속도를 $N_s[\text{rpm}]$이라 하고 순방향 회전자계의 슬립을 s라고 하면, 역방향 회전자계에 대한 회전자 슬립은?
① $s - 1$ ② $1 - s$
③ $s - 2$ ④ $2 - s$

51
그림은 여러 직류전동기의 속도 특성곡선을 나타낸 것이다. 1부터 4까지 차례로 옳은 것은?

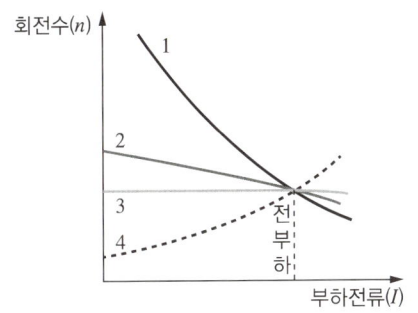

① 차동복권, 분권, 가동복권, 직권
② 직권, 가동복권, 분권, 차동복권
③ 가동복권, 차동복권, 직권, 분권
④ 분권, 직권, 가동복권, 차동복권

52
동기발전기의 3상 단락곡선에서 단락전류가 계자전류에 비례하여 거의 직선이 되는 이유로 가장 옳은 것은?

① 무부하 상태이므로
② 전기자 반작용으로
③ 자기포화가 있으므로
④ 누설리액턴스가 크므로

53
그림과 같은 변압기 회로에서 부하 R_2에 공급되는 전력이 최대로 되는 변압기의 권수비 a는?

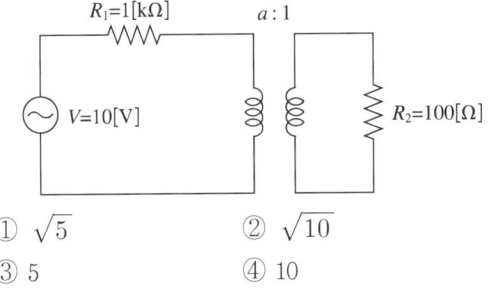

① $\sqrt{5}$
② $\sqrt{10}$
③ 5
④ 10

54
1차 전압 V_1, 2차 전압 V_2인 단권변압기를 Y결선했을 때, 등가용량과 부하용량의 비는?(단, $V_1 > V_2$ 이다)

① $\dfrac{V_1 - V_2}{\sqrt{3}\,V_1}$
② $\dfrac{V_1 - V_2}{V_1}$
③ $\dfrac{V_1^2 - V_2^2}{\sqrt{3}\,V_1 V_2}$
④ $\dfrac{\sqrt{3}\,(V_1 - V_2)}{2V_1}$

55
몰드변압기의 특징으로 틀린 것은?

① 자기 소화성이 우수하다.
② 소형 경량화가 가능하다.
③ 건식변압기에 비해 소음이 적다.
④ 유입변압기에 비해 절연레벨이 낮다.

56
정격전압 100[V], 정격전류 50[A]인 분권발전기의 유기기전력은 몇 [V]인가?(단, 전기자저항 0.2[Ω], 계자전류 및 전기자 반작용은 무시한다)

① 110
② 120
③ 125
④ 127.5

57
단상변압기를 병렬운전하는 경우 각 변압기의 부하분담이 변압기의 용량에 비례하려면 각각의 변압기의 %임피던스는 어느 것에 해당되는가?

① 어떠한 값이라도 좋다.
② 변압기 용량에 비례하여야 한다.
③ 변압기 용량에 반비례하여야 한다.
④ 변압기 용량에 관계없이 같아야 한다.

58
SCR의 특징으로 틀린 것은?
① 과전압에 약하다.
② 열용량이 적어 고온에 약하다.
③ 전류가 흐르고 있을 때의 양극 전압강하가 크다.
④ 게이트에 신호를 인가할 때부터 도통할 때까지의 시간이 짧다.

59
유도발전기의 동작특성에 관한 설명 중 틀린 것은?
① 병렬로 접속된 동기발전기에서 여자를 취해야 한다.
② 효율과 역률이 낮으며 소출력의 자동수력발전기와 같은 용도에 사용된다.
③ 유도발전기의 주파수를 증가하려면 회전속도를 동기속도 이상으로 회전시켜야 한다.
④ 선로에 단락이 생긴 경우에는 여자가 상실되므로 단락전류는 동기발전기에 비해 적고 지속시간도 짧다.

60
변압기의 보호에 사용되지 않는 것은?
① 온도계전기
② 과전류계전기
③ 임피던스계전기
④ 비율차동계전기

제4과목 회로이론 및 제어공학

61
함수 e^{-at}의 z 변환으로 옳은 것은?
① $\dfrac{z}{z-e^{-aT}}$
② $\dfrac{z}{z-a}$
③ $\dfrac{1}{z-e^{-aT}}$
④ $\dfrac{1}{z-a}$

62
신호흐름선도의 전달함수 $T(s) = \dfrac{C(s)}{R(s)}$로 옳은 것은?

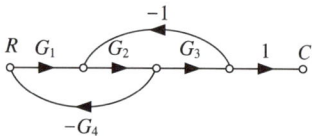

① $\dfrac{G_1 G_2 G_3}{1 - G_2 G_3 + G_1 G_2 G_4}$
② $\dfrac{G_1 G_2 G_3}{1 + G_1 G_2 G_4 + G_2 G_3}$
③ $\dfrac{G_1 G_2 G_3}{1 + G_1 G_3 - G_1 G_2 G_4}$
④ $\dfrac{G_1 G_2 G_3}{1 - G_1 G_3 - G_1 G_2 G_4}$

63
상태공간 표현식 $\begin{aligned}\dot{x} &= Ax + Bu \\ y &= Cx\end{aligned}$로 표현되는 선형 시스템에서 $A = \begin{bmatrix} 0 & 1 & 0 \\ 0 & 0 & 1 \\ -2 & -9 & -8 \end{bmatrix}$, $B = \begin{bmatrix} 0 \\ 0 \\ 5 \end{bmatrix}$, $C = [1\ 0\ 0]$, $D = 0$, $x = \begin{bmatrix} x_1 \\ x_2 \\ x_3 \end{bmatrix}$이면 시스템 전달함수 $\dfrac{Y(s)}{U(s)}$는?

① $\dfrac{1}{s^3 + 8s^2 + 9s + 2}$
② $\dfrac{1}{s^3 + 2s^2 + 9s + 8}$
③ $\dfrac{5}{s^3 + 8s^2 + 9s + 2}$
④ $\dfrac{5}{s^3 + 2s^2 + 9s + 8}$

64
Routh–Hurwitz 표에서 제1열의 부호가 변하는 횟수로부터 알 수 있는 것은?

① s-평면의 좌반면에 존재하는 근의 수
② s-평면의 우반면에 존재하는 근의 수
③ s-평면의 허수축에 존재하는 근의 수
④ s-평면의 원점에 존재하는 근의 수

65
그림의 블록선도에 대한 전달함수 $\dfrac{C}{R}$는?

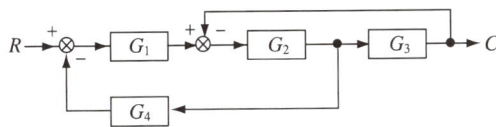

① $\dfrac{G_1 G_2 G_3}{1 + G_1 G_2 + G_1 G_2 G_4}$

② $\dfrac{G_1 G_2 G_4}{1 + G_1 G_2 + G_1 G_2 G_3}$

③ $\dfrac{G_1 G_2 G_3}{1 + G_2 G_3 + G_1 G_2 G_4}$

④ $\dfrac{G_1 G_2 G_4}{1 + G_2 G_3 + G_1 G_2 G_3}$

66
불 대수식 중 틀린 것은?

① $A \cdot \overline{A} = 1$
② $A + 1 = 1$
③ $A + A = A$
④ $A \cdot A = A$

67
특성방정식 $s^2 + Ks + 2K - 1 = 0$인 계가 안정하기 위한 K의 범위는?

① $K > 0$
② $K > \dfrac{1}{2}$
③ $K < \dfrac{1}{2}$
④ $0 < K < \dfrac{1}{2}$

68
근궤적에 관한 설명으로 틀린 것은?

① 근궤적은 실수축에 대하여 상하 대칭으로 나타난다.
② 근궤적의 출발점은 극점이고 근궤적의 도착점은 영점이다.
③ 근궤적의 가짓수는 극점의 수와 영점의 수 중에서 큰 수와 같다.
④ 근궤적이 s 평면의 우반면에 위치하는 K의 범위는 시스템이 안정하기 위한 조건이다.

69
제어시스템에서 출력이 얼마나 목푯값을 잘 추종하는지를 알아볼 때, 시험용으로 많이 사용되는 신호로 다음 식의 조건을 만족하는 것은?

$$u(t-a) = \begin{cases} 0, & t < a \\ 1, & t \geq a \end{cases}$$

① 사인함수
② 임펄스함수
③ 램프함수
④ 단위계단함수

70
그림의 벡터 궤적을 갖는 계의 주파수 전달함수는?

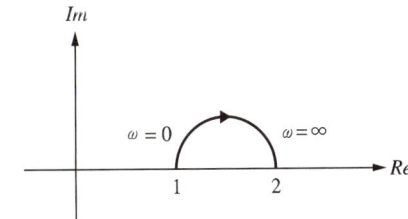

① $\dfrac{1}{j\omega + 1}$
② $\dfrac{1}{j2\omega + 1}$
③ $\dfrac{j\omega + 1}{j2\omega + 1}$
④ $\dfrac{j2\omega + 1}{j\omega + 1}$

71
3상 불평형 전압 V_a, V_b, V_c가 주어진다면, 정상분 전압은?(단, $a = e^{j2\pi/3} = 1\angle 120°$이다)

① $V_a + a^2 V_b + a V_c$
② $V_a + a V_b + a^2 V_c$
③ $\frac{1}{3}(V_a + a^2 V_b + a V_c)$
④ $\frac{1}{3}(V_a + a V_b + a^2 V_c)$

72
송전선로가 무손실 선로일 때, $L = 96$[mH]이고 $C = 0.6[\mu F]$이면 특성임피던스[Ω]는?

① 100 ② 200
③ 400 ④ 600

73
비정현파 전류가 $i(t) = 56\sin\omega t + 20\sin 2\omega t + 30\sin(3\omega t + 30°) + 40\sin(4\omega t + 60°)$로 표현될 때, 왜형률은 약 얼마인가?

① 1.0 ② 0.96
③ 0.55 ④ 0.11

74
커패시터와 인덕터에서 물리적으로 급격히 변화할 수 없는 것은?

① 커패시터와 인덕터에서 모두 전압
② 커패시터와 인덕터에서 모두 전류
③ 커패시터에서 전류, 인덕터에서 전압
④ 커패시터에서 전압, 인덕터에서 전류

75
RL 직렬회로에서 $R = 20[\Omega]$, $L = 40$[mH]일 때, 이 회로의 시정수[s]는?

① 2×10^3 ② 2×10^{-3}
③ $\frac{1}{2} \times 10^3$ ④ $\frac{1}{2} \times 10^{-3}$

76
2전력계법을 이용한 평형 3상회로의 전력이 각각 500[W] 및 300[W]로 측정되었을 때, 부하의 역률은 약 몇 [%]인가?

① 70.7 ② 87.7
③ 89.2 ④ 91.8

77
대칭 6상 성형(Star)결선에서 선간전압 크기와 상전압 크기의 관계로 옳은 것은?(단, V_l : 선간전압 크기, V_p : 상전압 크기)

① $V_l = V_p$
② $V_l = \sqrt{3} V_p$
③ $V_l = \frac{1}{\sqrt{3}} V_p$
④ $V_l = \frac{2}{\sqrt{3}} V_p$

78
4단자 회로망에서 4단자 정수가 A, B, C, D일 때, 영상 임피던스 $\frac{Z_{01}}{Z_{02}}$은?

① $\frac{D}{A}$ ② $\frac{B}{C}$
③ $\frac{C}{B}$ ④ $\frac{A}{D}$

79
$f(t) = \delta(t-T)$의 라플라스변환 $F(s)$는?

① e^{Ts}
② e^{-Ts}
③ $\frac{1}{s}e^{Ts}$
④ $\frac{1}{s}e^{-Ts}$

80
인덕턴스가 0.1[H]인 코일에 실횻값 100[V], 60[Hz], 위상 30도인 전압을 가했을 때 흐르는 전류의 실횻값 크기는 약 몇 [A]인가?

① 43.7
② 37.7
③ 5.46
④ 2.65

제5과목 전기설비기술기준

81
※ KEC 규정 적용으로 문제 삭제

저압 옥내전로의 인입구에 가까운 곳으로서 쉽게 개폐할 수 있는 곳에 개폐기를 시설하여야 한다. 그러나 사용전압이 400[V] 미만인 옥내전로로서 다른 옥내전로에 접속하는 길이가 몇 [m] 이하인 경우는 개폐기를 생략할 수 있는가?(단, 정격전류가 15[A] 이하인 과전류차단기 또는 정격전류가 15[A]를 초과하고 20[A] 이하인 배선용 차단기로 보호되고 있는 것에 한한다)

① 15
② 20
③ 25
④ 30

82
저압 또는 고압의 가공전선로와 기설 가공약전류전선로가 병행할 때 유도작용에 의한 통신상의 장해가 생기지 않도록 전선과 기설약전류전선 간의 이격거리는 몇 [m] 이상이어야 하는가?(단, 전기철도용 급전선로는 제외한다)

① 2
② 3
③ 4
④ 6

83
백열전등 또는 방전등에 전기를 공급하는 옥내전로의 대지전압은 몇 [V] 이하이어야 하는가?

① 440
② 380
③ 300
④ 100

84
폭연성 분진 또는 화약류의 분말이 존재하는 곳의 저압 옥내배선은 어느 공사에 의하는가?

① 금속관공사
② 애자사용공사
③ 합성수지관공사
④ 캡타이어케이블공사

85
사용전압 35,000[V]인 기계기구를 옥외에 시설하는 개폐소의 구내에 취급자 이외의 자가 들어가지 않도록 울타리를 설치할 때 울타리와 특고압의 충전부분이 접근하는 경우에는 울타리의 높이와 울타리로부터 충전부분까지의 거리의 합은 최소 몇 [m] 이상이어야 하는가?

① 4
② 5
③ 6
④ 7

86
※ KEC 규정 적용으로 문제 삭제

특고압 전로에 사용하는 수밀형 케이블에 대한 설명으로 틀린 것은?

① 사용전압이 25[kV] 이하일 것
② 도체는 경알루미늄선을 소선으로 구성한 원형압축 연선일 것
③ 내부 반도전층은 절연층과 완전 밀착되는 압출 반도전층으로 두께의 최솟값은 0.5[mm] 이상일 것
④ 외부 반도전층은 절연층과 밀착되어야 하고, 또한 절연층과 쉽게 분리되어야 하며, 두께의 최솟값은 1[mm] 이상일 것

정답 79 ② 80 ④ 81 × 82 ① 83 ③ 84 ① 85 ② 86 ×

87
일반주택 및 아파트 각 호실의 현관등은 몇 분 이내에 소등되는 타임스위치를 시설하여야 하는가?

① 1분 ② 3분
③ 5분 ④ 10분

88
폭발성 또는 연소성의 가스가 침입할 우려가 있는 것에 시설하는 지중함으로서 그 크기가 몇 [m³] 이상의 것은 통풍장치 기타 가스를 방산시키기 위한 적당한 장치를 시설하여야 하는가?

① 0.9 ② 1.0
③ 1.5 ④ 2.0

89
지중전선로는 기설 지중약전류전선로에 대하여 다음의 어느 것에 의하여 통신상의 장해를 주지 아니하도록 기설 약전류전선로로부터 충분히 이격시키는가?

① 충전전류 또는 표피작용
② 충전전류 또는 유도작용
③ 누설전류 또는 표피작용
④ 누설전류 또는 유도작용

90
발전소에서 장치를 시설하여 계측하지 않아도 되는 것은?

① 발전기의 회전자 온도
② 특고압용 변압기의 온도
③ 발전기의 전압 및 전류 또는 전력
④ 주요 변압기의 전압 및 전류 또는 전력

91
저압 가공전선이 건조물의 상부 조영재 옆쪽으로 접근하는 경우 저압 가공전선과 건조물의 조영재 사이의 이격거리는 몇 [m] 이상이어야 하는가?(단, 전선에 사람이 쉽게 접촉할 우려가 없도록 시설한 경우와 전선이 고압 절연전선, 특고압 절연전선 또는 케이블인 경우는 제외한다)

① 0.6 ② 0.8
③ 1.2 ④ 2.0

92
※ KEC 규정 적용으로 문제 삭제

변압기의 고압측 전로와의 혼촉에 의하여 저압측 전로의 대지전압이 150[V]를 넘는 경우에 2초 이내에 고압 전로를 자동 차단하는 장치가 되어 있는 6,600/220[V] 배전선로에 있어서 1선 지락전류가 2[A]이면 제2종 접지저항값의 최대는 몇 [Ω]인가?

① 50 ② 75
③ 150 ④ 300

93
※ KEC 규정 적용으로 문제 삭제

저압 옥내간선은 특별한 경우를 제외하고 다음 중 어느 것에 의하여 그 굵기가 결정되는가?

① 전기방식 ② 허용전류
③ 수전방식 ④ 계약전력

94
※ KEC 규정 적용으로 문제 삭제

지중전선로를 직접 매설식에 의하여 시설하는 경우에는 매설 깊이를 차량 기타 중량물의 압력을 받을 우려가 있는 장소에서는 몇 [cm] 이상으로 하면 되는가?

① 40 ② 60
③ 80 ④ 120

정답 87 ② 88 ② 89 ④ 90 ① 91 ③ 92 × 93 × 94 ×

95
※ KEC 규정 적용으로 문제 삭제

66,000[V] 가공전선과 6,000[V] 가공전선을 동일 지지물에 병가하는 경우, 특고압 가공전선으로 사용하는 경동연선의 굵기는 몇 [mm²] 이상이어야 하는가?
① 22
② 38
③ 55
④ 100

96
가공전선로의 지지물에 하중이 가하여지는 경우에 그 하중을 받는 지지물의 기초 안전율은 특별한 경우를 제외하고 최소 얼마 이상인가?
① 1.5
② 2
③ 2.5
④ 3

97
※ KEC 규정 적용으로 문제 삭제

강체방식에 의하여 시설하는 직류식 전기철도용 전차선로는 전차선의 높이가 지표상 몇 [m] 이상인가?
① 3
② 4
③ 5
④ 7

98
고압 가공전선로의 지지물로 철탑을 사용한 경우 최대 경간은 몇 [m] 이하이어야 하는가?
① 300
② 400
③ 500
④ 600

99
※ KEC 규정 적용으로 문제 삭제

휴대용 또는 이동용의 전력보안 통신용 전화설비를 시설하는 곳은 특고압 가공전선로 및 선로길이가 몇 [km] 이상의 고압 가공전선로인가?
① 2
② 5
③ 10
④ 15

100
다음의 ⓐ, ⓑ에 들어갈 내용으로 옳은 것은?

> 과전류차단기로 시설하는 퓨즈 중 고압전로에 사용하는 비포장 퓨즈는 정격전류의 (ⓐ)배의 전류에 견디고 또한 2배의 전류로 (ⓑ)분 안에 용단되는 것이어야 한다.

① ⓐ 1.1   ⓑ 1
② ⓐ 1.2   ⓑ 1
③ ⓐ 1.25 ⓑ 2
④ ⓐ 1.3   ⓑ 2

정답 95 × 96 ② 97 × 98 ④ 99 × 100 ③

2020년 제1·2회 통합 기출문제

제1과목 전기자기학

01
면적이 매우 넓은 두 개의 도체판을 d[m] 간격으로 수평하게 평행 배치하고, 이 평행도체 판 사이에 놓인 전자가 정지하고 있기 위해서 그 도체판 사이에 가하여야 할 전위차(V)는?(단, g는 중력가속도이고, m은 전자의 질량이고, e는 전자의 전하량이다)

① $mged$
② $\dfrac{ed}{mg}$
③ $\dfrac{mgd}{e}$
④ $\dfrac{mge}{d}$

02
자기회로에서 자기저항의 크기에 대한 설명으로 옳은 것은?

① 자기회로의 길이에 비례
② 자기회로의 단면적에 비례
③ 자성체의 비투자율에 비례
④ 자성체의 비투자율의 제곱에 비례

03
전위함수 $V = x^2 + y^2$[V]일 때 점 (3, 4)[m]에서의 등전위선의 반지름은 몇 [m]이며, 전기력선의 방정식은 어떻게 되는가?

① 등전위선의 반지름 : 3, 전기력선 방정식 : $y = \dfrac{3}{4}x$
② 등전위선의 반지름 : 4, 전기력선 방정식 : $y = \dfrac{4}{3}x$
③ 등전위선의 반지름 : 5, 전기력선 방정식 : $x = \dfrac{4}{3}y$
④ 등전위선의 반지름 : 5, 전기력선 방정식 : $x = \dfrac{3}{4}y$

04
10[mm]의 지름을 가진 동선에 50[A]의 전류가 흐르고 있을 때 단위시간 동안 동선의 단면을 통과하는 전자의 수는 약 몇 개인가?

① 7.85×10^{16}
② 20.45×10^{15}
③ 31.21×10^{19}
④ 50×10^{19}

05
자기인덕턴스와 상호인덕턴스와의 관계에서 결합계수 k의 범위는?

① $0 \leq k \leq \dfrac{1}{2}$
② $0 \leq k \leq 1$
③ $1 \leq k \leq 2$
④ $1 \leq k \leq 10$

06
면적이 S[m²]이고 극간의 거리가 d[m]인 평행판 콘덴서에 비유전율이 ε_r인 유전체를 채울 때 정전용량[F]은?(단, ε_0는 진공의 유전율이다)

① $\dfrac{2\varepsilon_0\varepsilon_r S}{d}$
② $\dfrac{\varepsilon_0\varepsilon_r S}{\pi d}$
③ $\dfrac{\varepsilon_0\varepsilon_r S}{d}$
④ $\dfrac{2\pi\varepsilon_0\varepsilon_r S}{d}$

1 ③ 2 ① 3 ④ 4 ③ 5 ② 6 ③ **정답**

07
반자성체의 비투자율(μ_r)값의 범위는?

① $\mu_r = 1$
② $\mu_r < 1$
③ $\mu_r > 1$
④ $\mu_r = 0$

08
반지름 r[m]인 무한장 원통형 도체에 전류가 균일하게 흐를 때 도체 내부에서 자계의 세기[AT/m]는?

① 원통 중심축으로부터 거리에 비례한다.
② 원통 중심축으로부터 거리에 반비례한다.
③ 원통 중심축으로부터 거리의 제곱에 비례한다.
④ 원통 중심축으로부터 거리의 제곱에 반비례한다.

09
정전계 해석에 관한 설명으로 틀린 것은?

① 푸아송 방정식은 가우스 정리의 미분형으로 구할 수 있다.
② 도체 표면에서의 전계의 세기는 표면에 대해 법선방향을 갖는다.
③ 라플라스 방정식은 전극이나 도체의 형태에 관계없이 체적전하밀도가 0인 모든 점에서 $\nabla^2 V = 0$을 만족한다.
④ 라플라스 방정식은 비선형 방정식이다.

10
비유전율 ε_r이 4인 유전체의 분극률은 진공의 유전율 ε_0의 몇 배인가?

① 1
② 3
③ 9
④ 12

11
공기 중에 있는 무한히 긴 직선 도선에 10[A]의 전류가 흐르고 있을 때 도선으로부터 2[m] 떨어진 점에서의 자속밀도는 몇 [Wb/m²]인가?

① 10^{-5}
② 0.5×10^{-6}
③ 10^{-6}
④ 2×10^{-6}

12
그림에서 $N = 1,000$회, $l = 100$[cm], $S = 10$[cm²]인 환상 철심의 자기회로에 전류 $I = 10$[A]를 흘렸을 때 축적되는 자계에너지는 몇 [J]인가?(단, 비투자율 $\mu_r = 100$이다)

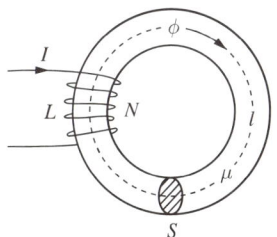

① $2\pi \times 10^{-3}$
② $2\pi \times 10^{-2}$
③ $2\pi \times 10^{-1}$
④ 2π

13
자기유도계수 L의 계산 방법이 아닌 것은?(단, N : 권수, ϕ : 자속[Wb], I : 전류[A], A : 벡터퍼텐셜[Wb/m], i : 전류밀도[A/m²], B : 자속밀도[Wb/m²], H : 자계의 세기[AT/m]이다)

① $L = \dfrac{N\phi}{I}$

② $L = \dfrac{\int_v A \cdot i\, dv}{I^2}$

③ $L = \dfrac{\int_v B \cdot H\, dv}{I^2}$

④ $L = \dfrac{\int_v A \cdot i\, dv}{I}$

정답 7 ② 8 ① 9 ④ 10 ② 11 ③ 12 ④ 13 ④

14
20[℃]에서 저항의 온도계수가 0.002인 니크롬선의 저항이 100[Ω]이다. 온도가 60[℃]로 상승되면 저항은 몇 [Ω]이 되겠는가?

① 108　　② 112
③ 115　　④ 120

15
전계 및 자계의 세기가 각각 E[V/m], H[AT/m]일 때, 포인팅 벡터 P[W/m^2]의 표현으로 옳은 것은?

① $P = \dfrac{1}{2} E \times H$
② $P = E \operatorname{rot} H$
③ $P = E \times H$
④ $P = H \operatorname{rot} E$

16
평등자계 내에 전자가 수직으로 입사하였을 때 전자의 운동에 대한 설명으로 옳은 것은?

① 원심력은 전자속도에 반비례한다.
② 구심력은 자계의 세기에 반비례한다.
③ 원운동을 하고, 반지름은 자계의 세기에 비례한다.
④ 원운동을 하고, 반지름은 전자의 회전속도에 비례한다.

17
진공 중 3[m] 간격으로 두 개의 평행한 무한 평판 도체에 각각 +4[C/m^2], -4[C/m^2]의 전하를 주었을 때, 두 도체 간의 전위차는 약 몇 [V]인가?

① 1.5×10^{11}
② 1.5×10^{12}
③ 1.36×10^{11}
④ 1.36×10^{12}

18
자속밀도 B[Wb/m^2]의 평등 자계 내에서 길이 l[m]인 도체 ab가 속도 v[m/s]로 그림과 같이 도선을 따라서 자계와 수직으로 이동할 때, 도체 ab에 의해 유기된 기전력의 크기 e[V]와 폐회로 abcd 내 저항 R에 흐르는 전류의 방향은?(단, 폐회로 abcd 내 도선 및 도체의 저항은 무시한다)

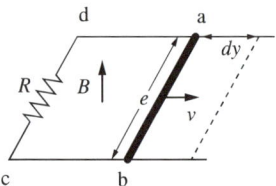

① $e = Blv$, 전류 방향 : c→d
② $e = Blv$, 전류 방향 : d→c
③ $e = Blv^2$, 전류 방향 : c→d
④ $e = Blv^2$, 전류 방향 : d→c

19
그림과 같이 내부 도체구 A에 $+Q$[C], 외부 도체구 B에 $-Q$[C]를 부여한 동심 도체구 사이의 정전용량 C[F]는?

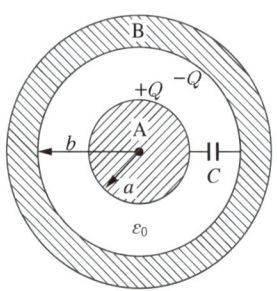

① $4\pi\varepsilon_0(b-a)$
② $\dfrac{4\pi\varepsilon_0 ab}{b-a}$
③ $\dfrac{ab}{4\pi\varepsilon_0(b-a)}$
④ $4\pi\varepsilon_0 \left(\dfrac{1}{a} - \dfrac{1}{b} \right)$

20

유전율이 ε_1, ε_2[F/m]인 유전체 경계면에 단위면적당 작용하는 힘의 크기는 몇 [N/m²]인가?(단, 전계가 경계면에 수직인 경우이며, 두 유전체에서의 전속밀도는 $D_1 = D_2 = D$[C/m²]이다)

① $2\left(\dfrac{1}{\varepsilon_1} - \dfrac{1}{\varepsilon_2}\right)D^2$
② $2\left(\dfrac{1}{\varepsilon_1} + \dfrac{1}{\varepsilon_2}\right)D^2$
③ $\dfrac{1}{2}\left(\dfrac{1}{\varepsilon_1} + \dfrac{1}{\varepsilon_2}\right)D^2$
④ $\dfrac{1}{2}\left(\dfrac{1}{\varepsilon_2} - \dfrac{1}{\varepsilon_1}\right)D^2$

제2과목 전력공학

21

중성점 직접접지방식의 발전기가 있다. 1선 지락사고 시 지락전류는?(단, Z_1, Z_2, Z_0는 각각 정상, 역상, 영상 임피던스이며, E_a는 지락된 상의 무부하기전력이다)

① $\dfrac{E_a}{Z_0 + Z_1 + Z_2}$
② $\dfrac{Z_1 E_a}{Z_0 + Z_1 + Z_2}$
③ $\dfrac{3E_a}{Z_0 + Z_1 + Z_2}$
④ $\dfrac{Z_0 E_a}{Z_0 + Z_1 + Z_2}$

22

다음 중 송전계통의 절연협조에 있어서 절연레벨이 가장 낮은 기기는?

① 피뢰기
② 단로기
③ 변압기
④ 차단기

23

화력발전소에서 절탄기의 용도는?

① 보일러에 공급되는 급수를 예열한다.
② 포화증기를 과열한다.
③ 연소용 공기를 예열한다.
④ 석탄을 건조한다.

24

3상 배전선로의 말단에 역률 60[%](늦음), 60[kW]의 평형 3상 부하가 있다. 부하점에 부하와 병렬로 전력용 콘덴서를 접속하여 선로손실을 최소로 하고자 할 때 콘덴서용량[kVA]은?(단, 부하단의 전압은 일정하다)

① 40
② 60
③ 80
④ 100

25

송배전선로에서 선택지락계전기(SGR)의 용도는?

① 다회선에서 접지고장회선의 선택
② 단일 회선에서 접지전류의 대소 선택
③ 단일 회선에서 접지전류의 방향 선택
④ 단일 회선에서 접지사고의 지속시간 선택

26

정격전압 7.2[kV], 정격차단용량 100[MVA]인 3상 차단기의 정격차단전류는 약 몇 [kA]인가?

① 4
② 6
③ 7
④ 8

27

고장 즉시 동작하는 특성을 갖는 계전기는?

① 순시 계전기
② 정한시 계전기
③ 반한시 계전기
④ 반한시성 정한시 계전기

28

30,000[kW]의 전력을 51[km] 떨어진 지점에 송전하는 데 필요한 전압은 약 몇 [kV]인가?(단, Still의 식에 의하여 산정한다)

① 22
② 33
③ 66
④ 100

29
댐의 부속설비가 아닌 것은?
① 수 로
② 수 조
③ 취수구
④ 흡출관

30
3상 3선식에서 전선 한 가닥에 흐르는 전류는 단상 2선식의 경우의 몇 배가 되는가?(단, 송전전력, 부하역률, 송전거리, 전력손실 및 선간전압이 같다)

① $\dfrac{1}{\sqrt{3}}$

② $\dfrac{2}{3}$

③ $\dfrac{3}{4}$

④ $\dfrac{4}{9}$

31
사고, 정전 등의 중대한 영향을 받는 지역에서 정전과 동시에 자동적으로 예비전원용 배전선로로 전환하는 장치는?
① 차단기
② 리클로저(Recloser)
③ 섹셔널라이저(Sectionalizer)
④ 자동 부하 전환개폐기(Auto Load Transfer Switch)

32
전선의 표피효과에 대한 설명으로 알맞은 것은?
① 전선이 굵을수록, 주파수가 높을수록 커진다.
② 전선이 굵을수록, 주파수가 낮을수록 커진다.
③ 전선이 가늘수록, 주파수가 높을수록 커진다.
④ 전선이 가늘수록, 주파수가 낮을수록 커진다.

33
일반회로정수가 같은 평행 2회선에서 A, B, C, D는 각각 1회선의 경우의 몇 배로 되는가?

① A : 2배, B : 2배, C : $\dfrac{1}{2}$배, D : 1배

② A : 1배, B : 2배, C : $\dfrac{1}{2}$배, D : 1배

③ A : 1배, B : $\dfrac{1}{2}$배, C : 2배, D : 1배

④ A : 1배, B : $\dfrac{1}{2}$배, C : 2배, D : 2배

34
변전소에서 비접지선로의 접지보호용으로 사용되는 계전기에 영상전류를 공급하는 것은?
① CT
② GPT
③ ZCT
④ PT

35
단로기에 대한 설명으로 틀린 것은?
① 소호장치가 있어 아크를 소멸시킨다.
② 무부하 및 여자전류의 개폐에 사용된다.
③ 사용회로수에 의해 분류하면 단투형과 쌍투형이 있다.
④ 회로의 분리 또는 계통의 접속 변경 시 사용한다.

36
4단자 정수 $A = 0.9918 + j0.0042$,
$B = 34.17 + j50.38$,
$C = (-0.006 + j3247) \times 10^{-4}$인 송전선로의 송전단에 66[kV]를 인가하고 수전단을 개방하였을 때 수전단 선간전압은 약 몇 [kV]인가?

① $\dfrac{66.55}{\sqrt{3}}$

② 62.5

③ $\dfrac{62.5}{\sqrt{3}}$

④ 66.55

37

증기터빈 출력을 P[kW], 증기량을 W[t/h], 초압 및 배기의 증기, 엔탈피를 각각 i_0, i_1[kcal/kg]이라 하면 터빈의 효율 η_T[%]는?

① $\dfrac{860P \times 10^3}{W(i_0 - i_1)} \times 100$

② $\dfrac{860P \times 10^3}{W(i_1 - i_0)} \times 100$

③ $\dfrac{860P}{W(i_0 - i_1) \times 10^3} \times 100$

④ $\dfrac{860P}{W(i_1 - i_0) \times 10^3} \times 100$

38

송전선로에서 가공지선을 설치하는 목적이 아닌 것은?

① 뇌(雷)의 직격을 받을 경우 송전선 보호
② 유도뢰에 의한 송전선의 고전위 방지
③ 통신선에 대한 전자유도장해 경감
④ 철탑의 접지저항 경감

39

수전단의 전력원 방정식이 $P_r^2 + (Q_r + 400)^2 = 250,000$으로 표현되는 전력계통에서 조상설비 없이 전압을 일정하게 유지하면서 공급할 수 있는 부하전력은?(단, 부하는 무유도성이다)

① 200
② 250
③ 300
④ 350

40

전력설비의 수용률을 나타낸 것은?

① 수용률 = $\dfrac{평균전력[kW]}{부하설비용량[kW]} \times 100[\%]$

② 수용률 = $\dfrac{부하설비용량[kW]}{평균전력[kW]} \times 100[\%]$

③ 수용률 = $\dfrac{최대수용전력[kW]}{부하설비용량[kW]} \times 100[\%]$

④ 수용률 = $\dfrac{부하설비용량[kW]}{최대수용전력[kW]} \times 100[\%]$

제3과목 전기기기

41

전원전압이 100[V]인 단상 전파정류제어에서 점호각이 30°일 때 직류 평균전압은 약 몇 [V]인가?

① 54
② 64
③ 84
④ 94

42

단상 유도전동기의 기동 시 브러시를 필요로 하는 것은?

① 분상 기동형
② 반발 기동형
③ 콘덴서 분상 기동형
④ 셰이딩 코일 기동형

43

3선 중 2선의 전원단자를 서로 바꾸어서 결선하면 회전방향이 바뀌는 기기가 아닌 것은?

① 회전변류기
② 유도전동기
③ 동기전동기
④ 정류자형 주파수변환기

44

단상 유도전동기의 분상 기동형에 대한 설명으로 틀린 것은?

① 보조권선은 높은 저항과 낮은 리액턴스를 갖는다.
② 주권선은 비교적 낮은 저항과 높은 리액턴스를 갖는다.
③ 높은 토크를 발생시키려면 보조권선에 병렬로 저항을 삽입한다.
④ 전동기가 기동하여 속도가 어느 정도 상승하면 보조권선을 전원에서 분리해야 한다.

45
변압기의 %Z가 커지면 단락전류는 어떻게 변화하는가?
① 커진다. ② 변동없다.
③ 작아진다. ④ 무한대로 커진다.

46
정격전압 6,600[V]인 3상 동기발전기가 정격출력(역률＝1)으로 운전할 때 전압변동률이 12[%]이었다. 여자전류와 회전수를 조정하지 않은 상태로 무부하운전하는 경우 단자전압[V]은?

① 6,433 ② 6,943
③ 7,392 ④ 7,842

47
계자권선이 전기자에 병렬로만 연결된 직류기는?
① 분권기 ② 직권기
③ 복권기 ④ 타여자기

48
3상 20,000[kVA]인 동기발전기가 있다. 이 발전기는 60[Hz]일 때는 200[rpm], 50[Hz]일 때는 약 167[rpm]으로 회전한다. 이 동기발전기의 극수는?

① 18극 ② 36극
③ 54극 ④ 72극

49
1차 전압 6,600[V], 권수비 30인 단상변압기로 전등부하에 30[A]를 공급할 때의 입력[kW]은?(단, 변압기의 손실은 무시한다)

① 4.4 ② 5.5
③ 6.6 ④ 7.7

50
스텝모터에 대한 설명으로 틀린 것은?
① 가속과 감속이 용이하다.
② 정·역 및 변속이 용이하다.
③ 위치제어 시 각도 오차가 작다.
④ 브러시 등 부품수가 많아 유지보수 필요성이 크다.

51
출력이 20[kW]인 직류발전기의 효율이 80[%]이면 전손실은 약 몇 [kW]인가?

① 0.8 ② 1.25
③ 5 ④ 45

52
동기전동기의 공급전압과 부하를 일정하게 유지하면서 역률을 1로 운전하고 있는 상태에서 여자전류를 증가시키면 전기자전류는?
① 앞선 무효전류가 증가
② 앞선 무효전류가 감소
③ 뒤진 무효전류가 증가
④ 뒤진 무효전류가 감소

53
전압변동률이 작은 동기발전기의 특성으로 옳은 것은?
① 단락비가 크다.
② 속도변동률이 크다.
③ 동기리액턴스가 크다.
④ 전기자 반작용이 크다.

정답 45 ③ 46 ③ 47 ① 48 ② 49 ③ 50 ④ 51 ③ 52 ① 53 ①

54
직류발전기에 $P[\text{N}\cdot\text{m/s}]$의 기계적 동력을 주면 전력은 몇 [W]로 변환되는가?(단, 손실은 없으며, i_a는 전기자 도체의 전류, e는 전기자 도체의 유도기전력, Z는 총도체수이다)

① $P = i_a e Z$
② $P = \dfrac{i_a e}{Z}$
③ $P = \dfrac{i_a Z}{e}$
④ $P = \dfrac{e Z}{i_a}$

55
도통(On)상태에 있는 SCR을 차단(Off)상태로 만들기 위해서는 어떻게 하여야 하는가?

① 게이트 펄스전압을 가한다.
② 게이트전류를 증가시킨다.
③ 게이트전압이 부(-)가 되도록 한다.
④ 전원전압의 극성이 반대가 되도록 한다.

56
직류전동기의 워드 레오나드 속도제어방식으로 옳은 것은?

① 전압제어   ② 저항제어
③ 계자제어   ④ 직병렬제어

57
단권변압기의 설명으로 틀린 것은?

① 분로권선과 직렬권선으로 구분된다.
② 1차 권선과 2차 권선의 일부가 공통으로 사용된다.
③ 3상에는 사용할 수 없고 단상으로만 사용한다.
④ 분로권선에서 누설자속이 없기 때문에 전압변동률이 작다.

58
유도전동기를 정격상태로 사용 중, 전압이 10[%] 상승할 때 특성변화로 틀린 것은?(단, 부하는 일정 토크라고 가정한다)

① 슬립이 작아진다.
② 역률이 떨어진다.
③ 속도가 감소한다.
④ 히스테리시스손과 와류손이 증가한다.

59
단자전압 110[V], 전기자전류 15[A], 전기자 회로의 저항 2[Ω], 정격속도 1,800[rpm]으로 전부하에서 운전하고 있는 직류 분권전동기의 토크는 약 몇 [N·m]인가?

① 6.0   ② 6.4
③ 10.08 ④ 11.14

60
용량 1[kVA], 3,000/200[V]의 단상변압기를 단권변압기로 결선해서 3,000/3,200[V]의 승압기로 사용할 때 그 부하용량[kVA]은?

① $\dfrac{1}{16}$ ② 1
③ 15   ④ 16

제4과목 회로이론 및 제어공학

61
특성방정식이 $s^3 + 2s^2 + Ks + 10 = 0$로 주어지는 제어시스템이 안정하기 위한 K의 범위는?

① $K > 0$
② $K > 5$
③ $K < 0$
④ $0 < K < 5$

정답 54 ① 55 ④ 56 ① 57 ③ 58 ③ 59 ② 60 ④ 61 ②

62
제어시스템의 개루프 전달함수가
$G(s)H(s) = \dfrac{K(s+30)}{s^4+s^3+2s^2+s+7}$ 로 주어질 때, 다음 중 $K>0$인 경우 근궤적의 점근선이 실수축과 이루는 각[°]은?

① 20° ② 60°
③ 90° ④ 120°

63
z 변환된 함수 $F(z) = \dfrac{3z}{z-e^{-3T}}$ 에 대응되는 라플라스 변환 함수는?

① $\dfrac{1}{(s+3)}$ ② $\dfrac{3}{(s-3)}$
③ $\dfrac{1}{(s-3)}$ ④ $\dfrac{3}{(s+3)}$

64
그림과 같은 제어시스템의 전달함수 $\dfrac{C(s)}{R(s)}$ 는?

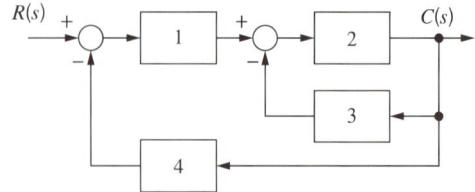

① $\dfrac{1}{15}$ ② $\dfrac{2}{15}$
③ $\dfrac{3}{15}$ ④ $\dfrac{4}{15}$

65
전달함수가 $G_C(s) = \dfrac{2s+5}{7s}$ 인 제어기가 있다. 이 제어기는 어떤 제어기인가?

① 비례 미분 제어기
② 적분 제어기
③ 비례 적분 제어기
④ 비례 적분 미분 제어기

66
단위 피드백제어계에서 개루프 전달함수 $G(s)$가 다음과 같이 주어졌을 때 단위계단입력에 대한 정상상태 편차는?

$$G(s) = \dfrac{5}{s(s+1)(s+2)}$$

① 0 ② 1
③ 2 ④ 3

67
그림과 같은 논리회로의 출력 Y는?

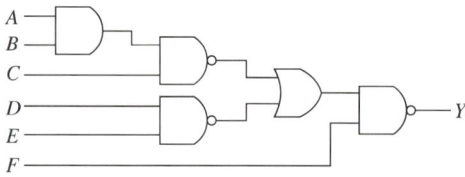

① $ABCDE + \overline{F}$
② $\overline{A}\,\overline{B}\,\overline{C}\,\overline{D}\,\overline{E} + F$
③ $\overline{A} + \overline{B} + \overline{C} + \overline{D} + \overline{E} + F$
④ $A + B + C + D + E + \overline{F}$

68
그림의 신호흐름선도에서 전달함수 $\dfrac{C(s)}{R(s)}$ 는?

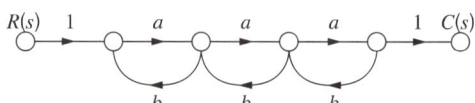

① $\dfrac{a^3}{(1-ab)^3}$
② $\dfrac{a^3}{(1-3ab+a^2b^2)}$
③ $\dfrac{a^3}{1-3ab}$
④ $\dfrac{a^3}{1-3ab+2a^2b^2}$

69
다음과 같은 미분방정식으로 표현되는 제어시스템의 시스템 행렬 A는?

$$\frac{d^2c(t)}{dt^2}+5\frac{dc(t)}{dt}+3c(t)=r(t)$$

① $\begin{bmatrix} -5 & -3 \\ 0 & 1 \end{bmatrix}$
② $\begin{bmatrix} -3 & -5 \\ 0 & 1 \end{bmatrix}$
③ $\begin{bmatrix} 0 & 1 \\ -3 & -5 \end{bmatrix}$
④ $\begin{bmatrix} 0 & 1 \\ -5 & -3 \end{bmatrix}$

70
안정한 제어시스템의 보드선도에서 이득여유는?
① $-20 \sim 20[dB]$ 사이에 있는 크기[dB]값이다.
② $0 \sim 20[dB]$ 사이에 있는 크기선도의 길이이다.
③ 위상이 $0°$가 되는 주파수에서 이득의 크기[dB]이다.
④ 위상이 $-180°$가 되는 주파수에서 이득의 크기[dB]이다.

71
3상 전류가 $I_a = 10 + j3[A]$, $I_b = -5 - j2[A]$, $I_c = -3 + j4[A]$일 때 정상분 전류의 크기는 약 몇 [A]인가?
① 5
② 6.4
③ 10.5
④ 13.34

72
그림의 회로에서 영상 임피던스 Z_{01}이 $6[\Omega]$일 때, 저항 R의 값은 몇 $[\Omega]$인가?

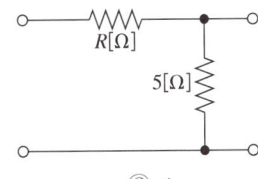

① 2
② 4
③ 6
④ 9

73
Y결선의 평형 3상 회로에서 선간전압 V_{ab}와 상전압 V_{an}의 관계로 옳은 것은?(단, $V_{bn} = V_{an}e^{-j(2\pi/3)}$, $V_{cn} = V_{bn}e^{-j(2\pi/3)}$)

① $V_{ab} = \frac{1}{\sqrt{3}}e^{j(\pi/6)}V_{an}$
② $V_{ab} = \sqrt{3}\,e^{j(\pi/6)}V_{an}$
③ $V_{ab} = \frac{1}{\sqrt{3}}e^{-j(\pi/6)}V_{an}$
④ $V_{ab} = \sqrt{3}\,e^{-j(\pi/6)}V_{an}$

74
$f(t) = t^2 e^{-\alpha t}$를 라플라스 변환하면?

① $\dfrac{2}{(s+\alpha)^2}$
② $\dfrac{3}{(s+\alpha)^2}$
③ $\dfrac{2}{(s+\alpha)^3}$
④ $\dfrac{3}{(s+\alpha)^3}$

75
선로의 단위길이당 인덕턴스, 저항, 정전용량, 누설컨덕턴스를 각각 L, R, C, G라 하면 전파정수는?

① $\dfrac{\sqrt{(R+j\omega L)}}{(G+j\omega C)}$
② $\sqrt{(R+j\omega L)(G+j\omega C)}$
③ $\sqrt{\dfrac{(R+j\omega C)}{(G+j\omega L)}}$
④ $\sqrt{\dfrac{(G+j\omega C)}{(R+j\omega L)}}$

정답 69 ③ 70 ④ 71 ② 72 ② 73 ② 74 ③ 75 ②

76
회로에서 0.5[Ω] 양단 전압(V)은 약 몇 [V]인가?

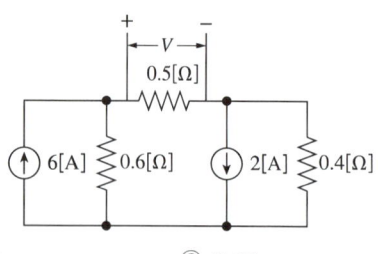

① 0.6
② 0.93
③ 1.47
④ 1.5

77
RLC 직렬회로의 파라미터가 $R^2 = \dfrac{4L}{C}$ 의 관계를 가진다면, 이 회로에 직류전압을 인가하는 경우 과도응답특성은?

① 무제동
② 과제동
③ 부족제동
④ 임계제동

78
$v(t) = 3 + 5\sqrt{2}\sin\omega t + 10\sqrt{2}\sin\left(3\omega t - \dfrac{\pi}{3}\right)$

[V]의 실횻값 크기는 약 몇 [V]인가?

① 9.6
② 10.6
③ 11.6
④ 12.6

79
그림과 같이 결선된 회로의 단자(a, b, c)에 선간전압이 V[V]인 평형 3상 전압을 인가할 때 상전류 I[A]의 크기는?

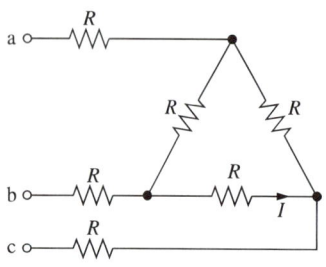

① $\dfrac{V}{4R}$
② $\dfrac{3V}{4R}$
③ $\dfrac{\sqrt{3}\,V}{4R}$
④ $\dfrac{V}{4\sqrt{3}\,R}$

80
$8 + j6$[Ω]인 임피던스에 $13 + j20$[V]의 전압을 인가할 때 복소전력은 약 몇 [VA]인가?

① $12.7 + j34.1$
② $12.7 + j55.5$
③ $45.5 + j34.1$
④ $45.5 + j55.5$

제5과목 전기설비기술기준

81
지중전선로를 직접 매설식에 의하여 시설할 때, 중량물의 압력을 받을 우려가 있는 장소에 저압 또는 고압의 지중전선을 견고한 트라프 기타 방호물에 넣지 않고도 부설할 수 있는 케이블은?

① PVC 외장케이블
② 콤바인덕트케이블
③ 염화비닐 절연케이블
④ 폴리에틸렌 외장케이블

82
수소냉각식 발전기 등의 시설기준으로 틀린 것은?

① 발전기 안 또는 조상기 안의 수소의 온도를 계측하는 장치를 시설할 것
② 발전기축의 밀봉부로부터 수소가 누설될 때 누설된 수소를 외부로 방출하지 않을 것
③ 발전기 안 또는 조상기 안의 수소의 순도가 85[%] 이하로 저하한 경우에 이를 경보하는 장치를 시설할 것
④ 발전기 또는 조상기는 수소가 대기압에서 폭발하는 경우에 생기는 압력에 견디는 강도를 가지는 것일 것

83 ※ KEC 규정 적용으로 문제 삭제

저압 전로에서 그 전로에 지락이 생긴 경우 0.5초 이내에 자동적으로 전로를 차단하는 장치를 시설하는 경우에는 특별 제3종 접지공사의 접지저항값은 자동차단기의 정격감도전류가 30[mA] 이하일 때 몇 [Ω] 이하로 하여야 하는가?

① 75
② 150
③ 300
④ 500

84

어느 유원지의 어린이 놀이기구인 유희용 전차에 전기를 공급하는 전로의 사용전압은 교류인 경우 몇 [V] 이하이어야 하는가?

① 20
② 40
③ 60
④ 100

85

연료전지 및 태양전지 모듈의 절연내력시험을 하는 경우 충전부분과 대지 사이에 인가하는 시험전압은 얼마인가?(단, 연속하여 10분간 가하여 견디는 것이어야 한다)

① 최대사용전압의 1.25배의 직류전압 또는 1배의 교류전압(500[V] 미만으로 되는 경우에는 500[V])
② 최대사용전압의 1.25배의 직류전압 또는 1.25배의 교류전압(500[V] 미만으로 되는 경우에는 500[V])
③ 최대사용전압의 1.5배의 직류전압 또는 1배의 교류전압(500[V] 미만으로 되는 경우에는 500[V])
④ 최대사용전압의 1.5배의 직류전압 또는 1.25배의 교류전압(500[V] 미만으로 되는 경우에는 500[V])

86

전개된 장소에서 저압 옥상전선로의 시설기준으로 적합하지 않은 것은?

① 전선은 절연전선을 사용하였다.
② 전선 지지점 간의 거리를 20[m]로 하였다.
③ 전선은 지름 2.6[mm]의 경동선을 사용하였다.
④ 저압 절연전선과 그 저압 옥상전선로를 시설하는 조영재와의 이격거리를 2[m]로 하였다.

87 ※ KEC 규정 적용으로 문제 삭제

교류전차선 등과 삭도 또는 그 지주 사이의 이격거리를 몇 [m] 이상 이격하여야 하는가?

① 1
② 2
③ 3
④ 4

88 ※ KEC 규정 적용으로 문제 삭제

고압 가공전선을 시가지 외에 시설할 때 사용되는 경동선의 굵기는 지름 몇 [mm] 이상인가?

① 2.6
② 3.2
③ 4.0
④ 5.0

89

저압 수상전선로에 사용되는 전선은?

① 옥외 비닐케이블
② 600[V] 비닐절연전선
③ 600[V] 고무절연전선
④ 클로로프렌 캡타이어케이블

90 ※ KEC 규정 적용으로 답 변경

440[V] 옥내배선에 연결된 전동기회로의 절연저항 최솟값은 몇 [MΩ]인가?

① 0.1
② 0.2
③ 0.4
④ 1

정답 83 × 84 ② 85 ③ 86 ② 87 × 88 × 89 ④ 90 ③ → ④

91
케이블트레이공사에 사용하는 케이블트레이에 적합하지 않은 것은?
① 비금속제 케이블트레이는 난연성 재료가 아니어도 된다.
② 금속제의 것은 적절한 방식처리를 한 것이거나 내식성 재료의 것이어야 한다.
③ 금속제 케이블트레이계통은 기계적 및 전기적으로 완전하게 접속하여야 한다.
④ 케이블트레이가 방화구획의 벽 등을 관통하는 경우에 관통부는 불연성의 물질로 충전하여야 한다.

92
※ KEC 규정 적용으로 변경(400[V] 이상 → 초과)

전개된 건조한 장소에서 400[V] 이상의 저압 옥내배선을 할 때 특별히 정해진 경우를 제외하고는 시공할 수 없는 공사는?
① 애자사용공사
② 금속덕트공사
③ 버스덕트공사
④ 합성수지몰드공사

93
가공전선로의 지지물의 강도계산에 적용하는 풍압하중은 빙설이 많은 지방 이외의 지방에서 저온계절에는 어떤 풍압하중을 적용하는가?(단, 인가가 연접되어 있지 않다고 한다)
① 갑종 풍압하중
② 을종 풍압하중
③ 병종 풍압하중
④ 을종과 병종 풍압하중을 혼용

94
백열전등 또는 방전등에 전기를 공급하는 옥내전로의 대지전압은 몇 [V] 이하이어야 하는가?(단, 백열전등 또는 방전등 및 이에 부속하는 전선은 사람이 접촉할 우려가 없도록 시설한 경우이다)
① 60
② 110
③ 220
④ 300

95
특고압 가공전선로의 지지물에 첨가하는 통신선 보안장치에 사용되는 피뢰기의 동작전압은 교류 몇 [V] 이하인가?
① 300
② 600
③ 1,000
④ 1,500

96
태양전지발전소에 시설하는 태양전지 모듈, 전선 및 개폐기 기타 기구의 시설기준에 대한 내용으로 틀린 것은?
① 충전부분은 노출되지 아니하도록 시설할 것
② 옥내에 시설하는 경우에는 전선을 케이블공사로 시설할 수 있다.
③ 태양전지 모듈의 프레임은 지지물과 전기적으로 완전하게 접속하여야 한다.
④ 태양전지 모듈을 병렬로 접속하는 전로에는 과전류차단기를 시설하지 않아도 된다.

97
가공전선로의 지지물에 시설하는 지선으로 연선을 사용할 경우 소선은 최소 몇 가닥 이상이어야 하는가?
① 3
② 5
③ 7
④ 9

98
저압 가공전선로 또는 고압 가공전선로와 기설 가공약전류전선로가 병행하는 경우에는 유도작용에 의한 통신상의 장해가 생기지 아니하도록 전선과 기설 약전류전선 간의 이격거리는 몇 [m] 이상이어야 하는가?(단, 전기철도용 급전선로는 제외한다)
① 2
② 4
③ 6
④ 8

정답 91 ① 92 ④ 93 ③ 94 ④ 95 ③ 96 ④ 97 ① 98 ①

99

※ KEC 규정 적용으로 문제 삭제

출퇴표시등회로에 전기를 공급하기 위한 변압기는 1차 측 전로의 대지전압이 300[V] 이하, 2차 측 전로의 사용전압은 몇 [V] 이하인 절연변압기이어야 하는가?

① 60
② 80
③ 100
④ 150

100

중성점 직접접지식 전로에 접속되는 최대사용전압 161[kV]인 3상 변압기 권선(성형결선)의 절연내력시험을 할 때 접지시켜서는 안 되는 것은?

① 철심 및 외함
② 시험되는 변압기의 부싱
③ 시험되는 권선의 중성점 단자
④ 시험되지 않는 각 권선(다른 권선이 2개 이상 있는 경우에는 각 권선)의 임의의 1단자

제1과목 전기자기학

01
분극의 세기 P, 전계 E, 전속밀도 D의 관계를 나타낸 것으로 옳은 것은?(단, ε_0는 진공의 유전율이고, ε_r은 유전체의 비유전율이고, ε은 유전체의 유전율이다)

① $P = \varepsilon_0(\varepsilon+1)E$
② $E = \dfrac{D+P}{\varepsilon_0}$
③ $P = D - \varepsilon_0 E$
④ $\varepsilon_0 = D - E$

02
그림과 같은 직사각형의 평면 코일이 $B = \dfrac{0.05}{\sqrt{2}}(a_x + a_y)$[Wb/m²]인 자계에 위치하고 있다. 이 코일에 흐르는 전류가 5[A]일 때 z축에 있는 코일에서의 토크는 약 몇 [N·m]인가?

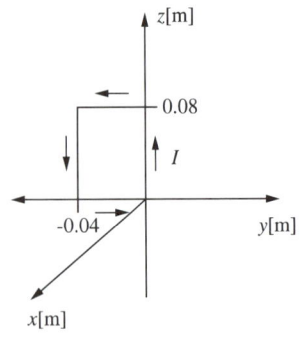

① $2.66 \times 10^{-4} a_x$
② $5.66 \times 10^{-4} a_x$
③ $2.66 \times 10^{-4} a_z$
④ $5.66 \times 10^{-4} a_z$

03
내부 장치 또는 공간을 물질로 포위시켜 외부자계의 영향을 차폐시키는 방식을 자기차폐라 한다. 다음 중 자기차폐에 가장 적합한 것은?

① 비투자율이 1보다 작은 역자성체
② 강자성체 중에서 비투자율이 큰 물질
③ 강자성체 중에서 비투자율이 작은 물질
④ 비투자율에 관계없이 물질의 두께에만 관계되므로 되도록이면 두꺼운 물질

04
주파수가 100[MHz]일 때 구리의 표피 두께(Skin Depth)는 약 몇 [mm]인가?(단, 구리의 도전율은 5.9×10^7[℧/m]이고, 비투자율은 0.99이다)

① 3.3×10^{-2}
② 6.6×10^{-2}
③ 3.3×10^{-3}
④ 6.6×10^{-3}

05
압전기 현상에서 전기 분극이 기계적 응력에 수직한 방향으로 발생하는 현상은?

① 종효과
② 횡효과
③ 역효과
④ 직접효과

06
구리의 고유저항은 20[℃]에서 1.69×10^{-8}[Ω·m]이고 온도계수는 0.00393이다. 단면적이 2[mm²]이고 100[m]인 구리선의 저항값은 40[℃]에서 약 몇 [Ω]인가?

① 0.91×10^{-3}
② 1.89×10^{-3}
③ 0.91
④ 1.89

정답 1 ③ 2 ④ 3 ② 4 ④ 5 ② 6 ③

07

전위경도 V와 전계 E의 관계식은?

① $E = \text{grad } V$ ② $E = \text{div } V$
③ $E = -\text{grad } V$ ④ $E = -\text{div } V$

08

정전계에서 도체에 정(+)의 전하를 주었을 때의 설명으로 틀린 것은?

① 도체 표면의 곡률 반지름이 작은 곳에 전하가 많이 분포한다.
② 도체 외측의 표면에만 전하가 분포한다.
③ 도체 표면에서 수직으로 전기력선이 출입한다.
④ 도체 내에 있는 공동면에도 전하가 골고루 분포한다.

09

평행 도선에 같은 크기의 왕복 전류가 흐를 때 두 도선 사이에 작용하는 힘에 대한 설명으로 옳은 것은?

① 흡인력이다.
② 전류의 제곱에 비례한다.
③ 주위 매질의 투자율에 반비례한다.
④ 두 도선 사이 간격의 제곱에 반비례한다.

10

비유전율 3, 비투자율 3인 매질에서 전자기파의 진행 속도 v[m/s]와 진공에서의 속도 v_0[m/s]의 관계는?

① $v = \dfrac{1}{9}v_0$ ② $v = \dfrac{1}{3}v_0$
③ $v = 3v_0$ ④ $v = 9v_0$

11

대지의 고유저항이 ρ[Ω·m]일 때 반지름이 a[m]인 그림과 같은 반구 접지극의 접지저항[Ω]은?

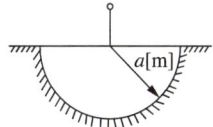

① $\dfrac{\rho}{4\pi a}$ ② $\dfrac{\rho}{2\pi a}$
③ $\dfrac{2\pi\rho}{a}$ ④ $2\pi\rho a$

12

공기 중에서 2[V/m]의 전계의 세기에 의한 변위전류밀도의 크기를 2[A/m²]으로 흐르게 하려면 전계의 주파수는 약 몇 [MHz]가 되어야 하는가?

① 9,000 ② 18,000
③ 36,000 ④ 72,000

13

2장의 무한 평판 도체를 4[cm]의 간격으로 놓은 후 평판 도체 간에 일정한 전계를 인가하였더니 평판 도체 표면에 2[μC/m²]의 전하밀도가 생겼다. 이때 평행 도체 표면에 작용하는 정전응력은 약 몇 [N/m²]인가?

① 0.057 ② 0.226
③ 0.57 ④ 2.26

14

자성체 내의 자계의 세기가 H[AT/m]이고 자속밀도가 B[Wb/m²]일 때, 자계에너지밀도[J/m³]는?

① HB ② $\dfrac{1}{2\mu}H^2$
③ $\dfrac{\mu}{2}B^2$ ④ $\dfrac{1}{2\mu}B^2$

15

임의의 방향으로 배열되었던 강자성체의 자구가 외부 자기장의 힘이 일정치 이상이 되는 순간에 급격히 회전하여 자기장의 방향으로 배열되고 자속밀도가 증가하는 현상을 무엇이라 하는가?

① 자기여효(Magnetic Aftereffect)
② 바크하우젠 효과(Barkhausen Effect)
③ 자기왜현상(Magneto-Striction Effect)
④ 핀치 효과(Pinch Effect)

16

반지름이 5[mm], 길이가 15[mm], 비투자율이 50인 자성체 막대에 코일을 감고 전류를 흘려서 자성체 내의 자속밀도를 50[Wb/m²]으로 하였을 때 자성체 내에서의 자계의 세기는 몇 [A/m]인가?

① $\dfrac{10^7}{\pi}$ ② $\dfrac{10^7}{2\pi}$
③ $\dfrac{10^7}{4\pi}$ ④ $\dfrac{10^7}{8\pi}$

17

반지름이 30[cm]인 원판 전극의 평행판 콘덴서가 있다. 전극의 간격이 0.1[cm]이며 전극 사이 유전체의 비유전율이 4.0이라 한다. 이 콘덴서의 정전용량은 약 몇 [μF]인가?

① 0.01 ② 0.02
③ 0.03 ④ 0.04

18

한 변의 길이가 l[m]인 정사각형 도체 회로에 전류 I[A]를 흘릴 때 회로의 중심점에서의 자계의 세기는 몇 [AT/m]인가?

① $\dfrac{2I}{\pi l}$ ② $\dfrac{I}{\sqrt{2}\,\pi l}$
③ $\dfrac{\sqrt{2}\,I}{\pi l}$ ④ $\dfrac{2\sqrt{2}\,I}{\pi l}$

19

정전용량이 각각 $C_1 = 1$[μF], $C_2 = 2$[μF]인 도체에 전하 $Q_1 = -5$[μC], $Q_2 = 2$[μC]을 각각 주고 각 도체를 가는 철사로 연결하였을 때 C_1에서 C_2로 이동하는 전하 Q[μC]는?

① -4 ② -3.5
③ -3 ④ -1.5

20

정전용량이 0.03[μF]인 평행판 공기 콘덴서의 두 극판 사이에 절반 두께의 비유전율 10인 유리판을 극판과 평행하게 넣었다면 이 콘덴서의 정전용량은 약 몇 [μF]이 되는가?

① 1.83 ② 18.3
③ 0.055 ④ 0.55

제2과목 전력공학

21

3상 전원에 접속된 △ 결선의 커패시터를 Y결선으로 바꾸면 진상용량 Q_Y[kVA]는?(단, $Q_\triangle$는 △ 결선된 커패시터의 진상용량이고, Q_Y는 Y결선된 커패시터의 진상용량이다)

① $Q_Y = \sqrt{3}\,Q_\triangle$ ② $Q_Y = \dfrac{1}{3}Q_\triangle$
③ $Q_Y = 3Q_\triangle$ ④ $Q_Y = \dfrac{1}{\sqrt{3}}Q_\triangle$

22

교류 배전선로에서 전압강하 계산식은 $V_d = k(R\cos\theta + X\sin\theta)I$로 표현된다. 3상 3선식 배전선로인 경우에 k는?

① $\sqrt{3}$ ② $\sqrt{2}$
③ 3 ④ 2

23

송전선에서 뇌격에 대한 차폐 등을 위해 가선하는 가공지선에 대한 설명으로 옳은 것은?

① 차폐각은 보통 15~30° 정도로 하고 있다.
② 차폐각이 클수록 벼락에 대한 차폐효과가 크다.
③ 가공지선을 2선으로 하면 차폐각이 적어진다.
④ 가공지선으로는 연동선을 주로 사용한다.

24
배전선의 전력손실 경감 대책이 아닌 것은?
① 다중접지방식을 채용한다.
② 역률을 개선한다.
③ 배전전압을 높인다.
④ 부하의 불평형을 방지한다.

25
그림과 같은 이상 변압기에서 2차 측에 5[Ω]의 저항부하를 연결하였을 때 1차 측에 흐르는 전류(I)는 약 몇 [A]인가?

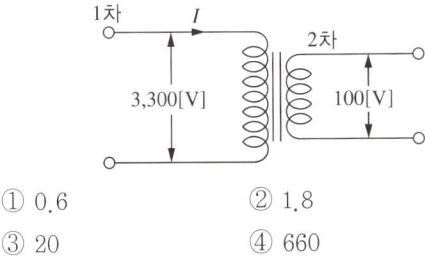

① 0.6
② 1.8
③ 20
④ 660

26
전압과 유효전력이 일정할 경우 부하역률이 70[%]인 선로에서의 저항손실($P_{70[\%]}$)은 역률이 90[%]인 선로에서의 저항손실($P_{90[\%]}$)과 비교하면 약 얼마인가?

① $P_{70[\%]} = 0.6 P_{90[\%]}$
② $P_{70[\%]} = 1.7 P_{90[\%]}$
③ $P_{70[\%]} = 0.3 P_{90[\%]}$
④ $P_{70[\%]} = 2.7 P_{90[\%]}$

27
3상 3선식 송전선에서 L을 작용 인덕턴스라 하고, L_e 및 L_m은 대지를 귀로로 하는 1선의 자기 인덕턴스 및 상호 인덕턴스라고 할 때 이들 사이의 관계식은?

① $L = L_m - L_e$
② $L = L_e - L_m$
③ $L = L_m + L_e$
④ $L = \dfrac{L_m}{L_e}$

28
표피효과에 대한 설명으로 옳은 것은?
① 표피효과는 주파수에 비례한다.
② 표피효과는 전선의 단면적에 반비례한다.
③ 표피효과는 전선의 비투자율에 반비례한다.
④ 표피효과는 전선의 도전율에 반비례한다.

29
배전선로의 전압을 3[kV]에서 6[kV]로 승압하면 전압강하율(δ)은 어떻게 되는가?(단, $\delta_{3[kV]}$는 전압이 3[kV]일 때 전압강하율이고, $\delta_{6[kV]}$는 전압이 6[kV]일 때 전압강하율이고, 부하는 일정하다고 한다)

① $\delta_{6[kV]} = \dfrac{1}{2}\delta_{3[kV]}$
② $\delta_{6[kV]} = \dfrac{1}{4}\delta_{3[kV]}$
③ $\delta_{6[kV]} = 2\delta_{3[kV]}$
④ $\delta_{6[kV]} = 4\delta_{3[kV]}$

30
계통의 안전도 증진대책이 아닌 것은?
① 발전기나 변압기의 리액턴스를 작게 한다.
② 선로의 회선수를 감소시킨다.
③ 중간 조상 방식을 채용한다.
④ 고속도 재폐로 방식을 채용한다.

31
1상의 대지정전용량이 0.5[μF], 주파수가 60[Hz]인 3상 송전선이 있다. 이 선로에 소호리액터를 설치한다면, 소호리액터의 공진리액턴스는 약 몇 [Ω]이면 되는가?

① 970
② 1,370
③ 1,770
④ 3,570

32
배전선로의 고장 또는 보수 점검 시 정전구간을 축소하기 위하여 사용되는 것은?
① 단로기   ② 컷아웃 스위치
③ 계자저항기   ④ 구분개폐기

33
수전단 전력원선도의 전력방정식이 $P_r^2 + (Q_r + 400)^2 = 250,000$으로 표현되는 전력계통에서 가능한 최대로 공급할 수 있는 부하전력(P_r)과 이때 전압을 일정하게 유지하는 데 필요한 무효전력(Q_r)은 각각 얼마인가?
① $P_r = 500$, $Q_r = -400$
② $P_r = 400$, $Q_r = 500$
③ $P_r = 300$, $Q_r = 100$
④ $P_r = 200$, $Q_r = -300$

34
수전용 변전설비의 1차 측 차단기의 차단용량은 주로 어느 것에 의하여 정해지는가?
① 수전 계약용량
② 부하설비의 단락용량
③ 공급측 전원의 단락용량
④ 수전전력의 역률과 부하율

35
프란시스 수차의 특유속도[m·kW]의 한계를 나타내는 식은?(단, H[m]는 유효낙차이다)
① $\dfrac{13,000}{H+50} + 10$
② $\dfrac{13,000}{H+50} + 30$
③ $\dfrac{20,000}{H+20} + 10$
④ $\dfrac{20,000}{H+20} + 30$

36
정격전압 6,600[V], Y결선, 3상 발전기의 중성점을 1선 지락 시 지락전류를 100[A]로 제한하는 저항기로 접지하려고 한다. 저항기의 저항값은 약 몇 [Ω]인가?
① 44   ② 41
③ 38   ④ 35

37
송전 철탑에서 역섬락을 방지하기 위한 대책은?
① 가공지선의 설치
② 탑각 접지저항의 감소
③ 전력선의 연가
④ 아크혼의 설치

38
조속기의 폐쇄시간이 짧을수록 나타나는 현상으로 옳은 것은?
① 수격작용은 작아진다.
② 발전기의 전압상승률은 커진다.
③ 수차의 속도변동률은 작아진다.
④ 수압관 내의 수압상승률은 작아진다.

39
주변압기 등에서 발생하는 제5고조파를 줄이는 방법으로 옳은 것은?
① 전력용 콘덴서에 직렬리액터를 연결한다.
② 변압기 2차 측에 분로리액터를 연결한다.
③ 모선에 방전코일을 연결한다.
④ 모선에 공심리액터를 연결한다.

40
복도체에서 2본의 전선이 서로 충돌하는 것을 방지하기 위하여 2본의 전선 사이에 적당한 간격을 두어 설치하는 것은?
① 아머 로드   ② 댐 퍼
③ 아킹 혼   ④ 스페이서

제3과목 전기기기

41
정격전압 120[V], 60[Hz]인 변압기의 무부하입력 80[W], 무부하전류 1.4[A]이다. 이 변압기의 여자리액턴스는 약 몇 [Ω]인가?

① 97.6
② 103.7
③ 124.7
④ 180

42
서보모터의 특징에 대한 설명으로 틀린 것은?

① 발생토크는 입력신호에 비례하고, 그 비가 클 것
② 직류 서보모터에 비하여 교류 서보모터의 시동토크가 매우 클 것
③ 시동토크는 크나 회전부의 관성모멘트가 작고, 전기적 시정수가 짧을 것
④ 빈번한 시동, 정지, 역전 등의 가혹한 상태에 견디도록 견고하고, 큰 돌입전류에 견딜 것

43
3상 변압기 2차 측의 E_W 상만을 반대로 하고 Y-Y결선을 한 경우, 2차 상전압이 $E_U = 70[V]$, $E_V = 70[V]$, $E_W = 70[V]$라면 2차 선간전압은 약 몇 [V]인가?

① $V_{U-V} = 121.2[V]$, $V_{V-W} = 70[V]$, $V_{W-U} = 70[V]$
② $V_{U-V} = 121.2[V]$, $V_{V-W} = 210[V]$, $V_{W-U} = 70[V]$
③ $V_{U-V} = 121.2[V]$, $V_{V-W} = 121.2[V]$, $V_{W-U} = 70[V]$
④ $V_{U-V} = 121.2[V]$, $V_{V-W} = 121.2[V]$, $V_{W-U} = 121.2[V]$

44
극수 8, 중권 직류기의 전기자 총도체수 960, 매극 자속 0.04[Wb], 회전수 400[rpm]이라면 유기기전력은 몇 [V]인가?

① 256
② 327
③ 425
④ 625

45
3상 유도전동기에서 2차 측 저항을 2배로 하면 그 최대토크는 어떻게 변하는가?

① 2배로 커진다.
② 3배로 커진다.
③ 변하지 않는다.
④ $\sqrt{2}$ 배로 커진다.

46
동기전동기에 일정한 부하를 걸고 계자전류를 0[A]에서부터 계속 증가시킬 때 관련 설명으로 옳은 것은?(단, I_a는 전기자전류이다)

① I_a는 증가하다가 감소한다.
② I_a가 최소일 때 역률이 1이다.
③ I_a가 감소상태일 때 앞선 역률이다.
④ I_a가 증가상태일 때 뒤진 역률이다.

47
3[kVA], 3,000/200[V]의 변압기의 단락시험에서 임피던스전압 120[V], 동손 150[W]라 하면 %저항강하는 몇 [%]인가?

① 1
② 3
③ 5
④ 7

48
정격출력 50[kW], 4극 220[V], 60[Hz]인 3상 유도전동기가 전부하 슬립 0.04, 효율 90[%]로 운전되고 있을 때 다음 중 틀린 것은?

① 2차 효율 = 92[%]
② 1차 입력 = 55.56[kW]
③ 회전자 동손 = 2.08[kW]
④ 회전자 입력 = 52.08[kW]

정답 41 ① 42 ② 43 ① 44 ① 45 ③ 46 ② 47 ③ 48 ①

49
단상 유도전동기를 2전동기설로 설명하는 경우 정방향 회전자체의 슬립이 0.2이면, 역방향 회전자계 슬립은 얼마인가?
① 0.2
② 0.8
③ 1.8
④ 2.0

50
직류 가동 복권발전기를 전동기로 사용하면 어느 전동기가 작동되는가?
① 직류 직권전동기
② 직류 분권전동기
③ 직류 가동 복권전동기
④ 직류 차동 복권전동기

51
동기발전기를 병렬운전하는 데 필요하지 않은 조건은?
① 기전력의 용량이 같을 것
② 기전력의 파형이 같을 것
③ 기전력의 크기가 같을 것
④ 기전력의 주파수가 같을 것

52
IGBT(Insulated Gate Bipolar Transistor)에 대한 설명으로 틀린 것은?
① MOSFET와 같이 전압제어 소자이다.
② GTO 사이리스터와 같이 역방향 전압저지 특성을 갖는다.
③ 게이트와 이미터 사이의 입력 임피던스가 매우 낮아 BJT보다 구동하기 쉽다.
④ BJT처럼 On-drop이 전류에 관계없이 낮고 거의 일정하며, MOSFET보다 훨씬 큰 전류를 흘릴 수 있다.

53
유도전동기에서 공급전압의 크기가 일정하고 전원주파수만 낮아질 때 일어나는 현상으로 옳은 것은?
① 철손이 감소한다.
② 온도상승이 커진다.
③ 여자전류가 감소한다.
④ 회전속도가 증가한다.

54
용접용으로 사용되는 직류발전기의 특성 중에서 가장 중요한 것은?
① 과부하에 견딜 것
② 전압변동률이 적을 것
③ 경부하일 때 효율이 좋을 것
④ 전류에 대한 전압특성이 수하 특성일 것

55
동기발전기에 설치된 제동권선의 효과로 틀린 것은?
① 난조 방지
② 과부하 내량의 증대
③ 송전선의 불평형 단락 시 이상전압 방지
④ 불평형 부하 시의 전류, 전압 파형의 개선

56
3,300/220[V] 변압기 A, B의 정격용량이 각각 400[kVA], 300[kVA]이고, %임피던스강하가 각각 2.4[%]와 3.6[%]일 때 그 2대의 변압기에 걸 수 있는 합성부하용량은 몇 [kVA]인가?
① 550
② 600
③ 650
④ 700

57
동작모드가 그림과 같이 나타나는 혼합브리지는?

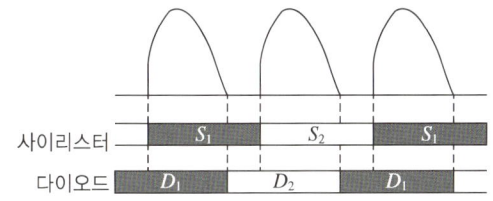

①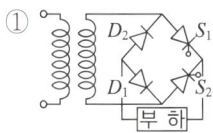
②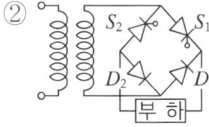
③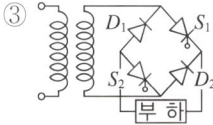
④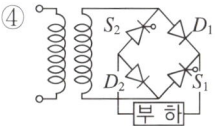

58
동기기의 전기자저항을 r, 전기자 반작용 리액턴스를 X_a, 누설리액턴스를 X_l 이라고 하면 농기임피넌스를 표시하는 식은?

① $\sqrt{r^2 + \left(\dfrac{X_a}{X_l}\right)^2}$
② $\sqrt{r^2 + X_l^2}$
③ $\sqrt{r^2 + X_a^2}$
④ $\sqrt{r^2 + (X_a + X_l)^2}$

59
단상 유도전동기에 대한 설명으로 틀린 것은?

① 반발 기동형 : 직류전동기와 같이 정류자와 브러시를 이용하여 기동한다.
② 분상 기동형 : 별도의 보조권선을 사용하여 회전자계를 발생시켜 기동한다.
③ 커패시터 기동형 : 기동전류에 비해 기동토크가 크지만, 커패시터를 설치해야 한다.
④ 반발 유도형 : 기동 시 농형권선과 반발전동기의 회전자권선을 함께 이용하나 운전 중에는 농형권선만을 이용한다.

60
직류전동기의 속도제어법이 아닌 것은?

① 계자제어법　② 전력제어법
③ 전압제어법　④ 저항제어법

제4과목　회로이론 및 제어공학

61
그림과 같은 피드백제어시스템에서 입력이 단위계단함수일 때 정상상태 오차상수인 위치상수(K_p)는?

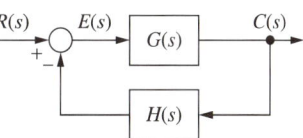

① $K_p = \lim\limits_{s \to 0} G(s)H(s)$
② $K_p = \lim\limits_{s \to 0} \dfrac{G(s)}{H(s)}$
③ $K_p = \lim\limits_{s \to \infty} G(s)H(s)$
④ $K_p = \lim\limits_{s \to \infty} \dfrac{G(s)}{H(s)}$

정답 57 ① 58 ④ 59 ④ 60 ② 61 ①

62
적분시간 4[s], 비례감도가 4인 비례적분동작을 하는 제어요소에 동작신호 $z(t) = 2t$를 주었을 때 이 제어요소의 조작량은?(단, 조작량의 초깃값은 0이다)

① $t^2 + 8t$ ② $t^2 + 2t$
③ $t^2 - 8t$ ④ $t^2 - 2t$

63
시간함수 $f(t) = \sin\omega t$의 z변환은?(단, T는 샘플링 주기이다)

① $\dfrac{z\sin\omega T}{z^2 + 2z\cos\omega T + 1}$

② $\dfrac{z\sin\omega T}{z^2 - 2z\cos\omega T + 1}$

③ $\dfrac{z\cos\omega T}{z^2 - 2z\sin\omega T + 1}$

④ $\dfrac{z\cos\omega T}{z^2 + 2z\sin\omega T + 1}$

64
다음과 같은 신호흐름선도에서 $\dfrac{C(s)}{R(s)}$의 값은?

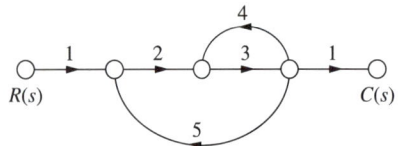

① $-\dfrac{1}{41}$ ② $-\dfrac{3}{41}$
③ $-\dfrac{6}{41}$ ④ $-\dfrac{8}{41}$

65
Routh-Hurwitz 방법으로 특성방정식이 $s^4 + 2s^3 + s^2 + 4s + 2 = 0$인 시스템의 안정도를 판별하면?

① 안 정   ② 불안정
③ 임계안정   ④ 조건부안정

66
제어시스템의 상태방정식이
$\dfrac{dx(t)}{dt} = Ax(t) + Bu(t)$, $A = \begin{bmatrix} 0 & 1 \\ -3 & 4 \end{bmatrix}$, $B = \begin{bmatrix} 1 \\ 1 \end{bmatrix}$
일 때, 특성방정식을 구하면?

① $s^2 - 4s - 3 = 0$
② $s^2 - 4s + 3 = 0$
③ $s^2 + 4s + 3 = 0$
④ $s^2 + 4s - 3 = 0$

67
어떤 제어시스템의 개루프 이득이
$G(s)H(s) = \dfrac{K(s+2)}{s(s+1)(s+3)(s+4)}$일 때 이 시스템이 가지는 근궤적의 가지(Branch)수는?

① 1   ② 3
③ 4   ④ 5

68
다음 회로에서 입력전압 $v_1(t)$에 대한 출력전압 $v_2(t)$의 전달함수 $G(s)$는?

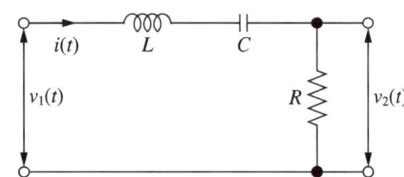

① $\dfrac{RCs}{LCs^2 + RCs + 1}$

② $\dfrac{RCs}{LCs^2 - RCs - 1}$

③ $\dfrac{Cs}{LCs^2 + RCs + 1}$

④ $\dfrac{Cs}{LCs^2 - RCs - 1}$

69
특성방정식의 모든 근이 s 평면(복소평면)의 $j\omega$ 축(허수축)에 있을 때 이 제어시스템의 안정도는?

① 알 수 없다. ② 안정하다.
③ 불안정하다. ④ 임계안정이다.

70
논리식 $((AB+A\overline{B})+AB)+\overline{A}B$를 간단히 하면?

① $A+B$ ② $\overline{A}+B$
③ $A+\overline{B}$ ④ $A+A\cdot B$

71
선간전압이 V_{ab}[V]인 3상 평형 전원에 대칭 부하 R[Ω]이 그림과 같이 접속되어 있을 때, a, b 두 상 간에 접속된 전력계의 지시값이 W[W]라면 c상 전류의 크기[A]는?

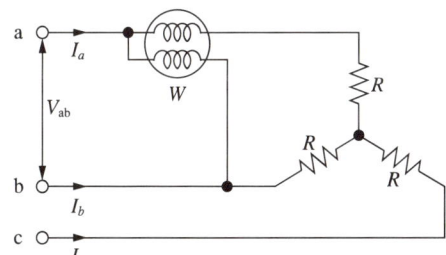

① $\dfrac{W}{3V_{ab}}$ ② $\dfrac{2W}{3V_{ab}}$
③ $\dfrac{2W}{\sqrt{3}V_{ab}}$ ④ $\dfrac{\sqrt{3}W}{V_{ab}}$

72
불평형 3상 전류가 $I_a=15+j2$[A], $I_b=-20-j14$[A], $I_c=-3+j10$[A]일 때, 역상분 전류 I_2[A]는?

① $1.91+j6.24$
② $15.74-j3.57$
③ $-2.67-j0.67$
④ $-8-j2$

73
회로에서 20[Ω]의 저항이 소비하는 전력은 몇 [W]인가?

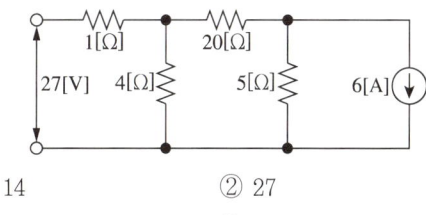

① 14 ② 27
③ 40 ④ 80

74
RC 직렬회로에 직류전압 V[V]가 인가되었을 때, 전류 $i(t)$에 대한 전압방정식(KVL)이

$V=Ri(t)+\dfrac{1}{C}\int i(t)dt$[V]이다. 전류 $i(t)$의 라플라스 변환인 $I(s)$는?(단, C에는 초기 전하가 없다)

① $I(s)=\dfrac{V}{R}\dfrac{1}{s-\dfrac{1}{RC}}$

② $I(s)=\dfrac{C}{R}\dfrac{1}{s+\dfrac{1}{RC}}$

③ $I(s)=\dfrac{V}{R}\dfrac{1}{s+\dfrac{1}{RC}}$

④ $I(s)=\dfrac{R}{C}\dfrac{1}{s-\dfrac{1}{RC}}$

75
선간전압이 100[V]이고, 역률이 0.6인 평형 3상 부하에서 무효전력이 $Q=10$[kVar]일 때, 선전류의 크기는 약 몇 [A]인가?

① 57.7
② 72.2
③ 96.2
④ 125

정답 69 ④ 70 ① 71 ③ 72 ① 73 ④ 74 ③ 75 ②

76
그림과 같은 T형 4단자 회로망에서 4단자 정수 A와 C는?(단, $Z_1 = \dfrac{1}{Y_1}$, $Z_2 = \dfrac{1}{Y_2}$, $Z_3 = \dfrac{1}{Y_3}$)

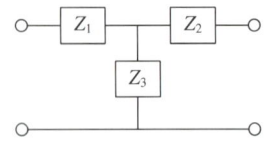

① $A = 1 + \dfrac{Y_3}{Y_1}$, $C = Y_2$

② $A = 1 + \dfrac{Y_3}{Y_1}$, $C = \dfrac{1}{Y_3}$

③ $A = 1 + \dfrac{Y_3}{Y_1}$, $C = Y_3$

④ $A = 1 + \dfrac{Y_1}{Y_3}$, $C = \left(1 + \dfrac{Y_1}{Y_3}\right)\dfrac{1}{Y_3} + \dfrac{1}{Y_2}$

77
어떤 회로의 유효전력이 300[W], 무효전력이 400[Var]이다. 이 회로의 복소전력의 크기[VA]는?

① 350
② 500
③ 600
④ 700

78
$R = 4[\Omega]$, $\omega L = 3[\Omega]$의 직렬회로에 $e = 100\sqrt{2}\sin\omega t + 50\sqrt{2}\sin 3\omega t$를 인가할 때 이 회로의 소비전력은 약 몇 [W]인가?

① 1,000
② 1,414
③ 1,560
④ 1,703

79
단위길이당 인덕턴스가 L[H/m]이고, 단위길이당 정전용량이 C[F/m]인 무손실선로에서의 진행파속도 [m/s]는?

① $\sqrt{LC}$
② $\dfrac{1}{\sqrt{LC}}$
③ $\sqrt{\dfrac{C}{L}}$
④ $\sqrt{\dfrac{L}{C}}$

80
$t = 0$에서 스위치(S)를 닫았을 때 $t = 0^+$에서의 $i(t)$는 몇 [A]인가?(단, 커패시터에 초기 전하는 없다)

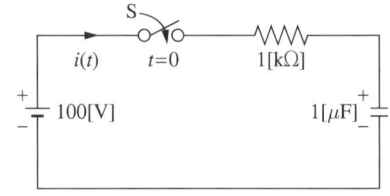

① 0.1
② 0.2
③ 0.4
④ 1.0

제5과목 전기설비기술기준

81
345[kV] 송전선을 사람이 쉽게 들어가지 않는 산지에 시설할 때 전선의 지표상 높이는 몇 [m] 이상으로 하여야 하는가?

① 7.28
② 7.56
③ 8.28
④ 8.56

82
변전소에서 오접속을 방지하기 위하여 특고압 전로의 보기 쉬운 곳에 반드시 표시해야 하는 것은?

① 상별표시
② 위험표시
③ 최대전류
④ 정격전압

83
전력보안 가공통신선의 시설 높이에 대한 기준으로 옳은 것은?
① 철도의 궤도를 횡단하는 경우에는 레일면상 5[m] 이상
② 횡단보도교 위에 시설하는 경우에는 그 노면상 3[m] 이상
③ 도로(차도와 도로의 구별이 있는 도로는 차도) 위에 시설하는 경우에는 지표상 2[m] 이상
④ 교통에 지장을 줄 우려가 없도록 도로(차도와 도로의 구별이 있는 도로는 차도) 위에 시설하는 경우에는 지표상 2[m]까지로 감할 수 있다.

84
가반형의 용접전극을 사용하는 아크용접장치의 용접 변압기의 1차 측 전로의 대지전압은 몇 [V] 이하이어야 하는가?
① 60   ② 150
③ 300   ④ 400

85
전기온상용 발열선은 그 온도가 몇 [℃]를 넘지 않도록 시설하여야 하는가?
① 50   ② 60
③ 80   ④ 100

86
사용전압이 154[kV]인 가공전선로를 제1종 특고압 보안공사로 시설할 때 사용되는 경동연선의 단면적은 몇 [mm²] 이상이어야 하는가?
① 55   ② 100
③ 150   ④ 200

87
고압용 기계기구를 시가지에 시설할 때 지표상 몇 [m] 이상의 높이에 시설하고, 또한 사람이 쉽게 접촉할 우려가 없도록 하여야 하는가?
① 4.0   ② 4.5
③ 5.0   ④ 5.5

88
발전기, 전동기, 조상기, 기타 회전기(회전변류기 제외)의 절연내력 시험전압은 어느 곳에 가하는가?
① 권선과 대지 사이   ② 외함과 권선 사이
③ 외함과 대지 사이   ④ 회전자와 고정자 사이

89
특고압 지중전선이 지중약전류전선 등과 접근하거나 교차하는 경우에 상호 간의 이격거리가 몇 [cm] 이하인 때에는 두 전선이 직접 접촉하지 아니하도록 하여야 하는가?
① 15   ② 20
③ 30   ④ 60

90
고압 옥내배선의 공사방법으로 틀린 것은?
① 케이블공사
② 합성수지관공사
③ 케이블트레이공사
④ 애자사용공사(건조한 장소로서 전개된 장소에 한한다)

91
조상설비에 내부고장, 과전류 또는 과전압이 생긴 경우 자동적으로 차단되는 장치를 해야 하는 전력용 커패시터의 최소 뱅크용량은 몇 [kVA]인가?
① 10,000   ② 12,000
③ 13,000   ④ 15,000

정답 83 ② 84 ③ 85 ③ 86 ③ 87 ② 88 ① 89 ④ 90 ② 91 ④

92
사용전압이 440[V]인 이동기중기용 접촉전선을 애자사용공사에 의하여 옥내의 전개된 장소에 시설하는 경우 사용하는 전선으로 옳은 것은?
① 인장강도가 3.44[kN] 이상인 것 또는 지름 2.6[mm]의 경동선으로 단면적이 8[mm²] 이상인 것
② 인장강도가 3.44[kN] 이상인 것 또는 지름 3.2[mm]의 경동선으로 단면적이 18[mm²] 이상인 것
③ 인장강도가 11.2[kN] 이상인 것 또는 지름 6[mm]의 경동선으로 단면적이 28[mm²] 이상인 것
④ 인장강도가 11.2[kN] 이상인 것 또는 지름 8[mm]의 경동선으로 단면적이 18[mm²] 이상인 것

93
※ KEC 규정 적용으로 변경(400[V] 이상 ➜ 초과)

옥내에 시설하는 사용전압이 400[V] 이상 1,000[V] 이하인 전개된 장소로서 건조한 장소가 아닌 기타의 장소의 관등회로 배선공사로서 적합한 것은?
① 애자사용공사
② 금속몰드공사
③ 금속덕트공사
④ 합성수지몰드공사

94
※ KEC 규정 적용으로 문제 삭제

가공 직류 절연 귀선은 특별한 경우를 제외하고 어느 전선에 준하여 시설하여야 하는가?
① 저압 가공전선
② 고압 가공전선
③ 특고압 가공전선
④ 가공약전류전선

95
※ KEC 규정 적용으로 답 변경

저압 가공전선으로 사용할 수 없는 것은?
① 케이블
② 절연전선
③ 다심형 전선
④ 나동복 강선

96
가공전선로의 지지물에 시설하는 지선의 시설기준으로 틀린 것은?
① 지선의 안전율을 2.5 이상으로 할 것
② 소선은 최소 5가닥 이상의 강심알루미늄연선을 사용할 것
③ 도로를 횡단하여 시설하는 지선의 높이는 지표상 5[m] 이상으로 할 것
④ 지중 부분 및 지표상 30[cm]까지의 부분에는 내식성이 있는 것을 사용할 것

97
특고압 가공전선로 중 지지물로서 직선형의 철탑을 연속하여 10기 이상 사용하는 부분에는 몇 기 이하마다 내장 애자장치가 되어 있는 철탑 또는 이와 동등 이상의 강도를 가지는 철탑 1기를 시설하여야 하는가?
① 3
② 5
③ 7
④ 10

98
※ KEC 규정 적용으로 문제 삭제

제1종 또는 제2종 접지공사에 사용하는 접지선을 사람이 접촉할 우려가 있는 곳에 시설하는 경우, 전기용품 및 생활용품 안전관리법을 적용받는 합성수지관(두께 2[mm] 미만의 합성수지제 전선관 및 난연성이 없는 콤바인덕트관을 제외한다)으로 덮어야 하는 범위로 옳은 것은?
① 접지선의 지하 30[cm]로부터 지표상 1[m]까지의 부분
② 접지선의 지하 50[cm]로부터 지표상 1.2[m]까지의 부분
③ 접지선의 지하 60[cm]로부터 지표상 1.8[m]까지의 부분
④ 접지선의 지하 75[cm]로부터 지표상 2[m]까지의 부분

99   ※ KEC 규정 적용으로 변경(400[V] 미만 ➡ 이하)

사용전압이 400[V] 미만인 저압 가공전선은 케이블인 경우를 제외하고는 지름이 몇 [mm] 이상이어야 하는가?(단, 절연전선은 제외한다)

① 3.2
② 3.6
③ 4.0
④ 5.0

100   ※ KEC 규정 적용으로 문제 삭제

수용장소의 인입구 부근에 대지 사이의 전기저항값이 3[Ω] 이하인 값을 유지하는 건물의 철골을 접지극으로 사용하여 제2종 접지공사를 한 저압 전로의 접지측 전선에 추가 접지 시 사용하는 접지선을 사람이 접촉할 우려가 있는 곳에 시설할 때는 어떤 공사방법으로 시설하는가?

① 금속관공사
② 케이블공사
③ 금속몰드공사
④ 합성수지관공사

정답 99 ①   100 ×

2020년 제4회 기출문제

제1과목 전기자기학

01
환상 솔레노이드 철심 내부에서 자계의 세기[AT/m]는?(단, N은 코일 권선수, r은 환상 철심의 평균 반지름, I는 코일에 흐르는 전류이다)

① NI
② $\dfrac{NI}{2\pi r}$
③ $\dfrac{NI}{2r}$
④ $\dfrac{NI}{4\pi r}$

02
전류 I가 흐르는 무한 직선 도체가 있다. 이 도체로부터 수직으로 0.1[m] 떨어진 점에서 자계의 세기가 180[AT/m]이다. 도체로부터 수직으로 0.3[m] 떨어진 점에서 자계의 세기[AT/m]는?

① 20
② 60
③ 180
④ 540

03
길이 l[m], 단면적의 반지름이 a[m]인 원통이 길이 방향으로 균일하게 자화되어 자화의 세기가 J[Wb/m²]인 경우, 원통 양단에서의 자극의 세기 m[Wb]은?

① alJ
② $2\pi al J$
③ $\pi a^2 J$
④ $\dfrac{J}{\pi a^2}$

04
임의의 형상의 도선에 전류 I[A]가 흐를 때, 거리 r[m]만큼 떨어진 점에서의 자계의 세기 H[AT/m]를 구하는 비오-사바르의 법칙에서, 자계의 세기 H[AT/m]와 거리 r[m]의 관계로 옳은 것은?

① r에 반비례
② r에 비례
③ r^2에 반비례
④ r^2에 비례

05
진공 중에서 전자파의 전파속도[m/s]는?

① $C_0 = \dfrac{1}{\sqrt{\varepsilon_0 \mu_0}}$
② $C_0 = \sqrt{\varepsilon_0 \mu_0}$
③ $C_0 = \dfrac{1}{\sqrt{\varepsilon_0}}$
④ $C_0 = \dfrac{1}{\sqrt{\mu_0}}$

06
영구자석 재료로 사용하기에 적합한 특성은?

① 잔류자기와 보자력이 모두 큰 것이 적합하다.
② 잔류자기는 크고 보자력은 작은 것이 적합하다.
③ 잔류자기는 작고 보자력은 큰 것이 적합하다.
④ 잔류자기와 보자력이 모두 작은 것이 적합하다.

07
변위전류와 관계가 가장 깊은 것은?

① 도 체
② 반도체
③ 자성체
④ 유전체

08
자속밀도가 10[Wb/m²]인 자계 내에 길이 4[cm]의 도체를 자계와 직각으로 놓고 이 도체를 0.4초 동안 1[m]씩 균일하게 이동하였을 때 발생하는 기전력은 몇 [V]인가?

① 1
② 2
③ 3
④ 4

09
내부 원통의 반지름이 a, 외부 원통의 반지름이 b인 동축 원통 콘덴서의 내외 원통 사이에 공기를 넣었을 때 정전용량이 C_1이었다. 내외 반지름을 모두 3배로 증가시키고 공기 대신 비유전율이 3인 유전체를 넣었을 경우의 정전용량 C_2는?

① $C_2 = \dfrac{C_1}{9}$
② $C_2 = \dfrac{C_1}{3}$
③ $C_2 = 3C_1$
④ $C_2 = 9C_1$

10
다음 정전계에 관한 식 중에서 틀린 것은?(단, D는 전속밀도, V는 전위, ρ는 공간(체적)전하밀도, ε은 유전율이다)

① 가우스의 정리 : $\mathrm{div}D = \rho$
② 푸아송의 방정식 : $\nabla^2 V = \dfrac{\rho}{\varepsilon}$
③ 라플라스의 방정식 : $\nabla^2 V = 0$
④ 발산의 정리 : $\oint_s D \cdot ds = \int_v \mathrm{div}D dv$

11
질량(m)이 10^{-10}[kg]이고, 전하량(Q)이 10^{-8}[C]인 전하가 전기장에 의해 가속되어 운동하고 있다. 가속도가 $a = 10^2 i + 10^2 j$[m/s²]일 때 전기장의 세기 E[V/m]는?

① $E = 10^4 i + 10^5 j$
② $E = i + 10j$
③ $E = i + j$
④ $E = 10^{-6} i + 10^{-4} j$

12
유전율이 ε_1, ε_2인 유전체 경계면에 수직으로 전계가 작용할 때 단위면적당 수직으로 작용하는 힘[N/m²]은?(단, E는 전계[V/m]이고, D는 전속밀도[C/m²]이다)

① $2\left(\dfrac{1}{\varepsilon_2} - \dfrac{1}{\varepsilon_1}\right)E^2$
② $2\left(\dfrac{1}{\varepsilon_2} - \dfrac{1}{\varepsilon_1}\right)D^2$
③ $\dfrac{1}{2}\left(\dfrac{1}{\varepsilon_2} - \dfrac{1}{\varepsilon_1}\right)E^2$
④ $\dfrac{1}{2}\left(\dfrac{1}{\varepsilon_2} - \dfrac{1}{\varepsilon_1}\right)D^2$

13
진공 중에서 2[m] 떨어진 두 개의 무한 평행도선에 단위길이당 10^{-7}[N]의 반발력이 작용할 때 각 도선에 흐르는 전류의 크기와 방향은?(단, 각 도선에 흐르는 전류의 크기는 같다)

① 각 도선에 2[A]가 반대 방향으로 흐른다.
② 각 도선에 2[A]가 같은 방향으로 흐른다.
③ 각 도선에 1[A]가 반대 방향으로 흐른다.
④ 각 도선에 1[A]가 같은 방향으로 흐른다.

14
자기 인덕턴스(Self Inductance) L[H]를 나타낸 식은?(단, N은 권선수, I는 전류[A], ϕ는 자속[Wb], B는 자속밀도[Wb/m²], H는 자계의 세기[AT/m], A는 벡터퍼텐셜[Wb/m], J는 전류밀도[A/m²]이다)

① $L = \dfrac{N\phi}{I^2}$
② $L = \dfrac{1}{2I^2}\int B \cdot H dv$
③ $L = \dfrac{1}{I^2}\int A \cdot J dv$
④ $L = \dfrac{1}{I}\int B \cdot H dv$

15

반지름이 a[m], b[m]인 두 개의 구 형상 도체 전극이 도전율 k인 매질 속에 거리 r[m]만큼 떨어져 있다. 양 전극 간의 저항[Ω]은?(단, $r \gg a$, $r \gg b$이다)

① $4\pi k \left(\dfrac{1}{a} + \dfrac{1}{b} \right)$

② $4\pi k \left(\dfrac{1}{a} - \dfrac{1}{b} \right)$

③ $\dfrac{1}{4\pi k} \left(\dfrac{1}{a} + \dfrac{1}{b} \right)$

④ $\dfrac{1}{4\pi k} \left(\dfrac{1}{a} - \dfrac{1}{b} \right)$

16

정전계 내 도체 표면에서 전계의 세기가 $E = \dfrac{a_x - 2a_y + 2a_z}{\varepsilon_0}$ [V/m]일 때 도체 표면상의 전하밀도 ρ_s [C/m²]를 구하면?(단, 자유공간이다)

① 1
② 2
③ 3
④ 5

17

저항의 크기가 1[Ω]인 전선이 있다. 전선의 체적을 동일하게 유지하면서 길이를 2배로 늘였을 때 전선의 저항[Ω]은?

① 0.5
② 1
③ 2
④ 4

18

반지름이 3[cm]인 원형 단면을 가지고 있는 환상 연철심에 코일을 감고 여기에 전류를 흘려서 철심 중의 자계 세기가 400[AT/m]가 되도록 여자할 때, 철심 중의 자속밀도는 약 몇 [Wb/m²]인가?(단, 철심의 비투자율은 400이라고 한다)

① 0.2
② 0.8
③ 1.6
④ 2.0

19

자기회로와 전기회로에 대한 설명으로 틀린 것은?

① 자기저항의 역수를 컨덕턴스라 한다.
② 자기회로의 투자율은 전기회로의 도전율에 대응된다.
③ 전기회로의 전류는 자기회로의 자속에 대응된다.
④ 자기저항의 단위는 [AT/Wb]이다.

20

서로 같은 2개의 구 도체에 동일 양의 전하로 대전시킨 후 20[cm] 떨어뜨린 결과 구 도체에 서로 8.6×10^{-4}[N]의 반발력이 작용하였다. 구 도체에 주어진 전하는 약 몇 [C]인가?

① 5.2×10^{-8}
② 6.2×10^{-8}
③ 7.2×10^{-8}
④ 8.2×10^{-8}

제2과목 전력공학

21

전력원선도에서 구할 수 없는 것은?

① 송·수전할 수 있는 최대 전력
② 필요한 전력을 보내기 위한 송·수전단 전압 간의 상차각
③ 선로 손실과 송전 효율
④ 과도극한전력

22

다음 중 그 값이 항상 1 이상인 것은?

① 부등률
② 부하율
③ 수용률
④ 전압강하율

23
송전전력, 송전거리, 전선로의 전력손실이 일정하고, 같은 재료의 전선을 사용한 경우 단상 2선식에 대한 3상 4선식의 1선당 전력비는 약 얼마인가?(단, 중성선은 외선과 같은 굵기이다)

① 0.7
② 0.87
③ 0.94
④ 1.15

24
3상용 차단기의 정격차단용량은?

① $\sqrt{3}$ ×정격전압×정격차단전류
② $\sqrt{3}$ ×정격전압×정격전류
③ 3×정격전압×정격차단전류
④ 3×정격전압×정격전류

25
개폐서지의 이상전압을 감쇄할 목적으로 설치하는 것은?

① 단로기
② 차단기
③ 리액터
④ 개폐저항기

26
부하의 역률을 개선할 경우 배전선로에 대한 설명으로 틀린 것은?(단, 다른 조건은 동일하다)

① 설비용량의 여유 증가
② 전압강하의 감소
③ 선로전류의 증가
④ 전력손실의 감소

27
수력발전소의 형식을 취수방법, 운용방법에 따라 분류할 수 있다. 다음 중 취수방법에 따른 분류가 아닌 것은?

① 댐 식
② 수로식
③ 조정지식
④ 유역 변경식

28
한류리액터를 사용하는 가장 큰 목적은?

① 충전전류의 제한
② 접지전류의 제한
③ 누설전류의 제한
④ 단락전류의 제한

29
66/22[kV], 2,000[kVA] 단상변압기 3대를 1뱅크로 운전하는 변전소로부터 전력을 공급받는 어떤 수전점에서의 3상 단락전류는 약 몇 [A]인가?(단, 변압기의 %리액턴스는 7이고, 선로의 임피던스는 0이다)

① 750
② 1,570
③ 1,900
④ 2,250

30
반지름 0.6[cm]인 경동선을 사용하는 3상 1회선 송전선에서 선간거리를 2[m]로 정삼각형 배치할 경우, 각 선의 인덕턴스[mH/km]는 약 얼마인가?

① 0.81
② 1.21
③ 1.51
④ 1.81

31
파동임피던스 $Z_1 = 500[\Omega]$인 선로에 파동임피던스 $Z_2 = 1,500[\Omega]$인 변압기가 접속되어 있다. 선로로부터 600[kV]의 전압파가 들어왔을 때, 접속점에서의 투과파 전압[kV]은?

① 300
② 600
③ 900
④ 1,200

32
원자력발전소에서 비등수형 원자로에 대한 설명으로 틀린 것은?

① 연료로 농축 우라늄을 사용한다.
② 냉각재로 경수를 사용한다.
③ 물을 원자로 내에서 직접 비등시킨다.
④ 가압수형 원자로에 비해 노심의 출력밀도가 높다.

정답 23 ② 24 ① 25 ④ 26 ③ 27 ③ 28 ④ 29 ④ 30 ② 31 ③ 32 ④

33
송배전선로의 고장전류 계산에서 영상 임피던스가 필요한 경우는?

① 3상 단락 계산
② 선간 단락 계산
③ 1선 지락 계산
④ 3선 단선 계산

34
증기 사이클에 대한 설명 중 틀린 것은?

① 랭킨사이클의 열효율은 초기 온도 및 초기 압력이 높을수록 효율이 크다.
② 재열사이클은 저압터빈에서 증기가 포화 상태에 가까워졌을 때 증기를 다시 가열하여 고압터빈으로 보낸다.
③ 재생사이클은 증기 원동기 내에서 증기의 팽창 도중에서 증기를 추출하여 급수를 예열한다.
④ 재열재생사이클은 재생사이클과 재열사이클을 조합하여 병용하는 방식이다.

35
다음 중 송전선로의 역섬락을 방지하기 위한 대책으로 가장 알맞은 방법은?

① 가공지선 설치
② 피뢰기 설치
③ 매설지선 설치
④ 소호각 설치

36
전원이 양단에 있는 환상선로의 단락보호에 사용되는 계전기는?

① 방향거리 계전기
② 부족전압 계전기
③ 선택접지 계전기
④ 부족전류 계전기

37
전력계통을 연계시켜서 얻는 이득이 아닌 것은?

① 배후 전력이 커져서 단락용량이 작아진다.
② 부하 증가 시 종합첨두부하가 저감된다.
③ 공급 예비력이 절감된다.
④ 공급 신뢰도가 향상된다.

38
배전선로에 3상 3선식 비접지 방식을 채용할 경우 나타나는 현상은?

① 1선 지락 고장 시 고장 전류가 크다.
② 1선 지락 고장 시 인접 통신선의 유도장해가 크다.
③ 고저압 혼촉고장 시 저압선의 전위상승이 크다.
④ 1선 지락 고장 시 건전상의 대지 전위상승이 크다.

39
선간전압이 V[kV]이고 3상 정격용량이 P[kVA]인 전력계통에서 리액턴스가 X[Ω]라고 할 때, 이 리액턴스를 %리액턴스로 나타내면?

① $\dfrac{XP}{10V}$
② $\dfrac{XP}{10V^2}$
③ $\dfrac{XP}{V^2}$
④ $\dfrac{10V^2}{XP}$

40
전력용콘덴서를 변전소에 설치할 때 직렬리액터를 설치하고자 한다. 직렬리액터의 용량을 결정하는 계산식은?(단, f_0는 전원의 기본주파수, C는 역률 개선용 콘덴서의 용량, L은 직렬리액터의 용량이다)

① $L = \dfrac{1}{(2\pi f_0)^2 C}$
② $L = \dfrac{1}{(5\pi f_0)^2 C}$
③ $L = \dfrac{1}{(6\pi f_0)^2 C}$
④ $L = \dfrac{1}{(10\pi f_0)^2 C}$

제3과목 전기기기

41
동기발전기 단절권의 특징이 아닌 것은?
① 코일 간격이 극 간격보다 작다.
② 전절권에 비해 합성 유기기전력이 증가한다.
③ 전절권에 비해 코일단이 짧게 되므로 재료가 절약된다.
④ 고조파를 제거해서 전절권에 비해 기전력의 파형이 좋아진다.

42
3상 변압기의 병렬운전조건으로 틀린 것은?
① 각 군의 임피던스가 용량에 비례할 것
② 각 변압기의 백분율 임피던스강하가 같을 것
③ 각 변압기의 권수비가 같고 1차와 2차의 정격전압이 같을 것
④ 각 변압기의 상회전 방향 및 1차와 2차 선간전압의 위상 변위가 같을 것

43
210/105[V]의 변압기를 그림과 같이 결선하고 고압측에 200[V]의 전압을 가하면 전압계의 지시는 몇 [V]인가?(단, 변압기는 가극성이다)

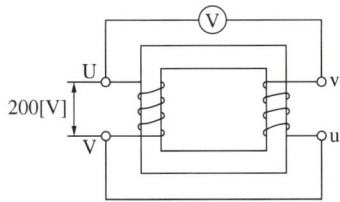

① 100
② 200
③ 300
④ 400

44
직류기의 권선을 단중 파권으로 감으면 어떻게 되는가?
① 저압 대전류용 권선이다.
② 균압환을 연결해야 한다.
③ 내부 병렬회로수가 극수만큼 생긴다.
④ 전기자 병렬회로수가 극수에 관계없이 언제나 2이다.

45
2상 교류 서보모터를 구동하는 데 필요한 2상 전압을 얻는 방법으로 널리 쓰이는 방법은?
① 2상 전원을 직접 이용하는 방법
② 환상 결선 변압기를 이용하는 방법
③ 여자권선에 리액터를 삽입하는 방법
④ 증폭기 내에서 위상을 조정하는 방법

46
4극, 중권, 총도체수 500, 극당 자속이 0.01[Wb]인 직류발전기가 100[V]의 기전력을 발생시키는 데 필요한 회전수는 몇 [rpm]인가?
① 800
② 1,000
③ 1,200
④ 1,600

47
3상 분권 정류자전동기에 속하는 것은?
① 톰슨 전동기
② 데리 전동기
③ 시라게 전동기
④ 애트킨슨 전동기

48
동기기의 안정도를 증진시키는 방법이 아닌 것은?
① 단락비를 크게 할 것
② 속응여자방식을 채용할 것
③ 정상 리액턴스를 크게 할 것
④ 영상 및 역상 임피던스를 크게 할 것

49
3상 유도전동기의 기계적 출력 P[kW], 회전수 N[rpm]인 전동기의 토크[N·m]는?

① $0.46\dfrac{P}{N}$ ② $0.855\dfrac{P}{N}$
③ $975\dfrac{P}{N}$ ④ $9,549.3\dfrac{P}{N}$

50
취급이 간단하고 기동시간이 짧아서 섬과 같이 전력계통에서 고립된 지역, 선박 등에 사용되는 소용량 전원용 발전기는?

① 터빈 발전기 ② 엔진 발전기
③ 수차 발전기 ④ 초전도 발전기

51
평형 6상 반파정류회로에서 297[V]의 직류전압을 얻기 위한 입력측 각 상전압은 약 몇 [V]인가?(단, 부하는 순수 저항부하이다)

① 110 ② 220
③ 380 ④ 440

52
단면적 10[cm²]인 철심에 200회의 권선을 감고, 이 권선에 60[Hz], 60[V]인 교류전압을 인가하였을 때 철심의 최대자속밀도는 약 몇 [Wb/m²]인가?

① 1.126×10^{-3} ② 1.126
③ 2.252×10^{-3} ④ 2.252

53
전력의 일부를 전원측에 반환할 수 있는 유도전동기의 속도제어법은?

① 극수 변환법 ② 크레머 방식
③ 2차 저항 가감법 ④ 세르비우스 방식

54
직류발전기를 병렬운전할 때 균압모선이 필요한 직류기는?

① 직권발전기, 분권발전기
② 복권발전기, 직권발전기
③ 복권발전기, 분권발전기
④ 분권발전기, 단극발전기

55
전부하로 운전하고 있는 50[Hz], 4극의 권선형 유도전동기가 있다. 전부하에서 속도를 1,440[rpm]에서 1,000[rpm]으로 변화시키자면 2차에 약 몇 [Ω]의 저항을 넣어야 하는가?(단, 2차 저항은 0.02[Ω]이다)

① 0.147 ② 0.18
③ 0.02   ④ 0.024

56
권선형 유도전동기 2대를 직렬종속으로 운전하는 경우 그 동기속도는 어떤 전동기의 속도와 같은가?

① 두 전동기 중 적은 극수를 갖는 전동기
② 두 전동기 중 많은 극수를 갖는 전동기
③ 두 전동기의 극수의 합과 같은 극수를 갖는 전동기
④ 두 전동기의 극수의 합의 평균과 같은 극수를 갖는 전동기

57
GTO 사이리스터의 특징으로 틀린 것은?

① 각 단자의 명칭은 SCR 사이리스터와 같다.
② 온(On) 상태에서는 양방향 전류특성을 보인다.
③ 온(On) 드롭(Drop)은 약 2~4[V]가 되어 SCR 사이리스터보다 약간 크다.
④ 오프(Off) 상태에서는 SCR 사이리스터처럼 양방향 전압저지능력을 갖고 있다.

58
포화되지 않은 직류발전기의 회전수가 4배로 증가되었을 때 기전력을 전과 같은 값으로 하려면 자속을 속도 변화 전에 비해 얼마로 하여야 하는가?

① $\frac{1}{2}$ ② $\frac{1}{3}$
③ $\frac{1}{4}$ ④ $\frac{1}{8}$

59
동기발전기의 단자부근에서 단락 시 단락전류는?

① 서서히 증가하여 큰 전류가 흐른다.
② 처음부터 일정한 큰 전류가 흐른다.
③ 무시할 정도의 작은 전류가 흐른다.
④ 단락된 순간은 크나, 점차 감소한다.

60
단권변압기에서 1차 전압 100[V], 2차 전압 110[V]인 단권변압기의 자기용량과 부하용량의 비는?

① $\frac{1}{10}$ ② $\frac{1}{11}$
③ 10 ④ 11

제4과목 회로이론 및 제어공학

61
그림과 같은 블록선도의 제어시스템에서 속도 편차 상수 K_v는 얼마인가?

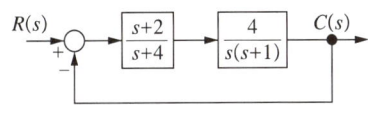

① 0 ② 0.5
③ 2 ④ ∞

62
근궤적의 성질 중 틀린 것은?

① 근궤적은 실수축을 기준으로 대칭이다.
② 점근선은 허수축상에서 교차한다.
③ 근궤적의 가지수는 특성방정식의 차수와 같다.
④ 근궤적은 개루프 전달함수의 극점으로부터 출발한다.

63
Routh-Hurwitz 안정도 판별법을 이용하여 특성방정식이 $s^3 + 3s^2 + 3s + 1 + K = 0$으로 주어진 제어시스템이 안정하기 위한 K의 범위를 구하면?

① $-1 \leq K < 8$
② $-1 < K \leq 8$
③ $-1 < K < 8$
④ $K < -1$ 또는 $K > 8$

64
$e(t)$의 z변환을 $E(z)$라고 했을 때 $e(t)$의 초깃값 $e(0)$는?

① $\lim_{z \to 1} E(z)$
② $\lim_{z \to \infty} E(z)$
③ $\lim_{z \to 1}(1 - z^{-1})E(z)$
④ $\lim_{z \to \infty}(1 - z^{-1})E(z)$

65
그림의 신호흐름선도에서 $\frac{C(s)}{R(s)}$는?

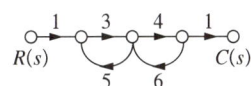

① $-\frac{2}{5}$ ② $-\frac{6}{19}$
③ $-\frac{12}{29}$ ④ $-\frac{12}{37}$

정답 58 ③ 59 ④ 60 ② 61 ③ 62 ② 63 ③ 64 ② 65 ②

66
전달함수가 $G(s) = \dfrac{10}{s^2+3s+2}$으로 표현되는 제어시스템에서 직류 이득은 얼마인가?

① 1　　　② 2
③ 3　　　④ 5

67
전달함수가 $\dfrac{C(s)}{R(s)} = \dfrac{25}{s^2+6s+25}$인 2차 제어시스템의 감쇠 진동 주파수($\omega_d$)는 몇 [rad/s]인가?

① 3　　　② 4
③ 5　　　④ 6

68
다음 논리식을 간단히 한 것은?

$$Y = \overline{A}BC\overline{D} + \overline{A}BCD + \overline{A}\,\overline{B}C\overline{D} + \overline{A}\,\overline{B}CD$$

① $Y = \overline{A}C$
② $Y = A\overline{C}$
③ $Y = AB$
④ $Y = BC$

69
폐루프 시스템에서 응답의 잔류 편차 또는 정상상태오차를 제거하기 위한 제어 기법은?

① 비례 제어
② 적분 제어
③ 미분 제어
④ On-Off 제어

70
시스템행렬 A가 다음과 같을 때 상태천이행렬을 구하면?

$$A = \begin{bmatrix} 0 & 1 \\ -2 & -3 \end{bmatrix}$$

① $\begin{bmatrix} 2e^t - e^{2t} & -e^t + e^{2t} \\ 2e^t - 2e^{2t} & -e^t - 2e^{2t} \end{bmatrix}$

② $\begin{bmatrix} 2e^{-t} - e^{-2t} & e^{-t} - e^{-2t} \\ -2e^{-t} + 2e^{-2t} & -e^{-t} - 2e^{-2t} \end{bmatrix}$

③ $\begin{bmatrix} 2e^{-t} - e^{-2t} & -e^{-t} + e^{-2t} \\ 2e^{-t} - 2e^{-2t} & -e^{-t} - 2e^{-2t} \end{bmatrix}$

④ $\begin{bmatrix} 2e^{-t} - e^{-2t} & e^{-t} - e^{-2t} \\ -2e^{-t} + 2e^{-2t} & -e^{-t} + 2e^{-2t} \end{bmatrix}$

71
대칭 3상 전압이 공급되는 3상 유도전동기에서 각 계기의 지시는 다음과 같다. 유도전동기의 역률은 약 얼마인가?

전력계(W_1) : 2.84[kW]
전력계(W_2) : 6.00[kW]
전압계(V) : 200[V]
전류계(A) : 30[A]

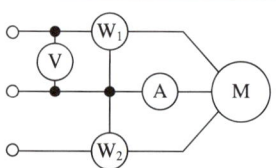

① 0.70　　　② 0.75
③ 0.80　　　④ 0.85

72
불평형 3상 전류 $I_a = 25 + j4$[A], $I_b = -18 - j16$[A], $I_c = 7 + j15$[A]일 때 영상전류 I_0[A]는?

① $2.67 + j$　　　② $2.67 + j2$
③ $4.67 + j$　　　④ $4.67 + j2$

73
△ 결선으로 운전 중인 3상 변압기에서 하나의 변압기 고장에 의해 V선으로 운전하는 경우, V결선으로 공급할 수 있는 전력은 고장 전 △ 결선으로 공급할 수 있는 전력에 비해 약 몇 [%]인가?

① 86.6 ② 75.0
③ 66.7 ④ 57.7

74
분포정수회로에서 직렬 임피던스를 Z, 병렬 어드미턴스를 Y라 할 때, 선로의 특성임피던스 Z_c는?

① ZY ② $\sqrt{ZY}$
③ $\sqrt{\dfrac{Y}{Z}}$ ④ $\sqrt{\dfrac{Z}{Y}}$

75
4단자 정수 A, B, C, D 중에서 전압이득의 차원을 가진 정수는?

① A ② B
③ C ④ D

76
그림과 같은 회로의 구동점 임피던스[Ω]는?

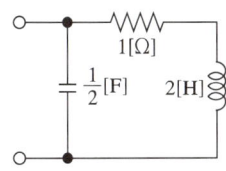

① $\dfrac{2(2s+1)}{2s^2+s+2}$

② $\dfrac{2s^2+s-2}{-2(2s+1)}$

③ $\dfrac{-2(2s+1)}{2s^2+s-2}$

④ $\dfrac{2s^2+s+2}{2(2s+1)}$

77
회로의 단자 a와 b 사이에 나타나는 전압 V_{ab}는 몇 [V]인가?

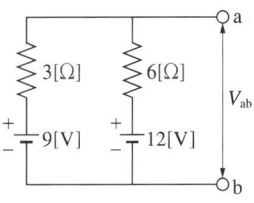

① 3 ② 9
③ 10 ④ 12

78
RL 직렬회로에 순시치 전압 $v(t)=20+100\sin\omega t+40\sin(3\omega t+60°)+40\sin 5\omega t$ [V]를 가할 때 제5고조파 전류의 실횻값 크기는 약 몇 [A]인가? (단, $R=4[\Omega]$, $\omega L=1[\Omega]$이다)

① 4.4 ② 5.66
③ 6.25 ④ 8.0

79
그림의 교류 브리지 회로가 평형이 되는 조건은?

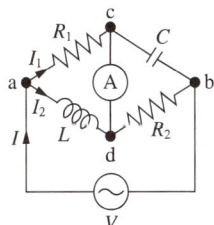

① $L=\dfrac{R_1 R_2}{C}$ ② $L=\dfrac{C}{R_1 R_2}$

③ $L=R_1 R_2 C$ ④ $L=\dfrac{R_2}{R_1}C$

80
$f(t)=t^n$의 라플라스 변환 식은?

① $\dfrac{n}{s^n}$ ② $\dfrac{n+1}{s^{n+1}}$

③ $\dfrac{n!}{s^{n+1}}$ ④ $\dfrac{n+1}{s^{n!}}$

정답 73 ④ 74 ④ 75 ① 76 ① 77 ③ 78 ① 79 ③ 80 ③

제5과목 전기설비기술기준

81
과전류차단기로 시설하는 퓨즈 중 고압전로에 사용하는 비포장 퓨즈는 정격전류 2배 전류 시 몇 분 안에 용단되어야 하는가?

① 1분 ② 2분
③ 5분 ④ 10분

82
옥내에 시설하는 저압전선에 나전선을 사용할 수 있는 경우는?

① 버스덕트공사에 의하여 시설하는 경우
② 금속덕트공사에 의하여 시설하는 경우
③ 합성수지관공사에 의하여 시설하는 경우
④ 후강전선관공사에 의하여 시설하는 경우

83
고압 가공전선로에 사용하는 가공지선은 지름 몇 [mm] 이상의 나경동선을 사용하여야 하는가?

① 2.6 ② 3.0
③ 4.0 ④ 5.0

84
사용전압이 35,000[V] 이하인 특고압 가공전선과 가공약전류 전선을 동일 지지물에 시설하는 경우, 특고압 가공전선로의 보안공사로 적합한 것은?

① 고압 보안공사
② 제1종 특고압 보안공사
③ 제2종 특고압 보안공사
④ 제3종 특고압 보안공사

85
그림은 전력선 반송통신용 결합장치의 보안장치이다. 여기에서 CC는 어떤 커패시터인가?

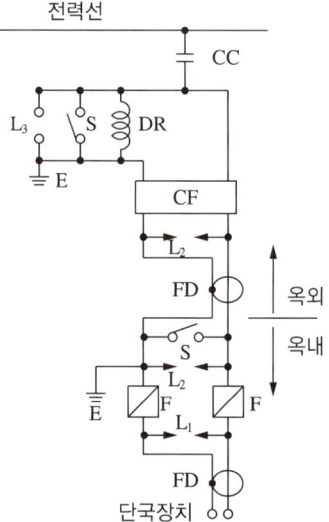

① 결합 커패시터
② 전력용 커패시터
③ 정류용 커패시터
④ 축전용 커패시터

86
수소냉각식 발전기 및 이에 부속하는 수소냉각장치의 시설에 대한 설명으로 틀린 것은?

① 발전기 안의 수소의 밀도를 계측하는 장치를 시설할 것
② 발전기 안의 수소의 순도가 85[%] 이하로 저하한 경우에 이를 경보하는 장치를 시설할 것
③ 발전기 안의 수소의 압력을 계측하는 장치 및 그 압력이 현저히 변동한 경우에 이를 경보하는 장치를 시설할 것
④ 발전기는 기밀구조의 것이고 또한 수소가 대기압에서 폭발하는 경우에 생기는 압력에 견디는 강도를 가지는 것일 것

87
※ KEC 규정 적용으로 문제 삭제

제2종 특고압 보안공사 시 지지물로 사용하는 철탑의 경간을 400[m] 초과로 하려면 몇 [mm²] 이상의 경동연선을 사용하여야 하는가?

① 38
② 55
③ 82
④ 100

88
목장에서 가축의 탈출을 방지하기 위하여 전기울타리를 시설하는 경우 전선은 인장강도가 몇 [kN] 이상의 것이어야 하는가?

① 1.38
② 2.78
③ 4.43
④ 5.93

89
다음 ( )에 들어갈 내용으로 옳은 것은?

> 전차선로는 무선설비의 기능에 계속적이고 또한 중대한 장해를 주는 ( )가 생길 우려가 있는 경우에는 이를 방지하도록 시설하여야 한다.

① 전 파
② 혼 촉
③ 단 락
④ 정전기

90
최대사용전압이 7[kV]를 초과하는 회전기의 절연내력시험은 최대사용전압의 몇 배의 전압(10,500[V] 미만으로 되는 경우에는 10,500[V])에서 10분간 견디어야 하는가?

① 0.92
② 1
③ 1.1
④ 1.25

91
※ KEC 규정 적용으로 문제 삭제

버스덕트공사에 의한 저압 옥내배선 시설공사에 대한 설명으로 틀린 것은?

① 덕트(환기형의 것을 제외)의 끝부분은 막지 말 것
② 사용전압이 400[V] 미만인 경우에는 덕트에 제3종 접지공사를 할 것
③ 덕트(환기형의 것을 제외)의 내부에 먼지가 침입하지 아니하도록 할 것
④ 사람이 접촉할 우려가 있고, 사용전압이 400[V] 이상인 경우에는 덕트에 특별 제3종 접지공사를 할 것

92
교량의 윗면에 시설하는 고압 전선로는 전선의 높이를 교량의 노면상 몇 [m] 이상으로 하여야 하는가?

① 3
② 4
③ 5
④ 6

93
저압의 전선로 중 절연부분의 전선과 대지 간의 절연저항은 사용전압에 대한 누설전류가 최대 공급전류의 얼마를 넘지 않도록 유지하여야 하는가?

① $\frac{1}{1,000}$
② $\frac{1}{2,000}$
③ $\frac{1}{3,000}$
④ $\frac{1}{4,000}$

94
※ KEC 규정 적용으로 문제 삭제

사용전압이 특고압인 전기집진장치에 전원을 공급하기 위해 케이블을 사람이 접촉할 우려가 없도록 시설하는 경우 방식 케이블 이외의 케이블의 피복에 사용하는 금속체에는 몇 종 접지공사로 할 수 있는가?

① 제1종 접지공사
② 제2종 접지공사
③ 제3종 접지공사
④ 특별 제3종 접지공사

정답 87 × 88 ① 89 ① 90 ④ 91 × 92 ③ 93 ② 94 ×

95
지중전선로에 사용하는 지중함의 시설기준으로 틀린 것은?
① 지중함은 견고하고 차량 기타 중량물의 압력에 견디는 구조일 것
② 지중함은 그 안의 고인 물을 제거할 수 있는 구조로 되어 있을 것
③ 지중함의 뚜껑은 시설자 이외의 자가 쉽게 열 수 없도록 시설할 것
④ 폭발성의 가스가 침입할 우려가 있는 것에 시설하는 지중함으로서 그 크기가 $0.5[m^3]$ 이상인 것에는 통풍장치 기타 가스를 방산시키기 위한 적당한 장치를 시설할 것

96
사람이 상시 통행하는 터널 안의 배선(전기기계기구 안의 배선, 관등회로의 배선, 소세력 회로의 전선 및 출퇴표시등 회로의 전선은 제외)의 시설기준에 적합하지 않은 것은?(단, 사용전압이 저압의 것에 한한다)
① 합성수지관공사로 시설하였다.
② 공칭단면적 $2.5[mm^2]$의 연동선을 사용하였다.
③ 애자사용공사 시 전선의 높이는 노면상 2[m]로 시설하였다.
④ 전로에는 터널의 입구 가까운 곳에 전용 개폐기를 시설하였다.

97
발전소에서 계측하는 장치를 시설하여야 하는 사항에 해당하지 않는 것은?
① 특고압용 변압기의 온도
② 발전기의 회전수 및 주파수
③ 발전기의 전압 및 전류 또는 전력
④ 발전기의 베어링(수중 메탈을 제외한다) 및 고정자의 온도

98
가공전선로의 지지물에 하중이 가하여지는 경우에 그 하중을 받는 지지물의 기초 안전율은 얼마 이상이어야 하는가?(단, 이상 시 상정하중은 무관)
① 1.5   ② 2.0
③ 2.5   ④ 3.0

99
금속제 외함을 가진 저압의 기계기구로서 사람이 쉽게 접촉될 우려가 있는 곳에 시설하는 경우 전기를 공급받는 전로에 지락이 생겼을 때 자동적으로 전로를 차단하는 장치를 설치하여야 하는 기계기구의 사용전압이 몇 [V]를 초과하는 경우인가?
① 30   ② 50
③ 100   ④ 150

100   ※ KEC 규정 적용으로 문제 삭제
케이블트레이공사에 사용하는 케이블트레이에 대한 기준으로 틀린 것은?
① 안전율은 1.5 이상으로 하여야 한다.
② 비금속제 케이블트레이는 수밀성 재료의 것이어야 한다.
③ 금속제 케이블트레이 계통은 기계적 및 전기적으로 완전하게 접속하여야 한다.
④ 저압 옥내배선의 사용전압이 400[V] 이상인 경우에는 금속제 트레이에 특별 제3종 접지공사를 하여야 한다.

2021년 제1회 기출문제

제1과목 전기자기학

01
평등 전계 중에 유전체 구에 의한 전속 분포가 그림과 같이 되었을 때 ε_1과 ε_2의 크기 관계는?

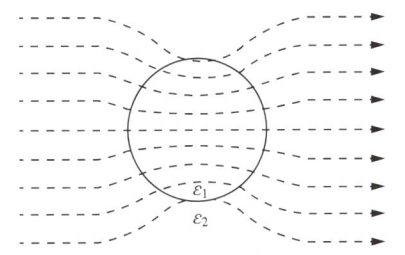

① $\varepsilon_1 > \varepsilon_2$
② $\varepsilon_1 < \varepsilon_2$
③ $\varepsilon_1 = \varepsilon_2$
④ $\varepsilon_1 \leq \varepsilon_2$

02
커패시터를 제조하는 데 4가지(A, B, C, D)의 유전재료가 있다. 커패시터 내의 전계를 일정하게 하였을 때, 단위체적당 가장 큰 에너지밀도를 나타내는 재료부터 순서대로 나열한 것은?(단, 유전재료 A, B, C, D의 비유전율은 각각 ε_{rA} = 8, ε_{rB} = 10, ε_{rC} = 2, ε_{rD} = 4이다)

① C > D > A > B
② B > A > D > C
③ D > A > C > B
④ A > B > D > C

03
정상전류계에서 $\nabla \cdot i = 0$에 대한 설명으로 틀린 것은?

① 도체 내에 흐르는 전류는 연속이다.
② 도체 내에 흐르는 전류는 일정하다.
③ 단위 시간당 전하의 변화가 없다.
④ 도체 내에 전류가 흐르지 않는다.

04
진공 내의 점 (2, 2, 2)에 10^{-9}의 전하가 놓여 있다. 점 (2, 5, 6)에서의 전계 E는 약 몇 [V/m]인가?(단, a_y, a_z는 단위벡터이다)

① $0.278a_y + 2.888a_z$
② $0.216a_y + 0.288a_z$
③ $0.288a_y + 0.216a_z$
④ $0.291a_y + 0.288a_z$

05
방송국 안테나 출력이 W[W]이고 이로부터 진공 중에 r[m] 떨어진 점에서 자계의 세기의 실효치는 약 몇 [A/m]인가?

① $\dfrac{1}{r}\sqrt{\dfrac{W}{377\pi}}$
② $\dfrac{1}{2r}\sqrt{\dfrac{W}{377\pi}}$
③ $\dfrac{1}{2r}\sqrt{\dfrac{W}{188\pi}}$
④ $\dfrac{1}{r}\sqrt{\dfrac{2W}{377\pi}}$

정답 1 ① 2 ② 3 ④ 4 ② 5 ②

06

반지름이 a[m]인 원형 도선 2개의 루프가 z축 상에 그림과 같이 놓인 경우 I[A]의 전류가 흐를 때 원형 전류 중심축상의 자계 H[A/m]는?(단, a_z, a_ϕ는 단위 벡터이다)

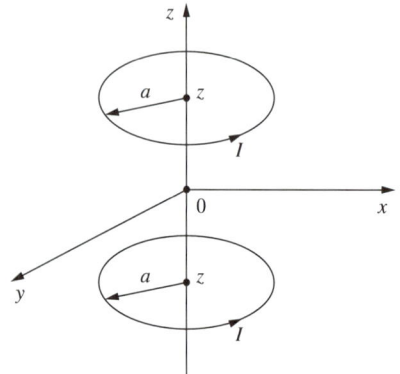

① $H = \dfrac{a^2 I}{(a^2+z^2)^{3/2}} a_\phi$

② $H = \dfrac{a^2 I}{(a^2+z^2)^{3/2}} a_z$

③ $H = \dfrac{a^2 I}{2(a^2+z^2)^{3/2}} a_\phi$

④ $H = \dfrac{a^2 I}{2(a^2+z^2)^{3/2}} a_z$

07

직교하는 무한 평판도체와 점전하에 의한 영상전하는 몇 개 존재하는가?

① 2 ② 3
③ 4 ④ 5

08

전하 e[C], 질량 m[kg]인 전자가 전계 E[V/m] 내에 놓여 있을 때 최초에 정지하고 있었다면 t초 후에 전자의 속도[m/s]는?

① $\dfrac{meE}{t}$ ② $\dfrac{me}{E}t$

③ $\dfrac{mE}{e}t$ ④ $\dfrac{Ee}{m}t$

09

그림과 같은 환상 솔레노이드 내의 철심 중심에서의 자계의 세기 H[AT/m]는?(단, 환상 철심의 평균 반지름은 r[m], 코일의 권수는 N회, 코일에 흐르는 전류는 I[A]이다)

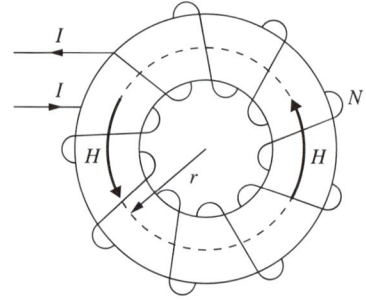

① $\dfrac{NI}{\pi r}$

② $\dfrac{NI}{2\pi r}$

③ $\dfrac{NI}{4\pi r}$

④ $\dfrac{NI}{2r}$

10

환상 솔레노이드 단면적이 S, 평균 반지름이 r, 권선수가 N이고 누설자속이 없는 경우 자기 인덕턴스의 크기는?

① 권선수 및 단면적에 비례한다.
② 권선수의 제곱 및 단면적에 비례한다.
③ 권선수의 제곱 및 평균 반지름에 비례한다.
④ 권선수의 제곱에 비례하고 단면적에 반비례한다.

11

다음 중 비투자율(μ_r)이 가장 큰 것은?

① 금 ② 은
③ 구 리 ④ 니 켈

12
한 변의 길이가 l[m]인 정사각형 도체에 전류 I[A]가 흐르고 있을 때 중심점 P에서의 자계의 세기는 몇 [A/m]인가?

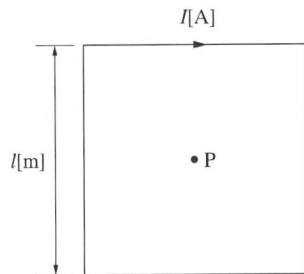

① $16\pi lI$
② $4\pi lI$
③ $\dfrac{\sqrt{3}\,\pi}{2l}I$
④ $\dfrac{2\sqrt{2}}{\pi l}I$

13
간격이 3[cm]이고 면적이 30[cm²]인 평판의 공기 콘덴서에 220[V]의 전압을 가하면 두 판 사이에 작용하는 힘은 약 몇 [N]인가?

① 6.3×10^{-6}
② 7.14×10^{-7}
③ 8×10^{-5}
④ 5.75×10^{-4}

14
비유전율이 2이고, 비투자율이 2인 매질 내에서의 전자파의 전파속도 v[m/s]와 진공 중의 빛의 속도 v_0[m/s] 사이 관계는?

① $v = \dfrac{1}{2}v_0$
② $v = \dfrac{1}{4}v_0$
③ $v = \dfrac{1}{6}v_0$
④ $v = \dfrac{1}{8}v_0$

15
영구자석의 재료로 적합한 것은?

① 잔류 자속밀도(B_r)는 크고, 보자력(H_c)은 작아야 한다.
② 잔류 자속밀도(B_r)는 작고, 보자력(H_c)은 커야 한다.
③ 잔류 자속밀도(B_r)와 보자력(H_c) 모두 작아야 한다.
④ 잔류 자속밀도(B_r)와 보자력(H_c) 모두 커야 한다.

16
전계 E[V/m], 전속밀도 D[C/m²], 유전율 $\varepsilon = \varepsilon_0\varepsilon_r$ [F/m], 분극의 세기 P[C/m²] 사이의 관계를 나타낸 것으로 옳은 것은?

① $P = D + \varepsilon_0 E$
② $P = D - \varepsilon_0 E$
③ $P = \dfrac{D+E}{\varepsilon_0}$
④ $P = \dfrac{D-E}{\varepsilon_0}$

17
동일한 금속 도선의 두 점 사이에 온도차를 주고 전류를 흘렸을 때 열의 발생 또는 흡수가 일어나는 현상은?

① 펠티에(Peltier) 효과
② 볼타(Volta) 효과
③ 제베크(Seebeck) 효과
④ 톰슨(Thomson) 효과

18
강자성체가 아닌 것은?

① 코발트
② 니켈
③ 철
④ 구리

정답 12 ④ 13 ② 14 ① 15 ④ 16 ② 17 ④ 18 ④

19
내구의 반지름이 2[cm], 외구의 반지름이 3[cm]인 동심 구 도체 간의 고유저항이 $1.884 \times 10^2[\Omega \cdot m]$인 저항 물질로 채워져 있을 때, 내외구 간의 합성 저항은 약 몇 [Ω]인가?

① 2.5
② 5.0
③ 250
④ 500

20
비투자율 $\mu_r = 800$, 원형 단면적이 $S = 10[cm^2]$, 평균 자로 길이 $l = 16\pi \times 10^{-2}[m]$의 환상 철심에 600회의 코일을 감고 이 코일에 1[A]의 전류를 흘리면 환상 철심 내부의 자속은 몇 [Wb]인가?

① 1.2×10^{-3}
② 1.2×10^{-5}
③ 2.4×10^{-3}
④ 2.4×10^{-5}

제2과목 전력공학

21
그림과 같은 유황곡선을 가진 수력지점에서 최대사용수량 0[C]로 1년간 계속 발전하는 데 필요한 저수지의 용량은?

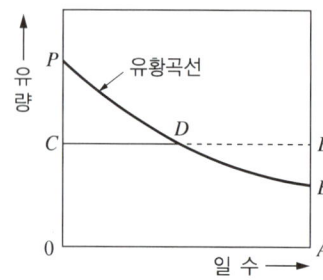

① 면적 $OCPBA$
② 면적 $OCDBA$
③ 면적 DEB
④ 면적 PCD

22
고장전류의 크기가 커질수록 동작시간이 짧게 되는 특성을 가진 계전기는?

① 순한시 계전기
② 정한시 계전기
③ 반한시 계전기
④ 반한시 정한시 계전기

23
접지봉으로 탑각의 접지저항값을 희망하는 접지저항값까지 줄일 수 없을 때 사용하는 것은?

① 가공지선
② 매설지선
③ 크로스본드선
④ 차폐선

24
3상 3선식 송전선에서 한 선의 저항이 10[Ω], 리액턴스가 20[Ω]이며, 수전단의 선간전압이 60[kV], 부하역률이 0.8인 경우에 전압강하율이 10[%]라 하면 이 송전선로로는 약 몇 [kW]까지 수전할 수 있는가?

① 10,000
② 12,000
③ 14,400
④ 18,000

25
배전선로의 주상변압기에서 고압 측 – 저압 측에 주로 사용되는 보호장치의 조합으로 적합한 것은?

① 고압 측 : 컷아웃 스위치, 저압 측 : 캐치홀더
② 고압 측 : 캐치홀더, 저압 측 : 컷아웃 스위치
③ 고압 측 : 리클로저, 저압 측 : 라인퓨즈
④ 고압 측 : 라인퓨즈, 저압 측 : 리클로저

26
%임피던스에 대한 설명으로 틀린 것은?
① 단위를 갖지 않는다.
② 절대량이 아닌 기준량에 대한 비를 나타낸 것이다.
③ 기기 용량의 크기와 관계없이 일정한 범위의 값을 갖는다.
④ 변압기나 동기기의 내부 임피던스에만 사용할 수 있다.

27
연료의 발열량이 430[kcal/kg]일 때, 화력발전소의 열효율[%]은?(단, 발전기 출력은 P_G[kW], 시간당 연료의 소비량은 B[kg/h]이다)

① $\dfrac{P_G}{B} \times 100$

② $\sqrt{2} \times \dfrac{P_G}{B} \times 100$

③ $\sqrt{3} \times \dfrac{P_G}{B} \times 100$

④ $2 \times \dfrac{P_G}{B} \times 100$

28
수용가의 수용률을 나타낸 식은?

① $\dfrac{\text{합성최대수용전력[kW]}}{\text{평균전력[kW]}} \times 100[\%]$

② $\dfrac{\text{평균전력[kW]}}{\text{합성최대수용전력[kW]}} \times 100[\%]$

③ $\dfrac{\text{부하설비합계[kW]}}{\text{최대수용전력[kW]}} \times 100[\%]$

④ $\dfrac{\text{최대수용전력[kW]}}{\text{부하설비합계[kW]}} \times 100[\%]$

29
화력발전소에서 증기 및 급수가 흐르는 순서는?
① 절탄기 → 보일러 → 과열기 → 터빈 → 복수기
② 보일러 → 절탄기 → 과열기 → 터빈 → 복수기
③ 보일러 → 과열기 → 절탄기 → 터빈 → 복수기
④ 절탄기 → 과열기 → 보일러 → 터빈 → 복수기

30
역률 0.8, 출력 320[kW]인 부하에 전력을 공급하는 변전소에 역률개선을 위해 전력용 콘덴서 140[kVA]를 설치했을 때 합성역률은?
① 0.93　　② 0.95
③ 0.97　　④ 0.99

31
용량 20[kVA]인 단상 주상 변압기에 걸리는 하루 동안의 부하가 처음 14시간 동안은 20[kW], 다음 10시간 동안은 10[kW]일 때, 이 변압기에 의한 하루 동안의 손실량[Wh]은?(단, 부하의 역률은 1로 가정하고, 변압기의 전 부하동손은 300[W], 철손은 100[W]이다)
① 6,850　　② 7,200
③ 7,350　　④ 7,800

32
통신선과 평행인 주파수 60[Hz]의 3상 1회선 송전선이 있다. 1선 지락 때문에 영상전류가 100[A] 흐르고 있다면 통신선에 유도되는 전자유도전압[V]은 약 얼마인가?(단, 영상전류는 전 전선에 걸쳐서 같으며, 송전선과 통신선과의 상호 인덕턴스는 0.06[mH/km], 그 평행 길이는 40[km]이다)
① 156.6　　② 162.8
③ 230.2　　④ 271.4

33

케이블 단선사고에 의한 고장점까지의 거리를 정전용량측정법으로 구하는 경우, 건전상의 정전용량이 C, 고장점까지의 정전용량이 C_x, 케이블의 길이가 l일 때 고장점까지의 거리를 나타내는 식으로 알맞은 것은?

① $\frac{C}{C_x} l$ ② $\frac{2 C_x}{C} l$
③ $\frac{C_x}{C} l$ ④ $\frac{C_x}{2 C} l$

34

전력 퓨즈(Power Fuse)는 고압, 특고압기기의 주로 어떤 전류의 차단을 목적으로 설치하는가?

① 충전전류 ② 부하전류
③ 단락전류 ④ 영상전류

35

송전선로에서 1선 지락 시에 건전상의 전압 상승이 가장 적은 접지방식은?

① 비접지방식
② 직접접지방식
③ 저항접지방식
④ 소호리액터접지방식

36

기준 선간전압 23[kV], 기준 3상 용량 5,000[kVA], 1선의 유도 리액턴스가 15[Ω]일 때 %리액턴스는?

① 28.36[%] ② 14.18[%]
③ 7.09[%] ④ 3.55[%]

37

전력원선도의 가로축과 세로축을 나타내는 것은?

① 전압과 전류
② 전압과 전력
③ 전류와 전력
④ 유효전력과 무효전력

38

송전선로에서의 고장 또는 발전기 탈락과 같은 큰 외란에 대하여 계통에 연결된 각 동기기가 동기를 유지하면서 계속 안정적으로 운전할 수 있는지를 판별하는 안정도는?

① 동태안정도(Dynamic Stability)
② 정태안정도(Steady-state Stability)
③ 전압안정도(Voltage Stability)
④ 과도안정도(Transient Stability)

39

정전용량이 C_1이고, V_1의 전압에서 Q_r의 무효전력을 발생하는 콘덴서가 있다. 정전용량을 변화시켜 2배로 승압된 전압($2V_1$)에서도 동일한 무효전력 Q_r을 발생시키고자 할 때, 필요한 콘덴서의 정전용량 C_2는?

① $C_2 = 4 C_1$ ② $C_2 = 2 C_1$
③ $C_2 = \frac{1}{2} C_1$ ④ $C_2 = \frac{1}{4} C_1$

40

송전선로의 고장전류계산에 영상 임피던스가 필요한 경우는?

① 1선 지락 ② 3상 단락
③ 3선 단선 ④ 선간 단락

제3과목 전기기기

41

3,300/220[V]의 단상 변압기 3대를 △-Y결선하고 2차 측 선간에 15[kW]의 단상 전열기를 접속하여 사용하고 있다. 결선을 △-△로 변경하는 경우 이 전열기의 소비전력은 몇 [kW]로 되는가?

① 5 ② 12
③ 15 ④ 21

42
히스테리시스 전동기에 대한 설명으로 틀린 것은?
① 유도전동기와 거의 같은 고정자이다.
② 회전자 극은 고정자 극에 비하여 항상 각도 δ_h 만큼 앞선다.
③ 회전자가 부드러운 외면을 가지므로 소음이 적으며, 순조롭게 회전시킬 수 있다.
④ 구속 시부터 동기속도만을 제외한 모든 속도 범위에서 일정한 히스테리시스 토크를 발생한다.

43
직류기에서 계자자속을 만들기 위하여 전자석의 권선에 전류를 흘리는 것을 무엇이라 하는가?
① 보 극
② 여 자
③ 보상권선
④ 자화작용

44
사이클로 컨버터(Cyclo Converter)에 대한 설명으로 틀린 것은?
① DC-DC Buck 컨버터와 동일한 구조이다.
② 출력주파수가 낮은 영역에서 많은 장점이 있다.
③ 시멘트공장의 분쇄기 등과 같이 대용량 저속 교류전동기 구종에 주로 사용된다.
④ 교류를 교류로 직접 변환하면서 전압과 주파수를 동시에 가변하는 전력변환기이다.

45
1차 전압은 3,300[V]이고 1차 측 무부하 전류는 0.15[A], 철손은 330[W]인 단상 변압기의 자화전류는 약 몇 [A]인가?
① 0.112
② 0.145
③ 0.181
④ 0.231

46
유도전동기의 안정 운전의 조건은?(단, T_m : 전동기 토크, T_L : 부하 토크, n : 회전수)
① $\dfrac{dT_m}{dn} < \dfrac{dT_L}{dn}$
② $\dfrac{dT_m}{dn} = \dfrac{dT_L^2}{dn}$
③ $\dfrac{dT_m}{dn} > \dfrac{dT_L}{dn}$
④ $\dfrac{dT_m}{dn} \neq \dfrac{dT_L^2}{dn}$

47
3상 권선형 유도전동기 기동 시 2차 측에 외부 가변저항을 넣는 이유는?
① 회전수 감소
② 기동전류 증가
③ 기동토크 증가
④ 기동전류 감소와 기동토크 증가

48
극수 40이며 전기자 권선은 파권, 전기자 도체수가 250인 직류발전기가 있다. 이 발전기가 1,200[rpm]으로 회전할 때 600[V]의 기전력을 유기하려면 1극당 자속은 몇 [Wb]인가?
① 0.04
② 0.05
③ 0.06
④ 0.07

49
발전기 회전자에 유도자를 주로 사용하는 발전기는?
① 수차발전기
② 엔진발전기
③ 터빈발전기
④ 고주파발전기

정답 42 ② 43 ② 44 ① 45 ① 46 ① 47 ④ 48 ③ 49 ④

50
BJT에 대한 설명으로 틀린 것은?
① Bipolar Junction Thyristor의 약자이다.
② 베이스 전류로 컬렉터 전류를 제어하는 전류제어 스위치이다.
③ MOSFET, IGBT 등의 전압제어 스위치보다 훨씬 큰 구동전력이 필요하다.
④ 회로기호 B, E, C는 각각 베이스(Base), 이미터(Emitter), 컬렉터(Collector)이다.

51
3상 유도전동기에서 회전자가 슬립 s로 회전하고 있을 때 2차 유기전압 E_{2s} 및 2차 주파수 f_{2s}와 s와의 관계는?(단, E_2는 회전자가 정지하고 있을 때 2차 유기기전력이며 f_1은 1차 주파수이다)
① $E_{2s} = sE_2$, $f_{2s} = sf_1$
② $E_{2s} = sE_2$, $f_{2s} = \dfrac{f_1}{s}$
③ $E_{2s} = \dfrac{E_2}{s}$, $f_{2s} = \dfrac{f_1}{s}$
④ $E_{2s} = (1-s)E_2$, $f_{2s} = (1-s)f_1$

52
전류계를 교체하기 위해 우선 변류기 2차 측을 단락시켜야 하는 이유는?
① 측정오차 방지
② 2차 측 절연 보호
③ 2차 측 과전류 보호
④ 1차 측 과전류 방지

53
단자전압 220[V], 부하전류 50[A]인 분권발전기의 유도기전력은 몇 [V]인가?(단, 여기서 전기자 저항은 0.2[Ω]이며, 계자전류 및 전기자 반작용은 무시한다)
① 200
② 210
③ 220
④ 230

54
기전력(1상)이 E_0이고 동기임피던스(1상)가 Z_s인 2대의 3상 동기발전기를 무부하로 병렬운전시킬 때 각 발전기의 기전력 사이에 δ_s의 위상차가 있으면 한쪽 발전기에서 다른 쪽 발전기로 공급되는 1상당의 전력 [W]은?
① $\dfrac{E_0}{Z_s}\sin\delta_s$
② $\dfrac{E_0}{Z_s}\cos\delta_s$
③ $\dfrac{E_0^2}{2Z_s}\sin\delta_s$
④ $\dfrac{E_0^2}{2Z_s}\cos\delta_s$

55
전압이 일정한 모선에 접속되어 역률 1로 운전하고 있는 동기전동기를 동기조상기로 사용하는 경우 여자전류를 증가시키면 이 전동기는 어떻게 되는가?
① 역률은 앞서고, 전기자전류는 증가한다.
② 역률은 앞서고, 전기자전류는 감소한다.
③ 역률은 뒤지고, 전기자전류는 증가한다.
④ 역률은 뒤지고, 전기자전류는 감소한다.

56
직류발전기의 전기자 반작용에 대한 설명으로 틀린 것은?
① 전기자 반작용으로 인하여 전기적 중성축을 이동시킨다.
② 정류자 편 간 전압이 불균일하게 되어 섬락의 원인이 된다.
③ 전기자 반작용이 생기면 주자속이 왜곡되고 증가하게 된다.
④ 전기자 반작용이란, 전기자전류에 의하여 생긴 자속이 계자에 의해 발생되는 주자속에 영향을 주는 현상을 말한다.

57

단상 변압기 2대를 병렬운전할 경우, 각 변압기의 부하전류를 I_a, I_b, 1차 측으로 환산한 임피던스를 Z_a, Z_b, 백분율 임피던스 강하를 z_a, z_b, 정격용량을 P_{an}, P_{bn}이라 한다. 이때 부하 분담에 대한 관계로 옳은 것은?

① $\dfrac{I_a}{I_b} = \dfrac{Z_a}{Z_b}$

② $\dfrac{I_a}{I_b} = \dfrac{P_{bn}}{P_{an}}$

③ $\dfrac{I_a}{I_b} = \dfrac{z_b}{z_a} \times \dfrac{P_{an}}{P_{bn}}$

④ $\dfrac{I_a}{I_b} = \dfrac{Z_a}{Z_b} \times \dfrac{P_{an}}{P_{bn}}$

58

단상 유도전압조정기에서 단락권선의 역할은?

① 철손 경감 ② 절연 보호
③ 전압강하 경감 ④ 전압조정 용이

59

동기리액턴스 $X_s = 10[\Omega]$, 전기자 권선저항 $r_a = 0.1[\Omega]$, 3상 중 1상의 유도기전력 $E = 6,400[V]$, 단자전압 $V = 4,000[V]$, 부하각 $\delta = 30°$이다. 비철극기인 3상 동기발전기의 출력은 약 몇 [kW]인가?

① 1,280 ② 3,840
③ 5,560 ④ 6,650

60

60[Hz], 6극의 3상 권선형 유도전동기가 있다. 이 전동기의 정격부하 시 회전수는 1,140[rpm]이다. 이 전동기를 같은 공급전압에서 전부하 토크로 기동하기 위한 외부저항은 몇 [Ω]인가?(단, 회전자 권선은 Y결선이며 슬립링 간의 저항은 0.1[Ω]이다)

① 0.5 ② 0.85
③ 0.95 ④ 1

제4과목 회로이론 및 제어공학

61

개루프 전달함수 $G(s)H(s)$로부터 근궤적을 작성할 때 실수축에서의 점근선의 교차점은?

$$G(s)H(s) = \frac{K(s-2)(s-3)}{s(s+1)(s+2)(s+4)}$$

① 2 ② 5
③ −4 ④ −6

62

특성 방정식이 $2s^4 + 10s^3 + 11s^2 + 5s + K = 0$으로 주어진 제어시스템이 안정하기 위한 조건은?

① $0 < K < 2$
② $0 < K < 5$
③ $0 < K < 6$
④ $0 < K < 10$

63

신호흐름선도에서 전달함수 $\left(\dfrac{C(s)}{R(s)}\right)$는?

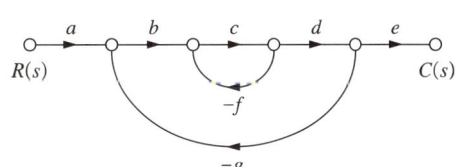

① $\dfrac{abcde}{1 - cg - bcdg}$

② $\dfrac{abcde}{1 - cf + bcdg}$

③ $\dfrac{abcde}{1 + cf - bcdg}$

④ $\dfrac{abcde}{1 + cf + bcdg}$

64
적분 시간 3[s], 비례 감도가 3인 비례적분동작을 하는 제어요소가 있다. 이 제어요소에 동작신호 $x(t) = 2t$를 주었을 때 조작량은 얼마인가?(단, 초기 조작량 $y(t)$는 0으로 한다)

① $t^2 + 2t$ ② $t^2 + 4t$
③ $t^2 + 6t$ ④ $t^2 + 8t$

65
$\overline{A} + \overline{B} \cdot \overline{C}$와 등가인 논리식은?

① $\overline{A \cdot (B+C)}$
② $\overline{A + B \cdot C}$
③ $\overline{A \cdot B + C}$
④ $\overline{A \cdot B} + C$

66
블록선도와 같은 단위 피드백 제어시스템의 상태방정식은?(단, 상태변수는 $x_1(t) = c(t)$, $x_2(t) = \dfrac{d}{dt}c(t)$로 한다)

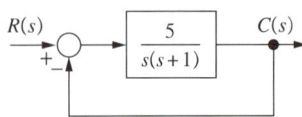

① $\dot{x}_1(t) = x_2(t)$
   $\dot{x}_2(t) = -5x_1(t) - x_2(t) + 5r(t)$
② $\dot{x}_1(t) = x_2(t)$
   $\dot{x}_2(t) = -5x_1(t) - x_2(t) - 5r(t)$
③ $\dot{x}_1(t) = -x_2(t)$
   $\dot{x}_2(t) = 5x_1(t) + x_2(t) - 5r(t)$
④ $\dot{x}_1(t) = -x_2(t)$
   $\dot{x}_2(t) = -5x_1(t) - x_2(t) + 5r(t)$

67
2차 제어시스템의 감쇠율(Damping Ratio, δ)이 $\delta < 0$인 경우 제어시스템의 과도응답 특성은?

① 발 산
② 무제동
③ 임계제동
④ 과제동

68
$e(t)$의 z변환을 $E(z)$라고 했을 때 $e(t)$의 최종값 $e(\infty)$은?

① $\lim\limits_{z \to 1} E(z)$
② $\lim\limits_{z \to \infty} E(z)$
③ $\lim\limits_{z \to 1} (1 - z^{-1}) E(z)$
④ $\lim\limits_{z \to \infty} (1 - z^{-1}) E(z)$

69
블록선도의 제어시스템은 단위 램프 입력에 대한 정상상태 오차(정상편차)가 0.01이다. 이 제어시스템의 제어요소인 $G_{C1}(s)$의 k는?

$$G_{C1}(s) = k, \quad G_{C2}(s) = \frac{1 + 0.1s}{1 + 0.2s},$$
$$G_P(s) = \frac{200}{s(s+1)(s+2)}$$

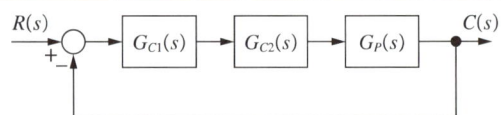

① 0.1   ② 1
③ 10   ④ 100

70
블록선도의 전달함수 $\left(\dfrac{C(s)}{R(s)}\right)$는?

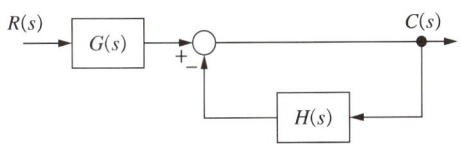

① $\dfrac{G(s)}{1+H(s)}$ ② $\dfrac{G(s)}{1+G(s)H(s)}$

③ $\dfrac{1}{1+H(s)}$ ④ $\dfrac{1}{1+G(s)H(s)}$

71
특성 임피던스가 400[Ω]인 회로 말단에 1,200[Ω]의 부하가 연결되어 있다. 전원 측에 20[kV]의 전압을 인가할 때 반사파의 크기[kV]는?(단, 선로에서의 전압 감쇠는 없는 것으로 간주한다)

① 3.3 ② 5
③ 10 ④ 33

72
그림과 같은 H형 4단자 회로망에서 4단자 정수(전송 파라미터) A는?(단, V_1은 입력전압이고, V_2는 출력전압이고, A는 출력 개방 시 회로망의 전압 이득 $\left(\dfrac{V_1}{V_2}\right)$이다)

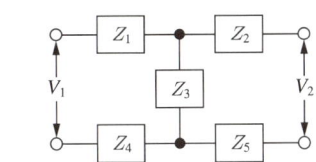

① $\dfrac{Z_1+Z_2+Z_3}{Z_3}$ ② $\dfrac{Z_1+Z_3+Z_4}{Z_3}$

③ $\dfrac{Z_2+Z_3+Z_5}{Z_3}$ ④ $\dfrac{Z_3+Z_4+Z_5}{Z_3}$

73
$F(s) = \dfrac{2s^2+s-3}{s(s^2+4s+3)}$의 라플라스 역변환은?

① $1-e^{-t}+2e^{-3t}$
② $1-e^{-t}-2e^{-3t}$
③ $-1-e^{-t}-2e^{-3t}$
④ $-1+e^{-t}+2e^{-3t}$

74
△결선된 평형 3상 부하로 흐르는 선전류가 I_a, I_b, I_c일 때, 이 부하로 흐르는 영상분 전류 I_0[A]는?

① $3I_a$ ② I_a
③ $\dfrac{1}{3}I_a$ ④ 0

75
저항 $R = 15[\Omega]$과 인덕턴스 $L = 3$[mH]를 병렬로 접속한 회로의 서셉턴스의 크기는 약 몇 [℧]인가?(단, $\omega = 2\pi \times 10^5$)

① 3.2×10^{-2} ② 8.6×10^{-3}
③ 5.3×10^{-4} ④ 4.9×10^{-5}

76
그림과 같이 △회로를 Y회로로 등가 변환하였을 때 임피던스 $Z_a[\Omega]$는?

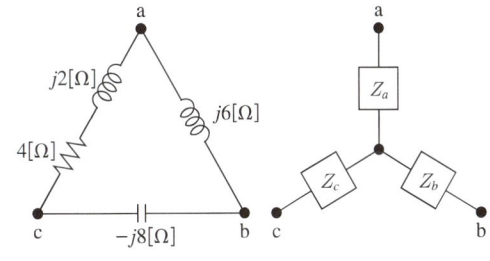

① 12 ② $-3+j6$
③ $4-j8$ ④ $6+j8$

77

회로에서 $t=0$초일 때 닫혀 있는 스위치 S를 열었다. 이때 $\dfrac{dv(0^+)}{dt}$의 값은?(단, C의 초기 전압은 0[V]이다)

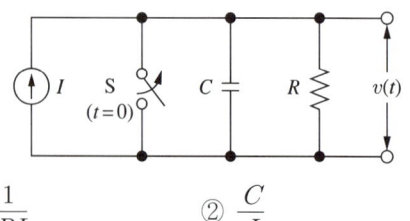

① $\dfrac{1}{RI}$
② $\dfrac{C}{I}$
③ RI
④ $\dfrac{I}{C}$

78

회로에서 전압 V_{ab}[V]는?

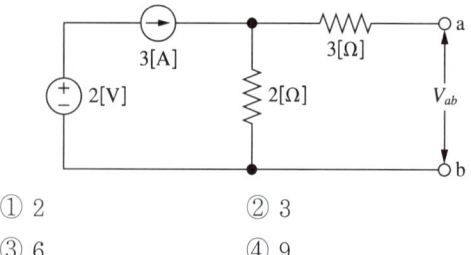

① 2
② 3
③ 6
④ 9

79

전압 및 전류가 다음과 같을 때 유효전력[W] 및 역률[%]은 각각 약 얼마인가?

$v(t) = 100\sin\omega t - 50\sin(3\omega t + 30°)$
$\quad\quad + 20\sin(5\omega t + 45°)$ [V]
$i(t) = 20\sin(\omega t + 30°) + 10\sin(3\omega t - 30°)$
$\quad\quad + 5\cos 5\omega t$ [A]

① 825[W], 48.6[%]
② 776.4[W], 59.7[%]
③ 1,120[W], 77.4[%]
④ 1,850[W], 89.6[%]

80

△결선된 대칭 3상 부하가 0.5[Ω]인 저항만의 선로를 통해 평형 3상 전압원에 연결되어 있다. 이 부하의 소비전력이 1,800[W]이고 역률이 0.8(지상)일 때, 선로에서 발생하는 손실이 50[W]이면 부하의 단자전압[V]의 크기는?

① 627
② 525
③ 326
④ 225

제5과목 전기설비기술기준

81

사용전압이 22.9[kV]인 가공전선로의 다중접지한 중성선과 첨가 통신선의 이격거리는 몇 [cm] 이상이어야 하는가?(단, 특고압 가공전선로는 중성선 다중접지식의 것으로 전로에 지락이 생긴 경우 2초 이내에 자동적으로 이를 전로로부터 차단하는 장치가 되어 있는 것으로 한다)

① 60
② 75
③ 100
④ 120

82

다음 (　)에 들어갈 내용으로 옳은 것은?

> 지중전선로는 기설 지중약전류전선로에 대하여 (ⓐ) 또는 (ⓑ)에 의하여 통신상의 장해를 주지 않도록 기설 약전류전선로로부터 충분히 이격시키거나 기타 적당한 방법으로 시설하여야 한다.

① ⓐ 누설전류, ⓑ 유도작용
② ⓐ 단락전류, ⓑ 유도작용
③ ⓐ 단락전류, ⓑ 정전작용
④ ⓐ 누설전류, ⓑ 정전작용

83
전격살충기의 전격격자는 지표 또는 바닥에서 몇 [m] 이상의 높은 곳에 시설하여야 하는가?

① 1.5
② 2
③ 2.8
④ 3.5

84
사용전압이 154[kV]인 모선에 접속되는 전력용 커패시터에 울타리를 시설하는 경우 울타리의 높이와 울타리로부터 충전 부분까지 거리의 합계는 몇 [m] 이상 되어야 하는가?

① 2
② 3
③ 5
④ 6

85
사용전압이 22.9[kV]인 가공전선이 삭도와 제1차 접근상태로 시설되는 경우, 가공전선과 삭도 또는 삭도용 지주 사이의 이격거리는 몇 [m] 이상으로 하여야 하는가?(단, 전선으로는 특고압 절연전선을 사용한다)

① 0.5
② 1
③ 2
④ 2.12

86
사용전압이 22.9[kV]인 가공전선로를 시가지에 시설하는 경우 전선의 지표상 높이는 몇 [m] 이상인가?(단, 전선은 특고압 절연전선을 사용한다)

① 6
② 7
③ 8
④ 10

87
저압 옥내배선에 사용하는 연동선의 최소 굵기는 몇 [mm^2]인가?

① 1.5
② 2.5
③ 4.0
④ 6.0

88
"리플프리(Ripple-free) 직류"란 교류를 직류로 변환할 때 리플성분의 실횻값이 몇 [%] 이하로 포함된 직류를 말하는가?

① 3
② 5
③ 10
④ 15

89
저압 전로에서 정전이 어려운 경우 등 절연저항 측정이 곤란한 경우 저항성분의 누설전류가 몇 [mA] 이하이면 그 전로의 절연성능은 적합한 것으로 보는가?

① 1
② 2
③ 3
④ 4

90
수소냉각식 발전기 및 이에 부속하는 수소냉각장치에 대한 시설기준으로 틀린 것은?

① 발전기 내부의 수소의 온도를 계측하는 장치를 시설할 것
② 발전기 내부의 수소의 순도가 70[%] 이하로 저하한 경우에 경보를 하는 장치를 시설할 것
③ 발전기는 기밀구조의 것이고 또한 수소가 대기압에서 폭발하는 경우에 생기는 압력에 견디는 강도를 가지는 것일 것
④ 발전기 내부의 수소의 압력을 계측하는 장치 및 그 압력이 현저히 변동한 경우에 이를 경보하는 장치를 시설할 것

91
※ KEC 규정 적용으로 문제 삭제

저압 절연전선으로 전기용품 및 생활용품 안전관리법의 적용을 받는 것 이외에 KS에 적합한 것으로서 사용할 수 없는 것은?

① 450/750[V] 고무절연전선
② 450/750[V] 비닐절연전선
③ 450/750[V] 알루미늄절연전선
④ 450/750[V] 저독성 난연 폴리올레핀절연전선

정답 83 ④ 84 ④ 85 ② 86 ③ 87 ② 88 ③ 89 ① 90 ② 91 ×

92
전기철도차량에 전력을 공급하는 전차선의 가선방식에 포함되지 않는 것은?
① 가공방식
② 강체방식
③ 제3레일방식
④ 지중조가선방식

93
금속제 가요전선관공사에 의한 저압 옥내배선의 시설기준으로 틀린 것은?
① 가요전선관 안에는 전선에 접속점이 없도록 한다.
② 옥외용 비닐절연전선을 제외한 절연전선을 사용한다.
③ 점검할 수 없는 은폐된 장소에는 1종 가요전선관을 사용할 수 있다.
④ 습기 많은 장소에 시설하는 때에는 비닐 피복 가요전선관으로 한다.

94
터널 안의 전선로의 저압전선이 그 터널 안의 다른 저압전선(관등회로의 배선은 제외한다)·약전류전선 등 또는 수관·가스관이나 이와 유사한 것과 접근하거나 교차하는 경우, 저압전선을 애자공사에 의하여 시설하는 때에는 이격거리가 몇 [cm] 이상이어야 하는가? (단, 전선이 나전선이 아닌 경우이다)
① 10
② 15
③ 20
④ 25

95
전기철도의 설비를 보호하기 위해 시설하는 피뢰기의 시설기준으로 틀린 것은?
① 피뢰기는 변전소 인입 측 및 급전선 인출 측에 설치하여야 한다.
② 피뢰기는 가능한 한 보호하는 기기와 가깝게 시설하되 누설전류 측정이 용이하도록 지지대와 절연하여 설치한다.
③ 피뢰기는 개방형을 사용하고 유효 보호거리를 증가시키기 위하여 방전개시전압 및 제한전압이 낮은 것을 사용한다.
④ 피뢰기는 가공전선과 직접 접속하는 지중케이블에서 낙뢰에 의해 절연파괴의 우려가 있는 케이블 단말에 설치하여야 한다.

96
전선의 단면적이 38[mm²]인 경동연선을 사용하고 지지물로는 B종 철주 또는 B종 철근 콘크리트주를 사용하는 특고압 가공전선로를 제3종 특고압 보안공사에 의하여 시설하는 경우 경간은 몇 [m] 이하이어야 하는가?
① 100
② 150
③ 200
④ 250

97
태양광설비에 시설하여야 하는 계측기의 계측대상에 해당하는 것은?
① 전압과 전류
② 전력과 역률
③ 전류와 역률
④ 역률과 주파수

98
교통신호등 회로의 사용전압이 몇 [V]를 넘는 경우는 전로에 지락이 생겼을 경우 자동적으로 전로를 차단하는 누전차단기를 시설하는가?
① 60
② 150
③ 300
④ 450

99

가공전선로의 지지물에 시설하는 지선으로 연선을 사용할 경우, 소선(素線)은 몇 가닥 이상이어야 하는가?

① 2
② 3
③ 5
④ 9

100

저압전로의 보호도체 및 중성선의 접속방식에 따른 접지계통의 분류가 아닌 것은?

① IT 계통
② TN 계통
③ TT 계통
④ TC 계통

정답 99 ② 100 ④

2021년 제2회 기출문제

제1과목 전기자기학

01
전기력선의 성질에 대한 설명으로 옳은 것은?
① 전기력선은 등전위면과 평행하다.
② 전기력선은 도체 표면과 직교한다.
③ 전기력선은 도체 내부에 존재할 수 있다.
④ 전기력선은 전위가 낮은 점에서 높은 점으로 향한다.

02
유전율 ε, 전계의 세기 E인 유전체의 단위체적당 축적되는 정전에너지는?
① $\dfrac{E}{2\varepsilon}$
② $\dfrac{\varepsilon E}{2}$
③ $\dfrac{\varepsilon E^2}{2}$
④ $\dfrac{\varepsilon^2 E^2}{2}$

03
와전류가 이용되고 있는 것은?
① 수중 음파 탐지기
② 레이더
③ 자기 브레이크(Magnetic Brake)
④ 사이클로트론(Cyclotron)

04
전계 $E = \dfrac{2}{x}\hat{x} + \dfrac{2}{y}\hat{y}$ [V/m]에서 점(3, 5)[m]를 통과하는 전기력선의 방정식은?(단, $\hat{x}$, $\hat{y}$는 단위벡터이다)
① $x^2 + y^2 = 12$
② $y^2 - x^2 = 12$
③ $x^2 + y^2 = 16$
④ $y^2 - x^2 = 16$

05
단면적이 균일한 환상철심에 권수 N_A인 A코일과 권수 N_B인 B코일이 있을 때, B코일의 자기 인덕턴스가 L_A[H]라면 두 코일의 상호 인덕턴스[H]는?(단, 누설자속은 0이다)
① $\dfrac{L_A N_A}{N_B}$
② $\dfrac{L_A N_B}{N_A}$
③ $\dfrac{N_A}{L_A N_B}$
④ $\dfrac{N_B}{L_A N_A}$

06
평등자계와 직각방향으로 일정한 속도로 발사된 전자의 원운동에 관한 설명으로 옳은 것은?
① 플레밍의 오른손 법칙에 의한 로렌츠의 힘과 원심력의 평형 원운동이다.
② 원의 반지름은 전자의 발사속도와 전계의 세기의 곱에 반비례한다.
③ 전자의 원운동 주기는 전자의 발사 속도와 무관한다.
④ 전자의 원운동 주파수는 전자의 질량에 비례한다.

07
전계 E[V/m]가 두 유전체의 경계면에 평행으로 작용하는 경우 경계면에 단위면적당 작용하는 힘의 크기는 몇 [N/m²]인가?(단, ε_1, ε_2는 각 유전체의 유전율이다)
① $f = E^2(\varepsilon_1 - \varepsilon_2)$
② $f = \dfrac{1}{E^2}(\varepsilon_1 - \varepsilon_2)$
③ $f = \dfrac{1}{2}E^2(\varepsilon_1 - \varepsilon_2)$
④ $f = \dfrac{1}{2E^2}(\varepsilon_1 - \varepsilon_2)$

08

진공 중의 평등자계 H_0 중에 반지름이 a[m]이고, 투자율이 μ인 구 자성체가 있다. 이 구 자성체의 감자율은?(단, 구 자성체 내부의 자계는 $H = \dfrac{3\mu_0}{2\mu_0 + \mu}H_0$ 이다)

① 1
② $\dfrac{1}{2}$
③ $\dfrac{1}{3}$
④ $\dfrac{1}{4}$

09

진공 중에 서로 떨어져 있는 두 도체 A, B가 있다. 도체 A에만 1[C]의 전하를 줄 때, 도체 A, B의 전위가 각각 3[V], 2[V]이었다. 지금 도체 A, B에 각각 1[C]과 2[C]의 전하를 주면 도체 A의 전위는 몇 [V]인가?

① 6
② 7
③ 8
④ 9

10

진공 중에 놓인 Q[C]의 전하에서 발산되는 전기력선의 수는?

① Q
② ε_0
③ $\dfrac{Q}{\varepsilon_0}$
④ $\dfrac{\varepsilon_0}{Q}$

11

비투자율이 50인 환상 철심을 이용하여 100[cm] 길이의 자기회로를 구성할 때 자기저항을 2.0×10^7[AT/Wb] 이하로 하기 위해서는 철심의 단면적을 약 몇 [m²] 이상으로 하여야 하는가?

① 3.6×10^{-4}
② 6.4×10^{-4}
③ 8.0×10^{-4}
④ 9.2×10^{-4}

12

한 변의 길이가 4[m]인 정사각형의 루프에 1[A]의 전류가 흐를 때, 중심점에서의 자속밀도 B는 약 몇 [Wb/m²]인가?

① 2.83×10^{-7}
② 5.65×10^{-7}
③ 11.31×10^{-7}
④ 14.14×10^{-7}

13

비투자율이 350인 환상철심 내부의 평균 자계의 세기가 342[AT/m]일 때 자화의 세기는 약 몇 [Wb/m²]인가?

① 0.12
② 0.15
③ 0.18
④ 0.21

14

전계 $E = \sqrt{2}\,E_e \sin\omega\left(t - \dfrac{x}{c}\right)$[V/m]의 평면 전자파가 있다. 진공 중에서 자계의 실횻값은 몇 [A/m]인가?

① $\dfrac{1}{4\pi}E_e$
② $\dfrac{1}{36\pi}E_e$
③ $\dfrac{1}{120\pi}E_e$
④ $\dfrac{1}{360\pi}E_e$

15

공기 중에서 반지름 0.03[m]의 구도체에 줄 수 있는 최대 전하는 약 몇 [C]인가?(단, 이 구도체의 주위 공기에 대한 절연내력은 5×10^6[V/m]이다)

① 5×10^{-7}
② 2×10^{-6}
③ 5×10^{-5}
④ 2×10^{-4}

16
공기 중에서 전자기파의 파장이 3[m]라면 그 주파수는 몇 [MHz]인가?

① 100
② 300
③ 1,000
④ 3,000

17
두 종류의 유전율(ε_1, ε_2)을 가진 유전체가 서로 접하고 있는 경계면에 진전하가 존재하지 않을 때 성립하는 경계조건으로 옳은 것은?(단, E_1, E_2는 각 유전체에서의 전계이고, D_1, D_2는 각 유전체에서의 전속밀도이고, θ_1, θ_2는 각각 경계면의 법선벡터와 E_1, E_2가 이루는 각이다)

① $E_1\cos\theta_1 = E_2\cos\theta_2$, $D_1\sin\theta_1 = D_2\sin\theta_2$,
$\dfrac{\tan\theta_1}{\tan\theta_2} = \dfrac{\varepsilon_2}{\varepsilon_1}$

② $E_1\cos\theta_1 = E_2\cos\theta_2$, $D_1\sin\theta_1 = D_2\sin\theta_2$,
$\dfrac{\tan\theta_1}{\tan\theta_2} = \dfrac{\varepsilon_1}{\varepsilon_2}$

③ $E_1\sin\theta_1 = E_2\sin\theta_2$, $D_1\cos\theta_1 = D_2\cos\theta_2$,
$\dfrac{\tan\theta_1}{\tan\theta_2} = \dfrac{\varepsilon_2}{\varepsilon_1}$

④ $E_1\sin\theta_1 = E_2\sin\theta_2$, $D_1\cos\theta_1 = D_2\cos\theta_2$,
$\dfrac{\tan\theta_1}{\tan\theta_2} = \dfrac{\varepsilon_1}{\varepsilon_2}$

18
공기 중에 있는 반지름 a[m]의 독립 금속구의 정전용량은 몇 [F]인가?

① $2\pi\varepsilon_0 a$
② $4\pi\varepsilon_0 a$
③ $\dfrac{1}{2\pi\varepsilon_0 a}$
④ $\dfrac{1}{4\pi\varepsilon_0 a}$

19
자속밀도가 10[Wb/m²]인 자계 중에 10[cm] 도체를 자계와 60°의 각도로 30[m/s]로 움직일 때, 이 도체에 유기되는 기전력은 몇 [V]인가?

① 15
② $15\sqrt{3}$
③ 1,500
④ $1,500\sqrt{3}$

20
원점에 1[μC]의 점전하가 있을 때 점 P(2, −2, 4)[m]에서의 전계의 세기에 대한 단위벡터는 약 얼마인가?

① $0.41a_x - 0.41a_y + 0.82a_z$
② $-0.33a_x + 0.33a_y - 0.66a_z$
③ $-0.41a_x + 0.41a_y - 0.82a_z$
④ $0.33a_x - 0.33a_y + 0.66a_z$

제2과목 전력공학

21
가공송전선로에서 총단면적이 같은 경우 단도체와 비교하여 복도체의 장점이 아닌 것은?

① 안정도를 증대시킬 수 있다.
② 공사비가 저렴하고 시공이 간편하다.
③ 전선표면의 전위경도를 감소시켜 코로나 임계전압이 높아진다.
④ 선로의 인덕턴스가 감소되고 정전용량이 증가해서 송전용량이 증대된다.

22
역률 0.8(지상)의 2,800[kW] 부하에 전력용 콘덴서를 병렬로 접속하여 합성역률을 0.9로 개선하고자 할 경우, 필요한 전력용 콘덴서의 용량[kVA]은 약 얼마인가?

① 372
② 558
③ 744
④ 1,116

23
컴퓨터에 의한 전력조류계산에서 슬랙(Slack)모선의 초기치로 지정하는 값은?(단, 슬랙모선을 기준 모선으로 한다)

① 유효전력과 무효전력
② 전압 크기와 유효전력
③ 전압 크기와 위상각
④ 전압 크기와 무효전력

24
3상용 차단기의 정격차단용량은?

① $\sqrt{3}$ × 정격전압 × 정격차단전류
② $3\sqrt{3}$ × 정격전압 × 정격전류
③ 3 × 정격전압 × 정격차단전류
④ $\sqrt{3}$ × 정격전압 × 정격전류

25
증기터빈 내에서 팽창 도중에 있는 증기를 일부 추기하여 그것이 갖는 열을 급수가열에 이용하는 열사이클은?

① 랭킨사이클
② 카르노사이클
③ 재생사이클
④ 재열사이클

26
부하전류 차단이 불가능한 전력개폐장치는?

① 진공차단기
② 유입차단기
③ 단로기
④ 가스차단기

27
전력계통에서 내부 이상전압의 크기가 가장 큰 경우는?

① 유도성 소전류 차단 시
② 수차발전기의 부하 차단 시
③ 무부하 선로 충전전류 차단 시
④ 송전선로의 부하 차단기 투입 시

28
그림과 같은 송전계통에서 S점에 3상 단락사고가 발생했을 때 단락전류[A]는 약 얼마인가?(단, 선로의 길이와 리액턴스는 각각 50[km], 0.6[Ω/km]이다)

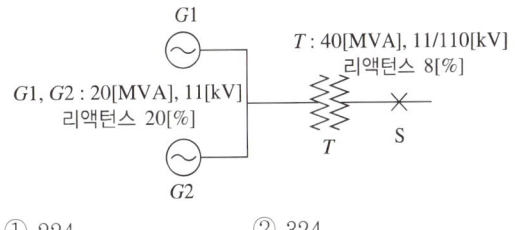

① 224
② 324
③ 454
④ 554

29
저압 배전선로에 대한 설명으로 틀린 것은?

① 저압 뱅킹방식은 전압변동을 경감할 수 있다.
② 밸런서(Balancer)는 단상 2선식에 필요하다.
③ 부하율(F)과 손실계수(H) 사이에는 $1 \geq F \geq H \geq F_2 \geq 0$의 관계가 있다.
④ 수용률이란 최대수용전력을 설비용량으로 나눈 값을 퍼센트로 나타낸 것이다.

30
망상(Network) 배전방식의 장점이 아닌 것은?

① 전압변동이 적다.
② 인축의 접지사고가 적어진다.
③ 부하의 증가에 대한 융통성이 크다.
④ 무정전 공급이 가능하다.

31
500[kVA]의 단상 변압기 상용 3대(결선 △-△), 예비 1대를 갖는 변전소가 있다. 부하의 증가로 인하여 예비 변압기까지 동원해서 사용한다면 응할 수 있는 최대 부하[kVA]는 약 얼마인가?
① 2,000
② 1,730
③ 1,500
④ 830

32
직격뢰에 대한 방호설비로 가장 적당한 것은?
① 복도체
② 가공지선
③ 서지흡수기
④ 정전방전기

33
최대수용전력이 3[kW]인 수용가가 3세대, 5[kW]인 수용가가 6세대라고 할 때, 이 수용가군에 전력을 공급할 수 있는 주상변압기의 최소 용량[kVA]은?(단, 역률은 1, 수용가 간의 부등률은 1.3이다)
① 25
② 30
③ 35
④ 40

34
배전용 변전소의 주변압기로 주로 사용되는 것은?
① 강압 변압기
② 체승 변압기
③ 단권 변압기
④ 3권선 변압기

35
비등수형 원자로의 특징에 대한 설명으로 틀린 것은?
① 증기 발생기가 필요하다.
② 저농축 우라늄을 원료로 사용한다.
③ 노심에서 비등을 일으킨 증기가 직접 터빈에 공급되는 방식이다.
④ 가압수형 원자로에 비해 출력밀도가 낮다.

36
송전단 전압을 V_s, 수전단 전압을 V_r, 선로의 리액턴스를 X라 할 때 정상 시의 최대 송전전력의 개략적인 값은?
① $\dfrac{V_s - V_r}{X}$
② $\dfrac{V_s^2 - V_r^2}{X}$
③ $\dfrac{V_s(V_s - V_r)}{X}$
④ $\dfrac{V_s V_r}{X}$

37
3상 3선식 송전선로에서 각 선의 대지정전용량이 0.5096[μF]이고, 선간정전용량이 0.1295[μF]일 때, 1선의 작용정전용량은 약 몇 [μF]인가?
① 0.6
② 0.9
③ 1.2
④ 1.8

38
전력계통의 전압을 조정하는 가장 보편적인 방법은?
① 발전기의 유효전력 조정
② 부하의 유효전력 조정
③ 계통의 주파수 조정
④ 계통의 무효전력 조정

39
선로, 기기 등의 절연 수준 저감 및 전력용 변압기의 단절연을 모두 행할 수 있는 중성점 접지방식은?
① 직접접지방식
② 소호리액터접지방식
③ 고저항접지방식
④ 비접지방식

40

단상 2선식 배전선로의 말단에 지상역률 $\cos\theta$ 인 부하 P [kW]가 접속되어 있고 선로 말단의 전압은 V [V]이다. 선로 한 가닥의 저항을 R [Ω]이라 할 때 송전단의 공급전력[kW]은?

① $P + \dfrac{P^2 R}{V\cos\theta} \times 10^3$

② $P + \dfrac{2P^2 R}{V\cos\theta} \times 10^3$

③ $P + \dfrac{P^2 R}{V^2 \cos^2\theta} \times 10^3$

④ $P + \dfrac{2P^2 R}{V^2 \cos^2\theta} \times 10^3$

제3과목 전기기기

41

부하전류가 크지 않을 때 직류 직권전동기 발생토크는?(단, 자기회로가 불포화인 경우이다)

① 전류에 비례한다.
② 전류에 반비례한다.
③ 전류의 제곱에 비례한다.
④ 전류의 제곱에 반비례한다.

42

동기발전기의 병렬운전 조건에서 같지 않아도 되는 것은?

① 기전력의 용량
② 기전력의 위상
③ 기전력의 크기
④ 기전력의 주파수

43

다이오드를 사용하는 정류회로에서 과대한 부하전류로 인하여 다이오드가 소손될 우려가 있을 때 가장 적절한 조치는 어느 것인가?

① 다이오드를 병렬로 추가한다.
② 다이오드를 직렬로 추가한다.
③ 다이오드 양단에 적당한 값의 저항을 추가한다.
④ 다이오드 양단에 적당한 값의 커패시터를 추가한다.

44

변압기의 권수를 N 이라고 할 때 누설리액턴스는?

① N 에 비례한다.
② N^2 에 비례한다.
③ N 에 반비례한다.
④ N^2 에 반비례한다.

45

50[Hz], 12극의 3상 유도전동기가 10[HP]의 정격출력을 내고 있을 때, 회전수는 약 몇 [rpm]인가?(단, 회전자 동손은 350[W]이고, 회전자 입력은 회전자 동손과 정격출력의 합이다)

① 468   ② 478
③ 488   ④ 500

46

8극, 900[rpm] 동기발전기와 병렬운전하는 6극 동기발전기의 회전수는 몇 [rpm]인가?

① 900   ② 1,000
③ 1,200 ④ 1,400

47

극수가 4극이고 전기자권선이 단중 중권인 직류발전기의 전기자전류가 40[A]이면 전기자권선의 각 병렬회로에 흐르는 전류[A]는?

① 4   ② 6
③ 8   ④ 10

정답 40 ④ 41 ③ 42 ① 43 ① 44 ② 45 ② 46 ③ 47 ④

48
변압기에서 생기는 철손 중 와류손(Eddy Current Loss)은 철심의 규소강판 두께와 어떤 관계에 있는가?

① 두께에 비례
② 두께의 2승에 비례
③ 두께의 3승에 비례
④ 두께의 $\frac{1}{2}$승에 비례

49
2전동기설에 의하여 단상 유도전동기의 가상적 2개의 회전자 중 정방향에 회전하는 회전자 슬립이 s이면 역방향에 회전하는 가상적 회전자의 슬립은 어떻게 표시되는가?

① $1+s$
② $1-s$
③ $2-s$
④ $3-s$

50
어떤 직류전동기가 역기전력 200[V], 매분 1,200회전으로 토크 158.76[N·m]를 발생하고 있을 때의 전기자 전류는 약 몇 [A]인가?(단, 기계손 및 철손은 무시한다)

① 90
② 95
③ 100
④ 105

51
와전류 손실을 패러데이 법칙으로 설명한 과정 중 틀린 것은?

① 와전류가 철심 내에 흘러 발열 발생
② 유도기전력 발생으로 철심에 와전류가 흐름
③ 와전류 에너지 손실량은 전류밀도에 반비례
④ 시변 자속으로 강자성체 철심에 유도기전력 발생

52
동기발전기에서 동기속도와 극수와의 관계를 옳게 표시한 것은?(단, N : 동기속도, P : 극수이다)

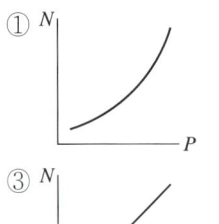
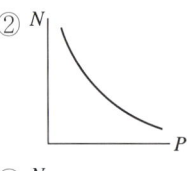
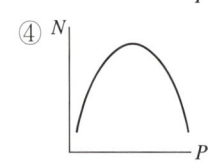

53
일반적인 DC 서보모터의 제어에 속하지 않는 것은?

① 역률제어
② 토크제어
③ 속도제어
④ 위치제어

54
변압기 단락시험에서 변압기의 임피던스전압이란?

① 1차 전류가 여자전류에 도달했을 때의 2차 측 단자 전압
② 1차 전류가 정격전류에 도달했을 때의 2차 측 단자 전압
③ 1차 전류가 정격전류에 도달했을 때의 변압기 내의 전압강하
④ 1차 전류가 2차 단락전류에 도달했을 때의 변압기 내의 전압강하

55
변압기의 주요시험 항목 중 전압변동률계산에 필요한 수치를 얻기 위한 필수적인 시험은?

① 단락시험
② 내전압시험
③ 변압비시험
④ 온도상승시험

56
단상 정류자전동기의 일종인 단상 반발전동기에 해당되는 것은?
① 시라게전동기
② 반발유도전동기
③ 아트킨손형전동기
④ 단상 직권 정류자전동기

57
3상 농형 유도전동기의 전전압 기동토크는 전부하토크의 1.8배이다. 이 전동기에 기동보상기를 사용하여 기동전압을 전전압의 2/3로 낮추어 기동하면, 기동토크는 전부하토크 T와 어떤 관계인가?
① $3.0T$
② $0.8T$
③ $0.6T$
④ $0.3T$

58
부스트(Boost) 컨버터의 입력전압이 45[V]로 일정하고, 스위칭 주기가 20[kHz], 듀티비(Duty Ratio)가 0.6, 부하저항이 10[Ω]일 때 출력전압은 몇 [V]인가?(단, 인덕터에는 일정한 전류가 흐르고 커패시터 출력전압의 리플성분은 무시한다)
① 27
② 67.5
③ 75
④ 112.5

59
동기전동기에 대한 설명으로 틀린 것은?
① 동기전동기는 주로 회전계자형이다.
② 동기전동기는 무효전력을 공급할 수 있다.
③ 동기전동기는 제동권선을 이용한 기동법이 일반적으로 많이 사용된다.
④ 3상 동기전동기의 회전방향을 바꾸려면 계자권선 전류의 방향을 반대로 한다.

60
10[kW], 3상 380[V] 유도전동기의 전부하전류는 약 몇 [A]인가?(단, 전동기의 효율은 85[%], 역률은 85[%]이다)
① 15
② 21
③ 26
④ 36

제4과목 회로이론 및 제어공학

61
그림의 블록선도와 같이 표현되는 제어시스템에서 $A=1$, $B=1$일 때, 블록선도의 출력 C는 약 얼마인가?

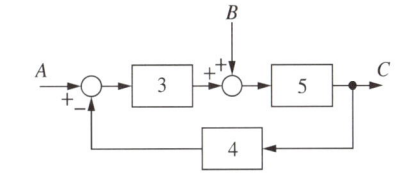

① 0.22
② 0.33
③ 1.22
④ 3.1

62
제어요소가 제어대상에 주는 양은?
① 동작신호
② 조작량
③ 제어량
④ 궤환량

63
다음과 같은 상태방정식으로 표현되는 제어시스템의 특성방정식의 근(s_1, s_2)은?

$$\begin{bmatrix}\dot{x}_1\\\dot{x}_2\end{bmatrix}=\begin{bmatrix}0 & 1\\-2 & -3\end{bmatrix}\begin{bmatrix}x_1\\x_2\end{bmatrix}+\begin{bmatrix}1\\0\end{bmatrix}u$$

① 1, -3
② -1, -2
③ -2, -3
④ -1, -3

64
전달함수가 $G_C(s) = \dfrac{s^2 + 3s + 5}{2s}$ 인 제어기가 있다. 이 제어기는 어떤 제어기인가?

① 비례미분제어기
② 적분제어기
③ 비례적분제어기
④ 비례미분적분제어기

65
제어시스템의 주파수 전달함수가 $G(j\omega) = j5\omega$ 이고, 주파수가 $\omega = 0.02$[rad/s]일 때 이 제어시스템의 이득[dB]은?

① 20
② 10
③ -10
④ -20

66
전달함수가 $\dfrac{C(s)}{R(s)} = \dfrac{1}{3s^2 + 4s + 1}$ 인 제어시스템의 과도 응답 특성은?

① 무제동
② 부족제동
③ 임계제동
④ 과제동

67
그림과 같은 제어시스템이 안정하기 위한 k의 범위는?

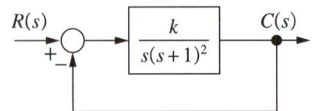

① $k > 0$
② $k > 1$
③ $0 < k < 1$
④ $0 < k < 2$

68
그림과 같은 제어시스템의 폐루프 전달함수 $T(s) = \dfrac{C(s)}{R(s)}$ 에 대한 감도 S_K^T는?

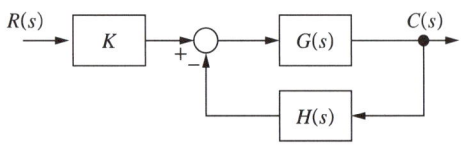

① 0.5
② 1
③ $\dfrac{G}{1 + GH}$
④ $\dfrac{-GH}{1 + GH}$

69
함수 $f(t) = e^{-at}$의 z변환 함수 $F(z)$는?

① $\dfrac{2z}{z - e^{aT}}$
② $\dfrac{1}{z + e^{aT}}$
③ $\dfrac{z}{z + e^{-aT}}$
④ $\dfrac{z}{z - e^{-aT}}$

70
다음 논리회로의 출력 Y는?

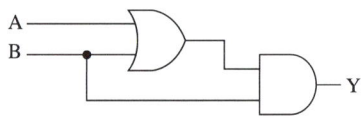

① A
② B
③ A + B
④ A · B

71
회로에서 저항 1[Ω]에 흐르는 전류 I[A]는?

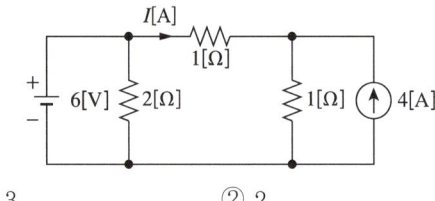

① 3
② 2
③ 1
④ -1

72
그림과 같은 평형 3상회로에서 전원 전압이 $V_{ab} = 200[V]$이고 부하 한 상의 임피던스가 $Z = 4 + j3[\Omega]$인 경우 전원과 부하 사이 선전류 I_a는 약 몇 [A]인가?

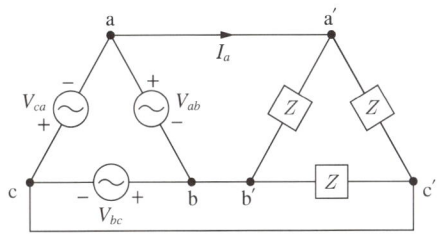

① $40\sqrt{3} \angle 36.87°$
② $40\sqrt{3} \angle -36.87°$
③ $40\sqrt{3} \angle 66.87°$
④ $40\sqrt{3} \angle -66.87°$

73
전압 $v(t) = 14.14\sin\omega t + 7.07\sin\left(3\omega t + \dfrac{\pi}{6}\right)[V]$ 의 실횻값은 약 몇 [V]인가?

① 3.87
② 11.2
③ 15.8
④ 21.2

74
그림 (a)와 같은 회로에 대한 구동점 임피던스의 극점과 영점이 각각 그림 (b)에 나타낸 것과 같고 $Z(0) = 1$일 때, 이 회로에서 $R[\Omega]$, $L[H]$, $C[F]$의 값은?

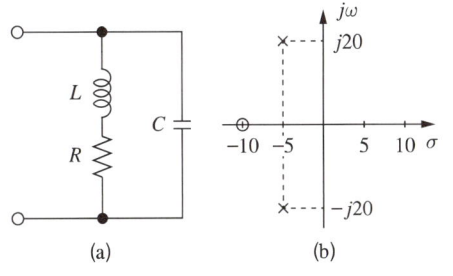

① $R = 1.0[\Omega]$, $L = 0.1[H]$, $C = 0.0235[F]$
② $R = 1.0[\Omega]$, $L = 0.2[H]$, $C = 1.0[F]$
③ $R = 2.0[\Omega]$, $L = 0.1[H]$, $C = 0.0235[F]$
④ $R = 2.0[\Omega]$, $L = 0.2[H]$, $C = 1.0[F]$

75
파형이 톱니파인 경우 파형률은 약 얼마인가?

① 1.155
② 1.732
③ 1.414
④ 0.577

76
정상상태에서 $t = 0$초인 순간에 스위치 S를 열었다. 이때 흐르는 전류 $i(t)$는?

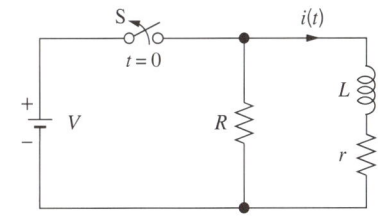

① $\dfrac{V}{R}e^{-\frac{R+r}{L}t}$
② $\dfrac{V}{r}e^{-\frac{R+r}{L}t}$
③ $\dfrac{V}{R}e^{-\frac{L}{R+r}t}$
④ $\dfrac{V}{r}e^{-\frac{L}{R+r}t}$

77
무한장 무손실 전송선로의 임의의 위치에서 전압이 100[V]이었다. 이 선로의 인덕턴스가 $7.5[\mu H/m]$이고, 커패시턴스가 $0.012[\mu F/m]$일 때 이 위치에서 전류[A]는?

① 2
② 4
③ 6
④ 8

78
선간전압이 150[V], 선전류가 $10\sqrt{3}$ [A], 역률이 80[%]인 평형 3상 유도성 부하로 공급되는 무효전력 [Var]은?

① 3,600
② 3,000
③ 2,700
④ 1,800

79
그림과 같은 함수의 라플라스 변환은?

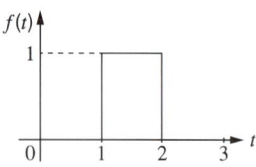

① $\dfrac{1}{s}(e^s - e^{2s})$

② $\dfrac{1}{s}(e^{-s} - e^{-2s})$

③ $\dfrac{1}{s}(e^{-2s} - e^{-s})$

④ $\dfrac{1}{s}(e^{-s} + e^{-2s})$

80
상의 순서가 $a-b-c$인 불평형 3상 전류가 $I_a = 15 + j2$ [A], $I_b = -20 - j14$ [A], $I_c = -3 + j10$ [A]일 때 영상분 전류 I_0는 약 몇 [A]인가?

① $2.67 + j0.38$
② $2.02 + j6.98$
③ $15.5 - j3.56$
④ $-2.67 - j0.67$

제5과목 전기설비기술기준

81
플로어덕트공사에 의한 저압 옥내배선에서 연선을 사용하지 않아도 되는 전선(동선)의 단면적은 최대 몇 [mm²]인가?

① 2
② 4
③ 6
④ 10

82
전기설비기술기준에서 정하는 안전원칙에 대한 내용으로 틀린 것은?

① 전기설비는 감전, 화재 그 밖에 사람에게 위해를 주거나 물건에 손상을 줄 우려가 없도록 시설하여야 한다.
② 전기설비는 다른 전기설비, 그 밖의 물건의 기능에 전기적 또는 자기적인 장해를 주지 않도록 시설하여야 한다.
③ 전기설비는 경쟁과 새로운 기술 및 사업의 도입을 촉진함으로써 전기사업의 건전한 발전을 도모하도록 시설하여야 한다.
④ 전기설비는 사용목적에 적절하고 안전하게 작동하여야 하며, 그 손상으로 인하여 전기 공급에 지장을 주지 않도록 시설하여야 한다.

83
아파트 세대 욕실에 "비데용 콘센트"를 시설하고자 한다. 다음의 시설방법 중 적합하지 않은 것은?

① 콘센트는 접지극이 없는 것을 사용한다.
② 습기가 많은 장소에 시설하는 콘센트는 방습장치를 하여야 한다.
③ 콘센트를 시설하는 경우에는 절연변압기(정격용량 3[kVA] 이하인 것에 한한다)로 보호된 전로에 접속하여야 한다.
④ 콘센트를 시설하는 경우에는 인체감전보호용 누전차단기(정격감도전류 15[mA] 이하, 동작시간 0.03초 이하의 전류동작형의 것에 한한다)로 보호된 전로에 접속하여야 한다.

84
특고압용 타냉식 변압기의 냉각장치에 고장이 생긴 경우를 대비하여 어떤 보호장치를 하여야 하는가?

① 경보장치
② 속도조정장치
③ 온도시험장치
④ 냉매흐름장치

정답 79 ② 80 ④ 81 ④ 82 ③ 83 ① 84 ①

85
하나 또는 복합하여 시설하여야 하는 접지극의 방법으로 틀린 것은?
① 지중 금속구조물
② 토양에 매설된 기초 접지극
③ 케이블의 금속외장 및 그 밖에 금속피복
④ 대지에 매설된 강화콘크리트의 용접된 금속보강재

86
옥내 배선공사 중 반드시 절연전선을 사용하지 않아도 되는 공사방법은?(단, 옥외용 비닐절연전선은 제외한다)
① 금속관공사
② 버스덕트공사
③ 합성수지관공사
④ 플로어덕트공사

87
지중 전선로를 직접 매설식에 의하여 차량 기타 중량물의 압력을 받을 우려가 있는 장소에 시설하는 경우 매설 깊이는 몇 [m] 이상으로 하여야 하는가?
① 0.6
② 1
③ 1.5
④ 2

88
돌침, 수평도체, 메시도체의 요소 중에 한 가지 또는 이를 조합한 형식으로 시설하는 것은?
① 접지극시스템
② 수뢰부시스템
③ 내부피뢰시스템
④ 인하도선시스템

89
변전소의 주요 변압기에 계측장치를 시설하여 측정하여야 하는 것이 아닌 것은?
① 역 률
② 전 압
③ 전 력
④ 전 류

90
풍력터빈에 설비의 손상을 방지하기 위하여 시설하는 운전상태를 계측하는 계측장치로 틀린 것은?
① 조도계
② 압력계
③ 온도계
④ 풍속계

91
일반 주택의 저압 옥내배선을 점검하였더니 다음과 같이 시설되어 있었을 경우 시설기준에 적합하지 않은 것은?
① 합성수지관의 지지점 간의 거리를 2[m]로 하였다.
② 합성수지관 안에서 전선의 접속점이 없도록 하였다.
③ 금속관공사에 옥외용 비닐절연전선을 제외한 절연전선을 사용하였다.
④ 인입구에 가까운 곳으로서 쉽게 개폐할 수 있는 곳에 개폐기를 각 극에 시설하였다.

92
사용전압이 170[kV] 이하의 변압기를 시설하는 변전소로서 기술원이 상주하여 감시하지는 않으나 수시로 순회하는 경우, 기술원이 상주하는 장소에 경보장치를 시설하지 않아도 되는 경우는?
① 옥내변전소에 화재가 발생한 경우
② 제어회로의 전압이 현저히 저하한 경우
③ 운전조작에 필요한 차단기가 자동적으로 차단한 후 재폐로한 경우
④ 수소냉각식 조상기는 그 조상기 안의 수소의 순도가 90[%] 이하로 저하한 경우

93
특고압 가공전선로의 지지물로 사용하는 B종 철주, B종 철근콘크리트주 또는 철탑의 종류에서 전선로의 지지물 양쪽의 경간의 차가 큰 곳에 사용하는 것은?
① 각도형 ② 인류형
③ 내장형 ④ 보강형

94
전식방지대책에서 매설금속체 측의 누설전류에 의한 전식의 피해가 예상되는 곳에 고려하여야 하는 방법으로 틀린 것은?
① 절연코팅
② 배류장치 설치
③ 변전소 간 간격 축소
④ 저준위 금속체를 접속

95
시가지에 시설하는 사용전압 170[kV] 이하인 특고압 가공전선로의 지지물이 철탑이고 전선이 수평으로 2 이상 있는 경우에 전선 상호 간의 간격이 4[m] 미만인 때에는 특고압 가공전선로의 경간은 몇 [m] 이하이어야 하는가?
① 100 ② 150
③ 200 ④ 250

96
전압의 종별에서 교류 600[V]는 무엇으로 분류하는가?
① 저 압 ② 고 압
③ 특고압 ④ 초고압

97
다음 ( )에 들어갈 내용으로 옳은 것은?

"동일 지지물에 저압 가공전선(다중접지된 중성선은 제외한다)과 고압 가공전선을 시설하는 경우 고압 가공전선을 저압 가공전선의 (㉠)로 하고, 별개의 완금류에 시설해야 하며, 고압 가공전선과 저압 가공전선 사이의 이격거리는 (㉡)[m] 이상으로 한다."

① ㉠ 아래 ㉡ 0.5
② ㉠ 아래 ㉡ 1
③ ㉠ 위 ㉡ 0.5
④ ㉠ 위 ㉡ 1

98
사용전압이 154[kV]인 전선로를 제1종 특고압 보안공사로 시설할 때 경동연선의 굵기는 몇 [mm²] 이상이어야 하는가?
① 55 ② 100
③ 150 ④ 200

99
지중 전선로에 사용하는 지중함의 시설기준으로 틀린 것은?
① 조명 및 세척이 가능한 장치를 하도록 할 것
② 견고하고 차량 기타 중량물의 압력에 견디는 구조일 것
③ 그 안의 고인 물을 제거할 수 있는 구조로 되어 있을 것
④ 뚜껑은 시설자 이외의 자가 쉽게 열 수 없도록 시설할 것

100
고압 가공전선로의 가공지선에 나경동선을 사용하려면 지름 몇 [mm] 이상의 것을 사용하여야 하는가?
① 2.0 ② 3.0
③ 4.0 ④ 5.0

제1과목 전기자기학

01

자기인덕턴스가 각각 L_1, L_2인 두 코일의 상호인덕턴스가 M일 때 결합계수는?

① $\dfrac{M}{L_1 L_2}$
② $\dfrac{L_1 L_2}{M}$
③ $\dfrac{M}{\sqrt{L_1 L_2}}$
④ $\dfrac{\sqrt{L_1 L_2}}{M}$

02

정상 전류계에서 J는 전류밀도, σ는 도전율, ρ는 고유저항, E는 전계의 세기일 때, 옴의 법칙의 미분형은?

① $J = \sigma E$
② $J = \dfrac{E}{\sigma}$
③ $J = \rho E$
④ $J = \rho \sigma E$

03

길이가 10[cm]이고 단면의 반지름이 1[cm]인 원통형 자성체가 길이 방향으로 균일하게 자화되어 있을 때 자화의 세기가 0.5[Wb/m²]이라면 이 자성체의 자기모멘트[Wb·m]는?

① 1.57×10^{-5}
② 1.57×10^{-4}
③ 1.57×10^{-3}
④ 1.57×10^{-2}

04

그림과 같이 공기 중 2개의 동심 구도체에서 내구(A)에만 전하 Q를 주고 외구(B)를 접지하였을 때 내구(A)의 전위는?

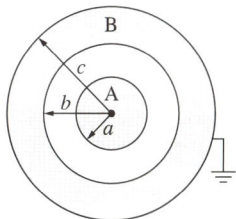

① $\dfrac{Q}{4\pi\varepsilon_0}\left(\dfrac{1}{a} - \dfrac{1}{b} + \dfrac{1}{c}\right)$
② $\dfrac{Q}{4\pi\varepsilon_0}\left(\dfrac{1}{a} - \dfrac{1}{b}\right)$
③ $\dfrac{Q}{4\pi\varepsilon_0} \cdot \dfrac{1}{c}$
④ 0

05

평행판 커패시터에 어떤 유전체를 넣었을 때 전속밀도가 4.8×10^{-7}[C/m²]이고 단위 체적당 정전에너지가 5.3×10^{-3}[J/m³]이었다. 이 유전체의 유전율은 약 몇 [F/m]인가?

① 1.15×10^{-11}
② 2.17×10^{-11}
③ 3.19×10^{-11}
④ 4.21×10^{-11}

06
히스테리시스 곡선에서 히스테리시스 손실에 해당하는 것은?
① 보자력의 크기
② 잔류자기의 크기
③ 보자력과 잔류자기의 곱
④ 히스테리시스 곡선의 면적

07
그림과 같이 극판의 면적이 $S[m^2]$인 평행판 커패시터에 유전율이 각각 $\varepsilon_1 = 4$, $\varepsilon_2 = 2$인 유전체를 채우고 a, b 양단에 $V[V]$의 전압을 인가했을 때 ε_1, ε_2인 유전체 내부의 전계의 세기 E_1과 E_2의 관계식은?(단, $\sigma[C/m^2]$는 면전하밀도이다)

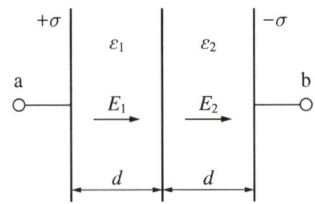

① $E_1 = 2E_2$
② $E_1 = 4E_2$
③ $2E_1 = E_2$
④ $E_1 = E_2$

08
간격이 $d[m]$이고 면적이 $S[m^2]$인 평행판 커패시터의 전극 사이에 유전율이 ε인 유전체를 넣고 전극 간에 $V[V]$의 전압을 가했을 때, 이 커패시터의 전극판을 떼어내는 데 필요한 힘의 크기[N]는?

① $\dfrac{1}{2\varepsilon}\dfrac{V^2}{d^2 S}$
② $\dfrac{1}{2\varepsilon}\dfrac{dV^2}{S}$
③ $\dfrac{1}{2}\varepsilon\dfrac{V}{d}S$
④ $\dfrac{1}{2}\varepsilon\dfrac{V^2}{d^2}S$

09
다음 중 기자력(Magnetomotive Force)에 대한 설명으로 틀린 것은?
① SI 단위는 암페어[A]이다.
② 전기회로의 기자력에 대응한다.
③ 자기회로의 자기저항과 자속의 곱과 동일하다.
④ 코일에 전류를 흘렸을 때 전류밀도와 코일의 권수의 곱의 크기와 같다.

10
유전율 ε, 투자율 μ인 매질 내에서 전자파의 전파속도는?
① $\sqrt{\dfrac{\mu}{\varepsilon}}$
② $\sqrt{\mu\varepsilon}$
③ $\sqrt{\dfrac{\varepsilon}{\mu}}$
④ $\dfrac{1}{\sqrt{\mu\varepsilon}}$

11
평균 반지름(r)이 20[cm], 단면적(S)이 6[cm²]인 환상철심에서 권선수(N)가 500회인 코일에 흐르는 전류(I)가 4[A]일 때 철심 내부에서의 자계의 세기(H)는 약 몇 [AT/m]인가?

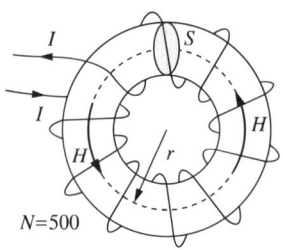

① 1,590
② 1,700
③ 1,870
④ 2,120

12
패러데이관(Faraday Tube)의 성질에 대한 설명으로 틀린 것은?

① 패러데이관 중에 있는 전속수는 그 관 속에 진전하가 없으면 일정하며 연속적이다.
② 패러데이관의 양단에는 양 또는 음의 단위 진전하가 존재하고 있다.
③ 패러데이관 한 개의 단위 전위차당 보유에너지는 $\frac{1}{2}$[J]이다.
④ 패러데이관의 밀도는 전속밀도와 같지 않다.

13
공기 중 무한평면도체의 표면으로부터 2[m] 떨어진 곳에 4[C]의 점전하가 있다. 이 점전하가 받는 힘은 몇 [N]인가?

① $\frac{1}{\pi\varepsilon_0}$
② $\frac{1}{4\pi\varepsilon_0}$
③ $\frac{1}{8\pi\varepsilon_0}$
④ $\frac{1}{16\pi\varepsilon_0}$

14
반지름이 r[m]인 반원형 전류 I[A]에 의한 반원의 중심(O)에서 자계의 세기[AT/m]는?

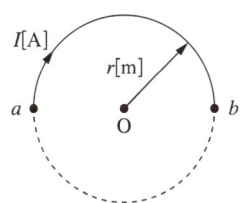

① $\frac{2I}{r}$
② $\frac{I}{r}$
③ $\frac{I}{2r}$
④ $\frac{I}{4r}$

15
진공 중에서 점(0, 1)[m]의 위치에 -2×10^{-9}[C]의 점전하가 있을 때, 점(2, 0)[m]에 있는 1[C]의 점전하에 작용하는 힘은 몇 [N]인가?(단, $\hat{x}$, $\hat{y}$는 단위벡터이다)

① $-\frac{18}{3\sqrt{5}}\hat{x}+\frac{36}{3\sqrt{5}}\hat{y}$
② $-\frac{36}{5\sqrt{5}}\hat{x}+\frac{18}{5\sqrt{5}}\hat{y}$
③ $-\frac{36}{3\sqrt{5}}\hat{x}+\frac{18}{3\sqrt{5}}\hat{y}$
④ $\frac{36}{5\sqrt{5}}\hat{x}+\frac{18}{5\sqrt{5}}\hat{y}$

16
내압이 2.0[kV]이고 정전용량이 각각 0.01[μF], 0.02[μF], 0.04[μF]인 3개의 커패시터를 직렬로 연결했을 때 전체 내압은 몇 [V]인가?

① 1,750
② 2,000
③ 3,500
④ 4,000

17
그림과 같이 단면적 S[m²]가 균일한 환상철심에 권수 N_1인 A코일과 권수 N_2인 B코일이 있을 때, A코일의 자기인덕턴스가 L_1[H]이라면 두 코일의 상호인덕턴스 M[H]는?(단, 누설자속은 0이다)

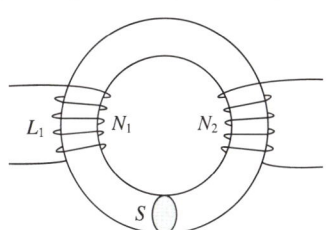

① $\frac{L_1 N_2}{N_1}$
② $\frac{N_2}{L_1 N_1}$
③ $\frac{L_1 N_1}{N_2}$
④ $\frac{N_1}{L_1 N_2}$

정답 12 ④ 13 ② 14 ④ 15 ② 16 ③ 17 ①

18

간격 d[m], 면적 S[m²]의 평행판 전극 사이에 유전율이 ε인 유전체가 있다. 전극 간에 $v(t) = V_m \sin\omega t$의 전압을 가했을 때, 유전체 속의 변위전류밀도[A/m²]는?

① $\dfrac{\varepsilon\omega V_m}{d}\cos\omega t$

② $\dfrac{\varepsilon\omega V_m}{d}\sin\omega t$

③ $\dfrac{\varepsilon V_m}{\omega d}\cos\omega t$

④ $\dfrac{\varepsilon V_m}{\omega d}\sin\omega t$

19

속도 v의 전자가 평등자계 내에 수직으로 들어갈 때, 이 전자에 대한 설명으로 옳은 것은?

① 구면 위에서 회전하고 구의 반지름은 자계의 세기에 비례한다.
② 원운동을 하고 원의 반지름은 자계의 세기에 비례한다.
③ 원운동을 하고 원의 반지름은 자계의 세기에 반비례한다.
④ 원운동을 하고 원의 반지름은 전자의 처음 속도의 제곱에 비례한다.

20

쌍극자 모멘트가 M[C·m]인 전기쌍극자에 의한 임의의 점 P에서의 전계의 크기는 전기쌍극자의 중심에서 축방향과 점 P를 잇는 선분 사이의 각이 얼마일 때 최대가 되는가?

① 0
② $\dfrac{\pi}{2}$
③ $\dfrac{\pi}{3}$
④ $\dfrac{\pi}{4}$

제2과목 전력공학

21

동작시간에 따른 보호계전기의 분류와 이에 대한 설명으로 틀린 것은?

① 순한시 계전기는 설정된 최소동작전류 이상의 전류가 흐르면 즉시 동작한다.
② 반한시 계전기는 동작시간이 전류값의 크기에 따라 변하는 것으로 전류값이 클수록 느리게 동작하고 반대로 전류값이 작아질수록 빠르게 동작하는 계전기이다.
③ 정한시 계전기는 설정된 값 이상의 전류가 흘렀을 때 동작 전류의 크기와는 관계없이 항상 일정한 시간 후에 동작하는 계전기이다.
④ 반한시·정한시 계전기는 어느 전류값까지는 반한시성이지만 그 이상이 되면 정한시로 동작하는 계전기이다.

22

환상선로의 단락보호에 주로 사용하는 계전방식은?

① 비율차동계전방식
② 방향거리계전방식
③ 과전류계전방식
④ 선택접지계전방식

23

옥내배선을 단상 2선식에서 단상 3선식으로 변경하였을 때, 전선 1선당 공급전력은 약 몇 배 증가하는가?(단, 선간전압(단상 3선식의 경우는 중성선과 타선 간의 전압), 선로전류(중성선의 전류 제외) 및 역률은 같다)

① 0.71
② 1.33
③ 1.41
④ 1.73

24
3상용 차단기의 정격차단용량은 그 차단기의 정격전압과 정격차단전류와의 곱을 몇 배한 것인가?

① $\dfrac{1}{\sqrt{2}}$ ② $\dfrac{1}{\sqrt{3}}$
③ $\sqrt{2}$ ④ $\sqrt{3}$

25
유효낙차 100[m], 최대유량 20[m³/s]의 수차가 있다. 낙차가 81[m]로 감소하면 유량[m³/s]은?(단, 수차에서 발생되는 손실 등은 무시하며 수차 효율은 일정하다)

① 15 ② 18
③ 24 ④ 30

26
단락용량 3,000[MVA]인 모선의 전압이 154[kV]라면 등가 모선 임피던스[Ω]는 약 얼마인가?

① 5.81 ② 6.21
③ 7.91 ④ 8.71

27
중성점 접지방식 중 직접접지 송전방식에 대한 설명으로 틀린 것은?

① 1선 지락사고 시 지락전류는 타접지방식에 비하여 최대로 된다.
② 1선 지락사고 시 지락계전기의 동작이 확실하고 선택차단이 가능하다.
③ 통신선에서의 유도장해는 비접지방식에 비하여 크다.
④ 기기의 절연레벨을 상승시킬 수 있다.

28
송전선에 직렬콘덴서를 설치하였을 때의 특징으로 틀린 것은?

① 선로 중에서 일어나는 전압강하를 감소시킨다.
② 송전전력의 증가를 꾀할 수 있다.
③ 부하역률이 좋을수록 설치효과가 크다.
④ 단락사고가 발생하는 경우 사고전류에 의하여 과전압이 발생한다.

29
수압철관의 안지름이 4[m]인 곳에서의 유속이 4[m/s]이다. 안지름이 3.5[m]인 곳에서의 유속[m/s]은 약 얼마인가?

① 4.2 ② 5.2
③ 6.2 ④ 7.2

30
경간이 200[m]인 가공전선로가 있다. 사용전선의 길이는 경간보다 약 몇 [m] 더 길어야 하는가?(단, 전선의 1[m]당 하중은 2[kg], 인장하중은 4,000[kg]이고, 풍압하중은 무시하며, 전선의 안전율은 2이다)

① 0.33 ② 0.61
③ 1.41 ④ 1.73

31
송전선로에서 현수 애자련의 연면 섬락과 가장 관계가 먼 것은?

① 댐 퍼 ② 철탑 접지저항
③ 현수 애자련의 개수 ④ 현수 애자련의 소손

32
전력계통의 중성점 다중 접지방식의 특징으로 옳은 것은?

① 통신선의 유도장해가 적다.
② 합성 접지저항이 매우 높다.
③ 건전상의 전위상승이 매우 높다.
④ 지락보호 계전기의 동작이 확실하다.

정답 24 ④ 25 ② 26 ③ 27 ④ 28 ③ 29 ② 30 ① 31 ① 32 ④

33
전력계통의 전압조정설비에 대한 특징으로 틀린 것은?
① 병렬콘덴서는 진상능력만을 가지며 병렬리액터는 진상능력이 없다.
② 동기조상기는 조정의 단계가 불연속적이나 직렬콘덴서 및 병렬리액터는 연속적이다.
③ 동기조상기는 무효전력의 공급과 흡수가 모두 가능하여 진상 및 지상용량을 갖는다.
④ 병렬리액터는 경부하 시에 계통 전압이 상승하는 것을 억제하기 위하여 초고압 송전선 등에 설치된다.

34
변압기 보호용 비율차동 계전기를 사용하여 △-Y 결선의 변압기를 보호하려고 한다. 이때 변압기 1, 2차 측에 설치하는 변류기의 결선방식은?(단, 위상 보정기능이 없는 경우이다)
① △-△
② △-Y
③ Y-△
④ Y-Y

35
송전선로에 단도체 대신 복도체를 사용하는 경우에 나타나는 현상으로 틀린 것은?
① 전선의 작용인덕턴스를 감소시킨다.
② 선로의 작용정전용량을 증가시킨다.
③ 전선 표면의 전위경도를 저감시킨다.
④ 전선의 코로나 임계전압을 저감시킨다.

36
어느 화력발전소에서 40,000[kWh]를 발전하는 데 발열량 860[kcal/kg]의 석탄이 60톤 사용된다. 이 발전소의 열효율[%]은 약 얼마인가?
① 56.7
② 66.7
③ 76.7
④ 86.7

37
가공송전선의 코로나 임계전압에 영향을 미치는 여러 가지 인자에 대한 설명 중 틀린 것은?
① 전선표면이 매끈할수록 임계전압이 낮아진다.
② 날씨가 흐릴수록 임계전압은 낮아진다.
③ 기압이 낮을수록, 온도가 높을수록 임계전압은 낮아진다.
④ 전선의 반지름이 클수록 임계전압은 높아진다.

38
송전선의 특성임피던스의 특징으로 옳은 것은?
① 선로의 길이가 길어질수록 값이 커진다.
② 선로의 길이가 길어질수록 값이 작아진다.
③ 선로의 길이에 따라 값이 변하지 않는다.
④ 부하용량에 따라 값이 변한다.

39
송전선로의 보호계전방식이 아닌 것은?
① 전류위상 비교방식
② 전류차동 보호계전방식
③ 방향비교방식
④ 전압균형방식

40
선로고장 발생 시 고장전류를 차단할 수 없어 리클로저와 같이 차단 기능이 있는 후비보호장치와 함께 설치되어야 하는 장치는?
① 배선용 차단기
② 유입개폐기
③ 컷아웃 스위치
④ 섹셔널라이저

제3과목 전기기기

41
3상 변압기를 병렬운전하는 조건으로 틀린 것은?
① 각 변압기의 극성이 같을 것
② 각 변압기의 %임피던스 강하가 같을 것
③ 각 변압기의 1차와 2차 정격전압과 변압비가 같을 것
④ 각 변압기의 1차와 2차 선간전압의 위상 변위가 다를 것

42
직류 직권전동기에서 분류 저항기를 직권권선에 병렬로 접속해 여자전류를 가감시켜 속도를 제어하는 방법은?
① 저항제어
② 전압제어
③ 계자제어
④ 직병렬제어

43
직류발전기의 특성곡선에서 각 축에 해당하는 항목으로 틀린 것은?
① 외부 특성곡선 : 부하전류와 단자전압
② 부하 특성곡선 : 계자전류와 단자전압
③ 내부 특성곡선 : 무부하전류와 단자전압
④ 무부하 특성곡선 : 계자전류와 유도기전력

44
60[Hz], 600[rpm]의 동기전동기에 직렬된 기동용 유도전동기의 극수는?
① 6
② 8
③ 10
④ 12

45
다이오드를 사용한 정류회로에서 다이오드를 여러 개 직렬로 연결하면 어떻게 되는가?
① 전력공급의 증대
② 출력전압의 맥동률을 감소
③ 다이오드를 과전류로부터 보호
④ 다이오드를 과전압으로부터 보호

46
4극, 60[Hz]인 3상 유도전동기가 있다. 1,725[rpm]으로 회전하고 있을 때, 2차 기전력의 주파수[Hz]는?
① 2.5
② 5
③ 7.5
④ 10

47
직류 분권전동기의 전압이 일정할 때 부하토크가 2배로 증가하면 부하전류는 약 몇 배가 되는가?
① 1
② 2
③ 3
④ 4

48
유도전동기의 슬립을 측정하려고 한다. 다음 중 슬립의 측정법이 아닌 것은?
① 수화기법
② 직류 밀리볼트계법
③ 스트로보스코프법
④ 프로니브레이크법

49
정격출력 10,000[kVA], 정격전압 6,600[V], 정격역률 0.8인 3상 비돌극 동기발전기가 있다. 여자를 정격 상태로 유지할 때 이 발전기의 최대출력은 약 몇 [kW]인가?(단, 1상의 동기 리액턴스를 0.9[pu]라 하고 저항은 무시한다)
① 17,089
② 18,889
③ 21,259
④ 23,619

정답 41 ④ 42 ③ 43 ③ 44 ③ 45 ④ 46 ① 47 ② 48 ④ 49 ②

50
단상 반파정류회로에서 직류전압의 평균값 210[V]를 얻는 데 필요한 변압기 2차 전압의 실횻값은 약 몇 [V]인가?(단, 부하는 순저항이고, 정류기의 전압강하 평균값은 15[V]로 한다)

① 400
② 433
③ 500
④ 566

51
변압기유에 요구되는 특성으로 틀린 것은?

① 점도가 클 것
② 응고점이 낮을 것
③ 인화점이 높을 것
④ 절연내력이 클 것

52
100[kVA], 2,300/115[V], 철손 1[kW], 전부하동손 1.25[kW]의 변압기가 있다. 이 변압기는 매일 무부하로 10시간, $\frac{1}{2}$ 정격부하 역률 1에서 8시간, 전부하 역률 0.8(지상)에서 6시간 운전하고 있다면 전일효율은 약 몇 [%]인가?

① 93.3
② 94.3
③ 95.3
④ 96.3

53
3상 유도전동기에서 고조파 회전자계가 기본파 회전 방향과 역방향인 고조파는?

① 제3고조파
② 제5고조파
③ 제7고조파
④ 제13고조파

54
직류 분권전동기의 기동 시에 정격전압을 공급하면 전기자전류가 많이 흐르다가 회전속도가 점점 증가함에 따라 전기자전류가 감소하는 원인은?

① 전기자 반작용의 증가
② 전기자권선의 저항 증가
③ 브러시의 접촉저항 증가
④ 전동기의 역기전력 상승

55
변압기의 전압변동률에 대한 설명으로 틀린 것은?

① 일반적으로 부하변동에 대하여 2차 단자전압의 변동이 작을수록 좋다.
② 전부하 시와 무부하 시의 2차 단자전압이 서로 다른 정도를 표시하는 것이다.
③ 인가전압이 일정한 상태에서 무부하 2차 단자전압에 반비례한다.
④ 전압변동률은 전등의 광도, 수명, 전동기의 출력 등에 영향을 미친다.

56
1상의 유도기전력이 6,000[V]인 동기발전기에서 1분간 회전수를 900[rpm]에서 1,800[rpm]으로 하면 유도기전력은 약 몇 [V]인가?

① 6,000
② 12,000
③ 24,000
④ 36,000

57
변압기 내부고장 검출을 위해 사용하는 계전기가 아닌 것은?

① 과전압계전기
② 비율차동계전기
③ 부흐홀츠계전기
④ 충격압력계전기

58
권선형 유도전동기의 2차 여자법 중 2차 단자에서 나오는 전력을 동력으로 바꿔서 직류전동기에 가하는 방식은?

① 회생방식
② 크레머방식
③ 플러깅방식
④ 세르비우스방식

59
동기조상기의 구조상 특징으로 틀린 것은?

① 고정자는 수차발전기와 같다.
② 안전운전용 제동권선이 설치된다.
③ 계자코일이나 자극이 대단히 크다.
④ 전동기 축은 동력을 전달하는 관계로 비교적 굵다.

60
75[W] 이하의 소출력 단상 직권정류자 전동기의 용도로 적합하지 않은 것은?

① 믹 서
② 소형 공구
③ 공작기계
④ 치과의료용

제4과목 회로이론 및 제어공학

61
그림의 제어시스템이 안정하기 위한 K의 범위는?

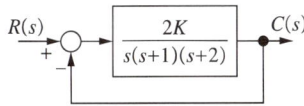

① $0 < K < 3$
② $0 < K < 4$
③ $0 < K < 5$
④ $0 < K < 6$

62
블록선도의 전달함수가 $\dfrac{C(s)}{R(s)} = 10$과 같이 되기 위한 조건은?

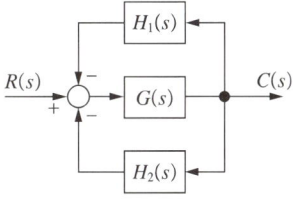

① $G(s) = \dfrac{1}{1 - H_1(s) - H_2(s)}$
② $G(s) = \dfrac{10}{1 - H_1(s) - H_2(s)}$
③ $G(s) = \dfrac{1}{1 - 10H_1(s) - 10H_2(s)}$
④ $G(s) = \dfrac{10}{1 - 10H_1(s) - 10H_2(s)}$

63
주파수 전달함수가 $G(j\omega) = \dfrac{1}{j100\omega}$ 인 제어시스템에서 $\omega = 1.0$ [rad/s]일 때의 이득[dB]과 위상각은 각각 얼마인가?

① 20[dB], 90°
② 40[dB], 90°
③ −20[dB], −90°
④ −40[dB], −90°

64
개루프 전달함수가 다음과 같은 제어시스템의 근궤적이 $j\omega$(허수)축과 교차할 때 K는 얼마인가?

$$G(s)H(s) = \dfrac{K}{s(s+3)(s+4)}$$

① 30
② 48
③ 84
④ 180

65

그림과 같은 신호흐름선도에서 $\dfrac{C(s)}{R(s)}$ 는?

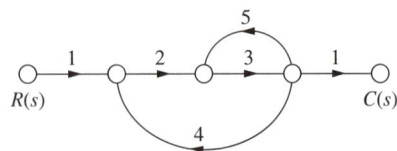

① $-\dfrac{6}{38}$ ② $\dfrac{6}{38}$

③ $-\dfrac{6}{41}$ ④ $\dfrac{6}{41}$

66

단위계단 함수 $u(t)$를 z 변환하면?

① $\dfrac{1}{z-1}$ ② $\dfrac{z}{z-1}$

③ $\dfrac{1}{Tz-1}$ ④ $\dfrac{Tz}{Tz-1}$

67

제어요소의 표준 형식인 적분요소에 대한 전달함수는?(단, K는 상수이다)

① Ks ② $\dfrac{K}{s}$

③ K ④ $\dfrac{K}{1+Ts}$

68

그림의 논리회로와 등가인 논리식은?

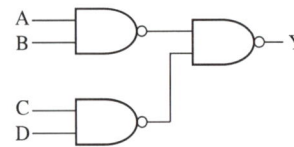

① $Y = A \cdot B \cdot C \cdot D$
② $Y = A \cdot B + C \cdot D$
③ $Y = \overline{A \cdot B} + \overline{C \cdot D}$
④ $Y = (\overline{A} + \overline{B}) \cdot (\overline{C} + \overline{D})$

69

다음과 같은 상태방정식으로 표현되는 제어시스템에 대한 특성방정식의 근(s_1, s_2)은?

$$\begin{bmatrix} \dot{x}_1 \\ \dot{x}_2 \end{bmatrix} = \begin{bmatrix} 0 & -3 \\ 2 & -5 \end{bmatrix} \begin{bmatrix} x_1 \\ x_2 \end{bmatrix} + \begin{bmatrix} 1 \\ 0 \end{bmatrix} u$$

① 1, −3
② −1, −2
③ −2, −3
④ −1, −3

70

블록선도의 제어시스템은 단위램프입력에 대한 정상상태 오차(정상편차)가 0.01이다. 이 제어시스템의 제어요소인 $G_{C1}(s)$의 k는?

$$G_{C1}(s) = k, \quad G_{C2}(s) = \dfrac{1+0.1s}{1+0.2s},$$
$$G_P(s) = \dfrac{20}{s(s+1)(s+2)}$$

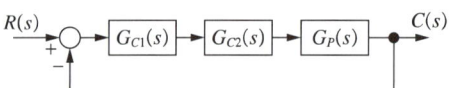

① 0.1 ② 1
③ 10   ④ 100

71

평형 3상 부하에 선간전압의 크기가 200[V]인 평형 3상 전압을 인가했을 때 흐르는 선전류의 크기가 8.6[A]이고 무효전력이 1,298[Var]이었다. 이때 이 부하의 역률은 약 얼마인가?

① 0.6 ② 0.7
③ 0.8 ④ 0.9

72

단위 길이당 인덕턴스 및 커패시턴스가 각각 L 및 C일 때 전송선로의 특성임피던스는?(단, 전송선로는 무손실 선로이다)

① $\sqrt{\dfrac{L}{C}}$ ② $\sqrt{\dfrac{C}{L}}$

③ $\dfrac{L}{C}$ ④ $\dfrac{C}{L}$

73

각 상의 전류가 $i_a(t)=90\sin\omega t$ [A], $i_b(t)=90\sin(\omega t-90°)$ [A], $i_c(t)=90\sin(\omega t+90°)$ [A]일 때 영상분 전류[A]의 순시치는?

① $30\cos\omega t$
② $30\sin\omega t$
③ $90\sin\omega t$
④ $90\cos\omega t$

74

내부 임피던스가 $0.3+j2$[Ω]인 발전기에 임피던스가 $1.1+j3$[Ω]인 선로를 연결하여 어떤 부하에 전력을 공급하고 있다. 이 부하의 임피던스가 몇 [Ω]일 때 발전기로부터 부하로 전달되는 전력이 최대가 되는가?

① $1.4-j5$
② $1.4+j5$
③ 1.4
④ $j5$

75

그림과 같은 파형의 라플라스 변환은?

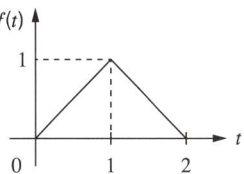

① $\dfrac{1}{s^2}(1-2e^s)$

② $\dfrac{1}{s^2}(1-2e^{-s})$

③ $\dfrac{1}{s^2}(1-2e^s+e^{2s})$

④ $\dfrac{1}{s^2}(1-2e^{-s}+e^{-2s})$

76

어떤 회로에서 $t=0$초에 스위치를 닫은 후 $i=2t+3t^2$[A]의 전류가 흘렀다. 30초까지 스위치를 통과한 총전기량[Ah]은?

① 4.25 ② 6.75
③ 7.75 ④ 8.25

77

전압 $v(t)$를 RL 직렬회로에 인가했을 때 제3고조파 전류의 실횻값[A]의 크기는?(단, $R=8$[Ω], $\omega L=2$[Ω], $v(t)=100\sqrt{2}\sin\omega t+200\sqrt{2}\sin3\omega t+50\sqrt{2}\sin5\omega t$[V]이다)

① 10 ② 14
③ 20 ④ 28

78

회로에서 $t = 0$초에 전압 $v_1(t) = e^{-4t}$[V]를 인가하였을 때 $v_2(t)$는 몇 [V]인가?(단, $R = 2[\Omega]$, $L = 1[H]$이다)

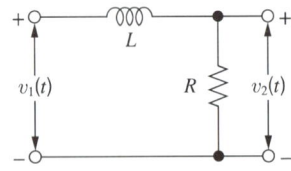

① $e^{-2t} - e^{-4t}$
② $2e^{-2t} - 2e^{-4t}$
③ $-2e^{-2t} + 2e^{-4t}$
④ $-2e^{-2t} - 2e^{-4t}$

79

동일한 저항 $R[\Omega]$ 6개를 그림과 같이 결선하고 대칭 3상 전압 $V[V]$를 가하였을 때 전류 $I[A]$의 크기는?

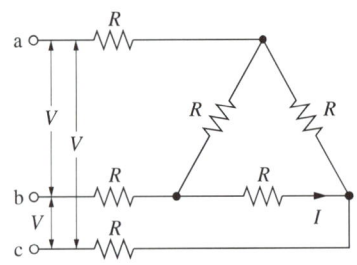

① $\dfrac{V}{R}$
② $\dfrac{V}{2R}$
③ $\dfrac{V}{4R}$
④ $\dfrac{V}{5R}$

80

어떤 선형 회로망의 4단자 정수가 $A = 8$, $B = j2$, $D = 1.625 + j$일 때, 이 회로망의 4단자 정수 C는?

① $24 - j14$
② $8 - j11.5$
③ $4 - j6$
④ $3 - j4$

제5과목　전기설비기술기준

81

저압 옥상전선로의 시설기준으로 틀린 것은?

① 전개된 장소에 위험의 우려가 없도록 시설할 것
② 전선은 지름 2.6[mm] 이상의 경동선을 사용할 것
③ 전선은 절연전선(옥외용 비닐절연전선은 제외)을 사용할 것
④ 전선은 상시 부는 바람 등에 의하여 식물에 접촉하지 아니하도록 시설하여야 한다.

82

이동형의 용접 전극을 사용하는 아크용접장치의 시설기준으로 틀린 것은?

① 용접변압기는 절연변압기일 것
② 용접변압기의 1차 측 전로의 대지전압은 300[V] 이하일 것
③ 용접변압기의 2차 측 전로에는 용접변압기에 가까운 곳에 쉽게 개폐할 수 있는 개폐기를 시설할 것
④ 용접변압기의 2차 측 전로 중 용접변압기로부터 용접전극에 이르는 부분의 전로는 용접 시 흐르는 전류를 안전하게 통할 수 있는 것일 것

83

사용전압이 15[kV] 초과 25[kV] 이하인 특고압 가공전선로가 상호 간 접근 또는 교차하는 경우 사용전선이 양쪽 모두 나전선이라면 이격거리는 몇 [m] 이상이어야 하는가?(단, 중성선 다중접지 방식의 것으로서 전로에 지락이 생겼을 때에 2초 이내에 자동적으로 이를 전로로부터 차단하는 장치가 되어 있다)

① 1.0
② 1.2
③ 1.5
④ 1.75

84
최대사용전압이 1차 22,000[V], 2차 6,600[V]의 권선으로서 중성점 비접지식 전로에 접속하는 변압기의 특고압 측 절연내력 시험전압은?
① 24,000[V]   ② 27,500[V]
③ 33,000[V]   ④ 44,000[V]

85
가공전선로의 지지물로 볼 수 없는 것은?
① 철 주   ② 지 선
③ 철 탑   ④ 철근 콘크리트주

86
점멸기의 시설에서 센서등(타임스위치 포함)을 시설하여야 하는 곳은?
① 공 장   ② 상 점
③ 사무실   ④ 아파트 현관

87
순시조건($t \leq 0.5$초)에서 교류 전기철도 급전시스템에서의 레일 전위의 최대 허용 접촉전압(실횻값)으로 옳은 것은?
① 60[V]   ② 65[V]
③ 440[V]   ④ 670[V]

88
전기저장장치의 이차전지에 자동으로 전로로부터 차단하는 장치를 시설하여야 하는 경우로 틀린 것은?
① 과저항이 발생한 경우
② 과전압이 발생한 경우
③ 제어장치에 이상이 발생한 경우
④ 이차전지 모듈의 내부 온도가 급격히 상승할 경우

89
뱅크용량이 몇 [kVA] 이상인 조상기에는 그 내부에 고장이 생긴 경우에 자동적으로 이를 전로로부터 차단하는 보호장치를 하여야 하는가?
① 10,000   ② 15,000
③ 20,000   ④ 25,000

90
전주외등의 시설 시 사용하는 공사방법으로 틀린 것은?
① 애자공사   ② 케이블공사
③ 금속관공사   ④ 합성수지관공사

91
농사용 저압 가공전선로의 지지점 간 거리는 몇 [m] 이하이어야 하는가?
① 30   ② 50
③ 60   ④ 100

92
특고압 가공전선로에서 발생하는 극저주파 전계는 지표상 1[m]에서 몇 [kV/m] 이하이어야 하는가?
① 2.0   ② 2.5
③ 3.0   ④ 3.5

93
단면적 55[mm^2]인 경동연선을 사용하는 특고압 가공전선로의 지지물로 장력에 견디는 형태의 B종 철근 콘크리트주를 사용하는 경우, 허용 최대 경간은 몇 [m]인가?
① 150   ② 250
③ 300   ④ 500

정답 84 ② 85 ② 86 ④ 87 ④ 88 ① 89 ② 90 ① 91 ① 92 ④ 93 ④

94
저압 옥측전선로에서 목조의 조영물에 시설할 수 있는 공사방법은?
① 금속관공사
② 버스덕트공사
③ 합성수지관공사
④ 케이블공사(무기물절연(MI) 케이블을 사용하는 경우)

95
시가지에 시설하는 154[kV] 가공전선로를 도로와 제1차 접근상태로 시설하는 경우, 전선과 도로와의 이격거리는 몇 [m] 이상이어야 하는가?
① 4.4
② 4.8
③ 5.2
④ 5.6

96
귀선로에 대한 설명으로 틀린 것은?
① 나전선을 적용하여 가공식으로 가설을 원칙으로 한다.
② 사고 및 지락 시에도 충분한 허용전류용량을 갖도록 하여야 한다.
③ 비절연보호도체, 매설접지도체, 레일 등으로 구성하여 단권변압기 중성점과 공통접지에 접속한다.
④ 비절연보호도체의 위치는 통신유도장해 및 레일전위의 상승의 경감을 고려하여 결정하여야 한다.

97
변전소에 울타리·담 등을 시설할 때, 사용전압이 345[kV]이면 울타리·담 등의 높이와 울타리·담 등으로부터 충전 부분까지의 거리의 합계는 몇 [m] 이상으로 하여야 하는가?
① 8.16
② 8.28
③ 8.40
④ 9.72

98
큰 고장전류가 구리 소재의 접지도체를 통하여 흐르지 않을 경우 접지도체의 최소 단면적은 몇 [mm^2] 이상이어야 하는가?(단, 접지도체에 피뢰시스템이 접속되지 않는 경우이다)
① 0.75
② 2.5
③ 6
④ 16

99
전력보안 가공통신선을 횡단보도교 위에 시설하는 경우 그 노면상 높이는 몇 [m] 이상인가?(단, 가공전선로의 지지물에 시설하는 통신선 또는 이에 직접 접속하는 가공통신선은 제외한다)
① 3
② 4
③ 5
④ 6

100
케이블트레이공사에 사용할 수 없는 케이블은?
① 연피 케이블
② 난연성 케이블
③ 캡타이어 케이블
④ 알루미늄피 케이블

2022년 제1회 기출문제

제1과목 전기자기학

01
면적이 0.02[m²], 간격이 0.03[m]이고, 공기로 채워진 평행평판의 커패시터에 1.0×10^{-6}[C]의 전하를 충전시킬 때, 두 판 사이에 작용하는 힘의 크기는 약 몇 [N]인가?

① 1.13　② 1.41
③ 1.89　④ 2.83

02
자극의 세기가 7.4×10^{-5}[Wb], 길이가 10[cm]인 막대자석이 100[AT/m]의 평등자계 내에 자계의 방향과 30°로 놓여 있을 때 이 자석에 작용하는 회전력[N·m]은?

① 2.5×10^{-3}　② 3.7×10^{-4}
③ 5.3×10^{-5}　④ 6.2×10^{-6}

03
유전율이 $\varepsilon = 2\varepsilon_0$ 이고 투자율이 μ_0 인 비도전성 유전체에서 전자파의 전계의 세기가 $E(z,t) = 120\pi \cos(10^9 t - \beta z)\hat{y}$ [V/m]일 때, 자계의 세기 H[A/m]는?(단, $\hat{x}$, $\hat{y}$ 는 단위벡터이다)

① $-\sqrt{2}\cos(10^9 t - \beta z)\hat{x}$
② $\sqrt{2}\cos(10^9 t - \beta z)\hat{x}$
③ $-2\cos(10^9 t - \beta z)\hat{x}$
④ $2\cos(10^9 t - \beta z)\hat{x}$

04
자기회로에서 전기회로의 도전율 σ[℧/m]에 대응되는 것은?

① 자 속　② 기자력
③ 투자율　④ 자기저항

05
단면적이 균일한 환상철심에 권수 1,000회인 A코일과 권수 N_B회인 B코일이 감겨져 있다. A코일의 자기인덕턴스가 100[mH]이고, 두 코일 사이의 상호 인덕턴스가 20[mH]이고, 결합계수가 1일 때, B코일의 권수(N_B)는 몇 회인가?

① 100　② 200
③ 300　④ 400

06
공기 중에서 1[V/m]의 전계의 세기에 의한 변위전류밀도의 크기를 2[A/m²]으로 흐르게 하려면 전계의 주파수는 몇 [MHz]가 되어야 하는가?

① 9,000　② 18,000
③ 36,000　④ 72,000

07
내부 원통 도체의 반지름이 a[m], 외부 원통 도체의 반지름이 b[m]인 동축 원통 도체에서 내외 도체 간 물질의 도전율이 σ[℧/m]일 때 내외 도체 간의 단위 길이당 컨덕턴스[℧/m]는?

① $\dfrac{2\pi\sigma}{\ln\dfrac{b}{a}}$　② $\dfrac{2\pi\sigma}{\ln\dfrac{a}{b}}$

③ $\dfrac{4\pi\sigma}{\ln\dfrac{b}{a}}$　④ $\dfrac{4\pi\sigma}{\ln\dfrac{a}{b}}$

정답　1 ④　2 ②　3 ①　4 ③　5 ②　6 ③　7 ①

08

z축 상에 놓인 길이가 긴 직선 도체에 10[A]의 전류가 +z 방향으로 흐르고 있다. 이 도체 주위의 자속밀도가 $3\hat{x} - 4\hat{y}$[Wb/m²]일 때 도체가 받는 단위 길이당 힘 [N/m]은?(단, $\hat{x}$, $\hat{y}$는 단위벡터이다)

① $-40\hat{x} + 30\hat{y}$
② $-30\hat{x} + 40\hat{y}$
③ $30\hat{x} + 40\hat{y}$
④ $40\hat{x} + 30\hat{y}$

09

진공 중 한 변의 길이가 0.1[m]인 정삼각형의 3정점 A, B, C에 각각 2.0×10^{-6}[C]의 점전하가 있을 때, 점 A의 전하에 작용하는 힘은 몇 [N]인가?

① $1.8\sqrt{2}$
② $1.8\sqrt{3}$
③ $3.6\sqrt{2}$
④ $3.6\sqrt{3}$

10

투자율이 μ[H/m], 자계의 세기가 H[AT/m], 자속밀도가 B[Wb/m²]인 곳에서의 자계 에너지 밀도[J/m³]는?

① $\dfrac{B^2}{2\mu}$
② $\dfrac{H^2}{2\mu}$
③ $\dfrac{1}{2}\mu H$
④ BH

11

진공 내 전위함수가 $V = x^2 + y^2$[V]로 주어졌을 때, $0 \le x \le 1$, $0 \le y \le 1$, $0 \le z \le 1$인 공간에 저장되는 정전에너지[J]는?

① $\dfrac{4}{3}\varepsilon_0$
② $\dfrac{2}{3}\varepsilon_0$
③ $4\varepsilon_0$
④ $2\varepsilon_0$

12

전계가 유리에서 공기로 입사할 때 입사각 θ_1과 굴절각 θ_2의 관계와 유리에서의 전계 E_1과 공기에서의 전계 E_2의 관계는?

① $\theta_1 > \theta_2$, $E_1 > E_2$
② $\theta_1 < \theta_2$, $E_1 > E_2$
③ $\theta_1 > \theta_2$, $E_1 < E_2$
④ $\theta_1 < \theta_2$, $E_1 < E_2$

13

진공 중 4[m] 간격으로 평행한 두 개의 무한 평판 도체에 각각 +4[C/m²], −4[C/m²]의 전하를 주었을 때, 두 도체 간의 전위차는 약 몇 [V]인가?

① 1.36×10^{11}
② 1.36×10^{12}
③ 1.8×10^{11}
④ 1.8×10^{12}

14

인덕턴스[H]의 단위를 나타낸 것으로 틀린 것은?

① [Ω·s]
② [Wb/A]
③ [J/A²]
④ [N/(A·m)]

15

진공 중 반지름이 a[m]인 무한길이의 원통 도체 2개가 간격 d[m]로 평행하게 배치되어 있다. 두 도체 사이의 정전용량(C)을 나타낸 것으로 옳은 것은?

① $\pi\varepsilon_0 \ln\dfrac{d-a}{a}$
② $\dfrac{\pi\varepsilon_0}{\ln\dfrac{d-a}{a}}$
③ $\pi\varepsilon_0 \ln\dfrac{a}{d-a}$
④ $\dfrac{\pi\varepsilon_0}{\ln\dfrac{a}{d-a}}$

16

진공 중에 4[m]의 간격으로 놓여진 평행 도선에 같은 크기의 왕복 전류가 흐를 때 단위 길이당 2.0×10^{-7}[N]의 힘이 작용하였다. 이때 평행 도선에 흐르는 전류는 몇 [A]인가?

① 1
② 2
③ 4
④ 8

17

평행 극판 사이의 간격이 d[m]이고 정전용량이 0.3[μF]인 공기 커패시터가 있다. 그림과 같이 두 극판 사이에 비유전율이 5인 유전체를 절반 두께만큼 넣었을 때 이 커패시터의 정전용량은 몇 [μF]이 되는가?

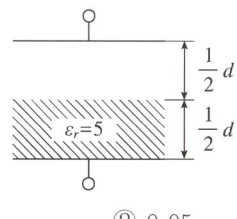

① 0.01
② 0.05
③ 0.1
④ 0.5

18

반지름이 a[m]인 접지된 구도체와 구도체의 중심에서 거리 d[m] 떨어진 곳에 점전하가 존재할 때, 점전하에 의한 접지된 구도체에서의 영상전하에 대한 설명으로 틀린 것은?

① 영상전하는 구도체 내부에 존재한다.
② 영상전하는 점전하와 구도체 중심을 이은 직선상에 존재한다.
③ 영상전하의 전하량과 점전하의 전하량은 크기는 같고 부호는 반대이다.
④ 영상전하의 위치는 구도체의 중심과 점전하 사이 거리(d[m])와 구도체의 반지름(a[m])에 의해 결정된다.

19

평등 전계 중에 유전체 구에 의한 전계 분포가 그림과 같이 되었을 때 ε_1과 ε_2의 크기 관계는?

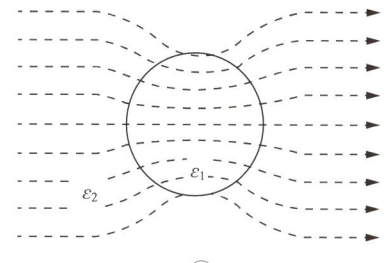

① $\varepsilon_1 > \varepsilon_2$
② $\varepsilon_1 < \varepsilon_2$
③ $\varepsilon_1 = \varepsilon_2$
④ 무관하다.

20

어떤 도체에 교류 전류가 흐를 때 도체에서 나타나는 표피 효과에 대한 설명으로 틀린 것은?

① 도체 중심부보다 도체 표면부에 더 많은 전류가 흐르는 것을 표피 효과라 한다.
② 전류의 주파수가 높을수록 표피 효과는 작아진다.
③ 도체의 도전율이 클수록 표피 효과는 커진다.
④ 도체의 투자율이 클수록 표피 효과는 커진다.

제2과목 전력공학

21

소호리액터를 송전계통에 사용하면 리액터의 인덕턴스와 선로의 정전용량이 어떤 상태로 되어 지락전류를 소멸시키는가?

① 병렬공진
② 직렬공진
③ 고임피던스
④ 저임피던스

22
어느 발전소에서 40,000[kWh]를 발전하는 데 발열량 5,000[kcal/kg]의 석탄을 20톤 사용하였다. 이 화력 발전소의 열효율[%]은 약 얼마인가?

① 27.5
② 30.4
③ 34.4
④ 38.5

23
송전전력, 선간전압, 부하역률, 전력손실 및 송전거리를 동일하게 하였을 경우 단상 2선식에 대한 3상 3선식의 총전선량(중량)비는 얼마인가?(단, 전선은 동일한 전선이다)

① 0.75
② 0.94
③ 1.15
④ 1.33

24
3상 송전선로가 선간단락(2선 단락)이 되었을 때 나타나는 현상으로 옳은 것은?

① 역상전류만 흐른다.
② 정상전류와 역상전류가 흐른다.
③ 역상전류와 영상전류가 흐른다.
④ 정상전류와 영상전류가 흐른다.

25
중거리 송전선로의 4단자 정수가 $A=1.0$, $B=j190$, $D=1.0$일 때 C의 값은 얼마인가?

① 0
② $-j120$
③ j
④ $j190$

26
배전전압을 $\sqrt{2}$ 배로 하였을 때 같은 손실률로 보낼 수 있는 전력은 몇 배가 되는가?

① $\sqrt{2}$
② $\sqrt{3}$
③ 2
④ 3

27
다음 중 재점호가 가장 일어나기 쉬운 차단전류는?

① 동상전류
② 지상전류
③ 진상전류
④ 단락전류

28
현수애자에 대한 설명이 아닌 것은?

① 애자를 연결하는 방법에 따라 클레비스(Clevis)형과 볼 소켓형이 있다.
② 애자를 표시하는 기호는 P이며 구조는 2~5층의 갓 모양의 자기편을 시멘트로 접착하고 그 자기를 주철재 Base로 지지한다.
③ 애자의 연결개수를 가감함으로써 임의의 송전전압에 사용할 수 있다.
④ 큰 하중에 대하여는 2련 또는 3련으로 하여 사용할 수 있다.

29
교류발전기의 전압조정 장치로 속응 여자방식을 채택하는 이유로 틀린 것은?

① 전력계통에 고장이 발생할 때 발전기의 동기화력을 증가시킨다.
② 송전계통의 안정도를 높인다.
③ 여자기의 전압 상승률을 크게 한다.
④ 전압조정용 탭의 수동변환을 원활히 하기 위함이다.

30
차단기의 정격차단시간에 대한 설명으로 옳은 것은?

① 고장 발생부터 소호까지의 시간
② 트립코일 여자로부터 소호까지의 시간
③ 가동 접촉자의 개극부터 소호까지의 시간
④ 가동 접촉자의 동작 시간부터 소호까지의 시간

정답 22 ③ 23 ① 24 ② 25 ① 26 ③ 27 ③ 28 ② 29 ④ 30 ②

31
3상 1회선 송전선을 정삼각형으로 배치한 3상 선로의 자기인덕턴스를 구하는 식은?(단, D는 전선의 선간 거리[m], r은 전선의 반지름[m]이다)

① $L = 0.5 + 0.4605 \log_{10} \dfrac{D}{r}$

② $L = 0.5 + 0.4605 \log_{10} \dfrac{D}{r^2}$

③ $L = 0.05 + 0.4605 \log_{10} \dfrac{D}{r}$

④ $L = 0.05 + 0.4605 \log_{10} \dfrac{D}{r^2}$

32
불평형 부하에서 역률[%]은?

① $\dfrac{\text{유효전력}}{\text{각 상의 피상전력의 산술합}} \times 100$

② $\dfrac{\text{무효전력}}{\text{각 상의 피상전력의 산술합}} \times 100$

③ $\dfrac{\text{무효전력}}{\text{각 상의 피상전력의 벡터합}} \times 100$

④ $\dfrac{\text{유효전력}}{\text{각 상의 피상전력의 벡터합}} \times 100$

33
다음 중 동작속도가 가장 느린 계전방식은?

① 전류차동보호 계전방식
② 거리보호 계전방식
③ 전류위상비교보호 계전방식
④ 방향비교보호 계전방식

34
부하회로에서 공진 현상으로 발생하는 고조파 장해가 있을 경우 공진 현상을 회피하기 위하여 설치하는 것은?

① 진상용 콘덴서
② 직렬 리액터
③ 방전코일
④ 진공차단기

35
경간이 200[m]인 가공전선로가 있다. 사용전선의 길이는 경간보다 몇 [m] 더 길게 하면 되는가?(단, 사용전선의 1[m]당 무게는 2[kg], 인장하중은 4,000[kg], 전선의 안전율은 2로 하고 풍압하중은 무시한다)

① $\dfrac{1}{2}$
② $\sqrt{2}$
③ $\dfrac{1}{3}$
④ $\sqrt{3}$

36
송전단 전압이 100[V], 수전단 전압이 90[V]인 단거리 배전선로의 전압강하율[%]은 약 얼마인가?

① 5
② 11
③ 15
④ 20

37
다음 중 환상(루프) 방식과 비교할 때 방사상 배전선로 구성방식에 해당되는 사항은?

① 전력 수요 증가 시 간선이나 분기선을 연장하여 쉽게 공급이 가능하다.
② 전압 변동 및 전력손실이 작다.
③ 사고 발생 시 다른 간선으로의 전환이 쉽다.
④ 환상방식보다 신뢰도가 높은 방식이다.

38
초호각(Arcing Horn)의 역할은?

① 풍압을 조절한다.
② 송전 효율을 높인다.
③ 선로의 섬락 시 애자의 파손을 방지한다.
④ 고주파수의 섬락전압을 높인다.

39
유효낙차 90[m], 출력 104,500[kW], 비속도(특유속도) 210[m·kW]인 수차의 회전속도는 약 몇 [rpm]인가?

① 150
② 180
③ 210
④ 240

정답 31 ③ 32 ④ 33 ② 34 ② 35 ③ 36 ② 37 ① 38 ③ 39 ②

40
발전기 또는 주변압기의 내부고장 보호용으로 가장 널리 쓰이는 것은?

① 거리계전기
② 과전류계전기
③ 비율차동계전기
④ 방향단락계전기

44
단상 직권 정류자전동기에서 보상권선과 저항도선의 작용에 대한 설명으로 틀린 것은?

① 보상권선은 역률을 좋게 한다.
② 보상권선은 변압기의 기전력을 크게 한다.
③ 보상권선은 전기자 반작용을 제거해준다.
④ 저항도선은 변압기 기전력에 의한 단락전류를 작게 한다.

제3과목 전기기기

41
SCR을 이용한 단상 전파 위상제어 정류회로에서 전원전압은 실횻값이 220[V], 60[Hz]인 정현파이며, 부하는 순저항으로 10[Ω]이다. SCR의 점호각 a를 60°라 할 때 출력전류의 평균값[A]은?

① 7.54
② 9.73
③ 11.43
④ 14.86

42
직류발전기가 90[%] 부하에서 최대효율이 된다면 이 발전기의 전부하에 있어서 고정손과 부하손의 비는?

① 0.81
② 0.9
③ 1.0
④ 1.1

43
정류기의 직류 측 평균전압이 2,000[V]이고 리플률이 3[%]일 경우, 리플전압의 실횻값[V]은?

① 20
② 30
③ 50
④ 60

45
3상 동기발전기에서 그림과 같이 1상의 권선을 서로 똑같이 2조로 나누어 그 1조의 권선전압을 E[V], 각 권선의 전류를 I[A]라 하고 지그재그 Y형(Zigzag Star)으로 결선하는 경우 선간전압[V], 선전류[A] 및 피상전력[VA]은?

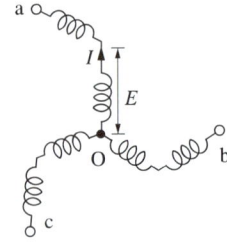

① $3E,\ I,\ \sqrt{3} \times 3E \times I = 5.2EI$
② $\sqrt{3}E,\ 2I,\ \sqrt{3} \times \sqrt{3}E \times 2I = 6EI$
③ $E,\ 2\sqrt{3}I,\ \sqrt{3} \times E \times 2\sqrt{3}I = 6EI$
④ $\sqrt{3}E,\ \sqrt{3}I,\ \sqrt{3} \times \sqrt{3}E \times \sqrt{3}I = 5.2EI$

46
비돌극형 동기발전기 한 상의 단자전압을 V, 유도기전력을 E, 동기리액턴스를 X_s, 부하각이 δ이고, 전기자 저항을 무시할 때 한 상의 최대출력[W]은?

① $\dfrac{EV}{X_s}$
② $\dfrac{3EV}{X_s}$
③ $\dfrac{E^2 V}{X_s}$
④ $\dfrac{EV^2}{X_s}$

47
다음 중 비례추이를 하는 전동기는?
① 동기 전동기
② 정류자 전동기
③ 단상 유도전동기
④ 권선형 유도전동기

48
단자전압 200[V], 계자저항 50[Ω], 부하전류 50[A], 전기자저항 0.15[Ω], 전기자 반작용에 의한 전압강하 3[V]인 직류 분권발전기가 정격속도로 회전하고 있다. 이때 발전기의 유도기전력은 약 몇 [V]인가?

① 211.1
② 215.1
③ 225.1
④ 230.1

49
동기기의 권선법 중 기전력의 파형을 좋게 하는 권선법은?
① 전절권, 2층권
② 단절권, 집중권
③ 단절권, 분포권
④ 전절권, 집중권

50
변압기에 임피던스전압을 인가할 때의 입력은?
① 철 손
② 와류손
③ 정격용량
④ 임피던스와트

51
불꽃 없는 정류를 하기 위해 평균 리액턴스 전압(A)과 브러시 접촉면 전압강하(B) 사이에 필요한 조건은?
① A > B
② A < B
③ A = B
④ A, B에 관계없다.

52
유도전동기 1극의 자속을 ϕ, 2차 유효전류 $I_2 \cos\theta_2$, 토크 τ의 관계로 옳은 것은?

① $\tau \propto \phi \times I_2 \cos\theta_2$
② $\tau \propto \phi \times (I_2 \cos\theta_2)^2$
③ $\tau \propto \dfrac{1}{\phi \times I_2 \cos\theta_2}$
④ $\tau \propto \dfrac{1}{\phi \times (I_2 \cos\theta_2)^2}$

53
회전자가 슬립 s로 회전하고 있을 때 고정자와 회전자의 실효 권수비를 α라 하면 고정자 기전력 E_1과 회전자 기전력 E_{2s}의 비는?

① $s\alpha$
② $(1-s)\alpha$
③ $\dfrac{\alpha}{s}$
④ $\dfrac{\alpha}{1-s}$

54
직류 직권전동기의 발생 토크는 전기자 전류를 변화시킬 때 어떻게 변하는가?(단, 자기포화는 무시한다)
① 전류에 비례한다.
② 전류에 반비례한다.
③ 전류의 제곱에 비례한다.
④ 전류의 제곱에 반비례한다.

55
동기발전기의 병렬운전 중 유도기전력의 위상차로 인하여 발생하는 현상으로 옳은 것은?
① 무효전력이 생긴다.
② 동기화전류가 흐른다.
③ 고조파 무효순환전류가 흐른다.
④ 출력이 요동하고 권선이 가열된다.

정답 47 ④ 48 ① 49 ③ 50 ④ 51 ② 52 ① 53 ③ 54 ③ 55 ②

56
3상 유도기의 기계적 출력(P_0)에 대한 변환식으로 옳은 것은?(단, 2차 입력은 P_2, 2차 동손은 P_{2c}, 동기속도는 N_s, 회전자속도는 N, 슬립은 s 이다)

① $P_0 = P_2 + P_{2c} = \dfrac{N}{N_s}P_2 = (2-s)P_2$

② $(1-s)P_2 = \dfrac{N}{N_s}P_2 = P_0 - P_{2c} = P_0 - sP_2$

③ $P_0 = P_2 - P_{2c} = P_2 - sP_2 = \dfrac{N}{N_s}P_2 = (1-s)P_2$

④ $P_0 = P_2 + P_{2c} = P_2 + sP_2 = \dfrac{N}{N_s}P_2 = (1+s)P_2$

57
변압기의 등가회로 구성에 필요한 시험이 아닌 것은?
① 단락시험   ② 부하시험
③ 무부하시험 ④ 권선저항 측정

58
단권변압기 두 대를 V결선하여 전압을 2,000[V]에서 2,200[V]로 승압한 후 200[kVA]의 3상 부하에 전력을 공급하려고 한다. 이때 단권변압기 1대의 용량은 약 몇 [kVA]인가?
① 4.2   ② 10.5
③ 18.2 ④ 21

59
권수비 $a = \dfrac{6,600}{220}$, 주파수 60[Hz], 변압기의 철심 단면적 0.02[m²], 최대자속밀도 1.2[Wb/m²]일 때 변압기의 1차 측 유도기전력은 약 몇 [V]인가?
① 1,407   ② 3,521
③ 42,198 ④ 49,814

60
회전형 전동기와 선형 전동기(Linear Motor)를 비교한 설명으로 틀린 것은?
① 선형의 경우 회전형에 비해 공극의 크기가 작다.
② 선형의 경우 직접적으로 직선운동을 얻을 수 있다.
③ 선형의 경우 회전형에 비해 부하관성의 영향이 크다.
④ 선형의 경우 전원의 상 순서를 바꾸어 이동 방향을 변경한다.

제4과목 회로이론 및 제어공학

61
$F(z) = \dfrac{(1-e^{-aT})z}{(z-1)(z-e^{-aT})}$ 의 역z변환은?

① $1 - e^{-at}$ ② $1 + e^{-at}$
③ $t \cdot e^{-at}$ ④ $t \cdot e^{at}$

62
다음의 특성 방정식 중 안정한 제어시스템은?
① $s^3 + 3s^2 + 4s + 5 = 0$
② $s^4 + 3s^3 - s^2 + s + 10 = 0$
③ $s^5 + s^3 + 2s^2 + 4s + 3 = 0$
④ $s^4 - 2s^3 - 3s^2 + 4s + 5 = 0$

63
그림의 신호흐름선도에서 전달함수 $\dfrac{C(s)}{R(s)}$는?

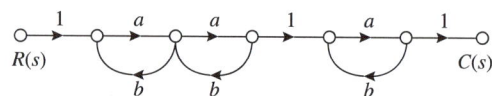

① $\dfrac{a^3}{(1-ab)^3}$ ② $\dfrac{a^3}{1-3ab+a^2b^2}$

③ $\dfrac{a^3}{1-3ab}$ ④ $\dfrac{a^3}{1-3ab+2a^2b^2}$

64

그림과 같은 블록선도의 제어시스템에 단위계단 함수가 입력되었을 때 정상상태 오차가 0.01이 되는 a의 값은?

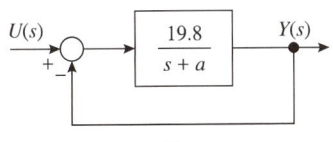

① 0.2
② 0.6
③ 0.8
④ 1.0

65

그림과 같은 보드선도의 이득선도를 갖는 제어시스템의 전달함수는?

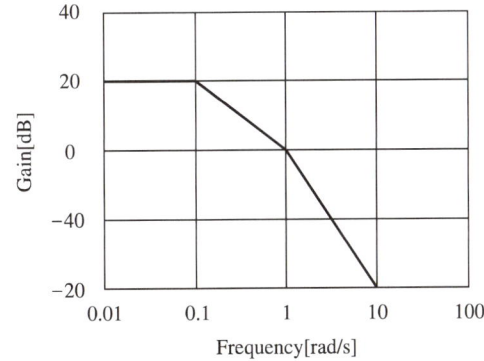

① $G(s) = \dfrac{10}{(s+1)(s+10)}$

② $G(s) = \dfrac{10}{(s+1)(10s+1)}$

③ $G(s) = \dfrac{20}{(s+1)(s+10)}$

④ $G(s) = \dfrac{20}{(s+1)(10s+1)}$

66

그림과 같은 블록선도의 전달함수 $\dfrac{C(s)}{R(s)}$는?

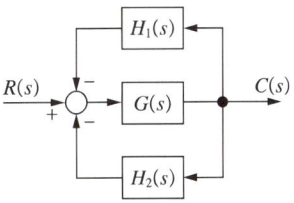

① $\dfrac{G(s)H_1(s)H_2(s)}{1+G(s)H_1(s)H_2(s)}$

② $\dfrac{G(s)}{1+G(s)H_1(s)H_2(s)}$

③ $\dfrac{G(s)}{1-G(s)(H_1(s)+H_2(s))}$

④ $\dfrac{G(s)}{1+G(s)(H_1(s)+H_2(s))}$

67

그림과 같은 논리회로와 등가인 것은?

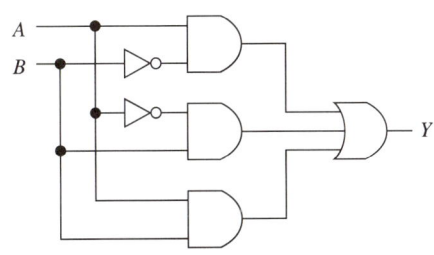

① A, B → AND → Y
② A, B → OR → Y
③ A, B → NAND → Y
④ A, B → NOR → Y

정답 64 ① 65 전항정답 66 ④ 67 ②

68

다음의 개루프 전달함수에 대한 근궤적의 점근선이 실수축과 만나는 교차점은?

$$G(s)H(s) = \frac{K(s+3)}{s^2(s+1)(s+3)(s+4)}$$

① $\frac{5}{3}$
② $-\frac{5}{3}$
③ $\frac{5}{4}$
④ $-\frac{5}{4}$

69

블록선도에서 ⓐ에 해당하는 신호는?

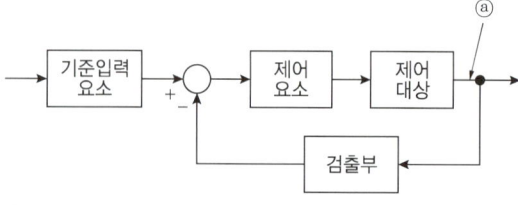

① 조작량
② 제어량
③ 기준입력
④ 동작신호

70

다음의 미분방정식과 같이 표현되는 제어시스템이 있다. 이 제어시스템을 상태방정식 $\dot{x} = Ax + Bu$로 나타내었을 때 시스템 행렬 A는?

$$\frac{d^3C(t)}{dt^3} + 5\frac{d^2C(t)}{dt^2} + \frac{dC(t)}{dt} + 2C(t) = r(t)$$

① $\begin{bmatrix} 0 & 1 & 0 \\ 0 & 0 & 1 \\ -2 & -1 & -5 \end{bmatrix}$
② $\begin{bmatrix} 1 & 0 & 0 \\ 0 & 1 & 0 \\ -2 & -1 & -5 \end{bmatrix}$
③ $\begin{bmatrix} 0 & 1 & 0 \\ 0 & 0 & 1 \\ 2 & 1 & 5 \end{bmatrix}$
④ $\begin{bmatrix} 1 & 0 & 0 \\ 0 & 1 & 0 \\ 2 & 1 & 5 \end{bmatrix}$

71

$f_e(t)$가 우함수이고 $f_o(t)$가 기함수일 때 주기함수 $f(t) = f_e(t) + f_o(t)$에 대한 다음 식 중 틀린 것은?

① $f_e(t) = f_e(-t)$
② $f_o(t) = -f_o(-t)$
③ $f_o(t) = \frac{1}{2}[f(t) - f(-t)]$
④ $f_e(t) = \frac{1}{2}[f(t) - f(-t)]$

72

3상 평형회로에서 Y결선의 부하가 연결되어 있고, 부하에서의 선간전압이 $V_{ab} = 100\sqrt{3} \angle 0°$[V]일 때 선전류가 $I_a = 20 \angle -60°$[A]이었다. 이 부하의 한 상의 임피던스[Ω]는?(단, 3상 전압의 상순은 a-b-c이다)

① $5 \angle 30°$
② $5\sqrt{3} \angle 30°$
③ $5 \angle 60°$
④ $5\sqrt{3} \angle 60°$

73

그림의 회로에서 120[V]와 30[V]의 전압원(능동소자)에서의 전력은 각각 몇 [W]인가?(단, 전압원(능동소자)에서 공급 또는 발생하는 전력은 양수(+)이고, 소비 또는 흡수하는 전력은 음수(-)이다)

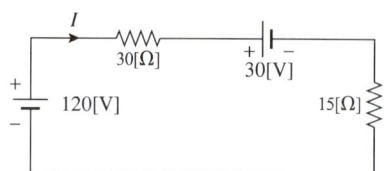

① 240[W], 60[W]
② 240[W], -60[W]
③ -240[W], 60[W]
④ -240[W], -60[W]

74

각 상의 전압이 다음과 같을 때 영상분 전압[V]의 순시치는?(단, 3상 전압의 상순은 a-b-c이다)

$$v_a(t) = 40\sin\omega t [V]$$
$$v_b(t) = 40\sin\left(\omega t - \frac{\pi}{2}\right)[V]$$
$$v_c(t) = 40\sin\left(\omega t + \frac{\pi}{2}\right)[V]$$

① $40\sin\omega t$
② $\frac{40}{3}\sin\omega t$
③ $\frac{40}{3}\sin\left(\omega t - \frac{\pi}{2}\right)$
④ $\frac{40}{3}\sin\left(\omega t + \frac{\pi}{2}\right)$

75

그림과 같이 3상 평형의 순저항 부하에 단상 전력계를 연결하였을 때 전력계가 $W[W]$를 지시하였다. 이 3상 부하에서 소모하는 전체 전력[W]은?

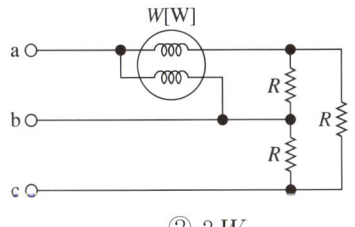

① $2W$
② $3W$
③ $\sqrt{2}\,W$
④ $\sqrt{3}\,W$

76

정전용량이 $C[F]$인 커패시터에 단위 임펄스의 전류원이 연결되어 있다. 이 커패시터의 전압 $v_C(t)$는?(단, $u(t)$는 단위 계단함수이다)

① $v_C(t) = C$
② $v_C(t) = Cu(t)$
③ $v_C(t) = \frac{1}{C}$
④ $v_C(t) = \frac{1}{C}u(t)$

77

그림의 회로에서 $t=0[s]$에 스위치(S)를 닫은 후 $t=1[s]$일 때 이 회로에 흐르는 전류는 약 몇 [A]인가?

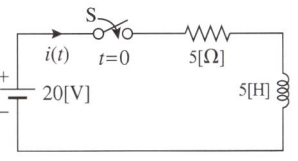

① 2.52
② 3.16
③ 4.21
④ 6.32

78

순시치 전류 $i(t) = I_m\sin(\omega t + \theta_I)[A]$의 파고율은 약 얼마인가?

① 0.577
② 0.707
③ 1.414
④ 1.732

79

그림의 회로가 정저항 회로가 되기 위한 $L[mH]$은? (단, $R=10[\Omega]$, $C=1,000[\mu F]$이다)

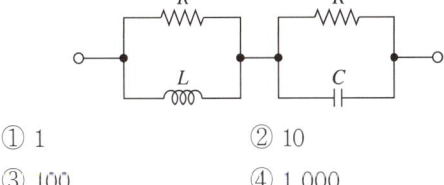

① 1
② 10
③ 100
④ 1,000

80

분포정수 회로에 있어서 선로의 단위 길이당 저항이 $100[\Omega/m]$, 인덕턴스가 $200[mH/m]$, 누설컨덕턴스가 $0.5[\mho/m]$일 때 일그러짐이 없는 조건(무왜형 조건)을 만족하기 위한 단위 길이당 커패시턴스는 몇 $[\mu F/m]$인가?

① 0.001
② 0.1
③ 10
④ 1,000

제5과목 전기설비기술기준

81
저압 가공전선이 안테나와 접근상태로 시설될 때 상호 간의 이격거리는 몇 [cm] 이상이어야 하는가?(단, 전선이 고압 절연전선, 특고압 절연전선 또는 케이블이 아닌 경우이다)

① 60 ② 80
③ 100 ④ 120

82
고압 가공전선으로 사용한 경동선은 안전율이 얼마 이상인 이도로 시설하여야 하는가?

① 2.0 ② 2.2
③ 2.5 ④ 3.0

83
사용전압이 22.9[kV]인 특고압 가공전선과 그 지지물·완금류·지주 또는 지선 사이의 이격거리는 몇 [cm] 이상이어야 하는가?

① 15 ② 20
③ 25 ④ 30

84
급전선에 대한 설명으로 틀린 것은?

① 급전선은 비절연보호도체, 매설접지도체, 레일 등으로 구성하여 단권변압기 중성점과 공통접지에 접속한다.
② 가공식은 전차선의 높이 이상으로 전차선로 지지물에 병가하며, 나전선의 접속은 직선접속을 원칙으로 한다.
③ 선상승강장, 인도교, 과선교 또는 교량 하부 등에 설치할 때에는 최소 절연이격거리 이상을 확보하여야 한다.
④ 신설 터널 내 급전선을 가공으로 설계할 경우 지지물의 취부는 C찬넬 또는 매입전을 이용하여 고정하여야 한다.

85
진열장 내의 배선으로 사용전압 400[V] 이하에 사용하는 코드 또는 캡타이어 케이블의 최소 단면적은 몇 [mm²]인가?

① 1.25 ② 1.0
③ 0.75 ④ 0.5

86
최대사용전압이 23,000[V]인 중성점 비접지식 전로의 절연내력 시험전압은 몇 [V]인가?

① 16,560 ② 21,160
③ 25,300 ④ 28,750

87
지중 전선로를 직접 매설식에 의하여 시설할 때, 차량 기타 중량물의 압력을 받을 우려가 있는 장소인 경우 매설깊이는 몇 [m] 이상으로 시설하여야 하는가?

① 0.6 ② 1.0
③ 1.2 ④ 1.5

88
플로어덕트 공사에 의한 저압 옥내배선 공사 시 시설기준으로 틀린 것은?

① 덕트의 끝부분은 막을 것
② 옥외용 비닐절연전선을 사용할 것
③ 덕트 안에는 전선에 접속점이 없도록 할 것
④ 덕트 및 박스 기타의 부속품은 물이 고이는 부분이 없도록 시설하여야 한다.

89
중앙급전 전원과 구분되는 것으로서 전력소비지역 부근에 분산하여 배치 가능한 신·재생에너지 발전설비 등의 전원으로 정의되는 용어는?

① 임시전력원 ② 분전반전원
③ 분산형 전원 ④ 계통연계전원

90
애자공사에 의한 저압 옥측전선로는 사람이 쉽게 접촉될 우려가 없도록 시설하고, 전선의 지지점 간의 거리는 몇 [m] 이하이어야 하는가?
① 1
② 1.5
③ 2
④ 3

91
저압 가공전선로의 지지물이 목주인 경우 풍압하중의 몇 배의 하중에 견디는 강도를 가지는 것이어야 하는가?
① 1.2
② 1.5
③ 2
④ 3

92
교류 전차선 등 충전부와 식물 사이의 이격거리는 몇 [m] 이상이어야 하는가?(단, 현장여건을 고려한 방호벽 등의 안전조치를 하지 않은 경우이다)
① 1
② 3
③ 5
④ 10

93
조상기에 내부고장이 생긴 경우, 조상기의 뱅크용량이 몇 [kVA] 이상일 때 전로로부터 자동 차단하는 장치를 시설하여야 하는가?
① 5,000
② 10,000
③ 15,000
④ 20,000

94
고장보호에 대한 설명으로 틀린 것은?
① 고장보호는 일반적으로 직접접촉을 방지하는 것이다.
② 고장보호는 인축의 몸을 통해 고장전류가 흐르는 것을 방지하여야 한다.
③ 고장보호는 인축의 몸에 흐르는 고장전류를 위험하지 않은 값 이하로 제한하여야 한다.
④ 고장보호는 인축의 몸에 흐르는 고장전류의 지속시간을 위험하지 않은 시간까지로 제한하여야 한다.

95
네온방전등의 관등회로의 전선을 애자공사에 의해 자기 또는 유리제 등의 애자로 견고하게 지지하여 조영재의 아랫면 또는 옆면에 부착한 경우 전선 상호 간의 이격거리는 몇 [mm] 이상이어야 하는가?
① 30
② 60
③ 80
④ 100

96
수소냉각식 발전기에서 사용하는 수소냉각장치에 대한 시설기준으로 틀린 것은?
① 수소를 통하는 관으로 동관을 사용할 수 있다.
② 수소를 통하는 관은 이음매가 있는 강판이어야 한다.
③ 발전기 내부의 수소의 온도를 계측하는 장치를 시설하여야 한다.
④ 발전기 내부의 수소의 순도가 85[%] 이하로 저하한 경우에 이를 경보하는 장치를 시설하여야 한다.

97
전력보안통신설비인 무선통신용 안테나 등을 지지하는 철주의 기초 안전율은 얼마 이상이어야 하는가?(단, 무선용 안테나 등이 전선로의 주위 상태를 감시할 목적으로 시설되는 것이 아닌 경우이다)
① 1.3
② 1.5
③ 1.8
④ 2.0

98
특고압 가공전선로의 지지물 양측의 경간의 차가 큰 곳에 사용하는 철탑의 종류는?
① 내장형
② 보강형
③ 직선형
④ 인류형

정답 90 ③ 91 ① 92 ③ 93 ③ 94 ① 95 ② 96 ② 97 ② 98 ①

99
사무실 건물의 조명설비에 사용되는 백열전등 또는 방전등에 전기를 공급하는 옥내전로의 대지전압은 몇 [V] 이하인가?

① 250
② 300
③ 350
④ 400

100
전기저장장치를 전용건물에 시설하는 경우에 대한 설명이다. 다음 ( )에 들어갈 내용으로 옳은 것은?

> 전기저장장치 시설장소는 주변 시설(도로, 건물, 가연물질 등)로부터 (㉠)[m] 이상 이격하고 다른 건물의 출입구나 피난계단 등 이와 유사한 장소로부터는 (㉡)[m] 이상 이격하여야 한다.

① ㉠ 3, ㉡ 1
② ㉠ 2, ㉡ 1.5
③ ㉠ 1, ㉡ 2
④ ㉠ 1.5, ㉡ 3

2022년 제 2 회 기출문제

제1과목 전기자기학

01
$\varepsilon_r = 81$, $\mu_r = 1$인 매질의 고유 임피던스는 약 몇 [Ω]인가?(단, ε_r은 비유전율이고, μ_r은 비투자율이다)

① 13.9   ② 21.9
③ 33.9   ④ 41.9

02
강자성체의 $B-H$ 곡선을 자세히 관찰하면 매끈한 곡선이 아니라 자속밀도가 어느 순간 급격히 계단적으로 증가 또는 감소하는 것을 알 수 있다. 이러한 현상을 무엇이라 하는가?

① 퀴리점(Curie Point)
② 자왜현상(Magneto-striction)
③ 바크하우젠 효과(Barkhausen Effect)
④ 자기여자 효과(Magnetic After Effect)

03
진공 중에 무한 평면도체와 d[m]만큼 떨어진 곳에 선전하밀도 λ[C/m]의 무한 직선도체가 평행하게 놓여 있는 경우 직선도체의 단위 길이당 받는 힘은 몇 [N/m]인가?

① $\dfrac{\lambda^2}{\pi\varepsilon_0 d}$ ② $\dfrac{\lambda^2}{2\pi\varepsilon_0 d}$
③ $\dfrac{\lambda^2}{4\pi\varepsilon_0 d}$ ④ $\dfrac{\lambda^2}{16\pi\varepsilon_0 d}$

04
평행 극판 사이에 유전율이 각각 ε_1, ε_2인 유전체를 그림과 같이 채우고, 극판 사이에 일정한 전압을 걸었을 때 두 유전체 사이에 작용하는 힘은?(단, $\varepsilon_1 > \varepsilon_2$)

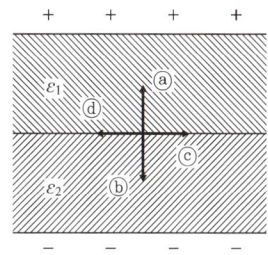

① ⓐ의 방향   ② ⓑ의 방향
③ ⓒ의 방향   ④ ⓓ의 방향

05
정전용량이 20[μF]인 공기의 평행판 커패시터에 0.1[C]의 전하량을 충전하였다. 두 평행판 사이에 비유전율이 10인 유전체를 채웠을 때 유전체 표면에 나타나는 분극 전하량[C]은?

① 0.009   ② 0.01
③ 0.09   ④ 0.1

06
유전율이 ε_1과 ε_2인 두 유전체가 경계를 이루어 평행하게 접하고 있는 경우 유전율이 ε_1인 영역에 전하 Q가 존재할 때 이 전하와 ε_2인 유전체 사이에 작용하는 힘에 대한 설명으로 옳은 것은?

① $\varepsilon_1 > \varepsilon_2$인 경우 반발력이 작용한다.
② $\varepsilon_1 > \varepsilon_2$인 경우 흡인력이 작용한다.
③ ε_1과 ε_2에 상관없이 반발력이 작용한다.
④ ε_1과 ε_2에 상관없이 흡인력이 작용한다.

07

단면적이 균일한 환상철심에 권수 100회인 A코일과 권수 400회인 B코일이 있을 때 A코일의 자기인덕턴스가 4[H]라면 두 코일의 상호인덕턴스는 몇 [H]인가? (단, 누설자속은 0이다)

① 4
② 8
③ 12
④ 16

08

평균 자로의 길이가 10[cm], 평균 단면적이 2[cm^2]인 환상 솔레노이드의 자기인덕턴스를 5.4[mH] 정도로 하고자 한다. 이때 필요한 코일의 권선수는 약 몇 회인가?(단, 철심의 비투자율은 15,000이다)

① 6
② 12
③ 24
④ 29

09

투자율이 μ[H/m], 단면적이 S[m^2], 길이가 l[m]인 자성체에 권선을 N회 감아서 I[A]의 전류를 흘렸을 때 이 자성체의 단면적 S[m^2]를 통과하는 자속[Wb]은?

① $\mu \dfrac{I}{Nl} S$
② $\mu \dfrac{NI}{Sl}$
③ $\dfrac{NI}{\mu S} l$
④ $\mu \dfrac{NI}{l} S$

10

그림은 커패시터의 유전체 내에 흐르는 변위전류를 보여 준다. 커패시터의 전극 면적을 S[m^2], 전극에 축적된 전하를 q[C], 전극의 표면전하 밀도를 σ[C/m^2], 전극 사이의 전속밀도를 D[C/m^2]라 하면 변위전류밀도 i_d[A/m^2]는?

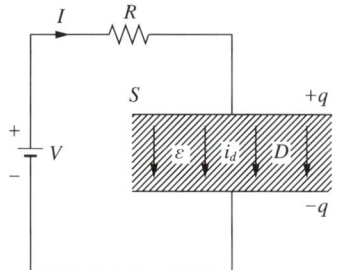

① $\dfrac{\partial D}{\partial t}$
② $\dfrac{\partial q}{\partial t}$
③ $S \dfrac{\partial D}{\partial t}$
④ $\dfrac{1}{S} \dfrac{\partial D}{\partial t}$

11

진공 중에서 점(1, 3)[m]의 위치에 -2×10^{-9}[C]의 점전하가 있을 때 점(2, 1)[m]에 있는 1[C]의 점전하에 작용하는 힘은 몇 [N]인가?(단, $\hat{x}$, $\hat{y}$는 단위벡터이다)

① $-\dfrac{18}{5\sqrt{5}}\hat{x} + \dfrac{36}{5\sqrt{5}}\hat{y}$
② $-\dfrac{36}{5\sqrt{5}}\hat{x} + \dfrac{18}{5\sqrt{5}}\hat{y}$
③ $-\dfrac{36}{5\sqrt{5}}\hat{x} - \dfrac{18}{5\sqrt{5}}\hat{y}$
④ $\dfrac{18}{5\sqrt{5}}\hat{x} + \dfrac{36}{5\sqrt{5}}\hat{y}$

12

정전용량이 C_0[μF]인 평행판의 공기 커패시터가 있다. 두 극판 사이에 극판과 평행하게 절반을 비유전율이 ε_r인 유전체로 채우면 커패시터의 정전용량[μF]은?

① $\dfrac{C_0}{2\left(1 + \dfrac{1}{\varepsilon_r}\right)}$
② $\dfrac{C_0}{1 + \dfrac{1}{\varepsilon_r}}$
③ $\dfrac{2C_0}{1 + \dfrac{1}{\varepsilon_r}}$
④ $\dfrac{4C_0}{1 + \dfrac{1}{\varepsilon_r}}$

13

그림과 같이 점 O를 중심으로 반지름이 a[m]인 구도체 1과 안쪽 반지름이 b[m]이고 바깥쪽 반지름이 c[m]인 구도체 2가 있다. 이 도체계에서 전위계수 P_{11}[1/F]에 해당하는 것은?

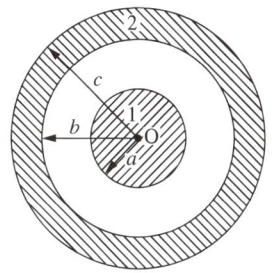

① $\dfrac{1}{4\pi\varepsilon}\dfrac{1}{a}$
② $\dfrac{1}{4\pi\varepsilon}\left(\dfrac{1}{a}-\dfrac{1}{b}\right)$
③ $\dfrac{1}{4\pi\varepsilon}\left(\dfrac{1}{b}-\dfrac{1}{c}\right)$
④ $\dfrac{1}{4\pi\varepsilon}\left(\dfrac{1}{a}-\dfrac{1}{b}+\dfrac{1}{c}\right)$

14

자계의 세기를 나타내는 단위가 아닌 것은?

① [A/m]
② [N/Wb]
③ [(H·A)/m²]
④ [Wb/(H·m)]

15

그림과 같이 평행한 무한장 직선의 두 도선에 I[A], $4I$[A]인 진류가 각각 흐른다. 두 노선 사이 점 P에서의 자계의 세기가 0이라면 $\dfrac{a}{b}$는?

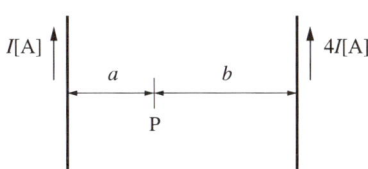

① 2
② 4
③ $\dfrac{1}{2}$
④ $\dfrac{1}{4}$

16

내압 및 정전용량이 각각 1,000[V]-2[μF], 700[V]-3[μF], 600[V]-4[μF], 300[V]-8[μF]인 4개의 커패시터가 있다. 이 커패시터들을 직렬로 연결하여 양단에 전압을 인가한 후, 전압을 상승시키면 가장 먼저 절연이 파괴되는 커패시터는?(단, 커패시터의 재질이나 형태는 동일하다)

① 1,000[V]-2[μF]
② 700[V]-3[μF]
③ 600[V]-4[μF]
④ 300[V]-8[μF]

17

반지름이 2[m]이고, 권수가 120회인 원형 코일 중심에서 자계의 세기를 30[AT/m]로 하려면 원형 코일에 몇 [A]의 전류를 흘려야 하는가?

① 1
② 2
③ 3
④ 4

18

내구의 반지름이 $a=5$[cm], 외구의 반지름이 $b=10$[cm]이고, 공기로 채워진 동심 구형 커패시터의 정전용량은 약 몇 [pF]인가?

① 11.1
② 22.2
③ 33.3
④ 44.4

19

자성체의 종류에 대한 설명으로 옳은 것은?(단, χ_m은 자화율이고, μ_r는 비투자율이다)

① $\chi_m>0$이면, 역자성체이다.
② $\chi_m<0$이면, 상자성체이다.
③ $\mu_r>1$이면, 비자성체이다.
④ $\mu_r<1$이면, 역자성체이다.

20
구좌표계에서 $\nabla^2 r$의 값은 얼마인가?
(단, $r = \sqrt{x^2+y^2+z^2}$)

① $\dfrac{1}{r}$ ② $\dfrac{2}{r}$
③ r ④ $2r$

제2과목 전력공학

21
피뢰기의 충격방전 개시전압은 무엇으로 표시하는가?
① 직류전압의 크기
② 충격파의 평균치
③ 충격파의 최대치
④ 충격파의 실효치

22
전력용 콘덴서에 비해 동기조상기의 이점으로 옳은 것은?
① 소음이 적다.
② 진상전류 이외에 지상전류를 취할 수 있다.
③ 전력손실이 적다.
④ 유지보수가 쉽다.

23
단락 보호방식에 관한 설명으로 틀린 것은?
① 방사상 선로의 단락 보호방식에서 전원이 양단에 있을 경우 방향단락계전기와 과전류계전기를 조합시켜서 사용한다.
② 전원이 1단에만 있는 방사상 송전선로에서의 고장전류는 모두 발전소로부터 방사상으로 흘러나간다.
③ 환상 선로의 단락 보호방식에서 전원이 두 군데 이상 있는 경우에는 방향거리계전기를 사용한다.
④ 환상 선로의 단락 보호방식에서 전원이 1단에만 있을 경우 선택단락계전기를 사용한다.

24
밸런서의 설치가 가장 필요한 배전방식은?
① 단상 2선식
② 단상 3선식
③ 3상 3선식
④ 3상 4선식

25
부하전류가 흐르는 전로는 개폐할 수 없으나 기기의 점검이나 수리를 위하여 회로를 분리하거나, 계통의 접속을 바꾸는 데 사용하는 것은?
① 차단기
② 단로기
③ 전력용 퓨즈
④ 부하 개폐기

26
정전용량 0.01[μF/km], 길이 173.2[km], 선간전압 60[kV], 주파수 60[Hz]인 3상 송전선로의 충전전류는 약 몇 [A]인가?
① 6.3
② 12.5
③ 22.6
④ 37.2

27
보호계전기의 반한시 · 정한시 특성은?
① 동작전류가 커질수록 동작시간이 짧게 되는 특성
② 최소 동작전류 이상의 전류가 흐르면 즉시 동작하는 특성
③ 동작전류의 크기에 관계없이 일정한 시간에 동작하는 특성
④ 동작전류가 커질수록 동작시간이 짧아지며, 어떤 전류 이상이 되면 동작전류의 크기에 관계없이 일정한 시간에서 동작하는 특성

28
전력계통의 안정도에서 안정도의 종류에 해당하지 않는 것은?
① 정태안정도
② 상태안정도
③ 과도안정도
④ 동태안정도

29
배전선로의 역률 개선에 따른 효과로 적합하지 않은 것은?
① 선로의 전력손실 경감
② 선로의 전압강하의 감소
③ 전원 측 설비의 이용률 향상
④ 선로 절연의 비용 절감

30
저압뱅킹 배전방식에서 캐스케이딩 현상을 방지하기 위하여 인접 변압기를 연락하는 저압선의 중간에 설치하는 것으로 알맞은 것은?
① 구분 퓨즈
② 리클로저
③ 섹셔널라이저
④ 구분 개폐기

31
승압기에 의하여 전압 V_e에서 V_h로 승압할 때, 2차 정격전압, e, 자기용량 W인 단상 승압기가 공급할 수 있는 부하용량은?
① $\dfrac{V_h}{e} \times W$
② $\dfrac{V_e}{e} \times W$
③ $\dfrac{V_e}{V_h - V_e} \times W$
④ $\dfrac{V_h - V_e}{V_e} \times W$

32
배기가스의 여열을 이용해서 보일러에 공급되는 급수를 예열함으로써 연료 소비량을 줄이거나 증발량을 증가시키기 위해서 설치하는 여열회수장치는?
① 과열기
② 공기예열기
③ 절탄기
④ 재열기

33
직렬콘덴서를 선로에 삽입할 때의 이점이 아닌 것은?
① 선로의 인덕턴스를 보상한다.
② 수전단의 전압강하를 줄인다.
③ 정태안정도를 증가한다.
④ 송전단의 역률을 개선한다.

34
전선의 굵기가 균일하고 부하가 균등하게 분산되어 있는 배전선로의 전력손실은 전체 부하가 선로말단에 집중되어 있는 경우에 비하여 어느 정도가 되는가?
① $\dfrac{1}{2}$
② $\dfrac{1}{3}$
③ $\dfrac{2}{3}$
④ $\dfrac{3}{4}$

35
송전단 전압 161[kV], 수전단 전압 154[kV], 상차각 35°, 리액턴스 60[Ω]일 때 선로손실을 무시하면 전송전력[MW]은 약 얼마인가?
① 356
② 307
③ 237
④ 161

36
직접 접지방식에 대한 설명으로 틀린 것은?
① 1선 지락 사고 시 건전상의 대지전압이 거의 상승하지 않는다.
② 계통의 절연수준이 낮아지므로 경제적이다.
③ 변압기의 단절연이 가능하다.
④ 보호계전기가 신속히 동작하므로 과도안정도가 좋다.

37
그림과 같이 지지점 A, B, C에는 고저차가 없으며, 경간 AB와 BC 사이에 전선이 가설되어 그 이도가 각각 12[cm]이다. 지지점 B에서 전선이 떨어져 전선의 이도가 D로 되었다면 D의 길이[cm]는?(단, 지지점 B는 A와 C의 중점이며, 지지점 B에서 전선이 떨어지기 전, 후의 길이는 같다)

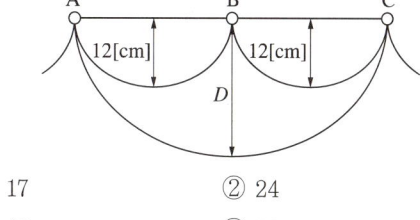

① 17
② 24
③ 30
④ 36

38
수차의 캐비테이션 방지책으로 틀린 것은?
① 흡출수두를 증대시킨다.
② 과부하 운전을 가능한 한 피한다.
③ 수차의 비속도를 너무 크게 잡지 않는다.
④ 침식에 강한 금속재료로 러너를 제작한다.

39
송전선로에 매설지선을 설치하는 목적은?
① 철탑 기초의 강도를 보강하기 위하여
② 직격뇌로부터 송전선을 차폐보호하기 위하여
③ 현수애자 1연의 전압 분담을 균일화하기 위하여
④ 철탑으로부터 송전선로로의 역섬락을 방지하기 위하여

40
1회선 송전선과 변압기의 조합에서 변압기의 여자 어드미턴스를 무시하였을 경우 송수전단의 관계를 나타내는 4단자 정수 C_0는?(단, $A_0 = A + CZ_{ts}$, $B_0 = B + AZ_{tr} + DZ_{ts} + CZ_{tr}Z_{ts}$, $D_0 = D + CZ_{tr}$. 여기서, Z_{ts}는 송전단변압기의 임피던스이며, Z_{tr}은 수전단변압기의 임피던스이다)
① C
② $C + DZ_{ts}$
③ $C + AZ_{ts}$
④ $CD + CA$

제3과목 전기기기

41
단상 변압기의 무부하 상태에서 $V_1 = 200\sin(\omega t + 30°)[\text{V}]$의 전압이 인가되었을 때 $I_0 = 3\sin(\omega t + 60°) + 0.7\sin(3\omega t + 180°)[\text{A}]$의 전류가 흘렀다. 이때 무부하손은 약 몇 [W]인가?
① 150
② 259.8
③ 415.2
④ 512

42
단상 직권 정류자 전동기의 전기자 권선과 계자 권선에 대한 설명으로 틀린 것은?
① 계자 권선의 권수를 적게 한다.
② 전기자 권선의 권수를 크게 한다.
③ 변압기 기전력을 적게 하여 역률 저하를 방지한다.
④ 브러시로 단락되는 코일 중의 단락전류를 크게 한다.

43
전부하 시의 단자전압이 무부하 시의 단자전압보다 높은 직류발전기는?
① 분권발전기
② 평복권발전기
③ 과복권발전기
④ 차동복권발전기

44
직류기의 다중 중권 권선법에서 전기자 병렬회로수 a와 극수 P 사이의 관계로 옳은 것은?(단, m은 다중도이다)
① $a = 2$
② $a = 2m$
③ $a = P$
④ $a = mP$

45
슬립 s_t에서 최대토크를 발생하는 3상 유도전동기에 2차 측 한 상의 저항을 r_2라 하면 최대토크로 기동하기 위한 2차 측 한 상에 외부로부터 가해 주어야 할 저항[Ω]은?
① $\dfrac{1 - s_t}{s_t}r_2$
② $\dfrac{1 + s_t}{s_t}r_2$
③ $\dfrac{r_2}{1 - s_t}$
④ $\dfrac{r_2}{s_t}$

46
단상 변압기를 병렬운전할 경우 부하전류의 분담은?
① 용량에 비례하고, 누설임피던스에 비례
② 용량에 비례하고, 누설임피던스에 반비례
③ 용량에 반비례하고, 누설리액턴스에 비례
④ 용량에 반비례하고, 누설리액턴스의 제곱에 비례

47
스텝모터(Step Motor)의 장점으로 틀린 것은?
① 회전각과 속도는 펄스 수에 비례한다.
② 위치제어를 할 때 각도오차가 적고 누적된다.
③ 가속, 감속이 용이하며 정·역전 및 변속이 쉽다.
④ 피드백 없이 오픈 루프로 손쉽게 속도 및 위치제어를 할 수 있다.

48
380[V], 60[Hz], 4극, 10[kW]인 3상 유도전동기의 전부하 슬립이 4[%]이다. 전원 전압을 10[%] 낮추는 경우 전부하 슬립은 약 몇 [%]인가?
① 3.3
② 3.6
③ 4.4
④ 4.9

49
3상 권선형 유도전동기의 기동 시 2차 측 저항을 2배로 하면 최대 토크값은 어떻게 되는가?
① 3배로 된다.
② 2배로 된다.
③ 1/2로 된다.
④ 변하지 않는다.

50
직류 분권전동기에서 정출력 가변속도의 용도에 적합한 속도제어법은?
① 계자제어
② 저항제어
③ 전압제어
④ 극수제어

51
직류 분권전동기의 전기자 전류가 10[A]일 때 5[N·m]의 토크가 발생하였다. 이 전동기의 계자의 자속이 80[%]로 감소되고, 전기자 전류가 12[A]로 되면 토크는 약 [N·m]인가?
① 3.9
② 4.3
③ 4.8
④ 5.2

52
권수비가 a인 단상 변압기 3대가 있다. 이것을 1차에 △, 2차에 Y로 결선하여 3상 교류 평형회로에 접속할 때 2차 측의 단자전압을 V[V], 전류를 I[A]라고 하면 1차 측의 단자전압 및 선전류는 얼마인가?(단, 변압기의 저항, 누설리액턴스, 여자전류는 무시한다)

① $\frac{aV}{\sqrt{3}}$[V], $\frac{\sqrt{3}I}{a}$[A]
② $\sqrt{3}aV$[V], $\frac{I}{\sqrt{3}a}$[A]
③ $\frac{\sqrt{3}V}{a}$[V], $\frac{aI}{\sqrt{3}}$[A]
④ $\frac{V}{\sqrt{3}a}$[V], $\sqrt{3}aI$[A]

53
3상 전원전압 220[V]를 3상 반파정류회로의 각 상에 SCR을 사용하여 정류제어할 때 위상각을 60°로 하면 순저항부하에서 얻을 수 있는 출력전압 평균값은 약 몇 [V]인가?
① 128.65
② 148.55
③ 257.3
④ 297.1

54
유도자형 동기발전기의 설명으로 옳은 것은?
① 전기자만 고정되어 있다.
② 계자극만 고정되어 있다.
③ 회전자가 없는 특수 발전기이다.
④ 계자극과 전기자가 고정되어 있다.

55
3상 동기발전기의 여자전류 10[A]에 대한 단자전압이 $1,000\sqrt{3}$[V], 3상 단락전류가 50[A]인 경우 동기 임피던스는 몇 [Ω]인가?
① 5
② 11
③ 20
④ 34

56
동기발전기에서 무부하 정격전압일 때의 여자전류를 I_{f0}, 정격부하 정격전압일 때의 여자전류를 I_{f1}, 3상 단락 정격전류에 대한 여자전류를 I_{fs} 라 하면 정격속도에서의 단락비 K는?

① $K = \dfrac{I_{fs}}{I_{f0}}$ ② $K = \dfrac{I_{f0}}{I_{fs}}$

③ $K = \dfrac{I_{fs}}{I_{f1}}$ ④ $K = \dfrac{I_{f1}}{I_{fs}}$

57
변압기의 습기를 제거하여 절연을 향상시키는 건조법이 아닌 것은?

① 열풍법   ② 단락법
③ 진공법   ④ 건식법

58
극수 20, 주파수 60[Hz]인 3상 동기발전기의 전기자권선이 2층 중권, 전기자 전 슬롯 수 180, 각 슬롯 내의 도체 수 10, 코일피치 7슬롯인 2중 성형결선으로 되어 있다. 선간전압 3,300[V]를 유도하는 데 필요한 기본파 유효자속은 약 몇 [Wb]인가?(단, 코일피치와 자극피치의 비 $\beta = \dfrac{7}{9}$ 이다)

① 0.004   ② 0.062
③ 0.053   ④ 0.07

59
2방향성 3단자 사이리스터는 어느 것인가?

① SCR   ② SSS
③ SCS   ④ TRIAC

60
일반적인 3상 유도전동기에 대한 설명으로 틀린 것은?

① 불평형 전압으로 운전하는 경우 전류는 증가하나 토크는 감소한다.
② 원선도 작성을 위해서는 무부하시험, 구속시험, 1차 권선저항 측정을 하여야 한다.
③ 농형은 권선형에 비해 구조가 견고하며, 권선형에 비해 대형 전동기로 널리 사용된다.
④ 권선형 회전자의 3선 중 1선이 단선되면 동기속도의 50[%]에서 더 이상 가속되지 못하는 현상을 게르게스 현상이라 한다.

제4과목 회로이론 및 제어공학

61
다음 블록선도의 전달함수 $\left(\dfrac{C(s)}{R(s)}\right)$는?

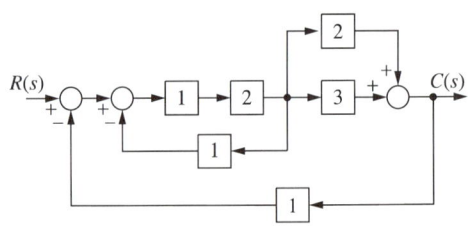

① $\dfrac{10}{9}$ ② $\dfrac{10}{13}$

③ $\dfrac{12}{9}$ ④ $\dfrac{12}{13}$

62

전달함수가 $G(s) = \dfrac{1}{0.1s(0.01s+1)}$ 과 같은 제어 시스템에서 $\omega = 0.1$ [rad/s]일 때의 이득[dB]과 위상각[°]은 약 얼마인가?

① 40[dB], $-90°$
② -40[dB], $90°$
③ 40[dB], $-180°$
④ -40[dB], $-180°$

63

다음의 논리식과 등가인 것은?

$$Y = (A+B)(\overline{A}+B)$$

① $Y = A$
② $Y = B$
③ $Y = \overline{A}$
④ $Y = \overline{B}$

64

다음의 개루프 전달함수에 대한 근궤적이 실수축에서 이탈하게 되는 분리점은 약 얼마인가?

$$G(s)H(s) = \dfrac{K}{s(s+3)(s+8)},\ K \geq 0$$

① -0.93
② -5.74
③ 6.0
④ -1.33

65

$F(z) = \dfrac{(1-e^{-aT})z}{(z-1)(z-e^{-aT})}$ 의 역z변환은?

① $T \cdot e^{-aT}$
② $a^T \cdot e^{-aT}$
③ $1 + e^{-aT}$
④ $1 - e^{-aT}$

66

기본 제어요소인 비례요소의 전달함수는?(단, K는 상수이다)

① $G(s) = K$
② $G(s) = Ks$
③ $G(s) = \dfrac{K}{s}$
④ $G(s) = \dfrac{K}{s+K}$

67

다음의 상태방정식으로 표현되는 시스템의 상태천이행렬은?

$$\begin{bmatrix} \dfrac{d}{dt}x_1 \\ \dfrac{d}{dt}x_2 \end{bmatrix} = \begin{bmatrix} 0 & 1 \\ -3 & -4 \end{bmatrix} \begin{bmatrix} x_1 \\ x_2 \end{bmatrix}$$

① $\begin{bmatrix} 1.5e^{-t} - 0.5e^{-3t} & -1.5e^{-t} + 1.5e^{-3t} \\ 0.5e^{-t} - 0.5e^{-3t} & -0.5e^{-t} + 1.5e^{-3t} \end{bmatrix}$

② $\begin{bmatrix} 1.5e^{-t} - 0.5e^{-3t} & 0.5e^{-t} - 0.5e^{-3t} \\ -1.5e^{-t} + 1.5e^{-3t} & -0.5e^{-t} + 1.5e^{-3t} \end{bmatrix}$

③ $\begin{bmatrix} 1.5e^{-t} - 0.5e^{-4t} & 0.5e^{-t} - 0.5e^{-4t} \\ -1.5e^{-t} + 1.5e^{-4t} & -0.5e^{-t} + 1.5e^{-4t} \end{bmatrix}$

④ $\begin{bmatrix} 1.5e^{-t} - 0.5e^{-4t} & -1.5e^{-t} + 1.5e^{-4t} \\ 0.5e^{-t} - 0.5e^{-4t} & -0.5e^{-t} + 1.5e^{-4t} \end{bmatrix}$

68

제어시스템의 전달함수가 $T(s) = \dfrac{1}{4s^2+s+1}$ 과 같이 표현될 때 이 시스템의 고유주파수(ω_n[rad/s])와 감쇠율(ζ)은?

① $\omega_n = 0.25$, $\zeta = 1.0$
② $\omega_n = 0.5$, $\zeta = 0.25$
③ $\omega_n = 0.5$, $\zeta = 0.5$
④ $\omega_n = 1.0$, $\zeta = 0.5$

정답 62 ① 63 ② 64 ④ 65 ④ 66 ① 67 ② 68 ②

69

그림의 신호흐름선도를 미분방정식으로 표현한 것으로 옳은 것은?(단, 모든 초깃값은 0이다)

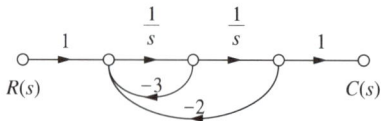

① $\dfrac{d^2c(t)}{dt^2} + 3\dfrac{dc(t)}{dt} + 2c(t) = r(t)$

② $\dfrac{d^2c(t)}{dt^2} + 2\dfrac{dc(t)}{dt} + 3c(t) = r(t)$

③ $\dfrac{d^2c(t)}{dt^2} - 3\dfrac{dc(t)}{dt} - 2c(t) = r(t)$

④ $\dfrac{d^2c(t)}{dt^2} - 2\dfrac{dc(t)}{dt} - 3c(t) = r(t)$

70

제어시스템의 특성방정식이 $s^4 + s^3 - 3s^2 - s + 2 = 0$과 같을 때, 이 특성방정식에서 s 평면의 오른쪽에 위치하는 근은 몇 개인가?

① 0 ② 1
③ 2 ④ 3

71

회로에서 6[Ω]에 흐르는 전류[A]는?

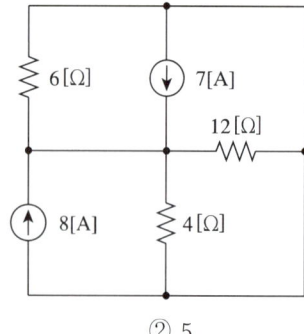

① 2.5 ② 5
③ 7.5 ④ 10

72

RL 직렬회로에서 시정수가 0.03[s], 저항이 14.7[Ω]일 때 이 회로의 인덕턴스[mH]는?

① 441
② 362
③ 17.6
④ 2.53

73

상의 순서가 $a-b-c$인 불평형 3상 교류회로에서 각 상의 전류가 $I_a = 7.28\angle 15.95°$[A], $I_b = 12.81\angle -128.66°$[A], $I_c = 7.21\angle 123.69°$[A]일 때 역상분 전류는 약 몇 [A]인가?

① $8.95\angle -1.14°$
② $8.95\angle 1.14°$
③ $2.51\angle -96.55°$
④ $2.51\angle 96.55°$

74

그림과 같은 T형 4단자 회로의 임피던스 파라미터 Z_{22}는?

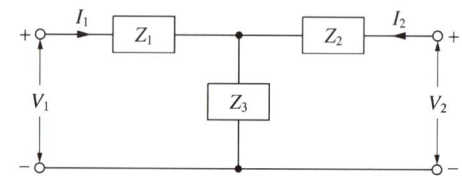

① Z_3
② $Z_1 + Z_2$
③ $Z_1 + Z_3$
④ $Z_2 + Z_3$

75

그림과 같은 부하에 선간전압이 $V_{ab} = 100\angle 30°$ [V]인 평형 3상 전압을 가했을 때 선전류 I_a[A]는?

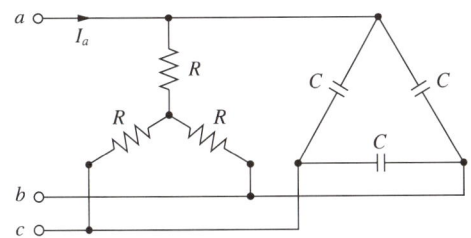

① $\dfrac{100}{\sqrt{3}}\left(\dfrac{1}{R} + j3\omega C\right)$ ② $100\left(\dfrac{1}{R} + j\sqrt{3}\,\omega C\right)$

③ $\dfrac{100}{\sqrt{3}}\left(\dfrac{1}{R} + j\omega C\right)$ ④ $100\left(\dfrac{1}{R} + j\omega C\right)$

76

분포정수로 표현된 선로의 단위 길이당 저항이 0.5 [Ω/km], 인덕턴스가 1[μH/km], 커패시턴스가 6 [μF/km]일 때 일그러짐이 없는 조건(무왜형 조건)을 만족하기 위한 단위 길이당 컨덕턴스[℧/m]는?

① 1   ② 2
③ 3   ④ 4

77

그림 (a)의 Y결선 회로를 그림 (b)의 △ 결선 회로로 등가변환했을 때 R_{ab}, R_{bc}, R_{ca}는 각각 몇 [Ω]인가?
(단, $R_a = 2[\Omega]$, $R_b = 3[\Omega]$, $R_c = 4[\Omega]$)

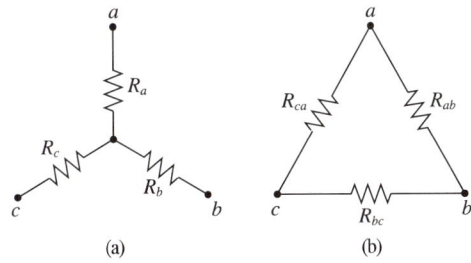

① $R_{ab} = \dfrac{6}{9}$, $R_{bc} = \dfrac{12}{9}$, $R_{ca} = \dfrac{8}{9}$

② $R_{ab} = \dfrac{1}{3}$, $R_{bc} = 1$, $R_{ca} = \dfrac{1}{2}$

③ $R_{ab} = \dfrac{13}{2}$, $R_{bc} = 13$, $R_{ca} = \dfrac{26}{3}$

④ $R_{ab} = \dfrac{11}{3}$, $R_{bc} = 11$, $R_{ca} = \dfrac{11}{2}$

78

다음과 같은 비정현파 교류 전압 $v(t)$와 전류 $i(t)$에 의한 평균전력은 약 몇 [W]인가?

$$v(t) = 200\sin 100\pi t + 80\sin\left(300\pi t - \dfrac{\pi}{2}\right)[V]$$
$$i(t) = \dfrac{1}{5}\sin\left(100\pi t - \dfrac{\pi}{3}\right) + \dfrac{1}{10}\sin\left(300\pi t - \dfrac{\pi}{4}\right)[A]$$

① 6.414   ② 8.586
③ 12.828 ④ 24.212

79

회로에서 $I_1 = 2e^{-j\frac{\pi}{6}}$ [A], $I_2 = 5e^{j\frac{\pi}{6}}$ [A], $I_3 = 5.0$ [A], $Z_3 = 1.0[\Omega]$일 때 부하(Z_1, Z_2, Z_3) 전체에 대한 복소전력은 약 몇 [VA]인가?

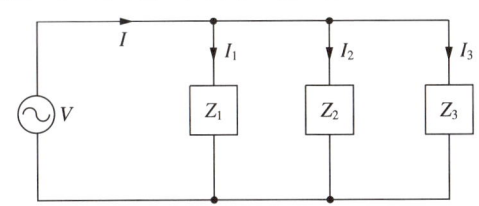

① $55.3 - j7.5$ ② $55.3 + j7.5$
③ $45 - j26$ ④ $45 + j26$

80

$f(t) = \mathcal{L}^{-1}\left[\dfrac{s^2 + 3s + 2}{s^2 + 2s + 5}\right]$는?

① $\delta(t) + e^{-t}(\cos 2t - \sin 2t)$
② $\delta(t) + e^{-t}(\cos 2t + 2\sin 2t)$
③ $\delta(t) + e^{-t}(\cos 2t - 2\sin 2t)$
④ $\delta(t) + e^{-t}(\cos 2t + \sin 2t)$

제5과목 전기설비기술기준

81
풍력터빈의 피뢰설비 시설기준에 대한 설명으로 틀린 것은?
① 풍력터빈에 설치한 피뢰설비(리셉터, 인하도선 등)의 기능저하로 인해 다른 기능에 영향을 미치지 않을 것
② 풍력터빈 내부의 계측 센서용 케이블은 금속관 또는 차폐케이블 등을 사용하여 뇌유도과전압으로부터 보호할 것
③ 풍력터빈에 설치하는 인하도선은 쉽게 부식되지 않는 금속선으로서 뇌격전류를 안전하게 흘릴 수 있는 충분한 굵기여야 하며, 가능한 직선으로 시설할 것
④ 수뢰부를 풍력터빈 중앙 부분에 배치하되 뇌격전류에 의한 발열에 용손(溶損)되지 않도록 재질, 크기, 두께 및 형상 등을 고려할 것

82
샤워시설이 있는 욕실 등 인체가 물에 젖어 있는 상태에서 전기를 사용하는 장소에 콘센트를 시설할 경우 인체감전보호용 누전차단기의 정격감도전류는 몇 [mA] 이하인가?
① 5   ② 10
③ 15   ④ 30

83
강관으로 구성된 철탑의 갑종 풍압하중은 수직 투영면적 1[m²]에 대한 풍압을 기초로 하여 계산한 값이 몇 [Pa]인가?(단, 단주는 제외한다)
① 1,255 ② 1,412
③ 1,627 ④ 2,157

84
한국전기설비규정에 따른 용어의 정의에서 감전에 대한 보호 등 안전을 위해 제공되는 도체를 말하는 것은?
① 접지도체   ② 보호도체
③ 수평도체   ④ 접지극도체

85
통신상의 유도장해방지시설에 대한 설명이다. 다음 (   )에 들어갈 내용으로 옳은 것은?

> 교류식 전기철도용 전차선로는 기설 가공약전류전선로에 대하여 (   )에 의한 통신상의 장해가 생기지 않도록 시설하여야 한다.

① 정전작용   ② 유도작용
③ 가열작용   ④ 산화작용

86
주택의 전기저장장치의 축전지에 접속하는 부하 측 옥내배선을 사람이 접촉할 우려가 없도록 케이블공사에 의하여 시설하고 전선에 적당한 방호장치를 시설한 경우 주택의 옥내전로의 대지전압은 직류 몇 [V]까지 적용할 수 있는가?(단, 전로에 지락이 생겼을 때 자동적으로 전로를 차단하는 장치를 시설한 경우이다)
① 150 ② 300
③ 400 ④ 600

87
전압의 구분에 대한 설명으로 옳은 것은?
① 직류에서의 저압은 1,000[V] 이하의 전압을 말한다.
② 교류에서의 저압은 1,500[V] 이하의 전압을 말한다.
③ 직류에서의 고압은 3,500[V]를 초과하고 7,000[V] 이하인 전압을 말한다.
④ 특고압은 7,000[V]를 초과하는 전압을 말한다.

88
고압 가공전선로의 가공지선으로 나경동선을 사용할 때의 최소 굵기는 지름 몇 [mm] 이상인가?

① 3.2
② 3.5
③ 4.0
④ 5.0

89
특고압용 변압기의 내부에 고장이 생겼을 경우에 자동차단장치 또는 경보장치를 하여야 하는 최소 뱅크용량은 몇 [kVA]인가?

① 1,000
② 3,000
③ 5,000
④ 10,000

90
합성수지관 및 부속품의 시설에 대한 설명으로 틀린 것은?

① 관의 지지점 간의 거리는 1.5[m] 이하로 할 것
② 합성수지제 가요전선관 상호 간은 직접 접속할 것
③ 접착제를 사용하여 관 상호 간을 삽입하는 깊이는 관의 바깥지름의 0.8배 이상으로 할 것
④ 접착제를 사용하지 않고 관 상호 간을 삽입하는 깊이는 관의 바깥지름의 1.2배 이상으로 할 것

91
사용전압이 22.9[kV]인 가공전선이 철도를 횡단하는 경우, 전선의 레일면상의 높이는 몇 [m] 이상인가?

① 5
② 5.5
③ 6
④ 6.5

92
가공전선로의 지지물에 시설하는 통신선 또는 이에 직접 접속하는 가공통신선이 철도 또는 궤도를 횡단하는 경우 그 높이는 레일면상 몇 [m] 이상으로 하여야 하는가?

① 3
② 3.5
③ 5
④ 6.5

93
전력보안통신설비의 조가선은 단면적 몇 [mm^2] 이상의 아연도강연선을 사용하여야 하는가?

① 16
② 38
③ 50
④ 55

94
가요전선관 및 부속품의 시설에 대한 내용이다. 다음 (   )에 들어갈 내용으로 옳은 것은?

> 1종 금속제 가요전선관에는 단면적 (   )[mm^2] 이상의 나연동선을 전체 길이에 걸쳐 삽입 또는 첨가하여 그 나연동선과 1종 금속제 가요전선관을 양쪽 끝에서 전기적으로 완전하게 접속할 것. 다만, 관의 길이가 4[m] 이하인 것을 시설하는 경우에는 그러하지 아니하다.

① 0.75
② 1.5
③ 2.5
④ 4

95
사용전압이 154[kV]인 전선로를 제1종 특고압 보안공사로 시설할 경우, 여기에 사용되는 경동연선의 단면적은 몇 [mm^2] 이상이어야 하는가?

① 100
② 125
③ 150
④ 200

96
사용전압이 400[V] 이하인 저압 옥측전선로를 애자공사에 의해 시설하는 경우 전선 상호 간의 간격은 몇 [m] 이상이어야 하는가?(단, 비나 이슬에 젖지 않는 장소에 사람이 쉽게 접촉될 우려가 없도록 시설한 경우이다)

① 0.025
② 0.045
③ 0.06
④ 0.12

정답 88 ③ 89 ③ 90 ② 91 ④ 92 ④ 93 ② 94 ③ 95 ③ 96 ③

97
지중전선로는 기설 지중약전류전선로에 대하여 통신상의 장해를 주지 않도록 기설 약전류전선로로부터 충분히 이격시키거나 기타 적당한 방법으로 시설하여야 한다. 이때 통신상의 장해가 발생하는 원인으로 옳은 것은?

① 충전전류 또는 표피작용
② 충전전류 또는 유도작용
③ 누설전류 또는 표피작용
④ 누설전류 또는 유도작용

98
최대 사용전압이 10.5[kV]를 초과하는 교류의 회전기 절연내력을 시험하고자 한다. 이때 시험전압은 최대 사용전압의 몇 배의 전압으로 하여야 하는가?(단, 회전변류기는 제외한다)

① 1
② 1.1
③ 1.25
④ 1.5

99
폭연성 분진 또는 화약류의 분말에 전기설비가 발화원이 되어 폭발할 우려가 있는 곳에 시설하는 저압 옥내배선의 공사방법으로 옳은 것은?(단, 사용전압이 400[V] 초과인 방전등을 제외한 경우이다)

① 금속관공사
② 애자사용공사
③ 합성수지관공사
④ 캡타이어 케이블공사

100
과전류차단기로 저압전로에 사용하는 범용의 퓨즈(전기용품 및 생활용품 안전관리법에서 규정하는 것을 제외한다)의 정격전류가 16[A]인 경우 용단전류는 정격전류의 몇 배인가?(단, 퓨즈(gG)인 경우이다)

① 1.25
② 1.5
③ 1.6
④ 1.9

2022년 제3회 CBT

제1과목 전기자기학

01
공기 중에 있는 지름 2[m]의 구도체에 줄 수 있는 최대전하는 약 몇 [C]인가?(단, 공기의 절연내력은 3,000[kV/m]이다)

① 5.3×10^{-4}
② 3.33×10^{-4}
③ 2.65×10^{-4}
④ 1.67×10^{-4}

02
자기 감자율 $N = 2.5 \times 10^{-3}$, 비투자율 $\mu_s = 100$의 막대형 자성체를 자계의 세기 $H = 500$[AT/m]의 평등자계 내에 놓았을 때, 자화의 세기는 약 몇 [Wb/m²]인가?

① 4.98×10^{-2}
② 6.25×10^{-2}
③ 7.82×10^{-2}
④ 8.72×10^{-2}

03
평면도체 표면에서 d[m] 거리에 점전하 Q[C]이 있을 때, 이 전하를 무한원점까지 운반하는 데 필요한 일[J]은?

① $\dfrac{Q^2}{4\pi\varepsilon_0 d}$
② $\dfrac{Q^2}{8\pi\varepsilon_0 d}$
③ $\dfrac{Q^2}{16\pi\varepsilon_0 d}$
④ $\dfrac{Q^2}{32\pi\varepsilon_0 d}$

04
자기인덕턴스 L_1, L_2와 상호인덕턴스 M 사이의 결합계수는?(단, 단위는 [H]이다)

① $\dfrac{M}{\sqrt{L_1 L_2}}$
② $\dfrac{M}{L_1 L_2}$
③ $\dfrac{\sqrt{L_1 L_2}}{M}$
④ $\dfrac{L_1 L_2}{M}$

05
정전계와 정자계의 대응관계가 성립되는 것은?

① $\text{div} D = \rho_v \rightarrow \text{div} B = \rho_m$
② $\nabla^2 V = -\dfrac{\rho_v}{\varepsilon_0} \rightarrow \nabla^2 A = -\dfrac{i}{\mu_0}$
③ $W = \dfrac{1}{2}CV^2 \rightarrow W = \dfrac{1}{2}LI^2$
④ $F = 9 \times 10^9 \dfrac{Q_1 Q_2}{r^2} a_r$
$\rightarrow F = 6.33 \times 10^{-4} \dfrac{m_1 m_2}{r^2} a_r$

06
자유공간에서 정육각형의 꼭짓점에 동량, 동질의 점전하 Q가 각각 놓여 있을 때 정육각형 한 변의 길이가 a라 하면 정육각형 중심의 전계의 세기는?

① $\dfrac{Q}{4\pi\varepsilon_0 a^2}$
② $\dfrac{3Q}{2\pi\varepsilon_0 a^2}$
③ $6Q$
④ 0

정답 1 ② 2 ② 3 ③ 4 ① 5 ③ 6 ④

07
무한장 솔레노이드의 외부자계에 대한 설명 중 옳은 것은?

① 솔레노이드 내부의 자계와 같은 자계가 존재한다.
② $\frac{1}{2\pi}$ 의 배수가 되는 자계가 존재한다.
③ 솔레노이드 외부에는 자계가 존재하지 않는다.
④ 권회수에 비례하는 자계가 존재한다.

08
정전용량 0.06[μF]의 평행판 공기콘덴서가 있다. 전극판 간격의 1/2 두께의 유리판을 전극에 평행하게 넣으면 공기 부분의 정전용량과 유리판 부분의 정전용량을 직렬로 접속한 콘덴서가 된다. 유리의 비유전율을 $\varepsilon_s = 5$라 할 때 새로운 콘덴서의 정전용량은 몇 [μF]인가?

① 0.01
② 0.05
③ 0.1
④ 0.5

09
규소강판과 같은 자심재료의 히스테리시스 곡선의 특징은?

① 히스테리시스 곡선의 면적이 작은 것이 좋다.
② 보자력이 큰 것이 좋다.
③ 보자력과 잔류자기가 모두 큰 것이 좋다.
④ 히스테리시스 곡선의 면적이 큰 것이 좋다.

10
내압이 1[kV]이고 용량이 각각 0.01[μF], 0.02[μF], 0.04[μF]인 콘덴서를 직렬로 연결했을 때 전체 콘덴서의 내압은 몇 [V]인가?

① 1,750
② 2,000
③ 3,500
④ 4,000

11
한 변의 길이가 l[m]인 정육각형 회로에 I[A]가 흐르고 있을 때 그 정육각형 중심의 자계의 세기는 몇 [A/m]인가?

① $\frac{I}{2\pi l}$
② $\frac{2\sqrt{2}\,I}{\pi l}$
③ $\frac{\sqrt{3}\,I}{\pi l}$
④ $\frac{\sqrt{2}\,I}{2\pi l}$

12
대전된 도체의 표면 전하밀도는 도체 표면의 모양에 따라 어떻게 되는가?

① 곡률 반지름이 크면 커진다.
② 곡률 반지름이 크면 작아진다.
③ 표면 모양에 관계없다.
④ 평면일 때 가장 크다.

13
히스테리시스 곡선의 기울기는 다음의 어떤 값에 해당하는가?

① 투자율
② 유전율
③ 자화율
④ 감자율

14
반지름 a[m]의 반구형 도체를 대지표면에 그림과 같이 묻었을 때 접지저항 R[Ω]은?(단, ρ[$\Omega \cdot$m]는 대지의 고유저항이다)

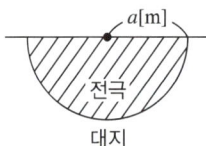

① $\frac{\rho}{2\pi a}$
② $\frac{\rho}{4\pi a}$
③ $2\pi a\rho$
④ $4\pi a\rho$

15
진공 중에 있는 반지름 a[m]인 도체구의 정전용량[F]은?

① $4\pi\varepsilon_0 a$
② $2\pi\varepsilon_0 a$
③ $8\pi\varepsilon_0 a$
④ a

16
유전율 ε_1, ε_2인 두 유전체 경계면에서 전계가 경계면에 수직일 때 경계면에 작용하는 힘은 몇 [N/m²]인가? (단, $\varepsilon_1 > \varepsilon_2$이다)

① $\left(\dfrac{1}{\varepsilon_1} + \dfrac{1}{\varepsilon_2}\right)D$
② $2\left(\dfrac{1}{\varepsilon_1^2} + \dfrac{1}{\varepsilon_2^2}\right)D^2$
③ $\dfrac{1}{2}\left(\dfrac{1}{\varepsilon_2} - \dfrac{1}{\varepsilon_1}\right)D$
④ $\dfrac{1}{2}\left(\dfrac{1}{\varepsilon_2} - \dfrac{1}{\varepsilon_1}\right)D^2$

17
0.2[C]의 점전하가 전계 $E = 5a_y + a_z$ [V/m] 및 자속밀도 $B = 2a_y + 5a_z$ [Wb/m²] 내로 속도 $v = 2a_x + 3a_y$ [m/s]로 이동할 때 점전하에 작용하는 힘 F[N]은?(단, a_x, a_y, a_z는 단위벡터이다)

① $2a_x - a_y + 3a_z$
② $3a_x - a_y + a_z$
③ $a_x + a_y - 2a_z$
④ $5a_x + a_y - 3a_z$

18
자계의 세기 $H = xya_y - xza_z$ [AT/m]일 때 점(2, 3, 5)에서 전류밀도는 몇 [A/m²]인가?

① $3a_x + 5a_y$
② $3a_y + 5a_z$
③ $5a_x + 3a_z$
④ $5a_y + 3a_z$

19
자기쌍극자에 의한 자위 U[A]에 해당되는 것은?(단, 자기쌍극자의 자기모멘트는 M[Wb·m], 쌍극자의 중심으로부터의 거리는 r[m], 쌍극자의 정방향과의 각도는 θ라 한다)

① $6.33 \times 10^4 \times \dfrac{M\sin\theta}{r^3}$
② $6.33 \times 10^4 \times \dfrac{M\sin\theta}{r^2}$
③ $6.33 \times 10^4 \times \dfrac{M\cos\theta}{r^3}$
④ $6.33 \times 10^4 \times \dfrac{M\cos\theta}{r^2}$

20
다음 중 식이 틀린 것은?

① 발산의 정리 : $\int_s E \cdot dS = \int_v \text{div} E dv$
② Poisson의 방정식 : $\nabla^2 V = \dfrac{\varepsilon}{\rho}$
③ Gauss의 정리 : $\text{div} D = \rho$
④ Laplace의 방정식 : $\nabla^2 V = 0$

제2과목 전력공학

21
송전선로의 송전특성이 아닌 것은?

① 단거리 송전선로에서는 누설컨덕턴스, 정전용량을 무시해도 된다.
② 중거리 송전선로는 T 회로, π 회로 해석을 사용한다.
③ 100[km]가 넘는 송전선로는 근사계산식을 사용한다.
④ 장거리 송전선로의 해석은 특성임피던스와 전파정수를 사용한다.

정답 15 ① 16 ④ 17 ② 18 ④ 19 ④ 20 ② 21 ③

22
어떤 건물에서 총설비부하용량이 850[kW], 수용률이 60[%]이면 변압기용량은 최소 몇 [kVA]로 하여야 하는가?(단, 설비부하의 종합역률은 0.75이다)
① 740　　② 680
③ 650　　④ 500

23
원자로에 사용되는 감속재가 구비하여야 할 조건으로 틀린 것은?
① 중성자 에너지를 빨리 감속시킬 수 있을 것
② 불필요한 중성자 흡수가 적을 것
③ 원자의 질량이 클 것
④ 감속능 및 감속비가 클 것

24
ACSR은 동일한 길이에서 동일한 전기저항을 갖는 경동연선에 비하여 어떠한가?
① 바깥지름은 크고 중량은 작다.
② 바깥지름은 작고 중량은 크다.
③ 바깥지름과 중량이 모두 크다.
④ 바깥지름과 중량이 모두 작다.

25
송전계통의 안정도 증진방법으로 틀린 것은?
① 직렬리액턴스를 작게 한다.
② 중간조상방식을 채용한다.
③ 계통을 연계한다.
④ 원동기의 조속기 작동을 느리게 한다.

26
그림과 같은 66[kV] 선로의 송전전력이 20,000[kW], 역률이 0.8[lag]일 때 a상에 완전 지락사고가 발생하였다. 지락계전기 DG에 흐르는 전류는 약 몇 [A]인가? (단, 부하의 정상, 역상임피던스 및 기타 정수는 무시한다)

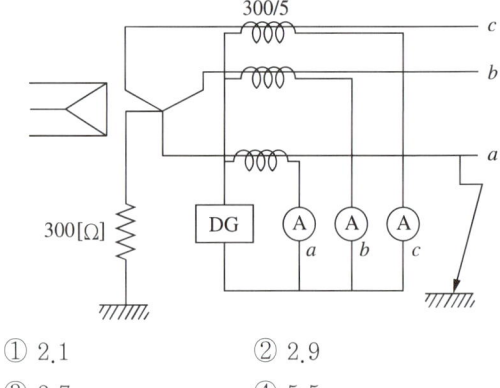

① 2.1　　② 2.9
③ 3.7　　④ 5.5

27
다음 중 송전선의 1선 지락 시 선로에 흐르는 전류를 바르게 나타낸 것은?
① 영상전류만 흐른다.
② 영상전류 및 정상전류만 흐른다.
③ 영상전류 및 역상전류만 흐른다.
④ 영상전류, 정상전류 및 역상전류가 흐른다.

28
송전선로의 코로나 방지에 가장 효과적인 방법은?
① 전선의 높이를 가급적 낮게 한다.
② 코로나 임계전압을 낮게 한다.
③ 선로의 절연을 강화한다.
④ 복도체를 사용한다.

29
송전선로에서 매설지선을 사용하는 주된 목적은?
① 코로나 전압을 저감시키기 위하여
② 뇌해를 방지하기 위하여
③ 탑각 접지저항을 줄여서 역섬락을 방지하기 위하여
④ 인축의 감전사고를 막기 위하여

30
다음 중 부하전류의 차단능력이 없는 것은?
① 부하개폐기(LBS)
② 유입차단기(OCB)
③ 진공차단기(VCB)
④ 단로기(DS)

31
고압 배전선로의 선간전압을 3,300[V]에서 5,700[V]로 승압하는 경우, 같은 전선으로 전력손실을 같게 한다면 약 몇 배의 전력[kW]을 공급할 수 있는가?
① 1
② 2
③ 3
④ 4

32
소호원리에 따른 차단기의 종류 중에서 소호실에서 아크에 의한 절연유 분해가스의 흡부력(吸付力)을 이용하여 차단하는 것은?
① 유입차단기
② 기중차단기
③ 자기차단기
④ 가스차단기

33
초고압 장거리 송전선로에 접속되는 1차 변전소에 병렬리액터를 설치하는 목적은?
① 페란티 효과 방지
② 코로나손실 경감
③ 전압강하 경감
④ 선로손실 경감

34
유량의 크기를 구분할 때 갈수량이란?
① 하천의 수위 중에서 1년을 통하여 355일간 이보다 내려가지 않는 수위
② 하천의 수위 중에서 1년을 통하여 275일간 이보다 내려가지 않는 수위
③ 하천의 수위 중에서 1년을 통하여 185일간 이보다 내려가지 않는 수위
④ 하천의 수위 중에서 1년을 통하여 95일간 이보다 내려가지 않는 수위

35
전력계통에서 무효전력을 조정하는 조상설비 중 전력용 콘덴서를 동기조상기와 비교할 때 옳은 것은?
① 전력손실이 크다.
② 지상 무효전력분을 공급할 수 있다.
③ 전압조정을 계단적으로만 할 수 있다.
④ 송전선로를 시송전할 때 선로를 충전할 수 있다.

36
화력발전소에서 석탄 1[kg]으로 발생할 수 있는 전력량은 약 몇 [kWh]인가?(단, 석탄의 발열량은 5,000[kcal/kg], 발전소의 효율은 40[%]이다)
① 2.0
② 2.3
③ 4.7
④ 5.8

37
선로, 기기 등의 절연수준 저감 및 전력용 변압기의 단절연을 모두 행할 수 있는 중성점접지방식은?
① 직접접지방식
② 소호리액터접지방식
③ 고저항접지방식
④ 비접지방식

정답 29 ③ 30 ④ 31 ③ 32 ① 33 ① 34 ① 35 ③ 36 ② 37 ①

38
주상변압기의 고압 측 및 저압 측에 설치되는 보호장치가 아닌 것은?
① 피뢰기
② 1차 컷아웃 스위치
③ 캐치홀더
④ 케이블헤드

39
전압 V_1[kV]에 대한 %리액턴스값이 X_{p1}이고, 전압 V_2[kV]에 대한 %리액턴스값이 X_{p2}일 때, 이들 사이의 관계로 옳은 것은?

① $X_{p1} = \dfrac{V_1^2}{V_2} X_{p2}$

② $X_{p1} = \dfrac{V_2}{V_1^2} X_{p2}$

③ $X_{p1} = \left(\dfrac{V_2}{V_1}\right)^2 X_{p2}$

④ $X_{p1} = \left(\dfrac{V_1}{V_2}\right)^2 X_{p2}$

40
정정된 값 이상의 전류가 흘러 보호계전기가 동작할 때 동작전류가 낮은 구간에서는 동작전류의 증가에 따라 동작시간이 짧아지고, 그 이상이면 동작전류의 크기에 관계없이 일정한 시간에서 동작하는 특성을 무슨 특성이라 하는가?
① 정한시 특성
② 반한시 특성
③ 순시 특성
④ 반한시성 정한시 특성

제3과목 전기기기

41
정류회로에서 평활회로를 사용하는 이유는?
① 출력전압의 맥류분을 감소하기 위해
② 출력전압의 크기를 증가시키기 위해
③ 정류전압의 직류분을 감소하기 위해
④ 정류전압을 2배로 하기 위해

42
유도전동기의 부하를 증가시켰을 때 옳지 않은 것은?
① 속도는 감소한다.
② 1차 부하전류는 감소한다.
③ 슬립은 증가한다.
④ 2차 유도기전력은 증가한다.

43
계자저항 50[Ω], 계자전류 2[A], 전기자저항 3[Ω]인 분권발전기가 무부하로 정격속도로 회전할 때, 유기기전력[V]은?
① 106
② 112
③ 115
④ 120

44
동기전동기의 V특성곡선(위상 특성곡선)에서 무부하 곡선은?

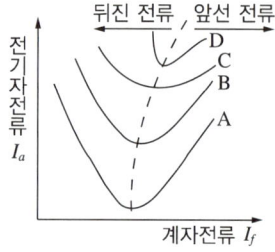

① A
② B
③ C
④ D

45
3상 직권 정류자전동기에서 중간 변압기를 사용하는 주된 이유는?

① 발생토크를 증가시키기 위해
② 역회전 방지를 위해
③ 직권특성을 얻기 위해
④ 경부하 시 급속한 속도상승 억제를 위해

46
3상 동기기의 제동권선을 사용하는 주목적은?

① 출력이 증가한다.
② 효율이 증가한다.
③ 역률을 개선한다.
④ 난조를 방지한다.

47
그림과 같은 동기발전기의 무부하 포화곡선에서 포화계수는?

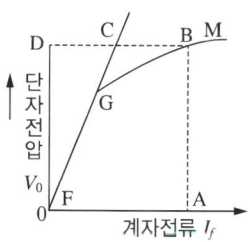

① $\overline{OA}/\overline{OG}$
② $\overline{OD}/\overline{DB}$
③ $\overline{BC}/\overline{CD}$
④ $\overline{CD}/\overline{CO}$

48
단상 단권변압기 2대를 V결선으로 해서 3상 전압 3,000[V]를 3,300[V]로 승압하고, 150[kVA]를 송전하려고 한다. 이 경우 단상 단권변압기 1대분의 자기용량 [kVA]은 약 얼마인가?

① 15.74
② 13.62
③ 7.87
④ 4.54

49
부하에 관계없이 변압기에 흐르는 전류로서 자속만을 만드는 전류는?

① 1차 전류
② 철손전류
③ 여자전류
④ 자화전류

50
단상 유도전동기의 기동방법 중 기동토크가 가장 큰 것은?

① 반발기동형
② 분상기동형
③ 셰이딩코일형
④ 콘덴서분상기동형

51
직류발전기의 특성곡선 중 상호 관계가 옳지 않은 것은?

① 무부하 포화곡선 : 계자전류와 단자전압
② 외부 특성곡선 : 부하전류와 단자전압
③ 부하 특성곡선 : 계자전류와 단자전압
④ 내부 특성곡선 : 부하전류와 단자전압

52
30[kVA], 3,300/200[V], 60[Hz]의 3상 변압기 2차측에 3상 단락이 생겼을 경우 단락전류는 약 몇 [A]인가?(단, %임피던스전압은 3[%]이다)

① 2,250
② 2,620
③ 2,730
④ 2,886

53
3상 유도전동기의 2차 입력 P_2, 슬립이 s일 때의 2차 동손 P_{c2}은?

① $P_{c2} = P_2/s$
② $P_{c2} = sP_2$
③ $P_{c2} = s^2 P_2$
④ $P_{c2} = (1-s)P_2$

54
유도전동기의 속도 제어법 중 저항제어와 관계가 없는 것은?
① 농형유도전동기
② 비례추이
③ 속도제어가 간단하고 원활함
④ 속도조정범위가 작음

55
동기전동기에 관한 설명 중 틀린 것은?
① 기동토크가 작다.
② 유도전동기에 비해 효율이 양호하다.
③ 여자기가 필요하다.
④ 역률을 조정할 수 없다.

56
직류전동기의 역기전력이 220[V], 분당 회전수가 1,200[rpm]일 때에 토크가 15[kg·m]가 발생한다면 전기자전류는 약 몇 [A]인가?
① 54
② 67
③ 84
④ 96

57
전기철도에 가장 적합한 직류전동기는?
① 분권전동기
② 직권전동기
③ 복권전동기
④ 자여자분권전동기

58
동기발전기에서 동기속도와 극수와의 관계를 표시한 것은?(단, N : 동기속도, P : 극수이다)

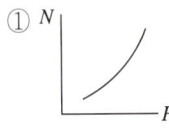 ①
 ②
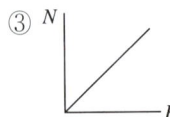 ③
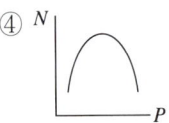 ④

59
3,300V/210[V], 5[kVA] 단상변압기의 퍼센트 저항강하 2.4[%], 퍼센트 리액턴스강하 1.8[%]이다. 임피던스와트[W]는?
① 320
② 240
③ 120
④ 90

60
3상 동기발전기의 매극 매상의 슬롯수를 3이라고 하면 분포계수는?
① $\sin\dfrac{2}{3}\pi$
② $\sin\dfrac{3}{2}\pi$
③ $6\sin\dfrac{\pi}{18}$
④ $\dfrac{1}{6\sin\dfrac{\pi}{18}}$

제4과목 회로이론 및 제어공학

61
다음 회로망에서 입력전압을 $V_1(t)$, 출력전압을 $V_2(t)$라 할 때, $\dfrac{V_2(s)}{V_1(s)}$에 대한 고유주파수 ω_n과 제동비 ζ의 값은?(단, $R=100[\Omega]$, $L=2[H]$, $C=200[\mu F]$이고, 모든 초기전하는 0이다)

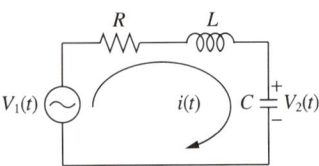

① $\omega_n = 50$, $\zeta = 0.5$
② $\omega_n = 50$, $\zeta = 0.7$
③ $\omega_n = 250$, $\zeta = 0.5$
④ $\omega_n = 250$, $\zeta = 0.7$

62

전달함수 $G(s) = \dfrac{20}{3+2s}$ 을 갖는 요소가 있다. 이 요소에 $\omega = 2$ [rad/s]인 정현파를 주었을 때 $|G(j\omega)|$를 구하면?

① 8
② 6
③ 4
④ 2

63

적분시간 3[s], 비례감도가 3인 비례적분동작을 하는 제어요소가 있다. 이 제어요소에 동작신호 $x(t) = 2t$를 주었을 때 조작량은 얼마인가?(단, 초기 조작량 $y(t)$는 0으로 한다)

① $t^2 + 2t$
② $t^2 + 4t$
③ $t^2 + 6t$
④ $t^2 + 8t$

64

이산 시스템(Discrete Data System)에서의 안정도 해석에 대한 설명 중 옳은 것은?

① 특성방정식의 모든 근이 z평면의 음의 반평면에 있으면 안정하다.
② 특성방정식의 모든 근이 z평면의 양의 반평면에 있으면 안정하다.
③ 특성방정식의 모든 근이 z평면의 단위원 내부에 있으면 안정하다.
④ 특성방정식의 모든 근이 z평면의 단위원 외부에 있으면 안정하다.

65

어떤 제어시스템의 개루프 이득이 $G(s)H(s) = \dfrac{K(s+2)}{s(s+1)(s+3)(s+4)}$ 일 때 이 시스템이 가지는 근궤적의 가지(Branch)수는?

① 1
② 3
③ 4
④ 5

66

그림과 같은 논리회로의 출력 Y는?

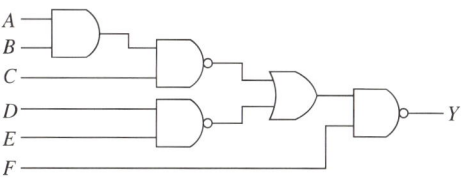

① $ABCDE + \overline{F}$
② $\overline{A}\,\overline{B}\,\overline{C}\,\overline{D}\,\overline{E} + F$
③ $\overline{A} + \overline{B} + \overline{C} + \overline{D} + \overline{E} + F$
④ $A + B + C + D + E + \overline{F}$

67

그림과 같은 $R-C$ 회로에서 전압 $v_i(t)$를 입력으로 하고 전압 $v_o(t)$를 출력으로 할 때 이에 맞는 신호흐름선도는?(단, 전달함수의 초깃값은 0이다)

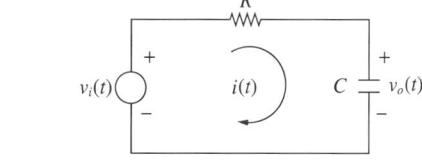

정답 62 ③ 63 ③ 64 ③ 65 ③ 66 ① 67 ③

68

시스템행렬 A가 다음과 같을 때 상태천이행렬을 구하면?

$$A = \begin{bmatrix} 0 & 1 \\ -2 & -3 \end{bmatrix}$$

① $\begin{bmatrix} 2e^{t} - e^{2t} & -e^{t} + e^{2t} \\ 2e^{t} - 2e^{2t} & -e^{t} - 2e^{2t} \end{bmatrix}$

② $\begin{bmatrix} 2e^{-t} - e^{-2t} & e^{-t} - e^{-2t} \\ -2e^{-t} + 2e^{-2t} & -e^{-t} - 2e^{-2t} \end{bmatrix}$

③ $\begin{bmatrix} 2e^{-t} - e^{-2t} & -e^{-t} + e^{-2t} \\ 2e^{-t} - 2e^{-2t} & -e^{-t} - 2e^{-2t} \end{bmatrix}$

④ $\begin{bmatrix} 2e^{-t} - e^{-2t} & e^{-t} - e^{-2t} \\ -2e^{-t} + 2e^{-2t} & -e^{-t} + 2e^{-2t} \end{bmatrix}$

69

단위피드백제어계에서 개루프 전달함수 $G(s)$가 다음과 같이 주어지는 계의 단위계단입력에 대한 정상편차는?

$$G(s) = \frac{6}{(s+1)(s+3)}$$

① $\frac{1}{2}$ ② $\frac{1}{3}$

③ $\frac{1}{4}$ ④ $\frac{1}{6}$

70

특성 방정식이 $2s^4 + 10s^3 + 11s^2 + 5s + K = 0$으로 주어진 제어시스템이 안정하기 위한 조건은?

① $0 < K < 2$ ② $0 < K < 5$
③ $0 < K < 6$ ④ $0 < K < 10$

71

$8 + j6[\Omega]$인 임피던스에 $13 + j20[V]$의 전압을 인가할 때 복소전력은 약 몇 [VA]인가?

① $12.7 + j34.1$ ② $12.7 + j55.5$
③ $45.5 + j34.1$ ④ $45.5 + j55.5$

72

RL 직렬회로에 V인 직류전압원을 갑자기 연결하였을 때 $t = 0^+$인 순간, 이 회로에 흐르는 회로전류에 대하여 바르게 표현된 것은?

① 이 회로에는 전류가 흐르지 않는다.

② 이 회로에는 $\frac{V}{R}$ 크기의 전류가 흐른다.

③ 이 회로에는 무한대의 전류가 흐른다.

④ 이 회로에는 $\frac{V}{R + j\omega L}$의 전류가 흐른다.

73

그림과 같은 회로에서 단자 $a - b$ 간의 전압 $V_{ab}[V]$는?

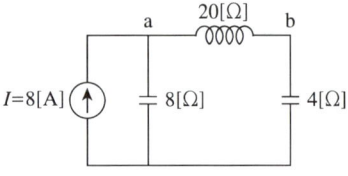

① $-j160$ ② $j160$
③ 40 ④ 80

74

불평형 3상 전류가 $I_a = 15 + j2[A]$, $I_b = -20 - j14[A]$, $I_c = -3 + j10[A]$일 때 정상분 전류 $I[A]$는?

① $1.91 + j6.24$
② $-2.67 - j0.67$
③ $15.7 - j3.57$
④ $18.4 + j12.3$

75

1[km]당 인덕턴스 25[mH], 정전용량 0.005[μF]의 선로가 있다. 무손실 선로라고 가정한 경우 진행파의 위상(전파)속도는 약 몇 [km/s]인가?

① 8.95×10^4 ② 9.95×10^4
③ 89.5×10^4 ④ 99.5×10^4

76

대칭 3상 Y결선 부하에서 각 상의 임피던스가 $16 + j12[\Omega]$이고, 부하전류가 10[A]일 때, 이 부하의 선간전압은 약 몇 [V]인가?

① 152.6
② 229.1
③ 346.4
④ 445.1

77

그림 (a)와 같은 회로에 대한 구동점 임피던스의 극점과 영점이 각각 그림 (b)에 나타낸 것과 같고 $Z(0) = 1$일 때, 이 회로에서 $R[\Omega]$, $L[H]$, $C[F]$의 값은?

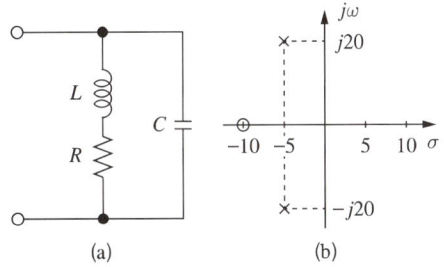

① $R = 1.0[\Omega]$, $L = 0.1[H]$, $C = 0.0235[F]$
② $R = 1.0[\Omega]$, $L = 0.2[H]$, $C = 1.0[F]$
③ $R = 2.0[\Omega]$, $L = 0.1[H]$, $C = 0.0235[F]$
④ $R = 2.0[\Omega]$, $L = 0.2[H]$, $C = 1.0[F]$

78

$0.1[\mu F]$의 콘덴서에 주파수 1[kHz], 최대전압 2,000 [V]를 인가할 때 전류의 순시값[A]은?

① $4.446\sin(\omega t + 90°)$
② $4.446\cos(\omega t - 90°)$
③ $1.256\sin(\omega t + 90°)$
④ $1.256\cos(\omega t - 90°)$

79

어떤 회로의 단자전압과 전류가 다음과 같을 때, 회로에 공급되는 평균전력은 약 몇 [W]인가?

$$v(t) = 100\sin\omega t + 70\sin 2\omega t + 50\sin(3\omega t - 30°)[V]$$
$$i(t) = 20\sin(\omega t - 60°) + 10\sin(3\omega t + 45°)[A]$$

① 565
② 525
③ 495
④ 465

80

그림과 같은 회로에서 저항 R에 흐르는 전류 $I[A]$는?

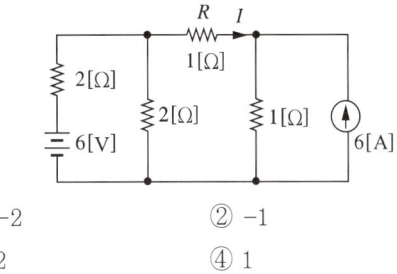

① -2
② -1
③ 2
④ 1

제5과목 전기설비기술기준

81

동기발전기를 사용하는 전력계통에 시설하여야 하는 장치는?

① 비상조속기
② 동기검정장치
③ 분로리액터
④ 절연유 유출방지설비

82

발열선을 도로, 주차장 또는 조영물의 조영재에 고정시켜 시설하는 경우 발열선에 전기를 공급하는 전로의 대지전압을 몇 [V] 이하이어야 하는가?

① 100
② 150
③ 200
④ 300

83

고압 가공전선로에 시설하는 피뢰기의 접지공사의 접지선이 그 접지공사 전용의 것인 경우에 접지저항값은 몇 [Ω]까지 허용되는가?

① 20
② 30
③ 50
④ 75

정답 76 ③ 77 ① 78 ③ 79 ① 80 ② 81 ② 82 ④ 83 ②

84
저압전로에 사용하는 정격전류 20[A]인 전로는 몇 배인 경우 불용단되어야 하는가?
① 1.5배　　② 1.25배
③ 1.1배　　④ 1배

85
어떤 공장에서 케이블을 사용하는 사용전압이 22[kV]인 가공전선을 건물 옆쪽에서 1차 접근상태로 시설하는 경우, 케이블과 건물의 조영재 이격거리는 몇 [m] 이상이어야 하는가?
① 0.5　　② 0.8
③ 1.0　　④ 1.2

86
전로의 사용전압이 500[V] 이하인 옥내전로에서 분기회로의 절연저항값은 몇 [MΩ] 이상이어야 하는가?
① 0.1　　② 0.5
③ 1　　④ 1.5

87
사용전압 66[kV] 가공전선과 6[kV] 가공전선을 동일 지지물에 시설하는 경우, 특고압 가공전선은 케이블인 경우를 제외하고는 단면적이 몇 [mm²]인 경동연선 또는 이와 동등 이상의 세기 및 굵기의 연선이어야 하는가?
① 22　　② 38
③ 50　　④ 100

88
건조한 장소로서 전개된 장소에 한하여 고압 옥내배선을 할 수 있는 것은?
① 금속관공사　　② 애자사용공사
③ 합성수지관공사　　④ 가요전선관공사

89
석유류를 저장하는 장소의 전등배선에 사용하지 않는 공사방법은?
① 케이블공사　　② 금속관공사
③ 애자사용공사　　④ 합성수지관공사

90
변압기에 의하여 특고압전로에 결합되는 고압전로에는 사용전압의 몇 배 이하인 전압이 가하여진 경우에 방전하는 장치를 그 변압기의 단자에 가까운 1극에 설치하여야 하는가?
① 3　　② 4
③ 5　　④ 6

91
사용전압 66[kV]의 가공전선을 시가지에 시설할 경우 전선의 지표상 최소높이는 몇 [m]인가?
① 6.48　　② 8.36
③ 10.48　　④ 12.36

92
외부피뢰시스템에 해당하지 않는 것은?
① 수뢰부시스템　　② 인하도선시스템
③ 접지극시스템　　④ 서지보호시스템

93
시가지에 시설하는 사용전압 170[kV] 이하인 특고압 가공전선로의 지지물이 철탑이고 전선이 수평으로 2 이상 있는 경우에 전선 상호 간의 간격이 4[m] 미만인 때에는 특고압 가공전선로의 경간은 몇 [m] 이하이어야 하는가?
① 100　　② 150
③ 200　　④ 250

94
금속관공사에 대한 기준으로 틀린 것은?
① 저압 옥내배선에 사용하는 전선으로 옥외용 비닐절연전선을 사용하였다.
② 저압 옥내배선의 금속관 안에는 전선에 접속점이 없도록 하였다.
③ 콘크리트에 매설하는 금속관의 두께는 1.2[mm]를 사용하였다.
④ 저압 옥내배선의 사용전압이 400[V] 이하로 사용전압이 직류 300[V] 또는 교류 대지전압 150[V] 이하로서 그 전선을 넣는 관의 길이가 8[m] 이하인 것을 사람이 쉽게 접촉할 우려가 없도록 시설하는 경우 접지공사를 생략하였다.

95
분산형전원설비의 전기저장장치 시설 시 전기배선의 굵기는 얼마 이상이어야 하는가?
① 1.5[mm^2]
② 2.5[mm^2]
③ 4.0[mm^2]
④ 10[mm^2]

96
합성수지관공사 시 관 상호 간 및 박스와의 접속은 관에 삽입하는 깊이를 관 바깥지름의 몇 배 이상으로 하여야 하는가?(단, 접착제를 사용하지 않는 경우이다.)
① 0.5
② 0.8
③ 1.2
④ 1.5

97
고압 인입선을 다음과 같이 시설하였다. 기술기준에 맞지 않는 것은?
① 고압 가공인입선 아래에 위험표시를 하고 지표상 3.5[m]의 높이에 설치하였다.
② 15[m] 떨어진 다른 수용가에 고압 연접인입선을 시설하였다.
③ 횡단보도교 위에 시설하는 경우 케이블을 사용하여 노면상에서 3.5[m]의 높이에 시설하였다.
④ 전선은 5[mm] 경동선과 동등한 세기의 고압 절연전선을 사용하였다.

98
고압 가공전선로의 경간은 B종 철근 콘크리트주로 시설하는 경우 몇 [m] 이하로 하여야 하는가?
① 100
② 150
③ 200
④ 250

99
다음의 ⓐ, ⓑ에 들어갈 내용으로 옳은 것은?

> 과전류차단기로 시설하는 퓨즈 중 고압전로에 사용하는 비포장 퓨즈는 정격전류의 (ⓐ)배의 전류에 견디고 또한 2배의 전류로 (ⓑ)분 안에 용단되는 것이어야 한다.

① ⓐ 1.1, ⓑ 1
② ⓐ 1.2, ⓑ 1
③ ⓐ 1.25, ⓑ 2
④ ⓐ 1.3, ⓑ 2

100
교통이 번잡한 도로를 횡단하여 저압 가공전선을 시설하는 경우 지표상 높이는 몇 [m] 이상으로 하여야 하는가?
① 4.0
② 5.0
③ 6.0
④ 6.5

2023년 제1회 CBT

제1과목 전기자기학

01
점(0, 1)[m]의 위치에 -2×10^{-9}[C]의 점전하가 있을 때, 점(2, 0)[m]에 있는 10^{-8}[C]의 점전하에 작용하는 힘은 몇 [N]인가?

① $\left(-\dfrac{36}{5\sqrt{5}}\overline{a_x} + \dfrac{18}{5\sqrt{5}}\overline{a_y}\right)10^{-8}$

② $\left(-\dfrac{18}{5\sqrt{5}}\overline{a_x} + \dfrac{36}{5\sqrt{5}}\overline{a_y}\right)10^{-8}$

③ $\left(\dfrac{36}{5\sqrt{5}}\overline{a_x} + \dfrac{18}{5\sqrt{5}}\overline{a_y}\right)10^{-8}$

④ $\left(\dfrac{36}{5\sqrt{5}}\overline{a_x} - \dfrac{18}{5\sqrt{5}}\overline{a_y}\right)10^{-8}$

02
공기 중에서 2[V/m]의 전계의 세기에 의한 변위전류밀도의 크기를 2[A/m²]으로 흐르게 하려면 전계의 주파수는 약 몇 [MHz]가 되어야 하는가?

① 9,000 ② 18,000
③ 36,000 ④ 72,000

03
자화율(Magnetic Susceptibility) χ는 상자성체에서 일반적으로 어떤 값을 갖는가?

① $\chi = 0$ ② $\chi > 0$
③ $\chi < 0$ ④ $\chi = 1$

04
DC 전압을 가하면 전류는 도선 중심 쪽으로 흐르려고 한다. 이러한 현상을 무슨 효과라고 하는가?

① Skin효과 ② Pinch효과
③ 압전효과 ④ Peltier효과

05
$x>0$인 영역에서 비유전율을 $\varepsilon_{r1}=3$인 유전체, $x<0$인 영역에서 비유전율 $\varepsilon_{r2}=5$인 유전체가 있다. $x<0$인 영역에서 전계 $E_2 = 20a_x + 30a_y - 40a_z$ [V/m]일 때 $x>0$인 영역에서의 전속밀도는 몇 [C/m²]인가?

① $10(10a_x + 9a_y - 12a_z)\varepsilon_0$
② $20(5a_x - 10a_y + 6a_z)\varepsilon_0$
③ $50(2a_x + 3a_y - 4a_z)\varepsilon_0$
④ $50(2a_x - 3a_y + 4a_z)\varepsilon_0$

06
점전하 $+Q$의 무한평면도체에 대한 영상전하는?

① $+Q$ ② $-Q$
③ $+2Q$ ④ $-2Q$

07
자극의 세기가 8×10^{-6}[Wb]이고, 길이가 30[cm]인 막대자석을 120[AT/m] 평등자계 내에 자력선과 30°의 각도로 놓았다면 자석이 받는 회전력은 몇 [N·m]인가?

① 1.44×10^{-4} ② 1.44×10^{-5}
③ 2.88×10^{-4} ④ 2.88×10^{-5}

정답 1① 2② 3② 4② 5① 6② 7①

08

자계의 보전적 의미를 나타내는 식은?(단, i는 전류밀도를 말한다)

① $\text{div } B = 0$
② $\text{div } B = i$
③ $\text{rot } H = 0$
④ $\text{rot } H = i$

09

그림과 같이 직각 코일이 $B = 0.05\dfrac{a_x + a_y}{\sqrt{2}}$ [T]인 자계에 위치하고 있다. 코일에 5[A] 전류가 흐를 때 z축에서의 토크 [N·m]는?

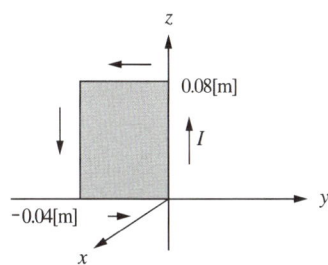

① $2.66 \times 10^{-4} a_x$
② $5.66 \times 10^{-4} a_x$
③ $2.66 \times 10^{-4} a_z$
④ $5.66 \times 10^{-4} a_z$

10

두 개의 자극판이 놓여 있을 때 자계의 세기 H[AT/m], 자속밀도 B[Wb/m^2], 투자율 μ[H/m]인 곳의 자계의 에너지밀도[J/m^3]는?

① $\dfrac{H^2}{2\mu}$
② $\dfrac{1}{2}\mu H^2$
③ $\dfrac{\mu H}{2}$
④ $\dfrac{1}{2}B^2 H$

11

공기 중 100[kV/mm] 전계에서 기체 방전이 발생한다고 하면, 이때 도체의 표면에 작용하는 힘은 약 몇 [N/m^2]인가?

① 2.65×10^2
② 2.65×10^4
③ 4.43×10^2
④ 4.43×10^4

12

유전율 ε, 투자율 μ인 매질 중을 주파수 f[Hz]의 전자파가 전파되어 나갈 때의 파장은 몇 [m]인가?

① $f\sqrt{\varepsilon\mu}$
② $\dfrac{1}{f\sqrt{\varepsilon\mu}}$
③ $\dfrac{f}{\sqrt{\varepsilon\mu}}$
④ $\dfrac{\sqrt{\varepsilon\mu}}{f}$

13

권선수 100인 코일의 자속을 3[Wb]에서 1[Wb]로 2초 동안 변화시켰다면 유기되는 기전력은 몇 [V]인가?

① 25
② 50
③ 75
④ 100

14

진공 중에 반지름이 2[mm]인 무한 길이의 원통도체 2개가 2[m]의 간격으로 평행하게 배치되어 있다. 두 도체 사이의 1[km]당 정전용량[μF/km]은?

① 약 4×10^{-6}
② 약 8×10^{-6}
③ 약 4×10^{-3}
④ 약 8×10^{-3}

15

다음 무한장 솔레노이드에 전류가 흐를 경우에 대한 설명으로 가장 알맞은 것은?

① 내부자계는 위치에 상관없이 일정하다.
② 내부자계와 외부자계는 그 값이 같다.
③ 외부자계는 솔레노이드 근처에서 멀어질수록 그 값이 작아진다.
④ 내부자계의 크기는 0이다.

16
두 개의 커패시터를 직렬로 접속 시 직류전압을 인가한 경우에 대한 설명으로 틀린 것은?
① 각 커패시터의 두 전극에 정전유도에 의하여 정·부의 동일한 전하가 나타나고 전하량은 일정하다.
② 합성 정전용량은 각 커패시터의 정전용량의 합과 같다.
③ 합성 정전용량은 각 커패시터의 정전용량보다 작아진다.
④ 정전용량이 작은 커패시터에 전압이 더 많이 걸린다.

17
그림과 같이 등전위면이 존재하는 경우 전계의 방향은?

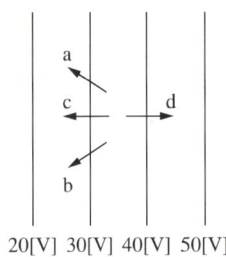

① a
② b
③ c
④ d

18
그림과 같은 평행판 콘덴서에 극판의 면적이 $S[m^2]$, 전전하밀도를 $\sigma[C/m^2]$, 유전율이 각각 $\varepsilon_1 = 4$, $\varepsilon_2 = 2$인 유전체를 채우고 a, b 양단에 $V[V]$의 전압을 인가할 때 ε_1, ε_2인 유전체 내부의 전계의 세기 E_1, E_2와의 관계식은?

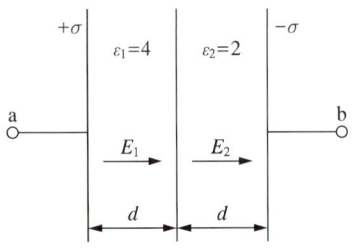

① $E_1 = 2E_2$
② $E_1 = 4E_2$
③ $2E_1 = E_2$
④ $E_1 = E_2$

19
$\varepsilon_r = 81$, $\mu_r = 1$인 매질의 고유 임피던스는 약 몇 $[\Omega]$인가?(단, ε_r은 비유전율이고, μ_r은 비투자율이다)
① 13.9
② 21.9
③ 33.9
④ 41.9

20
유전체에 가한 전계 E [V/m]와 분극의 세기 P [C/m²], 전속밀도 D [C/m²] 간의 관계식으로 옳은 것은?
① $P = \varepsilon_0(\varepsilon_s - 1)E$
② $P = \varepsilon_0(\varepsilon_s + 1)E$
③ $D = \varepsilon_0 E - P$
④ $D = \varepsilon_0 \varepsilon_s E + P$

제2과목 전력공학

21
열의 일당량에 해당되는 단위는?
① [kcal/kg]
② [kg/cm²]
③ [kcal/cm³]
④ [kg·m/kcal]

22
전력계통의 전압을 조정하는 가장 보편적인 방법은?
① 발전기의 유효전력 조정
② 부하의 유효전력 조정
③ 계통의 주파수 조정
④ 계통의 무효전력 조정

23
연가의 효과로 볼 수 없는 것은?
① 선로정수의 평형
② 대지정전용량의 감소
③ 통신선의 유도장해의 감소
④ 직렬공진의 방지

24
모선 보호에 사용되는 계전방식이 아닌 것은?
① 선택접지 계전방식
② 방향거리 계전방식
③ 위상 비교방식
④ 전류차동 보호방식

25
전압 66,000[V], 주파수 60[Hz], 길이 15[km], 심선 1선당 작용 정전용량 0.3587[μF/km]인 한 선당 지중 전선로의 3상 무부하 충전전류는 약 몇 [A]인가?(단, 정전용량 이외의 선로정수는 무시한다)
① 62.5 ② 68.2
③ 73.6 ④ 77.3

26
케이블 단선사고에 의한 고장점까지의 거리를 정전 용량측정법으로 구하는 경우, 건전상의 정전용량이 C, 고장점까지의 정전용량이 C_x, 케이블의 길이가 l일 때 고장점까지의 거리를 나타내는 식으로 알맞은 것은?

① $\dfrac{C}{C_x}l$ ② $\dfrac{2C_x}{C}l$
③ $\dfrac{C_x}{C}l$ ④ $\dfrac{C_x}{2C}l$

27
전력계통에서 내부이상전압의 크기가 가장 큰 경우는?
① 유도성 소전류 차단 시
② 수차발전기의 부하 차단 시
③ 무부하선로 충전전류 차단 시
④ 송전선로의 부하차단기 투입 시

28
가공 송전선로를 가선할 때에는 하중조건과 온도조건을 고려하여 적당한 이도(Dip)를 주도록 하여야 한다. 이도에 대한 설명으로 옳은 것은?
① 이도의 대소는 지지물의 높이를 좌우한다.
② 전선을 가선할 때 전선을 팽팽하게 하는 것을 이도가 크다고 한다.
③ 이도가 작으면 전선이 좌우로 크게 흔들려서 다른 상의 전선에 접촉하여 위험하게 된다.
④ 이도가 작으면 이에 비례하여 전선의 장력이 증가되며, 너무 작으면 전선 상호 간이 꼬이게 된다.

29
취수구에 제수문을 설치하는 목적은?
① 모래를 배제한다.
② 홍수위를 낮춘다.
③ 유량을 조절한다.
④ 낙차를 높인다.

30
3상 3선식 송전선에서 1선의 저항이 15[Ω], 리액턴스는 20[Ω]이고 수전단의 선간전압은 30[kV], 부하역률이 0.8인 경우 전압강하율을 10[%]라 하면 이 송전선로로는 몇 [kW]까지 수전할 수 있는가?
① 2,500 ② 2,750
③ 3,000 ④ 3,250

31
가공 왕복선 배치에서 지름이 d[m]이고 선간거리가 D[m]인 선로 한 가닥의 작용인덕턴스는 몇 [mH/km]인가?(단, 선로의 투자율은 1이라 한다)

① $0.5 + 0.4605\log_{10}\dfrac{D}{d}$

② $0.05 + 0.4605\log_{10}\dfrac{D}{d}$

③ $0.5 + 0.4605\log_{10}\dfrac{2D}{d}$

④ $0.05 + 0.4605\log_{10}\dfrac{2D}{d}$

32
원자력 발전소에서 필요하지 않은 것은?

① 감속재
② FD fan(강제 통풍기)
③ 냉각재
④ 핵연료

33
6.6[kV], 60[Hz], 3상 3선식 비접지식에서 선로의 길이가 10[km]이고, 1선의 대지정전용량이 0.005[μF/km]일 때 1선 지락 시의 고장전류 I_g[A]의 범위로 옳은 것은?

① $I_g < 1$
② $1 \leq I_g < 2$
③ $2 \leq I_g < 3$
④ $3 \leq I_g < 4$

34
단도체 방식과 비교하여 복도체 방식의 송전선로를 설명한 것으로 옳지 않은 것은?

① 전선의 인덕턴스가 감소하고, 정전용량이 증가된다.
② 선로의 송전용량이 증가된다.
③ 계통의 안정도를 증진시킨다.
④ 전선 표면의 전위경도가 저감되어 코로나 임계전압을 낮출 수 있다.

35
코로나 현상에 대한 설명이 아닌 것은?

① 전선을 부식시킨다.
② 코로나 현상은 전력의 손실을 일으킨다.
③ 코로나 방전에 의하여 전파 장해가 일어난다.
④ 코로나 손실은 전원주파수의 $\dfrac{2}{3}$ 제곱에 비례한다.

36
3상 송배전 선로의 공칭전압이란?

① 그 전선로를 대표하는 최고전압
② 그 전선로를 대표하는 평균전압
③ 그 전선로를 대표하는 선간전압
④ 그 전선로를 대표하는 상전압

37
송전계통의 중성점을 직접 접지하는 목적과 관계없는 것은?

① 고장전류 크기의 억제
② 이상전압 발생의 방지
③ 보호 계전기의 신속 정확한 동작
④ 전선로 및 기기의 절연레벨을 경감

38
선로 길이 100[km], 송전단 전압 154[kV], 수전단 전압 140[kV]의 3상 3선식 정전압 송전선에서 선로정수는 저항 0.315[Ω/km], 리액턴스 1.035[Ω/km]라고 할 때 수전단 3상 전력 원선도의 반지름을 [MVA] 단위로 표시하면 약 얼마인가?

① 200[MVA]
② 300[MVA]
③ 450[MVA]
④ 600[MVA]

39
22.9[kV-Y] 배전선로의 보호 협조기기가 아닌 것은?

① 컷아웃 스위치
② 인터럽터 스위치
③ 리클로저
④ 섹셔널라이저

40
플리커 예방을 위한 수용가 측의 대책이 아닌 것은?
① 공급전압을 승압한다.
② 전원계통에 리액터분을 보상한다.
③ 전압강하를 보상한다.
④ 부하의 무효전력 변동분을 흡수한다.

제3과목 전기기기

41
유도전동기의 특성에서 토크와 2차 입력 및 동기속도의 관계는?
① 토크는 2차 입력과 동기속도의 곱에 비례한다.
② 토크는 2차 입력에 반비례하고, 동기속도에 비례한다.
③ 토크는 2차 입력에 비례하고, 동기속도에 반비례한다.
④ 토크는 2차 입력의 제곱에 비례하고, 동기속도의 제곱에 반비례한다.

42
직류발전기에서 회전속도가 빨라지게 되면 정류가 힘든 이유는?
① 리액턴스 전압이 커진다.
② 정류자속이 감소한다.
③ 브러시 접촉저항이 커진다.
④ 정류주기가 길어진다.

43
3,000/200[V] 변압기의 1차 임피던스가 225[Ω]이면 2차 환산 임피던스는 약 몇 [Ω]인가?
① 1.0 ② 1.5
③ 2.1 ④ 2.8

44
다이오드를 사용하는 단상 반파의 정류효율은?
① $\frac{4}{\pi^2} \times 100$ ② $\frac{\pi^2}{4} \times 100$
③ $\frac{8}{\pi^2} \times 100$ ④ $\frac{\pi^2}{8} \times 100$

45
분권 직류전동기에서 부하의 변동이 심한 경우 광범위하고 안정되게 속도를 제어하는 가장 적당한 방식은?
① 계자제어 방식
② 저항제어 방식
③ 워드-레오나드 방식
④ 일그너 방식

46
동기발전기의 자기여자현상을 방지하는 방법이 아닌 것은?
① 수전단에 콘덴서를 병렬로 접속한다.
② 발전기 여러 대를 모선에 병렬로 접속한다.
③ 수전단에 동기 조상기를 접속한다.
④ 수전단에 리액턴스를 병렬로 접속한다.

47
3상 직권 정류자전동기에 중간변압기를 사용하는 이유로 적당하지 않은 것은?
① 중간변압기를 이용하여 속도상승을 억제할 수 있다.
② 회전자 전압을 정류작용에 맞는 값으로 선정할 수 있다.
③ 중간변압기를 사용하여 누설리액턴스를 감소할 수 있다.
④ 중간변압기의 권수비를 바꾸어 전동기 특성을 조정할 수 있다.

정답 40 ① 41 ③ 42 ① 43 ① 44 ① 45 ④ 46 ① 47 ③

48
게이트조작에 의해 부하전류 이상으로 유지전류를 높일 수 있어 게이트의 턴온, 턴오프가 가능한 사이리스터는?

① SCR ② GTO
③ LASCR ④ TRIAC

49
동기발전기의 병렬운전에서 일치하지 않아도 되는 것은?

① 기전력의 크기
② 기전력의 위상
③ 기전력의 극성
④ 기전력의 주파수

50
동기발전기에서 앞선 전류가 흐를 때 어떤 작용을 하는가?

① 감자작용 ② 증자작용
③ 교차자화작용 ④ 아무 작용도 하지 않음

51
단상 유도전압조정기에서 단락권선의 역할은?

① 철손 경감
② 절연 보호
③ 전압강하 경감
④ 전압조정 용이

52
어떤 주상변압기가 4/5부하일 때 최대효율이 된다고 한다. 전부하에 있어서의 철손과 동손의 비 P_c / P_i는 약 얼마인가?

① 0.64 ② 1.56
③ 1.64 ④ 2.56

53
정격출력 10,000[kVA], 정격전압 6,600[V], 정격역률 0.6인 3상 동기발전기가 있다. 동기리액턴스 0.6[p.u]인 경우의 전압변동률[%]은?

① 21 ② 31
③ 40 ④ 52

54
단자전압 110[V], 전기자전류 15[A], 전기자 회로의 저항 2[Ω], 정격속도 1,800[rpm]으로 전부하에서 운전하고 있는 직류 분권전동기의 토크는 약 몇 [N·m]인가?

① 6.0 ② 6.4
③ 10.08 ④ 11.14

55
200[V], 7.5[kW], 6극 3상 농형 유도 전동기를 정격 전압으로 기동하면 기동 전류는 500[%] 흐르고, 기동 토크는 220[%]이다. 기동 전류를 300[%]로 제한하려면 기동 토크는?

① 79 ② 92
③ 108 ④ 132

56
변압기의 무부하시험, 단락시험에서 구할 수 없는 것은?

① 철 손 ② 동 손
③ 절연내력 ④ 전압변동률

57
스텝각이 2°, 스테핑주파수(Pulse Rate)가 1,800[pps]인 스테핑모터의 축속도[rps]는?

① 8 ② 10
③ 12 ④ 14

58

15[kW] 3상 유도전동기의 기계손이 350[W], 전부하 시의 슬립이 3[%]이다. 전부하 시의 2차 동손은 약 몇 [W]인가?

① 523
② 475
③ 411
④ 365

59

어떤 변압기의 부하 역률이 60[%]일 때 전압 변동률이 최대라고 한다. 지금 이 변압기의 부하 역률이 100[%]일 때 전압 변동률을 측정했더니 3[%]였다. 이 변압기의 최대 전압 변동률은 몇 [%]인가?

① 4.8
② 5.0
③ 6.2
④ 6.4

60

전체 도체수는 100, 단중 중권이며 자극수는 4, 자속수는 극당 0.628[Wb]인 직류 분권전동기가 있다. 이 전동기의 부하 시 전기자에 5[A]가 흐르고 있었다면 이때의 토크[N·m]는?

① 12.5
② 25
③ 50
④ 100

제4과목 회로이론 및 제어공학

61

다음의 상태방정식으로 표현되는 시스템의 상태천이 행렬은?

$$\begin{bmatrix} \frac{d}{dt}x_1 \\ \frac{d}{dt}x_2 \end{bmatrix} = \begin{bmatrix} 0 & 1 \\ -3 & -4 \end{bmatrix} \begin{bmatrix} x_1 \\ x_2 \end{bmatrix}$$

① $\begin{bmatrix} 1.5e^{-t}-0.5e^{-3t} & -1.5e^{-t}+1.5e^{-3t} \\ 0.5e^{-t}-0.5e^{-3t} & -0.5e^{-t}+1.5e^{-3t} \end{bmatrix}$

② $\begin{bmatrix} 1.5e^{-t}-0.5e^{-3t} & 0.5e^{-t}-0.5e^{-3t} \\ -1.5e^{-t}+1.5e^{-3t} & -0.5e^{-t}+1.5e^{-3t} \end{bmatrix}$

③ $\begin{bmatrix} 1.5e^{-t}-0.5e^{-4t} & 0.5e^{-t}-0.5e^{-4t} \\ -1.5e^{-t}+1.5e^{-4t} & -0.5e^{-t}+1.5e^{-4t} \end{bmatrix}$

④ $\begin{bmatrix} 1.5e^{-t}-0.5e^{-4t} & -1.5e^{-t}+1.5e^{-4t} \\ 0.5e^{-t}-0.5e^{-4t} & -0.5e^{-t}+1.5e^{-4t} \end{bmatrix}$

62

다음의 개루프 전달함수에 대한 근궤적의 점근선이 실수축과 만나는 교차점은?

$$G(s)H(s) = \frac{K(s+3)}{s^2(s+1)(s+3)(s+4)}$$

① $\frac{5}{3}$
② $-\frac{5}{3}$
③ $\frac{5}{4}$
④ $-\frac{5}{4}$

63

전달함수가 $G_C(s) = \frac{s^2+3s+5}{2s}$ 인 제어기가 있다. 이 제어기는 어떤 제어기인가?

① 비례미분제어기
② 적분제어기
③ 비례적분제어기
④ 비례미분적분제어기

64

전달함수가 $\frac{C(s)}{R(s)} = \frac{1}{3s^2+4s+1}$ 인 제어시스템의 과도응답 특성은?

① 무제동
② 부족제동
③ 임계제동
④ 과제동

65
다음 논리식을 간단히 한 것은?

$$Y = \overline{A}BC\overline{D} + \overline{A}BCD + \overline{A}\overline{B}C\overline{D} + \overline{A}\overline{B}CD$$

① $Y = \overline{A}\,C$
② $Y = A\,\overline{C}$
③ $Y = AB$
④ $Y = BC$

66
특성 방정식이 $2s^4 + 10s^3 + 11s^2 + 5s + K = 0$으로 주어진 제어시스템이 안정하기 위한 조건은?

① $0 < K < 2$
② $0 < K < 5$
③ $0 < K < 6$
④ $0 < K < 10$

67
단위피드백제어계의 개루프 전달함수가
$G(s) = \dfrac{1}{(s+1)(s+2)}$ 일 때 단위계단입력에 대한 정상편차는?

① $\dfrac{1}{3}$
② $\dfrac{2}{3}$
③ 1
④ $\dfrac{4}{3}$

68
그림과 같은 블록선도에 대한 등가종합전달함수 (C/R)는?

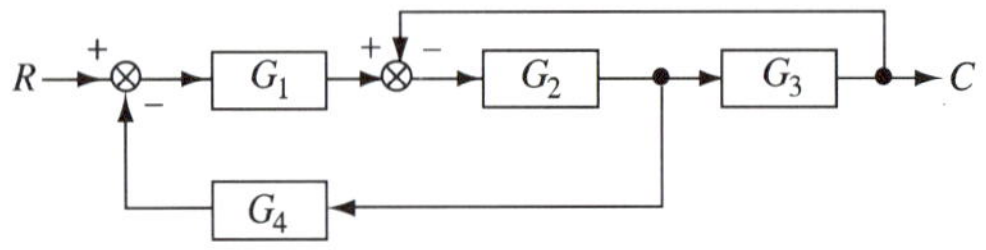

① $\dfrac{G_1 G_2 G_3}{1 + G_1 G_2 + G_1 G_2 G_3}$
② $\dfrac{G_1 G_2 G_3}{1 + G_2 G_3 + G_1 G_2 G_3}$
③ $\dfrac{G_1 G_2 G_4}{1 + G_1 G_2 + G_1 G_2 G_4}$
④ $\dfrac{G_1 G_2 G_3}{1 + G_2 G_3 + G_1 G_2 G_4}$

69
다음과 같은 상태방정식의 고윳값 λ_1과 λ_2는?

$$\begin{bmatrix} \dot{x_1} \\ \dot{x_2} \end{bmatrix} = \begin{bmatrix} 1 & -2 \\ -3 & 2 \end{bmatrix} \begin{bmatrix} x_1 \\ x_2 \end{bmatrix} + \begin{bmatrix} 2 & -3 \\ -4 & 3 \end{bmatrix} \begin{bmatrix} r_1 \\ r_2 \end{bmatrix}$$

① 4, −1
② −4, 1
③ 6, −1
④ −6, 1

70
$G(j\omega) = \dfrac{1}{j\omega T + 1}$ 의 크기와 위상각은?

① $G(j\omega) = \sqrt{\omega^2 T^2 + 1} \angle \tan^{-1}\omega T$
② $G(j\omega) = \sqrt{\omega^2 T^2 + 1} \angle -\tan^{-1}\omega T$
③ $G(j\omega) = \dfrac{1}{\sqrt{\omega^2 T^2 + 1}} \angle \tan^{-1}\omega T$
④ $G(j\omega) = \dfrac{1}{\sqrt{\omega^2 T^2 + 1}} \angle -\tan^{-1}\omega T$

정답 65 ① 66 ② 67 ② 68 ④ 69 ① 70 ④

71

그림과 같은 평형 3상 Y형 결선에서 각 상이 8[Ω]의 저항과 6[Ω]의 리액턴스가 직렬로 접속된 부하에 선간전압 $100\sqrt{3}$ [V]가 공급되었다. 이때 선전류는 몇 [A]인가?

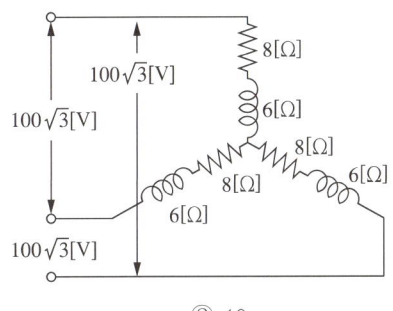

① 5 ② 10
③ 15 ④ 20

72

저항 $R[\Omega]$, 리액턴스 $X[\Omega]$인 직렬회로에 교류전압 $V[V]$를 가했을 때 소비되는 전력[W]은?

① $\dfrac{V^2 R}{\sqrt{R^2+X^2}}$ ② $\dfrac{V}{\sqrt{R^2+X^2}}$
③ $\dfrac{V^2 R}{R^2+X^2}$ ④ $\dfrac{X}{R^2+X^2}$

73

최댓값이 10[V]인 정현파 전압이 있다. $t=0$에서의 순시값이 5[V]이고 이 순간에 전압이 증가하고 있다. 주파수가 60[Hz]일 때, $t=2$[ms]에서의 전압의 순시값[V]은?

① $10\sin 30°$ ② $10\sin 43.2°$
③ $10\sin 73.2°$ ④ $10\sin 103.2°$

74

다음 회로에서 $t=0$일 때 스위치 K를 닫았다. $i_1(0^+)$, $i_2(0^+)$의 값은?(단, $t<0$에서 C 전압과 L전압은 각각 0[V]이다)

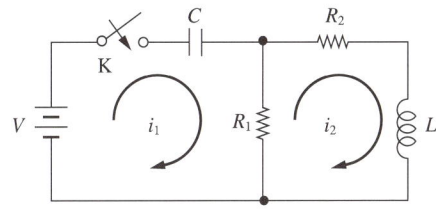

① $\dfrac{V}{R_1}$, 0 ② 0, $\dfrac{V}{R_2}$
③ 0, 0 ④ $-\dfrac{V}{R_1}$, 0

75

분포정수 전송회로에 대한 설명이 아닌 것은?

① $\dfrac{R}{L}=\dfrac{G}{C}$인 회로를 무왜형 회로라 한다.
② $R=G=0$인 회로를 무손실 회로라 한다.
③ 무손실 회로와 무왜형 회로의 감쇠정수는 $\sqrt{RG}$ 이다.
④ 무손실 회로와 무왜형 회로에서의 위상속도는 $\dfrac{1}{\sqrt{LC}}$이다.

76

불평형 3상 전류가 다음과 같을 때 역상전류 I_2는 약 몇 [A]인가?

$$I_a = 15 + j2 [A]$$
$$I_b = -20 - j14 [A]$$
$$I_c = -3 + j10 [A]$$

① $1.91 + j6.24$ ② $2.17 + j5.34$
③ $3.38 - j4.26$ ④ $4.27 - j3.68$

77
전압 및 전류가 다음과 같을 때 유효전력[W] 및 역률[%]은 각각 약 얼마인가?

$$v(t) = 100\sin\omega t - 50\sin(3\omega t + 30°) + 20\sin(5\omega t + 45°)[V]$$
$$i(t) = 20\sin(\omega t + 30°) + 10\sin(3\omega t - 30°) + 5\cos 5\omega t[A]$$

① 825[W], 48.6[%] ② 776.4[W], 59.7[%]
③ 1,120[W], 77.4[%] ④ 1,850[W], 89.6[%]

78
회로에서 저항 1[Ω]에 흐르는 전류 I[A]는?

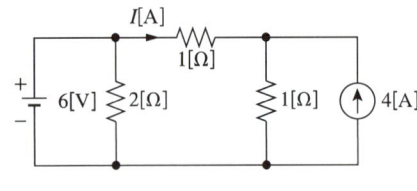

① 3 ② 2
③ 1 ④ -1

79
회로에서 4단자 정수 A, B, C, D의 값은?

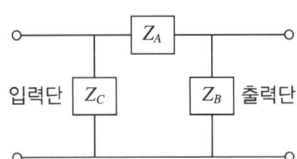

① $A = 1 + \dfrac{Z_A}{Z_B}$, $B = Z_A$, $C = \dfrac{1}{Z_A}$, $D = 1 + \dfrac{Z_B}{Z_A}$

② $A = 1 + \dfrac{Z_A}{Z_B}$, $B = Z_A$, $C = \dfrac{1}{Z_B}$, $D = 1 + \dfrac{Z_A}{Z_B}$

③ $A = 1 + \dfrac{Z_A}{Z_B}$, $B = Z_A$, $C = \dfrac{Z_A + Z_B + Z_C}{Z_B Z_C}$, $D = \dfrac{1}{Z_B Z_C}$

④ $A = 1 + \dfrac{Z_A}{Z_B}$, $B = Z_A$, $C = \dfrac{Z_A + Z_B + Z_C}{Z_B Z_C}$, $D = 1 + \dfrac{Z_A}{Z_C}$

80
$R = 1[\text{k}\Omega]$, $C = 1[\mu\text{F}]$가 직렬접속된 회로에 스텝(구형파)전압 10[V]를 인가하는 순간에 커패시터 C에 걸리는 최대전압[V]은?

① 0 ② 3.72
③ 6.32 ④ 10

제5과목 전기설비기술기준

81
345[kV] 변전소의 충전 부분에서 울타리의 높이가 2.5[m]일 때, 울타리로부터 충전 부분까지의 거리는 몇 [m]인가?

① 5.78 ② 5.66
③ 5 ④ 4

82
사용전압이 22.9[kV]인 특고압 가공전선이 건조물 등과 접근 상태로 시설되는 경우 지지물로 A종 철근 콘크리트주를 사용하면 그 경간은 몇 [m] 이하이어야 하는가?(단, 중성선 다중접지 방식의 것으로서 전로의 지락이 생겼을 때에 2초 이내에 자동적으로 전로로부터 차단하는 장치가 되어 있는 것에 한한다)

① 100 ② 150
③ 250 ④ 400

83
전선의 식별에 따른 중성선(N)의 색깔은?
① 갈 색
② 흑 색
③ 녹색-노란색
④ 청 색

84
저압 옥내전로의 인입구에 가까운 곳으로서 쉽게 개폐할 수 있는 곳에 개폐기를 시설하여야 한다. 그러나 사용전압이 400[V] 이하인 옥내전로로서 다른 옥내전로에 접속하는 길이가 몇 [m] 이하인 경우는 개폐기를 생략할 수 있는가?(단, 정격전류가 16[A] 이하인 과전류차단기 또는 정격전류가 16[A]를 초과하고 20[A] 이하인 배선차단기로 보호되고 있는 것에 한한다)
① 15
② 20
③ 25
④ 30

85
사용전압이 22.9[kV]인 특고압 가공전선이 도로를 횡단하는 경우, 지표상 높이는 최소 몇 [m] 이상인가?
① 4.5
② 5
③ 5.5
④ 6

86
전력보안통신 설비인 무선통신용 안테나를 지지하는 목주는 풍압하중에 대한 안전율이 얼마 이상이어야 하는가?
① 1.0
② 1.2
③ 1.5
④ 2.0

87
가공전선로 지지물 기초의 안전율은 일반적으로 얼마 이상인가?
① 1.5
② 2.0
③ 2.2
④ 2.5

88
최대사용전압이 154[kV]인 중성점 직접접지식 전로의 절연내력시험전압은 몇 [kV]인가?
① 110.88
② 141.68
③ 169.40
④ 192.50

89
호텔 또는 여관 각 객실의 입구등을 설치할 경우 몇 분 이내에 소등되는 타임스위치를 시설해야 하는가?
① 1
② 2
③ 3
④ 10

90
옥내의 네온방전등공사 방법으로 옳은 것은?
① 방전등용 변압기는 절연변압기일 것
② 관등회로의 배선은 점검할 수 없는 은폐장소에 시설할 것
③ 관등회로의 배선은 애자공사에 의할 것
④ 전선이 지지점 간의 거리는 2[m] 이하일 것

91
발전소, 변전소, 개폐소 또는 이에 준하는 곳 이외에 시설하는 특고압 옥외배전용 변압기를 시가지 외에서 옥외에 시설하는 경우 변압기의 1차 전압은 몇 [kV] 이하이어야 하는가?
① 10
② 25
③ 35
④ 50

92
전기철도의 변전방식 중 변전소 설비에 대한 내용으로 옳지 않은 것은?
① 급전용 변압기에서 직류 전기철도는 3상 정류기용 변압기를 사용한다.
② 제어용 교류전원은 상용과 예비의 2계통으로 구성한다.
③ 제어반의 경우 디지털계전기방식을 원칙으로 한다.
④ 제어반의 경우 아날로그계전기방식을 원칙으로 한다.

정답 83 ④ 84 ① 85 ④ 86 ③ 87 ② 88 ① 89 ① 90 ③ 91 ③ 92 ④

93
연료전지설비 설치장소의 안전 요구사항에 해당하지 않는 것은?
① 연료전지를 설치할 주위의 벽 등은 화재에 안전하게 시설하여야 한다.
② 가연성 물질과 안전거리를 충분히 확보하여야 한다.
③ 침수 등의 우려가 없는 곳에 시설하여야 한다.
④ 옥외개방형 장소인 경우 냉각설비에 대해 고려하여 시설하여야 한다.

94
급전용 변압기는 교류 전기철도의 경우 어떤 것을 적용하는가?
① 단상 정류기용 변압기
② 3상 정류기용 변압기
③ 단상 스코트 결선 변압기
④ 3상 스코트 결선 변압기

95
저압 가공전선이 건조물의 상부 조영재 옆쪽으로 접근하는 경우 저압 가공전선과 건조물의 조영재 사이의 이격거리는 몇 [m] 이상이어야 하는가?(단, 전선에 사람이 쉽게 접촉할 우려가 없도록 시설한 경우와 전선이 고압 절연전선, 특고압 절연전선 또는 케이블인 경우는 제외한다)
① 0.6
② 0.8
③ 1.2
④ 2.0

96
전기 울타리의 시설에 관한 내용 중 틀린 것은?
① 수목과의 이격거리는 0.5[m] 이상일 것
② 전선은 지름이 2[mm] 이상의 경동선일 것
③ 전선과 이를 지지하는 기둥 사이의 이격거리는 25[mm] 이상
④ 전기 울타리용 전원장치에 전기를 공급하는 전로의 사용전압은 250[V] 이하일 것

97
터널 안의 전선로의 저압전선이 그 터널 안의 다른 저압전선(관등회로의 배선은 제외한다)·약전류전선 등 또는 수관·가스관이나 이와 유사한 것과 접근하거나 교차하는 경우, 저압전선을 애자공사에 의하여 시설하는 때에는 이격거리가 몇 [m] 이상이어야 하는가? (단, 전선이 나전선이 아닌 경우이다)
① 0.1
② 0.15
③ 0.2
④ 0.25

98
옥내배선의 사용전압이 400[V] 이하일 때 전광표시장치 기타 이와 유사한 장치 또는 제어회로 등의 배선에 다심케이블을 시설하는 경우 배선의 단면적은 몇 [mm^2] 이상인가?
① 0.75
② 1.5
③ 1.0
④ 2.5

99
태양광설비에서 전력변환장치의 시설부분에 대한 설명 중 잘못된 것은?
① 옥외에 시설하는 경우 방수등급은 IPX4 이상으로 할 것
② 인버터는 실내·실외용을 구분할 것
③ 각 직렬군의 태양전지 개방전압은 인버터 입력전압 범위 이내일 것
④ 태양광설비에는 외부피뢰시스템을 설치하지 않을 것

100
지중전선로를 관로식에 의하여 시설하는 경우에는 매설 깊이를 몇 [m] 이상으로 하여야 하는가?
① 0.6
② 1.0
③ 1.2
④ 1.5

정답 93 ④ 94 ④ 95 ③ 96 ① 97 ① 98 ① 99 ④ 100 ②

제1과목 전기자기학

01
무한평면도체로부터 d[m]인 곳에 점전하 Q[C]가 있을 때 도체 표면상에 최대로 유도되는 전하밀도는 몇 [C/m²]인가?

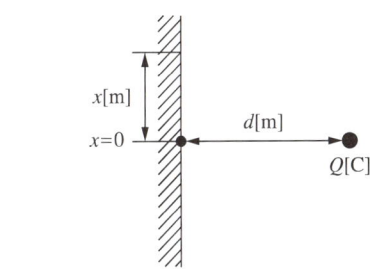

① $-\dfrac{Q}{2\pi d^2}$
② $-\dfrac{Q}{2\pi\varepsilon_0 d^2}$
③ $-\dfrac{Q}{4\pi d^2}$
④ $-\dfrac{Q}{4\pi\varepsilon_0 d^2}$

02
코일로 감겨진 환상자기회로에서 철심의 투자율을 μ[H/m]라 하고 자기회로의 길이를 l[m]이라 할 때 그 회로의 일부에 미소 공극 l_g[m]를 만들면 회로의 자기저항은 이전의 몇 배가 되는가?(단, $l \gg l_g$이다)

① $1+\dfrac{\mu l_g}{\mu_0 l}$
② $1+\dfrac{\mu l}{\mu_0 l_g}$
③ $\dfrac{\mu l_g}{\mu_0 l}$
④ $\dfrac{\mu l}{\mu_0 l_g}$

03
강자성체의 자속밀도 B의 크기와 자화의 세기 J의 크기 사이에는 어떤 관계가 있는가?

① J는 B와 같다.
② J는 B보다 약간 작다.
③ J는 B보다 약간 크다.
④ J는 B보다 대단히 크다.

04
비유전율이 10인 유전체를 5[V/m]인 전계 내에 놓으면 유전체의 표면전하밀도는 몇 [C/m²]인가?(단, 유전체의 표면과 전계는 직각이다)

① $35\varepsilon_0$
② $45\varepsilon_0$
③ $55\varepsilon_0$
④ $65\varepsilon_0$

05
대지면에 높이 h[m]로 평행하게 가설된 매우 긴 선전하가 지면으로부터 받는 힘은?

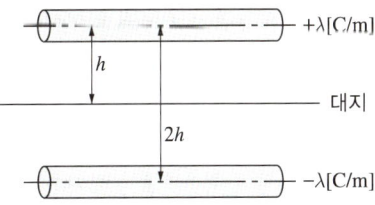

① h에 비례
② h에 반비례
③ h^2에 비례
④ h^2에 반비례

06
균일하게 원형 단면을 흐르는 전류 I[A]에 의해 투자율 μ인 원통도체의 내부에 저장되는 에너지[J/m]는?

① $\dfrac{\mu}{4\pi}I^2$ ② $\dfrac{\mu}{8\pi}I^2$

③ $\dfrac{\mu}{16\pi}I^2$ ④ $\dfrac{\mu}{32\pi}I^2$

07
코일의 면적을 2배로 하고 자속밀도의 주파수를 2배로 높이면 유기기전력의 최댓값은 어떻게 되는가?

① $\dfrac{1}{4}$로 된다.   ② $\dfrac{1}{2}$로 된다.

③ 2배로 된다.   ④ 4배로 된다.

08
공기 중의 두 점전하 사이에 작용하는 힘이 5[N]이었다. 두 전하 간에 유전체를 넣었더니 힘이 2[N]으로 되었다면 유전체의 비유전율은 얼마인가?

① 1   ② 2.5
③ 5   ④ 7.5

09
전계 E[V/m], 자계 H[AT/m]의 전자계가 평면파를 이루고, 자유공간으로 단위시간에 전파될 때 단위면적당 전력밀도[W/m²]의 크기는?

① EH^2 ② EH

③ $\dfrac{1}{2}EH^2$ ④ $\dfrac{1}{2}EH$

10
반지름이 a[m]이고 단위길이에 대한 권수가 n인 무한장 솔레노이드의 단위길이당 자기인덕턴스는 몇 [H/m]인가?

① $\mu\pi a^2 n^2$ ② $\mu\pi an$

③ $\dfrac{an}{2\mu\pi}$ ④ $4\mu\pi a^2 n^2$

11
자유공간에 놓인 평행 도체 평면판 사이에 저장되는 에너지가 10^{-7}[J/m³]일 때, 전속밀도[C/m²]는?

① 1.33×10^{-7} ② 2.66×10^{-7}
③ 1.33×10^{-9} ④ 2.66×10^{-9}

12
자성체 내의 자계의 세기가 H[AT/m]이고 자속밀도가 B[Wb/m²]일 때, 자계에너지밀도[J/m³]는?

① HB ② $\dfrac{1}{2\mu}H^2$

③ $\dfrac{\mu}{2}B^2$ ④ $\dfrac{1}{2\mu}B^2$

13
유전율이 각각 ε_1, ε_2인 두 유전체가 접한 경계면에서 전하가 존재하지 않는다고 할 때 유전율이 ε_1인 유전체에서 유전율이 ε_2인 유전체로 전계 E_1이 입사각 $\theta_1 = 0°$로 입사할 때 성립되는 식은?

① $E_1 = E_2$ ② $E_1 = \varepsilon_1\varepsilon_2 E_2$

③ $\dfrac{E_1}{E_2} = \dfrac{\varepsilon_1}{\varepsilon_2}$ ④ $\dfrac{E_2}{E_1} = \dfrac{\varepsilon_1}{\varepsilon_2}$

14
평면도체 표면에서 d[m] 거리에 점전하 Q[C]이 있을 때, 이 전하를 무한원점까지 운반하는 데 필요한 일[J]은?

① $\dfrac{Q^2}{4\pi\varepsilon_0 d}$ ② $\dfrac{Q^2}{8\pi\varepsilon_0 d}$

③ $\dfrac{Q^2}{16\pi\varepsilon_0 d}$ ④ $\dfrac{Q^2}{32\pi\varepsilon_0 d}$

6 ③   7 ④   8 ②   9 ②   10 ①   11 ③   12 ②   13 ④   14 ③   **정답**

15

비유전율 $\varepsilon_s = 6$인 유전체 중에서 전계의 세기가 10^4 [V/m]일 때 분극의 세기는 약 몇 [C/m²]인가?

① $\dfrac{1}{36\pi} \times 10^{-5}$ ② $\dfrac{5}{36\pi} \times 10^{-5}$

③ $\dfrac{1}{36\pi} \times 10^{-4}$ ④ $\dfrac{5}{36\pi} \times 10^{-4}$

16

인접 영구자기 쌍극자가 크기는 같고, 방향은 서로 반대로 배열되는 자성체는 무엇인가?

① 강자성체 ② 상자성체
③ 반자성체 ④ 반강자성체

17

반지름 a[m]이고 투자율 μ인 자성체구의 자화의 세기가 J[Wb/m²]이다. 자성체구의 자기모멘트 M[Wb·m]는?

① $\dfrac{4}{3}\pi a^3 J$ ② $\dfrac{4}{3\pi a^3} J$

③ $\dfrac{\pi a^3}{4J}$ ④ $\dfrac{1}{4\pi a^3 J}$

18

공기 중에서 x방향으로 진행하는 전자파가 있다. $E = 6$[V/m]일 때 포인팅 벡터의 크기[W/m²]는?

① 6.88×10^{-2} ② 9.55×10^{-2}
③ 6.88×10^{-3} ④ 9.55×10^{-3}

19

반자성체 투자율과 공기 중의 투자율의 크기를 비교한 것 중 옳은 것은?

① 반자성체 투자율 ≫ 공기 중의 투자율
② 반자성체 투자율 ≪ 공기 중의 투자율
③ 반자성체 투자율 > 공기 중의 투자율
④ 반자성체 투자율 < 공기 중의 투자율

20

$\nabla \cdot J = -\dfrac{\partial \rho}{\partial t}$에 대한 설명으로 옳지 않은 것은?

① (−) 부호는 전류가 폐곡면에서 유출되고 있음을 뜻한다.
② 단위체적당 전하밀도의 시간당 증가비율이다.
③ 전류가 정상전류가 흐르면 폐곡면을 통과하는 전류는 영(0)이다.
④ 폐곡면에서 수직으로 유출되는 전류밀도는 미소체적인 한 점에서 유출되는 단위체적당 전류가 된다.

제2과목 전력공학

21

배전선로용 퓨즈(Power Fuse)는 주로 어떤 전류의 차단을 목적으로 사용하는가?

① 충전전류 ② 단락전류
③ 부하전류 ④ 과도전류

22

단락전류를 제한하기 위하여 사용되는 것은?

① 한류리액터 ② 사이리스터
③ 현수애자 ④ 직렬콘덴서

23

어느 화력발전소에서 40,000[kWh]를 발전하는 데 발열량 860[kcal/kg]의 석탄이 60톤 사용된다. 이 발전소의 열효율[%]은 약 얼마인가?

① 56.7 ② 66.7
③ 76.7 ④ 86.7

정답 15 ② 16 ④ 17 ① 18 ② 19 ④ 20 ② 21 ② 22 ① 23 ②

24
동일한 부하전력에 대하여 전압을 2배로 승압하면 전압강하, 전압강하율, 전력손실률은 각각 어떻게 되는지 순서대로 나열한 것은?

① $\dfrac{1}{2}, \dfrac{1}{2}, \dfrac{1}{2}$ ② $\dfrac{1}{2}, \dfrac{1}{2}, \dfrac{1}{4}$
③ $\dfrac{1}{2}, \dfrac{1}{4}, \dfrac{1}{4}$ ④ $\dfrac{1}{4}, \dfrac{1}{4}, \dfrac{1}{4}$

25
전력선 a의 충전전압을 E, 통신선 b의 대지정전용량을 C_b, $a-b$ 사이의 상호정전용량을 C_{ab}라고 하면 통신선 b의 정전유도전압 E_s는?

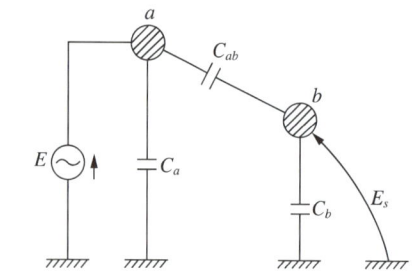

① $\dfrac{C_{ab}+C_b}{C_b} \times E$ ② $\dfrac{C_{ab}+C_b}{C_{ab}} \times E$
③ $\dfrac{C_b}{C_{ab}+C_b} \times E$ ④ $\dfrac{C_{ab}}{C_{ab}+C_b} \times E$

26
$3\phi 3W$식 송전단 선간전압이 154[kV] 전선로에서 각 선간의 정전용량이 각각 $C_a = 0.031[\mu F]$, $C_b = 0.03[\mu F]$, $C_c = 0.032[\mu F]$일 때, 변압기의 중성점 잔류전압은 계통 상전압의 약 몇 [%] 정도 되는가?

① 1.9 ② 2.8
③ 3.3 ④ 5.5

27
전력선 측의 유도장해 방지 대책이 아닌 것은?
① 전력선과 통신선의 이격거리를 증대한다.
② 전력선의 연가를 충분히 한다.
③ 배류코일을 설치한다.
④ 차폐선을 설치한다.

28
피뢰기의 정격전압이란?
① 상용주파수의 방전개시전압
② 속류를 차단할 수 있는 최고의 교류전압
③ 방전을 개시할 때 단자전압의 순시값
④ 충격방전전류를 통하고 있을 때 단자전압

29
송전단 전압 161[kV], 수전단 전압 155[kV], 상차각 40°, 리액턴스가 49.8[Ω]일 때 선로손실을 무시한다면 전송전력은 약 몇 [MW]인가?

① 289 ② 322
③ 373 ④ 869

30
화력발전소에서 재열기의 사용 목적은?
① 공기를 가열한다. ② 급수를 가열한다.
③ 증기를 가열한다. ④ 석탄을 건조한다.

31
유효낙차가 40[%] 저하되면 수차의 효율이 20[%] 저하된다고 할 경우 이때의 출력은 원래의 약 몇 [%]인가?(단, 안내날개의 열림은 불변인 것으로 한다)

① 37.2 ② 48.0
③ 52.7 ④ 63.7

32

그림과 같은 전력계통의 154[kV] 송전선로에서 고장지락 임피던스 Z_{gf}를 통해서 1선 지락 고장이 발생되었을 때 고장점에서 본 영상 %임피던스는?(단, 그림에 표시한 임피던스는 모두 동일 용량, 100[MVA] 기준으로 환산한 %임피던스임)

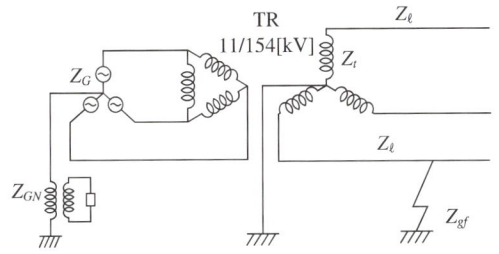

① $Z_0 = Z_l + Z_t + Z_G$
② $Z_0 = Z_l + Z_t + Z_{gf}$
③ $Z_0 = Z_l + Z_t + 3Z_{gf}$
④ $Z_0 = Z_l + Z_t + Z_{gf} + Z_G + Z_{GN}$

33

송전선로의 보호를 위한 것이 아닌 것은?
① 과전류 계전방식   ② 방향 계전방식
③ 평행 계전방식   ④ 전류 차동 보호방식

34

중성점 직접접지방식에 대한 설명으로 틀린 것은?
① 계통의 과도안정도가 나쁘다.
② 변압기의 단절연(段絶緣)이 가능하다.
③ 1선 지락 시 건전상의 전압은 거의 상승하지 않는다.
④ 1선 지락전류가 적어 차단기의 차단능력이 감소된다.

35

송전선로의 고장전류의 계산에 영상임피던스가 필요한 경우는?
① 3상 단락   ② 3선 단선
③ 1선 지락   ④ 선간 단락

36

전력계통에 과도안정도 향상대책과 관련 없는 것은?
① 빠른 고장 제거
② 속응여자시스템 사용
③ 큰 임피던스의 변압기 사용
④ 병렬 송전선로의 추가 건설

37

초고압 송전계통에 단권 변압기가 사용되는데 그 이유로 볼 수 없는 것은?
① 효율이 높다.
② 단락전류가 작다.
③ 전압변동률이 작다.
④ 자로가 단축되어 재료를 절약할 수 있다.

38

다음 중 개폐서지의 이상전압을 감쇄할 목적으로 설치하는 것은?
① 단로기   ② 차단기
③ 리액터   ④ 개폐저항기

39

전력설비의 수용률을 나타낸 것으로 옳은 것은?

① 수용률 = $\dfrac{평균전력[kW]}{부하설비용량[kW]} \times 100[\%]$

② 수용률 = $\dfrac{부하설비용량[kW]}{평균전력[kW]} \times 100[\%]$

③ 수용률 = $\dfrac{최대수용전력[kW]}{부하설비용량[kW]} \times 100[\%]$

④ 수용률 = $\dfrac{부하설비용량[kW]}{최대수용전력[kW]} \times 100[\%]$

40
단도체 방식과 비교하여 복도체 방식의 송전선로를 설명한 것으로 옳지 않은 것은?
① 전선의 인덕턴스가 감소하고, 정전용량이 증가된다.
② 선로의 송전용량이 증가된다.
③ 계통의 안정도를 증진시킨다.
④ 전선 표면의 전위경도가 저감되어 코로나 임계전압을 낮출 수 있다.

제3과목 전기기기

41
직류발전기의 전기자 반작용의 영향이 아닌 것은?
① 주자속이 증가한다.
② 전기적 중성축이 이동한다.
③ 정류작용에 악영향을 준다.
④ 정류자 편 사이의 전압이 불균일하게 된다.

42
리액터 기동방식에 리액터 대신 저항기를 사용한 것으로서 전동기의 전원 측에 직렬로 저항을 접속하고, 전원 전압을 낮게 감압하여 기동한 후 서서히 저항을 감소시켜 가속하고, 전속도에 도달하면 이를 단락하는 방법에 해당되는 것은?
① 직입 기동방식
② Y-△ 기동방식
③ 1차 저항 기동방식
④ 기동보상기에 의한 기동방식

43
정격용량 100[kVA]인 단상 변압기 3대를 △-△ 결선하여 300[kVA]의 3상 출력을 얻고 있다. 한 상에 고장이 발생하여 결선을 V결선으로 하는 경우 (a) 뱅크용량[kVA], (b) 각 변압기의 출력[kVA]은?
① (a) 253, (b) 126.5
② (a) 200, (b) 100
③ (a) 173, (b) 86.6
④ (a) 152, (b) 75.6

44
2중 농형 유도전동기가 보통 농형 유도전동기에 비해서 다른 점은 무엇인가?
① 기동전류가 크고, 기동토크도 크다.
② 기동전류가 작고, 기동토크도 작다.
③ 기동전류는 작고, 기동토크는 크다.
④ 기동전류는 크고, 기동토크는 작다.

45
사이리스터의 래칭 전류에 관한 설명으로 옳은 것은?
① 게이트를 개방한 상태에서 사이리스터 도통 상태를 유지하기 위한 최소의 전류
② 게이트 전압을 인가한 후에 급히 제거한 상태에서 도통 상태가 유지되는 최소의 순전류
③ 사이리스터의 게이트를 개방한 상태에서 전압이 상승하면 급히 증가하게 되는 순전류
④ 사이리스터가 턴온하기 시작하는 순전류

46
동기발전기의 전기자 권선을 분포권으로 할 때의 특징으로 옳은 것은?
① 집중권과 비교할 때 유기기전력이 크다.
② 권선의 리액턴스가 커진다.
③ 기전력의 파형이 개선된다.
④ 난조가 방지되어 안정적인 발전이 가능하다.

47
직류기에서 전기자 반작용 중 감자기자력 AT_d [AT/pole]는 어떻게 표시되는가?(단, α : 브러시의 이동각, Z : 전기자 도체수, P : 극수, I_a : 전기자 전류, a : 전기자 병렬 회로수이다)

① $AT_d = \dfrac{180}{\alpha} \cdot \dfrac{Z}{P} \cdot \dfrac{I_a}{a}$

② $AT_d = \dfrac{\alpha}{180} \cdot \dfrac{Z}{P} \cdot \dfrac{I_a}{a}$

③ $AT_d = \dfrac{180}{90-\alpha} \cdot \dfrac{Z}{P} \cdot \dfrac{I_a}{a}$

④ $AT_d = \dfrac{90-\alpha}{180} \cdot \dfrac{Z}{P} \cdot \dfrac{I_a}{a}$

48
3상 유도전동기의 원선도 작성 시 필요한 시험이 아닌 것은?

① 슬립측정
② 무부하시험
③ 구속시험
④ 고정자권선의 저항측정

49
일반적인 DC 서보모터의 제어에 속하지 않는 것은?

① 역률제어
② 토크제어
③ 속도제어
④ 위치제어

50
누설변압기에 필요한 특성은?

① 정전압 특성
② 고저항 특성
③ 고임피던스 특성
④ 정전류 특성

51
동기전동기에 대한 특징으로 옳은 것은?

① 역률을 개선할 수 있다.
② 기동토크가 큰 이점이 있다.
③ 가변속 전동기로 실제 다양하게 응용된다.
④ 공극이 작고 난조가 잘 일어나지 않는다.

52
직류분권발전기의 전기자저항이 0.05[Ω]이다. 단자전압이 200[V], 회전수 1,500[rpm]일 때 전기자전류가 100[A]이다. 이것을 전동기로 사용하여 전기자전류와 단자전압이 같을 때 회전속도[rpm]은?(단, 전기자반작용은 무시한다)

① 1,427
② 1,577
③ 1,620
④ 1,800

53
변압비 10 : 1의 단상변압기 3대를 Y-△로 접속하여 2차 측에 200[V], 75[kVA]의 3상 평형부하를 걸었을 때 1차 측에 흐르는 전류는 몇 [A]인가?

① 10.5
② 11.5
③ 12.5
④ 13.5

54
동기발전기의 전기자권선법 중 집중권인 경우 매극 매상의 홈(Slot)수는?

① 1개
② 2개
③ 3개
④ 4개

55
주파수가 정격보다 3[%] 감소하고 동시에 전압이 정격보다 3[%] 상승된 전원에서 운전되는 변압기가 있다. 철손이 fB_m^2 에 비례한다면 이 변압기 철손은 정격상태에 비하여 어떻게 달라지는가?(단, f : 주파수, B_m : 자속밀도 최대치이다)

① 약 8.7[%] 증가
② 약 8.7[%] 감소
③ 약 9.4[%] 증가
④ 약 9.4[%] 감소

56
어떤 변압기의 단락시험에서 %저항강하 1.5[%]와 %리액턴스강하 3[%]를 얻었다. 부하역률 80[%] 앞선 경우의 전압변동률[%]은?

① −0.6　　② 0.6
③ −3.0　　④ 3.0

57
직류 복권발전기의 병렬운전에 있어 균압선을 붙이는 목적은 무엇인가?

① 손실을 경감한다.
② 운전을 안정하게 한다.
③ 고조파의 발생을 방지한다.
④ 직권계자 간의 전류증가를 방지한다.

58
콘덴서 전동기의 특징이 아닌 것은?

① 소음 증가　　② 역률 양호
③ 효율 양호　　④ 진동 감소

59
브러시의 위치를 바꾸어서 회전방향을 바꿀 수 있는 전기기계가 아닌 것은?

① 톰슨형 반발전동기
② 3상 직권 정류자전동기
③ 시라게전동기
④ 정류자형 주파수변환기

60
동기발전기에서 전기자권선과 계자권선이 모두 고정되고 유도자가 회전하는 것은?

① 수차발전기　　② 고주파발전기
③ 터빈발전기　　④ 엔진발전기

제4과목 회로이론 및 제어공학

61
제어량의 종류에 따른 분류가 아닌 것은?

① 자동조정　　② 서보기구
③ 적응제어　　④ 프로세스제어

62
다음의 회로와 동일한 논리소자는?

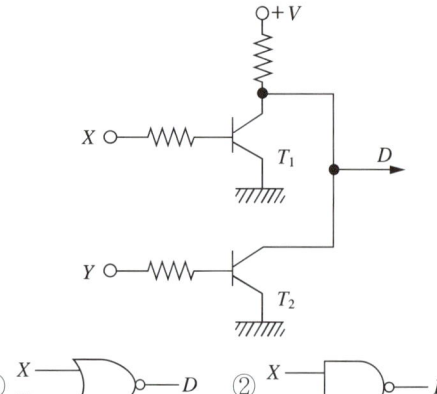

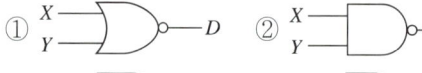

63
다음의 신호흐름선도에서 C/R는?

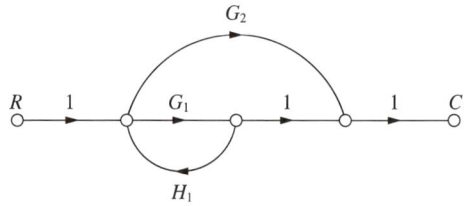

① $\dfrac{G_1 + G_2}{1 - G_1 H_1}$　　② $\dfrac{G_1 G_2}{1 - G_1 H_1}$

③ $\dfrac{G_1 + G_2}{1 + G_1 H_1}$　　④ $\dfrac{G_1 G_2}{1 + G_1 H_1}$

56 ①　57 ②　58 ①　59 ②　60 ②　61 ③　62 ①　63 ①

64

$\frac{d^2}{dt^2}c(t) + 5\frac{d}{dt}c(t) + 4c(t) = r(t)$ 와 같은 함수를 상태함수로 변환하였다. 벡터 A, B의 값으로 적당한 것은?

$$\frac{d}{dt}X(t) = AX(t) + Br(t)$$

① $A = \begin{bmatrix} 0 & 1 \\ -5 & -4 \end{bmatrix}$, $B = \begin{bmatrix} 0 \\ 1 \end{bmatrix}$

② $A = \begin{bmatrix} 0 & 1 \\ 5 & 4 \end{bmatrix}$, $B = \begin{bmatrix} 0 \\ 1 \end{bmatrix}$

③ $A = \begin{bmatrix} 0 & 1 \\ -4 & -5 \end{bmatrix}$, $B = \begin{bmatrix} 0 \\ 1 \end{bmatrix}$

④ $A = \begin{bmatrix} 0 & 1 \\ 4 & 5 \end{bmatrix}$, $B = \begin{bmatrix} 0 \\ 1 \end{bmatrix}$

65

전달함수가 $\frac{C(s)}{R(s)} = \frac{25}{s^2 + 6s + 25}$ 인 2차 제어시스템의 감쇠진동주파수(ω_d)는 몇 [rad/s]인가?

① 3
② 4
③ 5
④ 6

66

주파수 전달함수가 $G(j\omega) = \frac{1}{j100\omega}$ 인 제어시스템에서 $\omega = 1.0$[rad/s]일 때의 이득[dB]과 위상각은 각각 얼마인가?

① 20[dB], 90°
② 40[dB], 90°
③ −20[dB], −90°
④ −40[dB], −90°

67

Z 변환법을 사용한 샘플치 제어계가 안정되려면 $1 + GH(Z) = 0$의 근의 위치는?

① Z 평면의 좌반면에 존재하여야 한다.
② Z 평면의 우반면에 존재하여야 한다.
③ $|Z| = 1$인 단위원 내에 존재하여야 한다.
④ $|Z| = 1$인 단위원 밖에 존재하여야 한다.

68

특성방정식 $s^3 + 2s^2 + (k+3)s + 10 = 0$에서 Routh 안정도 판별법으로 판별 시 안정하기 위한 k의 범위는?

① $k > 2$
② $k < 2$
③ $k > 1$
④ $k < 1$

69

어떤 제어시스템의 개루프 이득이 $G(s)H(s) = \frac{K(s+2)}{s(s+1)(s+3)(s+4)}$ 일 때 이 시스템이 가지는 근궤적의 가지(Branch)수는?

① 1
② 3
③ 4
④ 5

70

그림과 같은 RC 브리지 회로의 전달함수 $\frac{E_o(s)}{E_i(s)}$ 는?

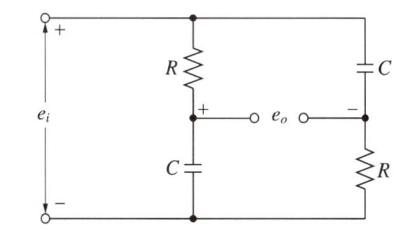

① $\frac{1}{1+RCs}$
② $\frac{RCs}{1+RCs}$
③ $\frac{1+RCs}{1-RCs}$
④ $\frac{1-RCs}{1+RCs}$

71
대칭 n상 환상결선에서 선전류와 상전류 사이의 위상차는 어떻게 되는가?

① $\frac{\pi}{2}\left(1-\frac{2}{n}\right)$ ② $2\left(1-\frac{2}{n}\right)$
③ $\frac{n}{2}\left(1-\frac{\pi}{2}\right)$ ④ $\frac{\pi}{2}\left(1-\frac{n}{2}\right)$

72
$R_1 = R_2 = 100[\Omega]$이며 $L_1 = 5[H]$인 회로에서 시정수는 몇 [s]인가?

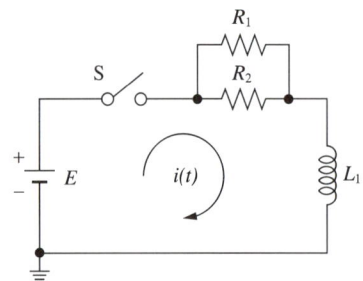

① 0.001   ② 0.01
③ 0.1   ④ 1

73
2단자 임피던스 함수 $Z(s) = \frac{(s+2)(s+3)}{(s+4)(s+5)}$ 일 때 극점(Pole)은?

① $-2, -3$ ② $-3, -4$
③ $-2, -4$ ④ $-4, -5$

74
저항 $\frac{1}{3}[\Omega]$, 유도리액턴스 $\frac{1}{4}[\Omega]$인 R-L 병렬회로의 합성 어드미턴스[℧]는?

① $3+j4$ ② $3-j4$
③ $\frac{1}{3}+j\frac{1}{4}$ ④ $\frac{1}{3}-j\frac{1}{4}$

75
그림과 같은 회로의 전달함수는?(단, $T_1 = R_1 C$, $T_2 = \frac{R_2}{R_1+R_2}$ 이다)

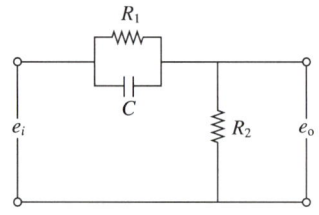

① $\frac{1}{1+T_1 s}$ ② $\frac{T_2(1+T_1 s)}{1+T_1 T_2 s}$
③ $\frac{1+T_1 s}{1+T_2 s}$ ④ $\frac{T_2(1+T_1 s)}{T_1(1+T_2 s)}$

76
그림은 평형 3상 회로에서 운전하고 있는 유도전동기의 결선도이다. 각 계기의 지시가 $W_1 = 2.36[kW]$, $W_2 = 5.95[kW]$, $V = 200[V]$, $I = 30[A]$일 때, 이 유도전동기의 역률은 약 몇 [%]인가?

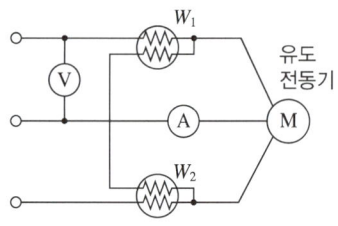

① 80   ② 76
③ 70   ④ 66

77
분포정수회로에서 선로의 특성임피던스를 Z_0, 전파정수를 γ라 할 때 무한장 선로에 있어서 송전단에서 본 직렬임피던스는?

① $\frac{Z_0}{\gamma}$ ② $\sqrt{\gamma Z_0}$
③ γZ_0 ④ $\frac{\gamma}{Z_0}$

78
다음 회로에서 I를 구하면 몇 [A]인가?

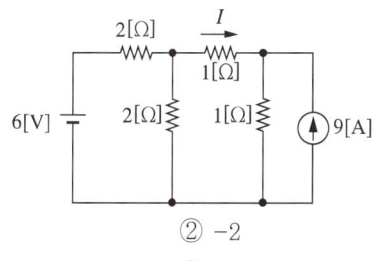

① 2
② -2
③ -4
④ 4

79
3상 회로의 선간전압이 각각 80[V], 50[V], 50[V]일 때 전압의 불평형률[%]은?

① 39.6
② 57.3
③ 73.6
④ 86.7

80
다음 그림과 같은 회로에서 R의 값은?

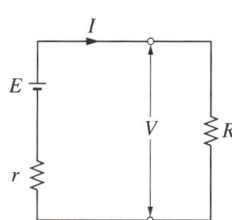

① $\frac{E}{E-V}r$
② $\frac{V}{E-V}r$
③ $\frac{E-V}{E}r$
④ $\frac{E-V}{V}r$

제5과목 전기설비기술기준

81
사용전압이 22.9[kV]인 특고압 가공전선이 도로를 횡단하는 경우, 지표상 높이는 최소 몇 [m] 이상인가?

① 4.5
② 5
③ 5.5
④ 6

82
저압 옥측전선로에서 목조의 조영물에 시설할 수 있는 공사방법은?

① 금속관공사
② 버스덕트공사
③ 합성수지관공사
④ 케이블공사(무기물절연(MI) 케이블을 사용하는 경우)

83
주택의 전기저장장치의 축전지에 접속하는 부하 측 옥내배선을 사람이 접촉할 우려가 없도록 케이블공사에 의하여 시설하고 전선에 적당한 방호장치를 시설한 경우 주택의 옥내전로의 대지전압은 직류 몇 [V]까지 적용할 수 있는가?(단, 전로에 지락이 생겼을 때 자동적으로 전류를 차단하는 장치를 시설한 경우이다)

① 150
② 300
③ 400
④ 600

84
직류 전기철도시스템이 매설 배관 또는 케이블과 인접할 경우 누설전류를 피하기 위해 최대한 이격시켜야 하며, 주행레일과 최소 몇 [m] 이상의 거리를 유지하여야 하는가?

① 0.5
② 1.0
③ 2.0
④ 3.0

85
배전선로에 전력보안통신설비를 시설하지 않아도 되는 곳은?
① 22.9[kV]계통 배전선로 구간(가공, 지중, 해저)
② 154[kV]계통에 연결되는 분산전원형 발전소
③ 폐회로 배전 등 신 배전방식 도입 개소
④ 배전자동화, 원격검침, 부하감시 등 지능형 전력망 구현을 위해 필요한 구간

86
금속덕트공사에 의한 저압 옥내배선공사 시설기준으로 적합하지 않은 것은?
① 금속덕트에 넣은 전선의 단면적(절연피복의 단면적을 포함한다)의 합계는 덕트의 내부 단면적의 5[%] (전광표시장치 기타 이와 유사한 장치 또는 제어회로 등의 배선만을 넣는 경우에는 15[%]) 이하일 것
② 덕트 상호 간은 견고하고 또한 전기적으로 완전하게 접속할 것
③ 덕트를 조영재에 붙이는 경우에는 덕트의 지지점 간의 거리를 3[m](취급자 이외의 자가 출입할 수 없도록 설비한 곳에서 수직으로 붙이는 경우에는 6[m]) 이하로 하고 또한 견고하게 붙일 것
④ 덕트에는 접지공사를 할 것

87
일반주택 및 아파트 각 호실의 현관등은 몇 분 이내에 소등되는 타임스위치를 시설하여야 하는가?
① 1분 ② 3분
③ 5분 ④ 10분

88
중성점 직접접지식으로서 최대사용전압이 66[kV]인 변압기 권선의 절연내력 시험은 최대사용전압 몇 배의 전압에서 10분간 견디어야 하는가?
① 0.72 ② 0.92
③ 1.25 ④ 1.50

89
이동하여 사용하는 전기기계기구의 금속제 외함 등의 접지시스템의 경우 저압 전기설비용 접지도체는 다심 코드 또는 다심 캡타이어케이블의 1개 도체의 단면적이 몇 [mm^2] 이상인 것을 사용하여야 하는가?
① 0.75 ② 1.0
③ 1.5   ④ 2.5

90
조상기의 보호장치로서 내부고장 시에 자동적으로 전로로부터 차단되는 장치를 설치하여야 하는 조상기 용량은 몇 [kVA] 이상인가?
① 5,000   ② 7,500
③ 10,000 ④ 15,000

91
가공전선로의 지지물에 하중이 가해지는 경우에 그 하중을 받는 지지물의 기초 안전율은 몇 이상이어야 하는가?
① 0.5 ② 1
③ 1.5 ④ 2

92
지중전선로를 관로식에 의하여 시설하는 경우에는 매설 깊이를 몇 [m] 이상으로 하여야 하는가?
① 0.6 ② 1.0
③ 1.2 ④ 1.5

93
괄호 안에 들어갈 내용으로 옳은 것은?

> 유희용 전차에 전기를 공급하는 전로의 사용전압은 직류의 경우는 (Ⓐ)[V] 이하, 교류의 경우는 (Ⓑ)[V] 이하이어야 한다.

① Ⓐ 60, Ⓑ 40   ② Ⓐ 40, Ⓑ 60
③ Ⓐ 30, Ⓑ 60   ④ Ⓐ 60, Ⓑ 30

94

한 경간을 기준으로 해당 구간의 설계속도가 $300 < V \leq 350$[km/h]일 때, 전차선의 기울기[‰]는?

① 0   ② 1
③ 2   ④ 4

95

고압 및 특고압 가공전선로로부터 공급을 받는 수용장소의 인입구에 반드시 시설해야 하는 것은?

① 댐퍼   ② 아킹혼
③ 조상기   ④ 피뢰기

96

그림은 전력선 반송통신용 결합장치의 보안장치이다. 다음 설명 중 틀린 것은?

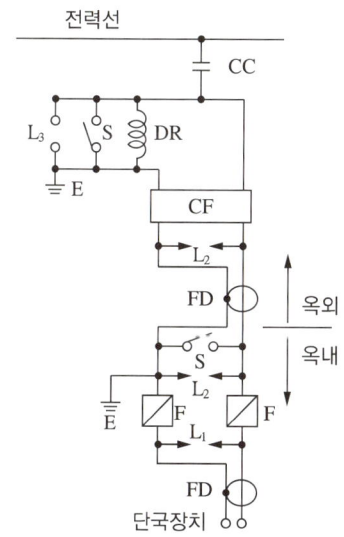

① F : 정격전류 10[A] 이하의 포장 퓨즈
② DR : 전류용량 2[A] 이상의 배류 선륜
③ L_1 : 교류 1[kV] 이하에서 동작하는 피뢰기
④ L_2 : 동작전압이 교류 1.3[kV]를 초과하고 1.6[kV] 이하로 조정된 방전 갭

97

통신용 조가선의 시설기준으로 잘못된 것은?

① 조가선은 38[mm²] 이상의 아연도금 강연선을 사용한다.
② 조가선은 2조까지만 시설한다.
③ 조가선 간 이격거리는 조가선 2개가 시설되는 경우 0.3[m]를 유지한다.
④ 조가선은 설비 안전을 위하여 전주와 전주 경간 중에 접속한다.

98

고압 가공전선과 금속제의 울타리가 교차하는 경우 울타리에는 교차점과 좌, 우로 접지공사를 하여야 한다. 그 접지공사의 방법으로 옳은 것은?

① 좌우로 30[m] 이내의 개소에 한다.
② 좌우로 35[m] 이내의 개소에 한다.
③ 좌우로 40[m] 이내의 개소에 한다.
④ 좌우로 45[m] 이내의 개소에 한다.

99

전기철도의 차량설비에서 회생제동의 사용을 중단해야 하는 경우가 아닌 것은?

① 전차선로 지락이 발생한 경우
② 전차선로에서 전력을 받을 수 없는 경우
③ 규정된 선로전압이 장기 과전압보다 높은 경우
④ 통신유도장해가 생긴 경우

100

진열장 안의 내부 관등회로의 배선을 외부로부터 보기 쉬운 곳의 조영재에 접촉하여 시설하는 경우 전선의 부착점 간의 거리는 몇 [m] 이하로 하여야 하는가?

① 0.5   ② 1.0
③ 1.5   ④ 2.0

2023년 제3회 CBT

제1과목 전기자기학

01
전하 q[C]이 공기 중의 자계 H[AT/m]에 수직 방향으로 v[m/s] 속도로 돌입하였을 때 받는 힘은 몇 [N]인가?

① $\dfrac{qH}{\mu_0 v}$ ② $\dfrac{1}{\mu_0} qvH$
③ qvH ④ $\mu_0 qvH$

02
패러데이의 법칙에 대한 설명으로 가장 알맞은 것은?
① 전자유도에 의하여 회로에 발생되는 기전력은 자속쇄교수의 시간에 대한 증가율에 반비례한다.
② 전자유도에 의하여 회로에 발생되는 기전력은 자속의 변화를 방해하는 방향으로 기전력이 유도된다.
③ 정전유도에 의하여 회로에 발생하는 기자력은 자속의 변화 방향으로 유도된다.
④ 전자유도에 의하여 회로에 발생하는 기전력은 자속쇄교수의 시간 변화율에 비례한다.

03
0.2[μF]인 평행판 공기콘덴서가 있다. 전극 간에 그 간격의 절반 두께의 유리판을 넣었다면 콘덴서의 용량은 약 몇 [μF]인가?(단, 유리의 비유전율은 10이다)
① 0.26 ② 0.36
③ 0.46 ④ 0.56

04
자속밀도가 0.3[Wb/m²]인 평등자계 내에 5[A]의 전류가 흐르는 길이 2[m]인 직선도체가 있다. 이 도체를 자계 방향에 대하여 60°의 각도로 놓았을 때 이 도체가 받는 힘은 약 몇 [N]인가?
① 1.3 ② 2.6
③ 4.7 ④ 5.2

05
단면적 S[m²], 단위길이당 권수가 n_0[회/m]인 무한히 긴 솔레노이드의 자기인덕턴스[H/m]를 구하면?
① $\mu S n_0$ ② $\mu S n_0^2$
③ $\mu S^2 n_0$ ④ $\mu S^2 n_0^2$

06
자기인덕턴스 L[H]인 코일에 전류 I[A]를 흘렸을 때, 자계의 세기가 H[AT/m]였다. 이 코일을 진공 중에 자화시키는 데 필요한 에너지밀도[J/m³]는?
① $\dfrac{1}{2}LI^2$ ② LI^2
③ $\dfrac{1}{2}\mu_0 H^2$ ④ $\mu_0 H^2$

07
무한히 넓은 2개의 평행 도체판의 간격이 d[m]이며 그 전위차는 V[V]이다. 도체판의 단위면적에 작용하는 힘은 몇 [N/m²]인가?(단, 유전율은 ε_0이다)
① $\varepsilon_0 \left(\dfrac{V}{d}\right)^2$ ② $\dfrac{1}{2}\varepsilon_0 \left(\dfrac{V}{d}\right)^2$
③ $\dfrac{1}{2}\varepsilon_0 \left(\dfrac{V}{d}\right)$ ④ $\varepsilon_0 \left(\dfrac{V}{d}\right)$

정답 1 ④ 2 ④ 3 ② 4 ② 5 ② 6 ③ 7 ②

08
한 변의 길이가 a[m]인 정삼각형 회로에 전류 I[A]가 흐르고 있을 때 그 정삼각형 중심의 자계의 세기는 몇 [AT/m]인가?

① $\dfrac{9I}{2\pi a}$ ② $\dfrac{2\sqrt{2}\,I}{\pi a}$
③ $\dfrac{\sqrt{3}\,I}{\pi a}$ ④ $\dfrac{\sqrt{2}\,I}{2\pi a}$

09
전속밀도에 대한 설명으로 가장 옳은 것은?
① 전속은 스칼라양이기 때문에 전속밀도도 스칼라양이다.
② 전속밀도는 전계의 세기의 방향과 반대 방향이다.
③ 전속밀도는 유전체 내에 분극의 세기와 같다.
④ 전속밀도는 유전체와 관계없이 크기는 일정하다.

10
전위 $V = 3xy + z + 4$일 때 전계 E는?
① $i3x + j3y + k$ ② $-i3y + j3x + k$
③ $i3x - j3y - k$ ④ $-i3y - j3x - k$

11
단면적 4[cm²]의 철심에 6×10^{-4}[Wb]의 자속을 통하게 하려면 2,800[AT/m]의 자계가 필요하다. 이 철심의 비투자율은 약 얼마인가?
① 346 ② 375
③ 407 ④ 426

12
점전하에 의한 전위함수가 $V = \dfrac{1}{x^2+y^2}$[V]일 때 grad V는?

① $-\dfrac{ix+jy}{(x^2+y^2)^2}$ ② $-\dfrac{i2x+j2y}{(x^2+y^2)^2}$
③ $-\dfrac{i2x}{(x^2+y^2)^2}$ ④ $-\dfrac{j2y}{(x^2+y^2)^2}$

13
벡터퍼텐셜 $A = 3x^2 y a_x + 2x a_y - z^3 a_z$[Wb/m]일 때의 자계의 세기 H[A/m]는?(단, μ는 투자율이라 한다)

① $\dfrac{1}{\mu}(2-3x^2)a_y$ ② $\dfrac{1}{\mu}(3-2x^2)a_y$
③ $\dfrac{1}{\mu}(2-3x^2)a_z$ ④ $\dfrac{1}{\mu}(3-2x^2)a_z$

14
정전계에서 도체에 정(+)의 전하를 주었을 때의 설명으로 틀린 것은?
① 도체 표면의 곡률 반지름이 작은 곳에 전하가 많이 분포한다.
② 도체 외측의 표면에만 전하가 분포한다.
③ 도체 표면에서 수직으로 전기력선이 출입한다.
④ 도체 내에 있는 공동면에도 전하가 골고루 분포한다.

15
비오-사바르의 법칙으로 구할 수 있는 것은?
① 전계의 세기 ② 자계의 세기
③ 전 위 ④ 자 위

16
유전율이 다른 두 유전체의 경계면에 작용하는 힘은? (단, 유전체의 경계면과 전계 방향은 수직이다)
① 유전율의 차이에 비례
② 유전율의 차이에 반비례
③ 경계면의 전계 세기의 제곱에 비례
④ 경계면의 면전하밀도의 제곱에 비례

17
두 종류의 금속으로 된 회로에 전류를 통하면 각 접속점에서 열의 흡수 또는 발생이 일어나는 현상은?
① 톰슨(Thomson)효과 ② 제베크(Seebeck)효과
③ 볼타(Volta)효과 ④ 펠티에(Peltier)효과

정답 8 ① 9 ④ 10 ② 11 ④ 12 ② 13 ③ 14 ④ 15 ② 16 ④ 17 ④

18

전위함수가 $V = 3xy + 2z^2 + 4$일 때 전계의 세기는?

① $-3yi - 3xj - 4zk$
② $3yi + 3xj + 4zk$
③ $-3yi + 3xj - 4zk$
④ $3yi - 3xj + 4zk$

19

다음 그림과 같이 내도체의 반지름이 a[m], 외도체의 반지름이 b[m]인 동축케이블이 공기 중에 있다. 내도체의 외측 표면에만 $+I$[A]의 전류가 흐르고, 외도체의 내측 표면에만 $-I$[A]의 전류가 흐른다고 할 때, 단위길이당 외부 인덕턴스[H/m]는?(단, 내부 인덕턴스는 무시한다)

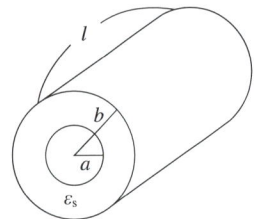

① $2 \times 10^{-7} \times \ln\frac{b}{a}$

② $2 \times 10^{-7} \times \ln\frac{a}{b}$

③ $2\pi \times 10^{-7} \times \ln\frac{b}{a}$

④ $2\pi \times 10^{-7} \times \ln\frac{a}{b}$

20

폐곡면을 통하는 전속과 폐곡면 내부 전하와의 상관관계를 나타내는 법칙은?

① 가우스의 법칙   ② 쿨롱의 법칙
③ 푸아송의 법칙   ④ 라플라스의 법칙

제2과목 전력공학

21

송전단 전압 161[kV], 수전단 전압 155[kV], 상차각 40°, 리액턴스가 49.8[Ω]일 때 선로손실을 무시한다면 전송전력은 약 몇 [MW]인가?

① 289   ② 322
③ 373   ④ 869

22

고압 배전선로의 중간에 승압기를 설치하는 주목적은?

① 부하의 불평형 방지
② 말단의 전압강하 방지
③ 전력손실의 감소
④ 역률 개선

23

일반적으로 부하의 역률을 저하시키는 원인은?

① 전등의 과부하
② 선로의 충전전류
③ 유도전동기의 경부하 운전
④ 동기전동기의 중부하 운전

24

전등만으로 구성된 수용가를 두 군으로 나누어 각 군에 변압기 1대씩을 설치하고 각 군의 수용가의 설비용량을 각각 30[kW], 50[kW]라 한다. 각 수용가의 수용률을 0.6, 수용가 간의 부등률을 1.2, 변압기군의 부등률을 1.3이라고 하면 고압 간선에 대한 최대부하는 몇 [kW]인가?

① 15   ② 23
③ 31   ④ 36

25
송전선로에 가공지선을 설치하는 목적은?
① 코로나 방지
② 뇌에 대한 차폐
③ 선로정수의 평형
④ 철탑지지

26
중성점 직접접지방식에서 변압기에 단절연이 가능한 이유는 무엇인가?
① 지락 전류가 저역률이다.
② 고장 전류가 크다.
③ 중성점의 전위가 낮다.
④ 보호계전기 동작이 확실하다.

27
154[kV] 송전선로의 전압을 345[kV]로 승압하고 같은 손실률로 송전한다고 가정하면 송전전력은 승압 전의 약 몇 배 정도인가?
① 2
② 3
③ 4
④ 5

28
최근에 우리나라에서 많이 채용되고 있는 가스절연개폐설비(GIS)의 특징으로 틀린 것은?
① 대기 절연을 이용한 것에 비해 현저하게 소형화할 수 있으나 비교적 고가이다.
② 소음이 적고 충전부가 완전한 밀폐형으로 되어 있기 때문에 안정성이 높다.
③ 가스 압력에 대한 엄중 감시가 필요하며 내부 점검 및 부품 교환이 번거롭다.
④ 한랭지, 산악 지방에서도 액화 방지 및 산화 방지 대책이 필요 없다.

29
차단기가 전류를 차단할 때 재점호가 일어나기 쉬운 차단전류는?
① 동상전류
② 지상전류
③ 진상전류
④ 단락전류

30
피뢰기가 그 역할을 잘하기 위하여 구비되어야 할 조건으로 틀린 것은?
① 속류를 차단할 것
② 내구력이 높을 것
③ 충격방전 개시전압이 낮을 것
④ 제한전압은 피뢰기의 정격전압과 같게 할 것

31
지중전선로에서 케이블 고장점 검출방법이 아닌 것은?
① 메거에 의한 측정법
② 머레이 루프시험에 의한 방법
③ 수색코일에 의한 방법
④ 펄스에 의한 측정법

32
ACSR은 동일한 길이에서 동일한 전기저항을 갖는 경동연선에 비하여 어떠한가?
① 바깥지름은 크고 중량은 작다.
② 바깥지름은 작고 중량은 크다.
③ 바깥지름과 중량이 모두 크다.
④ 바깥지름과 중량이 모두 작다.

33
유효접지계통에서 피뢰기의 정격전압을 결정하는 데 가장 중요한 요소는?
① 선로 애자련의 충격섬락전압
② 내부이상전압 중 과도이상전압의 크기
③ 유도뢰의 전압의 크기
④ 1선 지락고장 시 건전상의 대지전위

정답 25 ② 26 ③ 27 ④ 28 ④ 29 ③ 30 ④ 31 ① 32 ① 33 ④

34
화력발전소에서 재열기의 사용 목적은?
① 공기를 가열한다.
② 급수를 가열한다.
③ 증기를 가열한다.
④ 석탄을 건조한다.

35
수차의 특유속도 크기를 바르게 나열한 것은?
① 펠턴수차 < 카플란수차 < 프란시스수차
② 펠턴수차 < 프란시스수차 < 카플란수차
③ 프란시스수차 < 카플란수차 < 펠턴수차
④ 카플란수차 < 펠턴수차 < 프란시스수차

36
부하전류 및 단락전류를 모두 개폐할 수 있는 스위치는?
① 단로기
② 차단기
③ 선로개폐기
④ 전력퓨즈

37
그림과 같이 부하가 균일한 밀도로 도중에서 분기되어 선로전류가 송전단에 이를수록 직선적으로 증가할 경우 선로의 전압강하는 이 송전단전류와 같은 전류의 부하가 선로의 말단에만 집중되어 있을 경우의 전압강하보다 어떻게 되는가?(단, 부하역률은 모두 같다고 한다)

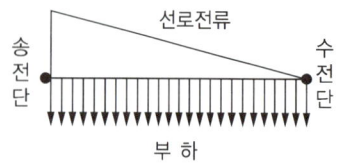

① $\frac{1}{3}$
② $\frac{1}{2}$
③ 1
④ 2

38
단상 2선식 교류 배전선로가 있다. 전선의 1가닥 저항이 0.15[Ω]이고, 리액턴스는 0.25[Ω]이다. 부하는 순저항부하이고 100[V], 3[kW]이다. 급전점의 전압[V]은 약 얼마인가?
① 105
② 110
③ 115
④ 124

39
그림과 같은 단거리 배전선로의 송전단 전압 6,600[V], 역률은 0.9이고, 수전단 전압 6,100[V], 역률 0.8일 때 회로에 흐르는 전류 I[A]는?(단, E_s 및 E_r은 송·수전단 대지전압이며, $r = 20$[Ω], $x = 10$[Ω]이다)

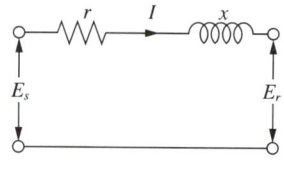

① 20
② 35
③ 53
④ 65

40
전력원선도에서 구할 수 없는 것은?
① 송·수전할 수 있는 최대전력
② 필요한 전력을 보내기 위한 송·수전단 전압 간의 상차각
③ 선로 손실과 송전 효율
④ 과도극한전력

제3과목 전기기기

41
3상 동기발전기의 매극 매상의 슬롯수를 3이라 할 때 분포권 계수는?

① $6\sin\dfrac{\pi}{18}$
② $3\sin\dfrac{\pi}{36}$
③ $\dfrac{1}{6\sin\dfrac{\pi}{18}}$
④ $\dfrac{1}{12\sin\dfrac{\pi}{36}}$

42
3상 V결선의 변압기에서 전부하 시의 출력을 100[kVA]라 하면 같은 용량의 변압기 한 대를 증설하여 △결선하였을 때의 정격출력은 몇 [kVA]인가?

① 50
② $50\sqrt{3}$
③ 100
④ $100\sqrt{3}$

43
저항 부하인 사이리스터 단상 반파 정류기로 위상 제어를 할 경우 점호각 0°에서 60°로 하면 다른 조건이 동일한 경우 출력 평균 전압은 몇 배가 되는가?

① $\dfrac{3}{4}$
② $\dfrac{4}{3}$
③ $\dfrac{3}{2}$
④ $\dfrac{2}{3}$

44
유도전동기의 특성에서 토크와 2차 입력 및 동기속도의 관계는?

① 토크는 2차 입력과 동기속도의 곱에 비례한다.
② 토크는 2차 입력에 반비례하고, 동기속도에 비례한다.
③ 토크는 2차 입력에 비례하고, 동기속도에 반비례한다.
④ 토크는 2차 입력의 제곱에 비례하고, 동기속도의 제곱에 반비례한다.

45
직류 직권전동기에서 벨트를 걸고 운전하면 안 되는 이유는?

① 벨트가 벗겨지면 위험속도에 도달하므로
② 손실이 많아지므로
③ 직결하지 않으면 속도 제어가 곤란하므로
④ 벨트의 마멸 보수가 곤란하므로

46
단상 유도전압조정기의 2차 전압이 $100 \pm 30[\text{V}]$이고, 직렬 권선의 전류가 6[A]인 경우 정격용량은 몇 [VA]인가?

① 180
② 312
③ 420
④ 780

47
100[HP], 600[V], 1,200[rpm]의 직류 분권전동기가 있다. 분권 계자저항이 400[Ω], 전기저항이 0.22[Ω]이고, 정격부하에서의 효율이 90[%]일 때, 전부하 시의 역기전력은 약 몇 [V]인가?

① 550
② 570
③ 590
④ 610

48
3상 유도전동기의 원선도 작성 시 필요한 시험이 아닌 것은?

① 슬립측정
② 무부하시험
③ 구속시험
④ 고정자권선의 저항측정

49
게이트조작에 의해 부하전류 이상으로 유지전류를 높일 수 있어 게이트의 턴온, 턴오프가 가능한 사이리스터는?

① SCR
② GTO
③ LASCR
④ TRIAC

정답 41 ③ 42 ④ 43 ① 44 ③ 45 ① 46 ① 47 ② 48 ① 49 ②

50
스텝모터의 여자방식이 아닌 것은?
① 1상 여자
② 1~2상 여자
③ 2상 여자
④ 2~4상 여자

51
변압기유 열화방지방법 중 틀린 것은?
① 밀봉방식
② 흡착제방식
③ 수소봉입방식
④ 개방형 콘서베이터

52
변압기의 임피던스와트와 임피던스전압을 구하는 시험은?
① 충격전압시험
② 부하시험
③ 무부하시험
④ 단락시험

53
정격전압 6[kV], 정격용량 10,000[kVA], 주파수 60[Hz]인 3상 동기발전기의 단락비는?(단, 1상의 동기임피던스는 3[Ω]이다)
① 0.833
② 1.0
③ 1.2
④ 12

54
같은 정격전압에서 변압기의 주파수만 높이면 가장 많이 증가하는 것은?
① 여자전류
② 온도상승
③ 철손
④ %임피던스

55
전기기계에 있어서 히스테리시스손을 감소시키기 위한 조치로 옳은 것은?
① 성층철심 사용
② 규소강판 사용
③ 보극 설치
④ 보상권선 설치

56
농형 전동기의 특성으로 옳은 것은?
① 기동전류 및 기동 [kVA]가 크고 기동토크가 크다.
② 기동전류 및 기동 [kVA]가 작고 기동토크가 작다.
③ 기동전류 및 기동 [kVA]가 작고 기동토크가 크다.
④ 기동전류 및 기동 [kVA]가 크고 기동토크가 작다.

57
직류발전기의 계자철심에 잔류자기가 없어도 발전을 할 수 있는 발전기는?
① 타여자발전기
② 분권발전기
③ 직권발전기
④ 복권발전기

58
터빈발전기 출력 1,350[kVA], 3,600[rpm], 2극, 11[kV]일 때 역률 80[%]에서 전부하 효율이 96[%]라 하면 손실전력[kW]은?
① 36.6
② 45
③ 56.6
④ 65

59
동기발전기의 병렬운전 중 계자를 변화시키면 어떻게 되는가?
① 무효순환전류가 흐른다.
② 주파수 위상이 변한다.
③ 유효순환전류가 흐른다.
④ 속도조정률이 변한다.

60
변압기에서 부하에 관계없이 자속만을 만드는 전류는?
① 철손전류
② 자화전류
③ 여자전류
④ 교차전류

정답 50 ④ 51 ③ 52 ④ 53 ③ 54 ④ 55 ② 56 ④ 57 ① 58 ② 59 ① 60 ②

제4과목 회로이론 및 제어공학

61
다음과 같은 상태방정식의 고윳값 λ_1과 λ_2는?

$$\begin{bmatrix} \dot{x}_1 \\ \dot{x}_2 \end{bmatrix} = \begin{bmatrix} 1 & -2 \\ -3 & 2 \end{bmatrix} \begin{bmatrix} x_1 \\ x_2 \end{bmatrix} + \begin{bmatrix} 2 & -3 \\ -4 & 3 \end{bmatrix} \begin{bmatrix} r_1 \\ r_2 \end{bmatrix}$$

① 4, -1 ② -4, 1
③ 6, -1 ④ -6, 1

62
일정 입력에 대해 잔류편차가 있는 제어계는?
① 비례제어계   ② 적분제어계
③ 비례적분제어계   ④ 비례적분미분제어계

63
다음의 특성 방정식 중 안정한 제어시스템은?
① $s^3 + 3s^2 + 4s + 5 = 0$
② $s^4 + 3s^3 - s^2 + s + 10 = 0$
③ $s^5 + s^3 + 2s^2 + 4s + 3 = 0$
④ $s^4 - 2s^3 - 3s^2 + 4s + 5 = 0$

64
그림과 같은 블록선도에서 $C(s)/R(s)$의 값은?

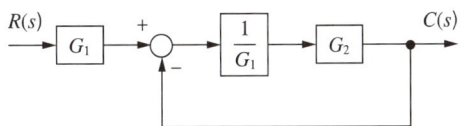

① $\dfrac{G_1}{G_1 - G_2}$ ② $\dfrac{G_2}{G_1 - G_2}$
③ $\dfrac{G_2}{G_1 + G_2}$ ④ $\dfrac{G_1 G_2}{G_1 + G_2}$

65
다음 과도응답에 관한 설명 중 틀린 것은?
① 지연시간은 응답이 최초로 목푯값의 50[%]가 되는 데 소요되는 시간이다.
② 백분율 오버슈트는 최종목푯값과 최대오버슈트와의 비를 [%]로 나타낸 것이다.
③ 감쇠비는 최종목푯값과 최대오버슈트와의 비를 나타낸 것이다.
④ 응답시간은 응답이 요구하는 오차 이내로 정착되는 데 걸리는 시간이다.

66
2차 제어계의 전달함수 $G(s) = \dfrac{\omega_n^2}{s^2 + 2\delta\omega_n s + \omega_n^2}$
인 제어계의 단위 임펄스 응답은?(단, $\delta = 1$, $\omega_n = 1$ 이다)
① e^{-t} ② $1 - e^{-t}$
③ te^{-t} ④ $\dfrac{1}{2}t^2$

67
블록선도 (a), (b)가 서로 등가일 때 블록 A의 전달함수는?

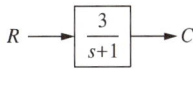
(a)

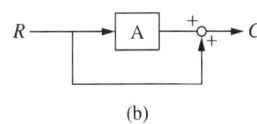
(b)

① $\dfrac{1}{s+1}$ ② $\dfrac{-1}{s+1}$
③ $\dfrac{s-2}{s+1}$ ④ $\dfrac{-s+2}{s+1}$

정답 61 ① 62 ① 63 ① 64 ④ 65 ③ 66 ③ 67 ④

68
그림의 시퀀스 회로에서 전자접촉기 X에 의한 A접점(Normal Open Contact)의 사용 목적은?

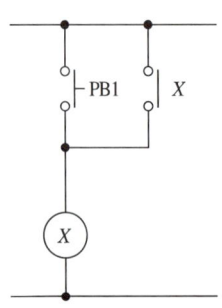

① 자기유지회로
② 지연회로
③ 우선 선택회로
④ 인터로크(Interlock)회로

69
다음 이산치 제어계의 블록선도의 전달함수는?

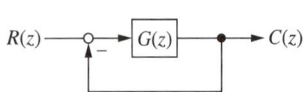

① $G(z)$
② $\dfrac{G(z)}{1+G(z)}$
③ $G(z)+1$
④ $\dfrac{G(z)}{1-G(z)}$

70
그림과 같은 회로망은 어떤 보상기로 사용될 수 있는가?(단, $1 < R_1 C$인 경우로 한다)

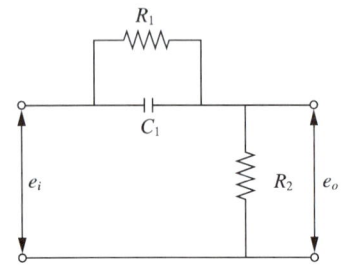

① 지연 보상기
② 지·진상 보상기
③ 지상 보상기
④ 진상 보상기

71
그림과 같은 4단자 회로망에서 출력 측을 개방하니 V_1 = 12[V], I_1 = 2[A], V_2 = 4[V]이고, 출력 측을 단락하니 V_1 = 16[V], I_1 = 4[A], I_2 = 2[A]이었다. 4단자 정수 A, B, C, D는 얼마인가?

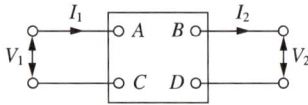

① A=2, B=3, C=8, D=0.5
② A=0.5, B=2, C=3, D=8
③ A=8, B=0.5, C=2, D=3
④ A=3, B=8, C=0.5, D=2

72
1상의 임피던스가 $14 + j48[\Omega]$인 평형 △ 부하에 선간전압이 200[V]인 평형 3상 전압이 인가될 때 이 부하의 피상전력[VA]은?

① 1,200
② 1,384
③ 2,400
④ 4,157

73
그림과 같은 $R-C$ 병렬회로에서 전원전압이 $e(t) = 3e^{-5t}$인 경우 이 회로의 임피던스는?

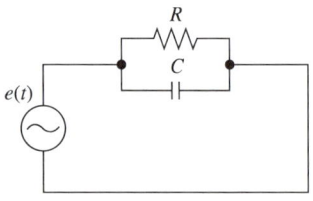

① $\dfrac{j\omega RC}{1+j\omega RC}$
② $\dfrac{R}{1-5RC}$
③ $\dfrac{R}{1+RCs}$
④ $\dfrac{1+j\omega RC}{R}$

74

그림과 같은 회로에서 5[Ω]에 흐르는 전류 I는 몇 [A]인가?

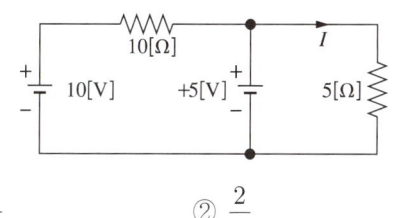

① $\dfrac{1}{2}$ ② $\dfrac{2}{3}$

③ 1 ④ $\dfrac{5}{3}$

75

분포정수 선로에서 위상정수를 β[rad/m]라 할 때 파장은?

① $2\pi\beta$ ② $\dfrac{2\pi}{\beta}$

③ $4\pi\beta$ ④ $\dfrac{4\pi}{\beta}$

76

$R_1 = R_2 = 100[\Omega]$이며 $L_1 = 5[H]$인 회로에서 시정수는 몇 [s]인가?

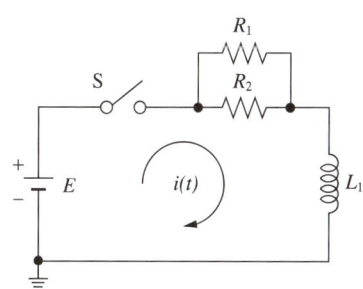

① 0.001 ② 0.01
③ 0.1 ④ 1

77

그림은 상순이 a-b-c인 3상 대칭회로이다. 선간전압이 220[V]이고 부하 한 상의 임피던스가 $100\angle 60°$ [Ω]일 때 전력계 W_a의 지시값[W]은?

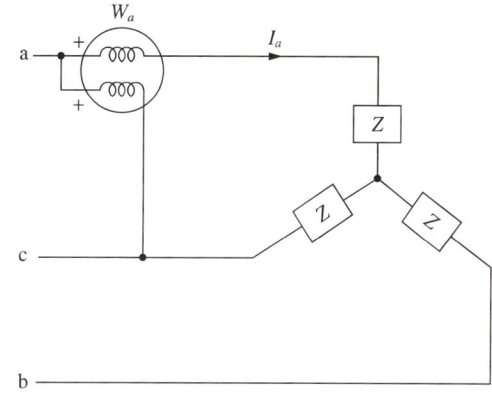

① 242 ② 386
③ 419 ④ 484

78

3상 전류가 $I_a = 10 + j3$[A], $I_b = -5 - j2$[A], $I_c = -3 + j4$[A]일 때 정상분 전류의 크기는 약 몇 [A]인가?

① 5 ② 6.4
③ 10.5 ④ 13.34

79

코일 A는 저항 3[Ω], 리액턴스 5[Ω]이고, 코일 B는 저항 5[Ω], 리액턴스 1[Ω]일 때, 두 코일을 직렬로 접속하여 100[V]의 전압을 인가하였다면 이 회로에 흐르는 전류 I는 몇 [A]인가?

① $10\angle -37°$ ② $10\angle 37°$
③ $10\angle -53°$ ④ $10\angle 53°$

80

다음 두 회로의 4단자 정수 A, B, C, D가 동일할 조건은?

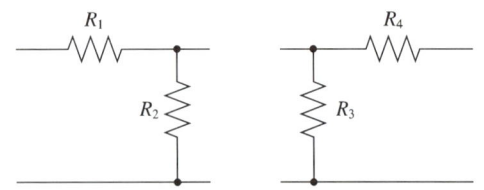

① $R_1 = R_2$, $R_3 = R_4$
② $R_1 = R_3$, $R_2 = R_4$
③ $R_1 = R_4$, $R_2 = R_3 = 0$
④ $R_2 = R_3$, $R_1 = R_4 = 0$

제5과목 전기설비기술기준

81

변압기 1차 측 3,300[V], 2차 측 220[V]의 변압기 전로의 절연내력 시험전압은 각각 몇 [V]에서 10분간 견디어야 하는가?

① 1차 측 4,950[V], 2차 측 500[V]
② 1차 측 4,500[V], 2차 측 400[V]
③ 1차 측 4,125[V], 2차 측 500[V]
④ 1차 측 3,300[V], 2차 측 400[V]

82

가공전선로의 지지물에 취급자가 오르고 내리는 데 사용하는 발판 볼트 등은 지표상 몇 [m] 미만에 시설하여서는 아니 되는가?

① 1.2   ② 1.8
③ 2.2   ④ 2.5

83

기계적 손상에 대한 보호가 되지 않는 경우 보호등전위 본딩 도체의 굵기[mm²]는?

① 2.5   ② 3.2
③ 4   ④ 6

84

전선의 접속법으로 틀린 것은?

① 절연전선 상호 간을 접속하는 경우에는 접속 부분을 절연효력이 있는 것으로 충분히 피복해야 한다.
② 나전선 상호 간의 접속인 경우에는 전선의 세기를 20[%] 이상 감소시키지 않아야 한다.
③ 병렬로 사용하는 전선 각각에 퓨즈를 설치해야 한다.
④ 알루미늄과 동을 사용하는 전선을 접속하는 경우에는 접속 부분에 전기적 부식이 생기지 않아야 한다.

85

가공전선로의 지지물에 지선을 시설하려고 한다. 이 지선의 기준으로 옳은 것은?

① 소선지름 : 2.0[mm], 안전율 : 2.5, 허용인장하중 : 2.11[kN]
② 소선지름 : 2.6[mm], 안전율 : 2.5, 허용인장하중 : 4.31[kN]
③ 소선지름 : 1.6[mm], 안전율 : 2.0, 허용인장하중 : 4.31[kN]
④ 소선지름 : 2.6[mm], 안전율 : 1.5, 허용인장하중 : 3.21[kN]

86

특고압 가공전선로 중 지지물로서 직선형의 철탑을 연속하여 10기 이상 사용하는 부분에는 몇 기 이하마다 내장 애자장치가 되어 있는 철탑 또는 이와 동등 이상의 강도를 가지는 철탑 1기를 시설하여야 하는가?

① 3   ② 5
③ 7   ④ 10

정답 80 ④ 81 ① 82 ② 83 ③ 84 ③ 85 ② 86 ④

87
특고압 가공전선로에 사용하는 철탑 중에서 전선로의 지지물 양쪽 경간의 차가 큰 곳에 사용하는 철탑의 종류는?

① 각도형 ② 인류형
③ 보강형 ④ 내장형

88
진열장 내의 배선으로 사용전압 400[V] 이하에 사용하는 코드 또는 캡타이어케이블의 최소 단면적은 몇 [mm^2]인가?

① 1.25 ② 1.0
③ 0.75 ④ 0.5

89
철도 또는 궤도를 횡단하는 저·고압 가공전선의 높이는 레일면상 몇 [m] 이상이어야 하는가?

① 5.5 ② 6.5
③ 7.5 ④ 8.5

90
과전류차단기로 저압전로에 사용하는 주택용 배선차단기를 조명, 콘센트, 소형 전동기 등에 설치할 때 차단기 정격전류에 대해서 순시트립전류의 범위가 $10I_n$ 초과 $20I_n$ 이하이면 어떤 유형의 차단기를 시설해야 하는가?

① A형 ② B형
③ C형 ④ D형

91
전기욕기에 전기를 공급하기 위한 전원장치에 내장되어 있는 절연변압기의 2차 측 전로의 사용전압은 몇 [V] 이하인 것을 사용해야 하는가?

① 5 ② 10
③ 25 ④ 35

92
중성점을 다중접지한 22.9[kV] 3상 4선식 가공전선로를 건조물의 위쪽에서 접근상태로 시설하는 경우, 가공전선과 건조물과의 최소 이격거리는 몇 [m] 이상이어야 하는가?

① 1.2 ② 2.0
③ 2.5 ④ 3.0

93
전광표시장치 기타 이와 유사한 장치 또는 제어회로 등의 배선에 사용되는 다심케이블 또는 다심 캡타이어 케이블의 굵기는 몇 [mm^2] 이상이어야 하는가?(단, 옥내배선의 사용전압은 400[V] 이하이다)

① 0.5 ② 0.75
③ 1.0 ④ 1.25

94
저압 옥상전선로에 사용되는 전선의 굵기는 몇 [mm] 이상이어야 하는가?(단, 전선은 경동선이다)

① 1.5 ② 2.0
③ 2.6 ④ 3.2

95
배전선로에 전력보안통신용 전화설비를 시설하지 않아도 되는 곳은?

① 154[kV]계통 배전선로 구간(가공, 지중, 해저)
② 22.9[kV]통에 연결되는 분산전원형 발전소
③ 폐회로 배전 등 신 배전방식 도입 개소
④ 배전자동화, 원격검침, 부하감시 등 지능형 전력망 구현을 위해 필요한 구간

96
전기 울타리의 접지전극과 다른 접지계통의 접지전극의 거리는 몇 [m] 이상이어야 하는가?(단, 충분한 접지망을 가진 경우가 아니다)

① 1.0
② 1.5
③ 2.0
④ 2.5

97
다음과 같은 부하에 전원을 공급하는 회로에 대해서는 과부하 보호장치를 생략할 수 있는 경우가 아닌 것은? (단, 안전을 위한 시설에 한한다)

① 회전기의 여자회로
② 소방설비의 전원회로
③ 안전설비(주거침입경보, 가스누출경보 등)의 전원회로
④ 급수설비 전동기회로

98
제2종 특고압 보안공사 시 B종 철주를 지지물로 사용하는 경우 경간은 몇 [m] 이하인가?

① 100
② 200
③ 400
④ 500

99
풍력터빈의 피뢰설비 시설기준으로 틀린 것은?

① 풍력터빈에 설치한 피뢰설비(리셉터, 인하도선 등)의 기능저하로 인해 다른 기능에 영향을 미치지 않을 것
② 풍력터빈 내부의 계측 센서용 케이블은 금속관 또는 차폐케이블 등을 사용하여 뇌유도과전압으로부터 보호할 것
③ 풍력터빈에 설치하는 인하도선은 쉽게 부식되지 않는 금속선으로서 뇌격전류를 안전하게 흘릴 수 있는 충분한 굵기여야 하며, 가능한 직선으로 시설할 것
④ 수뢰부를 풍력터빈 중앙 부분에 배치하되 뇌격전류에 의한 발열에 용손(溶損)되지 않도록 재질, 크기, 두께 및 형상 등을 고려할 것

100
이차전지를 전용건물 이외의 장소에 시설하는 경우 이차전지랙과 랙 사이, 랙과 벽면 사이는 몇 [m] 이상 이격해야 하는가?(단, 건축물의 피난·방화구조 등의 기준에 관한 규칙에 따른 내화구조의 벽이 삽입된 경우는 예외로 한다)

① 1
② 2
③ 3
④ 4

2024년 제1회 CBT

제1과목 전기자기학

01
무한히 넓은 도체 평면판에 면밀도 $\sigma[C/m^2]$의 전하가 분포되어 있는 경우 전력선은 면(面)에 수직으로 나와 평행하게 발산한다. 이 평면의 전계의 세기는 몇 [V/m]인가?

① $\dfrac{\sigma}{\varepsilon_0}$ ② $\dfrac{\sigma}{2\varepsilon_0}$

③ $\dfrac{\sigma}{2\pi\varepsilon_0}$ ④ $\dfrac{\sigma}{4\pi\varepsilon_0}$

02
면적이 $S[m^2]$, 극 사이의 거리가 $d[m]$, 유전체의 비유전율이 ε_s인 평행 평판콘덴서의 정전용량은 몇 [F]인가?

① $\dfrac{\varepsilon_0 S}{d}$ ② $\dfrac{\varepsilon_0 \varepsilon_s S}{d}$

③ $\dfrac{\varepsilon_0 d}{S}$ ④ $\dfrac{\varepsilon_0 \varepsilon_s d}{S}$

03
진공 중에 반지름이 2[mm]인 무한 길이의 원통도체 2개가 2[m]의 간격으로 평행하게 배치되어 있다. 두 도체 사이의 1[km]당 정전용량[μF/km]은?

① 약 4×10^{-6} ② 약 8×10^{-6}
③ 약 4×10^{-3} ④ 약 8×10^{-3}

04
평행판 콘덴서에 어떤 유전체를 넣었을 때 전속밀도가 $4.8 \times 10^{-7}[C/m^2]$이고 단위체적당 정전에너지가 $5.3 \times 10^{-3}[J/m^3]$이었다. 이 유전체의 유전율은 몇 [F/m]인가?

① 1.15×10^{-11} ② 2.17×10^{-11}
③ 3.19×10^{-11} ④ 4.21×10^{-11}

05
매질1(ε_1)은 나일론(비유전율 $\varepsilon_s = 4$)이고 매질2(ε_2)는 진공일 때 전속밀도 D가 경계면에서 각각 θ_1, θ_2의 각을 이룰 때, $\theta_2 = 30°$라면 θ_1의 값은?

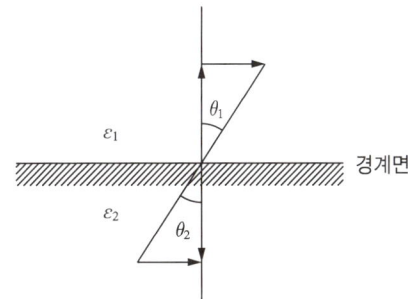

① $\tan^{-1}\dfrac{4}{\sqrt{3}}$ ② $\tan^{-1}\dfrac{\sqrt{3}}{4}$

③ $\tan^{-1}\dfrac{\sqrt{3}}{2}$ ④ $\tan^{-1}\dfrac{2}{\sqrt{3}}$

06
공기 중에서 반지름 0.03[m]의 구도체에 줄 수 있는 최대전하는 약 몇 [C]인가?(단, 이 구도체의 주위 공기에 대한 절연내력은 $5 \times 10^6[V/m]$이다)

① 5×10^{-7} ② 2×10^{-6}
③ 5×10^{-5} ④ 2×10^{-4}

07

유도기전력의 크기는 폐회로에 쇄교하는 자속의 시간적 변화율에 비례하는 정량적인 법칙은?

① 노이만의 법칙
② 가우스의 법칙
③ 앙페르의 주회적분 법칙
④ 플레밍의 오른손 법칙

08

한 변이 L[m]되는 정사각형의 도선회로에 전류 I[A]가 흐르고 있을 때 회로중심에서의 자속밀도는 몇 [Wb/m²]인가?

① $\dfrac{2\sqrt{2}}{\pi}\mu_0 \dfrac{L}{I}$ ② $\dfrac{\sqrt{2}}{\pi}\mu_0 \dfrac{I}{L}$
③ $\dfrac{2\sqrt{2}}{\pi}\mu_0 \dfrac{I}{L}$ ④ $\dfrac{4\sqrt{2}}{\pi}\mu_0 \dfrac{L}{I}$

09

단면적 4[cm²]의 철심에 6×10^{-4}[Wb]의 자속을 통하게 하려면 2,800[AT/m]의 자계가 필요하다. 이 철심의 비투자율은?

① 43   ② 75
③ 324   ④ 426

10

철심이 든 환상솔레노이드의 권수는 500회, 평균 반지름은 10[cm], 철심의 단면적은 10[cm²], 비투자율 4,000이다. 이 환상솔레노이드에 2[A]의 전류를 흘릴 때 철심 내의 자속[Wb]은?

① 4×10^{-3} ② 4×10^{-4}
③ 8×10^{-3} ④ 8×10^{-4}

11

1[kV]로 충전된 어떤 콘덴서의 정전에너지가 1[J]일 때, 이 콘덴서의 크기는 몇 [μF]인가?

① 2   ② 4
③ 6   ④ 8

12

그림과 같이 비투자율이 μ_{s1}, μ_{s2}인 각각 다른 자성체를 접하여 놓고 θ_1을 입사각이라 하고, θ_2를 굴절각이라 한다. 경계면에 자하가 없는 경우 미소 폐곡면을 취하여 이곳에 출입하는 자속수를 구하면?

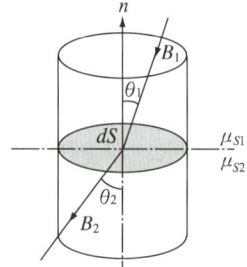

① $\displaystyle\int_l B \cdot n\, dl = 0$ ② $\displaystyle\int_S B \cdot n\, dS = 0$
③ $\displaystyle\int_S B \cdot dS = 0$ ④ $\displaystyle\int_S B \cdot n\sin\theta\, dS = 0$

13

플레밍(Flaming)의 왼손법칙이 나타내는 F-B-I에서 F는 무엇인가?

① 전동기 회전자의 도체의 운동방향을 나타낸다.
② 발전기 정류자의 도체의 운동방향을 나타낸다.
③ 전동기 자극의 운동방향을 나타낸다.
④ 발전기 전기자의 도체 운동방향을 나타낸다.

14

진공 중에서 반지름이 $\dfrac{1}{25}$[m]인 도체구 A와 내외 반지름이 $\dfrac{1}{20}$[m] 및 $\dfrac{1}{10}$[m]인 도체구 B를 동심으로 놓고 도체구 A에 4×10^{-10}[C]의 전하를 대전시키고 도체구 B의 전하를 0[C]으로 할 때, 도체구 A의 전위는 약 몇 [V]인가?

① 15   ② 30
③ 46   ④ 54

15

자유공간 중에 전위가 $V = 3x + y$[V]로 주어질 때, $0 \leq x \leq 1$, $0 \leq y \leq 1$, $0 \leq z \leq 1$인 정육면체에 존재하는 정전에너지는 약 몇 [J]인가?

① 3.5×10^{-11} ② 4.4×10^{-11}
③ 5.3×10^{-11} ④ 6.2×10^{-11}

16

철도 궤도 간 거리가 1.5[m]이며 궤도는 서로 절연되어 있다. 열차가 매시 60[km]의 속도로 달리면서 차축이 지구 자계의 수직분력 $B = 0.15 \times 10^{-4}$ [Wb/m²]을 절단할 때 두 궤도 사이에 발생하는 기전력은 몇 [V]인가?

① 1.75×10^{-4} ② 2.75×10^{-4}
③ 3.75×10^{-4} ④ 4.75×10^{-4}

17

진공 중에서 e[C]의 전하가 B[Wb/m²]의 자계 내에서 자계와 수직방향으로 v[m/s]의 속도로 움직일 때 받는 힘[N]은?

① $B^2 ev$ ② $\dfrac{ev}{B}$
③ Bev ④ $\dfrac{Bv}{e}$

18

유전체에서 변위전류에 대한 설명으로 옳은 것은?

① 유전체의 굴절률이 2배가 되면 변위전류의 크기도 2배가 된다.
② 변위전류의 크기는 투자율의 값에 비례한다.
③ 변위전류는 자계를 발생시킨다.
④ 전속밀도의 공간적 변화가 변위전류를 발생시킨다.

19

자기이력곡선(Hysteresis Loop)에 대한 설명 중 틀린 것은?

① 자화의 경력이 있을 때나 없을 때나 곡선은 항상 같다.
② Y축은 자속밀도이다.
③ 자화력이 0일 때 남아있는 자기가 잔류자기이다.
④ 잔류자기를 상쇄시키려면 역방향의 자화력을 가해야 한다.

20

극판 간격 d[m], 면적 S[m²], 유전율 ε[F/m]이고, 정전용량이 C[F]인 평행판 콘덴서에 $v = V_m \sin \omega t$ [V]의 전압을 가할 때의 변위전류[A]는?

① $\omega C V_m \cos \omega t$ ② $C V_m \sin \omega t$
③ $-C V_m \sin \omega t$ ④ $-\omega C V_m \cos \omega t$

제2과목 전력공학

21

변전소에서 수용가로 공급되는 전력을 차단하고 소내기기를 점검할 경우, 차단기와 단로기의 개폐 조작 방법으로 옳은 것은?

① 점검 시에는 차단기로 부하회로를 끊고 난 다음에 단로기를 열어야 하며, 점검 후에는 단로기를 넣은 후 차단기를 넣어야 한다.
② 점검 시에는 단로기를 열고 난 후 차단기를 열어야 하며, 점검 후에는 단로기를 넣고 난 다음에 차단기로 부하회로를 연결하여야 한다.
③ 점검 시에는 차단기로 부하회로를 끊고 단로기를 열어야 하며, 점검 후에는 차단기로 부하회로를 연결한 후 단로기를 넣어야 한다.
④ 점검 시에는 단로기를 열고 난 후 차단기를 열어야 하며, 점검이 끝난 경우에는 차단기를 부하에 연결한 다음에 단로기를 넣어야 한다.

22
변압기 내부 고장 검출을 위해 사용하는 계전기가 아닌 것은?
① 과전압 계전기
② 부흐홀츠 계전기
③ 비율 차동 계전기
④ 충격 압력 계전기

23
소호리액터를 송전계통에 사용하면 리액터의 인덕턴스와 선로의 정전용량이 어떤 상태로 되어 지락전류를 소멸시키는가?
① 병렬공진   ② 직렬공진
③ 고임피던스   ④ 저임피던스

24
전선에 교류가 흐를 때의 표피효과에 관한 설명으로 옳은 것은?
① 전선은 굵을수록, 도전율 및 투자율은 작을수록, 주파수는 높을수록 커진다.
② 전선은 굵을수록, 도전율 및 투자율은 클수록, 주파수는 높을수록 커진다.
③ 전선은 가늘수록, 도전율 및 투자율은 작을수록, 주파수는 높을수록 커진다.
④ 전선은 가늘수록, 도전율 및 투자율은 클수록, 주파수는 높을수록 커진다.

25
보호계전기의 구비조건으로 틀린 것은?
① 고장상태를 신속하게 선택할 것
② 조정범위가 넓고 조정이 쉬울 것
③ 보호동작이 정확하고 감도가 예민할 것
④ 접점의 소모가 크고, 열적 기계적 강도가 클 것

26
선로의 특성임피던스에 관한 내용으로 옳은 것은?
① 선로의 길이에 관계없이 일정하다.
② 선로의 길이가 길어질수록 값이 커진다.
③ 선로의 길이가 길어질수록 값이 작아진다.
④ 선로의 길이보다는 부하전력에 따라 값이 변한다.

27
송전선의 코로나손과 가장 관계가 깊은 것은?
① 상대 공기 밀도
② 송전선의 정전용량
③ 송전 거리
④ 송전선의 전압 변동률

28
화력발전소에서 석탄 1[kg]으로 발생할 수 있는 전력량은 약 몇 [kWh]인가?(단, 석탄의 발열량은 5,000 [kcal/kg], 발전소의 효율은 40[%]이다)
① 2.0   ② 2.3
③ 4.7   ④ 5.8

29
가공선의 임피던스가 Z_1, 케이블의 임피던스가 Z_2인 선로의 접속점에 피뢰기를 설치하였더니 가공선 쪽에서 파곳값 e[V]의 진행파가 진행되어 이상 전류 i_a[A]를 방전시켰다면 피뢰기의 제한전압 식은?

① $\dfrac{2Z_2}{Z_1+Z_2}e + \dfrac{Z_1 Z_2}{Z_1+Z_2} i_a$

② $\dfrac{2Z_2}{Z_1+Z_2}e - \dfrac{Z_1 Z_2}{Z_1+Z_2} i_a$

③ $\dfrac{2Z_2}{Z_1+Z_2}e + \dfrac{Z_1+Z_2}{Z_1 Z_2} i_a$

④ $\dfrac{2Z_2}{Z_1+Z_2}e - \dfrac{Z_1+Z_2}{Z_1 Z_2} i_a$

30
다음 중 페란티 현상의 방지대책으로 적합하지 않은 것은?

① 선로전류를 지상이 되도록 한다.
② 수전단에 분로리액터를 설치한다.
③ 동기조상기를 부족여자로 운전한다.
④ 부하를 차단하여 무부하가 되도록 한다.

31
송전선로의 일반회로 정수가 $A = 0.7$, $B = j190$, $D = 0.9$일 때 C의 값은?

① $-j1.95 \times 10^{-3}$
② $j1.95 \times 10^{-3}$
③ $-j1.95 \times 10^{-4}$
④ $j1.95 \times 10^{-4}$

32
다중접지 계통에 사용되는 재폐로 기능을 갖는 일종의 차단기로서 과부하 또는 고장전류가 흐르면 순시동작 하고, 일정시간 후에는 자동적으로 재폐로하는 보호기 기는?

① 라인퓨즈
② 리클로저
③ 섹셔널라이저
④ 고장구간 자동개폐기

33
교류송전방식과 직류송전방식을 비교할 때 교류송전방식의 장점에 해당하는 것은?

① 전압의 승압, 강압 변경이 용이하다.
② 절연계급을 낮출 수 있다.
③ 송전효율이 좋다.
④ 안정도가 좋다.

34
전선의 반지름 $r[\mathrm{m}]$, 소도체 간의 거리 $l[\mathrm{m}]$, 소도체 수 2, 상간 거리 $D[\mathrm{m}]$인 복도체의 인덕턴스 $L = 0.4605\ \boxed{} + 0.025 [\mathrm{mH/km}]$이다. $\boxed{}$ 안의 값은?

① $\log_{10} \dfrac{D}{\sqrt{rl}}$
② $\log_e \dfrac{D}{\sqrt{rl}}$
③ $\log_{10} \dfrac{l}{\sqrt{rD}}$
④ $\log_e \dfrac{l}{\sqrt{rD}}$

35
그림과 같은 평형 3상 발전기가 있다. a상이 지락한 경우 지락전류는 어떻게 표현되는가? (단, Z_0 : 영상임피던스, Z_1 : 정상임피던스, Z_2 : 역상임피던스이다)

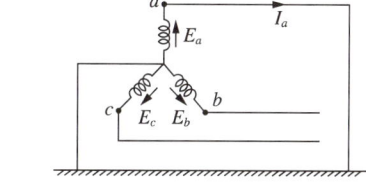

① $\dfrac{E_a}{Z_0 + Z_1 + Z_2}$
② $\dfrac{3E_a}{Z_0 + Z_1 + Z_2}$
③ $\dfrac{-Z_0 E_a}{Z_0 + Z_1 + Z_2}$
④ $\dfrac{2Z_2 E_a}{Z_1 + Z_2}$

36
전력계통의 안정도 향상방법이 아닌 것은?

① 선로 및 기기의 리액턴스를 낮게 한다.
② 고속도 재폐로 차단기를 채용한다.
③ 중성점 직접 접지방식을 채용한다.
④ 고속도 AVR을 채용한다.

37
송전선로에서 역섬락을 방지하는 유효한 방법은?

① 가공지선을 설치한다.
② 소호각을 설치한다.
③ 탑각 접지저항을 작게 한다.
④ 피뢰기를 설치한다.

38
유역면적 80[km²], 유효낙차 30[m], 연간 강우량 1,500[mm]의 수력발전소에서 그 강우량의 70[%]만 이용하면 연간 발전 전력량은 몇 [kWh]인가?(단, 종합효율은 80[%]이다)

① 5.49×10^7
② 1.98×10^7
③ 5.49×10^6
④ 1.98×10^6

39
원자로에서 독작용이란?
① 열중성자가 독성을 받는 것을 말한다.
② $_{54}X^{135}$와 $_{62}Sn^{149}$가 인체에 독성을 주는 작용이다.
③ 열중성자 이용률이 저하되고 반응도가 감소되는 작용을 말한다.
④ 방사성 물질이 생체에 유해 작용을 하는 것을 말한다.

40
SF_6 가스차단기의 설명으로 틀린 것은?
① 밀폐구조이므로 개폐 시 소음이 작다.
② SF_6 가스는 절연내력이 공기보다 크다.
③ 근거리 고장 등 가혹한 재기전압에 대해서 성능이 우수하다.
④ 아크에 의해 SF_6 가스는 분해되어 유독가스를 발생시킨다.

제3과목 전기기기

41
직류발전기의 전기자 반작용의 영향이 아닌 것은?
① 주자속이 증가한다.
② 편자작용으로 전기적 중성축이 이동한다.
③ 정류작용에 악영향을 준다.
④ 정류자 편 사이의 전압이 불균일하게 된다.

42
직류기의 전기자에 사용되지 않는 권선법은?
① 2층권
② 고상권
③ 폐로권
④ 단층권

43
4극, 중권, 총도체수 500, 극당 자속이 0.01[Wb]인 직류발전기가 100[V]의 기전력을 발생시키는 데 필요한 회전수는 몇 [rpm]인가?
① 800
② 1,000
③ 1,200
④ 1,600

44
3상 교류발전기의 기전력에 대하여 $\frac{\pi}{2}$[rad] 뒤진 전기자전류가 흐르면 전기자 반작용은?
① 증자작용을 한다.
② 감자작용을 한다.
③ 횡축 반작용을 한다.
④ 교차 자화작용을 한다.

45
극수가 24일 때, 전기각 180°에 해당되는 기계각은?
① 7.5°
② 15°
③ 22.5°
④ 30°

46
전기자저항 $r_a = 0.2[\Omega]$, 동기리액턴스 $X_s = 20[\Omega]$인 Y결선의 3상 동기발전기가 있다. 3상 중 1상의 단자전압 V = 4,400[V], 유도기전력 E = 6,600[V]이다. 부하각 δ = 30°라고 하면 발전기의 출력은 약 몇 [kW]인가?
① 2,178
② 3,251
③ 4,253
④ 5,532

정답 38 ③ 39 ③ 40 ④ 41 ① 42 ④ 43 ③ 44 ② 45 ② 46 ①

47
다음 전동기 중 역률이 가장 좋은 전동기는?
① 동기전동기
② 반발 기동전동기
③ 농형 유도전동기
④ 교류 정류자전동기

48
변압기유에 요구되는 특성으로 틀린 것은?
① 점도가 클 것
② 응고점이 낮을 것
③ 인화점이 높을 것
④ 절연내력이 클 것

49
정격부하에서 역률 0.8(뒤짐)로 운전될 때, 전압변동률이 12[%]인 변압기가 있다. 이 변압기에 역률 100[%]의 정격부하를 걸고 운전할 때의 전압변동률은 약 몇 [%]인가?(단, %저항강하는 %리액턴스강하의 1/12이라고 한다)
① 0.909
② 1.5
③ 6.85
④ 16.18

50
210/105[V]의 변압기를 그림과 같이 결선하고 고압측에 200[V]의 전압을 가하면 전압계의 지시는 몇 [V]인가?(단, 변압기는 가극성이다)

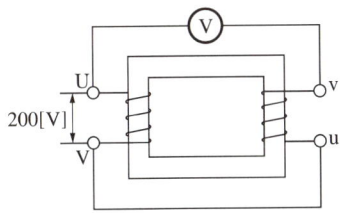

① 100
② 200
③ 300
④ 400

51
변압기의 등가회로를 작성하기 위하여 필요한 시험은?
① 권선저항측정, 무부하시험, 단락시험
② 상회전시험, 절연내력시험, 권선저항측정
③ 온도상승시험, 절연내력시험, 무부하시험
④ 온도상승시험, 절연내력시험, 권선저항측정

52
3상 유도전동기에서 회전자가 슬립 s로 회전하고 있을 때 2차 유기전압 E_{2s} 및 2차 주파수 f_{2s}와 s와의 관계는?(단, E_2는 회전자가 정지하고 있을 때 2차 유기기전력이며 f_1은 1차 주파수이다)
① $E_{2s} = sE_2$, $f_{2s} = sf_1$
② $E_{2s} = sE_2$, $f_{2s} = \dfrac{f_1}{s}$
③ $E_{2s} = \dfrac{E_2}{s}$, $f_{2s} = \dfrac{f_1}{s}$
④ $E_{2s} = (1-s)E_2$, $f_{2s} = (1-s)f_1$

53
인버터에 대한 설명으로 옳은 것은?
① 직류를 교류로 변환
② 교류를 교류로 변환
③ 직류를 직류로 변환
④ 교류를 직류로 변환

54
2방향성 3단자 사이리스터는 어느 것인가?
① SCR
② SSS
③ SCS
④ TRIAC

정답 47 ① 48 ① 49 ② 50 ③ 51 ① 52 ① 53 ① 54 ④

55
정격이 5[kW], 100[V], 50[A], 1,800[rpm]인 타여자 직류발전기가 있다. 무부하 시와 정격 시의 단자전압 차는 몇 [V]인가?(단, 계자전압은 50[V], 계자전류는 5[A], 전기자 저항은 0.2[Ω]이고, 브러시의 전압강하는 2[V]이다)

① 8
② 10
③ 12
④ 14

56
교류발전기의 고조파 발생을 방지하는 방법으로 틀린 것은?

① 전기자 권선의 결선을 성형으로 한다.
② 전기자 슬롯을 스큐 슬롯으로 한다.
③ 전기자 권선을 전절권으로 감는다.
④ 공극의 길이를 길게 한다.

57
동기 전동기의 직류 여자전류가 증가될 때의 현상으로 옳은 것은?

① 진상 역률을 만든다.
② 지상 역률을 만든다.
③ 동상 역률을 만든다.
④ 진상·지상 역률을 만든다.

58
3상 권선형 유도전동기의 기동법에 해당하는 것은?

① 반발 기동법
② 콘덴서 기동법
③ 2차 저항 기동법
④ 분상 기동법

59
3상 권선형 유도전동기의 전부하 슬립이 2[%], 2차 1상의 저항은 0.1[Ω]이다. 이 유도전동기의 기동토크를 전부하토크와 같도록 하기 위해 외부에서 2차에 삽입해야 할 저항은 몇 [Ω]인가?

① 4.6
② 4.9
③ 5.2
④ 5.5

60
동기조상기에서 역률이 0.85로 뒤진 역률일 때, 부족여자로 운전하면 조상기의 전기자 전류와 역률은 어떻게 되는가?

① 뒤진 전류가 흐르고, 역률이 좋아진다.
② 뒤진 전류가 흐르고, 역률이 나빠진다.
③ 앞선 전류가 흐르고, 역률이 좋아진다.
④ 앞선 전류가 흐르고, 역률이 나빠진다.

제4과목 회로이론 및 제어공학

61
다음의 블록선도에서 특성방정식의 근은?

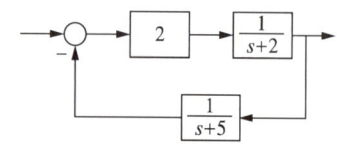

① -2, -5
② 2, 5
③ -3, -4
④ 3, 4

62
제어량의 종류에 따른 분류가 아닌 것은?

① 자동조정
② 서보기구
③ 적응제어
④ 프로세스제어

63
그림의 신호흐름선도에서 $\dfrac{C}{R}$를 구하면?

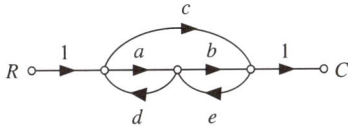

① $\dfrac{ab+c}{1-(ad+be)-cde}$

② $\dfrac{ab+c}{1+(ad+be)-cde}$

③ $\dfrac{ab+c}{1-(ad+be)}$

④ $\dfrac{ab+c}{1+(ad+be)}$

64
그림의 제어시스템이 안정하기 위한 K의 범위는?

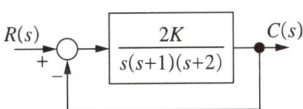

① $0 < K < 3$
② $0 < K < 4$
③ $0 < K < 5$
④ $0 < K < 6$

65
응답이 최종값의 10[%]에서 90[%]까지 되는 데 요하는 시간은?

① 상승시간(Rising Time)
② 지연시간(Delay Time)
③ 응답시간(Response Time)
④ 정정시간(Settling Time)

66
그림과 같은 아날로그 적분기의 전달함수는?(단, -1은 아날로그 적분기용 연산증폭기의 이득을 의미한다)

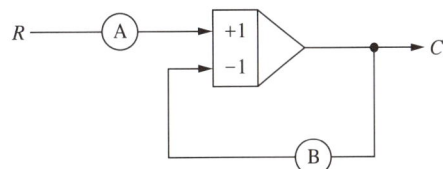

① $\dfrac{A}{s-B}$

② $\dfrac{A}{s+B}$

③ $\dfrac{B}{s+A}$

④ $\dfrac{B}{s-A}$

67
전달함수 $G(s)H(s) = \dfrac{K(s+1)}{s(s+1)(s+2)}$ 일 때 근 궤적의 수는?

① 1
② 2
③ 3
④ 4

68
다음 논리식을 간단히 한 것은?

$$Y = \overline{A}BC\overline{D} + \overline{A}BCD + \overline{A}\,\overline{B}C\overline{D} + \overline{A}\,\overline{B}CD$$

① $Y = \overline{A}\,C$
② $Y = A\,\overline{C}$
③ $Y = AB$
④ $Y = BC$

69

다음 방정식으로 표시되는 제어계가 있다. 이 계를 상태방정식 $x(t) = Ax(t) + Bu(t)$로 나타내면 계수 행렬 A는?

$$\frac{d^3c(t)}{dt^3} + 5\frac{d^2c(t)}{dt^2} + \frac{dc(t)}{dt} + 2c(t) = r(t)$$

① $\begin{bmatrix} 0 & 1 & 0 \\ 0 & 0 & 1 \\ -2 & -1 & -5 \end{bmatrix}$

② $\begin{bmatrix} 0 & 1 & 0 \\ 1 & 0 & 0 \\ 5 & 1 & 2 \end{bmatrix}$

③ $\begin{bmatrix} 0 & 0 & 1 \\ 1 & 0 & 0 \\ 0 & 5 & 2 \end{bmatrix}$

④ $\begin{bmatrix} 0 & 1 & 0 \\ 0 & 0 & 1 \\ -2 & -1 & 0 \end{bmatrix}$

70

Z 변환법을 사용한 샘플치 제어계가 안정되려면 $1 + GH(Z) = 0$의 근의 위치는?

① Z평면의 좌반면에 존재하여야 한다.
② Z평면의 우반면에 존재하여야 한다.
③ $|Z| = 1$인 단위원 내에 존재하여야 한다.
④ $|Z| = 1$인 단위원 밖에 존재하여야 한다.

71

$R = 4,000[\Omega]$, $L = 5[H]$의 직렬회로에 직류전압 200[V]를 가할 때 급히 단자 사이의 스위치를 단락시킬 경우 이로부터 1/800초 후 회로의 전류는 몇 [mA]인가?

① 18.4
② 1.84
③ 28.4
④ 2.84

72

상의 순서가 $a-b-c$인 불평형 3상 교류회로에서 각 상의 전류가 $I_a = 7.28\angle 15.95°[A]$, $I_b = 12.81\angle -128.66°[A]$, $I_c = 7.21\angle 123.69°[A]$일 때 역상분 전류는 약 몇 [A]인가?

① $8.95\angle -1.14°$
② $8.95\angle 1.14°$
③ $2.51\angle -96.55°$
④ $2.51\angle 96.55°$

73

회로에서 6[Ω]에 흐르는 전류[A]는?

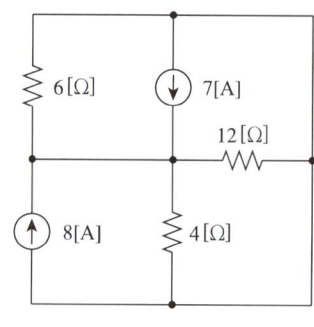

① 2.5
② 5
③ 7.5
④ 10

74

$F(s) = \dfrac{2(s+1)}{s^2 + 2s + 5}$의 시간함수 $f(t)$는 어느 것인가?

① $2e^t\cos 2t$
② $2e^t\sin 2t$
③ $2e^{-t}\cos 2t$
④ $2e^{-t}\sin 2t$

75
다음의 4단자 회로에서 단자 $a-b$에서 본 구동점 임피던스 $Z_{11}[\Omega]$은?

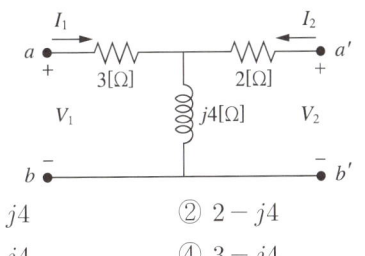

① $2+j4$
② $2-j4$
③ $3+j4$
④ $3-j4$

76
그림과 같은 평형 3상 회로에서 전원 전압이 $V_{ab}=200$ [V]이고 부하 한 상의 임피던스가 $Z=4+j3[\Omega]$인 경우 전원과 부하 사이 선전류 I_a는 약 몇 [A]인가?

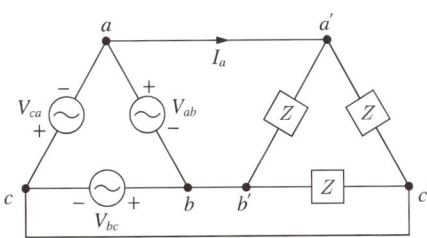

① $40\sqrt{3} \angle 36.87°$
② $40\sqrt{3} \angle -36.87°$
③ $40\sqrt{3} \angle 66.87°$
④ $40\sqrt{3} \angle -66.87°$

77
RL 직렬회로에 순시치 전압 $v(t)=20+100\sin\omega t+40\sin(3\omega t+60°)+40\sin5\omega t$[V]를 가할 때 제5고조파 전류의 실횻값 크기는 약 몇 [A]인가?(단, $R=4[\Omega]$, $\omega L=1[\Omega]$이다)

① 4.4
② 5.66
③ 6.25
④ 8.0

78
임피던스 함수 $Z(s)=\dfrac{s+50}{s^2+3s+2}[\Omega]$으로 주어지는 2단자 회로망에 100[V]의 직류 전압을 가했다면 회로의 전류는 몇 [A]인가?

① 4
② 6
③ 8
④ 10

79
무손실 선로에 있어서 감쇠정수 α, 위상정수를 β라 하면 α와 β의 값은?(단, R, G, L, C는 선로 단위길이당의 저항, 컨덕턴스, 인덕턴스, 커패시턴스이다)

① $\alpha=\sqrt{RG}$, $\beta=0$
② $\alpha=0$, $\beta=\dfrac{1}{\sqrt{LC}}$
③ $\alpha=0$, $\beta=\omega\sqrt{LC}$
④ $\alpha=\sqrt{RG}$, $\beta=\omega\sqrt{LC}$

80
$8+j6[\Omega]$인 임피던스에 $13+j20$[V]의 전압을 인가할 때 복소전력은 약 몇 [VA]인가?

① $12.7+j34.1$
② $12.7+j55.5$
③ $45.5+j34.1$
④ $45.5+j55.5$

제5과목 전기설비기술기준

81
가공전선으로의 지지물에 시설하는 지지선의 시방세목으로 옳은 것은?

① 안전율은 1.2일 것
② 소선은 3가닥 이상의 연선일 것
③ 소선은 지름 2.0[mm] 이상인 금속선을 사용할 것
④ 허용 인장하중의 최저는 3.2[kN]으로 할 것

82
지중전선로를 직접 매설식에 의하여 시설할 때, 중량물의 압력을 받을 우려가 있는 장소에 저압 또는 고압의 지중전선을 견고한 트로프 기타 방호물에 넣지 않고도 부설할 수 있는 케이블은?

① PVC 외장케이블
② 콤바인덕트케이블
③ 염화비닐 절연케이블
④ 폴리에틸렌 외장케이블

83
전기욕기에 전기를 공급하기 위한 전원장치에 내장되어 있는 절연변압기의 2차 측 전로의 사용전압은 몇 [V] 이하인 것을 사용해야 하는가?

① 5　　② 10
③ 25　　④ 35

84
한 수용장소의 인입선에서 분기하여 지지물을 거치지 않고 다른 수용 장소의 인입구에 이르는 부분의 전선을 무엇이라고 하는가?

① 가공인입선　② 인입선
③ 이웃 연결 인입선　④ 옥측배선

85
저압 옥측전선로에서 목조의 조영물에 시설할 수 있는 공사방법은?

① 금속관공사
② 버스덕트공사
③ 합성수지관공사
④ 연피 또는 알루미늄 케이블공사

86
발전소 등의 울타리·담 등을 시설할 때 사용전압이 154[kV]인 경우 울타리·담 등의 높이와 울타리·담 등으로부터 충전 부분까지의 거리의 합계는 몇 [m] 이상이어야 하는가?

① 5　　② 6
③ 8　　④ 10

87
저압 옥내전로의 인입구에 가까운 곳으로서 쉽게 개폐할 수 있는 곳에 개폐기를 시설하여야 한다. 그러나 사용전압이 400[V] 이하인 옥내전로로서 다른 옥내전로에 접속하는 길이가 몇 [m] 이하인 경우는 개폐기를 생략할 수 있는가?(단, 정격전류가 16[A] 이하인 과전류차단기 또는 정격전류가 16[A]를 초과하고 20[A] 이하인 배선차단기로 보호되고 있는 것에 한한다)

① 15　　② 20
③ 25　　④ 30

88
주택용 배선차단기가 B형인 경우 순시트립범위는 얼마인가?

① $3I_n$ 초과 $5I_n$ 이하
② $5I_n$ 초과 $10I_n$ 이하
③ $10I_n$ 초과 $20I_n$ 이하
④ $3I_n$ 초과 $10I_n$ 이하

89
100[kV] 미만인 특고압 가공전선로를 인가가 밀집한 지역에 시설할 경우 전선로에 사용되는 전선의 단면적이 몇 [mm²] 이상의 경동연선이어야 하는가?

① 38　　② 55
③ 100　　④ 150

90
발전소, 변전소, 개폐소의 시설부지조성을 위해 산지를 전용할 경우에 전용하고자 하는 산지의 평균 경사도는 몇 도 이하이어야 하는가?

① 10 ② 15
③ 20 ④ 25

91
고압 보안공사에 철탑을 지지물로 사용하는 경우 지지물 간 거리는 몇 [m] 이하이어야 하는가?

① 100 ② 150
③ 400 ④ 600

92
154[kV] 가공전선로를 시가지에 시설하는 경우 특고압 가공전선에 지락 또는 단락이 생기면 몇 초 이내에 자동적으로 이를 전로로부터 차단하는 장치를 시설하는가?

① 1 ② 2
③ 3 ④ 5

93
고압 및 특고압 전로 중 과전류차단기 시설에 대한 설명으로 틀린 것은?

① 비포장 퓨즈는 정격전류의 1.25배의 전류에 견디어야 한다.
② 비포장 퓨즈는 정격전류의 2배의 전류에 2분 안에 용단되는 것이어야 한다.
③ 포장 퓨즈는 정격전류의 1.3배의 전류에 견디어야 한다.
④ 포장 퓨즈는 정격전류의 2배의 전류에 60분 안에 용단되는 것이어야 한다.

94
도로를 횡단하여 시설하는 지지선의 높이는 지표상 몇 [m]인가?(단, 기술상 부득이한 경우로서, 교통에 지장을 초래할 우려가 없는 경우이다)

① 3 ② 4.5
③ 5 ④ 6

95
라이팅덕트의 지지점 간 거리는 몇 [m] 이하로 시설해야 하는가?

① 2 ② 3
③ 4 ④ 5

96
고압 옥내배선의 시설에 대한 설명으로 옳은 것은?

① 애자사용공사의 전선은 공칭단면적 4[mm^2]의 연동선을 사용하여야 한다.
② 케이블트레이공사은 절연전선을 사용하여야 한다.
③ 케이블 및 케이블트레이공사가 가능하다.
④ 애자사용공사 시 전선의 지지점 간 거리는 5[m]이어야 한다.

97
다음의 정의에 해당하는 것은?

> 발전기 · 원동기 · 연료전지 · 태양전지 · 해양에너지발전설비 · 전기저장장치 그 밖의 기계 기구(비상용 예비전원을 얻을 목적으로 시설하는 것 및 휴대용 발전기를 제외한다)를 시설하여 전기를 생산(원자력, 화력, 신재생에너지 등을 이용하여 전기를 발생시키는 것과 양수발전, 전기저장장치와 같이 전기를 다른 에너지로 변환하여 저장 후 전기를 공급하는 것)하는 곳을 말한다.

① 변전소 ② 발전소
③ 개폐소 ④ 급전소

98

전차선로의 전압에 대한 내용으로 옳지 않은 것은?

① 교류방식의 주파수는 60[Hz]로 한다.
② 직류방식의 최고 비영구 전압은 지속시간이 3분 이하로 예상되는 전압의 최곳값으로 한다.
③ 교류방식의 공칭전압은 25,000[V]와 50,000[V]이다.
④ 교류방식의 최저 비영구 전압은 지속시간이 2분 이하로 예상되는 전압이 최젓값으로 한다.

99

풍력발전설비의 피뢰설비와 접지설비에 대한 내용으로 틀린 것은?

① 제어기기는 광케이블 및 포토커플러를 적용하여야 한다.
② 전력기기는 금속시스케이블, 내뢰변압기 및 서지보호장치(SPD)를 적용하여야 한다.
③ 접지설비는 풍력발전설비 타워기초를 이용한 공통 접지공사를 하여야 한다.
④ 설비 사이의 전위차가 없도록 등전위본딩을 하여야 한다.

100

옥내전로의 대지전압의 제한에 관련된 내용으로 틀린 것은?(단, 주택의 옥내전로의 대지전압은 300[V] 이하이다)

① 백열전등의 전구소켓은 스위치나 그 밖의 점멸기구가 없는 것이어야 한다.
② 전기기계기구로서 사람이 쉽게 접촉할 우려가 있는 부분은 절연성이 있는 재료로 견고하게 제작하여야 한다.
③ 주택의 전로 인입구에는 전기용품 및 생활용품 안전관리법에 적용을 받는 감전보호용 누전차단기를 시설하여야 한다.
④ 누전차단기를 자연재해대책법에 의한 자연재해위험개선지구의 지정 등에서 지정되어진 지구 안의 지하주택에 시설하는 경우에는 침수 시 위험의 우려가 없도록 지하에 시설하여야 한다.

2024년 제2회 CBT

제1과목 전기자기학

01
두 종류의 금속으로 된 회로에 전류를 통하면 각 접속점에서 열의 흡수 또는 발생이 일어나는 현상은?

① 톰슨(Thomson)효과
② 제베크(Seebeck)효과
③ 볼타(Volta)효과
④ 펠티에(Peltier)효과

02
0.2[μF]인 평행판 공기콘덴서가 있다. 전극 간에 그 간격의 절반 두께의 유리판을 넣었다면 콘덴서의 용량은 약 몇 [μF]인가?(단, 유리의 비유전율은 10이다)

① 0.26
② 0.36
③ 0.46
④ 0.56

03
전위 $V = 3xy + z + 4$일 때 전계 E는?

① $i3x + j3y + k$
② $-i3y + j3x + k$
③ $i3x - j3y - k$
④ $-i3y - j3x - k$

04
자속밀도가 0.3[Wb/m²]인 평등자계 내에 5[A]의 전류가 흐르는 길이 2[m]인 직선도체가 있다. 이 도체를 자계 방향에 대하여 60°의 각도로 놓았을 때 이 도체가 받는 힘은 약 몇 [N]인가?

① 1.3
② 2.6
③ 4.7
④ 5.2

05
정전계와 정자계의 대응관계가 성립되는 것은?

① $\mathrm{div} D = \rho_v \to \mathrm{div} B = \rho_m$
② $\nabla^2 V = -\dfrac{\rho_v}{\varepsilon_0} \to \nabla^2 A = -\dfrac{i}{\mu_0}$
③ $W = \dfrac{1}{2}CV^2 \to W = \dfrac{1}{2}LI^2$
④ $F = 9 \times 10^9 \dfrac{Q_1 Q_2}{r^2} a_r \to F = 6.33 \times 10^{-4} \dfrac{m_1 m_2}{r^2} a_r$

06
공극(Air Gap)이 δ[m]인 강자성체로 된 환상 영구자석에서 성립하는 식은?(단, l[m]은 영구자석의 길이이며 $l \gg \delta$이고, 자속밀도와 자계의 세기를 각각 B[Wb/m²], H[AT/m]라 한다)

① $\dfrac{B}{H} = -\dfrac{l\mu_0}{\delta}$
② $\dfrac{B}{H} = -\dfrac{\delta\mu_0}{l}$
③ $\dfrac{B}{H} = \dfrac{\delta\mu_0}{l}$
④ $\dfrac{B}{H} = \dfrac{l\mu_0}{\delta}$

07
단면적 S[m²], 단위길이당 권수가 n_0[회/m]인 무한히 긴 솔레노이드의 자기인덕턴스[H/m]를 구하면?

① $\mu S n_0$
② $\mu S n_0^2$
③ $\mu S^2 n_0$
④ $\mu S^2 n_0^2$

08
비오-사바르의 법칙으로 구할 수 있는 것은?

① 전계의 세기
② 자계의 세기
③ 전위
④ 자위

정답 1 ④ 2 ② 3 ④ 4 ② 5 ③ 6 ① 7 ② 8 ②

09

그림에서 $N = 1,000$회, $l = 100[\text{cm}]$, $S = 10[\text{cm}^2]$인 환상철심의 자기회로에 전류 $I = 10[\text{A}]$를 흘렸을 때 축적되는 자계에너지는 몇 [J]인가?(단, 비투자율 $\mu_r = 100$이다)

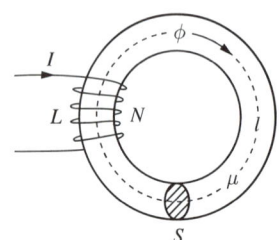

① $2\pi \times 10^{-3}$ ② $2\pi \times 10^{-2}$
③ $2\pi \times 10^{-1}$ ④ 2π

10

전속밀도에 대한 설명으로 가장 옳은 것은?
① 전속은 스칼라양이기 때문에 전속밀도도 스칼라양이다.
② 전속밀도는 전계의 세기의 방향과 반대 방향이다.
③ 전속밀도는 유전체 내에 분극의 세기와 같다.
④ 전속밀도는 유전체와 관계없이 크기는 일정하다.

11

한 변의 길이가 $a[\text{m}]$인 정삼각형 회로에 전류 $I[\text{A}]$가 흐르고 있을 때 그 정삼각형 중심의 자계의 세기는 몇 [AT/m]인가?

① $\dfrac{9I}{2\pi a}$ ② $\dfrac{2\sqrt{2}\,I}{\pi a}$
③ $\dfrac{\sqrt{3}\,I}{\pi a}$ ④ $\dfrac{\sqrt{2}\,I}{2\pi a}$

12

무한히 넓은 2개의 평행 도체판의 간격이 $d[\text{m}]$이며 그 전위차는 $V[\text{V}]$이다. 도체판의 단위면적에 작용하는 힘은 몇 [N/m²]인가?(단, 유전율은 ε_0이다)

① $\varepsilon_0\left(\dfrac{V}{d}\right)^2$ ② $\dfrac{1}{2}\varepsilon_0\left(\dfrac{V}{d}\right)^2$
③ $\dfrac{1}{2}\varepsilon_0\left(\dfrac{V}{d}\right)$ ④ $\varepsilon_0\left(\dfrac{V}{d}\right)$

13

안테나에서 파장 40[cm]의 평면파가 자유공간에 방사될 때 발신 주파수는 몇 [MHz]인가?
① 650 ② 700
③ 750 ④ 800

14

정전계에서 도체에 정(+)전하를 주었을 때의 설명으로 틀린 것은?
① 도체 표면의 곡률 반지름이 작은 곳에 전하가 많이 분포한다.
② 도체 외측의 표면에만 전하가 분포한다.
③ 도체 표면에서 수직으로 전기력선이 출입한다.
④ 도체 내에 있는 공동면에도 전하가 골고루 분포한다.

15

전하 $q[\text{C}]$가 진공 중의 자계 $H[\text{AT/m}]$에 수직방향으로 $v[\text{m/s}]$의 속도로 움직일 때 받는 힘은 몇 [N]인가? (단, 진공 중의 투자율은 μ_0이다)

① qvH ② $\mu_0 qH$
③ πqvH ④ $\mu_0 qvH$

9 ④ 10 ④ 11 ① 12 ② 13 ③ 14 ④ 15 ④

16
평행 전극판 사이에 채워진 서로 다른 유전체의 경계면에 작용하는 힘은?(단, 전계는 경계면에 수직으로 입사한다)
① 유전율 차에 비례한다.
② 유전율 차에 반비례한다.
③ 전극의 면전하밀도의 제곱에 비례한다.
④ 전계의 세기의 제곱에 비례한다.

17
자계의 벡터 퍼텐셜이 $A = 3xyza_x + 2x^2 a_y$ [Wb/m] 일 때, 자속밀도 B[Wb/m^2]는?
① $-3xya_x + 3yza_y + (4x - 3xz)a_z$
② $3xya_x + (4x - 3xz)a_y$
③ $3xya_y + (4x - 3xz)a_z$
④ $3xya_x - 3yza_y + (4x - 3xz)a_z$

18
유전체에서의 변위전류에 대한 설명으로 틀린 것은?
① 변위전류가 주변에 자계를 발생시킨다.
② 변위전류의 크기는 유전율에 반비례한다.
③ 전속밀도의 시간적 변화가 변위전류를 발생시킨다.
④ 유전체 중의 변위전류는 진공 중의 전계변화에 의한 변위전류와 구속전자의 변위에 의한 분극전류와의 합이다.

19
다음 조건 중 틀린 것은?(단, χ_m : 비자화율, μ_r : 비투자율이다)
① $\mu_r \gg 1$이면 강자성체
② $\chi_m > 0$, $\mu_r < 1$이면 상자성체
③ $\chi_m < 0$, $\mu_r < 1$이면 반자성체
④ 물질은 χ_m 또는 μ_r의 값에 따라 반자성체, 상자성체, 강자성체 등으로 구분한다.

20
전기쌍극자로부터 임의의 점의 거리가 r이라 할 때, 전계의 세기는 r과 어떤 관계에 있는가?
① $\frac{1}{r}$에 비례
② $\frac{1}{r^2}$에 비례
③ $\frac{1}{r^3}$에 비례
④ $\frac{1}{r^4}$에 비례

제2과목 전력공학

21
정정된 값 이상의 전류가 흘렀을 때 동작전류의 크기와 상관없이 항상 정해진 시간이 경과한 후에 동작하는 보호계전기는?
① 순시 계전기
② 정한시 계전기
③ 반한시 계전기
④ 반한시성 정한시 계전기

22
복도체에서 2본의 전선이 서로 충돌하는 것을 방지하기 위하여 2본의 전선 사이에 적당한 간격을 두어 설치하는 것은?
① 아머로드
② 댐퍼
③ 아킹혼
④ 스페이서

23
정격전압 7.2[kV], 정격차단용량 100[MVA]인 3상 차단기의 정격차단전류는 약 몇 [kA]인가?
① 4
② 6
③ 7
④ 8

정답 16 ③ 17 ③ 18 ② 19 ② 20 ③ 21 ② 22 ④ 23 ④

24
최대출력 350[MW], 평균부하율 80[%]로 운전되고 있는 화력발전소의 10일간 중유소비량이 1.6×10^7[L]라고 하면 발전단에서의 열효율은 몇 [%]인가?(단, 중유의 열량은 10,000[kcal/L]이다)

① 35.3　　② 36.1
③ 37.8　　④ 39.2

25
파동임피던스가 300[Ω]인 가공송전선 1[km]당의 인덕턴스[mH/km]는?(단, 저항과 누설컨덕턴스는 무시한다)

① 1.0　　② 1.2
③ 1.5　　④ 1.8

26
3φ 송전계통에서 수전단 전압이 60,000[V], 전류가 200[A], 선로의 저항이 9[Ω], 리액턴스가 13[Ω]일 때 전압강하율과 송전단 전압을 구하시오(단, 수전단 역률은 60[%]라고 한다)

① 전압강하율 : 9.1[%], 송전단 전압 : 65.47[kV]
② 전압강하율 : 8.1[%], 송전단 전압 : 65.47[kV]
③ 전압강하율 : 9.1[%], 송전단 전압 : 82.45[kV]
④ 전압강하율 : 8.1[%], 송전단 전압 : 82.45[kV]

27
전력계통의 전압을 조정하는 가장 보편적인 방법은?

① 발전기의 유효전력 조정
② 부하의 유효전력 조정
③ 계통의 주파수 조정
④ 계통의 무효전력 조정

28
공통 중성선 다중접지방식의 배전선로에서 Recloser(R), Sectionalizer(S), Line Fuse(F)의 보호협조가 가장 적합한 배열은?(단, 보호협조는 변전소를 기준으로 한다)

① S - F - R　　② S - R - F
③ F - S - R　　④ R - S - F

29
다음 중 전력원선도에서 알 수 없는 것은?

① 전 력　　② 조상기 용량
③ 손 실　　④ 코로나 손실

30
저압 네트워크 배전방식의 장점이 아닌 것은?

① 인축의 접지사고가 적어진다.
② 부하 증가 시 적응성이 양호하다.
③ 무정전 공급이 가능하다.
④ 전압변동이 작다.

31
수전용 변전설비의 1차 측 차단기의 용량은 주로 어느 것에 의하여 정해지는가?

① 수전 계약용량
② 부하설비의 용량
③ 공급 측 전원의 단락용량
④ 수전전력의 역률과 부하율

32
전력계통에서 내부이상전압의 크기가 가장 큰 경우는?

① 유도성 소전류 차단 시
② 수차발전기의 부하 차단 시
③ 무부하선로 충전전류 차단 시
④ 송전선로의 부하차단기 투입 시

33
배기가스의 여열을 이용해서 보일러에 공급되는 급수를 예열함으로써 연료 소비량을 줄이거나 증발량을 증가시키기 위해서 설치하는 여열회수장치는?
① 과열기 ② 공기예열기
③ 절탄기 ④ 재열기

34
주상변압기의 고장이 배전선로에 파급되는 것을 방지하고 변압기의 과부하 소손을 예방하기 위하여 사용되는 개폐기는?
① 리클로저 ② 부하개폐기
③ 컷아웃 스위치 ④ 섹셔널라이저

35
부하의 역률을 개선할 경우 배전선로에 대한 설명으로 틀린 것은?(단, 다른 조건은 동일하다)
① 설비용량의 여유 증가
② 전압강하의 감소
③ 선로전류의 증가
④ 전력손실의 감소

36
배전반에 접속되어 운전 중인 계기용 변압기(PT) 및 변류기(CT)의 2차 측 회로를 점검할 때 조치사항으로 옳은 것은?
① CT만 단락시킨다.
② PT만 단락시킨다.
③ CT와 PT 모두를 단락시킨다.
④ CT와 PT 모두를 개방시킨다.

37
3상 동기발전기의 전기자 권선을 2중 성형결선으로 했을 때의 발전기 용량[VA]은?
① $\sqrt{3}\,EI$ ② $2\sqrt{3}\,EI$
③ $3EI$ ④ $6EI$

38
다중접지 3상 4선식 배전선로에서 고압 측(1차 측) 중성선과 저압 측(2차 측) 중성선을 전기적으로 연결하는 목적은?
① 저압 측의 단락사고를 검출하기 위하여
② 저압 측의 지락사고를 검출하기 위하여
③ 주상변압기의 중성선 측 부식을 생략하기 위하여
④ 고압 측 혼촉 시 수용가에 침입하는 상승전압을 억제하기 위하여

39
고압 및 특고압 가공전선로로부터 공급을 받는 수용장소의 인입구에 설치해야 하는 것은?
① 소호 리액터 ② 피뢰기
③ 차단기 ④ 단로기

40
송전선로에서 1선 지락의 경우 지락전류가 가장 작은 중성점접지방식은?
① 비접지방식
② 직접접지방식
③ 저항접지방식
④ 소호리액터접지방식

제3과목 전기기기

41
직류 직권전동기의 발생 토크는 전기자 전류를 변화시킬 때 어떻게 변하는가?(단, 자기포화는 무시한다)
① 전류에 비례한다.
② 전류에 반비례한다.
③ 전류의 제곱에 비례한다.
④ 전류의 제곱에 반비례한다.

정답 33 ③ 34 ③ 35 ③ 36 ① 37 ④ 38 ④ 39 ② 40 ④ 41 ③

42
비돌극형 동기발전기 한 상의 단자전압을 V, 유기기전력을 E, 동기리액턴스를 X_s, 부하각이 δ이고 전기자 저항을 무시할 때 한 상의 최대출력[W]은?

① $\dfrac{EV}{X_s}$ ② $\dfrac{3EV}{X_s}$

③ $\dfrac{E^2 V}{X_s}\sin\delta$ ④ $\dfrac{EV^2}{X_s}\sin\delta$

43
직류발전기의 외부 특성곡선에서 나타내는 관계로 옳은 것은?
① 계자전류와 단자전압
② 계자전류와 부하전류
③ 부하전류와 단자전압
④ 부하전류와 유기기전력

44
동기발전기의 전기자권선법 중 집중권인 경우 매극 매상의 홈(Slot)수는?
① 1개 ② 2개
③ 3개 ④ 4개

45
정격전압 220[V], 무부하 단자전압 230[V], 정격출력이 40[kW]인 직류 분권발전기의 계자저항이 22[Ω], 전기자 반작용에 의한 전압강하가 5[V]라면 전기자 회로의 저항[Ω]은 약 얼마인가?
① 0.026 ② 0.028
③ 0.035 ④ 0.042

46
정격전압 120[V], 60[Hz]인 변압기의 무부하입력 80[W], 무부하전류 1.4[A]이다. 이 변압기의 여자리액턴스는 약 몇 [Ω]인가?
① 97.6 ② 103.7
③ 124.7 ④ 180

47
변압기에서 생기는 철손 중 와류손(Eddy Current Loss)은 철심의 규소강판 두께와 어떤 관계에 있는가?
① 두께에 비례
② 두께의 2승에 비례
③ 두께의 3승에 비례
④ 두께의 $\dfrac{1}{2}$승에 비례

48
변압기의 등가회로 구성에 필요한 시험이 아닌 것은?
① 단락시험 ② 부하시험
③ 무부하시험 ④ 권선저항 측정

49
3상 유도전동기에서 2차 측 저항을 2배로 하면 그 최대토크는 어떻게 변하는가?
① 2배로 커진다. ② 3배로 커진다.
③ 변하지 않는다. ④ $\sqrt{2}$ 배로 커진다.

50
3상 권선형 유도전동기의 2차 회로의 한 상이 단선된 경우에 부하가 약간 커지면 슬립이 50[%]인 곳에서 운전이 되는 것을 무엇이라 하는가?
① 차동기 운전
② 자기여자
③ 게르게스 현상
④ 난 조

51
전력의 일부를 전원 측에 반환할 수 있는 유도전동기의 속도제어법은?
① 극수변환법 ② 크레머방식
③ 2차 저항가감법 ④ 세르비우스방식

52
단상 정류자전동기의 일종인 단상 반발전동기에 해당되는 것은?
① 시라게전동기
② 반발유도전동기
③ 아트킨손형전동기
④ 단상 직권 정류자전동기

53
2대의 변압기로 V결선하여 3상 변압하는 경우 변압기 이용률은 약 몇 [%]인가?
① 57.8
② 66.6
③ 86.6
④ 100

54
60[Hz]의 3상 유도전동기를 동일전압으로 50[Hz]에 사용할 때 ㉠ 무부하전류, ㉡ 온도상승, ㉢ 속도는 어떻게 변하겠는가?

① ㉠ $\frac{60}{50}$으로 증가, ㉡ $\frac{60}{50}$으로 증가, ㉢ $\frac{50}{60}$으로 감소
② ㉠ $\frac{60}{50}$으로 증가, ㉡ $\frac{50}{60}$으로 감소, ㉢ $\frac{50}{60}$으로 감소
③ ㉠ $\frac{50}{60}$으로 감소, ㉡ $\frac{60}{50}$으로 증가, ㉢ $\frac{50}{60}$으로 감소
④ ㉠ $\frac{50}{60}$으로 감소, ㉡ $\frac{60}{50}$으로 증가, ㉢ $\frac{60}{50}$으로 증가

55
단자전압 200[V], 계자저항 50[Ω], 부하전류 50[A], 전기자저항 0.15[Ω], 전기자 반작용에 의한 전압강하 3[V]인 직류 분권발전기가 정격속도로 회전하고 있다. 이때 발전기의 유도기전력은 약 몇 [V]인가?
① 211.1
② 215.1
③ 225.1
④ 230.1

56
동기전동기에서 출력이 100[%]일 때 역률이 1이 되도록 계자전류를 조정한 다음에 공급전압 V 및 계자전류 I_f를 일정하게 하고, 전부하 이하에서 운전하면 동기전동기의 역률은?
① 뒤진 역률이 되고, 부하가 감소할수록 역률은 낮아진다.
② 뒤진 역률이 되고, 부하가 감소할수록 역률은 좋아진다.
③ 앞선 역률이 되고, 부하가 감소할수록 역률은 낮아진다.
④ 앞선 역률이 되고, 부하가 감소할수록 역률은 좋아진다.

57
그림과 같은 회로에서 V(전원전압의 실효치) = 100[V], 점호각 a = 30°인 때의 부하 시의 직류전압 E_{da}[V]는 약 얼마인가?(단, 전류가 연속하는 경우이다)

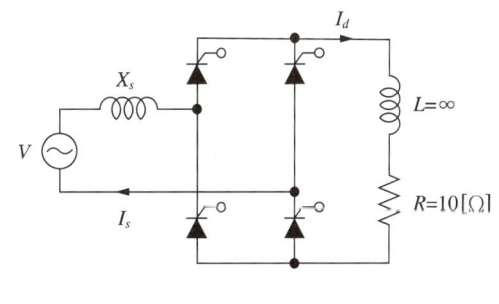

① 90
② 86
③ 77.9
④ 100

58
6,300/210[V], 20[kVA] 단상 변압기 1차 저항과 리액턴스가 각각 15.2[Ω]과 21.6[Ω], 2차 저항과 리액턴스가 각각 0.019[Ω]과 0.028[Ω]이다. 백분율 임피던스[%]는?
① 약 1.86
② 약 2.87
③ 약 3.86
④ 약 4.86

59

동일 정격의 3상 동기발전기 2대를 무부하로 병렬운전하고 있다. 두 발전기의 기전력 사이에 60°의 위상차가 있는 경우, 한 발전기에서 다른 발전기에 공급되는 유효전력[kW]은?(단, 각 발전기의 1상 기전력은 2,000[V], 동기 리액턴스는 5[Ω], 전기자 저항은 무시한다)

① $200\sqrt{3}$ ② 200
③ $300\sqrt{3}$ ④ 300

60

다음 그림과 같이 시계방향으로 회전하는 직류전동기가 있다. 전기자 전류로 인한 자속이 그림의 점선과 같이 작용할 때, 전기자 반작용을 방지하기 위한 보극 a, b의 극성과 보상권선 x, y의 전류 방향은?

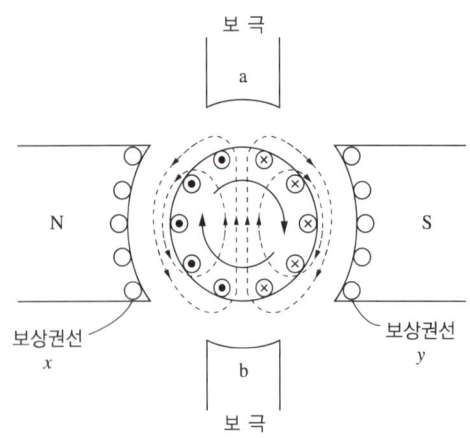

	a	b	x	y
①	N	S	⊗	⊙
②	N	S	⊙	⊗
③	S	N	⊗	⊙
④	S	N	⊙	⊗

제4과목 회로이론 및 제어공학

61

전달함수가 $\dfrac{C(s)}{R(s)} = \dfrac{1}{3s^2+4s+1}$ 인 제어시스템의 과도응답 특성은?

① 무제동 ② 부족제동
③ 임계제동 ④ 과제동

62

다음의 신호흐름선도에서 C/R는?

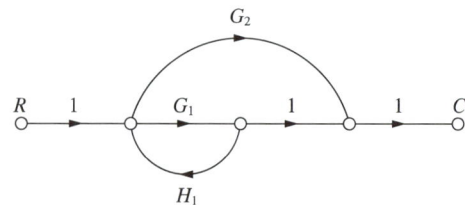

① $\dfrac{G_1+G_2}{1-G_1H_1}$ ② $\dfrac{G_1G_2}{1-G_1H_1}$

③ $\dfrac{G_1+G_2}{1+G_1H_1}$ ④ $\dfrac{G_1G_2}{1+G_1H_1}$

63

제어시스템의 전달함수가 $T(s) = \dfrac{1}{4s^2+s+1}$ 과 같이 표현될 때 이 시스템의 고유주파수(ω_n[rad/s])와 감쇠율(ζ)은?

① $\omega_n = 0.25$, $\zeta = 1.0$
② $\omega_n = 0.5$, $\zeta = 0.25$
③ $\omega_n = 0.5$, $\zeta = 0.5$
④ $\omega_n = 1.0$, $\zeta = 0.5$

64

$G(s)H(s) = \dfrac{K(s+1)}{s^2(s+2)(s+3)}$ 에서 근궤적의 수는?

① 1
② 2
③ 3
④ 4

65

다음과 같은 상태방정식의 고윳값 λ_1과 λ_2는?

$$\begin{bmatrix} \dot{x_1} \\ \dot{x_2} \end{bmatrix} = \begin{bmatrix} 1 & -2 \\ -3 & 2 \end{bmatrix} \begin{bmatrix} x_1 \\ x_2 \end{bmatrix} + \begin{bmatrix} 2 & -3 \\ -4 & 3 \end{bmatrix} \begin{bmatrix} r_1 \\ r_2 \end{bmatrix}$$

① 4, -1
② -4, 1
③ 6, -1
④ -6, 1

66

다음 그림에 대한 게이트(Gate) 명칭은?

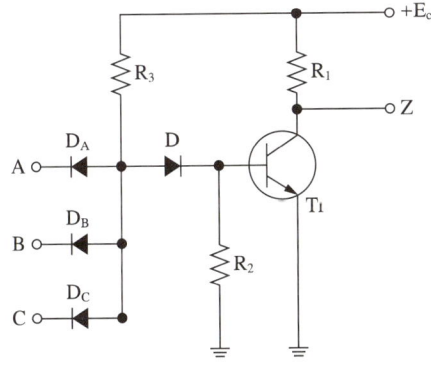

① AND gate
② OR gate
③ NAND gate
④ NOR gate

67

단위계단함수의 라플라스변환과 z변환함수는?

① $\dfrac{1}{s}$, $\dfrac{z}{z-1}$
② s, $\dfrac{z}{z-1}$
③ $\dfrac{1}{s}$, $\dfrac{z-1}{z}$
④ s, $\dfrac{z-1}{z}$

68

선형 자동 제어시스템에서 특성 방정식은 어떻게 정의할 수 있는가?

① 개루프 전달함수의 절댓값이 1인 방정식
② 개루프 전달함수의 분모가 0인 방정식
③ 폐루프 전달함수의 절댓값이 1인 방정식
④ 폐루프 전달함수의 분모가 0인 방정식

69

그림과 같은 블록선도의 전달함수 $\dfrac{C(s)}{R(s)}$는?

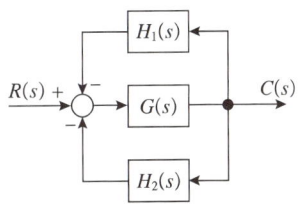

① $\dfrac{G(s)H_1(s)H_2(s)}{1+G(s)H_1(s)H_2(s)}$
② $\dfrac{G(s)}{1+G(s)H_1(s)H_2(s)}$
③ $\dfrac{G(s)}{1-G(s)(H_1(s)+H_2(s))}$
④ $\dfrac{G(s)}{1+G(s)(H_1(s)+H_2(s))}$

70

$f(t) = \mathcal{L}^{-1}\left[\dfrac{s^2+3s+2}{s^2+2s+5}\right]$는?

① $\delta(t) + e^{-t}(\cos 2t - \sin 2t)$
② $\delta(t) + e^{-t}(\cos 2t + 2\sin 2t)$
③ $\delta(t) + e^{-t}(\cos 2t - 2\sin 2t)$
④ $\delta(t) + e^{-t}(\cos 2t + \sin 2t)$

정답 64 ④ 65 ① 66 ③ 67 ① 68 ④ 69 ④ 70 ③

71

그림의 회로에서 $t=0[\text{s}]$에 스위치(S)를 닫은 후 $t=1[\text{s}]$일 때 이 회로에 흐르는 전류는 약 몇 [A]인가?

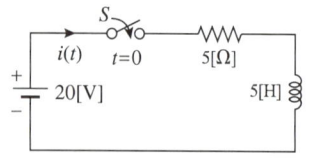

① 2.52
② 3.16
③ 4.21
④ 6.32

72

불평형 3상 전류가 다음과 같을 때 역상전류 I_2는 약 몇 [A]인가?

$$I_a = 15 + j2[\text{A}]$$
$$I_b = -20 - j14[\text{A}]$$
$$I_c = -3 + j10[\text{A}]$$

① $1.91 + j6.24$
② $2.17 + j5.34$
③ $3.38 - j4.26$
④ $4.27 - j3.68$

73

어떤 회로의 단자전압과 전류가 다음과 같을 때, 회로에 공급되는 평균전력은 약 몇 [W]인가?

$$v(t) = 100\sin\omega t + 70\sin 2\omega t$$
$$+ 50\sin(3\omega t - 30°)[\text{V}]$$
$$i(t) = 20\sin(\omega t - 60°) + 10\sin(3\omega t + 45°)[\text{A}]$$

① 565
② 525
③ 495
④ 465

74

공간적으로 서로 $\dfrac{2\pi}{n}$[rad]의 각도를 두고 배치한 n개의 코일에 대칭 n상 교류를 흘리면 그 중심에 생기는 회전자계의 모양은?

① 원형 회전자계
② 타원형 회전자계
③ 원통형 회전자계
④ 원추형 회전자계

75

회로에서 $I_1 = 2e^{-j\frac{\pi}{6}}$[A], $I_2 = 5e^{j\frac{\pi}{6}}$[A], $I_3 = 5.0$ [A], $Z_3 = 1.0[\Omega]$일 때 부하(Z_1, Z_2, Z_3) 전체에 대한 복소전력은 약 몇 [VA]인가?

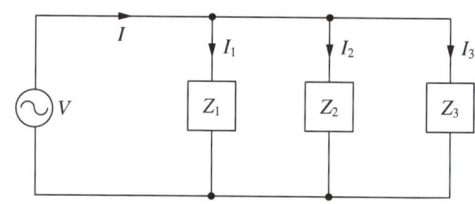

① $55.3 - j7.5$
② $55.3 + j7.5$
③ $45 - j26$
④ $45 + j26$

76

회로에서 $0.5[\Omega]$ 양단 전압(V)은 약 몇 [V]인가?

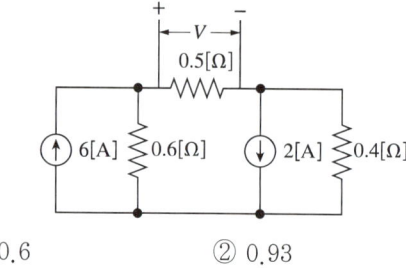

① 0.6
② 0.93
③ 1.47
④ 1.5

77
불평형 3상 전류가 $I_a = 15 + j2$[A], $I_b = -20 - j14$[A], $I_c = -3 + j10$[A]일 때의 영상전류 I_0[A]는?

① $2.85 + j0.36$
② $-2.67 - j0.67$
③ $1.57 - j3.25$
④ $12.67 + j2$

78
$e(t) = 100\sqrt{2}\sin\omega t + 150\sqrt{2}\sin3\omega t + 260\sqrt{2}\sin5\omega t$[V]인 전압을 $R-L$ 직렬회로에 가할 때에 제5고조파 전류의 실횻값은 약 몇 [A]인가? (단, $R = 12$[Ω], $\omega L = 1$[Ω]이다)

① 10
② 15
③ 20
④ 25

79
분포정수회로에 직류를 흘릴 때 특성임피던스는?(단, 단위길이당 직렬임피던스 $Z = R + j\omega L$[Ω], 병렬어드미턴스 $Y = G + j\omega C$[℧]이다)

① $\sqrt{\dfrac{L}{C}}$
② $\sqrt{\dfrac{L}{R}}$
③ $\sqrt{\dfrac{G}{C}}$
④ $\sqrt{\dfrac{R}{G}}$

80
3상 부하가 △결선되었을 때 a상에는 컨덕턴스 0.3[℧], b상에는 컨덕턴스 0.3[℧], c상은 유도 서셉턴스 0.3[℧]가 연결되어 있다. 이 부하의 영상 어드미턴스[℧]는?

① $0.2 - j0.1$
② $0.3 + j0.3$
③ $0.6 - j0.3$
④ $0.6 + j0.3$

제5과목 전기설비기술기준

81
가공전선로의 지지물에 시설하는 통신선 또는 이에 직접 접속하는 가공통신선이 철도 또는 궤도를 횡단하는 경우 그 높이는 레일면상 몇 [m] 이상으로 하여야 하는가?

① 3
② 3.5
③ 5
④ 6.5

82
급전용 변압기는 교류 전기철도의 경우 어떤 것을 적용하는가?

① 단상 정류기용 변압기
② 3상 정류기용 변압기
③ 단상 스코트 결선 변압기
④ 3상 스코트 결선 변압기

83
돌침, 수평도체, 그물망도체의 요소 중에 한 가지 또는 이를 조합한 형식으로 시설하는 것은?

① 접지극시스템
② 수뢰부시스템
③ 내부피뢰시스템
④ 인하도선시스템

84
사용전압이 154[kV]인 가공전선로를 제1종 특고압 보안공사로 시설할 때 사용되는 경동연선의 단면적은 몇 [mm^2] 이상이어야 하는가?

① 55
② 100
③ 150
④ 200

정답 77 ② 78 ③ 79 ④ 80 ① 81 ④ 82 ④ 83 ② 84 ③

85
가공전선로의 지지물에 시설하는 지지선으로 연선을 사용할 경우 소선은 최소 몇 가닥 이상이어야 하는가?

① 3　　　　　② 5
③ 7　　　　　④ 9

86
고압용 기계기구를 시가지에 시설할 때 지표상 몇 [m] 이상의 높이에 시설하고, 또한 사람이 쉽게 접촉할 우려가 없도록 하여야 하는가?

① 4.0　　　　② 4.5
③ 5.0　　　　④ 5.5

87
백열전등 또는 방전등에 전기를 공급하는 옥내전로의 대지전압은 몇 [V] 이하이어야 하는가?(단, 백열전등 또는 방전등 및 이에 부속하는 전선은 사람이 접촉할 우려가 없도록 시설한 경우이다)

① 60　　　　　② 110
③ 220　　　　④ 300

88
저압 또는 고압의 가공전선로와 기설 가공약전류전선로가 병행할 때 유도작용에 의한 통신상의 장해가 생기지 않도록 전선과 기설 약전류전선 간의 간격은 몇 [m] 이상이어야 하는가?(단, 전기철도용 급전선로는 제외한다)

① 2　　　　　② 3
③ 4　　　　　④ 6

89
특고압용 변압기의 보호장치인 냉각장치에 고장이 생긴 경우 변압기의 온도가 현저하게 상승한 경우에 이를 경보하는 장치를 반드시 하지 않아도 되는 경우는?

① 유압 풍랭식　　② 유입 자랭식
③ 송유 풍랭식　　④ 송유 수랭식

90
어떤 공장에서 케이블을 사용하는 사용전압이 22[kV]인 가공전선을 건물 옆쪽에서 1차 접근상태로 시설하는 경우, 케이블과 건물의 조영재 간격은 몇 [m] 이상이어야 하는가?

① 0.5　　　　② 0.8
③ 1.0　　　　④ 1.2

91
라이팅덕트공사에 의한 저압 옥내배선공사 시설 기준으로 틀린 것은?

① 덕트의 끝부분은 막을 것
② 덕트는 조영재에 견고하게 붙일 것
③ 덕트는 조영재를 관통하여 시설할 것
④ 덕트의 지지점 간의 거리는 2[m] 이하로 할 것

92
철탑의 강도계산에 사용하는 이상 시 상정하중을 계산하는 데 사용되는 것은?

① 미진에 의한 요동과 철구조물의 인장하중
② 뇌가 철탑에 가하여졌을 경우의 충격하중
③ 이상전압이 전선로에 내습하였을 때 생기는 충격하중
④ 풍압이 전선로에 직각방향으로 가하여지는 경우의 하중

93
지중전선로에 사용하는 지중함의 시설기준으로 틀린 것은?

① 조명 및 세척이 가능한 장치를 하도록 할 것
② 견고하고 차량 기타 중량물의 압력에 견디는 구조일 것
③ 그 안의 고인 물을 제거할 수 있는 구조로 되어 있을 것
④ 뚜껑은 시설자 이외의 자가 쉽게 열 수 없도록 시설할 것

정답　85 ①　86 ②　87 ④　88 ①　89 ②　90 ①　91 ③　92 ④　93 ①

94
주택의 전기저장장치의 축전지에 접속하는 부하 측 옥내배선을 사람이 접촉할 우려가 없도록 케이블공사에 의하여 시설하고 전선에 적당한 방호장치를 시설한 경우 주택의 옥내전로의 대지전압은 직류 몇 [V]까지 적용할 수 있는가?(단, 전로에 지락이 생겼을 때 자동적으로 전로를 차단하는 장치를 시설한 경우이다)

① 150　　② 300
③ 400　　④ 600

95
풍력터빈의 피뢰설비 시설기준으로 틀린 것은?
① 풍력터빈에 설치한 피뢰설비(리셉터, 인하도선 등)의 기능저하로 인해 다른 기능에 영향을 미치지 않을 것
② 풍력터빈 내부의 계측 센서용 케이블은 금속관 또는 차폐케이블 등을 사용하여 뇌유도과전압으로부터 보호할 것
③ 풍력터빈에 설치하는 인하도선은 쉽게 부식되지 않는 금속선으로서 뇌격전류를 안전하게 흘릴 수 있는 충분한 굵기여야 하며, 가능한 직선으로 시설할 것
④ 수뢰부를 풍력터빈 중앙부분에 배치하되 뇌격전류에 의한 발열에 의해 녹아서 손상되지 않도록 재질, 크기, 두께 및 형상 등을 고려할 것

96
최대사용전압이 7[kV]를 초과하는 회전기의 절연내력시험은 최대사용전압의 몇 배의 전압(10.5[kV] 미만으로 되는 경우에는 10.5[kV])에서 10분간 견디어야 하는가?

① 0.92　　② 1
③ 1.1　　④ 1.25

97
순시트립전류에 따른 분류에서 주택용 배선차단기의 정격전류를 I_n이라고 할 때, 순시트립 범위가 $5I_n$ 초과 $10I_n$ 이하인 것은?

① A형　　② B형
③ C형　　④ D형

98
가공 직류 전차선을 전용의 부지 위에 시설 시 궤도면상 높이는 몇 [mm] 이상인가?

① 4,000　　② 4,200
③ 4,400　　④ 4,800

99
사용전압이 22.9[kV]의 특고압 가공전선로에는 전화선로의 길이 12[km]마다 유도전류가 몇 [μA]를 넘지 않아야 하는가?

① 1.5　　② 2
③ 2.5　　④ 3

100
전력보안통신선의 조가선 시설기준으로 옳지 않은 것은?
① 조가선은 부식되지 않는 별도의 금속 부속품을 사용하고, 끝부분은 날카롭지 않게 할 것
② 조가선은 2조까지만 시설할 것
③ 조가선은 설비 안전을 위해 전주와 전주 사이에서 접속할 것
④ 과도한 장력에 의한 전주손상을 방지하기 위해 전주 간 거리 50[m] 기준 0.4[m] 정도의 처짐정도를 유지할 것

제1과목 전기자기학

01
반지름 r[m]인 무한장 원통형 도체에 전류가 균일하게 흐를 때 도체 내부에서 자계의 세기[AT/m]는?

① 원통 중심축으로부터 거리에 비례한다.
② 원통 중심축으로부터 거리에 반비례한다.
③ 원통 중심축으로부터 거리의 제곱에 비례한다.
④ 원통 중심축으로부터 거리의 제곱에 반비례한다.

02
비투자율 $\mu_r = 800$, 원형 단면적이 $S = 10[cm^2]$, 평균 자로 길이 $l = 16\pi \times 10^{-2}$[m]의 환상철심에 600회의 코일을 감고 이 코일에 1[A]의 전류를 흘리면 환상철심 내부의 자속은 몇 [Wb]인가?

① 1.2×10^{-3}
② 1.2×10^{-5}
③ 2.4×10^{-3}
④ 2.4×10^{-5}

03
평등 전계 중에 유전체 구에 의한 전속 분포가 그림과 같이 되었을 때 ε_1과 ε_2의 크기 관계는?

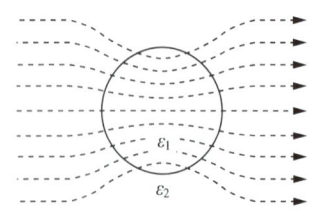

① $\varepsilon_1 > \varepsilon_2$
② $\varepsilon_1 < \varepsilon_2$
③ $\varepsilon_1 = \varepsilon_2$
④ $\varepsilon_1 \leq \varepsilon_2$

04
자극의 세기가 8×10^{-6}[Wb], 길이가 3[cm]인 막대자석을 120[AT/m]의 평등자계 내에 자력선과 30°의 각도로 놓으면 이 막대자석이 받는 회전력은 몇 [N·m]인가?

① 3.02×10^{-5}
② 3.02×10^{-4}
③ 1.44×10^{-5}
④ 1.44×10^{-4}

05
정전용량이 C_0[F]인 평행판 공기콘덴서가 있다. 이것의 극판에 평행으로 판간격 d[m]의 $\dfrac{1}{2}$ 두께인 유리판을 삽입하였을 때의 정전용량[F]은?(단, 유리판의 유전율은 ε[F/m]이라 한다)

① $\dfrac{2C_0}{1 + \dfrac{1}{\varepsilon}}$
② $\dfrac{C_0}{1 + \dfrac{1}{\varepsilon}}$
③ $\dfrac{2C_0}{1 + \dfrac{\varepsilon_0}{\varepsilon}}$
④ $\dfrac{C_0}{1 + \dfrac{\varepsilon}{\varepsilon_0}}$

06

두 종류의 유전율(ε_1, ε_2)을 가진 유전체 경계면에 진전하가 존재하지 않을 때 성립하는 경계조건을 옳게 나타낸 것은?(단, θ_1, θ_2는 각각 유전체 경계면의 법선벡터와 E_1, E_2가 이루는 각이다)

① $E_1 \sin\theta_1 = E_2 \sin\theta_2$, $D_1 \sin\theta_1 = D_2 \sin\theta_2$, $\dfrac{\tan\theta_1}{\tan\theta_2} = \dfrac{\varepsilon_2}{\varepsilon_1}$

② $E_1 \cos\theta_1 = E_2 \cos\theta_2$, $D_1 \sin\theta_1 = D_2 \sin\theta_2$, $\dfrac{\tan\theta_1}{\tan\theta_2} = \dfrac{\varepsilon_2}{\varepsilon_1}$

③ $E_1 \sin\theta_1 = E_2 \sin\theta_2$, $D_1 \cos\theta_1 = D_2 \cos\theta_2$, $\dfrac{\tan\theta_1}{\tan\theta_2} = \dfrac{\varepsilon_1}{\varepsilon_2}$

④ $E_1 \cos\theta_1 = E_2 \cos\theta_2$, $D_1 \cos\theta_1 = D_2 \cos\theta_2$, $\dfrac{\tan\theta_1}{\tan\theta_2} = \dfrac{\varepsilon_1}{\varepsilon_2}$

07

다음 (가), (나)에 대한 법칙으로 알맞은 것은?

> 전자유도에 의하여 회로에 발생되는 기전력은 쇄교 자속수의 시간에 대한 감소비율에 비례한다는 (가)에 따르고 특히, 유도된 기전력의 방향은 (나)에 따른다.

① (가) 패러데이의 법칙 (나) 렌츠의 법칙
② (가) 렌츠의 법칙 (나) 패러데이의 법칙
③ (가) 플레밍의 왼손법칙 (나) 패러데이의 법칙
④ (가) 패러데이의 법칙 (나) 플레밍의 왼손법칙

08

자유공간 내 전자파의 진행에서 전계와 자계의 시간적인 위상관계는?

① 위상이 서로 같다.
② 전계가 자계보다 90° 빠르다.
③ 전계가 자계보다 90° 늦다.
④ 전계가 자계보다 45° 빠르다.

09

N회 감긴 환상솔레노이드의 단면적이 $S\,[\text{m}^2]$이고 평균길이가 $l\,[\text{m}]$이다. 이 코일의 권수를 반으로 줄이고 인덕턴스를 일정하게 하려면?

① 길이를 $\dfrac{1}{2}$로 줄인다.

② 길이를 $\dfrac{1}{4}$로 줄인다.

③ 길이를 $\dfrac{1}{8}$로 줄인다.

④ 길이를 $\dfrac{1}{16}$로 줄인다.

10

전계 및 자계의 세기가 각각 E, H일 때, 포인팅벡터 P의 표시로 옳은 것은?

① $P = \dfrac{1}{2} E \times H$
② $P = E \operatorname{rot} H$
③ $P = E \times H$
④ $P = H \operatorname{rot} E$

11

내압이 1[kV]이고 용량이 각각 0.01[μF], 0.02[μF], 0.04[μF]인 콘덴서를 직렬로 연결했을 때 전체 콘덴서의 내압은 몇 [V]인가?

① 1,750
② 2,000
③ 3,500
④ 4,000

12

내부 원통의 반지름이 a, 외부 원통의 반지름이 b인 동축원통 콘덴서의 내외 원통 사이에 공기를 넣었을 때 정전용량이 C_1이었다. 내외 반지름을 모두 3배로 증가시키고 공기 대신 비유전율이 3인 유전체를 넣었을 경우의 정전용량 C_2는?

① $C_2 = \dfrac{C_1}{9}$
② $C_2 = \dfrac{C_1}{3}$
③ $C_2 = 3 C_1$
④ $C_2 = 9 C_1$

정답 6 ③ 7 ① 8 ① 9 ② 10 ③ 11 ① 12 ③

13
길이가 10[cm]이고 단면의 반지름이 1[cm]인 원통형 자성체가 길이 방향으로 균일하게 자화되어 있을 때 자화의 세기가 0.5[Wb/m²]이라면 이 자성체의 자기 모멘트[Wb · m]는?

① 1.57×10^{-5} ② 1.57×10^{-4}
③ 1.57×10^{-3} ④ 1.57×10^{-2}

14
미분방정식 형태로 나타낸 맥스웰의 전자계 기초 방정식에 해당하는 것은?

① $\text{rot}\,E = -\dfrac{\partial B}{\partial t}$, $\text{rot}\,H = \dfrac{\partial D}{\partial t}$, $\text{div}\,D = 0$, $\text{div}\,B = 0$

② $\text{rot}\,E = -\dfrac{\partial B}{\partial t}$, $\text{rot}\,H = i + \dfrac{\partial D}{\partial t}$, $\text{div}\,D = \rho$, $\text{div}\,B = H$

③ $\text{rot}\,E = -\dfrac{\partial B}{\partial t}$, $\text{rot}\,H = i + \dfrac{\partial D}{\partial t}$, $\text{div}\,D = \rho$, $\text{div}\,B = 0$

④ $\text{rot}\,E = -\dfrac{\partial B}{\partial t}$, $\text{rot}\,H = i$, $\text{div}\,D = 0$, $\text{div}\,B = 0$

15
평형 상태에서 도체의 전하 분포와 전계에 관한 성질 중 적합하지 않은 것은?

① 도체 내부에는 전계가 0이 아니다.
② 대전된 도체의 전하는 도체 표면에만 존재한다.
③ 대전된 도체 표면은 동일 전위에 있다.
④ 대전된 도체의 표면 각 점의 전기력선은 표면에 수직이다.

16
2장의 무한평판 도체를 4[cm]의 간격으로 놓은 후 평판 도체 간에 일정한 전계를 인가하였더니 평판 도체 표면에 2[μC/m²]의 전하밀도가 생겼다. 이때 평행 도체 표면에 작용하는 정전응력은 약 몇 [N/m²]인가?

① 0.057   ② 0.226
③ 0.57   ④ 2.26

17
전계 $E = \dfrac{2}{x}\hat{x} + \dfrac{2}{y}\hat{y}$[V/m]에서 점(2, 4)[m]를 통과하는 전기력선의 방정식은?(단, $\hat{x}, \hat{y}$는 단위벡터이다)

① $x^2 + y^2 = 12$
② $y^2 - x^2 = 12$
③ $x^2 + y^2 = 16$
④ $y^2 - x^2 = 16$

18
액체 유전체를 넣은 콘덴서의 용량이 20[μF]이다. 여기에 500[V]의 전압을 가하면 누설전류[mA]는? (단, 비유전율 $\varepsilon_r = 2.2$, 고유저항 $\rho = 10^{11}$[Ω · m]이다)

① 4.2   ② 5.13
③ 54.5   ④ 61

19
평균 반지름(r)이 20[cm], 단면적(S)이 6[cm²]인 환상 철심에서 권선수(N)가 500회인 코일에 흐르는 전류(I)가 4[A]일 때 철심 내부에서의 자계의 세기(H)는 약 몇 [AT/m]인가?

① 1,590   ② 1,700
③ 1,870   ④ 2,120

20
전위경도 V와 전계 E의 관계식은?

① $E = \text{grad}\, V$
② $E = \text{div}\, V$
③ $E = -\text{grad}\, V$
④ $E = -\text{div}\, V$

제2과목 전력공학

21
어느 수용가의 부하설비는 전등설비가 500[W], 전열설비가 600[W], 전동기 설비가 400[W], 기타설비가 100[W]이다. 이 수용가의 최대수용전력이 1,200[W]이면 수용률은 몇 [%]인가?

① 55　　② 65
③ 75　　④ 85

22
다음 중 송전선의 1선 지락 시 선로에 흐르는 전류를 바르게 나타낸 것은?

① 영상전류만 흐른다.
② 영상전류 및 정상전류만 흐른다.
③ 영상전류 및 역상전류만 흐른다.
④ 영상전류, 정상전류 및 역상전류가 흐른다.

23
3상 송전선로의 각 상의 대지 정전용량을 C_a, C_b 및 C_c라 할 때, 중성점 비접지 시의 중성점과 대지 간의 전압은?(단, E는 상전압이다)

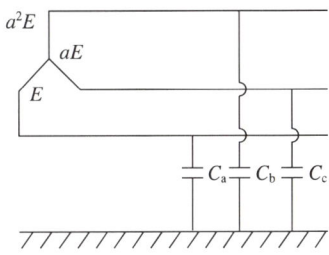

① $(C_a + C_b + C_c)E$

② $\dfrac{\sqrt{C_a C_b + C_b C_c + C_c C_a}}{C_a + C_b + C_c} E$

③ $\dfrac{\sqrt{C_a(C_a - C_b) + C_b(C_b - C_c) + C_c(C_c - C_a)}}{C_a + C_b + C_c} E$

④ $\dfrac{\sqrt{C_a(C_b - C_c) + C_b(C_c - C_a) + C_c(C_a - C_b)}}{C_a + C_b + C_c} E$

24
500[kVA]의 단상 변압기 상용 3대(결선 △-△), 예비 1대를 갖는 변전소가 있다. 부하의 증가로 인하여 예비 변압기까지 동원해서 사용한다면 응할 수 있는 최대부하[kVA]는 약 얼마인가?

① 2,000　　② 1,730
③ 1,500　　④ 830

25
한류리액터를 사용하는 가장 큰 목적은?

① 충전전류의 제한
② 접지전류의 제한
③ 누설전류의 제한
④ 단락전류의 제한

26
초고압용 차단기에서 개폐저항기를 사용하는 이유 중 가장 타당한 것은?

① 차단전류의 역률 개선
② 차단전류 감소
③ 차단속도 증진
④ 개폐서지 이상전압 억제

27
피뢰기의 제한전압이란?

① 상용주파 전압에 대한 피뢰기의 충격방전 개시전압
② 충격파 침입 시 피뢰기의 충격방전 개시전압
③ 피뢰기가 충격파 방전 종료 후 언제나 속류를 확실히 차단할 수 있는 상용주파 최대전압
④ 충격파 전류가 흐르고 있을 때의 피뢰기 단자전압

28
동일한 부하전력에 대하여 전압을 2배로 승압하면 전압강하, 전압강하율, 전력손실률은 각각 어떻게 되는지 순서대로 나열한 것은?

① $\dfrac{1}{2}, \dfrac{1}{2}, \dfrac{1}{2}$
② $\dfrac{1}{2}, \dfrac{1}{2}, \dfrac{1}{4}$
③ $\dfrac{1}{2}, \dfrac{1}{4}, \dfrac{1}{4}$
④ $\dfrac{1}{4}, \dfrac{1}{4}, \dfrac{1}{4}$

29
그림과 같은 전력계통의 154[kV] 송전선로에서 고장지락 임피던스 Z_{gf}를 통해서 1선 지락 고장이 발생되었을 때 고장점에서 본 영상 %임피던스는?(단, 그림에 표시한 임피던스는 모두 동일 용량, 100[MVA] 기준으로 환산한 %임피던스임)

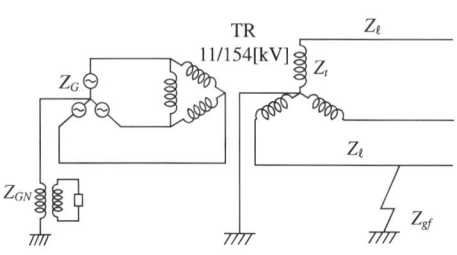

① $Z_0 = Z_l + Z_t + Z_G$
② $Z_0 = Z_l + Z_t + Z_{gf}$
③ $Z_0 = Z_l + Z_t + 3Z_{gf}$
④ $Z_0 = Z_l + Z_t + Z_{gf} + Z_G + Z_{GN}$

30
전력계통에 과도안정도 향상대책과 관련 없는 것은?

① 빠른 고장 제거
② 속응여자시스템 사용
③ 큰 임피던스의 변압기 사용
④ 병렬 송전선로의 추가 건설

31
전력선 a의 충전전압을 E, 통신선 b의 대지정전용량을 C_b, $a-b$ 사이의 상호정전용량을 C_{ab}라고 하면 통신선 b의 정전유도전압 E_s는?

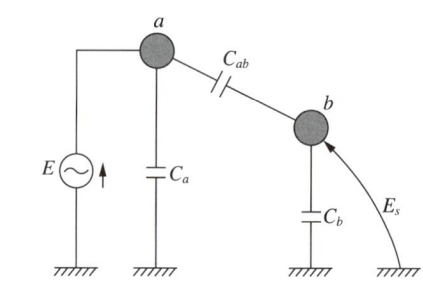

① $\dfrac{C_{ab} + C_b}{C_b} \times E$
② $\dfrac{C_{ab} + C_b}{C_{ab}} \times E$
③ $\dfrac{C_b}{C_{ab} + C_b} \times E$
④ $\dfrac{C_{ab}}{C_{ab} + C_b} \times E$

32
변압기의 결선 중에서 1차에 제3고조파가 있을 때 2차에 제3고조파 전압이 외부로 나타나는 결선은?
① Y-Y ② Y-△
③ △-Y ④ △-△

33
어느 화력발전소에서 40,000[kWh]를 발전하는 데 발열량 860[kcal/kg]의 석탄이 60톤 사용된다. 이 발전소의 열효율[%]은 약 얼마인가?
① 56.7 ② 66.7
③ 76.7 ④ 86.7

34
모선 보호에 사용되는 계전방식이 아닌 것은?
① 선택접지 계전방식
② 방향거리 계전방식
③ 위상 비교방식
④ 전류차동 보호방식

35
송전단 전압 161[kV], 수전단 전압 155[kV], 상차각 40°, 리액턴스가 49.8[Ω]일 때 선로손실을 무시한다면 전송전력은 약 몇 [MW]인가?
① 289 ② 322
③ 373 ④ 869

36
보일러에서 절탄기의 용도는?
① 증기를 과열한다.
② 공기를 예열한다.
③ 보일러 급수를 데운다.
④ 석탄을 건조한다.

37
중성점 직접접지방식에서 변압기에 단절연이 가능한 이유는 무엇인가?
① 지락 전류가 저역률이다.
② 고장 전류가 크다.
③ 중성점의 전위가 낮다.
④ 보호계전기 동작이 확실하다.

38
유효낙차가 40[%] 저하되면 수차의 효율이 20[%] 저하된다고 할 경우 이때의 출력은 원래의 약 몇 [%]인가?(단, 안내날개의 열림은 불변인 것으로 한다)
① 37.2 ② 48.0
③ 52.7 ④ 63.7

39
배전선로용 퓨즈(Power Fuse)는 주로 어떤 전류의 차단을 목적으로 사용하는가?
① 충전전류 ② 단락전류
③ 부하전류 ④ 과도전류

40
송전선의 특성임피던스를 Z_0, 전파속도를 V라 할 때, 이 송전선의 단위길이에 대한 인덕턴스 L은?
① $L = \dfrac{V}{Z_0}$
② $L = \dfrac{Z_0}{V}$
③ $L = \dfrac{Z_0^2}{V}$
④ $L = \sqrt{Z_0}\, V$

정답 32 ① 33 ② 34 ① 35 ② 36 ③ 37 ③ 38 ① 39 ② 40 ②

제3과목 전기기기

41
A, B 2대의 동기발전기를 병렬 운전 중 계통 주파수를 바꾸지 않고 B기의 역률을 좋게 하는 방법은?

① A기의 여자전류를 증대
② A기의 원동기 출력을 증대
③ B기의 여자전류를 증대
④ B기의 원동기 출력을 증대

42
동기전동기의 공급전압과 부하를 일정하게 유지하면서 역률을 1로 운전하고 있는 상태에서 여자전류를 증가시키면 전기자전류는?

① 앞선 무효전류가 증가
② 앞선 무효전류가 감소
③ 뒤진 무효전류가 증가
④ 뒤진 무효전류가 감소

43
3[kVA], 3,000/200[V]의 변압기의 단락시험에서 임피던스전압 120[V], 동손 150[W]라 하면 %저항강하는 몇 [%]인가?

① 1　　② 3
③ 5　　④ 7

44
210/105[V]의 변압기를 그림과 같이 결선하고 고압측에 200[V]의 전압을 가하면 전압계의 지시는 몇 [V]인가?(단, 변압기는 가극성이다)

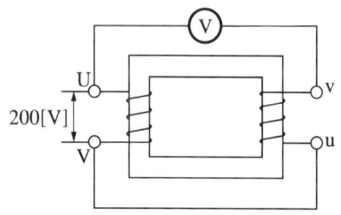

① 100　　② 200
③ 300　　④ 400

45
일반적인 DC 서보모터의 제어에 속하지 않는 것은?

① 역률제어　　② 토크제어
③ 속도제어　　④ 위치제어

46
3,300/220[V] 변압기 A, B의 정격용량이 각각 400[kVA], 300[kVA]이고, %임피던스강하가 각각 2.4[%]와 3.6[%]일 때 그 2대의 변압기에 걸 수 있는 합성부하용량은 몇 [kVA]인가?

① 550　　② 600
③ 650　　④ 700

47
3상 유도전동기의 원선도 작성 시 필요한 시험이 아닌 것은?

① 슬립측정
② 무부하시험
③ 구속시험
④ 고정자권선의 저항측정

48
사이리스터에서의 래칭(Latching)전류에 관한 설명으로 옳은 것은?

① 게이트를 개방한 상태에서 사이리스터 도통 상태를 유지하기 위한 최소의 순전류
② 게이트 전압을 인가한 후에 급히 제거한 상태에서 도통 상태가 유지되는 최소의 순전류
③ 사이리스터의 게이트를 개방한 상태에서 전압이 상승하면 급히 증가하게 되는 순전류
④ 사이리스터가 턴온하기 시작하는 순전류

49
3상 권선형 유도전동기의 기동 시 2차 측 저항을 2배로 하면 최대 토크값은 어떻게 되는가?
① 3배로 된다. ② 2배로 된다.
③ 1/2로 된다. ④ 변하지 않는다.

50
변압기 단락시험에서 변압기의 임피던스전압이란?
① 1차 전류가 여자전류에 도달했을 때의 2차 측 단자 전압
② 1차 전류가 정격전류에 도달했을 때의 2차 측 단자 전압
③ 1차 전류가 정격전류에 도달했을 때의 변압기 내의 전압강하
④ 1차 전류가 2차 단락전류에 도달했을 때의 변압기 내의 전압강하

51
동기발전기 분포권의 특징이 아닌 것은?
① 권선의 누설 리액턴스가 감소한다.
② 집중권에 비해 합성 유기기전력이 증가한다.
③ 집중권에 비해 전기자권선의 열방산이 효과적이다.
④ 고조파를 제거해서 집중권에 비해 기전력의 파형이 좋아진다.

52
정격운전 중인 직류전동기의 토크가 감소하는 경우로 옳은 것은?
① 전기자 전류의 증가
② 극수 증가
③ 병렬회로수의 감소
④ 회전수의 증가

53
돌극형 회전자를 가진 동기발전기는 부하각(δ)이 몇 도일 때 최대출력을 낼 수 있는가?
① 0°   ② 30°
③ 60° ④ 90°

54
단상 전파정류회로의 정류효율은?
① 20.6[%]   ② 40.6[%]
③ 61.1[%]   ④ 81.1[%]

55
전원 주파수와 다른 주파수의 전력으로 변환하는 장치는?
① 초 퍼   ② 인버터
③ 정류기   ④ 사이클로 컨버터

56
주파수가 60[Hz]인 유도전동기의 주파수가 50[Hz]로 변화하였을 때 감소하는 것은?
① 여자전류 ② 철 손
③ 온 도   ④ 역 률

57
역기전력 200[V], 전기자전류 100[A], 1,500[rpm]으로 회전하고 있는 직류전동기의 발생 토크는 약 몇 [kg·m]인가?
① 5   ② 8
③ 11   ④ 13

정답 49 ④ 50 ③ 51 ② 52 ④ 53 ③ 54 ④ 55 ④ 56 ④ 57 ④

58
자극수 4, 전기자 도체수 50, 전기자저항 0.1[Ω]의 중권 타여자전동기가 있다. 정격전압 105[V], 정격전류 50[A]로 운전하던 것을 전압 106[V] 및 계자회로를 일정하게 하고 무부하로 운전했을 때 전기자전류가 10[A]이라면 속도변동률[%]은?(단, 매극의 자속은 0.05[Wb]라 한다)

① 3 ② 5
③ 6 ④ 8

59
상전압 220[V]인 3상 반파정류회로에 SCR을 사용하여 위상제어를 할 때 제어각이 10°이면 직류출력전압은 약 몇 [V]인가?

① 117 ② 146
③ 216 ④ 253

60
정격용량 10,000[kVA], 정격전압 6,000[V], 극수 12, 주파수 60[Hz], 1상의 동기 임피던스가 2[Ω]인 3상 동기 발전기가 있다. 이 발전기의 단락비는 얼마인가?

① 1.0 ② 1.2
③ 1.4 ④ 1.8

제4과목 회로이론 및 제어공학

61
PID 동작에 대한 설명으로 옳은 것은?

① 사이클링은 제거할 수 있으나 오프셋은 생긴다.
② 오프셋은 제거되나 제어동작에 큰 부동작 시간이 있으면 응답이 늦어진다.
③ 응답속도는 빨리 할 수 있으나 오프셋은 제거되지 않는다.
④ 사이클링과 오프셋이 제거되고 응답속도가 빠르며 안정성도 있다.

62
다음과 같은 전류의 초깃값 $i(0^+)$를 구하면?

$$I(s) = \frac{12(s+8)}{4s(s+6)}$$

① 1 ② 2
③ 3 ④ 4

63
다음 방정식으로 표시되는 제어계가 있다. 이 계를 상태방정식 $x(t) = Ax(t) + Bu(t)$로 나타내면 계수 행렬 A는?

$$\frac{d^3c(t)}{dt^3} + 5\frac{d^2c(t)}{dt^2} + \frac{dc(t)}{dt} + 2c(t) = r(t)$$

① $\begin{bmatrix} 0 & 1 & 0 \\ 0 & 0 & 1 \\ -2 & -1 & -5 \end{bmatrix}$

② $\begin{bmatrix} 0 & 1 & 0 \\ 1 & 0 & 0 \\ 5 & 1 & 2 \end{bmatrix}$

③ $\begin{bmatrix} 0 & 0 & 1 \\ 1 & 0 & 0 \\ 0 & 5 & 2 \end{bmatrix}$

④ $\begin{bmatrix} 0 & 1 & 0 \\ 0 & 0 & 1 \\ -2 & -1 & 0 \end{bmatrix}$

정답 58 ② 59 ④ 60 ④ 61 ④ 62 ③ 63 ①

64

다음 블록선도에서 입력이 $R(s)$, 출력이 $C(s)$일 때 $G(s) = \dfrac{C(s)}{R(s)}$ 를 구하시오.

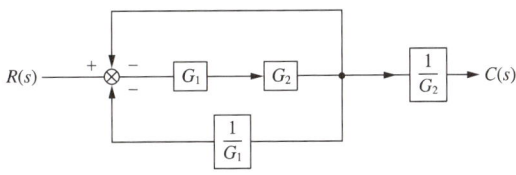

① $G(s) = \dfrac{G_1 G_2}{1 + G_1 + G_1 G_2}$

② $G(s) = \dfrac{G_1}{1 + G_1 + G_1 G_2}$

③ $G(s) = \dfrac{G_1}{1 + G_2 + G_1 G_2}$

④ $G(s) = \dfrac{G_1 G_2}{1 + G_2 + G_1 G_2}$

65

전달함수가 $\dfrac{C(s)}{R(s)} = \dfrac{25}{s^2 + 6s + 25}$ 인 2차 제어시스템의 감쇠진동주파수(ω_d)는 몇 [rad/s]인가?

① 3 ② 4
③ 5 ④ 6

66

개루프 전달함수 $G(s)H(s) = \dfrac{K}{s(s+3)^2}$ 의 이탈점에 해당되는 것은?

① -2.5 ② -2
③ -1 ④ -0.5

67

다음의 상태방정식으로 표현되는 시스템의 상태천이 행렬은?

$$\begin{bmatrix} \dfrac{d}{dt}x_1 \\ \dfrac{d}{dt}x_2 \end{bmatrix} = \begin{bmatrix} 0 & 1 \\ -3 & -4 \end{bmatrix} \begin{bmatrix} x_1 \\ x_2 \end{bmatrix}$$

① $\begin{bmatrix} 1.5e^{-t} - 0.5e^{-3t} & -1.5e^{-t} + 1.5e^{-3t} \\ 0.5e^{-t} - 0.5e^{-3t} & -0.5e^{-t} + 1.5e^{-3t} \end{bmatrix}$

② $\begin{bmatrix} 1.5e^{-t} - 0.5e^{-3t} & 0.5e^{-t} - 0.5e^{-3t} \\ -1.5e^{-t} + 1.5e^{-3t} & -0.5e^{-t} + 1.5e^{-3t} \end{bmatrix}$

③ $\begin{bmatrix} 1.5e^{-t} - 0.5e^{-4t} & 0.5e^{-t} - 0.5e^{-4t} \\ -1.5e^{-t} + 1.5e^{-4t} & -0.5e^{-t} + 1.5e^{-4t} \end{bmatrix}$

④ $\begin{bmatrix} 1.5e^{-t} - 0.5e^{-4t} & -1.5e^{-t} + 1.5e^{-4t} \\ 0.5e^{-t} - 0.5e^{-4t} & -0.5e^{-t} + 1.5e^{-4t} \end{bmatrix}$

68

다음의 회로를 블록선도로 그린 것 중 옳은 것은?

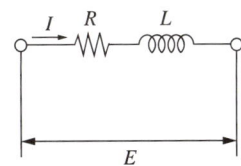

①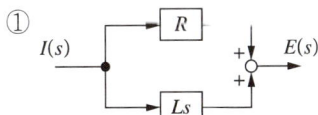

②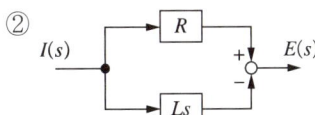

③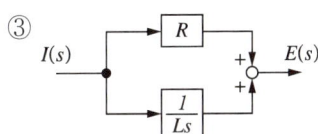

④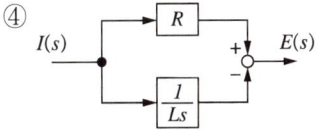

정답 64 ③ 65 ② 66 ③ 67 ② 68 ①

69

$G(j\omega) = \dfrac{K}{j\omega(j\omega+1)}$ 의 나이퀴스트선도를 도시한 것은?(단, $K > 0$ 이다)

① 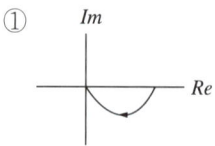 ②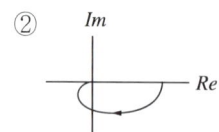

③ 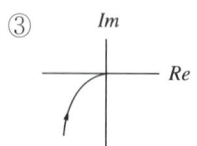 ④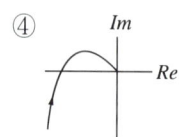

70

다음 그림이 나타내는 논리회로는?

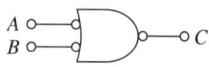

① OR회로 ② AND회로
③ Exclusive OR회로 ④ NAND회로

71

RL 직렬회로에 직류전압 5[V]를 $t=0$에서 인가하였더니 $i(t) = 50(1 - e^{-20 \times 10^{-3}t})$[mA]$(t \geq 0)$이었다. 이 회로의 저항을 처음 값의 2배로 하면 시정수는 얼마가 되겠는가?

① 10[ms] ② 40[ms]
③ 5[s] ④ 25[s]

72

대칭 n상 환상결선에서 선전류와 상전류 사이의 위상차는 어떻게 되는가?

① $\dfrac{\pi}{2}\left(1 - \dfrac{2}{n}\right)$ ② $2\left(1 - \dfrac{2}{n}\right)$
③ $\dfrac{n}{2}\left(1 - \dfrac{\pi}{2}\right)$ ④ $\dfrac{\pi}{2}\left(1 - \dfrac{n}{2}\right)$

73

2전력계법으로 평형 3상 전력을 측정하였더니 각각의 전력계가 500[W], 300[W]를 지시하였다면 전 전력[W]은?

① 200 ② 300
③ 500 ④ 800

74

3상 불평형 회로의 전압에서 불평형률[%]은?

① $\dfrac{영상전압}{정상전압} \times 100[\%]$

② $\dfrac{정상전압}{역상전압} \times 100[\%]$

③ $\dfrac{정상전압}{영상전압} \times 100[\%]$

④ $\dfrac{역상전압}{정상전압} \times 100[\%]$

75

어느 소자에 전압 $e = 125\sin 377t$[V]를 가했을 때 전류 $i = 50\cos 377t$[A]가 흘렀다. 이 회로의 소자는 어떤 종류인가?

① 순저항
② 용량리액턴스
③ 유도리액턴스
④ 저항과 유도리액턴스

76

내부 임피던스가 $0.3 + j2[\Omega]$인 발전기에 임피던스가 $1.1 + j3[\Omega]$인 선로를 연결하여 어떤 부하에 전력을 공급하고 있다. 이 부하의 임피던스가 몇 $[\Omega]$일 때 발전기로부터 부하로 전달되는 전력이 최대가 되는가?

① $1.4 - j5$ ② $1.4 + j5$
③ 1.4 ④ $j5$

77

무손실 선로에 있어서 감쇠정수 α, 위상정수를 β라 하면 α와 β의 값은?(단, R, G, L, C는 선로 단위길이당의 저항, 컨덕턴스, 인덕턴스, 커패시턴스이다)

① $\alpha = \sqrt{RG}$, $\beta = 0$
② $\alpha = 0$, $\beta = \dfrac{1}{\sqrt{LC}}$
③ $\alpha = 0$, $\beta = \omega\sqrt{LC}$
④ $\alpha = \sqrt{RG}$, $\beta = \omega\sqrt{LC}$

78

임피던스 함수 $Z(s) = \dfrac{s+50}{s^2+3s+2}[\Omega]$으로 주어지는 2단자 회로망에 100[V]의 직류 전압을 가했다면 회로의 전류는 몇 [A]인가?

① 4   ② 6
③ 8   ④ 10

79

그림과 같은 회로의 구동점 임피던스 Z_{ab}는?

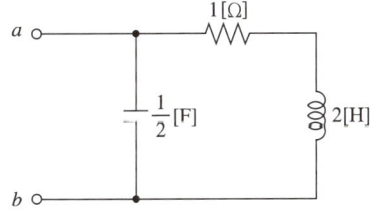

① $\dfrac{2(2s+1)}{2s^2+s+2}$ ② $\dfrac{2s+1}{2s^2+s+2}$
③ $\dfrac{2(2s-1)}{2s^2+s+2}$ ④ $\dfrac{2s^2+s+2}{2(2s+1)}$

80

다음 회로에서 $t=0$일 때 스위치 K를 닫았다. $i_1(0^+)$, $i_2(0^+)$의 값은?(단, $t<0$에서 C 전압과 L 전압은 각각 0[V]이다)

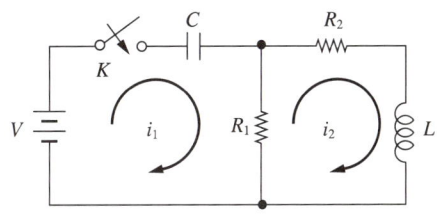

① $\dfrac{V}{R_1}$, 0   ② 0, $\dfrac{V}{R_2}$
③ 0, 0   ④ $-\dfrac{V}{R_1}$, 0

제5과목 전기설비기술기준

81

뱅크용량이 몇 [kVA] 이상인 무효 전력 보상 장치에는 그 내부에 고장이 생긴 경우에 자동적으로 이를 전로로부터 차단하는 보호장치를 하여야 하는가?

① 10,000   ② 15,000
③ 20,000   ④ 25,000

82

고압 가공전선로의 가공지선으로 나경동선을 사용하는 경우의 지름은 몇 [mm] 이상이어야 하는가?

① 3.2   ② 4.0
③ 5.5   ④ 6.0

83
옥내에 시설하는 저압 전선에 나전선을 사용할 수 있는 경우는?

① 버스덕트공사에 의하여 시설하는 경우
② 금속덕트공사에 의하여 시설하는 경우
③ 합성수지관공사에 의하여 시설하는 경우
④ 후강전선관공사에 의하여 시설하는 경우

84
하나 또는 복합하여 시설하여야 하는 접지극의 방법으로 틀린 것은?

① 지중 금속구조물
② 토양에 매설된 기초 접지극
③ 케이블의 금속외장 및 그 밖에 금속피복
④ 대지에 매설된 강화콘크리트의 용접된 금속보강재

85
주택 등 저압수용장소에서 고정전기설비에 TN-C-S 접지방식으로 접지공사 시 중성선 겸용 보호도체(PEN)를 알루미늄으로 사용할 경우 단면적은 몇 [mm²] 이상이어야 하는가?

① 2.5
② 6
③ 10
④ 16

86
최대사용전압이 220[V]인 전동기의 절연내력 시험을 하고자 할 때 시험전압은 몇 [V]인가?

① 300
② 330
③ 450
④ 500

87
저압 가공전선이 건조물의 상부 조영재 옆쪽으로 접근하는 경우 저압 가공전선과 건조물의 조영재 사이의 간격은 몇 [m] 이상이어야 하는가?(단, 전선에 사람이 쉽게 접촉할 우려가 없도록 시설한 경우와 전선이 고압 절연전선, 특고압 절연전선 또는 케이블인 경우는 제외한다)

① 0.6
② 0.8
③ 1.2
④ 2.0

88
고압 가공전선으로 경동선을 사용하는 경우 안전율은 얼마 이상이 되는 처짐 정도로 시설하여야 하는가?

① 2.0
② 2.2
③ 2.5
④ 4.0

89
저압 옥내배선의 사용전압이 220[V]인 제어회로를 금속관공사에 의하여 시공하였다. 여기에 사용되는 배선은 단면적이 몇 [mm²] 이상의 연동선을 사용하여도 되는가?

① 1.5
② 2.0
③ 2.5
④ 3.0

90
주택의 전기저장장치의 축전지에 접속하는 부하 측 옥내배선을 사람이 접촉할 우려가 없도록 케이블공사에 의하여 시설하고 전선에 적당한 방호장치를 시설한 경우 주택의 옥내전로의 대지전압은 직류 몇 [V]까지 적용할 수 있는가?(단, 전로에 지락이 생겼을 때 자동적으로 전로를 차단하는 장치를 시설한 경우이다)

① 150
② 300
③ 400
④ 600

91
합성수지관공사 시 관 상호 간 및 박스와의 접속은 관에 삽입하는 깊이를 관 바깥지름의 몇 배 이상으로 하여야 하는가?(단, 접착제를 사용하지 않는 경우이다)

① 0.5
② 0.8
③ 1.2
④ 1.5

92
일반인이 접촉할 우려가 있는 세대 내 분전반 및 이와 유사한 장소에는 어떠한 차단기를 시설하여야 하는가?

① 주택용 누전차단기
② 산업용 누전차단기
③ 주택용 배선차단기
④ Fuse

93
두 개 이상의 전선을 병렬로 사용하는 경우에 대한 시설기준으로 틀린 것은?

① 병렬로 사용하는 전선에는 각각에 퓨즈를 설치할 것
② 같은 극의 각 전선은 동일한 터미널러그에 완전히 접속할 것
③ 같은 극인 각 전선의 터미널러그는 동일한 도체에 2개 이상의 리벳 또는 2개 이상의 나사로 접속할 것
④ 교류회로에서 병렬로 사용하는 전선은 금속관 안에 전지적 불평형이 생기지 않도록 시설할 것

94
고압 가공전선을 시가지 외에 시설할 때 사용되는 경동선의 굵기는 지름 몇 [mm] 이상인가?

① 2.6
② 3.2
③ 4.0
④ 5.0

95
전기설비의 보호를 위해 설치해야 하는 계측장치가 아닌 것은?

① 과전류 보호장치
② 과전압 보호장치
③ 지락(누전) 보호장치
④ 전력량계

96
TN 접지 시스템 내에서 사용되는 상세 분류로 틀린 것은?

① TN-C 시스템
② TN-S 시스템
③ TN-C-S 시스템
④ TN-S-C 시스템

97
건조한 장소로서 전개된 장소에 한하여 시설할 수 있는 고압 옥내배선의 방법은?

① 금속관공사
② 애자사용공사
③ 가요전선관공사
④ 합성수지관공사

98
전력보안통신설비의 조가선은 단면적 몇 [mm^2] 이상의 아연도강연선을 사용하여야 하는가?

① 16
② 38
③ 50
④ 55

99
수뢰부시스템의 배치방식이 아닌 것은?

① 보호각법
② 보호구체법
③ 그물망법
④ 회전구체법

100
주택용 배선차단기의 부동작전류와 동작전류가 맞는 것은?

① 1.05배, 1.13배
② 1.13배, 1.45배
③ 1.13배, 2.1배
④ 1.05배, 1.6배

정답 91 ③ 92 ① 93 ① 94 ③ 95 ④ 96 ④ 97 ② 98 ② 99 ② 100 ②

2025년 제1회 CBT

제1과목 전기자기학

01
10[V]의 기전력을 유기시키려면 5초간에 몇 [Wb]의 자속을 끊어야 하는가?

① 2 ② 10
③ 25 ④ 50

02
동심구형 콘덴서의 내외 반지름을 각각 5배로 증가시키면 정전용량은 몇 배로 증가하는가?

① 5 ② 10
③ 15 ④ 20

03
자계의 벡터퍼텐셜을 A 라 할 때 자계의 변화에 의하여 생기는 전계의 세기 E는?

① $E = \text{rot} A$ ② $\text{rot} E = A$
③ $E = -\dfrac{\partial A}{\partial t}$ ④ $\text{rot} E = -\dfrac{\partial A}{\partial t}$

04
비투자율이 350인 환상철심 내부의 평균 자계의 세기가 342[AT/m]일 때 자화의 세기는 약 몇 [Wb/m²]인가?

① 0.12 ② 0.15
③ 0.18 ④ 0.21

05
자속밀도 B [Wb/m²]의 평등자계 내에서 길이 l [m]인 도체 ab가 속도 v[m/s]로 그림과 같이 도선을 따라서 자계와 수직으로 이동할 때, 도체 ab에 의해 유기된 기전력의 크기 e[V]와 폐회로 abcd 내 저항 R에 흐르는 전류의 방향은?(단, 폐회로 abcd 내 도선 및 도체의 저항은 무시한다)

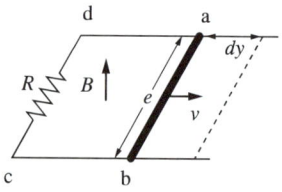

① $e = Blv$, 전류 방향 : c→d
② $e = Blv$, 전류 방향 : d→c
③ $e = Blv^2$, 전류 방향 : c→d
④ $e = Blv^2$, 전류 방향 : d→c

06
서로 다른 두 유전체 사이의 경계면에 전하분포가 없다면 경계면 양쪽에서의 전계 및 전속밀도는?

① 전계 및 전속밀도의 접선성분은 서로 같다.
② 전계 및 전속밀도의 법선성분은 서로 같다.
③ 전계의 법선성분이 서로 같고, 전속밀도의 접선성분이 서로 같다.
④ 전계의 접선성분이 서로 같고, 전속밀도의 법선성분이 서로 같다.

정답 1 ④ 2 ① 3 ③ 4 ② 5 ① 6 ④

07
평행판 콘덴서에 어떤 유전체를 넣었을 때 전속밀도가 4.8×10^{-7}[C/m²]이고 단위체적당 정전에너지가 5.3×10^{-3}[J/m³]이었다. 이 유전체의 유전율은 몇 [F/m]인가?

① 1.15×10^{-11}　② 2.17×10^{-11}
③ 3.19×10^{-11}　④ 4.21×10^{-11}

08
내압 1,000[V] 정전용량 1[μF], 내압 750[V] 정전용량 2[μF], 내압 500[V] 정전용량 5[μF]인 콘덴서 3개를 직렬로 접속하고 인가전압을 서서히 높이면 최초로 파괴되는 콘덴서는?

① 1[μF]
② 2[μF]
③ 5[μF]
④ 동시에 파괴된다.

09
반지름 a[m]인 접지 도체구의 중심에서 r[m]되는 거리에 점전하 Q[C]을 놓았을 때 도체구에 유도된 총전하는 몇 [C]인가?

① 0　② $-Q$
③ $-\dfrac{a}{r}Q$　④ $-\dfrac{r}{a}Q$

10
반지름 2[mm], 길이 100[m]인 동선의 내부 인덕턴스는 몇 [mH]인가?

① 1.25×10^{-3}　② 2.5×10^{-3}
③ 5×10^{-3}　④ 25×10^{-3}

11
면전하밀도가 ρ_s[C/m²]인 무한히 넓은 도체판에서 R[m]만큼 떨어져 있는 점의 전계의 세기[V/m]는?

① $\dfrac{\rho_s}{\varepsilon_0}$　② $\dfrac{\rho_s}{2\varepsilon_0}$
③ $\dfrac{\rho_s}{4\pi R^2}$　④ $\dfrac{\rho_s}{2R}$

12
하나의 철심 위에 인덕턴스가 10[H]인 두 코일을 같은 방향으로 감아서 직렬 연결하고 5[A]의 전류를 흘리면 전체 축적되는 에너지[J]는?(단, 두 코일의 결합계수는 0.8이다)

① 50　② 250
③ 450　④ 2,250

13
$z = 0$인 평면상에 중심이 원점에 있고 반지름이 a[m]인 원형 도체에 그림과 같이 전류 I[A]가 흐를 때 $z = b$[m]인 점에서 자계의 세기[AT/m]는?(단, a_z는 단위벡터이다)

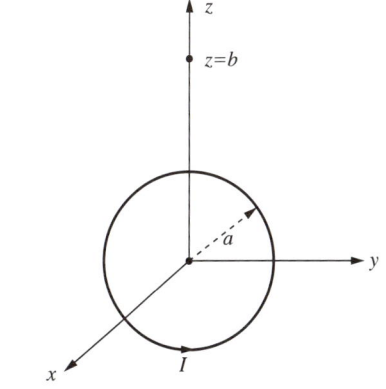

① $\dfrac{a^2 I}{2(a^2+b^2)^3} a_z$　② $\dfrac{aI}{2(a^2+b^2)^{\frac{3}{2}}} a_z$
③ $\dfrac{a^2 I}{2(a^2+b^2)^{\frac{3}{2}}} a_z$　④ $\dfrac{a^2 I}{2(a^2+b^2)^2} a_z$

14
영구자석에 대한 설명으로 옳지 않은 것은?
① 한 번 자화된 다음에는 자기를 영구적으로 보존하는 자석이다.
② 보자력이 클수록 자계가 강한 영구자석이 된다.
③ 잔류자속밀도가 클수록 자계가 강한 영구자석이 된다.
④ 자석 재료로 폐회로를 만들면 강한 영구자석이 된다.

15
단면적이 S[m²]이고, 단위길이당 권수가 n_0[회/m]인 무한히 긴 솔레노이드의 자기인덕턴스[H/m]는 얼마인가?(단, 비투자율은 5이다)
① $2\pi n_0 S \times 10^{-7}$
② $4\pi n_0^2 S \times 10^{-6}$
③ $2\pi n_0^2 S \times 10^{-6}$
④ $4\pi n_0 S \times 10^{-7}$

16
무한평면 도체로부터 d[m]인 곳에 Q[C]의 점전하가 있다. 이 점전하와 평면 도체 간의 작용력은 몇 [N]인가?
① $-9 \times 10^9 \dfrac{Q^2}{d^2}$
② $-4.5 \times 10^9 \dfrac{Q^2}{d^2}$
③ $-2.25 \times 10^9 \dfrac{Q^2}{d^2}$
④ $-0.33 \times 10^9 \dfrac{Q^2}{d^2}$

17
정전용량이 $C_1 = 1[\mu F]$, $C_2 = 2[\mu F]$인 도체에 $Q_1 = -5[\mu C]$, $Q_2 = 2[\mu C]$의 전하를 주는 경우 각 도체를 가는 철사로 연결 시 C_1에서 C_2로 이동하는 전하량 $Q[\mu C]$는 얼마인가?
① -4
② -2
③ -3
④ -1.5

18
사이클로트론에서 양자가 매초 3×10^{15}개의 비율로 가속되어 나오고 있다. 양자가 15[MeV]의 에너지를 가지고 있다고 할 때, 이 사이클로트론은 가속용 고주파 전계를 만들기 위해서 150[kW]의 전력을 필요로 한다면 에너지 효율[%]은?
① 2.8
② 3.8
③ 4.8
④ 5.8

19
자유공간 중에 $x = 2$, $z = 4$인 무한장 직선상에 ρ_L[C/m]인 균일한 선전하가 있다. 점(0, 0, 4)의 전계 E[V/m]는?
① $E = \dfrac{-\rho_L}{4\pi\varepsilon_0} a_x$
② $E = \dfrac{\rho_L}{4\pi\varepsilon_0} a_x$
③ $E = \dfrac{-\rho_L}{2\pi\varepsilon_0} a_x$
④ $E = \dfrac{\rho_L}{2\pi\varepsilon_0} a_x$

20
자성체 $3 \times 4 \times 20$[cm³]가 자속밀도 $B = 130$[mT]로 자화되었을 때 자기모멘트가 48[A·m²]이었다면 자화의 세기(M)는 몇 [A/m]인가?
① 10^4
② 10^5
③ 2×10^4
④ 2×10^5

제2과목 전력공학

21
배전선로의 손실을 경감시키는 방법이 아닌 것은?
① 전압 조정
② 역률 개선
③ 다중접지방식 채용
④ 부하의 불평형 방지

14 ④ 15 ③ 16 ③ 17 ① 18 ③ 19 ① 20 ④ 21 ③

22
전력계통 설비인 차단기와 단로기는 전기적 및 기계적으로 인터로크를 설치하여 연계하여 운전하고 있다. 인터로크(Interlock)의 설명으로 알맞은 것은?

① 부하통전 시 단로기를 열 수 없다.
② 차단기가 열려 있어야 단로기를 닫을 수 있다.
③ 차단기가 닫혀 있어야 단로기를 열 수 있다.
④ 부하투입 시에는 차단기를 우선 투입한 후 단로기를 투입한다.

23
각 수용가의 수용설비용량이 50[kW], 100[kW], 80[kW], 60[kW], 150[kW]이며, 각각의 수용률이 0.6, 0.6, 0.5, 0.5, 0.4일 때 부하의 부등률이 1.30이라면 변압기 용량은 약 몇 [kVA]가 필요한가?(단, 평균부하역률은 80[%]라고 한다)

① 142
② 165
③ 183
④ 212

24
전력 계통 주파수가 기준값보다 증가하는 경우 어떻게 하는 것이 타당한가?

① 발전출력[kW]을 증가시켜야 한다.
② 발전출력[kW]을 감소시켜야 한다.
③ 무효전력[kVar]을 증가시켜야 한다.
④ 무효전력[kVar]을 감소시켜야 한다.

25
피뢰기가 그 역할을 잘하기 위하여 구비되어야 할 조건으로 틀린 것은?

① 속류를 차단할 것
② 내구력이 높을 것
③ 충격방전 개시전압이 낮을 것
④ 제한전압은 피뢰기의 정격전압과 같게 할 것

26
그림과 같은 단상 2선식 배선에서 인입구 A점의 전압이 220[V]라면 C점의 전압[V]은?(단, 저항값은 1선의 값이며 AB 간은 0.05[Ω], BC 간은 0.1[Ω]이다)

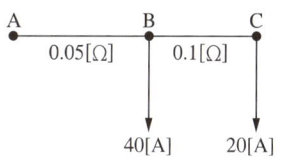

① 214
② 210
③ 196
④ 192

27
교류송전에서는 송전거리가 멀어질수록 동일 전압에서의 송전 가능 전력이 적어진다. 그 이유로 가장 알맞은 것은?

① 표피효과가 커지기 때문이다.
② 코로나 손실이 증가하기 때문이다.
③ 선로의 어드미턴스가 커지기 때문이다.
④ 선로의 유도성 리액턴스가 커지기 때문이다.

28
수차의 특유속도 크기를 바르게 나열한 것은?

① 펠턴수차 < 카플란수차 < 프란시스수차
② 펠턴수차 < 프란시스수차 < 카플란수차
③ 프란시스수차 < 카플란수차 < 펠턴수차
④ 카플란수차 < 펠턴수차 < 프란시스수차

29
3상 3선식 송전선에서 1선의 저항이 15[Ω], 리액턴스는 20[Ω]이고 수전단의 선간전압은 30[kV], 부하역률이 0.8인 경우 전압강하율을 10[%]라 하면 이 송전선로로는 몇 [kW]까지 수전할 수 있는가?

① 2,500
② 2,750
③ 3,000
④ 3,250

30
변류기 개방 시 2차 측을 단락하는 이유는?
① 2차 측 절연보호
② 2차 측 과전류 보호
③ 측정오차 방지
④ 1차 측 과전류 방지

31
송전선로에 근접한 통신선에 유도장해가 발생하였다. 전자유도의 원인은?
① 역상전압
② 정상전압
③ 정상전류
④ 영상전류

32
송배전 선로에서 도체의 굵기는 같게 하고 도체 간의 간격을 크게 하면 도체의 인덕턴스는?
① 커진다.
② 작아진다.
③ 변함이 없다.
④ 도체의 굵기 및 도체 간의 간격과는 무관하다.

33
단상 2선식에 비하여 단상 3선식의 특징으로 옳은 것은?
① 소요 전선량이 많아야 한다.
② 중성선에는 반드시 퓨즈를 끼워야 한다.
③ 110[V] 부하 외에 220[V] 부하의 사용이 가능하다.
④ 전압 불평형을 줄이기 위하여 저압선의 말단에 전력용 콘덴서를 설치한다.

34
다음 중 3상 차단기의 정격차단용량으로 알맞은 것은?
① 정격전압 × 정격차단전류
② $\sqrt{3}$ × 정격전압 × 정격차단전류
③ 3 × 정격전압 × 정격차단전류
④ $3\sqrt{3}$ × 정격전압 × 정격차단전류

35
최대출력 350[MW], 평균부하율 80[%]로 운전되고 있는 화력발전소의 10일간 중유소비량이 1.6×10^7[L] 라고 하면 발전단에서의 열효율은 몇 [%]인가?(단, 중유의 열량은 10,000[kcal/L]이다)
① 35.3
② 36.1
③ 37.8
④ 39.2

36
그림과 같은 송전계통에서 S점에 3상 단락사고가 발생했을 때 단락전류[A]는 약 얼마인가?(단, 선로의 길이와 리액턴스는 각각 50[km], 0.6[Ω/km]이다)

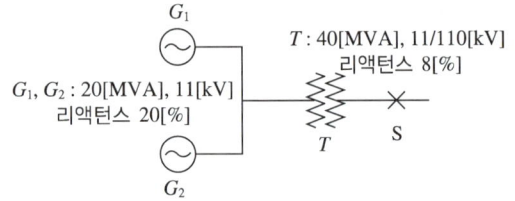

① 224
② 324
③ 454
④ 554

37
3φ 3W식 송전선로에서 L을 작용인덕턴스라 하고 L_e 및 L_m은 대지를 귀로하는 1선의 자기인덕턴스 및 상호인덕턴스라고 할 때 이들 사이의 관계식은?
① $L = L_m - L_e$
② $L = L_e - L_m$
③ $L = L_m + L_e$
④ $L = L_m / L_e$

38
직렬콘덴서를 선로에 삽입할 때의 이점이 아닌 것은?
① 선로의 인덕턴스를 보상한다.
② 수전단의 전압변동률을 줄인다.
③ 정태안정도를 증가한다.
④ 수전단의 역률을 개선한다.

39
역률 0.8인 부하 480[kW]를 공급하는 변전소에 전력용 콘덴서 220[kVA]를 설치하면 역률은 몇 [%]로 개선할 수 있는가?

① 92   ② 94
③ 96   ④ 99

40
각 전력계통을 연계선으로 상호 연결하면 여러 가지 장점이 있다. 틀린 것은?

① 경제 급전이 용이하다.
② 주파수의 변화가 작아진다.
③ 각 전력계통의 신뢰도가 증가한다.
④ 배후전력(Back Power)이 크기 때문에 고장이 적으며, 그 영향의 범위가 작아진다.

제3과목   전기기기

41
직류발전기의 전기자 반작용에 대한 설명으로 틀린 것은?

① 전기자 반작용으로 인하여 전기적 중성축을 이동시킨다.
② 정류자 편간 전압이 불균일하게 되어 섬락의 원인이 된다.
③ 전기자 반작용이 생기면 주자속이 왜곡되고 증가하게 된다.
④ 전기자 반작용이란, 전기자 전류에 의하여 생긴 자속이 계자에 의해 발생되는 주자속에 영향을 주는 현상을 말한다.

42
3상 권선형 유도전동기의 기동법에 해당하는 것은?

① 반발 기동법
② 콘덴서 기동법
③ 2차 저항 기동법
④ 분상 기동법

43
정격이 5[kW], 100[V], 50[A], 1,800[rpm]인 타여자 직류발전기가 있다. 무부하 시와 정격 시의 단자전압 차는 몇 [V]인가?(단, 계자전압은 50[V], 계자전류는 5[A], 전기자 저항은 0.2[Ω]이고, 브러시의 전압강하는 2[V]이다)

① 8   ② 10
③ 12   ④ 14

44
4극, 중권, 총도체수 500, 극당 자속이 0.01[Wb]인 직류발전기가 100[V]의 기전력을 발생시키는 데 필요한 회전수는 몇 [rpm]인가?

① 800   ② 1,000
③ 1,200   ④ 1,600

45
정격부하에서 역률 0.8(뒤짐)로 운전될 때, 전압변동률이 12[%]인 변압기가 있다. 이 변압기에 역률 100[%]의 정격부하를 걸고 운전할 때의 전압변동률은 약 몇 [%]인가?(단, %저항강하는 %리액턴스강하의 1/12이라고 한다)

① 0.909   ② 1.5
③ 6.85   ④ 16.18

46
극수가 24일 때, 전기각 180°에 해당되는 기계각은?

① 7.5°   ② 15°
③ 22.5°   ④ 30°

정답   39 ③   40 ④   41 ③   42 ③   43 ③   44 ③   45 ②   46 ②

47
다음 전동기 중 역률이 가장 좋은 전동기는?
① 동기전동기 ② 반발 기동전동기
③ 농형 유도전동기 ④ 교류 정류자전동기

48
3상 교류발전기의 기전력에 대하여 $\frac{\pi}{2}$[rad] 뒤진 전기자전류가 흐르면 전기자 반작용은?
① 증자작용을 한다.
② 감자작용을 한다.
③ 횡축 반작용을 한다.
④ 교차 자화작용을 한다.

49
210/105[V]의 변압기를 그림과 같이 결선하고 고압측에 200[V]의 전압을 가하면 전압계의 지시는 몇 [V]인가?(단, 변압기는 가극성이다)

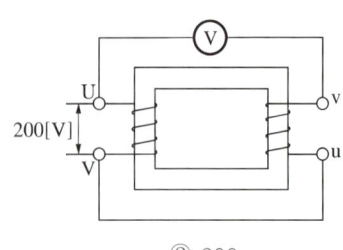

① 100 ② 200
③ 300 ④ 400

50
변압기에서 사용되는 변압기유의 구비 조건으로 틀린 것은?
① 점도가 높을 것 ② 응고점이 낮을 것
③ 인화점이 높을 것 ④ 절연내력이 클 것

51
2방향성 3단자 사이리스터는 어느 것인가?
① SCR ② SSS
③ SCS ④ TRIAC

52
변압기의 등가회로 구성에 필요한 시험이 아닌 것은?
① 단락시험 ② 부하시험
③ 무부하시험 ④ 권선저항 측정

53
3상 권선형 유도전동기의 전부하 슬립이 2[%], 2차 1상의 저항은 0.1[Ω]이다. 이 유도전동기의 기동토크를 전부하토크와 같도록 하기 위해 외부에서 2차에 삽입해야 할 저항은 몇 [Ω]인가?
① 4.6 ② 4.9
③ 5.2 ④ 5.5

54
공장 선로에 뒤진 역률 0.85인 부하를 연결하는 경우 이 선로에 동기조상기를 병렬로 결선하여 부족여자로 운전할 때 선로의 역률로 옳은 것은?
① 앞선 역률이며 역률은 더욱 나빠진다.
② 뒤진 역률이며 역률은 더욱 좋아진다.
③ 뒤진 역률이며 역률은 더욱 나빠진다.
④ 앞선 역률이며 역률은 더욱 좋아진다.

55
어떤 직류전동기가 역기전력 200[V], 매분 1,200회전으로 토크 158.76[N·m]를 발생하고 있을 때의 전기자 전류는 약 몇 [A]인가?(단, 기계손 및 철손은 무시한다)
① 90 ② 95
③ 100 ④ 105

56
무정전 전원공급장치(UPS)에 컨버터를 사용하는 목적은?
① 교류전압의 주파수를 변환하기 위함이다.
② 교류전압의 변화를 안정화하기 위함이다.
③ 교류전압을 다른 교류전압으로 변환하기 위함이다.
④ 교류전압을 직류전압으로 변환하기 위함이다.

57

극수 P의 3상 유도전동기가 주파수 f, 슬립 s, 토크 T[N·m]로 회전하고 있을 때 출력은 몇 [W]인가?

① $T\dfrac{4\pi f}{P}s$
② $T\dfrac{4\pi f}{P}(1-s)$
③ $T\dfrac{4Pf}{\pi}s$
④ $T\dfrac{\pi f}{2P}(1-s)$

58

4극, 60[Hz]의 정류자 주파수 변환기가 회전자계 방향과 반대방향으로 1,440[rpm]으로 회전할 때의 주파수는 몇 [Hz]인가?

① 8
② 10
③ 12
④ 15

59

타여자 직류전동기의 속도제어에 사용되는 워드-레오나드(Ward-Leonard) 방식은 다음 중 어느 제어법을 이용한 것인가?

① 저항제어법
② 전압제어법
③ 주파수제어법
④ 직병렬제어법

60

단상 단권변압기 2대를 V결선으로 해서 3상 전압 3,000[V]를 3,300[V]로 승압하고, 150[kVA]를 송전하려고 한다. 이 경우 단상 단권변압기 1대분의 자기용량 [kVA]은 약 얼마인가?

① 15.74
② 13.62
③ 7.87
④ 4.54

제4과목 회로이론 및 제어공학

61

그림과 같은 블록선도로 표시되는 제어계는?

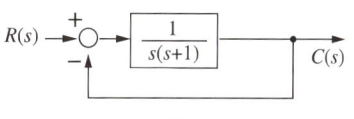

① 0형
② 1형
③ 2형
④ 3형

62

물체의 위치, 각도, 자세, 방향 등을 제어량으로 하고 목푯값의 임의의 변화에 추종하는 것과 같이 구성된 제어장치를 무엇이라고 하는가?

① 프로세스제어
② 서보기구
③ 자동조정
④ 추종제어

63

특성방정식 $s^5+2s^4+2s^3+3s^2+4s+1$을 Routh-Hurwitz 판별법으로 분석한 결과로 옳은 것은?

① s-평면의 우반면에 근이 존재하지 않기 때문에 안정한 시스템이다.
② s-평면의 우반면에 근이 1개 존재하기 때문에 불안정한 시스템이다.
③ s-평면의 우반면에 근이 2개 존재하기 때문에 불안정한 시스템이다.
④ s-평면의 우반면에 근이 3개 존재하기 때문에 불안정한 시스템이다.

64
다음의 회로와 동일한 논리소자는?

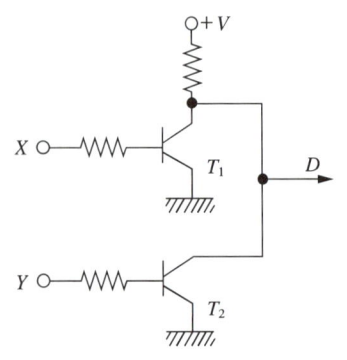

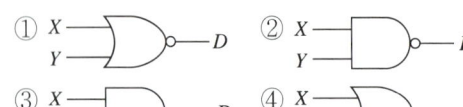

65
그림과 같은 RLC 회로에서 입력전압 $e_i(t)$, 출력전류가 $i(t)$인 경우 이 회로의 전달함수 $I(s)/E(s)$는? (단, 모든 초기 조건은 0이다)

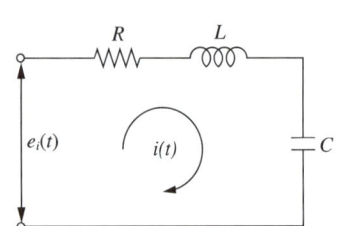

① $\dfrac{Cs}{RCs^2+LCs+1}$ ② $\dfrac{1}{RCs^2+LCs+1}$
③ $\dfrac{Cs}{LCs^2+RCs+1}$ ④ $\dfrac{1}{LCs^2+RCs+1}$

66
개루프 전달함수 $G(s)=\dfrac{s+5}{s(s+2)(s+4)}$가 단위 부궤환을 가질 때 단위 램프 입력의 정상편차는?

① $\dfrac{8}{5}$ ② ∞
③ $\dfrac{5}{8}$ ④ 0

67
다음의 개루프 전달함수에 대한 근궤적이 실수축에서 이탈하게 되는 분리점은 약 얼마인가?

$$G(s)H(s) = \frac{K}{s(s+3)(s+8)},\ K \geq 0$$

① -0.93 ② -5.74
③ -6.0 ④ -1.33

68
그림과 같은 블록선도에 대한 등가종합전달함수 (C/R)는?

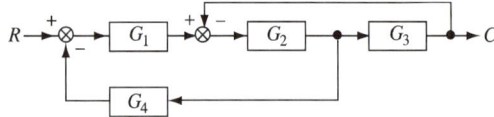

① $\dfrac{G_1G_2G_3}{1+G_1G_2+G_1G_2G_3}$
② $\dfrac{G_1G_2G_3}{1+G_2G_3+G_1G_2G_3}$
③ $\dfrac{G_1G_2G_4}{1+G_1G_2+G_1G_2G_4}$
④ $\dfrac{G_1G_2G_3}{1+G_2G_3+G_1G_2G_4}$

69
$F(s)=s^3+4s^2+2s+K=0$에서 시스템이 안정하기 위한 K의 범위는?

① $0<K<8$ ② $-8<K<0$
③ $1<K<8$ ④ $-1<K<8$

70
계단응답이 입력신호와 같은 파형이고 시간만이 뒤졌을 때 이 계의 요소는?

① 미분요소 ② 부동작 시간요소
③ 1차 뒤진 요소 ④ 2차 뒤진 요소

71
전류 $\sqrt{2}\,I\sin(\omega t+\theta)$[A]와 기전력 $\sqrt{2}\,V\cos(\omega t-\phi)$[V] 사이의 위상차는?

① $\dfrac{\pi}{2}-(\phi-\theta)$
② $\dfrac{\pi}{2}-(\phi+\theta)$
③ $\dfrac{\pi}{2}+(\phi+\theta)$
④ $\dfrac{\pi}{2}+(\phi-\theta)$

72
3상 유도전동기 선간전압이 200[V], 효율 80[%], 역률 90[%]이고, 출력이 3[HP]인 전동기의 선전류[A]는?

① 6.85
② 7.18
③ 8.97
④ 9.18

73
$\mathcal{L}[f(t)]=F(s)=\dfrac{5s+8}{5s^2+4s}$ 일 때, $f(t)$의 최종값 $f(\infty)$는?

① 1
② 2
③ 3
④ 4

74
회로에서 $V=10$[V], $R=10$[Ω], $L=1$[H], $C=10[\mu F]$ 그리고 $V_c(0)=0$일 때 스위치 K를 닫은 직후 전류의 변화율 $\dfrac{di}{dt}(0^+)$의 값[A/s]은?

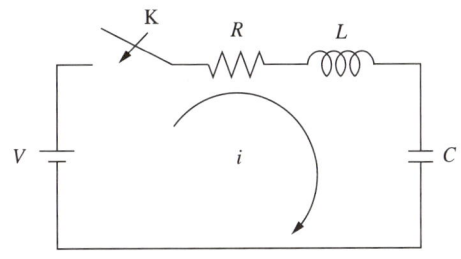

① 0
② 1
③ 5
④ 10

75
다음 중 여파기의 종류가 아닌 것은?

① 정 K형 대역여파기
② 정 K형 저역여파기
③ 정 K형 고역여파기
④ 정 K형 전역여파기

76
어떤 소자에 걸리는 전압이 $100\sqrt{2}\cos\left(314t-\dfrac{\pi}{6}\right)$ [V]이고, 흐르는 전류가 $3\sqrt{2}\cos\left(314t+\dfrac{\pi}{6}\right)$ [A]일 때 소비되는 전력[W]은?

① 100
② 150
③ 250
④ 300

77
선로의 단위길이당 분포인덕턴스, 저항, 정전용량, 누설컨덕턴스를 각각 L, R, C, G라 하면 전파정수는?

① $\dfrac{\sqrt{(R+j\omega L)}}{(G+j\omega C)}$
② $\sqrt{(R+j\omega L)(G+j\omega C)}$
③ $\sqrt{\dfrac{(R+j\omega L)}{(G+j\omega C)}}$
④ $\sqrt{\dfrac{(G+j\omega C)}{(R+j\omega L)}}$

78
$i(t)=100+50\sqrt{2}\sin\omega t+20\sqrt{2}\sin\left(3\omega t+\dfrac{\pi}{6}\right)$ [A]로 표현되는 비정현파 전류의 실횻값은 약 몇 [A]인가?

① 20
② 50
③ 114
④ 150

79
1상의 직렬임피던스가 $R=6[\Omega]$, $X_L=8[\Omega]$인 △결선 평형부하가 있다. 여기에 선간전압 100 [V]인 대칭 3상 교류전압을 가하면 선전류는 몇 [A]인가?

① $\dfrac{10\sqrt{3}}{3}$ ② $3\sqrt{3}$
③ 10 ④ $10\sqrt{3}$

80
전류의 대칭분을 I_0, I_1, I_2 유기기전력 및 단자전압의 대칭분을 E_a, E_b, E_c 및 V_0, V_1, V_2라 할 때 3상 교류 발전기의 기본식 중 정상분 V_1값은?(단, Z_0, Z_1, Z_2는 영상, 정상, 역상 임피던스이다)

① $-Z_0I_0$ ② $-Z_2I_2$
③ $E_a - Z_1I_1$ ④ $E_b - Z_2I_2$

제5과목 전기설비기술기준

81
배선공사 중 전선이 반드시 절연전선이 아니라도 상관없는 공사방법은?

① 금속관공사 ② 합성수지관공사
③ 버스덕트공사 ④ 플로어덕트공사

82
귀선로에 대한 설명으로 틀린 것은?

① 나전선을 적용하여 가공식으로 가설을 원칙으로 한다.
② 사고 및 지락 시에도 충분한 허용전류용량을 갖도록 하여야 한다.
③ 비절연보호도체, 매설접지도체, 레일 등으로 구성하여 단권변압기 중성점과 공통접지에 접속한다.
④ 비절연보호도체의 위치는 통신유도장해 및 레일전위의 상승의 경감을 고려하여 결정하여야 한다.

83
사용전압이 22.9[kV]인 가공전선과 그 지지물 사이의 간격은 일반적으로 몇 [m] 이상이어야 하는가?

① 0.05 ② 0.1
③ 0.15 ④ 0.2

84
사용전압 66[kV] 가공전선과 6[kV] 가공전선을 동일 지지물에 시설하는 경우, 특고압 가공전선은 케이블인 경우를 제외하고는 단면적이 몇 [mm²]인 경동연선 또는 이와 동등 이상의 세기 및 굵기의 연선이어야 하는가?

① 22 ② 38
③ 50 ④ 100

85
철도 또는 궤도를 횡단하는 저·고압 가공전선의 높이는 레일면상 몇 [m] 이상이어야 하는가?

① 5.5 ② 6.5
③ 7.5 ④ 8.5

86
지중전선로를 직접 매설식에 의하여 시설하는 경우에는 매설 깊이를 차량 기타 중량물의 압력을 받을 우려가 있는 장소에서는 몇 [m] 이상으로 하면 되는가?

① 0.6 ② 0.8
③ 1.0 ④ 1.2

87
지중전선이 지중약전류전선 등과 접근하거나 교차하는 경우에 상호 간의 간격이 저압 또는 고압의 지중전선이 몇 [m] 이하일 때, 지중전선과 지중약전류전선 사이에 견고한 내화성의 격벽을 설치하여야 하는가?

① 0.1 ② 0.2
③ 0.3 ④ 0.6

88
최대사용전압이 22.9[kV]인 3상 4선식 중성선 다중접지식 전로와 대지 사이의 절연내력 시험전압은 몇 [V]인가?

① 21,068 ② 25,229
③ 28,752 ④ 32,510

89
주택 등 저압수용장소에서 고정전기설비에 TN-C-S 접지방식으로 접지공사 시 중성선 겸용 보호도체(PEN)를 알루미늄으로 사용할 경우 단면적은 몇 [mm^2] 이상이어야 하는가?

① 2.5 ② 6
③ 10   ④ 16

90
발열선을 도로, 주차장 또는 조영물의 조영재에 고정시켜 시설하는 경우, 발열선에 전기를 공급하는 전로의 대지전압은 몇 [V] 이하이어야 하는가?

① 220 ② 300
③ 380 ④ 600

91
전로의 사용전압이 500[V] 이하인 옥내전로에서 분기회로의 절연저항값은 몇 [MΩ] 이상이어야 하는가?

① 0.1 ② 0.5
③ 1   ④ 1.5

92
사용전압이 35[kV] 초과인 특고압용 차단기가 동작 시에 아크가 생기는 경우 목재의 벽 또는 천장 기타의 가연성 물체로부터 몇 [m] 이상 이격하여 시설해야 하는가?

① 1   ② 1.5
③ 2   ④ 2.5

93
하나 또는 복합하여 시설하여야 하는 접지극의 방법으로 틀린 것은?

① 지중 금속구조물
② 토양에 매설된 기초 접지극
③ 케이블의 금속외장 및 그 밖에 금속피복
④ 대지에 매설된 강화콘크리트의 용접된 금속보강재

94
콘센트는 정격전류 몇 [A] 이하일 때 누전차단기에 의한 추가적 보호를 하여야 하는가?

① 20 ② 32
③ 51 ④ 68

95
특고압 전선로에 사용되는 애자장치에 대한 갑종 풍압하중은 그 구성재의 수직 투영면적 1[m^2]에 대한 풍압하중을 몇 [Pa]를 기초로 하여 계산한 것인가?

① 592 ② 668
③ 946 ④ 1,039

96
옥외설비의 절연유 유출방지설비에 대한 내용 중 틀린 것은?

① 집유조 및 집수탱크가 시설되는 경우 집수탱크는 최대 용량 변압기의 유량에 대한 집유능력이 있어야 한다.
② 절연유 유출 방지설비의 선정은 기기에 들어 있는 절연유의 양, 빗물 및 화재보호시스템의 용수량, 근접 수로 및 토양조건을 고려하여야 한다.
③ 절연유 및 냉각액에 대한 집유조 및 집수탱크의 용량은 물의 유입으로 지나치게 감소되지 않아야 하며, 자연배수 및 강제배수가 가능하여야 한다.
④ 벽, 집유조 및 집수탱크에 관련된 배관은 액체가 침투하는 것이어야 한다.

정답 88 ① 89 ④ 90 ② 91 ③ 92 ③ 93 ④ 94 ① 95 ④ 96 ④

97
전차의 급전선로의 시설에 대한 설명으로 틀린 것은?

① 가공식은 전차선의 높이 이상으로 전차선로 지지물에 병행 설치하며, 나전선의 접속은 직선접속을 원칙으로 한다.
② 신설 터널 내 급전선을 가공으로 설계할 경우 지지물의 취부는 C채널 또는 매입전을 이용하여 고정하여야 한다.
③ 전기적 영향에 대한 최소 간격이 보장되지 않거나 지락, 불꽃 방전 등의 우려가 있을 경우에는 급전선을 케이블로 하여 안전하게 시공하여야 한다.
④ 선상승강장, 인도교, 과선교 또는 다리 하부 등에 설치할 때에는 최소 절연간격 이하로 확보하여야 한다.

98
사용전압 66[kV]의 가공전선을 시가지에 시설할 경우 전선의 지표상 최소높이는 몇 [m]인가?

① 6.48　　② 8.36
③ 10.48　　④ 12.36

99
고압 가공전선에 케이블을 사용하는 경우 케이블을 조가선에 행거로 시설하고자 할 때 행거의 간격은 몇 [m] 이하로 하여야 하는가?

① 0.3　　② 0.5
③ 0.8　　④ 1.0

100
특고압 가공전선로의 지지물 간 거리는 지지물이 철탑인 경우 몇 [m] 이하이어야 하는가?(단, 단주가 아닌 경우이다)

① 400　　② 500
③ 600　　④ 700

정답 97 ④　98 ③　99 ②　100 ③

2025년 제2회 CBT

제1과목 전기자기학

01
진공 중에 한 변의 길이가 0.1[m]인 정삼각형의 3정점 A, B, C에 각각 2.0×10^{-6}[C]의 점전하가 있을 때, 점 A의 전하에 작용하는 힘은 몇 [N]인가?

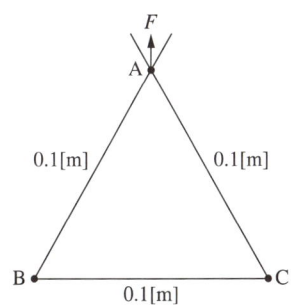

① $1.8\sqrt{2}$ ② $1.8\sqrt{3}$
③ $3.6\sqrt{2}$ ④ $3.6\sqrt{3}$

02
자기회로에서 전기회로의 도전율 σ[℧/m]에 대응되는 것은?

① 자속
② 기자력
③ 투자율
④ 자기저항

03
z축 상에 놓인 길이가 긴 직선 도체에 10[A]의 전류가 $+z$ 방향으로 흐르고 있다. 이 도체 주위의 자속밀도가 $3\hat{x} - 4\hat{y}$[Wb/m²]일 때 도체가 받는 단위 길이당 힘 [N/m]은?(단, $\hat{x}$, $\hat{y}$는 단위벡터이다)

① $-40\hat{x} + 30\hat{y}$ ② $-30\hat{x} + 40\hat{y}$
③ $30\hat{x} + 40\hat{y}$ ④ $40\hat{x} + 30\hat{y}$

04
정전용량이 20[μF]인 공기의 평행판 커패시터에 0.1[C]의 전하량을 충전하였다. 두 평행판 사이에 비유전율이 10인 유전체를 채웠을 때 유전체 표면에 나타나는 분극 전하량[C]은?

① 0.009   ② 0.01
③ 0.09   ④ 0.1

05
자기회로의 자기저항에 대한 설명으로 옳은 것은?

① 투자율에 반비례한다.
② 자기회로의 단면적에 비례한다.
③ 자기회로의 길이에 반비례한다.
④ 단면적에 반비례하고, 길이의 제곱에 비례한다.

06
$\sigma = 1$[℧/m], $\varepsilon_s = 6$, $\mu = \mu_0$인 유전체에 교류전압을 가할 때 변위전류와 전도전류의 크기가 같아지는 주파수는 약 몇 [Hz]인가?

① 3.0×10^9 ② 4.2×10^9
③ 4.7×10^9 ④ 5.1×10^9

07
평균 자로의 길이가 10[cm], 평균 단면적이 2[cm²]인 환상 솔레노이드의 자기인덕턴스를 5.4[mH] 정도로 하고자 한다. 이때 필요한 코일의 권선수는 약 몇 회인가?(단, 철심의 비투자율은 15,000이다)

① 6   ② 12
③ 24   ④ 29

정답 1 ④ 2 ③ 3 ④ 4 ③ 5 ① 6 ① 7 ②

08
전기력선의 기본 성질에 관한 설명으로 틀린 것은?
① 전기력선의 방향은 그 점의 전계의 방향과 일치한다.
② 전기력선은 전위가 높은 점에서 낮은 점으로 향한다.
③ 전기력선은 그 자신만으로도 폐곡선을 만든다.
④ 전계가 0이 아닌 곳에서는 전기력선은 도체 표면에 수직으로 만난다.

09
진공 중에서 점(1, 3)[m]의 위치에 -2×10^{-9}[C]의 점전하가 있을 때 점(2, 1)[m]에 있는 1[C]의 점전하에 작용하는 힘은 몇 [N]인가?(단, $\hat{x}$, $\hat{y}$는 단위벡터이다)

① $-\dfrac{18}{5\sqrt{5}}\hat{x} + \dfrac{36}{5\sqrt{5}}\hat{y}$

② $-\dfrac{36}{5\sqrt{5}}\hat{x} + \dfrac{18}{5\sqrt{5}}\hat{y}$

③ $-\dfrac{36}{5\sqrt{5}}\hat{x} - \dfrac{18}{5\sqrt{5}}\hat{y}$

④ $\dfrac{18}{5\sqrt{5}}\hat{x} + \dfrac{36}{5\sqrt{5}}\hat{y}$

10
정전용량이 C_0[μF]인 평행판의 공기 커패시터가 있다. 두 극판 사이에 극판과 평행하게 절반을 비유전율이 ε_r인 유전체로 채우면 커패시터의 정전용량[μF]은?

① $\dfrac{C_0}{2\left(1 + \dfrac{1}{\varepsilon_r}\right)}$

② $\dfrac{C_0}{1 + \dfrac{1}{\varepsilon_r}}$

③ $\dfrac{2C_0}{1 + \dfrac{1}{\varepsilon_r}}$

④ $\dfrac{4C_0}{1 + \dfrac{1}{\varepsilon_r}}$

11
평행판 콘덴서에 어떤 유전체를 넣었을 때 전속밀도가 4.8×10^{-7}[C/m²]이고 단위체적당 정전에너지가 5.3×10^{-3}[J/m³]이었다. 이 유전체의 유전율은 몇 [F/m]인가?

① 1.15×10^{-11}
② 2.17×10^{-11}
③ 3.19×10^{-11}
④ 4.21×10^{-11}

12
내압 및 정전용량이 각각 1,000[V] – 2[μF], 700[V] – 3[μF], 600[V] – 4[μF], 300[V] – 8[μF]인 4개의 커패시터가 있다. 이 커패시터들을 직렬로 연결하여 양단에 전압을 인가한 후, 전압을 상승시키면 가장 먼저 절연이 파괴되는 커패시터는?(단, 커패시터의 재질이나 형태는 동일하다)
① 1,000[V] – 2[μF]
② 700[V] – 3[μF]
③ 600[V] – 4[μF]
④ 300[V] – 8[μF]

13
그림과 같은 평행판 콘덴서에 극판의 면적이 S[m²], 전전하밀도를 σ[C/m²], 유전율이 각각 $\varepsilon_1 = 4$, $\varepsilon_2 = 2$인 유전체를 채우고 a, b 양단에 V[V]의 전압을 인가할 때 ε_1, ε_2인 유전체 내부의 전계의 세기 E_1, E_2와의 관계식은?

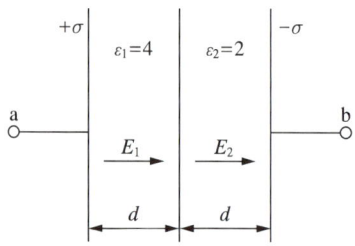

① $E_1 = 2E_2$
② $E_1 = 4E_2$
③ $2E_1 = E_2$
④ $E_1 = E_2$

14

반지름이 2[m]이고, 권수가 120회인 원형 코일 중심에서 자계의 세기를 30[AT/m]로 하려면 원형 코일에 몇 [A]의 전류를 흘려야 하는가?

① 1
② 2
③ 3
④ 4

15

대지면의 높이 h로 평행하게 가설된 매우 긴 선전하가 지면으로부터 받는 힘은?

① h^2에 비례한다.
② h^2에 반비례한다.
③ h에 비례한다.
④ h에 반비례한다.

16

자성체의 종류에 대한 설명으로 옳은 것은?(단, χ_m은 자화율이고, μ_r는 비투자율이다)

① $\chi_m > 0$이면, 역자성체이다.
② $\chi_m < 0$이면, 상자성체이다.
③ $\mu_r > 1$이면, 비자성체이다.
④ $\mu_r < 1$이면, 역자성체이다.

17

서로 다른 유전율을 가진 두 유전체가 서로 경계를 이루며 접해 있을 때, 다음 중 옳지 않은 것은?(단, 경계면에는 진전하 분포가 없다고 가정한다)

① 경계면에서 전계와 전속밀도는 불변이다.
② 경계면에서 전계와 전속밀도는 굴절한다.
③ 경계면에서 전속밀도의 법선성분은 연속이다.
④ 경계면에서 전계의 접선성분은 연속이다.

18

두 평행판 축전기에 채워진 폴리에틸렌의 비유전율이 ε_r, 평행판 간 거리가 $d = 1.5$[mm]일 때, 평행판 내 전계의 세기가 10[kV/m]라면 평행판 간 폴리에틸렌 표면의 분극 전하밀도[C/m^2]는?

① $\dfrac{\varepsilon_r - 1}{18\pi} \times 10^{-5}$

② $\dfrac{\varepsilon_r - 1}{36\pi} \times 10^{-6}$

③ $\dfrac{\varepsilon_r}{18\pi} \times 10^{-5}$

④ $\dfrac{\varepsilon_r - 1}{36\pi} \times 10^{-5}$

19

균일한 자장 내에서 자장에 수직으로 놓여 있는 직선도선이 받는 힘에 대한 설명 중 옳은 것은?

① 힘은 자장의 세기에 비례한다.
② 힘은 전류의 세기에 반비례한다.
③ 힘은 도선 길이의 $\dfrac{1}{2}$승에 비례한다.
④ 자장은 방향에 상관없이 일정한 방향으로 힘을 받는다.

20

맥스웰 전자계의 기초방정식으로 틀린 것은?

① $\text{rot } H = i_c + \dfrac{\partial D}{\partial t}$

② $\text{rot } E = -\dfrac{\partial B}{\partial t}$

③ $\text{div } D = \rho$

④ $\text{div } B = -\dfrac{\partial D}{\partial t}$

제2과목 전력공학

21

154[kV] 송전선로에 10개의 현수애자가 연결되어 있다. 다음 중 전압부담이 가장 작은 것은?

① 철탑에 가장 가까운 것
② 철탑에서 3번째에 있는 것
③ 전선에서 가장 가까운 것
④ 전선에서 3번째에 있는 것

22

코로나의 방지대책으로 적당하지 않은 것은?

① 연가를 시행한다.
② 복도체를 사용한다.
③ 전선의 바깥지름을 크게 한다.
④ 가선금구를 개량한다.

23

선간전압이 154[kV]이고 1상의 리액턴스가 $j8[\Omega]$인 기기가 있을 때, 기준용량을 100[MVA]로 하면 %리액턴스는 약 몇 [%]인가?

① 2.75　② 3.15
③ 3.37　④ 4.35

24

수력발전소의 댐을 설계하거나 저수지 용량을 결정하는 데 가장 적당한 것은?

① 적산유량곡선
② 유황곡선
③ 유량도
④ 수위유량곡선

25

화력발전소에서 매일 최대출력 100,000[kW]를 60일간 연속운전할 때 필요한 연료량은 몇 [t]인가?(단, 부하율 90[%], 사이클 효율 40[%], 보일러 효율 85[%], 발전기 효율 98[%]로 하고 석탄 발열량은 5,500[kcal/kg]이다)

① 60,820　② 61,820
③ 62,820　④ 63,820

26

전선의 반지름 r[m], 소도체 간의 거리 l[m], 소도체 수 2, 상간 거리 D[m]인 복도체의 인덕턴스 L= 0.4605 ☐ + 0.025[mH/km]이다. ☐ 안의 값은?

① $\log_{10}\dfrac{D}{\sqrt{rl}}$　② $\log_{e}\dfrac{D}{\sqrt{rl}}$
③ $\log_{10}\dfrac{l}{\sqrt{rD}}$　④ $\log_{e}\dfrac{l}{\sqrt{rD}}$

27

그림과 같은 3상 송전계통에서 송전단전압은 3,300[V]이다. 점 P에서 3상 단락사고가 발생했다면 발전기에 흐르는 단락전류는 약 몇 [A]인가?

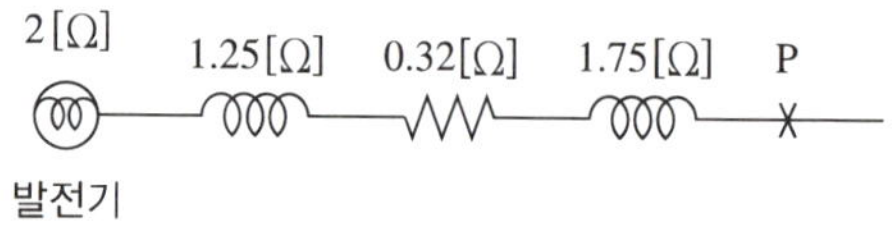

① 320　② 330
③ 380　④ 410

28

단락전류를 제한하기 위하여 사용되는 것은?

① 한류리액터　② 사이리스터
③ 현수애자　④ 직렬콘덴서

정답 21 ② 22 ① 23 ③ 24 ① 25 ① 26 ① 27 ③ 28 ①

29
송전선로에서 1선 지락의 경우 지락전류가 가장 작은 중성점접지방식은?
① 비접지방식
② 직접접지방식
③ 저항접지방식
④ 소호리액터접지방식

30
33[kV] 이하의 단거리 송배전선로에 적용되는 비접지 방식에서 지락전류는 다음 중 어느 것을 말하는가?
① 누설전류 ② 충전전류
③ 뒤진 전류 ④ 단락전류

31
송배전 선로에서 내부이상전압에 속하지 않는 것은?
① 개폐 이상전압
② 유도뢰에 의한 이상전압
③ 사고 시의 과도 이상전압
④ 계통 조작과 고장 시의 지속 이상전압

32
송전선로에서 매설지선을 사용하는 주된 목적은?
① 코로나 전압을 저감시키기 위하여
② 뇌해를 방지하기 위하여
③ 탑각 접지저항을 줄여서 역섬락을 방지하기 위하여
④ 인축의 감전사고를 막기 위하여

33
파동임피던스 $Z_1 = 500[\Omega]$인 선로에 파동임피던스 $Z_2 = 1,500[\Omega]$인 변압기가 접속되어 있다. 선로로부터 600[kV]의 전압파가 들어왔을 때, 접속점에서의 투과파 전압[kV]은?
① 300 ② 600
③ 900 ④ 1,200

34
단로기에 대한 설명으로 틀린 것은?
① 소호장치가 있어 아크를 소멸시킨다.
② 무부하 및 여자전류의 개폐에 사용된다.
③ 배전용 단로기는 보통 디스커넥팅바로 개폐한다.
④ 회로의 분리 또는 계통의 접속 변경 시 사용한다.

35
변전소에서 지락사고의 경우 사용되는 계전기에 영상 전류를 공급하기 위하여 설치하는 것은?
① PT   ② ZCT
③ GPT   ④ CT

36
22.9[kV-Y], 가공배전선로에서 주공급선로의 정전 사고 시 예비전원선로로 자동전환되는 개폐장치는?
① 기중부하 개폐기
② 고장구간 자동 개폐기
③ 자동선로 구분 개폐기
④ 자동부하 전환 개폐기

37
변전소의 가스차단기에 대한 설명으로 틀린 것은?
① 근거리 차단에 유리하지 못하다.
② 불연성이므로 화재의 위험성이 적다.
③ 특고압 계통의 차단기로 많이 사용된다.
④ 이상전압의 발생이 적고, 절연회복이 우수하다.

38
망상(Network) 배전방식에 대한 설명으로 옳은 것은?
① 전압 변동이 대체로 크다.
② 부하 증가에 대한 융통성이 적다.
③ 방사상 방식보다 무정전 공급의 신뢰도가 더 높다.
④ 인축에 대한 감전사고가 적어서 농촌에 적합하다.

정답 29 ④ 30 ② 31 ② 32 ③ 33 ③ 34 ① 35 ② 36 ④ 37 ① 38 ③

39
다음 중 배전선로의 부하율이 F일 때 손실계수 H와의 관계로 옳은 것은?

① $H = F$
② $H = \dfrac{1}{F}$
③ $H = F^3$
④ $0 \leq F^2 \leq H \leq F \leq 1$

40
3상 배전선로의 말단에 역률 60[%](늦음), 60[kW]의 평형 3상 부하가 있다. 부하점에 부하와 병렬로 전력용 콘덴서를 접속하여 선로손실을 최소로 하고자 할 때 콘덴서 용량[kVA]은?(단, 부하단의 전압은 일정하다)

① 40　　② 60
③ 80　　④ 100

제3과목　전기기기

41
극수가 24일 때, 전기각 180°에 해당되는 기계각은?

① 7.5°　　② 15°
③ 22.5°　　④ 30°

42
4극, 중권, 총도체수 500, 극당 자속이 0.01[Wb]인 직류발전기가 100[V]의 기전력을 발생시키는 데 필요한 회전수는 몇 [rpm]인가?

① 800　　② 1,000
③ 1,200　　④ 1,600

43
변압기의 등가회로 구성에 필요한 시험이 아닌 것은?

① 단락시험　　② 부하시험
③ 무부하시험　　④ 권선저항 측정

44
210/105[V]의 변압기를 그림과 같이 결선하고 고압측에 200[V]의 전압을 가하면 전압계의 지시는 몇 [V]인가?(단, 변압기는 가극성이다)

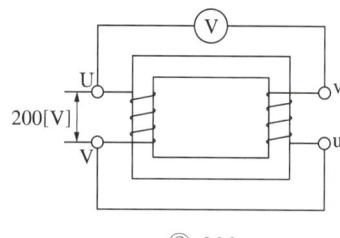

① 100　　② 200
③ 300　　④ 400

45
다음 전동기 중 역률이 가장 좋은 전동기는?

① 동기전동기　　② 반발 기동전동기
③ 농형 유도전동기　　④ 교류 정류자전동기

46
2방향성 3단자 사이리스터는 어느 것인가?

① SCR　　② SSS
③ SCS　　④ TRIAC

47
변압기에서 사용되는 변압기유의 구비 조건으로 틀린 것은?

① 점도가 높을 것　　② 응고점이 낮을 것
③ 인화점이 높을 것　　④ 절연내력이 클 것

48
정격부하에서 역률 0.8(뒤짐)로 운전될 때, 전압변동률이 12[%]인 변압기가 있다. 이 변압기에 역률 100[%]의 정격부하를 걸고 운전할 때의 전압변동률은 약 몇 [%]인가?(단, %저항강하는 %리액턴스강하의 1/12이라고 한다)

① 0.909 ② 1.5
③ 6.85 ④ 16.18

49
교류발전기의 고조파 발생을 방지하는 방법으로 틀린 것은?

① 전기자 권선의 결선을 성형으로 한다.
② 전기자 슬롯을 스큐 슬롯으로 한다.
③ 전기자 권선을 전절권으로 감는다.
④ 공극의 길이를 길게 한다.

50
3상 유도전동기에서 회전자가 슬립 s로 회전하고 있을 때 2차 유기전압 E_{2s} 및 2차 주파수 f_{2s}와 s와의 관계는?(단, E_2는 회전자가 정지하고 있을 때 2차 유기기전력이며 f_1은 1차 주파수이다)

① $E_{2s} = sE_2$, $f_{2s} = sf_1$
② $E_{2s} = sE_2$, $f_{2s} = \dfrac{f_1}{s}$
③ $E_{2s} = \dfrac{E_2}{s}$, $f_{2s} = \dfrac{f_1}{s}$
④ $E_{2s} = (1-s)E_2$, $f_{2s} = (1-s)f_1$

51
동기전동기의 공급전압과 부하를 일정하게 유지하면서 역률을 1로 운전하고 있는 상태에서 여자전류를 증가시키면 전기자전류는?

① 앞선 무효전류가 증가
② 앞선 무효전류가 감소
③ 뒤진 무효전류가 증가
④ 뒤진 무효전류가 감소

52
3상 권선형 유도전동기의 기동법에 해당하는 것은?

① 반발 기동법
② 콘덴서 기동법
③ 2차 저항 기동법
④ 분상 기동법

53
3상 권선형 유도전동기의 전부하 슬립 5[%], 2차 1상의 저항 0.5[Ω]이다. 이 전동기의 기동토크를 전부하토크와 같도록 하려면 외부에서 2차에 삽입할 저항[Ω]은?

① 8.5 ② 9
③ 9.5 ④ 10

54
유도전동기의 특성에서 토크와 2차 입력 및 동기속도의 관계는?

① 토크는 2차 입력과 동기속도의 곱에 비례한다.
② 토크는 2차 입력에 반비례하고, 동기속도에 비례한다.
③ 토크는 2차 입력에 비례하고, 동기속도에 반비례한다.
④ 토크는 2차 입력의 제곱에 비례하고, 동기속도의 제곱에 반비례한다.

55
3상 교류발전기의 기전력에 대하여 $\dfrac{\pi}{2}$ [rad] 뒤진 전기자전류가 흐르면 전기자 반작용은?

① 증자작용을 한다.
② 감자작용을 한다.
③ 횡축 반작용을 한다.
④ 교차 자화작용을 한다.

정답 48 ② 49 ③ 50 ① 51 ① 52 ③ 53 ③ 54 ③ 55 ②

56
직류발전기의 전기자 반작용의 영향이 아닌 것은?
① 주자속이 증가한다.
② 편자작용으로 전기적 중성축이 이동한다.
③ 정류작용에 악영향을 준다.
④ 정류자 편 사이의 전압이 불균일하게 된다.

57
우리나라 발전소에 설치되어 3상 교류를 발생하는 발전기는?
① 동기발전기   ② 분권발전기
③ 직권발전기   ④ 복권발전기

58
무정전 전원장치(UPS)에 사용되고 있는 컨버터의 주된 사용 목적은?
① 교류전압의 변화를 안정화시키기 위한 목적
② 교류전압의 주파수를 변화시키기 위한 목적
③ 교류전압을 직류전압으로 변화시키기 위한 목적
④ 교류전압을 다른 교류전압으로 변화시키기 위한 목적

59
정격 5[kW], 100[V], 50[A], 1,500[rpm]의 타여자 직류발전기가 있다. 계자전압 50[V], 계자전류 5[A], 전기자저항 0.2[Ω]이고 브러시에서 전압강하는 2[V]이다. 무부하 시와 정격부하 시의 전압차는 몇 [V]인가?
① 12   ② 10
③ 8   ④ 6

60
그림에 해당하는 직류기 전기자권선법은?

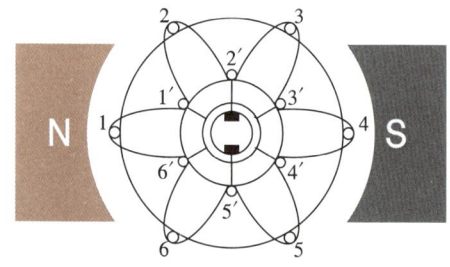

① 환상권   ② 고상권
③ 단층권   ④ 이층권

제4과목 회로이론 및 제어공학

61
다음 시퀀스 회로와 등가인 논리회로는 무엇인가?

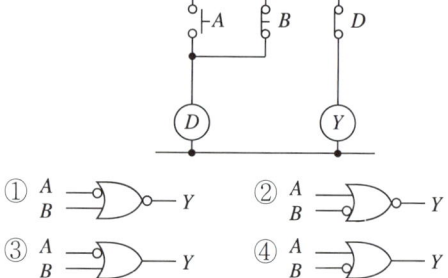

62
전달함수가 $G(s) = \dfrac{1}{0.1s(0.01s+1)}$ 과 같은 제어시스템에서 $\omega = 0.1$[rad/s]일 때의 이득[dB]과 위상각[°]은 약 얼마인가?
① 40[dB], $-90°$ ② -40[dB], $90°$
③ 40[dB], $-180°$ ④ -40[dB], $-180°$

63

$G(s)H(s) = \dfrac{K(s+1)}{s^2(s+2)(s+3)}$ 에서 근궤적의 수는?

① 1
② 2
③ 3
④ 4

64

그림의 제어시스템이 안정하기 위한 K의 범위는?

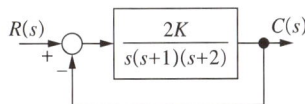

① $0 < K < 3$
② $0 < K < 4$
③ $0 < K < 5$
④ $0 < K < 6$

65

단위계단함수의 라플라스변환과 z변환함수는?

① $\dfrac{1}{s}$, $\dfrac{z}{z-1}$
② s, $\dfrac{z}{z-1}$
③ $\dfrac{1}{s}$, $\dfrac{z-1}{z}$
④ s, $\dfrac{z-1}{z}$

66

다음과 같은 신호흐름선도에서 $\dfrac{C(s)}{R(s)}$의 값은?

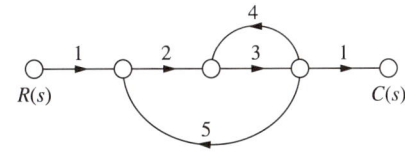

① $-\dfrac{1}{41}$
② $-\dfrac{3}{41}$
③ $-\dfrac{6}{41}$
④ $-\dfrac{8}{41}$

67

다음과 같은 상태방정식의 고윳값 λ_1과 λ_2는?

$$\begin{bmatrix} \dot{x}_1 \\ \dot{x}_2 \end{bmatrix} = \begin{bmatrix} 1 & -2 \\ -3 & 2 \end{bmatrix} \begin{bmatrix} x_1 \\ x_2 \end{bmatrix} + \begin{bmatrix} 2 & -3 \\ -4 & 3 \end{bmatrix} \begin{bmatrix} r_1 \\ r_2 \end{bmatrix}$$

① 4, -1
② -4, 1
③ 6, -1
④ -6, 1

68

블록선도의 제어시스템은 단위램프입력에 대한 정상상태 오차(정상편차)가 0.01이다. 이 제어시스템의 제어요소인 $G_{C1}(s)$의 k는?

$$G_{C1}(s) = k, \quad G_{C2}(s) = \dfrac{1+0.1s}{1+0.2s},$$
$$G_P(s) = \dfrac{200}{s(s+1)(s+2)}$$

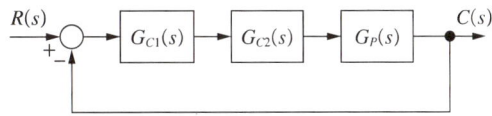

① 0.1
② 1
③ 10
④ 100

69

그림에서 ①에 알맞은 신호 이름은?

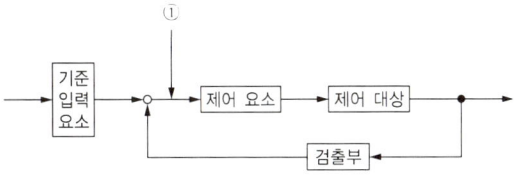

1 조작량
2 제어량
3 기준입력
4 동작신호

70
특성 방정식 중에서 안정된 시스템인 것은?

① $2s^3 + 3s^2 + 4s + 5 = 0$
② $s^4 + 3s^3 - s^2 + s + 10 = 0$
③ $s^5 + s^3 + 2s^2 + 4s + 3 = 0$
④ $s^4 - 2s^3 - 3s^2 + 4s + 5 = 0$

71
장거리 송전선로에서 전압이 3×10^8[m/s]인 속도로 전파할 때 200[MHz]인 주파수에 대한 위상정수는 몇 [rad/m]인가?

① π
② $\frac{4}{3}\pi$
③ $\frac{1}{3}\pi$
④ $\frac{2}{3}\pi$

72
각각 자기 인덕턴스가 20[mH]인 코일에 결합계수를 0.1에서 0.9까지 변화시켜 이것을 접속시켜 얻을 수 있는 합성 인덕턴스의 최댓값과 최솟값의 비는 얼마인가?

① 19 : 1
② 16 : 1
③ 13 : 1
④ 9 : 1

73
다음 회로에서 스위치 S를 닫을 때, 이 회로의 시정수는?

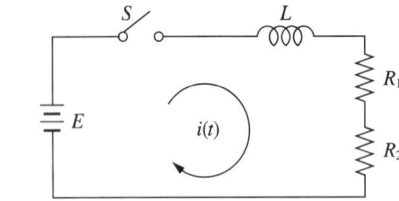

① $\frac{L}{R_1 + R_2}$
② $\frac{-L}{R_1 + R_2}$
③ $\frac{R_1 + R_2}{L}$
④ $-\frac{R_1 + R_2}{L}$

74
두 대의 전력계를 사용하여 3상 평형 부하의 역률을 측정하려고 한다. 전력계의 지시가 각각 P_1[W], P_2[W]일 때 이 회로의 역률은?

① $\frac{\sqrt{P_1 + P_2}}{P_1 + P_2}$
② $\frac{P_1 + P_2}{P_1^2 + P_2^2 - 2P_1P_2}$
③ $\frac{2(P_1 + P_2)}{\sqrt{P_1^2 + P_2^2 - P_1P_2}}$
④ $\frac{P_1 + P_2}{2\sqrt{P_1^2 + P_2^2 - P_1P_2}}$

75
어떤 회로의 단자전압이 $V = 100\sin\omega t + 40\sin 2\omega t + 30\sin(3\omega t + 60°)$[V]이고 전압강하의 방향으로 흐르는 전류가 $I = 10\sin(\omega t - 60°) + 2\sin(3\omega t + 105°)$[A]일 때 회로에 공급되는 평균 전력[W]은?

① 271.2
② 371.2
③ 530.2
④ 630.2

76
각 상의 전압이 다음과 같을 때 영상분 전압[V]의 순싯값은?(단, 3상 전압의 상순은 a-b-c이다)

$$v_a(t) = 40\sin\omega t [V]$$
$$v_b(t) = 40\sin\left(\omega t - \frac{\pi}{2}\right)[V]$$
$$v_c(t) = 40\sin\left(\omega t + \frac{\pi}{2}\right)[V]$$

① $40\sin\omega t$
② $\frac{40}{3}\sin\omega t$
③ $\frac{40}{3}\sin\left(\omega t - \frac{\pi}{2}\right)$
④ $\frac{40}{3}\sin\left(\omega t + \frac{\pi}{2}\right)$

77
어느 소자에 전압 $e = 125\sin 377t$ [V]를 가했을 때 전류 $i = 50\cos 377t$ [A]가 흘렀다. 이 회로의 소자는 어떤 종류인가?

① 순저항
② 용량리액턴스
③ 유도리액턴스
④ 저항과 유도리액턴스

78
단자 회로에서 4단자 정수가 $A = \dfrac{15}{4}$, $D = 1$이고, 영상임피던스 $Z_{02} = \dfrac{12}{5}$ [Ω]일 때 영상임피던스 Z_{01} [Ω]은?

① 9
② 6
③ 4
④ 2

79
△ 결선된 대칭 3상 부하가 있다. 역률이 0.8(지상)이고, 전소비전력이 1,800[W]이다. 한 상의 선로저항이 0.5[Ω]이고, 발생하는 전선로손실이 50[W]이면 부하단자 전압은?

① 440[V]
② 402[V]
③ 324[V]
④ 225[V]

80
라플라스 함수 $F(s) = \dfrac{A}{\alpha + s}$ 이라 하면 이의 라플라스 역변환은?

① αe^{At}
② $Ae^{\alpha t}$
③ αe^{-At}
④ $Ae^{-\alpha t}$

제5과목 전기설비기술기준

81
라이팅덕트의 지지점 간 거리는 몇 [m] 이하로 시설해야 하는가?

① 2
② 3
③ 4
④ 5

82
저압 옥내전로의 인입구에 가까운 곳으로서 쉽게 개폐할 수 있는 곳에 개폐기를 시설하여야 한다. 그러나 사용전압이 400[V] 이하인 옥내전로로서 다른 옥내전로에 접속하는 길이가 몇 [m] 이하인 경우는 개폐기를 생략할 수 있는가?(단, 정격전류가 16[A] 이하인 과전류차단기 또는 정격전류가 16[A]를 초과하고 20[A] 이하인 배선차단기로 보호되고 있는 것에 한한다)

① 15
② 20
③ 25
④ 30

83
풍력터빈의 피뢰설비 시설기준으로 틀린 것은?

① 풍력터빈에 설치한 피뢰설비(리셉터, 인하도선 등)의 기능저하로 인해 다른 기능에 영향을 미치지 않을 것
② 풍력터빈 내부의 계측 센서용 케이블은 금속관 또는 차폐케이블 등을 사용하여 뇌유도과전압으로부터 보호할 것
③ 풍력터빈에 설치하는 인하도선은 쉽게 부식되지 않는 금속선으로서 뇌격전류를 안전하게 흘릴 수 있는 충분한 굵기여야 하며, 가능한 직선으로 시설할 것
④ 수뢰부를 풍력터빈 중앙부분에 배치하되 뇌격전류에 의한 발열에 의해 녹아서 손상되지 않도록 재질, 크기, 두께 및 형상 등을 고려할 것

정답 77 ② 78 ① 79 ④ 80 ④ 81 ① 82 ① 83 ④

84
다음의 정의에 해당하는 것은?

> 발전기・원동기・연료전지・태양전지・해양에너지 발전설비・전기저장장치 그 밖의 기계 기구(비상용 예비전원을 얻을 목적으로 시설하는 것 및 휴대용 발전기를 제외한다)를 시설하여 전기를 생산(원자력, 화력, 신재생에너지 등을 이용하여 전기를 발생시키는 것과 양수발전, 전기저장장치와 같이 전기를 다른 에너지로 변환하여 저장후 전기를 공급하는 것)하는 곳을 말한다.

① 변전소
② 발전소
③ 개폐소
④ 급전소

85
사용전압 35[kV]인 기계기구를 옥외에 시설하는 개폐소의 구내에 취급자 이외의 자가 들어가지 않도록 울타리를 설치할 때 울타리와 특고압의 충전 부분이 접근하는 경우에는 울타리의 높이와 울타리로부터 충전 부분까지의 거리의 합은 최소 몇 [m] 이상이어야 하는가?

① 4
② 5
③ 6
④ 7

86
전기욕기에 전기를 공급하기 위한 전원장치에 내장되어 있는 절연변압기의 2차 측 전로의 사용전압은 몇 [V] 이하인 것을 사용해야 하는가?

① 5
② 10
③ 25
④ 35

87
고압 옥내배선의 공사방법으로 틀린 것은?

① 케이블공사
② 합성수지관공사
③ 케이블트레이공사
④ 애자사용공사(건조한 장소로서 전개된 장소에 한한다)

88
고압 보안공사에 철탑을 지지물로 사용하는 경우 지지물 간 거리는 몇 [m] 이하여야 하는가?

① 100
② 150
③ 400
④ 600

89
지중전선로를 직접 매설식에 의하여 시설할 때, 중량물의 압력을 받을 우려가 있는 장소에 저압 또는 고압의 지중전선을 견고한 트로프 기타 방호물에 넣지 않고도 부설할 수 있는 케이블은?

① PVC 외장케이블
② 콤바인덕트케이블
③ 염화비닐 절연케이블
④ 폴리에틸렌 외장케이블

90
주택용 배선차단기가 B형인 경우 순시트립범위는 얼마인가?

① $3I_n$ 초과 $5I_n$ 이하
② $5I_n$ 초과 $10I_n$ 이하
③ $10I_n$ 초과 $20I_n$ 이하
④ $3I_n$ 초과 $10I_n$ 이하

91
고압 및 특고압 전로 중 과전류차단기 시설에 대한 설명으로 틀린 것은?

① 비포장 퓨즈는 정격전류의 1.25배의 전류에 견디어야 한다.
② 비포장 퓨즈는 정격전류의 2배의 전류에 2분 안에 용단되는 것이어야 한다.
③ 포장 퓨즈는 정격전류의 1.3배의 전류에 견디어야 한다.
④ 포장 퓨즈는 정격전류의 2배의 전류에 60분 안에 용단되는 것이어야 한다.

92

발전소, 변전소, 개폐소의 시설부지조성을 위해 산지를 전용할 경우에 전용하고자 하는 산지의 평균 경사도는 몇 도 이하여야 하는가?

① 10　　　　　② 15
③ 20　　　　　④ 25

93

가공전선로의 지지물에 시설하는 지지선의 시설기준으로 틀린 것은?

① 지지선의 안전율을 2.5 이상으로 할 것
② 소선은 최소 5가닥 이상의 강심알루미늄연선을 사용할 것
③ 도로를 횡단하여 시설하는 지지선의 높이는 지표상 5[m] 이상으로 할 것
④ 지중 부분 및 지표상 0.3[m]까지의 부분에는 내식성이 있는 것을 사용할 것

94

전기철도 변전소의 급전용 변압기는 직류 전기철도의 경우 어떤 변압기 적용을 원칙으로 하는가?

① 단상 정류기용 변압기
② 3상 정류기용 변압기
③ 단상 스코트 결선 변압기
④ 3상 스코트 결선 변압기

95

고압 및 특고압 전로 중 전로에 지락이 생긴 경우에 자동적으로 전로를 차단하는 장치를 하지 않아도 되는 곳은?

① 발전소, 변전소 또는 이에 준하는 곳의 인출구
② 수전점에서 수전하는 전기를 모두 그 수전점에 속하는 수전장소에서 변성하여 사용하는 경우
③ 다른 전기사업자로부터 공급을 받는 수전점
④ 단권변압기를 제외한 배전용 변압기의 시설장소

96

전기 울타리의 접지전극과 다른 접지계통의 접지전극의 거리는 몇 [m] 이상이어야 하는가?(단, 충분한 접지망을 가진 경우가 아니다)

① 1.0　　　　　② 1.5
③ 2.0　　　　　④ 2.5

97

전기철도 차량의 집전장치와 접촉하여 동력을 공급하기 위한 전선은 무엇인가?

① 전차선　　　　② 귀 선
③ 조가선　　　　④ 급전선

98

폭연성 먼지 또는 화약류의 가루가 전기설비가 발화원이 되어 폭발할 우려가 있는 곳에 시설하는 저압 옥내배선의 공사방법으로 옳은 것은?

① 금속관공사
② 애자공사
③ 합성수지관공사
④ 캡타이어케이블공사

99

저압 가공전선로의 지지물에 시설하는 통신선 또는 이에 접속하는 가공통신선이 도로를 횡단하는 경우, 일반적으로 지표상 몇 [m] 이상의 높이로 시설하여야 하는가?

① 3.5　　　　　② 5.0
③ 5.5　　　　　④ 6.0

100
옥내전로의 대지전압의 제한에 관련된 내용으로 틀린 것은?(단, 주택의 옥내전로의 대지전압은 300[V] 이하이다)

① 백열전등의 전구소켓은 스위치나 그 밖의 점멸기구가 없는 것이어야 한다.
② 전기기계기구로서 사람이 쉽게 접촉할 우려가 있는 부분은 절연성이 있는 재료로 견고하게 제작하여야 한다.
③ 주택의 전로 인입구에는 전기용품 및 생활용품 안전관리법에 적용을 받는 감전보호용 누전차단기를 시설하여야 한다.
④ 누전차단기를 자연재해대책법에 의한 자연재해위험개선지구의 지정 등에서 지정되어진 지구 안의 지하주택에 시설하는 경우에는 침수 시 위험의 우려가 없도록 지하에 시설하여야 한다.

2025년 제3회 CBT

제1과목 전기자기학

01
평행판 커패시터에 채워진 폴리에틸렌의 비유전율이 ε_r이고 평행판 간 거리가 2[mm]일 때 평행판 내 전계의 세기가 20[kV/m]라면 폴리에틸렌 표면에서의 분극 전하밀도[C/m²]는 얼마인가?

① $\dfrac{\varepsilon_r - 1}{18\pi} \times 10^{-5}$ ② $\dfrac{\varepsilon_r - 1}{18\pi} \times 10^{-6}$

③ $\dfrac{\varepsilon_r - 1}{36\pi} \times 10^{-5}$ ④ $\dfrac{\varepsilon_r - 1}{36\pi} \times 10^{-6}$

02
유전율이 ε인 유전체 내에 있는 점전하 Q에서 발산되는 전기력선의 수는 총 몇 개인가?

① Q ② $\dfrac{Q}{\varepsilon_0 \varepsilon_s}$

③ $\dfrac{Q}{\varepsilon_s}$ ④ $\dfrac{Q}{\varepsilon_0}$

03
진공 중 반지름이 a[m]인 무한길이의 원통 도체 2개가 간격 d[m]로 평행하게 배치되어 있다. 두 도체 사이의 정전용량(C)을 나타낸 것으로 옳은 것은?

① $\pi \varepsilon_0 \ln \dfrac{d-a}{a}$ ② $\dfrac{\pi \varepsilon_0}{\ln \dfrac{d-a}{a}}$

③ $\pi \varepsilon_0 \ln \dfrac{a}{d-a}$ ④ $\dfrac{\pi \varepsilon_0}{\ln \dfrac{a}{d-a}}$

04
반지름 a, b인 동심구도체의 정전용량은?(단, $a > b$, 내구는 절연, 외구는 접지상태인 경우이다)

① $4\pi\varepsilon_0 a$ ② $\dfrac{1}{4\pi\varepsilon_0} \times \dfrac{a-b}{ab}$

③ $4\pi\varepsilon_0 \times \dfrac{ab}{a-b}$ ④ $\dfrac{1}{4\pi\varepsilon_0} \times \dfrac{ab}{a-b}$

05
평균 반지름(r)이 20[cm], 단면적(S)이 6[cm²]인 환상 철심에서 권선수(N)가 500회인 코일에 흐르는 전류(I)가 4[A]일 때 철심 내부에서의 자계의 세기(H)는 약 몇 [AT/m]인가?

① 1,590 ② 1,700
③ 1,870 ④ 2,120

06
다음 회로에서 스위치를 A에 연결하여 전류 I[A]를 일정하게 흘린 후 B로 전환 시 저항 R[Ω]에서 발생하는 열량은 약 몇 [cal]인가?

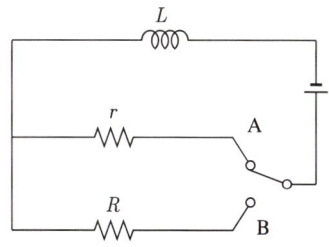

① $\dfrac{1}{2}LI^2$ ② LI^2
③ $\dfrac{1}{4.2}LI^2$ ④ $\dfrac{1}{8.4}LI^2$

정답 1 ② 2 ② 3 ② 4 ③ 5 ① 6 ④

07
공기 중에서 전계의 진행파 진폭이 10[mV/m]일 때 자계의 진행파 진폭은 몇 [mAT/m]인가?
① 26.5×10^{-6}
② 26.5×10^{-5}
③ 26.5×10^{-3}
④ 26.5×10^{-1}

08
인덕턴스[H]의 단위를 나타낸 것으로 틀린 것은?
① $[\Omega \cdot s]$
② $[Wb/A]$
③ $[J/A^2]$
④ $[N/(A \cdot m)]$

09
내부 원통의 반지름이 a, 외부 원통의 반지름이 b인 동축원통 콘덴서의 내외 원통 사이에 공기를 넣었을 때 정전용량이 C_1이었다. 내외 반지름을 모두 3배로 증가시키고 공기 대신 비유전율이 3인 유전체를 넣었을 경우의 정전용량 C_2는?
① $C_2 = \dfrac{C_1}{9}$
② $C_2 = \dfrac{C_1}{3}$
③ $C_2 = 3C_1$
④ $C_2 = 9C_1$

10
무한장 직선도체에 선전하밀도 λ[C/m]의 전하가 분포되어 있는 경우, 이 직선도체를 축으로 하는 반지름 r[m]의 원통면상의 전계[V/m]는?
① $\dfrac{\lambda}{2\pi\varepsilon_0 r^2}$
② $\dfrac{\lambda}{2\pi\varepsilon_0 r}$
③ $\dfrac{\lambda}{4\pi\varepsilon_0 r^2}$
④ $\dfrac{\lambda}{4\pi\varepsilon_0 r}$

11
접지구도체와 점전하 사이에 작용하는 힘은?
① 항상 반발력이다.
② 항상 흡인력이다.
③ 조건적 반발력이다.
④ 조건적 흡인력이다.

12
비투자율이 50인 환상철심을 이용하여 100[cm] 길이의 자기회로를 구성할 때 자기저항을 2.0×10^7[AT/Wb] 이하로 하기 위해서는 철심의 단면적을 약 몇 [m²] 이상으로 하여야 하는가?
① 3.6×10^{-4}
② 6.4×10^{-4}
③ 8.0×10^{-4}
④ 9.2×10^{-4}

13
맥스웰의 전자방정식에 대한 의미를 설명한 것으로 틀린 것은?
① 자계의 회전은 전류밀도와 같다.
② 자계는 발산하며, 자극은 단독으로 존재한다.
③ 전계의 회전은 자속밀도의 시간적 감소율과 같다.
④ 단위체적당 발산 전속 수는 단위체적당 공간전하 밀도와 같다.

14
유전율이 ε_1과 ε_2인 두 유전체가 경계를 이루어 평행하게 접하고 있는 경우 유전율이 ε_1인 영역에 전하 Q가 존재할 때 이 전하와 ε_2인 유전체 사이에 작용하는 힘에 대한 설명으로 옳은 것은?
① $\varepsilon_1 > \varepsilon_2$인 경우 반발력이 작용한다.
② $\varepsilon_1 > \varepsilon_2$인 경우 흡인력이 작용한다.
③ ε_1과 ε_2에 상관없이 반발력이 작용한다.
④ ε_1과 ε_2에 상관없이 흡인력이 작용한다.

15

그림과 같이 직각 코일이 $B = 0.05\dfrac{a_x + a_y}{\sqrt{2}}$ [T]인 자계에 위치하고 있다. 코일에 5[A] 전류가 흐를 때 z축에서의 토크[N·m]는?

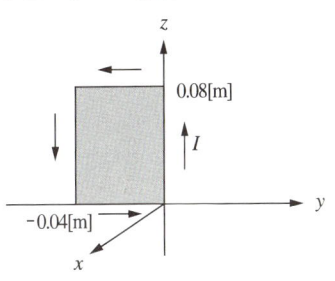

① $2.66 \times 10^{-4} a_x$
② $5.66 \times 10^{-4} a_x$
③ $2.66 \times 10^{-4} a_z$
④ $5.66 \times 10^{-4} a_z$

16

그림과 같이 평행한 두 개의 무한 직선도선에 전류가 각각 I, $2I$인 전류가 흐른다. 두 도선 사이의 점 P에서 자계의 세기가 0이다. 이때 $\dfrac{a}{b}$는?

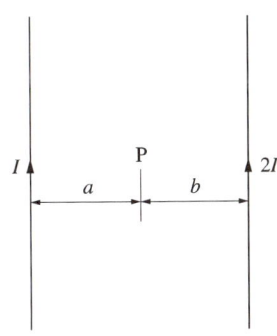

① 4
② 2
③ $\dfrac{1}{2}$
④ $\dfrac{1}{4}$

17

진공 중에서 점 P(1, 2, 3) 및 점 Q(2, 0, 5)에 각각 300[μC], -100[μC]인 점전하가 놓여 있을 때 점전하 -100[μC]에 작용하는 힘은 몇 [N]인가?

① $10i - 20j + 20k$
② $10i + 20j - 20k$
③ $-10i + 20j + 20k$
④ $-10i + 20j - 20k$

18

그림과 같은 환상솔레노이드 내의 철심 중심에서의 자계의 세기 H[AT/m]는?(단, 환상철심의 평균 반지름은 r[m], 코일의 권수는 N회, 코일에 흐르는 전류는 I[A]이다)

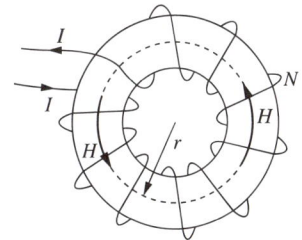

① $\dfrac{NI}{\pi r}$
② $\dfrac{NI}{2\pi r}$
③ $\dfrac{NI}{4\pi r}$
④ $\dfrac{NI}{2r}$

19

500[AT/m]의 자계 중에 어떤 자극을 놓았을 때 4×10^3[N]의 힘이 작용했다면 이때 자극의 세기는 몇 [Wb]인가?

① 2
② 4
③ 6
④ 8

20
그림과 같은 전기쌍극자에서 P점의 전계의 세기는 몇 [V/m]인가?

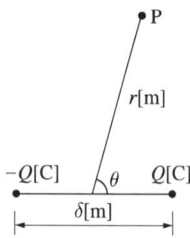

① $a_r \dfrac{Q\delta}{2\pi\varepsilon_0 r^3}\cos\theta + a_\theta \dfrac{Q\delta}{4\pi\varepsilon_0 r^3}\sin\theta$

② $a_r \dfrac{Q\delta}{4\pi\varepsilon_0 r^3}\sin\theta + a_\theta \dfrac{Q\delta}{4\pi\varepsilon_0 r^3}\cos\theta$

③ $a_r \dfrac{Q\delta}{2\pi\varepsilon_0 r^3}\sin\theta + a_\theta \dfrac{Q\delta}{4\pi\varepsilon_0 r^3}\cos\theta$

④ $a_r \dfrac{Q\delta}{4\pi\varepsilon_0 r^2}\omega + a_\theta \dfrac{Q\delta}{4\pi\varepsilon_0 r^2}(1-\omega)$

제2과목 전력공학

21
다음 중 배전선로의 부하율이 F일 때 손실계수 H의 관계식으로 옳은 것은?

① $0 \leq F \leq H^2 \leq H \leq 1$
② $0 \leq F^2 \leq H \leq F \leq 1$
③ $0 \leq H^2 \leq F \leq H \leq 1$
④ $0 \leq H \leq F^2 \leq F \leq 1$

22
저압 네트워크 배전방식에 대한 설명으로 틀린 것은?

① 부하밀도가 적은 곳에 유용하다.
② 전압강하가 적다.
③ 무정전 공급의 신뢰도가 높다.
④ 부하의 증가에 대한 적응성이 크다.

23
사고 정전 등 중대한 영향을 받는 지역에서 정전과 동시에 자동으로 예비전원용 배전선로로 전환하는 장치는?

① 리클로저
② 섹셔널라이저
③ 라인퓨즈
④ 자동부하 전환 개폐기

24
다음 중 코로나 방지 대책으로 적당하지 않은 것은?

① 전선의 외경을 크게 한다.
② 복도체를 사용한다.
③ 가선금구를 개량한다.
④ 선간거리를 감소시킨다.

25
발열량 5,700[kcal/kg]을 사용전력량 200,000 [kWh]로 발전할 때의 발전효율은 20[%]이다. 이때 사용된 석탄의 양은 약 몇 [t]인가?

① 100
② 150
③ 200
④ 250

26
고장점에서 구한 전임피던스를 $Z[\Omega]$, 고장점의 상전압을 $E[V]$라 하면 3상 단락전류[A]는?

① $\dfrac{E}{Z}$
② $\dfrac{ZE}{\sqrt{3}}$
③ $\dfrac{\sqrt{3}\,E}{Z}$
④ $\dfrac{3E}{Z}$

27
송배전 계통에 발생하는 이상전압의 내부적 원인이 아닌 것은?

① 선로의 개폐
② 직격뢰
③ 아크 접지
④ 선로의 이상 상태

28
154/22.9[kV], 40[MVA] 3상 변압기의 %리액턴스가 14[%]라면 고압 측으로 환산한 리액턴스는 약 몇 [Ω]인가?

① 95
② 83
③ 75
④ 61

29
비접지식 송전선로에서 1선 지락고장이 생겼을 경우 지락점에 흐르는 전류는?

① 직선성을 가진 직류이다.
② 고장상의 전압과 동상의 전류이다.
③ 고장상의 전압보다 90° 늦은 전류이다.
④ 고장상의 전압보다 90° 빠른 전류이다.

30
154[kV] 송전선로에 10개의 현수애자가 연결되어 있다. 다음 중 전압부담이 가장 작은 것은?

① 철탑에 가장 가까운 것
② 철탑에서 3번째에 있는 것
③ 전선에서 가장 가까운 것
④ 전선에서 3번째에 있는 것

31
한류리액터를 사용하는 가장 큰 목적은?

① 충전전류의 제한
② 접지전류의 제한
③ 누설전류의 제한
④ 단락전류의 제한

32
단로기에 대한 설명으로 틀린 것은?

① 소호장치가 있어 아크를 소멸시킨다.
② 무부하 및 여자전류의 개폐에 사용된다.
③ 배전용 단로기는 보통 디스커넥팅바로 개폐한다.
④ 회로의 분리 또는 계통의 접속 변경 시 사용한다.

33
다음 중 송전선로의 역섬락을 방지하기 위한 대책으로 가장 알맞은 방법은?

① 가공지선 설치
② 피뢰기 설치
③ 매설지선 설치
④ 소호각 설치

34
3상 3선식 송전선로가 소도체 2개의 복도체 방식으로 되어 있을 때 소도체의 지름 8[cm], 소도체 간격 36[cm], 등가선간거리 120[cm]인 경우에 복도체 1[km]의 인덕턴스는 약 몇 [mH]인가?

① 0.4855
② 0.5255
③ 0.6975
④ 0.9265

35
변전소에서 지락사고의 경우 사용되는 계전기에 영상전류를 공급하기 위하여 설치하는 것은?

① PT
② ZCT
③ GPT
④ CT

36
3,300[V], 60[Hz], 뒤진 역률 60[%], 300[kW]의 단상 부하가 있다. 그 역률을 100[%]로 하기 위한 전력용 콘덴서의 용량은 몇 [kVA]인가?

① 150
② 250
③ 400
④ 500

37
양수량 Q[m³/s], 총양정 H[m], 펌프효율 η인 경우 양수펌프용 전동기의 출력 P[kW]는?(단, k는 상수이다)

① $k\dfrac{Q^2H^2}{\eta}$
② $k\dfrac{Q^2H}{\eta}$
③ $k\dfrac{QH^2}{\eta}$
④ $k\dfrac{QH}{\eta}$

정답 28 ② 29 ④ 30 ② 31 ④ 32 ① 33 ③ 34 ① 35 ② 36 ③ 37 ④

38
송전선로에서 1선 지락의 경우 지락전류가 가장 작은 중성점접지방식은?
① 비접지방식
② 직접접지방식
③ 저항접지방식
④ 소호리액터접지방식

39
접촉자가 외기(外氣)로부터 격리되어 있어 아크에 의한 화재의 염려가 없으며 소형, 경량으로 구조가 간단하고 보수가 용이하며 진공 중의 아크소호능력을 이용하는 차단기는?
① 유입차단기
② 진공차단기
③ 공기차단기
④ 가스차단기

40
파동임피던스 $Z_1 = 500[\Omega]$인 선로에 파동임피던스 $Z_2 = 1,500[\Omega]$인 변압기가 접속되어 있다. 선로로부터 600[kV]의 전압파가 들어왔을 때, 접속점에서의 투과파 전압[kV]은?
① 300
② 600
③ 900
④ 1,200

제3과목 전기기기

41
1차 전압 V_1, 2차 전압 V_2인 단권변압기를 Y결선했을 때, 등가용량과 부하용량의 비는?(단, $V_1 > V_2$이다)
① $\dfrac{V_1 - V_2}{\sqrt{3}\, V_1}$
② $\dfrac{V_1 - V_2}{V_1}$
③ $\dfrac{\sqrt{3}\,(V_1 - V_2)}{2 V_1}$
④ $\dfrac{V_1^2 - V_2^2}{\sqrt{3}\, V_1 V_2}$

42
3상 권선형 유도전동기의 토크속도 곡선이 비례추이 한다는 것은 그 곡선이 무엇에 비례해서 이동하는 것을 말하는가?
① 슬립
② 회전수
③ 2차 저항
④ 공급전압의 크기

43
유도전동기 슬립에 관한 설명으로 옳은 것은?
① 정지 시 $s = 0$이다.
② 슬립이 작을수록 동기속도에 가깝게 회전한다.
③ 2차 효율은 슬립이 클수록 커진다.
④ 회전 시 2차 기전력의 주파수는 정지 시 2차 유도기전력 주파수의 $\dfrac{1}{s}$ 배이다.

44
단상 직권전동기의 종류가 아닌 것은?
① 직권형
② 아트킨손형
③ 보상직권형
④ 유도보상 직권형

45
3상 유도전동기의 슬립이 s일 때 2차 효율[%]은?
① $(1-s) \times 100$
② $(2-s) \times 100$
③ $(3-s) \times 100$
④ $(4-s) \times 100$

46
정격출력 10,000[kVA], 정격전압이 6,600[V], 동기임피던스가 매상 3.6[Ω]인 동기발전기의 단락비는?
① 1.15
② 1.21
③ 1.25
④ 1.3

47
단상 변압기에 있어서 부하역률 80[%]의 지상역률에서 전압변동률 4[%]이고, 부하역률 100[%]에서 전압변동률 3[%]라고 한다. 이 변압기의 %리액턴스는 약 몇 [%]인가?

① 2.7
② 3.0
③ 3.3
④ 3.6

48
직류 복권 발전기를 병렬운전할 때 반드시 필요한 것은?

① 과부하 계전기
② 균압선
③ 용량이 같을 것
④ 외부 특성 곡선이 일치할 것

49
전기자의 도체수가 360, 6극 중권의 직류전동기가 있다. 전기자 전류가 60[A]일 때, 발생토크는 몇 [kg·m]인가?(단, 1극당 자속수는 0.06[Wb]이다)

① 12.3   ② 21.1
③ 32.5   ④ 43.2

50
직류전동기의 워드-레오나드 속도제어방식으로 옳은 것은?

① 전압제어
② 저항제어
③ 계자제어
④ 직병렬제어

51
어느 변압기의 철심 단면적이 100[cm^2]이고, 자속밀도가 1.4[Wb/m^2]인 경우 60[Hz] 정현파 1차 전압이 6,300[V]이며 2차 전압이 210[V]를 유도시키는 경우 각 전선의 권선수는 얼마인가?(단, 철심의 점적률은 90[%]이다)

① 1차 : 1,523   2차 : 54
② 1차 : 1,780   2차 : 58
③ 1차 : 1,877   2차 : 63
④ 1차 : 1,954   2차 : 67

52
단상 변압기를 병렬운전할 경우 부하전류의 분담은?

① 용량에 비례하고 누설임피던스에 비례
② 용량에 비례하고 누설임피던스에 반비례
③ 용량에 반비례하고 누설리액턴스에 비례
④ 용량에 반비례하고 누설리액턴스의 제곱에 비례

53
전기자 저항이 0.3[Ω], 직권 계자 권선의 저항이 0.7[Ω]인 직권 전동기에 110[V]를 가하니 부하 전류가 10[A]이다. 이때 전동기의 속도[rpm]는?(단, 기계 정수는 2이다)

① 1,200   ② 1,500
③ 1,800   ④ 3,600

54
동기전동기에 일정한 부하를 걸고 계자전류를 0[A]에서부터 계속 증가시킬 때 관련 설명으로 옳은 것은?(단, I_a는 전기자전류이다)

① I_a는 증가하다가 감소한다.
② I_a가 최소일 때 역률이 1이다.
③ I_a가 감소상태일 때 앞선 역률이다.
④ I_a가 증가상태일 때 뒤진 역률이다.

55
반도체 사이리스터로 속도 제어를 할 수 없는 제어는?
① 정지형 레너드 제어
② 일그너 제어
③ 초퍼 제어
④ 인버터 제어

56
3상 동기기의 제동권선을 사용하는 주목적은?
① 출력이 증가한다. ② 효율이 증가한다.
③ 역률을 개선한다. ④ 난조를 방지한다.

57
단상 반파정류로 직류전압 150[V]를 얻으려고 한다. 최대역전압(Peak Inverse Voltage)이 약 몇 [V] 이상의 다이오드를 사용하여야 하는가?(단, 정류회로 및 변압기의 전압강하는 무시한다)
① 150 ② 166
③ 333 ④ 471

58
변압기의 2차를 단락한 경우에 1차 단락전류 I_{s1}은? (단, V_1 : 1차 단자전압, Z_1 : 1차 권선의 임피던스, Z_2 : 2차 권선의 임피던스, a : 권수비, Z : 부하의 임피던스)

① $I_{s1} = \dfrac{V_1}{Z_1 + a^2 Z_2}$

② $I_{s1} = \dfrac{V_1}{Z_1 + a Z_2}$

③ $I_{s1} = \dfrac{V_1}{Z_1 - a Z_2}$

④ $I_{s1} = \dfrac{V_1}{Z_1 + Z_2 + Z}$

59
동기발전기의 전기자권선법 중 집중권에 비해 분포권이 갖는 장점은?
① 난조를 방지할 수 있다.
② 기전력의 파형이 좋아진다.
③ 권선의 리액턴스가 커진다.
④ 합성유도기전력이 높아진다.

60
1차 전압은 3,300[V]이고 1차 측 무부하전류는 0.15[A], 철손은 330[W]인 단상 변압기의 자화전류는 약 몇 [A]인가?
① 0.112 ② 0.145
③ 0.181 ④ 0.231

제4과목 회로이론 및 제어공학

61
다음 그림이 나타내는 기호는?

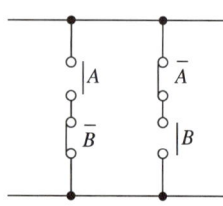

① AND 회로 ② OR 회로
③ NAND 회로 ④ Exclusive OR 회로

62
개루프 전달함수
$G(s)H(s) = \dfrac{K(s+2)}{(s+1)(s^2+6s+10)}$ 에서 $K > 0$
일 때 점근선의 실수축과 교차점은?
① -2.5 ② -2
③ -1.5 ④ -1

63
적분시간 3[s], 비례감도가 3인 비례적분동작을 하는 제어요소가 있다. 이 제어요소에 동작신호 $x(t) = 2t$를 주었을 때 조작량은 얼마인가?(단, 초기 조작량 $y(t)$는 0으로 한다)

① $t^2 + 2t$ ② $t^2 + 4t$
③ $t^2 + 6t$ ④ $t^2 + 8t$

64
그림의 블록선도에서 K에 대한 폐루프 전달함수 $T = \dfrac{C(s)}{R(s)}$의 감도 S_K^T는?

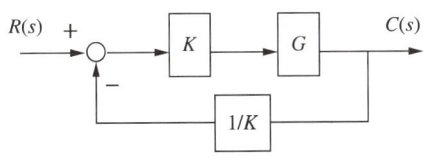

① -1 ② -0.5
③ 0.5 ④ 1

65
Z 변환법을 사용한 샘플치 제어계가 안정되려면 $1 + GH(Z) = 0$의 근의 위치는?

① Z평면의 좌반면에 존재하여야 한다.
② Z평면의 우반면에 존재하여야 한다.
③ $|Z| = 1$인 단위원 내에 존재하여야 한다.
④ $|Z| = 1$인 단위원 밖에 존재하여야 한다.

66
다음과 같은 상태방정식으로 표현되는 제어시스템의 특성방정식의 근(s_1, s_2)은?

$$\begin{bmatrix} \dot{x}_1 \\ \dot{x}_2 \end{bmatrix} = \begin{bmatrix} 0 & 1 \\ -2 & -3 \end{bmatrix} \begin{bmatrix} x_1 \\ x_2 \end{bmatrix} + \begin{bmatrix} 1 \\ 0 \end{bmatrix} u$$

① 1, -3 ② -1, -2
③ -2, -3 ④ -1, -3

67
그림과 같은 블록선도에 대한 등가종합전달함수 (C/R)는?

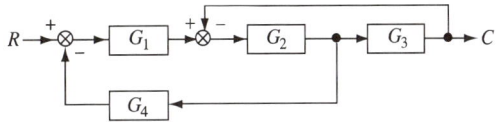

① $\dfrac{G_1 G_2 G_3}{1 + G_1 G_2 + G_1 G_2 G_3}$

② $\dfrac{G_1 G_2 G_3}{1 + G_2 G_3 + G_1 G_2 G_3}$

③ $\dfrac{G_1 G_2 G_4}{1 + G_1 G_2 + G_1 G_2 G_4}$

④ $\dfrac{G_1 G_2 G_3}{1 + G_2 G_3 + G_1 G_2 G_4}$

68
단위 부궤환 제어시스템의 루프 전달함수 $G(s)H(s)$가 다음과 같이 주어져 있다. 이득여유가 20[dB]이면 이때의 K의 값은?

$$G(s)H(s) = \dfrac{K}{(s+1)(s+3)}$$

① $\dfrac{3}{10}$ ② $\dfrac{3}{20}$
③ $\dfrac{1}{20}$ ④ $\dfrac{1}{40}$

69
$G(j\omega)H(j\omega) = \dfrac{K}{(1+2j\omega)(1+j\omega)}$의 이득여유가 20[dB]일 때 K값은?(단, $\omega = 0$이다)

① $K = 0$ ② $K = \dfrac{1}{10}$
③ $K = 1$ ④ $K = 10$

70

다음의 미분방정식을 신호흐름선도에 옳게 나타낸 것은? (단, $c(t) = X_1(t)$, $X_2(t) = \frac{d}{dt}X_1(t)$로 표시한다)

$$2\frac{dc(t)}{dt} + 5c(t) = r(t)$$

① ~ ④ (신호흐름선도)

71

위상정수가 $\frac{\pi}{8}$ [rad/m]인 선로의 1[MHz]에 대한 전파속도는 몇 [m/s]인가?

① 1.6×10^7 ② 3.2×10^7
③ 5×10^7 ④ 8×10^7

72

$\frac{1}{s^2 + a^2}$을 역라플라스 변환하면?

① $\sin at$ ② $\cos at$
③ $a\cos at$ ④ $\frac{1}{a}\sin at$

73

그림과 같은 R-C 병렬회로에서 전원전압이 $e(t) = 3e^{-5t}$인 경우 이 회로의 임피던스는?

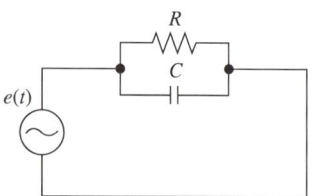

① $\dfrac{j\omega RC}{1 + j\omega RC}$ ② $\dfrac{R}{1 - 5RC}$

③ $\dfrac{R}{1 + RCs}$ ④ $\dfrac{1 + j\omega RC}{R}$

74

4단자 정수 A, B, C, D로 출력 측을 개방시켰을 때 입력 측에서 본 구동점 임피던스 $Z_{11} = \dfrac{V_1}{I_1}\bigg|_{I_2 = 0}$를 표시한 것 중 옳은 것은?

① $Z_{11} = \dfrac{A}{C}$ ② $Z_{11} = \dfrac{B}{D}$

③ $Z_{11} = \dfrac{A}{B}$ ④ $Z_{11} = \dfrac{B}{C}$

75

한 상의 임피던스가 $6 + j8[\Omega]$인 △ 부하에 대칭선간전압 200[V]를 인가할 때 3상 전력[W]은?

① 2,400   ② 4,160
③ 7,200   ④ 10,800

76

코일 A는 저항 3[Ω], 리액턴스 5[Ω]이고, 코일 B는 저항 5[Ω], 리액턴스 1[Ω]일 때, 두 코일을 직렬로 접속하여 100[V]의 전압을 인가하였다면 이 회로에 흐르는 전류 I는 몇 [A]인가?

① $10\angle -37°$ ② $10\angle 37°$
③ $10\angle -53°$ ④ $10\angle 53°$

77
회로에서 $L=50[\text{mH}]$, $R=20[\text{k}\Omega]$인 경우 회로의 시정수는 몇 $[\mu s]$인가?

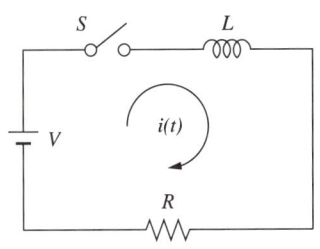

① 4.0   ② 3.5
③ 3.0   ④ 2.5

78
그림과 같은 회로에서 $5[\Omega]$에 흐르는 전류 I는 몇 [A]인가?

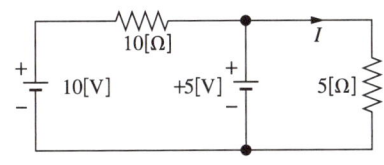

① $\dfrac{1}{2}$ ② $\dfrac{2}{3}$
③ 1   ④ $\dfrac{5}{3}$

79
불평형 3상 전류가 $I_a=15+j2[\text{A}]$, $I_b=-20-j14[\text{A}]$, $I_c=-3+j10[\text{A}]$일 때의 영상전류 $I_0[\text{A}]$는?

① $2.85+j0.36$
② $-2.67-j0.67$
③ $1.57-j3.25$
④ $12.67+j2$

80
선간전압이 $V_{ab}[\text{V}]$인 3상 평형 전원에 대칭 부하 $R[\Omega]$이 그림과 같이 접속되어 있을 때, a, b 두 상 간에 접속된 전력계의 지시값이 $W[\text{W}]$라면 c상 전류의 크기[A]는?

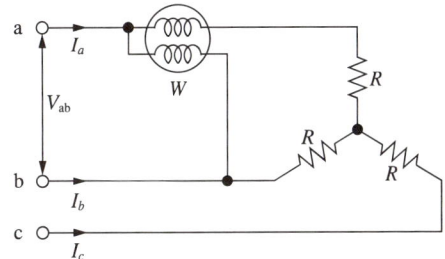

① $\dfrac{W}{3V_{ab}}$ ② $\dfrac{2W}{3V_{ab}}$
③ $\dfrac{2W}{\sqrt{3}\,V_{ab}}$ ④ $\dfrac{\sqrt{3}\,W}{V_{ab}}$

제5과목   전기설비기술기준

81
절연내력시험은 전로와 대지 사이에 연속하여 10분간 가하여 절연내력을 시험하였을 때에 이에 견디어야 한다. 최대사용전압이 22.9[kV]인 중성선 다중접지식 가공전선로의 전로와 대지 사이의 절연내력 시험전압은 몇 [V]인가?

① 16,488   ② 21,068
③ 22,900   ④ 28,625

82
철도 또는 궤도를 횡단하는 저·고압 가공전선의 높이는 레일면상 몇 [m] 이상이어야 하는가?

① 5.5   ② 6.5
③ 7.5   ④ 8.5

83
콘센트는 정격전류 몇 [A] 이하일 때 누전차단기에 의한 추가적 보호를 하여야 하는가?

① 20 ② 32
③ 51 ④ 68

84
직류 750[V]에서 전차선과 건조물 간의 동적 최소 절연간격은 몇 [mm] 이상 확보하여야 하는가?

① 25 ② 100
③ 170 ④ 270

85
옥외설비의 절연유 유출방지설비에 대한 내용 중 틀린 것은?

① 집유조 및 집수탱크가 시설되는 경우 집수탱크는 최대 용량 변압기의 유량에 대한 집유능력이 있어야 한다.
② 절연유 유출 방지설비의 선정은 기기에 들어 있는 절연유의 양, 빗물 및 화재보호시스템의 용수량, 근접 수로 및 토양조건을 고려하여야 한다.
③ 절연유 및 냉각액에 대한 집유조 및 집수탱크의 용량은 물의 유입으로 지나치게 감소되지 않아야 하며, 자연배수 및 강제배수가 가능하여야 한다.
④ 벽, 집유조 및 집수탱크에 관련된 배관은 액체가 침투하는 것이어야 한다.

86
귀선로에 대한 설명으로 틀린 것은?

① 나전선을 적용하여 가공식으로 가설을 원칙으로 한다.
② 사고 및 지락 시에도 충분한 허용전류용량을 갖도록 하여야 한다.
③ 비절연보호도체, 매설접지도체, 레일 등으로 구성하여 단권변압기 중성점과 공통접지에 접속한다.
④ 비절연보호도체의 위치는 통신유도장해 및 레일전위의 상승의 경감을 고려하여 결정하여야 한다.

87
저압 가공전선 건조물의 상부 조영재 위쪽으로 접근하는 경우 저압 가공전선과 건조물의 조영재 사이의 간격은 몇 [m] 이상이어야 하는가?(단, 케이블을 사용하는 경우이다)

① 0.5 ② 1.0
③ 2.0 ④ 3.0

88
아크가 발생하는 고압용 차단기는 목재의 벽 또는 천장, 기타의 가연성 물체로부터 몇 [m] 이상 이격하여야 하는가?

① 0.5 ② 1
③ 1.5 ④ 2

89
저압 가공전선과 고압 가공전선을 동일 지지물에 시설하는 경우 간격은 몇 [m] 이상이어야 하는가?(단, 각도주·분기주 등에서 혼촉의 우려가 없도록 시설하는 경우는 제외한다)

① 0.5 ② 0.6
③ 0.7 ④ 0.8

90
지중전선로의 시설방식이 아닌 것은?

① 관로식 ② 압착식
③ 암거식 ④ 직접 매설식

91
교통신호등 회로의 사용전압은 몇 [V] 이하여야 하는가?

① 110 ② 200
③ 220 ④ 300

92
사용전압이 22.9[kV]인 특고압 가공전선과 그 지지물·완금류·지주 또는 지지선 사이의 간격은 몇 [m] 이상이어야 하는가?

① 0.15 ② 0.2
③ 0.25 ④ 0.3

93
저압 보안공사 시 사용전선을 경동선으로 할 경우 지름은 몇 [mm] 이상이어야 하는가?(단, 사용전압은 400[V] 미만이다)

① 1.2 ② 2.6
③ 3.5 ④ 4

94
괄호 안에 들어갈 내용으로 옳은 것은?

> 고압 또는 특고압의 기계기구, 모선 등을 옥외에 시설하는 발전소, 변전소, 개폐소 또는 이에 준하는 곳에 시설하는 울타리, 담 등의 높이는 (㉠)[m] 이상으로 하고, 지표면과 울타리, 담 등의 하단 사이의 간격은 (㉡)[m] 이하로 하여야 한다.

① ㉠ 3 ㉡ 0.15   ② ㉠ 2 ㉡ 0.15
③ ㉠ 3 ㉡ 0.25   ④ ㉠ 2 ㉡ 0.25

95
옥내에 시설하는 저압 전선에 나전선을 사용할 수 있는 경우는?

① 버스덕트공사에 의하여 시설하는 경우
② 금속덕트공사에 의하여 시설하는 경우
③ 합성수지관공사에 의하여 시설하는 경우
④ 후강전선관공사에 의하여 시설하는 경우

96
사용전압 66[kV] 가공전선과 6[kV] 가공전선을 동일 지지물에 시설하는 경우, 특고압 가공전선은 케이블인 경우를 제외하고는 단면적이 몇 [mm^2]인 경동연선 또는 이와 동등 이상의 세기 및 굵기의 연선이어야 하는가?

① 22 ② 38
③ 50 ④ 100

97
KS C IEC 60364에서 전원의 한 점을 직접 접지하고, 설비의 노출 도전성 부분을 전원계통의 접지극과 별도로 전기적으로 독립하여 접지하는 방식은?

① TT계통
② TN-C계통
③ TN-S계통
④ TN-CS계통

98
가공전선로의 지지물에 지지선을 시설하려는 경우 이 지지선의 최저 기준으로 옳은 것은?

① 허용인장하중 : 2.11[kN], 소선지름 : 2.0[mm], 안전율 : 3.0
② 허용인장하중 : 3.21[kN], 소선지름 : 2.6[mm], 안전율 : 1.5
③ 허용인장하중 : 4.31[kN], 소선지름 : 1.6[mm], 안전율 : 2.0
④ 허용인장하중 : 4.31[kN], 소선지름 : 2.6[mm], 안전율 : 2.5

99
지중전선이 지중약전류전선 등과 접근하거나 교차하는 경우에 상호 간의 간격이 저압 또는 고압의 지중전선이 몇 [m] 이하일 때, 지중전선과 지중약전류전선 사이에 견고한 내화성의 격벽을 설치하여야 하는가?

① 0.1
② 0.2
③ 0.3
④ 0.6

100
수뢰부시스템과 접지극시스템 사이에 전기적 연속성의 적합성은 해당하는 금속부재의 최상단부와 지표레벨 사이의 직류전기저항은 몇 [Ω] 이하이어야 하는가?

① 0.1
② 0.2
③ 0.3
④ 0.4

정답 및 해설편

전기기사

2016년~2025년

※ 시행처에서 발표한 최종 답안에 따라 복수정답과 전항정답(정답없음)을 수록하였으며, 출제 기준 및 법령 변경 등으로 유효하지 않은 문제는 변경 또는 삭제하였습니다.
CBT 형식으로 진행(기사 : 2022년 3회부터)됨에 따라 수험자의 기억에 의해 문제를 복원하여 수록하였기 때문에 실제 시행 문제와 일부 상이할 수 있는 점 양해바랍니다.

합격의 공식 **시대에듀** www.sdedu.co.kr

2016년 제1회 기출문제

page 3

1	2	3	4	5	6	7	8	9	10	11	12	13	14	15	16	17	18	19	20
④	②	④	④	③	②	①	②	①,④	①	③	②	③	②	①	④	①	②	④	③
21	22	23	24	25	26	27	28	29	30	31	32	33	34	35	36	37	38	39	40
④	②	③	①	④	①	③	③	②	③	②	④	④	①	③	①	④	②	④	②
41	42	43	44	45	46	47	48	49	50	51	52	53	54	55	56	57	58	59	60
①	③	②	①	①	①	④	④	①	①	③	③	③	②	②,③	④	③	③	①	④
61	62	63	64	65	66	67	68	69	70	71	72	73	74	75	76	77	78	79	80
④	②	④	②	②	④	④	③	④	①	④	③	②	①	①	③	④	④	③	④
81	82	83	84	85	86	87	88	89	90	91	92	93	94	95	96	97	98	99	100
×	①	③	①	①	③	×	①	①	②	①	④	③	×	②	②	×	②	①	④

× : 문제삭제

01 전류가 흐르고 있는 도체에 자계를 가하면 도체 내부의 전하가 횡방향으로 힘을 받아 도체 측면에 정, 부전하가 나타나는 현상을 홀효과라 한다.

02 체적 = 면적 × 길이

체적 일정, 길이는 면적에 반비례, $S' = \frac{1}{2}S$

저항 $R' = \rho\frac{l'}{s'} = \rho\frac{2l}{\frac{s}{2}} = 4\rho\frac{l}{s} = 4R$

03 삼각형 중심의 자계

$H = 3H_1 = \frac{9I}{2\pi l}[\text{AT/m}]$

04
- 전위 $V = \frac{M\cos\theta}{4\pi\varepsilon_0 r^2}[\text{V}]$
- 전계의 세기 $E = -\nabla V = \frac{M}{4\pi\varepsilon_0 r^3}\sqrt{1+3\cos^2\theta}\,[\text{V/m}] \propto \frac{1}{r^3}$

05
- 변위전류 I_d : 콘덴서(진공 또는 유전체 내)에서 발생하는 전하의 위치가 변화하여 자계를 발생시키는 전류
- 변위전류밀도 $i_d = \frac{I_d}{S} = \frac{\partial D}{\partial t} = \varepsilon\frac{\partial E}{\partial t}$

여기서, I_d : 변위전류[A], ε : 유전율[F/m], D : 전속밀도[C/m²]

06 $e = L\frac{di}{dt} = 20 \times 10^{-3} \times \frac{2}{0.2} = 0.2[\text{V}]$

07
$$I_d = i_d \cdot S = S \cdot \frac{\partial D}{\partial t} = S\frac{\partial \varepsilon E}{\partial t} = \varepsilon \cdot S\frac{\partial}{\partial t}\left(\frac{v}{d}\right) = \frac{\varepsilon S}{d}\frac{\partial}{\partial t}(V_m \sin\omega t) = \omega\frac{\varepsilon S}{d}V_m \cos\omega t\,[\text{A}]$$

$C = \dfrac{\varepsilon S}{d}$ 이므로

$$I_d = \omega C V_m \cos\omega t\,[\text{A}]$$

08
$$e = M\frac{di}{dt} = 0.3 \times 10^{-3} \times \frac{10 \times 10^3}{0.01} = 3 \times 10^2\,[\text{V}]$$

09
- 내부에 전하가 균일 분포하는 경우

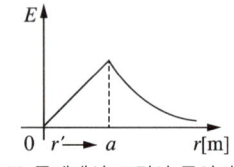

- 표면에 전하가 존재하는 경우

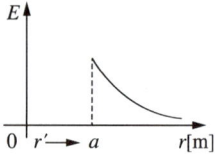

※ 문제에서 조건이 주어지지 않았으므로 답은 ①, ④ 두 개다.

10
- 최대전력 전송 조건 : 임피던스 정합(내부 임피던스 = 외부 임피던스)
- 전지 M을 병렬접속하면 합성내부저항은 $\dfrac{r}{M}$이며 최대전력을 공급받기 위한 부하저항 $R = \dfrac{r}{M}$

11 **코일 중심의 자계**

정3각형	정4각형	정6각형	원에 내접 n각형
$H = \dfrac{9I}{2\pi l}$	$H = \dfrac{2\sqrt{2}\,I}{\pi l}$	$H = \dfrac{\sqrt{3}\,I}{\pi l}$	$H_n = \dfrac{nI\tan\dfrac{\pi}{n}}{2\pi R}$

정삼각형 중심의 자계

$$H = \frac{9I}{2\pi l} = \frac{9 \times 2}{2\pi \times 3} = \frac{3}{\pi}\,[\text{AT/m}]$$

12
점전하 $Q\,[\text{C}]$과 무한 평면 도체 간의 작용력 $F\,[\text{N}]$는 $F = \dfrac{Q^2}{4\pi\varepsilon_0(2d)^2} = \dfrac{Q^2}{16\pi\varepsilon_0 d^2}\,[\text{N}]$(흡인력)

$$F = \frac{Q^2}{4\pi\varepsilon(2a)^2} = 9 \times 10^9 \times \frac{4^2}{(2\times 2)^2} = 9 \times 10^9\,[\text{N}]$$

13 공간 내에서 자계는 전류 I와 대칭인 위치에 영상전류 I'를 발생시킨다.

$$I' = \frac{\mu - \mu_0}{\mu + \mu_0}I$$

따라서 거리 $2a$만큼 떨어진 두 전류 I, I'에 작용하는 F는

$$F = \frac{\mu_0 II'}{2\pi d} = \frac{\mu_0}{2\pi \times 2a}I \times \frac{\mu - \mu_0}{\mu + \mu_0}I = \frac{\mu_0}{4\pi a}\left(\frac{\mu - \mu_0}{\mu + \mu_0}\right)I^2\ \text{(흡인력)}$$

14 지상의 높이 $h\,[\text{m}]$와 같은 거리에 선전하밀도 $-\lambda\,[\text{C/m}]$인 영상전하를 고려하여 선전하 간의 작용력을 구하면

$$F = -\lambda E = -\lambda \cdot \frac{\lambda}{2\pi\varepsilon_0(2h)} = \frac{-\lambda^2}{4\pi\varepsilon_0 h} \propto \frac{1}{h}$$

15 $Q = CV' = \dfrac{C_1 C_2}{C_1 + C_2}(V_1 - V_2)$

16 $A = 5e^{-r}\cos\phi\, a_r - 5\cos\phi\, a_z$

$\nabla \times A = \dfrac{1}{r}\begin{vmatrix} a_r & a_\phi r & a_z \\ \dfrac{\partial}{\partial r} & \dfrac{\partial}{\partial \phi} & \dfrac{\partial}{\partial z} \\ A_r & rA_\phi & A_z \end{vmatrix} = \dfrac{1}{r}\begin{vmatrix} a_r & a_\phi r & a_z \\ \dfrac{\partial}{\partial r} & \dfrac{\partial}{\partial \phi} & \dfrac{\partial}{\partial z} \\ 5e^{-r}\cos\phi & 0 & -5\cos\phi \end{vmatrix}$

$= \dfrac{1}{r}\left(\left(\dfrac{\partial}{\partial \phi}(-5\cos\phi) - 0\right)a_r + \left(\dfrac{\partial}{\partial z}(5e^{-r}\cos\phi) - \dfrac{\partial}{\partial r}(-5\cos\phi)\right)ra_\phi + \left(0 - \dfrac{\partial}{\partial \phi}(5e^{-r}\cos\phi)\right)a_z\right)$

$= \dfrac{1}{r}(5\sin\phi\, a_r + 5e^{-r}\sin\phi\, a_z)$

$\therefore a_z$ 방향의 계수 : $\dfrac{1}{r}5e^{-r}\sin\phi = \dfrac{1}{2}5e^{-2}\sin\dfrac{3}{2}\pi \fallingdotseq -0.34$

17 $v = \dfrac{ds}{dt} = \dfrac{1}{0.4} = 2.5\,[\text{m/s}]$

$\therefore e = Blv\sin\theta = 10 \times 4 \times 10^{-2} \times 2.5 \times \sin 90° = 1\,[\text{V}]$

18 $Q = \rho V_{체적} = \rho \dfrac{4}{3}\pi a^3$ 이므로

전계 $E_i = \dfrac{rQ}{4\pi\varepsilon_0 a^3} = \dfrac{r}{4\pi\varepsilon_0 a^3} \times \rho\dfrac{4}{3}\pi a^3 = \dfrac{\rho r}{3\varepsilon_0}$

$\therefore E_i = \dfrac{\rho r}{3\varepsilon_0} = \dfrac{1 \times 1}{3\varepsilon_0} = \dfrac{1}{3\varepsilon_0}$ 에서

전위(V_i) $= E_i \cdot r = \dfrac{1}{3\varepsilon_0} \times 1 = \dfrac{1}{3\varepsilon_0}\,[\text{V}]$

19 유전체 삽입 전 정전용량 $C = \dfrac{\varepsilon_0}{d}S$

유전체 삽입 후 정전용량 C' ┌ 유전체가 없는 부문 $C_1 = \dfrac{\varepsilon_0}{d-t}S$
└ 유전체 삽입 부분 $C_2 = \dfrac{\varepsilon}{t}S$

C'는 C_1과 C_2의 직렬 등가이므로 $C' = \dfrac{1}{\dfrac{1}{C_1} + \dfrac{1}{C_2}} = \dfrac{1}{\dfrac{1}{\dfrac{\varepsilon_0}{d-t}S} + \dfrac{1}{\dfrac{\varepsilon}{t}S}} = \dfrac{\varepsilon_0 \varepsilon S}{\varepsilon(d-t) + \varepsilon_0 t}$

전하량은 유전체 삽입 전·후가 일정하므로 삽입 전 정전용량과 후 정전용량에 대해
$Q = CV = C'V'$

$V' = \dfrac{C}{C'}V = \dfrac{\varepsilon(d-t) + \varepsilon_0 t}{\varepsilon d}V = \left(\dfrac{\varepsilon d}{\varepsilon d} - \dfrac{\varepsilon t}{\varepsilon d} + \dfrac{\varepsilon_0 t}{\varepsilon_0 \varepsilon_s d}\right)V = \left(1 - \dfrac{t}{d} + \dfrac{t}{\varepsilon_s d}\right)V$

$\left(\therefore \dfrac{C}{C'} = \dfrac{\varepsilon(d-t) + \varepsilon_0 t}{\varepsilon_0 \varepsilon S} \times \dfrac{\varepsilon_0 S}{d} = \dfrac{\varepsilon(d-t) + \varepsilon_0 t}{\varepsilon d}\right)$

$\therefore V' = V\left(1 - \dfrac{t}{d}\left(1 - \dfrac{1}{\varepsilon_s}\right)\right)$

20 환상 솔레노이드의 내부 자속

$$\phi = BS = \mu H \cdot S = \mu \cdot \frac{NI}{2\pi r} \cdot S = \frac{\mu_0 \mu_s NIS}{l}[\text{Wb}]$$

$$\therefore \phi = \frac{\mu_0 \mu_s NIS}{l} = \frac{4\pi \times 10^{-7} \times 800 \times 600 \times 1 \times 10^{-4}}{30 \times 10^{-2}} \fallingdotseq 2 \times 10^{-3}[\text{Wb}]$$

21 보일러의 부속설비
- 과열기 : 건조포화증기를 과열증기로 변환하여 터빈에 공급
- 재열기 : 터빈 내에서의 증기를 뽑아내어 다시 가열하는 장치
- 절탄기 : 배기가스의 여열을 이용하여 보일러 급수 예열
- 공기예열기 : 절탄기를 통과한 여열공기를 예열한다(연도의 맨 끝에 위치).

22
- 부족여자(지상) : 리액터 사용
- 과여자(진상) : 콘덴서 사용

23 안정도 향상 대책
- 발전기
  - 동기리액턴스 감소(단락비 크게, 전압변동률 작게)
  - 속응여자방식 채용
  - 제동권선 설치(난조 방지)
  - 조속기 감도 둔감
- 송전선
  - 리액턴스 감소
  - 복도체(다도체) 채용
  - 병행 2회선 방식
  - 중간조상방식
  - 고속도 재폐로방식 채택 및 고속 차단기 설치

24

$$C_0 = \frac{0.02413}{\log_{10}\frac{D}{r}}[\mu\text{F/km}]$$

25

$$\text{연부하율} = \frac{\text{연간전력량}/(365 \times 24)}{\text{연간최대전력}} \times 100 = \frac{E}{8,760\,W} \times 100[\%]$$

26 플리커 방지책
- 수용가측
  - 전원계통에 리액터분을 보상
  - 전압강하를 보상
  - 부하의 무효전력 변동분을 흡수
- 전력공급측
  - 단락용량이 큰 계통에서 공급
  - 공급전압 승압
  - 전용변압기로 공급
  - 단독 공급계통을 구성

27
정격차단시간 : 트립코일 여자로부터 불꽃이 완전 소호할 때까지 걸리는 시간(3~8[C/s])

28 $V = I_g Z_{gf} = 3I_0 Z_{gf} = I_0 3 Z_{gf}$
$Z_0 = Z_\ell + Z_t + 3Z_{gf}$

29
- 3상 선로나 발전기 등에서 1상 또는 2상의 결상(단선 등)이나 저전압 또는 역상 등의 사고가 발생하였을 때 사고의 확대 및 파급의 방지를 위하여 차단기를 차단시키거나 경보를 하기 위하여 사용
- 3상 변압기가 단상으로 운전되면 역상분이 존재하므로 역상 계전기로 결상을 검출한다.
- 변압기의 단상운전에 의한 소손방지목적 계전기는 결상 계전기, 역상 계전기

30 $P_l = I^2 R = P_S - P_r$
$I^2 R = V_S I_S \cos\theta_S - V_R I_R \cos\theta_R$ (직렬은 전류가 일정)
$IR = V_S \cos\theta_S - V_R \cos\theta_R$
$I = \dfrac{V_S \cos\theta_S - V_R \cos\theta_R}{R} = \dfrac{6,600 \times 0.9 - 6,100 \times 0.8}{20} = 53 [A]$

31 $P_S = \dfrac{V^2}{Z}$ 에서 $Z = \dfrac{V^2}{P_S} = \dfrac{(154,000)^2}{5,000 \times 10^6} = 4.74 [\Omega]$

32 피뢰기의 구비조건
- 속류차단 능력이 클 것
- 제한전압이 낮을 것
- 충격방전 개시전압이 낮을 것
- 상용주파 방전 개시전압이 높을 것
- 방전내량이 클 것
- 내구성 및 경제성이 있을 것

33 제한전압 : 피뢰기 동작 중에 계속해서 걸리고 있는 단자전압의 파곳값

34 $I_S = \dfrac{100}{\%Z} \dfrac{P[kVA]}{\sqrt{3} \times V[kV]} = \dfrac{100}{8} \times \dfrac{20,000}{\sqrt{3} \times 22} = 6,561 [A]$

35 개폐 이상전압은 회로의 폐로 때보다 개로할 때가 크며 또한 부하 개로할 때보다 무부하회로를 개로할 때가 더 크다. 개폐 이상전압은 상규 대지전압이 3.5배 이하로서 4배를 넘는 경우는 거의 없다. 앞선 무효분 정전용량에 의한 충전전류를 차단 시 이상전압이 크게 발생된다.

36 가압수형 원자로(P.W.R)
- 방사능을 띤 증기가 터빈측에 유입되지 않는다.
- 계통이 복잡하다.
- 용기 및 배관이 두꺼워진다.
- 안전성이 좋다.

비등수형 원자로(B.W.R)
- 소내용 동력은 작아도 된다.
- 노 내의 물의 압력이 높지 않다.
- 노심 및 압력용기가 커진다.
- 열교환기가 필요 없다.
- 증기가 직접 터빈에 들어가기 때문에 누출에 적절히 방지해야 한다.

37 V결선

3상 최대출력 $P = \sqrt{3}\,P_V = \sqrt{3} \times 150 = 260[\text{kVA}]$

38 단상 3선식의 특징
- 장 점
  - 전선 소모량이 단상 2선식에 비해 37.5[%](경제적)
  - 110/220[V]의 2종류의 전압을 얻을 수 있다.
  - 단상 2선식에 비해 효율이 높고 전압강하가 작다.
- 단 점
  - 중성선이 단선되면 전압의 불평형이 생기기 쉽다.
  - 대책 : 저압 밸런서(여자임피던스가 크고 누설임피던스가 작고 권수비가 1 : 1인 단권 변압기)
- 주의 사항
  - 개폐기는 동시 동작형
  - 중성선에 퓨즈를 설치하지 말 것

39 전압을 n배로 승압 시

항 목	송전전력	전압강하	단면적 A	총중량 W	전력손실 P_l	전압 강하율 ε
관 계	$P \propto V^2$	$e \propto \dfrac{1}{V}$	\multicolumn{4}{c}{$[A,\,W,\,P_l,\,\varepsilon] \propto \dfrac{1}{V^2}$}

40 단로기(DS)는 소호기능이 없어 부하전류나 사고전류를 차단할 수 없다. 무부하 상태, 즉 차단기가 열려 있어야만 전로개방 및 모선접속 시 변경할 수 있다(인터로크).

41 스텝 모터(Step Motor)의 장점
- 스테핑 주파수(펄스수)로 회전각도를 조정을 한다.
- 회전각을 검출하기 위한 피드백(Feedback)이 불필요하다.
- 디지털 신호로 제어하기 용이하므로 컴퓨터로 사용하기에 아주 적합하다.
- 가·감속이 용이하며 정·역전 및 변속이 쉽다.
- 각도 오차가 매우 작아 주로 자동제어장치에 많이 사용된다.

42 동기발전기의 병렬운전
- 유기기전력이 높은 발전기(여자전류가 높은 경우) : 90° 지상전류가 흘러 역률이 저하된다.
- 유기기전력이 낮은 발전기(여자전류가 낮은 경우) : 90° 진상전류가 흘러 역률이 상승된다.

43 출력

$p_0 = \sqrt{3}\,VI\cos\theta\,\eta = \sqrt{3} \times 200 \times 21.5 \times 0.86 \times 0.85 \fallingdotseq 5{,}444[\text{W}]$

44 선형 전동기는 무한 연속운동을 하는 회전형 전동기와 달리
- 길이가 유한한 구조와 상대적으로 큰 공극으로 인해서 회전기보다 성능(힘, 효율 등)이 떨어진다.
- 직선구동력이 필요한 시스템에서는 회전형 전동기와 회전력을 직선운동으로 변환해주는 기어, 벨트 등의 추가적인 기계변환 장치가 필요하지 않으므로, 시스템구조가 간단하고 손실이나 소음이 발생하지 않는다.
- 전원의 상 순서를 바꾸어 이동방향을 변경한다.
- 선형의 경우 회전형에 비해 직선운동으로 부하관성의 영향이 크다.

45
- 직류기 전기자 권선법 : 고상권, 폐로권, 이층권, 중권 및 파권
- 중권과 파권 비교

구 분	중 권	파 권
전기자의 병렬회로수(a)	$a=p$	$a=2$
브러시수(b)	$b=p$	$b=2$
용 도	저전압, 대전류	고전압, 소전류
다중도인 경우(a)	$a=mp$	$a=2m$
균압선	o	x

46 다이오드의 연결
- 직렬연결 : 과전압을 방지한다.
- 병렬연결 : 과전류를 방지한다.

47 브러시에 의해 단락된 코일에는 기전력이 발생하므로 브러시 사이의 유기기전력이 감소한다.

48 진폭전압은 맥동분만큼 변하는 것으로 $v = V \times \nu = 2{,}000 \times 0.03 = 60\,[\text{V}]$

49 최대전일효율 조건 : $24P_i = \sum hP_c$
전부하시간이 길수록 철손 P_i를 크게 하고 짧을수록 철손 P_i를 작게 한다.

50 $\dfrac{1}{m}$ 부하에서 최대효율조건

$$\left(\dfrac{1}{m}\right)^2 P_c = P_i$$

$$\therefore \dfrac{1}{m} = \sqrt{\dfrac{P_i}{P_c}} = \sqrt{\dfrac{1.6}{2.4}} = \dfrac{\sqrt{6}}{3} \fallingdotseq 0.816$$

51 여자전류의 파형은 고주파성분을 포함한 돌입여자이기 때문에 왜형파를 지닌다.

52
$$T = \dfrac{60P_2}{2\pi N_s} = \dfrac{60 \times \dfrac{P_{c2}}{s}}{2\pi\left(\dfrac{120f}{P}\right)} = \dfrac{60 \times \dfrac{94.25}{0.05}}{2\pi\left(\dfrac{120 \times 60}{4}\right)} \fallingdotseq 10.00\,[\text{N} \cdot \text{m}]$$

53

종 류	횡 축	종 축	조 건
무부하 포화곡선	I_f(계자전류)	V(단자전압)	n일정, $I=0$
외부 특성곡선	I(부하전류)	V(단자전압)	n일정, R_f일정
내부 특성곡선	I(부하전류)	E(유기기전력)	n일정, R_f일정
부하 특성곡선	I_f(계자전류)	V(단자전압)	n일정, I일정
계자 조정곡선	I(부하전류)	I_f(계자전류)	n일정, V일정

54 제동권선의 효과
- 난조 방지
- 불평형 부하 시의 전류 및 전압 파형 개선
- 기동토크 발생
- 송전선의 불평형 단락 시의 이상전압 방지

55 $s \propto \dfrac{1}{V^2}$ 이므로

② $\eta = (1-s)$ 이므로 Slip이 감소하면 효율은 증가한다.
③ $N = (1-s)N_s$ 이므로 Slip 감소 시 N은 증가한다.

56 단절권의 장점
- 동량 절약
- 자기인덕턴스 감소
- 특정 고조파를 제거하여 파형 개선

57 $E_1 = \dfrac{Z_1}{Z_1+Z_2} \cdot E = \dfrac{5}{5+7} \times 3,300 = 1,375 [\text{V}]$

$E_2 = \dfrac{Z_2}{Z_1+Z_2} \cdot E = \dfrac{7}{5+7} \times 3,300 = 1,925 [\text{V}]$

58 회전자계 속도는 동기속도와 같다.

59 정격전류 $I = \dfrac{100,000}{\sqrt{3} \times 3,300} \fallingdotseq 17.5 [\text{A}]$

60 전기각 $\alpha_e = \dfrac{P}{2} \times \alpha = \dfrac{12}{2} \times 15 = 90°$

여기서, α_e : 전기각, α : 기계각

61
- 극점 : 0, 0, −2, −3
- 영점 : −1
- 극점과 영점의 많은 수의 개수가 근궤적의 수

62 $C(z) = G_1(z)G_2(z)R(z)$

$\therefore G(z) = \dfrac{C(z)}{R(z)} = G_1(z)G_2(z) = Z\left[\dfrac{1}{s+1}\right]Z\left[\dfrac{2}{s+2}\right] = \dfrac{2z^2}{(z-e^{-T})(z-e^{-2T})}$

63 부동작 시간요소 : $Ke^{-Ls} = \dfrac{K}{e^{Ls}}$

64
- **미분동작제어** : 제어오차가 검출될 때 오차가 변화하는 속도에 비례하여 조작량을 가감하도록 하는 동작으로 오차가 커지는 것을 미연에 방지한다.
- **적분동작제어** : 오차의 크기와 오차가 발생하고 있는 시간에 둘러싸인 면적, 즉 적분값의 크기에 비례하여 조작부를 제어하는 것으로 잔류오차가 없도록 제어할 수 있다.
- **비례미분제어** : 제어결과에 빨리 도달하도록 미분동작을 부가한 동작으로 응답 속응성의 개선에 사용된다.
- **비례적분제어** : 비례동작에 의해 발생되는 잔류오차를 소멸시키기 위해 적분동작을 부가시킨 제어동작으로 제어결과가 진동적으로 되기 쉬우나 잔류오차가 적다.
- **비례적분미분제어** : 비례적분동작에 미분동작을 추가시킨 것

65 $\overline{A+B+B} = \overline{(A+B)} \cdot \overline{B} = \overline{A} \cdot \overline{B} + \overline{B} \cdot \overline{B} = \overline{A} \cdot \overline{B}$

66 안정도 척도와 관계 : 공진치, 위상여유, 이득여유
고유주파수는 무관하다.

67 $\begin{pmatrix} s & 0 \\ 0 & s \end{pmatrix} - \begin{pmatrix} 0 & 1 \\ -2 & -3 \end{pmatrix} = \begin{pmatrix} s & -1 \\ 2 & s+3 \end{pmatrix}$

$s^2 + 3s + 2 = 0$
$s^2 + 2\delta\omega_n s + \omega_n^2 = 0$
$\omega_n = \sqrt{2}$
$2\delta\sqrt{2} = 3$
$\delta = \dfrac{3}{2\sqrt{2}} = 1.06$
∴ 과제동

68 $\dfrac{1}{T} = a$ 로 치환

$C(t) = 1 - e^{-at}$ 를 라플라스 변환하면 $C(s) = \dfrac{1}{s} - \dfrac{1}{s+a}$

$G(s) = \dfrac{C(s)}{R(s)} = \dfrac{\dfrac{1}{s} - \dfrac{1}{s+a}}{\dfrac{1}{s}} = \dfrac{\dfrac{s+a-s}{s(s+a)}}{\dfrac{1}{s}} = \dfrac{a}{s+a}$

∴ 1차 지연요소

69 $G(s) = \dfrac{P_1 + P_2 + \cdots}{1 - L_1 - L_2 - \cdots}$

여기서, $L_1 = 4b$, $L_2 = 5ab$, $P = ab$

$G(s) = \dfrac{ab}{1 - 4b - 5ab}$

70

구 분	대 응	
나이퀴스트선도	임계점 $(-1 \mid j0)$	
보드선도	이 득	위 상
	$g = 20\log|G| = 20\log|1| = 0\,[\text{dB}]$	$\theta = -180°,\ 180°$

71 $P_r = \sqrt{3}\,VI\sin\theta = \sqrt{3} \times 200 \times 10\sqrt{3} \times 0.6 = 3{,}600$

72 △결선
$E_l = E_p$
$I_l = \sqrt{3}\,I_p \angle -30°$

73 $\lim\limits_{s \to 0} sF(s) = \lim\limits_{s \to 0} s\dfrac{5s+3}{s(s+1)} = 3$

74 대칭조건은 $A = D = 1 + \dfrac{j\omega L}{\dfrac{1}{j\omega C}} = 1 - \omega^2 LC$

75 $P = I^2 R = \left(\dfrac{V}{R+R_L}\right)^2 \cdot R$ 에서 $R = R_L$ 이면 $\left(\dfrac{V}{2R}\right)^2 R = \dfrac{V^2}{4R^2} R = \dfrac{V^2}{4R}$

76 $P = \dfrac{V^2}{R}$

$P \propto V^2$

$1{,}000 \times 0.8^2 = 640 [\text{W}]$

77 $i(t) = \dfrac{E}{R} e^{-\frac{1}{RC}t} = \dfrac{2}{2} e^{-\frac{1}{2 \times \frac{1}{4}}t} = e^{-\frac{1}{\frac{1}{2}}t} = e^{-2t}$

$I(s) = \dfrac{1}{s+2}$

78 $Y = Y_1 + Y_2 = \dfrac{1}{Z_1} + \dfrac{1}{Z_2} = \dfrac{1}{80} + \dfrac{1}{j60}$

$Z_{12} = \dfrac{1}{\dfrac{1}{80} + \dfrac{1}{j60}} = 28.8 + j38.4$

$Z = Z_C + Z_{12} = -j30 + 28.8 + j38.4 = 28.8 + j8.4$

$Y = \dfrac{1}{Z} = \dfrac{1}{28.8 + j8.4} = \dfrac{4}{124} - j\dfrac{7}{750} = 0.032 - j9.333 \times 10^{-3}$

$R = \dfrac{1}{G} = \dfrac{1}{0.032} = 31.25$, $X = \dfrac{1}{B} = \dfrac{1}{-j9.333 \times 10^{-3}} = j107.15$

79 $Z_0 = \sqrt{\dfrac{Z}{Y}}$, $\gamma = \sqrt{ZY}$

$Z_0 \cdot \gamma = \sqrt{\dfrac{Z}{Y} \cdot ZY}$

$Z_0 \gamma = Z$

80 전류원 3[A]를 개방

$I_x (2+1) = 10 - 2I_x$

$3I_x = 10 - 2I_x$

$5I_x = 10$

$I_x = 2[\text{A}]$

10[V] 전압원을 단락시키면

$I_x + 3 = \dfrac{V - 2I_x}{1}$

$I_x + 3 = V - 2I_x$ 정리하면 $I_x = \dfrac{V-3}{3}$ ...... ⓐ

$I_x = \dfrac{-V}{2}$ 에서 $V = -2I_x$ .... ⓑ

ⓑ식을 ⓐ식에 대입하면 $I_x = \dfrac{-2I_x - 3}{3}$ 에서 $I_x = -0.6$

전체 $I_x = 2 - 0.6 = 1.4[\text{A}]$

81 ※ KEC(한국전기설비규정)의 적용으로 문제가 성립되지 않음

82 KEC 223.2/334.2(지중함의 시설)
- 지중함은 견고하고 차량 기타 중량물의 압력에 견디는 구조일 것
- 지중함은 그 안의 고인 물을 제거할 수 있는 구조로 되어 있을 것
- 폭발성 또는 연소성의 가스가 침입할 우려가 있는 것에 시설하는 지중함으로서 그 크기가 1[m^3] 이상인 것에는 통풍장치 기타 가스를 방산시키기 위한 장치를 시설할 것
- 지중함의 뚜껑은 시설자 이외의 자가 쉽게 열 수 없도록 시설할 것

83 KEC 221.3(옥상전선로)
- 전선과 그 저압 옥상전선로를 시설하는 조영재와의 간격은 2[m](전선이 고압 절연전선, 특고압 절연전선 또는 케이블인 경우에는 1[m]) 이상일 것
- 전선은 인장강도 2.30[kN] 이상의 것 또는 지름 2.6[mm] 이상의 경동선일 것
- 전선은 절연전선일 것
- 애자를 사용하여 지지하고 또한 그 지지점 간의 거리는 15[m] 이하일 것
- 전선은 상시 부는 바람 등에 의하여 식물에 접촉하지 않도록 시설

84 전압의 구분

	교류	직류
저압	1[kV] 이하	1.5[kV] 이하
고압	1[kV] 초과 7[kV] 이하	1.5[kV] 초과 7[kV] 이하
특고압	7[kV] 초과	

85 KEC 351.1(발전소 등의 울타리·담 등의 시설)

특고압	간격($a+b$)	기 타
35[kV] 이하	5.0[m] 이상	울타리의 높이(a) : 2[m] 이상 울타리에서 충전부까지 거리(b)
35[kV] 초과 160[kV] 이하	6.0[m] 이상	지면과 하부(c) : 15[cm] 이하 단수 = 160[kV] 초과/10[kV]
160[kV] 초과	6.0[m] + N 이상	N = 단수 × 0.12

86 KEC 222.2/331.11(지지선의 시설)

안전율	2.5 이상(목주나 A종 : 1.5 이상)	아연도금철봉	지중 및 지표상 0.3[m]까지
구 조	4.31[kN] 이상, 3가닥 이상의 연선	도로횡단	5[m] 이상(교통 지장 없는 장소 : 4.5[m])
금속선	2.6[mm] 이상(아연도강연선 2.0[mm] 이상)	기 타	철탑은 지지선으로 그 강도를 분담시키지 않을 것

87 ※ KEC(한국전기설비규정)의 적용으로 문제가 성립되지 않음

88 KEC 222.7/332.5(저·고압 가공전선의 높이)

설치장소		가공전선의 높이
도로횡단		지표상 6[m] 이상
철도 또는 궤도횡단		레일면상 6.5[m] 이상
횡단보도교 위	저 압	노면상 3.5[m] 이상. 단, 절연전선의 경우 3[m] 이상
	고 압	노면상 3.5[m] 이상

89 KEC 362.6(25[kV] 이하인 특고압 가공전선로 첨가 통신선의 시설에 관한 특례)
통신선은 광섬유 케이블일 것. 다만, 통신선은 광섬유 케이블 이외의 경우에 이를 표준에 적합한 특고압용 제2종 보안장치 또는 이에 준하는 보안장치를 시설할 때에는 그러하지 아니하다.

90 KEC 222.11/332.11(저·고압 가공전선과 건조물의 접근)

구 분		저압 가공전선			고압 가공전선		
		일 반	절 연	케이블	일 반	절 연	케이블
상부 조영재	위 쪽	2[m]	1[m]	1[m]	2[m]	–	1[m]
	옆쪽 또는 아래쪽, 기타 조영재	1.2[m]	0.4[m]	0.4[m]	1.2[m]	–	0.4[m]
		인체 비접촉 시 0.8[m]					

91 KEC 222.9/332.8(저·고압 가공전선 등의 병행설치), 333.17(특고압 가공전선과 저·고압 가공전선의 병행설치)

구 분	고 압	35[kV] 이하	35[kV] 초과 60[kV] 이하	60[kV] 초과
저압·고압(케이블)	0.5[m] 이상(0.3[m])	1.2[m] 이상(0.5[m])	2[m] 이상(1[m])	2[m](1[m]) + 단수 × 0.12[m]
기 타	• 35[kV] 이하 – 상부에 고압측을 시설하며 별도의 완금류에 시설할 것 • 35[kV] 초과 100[kV] 미만의 특고압 – 단수 = $\dfrac{60[kV] \text{ 초과}}{10[kV]}$ (반드시 절상하여 계산) – 21.67[kN] 금속선, 50[mm²] 이상의 경동연선			

※ KEC(한국전기설비규정)의 적용으로 55[mm²] 이상에서 50[mm²] 이상으로 변경됨 〈2021.01.01.〉

92 KEC 333.23(특고압 가공전선과 건조물의 접근)
전선 높이가 최저상태일 때 가공전선과 건조물 상부(지붕·차양·옷 말리는 곳 기타 사람이 올라갈 우려가 있는 개소를 말한다)와의 수직거리가 28[m] 이상일 것

93 KEC 231.4(나전선의 사용 제한)
다음 경우를 제외하고 나전선을 사용하여서는 아니 된다.
• 애자공사(전개된 곳)
 – 전기로용 전선로
 – 절연물이 부식하기 쉬운 곳
 – 취급자 이외의 자가 출입할 수 없도록 시설한 곳
• 접촉전선을 사용한 곳
• 라이팅덕트공사 또는 버스덕트공사

94 ※ KEC(한국전기설비규정)의 적용으로 문제가 성립되지 않음

95 KEC 242.7(터널, 갱도 기타 이와 유사한 장소)
터널 등의 전구선 또는 이동전선 등의 시설
• 400[V] 이하인 이동전선은 300/300[V] 편조 고무코드 또는 0.6/1[kV] EP 고무절연클로로프렌 캡타이어케이블로서 단면적이 0.75[mm²] 이상인 것일 것
• 사용전압이 400[V] 초과인 저압의 이동전선은 0.6/1[kV] EP 고무절연클로로프렌 캡타이어케이블로서 단면적이 0.75[mm²] 이상인 것일 것

96 KEC 222.7/332.5(저·고압 가공전선의 높이)

설치장소		가공전선의 높이
도로횡단		지표상 6[m] 이상
철도 또는 궤도횡단		레일면상 6.5[m] 이상
횡단보도교 위	저 압	노면상 3.5[m] 이상. 단, 절연전선의 경우 3[m] 이상
	고 압	노면상 3.5[m] 이상

97 ※ KEC(한국전기설비규정)의 적용으로 문제가 성립되지 않음

98 KEC 242.10(의료장소)
의료장소마다 그 내부 또는 근처에 등전위 본딩바를 설치할 것. 다만, 인접하는 의료장소와의 바닥면적 합계가 50[m²] 이하인 경우에는 등전위 본딩바를 공용할 수 있다.

99 KEC 132(전로의 절연저항 및 절연내력)

접지방식	최대사용전압	시험전압(최대사용전압배수)	최저시험전압
비접지	7[kV] 이하	1.5배	
	7[kV] 초과	1.25배	10.5[kV]
중성점 접지	60[kV] 초과	1.1배	75[kV]
중성점 직접접지	60[kV] 초과 170[kV] 이하	0.72배	
	170[kV] 초과	0.64배	
중성점 다중접지	25[kV] 이하	0.92배	

※ 전로에 케이블을 사용하는 경우에는 직류로 시험할 수 있으며, 시험전압은 교류의 경우의 2배가 된다.
∴ 시험전압 = 22,900 × 0.92 = 21,068[V]

100 KEC 222.7/332.5(저·고압 가공전선의 높이), 333.7(특고압 가공전선의 높이)

시설 장소	가공통신선	가공전선로 지지물에 시설	
		저·고압	특고압
일 반	3.5[m]	5[m]	5[m]
도로횡단(교통지장 없음)	5(4.5)[m]	6(5)[m]	6[m]
철도, 궤도횡단	6.5[m]	6.5[m]	6.5[m]
횡단보도교 위[절연전선(고·저압), 광섬유케이블(특고압) 사용 시]	3[m]	3.5(3)[m]	5(4)[m]

2016년 제 2 회 기출문제

page 16

1	2	3	4	5	6	7	8	9	10	11	12	13	14	15	16	17	18	19	20
①	①	②	②	②	②	④	③	③	④	③	②	①	①	①	②	③	①	③	④
21	22	23	24	25	26	27	28	29	30	31	32	33	34	35	36	37	38	39	40
①	④	③	②	④	③	③	②	②	②	②	④	④	①	③	③	②	④	④	③
41	42	43	44	45	46	47	48	49	50	51	52	53	54	55	56	57	58	59	60
②	①	③	①	①	③	④	②	②	③	①	③	①	③	②	④	④	②	③	①
61	62	63	64	65	66	67	68	69	70	71	72	73	74	75	76	77	78	79	80
④	②	①	③	④	③	②	②	②	④	①	④	④	①	③	③	②	①	②	③
81	82	83	84	85	86	87	88	89	90	91	92	93	94	95	96	97	98	99	100
③	×	②	③	②	④	③	③	③	④	×	①	④	②	④	③	④	②	×	①

× : 문제삭제

01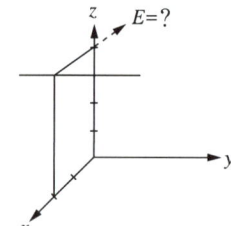

무한장 직선상 ρ_L의 전계의 세기

크기 : $E = \dfrac{\rho_L}{2\pi\varepsilon_0 r} = \dfrac{\rho_L}{2\pi\varepsilon_0 \times 2} = \dfrac{\rho_L}{4\pi\varepsilon_0}$ [V/m]

방향 : $-a_x$

$\therefore E = -Ea_x = -\dfrac{\rho_L}{4\pi\varepsilon_0}a_x$ [V/m]

02 회전력은 $T = MH\sin\theta$, $\dfrac{\pi}{2}$ 만큼 회전시키는 데 필요한 일

$W = MH\left(1-\cos\dfrac{\pi}{2}\right)$ 에서 $\cos\dfrac{\pi}{2} = 0$ 이므로

$W = MH = 9.8 \times 10^{-5} \times 10.5 ≒ 1.03 \times 10^{-3}$ [J]

03 $L = \dfrac{n_0\phi}{I} = \dfrac{n_0\mu HS}{\dfrac{H}{n_0}} = \mu S n_0^2$ [H/m]

04 $W_e = \dfrac{D^2}{2\varepsilon}$ [J/m³] 에서

$\varepsilon = \dfrac{D^2}{2 \cdot W_e} = \dfrac{(4.8 \times 10^{-7})^2}{2 \times 5.3 \times 10^{-3}} ≒ 2.17 \times 10^{-11}$ [F/m]

05 전기 쌍극자 $E = \dfrac{M}{2\pi\varepsilon_0 r^3}\cos\theta + \dfrac{M}{4\pi\varepsilon_0 r^3}\sin\theta$ 식에서 $\dfrac{M}{2\pi\varepsilon_0 r^3}$ 만 나오는 경우가 최댓값이므로 $\theta = 0°$ 이며 $\dfrac{M}{4\pi\varepsilon_0 r^3}$ 만 나오는 경우가 최솟값이므로 $\theta = 90°$ 이다.

06 환상철심은 감자력이 없으므로 감자율이 0이다.

07 원형코일 중심의 세기 $H_0 = \dfrac{NI}{2a}$ [AT/m]

반원인 경우 $H_0 = \dfrac{I}{2a} \times \dfrac{1}{2} = \dfrac{I}{4a}$

$\dfrac{3}{4}$ 원인 경우 $H_0 = \dfrac{3I}{8a}$

θ 각인 경우 $H_0 = \dfrac{I\theta}{4\pi a}$ 이므로

$H_0 = \dfrac{I}{4a} = \dfrac{10}{4 \times 0.1} = 25$ [AT/m]

08 진전하가 없는 점에서 연속적이다.

09 $C' = \dfrac{\pi\varepsilon}{\ln\dfrac{2h}{a}}$

도선과 지면 사이의 정전용량 C일 때, C'은 두 개의 C가 직렬접속인 등가회로이므로 $C' = \dfrac{C}{2}$ 이다.

$\therefore C = 2C' = \dfrac{2\pi\varepsilon}{\ln\dfrac{2h}{a}} = \dfrac{2\pi\varepsilon}{\cosh^{-1}\dfrac{h}{a}}$ [F/m] $\left(\because \ln\dfrac{2h}{a} \fallingdotseq \cosh^{-1}\dfrac{h}{a}\right)$

10 $E = -\text{grad}\,V = -\left(i\dfrac{\partial}{\partial x} + j\dfrac{\partial}{\partial y} + k\dfrac{\partial}{\partial z}\right)(3xy + z + 4) = -\left(i\dfrac{\partial 3xy}{\partial x} + j\dfrac{\partial 3xy}{\partial y} + k\dfrac{z}{\partial z}\right) = -(i3y + j3x + k)$
$= -i3y - j3x - k$

11 코일 중심의 자계

정3각형	정4각형	정6각형	원에 내접 n각형
$H = \dfrac{9I}{2\pi l}$	$H = \dfrac{2\sqrt{2}\,I}{\pi l}$	$H = \dfrac{\sqrt{3}\,I}{\pi l}$	$H_n = \dfrac{nI\tan\dfrac{\pi}{n}}{2\pi R}$

자속밀도 $B = \mu_0 H = \mu_0 \times \dfrac{2\sqrt{2}}{\pi} \dfrac{I}{L} = \dfrac{2\sqrt{2}}{\pi} \mu_0 \dfrac{I}{L}$ [Wb/m²]

12 푸아송의 방정식은 $\text{div}\,E = \text{div}(-\text{grad}\,V) = -\nabla^2 V = \dfrac{\rho}{\varepsilon}$ 에서 $\nabla^2 V = -\dfrac{\rho}{\varepsilon}$ 이다.

13 $M = \dfrac{L_1 N_2}{N_1} = \dfrac{5 \times 80}{20} = 20$ [mH]

14 전류의 주파수가 증가할수록 도체 내부의 전류밀도가 지수함수적으로 감소되는 현상을 표피효과라 한다.

표피효과 깊이 $\delta = \sqrt{\dfrac{2}{\omega\sigma\mu}} = \sqrt{\dfrac{1}{\pi f \sigma \mu}}$ [m]

δ는 표피두께 또는 침투깊이이므로 f(주파수), σ(도전율), μ(투과율)이 클수록 δ가 작게 되어 표피효과가 심해진다.

15 자기회로의 키르히호프의 법칙
- 자기회로의 결합점에 있어서는 이 결합점에 유입하는 자속의 대수합은 0이다.
- 임의의 폐자로에 있어서 각 부의 자기저항과 자속과의 곱의 합은 폐자로에 있는 기자력의 대수 합과 같다.

16 전위가 다르게 충전된 콘덴서를 병렬로 접속 시 전위차가 같아지도록 높은 전위 콘덴서의 전하가 낮은 전위 콘덴서 쪽으로 이동하여 이에 따른 전하의 이동으로 도선에서 전력 소모가 일어난다.

17 법선성분 : $D_1\cos\theta_1 = D_2\cos\theta_2$, 접선성분 : $E_1\sin\theta_1 = E_2\sin\theta_2$
- 굴절의 법칙 : $\dfrac{\tan\theta_1}{\tan\theta_2} = \dfrac{\varepsilon_1}{\varepsilon_2}$
- 유전율이 큰 쪽으로 굴절
  $\varepsilon_1 > \varepsilon_2 : \theta_1 > \theta_2,\ D_1 > D_2,\ E_1 < E_2$
  $\varepsilon_1 < \varepsilon_2 : \theta_1 < \theta_2,\ D_1 < D_2,\ E_1 > E_2$
- 수직 입사 : $\theta_1 = 0$, 비굴절, 전속밀도 연속($D_1 = D_2,\ E_1 \neq E_2$)
- 수평 입사 : $\theta_1 = 90$, 전계 연속($D_1 \neq D_2,\ E_1 = E_2$)

18
- 평판 외측 : $E = 0$
- 평판 내측 : $E = E_1 + E_2 = \dfrac{\sigma}{2\varepsilon_0} + \dfrac{\sigma}{2\varepsilon_0} = \dfrac{\sigma}{\varepsilon_0}\,[\text{V/m}]$

전하밀도 $\sigma[\text{C/m}^2]$에서 나오는 전기력선 밀도는 $\dfrac{\sigma}{\varepsilon_0}[개/\text{m}^2] = \dfrac{\sigma}{\varepsilon_0}[\text{V/m}]$가 된다.

19
① 전자파 속도 $v = \dfrac{1}{\sqrt{\varepsilon\mu}}$ 이므로 전자파 속도는 매질의 유전율과 투과율에 관계한다.
② 특성 임피던스 $\eta = \dfrac{E_s}{H_g}$ $\quad\quad\quad\quad\quad\quad\quad \therefore H_g = \dfrac{E_s}{\eta}$
③ E_s와 H_g의 진동방향은 진행방향에 수직인 횡파이다.
④ E_s와 H_g는 동위상이다.

20 압전효과는 수정, 전기석, 로셀염 등의 압전기가 수정발진자, 마이크로폰, 초음파발진자, Crystal Pick-up(일정 주파수의 발진회로, 수중 탐색, 금속탐상) 등 여러 방면에 이용되고 있다.

21 댐퍼 : 송전선로의 진동을 억제하는 장치, 지지점 가까운 곳에 설치

22 고저압 혼촉 시 수용가에 침입하는 상승전압을 억제하기 위해서이다.

23 선로 전압강하 보상기는 배전선의 전압강하를 보상하는 방법으로 부하의 탭절환변압기를 이용하여 배전전압을 중부하 시에는 높게, 경부하 시에는 낮게 자동적으로 조정하여 정격전압으로 위치시킨다.

24 $Q_C = 3\omega CE^2 \times l \times 회선수 = 3 \times 2\pi \times 60 \times 0.02 \times 10^{-6} \times \left(\dfrac{154{,}000}{\sqrt{3}}\right)^2 \times 10^{-6} \times 240 \times 2 = 85.83\,[\text{MVA}]$

25 중성점 접지방식

방 식	보호계전기동작	지락전류	전위상승	과도안정도	유도장해	특 징
직접접지 22.9, 154, 345[kV]	확실	크다.	1.3배	작다.	크다.	중성점 영전위 단절연 가능
저항접지	↓	↓	$\sqrt{3}$ 배	↓	↓	
비접지 3.3, 6.6[kV]	×	↓	$\sqrt{3}$ 배	↓	↓	저전압 단거리
소호리액터접지 66[kV]	불확실	0	$\sqrt{3}$ 배 이상	크다.	작다.	병렬 공진

26 각 상에 접속된 부하가 불평형일 때도 불완전 1선 지락고장의 검출은 가능하고, 검출감도는 예민하지 않다.

27 신뢰도 향상, 공급 지장시간의 단축, 보호계전방식의 복잡화, 고장상의 고속도 차단, 고속도 재투입

28 $P = 9.8QH\eta [\text{kW}] = 9.8 \times 20 \times 100 \times 0.85 = 16,660 [\text{kW}]$

29 흡출관 : 낙차를 인위적으로 늘리는 데 사용되는 관

30 방향성을 갖지 않는 계전기 : 과전류 계전기, 과전압 계전기, 부족전압 계전기, 거리 계전기, 지락 계전기

31 $\delta = \dfrac{V_S - V_R}{V_R} \times 100 = \dfrac{66 - 63.5}{63.5} \times 100 = 3.94 [\%]$

32 $P = V^2 = \left(\dfrac{345}{154}\right)^2 = 5$

33
- 장점 : 신뢰도가 증가, 경제급전이 용이, 설비용량이 절감, 안정된 주파수유지
- 단점 : 연계설비를 신설, 사고 시 다른 계통에 파급 확대 우려, 단락전류가 증가하고 통신선의 전자유도장해 증가

34 연가(Transposition) : 3상 3선식 선로에서 선로정수를 평형시키기 위하여 길이를 3등분하여 각 도체의 배치를 변경하는 것
※ 효과 : 선로정수 평형, 임피던스 평형, 유도장해 감소, 소호리액터 접지 시 직렬공진 방지

35 $A = A$, $B = \dfrac{1}{2}B$, $C = 2C$, $D = D$

36

내부적인 요인	외부적인 요인
개폐서지	뇌서지(직격뢰, 유도뢰)
대책 : 개폐저항기	대책 : 서지흡수기

37 기하평균 선간거리 $D = \sqrt[3]{50 \times 60 \times 70} = 59.4 [\text{cm}]$

38
- 변압기 용량 = $\dfrac{\text{개별수용 최대전력의 합}}{\text{부등률} \times \text{역률} \times \text{효율}}$ [kVA]

- 변압기 용량 = $\dfrac{50 \times 0.6 + 100 \times 0.6 + 80 \times 0.5 + 60 \times 0.5 + 150 \times 0.4}{1.3 \times 0.8} = 211.54$ [kVA]

39 코로나 대책
- 코로나 임계전압을 크게 한다.
- 전위경도를 작게 한다.
- 전선의 지름을 크게 한다.
- 복도체(다도체)를 사용한다.
- 가선금구를 개량한다.

40 방전코일 : 전력용 콘덴서의 BANK의 3요소 중 전원 개방 시 잔류전하를 방전하여 인체의 감전 사고방지 및 전원 재투입 시 과전압 발생방지

41 A : 전기자, C : 보상권선, F : 계자권선

42
- 파권 : $\phi = \dfrac{60a}{pzN} E = \dfrac{120}{pzN} E$ [Wb]
- 중권 : $\phi = \dfrac{60a}{pzN} E = \dfrac{60}{zN} E$ [Wb]

43 권선형 유도전동기에서 2차 저항이 증가하면 토크 곡선 등이 슬립이 증가하는 방향으로 2차 저항에 비례하며 이동한다. 즉, 같은 토크에서 2차 저항과 슬립은 비례하는데, 이를 비례추이라 한다.

44 정류회로의 특성

구 분		반파 정류	전파 정류
다이오드		$E_d = \dfrac{\sqrt{2}E}{\pi} = 0.45E$	$E_d = \dfrac{2\sqrt{2}E}{\pi} = 0.9E$
SCR	단상	$E_d = \dfrac{\sqrt{2}E}{\pi}\left(\dfrac{1+\cos\alpha}{2}\right)$	$E_d = \dfrac{2\sqrt{2}E}{\pi}\left(\dfrac{1+\cos\alpha}{2}\right)$
	3상	$E_d = \dfrac{3\sqrt{6}}{2\pi} E\cos\alpha$	$E_d = \dfrac{3\sqrt{2}}{\pi} E\cos\alpha$
효 율		40.6[%]	81.1[%]
PIV		PIV $= E_d \times \pi$, 브리지 PIV $= 0.5 E_d \times \pi$	

※ SCR은 항상 부하 역률각보다 큰 범위에서만 제어가 가능하다(제어각 > 역률각).

45 $\%Z = \dfrac{V_s}{V_{1n}} \times 100 = \dfrac{125.02}{3,300} \times 100 ≒ 3.8[\%]$

여기서, 1차 정격전류 $I_{1n} = \dfrac{P}{V_1} = \dfrac{10 \times 10^3}{3,300} ≒ 3.03$ [A]

1차 단락전류 $I_{1s} = \dfrac{1}{a} I_{2s} = \dfrac{200}{3,300} \times 120 ≒ 7.27$ [A]

누설 임피던스 $Z_{21} = \dfrac{V'_s}{I_{1s}} = \dfrac{300}{7.27} ≒ 41.26$ [Ω]

임피던스 전압 $V_s = I_{1n} Z_{21} = 3.03 \times 41.26 ≒ 125.02$ [V]

46 전기자 반작용이란 전기자 전류에 의하여 발생 자속이 계자에 의해 발생되는 주자속에 영향을 주는 현상이다.

47 동기조상기의 구조는 거의 수차 발전기와 같으나 일반적으로 고속기이기 때문에 비교적 가늘고 긴 것이 많다.
- 고정자는 수차 발전기와 같다.
- 회전자에는 안정된 운전을 시키기 위하여 강력한 제동권선을 설치하고, 축은 기계적인 동력을 전달할 필요가 없기 때문에 비교적 가늘게 되어 있다.
- 진상용량을 크게 취하기 때문에 강대한 여자가 필요하며 계자코일이나 자극이 대단히 크다.
- 대형기계에서는 옥외용으로 쓰는 일이 많다.

48 VVVF 방식이란 전압 제어를 통하여 주파수를 변화시키는 것으로 유도전동기 속도 제어에 사용한다. 그 밖에 극수 변환, 2차 여자법, 1차 전압 제어, 2차 저항 제어법 등이 있다.

49 기동 시 Y로 전환하면 1상에 가해지는 전압은 $\frac{1}{\sqrt{3}}$ 배가 되며 운전 시 △로 전환하면 1상에 가해지는 전압은 1배가 된다.

50 **SCR의 특징**
- 정류 기능을 가진 단일 방향성 3단자 소자이다.
- 과전압에 약하고 열용량이 작아 고온에 약하다.
- 아크가 생기지 않으므로 열의 발생이 적다.
- 역방향 내전압이 크고, 전압 강하가 낮다.
- Turn On 조건은 양극과 음극 간에 브레이크 오버전압 이상의 전압을 인가하고, 게이트에 래칭전류 이상의 전류를 인가한다.
- Turn Off 조건은 애노드의 극성을 부(−)로 한다.
- 래칭전류는 사이리스터가 Turn On하기 시작하는 순전류이다.
- 이온이 소멸되는 시간이 짧다.
- 직류 및 교류 전압 제어를 하며 스위칭 소자이다.

51 $I_1 = 1.5 \times \frac{200}{5} = 60[\text{A}]$

52 $s_t = \frac{r_2'}{\sqrt{r_1^2 + (x_1 + x_2')^2}} \fallingdotseq \frac{r_2'}{x_2} = \frac{r_2}{x_2}$

$s_p = \frac{r_2'}{r_2' + \sqrt{(r_1 + r_2')^2 + (x_1 + x_2')^2}} \fallingdotseq \frac{r_2'}{r_2' + z}$

$\frac{r_2'}{x_2'} > \frac{r_2'}{r_2' + z}$

∴ $s_t > s_p$

최대토크를 발생하는 슬립 s_t는 최대출력을 발생하는 슬립을 s_p보다 조금 큰 쪽에서 이루어진다.

53 $I_a = I + I_f = \frac{P}{V} + \frac{V_f}{R_f} = \frac{10,000}{200} + \frac{200}{100} = 52[\text{A}]$

$V_0 = E = V + I_a R_a = 200 + 52 \times 0.1 = 205.2$

전압변동률 $\varepsilon = \frac{V_0 - V_n}{V_n} \times 100 = \frac{205.2 - 200}{200} \times 100 = 2.6[\%]$

54

측정 항목	특성 시험
철손, 기계손	무부하시험
동기임피던스, 동기리액턴스	단락시험
단락비	무부하시험, 단락시험

55 단자전압이 강하하면, 계자전류가 감소하여 전압이 더욱 떨어지므로 타여자 발전기보다 전압강하가 크게 된다.

56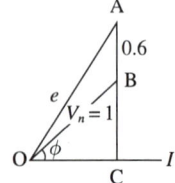

$\overline{OC} = 1 \times \cos\phi = 0.6$
$\overline{BC} = 1 \times \sin\phi = 0.8$
$\overline{AC} = 0.8 + 0.6 = 1.4$
$\overline{OA} = \sqrt{1.4^2 + 0.6^2} ≒ 1.52$
∴ 전압변동률 $\varepsilon = \dfrac{1.52 - 1}{1} = 0.52 = 52[\%]$

57 유도전압 조정기

종류	단상 유도전압 조정기	3상 유도전압 조정기
특징	• 교번자계 이용 • 입력과 출력 위상차 없음 • 단락권선 필요	• 회전자계 이용 • 입력과 출력 위상차 있음 • 단락권선 필요 없음

• 단락권선의 역할 : 누설리액턴스에 의한 2차 전압 강하 방지
• 3상 유도전압 조정기 위상차 해결 → 대각 유도전압 조정기

58 $\dfrac{자기용량}{부하용량} = \dfrac{2}{\sqrt{3}} \dfrac{e_2}{V_h} = \dfrac{2}{\sqrt{3}} \dfrac{V_h - V_l}{V_h}$ 에서

자기용량 $= \dfrac{2}{\sqrt{3}} \dfrac{V_h - V_l}{V_h} \times 부하용량 = \dfrac{2}{\sqrt{3}} \dfrac{3,300 - 3,000}{3,300} \times 300 ≒ 31.5[\text{kVA}]$

∴ 1대분의 자기용량 $= \dfrac{31.5}{2} = 15.75[\text{kVA}]$

59 a) $P_V = \sqrt{3} P = \sqrt{3} \times 100 ≒ 173.2[\text{kVA}]$

b) 1대의 출력 $P_0 = \dfrac{P_V}{2} = \dfrac{173.2}{2} = 86.6[\text{kVA}]$

60 분권기(발전기)는 계자권선이 전기자권선에 병렬로 연결된다.

61 최소위상함수의 상대안정도는 위상각의 증가와 함께 커진다.

62 • 개루프안정성 : 루프전달함수 $G(s)H(s)$의 극점들이 모두 S평면의 좌반부에 존재할 때 이런 시스템을 개루프안정이라 한다.
• 폐루프안정성 : 폐루프 전달함수 $M(s)$의 극점 또는 특성방정식 $\triangle(S)$의 근들이 모두 S평면의 좌반부에 존재할 때 이런 시스템을 폐루프안정 또는 안정하다고 말한다.

63 $[\lambda I - A] = \begin{bmatrix} \lambda & 0 \\ 0 & \lambda \end{bmatrix} - \begin{bmatrix} 1 & -2 \\ -3 & 2 \end{bmatrix} = \begin{bmatrix} \lambda - 1 & 2 \\ 3 & \lambda - 2 \end{bmatrix} = (\lambda - 1)(\lambda - 2) - 6 = \lambda^2 - 3\lambda - 4 = (\lambda - 4)(\lambda + 1) = 0$

∴ $\lambda = 4, -1$

64
- **미분동작제어** : 제어오차가 검출될 때 오차가 변화하는 속도에 비례하여 조작량을 가감하도록 하는 동작으로 오차가 커지는 것을 미연에 방지한다.
- **적분동작제어** : 오차의 크기와 오차가 발생하고 있는 시간에 둘러싸인 면적, 즉 적분값의 크기에 비례하여 조작부를 제어하는 것으로 잔류오차가 없도록 제어할 수 있다.
- **비례미분제어** : 제어결과에 빨리 도달하도록 미분동작을 부가한 동작으로 응답 속응성의 개선에 사용된다.
- **비례적분제어** : 비례동작에 의해 발생되는 잔류오차를 소멸시키기 위해 적분동작을 부가시킨 제어동작으로 제어결과가 진동적으로 되기 쉬우나 잔류오차가 적다.
- **비례적분미분제어** : 비례적분동작에 미분동작을 추가시킨 것

65 폐루프 시스템의 특징
- 정확성의 증가
- 계의 특성변화에 대한 입력 대 출력비의 감도 감소
- 비선형과 왜형에 대한 효과의 감소
- 감쇠폭의 증가
- 발진을 일으키고 불안정한 상태로 되어가는 경향성
- 구조가 복잡하고 설치비가 고가

66 나이퀴스트선도의 안정 판별법
- 계의 주파수 응답에 관한 정보를 준다.
- 제어계의 오차 응답에 관한 정보는 제공하지 않는다.
- 계의 안정성을 판정하고 안정을 개선방법에 대한 정보를 준다.
- 상태안정도와 절대안정도를 알 수 있다.

67
$$G(s) = G_1 \times G_2 \times G_3 = G^3 = \left(\frac{a}{1-ab}\right)^3$$

68 시스템형에 의한 제어계의 분류
$$\lim_{s \to 0} G(s)H(s) = \frac{k}{s^l}, \quad G(s)H(s) = \frac{K}{s(s+1)}$$

$l=0$	$l=1$	$l=2$
0형 제어계	1형 제어계	2형 제어계

69 $X = (A+B) \cdot B = AB + BB = AB + B = B(A+1) = B$

70

$f(t)$	$F(s)$	$F(z)$
$\delta(t)$	1	1
$u(t)$	$\frac{1}{s}$	$\frac{z}{z-1}$
t	$\frac{1}{s^2}$	$\frac{Tz}{(z-1)^2}$
e^{-at}	$\frac{1}{s+a}$	$\frac{z}{z-e^{-at}}$

71 비정현파의 실횻값
$$V = \sqrt{V_0^2 + V_1^2 + V_2^2} = \sqrt{3^2 + 10^2 + 5^2} \fallingdotseq 11.6[\text{V}]$$

72 $V = 100\angle 60° = 50 + j50\sqrt{3}$

73 $LG = RC$에서 $C = \dfrac{LG}{R} = \dfrac{200 \times 10^{-3} \times 0.5}{100} \times 10^6 = 1{,}000[\mu F]$

74 $R = 2 + \dfrac{R}{1+R} = \dfrac{2+2R+R}{1+R}$

$R^2 + R = 3R + 2$

$R^2 - 2R - 2 = 0$

$R = \dfrac{2 \pm \sqrt{2^2 + 4 \times 2}}{2} = \dfrac{2 \pm \sqrt{12}}{2} = 1 \pm \sqrt{3}$

∴ 저항은 (+)이므로 $R = 1 + \sqrt{3}$

75 불평형률 $= \dfrac{\text{역상전압}}{\text{정상전압}} = \dfrac{35}{100} = 0.35$

76 A : 전압비, B : 임피던스 차원, C : 어드미턴스 차원, D : 전류비

77 $A = 1 + \dfrac{j\omega L}{\dfrac{1}{j2\omega C}} = 1 - 2\omega^2 LC,\quad B = j\omega L,\quad C = j2\omega C,\quad D = 1$

78 $\tau = \dfrac{L}{R} = \dfrac{0.5}{2} = 0.25[\text{s}]$

$i = \dfrac{E}{R}(1 - e^{-\frac{R}{L}t}) = \dfrac{30}{2}(1 - e^{-\frac{2}{0.5} \times 0.1}) = 4.945[\text{A}]$

79 $\mathcal{L}[f(t)] = \mathcal{L}[u(t-a) - u(t-b)] = \dfrac{e^{-as}}{s} - \dfrac{e^{-bs}}{s} = \dfrac{1}{s}(e^{-as} - e^{-bs})$

80 $P = 3I_P^2 R = 3\left(\dfrac{V_P}{Z}\right)^2 R = 3\left(\dfrac{200}{\sqrt{6^2 + 8^2}}\right)^2 \times 6 = 7{,}200[\text{W}]$

81 KEC 333.25(특고압 가공전선과 삭도의 접근 또는 교차)
- 1차 접근상태 : 제3종 특고압 보안공사
- 2차 접근상태 : 제2종 특고압 보안공사

82 ※ 전기설비기술기준 개정으로 문제가 성립이 되지 않음

83. KEC 222.7/332.5(저·고압 가공전선의 높이)

설치장소		가공전선의 높이
도로횡단		지표상 6[m] 이상
철도 또는 궤도횡단		레일면상 6.5[m] 이상
횡단보도교 위	저 압	노면상 3.5[m] 이상. 단, 절연전선의 경우 3[m] 이상
	고 압	노면상 3.5[m] 이상

84. KEC 331.6(풍압하중의 종별과 적용)
갑종 : 고온계에서의 구성재의 수직 투영면적 1[m²]에 대한 풍압을 기초로 계산

풍압을 받는 구분			풍압하중
지지물	목주, 철주, 철근 콘크리트주	원 형	588[Pa]
	철 주	3각	1,412[Pa]
		4각	1,117[Pa]
	철 탑	단주(원형)	588[Pa]
		단주(기타)	1,117[Pa]
		강 관	1,255[Pa]
전선, 기타 가섭선	다도체		666[Pa]
	단도체		745[Pa]
특고압 애자장치			1,039[Pa]

85. KEC 351.6(감시 및 계측장치 등)
- 계측장치 : 전압계 및 전류계, 전력계
- 발전기의 베어링 및 고정자의 온도
- 특고압용 변압기의 온도
- 정격출력이 10,000[kW]를 초과하는 증기터빈에 접속하는 발전기의 진동의 진폭

86. 기술기준 제17조(유도장해 방지)
교류 특고압 가공전선로에서 발생하는 극저주파 전자계는 지표상 1[m]에서 전계가 3.5[kV/m] 이하, 자계가 83.3[μT] 이하가 되도록 시설하고, 직류 특고압 가공전선로에서 발생하는 직류전계는 지표면에서 25[kV/m] 이하, 직류자계는 지표상 1[m]에서 400,000[μT] 이하가 되도록 시설하는 등 상시 정전유도 및 전자유도 작용에 의하여 사람에게 위험을 줄 우려가 없도록 시설

87. KEC 232.56(애자공사), 342.1(고압 옥내배선 등의 시설)
- 전선의 종류 : 절연전선. 단, 옥외용 비닐절연전선(OW) 및 인입용 비닐절연전선(DV)은 제외한다.
- 간 격

구 분		전선과 조영재 간격	전선 상호 간의 간격	전선 지지점 간의 거리	
				조영재 윗면 또는 옆면	조영재 따라 시설 않는 경우
저 압	400[V] 이하	25[mm] 이상	0.06[m] 이상	2[m] 이하	–
	400[V] 초과	건 조 25[mm] 이상			6[m] 이하
		기 타 45[mm] 이상			
고 압		0.05[m] 이상	0.08[m] 이상		

88 KEC 362.2(전력보안통신선의 시설 높이와 간격)
가공전선과 첨가 통신선과의 간격
- 통신선과 저압 가공전선 또는 특고압 가공전선로의 다중 접지를 한 중성선 사이의 간격은 0.6[m] 이상일 것
- 단, 저압 가공전선이 절연전선 또는 케이블인 경우에 통신선이 절연전선과 동등 이상의 절연성능이 있는 것인 경우에는 0.3[m](저압 가공전선이 인입선이고 또한 통신선이 첨가 통신용 제2종 케이블 또는 광섬유 케이블일 경우에는 0.15[m]) 이상

89 KEC 222.21/332.21(저·고압 가공전선과 가공약전류전선 등의 공용설치), 333.19(특고압 가공전선과 가공약전류전선 등의 공용설치)

구 분	저 압	고 압	특고압
약전선(케이블)	0.75[m] 이상(0.3[m])	1.5[m] 이상(0.5[m])	2[m] 이상(0.5[m])
기 타	• 저·고압 – 전선로의 지지물로서 사용하는 목주의 풍압하중에 대한 안전율은 1.5 이상일 것 – 상부에 가공전선을 시설하며 별도의 완금류에 시설할 것 • 특고압 – 제2종 특고압 보안공사에 의할 것 – 사용전압 35[kV] 이하에서만 시설 – 21.67[kN] 이상의 연선, 50[mm^2] 이상인 경동연선 사용		

※ KEC(한국전기설비규정)의 적용으로 55[mm^2] 이상에서 50[mm^2] 이상으로 변경됨 〈2021.01.01.〉

90 KEC 351.2(특고압 전로의 상 및 접속상태의 표시)
모의모선이 필요 없는 것은 회선수가 2 이하이고, 단모선인 경우이다.

91 ※ KEC(한국전기설비규정)의 적용으로 문제가 성립되지 않음

92 KEC 241.1(전기울타리)
- 사용 전압 : 250[V] 이하
- 전선 굵기 : 인장강도 1.38[kN], 지름 2.0[mm] 이상 경동선
- 간 격
  – 전선과 기둥 사이 : 25[mm] 이상
  – 전선과 수목 사이 : 0.3[mm] 이상

93 KEC 333.1(시가지 등에서 특고압 가공전선로의 시설)
- 시가지에 특고가 시설되는 경우 전선의 지표상 높이는 35[kV] 이하 10[m] 이상, 35[kV]를 넘는 경우 10[m]에 35[kV]를 넘는 10[kV] 또는 그 단수마다 12[cm]를 더한 값으로 한다.
- 단수 $= \dfrac{161-35}{10} = 12.6 \rightarrow 13$단
- 지표상의 높이 $= 10 + 13 \times 0.12 = 11.56[m]$

94 KEC 223.5/334.5(지중약전류전선에의 유도장해의 방지)
지중전선로는 기설 지중약전류전선로에 대하여 누설전류 또는 유도작용에 의하여 통신상의 장해를 주지 아니하도록 기설 약전류전선로로부터 이격시키거나 기타 보호장치를 시설하여야 한다.

95 KEC 222.6/332.4(저·고압 가공전선의 안전율) – 고압 가공전선의 안전율
- 경동선, 내열동 합금선 : 2.2 이상
- 기타 전선 : 2.5 이상

96 KEC 333.26(특고압 가공전선과 저고압 가공전선 등의 접근 또는 교차)
보호망을 구성하는 금속선은 그 바깥둘레 및 특고압 가공전선의 바로 아래에 시설하는 금속선에 인장강도 8.01[kN] 이상의 것 또는 지름 5[mm] 이상의 경동선을 사용하고 기타 부분에 시설하는 금속선에 인장강도 3.64[kN] 이상 또는 지름 4[mm] 이상의 아연도철선을 사용할 것

97 KEC 331.7(가공전선로 지지물의 기초의 안전율) – 철근 콘크리트주 매설깊이

설계하중	전주길이		매설깊이
6.8[kN] 이하	15[m] 이하		l = 전장 × 1/6[m] 이상
	15[m] 초과 16[m] 이하		2.5[m]
	16[m] 초과 20[m] 이하		2.8[m]
6.8[kN] 초과 9.8[kN] 이하	14[m] 이상 20[m] 이하	15[m] 이하	l + 30[cm]
		15[m] 초과	2.8[m]
9.81[kN] 초과 14.72[kN] 이하	14[m] 이상 20[m] 이하	15[m] 이하	l + 0.5[m]
		15[m] 초과 18[m] 이하	3[m] 이상
		18[m] 초과	3.2[m] 이상

98 KEC 131(전로의 절연 원칙)
전로의 절연을 생략하는 경우 : 접지점, 중성점
- 저압 전로에 접지공사를 하는 경우의 접지점
- 전로의 중성점에 접지공사를 하는 경우의 접지점
- 계기용 변성기의 2차 측 전로에 접지공사를 하는 경우의 접지점
- 저압 가공전선의 특고압 가공전선과 동일 지지물에 시설되는 부분에 접지공사를 하는 경우의 접지점
- 중성점이 접지된 특고압 가공선로의 중성선에 따라 다중접지를 하는 경우의 접지점
- 저압 전로와 사용전압이 300[V] 이하의 저압 전로를 결합하는 변압기의 2차 측 전로에 접지공사를 하는 경우의 접지점
- 직류계통에 접지공사를 하는 경우의 접지점

99 ※ KEC(한국전기설비규정)의 적용으로 문제가 성립되지 않음

100 KEC 234.6(점멸기의 시설)
자동 소등 시간
- 관광숙박업 또는 숙박업 객실 입구등 : 1분 이내
- 일반주택 및 아파트 각 호실의 현관등 : 3분 이내

2016년 제3회 기출문제

page 28

1	2	3	4	5	6	7	8	9	10	11	12	13	14	15	16	17	18	19	20
④	③	②	①	③	③	②	④	④	②	①	③	③	◆	③	①	④	④	②	④
21	22	23	24	25	26	27	28	29	30	31	32	33	34	35	36	37	38	39	40
①	④	②	③	②	④	④	②	①	①	②	①	③	④	②	④	③	②	④	④
41	42	43	44	45	46	47	48	49	50	51	52	53	54	55	56	57	58	59	60
③	③	④	①	④	④	③	③	③	①	④	④	②	③	②	④	①	③	①	②
61	62	63	64	65	66	67	68	69	70	71	72	73	74	75	76	77	78	79	80
②	④	③	①	①	④	②	①	②	①	④	②	③	①	①	③	④	④	④	③
81	82	83	84	85	86	87	88	89	90	91	92	93	94	95	96	97	98	99	100
③	×	②	①	③	④	④	①	②	④	×	④	③	③	④	③	③	②	②	②

◆ : 정답없음 / × : 문제삭제

01 무한 선전하에 의한 전계는 $E = \dfrac{\rho}{2\pi\varepsilon_0 r}[\text{V/m}]$로 거리에 반비례한다.

02 분극의 세기 $P = D - \varepsilon_0 E = D - \varepsilon_0 \times \dfrac{D}{\varepsilon_0 \varepsilon_r} = D\left(1 - \dfrac{1}{\varepsilon_r}\right)[\text{C/m}^2]$

03 ② $J = \chi H [\text{Wb/m}^2]$
① $\mu = \mu_0 + \chi [\text{H/m}]$
③ $B = \mu H [\text{Wb/m}^2]$, $\mu_s = \dfrac{\mu}{\mu_0} = \dfrac{\mu_0 + \chi}{\mu_0} = 1 + \dfrac{\chi}{\mu_0}$
④ $B = \mu_0 H + J = \mu_0 H + \chi H = (\mu_0 + \chi)H = \mu_0 \mu_s H [\text{Wb/m}^2]$

04 $F = mH = 5 \times 10^{-3} \times 10 = 5 \times 10^{-2}[\text{N}]$

05

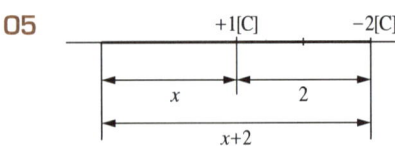

두 전하의 부호가 다른 경우에 전하량의 절댓값이 작은 쪽의 외측에 전계의 세기가 0인 점이 존재한다.
$E_1 = E_2$이므로

$\dfrac{1}{4\pi\varepsilon_0 x^2} = \dfrac{2}{4\pi\varepsilon_0 (x+2)^2}$

$\dfrac{1}{x^2} = \dfrac{2}{(x+2)^2}$

$2x^2 = (x+2)^2$

$\sqrt{2}\,x = x+2 \to (\sqrt{2}-1)x = 2$

$x = \dfrac{2}{\sqrt{2}-1} = 2 + 2\sqrt{2}$

∴ 좌표 $(-2-2\sqrt{2},\ 0)$

06 $\gamma^2 = j\omega\mu(\sigma + j\omega\varepsilon) \to \gamma = \pm\sqrt{j\omega\mu(\sigma + j\omega\varepsilon)}$

∴ $\gamma = \sqrt{j\omega\mu(\sigma + j\omega\varepsilon)} = j\omega\sqrt{\varepsilon\mu}\sqrt{1 - j\dfrac{\sigma}{\omega\varepsilon}}$

07
- 전기쌍극자 모멘트 $M = qa[\text{C} \cdot \text{m}]$
- P점에서의 전계의 세기 $E = \dfrac{M}{4\pi\varepsilon_0 r^3}\sqrt{1 + 3\cos^2\theta}$ 에서 $\theta = 90°$ 이므로 $\cos 90° = 0$

  ∴ 전계 $E = \dfrac{M}{4\pi\varepsilon_0 r^3} = \dfrac{qa}{4\pi\varepsilon_0 r^3}[\text{V/m}]$

- P점에서의 전위 $V = \dfrac{M}{4\pi\varepsilon_0 r^2}\cos\theta$ 에서 $\theta = 90°$ 이므로 $\cos 90° = 0$

  ∴ 전위 $V = 0[\text{V}]$ 이 된다.

08 $H_x = \dfrac{I}{2} \cdot \dfrac{a^2}{(a^2 + x^2)^{\frac{3}{2}}}$ 에서 원형코일 중심의 자계의 세기 H_0는 $x = 0$이므로

$H_0 = \dfrac{I}{2a}[\text{AT/m}]$

09 고유임피던스

$Z_0 = \dfrac{E}{h} = \sqrt{\dfrac{\mu}{\varepsilon}} = \sqrt{\dfrac{\mu_0}{\varepsilon_0}} \cdot \sqrt{\dfrac{\mu_s}{\varepsilon_s}} = \sqrt{\dfrac{4\pi \times 10^{-17}}{8.855 \times 10^{-12}}} \cdot \sqrt{\dfrac{\mu_s}{\varepsilon_s}} = 377\sqrt{\dfrac{\mu_s}{\varepsilon_s}}\ [\Omega]$

10 전기쌍극자 $E = \dfrac{M}{2\pi\varepsilon_0 r^3}\cos\theta + \dfrac{M}{4\pi\varepsilon_0 r^3}\sin\theta$ 식에서

$\dfrac{M}{2\pi\varepsilon_0 r^3}$ 만 나오는 경우가 최댓값이므로 $\theta = 0°$이며

$\dfrac{M}{4\pi\varepsilon_0 r^3}$ 만 나오는 경우가 최솟값이므로 $\theta = 90°$이다.

11 자속밀도$(B) = J\left(1 + \dfrac{\mu_0}{\chi_m}\right) = 8,000\left(1 + \dfrac{4\pi \times 10^{-7}}{0.02}\right)$

따라서 $B \fallingdotseq 8,000[\text{Wb/m}^2] = 8,000[\text{T}]\ (\because\ 1[\text{Wb/m}^2] = 1[\text{T}])$

12 경계조건 $D_1\cos\theta_1 = D_2\cos\theta_2$ 에서 경계면에 수직$(\theta_1 = \theta_2 = 0°)$이므로
$D_1 = D_2 \to \varepsilon_1 E_1 = \varepsilon_2 E_2$

$E_1 = \dfrac{\varepsilon_2}{\varepsilon_1}E_2 = \dfrac{2}{4} \times E_2 = \dfrac{1}{2}E_2$

∴ $2E_1 = E_2$

13 자화의 세기(M) : 단위체적당 자기모멘트

$M = \dfrac{\text{자기모멘트}}{V_{\text{체적}}} = \dfrac{48}{3 \times 4 \times 20 \times 10^{-6}} = 2 \times 10^5[\text{A/m}]$

14 $f = \dfrac{\lambda^2}{2\pi\varepsilon_0 d}$ 에 $\lambda = CV = \left(\dfrac{\pi\varepsilon_0}{\ln\dfrac{d}{r}}\right)V$를 대입하면,

$f = \dfrac{\lambda^2}{2\pi\varepsilon_0 d} = \dfrac{1}{2\pi\varepsilon_0 d}\left(\dfrac{\pi\varepsilon_0}{\ln\dfrac{d}{r}}\right)^2 V^2 = \dfrac{\pi\varepsilon_0 V^2}{2d\left(\ln\dfrac{d}{r}\right)^2} = \dfrac{\pi \times 8.855 \times 10^{-12} \times 6{,}000^2}{2 \times 1 \times \left(\ln\dfrac{1}{0.002}\right)^2} = 1.30 \times 10^{-5}\,[\text{N/m}]$

따라서 정답없음

15 자기회로와 전기회로의 대응

자기회로	전기회로
자속 ϕ [Wb]	전류 I [A]
자계 H [A/m]	전계 E [V/m]
기자력 F [AT]	기전력 U [V]
자속밀도 B [Wb/m²]	전류밀도 i [A/m²]
투자율 μ [H/m]	도전율 k [℧/m]
자기저항 R_m [AT/Wb]	전기저항 R [Ω]

16 $L = \dfrac{N^2}{R_m} = \dfrac{\mu s n^2 l^2}{l} = \mu s n^2 l$

∴ 단위길이당 $L_0 = \mu s n^2 = \mu \pi a^2 n^2$ [H/m]

17 표피효과 깊이 $\delta = \sqrt{\dfrac{2}{\omega\sigma\mu}} = \sqrt{\dfrac{1}{\pi f \sigma \mu}}$ [m] 이므로 f(주파수), σ(도전율), μ(투과율)가 클수록 δ가 작게 되어 표피효과가 심해진다.

18 철심부의 자기저항을 R_1, 공극의 자기저항을 R_2라 하면 R_1, R_2는 직렬이므로

합성 자기저항 $R = R_1 + R_2 = \dfrac{l_1}{\mu_0 S} + \dfrac{l_2}{\mu S}$ [AT/Wb]

따라서 기자력 $F = NI = R\phi = RBS = \left(\dfrac{l_1}{\mu_0 S} + \dfrac{l_2}{\mu S}\right)BS = \dfrac{B}{\mu_0}\left(l_1 + \dfrac{l_2}{\mu_s}\right)$ [AT]

19 비투자율 $\mu_s = \dfrac{\mu}{\mu_0} = 1 + \dfrac{\chi_m}{\mu_0}$ 에서

$\mu_s > 1 (\chi_m > 0)$이면 상자성체 $\mu_s < 1(\chi_m < 0)$이면 역자성체가 된다.

20 유전체 경계면에 수직으로 전계가 가해졌을 때 $D_1 = D_2$가 된다.
맥스웰 응력($\varepsilon_1 > \varepsilon_2$)

$f = \dfrac{1}{2}\left(\dfrac{1}{\varepsilon_2} - \dfrac{1}{\varepsilon_1}\right)D^2$ [N/m²]

유전율이 큰 유전체가 작은 유전체 쪽으로 끌려 들어가는 힘을 받는다.

21 최대로 공급할 수 있는 부하전력은 무효분이 없어야 되므로
$Q_r = -400$, $P_r = 500(500^2 = 250{,}000)$

22 중성점 접지방식

방 식	보호계전기동작	지락전류	전위상승	과도안정도	유도장해	특 징
직접접지 22.9, 154, 345[kV]	확실	크다.	1.3배	작다.	크다.	중성점 영전위 단절연 가능
저항접지	↓	↓	$\sqrt{3}$ 배	↓	↓	
비접지 3.3, 6.6[kV]	×	↓	$\sqrt{3}$ 배	↓	↓	저전압 단거리
소호리액터접지 66[kV]	불확실	0	$\sqrt{3}$ 배 이상	크다.	작다.	병렬 공진

23
- 표시선 계전방식 : 방향비교방식, 전압방향방식, 전류순환방식
- 반송보호 계전방식 : 방향비교 반송방식, 위상비교 반송방식, 반송 트립방식

24

구 분	원 인	공 식	비 고
전자유도장해	영상전류, 상호인덕턴스	$V_m = -3I_0 \times j\omega Ml[\text{V}]$	주파수, 길이 비례
정전유도장해	영상전압, 상호정전용량	$V_0 = \dfrac{C_m}{C_m + C_s} \times V_s$	길이와 무관

25 집중부하와 분산부하

구 분	전력손실	전압강하
말단집중부하	$I^2 RL$	IRL
평등분산부하	$\dfrac{1}{3} I^2 RL$	$\dfrac{1}{2} IRL$

∴ $\dfrac{\text{평등분산부하의 전압강하}}{\text{말단집중부하의 전압강하}} = \dfrac{1}{2}$

26 전압을 n배로 승압 시

항 목	송전전력	전압강하	단면적 A	총중량 W	선력손실 P_l	선압 강하율 ε
관 계	$P \propto V^2$	$e \propto \dfrac{1}{V}$	$[A, W, P_l, \varepsilon] \propto \dfrac{1}{V^2}$			

27 중성점 접지방식

방 식	보호계전기동작	지락전류	전위상승	과도안정도	유도장해	특 징
직접접지 22.9, 154, 345[kV]	확실	크다.	1.3배	작다.	크다.	중성점 영전위 단절연 가능
저항접지	↓	↓	$\sqrt{3}$ 배	↓	↓	
비접지 3.3, 6.6[kV]	×	↓	$\sqrt{3}$ 배	↓	↓	저전압 단거리
소호리액터접지 66[kV]	불확실	0	$\sqrt{3}$ 배 이상	크다.	작다.	병렬 공진

28 중성점 접지방식

방 식	보호계전기동작	지락전류	전위상승	과도안정도	유도장해	특 징
직접접지 22.9, 154, 345[kV]	확실	크다.	1.3배	작다.	크다.	중성점 영전위 단절연 가능
저항접지	↓	↓	$\sqrt{3}$ 배	↓	↓	
비접지 3.3, 6.6[kV]	×	↓	$\sqrt{3}$ 배	↓	↓	저전압 단거리
소호리액터접지 66[kV]	불확실	0	$\sqrt{3}$ 배 이상	크다.	작다.	병렬 공진

29 △결선은 제3고조파를 제거

30 $\dfrac{3상\ 4선식}{3상\ 3선식} = \dfrac{\frac{1}{3}}{\frac{3}{4}} = \dfrac{4}{9}$

31
- △결선방식 : 제3고조파 제거
- 한류리액터 : 단락사고 시 단락전류 제한
- 분로리액터 : 페란티 방지
- 직렬리액터 : 제5고조파 제거
- 소호리액터 : 지락 시 지락전류 제한

32 누전차단기 : 지락사고 시 보호

33 사고별 보호계전기
- 단락사고 : 과전류 계전기(OCR)
- 지락사고 : 선택접지 계전기(SGR), 접지 변압기(GPT) – 영상전압 검출, 영상 변류기(ZCT) – 영상전류 검출

34 전력조류계산
계통의 사고 예방제어, 계통의 운용계획입안, 계통의 확충계획입안, 슬랙모선의 지정값은 모선전압의 크기와 모선전압의 위상각으로 지정

35
- 이용률 : 86.6[%]
- 고장률(출력비) : 57.7[%]

36 흡출관 : 낙차를 인위적으로 늘리는 데 사용되는 관

37 안정운전 : 동기리액턴스↓, 단락전류↑, 단락비↑, 전압변동률↓

38
- 단거리 선로(수[km]) : R, L 적용 – 집중정수회로, $R > X$
- 중거리 선로(수십[km]) : R, L, C 적용 – 집중정수회로
- 장거리 선로(100[km] 이상) : R, L, C, G 적용 – 분포정수회로, $R < X$

39 $Q_C = 3\omega CE^2 = 3\omega C\left(\dfrac{V}{\sqrt{3}}\right)^2$ 에서 용량이 불변이므로 $C = \dfrac{1}{V^2} = \dfrac{1}{2^2} = \dfrac{1}{4}$

40 $E_M = \omega Ml \times 3I_0 = 2\pi \times 60 \times 0.06 \times 10^{-3} \times 40 \times 3 \times 100 = 271.43[\text{V}]$

41 사이리스터의 구분

단방향		양방향	
3단자	4단자	2단자	3단자
SCR GTO LASCR	SCS	DIAC SSS	TRIAC

42
- 매극 매상의 슬롯수 $q = \dfrac{\text{총슬롯수}}{\text{상수} \times \text{극수}} = \dfrac{36}{3 \times 4} = 3$
- 코일수 $z = \dfrac{\text{총슬롯수} \times \text{층수}}{2} = \dfrac{36 \times 2}{2} = 36$

43 분포권계수 $k_d = \dfrac{\sin\dfrac{n\pi}{2m}}{q\sin\dfrac{n\pi}{2mq}}$

여기서, q : 매극 매상의 슬롯수, m : 상수, n : n차 고조파

44 $T = k\phi I$

45 자기용량 $= \dfrac{V_h - V_L}{V_h} \times \text{부하용량} = \dfrac{300}{3,300} \times 100 ≒ 9.09[\text{kVA}]$

46 병렬운전 조건
- 정격전압과 극성이 같을 것
- 외부 특성곡선이 어느 정도 수하 특성일 것
- 용량이 다른 경우, %부하전류로 나타낸 외부 특성곡선이 일치할 것
- 용량이 같을 경우, 외부 특성곡선이 일치할 것
※ 직류 분권발전기를 병렬운전하려면 정격전압 V 는 같아야 하지만 용량 P 는 달라도 된다.

47 3상 동기발전기의 출력
$P = \dfrac{3EV}{x_s}\sin\delta = \dfrac{3 \times 6,000 \times 5,000}{10}\sin 30° = 4,500[\text{kW}]$

48 권선형 유도전동기의 2차 여자법에 의한 속도제어에서 슬립주파수의 전압을 2차 유기전압과 같은 방향으로 가하면 속도가 상승하여 회전자계와 같은 방향으로 동기속도 이상으로 회전할 수 있다.

49 $\cos\theta = \dfrac{\text{유효}}{\text{피상}} = \dfrac{\overline{\text{PR}}}{\overline{\text{OP}}} = \dfrac{\overline{\text{OP}'}}{\overline{\text{OP}}}$

50 슬립 $s = \dfrac{P_{c2}}{P_2} \times 100 = \dfrac{300}{7,800} \times 100 ≒ 3.85[\%]$

여기서, 2차 입력 $P_2 = $ 2차 출력 + 2차 동손 $= 7,500 + 300 = 7,800[\text{W}]$
2차 동손 $P_{c2} = sP_2$

51 비례추이에 의해 기동전류는 줄이고 토크는 증가시킨다.

52 변압기의 시험

측정항목	특성시험
철손, 기계손	무부하시험
동기 임피던스, 동기 리액턴스	단락시험
단락비	무부하시험, 단락시험

53 정류자 편간 평균전압 $e_{sa} = \dfrac{PE}{k} = \dfrac{6 \times 210}{132} ≒ 9.54[\text{V}]$

54 유도전동기의 극수

$P = \dfrac{120f}{N_s} = \dfrac{120 \times 60}{900} = 8[극]$

여기서, 동기속도 $N_s = \dfrac{N}{1-s} = \dfrac{720}{1-0.2} = 900[\text{rpm}]$

55 $P_{an} = mP_{bm}$ ∴ $\dfrac{I_a}{I_b} = m\dfrac{\%Z_b}{\%Z_a} = \dfrac{P_{an}}{P_{bm}} \times \dfrac{\%Z_b}{\%Z_a}$

용량에 비례하고 누설임피던스에 반비례한다.

56 사이리스터 : 정류전압의 크기를 위상으로 제어한다.

57 단락비가 큰 기계
- 동기임피던스, 전압변동률, 전기자 반작용, 효율이 작다.
- 출력, 선로의 충전용량, 계자기자력, 공극, 단락전류가 크다.
- 안정도가 좋고 중량이 무거우며 가격이 비싸다.
- 철기계로 저속인 수차발전기(K_s = 0.9~1.2)에 적합하다.

58 자기동법은 제동권선을 사용하는데 기동 시에는 계자권선 중에 고전압이 유도되어 절연을 보호하기 위해 방전저항을 접속하여 단락상태로 기동한다.

59 전기자 반작용의 영향
- 주자속 감소 : 발전기 – 유기기전력 감소, 전동기 – 토크 감소, 속도 증가
- 전기적 중성축 이동 : 발전기 – 회전 방향, 전동기 – 회전 반대 방향
- 정류자 편간의 불꽃 섬락 발생 : 정류 불량의 원인

60 $\dfrac{1}{m} = \sqrt{\dfrac{P_i}{P_c}} = 0.75$

∴ $\dfrac{P_i}{P_c} = 0.75^2 = \dfrac{9}{16}$

61 $f(t) = \mathcal{L}^{-1}\left[\dfrac{s}{(s+1)^2}\right] = \mathcal{L}^{-1}\left[\dfrac{s+1}{(s+1)^2} + \dfrac{-1}{(s+1)^2}\right] = \mathcal{L}^{-1}\left[\dfrac{1}{s+1} - \dfrac{1}{(s+1)^2}\right] = e^{-t} - te^{-t}$

62 $T = G(s) = \dfrac{C(s)}{R(s)} = \dfrac{KG}{1+G}$

$S_K^T = \dfrac{K}{T}\dfrac{d}{dk}T = \dfrac{K}{\dfrac{KG}{1+G}} \cdot \dfrac{G}{1+G} = 1$

63 $c(t) = \mathcal{L}^{-1}G(s)R(s) = \mathcal{L}^{-1}\dfrac{1}{(s+a)^2} = te^{-at}$

64

비례요소	미분요소	적분요소	1차 지연요소	부동작 시간요소
K	Ks	$\dfrac{K}{s}$	$\dfrac{K}{Ts+1}$	Ke^{-Ls}

65 $\dfrac{P_T - Z_T}{P_N - Z_N} = \dfrac{-5+1}{4-1} = \dfrac{-4}{3}$

극 : 0, 0, −2, −3
영 : −1

66 ※ 편법

$F(s) = ①s^3 + ④s^2 + ②s + Ⓚ = 0$, 안쪽 K, 바깥쪽 8

안쪽의 곱한 값이 바깥쪽의 곱한 값보다 크고 모든 항은 0보다 커야 한다.
$K < 8$, $K > 0$ ∴ $0 < K < 8$

67 근궤적의 개수는 극점과 영점의 개수 중에서 많은 개수의 수가 근궤적의 수가 된다.

68 $e_{ss} = \dfrac{1}{1+k_p} = \dfrac{1}{1+\dfrac{1}{2}} = \dfrac{1}{\dfrac{3}{2}} = \dfrac{2}{3}$

$k_p = \lim_{s\to 0}G(s) = \lim_{s\to 0}\dfrac{1}{(s+1)(s+2)} = \dfrac{1}{2}$

69 영점 분자의 근 −2, 극점 분모의 근 −1±j2에 해당되는 것은 $\dfrac{s+2}{(s+1)^2+4}$ 이다.

70 $\overline{\overline{AB} \cdot B}$
$\overline{\overline{AB}} + \overline{B}$
$AB + \overline{B}$
$(A+\overline{B}) \cdot (B+\overline{B}) = A + \overline{B}$

71 $24 \div 2 \div 2 \div 2 = 3[\text{V}]$

72 $20\log 10^6 = 120[\text{dB}]$

73

	파 형	실횻값(V)	평균값(V_{av})	파형률	파고율
반 파	정현파(전파정류)	$\dfrac{V_m}{2}$	$\dfrac{1}{\pi}V_m$	1.57	2
	구형파	$\dfrac{V_m}{\sqrt{2}}$	$\dfrac{V_m}{2}$	1.414	1.414

74 $f(t) = Eu(t)$

$F(s) = \dfrac{E}{s}$

75

구 분	$Z(s)$	상 태	표 시	최 소
영점(Zero)	0	단 락	실수축 0	전 압
극점(Pole)	∞	개 방	허수축 X	전 류

76 유입하는 전류와 유출하는 전류의 양은 같다.

77 $Q = \int_0^t i(t)dt = \int_0^{30}(3t^2 + 2t)dt = [3\times\dfrac{1}{3}t^3 + 2\times\dfrac{1}{2}t^2]$

t에 30을 대입하면

$Q = 27,900[\text{A}\cdot\text{s}] \times \dfrac{1[\text{h}]}{3,600[\text{s}]} = 7.75[\text{Ah}]$

78 $W_L = \dfrac{1}{2}LI^2 = \dfrac{1}{2}L\left(\dfrac{E}{X_L}\right)^2 = \dfrac{1}{2}L\left(\dfrac{E}{\omega L}\right)^2 = \dfrac{1}{2}\times 20\times 10^{-3}\times\left(\dfrac{50}{2\pi\times 60\times 20\times 10^{-3}}\right)^2 \fallingdotseq 0.44[\text{J}]$

79 $S = \dfrac{1+\rho}{1-\rho}$, $\rho = \dfrac{Z_2 - Z_1}{Z_1 + Z_2}$

$\rho = \dfrac{400-100}{400+100} = 0.6$, $S = \dfrac{1+0.6}{1-0.6} = 4$

80 전체전류 $I_P = \dfrac{V_P}{Z} = \dfrac{120}{21+j11} = \dfrac{120}{23.70\angle 27.64°} = 5.06\angle -27.64°$

부하에 걸리는 전압 $V_P = I_P Z = (5.06\angle -27.64°)(20+j10) = (5.06\angle -27.64°)(10\sqrt{5}\angle 26.56°) = 113.14\angle -1.08°$

81 KEC 333.24(특고압 가공전선과 도로 등의 접근 또는 교차)
- 건조물과 제1차 접근상태로 시설 : 제3종 특고압 보안공사
- 건조물과 제2차 접근상태로 시설 : 제2종 특고압 보안공사
- 도로 등과 교차하여 시설 : 제2종 특고압 보안공사
- 가공약전류선과 공가하여 시설 : 제2종 특고압 보안공사

82 ※ KEC(한국전기설비규정)의 적용으로 문제가 성립되지 않음

83 KEC 331.7(가공전선로 지지물의 기초의 안전율)
- 지지물의 기초 안전율 : 2 이상
- 상정하중에 대한 철탑의 기초 안전율 : 1.33 이상

84 KEC 241.1(전기울타리)
- 사용 전압 : 250[V] 이하
- 전선 굵기 : 인장강도 1.38[kN], 지름 2.0[mm] 이상 경동선
- 간 격
  - 전선과 기둥 사이 : 25[mm] 이상
  - 전선과 수목 사이 : 0.3[m] 이상

85 KEC 351.10(수소냉각식 발전기 등의 시설)
- 수소냉각식의 발전기·무효 전력 보상 장치 또는 이에 부속하는 수소냉각장치는 발전기 내부 또는 무효 전력 보상 장치 내부의 수소의 순도가 85[%] 이하로 저하한 경우에 이를 경보하는 장치를 시설할 것
- 발전기 내부 또는 무효 전력 보상 장치 내부의 수소의 압력을 계측하는 장치 및 그 압력이 현저히 변동한 경우에 이를 경보하는 장치를 시설할 것
- 발전기 내부 또는 무효 전력 보상 장치 내부의 수소의 온도를 계측하는 장치를 시설할 것
- 발전기 또는 무효 전력 보상 장치는 기밀구조의 것이고 또한 수소가 대기압에서 폭발하는 경우에 생기는 압력에 견디는 강도를 가지는 것일 것
- 발전기축의 밀봉부에는 질소 가스를 봉입할 수 있는 장치 또는 발전기축의 밀봉부로부터 누설된 수소 가스를 안전하게 외부에 방출할 수 있는 장치를 시설할 것

86 KEC 222.2/331.11(지지선의 시설)

안전율	2.5 이상(목주나 A종 : 1.5 이상)	아연도금철봉	지중 및 지표상 0.3[m]까지
구 조	4.31[kN] 이상, 3가닥 이상의 연선	도로횡단	5[m] 이상(교통 지장 없는 장소 : 4.5[m])
금속선	2.6[mm] 이상(아연도강연선 2.0[mm] 이상)	기 타	철탑은 지지선으로 그 강도를 분담시키지 않을 것

87 KEC 333.5(특고압 가공전선과 지지물 등의 간격)

사용전압	간격[m]	사용전압	간격[m]
15[kV] 미만	0.15	70[kV] 이상 80[kV] 미만	0.45
15[kV] 이상 25[kV] 미만	0.2	80[kV] 이상 130[kV] 미만	0.65
25[kV] 이상 35[kV] 미만	0.25	130[kV] 이상 160[kV] 미만	0.9
35[kV] 이상 50[kV] 미만	0.3	160[kV] 이상 200[kV] 미만	1.1
50[kV] 이상 60[kV] 미만	0.35	200[kV] 이상 230[kV] 미만	1.3
60[kV] 이상 70[kV] 미만	0.4	230[kV] 이상	1.6

88 KEC 333.1(시가지 등에서 특고압 가공전선로의 시설)
사용전압이 100[kV]를 초과하는 특고압 가공전선로에 지락 또는 단락이 생겼을 때에는 1초 이내에 자동적으로 이를 전선으로부터 차단하는 장치를 시설할 것

89 KEC 232.13(금속제 가요전선관공사)
시설조건
- 전선은 절연전선(옥외용 비닐절연전선을 제외한다)일 것
- 전선은 연선일 것. 단, 단면적 10[mm^2](알루미늄은 16[mm^2]) 이하인 것은 그러하지 아니하다.
- 가요전선관 안에는 전선에 접속점이 없도록 할 것
- 가요전선관은 2종 금속제 가요전선관일 것. 단, 전개된 장소이거나 점검할 수 있는 은폐된 장소(옥내배선의 사용전압이 400[V] 초과인 경우에는 전동기에 접속하는 부분으로서 가요성을 필요로 하는 부분에 사용하는 것에 한한다) 또는 점검 불가능한 은폐장소에 기계적 충격을 받을 우려가 없는 조건일 경우에는 1종 가요전선관(습기가 많은 장소 또는 물기가 있는 장소에는 비닐 피복 1종 가요전선관에 한한다)을 사용할 수 있다.

90 KEC 520(태양광발전설비)
- 충전부분이 노출되지 않도록 시설
- 공칭단면적 2.5[mm^2] 이상의 연동선
- 옥내·외 공사 : 금속관, 합성수지관, 케이블, 가요전선관공사
- 태양전지 모듈을 병렬로 접속하는 전로에는 전로를 보호하는 과전류 차단기 등을 시설할 것

91 ※ KEC(한국전기설비규정)의 적용으로 문제가 성립되지 않음

92 KEC 142.4(전기수용가 접지)
주택 등 저압 수용장소 접지
중성선 겸용 보호도체(PEN)는 고정 전기설비에만 사용할 수 있고, 그 도체의 단면적이 구리는 10[mm^2] 이상, 알루미늄은 16[mm^2] 이상이어야 하며, 그 계통의 최고전압에 대하여 절연되어야 한다.

93 KEC 331.6(풍압하중의 종별과 적용)
갑종 : 고온계에서의 구성재의 수직 투영면적 1[m^2]에 대한 풍압을 기초로 계산

풍압을 받는 구분			풍압하중
지지물	목주, 철주, 철근 콘크리트주	원 형	588[Pa]
	철 주	3각	1,412[Pa]
		4각	1,117[Pa]
	철 탑	단주(원형)	588[Pa]
		단주(기타)	1,117[Pa]
		강 관	1,255[Pa]
전선, 기타 가섭선	다도체		666[Pa]
	단도체		745[Pa]
특고압 애자장치			1,039[Pa]

94 KEC 231.6(옥내전로의 대지전압의 제한)
주택의 옥내전로(전기기계기구 내의 전로 제외)의 대지전압은 300[V] 이하여야 하며, 다음에 따라 시설하여야 한다(단, 대지전압 150[V] 이하의 전로인 경우 예외).
- 사용전압은 400[V] 이하
- 주택의 전로 인입구에는 감전보호용 누전차단기를 시설. 단, 전로의 전원측에 정격용량이 3[kVA] 이하인 절연변압기(1차 전압이 저압이고 2차 전압이 300[V] 이하인 것)를 사람이 쉽게 접촉할 우려가 없도록 시설하고 또한 그 절연변압기의 부하측 전로를 접지하지 않는 경우에는 예외
- 전기기계기구 및 옥내의 전선은 사람이 쉽게 접촉할 우려가 없도록 시설
- 백열전등의 전구소켓은 스위치나 그 밖의 점멸기구가 없는 것일 것
- 정격소비전력 3[kW] 이상의 전기기계기구에 전기를 공급하기 위한 전로에는 전용의 개폐기 및 과전류 차단기를 시설하고 그 전로의 옥내배선과 직접 접속하거나 적정용량의 전용콘센트를 시설
- 주택의 옥내를 통과하여 그 주택 이외의 장소에 전기를 공급하기 위한 옥내배선은 사람이 접촉할 우려가 없는 은폐된 장소에 합성수지관공사, 금속관공사, 케이블공사에 의하여 시설 또는 전기사업용전기설비인 발전소

95 기술기준 제21조의2(발전소 등의 부지 시설조건)
- 부지조성을 위해 산지를 전용할 경우에는 전용하고자 하는 산지의 평균 경사도가 25° 이하여야 하며, 산지전용면적 중 산지전용으로 발생되는 절토·성토한 경사면의 면적이 100분의 50을 초과해서는 아니 된다.
- 태양광발전설비 부지조성을 위해 산지를 일시 사용할 경우에는 일시 사용하고자 하는 산지의 평균 경사도가 15° 이하이어야 한다.
- 산지전용 후 발생하는 절토·성토한 면의 수직높이는 15[m] 이하로 한다. 다만, 345[kV]급 이상 변전소 또는 전기사업용전기설비인 발전소로서 불가피하게 절토·성토한 면 수직높이가 15[m] 초과되는 장대비탈면이 발생할 경우에는 절토·성토한 면의 안정성에 대한 전문용역기관(토질 및 기초와 구조분야 전문기술사를 보유한 엔지니어링 활동주체로 등록된 업체)의 검토 결과에 따라 용수, 배수, 비탈면보호 및 낙석방지 등 안전대책을 수립한 후 시행하여야 한다.
- 산지전용 후 발생하는 절토면 최하단부에서 발전 및 변전설비까지의 최소 간격은 보안울타리, 외곽도로, 수림대 등을 포함하여 6[m] 이상이 되어야 한다. 다만, 옥내변전소와 옹벽, 낙석방지망 등 안전대책을 수립한 시설의 경우에는 예외로 한다.

96 KEC 362.2(전력보안통신선의 시설 높이와 간격)
가공전선과 첨가 통신선과의 간격
- 통신선과 저압 가공전선 또는 특고압 가공전선로의 다중 접지를 한 중성선 사이의 간격은 0.6[m] 이상일 것
- 단, 저압 가공전선이 절연전선 또는 케이블인 경우에 통신선이 절연전선과 동등 이상의 절연성능이 있는 것인 경우에는 0.3[m](저압 가공전선이 인입선이고 또한 통신선이 첨가 통신용 제2종 케이블 또는 광섬유 케이블일 경우에는 0.15[m]) 이상

97 KEC 241.16(전기부식방지 시설)
전기부식방지 회로의 전선 중 지중에 시설하는 부분 다음에 의하여 시설할 것
- 전선은 공칭단면적 4.0[mm^2]의 연동선 또는 이와 동등 이상의 세기 및 굵기의 것일 것. 다만, 양극에 부속하는 전선은 공칭단면적 2.5[mm^2] 이상의 연동선 또는 이와 동등 이상의 세기 및 굵기의 것을 사용할 수 있다.
- 전선은 450/750[V] 일반용 단심 비닐절연전선・클로로프렌외장 케이블・비닐외장 케이블 또는 폴리에틸렌외장 케이블일 것
- 전선을 직접 매설식에 의하여 시설하는 경우에는 전선을 피방식체의 아랫면에 밀착하여 시설하는 경우 이외에는 매설깊이를 차량 기타의 중량물의 압력을 받을 우려가 있는 곳에서는 1.0[m] 이상, 기타의 곳에서는 0.3[m] 이상으로 하고 또한 전선을 돌・콘크리트 등의 판이나 몰드로 전선의 위와 옆을 덮거나 전기용품 및 생활용품 안전관리법의 적용을 받는 합성수지관이나 이와 동등 이상의 절연성능 및 강도를 가지는 관에 넣어 시설할 것. 다만, 차량 기타의 중량물의 압력을 받을 우려가 없는 것에 매설깊이를 0.6[m] 이상으로 하고 또한 전선의 위를 견고한 판이나 몰드로 덮어 시설하는 경우에는 그러하지 아니하다.
- 입상부분의 전선 중 깊이 0.6[m] 미만인 부분은 사람이 접촉할 우려가 없고 또한 손상을 받을 우려가 없도록 방호장치를 할 것

98 KEC 222.14/332.14(저・고압 가공전선과 안테나의 접근 또는 교차)

사용전압부분 공작물의 종류		저 압	고 압
안테나	일반적인 경우	0.6[m]	0.8[m]
	전선이 고압절연전선인 경우	0.3[m]	-
	전선이 케이블인 경우	0.3[m]	0.4[m]

99 KEC 333.2(유도장해의 방지)

60[kV] 이하	**사용전압**	60[kV] 초과
2[μA]/12[km] 이하	**유도전류**	3[μA]/40[km] 이하

100 절연내력시험 : 일정 전압을 가할 때 절연이 파괴되지 않은 한도로서 전선로나 기기에 일정 배수의 전압을 일정시간(10분) 동안 흘릴 때 파괴되지 않는 시험

종 류			시험전압	시험방법
회전기	발전기, 전동기, 무효 전력 보상 장치, 기타회전기	7[kV] 이하	1.5배(최저 500[V])	권선과 대지 간에 연속하여 10분간
		7[kV] 초과	1.25배(최저 10.5[kV])	
	회전 변류기		직류측의 최대 사용전압의 1배의 교류전압(최저 500[V])	

2017년 제1회 기출문제

page 41

1	2	3	4	5	6	7	8	9	10	11	12	13	14	15	16	17	18	19	20
④	②	③	③	①	①	②	②	③	④	②	①	②	③	③	①	②	④	①	①
21	22	23	24	25	26	27	28	29	30	31	32	33	34	35	36	37	38	39	40
②	①	④	①	③	①	②	④	③	①	④	③	④	③	①	①	①	②	④	②
41	42	43	44	45	46	47	48	49	50	51	52	53	54	55	56	57	58	59	60
②	③	②	③	②	②	③	①	③	①	①	④	①	②	④	④	③	③	①	③
61	62	63	64	65	66	67	68	69	70	71	72	73	74	75	76	77	78	79	80
②	④	④	④	②	②	④	①	②	③	③	③	③	①	①	④	②	①	③	②	①
81	82	83	84	85	86	87	88	89	90	91	92	93	94	95	96	97	98	99	100
③	③	①	①	③	③	③	×	③	④	×	④	②	×	×	②	②	③	②	②

× : 문제삭제

01 유전체의 전계와 전속밀도의 관계

$$E = \frac{\text{진전하밀도} - \text{분극전하밀도}}{\varepsilon_0} = \frac{\sigma - \sigma'}{\varepsilon_0}[\text{V/m}]$$

02 도체가 받는 힘 $f = IBl[\text{N}]$에서 $Bl = \frac{f}{I}$

∴ 유기전압 $e = vBl = \frac{vf}{I}[\text{N}]$

03 ③, ④ 폐회로 내에서 자계(자속)의 변화에 따라 유도기전력이 유도된다.

① $e = -N\frac{d\phi}{dt}$ (패러데이-렌츠의 법칙), $e \propto N$

② $e = -\frac{d\phi}{dt}$ (렌츠의 법칙), 자속의 증감을 방해하는 방향을 나타내는 법칙이다.

04 구도체 a와 b 사이의 정전용량

$$C = \frac{Q}{V_a - V_b} = \frac{4\pi\varepsilon}{\frac{1}{a} + \frac{1}{b}}$$

∴ $R = \frac{\rho\varepsilon}{C} = \frac{\rho\varepsilon}{4\pi\varepsilon}\left(\frac{1}{a} + \frac{1}{b}\right) = \frac{\rho}{4\pi}\left(\frac{1}{a} + \frac{1}{b}\right) = \frac{1}{4\pi k}\left(\frac{1}{a} + \frac{1}{b}\right)[\Omega]$

05 2개의 동축 원통 도체(축 대칭)에서

- 1개의 원통 전위차 $V = \frac{\lambda}{2\pi\varepsilon}\ln\frac{b}{a}[\text{V}]$
- 2개의 원통 간 전위차 $V = \frac{\lambda}{\pi\varepsilon}\ln\frac{b}{a}[\text{V}]$

06 $\dfrac{\tan\theta_1}{\tan\theta_2} = \dfrac{\varepsilon_1}{\varepsilon_2} = \dfrac{4}{1}$

$\tan\theta_1 = (\tan 30°) \times 4$

$\theta_1 = \tan^{-1}\left(\dfrac{4\sqrt{3}}{3}\right)$ 분자와 분모에 각각 $\sqrt{3}$ 을 곱하면

$\theta_1 = \tan^{-1}\dfrac{4}{\sqrt{3}}$

07 ② $F = NI = R_m \phi$

① $R_m = \dfrac{l}{\mu A}\left(R_m \propto \dfrac{1}{A}\right)$

③ $R_m = R_{m1} + R_{m2}$

④ $R_m = \dfrac{l}{\mu A}(R_m \propto l)$

08 직렬접속 시
- $C_0 = \dfrac{C_1 C_2}{C_1 + C_2}$
- 저항의 병렬결선과 동일 방법
- 접속되는 콘덴서가 증가할수록 합성정전용량은 감소

09 시간$(t) = \dfrac{ne}{I} = \dfrac{\text{전자개수(전자밀도} \times \text{체적)} \times \text{전자의 전하량}}{I}$

$= \dfrac{\left(1 \times 10^{28} \times \dfrac{0.01 \times \pi \times (5 \times 10^{-3})^2}{4}\right) \times 1.6 \times 10^{-19}}{1} = 100\pi \fallingdotseq 314$

10 맥스웰의 전자방정식(미분형)
- 앙페르의 주회법칙 $\text{rot}\,H = \nabla \times H = i_c + \dfrac{\partial D}{\partial t}$
- 패러데이 법칙 $\text{rot}\,E = \nabla \times E = -\dfrac{\partial B}{\partial t}$
- 가우스 법칙 $\text{div}\,D = \nabla \cdot D = \rho$
- 가우스 법칙 $\text{div}\,B = 0$

11 포인팅 벡터 : 단위시간에 단위면적을 지나는 에너지, 임의의 점을 통과할 때의 전력밀도

$P = E \times H = EH\sin\theta[\text{W/m}^2]$ 에서

자계와 전계는 수직이므로 $P = EH[\text{W/m}^2]$

12 전류밀도 $i = \dfrac{V}{R} = \dfrac{Ed}{\rho\dfrac{l}{S}} = \dfrac{1}{\rho}E$

13 $C = \dfrac{2\varepsilon_s}{1+\varepsilon_s}C_0 = \dfrac{2 \times 10}{1+10} \times 0.2 \fallingdotseq 0.36[\mu\text{F}]$

14 $10^{-9}[\text{C}]$ 하나에 대한 중심의 전위

$$V' = \frac{Q}{4\pi\varepsilon_0 a} = 9 \times 10^9 \times \frac{Q}{a} = 9 \times 10^9 \times \frac{10^{-9}}{1} = 9[\text{V}]$$

∴ 합성 전위 $V = 4V' = 4 \times 9 = 36[\text{V}]$

15 파이로 전기가 일어나는 결정체에 기계적인 응력을 가하면 전기가 나타나는 현상을 압전효과라 하며 반대로 결정체에 전기를 가하면 기계적 변형을 일으키는 현상을 압전기 역효과라 한다. 또한 응력과 동일방향으로 분극이 일어나는 것을 종효과, 분극이 응력에 수직인 방향으로 일어날 때는 횡효과라 한다.

16 정전용량 $C = \dfrac{Q}{V} = \dfrac{Q}{Ed} = \dfrac{\sigma S}{\dfrac{\sigma d}{\varepsilon_0 \varepsilon_s}} = \sigma S \times \dfrac{\varepsilon_0 \varepsilon_s}{\sigma d} = \dfrac{\varepsilon_0 \varepsilon_s S}{d}$ ∴ 공기 중에 놓인 것이므로 $C_0 = \dfrac{\varepsilon_0 S}{d}$

17 표면전하밀도 $\rho_s [\text{C/m}^2]$일 때

- 도체 표면에서의 전계의 세기 : $E = \dfrac{\rho_s}{\varepsilon_0}$

- 무한평면 도체판에서의 전계의 세기 : $E = \dfrac{\rho_s}{2\varepsilon_0}$

18 기자력 $F = NI = 300 \times 3 = 900[\text{AT}]$

19 반동심구 정전용량

$$C_{ab} = \frac{2\pi\varepsilon}{\dfrac{1}{a} - \dfrac{1}{b}} = \frac{2\pi\varepsilon ab}{b-a}[\text{F}] = \frac{2\pi\varepsilon \times 0.05 \times 0.1}{0.1 - 0.05} ≒ 0.628\varepsilon[\text{F}]$$

$RC = \rho\varepsilon$ 에서

저항 $R = \dfrac{\rho\varepsilon}{C} = \dfrac{\varepsilon}{\sigma C} = \dfrac{\varepsilon}{10^{-3} \times 0.628\varepsilon} ≒ 1{,}592.3 ≒ 1{,}590[\Omega]$

20 환상솔레노이드

- 철심저항 $R = \dfrac{l}{\mu S}$

- 공극저항 $R_\mu = \dfrac{l_g}{\mu_0 S}$

- 전체저항 $R_m = R + R_\mu = \dfrac{l}{\mu S} + \dfrac{l_g}{\mu_0 S} = \left(1 + \dfrac{l_g}{l}\dfrac{\mu}{\mu_0}\right)R$

21 $\uparrow I_s = \dfrac{E}{Z\downarrow}$ (단락전류가 크다, 효율이 높다, 전압변동률이 작다)

22 **피뢰기의 구비조건**
- 속류차단 능력이 클 것
- 충격방전 개시전압이 낮을 것
- 방전내량이 클 것
- 제한전압이 낮을 것
- 상용주파 방전 개시전압이 높을 것
- 내구성 및 경제성이 있을 것

23 $\eta = 1 - \dfrac{Q_2}{Q_1} = 1 - \dfrac{T_2}{T_1} = \left(1 - \dfrac{273+30}{273+540}\right) \times 100 = 62.7[\%]$

24 정상 임피던스와 역상 임피던스는 변압기와 선로가 정지상태이므로 $Z_1 = Z_2 = Z$

25 $I_g = \sqrt{3}\,\omega CV$ 에서 C만의 회로는 전류가 전압보다 90° 앞선다.

26 전선 굵기 3요소 : 허용전류, 전압강하, 기계적 강도

27 자동고장구분계폐기(ASS) : 고장전류 차단능력이 있다.

28 Peek식(코로나 손실)
$P = \dfrac{241}{\delta}(f+25)\sqrt{\dfrac{d}{2D}}(E-E_0)^2 \times 10^{-5}[\text{kW/km/line}]$

29 [암기법] 양사이드에 핵폭탄

30 $D = \dfrac{WS^2}{8T} = \dfrac{2 \times 200^2}{8 \times 1{,}000} = 10$

31 사고별 보호 계전기
- 단락사고 : 과전류 계전기(OCR)
- 지락사고 : 선택접지 계전기(SGR), 접지 변압기(GPT) – 영상전압 검출, 영상 변류기(ZCT) – 영상전류 검출

32 안정도 향상 대책
- 발전기
  - 동기리액턴스 감소(단락비 크게, 전압변동률 작게)
  - 속응여자방식 채용
  - 제동권선 설치(난조 방지)
  - 조속기 감도 둔감
- 송전선
  - 리액턴스 감소
  - 복도체(다도체) 채용
  - 병행 2회선 방식
  - 중간조상방식
  - 고속도 재폐로방식 채택 및 고속 차단기 설치
※ 중성점 직접접지방식은 1선 지락 시 전위상승을 억제하여 기기의 절연보호

33 증식비가 1보다 큰 원자로는 고속증식로이다.

34 단락전류 $I_s = \dfrac{E}{Z}$ 이므로, 발전기나 변압기의 임피던스가 작으면 단락 시 대전류가 흐를 수 있다.

35 선택접지(지락) 계전기는 병행 2회선에서 1회선이 접지고장이나 지락이 발생할 때 회선의 선택 차단 시 사용한다.

36 $Z = \begin{pmatrix} A & B \\ C & D \end{pmatrix} = \begin{pmatrix} 1 & Z \\ 0 & 1 \end{pmatrix}$

37 **직접접지(유효접지방식)** : 154[kV], 345[kV], 765[kV]의 송전선로에 사용
- 장 점
  - 1선 지락고장 시 건전상 전압상승이 거의 없다(대지전압의 1.3배 이하).
  - 계통에 대해 절연레벨을 낮출 수 있다.
  - 지락전류가 크므로 보호계전기 동작이 확실하다.
- 단 점
  - 1선 지락고장 시 인접 통신선에 대한 유도장해가 크다.
  - 절연수준을 높여야 한다.
  - 과도안정도가 나쁘다.
  - 큰 전류를 차단하므로 차단기 등의 수명이 짧다.
  - 통신유도장해가 최대가 된다.

38 단로기(DS)는 소호기능이 없어 부하전류나 사고전류를 차단할 수 없다. 무부하상태, 즉 차단기가 열려 있어야만 전로개방 및 모선접속을 변경할 수 있다(인터로크).

39 과부하 단락사고에는 과전류계전기를 사용한다.

40 정상 Z_1과 역상 Z_2는 크기는 같고 위상차가 반대이고, 영상 Z_0는 대지를 기준으로 하는데 대지는 용량이 크므로 정상 Z_1과 역상 Z_2에 비해 크다.

41 $E_d = 0.45 E_a (1 + \cos\alpha) = 0.45 \times 200 \times (1 + \cos 30°) ≒ 167.94 ≒ 168.0[V]$

42 역회전에 의하여 잔류자기에 의한 기전력의 극성이 반대로 된다. 따라서 분권회로의 여자전류가 반대로 흘러서 잔류자기를 소멸시키기 때문에 발전불능이 된다.

43 $\alpha_e = \dfrac{P}{2} \times \alpha$ $\therefore \alpha = \dfrac{2\alpha_e}{P} = \dfrac{2 \times 180}{24} = 15°$

44 부피가 커지며 값이 비싸고 철손, 기계손 등의 고정손이 커서 효율은 나빠지나 선로의 충전용량이 크고 전압변동률이 작고 안정도 증진의 이점이 있다.

45 저항도선은 변압기 기전력에 의해 단락전류를 작게 하여 정류를 좋게 하며, 또한 보상권선은 전기자 반작용을 상쇄하여 역률을 좋게 하고 변압기의 기전력을 작게 해서 정류작용을 개선한다.

46 $p = \dfrac{I_{1n} r}{V_{1n}} \times 100 = \dfrac{I_{1n}^2 r}{V_{1n} I_{1n}} \times 100 = \dfrac{P_c}{P_n} \times 100 = \dfrac{150}{5,000} \times 100 = 3[\%]$

47 별도의 지정이 없을 경우 역률 100[%], 온도는 75[℃] 기준으로 한다.

48 직류기에 보극을 설치하는 목적은 불꽃이 없는 정류를 얻기 위한 것이다.

49 분포계수 $K_d = \dfrac{\sin\dfrac{\pi}{2m}}{q\sin\dfrac{\pi}{2mq}} = \dfrac{\sin\dfrac{180}{2\times 3}}{4\times\sin\dfrac{180}{2\times 3\times 4}} ≒ 0.957$

여기서, 매극 매상 슬롯수 $q = \dfrac{\text{slot}}{\text{극수}\times\text{상수}} = \dfrac{48}{4\times 3} = 4$

50 $\dfrac{r_2}{s_t} = \dfrac{r_2 + R}{1}$ $\qquad\qquad\therefore R = \dfrac{r_2}{s_t} - r_2 = \dfrac{1-s_t}{s_t}r_2$

51 $\varepsilon = \dfrac{V_{20} - V_{2n}}{V_{2n}} \times 100 = \dfrac{240-230}{230}\times 100 = \dfrac{10}{230}\times 100 ≒ 4.35[\%]$

52 2중 농형 유도전동기는 일반적인 농형 유도전동기에 비하여 기동전류가 작고 기동토크가 크다.

53 유도전동기 안정 운전 조건
- 안정 운전 : $\dfrac{dT_m}{dn} < \dfrac{dT_L}{dn}$
- 불안정 운전 : $\dfrac{dT_m}{dn} > \dfrac{dT_L}{dn}$

54 게이트에 트리거 펄스를 인가하면 통전상태가 되므로 이때 게이트 전류를 증가시키면 순방향 저지전압이 낮아진다.

55 $N = \dfrac{120f}{P_1 - P_2} = \dfrac{120\times 60}{8-2} = 1,200$

56 철극형과 비철극형

구 분	철극형	비철극형
극 수	16~32	2~4
회전속도	저 속	고 속
크 기	D대, l소	D소, l대
단락비	0.9~1.2	0.6~1.0
리액턴스	직축 > 횡축	직축 = 횡축
최대출력 부하각	60°	90°
설 치	수직형	수평형

57 균압선
- 병렬운전을 안정하게 하기 위하여 설치하는 것
- 직렬계자권선을 가지는 발전기에 필요 : 직권 및 복권 발전기

58 절연내력시험 : 충격전압시험, 유도시험, 가압시험

59 정류자 편간 평균전압

$e_{sa} = \dfrac{PE}{K} = \dfrac{4\times 230}{162} ≒ 5.679 ≒ 5.68$

60 평형 3상 전압을 유기하고 있는 발전기의 단자를 갑자기 단락하면 단락 초기에 전기자 반작용이 순간적으로 나타나지 않기 때문에 큰 과도전류가 흐르고 점차 감소하여 수초 후에는 영구 단락 전류값에 이르게 된다.

61

$$C(s) = \frac{1}{s(s+1)} = \frac{k_1}{s} + \frac{k_2}{s+1}$$

$$k_1 = \frac{1}{s+1}\bigg|_{s=0} = 1$$

$$k_2 = \frac{1}{s}\bigg|_{s=-1} = -1$$

$$C(s) = \frac{1}{s} - \frac{1}{s+1}$$

$$C(t) = 1 - e^{-t}$$

$e^{-t} = 0.5$, $-t = \ln 0.5$, $t = -\ln 0.5 = 0.693$

∴ $t = 0.693$

62

63 $\overline{A+B} = \overline{A} \cdot \overline{B}$, $\overline{A \cdot B} = \overline{A} + \overline{B}$

64
$$\frac{c(s)}{u(s)} = \frac{2}{s(s+1)+2}$$

$\{s(s+1)+2\}c(s) = 2u(s)$

$\{s^2+s+2\}c(s) = 2u(s)$

$$\frac{d^2}{dt^2}c(t) + \frac{d}{dt}c(t) + 2c(t) = 2u(t)$$

※ 단위피드백은 분모에다 분자를 더하면 된다.

65
- 근 : −1, −2, 3
- 단위원 내 : −1, −2
- 단위원 밖 : 3

66 OR회로에 NOT회로를 접속한 NOR회로
논리식 $X = \overline{A} \cdot \overline{B} = \overline{A+B}$

67 근궤적에서 허수축($j\omega$)과 교차하면 실수값이 없는 임계상태가 된다.

68

$$\underbrace{①s^3 + ②s^2 + ⑨{+3}s + ⑩}_{2k+6} = 0$$
$$\overbrace{}^{10}$$

$2k+6 > 10$
$2k > 4$
$k > 2$

69 $P_1 = \dfrac{1}{S}$, $P_2 = -bc$, $L_1 = \dfrac{b}{-s^2}$, $L_2 = \dfrac{a}{-s}$ (pass와 무관한 loop)

$$G(s) = \dfrac{-bc + \dfrac{1}{s}\left(1 + \dfrac{a}{s}\right)}{1 + \dfrac{b}{s^2} + \dfrac{a}{s}} = \dfrac{-bc + \dfrac{1}{s} + \dfrac{a}{s^2}}{s^2 + as + b} \cdot \dfrac{s^2}{1} = \dfrac{-bcs^2 + s + a}{s^2 + as + b}$$

70 $20\log\dfrac{1}{|GH|} = 20\log\dfrac{2}{2} = 20\log 1 = 0\,[\text{dB}]$

※ $s = 0$을 대입

71 $\tau = \dfrac{L}{R} = \dfrac{5}{50} = 0.1\,[\text{s}]$

72 $v = 10\sin(377t + \theta)$

1) $t \to 0$일 때 $v = 10\sin\theta = 5$
   ∴ $\theta = 30°$

2) $t \to 2\,[\text{ms}]$일 때 $v = 10\sin(2 \times \pi \times 60 \times 2 \times 10^{-3} + 30) = 10\sin 73.2°\,[\text{V}]$

※ 이때 π는 $180°$로 계산

73 $I_a + I_b + I_c = 0$
$15 + j2 - 20 - j14 + I_c = 0$
$-5 - j12 + I_c = 0$
$I_c = 5 + j12$

74
$$Z_{ab} = \dfrac{(1+2s)\left(\dfrac{1}{\frac{1}{2}s}\right)}{1 + 2s + \dfrac{1}{\frac{1}{2}s}} = \dfrac{\dfrac{(1+2s)2}{s}}{1 + 2s + \dfrac{2}{s}} = \dfrac{\dfrac{4s+2}{s}}{\dfrac{2s^2 + s + 2}{s}} = \dfrac{2(2s+1)}{2s^2 + s + 2}\,[\Omega]$$

75 $V = i \cdot Z = \delta(t) \cdot \dfrac{1}{C}u(t)$

$V(t) = \dfrac{1}{C}u(t)$

※ $u(t)$는 보조함수이다.

76 $f(t) = 2u(t) - 2u(t-4)$

$F(s) = \dfrac{2}{s} - \dfrac{2}{s}e^{-4s} = \dfrac{2}{s}(1 - e^{-4s})$

77 $i = \dfrac{G_2}{G_1 + G_2}I = \dfrac{15}{30+15} \times 15 = 5$

방향이 반대방향이므로 −5[A]

78
- 무왜형 조건 : $RC = LG$
- 무손실 조건 : $R = G = 0$
- 특성임피던스 $Z_0 = \sqrt{\dfrac{Z}{Y}} = \sqrt{\dfrac{L}{C}}$
- 전파정수 $\gamma = \sqrt{ZY} = \alpha + j\beta$ (α : 감쇠량, β : 위상정수)
  $\alpha = \sqrt{RG}, \ \beta = \omega\sqrt{LC}$
- 전파속도 $v = \dfrac{\omega}{\beta} = \dfrac{\omega}{\omega\sqrt{LC}} = \dfrac{1}{\sqrt{LC}}[\text{m/s}]$
- 무왜형 : 감쇠정수 0, 위상정수 $j\omega\sqrt{LC}$
- 무손실 : 감쇠정수 $\sqrt{RG}$, 위상정수 $j\omega\sqrt{LC}$

79 $\dfrac{R_1}{R_1 + R_4} = \dfrac{R_3}{R_2 + R_3}$

$R_1 R_2 = R_3 R_4$

80 구형파의 실횻값 I_m, 평균값 I_m, 파고율 1, 파형률 1

81 KEC 222.14/332.14(저·고압 가공전선과 안테나의 접근 또는 교차)

사용전압부분 공작물의 종류		저 압	고 압
안테나	일반적인 경우	0.6[m]	0.8[m]
	전선이 고압절연전선인 경우	0.3[m]	−
	전선이 케이블인 경우	0.3[m]	0.4[m]

82 KEC 142.2(접지극의 시설 및 접지저항)

수도관 등을 접지극으로 사용하는 경우
- 저항이 3[Ω] 이하
  - 관 안지름 75[mm] 이상, 분기길이 5[m] 이내 경우만 가능
  - 각종 접지극 사용 가능
- 저항이 2[Ω] 이하
  - 분기길이 5[m]를 넘을 수 있다.
  - 건축물의 철골, 기타 금속체 : 고압 비접지 전로에 시설하는 기계기구 등의 접지공사의 접지극으로 사용 가능

83 KEC 222.2/331.11(지지선의 시설)

지지선 지지물의 강도 보강
- 안전율 : 2.5 이상
- 최저 인장하중 : 4.31[kN]
- 2.6[mm] 이상의 금속선을 3조 이상 꼬아서 사용
- 지중 및 지표상 0.3[m]까지의 부분은 아연도금 철봉 등을 사용

84 KEC 231.4(나전선의 사용 제한)
옥내에 시설하는 저압 전선은 다음의 경우를 제외하고 나전선을 사용하여서는 아니 된다.
- 애자공사에 의하여 전개된 곳에 다음의 전선을 시설하는 경우
  - 전기로용 전선
  - 전선의 피복 절연물이 부식하는 장소에 시설하는 전선
  - 취급자 이외의 자가 출입할 수 없도록 설비한 장소에 시설하는 전선
- 버스덕트공사에 의하여 시설하는 경우
- 라이팅덕트공사에 의하여 시설하는 경우
- 접촉전선을 시설하는 경우

85 KEC 331.4(가공전선로 지지물의 철탑오름 및 전주오름 방지)
다음의 경우를 제외하고 발판 볼트 등은 1.8[m] 미만에 시설하여서는 아니 된다.
- 발판 볼트를 내부에 넣을 수 있는 구조
- 지지물의 승탑 및 승주 방지장치를 시설한 경우
- 취급자 이외의 자가 출입할 수 없도록 울타리·담 등을 시설한 경우
- 산간 등에 있으며 사람이 쉽게 접근할 우려가 없는 곳

86 KEC 224.1/335.1(터널 안 전선로의 시설)

전 압	전선의 굵기	시공 방법	애자공사 시 높이
저 압	2.6[mm] 이상	• 합성수지관공사 • 금속관공사 • 가요전선관공사 • 케이블공사 • 애자공사	노면상, 레일면상 2.5[m] 이상
고 압	4.0[mm] 이상	• 케이블공사 • 애자공사	노면상, 레일면상 3[m] 이상

87 KEC 351.10(수소냉각식 발전기 등의 시설)
- 수소냉각식의 발전기·무효 전력 보상 장치 또는 이에 부속하는 수소냉각장치는 발전기 내부 또는 무효 전력 보상 장치 내부의 수소의 순도가 85[%] 이하로 저하한 경우에 이를 경보하는 장치를 시설할 것
- 발전기 내부 또는 무효 전력 보상 장치 내부의 수소의 압력을 계측하는 장치 및 그 압력이 현저히 변동한 경우에 이를 경보하는 장치를 시설할 것
- 발전기 내부 또는 무효 전력 보상 장치 내부의 수소의 온도를 계측하는 장치를 시설할 것
- 발전기 또는 무효 전력 보상 장치는 기밀구조의 것이고 또한 수소가 대기압에서 폭발하는 경우에 생기는 압력에 견디는 강도를 가지는 것일 것
- 발전기축의 밀봉부에는 질소 가스를 봉입할 수 있는 장치 또는 발전기축의 밀봉부로부터 누설된 수소 가스를 안전하게 외부에 방출할 수 있는 장치를 시설할 것

88 ※ KEC(한국전기설비규정)의 적용으로 문제가 성립되지 않음

89 KEC 351.5(조상설비의 보호장치)
조상설비에는 그 내부에 고장이 생긴 경우에 보호하는 장치를 표와 같이 시설하여야 한다.

설비종별	뱅크용량의 구분	자동적으로 전로로부터 차단하는 장치
전력용 커패시터 및 분로리액터	500[kVA] 초과 15,000[kVA] 미만	내부고장이나 과전류가 생긴 경우에 동작하는 장치
	15,000 [kVA] 이상	내부고장이나 과전류 및 과전압이 생긴 경우에 동작하는 장치
무효 전력 보상 장치	15,000 [kVA] 이상	내부고장이 생긴 경우에 동작하는 장치

90 KEC 241.12(도로 등의 전열장치)
- 발열선에 전기를 공급하는 전로의 대지전압은 300[V] 이하일 것
- 발열선의 온도는 80[℃]를 넘지 않도록 시설할 것

91 ※ KEC(한국전기설비규정)의 적용으로 문제가 성립되지 않음

92 KEC 222.11/332.11(저·고압 가공전선과 건조물의 접근)

구 분		저압 가공전선			고압 가공전선		
		일 반	절 연	케이블	일 반	절 연	케이블
상부 조영재	위 쪽	2[m]	1[m]	1[m]	2[m]	-	1[m]
	옆쪽 또는 아래쪽, 기타 조영재	1.2[m]	0.4[m]	0.4[m]	1.2[m]	-	0.4[m]
		인체 비접촉 시 0.8[m]					

93 KEC 333.2(유도장해의 방지)

60[kV] 이하	사용전압	60[kV] 초과
2[μA]/12[km] 이하	유도전류	3[μA]/40[km] 이하

94 ※ KEC(한국전기설비규정)의 적용으로 문제가 성립되지 않음

95 ※ KEC(한국전기설비규정)의 적용으로 문제가 성립되지 않음

96 KEC 333.16(특고압 가공전선로의 내장형 등의 지지물 시설)
특고압 가공전선로 중 지지물로 직선형의 철탑을 연속하여 10기 이상 사용하는 부분에는 10기 이하마다 내장 애자장치가 되어 있는 철탑 또는 이와 동등 이상의 강도를 가지는 철탑 1기를 시설하여야 한다.

97 KEC 222.7/332.5(저·고압 가공전선의 높이)
횡단보도교 위의 시설
- 저압 가공전선 : 노면상 3.5[m] 이상(단, 절연전선의 경우 3[m] 이상)
- 고압 가공전선 : 노면상 3.5[m] 이상

98 KEC 232.56(애자공사)
- 전선의 종류 : 절연전선. 단, 옥외용 비닐절연전선(OW) 및 인입용 비닐절연전선(DV)은 제외한다.
- 간 격

구 분			전선과 조영재 간격	전선 상호 간의 간격	전선 지지점 간의 거리	
					조영재 윗면 또는 옆면	조영재 따라 시설 않는 경우
저압	400[V] 이하		25[mm] 이상	0.06[m] 이상	2[m] 이하	-
	400[V] 초과	건 조	25[mm] 이상			6[m] 이하
		기 타	45[mm] 이상			
고압			0.05[m] 이상	0.08[m] 이상		

99 간선보호용 과전류차단기는 옥내 간선의 허용전류 이하의 정격전류를 가져야 한다.

100 KEC 242.7(터널, 갱도 기타 이와 유사한 장소)
터널 등의 전구선 또는 이동전선 등의 시설
- 400[V] 이하인 이동전선은 300/300[V] 편조 고무코드 또는 0.6/1[kV] EP 고무절연클로로프렌 캡타이어케이블로서 단면적이 0.75[mm^2] 이상인 것일 것
- 사용전압이 400[V] 초과인 저압의 이동전선은 0.6/1[kV] EP 고무절연클로로프렌 캡타이어케이블로서 단면적이 0.75[mm^2] 이상인 것일 것

2017년 제 2 회 기출문제

page 54

1	2	3	4	5	6	7	8	9	10	11	12	13	14	15	16	17	18	19	20
②	③	②	①	④	④	④	②	④	④	①	①	②	④	③	③	①	③	③	②
21	22	23	24	25	26	27	28	29	30	31	32	33	34	35	36	37	38	39	40
④	③	④	②	①	①	③	④	①	②	②	①	④	③	④	④	④	②	④	③
41	42	43	44	45	46	47	48	49	50	51	52	53	54	55	56	57	58	59	60
②	④	②	③	②	④	②	①	③	④	①	④	③	②	④	③	①	②	②	①
61	62	63	64	65	66	67	68	69	70	71	72	73	74	75	76	77	78	79	80
②	④	①	③	③	①	①	①	③	④	④	①	③	④	②	②	②	②	③	①
81	82	83	84	85	86	87	88	89	90	91	92	93	94	95	96	97	98	99	100
④	①	②	④	②	③	×	×	×	④	③	×	③	①	②	③	×	×	②	③

× : 문제삭제

01 $\nabla \times H = i$ (전류밀도)

$\text{rot} H = i = K\hat{r}^2 a_z$

$$\nabla \times H = \frac{1}{r}\begin{vmatrix} a_r & ra_\phi & a_z \\ \frac{\partial}{\partial r} & \frac{\partial}{\partial \phi} & \frac{\partial}{\partial z} \\ H_r & rH_\phi & H_z \end{vmatrix} = K\hat{r}^2 a_z$$

$$= \frac{1}{r}\left(\frac{\partial(rH_\phi)}{\partial r} - \frac{\partial H}{\partial \phi}\right)a_z = K\hat{r}^2 a_z$$

$$= \frac{\partial(rH_\phi)}{\partial r}a_z = K\hat{r}^3 a_z$$

양변에 적분을 취하면

$$\int \frac{d(rH_\phi)}{dr} = \int K\hat{r}^3$$

$rH_\phi = \frac{K}{4}r^4$

$\therefore H_\phi = \frac{K}{4}r^3 a_\phi$

02 회전각도 θ일 때 용량을 C_θ, 그때의 에너지를 W_θ라 하면

$C_\theta = C_0 \frac{\theta}{\pi}$, $W_\theta = \frac{1}{2}C_\theta V^2 = \frac{C_0 V^2}{2\pi}\theta$

따라서 회전력 T는

$T = \frac{\partial W_\theta}{\partial \theta} = \frac{\partial}{\partial \theta}\left(\frac{C_0 V^2}{2\pi}\theta\right) = \frac{C_0 V^2}{2\pi}$

θ의 증가 방향으로 인가 전압의 제곱에 비례하는 회전력이 작용한다.

03 외부인덕턴스 $L = \frac{\mu_0}{2\pi}\ln\frac{b}{a} = \frac{\mu_0}{2\pi}\ln\frac{2}{1} = 1.39 \times 10^{-7}$ [H/m]

04 무한평면인 경우 자기장 H는 좌표 (y, z)에 관계없으므로 $H = H(x)$

05 푸아송 방정식

$$\mathrm{div}(-\mathrm{grad}\,V) = \nabla^2 V = -\frac{\rho}{\varepsilon_0}$$

$$\nabla^2 V = \frac{\partial^2 V}{\partial x^2} + \frac{\partial^2 V}{\partial y^2} = \frac{\partial}{\partial x^2}\left(\frac{1}{x} + 2xy^2\right) + \frac{\partial}{\partial y^2}\left(\frac{1}{x} + 2xy^2\right)$$

$$= \frac{2}{x^3} + 4x = 16 + 2 = 18 \quad \left(\because x = \frac{1}{2}\right)$$

$$\therefore \rho = -\varepsilon(\nabla^2 V) = -\varepsilon(18) = -18 \times 8.855 \times 10^{-12} \times 2$$
$$\fallingdotseq -320 \times 10^{-12}\,[\mathrm{C/m^3}] = -320\,[\mathrm{pC/m^3}]$$

06 히스테리시스 손실

$P_h = 4fvH_cB_r = 4 \times 60 \times 20 \times 10^{-6} \times 2 \times 5 = 4.8 \times 10^{-2}\,[\mathrm{W}]$

07
- z축상의 전류 도체가 받는 힘

$F = (I \times B) \cdot l = \{5a_z \times 0.035(a_x + a_y)\} \times 0.08$
$= 0.014(a_z \times a_x) + 0.014(a_z \times a_y) = 0.014(a_y - a_x)\,[\mathrm{N}]$

- 토크 $T = F \times r = 0.014(a_y - a_x) \times 0.04a_y = 5.6 \times 10^{-4}(a_y \times a_y - a_x \times a_y) = 5.6 \times 10^{-4} a_z$

08 전하밀도 $\sigma = \varepsilon E = \varepsilon_0 \cdot \dfrac{-aQ}{2\pi\varepsilon_0(a^2 + x^2)^{\frac{3}{2}}} = \dfrac{-aQ}{2\pi(a^2 + x^2)^{\frac{3}{2}}}\,[\mathrm{C/m^2}]$

09 전자계 고유임피던스에서 $\sqrt{\dfrac{\mu_0}{\varepsilon_0}} = 377$ 이므로

$\mu_0 = 377^2 \times \varepsilon_0 = 1.256 \times 10^{-6} = 12.56 \times 10^{-7}\,[\mathrm{H/m}]$

10 아라고의 원리에 의해 $N = N_s$의 경우 Slip이 생기지 않으므로 기전력이 0이며 이에 전류는 흐르지 않는다.

11 점전하의 전계 $E = \dfrac{1}{4\pi\varepsilon_0}\dfrac{Q}{r^2}\,[\mathrm{V/m}]$

12 전파속도 $v = \dfrac{1}{\sqrt{\varepsilon\mu}} = \dfrac{1}{\sqrt{\varepsilon_0\mu_0}} \times \dfrac{1}{\sqrt{\varepsilon_s\mu_s}} = \dfrac{c}{\sqrt{\varepsilon_s\mu_s}} = \dfrac{3 \times 10^8}{\sqrt{\varepsilon_s\mu_s}}\,[\mathrm{m/s}]$

13
- 분극의 세기 $P = D - \varepsilon_0 E = \varepsilon_0(\varepsilon_s - 1)E = D\left(1 - \dfrac{1}{\varepsilon_s}\right) = \chi \cdot E$
- 분극의 정의 : 단위체적당 전기쌍극자모멘트 $P = \dfrac{\triangle Q}{\triangle S} = \dfrac{\triangle M}{\triangle V} = \delta'\,[\mathrm{C/m^2}]$
- 자기 쌍극자 $M = Q \cdot \delta\,[\mathrm{C \cdot m}]$

14 인덕턴스 직렬연결
- 자속이 같은 방향인 합성 인덕턴스 $L_1 = L_{c1} + L_{c2} + 2M$
- 자속이 반대 방향인 합성 인덕턴스 $L_2 = L_{c1} + L_{c2} - 2M$

$\therefore L_1 > L_2,\ L_1 - L_2 = 4|M|$에서 $|M| = \dfrac{L_1 - L_2}{4}$

15 공기 부분의 정전용량을 C_1이라 하면 $C_1 = \dfrac{\varepsilon_0 S}{\dfrac{d}{2}} = \dfrac{2S\varepsilon_0}{d}[\text{F}]$이고

유리판 부분의 정전용량을 C_2라 하면 $C_2 = \dfrac{\varepsilon S}{\dfrac{d}{2}} = \dfrac{2S\varepsilon}{d}[\text{F}]$이다.

그러므로 극판 간 공극의 두께 $\dfrac{1}{2}$ 상당의 유리판을 넣는 경우 정전용량 C는

$C = \dfrac{1}{\dfrac{1}{C_1} + \dfrac{1}{C_2}} = \dfrac{1}{\dfrac{d}{2S}\left(\dfrac{1}{\varepsilon_0} + \dfrac{1}{\varepsilon}\right)} = \dfrac{1}{\dfrac{d}{2\varepsilon_0 S}\left(1 + \dfrac{\varepsilon_0}{\varepsilon}\right)} = \dfrac{2C_0}{1 + \dfrac{\varepsilon_0}{\varepsilon}} = \dfrac{2C_0}{1 + \dfrac{1}{\varepsilon_s}}[\text{F}]$

16 벡터퍼텐셜과 자속밀도 $B = \text{rot}\, A = \text{Curl}\, A$

따라서 자계 $H = \dfrac{B}{\mu} = \dfrac{1}{\mu}\text{Curl}\, A = \dfrac{1}{\mu} \times \begin{vmatrix} a_x & a_y & a_z \\ \dfrac{\partial}{\partial x} & \dfrac{\partial}{\partial y} & \dfrac{\partial}{\partial z} \\ 3x^2 y & 2x & -z^3 \end{vmatrix}$

$= \dfrac{1}{\mu} \times \left\{\left(-\dfrac{\partial z^3}{\partial y} - \dfrac{\partial 2x}{\partial z}\right)a_x + \left(\dfrac{\partial 3x^2 y}{\partial z} + \dfrac{\partial z^3}{\partial x}\right)a_y + \left(\dfrac{\partial 2x}{\partial x} - \dfrac{\partial 3x^2 y}{\partial y}\right)a_z\right\} = \dfrac{1}{\mu}(2 - 3x^2)a_z [\text{A/m}]$

17 자기저항 $R = \dfrac{l}{\mu_0 \mu_s S}$이므로 자기회로의 길이에 비례한다.

18 동축선(원통)의 정전용량 $C = \dfrac{2\pi\varepsilon}{\ln\dfrac{b}{a}}[\text{F/m}]$

19 $\phi = BS = \mu HS = \mu_0 \mu_s \dfrac{NI}{\pi D} S = \dfrac{4\pi \times 10^{-7} \times 4,000 \times 500 \times 2 \times 10 \times 10^{-4}}{\pi \times 2 \times 10 \times 10^{-2}} = 8 \times 10^{-3} [\text{Wb}]$

20 라플라스 방정식의 차분근사해법에 의해 한 점의 전위는 인접한 4개의 등거리 점의 전위평균값과 같다.

$V_0 = \dfrac{1}{4}(V_1 + V_2 + V_3 + V_4)$

따라서 $V_① = \dfrac{100 + 0 + 0 + 0}{4} = 25[\text{V}]$

$V_③ = \dfrac{25 + 0 + 0 + 0}{4} = 6.25[\text{V}]$

$V_⑥ = \dfrac{V_① + V_③ + V_③ + 0}{4} = \dfrac{25 + 6.25 + 6.25 + 0}{4} ≒ 9.4[\text{V}]$

21 조상설비의 비교

구 분	진 상	지 상	시충전	조 정	전력손실
콘덴서	○	×	×	단계적	0.3[%] 이하
리액터	×	○	×	단계적	0.6[%] 이하
동기조상기	○	○	○	연속적	1.5~2.5[%]

22 $$Q_C = P\left(\frac{\sin\theta_1}{\cos\theta_1} - \frac{\sqrt{1-\cos^2\theta_2}}{\cos\theta_2}\right) = 100\left(\frac{0.8}{0.6} - \frac{\sqrt{1-0.9^2}}{0.9}\right) \fallingdotseq 84.9[\text{kVA}]$$

23
- 댐식 : 카플란수차, 프로펠러수차 – 저낙차, 프란시스수차 – 중낙차, 펠턴수차 – 고낙차
- 조력발전 : 튜블러수차(5~15[m], 수차의 종류 중 가장 저낙차로 이용)

24 $$169[\text{kg/cm}^2] \times \frac{1[\text{atm}]}{1.0332[\text{kg/cm}^2]} \fallingdotseq 163.6[\text{atm}]$$

25 이도가 크면 지지물은 높아야 되고 이도가 작으면 지지물은 굵어야 하므로 이도가 나타내는 것은 지지물의 대소관계를 결정한다.

26 $$\frac{\text{자기용량}}{\text{부하용량}} = \frac{V_h - V_l}{V_h} = \frac{e}{V_h}$$

$$\therefore \text{부하용량} = \text{자기용량} \times \frac{V_h}{e} = W \times \frac{V_h}{e}$$

27 $$\downarrow \cos\theta = \frac{P\downarrow}{P_a}$$

P_a가 일정한 상태에서 P(출력)가 감소하면 역률이 저하된다.

28 교류송전에서 거리가 멀어지면 선로정수가 증가한다. 저항과 정전용량은 거의 무시되고, 인덕턴스의 영향에 의해 송전전력이 결정된다.
- 장거리 고압 송전선로 : $X \gg R$(무시)
- 송전전력 $P = V_r I \cos\theta = \frac{V_s V_r}{X} \sin\delta [\text{MW}]$
- 최대 송전조건 : $\sin\delta = 1$, $P = \frac{V_s V_r}{X} [\text{MW}]$

29 **가공지선의 역할**
- 직격뢰 및 유도뢰 차폐
- 통신선에 대한 전자유도장해 경감

30 **제한전압** : 피뢰기 동작 중에 계속해서 걸리고 있는 단자전압의 파곳값

31 △결선은 제3고조파가 내부에 흘러 1차 측 선로에서 영상전류는 반드시 0이다.

32 **단상 3선식의 특징**
- 장 점
  - 전선 소모량이 단상 2선식에 비해 37.5[%](경제적)
  - 110/220[V]의 2종류의 전압을 얻을 수 있다.
  - 단상 2선식에 비해 효율이 높고 전압강하가 작다.
- 단 점
  - 중성선이 단선되면 전압의 불평형이 생기기 쉽다.
  - 대책 : 저압 밸런서(여자 임피던스가 크고 누설 임피던스가 작고 권수비가 1:1인 단권 변압기)

- 주의 사항
  - 개폐기는 동시 동작형
  - 중성선에 퓨즈를 설치하지 말 것

33 안정도 향상 대책
- 발전기
  - 동기리액턴스 감소(단락비 크게, 전압변동률 작게) - 속응여자방식 채용
  - 제동권선설치(난조 방지)   - 조속기 감도 둔감
- 송전선
  - 리액턴스 감소   - 복도체(다도체) 채용
  - 병행 2회선 방식   - 중간조상방식
  - 고속도 재폐로방식 채택 및 고속 차단기 설치

※ 전력 → 안정도 향상, 기계 → 난조 방지

34 수전단 전압에 대한 전압강하율

$$\delta = \frac{e}{V_r} \times 100 = \frac{V_s - V_r}{V_r} \times 100 = \frac{P}{V_r^2}(R + X\tan\theta) \times 100 \text{에서}$$

수전전력

$$P = \frac{\delta \times V_r^2}{(R + X\tan\theta) \times 100} \times 10^{-3} [\text{kW}]$$

$$= \frac{10 \times (30 \times 10^3)^2}{\left(15 + 20 \times \frac{0.6}{0.8}\right) \times 100} \times 10^{-3} = 3,000 [\text{kW}]$$

35
- △결선방식 : 제3고조파 제거
- 직렬리액터 : 제5고조파 제거
- 한류리액터 : 단락사고 시 단락전류 제한
- 소호리액터 : 지락 시 지락전류 제한
- 분로리액터 : 페란티 방지

36 **직류송전방식**
- 리액턴스 손실이 없다.   - 절연레벨이 낮다.
- 송전효율이 좋고 안정도가 높다.   - 차단기 설치 및 전압의 변성이 어렵다.
- 회전자계를 만들 수 없다.

교류송전방식
- 차단 및 전압의 변성(승압, 강압)이 쉽다.   - 회전자계를 만들 수 있다.
- 유도장해를 발생한다.

37
$$I_C = \omega CE = 2\pi \times 60 \times 0.3587 \times 10^{-6} \times 15 \times \left(\frac{66,000}{\sqrt{3}}\right) \fallingdotseq 77.3[\text{A}]$$

38 가스차단기

소호매질	용량	특징
SF_6 가스	대용량	• 절연내력 공기의 2~3배가 된다. • 불연성이다. • 밀폐형 구조라 소음이 거의 없다. • 소호능력이 크다. • SF_6의 성질 : 무색, 무취, 무해

39 차단기 소호매질
- 공기차단기(ABB) – 압축공기
- 가스차단기(GCB) – SF_6가스
- 진공차단기(VCB) – 진공
- 유입차단기(OCB) – 절연유
- 자기차단기(MBB) – 전자력

40 저압 네트워크 방식
- 무정전 공급방식으로 공급신뢰도가 높다.
- 변전소의 수를 줄일 수 있다.
- 전압강하, 전력손실이 적다.
- 부하증가 시 대응이 우수하다.
- 설비비가 고가이다.
- 인축의 접지사고가 있을 수 있다.
- 고장 시 고장전류가 역류할 수 있다.
- 대책 : 네트워크 프로텍터(저압용 차단기, 저압용 퓨즈, 전력방향 계전기)

41 환류다이오드란 인덕터 충전전류로 인한 기기 손상 방지를 위해 부하와 병렬로 연결된 다이오드이며 전류가 off될 때, 인덕터에서 발생하는 역기전력을 다시 돌려 충전하는 다이오드이다. 따라서 스위치가 on되어 일정시간 동안 도통되면 부하를 통해 흐르는 전류는 일정값이 흐르게 되고 유도성 부하(인덕터)에 저장되게 된다. 또한, 환류다이오드 동작 시 off이므로 출력은 0[V]이며 유도성 부하의 경우에 평활회로를 구성하게 된다. 즉, 유도성 부하의 경우에 필요하다.

42 3상 변압기의 병렬운전의 결선 조합

병렬운전 가능	병렬운전 불가능
△-△와 △-△ Y-Y 와 Y-Y Y-△와 Y-△ △-Y와 △-Y △-△와 Y-Y △-Y와 Y-△	△-△와 △-Y △-Y와 Y-Y Y-Y와 Y-△

※ 이유 : 3개의 △, 3개의 Y는 2차 간에 정격전압이 다르며 30°의 변위가 생겨 순환전류가 흐른다.

43 3상 직권 정류자 전동기에서 중간 변압기를 사용하는 목적
- 전원 전압의 크기에 관계없이 회전자전압을 정류 작용에 알맞은 값으로 선정할 수 있다.
- 중간 변압기의 권수비를 조정하여 전동기 특성을 조정할 수 있다.
- 경부하 시 직권 특성$\left(Z \propto I^2 \propto \dfrac{1}{N^2}\right)$이므로 속도가 크게 상승할 수 있다. 따라서 중간 변압기를 사용하여 속도상승을 억제할 수 있다.

44 $n = k\dfrac{V - I_a R_a}{\phi}$ 에서 계자회로가 단선되면 ϕ가 0이 되므로 과속도로 되어 위험하다.

45 변압기에서 자속을 만드는 전류는 자화전류이다.

46 규약효율 η

전동기 $\eta = \dfrac{\text{입력} - \text{손실}}{\text{입력}} \times 100[\%]$, 발전기 $\eta = \dfrac{\text{출력}}{\text{출력} + \text{손실}} \times 100[\%]$

47 직류전동기의 종류

종류	전동기의 특징
타여자	• 회전 방향 반대 : (+), (−) 극성을 반대 • 정속도 전동기
분권	• 정속도 특성의 전동기 • 위험상태 : 정격전압 시 무여자 상태 • (+), (−) 극성을 반대 : 회전 방향이 불변 • $T \propto I \propto \dfrac{1}{N}$
직권	• 변속도 전동기(전기철도, 기중기 등에 적합) • 부하에 따라 속도가 심하게 변한다. • (+), (−) 극성을 반대 : 회전 방향이 불변 • 위험상태 : 정격전압 시 무부하 상태 • $T \propto I^2 \propto \dfrac{1}{N^2}$

48 단상 유도전동기

• 종류(기동토크가 큰 순서대로) : 반발 기동형 > 반발 유도형 > 콘덴서 기동형 > 분상 기동형 > 셰이딩 코일형 > 모노 사이클릭형
• 단상 유도전동기의 특징
  − 교번자계 발생
  − 기동 시 기동토크가 존재하지 않으므로 기동장치가 필요하다.
  − 슬립이 0이 되기 전에 토크는 미리 0이 된다.
  − 2차 저항이 증가되면 최대토크는 감소한다(비례추이할 수 없다).
  − 2차 저항값이 어느 일정값 이상이 되면 토크는 부(−)가 된다.

49

부흐홀츠 계전기는 변압기 내부의 기계적 고장으로 발생하는 기름의 분해가스 증기를 이용하여 부저를 움직여 계전기의 접점을 닫는 것이므로 변압기의 주탱크와 콘서베이터 사이에 설치하며 이에 오동작의 우려가 존재한다.

50

전류의 변화는 $I_c - (-I_c) = 2I_c$ 이므로 $e_L = L\dfrac{di}{dt} = L\dfrac{2I_c}{T_c}[\text{V}]$

51 리니어 전동기 특징

장점	단점
• 구조가 간단하여 신뢰성이 높다. • 마찰을 거치지 않고 추진력이 얻어진다. • 원심력에 의한 가속제한이 없고 고속을 쉽게 얻을 수 있다. • 기어, 벨트 등 동력변환기구가 필요 없고 직접 직선 운동이 얻어진다.	• 회전형에 비해 역률, 효율이 낮다. • 저속도를 얻기 어렵다. • 부하의 관성의 영향이 크다.

52 전력변환기기

인버터	초 퍼	정 류	사이클로 컨버터(주파수 변환)
직류−교류	직류−직류	교류−직류	교류−교류

53

와전류 에너지 손실량은 전류 경로 크기에 비례한다.

54 정격주파수 f, 정격전압 V라고 하면, 철손 $P_i = kfB_m^2 = kf\left(k'\dfrac{V}{f}\right)^2$의 조건에서 상승한 주파수는 $f' = 0.97f$, 감소한 전압은 $V' = 1.03V$, 이때의 철손을 P_i'라고 하면

$$P_i' = k\dfrac{V'^2}{f'} = k\dfrac{1.03^2 V^2}{0.97 f} ≒ \dfrac{1.06}{0.97}P_i ≒ 1.0937 P_i$$

즉, 철손은 약 9.4[%] 증가한다.

55
- $E = \dfrac{PZ\phi N}{60a} = \dfrac{2 \times 200 \times 0.14 \times 1{,}200}{60 \times 1} = 1{,}120$
- 실횻값 $E_s = \dfrac{E_m}{\sqrt{2}}\sin\theta = \dfrac{1{,}120}{\sqrt{2}} \times \sin 30° ≒ 395.97\,[\text{V}]$

56 M_1의 유효분 $P_1 = 350$
M_2의 유효분 $P_2 = 50$
M_1, M_2 합성 유효분 $P = P_1 + P_2 = 350 + 50 = 400$
이때 무효분 $P' = 350 \times \dfrac{\sqrt{1-0.85^2}}{0.85} ≒ 216.9$
합성역률 $\cos\theta = \dfrac{400}{\sqrt{400^2 + 216.9^2}} ≒ 0.879$
개선시키기 위한 무효분 $Q_c = 400\left(\dfrac{\sqrt{1-0.879^2}}{0.879} - \dfrac{\sqrt{1-0.95^2}}{0.95}\right) ≒ 85.51\,[\text{kVar}]$

57 변압기의 시험

무부하(개방)시험	단락시험
• 여자전류 측정	• 임피던스 전압 측정
• 철손 측정	• 임피던스 와트(동손) 측정
• 여자 어드미턴스 측정	• 전압변동률 측정

58 전기자 반작용으로 인해 단락곡선이 직선으로 된다.

59 단락비 $K_s = \dfrac{1}{\%Z} = \dfrac{1}{0.826} ≒ 1.21$

여기서, $\%Z = \dfrac{I_n Z_s}{E_n} = \dfrac{\left(\dfrac{5{,}000 \times 10^3}{\sqrt{3} \times 3{,}300}\right) \times 1.8}{\dfrac{3{,}300}{\sqrt{3}}} ≒ 0.826$

60 동기발전기 회전자에 의한 분류
- 회전계자형 : 전기자를 고정자로 하고 계자극을 회전자로 한 것
- 회전전기자형 : 계자극을 고정자로 한 것으로 특수용도 및 극히 소용량에 적용
- 유도자형 : 계자극과 전기자를 함께 고정시키고 그 중앙에 유도자라고 하는 권선이 없는 회전자를 갖춘 것

61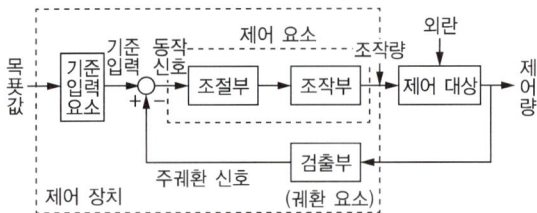

62 전달함수 $\dfrac{C(s)}{R(s)} = \dfrac{\omega_n^2}{s^2 + 2\delta\omega_n s + \omega_n^2}$ 의 해석

- 폐루프의 특성방정식 $s^2 + 2\delta\omega_n s + \omega_n^2 = 0$
- 감쇠율 : δ값이 작을수록 제동이 많이 걸리고 안정도가 향상된다.

$0 < \delta < 1$	$\delta > 1$	$\delta = 1$	$\delta = 0$
부족제동	과제동	임계제동	무제동
감쇠제동	비진동	임계상태	무한진동

63 근이 z평면의 -1, 1 사이이므로 안정

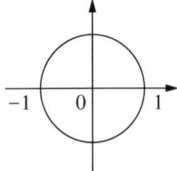

64 $q(s) = s^5 + 2s^4 + 2s^3 + 4s^2 + 11s + 10$

s^5	1	2	11
s^4	2	4	10
s^3	$\dfrac{4-4}{2} = e$ (0을 e로 치환)	$\dfrac{22-10}{2} = 6$	
s^2	$\dfrac{4e-12}{e}$ 에서 $\lim\limits_{e \to 0} \dfrac{4e-12}{e} = -\infty$	$\dfrac{10e-0}{e} = 10$	
s^1	6(★)		
s^0	10		

★ $\dfrac{\dfrac{4e-12}{e} \times 6 - 10e}{\dfrac{4e-12}{e}} = \dfrac{\dfrac{24e-72-10e^2}{e}}{\dfrac{4e-12}{e}} = \dfrac{-10e^2+24e-72}{4e-12} = \lim\limits_{e \to 0} \dfrac{-10e^2+24e-72}{4e-12} = 6$

65
- 극점 : 0, -1, -2
- 영점 : -1
- 많은 수의 개수가 근궤적 개수이다.

66

① $G(s) = \dfrac{C(s)}{R(s)} = \dfrac{\dfrac{1}{2s}}{1+\dfrac{5}{2s}} = \dfrac{\dfrac{1}{2s} \times 2s}{\left(1+\dfrac{5}{2s}\right) \times 2s} = \dfrac{1}{2s+5}$

$2sC(s) + 5C(s) = R(s)$

$2\dfrac{d}{dt}c(t) + 5c(t) = r(t)$

따라서 ①번이 답이다.

67

$\dfrac{G}{1+GH1+GH2} = 1$

$G = 1 + GH1 + GH2$

$G(1-H1-H2) = 1$

$G = \dfrac{1}{1-H1-H2}$

68 특성방정식의 근의 위치에 따른 안정도 판별

안정도	s평면의 근의 위치	z평면의 근의 위치
안 정	좌반면	단위원 내부
불안정	우반면	단위원 외부
임계안정	허수축	단위원주상

69 OR 게이트

A	B	X
0	0	0
0	1	1
1	0	1
1	1	1

70

$c(t) = \mathcal{L}^{-1}[G(s)R(s)] = \mathcal{L}^{-1}\left[\dfrac{1}{s^2(s+1)}\right] = \dfrac{k_1}{s^2} + \dfrac{k_2}{s} + \dfrac{k_3}{s+1}$

$k_1 = \dfrac{1}{s+1}\bigg|_{s=0} = 1$

$k_2 = \dfrac{d}{ds}\dfrac{1}{s+1}\bigg|_{s=0} = \dfrac{-1}{(s+1)^2}\bigg|_{s=0} = -1$

$k_3 = \dfrac{1}{s^2}\bigg|_{s=-1} = 1$

$F(s) = \dfrac{1}{s^2} - \dfrac{1}{s} + \dfrac{1}{s+1}$

역라플라스 변환하면 $f(t) = t - 1 + e^{-t}$

71

$\begin{pmatrix} A & B \\ C & D \end{pmatrix} = \begin{pmatrix} 1 & j600 \\ 0 & 1 \end{pmatrix}\begin{pmatrix} 1 & 0 \\ -\dfrac{1}{j300} & 1 \end{pmatrix}\begin{pmatrix} 1 & j600 \\ 0 & 1 \end{pmatrix} = \begin{pmatrix} -1 & j600 \\ -\dfrac{1}{j300} & 1 \end{pmatrix}\begin{pmatrix} 1 & j600 \\ 0 & 1 \end{pmatrix} = \begin{pmatrix} -1 & 0 \\ -\dfrac{1}{j300} & -1 \end{pmatrix}$

$\theta = \cosh^{-1}\sqrt{AD} = \cosh^{-1}1 = 0$

72 $P_l = 3I^2 R$

$I = \sqrt{\dfrac{P_l}{3R}} = \sqrt{\dfrac{50}{3 \times 0.5}} = 5.77$

$P = \sqrt{3}\, VI\cos\theta$

$\therefore V = \dfrac{P}{\sqrt{3}\, I\cos\theta} = \dfrac{1{,}800}{\sqrt{3} \times 5.77 \times 0.8} \fallingdotseq 225$

73 복소전력

$P_a = \overline{V}I = P \pm jP_r [\text{VA}] = (40-j30)(30+j10) = 1{,}500 - j500$

$P = 1{,}500[\text{W}],\ P_r = 500[\text{Var}],$

$P_a = \sqrt{P^2 + P_r^2} = \sqrt{1{,}500^2 + 500^2} = 1{,}581[\text{VA}]$ 에서

역률 $\cos\theta = \dfrac{P}{P_a} = \dfrac{1{,}500}{1{,}581} = 0.949$

74 $i_1 = \dfrac{E}{R} - \dfrac{E}{R}e^{-\frac{R}{L}t}$

$i_2 = \dfrac{E}{R}e^{-\frac{1}{RC}t}$

$i = i_1 + i_2 = \dfrac{E}{R} - \dfrac{E}{R}e^{-\frac{R}{L}t} + \dfrac{E}{R}e^{-\frac{1}{RC}t}$

i가 시간에 관계없이 일정

$\dfrac{E}{R}e^{-\frac{R}{L}t} = \dfrac{E}{R}e^{-\frac{1}{RC}t}$

$\dfrac{R}{L} = \dfrac{1}{RC},\ R^2 C = L$

그러므로 $R = \sqrt{\dfrac{L}{C}} = \sqrt{\dfrac{0.9}{10 \times 10^{-6}}} = 300[\Omega]$

75 $Z_0 = \sqrt{\dfrac{Z}{Y}} = \sqrt{\dfrac{r+j\omega L}{g+j\omega C}} = \sqrt{\dfrac{L}{C}} \neq l(\text{일정})$

76 어드미턴스

$Y = \dfrac{1}{R+j\omega L} + j\omega C = \dfrac{R-j\omega L}{(R+j\omega L)(R-j\omega L)} + j\omega C = \dfrac{R-j\omega L}{R^2+(\omega L)^2} + j\omega C$

$= \dfrac{R}{R^2+(\omega L)^2} - \dfrac{j\omega L}{R^2+(\omega L)^2} + j\omega C$

$= \dfrac{R}{R^2+(\omega L)^2} + j\left(\omega C - \dfrac{\omega L}{R^2+(\omega L)^2}\right)$

공진 시 $\omega C = \dfrac{\omega L}{R^2+(\omega L)^2}$ 이므로 대입하면

$R^2+(\omega L)^2 = \dfrac{\omega L}{\omega C}$ 에서 $R^2+(\omega L)^2 = \dfrac{L}{C}$

$Y = \dfrac{R}{R^2+(\omega L)^2}$ 에서 유효분만 존재해야 공진이므로 $R^2+(\omega L)^2$ 대신에 $\dfrac{L}{C}$을 대입

$Y = \dfrac{R}{\dfrac{L}{C}} = \dfrac{RC}{L}[\mho]$

77
$$I_L = \frac{V}{X_L} = \frac{V}{j\omega L} = \frac{1}{j4} = -j0.25$$
$$I_C = \frac{V}{X_C} = \frac{V}{-j\frac{1}{\omega C}} = j\frac{1}{4} = j0.25$$
$$I = I_R + I_L + I_C = 0.5 - j0.25 + j0.25 = 0.5[\text{A}]$$
(※ L과 C가 병렬공진이므로 $I = I_R$에 흐르는 전류는 같다)

78
$$F(s) = \frac{s+1}{s(s+2)} = \frac{k_1}{s} + \frac{k_2}{s+2} = \frac{1}{2s} + \frac{1}{2(s+2)}$$
여기서, $k_1 = \left.\frac{s+1}{s+2}\right|_{s=0} = \frac{1}{2}$, $k_2 = \left.\frac{s+1}{s}\right|_{s=-2} = \frac{1}{2}$
$$\therefore \frac{1}{2} + \frac{1}{2}e^{-2t} = \frac{1}{2}(1 + e^{-2t})$$

79
$$I_5 = \frac{V_5}{Z_5} = \frac{260}{\sqrt{12^2 + (1\times5)^2}} = 20[\text{A}]$$

80 정현파의 순시값
$$v = V_m \sin(\omega t + \theta),\ V_m = 100[\text{V}],\ \theta = \frac{\pi}{6} \text{ 만큼 위상이 앞섬}$$
$$\therefore v = 100\sin\left(\omega t + \frac{\pi}{6}\right)[\text{V}]$$

81 KEC 222.2/331.11(지지선의 시설)
지지선 지지물의 강도 보강
- 안전율 : 2.5 이상
- 최저 인장하중 : 4.31[kN]
- 2.6[mm] 이상의 금속선을 3조 이상 꼬아서 사용
- 지중 및 지표상 0.3[m]까지의 부분은 아연도금철봉 등을 사용

82 KEC 231.3(저압 옥내배선의 사용전선 및 중성선의 굵기)
전광표시장치 기타 이와 유사한 장치 또는 제어회로 등의 배선에 다심케이블을 시설 시 단면적은 0.75[mm²] 이상이어야 한다.

83 KEC 333.22(특고압 보안공사) – 제1종 특고압 보안공사의 전선 굵기

사용전압	전 선
100[kV] 미만	인장강도 21.67[kN] 이상, 단면적 55[mm²] 이상의 경동연선
100[kV] 이상 300[kV] 미만	인장강도 58.84[kN] 이상, 단면적 150[mm²] 이상의 경동연선
300[kV] 이상	인장강도 77.47[kN] 이상, 단면적 200[mm²] 이상의 경동연선

84 KEC 212.6(저압전로 중의 개폐기 및 과전류차단장치의 시설)
저압 옥내 간선과의 분기점에서 전선의 길이가 3[m] 이하인 곳에 개폐기 및 과전류차단기를 시설하여야 한다.

85 KEC 212.6(저압전로 중의 개폐기 및 과전류차단장치의 시설)
과전류 차단기는 16[A], 배선차단기는 20[A] 이하이면 생략할 수 있다.
※ KEC(한국전기설비규정)의 적용으로 15[A]에서 16[A]로 변경됨 〈2021.01.01.〉

86 KEC 333.19(특고압 가공전선과 가공약전류전선 등의 공용설치)
특고압 가공전선과 가공약전류전선과의 공가는 35[kV] 이하인 경우에 시설하여야 한다.
• 특고압 가공전선로는 제2종 특고압 보안공사에 의할 것
• 특고압은 케이블을 제외하고 인장강도 21.67[kN] 이상의 연선 또는 단면적이 50[mm^2] 이상인 경동연선일 것
• 가공약전류전선은 특고압 가공전선이 케이블인 경우를 제외하고 차폐층을 가지는 통신용 케이블일 것

87 ※ KEC(한국전기설비규정)의 적용으로 문제가 성립되지 않음

88 ※ KEC(한국전기설비규정)의 적용으로 문제가 성립되지 않음

89 ※ KEC(한국전기설비규정)의 적용으로 문제가 성립되지 않음

90 KEC 232.12(금속관공사)
관의 단구에는 전선의 피복이 손상하지 아니하도록 적당한 구조의 부싱을 사용할 것

91 KEC 132(전로의 절연저항 및 절연내력)

접지방식	최대사용전압	시험전압(최대사용전압배수)	최저시험전압
비접지	7[kV] 이하	1.5배	
	7[kV] 초과	1.25배	10.5[kV]
중성점 접지	60[kV] 초과	1.1배	75[kV]
중성점 직접접지	60[kV] 초과 170[kV] 이하	0.72배	
	170[kV] 초과	0.64배	
중성점 다중접지	25[kV] 이하	0.92배	

※ 전로에 케이블을 사용하는 경우에는 직류로 시험할 수 있으며, 시험전압은 교류의 경우의 2배가 된다.
∴ 7,000[V] 이하이므로 $3,300 \times 1.5 = 4,950[V]$

92 ※ KEC(한국전기설비규정)의 적용으로 문제가 성립되지 않음

93 KEC 241.10(아크용접기)
용접변압기의 1차 측 전로의 대지전압은 300[V] 이하일 것

94 KEC 223.1/334.1(지중 전선로의 시설)
지중 전선로의 시설에 관한 내용은 다음과 같다.
• 전선은 케이블을 사용하고, 또한 관로식 또는 암거식, 직접 매설식에 의하여 시공한다.
• 직접 매설식으로 시공할 경우 매설깊이는 중량물의 압력이 있는 곳은 1.0[m] 이상, 없는 곳은 0.6[m] 이상으로 한다.
※ KEC(한국전기설비규정)의 변경으로 답은 ②에서 ①로 변경됨

95 KEC 333.5(특고압 가공전선과 지지물 등의 간격)

사용전압	간격[m]	사용전압	간격[m]
15[kV] 미만	0.15	70[kV] 이상 80[kV] 미만	0.45
15[kV] 이상 25[kV] 미만	0.2	80[kV] 이상 130[kV] 미만	0.65
25[kV] 이상 35[kV] 미만	0.25	130[kV] 이상 160[kV] 미만	0.9
35[kV] 이상 50[kV] 미만	0.3	160[kV] 이상 200[kV] 미만	1.1
50[kV] 이상 60[kV] 미만	0.35	200[kV] 이상 230[kV] 미만	1.3
60[kV] 이상 70[kV] 미만	0.4	230[kV] 이상	1.6

96 KEC 342.1(고압 옥내배선 등의 시설)
고압 옥내배선은 케이블공사, 케이블트레이공사에 의한다. 다만, 건조하고 전개된 곳에 한하여 애자사용공사를 할 수 있다.

97 ※ KEC(한국전기설비규정)의 적용으로 문제가 성립되지 않음

98 ※ KEC(한국전기설비규정)의 적용으로 문제가 성립되지 않음

99 KEC 222.4/332.2(가공케이블의 시설), 333.3(특고압 가공케이블의 시설)
가공전선에 케이블을 사용하는 경우에는 다음과 같이 시설한다.
- 케이블은 조가선에 행거로 시설하며 고압 및 특고압인 경우 행거의 간격을 0.5[m] 이하로 한다.
- 조가선은 인장 강도 5.93[kN](특고압일 경우는 13.93[kN]) 이상의 것 또는 단면적 22[mm^2] 이상인 아연도강연선일 것을 사용한다.
- 조가선 및 케이블의 피복에 사용하는 금속체에는 140(접지시스템)의 규정에 준하여 접지공사를 한다.
- 조가선을 케이블에 접촉시켜 금속 테이프를 감는 경우에는 20[cm] 이하의 간격으로 나선상으로 한다.

100 KEC 222.7/332.5(저·고압 가공전선의 높이)

설치장소		가공전선의 높이
도로횡단		지표상 6[m] 이상(단, 교통에 지장이 없는 경우 5[m])
철도 또는 궤도횡단		레일면상 6.5[m] 이상
횡단보도교 위	저 압	노면상 3.5[m] 이상(단, 절연전선의 경우 3[m] 이상)
	고 압	노면상 3.5[m] 이상
일반 장소		지표상 5[m] 이상(단, 저압으로 교통에 지장이 없는 경우 4[m])

2017년 제3회 기출문제

page 68

1	2	3	4	5	6	7	8	9	10	11	12	13	14	15	16	17	18	19	20
②	③	②	①	③	①	④	④	①	①	①	①	③	②	④	④	④	①	③	④	②

21	22	23	24	25	26	27	28	29	30	31	32	33	34	35	36	37	38	39	40
③	③	④	④	③	①	①	③	④	④	②	③	②	①	①	④	④	②	②	③

41	42	43	44	45	46	47	48	49	50	51	52	53	54	55	56	57	58	59	60
④	③	①	②	③	①	③	③	④	③	③	①	④	③	①	①	③	③	④	②

61	62	63	64	65	66	67	68	69	70	71	72	73	74	75	76	77	78	79	80
①	③	③	④	④	③	②	④	②	②	③	②	②	①	①	②	②	④	④	③

81	82	83	84	85	86	87	88	89	90	91	92	93	94	95	96	97	98	99	100
④	④	×	②	②	×	×	②	③	①	②	②	②	③	③	③	①	④	③	④

× : 문제삭제

01
- 변위전류 I_d : 진공 또는 유전체 내에 전속밀도의 시간적 변화에 의한 전류
- 변위전류밀도 $i_d = \dfrac{I_d}{S} = \dfrac{\partial D}{\partial t} = \varepsilon \dfrac{\partial E}{\partial t} = j\omega\varepsilon E = j2\pi f \varepsilon E [\text{A/m}^2]$

02
- 무한장 솔레노이드 내부자계의 세기는 평등하며, 그 크기는 $H_i = n_0 I [\text{AT/m}]$이다.
  (단, n_0는 단위길이당 코일권수[회/m])
- 무한장 솔레노이드 외부자계 $H_0 = 0 [\text{AT/m}]$이다.

03
유전체 내에 저장되는 에너지밀도 ω는 $\omega = \dfrac{1}{2}\varepsilon E^2 [\text{J/m}^3]$에서 $\omega \propto \varepsilon_r$, 즉 에너지밀도는 비례한다.
따라서 $\varepsilon_{rB} > \varepsilon_{rA} > \varepsilon_{rD} > \varepsilon_{rC}$이므로
$B > A > D > C$

04
자성체 단위체적당 저장되는 에너지
$\omega = \dfrac{1}{2}\mu H^2 = \dfrac{B^2}{2\mu} = \dfrac{1}{2}BH [\text{J/m}^3]$

05
포인팅벡터 : 단위시간에 단위면적을 지나는 에너지
임의의 점을 통과할 때의 전력밀도 $P = E \times H = EH\sin\theta [\text{W/m}^2]$에서 자계와 전계는 수직이므로 $P = EH [\text{W/m}^2]$

06
인덕턴스의 기본단위 : $L[\text{H}]$
$L = \dfrac{N\phi}{I}\left[\dfrac{\text{Wb}}{\text{A}}\right]$, $\phi = \dfrac{W}{I}\left[\dfrac{\text{J}}{\text{A}}\right]$ 대입
$L = \dfrac{N\phi}{I}\left[\dfrac{\text{J}}{\text{A}^2}\right]$
$L = \dfrac{dt}{di}e_L\left[\dfrac{\text{V}\cdot\text{s}}{\text{A}}\right] = \Omega \cdot \text{s}$

07 규소강판은 전자석의 재료이므로 H-loop 면적과 보자력(H_c)은 작고 잔류자기(B_r)는 큰 특성을 갖는다.

08 자화의 세기는 $J = \dfrac{dM}{dv} = \mu_0(\mu_s - 1)H[\text{Wb/m}^2]$

09 원형코일 자계의 세기

$$H = \dfrac{a^2 I}{2(a^2 + x^2)^{\frac{3}{2}}} = \dfrac{0.01^2 \times 10}{2(0.01^2 + (\sqrt{3} \times 0.01)^2)^{\frac{3}{2}}} = 62.5 = \dfrac{1}{16} \times 10^3 [\text{AT/m}]$$

10 전속선은 유전율이 큰 쪽으로 모이므로 $\varepsilon_1 > \varepsilon_2$ 이다.

11
- 도체계에서 $\operatorname{rot} E = -\dfrac{\partial B}{\partial t}$
- 정전계에서 $\operatorname{rot} E = 0$

12 $RC = \rho\varepsilon$ 에서 저항 $R = \dfrac{\rho\varepsilon}{C}[\Omega]$

$\therefore$ 누설전류 $I_l = \dfrac{V}{R} = \dfrac{V}{\dfrac{\rho\varepsilon}{C}} = \dfrac{CV}{\rho\varepsilon}[\text{A}]$

13
$$\nabla V = -\left(\dfrac{\partial}{\partial x}i + \dfrac{\partial}{\partial y}j + \dfrac{\partial}{\partial z}k\right)\left(\dfrac{1}{x^2+y^2}\right)$$
$$= -\left(\dfrac{\partial\left(\dfrac{1}{x^2+y^2}\right)}{\partial x}i + \dfrac{\partial\left(\dfrac{1}{x^2+y^2}\right)}{\partial y}j\right)$$
$$= -\left(\dfrac{2xi}{(x^2+y^2)^2} + \dfrac{2yj}{(x^2+y^2)^2}\right)$$
$$= -\dfrac{2xi + 2yj}{(x^2+y^2)^2}$$

14 플레밍의 왼손 법칙에 의하여 전자가 받는 힘은 운동방향에 수직하므로 전자는 원운동을 한다. $v[\text{m/s}]$의 속도를 가진 전자가 $B[\text{Wb/m}^2]$인 평등자계에 직각으로 돌입할 때 전자가 받는 힘은 $F = e(v \times B)$, 크기는 $F = evB$이다.

이때 구심력 $F_0 = \dfrac{mv^2}{r}$ 이고 $F_0 = F$이므로 $evB = \dfrac{mv^2}{r}$

$\therefore r = \dfrac{mv}{eB}[\text{m}] \propto v$

15 맥스웰의 제2기본방정식

$\operatorname{rot} E = -\dfrac{\partial B}{\partial t}$

16 $\nabla^2 \phi = 0$°의 표시 방정식을 라플라스 방정식이라 하며 비압축성, 비회전성 방정식을 뜻한다. 즉, 비회전 조건은 라플라스 방정식이 되기 위한 필요조건이다.

17 전자분극은 단결정 매질에서 전자운과 핵의 상대적인 변위에 의해 발생한다.

18 $E = \int_0^{2\pi r} dE' = \int_0^{2\pi} dE\cos\theta = \frac{Q\cos\theta}{4\pi\varepsilon_0 R^2}$, $Q = 2\pi a \cdot \rho_L$ 이므로

$E = \frac{2\pi a \rho_L}{4\pi\varepsilon_0(a^2+b^2)} \cdot \frac{b}{\sqrt{a^2+b^2}} = \frac{ab\rho_L}{2\varepsilon_0(a^2+b^2)^{\frac{3}{2}}}$

$\therefore E = Ea_z = \frac{ab\rho_L}{2\varepsilon_0(a^2+b^2)^{\frac{3}{2}}} a_z [\text{V/m}]$

19 $E = -\nabla V = -\left(\frac{\partial V}{\partial x}a_x + \frac{\partial V}{\partial y}a_y + \frac{\partial V}{\partial z}a_z\right)$
$= -2xa_x = -2 \times 0.2 a_x = -0.4 a_x [\text{V/m}]$
$\therefore$ 전계는 $-x$방향으로 $0.4[\text{V/m}]$이다.

20 정전에너지 $W = \frac{Q^2}{2C} = \frac{Q^2}{2\left(\frac{\varepsilon S}{d}\right)} = \frac{Q^2 d}{2\varepsilon S}[\text{J}]$

21 아킹혼(초호환, 초호각, 소호각) : 뇌로부터 애자련 보호, 애자의 전압분담 균일화

22 출력의 증감에 무관하게 수차의 회전수를 일정하게 유지하기 위해서는 출력의 변화에 따라서 수차의 유량을 조정하지 않으면 안 된다. 폐쇄시간이 짧을수록 수차의 속도변동률은 작아진다.

23

내부적인 요인	외부적인 요인
개폐서지	뇌서지(직격뢰, 유도뢰)
대책 : 개폐저항기	대책 : 서지흡수기

24 1선에 흐르는 충전전류

$I_C = \frac{E}{X_C} = \frac{E}{\frac{1}{\omega C}} = \omega CE = 2\pi fCl\frac{V}{\sqrt{3}} = 2\pi \times 60 \times 0.5 \times 10^{-6} \times 20 \times \frac{22,000}{\sqrt{3}} \fallingdotseq 48[\text{A}]$

25

방 식	1ϕ2W 소요 전선량 100[%]	
1ϕ3W	중성선 굵기 동일	37.5[%]
	중성선 굵기 1/2	31.3[%]
3ϕ3W	–	75[%]
3ϕ4W	중성선 굵기 동일	33.3[%]
	중성선 굵기 1/2	29.2[%]

26 모선보호용 계전기의 종류 : 전류차동계전방식, 전압차동계전방식, 위상비교계전방식, 방향거리방향방식

27
- 단거리선로(수[km]) : R, L 적용
  - 집중정수회로, $R > X$
- 중거리선로(수십[km] 내외) : R, L, C 적용
  - 집중정수회로
- 장거리선로(100[km] 이상) : R, L, C, G 적용
  - 분포정수회로, $R < X$

28 통신선의 유도장해
- 전력선 측
  - 상호인덕턴스 감소 : 차폐선을 설치(30~50[%] 경감), 송전선과 통신선 충분한 이격
  - 중성점 접지저항값 증가, 유도전류 감소 : 소호리액터 중성점 접지 채용
  - 고장지속시간 단축 : 고속도 지락보호계전방식 채용
  - 지락전류 감소 : 차폐감수 감소
- 통신선 측
  - 상호인덕턴스 감소 : 연피통신케이블 사용
  - 유도전압 감소 : 성능 우수한 피뢰기 설치
  - 병행길이 단축 : 통신선 도중 중계코일 설치
  - 통신잡음 단축 : 배류코일, 중화코일 등으로 접지

29 ④번은 핀 애자에 대한 설명이다.

30 $V_s = V_r + I(R\cos\theta + X\sin\theta) = 3,300 + \dfrac{300 \times 10^3}{3,300 \times 0.85}(4 \times 0.85 + 3 \times \sqrt{1-0.85^2}) = 3,830[\text{V}]$

31 비접지방식(3.3[kV], 6.6[kV])
- 저전압단거리, △-△결선을 많이 이용
- 1상 고장 시 V-V결선 가능(고장 중 운전가능)
- 1선 지락 시 $\sqrt{3}$ 배의 전위상승
- 지락전류 $I_g = \dfrac{E}{X_c} = \dfrac{E}{\dfrac{1}{j3\omega C_s}} = j3\omega C_s E$

32 엔탈피는 각 온도에 있어 물 또는 증기의 보유열량의 뜻이다.

33 진상(앞선)전류를 취하여 전압강하를 보상한다.

34 고장별 대칭분 및 전류의 크기

고장종류	대칭분	전류의 크기
1선 지락	정상분, 역상분, 영상분	$I_0 = I_1 = I_2 \neq 0$
선간 단락	정상분, 역상분	$I_1 = -I_2 \neq 0$, $I_0 = 0$
3상 단락	정상분	$I_1 \neq 0$, $I_0 = I_2 = 0$

1선 지락전류 $I_g = 3I_0 = \dfrac{3E_a}{Z_0 + Z_1 + Z_2}$

35
- 체승변압기(승압용, 1차 변전소) : 송전용
- 체강변압기(강압용) : 배전용

36 매설지선 : 탑각의 접지저항값을 낮춰 역섬락을 방지한다.

37 $E_s = AE_R + BI_R$
무부하 시 $I_R = 0$
$E_R = \dfrac{E_s}{A} = \dfrac{160}{0.8} = 200[\text{kV}]$

38 부하역률이 낮은 경우
- 전력손실이 증가
- 전기요금 증가
- 전압강하 증가
- 설비이용률의 감소($\cos\theta = \dfrac{P}{P_a} \times 100$, P_a가 일정할 경우 역률이 낮으면 유효전력이 감소한다)

39 감속재는 고속의 중성자를 열중성자로 바꾸는 것으로 중성자 흡수가 적고 감속되는 정도가 큰 것이 좋으며 일반적으로 중수, 경수, 산화베릴륨, 흑연 등이 사용된다.

40 $I_s = \dfrac{E}{Z} = \dfrac{\dfrac{3,300}{\sqrt{3}}}{\sqrt{0.32^2 + (2+1.25+1.75)^2}} = 380[\text{A}]$

41 차동계전기(비율차동계전기) : 단락이나 접지(지락) 사고 시 전류의 변화로 동작

42 $P_{2c} = sP_2$
$P_0 = P_2 - P_{2c} = P_2 - sP_2 = P_2(1-s)$
$= P_2\left[1-\left(\dfrac{N_s - N}{N_s}\right)\right] = P_2 \cdot \dfrac{N}{N_s}$

43 비돌극형인 경우 최대출력은 부하각(δ)=90°이므로 $P_0 = \dfrac{EV}{X_s}\sin 90° = \dfrac{EV}{X_s}[\text{W}]$이다.

44 동기전동기의 특징

장 점	단 점
• 속도가 N_s로 일정	• 보통 기동토크가 작음
• 역률을 항상 1로 운전 가능	• 속도 제어가 어려움
• 효율이 좋음	• 직류 여자가 필요함
• 공극이 크고 기계적으로 튼튼함	• 난조가 일어나기 쉬움

45 직류전동기 속도제어법

종 류	특 징
전압제어	• 광범위 속도제어가 가능하다. • 워드레오나드 방식(광범위한 속도 조정, 효율양호) • 일그너 방식(부하가 급변하는 곳, 플라이휠 효과 이용, 제철용 압연기) • 정토크 제어 • SCR과 조합하여 사용하는 방식
계자제어	• 세밀하고 안정된 속도제어를 할 수 있다. • 속도제어 범위가 좁다. • 효율은 양호하나 정류가 불량하다. • 정출력 가변속도 제어
저항제어	• 속도 조정 범위가 좁다. • 효율이 저하된다.

46 주파수 변환 : 60[Hz]에서 50[Hz]

구 분	자 속	자속밀도	여자전류	철 손	리액턴스	온도상승	속 도
주파수	반비례 $\frac{6}{5}$	반비례 $\frac{6}{5}$	반비례 $\frac{6}{5}$	반비례 $\frac{6}{5}$	비례 $\frac{5}{6}$	반비례 $\frac{6}{5}$	비례 $\frac{5}{6}$

47 브러시는 항상 기전력 0인 도체에 접속되어 있는 정류자편에 접촉하도록 하여야 한다. 보극이 없는 발전기는 부하가 걸리면 중성축의 위치가 전기자 반작용 때문에 회전방향으로 이동하므로 그 위치에 브러시를 옮겨 놓아야 한다.

48 안정도 증진법
• 속응 여자방식을 채택할 것
• 회전자의 플라이휠 효과를 크게 할 것
• 정상임피던스는 작게, 영상 및 역상임피던스는 크게 할 것
• 단락비를 크게 할 것
• 발전기의 조속기 동작을 신속하게 할 것
• 동기화 리액턴스를 작게 할 것
• 동기 탈조 계전기를 사용할 것

49 반발기동형 : 정류자편과 브러시가 있어 속도제어 및 역전이 가능하다.

50 철심의 약 80[%]는 히스테리시스손이며 변압기에서는 기계손이 없고 철손의 대소가 효율에 큰 영향을 주므로 철심으로 히스테리시스 면적이 작은 규소강판이 사용된다.

51 농형 유도전동기 특징
• 주파수 변환법(VVVF)
  – 역률이 양호하며 연속적인 속도제어가 되지만, 전용전원이 필요하다.
  – 인견·방직 공장의 포트모터, 선박의 전기추진기
• 극수 변환법 : 비교적 단계적인 속도를 제어한다(효율이 좋다).
• 전압 제어법(전원전압) : 유도전동기의 토크가 전압의 2승에 비례하여 변환하는 성질을 이용하여 부하운전 시 슬립을 변화시켜 속도를 제어한다.

52 %동기임피던스

$$\%Z[\text{pu}] = \frac{I_{1n}Z_{21}}{V_{1n}} = \frac{I_{1n}}{I_{1s}} = \frac{PZ_{21}}{V_{1n}^2} = \frac{1}{K_s} = \frac{1}{1.2} \fallingdotseq 0.83$$

여기서, 단락비 $K_s = \dfrac{1}{\%Z[\text{pu}]} = \dfrac{V_{1n}^2}{PZ_{21}} = 1.2$

53 비례추이의 원리(권선형 유도전동기)

$$\frac{r_2}{s_m} = \frac{r_2 + R_s}{s_t}$$

- 최대토크가 발생하는 슬립점이 2차 회로의 저항에 비례해서 이동한다.
- 슬립은 변화하지만 최대토크 $\left(T_{\max} = K\dfrac{E_2^2}{2r_2}\right)$는 불변이다.
- 2차 저항을 크게 하면 기동전류는 감소하고 기동토크는 증가한다.

54 감자기자력

$$AT_d = \frac{2\alpha}{\pi} \cdot \frac{ZI_a}{2aP} = \frac{2 \times 10}{180} \times \frac{152 \times 100}{2 \times 2 \times 4} \fallingdotseq 105.6[\text{AT/극}]$$

55 사이리스터(Thyristor)

- 온(On) 상태 : 게이트전류가 흐르면 순방향의 도통 상태
- 턴온(Turn On) 시간 : 게이트전류를 가하여 도통 완료까지의 시간
  턴온 시간이 길면 스위칭 시의 전력손실이 많고 사이리스터 소자가 파괴될 수 있다.

56 권수비 $a = \dfrac{3,000}{200} = 15$

$\therefore Z_x = \dfrac{Z_1}{a^2} = \dfrac{225}{15^2} = 1[\Omega]$

57 1차 측 선간전압 2,300[V], 상전압 1,328[V]를 가하여 여자전류 $i = 3\sin\omega t + 1.1\sin(3\omega t + \alpha_3)$가 흐르지 않으면 안 되나, Y-△ 결선이므로 제3고조파 전류는 회로에 흐를 수가 없고 2차 △회로에 순환전류로 흐르게 된다. 그 크기는 권수비를 곱하여 2차로 환산한 값이 된다.

실횻값으로 표시하면 $1.1 \times \dfrac{1,328}{230} \times \dfrac{1}{\sqrt{2}} \fallingdotseq 4.48[\text{A}]$

58 와류손은 주파수와 무관, $P_e \propto E^2$

$\therefore P_e{'} = \left(\dfrac{E'}{E}\right)^2 P_e = \left(\dfrac{3,300}{6,600}\right)^2 \times 720 = 180[\text{W}]$

59 최대역전압 $PIV = \sqrt{2} \times E_a = \sqrt{2} \times \dfrac{90}{0.45} \fallingdotseq 282.8[\text{V}]$

60 토크 $T = \dfrac{Pz}{2\pi a}\phi I_a = k\phi I_a [\text{N} \cdot \text{m}]$

$T[\text{kg} \cdot \text{m}] : T'[\text{kg} \cdot \text{m}] = \phi I_a : \phi' I_a'$

$T' = \left(\dfrac{\phi' I_a'}{\phi I_a}\right) \times T = \dfrac{0.8 \times 12}{1 \times 10} \times 5 = 4.8[\text{kg} \cdot \text{m}]$

61 $X = AB + \overline{C}$

62 루드의 공식을 이용하면

s^5	1	2	4
s^4	2	3	1
s^3	$\frac{1}{2}$	$\frac{7}{2}$	
s^2	-11	1	
s^1	$\frac{39}{11}$		
s^0	1		

제1열의 부호가 2번 바뀌었으므로 s평면의 우반면에 근이 2개 존재하기 때문에 불안정한 시스템이다.

63 $P = ABC$
$L_1 = -ABD$
$L_2 = -BCE$
$G(s) = \dfrac{Y(s)}{X(s)} = \dfrac{ABC}{1 + ABD + BCE}$

64 **적분동작(I 동작)** : 오프셋(잔류편차)을 소멸시킨다.

65 $G(s) = \dfrac{1 \angle 0°}{\sqrt{\omega^2 T^2 + 1} \angle \tan^{-1} \dfrac{\omega T}{1}} = \dfrac{1}{\sqrt{\omega^2 T^2 + 1}} \angle -\tan^{-1} \omega T$

66 $\phi(t) = \mathcal{L}^{-1}[sI - A]^{-1}$

$= \begin{bmatrix} s & 0 \\ 0 & s \end{bmatrix} - \begin{bmatrix} 0 & 1 \\ 0 & 0 \end{bmatrix} = \begin{bmatrix} s & -1 \\ 0 & s \end{bmatrix}^{-1} = \dfrac{1}{s^2} \begin{bmatrix} s & 1 \\ 0 & s \end{bmatrix}$

$= \begin{bmatrix} \dfrac{1}{s} & \dfrac{1}{s^2} \\ 0 & \dfrac{1}{s} \end{bmatrix}$ 을 역라플라스하면 $\begin{bmatrix} 1 & t \\ 0 & 1 \end{bmatrix}$

67 대역폭이 좁으면 좁을수록 응답속도는 늦어진다.

68

비례요소	미분요소	적분요소	1차 지연요소
K	Ks	$\dfrac{K}{s}$	$\dfrac{K}{Ts+1}$

전달함수 $G(s) = \dfrac{RCs}{1+RCs} = \dfrac{Ts}{1+Ts}$, 1차 지연 미분요소

69

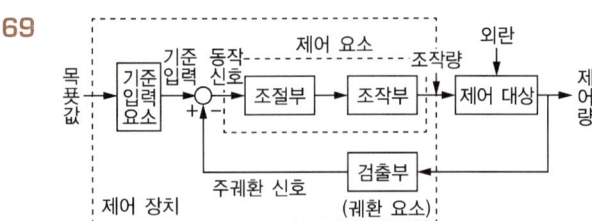

70 1열의 부호변화가 있으면 불안정, 부호변화가 없으면 안정한 근이다.
그러므로 2개

71 $V_p = \dfrac{300}{\sqrt{3}}$

$Z = \dfrac{V_p}{I_p} = \dfrac{\frac{300}{\sqrt{3}}}{40} = \dfrac{300}{40\sqrt{3}}$

$X = Z\sin\theta = \dfrac{300}{40\sqrt{3}} \times 0.6 ≒ 2.6[\Omega]$

72 $Z = \dfrac{\frac{R}{j\omega C}}{R + \frac{1}{j\omega C}} = \dfrac{R}{1+j\omega CR}$

$e(t) = Ae^{j\theta} = Ae^{j\omega t}$

$e(t) = 3e^{-5t}$에서 $j\omega = -5$이므로

$Z = \dfrac{R}{1-5CR}$

73 $\theta = \tan^{-1}\dfrac{X_L - X_C}{R} = \tan^{-1}\dfrac{\omega L - \frac{1}{\omega C}}{R}$

$\omega L > \dfrac{1}{\omega C}$일 때 $\theta > 0$이므로 전류는 전압보다 θ만큼 뒤진다.

74 $\dfrac{d^2}{dt^2}y(t) + 5\dfrac{d}{dt}y(t) + 6y(t) = x(t)$

$(s^2 + 5s + 6)Y(s) = X(s)$

$G(s) = \dfrac{Y(s)}{X(s)} = \dfrac{1}{s^2+5s+6} = \dfrac{1}{(s+2)(s+3)}$

75 인덕턴스의 병렬연결, 가극성($-M$)이므로

합성인덕턴스 $L = M + \dfrac{(L_1-M)(L_2-M)}{(L_1-M)+(L_2-M)} = \dfrac{L_1L_2 - M^2}{L_1 + L_2 - 2M}$

76 $Z = \dfrac{V}{I} = \dfrac{\dfrac{100}{\sqrt{2}} \angle 0°}{\dfrac{2}{\sqrt{2}} \angle -45°} = 50 \angle 45° = 35.35 + j35.35$

저항(유효분) : 35.35[Ω]
리액턴스(무효분) : 35.35[Ω]

77 전파속도 $v = \dfrac{\omega}{\beta} = \lambda f [\text{m/s}]$

∴ 파장 $\lambda = \dfrac{\omega}{f\beta} = \dfrac{2\pi f}{f\beta} = \dfrac{2\pi}{\beta} [\text{m}]$

여기서, v : 속도, ω : 각속도, β : 위상정수

78

```
         ←——— 25[V]
   25[V]
 ┌──┤├──────┤├──┐
 │        50[V]  │
 │               │
 │               │
 └───────────────┘
         반시계 방향
```

79 영상전류 $I_0 = \dfrac{1}{3}(I_a + I_b + I_c)$

평형상태에서 $I_a + I_b + I_c = 0$이므로 $I_0 = 0[\text{A}]$

80 $u(t)$ 단락 시 R의 합성저항값은 4[Ω], 4[Ω] 병렬에 2[Ω] 직렬이므로 4[Ω]이 된다.
$L = 10[\text{mH}] = 10 \times 10^{-3} [\text{H}]$이므로
$a = \dfrac{R}{L} = \dfrac{4}{10 \times 10^{-3}} = 400$

81 KEC 112(용어 정의)
지중관로 : 지중전선로·지중 약전류 전선로·지중 광섬유 케이블 선로·지중에 시설하는 수관 및 가스관과 기타 이와 유사한 것 및 이들에 부속하는 지중함 등을 말한다.

82 KEC 142.3(접지도체·보호도체)
접지선 최소 단면적은 기본적으로 보호도체와 동일하므로 보호도체의 최소 단면적을 참조할 것

선도체의 단면적 S[mm²]	보호도체의 최소 단면적[mm²]
$S \leq 16$	S
$16 < S \leq 35$	16
$S > 35$	$S/2$

83 ※ KEC(한국전기설비규정)의 적용으로 문제가 성립되지 않음

84 KEC 222.6/332.4(저·고압 가공전선의 안전율) – 고압 가공전선의 안전율
• 경동선, 내열 동합금선 : 2.2 이상
• 기타 전선 : 2.5 이상

85 KEC 224.6/335.6(다리에 시설하는 전선로)

구 분	저 압	고 압
공사방법	• 다리 위 : 케이블 • 다리 아래 : 합성수지관, 금속관, 가요전선관, 케이블	
전 선	• 2.30[kN] 이상의 것 • 지름 2.6[mm] 이상 경동선 절연전선	• 5.26[kN] 이상의 것 • 지름 4[mm] 이상의 경동선
전선의 높이	노면상 높이 5[m] 이상	노면상 높이 5[m] 이상
조영재와 간격	0.3[m](케이블 0.15[m]) 이상	0.6[m](케이블 0.3[m]) 이상

86 ※ KEC(한국전기설비규정)의 적용으로 문제가 성립되지 않음

87 ※ KEC(한국전기설비규정)의 적용으로 문제가 성립되지 않음

88 KEC 342.1(고압 옥내배선 등의 시설)
• 애자사용공사(건조한 장소로서 전개된 장소에 한한다)
• 케이블공사
• 케이블트레이공사

89 KEC 222.2/331.11(지지선의 시설)

안전율	2.5 이상(목주나 A종 : 1.5 이상)	아연도금철봉	지중 및 지표상 0.3[m]까지
구 조	4.31[kN] 이상, 3가닥 이상의 연선	도로횡단	5[m] 이상(교통 지장 없는 장소 : 4.5[m])
금속선	2.6[mm] 이상(아연도강연선 2.0[mm] 이상)	기 타	철탑은 지지선으로 그 강도를 분담시키지 않을 것

90 이웃 연결 인입선은 저압만 사용가능하다.

91 KEC 223.1/334.1(지중 전선로의 시설)
지중 전선로를 관로식에 의하여 시설하는 경우에는 매설깊이를 1.0[m] 이상으로 한다.

92 KEC 132(전로의 절연저항 및 절연내력)
시험전압을 권선과 대지 사이에 연속하여 10분간 가하여 절연내력을 시험하였을 때에 이에 견디어야 한다.

93 KEC 331.7(가공전선로 지지물의 기초의 안전율)
• 지지물의 기초 안전율 2 이상
• 상정하중에 대한 철탑의 기초 안전율 1.33 이상

94 KEC 232.56(애자공사), 342.1(고압 옥내배선 등의 시설)

구 분			전선과 조영재 간격	전선 상호 간의 간격	전선 지지점 간의 거리	
					조영재 윗면 또는 옆면	조영재 따라 시설 않는 경우
저 압	400[V] 이하		25[mm] 이상	0.6[m] 이상	2[m] 이하	–
	400[V] 초과	건 조	25[mm] 이상			6[m] 이하
		기 타	45[mm] 이상			
고 압			0.05[m] 이상	0.8[m] 이상		

95 KEC 331.6(풍압하중의 종별과 적용)
갑종 : 고온계에서의 구성재의 수직 투영면적 1[m²]에 대한 풍압을 기초로 계산

풍압을 받는 구분			풍압하중
지지물	목주, 철주, 철근 콘크리트주	원 형	588[Pa]
	철 주	3각	1,412[Pa]
		4각	1,117[Pa]
	철 탑	단주(원형)	588[Pa]
		단주(기타)	1,117[Pa]
		강 관	1,255[Pa]
전선, 기타 가섭선	다도체		666[Pa]
	단도체		745[Pa]
특고압 애자장치			1,039[Pa]

96
- 사용전압 100[kV] 이상의 중성점 직접 접지식 전로의 변압기를 시설하는 곳은 절연유의 구외 유출 및 지하 침투방지설비를 한다.
- 변압기 탱크가 2개 이상일 경우에는 공동의 집유조 등의 설치가 가능하다. 용량은 큰 변압기의 50[%] 이상이다.

97 KEC 351.6(감시 및 계측장치 등)
- 계측장치 : 전압계 및 전류계, 전력계
- 발전기의 베어링 및 고정자의 온도
- 특고압용 변압기의 온도
- 정격출력이 10,000[kW]를 초과하는 증기터빈에 접속하는 발전기의 진동의 진폭

98 KEC 234.11(1[kV] 이하 방전등)
방전등에 전기를 공급하는 전로의 대지전압은 300[V] 이하로 하여야 하며, 다음에 의하여 시설하여야 한다. 다만, 대지전압이 150[V] 이하의 것은 적용하지 않는다.
- 방전등은 사람이 접촉될 우려가 없도록 시설할 것
- 방전등용 안정기는 옥내배선과 직접 접속하여 시설할 것

99 KEC 333.26(특고압 가공전선과 저·고압 가공전선 등의 접근 또는 교차)

사용전압의 구분	간 격
60[kV] 이하	2[m]
60[kV] 초과	2[m]+N

단수 = $\dfrac{345-60}{10}$ = 28.5 → 29단

∴ 간격 = 2 + (0.12[m] × 29) = 5.48[m]

100 KEC 333.1(시가지 등에서 특고압 가공전선로의 시설)

사용전압의 구분	지표상의 높이
35[kV] 이하	10[m](전선이 특고압 절연전선인 경우에는 8[m])
35[kV] 초과	10[m]에 35[kV] 초과하는 10[kV] 또는 그 단수마다 0.12[m]를 더한 값

단수 = $\dfrac{154-35}{10}$ = 11.9 → 12단

∴ 간격 = 10 + 12 × 0.12 = 11.44[m]

2018년 제1회 기출문제

page 81

1	2	3	4	5	6	7	8	9	10	11	12	13	14	15	16	17	18	19	20
②	③	①	①	②	③	③	④	③	①	②	④	①	①	②	②	④	④	③	①
21	22	23	24	25	26	27	28	29	30	31	32	33	34	35	36	37	38	39	40
①	③	①	②	④	②	②	④	②	③	②	②	①	①	②	②	③	④	②	①
41	42	43	44	45	46	47	48	49	50	51	52	53	54	55	56	57	58	59	60
③	④	②	①	③	④	②	④	②	①	④	④	②	③	②	④	①	④	①	②
61	62	63	64	65	66	67	68	69	70	71	72	73	74	75	76	77	78	79	80
①	①	④	②	①	③	①	③	④	④	①	④	①	③	②	③	④	④	②	④
81	82	83	84	85	86	87	88	89	90	91	92	93	94	95	96	97	98	99	100
③	×	②	④	②	②	③	③	①	×	③	①	③	×	③	②	②	②	×	①

× : 문제삭제

01 $D_{1x} = D_{2x}$
$\varepsilon_1 E_{1x} = \varepsilon_2 E_{2x}$
$E_{2x} = \dfrac{\varepsilon_1}{\varepsilon_2} E_{1x} = \dfrac{\varepsilon_{r1}}{\varepsilon_{r2}} E_{1x} = \dfrac{2}{4} \times 20 a_x = 10 a_x$
$E_{2x} = 10 a_x - 10 a_y + 5 a_z$
전속밀도 $D_2 = \varepsilon_0 \varepsilon_r E_{2x} = \varepsilon_0 4(10 a_x - 10 a_y + 5 a_z) = \varepsilon_0 (40 a_x - 40 a_y + 20 a_z)[\text{C/m}^2]$

02 회전모멘트 $T = NBIS\cos\theta = BI\pi a^2 [\text{N}\cdot\text{m/rad}]$

03 전위차 $V_{AB} = V_B - V_A = -\int_A^B E dl = -\int_0^{0.8} 40 dl [\text{V}] = -32[\text{V}]$
이동 후 전위 $V_B = V_A + V_{BA} = 50 - 32 = 18[\text{V}]$

04 직렬 회로에서 각 콘덴서의 전하용량(Q)이 작을수록 빨리 파괴된다.
$Q_1 = C_1 V_1 = 1 \times 10^{-6} \times 1{,}000 = 1[\text{mC}]$
$Q_2 = C_2 V_2 = 2 \times 10^{-6} \times 750 = 1.5[\text{mC}]$
$Q_3 = C_3 V_3 = 5 \times 10^{-6} \times 500 = 2.5[\text{mC}]$
∴ 1,000[V], 1[μF] 콘덴서가 가장 먼저 절연이 파괴된다.

05 분포되어 있는 전하에 의한 전계를 구할 때는 가우스의 정리를 이용한다.

06 단위길이당 작용력 $F = \dfrac{\rho^2}{4\pi\varepsilon_1 h} = \dfrac{\rho^2}{4\pi\varepsilon_0 \varepsilon_{r1}} = \dfrac{\rho \cdot \rho'}{4\pi\varepsilon_1 h}$ (ρ' = 영상전하)
$= \dfrac{\rho}{4\pi\varepsilon_0 \varepsilon_{r1}} \cdot \dfrac{\varepsilon_{r1} - \varepsilon_{r2}}{\varepsilon_{r1} + \varepsilon_{r2}} \rho$
$= 9 \times 10^9 \times \dfrac{\rho^2}{\varepsilon_{r1} d} \times \dfrac{\varepsilon_{r1} - \varepsilon_{r2}}{\varepsilon_{r1} + \varepsilon_{r2}}$

07 영상법에서 무한 평면인 경우
- 작용하는 힘 $F = \dfrac{Q^2}{4\pi\varepsilon_0(2r)^2}[J]$
- 전하를 가져올 때 한 일 $W = Fr = \dfrac{Q^2}{16\pi\varepsilon_0 r^2} \times r = \dfrac{Q^2}{16\pi\varepsilon_0 r}[J]$

08 상호인덕턴스 $M = \dfrac{\mu SN_1N_2}{l} = \dfrac{\mu_0\mu_s SN_1N_2}{l}$
$= \dfrac{4\pi \times 10^{-7} \times 1{,}000 \times 10 \times 10^{-4} \times 100 \times 100}{20\pi \times 10^{-2}} \times 10^3 = 20[mH]$

09 전자의 개수 $n = \dfrac{t}{e} \times I = \dfrac{1 \times 10^{-6}}{1.602 \times 10^{-19}} = 6.24 \times 10^{12}$ 개

10 유기기전력의 크기
$e = Blv\sin\theta = 10 \times 0.1 \times 30 \times \sin 30° = 15[V]$

11 자기차폐 : 어떤 물체를 비투자율이 큰 강자성체로 둘러싸거나 배치하여 외부로부터의 자기적 영향을 감소시키는 현상

12 원통 도체의 인덕턴스
$L = \dfrac{\mu_1}{8\pi} + \dfrac{\mu_2}{2\pi}\ln\dfrac{b}{a} =$ 내부 + 외부 [H/m]
내부 인덕턴스
$L = \dfrac{\mu_1}{8\pi} = \dfrac{4\pi \times 10^{-7}\mu_s}{8\pi} = \dfrac{10^{-7}\mu_s}{2}[H/m]$, 길이 $l[m]$을 곱하면
$L = \dfrac{1}{2} \times 10^{-7}\mu_s l[H]$

13 $\mu_r = 1$일 경우는 (진공)
초전도체에서 $\mu_r = 0$
자화율 $\chi = \mu_0(\mu_r - 1) = \mu_0\chi_m$
비자화율 $\chi_m = \mu_r - 1$
μ_r에 0을 대입하면
$\chi_m = -1$

14 전계의 세기 $E = \dfrac{a\lambda_l x}{2\varepsilon_0(a^2 + x^2)^{\frac{3}{2}}}[V/m]$

15 비투자율 $\mu_s = \dfrac{\mu}{\mu_0} = 1 + \dfrac{\chi_m}{\mu_0}$ 에서
$\mu_s > 1(\chi_m > 0)$이면 상자성체, $\mu_s < 1(\chi_m < 0)$이면 역자성체가 된다.

16 자계의 세기 $H = \dfrac{2\sqrt{2}I}{\pi l} = \dfrac{2\sqrt{2} \times 10}{\pi \times 0.1} = \dfrac{2\sqrt{2} \times 10 \times 10}{\pi} = \dfrac{200\sqrt{2}}{\pi}[A/m]$

17 유전체 경계면에 수직으로 전계가 가해졌을 때 $D_1 = D_2$ 가 된다.
맥스웰 응력($\varepsilon_1 > \varepsilon_2$)
$$f = \frac{1}{2}\left(\frac{1}{\varepsilon_2} - \frac{1}{\varepsilon_1}\right)D^2 [\text{N/m}^2]$$
유전율이 큰 유전체가 작은 유전체 쪽으로 끌려 들어가는 힘을 받는다.

18 패러데이관의 성질
- 패러데이관 수와 전속선 수는 같다.
- 패러데이관 양단에 정(+), 부(−)의 단위 진전하가 존재한다.
- 진전하가 없는 점에서는 패러데이관은 연속이다.
- 패러데이관의 밀도는 전속밀도와 같다.

19 정전용량 $C = 4\pi\varepsilon_0 a = \frac{1}{9 \times 10^9} \times 3 \times 10^{-2} = \frac{1}{3} \times 10^{-11} \fallingdotseq 3.34[\text{pF}]$

20 전계 $E = A_m \cos(\omega t + \beta z)$

위상속도 $V = \frac{\omega}{\beta} = \frac{10^9}{20} = 5 \times 10^7 [\text{m/s}]$

21 $I_s = \frac{100}{\%Z}I_n \Rightarrow \%Z = \frac{I_n}{I_s} \times 100$ (I_n 증가, $\%Z$ 증가)

22 충격전압이 가해져 방전전류가 흐르기 시작할 때 도달할 수 있는 최고 전압 값을 충격방전 개시전압이라 하며 충격파의 최대치로 나타낸다.

23 $\begin{pmatrix} A_0 & B_0 \\ C_0 & D_0 \end{pmatrix} = \begin{pmatrix} A & B \\ C & D \end{pmatrix} \cdot \begin{pmatrix} 1 & \frac{1}{Z_T} \\ 0 & 1 \end{pmatrix} \Rightarrow D_0 = \frac{C}{Z_T} + D = \frac{C + DZ_T}{Z_T}$

24
- 3상 선로나 발전기 등에서 1상 또는 2상의 결상(단선 등)이나 저전압 또는 역상 등의 사고가 발생하였을 때 사고의 확대 및 파급의 방지를 위하여 차단기를 차단시키거나 경보를 하기 위하여 사용
- 3상 변압기가 단상으로 운전되면 역상분이 존재하므로 역상 계전기로 결상을 검출한다.
- 변압기의 단상운전에 의한 소손방지목적 계전기는 결상계전기, 역상계전기

25
- △결선방식 : 제3고조파 제거
- 직렬리액터 : 제5고조파 제거
- 한류리액터 : 단락사고 시 단락전류 제한
- 소호리액터 : 지락 시 지락전류 제한
- 분로리액터 : 페란티 방지

26 모선 보호용 계전기의 종류 : 전류차동 계전방식, 전압차동 계전방식, 위상비교 계전방식, 방향거리 계전방식

27 최대수용전력$[\text{kW}] = \frac{\text{설비용량} \times \text{수용률}}{\text{부등률} \times \text{역률}} = \frac{360 \times 0.8}{1.2} = 240$

28 가스차단기

소호매질	용량	특 징
SF_6 가스	대용량	• 절연내력 공기의 2~3배가 된다. • 불연성이다. • 밀폐형 구조라 소음이 거의 없다. • 소호능력이 크다. • SF_6의 성질 : 무색, 무취, 무해

29 $AD - BC = 1$

$C = \dfrac{AD-1}{B} = \dfrac{0.7 \times 0.9 - 1}{j190} ≒ j1.95 \times 10^{-3}$

30 차폐선의 차폐계수 $K = 1 - \dfrac{Z_{31}Z_{23}}{Z_{33}Z_{12}}$

• 차폐선을 통신선에 접근해서 설치할 경우 $Z_{31} ≒ Z_{12}$로 되므로 $K = 1 - \dfrac{Z_{23}}{Z_{33}}$

• 차폐선을 전력선에 접근해서 설치하는 경우 $Z_{12} = Z_{23}$로 되므로 $K = 1 - \dfrac{Z_{31}}{Z_{33}}$

31 $\dfrac{P_{cV}}{P_{c\triangle}} = \dfrac{I_l^2 \times 2}{\left(\dfrac{I_l}{\sqrt{3}}\right)^2 \times 3} = 2$배(V결선은 TR 2대, △결선은 TR 3대)

32 $C = \dfrac{0.02413}{\log_{10}\dfrac{D}{r}}$ (D가 증가하면 C가 감소한다)

33 차동계전기는 보호구간에 유입하는 전류와 유출하는 전류의 벡터차를 검출해서 동작하는 계전기이다.

34 차단기 종류
• GCB(가스차단기) : SF_6로 소호
• OCB(유입차단기) : 절연유로 소호
• MBB(자기차단기) : 전자력에 의해 소호
• VCB(진공차단기) : 진공 소호
• ABB(공기차단기) : 수십 기압의 압축공기로 소호
• ACB(기중차단기) : 옥내간선
• MCCB(배선용차단기) : 옥내 분기선

35 연속의 원리 $Q = A_1 V_1 = A_2 V_2$

36
• 영상전류 $I_0 = \dfrac{1}{3}(I_a + I_b + I_c)$

• 정상전류 $I_1 = \dfrac{1}{3}(I_a + aI_b + a^2 I_c)$

• 역상전류 $I_2 = \dfrac{1}{3}(I_a + a^2 I_b + aI_c)$

37
$$P_l = \frac{1}{\cos^2\theta} = \frac{\frac{1}{0.9^2}}{\frac{1}{0.8^2}} ≒ 0.79$$

$\frac{1}{0.79} ≒ 1.27$배

38 무유도성 부하이므로 $R = \frac{V}{I} = \frac{100}{10} = 10[\Omega]$
$Z = (10+2) + j5$
$\cos\theta = \frac{12}{\sqrt{12^2 + 5^2}} = \frac{12}{13}$

39 **안정도 향상 대책**
- 발전기
  - 동기리액턴스 감소(단락비 크게, 전압변동률 작게)
  - 속응여자방식 채용
  - 제동권선 설치(난조 방지)
  - 조속기 감도 둔감
- 송전선
  - 리액턴스 감소
  - 복도체(다도체) 채용
  - 병행 2회선 방식
  - 중간 조상방식
  - 고속도 재폐로방식 채택 및 고속 차단기 설치

40
- 1차 변전소 전압 승압 변압기 : Y-Y결선
- 3권선형 변압기 : Y-Y결선 + 3차(안전권선, △결선)
- △결선 : 제3고조파 제거, 조상설비의 설치, 소내용 전원의 공급

41 $n = K\frac{V - I_a R_a}{\phi}$ 이므로 n을 $\frac{1}{2}$로 하자면 자속 ϕ는 2배가 되어야 한다.

42 저항도선은 변압기 기전력에 의해 단락전류를 작게 하여 정류를 좋게 하며, 또한 보상권선은 전기자 반작용을 상쇄하여 역률을 좋게 하고 변압기의 기전력을 작게 해서 정류작용을 개선한다.

43
- 과여자 : 콘덴서(C)로 작용하므로, 위상이 앞선 전류가 흐른다.
- 부족여자 : 인덕턴스(L)로 작용하므로, 위상이 뒤진 전류가 흐른다.

44 **고조파 기전력의 소거 방법**
- 매극 매상의 슬롯수 q를 크게 한다.
- 반폐 슬롯을 사용한다.
- 단절권 및 분포권으로 한다.
- 공극의 길이를 크게 한다.
- Y결선을 한다.
- 전기자 철심을 사(斜)슬롯으로 한다.

45

최대효율 $\eta = \dfrac{\dfrac{1}{m}P}{\dfrac{1}{m}P + P_i + \left(\dfrac{1}{m}\right)^2 P_c} \times 100$

① $\dfrac{1}{m} = \sqrt{\dfrac{P_i}{P_c}} = \sqrt{\dfrac{1}{2.5}} ≒ 0.63$

② $P = 150 \times 0.8 \times 0.63 = 75.6 [\text{kW}]$

③ $P_c = 2.5 \times 0.63^2 ≒ 1 [\text{kW}]$

최대효율 $\eta = \dfrac{75.6}{75.6 + 1 + 1} \times 100 ≒ 97.4 [\%]$

46 회전할 때 2차 유도기전력 $E = sE_2 = 0.04 \times 150 = 6 [\text{V}]$

47 단상 직권전동기는 직권형, 보상직권형, 유도보상직권형이 있다.

48

$\dfrac{1}{m} = \sqrt{\dfrac{P_i}{P_c}}$

$0.9^2 = \dfrac{P_i}{P_c}$

고정손과 부하손의 비는 $0.9^2 = 0.81$

49 최대토크는 2차 저항과 무관

50 3상 동기발전기의 출력

$P = \dfrac{3EV}{x_s} \sin\delta = \dfrac{3 \times 6,600 \times 4,400}{20} \sin 30° = 2,178 [\text{kW}]$

51 정류회로의 특성

구 분		반파 정류	전파 정류
다이오드		$E_d = \dfrac{\sqrt{2}E}{\pi} = 0.45E$	$E_d = \dfrac{2\sqrt{2}E}{\pi} = 0.9E$
SCR	단상	$E_d = \dfrac{\sqrt{2}E}{\pi}\left(\dfrac{1+\cos\alpha}{2}\right)$	$E_d = \dfrac{2\sqrt{2}E}{\pi}\left(\dfrac{1+\cos\alpha}{2}\right)$
	3상	$E_d = \dfrac{3\sqrt{6}}{2\pi}E\cos\alpha$	$E_d = \dfrac{3\sqrt{2}}{\pi}E\cos\alpha$
효 율		$40.6[\%]$	$81.2[\%]$
PIV		$\text{PIV} = E_d \times \pi$, 브리지 $\text{PIV} = 0.5 E_d \times \pi$	

52 상수의 변환법
- 3상-2상 간의 상수변환 결선법 : 스코트 결선(T결선), 메이어 결선, 우드브리지 결선
- 3상-6상 간의 상수변환 결선법 : 환상결선, 2중 3각 결선, 2중 성형결선, 대각결선, 포크결선

53 역방향 내전압이 가장 큰 것은 실리콘 정류기로서 약 500~1,000[V] 정도이다.

54 △ − Y의 위상차는 30°이지만 보기에서 30°가 없기 때문에 위상차는 180° − 30° = 150°라고 볼 것

55 권선형 유도전동기의 저항제어법
- 장 점
  - 기동용 저항기를 겸한다.
  - 구조가 간단하여 제어 조작이 용이하고 내구성이 풍부하다.
- 단 점
  - 속도 변화의 [%]와 같은 [%]의 효율을 희생하기 때문에 운전효율이 나쁘다. 즉, 2차 회로의 효율 $\eta_2 = \dfrac{P}{P_2} = (1-s)$이다.
  - 부하에 대한 속도 변동이 크다.
  - 부하가 적을 때는 광범위한 속도 조정이 곤란하다.
  - 제어용 저항은 전부하에서 장시간 운전해도 위험한 온도가 되지 않을 만큼의 충분한 크기가 필요하므로 가격이 비싸다.

56 난조 : 부하가 급변하는 경우 회전속도가 동기속도 중심으로 진동하는 현상
- 대책 : 계자의 자극면에 제동권선 설치
- 제동권선의 역할
  - 난조방지
  - 기동토크 발생
  - 파형개선과 이상전압 방지
  - 유도기의 농형권선과 같은 역할
- 난조의 발생원인과 대책

발생원인	대 책
원동기의 조속기 감도가 너무 예민할 때	조속기를 적당히 조정
전기자 회로의 저항이 너무 클 때	회로 저항이 감소하거나 리액턴스 삽입
부하가 급변하거나 맥동이 생길 때	회전부 플라이휠 설치
원동기의 토크에 고조파가 포함될 때	단절권, 분포권 설치

57 유도전동기 2차 효율은 $\eta_2 = \dfrac{P_0}{P_2} = 1-s = \dfrac{N}{N_s} = \dfrac{\omega}{\omega_0}$에서 $(1-s) \times 100$

58 실리콘 제어정류기(SCR)
- P-N-P-N 구조로 되어 있다.
- 인버터 회로에 이용될 수 있다.
- 고속도의 스위치 작용을 할 수 있다.

59 동기기 전기자 반작용
- 횡축 반작용(교차 자화작용 : R부하) : 전기자 전류와 단자전압 동상
- 직축 반작용(L부하, C부하)

자 속	발전기	전동기
감 자	• 전류가 전압보다 뒤짐 • 뒤진 전류 − 지전류−L부하(지상) = 감자작용	• 전류가 전압보다 앞섬 • 앞선 전류 − 진전류−C부하(진상) = 감자작용
증 자	• 전류가 전압보다 앞섬 • 앞선 전류 − 진전류−C부하(진상) = 증자작용	• 전류가 전압보다 뒤짐 • 뒤진 전류−지전류−L부하(지상) = 증자작용

60 $\varepsilon = p\cos\theta \pm q\sin\theta$ 지상이라서 +

$0.12 = 0.8p + 0.6q \qquad p = \dfrac{q}{12} \Rightarrow q = 12p$

q에 대입하면
$0.12 = 0.8p + 0.6 \times 12p$
$0.12 = 8p$
$p = \dfrac{0.12}{8} = 0.015 \times 100 = 1.5[\%]$

61 $x_1(t) = c(t)$

$x_2(t) = \dfrac{d}{dt}c(t)$

$x_3 = \dfrac{d^2}{dt^2}c(t)$

$x_2(t) = \dot{x}_1(t)$

$x_3(t) = \dot{x}_2(t)$

$\dot{x}_3(t) = r(t) - 2x_1(t) - x_2(t) - 5x_3(t)$

$\begin{bmatrix} \dot{x}_1(t) \\ \dot{x}_2(t) \\ \dot{x}_3(t) \end{bmatrix} = \begin{bmatrix} 0 & 1 & 0 \\ 0 & 0 & 1 \\ -2 & -1 & -5 \end{bmatrix} \begin{bmatrix} x_1(t) \\ x_2(t) \\ x_3(t) \end{bmatrix} + \begin{bmatrix} 0 \\ 0 \\ 1 \end{bmatrix} r(t)$

62 $e_{ss} = \dfrac{1}{1+K_p} = 0.05$

$K_p = \lim\limits_{s \to 0} \dfrac{6K(s+1)}{(s+2)(s+3)} = K$

$\dfrac{1}{1+K} = 0.05$

$\dfrac{1}{0.05} - 1 = K$

$K = 19$

63 논리회로의 진리표

구 분	AND	OR	NAND	NOR	EX-OR
입 력	모두(1)	모두(0)	모두(1)	모두(0)	다를 경우
출 력	1	0	0	1	1

배타적 OR : 입력값이 다를 경우만 출력값이 나타나는 경우 $Y = \overline{A}B + A\overline{B}$

64 $P = abcde$

$L_1 = cg$

$L_2 = bcdf$

$G(s) = \dfrac{P}{1 - L_1 - L_2} = \dfrac{abcde}{1 - cg - bcdf}$

65 함수의 변환

$f(t)$		$F(s)$	$F(z)$
단위계단함수	$u(t)$	$\dfrac{1}{s}$	$\dfrac{z}{z-1}$

66

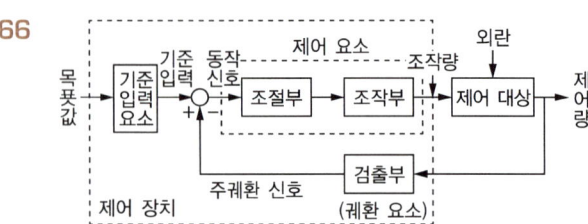

67
안정한 제어계에서 임펄스 응답을 가하면 정상상태의 출력은 0이다.

68
$$\underbrace{1s^3 + 2s^2 + Ks + 5}_{2K} = 0$$
$$2K > 5$$
$$K > \frac{5}{2}$$

69
$P = G_2$

$L = -\dfrac{G_2}{G_1}$

$$G(s) = \frac{P}{1-L} = \frac{G_2}{1+\dfrac{G_2}{G_1}} = \frac{\dfrac{G_2}{1}}{\dfrac{G_1+G_2}{G_1}} = \frac{G_1 G_2}{G_1+G_2}$$

70
$\dfrac{P_T - Z_T}{P_N - Z_N} = \dfrac{-2-5}{5-1} = \dfrac{-7}{4}$

- 극점 : 0, 1, 1, −2, −2
- 영점 : 5

71
3상 불평형률 $= \dfrac{\text{역상분}}{\text{정상분}} \times 100$

72
직렬 $r = nr_1 = 10 \times 0.1 = 1$
이것을 병렬로 5개
$r = \dfrac{r}{m} = \dfrac{1}{5} = 0.2[\Omega]$

73

	파 형	실횻값(V)	평균값(V_{av})	파형률	파고율
전 파	정현파	$\dfrac{V_m}{\sqrt{2}}$	$\dfrac{2}{\pi}V_m$	1.11	1.414
	구형파	V_m	V_m	1	1
	삼각파(톱니파)	$\dfrac{V_m}{\sqrt{3}}$	$\dfrac{V_m}{2}$	1.155	1.732
반 파	정현파	$\dfrac{1}{2}V_m$	$\dfrac{V_m}{\pi}$	$\dfrac{\pi}{2}$	2

74 반파정현대칭으로 기수파만 포함된다.

75 $H_{11} = \dfrac{1}{Y_{11}}$, $H_{12} = \dfrac{Y_{12}}{Y_{11}}$, $H_{21} = \dfrac{Y_{21}}{Y_{11}}$, $H_{22} = \dfrac{Y_{11}Y_{22} - Y_{12}Y_{21}}{Y_{11}}$ 에서

$Y_{11} = \dfrac{1}{Z_1} + \dfrac{1}{Z_3}$

$Y_{11} = \dfrac{Z_1 + Z_3}{Z_1 Z_3}$

$H_{11} = \dfrac{Z_1 Z_3}{Z_1 + Z_3}$

76 $\mathcal{L}[f(t)] = F(s) = \displaystyle\int_0^\infty f(t)e^{-st}dt$

77 $i(t) = \dfrac{E}{R}e^{-\frac{R}{L}t} = \dfrac{E}{R}e^{-\frac{R}{L} \times \frac{L}{R}} = \dfrac{E}{R}e^{-1} = 0.368\dfrac{E}{R}[\text{A}]$

78 $I_a + I_b + I_c = 0$

$I_a = \dfrac{V_{an}}{R} \quad I_b = \dfrac{V_{bn}}{R} \quad I_c = \dfrac{V_{cn}}{R}$

$V_{an} + V_{bn} + V_{cn} = 0 \Rightarrow V_{bn} + V_{cn} = -V_{an}$

$V_{ab} - V_{ca} = (V_{an} - V_{bn}) - (V_{cn} - V_{an}) = 2V_{an} - (V_{bn} + V_{cn}) = 3V_{an}$

$V_{an} = \dfrac{V_{ab} - V_{ca}}{3} = \dfrac{(210 + 120 - j180)}{3} = 110 - j60$

$V_{an} = \sqrt{110^2 + 60^2} ≒ 125.3[\text{V}]$

79
- 무왜형 조건 : $RC = LG$
- 특성임피던스 $Z_0 = \sqrt{\dfrac{Z}{Y}} = \sqrt{\dfrac{L}{C}}$
- 전파정수 $\gamma = \sqrt{ZY} = \alpha + j\beta$ (α : 감쇠량, β : 위상정수)
  $\alpha = \sqrt{RG}$, $\beta = \omega\sqrt{LC}$
- 전파속도 $v = \dfrac{\omega}{\beta} = \dfrac{\omega}{\omega\sqrt{LC}} = \dfrac{1}{\sqrt{LC}}[\text{m/s}]$

80 3상 불평형 전압 E_a, E_b, E_c

- 영상전압 $E_0 = \dfrac{1}{3}(E_a + E_b + E_c)$
- 정상전압 $E_1 = \dfrac{1}{3}(E_a + aE_b + a^2E_c)$
- 역상전압 $E_2 = \dfrac{1}{3}(E_a + a^2E_b + aE_c)$

81 KEC 362.11(전력선 반송통신용 결합장치의 보안장치)
- CC : 결합 콘덴서
- CF : 결합 필터
- DR : 배류 선륜(전류용량 2[A] 이상)
- FD : 동축 케이블
- S : 접지용 개폐기

82 ※ KEC(한국전기설비규정)의 적용으로 문제가 성립되지 않음

83 KEC 212.6(저압전로 중의 개폐기 및 과전류차단장치의 시설)
저압 옥내간선과의 분기점에서 전선의 길이가 3[m] 이하인 곳에 개폐기 및 과전류 차단기를 시설할 것

84 KEC 242.6(전시회, 쇼 및 공연장의 전기설비)
- 무대, 오케스트라 박스, 영상실 등 사람의 접촉 : 400[V] 이하
- 무대 밑 전구선 : 방습코드, 캡타이어 케이블(고무, 비닐 제외)

85 KEC 333.2(유도장해의 방지)

60[kV] 이하	**사용전압**	60[kV] 초과
2[μA]/12[km] 이하	**유도전류**	3[μA]/40[km] 이하

86 KEC 222.6/332.4(저·고압 가공전선의 안전율) – 고압 가공전선의 안전율
- 경동선, 내열동 합금선 : 2.2 이상
- 기타 전선 : 2.5 이상

87 KEC 331.4(가공전선로 지지물의 철탑오름 및 전주오름 방지)
가공전선로 지지물에 취급자가 오르고 내리는 데 사용하는 발판 볼트 등 : 지지물의 발판 볼트는 특별한 경우를 제외하고 지표상 1.8[m] 미만에 시설하여서는 아니 된다.

88 KEC 341.10(고압 및 특고압 전로 중의 과전류차단기의 시설)
고압 또는 특고압 전로 중 기계기구 및 전선을 보호하기 위하여 필요한 곳에 시설

구 분	견디는 시간	용단시간
포장 퓨즈	1.3배	2배 전류 – 120분
비포장 퓨즈	1.25배	2배 전류 – 2분

89 KEC 132(전로의 절연저항 및 절연내력시험)

종 류	비접지	중성점 접지	중성점 직접접지
170[kV]	×1.25	×1.1	×0.64
60[kV]	(최저시험전압 10.5[kV])	(최저시험전압 75[kV])	×0.72
7[kV]	×1.5	25[kV] 이하 중성점 다중접지 ×0.92	

∴ 절연내력 시험전압 = 23,000 × 0.92 = 21,160[V]

90 ※ KEC(한국전기설비규정)의 적용으로 문제가 성립되지 않음

91 KEC 341.3(특고압을 직접 저압으로 변성하는 변압기의 시설)
- 교류식 전기철도용 신호회로에 전기를 공급하기 위한 변압기
- 사용전압이 35[kV] 이하, 특고압측 권선과 저압측 권선이 혼촉한 경우에 자동적으로 변압기를 전로로부터 차단하기 위한 장치를 설치한 것
- 사용전압이 100[kV] 이하, 특고압측 권선과 저압측 권선 사이에 변압기 중성접지의 규정에 의하여 접지공사를 한 금속제의 혼촉방지판이 있는 것
- 전기로 등 전류가 큰 전기를 소비하기 위한 변압기
- 발전소·변전소·개폐소 또는 이에 준하는 곳의 소내용 변압기

92 전로란 통상의 사용 상태에서 전기가 통하고 있는 곳

93 KEC 224.1/335.1(터널 안 전선로의 시설)

구 분	사람 통행이 없는 경우		사람 상시 통행
	저 압	고 압	저압과 동일
공사방법	합성수지관, 가요관, 애자, 케이블	케이블, 애자	케이블
전 선	2.30[kN] 이상 절연전선, 2.6[mm] 이상 경동선	5.26[kN] 이상 절연전선, 4.0[mm] 이상 경동선	특고압 시설 불가
높 이	노면·레일면 위		
	2.5[m] 이상	3[m] 이상	

94 ※ KEC(한국전기설비규정)의 적용으로 문제가 성립되지 않음

95 KEC 221.2/331.13(옥측전선로)
- 저압 : 애자공사(전개된 장소), 합성수지관공사, 목조 이외(금속관공사, 버스덕트공사, 케이블공사)
- 고압 : 케이블공사
- 특고압 : 100[kV]를 초과할 수 없다.

96 KEC 341.15(압축공기계통)
- 압축공기장치나 가스절연기기의 탱크나 관은 압력 시험에 견딜 것
  - 수압시험 : 최고사용압력 ×1.5배를 10분간 가해서 견딜 것
  - 기압시험 : 최고사용압력 ×1.25배를 10분간 가해서 견딜 것
- 사용압력에서 공기의 보급이 없는 상태로 개폐기 또는 차단기의 투입 및 차단을 연속하여 1회 이상 할 수 있는 용량을 가지는 것일 것
- 주공기탱크에는 사용압력의 1.5배 이상 3배 이하의 최고눈금이 있는 압력계를 시설할 것

97 KEC 221.3(옥상전선로)
- 전선과 그 저압 옥상전선로를 시설하는 조영재와의 간격은 2[m](전선이 고압 절연전선, 특고압 절연전선 또는 케이블인 경우에는 1[m]) 이상일 것
- 전선은 인장강도 2.30[kN] 이상의 것 또는 지름 2.6[mm] 이상의 경동선일 것
- 전선은 절연전선일 것
- 애자를 사용하여 지지하고 또한 그 지지점 간의 거리는 15[m] 이하일 것
- 전선은 상시 부는 바람 등에 의하여 식물에 접촉하지 않도록 시설

98 KEC 520(태양광발전설비)
- 충전부분은 노출되지 않도록 시설할 것
- 공칭단면적 2.5[mm^2] 이상의 연동선
- 옥내·외 공사 : 금속관, 합성수지관, 케이블, 가요전선관공사
- 태양전지 모듈을 병렬로 접속하는 전로에는 전로를 보호하는 과전류차단기 등을 시설할 것

99 ※ KEC(한국전기설비규정)의 적용으로 문제가 성립되지 않음

100 KEC 222.10/332.9/332.10/333.1/333.21/333.22(가공전선로 및 보안공사 지지물 간 거리)

구 분	표 준	특고압 시가지	보안공사		
			저·고압	제1종 특고압	제2, 3종 특고압
목주/A종	150[m]	75[m(목주 ×)]	100[m]	목주 불가	100[m]
B종	250[m]	150[m]	150[m]	150[m]	200[m]
철 탑	600[m]	400[m]	400[m]	400[m], 단주 300[m]	
표준 적용	• 저압 보안공사 : 22[mm^2]인 경우 • 고압 보안공사 : 38[mm^2]인 경우 • 제1종 특고압 보안공사 : 150[mm^2]인 경우 • 제2, 3종 특고압 보안공사 : 95[mm^2]인 경우 – 목주/A종 : 제2종(100[m]), 제3종(150[m])				

기 타	• 고압(22[mm^2]), 특고압(50[mm^2])인 경우
	  – 목주/A종 : 300[m] 이하
	  – B종 : 500[m] 이하				

※ KEC(한국전기설비규정)의 적용으로 100[mm^2]에서 95[mm^2]로, 55[mm^2]에서 50[mm^2]로 변경됨 〈2021.01.01.〉

2018년 제 2 회 기출문제

page 95

1	2	3	4	5	6	7	8	9	10	11	12	13	14	15	16	17	18	19	20
③	②	④	①	②	①	③	②	④	④	①	③	②	①	①	②	③	③	③	①
21	22	23	24	25	26	27	28	29	30	31	32	33	34	35	36	37	38	39	40
④	①	②	③	①	①	③	③	①	②	①	①	③	③	①	③	②	①	④	②
41	42	43	44	45	46	47	48	49	50	51	52	53	54	55	56	57	58	59	60
②	④	③	②	②	②	②	③	②	③	②	①	③	②	①	④	③	①	③	③
61	62	63	64	65	66	67	68	69	70	71	72	73	74	75	76	77	78	79	80
②	①	③	③	③	②	③	③	④	①	②	③	④	③	②	④	④	④	①	①
81	82	83	84	85	86	87	88	89	90	91	92	93	94	95	96	97	98	99	100
①	④	④	×	×	③	③	②	③	②	①	③	①	③	③	×	×	①	①	②

× : 문제삭제

01 경계면의 조건 $\dfrac{\tan\theta_1}{\tan\theta_2} = \dfrac{\mu_1}{\mu_2} = \dfrac{500}{1,000} = \dfrac{1}{2}$

$\tan\theta_1 = \dfrac{1}{2}\tan 45°$

$\tan\theta_1 = \dfrac{1}{2}$

각도 $\theta_1 = \tan^{-1}\dfrac{1}{2} ≒ 26.5°$

$90° - 26.5° = 63.5° ≒ 60°$

02 반구의 정전용량 $C = \dfrac{4\pi\varepsilon a}{2} = 2\pi\varepsilon a$, $RC = \rho\varepsilon$ 에서

접지저항 $R = \dfrac{\rho\varepsilon}{C} = \dfrac{\rho\varepsilon}{2\pi\varepsilon a} = \dfrac{\rho}{2\pi a}[\Omega]$

03 히스테리시스 곡선의 면적이 작을수록 히스테리시스 손실이 작다.

04 전자유도법칙 $e = -N\dfrac{d\phi}{dt}$

- 패러데이 법칙 : 유도기전력 크기 $\left(e = N\dfrac{d\phi}{dt}\right)$ 결정
- 렌츠의 법칙 : 유도기전력 방향(-) 결정

05 환상코일의 자기 인덕턴스 $L = \dfrac{\mu S N^2}{l}$[H]이므로 권수를 2배로 늘리면 $L = 2^2 = 4$배로 되므로 비투자율을 $\dfrac{1}{4}$배로 하거나 단면적을 $\dfrac{1}{4}$배로 하면 인덕턴스는 일정하게 된다.

06 무한장 솔레노이드, 단위길이에 대한 권수 N[회/m]일 때 솔레노이드 자계의 세기
- 내부(평등자계) $H = NI$ [AT/m]
- 외부 $H = 0$

07 기자력 $F = NI = R\phi$

08 무한 판상은 밀도가 같아서 변하지 않기 때문에 거리와 관계가 없다.

09 코일 중심의 자계

정3각형	정4각형	정6각형	원에 내접 n각형
$H = \dfrac{9I}{2\pi l}$	$H = \dfrac{2\sqrt{2}\,I}{\pi l}$	$H = \dfrac{\sqrt{3}\,I}{\pi l}$	$H_n = \dfrac{nI\tan\dfrac{\pi}{n}}{2\pi R}$

10 공기유전율 $\varepsilon_0 = 8.855 \times 10^{-12} = \dfrac{1}{36\pi \times 10^9}$

전도전류 $i_c = I_c \sin 2\pi f = \delta E$ [A]에서 $E = \dfrac{I_c}{\delta}\sin 2\pi ft$

$i_c = kE$에서
변위전류
$$i_d = \frac{dD}{dt} = \varepsilon \frac{dE}{dt} = \frac{\varepsilon}{\delta}\frac{dI_c \sin 2\pi ft}{dt} = \frac{\varepsilon}{\delta} 2\pi f I_c \cos 2\pi ft\,[\text{A/m}^2]$$
$$J_d = \frac{\varepsilon}{\delta} 2\pi f \frac{I_c}{S} = \frac{1}{36\pi \times 10^9} \times \frac{\varepsilon_r}{\delta} \times 2\pi f I_c \times \frac{1}{\pi a^2} = \frac{f\varepsilon_r I_c}{18\pi \times 10^9 \delta a^2}\,[\text{A/m}^2]$$

11 도체 표면의 전하는 뾰족한 부분에 모이는 성질이 있는데 뾰족한 부분일수록 곡률 반지름이 작으므로 전하밀도는 곡률이 커질수록 커진다.

12 전류 $I = \dfrac{V}{R} = \dfrac{V}{0.8R} = 1.25$배

13 전기력선수와 전기력선밀도는 매질과 전하에 모두 관계되므로 전계에 관한 가우스 정리에서
$\int_s E \cdot ds = \dfrac{Q}{\varepsilon} = \dfrac{Q}{\varepsilon_0 \varepsilon_s}$ 이므로 전기력선의 수는 $\dfrac{Q}{\varepsilon_0 \varepsilon_s}$ 개다.

14 동축케이블의 단위길이당 인덕턴스
$L = \dfrac{\mu_0}{2\pi} \ln \dfrac{b}{a}$ [H/m]
여기서, a[m] : 내부 도체의 반지름, b[m] : 외부 도체의 반지름

15 단위길이에 작용하는 힘 $F = \dfrac{2I^2}{r} \times 10^{-7}$일 때 거리와 전류가 1이기 때문에 2×10^{-7}[N]

16 표면에 작용하는 힘 $F = \dfrac{1}{2}\varepsilon E^2 = \dfrac{1}{2} \times 8.855 \times 10^{-12} \times \left(\dfrac{3.5 \times 10^3}{10^{-3}}\right)^2 \fallingdotseq 54$ [N/m²]

17 자계의 세기 $H = \dfrac{I}{2\pi r}$

거리 r에 반비례한다.

18 자계의 세기 $H = \dfrac{1}{377}E = 2.65 \times 10^{-3}E_e [\text{A/m}]$

19 자계의 세기 $dH = \dfrac{Idl}{4\pi r^2}\sin\theta$

20 x면을 기준으로 하는 것이므로 $\dfrac{\varepsilon_1}{\varepsilon_2} = \dfrac{E_2}{E_1}$에서 $E_1 = \dfrac{\varepsilon_2}{\varepsilon_1}E_2 = \dfrac{5}{3} \times (20a_x + 30a_y - 40a_z) = \dfrac{100}{3}a_x + 30a_y - 40a_z [\text{V/m}]$

21 $1[\text{W}] \times 1[\text{s}] = 1[\text{J}]$
$1[\text{J}] = 0.24[\text{cal}]$
$1[\text{kWh}] = 10^3 \times 1[\text{W}] \times 3,600[\text{s}]$
$\quad\quad\quad = 10^3 \times 3,600[\text{J}]$
$\quad\quad\quad = 10^3 \times 3,600 \times 0.24[\text{cal}]$
$\quad\quad\quad = 10^3 \times 864[\text{cal}] \fallingdotseq 860[\text{kcal}]$

22
- 계기용 변압기(PT) : 고전압을 저전압으로 변성하여 계기나 계전기에 공급, 2차 측 정격전압 110[V]
- 계기용 변류기(CT) : 대전류를 소전류로 변성하여 계기나 계전기에 공급, 2차 측 정격전압 5[A]

23 전력손실 $q = 2I^2R$
$\quad\quad\quad q = 2I^2\rho\dfrac{l}{A}$
$\quad\quad\quad A = \dfrac{2I^2\rho l}{q}$

순저항일 때 전력 $P = EI$에서 $I = \dfrac{P}{E}$를 대입하면

$A = \dfrac{2\left(\dfrac{P \times 10^3}{E}\right)^2 \rho l}{q} = \dfrac{2\rho l P^2}{qE^2} \times 10^6$

24 시한특성
- 순한시 계전기 : 최소동작전류 이상의 전류가 흐르면 즉시 동작, 고속도 계전기(0.5~2Cycle)
- 정한시 계전기 : 동작전류의 크기에 관계없이 일정시간에 동작
- 반한시 계전기 : 동작전류가 작을 때는 동작시간이 길고, 동작전류가 클 때는 동작시간이 짧다.
- 반한시성 정한시 계전기 : 반한시 + 정한시 특성

25 중성점 접지방식

방 식	보호계전기동작	지락전류	전위상승	과도안정도	유도장해	특 징
직접접지 22.9, 154, 345[kV]	확실	크다.	1.3배	작다.	크다.	중성점 영전위 단절연 가능
저항접지	↓	↓	$\sqrt{3}$ 배	↓	↓	
비접지 3.3, 6.6[kV]	×	↓	$\sqrt{3}$ 배	↓	↓	저전압 단거리
소호리액터접지 66[kV]	불확실	0	$\sqrt{3}$ 배 이상	크다.	작다.	병렬 공진

26 조상설비의 비교

구 분	진 상	지 상	시충전	조 정	전력손실
콘덴서	○	×	×	단계적	0.3[%] 이하
리액터	×	○	×	단계적	0.6[%] 이하
동기조상기	○	○	○	연속적	1.5~2.5[%]

동기조상기(위치 : 수전단)의 역할
- 경부하 시 부족여자 운전 : 리액터로 작용
- 중부하 시 과여자 운전 : 콘덴서로 작용

27 복수기는 화력발전에서 증기를 물로 환원하며, 손실이 가장 크다.

28 1선에 흐르는 충전전류

$$I_C = \frac{E}{X_C} = \frac{E}{\frac{1}{\omega C}} = \omega CE = 2\pi fCl\frac{V}{\sqrt{3}} = 2\pi \times 60 \times 0.01 \times 10^{-6} \times 173.2 \times \frac{60,000}{\sqrt{3}} \fallingdotseq 22.61[A]$$

29 $P = 9.8QH \rightarrow H = \frac{P}{9.8Q} = \frac{9,800}{9.8 \times 10} = 100[m]$

30 정격차단시간 : 트립코일 여자로부터 불꽃이 완전 소호할 때까지 걸리는 시간 3~8[C/s]

31 단로기(DS)는 소호기능이 없어 부하전류나 사고전류를 차단할 수 없다. 무부하상태, 즉 차단기가 열려 있어야만 전로개방 및 모선접속을 변경할 수 있다(인터로크).

32 집중부하와 분산부하

구 분	전력손실	전압강하
말단집중부하	$I^2 RL$	IRL
평등분산부하	$\frac{1}{3}I^2 RL$	$\frac{1}{2}IRL$

33 $Q_\Delta = 3Q_Y$, $3C_\Delta = C_Y$

34 • 고조파 발생 : 고조파는 부하측에서 발생되어 전원측으로 흐른다.
    • 고조파 제거방법
      – 1차 측 필터 설치
      – △결선에서 제3고조파 순환
      – 리액터를 사용하여 제5고조파 억제
      – 고조파 전용변압기 사용

35 **댐퍼** : 전선의 진동을 흡수하여 단선사고를 방지한다.

36 단상 변압기 상용 3대 중 1대 고장 시
    공급가능전력 $P = \sqrt{3}\,P_V = \sqrt{3} \times 400 ≒ 693\,[\mathrm{kVA}]$

37 **가공지선의 역할**
    • 직격뢰 및 유도뢰 차폐
    • 통신선에 대한 전자유도장해 경감

38 **연가**(Transposition) : 3상 3선식 선로에서 선로정수를 평형시키기 위하여 길이를 3등분하여 각 도체의 배치를 변경하는 것
    ※ 효과 : 선로정수 평형, 임피던스 평형, 유도장해 감소, 소호리액터 접지 시 직렬공진 방지

39 **직류송전방식의 특징**
    • 리액턴스 손실이 없다.   • 절연레벨이 낮다.
    • 송전효율이 좋고 안정도가 높다.   • 차단기 설치 및 전압의 변성이 어렵다.
    • 회전자계를 만들 수 없다.

40 **저압 뱅킹 방식**
    • 전압변동이 작다.   • 부하증가에 대한 융통성이 향상된다.
    • 플리커 현상이 경감되고, 변압기용량이 저감된다.   • 캐스케이딩 현상이 발생한다.

41 **분포권의 특징**
    • 분포권은 집중권에 비하여 합성 유기기전력이 감소한다.
    • 기전력의 고조파가 감소하여 파형이 좋아지다
    • 권선의 누설 리액턴스가 감소한다.
    • 전기자 권선에 의한 열을 고르게 분포시켜 과열을 방지한다.

42 동손 $P_c = I^2 R$이므로 전류가 2배로 증가하면 동손은 4배로 증가한다.

43 전부하 이하라 하면 L이 줄어들며 이에 C가 증가한다. 따라서 앞선 역률로 되며 부하가 감소 시 V위상으로 동일하게 앞선 역률로 역률값은 낮아진다.

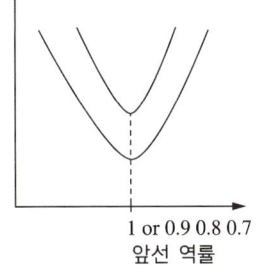
1 or 0.9 0.8 0.7
앞선 역률

44 동기발전기의 병렬운전 조건

필요조건	다른 경우 현상
기전력의 크기가 같을 것	무효순환전류(무효횡류)
기전력의 위상이 같을 것	동기화전류(유효횡류)
기전력의 주파수가 같을 것	동기화전류 : 난조 발생
기전력의 파형이 같을 것	고주파 무효순환전류 : 과열 원인
(3상) 기전력의 상회전 방향이 같을 것	

45
손실 ─ 전기적 ─ 철손 ─ 히스테리시스손
                            └ 와류손
              └ 동손
      └ 기계적 : 풍손, 베어링손, 마찰손 등이 있다.

46 유기기전력 $E = \dfrac{PZ}{60a}\phi N [\text{V}]$ 에서

직류발전기의 자속

$\phi = \dfrac{60a}{PZN} E(\text{파권}) = \dfrac{60 \times 2}{4 \times 600 \times 600} \times 220 = 0.0183 [\text{Wb}]$

47 진폭전압은 맥동분만큼 변하는 것으로
전압 $v = V \times \nu = 50 \times 0.03 = 1.5 [\text{V}]$

48 한 상의 양극전류는 50[A]가 $\dfrac{2\pi}{3}$ 사이에만 흐르고 나머지 $\left(\dfrac{4\pi}{3}\right)$는 흐르지 않는다.

따라서 $I_{rms} = \sqrt{\dfrac{\left(50^2 \times \dfrac{2\pi}{3}\right)}{2\pi}} = \dfrac{50}{\sqrt{3}} \fallingdotseq 28.86 \fallingdotseq 29 [\text{A}]$

49 동기발전기의 구동 방식
1 : 전원 모선
2 : 발전기
3 : 여자기
4 : 전원 모선에 연결하면 전동기, 연결되지 않으면 원동기

50 권선형 유도전동기의 속도 제어법
• 2차 저항 제어법
 – 토크의 비례추이를 이용
 – 2차 회로에 저항을 넣어서 같은 토크에 대한 슬립 s를 바꾸어 속도를 제어
• 2차 여자법 : 비교적 효율이 좋고 단계적인 속도 제어한다.
 – 유도전동기 회전자에 슬립주파수 전압(주파수)을 공급하여 속도를 제어

51 • Y결선 : $V_l = \sqrt{3} \, V_P \angle 30°$
• △결선 : $V_l = V_P \angle 0°$
∴ 1차와 2차 간 전압의 위상 변위는 30°이다.

52

기전력(e_1) = $-N_1 \dfrac{d\phi}{dt} = \omega N_1 \phi_m \sin(\omega t - 90°)$

($\phi = \phi_m \sin \omega t$ 인 경우)

∴ 자속은 여자전류와는 동상이지만 유기기전력보다 90° 앞선다.
또한 인가되는 전압과 1차 유기기전력과는 방향이 반대이므로 180° 앞선다.
이에 자속은 인가전압보다 90° 뒤지며 1차 유기기전력과 2차 유기기전력은 위상이 같다.

53

1차 입력 $P_1 = \dfrac{P_0}{\eta} = \dfrac{50}{0.9} \fallingdotseq 55.56[\text{kW}]$

2차 효율 $\eta_2 = (1-s) = 1 - 0.04 = 0.96 = 96[\%]$

회전자입력 $P_2 = \dfrac{1}{1-s} P_0 = \dfrac{1}{1-0.04} \times 50 \fallingdotseq 52.08[\text{kW}]$

회전자동손 $P_{c2} = sP_2 = \dfrac{s}{1-s} P_0 = \dfrac{0.04}{1-0.04} \times 50 \fallingdotseq 2.08[\text{kW}]$

또는 $P_{c2} = sP_2 = 0.04 \times 52.08 \fallingdotseq 2.08[\text{kW}]$

54 단상 반파정류

직류평균전압 $E_d = 0.45 E_a$ 에서 교류전압 $E_a = \dfrac{E_d}{0.45} = \dfrac{200}{0.45} \fallingdotseq 444[\text{V}]$

최대역전압 $V_{p-p} = \sqrt{2} \times E_a = 1.414 \times 444 \fallingdotseq 628[\text{V}]$

여기서, E_d : 직류전압, $E_a(E)$: 교류전압 = 실효전압 = 입력전압

55

1차 측 상전압 $E_1 = \dfrac{V_1}{\sqrt{3}} = \dfrac{3,300}{\sqrt{3}} \fallingdotseq 1,905.2[\text{V}]$

전압비 $a = \dfrac{E_1}{E_2}$ 에서

2차 측 상전압 $E_2 = \dfrac{E_1}{a} = \dfrac{1,905.2}{30} \fallingdotseq 63.5[\text{V}]$

△결선에서 상전압=선간전압 $E_2 = V_2 = 63.5[\text{V}]$

56

유기기전력 $E = \dfrac{pZ}{a} \phi \dfrac{N}{60}[\text{V}]$

여기서, ϕ : 자속 N : 회전수 Z : 전체 도체수 a : 병렬회로수

57

농형은 소형, 중형전동기에 사용되고 권선형은 대형전동기로 사용된다.

58

전압 불평형과는 관계가 없다.

59

$\alpha_e = \dfrac{P}{2} \times \alpha$ (여기서, α_e : 전기각, α : 기계각)

∴ $\alpha = \dfrac{2}{P} \times \alpha_e$

60

2차 저항 $\dfrac{r_2}{s} = \dfrac{r_2 + R}{s'}$ 에서 $\dfrac{0.5}{0.05} = \dfrac{0.5 + R}{1}$

2차 외부 저항 $R = 10 - 0.5 = 9.5[\Omega]$

여기서, 전부하 슬립 $s = 0.05$, 기동 시 슬립 $s' = 1$

61
$$G(s) = \frac{1}{0.005 \times 10j(0.1 \times j10+1)^2} = \frac{1}{0.05j(j+1)^2} = \frac{1}{0.05j \times 2j} = \frac{1}{0.1j^2}$$

※ $(j+1)^2 \to (1+j)(1+j) = 1+2j-1 = 2j$

$20\log|G| = 20\log\frac{1}{0.1} = 20\log 10 = 20[\text{dB}]$

분모에 j^2이 있으므로 $-180°$

62
- OR 회로 : $A+B=X_0$
- AND 회로 : $A \cdot B = X_0$

63
- 이득여유 GM

$$GM = \frac{\text{허수축과 교차점의 } K \text{값}}{K \text{설계값}} = \frac{64}{8} = 8$$

- [dB]로 표시한 이득여유

$GM = 20\log 8 ≒ 18[\text{dB}]$

64 탄성은 정전용량, 질량은 인덕턴스, 마찰은 저항

65
$C(t) = X_1(t)$

$\frac{d}{dt}c(t) = X_2(t)$

$\dot{X}_1(t) = X_2(t)$

$\dot{X}_2(t) = r(t) - 4X_1(t) - 5X_2(t)$

$\begin{bmatrix} \dot{X}_1(t) \\ \dot{X}_2(t) \end{bmatrix} = \begin{bmatrix} 0 & 1 \\ -4 & -5 \end{bmatrix} \begin{bmatrix} X_1(t) \\ X_2(t) \end{bmatrix} + \begin{bmatrix} 0 \\ 1 \end{bmatrix} r(t)$

66
$e^{-at} \begin{cases} t=0 & \to 1 \\ t=\infty & \to 0 \end{cases}$

67
- 외부 조건의 변화에 대한 영향을 줄일 수 있다.
- 제어기 부품들의 성능이 다소 나빠지더라도 큰 영향을 받지 않는다.
- 제어계의 특성을 향상시킬 수 있다.
- 목푯값에 정확히 도달할 수 있다.
- 제어계가 복잡해지고 제어기의 값이 비싸지며 전체 제어계가 불안정해질 수 있다.

68

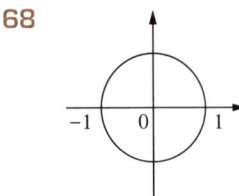

단위원 내부에 근이 있으면 안정

69 **열전대** : 열전회로(열에 의해 기전력이 발생을 구성하는 한 쌍의 도체)

70 $G(s)H(s) = \dfrac{K}{(s+1)(s+3)}$ 에서 s에 0을 대입하면 $G(s)H(s) = \dfrac{K}{3}$

$20\log\dfrac{1}{G(s)H(s)} = 20\log\dfrac{1}{\dfrac{K}{3}} = 20\log\dfrac{3}{K}$

20[dB]과 같으므로 $20\log\dfrac{3}{K} = 20\log 10$에서 $\dfrac{3}{K} = 10$

$\therefore K = \dfrac{3}{10}$

71 $-E \le e_L \le E$
$0 \le e_C \le 2E$

72 전 류
$I \times 115 = \sqrt{230^2 + 345^2}$
$I = \dfrac{\sqrt{230^2 + 345^2}}{115} = 3.6[\text{A}]$

73 시정수는 과도 기간 중 변화해야 할 양의 0.368[%]가 변화하는 데 소요된 시간이다.

74 전파정수 $\gamma = \sqrt{ZY} = \alpha + j\beta = \sqrt{ZY} = \sqrt{(R+j\omega L)(G+j\omega C)} = j\omega\sqrt{LC}$
조건 $R = G = 0$일 때 무손실선로이므로
감쇠정수 $\alpha = 0$, 위상정수 $\beta = \omega\sqrt{LC}$가 된다.

75 $P = 100 \times 3 \times \cos 60° = 150[\text{W}]$

76 $\dfrac{L_1}{C_1} = \dfrac{L_2}{C_2}$

$L_2 = \dfrac{L_1}{C_1} \times C_2 = \dfrac{4}{2} \times 5 = 10[\text{mH}]$

77 2전력계법 $P_1 = 3P_2$

역률 $\cos\theta = \dfrac{P_1 + P_2}{2\sqrt{P_1^2 + P_2^2 - P_1 P_2}} = \dfrac{3P_2 + P_2}{2\sqrt{(3P_2)^2 + P_2^2 - 3P_2^2}} = \dfrac{4P_2}{2\sqrt{9P_2^2 + P_2^2 - 3P_2^2}} = \dfrac{2}{\sqrt{7}} \fallingdotseq 0.76$

(지시값이 2배는 86.6[%], 지시값이 3배는 76[%], 지시값이 하나만 존재하면 50[%])

78 $\dfrac{k_1}{s} + \dfrac{k_2}{s+a} = \dfrac{1}{a}\dfrac{1}{s} - \dfrac{1}{a}\dfrac{1}{s+a} = \dfrac{1}{a}(1 - e^{-at})$

$k_1 = \lim\limits_{s \to 0}\dfrac{1}{s+a} = \dfrac{1}{a}$

$k_2 = \lim\limits_{s \to -a}\dfrac{1}{s} = -\dfrac{1}{a}$

79
$Z = \sqrt{10^2 + 10^2} = 10\sqrt{2}$

$I_l = \sqrt{3} I_p = \sqrt{3} \times \dfrac{V_p}{Z} = \sqrt{3} \times \dfrac{200}{10\sqrt{2}} = 10\sqrt{6} \,[\text{A}]$

$P = 3 I_p^2 R = 3 \left(\dfrac{200}{10\sqrt{2}}\right)^2 \times 10 = 6,000 \,[\text{W}]$

80 대칭 다상 교류는 원형 회전자계가 발생하고, 비대칭 다상 교류는 타원형 자계가 발생한다.

81 KEC 232.56(애자공사), 342.1(고압 옥내배선 등의 시설)
- 전선의 종류 : 절연전선. 단, 옥외용 비닐절연전선(OW) 및 인입용 비닐절연전선(DV)은 제외한다.
- 간 격

구 분		전선과 조영재 간격	전선 상호 간의 간격	전선 지지점 간의 거리	
				조영재 윗면 또는 옆면	조영재 따라 시설 않는 경우
저 압	400[V] 이하	25[mm] 이상	0.06[m] 이상	2[m] 이하	–
	400[V] 초과 건조	25[mm] 이상			6[m] 이하
	400[V] 초과 기타	45[mm] 이상			
고 압		0.05[m] 이상	0.08[m] 이상		

82 KEC 222.7/332.5(저·고압 가공전선의 높이)

설치장소		가공전선의 높이
도로횡단		지표상 6[m] 이상
철도 또는 궤도횡단		레일면상 6.5[m] 이상
횡단보도교 위	저 압	노면상 3.5[m] 이상. 단, 절연전선의 경우 3[m] 이상
	고 압	노면상 3.5[m] 이상

83 사용전압이 100,000[V] 이상의 중성점 직접접지식 전로에 접속하는 변압기를 설치하는 곳에는 절연유의 구외 유출 및 지하 침투를 방지하기 위한 설비를 갖추어야 한다.

84 ※ KEC(한국전기설비규정)의 적용으로 문제가 성립되지 않음

85 ※ KEC(한국전기설비규정)의 적용으로 문제가 성립되지 않음

86 기술기준 제145조(필댐 축제재료)
발전용 소력설비 필댐의 토질재료
- 묽은 진흙으로 되지 않을 것
- 댐의 안정에 필요한 강도 및 수밀성이 있을 것
- 유기물을 포함하지 아니하고 또한 수용성인 것이 아닐 것
- 댐의 안정에 지장을 줄 수 있는 팽창성 또는 수축성이 없을 것

87 KEC 241.1(전기울타리)
- 사용전압 : 250[V] 이하
- 전선굵기 : 인장강도 1.38[kN], 지름 2.0[mm] 이상 경동선
- 간 격
  – 전선과 기둥 사이 : 25[mm] 이상
  – 전선과 수목 사이 : 0.3[m] 이상

88 KEC 333.32(25[kV] 이하인 특고압 가공전선로의 시설)

전선의 종류	나전선	특고압 절연전선	케이블
간 격	1.5[m]	1.0[m]	0.5[m]

89 KEC 503.2.4(계통 연계용 보호장치의 시설)

계통 연계하는 분산형 전원설비를 설치하는 경우 다음에 해당하는 이상 또는 고장 발생 시 자동적으로 분산형 전원설비를 전력계통으로부터 분리하기 위한 장치 시설 및 해당 계통과의 보호협조를 실시하여야 한다.
- 분산형 전원설비의 이상 또는 고장
- 연계한 전력계통의 이상 또는 고장
- 단독운전 상태

90 KEC 331.12(구내인입선)
- 최저높이 5[m](위험표시 3.5[m])
- 인장강도 8.01[kN], 지름 5[mm] 이상 경동선, 케이블
- 이웃 연결 인입선 불가

91 KEC 351.1(발전소 등의 울타리·담 등의 시설)

특고압	간격($a+b$)	기 타
35[kV] 이하	5.0[m] 이상	울타리의 높이(a) : 2[m] 이상 울타리에서 충전부까지 거리(b) 지면과 하부(c) : 15[cm] 이하 단수 = 160[kV] 초과/10[kV] N = 단수 × 0.12
35[kV] 초과 160[kV] 이하	6.0[m] 이상	
160[kV] 초과	6.0[m] + N 이상	

92 KEC 241.10(아크용접기)
- 용접변압기는 절연변압기일 것
- 용접변압기의 1차 측 전로의 대지전압은 300[V] 이하일 것
- 용접변압기의 1차 측 전로에는 용접변압기에 가까운 곳에 쉽게 개폐할 수 있는 개폐기를 시설할 것

93 KEC 223.1/334.1(지중전선로의 시설)
- 사용전선 : 케이블, 트로프를 사용하지 않을 경우는 CD(콤바인덕트)케이블을 사용한다.
- 매설방식 : 직접 매설식, 관로식, 암거식(공동구)
- 직접 매설식의 매설깊이 : 트로프 기타 방호물에 넣어 시설

장 소	차량, 기타 중량물의 압력	기 타
깊 이	1.0[m] 이상	0.6[m] 이상

94 KEC 342.4(특고압 옥내 전기설비의 시설)
- 사용전압은 100[kV] 이하일 것. 다만, 케이블트레이공사에 의하여 시설하는 경우에는 35[kV] 이하일 것
- 전선은 케이블일 것
- 케이블은 철재 또는 철근 콘크리트제의 관·덕트 기타의 견고한 방호장치에 넣어 시설할 것
- 특고압 옥내배선과 저압 옥내전선·관등회로의 배선 또는 고압 옥내전선 사이의 간격은 0.6[m] 이상일 것

95 KEC 234.5(콘센트의 시설)
욕조나 샤워시설이 있는 욕실 또는 화장실 등 인체가 물에 젖어 있는 상태에서 전기를 사용하는 장소에 콘센트를 시설하는 경우
- 인체감전보호용 누전차단기(정격감도전류 15[mA] 이하, 동작시간 0.03초 이하의 전류동작형) 또는 절연 변압기(정격용량 3[kVA] 이하)로 보호된 전로에 접속하거나, 인체감전보호용 누전차단기가 부착된 콘센트를 시설하여야 한다.
- 콘센트는 접지극이 있는 방적형 콘센트를 사용하여 211(감전에 대한 보호)과 140(접지시스템)의 규정에 준하여 접지하여야 한다.

96 ※ KEC(한국전기설비규정)의 적용으로 문제가 성립되지 않음

97 ※ KEC(한국전기설비규정)의 적용으로 문제가 성립되지 않음

98 KEC 241.8(놀이용 전차)
- 사용전압 : AC 40[V] 이하, DC 60[V] 이하
- 접촉전선은 제3레일 방식으로 시설
- 누설전류 : AC 100[mA/km], $\dfrac{\text{최대공급전류}}{5,000}$ 이하
- 변압기의 1차 전압은 400[V] 이하일 것
- 변압기의 2차 전압은 150[V] 이하일 것

99 KEC 331.7(가공전선로 지지물의 기초의 안전율)
- 지지물의 기초 안전율 2 이상
- 상정하중에 대한 철탑의 기초 안전율 1.33 이상

100 KEC 351.3(발전기 등의 보호장치)
- 발전기에 과전류나 과전압이 생긴 경우
- 압유장치 유압이 현저히 저하된 경우
  - 수차발전기 : 500[kVA] 이상
  - 풍차발전기 : 100[kVA] 이상
- 스러스트 베어링의 온도가 현저히 상승한 경우 : 2,000[kVA] 이상
- 내부고장이 발생한 경우 : 10,000[kVA] 이상

2018년 제3회 기출문제

page 108

1	2	3	4	5	6	7	8	9	10	11	12	13	14	15	16	17	18	19	20
①	②	③	③	③	②	④	④	④	②	①	②	①	③	④	①	①	①	②	④
21	22	23	24	25	26	27	28	29	30	31	32	33	34	35	36	37	38	39	40
③	①	②	①	④	②	②	②	④	③	③	③	④	④	③	③	④	④	②	①
41	42	43	44	45	46	47	48	49	50	51	52	53	54	55	56	57	58	59	60
④	④	②	④	②	②	④	①	①	③	③	②	①	③	②	①	④	②	①	④
61	62	63	64	65	66	67	68	69	70	71	72	73	74	75	76	77	78	79	80
④	②	②	③	②	④	①	①	④	②	④	③	①	①	④	②	③	②	③	④
81	82	83	84	85	86	87	88	89	90	91	92	93	94	95	96	97	98	99	100
③	×	④	④	②	④	②	①	④	①	②	③	②	③	①	③	④	③	×	×

× : 문제삭제

01 전기력선의 성질
- 전기력선은 정(+)전하에서 출발하여 부(-)전하로 끝난다.
- 단위전하에서는 $\frac{Q}{\varepsilon_0}$개의 전기력선이 출입하고 전속 수는 Q개다.
- 전기력선은 전위가 높은 점에서 낮은 점으로 향한다.
- 전계가 0이 아닌 곳에서는 전기력선은 등전위면(도체면)에 수직으로 출입한다(전계의 방향은 전기력선의 접선방향과 같다).

02 인덕턴스 $L = N\frac{\phi}{I} = \frac{\mu S N^2}{l} = \frac{\mu S N^2}{2\pi r}[\text{H}]$

∴ 인덕턴스는 단면적에 비례하고 권선수의 제곱에 비례, 반지름에 반비례한다.

03 $\omega = \frac{1}{2}\varepsilon E^2 = \frac{D^2}{2\varepsilon} = \frac{1}{2}ED[\text{J/m}^3]$

04 자속$(\phi) = BS = \mu HS = \mu_0 \mu_s \frac{NI}{\pi D}S = \frac{4\pi \times 10^{-7} \times 1{,}000 \times 600 \times 2 \times 10^{-4}}{\pi \times 20 \times 10^{-2}} = 2.4 \times 10^{-3}$

05
- 상호인덕턴스 $M = k\sqrt{L_1 L_2}$
- 결합계수 $k = \frac{M}{\sqrt{L_1 L_2}}$

 (단, 일반 : $0 < k < 1$, 미결합 : $k = 0$, 완전 결합 : $k = 1$)

06 ② 자계는 발산하며, 자극은 단독으로 존재할 수 없다.

07 원뿔형인 경우 $U = \frac{M}{4\pi\mu_0} \times 2\pi\left(1 - \frac{x}{\sqrt{x^2 + a^2}}\right)$

$U = \frac{0.01}{2\mu_0} \times \left(1 - \frac{0.1}{\sqrt{0.1^2 + 0.05^2}}\right) ≒ 420[\text{AT}]$

08 자화의 세기 $(J) = \dfrac{m}{S}[\text{Wb/m}^2]$ 에서 $m = SJ = \pi a^2 J = \dfrac{\pi d^2}{4} J [\text{Wb}]$

09 전류는 자계를 만들고 전위는 전계를 만들기 때문에 자성체에서 전속밀도와는 상관이 없다.

10 $L = \dfrac{n_0 \mu H S}{\dfrac{H}{n_0}} = \mu S n_0^2 [\text{H/m}]$

11 변위전류와 전도전류가 같아지는 주파수를 임계주파수라 하며
이에 $f_c = \dfrac{k}{2\pi\varepsilon} = \dfrac{\sigma}{2\pi\varepsilon_0 \varepsilon_s} = \dfrac{1}{2\pi\varepsilon_0 \times 6} = 3 \times 10^9 [\text{Hz}]$

12 영상법에서 대지면 위의 직선도체인 경우
직선도체가 단위 길이당 받는 힘
$F = -\lambda E = -\lambda \dfrac{\lambda}{2\pi\varepsilon_0 (2h)} = -\dfrac{\lambda^2}{4\pi\varepsilon_0 h} [\text{C/m}^2]$
$F \propto \dfrac{1}{h}$ 이다.

13 발산(Divergence) : $\nabla \cdot E = \text{div}$, div벡터 = 스칼라
$\text{div} E = \nabla \cdot E = \dfrac{\partial E_x}{\partial x} + \dfrac{\partial E_y}{\partial y} + \dfrac{\partial E_z}{\partial z}$

14 영상법에서 평면도체인 경우
쿨롱의 힘 : (−)는 항상 흡인력이 발생
$F = \dfrac{Q_1 Q_2}{4\pi\varepsilon_0 r^2} = \dfrac{-Q^2}{4\pi\varepsilon_0 (2d)^2} = \dfrac{-Q^2}{16\pi\varepsilon_0 d^2} [\text{N}]$

15 전속은 매질에 축적되는 에너지가 최소가 되도록 분포하고 있다.

16 동심구의 정전용량 $C = \dfrac{4\pi\varepsilon_0}{\dfrac{1}{a} - \dfrac{1}{b}} = \dfrac{1}{9 \times 10^9} \cdot \dfrac{ab}{b-a}$ 에서
$C' = \dfrac{1}{9 \times 10^9} \cdot \dfrac{5a5b}{5b - 5a} = \dfrac{1}{9 \times 10^9} \cdot \dfrac{5a5b}{5(b-a)} = 5 \cdot \dfrac{1}{9 \times 10^9} \cdot \dfrac{ab}{(b-a)} = 5C$

17 전계의 크기가 최대가 되는 경우는 가까운 위치에 큰 +전하를 두고 먼 거리에 −전하를 두어야 한다.
∴ P_1 에 Q_1, P_2 에 Q_2, P_3 에 Q_3 를 두어야 한다.

18 • 홀 효과 : 도체나 반도체에 전류를 흘리고 이것과 직각방향으로 자계를 가하면 이 두 방향과 직각방향으로 기전력이 생기는 현상
• 핀치 효과 : 직류전압 인가 시 전류가 도선 중심 쪽으로 집중되어 흐르려는 현상을 핀치 효과(Pinch Effect)라 한다.
• 볼타 효과 : 유전체와 유전체, 유전체와 도체를 접촉시키면 전자가 이동하여 양, 음으로 대전되는 현상
• 압전 효과 : 수정, 전기석, 로셀염, 티탄산바륨에 압력이나 인장을 가하면 그 응력으로 인하여 전기분극과 분극전하가 나타나는 현상

19 포인팅 벡터$(P) = E \times H$에서 $a_z = a_x \times a_y$에서 y축의 파동으로 z가 나오려면 $a_y - a_x = a_z$

※ 자계에 대한 전계비

고유임피던스$(\eta) = \sqrt{\dfrac{\mu_0 \mu_s}{\varepsilon_0 \varepsilon_s}} = \dfrac{E}{H} = 377\sqrt{\dfrac{\mu_s}{\varepsilon_s}}$ 에서

$H = \dfrac{E}{377\sqrt{\dfrac{1}{4}}} = \dfrac{E}{377 \times \dfrac{1}{2}}$

$\therefore H = \dfrac{-a_x 377\cos(10^9 t - \beta Z)}{377 \times \dfrac{1}{2}} = -a_x 2\cos(10^9 t - \beta Z)[\text{A/m}]$

20 단위길이당 전하밀도$(\rho_l) = 6 \times 10^{-8}[\text{C/m}]$에서

구표면 S_0를 통과하는 총전기력선수$(N) = \dfrac{Q}{\varepsilon_0}$

여기서, $Q = \rho_l \times l$(구 안의 도선길이)$= 6 \times 10^{-8} \times \sqrt{21} \times 2 = 12 \times 10^{-8} \times \sqrt{21}$

(※ $x = \sqrt{5^2 - 2^2} = \sqrt{21}$)

$\therefore$ 전기력선수는 $\dfrac{Q}{\varepsilon_0} = \dfrac{12 \times 10^{-8} \times \sqrt{21}}{\varepsilon_0} = 6.2 \times 10^4[\text{V/m}]$

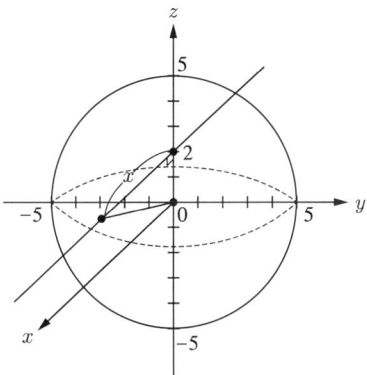

21 **망상식 배전방식**
- 전압강하 및 전력손실이 경감된다.
- 무정전 전력공급이 가능하다.
- 공급신뢰도가 가장 좋고 부하증설이 용이하다.
- 네트워크 변압기나 네트워크 프로텍터 설치에 따른 설비비가 비싸다.
- 대형 빌딩가와 같은 고밀도 부하밀집지역에 적합하다.

22
- 고수량 : 매년 1~2회
- 풍수량 : 95일
- 평수량 : 185일
- 저수량 : 275일
- 갈수량 : 355일

23

구 분	특 징	
	투과파	반사파
$Z_1 \neq Z_2$	$e_3 = \dfrac{2Z_2}{Z_1 + Z_2} e_1$	$e_3 = \dfrac{Z_2 - Z_1}{Z_1 + Z_2} e_1$
$Z_1 = Z_2$	진행파 모두 투과	무반사

24 시한특성
- 순한시 계전기 : 최소동작전류 이상의 전류가 흐르면 즉시 동작, 고속도 계전기(0.5~2Cycle)
- 정한시 계전기 : 동작전류의 크기에 관계없이 일정시간에 동작
- 반한시 계전기 : 동작전류가 작을 때는 동작시간이 길고, 동작전류가 클 때는 동작시간이 짧다.
- 반한시성 정한시 계전기 : 반한시 + 정한시 특성

25

항 목	송전전력	전압강하	단면적 A	총중량 W	전력손실 P_l	전압 강하율 ε
관 계	$P \propto V^2$	$e \propto \dfrac{1}{V}$	$[A,\ W,\ P_l,\ \varepsilon] \propto \dfrac{1}{V^2}$			

26

구 분	전력손실	전압강하
말단집중부하	$I^2 RL$	IRL
평등분산부하	$\dfrac{1}{3} I^2 RL$	$\dfrac{1}{2} IRL$

27

고장종류	대칭분	전류의 크기
1선 지락	정상분, 역상분, 영상분	$I_0 = I_1 = I_2 \neq 0$
선간 단락	정상분, 역상분	$I_1 = -I_2 \neq 0,\ I_0 = 0$
3상 단락	정상분	$I_1 \neq 0,\ I_0 = I_2 = 0$

28

목 적	구 분
전압 조정 (정격전압 유지)	• 승압기(단권변압기) : 말단 전압강하 방지 • 유도전압조정기(AVER) : 부하의 전압변동이 심한 경우 • 주상변압기 탭 조정 • 전력용 콘덴서(SC) : 역률 개선 효과

29 복도체 $L = \dfrac{0.05}{n} + 0.4605 \log_{10} \dfrac{D}{r'}$

$r' = r^{\frac{1}{n}} \cdot S^{\frac{n-1}{n}} = r^{\frac{1}{4}} \cdot S^{\frac{3}{4}} = (rS^3)^{\frac{1}{4}} = \sqrt[4]{rS^3}$

$\therefore\ 0.0125 + 0.4605 \log_{10} \dfrac{D}{\sqrt[4]{rS^3}}\ [\text{mH/km}]$

30. 복도체(다도체) 방식의 주목적 : 코로나 방지
    - 인덕턴스는 감소, 정전용량은 증가
    - 같은 단면적의 단도체에 비해 전력용량의 증대
    - 코로나의 방지, 코로나 임계전압의 상승
    - 송전용량의 증대
    - 소도체 충돌현상(대책 : 스페이서의 설치)
    - 단락 시 대전류 등이 흐를 때 소도체 사이에 흡인력이 발생

31. 차단용량 $= \sqrt{3} \times$ 정격전압 $\times$ 정격차단전류
    $\sqrt{3} \times 170 \times 50 ≒ 14,722.5 \,[\text{MVA}]$

32. 등가선간거리
    $D = \sqrt[3]{D \cdot D \cdot 2D} = \sqrt[3]{2D^3} = \sqrt[3]{2}\, D = 5\sqrt[3]{2}\,[\text{m}]$

33. 안정도 향상 대책
    - 발전기
      - 동기리액턴스 감소(단락비 크게, 전압변동률 작게)
      - 속응여자방식 채용
      - 제동권선 설치(난조 방지)
      - 조속기 감도 둔감
    - 송전선
      - 리액턴스 감소
      - 복도체(다도체) 채용
      - 병행 2회선 방식
      - 중간조상방식
      - 고속도 재폐로방식 채택 및 고속 차단기 설치

34. 송배전 선로의 전선 굵기 3요소
    - 허용전류
    - 전압강하
    - 기계적 강도
    (3요소 중 가장 중요한 요소 허용전류)

35. 배전선로에서 콘덴서가 과대하면 계통은 진상이 되어 이상전압을 발생할 가능성이 증가하고 사고 시 사고범위가 확대될 수 있다.

36.
발·변압기 보호	
전기적 이상	• 차동 계전기(소용량) • 비율차동 계전기(대용량) • 반한시 과전류 계전기(외부)

기계적 이상	• 부흐홀츠 계전기
	  - 가스 온도 이상 검출
	  - 주탱크와 콘서베이터 사이에 설치
	• 온도 계전기
	• 압력 계전기(서든프레서)

37 GIS(Gas Insulated Switchgear)의 방식
- 충전부가 대기에 노출되지 않아 기기의 안정성, 신뢰성이 우수하다.
- 감전사고 위험이 작다.
- 소형화가 가능하다.
- 밀폐형이므로 배기소음이 없다.
- 보수, 점검이 용이하다.

38 계기용 변류기(CT)는 2차 측 단락 → 이유 : 2차 측 개방 시 과전압에 의한 절연파괴를 방지하기 위해

39 %리액턴스 $\%X = \dfrac{PX}{10V^2} = \dfrac{5,000 \times 15}{10 \times 23^2} \fallingdotseq 14.18\,[\%]$

40 보일러의 부속설비
- 과열기 : 건조포화증기를 과열증기로 변환하여 터빈에 공급
- 재열기 : 터빈 내에서의 증기를 뽑아내어 다시 가열하는 장치
- 절탄기 : 배기가스의 여열을 이용하여 보일 급수 예열
- 공기예열기 : 절탄기를 통과한 여열공기를 예열한다(연도의 맨 끝에 위치).

41 유전체손은 주로 케이블에서 발생하기 때문에 변압기의 온도상승에 관계가 가장 적다.

42

구 분		종 류
방 향	단일방향성	SCR, LASCR, GTO, SCS
	양방향성	DIAC, SSS, TRIAC
단자수	2단자	DIAC, SSS
	3단자	SCR, LASCR, GTO, TRIAC
	4단자	SCS

43 누설리액턴스는 변압기의 권수 N의 제곱에 비례한다.
∴ N^2에 비례한다.

44 정격전류가 15[A]일 때 전기자전류는 $I_a = I_n - \dfrac{V}{R_f} = 15 - \dfrac{200}{40} = 10\,[\text{A}]$

정격전류가 20[A]일 때 전기자전류는 $I_a' = I_n - \dfrac{V}{R_f} = 25 - \dfrac{200}{40} = 20\,[\text{A}]$

$T \propto I_a$ ∴ $T' = \dfrac{I_a'}{I_a}T = \dfrac{20}{10} \times 5 = 10\,[\text{kg} \cdot \text{m}]$

45 변압기의 기전력 $E_1 = 4.44 f \phi N_1$

자속 $(\phi) = \dfrac{E}{4.44 f N_1} = \dfrac{6,600}{4.44 \times 60 \times 1,000} \fallingdotseq 0.025\,[\text{Wb}]$

46 균압선
- 병렬운전을 안정하게 하기 위하여 설치하는 것
- 직렬계자권선을 가지는 발전기에 필요 : 직권 및 복권 발전기

47 2차 여자법은 유도전동기의 회전자 권선에 2차 기전력(sE_2)과 동일 주파수의 전압(E_c)을 슬립링을 통해 공급하여 그 크기를 조절함으로써 속도를 제어하는 방법으로 권선형 전동기에서 이용된다. 전동기의 속도는 동기속도의 상하로 상당히 넓게 제어할 수 있고 역률의 개선도 할 수 있다.

48 분권 전동기 $E = V + I_a R_a$

$$I_a = I + I_f = \frac{P}{V} + \frac{V}{R_f} = \frac{5.4 \times 10^3}{100} + \frac{100}{50} = 56\,[\text{A}]$$

$E = V + I_a R_a$ 에서 $115 = 100 + 56 R_a$ 이므로 $R_a = \frac{15}{56} ≒ 0.268\,[\Omega]$

$$I_a' = I + I_f = \frac{P'}{V'} + \frac{V'}{R_f} = \frac{2 \times 10^3}{125} + \frac{125}{50} = 18.5\,[\text{A}]$$

∴ $E = V + I_a R_a = 125 + (18.5 \times 0.268) ≒ 129.95\,[\text{V}]$

49 %저항(p) = $\frac{I \times R}{V_1} \times 100 = \frac{5 \times 5.4}{3,000} \times 100 = 0.9\,[\%]$

%리액턴스(q) = $\frac{I \times X}{V_1} \times 100 = \frac{5 \times 6}{3,000} \times 100 = 1\,[\%]$

정격전류(I) = $\frac{P}{V_1} = \frac{15 \times 10^3}{3,000} = 5$

50 온도시험법
- 실부하법
  - 발전기 : 수저항 또는 전구
  - 전동기 : 전기 동력계, 기계적 브레이크, 발전기
- 반환부하법
  - 카프 : 전기적 손실 공급
  - 홉킨슨 : 기계적 손실
  - 블론델 : 전기적 + 기계적 손실
  ※ 키크법은 중성축을 결정하는 방법이다.

51 I(부하전류) $\propto E \propto \phi \propto I_f$(계자전류) $\propto \frac{1}{R_f}$

52
- 단절권 : 극간격 > 코일 간격 ↔ 전절권 : 극간격 = 코일 간격(파형 불량)
  - 고조파를 제거하여 기전력의 파형을 개선
  - 코일의 길이가 짧게 되어 동량이 절약
  - 단점 : 전절권에 비해 합성 유기기전력이 감소
- 분포권 : 1극, 1상의 코일이 차지하는 슬롯수가 2개 이상 ↔ 집중권 : 슬롯수가 1개
  - 기전력의 파형이 개선
  - 권선의 누설 리액턴스가 감소
  - 전기자에 발생되는 열을 골고루 분포시켜 과열을 방지

53 $s = \frac{N_s - N}{N_s} = \frac{E_{2s}}{E_2}$ 에서

$E_{2s} = s \cdot E_2 = 0.33 \times 150 ≒ 50\,[\text{V}]$

$s = \frac{600 - 400}{600} ≒ 0.33$

$N_s = \frac{120f}{P} = \frac{120 \times 50}{10} = 600\,[\text{rpm}]$

54 3상 직권 정류자 전동기에서 중간 변압기를 사용하는 목적
- 전원전압의 크기에 관계없이 회전자전압을 정류 작용에 알맞은 값으로 선정할 수 있다.
- 중간 변압기의 권수비를 조정하여 전동기 특성을 조정할 수 있다.
- 경부하 시 직권 특성 $\left(Z \propto I^2 \propto \dfrac{1}{N^2}\right)$이므로 속도가 크게 상승할 수 있다. 따라서 중간 변압기를 사용하여 속도상승을 억제할 수 있다.

55 보상권선 : 역률 개선, 직류 직권 전동기와 달리 전기자 반작용으로 인한 필요없는 자속을 상쇄하여 무효전력의 증대를 감소하여 역률저하를 방지한다.

56 $\varepsilon = p\cos\theta + q\sin\theta = p \times 1 + q \times 0$이므로 $\varepsilon = p$ 이다.

57 동기발전기 회전자에 의한 분류
- 회전계자형 : 전기자를 고정자로 하고 계자극을 회전자로 한 것
- 회전전기자형 : 계자극을 고정자로 한 것으로 특수용도 및 극히 소용량에 적용
- 유도자형 : 계자극과 전기자를 함께 고정시키고 그 중앙에 유도자라고 하는 권선이 없는 회전자를 갖춘 것

58
- 돌극(수차)형 동기발전기 : $X_d > X_q$
- 터빈(원통)형 동기발전기 : 공극이 일정하므로 $X_d = X_q$

59 $P = \sqrt{3}\, VI\cos\theta\,\eta$
$I = \dfrac{P}{V\cos\theta\,\eta_G\,\eta_M} = \dfrac{55 \times 10^3}{400 \times 0.82 \times 0.88 \times 0.88} \fallingdotseq 125\,[\text{A}]$

60 유도전동기의 기동법

		특 징	용량
농 형	전전압 기동법 (직입 기동법)	직접 정격전압을 인가하여 기동, 기동전류가 정격 전류 4~6배 정도	5[kW] 이하
	Y-△ 기동	기동 시 고정자권선을 Y로, 접속하여 기동전류 감소 정격속도가 되면 △로 변경, 기동전류와 기동토크가 각각 $\dfrac{1}{3}$배로 감소	5~15[kW] 이하
	기동보상기법	전동기 1차 쪽에 강압용 단권변압기를 설치하여 전공기에 인가되는 전압을 감소시켜서 기동	15[kW] 이상
	리액터 기동	전동기 1차 측에 리액터를 설치 후 조정하여 전동기 인가전압 제어	
권선형	2차 저항 기동법	비례추이 이용 : 2차 회로 저항값 증가 - 토크 증가, 기동 전류 억제, 속도 감소, 운전특성 불량, 게르게스법	

61 안정의 조건
- 입력이 없는 경우 초깃값에 관계없이 출력이 0이다.
- 입력이 유한값이면 출력도 유한값

62 Routh의 안정도 판별

s^3	1	2
s^2	11	40
s^1	$\dfrac{22-40}{11} = -1.64$	0
s^0	40	

안정조건 : 제1열의 부호 변화가 없어야 한다.
제1열에 부호 변화가 두 번 있으므로 불안정하며 우반면에 극점(양의 실수부)이 2개 존재한다.

63
$G(z) = \dfrac{Y(z)}{R(z)} = G(z) \cdot Z^{-1}$
$Z = e^{TS}$
$e^{-TS} = (e^{TS})^{-1} = Z^{-1}$

64
$G(s) = \dfrac{P_1 + P_2 \cdots}{1 - L_1 - L_2 \cdots}$
여기서, $P_1 = G_1 G_2$, $P_2 = H_1 G_2$, $L = -G_2$
$G(s) = \dfrac{G_2(G_1 + H_1)}{1 + G_2} = \dfrac{4(2+5)}{1+4} = \dfrac{28}{5}$

65
$\overline{x} \cdot \overline{y} + \overline{x} \cdot y + x \cdot y = \overline{x}(\overline{y} + y) + x \cdot y$
$\overline{x} + (x \cdot y) = (\overline{x} + x) \cdot (\overline{x} + y) = \overline{x} + y$

66 전달함수 $\dfrac{C(s)}{R(s)} = \dfrac{\omega_n^2}{s^2 + 2\delta\omega_n s + \omega_n^2}$ 의 해석

- 폐루프의 특성방정식 $s^2 + 2\delta\omega_n s + \omega_n^2 = 0$
- 감쇠율 : δ값이 작을수록 제동이 많이 걸리고 안정도가 향상된다.

$0 < \delta < 1$	$\delta > 1$	$\delta = 1$	$\delta = 0$
부족제동	과제동	임계제동	무제동
감쇠제동	비진동	임계상태	무한진동

67
$G(s) = \dfrac{E(s)}{I(s)} = Z(s)$　　　　　　　$Z = R + LS$

68
- 비례제어(P제어) : 잔류편차(Off Set) 발생
- 적분제어(L제어) : 잔류편차 방지
- 미분제어(D제어) : 오차 미연 방지
- 비례적분제어(PL제어) : 잔류편차 제거, 시간제어(정상 상태 개선)
- 비례미분제어(PD제어) : 속응성 향상, 진동억제(과도 상태 개선)
- 비례미분적분제어(PLD제어) : 속응성 향상, 잔류편차 제거

69
- 영점 : X　　　　　　　　　　　　　　• 극점 : 0, -4, -5

∴ 실수축과의 교차점 $= \dfrac{P_T - Z_T}{P_N - Z_N} = \dfrac{-9-0}{3-0} = -3$

70 $\lim\limits_{\omega\to\infty}\left|\dfrac{K}{j\omega(j\omega+1)}\right|=\lim\limits_{\omega\to\infty}\left|\dfrac{K}{(j\omega)^2}\right|=0°$

$\lim\limits_{\omega\to\infty}\angle G(j\omega)=\lim\limits_{\omega\to\infty}\angle\dfrac{K}{j\omega(1+j\omega)}=\lim\limits_{\omega\to\infty}\angle\dfrac{K}{(j\omega)^2}=-180°$

71 $\begin{bmatrix}A & B \\ C & D\end{bmatrix}=\begin{bmatrix}1 & 10 \\ 0 & 1\end{bmatrix}\begin{bmatrix}10 & 0 \\ 0 & \frac{1}{10}\end{bmatrix}$ $\therefore \begin{bmatrix}10 & 1 \\ 0 & \frac{1}{10}\end{bmatrix}$

72 3상 교류발전기의 기본식
$\dot{V}_0=-\dot{I}_0\dot{Z}_0,\ \dot{V}_1=E_a-\dot{I}_1\dot{Z}_1,\ \dot{V}_2=-\dot{I}_2\dot{Z}_2$

73

파 형		실횻값(V)	평균값(V_{av})	파형률	파고율
반 파	정형파(정파정류)	$\dfrac{I_m}{2}$	$\dfrac{1}{\pi}I_m$	1.57	2
	구형반파	$\dfrac{I_m}{\sqrt{2}}$	$\dfrac{I_m}{2}$	1.414	1.414

74 2전력계법
$\cos\theta=\dfrac{W_1+W_2}{\sqrt{3}\,VI}=\dfrac{P_1+P_2}{2\sqrt{P_1^2+P_2^2-P_1P_2}}$

$\therefore P_a=2\sqrt{P_1^2+P_2^2-P_1P_2}=2\sqrt{700^2+1,400^2-700\times1,400}\fallingdotseq 2,425\,[\mathrm{VA}]$

75 RC 직렬회로일 때 지수적 감쇠함수로 나타난다.

76 특성임피던스
$Z_0=\sqrt{\dfrac{Z}{Y}}=\sqrt{\dfrac{r+j\omega L}{g+j\omega C}}=\sqrt{\dfrac{L}{C}}$

77

파 형		실횻값(V)	평균값(V_{av})	파형률	파고율
반 파	정형파(정파정류)	$\dfrac{I_m}{2}$	$\dfrac{1}{\pi}I_m$	1.57	2
	구형반파	$\dfrac{I_m}{\sqrt{2}}$	$\dfrac{I_m}{2}$	1.414	1.414

78 중첩의 원리(전압원 : 단락, 전류원 : 개방)

- 전류원만 인가 시 : 전압원 단락 $I_R{}'=\dfrac{1}{1+2}\times-9=-3\,[\mathrm{A}]$

- 전압원만 인가 시 : 전류원 개방 $I=\dfrac{V}{R}=\dfrac{6}{3}=2\,[\mathrm{A}]$

$I_R{}''=\dfrac{V_R}{R}=\dfrac{2}{2}=1\,[\mathrm{A}]$

$\therefore I=I_R{}'+I_R{}''=-3+1=-2\,[\mathrm{A}]$

79
$$I = \frac{V}{Z} = \frac{V}{\sqrt{R^2 + X_C^2}}$$
$$X_C = \frac{1}{\omega C} = \frac{1}{2\pi \times f \times 30 \times 10^{-6}} \fallingdotseq 88.4[\Omega]$$
$$\therefore L = \frac{V}{\sqrt{R^2 + X^2}} = \frac{100}{\sqrt{100^2 + 88.4^2}} \fallingdotseq 0.75[A]$$

80 라플라스 변환(톱니파함수)
$$f(t) = \frac{E}{T}tu(t) - Eu(t-T) - \frac{E}{T}(t-T)u(t-T) \text{에서}$$
$$F(s) = \frac{E}{T}\frac{1}{s^2} - E\frac{e^{-Ts}}{s} - \frac{E}{T}\frac{e^{-Ts}}{s^2} = \frac{E}{Ts^2}(1 - e^{-Ts} - Tse^{-Ts}) = \frac{1}{2s^2}(1 - e^{-4s} - 4se^{-4s})$$

81 KEC 333.32(25[kV] 이하인 특고압 가공전선로의 시설)
25[kV] 교류 전차선로를 도로 등과 제1차 접근 상태에 시설하는 경우 지지물 간 거리의 최대한도는 60[m]이다.

82 ※ KEC(한국전기설비규정)의 적용으로 문제가 성립되지 않음

83 KEC 223.2/334.2(지중함의 시설)
- 지중함은 견고하고 차량 기타 중량물의 압력에 견디는 구조일 것
- 지중함은 그 안의 고인 물을 제거할 수 있는 구조로 되어 있을 것
- 폭발성 또는 연소성의 가스가 침입할 우려가 있는 것에 시설하는 지중함으로서 그 크기가 $1[m^3]$ 이상인 것에는 통풍장치 기타 가스를 방산시키기 위한 장치를 시설할 것
- 지중함의 뚜껑은 시설자 이외의 자가 쉽게 열 수 없도록 시설할 것

84 KEC 133(회전기 및 정류기의 절연내력)
절연내력시험 : 일정 전압을 가할 때 절연이 파괴되지 않는 한도로서 전선로나 기기에 일정 배수의 전압을 일정시간(10분) 동안 흘릴 때 파괴되지 않는 시험

종류			시험전압	시험방법
회전기	발전기, 전동기, 무효 진역 보상 장치, 기타 회전기	7[kV] 이하	1.5배(최저 500[V])	권선과 대지 간에 연속하여 10분간
		7[kV] 초과	1.25배(최저 10.5[kV])	
	회전변류기		직류 측의 최대사용전압의 1배의 교류 전압(최저 500[V])	

시험전압 = 220 × 1.5 = 330[V]
최저시험전압 500[V]

85 KEC 232.31(금속덕트공사)
- 전선은 절연전선(옥외용 비닐절연전선을 제외한다)일 것
- 전선 단면적 : 덕트 내부 단면적의 20[%] 이하(제어회로 등 50[%] 이하)
- 지지점 간의 거리 : 3[m] 이하(취급자 외 출입할 수 없고 수직인 경우 : 6[m] 이하)
- 폭 40[mm] 이상, 두께 1.2[mm] 이상인 철판 또는 동등 이상의 기계적 강도를 가지는 금속제의 것으로 제작한 것
- 211(감전에 대한 보호), 140(접지시스템)의 규정에 의해 접지공사

86 옥내 통신설비 인입구에는 1,000[V] 이하에 동작하는 피뢰기 시설

87 옥내 이동전선의 시설
- 저압 : 코드, 캡타이어 케이블 0.75[mm^2] 이상
- 고압 : 제3종 클로로프렌 캡타이어 케이블, 제2종 클로로설폰화 폴리에틸렌 캡타이어 케이블

88 KEC 234.6(점멸기의 시설)
자동 소등 시간
- 관광숙박업 또는 숙박업 객실 입구등 : 1분 이내
- 일반주택 및 아파트 각 호실의 현관등 : 3분 이내

89 특고압 옥외배전용 변압기의 시설(발·변전소 개폐소 내 20[kV] 이하에 접속하는 것은 제외)
- 특고압 절연전선, 케이블 사용
- 변압기 1차 : 35[kV] 이하, 2차 : 저압, 고압
- 총출력 : 1,000[kVA] 이하(가공전선로에 접속 시 500[kVA] 이하)
- 변압기 특고압 : 개폐기, 과전류차단기 시설
- 2차 측이 고압 경우 : 개폐기 시설(쉽게 개폐할 수 있도록)

90 KEC 222.7/332.5(저·고압 가공전선의 높이)

설치장소		가공전선의 높이
도로횡단		지표상 6[m] 이상
철도 또는 궤도횡단		레일면상 6.5[m] 이상
횡단보도교 위	저 압	노면상 3.5[m] 이상. 단, 절연전선의 경우 3[m] 이상
	고 압	노면상 3.5[m] 이상

91 지지물의 기초 안전율
목주 : 풍압하중에 대한 안전율(저압 : 1.2, 고압 : 1.3, 특고압 : 1.5)

92 KEC 331.6(풍압하중의 종별과 적용)

풍압을 받는 구분			풍압하중
지지물	목주, 철주, 철근 콘크리트주	원 형	588[Pa]
	철 주	3각	1,412[Pa]
		4각	1,117[Pa]
	철 탑	단주(원형)	588[Pa]
		단주(기타)	1,117[Pa]
		강 관	1,255[Pa]
전선, 기타 가섭선		다도체	666[Pa]
		단도체	745[Pa]
특고압 애자장치			1,039[Pa]

93 KEC 362.2(전력보안통신선의 시설 높이와 간격)

구 분	저·고압		특고압		22.9[kV-Y]
	나전선	절연·케이블	나전선	절연·케이블	
통신선	0.6[m] 이상	0.3[m] 이상	1.2[m] 이상	0.3[m] 이상	0.75[m] 이상 중성선 0.6[m] 이상

94 KEC 234.11(1[kV] 이하 방전등)
방전등에 전기를 공급하는 전로의 대지전압은 300[V] 이하로 하여야 하며, 다음에 의하여 시설하여야 한다. 다만, 대지전압이 150[V] 이하의 것은 적용하지 않는다.
• 방전등은 사람이 접촉될 우려가 없도록 시설할 것
• 방전등용 안정기는 옥내배선과 직접 접속하여 시설할 것

95 KEC 351.4(특고압용 변압기의 보호장치)

뱅크용량의 구분	동작조건	장치의 종류
5,000[kVA] 이상 10,000[kVA] 미만	변압기 내부고장	자동차단장치 또는 경보장치
10,000[kVA] 이상	변압기 내부고장	자동차단장치
타냉식 변압기 (변압기의 권선 및 철심을 직접 냉각 - 냉매강제순환)	냉각장치 고장, 변압기 온도가 현저히 상승	경보장치

96 주공기탱크 압력계 최고눈금 : 1.5배 이상 3배 이하

97 KEC 132(전로의 절연저항 및 절연내력)

접지방식	최대사용전압	시험전압(최대사용전압배수)	최저시험전압
비접지	7[kV] 이하	1.5배	
	7[kV] 초과	1.25배	10.5[kV]
중성점 접지	60[kV] 초과	1.1배	75[kV]
중성점 직접접지	60[kV] 초과 170[kV] 이하	0.72배	
	170[kV] 초과	0.64배	
중성점 다중접지	25[kV] 이하	0.92배	

※ 전로에 케이블을 사용하는 경우에는 직류로 시험할 수 있으며, 시험전압은 교류의 경우의 2배가 된다.
∴ 시험전압 $= 22,900 \times 0.92 \times 2(직류) = 42,136[V]$

98 KEC 222.7/332.5(저·고압 가공전선의 높이)

설치장소		가공전선의 높이
도로횡단		지표상 6[m] 이상
철도 또는 궤도횡단		레일면상 6.5[m] 이상
횡단보도교 위	저 압	노면상 3.5[m] 이상. 단, 절연전선의 경우 3[m] 이상
	고 압	노면상 3.5[m] 이상

99 ※ KEC(한국전기설비규정)의 적용으로 문제가 성립되지 않음

100 ※ KEC(한국전기설비규정)의 적용으로 문제가 성립되지 않음

2019년 제1회 기출문제

page 120

1	2	3	4	5	6	7	8	9	10	11	12	13	14	15	16	17	18	19	20
④	④	③	①	③	①	②	③	②	①	①	①	②	③	①	③	①	③	④	②
21	22	23	24	25	26	27	28	29	30	31	32	33	34	35	36	37	38	39	40
①	②	①	④	①	④	②	③	②	③	②	③	④	①	④	④	④	④	①	③
41	42	43	44	45	46	47	48	49	50	51	52	53	54	55	56	57	58	59	60
②	①	①	④	①	①	②	③	②	①	③	②	③	④	④	③	①	④	②	③
61	62	63	64	65	66	67	68	69	70	71	72	73	74	75	76	77	78	79	80
③	①	④	③	③	②	③	④	①	①	②	①	①	④	③	③	②	②	②	②
81	82	83	84	85	86	87	88	89	90	91	92	93	94	95	96	97	98	99	100
②	②	×	×	③	①	③	②	×	②	×	①	②	①	④	③	①	①	④

※ : 문제삭제

01 에너지 $w = \dfrac{D^2}{2\varepsilon}$ 에서

유전율 $\varepsilon = \dfrac{D^2}{2w} = \dfrac{(2.4\times10^{-7})^2}{2\times 5.3\times 10^{-3}} \fallingdotseq 5.43\times 10^{-12}[\text{F/m}]$

02 유전체 경계면에서의 경계조건
- 전 계
  경계면에서 접선(수평)성분이 양측에서 같다.
  $E_{1t} = E_{2t}$
  ∴ $E_1 \sin\theta_1 = E_2 \sin\theta_2$
- 전속밀도
  경계면에서 법선(수직)성분이 양측에서 같다.
  $D_{1n} = D_{2n}$
  ∴ $D_1 \cos\theta_1 = D_2 \cos\theta_2$

03 와류손 $P_e = kf^2B^2$
∴ $P_e \propto B^2$
와류손은 자속밀도제곱에 비례한다.

04

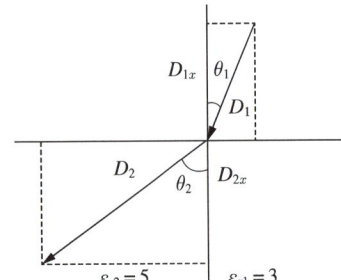

$D_2 = \varepsilon_0\varepsilon_{r2}E_2 = (100a_x + 150a_y - 200a_z)\varepsilon_0[\text{C/m}^2]$
경계 조건에 의하여
$D_{1x} = D_{2x}$, $E_{1y} = E_{2y}$, $E_{1z} = E_{2z}$ 임을 고려하면
$D_1 = \varepsilon_0\varepsilon_{r1}E_1 = \varepsilon_0 \times 3 \times \left[\dfrac{100}{3}a_x + 30a_y - 40a_z\right]$
$= (100a_x + 90a_y - 120a_z)\varepsilon_0$
$= 10(10a_x + 9a_y - 12a_z)\varepsilon_0[\text{C/m}^2]$

05 $dH = \dfrac{Idl}{4\pi r^2}\sin\theta$

$v = \dfrac{dl}{dt} \quad dl = vdt$

$\dfrac{I \cdot v \cdot dt}{4\pi r^2}\sin\theta$

$\left(I = \dfrac{dq}{dt} \text{에서 } I \cdot dt = dq\right)$

$\therefore \int \dfrac{dqv}{4\pi r^2}\sin\theta$

06 자위 $U = \dfrac{M}{4\pi\mu}\omega = \dfrac{I}{4\pi}\omega = \dfrac{I}{2}(1-\cos\theta)$

$\omega = 2\pi(1-\cos\theta)$

07 전계의 세기 $E = \dfrac{\rho_L}{2\pi\varepsilon_0 r} = \dfrac{2\pi \times 10^{-3}}{2\pi\varepsilon_0 r} = \dfrac{10^{-3}}{\varepsilon_0}$

$V = -\int_\infty^r E = \int_r^\infty E = \int_2^4 \dfrac{2\pi \times 10^{-3}}{2\pi\varepsilon_0 r} \cdot dr$

$= \dfrac{10^{-3}}{\varepsilon_0}\ln r \Big|_2^4 = \dfrac{10^{-3}}{\varepsilon_0}(\ln 4 - \ln 2)$

$\dfrac{10^{-3}}{\varepsilon_0}\ln\dfrac{4}{2} = \dfrac{10^{-3}}{\varepsilon_0}\ln 2 [\text{V}]$

08 힘 $F = IBl\sin\theta$
힘 $F' = 2IB2l\sin\theta = 4IBl\sin\theta$
$\therefore$ 4배

09 상호인덕턴스 $M = \dfrac{N_B L_A}{N_A} = \dfrac{200 \times 360}{3{,}000} = 24 [\text{mH}]$

10 ① $\text{div}B = 0$

11 자기저항 $R_m = \dfrac{l}{\mu S}$
투자율에 반비례한다.

12 영상법, 접지구도체에서

- 영상전하의 위치 $x = \dfrac{a^2}{d}[\text{m}]$
- 영상전하의 크기 $Q' = -\dfrac{P_{12}}{P_{11}}Q = -\dfrac{a}{d}Q[\text{C}]$
- 작용하는 힘

$$F = \dfrac{Q\left(-\dfrac{a}{d}\right)Q}{4\pi\varepsilon_0\left(d-\dfrac{a^2}{d}\right)^2} = -\dfrac{adQ^2}{4\pi\varepsilon_0(d^2-a^2)^2}[\text{N}] \text{ (흡인력)}$$

13 힘 $F = I \times Bl = 50a_y \times (0.6a_x - 0.5a_y + a_z) \times 0.08$
$= (-30a_z + 50a_x) \times 0.08 = 4a_x - 2.4a_z \text{[N]}$

14 평행도선 사이의 작용력
$$F = \frac{\mu_0 I_1 I_2}{2\pi d} = \frac{2I_1 I_2}{d} \times 10^{-7} \text{[N/m]}$$

15
- $J = \chi H \text{[Wb/m}^2\text{]}$
- $\mu = \mu_0 + \chi \text{[H/m]}$
- $B = \mu H \text{[Wb/m}^2\text{]}$, $\mu_s = \frac{\mu}{\mu_0} = \frac{\mu_0 + \chi}{\mu_0} = 1 + \frac{\chi}{\mu_0}$
- $B = \mu_0 H + J = \mu_0 H + \chi H = (\mu_0 + \chi)H = \mu_0 \mu_s H \text{[Wb/m}^2\text{]}$

16 저항의 계산 $R = \frac{\rho \varepsilon}{C} = \frac{\varepsilon}{\sigma C} [\Omega]$

여기서 R : 저항, ρ : 고유저항, C : 정전용량, ε : 유전율, σ : 도전율(전도율)

17 고유임피던스 $Z_0 = \sqrt{\frac{\mu_0 \mu_s}{\varepsilon_0 \varepsilon_s}} = 377\sqrt{\frac{\mu_s}{\varepsilon_s}} \fallingdotseq 39.7 [\Omega]$

18 $W = nev = 3 \times 10^{15} \times 1.602 \times 10^{-19} \times 15 \times 10^6$

$\eta = \frac{nev}{P} \times 100 = \frac{3 \times 10^{15} \times 1.602 \times 10^{-19} \times 15 \times 10^6}{150 \times 10^3} \times 100 \fallingdotseq 0.048 \times 100 = 4.8 [\%]$

19 자속밀도 $B = \frac{\phi}{S} = \frac{6 \times 10^{-4}}{4 \times 10^{-4}} = 1.5 \text{[Wb/m}^2\text{]}$, $B = \mu H$

철심의 비투자율
$\mu_s = \frac{B}{\mu_0 H} = \frac{1.5}{4\pi \times 10^{-7} \times 2,800} \fallingdotseq 426.3$

20 도체의 성질과 전하분포
- 도체 내부 전계의 세기는 0이다.
- 도체 내부는 중성이라 전하를 띠지 않고 도체 표면에만 전하가 분포한다.
- 도체 면에서의 전계의 세기는 도체 표면에 항상 수직이다.
- 도체 표면에서 전하 밀도는 곡률이 클수록, 곡률 반지름은 작을수록 높다.

21 인덕턴스 $L = 0.05 + 0.4605 \log_{10} \frac{D}{r}$

$\therefore L \propto D$

선간거리가 증가하면 인덕턴스는 증가한다.

22 전기방식별 비교(전력손실비 = 전선중량비)

종 별	전 력(P)	1선당 공급전력	1선당 공급전력 비교	전력손실비	손 실
$1\phi 2W$	$VI\cos\theta$	$1/2P = 0.5P$	$100[\%]$	24	$2I^2R$
$1\phi 3W$	$2VI\cos\theta$	$2/3P = 0.67P$	$133[\%]$	9	
$3\phi 3W$	$\sqrt{3}\,VI\cos\theta$	$\sqrt{3}/3P = 0.58P$	$115[\%]$	18	$3I^2R$
$3\phi 4W$	$3VI\cos\theta$	$3/4P = 0.75P$	$150[\%]$	8	

전력손실비 $\dfrac{3\phi 3W}{1\phi 2W} = \dfrac{18}{24} = \dfrac{3}{4}$

23
- PT : 2차 측 개방 $\Rightarrow$ 과전류에 의한 과열소손방지
- CT : 2차 측 단락 $\Rightarrow$ 과전압에 의한 절연파괴방지

24 역률개선 효과 : 전압강하 경감, 전력손실 경감, 설비용량의 여유분 증가, 전력요금의 절약

25 $P = 9.8QH\eta = 9.8 \times 20 \times (300 \times 0.94) \times 0.9 \times 0.98 ≒ 48,749.9\,[\text{kW}]$

26 $Z_0 = \sqrt{\dfrac{Z}{Y}} = \sqrt{\dfrac{330}{1.875 \times 10^{-3}}} ≒ 420\,[\Omega]$

27 리클로저(재폐로 차단기) : 고장전류를 검출 후 고속차단하고 자동 재폐로 동작을 수행하여 고장 구간 분리 및 재송전하는 장치이다.

28
$E_S = AE_R + BI_R$
$I_S = CE_R + DI_R$

$\begin{bmatrix} E_S \\ I_S \end{bmatrix} = \begin{bmatrix} A & B \\ C & D \end{bmatrix} \begin{bmatrix} E_R \\ I_R \end{bmatrix}$

$\begin{bmatrix} E_R \\ I_R \end{bmatrix} = \begin{bmatrix} A & B \\ C & D \end{bmatrix}^{-1} \begin{bmatrix} E_S \\ I_S \end{bmatrix}$

$\begin{bmatrix} E_R \\ I_R \end{bmatrix} = \dfrac{1}{AD-BC} \begin{bmatrix} D & -B \\ -C & A \end{bmatrix} \begin{bmatrix} E_S \\ I_S \end{bmatrix}$ ($\because AD - BC = 1$)

$E_R = DE_S - BI_S$

29 지락전류 $I_g = \dfrac{E}{X_C} = \dfrac{E}{\dfrac{1}{j3\omega C_s}} = j3\omega C_s E$

C_s : 대지정전용량

30 사고별 보호계전기
- 단락사고 : 과전류계전기(OCR)
- 지락사고 : 선택접지계전기(SGR), 접지변압기(GPT) – 영상전압 검출, 영상변류기(ZCT) – 영상전류 검출

31 이상전압의 방지대책
- 매설지선 : 역섬락 방지, 철탑 접지저항의 저감
- 가공지선 : 직격뢰 차폐
- 피뢰기 : 이상전압에 대한 기계, 기구 보호
- 코로나 방지(송전용량 증가) : 복도체

32

구 분	특 징	
	투과파	반사파
$Z_1 \neq Z_2$	$e_3 = \dfrac{2Z_2}{Z_1 + Z_2} e_1$	$e_3 = \dfrac{Z_2 - Z_1}{Z_1 + Z_2} e_1$
$Z_1 = Z_2$	진행파 모두 투과	무반사
$Z_2 = 0$ 종단 접지	투과계수 2	반사계수 1
$Z_2 = \infty$ 종단 개방	투과계수 0	반사계수 −2

$$Z_1 = \cfrac{1}{\cfrac{1}{Z_2} + \cfrac{1}{Z_3}}, \quad \cfrac{1}{Z_1} = \cfrac{1}{\cfrac{1}{\cfrac{1}{Z_2} + \cfrac{1}{Z_3}}}, \quad \cfrac{1}{Z_1} = \cfrac{1}{Z_2} + \cfrac{1}{Z_3}$$

33 캐스케이딩 현상
- 저압선의 일부 고장으로 건전한 변압기의 일부 또는 전부가 차단되어 고장이 확대되는 현상
- 대책 : 뱅킹 퓨즈(구분 퓨즈) 사용

34 SF_6 가스의 성질
- 무색, 무취, 무독, 불활성(난연성) 기체이다.
- 절연내력은 공기의 약 3배로 절연내력이 우수하다.
- 차단기의 소형화가 가능하다.
- 소호능력이 공기의 약 100~200배로 우수하다.
- 밀폐구조이므로 소음이 없고 신뢰도가 높다.

35 캘빈 법칙 : 경제적인 전선의 굵기를 선정할 때 쓰는 법칙

36 시한특성
- 순한시 계전기 : 최소동작전류 이상의 전류가 흐르면 즉시 동작, 고속도 계전기(0.5~2[Cycle])
- 정한시 계전기 : 동작전류의 크기에 관계없이 일정 시간에 동작
- 반한시 계전기 : 동작전류가 작을 때는 동작시간이 길고, 동작전류가 클 때는 동작시간이 짧다.
- 반한시성 정한시 계전기 : 반한시 + 정한시 특성

37 복도체(다도체) 방식의 주목적 : 코로나 방지
- 인덕턴스는 감소, 정전용량은 증가
- 같은 단면적의 단도체에 비해 전력용량의 증대
- 코로나의 방지, 코로나 임계전압의 상승
- 송전용량의 증대
- 소도체 충돌현상(대책 : 스페이서의 설치)
- 단락 시 대전류 등이 흐를 때 소도체 사이에 흡인력이 발생

38 중성점 접지방식

방 식	보호계전기동작	지락전류	전위상승	과도안정도	유도장해	특 징
직접접지 22.9, 154, 345[kV]	확실	크다.	1.3배	작다.	크다.	중성점 영전위 단절연 가능
저항접지	↓	↓	$\sqrt{3}$ 배	↓	↓	
비접지 3.3, 6.6[kV]	×	↓	$\sqrt{3}$ 배	↓	↓	저전압 단거리
소호리액터접지 66[kV]	불확실	0	$\sqrt{3}$ 배 이상	크다.	작다.	병렬 공진

39 캐비테이션
- 수차를 돌리고 나온 물이 흡출관을 통과할 때 흡출관의 중심부에 진공상태를 형성하는 현상이다.
- 방지방법 : 흡출수두를 낮춘다.

40 %임피던스 $\%Z = \dfrac{PZ}{10V^2} = \dfrac{100 \times 10^3 \times 8}{10 \times 154^2} \fallingdotseq 3.37\,[\%]$

41 발전기 최대출력(P_m) $= \dfrac{\sqrt{\cos^2\theta + (\sin\theta + x_s)^2}}{x_s} P_n$

$= \dfrac{\sqrt{0.8^2 + (0.6 + 0.8)^2}}{0.8} \times 5{,}000 \fallingdotseq 10{,}000\,[\text{kW}]$

42

```
          ┌ 전기적 ┬ 철손 ┬ 히스테리시스손
          │        │      └ 와류손
손실 ─────┤        └ 동손
          │
          └ 기계적 : 풍손, 베어링손, 마찰손 등이 있다.
```

43
- 분권 : 분권발전기에서 계자권선은 전기자와 병렬로 되어 있다.
- 직권 : 직권은 계자권선과 전기자권선이 직렬로 접속된다.

44 1차 기전력 $E_1 = 4.44 f\phi N_1$

이때, 자속 $\phi = \dfrac{E_1}{4.44 f N_1} = \dfrac{6{,}600}{4.44 \times 60 \times 1{,}200} \fallingdotseq 0.021$

45 **과정류** : 정류 초기에 브러시(전단부)에서 전류가 지나치게 급히 변화되어 높은 전압이 발생 브러시 앞(전단)부분에서 불꽃 발생한다.

46 유도전동기의 속도제어
- 농형 유도전동기 : 주파수변환법(VVVF), 극수변환법, 전압제어법
- 권선형 유도전동기 : 2차 저항법, 2차 여자법, 종속 접속법

47 $E = 4.44 f \phi N$

$E = 4.44 f B A N$

$B = \dfrac{E}{4.44 f A N}$ 이므로 $B \propto \dfrac{1}{f}$ 의 관계이다.

즉, $B' = \dfrac{f}{f'} B = \dfrac{60}{50} B$

∴ $B' = \dfrac{6}{5} B$

48 변압기 V결선

- 출력비 $= \dfrac{P_V}{P_\triangle} = \dfrac{\sqrt{3}\, V_2 I_2}{3 V_2 I_2} \fallingdotseq 0.577 = 57.7[\%]$

- 이용률 $= \dfrac{\sqrt{3}\, V_2 I_2}{2 V_2 I_2} = \dfrac{\sqrt{3}}{2} \fallingdotseq 0.866 = 86.6[\%]$

49 유도전동기의 기동법

		특 징	용 량
농 형	전전압 기동법 (직입 기동법)	직접 정격전압을 인가하여 기동, 기동전류가 정격 전류 4~6배 정도	5[kW] 이하
	Y-△ 기동	기동 시 고정자권선을 Y로, 접속하여 기동전류 감소 정격속도가 되면 △로 변경, 기동전류와 기동토크가 각각 $\dfrac{1}{3}$ 배로 감소	5~15[kW] 이하
	기동보상기법	전동기 1차 쪽에 강압용 단권변압기를 설치하여 전공기에 인가되는 전압을 감소시켜서 기동	15[kW] 이상
	리액터 기동	전동기 1차 측에 리액터를 설치 후 조정하여 전동기 인가전압 제어	
권선형	2차 저항 기동법	비례추이 이용 : 2차 회로 저항값 증가 - 토크 증가, 기동 전류 억제, 속도 감소, 운전특성 불량, 게르게스법	

50 매극 매상의 슬롯수가 1이면 유도기전력은 매극 매상의 코일변을 형성하는 각 도체의 유도기전력 사이에 위상차가 없는 경우이며, 이와 같은 권선법을 집중권이라고 한다.

51
- 인버터를 사용하여 $N_s = \dfrac{120 f}{p}$ 에서 주파수 f를 변환시켜 속도를 제어하는 방법이다.
- 자속을 일정하게 유지하기 위하여 $\dfrac{V_1}{f}$ 을 일정하게 한다.
- 선박추진기, 포트모터(인견공업용 전동기) 등에 사용된다.

52 3상 유도전압조정기는 구조상 유도기와 비슷하고 3상 유도전압조정기는 3상 유도전동기를 응용한 전압조정기이다.

53 맥동률 $= \dfrac{교류분}{직류분} \times 100 = \sqrt{\dfrac{실횻값^2 - 평균값^2}{평균값^2}} \times 100$

정류 종류	단상 반파	단상 전파	3상 반파	3상 전파
맥동률[%]	121	48	17.7	4.04
맥동주파수[Hz]	f	$2f$	$3f$	$6f$
정류효율[%]	40.6	81.1	96.7	99.8

54 동기전동기의 공급전압과 부하를 일정하게 유지하면서 계자전류를 변화시키면 전기자의 크기가 변화할 뿐 아니라 단자전압과 전기자전류의 위상, 즉 역률($\cos\theta$)이 변화하는데 이 변화되는 정도를 표현한 것이 V위상 특성곡선이다.

55 기동 보상기법 : 단권 변압기에 의하여 전동기의 단자전압을 전원전압보다 낮게 하여 기동하고 운전 시에는 전전압을 공급한다.

56 부하전류가 연속인 경우
$$E_d = \frac{2\sqrt{2}}{\pi} E \cdot \cos\alpha = \frac{2\sqrt{2}}{\pi} \times 100 \times \cos 30° ≒ 77.9[\text{V}]$$

57 토크 $T = \frac{Pz}{2\pi a}\phi I_a = kI_a[\text{N} \cdot \text{m}]$
$T[\text{kg} \cdot \text{m}] : T'[\text{kg} \cdot \text{m}] = I_a : I_a'$
$T' = \left(\frac{I_a'}{I_a}\right) \times T = \left(\frac{120}{100}\right) \times 50 = 60[\text{kg} \cdot \text{m}]$

58 비례추이의 원리(권선형 유도전동기)
$$\frac{r_2}{s_m} = \frac{r_2 + R_s}{s_t}$$
- 최대토크가 발생하는 슬립점이 2차 회로의 저항에 비례해서 이동한다.
- 슬립은 변화하지만 최대토크 $\left(T_{\max} = K\frac{E_2^2}{2r_2}\right)$는 불변한다.
- 2차 저항을 크게 하면 기동전류는 감소하고 기동토크는 증가한다.

59 단락비가 큰 기계(철기계)

특 성	
• 동기임피던스가 작다. • 전압 변동이 작다. • 공극이 크다. • 전기자 반작용이 작다. • 계자의 기자력이 크다. • 전기자 기자력은 작다. • 출력이 향상된다. • 자기여자를 방지할 수 있다.	• 철손이 크다. • 효율이 나쁘다. • 설비비가 고가이다. • 단락전류가 커진다.

단락비가 작은 동기계는 철기계와 상반된 특성을 가지나 발전기 특성면에서 단락비가 큰 기계보다는 떨어진다.

60
$$\frac{1}{m} = \sqrt{\frac{P_i}{P_c}} = \frac{3}{4} = 0.75$$
$$\therefore \frac{P_i}{P_c} = 0.75^2 = \frac{9}{16}$$

61 루프(Loop)는 시작한 곳으로 피드백되는 궤적을 말한다.

62 모든 항이 존재하고 부호가 (+)를 가지면 안정 필요조건을 만족

63 바로 동작하고 ⇒ 순시동작
일정시간이 지난 후에 출력이 소멸 ⇒ 한시복귀
∴ 순시동작 한시복귀

64 $s(s^2+5s+4)+K=0$

$\underbrace{①s^3+⑤s^2+④s+⑥}_{20}=0$

$20>K>0,\ K>0$

65 $\dfrac{(1-e^{-aT})z}{(z-1)(z-e^{-aT})}=z\left\{\dfrac{K_1}{(z-1)}+\dfrac{K_2}{(z-e^{-aT})}\right\}$

$K_1=\lim\limits_{z\to 1}\dfrac{1-e^{-aT}}{z-e^{-aT}}=\dfrac{1-e^{-aT}}{1-e^{-aT}}=1$

$K_2=\lim\limits_{z\to e^{-aT}}\dfrac{1-e^{-aT}}{z-1}=\lim\limits_{z\to e^{-aT}}\dfrac{1-e^{-aT}}{-(1-z)}=\lim\limits_{z\to e^{-aT}}\dfrac{1-e^{-aT}}{-(1-e^{-aT})}=-1$

$\dfrac{z}{z-1}-\dfrac{z}{z-e^{-aT}}=1-e^{-aT}$

66 단위계단, 정속도, 정가속도, 임펄스 이렇게 4가지가 입력으로 사용된다.

67 • 극점 : 0, -1, 4
• 영점 : 1

$\dfrac{P_T-Z_T}{P_N-Z_N}=\dfrac{3-1}{3-1}=1$

68 $\Phi(t)$ = 천이행렬

① $\Phi(t)=e^{At}$

② $\dfrac{d\Phi(t)}{dt}=\dfrac{de^{At}}{dt}=A\cdot e^{At}=A\cdot\Phi(t)$

③ $\Phi(t)=\mathcal{L}^{-1}[(sI-A)^{-1}]$

69 $G(s)=\dfrac{C}{R}=\dfrac{G_1+G_2}{1-G_1H_1}$

$P_1=G_1$
$P_2=G_2$
$L=G_1H_1$

70 $1.2+0.02s=0$
$0.02s=-1.2$
$s=\dfrac{-1.2}{0.02}=-60$

71 제3고조파 전류의 실횻값

$$I_3 = \frac{V_3}{Z_3} = \frac{V_3}{\sqrt{R^2+(3\omega L)^2}} = \frac{75}{\sqrt{4^2+(1\times 3)^2}} = 15\,[\text{A}]$$

72 △결선일 때

$$V_l = V_p,\ I_l = \sqrt{3}\,I_p$$

선전류 $I_l = \sqrt{3}\,I_p = \sqrt{3}\times\dfrac{V_p}{Z} = \sqrt{3}\times\dfrac{200}{\sqrt{6^2+8^2}} = 20\sqrt{3}\,[\text{A}]$

73
- 무왜형 조건 : $RC = LG$
- 무손실 조건 : $R = G = 0$
- 특성임피던스 $Z_0 = \sqrt{\dfrac{Z}{Y}} = \sqrt{\dfrac{L}{C}}$
- 전파정수 $\gamma = \sqrt{ZY} = \alpha + j\beta$, α : 감쇠량, β : 위상정수
- 전파속도 $v = \dfrac{\omega}{\beta} = \dfrac{\omega}{\omega\sqrt{LC}} = \dfrac{1}{\sqrt{LC}}\,[\text{m/s}]$
- 무손실 : 감쇠정수 0, 위상정수 $j\omega\sqrt{LC}$
- 무왜형 : 감쇠정수 $\sqrt{RG}$, 위상정수 $j\omega\sqrt{LC}$

74 $v = L\dfrac{di}{dt}$

$$\dfrac{di}{dt} = \dfrac{v}{L} = \dfrac{10}{1} = 10\,[\text{A/s}]$$

75 $\displaystyle\lim_{s\to 0} s\,\dfrac{2s+15}{s^3+s^2+3s} = \lim_{s\to 0}\dfrac{2s+15}{s^2+s+3} = \dfrac{15}{3} = 5$

76 대칭 5상 Y결선(성형결선)
선간전압과 상전압 간의 위상차 54°만큼 앞선다.
여기서, $\theta = \dfrac{\pi}{2}\left(1-\dfrac{2}{n}\right) = \dfrac{\pi}{2}\left(1-\dfrac{2}{5}\right) = 54°$

77

파 형		실횻값(V)	평균값(V_{av})	파형률	파고율
전 파	정현파	$\dfrac{V_m}{\sqrt{2}}$	$\dfrac{2}{\pi}V_m$	1.11	1.414
	구형파	V_m	V_m	1	1
	삼각파(톱니파)	$\dfrac{V_m}{\sqrt{3}}$	$\dfrac{V_m}{2}$	1.155	1.732
반 파	정현파	$\dfrac{1}{2}V_m$	$\dfrac{V_m}{\pi}$	$\dfrac{\pi}{2}$	2

78 테브난 저항(전압원 단락, 전류원 개방)

$$Z_{ab} = \dfrac{R_1 R_2}{R_1+R_2} + j\omega L = \dfrac{15\times 10}{15+10} + 2s = 6 + 2s$$

79
$$V_1 = \frac{1}{3}(V_a + aV_b + a^2 V_c)$$
$$= \frac{1}{3}(V_a + a \cdot a^2 V_a + a^2 \cdot aV_a)$$
$$= \frac{1}{3}(V_a + a^3 V_a + a^3 V_a)$$
$$= \frac{1}{3}(3 \cdot V_a) = V_a$$
$(a^3 = 1)$

80 전력 $P = \frac{100}{\sqrt{2}} \times \frac{20}{\sqrt{2}} \cos 0° + \frac{-50}{\sqrt{2}} \times \frac{10}{\sqrt{2}} \cos 60° + \frac{20}{\sqrt{2}} \times \frac{5}{\sqrt{2}} \cos 90° = 875 [W]$

81 KEC 223.1/334.1(지중전선로의 시설)
- 사용전선 : 케이블, 트로프를 사용하지 않을 경우는 CD(콤바인덕트)케이블을 사용한다.
- 매설방식 : 직접 매설식, 관로식, 암거식(공동구)
- 직접 매설식의 매설깊이 : 트로프 기타 방호물에 넣어 시설

장 소	차량, 기타 중량물의 압력	기 타
깊 이	1.0[m] 이상	0.6[m] 이상

82 KEC 351.4(특고압용 변압기의 보호장치)

뱅크용량의 구분	동작조건	장치의 종류
5,000[kVA] 이상 10,000[kVA] 미만	변압기 내부고장	자동차단장치 또는 경보장치
10,000[kVA] 이상	변압기 내부고장	자동차단장치
타냉식 변압기 (변압기의 권선 및 철심을 직접 냉각 - 냉매강제순환)	냉각장치 고장, 변압기 온도가 현저히 상승	경보장치

83 ※ KEC(한국전기설비규정)의 적용으로 문제가 성립되지 않음

84 ※ KEC(한국전기설비규정)의 적용으로 문제가 성립되지 않음

85 ※ KEC(한국전기설비규정)의 적용으로 문제가 성립되지 않음

86 KEC 222.21/332.21(저·고압 가공전선과 가공약전류전선 등의 공용설치), 333.19(특고압 가공전선과 가공약전류전선 등의 공용설치)

구 분	저 압	고 압	특고압
약전선(케이블)	0.75[m] 이상(0.3[m])	1.5[m] 이상(0.5[m])	2[m] 이상(0.5[m])
기 타	• 저·고압 - 전선로의 지지물로서 사용하는 목주의 풍압하중에 대한 안전율은 1.5 이상일 것 - 상부에 가공전선을 시설하며 별도의 완금류에 시설할 것 • 특고압 - 제2종 특고압 보안공사에 의할 것 - 사용전압 35[kV] 이하에서만 시설 - 21.67[kN] 이상의 연선, 50[mm^2] 이상인 경동연선 사용		

※ KEC(한국전기설비규정)의 적용으로 55[mm^2] 이상에서 50[mm^2] 이상으로 변경됨 〈2021.01.01.〉

87 KEC 234.14(수중조명등)
- 1차 전압 : 400[V] 이하
- 2차 전압 : 150[V] 이하(2차 측을 비접지식)
  - 30[V] 이하 : 금속제 혼촉방지판 설치
  - 30[V] 초과 : 전로에 지락이 생겼을 때에 자동적으로 전로를 차단하는 장치(정격감도전류 30[mA] 이하)

88 KEC 242.4(위험물 등이 존재하는 장소)

금속관공사	폭연성 먼지에 준함
케이블공사	
합성수지관공사	두께 2[mm] 이상, 부식 방지, 먼지 침투 방지

89 KEC 333.30(특고압 가공전선과 식물의 간격)

구 분	간 격
식 물	• 60[kV] 이하 : 2[m] • 60[kV] 초과 : 2[m] + N

단수 = 60[kV] 초과분/10[kV](반드시 절상하여 계산), N = 단수 × 0.12[m]

단수 = $\frac{154-60}{10}$ = 9.4 ≒ 10

∴ 간격 = 2 + 10 × 0.12 = 3.2[m]

90 ※ KEC(한국전기설비규정)의 적용으로 문제가 성립되지 않음

91 KEC 222.22(농사용 저압 가공전선로의 시설)
- 사용전압은 저압일 것
- 저압 가공전선은 인장강도 1.38[kN] 이상의 것 또는 지름 2[mm] 이상의 경동선일 것
- 저압 가공전선의 지표상의 높이는 3.5[m] 이상일 것. 다만, 사람이 출입하지 아니하는 곳은 3[m]
- 목주의 굵기는 위쪽 끝 지름이 0.09[m] 이상일 것
- 전선로의 지지물 간 거리는 30[m] 이하일 것
- 다른 전선로에 접속하는 곳 가까이에 그 저압 가공전선로 전용의 개폐기 및 과전류차단기를 각 극(과전류차단기는 중성극을 제외한다)에 시설할 것

92 ※ KEC(한국전기설비규정)의 적용으로 문제가 성립되지 않음

93 KEC 221.2/331.13(옥측전선로)
- 저압 : 애자공사(전개된 장소), 합성수지관공사, 목조 이외(금속관공사, 버스덕트공사, 케이블공사)
- 고압 : 케이블공사
- 특고압 : 100[kV]를 초과할 수 없다.

94 KEC 351.3(발전기 등의 보호장치)
- 발전기에 과전류나 과전압이 생긴 경우
- 압유장치 유압이 현저히 저하된 경우
  - 수차발전기 : 500[kVA] 이상
  - 풍차발전기 : 100[kVA] 이상
- 스러스트 베어링의 온도가 현저히 상승한 경우 : 2,000[kVA] 이상
- 내부고장이 발생한 경우 : 10,000[kVA] 이상

95 KEC 342.1(고압 옥내배선 등의 시설)
고압 옥내배선과 타 시설물과의 간격
- 다른 고압 옥내배선・저압 옥내배선・관등회로의 배선・약전류 전선 : 0.15[m]
- 수관・가스관이나 이와 유사한 것과 접근하거나 교차하는 경우 : 0.15[m]

96 KEC 132(전로의 절연저항 및 절연내력)

접지방식	최대사용전압	시험전압(최대사용전압배수)	최저시험전압
비접지	7[kV] 이하	1.5배	
	7[kV] 초과	1.25배	10.5[kV]
중성점 접지	60[kV] 초과	1.1배	75[kV]
중성점 직접접지	60[kV] 초과 170[kV] 이하	0.72배	
	170[kV] 초과	0.64배	
중성점 다중접지	25[kV] 이하	0.92배	

※ 전로에 케이블을 사용하는 경우에는 직류로 시험할 수 있으며, 시험전압은 교류의 경우의 2배가 된다.
∴ 시험전압 = 22,900 × 0.92 = 21,068[V]

97 KEC 232.71(라이팅덕트공사)
- 지지점 : 2[m] 이하
- 끝부분 막고, 개구부는 아래로 향해 시설

98 KEC 232.31(금속덕트공사)
- 전선은 절연전선(옥외용 비닐절연전선을 제외한다)일 것
- 전선 단면적 : 덕트 내부 단면적의 20[%] 이하(제어회로 등 50[%] 이하)
- 지지점 간의 거리 : 3[m] 이하(취급자 외 출입 없고 수직인 경우 : 6[m] 이하)
- 폭 40[mm] 이상, 두께 1.2[mm] 이상인 철판 또는 동등 이상의 기계적 강도를 가지는 금속제의 것으로 제작한 것
- 211(감전에 대한 보호), 140(접지시스템)의 규정에 의해 접지공사

99 KEC 223.2/334.2(지중함의 시설)
- 지중함은 견고하고 차량 기타 중량물의 압력에 견디는 구조일 것
- 지중함은 그 안의 고인 물을 제거할 수 있는 구조로 되어 있을 것
- 폭발성 또는 연소성의 가스가 침입할 우려가 있는 것에 시설하는 지중함으로서 그 크기가 1[m^3] 이상인 것에는 통풍장치 기타 가스를 방산시키기 위한 장치를 시설할 것
- 지중함의 뚜껑은 시설자 이외의 자가 쉽게 열 수 없도록 시설할 것

100 KEC 333.14(이상 시 상정하중)
이상 시 상정하중은 풍압하중을 말하면 풍압하중은 풍압이 전선로에 직각방향으로 가하여지는 경우의 하중이다.

2019년 제2회 기출문제

page 133

1	2	3	4	5	6	7	8	9	10	11	12	13	14	15	16	17	18	19	20
①	④	②	①	④	④	④	①	①	①	③	①	④	②	③	②	③	③	②	③
21	22	23	24	25	26	27	28	29	30	31	32	33	34	35	36	37	38	39	40
④	③	②	③	①	②	③	④	①	④	③	②	③	②	③	①	②	①	④	④
41	42	43	44	45	46	47	48	49	50	51	52	53	54	55	56	57	58	59	60
①	①	①	③	③	④	①	②	②	①	③	●	③	②	③	②	②	③	②	③
61	62	63	64	65	66	67	68	69	70	71	72	73	74	75	76	77	78	79	80
①	④	①	④	②	④	④	③	①	③	②	②	③	④	②	①	①	③	②	②
81	82	83	84	85	86	87	88	89	90	91	92	93	94	95	96	97	98	99	100
×	①	×	①	②	③	②	×	×	④	②	×	×	③	②	①	②	②	④	③

● : 전항정답 / × : 문제삭제

01 코일 중심의 자계

정3각형	정4각형	정6각형	원에 내접 n각형
$H = \dfrac{9I}{2\pi l}$	$H = \dfrac{2\sqrt{2}\,I}{\pi l}$	$H = \dfrac{\sqrt{3}\,I}{\pi l}$	$H_n = \dfrac{nI\tan\dfrac{\pi}{n}}{2\pi R}$

02 자속 $\phi = \dfrac{F}{R_m} = \dfrac{NI}{\dfrac{l}{\mu S}} = \dfrac{\mu SNI}{l}$ [Wb]

03 힘 $F = BlI\sin\theta = 0.3 \times 2 \times 5 \times \sin 60° ≒ 2.6$ [N]

04 전속 : 매질에 상관없이 불변한다.

$\phi = \int_S DdS = Q$

05 $V_{BA} = V_B - V_A = -\int_A^B E \cdot dl = -\int_0^{0.8} E \cdot dl = -[30l]_0^{0.8} = -24$ [V]

$E = 30$ [V/m], $V_A = 80$ [V], $V_{BA} = -24$ [V] 이므로

$V_B = V_A + V_{BA} = 80 - 24 = 56$ [V]

06 **스토크스의 정리** : 임의의 벡터에 대해 접선 방향에 대한 폐경로를 선적분한 값은 이 벡터를 회전시켜 법선 성분을 면적 적분한 값과 같다.

$\oint_C H \cdot dL = \int_S (\nabla \times H) \cdot dS$

07 $\dfrac{I}{2\pi a} = \dfrac{4I}{2\pi b}$

$\therefore \dfrac{a}{b} = \dfrac{1}{4}$

08 전류 $i = -\dfrac{dV}{Rds} = -\dfrac{1}{\rho}\dfrac{dV}{dl} = \dfrac{E}{\rho} = kE$

09

그림과 같이 전하 4×10^{-9}[C]이 존재하는 점 A와 점 P 사이의 거리는
$r = \sqrt{3^2 + 4^2} = 5$[m]이므로, 점 P의 전계의 세기(E)는
$E = 9 \times 10^9 \times \dfrac{Q}{r^2} = 9 \times 10^9 \times \dfrac{4 \times 10^{-9}}{5^2} = \dfrac{36}{25}$[V/m]

그리고 전계의 방향을 표시하는 단위벡터는 $\dfrac{r}{|r|} = \dfrac{3i + 4j}{5} = \dfrac{1}{5}(3i + 4j)$

4×10^{-9}
(3, 0, 0)
(6, 4, 0)

10 전하밀도 $\rho = \text{div}D = \left(\dfrac{\partial}{\partial x}i + \dfrac{\partial}{\partial y}j + \dfrac{\partial}{\partial z}k\right) \cdot (x^2 i + y^2 j + z^2 k) = \dfrac{\partial D_x}{\partial x} + \dfrac{\partial D_y}{\partial y} + \dfrac{\partial D_z}{\partial z}$

$= 2x + 2y + 2z = 2 + 4 + 6 = 12\,[\text{C/m}^3]$

11 $\text{grad}\,V = \nabla \cdot V = i\dfrac{\partial V}{\partial x} + j\dfrac{\partial V}{\partial y} + k\dfrac{\partial V}{\partial z}$

12 전력 $P = VI = \displaystyle\int_v E \cdot J dv$

13 쌍극자 모멘트 $M = ml\,[\text{Wb} \cdot \text{m}]$ 대입
자성체의 회전력 $T = M \times H$
$T = MH\sin\theta = mlH\sin\theta\,[\text{N} \cdot \text{m}] = 8 \times 10^{-6} \times 0.03 \times 120 \times \sin 30° = 1.44 \times 10^{-5}\,[\text{N} \cdot \text{m}]$

14 자기회로와 전기회로의 대응

자기회로	전기회로
자속 ϕ[Wb]	전류 I[A]
자계 H[A/m]	전계 E[V/m]
기자력 F[AT]	기전력 U[V]
자속밀도 B[Wb/m^2]	전류밀도 i[A/m^2]
투자율 μ[H/m]	도전율 k[℧/m]
자기저항 R_m[AT/Wb]	전기저항 R[Ω]

15 자기인덕턴스란 자신의 회로에 단위전류가 흐를 때의 자속 쇄교수를 말하며 항상 정(+)의 값을 갖는다. 반면에 상호인덕턴스는 두 회로 사이의 관계로 두 코일에 흐르는 전류가 만드는 자속이 같은 방향이면 정(+)의 값을 반대방향이면 부(−)의 값을 갖는다.

16 전파속도 $v = \dfrac{1}{\sqrt{\varepsilon\mu}} = \dfrac{1}{\sqrt{\varepsilon_0\mu_0}\cdot\sqrt{\varepsilon_r\mu_r}} = 3\times10^8 \times \dfrac{1}{\sqrt{\varepsilon_r\mu_r}}$ 에서

v와 $v_0(3\times10^8)$을 만족하기 위해서는 $\varepsilon_r = 1,\ \mu_r = 1$

17 에너지 $W = \dfrac{1}{2}LI^2 = \dfrac{1}{2}\dfrac{\phi}{I}I^2 = \dfrac{1}{2}\phi I = \dfrac{1}{2}\times 4\times 4 = 8\,[\text{J}]$

18 $RC = \rho\varepsilon = \dfrac{\varepsilon}{\sigma}$ 에서 $R = \dfrac{\varepsilon}{C\sigma} = \dfrac{\varepsilon}{\dfrac{2\pi\varepsilon l}{\ln\dfrac{r_2}{r_1}}\times\sigma} = \dfrac{1}{2\pi\sigma l}\ln\dfrac{r_2}{r_1}\,[\Omega]$

19 인덕턴스 $L = \dfrac{N\phi}{I} = \dfrac{N\dfrac{NI}{R_m}}{I} = \dfrac{N^2}{R_m} = \dfrac{\mu S N^2}{l}$

20 경계면의 양측에서 자속밀도의 법선성분은 서로 같다.
[별해] 경계면의 조건
- 유전체 $E_{t1} = E_{t2},\ D_{n1} = D_{n2}$
- 자성체 $H_{t1} = H_{t2},\ B_{n1} = B_{n2}$

21 복도체(다도체) 방식의 주목적 : 코로나 방지
- 인덕턴스는 감소, 정전용량은 증가
- 같은 단면적의 단도체에 비해 전력용량의 증대
- 코로나의 방지, 코로나 임계전압의 상승
- 송전용량의 증대
- 소도체 충돌현상(대책 : 스페이서의 설치)
- 단락 시 대전류 등이 흐를 때 소도체 사이에 흡인력이 발생

22 $W = P\cdot t = 9.8QH\eta t = 9.8\times 20\times 100\times 0.7\times 0.85\times 365\times 24 \fallingdotseq 10\times 10^7\,[\text{kWh}]$

23
- 전력손실 $P_L = 3I^2R = \dfrac{P^2R}{V^2\cos^2\theta} = \dfrac{P^2\rho l}{V^2\cos^2\theta\, A}\,[\text{W}]$

  여기서, P : 부하전력, ρ : 고유저항, l : 배전거리, V : 수전전압, $\cos\theta$: 부하역률, A : 전선의 단면적
- 경감방법 : 배전전압 승압, 역률 개선, 저항 감소, 부하의 불평형 방지

24 선택접지(지락) 계전기는 병행 2회선에서 1회선이 접지고장이나 지락이 발생할 때 회선의 선택 차단 시 사용한다.

25 **직류송전방식**
- 리액턴스 손실이 없다.
- 절연레벨이 낮다.
- 송전효율이 좋고 안정도가 높다.
- 차단기 설치 및 전압의 변성이 어렵다.
- 회전자계를 만들 수 없다.

교류송전방식
- 차단 및 전압의 변성(승압, 강압)이 쉽다.
- 회전자계를 만들 수 있다.
- 유도장해를 발생한다.

26 회전자의 고유 진동수와 일치하는 회전수로 공진이 발생되는 지점의 회전속도를 임계속도라 한다. 터빈속도가 변화할 때 임계속도에 도달되면 공진의 발생으로 진동이 급격히 증가. 안정된 운전을 위하여 임계속도 범위는 정격속도에서 상하 15~20[%] 이상 이격시킨다.

27 정격전압은 속류를 차단할 수 있는 교류의 최댓값에 대한 실횻값이다.

28 아킹혼(초호환, 초호각, 소호각) : 뇌로부터 애자련 보호, 애자의 전압분담 균일화

29 $E_S = AE_R + BI_R$
무부하 시 $I_R = 0$
$E_S = AE_R$
$E_R = \dfrac{E_S}{A}$

30 $P_S = \dfrac{100}{\%Z} \times P = \dfrac{100}{0.4} \times 10 = 2,500 [\mathrm{MVA}]$

31 **변전소 접지목적 3가지**
- 외함의 이상전압을 방지하여 인체의 접지사고 및 화재 방지
- 고·저압 혼촉으로 인한 저압측의 이상전압 방지
- 1선 지락 시 선로의 이상전압을 방지하여 기기의 절연보호

32. • 4단자 정수

$$\begin{bmatrix} E_s \\ I_s \end{bmatrix} = \begin{bmatrix} A & B \\ C & D \end{bmatrix} \begin{bmatrix} E_r \\ I_r \end{bmatrix} = \begin{matrix} AE_r + BI_r \\ CE_r + DI_r \end{matrix}$$

• T형 회로와 π형 회로의 4단자 정수값

		T형	π형
A	$\left.\dfrac{E_s}{E_r}\right\|_{I_r=0}$	$1+\dfrac{ZY}{2}$	$1+\dfrac{ZY}{2}$
B	$\left.\dfrac{E_s}{I_r}\right\|_{V_r=0}$	$Z\left(1+\dfrac{ZY}{4}\right)$	Z
C	$\left.\dfrac{I_s}{E_r}\right\|_{I_r=0}$	Y	$Y\left(1+\dfrac{ZY}{4}\right)$
D	$\left.\dfrac{I_s}{I_r}\right\|_{V_r=0}$	$1+\dfrac{ZY}{2}$	$1+\dfrac{ZY}{2}$

T형 송전단 전류

$I_s = YE_r + \left(1+\dfrac{ZY}{2}\right)I_r$

π형 송전단 전류

$I_s = Y\left(1+\dfrac{ZY}{4}\right)E_r + \left(1+\dfrac{ZY}{2}\right)I_r$

33. 합성 유효전력 $P_0 = P_1 + P_2$
합성 무효전력 $Q_0 = P_1\tan\theta_1 + P_2\tan\theta_2$

$\cos\theta = \dfrac{\text{유효분}}{\text{피상분}} = \dfrac{P_1 + P_2}{\sqrt{(P_1+P_2)^2 + (P_1\tan\theta_1 + P_2\tan\theta_2)^2}}$

34. $I_g = \sqrt{3}\,\omega CV$에서 C만의 회로는 전류가 전압보다 90° 앞서고 용량성(충전전류)이다.

35. **전선 굵기 3요소** : 허용전류, 전압강하, 기계적 강도

36. 루프 배전선의 이점은 선로의 도중에 고장 발생 시, 고장 개소의 분리조작이 용이하여 그 부분을 빨리 분리시킬 수 있고 전류의 통로에 융통성이 있으므로 전력손실과 전압강하가 적다.

37. 전력 $P = \dfrac{E_G E_M}{X}\sin\delta$

38. **전력계통의 연계방식**
    • 장 점
      – 전력의 융통으로 설비용량이 절감된다.
      – 건설비 및 운전 경비 절감으로 경제 급전이 용이하다.
      – 계통 전체로서의 신뢰도가 증가한다.
      – 부하 변동의 영향이 작아 안정된 주파수 유지가 가능하다.
    • 단 점
      – 연계설비를 신설해야 한다.
      – 사고 시 타 계통으로 파급 확대가 우려된다.
      – 병렬회로수가 많아져 단락전류가 증대하고 통신선의 전자유도장해가 커진다.

39 보호협조의 배열
- 리클로저(R) – 섹셔널라이저(S) – 전력 퓨즈(F)
- 섹셔널라이저는 고장전류 차단능력이 없으므로 리클로저와 직렬로 조합하여 사용한다.

40
- 특성 임피던스 $Z_0 = \sqrt{\dfrac{Z}{Y}}$, 전파정수 $\gamma = \sqrt{YZ}$
- 무부하시험에서 Y를 구하고, 단락시험에서는 Z를 구하여 특성 임피던스와 전파정수를 구할 수 있다.

41 변압기 병렬운전 조건
- 각 변압기의 극성이 같을 것
- 각 변압기의 권수비가 같고, 1차 및 2차의 정격전압이 같을 것
- 각 변압기의 백분율 임피던스강하가 같을 것
- 각 변압기의 $\dfrac{r}{x}$ 비가 같을 것

42 유도전동기의 회전속도 $N = (1-s)N_s$ 이고 동기속도 $N_s = \dfrac{120f}{p} = sN_s + (1-s)N_s$ 이므로, 회전속도는 N_s보다 sN_s만큼 떨어진다.

43 동기기에서 회전계자형을 쓰는 이유
- 전기자권선은 고전압에 결선이 복잡하며 대용량인 경우 전류도 커지고 3상 결선 시 인출선은 4개이다.
- 계자권선에 저압 직류회로로 소요동력이 적다(인출도선 2개).
- 절연이 용이하다.
- 전기자권선은 고전압에 유리하다(Y결선).
- 기계적으로 튼튼하다.

44 n차 고조파 분포권 계수(K_d)

$$K_d = \dfrac{\sin\dfrac{\pi}{2n}}{q\sin\dfrac{\pi}{2nq}} = \dfrac{\sin\dfrac{\pi}{2\times 3}}{3\sin\dfrac{\pi}{2\times 3\times 3}} = \dfrac{\sin\dfrac{\pi}{6}}{3\sin\dfrac{\pi}{18}} = \dfrac{\dfrac{1}{2}}{3\sin\dfrac{\pi}{18}} = \dfrac{1}{6\sin\dfrac{\pi}{18}}$$

45
$L\dfrac{di}{dt} = N\dfrac{d\phi}{dt}$

$\therefore L = \dfrac{N\phi}{I}$

그런데 자속 $\phi = \dfrac{\mu ANI}{l}$

$\therefore L = \dfrac{N \cdot \dfrac{\mu ANI}{l}}{I} = \dfrac{\mu AN^2}{l} \propto N^2$

46 단상 직권 정류자전동기(직권형, 보상 직권형, 유도보상 직권형)
- 만능 전동기(직·교류 양용)
- 정류 개선을 위해 약계자, 강전기자형 사용
- 역률 개선을 위해 보상권선을 설치
- 회전속도를 증가시킬수록 역률이 개선됨

47 전기자전류 $I_a = I + I_f = \dfrac{40 \times 10^3}{220} + \dfrac{220}{22} \fallingdotseq 191.82\,[\text{A}]$

$E = V + I_a R_a + e_a$ 에서 $R_a = \dfrac{E - V - e_a}{I_a} = \dfrac{230 - 220 - 5}{191.82} \fallingdotseq 0.026\,[\Omega]$

48 일반적으로 자기 포화 및 히스테리시스 현상이 있으므로 제3고조파가 가장 많이 포함된다.

49 회전속도 $N_s = \dfrac{\alpha}{360} \cdot f_s = \dfrac{2}{360} \times 1{,}800 = 10\,[\text{rps}]$

50 변압기 절연유의 구비조건
- 절연 내력이 클 것
- 점도가 작고 비열이 커서 냉각효과(열방사)가 클 것
- 인화점은 높고, 응고점은 낮을 것
- 고온에서 산화하지 않고, 침전물이 생기지 않을 것

51 동기발전기의 병렬운전 조건

필요조건	다른 경우 현상
기전력의 크기가 같을 것	무효순환전류(무효횡류)
기전력의 위상이 같을 것	동기화전류(유효횡류)
기전력의 주파수가 같을 것	동기화전류 : 난조 발생
기전력의 파형이 같을 것	고주파 무효순환전류 : 과열 원인
(3상) 기전력의 상회전 방향이 같을 것	

52 권선형 회전자는 비례추이를 한다. 그러나 저항이 증가함에 따라 최대토크는 줄어들고 어느 값 이상에서 역토크가 생긴다.
※ 공단에서 전항정답 처리함

53 전기자 반작용의 영향
- 주자속 감소 : 발전기 – 유기기전력 감소, 전동기 – 토크 감소, 속도 증가
- 전기적 중성축 이동 : 발전기 – 회전 방향, 전동기 – 회전 반대 방향
- 정류자 편 간의 불꽃 섬락 발생 : 정류 불량의 원인

54 $I_1' = \dfrac{V_1}{\sqrt{(r_1 + r_2' + r')^2 + (x_1 + x_2')^2}} = \dfrac{V_1}{\sqrt{\left(r_1 + \dfrac{r_2'}{s}\right)^2 + (x_1 + x_2')^2}}$

슬립이 증가하면 1차 전류도 증가하기 때문에 (2)번이 1차 전류를 나타낸다.

55

종류	횡축	종축	조건
무부하 포화곡선	I_f (계자전류)	V (단자전압)	n일정, $I = 0$
외부 특성곡선	I (부하전류)	V (단자전압)	n일정, R_f일정
내부 특성곡선	I (부하전류)	E (유기기전력)	n일정, R_f일정
부하 특성곡선	I_f (계자전류)	V (단자전압)	n일정, I일정
계자 조정곡선	I (부하전류)	I_f (계자전류)	n일정, V일정

56 동기전동기는 회전계자와 동기속도가 같다.

57 계자권선 저항 $R_f = \dfrac{V}{I_f} - R = \dfrac{100}{2} - 10 = 40\,[\Omega]$

58 ④ 철손 및 동손 감소, 여자전류 감소로 온도는 줄어든다.
① 히스테리시스손 $P_h \propto \dfrac{E^2}{f}$ 에서 $P_h \propto \dfrac{f_2}{f_1}E^2 = \dfrac{50}{60}(1.1E^2) ≒ 1.008$ 이므로 거의 불변
② 여자전류 $I_0 = I_\phi = \dfrac{V_1}{\omega L} = \dfrac{V_1}{2\pi f L}\,[A]$ 이므로 주파수에 반비례한다.
③ 3상 전력 $P = \sqrt{3}\,VI\cos\theta\,[W]$ 에서 전력 일정, 전압이 증가하면 전류는 감소한다.

59 양호한 정류 방법
- 보극과 탄소 브러시를 설치한다.
- 평균 리액턴스 전압을 줄인다.
- 정류주기를 길게 한다.
- 회전속도를 늦게 한다.
- 인덕턴스를 작게 한다(단절권 채용).

60 $E_{d\pi} = \dfrac{1}{\dfrac{2\pi}{3}}\displaystyle\int_{-\frac{\pi}{3}+\alpha}^{\frac{\pi}{3}+\alpha}\sqrt{2}\,V\cos\theta\,d\theta = \dfrac{3\sqrt{6}}{2\pi}\,V\cos\theta$

∴ $E_d = \dfrac{3\sqrt{6}}{2\pi} \times 200 \times \cos 30° ≒ 202.57\,[V]$

※ $E_d = 1.17 \times E \times \cos\theta = 1.17 \times 200 \times \cos 30° ≒ 202.65\,[V]$

61 시스템의 파라미터가 변할 때 근궤적법을 이용하면 폐루프극의 위치를 평면에 그릴 수 있으며 이것을 통하여 시스템의 안정도를 파악할 수 있다.
실수축과 교차점
$\dfrac{(2K+1)\pi}{P_N - Z_N}$

62 $X_3 = X_1 G + X_2$
$X_3 = X_1 G + X_2 G^2$

63

$G(s) = \cfrac{\cfrac{1}{sC}}{R+sL+\cfrac{1}{sC}}$ 의 분모와 분자에 sC를 곱하면

$G(s) = \cfrac{1}{s^2LC+sRC+1} = \cfrac{\cfrac{1}{LC}}{s^2+\cfrac{RC}{LC}s+\cfrac{1}{LC}} = \cfrac{\cfrac{1}{2\times 200\times 10^{-6}}}{s^2+\cfrac{100}{2}s+\cfrac{1}{2\times 200\times 10^{-6}}} = \cfrac{2,500}{s^2+50s+2,500}$

$s^2+50s+2,500 = 0$
$s^2+2\zeta\omega_n s+\omega_n^2 = 0$
$\omega_n^2 = 2,500$
$\omega_n = 50$
$2\zeta\omega_n = 50$
$2 \cdot \zeta \cdot 50 = 50$
$\zeta = \cfrac{1}{2} = 0.5$
$\therefore \omega_n = 50, \zeta = 0.5$

64

$P = abc$
$L = bd$
$G(s) = \cfrac{abc}{1-bd}$

65 디지털 신호, S/W On-Off, 반도체 소자의 동작 상태는 이진수 0과 1로 나타낸다.

66 보드선도에서 이득곡선이 0[dB]인 점을 지날 때의 주파수에서 양의 위상여유가 생기고 위상곡선이 -180°를 지날 때 이 시스템은 항상 안정이다.

67

$G(s) = \cfrac{K}{s(s+2)}$

특성방정식 $s(s+2)+K = 0$
$s^2+2s+K = 0$
$s = \cfrac{-2\pm\sqrt{4-4\times 1\times K}}{2} = \cfrac{-2\pm\sqrt{4(1-K)}}{2} = \cfrac{-2\pm 2\sqrt{1-K}}{2}$
$= -1\pm\sqrt{1-K}$

① $-\infty < K < 0$일 때, $s = -1\pm\sqrt{1-K}$ 상수
② $0 < K < 1$일 때, $s = -1\pm\sqrt{1-K}$
  $K > 0$일 때, (-)실근
  $K < 1$일 때, (-)실근
③ $K = 0$일 때
  $s = -1+1 = 0$
  $s = -1-1 = -2$
  극점 0, -2와 일치
④ $1 < K < \infty$일 때
  $K = 3$이라면 $s = -1\pm\sqrt{1-3} = -1\pm\sqrt{-2} = -1\pm j2$ 특수근 존재

68
- $\zeta > 1$: 과제동
- $\zeta < 1$: 부족제동
- $\zeta = 1$: 임계제동
- $\zeta = 0$: 부제동

69 PB1 스위치를 눌렀다 놓아도 ⊗계전기가 계속 여자되어 있는 회로 → 자기유지회로

70
$P = \dfrac{2}{s+2}$

$L = \dfrac{2}{(s+1)(s+5)}$

$G(s) = \dfrac{\dfrac{2}{s+2}}{1+\dfrac{2}{(s+2)(s+5)}} = \dfrac{\dfrac{2}{s+2}}{\dfrac{(s+2)(s+5)+2}{(s+2)(s+5)}}$

$= \dfrac{2}{(s+2)(s+5)+2}$

$(s+2)(s+5)+2 = 0$
$s^2 + 7s + 10 + 2 = 0$
$s^2 + 7s + 12 = 0$
$(s+3)(s+4) = 0$
$\therefore s = -3, -4$

71
$Z_p = \dfrac{V_p}{I_p} = \dfrac{\dfrac{173.2}{\sqrt{3}} \angle -30°}{20 \angle -120°} = \dfrac{100}{20} \angle -30° + 120° = 5 \angle 90° [\Omega]$

72
$h(t) = \mathcal{L}^{-1}[G(s)R(s)] = \mathcal{L}^{-1}\left[\dfrac{\dfrac{1}{sC}}{R+\dfrac{1}{sC}}\right] = \mathcal{L}^{-1}\left[\dfrac{1}{RCs+1}\right] = \mathcal{L}^{-1}\left[\dfrac{\dfrac{1}{RC}}{s+\dfrac{1}{RC}}\right] = \dfrac{1}{RC}e^{-\dfrac{1}{RC}t}$

73
- 유효전력 $P = P_1 + P_2 [\text{W}]$
- 무효전력 $P = \sqrt{3}(P_1 - P_2)[\text{Var}]$
- 피상전력 $P_a = 2\sqrt{P_1^2 + P_2^2 - P_1 P_2}\,[\text{VA}] = 2\sqrt{500^2 + 1{,}500^2 - 500 \times 1{,}500} \fallingdotseq 2{,}646[\text{VA}]$

74
- $A = 1 + \dfrac{Z_A}{Z_B}$
- $B = Z_A$
- $C = \dfrac{Z_A + Z_B + Z_C}{Z_B Z_C}$
- $D = 1 + \dfrac{Z_A}{Z_C}$

75 $P = \dfrac{V^2}{R} = \dfrac{V^2}{\rho\dfrac{l}{A}}$ 에서 전력(P)은 전압의 제곱(V^2)에 비례하고 길이(l)에 반비례한다.

$\dfrac{3}{2}P_0\left(\dfrac{E}{E_0}\right)^2$ [W]

76 $e^{at} \xrightarrow{\mathcal{L}} \dfrac{1}{s-a}$

$e^{j\omega t} \xrightarrow{\mathcal{L}} \dfrac{1}{s-j\omega}$

77 $v = \dfrac{1}{\sqrt{LC}} = \dfrac{1}{\sqrt{25\times 10^{-3}\times 0.005\times 10^{-6}}} \fallingdotseq 8.95\times 10^4$ [km/s]

78

- $A = \dfrac{40\times 40}{40+40+120} = \dfrac{1,600}{200} = 8\,[\Omega]$
- $B = \dfrac{40\times 120}{40+40+120} = \dfrac{4,800}{200} = 24\,[\Omega]$
- $C = \dfrac{40\times 120}{40+40+120} = \dfrac{4,800}{200} = 24\,[\Omega]$

(R=16[Ω], A=8[Ω], C=24[Ω], B=24[Ω])

79 $I = \sqrt{\left(\dfrac{30}{\sqrt{2}}\right)^2 + \left(\dfrac{40}{\sqrt{2}}\right)^2} = 25\sqrt{2}$ [A]

80 $W_C = \dfrac{1}{2}CV^2$

$C = \dfrac{2W_C}{V^2} = \dfrac{2\times 9}{300^2}\times 10^6 = 200\,[\mu F]$

81 ※ KEC(한국전기설비규정)의 적용으로 문제가 성립되지 않음

82 KEC 341.4(특고압용 기계기구의 시설), 341.8(고압용 기계기구의 시설)

	고 압		특고압		
	시가지	시가지 외	35[kV] 이하	160[kV] 이하	160[kV] 초과
높 이	4.5[m]	4.0[m]	5.0[m]	6.0[m]	6[m] + 단수 × 0.12[m]

83 ※ KEC(한국전기설비규정)의 적용으로 문제가 성립되지 않음

84 KEC 333.23(특고압 가공전선과 건조물의 접근)

구 분			35[kV] 이하의 가공전선			35[kV] 초과의 가공전선
			일 반	특고압절연	케이블	
건조물	상부 조영재	위 쪽	3[m]	2.5[m]	1.2[m]	표준 + N = 표준 + $\left(\dfrac{35[kV] \text{ 초과분}}{10[kV]} \times 0.15[m]\right)$
		옆쪽 또는 아래쪽, 기타 조영재	3[m]	1.5[m]	0.5[m]	

85 KEC 212.6(저압전로 중의 개폐기 및 과전류차단장치의 시설)
과부하 보호장치를 생략하는 경우
- 전동기를 운전 중 상시 취급자가 감시할 수 있는 위치에 시설
- 전동기의 구조나 부하의 성질로 보아 전동기가 손상될 수 있는 과전류가 생길 우려가 없는 경우
- 단상전동기로 전원측 전로에 시설하는 과전류차단기의 정격전류가 16[A](배선차단기는 20[A]) 이하인 경우
- 전동기 용량이 0.2[kW] 이하인 경우

※ KEC(한국전기설비규정)의 적용으로 15[A]에서 16[A]로 변경됨 〈2021.01.01.〉

86 KEC 333.1(시가지 등에서 특고압 가공전선로의 시설)

종 류	특 성		
지지물(목주 불가)	A종	B종	철 탑
지지물 간 거리	75[m] 이하	150[m] 이하	400[m] 이하(도체 수평 간격 4[m] 미만 : 250[m])
사용전선	100[kV] 미만		100[kV] 이상
	55[mm²] 이상		150[mm²] 이상
전선로의 높이	35[kV] 이하		35[kV] 초과
	10[m] 이상(특고압절연전선 8[m] 이상)		10[m] + 단수 × 12[cm]
애자장치	애자는 50[%] 충격 불꽃 방전 전압이 타 부분의 110[%] 이상일 것(130[kV]를 초과하는 경우 105[%] 이상), 아킹혼 붙은 2련 이상		
보호장치	지기발생 시 100[kV] 초과의 경우 1초 이내에 자동 차단하는 장치를 시설할 것		

단수 = $\dfrac{66}{35}$ = 3.1 → 4단

∴ 높이 = 10 + 4 × 0.12 = 10.48[m]

87 KEC 223.1/334.1(지중전선로의 시설)
- 사용전선 : 케이블, 트로프를 사용하지 않을 경우는 CD(콤바인덕트)케이블을 사용한다.
- 매설방식 : 직접 매설식, 관로식, 암거식(공동구)
- 직접 매설식의 매설깊이 : 트로프 기타 방호물에 넣어 시설

장 소	차량, 기타 중량물의 압력	기 타
깊 이	1.0[m] 이상	0.6[m] 이상

※ KEC(한국전기설비규정)의 변경으로 답은 ③에서 ②로 변경됨

88 ※ KEC(한국전기설비규정)의 적용으로 문제가 성립되지 않음

89 ※ KEC(한국전기설비규정)의 적용으로 문제가 성립되지 않음

90　KEC 221.3(옥상전선로)
- 전선과 그 저압 옥상전선로를 시설하는 조영재와의 간격은 2[m](전선이 고압 절연전선, 특고압 절연전선 또는 케이블인 경우에는 1[m]) 이상일 것
- 전선은 인장강도 2.30[kN] 이상의 것 또는 지름 2.6[mm] 이상의 경동선일 것
- 전선은 절연전선일 것
- 애자를 사용하여 지지하고 또한 그 지지점 간의 거리는 15[m] 이하일 것
- 전선은 상시 부는 바람 등에 의하여 식물에 접촉하지 않도록 시설

91　KEC 331.4(가공전선로 지지물의 철탑오름 및 전주오름 방지)
가공전선로 지지물에 취급자가 오르고 내리는 데 사용하는 발판 볼트 등 : 지지물의 발판 볼트는 특별한 경우를 제외하고 지표상 1.8[m] 미만에 시설하여서는 아니 된다.

92　※ KEC(한국전기설비규정)의 적용으로 문제가 성립되지 않음

93　※ KEC(한국전기설비규정)의 적용으로 문제가 성립되지 않음

94　KEC 332.6(고압 가공전선로의 가공지선), 333.8(특고압 가공전선로의 가공지선)
가공지선 : 직격뢰로부터 가공전선로를 보호하기 위한 설비

구 분		특 징
지 선	고 압	5.26[kN] 이상, 4.0[mm] 이상 나경동선
	특고압	8.01[kN] 이상, 5.0[mm] 이상 나경동선, 22[mm^2] 이상의 나경동연선, 아연도강연선 또는 OPGW전선
안전율		경동선 2.2 이상, 기타 2.5

95　유입 자랭식은 기름의 대류를 이용하여 변압기 내부에 생기는 열을 외부로 발산시키는 방식으로 경보장치를 하지 않아도 된다.

96　KEC 331.6(풍압하중의 종별과 적용)
- 갑종 : 고온계에서의 구성재의 수직 투영면적 1[m^2]에 대한 풍압을 기초로 계산
- 을종 : 빙설이 많은 지역(비중 0.9의 빙설이 두께 6[mm] 얼어붙어 있을 경우), 갑종 풍압하중의 $\frac{1}{2}$을 기초
- 병종 : 빙설이 적은 지역(인가 밀집한 도시, 35[kV] 이하의 가공전선로), 갑종 풍압하중의 $\frac{1}{2}$을 기초

지 역		고온계절	저온계절
빙설이 많은 지방 이외의 지방		갑 종	병 종
빙설이 많은 지방	일반지역	갑 종	을 종
	해안지방, 기타 저온의 계절에 최대풍압이 생기는 지역	갑 종	갑종과 을종 중 큰 값 선정
인가가 많이 이웃 연결되어 있는 장소		병 종	병 종

97 KEC 222.2/331.11(지지선의 시설)

안전율	2.5 이상(목주나 A종 : 1.5 이상)	아연도금철봉	지중 및 지표상 0.3[m]까지
구 조	4.31[kN] 이상, 3가닥 이상의 연선	도로횡단	5[m] 이상(교통 지장 없는 장소 : 4.5[m])
금속선	2.6[mm] 이상(아연도강연선 2.0[mm] 이상)	기 타	철탑은 지지선으로 그 강도를 분담시키지 않을 것

98 KEC 364.1(무선용 안테나 등을 지지하는 철탑 등의 시설)
무선 통신용 안테나나 반사판을 지지하는 지지물들의 안전율 : 1.5 이상

99 KEC 351.5(조상설비의 보호장치)

설비종별	뱅크용량의 구분	자동적으로 전로로부터 차단하는 장치
전력용 커패시터 및 분로리액터	500[kVA] 초과 15,000[kVA] 미만	내부고장이나 과전류가 생긴 경우에 동작하는 장치
	15,000 [kVA] 이상	내부고장이나 과전류 및 과전압이 생긴 경우에 동작하는 장치
무효 전력 보상 장치	15,000[kVA] 이상	내부고장이 생긴 경우에 동작하는 장치

100 KEC 333.11(특고압 가공전선로의 철주·철근 콘크리트주 또는 철탑의 종류)
- 직선형 : 전선로의 직선 부분(3° 이하인 수평각도를 이루는 곳을 포함)
- 각도형 : 전선로 중 3°를 초과하는 수평각도를 이루는 곳
- 잡아당김형 : 전가섭선을 잡아당기는 곳에 사용하는 것
- 내장형 : 전선로의 지지물 양쪽의 지지물 간 거리의 차가 큰 곳에 사용하는 것
- 보강형 : 전선로의 직선 부분에 그 보강을 위하여 사용하는 것

2019년 제3회 기출문제

page 147

1	2	3	4	5	6	7	8	9	10	11	12	13	14	15	16	17	18	19	20
③	④	②	②	③	③	③	①	④	③	①	②	②	①	③	③	④	②	④	①
21	22	23	24	25	26	27	28	29	30	31	32	33	34	35	36	37	38	39	40
①	②	②	③	④	①	①	②	④	②	④	①	③	③	③	③	①	④	③	③
41	42	43	44	45	46	47	48	49	50	51	52	53	54	55	56	57	58	59	60
④	④	②	④	③	③	④	①	①	④	②	②	②	②	●	①	③	③	③	③
61	62	63	64	65	66	67	68	69	70	71	72	73	74	75	76	77	78	79	80
①	②	③	②	③	①	②	④	④	④	④	③	②	④	②	④	①	④	②	④
81	82	83	84	85	86	87	88	89	90	91	92	93	94	95	96	97	98	99	100
×	①	③	①	②	×	②	②	④	①	③	×	×	×	×	×	④	×	④	③

● : 전항정답 / × : 문제삭제

01 $A = 5r\sin\phi\, a_z$

$\left(2, \dfrac{\pi}{2}, 0\right)$

$\text{curl}\, A = \text{rot}\, A = \nabla \times A$

$\nabla \times A = \dfrac{1}{r}\begin{vmatrix} a_r & ra_\phi & a_z \\ \dfrac{\partial}{\partial r} & \dfrac{\partial}{\partial \phi} & \dfrac{\partial}{\partial z} \\ A_r & rA_\phi & A_z \end{vmatrix} = \dfrac{1}{r}\left[\left(\dfrac{\partial A_z}{\partial \phi} - \dfrac{\partial rA_\phi}{\partial z}\right)a_r - r\left(\dfrac{\partial A_z}{\partial r} - \dfrac{\partial A_r}{\partial z}\right)a_\phi + \left(\dfrac{\partial rA_\phi}{\partial r} - \dfrac{\partial A_r}{\partial \phi}\right)a_z\right]$

$= \dfrac{1}{r}\left[\left(\dfrac{\partial}{\partial \phi}(5r\sin\phi) - \dfrac{\partial}{\partial z}(0)\right)a_r - r\left(\dfrac{\partial}{\partial r}(5r\sin\phi) - \dfrac{\partial}{\partial z}(0)\right)a\phi + \left(\dfrac{\partial}{\partial r}(0) - \dfrac{\partial}{\partial \phi}(0)\right)a_z\right]$

$= \dfrac{1}{r}\left[(5r\cos\phi)a_r - (5\sin\phi)ra_\phi\right] = 5\cos\phi\, a_r - 5\sin\phi\, a_\phi = -5a_\phi$

※ 직각좌표계 (x, y, z)
  원통좌표계 (r, ϕ, z)
  구좌표계 (r, θ, ϕ)

02 자계 내에 놓인 운동 전하가 받은 힘은 $F = (v \times B)q = vBq\sin\theta = v\mu Hq\sin\theta$인데, $\theta = 90°$ 이므로 $F = qv\mu_0 H[\text{N}]$이다.

03 자화의 세기
$J = \mu_0(\mu_S - 1)H = 4\pi \times 10^{-7}(600-1) \times 3{,}000 \fallingdotseq 2.258\,[\text{Wb/m}^2]$

04 강자성체의 특징
- 자구가 존재한다.
- 히스테리시스 현상이 있다.
- 고투자율
- 자기포화 특성이 있다.

05 저항 $R = \dfrac{l}{\mu_0 \mu_s S}$ 이므로, $R \propto l$
즉, 자기저항은 길이에 비례한다.

06
- 변위전류 I_d : 진공 또는 유전체 내에 전속밀도의 시간적 변화에 의한 전류
- 변위전류밀도 $i_d = \dfrac{I_d}{S} = \dfrac{\partial D}{\partial t} = \varepsilon \dfrac{\partial E}{\partial t} = j\omega\varepsilon E = j2\pi f \varepsilon E [\text{A/m}^2]$

07
- 속도 $v = \dfrac{1}{\sqrt{\varepsilon\mu}}$
- 고유파동임피던스(z) $Z_0 = \dfrac{E}{H_x} \rightarrow H_x = \dfrac{E_x}{y}$
- 수직(직각, 90°), 횡파이며 속도는 매질에 따라 다르다.
- 전계 E_x와 자계 H_y는 서로 90°로 직교하며, 같은 위상(동상)으로 진행하고 있는 것을 알 수 있다.

08 침투깊이
$$\delta = \sqrt{\dfrac{2}{\omega k \mu}} = \sqrt{\dfrac{1}{\pi f k \mu}} = \sqrt{\dfrac{1}{\pi \times 10 \times 10^3 \times 6 \times 10^{17} \times \dfrac{6}{\pi} \times 10^{-7}}} \fallingdotseq 0.167 \times 10^{-7} \fallingdotseq \dfrac{1}{6} \times 10^{-7} [\text{m}]$$

09
- 공기 중 정전용량 $C_0 = \varepsilon_0 \dfrac{A}{d}[\text{F}]$
- 유전체 삽입$\left(d_1 = \dfrac{2}{3}d[\text{m}]\right)$ 중 정전용량 $C = \dfrac{3\varepsilon_s C_0}{2 + 1\varepsilon_s}[\text{F}]$
- $W = \dfrac{1}{2}CV^2 = Fd[\text{J}]$에서 전압 일정

$$\dfrac{F}{F_0} = \dfrac{W}{W_0} = \dfrac{C}{C_0} = \dfrac{\dfrac{3\varepsilon_s C_0}{2 + 1\varepsilon_s}}{C_0} = \dfrac{3\varepsilon_s}{2 + 1\varepsilon_s} = \dfrac{3 \times 10}{2 + 1 \times 10} = 2.5$$

10 자화의 세기

전계의 세기 $\nabla \times E = -\dfrac{\partial B}{\partial t} = -\dfrac{\partial}{\partial t}(\nabla \times A)$에서 $E = -\dfrac{\partial A}{\partial t}$

$B = \nabla \times A$

$\nabla \times E = -\dfrac{\partial B}{\partial t}$

$\nabla \times E = -\dfrac{\partial}{\partial t}(\nabla \times A)$

$E = -\dfrac{\partial A}{\partial t}$

11 무한장 직선형 도선
- 자계의 세기 $H = \dfrac{I}{2\pi R}[\text{AT/m}]$
- 자속밀도 $B = \mu H = \dfrac{\mu I}{2\pi R}[\text{Wb/m}^2]$

12 유도기전력 $e = -M\dfrac{di}{dt} = -0.3 \times 10^{-3} \times \dfrac{10 \times 10^3}{0.01} = 300[\text{V}]$

13
$$f = \frac{1}{2}BH = \frac{1}{2}\mu H^2 = \frac{B^2}{2\mu_0}$$
$$F = fS = \frac{B^2}{2\mu_0} \times S = \frac{0.2^2}{2 \times 4\pi \times 10^{-7}} \times 15 \times 10^{-4} ≒ 23.9[\text{N}]$$

이때, $B = \frac{\phi}{S} = \frac{3 \times 10^{-4}}{15 \times 10^{-4}} = 0.2$

14 전계의 세기 $E = \frac{\lambda}{2\pi\varepsilon r} = \frac{1}{r} \times \frac{V}{\ln\frac{b}{a}}[\text{V/m}]$

15 정전용량 $C = \frac{2C_0}{1+\frac{1}{\varepsilon_s}} = \frac{2 \times 1 \times 10^{-6}}{1+\frac{1}{2}} = \frac{4}{3} \times 10^{-6}[\text{F}] = \frac{4}{3}[\mu\text{F}]$

16 $\begin{cases} Q = q_{11}V_1 + q_{12}V_2 \\ Q = q_{21}V_1 + q_{22}V_2 \end{cases}$ 에서 $\begin{cases} q_{11} = C_1, q_{22} = C_2 \\ q_{21} = q_{21} = M \end{cases}$

연결하면 등전위가 되어 $V_1 = V_2 = V$

$\therefore \begin{cases} Q_1 = (q_{11}+q_{12})V = (C_1+M)V \\ Q_2 = (q_{21}+q_{22})V = (M+C_2)V \end{cases}$

$\therefore C = \frac{Q_1+Q_2}{V} = C_1 + C_2 + 2M$

17 두 전하 사이의 힘 $F = \frac{Q_1 Q_2}{4\pi\varepsilon_0 r^2}$

$Q_1 = 300[\mu\text{C}]$ $P(1,2,3)$
$Q_2 = -100[\mu\text{C}]$ $Q(2,0,5)$

거리의 벡터 $\vec{r} = (2-1)i + (0-2)j + (5-3)k = i - 2j + 2k$
벡터의 크기 $|r| = \sqrt{1^2+(-2)^2+2^2} = \sqrt{9} = 3$

따라서 단위벡터는 $\frac{\vec{r}}{|r|} = \frac{1}{3} \times (i-2j+2k)$

힘의 크기 $F = 9 \times 10^9 \times \frac{300 \times 10^{-6} \times (-100 \times 10^{-6})}{3^2} = -30[\text{N}]$

따라서 $\vec{F} = -30 \times \frac{1}{3} \times (i-2j+2k) = -10i + 20j - 20k[\text{N}]$

18 인덕턴스 $L = \frac{n_0\phi}{I} = \frac{n_0\mu HS}{\frac{H}{n_0}} = \mu S n_0^2[\text{H/m}]$

19 $F = \frac{\sigma^2}{2\varepsilon_0} = \frac{1}{2}\varepsilon_0 E^2 = \frac{1}{2}\varepsilon_0\left(\frac{Q}{4\pi\varepsilon_0 a^2}\right)^2 = \frac{1}{2}\varepsilon_0\left(\frac{Q^2}{16\pi^2\varepsilon_0^2 a^4}\right) = \frac{Q^2}{32\pi^2\varepsilon_0 a^4}[\text{N/m}^2]$

20
- 은 : $1.62\,[\mu\Omega\cdot cm]$
- 철 : $9.8\,[\mu\Omega\cdot cm]$
- 백금 : $10.6\,[\mu\Omega\cdot cm]$
- 알루미늄 : $2.75\,[\mu\Omega\cdot cm]$

21 플리커 방지책
- 수용가 측
  - 전원계통에 리액터분을 보상
  - 전압강하를 보상
  - 부하의 무효전력 변동분을 흡수
- 전력공급 측
  - 단락용량이 큰 계통에서 공급
  - 공급전압 승압
  - 전용변압기로 공급
  - 단독 공급계통을 구성

22 **흡출관** : 낙차를 인위적으로 늘리는 데 사용되는 관

23 γ선이나 중성자가 노 외부로 인출되는 것을 차폐하여 인체에 위험을 주는 것을 방지하는 것은 차폐재이다.

24
$P = 500 \times 0.8 = 400\,[kW]$
$Q = 500 \times 0.6 = 300\,[kVar]$
$Q_c = 100\,[kVA]$
$P_a = \sqrt{400^2 + (300-100)^2} \fallingdotseq 447.21\,[kVA]$

25 변성기의 정격부담을 정격용량이라 표현함
변성기의 부담[VA]
$1[dyne] = 10^{-5}[N]$(질량 1[g]인 자유물체에 $1[cm/s^2]$의 가속도를 주는 힘)

26 단상 3선식의 특징
- 장 점
  - 전선 소모량이 단상 2선식에 비해 37.5[%](경제적)
  - 110/220[V]의 2종류의 전압을 얻을 수 있다.
  - 단상 2선식에 비해 효율이 높고 전압강하가 작다.
- 단 점
  - 중성선이 단선되면 전압의 불평형이 생기기 쉽다.
  - 대책 : 저압 밸런서(여자 임피던스가 크고 누설 임피던스가 작고 권수비가 1:1인 단권 변압기)

27 단로기(DS)는 소호기능이 없어 부하전류나 사고전류를 차단할 수 없다. 무부하상태, 즉 차단기가 열려 있어야만 전로개방 및 모선접속을 변경할 수 있다(인터로크).

28 단로기(DS)는 소호기능이 없어 부하전류나 사고전류를 차단할 수 없다. 무부하 상태, 즉 차단기가 열려 있어야만 전로개방 및 모선접속 시 변경할 수 있다(인터로크).

29 **전력계통의 연계방식**
- 장 점
  - 전력의 융통으로 설비용량이 절감된다.
  - 건설비 및 운전 경비 절감으로 경제 급전이 용이하다.
  - 계통 전체로서의 신뢰도가 증가한다.
  - 부하 변동의 영향이 작아 안정된 주파수 유지가 가능하다.
- 단 점
  - 연계설비를 신설해야 한다.
  - 사고 시 타 계통으로 파급 확대가 우려된다.
  - 병렬회로수가 많아져 단락전류가 증대하고 통신선의 전자 유도장해가 커진다.

30 **연가(Transposition)** : 3상 3선식 선로에서 선로정수를 평형시키기 위하여 길이를 3등분하여 각 도체의 배치를 변경하는 것
※ 효과 : 선로정수 평형, 임피던스 평형, 유도장해 감소, 소호리액터 접지 시 직렬공진 방지

31 **가공지선의 역할**
- 직격뢰 및 유도뢰 차폐
- 통신선에 대한 전자유도장해 경감

32 변압기에서는 고정손(철손)과 가변손(동손)으로 되어 있다.

33
- 지락 과전류계전기 : 과전류계전기보다 동작전류가 작고 배전선이나 기기의 지락보호용으로 사용
- 방향성 지락 과전류계전기 : 고장전류의 방향을 영상전압을 기준으로 해서 판정하도록 하여 방향성을 갖도록 하는 것
- 동기탈조계전기 : 병렬 교류 전원들 또는 계통들 간의 동기탈조 이상 발생 시 동작하여 전력계통을 보호(임피던스궤적형, 전력반전형, 전압계전기조합형 등이 있다)
- 주파수계전기 : 정해진 주파수값에 도달했을 때 동작하는 계전기(주파수가 규정값을 벗어나거나 상승하거나 저하한 것을 검출한다)

34 코로나 임계전압 $E = 24.3 m_0 m_1 \delta d \log_{10} \dfrac{D}{r} [\text{kV}]$

여기서, m_0 : 전선의 표면상태(단선 : 1, 연선 : 0.8)
m_1 : 기후계수(맑은 날 : 1, 비 : 0.8)
δ : 상대공기밀도 $= \dfrac{0.386b}{273+t}$ (b : 기압, t : 온도)
d : 전선의 지름
D : 선간거리

코로나 임계전압이 높아지는 경우는 상대공기밀도가 높고, 전선의 직경이 클 경우, 맑은 날, 기압이 높고, 온도가 낮은 경우이다.

35
- 복도체(다도체, 지중선계통) : 인덕턴스는 작고 정전용량은 크다.
- 단도체(가공선계통) : 인덕턴스는 크고 정전용량은 작다.

36 **고장별 대칭분 및 전류의 크기**

고장종류	대칭분	전류의 크기
1선 지락	정상분, 역상분, 영상분	$I_0 = I_1 = I_2 \neq 0$
선간 단락	정상분, 역상분	$I_1 = -I_2 \neq 0$, $I_0 = 0$
3상 단락	정상분	$I_1 \neq 0$, $I_0 = I_2 = 0$

1선 지락전류 $I_g = 3I_0 = \dfrac{3E_a}{Z_0 + Z_1 + Z_2}$

37 $Z_0 = \sqrt{\dfrac{Z}{Y}} = \sqrt{\dfrac{r+j\omega L}{g+j\omega C}} = \sqrt{\dfrac{L}{C}} = 138\log_{10}\dfrac{D}{r} \neq l(\text{일정})$

38 전력원선도
- 작성 시 필요한 값 : 송·수전단 전압, 일반회로정수(A, B, C, D)
- 가로축 : 유효전력, 세로축 : 무효전력
- 구할 수 있는 값 : 최대출력, 조상설비 용량, 4단자 정수에 의한 손실, 송·수전 효율 및 전압, 선로의 일반회로정수
- 구할 수 없는 값 : 과도안정 극한전력, 코로나손실, 사고값

39
- 낙차를 얻는 방법에 의한 분류 : 수로식 발전소, 댐식 발전소, 댐수로식 발전소, 유역 변경식 발전소
- 유량에 의한 분류 : 저수지식 발전소, 조정지식 발전소, 역조정지식 발전소, 양수식 발전소

40 수용률 $= \dfrac{\text{최대전력[kW]}}{\text{설비용량[kW]}} \times 100[\%] = \dfrac{1,200}{500+600+400+100} \times 100 = 75[\%]$

41 수소 냉각 방식의 장단점
- 장 점
  - 풍손이 약 1/10로 감소된다.
  - 열전도율은 공기의 약 7배로 공기 냉각 방식에 비해 약 25[%] 출력이 증가한다.
  - 코일의 절연이 파괴되어 불꽃이 생겨도 연소하지 않는다.
  - 코로나 발생 전압이 높고 코로나손이 적다.
  - 운전 중의 소음이 적다.
- 단 점
  - 폭발성이 있으므로 방폭 구조로 하여야 한다.
  - 수소 가스의 압력 및 순도를 제어할 필요가 있다.
  - 수소 가스의 봉입 배출에는 탄산 가스로 치환하지 않으면 안 된다.

42 전력변환기기

인버터	초 퍼	정 류	사이클로 컨버터(주파수 변환)
직류-교류	직류-직류	교류-직류	교류-교류

- 변압기 : 고전압을 저전압, 저전압을 고전압으로 변성
- 유도전동기 : 전기에너지를 운동에너지로 변환

43 단락전류를 제한하는 것은 누설리액턴스지만 동기임피던스는 전기자저항과 전기자 반작용 리액턴스, 누설리액턴스의 합으로 나타낸다.

44 ① 회전자가 정지하고 있는 경우에 정류가 브러시 사이에 나타나는 전압 E_c의 주파수 f_c는 슬립링에 가한 전압주파수 f_1과 같다($f_c = f_1$).
② 반대방향으로 속도 $n = n_s$로 회전시키면 고정된 브러시에 대한 ϕ의 상대속도는 0이 되므로 E_c의 주파수 f_c는 0이며 직류전압이 된다($f_c = 0$).
③ ϕ와 반대방향으로 $n < n_s$의 경우, 고정된 브러시에 대한 ϕ의 상대속도는 $n_s - n$이 되기 때문에
$$f_c = (n_s - n)\dfrac{P}{2} = (n_s - n)\dfrac{P}{2} \times \dfrac{n_s}{n_s} = \left(\dfrac{n_s - n}{n_s}\right)\dfrac{P}{2}n_s = sf_1[\text{Hz}]$$
④ ϕ와 같은 방향에 속도 n으로 회전시키면 브러시에 대한 ϕ의 상대속도는 $n_s + n$이 되기 때문에
$$f_c = (n_s + n)\dfrac{P}{2} = \dfrac{P}{2}n_s + \dfrac{P}{2}n = f_1 + f[\text{Hz}], \text{ 즉 전원의 주파수 } f_1 \text{을 임의의 주파수 } f_1 + f \text{로 변환할 수 있다.}$$

45 유도전동기에 대해 간단한 시험의 결과로 반원을 그리면 전동기 특성을 실부하시험을 하지 않고 이 선도에서 쉽게 구할 수 있다. 이를 원선도라 하고 특성을 구하는 방법을 원선도법이라 한다. 이때 시험을 통해 구한 원의 지름은 $\dfrac{E}{X_1 + Y_2'}$ 이므로 $\dfrac{E}{X}$에 비례한다.

46 변압기의 전압변동률
$\varepsilon = p\cos\theta \pm q\sin\theta$ (+ : 지상, − : 진상) $= 0.8 \times 3 + 0.6 \times 4 = 4.8\,[\%]$
여기서, p : %저항강하, q : %리액턴스강하

47 전류 $I = \dfrac{\dfrac{P}{\eta_G}}{\sqrt{3}\,V\eta_M\cos\theta} = \dfrac{\dfrac{100 \times 10^3}{0.9}}{\sqrt{3} \times 3{,}300 \times 0.9 \times 0.9} \fallingdotseq 24\,[\mathrm{A}]$

48 농형 유도전동기 특징
- 주파수변환법(VVVF)
  - 역률이 양호하며 연속적인 속도제어가 되지만, 전용전원이 필요하다.
  - 인견·방직 공장의 포토모터, 선박의 전기추진기
- 극수변환법 : 비교적 단계적인 속도를 제어한다(효율이 좋다).
- 전압제어법(전원전압) : 유도전동기의 토크가 전압의 2승에 비례하여 변환하는 성질을 이용하여 부하운전 시 슬립을 변화시켜 속도를 제어한다.

49 단상 유도전동기
- 종류(기동토크가 큰 순서대로) : 반발 기동형 > 반발 유도형 > 콘덴서 기동형 > 분상 기동형 > 셰이딩 코일형 > 모노 사이클릭형
- 단상 유도전동기의 특징
  - 교번자계 발생
  - 기동 시 기동토크가 존재하지 않으므로 기동장치가 필요하다.
  - 슬립이 0이 되기 전에 토크는 미리 0이 된다.
  - 2차 저항이 증가되면 최대토크는 감소한다(비례추이할 수 없다).
  - 2차 저항값이 어느 일정값 이상이 되면 토크는 부(−)가 된다.

50 단상 유도전동기가 슬립 s로 회전하면 회전 주파수는 정상분 전동기에서는 $(1-s)f$이고 역상분 전동기에서는 $f + (1-s)f = (2-s)f$가 된다. 따라서 회전자 권선은 sf와 $(2-s)f$되는 주파수 기전력을 유기한다.

51 직류전동기 특성

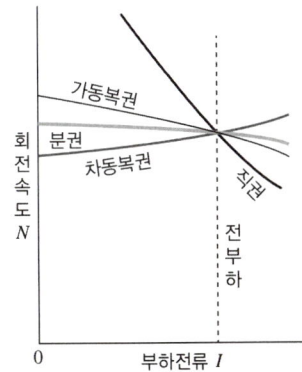
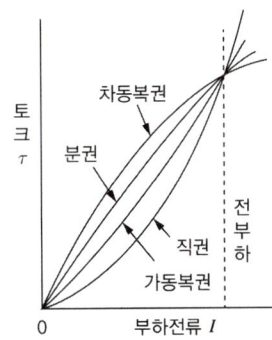

52 전기자 반작용으로 인해 단락곡선이 직선으로 된다.

53 권수비 $a = \dfrac{N_1}{N_2} = \dfrac{E_1}{E_2} = \dfrac{I_2}{I_1} = \sqrt{\dfrac{r_1}{r_2}} = \sqrt{\dfrac{x_1}{x_2}}$ 에서 $a = \sqrt{\dfrac{r_1}{r_2}} = \sqrt{\dfrac{1,000}{100}} = \sqrt{10}$

54 단권변압기의 3상 결선

결선방식	Y 결선	△ 결선	V 결선
$\dfrac{\text{자기용량}}{\text{부하용량}}$	$\dfrac{V_h - V_L}{V_h}$	$\dfrac{V_h^2 - V_l^2}{\sqrt{3}\, V_h V_l}$	$\dfrac{2}{\sqrt{3}}\left(\dfrac{V_h - V_L}{V_h}\right)$

55 공단에서 전항정답 처리함

56 분권발전기의 유기기전력
- 조건 : 계자전류$(I_f) = 0$, $I = I_a + I_f = I_a$
- 유기기전력 $E = V + I_a R_a = 100 + 50 \times 0.2 = 110[\text{V}]$

57 변압기 병렬운전조건
- 각 변압기의 극성이 같을 것
- 각 변압기의 권수비가 같고, 1차 및 2차의 정격전압이 같을 것
- 각 변압기의 백분율 임피던스 강하가 같을 것
- 각 변압기의 $\dfrac{r}{x}$ 비가 같을 것

58 SCR의 특징
- 정류 기능을 가진 단일 방향성 3단자 소자이다.
- 과전압에 약하고 열용량이 적어 고온에 약하다.
- 아크가 생기지 않으므로 열의 발생이 적다.
- 역방향 내전압이 크고, 전압강하가 작다.
- Turn On 조건은 양극과 음극 간에 브레이크 오버전압 이상의 전압을 인가하고, 게이트에 래칭전류 이상의 전류를 인가한다.
- Turn Off 조건은 애노드의 극성을 부(−)로 한다.
- 래칭전류는 사이리스터가 Turn On하기 시작하는 순전류이다.
- 이온이 소멸되는 시간이 짧다.
- 직류 및 교류전압 제어를 하며 스위칭 소자이다.

59
- 회전자속을 만들기 위한 여자전류는 발전기에 연결되어 있는 전원에서 공급해야 한다.
- 유도발전기는 단독으로 발전할 수는 없으므로 반드시 동기발전기가 있는 전원에 접속해서 운전하여야 한다.
- 발전기의 주파수는 전원의 주파수로 정하고 회전속도에는 관계가 없다.
- 출력은 거의 상대속도$(n - n_s)$와 비례하기 때문에 출력을 증가하려면 속도를 증가시켜야 한다.

60 변압기 내부고장 보호용
- 전기적인 보호 : 차동계전기(단상), 비율 차동계전기(3상)
- 기계적인 보호 : 부흐홀츠계전기, 유온계, 유위계, 서든프레서(압력계전기)

61

$f(x)$	$F(s)$	$F(z)$
$u(t)$	$\dfrac{1}{s}$	$\dfrac{z}{z-1}$
e^{-at}	$\dfrac{1}{s+a}$	$\dfrac{z}{z-e^{-aT}}$

62
$P = G_1 G_2 G_3$
$L_1 = -G_2 G_3$
$L_2 = -G_1 G_2 G_4$
$G(s) = \dfrac{G_1 G_2 G_3}{1 + G_2 G_3 + G_1 G_2 G_4}$

63
$y = Cx$ 에서 $t = (1\ 0\ 0)\begin{pmatrix} x_1 \\ x_2 \\ x_3 \end{pmatrix}$

$y = x_1$

$\begin{pmatrix} \dot{x}_1 \\ \dot{x}_2 \\ \dot{x}_3 \end{pmatrix} = \begin{pmatrix} 0 & 1 & 0 \\ 0 & 0 & 1 \\ -2 & -9 & -8 \end{pmatrix} \begin{pmatrix} x_1 \\ x_2 \\ x_3 \end{pmatrix} + \begin{pmatrix} 0 \\ 0 \\ 5 \end{pmatrix} u$

$\dot{x}_1 = x_2$
$\dot{x}_2 = x_3$
$\dot{x}_3 = -2x_1 - 9x_2 - 8x_3 + 5u$
$\dot{x}_3 + 8x_3 + 9x_2 + 2x_1 = 5u\,(y = x_1$을 대입$)$
$\dfrac{d^3}{dt^3}y + 8\dfrac{d^2}{dt^2}y + 9\dfrac{d}{dt}y + 2y = 5u$
$(s^3 + 8s^2 + 9s + 2)y = 5u$
$G(s) = \dfrac{y}{u} = \dfrac{5}{s^3 + 8s^2 + 9s + 2}$

64 제1열의 부호가 변화하면 불안정한 계이므로 그 횟수만큼 우반면에 근이 존재한다.

65
$P = G_1 G_2 G_3$
$L_1 = -G_2 G_3$
$L_2 = -G_1 G_2 G_4$
$G(s) = \dfrac{G_1 G_2 G_3}{1 + G_2 G_3 + G_1 G_2 G_4}$

66
$A \cdot \overline{A} = 0$
$A + 1 = 1$
$A + A = A$
$A \cdot A = A$
$A + \overline{A} = 1$

67 $s^2 + Ks + 2K - 1 = 0$에서 모든 합이 +값을 가져야 하므로
$2K - 1 > 0$, $K > 0$
$2K > 1$
$K > \dfrac{1}{2}$, $K > 0$
$K > \dfrac{1}{2}$

68
- 좌반면에 존재 시 안정
- 우반면에 존재 시 불안정
- 허수축 존재 시 임계상태

69 단위계단함수 $u(t) \xrightarrow{\mathcal{L}} \dfrac{1}{s}$

$u(t-a) \xrightarrow{\mathcal{L}} \dfrac{1}{s} e^{-as}$

70 $G(j\omega) = \dfrac{1 + j\omega T_2}{1 + j\omega T_1}$

$\omega = 0$일 때 1

$\omega = \infty$일 때 $|G(j\omega)| = \dfrac{T_2}{T_1} = 2$이므로 $T_2 > T_1$이고 위상각은 (+)값을 갖는다.

71
- 영상전압 $V_0 = \dfrac{1}{3}(V_a + V_b + V_c)$
- 정상전압 $V_1 = \dfrac{1}{3}(V_a + aV_b + a^2 V_c)$
- 역상전압 $V_2 = \dfrac{1}{3}(V_a + a^2 V_b + aV_c)$

72 $Z_0 = \sqrt{\dfrac{L}{C}} = \sqrt{\dfrac{96 \times 10^{-3}}{0.6 \times 10^{-6}}} = 400[\Omega]$

73 왜형률 $= \dfrac{\text{전 고조파의 실횻값}}{\text{기본파의 실횻값}} = \dfrac{\sqrt{\left(\dfrac{20}{\sqrt{2}}\right)^2 + \left(\dfrac{30}{\sqrt{2}}\right)^2 + \left(\dfrac{40}{\sqrt{2}}\right)^2}}{\dfrac{56}{\sqrt{2}}}$ 에서

분모, 분자의 $\sqrt{2}$ 가 약분되므로(최댓값을 적용시켜도 됨)

왜형률 $= \dfrac{\sqrt{20^2 + 30^2 + 40^2}}{56} \fallingdotseq 0.96$

74 $W_C = \dfrac{1}{2} CV^2$, $W_L = \dfrac{1}{2} LI^2$

커패시터에서는 전압, 인덕터에서는 전류를 급변할 수 있다.

75
$$T = \frac{L}{R} = \frac{40 \times 10^{-3}}{20} = 2 \times 10^{-3} \, [\text{s}]$$

76
$$\cos\theta = \frac{P_1 + P_2}{2\sqrt{P_1^2 + P_2^2 - 2P_1P_2}} \times 100 = \frac{500 + 300}{2\sqrt{500^2 + 300^2 - 500 \times 300}} \times 100 \fallingdotseq 91.8\,[\%]$$

77
$$6\phi \begin{cases} V_l = V_p \\ I_l = I_p \end{cases}$$

78
$$Z_{01} \cdot Z_{02} = \frac{B}{C}$$
$$\frac{Z_{01}}{Z_{02}} = \frac{A}{D}$$

79
$$u(t-a) \xrightarrow{\mathcal{L}} \frac{1}{s} e^{-as}$$
$$\delta(t-T) \xrightarrow{\mathcal{L}} e^{-Ts}$$

80
$$I = \frac{V}{X_L} = \frac{V}{\omega L} = \frac{100}{2\pi \times 60 \times 0.1} \fallingdotseq 2.65\,[\text{A}]$$

81 ※ KEC(한국전기설비규정)의 적용으로 문제가 성립되지 않음

82 KEC 222.3/332.1(가공약전류전선로의 유도장해 방지)
유도작용에 의하여 통신상의 장해가 생기지 아니하도록 전선과 기설약전류전선 간의 간격은 2[m] 이상이어야 한다.

83 KEC 234.11(1[kV] 이하 방전등)
방전등에 전기를 공급하는 전로의 대지전압은 300[V] 이하로 하여야 하며, 다음에 의하여 시설하여야 한다. 다만, 대지전압이 150[V] 이하의 것은 적용하지 않는다.
• 방전등은 사람이 접촉될 우려가 없도록 시설할 것
• 방전등용 안정기는 옥내배선과 직접 접속하여 시설할 것

84 KEC 242.2(먼지 위험장소)
폭연성 먼지 위험장소

금속관공사	• 박강전선관 이상, 패킹 사용, 분진 방폭형 유연성 부속 • 관 상호 및 관과 박스 등은 5산 이상의 나사 조임 접속
케이블공사	개장된 케이블 또는 무기물 절연 케이블을 사용하는 경우 이외에는 관 기타의 방호 장치에 넣어 사용할 것

85 KEC 351.1(발전소 등의 울타리·담 등의 시설)

특고압	간격($a+b$)	기 타
35[kV] 이하	5.0[m] 이상	울타리의 높이(a) : 2[m] 이상 울타리에서 충전부까지 거리(b) 지면과 하부(c) : 15[cm] 이하 단수 = 160[kV] 초과/10[kV] N = 단수 × 0.12
35[kV] 초과 160[kV] 이하	6.0[m] 이상	
160[kV] 초과	6.0[m] + N 이상	

86 ※ KEC(한국전기설비규정)의 적용으로 문제가 성립되지 않음

87 KEC 234.6(점멸기의 시설)
자동 소등 시간
- 관광숙박업 또는 숙박업 객실 입구등 : 1분 이내
- 일반주택 및 아파트 각 호실의 현관등 : 3분 이내

88 KEC 223.2/334.2(지중함의 시설)
- 지중함은 견고하고 차량 기타 중량물의 압력에 견디는 구조일 것
- 지중함은 그 안의 고인 물을 제거할 수 있는 구조로 되어 있을 것
- 폭발성 또는 연소성의 가스가 침입할 우려가 있는 것에 시설하는 지중함으로서 그 크기가 1[m³] 이상인 것에는 통풍장치 기타 가스를 방산시키기 위한 장치를 시설할 것
- 지중함의 뚜껑은 시설자 이외의 자가 쉽게 열 수 없도록 시설할 것

89 KEC 223.5/334.5(지중약전류전선에의 유도장해의 방지)
지중전선로는 기설 지중약전류전선로에 대하여 누설전류 또는 유도작용에 의하여 통신상의 장해를 주지 아니하도록 기설 약전류전선로로부터 이격시키거나 기타 보호장치를 시설하여야 한다.

90 KEC 351.6(감시 및 계측장치 등)
- 계측장치 : 전압계 및 전류계, 전력계
- 발전기의 베어링 및 고정자의 온도
- 특고압용 변압기의 온도
- 정격출력이 10,000[kW]를 초과하는 증기터빈에 접속하는 발전기의 진동의 진폭

91 KEC 222.11/332.11(저·고압 가공전선과 건조물의 접근)

구 분		저압 가공전선			고압 가공전선		
		일 반	절 연	케이블	일 반	절 연	케이블
상부 조영재	위 쪽	2[m]	1[m]	1[m]	2[m]	–	1[m]
	옆쪽 또는 아래쪽, 기타 조영재	1.2[m]	0.4[m]	0.4[m]	1.2[m]	–	0.4[m]
		인체 비접촉 시 0.8[m]					

92 ※ KEC(한국전기설비규정)의 적용으로 문제가 성립되지 않음

93 ※ KEC(한국전기설비규정)의 적용으로 문제가 성립되지 않음

94 ※ KEC(한국전기설비규정)의 적용으로 문제가 성립되지 않음

95 ※ KEC(한국전기설비규정)의 적용으로 문제가 성립되지 않음

96 KEC 331.7(가공전선로 지지물의 기초의 안전율)
- 지지물의 기초 안전율 2 이상
- 상정하중에 대한 철탑의 기초 안전율 1.33 이상

97 ※ KEC(한국전기설비규정)의 적용으로 문제가 성립되지 않음

98 KEC 222.10/332.9/332.10/333.1/333.21/333.22(가공전선로 및 보안공사 지지물 간 거리)

구 분	표 준	특고압 시가지	보안공사		
			저·고압	제1종 특고압	제2, 3종 특고압
목주/A종	150[m]	75[m(목주 ×)]	100[m]	목주 불가	100[m]
B종	250[m]	150[m]	150[m]	150[m]	200[m]
철 탑	600[m]	400[m]	400[m]	400[m], 단주 300[m]	
표준 적용	• 저압 보안공사 : 22[mm²]인 경우 • 고압 보안공사 : 38[mm²]인 경우 • 제1종 특고압 보안공사 : 150[mm²]인 경우 • 제2, 3종 특고압 보안공사 : 95[mm²]인 경우 – 목주/A종 : 제2종(100[m]), 제3종(150[m])				

기 타	• 고압(22[mm²]), 특고압(50[mm²])인 경우
	  – 목주/A종 : 300[m] 이하
	  – B종 : 500[m] 이하				

99 ※ KEC(한국전기설비규정)의 적용으로 문제가 성립되지 않음

100 KEC 341.10(고압 및 특고압 전로 중의 과전류차단기의 시설)
고압 또는 특고압 전로 중 기계기구 및 전선을 보호하기 위하여 필요한 곳에 시설

구 분	견디는 시간	용단시간
포장 퓨즈	1.3배	2배 전류 – 120분
비포장 퓨즈	1.25배	2배 전류 – 2분

2020년 제 1·2 회 통합 기출문제

page 160

1	2	3	4	5	6	7	8	9	10	11	12	13	14	15	16	17	18	19	20
③	①	④	③	②	③	②	①	④	②	③	④	④	④	①	③	④	④	①	②	④

21	22	23	24	25	26	27	28	29	30	31	32	33	34	35	36	37	38	39	40
③	①	①	③	①	④	①	④	④	①	④	①	③	③	①	④	③	④	③	③

41	42	43	44	45	46	47	48	49	50	51	52	53	54	55	56	57	58	59	60
③	②	④	③	③	③	①	②	③	④	③	①	①	①	④	①	③	③	②	④

61	62	63	64	65	66	67	68	69	70	71	72	73	74	75	76	77	78	79	80
②	②	④	②	③	①	①	②	③	④	②	②	②	③	②	③	④	③	①	③

81	82	83	84	85	86	87	88	89	90	91	92	93	94	95	96	97	98	99	100
②	②	×	②	③	②	×	×	④	④	①	④	③	④	③	④	①	①	×	②

× : 문제삭제

01 에너지(W) $= QV = F \cdot r = F \cdot d = ev = mg \cdot d$

$\therefore V = \dfrac{mg}{e} d$

여기서, m : 전자의 질량, g : 중력가속도

02 자기저항 $R = \dfrac{l}{\mu_0 \mu_s S}$ 이므로 자기회로의 길이에 비례한다.

03 $E = -\mathrm{grad}\, V = -\nabla V = -\dfrac{\partial x^2}{\partial x} i - \dfrac{\partial y^2}{\partial y} j = -2xi - 2yj$

전기력선의 방정식
- $E_x i + E_y j (++)$, $-E_x i - E_y j (--)$ → $y = cx$
- $E_x i - E_y j (+-)$ → $y = \dfrac{c}{x}$
- 좌푯값 등전위선의 반지름 $= \sqrt{3^2 + 4^2} = 5$

$\therefore \dfrac{3}{x} = \dfrac{4}{y}$ 에서 $x = \dfrac{3}{4} y$

04 $I = \dfrac{Q}{t} = \dfrac{ne}{t}$

$n = \dfrac{It}{e} = \dfrac{50 \times 1}{1.602 \times 10^{-19}} \fallingdotseq 31.21 \times 10^{19}$

(단위시간 = 1[s])

05 • 상호인덕턴스 $M = k\sqrt{L_1 L_2}$

• 결합계수 $k = \dfrac{M}{\sqrt{L_1 L_2}}$

(단, 일반 : $0 < k < 1$, 미결합 : $k = 0$, 완전 결합 : $k = 1$)

06 평행판 콘덴서의 정전용량

$C = \varepsilon \dfrac{S}{d} = \varepsilon_0 \varepsilon_r \dfrac{S}{d} [\text{F}]$

07

자성체 종류	특 징	자기모멘트	영구자기 쌍극자	종 류
강자성체	$\mu_r \gg 1$ $\chi_m \gg 0$		동일방향 배열	철, 니켈, 코발트
상자성체	$\mu_r > 1$ $\chi_m > 0$		비규칙적인 배열	알루미늄, 백금, 주석, 산소, 질소
반자성체, 역자성체	$\mu_r < 1$ $\chi_m < 0$		없 음	비스무트, 은, 구리, 탄소 등
반강자성체			반대방향 배열	

08 $r < a$, 전류가 균일하게 흐르는 경우(내부에도 전류가 흐르는 경우)

내부 $H_i = \dfrac{I}{2\pi r} \times \dfrac{r^2}{a^2} = \dfrac{rI}{2\pi a^2} [\text{AT/m}]$

09 라플라스 방정식은 선형동차 미분방정식이다.

10 분극률$(\chi) = \varepsilon_0(\varepsilon_r - 1) = \varepsilon_0(4 - 1) = 3\varepsilon_0$

11 $B = \dfrac{\phi}{S} = \mu_0 H = \mu_0 \dfrac{I}{2\pi r} = \dfrac{4\pi \times 10^{-7} \times 10}{2\pi \times 2} = 10^{-6} [\text{Wb/m}^2]$

12 저축(축적)에너지

$W = \dfrac{1}{2} LI^2 = \dfrac{1}{2} \dfrac{\mu_0 \mu_r S N^2}{l} I^2 = \dfrac{1}{2} \times \dfrac{4\pi \times 10^{-7} \times 100 \times 10 \times 10^{-4} \times 1{,}000^2}{1} \times 10^2 = 2\pi [\text{J}]$

13 $LI = N\phi$이므로 $L = \dfrac{N\phi}{I}$

자계에너지에 의한 자기유도계수 L

$\omega = \dfrac{1}{2} LI^2$에서 $L = \dfrac{2\omega}{I^2}$ ⋯⋯⋯⋯⋯⋯⋯⋯ ⓐ

$\omega = \dfrac{1}{2} \displaystyle\int_v BH dv = \dfrac{1}{2} \displaystyle\int_v A \cdot i dv$ ⋯⋯⋯⋯⋯⋯ ⓑ

ⓑ식을 ⓐ식에 대입하면

$L = \dfrac{\displaystyle\int_v B \cdot H dv}{I^2} = \dfrac{\displaystyle\int_v A \cdot i dv}{I^2}$

14 $R = \dfrac{V}{I} = \rho \dfrac{l}{S} = R_t \dfrac{234.5 + T}{234.5 + t} = R_t \{1 + \alpha_t (T - t)\} = \dfrac{\rho \varepsilon}{C} [\Omega]$

$\therefore R_T = 100\{1 + 0.002(60 - 20)\} = 108 [\Omega]$

15 포인팅 벡터
- 단위시간에 단위면적을 지나는 에너지
- 임의의 점을 통과할 때의 전력밀도
- $P = E \times H = EH\sin\theta[\text{W/m}^2]$에서 자계와 전계는 수직이므로 $P = EH[\text{W/m}^2]$

16 전자가 자계와 수직입사할 때 원운동을 하는데, 이는 질량에 의한 원심력과 구심력이 작용하는 힘 때문이다 $\left(r = \dfrac{mv}{qB} = \dfrac{mv}{eB} = \dfrac{mv}{e\mu_0 H}\right)$.

17 $V = Ed = \dfrac{\sigma}{\varepsilon_0}d = \dfrac{4}{8.855 \times 10^{-12}} \times 3 ≒ 1.36 \times 10^{12}[\text{V}]$

18

플레밍의 오른손 법칙 $e = Blv\sin\theta[\text{V}]$에서 수직이므로 $e = Blv$이며 플레밍의 오른손 법칙을 사용하여 구한다.

19 동심구의 정전용량 $C = \dfrac{4\pi\varepsilon_0}{\dfrac{1}{a} - \dfrac{1}{b}} = 4\pi\varepsilon_0 \dfrac{ab}{b-a}[\text{F}]$

20 유전체 경계면에 수직으로 전계가 가해졌을 때 $D_1 = D_2$가 된다.
맥스웰 응력($\varepsilon_1 > \varepsilon_2$)
$f = \dfrac{1}{2}\left(\dfrac{1}{\varepsilon_2} - \dfrac{1}{\varepsilon_1}\right)D^2[\text{N/m}^2]$
유전율이 큰 유전체가 작은 유전체 쪽으로 끌려 들어가는 힘을 받는다.

21 고장별 대칭분 및 전류의 크기

고장종류	대칭분	전류의 크기
1선 지락	정상분, 역상분, 영상분	$I_0 = I_1 = I_2 \neq 0$
선간 단락	정상분, 역상분	$I_1 = -I_2 \neq 0$, $I_0 = 0$
3상 단락	정상분	$I_1 \neq 0$, $I_0 = I_2 = 0$

1선 지락전류 $I_g = 3I_0 = \dfrac{3E_a}{Z_0 + Z_1 + Z_2}$

22 피뢰기의 제한전압은 절연협조의 기본이 되는 부분으로 가장 낮게 잡으며 피뢰기의 제1보호대상은 변압기이다.
※ 절연협조 배열 : 피뢰기의 제한전압 < 변압기 < 부싱, 차단기 < 결합콘덴서 < 선로애자

23 보일러의 부속 설비
- 과열기 : 건조포화증기를 과열증기로 변환하여 터빈에 공급
- 재열기 : 터빈 내에서의 증기를 뽑아내어 다시 가열하는 장치
- 절탄기 : 배기가스의 여열을 이용하여 보일러 급수 예열
- 공기예열기 : 절탄기를 통과한 여열공기를 예열한다(연도의 맨 끝에 위치).

24 조건 : 선로 손실 최소, $\cos\theta_2 = 1$
역률개선용 콘덴서 용량
$$Q_c = P\left(\frac{\sin\theta_1}{\cos\theta_1} - \frac{\sin\theta_2}{\cos\theta_2}\right)$$
$$= 60\left(\frac{0.8}{0.6} - \frac{0}{1}\right)$$
$$= 80[\text{kVA}]$$

25 선택접지(지락) 계전기는 병행 2회선에서 1회선이 접지고장이나 지락이 발생할 때 회선의 선택 차단 시 사용한다.

26 $P_s = \sqrt{3}\,VI_s$
$I_s = \dfrac{P_s}{\sqrt{3}\,V} = \dfrac{100 \times 10^6}{\sqrt{3} \times 7.2 \times 10^3} \times 10^{-3} \fallingdotseq 8[\text{kA}]$

27 시한특성
- 순한시 계전기 : 최소동작전류 이상의 전류가 흐르면 즉시 동작, 고속도 계전기(0.5~2Cycle)
- 정한시 계전기 : 동작전류의 크기에 관계없이 일정시간에 동작
- 반한시 계전기 : 동작전류가 작을 때는 동작시간이 길고, 동작전류가 클 때는 동작시간이 짧다.
- 반한시성 정한시 계전기 : 반한시 + 정한시 특성

28 Still 식 $V_s = 5.5\sqrt{0.6l + \dfrac{P}{100}}\,[\text{kV}] = 5.5\sqrt{0.6 \times 51 + \dfrac{30{,}000}{100}} = 100[\text{kV}]$
여기서, l : 송전거리[km], P : 송전전력[kW]

29 흡출관 : 낙차를 인위적으로 늘리는 데 사용되는 관

30 $\sqrt{3}\,V_3 I_3 \cos\theta = V_1 I_1 \cos\theta$ (V, $\cos\theta$ 동일하므로)
$\sqrt{3}\,I_3 = I_1$
$\dfrac{I_3}{I_1} = \dfrac{1}{\sqrt{3}}$

31 가공배전선로에서 주선로의 정전 시 예비선로로 자동전환되는 개폐기로 자동부하 전환 개폐기(ALTS ; Automatic Load Transfer Switch)를 사용한다.

32 표피효과 : 교류를 흘리면 도체 표면의 전류밀도가 증가하고 중심으로 갈수록 지수함수적으로 감소되는 현상
침투깊이 $\delta = \sqrt{\dfrac{1}{\pi f \sigma \mu}}\,[\text{m}]$
주파수(f)가 높을수록, 도전율(σ)이 높을수록, 투자율(μ)이 클수록, 침투깊이 δ가 감소하므로 표피효과는 증대된다.

33 $A = A$, $B = \frac{1}{2}B$, $C = 2C$, $D = D$

34
- ZCT(영상변류기) : 영상전류 검출
- CT(계기변류기) : 대전류를 소전류로 변류
- GPT(영상접지형 변압기) : 영상전압을 검출
- PT(계기용 변압기) : 고전압을 저전압으로 변성

35 단로기(DS)는 소호기능이 없어 부하전류나 사고전류를 차단할 수 없다. 무부하상태, 즉 차단기가 열려 있어야만 전로개방 및 모선접속을 변경할 수 있다(인터로크).

36 $V_s = AV_R + BI_R$에서 수전단 개방이므로 $I_R = 0$
$$V_R = \frac{V_s}{A} = \frac{66}{0.9918 + j0.0042} = 66.544 - j0.2817$$
$$= \sqrt{66.544^2 + 0.2817^2} ≒ 66.55[kV]$$

37 $\eta_T = \dfrac{860P}{W(i_0 - i_1) \times 10^3} \times 100$

여기서, P : 출력[kW]
W : 발생증기량([t/h], 10^3[kg/h])
i_0, i : 증기엔탈피[kcal/kg]

38
- 가공지선의 설치목적 : 직격뢰차폐, 유도뢰차폐, 통신선에 대한 전기유도장해 경감
- 매설지선 : 철탑의 접지저항을 줄여 역섬락 방지

39 $P_r^2 + (Q_r + 400)^2 = 250,000$
조상설비 없이 전압을 일정 유지하면서 공급하므로
$P_r^2 = 250,000 - 400^2$
$P_r = \sqrt{250,000 - 400^2} = 300$

40 수용률 = $\dfrac{\text{최대수용전력[kW]}}{\text{부하설비용량[kW]}} \times 100[\%]$

41 $E_d = 0.45E_a(1 + \cos\alpha) = 0.45 \times 100 \times (1 + \cos 30°) ≒ 84[V]$

42 반발형은 브러시가 필요하다.

43 ④는 주파수를 변환하기 때문에 회전방향을 바꾸는 것과는 무관하다.

44 단상유도전동기는 기동토크가 발생하지 않기 때문에 기동권선인 보조권선이 필요하므로 그 특징은 다음과 같다.
- 보조권선은 높은 저항과 낮은 리액턴스를 갖는다.
- 주권선은 비교적 낮은 저항과 높은 리액턴스를 갖는다.
- 전동기가 기동하여 속도가 어느 정도 상승하면 보조권선을 전원에서 분리해야 한다.

45 단락전류 $I_s = \dfrac{100}{\%Z}I_n$ 이므로 $\%Z$가 커지면 단락전류는 작아진다.

46 $\varepsilon = \dfrac{V_0 - V}{V}$

$V \cdot \varepsilon = V_0 - V$

∴ 단자전압 $V_0 = V \cdot \varepsilon + V = V(\varepsilon + 1) = 6,600(0.12 + 1) = 7,392[\text{V}]$

47 분권기(발전기)는 계자권선이 전기자권선에 병렬로 연결된다.

48 동기속도 $N_s = \dfrac{120f}{P}[\text{rpm}]$

극수 $P = \dfrac{120f}{N_s}$

$P_1 = \dfrac{120f_1}{N_{s1}} = \dfrac{120 \times 60}{200} = 36[\text{극}]$

$P_2 = \dfrac{120f_2}{N_{s2}} = \dfrac{120 \times 50}{167} ≒ 36[\text{극}]$

49 입력 $P = V_1 I_1 \cos\theta = 6,600 \times \dfrac{30}{30} \times 1 = 6,600[\text{W}] = 6.6[\text{kW}]$

여기서, 전등부하역률 = 1

50 스텝 모터(Step Motor)의 장점
- 스테핑 주파수(펄스수)로 회전각도를 조정한다.
- 회전각을 검출하기 위한 피드백(Feedback)이 불필요하다.
- 디지털신호로 제어하기 용이하므로 컴퓨터로 사용하기에 아주 적합하다.
- 가·감속이 용이하며 정·역전 및 변속이 쉽다.
- 각도 오차가 매우 작아 주로 자동제어장치에 많이 사용된다.

51 직류발전기

발전기 규약효율$(\eta_G) = \dfrac{\text{출력}(P_o)}{\text{출력}(P_o) + \text{손실}(P')}$ 에서 손실$(P') = \dfrac{\text{출력}}{\eta_G} - \text{출력} = \dfrac{20}{0.8} - 20 = 5[\text{kW}]$

52 위상 특성곡선(V곡선 $I_a - I_f$ 곡선, P 일정) : 계자전류의 변화에 대한 전기자전류의 변화를 나타낸 곡선(동기조상기로 조정)
- 과여자(진역률) : 콘덴서 C로 작용
- 부족여자(지역률) : 인덕턴스 L로 작용

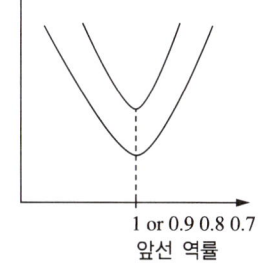

가로축 I_f	최저점 $\cos\theta = 1$	세로축 I_a
감소	계자전류 I_f	증가
증가	전기자전류 I_a	증가
뒤진 역률(지상)	역률	앞선 역률(진상)
L	작용	C
부족여자	여자	과여자
$\cos\theta = 1$에서 전력 비교 $P \propto I_a$, 위 곡선의 전력이 크다.		

53

단락비	소	대
동기리액턴스	대	소
전압변동률	대	소
전기자 반작용	대	소
자기여자현상	대	소

54 전력$(P) = EI_a = ei_a Z$

55 SCR Off조건
- 유지전류 이하
- 애노드 전압을 0 또는 (-)로 한다. → 전압을 반대로 인가

56 직류전동기 속도제어 $n = K' \dfrac{V - I_a R_a}{\phi}$ (K' : 기계정수)

종 류	특 징
전압제어	• 광범위 속도제어가 가능하다. • 워드레오나드 방식(광범위한 속도 조정, 효율양호) • 일그너 방식(부하가 급변하는 곳, 플라이휠 효과 이용, 제철용 압연기) • 정토크 제어 • SCR과 조합하여 사용하는 방식
계자제어	• 세밀하고 안정된 속도제어를 할 수 있다. • 속도제어 범위가 좁다. • 효율은 양호하나 정류가 불량하다. • 정출력 가변속도 제어
저항제어	• 속도 조정 범위가 좁다. • 효율이 저하된다.

57 단권변압기의 특징
- 1차 권선과 2차 권선 일부를 공통 사용한다.
- 분로권선과 직렬권선으로 구성된다.
- 누설자속이 없기 때문에 전압변동률이 감소한다.
- 단상과 3상 모두 사용 가능하다.

58 $s \propto \dfrac{1}{V^2}$ 이므로
- $\eta = (1-s)$ 이므로 Slip이 감소하면 효율은 증가한다.
- $N = (1-s)N_s$ 이므로 Slip 감소 시 N은 증가한다.

59 토크$(T) = \dfrac{EI_a}{2\pi \dfrac{N}{60}} = \dfrac{(V - I_a R_a)I_a}{2\pi \dfrac{N}{60}} = \dfrac{(110 - 15 \times 2) \times 15}{2\pi \times \dfrac{1,800}{60}} ≒ 6.4[\text{N} \cdot \text{m}]$

60 $\dfrac{\text{자기용량}}{\text{부하용량}} = \dfrac{V_h - V_l}{V_h}$

∴ 부하용량 $= \dfrac{V_h}{V_h - V_l} \times \text{자기용량} = \dfrac{3,200}{3,200 - 3,000} \times 1 = 16[\text{kVA}]$

61 $s^3 + 2s^2 + Ks + 10 = 0$

$$\underbrace{①s^3 + ②s^2 + Ⓚs + ⑩}_{\frac{10}{2K}} = 0$$

$2K > 10$
$\therefore K > 5$

62 $\dfrac{(2K+1)\pi}{P_N - Z_N} = \dfrac{(2K+1)\pi}{4-1} = \dfrac{(2K+1)\pi}{3}$ (극점 : 4개, 영점 : 1개)에서

$K = 0$ $60°$
$K = 1$ $180°$
$K = 2$ $300°$

63 함수의 변환

$f(t)$		$F(s)$	$F(z)$
지수함수	e^{-at}	$\dfrac{1}{s+a}$	$\dfrac{z}{z-e^{-at}}$

$F(z) = \dfrac{3z}{(z-e^{-3t})}$ 에서 $F(z) = 3 \times \dfrac{z}{(z-e^{-3t})}$ 로 계산

$\therefore F(s) = \dfrac{3}{(s+3)}$

64 $P = 1 \times 2 = 2$
$L_1 = (-2) \times 3 = -6$
$L_2 = (-1) \times 2 \times 4 = -8$
$G(s) = \dfrac{2}{1+6+8} = \dfrac{2}{15}$

65 비례 적분 제어

$G(t) = K_p \left[r(t) + \dfrac{1}{T_p} \int r(t) dt \right]$

$G(s) = \dfrac{2s+5}{7s} = \dfrac{2}{7} + \dfrac{5}{7s} = \dfrac{1}{7}\left(2 + \dfrac{5}{s}\right)$

66 $e_{ss} = \dfrac{1}{1+k_p} = \dfrac{1}{1+\infty} = 0$

$k_p = \lim\limits_{s \to 0} \dfrac{5}{s(s+1)(s+2)} = \infty$

67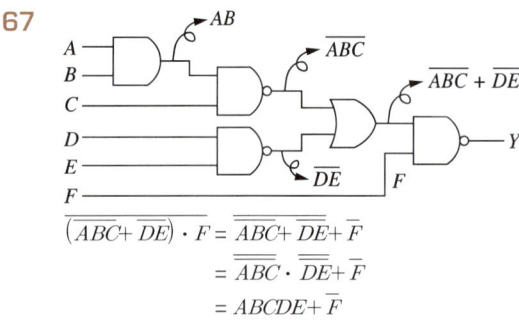

$$\overline{(\overline{ABC}+\overline{DE})\cdot F} = \overline{\overline{ABC}+\overline{DE}}+\overline{F}$$
$$= \overline{\overline{ABC}}\cdot\overline{\overline{DE}}+\overline{F}$$
$$= ABCDE+\overline{F}$$

68 $P = a^3$

$\triangle = 1 - (L_{n1} - L_{n2} + \cdots)$

여기서, L_{n1} : 각각의 루프 이득의 합

L_{n2} : 2개의 비접촉루프 이득의 곱의 합

$L_{n1} = ab + ab + ab = 3ab$

$L_{n2} = ab \times ab = a^2b^2$

$$G(s) = \frac{a^3}{1-(3ab-a^2b^2)} = \frac{a^3}{1-3ab+a^2b^2}$$

69 미분방정식 $\dfrac{d^2c(t)}{dt^2}+5\dfrac{dc(t)}{dt}+3c(t)=r(t)$

$x_2'(t) + x_2(t) + 3x_1(t) = r(t)$

상태방정식 $\dfrac{d}{dt}x(t) = Ax(t) + Bu(t)$

$x'(t) = Ax(t) + Bu(t)$

$x_1'(t) = x_2(t)$

$x_2'(t) = -3x_1(t) - 5x_2(t) + r(t)$

$\therefore \begin{bmatrix} x_1' \\ x_2' \end{bmatrix} = \begin{bmatrix} 0 & 1 \\ -3 & -5 \end{bmatrix}\begin{bmatrix} x_1 \\ x_2 \end{bmatrix} + \begin{bmatrix} 0 \\ 1 \end{bmatrix}r(t)$에서

계수행렬 $\begin{bmatrix} 0 & 1 \\ -3 & -5 \end{bmatrix}$

70 이득 여유란 위상선도가 $-180°$가 되는 주파수에서의 이득의 크기이다.

71 $I_1 = \dfrac{1}{3}(I_a + aI_b + a^2 I_c)$

$= \dfrac{1}{3}\{10+j3 + 1\angle 120°\times(-5-j2) + 1\angle 240°\times(-3+j4)\}$

$= 6.398 + j0.0893 = \sqrt{6.398^2 + 0.0893^2} = 6.398 ≒ 6.4[\text{A}]$

72
$A = 1 + \dfrac{R}{5}$, $B = R$, $C = \dfrac{1}{5}$, $D = 1$

$Z_{01} = \sqrt{\dfrac{AB}{CD}} = 6[\Omega]$

$= \sqrt{\dfrac{\dfrac{5+R}{5} \times R}{\dfrac{1}{5}}} = 6$

$= \sqrt{R^2 + 5R} = 6$

$R^2 + 5R - 36 = 0$
$(R \quad -4)$
$(R \quad +9)$
$R = 4, -9$

73
$V_{ab} = \sqrt{3}\, V_{an} \angle 30°$

$V_{ab} = \sqrt{3}\, V_{an} e^{j\frac{\pi}{6}}$

74
$F(s) = \dfrac{2}{S^3}\bigg|_{S = s + \alpha}$

$= \dfrac{2}{(s+\alpha)^3}$

75 전파정수
$\gamma = \sqrt{ZY} = \alpha + j\beta = \sqrt{(R + j\omega L)(G + j\omega C)}$

76
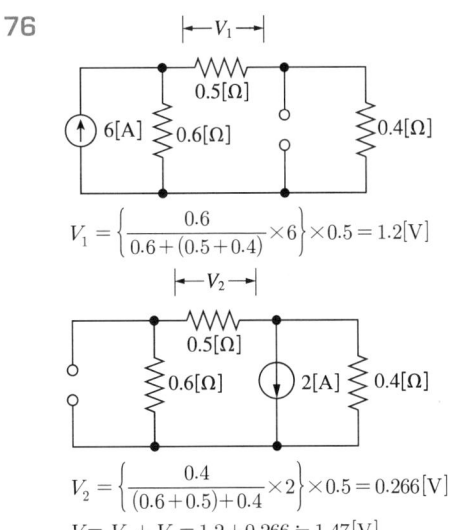

$V_1 = \left\{ \dfrac{0.6}{0.6 + (0.5 + 0.4)} \times 6 \right\} \times 0.5 = 1.2[V]$

$V_2 = \left\{ \dfrac{0.4}{(0.6 + 0.5) + 0.4} \times 2 \right\} \times 0.5 = 0.266[V]$

$V = V_1 + V_2 = 1.2 + 0.266 \fallingdotseq 1.47[V]$

77 RLC 직렬회로에서 자유진동 주파수

$$f = \frac{1}{2\pi}\sqrt{\frac{1}{LC} - \left(\frac{R}{2L}\right)^2}$$

비진동(과제동)	임계진동	진동(부족제동)
$R^2 > 4\dfrac{L}{C}$	$R^2 = 4\dfrac{L}{C}$	$R^2 < 4\dfrac{L}{C}$

78 비정현파의 실횻값

$$V = \sqrt{V_0^{\,2} + V_1^{\,2} + V_3^{\,2}} = \sqrt{3^2 + (5)^2 + (10)^2} ≒ 11.6[\text{V}]$$

여기서, V_0, V_1, V_3 : 각 파의 실횻값

79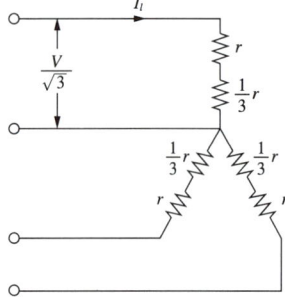

△→Y로 바꾸면 $\dfrac{1}{3}r$

$$I_l = \frac{\dfrac{V}{\sqrt{3}}}{\dfrac{1}{3}r + r} = \frac{\dfrac{V}{\sqrt{3}}}{\dfrac{4r}{3}} = \frac{3V \times \sqrt{3}}{4\sqrt{3}\,r \times \sqrt{3}}$$

$$= \frac{\sqrt{3}\,V}{4r}$$

△결선의 $I_l = \sqrt{3}\,I_p$

$I_p = \dfrac{1}{\sqrt{3}}I_l$

$\therefore\ I = \dfrac{V}{4r}$

80 $I = \dfrac{V}{Z} = \dfrac{13 + j20}{8 + j6} = 2.24 + j0.82$

$P_a = V\dot{I} = (13 + j20)(2.24 - j0.82) = 45.5 + j34.1$

81 KEC 223.1/334.1(지중전선로의 시설)
- 사용전선 : 케이블, 트로프를 사용하지 않을 경우는 CD(콤바인덕트)케이블을 사용한다.
- 매설방식 : 직접 매설식, 관로식, 암거식(공동구)
- 직접 매설식의 매설깊이 : 트로프 기타 방호물에 넣어 시설

장소	차량, 기타 중량물의 압력	기 타
깊이	1.0[m] 이상	0.6[m] 이상

82 KEC 351.10(수소냉각식 발전기 등의 시설)
- 수소냉각식의 발전기·무효 전력 보상 장치 또는 이에 부속하는 수소냉각장치는 발전기 내부 또는 무효 전력 보상 장치 내부의 수소의 순도가 85[%] 이하로 저하한 경우에 이를 경보하는 장치를 시설할 것
- 발전기 내부 또는 무효 전력 보상 장치 내부의 수소의 압력을 계측하는 장치 및 그 압력이 현저히 변동한 경우에 이를 경보하는 장치를 시설할 것
- 발전기 내부 또는 무효 전력 보상 장치 내부의 수소의 온도를 계측하는 장치를 시설할 것
- 발전기 또는 무효 전력 보상 장치는 기밀구조의 것이고 또한 수소가 대기압에서 폭발하는 경우에 생기는 압력에 견디는 강도를 가지는 것일 것
- 발전기축의 밀봉부에는 질소 가스를 봉입할 수 있는 장치 또는 발전기축의 밀봉부로부터 누설된 수소 가스를 안전하게 외부에 방출할 수 있는 장치를 시설할 것

83
※ KEC(한국전기설비규정)의 적용으로 문제가 성립되지 않음

84 KEC 241.8(놀이용 전차)
- 사용전압 : AC 40[V] 이하, DC 60[V] 이하
- 접촉전선은 제3레일 방식으로 시설
- 누설전류 : AC 100[mA/km], $\dfrac{\text{최대공급전류}}{5{,}000}$ 이하
- 변압기의 1차 전압은 400[V] 이하일 것
- 변압기의 2차 전압은 150[V] 이하일 것

85 KEC 134(연료전지 및 태양전지 모듈의 절연내력)
연료전지 및 태양전지 모듈은 최대사용전압의 1.5배의 직류전압 또는 1배의 교류전압(500[V] 미만으로 되는 경우에는 500[V])을 충전부분과 대지 사이에 연속하여 10분간 가하여 절연내력을 시험하였을 때에 이에 견디는 것이어야 한다.

86 KEC 221.3(옥상전선로)
- 전선과 그 저압 옥상전선로를 시설하는 조영재와의 간격은 2[m](전선이 고압 절연전선, 특고압 절연전선 또는 케이블인 경우에는 1[m]) 이상일 것
- 전선은 인장강도 2.30[kN] 이상의 것 또는 지름 2.6[mm] 이상의 경동선일 것
- 전선은 절연전선일 것
- 애자를 사용하여 지지하고 또한 그 지지점 간의 거리는 15[m] 이하일 것
- 전선은 상시 부는 바람 등에 의하여 식물에 접촉하지 않도록 시설

87
※ KEC(한국전기설비규정)의 적용으로 문제가 성립되지 않음

88
※ KEC(한국전기설비규정)의 적용으로 문제가 성립되지 않음

89 KEC 224.3/335.3(수상전선로의 시설)
전선은 저압인 경우에는 클로로프렌 캡타이어케이블이어야 하며, 고압인 경우에는 고압용 캡타이어케이블이어야 한다.

90 기술기준 제52조(저압 전로의 절연성능)

전로의 사용전압[V]	DC시험전압[V]	절연저항[MΩ]
SELV 및 PELV	250	0.5
FELV를 포함한 500[V] 이하	500	1.0
500[V] 초과	1,000	1.0

※ KEC(한국전기설비규정)의 변경으로 답은 ③에서 ④로 변경됨

91 KEC 232.41(케이블트레이공사)
- 비금속제 케이블트레이는 난연성 재료일 것
- 케이블트레이의 안전율은 1.5 이상일 것
- 금속제 케이블트레이의 종류 : 사다리형, 펀칭형, 그물망형, 바닥밀폐형

92

시설장소	사용전압	400[V] 이하		400[V] 초과
전개된 장소	건조한 장소	• 애자공사 • 금속몰드공사 • 버스덕트공사	• 합성수지몰드공사 • 금속덕트공사 • 라이팅덕트공사	• 애자공사 • 금속덕트공사 • 버스덕트공사
	기타 장소	• 애자공사	• 버스덕트공사	애자공사
점검할 수 있는 은폐된 장소	건조한 장소	• 애자공사 • 금속몰드공사 • 버스덕트공사 • 라이팅덕트공사	• 합성수지몰드공사 • 금속덕트공사 • 셀룰러덕트공사	• 애자공사 • 금속덕트공사 • 버스덕트공사
	기타 장소	애자공사		애자공사
점검할 수 없는 은폐된 장소	건조한 장소	• 플로어덕트공사	• 셀룰러덕트공사	

93 KEC 331.6(풍압하중의 종별과 적용)

지역		고온계절	저온계절
빙설이 많은 지방 이외의 지방		갑종	병종
빙설이 많은 지방	일반지역	갑종	을종
	해안지방, 기타 저온의 계절에 최대풍압이 생기는 지역	갑종	갑종과 을종 중 큰 값 선정
인가가 많이 이웃 연결되어 있는 장소		병종	병종

94 KEC 234.11(1[kV] 이하 방전등)
방전등에 전기를 공급하는 전로의 대지전압은 300[V] 이하로 하여야 하며, 다음에 의하여 시설하여야 한다. 다만, 대지전압이 150[V] 이하의 것은 적용하지 않는다.
- 방전등은 사람이 접촉될 우려가 없도록 시설할 것
- 방전등용 안정기는 옥내배선과 직접 접속하여 시설할 것

95 KEC 362.5(특고압 가공전선로 전선 첨가 설치 통신선의 시가지 인입 제한)
- RP1 : 교류 300[V] 이하에서 동작하고, 최소감도전류가 3[A] 이하로서 최소감도전류 때의 따라 움직임 시간이 1사이클 이하이고 또한 전류용량이 50[A], 20초 이상인 자동복구성이 있는 릴레이 보안기
- L1 : 교류 1[kV] 이하에서 동작하는 피뢰기
- E1 및 E2 : 접지
- H : 250[mA] 이하에서 동작하는 열 코일

96 KEC 520(태양광발전설비)
- 태양전지 모듈, 전선, 개폐기 및 기타 기구는 충전부분이 노출되지 않도록 시설할 것
- 모든 접속함에는 내부의 충전부가 인버터로부터 분리된 후에도 여전히 충전상태일 수 있음을 나타내는 경고를 붙일 것
- 주택의 태양전지모듈에 접속하는 부하측 옥내배선의 대지전압은 직류 600[V] 이하
  - 전로에 지락이 생겼을 때 자동적으로 전로를 차단하는 장치를 시설할 것
  - 사람이 접촉할 우려가 없는 은폐된 장소에 합성수지관공사, 금속관공사 및 케이블공사에 의하여 시설하거나, 사람이 접촉할 우려가 없도록 케이블공사에 의하여 시설하고 전선에 방호장치를 시설할 것
- 모듈의 출력배선은 극성별로 확인할 수 있도록 표시할 것
- 모듈을 병렬로 접속하는 전로에는 그 주된 전로에 단락전류가 발생할 경우에 전로를 보호하는 과전류차단기 또는 기타 기구를 시설할 것
- 전선은 공칭단면적 2.5[mm^2] 이상의 연동선 또는 이와 동등 이상의 세기 및 굵기의 것일 것
- 배선설비공사는 옥내에 시설할 경우에는 합성수지관공사, 금속관공사, 금속제 가요전선관공사, 케이블공사 규정에 준하여 시설할 것
- 옥측 또는 옥외에 시설할 경우에는 합성수지관공사, 금속관공사, 금속제 가요전선관공사 또는 케이블공사의 규정에 준하여 시설할 것
- 단자의 접속은 기계적, 전기적 안전성을 확보할 것

97 KEC 222.2/331.11(지지선의 시설)

안전율	2.5 이상(목주나 A종 : 1.5 이상)	아연도금철봉	지중 및 지표상 0.3[m]까지
구 조	4.31[kN] 이상, 3가닥 이상의 연선	도로횡단	5[m] 이상(교통 지장 없는 장소 : 4.5[m])
금속선	2.6[mm] 이상(아연도강연선 2.0[mm] 이상)	기 타	철탑은 지지선으로 그 강도를 분담시키지 않을 것

98 KEC 222.3/332.1(가공약전류전선로의 유도장해 방지)
유도작용에 의하여 통신상의 장해가 생기지 아니하도록 전선과 기설 약전류전선 간의 간격은 2[m] 이상이어야 한다.

99 ※ KEC(한국전기설비규정)의 적용으로 문제가 성립되지 않음

100 부싱은 사기로 만들어져 있기 때문에 자체가 절연체이기 때문에 접지할 수 없다.
①, ③, ④번은 전기설비기술기준에 규정되어 있다.

2020년 제3회 기출문제

page 174

1	2	3	4	5	6	7	8	9	10	11	12	13	14	15	16	17	18	19	20
③	④	②	④	②	③	③	③	④	②	②	②	②	②	④	②	③	①	④	③
21	22	23	24	25	26	27	28	29	30	31	32	33	34	35	36	37	38	39	40
②	①	③	①	①	②	①	②	②	③	④	①	③	④	③	②	③	①	④
41	42	43	44	45	46	47	48	49	50	51	52	53	54	55	56	57	58	59	60
①	②	①	①	②	③	①	③	④	①	③	②	④	②	②	①	④	④	②
61	62	63	64	65	66	67	68	69	70	71	72	73	74	75	76	77	78	79	80
①	①	②	③	②	③	①	④	①	③	①	④	③	②	③	②	④	②	①
81	82	83	84	85	86	87	88	89	90	91	92	93	94	95	96	97	98	99	100
①	①	②	③	③	③	②	①	④	②	④	④	③	①	×	④	②	④	×	①	×

×: 문제삭제

01 전계의 세기$(E) = \dfrac{D-P}{\varepsilon_0} \to \varepsilon_0 E = D - P$

분극의 세기$(P) = D - \varepsilon_0 E = D - \dfrac{D}{\varepsilon_s} = D\left(1 - \dfrac{1}{\varepsilon_s}\right) = \varepsilon_0 \varepsilon_s E - \varepsilon_0 E = \varepsilon_0(\varepsilon_s - 1)E$

02 회전력$(T) = (S \times B)I = (0.04 \times 0.08)a_x \times \left\{\dfrac{0.05}{\sqrt{2}}(a_x + a_y)\right\} \times 5 = \left(0.04 \times 0.08 \times \dfrac{0.05}{\sqrt{2}} \times 5\right)a_z$

$\fallingdotseq 5.66 \times 10^{-4} a_z$

03 자기차폐
어떤 물체를 비투자율이 큰 강자성체로 둘러싸거나 배치하여 외부로부터의 자기적 영향을 감소시키는 현상

04 $\delta = \sqrt{\dfrac{2}{\omega \sigma \mu}} = \dfrac{1}{\sqrt{\pi f \sigma \mu}} = \dfrac{1}{\sqrt{\pi f \sigma \mu_0 \mu_r}} = \dfrac{1}{\sqrt{\pi \times 100 \times 10^6 \times 5.9 \times 10^7 \times 4\pi \times 10^{-7} \times 0.99}}$

$\fallingdotseq 6.6 \times 10^{-6} [\text{m}] \fallingdotseq 6.6 \times 10^{-3} [\text{mm}]$
여기서, $\mu_0 = 4\pi \times 10^{-7}$

05 압전기 현상
- 종효과 : 결정에 가한 기계적 응력과 전기분극이 동일 방향으로 발생한다.
- 횡효과 : 결정에 가한 기계적 응력과 전기분극이 수직 방향으로 발생한다.

06
- $R = \rho \dfrac{l}{S}$
  여기서, ρ : 고유저항, l : 길이, S : 면적
- $R_t = \{1 + \alpha_t(T-t)\}$
  여기서, t : 변화 전 온도[℃], T : 변화 후 온도[℃], α : 온도계수
- 40[℃]에서 고유저항
  $\rho' = \rho\{1 + \alpha_t(T-t)\} = 1.69 \times 10^{-8}\{1 + 0.00393(40-20)\} \fallingdotseq 1.82 \times 10^{-8}[\Omega \cdot \text{m}]$

∴ 40[℃]에서 저항값$= \rho'\dfrac{l}{S} = 1.82 \times 10^{-8} \times \dfrac{100}{2 \times 10^{-6}} = 0.91[\Omega]$

07 $E = -\operatorname{grad} V = -\nabla V \, [\text{V/m}]$

08 도체의 성질과 전하분포
- 도체 내부 전계의 세기는 0이다.
- 도체 내부는 중성이라 전하를 띠지 않고 도체 표면에만 전하가 분포한다.
- 도체면에서의 전계의 세기는 도체 표면에 항상 수직이다.
- 도체 표면에서 전하 밀도는 곡률이 클수록, 곡률 반지름은 작을수록 높다.

09 평행도선 사이의 작용력
$$F = \frac{\mu_0 I_1 I_2}{2\pi d} = \frac{2 I_1 I_2}{d} \times 10^{-7} \, [\text{N/m}]$$
∴ 두 전류의 크기가 같기 때문에 전류의 제곱에 비례한다.

10 전파속도 $v = \dfrac{1}{\sqrt{\varepsilon \mu}} = \dfrac{1}{\sqrt{\varepsilon_0 \mu_0}} \cdot \dfrac{1}{\sqrt{\varepsilon_s \mu_s}} \, [\text{m/s}]$

∴ $v = \dfrac{1}{\sqrt{\varepsilon_s \mu_s}} v_0 = \dfrac{1}{\sqrt{3 \times 3}} v_0 = \dfrac{1}{3} v_0 \, [\text{m/s}]$

11 반구의 정전용량 $C = \dfrac{4\pi \varepsilon a}{2} = 2\pi \varepsilon a$, $RC = \rho \varepsilon$ 에서 접지저항 $R = \dfrac{\rho \varepsilon}{C} = \dfrac{\rho \varepsilon}{2\pi \varepsilon a} = \dfrac{\rho}{2\pi a} \, [\Omega]$

12 변위전류밀도 $i_d = \dfrac{\partial D}{\partial t} = \varepsilon_0 \dfrac{\partial E}{\partial t} = \omega \varepsilon_0 E = 2\pi f \varepsilon_0 E \, [\text{A/m}^2]$

∴ $f = \dfrac{i_d}{2\pi \varepsilon_0 E} = \dfrac{2}{2\pi \varepsilon_0 \cdot 2} = \dfrac{1}{2\pi \cdot \dfrac{10^{-9}}{36\pi}} = 1.8 \times 10^{10} = 18{,}000 \, [\text{MHz}]$

13 $F = \dfrac{1}{2} \varepsilon_0 E^2 = \dfrac{D^2}{2\varepsilon_0} = \dfrac{1}{2} ED \, [\text{N/m}^2]$

∴ $F = \dfrac{(2 \times 10^{-6})^2}{2 \times 8.855 \times 10^{-12}} \fallingdotseq 0.226 \, [\text{N/m}^2]$

14 자성체 단위체적당 저장되는 에너지
$$\omega = \frac{1}{2} \mu H^2 = \frac{1}{2\mu} B^2 = \frac{1}{2} BH \, [\text{J/m}^3]$$

15 바크하우젠 효과
히스테리시스 곡선이 매끄러운 곡선이 아니라 자속밀도(B)가 계단적으로 증가하는 현상이 나타난다라고 정의

16 $B = \dfrac{\phi}{S} = \mu H$

$H = \dfrac{B}{\mu} = \dfrac{B}{\mu_0 \mu_s} = \dfrac{50}{4\pi \times 10^{-7} \times 50} = \dfrac{10^7}{4\pi} \, [\text{A/m}]$

17 팽행판 전극에서의 정전용량

$$C = \frac{Q}{V} = \frac{\sigma S}{\frac{\sigma}{\varepsilon}d} = \frac{\varepsilon S}{d} = \frac{\varepsilon_0 \varepsilon_s S}{d} = \frac{8.855 \times 10^{-12} \times 4.0 \times \pi \times 0.3^2}{0.1 \times 10^{-2}} \fallingdotseq 1 \times 10^{-8}[\text{F}] \fallingdotseq 0.01[\mu\text{F}]$$

18 코일 중심의 자계(l[m] : 한 변의 길이)

정3각형	정4각형	정6각형	원에 내접 n각형
$H = \dfrac{9I}{2\pi l}$	$H = \dfrac{2\sqrt{2}I}{\pi l}$	$H = \dfrac{\sqrt{3}I}{\pi l}$	$H_n = \dfrac{nI\tan\dfrac{\pi}{n}}{2\pi R}$

19
$$Q = CV = \frac{C_1 C_2}{C_1 + C_2}(V_1 - V_2) = \frac{C_1 C_2}{C_1 + C_2} \times \left(\frac{Q_1}{C_1} - \frac{Q_2}{C_2}\right) = \frac{C_2 Q_1}{C_1 + C_2} - \frac{C_1 Q_2}{C_1 + C_2}$$

$$\therefore Q = \frac{C_2 Q_1 - C_1 Q_2}{C_1 + C_2} = \frac{2 \times (-5) - 1 \times 2}{1 + 2} = -4[\mu\text{C}]$$

20 $C = \dfrac{2\varepsilon_s}{1 + \varepsilon_s}C_0 = \dfrac{2 \times 10}{1 + 10} \times 0.03 \fallingdotseq 0.055[\mu\text{F}]$

21

△충전용량	Y충전용량
$Q_\triangle = 6\pi fCV^2$	$Q_Y = 2\pi fCV^2$
V : 상전압 = 선간전압	V : 선간전압

$Q_\triangle = 6\pi fCV^2 = 3 \times 2\pi fCV^2 = 3Q_Y$ 에서 $Q_Y = \dfrac{1}{3}Q_\triangle$

△ → Y 변환 시 임피던스, 저항, 선전류, 소비전력, 콘덴서용량이 $\dfrac{1}{3}$ 이 된다.

22 전압강하 $e = V_s - V_r = \sqrt{3}I(R\cos\theta + X\sin\theta) = \dfrac{P}{V}(R + X\tan\theta)$

23 차폐각이 작을수록 보호율이 우수하다.
- 보호율 : 97[%]
- 가공지선 2선 : 차폐각이 작아진다(비용증가).
- 차폐각 : 일반 건조물 60°, 위험 건조물 : 45°

24 $P_L = 3I^2 R = \dfrac{P^2 R}{V^2 \cos^2\theta} = \dfrac{P^2 \rho l}{V^2 \cos^2\theta A}$[W], 부하 불평형 시 전류값이 커져 손실이 증가한다.

25 $I_2 = \dfrac{V_2}{R_2} = \dfrac{100}{5} = 20[\text{A}]$ $\qquad a = \dfrac{V_1}{V_2} = \dfrac{3,300}{100} = 33$

$a = \dfrac{I_2}{I_1}$ 에서 $I_1 = \dfrac{I_2}{a} = \dfrac{20}{33} \fallingdotseq 0.6$

26

$$P_l \propto \frac{1}{\cos^2\theta} = \frac{\frac{1}{0.9^2}}{\frac{1}{0.7^2}} = 0.604$$

역률 90[%]가 역률 70[%]에 비해 손실이 0.604배이다.

역률 70[%]는 역률 90[%]에 비해 손실이 $\frac{1}{0.604} \fallingdotseq 1.7$배이다.

그러므로 $P_{70[\%]} = 1.7 P_{90[\%]}$

27 작용인덕턴스 = 자기인덕턴스 − 상호인덕턴스

28 **표피효과** : 교류를 흘리면 도체 표면의 전류밀도가 증가하고 중심으로 갈수록 지수함수적으로 감소되는 현상

침투깊이 $\delta = \sqrt{\frac{1}{\pi f \sigma \mu}}\,[\text{m}]$

주파수(f)가 높을수록, 도전율(σ)이 높을수록, 투자율(μ)이 클수록, 침투깊이 δ가 감소하므로 표피효과는 증대된다.

29 3[kV] → 6[kV] 전압이 2배

$\delta \propto \frac{1}{V^2} = \frac{1}{4}$ 배

30 안정도 향상 대책
- 발전기
  - 동기리액턴스 감소(단락비 크게, 전압변동률 작게)
  - 속응여자방식 채용
  - 제동권선 설치(난조 방지)
  - 조속기 감도 둔감
- 송전선
  - 리액턴스 감소
  - 복도체(다도체) 채용
  - 병행 2회선 방식
  - 중간조상방식
  - 고속도 재폐로방식 채택 및 고속 차단기 설치

31 $X_L = \frac{1}{3\omega L} = \frac{1}{3 \times 2\pi \times 60 \times 0.5 \times 10^{-6}} \fallingdotseq 1,770\,[\Omega]$

32 **구분개폐기**
배전선로에서 수용가의 책임 분계점에 설치하여 자동으로 고장구간만 차단함으로써 고장으로 인한 정전피해를 최소화하는 선로 보호용 개폐기

33 최대로 공급할 수 있는 부하전력은 무효분이 없어야 되므로
$Q_r = -400$, $P_r = 500(500^2 = 250,000)$

34 수변전 설비 1차 측에 설치하는 차단기의 용량은 공급측 단락용량 이상의 것을 설정해야 한다.

35
- 펠턴수차 : $12 \leq N_s \leq 23$
- 프란시스수차 : $N_s = \dfrac{20,000}{H+20} + 30$, $N_s = \dfrac{13,000}{H+20} + 50$
- 사류수차 : $N_s = \dfrac{20,000}{H+20} + 40$
- 카플란, 프로펠러수차 : $N_s = \dfrac{20,000}{H+20} + 50$

36
지락전류 $I_g = \dfrac{E}{R_g} = \dfrac{\frac{V}{\sqrt{3}}}{R}$ 에서 $R = \dfrac{\frac{V}{\sqrt{3}}}{I_g} = \dfrac{\frac{6,600}{\sqrt{3}}}{100} \fallingdotseq 38.11[\Omega]$

여기서, E : 상전압, V : 선간전압

37 매설지선 : 탑각의 접지저항값을 낮춰 역섬락을 방지한다.

38 출력의 증감에 무관하게 수차의 회전수를 일정하게 유지하기 위해서는 출력의 변화에 따라서 수차의 유량을 조정하지 않으면 안 된다. 폐쇄시간이 짧을수록 수차의 속도변동률은 작아진다.

39
- △결선방식 : 제3고조파 제거
- 직렬리액터 : 제5고조파 제거
- 한류리액터 : 단락사고 시 단락전류 제한
- 소호리액터 : 지락 시 지락전류 제한
- 분로리액터 : 페란티 방지

40 복도체에서 두 도체가 전류의 방향이 동일하여 흡인력이 발생하여 두 도체가 단락이 발생하는 것을 방지하려고 두 도체 사이에 절연간격을 유지하기 위해서 설치하는 것을 스페이서라 한다.

41
$I_0 = \sqrt{I_i^2 + I_\phi^2} \rightarrow I_\phi = \sqrt{I_0^2 - I_i^2} = \sqrt{1.4^2 - 0.67^2} \fallingdotseq 1.23[A]$

$I_\phi = \dfrac{V_1}{X} \rightarrow X = \dfrac{V_1}{I_\phi} = \dfrac{120}{1.23} \fallingdotseq 97.6[\Omega]$

여기서, $P_i = V_1 I_i \rightarrow I_i = \dfrac{P_i}{V_1} = \dfrac{80}{120} \fallingdotseq 0.67[A]$

42 DC 서보전동기와 AC 서보전동기의 비교

DC 서보전동기	AC 서보전동기
브러시의 마찰에 의한 부동작시간(지연시간)이 있다.	마찰이 적다(베어링 마찰뿐이다).
정류자와 브러시의 손질이 필요하다.	튼튼하고 보수가 쉽다.
직류전원이 필요하며, 회로의 독립이 곤란하다.	회로는 절연변압기에 의해 쉽게 독립시킬 수 있다.
직류 서보증폭기는 드리프트에 문제가 있다.	비교적 제어가 용이하다.
기동토크는 AC식보다 월등히 크다.	토크는 DC식에 비하여 뒤떨어진다.
회전속도를 임의로 선정할 수 있다.	극수와 주파수로 회전수가 결정된다.
회전 증폭기, 제어발전기의 조합으로 대용량의 것을 만들 수 있다.	대용량의 것은 2차 동손 때문에 온도상승에 대한 특별한 고려를 해야 한다.
전기자 및 계자에 의해서 제어할 수 있다.	전압 및 위상제어를 할 수 있다.
계자에 여러 종류의 제어권선을 병용할 수 있다.	제어전압의 임피던스가 특성에 영향을 미친다.

43
$$V_{U-V} = V_U - V_V = \sqrt{V_U^2 + V_V^2 + 2V_UV_V\cos\theta} = \sqrt{3V_U^2} = \sqrt{3}\,V_U \fallingdotseq 121.2[\text{V}]\,(\theta=60°)$$
$$V_{V-W} = V_V + V_W = \sqrt{V_V^2 + V_W^2 + 2V_VV_W\cos\theta} = V_V = 70[\text{V}]\,(\theta=120°)$$
$$V_{W-U} = V_W + V_U = \sqrt{V_W^2 + V_U^2 + 2V_WV_U\cos\theta} = V_W = 70[\text{V}]\,(\theta=120°)$$

44 중권 직류기에서 유기기전력
$$E = \frac{PZ}{60a}\phi N = \frac{Z}{60}\phi N(\text{중권}) = \frac{960}{60}\times 0.04\times 400 = 256[\text{V}]$$

45 비례추이의 원리(권선형 유도전동기)
$$\frac{r_2}{s_m} = \frac{r_2 + R_s}{s_t}$$
- 최대토크가 발생하는 슬립점이 2차 회로의 저항에 비례해서 이동한다.
- 슬립은 변화하지만 최대토크 $\left(T_{\max} = K\dfrac{E_2^2}{2r_2}\right)$는 불변한다.
- 2차 저항을 크게 하면 기동전류는 감소하고 기동토크는 증가한다.

46 위상 특성곡선(V곡선, $I_a - I_f$ 곡선, P 일정) : 계자전류의 변화에 대한 전기자전류의 변화를 나타낸 곡선(동기조상기로 조정)

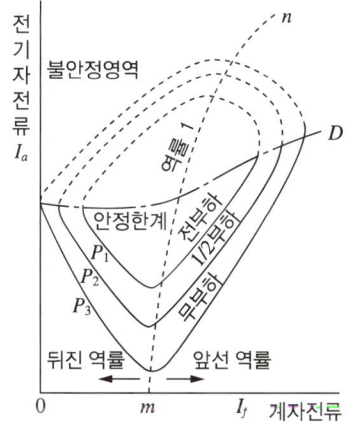

가로축 I_f	최저점 $\cos\theta = 1$	세로축 I_a
감 소	계자전류 I_f	증 가
증 가	전기자전류 I_a	증 가
뒤진 역률(지상)	역 률	앞선 역률(진상)
L	작 용	C
부족여자	여 자	과여자
$\cos\theta = 1$에서 전력 비교 $P \propto I_a$, 위 곡선의 전력이 크다.		

47 %저항강하
$$p = \frac{I_{2n}r_{21}}{V_{2n}}\times 100 = \frac{I_{1n}r_{12}}{V_{1n}}\times 100 = \frac{I_{1n}^2 r_{12}}{V_{1n}I_{1n}}\times 100 = \frac{P_s}{P_n}\times 100[\%] = \frac{150}{3\times 10^3}\times 100 = 5[\%]$$

48
- 1차 입력 $P_1 = \dfrac{P_0}{\eta} = \dfrac{50}{0.9} \fallingdotseq 55.56[\text{kW}]$
- 2차 효율 $\eta_2 = (1-s) = 1-0.04 = 0.96 = 96[\%]$
- 회전자입력 $P_2 = \dfrac{1}{1-s}P_0 = \dfrac{1}{1-0.04}\times 50 \fallingdotseq 52.08[\text{kW}]$
- 회전자동손 $P_{c2} = sP_2 = \dfrac{s}{1-s}P_0 = \dfrac{0.04}{1-0.04}\times 50 \fallingdotseq 2.08[\text{kW}]$
  또는 $P_{c2} = sP_2 = 0.04\times 52.08 \fallingdotseq 2.08[\text{kW}]$

49 역방향 회전자계 슬립
$s' = 2 - s = 2 - 0.2 = 1.8$

50 발전기를 전동기로 사용했기 때문에 직류 가동 복권발전기는 직류 차동 복권전동기로 작동한다.

51 동기발전기의 병렬운전조건

필요조건	다른 경우 현상
기전력의 크기가 같을 것	무효순환전류(무효횡류)
기전력의 위상이 같을 것	동기화전류(유효횡류)
기전력의 주파수가 같을 것	동기화전류 : 난조 발생
기전력의 파형이 같을 것	고주파 무효순환전류 : 과열 원인
(3상) 기전력의 상회전 방향이 같을 것	

52 IGBT(Insulated Gate Bipolar Transistor)
게이트와 이미터 사이의 입력 임피던스가 매우 높아 BJT보다 구동하기 쉽다.

53
- 철손, 온도, 여자전류 $\propto \dfrac{1}{f}$
- $N = N_s(1-s) = \dfrac{120f}{p}(1-s) \propto f$

54 용접용 발전기
- 누설리액턴스가 크다.
- 전압변동률이 크다.
- 수하 특성을 갖는다.

55 제동권선의 효과
- 난조 방지
- 기동토크 발생
- 불평형 부하 시의 전류 및 전압 파형 개선
- 송전선의 불평형 단락 시의 이상전압 방지

56 $\dfrac{P_b}{P_a} = \dfrac{\%Z_a}{\%Z_b} \times \dfrac{P_B}{P_A} = \dfrac{2.4}{3.6} \times \dfrac{300}{400} = \dfrac{1}{2}$
$P_a = 400 [\text{kVA}]$
$P_b = \dfrac{1}{2} P_a = \dfrac{1}{2} \times 400 = 200 [\text{kVA}]$
∴ 합성부하용량 $= P_a + P_b = 400 + 200 = 600 [\text{kVA}]$

57 S_1과 D_1, S_2와 D_2를 통해 파형이 출력되는 것은 ①이다.

58 동기임피던스
$Z_s = r_a + jx_s = r_a + j(x_a + x_l)$
$|Z_s| = \sqrt{r_a^2 + (x_a + x_l)^2}$
여기서, x_a : 전기자리액턴스, x_l : 누설리액턴스

59 반발 유도형은 운전 중에도 농형권선과 반발전동기의 회전자권선 둘 다 사용 가능하다.

60 **직류전동기 속도제어법**

종 류	특 징
전압제어	• 광범위 속도제어가 가능하다. • 워드레오나드 방식(광범위한 속도 조정, 효율양호) • 일그너 방식(부하가 급변하는 곳, 플라이휠 효과 이용, 제철용 압연기) • 정토크 제어 • SCR과 조합하여 사용하는 방식
계자제어	• 세밀하고 안정된 속도제어를 할 수 있다. • 속도제어 범위가 좁다. • 효율은 양호하나 정류가 불량하다. • 정출력 가변속도 제어
저항제어	• 속도 조정 범위가 좁다. • 효율이 저하된다.

61
$E = R(s) - C(s)H(s)$
$E = R(s) - EG(s)H(s)$
$E(1 + G(s)H(s)) = R(s)$
$E = \dfrac{R(s)}{1 + G(s)H(s)}$
$e_{ss} = \lim\limits_{s \to 0}\left(s \cdot \dfrac{R(s)}{1 + G(s)H(s)}\right)$
$= \lim\limits_{s \to 0}\left(s \cdot \dfrac{\frac{1}{s}}{1 + G(s)H(s)}\right)$
$= \lim\limits_{s \to 0}\left(\dfrac{1}{1 + G(s)H(s)}\right)$
$= \dfrac{1}{1 + \lim\limits_{s \to 0} G(s)H(s)}$
상수 $K_p = \lim\limits_{s \to 0} G(s)H(s)$

62
$G(s) = k_p\left(1 + \dfrac{1}{T_i s}\right) = 4\left(1 + \dfrac{1}{4s}\right) = 4 + \dfrac{1}{s}$
$G(s) = \dfrac{Y(s)}{Z(s)} = 4 + \dfrac{1}{s}$
$\dfrac{Y(s)}{2 \cdot \frac{1}{s^2}} = 4 + \dfrac{1}{s}$
$Y(s) = \dfrac{2}{s^2}\left(4 + \dfrac{1}{s}\right) = \dfrac{8}{s^2} + \dfrac{2}{s^3}$
$Y(t) = 8t + t^2$

64
$P = 2 \times 3 = 6$
$L_1 = 3 \times 4 = 12$
$L_2 = 2 \times 3 \times 5 = 30$
$G(s) = \dfrac{P}{1 - L_1 - L_2} = \dfrac{6}{1 - 12 - 30} = -\dfrac{6}{41}$

65

s^4	1	1	2
s^3	2	4	0
s^2	$\frac{2-4}{2}=-2$		
s^1			
s^0			

1열의 부호에 (-)가 있으므로 불안정이다.

66 $SI-A=0$

$$\begin{bmatrix} s & 0 \\ 0 & s \end{bmatrix} - \begin{bmatrix} 0 & 1 \\ -3 & 4 \end{bmatrix} = \begin{bmatrix} s & -1 \\ 3 & s-4 \end{bmatrix}$$

$s(s-4)+3=0$

$s^2-4s+3=0$

67
- 극점 0, -1, -3, -4
- 영점 -2
- 극점 또는 영점의 개수가 많은 것이 근궤적의 가지수
  ∴ 극점이 4개이므로 근궤적의 가지수는 4개

68
- 회로방정식

  입력 $v_1(t) = L\frac{d}{dt}i(t) + \frac{1}{C}\int i(t)dt + Ri(t)$

  출력 $v_2(t) = Ri(t)$

- 라플라스 변환

  입력 $V_1(s) = LsI(s) + \frac{1}{C}\frac{1}{s}I(s) + RI(s)$

  출력 $V_2(s) = RI(s)$

- 전달함수

  $$G(s) = \frac{V_1(s)}{V_2(s)} = \frac{RI(s) \times sC}{\left(Ls + \frac{1}{Cs} + R\right)I(s) \times sC} = \frac{RCs}{LCs^2 + RCs + 1}$$

69 특성방정식의 근의 위치에 따른 안정도 판별

안정도	s평면의 근의 위치	z평면의 근의 위치
안 정	좌반면	단위원 내부
불안정	우반면	단위원 외부
임계안정	허수축	단위원주상

70 $((AB + A\overline{B}) + AB) + \overline{A}B = (A(B+\overline{B}) + AB) + \overline{A}B$

$= (A + AB) + \overline{A}B$

$= A(1+B) + \overline{A}B$

$= A + \overline{A}B$

$= (A + \overline{A})(A + B)$

$= A + B$

71 1전력계법($\cos\theta = 1$)
$P = 2W = \sqrt{3}\,V_l I_l$
$I_l = \dfrac{2W}{\sqrt{3}\,V_l} = \dfrac{2W}{\sqrt{3}\,V_{ab}}\,[\text{A}]$

72 $I_2 = \dfrac{1}{3}(I_a + a^2 I_b + a I_c)$
$= \dfrac{1}{3}\{15 + j2 + 1\angle 240°(-20 - j14) + 1\angle 120°(-3 + j10)\}$
$\fallingdotseq 1.91 + j6.24\,[\text{A}]$

73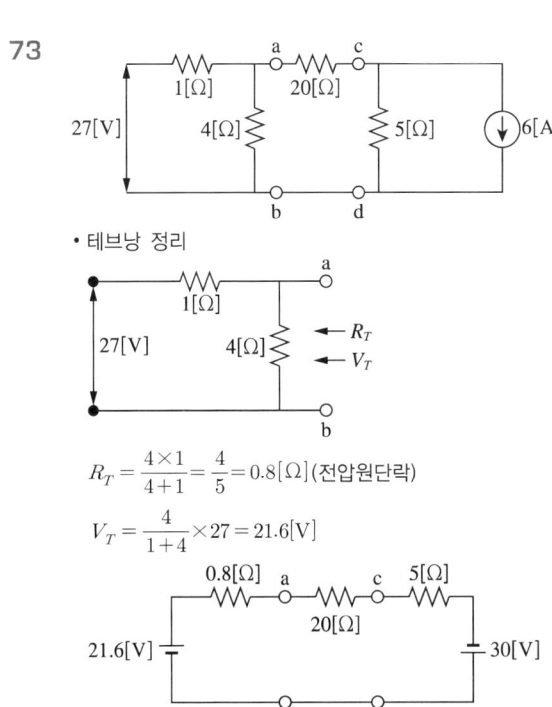

• 테브낭 정리

$R_T = \dfrac{4 \times 1}{4 + 1} = \dfrac{4}{5} = 0.8\,[\Omega]$ (전압원단락)

$V_T = \dfrac{4}{1 + 4} \times 27 = 21.6\,[\text{V}]$

$I = \dfrac{21.6 + 30}{0.8 + 20 + 5} = 2$

$P = I^2 R = 2^2 \times 20 = 80\,[\text{W}]$

74 $\dfrac{V}{s} = RI(s) + \dfrac{1}{sC}I(s)$

$\dfrac{V}{s} = \left(R + \dfrac{1}{sC}\right)I(s)$

$I(s) = \dfrac{V}{s\left(R + \dfrac{1}{sC}\right)} = \dfrac{V \times \dfrac{1}{R}}{\left(sR + \dfrac{1}{C}\right) \times \dfrac{1}{R}}$

$= \dfrac{V}{R} \dfrac{1}{s + \dfrac{1}{RC}}$

75
$Q = \sqrt{3}\, V_l I_l \sin\theta$

$I_l = \dfrac{Q}{\sqrt{3}\, V_l \sin\theta} = \dfrac{10 \times 10^3}{\sqrt{3} \times 100 \times 0.8} \fallingdotseq 72.2[\text{A}]$

※ $\cos\theta = 0.6$, $\sin\theta = 0.8$

76
$A = 1 + \dfrac{Z_1}{Z_3} = 1 + \dfrac{\frac{1}{Y_1}}{\frac{1}{Y_3}} = 1 + \dfrac{Y_3}{Y_1}$

$C = \dfrac{1}{Z_3} = \dfrac{1}{\frac{1}{Y_3}} = Y_3$

77
$P_a = \sqrt{300^2 + 400^2} = 500[\text{VA}]$

78
$P = I_1^2 R + I_3^2 R = \left(\dfrac{V_1}{Z_1}\right)^2 R + \left(\dfrac{V_3}{Z_3}\right)^2 R = \left(\dfrac{100}{\sqrt{4^2+3^2}}\right)^2 \times 4 + \left(\dfrac{50}{\sqrt{4^2+(3\times 3)^2}}\right)^2 \times 4 \fallingdotseq 1{,}703.09$

79
$V = \dfrac{\omega}{\beta} = \dfrac{1}{\sqrt{LC}} = \lambda f \qquad \left(\lambda = \dfrac{2\pi}{\beta}\right)$

80
$i = \dfrac{E}{R} = \dfrac{100}{1{,}000} = 0.1[\text{A}]$

81 KEC 222.7/332.5(저·고압 가공전선의 높이), 333.7(특고압 가공전선의 높이)

장소	저 압	고 압	특고압[kV]		
			35[kV] 이하	35[kV] 초과 160[kV] 이하	160[kV] 초과
횡단보도교	3.5[m](절연전선인 경우 3[m])	3.5[m]	절연 또는 케이블 4[m]	케이블 5[m]	불 가
일 반	5[m](교통지장 없음 4[m])		5[m]	6[m]	6[m] + 단수×0.12
도로횡단	6[m]		6[m]	−	불 가
철도횡단	6.5[m]		6.5[m]	6.5[m]	6.5[m] + 단수×0.12
산 지	−		−	5[m]	5[m] + 단수×0.12

※ 일반(도로 방향 포함), (케이블), 단수 = 160[kV] 초과/10[kV](반드시 절상 후 계산)

단수 = $\dfrac{160[\text{kV}] \text{ 초과}}{10[\text{kV}]} = \dfrac{345 - 160}{10} = 18.5$에서 절상하면 19가 된다.

$N = $ 단수 × 0.12 = 19 × 0.12 = 2.28

∴ 산지의 가공전선 높이는 $5 + N = 5 + 2.28 = 7.28[\text{m}]$

82 KEC 351.2(특고압전로의 상 및 접속 상태의 표시)
- 발전소·변전소 또는 이에 준하는 곳의 특고압 전로에는 그의 보기 쉬운 곳에 상별표시를 하여야 한다.
- 발전소·변전소 또는 이에 준하는 곳의 특고압 전로에 대하여는 그 접속상태를 모의모선의 사용 기타의 방법에 의하여 표시하여야 한다. 다만, 이러한 전로에 접속하는 특고압전선로의 회선수가 2 이하이고 또한 특고압의 모선이 단일모선인 경우에는 그러하지 아니하다.

83 KEC 362.2(전력보안통신선의 시설 높이와 간격)
- 도로(차도와 인도의 구별이 있는 도로는 차도) 위에 시설하는 경우에는 지표상 5[m] 이상(단, 교통에 지장을 줄 우려가 없는 경우에는 지표상 4.5[m])
- 철도 또는 궤도를 횡단하는 경우에는 레일면상 6.5[m] 이상
- 횡단보도교 위에 시설하는 경우에는 그 노면상 3[m] 이상
- 이외의 경우에는 지표상 3.5[m] 이상

84 KEC 241.10(아크용접기)
- 용접변압기는 절연변압기일 것
- 용접변압기의 1차 측 전로의 대지전압은 300[V] 이하일 것
- 용접변압기의 1차 측 전로에는 용접변압기에 가까운 곳에 쉽게 개폐할 수 있는 개폐기를 시설할 것

85 KEC 241.5(전기온상 등)
- 대지전압 : 300[V] 이하, 발열선 온도 : 80[℃]를 넘지 않도록 시설
- 발열선의 지지점 간 거리는 1.0[m] 이하
- 발열선과 조영재 사이의 간격은 0.025[m] 이상

86 KEC 333.22(특고압 보안공사)
제1종 특고압 보안공사의 전선 굵기

사용전압	전 선
100[kV] 미만	인장강도 21.67[kN] 이상, 단면적 55[mm²] 이상의 경동연선
100[kV] 이상 300[kV] 미만	인장강도 58.84[kN] 이상, 단면적 150[mm²] 이상의 경동연선
300[kV] 이상	인장강도 77.47[kN] 이상, 단면적 200[mm²] 이상의 경동연선

87 KEC 341.4(특고압용 기계기구의 시설), 341.8(고압용 기계기구의 시설)

	고 압		특고압		
	시가지	시가지 외	35[kV] 이하	160[kV] 이하	160[kV] 초과
높이	4.5[m]	4.0[m]	5.0[m]	6.0[m]	6[m] + 단수 × 0.12[m]

88 KEC 133(회전기 및 정류기의 절연내력)

종 류			시험전압	시험방법
회전기	발전기·전동기·무효 전력 보상 장치·기타 회전기 (회전변류기를 제외한다)	최대사용전압 7[kV] 이하	최대사용전압의 1.5배의 전압 (500[V] 미만으로 되는 경우에는 500[V])	권선과 대지 사이에 연속하여 10분간 가한다.
		최대사용전압 7[kV] 초과	최대사용전압의 1.25배의 전압 (10.5[kV] 미만으로 되는 경우에는 10.5[kV])	
	회전변류기		직류측의 최대사용전압의 1배의 교류전압 (500[V] 미만으로 되는 경우에는 500[V])	
정류기	최대사용전압이 60[kV] 이하		직류측의 최대사용전압의 1배의 교류전압 (500[V] 미만으로 되는 경우에는 500[V])	충전 부분과 외함 간에 연속하여 10분간 가한다.
	최대사용전압 60[kV] 초과		교류측의 최대사용전압의 1.1배의 교류전압 또는 직류측의 최대사용전압의 1.1배의 직류전압	교류측 및 직류고전압측 단자와 대지 사이에 연속하여 10분간 가한다.

89 KEC 223.6/334.6(지중전선과 지중약전류전선 등 또는 관과의 접근 또는 교차)

구 분	약전류전선	유독성 유체 포함 관
저·고압	0.3[m] 이하	1[m](25[kV] 이하, 다중접지방식 0.5[m]) 이하
특고압	0.6[m] 이하	

90 KEC 342.1(고압 옥내배선 등의 시설)
- 애자사용공사(건조한 장소로서 전개된 장소에 한한다)
- 케이블공사
- 케이블트레이공사

91 KEC 351.5(조상설비의 보호장치)

설비종별	뱅크용량의 구분	자동적으로 전로로부터 차단하는 장치
전력용 커패시터 및 분로리액터	500[kVA] 초과 15,000[kVA] 미만	내부고장이나 과전류가 생긴 경우에 동작하는 장치
	15,000[kVA] 이상	내부고장이나 과전류 및 과전압이 생긴 경우에 동작하는 장치
무효 전력 보상 장치	15,000[kVA] 이상	내부고장이 생긴 경우에 동작하는 장치

92 KEC 232.81(옥내에 시설하는 저압 접촉전선 배선)
저압 접촉전선을 애자공사에 의하여 옥내의 전개된 장소에 시설하는 경우
- 전선의 바닥에서의 높이는 3.5[m] 이상
- 전선과 건조물 또는 주행 크레인에 설치한 보도·계단·사다리·점검대이거나 이와 유사한 것 사이의 간격은 위쪽 2.3[m] 이상, 1.2[m] 이상으로 할 것
- 전선은 인장강도 11.2[kN] 이상의 것 또는 지름 6[mm]의 경동선으로 단면적이 28[mm^2] 이상인 것일 것(단, 사용전압이 400[V] 이하인 경우에는 인장강도 3.44[kN] 이상의 것 또는 지름 3.2[mm] 이상의 경동선으로 단면적이 8[mm^2] 이상인 것을 사용)
- 전선은 각 지지점에 견고하게 고정시켜 시설하는 것 이외에는 양쪽 끝을 장력에 견디는 애자 장치에 의하여 견고하게 잡아당길 것
- 전선의 지지점 간의 거리는 6[m] 이하일 것(다만, 전선을 수평으로 배열하고 전선 상호 간의 간격이 0.4[m] 이상(가요성이 없는 도체를 사용하는 경우 0.28[m] 이상)인 경우 지지점 간의 거리는 12[m] 이하로 할 수 있다)
- 전선 상호 간의 간격은 전선을 수평으로 배열하는 경우에는 0.14[m] 이상, 기타의 경우에는 0.2[m] 이상일 것

93 KEC 234.11(1[kV] 이하 방전등)
옥내에 시설하는 사용전압이 400[V] 초과, 1[kV] 이하인 관등회로의 배선

시설장소의 구분		공사의 종류
전개된 장소	건조한 장소	애자공사·합성수지몰드공사 또는 금속몰드공사
	기타의 장소	애자공사
점검할 수 있는 은폐된 장소	건조한 장소	금속몰드공사

※ KEC(한국전기설비규정)의 적용으로 관등회로의 공사방법이 변경됨 〈2021.07.01.〉

94 ※ KEC(한국전기설비규정)의 적용으로 문제가 성립되지 않음

95 KEC 222.5(저압 가공전선의 굵기 및 종류)
- 저압 가공전선은 나전선(중성선 또는 다중접지된 접지측 전선으로 사용하는 전선에 한한다), 절연전선, 다심형 전선 또는 케이블을 사용하여야 한다.
- 사용전압이 400[V] 이하인 저압 가공전선은 케이블인 경우를 제외하고는 인장강도 3.43[kN] 이상의 것 또는 지름 3.2[mm](절연전선인 경우는 인장강도 2.3[kN] 이상의 것 또는 지름 2.6[mm] 이상의 경동선) 이상의 것이어야 한다.
- 사용전압이 400[V] 초과인 저압 가공전선은 케이블인 경우 이외에는 시가지에 시설하는 것은 인장강도 8.01[kN] 이상의 것 또는 지름 5[mm] 이상의 경동선, 시가지 외에 시설하는 것은 인장강도 5.26[kN] 이상의 것 또는 지름 4[mm] 이상의 경동선이어야 한다.
- 사용전압이 400[V] 초과인 저압 가공전선에는 인입용 비닐절연전선을 사용하여서는 안 된다.
※ KEC(한국전기설비규정)의 적용으로 답은 ③, ④에서 ④로 변경됨

96 KEC 222.2/331.11(지지선의 시설)

안전율	2.5 이상(목주나 A종 : 1.5 이상)	아연도금철봉	지중 및 지표상 0.3[m]까지
구 조	4.31[kN] 이상, 3가닥 이상의 연선	도로횡단	5[m] 이상(교통 지장 없는 장소 : 4.5[m])
금속선	2.6[mm] 이상(아연도강연선 2.0[mm] 이상)	기 타	철탑은 지지선으로 그 강도를 분담시키지 않을 것

97 KEC 333.16(특고압 가공전선로의 내장형 등의 지지물 시설)
특고압 가공전선로 중 지지물로서 직선형의 철탑을 연속하여 10기 이상 사용하는 부분에는 10기 이하마다 내장 애자장치가 되어 있는 철탑 또는 이와 동등 이상의 강도를 가지는 철탑 1기를 시설하여야 한다.

98 ※ KEC(한국전기설비규정)의 적용으로 문제가 성립되지 않음

99 KEC 222.5(저압 가공전선의 굵기 및 종류), 333.4(특고압 가공전선의 굵기 및 종류)

전 압		조 건	인장강도	경동선의 굵기
저 압	400[V] 이하	절연전선	2.3[kN] 이상	2.6[mm] 이상
		나전선	3.43[kN] 이상	3.2[mm] 이상
	400[V] 초과	시가지	8.01[kN] 이상	5.0[mm] 이상
		시가지 외	5.26[kN] 이상	4.0[mm] 이상
특고압		일 반	8.71[kN] 이상	22[mm^2] 이상

100 ※ KEC(한국전기설비규정)의 적용으로 문제가 성립되지 않음

2020년 제4회 기출문제

page 188

1	2	3	4	5	6	7	8	9	10	11	12	13	14	15	16	17	18	19	20
②	②	③	③	①	①	④	①	③	②	③	④	③	③	③	③	④	①	①	②
21	22	23	24	25	26	27	28	29	30	31	32	33	34	35	36	37	38	39	40
④	①	②	①	④	③	③	④	④	③	④	③	②	③	①	①	④	④	②	④
41	42	43	44	45	46	47	48	49	50	51	52	53	54	55	56	57	58	59	60
②	①	③	④	③	③	③	③	④	②	②	②	④	②	①	③	②	③	④	②
61	62	63	64	65	66	67	68	69	70	71	72	73	74	75	76	77	78	79	80
③	②	③	②	③	④	②	①	②	④	④	③	④	④	①	①	③	①	③	③
81	82	83	84	85	86	87	88	89	90	91	92	93	94	95	96	97	98	99	100
②	①	③	③	①	①	×	①	①	④	×	③	②	×	④	③	②	②	②	×

× : 문제삭제

01 환상 솔레노이드 내부자계
$$H = \frac{NI}{l} = \frac{NI}{2\pi r} \text{[AT/m]}$$

02 무한장 직선도체에 I[A]가 흐를 때 이 도체에 의한 자계의 세기는 $H = \frac{I}{2\pi r}$로 거리에 반비례한다.
$H_1 : H_2 = \frac{1}{r_1} : \frac{1}{r_2} = \frac{1}{0.1} : \frac{1}{0.3}$ 에서 $H_2 = \frac{0.1}{0.3} H_1 = \frac{1}{3} \times 180 = 60$[AT/m]

03 자화의 세기 $J = \frac{M}{V} = \frac{ml}{\pi a^2 l} = \frac{m}{\pi a^2}$ [Wb/m²]에서
전자극의 세기 $m = \pi a^2 J$ [Wb]

04 비오-사바르 법칙
$$dH = \frac{Idl}{4\pi r^2} \sin\theta \text{[A/m]}$$

05 전파속도 $v = \frac{1}{\sqrt{\varepsilon\mu}} = \frac{1}{\sqrt{\varepsilon_s \mu_s}} \times \frac{1}{\sqrt{\varepsilon_0 \mu_0}}$ [m/s]

∴ 진공 중에서 전파속도 $= \frac{1}{\sqrt{\varepsilon_0 \mu_0}}$ [m/s]

06 영구자석 재료 : 보자력 및 잔류자속밀도가 다 커야 한다. 따라서 H-loop 면적도 크다.

07 변위전류는 유전체나 진공과 가장 관계가 깊다.

08 $v = \frac{ds}{dt} = \frac{1}{0.4} = 2.5$[m/s]
∴ $e = Blv\sin\theta = 10 \times 4 \times 10^{-2} \times 2.5 \times \sin 90° = 1$[V]

09 $C_1 = \dfrac{2\pi\varepsilon_0}{\ln\dfrac{b}{a}}$ $C_2 = \dfrac{2\pi\cdot 3\varepsilon_0}{\ln\dfrac{3\cdot b}{3\cdot a}} = 3C_1$

10 푸아송의 방정식은 $\text{div}\,E = \text{div}(-\text{grad}\,V) = -\nabla^2 V = \dfrac{\rho}{\varepsilon}$ 에서 $\nabla^2 V = -\dfrac{\rho}{\varepsilon}$ 이다.

11 $F = m\cdot a = QE\,[\text{N}]$

전계의 세기 $E = \dfrac{ma}{Q} = \dfrac{10^{-10}}{10^{-8}}(10^2 i + 10^2 j) = i + j\,[\text{V/m}]$

12 유전체 경계면에 수직으로 전계가 가해졌을 때 $D_1 = D_2$ 가 된다.

맥스웰 응력 $(\varepsilon_1 > \varepsilon_2)$

$f = \dfrac{1}{2}\left(\dfrac{1}{\varepsilon_2} - \dfrac{1}{\varepsilon_1}\right)D^2\,[\text{N/m}^2]$

유전율이 큰 유전체가 작은 유전체 쪽으로 끌려 들어가는 힘을 받는다.

13 $F = \dfrac{\mu_0 I_1 I_2}{2\pi r} = \dfrac{2I_1 I_2}{r}\times 10^{-7}\,[\text{N/m}]$

$10^{-7} = \dfrac{2\cdot I_1 I_2}{2}\times 10^{-7}$

두 전류의 방향이 같은 방향이면 흡인력, 다른 방향이면 반발력이 작용한다.

14 $L = \dfrac{N\phi}{I} = \dfrac{\mu HSN}{I} = \dfrac{\mu SN^2}{l}$

$\omega = \dfrac{1}{2}LI^2$ 에서 $L = \dfrac{2\omega}{I^2}$ ⋯⋯⋯⋯⋯ ⓐ

$\omega = \dfrac{1}{2}\displaystyle\int_v BH\,dv = \dfrac{1}{2}\int_v A\cdot J\,dv$ ⋯⋯⋯⋯⋯ ⓑ

ⓑ식을 ⓐ식에 대입하면 $L = \dfrac{1}{I^2}\displaystyle\int_v B\cdot H\,dv = \dfrac{1}{I^2}\int_v A\cdot J\,dv$

15 구도체 a와 b 사이의 정전용량

$C = \dfrac{Q}{V_a - V_b} = \dfrac{4\pi\varepsilon}{\dfrac{1}{a} + \dfrac{1}{b}}$

$\therefore R = \dfrac{\rho\varepsilon}{C} = \dfrac{\rho\varepsilon}{4\pi\varepsilon}\left(\dfrac{1}{a}+\dfrac{1}{b}\right) = \dfrac{\rho}{4\pi}\left(\dfrac{1}{a}+\dfrac{1}{b}\right) = \dfrac{1}{4\pi k}\left(\dfrac{1}{a}+\dfrac{1}{b}\right)[\Omega]$

16 면전하 $E = \dfrac{\rho_s}{\varepsilon_0}$ 에서

면전하밀도 $(\rho_s) = \varepsilon_0 E = \varepsilon_0 \cdot \dfrac{a_x - 2a_y + 2a_z}{\varepsilon_0} = \sqrt{1^2 + (-2)^2 + 2^2} = 3\,[\text{C/m}^2]$

17 $R = \rho\dfrac{l}{S} = 1$에서 동일한 체적에서 길이(l)를 2배로 늘림 $\Rightarrow S' = \dfrac{1}{2}S,\ l' = 2l$

$\therefore R' = \rho\dfrac{l'}{S'} = \rho\dfrac{2l}{\dfrac{1}{2}S} = 4\rho\dfrac{l}{S} = 4R = 4\,[\Omega]$

18 자속밀도 $B = \mu_0 \mu_s H = 4\pi \times 10^{-7} \times 400 \times 400 \fallingdotseq 0.2[\text{Wb/m}^2]$

19 자기저항의 역수를 퍼미언스라 하고 전기회로의 컨덕턴스에 대응한다.

20 힘 $F = \dfrac{1}{4\pi\varepsilon_0} \dfrac{Q_1 Q_2}{r^2}$

$8.6 \times 10^{-4} = 9 \times 10^9 \times \dfrac{Q^2}{0.2^2}$

$Q = \sqrt{\dfrac{8.6 \times 10^{-4}}{9 \times 10^9} \times 0.2^2} \fallingdotseq 6.2 \times 10^{-8}[\text{C}]$

21 **전력원선도**
- 작성 시 필요한 값 : 송·수전단 전압, 일반회로정수(A, B, C, D)
- 가로축 : 유효전력, 세로축 : 무효전력
- 구할 수 있는 값 : 최대출력, 조상설비 용량, 4단자 정수에 의한 손실, 송·수전 효율 및 전압, 선로의 일반회로정수
- 구할 수 없는 값 : 과도안정 극한전력, 코로나손실, 사고값

22 부등률 $= \dfrac{\text{개별수용가 최대전력의 합}}{\text{합성최대수용전력}} \geq 1$

23 $\dfrac{3\phi 4\text{W}}{1\phi 2\text{W}} = \dfrac{\frac{\sqrt{3}}{4}}{\frac{1}{2}} = \dfrac{\sqrt{3}}{2} \fallingdotseq 0.866$

$1\phi 2\text{W} : P = VI\cos\theta \;\rightarrow\; 1\text{선당 } \dfrac{1}{2}VI\cos\theta$

$3\phi 4\text{W} : P = \sqrt{3}\,VI\cos\theta \;\rightarrow\; 1\text{선당 } \dfrac{\sqrt{3}}{4}VI\cos\theta$

24
- 3상 차단기 정격용량
 $P_s = \sqrt{3} \times \text{정격전압} \times \text{정격차단전류}[\text{MVA}]$
- 단상 차단기 정격용량
 $P_s = \text{정격전압} \times \text{정격차단전류}[\text{MVA}]$
- 정격전압 $=$ 공칭전압 $\times \dfrac{1.2}{1.1}$

25

내부적인 요인	외부적인 요인
개폐서지	뇌서지(직격뢰, 유도뢰)
대책 : 개폐저항기	대책 : 서지흡수기

26 **역률개선 효과** : 전압강하 경감, 전력손실 경감, 설비용량의 여유분 증가, 전력요금의 절약

27

발전소	용도
수로식	유량이 적고 하천의 기울기가 큰 자연낙차 이용하여 발전
댐 식	유량이 많고 낙차가 작은 장소에 발전
댐 수로식	댐으로부터 수로를 통해 낙차가 큰 지점까지 물을 유도하는 발전
유역 변경식	인공적으로 수로를 만들어 큰 낙차를 얻어 발전

28
- △결선방식 : 제3고조파 제거
- 직렬리액터 : 제5고조파 제거
- 한류리액터 : 단락사고 시 단락전류 제한
- 소호리액터 : 지락 시 지락전류 제한
- 분로리액터 : 페란티 방지

29
$$I_s = \frac{100}{\%Z} \cdot \frac{P}{\sqrt{3}\,V} = \frac{100}{7} \times \frac{2{,}000 \times 3}{\sqrt{3} \times 22} \fallingdotseq 2{,}250[\text{A}]$$

30
$$L = 0.05 + 0.4605 \log_{10}\left(\frac{2 \times 10^2}{0.6}\right) \fallingdotseq 1.21$$

31 투과파 전압
$$e_2 = \frac{2Z_2}{Z_1 + Z_2} \times e_1 = \frac{2 \times 1{,}500}{500 + 1{,}500} \times 600 = 900[\text{kV}]$$

32 가압수형 원자로(P.W.R)
- 방사능을 띤 증기가 터빈측에 유입되지 않는다.
- 계통이 복잡하다.
- 용기 및 배관이 두꺼워진다.
- 안전성이 좋다.

비등수형 원자로(B.W.R)
- 증기가 직접 터빈에 들어가기 때문에 누출에 적절히 방지해야 한다.
- 소내용 동력은 작아도 된다.
- 노 내의 물의 압력이 높지 않다.
- 노심 및 압력용기가 커진다.
- 열교환기가 필요 없다.

33 고장별 대칭분 및 전류의 크기

고장종류	대칭분	전류의 크기
1선 지락	정상분, 역상분, 영상분	$I_0 = I_1 = I_2 \neq 0$
선간 단락	정상분, 역상분	$I_1 = -I_2 \neq 0$, $I_0 = 0$
3상 단락	정상분	$I_1 \neq 0$, $I_0 = I_2 = 0$

1선 지락전류 $I_g = 3I_0 = \dfrac{3E_a}{Z_0 + Z_1 + Z_2}$

34 • 재생사이클 : 단열팽창 도중 증기의 일부를 추기하여 보일러 급수를 가열하여 복수 열손실을 회수하는 사이클로서 급수가열기가 있는 시스템
• 재열사이클 : 고압 터빈을 돌리고 나온 증기를 전부 추출해서 보일러의 재열기로 증기를 다시 최초의 과열증기온도 부근까지 가열시켜서 터빈 저압단에 공급하는 것으로 재열기가 있는 시스템
• 재열재생사이클 : 재생사이클과 재열사이클의 결합

35 **매설지선** : 탑각의 접지저항값을 낮춰 역섬락을 방지한다.

36 **환상선로**
• 전원이 1단에만 존재 : 방향단락 계전기
• 전원이 양단에 존재 : 방향거리 계전기

37 **전력계통의 연계방식**
• 장 점
 - 전력의 융통으로 설비용량이 절감된다.
 - 건설비 및 운전 경비 절감으로 경제 급전이 용이하다.
 - 계통 전체로서의 신뢰도가 증가한다.
 - 부하 변동의 영향이 작아 안정된 주파수 유지가 가능하다.
• 단 점
 - 연계설비를 신설해야 한다.
 - 사고 시 타 계통으로 파급 확대가 우려된다.
 - 병렬회로수가 많아져 단락전류가 증대하고 통신선의 전자 유도장해가 커진다.

38 **직접접지(유효접지방식)** : 154[kV], 345[kV], 765[kV]의 송전선로에 사용
• 장 점
 - 1선 지락고장 시 건전상 전압상승이 거의 없다(대지전압의 1.3배 이하).
 - 계통에 대해 절연레벨을 낮출 수 있다.
 - 지락전류가 크므로 보호계전기 동작이 확실하다.
• 단 점
 - 1선 지락고장 시 인접 통신선에 대한 유도장해가 크다.
 - 절연수준을 높여야 한다.
 - 과도안정도가 나쁘다.
 - 큰 전류를 차단하므로 차단기 등의 수명이 짧다.
 - 통신유도장해가 최대가 된다.

39 %리액턴스$(\%X) = \dfrac{PX}{10V^2}$

40 직렬리액터는 제5고조파를 제거하기 위한 콘덴서, 전단에 시설리액터의 용량은 $5\omega L = \dfrac{1}{5\omega C}$에서 $2\pi(5f_0)L = \dfrac{1}{2\pi(5f_0)C}$가 된다.

41 단절권 : 극간격 > 코일 간격 ↔ 전절권 : 극간격 = 코일 간격(파형 불량)
• 고조파를 제거하여 기전력의 파형을 개선
• 코일의 길이가 짧게 되어 동량이 절약
• 단점 : 전절권에 비해 합성 유기기전력이 감소

42 3상 변압기 병렬운전조건
- 기전력의 극성(위상)이 일치할 것
- 권수비 및 1, 2차 정격전압이 같을 것
- 각 변압기의 %Z가 같을 것
- 각 변압기의 저항과 리액턴스비가 같을 것
- 상회전 방향 및 각 변위가 같을 것(3상)
- 부하분담은 용량에 비례하고 임피던스는 반비례

43
$$V_2 = V_1 \times \frac{1}{a} = 200 \times \frac{1}{2} = 100[\text{V}]$$
$$V_3 = V_1 + V_2 = 200 + 100 = 300[\text{V}]$$

44
- 직류기 전기자 권선법 : 고상권, 폐로권, 이층권, 중권 및 파권
- 중권과 파권 비교

구 분	중 권	파 권
전기자의 병렬회로수(a)	$a = p$	$a = 2$
브러시수(b)	$b = p$	$b = 2$
용 도	저전압, 대전류	고전압, 소전류
다중도인 경우(a)	$a = mp$	$a = 2m$
균압선	○	×

45 서보모터는 펄스폭으로 위치(각도)로 위상 및 전압, 전압·위상 혼합제어를 이용한다.

46
$$E = \frac{PZ}{60a}\phi N = \frac{Z}{60}\phi N (중권)[\text{V}]$$
$$N = \frac{60E}{Z\phi} = \frac{60 \times 100}{500 \times 0.01} = 1,200[\text{rpm}]$$
여기서, E : 기전력, P : 도체수, ϕ : 자속

47 브러시의 위치 변경으로 회전방향 조정하는 기계
- 단상 반발전동기(아트킨손형, 톰슨형, 데리형) : 교·직 양용 - 만능전동기
- 단상 직권 정류자전동기(직권형, 보상 직권형, 유도보상 직권형)
- 3상 분권 정류자전동기(시라게전동기)

48 동기기의 안정도 증진법
- 동기화리액턴스를 작게 할 것
- 회전자의 플라이휠 효과를 크게 할 것
- 속응여자방식을 채용할 것
- 발전기의 조속기 동작을 신속하게 할 것
- 동기 탈조계전기를 사용할 것

49 토크 $T = \frac{P}{\omega} = 9.55\frac{P}{N}[\text{N}\cdot\text{m}] = 0.975\frac{P}{N}[\text{kg}\cdot\text{m}]$

∴ $P[\text{kW}]$일 때 토크 $T = \frac{P \times 10^3}{\omega} = \frac{P \times 10^3}{2\pi \times \frac{N}{60}} = \frac{60}{2\pi} \cdot \frac{P \times 10^3}{N} \fallingdotseq 9.5493 \times 10^3 \cdot \frac{P}{N} \fallingdotseq 9,549.3\frac{P}{N}[\text{N}\cdot\text{m}]$

50 엔진 발전기 : 디젤엔진 등을 사용하여 발전하는 것으로 고립된 지역, 선박 등에 사용

51 6ϕ에서 $\dfrac{E_d}{E_a} = 1.35$ 이므로 $E_a = \dfrac{297}{1.35} = 220[\text{V}]$

52 $E = 4.44 fNBS$

$\therefore B = \dfrac{E}{4.44 fNS} = \dfrac{60}{4.44 \times 60 \times 200 \times 10 \times 10^{-4}} ≒ 1.126[\text{Wb/m}^2]$

53 2차 여자제어법에는 크레머 방식과 세르비우스 방식이 있는데, 크레머 방식은 기계적 제어, 세르비우스 방식은 전기적 제어로 속도제어한다.

54 균압선
- 병렬운전을 안정하게 하기 위하여 설치하는 것
- 직렬 계자권선을 가지는 발전기에 필요 : 직권 및 복권발전기

55 비례추이

$\dfrac{r_2}{s_1} = \dfrac{r_2 + R_2}{s_2}$ 에서 $\dfrac{0.02}{0.04} = \dfrac{0.02 + R_2}{0.33}$

$0.04(0.02 + R_2) = 0.02 \times 0.33$

$\therefore R_2 = \dfrac{0.02 \times 0.33}{0.04} - 0.02 = 0.145[\Omega]$

여기서, 동기속도 $N_s = \dfrac{120f}{P} = \dfrac{120 \times 50}{4} = 1{,}500[\text{rpm}]$

$s_1 = \dfrac{N_s - N}{N_s} = \dfrac{1{,}500 - 1{,}440}{1{,}500} = 0.04$

$s_2 = \dfrac{N_s - N}{N_s} = \dfrac{1{,}500 - 1{,}000}{1{,}500} ≒ 0.33$

56 유도전동기 속도제어법 중 종속 접속법
- 직렬 종속법 : $P' = P_1 + P_2$, $N = \dfrac{120}{P_1 + P_2} f$
- 차동 종속법 : $P' = P_1 - P_2$, $N = \dfrac{120}{P_1 - P_2} f$
- 병렬 종속법 : $P' = \dfrac{P_1 - P_2}{2}$, $N = 2 \times \dfrac{120}{P_1 + P_2} f$

57 사이리스터(Thyristor)
- 온(On) 상태 : 게이트전류가 흐르면 순방향의 도통상태
- 턴온(Turn On) 시간 : 게이트전류를 가하여 도통완료까지의 시간

턴온 시간이 길면 스위칭 시의 전력손실이 많고 사이리스터 소자가 파괴될 수 있다.

58 $E = K\phi N$에서 N이 4배가 되면, ϕ가 $\dfrac{1}{4}$배가 되어야 E가 일정하다.

59 평형 3상 전압을 유기하고 있는 발전기의 단자를 갑자기 단락하면 단락 초기에 전기자 반작용이 순간적으로 나타나지 않기 때문에 막대한 과도전류가 흐르고 수초 후에는 영구 단락전류값에 이르게 된다.

60 $\dfrac{\text{자기용량}}{\text{부하용량}} = \dfrac{e_2}{V_h} = \dfrac{\text{승압전압}}{\text{고압측 전압}} = \dfrac{V_h - V_l}{V_h}$

∴ $\dfrac{\text{자기용량}}{\text{부하용량}} = \dfrac{\text{승압전압}}{\text{고압측 전압}} = \dfrac{110-100}{110} = \dfrac{1}{11}$

61 $K_v = \lim\limits_{s \to 0} s \cdot \dfrac{4(s+2)}{s(s+1)(s+4)} = 2$

62 근궤적은 실수축을 기준으로 대칭이다.

63 $\dfrac{1+K}{①s^3+③s^2+③s+①+K}=0$ → 9

$9 > 1+K \to 8 > K$
$1+K > 0 \to K < -1$
∴ $-1 < K < 8$

64 초깃값 정리
$\lim\limits_{t \to \infty} f(t) = \lim\limits_{z \to \infty} E(z)$

65 $P = 3 \times 4 = 12$
$L_1 = 3 \times 5 = 15$
$L_2 = 4 \times 6 = 24$
$G(s) = \dfrac{12}{1-15-24} = -\dfrac{6}{19}$

66 직류는 $j\omega = s = 0$ 이므로 $\dfrac{10}{2} = 5$

67 $s^2 + 6s + 25 = 0$
$s^2 + 2\delta\omega_n s + \omega_n^2 = 0$
$\omega_n^2 = 25 \to \omega_n = 5$
$2 \cdot \delta \cdot 5 = 6 \to \delta = \dfrac{6}{10} = 0.6$
감쇠진동주파수 $\omega_d = \omega_n \sqrt{1-\delta^2} = 5\sqrt{1-0.6^2} = 4[\text{rad/s}]$

68 $\overline{A}BC\overline{D} + \overline{A}BCD + \overline{A}\,\overline{B}C\overline{D} + \overline{A}\,\overline{B}CD = \overline{A}BC(\overline{D}+D) + \overline{A}\,\overline{B}C(\overline{D}+D)$
$= \overline{A}BC + \overline{A}\,\overline{B}C$
$= \overline{A}C(B+\overline{B})$
$= \overline{A}C$

69
- 비례동작제어(P동작) : 잔류편차가 일어난다.
- 적분동작제어(I동작) : 잔류편차 제거
- 미분동작제어(D동작) : 오차가 커지는 것을 미연에 방지
- On-Off제어 : 잔류편차가 일어난다. 불연속제어

70
$\phi(t) = \mathcal{L}^{-1}[sI-A]^{-1}$

$\begin{bmatrix} s & 0 \\ 0 & s \end{bmatrix} - \begin{bmatrix} 0 & 1 \\ -2 & -3 \end{bmatrix} = \begin{bmatrix} s & -1 \\ 2 & s+3 \end{bmatrix}$

$\begin{bmatrix} s & -1 \\ 2 & s+3 \end{bmatrix} = \frac{1}{s(s+3)+2}\begin{bmatrix} s+3 & 1 \\ -2 & s \end{bmatrix} = \frac{1}{s^2+3s+2}\begin{bmatrix} s+3 & 1 \\ -2 & s \end{bmatrix} = \frac{1}{(s+1)(s+2)}\begin{bmatrix} s+3 & 1 \\ -2 & s \end{bmatrix}$

$= \mathcal{L}^{-1}\begin{bmatrix} \frac{s+3}{(s+1)(s+2)} & \frac{1}{(s+1)(s+2)} \\ \frac{-2}{(s+1)(s+2)} & \frac{s}{(s+1)(s+2)} \end{bmatrix}$

여기서, D 정수만 구하면 답을 알 수 있으므로

$\frac{s}{(s+1)(s+2)} = \frac{A}{s+1} + \frac{B}{s+2}$

$A = \left.\frac{s}{s+2}\right|_{s=-1} = -1$

$B = \left.\frac{s}{s+1}\right|_{s=-2} = 2$

$\mathcal{L}^{-1}\left\{\frac{-1}{s+1} + \frac{2}{s+2}\right\} = -e^{-t} + 2e^{-2t}$

71
$\cos\theta = \frac{W_1+W_2}{\sqrt{3}\,VI} = \frac{(2.84+6)\times 10^3}{\sqrt{3}\times 200\times 30} \fallingdotseq 0.85$

72
$I_0 = \frac{1}{3}(I_a+I_b+I_c) = \frac{1}{3}(25+j4-18-j16+7+j15) \fallingdotseq 4.67+j[\mathrm{A}]$

73
- 이용률 : 86.6[%]
- 고장률(출력비) : 57.7[%]

74
$Z_0 = \sqrt{\frac{Z}{Y}} = \sqrt{\frac{R+j\omega L}{G+j\omega C}} = \sqrt{\frac{L}{C}} \neq l(\text{일정})$

75
A : 전압이득, B : Z차원, C : Y차원, D : 전류이득

76
$Z_{ab} = \dfrac{(1+2s)\left(\dfrac{1}{\frac{1}{2}s}\right)}{1+2s+\dfrac{1}{\frac{1}{2}s}} = \dfrac{\dfrac{(1+2s)2}{s}}{1+2s+\dfrac{2}{s}} = \dfrac{\dfrac{4s+2}{s}}{\dfrac{2s^2+s+2}{s}} = \dfrac{2(2s+1)}{2s^2+s+2}[\Omega]$

77
$$V_{ab} = \frac{\frac{9}{3} + \frac{12}{6}}{\frac{1}{3} + \frac{1}{6}} = 10$$

78
$$I_5 = \frac{E_5}{Z_5} = \frac{\frac{40}{\sqrt{2}}}{\sqrt{41}} ≒ 4.42 ≒ 4.4[A]$$
$$E_5 = \frac{40}{\sqrt{2}}$$
$$Z_5 = \sqrt{4^2 + (1 \times 5)^2} = \sqrt{41}$$

79
$$R_1 R_2 = \frac{1}{j\omega C} \times j\omega L = \frac{L}{C}$$
$$L = R_1 R_2 C$$

80
$$t^n \rightarrow \frac{n!}{s^{n+1}}$$

81 KEC 341.10(고압 및 특고압 전로 중의 과전류차단기의 시설)
고압 또는 특고압 전로 중 기계기구 및 전선을 보호하기 위하여 필요한 곳에 시설

구 분	견디는 시간	용단시간
포장 퓨즈	1.3배	2배 전류 - 120분
비포장 퓨즈	1.25배	2배 전류 - 2분

82 KEC 231.4(나전선의 사용 제한)
다음 경우를 제외하고 나전선을 사용하여서는 아니 된다.
- 애자공사(전개된 곳)
  - 전기로용 전선로
  - 절연물이 부식하기 쉬운 곳
  - 취급자 이외의 자가 출입할 수 없도록 시설한 곳
- 접촉전선을 사용한 곳
- 라이팅덕트공사 또는 버스덕트공사

83 KEC 332.6(고압 가공전선로의 가공지선), 333.8(특고압 가공전선로의 가공지선)
가공지선 : 직격뢰로부터 가공전선로를 보호하기 위한 설비

구 분		특 징
지 선	고 압	5.26[kN] 이상, 4.0[mm] 이상 나경동선
	특고압	8.01[kN] 이상, 5.0[mm] 이상 나경동선, 22[mm^2] 이상의 나경동연선, 아연도강연선 또는 OPGW전선
안전율		경동선 2.2 이상, 기타 2.5

84 KEC 222.21/332.21(저·고압 가공전선과 가공약전류전선 등의 공용설치), 333.19(특고압 가공전선과 가공약전류전선 등의 공용설치)

구 분	저 압	고 압	특고압
약전선(케이블)	0.75[m] 이상(0.3[m])	1.5[m] 이상(0.5[m])	2[m] 이상(0.5[m])
기 타	• 저·고압 – 전선로의 지지물로서 사용하는 목주의 풍압하중에 대한 안전율은 1.5 이상일 것 – 상부에 가공전선을 시설하며 별도의 완금류에 시설할 것 • 특고압 – 제2종 특고압 보안공사에 의할 것 – 사용전압 35[kV] 이하에서만 시설 – 21.67[kN] 이상의 연선, 50[mm^2] 이상인 경동연선 사용		

85 KEC 362.11(전력선 반송통신용 결합장치의 보안장치)
- CC : 결합 콘덴서
- CF : 결합 필터
- DR : 배류 선륜(전류용량 2[A] 이상)
- FD : 동축 케이블
- S : 접지용 개폐기

86 KEC 351.10(수소냉각식 발전기 등의 시설)
- 수소냉각식의 발전기·무효 전력 보상 장치 또는 이에 부속하는 수소냉각장치는 발전기 내부 또는 무효 전력 보상 장치 내부의 수소의 순도가 85[%] 이하로 저하한 경우에 이를 경보하는 장치를 시설할 것
- 발전기 내부 또는 무효 전력 보상 장치 내부의 수소의 압력을 계측하는 장치 및 그 압력이 현저히 변동한 경우에 이를 경보하는 장치를 시설할 것
- 발전기 내부 또는 무효 전력 보상 장치 내부의 수소의 온도를 계측하는 장치를 시설할 것
- 발전기 또는 무효 전력 보상 장치는 기밀구조의 것이고 또한 수소가 대기압에서 폭발하는 경우에 생기는 압력에 견디는 강도를 가지는 것일 것
- 발전기축의 밀봉부에는 질소 가스를 봉입할 수 있는 장치 또는 발전기축의 밀봉부로부터 누설된 수소 가스를 안전하게 외부에 방출할 수 있는 장치를 시설할 것

87 ※ KEC(한국전기설비규정)의 적용으로 문제가 성립되지 않음

88 KEC 241.1(전기울타리)
- 사용전압 : 250[V] 이하
- 전선 굵기 : 인장강도 1.38[kN], 지름 2.0[mm] 이상 경동선
- 간 격
  – 전선과 기둥 사이 : 25[mm] 이상
  – 전선과 수목 사이 : 0.3[m] 이상

89 전차선로는 무선설비의 기능에 계속적이고 또한 중대한 장해를 주는 전파가 생길 우려가 있는 경우에는 이를 방지하도록 시설하여야 한다.

90 KEC 133(회전기 및 정류기의 절연내력)
절연내력시험 : 일정 전압을 가할 때 절연이 파괴되지 않은 한도로서 전선로나 기기에 일정 배수의 전압을 일정시간(10분) 동안 흘릴 때 파괴되지 않는 시험

종 류			시험전압	시험방법
회전기	발전기, 전동기, 무효 전력 보상 장치, 기타 회전기	7[kV] 이하	1.5배(최저 500[V])	권선과 대지 간에 연속하여 10분간
		7[kV] 초과	1.25배(최저 10.5[kV])	
	회전변류기		직류 측의 최대사용전압의 1배의 교류 전압(최저 500[V])	

91 ※ KEC(한국전기설비규정)의 적용으로 문제가 성립되지 않음

92 KEC 224.6/335.6(다리에 시설하는 전선로)

구 분	저 압	고 압
공사방법	• 다리 위 : 케이블 • 다리 아래 : 합성수지관, 금속관, 가요전선관, 케이블	
전 선	• 2.30[kN] 이상의 것 • 지름 2.6[mm] 이상 경동선 절연전선	• 5.26[kN] 이상의 것 • 지름 4[mm] 이상의 경동선
전선의 높이	노면상 높이 5[m] 이상	노면상 높이 5[m] 이상
조영재와 간격	0.3[m](케이블 0.15[m]) 이상	0.6[m](케이블 0.3[m]) 이상

93 기술기준 제27조(전선로의 전선 및 절연성능)
저압 전선로 중 절연 부분의 전선과 대지 간 및 전선의 심선 상호 간의 절연저항은 사용전압에 대한 누설전류가 최대공급전류의 1/2,000을 넘지 않도록 하여야 한다(단상 2선식인 경우 1/1,000).

94 ※ KEC(한국전기설비규정)의 적용으로 문제가 성립되지 않음

95 KEC 223.2/334.2(지중함의 시설)
• 지중함은 견고하고 차량 기타 중량물의 압력에 견디는 구조일 것
• 지중함은 그 안의 고인 물을 제거할 수 있는 구조로 되어 있을 것
• ~~폭발성 또는~~ 연소성의 가스가 침입할 우려가 있는 곳에 시설하는 지중함으로서 그 크기가 1[m³] 이상인 것에는 통풍장치 기타 가스를 방산시키기 위한 장치를 시설할 것
• 지중함의 뚜껑은 시설자 이외의 자가 쉽게 열 수 없도록 시설할 것

96 KEC 242.7(터널, 갱도 기타 이와 유사한 장소) - 사람이 상시 통행하는 터널 안의 배선의 시설
사람이 상시 통행하는 터널 안의 배선(전기기계기구 안의 배선, 관등회로의 배선, 소세력회로의 전선 제외)은 그 사용전압이 저압의 것에 한하고 또한 다음에 따라 시설하여야 한다.
• 합성수지관, 금속관, 금속제 가요전선관, 케이블공사
• 공칭단면적 2.5[mm²]의 연동선과 동등 이상의 세기 및 굵기의 절연전선(옥외용 비닐절연전선 및 인입용 비닐절연전선 제외)을 사용하여 애자공사에 의하여 시설하고 또한 이를 노면상 2.5[m] 이상의 높이로 할 것
• 전로에는 터널의 입구에 가까운 곳에 전용 개폐기를 시설할 것

97 KEC 351.6(감시 및 계측장치 등)
- 계측장치 : 전압계 및 전류계, 전력계
- 발전기의 베어링 및 고정자의 온도
- 특고압용 변압기의 온도
- 정격출력이 10,000[kW]를 초과하는 증기터빈에 접속하는 발전기의 진동의 진폭

98 KEC 331.7(가공전선로 지지물의 기초의 안전율)
- 지지물의 기초 안전율 2 이상
- 상정하중에 대한 철탑의 기초 안전율 1.33 이상

99 KEC 211.2(전원의 자동차단에 의한 보호대책)
금속제 외함을 가지는 사용전압이 50[V]를 초과하는 저압의 기계 기구로서 사람이 쉽게 접촉할 우려가 있는 곳에 시설하는 것에 전기를 공급하는 전로에는 전로에 지락이 생겼을 때에 자동적으로 전로를 차단하는 장치를 하여야 한다.

100 ※ KEC(한국전기설비규정)의 적용으로 문제가 성립되지 않음

2021년 제1회 기출문제

page 201

1	2	3	4	5	6	7	8	9	10	11	12	13	14	15	16	17	18	19	20
①	②	④	②	②	②	②	②	④	②	②	④	④	②	①	④	②	④	③	①
21	22	23	24	25	26	27	28	29	30	31	32	33	34	35	36	37	38	39	40
③	③	②	③	①	④	④	④	①	②	③	④	③	③	②	②	④	④	④	①
41	42	43	44	45	46	47	48	49	50	51	52	53	54	55	56	57	58	59	60
①	②	②	①	①	①	④	③	④	①	①	②	④	③	①	③	③	③	②	③
61	62	63	64	65	66	67	68	69	70	71	72	73	74	75	76	77	78	79	80
④	②	④	③	①	①	①	④	②	①	③	②	④	④	③	②	④	③	②	④
81	82	83	84	85	86	87	88	89	90	91	92	93	94	95	96	97	98	99	100
②	①	④	④	②	③	④	①	②	②	×	④	③	①	③	③	①	②	②	④

× : 문제삭제

01 전속선은 유전율이 큰 쪽으로 모이므로 $\varepsilon_1 > \varepsilon_2$이다.

02 유전체 내에 저장되는 에너지밀도 ω는 $\omega = \frac{1}{2}\varepsilon E^2 [\text{J/m}^3]$에서 $\omega \propto \varepsilon_r$

즉, 에너지밀도는 비례한다.
따라서 $\varepsilon_{rB} > \varepsilon_{rA} > \varepsilon_{rD} > \varepsilon_{rC}$ 이므로
B > A > D > C

03 키르히호프 제1법칙 적분형 $\nabla \cdot i = 0$
도체 내에 정상전류가 흐를 때 연속이다(일정하다, 변화가 없다).

04 전계를 벡터로 표현 $\vec{E} = E \cdot \vec{n}$

방향벡터 $\vec{n} = \frac{\vec{r}}{|\vec{r}|}$

거리벡터 $\vec{r} = (2-2)a_x + (5-2)a_y + (6-2)a_z = 3a_y + 4a_z$

$|\vec{r}| = \sqrt{3^2 + 4^2} = 5$

$\vec{n} = \frac{3a_y + 4a_z}{5} = 0.6a_y + 0.8a_z$

$E = 9 \times 10^9 \frac{Q}{r^2} = 9 \times 10^9 \frac{Q}{(|\vec{r}|)^2} = 9 \times 10^9 \frac{10^{-9}}{5^2} = \frac{9}{25}$

$\therefore \vec{E} = \frac{9}{25}(0.6a_y + 0.8a_z) = 0.216a_y + 0.288a_z$

05 **포인팅 벡터** : 단위시간에 단위면적을 지나는 에너지, 임의의 점을 통과할 때의 전력밀도

$P = EH = 377H^2 = \frac{E^2}{377} = \frac{\text{방사전력}}{\text{방사면적}} = \frac{W}{4\pi r^2} [\text{W/m}^2]$

$H^2 = \frac{W}{377 \times 4\pi r^2}$에서 $H = \sqrt{\frac{W}{377 \times 4\pi r^2}} = \frac{1}{2r}\sqrt{\frac{W}{377\pi}} [\text{A/m}]$

06
$$H_p = \frac{a^2 I}{2(a^2+x^2)^{\frac{3}{2}}} = \frac{I}{2a}\sin^3\theta$$
$$H = 2 \cdot \frac{a^2 I}{2(a^2+z^2)^{\frac{3}{2}}} = \frac{a^2 I}{(a^2+z^2)^{\frac{3}{2}}} a_z [\text{A/m}]$$

07
$$n = \frac{360}{\theta} - 1 = \frac{360}{90} - 1 = 3[\text{개}]$$

08
$$F = ma = mg = \frac{Q_1 Q_2}{4\pi\varepsilon_0 r^2} = QE = \frac{1}{2}\varepsilon_0 E^2 \cdot s[\text{N}]$$

여기서, $a[\text{m/s}^2]$: 가속도
$m[\text{kg}]$: 질량

$F = ma = QE = eE$

$a = \dfrac{eE}{m}[\text{m/s}^2]$에서 속도($V$)=[m/s]=가속도($a$)×시간($t$)=[m/s^2]・[s]가 되므로

$V = a[\text{m/s}^2] \cdot t[\text{s}]$
$\quad = \dfrac{eE}{m} t[\text{m/s}]$

09 철심 내부자계
$$H = \frac{NI}{l} = \frac{NI}{2\pi r} = \frac{NI}{\pi d}[\text{AT/m}]$$
평균 자로 $l = 2\pi r = \pi d[\text{m}]$
여기서, $r[\text{m}]$: 평균 반지름, $d[\text{m}]$: 평균 지름

10
・자속 $\phi = \dfrac{F}{R_m} = \dfrac{NI}{\dfrac{l}{\mu S}} = \dfrac{\mu S N I}{l}$

・인덕턴스 $L = N\dfrac{\phi}{I} = \dfrac{\mu S N^2}{l} = \dfrac{\mu S N^2}{2\pi r}[\text{H}]$

∴ 인덕턴스는 단면적에 비례하고 권선수의 제곱에 비례, 반지름에 반비례한다.

11
・상자성체($\mu_s > 1$) : 알루미늄, 백금, 산소, 주석
・역(반)자성체($\mu_s < 1$) : 납, 아연, 비스무트, 금, 은, 동
・강자성체($\mu_s \gg 1$) : 철, 니켈, 코발트

12 코일 중심의 자계

정3각형	정4각형	정6각형	원에 내접 n각형
$H = \dfrac{9I}{2\pi l}$	$H = \dfrac{2\sqrt{2}I}{\pi l}$	$H = \dfrac{\sqrt{3}I}{\pi l}$	$H_n = \dfrac{nI\tan\dfrac{\pi}{n}}{2\pi R}$

13 정전흡인력 = 정전응력 = 대전도체에 작용하는 힘 = 면(판)에 작용하는 힘

$$f[\text{N/m}^2] = \frac{1}{2}\varepsilon_0 E^2 = \frac{D^2}{2\varepsilon_0} = \frac{1}{2}ED$$

$$F = \frac{1}{2}\varepsilon_0 E^2 \cdot s = \frac{1}{2}\varepsilon_0 \left(\frac{V}{d}\right)^2 \cdot s = \frac{1}{2} \times 8.855 \times 10^{-12} \times \left(\frac{220}{3 \times 10^{-2}}\right)^2 \times 30 \times 10^{-4} = 7.14 \times 10^{-7}[\text{N}]$$

14 전파속도 $v = \dfrac{1}{\sqrt{\varepsilon\mu}} = \dfrac{1}{\sqrt{\varepsilon_0\mu_0}} \cdot \dfrac{1}{\sqrt{\varepsilon_s\mu_s}}[\text{m/s}]$

$$\therefore v = \frac{1}{\sqrt{\varepsilon_s\mu_s}}v_0 = \frac{1}{\sqrt{2 \times 2}} \cdot v_0 = \frac{1}{2}v_0[\text{m/s}]$$

15 **영구자석 재료** : 보자력 및 잔류자속밀도가 다 커야 한다. 따라서 H-loop 면적도 크다.

16 • 분극의 세기 $P = D - \varepsilon_0 E = \varepsilon_0(\varepsilon_s - 1)E = D\left(1 - \dfrac{1}{\varepsilon_s}\right) = \chi \cdot E$

• 분극의 정의 : 단위체적당 전기쌍극자 모멘트 $P = \dfrac{\triangle Q}{\triangle S} = \dfrac{\triangle M}{\triangle V} = \delta'[\text{C/m}^2]$

• 자기쌍극자 $M = Q \cdot \delta[\text{C} \cdot \text{m}]$

17 ④ 톰슨효과 : 동일한 금속 도선에 전류를 흘리면 열이 발생 또는 흡수되는 현상
   ① 펠티에효과 : 두 종류의 금속선에 전류를 흘리면 접속점에서 열이 흡수 또는 발생하는 현상
   ② 볼타효과 : 유전체와 유전체, 유전체와 도체를 접촉시키면 전자가 이동하여 양, 음으로 대전되는 현상
   ③ 제베크효과 : 두 종류 금속 접속면에 온도차를 주면 기전력이 발생하는 현상

18 **강자성체 종류** : 철, 니켈, 코발트

19 • $b < a$ 동심구

$$C = \frac{4\pi\varepsilon}{\dfrac{1}{a} - \dfrac{1}{b}}[\text{F}]$$

• 저항과 정전용량의 관계

$$RC = \rho\varepsilon \quad R = \frac{\rho\varepsilon}{C}$$

$$\therefore R = \frac{\rho\varepsilon}{C} = \frac{\rho}{4\pi}\left(\frac{1}{a} - \frac{1}{b}\right) = \frac{1}{4\pi k}\left(\frac{1}{a} - \frac{1}{b}\right) = \frac{1.884 \times 10^2}{4\pi} \times \left(\frac{1}{2 \times 10^{-2}} - \frac{1}{3 \times 10^{-2}}\right) \fallingdotseq 250[\Omega]$$

20 $\phi = BS = \mu H \cdot S = \mu \cdot \dfrac{NI}{2\pi r} \cdot S = \dfrac{\mu_0\mu_s NIS}{l}[\text{Wb}]$

$$\therefore \phi = \frac{\mu_0\mu_s NIS}{l} = \frac{4\pi \times 10^{-7} \times 800 \times 600 \times 1 \times 10 \times 10^{-4}}{16\pi \times 10^{-2}} = 1.2 \times 10^{-3}[\text{Wb}]$$

21 DEB 면적만큼 유량을 공급해 주어야 한다.

22 시한특성
- 순한시 계전기 : 최소동작전류 이상의 전류가 흐르면 즉시 동작, 고속도 계전기(0.5~2Cycle)
- 정한시 계전기 : 동작전류의 크기에 관계없이 일정시간에 동작
- 반한시 계전기 : 동작전류가 작을 때는 동작시간이 길고, 동작전류가 클 때는 동작시간이 짧다.
- 반한시성 정한시 계전기 : 반한시 + 정한시 특성

23 매설지선 : 탑각의 접지저항값을 낮춰 역섬락을 방지한다.

24 $\delta = \dfrac{P}{V^2}(R + X\tan\theta)$ 에서

$$P = \dfrac{\delta V^2}{R + X\tan\theta} = \dfrac{0.1 \times 60{,}000^2}{10 + 20 \times \dfrac{0.6}{0.8}} \times 10^{-3} = 14{,}400[\text{kW}]$$

25
- 고압 측 : 컷아웃 스위치 ⇒ 변압기 고장으로부터 배전선로 보호
- 저압 측 : 캐치홀더 ⇒ 수용가 사고 시 변압기 보호

26 발전기, 변압기 선로도 사용이 가능하다.

27 $\eta = \dfrac{860W}{mH} = \dfrac{860Pt}{m430} = \dfrac{2Pt}{m} = \dfrac{2P_G}{B} \times 100$

28 수용률 $= \dfrac{\text{최대수용전력[kW]}}{\text{부하설비합계[kW]}} \times 100[\%]$

29 랭킨사이클(Rankine Cycle)
급수펌프(단열압축) → 보일러(등압가열) → 과열기 → 터빈(단열팽창) → 복수기(등압냉각) → 다시 급수펌프

30 $P_r = P\tan\theta = 320 \times \dfrac{0.6}{0.8} = 240[\text{kVar}]$

콘덴서 140[VA] 설치 후
$P_r = 240 - 140 = 100$
$\cos\theta = \dfrac{320}{\sqrt{320^2 + 100^2}} ≒ 0.95$

31 24시간 철손 $P_i' = 24 \times 100 = 2{,}400[\text{Wh}]$

24시간 동손 $P_c' = 14 \times \left(\dfrac{20}{20}\right)^2 \times 300 + 10 \times \left(\dfrac{10}{20}\right)^2 \times 300 = 4{,}950[\text{Wh}]$

∴ 손실 $P_i' + P_c' = 7{,}350[\text{Wh}]$

32 $E_M = \omega Ml \times 3I_0 = 2\pi \times 60 \times 0.06 \times 10^{-3} \times 40 \times 3 \times 100 ≒ 271.4[\text{V}]$

33 $C : C_x = l : L$
$L = \dfrac{C_x l}{C}$

34. 전력 퓨즈(Power Fuse)는 특고압 기기의 단락전류 차단을 목적으로 설치한다.
   - 장점 : 소형 및 경량, 차단용량이 큼, 고속 차단, 보수가 간단, 가격이 저렴, 정전용량이 작음
   - 단점 : 재투입이 불가능

35. 중성점 접지방식

방 식	보호계전기동작	지락전류	전위상승	과도안정도	유도장해	특 징
직접접지 22.9, 154, 345[kV]	확실	크다.	1.3배	작다.	크다.	중성점 영전위 단절연 가능
저항접지	↓	↓	$\sqrt{3}$ 배	↓	↓	
비접지 3.3, 6.6[kV]	×	↓	$\sqrt{3}$ 배	↓	↓	저전압 단거리
소호리액터접지 66[kV]	불확실	0	$\sqrt{3}$ 배 이상	크다.	작다.	병렬 공진

36. %리액턴스
$$\%X = \frac{PX}{10\,V^2} = \frac{5{,}000 \times 15}{10 \times 23^2} \fallingdotseq 14.18[\%]$$

37. 전력원선도
   - 작성 시 필요한 값 : 송·수전단 전압, 일반회로정수(A, B, C, D)
   - 가로축 : 유효전력
     세로축 : 무효전력
   - 구할 수 있는 값 : 최대출력, 조상설비용량, 4단자 정수에 의한 손실, 송·수전 효율 및 전압, 선로의 일반회로정수
   - 구할 수 없는 값 : 과도안정 극한전력, 코로나 손실, 사고값

38. - 정태안정도 : 정상운전 시(부하가 서서히 증가할 때 극한전력)
   - 동태안정도 : AVR(자동전압조정기) 등 안전하게 운전
   - 과도안정도 : 사고 시(부하가 갑자기 증가할 때 극한전력)

39. $Q_c = 3\omega CE^2$ 에서 전압을 2배로 하면 C는 $\frac{1}{4}$ 배로 해야 Q_c가 동일하게 유지됨

40. 고장별 대칭분 및 전류의 크기

고장종류	대칭분	전류의 크기
1선 지락	정상분, 역상분, 영상분	$I_0 = I_1 = I_2 \neq 0$
선간 단락	정상분, 역상분	$I_1 = -I_2 \neq 0$, $I_0 = 0$
3상 단락	정상분	$I_1 \neq 0$, $I_0 = I_2 = 0$

41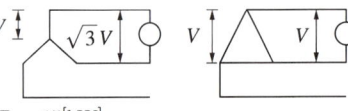

$P_1 = 15[\text{kW}]$

$V = \dfrac{1}{\sqrt{3}}$ 배

$P \propto V^2 = \dfrac{1}{3}$ 배

$P_2 = \dfrac{1}{3}P_1 = \dfrac{1}{3} \times 15 = 5[\text{kW}]$

42 정확하고 일정한 속도가 필요한 기록계의 구동용으로 사용되는 타이밍 전동기 또한 관성 부하의 영향을 받지 않고 가속이 가능한 어떠한 부하도 제어할 수 있다.

43 전자석을 만들기 위해 흐르는 전류는 여자전류(계자전류)이다.

44 전력변환기기

인버터	초 퍼	정 류	사이클로 컨버터(주파수 변환)
직류-교류	직류-직류	교류-직류	교류-교류

45
$I_0 = I_i + I_\phi = \sqrt{I_i{}^2 + I_\phi{}^2}\,[\text{A}]$

$I_\phi = \sqrt{I_0{}^2 - I_i{}^2}$

$P_i = V_1 I_i\,[\text{W}]$

$I_i = \dfrac{P_i}{V_1} = \dfrac{330}{3,300} = 0.1[\text{A}]$

$I_\phi = \sqrt{I_0{}^2 - I_i{}^2} = \sqrt{0.15^2 - 0.1^2} \fallingdotseq 0.112[\text{A}]$

46 유도전동기 안정 운전 조건

• 안정 운전 : $\dfrac{dT_m}{dn} < \dfrac{dT_L}{dn}$

• 불안정 운전 : $\dfrac{dT_m}{dn} > \dfrac{dT_L}{dn}$

47 비례추이에 의해 기동전류는 줄이고 토크는 증가시킨다.

48 유기기전력 $E = \dfrac{PZ}{60a}\phi N[\text{V}]$ 에서

직류발전기의 자속

$\phi = \dfrac{60a}{PZN}E$ (파권)

$= \dfrac{60 \times 2}{4 \times 250 \times 1,200} \times 600 = 0.06[\text{Wb}]$

49
- 유도자형 발전기는 수백~수만[Hz] 정도의 주파수를 발생시키는 고주파 발전기에는 계자극과 전기자를 함께 고정시키고 그 중앙에 유도자라고 하는 권선이 없는 회전자를 갖고 있다.
- 동기발전기 회전자에 의한 분류
  - 회전계자형 : 전기자를 고정자로 하고 계자극을 회전자로 한 것
  - 회전전기자형 : 계자극을 고정자로 한 것으로 특수용도 및 극히 소용량에 적용
  - 유도자형 : 계자극과 전기자를 함께 고정시키고 그 중앙에 유도자라고 하는 권선이 없는 회전자를 갖춘 것

50 BJT란 Bipolar Junction Transistor의 약자이다.

51 유도전동기 유도기전력과 주파수

정 지		s속도 운전	
주파수	유도기전력	주파수	유도기전력
$f_2 = f_1$	$E_2 = E_1$	$f_2' = sf_2$	$E_2' = sE_2$

52 2차를 개방하면 1차 선전류가 모두 여자전류가 되므로 많은 자속이 생겨 고전압이 유기되며, 자속밀도 또한 커져 철손증가로 과열되어 절연파괴가 된다.

53 직류 분권발전기
- 조건 : $I_a = I + I_f$에서 계자전류 무시이므로 $I_a = I = 50[\text{A}]$
- 유기기전력 : $E = V + I_a R_a = 220 + 50 \times 0.2 = 230[\text{V}]$

54 수수전력 $P_s = \dfrac{E_0^{\,2}}{2Z_s}\sin\delta_s[\text{W}]$

55
- 여자전류(I_f)를 증가시키면 역률은 앞서고 전기자전류(I_a)는 증가한다.
- 여자전류(I_f)를 감소시키면 역률은 뒤지고 전기자전류(I_a)는 증가한다.

56 전기자 반작용의 영향
- 주자속 감소 : 발전기 - 유기기전력 감소, 전동기 - 토크 감소, 속도 증가
- 전기적 중성축 이동 : 발전기 - 회전 방향, 전동기 - 회전 반대 방향
- 정류자 편 간의 불꽃 섬락 발생 : 정류 불량의 원인

57 $\dfrac{I_a}{I_b} = \dfrac{z_b}{z_a} \times \dfrac{P_{an}}{P_{bn}}$
용량에 비례하고 누설임피던스에 반비례한다.

58 단락권선이란 누설리액턴스에 의한 전압강하 경감

59 3상 동기발전기의 출력
$$P = \frac{3EV}{X_S}\sin\delta = \frac{3 \times 6,400 \times 4,000}{10}\sin 30° = 3,840[\text{kW}]$$

60
$$N_s = \frac{120f}{P} = \frac{120 \times 60}{6} = 1,200[\text{rpm}]$$
$$s = \frac{N_s - N}{N_s} = \frac{1,200 - 1,140}{1,200} = 0.05$$
$$r_2 = \frac{0.1}{2} = 0.05[\Omega]$$
$$R = r_2\left(\frac{1}{s} - 1\right) = 0.05\left(\frac{1}{0.05} - 1\right) = 0.95[\Omega]$$

61
- 극점 : 0, −1, −2, −4
- 영점 : 2, 3

$$\therefore \text{실수축과 교차점} = \frac{P_T - Z_T}{P_N - Z_N} = \frac{-7 - 5}{4 - 2} = \frac{-12}{2} = -6$$

62 $2s^4 + 10s^3 + 11s^2 + 5s + K = 0$

s^4	2	11	K
s^3	10	5	0
s^2	$\frac{110-10}{10}=10$	$\frac{10K-0}{10}=K$	
s^1	$\frac{50-10K}{10}>0$		
s^0	$K>0$		

$\frac{50-10K}{10} > 0, \quad K < 5$
$K > 0$
$\therefore 0 < K < 5$

63
$P = abcde$
$L_1 = -cf$
$L_2 = -bcdg$
$$G(s) = \frac{abcde}{1 + cf + bcdg}$$

64
$$G(s) = K_P\left(1 + \frac{1}{T_i s}\right) = 3\left(1 + \frac{1}{3s}\right) = 3 + \frac{1}{s}$$
$G(s) = \frac{Y(s)}{X(s)}$ 에서
$$Y(s) = G(s)X(s) = \left(3 + \frac{1}{s}\right) \times \frac{2}{s^2} = \frac{6}{s^2} + \frac{2}{s^3}$$
$\therefore y(t) = 6t + t^2$

65 $\overline{A} + \overline{B} \cdot \overline{C} = \overline{A} + \overline{B + C} = \overline{A \cdot (B + C)}$

66 $G(s) = \dfrac{C(s)}{R(s)} = \dfrac{5}{s(s+1)+5} = \dfrac{5}{s^2+s+5}$

$5R(s) = s^2 C(s) + sC(s) + 5C(s)$

$\dfrac{d^2}{dt^2}C(t) + \dfrac{d}{dt}C(t) + 5C(t) = 5r(t)$

$C(t) = x_1(t)$

$\dfrac{d}{dt}C(t) = x_2(t)$

$\dot{x}_1(t) = x_2(t)$

$\dot{x}_2(t) = 5r(t) - 5x_1(t) - x_2(t)$

67
- $\delta > 1$: 과제동
- $\delta = 1$: 임계제동
- $0 < \delta < 1$: 부족제동
- $\delta = 0$: 무제동
- $\delta < 0$: 발산

68 $\lim\limits_{t \to \infty} e(t) = \lim\limits_{z \to 1}(1 - z^{-1})E(z)$

69 $e_{ss} = \dfrac{1}{kv} = 0.01$

$kv = \lim\limits_{s \to 0} s \cdot \dfrac{k(1+0.1s)200}{(1+0.2s)s(s+1)(s+2)} = 100k$

$\dfrac{1}{100k} = 0.01$

$\dfrac{1}{100 \times 0.01} = k$

$\therefore\ k = 1$

70 $P = G(s)$

$L = -H(s)$

$G(s) = \dfrac{G(s)}{1 + H(s)}$

71 $e_2 = \dfrac{z_2 - z_1}{z_2 + z_1} e_1 = \dfrac{1{,}200 - 400}{1{,}200 + 400} \times 20 = 10 [\text{kV}]$

72

—[Z_1]—[Z_4]——————[Z_2]—[Z_5]—
　　　　　　　　|
　　　　　　[Z_3]
　　　　　　　　|
————————————————

$A = 1 + \dfrac{Z_1 + Z_4}{Z_3} = \dfrac{Z_1 + Z_3 + Z_4}{Z_3}$

73

$$F(s) = \frac{2s^2+s-3}{s(s+3)(s+1)} = \frac{k_1}{s} + \frac{k_2}{s+3} + \frac{k_3}{s+1}$$

여기서, $k_1 = \left.\frac{2s^2+s-3}{(s+3)(s+1)}\right|_{s=0} = -1$

$k_2 = \left.\frac{2s^2+s-3}{s(s+1)}\right|_{s=-3} = 2$

$k_3 = \left.\frac{2s^2+s-3}{s(s+3)}\right|_{s=-1} = 1$

$\therefore F(s) = \frac{-1}{s} + \frac{2}{s+3} + \frac{1}{s+1}$ 에서 $-1 + 2e^{-3t} + e^{-t}$

74

영상전류 $I_0 = \frac{1}{3}(I_a + I_b + I_c)$

평형상태에서 $I_a + I_b + I_c = 0$이므로 $I_0 = 0$[A]

75

$B = \frac{1}{X_L} = \frac{1}{\omega L} = \frac{1}{2\pi \times 10^5 \times 3 \times 10^{-3}} \fallingdotseq 5.3 \times 10^{-4}$[℧]

76

$Z_a = \frac{(4+j2) \cdot j6}{j2+4+j6-j8} = \frac{-12+j24}{4} = -3+j6$[Ω]

77

$i(t) = C\frac{dv(t)}{dt}$

$i(0) = C\frac{dv(0)}{dt} = I$

$\frac{dv(0)}{dt} = \frac{I}{C}$

78

$V_{ab} = IR = 3 \times 2 = 6$[V]

79

$P = \frac{100}{\sqrt{2}} \times \frac{20}{\sqrt{2}}\cos 30° - \frac{50}{\sqrt{2}} \times \frac{10}{\sqrt{2}}\cos 60° + \frac{20}{\sqrt{2}} \times \frac{5}{\sqrt{2}}\cos 45° \fallingdotseq 776.4$[W]

$P_a = \sqrt{\left(\frac{100}{\sqrt{2}}\right)^2 + \left(\frac{50}{\sqrt{2}}\right)^2 + \left(\frac{20}{\sqrt{2}}\right)^2} \times \sqrt{\left(\frac{20}{\sqrt{2}}\right)^2 + \left(\frac{10}{\sqrt{2}}\right)^2 + \left(\frac{5}{\sqrt{2}}\right)^2} \fallingdotseq 1,301.18$

$\cos\theta = \frac{P}{P_a} \times 100 = \frac{776.4}{1,301.18} \times 100 \fallingdotseq 59.7$[%]

80

선로손실 $P_l = 3I^2R$[W]에서

전류 $I = \sqrt{\frac{P_l}{3R}} = \sqrt{\frac{50}{3 \times 0.5}} \fallingdotseq 5.77$[A]

3상 소비전력 $P = \sqrt{3}\,VI\cos\theta$[W]에서

$V = \frac{P}{\sqrt{3}\,I\cos\theta} = \frac{1,800}{\sqrt{3} \times 5.77 \times 0.8} \fallingdotseq 225$[V]

81

구 분	저·고압		특고압		22.9[kV-Y]
	나전선	절연·케이블	나전선	절연·케이블	
통신선	0.6[m] 이상	0.3[m] 이상	1.2[m] 이상	0.3[m] 이상	0.75[m] 이상 중성선 0.6[m] 이상

82 KEC 223.5/334.5(지중약전류전선에의 유도장해 방지)
지중전선로는 기설 지중약전류전선로에 대하여 누설전류 또는 유도작용에 의하여 통신상의 장해를 주지 아니하도록 기설 약전류전선로로부터 이격시키거나 기타 보호장치를 시설하여야 한다.

83 KEC 241.7(전격살충기)
- 지표상 높이 : 3.5[m] 이상(단, 2차 측 전압이 7[kV] 이하 : 1.8[m])
- 장치와 식물(시설물)의 간격 : 0.3[m] 이상

84 KEC 351.1(발전소 등의 울타리·담 등의 시설)

특고압	간격 $(a+b)$	기 타
35[kV] 이하	5.0[m] 이상	울타리의 높이(a) : 2[m] 이상 울타리에서 충전부까지 거리(b) 지면과 하부(c) : 15[cm] 이하 단수 = 160[kV] 초과/10[kV] N = 단수 × 0.12
35[kV] 초과 160[kV] 이하	6.0[m] 이상	
160[kV] 초과	6.0[m] + N 이상	

85 KEC 333.25(특고압 가공전선과 삭도의 접근 또는 교차)

사용전압의 구분	간 격
35[kV] 이하	2[m](전선이 특고압 절연전선인 경우는 1[m], 케이블인 경우는 0.5[m])
35[kV] 초과 60[kV] 이하	2[m]
60[kV] 초과	2[m] + N
	N = 0.12[m] × (60[kV] 초과분/10[kV])

86 KEC 333.1(시가지 등에서 특고압 가공전선로의 시설)

종 류	특 성		
지지물(목주 불가)	A종	B종	철탑
지지물 간 거리	75[m] 이하	150[m] 이하	400[m] 이하(도체 수평 간격 4[m] 미만 : 250[m])
사용전선	100[kV] 미만		100[kV] 이상
	55[mm²] 이상		150[mm²] 이상
전선로의 높이	35[kV] 이하		35[kV] 초과
	10[m] 이상(특고압절연전선 8[m] 이상)		10[m] + 단수 × 12[cm]
애자장치	애자는 50[%] 충격 불꽃 방전 전압이 타 부분의 110[%] 이상일 것(130[kV]를 초과하는 경우 105[%] 이상), 아킹혼 붙은 2련 이상		
보호장치	지기발생 시 100[kV] 초과의 경우 1초 이내에 자동 차단하는 장치를 시설할 것		

87 KEC 231.3(저압 옥내배선의 사용전선 및 중성선의 굵기)
- 단면적이 2.5[mm^2] 이상의 연동선
- 사용전압 400[V] 이하인 경우 전광표시장치에 사용한 단면적 0.75[mm^2] 이상의 다심케이블
- 사용전압 400[V] 이하인 경우 전광표시장치에 사용한 단면적 1.5[mm^2] 이상의 연동선

88 리플프리 직류란 교류를 직류로 변환할 때 리플성분이 10[%](실횻값) 이하를 포함한 직류를 말한다.

89 사용전압이 저압인 전로에서 정전이 어려운 경우 등 절연저항 측정이 곤란한 경우에는 누설전류를 1[mA] 이하로 유지하여야 한다.

90 KEC 351.10(수소냉각식 발전기 등의 시설)
- 발전기 안 또는 무효 전력 보상 장치 안의 수소의 순도가 85[%] 이하로 저하한 경우에 이를 경보하는 장치를 시설
- 수소 압력, 온도를 계측하는 장치를 시설할 것(단, 압력이 현저히 변동 시 자동경보장치 시설)

91 ※ KEC(한국전기설비규정)의 적용으로 문제가 성립되지 않음 〈2023.07.11.〉

92 KEC 431.1(전차선 전선 설치방식)
전차선의 전선 설치방식은 열차의 속도 및 노반의 형태, 부하전류 특성에 따라 적합한 방식을 채택하여야 하며, 가공방식, 강체방식, 제3레일방식을 표준으로 한다.

93 KEC 232.13(금속제 가요전선관공사)
시설조건
- 전선은 절연전선(옥외용 비닐절연전선을 제외한다)일 것
- 전선은 연선일 것. 단, 단면적 10[mm^2] 이하(알루미늄은 16[mm^2]) 이하인 것은 그러하지 아니하다.
- 가요전선관 안에는 전선에 접속점이 없도록 할 것
- 가요전선관은 2종 금속제 가요전선관일 것. 단, 전개된 장소이거나 점검할 수 있는 은폐된 장소(옥내배선의 사용전압이 400[V] 초과인 경우에는 전동기에 접속하는 부분으로서 가요성을 필요로 하는 부분에 사용하는 것에 한한다) 또는 점검 불가능한 은폐장소에 기계적 충격을 받을 우려가 없는 조건일 경우에는 1종 가요전선관(습기가 많은 장소 또는 물기가 있는 장소에는 비닐 피복 1종 가요전선관에 한한다)을 사용할 수 있다.

가요전선관 및 부속품의 시설
- 관 상호 간 및 관과 박스 기타의 부속품과는 견고하고 또한 전기적으로 완전하게 접속할 것
- 가요전선관의 끝부분은 피복을 손상하지 아니하는 구조로 되어 있을 것
- 습기 많은 장소 또는 물기가 있는 장소에 시설하는 때에는 비닐 피복 가요전선관일 것
※ KEC(한국전기설비규정)의 적용으로 보기 ④ 변경 〈2022.11.8.〉

94 애자사용배선
약전류전선, 수관, 가스관, 다른 옥내배선과의 간격 0.1[m](나전선일 때는 0.3[m]) 이상

95 피뢰기 설치장소
- 변전소 인입 측 및 급전선 인출 측
- 가공전선과 직접 접속하는 지중케이블에서 낙뢰에 의해 절연파괴의 우려가 있는 케이블 단말
- 가능한 한 보호하는 기기와 가깝게 시설하되 누설전류 측정이 용이하도록 지지대와 절연하여 설치한다.

96 KEC 222.10/332.9/332.10/333.1/333.21/333.22(가공전선로 및 보안공사 지지물 간 거리)

구 분	표 준	특고압 시가지	보안공사		
			저·고압	제1종 특고압	제2, 3종 특고압
목주/A종	150[m]	75[m](목주 ×)]	100[m]	목주 불가	100[m]
B종	250[m]	150[m]	150[m]	150[m]	200[m]
철 탑	600[m]	400[m]	400[m]	400[m], 단주 300[m]	
표준 적용	• 저압 보안공사 : 22[mm^2]인 경우 • 고압 보안공사 : 38[mm^2]인 경우 • 제1종 특고압 보안공사 : 150[mm^2]인 경우 • 제2, 3종 특고압 보안공사 : 95[mm^2]인 경우 − 목주/A종 : 제2종(100[m]), 제3종(150[m])				

기 타	• 고압(22[mm^2]), 특고압(50[mm^2])인 경우
	  − 목주/A종 : 300[m] 이하
	  − B종 : 500[m] 이하				

97 KEC 522.3(제어 및 보호장치 등)
태양광설비의 계측장치
- 전 압
- 전 류
- 전 력

98 KEC 234.15(교통신호등)
- 사용전압 : 300[V] 이하(단, 150[V] 초과 시 누전차단기 시설)
- 공칭단면적 2.5[mm^2] 연동선, 450/750[V] 일반용 단심 비닐절연전선(내열성 에틸렌아세테이트 고무절연전선)
- 인하선의 지표상의 높이는 2.5[m] 이상일 것
- 전원 측에는 전용개폐기 및 과전류차단기를 각 극에 시설

99 KEC 222.2/331.11(지지선의 시설)

안전율	2.5 이상(목주나 A종 : 1.5 이상)	아연도금철봉	지중 및 지표상 0.3[m]까지
구 조	4.31[kN] 이상, 3가닥 이상의 연선	도로횡단	5[m] 이상(교통 지장 없는 장소 : 4.5[m])
금속선	2.6[mm] 이상(아연도강연선 2.0[mm] 이상)	기 타	철탑은 지지선으로 그 강도를 문담시키지 않을 것

100 KEC 203.1(계통접지 구성)
저압전로의 보호도체 및 중성선의 접속 방식에 따라 접지계통의 분류
- TN계통
- TT계통
- IT계통

2021년 제 2 회 기출문제

page 216

1	2	3	4	5	6	7	8	9	10	11	12	13	14	15	16	17	18	19	20
②	③	③	④	①	③	③	③	③	②	③	①	②	③	①	①	④	②	②	①
21	22	23	24	25	26	27	28	29	30	31	32	33	34	35	36	37	38	39	40
②	③	③	①	③	③	③	④	②	②	②	②	②	①	①	④	②	④	①	④
41	42	43	44	45	46	47	48	49	50	51	52	53	54	55	56	57	58	59	60
③	①	①	②	③	③	④	②	③	③	②	③	③	①	③	③	②	④	④	③
61	62	63	64	65	66	67	68	69	70	71	72	73	74	75	76	77	78	79	80
②	②	②	④	④	④	④	②	④	②	③	④	②	①	①	②	②	③	②	④
81	82	83	84	85	86	87	88	89	90	91	92	93	94	95	96	97	98	99	100
④	③	①	①	④	②	②	②	①	④	②	③	③	④	①	③	③	①	①	③

01 전기력선의 성질
- 전기력선은 등전위면과 항상 직교한다.
- 전기력선은 도체 내부에 존재할 수 없다.
- 전기력선은 전위가 높은 점에서 낮은 점으로 향한다.

02 단위체적당 에너지 $\omega = \dfrac{1}{2}\varepsilon E^2 = \dfrac{D^2}{2\varepsilon} = \dfrac{1}{2}ED [\text{J/m}^3]$

03 권상기(전동기) 제동법에 사용되는 것은 자기 브레이크이다.

04 $i = a_x = \hat{x}, \ j = a_y = \hat{y}, \ k = a_z = \hat{z}$

$\dfrac{dx}{Ex} = \dfrac{dy}{Ey}, \ x = 3, \ y = 5$

$\therefore \ y^2 - x^2 = 25 - 9 = 16$

05 B코일 인덕턴스 $L_A = \dfrac{N_B^2}{R_m}$

$M = \sqrt{L_B L_A} = \sqrt{\dfrac{N_A^2}{R_m} \dfrac{N_B^2}{R_m}} = \dfrac{N_A N_B}{R_m} [\text{H}]$ 에서 $R_m = \dfrac{N_B^2}{L_A}$ 대입

$\therefore \ M = \dfrac{N_A N_B}{\dfrac{N_B^2}{L_A}} = \dfrac{N_A L_A}{N_B} [\text{H}]$

06
- 반지름 $r = \dfrac{mv}{eB} = \dfrac{mv}{e\mu_0 H}$
- 속도 $v = \dfrac{eBr}{m} [\text{m/s}]$
- 각속도(각주파수) $\omega = \dfrac{v}{r} = \dfrac{eB}{m} = 2\pi f = \dfrac{2\pi}{T} [\text{rad/s}]$

07 조건 : $\varepsilon_1 > \varepsilon_2$ 이고 경계면에 전기력선 평행으로 작용
- 접선 성분만 존재하고 전계가 연속(일정)이다.
  $E_1 = E_2 = E$
- 유전율이 큰 쪽(ε_1)에서 작은 쪽(ε_2)으로 힘이 작용한다.
  압축응력 작용
  $$f = \frac{1}{2}\varepsilon E^2 = \frac{1}{2}(\varepsilon_1 - \varepsilon_2)E^2 \,[\text{N/m}^2]$$

08 감자율 $N = \dfrac{1}{\mu_s - 1}\left(\dfrac{H_0}{H} - 1\right)$

$H = \dfrac{3\mu_0}{2\mu_0 + \mu}H_0$ 이므로

$N = \dfrac{1}{\mu_s - 1}\left(\dfrac{H_0}{\dfrac{3\mu_0}{2\mu_0 + \mu}H_0} - 1\right) = \dfrac{1}{\mu_s - 1}\left(\dfrac{2 + \mu_s}{3} - 1\right) = \dfrac{1}{3}$

09 전위계수 P [daraf, 엘라스턴스]

구도체 : $V = \dfrac{Q}{4\pi\varepsilon r} = P \cdot Q$

전위계수(P) : 전기량 Q에 곱해져서 전위를 결정하는 값

$V = P \cdot Q$, $P = \dfrac{V}{Q} = \dfrac{1}{C}$, $C = \dfrac{Q}{V}$ [Farad]

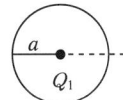 ---------- R ----------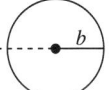

$V_1 = \dfrac{Q_1}{P_{11}} + \dfrac{Q_2}{P_{12}} \to P_{11}Q_1 + P_{12}Q_2$

$V_2 = \dfrac{Q_1}{P_{21}} + \dfrac{Q_2}{P_{22}} \to P_{21}Q_1 + P_{22}Q_2$

∴ $V_1 = P_{11}Q_1 + P_{12}Q_2$, $V_2 = P_{21}Q_1 + P_{22}Q_2$ (여기서, $P_{11}, P_{21}, P_{12}, P_{22}$: 전위계수)

A에 1[C], B에는 0[C]

$Q_1 = 1$[C], $Q_2 = 0$[C]일 때, $V_1 = 3$[V], $V_2 = 2$[V]를 아래 식에 대입하면

$V_1 = P_{11}Q_1 + P_{12}Q_2$

$3 = P_{11} \times 1 + 0$

∴ $P_{11} = 3$

$V_2 = P_{21}Q_1 + P_{22}Q_2$

$2 = P_{21} \times 1 + 0$

∴ $P_{21} = P_{12} = 2$

1[C], 2[C]의 전하를 주면

$V_1 = P_{11}Q_1 + P_{12}Q_2$
  $= 3 \times Q_1 + 2 \times Q_2$
  $= 3 \times 1 + 2 \times 2$
  $= 7$[V]

10 전기력선 수와 전기력선 밀도는 매질과 전하에 모두 관계되므로
전계에 관한 가우스 정리에서
$\int_s E \cdot dS = \dfrac{Q}{\varepsilon} = \dfrac{Q}{\varepsilon_0 \varepsilon_s}$ 이므로
전기력선의 수는 $\dfrac{Q}{\varepsilon_0 \varepsilon_s}$ 개다.

11 자기저항 $R_m = \dfrac{F}{\phi} = \dfrac{l}{\mu s} = \dfrac{l}{\mu_0 \mu_s S}$

단면적$(S) = \dfrac{l}{\mu_0 \mu_s R_m} = \dfrac{1}{4\pi \times 10^{-7} \times 50 \times 2 \times 10^7} \fallingdotseq 7.96 \times 10^{-4} \fallingdotseq 8 \times 10^{-4} [\text{m}^2]$

12 자속밀도$(B) = \dfrac{\phi}{S} = \mu_0 H = \mu_0 \dfrac{2\sqrt{2} I}{\pi l} = \dfrac{4\pi \times 10^{-7} \times 2\sqrt{2} \times 1}{\pi \times 4} \fallingdotseq 2.83 \times 10^{-7} [\text{Wb/m}^2]$

13 자화의 세기$(J) = \mu_0(\mu_s - 1)H = B - \mu_0 H = \left(1 - \dfrac{1}{\mu_s}\right) B [\text{Wb/m}^2]$
$= 4\pi \times 10^{-7} \times (350 - 1) \times 342 \fallingdotseq 0.15 [\text{Wb/m}^2]$

14 $\sqrt{\varepsilon_0} E = \sqrt{\mu_0} H$

$E = \sqrt{\dfrac{\mu_0}{\varepsilon_0}} H \fallingdotseq 120\pi H \fallingdotseq 377 H$

$\therefore H = \sqrt{\dfrac{\varepsilon_0}{\mu_0}} E = \dfrac{1}{120\pi} E = \dfrac{1}{377} E$

15 $Q = CV = CEr = 4\pi\varepsilon_0 r E r = 4\pi\varepsilon_0 r^2 E$

$E = \dfrac{Q}{4\pi\varepsilon_0 r^2} \Rightarrow Q = 4\pi\varepsilon_0 r^2 E$

$\therefore Q = 4\pi \times 8.855 \times 10^{-12} \times 0.03^2 \times 5 \times 10^6 \fallingdotseq 5 \times 10^{-7} [\text{C}]$

16 공기 중 속도 $v = 3 \times 10^8 [\text{m/s}]$

주파수 $f = \dfrac{v}{\lambda} = \dfrac{3 \times 10^8}{3} \times 10^{-6} = 100 [\text{MHz}]$

17
- 법선성분 : $D_1 \cos\theta_1 = D_2 \cos\theta_2$
- 접선성분 : $E_1 \sin\theta_1 = E_2 \sin\theta_2$
- 굴절의 법칙 : $\dfrac{\tan\theta_1}{\tan\theta_2} = \dfrac{\varepsilon_1}{\varepsilon_2}$
- 유전율이 큰 쪽으로 굴절
  $\varepsilon_1 > \varepsilon_2 : \theta_1 > \theta_2,\ D_1 > D_2,\ E_1 < E_2$
  $\varepsilon_1 < \varepsilon_2 : \theta_1 < \theta_2,\ D_1 < D_2,\ E_1 > E_2$
- 수직 입사 : $\theta_1 = 0$, 비굴절, 전속밀도 연속$(D_1 = D_2,\ E_1 \neq E_2)$
- 수평 입사 : $\theta_1 = 90$, 전계 연속$(D_1 \neq D_2,\ E_1 = E_2)$

18 도체구의 전위 $V = \dfrac{1}{4\pi\varepsilon_0} \times \dfrac{Q}{a} = 9 \times 10^9 \times \dfrac{Q}{a}$ [V]에서

정전용량 $C = \dfrac{Q}{V} = 4\pi\varepsilon_0 a \times \dfrac{1}{Q} \times Q = 4\pi\varepsilon_0 a$ [F]

19 플레밍의 오른손 법칙
기전력 $(e) = Blv\sin\theta = 10 \times 10 \times 10^{-2} \times 30 \times \sin 60° = 15\sqrt{3}$ [V]

20 $n = \dfrac{r}{|r|} = \dfrac{벡터}{스칼라} = \dfrac{2a_x - 2a_y + 4a_z}{\sqrt{2^2 + 2^2 + 4^2}} = 0.41a_x - 0.41a_y + 0.82a_z$

21 복도체(다도체) 방식의 주목적 : 코로나 방지
- 인덕턴스는 감소, 정전용량은 증가
- 같은 단면적의 단도체에 비해 전력용량의 증대
- 코로나의 방지, 코로나 임계전압의 상승
- 송전용량의 증대
- 소도체 충돌 현상(대책 : 스페이서의 설치)
- 단락 시 대전류 등이 흐를 때 소도체 사이에 흡인력이 발생

22 $Q_c = P\left(\dfrac{\sin\theta_1}{\cos\theta_1} - \dfrac{\sqrt{1-\cos^2\theta_2}}{\cos\theta_2}\right)$
$= 2,800\left(\dfrac{0.6}{0.8} - \dfrac{\sqrt{1-0.9^2}}{0.9}\right)$
$≒ 743.9 ≒ 744$ [kVA]

23 전력조류계산
계통의 사고 예방 제어, 계통의 운용 계획 입안, 계통의 확충 계획 입안, 슬랙모선의 지정값은 모선전압의 크기와 모선전압의 위상각으로 지정

24
- 3상 차단기 정격용량
 $P_s = \sqrt{3} \times$ 정격전압 $\times$ 정격차단전류 [MVA]
- 단상 차단기 정격용량
 $P_s =$ 정격전압 $\times$ 정격차단전류 [MVA]
- 정격전압 = 공칭전압 $\times \dfrac{1.2}{1.1}$

25 열사이클의 종류
- 랭킨사이클 : 가장 간단한 이론 사이클이다.
- 재생사이클 : 급수가열기를 이용하여 증기 일부분을 추출한 후 급수를 가열한다.
- 재열사이클 : 재열기를 이용하여 증기 전부를 추출한 후 증기를 가열한다.
- 재생재열사이클 : 고압고온을 채용한 기력발전소에서 채용하고 가장 열효율이 좋다.

26 단로기(DS)는 소호기능이 없어 부하전류나 사고전류를 차단할 수 없다. 무부하상태, 즉 차단기가 열려 있어야만 전로개방 및 모선접속을 변경할 수 있다(인터로크).

27 개폐 이상전압은 회로의 폐로 때보다 개로할 때가 크며, 또한 부하 개로할 때보다 무부하회로를 개로할 때가 더 크다. 개폐 이상전압은 상규 대지전압이 3.5배 이하로서 4배를 넘는 경우는 거의 없다. 앞선 무효분정전용량에 의한 충전전류를 차단 시 이상전압이 크게 발생된다.

28 40[MVA] 기준

$\%X_{G_1} = \dfrac{40}{20} \times 20 = 40[\%]$

$\%X_{G_2} = \dfrac{40}{20} \times 20 = 40[\%]$

$\%X_T = 8$

$\%X_{선로} = \dfrac{PX}{10V^2} = \dfrac{40 \times 10^3 \times (50 \times 0.6)}{10 \times 110^2} ≒ 9.917$

합성 $\%X = \dfrac{40}{2} + 8 + 9.917 = 37.917$

$I_s = \dfrac{100}{\%X} \dfrac{P}{\sqrt{3}\,V} = \dfrac{100}{37.917} \times \dfrac{40 \times 10^3}{\sqrt{3} \times 110} ≒ 553.7 ≒ 554[A]$

29 단상 3선식의 특징
- 장 점
  - 전선 소모량이 단상 2선식에 비해 37.5[%](경제적)
  - 110/220[V]의 2종류의 전압을 얻을 수 있다.
  - 단상 2선식에 비해 효율이 높고 전압강하가 작다.
- 단 점
  - 중성선이 단선되면 전압의 불평형이 생기기가 쉽다.
  - 대책 : 저압 밸런서(여자 임피던스가 크고 누설 임피던스가 작고 권수비가 1:1인 단권 변압기)
- 주의 사항
  - 개폐기는 동시 동작형
  - 중성선에 퓨즈를 설치하지 말 것

30 저압 네트워크 방식
- 무정전 공급방식으로 공급신뢰도가 높다.
- 변전소의 수를 줄일 수 있다.
- 전압강하, 전력손실이 적다.
- 부하 증가 시 대응이 우수하다.
- 설비비가 고가이다.
- 인축의 접지사고가 있을 수 있다.
- 고장 시 고장전류가 역류할 수 있다.
- 대책 : 네트워크 프로텍터(저압용 차단기, 저압용 퓨즈, 전력방향계전기)

31 $P_V = \sqrt{3}\,V_P I_P = \sqrt{3} \times 500 ≒ 866$
$P = 2P_V = 2 \times 866 = 1,732[kVA]$

32 가공지선의 역할
- 직격뢰 및 유도뢰 차폐
- 통신선에 대한 전자유도장해 경감

33 $TR = \dfrac{\text{개별수용최대전력의 합[kW]}}{\text{역률} \times \text{부등률} \times \text{효율}}$

$= \dfrac{3 \times 3 + 5 \times 6}{1.3} = 30[\text{kVA}]$

34 • 1차 변전소 : 체승 변압기
    • 나머지 변전소 : 강압 변압기

35 비등수형 원자로
    • 증기 발생기가 필요 없다.
    • 증기가 직접 터빈에 들어가기 때문에 누출에 적절히 방지해야 한다.
    • 소내용 동력은 작아도 된다.
    • 노 내의 물의 압력이 높지 않다.
    • 노심 및 압력용기가 커진다.
    • 열교환기가 필요 없다.

36 교류송전에서 거리가 멀어지면 선로정수가 증가한다. 저항과 정전용량은 거의 무시되고, 인덕턴스의 영향에 의해 송전전력이 결정된다.
    • 장거리 고압송전선로 : $X \gg R$(무시)
    • 송전전력 $P = V_r I \cos\theta = \dfrac{V_s V_r}{X} \sin\delta [\text{MW}]$

    최대 송전조건 : $\sin\delta = 1$, $P = \dfrac{V_s V_r}{X} [\text{MW}]$

37 전선 1가닥에 대한 작용정전용량(단도체)
    $C = C_s + 3C_m = 0.5096 + 3 \times 0.1295 ≒ 0.9[\mu F]$

38 전력계통의 조정
    • P-F Control : 유효전력은 주파수로 제어(거버너 밸브를 통해 유효전력을 조정)
    • Q-V Control : 무효전력은 전압으로 제어

39 직접접지(유효접지방식) : 154[kV], 345[kV], 765[kV]의 송전선로에 사용
    • 장 점
      - 1선 지락고장 시 건전상 전압상승이 거의 없다(대지전압의 1.3배 이하).
      - 계통에 대해 절연레벨을 낮출 수 있다.
      - 지락전류가 크므로 보호계전기 동작이 확실하다.
    • 단 점
      - 1선 지락고장 시 인접 통신선에 대한 유도장해가 크다.
      - 절연수준을 높여야 한다.
      - 과도안정도가 나쁘다.
      - 큰 전류를 차단하므로 차단기 등의 수명이 짧다.
      - 통신유도장해가 최대가 된다.

40 $P_s = P_R + P_l$
$= P + 2I^2 R$
$= P + 2\left(\dfrac{P}{V\cos\theta}\right)^2 R$
$= P + \dfrac{2P^2 R}{V^2 \cos^2\theta} \times 10^3$

41 직류 직권전동기

자기포화 관계	토크와 회전수
자기포화 전	$T = kI_a^2 [\text{N} \cdot \text{m}]$, $T \propto I_a^2 \propto \dfrac{1}{N^2}$
자기포화 시	$T = kI_a [\text{N} \cdot \text{m}]$, $T \propto I_a \propto \dfrac{1}{N}$

42 동기발전기의 병렬운전 조건

필요조건	다른 경우 현상
기전력의 크기가 같을 것	무효순환전류(무효횡류)
기전력의 위상이 같을 것	동기화전류(유효횡류)
기전력의 주파수가 같을 것	동기화전류 : 난조 발생
기전력의 파형이 같을 것	고주파 무효순환전류 : 과열 원인
(3상) 기전력의 상회전 방향이 같을 것	

43 다이오드의 연결
- 직렬연결 : 과전압을 방지한다.
- 병렬연결 : 과전류를 방지한다.

44 누설리액턴스는 변압기의 권수 N의 제곱에 비례한다.
∴ N^2에 비례한다.

45 $N_s = \dfrac{120f}{P} = \dfrac{120 \times 50}{12} = 500[\text{rpm}]$
$P_{c2} = sP_2$
$s = \dfrac{P_{c2}}{P_2} = \dfrac{P_{c2}}{P_{c2} + P} = \dfrac{350}{350 + 10 \times 746} \fallingdotseq 0.0448$
∴ $N = N_s(1-s) = 500 \times (1 - 0.0448) \fallingdotseq 478[\text{rpm}]$

46 동기속도 $N_s = \dfrac{120f}{P}[\text{rpm}]$에서 $N_s \propto \dfrac{1}{P}$
회전수와 극수 $N_{s1} : \dfrac{1}{P_1} = N_{s2} : \dfrac{1}{P_2}$
∴ $N_{s2} = \dfrac{P_1}{P_2} N_{s1} = \dfrac{8}{6} \times 900 = 1{,}200[\text{rpm}]$

47 전류$(I_a') = \dfrac{I_a}{a} = \dfrac{40}{4} = 10[A]$

48 $P_e = \eta(fBmt)^2 \propto t^2$

49 단상 유도전동기가 슬립 s로 회전하면 회전 주파수는 정상분 전동기에서는 $(1-s)f$이고 역상분 전동기에서는 $f+(1-s)f = (2-s)f$가 된다. 따라서 회전자 권선은 sf와 $(2-s)f$되는 주파수 기전력을 유기한다.

50 $T = \dfrac{60P}{2\pi N} = \dfrac{60EI_a}{2\pi N}$

∴ 전기자전류$(I_a) = \dfrac{2\pi NT}{60E} = \dfrac{2\pi \times 1{,}200 \times 158.76}{60 \times 200} = 99.75 ≒ 100[A]$

51 와전류 에너지 손실량은 전류 경로 크기에 비례한다.

52 동기속도 $N_s = \dfrac{120f}{P}$[rpm]에서 $N_s \propto \dfrac{1}{P}$의 그래프

53 역률제어와는 관계가 없다.

54 **임피던스 전압**($V_{1s} = I_{1n} \cdot Z_{21}$)
- 정격전류가 흐를 때 변압기 내 임피던스 전압강하
- 변압기 2차 측을 단락한 상태에서 1차 측에 정격전류(I_{1n})가 흐르도록 1차 측에 인가하는 전압

55 전압변동률은 단락시험으로 구한다.

56 **단상 반발전동기**
- 종류 : 아트킨손형, 톰슨형, 데리형
- 특징 : 브러시를 단락시켜 브러시 이동으로 기동토크, 속도 제어

57 기동토크 $T \propto V^2$이므로

$1.8T : T' = V^2 : \left(\dfrac{2}{3}V\right)^2$

$\dfrac{2}{3}V$일 때 기동토크 $T' = \dfrac{4}{9} \times 1.8T = 0.8T$

58 출력전압$(V_o) = \dfrac{V_i}{1-D} = \dfrac{45}{1-0.6} = 112.5[V]$

59 **동기전동기**
- 동기전동기는 주로 회전계자형이다.
- 동기전동기는 무효전력을 공급할 수 있다.
- 동기전동기는 제동권선을 이용한 기동법이 일반적으로 많이 사용된다.

60 전부하전류$(I) = \dfrac{10,000}{\sqrt{3} \times 380 \times 0.85 \times 0.85} ≒ 21.03 ≒ 21[\text{A}]$

61 $A = B = 1$

$\dfrac{C}{A} = \dfrac{3 \times 5}{1 + 3 \times 5 \times 4} = \dfrac{15}{61}$

$C = \dfrac{15}{61} A = \dfrac{15}{61} ≒ 0.246$

$\dfrac{C}{B} = \dfrac{5}{1 + 3 \times 5 \times 4} = \dfrac{5}{61}$

$C = \dfrac{5}{61} B = \dfrac{5}{61} ≒ 0.082$

∴ $C = 0.246 + 0.082 = 0.328 ≒ 0.33$

62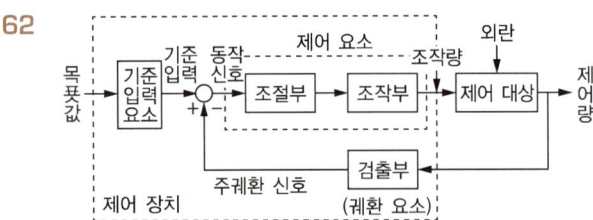

63 $\begin{pmatrix} s & 0 \\ 0 & s \end{pmatrix} - \begin{pmatrix} 0 & 1 \\ -2 & -3 \end{pmatrix} = \begin{pmatrix} s & -1 \\ 2 & s+3 \end{pmatrix}$

$s^2 + 3s + 2 = 0$

$(s+1)(s+2) = 0$

∴ $s = -1, -2$

64 $\dfrac{s^2 + 3s + 5}{2s} = \dfrac{1}{2}s + \dfrac{3}{2} + \dfrac{5}{2s}$

$\quad = \dfrac{3}{2}\left(1 + \dfrac{1}{3}s + \dfrac{1}{\frac{3}{5}s}\right)$

∴ 비례적분미분동작(PID동작)

$G(s) = K_p\left(1 + T_d s + \dfrac{1}{T_i s}\right)$

65 $20\log|G| = 20\log|5\omega|$

$\quad = 20\log|5 \times 0.02|$

$\quad = 20\log 0.1$

$\quad = 20\log 10^{-1}$

$\quad = -20[\text{dB}]$

66
$$G(s) = \frac{1}{3s^2 + 4s + 1}$$
$$= \frac{\frac{1}{3}}{s^2 + \frac{4}{3}s + \frac{1}{3}}$$
$$G(s) = \frac{\omega_n^2}{s^2 + 2\delta\omega_n s + \omega_n^2}$$
$\omega_n^2 = \frac{1}{3}$, $\omega_n = \frac{1}{\sqrt{3}}$

$2\delta\omega_n = \frac{4}{3}$ 에서

$2\delta \frac{1}{\sqrt{3}} = \frac{4}{3}$

$\delta = \frac{4}{3} \times \frac{\sqrt{3}}{2} \fallingdotseq 1.154$

∴ 제동비가 1보다 크므로 과제동이다.

67
$G(s) = \dfrac{k}{s(s+1)^2 + k}$ 에서 특성방정식을 이용하므로

$s(s+1)^2 + k = 0$

$①s^3 + ②s^2 + ①s + ⓚ = 0$ (with k over 2)

$k < 2$ 이고 $k > 0$ 이므로
$0 < k < 2$

68
$T = G(s) = \dfrac{C(s)}{R(s)} = \dfrac{GK}{1+GH}$

$S_K^T = \dfrac{K}{T} \dfrac{d}{dK} T$

$= \dfrac{K}{\frac{GK}{1+GH}} \cdot \dfrac{G}{1+GH}$

$= 1$

69 함수의 변환

$f(t)$		$F(s)$	$F(z)$
지수함수	e^{-at}	$\dfrac{1}{s+a}$	$\dfrac{z}{z-e^{-at}}$

70
$X = (A+B) \cdot B$
$= AB + BB$
$= AB + B$
$= B(A+1)$
$= B$

71 • 전압원 해석 시

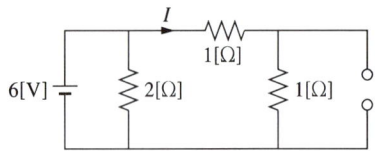

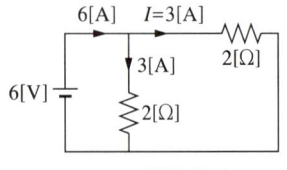

• 전류원 해석 시

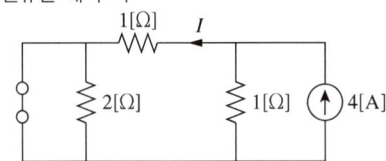

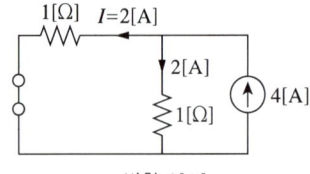

그러므로 → 3[A] ← 2[A]이며,
→ 1[A]이다.

72 △결선 시 선전류 $I_a = \sqrt{3}\,I_p \angle -30°$

$$I_p = \frac{V_p}{Z_p} = \frac{200}{4+j3} = \frac{200}{\sqrt{4^2+3^2}\angle\tan^{-1}\frac{3}{4}}$$

$$= 40 \angle -36.87°$$

∴ 선전류 $I_a = \sqrt{3} \times 40 \angle -30° -36.87°$
$= 40\sqrt{3} \angle -66.87°[\text{A}]$

73 $V = \sqrt{\left(\dfrac{14.14}{\sqrt{2}}\right)^2 + \left(\dfrac{7.07}{\sqrt{2}}\right)^2} ≒ 11.18 ≒ 11.2[\text{V}]$

74 x 극점 분모 $= 0,\ -5+j20,\ -5-j20$
0 영점 분자 $= 0,\ -10$

$$Z(s) = \frac{s+10}{(s+5-j20)(s+5+j20)}$$

$$= \frac{s+10}{(s+5)^2+20^2}$$

$$= \frac{s+10}{s^2+10s+425}$$

$$Z = \frac{1}{Y} = \frac{1}{\frac{1}{R+SL}+SC}$$

$$= \frac{SL+R}{1+SRC+S^2LC}$$

$$= \frac{\frac{1}{C}S+\frac{R}{LC}}{S^2+\frac{R}{L}S+\frac{1}{LC}}$$

$Z(0) = 1$이므로, $S=0$을 대입하면

$$Z(0) = \frac{\frac{R}{LC}}{\frac{1}{LC}} = 1 \text{에서 } R = 1[\Omega]$$

$$10S = \frac{R}{L}S$$

$10 = \frac{1}{L}$에서 $L = \frac{1}{10} = 0.1[\text{H}]$

$425 = \frac{1}{LC}$에서 $C = \frac{1}{L \times 425} = \frac{1}{0.1 \times 425} \fallingdotseq 0.0235[\text{F}]$

75 파형률 $= \frac{\text{실횻값}}{\text{평균값}} = \frac{\frac{I_m}{\sqrt{3}}}{\frac{I_m}{2}} = \frac{2}{\sqrt{3}} \fallingdotseq 1.155$

76 $t=0$인 순간 과도전류만 흐르므로

$$i(t) = Ie^{-\frac{R}{L}t}$$

$$= \frac{V}{r}e^{-\frac{R+r}{L}t}[\text{A}]$$

77 $I = \frac{V}{Z_0}$

$$= \frac{V}{\sqrt{\frac{L}{C}}}$$

$$= \frac{100}{\sqrt{\frac{7.5 \times 10^{-6}}{0.012 \times 10^{-6}}}}$$

$$= 4[\text{A}]$$

78 $P_r = \sqrt{3}\, VI\sin\theta$
　　　$= \sqrt{3} \times 150 \times 10\sqrt{3} \times 0.6$
　　　$= 2,700[\text{Var}]$

79 $f(t) = u(t-1) - u(t-2)$
　　　$= \dfrac{1}{s}e^{-s} - \dfrac{1}{s}e^{-2s}$
　　　$= \dfrac{1}{s}(e^{-s} - e^{-2s})$

80 $I_0 = \dfrac{1}{3}(I_a + I_b + I_c)$
　　　$= \dfrac{1}{3}(15 + j2 - 20 - j14 - 3 + j10)$
　　　$= \dfrac{1}{3}(-8 - j2)$
　　　$\fallingdotseq -2.67 - j0.67$

81 KEC 232.32(플로어덕트공사)
- 전선은 절연전선(옥외용 비닐절연전선을 제외)일 것
- 점검할 수 없는 은폐장소(바닥)
- 절연전선(연선) 10[mm²] 이하(알루미늄은 16[mm²])일 때 단선 사용 가능

82
- 전기설비가 인체에 위해를 주거나 물체에 손상을 주지 않도록 할 것
- 전기설비의 손괴에 의하여 전기의 공급에 현저한 지장을 주지 아니하도록 할 것
- 전기설비가 다른 전기적 설비 기타 물건의 기능에 전기적 또는 자기적 장해를 주지 아니하도록 할 것
- 전기의 합리적인 사용을 적절하도록 하기 위하여 발전, 송전, 변전, 배전 또는 전기사용을 위하여 설치하는 기계, 기구, 전선로, 보안통신선로, 기타 공작물의 기술기준을 규정함을 목적으로 한다.

83 KEC 234.5(콘센트의 시설)
욕실 또는 화장실 등 인체가 물에 젖어 있는 상태에서 전기를 사용하는 장소에 콘센트를 시설하는 경우
- 인체감전보호용 누전차단기(정격감도전류 15[mA] 이하, 동작시간 0.03초 이하의 전류동작형) 또는 절연 변압기(정격용량 3[kVA] 이하)로 보호된 전로에 접속하거나, 인체감전보호용 누전차단기가 부착된 콘센트를 시설하여야 한다.
- 콘센트는 접지극이 있는 방적형 콘센트를 사용하여 접지하여야 한다.

84 KEC 351.4(특고압용 변압기의 보호장치)

뱅크용량의 구분	동작조건	장치의 종류
5,000[kVA] 이상 10,000[kVA] 미만	변압기 내부고장	자동차단장치 또는 경보장치
10,000[kVA] 이상	변압기 내부고장	자동차단장치
타랭식 변압기	냉각장치 고장, 변압기 온도가 현저히 상승	경보장치

85 접지극의 시설
- 콘크리트에 매입된 기초 접지극
- 토양에 매설된 기초 접지극
- 토양에 수직 또는 수평으로 직접 매설된 금속전극(봉, 전선, 테이프, 배관, 판 등)
- 케이블의 금속외장 및 그 밖에 금속피복
- 지중 금속구조물(배관 등)
- 대지에 매설된 철근콘크리트의 용접된 금속 보강재(다만, 강화콘크리트는 제외)

86 KEC 231.4(나전선의 사용 제한)
다음 경우를 제외하고 나전선을 사용하여서는 아니 된다.
- 애자공사(전개된 곳)
  - 전기로용 전선로
  - 절연물이 부식하기 쉬운 곳
  - 취급자 이외의 자가 출입할 수 없도록 시설한 곳
- 접촉 전선을 사용한 곳
- 라이팅덕트공사 또는 버스덕트공사

87 KEC 223.1/334.1(지중전선로의 시설)
- 사용전선 : 케이블, 트로프를 사용하지 않을 경우는 CD(콤바인덕트)케이블을 사용한다.
- 매설방식 : 직접 매설식, 관로식, 암거식(공동구)
- 직접 매설식의 매설 깊이 : 트로프 기타 방호물에 넣어 시설

장 소	차량, 기타 중량물의 압력	기 타
깊 이	1.0[m] 이상	0.6[m] 이상

88 KEC 152.1(수뢰부시스템)
돌침, 수평도체, 그물망도체의 요소 중에 한 가지 또는 이를 조합한 형식으로 시설

89 KEC 351.6(감시 및 계측장치 등)
- 계측장치 : 전압계 및 전류계, 전력계
- 발전기의 베어링 및 고정자의 온도
- 특고압용 변압기의 온도
- 정격출력이 10,000[kW]를 초과하는 증기터빈에 접속하는 발전기의 진동의 진폭

90 KEC 532.3(제어 및 보호장치 등)
계측장치의 시설
- 회전속도계
- 나셀(Nacelle) 내의 진동을 감시하기 위한 진동계
- 풍속계
- 압력계
- 온도계

91 KEC 232.11(합성수지관공사)
- 전선은 절연전선(옥외용 비닐절연전선을 제외한다)일 것
- 연선일 것(단, 전선관이 짧거나 10[mm^2](알루미늄은 16[mm^2]) 이하일 때 예외)
- 관의 두께는 2[mm] 이상일 것
- 지지점 간의 거리 : 1.5[m] 이하
- 전선관 상호 간 삽입 깊이 : 관 바깥지름의 1.2배(접착제 0.8배)
- 습기가 많거나 물기가 있는 장소는 방습장치를 할 것

92 KEC 351.9(상주 감시를 하지 아니하는 변전소의 시설)
변전제어소 또는 기술원이 상주하는 장소에 경보장치를 시설하는 경우
- 운전조작에 필요한 차단기가 자동적으로 차단한 경우(차단기가 재연결한 경우 제외)
- 주요 변압기의 전원 측 전로가 무전압으로 된 경우
- 제어회로의 전압이 현저히 저하한 경우
- 옥내 및 옥외 변전소에 화재가 발생한 경우
- 출력 3,000[kVA]를 초과하는 특고압용 변압기는 그 온도가 현저히 상승한 경우
- 특고압용 타냉식 변압기는 그 냉각장치가 고장난 경우
- 무효 전력 보상 장치는 내부에 고장이 생긴 경우
- 수소냉각식 무효 전력 보상 장치는 그 무효 전력 보상 장치 안의 수소의 순도가 90[%] 이하로 저하한 경우, 수소의 압력이 현저히 변동한 경우 또는 수소의 온도가 현저히 상승한 경우
- 가스절연기기의 절연가스의 압력이 현저히 저하한 경우

93 KEC 333.11(특고압 가공전선로의 철주·철근 콘크리트주 또는 철탑의 종류)
- 직선형 : 전선로의 직선 부분(3° 이하인 수평각도를 이루는 곳을 포함)
- 각도형 : 전선로 중 3°를 초과하는 수평각도를 이루는 곳
- 잡아당김형 : 전가섭선을 잡아당기는 곳에 사용하는 것
- 내장형 : 전선로의 지지물 양쪽의 지지물 간 거리의 차가 큰 곳에 사용하는 것
- 보강형 : 전선로의 직선 부분에 그 보강을 위하여 사용하는 것

94 매설금속체 측의 누설전류에 의한 전기부식의 피해가 예상되는 곳의 전기부식 방지대책
- 배류장치 설치
- 절연코팅
- 매설금속체 접속부 절연
- 저준위 금속체를 접속
- 궤도와의 간격 증대
- 금속판 등의 도체로 차폐

95 KEC 222.10/332.9/332.10/333.1/333.21/333.22(가공전선로 및 보안공사 지지물 간 거리)

구 분	표 준	특고압 시가지	보안공사 저·고압	보안공사 제1종 특고압	보안공사 제2, 3종 특고압
목주/A종	150[m]	75[m](목주 ×)	100[m]	목주 불가	100[m]
B종	250[m]	150[m]	150[m]	150[m]	200[m]
철 탑	600[m]	400[m]	400[m]	400[m], 단주 300[m]	

96 KEC 111(통칙)

크기 \ 종류	교 류	직 류
저압	1[kV] 이하	1.5[kV] 이하
고압	1[kV] 초과 7[kV] 이하	1.5[kV] 초과 7[kV] 이하
특고압	7[kV] 초과	

97 KEC 222.9/332.8(저·고압 가공전선 등의 병행설치)
- 저압 가공전선을 고압 가공전선의 아래로 하고 별개의 완금류에 시설할 것
- 저압 가공전선과 고압 가공전선 사이의 간격은 0.5[m] 이상일 것. 다만, 각도주·분기주 등에서 혼촉의 우려가 없도록 시설하는 경우에는 그러하지 아니하다.

98 KEC 333.22(특고압 보안공사)
제1종 특고압 보안공사의 전선 굵기

사용전압	전 선
100[kV] 미만	인장강도 21.67[kN] 이상, 단면적 55[mm^2] 이상의 경동연선
100[kV] 이상 300[kV] 미만	인장강도 58.84[kN] 이상, 단면적 150[mm^2] 이상의 경동연선
300[kV] 이상	인장강도 77.47[kN] 이상, 단면적 200[mm^2] 이상의 경동연선

99 KEC 223.2/334.2(지중함의 시설)
- 지중함은 견고하고 차량 기타 중량물의 압력에 견디는 구조일 것
- 지중함은 그 안의 고인 물을 제거할 수 있는 구조로 되어 있을 것
- 폭발성 또는 연소성의 가스가 침입할 우려가 있는 것에 시설하는 지중함으로서 그 크기가 1[m^3] 이상인 것에는 통풍장치 기타 가스를 방산시키기 위한 장치를 시설할 것
- 지중함의 뚜껑은 시설자 이외의 자가 쉽게 열 수 없도록 시설할 것

100 KEC 332.6(고압 가공전선로의 가공지선), 332.4(고압 가공전선의 안전율), 333.6(특고압 가공전선의 안전율), 333.8(특고압 가공전선로의 가공지선)
가공지선 : 직격뢰로부터 가공전선로를 보호하기 위한 설비

구 분		특 징
지 선	고 압	5.26[kN] 이상, 4.0[mm] 이상 나경동선
	특고압	8.01[kN] 이상, 5.0[mm] 이상 나경동선, 22[mm^2] 이상의 나경동연선, 아연도강연선 또는 OPGW전선
안전율		경동선 2.2 이상, 기타 2.5

2021년 제3회 기출문제

1	2	3	4	5	6	7	8	9	10	11	12	13	14	15	16	17	18	19	20
③	①	①	②	②	④	③	④	④	④	④	①	④	②	④	②	③	①	③	①
21	22	23	24	25	26	27	28	29	30	31	32	33	34	35	36	37	38	39	40
②	②	②	②	③	④	③	②	①	①	④	②	③	④	②	①	③	①	③	④
41	42	43	44	45	46	47	48	49	50	51	52	53	54	55	56	57	58	59	60
④	③	②	②	④	①	②	④	②	③	①	④	③	②	①	②	①	②	④	③
61	62	63	64	65	66	67	68	69	70	71	72	73	74	75	76	77	78	79	80
①	④	④	③	①	②	②	②	③	③	③	④	①	②	①	④	③	③	①	③
81	82	83	84	85	86	87	88	89	90	91	92	93	94	95	96	97	98	99	100
③	③	③	②	②	④	④	①	②	①	①	④	③	②	①	②	③	①	①	③

01
- 상호인덕턴스 $M = k\sqrt{L_1 L_2}$
- 결합계수 $k = \dfrac{M}{\sqrt{L_1 L_2}}$

  (단, 일반 : $0 < k < 1$, 미결합 : $k = 0$, 완전 결합 : $k = 1$)

02 전류밀도 $J = \dfrac{E}{\rho} = kE = \sigma E$

03 자화의 세기$(J) = \dfrac{M}{V}$에서 자기모멘트 $M = JV = 0.5 \times (0.1 \times \pi \times 0.01^2) = 1.57 \times 10^{-5} [\text{Wb} \cdot \text{m}]$

04

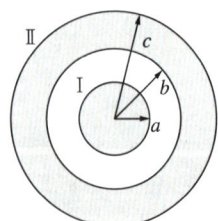

- 내구에만 $+Q$ 전하를 대전한 경우(V : 안쪽, V_x : 바깥쪽)

  $V = \dfrac{Q}{4\pi\varepsilon_0}\left(\dfrac{1}{a} - \dfrac{1}{b} + \dfrac{1}{c}\right)[\text{V}]$, $V_x = \dfrac{Q}{4\pi\varepsilon_0 r}$

- 내구에 $+Q$ 전하를 대전하고 외구에 $-Q$ 전하를 대전한 경우

  $V = \dfrac{Q}{4\pi\varepsilon_0}\left(\dfrac{1}{a} - \dfrac{1}{b}\right)[\text{V}]$, $V_x = 0$

- 외구에만 $+Q$ 전하를 대전한 경우

  $V = \dfrac{Q}{4\pi\varepsilon_0 c}[\text{V}]$, $V_x = \dfrac{Q}{4\pi\varepsilon_0 r}$

05 $W_e = \dfrac{D^2}{2\varepsilon}[\text{J/m}^3]$ 에서

$\varepsilon = \dfrac{D^2}{2 \cdot W_e} = \dfrac{(4.8 \times 10^{-7})^2}{2 \times 5.3 \times 10^{-3}} \fallingdotseq 2.17 \times 10^{-11}[\text{F/m}]$

06 히스테리곡선 면적은 단위체적당 에너지 손실에 대응된다.

07 경계조건 $D_1 \cos\theta_1 = D_2 \cos\theta_2$에서 경계면에 수직($\theta_1 = \theta_2 = 0°$)이므로

$D_1 = D_2 \rightarrow \varepsilon_1 E_1 = \varepsilon_2 E_2$

$E_1 = \dfrac{\varepsilon_2}{\varepsilon_1} E_2 = \dfrac{2}{4} \times E_2 = \dfrac{1}{2} E_2$

$\therefore 2E_1 = E_2$

08 힘$(f) = \dfrac{1}{2}\varepsilon_0 E^2 = \dfrac{D^2}{2\varepsilon_0} = \dfrac{1}{2}ED$

전체 힘$(f') = f \cdot s = \dfrac{1}{2}\varepsilon_0 E^2 s = \dfrac{D^2}{2\varepsilon_0}s = \dfrac{1}{2}EDS$

$\left(E = \dfrac{V}{d}\right)$에서 $f' = \dfrac{1}{2}\varepsilon_0 \left(\dfrac{V}{d}\right)^2 s$

09 기자력 $F = NI$에서 권수 × 전류이므로 전류밀도가 아님

10 전파속도$(v) = \dfrac{1}{\sqrt{\varepsilon\mu}} = \dfrac{1}{\sqrt{\varepsilon_0\mu_0}} \times \dfrac{1}{\sqrt{\varepsilon_s\mu_s}} = \dfrac{c}{\sqrt{\varepsilon_s\mu_s}} \fallingdotseq \dfrac{3\times 10^8}{\sqrt{\varepsilon_s\mu_s}}[\text{m/s}]$

11 자계의 세기$(H) = \dfrac{NI}{l} = \dfrac{NI}{2\pi r} = \dfrac{NI}{\pi d}[\text{AT/m}]$

$H = \dfrac{500 \times 4}{2\pi \times 0.2} \fallingdotseq 1,592 \fallingdotseq 1,590[\text{AT/m}]$

12 패러데이관의 성질
- 패러데이관수와 전속선수는 같다.
- 패러데이관 양단에 정(+), 부(−)의 단위 진전하가 존재한다.
- 진전하가 없는 점에서는 패러데이관은 연속이다.
- 패러데이관의 밀도는 전속밀도와 같다.

13 점전하 $Q[\text{C}]$과 무한평면도체 간의 작용력 $F[\text{N}]$는 $F = \dfrac{Q^2}{4\pi\varepsilon_0(2d)^2} = \dfrac{Q^2}{16\pi\varepsilon_0 d^2}[\text{N}]$(흡인력)

$F = \dfrac{Q^2}{16\pi\varepsilon_0 a^2} = \dfrac{4^2}{16\pi\varepsilon_0 2^2} = \dfrac{1}{4\pi\varepsilon_0}[\text{N}]$

14 원형코일 중심의 자계세기$(H) = \dfrac{NI}{2r}$에서 반원 $H' = \dfrac{I}{2r} \times \dfrac{1}{2} = \dfrac{I}{4r}$

15
- 거리좌표 $(2-0,\ 0-1)=(2,\ -1)$, $r=2i-j$, 거리 $|r|=\sqrt{2^2+1^2}=\sqrt{5}$
- 단위벡터 $\dfrac{r}{|r|}=\dfrac{2i-j}{\sqrt{5}}$
- 크기 $F=9\times10^9\dfrac{(-2\times10^{-9})}{(\sqrt{5})^2}=-3.6[\mathrm{N}]$
- 작용하는 힘(크기×단위벡터)
$$F=9\times10^9\times\dfrac{(-2\times10^{-9})}{(\sqrt{5})^2}\times\dfrac{2i-j}{\sqrt{5}}=-\dfrac{36}{5\sqrt{5}}i+\dfrac{18}{5\sqrt{5}}j[\mathrm{N}]$$

16 최초로 파괴되는 콘덴서를 기준으로 전압을 인가한다. $C_1=0.01[\mu\mathrm{F}]$이 최초로 파괴되므로 기준으로 한다.
- 직렬연결에서 전하량 일정
$$V_1:V_2:V_3=\dfrac{1}{0.01}:\dfrac{1}{0.02}:\dfrac{1}{0.04}=100:50:25=4:2:1$$
- $V_1=\dfrac{4}{7}V$에서 $V=\dfrac{7}{4}V_1=\dfrac{7}{4}\times2{,}000=3{,}500[\mathrm{V}]$

17
코일 1 인덕턴스 $L_1=\dfrac{N_1^2}{R_m}$ 대입

$M=\sqrt{L_1L_2}=\sqrt{\dfrac{N_1^2}{R_m}\dfrac{N_2^2}{R_m}}=\dfrac{N_1N_2}{R_m}[\mathrm{H}]$에서 $R_m=\dfrac{N_1^2}{L_1}$ 대입

$\therefore M=\dfrac{N_1N_2}{\dfrac{N_1^2}{L_1}}=\dfrac{N_2L_1}{N_1}[\mathrm{H}]$

18 변위전류밀도
$$i_d=\dfrac{\partial D}{\partial t}=\dfrac{\partial(\varepsilon E)}{\partial t}=\varepsilon\dfrac{\partial}{\partial t}\left(\dfrac{V}{d}\right)=\varepsilon\dfrac{\partial}{\partial t}\left(\dfrac{E_m}{d}\sin\omega t\right)=\dfrac{\varepsilon E_m}{d}\left(\dfrac{\partial}{\partial t}\sin\omega t\right)=\dfrac{\varepsilon\omega E_m\cos\omega t}{d}[\mathrm{A/m^2}]$$

19 플레밍의 왼손 법칙에 의하여 전자가 받는 힘은 운동방향에 수직하므로 전자는 원운동을 한다. $v[\mathrm{m/s}]$의 속도를 가진 전자가 $B[\mathrm{Wb/m^2}]$인 평등자계에 직각으로 돌입할 때 전자가 받는 힘은 $F=e(v\times B)$, 크기는 $F=evB$이다.

이때 구심력 $F_0=\dfrac{mv^2}{r}$ 이고 $F_0=F$이므로 $evB=\dfrac{mv^2}{r}$

$\therefore r=\dfrac{mv}{eB}[\mathrm{m}]\propto v$

20 전기쌍극자 $E=\dfrac{M}{2\pi\varepsilon_0 r^3}\cos\theta+\dfrac{M}{4\pi\varepsilon_0 r^3}\sin\theta$식에서 $\dfrac{M}{2\pi\varepsilon_0 r^3}$만 나오는 경우가 최댓값이므로 $\theta=0°$이며, $\dfrac{M}{4\pi\varepsilon_0 r^3}$만 나오는 경우가 최솟값이므로 $\theta=90°$이다.

21 시한 특성
- 순한시 계전기 : 최소동작전류 이상의 전류가 흐르면 즉시 동작, 고속도 계전기(0.5~2Cycle)
- 정한시 계전기 : 동작전류의 크기에 관계없이 일정시간에 동작
- 반한시 계전기 : 동작전류가 작을 때는 동작시간이 길고, 동작전류가 클 때는 동작시간이 짧다.
- 반한시성 정한시 계전기 : 반한시 + 정한시 특성

22 환상선로
  - 전원이 1단에만 존재 : 방향단락 계전기
  - 전원이 양단에 존재 : 방향거리 계전기

23 전기방식별 비교(전력 손실비 = 전선 중량비)

종 별	전 력(P)	1선당 공급전력	1선당 공급전력 비교	전력손실비	손 실
$1\phi 2W$	$VI\cos\theta$	$1/2P = 0.5P$	100[%]	24	$2I^2R$
$1\phi 3W$	$2VI\cos\theta$	$2/3P = 0.67P$	133[%]	9	
$3\phi 3W$	$\sqrt{3}\,VI\cos\theta$	$\sqrt{3}/3P = 0.58P$	115[%]	18	$3I^2R$
$3\phi 4W$	$3VI\cos\theta$	$3/4P = 0.75P$	150[%]	8	

24
  - 3상 차단기 정격용량
    $P_s = \sqrt{3} \times 정격전압 \times 정격차단전류$[MVA]
  - 단상 차단기 정격용량
    $P_s = 정격전압 \times 정격차단전류$[MVA]
  - 정격전압 = 공칭전압 $\times \dfrac{1.2}{1.1}$

25
$$\frac{Q_2}{Q_1} = \left(\frac{H_2}{H_1}\right)^{\frac{1}{2}}$$

$$Q_2 = Q_1 \left(\frac{H_2}{H_1}\right)^{\frac{1}{2}} = 20 \times \left(\frac{81}{100}\right)^{\frac{1}{2}} = 18[\text{m}^3/\text{s}]$$

26 $P_s = \dfrac{V^2}{Z}$ 에서 $Z = \dfrac{V^2}{P_s} = \dfrac{(154,000)^2}{3,000 \times 10^6} ≒ 7.91[\Omega]$

27 **직접접지(유효접지방식)** : 154[kV], 345[kV], 765[kV]의 송전선로에 사용
  - 장 점
    - 1선 지락고장 시 건전상 전압상승이 거의 없다(대지전압의 1.3배 이하).
    - 계통에 대해 절연레벨을 낮출 수 있다.
    - 지락전류가 크므로 보호계전기 동작이 확실하다.
  - 단 점
    - 1선 지락고장 시 인접 통신선에 대한 유도장해가 크다.
    - 절연수준을 높여야 한다.
    - 과도안정도가 나쁘다.
    - 큰 전류를 차단하므로 차단기 등의 수명이 짧다.
    - 통신유도장해가 최대가 된다.

28 **직렬콘덴서의 역할**
  - 선로의 인덕턴스 보상
  - 수전단의 전압변동률 감소
  - 정태안정도 증가
  - 선로 역률이 나쁠수록 효과가 큼
  - 부하의 역률을 개선시키는 것은 전력용 콘덴서

29 $Q = A_1 v_1 = A_2 v_2$

$\frac{\pi}{4} d_1^2 v_1 = \frac{\pi}{4} d_2^2 v_2$

$d_1^2 v_1 = d_2^2 v_2$

$4^2 \times 4 = 3.5^2 v_2$

$v_2 \fallingdotseq 5.22 [\text{m/s}]$

30 $L = S + \frac{8D^2}{3S}$ 에서 실제 길이는 경간보다 $\frac{8D^2}{3S}$ 만큼 크므로

$\frac{8D^2}{3S} = \frac{8 \times 5^2}{3 \times 200} \fallingdotseq 0.33[\text{m}]$

$\therefore D = \frac{WS^2}{8T} = \frac{WS^2}{8 \times \frac{\text{인장하중}}{\text{안전율}}} = \frac{2 \times 200^2}{8 \times \frac{4,000}{2}} = 5[\text{m}]$

31 **댐퍼** : 송전선로의 진동을 억제하는 장치, 지지점 가까운 곳에 설치

32 **직접접지(유효접지방식)** : 154[kV], 345[kV], 765[kV]의 송전선로에 사용
 • 장 점
  – 1선 지락고장 시 건전상 전압상승이 거의 없다(대지전압의 1.3배 이하).
  – 계통에 대해 절연레벨을 낮출 수 있다.
  – 지락전류가 크므로 보호계전기 동작이 확실하다.
 • 단 점
  – 1선 지락고장 시 인접 통신선에 대한 유도장해가 크다.
  – 절연수준을 높여야 한다.
  – 과도안정도가 나쁘다.
  – 큰 전류를 차단하므로 차단기 등의 수명이 짧다.
  – 통신유도장해가 최대가 된다.

33 조상설비의 비교

구 분	진 상	지 상	시충전	조 정	전력손실
콘덴서	○	×	×	단계적	0.3[%] 이하
리액터	×	○	×	단계적	0.6[%] 이하
동기조상기	○	○	○	연속적	1.5~2.5[%]

34 변압기가 △-Y결선된 경우에는 1, 2차 간의 위상차가 30° 발생하므로 이를 보상하기 위하여 차동 계전기를 Y-△로 결선한다.

변압기 결선	비율차동 계전기 결선
△-Y	Y-△
Y-△	△-Y

35 복도체(다도체) 방식의 주목적 : 코로나 방지
- 인덕턴스는 감소, 정전용량은 증가
- 같은 단면적의 단도체에 비해 전력용량의 증대
- 코로나의 방지, 코로나 임계전압의 상승
- 송전용량의 증대
- 소도체 충돌 현상(대책 : 스페이서의 설치)
- 단락 시 대전류 등이 흐를 때 소도체 사이에 흡인력이 발생

36
$$\eta = \frac{860\,W}{mH} \times 100$$
$$= \frac{860 \times 40,000}{60 \times 10^3 \times 860} \times 100$$
$$\fallingdotseq 66.67[\%]$$

37 코로나 임계전압
$$E = 24.3 m_0 m_1 \delta d \log_{10} \frac{D}{r}\,[\text{kV}]$$
여기서, m_0 : 전선의 표면상태(단선 : 1, 연선 : 0.8)
m_1 : 기후계수(맑은 날 : 1, 비 : 0.8)
δ : 상대공기밀도 $= \frac{0.386b}{273+t}$ (b : 기압, t : 온도)
d : 전선의 지름
D : 선간거리
코로나 임계전압이 높아지는 경우는 상대공기밀도가 높고, 전선의 직경이 클 경우, 맑은 날, 기압이 높고, 온도가 낮은 경우이다.

38
- 특성임피던스는 가공전선로의 길이와 관계없이 일정하며 일반적으로 300~500[Ω] 정도이다.
- 지중전선로(케이블) 120[Ω]

39
- 송전선로의 보호계전방식 : 전류위상 비교방식, 전류차동 보호계전방식, 방향비교방식, 전류균형방식
- 전압균형방식은 존재하지 않는다.

40 보호협조의 배열
- 리클로저(R) – 섹셔널라이저(S) – 전력 퓨즈(F)
- 섹셔널라이저는 고장전류 차단능력이 없으므로 리클로저와 직렬로 조합하여 사용한다.

41

필요조건	병렬운전이 불가능한 경우
기전력의 극성(위상)이 일치할 것	• △-△와 △-Y • Y-Y와 △-Y • Y-Y와 Y-△ • Y나 △의 총합이 홀수인 경우
권수비 및 1, 2차 정격전압이 같을 것	
각 변압기의 %Z가 같을 것	
각 변압기의 저항과 리액턴스비가 같을 것	
상회전 방향 및 각 변위가 같을 것(3상)	

42 계자저항 $R_f\uparrow = \dfrac{V\text{일정}}{I_f\downarrow}$, $I_f \propto \phi$ 이므로 ϕ는 감소한다.

따라서 속도 $N = k\dfrac{V-I_a R_a}{\phi\downarrow}$ 이므로 속도는 증가한다.

43

종 류	횡 축	종 축	조 건
무부하 포화곡선	I_f(계자전류)	V(단자전압)	n일정, $I=0$
외부 특성곡선	I(부하전류)	V(단자전압)	n일정, R_f일정
내부 특성곡선	I(부하전류)	E(유기기전력)	n일정, R_f일정
부하 특성곡선	I_f(계자전류)	V(단자전압)	n일정, I일정
계자 조정곡선	I(부하전류)	I_f(계자전류)	n일정, V일정

44 기동전동기법은 동기속도 극수에서 2극 적은 전동기 사용

동기전동극수$(p) = \dfrac{120f}{N_s} = \dfrac{120 \times 60}{600} = 12[\text{극}]$

∴ 유도전동기극수$(p') = 12 - 2 = 10[\text{극}]$

45 다이오드의 연결
- 직렬연결 : 과전압을 방지한다.
- 병렬연결 : 과전류를 방지한다.

46 동기속도$(N_s) = \dfrac{120f}{p} = \dfrac{120 \times 60}{4} = 1{,}800[\text{rpm}]$

슬립$(s) = \dfrac{N_s - N}{N_s} = \dfrac{1{,}800 - 1{,}725}{1{,}800} \fallingdotseq 0.042$

∴ $f_2' = sf_1 = 0.042 \times 60 \fallingdotseq 2.5[\text{Hz}]$

47 $T = \dfrac{Pz\phi}{2a\pi} I_a$ 에서 $T \propto I$이므로 2배가 된다.

48 슬립의 측정
직류 밀리볼트계법(권선형 유도전동기), 스트로보스코프법, 수화기법

49 발전기 최대출력$(P_m) = \dfrac{\sqrt{\cos^2\theta + (\sin\theta + x_s)^2}}{x_s} \times P_n = \dfrac{\sqrt{0.8^2 + (0.6 + 0.9)^2}}{0.9} \times 10{,}000 \fallingdotseq 18{,}889[\text{kW}]$

50 2차 전압 $E = \dfrac{\pi}{\sqrt{2}}(E_d + e_d) = \dfrac{\pi}{\sqrt{2}}(210 + 15) \fallingdotseq 499.82[\text{V}]$

51 변압기 절연유의 구비 조건
- 절연내력이 클 것
- 점도가 작고 비열이 커서 냉각효과(열방사)가 클 것
- 인화점은 높고, 응고점은 낮을 것
- 고온에서 산화하지 않고, 침전물이 생기지 않을 것

52

$$\text{전일효율}(\eta_{day}) = \frac{\left(\sum T \times \frac{1}{m} \times P_0\right)}{\left(\sum T \times \frac{1}{m} \times P_0\right) + 24P_i + \left(\frac{1}{m}\right)^2 \times \sum T \times P_c}$$

$$= \frac{\left(8 \times \frac{1}{2} \times 100 \times 1\right) + (6 \times 1 \times 100 \times 0.8)}{\left(8 \times \frac{1}{2} \times 100 \times 1\right) + (6 \times 1 \times 100 \times 0.8) + (24 \times 1) + (6 \times 1.25) + \left(\left(\frac{1}{2}\right)^2 \times 1.25 \times 8\right)} \times 100$$

$$\fallingdotseq 96.28[\%]$$

53 고조파차수$(h) = 2nm \pm 1$

1ϕ $\quad h = 2 \times 1 \times 2 \pm 1 = 3.5$
$\quad\quad h = 2 \times 2 \times 2 \pm 1 = 7.9$
$\quad\quad h = 2 \times 3 \times 2 \pm 1 = 11.13$

3ϕ $\quad h = 2 \times 1 \times 3 \pm 1 = 5.7$
$\quad\quad h = 2 \times 2 \times 3 \pm 1 = 11.13$
$\quad\quad h = 2 \times 3 \times 3 \pm 1 = 17.19$에서 회전자계는 3ϕ이므로 3배수 고조파는 나타나지 않는다.

54 속도$(N) = k\dfrac{E}{\phi}$에서 $N \propto E$ 하고 $I_a = \dfrac{V-E}{R_a}$에 의해 $N(\uparrow)$, $E(\uparrow)$, $I_a(\downarrow)$ 하게 된다.

55 $\varepsilon = \dfrac{V_{20} - V_{2n}}{V_{2n}}$에서 $\varepsilon \propto \dfrac{1}{V_{2n}}$이다.

56 $E = 4.44k_\omega f\phi\omega$에서 $E \propto f$이고,

$N_s = \dfrac{120f}{P}$에서 $N_s \propto f$이므로

속도가 2배면 f도 2배, 따라서 E도 2배가 된다.

57 **변압기 내부고장 보호용**
- 전기적인 보호 : 차동계전기(단상), 비율차동계전기(3상)
- 기계적인 보호 : 부흐홀츠계전기, 유온계, 유위계, 서든프레서(압력계전기)

58 **크레머방식** : 유도전동기와 직류전동기를 기계적으로 직결 후 전기적으로는 유도전동기의 2차 여자법 중 2차 출력을 실리콘 정류기로 정류하여 직류전동기의 입력으로 사용

59 동기조상기의 구조는 거의 수차발전기와 같으나 일반적으로 고속기이기 때문에 비교적 가늘고 긴 것이 많다.
- 고정자는 수차발전기와 같다.
- 회전자에는 안정된 운전을 시키기 위하여 강력한 제동권선을 설치하고, 축은 기계적인 동력을 전달할 필요가 없기 때문에 비교적 가늘게 되어 있다.
- 진상용량을 크게 취하기 때문에 강대한 여자가 필요하며 계자코일이나 자극이 대단히 크다.
- 대형기계에서는 옥외용으로 쓰는 일이 많다.

60 단상 직권 정류자전동기(직권형, 보상 직권형, 유도보상 직권형)
- 만능전동기(직·교류 양용)
- 정류 개선을 위해 약계자, 강전기자형 사용
- 역률 개선을 위해 보상권선을 설치
- 회전속도를 증가시킬수록 역률이 개선됨

61 개루프 전달함수 $G(s)H(s) = \dfrac{2K}{s(s+1)(s+2)}$ 에서

폐루프의 특성 방정식 $s(s+1)(s+2) + 2K = 0$

$$① s^3 + ③ s^2 + ② s + ② K = 0$$

$\overbrace{}^{2K}$ $\underbrace{}_{6}$

$2K < 6$
$K < 3$ ⋯⋯⋯⋯⋯⋯⋯⋯⋯⋯⋯⋯⋯ ⓐ
$2K > 0$
$K > 0$ ⋯⋯⋯⋯⋯⋯⋯⋯⋯⋯⋯⋯⋯ ⓑ
ⓐ식과 ⓑ식을 만족시키는 조건 $0 < K < 3$

62 $P = G(s)$
$L_1 = -G(s)H_1(s)$
$L_2 = -G(s)H_2(s)$
$G(s) = \dfrac{G(s)}{1 + G(s)H_1(s) + G(s)H_2(s)}$

조건에서 $\dfrac{C(s)}{R(s)} = 10$이므로

$10 = \dfrac{G(s)}{1 + G(s)H_1(s) + G(s)H_2(s)}$

$G(s) = 10 + 10G(s)H_1(s) + 10G(s)H_2(s)$
$G(s)(1 - 10H_1(s) - 10H_2(s)) = 10$
$G(s) = \dfrac{10}{1 - 10H_1(s) - 10H_2(s)}$

63 $G(j\omega) = \dfrac{1}{j100\omega}$

$G(j\omega) = \dfrac{1}{j100 \times 1}$

분모에 j가 있으므로 $-90°$

$20\log|G(j\omega)| = 20\log\dfrac{1}{100} = 20\log10^{-2} = -40[\text{dB}]$

64 임계상태(허수축과 교차)

특성방정식 $s(s+3)(s+4)+K=0$

$s^3+7s^2+12s+K=0$

s^3	1	12
s^2	7	K
s^1	$\dfrac{84-K}{7}$	
s^0	K	

$\dfrac{84-K}{7}=0$ 이므로

$K=84$

65 $P=2\times 3=6$

$L_1=3\times 5=15$

$L_2=2\times 3\times 4=24$

$G(s)=\dfrac{6}{1-15-24}=-\dfrac{6}{38}$

66 함수의 변환

$f(t)$		$F(s)$	$F(z)$
단위계단함수	$u(t)$	$\dfrac{1}{s}$	$\dfrac{z}{z-1}$

67

비례요소	미분요소	적분요소	1차 지연요소	부동작 시간요소
K	Ks	$\dfrac{K}{s}$	$\dfrac{K}{Ts+1}$	Ke^{-Ls}

68 $Y=\overline{\overline{AB}\cdot\overline{CD}}$

$=\overline{\overline{AB}}+\overline{\overline{CD}}$

$=AB+CD$

69 $\begin{pmatrix} s & 0 \\ 0 & s \end{pmatrix}-\begin{pmatrix} 0 & -3 \\ 2 & -5 \end{pmatrix}=\begin{pmatrix} s & 3 \\ -2 & s+5 \end{pmatrix}$

$s(s+5)+2\times 3=0$

$s^2+5s+6=0$

$(s+2)(s+3)=0$

$\therefore\ s=-2,\ -3$

70
$e_{ss} = \dfrac{1}{k_v} = 0.01$

$k_v = \lim\limits_{s \to 0} s \cdot \dfrac{k(1+0.1s)20}{(1+0.2s)s(s+1)(s+2)}$

$k_v = 10k$

$\dfrac{1}{10k} = 0.01$

$\dfrac{1}{10 \times 0.01} = k$

$\therefore k = 10$

71
$\cos\theta = \dfrac{P}{P_a} = \dfrac{\sqrt{P_a^2 - P_r^2}}{\sqrt{3}\,VI} = \dfrac{\sqrt{(\sqrt{3}\,VI)^2 - P_r^2}}{\sqrt{3}\,VI} = \dfrac{\sqrt{(\sqrt{3}\times 200 \times 8.6)^2 - 1{,}298^2}}{\sqrt{3}\times 200 \times 8.6} \fallingdotseq 0.9$

72
- 무왜형 조건 : $RC = LG$
- 특성임피던스 $Z_0 = \sqrt{\dfrac{Z}{Y}} = \sqrt{\dfrac{L}{C}}$
- 전파정수 $\gamma = \sqrt{ZY} = \alpha + j\beta$ (α : 감쇠량, β : 위상정수)
- 전파속도 $v = \dfrac{\omega}{\beta} = \dfrac{\omega}{\omega\sqrt{LC}} = \dfrac{1}{\sqrt{LC}}$ [m/s]

73
$I_0 = \dfrac{1}{3}(i_a + i_b + i_c)$

$= \dfrac{1}{3}\{90\sin\omega t + 90\sin(\omega t - 90) + 90\sin(\omega t + 90)\}$

$= \dfrac{1}{3} \times 90\sin\omega t$

$= 30\sin\omega t$

※ i_b와 i_c의 위상차가 180°이므로 $i_b + i_c = 0$

74
$Z = 0.3 + j2 + 1.1 + j3$
$Z = 1.4 + j5$
최대전력 전달조건
$Z_L = \overline{Z_g}$
$Z = 1.4 - j5$

75
$F(s) = \displaystyle\int_0^1 t e^{-st} dt + \int_1^2 (2-t)e^{-st} dt$

$= \left[t \cdot \dfrac{e^{-st}}{-s} \right]_0^1 + \dfrac{1}{s}\int_0^1 e^{-st} dt + \left[(2-t) \cdot \dfrac{e^{-st}}{-s}\right]_1^2 - \dfrac{1}{s}\int_1^2 e^{-st} dt$

$= -\dfrac{1}{s}e^{-s} - \dfrac{1}{s^2}e^{-s} + \dfrac{1}{s^2} + \dfrac{1}{s}e^{-s} + \dfrac{1}{s^2}e^{-2s} - \dfrac{1}{s^2}e^{-s}$

$= \dfrac{1}{s^2}(1 - 2e^{-s} + e^{-2s})$

76
$$Q = \int_0^t i(t)dt = \int_0^{30}(3t^2+2t)dt = \left[3\times\frac{1}{3}t^3+2\times\frac{1}{2}t^2\right]_0^{30}$$
$$= \left[3\times\frac{1}{3}\times30^3+2\times\frac{1}{2}\times30^2-3\times\frac{1}{3}\times0^3-2\times\frac{1}{2}\times0^2\right]$$
$$= 27,900[\text{A}\cdot\text{s}]\times\frac{1[\text{h}]}{3,600[\text{s}]} = 7.75[\text{Ah}]$$

77
$$I_3 = \frac{E_3}{Z_3} = \frac{200}{\sqrt{8^2+(2\times3)^2}} = 20[\text{A}]$$

78
$$G(s) = \frac{V_2(s)}{V_1(s)} = \frac{R}{sL+R} = \frac{2}{s+2}$$
$$V_2(s) = \frac{2}{s+2}V_1(s) = \frac{2}{s+2}\times\frac{1}{s+4} = \frac{2}{(s+2)(s+4)}$$
$$\frac{k_1}{s+2}+\frac{k_2}{s+4}$$
$$k_1 = \left.\frac{2}{s+4}\right|_{s=-2} = 1$$
$$k_2 = \left.\frac{2}{s+2}\right|_{s=-4} = -1$$
$$\frac{1}{s+2}-\frac{1}{s+4}$$
$$\therefore\ e^{-2t}-e^{-4t}$$

79

△ → Y로 바꾸면 $\frac{1}{3}r$

$$I_l = \frac{\frac{V}{\sqrt{3}}}{\frac{1}{3}r+r} = \frac{\frac{V}{\sqrt{3}}}{\frac{4r}{3}} = \frac{3V\times\sqrt{3}}{4\sqrt{3}r\times\sqrt{3}} = \frac{\sqrt{3}\,V}{4r}$$

△결선의 $I_l = \sqrt{3}\,I_p$

$$I_p = \frac{1}{\sqrt{3}}I_l$$

$$\therefore\ I = \frac{V}{4r}$$

80
$AD - BC = 1$
$AD - 1 = BC$
$C = \dfrac{AD-1}{B}$
$= \dfrac{8(1.625+j)-1}{j2}$
$= 4 - j6$

81 KEC 221.3(옥상전선로)
- 전선과 그 저압 옥상전선로를 시설하는 조영재와의 간격은 2[m](전선이 고압 절연전선, 특고압 절연전선 또는 케이블인 경우에는 1[m]) 이상일 것
- 전선은 인장강도 2.30[kN] 이상의 것 또는 지름 2.6[mm] 이상의 경동선일 것
- 전선은 절연전선(OW전선을 포함)일 것
- 애자를 사용하여 지지하고 또한 그 지지점 간의 거리는 15[m] 이하일 것
- 전선은 상시 부는 바람 등에 의하여 식물에 접촉하지 않도록 시설

82 KEC 241.10(아크용접기)
- 용접변압기는 절연변압기일 것
- 용접변압기의 1차 측 전로의 대지전압은 300[V] 이하일 것
- 용접변압기의 1차 측 전로에는 용접변압기에 가까운 곳에 쉽게 개폐할 수 있는 개폐기를 시설할 것

83 KEC 333.32(25[kV] 이하인 특고압 가공전선로의 시설)

전선의 종류	나전선	특고압 절연전선	케이블
간 격	1.5[m]	1.0[m]	0.5[m]

84 KEC 132(전로의 절연저항 및 절연내력)

종 류	비접지	중성점 접지	중성점 직접접지
170[kV]	×1.25	×1.1	×0.64
60[kV]	(최저시험전압 10.5[kV])	(최저시험전압 75[kV])	×0.72
7[kV]	×1.5	25[kV] 이하 중성점 다중접지 ×0.92	

∴ 시험전압 $= 22,000 \times 1.25 = 27,500[V]$

85 KEC 222.2/331.11(지지선의 시설)
- 가공전선로의 지지물로 사용하는 철탑은 지지선을 사용하여 그 강도를 분담시켜서는 아니 된다.
- 지지선의 설치 목적은 지지물의 강도를 보강, 전선로의 안전성을 증가, 불평형 장력의 감소에 있다.

86 KEC 234.6(점멸기의 시설)
자동 소등 시간
- 관광숙박업 또는 숙박업의 객실 입구등 : 1분 이내
- 일반주택 및 아파트 각 호실의 현관등 : 3분 이내

87 최대 허용 접촉전압(실훗값)

$0.5 < t \leq 300$	65[V]
$t > 300$	60[V]

※ 순시조건 0.5초 이하인 경우 $V = 670[V]$

88 KEC 512.2(제어 및 보호장치 등)
전기저장장치의 이차전지는 자동으로 전로로부터 차단하는 장치를 시설해야 하는 경우
• 과전압 또는 과전류가 발생한 경우
• 제어장치에 이상이 발생한 경우
• 이차전지 모듈의 내부 온도가 급격히 상승할 경우

89 KEC 351.5(조상설비의 보호장치)

설비종별	뱅크용량의 구분	자동적으로 전로로부터 차단하는 장치
전력용 커패시터 및 분로리액터	500[kVA] 초과 15,000[kVA] 미만	내부고장이나 과전류가 생긴 경우에 동작하는 장치
	15,000 [kVA] 이상	내부고장이나 과전류 및 과전압이 생긴 경우에 동작하는 장치
무효 전력 보상 장치	15,000[kVA] 이상	내부고장이 생긴 경우에 동작하는 장치

90 KEC 234.10(전주외등)
배선은 단면적 2.5[mm²] 이상의 절연전선 또는 이와 동등 이상의 절연성능이 있는 것을 사용하고 다음 공사방법 중에서 시설하여야 한다.
• 케이블공사
• 합성수지관공사
• 금속관공사

91 KEC 222.22(농사용 저압 가공전선로의 시설)
• 사용전압은 저압일 것
• 저압 가공전선은 인장강도 1.38[kN] 이상의 것 또는 지름 2[mm] 이상의 경동선일 것
• 저압 가공전선의 지표상의 높이는 3.5[m] 이상일 것. 다만, 사람이 출입하지 아니하는 곳은 3[m]
• 목주의 굵기는 위쪽 끝 지름이 0.09[m] 이상일 것
• 전선로의 지지물 간 거리는 30[m] 이하일 것
• 다른 전선로에 접속하는 곳 가까이에 그 저압 가공전선로 전용의 개폐기 및 과전류차단기를 각 극(과전류차단기는 중성극을 제외한다)에 시설할 것

92 기술기준 제17조(유도장해 방지)
교류 특고압 가공전선로에서 발생하는 극저주파 전자계는 지표상 1[m]에서 전계가 3.5[kV/m] 이하, 자계가 83.3[μT] 이하가 되도록 시설하고, 직류 특고압 가공전선로에서 발생하는 직류전계는 지표면에서 25[kV/m] 이하, 직류자계는 지표상 1[m]에서 400,000[μT] 이하가 되도록 시설하는 등 상시 정전유도 및 전자유도 작용에 의하여 사람에게 위험을 줄 우려가 없도록 시설

93 KEC 222.10/332.9/332.10/333.1/333.21/333.22(가공전선로 및 보안공사 지지물 간 거리)

구 분	표 준	특고압 시가지	보안공사		
			저·고압	제1종 특고압	제2, 3종 특고압
목주/A종	150[m]	75[m(목주 ×)]	100[m]	목주 불가	100[m]
B종	250[m]	150[m]	150[m]	150[m]	200[m]
철 탑	600[m]	400[m]	400[m]	400[m], 단주 300[m]	
표준 적용	• 저압 보안공사 : 22[mm²]인 경우 • 고압 보안공사 : 38[mm²]인 경우 • 제1종 특고압 보안공사 : 150[mm²]인 경우 • 제2, 3종 특고압 보안공사 : 95[mm²]인 경우 - 목주/A종 : 제2종(100[m]), 제3종(150[m])				
기 타	• 고압(22[mm²]), 특고압(50[mm²])인 경우 - 목주/A종 : 300[m] 이하 - B종 : 500[m] 이하				

94 KEC 221.2/331.13(옥측전선로)
- 저압 : 애자공사(전개된 장소), 합성수지관공사, 목조 이외(금속관공사, 버스덕트공사, 케이블공사)
- 고압 : 케이블공사
- 특고압 : 100[kV]를 초과할 수 없다.

95 KEC 333.24(특고압 가공전선과 도로 등의 접근 또는 교차)

구 분	35[kV] 이하	35[kV] 초과
간 격	3[m]	$3[m] + \dfrac{35[kV] \text{ 초과}}{10[kV]} \times 0.15[m]$
1차 접근상태	제3종 특고압 보안공사	-
2차 접근상태	제2종 특고압 보안공사, 특고압 가공전선 중 2차 접근상태의 길이가 연속하여 100[m] 이하이고 또한 첫 번째 지지물까지의 간격 내에서의 그 부분의 길이의 합계가 100[m] 이하	
보호망(1.5[m] 격자, 8.01[kN], 5[mm] 금속선 사용)을 설치하면 보안공사는 생략 가능		

∴ $154[kV]$ 간격 $= 3 + \left(\dfrac{154-35}{10}\right) \times 0.15 = 3 + 12 \times 0.15 = 4.8[m]$　㈜ 단수 × 0.15[m]

96 귀선로를 가공식으로 사용 못하며, 나전선 사용불가

97 KEC 351.1(발전소 등의 울타리·담 등의 시설)
160[kV] 초과 : 6[m]에 160[kV]를 초과하는 10[kV] 또는 그 단수마다 0.12[m]를 더한 값으로 한다.
- 단수 $= \dfrac{345-160}{10} = 18.5 \rightarrow 19$단
- 충전 부분까지의 거리[m] $= 6 + 19 \times 0.12 = 8.28[m]$

98 KEC 142.3(접지도체·보호도체)
- 큰 고장전류가 접지도체를 통하여 흐르지 않을 경우 접지도체의 최소 단면적
  - 구리 : 6[mm^2] 이상
  - 철제 : 50[mm^2] 이상
- 접지도체에 피뢰시스템이 접속되는 경우
  - 구리 : 16[mm^2] 이상
  - 철 : 50[mm^2] 이상

99 KEC 222.7/332.5(저·고압 가공전선의 높이), 333.7(특고압 가공전선의 높이)

시설 장소	가공통신선	가공전선로 지지물에 시설	
		저·고압	특고압
일 반	3.5[m]	5[m]	5[m]
도로횡단(교통지장 없음)	5(4.5)[m]	6(5)[m]	6[m]
철도, 궤도횡단	6.5[m]	6.5[m]	6.5[m]
횡단보도교 위[절연전선(고·저압), 광섬유케이블(특고압) 사용 시]	3[m]	3.5(3)[m]	5(4)[m]

100 KEC 232.41(케이블트레이공사)
- 전선은 연피케이블, 알루미늄피케이블 등 난연성 케이블, 기타 케이블 또는 금속관 혹은 합성수지관 등에 넣은 절연전선을 사용하여야 한다.
- 저압 케이블과 고압 또는 특고압 케이블은 동일 케이블트레이 안에 포설하여서는 아니 된다.
- 케이블트레이 안에서 전선을 접속하는 경우에는 전선 접속 부분에 사람이 접근할 수 있고 또한 그 부분이 측면 레일 위로 나오지 않도록 하고 그 부분을 절연처리하여야 한다.
- 수평으로 포설하는 케이블 이외의 케이블은 케이블트레이의 가로대에 케이블 타이 등으로 견고하게 고정시켜야 한다.

2022년 제 1 회 기출문제

1	2	3	4	5	6	7	8	9	10	11	12	13	14	15	16	17	18	19	20
④	②	①	③	②	③	①	④	④	①	①	③	④	④	②	②	④	③	◉	②
21	22	23	24	25	26	27	28	29	30	31	32	33	34	35	36	37	38	39	40
①	③	①	②	①	③	③	②	④	②	③	④	②	②	③	②	①	③	②	③
41	42	43	44	45	46	47	48	49	50	51	52	53	54	55	56	57	58	59	60
④	①	④	②	①	①	④	①	③	④	②	①	③	③	②	③	②	③	③	①
61	62	63	64	65	66	67	68	69	70	71	72	73	74	75	76	77	78	79	80
①	①	④	①	◉	④	②	④	②	①	④	①	②	②	①	④	①	③	③	④
81	82	83	84	85	86	87	88	89	90	91	92	93	94	95	96	97	98	99	100
①	②	②	①	③	④	②	②	③	③	①	③	③	①	②	②	②	①	②	④

◉ : 전항정답

01 전체 에너지 $(W) = \dfrac{Q^2}{2C} = \dfrac{dQ^2}{2\varepsilon S}$ 에서 힘 $(F) = \dfrac{W}{d} = \dfrac{Q^2}{2\varepsilon S} = \dfrac{(1 \times 10^{-6})^2}{2 \times \varepsilon_0 \times 0.02} ≒ 2.83[\text{N}]$

02 회전력 $(T) = mlH\sin\theta = 7.4 \times 10^{-5} \times 0.1 \times 100 \times \sin30° = 3.7 \times 10^{-4}[\text{N·m}]$

03
- 포인팅 벡터 $(P) = E \times H$ 에서 $a_z = a_x \times a_y$ 에서 y축의 파동으로 z가 나오려면 $a_y - a_x = a_z$
- 자계에 대한 전계비

고유임피던스 $(\eta) = \sqrt{\dfrac{\mu_0 \mu_s}{\varepsilon_0 \varepsilon_s}} = \dfrac{E}{H} = 377\sqrt{\dfrac{\mu_s}{\varepsilon_s}}$ 에서 $H = \dfrac{E}{377\sqrt{\dfrac{1}{2}}} = \dfrac{E}{377 \times \dfrac{1}{\sqrt{2}}}$

∴ $H = \dfrac{-a_x 377\cos(10^9 t - \beta z)}{377 \times \dfrac{1}{\sqrt{2}}} = -a_x\sqrt{2}\cos(10^9 t - \beta z)[\text{A/m}]$

04 자기회로와 전기회로의 대응

자기회로	전기회로
자속 $\phi[\text{Wb}]$	전류 $I[\text{A}]$
자계 $H[\text{A/m}]$	전계 $E[\text{V/m}]$
기자력 $F[\text{AT}]$	기전력 $U[\text{V}]$
자속밀도 $B[\text{Wb/m}^2]$	전류밀도 $i[\text{A/m}^2]$
투자율 $\mu[\text{H/m}]$	도전율 $k[\text{℧/m}]$
자기저항 $R_m[\text{AT/Wb}]$	전기저항 $R[\Omega]$

05 상호인덕턴스$(M) = \dfrac{L_A N_B}{N_A}$ 에서

B코일의 권수$(N_B) = \dfrac{N_A M}{L_A} = \dfrac{1,000 \times 20}{100} = 200[회]$

06 주파수$(f) = \dfrac{i_d}{2\pi\varepsilon_0 E} = \dfrac{2}{2\pi\varepsilon_0 \times 1} \fallingdotseq 3.6 \times 10^{10} = 36,000[\text{MHz}]$

07 시정수$(\tau) = RC = \rho\varepsilon$ 에서

$R = \dfrac{\rho\varepsilon}{C} = \dfrac{\rho\varepsilon}{\dfrac{2\pi\varepsilon}{\ln\dfrac{b}{a}}} = \dfrac{\ln\dfrac{b}{a}}{2\pi\sigma}$

∴ 컨덕턴스$(G) = \dfrac{1}{R} = \dfrac{2\pi\sigma}{\ln\dfrac{b}{a}}[\mho/\text{m}]$

08 힘$(F) = IBl\sin\theta = IB \times 1 \times \sin\theta = IB\sin\theta = I \times B = 40\hat{x} + 30\hat{y}[\text{N/m}]$

09 $F = F_{A-B}\cos\theta_1 + F_{A-C}\cos\theta_2$
$= 2(F\cos\theta)$
$= 2 \times 9 \times 10^9 \times \dfrac{(2 \times 10^{-6})^2}{0.1^2} \times \cos 30° = \dfrac{18\sqrt{3}}{5} = 3.6\sqrt{3}$

10 자성체 단위체적당 저장되는 에너지

$\omega = \dfrac{1}{2}\mu H^2 = \dfrac{B^2}{2\mu} = \dfrac{1}{2}BH[\text{J/m}^3]$

11 $W = \dfrac{1}{2}\varepsilon_0 E^2$ 에서

$W = \iiint \dfrac{1}{2}\varepsilon_0 E^2\, dxdydz = \int_0^z \int_0^y \int_0^x \dfrac{1}{2}\varepsilon_0 E^2\, dxdydz$

$E = -\text{grad}\,V$
$E^2 = |-\text{grad}\,V|^2$
$V = x^2 + y^2$
$-\text{grad}\,V = -\dfrac{x^2+y^2}{\partial x}i - \dfrac{x^2+y^2}{\partial y}j - \dfrac{x^2+j^2}{\partial z}k$
$-\text{grad}\,V = -2xi - 2yj$
$|-\text{grad}\,V|^2 = (-2xi - 2yj) \cdot (-2xi - 2yj)$
$|-\text{grad}\,V|^2 = 4x^2 + 4y^2$
∴ $E^2 = 4x^2 + 4y^2$

$$\int_0^1 \int_0^1 \int_0^1 \frac{1}{2}\varepsilon_0\, 4x^2 + 4y^2\, dxdydz$$

$$= \frac{1}{2}\varepsilon_0 \int_0^1 \int_0^1 \int_0^1 4x^2 + 4y^2\, dxdydz$$

$$= \frac{1}{2}\varepsilon_0 \int_0^1 \int_0^1 \left|\frac{4}{3}x^3 + 4y^2 x\right|_0^1 dydz$$

$$= \frac{1}{2}\varepsilon_0 \int_0^1 \int_0^1 \left|\frac{4}{3} + 4y^2\right| dydz$$

$$= \frac{1}{2}\varepsilon_0 \int_0^1 \left|\frac{4}{3}y + \frac{4}{3}y^3\right|_0^1 dz$$

$$= \frac{1}{2}\varepsilon_0 \int_0^1 \left|\frac{4}{3} + \frac{4}{3}\right| dz$$

$$= \frac{1}{2}\varepsilon_0 \left|\frac{4}{3}z + \frac{4}{3}z\right|_0^1$$

$$= \frac{1}{2}\varepsilon_0 \left|\frac{4}{3} + \frac{4}{3}\right|$$

$$= \frac{\varepsilon_0}{2} \times \frac{8}{3}$$

$$= \frac{4}{3}\varepsilon_0\,[J]$$

12
- 법선성분 : $D_1\cos\theta_1 = D_2\cos\theta_2$
- 접선성분 : $E_1\sin\theta_1 = E_2\sin\theta_2$
- 굴절의 법칙 : $\dfrac{\tan\theta_1}{\tan\theta_2} = \dfrac{\varepsilon_1}{\varepsilon_2}$
- 유전율이 큰 쪽으로 굴절
  $\varepsilon_1 > \varepsilon_2$: $\theta_1 > \theta_2$, $D_1 > D_2$, $E_1 < E_2$
  $\varepsilon_1 < \varepsilon_2$: $\theta_1 < \theta_2$, $D_1 < D_2$, $E_1 > E_2$
- 수직 입사 : $\theta_1 = 0$, 비굴절, 전속밀도 연속($D_1 = D_2$, $E_1 \neq E_2$)
- 수평 입사 : $\theta_1 = 90$, 전계 연속($D_1 \neq D_2$, $E_1 = E_2$)

13 전위차$(V) = E \cdot d = \dfrac{\sigma}{\varepsilon_0}d = \dfrac{4}{8.855 \times 10^{-12}} \times 4 \fallingdotseq 1.8 \times 10^{12}\,[V]$

14 인덕턴스의 기본 단위 : $L[H]$

$L = \dfrac{N\phi}{I}\left[\dfrac{Wb}{A}\right]$, $\phi = \dfrac{W}{I}\left[\dfrac{J}{A}\right]$ 대입

$L = \dfrac{N\phi}{I}\left[\dfrac{J}{A^2}\right]$

$L = \dfrac{dt}{di}e_L\left[\dfrac{V \cdot s}{A} = \Omega \cdot s\right]$

15 두 도선 사이 전위$(V) = \dfrac{\lambda}{\pi\varepsilon_0}\ln\dfrac{d}{a}$ 에서

정전용량$(C) = \dfrac{\pi\varepsilon_0}{\ln\dfrac{d-a}{a}}\,[F/m]$

16 두 도선 사이 작용하는 힘$(F) = \dfrac{\mu_0 I_1 I_2}{2\pi d}$

$I = \sqrt{\dfrac{2\pi d F}{\mu_0}} = \sqrt{\dfrac{2\pi \times 4 \times 2 \times 10^{-7}}{4\pi \times 10^{-7}}} = 2[\text{A}]$

17 정전용량$(C) = \dfrac{2\varepsilon_s}{1+\varepsilon_s} C_0 = \dfrac{2\times 5}{1+5} \times 0.3 = 0.5[\mu\text{F}]$

18 $Q' = -\dfrac{a}{d} Q \,[\text{C}]$

$x = \dfrac{a^2}{d} \,[\text{m}]$

19 $\dfrac{D_1}{D_2} = \dfrac{\varepsilon_1}{\varepsilon_2}$

20 표피 효과 : $\alpha \sqrt{\pi f \sigma \mu}$

21 중성점 접지방식

방 식	보호계전기동작	지락전류	전위상승	과도안정도	유도장해	특 징
직접접지 22.9, 154, 345[kV]	확실	크다.	1.3배	작다.	크다.	중성점 영전위 단절연 가능
저항접지	↓	↓	$\sqrt{3}$ 배	↓	↓	
비접지 3.3, 6.6[kV]	×	↓	$\sqrt{3}$ 배	↓	↓	저전압 단거리
소호리액터접지 66[kV]	불확실	0	$\sqrt{3}$ 배 이상	크다.	작다.	병렬 공진

22 $\eta = \dfrac{860 W}{mH} \times 100 = \dfrac{860 \times 40,000}{20 \times 10^3 \times 5,000} \times 100 = 34.4[\%]$

23

방 식		1ϕ2W 소요 전선량 100[%]
1ϕ3W	중성선 굵기 동일	37.5[%]
	중성선 굵기 1/2	31.3[%]
3ϕ3W	–	75[%]
3ϕ4W	중성선 굵기 동일	33.3[%]
	중성선 굵기 1/2	29.2[%]

24 고장별 대칭분 및 전류의 크기

고장종류	대칭분	전류의 크기
1선 지락	정상분, 역상분, 영상분	$I_0 = I_1 = I_2 \neq 0$
선간 단락	정상분, 역상분	$I_1 = -I_2 \neq 0$, $I_0 = 0$
3상 단락	정상분	$I_1 \neq 0$, $I_0 = I_2 = 0$

1선 지락전류 $I_g = 3I_0 = \dfrac{3E_a}{Z_0 + Z_1 + Z_2}$

25 $AD - BC = 1$
$AD - 1 = BC$
$C = \dfrac{AD-1}{B} = \dfrac{1 \times 1 - 1}{j190} = 0$

26 $P_l \propto V^2 = (\sqrt{2})^2 = 2$배

27 재점호전류는 커패시터회로의 무부하 충전전류(진상전류)에 의해 발생한다.

28 ②는 핀애자에 대한 설명이다.

29 발전기에서 자동전압조정을 하기 위해 속응여자방식을 채용

30 정격차단시간
트립코일 여자로부터 불꽃이 완전 소호할 때까지 걸리는 시간(3~8[C/s])

31 $L = 0.05 + 0.4605 \log_{10} \dfrac{D}{r}$ [mH/km]

32 $\cos\theta = \dfrac{P[\text{kW}]}{P_a[\text{kVA}]} \times 100 = \dfrac{\text{유효전력}}{\text{각 상의 피상전력의 벡터합}} \times 100$

33 거리계전기
계전기가 설치된 위치로부터 고장점까지의 전기적 거리에 비례하여 한시동작으로 복잡한 계통의 단락보호에 과전류계전기 대용으로 쓰임

34 ② 직렬 리액터 : 제5고조파를 제거하여 전압파형 개선
① 진상용 콘덴서 : 부하의 역률 개선
③ 방전코일 : 전원 개방 시 잔류전하를 방전하여 인체의 감전사고 방지
④ 진공차단기 : 부하전류 개폐 및 사고전류 차단

35

$$\frac{8D^2}{3S} = \frac{8 \times 5^2}{3 \times 200} ≒ 0.333 ≒ \frac{1}{3}$$

$$D = \frac{WS^2}{8T} = \frac{2 \times 200^2}{8 \times \frac{4,000}{2}} = 5$$

36

$$\delta = \frac{V_s - V_r}{V_r} \times 100 = \frac{100-90}{90} \times 100 ≒ 11.11[\%]$$

37
- 방사상식은 계통상 수지상식(가지식) 방식이다.
- 전압 변동 및 손실이 크다.
- 사고 발생 시 다른 간선으로 전환이 어렵다.
- 신뢰도가 낮다.

38 아킹혼(초호환, 초호각, 소호각) : 뇌로부터 애자련 보호, 애자의 전압분담 균일화

39

$$N_s = N \cdot \frac{P^{\frac{1}{2}}}{H^{\frac{5}{4}}} [\text{m} \cdot \text{kW}]$$

$$N = \frac{N_s H^{\frac{5}{4}}}{P^{\frac{1}{2}}} = \frac{210 \times 90^{\frac{5}{4}}}{104,500^{\frac{1}{2}}} ≒ 180.08[\text{rpm}]$$

40

	발·변압기 보호
전기적 이상	• 차동 계전기(소용량) • 비율차동 계전기(대용량) • 반한시 과전류 계전기(외부)

기계적 이상	• 부흐홀츠 계전기
	  – 가스 온도 이상 검출
	  – 주탱크와 콘서베이터 사이에 설치
	• 온도 계전기
	• 압력 계전기(서든프레서)

41

출력전류 평균값$(I_d) = \frac{E_d}{R} = \frac{148.6}{10} = 14.86[\text{A}]$

$$E_d = 0.9E \frac{1+\cos\alpha}{2} = 0.9 \times 220 \times \frac{1+\cos 60°}{2} = 148.6[\text{V}]$$

42 고정손과 부하손의 비

$$\frac{1}{m} = \sqrt{\frac{P_i}{P_c}}$$

$$\left(\frac{1}{m}\right)^2 = \frac{P_i}{P_c} = 0.9^2 = 0.81$$

43 리플전압 $(V) = \dfrac{E_a}{E_d}$

$E_a = VE_d = 0.03 \times 2,000 = 60[\text{V}]$

44 저항도선은 변압기 기전력에 의해 단락전류를 작게 하여 정류를 좋게 하며, 또한 보상권선은 전기자 반작용을 상쇄하여 역률을 좋게 하고 변압기의 기전력을 작게 해서 정류작용을 개선한다.

45 동기발전기의 상간 접속법

구 분	선간전압	선전류
성 형	$V_l = 2\sqrt{3}\,E$	$I_l = I$
△ 형	$V_l = 2E$	$I_l = \sqrt{3}\,I$
지그재그 성형	$V_l = 3E$	$I_l = I$
지그재그 △형	$V_l = \sqrt{3}\,E$	$I_l = \sqrt{3}\,I$
2중 성형	$V_l = \sqrt{3}\,E$	$I_l = 2I$
2중 △형	$V_l = E$	$I_l = 2\sqrt{3}\,I$

지그재그 성형의 피상전력

$P_a = \sqrt{3} \times 3E \times I \fallingdotseq 5.2EI$

46 비돌극형인 경우 최대출력은 부하각$(\delta) = 90°$이므로 $P_0 = \dfrac{EV}{X_s}\sin 90° = \dfrac{EV}{X_s}[\text{W}]$ 이다.

47 비례추이의 원리(권선형 유도전동기)

$\dfrac{r_2}{s_m} = \dfrac{r_2 + R_s}{s_t}$

• 최대토크가 발생하는 슬립점이 2차 회로의 저항에 비례해서 이동한다.
• 슬립은 변화하지만 최대토크 $\left(T_{\max} = K\dfrac{E_2^{\,2}}{2r_2}\right)$ 는 불변한다.
• 2차 저항을 크게 하면 기동전류는 감소하고 기동토크는 증가한다.

48 유도기전력$(E) = V + I_a R_a + e_a = 200 + 54 \times 0.15 + 3 = 211.1[\text{V}]$

$I_a = I_f + I = \dfrac{V}{R_f} + I = \dfrac{200}{50} + 50 = 54$

49 파형을 좋게 하는 법
• 극면의 모양을 정현파가 나오도록 만든다.
• 결선을 하여 제3고조파 및 그 배수고조파를 제거한다.
• 단절권을 채용한다.
• 분포권을 채용하여 나머지 고조파를 대폭 감축시킨다.
• 매극 매상의 슬롯수(q)를 크게 한다.

50 임피던스 전압의 입력은 임피던스와트

51 불꽃 없는 정류를 얻으려면

$$e_b > e_L = L\frac{di}{dt} = L\frac{2I_a}{T_c}$$

여기서, e_b : 브러시 접촉면 전압강하
 e_L : 평균리액턴스 전압
 I_a : 전기자전류
 T_c : 정류시간

- 자체 인덕턴스가 작아야 한다(L : 小).
- 정류주기가 길어야 한다(회전속도는 느릴 것)(T_c : 大).
- 브러시 접촉저항이 커야 한다. → 저항정류(탄소 브러시)
- 리액턴스 평균전압이 작아야 한다. → 전압정류(보극 설치)
- 브러시 접촉면 전압강하 > 평균리액턴스 전압($e_b > e_L$)

52 토크(T) $= \dfrac{60P}{2\pi N} = \dfrac{60P_2}{2\pi N_s} = \dfrac{60P_{c2}}{2\pi s N_s}$

$T \propto \dfrac{1}{N_s} \propto \dfrac{1}{s} \propto P_2 = E_2 I_2 \cos\theta_2 \propto \phi I_2 \cos\theta_2$

여기서, E_2 : $4.44 f\phi k\omega$[V]

53 권수비(α') $= \dfrac{E_1}{E_{2s}} = \dfrac{E_1}{sE_2} = \dfrac{\alpha}{s}$

54 직류 직권전동기

자기포화 관계	토크와 회전수
자기포화 전	$T = kI_a^2$[N·m], $T \propto I_a^2 \propto \dfrac{1}{N^2}$
자기포화 시	$T = kI_a$[N·m], $T \propto I_a \propto \dfrac{1}{N}$

55 동기발전기의 병렬운전 조건

필요조건	다른 경우 현상
기전력의 크기가 같을 것	무효순환전류(무효횡류)
기전력의 위상이 같을 것	동기화전류(유효횡류)
기전력의 주파수가 같을 것	동기화전류 : 난조 발생
기전력의 파형이 같을 것	고주파 무효순환전류 : 과열 원인
(3상) 기전력의 상회전 방향이 같을 것	

56 $P_{2c} = sP_2$

$P_0 = P_2 - P_{2c} = P_2 - sP_2 = P_2(1-s)$

$= P_2\left[1 - \left(\dfrac{N_s - N}{N_s}\right)\right] = P_2 \cdot \dfrac{N}{N_s}$

57 변압기 등가회로 작성에 필요한 시험은 단락시험, 무부하시험, 저항측정시험이 있다.

58 $\dfrac{\text{자기용량}}{\text{부하용량}} = \dfrac{2}{\sqrt{3}} \times \dfrac{V_h - V_l}{V_h}$

자기용량 $= \dfrac{2}{\sqrt{3}} \times \dfrac{V_h - V_l}{V_h} \times$ 부하용량

$= \dfrac{2}{\sqrt{3}} \times \dfrac{2,200 - 2,000}{2,200} \times 200 = 21[\text{kVA}]$

∴ 1대분의 자기용량 $= \dfrac{21}{2} = 10.5[\text{kVA}]$

59 **1차 유기기전력**
$E_1 = 4.44 f N_1 \phi_m = 4.44 \times 60 \times 6,600 \times 0.024 = 42,197.76[\text{V}]$
여기서, 자속 $\phi_m = B_m S = 1.2 \times 0.02 = 0.024[\text{Wb}]$

60 선형 전동기는 무한 연속운동을 하는 회전형 전동기와 달리
- 길이가 유한한 구조와 상대적으로 큰 공극으로 인해서 회전기보다 성능(힘, 효율 등)이 떨어진다.
- 직선구동력이 필요한 시스템에서는 회전형 전동기와 회전력을 직선운동으로 변환해주는 기어, 벨트 등의 추가적인 기계변환 장치가 필요하지 않으므로, 시스템구조가 간단하고 손실이나 소음이 발생하지 않는다.
- 전원의 상 순서를 바꾸어 이동방향을 변경한다.
- 선형의 경우 회전형에 비해 직선운동으로 부하관성의 영향이 크다.

61 $\dfrac{(1-e^{-aT})z}{(z-1)(z-e^{-aT})} = z\left\{\dfrac{K_1}{(z-1)} + \dfrac{K_2}{(z-e^{-aT})}\right\}$

$K_1 = \lim_{z \to 1} \dfrac{1-e^{-aT}}{z-e^{-aT}} = \dfrac{1-e^{-aT}}{1-e^{-aT}} = 1$

$K_2 = \lim_{z \to e^{-aT}} \dfrac{1-e^{-aT}}{z-1} = \lim_{z \to e^{-aT}} \dfrac{1-e^{-aT}}{-(1-z)} \lim_{z \to e^{-aT}} \dfrac{1-e^{-aT}}{-(1-e^{-aT})} = -1$

$\dfrac{z}{z-1} - \dfrac{z}{z-e^{-aT}} = 1-e^{-aT}$

62 **Routh-Hurwitz의 성립 및 안정조건**
- 안정조건 : 제1열의 부호 변화가 없어야 한다.
- 성립조건
  - 모든 계수가 같은 부호여야 한다.
  - 계수 중 어느 하나라도 0이 되어서는 안 된다.

63 $G(s) = \dfrac{P}{1-L_{n1}+L_{n2}}$

$P = a^3$
$\Delta = 1 - (L_{n1} - L_{n2} + \cdots)$
여기서, L_{n1} : 각각의 루프 이득의 합
  L_{n2} : 2개의 비접촉 루프 이득의 곱의 합
$L_{n1} = ab + ab + ab = 3ab$
$L_{n2} = a^2 b^2 + a^2 b^2 = 2a^2 b^2$
$G(s) = \dfrac{a^3}{1-3ab+2a^2 b^2}$

64 $e_{ss} = \dfrac{1}{1+k_p}$

$k_p = \lim\limits_{s\to 0} G(s) = \lim\limits_{s\to 0} \dfrac{19.8}{s+a} = \dfrac{19.8}{a}$

$\dfrac{1}{1+\dfrac{19.8}{a}} = 0.01$

$\dfrac{1}{0.01} = 1 + \dfrac{19.8}{a}$

$\left(\dfrac{1}{0.01}\right) - 1 = \dfrac{19.8}{a}$

$a = \dfrac{19.8}{\dfrac{1}{0.01}-1} = 0.2$

65 $G(s) = \dfrac{10}{(s+1)(10s+1)}$

$20\log 10 - 20\log\sqrt{\omega^2+1} - 20\log\sqrt{(10\omega)^2+1}$

$\omega = 0$일 때 20[dB]

절점 주파수는 0.1, 1이므로 ②와 ④ 중 이득값이 20[dB]인 ②가 답

※ 단, 현재 문제에서는 세로축 −40[dB]과 −20[dB]의 위치가 올바르지 않아 전항정답 처리됨

66 $P = G(s)$

$L_1 = -G(s)H_1(s)$

$L_2 = -G(s)H_2(s)$

$G(s) = \dfrac{P}{1-L_1-L_2} = \dfrac{G(s)}{1+G(s)H_1(s)+G(s)H_2(s)} = \dfrac{G(s)}{1+G(s)(H_1(s)+H_2(s))}$

67 $A\overline{B}+\overline{A}B+AB = A(\overline{B}+B)+\overline{A}B$
$\qquad\qquad\qquad\quad = A + \overline{A}B$
$\qquad\qquad\qquad\quad = (A+\overline{A})(A+B)$
$\qquad\qquad\qquad\quad = A + B$

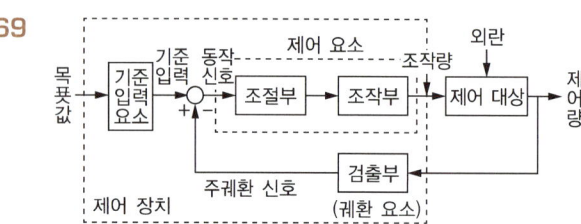

68 극점 : 0, 0, −1, −3, −4
영점 : −3

$\dfrac{P_T - Z_T}{P_N - Z_N} = \dfrac{-8+3}{5-1} = -\dfrac{5}{4}$

69

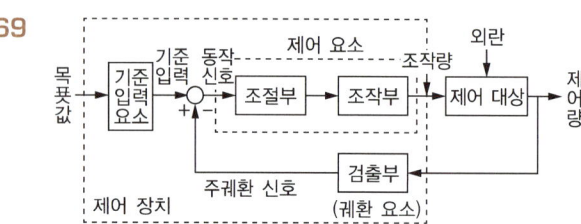

70
$x_1(t) = c(t)$
$x_2(t) = \dfrac{d}{dt}c(t)$
$x_3 = \dfrac{d^2}{dt^2}c(t)$
$x_2(t) = \dot{x}_1(t)$
$x_3(t) = \dot{x}_2(t)$
$\dot{x}_3(t) = r(t) - 2x_1(t) - x_2(t) - 5x_3(t)$

$\begin{bmatrix} \dot{x}_1(t) \\ \dot{x}_2(t) \\ \dot{x}_3(t) \end{bmatrix} = \begin{bmatrix} 0 & 1 & 0 \\ 0 & 0 & 1 \\ -2 & -1 & -5 \end{bmatrix} \begin{bmatrix} x_1(t) \\ x_2(t) \\ x_3(t) \end{bmatrix} + \begin{bmatrix} 0 \\ 0 \\ 1 \end{bmatrix} r(t)$

71
① $f_e(t) = f_e(-t)$
② $f_o(t) = -f_o(-t)$
③ $\dfrac{1}{2}[f(t) - f(-t)] = \dfrac{1}{2}[f_e(t) + f_o(t) - f_e(-t) - f_o(-t)]$
$\qquad = \dfrac{1}{2}[f_e(t) + f_o(t) - f_e(t) + f_o(t)]$
$\qquad = \dfrac{1}{2}[2 \cdot f_o(t)]$
$\qquad = f_o(t)$

72
$Z = \dfrac{V_p}{I_p} = \dfrac{100\angle -30°}{20\angle -60°}$
$\quad = 5\angle -30° - (-60°)$
$\quad = 5\angle 30°\,[\Omega]$

73
$I = \dfrac{V}{R} = \dfrac{120 - 30}{30 + 15} = 2\,[A]$
공급 $P_{120} = VI = 120 \times 2 = 240\,[W]$
흡수 $P_{30} = -30 \times 2 = -60\,[W]$

74
$V_0 = \dfrac{1}{3}(V_a + V_b + V_c)$
$\quad = \dfrac{1}{3}\left\{40\sin\omega t + 40\sin\left(\omega t - \dfrac{\pi}{2}\right) + 40\sin\left(\omega t + \dfrac{\pi}{2}\right)\right\}$
V_b와 V_c의 위상차가 180°이므로, $V_b + V_c = 0$이다.
$V_0 = \dfrac{1}{3} \times 40\sin\omega t = \dfrac{40}{3}\sin\omega t\,[V]$

75
$W = E_{ab}I_a\cos 30° = E_{ab}I_a \times \dfrac{\sqrt{3}}{2}$
$2W = \sqrt{3}\,E_{ab}I_a$
$2W = \sqrt{3}\,VI = P$
$\therefore\ P = 2W\,[W]$

76 $v_C(t) = i \cdot Z = \delta(t) \cdot \dfrac{1}{SC} = 1 \cdot \dfrac{1}{SC} = \dfrac{1}{C}u(t)$

77 $i(t) = \dfrac{E}{R}(1 - e^{-\frac{R}{L}t})$

$= \dfrac{20}{5}(1 - e^{-\frac{5}{5} \times 1})$

$= 2.528[\mathrm{A}]$

78 파고율 $= \dfrac{\text{최댓값}}{\text{실횻값}} = \dfrac{I_m}{\dfrac{I_m}{\sqrt{2}}} = \sqrt{2} \fallingdotseq 1.414$

79 $R^2 = \dfrac{L}{C}$

$L = R^2 C$

$= 10^2 \times 1{,}000 \times 10^{-6} \times 10^3$

$= 100[\mathrm{mH}]$

80 $LG = RC$

$C = \dfrac{LG}{R}$

$= \dfrac{200 \times 10^{-3} \times 0.5}{100} \times 10^6$

$= 1{,}000[\mu\mathrm{F/m}]$

81 KEC 222.14/332.14(저·고압 가공전선과 안테나의 접근 또는 교차)

구 분	저 압			고 압			※ 추가 : 25[kV] 이하 특고압가공전선		
	일 반	고압절연	케이블	일 반	고압절연	케이블	일 반	고압절연	케이블
접근, 교차, 안테나	0.6[m]	0.3[m]	0.3[m]	0.8[m]	–	0.4[m]	1.5[m]	1.0[m]	0.5[m]

82 KEC 332.6(고압 가공전선로의 가공지선), 332.4(고압 가공전선의 안전율), 333.6(특고압 가공전선의 안전율), 333.8(특고압 가공전선로의 가공지선)

가공지선 : 직격뢰로부터 가공전선로를 보호하기 위한 설비

구 분		특 징
지 선	고 압	5.26[kN] 이상, 4.0[mm] 이상 나경동선
	특고압	8.01[kN] 이상, 5.0[mm] 이상 나경동선, 22[mm²] 이상의 나경동연선, 아연도강연선 또는 OPGW전선
	안전율	경동선 2.2 이상, 기타 2.5

83 KEC 333.5(특고압 가공전선과 지지물 등의 간격)

사용전압	간격[m]	사용전압	간격[m]
15[kV] 미만	0.15	70[kV] 이상 80[kV] 미만	0.45
15[kV] 이상 25[kV] 미만	0.2	80[kV] 이상 130[kV] 미만	0.65
25[kV] 이상 35[kV] 미만	0.25	130[kV] 이상 160[kV] 미만	0.9
35[kV] 이상 50[kV] 미만	0.3	160[kV] 이상 200[kV] 미만	1.1
50[kV] 이상 60[kV] 미만	0.35	200[kV] 이상 230[kV] 미만	1.3
60[kV] 이상 70[kV] 미만	0.4	230[kV] 이상	1.6

84 비절연보호도체, 매설접지도체는 귀선로에 해당되는 설명

85 KEC 234.8(진열장 또는 이와 유사한 것의 내부 배선)
건조한 장소에 시설하고 또한 내부를 건조한 상태로 사용하는 진열장 또는 이와 유사한 것의 내부에 사용전압이 400[V] 이하의 배선을 외부에서 잘 보이는 장소에 한하여 단면적 0.75[mm^2] 이상의 코드 또는 캡타이어케이블로 직접 조영재에 밀착하여 배선할 수 있다.

86 KEC 132(전로의 절연저항 및 절연내력)

종 류	비접지	중성점 접지	중성점 직접접지
170[kV]	×1.25	×1.1	×0.64
60[kV]	(최저시험전압 10.5[kV])	(최저시험전압 75[kV])	×0.72
7[kV]	×1.5	25[kV] 이하 중성점 다중접지 ×0.92	

$23,000 \times 1.25 = 28,750[V]$

87 KEC 223.1/334.1(지중전선로의 시설)
- 사용전선 : 케이블, 트로프를 사용하지 않을 경우는 CD(콤바인덕트)케이블을 사용한다.
- 매설방식 : 직접 매설식, 관로식, 암거식(공동구)
- 직접 매설식의 매설 깊이 : 트로프 기타 방호물에 넣어 시설

장 소	차량, 기타 중량물의 압력	기 타
깊 이	1.0[m] 이상	0.6[m] 이상

88 KEC 232.32(플로어덕트공사)
- 전선은 절연전선(옥외용 비닐절연전선을 제외)일 것
- 점검할 수 없는 은폐장소(바닥)
- 절연전선(연선) 10[mm^2] 이하(알루미늄은 16[mm^2])일 때 단선 사용 가능

89 분산형 전원설비의 전기 공급방식, 측정 장치 등은 다음에 따른다.
- 분산형 전원설비의 전기 공급방식은 전력계통과 연계되는 전기 공급방식과 동일할 것
- 분산형 전원설비 사업자의 한 사업장의 설비용량 합계가 250[kVA] 이상일 경우에는 송·배전계통과 연계지점의 연결상태를 감시 또는 유효전력, 무효전력 및 전압을 측정할 수 있는 장치를 시설할 것

90 KEC 232.56(애자공사), 342.1(고압 옥내배선 등의 시설)
- 전선의 종류 : 절연전선. 단, 옥외용 비닐절연전선(OW) 및 인입용 비닐절연전선(DV)은 제외한다.
- 간 격

구 분		전선과 조영재 간격	전선 상호 간의 간격	전선 지지점 간의 거리	
				조영재 윗면 또는 옆면	조영재 따라 시설 않는 경우
저 압	400[V] 이하	25[mm] 이상	0.06[m] 이상	2[m] 이하	–
	400[V] 초과	건 조 25[mm] 이상			6[m] 이하
		기 타 45[mm] 이상			
고 압		0.05[m] 이상	0.08[m] 이상		

91 KEC 222.8/332.7(저·고압 가공전선로의 지지물의 강도), 333.10(특고압 가공전선로의 목주 시설)
목주 : 풍압하중에 대한 안전율(저압 : 1.2, 고압 : 1.3, 특고압 : 1.5)

92 전차선 등과 식물 사이의 간격
교류 전차선 등 충전부와 식물 사이의 간격은 5[m] 이상(단, 5[m] 이상 확보하기 곤란한 경우에는 현장여건을 고려하여 방호벽 등 안전조치)

93 KEC 351.5(조상설비의 보호장치)

설비종별	뱅크용량의 구분	자동적으로 전로로부터 차단하는 장치
전력용 커패시터 및 분로리액터	500[kVA] 초과 15,000[kVA] 미만	내부고장이나 과전류가 생긴 경우에 동작하는 장치
	15,000 [kVA] 이상	내부고장이나 과전류 및 과전압이 생긴 경우에 동작하는 장치
무효 전력 보상 장치	15,000[kVA] 이상	내부고장이 생긴 경우에 동작하는 장치

94 고장보호
기본절연의 고장에 의한 간접 접촉을 방지(노출도전부에 인축이 접촉하여 일어날 수 있는 위험으로부터 보호)
- 전원의 자동차단에 의한 보호
- 이중절연 또는 강화절연에 의한 보호
- 전기적 분리에 의한 보호
- SELV와 PELV를 적용한 특별저압에 의한 보호
- 숙련자와 기능자의 통제 또는 감독이 있는 설비에 적용 가능한 보호대책
- 인축의 몸을 통해 고장전류가 흐르는 것을 방지
- 인축의 몸에 흐르는 고장전류를 위험하지 않는 값 이하로 제한
- 인축의 몸에 흐르는 고장전류의 지속시간을 위험하지 않은 시간까지로 제한

95 KEC 232.56(애자공사), 342.1(고압 옥내배선 등의 시설)
- 전선의 종류 : 절연전선. 단, 옥외용 비닐절연전선(OW) 및 인입용 비닐절연전선(DV)은 제외한다.
- 간 격

구 분		전선과 조영재 간격	전선 상호 간의 간격	전선 지지점 간의 거리	
				조영재 윗면 또는 옆면	조영재 따라 시설 않는 경우
저 압	400[V] 이하	25[mm] 이상	0.06[m] 이상	2[m] 이하	–
	400[V] 초과	건 조 25[mm] 이상			6[m] 이하
		기 타 45[mm] 이상			
고 압		0.05[m] 이상	0.08[m] 이상		

96 KEC 351.10(수소냉각식 발전기 등의 시설)
- 발전기 안 또는 무효 전력 보상 장치 안의 수소의 순도가 85[%] 이하로 저하한 경우에 이를 경보하는 장치를 시설
- 수소 압력, 온도를 계측하는 장치를 시설할 것(단, 압력이 현저히 변동 시 자동경보장치 시설)

97 KEC 364.1(무선용 안테나 등을 지지하는 철탑 등의 시설)
무선통신용 안테나나 반사판을 지지하는 지지물들의 안전율 : 1.5 이상

98 KEC 333.11(특고압 가공전선로의 철주·철근 콘크리트주 또는 철탑의 종류)
- 직선형 : 전선로의 직선 부분(3° 이하인 수평각도를 이루는 곳을 포함)
- 각도형 : 전선로 중 3°를 초과하는 수평각도를 이루는 곳
- 잡아당김형 : 전가섭선을 잡아당기는 곳에 사용하는 것
- 내장형 : 전선로의 지지물 양쪽의 지지물 간 거리의 차가 큰 곳에 사용하는 것
- 보강형 : 전선로의 직선 부분에 그 보강을 위하여 사용하는 것

99 KEC 231.6(옥내전로의 대지전압의 제한)
백열전등 또는 방전등에 전기를 공급하는 옥내전로의 대지전압은 300[V] 이하

100 전기저장장치 시설장소는 주변 시설(도로, 건물, 가연물질 등)로부터 1.5[m] 이상 이격(다른 건물의 출입구나 피난계단 등 이와 유사한 장소로부터는 3[m] 이상 이격)

2022년 제 2 회 기출문제

page 257

1	2	3	4	5	6	7	8	9	10	11	12	13	14	15	16	17	18	19	20
④	③	③	②	③	①	④	②	④	①	①	③	④	③	④	①	①	①	④	②
21	22	23	24	25	26	27	28	29	30	31	32	33	34	35	36	37	38	39	40
③	②	④	②	③	④	②	④	①	①	③	④	②	③	④	②	①	④	③	①
41	42	43	44	45	46	47	48	49	50	51	52	53	54	55	56	57	58	59	60
②	④	③	④	①	②	②	④	④	①	③	①	●	④	③	②	④	③	④	③
61	62	63	64	65	66	67	68	69	70	71	72	73	74	75	76	77	78	79	80
②	①	②	④	④	①	②	②	①	③	②	①	④	④	①	●	③	③	①	③
81	82	83	84	85	86	87	88	89	90	91	92	93	94	95	96	97	98	99	100
④	③	①	②	②	④	④	③	③	②	④	④	②	③	③	③	④	③	①	③

● : 전항정답

01 고유 임피던스
$$Z_0 = \sqrt{\frac{\mu_0 \mu_s}{\varepsilon_0 \varepsilon_s}} = 377\sqrt{\frac{\mu_s}{\varepsilon_s}} = 377\sqrt{\frac{1}{81}} \fallingdotseq 41.9[\Omega]$$

02 바크하우젠효과
히스테리시스 곡선이 매끄러운 곡선이 아니라 자속밀도(B)가 계단적으로 증가하는 현상이 나타난다라고 정의

03
$$F = -\lambda E[\text{N/m}]$$
$$= -\lambda \frac{\lambda}{2\pi\varepsilon_0 r}$$
$$= -\lambda \frac{\lambda}{2\pi\varepsilon_0 \times 2d}$$
$$= \frac{-\lambda^2}{4\pi\varepsilon_0 d}[\text{N/m}]$$

04 유전율이 큰 쪽에서 작은 쪽으로 힘이 작용하므로 ⓑ의 방향으로 힘이 작용한다.

05 $Q_p = Q\left(1 - \frac{1}{\varepsilon_s}\right) = 0.1\left(1 - \frac{1}{10}\right) = 0.09[\text{C}]$

06 전하 Q가 ε_2로 이동하면서 $\varepsilon_1 > \varepsilon_2$인 경우 반발력이 작용한다.

07 상호인덕턴스(M) $= \frac{N_B L_A}{N_A} = \frac{400 \times 4}{100} = 16[\text{H}]$

08
$$L = \frac{\mu S N^2}{l} = \frac{\mu_s \mu_0 S N^2}{l}[\text{H}]$$
$$N = \sqrt{\frac{Ll}{\mu_0 \mu_s S}} = \sqrt{\frac{5.4 \times 10^{-3} \times 10 \times 10^{-2}}{4\pi \times 10^{-7} \times 15,000 \times 2 \times 10^{-4}}} = 12회$$

09 자속 $\phi = \dfrac{F}{R_m} = \dfrac{NI}{\dfrac{l}{\mu S}} = \mu \dfrac{NI}{l} S[\text{Wb}]$

10 $i_d = \dfrac{I_d}{S} = \dfrac{\partial D}{\partial t}[\text{A/m}^2]$

11
- 거리좌표 $(2-1, 1-3) = (1, -2)$, $r = i - 2j$
  거리 $|r| = \sqrt{1^2 + (-2)^2} = \sqrt{5}$
- 단위벡터 $\dfrac{r}{|r|} = \dfrac{i-2j}{\sqrt{5}}$
- 크기 $F = 9 \times 10^9 \dfrac{1 \times (-2 \times 10^{-9})}{(\sqrt{5})^2} = -3.6[\text{N}]$
- 작용하는 힘(크기×단위벡터)
$$F = 9 \times 10^9 \times \dfrac{(-2 \times 10^{-9})}{(\sqrt{5})^2} \times \dfrac{i-2j}{\sqrt{5}} = -\dfrac{18}{5\sqrt{5}}i + \dfrac{36}{5\sqrt{5}}j[\text{N}]$$

12
공기 부분의 정전용량을 C_1이라 하면 $C_1 = \dfrac{\varepsilon_0 S}{\dfrac{d}{2}} = \dfrac{2S\varepsilon_0}{d}[\text{F}]$ 이고

유리판 부분의 정전용량을 C_2라 하면 $C_2 = \dfrac{\varepsilon_r S}{\dfrac{d}{2}} = \dfrac{2S\varepsilon_r}{d}[\text{F}]$ 이다.

그러므로 극판 간 공극의 두께 $\dfrac{1}{2}$ 상당의 유리판을 넣는 경우 정전용량 C는

$$C = \dfrac{1}{\dfrac{1}{C_1} + \dfrac{1}{C_2}} = \dfrac{1}{\dfrac{d}{2S}\left(\dfrac{1}{\varepsilon_0} + \dfrac{1}{\varepsilon_r}\right)} = \dfrac{1}{\dfrac{d}{2\varepsilon_0 S}\left(1 + \dfrac{\varepsilon_0}{\varepsilon_r}\right)} = \dfrac{2C_0}{1 + \dfrac{\varepsilon_0}{\varepsilon_r}} = \dfrac{2C_0}{1 + \dfrac{1}{\varepsilon_r}}[\text{F}]$$

13
- 전위차 $V_A = \dfrac{Q}{4\pi\varepsilon_0}\left(\dfrac{1}{a} - \dfrac{1}{b} + \dfrac{1}{c}\right)[\text{V}]$
- 전위계수 $P_{11} = \dfrac{1}{4\pi\varepsilon}\left(\dfrac{1}{a} - \dfrac{1}{b} + \dfrac{1}{c}\right)$

14
$$H = \dfrac{NI}{2\pi r}[\text{AT/m}]$$
$$H = \dfrac{F}{m}[\text{N/Wb}]$$

15 $\dfrac{I}{2\pi a} = \dfrac{4I}{2\pi b}$

$\therefore \dfrac{a}{b} = \dfrac{1}{4}$

16 직렬회로에서는 콘덴서의 전하용량이 작을수록 빨리 파괴된다.

$Q_1 = C_1 \times V_1 = 2 \times 10^{-6} \times 1{,}000 = 2 \times 10^{-3}\,[\mathrm{C}]$

$Q_2 = C_2 \times V_2 = 3 \times 10^{-6} \times 700 = 2.1 \times 10^{-3}\,[\mathrm{C}]$

$Q_3 = C_3 \times V_3 = 4 \times 10^{-6} \times 600 = 2.4 \times 10^{-3}\,[\mathrm{C}]$

$Q_4 = C_4 \times V_4 = 8 \times 10^{-6} \times 300 = 2.4 \times 10^{-3}\,[\mathrm{C}]$

따라서 전하용량이 $Q_4 = Q_3 > Q_2 > Q_1$ 이므로 전하용량이 가장 작은 1,000[V]–2[μF]의 콘덴서가 가장 빨리 파괴된다.

17 $H = \dfrac{NI}{2a}\,[\mathrm{AT/m}]$

$I = \dfrac{2aH}{N} = \dfrac{2 \times 2 \times 30}{120} = 1\,[\mathrm{A}]$

18 $C = \dfrac{4\pi\varepsilon_0 ab}{b-a} = \dfrac{4\pi \times 8.855 \times 10^{-12} \times 0.05 \times 0.1}{0.1 - 0.05} \times 10^{12} = 11.1\,[\mathrm{pF}]$

19 **자화율**(χ) : 자성체가 자석이 되는 비율 $\chi = \mu_0(\mu_r - 1)$
- 강자성체 $\mu_r \gg 1$, $\chi \gg 0$
- 상자성체 $\mu_r > 1$, 자화율 $\chi > 0$
- 반자성체 $\mu_r < 1$, 자화율 $\chi < 0$
- 역자성체 $\mu_r < 1$, 자화율 $\chi < 0$

20 구좌표계 $\nabla^2 V(r,\theta,\phi) = \dfrac{1}{r^2}\left[\dfrac{\partial}{\partial r}\left(r^2\dfrac{\partial V}{\partial r}\right)\right] + \dfrac{1}{r^2\sin\theta}\cdot\dfrac{\partial}{\partial\theta}\left(\sin\theta\dfrac{\partial V}{\partial\theta}\right) + \dfrac{1}{r^2\sin^2\theta}\cdot\dfrac{\partial^2 V}{\partial\phi^2}$

$\nabla^2 V = \dfrac{1}{r^2}\left[\dfrac{\partial}{\partial r}\left(r^2\dfrac{\partial r}{\partial r}\right)\right] + \underbrace{\dfrac{1}{r^2\sin\theta}\cdot\dfrac{\partial}{\partial\theta}\left(\sin\theta\dfrac{\partial r}{\partial\theta}\right)}_{=\,0} + \underbrace{\dfrac{1}{r^2\sin^2\theta}\cdot\dfrac{\partial^2 r}{\partial\phi^2}}_{=\,0} = \dfrac{1}{r^2}\cdot\dfrac{\partial r^2}{\partial r} = \dfrac{1}{r^2}\cdot 2r = \dfrac{2}{r}$

[참조]

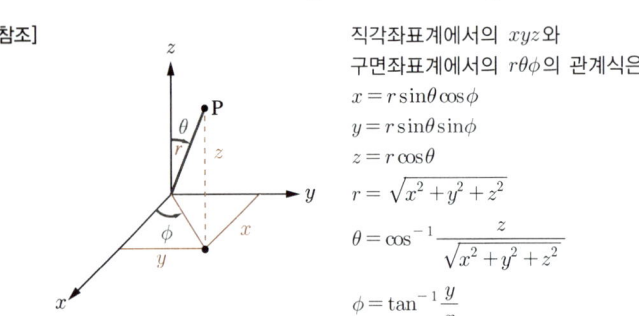

직각좌표계에서의 xyz와 구면좌표계에서의 $r\theta\phi$의 관계식은

$x = r\sin\theta\cos\phi$
$y = r\sin\theta\sin\phi$
$z = r\cos\theta$
$r = \sqrt{x^2 + y^2 + z^2}$
$\theta = \cos^{-1}\dfrac{z}{\sqrt{x^2+y^2+z^2}}$
$\phi = \tan^{-1}\dfrac{y}{x}$

21 방전전류가 흐를 때 최고 전압값을 충격방전 개시전압이라 하고 충격파의 최대치로 나타냄

22 조상설비의 비교

구 분	진 상	지 상	시충전	조 정	전력손실
콘덴서	○	×	×	단계적	0.3[%] 이하
리액터	×	○	×	단계적	0.6[%] 이하
동기조상기	○	○	○	연속적	1.5~2.5[%]

23
- 환상 선로에서 전원이 1단에만 있을 경우 방향단락계전기를 사용
- 환상 선로에서 전원이 두 군데 이상 있을 경우 방향거리계전기를 사용

24 단상 3선식의 특징
- 장 점
  - 전선 소모량이 단상 2선식에 비해 37.5[%](경제적)
  - 110/220[V]의 2종류의 전압을 얻을 수 있다.
  - 단상 2선식에 비해 효율이 높고 전압강하가 작다.
- 단 점
  - 중성선이 단선되면 전압의 불평형이 생기기 쉽다.
  - 대책 : 저압 밸런서(여자 임피던스가 크고 누설 임피던스가 작고 권수비가 1:1인 단권 변압기)
- 주의 사항
  - 개폐기는 동시 동작형
  - 중성선에 퓨즈를 설치하지 말 것

25
단로기(DS)는 소호기능이 없어 부하전류나 사고전류를 차단할 수 없다. 무부하상태, 즉 차단기가 열려 있어야만 전로개방 및 모선접속을 변경할 수 있다(인터로크).

26 1선에 흐르는 충전전류

$$I_C = \frac{E}{X_C} = \frac{E}{\frac{1}{\omega C}} = \omega C E = 2\pi f C l \frac{V}{\sqrt{3}}$$

$$= 2\pi \times 60 \times 0.01 \times 10^{-6} \times 173.2 \times \frac{60,000}{\sqrt{3}} \fallingdotseq 22.6 [A]$$

27 시한 특성
- 순한시 계전기 : 최소동작전류 이상의 전류가 흐르면 즉시 동작, 고속도 계전기(0.5~2Cycle)
- 정한시 계전기 : 동작전류의 크기에 관계없이 일정시간에 동작
- 반한시 계전기 : 동작전류가 작을 때는 동작시간이 길고, 동작전류가 클 때는 동작시간이 짧다.
- 반한시성 정한시 계전기 : 반한시 + 정한시 특성

28
- 정태안정도 : 정상운전 시(부하가 서서히 증가할 때 극한전력)
- 동태안정도 : AVR(자동전압조정기) 등 안전하게 운전
- 과도안정도 : 사고 시(부하가 갑자기 증가할 때 극한전력)

29
역률 개선 효과 : 전압강하 경감, 전력손실 경감, 설비용량의 여유분 증가, 전력요금의 절약

30
저압뱅킹 배선방식은 캐스케이딩 현상의 우려가 있어 고장구간을 축소하기 위하여 변압기 2차 측 저압선의 중간에 구분 퓨즈를 설치한다.

31 $\dfrac{자기용량}{부하용량} = \dfrac{V_h - V_l}{V_h} = \dfrac{e}{V_h}$

∴ 부하용량 = 자기용량 $\times \dfrac{V_h}{e} = W \times \dfrac{V_h}{e}$

32 보일러의 부속 설비
- 과열기 : 건조포화증기를 과열증기로 변환하여 터빈에 공급
- 재열기 : 터빈 내에서의 증기를 뽑아내어 다시 가열하는 장치
- 절탄기 : 배기가스의 여열을 이용하여 보일러 급수 예열
- 공기예열기 : 절탄기를 통과한 여열공기를 예열한다(연도의 맨 끝에 위치).

33 직렬콘덴서의 역할
- 선로의 인덕턴스 보상
- 수전단의 전압변동률 감소
- 정태안정도 증가
- 선로 역률이 나쁠수록 효과가 큼
- 부하의 역률을 개선시키는 것은 전력용 콘덴서

34 집중부하와 분산부하

구 분	전력손실	전압강하
말단집중부하	$I^2 RL$	IRL
평등분산부하	$\dfrac{1}{3}I^2 RL$	$\dfrac{1}{2}IRL$

∴ $\dfrac{평등분산부하의\ 전력손실}{말단집중부하의\ 전력손실} = \dfrac{1}{3}$

35 $P_S = \dfrac{E_S E_R}{X}\sin\delta = \dfrac{161 \times 154}{60} \times \sin 35° ≒ 237[\text{MW}]$

36 중성점 접지방식

방 식	보호계전기동작	지락전류	전위상승	과도안정도	유도장해	특 징
직접접지 22.9, 154, 345[kV]	확실	크다.	1.3배	작다.	크다.	중성점 영전위 단절연 가능
저항접지	↓	↓	$\sqrt{3}$ 배	↓	↓	
비접지 3.3, 6.6[kV]	×	↓	$\sqrt{3}$ 배	↓	↓	저전압 단거리
소호리액터접지 66[kV]	불확실	0	$\sqrt{3}$ 배 이상	크다.	작다.	병렬 공진

37 $D = 2D_1 = 2 \times 12 = 24[\text{cm}]$

38
- 캐비테이션 : 수차를 돌리고 나온 물이 흡출관을 통과할 때 흡출관의 중심부에 진공상태를 형성하는 현상이다.
- 방지방법 : 흡출수두를 낮춘다.

39 매설지선 : 탑각의 접지저항값을 낮춰 역섬락을 방지한다.

40

Z_{ts} ─▭ A B C D ▭─ Z_{tr}
──────── $A_0\ B_0\ C_0\ D_0$ ────────

$$\begin{pmatrix} A_0 & B_0 \\ C_0 & D_0 \end{pmatrix} = \begin{pmatrix} 1 & Z_{ts} \\ 0 & 1 \end{pmatrix}\begin{pmatrix} A & B \\ C & D \end{pmatrix}\begin{pmatrix} 1 & Z_{tr} \\ 0 & 1 \end{pmatrix}$$

$$= \begin{pmatrix} A+CZ_{ts} & B+DZ_{ts} \\ C & D \end{pmatrix}\begin{pmatrix} 1 & Z_{tr} \\ 0 & 1 \end{pmatrix}$$

$$= \begin{pmatrix} A+CZ_{ts} & AZ_{tr}+CZ_{ts}Z_{tr}+B+DZ_{ts} \\ C & CZ_{tr}+D \end{pmatrix}$$

$A_0 = A+CZ_{ts}$
$B_0 = B+AZ_{tr}+DZ_{ts}+CZ_{ts}Z_{tr}$
$C_0 = C$
$D_0 = D+CZ_{tr}$

41

$P_0 = V_1 I_0 \cos\theta\,[\mathrm{W}]$
$\quad = V_1 I_1 \cos\theta_1$
$\quad = \dfrac{200}{\sqrt{2}} \times \dfrac{3}{\sqrt{2}} \cos 30° = 259.8\,[\mathrm{W}]$

42 ④ 브러시로 단락되는 코일 중의 단락전류를 작게 한다.

43 부하 증가에 따라 부하전류를 이용하여 전압강하를 이루는 발전기로는 복권을 사용하며 부하 증가 시 전압상승은 과복권, 하강은 차동복권을 사용한다.

44
- 직류기 전기자권선법 : 고상권, 폐로권, 이층권, 중권 및 파권
- 중권과 파권 비교

구 분	중 권	파 권
전기자의 병렬회로수(a)	$a=p$	$a=2$
브러시수(b)	$b=p$	$b=2$
용 도	저전압, 대전류	고전압, 소전류
다중도인 경우(a)	$a=mp$	$a=2m$
균압선	○	×

45

$\dfrac{r_2}{s_t} = \dfrac{r_2+R}{1}$

$\therefore R = \dfrac{r_2}{s_t} - r_2 = \dfrac{1-s_t}{s_t}r_2$

46

$P_{an} = mP_{bn}$

$\dfrac{I_a}{I_b} = m\dfrac{\%Z_b}{\%Z_a} = \dfrac{P_{an}}{P_{bn}} \times \dfrac{\%Z_b}{\%Z_a}$

∴ 용량에 비례하고 누설임피던스에 반비례한다.

47 스텝모터(Step Motor)의 장점
- 스테핑 주파수(펄스수)로 회전각도를 조정한다.
- 회전각을 검출하기 위한 피드백(Feedback)이 불필요하다.
- 디지털 신호로 제어하기 용이하므로 컴퓨터로 사용하기에 아주 적합하다.
- 가·감속이 용이하며 정·역전 및 변속이 쉽다.
- 각도오차가 매우 작아 주로 자동제어장치에 많이 사용된다.

48 $T \propto V^2$, $s \propto \dfrac{1}{V^2}$ 에서

$$s : \dfrac{1}{V^2} = s' : \dfrac{1}{V'^2}$$

$$s' = \left(\dfrac{V}{V'}\right)^2 s = \left(\dfrac{V}{0.9V}\right)^2 s = \left(\dfrac{1}{0.9}\right)^2 \times 4 = 4.9[\%]$$

49 비례추이의 원리(권선형 유도전동기)

$$\dfrac{r_2}{s_m} = \dfrac{r_2 + R_s}{s_t}$$

- 최대토크가 발생하는 슬립점이 2차 회로의 저항에 비례해서 이동한다.
- 슬립은 변화하지만 최대토크$\left(T_{\max} = K\dfrac{E_2^2}{2r_2}\right)$는 불변이다.
- 2차 저항을 크게 하면 기동전류는 감소하고 기동토크는 증가한다.

50 직류전동기 속도제어법

종 류	특 징
전압제어	• 광범위 속도제어가 가능하다. • 워드레오나드 방식(광범위한 속도 조정, 효율양호) • 일그너 방식(부하가 급변하는 곳, 플라이휠 효과 이용, 제철용 압연기) • 정토크 제어 • SCR과 조합하여 사용하는 방식
계자제어	• 세밀하고 안정된 속도제어를 할 수 있다. • 속도제어 범위가 좁다. • 효율은 양호하나 정류가 불량하다. • 정출력 가변속도 제어
저항제어	• 속도 조정 범위가 좁다. • 효율이 저하된다.

51 토크 $T = \dfrac{PZ}{2\pi a} \phi I_a = k\phi I_a [\text{N} \cdot \text{m}]$

$T[\text{N} \cdot \text{m}] : T'[\text{N} \cdot \text{m}] = \phi I_a : \phi' I_a'$

$T' = \left(\dfrac{\phi' I_a'}{\phi I_a}\right) \times T = \dfrac{0.8 \times 12}{1 \times 10} \times 5 = 4.8[\text{N} \cdot \text{m}]$

52 $a = \dfrac{V_1}{V_2} = \dfrac{I_2}{I_1}$ 에서

$V_1 = \dfrac{aV}{\sqrt{3}}[\text{V}]$

$I_1 = \dfrac{V_2}{V_1} I_2 = \dfrac{\dfrac{\sqrt{3}}{a} V_1}{V_1} I_2 = \dfrac{\sqrt{3}}{a} I [\text{A}]$

53 전항정답 처리됨

54 ④는 유도자형
①은 회전계자형
②는 회전전기자형

55 동기임피던스$(Z_s) = \dfrac{E_n}{I_s} = \dfrac{\dfrac{1,000\sqrt{3}}{\sqrt{3}}}{50} = 20[\Omega]$

56 $K = \dfrac{I_{f0}}{I_{fs}}$

57 ④는 관계가 없다.

58 $E = 4.44f\phi\omega k_\omega[\text{V}]$, 상전압 $E = \dfrac{V_l}{\sqrt{3}}$

$\phi = \dfrac{E}{4.44f\omega k_\omega}$

$= \dfrac{\dfrac{3,300}{\sqrt{3}}}{4.44 \times 60 \times 150 \times 0.94 \times 0.96}$

$= 0.053[\text{Wb}]$

- ω = 한 상의 권선수
  $= \dfrac{180 \times 10}{2 \times 3 \times 2} = 150$회

- $k_\omega = k_p \times k_d$

$k_p = \sin\dfrac{\beta\pi}{2} = \sin\dfrac{\dfrac{7}{9} \times 180}{2} = 0.94$

$k_d = \dfrac{\sin\dfrac{\pi}{2n}}{q\sin\dfrac{\pi}{2nq}} = \dfrac{\sin\dfrac{180}{2\times3}}{3\sin\dfrac{180}{2\times3\times3}} = 0.96$ $\left(\because q = \dfrac{180}{20\times3} = 3\right)$

59 **사이리스터의 구분**

단방향		양방향	
3단자	4단자	2단자	3단자
SCR GTO LASCR	SCS	DIAC SSS	TRIAC

60 농형은 소형, 중형 전동기에 사용되고 권선형은 대형 전동기로 사용된다.

61
$$G(s) = \frac{P_1 + P_2 + \cdots\cdots}{1 - L_1 - L_2 - L_3 - \cdots\cdots}$$
$P_1 = 1 \times 2 \times 3 = 6$
$P_2 = 1 \times 2 \times 2 = 4$
$L_1 = -1 \times 2 \times 1 = -2$
$L_2 = -1 \times 2 \times 3 \times 1 = -6$
$L_3 = -1 \times 2 \times 2 \times 1 = -4$
$$G(s) = \frac{6+4}{1+2+6+4} = \frac{10}{13}$$

62
$$G(j\omega) = \frac{1}{0.1j\omega(0.01j\omega+1)} = \frac{1}{0.1 \times 0.1j(0.01 \times 0.1j+1)} = \frac{1}{0.01j(0.001j+1)}$$
분모의 $(0.001j+1)$은 $\sqrt{0.001^2+1}$ 로 무효분값이 작아서 무시할 수 있다. 그러므로
$$G(j\omega) = \frac{1}{0.01j}$$
분모에 j가 한 개 있으므로 위상은 $-90°$

이득 $= 20\log|G| = 20\log\left|\dfrac{1}{0.01j}\right|$

$\qquad = 20\log\dfrac{1}{10^{-2}} = 20\log 10^2 = 40[\text{dB}]$

63
$Y = (A+B)(\overline{A}+B)$
$\quad = A\overline{A} + AB + \overline{A}B + BB$
$\qquad \parallel \qquad\qquad\quad \parallel$
$\qquad 0 \qquad\qquad\quad B$
$\quad = AB + \overline{A}B + B$
$\quad = B(A + \overline{A} + 1)$
$\quad = B$

64
개루프 전달함수 $G(s)H(s) = \dfrac{K}{s(s+3)(s+8)}$ 에서

$1 + G(s)H(s) = \dfrac{s(s+3)(s+8) + K}{s(s+3)(s+8)} = 0$

$s(s+3)(s+8) + K = 0$

$s^3 + 11s^2 + 24s + K = 0$

$\dfrac{d}{ds}(s^3 + 11s^2 + 24s + K) = 0$

$3s^2 + 22s + 24 = -\dfrac{dK}{ds} = 0$

근의 공식 $\dfrac{-22 \pm \sqrt{22^2 - 4 \times 3 \times 24}}{2 \times 3}$ 에 따라

$s = -1.33,\ -6$

근은 $-\infty \sim -8$, $-3 \sim 0$에 존재해야 하므로
-1.33이 이탈점(분리점)이 된다.

65
$$\frac{(1-e^{-aT})z}{(z-1)(z-e^{-aT})} = z\left\{\frac{K_1}{(z-1)} + \frac{K_2}{(z-e^{-aT})}\right\}$$

$$K_1 = \lim_{z \to 1} \frac{1-e^{-aT}}{z-e^{-aT}} = \frac{1-e^{-aT}}{1-e^{-aT}} = 1$$

$$K_2 = \lim_{z \to e^{-aT}} \frac{1-e^{-aT}}{z-1}$$
$$= \lim_{z \to e^{-aT}} \frac{1-e^{-aT}}{-(1-z)} \lim_{z \to e^{-aT}} \frac{1-e^{-aT}}{-(1-e^{-aT})} = -1$$

$$\frac{z}{z-1} - \frac{z}{z-e^{-aT}} = 1-e^{-aT}$$

66

비례요소	미분요소	적분요소	1차 지연요소	부동작 시간요소
K	Ks	$\dfrac{K}{s}$	$\dfrac{K}{Ts+1}$	Ke^{-Ls}

67
$$\phi(t) = \mathcal{L}^{-1}[sI-A]^{-1}$$
$$\begin{bmatrix} s & 0 \\ 0 & s \end{bmatrix} - \begin{bmatrix} 0 & 1 \\ -3 & -4 \end{bmatrix} = \begin{bmatrix} s & -1 \\ 3 & s+4 \end{bmatrix}$$
$$\begin{bmatrix} s & -1 \\ 3 & s+4 \end{bmatrix}^{-1} = \frac{1}{s(s+4)+3}\begin{bmatrix} s+4 & 1 \\ -3 & s \end{bmatrix}$$
$$= \frac{1}{(s+1)(s+3)}\begin{bmatrix} s+4 & 1 \\ -3 & s \end{bmatrix} \text{에서}$$

$\begin{bmatrix} A & B \\ C & D \end{bmatrix}$ 중 B를 구하면

$$\frac{1}{(s+1)(s+3)} = \frac{K_1}{s+1} + \frac{K_2}{s+3}$$

$$K_1 = \left.\frac{1}{s+3}\right|_{s=-1} = \frac{1}{2}$$

$$K_2 = \left.\frac{1}{s+1}\right|_{s=-3} = -\frac{1}{2}$$

$\dfrac{1}{2}\dfrac{1}{s+1} - \dfrac{1}{2}\dfrac{1}{s+3}$ 을 역라플라스 변환을 하면

$0.5e^{-t} - 0.5e^{-3t}$ 이므로

B값 중에서 찾으면 ②번이 답이다.

68
2차 계의 전달함수 $\dfrac{\omega_n^2}{s^2 + 2\zeta\omega_n s + \omega_n^2}$ 에서

분모값만 이용 $s^2 + 2\zeta\omega_n s + \omega_n^2 = 0$

$\dfrac{1}{4s^2 + s + 1}$ 에서 분모를 4로 나눈다.

$$\frac{\frac{1}{4}}{s^2 + \frac{1}{4}s + \frac{1}{4}} = 0, \quad \frac{\omega_n^2}{s^2 + 2\zeta\omega_n s + \omega_n^2} = 0 \text{과 비교하여(분모만 비교한다)}$$

$\omega_n^2 = \dfrac{1}{4}$, $\omega_n = \dfrac{1}{2} = 0.5$

$2\zeta \times 0.5 = \dfrac{1}{4}$

$\zeta = 0.25$

69
$$P = \frac{1}{s} \times \frac{1}{s} = \frac{1}{s^2}$$

$$L_1 = \frac{1}{s} \times -3 = -\frac{3}{s}$$

$$L_2 = \frac{1}{s} \times \frac{1}{s} \times -2 = -\frac{2}{s^2}$$

$$G(s) = \frac{C(s)}{R(s)} = \frac{\frac{1}{s^2}}{1 + \frac{3}{s} + \frac{2}{s^2}} \quad \text{분모, 분자에 } s^2 \text{을 곱한다.}$$

$$G(s) = \frac{C(s)}{R(s)} = \frac{1}{s^2 + 3s + 2} \quad \text{(대각선곱)}$$

$$\frac{d^2}{dt^2}c(t) + 3\frac{d}{dt}c(t) + 2c(t) = r(t)$$

70 $s^4 + s^3 - 3s^2 - s + 2 = 0$을 루드의 안정판별법에 따라 계산하면 제1열의 원소의 부호가 2번 변화한다. 그러므로 평면의 오른쪽에 위치하는 근은 2개이다.

71 중첩의 원리를 이용
 • 7[A] 개방 시

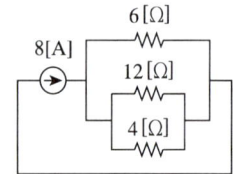 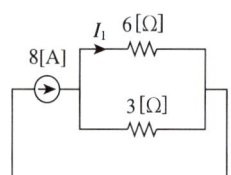

(4[Ω]과 12[Ω]의 병렬의 합성저항은 3[Ω]이다)

$$I_1 = \frac{3}{6+3} \times 8 = 2.667 [\text{A}]$$

 • 8[A] 개방 시

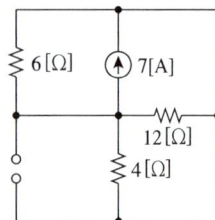

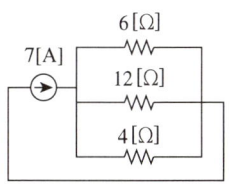
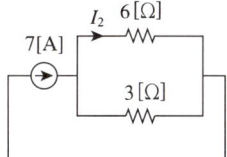

$I_2 = \dfrac{3}{6+3} \times 7 = 2.333[\text{A}]$

$I_1 + I_2 \fallingdotseq 5[\text{A}]$

72 $\tau = \dfrac{L}{R}$ 에서 $L = R\tau = 14.7 \times 0.03 \times 10^3 = 441[\text{mH}]$

73 $I_2 = \dfrac{1}{3}(I_a + a^2 I_b + a I_c)$

$= \dfrac{1}{3}(7.28 \angle 15.95° + 1 \angle 240° \times 12.81 \angle -128.66° + 1 \angle 120° \times 7.21 \angle 123.69°)$

$= -0.285839 + j2.489712$ 에서

계산기 SHIFT 2,3을 누르면 $2.506 \angle 96.549°$

74 4단자(T형 회로 : 임피던스 정수)
$Z_{11} = Z_1 + Z_3$, $Z_{12} = Z_{21} = Z_3$, $Z_{22} = Z_2 + Z_3$

75
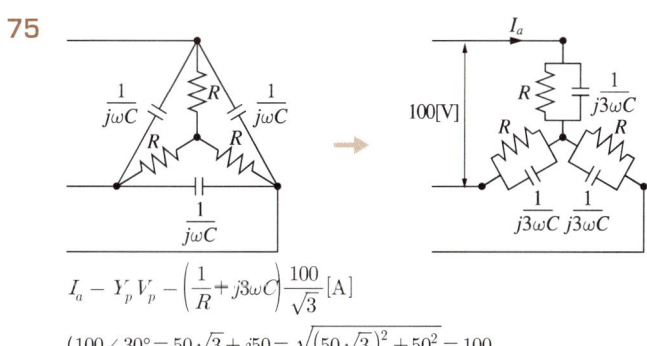

$I_a = Y_p V_p = \left(\dfrac{1}{R} + j3\omega C\right)\dfrac{100}{\sqrt{3}}[\text{A}]$

($100 \angle 30° = 50\sqrt{3} + j50 = \sqrt{(50\sqrt{3})^2 + 50^2} = 100$
선간전압 피상분은 $100[\text{V}]$ 이다)

76 $LG = RC$

$G = \dfrac{RC}{L} = \dfrac{0.5 \times 6 \times 10^{-6}}{1 \times 10^{-6}} = 3[\mho/\text{km}]$

(단위가 $[\mho/\text{m}]$로 주어졌으므로 전항정답)

77 $R_{ab} = \dfrac{R_a R_b + R_b R_c + R_c R_a}{R_c} = \dfrac{2 \times 3 + 3 \times 4 + 4 \times 2}{4} = \dfrac{26}{4} = \dfrac{13}{2}[\Omega]$

$R_{bc} = \dfrac{R_a R_b + R_b R_c + R_c R_a}{R_a} = \dfrac{26}{2} = 13[\Omega]$

$R_{ca} = \dfrac{R_a R_b + R_b R_c + R_c R_a}{R_b} = \dfrac{26}{3}[\Omega]$

78 $P = \dfrac{200}{\sqrt{2}} \times \dfrac{1}{5\sqrt{2}} \cos 60° + \dfrac{80}{\sqrt{2}} \times \dfrac{1}{10\sqrt{2}} \cos 45° = 12.828[\text{W}]$

79 $V = I_3 Z_3 = 5[\text{V}]$
$I = I_1 + I_2 + I_3 = 2\angle -30° + 5\angle 30° + 5 = 11.062 + j1.5[\text{A}]$
$P_a = V\dot{I} = 5(11.062 - j1.5) = 55.31 - j7.5[\text{VA}]$

80 $\dfrac{s^2+3s+2}{s^2+2s+5} = \dfrac{s^2+2s+5}{s^2+2s+5} + \dfrac{s-3}{s^2+2s+5}$

$\qquad\qquad = 1 + \dfrac{s+1}{(s+1)^2+2^2} - \dfrac{4}{(s+1)^2+2^2}$

$\qquad\qquad = 1 + \dfrac{s+1}{(s+1)^2+2^2} - 2 \times \dfrac{2}{(s+1)^2+2^2}$

이므로
$\mathcal{L}^{-1}\left[\dfrac{s^2+3s+2}{s^2+2s+5}\right] = \mathcal{L}^{-1}\left[1 + \dfrac{s+1}{(s+1)^2+2^2} - 2\times\dfrac{2}{(s+1)^2+2^2}\right]$

$\therefore\ \delta(t) + e^{-t}\cos 2t - e^{-t}2\sin 2t = \delta(t) + e^{-t}(\cos 2t - 2\sin 2t)$

81 ④ 수뢰부를 풍력터빈 선단부분 및 가장자리 부분에 배치하되 뇌격전류에 의한 발열에 의해 녹아서 손상되지 않도록 재질, 크기, 두께 및 형상 등을 고려할 것

82 KEC 234.5(콘센트의 시설)
욕조나 샤워시설이 있는 욕실 또는 화장실 등 인체가 물에 젖어 있는 상태에서 전기를 사용하는 장소에 콘센트를 시설하는 경우
- 전기용품 및 생활용품 안전관리법의 적용을 받는 인체감전보호용 누전차단기(정격감도전류 15[mA] 이하, 동작시간 0.03초 이하의 전류동작형의 것에 한한다) 또는 절연변압기(정격용량 3[kVA] 이하인 것에 한한다)로 보호된 전로에 접속하거나, 인체감전보호용 누전차단기가 부착된 콘센트를 시설
- 콘센트는 접지극이 있는 방적형 콘센트를 사용하여 211(감전에 대한 보호)과 140(접지시스템)의 규정에 준하여 접지

83 KEC 331.6(풍압하중의 종별과 적용)
갑종 : 고온계에서의 구성재의 수직 투영면적 1[m²]에 대한 풍압을 기초로 계산

풍압을 받는 구분			풍압하중
지지물	목주, 철주, 철근 콘크리트주	원 형	588[Pa]
	철 주	3각	1,412[Pa]
		4각	1,117[Pa]
	철 탑	단주(원형)	588[Pa]
		단주(기타)	1,117[Pa]
		강 관	1,255[Pa]
전선, 기타 가섭선		다도체	666[Pa]
		단도체	745[Pa]
특고압 애자장치			1,039[Pa]

84 보호도체 : 감전에 대한 보호 등 안전을 목적으로 제공하는 도체

85 통신상의 유도 장해방지 시설
교류식 전기철도용 전차선로는 기설 가공약전류전선로에 대하여 유도작용에 의한 통신상의 장해가 생기지 않도록 시설하여야 한다.

86 KEC 511.3(옥내전로의 대지전압 제한)
주택의 전기저장장치의 축전지에 접속하는 부하 측 옥내배선을 시설하는 경우에 주택의 옥내전로의 대지전압은 직류 600[V]까지 적용할 수 있다.

87 KEC 111(통칙)

크기 \ 종류	교류	직류
저압	1[kV] 이하	1.5[kV] 이하
고압	1[kV] 초과 7[kV] 이하	1.5[kV] 초과 7[kV] 이하
특고압	7[kV] 초과	

88 KEC 332.6(고압 가공전선로의 가공지선), 332.4(고압 가공전선의 안전율), 333.6(특고압 가공전선의 안전율), 333.8(특고압 가공전선로의 가공지선)
가공지선 : 직격뢰로부터 가공전선로를 보호하기 위한 설비

구분		특징
지선	고압	5.26[kN] 이상, 4.0[mm] 이상 나경동선
	특고압	8.01[kN] 이상, 5.0[mm] 이상 나경동선, 22[mm^2] 이상의 나경동연선, 아연도강연선 또는 OPGW전선
안전율		경동선 2.2 이상, 기타 2.5

89 KEC 351.4(특고압용 변압기의 보호장치)

뱅크용량의 구분	동작조건	장치의 종류
5,000[kVA] 이상 10,000[kVA] 미만	변압기 내부고장	자동차단장치 또는 경보장치
10,000[kVA] 이상	변압기 내부고장	자동차단장치
타랭식 변압기	냉각장치 고장, 변압기 온도가 현저히 상승	경보장치

90 KEC 232.11(합성수지관공사)
- 전선은 절연전선(옥외용 비닐절연전선을 제외한다)일 것
- 연선일 것(단, 전선관이 짧거나 10[mm^2](알루미늄은 16[mm^2]) 이하일 때 예외)
- 관의 두께는 2[mm] 이상일 것
- 지지점 간의 거리 : 1.5[m] 이하
- 전선관 상호 간 삽입 깊이 : 관 바깥지름의 1.2배(접착제 0.8배)
- 습기가 많거나 물기가 있는 장소는 방습장치를 할 것

91 KEC 333.7(특고압 가공전선의 높이)

사용전압의 구분	지표상의 높이
35[kV] 이하	5[m] (철도 또는 궤도를 횡단하는 경우에는 6.5[m], 도로를 횡단하는 경우에는 6[m], 횡단보도교의 위에 시설하는 경우로서 전선이 특고압 절연전선 또는 케이블인 경우에는 4[m])
35[kV] 초과 160[kV] 이하	6[m] (철도 또는 궤도를 횡단하는 경우에는 6.5[m], 산지 등에서 사람이 쉽게 들어갈 수 없는 장소에 시설하는 경우에는 5[m], 횡단보도교의 위에 시설하는 경우 전선이 케이블인 때는 5[m])
160[kV] 초과	6[m] (철도 또는 궤도를 횡단하는 경우에는 6.5[m], 산지 등에서 사람이 쉽게 들어갈 수 없는 장소를 시설하는 경우에는 5[m])에 160[kV]를 초과하는 10[kV] 또는 그 단수마다 0.12[m]를 더한 값

92 KEC 222.7/332.5(저·고압 가공전선의 높이)

설치장소		가공전선의 높이
도로횡단		지표상 6[m] 이상
철도 또는 궤도횡단		레일면상 6.5[m] 이상
횡단보도교 위	저 압	노면상 3.5[m] 이상. 단, 절연전선의 경우 3[m] 이상
	고 압	노면상 3.5[m] 이상

93 전력보안통신설비의 조가선은 단면적 38[mm^2] 이상일 것

94 단면적 2.5[mm^2] 이상의 연동선

95 KEC 333.22(특고압 보안공사)
제1종 특고압 보안공사의 전선 굵기

사용전압	전 선
100[kV] 미만	인장강도 21.67[kN] 이상, 단면적 55[mm^2] 이상의 경동연선
100[kV] 이상 300[kV] 미만	인장강도 58.84[kN] 이상, 단면적 150[mm^2] 이상의 경동연선
300[kV] 이상	인장강도 77.47[kN] 이상, 단면적 200[mm^2] 이상의 경동연선

96 KEC 232.56(애자공사), 342.1(고압 옥내배선 등의 시설)
• 전선의 종류 : 절연전선. 단, 옥외용 비닐절연전선(OW) 및 인입용 비닐절연전선(DV)은 제외한다.
• 간 격

구 분			전선과 조영재 간격	전선 상호 간의 간격	전선 지지점 간의 거리	
					조영재 윗면 또는 옆면	조영재 따라 시설 않는 경우
저 압	400[V] 이하		25[mm] 이상	0.06[m] 이상	2[m] 이하	−
	400[V] 초과	건 조	25[mm] 이상			6[m] 이하
		기 타	45[mm] 이상			
고 압			0.05[m] 이상	0.08[m] 이상		

97 KEC 223.5/334.5(지중약전류전선에의 유도장해 방지)
지중전선로는 기설 지중약전류전선로에 대하여 누설전류 또는 유도작용에 의하여 통신상의 장해를 주지 아니하도록 기설 약전류전선로로부터 이격시키거나 기타 보호장치를 시설하여야 한다.

98 KEC 133(회전기 및 정류기의 절연내력)

절연내력시험 : 일정 전압을 가할 때 절연이 파괴되지 않은 한도로서 전선로나 기기에 일정 배수의 전압을 일정시간(10분) 동안 흘릴 때 파괴되지 않는 시험

종 류			시험전압	시험방법
회전기	발전기, 전동기, 무효 전력 보상 장치, 기타 회전기	7[kV] 이하	1.5배(최저 500[V])	권선과 대지 간에 연속하여 10분간
		7[kV] 초과	1.25배(최저 10.5[kV])	
	회전변류기		직류 측의 최대사용전압의 1배의 교류 전압(최저 500[V])	

99 KEC 242.2(먼지 위험장소)

금속관공사	• 박강전선관 이상, 패킹 사용, 분진 방폭형 유연성 부속 • 관 상호 및 관과 박스 등은 5산 이상의 나사 조임 접속
케이블공사	개장된 케이블 또는 무기물 절연 케이블을 사용하는 경우 이외에는 관 기타의 방호 장치에 넣어 사용할 것

100 KEC 212.3(보호장치의 종류 및 특성)

퓨즈(gG)의 용단특성

정격전류의 구분	시 간	정격전류의 배수	
		불용단전류	용단전류
4[A] 이하	60분	1.5배	2.1배
4[A] 초과 16[A] 미만	60분	1.5배	1.9배
16[A] 이상 63[A] 이하	60분	1.25배	1.6배
63[A] 초과 160[A] 이하	120분	1.25배	1.6배
160[A] 초과 400[A] 이하	180분	1.25배	1.6배
400[A] 초과	240분	1.25배	1.6배

2022년 제3회 CBT

page 271

1	2	3	4	5	6	7	8	9	10	11	12	13	14	15	16	17	18	19	20
②	①	③	①	③	④	③	①	③	①	①	①	②	①	①	①	④	②	④	②
21	22	23	24	25	26	27	28	29	30	31	32	33	34	35	36	37	38	39	40
③	②	③	①	④	①	④	④	③	④	③	①	①	①	③	②	①	④	③	①
41	42	43	44	45	46	47	48	49	50	51	52	53	54	55	56	57	58	59	60
①	②	①	①	④	③	③	③	④	①	④	④	②	①	④	③	②	②	③	④
61	62	63	64	65	66	67	68	69	70	71	72	73	74	75	76	77	78	79	80
①	③	③	③	③	①	④	②	②	①	①	③	①	③	①	③	①	③	①	②
81	82	83	84	85	86	87	88	89	90	91	92	93	94	95	96	97	98	99	100
②	④	②	②	①	③	②	③	①	①	④	④	④	①	②	③	②	④	③	③

01 공기 중 구도체 전계의 세기(절연내력)

$E = \dfrac{Q}{4\pi\varepsilon_0 r^2}$ 에서 $E = 3{,}000 \times 10^3 [\text{V/m}]$ 이므로

최대전하 $Q = 4\pi\varepsilon_0 r^2 \times E = \dfrac{1}{9 \times 10^9} \times 1^2 \times 3{,}000 \times 10^3 \fallingdotseq 3.33 \times 10^{-4} [\text{C}]$

02 자화의 세기

$J = \dfrac{\mu_0(\mu_s - 1)H_0}{1 + N(\mu_s - 1)} [\text{Wb/m}^2] = \dfrac{4\pi \times 10^{-7} \times 500(100 - 1)}{1 + 2.5 \times 10^{-3}(100 - 1)} \fallingdotseq 0.0498 = 4.98 \times 10^{-2} [\text{Wb/m}^2]$

03 영상법에서 무한 평면인 경우

- 작용하는 힘 $F = \dfrac{Q^2}{4\pi\varepsilon_0 (2d)^2} [\text{J}]$

- 전하를 가져올 때 한 일 $W = Fd = \dfrac{Q^2}{16\pi\varepsilon_0 d^2} \times d = \dfrac{Q^2}{16\pi\varepsilon_0 d} [\text{J}]$

04
- 상호인덕턴스 $M = k\sqrt{L_1 L_2}$
- 결합계수 $k = \dfrac{M}{\sqrt{L_1 L_2}}$ (단, 일반 : $0 < k < 1$, 미결합 : $k = 0$, 완전 결합 : $k = 1$)

05
① $\text{div}B = 0$
② $\text{rot}A = -\mu i$
④ $F = \dfrac{m_1 \times m_2}{4\pi\mu_0 r^2} a_r = 6.33 \times 10^4 \dfrac{m_1 \times m_2}{r^2} a_r [\text{N}]$

06
- 정육각형 중심의 전계 $E = 0[\text{V/m}]$, 각 꼭짓점을 직선으로 연결하면 크기는 같고 방향은 반대가 된다.
- 정육각형 중심 전위 $V = \dfrac{Q}{4\pi\varepsilon_0 a} \times 6 = \dfrac{3Q}{2\pi\varepsilon_0 a} [\text{V}]$

07 무한장 솔레노이드, 단위길이에 대한 권수 $n_0 = \dfrac{N}{l}$[회/m]일 때 전계의 세기

- 내부(평등자계) $H = n_0 I$ [AT/m]
- 외부 $H = 0$

08 평행판 콘덴서에서 직렬접속

- $C_1 = \varepsilon_0 \dfrac{S}{\dfrac{d}{2}} = \varepsilon_0 \dfrac{2S}{d} = 2C_0$ [F] 과 $C_2 = \varepsilon_0 \varepsilon_s \dfrac{2S}{d} = 2\varepsilon_s C_0$ [F]을 대입

- $C_s = \dfrac{C_1 C_2}{C_1 + C_2} = \dfrac{2C_0 \times 2\varepsilon_s C_0}{2C_0 + 2\varepsilon_s C_0} = \dfrac{2\varepsilon_s}{1+\varepsilon_s} C_0$ [F] $= \dfrac{2 \times 5}{1+5} \times 0.06 = 0.1$ [μF]

09 규소강판은 전자석의 재료이므로 H–loop면적과 보자력(H_c)은 작고 잔류자기(B_r)는 큰 특성을 갖는다.

10 최초로 파괴되는 콘덴서를 기준으로 전압을 인가한다. $C_1 = 0.01$ [μF]이 최초로 파괴되므로 기준으로 한다.

- 직렬 연결에서 전하량 일정

$$V_1 : V_2 : V_3 = \dfrac{1}{0.01} : \dfrac{1}{0.02} : \dfrac{1}{0.04} = 100 : 50 : 25 = 4 : 2 : 1$$

- $V_1 = \dfrac{4}{7} V$에서 $V = \dfrac{7}{4} V_1 = \dfrac{7}{4} \times 1,000 = 1,750$ [V]

11 코일 중심의 자계(l[m] : 한 변의 길이)

정3각형	정4각형	정6각형	원에 내접 n각형
$H = \dfrac{9I}{2\pi l}$	$H = \dfrac{2\sqrt{2} I}{\pi l}$	$H = \dfrac{\sqrt{3} I}{\pi l}$	$H_n = \dfrac{nI\tan\dfrac{\pi}{n}}{2\pi R}$

12 도체의 성질과 전하분포

- 도체 내부 전계의 세기는 0이다.
- 도체 내부는 중성이라 전하를 띠지 않고 도체 표면에만 전하가 분포한다.
- 도체 면에서의 전계의 세기는 도체 표면에 항상 수직이다.
- 도체 표면에서 전하 밀도는 곡률이 클수록, 곡률 반지름은 작을수록 높다.

13 히스테리시스 곡선의 x축(횡축)은 자계의 세기 H, y축(종축)은 자속밀도 B가 된다.
$B = \mu H$에서 투자율 $\mu = \dfrac{B}{H}$[H/m]는 기울기를 의미한다.

14 반구의 정전용량 $C = \dfrac{4\pi \varepsilon a}{2} = 2\pi \varepsilon a$, $RC = \rho \varepsilon$에서

접지저항 $R = \dfrac{\rho \varepsilon}{C} = \dfrac{\rho \varepsilon}{2\pi \varepsilon a} = \dfrac{\rho}{2\pi a}$ [Ω]

15 도체구의 전위 $V = \dfrac{1}{4\pi \varepsilon_0} \times \dfrac{Q}{a} = 9 \times 10^9 \times \dfrac{Q}{a}$ [V]에서

정전용량 $C = \dfrac{Q}{V} = 4\pi \varepsilon_0 a \times \dfrac{1}{Q} \times Q = 4\pi \varepsilon_0 a$ [F]

16 유전체 경계면에 수직으로 전계가 가해졌을 때 $D_1 = D_2$가 된다.
맥스웰 응력($\varepsilon_1 > \varepsilon_2$)
$$f = \frac{1}{2}\left(\frac{1}{\varepsilon_2} - \frac{1}{\varepsilon_1}\right)D^2 [\text{N/m}^2]$$
유전율이 큰 유전체가 작은 유전체 쪽으로 끌려 들어가는 힘을 받는다.

17 **로렌츠의 힘** : 전계와 자계가 동시에 존재하고 전자계 내에서 운동 전하가 받는 힘
$F = q(E + v \times B)$
$$v \times B = \begin{vmatrix} a_x & a_y & a_z \\ 2 & 3 & 0 \\ 0 & 2 & 5 \end{vmatrix} = 15a_x - 10a_y + 4a_z$$
$F = 0.2(5a_y + a_z + 15a_x - 10a_y + 4a_z) = 0.2(15a_x - 5a_y + 5a_z) = 3a_x - a_y + a_z [\text{N}]$

18 전류밀도 $i = \text{rot} H = \begin{vmatrix} a_x & a_y & a_z \\ \frac{\partial}{\partial x} & \frac{\partial}{\partial y} & \frac{\partial}{\partial z} \\ 0 & xy & -xz \end{vmatrix} = \left(\frac{\partial}{\partial y}(-xz) + \frac{\partial}{\partial z}(xy)\right)a_x + \frac{\partial}{\partial x}(xz)a_y + \frac{\partial}{\partial x}(xy)a_z = za_y + ya_z$

∴ 점(2, 3, 5)에서 전류밀도 $i = 5a_y + 3a_z [\text{A/m}^2]$

19 **자기쌍극자에 대한 자위**
$$U_p = \frac{M}{4\pi\mu_0 r^2}\cos\theta = 6.33 \times 10^4 \times \frac{M}{r^2}\cos\theta [\text{A}] \propto \frac{1}{r^2}$$

20 $\text{div}(-\text{grad} V) = \frac{\rho}{\varepsilon_0}$ 에서 푸아송 방정식 $\nabla^2 V = -\frac{\rho}{\varepsilon_0}$

21 • 단거리선로(수[km]) : R, L 적용
   − 집중정수회로, $R > X$
• 중거리선로(수십[km]) : R, L, C 적용
   − 집중정수회로
• 장거리선로(100[km] 이상) : R, L, C, G 적용
   − 분포정수회로, $R < X$

22 변압기용량[kVA] = $\dfrac{\text{개별수용 최대전력의 합}}{\text{역률} \times \text{부등률}} = \dfrac{\text{설비용량} \times \text{수용률}}{\text{역률} \times \text{부등률}}$
$= \dfrac{850 \times 0.6}{0.75} = 680$

23 감속재는 고속의 중성자를 열중성자로 바꾸는 것으로 중성자 흡수가 적고 감속되는 정도가 큰 것이 좋으며 일반적으로 중수, 경수, 산화베릴륨, 흑연 등이 사용된다.

24 같은 길이, 같은 저항에서 경동연선과 비교 시 바깥지름은 1 : 1.25, 중량은 1 : 0.48이 된다.

25 안정도 향상대책
- 발전기
  - 동기리액턴스 감소(단락비 크게, 전압변동률 작게)
  - 속응여자방식 채용
  - 제동권선 설치(난조 방지)
  - 조속기 감도 둔감
- 송전선
  - 리액턴스 감소
  - 복도체(다도체) 채용
  - 병행 2회선 방식
  - 중간조상방식
  - 고속도 재폐로방식 채택 및 고속 차단기 설치

26 a상에 흐르는 전류 : 부하전류와 지락전류
b와 c상에 흐르는 전류 : 부하전류
DG에 흐르는 전류 : 지락전류

$$I_g = \frac{\frac{V}{\sqrt{3}}}{R} \times \frac{1}{CT} = \frac{V}{\sqrt{3}\,R} \times \frac{1}{CT} = \frac{66,000}{\sqrt{3} \times 300} \times \frac{5}{300} \fallingdotseq 2.1\,[A]$$

27 고장별 대칭분 및 전류의 크기

고장종류	대칭분	전류의 크기
1선 지락	정상분, 역상분, 영상분	$I_0 = I_1 = I_2 \neq 0$
선간 단락	정상분, 역상분	$I_1 = -I_2 \neq 0$, $I_0 = 0$
3상 단락	정상분	$I_1 \neq 0$, $I_0 = I_2 = 0$

1선 지락전류 $I_g = 3I_0 = \dfrac{3E_a}{Z_0 + Z_1 + Z_2}$

28 복도체(다도체) 방식의 주목적 : 코로나 방지
- 인덕턴스는 감소, 정전용량은 증가
- 같은 단면적의 단도체에 비헤 전력용량의 증대
- 코로나의 방지, 코로나 임계전압의 상승
- 송전용량의 증대
- 소도체 충돌 현상(대책 : 스페이서의 설치)
- 단락 시 대전류 등이 흐를 때 소도체 사이에 흡인력이 발생

29 매설지선 : 탑각의 접지저항값을 낮춰 역섬락을 방지한다.

30 단로기(DS)는 소호기능이 없어 부하전류나 사고전류를 차단할 수 없다. 무부하상태, 즉 차단기가 열려 있어야만 전로개방 및 모선접속을 변경할 수 있다(인터로크).

31 $P \propto V^2 = \left(\dfrac{5,700}{3,300}\right)^2 \fallingdotseq 3$

32 차단기 소호매질
- 공기차단기 : 압축공기
- 가스차단기 : SF_6 가스
- 진공차단기 : 진공
- 유입차단기 : 절연유
- 자기차단기 : 전자력

33
- 직렬리액터 : 제5고조파의 제거, 콘덴서 용량의 이론상 4[%], 실제 5~6[%]
- 병렬(분로)리액터 : 페란티 효과 방지
- 소호리액터 : 지락 아크의 소호
- 한류리액터 : 단락전류 제한(차단기 용량의 경감)

34 ① 갈수량, ② 저수량, ③ 평수량, ④ 풍수량

35 조상설비의 비교

구 분	진 상	지 상	시충전	조 정	전력손실
콘덴서	○	×	×	단계적	0.3[%] 이하
리액터	×	○	×	단계적	0.6[%] 이하
동기조상기	○	○	○	연속적	1.5~2.5[%]

36 $\eta = \dfrac{860W}{mH} \times 100$, $W = \dfrac{\eta mH}{860} = \dfrac{0.4 \times 1 \times 5,000}{860} \fallingdotseq 2.33 [\text{kWh}]$

37 **직접접지(유효접지방식)** : 154[kV], 345[kV], 765[kV]의 송전선로에 사용
- 장 점
  - 1선 지락고장 시 건전상 전압상승이 거의 없다(대지전압의 1.3배 이하).
  - 계통에 대해 절연레벨을 낮출 수 있다.
  - 지락전류가 크므로 보호계전기 동작이 확실하다.
- 단 점
  - 1선 지락고장 시 인접 통신선에 대한 유도장해가 크다.
  - 절연수준을 높여야 한다.
  - 과도안정도가 나쁘다.
  - 큰 전류를 차단하므로 차단기 등의 수명이 짧다.
  - 통신유도장해가 최대가 된다.

38
- 주상변압기 주변 기기
  - 1차 측 : COS
  - 2차 측 : 캐치홀더
  - 가공전선 : 피뢰기
- 케이블헤드(CH) : 케이블에 대한 단말처리가 주목적

39 %리액턴스 $\%X = \dfrac{PX}{10V^2}$에서 $\%X \propto \dfrac{1}{V^2}$

$X_{p1} : X_{p2} = \dfrac{1}{V_1^2} : \dfrac{1}{V_2^2}$

$\therefore X_{p1} = \dfrac{V_2^2}{V_1^2} X_{p2}$

40 시한 특성
- 순한시 계전기 : 최소동작전류 이상의 전류가 흐르면 즉시 동작, 고속도 계전기(0.5~2Cycle)
- 정한시 계전기 : 동작전류의 크기에 관계없이 일정시간에 동작
- 반한시 계전기 : 동작전류가 작을 때는 동작시간이 길고, 동작전류가 클 때는 동작시간이 짧다.
- 반한시성 정한시 계전기 : 반한시 + 정한시 특성

41 정류회로에서 평활회로 사용 목적
출력전압의 맥류분을 감소하기 위한 저역 필터로서 콘덴서와 저주파 초크 코일 또는 저항으로 구성된다.

42 유도전동기의 부하가 증가하면 전체전류에서 자화전류가 차지하는 비율이 상대적으로 작아지기 때문에 역률이 좋아지고 속도 감소, 슬립 증가, 2차 유도기전력이 증가한다.

43 분권 발전기의 유기기전력
$E = V + I_a R_a = 100 + 2 \times 3 = 106 [\text{V}]$
여기서, $I_a = I_f + I$, 무부하 단자 시 $I_a = I_f$
단자전압 $V = I_f R_f = 2 \times 50 = 100 [\text{V}]$

44 위상 특성곡선(V곡선 $I_a - I_f$ 곡선, P 일정) : 계자전류의 변화에 대한 전기자전류의 변화를 나타낸 곡선(동기조상기로 조정)

가로축 I_f	최저점 $\cos\theta = 1$	세로축 I_a
감 소	계자전류 I_f	증 가
증 가	전기자전류 I_a	증 가
뒤진 역률(지상)	역 률	앞선 역률(진상)
L	작 용	C
부족여자	여 자	과여자

$\cos\theta = 1$ 에서 전력 비교 $P \propto I_a$, 위 곡선의 전력이 크다.

45 3상 직권 정류자 전동기에서 중간 변압기를 사용하는 목적
- 전원 전압의 크기에 관계없이 회전자전압을 정류 작용에 알맞은 값으로 선정할 수 있다.
- 중간 변압기의 권수비를 조정하여 전동기 특성을 조정할 수 있다.
- 경부하 시 직권 특성 $\left(Z \propto I^2 \propto \dfrac{1}{N^2} \right)$ 이므로 속도가 크게 상승할 수 있다. 따라서 중간 변압기를 사용하여 속도상승을 억제할 수 있다.

46 제동권선의 효과
- 난조 방지
- 기동토크 발생
- 불평형 부하 시의 전류 및 전압 파형 개선
- 송전선의 불평형 단락 시의 이상전압 방지

47 무부하 포화곡선에서 포화계수(포화율)
$\delta = \dfrac{\overline{\text{BC}}}{\overline{\text{CD}}}$

48 자기용량 $= \frac{2}{\sqrt{3}} \frac{V_h - V_L}{V_h} \times$ 부하용량

$= \frac{2}{\sqrt{3}} \frac{(3,300 - 3,000)}{3,300} \times 150 = 15.75 [\text{kVA}]$

∴ 1대의 자기용량 $= \frac{15.75}{2} = 7.87 [\text{kVA}]$

49 변압기에서 자속을 만드는 전류는 자화전류이다.

50 단상 유도전동기
- 종류(기동토크가 큰 순서대로) : 반발 기동형 > 반발 유도형 > 콘덴서 기동형 > 분상 기동형 > 셰이딩 코일형 > 모노 사이클릭형
- 단상 유도전동기의 특징
  - 교번자계 발생
  - 기동 시 기동토크가 존재하지 않으므로 기동장치가 필요하다.
  - 슬립이 0이 되기 전에 토크는 미리 0이 된다.
  - 2차 저항이 증가되면 최대토크는 감소한다(비례추이할 수 없다).
  - 2차 저항값이 어느 일정값 이상이 되면 토크는 부(−)가 된다.

51

종 류	횡 축	종 축	조 건
무부하 포화곡선	I_f (계자전류)	V (단자전압)	n 일정, $I = 0$
외부 특성곡선	I (부하전류)	V (단자전압)	n 일정, R_f 일정
내부 특성곡선	I (부하전류)	E (유기기전력)	n 일정, R_f 일정
부하 특성곡선	I_f (계자전류)	V (단자전압)	n 일정, I 일정
계자 조정곡선	I (부하전류)	I_f (계자전류)	n 일정, V 일정

52 단락전류 $I_{2s} = \frac{100}{\%Z} \times I_{2n} = \frac{100}{3} \times 86.6 ≒ 2,886.7 [\text{A}]$

여기서, 정격전류 $I_{2n} = \frac{30 \times 10^3 [\text{VA}]}{\sqrt{3} \times 200} ≒ 86.6 [\text{A}]$

53 2차 동손 $P_{c2} = sP_2 = s \times \frac{P_1}{1-s} [\text{W}]$

54 권선형 유도전동기의 속도 제어법
- 2차 저항 제어법
  - 토크의 비례추이를 이용
  - 2차 회로에 저항을 넣어서 같은 토크에 대한 슬립 s를 바꾸어 속도를 제어
- 2차 여자법 : 비교적 효율이 좋고 단계적인 속도 제어를 한다.
  - 유도전동기 회전자에 슬립주파수 전압(주파수)을 공급하여 속도를 제어

55 동기 전동기의 특징

장 점	단 점
• 속도가 N_s로 일정 • 역률을 항상 1로 운전 가능 • 효율이 좋음 • 공극이 크고 기계적으로 튼튼함	• 보통 기동토크가 작음 • 속도 제어가 어려움 • 직류 여자가 필요함 • 난조가 일어나기 쉬움

56 전기자전류 $I_a = \dfrac{TN}{0.975E} = \dfrac{15 \times 1,200}{0.975 \times 220} ≒ 84[\text{A}]$

여기서, 토크 $T = \dfrac{P}{\omega} = 9.55 \dfrac{P}{N}[\text{N} \cdot \text{m}] = 0.975 \dfrac{P}{N} = 0.975 \dfrac{EI_a}{N}[\text{kg} \cdot \text{m}]$

57 직권전동기는 전기철도, 기중기 등의 부하변동이 심하고 큰 기동토크가 요구되는 기기에 사용된다.

58 동기속도 $N_s = \dfrac{120f}{p}[\text{rpm}]$에서 $N_s \propto \dfrac{1}{p}$의 그래프

59 변압기의 임피던스 와트

$P_s = \dfrac{p \times P_n}{100} = \dfrac{2.4 \times 5 \times 10^3}{100} = 120[\text{W}]$

여기서, $p = \dfrac{I_{1n} r_{21}}{V_{1n}} \times 100 = \dfrac{I_{1n}^2 r_{21}}{I_{1n} V_{1n}} \times 100 = \dfrac{P_s}{P_n} \times 100$

60 n차 고조파 분포권 계수(K_d)

$K_d = \dfrac{\sin\dfrac{\pi}{2n}}{q\sin\dfrac{\pi}{2nq}} = \dfrac{\sin\dfrac{\pi}{2\times 3}}{3\sin\dfrac{\pi}{2\times 3\times 3}} = \dfrac{\sin\dfrac{\pi}{6}}{3\sin\dfrac{\pi}{18}} = \dfrac{\dfrac{1}{2}}{3\sin\dfrac{\pi}{18}} = \dfrac{1}{6\sin\dfrac{\pi}{18}}$

61 $G(s) = \dfrac{\dfrac{1}{sC}}{R + sL + \dfrac{1}{sC}}$ 분모와 분자에 sC를 곱하면

$= \dfrac{1}{s^2 LC + sRC + 1} = \dfrac{\dfrac{1}{LC}}{s^2 + \dfrac{RC}{LC}s + \dfrac{1}{LC}}$

$= \dfrac{\dfrac{1}{2 \times 200 \times 10^{-6}}}{s^2 + \dfrac{100}{2}s + \dfrac{1}{2 \times 200 \times 10^{-6}}} = \dfrac{2,500}{s^2 + 50s + 2,500}$

$s^2 + 50s + 2,500 = 0$
$s^2 + 2\zeta\omega_n s + \omega_n^2 = 0$
$\omega_n^2 = 2,500 \qquad \omega_n = 50$
$2\zeta\omega_n = 50$
$2 \cdot \zeta \cdot 50 = 50 \qquad \zeta = \dfrac{1}{2} = 0.5$
$\therefore \omega_n = 50, \zeta = 0.5$

62 전달함수 $G(s) = \dfrac{20}{3+2s}$ 에서

$G(j\omega) = \dfrac{20}{3+j2\omega} = \dfrac{20}{3+j2 \times 2} = \dfrac{20}{3+j4} ≒ \dfrac{20}{5 \angle 53.1°} = 4 \angle -53.1°$

63 $G(s) = K_P\left(1 + \dfrac{1}{T_i s}\right) = 3\left(1 + \dfrac{1}{3s}\right) = 3 + \dfrac{1}{s}$

$G(s) = \dfrac{Y(s)}{X(s)}$

$Y(s) = G(s)X(s) = \left(3 + \dfrac{1}{s}\right) \times \dfrac{2}{s^2} = \dfrac{6}{s^2} + \dfrac{2}{s^3}$

$y(t) = 6t + t^2$

64

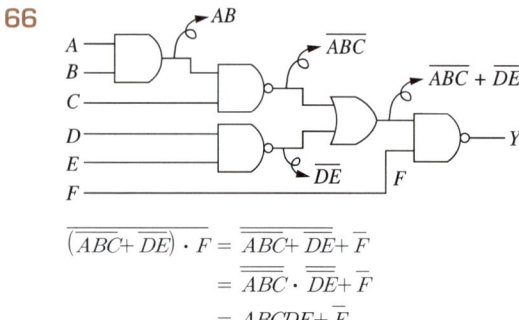

단위원 내부에 근이 있으면 안정

65 극점 또는 영점의 개수가 많은 것이 근궤적의 가지수
- 극점 0, -1, -3, -4
- 영점 -2

극점이 4개이므로 근궤적의 가지수는 4개

66

$\overline{(\overline{ABC} + \overline{DE}) \cdot F} = \overline{\overline{ABC} + \overline{DE}} + \overline{F}$
$= \overline{\overline{ABC}} \cdot \overline{\overline{DE}} + \overline{F}$
$= ABCDE + \overline{F}$

67 $R-C$ 직렬회로

[문제] $G(s) = \dfrac{\dfrac{1}{sC} \times sC}{R + \dfrac{1}{sC} \times sC} = \dfrac{1}{sRC+1}$

③ $G(s) = \dfrac{\dfrac{1}{sRC} \times sRC}{1 + \dfrac{1}{sRC} \times sRC} = \dfrac{1}{sRC+1}$

68 $\phi(t) = \mathcal{L}^{-1}(sI-A)^{-1}$

$\begin{bmatrix} s & 0 \\ 0 & s \end{bmatrix} - \begin{bmatrix} 0 & 1 \\ -2 & -3 \end{bmatrix} = \begin{bmatrix} s & -1 \\ 2 & s+3 \end{bmatrix}$

$\begin{bmatrix} s & -1 \\ 2 & s+3 \end{bmatrix}^{-1} = \frac{1}{s(s+3)+2}\begin{bmatrix} s+3 & 1 \\ -2 & s \end{bmatrix} = \frac{1}{s^2+3s+2}\begin{bmatrix} s+3 & 1 \\ -2 & s \end{bmatrix} = \frac{1}{(s+1)(s+2)}\begin{bmatrix} s+3 & 1 \\ -2 & s \end{bmatrix}$

$= \mathcal{L}^{-1}\begin{bmatrix} \dfrac{s+3}{(s+1)(s+2)} & \dfrac{1}{(s+1)(s+2)} \\ \dfrac{-2}{(s+1)(s+2)} & \dfrac{s}{(s+1)(s+2)} \end{bmatrix}$

여기서, D 정수만 구하면 답을 알 수 있으므로

$\dfrac{s}{(s+1)(s+2)} = \dfrac{A}{s+1} + \dfrac{B}{s+2}$

$A = \dfrac{s}{s+2}\bigg|_{s=-1} = -1$

$B = \dfrac{s}{s+1}\bigg|_{s=-2} = 2$

$\mathcal{L}^{-1}\left\{\dfrac{-1}{s+1} + \dfrac{2}{s+2}\right\} = -e^{-t} + 2e^{-2t}$

69 편차상수

$K_p = \lim_{s \to 0} \dfrac{6}{(s+1)(s+3)} = 2$

정상위치편차

$e_{ss} = \dfrac{1}{1+K_p} = \dfrac{1}{1+2} = \dfrac{1}{3}$

70 $2s^4 + 10s^3 + 11s^2 + 5s + K = 0$

s^4	2	11	K
s^3	10	5	0
s^2	$\dfrac{110-10}{10} = 10$	$\dfrac{10K-0}{10} = K$	
s^1	$\dfrac{50-10K}{10} > 0$		
s^0	$K > 0$		

$\dfrac{50-10K}{10} > 0,\ K < 5$

$K > 0$

∴ $0 < K < 5$

71 $I = \dfrac{V}{Z} = \dfrac{13+j20}{8+j6} = 2.24 + j0.82$

$P_a = V\dot{I} = (13+j20)(2.24-j0.82) = 45.5 + j34.1$

72 $R-L(R-C)$ 직렬회로의 해석

구 분	과도($t=0$)	정상($t=\infty$)
$X_L = \omega L = 2\pi f C$	개 방	단 락
$X_C = \dfrac{1}{\omega C} = \dfrac{1}{2\pi f C}$	단 락	개 방

초기 저항에 흐르는 전류 $i_1(0^+) = \dfrac{V}{R_1}$

초기 인덕턴스에 흐르는 전류 $i_2(0^+) = 0$

73
- 전류의 분배 $I_{ab} = \dfrac{-j8}{j20 - j4 - j8} \times 8 = -8[\text{A}]$
- 단자전압 $V_{ab} = i \times X_L = -8 \times (j20) = -j160[\text{V}]$

74 정상분 전류 $I = \dfrac{1}{3}(I_a + aI_b + a^2 I_c)$에 값을 대입하면

$I = \dfrac{1}{3}\left\{(15+j2) + \left(-\dfrac{1}{2} + j\dfrac{\sqrt{3}}{2}\right)(-20-j14) + \left(-\dfrac{1}{2} - j\dfrac{\sqrt{3}}{2}\right)(-3+j10)\right\}$

$= \dfrac{1}{3}(15 + 10 + 7\sqrt{3} + 1.5 + 5\sqrt{3}) + j\dfrac{1}{3}\left(2 + 7 - 10\sqrt{3} - 5 + \dfrac{3}{2}\sqrt{3}\right)$

$= 15.7 - j3.57$

75 $v = \dfrac{1}{\sqrt{LC}} = \dfrac{1}{\sqrt{25 \times 10^{-3} \times 0.005 \times 10^{-6}}} \fallingdotseq 8.95 \times 10^4 [\text{km/s}]$

76 Y결선에서 $I_l = I_p[\text{A}]$, $V_l = \sqrt{3}\, V_p[\text{V}]$

상전압 $V_p = ZI_p = \sqrt{16^2 + 12^2} \times 10 = 200[\text{V}]$

∴ 선간전압 $V_l = \sqrt{3}\, V_p = \sqrt{3} \times 200 \fallingdotseq 346.4[\text{V}]$

77 x 극점 분모 $= 0$, $-5+j20$, $-5-j20$
0 영점 분자 $= 0$, -10

$Z(s) = \dfrac{s+10}{(s+5-j20)(s+5+j20)} = \dfrac{s+10}{(s+5)^2 + 20^2} = \dfrac{s+10}{s^2 + 10s + 425}$

$Z = \dfrac{1}{Y} = \dfrac{1}{\dfrac{1}{R+SL} + SC} = \dfrac{SL+R}{1+SRC+S^2LC} = \dfrac{\dfrac{1}{C}S + \dfrac{R}{LC}}{S^2 + \dfrac{R}{L}S + \dfrac{1}{LC}}$

$Z(0) = 1$이므로, $S = 0$을 대입하면

$Z(0) = \dfrac{\dfrac{R}{LC}}{\dfrac{1}{LC}} = 1$에서 $R = 1[\Omega]$

$10S = \dfrac{R}{L}S$

$10 = \dfrac{1}{L}$, $L = \dfrac{1}{10} = 0.1[\text{H}]$

$425 = \dfrac{1}{LC}$, $C = \dfrac{1}{L \times 425} = \dfrac{1}{0.1 \times 425} \fallingdotseq 0.0235[\text{F}]$

78
$$i = \frac{V_m}{Z}\sin(\omega t) = \frac{V_m}{\dfrac{1}{j\omega C}}\sin(\omega t) = j\omega CV_m \sin(\omega t) = \omega CV_m \sin(\omega t + 90°)$$
$$= 2\pi \times 10^3 \times 0.1 \times 10^{-6} \times 2{,}000 \sin(\omega t + 90°)$$
$$\fallingdotseq 1.256 \sin(\omega t + 90°)$$

79
$$P = \frac{V_{m1}}{\sqrt{2}} \times \frac{I_{m1}}{\sqrt{2}} \cos\theta_1 + \frac{V_{m3}}{\sqrt{2}} \times \frac{I_{m3}}{\sqrt{2}} \cos\theta_3 \;(\theta\text{는 전압과 전류의 위상차})$$
$$P = \frac{100}{\sqrt{2}} \times \frac{20}{\sqrt{2}} \cos 60° + \frac{50}{\sqrt{2}} \times \frac{10}{\sqrt{2}} \cos 75° = 564.7 \fallingdotseq 565[\text{W}]$$

80 중첩의 원리(전압원 : 단락, 전류원 : 개방)
- 전류원만 인가 시 : 전압원 단락 $I_R' = \dfrac{1}{1+2} \times (-6) = -2[\text{A}]$
- 전압원만 인가 시 : 전류원 개방 $I_R'' = \dfrac{V_R}{R} = \dfrac{2}{2} = 1[\text{A}]$

$\therefore I = I_R' + I_R'' = -2 + 1 = -1[\text{A}]$

81 KEC 351.6(감시 및 계측장치 등)
- 계측장치 : 전압계 및 전류계, 전력계
- 발전기의 베어링 및 고정자의 온도
- 특고압용 변압기의 온도
- 정격출력이 10,000[kW]를 초과하는 증기터빈에 접속하는 발전기의 진동의 진폭
- 동기발전기, 무효 전력 보상 장치는 반드시 동기검정장치가 있어야 하나 용량이 현저히 작은 경우 생략 가능

82 KEC 241.12(도로 등의 전열장치)
- 발열선에 전기를 공급하는 전로의 대지전압은 300[V] 이하일 것
- 발열선의 온도는 80[℃]를 넘지 않도록 시설할 것

83 KEC 341.15(피뢰기의 접지)
- 고압 및 특고압의 전로에 시설하는 피뢰기의 접지저항값은 10[Ω] 이하로 하여야 한다.
- 단, 고압 가공전선로에 시설하는 피뢰기의 접지공사의 접지도체가 전용의 것인 경우에는 접지저항값이 30[Ω]까지 허용된다.

84 KEC 212.3(보호장치의 종류 및 특성)
퓨즈(gG)의 용단특성

정격전류의 구분	시 간	정격전류의 배수	
		불용단전류	용단전류
4[A] 이하	60분	1.5배	2.1배
4[A] 초과 16[A] 미만	60분	1.5배	1.9배
16[A] 이상 63[A] 이하	60분	1.25배	1.6배
63[A] 초과 160[A] 이하	120분	1.25배	1.6배
160[A] 초과 400[A] 이하	180분	1.25배	1.6배
400[A] 초과	240분	1.25배	1.6배

85 KEC 333.23(특고압 가공전선과 건조물의 접근)

구 분			35[kV] 이하의 가공전선			35[kV] 초과의 가공전선
			일 반	특고압절연	케이블	
건조물	상부 조영재	위 쪽	3[m]	2.5[m]	1.2[m]	표준 + N = 표준 + $\left(\dfrac{35[kV]\ 초과분}{10[kV]} \times 0.15[m]\right)$
		옆쪽 또는 아래쪽, 기타 조영재	3[m]	1.5[m]	0.5[m]	

86 기술기준 제52조(저압전로의 절연성능)

전로의 사용전압[V]	DC시험전압[V]	절연저항[MΩ]
SELV 및 PELV	250	0.5
FELV를 포함한 500[V] 이하	500	1.0
500[V] 초과	1,000	1.0

87 KEC 222.9/332.8(저·고압 가공전선 등의 병행설치), 333.17(특고압 가공전선과 저·고압 가공전선의 병행설치)

구 분	고 압	35[kV] 이하	35[kV] 초과 60[kV] 이하	60[kV] 초과
저압·고압(케이블)	0.5[m] 이상(0.3[m])	1.2[m] 이상(0.5[m])	2[m] 이상(1[m])	2[m](1[m]) + 단수 × 0.12[m]
기 타	• 35[kV] 이하 　- 상부에 고압측을 시설하며 별도의 완금류에 시설할 것 • 35[kV] 초과 100[kV] 미만의 특고압 　- 단수 = $\dfrac{60[kV]\ 초과}{10[kV]}$ (반드시 절상하여 계산) 　- 21.67[kN] 금속선, 50[mm²] 이상의 경동연선			

88 KEC 342.1(고압 옥내배선 등의 시설)
고압 옥내배선은 케이블공사, 케이블트레이공사에 의한다. 다만, 건조하고 전개된 곳에 한하여 애자사용공사를 할 수 있다.

89 KEC 242.4(위험물 등이 존재하는 장소)

금속관공사	폭연성 먼지에 준함
케이블공사	
합성수지관공사	두께 2[mm] 이상, 부식 방지, 먼지 침투 방지

90 KEC 322.3(특고압과 고압의 혼촉 등에 의한 위험방지 시설)
변압기에 의하여 특고압전로에 결합되는 고압전로에는 사용전압의 3배 이하인 전압이 가하여진 경우에 방전하는 장치를 그 변압기의 단자에 가까운 1극에 설치하여야 한다(단, 사용전압의 3배 이하인 전압이 가하여진 경우에 방전하는 피뢰기를 고압전로의 모선의 각 상에 시설하거나 특고압권선과 고압권선 간에 혼촉방지판을 시설하여 접지저항값이 10[Ω] 이하 또는 접지공사를 한 경우에는 그러하지 아니하다).

91 KEC 333.1(시가지 등에서 특고압 가공전선로의 시설)

사용전압의 구분	지표상의 높이
35[kV] 이하	10[m](전선이 특고압 절연전선인 경우에는 8[m])
35[kV] 초과	10[m]에 35[kV] 초과하는 10[kV] 또는 그 단수마다 0.12[m]를 더한 값

단수 $= \dfrac{66-35}{10} = 3.1 ≒ 4$

∴ 높이 $= (4 \times 0.12) + 10 = 10.48$

92 KEC 152(외부피뢰시스템)
- 수뢰부시스템
- 인하도선시스템
- 접지극시스템

93 KEC 222.10/332.9/332.10/333.1/333.21/333.22(가공전선로 및 보안공사 지지물 간 거리)

구 분	표 준	특고압 시가지	보안공사		
			저·고압	제1종 특고압	제2, 3종 특고압
목주/A종	150[m]	75[m](목주 ×)	100[m]	목주 불가	100[m]
B종	250[m]	150[m]	150[m]	150[m]	200[m]
철 탑	600[m]	400[m]	400[m]	400[m], 단주 300[m]	

94 KEC 232.12(금속관공사)
- 전선은 절연전선(옥외용 비닐절연전선을 제외한다)일 것
- 연선일 것(단, 전선관이 짧거나 10[mm^2] 이하(알루미늄은 16[mm^2])일 때 예외)
- 관의 두께 : 콘크리트에 매입하는 것은 1.2[mm] 이상(노출공사 1.0[mm] 이상. 단, 길이 4[m] 이하이고 건조한 노출된 공사 : 0.5[mm] 이상)
- 폭발방지형 부속품 : 전선관과의 접속 부분 나사는 5산 이상 완전히 나사결합
- 관의 끝 부분에는 전선의 피복을 손상하지 아니하도록 부싱을 사용할 것
- 접지공사 생략(400[V] 이하)
  - 건조하고 총길이 4[m] 이하인 곳
  - 8[m] 이하, DC 300[V], AC 150[V] 이하인 사람 접촉이 없는 경우

95 KEC 512.1(시설기준)
전기저장장치 전기배선의 전선은 공칭단면적 2.5[mm^2] 이상의 연동선 또는 이와 동등 이상의 세기 및 굵기의 것일 것

96 KEC 232.11(합성수지관공사)
- 전선은 절연전선(옥외용 비닐절연전선을 제외한다)일 것
- 연선일 것(단, 전선관이 짧거나 10[mm^2](알루미늄은 16[mm^2]) 이하일 때 예외)
- 관의 두께는 2[mm] 이상일 것
- 지지점 간의 거리 : 1.5[m] 이하
- 전선관 상호 간 삽입 깊이 : 관 바깥지름의 1.2배(접착제 0.8배)
- 습기가 많거나 물기가 있는 장소는 방습장치를 할 것

97 KEC 331.12(구내인입선)
고압 가공인입선
- 최저높이 5[m](위험표시 3.5[m])
- 8.01[kN], 5[mm] 이상 경동선, 케이블
- 이웃 연결 인입선 불가

98 KEC 222.10/332.9/332.10/333.1/333.21/333.22(가공전선로 및 보안공사 지지물 간 거리)

구 분	표 준	특고압 시가지	보안공사		
			저·고압	제1종 특고압	제2, 3종 특고압
목주/A종	150[m]	75[m](목주 ×)	100[m]	목주 불가	100[m]
B종	250[m]	150[m]	150[m]	150[m]	200[m]
철 탑	600[m]	400[m]	400[m]	400[m], 단주 300[m]	

99 KEC 341.10(고압 및 특고압전로 중의 과전류차단기의 시설)
고압 또는 특고압전로 중 기계기구 및 전선을 보호하기 위하여 필요한 곳에 시설

구 분	견디는 시간	용단시간
포장 퓨즈	1.3배	2배 전류 - 120분
비포장 퓨즈	1.25배	2배 전류 - 2분

100 KEC 222.7/332.5(저·고압 가공전선의 높이)

설치장소		가공전선의 높이
도로횡단		지표상 6[m] 이상
철도 또는 궤도횡단		레일면상 6.5[m] 이상
횡단보도교 위	저 압	노면상 3.5[m] 이상. 단, 절연전선의 경우 3[m] 이상
	고 압	노면상 3.5[m] 이상

2023년 제 1 회 CBT

page 284

1	2	3	4	5	6	7	8	9	10	11	12	13	14	15	16	17	18	19	20
①	②	②	②	①	②	①	①	③	④	②	④	②	④	①	①	②	③	③	④	①
21	22	23	24	25	26	27	28	29	30	31	32	33	34	35	36	37	38	39	40
④	④	②	①	④	③	③	①	③	③	④	②	①	④	④	③	①	①	②	①
41	42	43	44	45	46	47	48	49	50	51	52	53	54	55	56	57	58	59	60
③	①	①	①	④	①	③	②	③	②	③	④	②	①	③	②	②	②	②	③
61	62	63	64	65	66	67	68	69	70	71	72	73	74	75	76	77	78	79	80
②	④	④	④	①	②	②	④	①	④	①	①	④	④	④	①	②	③	④	①
81	82	83	84	85	86	87	88	89	90	91	92	93	94	95	96	97	98	99	100
①	①	④	①	④	③	②	①	③	②	④	④	③	①	①	①	①	①	④	②

01
- 거리좌표 $(2-0,\ 0-1) = (2,\ -1)$
- 거리벡터 $\overline{r} = 2a_x - a_y$
- 두 전하 사이에 작용하는 힘 $\overline{F} = F \cdot \overline{r_0} = 9 \times 10^9 \times \dfrac{-2 \times 10^{-9} \times 10^{-8}}{(\sqrt{5})^2} \times \left(\dfrac{2}{\sqrt{5}}a_x - \dfrac{1}{\sqrt{5}}a_y\right)$
$= \left(-\dfrac{36}{5\sqrt{5}}\overline{a_x} + \dfrac{18}{5\sqrt{5}}\overline{a_y}\right) \times 10^{-8}[\text{N}]$

02 변위전류밀도 $i_d = \varepsilon_0 \dfrac{\partial D}{\partial t} = \varepsilon_0 \dfrac{\partial E}{\partial t} = \omega \varepsilon_0 E = 2\pi f \varepsilon_0 E [\text{A/m}^2]$

$\therefore f = \dfrac{i_d}{2\pi \varepsilon_0 E} = \dfrac{2}{2\pi \varepsilon_0 \cdot 2} = \dfrac{1}{2\pi \cdot \dfrac{10^{-9}}{36\pi}} = 1.8 \times 10^{10} = 18,000[\text{MHz}]$

03

종 류	자화율	비자화율	비투자율
상자성체	$\chi > 0$	$\chi_{er} > 0$	$\mu_s > 1$

04
- 핀치효과 : 직류전압 인가 시 전류가 도선 중심 쪽으로 집중되어 흐르려는 현상
- 표피효과 : 전류의 주파수가 증가할수록 도체 내부의 전류밀도가 지수함수적으로 감소되는 현상
- 압전효과 : 수정, 전기석, 로셀염, 타이타늄산바륨에 압력이나 인장을 가하면 그 응력으로 인하여 전기분극과 분극전하가 나타나는 현상
- 펠티에효과 : 두 종류의 금속선에 전류를 흘리면 접속점에서 열이 흡수 또는 발생하는 현상

05

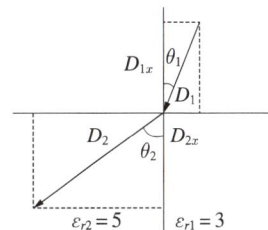

x면을 기준으로 $\dfrac{\varepsilon_1}{\varepsilon_2} = \dfrac{E_2}{E_1}$ 에서

$E_1 = \dfrac{\varepsilon_2}{\varepsilon_1}E_2 = \dfrac{5}{3} \times 20a_x + 30a_y - 40a_z$

$\therefore D_1 = \varepsilon_0 \varepsilon_1 E_1 = \varepsilon_0 \times 3 \times \left(\dfrac{100}{3}a_x + 30a_y - 40a_z\right)$
$= 10(10a_x + 9a_y - 12a_z)\varepsilon_0 [\text{C/m}^2]$

06 무한평면으로부터 r[m] 떨어진 P점에 점전하 $+Q$[C]가 있는 경우 영상전하는 무한평면 뒤쪽으로 점 P의 대칭점에 존재하며, 그 크기는 점전하와 같고 부호는 반대로 $Q' = -Q$[C]이다.

07 자성체의 회전력 $T = M \times H$에 쌍극자 모멘트 $M = ml$[Wb·m] 대입
$T = MH\sin\theta = mlH\sin\theta$[N·m] $= 8 \times 10^{-6} \times 0.3 \times 120 \times \sin 30° = 1.44 \times 10^{-4}$[N·m]

08 적분형 $\int H\,dl = 0$
미분형 $\text{rot}\,H = 0$

09 회전력(T) $= (S \times B)I = (0.04 \times 0.08)a_x \times \left(0.05 \times \dfrac{a_x + a_y}{\sqrt{2}}\right) \times 5$
$= \left(0.04 \times 0.08 \times 0.05 \times 5 \times \dfrac{1}{\sqrt{2}}\right)a_z$
$\fallingdotseq 5.66 \times 10^{-4} a_z$[N·m]

10 자성체 단위체적당 저장되는 에너지
$\omega = \dfrac{1}{2}\mu H^2 = \dfrac{B^2}{2\mu} = \dfrac{1}{2}BH$[J/m³]

11 $F = \dfrac{1}{2}\varepsilon_0 E^2 = \dfrac{1}{2} \times 8.85 \times 10^{-12} \times \left(100 \times \dfrac{10^3}{10^{-3}}\right)^2 = 44{,}250 = 4.43 \times 10^4$[N/m²]

12 파장 $\lambda = \dfrac{c}{f} = \dfrac{\left(\dfrac{1}{\sqrt{\varepsilon\mu}}\right)}{f} = \dfrac{1}{f\sqrt{\varepsilon\mu}}$[m]

13 유기기전력(e) $= -N\dfrac{d\phi}{dt} = -100 \times \dfrac{(1-3)}{2} = 100$[V]

14 평행한 두 도선의 정전용량 $C = \dfrac{\pi\varepsilon_0}{\ln\dfrac{d}{a}} = \dfrac{\pi\varepsilon_0}{\ln\left(\dfrac{2}{2 \times 10^{-3}}\right)} \times 10^6 = 4.02 \times 10^{-6}$[μF/km]

15 무한장 솔레노이드, 단위길이에 대한 권수 $n_0 = \dfrac{N}{l}$[회/m]일 때 전계의 세기
- 내부(평등자계) $H = n_0 I$[AT/m]
- 외부 $H = 0$

16 커패시터 2개를 직렬로 접속했을 때 합성 정전용량은 $C = \dfrac{1}{\dfrac{1}{C_1} + \dfrac{1}{C_2}}$ 이 된다.

17 전계는 전위가 높은 곳에서 낮은 곳으로 향하고, 등전위면에 수직으로 발생한다.

18 경계조건 $D_1 \cos\theta_1 = D_2 \cos\theta_2$에서 경계면에 수직($\theta_1 = \theta_2 = 0°$)이므로
$D_1 = D_2 \rightarrow \varepsilon_1 E_1 = \varepsilon_2 E_2$
$E_1 = \dfrac{\varepsilon_2}{\varepsilon_1} E_2 = \dfrac{2}{4} \times E_2 = \dfrac{1}{2} E_2$
$\therefore \ 2E_1 = E_2$

19 고유 임피던스
$Z_0 = \sqrt{\dfrac{\mu_0 \mu_s}{\varepsilon_0 \varepsilon_s}} = 377\sqrt{\dfrac{\mu_s}{\varepsilon_s}} = 377\sqrt{\dfrac{1}{81}} \fallingdotseq 41.9[\Omega]$

20 분극의 세기 $P = \varepsilon_0(\varepsilon_s - 1)E$, 분극률 $\chi = \varepsilon_0(\varepsilon_s - 1)$

21 $W = JQ$
여기서, W : 일[kg·m]
　　　　 Q : 열량[kcal]
　　　　 J : 열의 일당량 = 427[kg·m/kcal]
　　　　 (1[kcal]에 해당하는 일의 양을 열의 일당량이라 부른다)

22 전력계통의 조정
• P-F Control : 유효전력은 주파수로 제어(거버너 밸브를 통해 유효전력을 조정)
• Q-V Control : 무효전력은 전압으로 제어

23 연가(Transposition) : 3상 3선식 선로에서 선로정수를 평형시키기 위하여 길이를 3등분하여 각 도체의 배치를 변경하는 것
※ 효과 : 선로정수 평형, 임피던스 평형, 유도장해 감소, 소호리액터 접지 시 직렬공진 방지

24 모선 보호용 계전기의 종류 : 전류차동 계전방식, 전압차동 계전방식, 위상비교 계전방식, 방향거리 계전방식

25 $I_C = \omega CE = 2\pi \times 60 \times 0.3587 \times 10^{-6} \times 15 \times \left(\dfrac{66,000}{\sqrt{3}}\right) \fallingdotseq 77.3[\text{A}]$

26 $C : C_x = l : L$
$L = \dfrac{C_x l}{C}$

27 개폐 이상전압은 회로의 폐로 때보다 개로할 때가 크며 또한 부하 개로할 때보다 무부하회로를 개로할 때가 더 크다. 개폐 이상전압은 상규 대지전압이 3.5배 이하로서 4배를 넘는 경우는 거의 없다. 앞선 무효분 정전용량에 의한 충전전류를 차단 시 이상전압이 크게 발생된다.

28 이도가 크면 지지물은 높아야 되고 이도가 작으면 지지물은 굵어야 하므로 이도가 나타내는 것은 지지물의 대소관계를 결정한다.

29 제수문의 설치 목적 : 취수구에 설치하고 유입되는 물을 막아 취수량을 조절한다.

30 수전단 전압에 대한 전압강하율 $\delta = \dfrac{e}{V_r} \times 100 = \dfrac{V_s - V_r}{V_r} \times 100 = \dfrac{P}{V_r^2}(R + X\tan\theta) \times 100$에서

수전전력 $P = \dfrac{\delta \times V_r^2}{(R + X\tan\theta) \times 100} \times 10^{-3}\,[\text{kW}]$

$\qquad\qquad = \dfrac{10 \times (30 \times 10^3)^2}{\left(15 + 20 \times \dfrac{0.6}{0.8}\right) \times 100} \times 10^{-3} = 3{,}000\,[\text{kW}]$

31 $L = 0.05 + 0.4605 \log_{10} \dfrac{D'}{r}$ 에서 ($D' = D$)

$L = 0.05 + 0.4605 \log_{10} \dfrac{2D}{d}\,[\text{mH/km}]$

32 원자로는 핵연료, 감속재, 냉각재, 반사체, 제어봉, 차폐 재료로 구성되어 있다.

33 $I_g = \sqrt{3}\,\omega CV = \sqrt{3} \times 2\pi \times 60 \times 0.005 \times 10^{-6} \times 10 \times 6{,}600 = 0.2154\,[\text{A}]$
$\therefore I_g < 1$이다.

34 복도체(다도체) 방식의 주목적 : 코로나 방지
- 인덕턴스는 감소, 정전용량은 증가
- 같은 단면적의 단도체에 비해 전력용량의 증대
- 코로나의 방지, 코로나 임계전압의 상승
- 송전용량의 증대
- 소도체 충돌 현상(대책 : 스페이서의 설치)
- 단락 시 대전류 등이 흐를 때 소도체 사이에 흡인력이 발생

35 Peek식(코로나 손실)

$P = \dfrac{241}{\delta}(f + 25)\sqrt{\dfrac{d}{2D}}\,(E - E_0)^2 \times 10^{-5}\,[\text{kW/km/line}]$

36 공칭전압은 그 선로를 대표하는 선로전압이고, 최고전압은 정상운전 때에 선로에 발생하는 최고의 선간전압을 말한다.

정격전압 = 공칭전압 × $\dfrac{1.2}{1.1}$

37
- 직접접지(유효접지방식) : 154[kV], 345[kV], 765[kV]의 송전선로에 사용
- 장 점
  - 1선 지락고장 시 건전상 전압상승이 거의 없다(대지전압의 1.3배 이하).
  - 계통에 대해 절연레벨을 낮출 수 있다.
  - 지락전류가 크므로 보호계전기 동작이 확실하다.
- 단 점
  - 1선 지락고장 시 인접 통신선에 대한 유도장해가 크다.
  - 절연수준을 높여야 한다.
  - 과도안정도가 나쁘다.
  - 큰 전류를 차단하므로 차단기 등의 수명이 짧다.
  - 통신유도장해가 최대가 된다.

38 전력 원선도에서 반지름 $\rho = \dfrac{E_s E_r}{B} = \dfrac{E_s E_r}{Z} = \dfrac{154 \times 140}{\sqrt{(0.315 \times 100)^2 + (1.035 \times 100)^2}} \fallingdotseq 199.28[\text{MVA}]$

39 보호협조의 배열
- 리클로저(R) – 섹셔널라이저(S) – 전력 퓨즈(F)
- 섹셔널라이저는 고장전류 차단능력이 없으므로 리클로저와 직렬로 조합하여 사용한다.
- 인터럽터 스위치는 고장전류 차단 능력이 없다.

40 플리커 방지책
- 수용가 측
  - 전원계통에 리액터분을 보상
  - 전압강하를 보상
  - 부하의 무효전력 변동분을 흡수
- 전력공급 측
  - 단락용량이 큰 계통에서 공급
  - 공급전압 승압
  - 전용변압기로 공급
  - 단독 공급계통을 구성

41 토크 $T = \dfrac{60 P_2}{2\pi N_s}[\text{N} \cdot \text{m}]$ 이므로 2차 입력에 비례하고 동기속도에 반비례한다.

42 불꽃 없는 정류를 얻으려면
$$e_b > e_L = L\dfrac{di}{dt} = L\dfrac{2I_a}{T_c}$$
여기서, e_b : 브러시 접촉면 전압강하
e_L : 평균리액턴스 전압
I_a : 전기자전류
T_c : 정류시간
- 자체 인덕턴스가 작아야 한다(L : 小).
- 정류주기가 길어야 한다(회전속도는 느릴 것)(T_c : 大).
- 브러시 접촉저항이 커야 한다. → 저항정류(탄소 브러시)
- 리액턴스 평균전압이 작아야 한다. → 전압정류(보극 설치)
- 브러시 접촉면 전압강하 > 평균리액턴스 전압($e_b > e_L$)

43 권수비 $a = \dfrac{3{,}000}{200} = 15$

$\therefore Z_x = \dfrac{Z_1}{a^2} = \dfrac{225}{15^2} = 1[\Omega]$

44 맥동률 $= \dfrac{\text{교류분}}{\text{직류분}} \times 100 = \sqrt{\dfrac{\text{실횻값}^2 - \text{평균값}^2}{\text{평균값}^2}} \times 100$

정류 종류	단상 단파	단상 전파	3상 반파	3상 전파
맥동률[%]	121	48	17.7	4.04
맥동주파수[Hz]	f	$2f$	$3f$	$6f$
정류효율[%]	40.6	81.1	96.7	99.8

45 직류전동기 속도제어 : $n = K' \dfrac{V - I_a R_a}{\phi}$ (K' : 기계정수)

종 류	특 징
전압제어	• 광범위 속도제어가 가능하다. • 워드-레오나드 방식(광범위한 속도 조정, 효율양호) • 일그너 방식(부하가 급변하는 곳, 플라이휠 효과 이용, 제철용 압연기) • 정토크제어 • SCR과 조합하여 사용하는 방식
계자제어	• 세밀하고 안정된 속도제어를 할 수 있다. • 속도제어 범위가 좁다. • 효율은 양호하나 정류가 불량하다. • 정출력 가변속도제어
저항제어	• 속도 조정 범위가 좁다. • 효율이 저하된다.

46 자기여자현상 방지법
- 발전기 2대 또는 3대를 병렬로 모선에 접속
- 수전단에 동기조상기를 접속하고 이것을 부족여자로 하여 지상전류로 사용
- 송전선로의 수전단에 변압기를 사용
- 수전단에 리액턴스를 병렬로 접속
- 발전기의 단락비를 크게 한다.

47 3상 직권 정류자전동기에서 중간변압기를 사용하는 목적
- 전원전압의 크기에 관계없이 회전자전압을 정류작용에 알맞은 값으로 선정할 수 있다.
- 중간변압기의 권수비를 조정하여 전동기 특성을 조정할 수 있다.
- 경부하 시 직권 특성 $\left(Z \propto I^2 \propto \dfrac{1}{N^2}\right)$ 이므로 속도가 크게 상승할 수 있다. 따라서 중간변압기를 사용하여 속도상승을 억제할 수 있다.

48 역저지 3단자 소자
- SCR : 게이트신호로 ON
- LASCR : 빛을 게이트신호로 ON
- GTO : 게이트신호로 ON/OFF

49 동기발전기의 병렬운전 조건

필요조건	다른 경우 현상
기전력의 크기가 같을 것	무효순환전류(무효횡류)
기전력의 위상이 같을 것	동기화전류(유효횡류)
기전력의 주파수가 같을 것	동기화전류 : 난조 발생
기전력의 파형이 같을 것	고주파 무효순환전류 : 과열 원인
(3상) 기전력의 상회전 방향이 같을 것	

50
- 발전기
  - 앞선 전류-진전류-C 부하(진상) = 증자작용
  - 뒤진 전류-지전류-L 부하(지상) = 감자작용
- 전동기
  - 앞선 전류-진전류-C 부하(진상) = 감자작용
  - 뒤진 전류-지전류-L 부하(지상) = 증자작용

51 단락권선이란 누설리액턴스에 의한 전압강하 경감

52 $\dfrac{P_i}{P_c} = \left(\dfrac{1}{m}\right)^2$ 에서 역수이므로 $\dfrac{P_c}{P_i} = \left(\dfrac{5}{4}\right)^2 \fallingdotseq 1.56$

53

$\overline{OC} = 1 \times \cos\phi = 0.6$
$\overline{BC} = 1 \times \sin\phi = 0.8$
$\overline{AC} = 0.8 + 0.6 = 1.4$
$\overline{OA} = \sqrt{1.4^2 + 0.6^2} \fallingdotseq 1.52$
∴ 전압변동률 $\varepsilon = \dfrac{1.52 - 1}{1} = 0.52 = 52[\%]$

54 토크 $(T) = \dfrac{EI_a}{2\pi \dfrac{N}{60}} = \dfrac{(V - I_a R_a)I_a}{2\pi \dfrac{N}{60}} = \dfrac{(110 - 15 \times 2) \times 15}{2\pi \times \dfrac{1,800}{60}} \fallingdotseq 6.4[\text{N} \cdot \text{m}]$

55 $T_s : I^2 = T_s' : {I'}^2$ 에서

$T_s' = \left(\dfrac{I'}{I}\right)^2 T_s = \left(\dfrac{300 I_n}{500 I_n}\right)^2 \times 220 T = 79.2 T$

56 변압기의 시험

무부하(개방)시험	단락시험
• 여자전류 측정 • 철손 측정 • 여자어드미턴스 측정	• 임피던스 전압 측정 • 임피던스 와트(동손) 측정 • 전압변동률 측정

57 회전속도 $N_s = \dfrac{\alpha}{360} \cdot f_s = \dfrac{2}{360} \times 1,800 = 10[\text{rps}]$

58 $P_{c2} = \dfrac{s}{1-s} P_{20} = \dfrac{0.03}{1-0.03}(15,000 + 350)$
$\qquad = 474.74[\text{W}]$

59 부하 역률이 100[%]일 때 $\varepsilon_{100} = p = 3[\%]$
최대 전압 변동률 $\varepsilon_{\max}$ 는 부하 역률 $\cos\phi_m$ 일 때이므로
$\cos\phi_m = \dfrac{p}{\sqrt{p^2 + q^2}} = 0.6, \quad \dfrac{3}{\sqrt{3^2 + q^2}} = 0.6 \quad \therefore q = 4[\%]$
또한 최대 전압 변동률 $\varepsilon_{\max}$ 는
$\varepsilon_{\max} = \sqrt{p^2 + q^2} = \sqrt{3^2 + 4^2} = 5[\%]$

60 직류 분권전동기 중권에서 토크
$T = \dfrac{PZ}{2\pi a}\phi I_a = \dfrac{Z}{2\pi}\phi I_a = \dfrac{100}{2\pi} \times 0.628 \times 5 \fallingdotseq 50[\text{N} \cdot \text{m}]$

61
$\phi(t) = \mathcal{L}^{-1}[sI-A]^{-1}$

$\begin{bmatrix} s & 0 \\ 0 & s \end{bmatrix} - \begin{bmatrix} 0 & 1 \\ -3 & -4 \end{bmatrix} = \begin{bmatrix} s & -1 \\ 3 & s+4 \end{bmatrix}$

$\begin{bmatrix} s & -1 \\ 3 & s+4 \end{bmatrix}^{-1} = \frac{1}{s(s+4)+3}\begin{bmatrix} s+4 & 1 \\ -3 & s \end{bmatrix} = \frac{1}{(s+1)(s+3)}\begin{bmatrix} s+4 & 1 \\ -3 & s \end{bmatrix}$ 에서

$\begin{bmatrix} A & B \\ C & D \end{bmatrix}$ 중 B를 구하면

$\frac{1}{(s+1)(s+3)} = \frac{K_1}{s+1} + \frac{K_2}{s+3}$

$K_1 = \frac{1}{s+3}\bigg|_{s=-1} = \frac{1}{2}$

$K_2 = \frac{1}{s+1}\bigg|_{s=-3} = -\frac{1}{2}$

$\frac{1}{2}\frac{1}{s+1} - \frac{1}{2}\frac{1}{s+3}$ 을 역라플라스 변환을 하면

$0.5e^{-t} - 0.5e^{-3t}$ 이므로

B값 중에서 찾으면 ②번이 답이다.

62
- 극점 : 0, 0, -1, -3, -4
- 영점 : -3

$\therefore \frac{P_T - Z_T}{P_N - Z_N} = \frac{-8+3}{5-1} = -\frac{5}{4}$

63
$\frac{s^2+3s+5}{2s} = \frac{1}{2}s + \frac{3}{2} + \frac{5}{2s} = \frac{3}{2}\left(1 + \frac{1}{3}s + \frac{1}{\frac{3}{5}s}\right)$

∴ 비례적분미분동작(PID동작)

$G(s) = K_p\left(1 + T_d s + \frac{1}{T_i s}\right)$

64
$G(s) = \frac{1}{3s^2+4s+1} = \frac{\frac{1}{3}}{s^2 + \frac{4}{3}s + \frac{1}{3}}$

$G(s) = \frac{\omega_n^2}{s^2 + 2\delta\omega_n s + \omega_n^2}$

$\omega_n^2 = \frac{1}{3}$, $\omega_n = \frac{1}{\sqrt{3}}$

$2\delta\omega_n = \frac{4}{3}$ 에서

$2\delta\frac{1}{\sqrt{3}} = \frac{4}{3}$

$\delta = \frac{4}{3} \times \frac{\sqrt{3}}{2} \fallingdotseq 1.154$

∴ 제동비가 1보다 크므로 과제동이다.

65
$\overline{A}BC\overline{D} + \overline{A}BCD + \overline{A}\overline{B}C\overline{D} + \overline{A}\overline{B}CD = \overline{A}BC(\overline{D}+D) + \overline{A}\overline{B}C(\overline{D}+D)$
$= \overline{A}BC + \overline{A}\overline{B}C = \overline{A}C(B+\overline{B}) = \overline{A}C$

66 $2s^4 + 10s^3 + 11s^2 + 5s + K = 0$

s^4	2	11	K
s^3	10	5	0
s^2	$\dfrac{110-10}{10}=10$	$\dfrac{10K-0}{10}=K$	
s^1	$\dfrac{50-10K}{10}>0$		
s^0	$K>0$		

$\dfrac{50-10K}{10}>0$, $K<5$
$K>0$
∴ $0<K<5$

67 $e_{ss} = \dfrac{1}{1+K_p} = \dfrac{1}{1+\dfrac{1}{2}} = \dfrac{1}{\dfrac{3}{2}} = \dfrac{2}{3}$

$K_p = \lim_{s \to 0} G(s)$
$= \lim_{s \to 0} \dfrac{1}{(s+1)(s+2)}$
$= \dfrac{1}{2}$

68 $G(s) = \dfrac{P_1 + P_2 \cdots}{1 - L_1 - L_2 \cdots}$

$P = G_1 G_2 G_3$, $L_1 = -G_2 G_3$, $L_2 = -G_1 G_2 G_4$

∴ $G(s) = \dfrac{G_1 G_2 G_3}{1 + G_2 G_3 + G_1 G_2 G_4}$

69 $\begin{pmatrix} s & 0 \\ 0 & s \end{pmatrix} - \begin{pmatrix} 1 & -2 \\ 3 & 2 \end{pmatrix} = \begin{pmatrix} s-1 & 2 \\ 3 & \varepsilon-2 \end{pmatrix}$

$(s-1)(s-2) - 2 \times 3 = 0$
$s^2 - 3s + 2 - 6 = 0$
$s^2 - 3s - 4 = 0$
$(s-4)(s+1) = 0$
$s = 4, -1$

70 $G(s) = \dfrac{1 \angle 0°}{\sqrt{\omega^2 T^2 + 1} \angle \tan^{-1}\dfrac{\omega T}{1}} = \dfrac{1}{\sqrt{\omega^2 T^2 + 1}} \angle -\tan^{-1}\omega T$

71 Y결선에서 $I_l = I_p$[A], $V_l = \sqrt{3}\,V_p$[V]

• 상전류 $I_p = \dfrac{V_p}{Z} = \dfrac{\dfrac{100\sqrt{3}}{\sqrt{3}}}{10} = 10$[A]

• 선전류 $I_l = I_p = 10$[A]

72 유효전력 $P = \dfrac{V^2 R}{R^2 + X^2}$

피상전력 $P_a = \dfrac{V^2 Z}{R^2 + X^2}$

무효전력 $P_r = \dfrac{V^2 X}{R^2 + X^2}$

73 $v = 10\sin(377t + \theta)$

1) $t \to 0$일 때 $v = 10\sin\theta = 5$

$\sin\theta = \dfrac{5}{10}$

$\theta = \sin^{-1}\dfrac{1}{2}$

$\theta = 30°$

2) $t \to 2[\text{ms}]$일 때 $v = 10\sin(2 \times \pi \times 60 \times 2 \times 10^{-3} + 30) = 10\sin 73.2°[\text{V}]$

※ 이때 π는 $180°$로 계산

74 $R-L(R-C)$ 직렬회로의 해석

구 분	과도($t=0$)	정상($t=\infty$)
$X_L = \omega L = 2\pi fL$	개 방	단 락
$X_C = \dfrac{1}{\omega C} = \dfrac{1}{2\pi fC}$	단 락	개 방

초기 저항에 흐르는 전류 $i_1(0^+) = \dfrac{V}{R_1}$

초기 인덕턴스에 흐르는 전류 $i_2(0^+) = 0$

75
- 무왜형 조건 : $RC = LG$
- 무손실 조건 : $R = G = 0$
- 특성임피던스 $Z_0 = \sqrt{\dfrac{Z}{Y}} = \sqrt{\dfrac{L}{C}}$
- 전파정수 $\gamma = \sqrt{ZY} = \alpha + j\beta$ (α : 감쇠량, β : 위상정수)
- 전파속도 $v = \dfrac{\omega}{\beta} = \dfrac{\omega}{\omega\sqrt{LC}} = \dfrac{1}{\sqrt{LC}}[\text{m/s}]$
- 무손실 : 감쇠정수 0, 위상정수 $j\omega\sqrt{LC}$
- 무왜형 : 감쇠정수 $\sqrt{RG}$, 위상정수 $j\omega\sqrt{LC}$

76 $I_2 = \dfrac{1}{3}(I_a + a^2 I_b + a I_c) = \dfrac{1}{3}\{15 + j2 + 1\angle 240° \times (-20 - j14) + 1\angle 120° \times (-3 + j10)\} \fallingdotseq 1.91 + j6.24[\text{A}]$

77 $P = \dfrac{100}{\sqrt{2}} \times \dfrac{20}{\sqrt{2}} \cos 30° - \dfrac{50}{\sqrt{2}} \times \dfrac{10}{\sqrt{2}} \cos 60° + \dfrac{20}{\sqrt{2}} \times \dfrac{5}{\sqrt{2}} \cos 45° \fallingdotseq 776.4[\text{W}]$

$P_a = \sqrt{\left(\dfrac{100}{\sqrt{2}}\right)^2 + \left(\dfrac{50}{\sqrt{2}}\right)^2 + \left(\dfrac{20}{\sqrt{2}}\right)^2} \times \sqrt{\left(\dfrac{20}{\sqrt{2}}\right)^2 + \left(\dfrac{10}{\sqrt{2}}\right)^2 + \left(\dfrac{5}{\sqrt{2}}\right)^2} \fallingdotseq 1,301.2$

$\cos\theta = \dfrac{P}{P_a} \times 100 = \dfrac{776.4}{1,301.2} \times 100 \fallingdotseq 59.67 \fallingdotseq 59.7[\%]$

78 • 전압원 해석 시

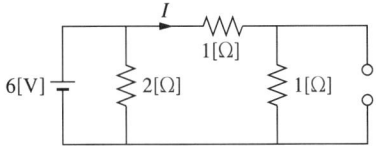

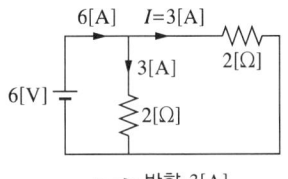

• 전류원 해석 시

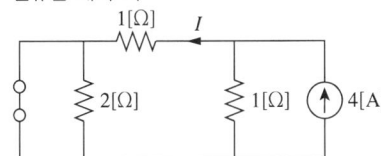

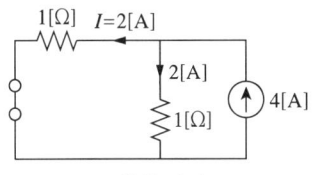

그러므로 → 3[A] ← 2[A]이며,
→ 1[A]이다.

79
$A = 1 + \dfrac{Z_A}{Z_B}$

$B = Z_A$

$C = \dfrac{Z_A + Z_B + Z_C}{Z_B Z_C}$

$D = 1 + \dfrac{Z_A}{Z_C}$

80
$V_C = E\left(1 - e^{-\frac{1}{RC}t}\right)$

$t = 0$을 대입하면 $V_C = E\left(1 - e^{-\frac{1}{RC}t}\right) = 0[\text{V}]$

81 KEC 351.1(발전소 등의 울타리·담 등의 시설)
160[kV] 초과 : 6[m]에 160[kV]를 초과하는 10[kV] 또는 그 단수마다 0.12[m]를 더한 값으로 한다.

• 단수 $= \dfrac{345 - 160}{10} = 18.5$ → 19단

• 충전 부분까지의 거리[m] = 6 + 19 × 0.12 = 8.28[m]

이므로 울타리로부터 충전 부분까지 거리는 8.28 − 2.5 = 5.78[m]

82 사용전압이 15[kV]를 초과하고 25[kV] 이하인 특고압 가공전선로(중성선 다중접지 방식의 것으로서 전로에 지락이 생겼을 때에 2초 이내에 자동적으로 이를 전로로부터 차단하는 장치가 되어 있는 것에 한한다)를 다음에 따라 시설한다.
KEC 333.32-2(15[kV] 초과 25[kV] 이하인 특고압 가공전선로 지지물 간 거리 제한)

지지물의 종류	지지물 간 거리
목주·A종 철주 또는 A종 철근 콘크리트주	100[m]
B종 철주 또는 B종 철근 콘크리트주	150[m]
철 탑	400[m]

83 KEC 121.2(전선의 식별)

상(문자)	색 상
L1	갈색
L2	검은색
L3	회색
N	파란색
보호도체	녹색-노란색

84 KEC 212.6(저압전로 중의 개폐기 및 과전류차단장치의 시설)
사용전압이 400[V] 이하인 옥내전로로서 다른 옥내전로(정격전류가 16[A] 이하인 과전류차단기 또는 정격전류가 16[A]를 초과하고 20[A] 이하인 배선차단기 보호되고 있는 것에 한한다)에 접속하는 길이 15[m] 이하의 전로에서 전기의 공급을 받는 것은 저압 옥내전로의 인입구에 가까운 곳으로서 쉽게 개폐할 수 있는 곳에 개폐기를 시설하지 아니할 수 있다.

85 KEC 333.7(특고압 가공전선의 높이)

사용전압의 구분	지표상의 높이
35[kV] 이하	5[m] (철도 또는 궤도를 횡단하는 경우에는 6.5[m], 도로를 횡단하는 경우에는 6[m], 횡단보도교의 위에 시설하는 경우로서 전선이 특고압 절연전선 또는 케이블인 경우에는 4[m])
35[kV] 초과 160[kV] 이하	6[m] (철도 또는 궤도를 횡단하는 경우에는 6.5[m], 산지 등에서 사람이 쉽게 들어갈 수 없는 장소에 시설하는 경우에는 5[m], 횡단보도교의 위에 시설하는 경우 전선이 케이블인 때는 5[m])
160[kV] 초과	6[m] (철도 또는 궤도를 횡단하는 경우에는 6.5[m], 산지 등에서 사람이 쉽게 들어갈 수 없는 장소에 시설하는 경우에는 5[m])에 160[kV]를 초과하는 10[kV] 또는 그 단수마다 0.12[m]를 더한 값

86 KEC 364.1(무선용 안테나 등을 지지하는 철탑 등의 시설)
무선통신용 안테나나 반사판을 지지하는 지지물들의 안전율 : 1.5 이상

87 KEC 331.7(가공전선로 지지물의 기초의 안전율)
• 지지물의 기초 안전율 2 이상
• 상정하중에 대한 철탑의 기초 안전율 1.33 이상

88 KEC 132(전로의 절연저항 및 절연내력)

접지방식	최대사용전압	시험전압(최대사용전압배수)	최저시험전압
비접지	7[kV] 이하	1.5배	
	7[kV] 초과	1.25배	10.5[kV]
중성점 접지	60[kV] 초과	1.1배	75[kV]
중성점 직접접지	60[kV] 초과 170[kV] 이하	0.72배	
	170[kV] 초과	0.64배	
중성점 다중접지	25[kV] 이하	0.92배	

∴ 154 × 0.72 = 110.88[kV]

89 KEC 234.6(점멸기의 시설)
자동 소등 시간
- 관광숙박업 또는 숙박업 객실 입구등 : 1분 이내
- 일반주택 및 아파트 각 호실의 현관등 : 3분 이내

90 KEC 234.12(네온방전등)
- 전선 상호 간의 간격은 60[mm] 이상일 것
- 관등회로의 배선은 애자공사에 의할 것
- 전선 지지점 간의 거리는 1[m] 이하로 할 것
- 관등회로의 배선은 외상을 받을 우려가 없고 사람이 접촉될 우려가 없는 노출장소에 시설할 것

91 KEC 341.2(특고압 배전용 변압기의 시설)
특고압 배전용 변압기의 1차 전압은 35[kV] 이하이고, 2차 측은 저압 또는 고압이어야 한다.

92 KEC 421.4(변전소의 설비)
- 변전소 등의 계통을 구성하는 각종 기기는 운용 및 유지보수성, 시공성, 내구성, 효율성, 친환경성, 안전성 및 경제성 등을 종합적으로 고려하여 선정하여야 한다.
- 급전용 변압기는 직류 전기철도의 경우 3상 정류기용 변압기, 교류 전기철도의 경우 3상 스코트 결선 변압기의 적용을 원칙으로 하고, 급전계통에 적합하게 선정하여야 한다.
- 차단기는 계통의 장래계획을 고려하여 용량을 결정하고, 회로의 특성에 따라 기종과 동작책무 및 차단시간을 선정하여야 힌다.
- 개폐기는 선로 중 중요한 분기점, 고장발견이 필요한 장소, 빈번한 개폐를 필요로 하는 곳에 설치하며, 개폐상태의 표시, 잠금장치 등을 설치하여야 한다.
- 제어용 교류전원은 상용과 예비의 2계통으로 구성하여야 한다.
- 제어반의 경우 디지털계전기방식을 원칙으로 하여야 한다.

93 KEC 541.1(설치장소의 안전 요구사항)
- 연료전지를 설치할 주위의 벽 등은 화재에 안전하게 시설하여야 한다.
- 가연성물질과 안전거리를 확보하여야 한다.
- 침수 등의 우려가 없는 곳에 시설하여야 한다.

94 KEC 421.4(변전소의 설비)
- 변전소 등의 계통을 구성하는 각종 기기는 운용 및 유지보수성, 시공성, 내구성, 효율성, 친환경성, 안전성 및 경제성 등을 종합적으로 고려하여 선정하여야 한다.
- 급전용 변압기는 직류 전기철도의 경우 3상 정류기용 변압기, 교류 전기철도의 경우 3상 스코트 결선 변압기의 적용을 원칙으로 하고, 급전계통에 적합하게 선정하여야 한다.

95 KEC 222.11/332.11(저·고압 가공전선과 건조물의 접근)

구 분		저압 가공전선			고압 가공전선		
		일 반	절 연	케이블	일 반	절 연	케이블
상부 조영재	위 쪽	2[m]	1[m]	1[m]	2[m]	–	1[m]
	옆쪽 또는 아래쪽, 기타 조영재	1.2[m]	0.4[m]	0.4[m]	1.2[m]	–	0.4[m]
		인체 비접촉 시 0.8[m]					

96 KEC 241.1(전기울타리)
- 사용전압 : 250[V] 이하
- 전선 굵기 : 인장강도 1.38[kN], 지름 2.0[mm] 이상 경동선
- 간 격
  - 전선과 기둥 사이 : 25[mm] 이상
  - 전선과 수목 사이 : 0.3[m] 이상

97 애자사용배선
약전류전선, 수관, 가스관, 다른 옥내배선과의 간격 0.1[m](나전선일 때는 0.3[m])

98 KEC 231.3.1(저압 옥내배선의 사용전선)
㉠ 저압 옥내배선의 전선은 단면적 2.5[mm^2] 이상의 연동선 또는 이와 동등 이상의 강도 및 굵기의 것
㉡ 옥내배선의 사용 전압이 400[V] 이하인 경우로 다음 중 어느 하나에 해당하는 경우에는 ㉠을 적용하지 않는다.
- 전광표시장치 기타 이와 유사한 장치 또는 제어 회로 등에 사용하는 배선에 단면적 1.5[mm^2] 이상의 연동선을 사용하고 이를 합성수지관공사·금속관공사·금속몰드공사·금속덕트공사·플로어덕트공사 또는 셀룰러덕트공사에 의하여 시설하는 경우
- 전광표시장치 기타 이와 유사한 장치 또는 제어회로 등의 배선에 단면적 0.75[mm^2] 이상인 다심케이블 또는 다심 캡타이어 케이블을 사용하고 또한 과전류가 생겼을 때에 자동적으로 전로에서 차단하는 장치를 시설하는 경우

99 KEC 522.2.2(전력변환장치의 시설)
인버터, 절연변압기 및 계통 연계 보호장치 등 전력변환장치의 시설은 다음에 따라 시설하여야 한다.
- 인버터는 실내·실외용을 구분할 것
- 각 직렬군의 태양전지 개방전압은 인버터 입력전압 범위 이내일 것
- 옥외에 시설하는 경우 방수등급은 IPX4 이상일 것

100 KEC 223.1/334.1(지중전선로의 시설)
지중전선로를 관로식에 의하여 시설하는 경우 관로식에 의하여 시설하는 경우에는 매설 깊이를 1.0[m] 이상으로 한다. 단, 중량물의 압력을 받을 우려가 없는 곳은 0.6[m] 이상으로 한다.

2023년 제2회 CBT

page 297

1	2	3	4	5	6	7	8	9	10	11	12	13	14	15	16	17	18	19	20
①	①	②	②	②	③	④	②	②	①	③	④	④	③	②	④	①	②	④	②
21	22	23	24	25	26	27	28	29	30	31	32	33	34	35	36	37	38	39	40
②	①	②	③	④	①	③	②	②	③	①	③	④	④	③	③	②	④	③	④
41	42	43	44	45	46	47	48	49	50	51	52	53	54	55	56	57	58	59	60
①	③	③	③	④	③	②	①	①	④	①	①	③	①	③	①	②	①	②	②
61	62	63	64	65	66	67	68	69	70	71	72	73	74	75	76	77	78	79	80
③	①	①	③	②	④	③	①	③	④	①	③	④	②	②	①	③	②	①	②
81	82	83	84	85	86	87	88	89	90	91	92	93	94	95	96	97	98	99	100
④	③	④	②	②	①	②	①	①	④	④	②	①	①	④	③	④	④	④	②

01 영상법에서 무한평면도체 표면에 유도되는 최대 전하밀도($y=0$)

$$\sigma_m = -\varepsilon_0 E = -\frac{Q}{2\pi d^2}[\mathrm{C/m^2}]$$

02 환상솔레노이드

- 철심저항 $R=\dfrac{l}{\mu S}$
- 공극저항 $R_\mu = \dfrac{l_g}{\mu_0 S}$
- 전체저항 $R_m = R+R_\mu = \dfrac{l}{\mu S}+\dfrac{l_g}{\mu_0 S}=\left(1+\dfrac{l_g}{l}\dfrac{\mu}{\mu_0}\right)R$

03

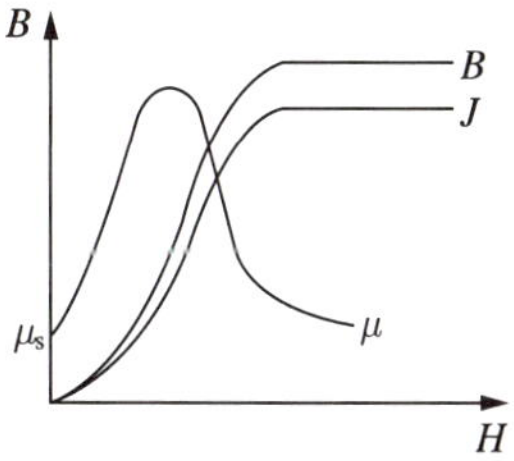

- 자화의 세기

$$J=\mu_0(\mu_s-1)H=B-\mu_0 H$$
$$=\left(1-\frac{1}{\mu_s}\right)B[\mathrm{Wb/m^2}]$$

- 강자성체는 $\mu_s \gg 1$이므로 $J \le B$, 즉 J는 B보다 약간 작다.

04 분극의 세기 $P=D-\varepsilon_0 E=\varepsilon_0(\varepsilon_s-1)E=D\left(1-\dfrac{1}{\varepsilon_s}\right)=\chi\cdot E$에서

유전체의 표면전하밀도 $\delta=P$

$P=\varepsilon_0(\varepsilon_s-1)E=\varepsilon_0(10-1)\times 5=45\varepsilon_0[\mathrm{C/m^2}]$

05 지상의 높이 $h[\text{m}]$와 같은 거리에 선전하 밀도 $-\lambda[\text{C/m}]$인 영상전하를 고려하여 선전하 간의 작용력을 구하면
$$F = -\lambda E = -\lambda \cdot \frac{\lambda}{2\pi\varepsilon_0(2h)} = \frac{-\lambda^2}{4\pi\varepsilon_0 h} \propto \frac{1}{h}$$

06 내부에너지 $W = \frac{1}{2}LI^2 = \frac{1}{2}\left(\frac{\mu}{8\pi}\right)I^2 = \frac{\mu}{16\pi}I^2[\text{J/m}]$

07 최대 유기기전력 $E_m = \omega NBS = 2\pi f NBS$이므로 $E_m \propto f \cdot S$이다.
따라서 $E_m' = 2f \times 2S = 4E_m$ 이므로
유기기전력의 최댓값은 4배로 된다.

08 $F \propto \frac{1}{\varepsilon}$에서 $5 : \frac{1}{\varepsilon_0} = 2 : \frac{1}{\varepsilon_0 \varepsilon_s}$ 이므로
$\varepsilon_s = \frac{5}{2} = 2.5$

09 포인팅 벡터 : 단위시간에 단위면적을 지나는 에너지
임의의 점을 통과할 때의 전력밀도 $P = E \times H = EH\sin\theta[\text{W/m}^2]$에서 자계와 전계는 수직이므로 $P = EH[\text{W/m}^2]$

10 $L = \frac{N^2}{R_m} = \frac{\mu s n^2 l^2}{l} = \mu s n^2 l$
∴ 단위길이당 $L_0 = \mu s n^2 = \mu \pi a^2 n^2[\text{H/m}]$

11 에너지 $W = \frac{D^2}{2\varepsilon_0}$에서
$D = \sqrt{2\varepsilon_0 W} = \sqrt{2 \times \varepsilon_0 \times 10^{-7}} = 1.33 \times 10^{-9}[\text{C/m}^2]$

12 자성체 단위체적당 저장되는 에너지
$\omega = \frac{1}{2}\mu H^2 = \frac{B^2}{2\mu} = \frac{1}{2}BH[\text{J/m}^3]$

13 경계면에 수직으로 입사할 때 $D_1 = D_2$이므로 $\varepsilon_1 E_1 = \varepsilon_2 E_2$에서 $\frac{E_2}{E_1} = \frac{\varepsilon_1}{\varepsilon_2}$이다.

14 영상법에서 무한평면인 경우
• 작용하는 힘 $F = \frac{Q^2}{4\pi\varepsilon_0(2d)^2}[\text{J}]$
• 전하를 가져올 때 한 일 $W = Fd = \frac{Q^2}{16\pi\varepsilon_0 d^2} \times d = \frac{Q^2}{16\pi\varepsilon_0 d}[\text{J}]$

15 분극의 세기 $P = \varepsilon_0(\varepsilon_s - 1)E = \frac{1}{36\pi} \times 10^{-9} \times (6-1) \times 10^4 = \frac{5}{36\pi} \times 10^{-5}[\text{C/m}^2]$

16

자성체 종류	특 징	자기모멘트	영구자기 쌍극자	종 류
강자성체	$\mu_r \gg 1$ $\chi_m \gg 0$	↑↑↑↑↑↑	동일방향 배열	철, 니켈, 코발트
상자성체	$\mu_r > 1$ $\chi_m > 0$	↗↘⊘↓↘↑	비규칙적인 배열	알루미늄, 백금, 주석, 산소, 질소
반자성체, 역자성체	$\mu_r < 1$ $\chi_m < 0$	↑↓↑↓↑↓	없 음	비스무트, 은, 구리, 탄소 등
반강자성체		↑↓↑↓↑↓	반대방향 배열	

17 자화의 세기 $J = \dfrac{M(\text{자기 모멘트})}{V(\text{체적})}$ 에서

   $M = JV = \dfrac{4}{3}\pi a^3 J [\text{Wb} \cdot \text{m}]$

18 포인팅 벡터 $P = EH = \dfrac{E^2}{377} = \dfrac{6^2}{377} = 9.55 \times 10^{-2}$

19

자성체 종류	특 징	자기모멘트	영구자기 쌍극자	종 류
강자성체	$\mu_r \gg 1$ $\chi_m \gg 0$	↑↑↑↑↑↑	동일방향 배열	철, 니켈, 코발트
상자성체	$\mu_r > 1$ $\chi_m > 0$	↗↘⊘↓↘↑	비규칙적인 배열	알루미늄, 백금, 주석, 산소, 질소
반자성체, 역자성체	$\mu_r < 1$ $\chi_m < 0$	↑↓↑↓↑↓	없 음	비스무트, 은, 구리, 탄소 등
반강자성체		↑↓↑↓↑↓	반대방향 배열	

20 • 전류의 연속성

   $\nabla \cdot i = \text{div}\, i = 0$

   즉, 임의의 폐곡면(회로에서는 임의의 점)에서의 전류 총 발산량은 0이다.

   • 전류의 불연속성

   $\nabla \cdot j = \text{div}\, j = -\dfrac{\partial \rho}{\partial t}$

   즉, 전류밀도의 발산은 체적 전하밀도의 단위시간당 감소(-)를 의미한다.

21 전력 퓨즈(Power Fuse)는 특고압 기기의 단락전류 차단을 목적으로 설치한다.
   • 장점 : 소형 및 경량, 차단용량이 큼, 고속 차단, 보수가 간단, 가격이 저렴, 정전용량이 작음
   • 단점 : 재투입이 불가능

22 한류리액터는 단락사고 시 단락전류를 제한하여 차단기 용량을 줄인다.

23 $\eta = \dfrac{860w}{mH} \times 100 = \dfrac{860 \times 40,000}{60 \times 10^3 \times 860} \times 100 ≒ 66.67[\%]$

24 전압을 n배로 승압 시

항 목	송전전력	전압강하	단면적 A	총중량 W	전력손실 P_l	전압 강하율 ε
관 계	$P \propto V^2$	$e \propto \dfrac{1}{V}$	\multicolumn{4}{c}{$[A,\ W,\ P_l,\ \varepsilon] \propto \dfrac{1}{V^2}$}

25 C_a에 충전전압 E가 인가, 정전용량 C_{ab}와 C_b의 직렬회로이므로 전압이 분배된다.

정전유도전압 $E_s = \dfrac{C_{ab}}{C_{ab} + C_b} \times E$

26 $E_n = \dfrac{\sqrt{C_a(C_a - C_b) + C_b(C_b - C_c) + C_c(C_c - C_a)}}{C_a + C_b + C_c} \times \dfrac{V}{\sqrt{3}}$

$= \dfrac{\sqrt{0.031(0.031 - 0.03) + 0.03(0.03 - 0.032) + 0.032(0.032 - 0.031)}}{0.031 + 0.03 + 0.032} \times \dfrac{154,000}{\sqrt{3}}$

$= 1,655.913[\text{V}]$

$\dfrac{E_n}{\text{계통의 상전압}} = \dfrac{1,655.913[\text{V}]}{\dfrac{154,000}{\sqrt{3}}} \times 100 = 1.862[\%]$

27 **유도장해 방지 대책**
- 전력선 측
  - 상호인덕턴스 감소 : 차폐선을 설치(30~50[%] 경감), 송전선과 통신선 충분한 이격
  - 중성점 접지저항값 증가, 유도전류 감소 : 소호리액터 중성점 접지 채용
  - 고장지속시간 단축 : 고속도 지락보호계전방식 채용
  - 지락전류 감소 : 차폐감수 감소
- 통신선 측
  - 상호인덕턴스 감소 : 연피통신케이블 사용
  - 유도전압 감소 : 성능 우수한 피뢰기 설치
  - 병행길이 단축 : 통신선 도중 중계코일 설치
  - 통신잡음 단축 : 배류코일, 중화코일 등으로 접지

28 정격전압은 속류를 차단할 수 있는 교류의 최댓값에 대한 실횻값이다.

29 $P_s = \dfrac{E_S E_R}{X} \sin\delta = \dfrac{161 \times 155}{49.8} \sin 40° ≒ 322.1[\text{MW}]$

30 **보일러의 부속 설비**
- 과열기 : 건조포화증기를 과열증기로 변환하여 터빈에 공급
- 재열기 : 터빈 내에서의 증기를 뽑아내어 다시 가열하는 장치
- 절탄기 : 배기가스의 여열을 이용하여 보일러 급수 예열
- 공기예열기 : 절탄기를 통과한 여열공기를 예열한다(연도의 맨 끝에 위치).

31 $P \propto QH\eta$에서 낙차에 의한 수차의 특성변화에서 $P \propto H^{\frac{3}{2}} \times \eta$
$P = (0.6^{\frac{3}{2}} \times 0.8) \times 100 ≒ 37.18 ≒ 37.2[\%]$

32 $V = I_g Z_{gf} = 3I_0 Z_{gf} = I_0 3Z_{gf}$
$Z_0 = Z_l + Z_t + 3Z_{gf}$

33 전류 차동 보호방식 : 모선, 발전기를 보호하는 방식

34 중성점 접지방식

방 식	보호계전기 동작	지락전류	전위상승	과도 안정도	유도 장해	특 징
직접접지 22.9, 154, 345[kV]	확 실	크다.	1.3배	작다.	크다.	중성점 영전위 단절연 가능
저항접지	↓	↓	$\sqrt{3}$ 배	↓	↓	
비접지 3.3, 6.6[kV]	×	↓	$\sqrt{3}$ 배	↓	↓	저전압 단거리
소호리액터접지 66[kV]	불확실	0	$\sqrt{3}$ 배 이상	크다.	작다.	병렬 공진

35 고장별 대칭분 및 전류의 크기

고장종류	대칭분	전류의 크기
1선 지락	정상분, 역상분, 영상분	$I_0 = I_1 = I_2 \neq 0$
선간 단락	정상분, 역상분	$I_1 = -I_2 \neq 0$, $I_0 = 0$
3상 단락	정상분	$I_1 \neq 0$, $I_0 = I_2 = 0$

1선 지락전류 $I_g = 3I_0 = \dfrac{3E_a}{Z_0 + Z_1 + Z_2}$

36 안정도 향상대책
- 발전기
  - 동기리액턴스 감소(단락비 크게, 전압변압률 작게)
  - 속응여자방식 채용
  - 제동권선 설치(난조 방지)
  - 조속기 감도 둔감
- 송전선
  - 리액턴스 감소
  - 복도체(다도체) 채용
  - 병행 2회선 방식
  - 중간조상방식
  - 고속도 재폐로방식 채택 및 고속 차단기 설치

37 $\uparrow I_s = \dfrac{E}{Z \downarrow}$ (단락전류가 크다, 효율이 높다, 전압변동률이 작다)

38

내부적인 요인	외부적인 요인
개폐서지	뇌서지(직격뢰, 유도뢰)
대책 : 개폐저항기	대책 : 서지흡수기

39 수용률 $= \dfrac{\text{최대수용전력[kW]}}{\text{부하설비용량[kW]}} \times 100[\%]$

40 **복도체(다도체) 방식의 주목적** : 코로나 방지
- 인덕턴스는 감소, 정전용량은 증가
- 같은 단면적의 단도체에 비해 전력용량의 증대
- 코로나의 방지, 코로나 임계전압의 상승
- 송전용량의 증대
- 소도체 충돌 현상(대책 : 스페이서의 설치)
- 단락 시 대전류 등이 흐를 때 소도체 사이에 흡인력이 발생

41 **전기자 반작용의 영향**
- 주자속 감소 : 발전기 - 유기기전력 감소, 전동기 - 토크 감소, 속도 증가
- 전기적 중성축 이동 : 발전기 - 회전방향, 전동기 - 회전 반대방향
- 정류자 편 간의 불꽃 섬락 발생 : 정류 불량의 원인

42 **1차 저항 기동방식** : 전동기 1차 측에 저항을 삽입하여 전압강하를 이용하여 기동기 기동저항을 감소하여 기동하는 방법

43 (a) $P_V = \sqrt{3}\,P = \sqrt{3} \times 100 ≒ 173.2 [\text{kVA}]$

(b) 1대의 출력 $P_0 = \dfrac{P_V}{2} = \dfrac{173.2}{2} = 86.6 [\text{kVA}]$

44 2중 농형 유도전동기는 일반적인 농형 유도전동기에 비하여 기동전류가 작고 기동토크가 크다.

45 래칭전류란 사이리스터가 턴온하기 위하여 게이트에 인가하여야 하는 순전류를 말한다.

46 **분포권의 특징**
- 분포권은 집중권에 비하여 합성유기기전력이 감소한다.
- 기전력의 고조파가 감소하여 파형이 좋아진다.
- 권선의 누설리액턴스가 감소한다.
- 전기자권선에 의한 열을 고르게 분포시켜 과열을 방지한다.

47 감자기자력 $AT_d = \dfrac{2\alpha}{\pi} \cdot \dfrac{ZI_a}{2aP}[\text{AT/pole}]$

여기서, α : 브러시 이동각

48
Heyland 원선도
유도전동기 1차 부하전류의 선단 부하의 증감과 더불어 그리는 그 궤적이 항상 반원주상에 있는 것을 이용하여 여러 가지 값을 구하는 곡선

작성에 필요한 값	저항 측정	무부하시험	구속시험
		철손, 여자전류	동손, 임피던스 전압, 단락전류
구할 수 있는 값		1차 입력, 2차 입력(동기와트), 철손, 슬립 1차 저항손, 2차 저항손, 출력, 효율, 역률	
구할 수 없는 값		기계적 출력, 기계손	

49
역률제어와는 관계가 없다.

50
누설변압기 특성으로는 정출력, 정전류 특성이 필요하며 전류가 증가하면 전압이 저하하는 수하 특성이 있어야 한다.

51
동기전동기의 특징

장 점	단 점
• 속도가 N_s로 일정	• 보통 기동토크가 작음
• 역률을 항상 1로 운전 가능	• 속도 제어가 어려움
• 효율이 좋음	• 직류 여자가 필요함
• 공극이 크고 기계적으로 튼튼함	• 난조가 일어나기 쉬움

52
발전기인 경우 유기기전력 $E_G = V + I_a R_a = 200 + 100 \times 0.05 = 205 [\text{V}]$
전동기인 경우 역기전력 $E_M = V - I_a R_a = 200 - 100 \times 0.05 = 195 [\text{V}]$
$N_M = N_G \times \dfrac{E_M}{E_G} = 1,500 \times \dfrac{195}{205} = 1,426.8 ≒ 1,427 [\text{rpm}]$

53
용량은 1차, 2차 같으므로 $I_1 = \dfrac{P}{\sqrt{3}\, V_1} = \dfrac{75,000}{\sqrt{3} \times \sqrt{3} \times 2,000} = 12.5 [\text{A}]$

※ $E_1 = aE_2 = 10 \times 200 = 2,000$
  1차 선간전압 $V_1 = \sqrt{3}\, E_1 = \sqrt{3} \times 2,000$

54
매극 매상의 슬롯수가 1이면 유도기전력은 매극 매상의 코일변을 형성하는 각 도체의 유도기전력 사이에 위상차가 없는 경우이며 이와 같은 권선법을 집중권이라고 한다.

55
정격주파수 f, 정격전압 V라고 하면, 철손 $P_i = kfB_m^2 = kf\left(k'\dfrac{V}{f}\right)^2$의 조건에서 상승한 주파수는 $f' = 0.97f$, 감소한 전압은 $V' = 1.03V$, 이때의 철손을 P_i'라고 하면
$P_i' = k\dfrac{V'^2}{f} = k\dfrac{1.03^2 V^2}{0.97f} ≒ \dfrac{1.06}{0.97} P_i ≒ 1.0927 P_i$
즉, 철손은 약 9.4[%] 증가한다.

56
변압기의 전압변동률
$\varepsilon = p\cos\theta \pm q\sin\theta$ (+ : 지상, - : 진상)
$= 1.5 \times 0.8 + 3 \times (-0.6) = -0.6 [\%]$
여기서, p : %저항강하, q : %리액턴스강하

57 균압선
- 병렬운전을 안정하게 하기 위하여 설치하는 것
- 직렬 계자권선을 가지는 발전기에 필요 : 직권 및 복권발전기

58 콘덴서 기동형 전동기의 특성
- 분상 기동형의 일종으로 직렬로 콘덴서를 연결한다.
- 회전자계는 원형이다.
- 기동전류는 작고 기동회전력이 크다.
- 진동과 소음이 작다.
- 역률과 효율이 다른 단상 유도전동기에 비해 좋다.

59 브러시의 위치 변경으로 회전방향을 조정하는 기계
- 단상 반발전동기(아트킨손형, 톰슨형, 데리형) : 교·직 양용 – 만능전동기
- 단상 직권 정류자전동기(직권형, 보상 직권형, 유도보상 직권형)
- 3상 분권 정류자전동기(시라게전동기)

60 유도자형 발전기는 수백~수만[Hz] 정도의 주파수를 발생시키는 고주파발전기에는 계자극과 전기자를 함께 고정시키고 그 중앙에 유도자라고 하는 권선이 없는 회전자를 갖고 있다.

61 자동제어 시스템의 분류
- 목푯값에 의한 분류
  정치제어, 추치제어 : 프로그램제어, 추종제어, 비율제어
- 제어량에 의한 분류
  서보기구(Servomechanism), 프로세스제어, 자동조정

62 트랜지스터 논리회로
트랜지스터의 동작 : B에 신호 인가 시 C에서 E로 전류가 흐른다.

X	Y	D
0	0	1
0	1	0
1	0	0
1	1	0

위 진리표의 결과는 NOR소자에 해당된다.
(입력 측 : OR, 출력 측 : NOT)

63 $G(s) = \dfrac{C}{R} = \dfrac{G_1 + G_2}{1 - G_1 H_1}$

$P_1 = G_1$
$P_2 = G_2$
$L = G_1 H_1$

64
$C(t) = X_1(t)$

$\dfrac{d}{dt}c(t) = X_2(t)$

$\dot{X}_1(t) = X_2(t)$

$\dot{X}_2(t) = r(t) - 4X_1(t) - 5X_2(t)$

$\begin{bmatrix} \dot{X}_1(t) \\ \dot{X}_2(t) \end{bmatrix} = \begin{bmatrix} 0 & 1 \\ -4 & -5 \end{bmatrix} \begin{bmatrix} X_1(t) \\ X_2(t) \end{bmatrix} + \begin{bmatrix} 0 \\ 1 \end{bmatrix} r(t)$

65
$s^2 + 6s + 25 = 0$

$s^2 + 2\delta\omega_n s + \omega_n^2 = 0$

$\omega_n^2 = 25 \rightarrow \omega_n = 5$

$2 \cdot \delta \cdot 5 = 6 \rightarrow \delta = \dfrac{6}{10} = 0.6$

감쇠진동주파수 $\omega_d = \omega_n \sqrt{1-\delta^2} = 5\sqrt{1-0.6^2} = 4[\text{rad/s}]$

66
$G(j\omega) = \dfrac{1}{j100\omega}$

$G(j\omega) = \dfrac{1}{j100 \times 1}$

분모에 j가 있으므로 $-90°$

$20\log|G(j\omega)| = 20\log\dfrac{1}{100} = 20\log 10^{-2} = -40[\text{dB}]$

67 특성방정식의 근의 위치에 따른 안정도 판별

안정도	s평면의 근의 위치	z평면의 근의 위치
안 정	좌반면	단위원 내부
불안정	우반면	단위원 외부
임계안정	허수축	단위원주상

68
$①s^3 + ②s^2 + ⑨{k+3}s + ⑩{10} = 0$

$2k+6$

$2k + 6 > 10$

$2k > 4$

$k > 2$

69 극점 또는 영점의 개수가 많은 것이 근궤적의 가지수
- 극점 0, -1, -3, -4
- 영점 -2

극점이 4개이므로 근궤적의 가지수는 4개

70
$G(s) = \dfrac{E_o(s)}{E_i(s)} = \dfrac{\left(-R + \dfrac{1}{sC}\right) \times sC}{\left(R + \dfrac{1}{sC}\right) \times sC} = \dfrac{1 - RsC}{RsC + 1}$

71 대칭 n상 Y결선(성형결선)

선간전압과 상전압 간의 위상차 $\theta = \dfrac{\pi}{2}\left(1-\dfrac{2}{n}\right)$ 만큼 앞선다.

72 $\tau = \dfrac{L}{R} = \dfrac{5}{50} = 0.1[\text{s}]$

73
- 극점(Pole) : 2단자 임피던스의 분모=0인 경우 $Z=\infty$(회로 개방)
- 2단자 임피던스 $Z(s) = \dfrac{\text{영점}}{\text{극점}} = \dfrac{(s+2)(s+3)}{(s+4)(s+5)}$

$\therefore$ 극점 : $s = -4, -5$

74 $Y = Y_1 + Y_2$

$= \dfrac{1}{R} + \dfrac{1}{jX_L}$

$= \dfrac{1}{\frac{1}{3}} + \dfrac{1}{j\frac{1}{4}} = 3 - j4[\mho]$

75 $R-C$ 직·병렬회로
- 전달함수

$G(s) = \dfrac{\text{출력}}{\text{입력}} = \dfrac{R_2}{\dfrac{R_1}{R_1Cs+1} + R_2} = \dfrac{R_2 + R_1R_2Cs}{R_1 + R_2 + R_1R_2Cs}$

- 조건 : $T_1 = R_1C$, $T_2 = \dfrac{R_2}{R_1+R_2}$ 일 때

$G(s) = \dfrac{\dfrac{R_2}{R_1+R_2} + \dfrac{R_1R_2Cs}{R_1+R_2}}{1 + \dfrac{R_1R_2Cs}{R_1+R_2}} = \dfrac{T_2 + T_1T_2s}{1+T_1T_2s} = \dfrac{T_2(1+T_1s)}{1+T_1T_2s}$

76 $\cos\theta = \dfrac{W_1+W_2}{2\sqrt{W_1^2+W_2^2-W_1W_2}} = \dfrac{2.36+5.95}{2\sqrt{2.36^2+5.95^2-2.36\times5.95}} \times 100 \fallingdotseq 80[\%]$

$\cos\theta = \dfrac{W_1+W_2}{\sqrt{3}\,VI} \times 100 \fallingdotseq 80[\%]$

77 $Z_0 = \sqrt{\dfrac{Z}{Y}}$, $\gamma = \sqrt{ZY}$

$Z_0 \cdot \gamma = \sqrt{\dfrac{Z}{Y} \cdot ZY}$

$Z_0\gamma = Z$

78 중첩의 원리(전압원 : 단락, 전류원 : 개방)
- 전류원만 인가 시 : 전압원 단락 $I_R' = \dfrac{1}{1+2} \times (-9) = -3[A]$
- 전압원만 인가 시 : 전류원 개방 $I = \dfrac{V}{R} = \dfrac{6}{3} = 2[A]$

$$I_R'' = \dfrac{V_R}{R} = \dfrac{2}{2} = 1[A]$$
$$\therefore I = I_R' + I_R'' = -3 + 1 = -2[A]$$

79 80[V], 50[V], 50[V]를 벡터로 표현하면
$V_a = 80$, $V_b = -40 - j30$, $V_c = -40 + j30$
$a = -\dfrac{1}{2} + j\dfrac{\sqrt{3}}{2}$, $a^2 = -\dfrac{1}{2} - j\dfrac{\sqrt{3}}{2}$

$$불평형률 = \dfrac{역상분}{정상분} \times 100 = \dfrac{\dfrac{1}{3}(V_a + a^2 V_b + a V_c)}{\dfrac{1}{3}(V_a + a V_b + a^2 V_c)} \times 100$$

공식에 위 수식을 아래 수식에 대입하여 계산하면 39.6[%]가 나온다.

80 $E = Ir + IR$
$E = Ir + V$
$E - V = Ir$
$E - V = \dfrac{V}{R}r$
$R = \dfrac{V}{E - V}r$

81 KEC 333.7(특고압 가공전선의 높이)

사용전압의 구분	지표상의 높이
35[kV] 이하	5[m] (철도 또는 궤도를 횡단하는 경우에는 6.5[m], 도로를 횡단하는 경우에는 6[m], 횡단보도교의 위에 시설하는 경우로서 전선이 특고압 절연전선 또는 케이블인 경우에는 4[m])
35[kV] 초과 160[kV] 이하	6[m] (철도 또는 궤도를 횡단하는 경우에는 6.5[m], 산지 등에서 사람이 쉽게 들어갈 수 없는 장소에 시설하는 경우에는 5[m], 횡단보도교의 위에 시설하는 경우 전선이 케이블인 때는 5[m])
160[kV] 초과	6[m] (철도 또는 궤도를 횡단하는 경우에는 6.5[m], 산지 등에서 사람이 쉽게 들어갈 수 없는 장소에 시설하는 경우에는 5[m])에 160[kV]를 초과하는 10[kV] 또는 그 단수마다 0.12[m]를 더한 값

82 KEC 221.2(옥측전선로)
저압 옥측전선로 공사방법
- 애자공사(전개된 장소)
- 합성수지관공사
- 금속관공사(목조 이외의 조영물에 시설하는 경우에 한한다)
- 버스덕트공사[목조 이외의 조영물(점검할 수 없는 은폐된 장소는 제외한다)에 시설하는 경우에 한한다]
- 케이블공사(연피케이블·알루미늄피케이블 또는 무기물절연(MI)케이블을 사용하는 경우에는 목조 이외의 조영물에 시설하는 경우에 한한다)

83 **KEC 511.3(옥내전로의 대지전압 제한)**
주택의 전기저장장치의 축전지에 접속하는 부하 측 옥내배선을 시설하는 경우에 주택의 옥내전로의 대지전압은 직류 600[V]까지 적용할 수 있다.

84 **KEC 461.5(누설전류 간섭에 대한 방지)**
직류 전기철도시스템이 매설 배관 또는 케이블과 인접할 경우 누설전류를 피하기 위해 최대한 이격시켜야 하며, 주행레일과 최소 1[m] 이상의 거리를 유지하여야 한다.

85 **KEC 362.1(전력보안통신설비의 시설 요구사항)**
전력보안통신설비의 시설 장소는 다음에 따른다.
- 배전선로
  - 22.9[kV]계통 배전선로 구간(가공, 지중, 해저)
  - 22.9[kV]계통에 연결되는 분산전원형 발전소
  - 폐회로 배전 등 신 배전방식 도입 개소
  - 배전자동화, 원격검침, 부하감시 등 지능형전력망 구현을 위해 필요한 구간

86 **KEC 232.31(금속덕트공사)**
- 전선은 절연전선(옥외용 비닐절연전선을 제외한다)일 것
- 전선 단면적 : 덕트 내부 단면적의 20[%] 이하(제어회로 등 50[%] 이하)
- 지지점 간의 거리 : 3[m] 이하(취급자 외 출입 없고 수직인 경우 : 6[m] 이하)
- 폭 40[mm] 이상, 두께 1.2[mm] 이상인 철판 또는 동등 이상의 기계적 강도를 가지는 금속제의 것으로 제작한 것

87 **KEC 234.6(점멸기의 시설)**
- 자동 소등 시간
  - 관광숙박업 또는 숙박업 객실 입구등 : 1분 이내
  - 일반주택 및 아파트 각 호실의 현관등 : 3분 이내

88 **KEC 132(전로의 절연저항 및 절연내력)**

종 류	비접지	중성점 접지	중성점 직접접지
170[kV]	×1.25	×1.1	×0.64
60[kV]	(최저시험전압 10.5[kV])	(최저시험전압 75[kV])	×0.72
7[kV]	×1.5	25[kV] 이하 중성점 다중접지 ×0.92	

89 **저압 전기설비용 접지도체**
- 다심 코드 또는 다심 캡타이어케이블 : 0.75[mm^2]
- 유연성이 있는 연동연선 : 1.5[mm^2]

90 **KEC 351.5(조상설비의 보호장치)**

설비종별	뱅크용량의 구분	자동적으로 전로로부터 차단하는 장치
전력용 커패시터 및 분로리액터	500[kVA] 초과 15,000[kVA] 미만	내부고장이나 과전류가 생긴 경우에 동작하는 장치
	15,000[kVA] 이상	내부고장이나 과전류 및 과전압이 생긴 경우에 동작하는 장치
무효 전력 보상 장치	15,000[kVA] 이상	내부고장이 생긴 경우에 동작하는 장치

91 KEC 331.7(가공전선로 지지물의 기초의 안전율)
- 지지물의 기초 안전율 2 이상
- 상정하중에 대한 철탑의 기초 안전율 1.33 이상

92 KEC 223.1/334.1(지중전선로의 시설)
지중전선로를 관로식에 의하여 시설하는 경우 관로식에 의하여 시설하는 경우에는 매설 깊이를 1.0[m] 이상으로 한다. 단, 중량물의 압력을 받을 우려가 없는 곳은 0.6[m] 이상으로 한다.

93 KEC 241.8(놀이용 전차)
- 사용전압 AC : 40[V] 이하, DC : 60[V] 이하
- 접촉전선은 제3레일 방식으로 시설
- 누설전류 : AC 100[mA/km], $\dfrac{최대공급전류}{5,000}$ 이하
- 변압기의 1차 전압은 400[V] 이하일 것
- 변압기의 2차 전압은 150[V] 이하일 것

94 전차선의 기울기

설계속도 V[km/h]	속도등급	기울기(천분율)
300< V ≤350	350킬로급	0
250< V ≤300	300킬로급	0
200< V ≤250	250킬로급	1
150< V ≤200	200킬로급	2
120< V ≤150	150킬로급	3
70< V ≤120	120킬로급	4
V ≤70	70킬로급	10

95 KEC 341.13(피뢰기의 시설)
고압 및 특고압의 전로 중 다음에 열거하는 곳 또는 이에 근접한 곳에는 피뢰기를 시설하여야 한다.
- 발전소·변전소 또는 이에 준하는 장소의 가공전선 인입구 및 인출구
- 특고압 가공전선로에 접속하는 배전용 변압기의 고압측 및 특고압측
- 고압 및 특고압 가공전선로로부터 공급을 받는 수용장소의 인입구
- 가공전선로와 지중전선로가 접속되는 곳

96 KEC 362.11(전력선 반송통신용 결합장치의 보안장치)
전력선 반송통신용 결합 커패시터(고장위치 표시장치 기타 이와 유사한 보호장치에 병용하는 것을 제외한다)에 접속하는 회로에는 다음 그림의 보안장치 또는 이에 준하는 보안장치를 시설하여야 한다.

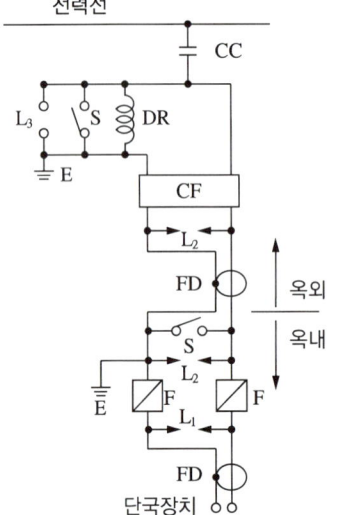

FD : 동축케이블
F : 정격전류 10[A] 이하의 포장 퓨즈
DR : 전류용량 2[A] 이상의 배류 선륜
L_1 : 교류 300[V] 이하에서 동작하는 피뢰기
L_2 : 동작전압이 교류 1.3[kV]를 초과하고 1.6[kV] 이하로 조정된 방전 갭
L_3 : 동작전압이 교류 2[kV]를 초과하고 3[kV] 이하로 조정된 구상 방전 갭
S : 접지용 개폐기
CF : 결합 필터
CC : 결합 커패시터(결합 안테나를 포함한다)
E : 접지

97 조가선은 설비 안전을 위하여 전주와 전주 사이에서 접속하지 말 것

98 고압 또는 특고압 가공전선(전선에 케이블을 사용하는 경우는 제외함)과 금속제의 울타리·담 등이 교차하는 경우에 금속제의 울타리·담 등에는 교차점과 좌, 우로 45[m] 이내의 개소에 320(접지공사)에 의한 접지공사를 하여야 한다.

99 KEC 441.5(회생제동)
전기철도차량은 다음과 같은 경우에 회생제동의 사용을 중단해야 한다.
- 전차선로 지락이 발생한 경우
- 전차선로에서 전력을 받을 수 없는 경우
- 규정된 선로전압이 장기 과전압보다 높은 경우

100 KEC 234.11.5(진열장 또는 이와 유사한 것의 내부 관등회로 배선)
진열장 안의 관등회로의 배선을 외부로부터 보기 쉬운 곳의 조영재에 접촉하여 시설하는 경우에는 다음에 의하여야 한다.
- 전선의 사용은 규정을 따를 것
- 전선에는 방전등용 안정기의 연결선 또는 방전등용 소켓 연결선과의 접속점 이외에는 접속점을 만들지 말 것
- 전선의 접속점은 조영재에서 이격하여 시설할 것
- 전선은 건조한 목재·석재 등 기타 이와 유사한 절연성이 있는 조영재에 그 피복을 손상하지 아니하도록 적당한 기구로 붙일 것
- 전선의 부착점 간의 거리는 1[m] 이하로 하고 배선에는 전구 또는 기구의 중량을 지지하지 않도록 할 것

2023년 제3회 CBT

page 310

1	2	3	4	5	6	7	8	9	10	11	12	13	14	15	16	17	18	19	20
④	④	②	②	②	③	②	①	④	④	④	④	②	③	④	②	④	①	①	①
21	22	23	24	25	26	27	28	29	30	31	32	33	34	35	36	37	38	39	40
②	②	③	③	②	③	④	④	③	④	①	①	④	③	②	②	②	②	③	④
41	42	43	44	45	46	47	48	49	50	51	52	53	54	55	56	57	58	59	60
③	④	①	③	①	①	②	①	②	④	③	④	③	④	②	④	①	②	①	②
61	62	63	64	65	66	67	68	69	70	71	72	73	74	75	76	77	78	79	80
①	①	③	④	③	④	①	②	④	②	④	③	②	③	②	③	①	②	①	④
81	82	83	84	85	86	87	88	89	90	91	92	93	94	95	96	97	98	99	100
①	②	③	②	④	④	③	②	④	②	④	②	③	①	③	④	②	④	②	①

01 $F = BIl\sin\theta$ 에서 수직입사하면 $\sin 90° = 1$이 되어
$F = \mu_0 Hl \dfrac{q}{t} = \mu_0 Hqv = \mu_0 qvH$

02 패러데이 법칙
- 유도기전력의 크기는 폐회로에 쇄교하는 자속의 시간적 변화율에 비례한다.
- 유도기전력 $e = -\dfrac{d\phi}{dt} = -N\dfrac{d\phi}{dt}$

03 $C = \dfrac{2\varepsilon_s}{1+\varepsilon_s} C_0 = \dfrac{2\times 10}{1+10}\times 0.2 ≒ 0.36[\mu F]$

04 힘 $F = BIl\sin\theta = 0.3\times 2\times 5\times \sin 60° ≒ 2.6[N]$

05 $L = \dfrac{n_0\phi}{I} = \dfrac{n_0\mu HS}{\dfrac{H}{n_0}} = \mu Sn_0^2[H/m]$

06 자성체 단위체적당 저장되는 에너지
$\omega = \dfrac{1}{2}\mu H^2 = \dfrac{B^2}{2\mu} = \dfrac{1}{2}BH[J/m^3]$

07 도체 표면의 정전응력(단위면적당 작용력)
$F = \dfrac{1}{2}\varepsilon_0 E^2 = \dfrac{1}{2}\varepsilon_0\left(\dfrac{V}{d}\right)^2[N/m^2]$

08 삼각형 중심의 자계
$H = 3H_1 = \dfrac{9I}{2\pi l}[AT/m]$

09 전속밀도는 매질(유전체)에 관계없이 항상 일정하다(Q[C]의 전하와 전속은 같은 것이며 이는 유전체의 종류와 무관하다. 따라서 면적당 전속수(전속밀도) 또한 유전체와 관계없다).

10 $E = -\text{grad}\,V$
$= -\left(i\dfrac{\partial}{\partial x} + j\dfrac{\partial}{\partial y} + k\dfrac{\partial}{\partial z}\right)(3xy + z + 4)$
$= -\left(i\dfrac{\partial 3xy}{\partial x} + j\dfrac{\partial 3xy}{\partial y} + k\dfrac{\partial z}{\partial z}\right)$
$= -(i3y + j3x + k)$
$= -i3y - j3x - k$

11 $B = \mu H$에서 $\dfrac{\phi}{S} = \mu_0 \mu_s H$

$\therefore \mu_s = \dfrac{\phi}{\mu_s HS} = \dfrac{6 \times 10^{-4}}{\mu_0 \times 2,800 \times 4 \times 10^{-4}} \fallingdotseq 426$

12 $\nabla V = -\left(\dfrac{\partial}{\partial x}i + \dfrac{\partial}{\partial y}j + \dfrac{\partial}{\partial z}k\right)\left(\dfrac{1}{x^2 + y^2}\right)$
$= -\left(\dfrac{\partial\left(\dfrac{1}{x^2+y^2}\right)}{\partial x}i + \dfrac{\partial\left(\dfrac{1}{x^2+y^2}\right)}{\partial y}j\right)$
$= -\left(\dfrac{2xi}{(x^2+y^2)^2} + \dfrac{2yj}{(x^2+y^2)^2}\right)$
$= -\dfrac{2xi + 2yj}{(x^2+y^2)^2}$

13 벡터퍼텐셜과 자속밀도 $B = \text{rot}\,A = \text{Curl}\,A$

따라서 자계 $H = \dfrac{B}{\mu} = \dfrac{1}{\mu}\text{Curl}\,A = \dfrac{1}{\mu} \times \begin{vmatrix} a_x & a_y & a_z \\ \dfrac{\partial}{\partial x} & \dfrac{\partial}{\partial y} & \dfrac{\partial}{\partial z} \\ 3x^2y & 2x & -z^3 \end{vmatrix}$

$= \dfrac{1}{\mu} \times \left\{\left(-\dfrac{\partial z^3}{\partial y} - \dfrac{\partial 2x}{\partial z}\right)a_x + \left(\dfrac{\partial 3x^2y}{\partial z} + \dfrac{\partial z^3}{\partial x}\right)a_y + \left(\dfrac{\partial 2x}{\partial x} - \dfrac{\partial 3x^2y}{\partial y}\right)a_z\right\}$

$= \dfrac{1}{\mu}(2 - 3x^2)a_z$ [A/m]

14 도체의 성질과 전하분포
- 도체 내부 전계의 세기는 0이다.
- 도체 내부는 중성이라 전하를 띠지 않고 도체 표면에만 전하가 분포한다.
- 도체 면에서의 전계의 세기는 도체 표면에 항상 수직이다.
- 도체 표면에서 전하 밀도는 곡률이 클수록, 곡률 반지름은 작을수록 높다.

15
- 전류에 의한 자계의 크기 : 비오-사바르의 법칙
- 방향 : 앙페르의 오른나사 법칙

16 유전체 경계면에 수직으로 전계가 가해졌을 때 $D_1 = D_2$가 된다.
맥스웰 응력($\varepsilon_1 > \varepsilon_2$)
$$f = \frac{1}{2}\left(\frac{1}{\varepsilon_2} - \frac{1}{\varepsilon_1}\right)D^2[\text{N/m}^2]$$
유전율이 큰 유전체가 작은 유전체 쪽으로 끌려 들어가는 힘을 받는다.

17
- 펠티에효과 : 두 종류의 금속선에 전류를 흘리면 접속점에서 열이 흡수 또는 발생하는 현상
- 톰슨효과 : 동일한 금속 도선에 전류를 흘리면 열이 발생되거나 흡수하는 현상
- 제베크효과 : 두 종류 금속 접속면에 온도차를 주면 기전력이 발생하는 현상
- 볼타효과 : 유전체와 유전체, 유전체와 도체를 접촉시키면 전자가 이동하여 양, 음으로 대전되는 현상

18 전계 $E = -\text{grad}\,V = -\left(\frac{\partial}{\partial x}i + \frac{\partial}{\partial y}j + \frac{\partial}{\partial z}k\right)(3xy + 2z^2 + 4)$
$= -\left(\frac{\partial(3xy)}{\partial x}i + \frac{\partial(3xy)}{\partial y}j + \frac{\partial(2z^2)}{\partial z}k\right)$
$= -3yi - 3xj - 4zk$

19 동축케이블의 외부 인덕턴스 $L = \frac{\mu}{2\pi}\ln\frac{b}{a} = \frac{4\pi}{2\pi} \times 10^{-7}\ln\frac{b}{a} = 2 \times 10^{-7}\ln\frac{b}{a}[\text{H/m}]$

20 가우스의 법칙
전하가 임의의 분포(선, 면, 체적)를 하고 있을 때, 폐곡면 내의 전전하와 폐곡면을 통과하는 전기력선의 수 또는 전속과의 관계를 표현한 식을 가우스의 법칙(정리)이라 한다.

21 $P_s = \frac{E_S E_R}{X}\sin\delta = \frac{161 \times 155}{49.8}\sin 40° \fallingdotseq 322.1[\text{MW}]$

22 고압 배전선로의 길이가 길어서 전압강하가 너무 클 경우 배전선로의 중간에 승압기를 설치하여 2차 측 전압을 높여 줌으로써 말단의 전압강하를 방지한다.

23 $\downarrow\cos\theta = \frac{P\downarrow}{P_a}$
P_a가 일정한 상태에서 P(출력)가 감소하면 역률이 저하된다.

24 최대부하전력$[\text{kW}] = \dfrac{\dfrac{(30+50) \times 0.6}{1.2}}{1.3} \fallingdotseq 31$

25 이상전압의 방지대책
- 매설지선 : 역섬락 방지, 철탑 접지저항의 저감
- 가공지선 : 직격뢰 차폐
- 피뢰기 : 이상전압에 대한 기계, 기구 보호

26 중성점 접지방식

방식	보호계전기 동작	지락전류	전위상승	과도 안정도	유도 장해	특징
직접접지 22.9, 154, 345[kV]	확실	크다.	1.3배	작다.	크다.	중성점 영전위 단절연 가능
저항접지	↓	↓	$\sqrt{3}$ 배	↓	↓	
비접지 3.3, 6.6[kV]	×	↓	$\sqrt{3}$ 배	↓	↓	저전압 단거리
소호리액터접지 66[kV]	불확실	0	$\sqrt{3}$ 배 이상	크다.	작다.	병렬 공진

27

$$P \propto V^2 = \left(\frac{345}{154}\right)^2 \fallingdotseq 5$$

28 GIS(Gas Insulated Switchgear)의 방식
- 충전부가 대기에 노출되지 않아 기기의 안정성, 신뢰성이 우수하다.
- 감전사고 위험이 작다.
- 소형화가 가능하다.
- 밀폐형이므로 배기소음이 없다.
- 보수, 점검이 용이하다.

29
재점호전류는 커패시터회로의 무부하 충전전류(진상전류)에 의해 발생한다.

30 피뢰기의 구비조건
- 속류차단능력이 클 것
- 제한전압이 낮을 것
- 충격방전 개시전압이 낮을 것
- 상용주파 방전 개시전압이 높을 것
- 방전내량이 클 것
- 내구성 및 경제성이 있을 것

31
메거(절연저항계)는 절연저항값을 측정하는 기기이다.

32
같은 길이, 같은 저항에서 경동연선과 비교 시 바깥지름은 1 : 1.25, 중량은 1 : 0.48이 된다.

33 피뢰기 정격전압
- 선로단자와 접지단자 간에 인가할 수 있는 상용주파 최대허용전압의 실횻값
- 속류가 차단되는 교류 최고전압(공칭전압=지속성 이상전압=1선 지락고장 시 건전상의 대지전위)

34 보일러의 부속 설비
- 과열기 : 건조포화증기를 과열증기로 변환하여 터빈에 공급
- 재열기 : 터빈 내에서의 증기를 뽑아내어 다시 가열하는 장치
- 절탄기 : 배기가스의 여열을 이용하여 보일러 급수 예열
- 공기예열기 : 절탄기를 통과한 여열공기를 예열한다(연도의 맨 끝에 위치).

35

특유속도(1분간 회전수) $n_s = \dfrac{NP^{\frac{1}{2}}}{H^{\frac{5}{4}}}[\text{rpm}]$

수차의 종류	특유속도 범위
펠턴	12~23
프란시스	65~350
사류	150~250
카플란 및 프로펠러	350~800

36
② 차단기 : 부하전류 개폐, 사고전류 차단
① 단로기, ③ 선로개폐기 : 무부하전류 개폐
④ 전력퓨즈 : 단락전류 차단

37 집중부하와 분산부하

구 분	전력손실	전압강하
말단집중부하	I^2RL	IRL
평등분산부하	$\dfrac{1}{3}I^2RL$	$\dfrac{1}{2}IRL$

38
$V_s = V_R + 2IR = 100 + 2 \times \dfrac{3,000}{100} \times 0.15 = 109[\text{V}]$

39
$P_l = I^2R = P_S - P_R$
$I^2R = V_S I_S \cos\theta_S - V_R I_R \cos\theta_R$ (직렬은 전류가 일정)
$IR = V_S \cos\theta_S - V_R \cos\theta_R$
$I = \dfrac{V_S \cos\theta_S - V_R \cos\theta_R}{R} = \dfrac{6,600 \times 0.9 - 6,100 \times 0.8}{20} = 53[\text{A}]$

40 전력원선도
- 작성 시 필요한 값 : 송·수전단 전압, 일반회로 정수(A, B, C, D)
- 가로축 : 유효전력, 세로축 : 무효전력
- 구할 수 있는 값 : 최대출력, 조상설비용량, 4단자 정수에 의한 손실, 송·수전 효율 및 전압, 선로의 일반회로 정수
- 구할 수 없는 값 : 과도안정 극한전력, 코로나 손실, 사고값

41 n차 고조파 분포권 계수(K_d)

$K_d = \dfrac{\sin\dfrac{\pi}{2n}}{q\sin\dfrac{\pi}{2nq}} = \dfrac{\sin\dfrac{\pi}{2\times 3}}{3\sin\dfrac{\pi}{2\times 3\times 3}} = \dfrac{\sin\dfrac{\pi}{6}}{3\sin\dfrac{\pi}{18}} = \dfrac{\dfrac{1}{2}}{3\sin\dfrac{\pi}{18}} = \dfrac{1}{6\sin\dfrac{\pi}{18}}$

42
V결선 시 용량 $P_V = \sqrt{3}\,P_1$ 이며
△결선 시 용량 $P_\triangle = 3P_1 = \sqrt{3} \times \sqrt{3}\,P_1 = \sqrt{3} \times P_V$ 이므로
$P_\triangle = \sqrt{3} \times 100 = 100\sqrt{3}\,[\text{kVA}]$

43
- 점호각이 0°인 경우 $V' = \dfrac{\sqrt{2}\,V}{2\pi}(1+\cos 0°) = \dfrac{\sqrt{2}\,V}{2\pi} \times 2$
- 점호각이 60°인 경우 $V'' = \dfrac{\sqrt{2}\,V}{2\pi}(1+\cos 60°) = \dfrac{\sqrt{2}\,V}{2\pi} \times 1.5$ 이므로

$\dfrac{1.5}{2} = \dfrac{3}{4}$ 배

44 토크 $T = \dfrac{60P_2}{2\pi N_s}[\text{N}\cdot\text{m}]$ 이므로 2차 입력에 비례하고 동기속도에 반비례한다.

45 직권전동기의 위험속도는 정격전압에 무부하 시이므로 기어운전을 한다.

46 유도전압조정기 용량 $P = eI_s = 30 \times 6 = 180[\text{VA}]$

47 전동기에서 $E = V - I_a R_a = 600 - I_a \times 0.22 = 600 - 136.5 \times 0.22 ≒ 570[\text{V}]$
$I_a = I - I_f =$ ⓐ $-$ ⓑ $= 138 - 1.5 = 136.5[\text{A}]$
ⓐ 부하전류 $I = \dfrac{P}{V} = \dfrac{82,888.9}{600} ≒ 138[\text{A}]$
 (전동기 입력 $P = \dfrac{P_0}{\eta} = \dfrac{100 \times 746}{0.9} = 82,888.9$)
ⓑ 계자전류 $I_f = \dfrac{V}{R_f} = \dfrac{600}{400} = 1.5[\text{A}]$

48 Heyland 원선도
유도전동기 1차 부하전류의 선단 부하의 증감과 더불어 그리는 그 궤적이 항상 반원주상에 있는 것을 이용하여 여러 가지 값을 구하는 곡선

작성에 필요한 값	저항 측정	무부하시험	구속시험
		철손, 여자전류	동손, 임피던스 전압, 단락전류
구할 수 있는 값		1차 입력, 2차 입력(동기와트), 철손, 슬립 1차 저항손, 2차 저항손, 출력, 효율, 역률	
구할 수 없는 값		기계적 출력, 기계손	

49 역저지 3단자 소자
- SCR : 게이트신호로 ON
- LASCR : 빛을 게이트신호로 ON
- GTO : 게이트신호로 ON/OFF

50 스텝모터는 디지털신호에 비례하여 일정 각도만큼 회전하는 모터로서, 여자방식은 1상·2상 여자방식으로 되어 있다.

51 열화방지 설비 : 브리더, 질소봉입, 콘서베이터 설치
※ 수소가스는 권선 사이에서 아크에 의해 발생하는 가스이다.

52 변압기의 시험

측정항목	특성시험
철손, 기계손	무부하시험
동기임피던스, 동기리액턴스	단락시험
단락비	무부하시험, 단락시험

53

단락비 $K_s = \dfrac{1}{\%Z} = \dfrac{6}{5} = 1.2$

$\%Z = \dfrac{I_n Z_s}{E_n} = \dfrac{I_n \times 3}{\dfrac{6{,}000}{\sqrt{3}}} = \dfrac{962.25 \times 3}{\dfrac{6{,}000}{\sqrt{3}}} = \dfrac{5}{6}$

여기서, $I_n = \dfrac{P}{\sqrt{3}\,V} = \dfrac{10{,}000 \times 10^3}{\sqrt{3} \times 6{,}000} = 962.25\,[A]$

54 주파수 변환 : 60[Hz]에서 50[Hz]

구 분	자 속	자속밀도	여자전류	철 손	리액턴스	온도상승	속 도	%Z
주파수	반비례 $\dfrac{6}{5}$	반비례 $\dfrac{6}{5}$	반비례 $\dfrac{6}{5}$	반비례 $\dfrac{6}{5}$	비례 $\dfrac{5}{6}$	반비례 $\dfrac{6}{5}$	비례 $\dfrac{5}{6}$	비례 $\dfrac{5}{6}$

55
- 와전류손을 감소 : 강판성층
- 히스테리시스손을 감소 : 규소강판

56 농형 유도전동기의 특성
- 구조는 튼튼하고 취급이 간단하다.
- 가격이 저렴하고 역률, 효율이 높다.
- 기동전류(=기동용량[kVA])가 크고 기동토크가 작다.
- 소형 및 중형에 많이 사용된다.

57
타여자발전기는 계자권선이 별도의 회로이므로 잔류자기가 없어도 발전이 가능하다.

58
발전기 입력 $P = \dfrac{P_0 \cos\theta}{\eta} = \dfrac{1{,}350 \times 0.8}{0.96} = 1{,}125\,[\text{kW}]$

발전기 출력 $P_0 = 1{,}350 \times 0.8 = 1{,}080\,[\text{kW}]$

손실 $P' = P - P_0 = 1{,}125 - 1{,}080 = 45\,[\text{kW}]$

59
동기발전기의 병렬운전 조건에서 유기기전력의 크기가 같지 않으면 여자전류의 변화에 의해 두 발전기 사이에 무효순환전류가 흐르게 된다.

무효순환전류 $I_c = \dfrac{E_1 - E_2}{2Z_s} = \dfrac{E_c}{2Z_c}$

60
변압기에서 자속을 만드는 전류는 자화전류이다.

61
$$\begin{pmatrix} s & 0 \\ 0 & s \end{pmatrix} - \begin{pmatrix} 1 & -2 \\ -3 & 2 \end{pmatrix} = \begin{pmatrix} s-1 & 2 \\ 3 & s-2 \end{pmatrix}$$
$(s-1)(s-2) - 2 \times 3 = 0$
$s^2 - 3s + 2 - 6 = 0$
$s^2 - 3s - 4 = 0$
$(s-4)(s+1) = 0$
$s = 4, -1$

62
- 비례제어(P 제어) : 잔류편차(Off Set) 발생
- 비례적분제어(PI 제어) : 잔류편차 제거, 시간지연(정상상태 개선)
- 비례미분제어(PD 제어) : 속응성 향상, 진동억제(과도상태 개선)
- 비례미분적분제어(PID 제어) : 속응성 향상, 잔류편차 제거

63 Routh-Hurwitz의 성립 및 안정조건
- 안정조건 : 제1열의 부호의 변화가 없어야 한다.
- 성립조건
  - 모든 계수가 같은 부호여야 한다.
  - 계수 중 어느 하나라도 0이 되어서는 안 된다.

64
$P = G_2$
$L = -\dfrac{G_2}{G_1}$

$$G(s) = \dfrac{P}{1-L} = \dfrac{G_2}{1+\dfrac{G_2}{G_1}} = \dfrac{\dfrac{G_2}{1}}{\dfrac{G_1+G_2}{G_1}} = \dfrac{G_1 G_2}{G_1+G_2}$$

65
- 오버슈트 : 과도상태 중 계단입력을 초과하여 나타나는 출력의 최대편차량, 안정성의 기준
- 감쇠비 : 과도응답의 소멸되는 정도를 나타내는 양

※ 감쇠비 $= \dfrac{\text{제2오버슈트}}{\text{최대오버슈트}}$

66
$c(t) = \mathcal{L}^{-1} G(s) R(s)$ 　　단위 임펄스 응답은 $R(s) = 1$이므로
$\quad = \mathcal{L}^{-1} \dfrac{1}{s^2 + 2s + 1}$
$\quad = \mathcal{L}^{-1} \dfrac{1}{(s+1)^2}$
$c(t) = te^{-t}$

67
$\dfrac{3}{s+1} = A + 1$
$A = \dfrac{3}{s+1} - 1 = \dfrac{3-s-1}{s+1} = \dfrac{-s+2}{s+1}$

68 PB1 스위치를 눌렀다 놓아도 Ⓧ계전기가 계속 여자되어 있는 회로 → 자기유지회로

69 $\dfrac{C(z)}{R(z)} = \dfrac{G(z)}{1+G(z)}$

70
- 적분회로(지상회로) : 콘덴서가 출력단에 위치한다.
- 미분회로(진상회로) : 콘덴서가 입력단에 위치한다.

71 4단자 정수

$\dot{A} = \dfrac{\dot{V_1}}{\dot{V_2}}\bigg|_{\dot{I_2}=0} = \dfrac{12}{4} = 3,\ \dot{B} = \dfrac{\dot{V_1}}{\dot{I_2}}\bigg|_{\dot{V_2}=0} = \dfrac{16}{2} = 8$

$\dot{C} = \dfrac{\dot{I_1}}{\dot{V_2}}\bigg|_{\dot{I_2}=0} = \dfrac{2}{4} = 0.5,\ \dot{D} = \dfrac{\dot{I_1}}{\dot{I_2}}\bigg|_{\dot{V_2}=0} = \dfrac{4}{2} = 2$

72 $P_a = \dfrac{3V_l^2 Z}{R^2+X^2} = \dfrac{3\times 200^2 \times \sqrt{14^2+48^2}}{14^2+48^2} = 2,400\,[\text{VA}]$

73 $Z = \dfrac{\dfrac{R}{j\omega C}}{R + \dfrac{1}{j\omega C}} = \dfrac{R}{1+j\omega CR}$

$e(t) = Ae^{j\theta} = Ae^{j\omega t}$

$e(t) = 3e^{-5t} = Ae^{j\omega t}$ 에서 $j\omega = -5$를 대입하면

$Z = \dfrac{R}{1-5CR}$

74 $I = \dfrac{V}{R} = \dfrac{5}{5} = 1\,[\text{A}]$

75 전파속도 $v = \dfrac{\omega}{\beta} = \lambda f\,[\text{m/s}]$

∴ 파장 $\lambda = \dfrac{\omega}{f\beta} = \dfrac{2\pi f}{f\beta} = \dfrac{2\pi}{\beta}\,[\text{m}]$

여기서, v : 속도, ω : 각속도, β : 위상정수

76 $\tau = \dfrac{L}{R} = \dfrac{5}{50} = 0.1\,[\text{s}]$

77 $2W = 3V_p I_p$ 에서 $W = \dfrac{3\left(\dfrac{V_l}{\sqrt{3}}\right) \times \left(\dfrac{\dfrac{V_l}{\sqrt{3}}}{Z}\right)}{2} = \dfrac{3\left(\dfrac{220}{\sqrt{3}} \times \dfrac{\dfrac{220}{\sqrt{3}}}{100}\right)}{2} = 242\,[\text{W}]$

78
$$I_1 = \frac{1}{3}(I_a + aI_b + a^2 I_c)$$
$$= \frac{1}{3}(10 + j3 + 1\angle 120° \times (-5 - j2) + 1\angle 240° \times (-3 + j4))$$
$$= 6.398 + j0.0893 = \sqrt{6.398^2 + 0.0893^2} = 6.398 ≒ 6.4[A]$$

79 $Z_A = 3 + j5$, $Z_B = 5 + j$
합성 $Z = 8 + j6$
$I = \dfrac{V}{Z} = \dfrac{100}{8+j6} = 8 - j6$에서 계산기 SHIFT 2.3번을 누르면 $10\angle -36.86°[A]$

80
$A = 1 + \dfrac{R_1}{R_2}$ $A = 1$

$B = R_1$ $B = R_4$

$C = \dfrac{1}{R_2}$ $C = \dfrac{1}{R_3}$

$D = 1$ $D = 1 + \dfrac{R_4}{R_3}$

※ $R_2 = R_3$이면 C가 동일,
   $R_1 = R_4 = 0$이면 A, B, D가 동일

81 KEC 132(전로의 절연저항 및 절연내력)

종류	비접지	중성점 접지	중성점 직접접지
170[kV]	×1.25	×1.1	×0.64
60[kV]	(최저시험전압 10.5[kV])	(최저시험전압 75[kV])	×0.72
7[kV]	×1.5	25[kV] 이하 중성점 다중접지 ×0.92	

∴ 1차 측 시험전압 = 3,300 × 1.5 = 4,950[V]
   2차 측 시험전압 = 220 × 1.5 = 330[V]에서 500[V] 미만이므로 500[V]가 된다.

82 KEC 331.4(가공전선로 지지물의 철탑오름 및 전주오름 방지)
가공전선로 지지물에 취급자가 오르고 내리는 데 사용하는 발판 볼트 등 : 지지물의 발판 볼트는 특별한 경우를 제외하고 지표상 1.8[m] 미만에 시설하여서는 아니 된다.

83

	구리	알루미늄
기계적 보호가 된 것	2.5[mm²]	16[mm²]
기계적 보호가 없는 것	4[mm²]	16[mm²]

84 KEC 123(전선의 접속)
- 전선의 전기저항을 증가시키지 아니하도록 접속
- 전선의 세기(인장하중)를 20[%] 이상 감소시키지 아니할 것
- 도체에 알루미늄 전선과 동 전선을 접속하는 경우에는 접속 부분에 전기적 부식이 생기지 아니하도록 할 것
- 접속 부분을 그 부분의 절연전선 절연물과 동등 이상의 절연성능이 있는 것으로 피복할 것
- 병렬로 사용하는 전선에는 각각에 퓨즈를 설치하지 말 것

85 KEC 222.2/331.11(지지선의 시설)

안전율	2.5 이상(목주나 A종 : 1.5 이상)	아연도금철봉	지중 및 지표상 0.3[m]까지
구 조	4.31[kN] 이상, 3가닥 이상의 연선	도로횡단	5[m] 이상(교통 지장 없는 장소 : 4.5[m])
금속선	2.6[mm] 이상(아연도강연선 2.0[mm] 이상)	기 타	철탑은 지지선으로 그 강도를 분담시키지 않을 것

86 KEC 333.16(특고압 가공전선로의 내장형 등의 지지물 시설)

특고압 가공전선로 중 지지물로 직선형의 철탑을 연속하여 10기 이상 사용하는 부분에는 10기 이하마다 장력에 견디는 애자장치가 되어 있는 철탑 또는 이와 동등 이상의 강도를 가지는 철탑 1기를 시설하여야 한다.

87 KEC 333.11(특고압 가공전선로의 철주·철근 콘크리트주 또는 철탑의 종류)

- 직선형 : 전선로의 직선 부분(3° 이하인 수평각도를 이루는 곳을 포함)
- 각도형 : 전선로 중 3°를 초과하는 수평각도를 이루는 곳
- 잡아당김형 : 전가섭선을 잡아당기는 곳에 사용하는 것
- 내장형 : 전선로의 지지물 양쪽의 지지물 간 거리의 차가 큰 곳에 사용하는 것
- 보강형 : 전선로의 직선 부분에 그 보강을 위하여 사용하는 것

88 KEC 234.8(진열장 또는 이와 유사한 것의 내부 배선)

건조한 장소에 시설하고 또한 내부를 건조한 상태로 사용하는 진열장 또는 이와 유사한 것의 내부에 사용전압이 400[V] 이하의 배선을 외부에서 잘 보이는 장소에 한하여 단면적 0.75[mm^2] 이상의 코드 또는 캡타이어케이블로 직접 조영재에 밀착하여 배선할 수 있다.

89 KEC 222.7/332.5(저·고압 가공전선의 높이)

설치장소		가공전선의 높이
도로횡단		지표상 6[m] 이상
철도 또는 궤도 횡단		레일면상 6.5[m] 이상
횡단보도교 위	저 압	노면상 3.5[m] 이상(단, 절연전선의 경우 3[m] 이상)
	고 압	노면상 3.5[m] 이상

90 KEC 212.3(보호장치의 종류 및 특성)

순시트립에 따른 구분(주택용 배선차단기)

형	순시트립범위
B	$3I_n$ 초과 $5I_n$ 이하
C	$5I_n$ 초과 $10I_n$ 이하
D	$10I_n$ 초과 $20I_n$ 이하

- B, C, D : 순시트립전류에 따른 차단기 분류
- I_n : 차단기 정격전류

91 KEC 241.2(전기욕기)
- 변압기의 2차 측 전로의 사용전압이 10[V] 이하(유도코일 파곳값 30[V] 이하)
- 전극 간의 간격 : 1[m] 이상
- 절연저항 : 0.5[MΩ] 이상
※ 은이온 살균장치

92 KEC 333.23(특고압 가공전선과 건조물의 접근)

구 분			35[kV] 이하의 가공전선			35[kV] 초과의 가공전선
			일 반	특고압 절연	케이블	
건조물	상부 조영재	위 쪽	3[m]	2.5[m]	1.2[m]	표준 + N =표준 + (35[kV] 초과분 / 10[kV]) × 0.15[m]
		옆쪽 또는 아래쪽, 기타 조영재	3[m]	1.5[m]	0.5[m]	

93 KEC 231.3(저압 옥내배선의 사용전선 및 중성선의 굵기)
- 단면적이 2.5[mm^2] 이상의 연동선
- 사용전압 400[V] 이하인 경우 전광표시장치에 사용한 단면적 0.75[mm^2] 이상의 다심케이블
- 사용전압 400[V] 이하인 경우 전광표시장치에 사용한 단면적 1.5[mm^2] 이상의 연동선

94 KEC 221.3(옥상전선로)
- 전선과 그 저압 옥상전선로를 시설하는 조영재와의 간격은 2[m](전선이 고압 절연전선, 특고압 절연전선 또는 케이블인 경우에는 1[m]) 이상일 것
- 전선은 인장강도 2.30[kN] 이상의 것 또는 지름 2.6[mm] 이상의 경동선일 것
- 전선은 절연전선일 것
- 애자를 사용하여 지지하고 또한 그 지지점 간의 거리는 15[m] 이하일 것
- 전선은 상시 부는 바람 등에 의하여 식물에 접촉하지 않도록 시설

95 KEC 362.1(전력보안통신설비의 시설 요구사항)
전력보안통신설비의 시설 장소는 다음에 따른다.
배전선로
- 22.9[kV]계통 배전선로 구간(가공, 지중, 해저)
- 22.9[kV]계통에 연결되는 분산전원형 발전소
- 폐회로 배전 등 신 배전방식 도입 개소
- 배전자동화, 원격검침, 부하감시 등 지능형전력망 구현을 위해 필요한 구간

96 KEC 241.1(전기울타리)
접 지
- 전기울타리 전원장치의 외함 및 변압기의 철심은 규정에 준하여 접지공사를 하여야 한다.
- 전기울타리의 접지전극과 다른 접지 계통의 접지전극의 거리는 2[m] 이상이어야 한다. 다만, 접지계통 간 접지망을 가진 경우에는 그러하지 아니하다.
- 가공전선로의 아래를 통과하는 전기울타리의 금속부분은 교차지점의 양쪽으로부터 5[m] 이상의 간격을 두고 접지하여야 한다.

97 KEC 212.4(과부하전류에 대한 보호)
과부하 보호장치의 생략(안전을 위해 과부하 보호장치를 생략할 수 있는 경우)
- 회전기의 여자회로
- 전자석 크레인의 전원회로
- 전류변성기의 2차회로
- 소방설비의 전원회로
- 안전설비(주거침입경보, 가스누출경보 등)의 전원회로

98 KEC 222.10/332.9/332.10/333.1/333.21/333.22(가공전선로 및 보안공사 지지물 간 거리)

구 분	표 준	특고압 시가지	보안공사		
			저·고압	제1종 특고압	제2, 3종 특고압
목주 / A종	150[m]	75[m](목주 X)	100[m]	목주 불가	100[m]
B종	250[m]	150[m]	150[m]	150[m]	200[m]
철 탑	600[m]	400[m]	400[m]	400[m], 단주 300[m]	

99 KEC 532.3.5(피뢰설비)
풍력터빈의 피뢰설비는 다음에 따라 시설하여야 한다.
- 수뢰부를 풍력터빈 선단부분 및 가장자리 부분에 배치하되 뇌격전류에 의한 발열에 의해 녹아서 손상되지 않도록 재질, 크기, 두께 및 형상 등을 고려할 것
- 풍력터빈에 설치하는 인하도선은 쉽게 부식되지 않는 금속선으로서 뇌격전류를 안전하게 흘릴 수 있는 충분한 굵기여야 하며, 가능한 직선으로 시설할 것
- 풍력터빈 내부의 계측 센서용 케이블은 금속관 또는 차폐케이블 등을 사용하여 뇌유도과전압으로부터 보호할 것
- 풍력터빈에 설치한 피뢰설비(리셉터, 인하도선 등)의 기능저하로 인해 다른 기능에 영향을 미치지 않을 것

100 KEC 512.1.6(전용건물 이외의 장소에 시설하는 경우)
전기저장장치를 일반인이 출입하는 건물의 부속공간에 시설(옥상에는 설치할 수 없다)하는 경우에는 다음에 따라 시설하여야 한다.
㉠ 전기저장장치 시설장소는 건축물의 피난·방화구조 등의 기준에 관한 규칙에 따른 내화구조이어야 한다.
㉡ 이차전지모듈의 직렬 연결체(이하 '이차전지랙')의 용량은 50[kWh] 이하로 하고 건물 내 시설 가능한 이차전지의 총 용량은 600[kWh] 이하이어야 한다.
㉢ 이차전지랙과 랙 사이는 1[m] 이상 이격하고, 랙과 벽면 사이는 전면부의 경우 1[m] 이상, 측면과 후면부의 경우 0.8[m] 이상 이격하여야 한다. 다만, ㉠에 의한 벽이 삽입된 경우 이차전지랙과 랙 사이의 이격은 예외로 할 수 있다.
㉣ 이차전지실은 건물 내 다른 시설(수전설비, 가연물질 등)로부터 1.5[m] 이상 이격하고 각 실의 출입구나 피난계단 등 이와 유사한 장소로부터 3[m] 이상 이격하여야 한다.

2024년 제1회 CBT

page 323

1	2	3	4	5	6	7	8	9	10	11	12	13	14	15	16	17	18	19	20
②	②	①	②	①	①	①	③	④	③	①	②	①	④	②	③	③	③	①	①
21	22	23	24	25	26	27	28	29	30	31	32	33	34	35	36	37	38	39	40
①	①	②	④	③	①	①	②	④	②	②	①	①	②	③	②	③	③	④	②
41	42	43	44	45	46	47	48	49	50	51	52	53	54	55	56	57	58	59	60
①	④	③	②	②	①	①	①	②	③	①	①	①	④	③	③	①	③	②	②
61	62	63	64	65	66	67	68	69	70	71	72	73	74	75	76	77	78	79	80
③	③	①	①	①	②	③	①	③	①	①	④	②	③	③	④	①	①	③	③
81	82	83	84	85	86	87	88	89	90	91	92	93	94	95	96	97	98	99	100
②	②	②	③	③	②	①	①	③	④	③	①	④	②	①	③	②	②	③	④

01 표면전하밀도가 $\rho_s[\text{C/m}^2]$일 때

- 도체 표면에서의 전계의 세기 : $E = \dfrac{\rho_s}{\varepsilon_0}[\text{V/m}]$
- 무한평면 도체판에서의 전계의 세기 : $E = \dfrac{\rho_s}{2\varepsilon_0}[\text{V/m}]$

02 평행 평판의 정전용량 $C = \varepsilon \dfrac{S}{d} = \varepsilon_0 \varepsilon_s \dfrac{S}{d}[\text{F}]$

03 평행한 두 도선의 정전용량 $C = \dfrac{\pi\varepsilon_0}{\ln\dfrac{d}{a}} = \dfrac{\pi\varepsilon_0}{\ln\left(\dfrac{2}{2\times 10^{-3}}\right)} \times 10^6 = 4.02 \times 10^{-6}[\mu\text{F/km}]$

04 $W_e = \dfrac{D^2}{2\varepsilon}[\text{J/m}^3]$에서

$\varepsilon = \dfrac{D^2}{2 \cdot W_e} = \dfrac{(4.8 \times 10^{-7})^2}{2 \times 5.3 \times 10^{-3}} \fallingdotseq 2.17 \times 10^{-11}[\text{F/m}]$

05 $\dfrac{\tan\theta_1}{\tan\theta_2} = \dfrac{\varepsilon_1}{\varepsilon_2} = \dfrac{4}{1}$

$\tan\theta_1 = (\tan 30°) \times 4$

$\theta_1 = \tan^{-1}\left(\dfrac{4\sqrt{3}}{3}\right)$의 분자와 분모에 각각 $\sqrt{3}$을 곱하면

$\theta_1 = \tan^{-1}\dfrac{4}{\sqrt{3}}$

06 $Q = CV = CEr = 4\pi\varepsilon_0 rEr = 4\pi\varepsilon_0 r^2 E$

$E = \dfrac{Q}{4\pi\varepsilon_0 r^2} \Rightarrow Q = 4\pi\varepsilon_0 r^2 E$

$\therefore Q = 4\pi \times 8.855 \times 10^{-12} \times 0.03^2 \times 5 \times 10^6 \fallingdotseq 5 \times 10^{-7}[\text{C}]$

07
- 패러데이의 법칙(노이만의 법칙) : 유도기전력의 크기
  폐회로에 쇄교하는 자속의 시간적 변화율에 비례하는 유도기전력을 발생한다.
- 렌츠의 법칙 : 유도기전력의 방향

08 코일 중심의 자계

정3각형	정4각형	정6각형	원에 내접 n각형
$H = \dfrac{9I}{2\pi l}$	$H = \dfrac{2\sqrt{2}\,I}{\pi l}$	$H = \dfrac{\sqrt{3}\,I}{\pi l}$	$H_n = \dfrac{nI\tan\dfrac{\pi}{n}}{2\pi R}$

자속밀도 $B = \mu_0 H = \mu_0 \times \dfrac{2\sqrt{2}}{\pi}\dfrac{I}{L} = \dfrac{2\sqrt{2}}{\pi}\mu_0 \dfrac{I}{L}\,[\text{Wb/m}^2]$

09
- 자속밀도 $B = \dfrac{\phi}{S} = \dfrac{6 \times 10^{-4}}{4 \times 10^{-4}} = 1.5\,[\text{Wb/m}^2]$, $B = \mu H$
- 철심의 비투자율 $\mu_s = \dfrac{B}{\mu_0 H} = \dfrac{1.5}{4\pi \times 10^{-7} \times 2{,}800} ≒ 426.3 ≒ 426$

10
$\phi = BS = \mu HS = \mu_0\mu_s \dfrac{NI}{\pi D}S = \dfrac{4\pi \times 10^{-7} \times 4{,}000 \times 500 \times 2 \times 10^{-4}}{\pi \times 2 \times 10^{-2}} = 8 \times 10^{-3}\,[\text{Wb}]$

11
정전에너지 $W = \dfrac{1}{2}CV^2$ 에서 $C = \dfrac{2W}{V^2} = \dfrac{2 \times 1}{1{,}000^2} \times 10^6 = 2\,[\mu\text{F}]$

12
- 자계 세기의 접선 성분의 연속성 $H_1\sin\theta_1 = H_2\sin\theta_2$ 에서 $H_{1t} = H_{2t}$
- 자속밀도의 법선 성분의 연속성 $B_1\cos\theta_1 = B_2\cos\theta_2$ 에서 $B_{1n} = B_{2n}$
- 경계면에 자하가 없으므로 자속이 연속이다.
  $\nabla \cdot B = 0$, $\displaystyle\int_s B \cdot n\,dS = 0$
  여기서, n : 수직(법선)

13
- 엄지 : 힘(F)
- 검지 : 자장(H, B)
- 중지 : 전류(I)

14 내구에만 $+Q$[C]인 경우

전위 $V = \dfrac{Q}{4\pi\varepsilon_0}\left(\dfrac{1}{a} - \dfrac{1}{b} + \dfrac{1}{c}\right)$

$= 9 \times 10^9 \times 4 \times 10^{-10} \times \left(\dfrac{1}{\dfrac{1}{25}} - \dfrac{1}{\dfrac{1}{20}} + \dfrac{1}{\dfrac{1}{10}}\right) = 54\,[\text{V}]$

15 $W = \dfrac{1}{2}\varepsilon_0 E^2$ 에서

$W = \iiint \dfrac{1}{2}\varepsilon_0 E^2 \, dxdydz = \int_0^z \int_0^y \int_0^x \dfrac{1}{2}\varepsilon_0 E^2 \, dxdydz$

$E = -\operatorname{grad} V = -\dfrac{\partial 3x}{\partial x}i - \dfrac{\partial y}{\partial y}j = -3i - j$

$E^2 = (-3i-j) \cdot (-3i-j) = 10$

따라서 $W = \dfrac{1}{2}\varepsilon_0 \int_0^1 \int_0^1 \int_0^1 10 \, dxdydz = \dfrac{1}{2}\varepsilon_0 \times 10 = 4.4 \times 10^{-11} [\text{J}]$

16 운동 기전력 $e = Blv\sin\theta = 0.15 \times 10^{-4} \times 1.5 \times 16.7 \times \sin 90° = 3.75 \times 10^{-4} [\text{V}]$

속도 $v = \dfrac{60,000}{3,600} = 16.7 [\text{m/s}]$, 수직분력이므로 $\theta = 90°$

17 자계 내에 놓인 운동 전하가 받는 힘

$F = (I \times B)l = e(v \times B) = evB\sin\theta$ 에서 수직($\theta = 90°$)이므로

$F = Bev [\text{N}]$

18 변위전류밀도 $i_d = \dfrac{\partial D}{\partial t} [\text{A/m}^2]$ (시간에 따라 전속밀도의 크기가 변화하면 변위전류가 발생한다)

19 자화의 경력이 없는 경우에는 포화 특성의 자화곡선 특성, 자화의 경력이 있는 경우에는 루프 형태의 자기이력 곡선(히스테리시스 곡선) 특성을 나타낸다.

20
- 변위전류밀도 $i_d = \dfrac{\partial D}{\partial t} = \dfrac{\partial}{\partial t}\varepsilon\left(\dfrac{v}{d}\right) = \dfrac{\varepsilon\omega}{d}V_m \dfrac{\partial}{\partial t}\sin\omega t = \dfrac{\varepsilon\omega}{d}V_m \cos\omega t [\text{A/m}^2]$
- 전체 변위전류 $I_d = i_d \cdot S = \dfrac{\varepsilon}{d}S\omega V_m \cos\omega t = \omega C V_m \cos\omega t [\text{A}]$

21
- 정전 : CB Off → DS Off
- 급전 : DS On → CB On

※ 인터로크 : 차단기가 열려 있어야만 단로기 개폐 가능(상대 동작 금지회로)

22 변압기 내부 고장 검출 계전기

차동 계전기, 부흐홀츠 계전기, 과전류 계전기, 온도 계전기, 압력 계전기

23 중성점 접지방식

방 식	보호계전기 동작	지락전류	전위상승	과도 안정도	유도 장해	특 징
직접접지 22.9, 154, 345[kV]	확 실	크다.	1.3배	작다.	크다.	중성점 영전위 단절연 가능
저항접지	↓	↓	$\sqrt{3}$ 배	↓	↓	
비접지 3.3, 6.6[kV]	×	↓	$\sqrt{3}$ 배	↓	↓	저전압 단거리
소호리액터접지 66[kV]	불확실	0	$\sqrt{3}$ 배 이상	크다.	작다.	병렬 공진

24 표피효과 : 도선 중심은 전하밀도가 작고 표피 쪽은 전하밀도가 크다. 주파수, 단면적, 도전율, 투자율이 클수록 표피효과가 커진다.

25 보호계전기의 구비조건
- 고장의 정도 및 위치를 정확히 파악할 것
- 고장 개소를 정확히 선택할 것
- 동작이 예민하고 오동작이 없을 것
- 소비전력이 적고, 경제적일 것
- 후비보호능력이 있을 것

26 특성임피던스는 가공전선로의 길이와 관계없이 일정하며 일반적으로 300~500[Ω] 정도이다.
지중전선로(케이블) 120[Ω]

27 Peek식(코로나 손실)
$$P = \frac{241}{\delta}(f+25)\sqrt{\frac{d}{2D}}(E-E_0)^2 \times 10^{-5}\,[\text{kW/km/line}]$$
여기서, δ : 상대 공기 밀도

28 $\eta = \frac{860W}{mH} \times 100$, $W = \frac{\eta mH}{860} = \frac{0.4 \times 1 \times 5,000}{860} \fallingdotseq 2.33\,[\text{kWh}]$

29 제한전압 = 피뢰기가 처리하고 남은 전압
= 피뢰기가 처리해야 할 전압 − 피뢰기가 처리한 전압
$$= \frac{2Z_2}{Z_1+Z_2}e - \frac{Z_1 Z_2}{Z_1+Z_2}i_a$$

30 페란티 현상 : 선로의 충전전류 때문에 무부하 시 송전단 전압보다 수전단 전압(앞선 충전전류)이 커지는 현상이다. 방지법으로는 분로리액터 설치 및 동기조상기의 지상용량을 공급한다.

31 $AD - BC = 1$
$C = \frac{AD-1}{B} = \frac{0.7 \times 0.9 - 1}{j190} \fallingdotseq j1.95 \times 10^{-3}$

32 리클로저(재폐로차단기) : 고장전류를 검출 후 고속차단하고 자동 재폐로 동작을 수행하여 고장구간 분리 및 재송전하는 장치이다.

33 **직류송전방식**
- 리액턴스 손실이 없다.
- 절연레벨이 낮다.
- 송전효율이 좋고 안정도가 높다.
- 차단기 설치 및 전압의 변성이 어렵다.
- 회전자계를 만들 수 없다.

교류송전방식
- 차단 및 전압의 변성(승압, 강압)이 쉽다.
- 회전자계를 만들 수 있다.
- 유도장해를 발생한다.

34 $L = 0.025 + 0.4605 \log_{10} \dfrac{D}{\sqrt{rs}}$

소도체 간의 거리를 저자에 따라서 $l = s = e$ 라고 쓰며 실제 거리는 36~40[cm]를 쓴다.

35 고장별 대칭분 및 전류의 크기

고장종류	대칭분	전류의 크기
1선 지락	정상분, 역상분, 영상분	$I_0 = I_1 = I_2 \neq 0$
선간 단락	정상분, 역상분	$I_1 = -I_2 \neq 0$, $I_0 = 0$
3상 단락	정상분	$I_1 \neq 0$, $I_0 = I_2 = 0$

1선 지락전류 $I_g = 3I_0 = \dfrac{3E_a}{Z_0 + Z_1 + Z_2}$

36 **안정도 향상대책**
- 발전기
  - 동기리액턴스 감소(단락비 크게, 전압변동률 작게)
  - 속응여자방식 채용
  - 제동권선 설치(난조 방지)
  - 조속기 감도 둔감
- 송전선
  - 리액턴스 감소
  - 복도체(다도체) 채용
  - 병행 2회선 방식
  - 중간조상방식
  - 고속도 재폐로방식 채택 및 고속 차단기 설치

※ 중성점 직접 접지방식은 1선 지락 시 전위상승을 억제하여 기기의 절연보호

37 매설지선 : 탑각의 접지저항값을 낮춰 역섬락을 방지한다.

38 수력발전소 전력량

$P = 9.8QH\eta_t\eta_G$ [kW]

여기서, η_t : 수차효율

η_G : 발전기 효율

$Q = \dfrac{V \times 강우량}{3,600 \times t} = \dfrac{8 \times 10^7 \times 1.5}{3,600 \times t}$: 유량

연간 발생 전력량

$W = Pt = 9.8 \times \dfrac{8 \times 10^7 \times 1.5}{3,600 \times t} \times 30 \times 0.7 \times 0.8 \times t ≒ 5.49 \times 10^6$ [kWh]

39
원자로 운전 중 연료 내에 핵분열 생성 물질이 축적된다. 이 핵분열 생성물 중에 열중성자의 흡수 단면적이 큰 것이 포함되어 있는데, 이것이 원자로의 반응도를 저하시키는 작용을 한다. 이를 독작용(Poisoning)이라 하고 열중성자 흡수 단면적이 큰 핵분열 생성물을 독물질(Poison)이라고 한다.

40 가스차단기

소호매질	용 량	특 징
SF_6 가스	대용량	• 절연내력 공기의 2~3배가 된다. • 불연성이다. • 밀폐형 구조라 소음이 거의 없다. • 소호능력이 크다. • SF_6의 성질 : 무색, 무취, 무해

41 전기자 반작용의 영향
- 주자속 감소 : 발전기 – 유기기전력 감소, 전동기 – 토크 감소, 속도 증가
- 전기적 중성축 이동 : 발전기 – 회전방향, 전동기 – 회전 반대방향
- 정류자 편 간의 불꽃 섬락 발생 : 정류 불량의 원인

42
- 직류기 전기자권선법 : 고상권, 폐로권, 이층권, 중권 및 파권
- 중권과 파권 비교

구 분	중 권	파 권
전기자의 병렬회로수(a)	$a = p$	$a = 2$
브러시수(b)	$b = p$	$b = 2$
용 도	저전압, 대전류	고전압, 소전류
다중도인 경우(a)	$a = mp$	$a = 2m$
균압선	o	x

43

$E = \dfrac{PZ}{60a}\phi N = \dfrac{Z}{60}\phi N$ (중권)[V]

$N = \dfrac{60E}{Z\phi} = \dfrac{60 \times 100}{500 \times 0.01} = 1,200$ [rpm]

여기서, E : 기전력, Z : 도체수, ϕ : 자속

44
- 발전기
  - 앞선 전류-진전류-C 부하(진상) = 증자작용
  - 뒤진 전류-지전류-L 부하(지상) = 감자작용
- 전동기
  - 앞선 전류-진전류-C 부하(진상) = 감자작용
  - 뒤진 전류-지전류-L 부하(지상) = 증자작용

45
$$\alpha_e = \frac{P}{2} \times \alpha$$
$$\therefore \alpha = \frac{2\alpha_e}{P} = \frac{2 \times 180}{24} = 15°$$

46 3상 동기발전기의 출력
$$P = \frac{3EV}{X_S}\sin\delta = \frac{3 \times 6,600 \times 4,400}{20}\sin 30° = 2,178 [\text{kW}]$$

47 동기전동기의 특징

장 점	단 점
• 속도가 N_s로 일정 • 역률을 항상 1로 운전 가능 • 효율이 좋음 • 공극이 크고 기계적으로 튼튼함	• 보통 기동토크가 작음 • 속도 제어가 어려움 • 직류 여자가 필요함 • 난조가 일어나기 쉬움

48 변압기 절연유의 구비 조건
- 절연내력이 클 것
- 점도가 작고 비열이 커서 냉각효과(열방사)가 클 것
- 인화점은 높고, 응고점은 낮을 것
- 고온에서 산화하지 않고, 침전물이 생기지 않을 것

49 $\varepsilon = p\cos\theta \pm q\sin\theta$ 지상이라서 +

$0.12 = 0.8p + 0.6q \qquad p = \frac{q}{12} \Rightarrow q = 12p$

q에 대입하면
$0.12 = 0.8p + 0.6 \times 12p$
$0.12 = 8p$
$p = \frac{0.12}{8} = 0.015 \times 100 = 1.5 [\%]$

50
$$V_2 = V_1 \times \frac{1}{a} = 200 \times \frac{1}{2} = 100 [\text{V}]$$
$$V_3 = V_1 + V_2 = 200 + 100 = 300 [\text{V}]$$

51 변압기 등가회로 작성에 필요한 시험은 단락시험, 무부하시험, 저항측정시험이 있다.

52 유도전동기 유도기전력과 주파수

정 지		s속도 운전	
주파수	유도기전력	주파수	유도기전력
$f_2 = f_1$	$E_2 = E_1$	$f_2' = sf_2$	$E_2' = sE_2$

53 전력변환기기

인버터	초 퍼	정 류	사이클로 컨버터(주파수 변환)
직류-교류	직류-직류	교류-직류	교류-교류

54 사이리스터의 구분

단방향		양방향	
3단자	4단자	2단자	3단자
SCR GTO LASCR	SCS	DIAC SSS	TRIAC

55 전압차 $V_0 - V_n = I_a R_a + e_b = 50 \times 0.2 + 2 = 12 [\text{V}]$

56
- 단절권 : 극간격 > 코일간격 ↔ 전절권 : 극간격 = 코일간격(파형 불량)
  - 고조파를 제거하여 기전력의 파형을 개선
  - 코일의 길이가 짧게 되어 동량이 절약
  - 단점 : 전절권에 비해 합성유기기전력이 감소
- 분포권 : 1극, 1상의 코일이 차지하는 슬롯수가 2개 이상 ↔ 집중권 : 슬롯수가 1개
  - 기전력의 파형이 개선
  - 권선의 누설리액턴스가 감소
  - 전기자에 발생되는 열을 골고루 분포시켜 과열을 방지

57 위상 특성곡선(V곡선 $I_a - I_f$ 곡선, P 일정) : 계자전류의 변화에 대한 전기자전류의 변화를 나타낸 곡선(동기조상기로 조정)
- 과여자(진역률) · 콘덴서 C 로 작용
- 부족여자(지역률) : 인덕턴스 L로 작용

가로축 I_f	최저점 $\cos\theta = 1$	세로축 I_a
감 소	계자전류 I_f	증 가
증 가	전기자전류 I_a	증 가
뒤진 역률(지상)	역 률	앞선 역률(진상)
L	작 용	C
부족여자	여 자	과여자

$\cos\theta = 1$에서 전력 비교 $P \propto I_a$, 위 곡선의 전력이 크다.

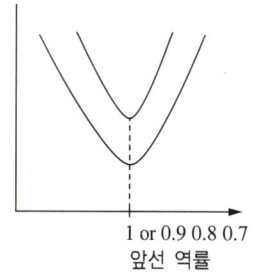

1 or 0.9 0.8 0.7
앞선 역률

58 3상 권선형 유도전동기에서 2차 저항을 크게 하면 기동전류는 감소하고 기동토크는 증가한다. 최대토크가 2차 저항에 비례추이하므로 최대토크는 변하지 않는다.

59 비례추이에서 기동토크와 전부하토크를 같게 하기 위한 외부 삽입 저항 $(R) = \left(\dfrac{r_2}{s} - r_2\right) = \left(\dfrac{0.1}{0.02} - 0.1\right) = 4.9[\Omega]$

60 위상 특성곡선(V곡선, $I_a - I_f$곡선, P 일정) : 계자전류의 변화에 대한 전기자전류의 변화를 나타낸 곡선(동기조상기로 조정)

가로축 I_f	최저점 $\cos\theta = 1$	세로축 I_a
감 소	계자전류 I_f	증 가
증 가	전기자전류 I_a	증 가
뒤진 역률(지상)	역 률	앞선 역률(진상)
L	작 용	C
부족여자	여 자	과여자

$\cos\theta = 1$에서 전력 비교 $P \propto I_a$, 위 곡선의 전력이 크다.

뒤진 역률 상태에서 부족여자 시 더욱 뒤진 역률이 되므로 뒤진 전류의 역률은 더욱 나빠진다.

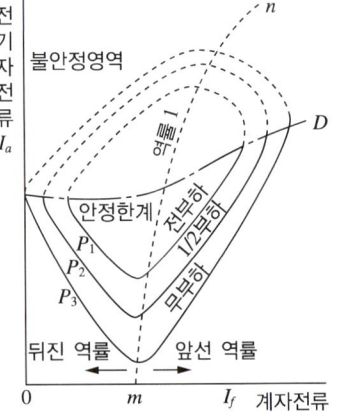

61 $P = \dfrac{2}{s+2} \qquad L = \dfrac{2}{(s+1)(s+5)}$

$G(s) = \dfrac{\dfrac{2}{s+2}}{1 + \dfrac{2}{(s+2)(s+5)}} = \dfrac{\dfrac{2}{s+2}}{\dfrac{(s+2)(s+5)+2}{(s+2)(s+5)}} = \dfrac{2(s+5)}{(s+2)(s+5)+2}$

$(s+2)(s+5) + 2 = 0 \to s^2 + 7s + 10 + 2 = 0$
$s^2 + 7s + 12 = 0 \to (s+3)(s+4) = 0$
$\therefore s = -3, \ -4$

62 자동제어 시스템의 분류
- 목푯값에 의한 분류
  정치제어, 추치제어 : 프로그램제어, 추종제어, 비율제어
- 제어량에 의한 분류
  서보기구(Servomechanism), 프로세스제어, 자동조정

63 $G(s) = \dfrac{P_1 + P_2 + \cdots}{1 - L_1 - L_2 - \cdots}$

$P_1 = ab \quad P_2 = c$
$L_1 = ad \quad L_2 = be \quad L_3 = cde$

$\therefore G(s) = \dfrac{ab + c}{1 - ad - be - cde} = \dfrac{ab + c}{1 - (ad + be) - cde}$

64 개루프 전달함수 $G(s)H(s) = \dfrac{2K}{s(s+1)(s+2)}$ 에서

폐루프의 특성 방정식 $s(s+1)(s+2) + 2K = 0$

$$\dfrac{2K}{\boxed{①s^3 + ③s^2 + ②s + ②K}} = 0$$
$$6$$

$2K < 6 \quad K < 3$ ·· ⓐ
$2K > 0 \quad K > 0$ ·· ⓑ
ⓐ식과 ⓑ식을 만족시키는 조건 $0 < K < 3$

65
- 지연시간(T_d) : 응답이 최종값의 50[%]에 이르는 데 소요되는 시간
- 상승시간(T_r) : 응답이 최종값의 10~90[%]에 도달하는 데 필요한 시간
- 정정시간(T_s) : 응답이 최종값의 규정된 범위(2~5[%]) 이내로 들어와 머무르는 데 걸리는 시간
- 백분율 오버슈트 $= \dfrac{\text{최대오버슈트}}{\text{최종목푯값}} \times 100$

66
$$G(s) = \dfrac{C}{R} = \dfrac{\dfrac{A}{s}}{1 + \dfrac{B}{s}} = \dfrac{A}{s+B}$$

67
- 극점 : 0, −1, −2
- 영점 : −1

많은 수의 개수가 근궤적 개수이다.

68 $\overline{A}BC\overline{D} + \overline{A}BCD + \overline{A}\,\overline{B}C\overline{D} + \overline{A}\,\overline{B}CD = \overline{A}BC(\overline{D}+D) + \overline{A}\,\overline{B}C(\overline{D}+D) = \overline{A}BC + \overline{A}\,\overline{B}C = \overline{A}C(B+\overline{B}) = \overline{A}C$

69
$x_1(t) = c(t)$
$x_2(t) = \dfrac{d}{dt}c(t)$
$x_3 = \dfrac{d^2}{dt^2}c(t)$
$x_2(t) = \dot{x}_1(t)$
$x_3(t) = \dot{x}_2(t)$
$\dot{x}_3(t) = r(t) - 2x_1(t) - x_2(t) - 5x_3(t)$

$$\begin{bmatrix} \dot{x}_1(t) \\ \dot{x}_2(t) \\ \dot{x}_3(t) \end{bmatrix} = \begin{bmatrix} 0 & 1 & 0 \\ 0 & 0 & 1 \\ -2 & -1 & -5 \end{bmatrix} \begin{bmatrix} x_1(t) \\ x_2(t) \\ x_3(t) \end{bmatrix} + \begin{bmatrix} 0 \\ 0 \\ 1 \end{bmatrix} r(t)$$

70 특성방정식의 근의 위치에 따른 안정도 판별

안정도	s 평면의 근의 위치	z 평면의 근의 위치
안 정	좌반면	단위원 내부
불안정	우반면	단위원 외부
임계안정	허수축	단위원주상

71 $i(t) = \frac{E}{R}e^{-\frac{R}{L}t} = \frac{200}{4,000}e^{-\frac{4,000}{5} \times \frac{1}{800}} \times 10^3 ≒ 18.4[\text{mA}]$

72 $I_2 = \frac{1}{3}(I_a + a^2 I_b + a I_c)$

$= \frac{1}{3}(7.28 \angle 15.95° + 1\angle 240° \times 12.81\angle -128.66° + 1\angle 120° \times 7.21\angle 123.69°)$

$= -0.285839 + j2.489712$ 에서

계산기 SHIFT 2,3을 누르면 $2.506\angle 96.549°$

73 중첩의 원리를 이용
- 7[A] 개방 시

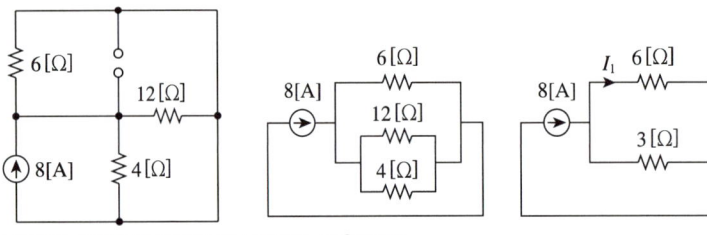

(4[Ω]과 12[Ω]의 병렬의 합성저항은 3[Ω]이다)

$I_1 = \frac{3}{6+3} \times 8 = 2.667[\text{A}]$

- 8[A] 개방 시

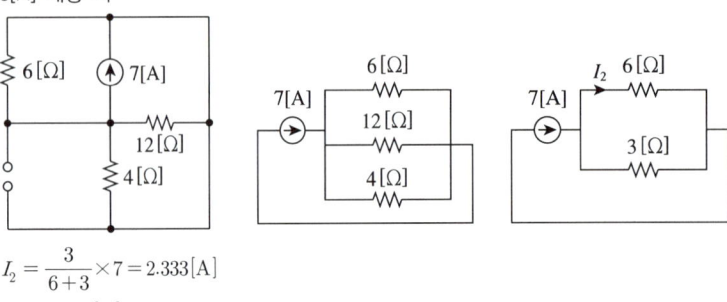

$I_2 = \frac{3}{6+3} \times 7 = 2.333[\text{A}]$

$I_1 + I_2 ≒ 5[\text{A}]$

74 $F(s) = \frac{2(s+1)}{s^2 + 2s + 5} = \frac{2(s+1)}{(s+1)^2 + 2^2} \xrightarrow{\mathcal{L}^{-1}} 2e^{-t}\cos 2t$

75 $Z_{11} = 3 + j4$
$Z_{12} = Z_{21} = j4$
$Z_{22} = 2 + j4$

76 △결선 시

선전류 $I_a = \sqrt{3} I_p \angle -30°$

$I_P = \dfrac{V_P}{Z_P} = \dfrac{200}{4+j3} = \dfrac{200}{\sqrt{4^2+3^2} \angle \tan^{-1}\dfrac{3}{4}}$

$= 40 \angle -36.87°$

선전류 $I_a = \sqrt{3} \times 40 \angle -30° -36.87°$
$= 40\sqrt{3} \angle -66.87°[A]$

77

$I_5 = \dfrac{E_5}{Z_5} = \dfrac{\dfrac{40}{\sqrt{2}}}{\sqrt{41}} ≒ 4.42 ≒ 4.4[A]$

여기서, $E_5 = \dfrac{40}{\sqrt{2}}$

$Z_5 = \sqrt{4^2 + (1 \times 5)^2} = \sqrt{41}$

78 $Z(s) = \dfrac{50}{2} = 25$

$I = \dfrac{V}{Z} = \dfrac{100}{25} = 4[A]$ (직류는 $j\omega = s = 0$으로 놓고 계산 : 무효분이 존재하지 않음)

79 전파정수 $\gamma = \sqrt{ZY} = \alpha + j\beta = \sqrt{ZY}$
$= \sqrt{(R+j\omega L)(G+j\omega C)} = j\omega\sqrt{LC}$

조건 : $R = G = 0$일 때 무손실 선로

∴ 감쇠정수 $\alpha = 0$, 위상정수 $\beta = \omega\sqrt{LC}$가 된다.

80 $I = \dfrac{V}{Z} = \dfrac{13+j20}{8+j6} = 2.24 + j0.82$

$P_a = V\dot{I} = (13+j20)(2.24 - j0.82) = 45.5 + j34.1[VA]$

81 KEC 222.2/331.11(지지선의 시설)

안전율	2.5 이상(목주나 A종 : 1.5 이상)	아연도금철봉	지중 및 지표상 0.3[m]까지
구 조	4.31[kN] 이상, 3가닥 이상의 연선	도로횡단	5[m] 이상(교통 지장 없는 장소 : 4.5[m])
금속선	2.6[mm] 이상(아연도강연선 2.0[mm] 이상)	기 타	철탑은 지지선으로 그 강도를 분담시키지 않을 것

82 KEC 223.1/334.1(지중전선로의 시설)
- 사용전선 : 케이블, 트로프를 사용하지 않을 경우는 CD(콤바인덕트)케이블을 사용한다.
- 매설방식 : 직접 매설식, 관로식, 암거식(공동구)
- 직접 매설식의 매설 깊이 : 트로프 기타 방호물에 넣어 시설

장 소	차량, 기타 중량물의 압력	기 타
깊 이	1.0[m] 이상	0.6[m] 이상

83 KEC 241.2(전기욕기)
- 변압기의 2차 측 전로의 사용전압이 10[V] 이하(유도코일 파곳값 30[V] 이하)
- 전극 간의 간격 : 1[m] 이상
- 절연저항 : 0.5[MΩ] 이상
※ 은이온 살균장치

84 기술기준 제3조(정의), KEC 221.1(구내인입선)
이웃 연결 인입선 : 한 수용장소의 인입선에서 분기하여 지지물을 거치지 아니하고 다른 수용장소의 인입구에 이르는 부분의 전선
- 분기점 사이 거리 100[m]를 초과하지 말 것
- 폭 5[m] 초과 도로 횡단하지 말 것
- 옥내 관통 금지

85 KEC 221.2(옥측전선로)
저압 옥측전선로 공사방법
- 애자공사(전개된 장소)
- 합성수지관공사
- 금속관공사(목조 이외의 조영물에 시설하는 경우에 한한다)
- 버스덕트공사[목조 이외의 조영물(점검할 수 없는 은폐된 장소는 제외한다)에 시설하는 경우에 한한다]
- 케이블공사(연피케이블·알루미늄피케이블 또는 무기물절연(MI)케이블을 사용하는 경우에는 목조 이외의 조영물에 시설하는 경우에 한한다)

86 KEC 351.1(발전소 등의 울타리·담 등의 시설)

특고압	간격($a+b$)	기 타
35[kV] 이하	5.0[m] 이상	울타리의 높이(a) : 2[m] 이상 울타리에서 충전부까지 거리(b) 지면과 하부(c) : 15[cm] 이하 단수 = 160[kV] 초과/10[kV] N = 단수 × 0.12
35[kV] 초과 160[kV] 이하	6.0[m] 이상	
160[kV] 초과	6.0[m] + N 이상	

87 KEC 212.6(저압전로 중의 개폐기 및 과전류차단장치의 시설)
사용전압이 400[V] 이하인 옥내전로로서 다른 옥내전로(정격전류가 16[A] 이하인 과전류차단기 또는 정격전류가 16[A]를 초과하고 20[A] 이하인 배선차단기 보호되고 있는 것에 한한다)에 접속하는 길이 15[m] 이하의 전로에서 전기의 공급을 받는 것은 저압 옥내전로의 인입구에 가까운 곳으로서 쉽게 개폐할 수 있는 곳에 개폐기를 시설하지 아니할 수 있다.

88 KEC 212.3(보호장치의 종류 및 특성)
순시트립에 따른 구분(주택용 배선차단기)

형	순시트립범위
B	$3I_n$ 초과 $5I_n$ 이하
C	$5I_n$ 초과 $10I_n$ 이하
D	$10I_n$ 초과 $20I_n$ 이하

- B, C, D : 순시트립전류에 따른 차단기 분류
- I_n : 차단기 정격전류

89 KEC 333.1(시가지 등에서 특고압 가공전선로의 시설)
특고압 가공전선로를 시가지 그 밖에 인가가 밀집한 지역에 시설할 수 있는 경우

사용전압의 구분	전선의 단면적
100[kV] 미만	인장강도 21.67[kN] 이상의 연선 또는 단면적 55[mm²] 이상의 경동연선 또는 동등 이상의 인장강도를 갖는 알루미늄 전선이나 절연전선
100[kV] 이상	인장강도 58.84[kN] 이상의 연선 또는 단면적 150[mm²] 이상의 경동연선 또는 동등 이상의 인장강도를 갖는 알루미늄 전선이나 절연전선

90 기술기준 제21조의2(발전소 등의 부지 시설조건)
- 부지조성을 위해 산지를 전용할 경우에는 전용하고자 하는 산지의 평균 경사도가 25° 이하여야 하며, 산지전용면적 중 산지전용으로 발생되는 절토·성토한 경사면의 면적이 100분의 50을 초과해서는 아니 된다.
- 태양광발전설비 부지조성을 위해 산지를 일시 사용할 경우에는 일시 사용하고자 하는 산지의 평균 경사도가 15° 이하이어야 한다.
- 산지전용 후 발생하는 절토·성토한 면의 수직높이는 15[m] 이하로 한다. 다만, 345[kV]급 이상 변전소 또는 전기사업용전기설비인 발전소로서 불가피하게 절토·성토한 면 수직높이가 15[m] 초과되는 장대비탈면이 발생할 경우에는 절토·성토한 면의 안정성에 대한 전문용역기관(토질 및 기초와 구조분야 전문기술사를 보유한 엔지니어링 활동주체로 등록된 업체)의 검토 결과에 따라 용수, 배수, 비탈면보호 및 낙석방지 등 안전대책을 수립한 후 시행하여야 한다.
- 산지전용 후 발생하는 절토면 최하단부에서 발전 및 변전설비까지의 최소 간격은 보안울타리, 외곽도로, 수림대 등을 포함하여 6[m] 이상이 되어야 한다. 다만, 옥내변전소와 옹벽, 낙석방지망 등 안전대책을 수립한 시설의 경우에는 예외로 한다.

91 KEC 332.10(고압 보안공사 지지물 간 거리 제한)

지지물의 종류	지지물 간 거리
목주·A종 철주 또는 A종 철근 콘크리트주	100[m]
B종 철주 또는 B종 철근 콘크리트주	150[m]
철탑	400[m]

92 KEC 333.1(시가지 등에서 특고압 가공전선로의 시설)
사용전압이 100[kV]를 초과하는 특고압 가공전선에 지락 또는 단락이 생겼을 때에는 1초 이내에 자동적으로 이를 전로로부터 차단하는 장치를 시설할 것

93 KEC 341.10(고압 및 특고압전로 중의 과전류차단기의 시설)
고압 또는 특고압전로 중 기계기구 및 전선을 보호하기 위하여 필요한 곳에 시설

구 분	견디는 시간	용단시간
포장 퓨즈	1.3배	2배 전류 - 120분
비포장 퓨즈	1.25배	2배 전류 - 2분

94 KEC 222.2/331.11(지지선의 시설)

안전율	2.5 이상(목주나 A종 : 1.5 이상)	아연도금철봉	지중 및 지표상 0.3[m]까지
구 조	4.31[kN] 이상, 3가닥 이상의 연선	도로횡단	5[m] 이상(교통 지장 없는 장소 : 4.5[m])
금속선	2.6[mm] 이상(아연도강연선 2.0[mm] 이상)	기 타	철탑은 지지선으로 그 강도를 분담시키지 않을 것

95 KEC 232.71(라이팅덕트공사)
- 지지점 : 2[m] 이하
- 끝부분 막고, 개구부는 아래로 향해 시설
- 덕트 상호 간 및 전선 상호 간은 견고하게 또한 전기적으로 완전히 접속할 것
- 덕트는 조영재에 견고하게 붙일 것
- 덕트는 조영재를 관통하여 시설하지 아니할 것

96 KEC 342.1(고압 옥내배선 등의 시설)
고압 옥내배선은 케이블공사, 케이블트레이공사에 의한다. 다만, 건조하고 전개된 곳에 한하여 애자사용공사를 할 수 있다.

97 기술기준 제3조(정의)
발전소란 발전기·원동기·연료전지·태양전지·해양에너지 발전설비·전기저장장치 그 밖의 기계 기구(비상용 예비전원을 얻을 목적으로 시설하는 것 및 휴대용 발전기를 제외한다)를 시설하여 전기를 생산(원자력, 화력, 신재생에너지 등을 이용하여 전기를 발생시키는 것과 양수발전, 전기저장장치와 같이 전기를 다른 에너지로 변환하여 저장 후 전기를 공급하는 것)하는 곳을 말한다.

98 KEC 411.2(전차선로의 전압)
전차선로의 전압은 전원 측 도체와 전류귀환도체 사이에서 측정된 집전장치의 전위로서 전원공급시스템이 정상 동작상태에서의 값이며, 직류방식과 교류방식으로 구분된다.
- 직류방식 : 사용전압과 각 전압별 최고, 최저전압은 다음 표에 따라 선정하여야 한다. 다만, 최고 비영구 전압은 지속시간이 5분 이하로 예상되는 전압의 최곳값으로 하되, 기존 운행 중인 전기철도차량과의 인터페이스를 고려한다.

직류방식의 급전전압

구 분	최저 영구 전압[V]	공칭전압[V]	최고 영구 전압[V]	최고 비영구 전압[V]	장기 과전압[V]
직류 (평균값)	500 / 900	750 / 1,500	900 / 1,800	950[1] / 1,950	1,269 / 2,538

[1] 회생제동의 경우 1,000[V]의 최고 비영구 전압은 허용 가능하다.

- 교류방식 : 사용전압과 각 전압별 최고, 최저전압은 다음 표에 따라 선정하여야 한다. 다만, 최저 비영구 전압은 지속시간이 2분 이하로 예상되는 전압의 최젓값으로 하되, 기존 운행 중인 전기철도차량과의 인터페이스를 고려한다.

교류방식의 급전전압

주파수 (실횻값)	최저 비영구 전압[V]	최저 영구 전압[V]	공칭전압 [V][2]	최고 영구 전압[V]	최고 비영구 전압[V]	장기 과전압[V]
60[Hz]	17,500 / 35,000	19,000 / 38,000	25,000 / 50,000	27,500 / 55,000	29,000 / 58,000	38,746 / 77,492

[2] 급전선과 전차선 간의 공칭전압은 단상교류 50[kV](급전선과 레일 및 전차선과 레일 사이의 전압은 25[kV])로 한다.

99 KEC 532.3.4(접지설비)
- 접지설비는 풍력발전설비 타워기초를 이용한 통합접지공사를 하여야 하며, 설비 사이의 전위차가 없도록 등전위본딩을 하여야 한다.
- 기타 접지시설은 140의 규정에 따른다.

100 KEC 231.6(옥내전로의 대지전압의 제한)
주택의 옥내전로(전기기계기구 내의 전로를 제외한다)의 대지전압은 300[V] 이하이어야 하며, 다음에 따라 시설하여야 한다. 다만, 대지전압 150[V] 이하의 전로인 경우에는 다음에 따르지 않을 수 있다.
㉠ 사용전압은 400[V] 이하이어야 한다.
㉡ 주택의 전로 인입구에는 전기용품 및 생활용품 안전관리법에 적용을 받는 감전보호용 누전차단기를 시설하여야 한다. 다만, 전로의 전원 측에 정격용량이 3[kVA] 이하인 절연변압기(1차 전압이 저압이고 2차 전압이 300[V] 이하인 것에 한한다)를 사람이 쉽게 접촉할 우려가 없도록 시설하고 또한 그 절연변압기의 부하 측 전로를 접지하지 않는 경우에는 예외로 한다.
㉢ ㉡의 누전차단기를 자연재해대책법에 의한 자연재해위험개선지구의 지정 등에서 지정되어진 지구 안의 지하주택에 시설하는 경우에는 침수 시 위험의 우려가 없도록 지상에 시설하여야 한다.

2024년 제2회 CBT

page 337

1	2	3	4	5	6	7	8	9	10	11	12	13	14	15	16	17	18	19	20
④	②	④	②	③	①	②	②	④	④	①	②	③	④	④	③	③	②	②	③
21	22	23	24	25	26	27	28	29	30	31	32	33	34	35	36	37	38	39	40
②	④	④	②	①	①	④	④	④	①	③	③	③	③	①	④	④	②	②	④
41	42	43	44	45	46	47	48	49	50	51	52	53	54	55	56	57	58	59	60
③	①	③	①	①	①	②	②	③	④	③	③	①	①	③	③	②	①	①	①
61	62	63	64	65	66	67	68	69	70	71	72	73	74	75	76	77	78	79	80
④	①	②	④	①	③	①	④	④	③	①	①	①	①	①	③	②	③	④	①
81	82	83	84	85	86	87	88	89	90	91	92	93	94	95	96	97	98	99	100
④	④	②	③	①	②	④	①	②	①	③	④	①	④	④	④	③	③	②	③

01
- 톰슨효과 : 동일한 금속 도선에 전류를 흘리면 열이 발생되거나 흡수하는 현상
- 펠티에효과 : 두 종류의 금속선에 전류를 흘리면 접속점에서 열이 흡수 또는 발생하는 현상
- 볼타효과 : 유전체와 유전체, 유전체와 도체를 접촉시키면 전자가 이동하여 양, 음으로 대전되는 현상
- 제베크효과 : 두 종류 금속 접속면에 온도차를 주면 기전력이 발생하는 현상

02 $C = \dfrac{2\varepsilon_s}{1+\varepsilon_s} C_0 = \dfrac{2 \times 10}{1+10} \times 0.2 \fallingdotseq 0.36 [\mu F]$

03
$$\begin{aligned}
E &= -\operatorname{grad} V \\
&= -\left(i\dfrac{\partial}{\partial x} + j\dfrac{\partial}{\partial y} + k\dfrac{\partial}{\partial z}\right)(3xy + z + 4) \\
&= -\left(i\dfrac{\partial 3xy}{\partial x} + j\dfrac{\partial 3xy}{\partial y} + k\dfrac{\partial z}{\partial z}\right) \\
&= -(i3y + j3x + k) \\
&= -i3y - j3x - k
\end{aligned}$$

04 힘 $F = BlI\sin\theta = 0.3 \times 2 \times 5 \times \sin 60° \fallingdotseq 2.6 [N]$

05
① $\operatorname{div} B = 0$
② $\operatorname{rot} A = -\mu i$
④ $F = \dfrac{m_1 \times m_2}{4\pi\mu_0 r^2} a_r = 6.33 \times 10^4 \dfrac{m_1 \times m_2}{r^2} a_r [N]$

06 영구자석인 경우 외부 기자력 $F = 0$이므로
$F = \dfrac{B}{\mu_0}\delta + Hl = 0$
$\therefore \dfrac{B}{H} = -\dfrac{\mu_0 l}{\delta}$

07 $L = \dfrac{n_0 \phi}{I} = \dfrac{n_0 \mu HS}{\dfrac{H}{n_0}} = \mu S n_0^2 [\text{H/m}]$

08 • 전류에 의한 자계의 크기 : 비오-사바르의 법칙
• 방향 : 앙페르의 오른나사 법칙

09 저축(축적)에너지
$W = \dfrac{1}{2}LI^2 = \dfrac{1}{2}\dfrac{\mu_0 \mu_r S N^2}{l}I^2 = \dfrac{1}{2} \times \dfrac{4\pi \times 10^{-7} \times 100 \times 10 \times 10^{-4} \times 1{,}000^2}{1} \times 10^2 = 2\pi [\text{J}]$

10 전속밀도는 매질(유전체)에 관계없이 항상 일정하다($Q[\text{C}]$의 전하와 전속은 같은 것이며 이는 유전체의 종류와 무관하다. 따라서 면적당 전속수(전속밀도) 또한 유전체와 관계없다).

11 삼각형 중심의 자계
$H = 3H_1 = \dfrac{9I}{2\pi l}[\text{AT/m}]$

12 도체 표면의 정전응력(단위면적당 작용력)
$F = \dfrac{1}{2}\varepsilon_0 E^2 = \dfrac{1}{2}\varepsilon_0 \left(\dfrac{V}{d}\right)^2 [\text{N/m}^2]$

13 주파수 $f = \dfrac{v}{\lambda} = \dfrac{3 \times 10^8}{0.4} = 0.75 \times 10^9 [\text{Hz}] = 750 [\text{MHz}]$

14 도체의 성질과 전하분포
• 도체 내부 전계의 세기는 0이다.
• 도체 내부는 중성이라 전하를 띠지 않고 도체 표면에만 전하가 분포한다.
• 도체 면에서의 전계의 세기는 도체 표면에 항상 수직이다.
• 도체 표면에서 전하 밀도는 곡률이 클수록, 곡률 반지름은 작을수록 높다.

15 자계 내에 놓인 운동전하가 받은 힘은
$F = (v \times B)q = vBq\sin\theta = v\mu Hq\sin\theta$인데
$\theta = 90°$이므로 $F = qv\mu_0 H[\text{N}]$ 이다.

16 정전에너지 $W = \dfrac{Q^2}{2C} = \dfrac{Q^2}{2\left(\dfrac{\varepsilon_0 S}{d}\right)} = \dfrac{Q^2 d}{2\varepsilon_0 S} = \dfrac{\sigma^2 d}{2\varepsilon_0}S[\text{J}]$

∴ 정전응력 $F = -\dfrac{\partial W}{\partial d} = -\dfrac{\sigma^2}{2\varepsilon_0}S[\text{N}]$

17 자속밀도 $B = \nabla \times A = \begin{vmatrix} a_x & a_y & a_z \\ \frac{\partial}{\partial x} & \frac{\partial}{\partial y} & \frac{\partial}{\partial z} \\ 3xyz & 2x^2 & 0 \end{vmatrix}$

$= a_y\left(\frac{\partial 3xyz}{\partial z}\right) + a_z\left(\frac{\partial 2x^2}{\partial x} - \frac{\partial 3xyz}{\partial y}\right)$

$= 3xya_y + (4x - 3xz)a_z \,[\text{Wb/m}^2]$

18 $I_d = i_d \cdot S \,[\text{A}]$

$i_d = \frac{I_d}{S} = \frac{\partial D}{\partial t} = \varepsilon\frac{\partial E}{\partial t} = \varepsilon_0\frac{\partial E}{\partial t} + \frac{\partial P}{\partial t} = \frac{\varepsilon}{d}\frac{\partial V}{\partial t} \,[\text{A/m}^2]$

19
- 강자성체 : $\mu_s \gg 1$, $\mu \gg \mu_0$, $\chi \gg 0$
- 상자성체 : $\mu_s > 1$, $\mu > \mu_0$, $\chi > 0$
- 반자성체(역자성체) : $\mu_s < 1$, $\mu < \mu_0$, $\chi < 0$

20 전기쌍극자에 의한 전계 $E = \dfrac{M\sqrt{1+3\cos^2\theta}}{4\pi\varepsilon_0 r^3}$

21 시한 특성
- 순한시 계전기 : 최소동작전류 이상의 전류가 흐르면 즉시 동작, 고속도 계전기(0.5~2[Cycle])
- 정한시 계전기 : 동작전류의 크기에 관계없이 일정시간에 동작
- 반한시 계전기 : 동작전류가 작을 때는 동작시간이 길고, 동작전류가 클 때는 동작시간이 짧다.
- 반한시성 정한시 계전기 : 반한시 + 정한시 특성

22 복도체에서 두 도체가 전류의 방향이 동일하여 흡인력이 발생하여 두 도체가 단락이 발생하는 것을 방지하려고 두 도체 사이에 절연간격을 유지하기 위해서 설치하는 것을 스페이서라 한다.

23 $P_s = \sqrt{3}\,VI_s$

$I_s = \dfrac{P_s}{\sqrt{3}\,V} = \dfrac{100\times 10^6}{\sqrt{3}\times 7.2\times 10^3}\times 10^{-3} \fallingdotseq 8[\text{kA}]$

24 $\eta = \dfrac{860\,W}{mH}\times 100 = \dfrac{860\times 350\times 10^3\times 10\times 24}{1.6\times 10^7\times 10{,}000}\times 100\times 0.8 \fallingdotseq 36.1[\%]$

25 파동임피던스

$Z_0 = \sqrt{\dfrac{L}{C}} = 138\log_{10}\dfrac{D}{r} \fallingdotseq 300[\Omega]$ 에서

$\log_{10}\dfrac{D}{r} = \dfrac{300}{138} = 2.17$

작용인덕턴스

$L = 0.4605\log\dfrac{D}{r} = 0.4605\times 2.17 \fallingdotseq 0.999 \fallingdotseq 1.0[\text{mH/km}]$

26
$$V_s = V_r + \sqrt{3}\,I(R\cos\theta + X\sin\theta)$$
$$= \{60{,}000 + \sqrt{3}\times 200(9\times 0.6 + 13\times 0.8)\}\times 10^{-3} = 65.47\,[\text{kV}]$$
$$\delta = \frac{V_s - V_r}{V_r}\times 100 = \frac{65.47[\text{kV}] - 60[\text{kV}]}{60[\text{kV}]}\times 100 = 9.1\,[\%]$$

27 전력계통의 조정
- P-F Control : 유효전력은 주파수로 제어(거버너 밸브를 통해 유효전력을 조정)
- Q-V Control : 무효전력은 전압으로 제어

28 보호협조의 배열
- 리클로저(R) - 섹셔널라이저(S) - 전력 퓨즈(F)
- 섹셔널라이저는 고장전류 차단능력이 없으므로 리클로저와 직렬로 조합하여 사용한다.

29 전력원선도
- 작성 시 필요한 값 : 송·수전단 전압, 일반회로 정수(A, B, C, D)
- 가로축 : 유효전력, 세로축 : 무효전력
- 구할 수 있는 값 : 최대출력, 조상설비용량, 4단자 정수에 의한 손실, 송·수전 효율 및 전압, 선로의 일반회로 정수
- 구할 수 없는 값 : 과도안정 극한전력, 코로나 손실, 사고값

30 저압 네트워크방식
- 무정전 공급방식으로 공급신뢰도가 높다.
- 공급신뢰도가 가장 좋고 변전소의 수를 줄일 수 있다.
- 전압강하, 전력손실이 적다.
- 부하 증가 시 대응이 우수하다.
- 설비비가 고가이다.
- 인축의 접지사고가 있을 수 있다.
- 고장 시 고장전류가 역류할 수 있다.
- 대책 : 네트워크 프로텍터(저압용 차단기, 저압용 퓨즈, 전력방향 계전기)

31 수변전 설비 1차 측에 설치하는 차단기의 용량은 공급 측 단락용량 이상의 것을 설정해야 한다.

32 개폐 이상전압은 회로의 폐로 때보다 개로할 때가 크며 또한 부하 개로할 때보다 무부하회로를 개로할 때가 더 크다. 개폐 이상전압은 상규 대지전압이 3.5배 이하로서 4배를 넘는 경우는 거의 없다. 앞선 무효분 정전용량에 의한 충전전류를 차단 시 이상전압이 크게 발생된다.

33 보일러의 부속 설비
- 과열기 : 건조포화증기를 과열증기로 변환하여 터빈에 공급
- 재열기 : 터빈 내에서의 증기를 뽑아내어 다시 가열하는 장치
- 절탄기 : 배기가스의 여열을 이용하여 보일러 급수 예열
- 공기예열기 : 절탄기를 통과한 여열공기를 예열한다(연도의 맨 끝에 위치).

34

명 칭	약 호	용도(역할)
컷아웃 스위치	COS	변압기 과부하 보호

35 역률 개선 효과 : 전압강하 경감, 전력손실 경감, 설비용량의 여유분 증가, 전력요금의 절약

36
- PT : 2차 측 개방 ⇒ 과전류에 의한 과열소손 방지
- CT : 2차 측 단락 ⇒ 과전압에 의한 절연파괴 방지

37

$P = 3E2I = 6EI$
$P = 3V_P I_P = 3E \times 2I = 6EI$
$V_P = E \quad I_P = I_l = 2I$

38 고저압 혼촉 시 수용가에 침입하는 상승전압을 억제하기 위해서 고압 측의 중성선과 저압 측의 중성선을 전기적으로 연결한다.

39 피뢰기 설치 장소
- 발·변전소 인입구 및 인출구 부근
- 배전용 변압기 고압측 및 특고압측 부근
- 특고압·고압을 수전받는 수용가 인입구
- 가공전선과 지중전선 접속점 부근

40 중성점 접지방식

방 식	보호계전기 동작	지락전류	전위상승	과도 안정도	유도 장해	특 징
직접접지 22.9, 154, 345[kV]	확 실	크다.	1.3배	작다.	크다.	중성점 영전위 단절연 가능
저항접지	↓	↓	$\sqrt{3}$ 배	↓	↓	
비접지 3.3, 6.6[kV]	×	↓	$\sqrt{3}$ 배	↓	↓	저전압 단거리
소호리액터접지 66[kV]	불확실	0	$\sqrt{3}$ 배 이상	크다.	작다.	병렬 공진

41 직류 직권전동기

자기포화 \ 관 계	토크와 회전수
자기포화 전	$T = kI_a^2 [\text{N} \cdot \text{m}], \quad T \propto I_a^2 \propto \dfrac{1}{N^2}$
자기포화 시	$T = kI_a [\text{N} \cdot \text{m}], \quad T \propto I_a \propto \dfrac{1}{N}$

42 비돌극형인 경우 최대출력은 부하각(δ)=90°이므로 $P_0 = \dfrac{EV}{X_s}\sin 90° = \dfrac{EV}{X_s}$[W]이다.

43

종류	횡축	종축	조건
무부하 포화곡선	I_f(계자전류)	V(단자전압)	n일정, $I=0$
외부 특성곡선	I(부하전류)	V(단자전압)	n일정, R_f일정
내부 특성곡선	I(부하전류)	E(유기기전력)	n일정, R_f일정
부하 특성곡선	I_f(계자전류)	V(단자전압)	n일정, I일정
계자 조정곡선	I(부하전류)	I_f(계자전류)	n일정, V일정

44 매극 매상의 슬롯수가 1이면 유도기전력은 매극 매상의 코일변을 형성하는 각 도체의 유도기전력 사이에 위상차가 없는 경우이며 이와 같은 권선법을 집중권이라고 한다.

45 전기자전류 $I_a = I + I_f = \dfrac{40 \times 10^3}{220} + \dfrac{220}{22} \fallingdotseq 191.82[\text{A}]$

$E = V + I_a R_a + e_a$에서 $R_a = \dfrac{E - V - e_a}{I_a} = \dfrac{230 - 220 - 5}{191.82} \fallingdotseq 0.026[\Omega]$

46 $I_0 = \sqrt{I_i^2 + I_\phi^2} \rightarrow I_\phi = \sqrt{I_0^2 - I_i^2} = \sqrt{1.4^2 - 0.67^2} \fallingdotseq 1.23[\text{A}]$

$I_\phi = \dfrac{V_1}{X} \rightarrow X = \dfrac{V_1}{I_\phi} = \dfrac{120}{1.23} \fallingdotseq 97.6[\Omega]$

여기서, $P_i = V_1 I_i \rightarrow I_i = \dfrac{P_i}{V_1} = \dfrac{80}{120} \fallingdotseq 0.67[\text{A}]$

47 $P_e = \eta(fBmt)^2 \propto t^2$

48 변압기 등가회로 작성에 필요한 시험은 단락시험, 무부하시험, 저항측정시험이 있다.

49 **비례추이의 원리(권선형 유도전동기)**

$\dfrac{r_2}{s_m} = \dfrac{r_2 + R_s}{s_t}$

- 최대토크가 발생하는 슬립점이 2차 회로의 저항에 비례해서 이동한다.
- 슬립은 변화하지만 최대토크$\left(T_{\max} = K\dfrac{E_2^2}{2r_2}\right)$는 불변한다.
- 2차 저항을 크게 하면 기동전류는 감소하고 기동토크는 증가한다.

50 **게르게스 현상** : 3상 권선형 유도전동기의 2차 회로가 한 개 단선된 경우 $s=50[\%]$ 부근에서 더 이상 가속되지 않는 현상이다.

51 2차 여자제어법에는 크레머방식과 세르비우스방식이 있는데, 크레머방식은 기계적 제어, 세르비우스 방식은 전기적 제어로 속도를 제어한다.

52 **단상 반발전동기**
- 종류 : 아트킨손형, 톰슨형, 데리형
- 특징 : 브러시를 단락시켜 브러시 이동으로 기동토크, 속도제어

53 변압기 V결선

- 출력비 $= \dfrac{P_V}{P_\triangle} = \dfrac{\sqrt{3}\, V_2 I_2}{3\, V_2 I_2} \fallingdotseq 0.577 = 57.7[\%]$

- 이용률 $= \dfrac{\sqrt{3}\, V_2 I_2}{2\, V_2 I_2} = \dfrac{\sqrt{3}}{2} \fallingdotseq 0.866 = 86.6[\%]$

54 주파수 변환 : 60[Hz]에서 50[Hz]

구 분	자 속	자속밀도	여자전류	철 손	리액턴스	온도상승	속 도
주파수	반비례 $\dfrac{6}{5}$	반비례 $\dfrac{6}{5}$	반비례 $\dfrac{6}{5}$	반비례 $\dfrac{6}{5}$	비례 $\dfrac{5}{6}$	반비례 $\dfrac{6}{5}$	비례 $\dfrac{5}{6}$

55
유도기전력 $E = V + I_a R_a + e_a = 200 + 54 \times 0.15 + 3 = 211.1[V]$

$I_a = I_f + I = \dfrac{V}{R_f} + I = \dfrac{200}{50} + 50 = 54$

56
전부하 이하라 하면 L이 줄어들며 이에 C가 증가
따라서 앞선 역률로 되며 부하가 감소 시 V위상으로 동일하게 앞선 역률로 역률값은 낮아진다.

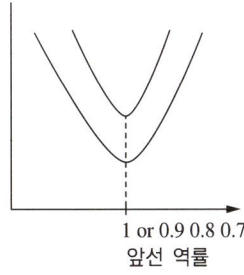

1 or 0.9　0.8　0.7
앞선 역률

57 부하전류가 연속인 경우

$E_d = \dfrac{2\sqrt{2}}{\pi} E \cdot \cos a = \dfrac{2\sqrt{2}}{\pi} \times 100 \times \cos 30° \fallingdotseq 77.9[V]$

58 단상 변압기

정격전류 $I_{1n} = \dfrac{P}{V_{1n}} = \dfrac{20 \times 10^3}{6,300} \fallingdotseq 3.17[A]$

2차를 1차로 환산
$r_{21} = r_1 + a^2 \times r_2 = 15.2 + 30^2 \times 0.019 = 32.3[\Omega]$
$x_{21} = x_1 + a^2 \times x_2 = 21.6 + 30^2 \times 0.028 = 46.8[\Omega]$
$z_{21} = \sqrt{r_{21}^2 + x_{21}^2} = \sqrt{32.3^2 + 46.8^2} \fallingdotseq 56.9[\Omega]$

%임피던스강하
$\%z = \dfrac{I_{1n} z_{21}}{V_{1n}} \times 100 = \dfrac{3.17 \times 56.9}{6,300} \times 100 \fallingdotseq 2.863[\%]$

59
수수전력 $P_s = \dfrac{E^2}{2Z_s} \sin\delta = \dfrac{2,000^2}{2 \times 5} \times \sin 60° \times 10^{-3} = 346.41 \fallingdotseq 200\sqrt{3}\,[kW]$

60 전동기이므로 회전방향으로 극을 옮긴 보극을 설치 보상권선은 전기자 권선과 반대방향으로 전류를 흘린다.

61
$$G(s) = \frac{1}{3s^2 + 4s + 1} = \frac{\frac{1}{3}}{s^2 + \frac{4}{3}s + \frac{1}{3}}$$

$$G(s) = \frac{\omega_n^2}{s^2 + 2\delta\omega_n s + \omega_n^2}$$

$\omega_n^2 = \frac{1}{3}$, $\omega_n = \frac{1}{\sqrt{3}}$

$2\delta\omega_n = \frac{4}{3}$ 에서

$2\delta \frac{1}{\sqrt{3}} = \frac{4}{3}$

$\delta = \frac{4}{3} \times \frac{\sqrt{3}}{2} ≒ 1.154$

∴ 제동비가 1보다 크므로 과제동이다.

62
$$G(s) = \frac{C}{R} = \frac{G_1 + G_2}{1 - G_1 H_1}$$

$P_1 = G_1$
$P_2 = G_2$
$L = G_1 H_1$

63 2차 계의 전달함수 $\frac{\omega_n^2}{s^2 + 2\zeta\omega_n s + \omega_n^2}$ 에서

분모값만 이용 $s^2 + 2\zeta\omega_n s + \omega_n^2 = 0$

$\frac{1}{4s^2 + s + 1}$ 에서 분모를 4로 나눈다.

$\frac{\frac{1}{4}}{s^2 + \frac{1}{4}s + \frac{1}{4}} = 0$, $\frac{\omega_n^2}{s^2 + 2\zeta\omega_n s + \omega_n^2} = 0$과 비교하여(분모만 비교한다)

$\omega_n^2 = \frac{1}{4}$, $\omega_n = \frac{1}{2} = 0.5$

$2\zeta \times 0.5 = \frac{1}{4}$

$\zeta = 0.25$

64
- 극점 : 0, 0, -2, -3
- 영점 : -1

극점과 영점의 많은 수의 개수가 근궤적의 수

65
$\begin{bmatrix} s & 0 \\ 0 & s \end{bmatrix} - \begin{bmatrix} 1 & -2 \\ -3 & 2 \end{bmatrix} = \begin{bmatrix} s-1 & 2 \\ 3 & s-2 \end{bmatrix}$

$(s-1)(s-2) - 2 \times 3 = 0$

$s^2 - 3s + 2 - 6 = 0$

$s^2 - 3s - 4 = 0$

$(s-4)(s+1) = 0$

$s = 4, -1$

66

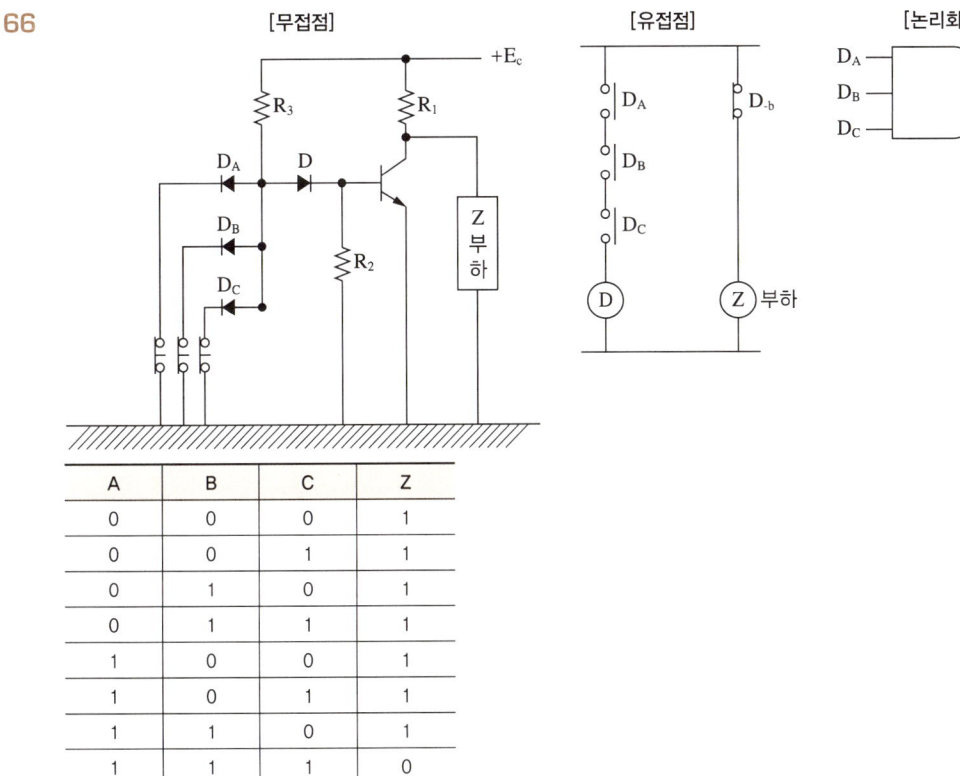

67 함수의 변환

$f(t)$		$F(s)$	$F(z)$
단위계단함수	$u(t)$	$\dfrac{1}{s}$	$\dfrac{z}{z-1}$

68 극점(특성 방정식) ⇒ 폐루프 전달함수의 분모가 0인 방정식
영점 ⇒ 분자가 0

69 $P = G(s)$
$L_1 = -G(s)H_1(s)$
$L_2 = -G(s)H_2(s)$

$G(s) = \dfrac{P}{1 - L_1 - L_2} = \dfrac{G(s)}{1 + G(s)H_1(s) + G(s)H_2(s)} = \dfrac{G(s)}{1 + G(s)(H_1(s) + H_2(s))}$

70
$$\frac{s^2+3s+2}{s^2+2s+5} = \frac{s^2+2s+5}{s^2+2s+5} + \frac{s-3}{s^2+2s+5}$$
$$= 1 + \frac{s+1}{(s+1)^2+2^2} - \frac{4}{(s+1)^2+2^2}$$
$$= 1 + \frac{s+1}{(s+1)^2+2^2} - 2 \times \frac{2}{(s+1)^2+2^2}$$

이므로
$$\mathcal{L}^{-1}\left[\frac{s^2+3s+2}{s^2+2s+5}\right] = \mathcal{L}^{-1}\left[1 + \frac{s+1}{(s+1)^2+2^2} - 2 \times \frac{2}{(s+1)^2+2^2}\right]$$
$$\therefore \delta(t) + e^{-t}\cos 2t - e^{-t}2\sin 2t = \delta(t) + e^{-t}(\cos 2t - 2\sin 2t)$$

71
$$i(t) = \frac{E}{R}(1 - e^{-\frac{R}{L}t}) = \frac{20}{5}(1 - e^{-\frac{5}{5} \times 1}) = 2.528[A]$$

72
$$I_2 = \frac{1}{3}(I_a + a^2 I_b + a I_c) = \frac{1}{3}\{15 + j2 + 1\angle 240° \times (-20 - j14) + 1\angle 120° \times (-3 + j10)\} \fallingdotseq 1.91 + j6.24[A]$$

73
$$P = \frac{V_{m1}}{\sqrt{2}} \times \frac{I_{m1}}{\sqrt{2}}\cos\theta_1 + \frac{V_{m3}}{\sqrt{2}} \times \frac{I_{m3}}{\sqrt{2}}\cos\theta_3 \;(\theta\text{는 전압과 전류의 위상차})$$
$$P = \frac{100}{\sqrt{2}} \times \frac{20}{\sqrt{2}}\cos 60° + \frac{50}{\sqrt{2}} \times \frac{10}{\sqrt{2}}\cos 75° = 564.7 \fallingdotseq 565[W]$$

74 대칭 다상 교류는 원형 회전자계가 발생하고, 비대칭 다상 교류는 타원형 자계가 발행한다.

75
$V = I_3 Z_3 = 5[V]$
$I = I_1 + I_2 + I_3 = 2\angle -30° + 5\angle 30° + 5 = 11.062 + j1.5[A]$
$P_a = V\dot{I} = 5(11.062 - j1.5) = 55.31 - j7.5[VA]$

76

$V_1 = \left(\frac{0.6}{0.6 + (0.5 + 0.4)} \times 6\right) \times 0.5 = 1.2[V]$

$V_2 = \left(\frac{0.4}{(0.6 + 0.5) + 0.4} \times 2\right) \times 0.5 = 0.266[V]$
$V = V_1 + V_2 = 1.2 + 0.266 \fallingdotseq 1.47[V]$

77 영상전류 $i_0 = \frac{1}{3}(i_a + i_b + i_c)$
$= \frac{1}{3}(15 - 20 - 3 + j2 - j14 + j10)$
$= \frac{1}{3}(-8 - j2) ≒ -2.67 - j0.67 [\text{A}]$

78 $I_5 = \frac{V_5}{Z_5} = \frac{260}{\sqrt{12^2 + (1 \times 5)^2}} = 20 [\text{A}]$

79 특성임피던스
$Z_0 = \sqrt{\frac{Z}{Y}} = \sqrt{\frac{R + j\omega L}{G + j\omega C}} = \sqrt{\frac{R}{G}} [\Omega]$
여기서, 직류 : 주파수 $f = 0 [\text{Hz}] (\omega = 0)$

80 $Y_0 = \frac{1}{3}(Y_a + Y_b + Y_c) = \frac{1}{3}(0.3 + 0.3 - j0.3) = 0.2 - j0.1 [\mho]$

81 KEC 222.7/332.5(저·고압 가공전선의 높이)

설치장소		가공전선의 높이
도로횡단		지표상 6[m] 이상
철도 또는 궤도횡단		레일면상 6.5[m] 이상
횡단보도교 위	저 압	노면상 3.5[m] 이상. 단, 절연전선의 경우 3[m] 이상
	고 압	노면상 3.5[m] 이상

82 KEC 421.4(변전소의 설비)
- 변전소 등의 계통을 구성하는 각종 기기는 운용 및 유지보수성, 시공성, 내구성, 효율성, 친환경성, 안전성 및 경제성 등을 종합적으로 고려하여 선정하여야 한다.
- 급전용 변압기는 직류 전기철도의 경우 3상 정류기용 변압기, 교류 전기철도의 경우 3상 스코트 결선 변압기의 적용을 원칙으로 하고, 급전계통에 적합하게 선정하여야 한다.
- 차단기는 계통의 장래계획을 감안하여 용량을 결정하고, 회로의 특성에 따라 기종과 동작책무 및 차단시간을 선정하여야 한다.
- 개폐기는 선로 중 중요한 분기점, 고장발견이 필요한 장소, 빈번한 개폐를 필요로 하는 곳에 설치하며, 개폐상태의 표시, 잠금장치 등을 설치하여야 한다.
- 제어용 교류전원은 상용과 예비의 2계통으로 구성하여야 한다.
- 제어반의 경우 디지털계전기방식을 원칙으로 하여야 한다.

83 KEC 152.1(수뢰부시스템)
돌침, 수평도체, 그물망도체의 요소 중에 한 가지 또는 이를 조합한 형식으로 시설

84 KEC 333.22(특고압 보안공사)
제1종 특고압 보안공사의 전선 굵기

사용전압	전 선
100[kV] 미만	인장강도 21.67[kN] 이상, 단면적 55[mm^2] 이상의 경동연선
100[kV] 이상 300[kV] 미만	인장강도 58.84[kN] 이상, 단면적 150[mm^2] 이상의 경동연선
300[kV] 이상	인장강도 77.47[kN] 이상, 단면적 200[mm^2] 이상의 경동연선

85 KEC 222.2/331.11(지지선의 시설)

안전율	2.5 이상(목주나 A종 : 1.5 이상)	아연도금철봉	지중 및 지표상 0.3[m]까지
구 조	4.31[kN] 이상, 3가닥 이상의 연선	도로횡단	5[m] 이상(교통 지장 없는 장소 : 4.5[m])
금속선	2.6[mm] 이상(아연도강연선 2.0[mm] 이상)	기 타	철탑은 지지선으로 그 강도를 분담시키지 않을 것

86 KEC 341.4(특고압용 기계기구의 시설), 341.8(고압용 기계기구의 시설)

	고 압		특고압		
	시가지	시가지 외	35[kV] 이하	160[kV] 이하	160[kV] 초과
높이	4.5[m]	4.0[m]	5.0[m]	6.0[m]	6[m] + 단수 × 0.12[m]

87 KEC 231.6(옥내전로의 대지전압의 제한)
백열전등 또는 방전등에 전기를 공급하는 옥내전로의 대지전압은 300[V] 이하

88 KEC 222.3/332.1(가공약전류전선로의 유도장해 방지)
유도작용에 의하여 통신상의 장해가 생기지 아니하도록 전선과 기설 약전류전선 간의 간격은 2[m] 이상이어야 한다.

89
유입 자랭식은 기름의 대류를 이용하여 변압기 내부에 생기는 열을 외부로 발산시키는 방식으로 경보장치를 하지 않아도 된다.

90 KEC 333.23(특고압 가공전선과 건조물의 접근)

구 분			35[kV] 이하의 가공전선			35[kV] 초과의 가공전선
			일 반	특고압절연	케이블	
건조물	상부 조영재	위 쪽	3[m]	2.5[m]	1.2[m]	표준 + N = 표준 + $\left(\dfrac{35[kV]\ 초과분}{10[kV]} \times 0.15[m]\right)$
		옆쪽 또는 아래쪽, 기타 조영재	3[m]	1.5[m]	0.5[m]	

91 KEC 232.71(라이팅덕트공사)
- 지지점 : 2[m] 이하
- 끝부분 막고, 개구부는 아래로 향해 시설
- 덕트 상호 간 및 전선 상호 간은 견고하게 또한 전기적으로 완전히 접속할 것
- 덕트는 조영재에 견고하게 붙일 것
- 덕트는 조영재를 관통하여 시설하지 아니할 것

92 KEC 333.14(이상 시 상정하중)
이상 시 상정하중은 풍압하중을 말하며 풍압하중은 풍압이 전선로에 직각방향으로 가하여지는 경우의 하중이다.

93 KEC 223.2/334.2(지중함의 시설)
- 지중함은 견고하고 차량 기타 중량물의 압력에 견디는 구조일 것
- 지중함은 그 안의 고인 물을 제거할 수 있는 구조로 되어 있을 것
- 폭발성 또는 연소성의 가스가 침입할 우려가 있는 것에 시설하는 지중함으로서 그 크기가 1[m³] 이상인 것에는 통풍장치 기타 가스를 방산시키기 위한 장치를 시설할 것
- 지중함의 뚜껑은 시설자 이외의 자가 쉽게 열 수 없도록 시설할 것

94 KEC 511.3(옥내전로의 대지전압 제한)
주택의 전기저장장치의 축전지에 접속하는 부하 측 옥내배선을 시설하는 경우에 주택의 옥내전로의 대지전압은 직류 600[V]까지 적용할 수 있다.

95 KEC 532.3.5(피뢰설비)
풍력터빈의 피뢰설비는 다음에 따라 시설하여야 한다.
- 수뢰부를 풍력터빈 선단부분 및 가장자리 부분에 배치하되 뇌격전류에 의한 발열에 의해 녹아서 손상되지 않도록 재질, 크기, 두께 및 형상 등을 고려할 것
- 풍력터빈에 설치하는 인하도선은 쉽게 부식되지 않는 금속선으로서 뇌격전류를 안전하게 흘릴 수 있는 충분한 굵기여야 하며, 가능한 직선으로 시설할 것
- 풍력터빈 내부의 계측 센서용 케이블은 금속관 또는 차폐케이블 등을 사용하여 뇌유도과전압으로부터 보호할 것
- 풍력터빈에 설치한 피뢰설비(리셉터, 인하도선 등)의 기능저하로 인해 다른 기능에 영향을 미치지 않을 것

96 KEC 133(회전기 및 정류기의 절연내력)
절연내력시험 : 일정 전압을 가할 때 절연이 파괴되지 않은 한도로서 전선로나 기기에 일정 배수의 전압을 일정시간(10분) 동안 흘릴 때 파괴되지 않는 시험

종 류		시험전압	시험방법
회전기	발전기, 전동기, 무효 전력 보상 장치, 기타 회전기	7[kV] 이하	1.5배(최저 500[V])	권선과 대지 간에 연속하여 10분간
		7[kV] 초과	1.25배(최저 10.5[kV])	
	회전변류기	직류 측의 최대사용전압의 1배의 교류 전압(최저 500[V])	

97 KEC 212.3(보호장치의 종류 및 특성)
순시트립에 따른 구분(주택용 배선차단기)

형	순시트립범위
B	$3I_n$ 초과 $5I_n$ 이하
C	$5I_n$ 초과 $10I_n$ 이하
D	$10I_n$ 초과 $20I_n$ 이하

- B, C, D : 순시트립전류에 따른 차단기 분류
- I_n : 차단기 정격전류

98 KEC 431.6(전차선 및 급전선의 최소 높이)

시스템 종류	공칭전압[V]	동적[mm]	정적[mm]
직 류	750	4,800	4,400
	1,500	4,800	4,400
단상 교류	25,000	4,800	4,570

99 KEC 333.2(유도장해의 방지)

60[kV] 이하	사용전압	60[kV] 초과
2[μA]/12[km] 이하	유도전류	3[μA]/40[km] 이하

100 KEC 362.3(조가선 시설기준)
- 조가선은 설비 안전을 위하여 전주와 전주 사이에서 접속하지 말 것
- 조가선은 부식되지 않는 별도의 금속 부속품을 사용하고 조가선 끝부분은 날카롭지 않게 할 것
- 끝부분의 배전주와 끝부분에서 첫 번째 지지물 전에 있는 배전주에 시설하는 조가선은 장력에 견디는 형태로 시설할 것
- 조가선은 2조까지만 시설할 것
- 과도한 장력에 의한 전주손상을 방지하기 위하여 전주 간 거리 50[m] 기준 0.4[m] 정도의 처짐정도를 반드시 유지하고, 지표상 시설 높이 기준을 준수하여 시공할 것
- +자형 공중 교차는 불가피한 경우에 한하여 제한적으로 시공할 수 있다. 다만, T자형 공중 교차시공은 할 수 없다.

2024년 제3회 CBT

page 350

1	2	3	4	5	6	7	8	9	10	11	12	13	14	15	16	17	18	19	20
①	①	①	③	③	③	①	①	②	③	①	③	①	③	①	②	②	②	①	③
21	22	23	24	25	26	27	28	29	30	31	32	33	34	35	36	37	38	39	40
③	④	③	②	④	④	④	③	③	③	④	①	②	①	②	③	③	①	②	②
41	42	43	44	45	46	47	48	49	50	51	52	53	54	55	56	57	58	59	60
①	①	③	③	①	②	①	④	④	③	②	④	③	④	④	④	④	②	④	④
61	62	63	64	65	66	67	68	69	70	71	72	73	74	75	76	77	78	79	80
④	③	①	③	②	③	②	①	③	②	①	④	④	②	①	③	①	①	①	①
81	82	83	84	85	86	87	88	89	90	91	92	93	94	95	96	97	98	99	100
②	②	①	④	④	④	③	②	①	④	①	①	③	④	④	②	②	②	②	②

01 $r < a$, 전류가 균일하게 흐르는 경우(내부에도 전류가 흐르는 경우)

내부 $H_i = \dfrac{I}{2\pi r} \times \dfrac{r^2}{a^2} = \dfrac{rI}{2\pi a^2}$ [AT/m]

02 $\phi = BS = \mu H \cdot S = \mu \cdot \dfrac{NI}{2\pi r} \cdot S = \dfrac{\mu_0 \mu_s NIS}{l}$ [Wb]

$\therefore \phi = \dfrac{\mu_0 \mu_s NIS}{l} = \dfrac{4\pi \times 10^{-7} \times 800 \times 600 \times 1 \times 10^{-4}}{16\pi \times 10^{-2}} = 1.2 \times 10^{-3}$ [Wb]

03 전속선은 유전율이 큰 쪽으로 모이므로 $\varepsilon_1 > \varepsilon_2$ 이다.

04 쌍극자 모멘트 $M = ml$ [Wb·m] 대입
자성체의 회전력 $T = M \times H$
$T = MH\sin\theta = mlH\sin\theta$ [N·m] $= 8 \times 10^{-6} \times 0.03 \times 120 \times \sin 30° = 1.44 \times 10^{-5}$ [N·m]

05 공기 부분의 정전용량을 C_1 이라 하면 $C_1 = \dfrac{\varepsilon_0 S}{\dfrac{d}{2}} = \dfrac{2S\varepsilon_0}{d}$ [F] 이고

유리판 부분의 정전용량을 C_2 라 하면 $C_2 = \dfrac{\varepsilon_r S}{\dfrac{d}{2}} = \dfrac{2S\varepsilon_r}{d}$ [F] 이다.

그러므로 극판 간 공극의 두께 $\dfrac{1}{2}$ 상당의 유리판을 넣는 경우 정전용량 C는

$C = \dfrac{1}{\dfrac{1}{C_1} + \dfrac{1}{C_2}} = \dfrac{1}{\dfrac{d}{2S}\left(\dfrac{1}{\varepsilon_0} + \dfrac{1}{\varepsilon_r}\right)} = \dfrac{1}{\dfrac{d}{2\varepsilon_0 S}\left(1 + \dfrac{\varepsilon_0}{\varepsilon_r}\right)} = \dfrac{2C_0}{1 + \dfrac{\varepsilon_0}{\varepsilon_r}} = \dfrac{2C_0}{1 + \dfrac{1}{\varepsilon_r}}$ [F]

06
- 법선성분 : $D_1\cos\theta_1 = D_2\cos\theta_2$
- 접선성분 : $E_1\sin\theta_1 = E_2\sin\theta_2$
- 굴절의 법칙 : $\dfrac{\tan\theta_1}{\tan\theta_2} = \dfrac{\varepsilon_1}{\varepsilon_2}$
- 유전율이 큰 쪽으로 굴절
  $\varepsilon_1 > \varepsilon_2$: $\theta_1 > \theta_2$, $D_1 > D_2$, $E_1 < E_2$
  $\varepsilon_1 < \varepsilon_2$: $\theta_1 < \theta_2$, $D_1 < D_2$, $E_1 > E_2$
- 수직 입사 : $\theta_1 = 0$, 비굴절, 전속밀도 연속($D_1 = D_2$, $E_1 \neq E_2$)
- 수평 입사 : $\theta_1 = 90$, 전계 연속($D_1 \neq D_2$, $E_1 = E_2$)

07 전자유도 법칙 : $e = -N\dfrac{d\phi}{dt}$
- 패러데이 법칙 : 유도기전력 크기 $\left(e = N\dfrac{d\phi}{dt}\right)$ 결정
- 렌츠의 법칙 : 유도기전력 방향(−) 결정

08 전자파(평면파)의 특성
- 전계와 자계는 공존하면서 서로 직각 방향으로 진동한다.
- 전자파 진행방향은 $E \times H$이고 진행방향 성분은 E, H 성분이 없다.
- 진공 또는 완전 유전체에서 전파와 자파의 위상차가 없다.
- z방향에 미분 계수가 존재한다.
- 횡파이며 속도는 매질에 따라 다르다.
- 반사, 굴절현상이 있다.
- 완전 도체표면에서는 전부 반사된다.

09 환상코일의 자기인덕턴스 L은 $L = \dfrac{\mu S N^2}{l}$[H]이므로 권수를 $\dfrac{1}{2}$로 하면
L은 $\left(\dfrac{1}{2}\right)^2 = \dfrac{1}{4}$배로 되므로 S를 4배 또는 l을 $\dfrac{1}{4}$배로 하면 L은 일정하게 된다.

10 포인팅벡터 : 단위시간에 단위면적을 지나는 에너지
임의의 점을 통과할 때의 전력밀도 $P = E \times H = EH\sin\theta$ [W/m²]에서 자계와 전계는 수직이므로
$P = EH$ [W/m²]

11 최초로 파괴되는 콘덴서를 기준으로 전압을 인가한다. $C_1 = 0.01$ [μF]이 최초로 파괴되므로 기준으로 한다.
- 직렬 연결에서 전하량 일정
  $V_1 : V_2 : V_3 = \dfrac{1}{0.01} : \dfrac{1}{0.02} : \dfrac{1}{0.04} = 100 : 50 : 25 = 4 : 2 : 1$
- $V_1 = \dfrac{4}{7}V$에서 $V = \dfrac{7}{4}V_1 = \dfrac{7}{4} \times 1{,}000 = 1{,}750$ [V]

12 $C_1 = \dfrac{2\pi\varepsilon_0}{\ln\dfrac{b}{a}}$ $C_2 = \dfrac{2\pi \cdot 3\varepsilon_0}{\ln\dfrac{3 \cdot b}{3 \cdot a}} = 3C_1$

13 자화의 세기 $J = \dfrac{M}{V}$에서 자기모멘트 $M = JV = 0.5 \times (0.1 \times \pi \times 0.01^2) = 1.57 \times 10^{-5}$ [Wb·m]

14 맥스웰의 전자방정식(미분형)
- 앙페르의 주회(적분) 법칙 : $\text{rot} H = \nabla \times H = i_c + \dfrac{\partial D}{\partial t}$
- 패러데이 법칙 : $\text{rot} E = \nabla \times E = -\dfrac{\partial B}{\partial t}$
- 가우스 법칙 : $\text{div} D = \nabla \cdot D = \rho$
- 가우스 법칙 : $\text{div} B = 0$

15 도체의 성질과 전하분포
- 도체 내부 전계의 세기는 0이다.
- 도체 내부는 중성이라 전하를 띠지 않고 도체 표면에만 전하가 분포한다.
- 도체 면에서의 전계의 세기는 도체 표면에 항상 수직이다.
- 도체 표면에서 전하 밀도는 곡률이 클수록, 곡률 반지름은 작을수록 높다.

16 정전응력 $f = \dfrac{D^2}{2\varepsilon} = \dfrac{(2 \times 10^{-6})^2}{2 \times \varepsilon_0} \fallingdotseq 0.226 [\text{N/m}^2]$

여기서, ε_0 : 진공상태 유전율 $= 8.855 \times 10^{-12}$

17 전기력선 방정식 $\dfrac{dx}{E_x} = \dfrac{dy}{E_y}$ 에서 $\dfrac{dx}{\frac{2}{x}} = \dfrac{dy}{\frac{2}{y}}$ 이다. 양변을 적분하면

$y^2 - x^2 = 4^2 - 2^2 = 12$

18 누설전류 $I_g = \dfrac{V}{R} = \dfrac{CV}{\rho \varepsilon} = \dfrac{20 \times 10^{-6} \times 500}{10^{11} \times \varepsilon} \fallingdotseq 5.13 \times 10^{-3} [\text{A}] = 5.13 [\text{mA}]$

여기서, ε : 유전율 = 진공상태유전율(ε_0)×비유전율(ε_r) $= 8.855 \times 10^{-12} \times 2.2$

19 자계의 세기 $H = \dfrac{NI}{l} = \dfrac{NI}{2\pi r} = \dfrac{500 \times 4}{2\pi \times 0.2} \fallingdotseq 1,591.55 [\text{AT/m}]$

20 $E = -\text{grad} V = -\nabla V [\text{V/m}]$

21 수용률 $= \dfrac{\text{최대전력[kW]}}{\text{설비용량[kW]}} \times 100 [\%]$

$= \dfrac{1,200}{500 + 600 + 400 + 100} \times 100 = 75 [\%]$

22 고장별 대칭분 및 전류의 크기

고장종류	대칭분	전류의 크기
1선 지락	정상분, 역상분, 영상분	$I_0 = I_1 = I_2 \neq 0$
선간 단락	정상분, 역상분	$I_1 = -I_2 \neq 0,\ I_0 = 0$
3상 단락	정상분	$I_1 \neq 0,\ I_0 = I_2 = 0$

1선 지락전류 $I_g = 3I_0 = \dfrac{3E_a}{Z_0 + Z_1 + Z_2}$

23 중성점과 대지 간의 전압

$$V_n = \frac{\sqrt{C_a(C_a-C_b)+C_b(C_b-C_c)+C_c(C_c-C_a)}}{C_a+C_b+C_c} \times E$$

24 $P_V = \sqrt{3}\,V_P I_P = \sqrt{3} \times 500 ≒ 866$
$P = 2P_V = 2 \times 866 = 1,732[kVA]$

25
- △결선방식 : 제3고조파 제거
- 직렬리액터 : 제5고조파 제거
- 한류리액터 : 단락사고 시 단락전류 제한
- 소호리액터 : 지락 시 지락전류 제한
- 분로리액터 : 페란티 방지

26

내부적인 요인	외부적인 요인
개폐서지	뇌서지(직격뢰, 유도뢰)
대책 : 개폐저항기	대책 : 서지흡수기

27 제한전압 : 피뢰기 동작 중에 계속해서 걸리고 있는 단자전압의 파곳값

28 전압을 n배로 승압 시

항목	송전전력	전압강하	단면적 A	총중량 W	전력손실 P_l	전압 강하율 ε
관계	$P \propto V^2$	$e \propto \dfrac{1}{V}$	\multicolumn{4}{c}{$[A,\ W,\ P_l,\ \varepsilon] \propto \dfrac{1}{V^2}$}

29 $V = I_g Z_{gf} = 3I_0 Z_{gf} = I_0 3Z_{gf}$
$Z_0 = Z_l + Z_t + 3Z_{gf}$

30 안정도 향상대책
- 발전기
  - 동기리액턴스 감소(단락비 크게, 전압변압률 작게)
  - 속응여자방식 채용
  - 제동권선 설치(난조 방지)
  - 조속기 감도 둔감
- 송전선
  - 리액턴스 감소
  - 복도체(다도체) 채용
  - 병행 2회선 방식
  - 중간조상방식
  - 고속도 재폐로방식 채택 및 고속 차단기 설치

31 C_a에 충전전압 E가 인가, 정전용량 C_{ab}와 C_b의 직렬회로이므로 전압이 분배된다.

정전유도전압 $E_s = \dfrac{C_{ab}}{C_{ab}+C_b} \times E$

32 △결선은 제3고조파를 제거

33 $\eta = \dfrac{860W}{mH} \times 100 = \dfrac{860 \times 40,000}{60 \times 10^3 \times 860} \times 100 ≒ 66.67[\%]$

34 모선 보호용 계전기의 종류 : 전류차동 계전방식, 전압차동 계전방식, 위상비교 계전방식, 방향거리 계전방식

35 $P_S = \dfrac{E_S E_R}{X} \sin\delta = \dfrac{161 \times 155}{49.8} \sin 40° ≒ 322.1[\text{MW}]$

36 보일러의 부속 설비
- 과열기 : 건조포화증기를 과열증기로 변환하여 터빈에 공급
- 재열기 : 터빈 내에서의 증기를 뽑아내어 다시 가열하는 장치
- 절탄기 : 배기가스의 여열을 이용하여 보일러 급수 예열
- 공기예열기 : 절탄기를 통과한 여열공기를 예열한다(연도의 맨 끝에 위치).

37 중성점 접지방식

방 식	보호계전기 동작	지락전류	전위상승	과도 안정도	유도 장해	특 징
직접접지 22.9, 154, 345[kV]	확 실	크다.	1.3배	작다.	크다.	중성점 영전위 단절연 가능
저항접지	↓	↓	$\sqrt{3}$ 배	↓	↓	
비접지 3.3, 6.6[kV]	×	↓	$\sqrt{3}$ 배	↓	↓	저전압 단거리
소호리액터접지 66[kV]	불확실	0	$\sqrt{3}$ 배 이상	크다.	작다.	병렬 공진

38 $P \propto QH\eta$에서 낙차에 의한 수차의 특성변화에서 $P \propto H^{\frac{3}{2}} \times \eta$
$P = (0.6^{\frac{3}{2}} \times 0.8) \times 100 = 37.18 ≒ 37.2[\%]$

39 전력 퓨즈(Power Fuse)는 특고압 기기의 단락전류 차단을 목적으로 설치한다.
- 장점 : 소형 및 경량, 차단용량이 큼, 고속 차단, 보수가 간단, 가격이 저렴, 정전용량이 작음
- 단점 : 재투입이 불가능

40 특성임피던스 $Z_0 = \sqrt{\dfrac{L}{C}}$, $V = \dfrac{1}{\sqrt{LC}}$

∴ $L = \dfrac{Z_0}{V}$

41 동기발전기의 병렬운전
- 유기기전력이 높은 발전기(여자전류가 높은 경우) : 90° 지상전류가 흘러 역률이 저하된다.
- 유기기전력이 낮은 발전기(여자전류가 낮은 경우) : 90° 진상전류가 흘러 역률이 상승된다.

42 위상 특성곡선(V곡선 $I_a - I_f$ 곡선, P 일정) : 계자전류의 변화에 대한 전기자전류의 변화를 나타낸 곡선(동기조상기로 조정)
- 과여자(진역률) : 콘덴서 C 로 작용
- 부족여자(지역률) : 인덕턴스 L로 작용

가로축 I_f	최저점 $\cos\theta = 1$	세로축 I_a
감 소	계자전류 I_f	증 가
증 가	전기자전류 I_a	증 가
뒤진 역률(지상)	역 률	앞선 역률(진상)
L	작 용	C
부족여자	여 자	과여자
$\cos\theta = 1$에서 전력 비교 $P \propto I_a$, 위 곡선의 전력이 크다.		

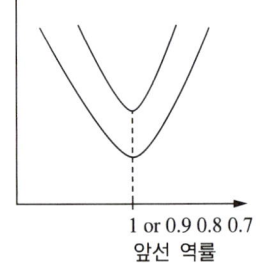

1 or 0.9 0.8 0.7
앞선 역률

43 %저항강하
$$p = \frac{I_{2n}r_{21}}{V_{2n}} \times 100 = \frac{I_{1n}r_{12}}{V_{1n}} \times 100 = \frac{I_{1n}^2 r_{12}}{V_{1n}I_{1n}} \times 100 = \frac{P_s}{P_n} \times 100[\%] = \frac{150}{3 \times 10^3} \times 100 = 5[\%]$$

44 $V_2 = V_1 \times \frac{1}{a} = 200 \times \frac{1}{2} = 100[\text{V}]$

$V_3 = V_1 + V_2 = 200 + 100 = 300[\text{V}]$

45 역률제어와는 관계가 없다.

46 $\frac{P_b}{P_a} = \frac{\%Z_a}{\%Z_b} \times \frac{P_B}{P_A} = \frac{2.4}{3.6} \times \frac{300}{400} = \frac{1}{2}$

$P_a = 400[\text{kVA}]$

$P_b = \frac{1}{2}P_a = \frac{1}{2} \times 400 = 200[\text{kVA}]$

∴ 합성부하용량 $= P_a + P_b = 400 + 200 = 600[\text{kVA}]$

47 Heyland 원선도
유도전동기 1차 부하전류의 선단 부하의 증감과 더불어 그리는 그 궤적이 항상 반원주상에 있는 것을 이용하여 여러 가지 값을 구하는 곡선

작성에 필요한 값	저항 측정	무부하시험	구속시험
		철손, 여자전류	동손, 임피던스 전압, 단락전류
구할 수 있는 값		1차 입력, 2차 입력(동기와트), 철손, 슬립 1차 저항손, 2차 저항손, 출력, 효율, 역률	
구할 수 없는 값		기계적 출력, 기계손	

48 SCR의 특징
- 정류기능을 가진 단일 방향성 3단자 소자이다.
- 과전압에 약하고 열용량이 적어 고온에 약하다.
- 아크가 생기지 않으므로 열의 발생이 적다.
- 역방향 내전압이 크고, 전압강하가 작다.
- Turn On 조건은 양극과 음극 간에 브레이크 오버전압 이상의 전압을 인가하고, 게이트에 래칭전류 이상의 전류를 인가한다.
- Turn Off 조건은 애노드의 극성을 부(−)로 한다.
- 래칭전류는 사이리스터가 Turn On하기 시작하는 순전류이다.
- 이온이 소멸되는 시간이 짧다.
- 직류 및 교류 전압제어를 하며 스위칭 소자이다.

49 비례추이의 원리(권선형 유도전동기)

$$\frac{r_2}{s_m} = \frac{r_2 + R_s}{s_t}$$

- 최대토크가 발생하는 슬립점이 2차 회로의 저항에 비례해서 이동한다.
- 슬립은 변화하지만 최대토크 $\left(T_{\max} = K\dfrac{E_2^{\,2}}{2r_2}\right)$는 불변한다.
- 2차 저항을 크게 하면 기동전류는 감소하고 기동토크는 증가한다.

50 임피던스전압($V_{1s} = I_{1n} \cdot Z_{21}$)
- 정격전류가 흐를 때 변압기 내 임피던스 전압강하
- 변압기 2차 측을 단락한 상태에서 1차 측에 정격전류(I_{1n})가 흐르도록 1차 측에 인가하는 전압

51 분포권의 특징
- 분포권은 집중권에 비하여 합성유기기전력이 감소한다.
- 기전력의 고조파가 감소하여 파형이 좋아진다.
- 권선의 누설리액턴스가 감소한다.
- 전기자권선에 의한 열을 고르게 분포시켜 과열을 방지한다.

52 직류 직권전동기

자기포화 \ 관계	토크와 회전수
자기포화 전	$T = kI_a^2 [\text{N} \cdot \text{m}]$, $T \propto I_a^2 \propto \dfrac{1}{N^2}$
자기포화 시	$T = kI_a [\text{N} \cdot \text{m}]$, $T \propto I_a \propto \dfrac{1}{N}$

53 철극형과 비철극형

구 분	철극형	비철극형
극 수	16~32	2~4
회전속도	저 속	고 속
크 기	D대, l소	D소, l대
단락비	0.9~1.2	0.6~1.0
리액턴스	직축 > 횡축	직축 = 횡축
최대출력 부하각	60°	90°
설 치	수직형	수평형

54 정류회로의 특성

구 분		반파 정류	전파 정류
다이오드		$E_d = \dfrac{\sqrt{2}E}{\pi} = 0.45E$	$E_d = \dfrac{2\sqrt{2}E}{\pi} = 0.9E$
SCR	단상	$E_d = \dfrac{\sqrt{2}E}{\pi}\left(\dfrac{1+\cos\alpha}{2}\right)$	$E_d = \dfrac{2\sqrt{2}E}{\pi}\left(\dfrac{1+\cos\alpha}{2}\right)$
	3상	$E_d = \dfrac{3\sqrt{6}}{2\pi}E\cos\alpha$	$E_d = \dfrac{3\sqrt{2}}{\pi}E\cos\alpha$
효 율		40.6[%]	81.2[%]
PIV		PIV$= E_d \times \pi$, 브리지 PIV$= 0.5 E_d \times \pi$	

※ SCR은 항상 부하 역률각보다 큰 범위에서만 제어가 가능하다(제어각>역률각).

55 전력변환기기

인버터	초 퍼	정 류	사이클로 컨버터(주파수 변환)
직류-교류	직류-직류	교류-직류	교류-교류

56 주파수 변환 : 60[Hz]에서 50[Hz]

구 분	자 속	자속밀도	여자전류	철 손	리액턴스	온도상승	속 도
주파수	반비례 $\dfrac{6}{5}$	반비례 $\dfrac{6}{5}$	반비례 $\dfrac{6}{5}$	반비례 $\dfrac{6}{5}$	비례 $\dfrac{5}{6}$	반비례 $\dfrac{6}{5}$	비례 $\dfrac{5}{6}$

57
토크 $T = 0.975\dfrac{P}{N} = 0.975\dfrac{EI_a}{N} = 0.975 \times \dfrac{200 \times 100}{1,500} = 13[\text{kg}\cdot\text{m}]$

58
$E = V - I_a R_a = 105 - 50 \times 0.1 = 100[\text{V}]$

유도기전력 $E = \dfrac{PZ}{a}\phi\dfrac{N}{60}[\text{V}]$ 에서

$N = \dfrac{aE \times 60}{PZ\phi} = \dfrac{4 \times 100 \times 60}{4 \times 50 \times 0.05} = 2,400[\text{rpm}]$, $E' = V' - I_a' R_a = 106 - 10 \times 0.1 = 105[\text{V}]$

$N_0 = \dfrac{105}{100} \times 2,400 = 2,520[\text{rpm}]$

속도변동률 $= \dfrac{N_0 - N}{N} \times 100[\%] = \dfrac{2,520 - 2,400}{2,400} \times 100 = 5[\%]$

59
3상 반파(SCR) $E_d = 1.17 E_a \cos\alpha = 1.17 \times 220 \times \cos 10° ≒ 253.49[\text{V}]$

60
단락비 $K_s = \dfrac{1}{\%Z} = \dfrac{9}{5} = 1.8$

임피던스 $\%Z = \dfrac{I_n Z_s}{E_n} = \dfrac{\dfrac{10,000 \times 10^3}{\sqrt{3} \times 6,000} \times 2}{\dfrac{6,000}{\sqrt{3}}} = \dfrac{5}{9}$

61 PID동작(비례적분미분동작) : 정상특성과 응답 속응성을 동시에 개선한다.

62 $$\lim_{s \to \infty} s \cdot \frac{12(s+8)}{4s(s+6)} = \lim_{s \to \infty} \frac{12s+96}{4s+24} = \lim_{s \to \infty} \frac{12 + \frac{96}{s}}{4 + \frac{24}{s}} = 3$$

63
$x_1(t) = c(t)$
$x_2(t) = \frac{d}{dt}c(t)$
$x_3 = \frac{d^2}{dt^2}c(t)$
$x_2(t) = \dot{x}_1(t)$
$x_3(t) = \dot{x}_2(t)$
$\dot{x}_3(t) = r(t) - 2x_1(t) - x_2(t) - 5x_3(t)$

$$\begin{bmatrix} \dot{x}_1(t) \\ \dot{x}_2(t) \\ \dot{x}_3(t) \end{bmatrix} = \begin{bmatrix} 0 & 1 & 0 \\ 0 & 0 & 1 \\ -2 & -1 & -5 \end{bmatrix} \begin{bmatrix} x_1(t) \\ x_2(t) \\ x_3(t) \end{bmatrix} + \begin{bmatrix} 0 \\ 0 \\ 1 \end{bmatrix} r(t)$$

64
$P = G_1 \times G_2 \times \frac{1}{G_2} = G_1$
$L_2 = -G_1 G_2$
$L_1 = -G_1 \times G_2 \times \frac{1}{G_1} = -G_2$
$G(s) = \frac{P}{1 - L_1 - L_2} = \frac{G_1}{1 + G_2 + G_1 G_2}$

65
$s^2 + 6s + 25 = 0$
$s^2 + 2\delta\omega_n s + \omega_n^2 = 0$
$\omega_n^2 = 25 \rightarrow \omega_n = 5$
$2 \cdot \delta \cdot 5 = 6 \rightarrow \delta = \frac{6}{10} = 0.6$
감쇠진동주파수 $\omega_d = \omega_n \sqrt{1-\delta^2} = 5\sqrt{1-0.6^2} = 4[\text{rad/s}]$

66 근궤적의 이탈점

개루프 전달함수 $G(s)H(s) = \frac{K}{s(s+3)^2}$ 에서

$1 + G(s)H(s) = \frac{s(s+3)^2 + K}{s(s+3)^2} = 0$

특성방정식 $F(s) = s(s+3)^2 + K = 0$
$K = -s(s+3)^2 = -s(s^2+6s+9) = -s^3 - 6s^2 - 9s$
$\frac{dK}{ds} = -3s^2 - 12s - 9 = 0$에서 $s = -3, -1$
이탈점 $a = -3, b = -1$이 된다.

67 $\phi(t) = \mathcal{L}^{-1}[sI-A]^{-1}$

$\begin{bmatrix} s & 0 \\ 0 & s \end{bmatrix} - \begin{bmatrix} 0 & 1 \\ -3 & -4 \end{bmatrix} = \begin{bmatrix} s & -1 \\ 3 & s+4 \end{bmatrix}$

$\begin{bmatrix} s & -1 \\ 3 & s+4 \end{bmatrix}^{-1} = \frac{1}{s(s+4)+3}\begin{bmatrix} s+4 & 1 \\ -3 & s \end{bmatrix} = \frac{1}{(s+1)(s+3)}\begin{bmatrix} s+4 & 1 \\ -3 & s \end{bmatrix}$ 에서

$\begin{bmatrix} A & B \\ C & D \end{bmatrix}$ 중 B를 구하면

$\frac{1}{(s+1)(s+3)} = \frac{K_1}{s+1} + \frac{K_2}{s+3}$

$K_1 = \frac{1}{s+3}\bigg|_{s=-1} = \frac{1}{2}$

$K_2 = \frac{1}{s+1}\bigg|_{s=-3} = -\frac{1}{2}$

$\frac{1}{2}\frac{1}{s+1} - \frac{1}{2}\frac{1}{s+3}$ 을 역라플라스 변환을 하면

$0.5e^{-t} - 0.5e^{-3t}$ 이므로

B값 중에서 찾으면 ②번이 답이다.

68 $E(s) = I(s)R + sLI(s) = (R+sL)I(s)$

69 나이퀴스트선도에서 주파수 전달함수

$G(s) = \frac{K}{j\omega(j\omega+1)}$

$\lim_{\omega \to 0}|G(j\omega)| = \lim_{\omega \to 0}\left|\frac{K}{j\omega(j\omega+1)}\right| = \lim_{\omega \to 0}\left|\frac{K}{j\omega}\right| = \infty$

$\lim_{\omega \to 0}\angle G(j\omega) = \lim_{\omega \to 0}\angle\frac{K}{j\omega(j\omega+1)} = \lim_{\omega \to 0}\angle\frac{K}{j\omega} = -90°$

$\lim_{\omega \to \infty}|G(j\omega)| = \lim_{\omega \to \infty}\left|\frac{K}{j\omega(j\omega+1)}\right| = \lim_{\omega \to \infty}\left|\frac{K}{(j\omega)^2}\right| = 0$

$\lim_{\omega \to \infty}\angle G(j\omega) = \lim_{\omega \to \infty}\angle\frac{K}{j\omega(j\omega+1)} = \lim_{\omega \to \infty}\angle\frac{K}{(j\omega)^2} = -180°$

1형시스템으로 $-90°$에서 시작하여 (분모차수 − 분자차수) = 1

∴ $-180°$에서 종착하는 궤적이 된다.

70 $C = \overline{\overline{A} + \overline{B}} = \overline{\overline{A}} \cdot \overline{\overline{B}} = A \cdot B$

∴ AND회로

71 $R-L$ 직렬회로, 직류인가

회로방정식 $RI(s) + \dfrac{1}{Cs}I(s) = \dfrac{E}{s}$

전류 $i(t) = \dfrac{E}{R}\left(1 - e^{-\frac{R}{L}t}\right)$

시정수 $\tau = \dfrac{L}{R} = \dfrac{1}{20 \times 10^{-3}} = 50[\text{s}]$

∴ 저항 2배인 경우 시정수

$\tau \propto \dfrac{1}{R}$, $\tau' = \dfrac{1}{2}\tau = \dfrac{1}{2} \times 50 = 25[\text{s}]$

72 대칭 n상 Y결선(성형결선)

선간전압과 상전압 간의 위상차 $\theta = \dfrac{\pi}{2}\left(1 - \dfrac{2}{n}\right)$ 만큼 앞선다.

73 유효전력 $P = P_1 + P_2 = 500 + 300 = 800[\text{W}]$
무효전력 $P = \sqrt{3}(P_1 - P_2)[\text{Var}]$
피상전력 $P_a = 2\sqrt{P_1^2 + P_2^2 - P_1 P_2}[\text{VA}]$

74 3상 불평형률 $= \dfrac{\text{역상전압}}{\text{정상전압}} \times 100[\%]$

75 $e = 125\sin 377t$
$i = 50\cos 377t = 50\sin(377t + 90°)$
C만의 회로의 특징
• 전류는 전압보다 90° 빠르다(진상, 앞선 전류)
• 용량성

76 $Z = 0.3 + j2 + 1.1 + j3$

$Z = 1.4 + j5$

최대전력 전달조건

$Z_L = \overline{Z_g}$

$Z = 1.4 - j5$

77 전파정수 $\gamma = \sqrt{ZY} = \alpha + j\beta = \sqrt{ZY}$
$\quad\quad\quad = \sqrt{(R+j\omega L)(G+j\omega C)} = j\omega\sqrt{LC}$
조건 : $R = G = 0$일 때 무손실 선로
∴ 감쇠정수 $\alpha = 0$, 위상정수 $\beta = \omega\sqrt{LC}$가 된다.

78 $Z(s) = \dfrac{50}{2} = 25$

$I = \dfrac{V}{Z} = \dfrac{100}{25} = 4[\text{A}]$ (직류는 $j\omega = s = 0$으로 놓고 계산 : 무효분이 존재하지 않음)

79

$$Z_{ab} = \frac{(1+2s)\left(\dfrac{1}{\dfrac{1}{2}s}\right)}{1+2s+\dfrac{1}{\dfrac{1}{2}s}} = \frac{\dfrac{(1+2s)2}{s}}{1+2s+\dfrac{2}{s}} = \frac{\dfrac{4s+2}{s}}{\dfrac{2s^2+s+2}{s}} = \frac{2(2s+1)}{2s^2+s+2}\,[\Omega]$$

80 $R-L(R-C)$ 직렬회로의 해석

구 분	과도($t=0$)	정상($t=\infty$)
$X_L = \omega L = 2\pi f C$	개 방	단 락
$X_C = \dfrac{1}{\omega C} = \dfrac{1}{2\pi f C}$	단 락	개 방

초기 저항에 흐르는 전류 $i_1(0^+) = \dfrac{V}{R_1}$

초기 인덕턴스에 흐르는 전류 $i_2(0^+) = 0$

81 KEC 351.5(조상설비의 보호장치)

설비종별	뱅크용량의 구분	자동적으로 전로로부터 차단하는 장치
전력용 커패시터 및 분로리액터	500[kVA] 초과 15,000[kVA] 미만	내부고장이나 과전류가 생긴 경우에 동작하는 장치
	15,000 [kVA] 이상	내부고장이나 과전류 및 과전압이 생긴 경우에 동작하는 장치
무효 전력 보상 장치	15,000[kVA] 이상	내부고장이 생긴 경우에 동작하는 장치

82 KEC 332.6(고압 가공전선로의 가공지선), 332.4(고압 가공전선의 안전율), 333.6(특고압 가공전선의 안전율), 333.8(특고압 가공전선로의 가공지선)

가공지선 : 직격뢰로부터 가공전선로를 보호하기 위한 설비

구 분		특 징
지 선	고 압	5.26[kN] 이상, 4.0[mm] 이상 나경동선
	특고압	8.01[kN] 이상, 5.0[mm] 이상 나경동선, 22[mm^2] 이상의 나경동연선, 아연도강연선 또는 OPGW전선
안전율		경동선 2.2 이상, 기타 2.5

83 KEC 231.4(나전선의 사용 제한)

다음 경우를 제외하고 나전선을 사용하여서는 아니 된다.
- 애자공사(전개된 곳)
  - 전기로용 전선로
  - 절연물이 부식하기 쉬운 곳
  - 취급자 이외의 자가 출입할 수 없도록 시설한 곳
- 접촉전선을 사용한 곳
- 라이팅덕트공사 또는 버스덕트공사

84 접지극의 시설
- 콘크리트에 매입된 기초 접지극
- 토양에 매설된 기초 접지극
- 토양에 수직 또는 수평으로 직접 매설된 금속전극(봉, 전선, 테이프, 배관, 판 등)
- 케이블의 금속외장 및 그 밖에 금속피복
- 지중 금속구조물(배관 등)
- 대지에 매설된 철근콘크리트의 용접된 금속 보강재(다만, 강화콘크리트는 제외한다)

85 KEC 142.4(전기수용가 접지)
주택 등 저압수용장소 접지
중성선 겸용 보호도체(PEN)는 고정 전기설비에만 사용할 수 있고, 그 도체의 단면적이 구리는 $10[mm^2]$ 이상, 알루미늄은 $16[mm^2]$ 이상이어야 하며, 그 계통의 최고전압에 대하여 절연되어야 한다.

86 KEC 133(회전기 및 정류기의 절연내력)

종 류			시험전압(최대X)	최저시험전압	시험방법
회전기	발전기 전동기 무효 전력 보상 장치	최대사용전압 7[kV] 이하	1.5배	500[V]	권선- 대지 간
		최대사용전압 7[kV] 초과	1.25배	10.5[kV]	
	회전변류기		1배	500[V]	

시험전압 = 220 × 1.5 = 330[V]
최저시험전압 500[V]

87 KEC 222.11/332.11(저·고압 가공전선과 건조물의 접근)

구 분		저압 가공전선			고압 가공전선		
		일 반	절 연	케이블	일 반	절 연	케이블
상부 조영재	위 쪽	2[m]	1[m]	1[m]	2[m]	–	1[m]
	옆쪽 또는 아래쪽, 기타 조영재	1.2[m]	0.4[m]	0.4[m]	1.2[m]	–	0.4[m]
		인체 비접촉 시 0.8[m]					

88 KEC 222.6/332.4(저·고압 가공전선의 안전율) – 고압 가공전선의 안전율
- 경동선, 내열 동합금선 : 2.2 이상
- 기타 전선 : 2.5 이상

89 KEC 231.3(저압 옥내배선의 사용전선 및 중성선의 굵기)
- 단면적 $2.5[mm^2]$ 이상의 연동선 또는 이와 동등 이상의 강도 및 굵기의 것
- 400[V] 이하인 경우
  - 전광표시장치 기타 이와 유사한 장치 또는 제어회로 등에 사용하는 배선에 단면적 $1.5[mm^2]$ 이상의 연동선을 사용하고 이를 합성수지관·금속관·금속몰드·금속덕트·플로어덕트공사 또는 셀룰러덕트공사에 의하여 시설하는 경우
  - 전광표시장치 기타 이와 유사한 장치 또는 제어회로 등의 배선에 단면적 $0.75[mm^2]$ 이상인 다심케이블 또는 다심캡타이어 케이블을 사용하고 또한 과전류가 생겼을 때에 자동적으로 전로에서 차단하는 장치를 시설하는 경우
  - 단면적 $0.75[mm^2]$ 이상인 코드 또는 캡타이어케이블을 사용하는 경우
  - 리프트케이블을 사용하는 경우

90 KEC 511.3(옥내전로의 대지전압 제한)
주택의 전기저장장치의 축전지에 접속하는 부하 측 옥내배선을 시설하는 경우에 주택의 옥내전로의 대지전압은 직류 600[V]까지 적용할 수 있다.

91 KEC 232.11(합성수지관공사)
- 전선은 절연전선(옥외용 비닐절연전선을 제외한다)일 것
- 연선일 것(단, 전선관이 짧거나 10[mm^2](알루미늄은 16[mm^2]) 이하일 때 예외)
- 관의 두께는 2[mm] 이상일 것
- 지지점 간의 거리 : 1.5[m] 이하
- 전선관 상호 간 삽입 깊이 : 관 바깥지름의 1.2배(접착제 0.8배)
- 습기가 많거나 물기가 있는 장소는 방습장치를 할 것

92 KEC 211.2(전원의 자동차단에 의한 보호대책)
누전차단기를 저압전로에 사용하는 경우 일반인이 접촉할 우려가 있는 장소(세대 내 분전반 및 이와 유사한 장소)에는 주택용 누전차단기를 시설하여야 한다.

93 KEC 123(전선의 접속)
- 전선의 전기저항을 증가시키지 아니하도록 접속
- 전선의 세기(인장하중)를 20[%] 이상 감소시키지 아니할 것
- 도체에 알루미늄 전선과 동 전선을 접속하는 경우에는 접속 부분에 전기적 부식이 생기지 아니하도록 할 것
- 접속 부분을 그 부분의 절연전선 절연물과 동등 이상의 절연성능이 있는 것으로 피복할 것
- 두 개 이상의 전선을 병렬로 사용하는 경우 : 각 전선의 굵기는 구리선 50[mm^2] 이상 또는 알루미늄 70[mm^2] 이상
- 병렬로 사용하는 전선에는 각각에 퓨즈를 설치하지 말 것

94 전선 굵기

구 분	전선 굵기	보안공사
저압 400[V] 이하	3.2[mm] 경동선(2.6[mm] 절연전선)	4.0[mm]
400[V] 초과 저압 또는 고압	시가지 5.0[mm] 경동선 시가지 외 4.0[mm] 경동선	5.0[mm]
특고압 가공전선	22[mm^2] 경동연선 이상 시가지 내 : 100[kV] 미만 – 55[mm^2] 100[kV] 이상 – 150[mm^2]	

※ 동복강선 : 3.5[mm]

95 전기설비를 보호하기 위해서는 과전류, 과전압, 지락(누전) 등에 대한 보호장치를 설치하여야 한다.

96 KEC 203.1(계통접지 구성)
- 저압전로의 보호도체 및 중성선의 접속 방식에 따라 접지계통은 다음과 같이 분류한다.
  - TN 계통
  - TT 계통
  - IT 계통
- 계통접지에서 사용되는 문자의 정의는 다음과 같다.
  - 제1문자 - 전원계통과 대지의 관계
    T : 한 점을 대지에 직접 접속
    I : 모든 충전부를 대지와 절연시키거나 높은 임피던스를 통하여 한 점을 대지에 직접 접속
  - 제2문자 - 전기설비의 노출도전부와 대지의 관계
    T : 노출도전부를 대지로 직접 접속. 전원계통의 접지와는 무관
    N : 노출도전부를 전원계통의 접지점(교류 계통에서는 통상적으로 중성점, 중성점이 없을 경우는 선도체)에 직접 접속
  - 그 다음 문자(문자가 있을 경우) - 중성선과 보호도체의 배치
    S : 중성선 또는 접지된 선도체 외에 별도의 도체에 의해 제공되는 보호 기능
    C : 중성선과 보호 기능을 한 개의 도체로 겸용(PEN 도체)

97 KEC 342.1(고압 옥내배선 등의 시설)
- 애자사용공사(건조한 장소로서 전개된 장소에 한한다)
- 케이블공사
- 케이블트레이공사

98 전력보안통신설비의 조가선은 단면적 38[mm^2] 이상일 것

99 KEC 152.1(수뢰부시스템)
보호각법, 회전구체법, 그물망법 중 하나 또는 조합된 방법으로 배치

100 KEC 212.3(보호장치의 종류 및 특성)
과전류트립 동작시간 및 특성(주택용 배선차단기)

정격전류의 구분	시 간	정격전류의 배수(모든 극에 통전)	
		부동작전류	동작전류
63[A] 이하	60분	1.13배	1.45배
63[A] 초과	120분	1.13배	1.45배

2025년 제1회 CBT

page 364

1	2	3	4	5	6	7	8	9	10	11	12	13	14	15	16	17	18	19	20
④	①	③	②	①	④	②	①	③	③	②	③	③	④	③	③	①	③	①	④
21	22	23	24	25	26	27	28	29	30	31	32	33	34	35	36	37	38	39	40
③	②	④	②	④	②	④	②	③	①	④	①	③	②	②	④	②	④	③	④
41	42	43	44	45	46	47	48	49	50	51	52	53	54	55	56	57	58	59	60
③	③	③	③	②	②	①	②	①	④	②	②	③	③	④	②	③	②	②	③
61	62	63	64	65	66	67	68	69	70	71	72	73	74	75	76	77	78	79	80
②	②	③	①	③	①	④	④	①	②	③	②	④	④	②	②	②	③	④	③
81	82	83	84	85	86	87	88	89	90	91	92	93	94	95	96	97	98	99	100
③	①	④	③	②	③	①	④	②	③	③	④	①	④	④	④	④	③	②	③

01 전자유도법칙 $e = -N\dfrac{d\phi}{dt}$ 에서

자속 $\phi = -\dfrac{t}{N}e = \dfrac{5}{1} \times 10 = 50\,[\text{Wb}]$

02 동심구의 정전용량 $C = \dfrac{4\pi\varepsilon_0}{\dfrac{1}{a}-\dfrac{1}{b}} = \dfrac{1}{9\times 10^9}\cdot\dfrac{ab}{b-a}$ 에서

$C' = \dfrac{1}{9\times 10^9}\cdot\dfrac{5a5b}{5b-5a} = \dfrac{1}{9\times 10^9}\cdot\dfrac{5a5b}{5(b-a)} = 5\cdot\dfrac{1}{9\times 10^9}\cdot\dfrac{ab}{(b-a)} = 5C$

03 $B = \nabla\times A$ 로 정의되고 $\nabla\times E = -\dfrac{\partial B}{\partial t}$ 에서 $\nabla\times E = -\dfrac{\partial B}{\partial t} = -\dfrac{\partial}{\partial t}(\nabla\times A) = \nabla\times\left(-\dfrac{\partial A}{\partial t}\right)$

$\therefore\ E = -\dfrac{\partial A}{\partial t}$

04 자화의 세기

$J = \mu_0(\mu_s - 1)H = B - \mu_0 H = \left(1 - \dfrac{1}{\mu_s}\right)B\,[\text{Wb/m}^2]$

$= 4\pi\times 10^{-7}(350-1)\times 342 \fallingdotseq 0.15\,[\text{Wb/m}^2]$

05

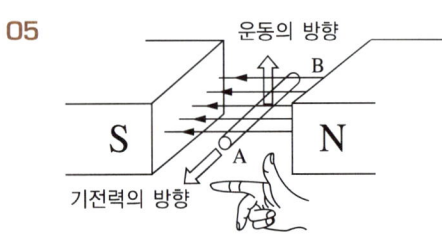

플레밍의 오른손 법칙 $e = Blv\sin\theta\,[\text{V}]$ 에서 수직이므로 $e = Blv$ 이며, 기전력의 방향으로 전류가 흐른다. 이는 플레밍의 오른손 법칙을 사용하여 구한다.

06 유전체 경계면에서의 경계조건
- 전 계
  경계면에서 접선(수평)성분이 양측에서 같다.
  $E_{1t} = E_{2t}$
  $\therefore E_1 \sin\theta_1 = E_2 \sin\theta_2$
- 전속밀도
  경계면에서 법선(수직)성분이 양측에서 같다.
  $D_{1n} = D_{2n}$
  $\therefore D_1 \cos\theta_1 = D_2 \cos\theta_2$

07 $W_e = \dfrac{D^2}{2\varepsilon}[\text{J/m}^3]$ 에서

$\varepsilon = \dfrac{D^2}{2 \cdot W_e} = \dfrac{(4.8 \times 10^{-7})^2}{2 \times 5.3 \times 10^{-3}} \fallingdotseq 2.17 \times 10^{-11}[\text{F/m}]$

08 직렬회로에서는 콘덴서의 전하용량(Q)이 작을수록 빨리 파괴된다.
$Q_1 = C_1 V_1 = 1 \times 10^{-6} \times 1{,}000 = 1[\text{mC}]$
$Q_2 = C_2 V_2 = 2 \times 10^{-6} \times 750 = 1.5[\text{mC}]$
$Q_3 = C_3 V_3 = 5 \times 10^{-6} \times 500 = 2.5[\text{mC}]$
$\therefore 1{,}000[\text{V}], 1[\mu\text{F}]$ 콘덴서가 가장 먼저 절연이 파괴된다.

09 점 P에서 Q의 전하를 주고, 도체구를 접지($V=0$)하였을 때 유도되는 전하를 Q'라 하면
$V_1 = 0 = P_{11} Q' + P_{12} Q$

$\therefore$ 전하 $Q' = -\dfrac{P_{12}}{P_{11}} Q = \dfrac{\dfrac{1}{4\pi\varepsilon_0 r}}{\dfrac{1}{4\pi\varepsilon_0 a}} Q = -\dfrac{a}{r} Q[\text{C}]$

10 전체 내부 인덕턴스이므로
$L_i = \dfrac{\mu}{8\pi} l[\text{H}] = \dfrac{4\pi \times 10^{-7}}{8\pi} \times 100 = 5 \times 10^{-6}[\text{H}] = 5 \times 10^{-3}[\text{mH}]$

11 표면전하밀도가 $\rho_s [\text{C/m}^2]$일 때
- 도체 표면에서의 전계의 세기 : $E = \dfrac{\rho_s}{\varepsilon_0}[\text{V/m}]$
- 무한평면 도체판에서의 전계의 세기 : $E = \dfrac{\rho_s}{2\varepsilon_0}[\text{V/m}]$

12 같은 방향(가동결합)이므로
합성인덕턴스 $L = L_1 + L_2 + 2M = L_1 + L_2 + 2k\sqrt{L_1 L_2} = 10 + 10 + 2 \times 0.8 \times \sqrt{10 \times 10} = 36[\text{H}]$
인덕턴스에서 에너지
$W = \dfrac{1}{2} L I^2 = \dfrac{1}{2} \times 36 \times 5^2 = 450[\text{J}]$

13 자계의 세기 $H = -\text{grad }U = -\left(\dfrac{\partial U}{\partial z}a_z\right) = \dfrac{a^2 I}{2(a^2+b^2)^{\frac{3}{2}}}a_z$ [AT/m]

14 **영구자석의 특징**
- 잔류자속과 보자력이 클 것
- 히스테리시스 루프의 면적이 클 것
- 한 번 자화된 다음에는 자기를 영구적으로 보존하는 자석

15 무한장 솔레노이드의 인덕턴스 $L = \mu S n_0^2 = \mu \pi a^2 n_0^2$ [H/m]에서
$L = \mu S n_0^2 = \mu_0 \mu_s S n_0^2 = 4\pi \times 10^{-7} \times 5 \times S n_0^2 = 2\pi S n_0^2 \times 10^{-6}$ [H/m]

16 영상법에서 무한평면인 경우
작용하는 힘 $F = \dfrac{-Q^2}{16\pi\varepsilon_0 d^2} = -2.25 \times 10^9 \times \dfrac{Q^2}{d^2}$ [N]

17 대전된 두 도체구를 연결 시 중화현상으로 전체 전하량 $Q = -5 + 2 = -3[\mu C]$이 된다.
이에 분배된 전하량 $Q_1 = \dfrac{C_1}{C_1 + C_2} \times Q = \dfrac{1}{1+2} \times -3 = -1[\mu C]$이므로
C_1에서 C_2로 이동하는 전체 전하량 $Q = -3 + (-1) = -4[\mu C]$이다.

18 효율 $\eta = \dfrac{W_o}{W_i} = \dfrac{QV}{W_i} = \dfrac{neV}{W_i}$
$= \dfrac{3 \times 10^{15} \times 1.602 \times 10^{-19} \times 15 \times 10^6}{150 \times 10^3} \times 100[\%] = 4.8[\%]$

19 무한장 직선상 ρ_L의 전계의 세기

- 크기 : $E = \dfrac{\rho_L}{2\pi\varepsilon_0 r} = \dfrac{\rho_L}{2\pi\varepsilon_0 \times 2} = \dfrac{\rho_L}{4\pi\varepsilon_0}$ [V/m]
- 방향 : $-a_x$

$\therefore E = -Ea_x = -\dfrac{\rho_L}{4\pi\varepsilon_0}a_x$

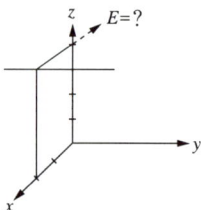

20 자화의 세기(M) : 단위체적당 자기모멘트
$M = \dfrac{\text{자기모멘트}}{V_{\text{체적}}} = \dfrac{48}{3 \times 4 \times 20 \times 10^{-6}} = 2 \times 10^5$ [A/m]

21 $P_L = 3I^2 R = \dfrac{P^2 R}{V^2 \cos^2\theta} = \dfrac{P^2 \rho l}{V^2 \cos^2\theta A}$ [W], 부하 불평형 시 전류값이 커져 손실이 증가한다.

22 단로기(DS)는 소호기능이 없다. 부하전류나 사고전류를 차단할 수 없다. 무부하 상태, 즉 차단기가 열려 있어야만 전로개방 및 모선접속 시 변경할 수 있다(인터로크).

23 변압기용량 $= \dfrac{\text{개별수용 최대전력의 합}}{\text{부등률} \times \text{역률} \times \text{효율}}$[kVA]

$= \dfrac{50 \times 0.6 + 100 \times 0.6 + 80 \times 0.5 + 60 \times 0.5 + 150 \times 0.4}{1.3 \times 0.8} \fallingdotseq 211.54$[kVA]

24 부하가 증가하면 주파수는 감소하며, 부하가 감소하면 주파수는 증가한다.

25 피뢰기의 구비조건
- 속류차단능력이 클 것
- 제한전압이 낮을 것
- 충격방전 개시전압이 낮을 것
- 상용주파 방전 개시전압이 높을 것
- 방전내량이 클 것
- 내구성 및 경제성이 있을 것

26 $V_B = V_A - 2IR = 220 - 2 \times 60 \times 0.05 = 214$[V]
$V_C = V_B - 2IR = 214 - 2 \times 20 \times 0.1 = 210$[V]

27 $P = \dfrac{E_S E_R}{X} \sin\delta$ 에서와 같이 선로의 유도리액턴스가 커지기 때문에 송전 가능 전력은 적어진다.

28 특유속도(1분간 회전수) $n_s = \dfrac{NP^{\frac{1}{2}}}{H^{\frac{5}{4}}}$[rpm]

수차의 종류	특유속도 범위
펠 턴	12~23
프란시스	65~350
사 류	150~250
카플란 및 프로펠러	350~800

29 수전단 전압에 대한 전압강하율 $\delta = \dfrac{e}{V_r} \times 100 = \dfrac{V_s - V_r}{V_r} \times 100 = \dfrac{P}{V_r^2}(R + X\tan\theta) \times 100$ 에서

수전전력 $P = \dfrac{\delta \times V_r^2}{(R + X\tan\theta) \times 100} \times 10^{-3}$[kW]

$= \dfrac{10 \times (30 \times 10^3)^2}{\left(15 + 20 \times \dfrac{0.6}{0.8}\right) \times 100} \times 10^{-3} = 3{,}000$[kW]

30 변류기(CT)는 2차 측 개방 불가 : 과전압 유기 및 절연파괴되므로 반드시 2차 측을 단락해야 한다.

31

구 분	원 인	공 식	비 고
전자유도장해	영상전류, 상호인덕턴스	$V_m = -3I_0 \times j\omega Ml[\text{V}]$	주파수, 길이 비례
정전유도장해	영상전압, 상호정전용량	$V_0 = \dfrac{C_m}{C_m + C_s} \times V_s$	길이와 무관

32 인덕턴스 $L = 0.05 + 0.4605 \log_{10} \dfrac{D}{r}$

∴ $L \propto D$
 선간거리가 증가하면 인덕턴스는 증가한다.

33 단상 3선식의 특징
- 장 점
  - 전선 소모량이 단상 2선식에 비해 37.5[%](경제적)
  - 110/220[V]의 2종류의 전압을 얻을 수 있다.
  - 단상 2선식에 비해 효율이 높고 전압강하가 작다.
- 단 점
  - 중성선이 단선되면 전압의 불평형이 생기기 쉽다.
  - 대책 : 저압 밸런서(여자 임피던스가 크고 누설 임피던스가 작고 권수비가 1:1인 단권 변압기)
- 주의 사항
  - 개폐기는 동시 동작형
  - 중성선에 퓨즈를 설치하지 말 것

34
- 3상 차단기 정격용량
  $P_s = \sqrt{3} \times$ 정격전압 $\times$ 정격차단전류[MVA]
- 단상 차단기 정격용량
  $P_s =$ 정격전압 $\times$ 정격차단전류[MVA]
- 정격전압 $=$ 공칭전압 $\times \dfrac{1.2}{1.1}$

35 $\eta = \dfrac{860\,W}{mH} \times 100 = \dfrac{860 \times 350 \times 10^3 \times 10 \times 24}{1.6 \times 10^7 \times 10{,}000} \times 100 \times 0.8 ≒ 36.1[\%]$

36 40[MVA] 기준

$\%X_{G_1} = \dfrac{40}{20} \times 20 = 40[\%]$

$\%X_{G_2} = \dfrac{40}{20} \times 20 = 40[\%]$

$\%X_T = 8$

$\%X_{선로} = \dfrac{PX}{10\,V^2} = \dfrac{40 \times 10^3 \times (50 \times 0.6)}{10 \times 110^2} ≒ 9.917$

합성 $\%X = \dfrac{40}{2} + 8 + 9.917 = 37.917$

$I_s = \dfrac{100}{\%X} \dfrac{P}{\sqrt{3}\,V} = \dfrac{100}{37.917} \times \dfrac{40 \times 10^3}{\sqrt{3} \times 110} ≒ 553.7 ≒ 554[\text{A}]$

37

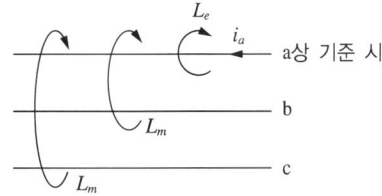

$L = L_e$(자기인덕턴스) $+ M_{(b,\, c)}$(상호인덕턴스)

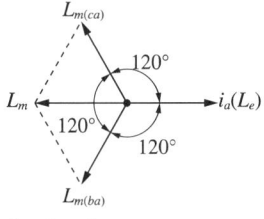

$L = L_e - L_m$

38 **직렬콘덴서의 역할**
- 선로의 인덕턴스 보상
- 수전단의 전압변동률 감소
- 정태안정도 증가
- 선로 역률이 나쁠수록 효과가 큼
- 부하의 역률을 개선시키는 것은 전력용 콘덴서

39 초기 $Q = 480 \times \dfrac{0.6}{0.8} = 360$

$P = 480$, 콘덴서 투입 시 무효전력 $Q = 480 \times \dfrac{0.6}{0.8} - Q_c = 360 - 220 = 140$

$\cos\theta = \dfrac{480}{\sqrt{480^2 + 140^2}} = 0.96 \times 100 = 96[\%]$

40 **전력계통의 연계방식**
- 상 섬
  - 전력의 융통으로 설비용량이 절감된다.
  - 건설비 및 운전 경비 절감으로 경제 급전이 용이하다.
  - 계통 전체로서의 신뢰도가 증가한다.
  - 부하 변동의 영향이 작아 안정된 주파수 유지가 가능하다.
- 단 점
  - 연계설비를 신설해야 한다.
  - 사고 시 타 계통으로 파급 확대가 우려된다.
  - 병렬회로수가 많아져 단락전류가 증대하고 통신선의 전자 유도장해가 커진다.

41 **전기자 반작용의 영향**
- 주자속 감소 : 발전기 – 유기기전력 감소, 전동기 – 토크 감소, 속도 증가
- 전기적 중성축 이동 : 발전기 – 회전방향, 전동기 – 회전 반대방향
- 정류자 편 간의 불꽃 섬락 발생 : 정류 불량의 원인

42 3상 권선형 유도전동기에서 2차 저항을 크게 하면 기동전류는 감소하고 기동토크는 증가한다. 최대토크가 2차 저항에 비례추이 하므로 최대토크는 변하지 않는다.

43 전압차 $V_0 - V_n = I_a R_a + e_b = 50 \times 0.2 + 2 = 12[\text{V}]$

44 $E = \dfrac{PZ}{60a}\phi N = \dfrac{Z}{60}\phi N(\text{중권})[\text{V}]$

$N = \dfrac{60E}{Z\phi} = \dfrac{60 \times 100}{500 \times 0.01} = 1,200[\text{rpm}]$

여기서, E : 기전력, Z : 도체수, ϕ : 자속

45 $\varepsilon = p\cos\theta \pm q\sin\theta$ 지상이라서 +

$0.12 = 0.8p + 0.6q \qquad p = \dfrac{q}{12} \Rightarrow q = 12p$

q에 대입하면
$0.12 = 0.8p + 0.6 \times 12p$
$0.12 = 8p$
$p = \dfrac{0.12}{8} = 0.015 \times 100 = 1.5[\%]$

46 $\alpha_e = \dfrac{P}{2} \times \alpha$

$\therefore \alpha = \dfrac{2\alpha_e}{P} = \dfrac{2 \times 180}{24} = 15°$

47 동기전동기의 특징

장 점	단 점
• 속도가 N_s로 일정	• 보통 기동토크가 작음
• 역률을 항상 1로 운전 가능	• 속도제어가 어려움
• 효율이 좋음	• 직류 여자가 필요함
• 공극이 크고 기계적으로 튼튼함	• 난조가 일어나기 쉬움

48
- 발전기
  - 앞선 전류 – 진전류 – C부하(진상) = 증자작용
  - 뒤진 전류 – 지전류 – L부하(지상) = 감자작용
- 전동기
  - 앞선 전류 – 진전류 – C부하(진상) = 감자작용
  - 뒤진 전류 – 지전류 – L부하(지상) = 증자작용

49 $V_2 = V_1 \times \dfrac{1}{a} = 200 \times \dfrac{1}{2} = 100[\text{V}]$

$V_3 = V_1 + V_2 = 200 + 100 = 300[\text{V}]$

50 변압기 절연유의 구비 조건
- 절연내력이 클 것
- 점도가 작고 비열이 커서 냉각효과(열방사)가 클 것
- 인화점은 높고, 응고점은 낮을 것
- 고온에서 산화하지 않고, 침전물이 생기지 않을 것

51 사이리스터의 구분

단방향		양방향	
3단자	4단자	2단자	3단자
SCR GTO LASCR	SCS	DIAC SSS	TRIAC

52
변압기 등가회로 작성에 필요한 시험은 단락시험, 무부하시험, 저항측정시험이 있다.

53
비례추이에서 기동토크와 전부하토크를 같게 하기 위한 외부 삽입 저항

$$R = \left(\frac{r_2}{s} - r_2\right) = \left(\frac{0.1}{0.02} - 0.1\right) = 4.9[\Omega]$$

54
위상 특성곡선(V곡선, $I_a - I_f$ 곡선, P 일정) : 계자전류의 변화에 대한 전기자전류의 변화를 나타낸 곡선(동기조상기로 조정)

가로축 I_f	최저점 $\cos\theta = 1$	세로축 I_a
감 소	계자전류 I_f	증 가
증 가	전기자전류 I_a	증 가
뒤진 역률(지상)	역 률	앞선 역률(진상)
L	작 용	C
부족여자	여 자	과여자

$\cos\theta = 1$ 에서 전력 비교 $P \propto I_a$, 위 곡선의 전력이 크다.

뒤진 역률 상태에서 부족여자 시 더욱 뒤진 역률이 되므로 뒤진 전류의 역률은 더욱 나빠진다.

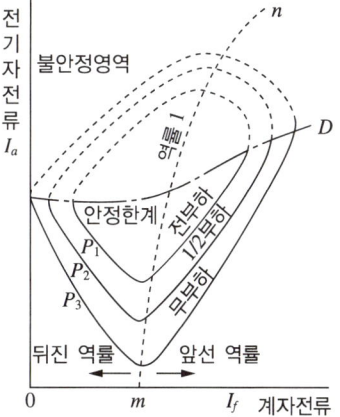

55

$$T = \frac{60P}{2\pi N} = \frac{60EI_a}{2\pi N}$$

$$\therefore \text{전기자 전류}(I_a) = \frac{2\pi NT}{60E} = \frac{2\pi \times 1,200 \times 158.76}{60 \times 200} = 99.75 ≒ 100[A]$$

56
사이클로 컨버터 : AC전력을 증폭(제어 정류기를 사용한 주파수 변환기)
AC → DC : 정류기(컨버터, Converter)
DC → AC : 인버터(Inverter)
DC → DC : 초퍼(Chopper)

57
토크 $T = \frac{60P_0}{2\pi N}$ 에서

출력 $P_0 = \frac{2\pi TN}{60} = \frac{20T(1-s)N_s}{60} = \frac{2\pi T}{60} \times (1-s) \times \frac{120f}{P}$

$= T\frac{4\pi f}{P}(1-s)[W]$

58
운전할 때 회전자의 주파수
$f_{2s} = sf_2 = 0.2 \times 60 = 12[\text{Hz}]$

여기서, 동기속도 $N_s = \dfrac{120f}{p} = \dfrac{120 \times 60}{4} = 1,800[\text{rpm}]$

슬립 $s = \dfrac{N_s - N}{N_s} = \dfrac{1,800 - 1,440}{1,800} = 0.2$

59
직류전동기 속도제어법

전압제어	효율이 좋다.	• 광범위 속도제어가 가능하다. • 워드-레오나드 방식(광범위한 속도 조정, 효율양호) • 일그너 방식(부하가 급변하는 곳, 플라이휠) • 정토크제어 • 직병렬제어
계자제어	효율이 좋다.	• 세밀하고 안정된 속도제어 • 속도 조정 범위가 좁다. • 효율은 양호하나 정류가 불량하다. • 정출력 구동 방식
저항제어	효율이 나쁘다.	• 속도 조정 범위가 좁다. • 효율이 저하된다.

60
자기용량 $= \dfrac{2}{\sqrt{3}} \dfrac{V_h - V_l}{V_h} \times$ 부하용량

$= \dfrac{2}{\sqrt{3}} \dfrac{(3,300 - 3,000)}{3,300} \times 150 = 15.75[\text{kVA}]$

∴ 1대의 자기용량 $= \dfrac{15.75}{2} = 7.87[\text{kVA}]$

61
시스템형에 의한 제어계의 분류

$\lim_{s \to 0} G(s)H(s) = \dfrac{k}{s^l}$, $G(s)H(s) = \dfrac{K}{s(s+1)}$

$l = 0$	$l = 1$	$l = 2$
0형 제어계	1형 제어계	2형 제어계

62
제어시스템 제어량에 의한 분류
- 서보기구 : 위치, 방향, 자세, 각도
- 프로세스제어 : 유량, 온도, 압력, 액위, 밀도, 농도
- 자동조정 : 전압, 전류, 주파수, 회전수

63
루드의 공식을 이용하면

$\begin{array}{c|ccc}
s^5 & 1 & 2 & 4 \\
s^4 & 2 & 3 & 1 \\
s^3 & \dfrac{1}{2} & \dfrac{7}{2} & \\
s^2 & -11 & 1 & \\
s^1 & \dfrac{39}{11} & & \\
s^0 & 1 & &
\end{array}$

제1열의 부호가 2번 바뀌었으므로 s평면의 우반면에 근이 2개 존재하기 때문에 불안정한 시스템이다.

64 트랜지스터 논리회로
트랜지스터의 동작 : B에 신호 인가 시 C에서 E로 전류가 흐른다.

X	Y	D
0	0	1
0	1	0
1	0	0
1	1	0

위 진리표의 결과는 NOR소자에 해당된다.
(입력 측 : OR, 출력 측 : NOT)

65 $R-L-C$ 직렬회로

- 회로방정식 $E(s) = \left(R + Ls + \dfrac{1}{Cs}\right)I(s)$

- 어드미턴스 $\dfrac{I(s)}{E(s)} = \dfrac{I(s)}{\left(R + Ls + \dfrac{1}{Cs}\right)I(s)}$ 분모, 분자에 $\times Cs$

$\therefore \dfrac{I(s)}{E(s)} = \dfrac{Cs}{(CsR + CsLs + 1)} = \dfrac{Cs}{(LCs^2 + RCs + 1)}$

66 $e_{ss} = \dfrac{1}{K_v}$

$K_v = \lim\limits_{s \to 0} s \cdot \dfrac{s+5}{s(s+2)(s+4)} = \dfrac{5}{8}$

$e_{ss} = \dfrac{1}{\dfrac{5}{8}} = \dfrac{8}{5}$

67 개루프 전달함수 $G(s)H(s) = \dfrac{K}{s(s+3)(s+8)}$ 에서

$1 + G(s)H(s) = \dfrac{s(s+3)(s+8) + K}{s(s+3)(s+8)} = 0$

$s(s+3)(s+8) + K = 0$

$s^3 + 11s^2 + 24s + K = 0$

$\dfrac{d}{ds}(s^3 + 11s^2 + 24s + K) = 0$

$3s^2 + 22s + 24 = -\dfrac{dK}{ds} = 0$

근의 공식 $\dfrac{-22 \pm \sqrt{22^2 - 4 \times 3 \times 24}}{2 \times 3}$ 에 따라

$s = -1.33, -6$

근은 $-\infty \sim -8$, $-3 \sim 0$에 존재해야 하므로
-1.33이 이탈점(분리점)이 된다.

68 $G(s) = \dfrac{P_1 + P_2 + \cdots}{1 - L_1 - L_2 - \cdots}$

$P = G_1 G_2 G_3, \quad L_1 = -G_2 G_3, \quad L_2 = -G_1 G_2 G_4$

$\therefore\ G(s) = \dfrac{G_1 G_2 G_3}{1 + G_2 G_3 + G_1 G_2 G_4}$

69 ※ 편법

$F(s) = 1s^3 + 4s^2 + 2s + K = 0$

안쪽의 곱한 값이 바깥쪽의 곱한 값보다 크고 모든 항은 0보다 커야 한다.

$K < 8,\ K > 0$

$\therefore\ 0 < K < 8$

70 $C(t) = u(t - T)$

$G(s) = \dfrac{C(s)}{R(s)} = \dfrac{\dfrac{1}{s} e^{-Ts}}{\dfrac{1}{s}} = e^{-Ts}$

71 $I = \sqrt{2}\angle\theta$

$V = \sqrt{2}\angle(-\phi + 90°)$ (cos을 sin으로 변환 : $+90°$)

위상차 $\theta_d = (-\phi + 90°) - \theta = 90° - \theta - \phi = \dfrac{\pi}{2} - (\theta + \phi)$

72 $P = \sqrt{3}\, VI\cos\theta\eta$ 에서

$I = \dfrac{P}{\sqrt{3}\, V\cos\theta\eta} = \dfrac{3 \times 746}{\sqrt{3} \times 200 \times 0.9 \times 0.8} = 8.972\,[\text{A}]$

※ 1[HP] = 746[W]

73 최종값 $\displaystyle\lim_{s \to 0} s \cdot \dfrac{5s + 8}{5s^2 + 4s} = \lim_{s \to 0} \dfrac{5s + 8}{5s + 4} = \dfrac{8}{4} = 2$

74 $v = L\dfrac{di}{dt}$

$\dfrac{di}{dt} = \dfrac{v}{L} = \dfrac{10}{1} = 10\,[\text{A/s}]$

75
- 정 K형 대역여파기 : 두 차단 주파수 사이에 있는 신호를 통과하는 필터
- 정 K형 저역여파기 : 차단 주파수보다 낮은 신호를 통과하는 필터
- 정 K형 고역여파기 : 차단 주파수보다 높은 신호를 통과하는 필터

76 $P = 100 \times 3 \times \cos 60° = 150\,[\text{W}]$

77 전파정수

$\gamma = \sqrt{ZY} = \alpha + j\beta = \sqrt{(R + j\omega L)(G + j\omega C)}$

78 $I = \sqrt{I_0^2 + I_1^2 + I_3^2} = \sqrt{100^2 + 50^2 + 20^2} ≒ 114[A]$

79 △결선에서 $I_l = \sqrt{3} I_p [A]$, $V_l = V_p [V]$
    상전류 $I_p = \dfrac{V_p}{Z} = \dfrac{100}{\sqrt{6^2 + 8^2}} = 10[A]$
    ∴ 선전류 $I_l = \sqrt{3} I_p = 10\sqrt{3} [A]$

80 발전기의 기본식
    - 정상분 : $V_1 = E_a - Z_1 I_1$
    - 역상분 : $V_2 = - Z_2 I_2$
    - 영상분 : $V_0 = - Z_0 I_0$

81 KEC 231.4(나전선의 사용 제한)
    다음 경우를 제외하고 나전선을 사용하여서는 아니 된다.
    - 애자공사(전개된 곳)
      - 전기로용 전선로
      - 절연물이 부식하기 쉬운 곳
      - 취급자 이외의 자가 출입할 수 없도록 시설한 곳
    - 이동기중기, 자동청소기 등의 접촉전선을 사용한 곳
    - 라이팅덕트공사 또는 버스덕트공사

82 귀선로를 가공식으로 사용 못하며 나전선 사용불가

83 KEC 333.5(특고압 가공전선과 지지물 등의 간격)

사용전압	간격[m]	사용전압	간격[m]
15[kV] 미만	0.15	70[kV] 이상 80[kV] 미만	0.45
15[kV] 이상 25[kV] 미만	0.2	80[kV] 이상 130[kV] 미만	0.65
25[kV] 이상 35[kV] 미만	0.25	130[kV] 이상 160[kV] 미만	0.9
35[kV] 이산 50[kV] 미만	0.3	160[kV] 이상 200[kV] 미만	1.1
50[kV] 이상 60[kV] 미만	0.35	200[kV] 이상 230[kV] 미만	1.3
60[kV] 이상 70[kV] 미만	0.4	230[kV] 이상	1.6

84 KEC 222.9/332.8(저·고압 가공전선 등의 병행설치), 333.17(특고압 가공전선과 저·고압 가공전선의 병행설치)

구 분	고 압	35[kV] 이하	35[kV] 초과 60[kV] 이하	60[kV] 초과
저압·고압 (케이블)	0.5[m] 이상 (0.3[m])	1.2[m] 이상 (0.5[m])	2[m] 이상 (1[m])	2[m](1[m]) + 단수 × 0.12[m]

기 타	• 35[kV] 이하
	  - 상부에 고압 측을 시설하며 별도의 완금류에 시설할 것
	• 35[kV] 초과 100[kV] 미만의 특고압
	  - 단수 = $\dfrac{60[kV] 초과}{10[kV]}$ (반드시 절상하여 계산)
	  - 21.67[kN] 금속선, 50[mm²] 이상의 경동연선			

85 KEC 222.7/332.5(저·고압 가공전선의 높이)

설치장소		가공전선의 높이
도로횡단		지표상 6[m] 이상
철도 또는 궤도 횡단		레일면상 6.5[m] 이상
횡단보도교 위	저 압	노면상 3.5[m] 이상(단, 절연전선의 경우 3[m] 이상)
	고 압	노면상 3.5[m] 이상

86 KEC 223.1/334.1(지중전선로의 시설)
- 사용전선 : 케이블, 트로프를 사용하지 않을 경우는 CD(콤바인덕트)케이블을 사용한다.
- 매설방식 : 직접 매설식, 관로식, 암거식(공동구)
- 직접 매설식의 매설 깊이 : 트로프 기타 방호물에 넣어 시설

장 소	차량, 기타 중량물의 압력	기 타
깊 이	1.0[m] 이상	0.6[m] 이상

87 KEC 223.6/334.6(지중전선과 지중약전류전선 등 또는 관과의 접근 또는 교차)

구 분	약전류전선	유독성 유체 포함 관
저·고압	0.3[m] 이하	1[m](25[kV] 이하, 다중접지방식 0.5[m]) 이하
특고압	0.6[m] 이하	

88 KEC 132(전로의 절연저항 및 절연내력)

접지방식	최대사용전압	시험전압(최대사용전압 배수)	최저시험전압
비접지	7[kV] 이하	1.5배	
	7[kV] 초과	1.25배	10.5[kV]
중성점 접지	60[kV] 초과	1.1배	75[kV]
중성점 직접접지	60[kV] 초과 170[kV] 이하	0.72배	
	170[kV] 초과	0.64배	
중성점 다중접지	25[kV] 이하	0.92배	

전로에 케이블을 사용하는 경우에는 직류로 시험할 수 있으며, 시험 전압은 교류의 경우의 2배가 된다.
∴ 시험전압 = 22,900 × 0.92 = 21,068[V]

89 KEC 142.4(전기수용가 접지)
주택 등 저압수용장소 접지
중성선 겸용 보호도체(PEN)는 고정 전기설비에만 사용할 수 있고, 그 도체의 단면적이 구리는 10[mm^2] 이상, 알루미늄은 16[mm^2] 이상이어야 하며, 그 계통의 최고전압에 대하여 절연되어야 한다.

90 KEC 241.12(도로 등의 전열장치)
- 발열선에 전기를 공급하는 전로의 대지전압은 300[V] 이하일 것
- 발열선은 사람이 접촉할 우려가 없고 또한 손상을 받을 우려가 없도록 콘크리트 기타 견고한 내열성이 있는 것 안에 시설할 것
- 발열선은 그 온도가 80[℃]를 넘지 아니하도록 시설할 것. 다만, 도로 또는 옥외주차장에 금속피복을 한 발열선을 시설할 경우에는 발열선의 온도를 120[℃] 이하로 할 수 있다.

91 기술기준 제52조(저압전로의 절연성능)

전로의 사용전압[V]	DC시험전압[V]	절연저항[MΩ]
SELV 및 PELV	250	0.5
FELV를 포함한 500[V] 이하	500	1.0
500[V] 초과	1,000	1.0

92 KEC 341.7(아크를 발생하는 기구의 시설)
가연성 천장으로부터 일정거리 이격

전 압	고 압	특고압
간 격	1[m] 이상	2[m] 이상(단, 35[kV] 이하로 화재 위험이 없는 경우 : 1[m] 이상)

93 접지극의 시설
- 콘크리트에 매입된 기초 접지극
- 토양에 매설된 기초 접지극
- 토양에 수직 또는 수평으로 직접 매설된 금속전극(봉, 전선, 테이프, 배관, 판 등)
- 케이블의 금속외장 및 그 밖에 금속피복
- 지중 금속구조물(배관 등)
- 대지에 매설된 철근콘크리트의 용접된 금속 보강재(다만, 강화콘크리트는 제외한다)

94 KEC 211.2.3(고장보호의 요구사항)
추가적인 보호
다음에 따른 교류계통에서는 누전차단기에 의한 추가적 보호를 하여야 한다.
- 일반적으로 사용되며 일반인이 사용하는 정격전류 20[A] 이하 콘센트
- 옥외에서 사용되는 정격전류 32[A] 이하 이동용 전기기기

95 KEC 331.6(풍압하중의 종별과 적용)
갑종 : 고온계에서의 구성재의 수직 투영면적 1[m²]에 대한 풍압을 기초로 계산

풍압을 받는 구분			풍압하중
지지물	목주, 철주, 철근 콘크리트주	원 형	588[Pa]
	철 주	3각	1,412[Pa]
		4각	1,117[Pa]
	철 탑	단주(원형)	588[Pa]
		단주(기타)	1,117[Pa]
		강 관	1,255[Pa]
전선, 기타 가섭선		다도체	666[Pa]
		단도체	745[Pa]
특고압 애자장치			1,039[Pa]

96 KEC 311.7(절연유 누설에 대한 보호)
옥외설비의 절연유 유출방지설비
- 절연유 유출 방지설비의 선정은 기기에 들어 있는 절연유의 양, 빗물 및 화재보호시스템의 용수량, 근접 수로 및 토양조건을 고려하여야 한다.
- 집유조 및 집수탱크가 시설되는 경우 집수탱크는 최대 용량 변압기의 유량에 대한 집유능력이 있어야 한다.
- 벽, 집유조 및 집수탱크에 관련된 배관은 액체가 침투하지 않는 것이어야 한다.
- 절연유 및 냉각액에 대한 집유조 및 집수탱크의 용량은 물의 유입으로 지나치게 감소되지 않아야 하며, 자연배수 및 강제배수가 가능하여야 한다.

97 KEC 431.4(급전선로)
- 급전선은 나전선을 적용하여 가공식으로 가설을 원칙으로 한다. 다만, 전기적 영향에 대한 최소 간격이 보장되지 않거나 지락, 불꽃 방전 등의 우려가 있을 경우에는 급전선을 케이블로 하여 안전하게 시공하여야 한다.
- 가공식은 전차선의 높이 이상으로 전차선로 지지물에 병행 설치하며, 나전선의 접속은 직선접속을 원칙으로 한다.
- 신설 터널 내 급전선을 가공으로 설계할 경우 지지물의 취부는 C채널 또는 매입전을 이용하여 고정하여야 한다.
- 선상승강장, 인도교, 과선교 또는 다리 하부 등에 설치할 때에는 최소 절연간격 이상을 확보하여야 한다.

98 KEC 333.1(시가지 등에서 특고압 가공전선로의 시설)

사용전압의 구분	지표상의 높이
35[kV] 이하	10[m](전선이 특고압 절연전선인 경우에는 8[m])
35[kV] 초과	10[m]에 35[kV] 초과하는 10[kV] 또는 그 단수마다 0.12[m]를 더한 값

단수 $= \dfrac{66-35}{10} = 3.1 \to 4$단

∴ 높이 $= 10 + (4 \times 0.12) = 10.48[m]$

99 KEC 222.4/332.2(가공케이블의 시설), 333.3(특고압 가공케이블의 시설)

조가선	인장강도	굵기	접지	간격 행거	간격 금속제테이프
저·고압	5.93[kN] 이상	22[mm^2] 이상 아연도강연선	케이블 피복의 금속체 140(접지시스템)의 규정에 준하여 접지공사	0.5[m] 이하	0.2[m] 이하, 나선형
특고압	13.93[kN] 이상				

100 KEC 332.9(고압), 333.1(시가지), 333.21(특고압)(가공전선로 지지물 간 거리의 제한)

구 분	표 준	전선굵기에 따른 장경간 사용 고압 22[mm^2]	전선굵기에 따른 장경간 사용 특고압 50[mm^2]	시가지
목주 / A종	150[m]	300[m] 이하		75[m](목주사용불가)
B종	250[m]	500[m] 이하		150[m]
철 탑	600[m]	−		400[m]

2025년 제2회 CBT

1	2	3	4	5	6	7	8	9	10	11	12	13	14	15	16	17	18	19	20
④	③	④	③	①	①	②	③	①	③	②	①	③	①	④	④	①	④	①	④
21	22	23	24	25	26	27	28	29	30	31	32	33	34	35	36	37	38	39	40
②	①	③	①	①	①	③	①	④	②	②	③	③	①	②	④	①	③	④	③
41	42	43	44	45	46	47	48	49	50	51	52	53	54	55	56	57	58	59	60
②	③	②	③	①	④	①	②	③	①	①	③	③	③	②	①	①	③	①	①
61	62	63	64	65	66	67	68	69	70	71	72	73	74	75	76	77	78	79	80
②	①	④	①	①	③	①	②	④	①	②	①	①	④	①	②	②	①	④	④
81	82	83	84	85	86	87	88	89	90	91	92	93	94	95	96	97	98	99	100
①	①	④	②	②	②	②	③	②	①	④	④	②	②	②	③	①	①	④	④

01
$$F_A = \left(9 \times 10^9 \times \frac{Q^2}{r^2} \times \cos 30°\right) \times 2$$
$$= 9 \times 10^9 \times \frac{(2 \times 10^{-6})^2}{0.1^2} \times \frac{\sqrt{3}}{2} \times 2 = 3.6\sqrt{3} \, [\text{N}]$$

02 자기회로와 전기회로의 대응

자기회로	전기회로
자속 $\phi[\text{Wb}]$	전류 $I[\text{A}]$
자계 $H[\text{AT/m}]$	전계 $E[\text{V/m}]$
기자력 $F[\text{AT}]$	기전력 $U[\text{V}]$
자속밀도 $B[\text{Wb/m}^2]$	전류밀도 $i[\text{A/m}^2]$
투자율 $\mu[\text{H/m}]$	도전율 $k[\mho/\text{m}]$
자기저항 $R_m[\text{AT/Wb}]$	전기저항 $R[\Omega]$

03 힘 $F = IBl\sin\theta = IB \times 1 \times \sin\theta = IB\sin\theta = I \times B = 40\hat{x} + 30\hat{y} \, [\text{N/m}]$

04 $Q_p = Q\left(1 - \frac{1}{\varepsilon_s}\right) = 0.1\left(1 - \frac{1}{10}\right) = 0.09[\text{C}]$

05 자기저항 $R_m = \frac{l}{\mu S}$ 이므로 투자율에 반비례한다.

06 변위전류와 전도전류가 같아지는 주파수를 임계주파수라 하며
이에 $f_c = \frac{k}{2\pi\varepsilon} = \frac{\sigma}{2\pi\varepsilon_0\varepsilon_s} = \frac{1}{2\pi\varepsilon_0 \times 6} = 3 \times 10^9 [\text{Hz}]$

07
$$L = \frac{\mu S N^2}{l} = \frac{\mu_s \mu_0 S N^2}{l} [\text{H}]$$
$$N = \sqrt{\frac{Ll}{\mu_0 \mu_s S}} = \sqrt{\frac{5.4 \times 10^{-3} \times 10 \times 10^{-2}}{4\pi \times 10^{-7} \times 15,000 \times 2 \times 10^{-4}}} = 12[\text{회}]$$

08 전기력선의 성질
- 전기력선은 정전하에서 시작하여 부전하에서 그친다.
- 전하가 없는 곳에서는 전기력선의 발생, 소멸이 없고 연속적이다.
- 전위가 높은 점에서 낮은 점으로 향한다.
- 그 자신만으로 폐곡선이 되는 일은 없다.
- 전계가 0이 아닌 곳에서는 2개의 전기력선은 교차하지 않는다.
- 도체 내부에는 전기력선이 없다.
- 수직 단면의 전기력선 밀도는 전계의 세기이고($1[\text{개}/\text{m}^2] = 1[\text{N/C}]$), 전기력선의 접선방향은 전계의 방향이다.
- 도체면(등전위면)에서 전기력선은 수직으로 출입한다.
- 단위전하 $\pm 1[\text{C}]$에서는 $\frac{1}{\varepsilon_0}$ 개의 전기력선이 출입한다.

09
- 거리좌표 $(2-1, 1-3) = (1, -2)$, $r = i - 2j$
  거리 $|r| = \sqrt{1^2 + (-2)^2} = \sqrt{5}$
- 단위벡터 $\dfrac{r}{|r|} = \dfrac{i - 2j}{\sqrt{5}}$
- 크기 $F = 9 \times 10^9 \dfrac{1 \times (-2 \times 10^{-9})}{(\sqrt{5})^2} = -3.6[\text{N}]$
- 작용하는 힘(크기 $\times$ 단위벡터) $F = 9 \times 10^9 \times \dfrac{(-2 \times 10^{-9})}{(\sqrt{5})^2} \times \dfrac{i - 2j}{\sqrt{5}} = -\dfrac{18}{5\sqrt{5}}i + \dfrac{36}{5\sqrt{5}}j[\text{N}]$

10 공기 부분의 정전용량을 C_1이라 하면 $C_1 = \dfrac{\varepsilon_0 S}{\dfrac{d}{2}}[\text{F}] = \dfrac{2S\varepsilon_0}{d}[\text{F}]$이고

유리판 부분의 정전용량을 C_2라 하면 $C_2 = \dfrac{\varepsilon_r S}{\dfrac{d}{2}} = \dfrac{2S\varepsilon_r}{d}[\text{F}]$이다.

그러므로 극판 간 공극의 두께 $\dfrac{1}{2}$ 상당의 유리판을 넣는 경우 정전용량 C는

$$C = \dfrac{1}{\dfrac{1}{C_1} + \dfrac{1}{C_2}} = \dfrac{1}{\dfrac{d}{2S}\left(\dfrac{1}{\varepsilon_0} + \dfrac{1}{\varepsilon_r}\right)} = \dfrac{1}{\dfrac{d}{2\varepsilon_0 S}\left(1 + \dfrac{\varepsilon_0}{\varepsilon_r}\right)} = \dfrac{2C_0}{1 + \dfrac{\varepsilon_0}{\varepsilon_r}} = \dfrac{2C_0}{1 + \dfrac{1}{\varepsilon_r}}[\text{F}]$$

11 $W_e = \dfrac{D^2}{2\varepsilon}[\text{J/m}^3]$에서

$\varepsilon = \dfrac{D^2}{2 \cdot W_e} = \dfrac{(4.8 \times 10^{-7})^2}{2 \times 5.3 \times 10^{-3}} \fallingdotseq 2.17 \times 10^{-11}[\text{F/m}]$

12 직렬회로에서는 콘덴서의 전하용량이 작을수록 빨리 파괴된다.
$Q_1 = C_1 \times V_1 = 2 \times 10^{-6} \times 1,000 = 2 \times 10^{-3} [\text{C}]$
$Q_2 = C_2 \times V_2 = 3 \times 10^{-6} \times 700 = 2.1 \times 10^{-3} [\text{C}]$
$Q_3 = C_3 \times V_3 = 4 \times 10^{-6} \times 600 = 2.4 \times 10^{-3} [\text{C}]$
$Q_4 = C_4 \times V_4 = 8 \times 10^{-6} \times 300 = 2.4 \times 10^{-3} [\text{C}]$
따라서 전하용량이 $Q_4 = Q_3 > Q_2 > Q_1$이므로 전하용량이 가장 작은 1,000[V] - 2[μF]의 콘덴서가 가장 빨리 파괴된다.

13 경계조건 $D_1 \cos\theta_1 = D_2 \cos\theta_2$에서 경계면에 수직($\theta_1 = \theta_2 = 0°$)이므로
$D_1 = D_2 \rightarrow \varepsilon_1 E_1 = \varepsilon_2 E_2$
$E_1 = \frac{\varepsilon_2}{\varepsilon_1} E_2 = \frac{2}{4} \times E_2 = \frac{1}{2} E_2$
$\therefore 2E_1 = E_2$

14 $H = \frac{NI}{2a} [\text{AT/m}]$
$I = \frac{2aH}{N} = \frac{2 \times 2 \times 30}{120} = 1[\text{A}]$

15 영상법에서 대지면 위의 직선도체인 경우
직선도체가 단위길이당 받는 힘 $F = -\lambda E = -\lambda \frac{\lambda}{2\pi\varepsilon_0(2h)} = -\frac{\lambda^2}{4\pi\varepsilon_0 h} [\text{C/m}^2]$이므로
$F \propto \frac{1}{h}$이다.

16 자화율(χ) : 자성체가 자석이 되는 비율 $\chi = \mu_0(\mu_s - 1)$
- 강자성체 $\mu_s \gg 1$, $\chi \gg 0$
- 상자성체 $\mu_s > 1$, 자화율 $\chi > 0$
- 반자성체 $\mu_s < 1$, 자화율 $\chi < 0$
- 역자성체 $\mu_s < 1$, 자화율 $\chi < 0$

17
- 법선성분 : $D_1 \cos\theta_1 = D_2 \cos\theta_2$
- 접선성분 : $E_1 \sin\theta_1 = E_2 \sin\theta_2$
- 굴절의 법칙 : $\frac{\tan\theta_1}{\tan\theta_2} = \frac{\varepsilon_1}{\varepsilon_2}$
- 유전율이 큰 쪽으로 굴절
  $\varepsilon_1 > \varepsilon_2 : \theta_1 > \theta_2$, $D_1 > D_2$, $E_1 < E_2$
  $\varepsilon_1 < \varepsilon_2 : \theta_1 < \theta_2$, $D_1 < D_2$, $E_1 > E_2$
- 수직 입사 : $\theta_1 = 0$, 비굴절, 전속밀도 연속($D_1 = D_2$, $E_1 \neq E_2$)
- 수평 입사 : $\theta_1 = 90$, 전계 연속($D_1 \neq D_2$, $E_1 = E_2$)

18 분극의 세기 $P = \varepsilon_0(\varepsilon_r - 1)E = \frac{1}{36\pi} \times 10^{-9} \times (\varepsilon_r - 1) \times 10 \times 10^3 = \frac{\varepsilon_r - 1}{36\pi} \times 10^{-5} [\text{C/m}^2]$

19 플레밍의 왼손 법칙

자속밀도가 $B[\text{Wb/m}^2]$인 자계 중에 길이가 l인 도체를 놓고 $I[\text{A}]$의 전류를 흘릴 경우 자계 내에서 도체가 받는 힘의 크기 $F = BIl\sin\theta[\text{N}]$이다.

따라서 힘은 자장의 세기에 비례한다.

20 맥스웰의 전자방정식(미분형)

- 앙페르의 주회(적분) 법칙 : $\text{rot} H = \nabla \times H = i_c + \dfrac{\partial D}{\partial t}$
- 패러데이 법칙 : $\text{rot} E = \nabla \times E = -\dfrac{\partial B}{\partial t}$
- 가우스 법칙 : $\text{div} D = \nabla \cdot D = \rho$
- 가우스 법칙 : $\text{div} B = 0$

21
- 전압부담 최대 : 전선 쪽 애자
- 전압부담 최소 : 철탑에서 $\dfrac{1}{3}$ 지점 애자 $\left(\text{전선에서 } \dfrac{2}{3} \text{ 지점}\right)$

22 코로나 : 전선로 주변의 전위경도가 상승해서 공기의 부분적인 절연파괴가 일어나는 현상으로 빛과 소리를 동반한다.
- 코로나의 영향
  - 통신선의 유도 장해가 발생한다.
  - 코로나 손실 발생 → 송전손실 → 송전효율 저하
  - 코로나 잡음 및 소음이 발생한다.
  - 전선이 부식된다(원인 : 오존(O_3)).
  - 소호 리액터의 소호 능력이 저하된다.
  - 진행파의 파곳값은 감소한다.
- 코로나의 대책
  - 코로나 임계전압을 크게 한다.
  - 전위경도를 작게 한다.
  - 전선의 지름을 크게 한다.
  - 복도체(다도체) 방식 및 가선금구의 개량을 채용한다.

23 $\%X = \dfrac{PX}{10V^2} = \dfrac{100 \times 10^3 \times 8}{10 \times 154^2} = 3.373$

24 적산유량곡선은 매일 매일의 수량을 차례로 적산해서 가로축 일수, 세로축 수량을 그린 곡선을 말한다.

25 $\eta = \dfrac{860Pt \times \text{부하율}}{mH}$ 에서 $m = \dfrac{860Pt \times \text{부하율}}{\eta H}$

$\therefore \dfrac{860 \times 100,000 \times 60 \times 24 \times 0.9}{0.4 \times 0.85 \times 0.98 \times 5,500} \times 10^{-3} = 60,818[\text{t}]$

26 $L = 0.025 + 0.4605 \log_{10} \dfrac{D}{\sqrt{rs}} [\text{mH/km}]$

소도체 간의 거리를 저자에 따라서 $l = s = e$ 라고 쓰며 실제 거리는 36~40[cm]를 쓴다.

27
$$I_s = \frac{E}{Z} = \frac{\frac{3,300}{\sqrt{3}}}{\sqrt{0.32^2 + (2+1.25+1.75)^2}} \fallingdotseq 380[\text{A}]$$

28 한류리액터는 단락사고 시 단락전류를 제한하여 차단기 용량을 줄인다.

29 중성점접지방식

방 식	보호계전기 동작	지락전류	전위상승	과도 안정도	유도 장해	특 징
직접접지 22.9, 154, 345[kV]	확 실	크다.	1.3배	작다.	크다.	중성점 영전위 단절연 가능
저항접지	↓	↓	$\sqrt{3}$ 배	↓	↓	
비접지 3.3, 6.6[kV]	×	↓	$\sqrt{3}$ 배	↓	↓	저전압 단거리
소호리액터접지 66[kV]	불확실	0	$\sqrt{3}$ 배 이상	크다.	작다.	병렬 공진

30 $I_g = \sqrt{3}\omega CV$ 에서 C만의 회로는 전류가 전압보다 90° 앞서고 용량성(충전전류)이다.

31

내부적인 요인	외부적인 요인
개폐서지	뇌서지(직격뢰, 유도뢰)
대책 : 개폐저항기	대책 : 서지흡수기

32 매설지선 : 탑각의 접지저항값을 낮춰 역섬락을 방지한다.

33 투과파 전압
$$e_2 = \frac{2Z_2}{Z_1+Z_2} \times e_1 = \frac{2 \times 1,500}{500+1,500} \times 600 = 900[\text{kV}]$$

34 단로기(DS)는 소호기능이 없어 부하전류나 사고전류를 차단할 수 없다. 무부하상태, 즉 차단기가 열려 있어야만 전로개방 및 모선접속을 변경할 수 있다(인터로크).

35 사고별 보호계전기
- 단락사고 : 과전류 계전기(OCR)
- 지락사고 : 선택접지 계전기(SGR), 접지 변압기(GPT) - 영상전압 검출, 영상 변류기(ZCT) - 영상전류 검출

36 가공배전선로에서 주선로의 정전 시 예비선로로 자동전환되는 개폐기로 자동부하 전환 개폐기(ALTS ; Automatic Load Transfer Switch)를 사용한다.

37 SF_6 가스의 성질
- 무색, 무취, 무독, 불활성(난연성) 기체이다.
- 절연내력은 공기의 약 3배로 절연내력이 우수하다.
- 차단기의 소형화가 가능하다.
- 소호능력이 공기의 약 100~200배로 우수하다.
- 밀폐구조이므로 소음이 없고 신뢰도가 높다.

38 망상식 배전방식
- 전압강하 및 전력손실이 경감된다.
- 무정전 전력공급이 가능하다.
- 공급신뢰도가 가장 좋고 부하증설이 용이하다.
- 네트워크 변압기나 네트워크 프로텍터 설치에 따른 설비비가 비싸다.
- 대형 빌딩가와 같은 고밀도 부하밀집지역에 적합하다.

39 $0 \leq F^2 \leq H \leq F \leq 1$

40 조건 : 선로손실 최소, $\cos\theta_2 = 1$
역률 개선용 콘덴서 용량
$$Q_c = P\left(\frac{\sin\theta_1}{\cos\theta_1} - \frac{\sin\theta_2}{\cos\theta_2}\right) = 60\left(\frac{0.8}{0.6} - \frac{0}{1}\right) = 80[\text{kVA}]$$

41
$$\alpha_e = \frac{P}{2} \times \alpha$$
$$\therefore \alpha = \frac{2\alpha_e}{P} = \frac{2 \times 180}{24} = 15°$$

42
$$E = \frac{PZ}{60a}\phi N = \frac{Z}{60}\phi N(\text{중권})[\text{V}]$$
$$N = \frac{60E}{Z\phi} = \frac{60 \times 100}{500 \times 0.01} = 1,200[\text{rpm}]$$
여기서, E : 기전력, Z : 도체수, ϕ : 자속

43 변압기 등가회로 작성에 필요한 시험은 단락시험, 무부하시험, 저항측정시험이 있다.

44
$$V_2 = V_1 \times \frac{1}{a} = 200 \times \frac{1}{2} = 100[\text{V}]$$
$$V_3 = V_1 + V_2 = 200 + 100 = 300[\text{V}]$$

45 동기전동기의 특징

장 점	단 점
• 속도가 N_s로 일정	• 보통 기동토크가 작음
• 역률을 항상 1로 운전 가능	• 속도제어가 어려움
• 효율이 좋음	• 직류 여자가 필요함
• 공극이 크고 기계적으로 튼튼함	• 난조가 일어나기 쉬움

46 사이리스터의 구분

단방향		양방향	
3단자	4단자	2단자	3단자
SCR GTO LASCR	SCS	DIAC SSS	TRIAC

47 변압기 절연유의 구비 조건
- 절연내력이 클 것
- 점도가 작고 비열이 커서 냉각효과(열방사)가 클 것
- 인화점은 높고, 응고점은 낮을 것
- 고온에서 산화하지 않고, 침전물이 생기지 않을 것

48 $\varepsilon = p\cos\theta \pm q\sin\theta$ 지상이라서 +

$0.12 = 0.8p + 0.6q \quad p = \dfrac{q}{12} \Rightarrow q = 12p$

q에 대입하면
$0.12 = 0.8p + 0.6 \times 12p$
$0.12 = 8p$
$p = \dfrac{0.12}{8} = 0.015 \times 100 = 1.5[\%]$

49
- 단절권 : 극간격 > 코일간격 ↔ 전절권 : 극간격 = 코일간격(파형 불량)
  - 고조파를 제거하여 기전력의 파형을 개선
  - 코일의 길이가 짧게 되어 동량이 절약
  - 단점 : 전절권에 비해 합성유기기전력이 감소
- 분포권 : 1극, 1상의 코일이 차지하는 슬롯수가 2개 이상 ↔ 집중권 : 슬롯수가 1개
  - 기전력의 파형이 개선
  - 권선의 누설리액턴스가 감소
  - 전기자에 발생되는 열을 골고루 분포시켜 과열을 방지

50 유도전동기 유도기전력과 주파수

정 지		s속도 운전	
주파수	유도기전력	주파수	유도기전력
$f_2 = f_1$	$E_2 = E_1$	$f_2' = sf_2$	$E_2' = sE_2$

51 위상 특성곡선(V곡선 $I_a - I_f$ 곡선, P 일정) : 계자전류의 변화에 대한 전기자전류의 변화를 나타낸 곡선(동기조상기로 조정)
- 과여자(진역률) : 콘덴서 C로 작용
- 부족여자(지역률) : 인덕턴스 L로 작용

가로축 I_f	최저점 $\cos\theta = 1$	세로축 I_a
감 소	계자전류 I_f	증 가
증 가	전기자전류 I_a	증 가
뒤진 역률(지상)	역 률	앞선 역률(진상)
L	작 용	C
부족여자	여 자	과여자

$\cos\theta = 1$에서 전력 비교 $P \propto I_a$, 위 곡선의 전력이 크다.

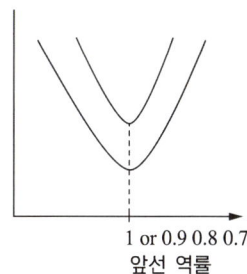

1 or 0.9 0.8 0.7
앞선 역률

52 3상 권선형 유도전동기에서 2차 저항을 크게 하면 기동전류는 감소하고 기동토크는 증가한다. 최대토크가 2차 저항에 비례추이하므로 최대토크는 변하지 않는다.

53 2차 저항 $\dfrac{r_2}{s} = \dfrac{r_2 + R}{s'}$ 에서 $\dfrac{0.5}{0.05} = \dfrac{0.5 + R}{1}$

2차 외부저항 $R = 10 - 0.5 = 9.5[\Omega]$

여기서, 전부하 슬립 $s = 0.05$, 기동 시 슬립 $s' = 1$

54 토크 $T = \dfrac{60 P_2}{2\pi N_s}[\text{N} \cdot \text{m}]$ 이므로 2차 입력에 비례하고 동기속도에 반비례한다.

55
- 발전기
  - 앞선 전류-진전류-C 부하(진상) = 증자작용
  - 뒤진 전류-지전류-L 부하(지상) = 감자작용
- 전동기
  - 앞선 전류-진전류-C 부하(진상) = 감자작용
  - 뒤진 전류-지전류-L 부하(지상) = 증자작용

56 전기자 반작용의 영향
- 주자속 감소 : 발전기 - 유기기전력 감소, 전동기 - 토크 감소, 속도 증가
- 전기적 중성축 이동 : 발전기 - 회전방향, 전동기 - 회전 반대방향
- 정류자 편 간의 불꽃 섬락 발생 : 정류 불량의 원인

57 교류발전기는 거의 동기발전기를 사용한다.

58 전력변환기기

인버터	초 퍼	컨버터	사이클로 컨버터(주파수 변환)
직류 – 교류	직류 – 직류	교류 – 직류	교류 – 교류

59 전압차 $V_0 - V_n = I_a R_a + e_b = 50 \times 0.2 + 2 = 12[\text{V}]$

※ $E = V + I_a R_a + e_b$

60 환상권은 링 모양의 철심에 안팎으로 링 모양으로 감는 방법

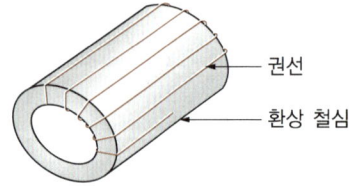

61 $D = A + \overline{B}$

$Y = \overline{D}$

62
$$G(j\omega) = \frac{1}{0.1j\omega(0.01j\omega+1)}$$
$$= \frac{1}{0.1 \times 0.1j(0.01 \times 0.1j+1)}$$
$$= \frac{1}{0.01j(0.001j+1)}$$

분모의 $(0.001j+1)$은 $\sqrt{0.001^2+1}$ 로 무효분값이 작아서 무시할 수 있다. 그러므로
$$G(j\omega) = \frac{1}{0.01j}$$
분모에 j가 한 개 있으므로 위상은 $-90°$

이득 $= 20\log|G| = 20\log\left|\frac{1}{0.01j}\right|$
$$= 20\log\frac{1}{10^{-2}} = 20\log 10^2 = 40[\text{dB}]$$

63
- 극점 : 0, 0, −2, −3
- 영점 : −1

극점과 영점의 많은 수의 개수가 근궤적의 수

64
개루프 전달함수 $G(s)H(s) = \frac{2K}{s(s+1)(s+2)}$ 에서

폐루프의 특성 방정식 $s(s+1)(s+2) + 2K = 0$

$①s^3 + ③s^2 + ②s + ②K = 0$ (with $\frac{2K}{6}$ bracket)

$2K < 6$ $K < 3$ ················· ⓐ
$2K > 0$ $K > 0$ ················· ⓑ

ⓐ식과 ⓑ식을 만족시키는 조건 $0 < K < 3$

65 함수의 변환

$f(t)$		$F(s)$	$F(z)$
단위계단함수	$u(t)$	$\frac{1}{s}$	$\frac{z}{z-1}$

66
$P = 2 \times 3 = 6$
$L_1 = 3 \times 4 = 12$
$L_2 = 2 \times 3 \times 5 = 30$
$$G(s) = \frac{P}{1 - L_1 - L_2} = \frac{6}{1 - 12 - 30} = -\frac{6}{41}$$

67
$\begin{bmatrix} s & 0 \\ 0 & s \end{bmatrix} - \begin{bmatrix} 1 & -2 \\ -3 & 2 \end{bmatrix} = \begin{bmatrix} s-1 & 2 \\ 3 & s-2 \end{bmatrix}$

$(s-1)(s-2) - 2 \times 3 = 0$
$s^2 - 3s + 2 - 6 = 0$
$s^2 - 3s - 4 = 0$
$(s-4)(s+1) = 0$
$s = 4, -1$

68

$$e_{ss} = \frac{1}{kv} = 0.01$$

$$kv = \lim_{s \to 0} s \cdot \frac{k(1+0.1s)200}{(1+0.2s)s(s+1)(s+2)} = 100k$$

$$\frac{1}{100k} = 0.01$$

$$\frac{1}{100 \times 0.01} = k$$

$$\therefore \ k = 1$$

69

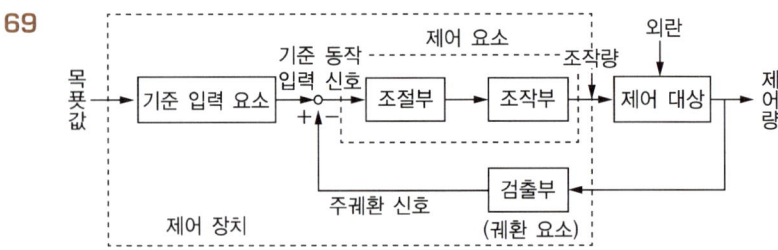

70 모든 항이 존재하고 부호가 (+) 가지면 안정 필요조건을 만족

71 $v = \frac{\omega}{\beta}$ 에서

$$\beta = \frac{\omega[\text{rad/s}]}{v[\text{m/s}]} = \frac{2\pi \times 200 \times 10^6}{3 \times 10^8} = \frac{4}{3}\pi[\text{rad/m}]$$

72 가동접속 $L = L_1 + L_2 + 2M$
$\qquad\qquad = L_1 + L_2 + 2K\sqrt{L_1 L_2}$
$\qquad\qquad = 20 + 20 + 2 \times 0.9 \times \sqrt{20 \times 20}$
$\qquad\qquad = 76[\text{mH}]$

차동접속 $L = L_1 + L_2 - 2M$
$\qquad\qquad = L_1 + L_2 - 2K\sqrt{L_1 L_2}$
$\qquad\qquad = 20 + 20 - 2 \times 0.9 \times \sqrt{20 \times 20}$
$\qquad\qquad = 4[\text{mH}]$

그러므로 19 : 1

73 $R-L$ 직렬회로에서 $R = R_1 + R_2$ 이므로

시정수 $\tau = \frac{L}{R} = \frac{L}{R_1 + R_2}$

74 유효전력 $P = P_1 + P_2$
무효전력 $P = \sqrt{3}(P_1 - P_2)$
피상전력 $P_a = 2\sqrt{P_1^2 + P_2^2 - P_1 P_2}$

역률 $= \frac{\text{유효전력}}{\text{피상전력}} = \frac{P_1 + P_2}{2\sqrt{P_1^2 + P_2^2 - P_1 P_2}}$

75 $P = \dfrac{100}{\sqrt{2}} \times \dfrac{10}{\sqrt{2}} \cos 60° + \dfrac{30}{\sqrt{2}} \times \dfrac{2}{\sqrt{2}} \cos 45° \fallingdotseq 271.2[\text{W}]$

76 $V_0 = \dfrac{1}{3}(V_a + V_b + V_c) = \dfrac{1}{3}\left\{40\sin\omega t + 40\sin\left(\omega t - \dfrac{\pi}{2}\right) + 40\sin\left(\omega t + \dfrac{\pi}{2}\right)\right\}$

V_b와 V_c의 위상차가 180°이므로, $V_b + V_c = 0$이다.

$V_0 = \dfrac{1}{3} \times 40\sin\omega t = \dfrac{40}{3}\sin\omega t\,[\text{V}]$

77 $e = 125\sin 377t$

$i = 50\cos 377t = 50\sin(377t + 90°)$

C만의 회로의 특징
- 전류는 전압보다 90° 빠르다(진상, 앞선 전류)
- 용량성

78 $Z_{01} \cdot Z_{02} = \dfrac{B}{C}$, $\dfrac{Z_{01}}{Z_{02}} = \dfrac{A}{D}$에서

영상임피던스 $Z_{01} = \dfrac{A}{D}Z_{02} = \dfrac{\frac{15}{4}}{1} \times \dfrac{12}{5} = \dfrac{180}{20} = 9[\Omega]$

79 선로손실 $P_l = 3I^2R[\text{W}]$에서 전류 $I = \sqrt{\dfrac{P_l}{3R}} = \sqrt{\dfrac{50}{3 \times 0.5}} = 5.77[\text{A}]$

3상 소비전력 $P = \sqrt{3}\,VI\cos\theta[\text{W}]$에서

$V = \dfrac{P}{\sqrt{3}\,I\cos\theta} = \dfrac{1,800}{\sqrt{3} \times 5.77 \times 0.8} \fallingdotseq 225[\text{V}]$

80 역라플라스 변환(복소추이 정리)

$F(s) = \dfrac{A}{\alpha + s} = \dfrac{A}{s + \alpha}$

$\xrightarrow{\mathcal{L}^{-1}} f(t) = Ae^{-\alpha t}$

81 KEC 232.71(라이팅덕트공사)
- 지지점 : 2[m] 이하
- 끝부분 막고, 개구부는 아래로 향해 시설
- 덕트 상호 간 및 전선 상호 간은 견고하게 또한 전기적으로 완전히 접속할 것
- 덕트는 조영재에 견고하게 붙일 것
- 덕트는 조영재를 관통하여 시설하지 아니할 것

82 KEC 212.6(저압전로 중의 개폐기 및 과전류차단장치의 시설)

사용전압이 400[V] 이하인 옥내전로로서 다른 옥내전로(정격전류가 16[A] 이하인 과전류차단기 또는 정격전류가 16[A]를 초과하고 20[A] 이하인 배선차단기 보호되고 있는 것에 한한다)에 접속하는 길이 15[m] 이하의 전로에서 전기의 공급을 받는 것은 저압 옥내전로의 인입구에 가까운 곳으로서 쉽게 개폐할 수 있는 곳에 개폐기를 시설하지 아니할 수 있다.

83 KEC 532.3.5(피뢰설비)

풍력터빈의 피뢰설비는 다음에 따라 시설하여야 한다.
- 수뢰부를 풍력터빈 선단부분 및 가장자리 부분에 배치하되 뇌격전류에 의한 발열에 의해 녹아서 손상되지 않도록 재질, 크기, 두께 및 형상 등을 고려할 것
- 풍력터빈에 설치하는 인하도선은 쉽게 부식되지 않는 금속선으로서 뇌격전류를 안전하게 흘릴 수 있는 충분한 굵기여야 하며, 가능한 직선으로 시설할 것
- 풍력터빈 내부의 계측 센서용 케이블은 금속관 또는 차폐케이블 등을 사용하여 뇌유도과전압으로부터 보호할 것
- 풍력터빈에 설치한 피뢰설비(리셉터, 인하도선 등)의 기능저하로 인해 다른 기능에 영향을 미치지 않을 것

84 기술기준 제3조(정의)

발전소란 발전기·원동기·연료전지·태양전지·해양에너지 발전설비·전기저장장치 그 밖의 기계 기구(비상용 예비전원을 얻을 목적으로 시설하는 것 및 휴대용 발전기를 제외한다)를 시설하여 전기를 생산(원자력, 화력, 신재생에너지 등을 이용하여 전기를 발생시키는 것과 양수발전, 전기저장장치와 같이 전기를 다른 에너지로 변환하여 저장 후 전기를 공급하는 것)하는 곳을 말한다.

85 KEC 351.1(발전소 등의 울타리·담 등의 시설)

특고압	간격($a+b$)	기 타
35[kV] 이하	5.0[m] 이상	울타리의 높이(a) : 2[m] 이상 울타리에서 충전부까지 거리(b) 지면과 하부(c) : 0.15[m] 이하 단수 = 160[kV] 초과/10[kV] N = 단수×0.12[m]
35[kV] 초과 160[kV] 이하	6.0[m] 이상	
160[kV] 초과	6.0[m]+N 이상	

86 KEC 241.2(전기욕기)
- 변압기의 2차 측 전로의 사용전압이 10[V] 이하(유도코일 파곳값 30[V] 이하)
- 전극 간의 간격 : 1[m] 이상
- 절연저항 : 0.5[MΩ] 이상
- ※ 은이온 살균장치

87 KEC 342.1(고압 옥내배선 등의 시설)
- 애자사용공사(건조한 장소로서 전개된 장소에 한한다)
- 케이블공사
- 케이블트레이공사

88 KEC 332.10(고압 보안공사 지지물 간 거리 제한)

지지물의 종류	지지물 간 거리
목주·A종 철주 또는 A종 철근 콘크리트주	100[m]
B종 철주 또는 B종 철근 콘크리트주	150[m]
철 탑	400[m]

89 KEC 223.1/334.1(지중전선로의 시설)
- 사용전선 : 케이블, 트로프를 사용하지 않을 경우는 CD(콤바인덕트)케이블을 사용한다.
- 매설방식 : 직접 매설식, 관로식, 암거식(공동구)
- 직접 매설식의 매설 깊이 : 트로프 기타 방호물에 넣어 시설

장 소	차량, 기타 중량물의 압력	기 타
깊 이	1.0[m] 이상	0.6[m] 이상

90 KEC 212.3(보호장치의 종류 및 특성)
순시트립에 따른 구분(주택용 배선차단기)

형	순시트립범위
B	$3I_n$ 초과 $5I_n$ 이하
C	$5I_n$ 초과 $10I_n$ 이하
D	$10I_n$ 초과 $20I_n$ 이하

- B, C, D : 순시트립전류에 따른 차단기 분류
- I_n : 차단기 정격전류

91 KEC 341.10(고압 및 특고압전로 중의 과전류차단기의 시설)
고압 또는 특고압전로 중 기계기구 및 전선을 보호하기 위하여 필요한 곳에 시설

구 분	견디는 시간	용단시간
포장 퓨즈	1.3배	2배 전류 – 120분
비포장 퓨즈	1.25배	2배 전류 – 2분

92 기술기준 제21조의2(발전소 등의 부지 시설조건)
- 부지조성을 위해 산지를 전용할 경우에는 전용하고자 하는 산지의 평균 경사도가 25° 이하여야 하며, 산지전용면적 중 산지전용으로 발생되는 절토·성토한 경사면의 면적이 100분의 50을 초과해서는 아니 된다.
- 태양광발전설비 부지조성을 위해 산지를 일시 사용할 경우에는 일시 사용하고자 하는 산지의 평균 경사도가 15° 이하이어야 한다.
- 산지전용 후 발생하는 절토·성토한 면의 수직높이는 15[m] 이하로 한다. 다만, 345[kV]급 이상 변전소 또는 전기사업용전기설비인 발전소로서 불가피하게 절토·성토한 면 수직높이가 15[m] 초과되는 장대비탈면이 발생할 경우에는 절토·성토한 면의 안정성에 대한 전문용역기관(토질 및 기초와 구조분야 전문기술사를 보유한 엔지니어링 활동주체로 등록된 업체)의 검토 결과에 따라 용수, 배수, 비탈면보호 및 낙석방지 등 안전대책을 수립한 후 시행하여야 한다.
- 산지전용 후 발생하는 절토면 최하단부에서 발전 및 변전설비까지의 최소 간격은 보안울타리, 외곽도로, 수림대 등을 포함하여 6[m] 이상이 되어야 한다. 다만, 옥내변전소와 옹벽, 낙석방지망 등 안전대책을 수립한 시설의 경우에는 예외로 한다.

93 KEC 222.2/331.11(지지선의 시설)

안전율	2.5 이상(목주나 A종 : 1.5 이상)
구 조	4.31[kN] 이상, 3가닥 이상의 연선
금속선	2.6[mm] 이상(아연도강연선 2.0[mm] 이상)
아연도금철봉	지중 및 지표상 0.3[m]까지
도로횡단	5[m] 이상(교통 지장 없는 장소 : 4.5[m])
기 타	철탑은 지지선으로 그 강도를 분담시키지 않을 것

94 KEC 421.4(변전소의 설비)
- 변전소 등의 계통을 구성하는 각종 기기는 운용 및 유지보수성, 시공성, 내구성, 효율성, 친환경성, 안전성 및 경제성 등을 종합적으로 고려하여 선정하여야 한다.
- 급전용 변압기는 직류 전기철도의 경우 3상 정류기용 변압기, 교류 전기철도의 경우 3상 스코트 결선 변압기의 적용을 원칙으로 하고, 급전계통에 적합하게 선정하여야 한다.
- 차단기는 계통의 장래계획을 고려하여 용량을 결정하고, 회로의 특성에 따라 기종과 동작책무 및 차단시간을 선정하여야 한다.
- 개폐기는 선로 중 중요한 분기점, 고장발견이 필요한 장소, 빈번한 개폐를 필요로 하는 곳에 설치하며, 개폐상태의 표시, 잠금장치 등을 설치하여야 한다.
- 제어용 교류전원은 상용과 예비의 2계통으로 구성하여야 한다.
- 제어반의 경우 디지털계전기방식을 원칙으로 하여야 한다.

95 KEC 341.12(지락차단장치 등의 시설)

고압 및 특고압 전로 중 다음에 열거하는 곳 또는 이에 근접한 곳에는 전로에 지락(전기철도용 급전선에 있어서는 과전류)이 생겼을 때에 자동적으로 전로를 차단하는 장치를 시설하여야 한다. 다만, 전기사업자로부터 공급을 받는 수전점에서 수전하는 전기를 모두 그 수전점에 속하는 수전장소에서 변성하거나 또는 사용하는 경우는 그러하지 아니하다.
- 발전소·변전소 또는 이에 준하는 곳의 인출구
- 다른 전기사업자로부터 공급받는 수전점
- 배전용 변압기(단권변압기를 제외한다)의 시설장소

96 KEC 241.1(전기울타리)

- 접지
  - 전기울타리 전원장치의 외함 및 변압기의 철심은 규정에 준하여 접지공사를 하여야 한다.
  - 전기울타리의 접지전극과 다른 접지계통의 접지전극의 거리는 2[m] 이상이어야 한다. 다만, 충분한 접지망을 가진 경우에는 그러하지 아니하다.
  - 가공전선로의 아래를 통과하는 전기울타리의 금속부분은 교차지점의 양쪽으로부터 5[m] 이상의 간격을 두고 접지하여야 한다.

97 기술기준 제3조(정의)

전차선이란 전기철도 차량의 집전장치와 직접 접촉하여 전력을 공급하기 위한 전선을 말한다.

98 KEC 242.2(먼지 위험장소)

금속관공사	• 박강전선관 이상, 패킹 사용, 분진 방폭형 유연성 부속 • 관 상호 및 관과 박스 등은 5산 이상의 나사 조임 접속
케이블공사	개장된 케이블 또는 무기물 절연 케이블을 사용하는 경우 이외에는 관 기타의 방호 장치에 넣어 사용할 것

99 KEC 362.2(전력보안통신선의 시설 높이)

시설장소		시설 높이[m]	
		저·고압	특고압
도로횡단	일반적인 경우	6	6
	교통에 지장이 없는 경우	5	–
철도횡단		6.5	6.5

100 KEC 231.6(옥내전로의 대지전압의 제한)

주택의 옥내전로(전기기계기구 내의 전로를 제외한다)의 대지전압은 300[V] 이하이어야 하며, 다음에 따라 시설하여야 한다. 다만, 대지전압 150[V] 이하의 전로인 경우에는 다음에 따르지 않을 수 있다.
㉠ 사용전압은 400[V] 이하야야 한다.
㉡ 주택의 전로 인입구에는 전기용품 및 생활용품 안전관리법에 적용을 받는 감전보호용 누전차단기를 시설하여야 한다. 다만, 전로의 전원 측에 정격용량이 3[kVA] 이하인 절연변압기(1차 전압이 저압이고 2차 전압이 300[V] 이하인 것에 한한다)를 사람이 쉽게 접촉할 우려가 없도록 시설하고 또한 그 절연변압기의 부하 측 전로를 접지하지 않는 경우에는 예외로 한다.
㉢ ㉡의 누전차단기를 자연재해대책법에 의한 자연재해위험개선지구의 지정 등에서 지정되어진 지구 안의 지하주택에 시설하는 경우에는 침수 시 위험의 우려가 없도록 지상에 시설하여야 한다.

2025년 제3회 CBT

page 391

1	2	3	4	5	6	7	8	9	10	11	12	13	14	15	16	17	18	19	20
①	②	②	③	①	④	③	④	③	②	②	②	③	②	①	④	③	④	②	④	①
21	22	23	24	25	26	27	28	29	30	31	32	33	34	35	36	37	38	39	40
②	①	④	④	②	①	②	②	④	②	④	①	③	①	②	③	④	④	②	③
41	42	43	44	45	46	47	48	49	50	51	52	53	54	55	56	57	58	59	60
②	③	②	②	①	②	①	②	②	①	③	②	①	②	②	④	④	①	②	①
61	62	63	64	65	66	67	68	69	70	71	72	73	74	75	76	77	78	79	80
④	①	③	④	③	②	④	①	②	①	①	④	②	①	③	①	④	③	②	③
81	82	83	84	85	86	87	88	89	90	91	92	93	94	95	96	97	98	99	100
②	②	①	①	④	①	②	②	①	②	④	②	④	②	①	③	①	④	③	②

01 분극의 세기 $P = \varepsilon_0(\varepsilon_r - 1)E = \dfrac{1}{36\pi} \times 10^{-9} \times (\varepsilon_r - 1) \times 20 \times 10^3 = \dfrac{\varepsilon_r - 1}{18\pi} \times 10^{-5} \, [\text{C/m}^2]$

02 전기력선수와 전기력선 밀도는 매질과 전하에 모두 관계되므로 전계에 관한 가우스 정리에서 $\displaystyle\int_s E \cdot dS = \dfrac{Q}{\varepsilon} = \dfrac{Q}{\varepsilon_0 \varepsilon_s}$ 이므로 전기력선의 수는 $\dfrac{Q}{\varepsilon_0 \varepsilon_s}$ 개다.

03 두 도선 사이 전위 $(V) = \dfrac{\lambda}{\pi \varepsilon_0} \ln \dfrac{d}{a}$ 에서

정전용량 $(C) = \dfrac{\pi \varepsilon_0}{\ln \dfrac{d-a}{a}} \, [\text{F/m}]$

04 동심구의 정전용량 $C = \dfrac{4\pi \varepsilon_0}{\dfrac{1}{b} - \dfrac{1}{a}} = 4\pi \varepsilon_0 \dfrac{ab}{a-b} \, [\text{F}]$

05 자계의 세기 $H = \dfrac{NI}{l} = \dfrac{NI}{2\pi r} = \dfrac{500 \times 4}{2\pi \times 0.2} ≒ 1,591.55 \, [\text{AT/m}]$

06 $1[\text{J}] = 0.24[\text{cal}], \ 1[\text{cal}] ≒ 4.2[\text{J}]$

$\therefore W = \dfrac{1}{2} LI^2 [\text{J}] \times \dfrac{1}{4.2} = \dfrac{1}{8.4} LI^2 [\text{cal}]$

07 $H_e = \sqrt{\dfrac{\varepsilon_0}{\mu_0}} \, E_e = \sqrt{\dfrac{8.854 \times 10^{-12}}{4\pi \times 10^{-7}}} \, E_e = 2.65 \times 10^{-3} E_e$

$E_e = 10 [\text{mV/m}]$ 이므로 $H_e = 26.5 \times 10^{-3} [\text{mAT/m}]$

08 인덕턴스의 기본 단위 : $L[\text{H}]$

$L = \dfrac{N\phi}{I}\left[\dfrac{\text{Wb}}{\text{A}}\right]$, $\phi = \dfrac{W}{I}\left[\dfrac{\text{J}}{\text{A}}\right]$ 대입

$L = \dfrac{N\phi}{I}\left[\dfrac{\text{J}}{\text{A}^2}\right]$

$L = \dfrac{dt}{di}e_L\left[\dfrac{\text{V}\cdot\text{s}}{\text{A}} = \Omega\cdot\text{s}\right]$

09 $C_1 = \dfrac{2\pi\varepsilon_0}{\ln\dfrac{b}{a}}$ $\qquad C_2 = \dfrac{2\pi\cdot 3\varepsilon_0}{\ln\dfrac{3\cdot b}{3\cdot a}} = 3C_1$

10 원통형도체 전계의 세기

$E = \dfrac{\lambda}{2\pi\varepsilon r}$ 에서 $E = \dfrac{\lambda}{2\pi\varepsilon_0 r}$ [V/m]

11 영상법, 접지구도체에서

- 영상전하의 위치 $x = \dfrac{a^2}{d}$ [m]

- 영상전하의 크기 $Q' = -\dfrac{P_{12}}{P_{11}}Q = -\dfrac{a}{d}Q$ [C]

- 작용하는 힘 $F = \dfrac{Q\left(-\dfrac{a}{d}\right)Q}{4\pi\varepsilon_0\left(d-\dfrac{a^2}{d}\right)^2} = -\dfrac{adQ^2}{4\pi\varepsilon_0(d^2-a^2)^2}$ [N] (흡인력)

12 자기저항 $R_m = \dfrac{F}{\phi} = \dfrac{l}{\mu S} = \dfrac{l}{\mu_0\mu_s S}$

단면적$(S) = \dfrac{l}{\mu_0\mu_s R_m} = \dfrac{1}{4\pi\times 10^{-7}\times 50\times 2\times 10^7} \fallingdotseq 7.96\times 10^{-4} \fallingdotseq 8\times 10^{-4}$ [m²]

13 ② 자계는 발산하며, 자극은 단독으로 존재할 수 없다.

14 전하 Q가 ε_2로 이동하면서 $\varepsilon_1 > \varepsilon_2$인 경우 반발력이 작용한다.

15 회전력$(T) = (S\times B)I = (0.04\times 0.08)a_x \times \left(0.05\times\dfrac{a_x+a_y}{\sqrt{2}}\right)\times 5$

$= \left(0.04\times 0.08\times 0.05\times 5\times\dfrac{1}{\sqrt{2}}\right)a_z$

$\fallingdotseq 5.66\times 10^{-4}a_z$ [N·m]

16 $\dfrac{I}{2\pi a} = \dfrac{2I}{2\pi b}$

$\therefore \dfrac{a}{b} = \dfrac{1}{2}$

17 두 전하 사이의 힘 $F = \dfrac{Q_1 Q_2}{4\pi\varepsilon_0 r^2}$

$Q_1 = 300[\mu C]$ P(1, 2, 3)
$Q_2 = -100[\mu C]$ Q(2, 0, 5)
거리의 벡터 $\vec{r} = (2-1)i + (0-2)j + (5-3)k = i - 2j + 2k$
벡터의 크기 $|r| = \sqrt{1^2 + (-2^2) + 2^2} = \sqrt{9} = 3$
따라서 단위벡터는 $\dfrac{\vec{r}}{|r|} = \dfrac{1}{3} \times (i - 2j + 2k)$
힘의 크기 $F = 9 \times 10^9 \times \dfrac{300 \times 10^{-6} \times (-100 \times 10^{-6})}{3^2} = -30[N]$
따라서 $\vec{F} = -30 \times \dfrac{1}{3} \times (i - 2j + 2k) = -10i + 20j - 20k[N]$

18 철심 내부자계
$H = \dfrac{NI}{l} = \dfrac{NI}{2\pi r} = \dfrac{NI}{\pi d}[\text{AT/m}]$
평균 자로 $l = 2\pi r = \pi d[m]$
여기서, $r[m]$: 평균 반지름, $d[m]$: 평균 지름

19 자계 중의 자극이 받는 힘 $F = mH = \dfrac{mB}{\mu_s \mu_0}$ 에서 자극의 세기 $m = \dfrac{F}{H} = \dfrac{4 \times 10^3}{500} = 8[Wb]$

20
- 쌍극자 모멘트 $M = Q\delta[C/m]$
- 전위 $V = \dfrac{M\cos\theta}{4\pi\varepsilon_0 r^2}[V]$
- 전계의 세기

$E = -\nabla V = -\left(\dfrac{\partial V}{\partial r}a_r + \dfrac{1}{r}\dfrac{\partial V}{\partial \theta}a_\theta + \dfrac{1}{r\sin\theta}\dfrac{\partial V}{\partial \phi}a_\phi\right) = \dfrac{M}{4\pi\varepsilon_0 r^3}\sqrt{1+3\cos^2\theta}\,[V/m] \propto \dfrac{1}{r^3}$

$E_r = \dfrac{\partial V}{\partial r}a_r = \dfrac{M\cos\theta}{2\pi\varepsilon_0 r^3}a_r[V]$ $\qquad\qquad E_\theta = \dfrac{1}{r}\dfrac{\partial V}{\partial \theta}a_\theta = \dfrac{M\sin\theta}{4\pi\varepsilon_0 r^3}a_\theta[V]$

21 $0 \leq F^2 \leq H \leq F \leq 1$

22 저압 네트워크방식
- 무정전 공급방식으로 공급신뢰도가 높다.
- 공급신뢰도가 가장 좋고 변전소의 수를 줄일 수 있다.
- 전압강하, 전력손실이 적다.
- 부하 증가 시 대응이 우수하다.
- 설비비가 고가이다.
- 인축의 접지사고가 있을 수 있다.
- 고장 시 고장전류가 역류할 수 있다.
- 대책 : 네트워크 프로텍터(저압용 차단기, 저압용 퓨즈, 전력방향 계전기)

23 자동부하 전환 개폐기
중요 시설의 무정전 공급을 위하여 변전소 등으로부터 이중으로 전원을 공급받아 주전원 정전 시 또는 기준 전압 이하가 될 때 자동으로 예비전원으로 전환하는 장치

24 **코로나** : 전선로 주변의 전위경도가 상승해서 공기의 부분적인 절연파괴가 일어나는 현상으로 빛과 소리를 동반한다.
- 코로나의 영향
  - 통신선의 유도 장해가 발생한다.
  - 코로나 손실 발생 → 송전손실 → 송전효율 저하
  - 코로나 잡음 및 소음이 발생한다.
  - 전선이 부식된다(원인 : 오존(O_3)).
  - 소호 리액터의 소호 능력이 저하된다.
  - 진행파의 파곳값은 감소한다.
- 코로나의 대책
  - 코로나 임계전압을 크게 한다.
  - 전위경도를 작게 한다.
  - 전선의 지름을 크게 한다.
  - 복도체(다도체) 방식 및 가선금구의 개량을 채용한다.

25 $\eta = \dfrac{860\,W}{mH}$ 에서

$m = \dfrac{860\,W}{\eta H} = \dfrac{860 \times 200,000}{0.2 \times 5,700} \times 10^{-3} = 150.87\,[t]$

26 옴법에 의한 단상 및 3상 단락전류

$I_s = \dfrac{E}{Z} = \dfrac{E}{Z_g + Z_t + Z_l}\,[A]$

여기서, Z_g : 발전기, Z_t : 변압기, Z_l : 선로의 임피던스

27

내부적인 요인	외부적인 요인
개폐서지	뇌서지(직격뢰, 유도뢰)
대책 : 개폐저항기	대책 : 서지흡수기

28 $\%X = \dfrac{PX}{10\,V^2}$ 에서 $X = \dfrac{10\,V^2 \cdot \%X}{P} = \dfrac{10 \times 154^2 \times 14}{40 \times 10^3} \fallingdotseq 83\,[\Omega]$

29 $I_g = \sqrt{3}\,\omega CV$ 에서 C만의 회로는 전류가 전압보다 90° 앞서고 용량성(충전전류)이다.

30
- 전압부담 최대 : 전선 쪽 애자
- 전압부담 최소 : 철탑에서 $\dfrac{1}{3}$ 지점 애자 $\left(\text{전선에서 } \dfrac{2}{3} \text{ 지점}\right)$

31
- △결선방식 : 제3고조파 제거
- 직렬리액터 : 제5고조파 제거
- 한류리액터 : 단락사고 시 단락전류 제한
- 소호리액터 : 지락 시 지락전류 제한
- 분로리액터 : 페란티 방지

32 단로기(DS)는 소호기능이 없어 부하전류나 사고전류를 차단할 수 없다. 무부하상태, 즉 차단기가 열려 있어야만 전로개방 및 모선접속을 변경할 수 있다(인터로크).

33. 매설지선 : 탑각의 접지저항값을 낮춰 역섬락을 방지한다.

34. $L = \dfrac{0.05}{n} + 0.4605\log_{10}\dfrac{D'}{\sqrt{rs}} = \dfrac{0.05}{2} + 0.4605\log_{10}\dfrac{120}{\sqrt{4\times 36}} = 0.4855 \, [\text{mH/km}]$
    ∴ 1[km]의 인덕턴스 $L = 0.4855 \, [\text{mH}]$

35. 사고별 보호계전기
    - 단락사고 : 과전류 계전기(OCR)
    - 지락사고 : 선택접지 계전기(SGR), 접지 변압기(GPT) – 영상전압 검출, 영상 변류기(ZCT) – 영상전류 검출

36. $Q_c = P\left(\dfrac{\sin\theta_1}{\cos\theta_1} - \dfrac{\sin\theta_2}{\cos\theta_2}\right) = 300\left(\dfrac{0.8}{0.6} - \dfrac{0}{1}\right) \fallingdotseq 400 \, [\text{kVA}]$

37. 발전기는 효율을 곱하고, 전동기는 효율을 나눈다.

38. 중성점접지방식

방 식	보호계전기 동작	지락전류	전위상승	과도 안정도	유도 장해	특 징
직접접지 22.9, 154, 345[kV]	확 실	크다.	1.3배	작다.	크다.	중성점 영전위 단절연 가능
저항접지	↓	↓	$\sqrt{3}$ 배	↓	↓	
비접지 3.3, 6.6[kV]	×	↓	$\sqrt{3}$ 배	↓	↓	저전압 단거리
소호리액터접지 66[kV]	불확실	0	$\sqrt{3}$ 배 이상	크다.	작다.	병렬 공진

39. 차단기 소호매질
    - 공기차단기 : 압축공기
    - 가스차단기 : SF_6 가스
    - 진공차단기 : 진공
    - 유입차단기 : 절연유
    - 자기차단기 : 전자력

40. 투과파 전압
    $e_2 = \dfrac{2Z_2}{Z_1 + Z_2} \times e_1 = \dfrac{2\times 1{,}500}{500 + 1{,}500} \times 600 = 900 \, [\text{kV}]$

41. 단권변압기의 3상 결선

결선방식	Y결선	△결선	V결선
자기용량/부하용량	$\dfrac{V_h - V_l}{V_h}$	$\dfrac{V_h^2 - V_l^2}{\sqrt{3}\, V_h V_l}$	$\dfrac{2}{\sqrt{3}}\left(\dfrac{V_h - V_l}{V_h}\right)$

42. 권선형 유도전동기에서 2차 저항이 증가하면 토크 곡선 등이 슬립이 증가하는 방향으로 2차 저항에 비례하며 이동한다. 즉, 같은 토크에서 2차 저항과 슬립은 비례하는데, 이를 비례추이라 한다.

43 ① 정지 시 $s=1$
② $N=(1-s)N_s$ 에서 s가 작으면 $N ≒ N_s$ 가 된다.
③ $\eta=(1-s)$ 에서 s가 크면 η은 작아진다.
④ $E_2' = sE_2$

44 단상 직권전동기는 직권형, 보상 직권형, 유도보상 직권형이 있다.

45 유도전동기 2차 효율은 $\eta_2 = \dfrac{P_0}{P_2} = 1-s = \dfrac{N}{N_s} = \dfrac{\omega}{\omega_0}$ 에서 $(1-s) \times 100$

46 단락전류 $I_s = \dfrac{E}{\sqrt{3}\,Z_s} = \dfrac{6{,}600}{\sqrt{3} \times 3.6} = 1{,}058.48[\mathrm{A}]$

정격전류 $I_n = \dfrac{P}{\sqrt{3}\,V} = \dfrac{10{,}000 \times 10^3}{\sqrt{3} \times 6{,}600} = 874.77[\mathrm{A}]$

단락비 $K_s = \dfrac{I_s}{I_n} = \dfrac{1{,}058.48}{874.77} = 1.21$

47 변압기의 전압변동률 $\varepsilon = p\cos\theta + q\sin\theta\;(+\;:\;지상,\;-\;:\;진상)$
- 역률 $100[\%]$일 때 $\varepsilon = p\cos\theta$, $\varepsilon = p = 3[\%]$
- 역률 $80[\%]$일 때 $4 = 3 \times 0.8 + q \times \sqrt{1-0.8^2} = 2.4 + q \times 0.6$
∴ $q ≒ 2.7[\%]$ (여기서, p : %저항강하, q : %리액턴스강하)

48 복권 발전기는 직권 계자 권선이 있으므로 병렬운전 시 균압선을 설치하여야 한다.

49 토크 $T = \dfrac{PZ\phi I_a}{2\pi a} = \dfrac{6 \times 360 \times 0.06 \times 60}{2\pi \times 6} ≒ 206.26[\mathrm{N \cdot m}]$

∴ $\dfrac{206.26}{9.8} ≒ 21.1[\mathrm{kg \cdot m}]$

50 직류전동기 속도제어 : $n = K' \dfrac{V - I_a R_a}{\phi}$ (K' : 기계정수)

종류	특징
전압제어	• 광범위 속도제어가 가능하다. • 워드-레오나드 방식(광범위한 속도 조정, 효율양호) • 일그너 방식(부하가 급변하는 곳, 플라이휠 효과 이용, 제철용 압연기) • 정토크제어 • SCR과 조합하여 사용하는 방식
계자제어	• 세밀하고 안정된 속도제어를 할 수 있다. • 속도제어 범위가 좁다. • 효율은 양호하나 정류가 불량하다. • 정출력 가변속도제어
저항제어	• 속도 조정 범위가 좁다. • 효율이 저하된다.

51 $E_1 = 4.44f\phi N_1 = 4.44fBAN_1$ 에서

$N_1 = \dfrac{E_1}{4.44fBA} = \dfrac{6,300}{4.44 \times 60 \times 1.4 \times 100 \times 10^{-4} \times 0.9} \fallingdotseq 1,876.88$

$N_2 = \dfrac{N_1}{a} = \dfrac{1,877}{\left(\dfrac{6,300}{210}\right)} \fallingdotseq 62.57$

52 $P_{an} = mP_{bn}$

$\dfrac{I_a}{I_b} = m\dfrac{\%Z_b}{\%Z_a} = \dfrac{P_{an}}{P_{bn}} \times \dfrac{\%Z_b}{\%Z_a}$

∴ 용량에 비례하고 누설임피던스에 반비례한다.

53 직류 직권 전동기의 속도 $N = k\dfrac{V - I_a(R_a + R_s)}{I_a}[\text{rps}] \times 60[\text{rpm}]$ 이므로

$V = 110[\text{V}]$, $I_a = 10[\text{A}]$, $R_a = 0.3[\Omega]$, $R_s = 0.7[\Omega]$, $k = 2$를 대입하면

$N = 2 \times \dfrac{110 - 10(0.3 + 0.7)}{10} \times 60 = 1,200[\text{rpm}]$

54 위상 특성곡선(V곡선, $I_a - I_f$ 곡선, P 일정) : 계자전류의 변화에 대한 전기자전류의 변화를 나타낸 곡선(동기조상기로 조정)

가로축 I_f	최저점 $\cos\theta = 1$	세로축 I_a
감소	계자전류 I_f	증가
증가	전기자전류 I_a	증가
뒤진 역률(지상)	역률	앞선 역률(진상)
L	작용	C
부족여자	여자	과여자

$\cos\theta = 1$ 에서 전력 비교 $P \propto I_a$, 위 곡선의 전력이 크다.

뒤진 역률 상태에서 부족여자 시 더욱 뒤진 역률이 되므로 뒤진 전류의 역률은 더욱 나빠진다.

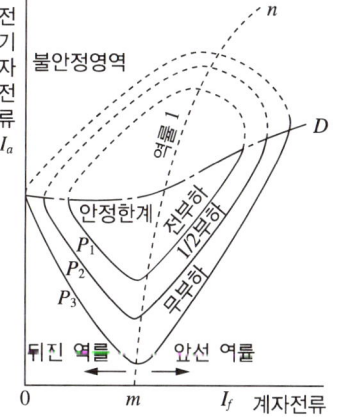

55 일그너 제어는 플라이휠을 사용하며, 전동기 부하가 급변해도 공급 전원의 전력 변동이 적어서 압연기나 권상기에 사용된다.

56 **제동권선의 효과**
- 난조 방지
- 기동토크 발생
- 불평형 부하 시의 전류 및 전압 파형 개선
- 송전선의 불평형 단락 시의 이상전압 방지

57 최대역전압 $\text{PIV} = \sqrt{2} \times E_a = \sqrt{2} \times \dfrac{150}{0.45} \fallingdotseq 471.4[\text{V}]$

58 $I_{s1} = \dfrac{V_1}{Z_1 + Z_2'} = \dfrac{V_1}{Z_1 + a^2 Z_2}$

59 **분포권의 특징**
- 분포권은 집중권에 비하여 합성유기기전력이 감소한다.
- 기전력의 고조파가 감소하여 파형이 좋아진다.
- 권선의 누설리액턴스가 감소한다.
- 전기자권선에 의한 열을 고르게 분포시켜 과열을 방지한다.

60 $I_0 = I_i + I_\phi = \sqrt{I_i^2 + I_\phi^2}\,[\text{A}]$
$I_\phi = \sqrt{I_0^2 - I_i^2}$
$P_i = V_1 I_i\,[\text{W}]$
$I_i = \dfrac{P_i}{V_1} = \dfrac{330}{3{,}300} = 0.1\,[\text{A}]$
$I_\phi = \sqrt{I_0^2 - I_i^2} = \sqrt{0.15^2 - 0.1^2} \fallingdotseq 0.112\,[\text{A}]$

61 출력 $= A\overline{B} + \overline{A}B$

62 실수축과 교차점 $= \dfrac{\sum P_T - \sum Z_T}{P_N - Z_N}$

$\dfrac{K(s+2)}{(s+1)(s^2 + 6s + 10)}$ 에서 $s^2 + 6s + 10 = 0$

근의 공식 $\dfrac{-6 \pm \sqrt{6^2 - 4 \times 1 \times 10}}{2}$ 에 따라

$s = -3 \pm j$
극점 : $-1,\ -3 \pm j$
영점 : -2
실수축과 교차점 $= \dfrac{-7 + 2}{3 - 1} = \dfrac{-5}{2} = -2.5$

63 $G(s) = K_P\left(1 + \dfrac{1}{T_i s}\right) = 3\left(1 + \dfrac{1}{3s}\right) = 3 + \dfrac{1}{s}$
$G(s) = \dfrac{Y(s)}{X(s)}$
$Y(s) = G(s)X(s) = \left(3 + \dfrac{1}{s}\right) \times \dfrac{2}{s^2} = \dfrac{6}{s^2} + \dfrac{2}{s^3}$
$y(t) = 6t + t^2$

64 $T = G(s) = \dfrac{C(s)}{R(s)} = \dfrac{KG}{1 + G}$
$S_K^T = \dfrac{K}{T}\dfrac{d}{dK}T = \dfrac{K}{\frac{KG}{1+G}} \cdot \dfrac{G}{1+G} = 1$

65 특성방정식의 근의 위치에 따른 안정도 판별

안정도	s평면의 근의 위치	z평면의 근의 위치
안 정	좌반면	단위원 내부
불안정	우반면	단위원 외부
임계안정	허수축	단위원주상

66 $\begin{bmatrix} s & 0 \\ 0 & s \end{bmatrix} - \begin{bmatrix} 0 & 1 \\ -2 & -3 \end{bmatrix} = \begin{bmatrix} s & -1 \\ 2 & s+3 \end{bmatrix}$

$s^2 + 3s + 2 = 0$
$(s+1)(s+2) = 0$
$s = -1, \ -2$

67 $G(s) = \dfrac{P_1 + P_2 + \cdots}{1 - L_1 - L_2 - \cdots}$

$P = G_1 G_2 G_3, \quad L_1 = -G_2 G_3, \quad L_2 = -G_1 G_2 G_4$

$\therefore G(s) = \dfrac{G_1 G_2 G_3}{1 + G_2 G_3 + G_1 G_2 G_4}$

68 $G(s)H(s) = \dfrac{K}{(s+1)(s+3)}$ 에서 s에 0을 대입하면 $G(s)H(s) = \dfrac{K}{3}$

$20\log\dfrac{1}{G(s)H(s)} = 20\log\dfrac{1}{\dfrac{K}{3}} = 20\log\dfrac{3}{K}$

20[dB]과 같으므로 $20\log\dfrac{3}{K} = 20\log 10$ 에서 $\dfrac{3}{K} = 10$

$\therefore K = \dfrac{3}{10}$

69 조건 : 이득여유 $20\log\left|\dfrac{1}{GH}\right| = 20$ 에서 $GH = \dfrac{1}{10}$

$|GH| = \left|\dfrac{K}{1 - 2\omega^2 + j3\omega}\right|_{\omega=0}$ 에서 $|GH| = K$ $\quad \therefore K = \dfrac{1}{10}$

※ GH 함수는 $\omega = 0$을 대입하여 $20\log\dfrac{1}{K} = 20\log 10$

$\dfrac{1}{K} = 10 \quad \therefore K = \dfrac{1}{10}$

70 ① $G(s) = \dfrac{C(s)}{R(s)} = \dfrac{\dfrac{1}{2s}}{1 + \dfrac{5}{2s}} = \dfrac{\dfrac{1}{2s} \times 2s}{\left(1 + \dfrac{5}{2s}\right) \times 2s} = \dfrac{1}{2s+5}$

$2sC(s) + 5C(s) = R(s)$
$2\dfrac{d}{dt}c(t) + 5c(t) = r(t)$

따라서 ①번이 답이다.

71
$$v = \frac{\omega}{\beta} = \frac{2\pi f}{\beta} = \frac{2\pi \times 10^6}{\frac{\pi}{8}} = 1.6 \times 10^7 \,[\text{m/s}]$$

72 $\frac{1}{s^2+a^2}$ 을 역라플라스 변환하면

$$\frac{1}{a}\frac{1}{s^2+a^2} = \frac{1}{a}\sin at$$

73
$$Z = \frac{\frac{R}{j\omega C}}{R+\frac{1}{j\omega C}} = \frac{R}{1+j\omega CR}$$

$e(t) = Ae^{j\theta} = Ae^{j\omega t}$

$e(t) = 3e^{-5t} = Ae^{j\omega t}$ 에서 $j\omega = -5$를 대입하면

$$Z = \frac{R}{1-5CR}$$

74 4단자

출력을 개방하면 $Z_{11} = \frac{V_1}{I_1}\bigg|_{I_2=0}$

구동점 임피던스 $Z_{11} = \frac{AV_2+BI_2}{CV_2+DI_2} = \frac{A}{C}$

75
$$P = 3I_p^2 R = 3\left(\frac{V_p}{Z}\right)^2 R = 3\left(\frac{200}{\sqrt{6^2+8^2}}\right)^2 \times 6 = 7,200\,[\text{W}]$$

76 $Z_A = 3+j5$, $Z_B = 5+j$

합성 $Z = 8+j6$

$I = \frac{V}{Z} = \frac{100}{8+j6} = 8-j6$에서 계산기 SHIFT 2,3번을 누르면 $10\angle -36.86°$

77
$$\tau = \frac{L}{R} = \frac{50\times 10^{-3}}{20\times 10^3}\times 10^6 = 2.5\,[\mu\text{s}]$$

78 $I = \frac{V}{R} = \frac{5}{5} = 1\,[\text{A}]$

79 영상전류 $i_0 = \frac{1}{3}(i_a+i_b+i_c)$

$= \frac{1}{3}(15-20-3+j2-j14+j10)$

$= \frac{1}{3}(-8-j2) \fallingdotseq -2.67-j0.67\,[\text{A}]$

80 1전력계법($\cos\theta = 1$)
$P = 2W = \sqrt{3}\,V_l I_l$
$I_l = \dfrac{2W}{\sqrt{3}\,V_l} = \dfrac{2W}{\sqrt{3}\,V_{ab}}$

81 KEC 132(전로의 절연저항 및 절연내력)

종 류	비접지	중성점 접지	중성점 직접접지
170[kV]	×1.25	×1.1	×0.64
60[kV]	(최저시험전압 10.5[kV])	(최저시험전압 75[kV])	×0.72
7[kV]	×1.5	25[kV] 이하 중성점 다중접지 ×0.92	

중성선 다중접지식 22.9[kV]일 때 0.92배를 한다.
∴ 절연내력 시험전압 = 22,900 × 0.92 = 21,068[V]

82 KEC 222.7/332.5(저·고압 가공전선의 높이)

설치장소		가공전선의 높이
도로횡단		지표상 6[m] 이상
철도 또는 궤도 횡단		레일면상 6.5[m] 이상
횡단보도교 위	저 압	노면상 3.5[m] 이상(단, 절연전선의 경우 3[m] 이상)
	고 압	노면상 3.5[m] 이상

83 KEC 211.2.3(고장보호의 요구사항)
추가적인 보호
다음에 따른 교류계통에서는 누전차단기에 의한 추가적 보호를 하여야 한다.
• 일반적으로 사용되며 일반인이 사용하는 정격전류 20[A] 이하 콘센트
• 옥외에서 사용되는 정격전류 32[A] 이하 이동용 전기기기

84 전차선과 건조물 간의 최소 절연간격

시스템 종류	공칭전압[V]	동적[mm]		정적[mm]	
		비오염	오 염	비오염	오 염
직 류	750	25	25	25	25
	1,500	100	110	150	160
단상 교류	25,000	170	220	270	320

85 KEC 311.7(절연유 누설에 대한 보호)
옥외설비의 절연유 유출방지설비
• 절연유 유출 방지설비의 선정은 기기에 들어 있는 절연유의 양, 빗물 및 화재보호시스템의 용수량, 근접 수로 및 토양조건을 고려하여야 한다.
• 집유조 및 집수탱크가 시설되는 경우 집수탱크는 최대 용량 변압기의 유량에 대한 집유능력이 있어야 한다.
• 벽, 집유조 및 집수탱크에 관련된 배관은 액체가 침투하지 않는 것이어야 한다.
• 절연유 및 냉각액에 대한 집유조 및 집수탱크의 용량은 물의 유입으로 지나치게 감소되지 않아야 하며, 자연배수 및 강제배수가 가능하여야 한다.

86 귀선로를 가공식으로 사용 못하며 나전선 사용불가

87 KEC 222.11/332.11(저·고압 가공전선과 건조물의 접근)

구 분		저압 가공전선			고압 가공전선		
		일 반	절 연	케이블	일 반	절 연	케이블
상부 조영재	위 쪽	2[m]	1[m]	1[m]	2[m]	−	1[m]
	옆쪽 또는 아래쪽, 기타 조영재	1.2[m]	0.4[m]	0.4[m]	1.2[m]	−	0.4[m]
		인체 비접촉 시 0.8[m]					

88 KEC 341.7(아크를 발생하는 기구의 시설)
가연성 천장으로부터 일정거리 이격

전 압	고 압	특고압
간 격	1[m] 이상	2[m] 이상(단, 35[kV] 이하로 화재 위험이 없는 경우 : 1[m] 이상)

89 KEC 222.9/332.8(저·고압 가공전선 등의 병행설치), 333.17(특고압 가공전선과 저·고압 가공전선의 병행설치)

구 분	고 압	35[kV] 이하	35[kV] 초과 60[kV] 이하	60[kV] 초과
저압·고압 (케이블)	0.5[m] 이상 (0.3[m])	1.2[m] 이상 (0.5[m])	2[m] 이상 (1[m])	2[m](1[m]) + 단수 × 0.12[m]
기 타	• 35[kV] 이하 　− 상부에 고압 측을 시설하며 별도의 완금류에 시설할 것 • 35[kV] 초과 100[kV] 미만의 특고압 　− 단수 = $\dfrac{60[kV] \text{ 초과}}{10[kV]}$ (반드시 절상하여 계산) 　− 21.67[kN] 금속선, 50[mm²] 이상의 경동연선			

90 KEC 223.1/334.1(지중전선로의 시설)
• 사용전선 : 케이블, 트로프를 사용하지 않을 경우는 CD(콤바인덕트)케이블을 사용한다.
• 매설방식 : 직접 매설식, 관로식, 암거식(공동구)
• 직접 매설식의 매설 깊이 : 트로프 기타 방호물에 넣어 시설

장 소	차량, 기타 중량물의 압력	기 타
깊 이	1.0[m] 이상	0.6[m] 이상

91 KEC 234.15(교통신호등)
• 사용전압 : 300[V] 이하(단, 150[V] 초과 시 누전차단기 시설)
• 공칭단면적 2.5[mm²] 연동선, 450/750[V] 일반용 단심 비닐절연전선(내열성 에틸렌아세테이트 고무절연전선)
• 인하선의 지표상의 높이는 2.5[m] 이상일 것
• 전원 측에는 전용개폐기 및 과전류차단기를 각 극에 시설

92 KEC 333.5(특고압 가공전선과 지지물 등의 간격)

사용전압	간격[m]	사용전압	간격[m]
15[kV] 미만	0.15	70[kV] 이상 80[kV] 미만	0.45
15[kV] 이상 25[kV] 미만	0.2	80[kV] 이상 130[kV] 미만	0.65
25[kV] 이상 35[kV] 미만	0.25	130[kV] 이상 160[kV] 미만	0.9
35[kV] 이상 50[kV] 미만	0.3	160[kV] 이상 200[kV] 미만	1.1
50[kV] 이상 60[kV] 미만	0.35	200[kV] 이상 230[kV] 미만	1.3
60[kV] 이상 70[kV] 미만	0.4	230[kV] 이상	1.6

93 저압 보안공사
전선은 케이블인 경우를 제외하고 인장강도 8.01[kN] 이상의 것 또는 5[mm](사용전압이 400[V] 미만인 경우에는 인장강도 5.26[kN] 이상의 것 또는 지름 4[mm] 이상의 경동선) 이상의 경동선이어야 하며, 또한 이를 222.6의 규정에 준하여 시설할 것

94 KEC 351.1(발전소 등의 울타리·담 등의 시설)
울타리·담 등의 높이는 2[m] 이상으로 하고 지표면과 울타리·담 등의 하단 사이의 간격은 0.15[m] 이하로 할 것

95 KEC 231.4(나전선의 사용 제한)
다음 경우를 제외하고 나전선을 사용하여서는 아니 된다.
- 애자공사(전개된 곳)
  - 전기로용 전선로
  - 절연물이 부식하기 쉬운 곳
  - 취급자 이외의 자가 출입할 수 없도록 시설한 곳
- 이동기중기, 자동청소기 등의 접촉전선을 사용한 곳
- 라이팅덕트공사 또는 버스덕트공사

96 KEC 222.9/332.8(저·고압 가공전선 등의 병행설치), 333.17(특고압 가공전선과 저·고압 가공전선의 병행설치)

구 분	고 압	35[kV] 이하	35[kV] 초과 60[kV] 이하	60[kV] 초과
저압·고압 (케이블)	0.5[m] 이상 (0.3[m])	1.2[m] 이상 (0.5[m])	2[m] 이상 (1[m])	2[m](1[m]) + 단수×0.12[m]

기 타	• 35[kV] 이하
	  - 상부에 고압 측을 시설하며 별도의 완금류에 시설할 것
	• 35[kV] 초과 100[kV] 미만의 특고압
	  - 단수 = $\frac{60[kV] 초과}{10[kV]}$ (반드시 절상하여 계산)
	  - 21.67[kN] 금속선, 50[mm²] 이상의 경동연선			

97 KEC 203.3(TT계통)
전원의 한 점을 직접 접지하고 설비의 노출도전부는 전원의 접지전극과 전기적으로 독립적인 접지극에 접속시킨다. 배전계통에서 PE 도체를 추가로 접지할 수 있다.

98 KEC 222.2/331.11(지지선의 시설)

안전율	2.5 이상(목주나 A종 : 1.5 이상)
구 조	4.31[kN] 이상, 3가닥 이상의 연선
금속선	2.6[mm] 이상(아연도강연선 2.0[mm] 이상)
아연도금철봉	지중 및 지표상 0.3[m]까지
도로횡단	5[m] 이상(교통 지장 없는 장소 : 4.5[m])
기 타	철탑은 지지선으로 그 강도를 분담시키지 않을 것

99 KEC 223.6/334.6(지중전선과 지중약전류전선 등 또는 관과의 접근 또는 교차)

구 분	약전류전선	유독성 유체 포함 관
저·고압	0.3[m] 이하	1[m](25[kV] 이하, 다중접지방식 0.5[m]) 이하
특고압	0.6[m] 이하	

100 KEC 152.2(인하도선시스템)

수뢰부시스템과 접지극시스템 사이에 전기적 연속성이 형성되도록 다음에 따라 시설하여야 한다.
- 경로는 가능한 한 루프 형성이 되지 않도록 하고, 최단거리로 곧게 수직으로 시설하여야 하며, 처마 또는 수직으로 설치된 홈통 내부에 시설하지 않아야 한다.
- 철근콘크리트 구조물의 철근을 자연적 구성부재의 인하도선으로 사용하기 위해서는 해당 철근 전체 길이의 전기저항값이 0.2[Ω] 이하가 되어야 하다.
- 시험용 접속점을 접지극시스템과 가까운 인하도선과 접지극시스템의 연결 부분에 시설하고, 이 접속점은 항상 폐로되어야 하며 측정 시에 공구 등으로만 개방할 수 있어야 한다. 다만, 자연적 구성부재를 이용하거나, 자연적 구성부재 등과 본딩을 하는 경우에는 예외로 한다.

교육이란 사람이 학교에서 배운 것을 잊어버린 후에 남은 것을 말한다.

– 알버트 아인슈타인 –

우리 인생의 가장 큰 영광은 결코 넘어지지 않는 데 있는 것이 아니라

넘어질 때마다 일어서는 데 있다.

- 넬슨 만델라 -

시대에듀

전기 분야의 필수 자격!

전기(산업)기사
필기/실기

전기전문가의 확실한 합격 가이드

전기기사·산업기사 필기
[전기자기학]
4×6 | 328p | 20,000원

전기기사·산업기사 필기
[전력공학]
4×6 | 312p | 20,000원

전기기사·산업기사 필기
[전기기기]
4×6 | 360p | 20,000원

전기기사·산업기사 필기
[회로이론 및 제어공학]
4×6 | 420p | 20,000원

전기기사·산업기사 필기
[전기설비기술기준]
4×6 | 392p | 20,000원

전기기사·산업기사 필기
[기출문제집]
4×6 | 1,524p | 41,000원

전기기사·산업기사 실기
[한권으로 끝내기]
4×6 | 1,200p | 40,000원

전기기사·산업기사 필기
[기본서 세트 5과목]
4×6 | 총 5권 | 50,000원

※ 도서의 이미지와 가격은 변경될 수 있습니다.

▶ 시대에듀 동영상 강의와 함께하세요!

www.sdedu.co.kr

 최신으로 보는 **저자 직강**

 최신 기출 및 기초 특강 **무료 제공**

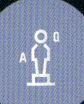 1:1 맞춤학습 **서비스**

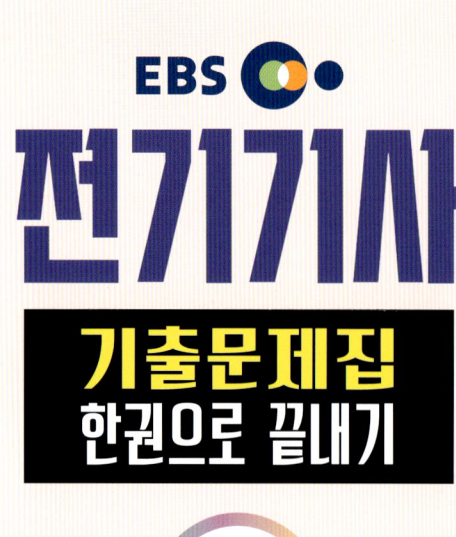

시대에듀

발행일 2026년 1월 5일 | **발행인** 박영일 | **책임편집** 이해욱
편저 류승헌·민병진 | **발행처** (주)시대고시기획
등록번호 제10-1521호 | **대표전화** 1600-3600 | **팩스** (02)701-8823
주소 서울시 마포구 큰우물로 75[도화동 538 성지B/D] 9F
학습문의 www.sdedu.co.kr

※ 이 책은 저작권법에 의해 보호를 받는 저작물이므로 동영상 제작 및 무단전재와 복제를 금합니다.

2026 최신개정판

전기 산업기사

기출문제집
한권으로 끝내기

10개년
2016~2025

FINAL TEST
기출문제로 실전연습!

베스트 전기기술학원 / 안양 전기 공과학원 / 부산 한국전기학원
창원 한국전기학원 / 대전 한국전기학원 / 유성 한국전기학원

편저 **류승헌·민병진**

필기

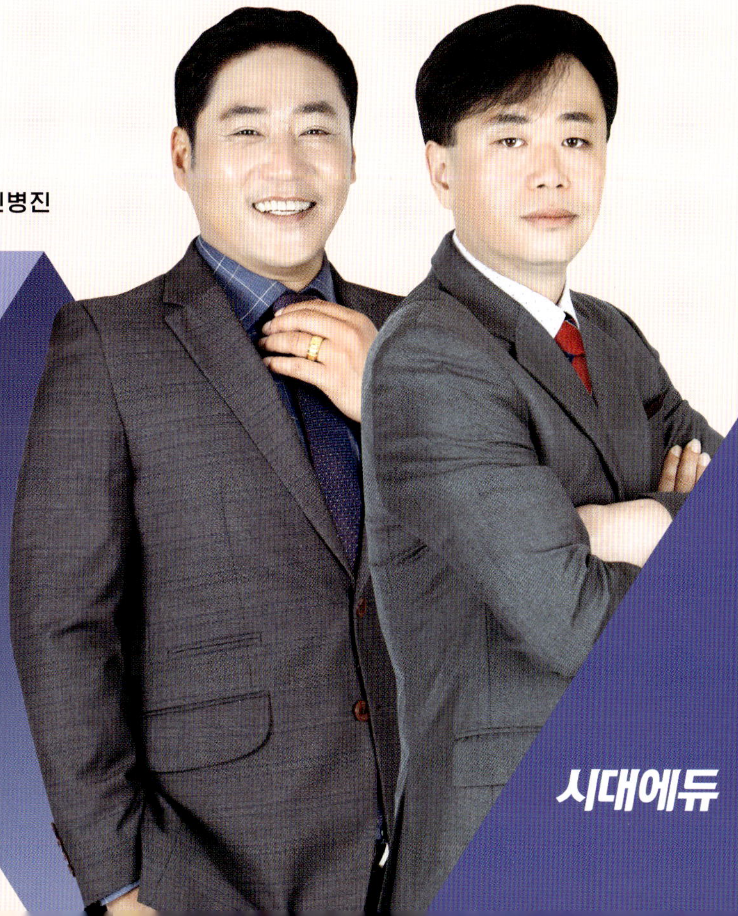

온라인 동영상 강의
www.sdedu.co.kr

CBT 모의고사
3회 무료쿠폰 제공

시대에듀

목 차

[전기산업기사]

문제편

2016년	3
2017년	41
2018년	78
2019년	115
2020년	154
2021년	180
2022년	193
2023년	219
2024년	259
2025년	299

정답 및 해설편

2016년	343
2017년	378
2018년	414
2019년	452
2020년	489
2021년	515
2022년	530
2023년	559
2024년	601
2025년	645

문제편

전기산업기사

2016년~2025년

※ 시행처에서 발표한 최종 답안에 따라 복수정답과 전항정답(정답없음)을 수록하였으며, 출제 기준 및 법령 변경 등으로 유효하지 않은 문제는 변경 또는 삭제하였습니다.
CBT 형식으로 진행(산업기사 : 2020년 4회부터)됨에 따라 수험자의 기억에 의해 문제를 복원하여 수록하였기 때문에 실제 시행 문제와 일부 상이할 수 있으며, 모든 회차를 복원하지 못한 점 양해바랍니다.

합격의 공식 *시대에듀* www.sdedu.co.kr

2016년 제1회 기출문제

제1과목 전기자기학

01
$\varepsilon_1 > \varepsilon_2$의 유전체 경계면에 전계가 수직으로 입사할 때 경계면에 작용하는 힘과 방향에 대한 설명으로 옳은 것은?

① $f = \frac{1}{2}\left(\frac{1}{\varepsilon_2} - \frac{1}{\varepsilon_1}\right)D^2$의 힘이 ε_1에서 ε_2로 작용

② $f = \frac{1}{2}\left(\frac{1}{\varepsilon_1} - \frac{1}{\varepsilon_2}\right)E^2$의 힘이 ε_2에서 ε_1로 작용

③ $f = \frac{1}{2}(\varepsilon_2 - \varepsilon_1)E^2$의 힘이 ε_1에서 ε_2로 작용

④ $f = \frac{1}{2}(\varepsilon_1 - \varepsilon_2)D^2$의 힘이 ε_2에서 ε_1로 작용

02
자속밀도 0.5[Wb/m²]인 균일한 자장 내에 반지름 10[cm], 권수 1,000회인 원형코일이 매분 1,800회전할 때 이 코일의 저항이 100[Ω]일 경우 이 코일에 흐르는 전류의 최댓값은 약 몇 [A]인가?

① 14.4 ② 23.5
③ 29.6 ④ 43.2

03
우주선 중에 10^{20}[eV]의 정전에너지를 가진 하전입자가 있다고 할 때 이 에너지는 약 몇 [J]인가?

① 2   ② 9
③ 16 ④ 91

04
코일의 면적을 2배로 하고 자속밀도의 주파수를 2배로 높이면 유기기전력의 최댓값은 어떻게 되는가?

① $\frac{1}{4}$로 된다.
② $\frac{1}{2}$로 된다.
③ 2배로 된다.
④ 4배로 된다.

05
전위함수가 $V = x^2 + y^2$[V]인 자유공간 내의 전하밀도는 몇 [C/m³]인가?

① -12.5×10^{-12}
② -22.4×10^{-12}
③ -35.4×10^{-12}
④ -70.8×10^{-12}

06
그림과 같이 전류 I[A]가 흐르는 반지름 a[m]인 원형코일의 중심으로부터 x[m]인 점 P의 자계의 세기는 몇 [AT/m]인가?(단, θ는 각 APO라 한다)

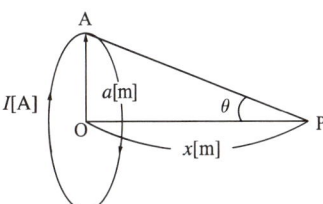

① $\frac{I}{2a}\cos^2\theta$ ② $\frac{I}{2a}\sin^3\theta$
③ $\frac{I}{2a}\cos^3\theta$ ④ $\frac{I}{2a}\sin^2\theta$

정답 1 ① 2 ③ 3 ③ 4 ④ 5 ③ 6 ②

07
자유공간에 있어서의 포인팅 벡터를 $P[\text{W/m}^2]$이라 할 때, 전계의 세기 $E_e[\text{V/m}]$를 구하면?

① $377P$ ② $\dfrac{P}{377}$

③ $\sqrt{377P}$ ④ $\sqrt{\dfrac{P}{377}}$

08
점전하 $+Q$의 무한 평면도체에 대한 영상전하는?

① $+Q$ ② $-Q$
③ $+2Q$ ④ $-2Q$

09
그림과 같이 $+q[\text{C/m}]$로 대전된 두 도선이 $d[\text{m}]$의 간격으로 평행하게 가설되었을 때, 이 두 도선 간에서 전계가 최소가 되는 점은?

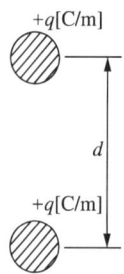

① $\dfrac{d}{4}$ 지점 ② $\dfrac{3}{4}d$ 지점

③ $\dfrac{d}{3}$ 지점 ④ $\dfrac{d}{2}$ 지점

10
정전계에 대한 설명으로 옳은 것은?
① 전계에너지가 최소로 되는 전하분포의 전계이다.
② 전계에너지가 최대로 되는 전하분포의 전계이다.
③ 전계에너지가 항상 0인 전기장을 말한다.
④ 전계에너지가 항상 ∞인 전기장을 말한다.

11
전자 $e[\text{C}]$이 공기 중의 자계 $H[\text{AT/m}]$ 내를 H에 수직방향으로 $v[\text{m/s}]$의 속도로 돌입하였을 때 받는 힘은 몇 [N]인가?

① $\mu_0 evH$ ② evH

③ $\dfrac{eH}{\varepsilon_0\mu_0}$ ④ $\dfrac{\varepsilon_0 H}{\mu_0 v}$

12
두께 $d[\text{m}]$ 판상 유전체의 양면 사이에 150[V]의 전압을 가하였을 때 내부에서의 전계가 $3\times10^4[\text{V/m}]$이었다. 이 판상 유전체의 두께는 몇 [mm]인가?

① 2 ② 5
③ 10 ④ 20

13
비투자율이 μ_r인 철제 무단 솔레노이드가 있다. 평균 자로의 길이를 $l[\text{m}]$라 할 때 솔레노이드에 공극(Air Gap) $l_0[\text{m}]$를 만들어 자기저항을 원래의 2배로 하려면 얼마만한 공극을 만들면 되는가?(단, $\mu_r \gg 1$이고, 자기력은 일정하다고 한다)

① $l_0 = \dfrac{l}{2}$ ② $l_0 = \dfrac{l}{\mu_r}$

③ $l_0 = \dfrac{l}{2\mu_r}$ ④ $l_0 = 1 + \dfrac{l}{\mu_r}$

14
반지름 $a[\text{m}]$의 구도체에 전하 $Q[\text{C}]$이 주어질 때 구도체 표면에 작용하는 정전응력$[\text{N/m}^2]$은?

① $\dfrac{Q^2}{64\pi^2\varepsilon_0 a^4}$ ② $\dfrac{Q^2}{32\pi^2\varepsilon_0 a^4}$

③ $\dfrac{Q^2}{16\pi^2\varepsilon_0 a^4}$ ④ $\dfrac{Q^2}{8\pi^2\varepsilon_0 a^4}$

정답 7 ③ 8 ② 9 ④ 10 ① 11 ① 12 ② 13 ② 14 ②

15

반지름이 각각 $a=0.2[m]$, $b=0.5[m]$되는 동심구간에 고유저항 $\rho=2\times10^{12}[\Omega\cdot m]$, 비유전율 $\varepsilon_s=100$인 유전체를 채우고, 내외 동심구간에 150[V]의 전위차를 가할 때 유전체를 통하여 흐르는 누설전류는 몇 [A]인가?

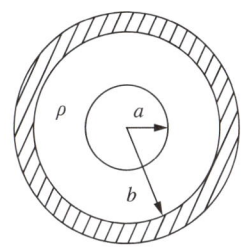

① 2.15×10^{-10}
② 3.14×10^{-10}
③ 5.31×10^{-10}
④ 6.13×10^{-10}

16

유전체 내의 전속밀도에 관한 설명 중 옳은 것은?
① 진전하만이다.
② 분극전하만이다.
③ 겉보기전하만이다.
④ 진전하와 분극전하이다.

17

전계와 자계의 위상관계는?
① 위상이 서로 같다.
② 전계가 자계보다 90° 늦다.
③ 전계가 자계보다 90° 빠르다.
④ 전계가 자계보다 45° 빠르다.

18

판자석의 세기가 $P[Wb/m]$되는 판자석을 보는 입체각 ω인 점의 자위는 몇 [A]인가?

① $\dfrac{P}{2\pi\mu_0\omega}$
② $\dfrac{P\omega}{2\pi\mu_0}$
③ $\dfrac{P}{4\pi\mu_0\omega}$
④ $\dfrac{P\omega}{4\pi\mu_0}$

19

진공 중에 놓인 $3[\mu C]$의 점전하에서 3[m]되는 점의 전계는 몇 [V/m]인가?
① 100
② 1,000
③ 300
④ 3,000

20

진공 중 1[C]의 전하에 대한 정의로 옳은 것은?(단, Q_1, Q_2는 전하이며, F는 작용력이다)
① $Q_1=Q_2$, 거리 1[m], 작용력 $F=9\times10^9[N]$일 때이다.
② $Q_1<Q_2$, 거리 1[m], 작용력 $F=6\times10^4[N]$일 때이다.
③ $Q_1=Q_2$, 거리 1[m], 작용력 $F=1[N]$일 때이다.
④ $Q_1>Q_2$, 거리 1[m], 작용력 $F=1[N]$일 때이다.

제2과목 전력공학

21

송전선로에서 연가를 하는 주된 목적은?
① 미관상 필요
② 직격뢰의 방지
③ 선로정수의 평형
④ 지지물의 높이를 낮추기 위하여

22

어떤 발전소의 유효낙차가 100[m]이고, 최대 사용수량이 $10[m^3/s]$일 경우 이 발전소의 이론적인 출력은 몇 [kW]인가?
① 4,900
② 9,800
③ 10,000
④ 14,700

23
우리나라 22.9[kV] 배전선로에서 가장 많이 사용하는 배전방식과 중성점 접지방식은?
① 3상 3선식 비접지
② 3상 4선식 비접지
③ 3상 3선식 다중접지
④ 3상 4선식 다중접지

24
다음 송전선의 전압변동률 식에서 V_{R1}은 무엇을 의미하는가?

$$\varepsilon = \frac{V_{R1} - V_{R2}}{V_{R2}} \times 100[\%]$$

① 부하 시 송전단 전압
② 무부하 시 송전단 전압
③ 전부하 시 수전단 전압
④ 무부하 시 수전단 전압

25
100[kVA] 단상변압기 3대를 △-△결선으로 사용하다가 1대의 고장으로 V-V결선으로 사용하면 약 몇 [kVA] 부하까지 사용할 수 있는가?
① 150
② 173
③ 225
④ 300

26
우리나라 22.9[kV] 배전선로에 적용하는 피뢰기의 공칭방전전류[A]는?
① 1,500
② 2,500
③ 5,000
④ 10,000

27
1선 지락 시에 전위상승이 가장 적은 접지방식은?
① 직접접지
② 저항접지
③ 리액터접지
④ 소호리액터접지

28
전원으로부터의 합성 임피던스가 0.5[%](15,000[kVA] 기준)인 곳에 설치하는 차단기 용량은 몇 [MVA] 이상이어야 하는가?
① 2,000
② 2,500
③ 3,000
④ 3,500

29
직렬콘덴서를 선로에 삽입할 때의 장점이 아닌 것은?
① 역률을 개선한다.
② 정태안정도를 증가한다.
③ 선로의 인덕턴스를 보상한다.
④ 수전단의 전압변동률을 줄인다.

30
부하에 따라 전압변동이 심한 급전선을 가진 배전변전소의 전압조정장치로서 적당한 것은?
① 단권변압기
② 주변압기 탭
③ 전력용 콘덴서
④ 유도전압조정기

31
부하전류 및 단락전류를 모두 개폐할 수 있는 스위치는?
① 단로기
② 차단기
③ 선로개폐기
④ 전력퓨즈

32
선로의 커패시턴스와 무관한 것은?
① 전자유도
② 개폐서지
③ 중성점 잔류전압
④ 발전기 자기여자현상

33
배전선에서 균등하게 분포된 부하일 경우 배전선 말단의 전압강하는 모든 부하가 배전선의 어느 지점에 집중되어 있을 때의 전압강하와 같은가?

① $\frac{1}{2}$ ② $\frac{1}{3}$
③ $\frac{2}{3}$ ④ $\frac{1}{5}$

34
화력발전소에서 석탄 1[kg]으로 발생할 수 있는 전력량은 약 몇 [kWh]인가?(단, 석탄의 발열량은 5,000[kcal/kg], 발전소의 효율은 40[%]이다)

① 2.0 ② 2.3
③ 4.7 ④ 5.8

35
송전거리, 전력, 손실률 및 역률이 일정하다면 전선의 굵기는?

① 전류에 비례한다.
② 전류에 반비례한다.
③ 전압의 제곱에 비례한다.
④ 전압의 제곱에 반비례한다.

36
총부하설비가 160[kW], 수용률이 60[%], 부하역률이 80[%]인 수용가에 공급하기 위한 변압기 용량[kVA]은?

① 40 ② 80
③ 120 ④ 160

37
154[kV] 송전계통에서 3상 단락고장이 발생하였을 경우 고장점에서 본 등가 정상임피던스가 100[MVA] 기준으로 25[%]라고 하면 단락용량은 몇 [MVA]인가?

① 250 ② 300
③ 400 ④ 500

38
감전방지 대책으로 적합하지 않은 것은?

① 외함접지 ② 아크혼 설치
③ 2중 절연기기 ④ 누전차단기 설치

39
3상 1회선 송전선로의 소호리액터의 용량[kVA]은?

① 선로충전 용량과 같다.
② 선간충전 용량의 1/2이다.
③ 3선 일괄의 대지충전 용량과 같다.
④ 1선과 중성점 사이의 충전용량과 같다.

40
18~23개를 한 줄로 이어 단 표준현수애자를 사용하는 전압[kV]은?

① 23[kV] ② 154[kV]
③ 345[kV] ④ 765[kV]

제3과목 전기기기

41
교류 정류자 전동기의 설명 중 틀린 것은?

① 정류작용은 직류기와 같이 간단히 해결된다.
② 구조가 일반적으로 복잡하여 고장이 생기기 쉽다.
③ 기동토크가 크고, 기동장치가 필요 없는 경우가 많다.
④ 역률이 높은 편이며, 연속적인 속도제어가 가능하다.

42
직류 분권전동기의 계자저항을 운전 중에 증가시키면?

① 전류는 일정 ② 속도는 감소
③ 속도는 일정 ④ 속도는 증가

43
역률 80[%](뒤짐)로 전부하 운전 중인 3상 100[kVA], 3,000/200[V] 변압기의 저압측 선전류의 무효분은 몇 [A]인가?

① 100
② $80\sqrt{3}$
③ $100\sqrt{3}$
④ $500\sqrt{3}$

44
권선형 유도전동기에서 2차 저항을 변화시켜서 속도제어를 하는 경우 최대토크는?

① 항상 일정하다.
② 2차 저항에만 비례한다.
③ 최대토크가 생기는 점의 슬립에 비례한다.
④ 최대토크가 생기는 점의 슬립에 반비례한다.

45
3상 유도전동기로서 작용하기 위한 슬립 s의 범위는?

① $s \geq 1$
② $0 < s < 1$
③ $-1 \leq s \leq 0$
④ $s = 0$ 또는 $s = 1$

46
변압기유 열화방지 방법 중 틀린 것은?

① 밀봉방식
② 흡착제방식
③ 수소봉입방식
④ 개방형 콘서베이터

47
스텝 모터(Step Motor)의 장점이 아닌 것은?

① 가속, 감속이 용이하며 정·역전 및 변속이 쉽다.
② 위치제어를 할 때 각도 오차가 있고 누적된다.
③ 피드백루프가 필요 없이 오픈루프로 손쉽게 속도 및 위치제어를 할 수 있다.
④ 디지털신호를 직접 제어할 수 있으므로 컴퓨터 등 다른 디지털기기와 인터페이스가 쉽다.

48
동기기의 과도안정도를 증가시키는 방법이 아닌 것은?

① 속응여자방식을 채용한다.
② 동기화 리액턴스를 크게 한다.
③ 동기탈조 계전기를 사용한다.
④ 발전기의 조속기 동작을 신속히 한다.

49
직류기에서 전기자 반작용이란 전기자 권선에 흐르는 전류로 인하여 생긴 자속이 무엇에 영향을 주는 현상인가?

① 감자 작용만을 하는 현상
② 편자 작용만을 하는 현상
③ 계자극에 영향을 주는 현상
④ 모든 부분에 영향을 주는 현상

50
3상 유도전동기의 동기속도는 주파수와 어떤 관계가 있는가?

① 비례한다.
② 반비례한다.
③ 자승에 비례한다.
④ 자승에 반비례한다.

51
3단자 사이리스터가 아닌 것은?

① SCR
② GTO
③ SCS
④ TRIAC

52
60[Hz], 4극 유도전동기의 슬립이 4[%]인 때의 회전수[rpm]는?

① 1,728
② 1,738
③ 1,748
④ 1,758

53
비례추이와 관계가 있는 전동기는?
① 동기 전동기
② 정류자 전동기
③ 3상 농형 유도전동기
④ 3상 권선형 유도전동기

54
200[kVA]의 단상변압기가 있다. 철손이 1.6[kW]이고 전부하 동손이 2.5[kW]이다. 이 변압기의 역률이 0.8일 때 전부하 시의 효율은 약 몇 [%]인가?
① 96.5
② 97.0
③ 97.5
④ 98.0

55
직류 직권전동기에서 토크 T와 회전수 N과의 관계는?
① $T \propto N$
② $T \propto N^2$
③ $T \propto \dfrac{1}{N}$
④ $T \propto \dfrac{1}{N^2}$

56
변압기의 전부하 동손이 270[W], 철손이 120[W]일 때 최고효율로 운전하는 출력은 정격출력의 약 몇 [%]인가?
① 66.7
② 44.4
③ 33.3
④ 22.5

57
단상 반파정류로 직류전압 150[V]를 얻으려고 한다. 최대 역전압(Peak Inverse Voltage)이 약 몇 [V] 이상의 다이오드를 사용하여야 하는가?(단, 정류회로 및 변압기의 전압강하는 무시한다)
① 150
② 166
③ 333
④ 471

58
동기전동기의 자기동법에서 계자권선을 단락하는 이유는?
① 기동이 쉽다.
② 기동권선으로 이용한다.
③ 고전압의 유도를 방지한다.
④ 전기자 반작용을 방지한다.

59
직류발전기 중 무부하일 때보다 부하가 증가한 경우에 단자전압이 상승하는 발전기는?
① 직권발전기
② 분권발전기
③ 과복권발전기
④ 차동복권발전기

60
3상 교류발전기의 기전력에 대하여 $\dfrac{\pi}{2}$[rad] 뒤진 전기자 전류가 흐르면 전기자 반작용은?
① 증자 작용을 한다.
② 감자 작용을 한다.
③ 횡축 반작용을 한다.
④ 교차 자화작용을 한다.

제4과목 회로이론

61
다음과 같은 비정현파 전압을 RL 직렬회로에 인가할 때에 제3고조파 전류의 실횻값[A]은?(단, $R = 4[\Omega]$, $\omega L = 1[\Omega]$이다)

$$e = 100\sqrt{2}\sin\omega t + 75\sqrt{2}\sin 3\omega t + 20\sqrt{2}\sin 5\omega t \,[\text{V}]$$

① 4
② 15
③ 20
④ 75

정답 53 ④ 54 ③ 55 ④ 56 ① 57 ④ 58 ③ 59 ③ 60 ② 61 ②

62

선간전압 220[V], 역률 60[%]인 평형 3상 부하에서 소비전력 $P = 10$[kW]일 때 선전류는 약 몇 [A]인가?

① 25.3
② 32.8
③ 43.7
④ 53.6

63

$\dfrac{E_o(s)}{E_i(s)} = \dfrac{1}{s^2 + 3s + 1}$ 의 전달함수를 미분방정식으로 표시하면?(단, $\mathcal{L}^{-1}[E_o(s)] = e_o(t)$, $\mathcal{L}^{-1}[E_i(s)] = e_i(t)$이다)

① $\dfrac{d^2}{dt^2}e_o(t) + 3\dfrac{d}{dt}e_o(t) + e_o(t) = e_i(t)$

② $\dfrac{d^2}{dt^2}e_i(t) + 3\dfrac{d}{dt}e_i(t) + e_i(t) = e_o(t)$

③ $\dfrac{d^2}{dt^2}e_i(t) + 3\dfrac{d}{dt}e_i(t) + \int e_i(t)dt = e_o(t)$

④ $\dfrac{d^2}{dt^2}e_o(t) + 3\dfrac{d}{dt}e_o(t) + \int e_o(t)dt = e_i(t)$

64

$i(t) = \dfrac{4I_m}{\pi}(\sin\omega t + \dfrac{1}{3}\sin 3\omega t + \dfrac{1}{5}\sin 5\omega t + \cdots)$로 표시하는 파형은?

①
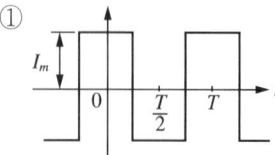

②
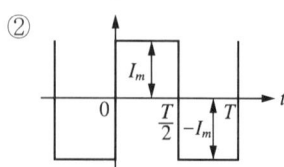

③
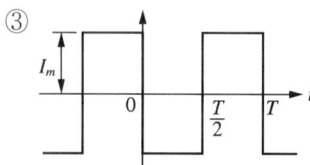

④
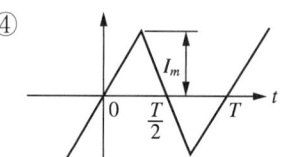

65

그림과 같은 회로에서 전류 I[A]는?

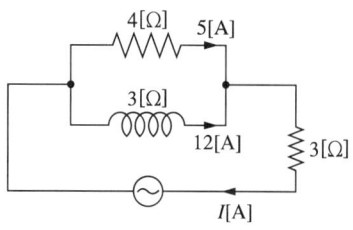

① 7
② 10
③ 13
④ 17

66

$F(s) = \dfrac{3s + 10}{s^3 + 2s^2 + 5s}$ 일 때 $f(t)$의 최종값은?

① 0
② 1
③ 2
④ 3

67

RLC 직렬회로에서 제n 고조파의 공진주파수 f[Hz]는?

① $\dfrac{1}{2\pi\sqrt{LC}}$
② $\dfrac{1}{2\pi\sqrt{nLC}}$
③ $\dfrac{1}{2\pi n\sqrt{LC}}$
④ $\dfrac{1}{2\pi n^2\sqrt{LC}}$

68

$\dfrac{1}{s+3}$ 을 역라플라스 변환하면?

① e^{3t}
② e^{-3t}
③ $e^{\frac{t}{3}}$
④ $e^{-\frac{t}{3}}$

69
20[kVA] 변압기 2대로 공급할 수 있는 최대 3상 전력은 약 몇 [kVA]인가?

① 17 ② 25
③ 35 ④ 40

70
한 상의 임피던스 $Z = 6 + j8[\Omega]$인 평형 Y부하에 평형 3상 전압 200[V]를 인가할 때 무효전력은 약 몇 [Var]인가?

① 1,330 ② 1,848
③ 2,381 ④ 3,200

71
T형 4단자 회로의 임피던스 파라미터 중 Z_{22}는?

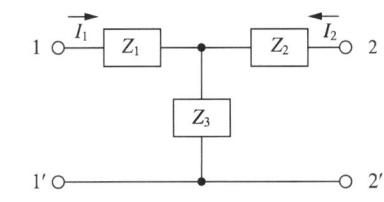

① $Z_1 + Z_2$ ② $Z_2 + Z_3$
③ $Z_1 + Z_3$ ④ $-Z_2$

72
정전용량 C만의 회로에서 100[V], 60[Hz]의 교류를 가했을 때 60[mA]의 전류가 흐른다면 C는 약 몇 [μF]인가?

① 5.26 ② 4.32
③ 3.59 ④ 1.59

73
△ 결선된 부하를 Y결선으로 바꾸면 소비전력은 어떻게 되겠는가?(단, 선간전압은 일정하다)

① 1/3로 된다. ② 3배로 된다.
③ 1/9로 된다. ④ 9배로 된다.

74
RLC 회로망에서 입력을 $e_i(t)$, 출력을 $i(t)$로 할 때, 이 회로의 전달함수는?

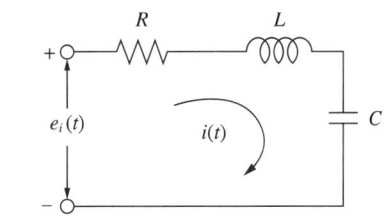

① $\dfrac{Rs}{LCs^2 + RCs + 1}$

② $\dfrac{RLs}{LCs^2 + RCs + 1}$

③ $\dfrac{Ls}{LCs^2 + RCs + 1}$

④ $\dfrac{Cs}{LCs^2 + RCs + 1}$

75
그림과 같은 회로를 $t = 0$에서 스위치 S를 닫았을 때 $R[\Omega]$에 흐르는 전류 $i_R(t)$[A]는?

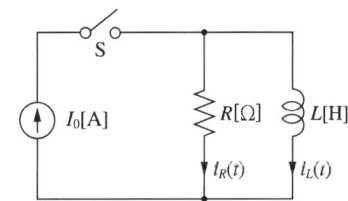

① $I_0(1 - e^{-\frac{R}{L}t})$ ② $I_0(1 + e^{-\frac{R}{L}t})$

③ I_0 ④ $I_0 e^{-\frac{R}{L}t}$

76
$e = E_m \cos\left(100\pi t - \dfrac{\pi}{3}\right)$[V]와
$i = I_m \sin\left(100\pi t + \dfrac{\pi}{4}\right)$[A]의 위상차를 시간으로 나타내면 약 몇 초인가?

① 3.33×10^{-4} ② 4.33×10^{-4}
③ 6.33×10^{-4} ④ 8.33×10^{-4}

77
회로의 3[Ω] 저항 양단에 걸리는 전압[V]은?

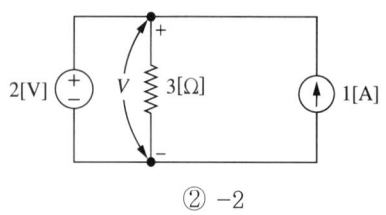

① 2
② -2
③ 3
④ -3

78
대칭 3상 전압이 a상 V_a[V], b상 $V_b = a^2 V_a$[V], c상 $V_c = a V_a$[V]일 때 a상을 기준으로 한 대칭분 전압 중 정상분 V_1[V]은 어떻게 표시되는가?(단, $a = -\frac{1}{2} + j\frac{\sqrt{3}}{2}$ 이다)

① 0
② V_a
③ $a V_a$
④ $a^2 V_a$

79
314[mH]의 자기 인덕턴스에 120[V], 60[Hz]의 교류 전압을 가하였을 때 흐르는 전류[A]는?

① 10
② 8
③ 1
④ 0.5

80
그림과 같은 회로의 구동점 임피던스[Ω]는?

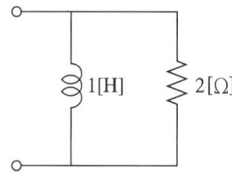

① $2 + j\omega$
② $\dfrac{2\omega^2 + j4\omega}{3}$
③ $\dfrac{\omega^2 + j8\omega}{4 + \omega^2}$
④ $\dfrac{2\omega^2 + j4\omega}{4 + \omega^2}$

제5과목　전기설비기술기준

81
지중전선로의 전선으로 적합한 것은?
① 케이블
② 동복강선
③ 절연전선
④ 나경동선

82
저압 옥내배선에 사용되는 연동선의 굵기는 일반적인 경우 몇 [mm²] 이상이어야 하는가?
① 2
② 2.5
③ 4
④ 6

83
과전류 차단기를 설치하지 않아야 할 곳은?
① 수용가의 인입선 부분
② 고압 배전선로의 인출장소
③ 직접 접지계통에 설치한 변압기의 접지선
④ 역률조정용 고압 병렬콘덴서 뱅크의 분기선

84　　　※ KEC 규정 적용으로 문제 삭제
금속관공사에 대한 기준으로 틀린 것은?
① 저압 옥내배선에 사용하는 전선으로 옥외용 비닐절연전선을 사용하였다.
② 저압 옥내배선의 금속관 안에는 전선에 접속점이 없도록 하였다.
③ 콘크리트에 매설하는 금속관의 두께는 1.2[mm]를 사용하였다.
④ 저압 옥내배선의 사용전압이 400[V] 이상인 관에는 특별 제3종 접지공사를 하였다.

77 ①　78 ②　79 ③　80 ④　81 ①　82 ②　83 ③　84 ×

85 ※ KEC 규정 적용으로 문제 삭제
버스덕트공사에 대한 설명 중 옳은 것은?
① 버스덕트 끝부분을 개방할 것
② 덕트를 수직으로 붙이는 경우 지지점 간 거리는 12[m] 이하로 할 것
③ 덕트를 조영재에 붙이는 경우 덕트의 지지점 간 거리는 6[m] 이하로 할 것
④ 저압 옥내배선의 사용전압이 400[V] 미만인 경우에는 덕트에 제3종 접지공사를 할 것

86
154[kV]용 변성기를 사람이 접촉할 우려가 없도록 시설하는 경우에 충전부분의 지표상의 높이는 최소 몇 [m] 이상이어야 하는가?
① 4   ② 5
③ 6   ④ 8

87
옥내배선에 나전선을 사용할 수 없는 것은?
① 전선의 피복 절연물이 부식하는 장소의 전선
② 취급자 이외의 자가 출입할 수 없도록 설비한 장소의 전선
③ 전용의 개폐기 및 과전류 차단기가 시설된 전기기계기구의 저압전선
④ 애자사용공사에 의하여 전개된 장소에 시설하는 경우로 전기로용 전선

88
시가지 등에서 특고압 가공전선로의 시설에 대한 내용 중 틀린 것은?
① A종 철주를 지지물로 사용하는 경우의 경간은 75[m] 이하이다.
② 사용전압이 170[kV] 이하인 전선로를 지지하는 애자장치는 2련 이상의 현수애자 또는 장간애자를 사용한다.
③ 사용전압이 100[kV]를 초과하는 특고압 가공전선에 지락 또는 단락이 생겼을 때에는 1초 이내에 자동적으로 이를 전로로부터 차단하는 장치를 시설한다.
④ 사용전압이 170[kV] 이하인 전선로를 지지하는 애자장치는 50[%] 충격섬락전압값이 그 전선의 근접한 다른 부분을 지지하는 애자장치값의 100[%] 이상인 것을 사용한다.

89
전력보안 통신설비인 무선용 안테나 등을 지지하는 철주의 기초의 안전율이 얼마 이상이어야 하는가?
① 1.3   ② 1.5
③ 1.8   ④ 2.0

90 ※ KEC 규정 적용으로 문제 삭제
특고압 계기용 변성기의 2차 측 전로의 접지공사는?
① 제1종 접지공사   ② 제2종 접지공사
③ 제3종 접지공사   ④ 특별 제3종 접지공사

91
345[kV] 가공전선로를 제1종 특고압 보안공사에 의하여 시설할 때 사용되는 경동연선의 굵기는 몇 [mm²] 이상이어야 하는가?
① 100   ② 125
③ 150   ④ 200

92
차단기에 사용하는 압축공기장치에 대한 설명 중 틀린 것은?
① 공기압축기를 통하는 관은 용접에 의한 잔류응력이 생기지 않도록 할 것
② 주 공기탱크에는 사용압력 1.5배 이상 3배 이하의 최고 눈금이 있는 압력계를 시설할 것
③ 공기압축기는 최고사용압력의 1.5배 수압을 연속하여 10분간 가하여 시험하였을 때 이에 견디고 새지 아니할 것

정답 85 × 86 ③ 87 ③ 88 ④ 89 ② 90 × 91 ④ 92 ④

④ 공기탱크는 사용압력에서 공기의 보급이 없는 상태로 차단기의 투입 및 차단을 연속하여 3회 이상 할 수 있는 용량을 가질 것

93
평상시 개폐를 하지 않는 고압 진상용 콘덴서에 고압 컷아웃 스위치(C.O.S)를 설치하는 경우 옳은 것은?
① C.O.S에 단면적 6[mm²] 이상의 나동선을 직결한다.
② C.O.S에 단면적 10[mm²] 이상의 나동선을 직결한다.
③ C.O.S에 단면적 16[mm²] 이상의 나동선을 직결한다.
④ C.O.S에 단면적 25[mm²] 이상의 나동선을 직결한다.

94
사용전압이 22,900[V]인 가공전선이 건조물과 제2차 접근상태로 시설되는 경우에 이 특고압 가공전선로의 보안공사는 어떤 종류의 보안공사로 하여야 하는가?
① 고압 보안공사
② 제1종 특고압 보안공사
③ 제2종 특고압 보안공사
④ 제3종 특고압 보안공사

95
※ KEC 규정 적용으로 문제 삭제

비접지식 고압전로에 접속되는 변압기의 외함에 실시하는 제1종 접지공사의 접지극으로 사용할 수 있는 건물 철골의 대지 전기저항은 몇 [Ω] 이하인가?
① 2
② 3
③ 5
④ 10

96
저압 수상전선로에 사용되는 전선은?
① MI 케이블
② 알루미늄피 케이블
③ 클로로프렌시스 케이블
④ 클로로프렌 캡타이어 케이블

97
22.9[kV] 특고압으로 가공전선과 조영물이 아닌 다른 시설물이 교차하는 경우 상호 간의 이격거리는 몇 [cm]까지 감할 수 있는가?(단, 전선은 케이블이다)
① 50
② 60
③ 100
④ 120

98
가공전선로의 지지물에 시설하는 지선의 안전율과 허용인장하중의 최저값은?
① 안전율은 2.0 이상, 허용인장하중 최저값은 4[kN]
② 안전율은 2.5 이상, 허용인장하중 최저값은 4[kN]
③ 안전율은 2.0 이상, 허용인장하중 최저값은 4.4[kN]
④ 안전율은 2.5 이상, 허용인장하중 최저값은 4.31[kN]

99
※ KEC 규정 적용으로 문제 삭제

사용전압이 380[V]인 저압전로의 전선 상호 간의 절연저항은 몇 [MΩ] 이상이어야 하는가?
① 0.2
② 0.3
③ 0.4
④ 0.5

100
단락전류에 의하여 생기는 기계적 충격에 견디는 것을 요구하지 않는 것은?
① 애자
② 변압기
③ 조상기
④ 접지선

2016년 제2회 기출문제

제1과목 전기자기학

01
온도가 20[℃]일 때 저항률의 온도계수가 가장 작은 금속은?

① 금
② 철
③ 알루미늄
④ 백금

02
두 자성체 경계면에서 정자계가 만족하는 것은?

① 자계의 법선성분이 같다.
② 자속밀도의 접선성분이 같다.
③ 자속은 투자율이 작은 자성체에 모인다.
④ 양측 경계면상의 두 점 간의 자위차가 같다.

03
100[mH]의 자기인덕턴스를 갖는 코일에 10[A]의 전류를 통할 때 축적되는 에너지는 몇 [J]인가?

① 1
② 5
③ 50
④ 1,000

04
비유전율 ε_s에 대한 설명으로 옳은 것은?

① ε_s의 단위는 [C/m]이다.
② ε_s는 항상 1보다 작은 값이다.
③ ε_s는 유전체의 종류에 따라 다르다.
④ 진공의 비유전율은 0이고, 공기의 비유전율은 1이다.

05
전자장에 대한 설명으로 틀린 것은?

① 대전된 입자에서 전기력선이 발산 또는 흡수한다.
② 전류(전하이동)는 순환형의 자기장을 이루고 있다.
③ 자석은 독립적으로 존재하지 않는다.
④ 운동하는 전자는 자기장으로부터 힘을 받지 않는다.

06
10^{-5}[Wb]와 1.2×10^{-5}[Wb]의 점자극을 공기 중에서 2[cm] 거리에 놓았을 때 극간에 작용하는 힘은 약 몇 [N]인가?

① 1.9×10^{-2}
② 1.9×10^{-3}
③ 3.8×10^{-2}
④ 3.8×10^{-3}

07
진공 중에서 1[μF]의 정전용량을 갖는 구의 반지름은 몇 [km]인가?

① 0.9
② 9
③ 90
④ 900

08
표피효과에 관한 설명으로 옳은 것은?

① 주파수가 낮을수록 침투깊이는 작아진다.
② 전도도가 작을수록 침투깊이는 작아진다.
③ 표피효과는 전계 혹은 전류가 도체 내부로 들어갈수록 지수함수적으로 적어지는 현상이다.
④ 도체 내부의 전계의 세기가 도체 표면의 전계세기의 1/2까지 감쇠되는 도체 표면에서 거리를 표피두께라 한다.

정답 1 ④ 2 ④ 3 ② 4 ③ 5 ④ 6 ① 7 ② 8 ③

09

그림과 같은 환상철심에 A, B의 코일이 감겨 있다. 전류 I가 120[A/s]로 변화할 때 코일 A에 90[V], 코일 B에 40[V]의 기전력이 유도된 경우 코일 A의 자기인덕턴스 L_1[H]과 상호인덕턴스 M[H]의 값은 얼마인가?

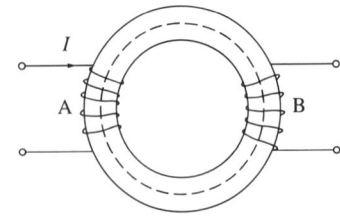

① L_1=0.75, M=0.33
② L_1=1.25, M=0.7
③ L_1=1.75, M=0.9
④ L_1=1.95, M=1.1

10

각종 전기기기에 접지하는 이유로 가장 옳은 것은?

① 편의상 대지는 전위가 영상전위이기 때문이다.
② 대지는 습기가 있기 때문에 전류가 잘 흐르기 때문이다.
③ 영상전하로 생각하여 땅속은 음(-) 전하이기 때문이다.
④ 지구의 정전용량이 커서 전위가 거의 일정하기 때문이다.

11

대지 중의 두 전극 사이에 있는 어떤 점의 전계의 세기가 6[V/cm], 지면의 도전율이 10^{-4}[℧/cm]일 때 이 점의 전류밀도는 몇 [A/cm²]인가?

① 6×10^{-4}
② 6×10^{-3}
③ 6×10^{-2}
④ 6×10^{-1}

12

간격 d[m]로 평행한 무한히 넓은 2개의 도체판에 각각 단위면적마다 $+\sigma$[C/m²], $-\sigma$[C/m²]의 전하가 대전되어 있을 때 두 도체 간의 전위차는 몇 [V]인가?

① 0
② ∞
③ $\dfrac{\sigma}{\varepsilon_0} d$
④ $\dfrac{\sigma}{2\varepsilon_0} d$

13

대전도체의 성질로 가장 알맞은 것은?

① 도체 내부에 정전에너지가 저축된다.
② 도체 표면의 정전응력은 $\dfrac{\sigma^2}{2\varepsilon_0}$[N/m²]이다.
③ 도체 표면의 전계의 세기는 $\dfrac{\sigma^2}{\varepsilon_0}$[V/m]이다.
④ 도체의 내부전위와 도체 표면의 전위는 다르다.

14

그림과 같이 도선에 전류 I[A]를 흘릴 때 도선의 바로 밑에 자침이 이 도선과 나란히 놓여 있다고 하면 자침 N극의 회전력의 방향은?

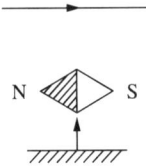

① 지면을 뚫고 나오는 방향이다.
② 지면을 뚫고 들어가는 방향이다.
③ 좌측에서 우측으로 향하는 방향이다.
④ 우측에서 좌측으로 향하는 방향이다.

15

영구자석의 재료로 사용되는 철에 요구되는 사항으로 옳은 것은?

① 잔류자속밀도는 작고 보자력이 커야 한다.
② 잔류자속밀도와 보자력이 모두 커야 한다.
③ 잔류자속밀도는 크고 보자력이 작아야 한다.
④ 잔류자속밀도는 커야 하나, 보자력은 0이어야 한다.

16
공간 도체 내에서 자속이 시간적으로 변할 때 성립되는 식은?

① $\text{rot} E = \dfrac{\partial H}{\partial t}$

② $\text{rot} E = -\dfrac{\partial B}{\partial t}$

③ $\text{div} E = -\dfrac{\partial B}{\partial t}$

④ $\text{div} E = -\dfrac{\partial H}{\partial t}$

17
점전하 $Q[C]$에 의한 무한평면 도체의 영상전하는?

① $Q[C]$보다 작다. ② $Q[C]$보다 크다.
③ $-Q[C]$와 같다. ④ 0

18
환상 솔레노이드 코일에 흐르는 전류가 2[A]일 때 자로의 자속이 1×10^{-2}[Wb]라고 한다. 코일의 권수를 500회라 할 때 이 코일의 자기인덕턴스는 몇 [H]인가?

① 2.5 ② 3.5
③ 4.5 ④ 5.5

19
자속밀도가 B인 곳에 전하 Q, 질량 m인 물체가 자속밀도 방향과 수직으로 입사한다. 속도를 2배로 증가시키면, 원운동의 주기는 몇 배가 되는가?

① 1/2 ② 1
③ 2 ④ 4

20
그림과 같이 영역 $y \leq 0$은 완전도체로 위치해 있고, 영역 $y \geq 0$은 완전유전체로 위치해 있을 때, 만일 경계 무한 평면의 도체면상에 면전하밀도 $\rho_s = 2$[nC/m²]가 분포되어 있다면 P점 (-4, 1, -5)[m]의 전계의 세기[V/m]는?

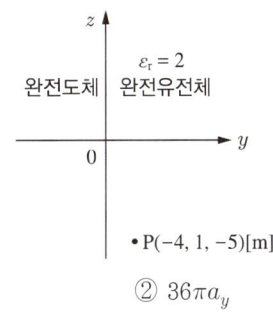

① $18\pi a_y$ ② $36\pi a_y$
③ $-54\pi a_y$ ④ $72\pi a_y$

제2과목 전력공학

21
인입되는 전압이 일정값 이하로 되었을 때 동작하는 것으로 단락 고장검출 등에 사용되는 계전기는?

① 접지 계전기 ② 부족전압 계전기
③ 역전력 계전기 ④ 과전압 계전기

22
배전선로용 퓨즈(Power Fuse)는 주로 어떤 전류의 차단을 목적으로 사용하는가?

① 충전전류 ② 단락전류
③ 부하전류 ④ 과도전류

23
접촉자가 외기(外氣)로부터 격리되어 있어 아크에 의한 화재의 염려가 없으며, 소형, 경량으로 구조가 간단하고 보수가 용이하며 진공 중의 아크소호능력을 이용하는 차단기는?

① 유입차단기
② 진공차단기
③ 공기차단기
④ 가스차단기

24
유효낙차 75[m], 최대사용수량 200[m³/s], 수차 및 발전기의 합성효율이 70[%]인 수력발전소의 최대출력은 약 몇 [MW]인가?

① 102.9
② 157.3
③ 167.5
④ 177.8

25
어떤 가공선의 인덕턴스가 1.6[mH/km]이고 정전용량이 0.008[μF/km]일 때 특성임피던스는 약 몇 [Ω]인가?

① 128
② 224
③ 345
④ 447

26
서울과 같이 부하밀도가 큰 지역에서는 일반적으로 변전소의 수와 배전거리를 어떻게 결정하는 것이 좋은가?

① 변전소의 수를 감소하고 배전거리를 증가한다.
② 변전소의 수를 증가하고 배전거리를 감소한다.
③ 변전소의 수를 감소하고 배전거리를 감소한다.
④ 변전소의 수를 증가하고 배전거리를 증가한다.

27
중성점 접지방식에서 직접 접지방식을 다른 접지방식과 비교하였을 때 그 설명으로 틀린 것은?

① 변압기의 저감절연이 가능하다.
② 지락고장 시의 이상전압이 낮다.
③ 다중접지사고로의 확대 가능성이 대단히 크다.
④ 보호계전기의 동작이 확실하여 신뢰도가 높다.

28
단선식 전력선과 단선식 통신선이 그림과 같이 근접되었을 때 통신선의 정전유도전압 E_0는?

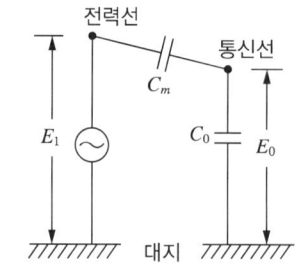

① $\dfrac{C_m}{C_0 + C_m} E_1$
② $\dfrac{C_0 + C_m}{C_m} E_1$
③ $\dfrac{C_0}{C_0 + C_m} E_1$
④ $\dfrac{C_0 + C_m}{C_0} E_1$

29
3상 3선식 복도체 방식의 송전선로를 3상 3선식 단도체 방식 송전선로와 비교한 것으로 알맞은 것은?(단, 단도체의 단면적은 복도체 방식 소선의 단면적 합과 같은 것으로 한다)

① 전선의 인덕턴스와 정전용량은 모두 감소한다.
② 전선의 인덕턴스와 정전용량은 모두 증가한다.
③ 전선의 인덕턴스는 증가하고, 정전용량은 감소한다.
④ 전선의 인덕턴스는 감소하고, 정전용량은 증가한다.

30
송전방식에서 선간 전압, 선로전류, 역률이 일정할 때(3상 3선식/단상 2선식)의 전선 1선당의 전력비는 약 몇 [%]인가?

① 87.5
② 94.7
③ 115.5
④ 141.4

31
터빈발전기의 냉각방식에 있어서 수소냉각방식을 채택하는 이유가 아닌 것은?

① 코로나에 의한 손실이 적다.
② 수소 압력의 변화로 출력을 변화시킬 수 있다.
③ 수소의 열전도율이 커서 발전기 내 온도상승이 저하한다.
④ 수소 부족 시 공기와 혼합사용이 가능하므로 경제적이다.

32
그림과 같은 열사이클은?

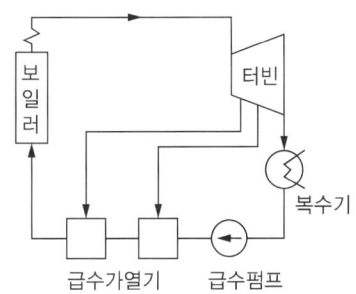

① 재생사이클
② 재열사이클
③ 카르노사이클
④ 재생재열사이클

33
그림과 같이 지지점 A, B, C에는 고저차가 없으며, 경간의 AB와 BC 사이에 전선이 가설되어 그 이도가 12[cm]이었다. 지금 경간 AC의 중점인 지지점 B에서 전선이 떨어져서 전선의 이도가 D로 되었다면 D는 몇 [cm]인가?

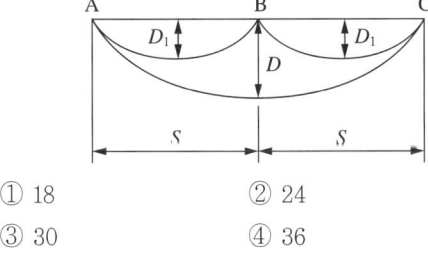

① 18
② 24
③ 30
④ 36

34
송배전 선로에서 내부 이상전압에 속하지 않는 것은?

① 개폐 이상전압
② 유도뢰에 의한 이상전압
③ 사고 시의 과도 이상전압
④ 계통 조작과 고장 시의 지속 이상전압

35
고압 배전선로의 선간전압을 3,300[V]에서 5,700[V]로 승압하는 경우 같은 전선으로 전력손실을 같게 한다면 약 몇 배의 전력[kW]을 공급할 수 있는가?

① 1
② 2
③ 3
④ 4

36
설비용량 800[kW], 부등률 1.2, 수용률 60[%]일 때 변전시설 용량은 최저 약 몇 [kVA] 이상이어야 하는가?(단, 역률은 90[%] 이상 유지되어야 한다)

① 450
② 500
③ 550
④ 600

37
소호리액터 접지방식에 대하여 틀린 것은?

① 지락전류가 적다.
② 전자유도장애를 경감할 수 있다.
③ 지락 중에도 송전이 계속 가능하다.
④ 선택지락 계전기의 동작이 용이하다.

38
전력원선도에서 알 수 없는 것은?

① 조상용량
② 선로손실
③ 송전단의 역률
④ 정태안정 극한전력

39
200[kVA] 단상변압기 3대를 △ 결선에 의하여 급전하고 있는 경우 1대의 변압기가 소손되어 V결선으로 사용하였다. 이때의 부하가 516[kVA]라고 하면 변압기는 약 몇 [%]의 과부하가 되는가?

① 119
② 129
③ 139
④ 149

40
피뢰기의 제한전압이란?

① 피뢰기의 정격전압
② 상용주파수의 방전개시전압
③ 피뢰기 동작 중 단자전압의 파고치
④ 속류의 차단이 되는 최고의 교류전압

제3과목 전기기기

41
6,600/210[V], 10[kVA] 단상변압기의 퍼센트 저항강하는 1.2[%], 리액턴스 강하는 0.9[%]이다. 임피던스전압[V]은?

① 99
② 81
③ 65
④ 37

42
직류전동기의 속도제어 방법에서 광범위한 속도제어가 가능하며, 운전효율이 가장 좋은 방법은?

① 계자제어
② 전압제어
③ 직렬저항제어
④ 병렬저항제어

43
정격전압 200[V], 전기자 전류 100[A]일 때 1,000[rpm]으로 회전하는 직류 분권전동기가 있다. 이 전동기의 무부하 속도는 약 몇 [rpm]인가?(단, 전기자 저항은 0.15[Ω], 전기자 반작용은 무시한다)

① 981
② 1,081
③ 1,100
④ 1,180

44
구조가 회전계자형으로 된 발전기는?

① 동기발전기
② 직류발전기
③ 유도발전기
④ 분권발전기

45
화학공장에서 선로의 역률은 앞선 역률 0.7이었다. 이 선로에 동기조상기를 병렬로 결선해서 과여자로 하면 선로의 역률은 어떻게 되는가?

① 뒤진 역률이며, 역률은 더욱 나빠진다.
② 뒤진 역률이며, 역률은 더욱 좋아진다.
③ 앞선 역률이며, 역률은 더욱 좋아진다.
④ 앞선 역률이며, 역률은 더욱 나빠진다.

46
코일피치와 자극피치의 비를 β라 하면 기본파기전력에 대한 단절계수는?

① $\sin\beta\pi$
② $\cos\beta\pi$
③ $\sin\dfrac{\beta\pi}{2}$
④ $\cos\dfrac{\beta\pi}{2}$

47
2대의 같은 정격의 타여자 직류발전기가 있다. 그 정격은 출력 10[kW], 전압 100[V], 회전속도 1,500[rpm]이다. 이 2대를 카프법에 의해서 반환부하시험을 하니 전원에서 흐르는 전류는 22[A]이었다. 이 결과에서 발전기의 효율 약 몇 [%]인가?(단, 각 기의 계자저항손을 각각 200[W]라고 한다)

① 88.5
② 87
③ 80.6
④ 76

48
변압기 1차 측 공급전압이 일정할 때 1차 코일 권수를 4배로 하면 누설리액턴스와 여자전류 및 최대자속은?(단, 자로는 포화상태가 되지 않는다)

① 누설리액턴스=16, 여자전류=$\dfrac{1}{4}$, 최대자속=$\dfrac{1}{16}$
② 누설리액턴스=16, 여자전류=$\dfrac{1}{16}$, 최대자속=$\dfrac{1}{4}$
③ 누설리액턴스=$\dfrac{1}{16}$, 여자전류=4, 최대자속=16
④ 누설리액턴스=16, 여자전류=$\dfrac{1}{16}$, 최대자속=4

49
유도전동기에서 인가전압이 일정하고 주파수가 정격값에서 수 [%] 감소할 때 나타나는 현상 중 틀린 것은?
① 철손이 증가한다.
② 효율이 나빠진다.
③ 동기속도가 감소한다.
④ 누설리액턴스가 증가한다.

50
4극 7.5[kW], 200[V], 60[Hz]인 3상 유도전동기가 있다. 전부하에서의 2차 입력이 7,950[W]이다. 이 경우의 2차 효율은 약 몇 [%]인가?(단, 기계손은 130[W]이다)
① 92　② 94
③ 96　④ 98

51
유도전동기에서 여자전류는 극수가 많아지면 정격전류에 대한 비율이 어떻게 변하는가?
① 커진다.　② 불변이다.
③ 적어진다.　④ 반으로 줄어든다.

52
직류전동기의 발전제동 시 사용하는 저항의 주된 용도는?
① 전압강하　② 전류의 감소
③ 전력의 소비　④ 전류의 방향전환

53
브러시를 이동하여 회전속도를 제어하는 전동기는?
① 반발전동기
② 단상직권전동기
③ 직류직권전동기
④ 반발기동형 단상유도전동기

54
100[kVA], 6,000/200[V], 60[Hz]이고 %임피던스강하 3[%]인 3상 변압기의 저압측에 3상 단락이 생겼을 경우의 단락전류는 약 몇 [A]인가?
① 5,650　② 9,623
③ 17,000　④ 75,000

55
직류기의 전기자권선 중 중권권선에서 뒤피치가 앞피치보다 큰 경우를 무엇이라 하는가?
① 진 권　② 쇄 권
③ 여 권　④ 장절권

56
전기설비 운전 중 계기용 변류기(CT)의 고장발생으로 변류기를 개방할 때 2차 측을 단락해야 하는 이유는?
① 2차 측의 절연 보호
② 1차 측의 과전류 방지
③ 2차 측의 과전류 보호
④ 계기의 측정오차 방지

57
동기발전기의 병렬운전에서 일치하지 않아도 되는 것은?
① 기전력의 크기　② 기전력의 위상
③ 기전력의 극성　④ 기전력의 주파수

58
단상 유도전동기를 기동토크가 큰 것부터 낮은 순서로 배열한 것은?
① 모노사이클릭형 → 반발유도형 → 반발기동형 → 콘덴서기동형 → 분상기동형
② 반발기동형 → 반발유도형 → 모노사이클릭형 → 콘덴서기동형 → 분상기동형
③ 반발기동형 → 반발유도형 → 콘덴서기동형 → 분상기동형 → 모노사이클릭형
④ 반발기동형 → 분상기동형 → 콘덴서기동형 → 반발유동형 → 모노사이클릭형

정답　49 ④　50 ③　51 ①　52 ③　53 ①　54 ②　55 ①　56 ①　57 ③　58 ③

59
일정한 부하에서 역률 1로 동기전동기를 운전하는 중 여자를 약하게 하면 전기자전류는?

① 진상전류가 되고 증가한다.
② 진상전류가 되고 감소한다.
③ 지상전류가 되고 증가한다.
④ 지상전류가 되고 감소한다.

60
8극 60[Hz]의 유도전동기가 부하를 연결하고 864 [rpm]으로 회전할 때, 54.134[kg·m]의 토크를 발생 시 동기와트는 약 몇 [kW]인가?

① 48
② 50
③ 52
④ 54

제4과목　회로이론

61
그림과 같은 반파 정현파의 실횻값은?

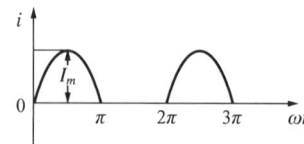

① $\dfrac{1}{\sqrt{2}}I_m$
② $\dfrac{2}{\pi}I_m$
③ $\dfrac{1}{\pi}I_m$
④ $\dfrac{1}{2}I_m$

62
저항 R = 5,000[Ω], 정전용량 C = 20[μF]가 직렬로 접속된 회로에 일정전압 E = 100[V]를 가하고 t = 0에서 스위치를 넣을 때 콘덴서 단자전압 V[V]을 구하면?(단, t = 0에서의 콘덴서 전압은 0[V]이다)

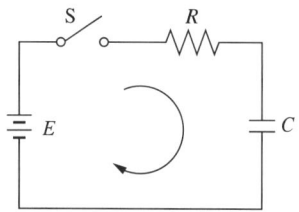

① $100(1-e^{10t})$
② $100e^{10t}$
③ $100(1-e^{-10t})$
④ $100e^{-10t}$

63
저항 R인 검류계 G에 그림과 같이 r_1인 저항을 병렬로, 또 r_2인 저항을 직렬로 접속하였을 때 A, B 단자 사이의 저항을 R과 같게 하고, 또한 G에 흐르는 전류를 전 전류의 $1/n$로 하기 위한 r_1[Ω]의 값은?

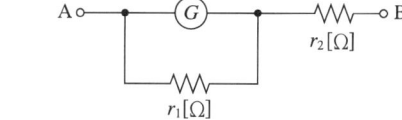

① $\dfrac{n-1}{R}$
② $R\left(1-\dfrac{1}{n}\right)$
③ $\dfrac{R}{n-1}$
④ $R\left(1+\dfrac{1}{n}\right)$

64
두 개의 회로망 N_1과 N_2가 있다. a-b단자, a'-b' 단자의 각각의 전압은 50[V], 30[V]이다. 또 양단자에서 N_1, N_2를 본 임피던스가 15[Ω]과 25[Ω]이다. a-a', b-b'를 연결하면 이때 흐르는 전류는 몇 [A]인가?

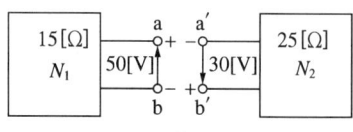

① 0.5
② 1
③ 2
④ 4

65
다음 회로에서 I를 구하면 몇 [A]인가?

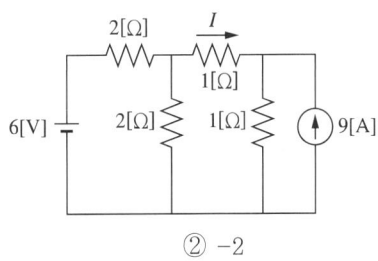

① 2
② -2
③ -4
④ 4

66
그림과 같은 회로의 전달함수는?(단, 초기조건은 0이다)

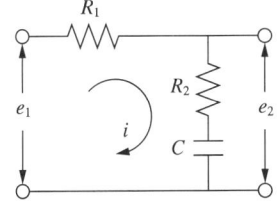

① $\dfrac{R_2 + Cs}{R_1 + R_2 + Cs}$

② $\dfrac{R_1 + R_2 + Cs}{R_1 + Cs}$

③ $\dfrac{R_2 Cs + 1}{R_2 Cs + R_1 Cs + 1}$

④ $\dfrac{R_1 Cs + R_2 Cs + 1}{R_2 Cs + 1}$

67
휘트스톤 브리지에서 R_L에 흐르는 전류(I)는 약 몇 [mA]인가?

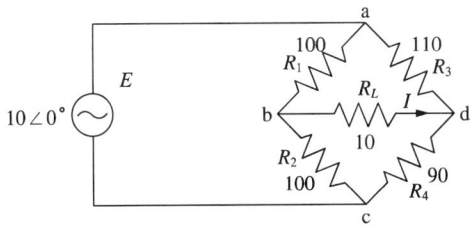

① 2.28
② 4.57
③ 7.84
④ 22.8

68
Y결선된 대칭 3상 회로에서 전원 한 상의 전압이 $V_a = 220\sqrt{2}\sin\omega t$[V]일 때 선간전압의 실횻값은 약 몇 [V]인가?

① 220
② 310
③ 380
④ 540

69
다음과 같은 파형 $v(t)$를 단위 계단함수로 표시하면 어떻게 되는가?

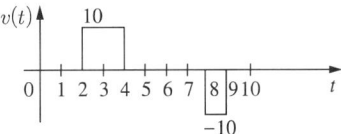

① $10u(t-2) + 10u(t-4) + 10u(t-8) + 10u(t-9)$
② $10u(t-2) - 10u(t-4) - 10u(t-8) - 10u(t-9)$
③ $10u(t-2) - 10u(t-4) + 10u(t-8) - 10u(t-9)$
④ $10u(t-2) - 10u(t-4) - 10u(t-8) + 10u(t-9)$

70
그림과 같이 T형 4단자 회로망의 A, B, C, D 파라미터 중 B값은?

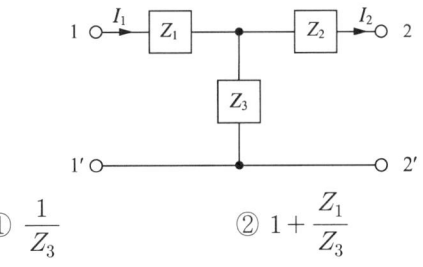

① $\dfrac{1}{Z_3}$

② $1 + \dfrac{Z_1}{Z_3}$

③ $\dfrac{Z_3 + Z_2}{Z_3}$

④ $\dfrac{Z_1 Z_2 + Z_2 Z_3 + Z_3 Z_1}{Z_3}$

71
다음과 같은 회로의 전달함수 $\dfrac{E_0(s)}{I(s)}$ 는?

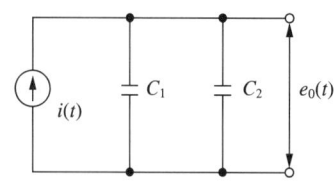

① $\dfrac{1}{s(C_1+C_2)}$ ② $\dfrac{C_1 C_2}{(C_1+C_2)}$

③ $\dfrac{C_1}{s(C_1+C_2)}$ ④ $\dfrac{C_2}{s(C_1+C_2)}$

72
인덕턴스 L[H] 및 커패시턴스 C[F]를 직렬로 연결한 임피던스가 있다. 정저항 회로를 만들기 위하여 그림과 같이 L 및 C의 각각에 서로 같은 저항 R[Ω]을 병렬로 연결할 때, R[Ω]은 얼마인가?(단, L = 4[mH], C = 0.1[μF]이다)

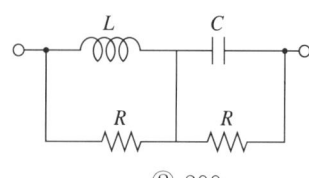

① 100 ② 200
③ 2×10^{-5} ④ 0.5×10^{-2}

73
그림은 상순이 a-b-c인 3상 대칭회로이다. 선간전압이 220[V]이고 부하 한 상의 임피던스가 $100 \angle 60°$ [Ω]일 때 전력계 W_a의 지시값[W]은?

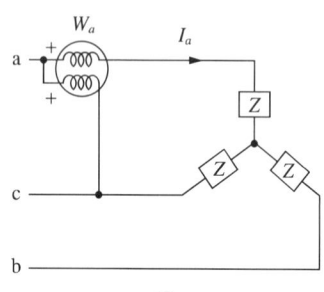

① 242 ② 386
③ 419 ④ 484

74
다음 방정식에서 $\dfrac{X_3(s)}{X_1(s)}$ 를 구하면?

$$x_2(t) = \dfrac{d}{dt}x_1(t)$$
$$x_3(t) = x_2(t) + 3\int x_3(t)dt + 2\dfrac{d}{dt}x_2(t) - 2x_1(t)$$

① $\dfrac{s(2s^2+s-2)}{s-3}$ ② $\dfrac{s(2s^2-s-2)}{s-3}$

③ $\dfrac{2(s^2+s+2)}{s-3}$ ④ $\dfrac{(2s^2+s+2)}{s-3}$

75
3상 회로의 선간전압이 각각 80[V], 50[V], 50[V]일 때의 전압의 불평형률[%]은?

① 39.6 ② 57.3
③ 73.6 ④ 86.7

76
비대칭 다상 교류가 만드는 회전 자계는?

① 교번자기장 ② 타원형 회전자기장
③ 원형 회전자기장 ④ 포물선 회전자기장

77
그림과 같은 L형 회로의 4단자 A, B, C, D 정수 중 A는?

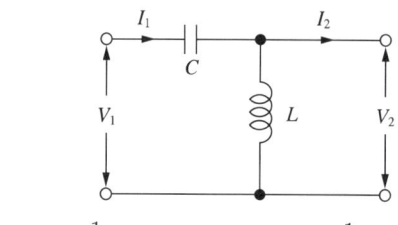

① $1+\dfrac{1}{\omega LC}$ ② $1-\dfrac{1}{\omega^2 LC}$

③ $1+\dfrac{1}{j\omega L}$ ④ $\dfrac{1}{2\sqrt{LC}}$

78
그림과 같이 높이가 1인 펄스의 라플라스 변환은?

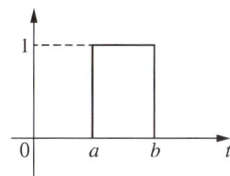

① $\frac{1}{s}(e^{-as}+e^{-bs})$
② $\frac{1}{a-b}\left(\frac{e^{-as}+e^{-bs}}{1}\right)$
③ $\frac{1}{s}(e^{-as}-e^{-bs})$
④ $\frac{1}{a-b}\left(\frac{e^{-as}-e^{-bs}}{s}\right)$

79
비정현파에 있어서 정현대칭의 조건은?
① $f(t)=f(-t)$
② $f(t)=-f(t)$
③ $f(t)=-f(t+\pi)$
④ $f(t)=-f(-t)$

80
C[F]인 콘덴서에 q[C]의 전하를 충전하였더니 C의 양단 전압이 e[V]이었다. C에 저장된 에너지는 몇 [J]인가?
① qe
② Ce
③ $\frac{1}{2}Cq^2$
④ $\frac{1}{2}Ce^2$

제5과목 전기설비기술기준

81
과전류 차단기를 시설할 수 있는 곳은?
① 접지공사의 접지선
② 다선식 전로의 중성선
③ 단상 3선식 전로의 저압측 전선
④ 접지공사를 한 저압 가공전선로의 접지측 전선

82
계통연계하는 분산형 전원을 설치하는 경우에 이상 또는 고장 발생 시 자동적으로 분산형 전원을 전력계통으로부터 분리하기 위한 장치를 시설해야 하는 경우가 아닌 것은?
① 역률 저하 상태
② 단독운전 상태
③ 분산형 전원의 이상 또는 고장
④ 연계한 전력계통의 이상 또는 고장

83
호텔 또는 여관 각 객실의 입구등을 설치할 경우 몇 분 이내에 소등되는 타임스위치를 시설해야 하는가?
① 1
② 2
③ 3
④ 10

84
특고압 가공 전선로의 지지물 양쪽의 경간의 차가 큰 곳에 사용되는 철탑은?
① 내장형 철탑
② 인류형 철탑
③ 각도형 철탑
④ 보강형 철탑

85
고압 가공전선 상호 간이 접근 또는 교차하여 시설되는 경우, 고압 가공전선 상호 간의 이격거리는 몇 [cm] 이상이어야 하는가?(단 고압 가공전선은 모두 케이블이 아니라고 한다)
① 50
② 60
③ 70
④ 80

86
전기설비기술기준의 안전원칙에 관계없는 것은?
① 에너지 절약 등에 지장을 주지 아니하도록 할 것
② 사람이나 다른 물체에 위해 손상을 주지 않도록 할 것
③ 기기의 오동작에 의한 전기 공급에 지장을 주지 않도록 할 것
④ 다른 전기설비의 기능에 전기적 또는 자기적인 장해를 주지 아니하도록 할 것

87
철탑의 강도 계산에 사용하는 이상 시 상정하중의 종류가 아닌 것은?
① 수직하중
② 좌굴하중
③ 수평 횡하중
④ 수평 종하중

88
타랭식 특고압용 변압기에는 냉각장치에 고장이 생긴 경우를 대비하여 어떤 장치를 하여야 하는가?
① 경보장치
② 속도조정장치
③ 온도시험장치
④ 냉매흐름장치

89
※ KEC 규정 적용으로 문제 삭제
저압 옥내배선의 사용전압이 220[V]인 출퇴표시등회로를 금속관공사에 의하여 시공하였다. 여기에 사용되는 배선은 단면적이 몇 [mm²] 이상의 연동선을 사용하여도 되는가?
① 1.5
② 2.0
③ 2.5
④ 3.0

90
고압 가공전선이 철도를 횡단하는 경우 레일면상에서 몇 [m] 이상으로 유지되어야 하는가?
① 5.5
② 6
③ 6.5
④ 7.0

91
저압 옥내배선에 사용하는 연동선의 최소 굵기는 몇 [mm²] 이상인가?
① 1.5
② 2.5
③ 4.0
④ 6.0

92
※ KEC 규정 적용으로 문제 삭제
가로등, 경기장, 공장, 아파트 단지 등의 일반조명을 위하여 시설하는 고압방전등은 효율이 몇 [lm/W] 이상의 것이어야 하는가?
① 30
② 50
③ 70
④ 100

93
전력보안통신설비로 무선용안테나 등의 시설에 관한 설명으로 옳은 것은?
① 항상 가공전선로의 지지물에 시설한다.
② 피뢰침설비가 불가능한 개소에 시설한다.
③ 접지와 공용으로 사용할 수 있도록 시설한다.
④ 전선로의 주위 상태를 감시할 목적으로 시설한다.

94
금속제 외함을 가진 저압의 기계기구로서 사람이 쉽게 접촉할 우려가 있는 곳에 시설하는 것에 전기를 공급하는 전로에 지락이 생겼을 때에 자동적으로 차단하는 장치를 설치하여야 한다. 사용전압이 몇 [V]를 초과하는 기계기구의 경우인가?
① 25
② 30
③ 50
④ 60

정답 86 ① 87 ② 88 ① 89 ✕ 90 ③ 91 ② 92 ✕ 93 ④ 94 ④

95
특고압 가공전선이 건조물과 1차 접근상태로 시설되는 경우를 설명한 것 중 틀린 것은?

① 상부 조영재와 위쪽으로 접근 시 케이블을 사용하면 1.2[m] 이상 이격거리를 두어야 한다.
② 상부 조영재와 옆쪽으로 접근 시 특고압 절연전선을 사용하면 1.5[m] 이상 이격거리를 두어야 한다.
③ 상부 조영재와 아래쪽으로 접근 시 특고압 절연전선을 사용하면 1.5[m] 이상 이격거리를 두어야 한다.
④ 상부 조영재와 위쪽으로 접근 시 특고압 절연전선을 사용하면 2.0[m] 이상 이격거리를 두어야 한다.

96
특고압 가공전선이 삭도와 제2차 접근상태로 시설할 경우 특고압 가공전선로에 적용하는 보안공사는?

① 고압 보안공사
② 제1종 특고압 보안공사
③ 제2종 특고압 보안공사
④ 제3종 특고압 보안공사

97
가공전선로의 지지물에 취급자가 오르고 내리는 데 사용하는 발판 볼트 등은 지표상 몇 [m] 미만에 시설하여서는 아니 되는가?

① 1.2
② 1.8
③ 2.2
④ 2.5

98
합성수지관공사 시 관 상호 간 및 박스와의 접속은 관에 삽입하는 깊이를 관 바깥지름의 몇 배 이상으로 하여야 하는가?(단, 접착제를 사용하지 않는 경우이다)

① 0.5
② 0.8
③ 1.2
④ 1.5

99
가반형의 용접전극을 사용하는 아크용접장치의 용접변압기의 1차 측 전로의 대지전압은 몇 [V] 이하이어야 하는가?

① 220
② 300
③ 380
④ 440

100
고저압 혼촉에 의한 위험방지시설로 가공공동지선을 설치하여 시설하는 경우에 각 접지선을 가공공동지선으로부터 분리하였을 경우의 각 접지선과 대지 간의 전기저항값은 몇 [Ω] 이하로 하여야 하는가?

① 75
② 150
③ 300
④ 600

정답 95 ④ 96 ③ 97 ② 98 ③ 99 ② 100 ③

2016년 제3회 기출문제

제1과목 전기자기학

01
환상철심에 감은 코일에 5[A]의 전류를 흘려 2,000[AT]의 기자력을 발생시키고자 한다면, 코일의 권수는 몇 회로 하면 되는가?
① 100회
② 200회
③ 300회
④ 400회

02
임의의 점의 전계가 $E = iE_x + jE_y + kE_z$로 표시되었을 때, $\frac{\partial E_x}{\partial x} + \frac{\partial E_y}{\partial y} + \frac{\partial E_z}{\partial z}$와 같은 의미를 갖는 것은?
① $\nabla \times E$
② $\nabla^2 E$
③ $\nabla \cdot E$
④ $\mathrm{grad}|E|$

03
도체의 저항에 관한 설명으로 옳은 것은?
① 도체의 단면적에 비례한다.
② 도체의 길이에 반비례한다.
③ 저항률이 클수록 저항은 적어진다.
④ 온도가 올라가면 저항값이 증가한다.

04
x축 상에서 x=1[m], 2[m], 3[m], 4[m]인 각 점에 2[nC], 4[nC], 6[nC], 8[nC]의 점전하가 존재할 때 이들에 의하여 전계 내에 저장되는 정전에너지는 몇 [nJ]인가?
① 483
② 644
③ 725
④ 966

05
진공 중에 10^{-10}[C]의 점전하가 있을 때 전하에서 2[m] 떨어진 점의 전계는 몇 [V/m]인가?
① 2.25×10^{-1}
② 4.50×10^{-1}
③ 2.25×10^{-2}
④ 4.50×10^{-2}

06
유전체 내의 전계 E와 분극의 세기 P의 관계식은?
① $P = \varepsilon_0(\varepsilon_s - 1)E$
② $P = \varepsilon_s(\varepsilon_0 - 1)E$
③ $P = \varepsilon_0(\varepsilon_s + 1)E$
④ $P = \varepsilon_s(\varepsilon_0 + 1)E$

07
일반적으로 도체를 관통하는 자속이 변화하거나 자속과 도체가 상대적으로 운동하여 도체 내의 자속이 시간적 변화를 일으키면, 이 변화를 막기 위하여 도체 내에 국부적으로 형성되는 임의의 폐회로를 따라 전류가 유기되는데 이 전류를 무엇이라 하는가?
① 변위전류
② 대칭전류
③ 와전류
④ 도전전류

08
철심이 들어있는 환상코일이 있다. 1차 코일의 권수 N_1=100회일 때 자기인덕턴스는 0.01[H]였다. 이 철심에 2차 코일 N_2=200회를 감았을 때 1, 2차 코일의 상호인덕턴스는 몇 [H]인가?(단, 이 경우 결합계수 k=1로 한다)
① 0.01
② 0.02
③ 0.03
④ 0.04

정답 1 ④ 2 ③ 3 ④ 4 ④ 5 ① 6 ① 7 ③ 8 ②

09
정전용량 5[μF]인 콘덴서를 200[V]로 충전하여 자기 인덕턴스 20[mH], 저항 0[Ω]인 코일을 통해 방전할 때 생기는 전기 진동주파수는 약 몇 [Hz]이며, 코일에 축적되는 에너지는 몇 [J]인가?

① 50[Hz], 1[J]
② 500[Hz], 0.1[J]
③ 500[Hz], 1[J]
④ 5,000[Hz], 0.1[J]

10
내압과 용량이 각각 200[V] 5[μF], 300[V] 4[μF], 400[V] 3[μF], 500[V] 3[μF]인 4개의 콘덴서를 직렬연결하고 양단에 직류전압을 가하여 전압을 서서히 상승시키면 최초로 파괴되는 콘덴서는?(단, 콘덴서의 재질이나 형태는 동일하다)

① 200[V] 5[μF]
② 300[V] 4[μF]
③ 400[V] 3[μF]
④ 500[V] 3[μF]

11
무한히 넓은 2개의 평행 도체판의 간격이 d[m]이며 그 전위차는 V[V]이다. 도체판의 단위면적에 작용하는 힘은 몇 [N/m²]인가?(단, 유전율은 ε_0이다)

① $\varepsilon_0 \left(\dfrac{V}{d}\right)^2$
② $\dfrac{1}{2}\varepsilon_0 \left(\dfrac{V}{d}\right)^2$
③ $\dfrac{1}{2}\varepsilon_0 \left(\dfrac{V}{d}\right)$
④ $\varepsilon_0 \left(\dfrac{V}{d}\right)$

12
내경 a[m], 외경 b[m]인 동심구 콘덴서의 내구를 접지했을 때의 정전용량은 몇 [F]인가?

① $4\pi\varepsilon_0 \dfrac{b^2}{b-a}$
② $4\pi\varepsilon_0 \dfrac{a^2}{b-a}$
③ $4\pi\varepsilon_0 \dfrac{ab}{b-a}$
④ $4\pi\varepsilon_0 \dfrac{b-a}{ab}$

13
직류 500[V] 절연저항계로 절연저항을 측정하니 2[MΩ]이 되었다면 누설전류[μA]는?

① 25
② 250
③ 1,000
④ 1,250

14
평등 자계 내에 놓여 있는 전류가 흐르는 직선도선이 받는 힘에 대한 설명으로 틀린 것은?

① 힘은 전류에 비례한다.
② 힘은 자장의 세기에 비례한다.
③ 힘은 도선의 길이에 반비례한다.
④ 힘은 전류의 방향과 자장의 방향과의 사이각의 정현에 관계된다.

15
그림과 같이 진공 중에 자극면적이 2[cm²], 간격이 0.1[cm]인 자성체 내에서 포화 자속밀도가 2[Wb/m²]일 때 두 자극면 사이에 작용하는 힘의 크기는 약 몇 [N]인가?

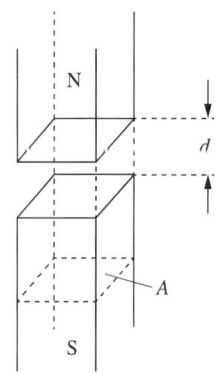

① 53
② 106
③ 159
④ 318

16
지름이 2[m]인 구도체의 표면전계가 5[kV/mm]일 때 이 구도체의 표면에서의 전위는 몇 [kV]인가?

① 1×10^3
② 2×10^3
③ 5×10^3
④ 1×10^4

17
전류가 흐르고 있는 무한 직선도체로부터 2[m]만큼 떨어진 자유공간 내 P점의 자계의 세기가 $4/\pi$[AT/m]일 때, 이 도체에 흐르는 전류는 몇 [A]인가?

① 2
② 4
③ 8
④ 16

18
다음 내용은 어떤 법칙을 설명한 것인가?

> 유도기전력의 크기는 코일 속을 쇄교하는 자속의 시간적 변화율에 비례한다.

① 쿨롱의 법칙
② 가우스의 법칙
③ 맥스웰의 법칙
④ 패러데이의 법칙

19
공기콘덴서의 극판 사이에 비유전율 ε_s의 유전체를 채운 경우, 동일 전위차에 대한 극판 간의 전하량은?

① $\frac{1}{\varepsilon_s}$로 감소
② ε_s배로 증가
③ $\pi\varepsilon_s$배로 증가
④ 불 변

20
유전체 중을 흐르는 전도전류 i_σ와 변위전류 i_d를 갖게 하는 주파수를 임계주파수 f_c, 임의의 주파수를 f라 할 때 유전손실 $\tan\delta$는?

① $\frac{f_c}{2f}$
② $\frac{f}{2f_c}$
③ $\frac{f_c}{f}$
④ $\frac{f}{f_c}$

제2과목 전력공학

21
송전선로에 충전전류가 흐르면 수전단 전압이 송전단 전압보다 높아지는 현상과 이 현상의 발생 원인으로 가장 옳은 것은?

① 페란티 효과, 선로의 인덕턴스 때문
② 페란티 효과, 선로의 정전용량 때문
③ 근접 효과, 선로의 인덕턴스 때문
④ 근접 효과, 선로의 정전용량 때문

22
전력선에 의한 통신선로의 전자유도장해의 발생 요인은 주로 무엇 때문인가?

① 영상전류가 흘러서
② 부하전류가 크므로
③ 상호정전용량이 크므로
④ 전력선의 교차가 불충분하여

23
취수구에 제수문을 설치하는 목적은?

① 유량을 조정한다.
② 모래를 배제한다.
③ 낙차를 높인다.
④ 홍수위를 낮춘다.

24
양수량 Q[m³/s], 총양정 H[m], 펌프효율 η인 경우 양수펌프용 전동기의 출력 P[kW]는?(단, k는 상수이다)

① $k\dfrac{Q^2H^2}{\eta}$
② $k\dfrac{Q^2H}{\eta}$
③ $k\dfrac{QH^2}{\eta}$
④ $k\dfrac{QH}{\eta}$

25
고압 수전설비를 구성하는 기기로 볼 수 없는 것은?
① 변압기　② 변류기
③ 복수기　④ 과전류계전기

26
공통중성선 다중접지 3상 4선식 배전선로에서 고압측(1차 측) 중성선과 저압측(2차 측) 중성선을 전기적으로 연결하는 목적은?
① 저압측의 단락사고를 검출하기 위함
② 저압측의 접지사고를 검출하기 위함
③ 주상변압기의 중성선 측 부싱(Bushing)을 생략하기 위함
④ 고저압 혼촉 시 수용가에 침입하는 상승전압을 억제하기 위함

27
차단기의 정격차단시간에 대한 정의로서 옳은 것은?
① 고장 발생부터 소호까지의 시간
② 트립코일 여자부터 소호까지의 시간
③ 가동접촉자 개극부터 소호까지의 시간
④ 가동접촉자 시동부터 소호까지의 시간

28
154/22.9[kV], 40[MVA] 3상 변압기의 %리액턴스가 14[%]라면 고압측으로 환산한 리액턴스는 약 몇 [Ω]인가?
① 95　② 83
③ 75　④ 61

29
보호계전기의 기본기능이 아닌 것은?
① 확실성　② 선택성
③ 유동성　④ 신속성

30
6[kV]급의 소내 전력공급용 차단기로서 현재 가장 많이 채택하는 것은?
① OCB　② GCB
③ VCB　④ ABB

31
수용가군 총합의 부하율은 각 수용가의 수용률 및 수용가 사이의 부등률이 변화할 때 옳은 것은?
① 부등률과 수용률에 비례한다.
② 부등률에 비례하고 수용률에 반비례한다.
③ 수용률에 비례하고 부등률에 반비례한다.
④ 부등률과 수용률에 반비례한다.

32
3상 3선식 3각형 배치의 송전선로가 있다. 선로가 연가되어 각 선간의 정전용량은 0.007[μF/km], 각 선의 대지정전용량은 0.002[μF/km]라고 하면 1선의 작용정전용량은 몇 [μF/km]인가?
① 0.03
② 0.023
③ 0.012
④ 0.006

33
3상 Y결선된 발전기가 무부하 상태로 운전 중 b상 및 c상에서 동시에 직접접지 고장이 발생하였을 때 나타나는 현상으로 틀린 것은?
① a상의 전류는 항상 0이다.
② 건전상의 a상 전압은 영상분 전압의 3배와 같다.
③ a상의 정상분 전압과 역상분 전압은 항상 같다.
④ 영상분 전류와 역상분 전류는 대칭성분 임피던스에 관계없이 항상 같다.

34
전선로에 댐퍼(Damper)를 사용하는 목적은?
① 전선의 진동방지
② 전력손실 경감
③ 낙뢰의 내습방지
④ 많은 전력을 보내기 위하여

35
배전선로의 손실을 경감시키는 방법이 아닌 것은?
① 전압 조정
② 역률 개선
③ 다중접지방식 채용
④ 부하의 불평형 방지

36
최대출력 350[MW], 평균부하율 80[%]로 운전되고 있는 화력발전소의 10일간 중유소비량이 1.6×10^7[L] 라고 하면 발전단에서의 열효율은 몇 [%]인가?(단, 중유의 열량은 10,000[kcal/L]이다)
① 35.3
② 36.1
③ 37.8
④ 39.2

37
전압과 역률이 일정할 때 전력을 몇 [%] 증가시키면 전력손실이 2배로 되는가?
① 31
② 41
③ 51
④ 61

38
어느 발전소에서 합성 임피던스가 0.4[%](10[MVA] 기준)인 장소에 설치하는 차단기의 차단용량은 몇 [MVA]인가?
① 10
② 250
③ 1,000
④ 2,500

39
주상변압기의 1차 측 전압이 일정할 경우 2차 측 부하가 변하면, 주상변압기의 동손과 철손은 어떻게 되는가?
① 동손과 철손이 모두 변한다.
② 동손은 일정하고 철손이 변한다.
③ 동손은 변하고 철손은 일정하다.
④ 동손과 철손은 모두 변하지 않는다.

40
3상 3선식 변압기 결선방식이 아닌 것은?
① △결선
② V결선
③ T결선
④ Y결선

제3과목 전기기기

41
3상 동기발전기를 병렬운전하는 경우 필요한 조건이 아닌 것은?
① 회전수가 같다.
② 상회전이 같다.
③ 발생 전압이 같다.
④ 전압 파형이 같다.

42
단상 유도전압 조정기의 1차 권선과 2차 권선의 축 사이의 각도를 α라 하고 양 권선의 축이 일치할 때 2차 권선의 유기전압을 E_2, 전원전압을 V_1, 부하 측의 전압을 V_2라고 하면 임의의 각 α일 때의 V_2는?
① $V_2 = V_1 + E_2 \cos\alpha$
② $V_2 = V_1 - E_2 \cos\alpha$
③ $V_2 = V_1 + E_2 \sin\alpha$
④ $V_2 = V_1 - E_2 \sin\alpha$

43
변압기의 절연유로서 갖추어야 할 조건이 아닌 것은?
① 비열이 커서 냉각효과가 클 것
② 절연저항 및 절연내력이 적을 것
③ 인화점이 높고 응고점이 낮을 것
④ 고온에서도 석출물이 생기거나 산화하지 않을 것

44
6극 60[Hz]의 3상 권선형 유도전동기가 1,140[rpm]의 정격속도로 회전할 때 1차 측 단자를 전환해서 상회전 방향을 반대로 바꾸어 역전제동을 하는 경우 제동토크를 전부하 토크와 같게 하기 위한 2차 삽입저항 R[Ω]은?(단, 회전자 1상의 저항은 0.005[Ω], Y결선이다)

① 0.19 ② 0.27
③ 0.38 ④ 0.5

45
브러시리스 모터(BLDC)의 회전자 위치 검출을 위해 사용하는 것은?
① 홀(Hall) 소자
② 리니어 스케일
③ 회전형 엔코더
④ 회전형 디코더

46
전기자 저항이 0.04[Ω]인 직류 분권발전기가 있다. 단자전압 100[V], 회전속도 1,000[rpm]일 때 전기자 전류는 50[A]라 한다. 이 발전기를 전동기로 사용할 때 전동기의 회전속도는 약 몇 [rpm]인가?(단, 전기자 반작용은 무시한다)

① 759   ② 883
③ 894   ④ 961

47
유도발전기에 대한 설명으로 틀린 것은?
① 공극이 크고 역률이 동기기에 비해 좋다.
② 병렬로 접속된 동기기에서 여자전류를 공급받아야 한다.
③ 농형 회전자를 사용할 수 있으므로 구조가 간단하고 가격이 싸다.
④ 선로에 단락이 생기면 여자가 없어지므로 동기기에 비해 단락전류가 작다.

48
직류기의 전기자에 사용되지 않는 권선법은?
① 2층권   ② 고상권
③ 폐로권 ④ 단층권

49
직류 분권전동기의 정격전압 200[V], 정격전류 105[A], 전기자 저항 및 계자회로의 저항이 각각 0.1[Ω] 및 40[Ω]이다. 기동전류를 정격전류의 150[%]로 할 때의 기동저항은 약 몇 [Ω]인가?

① 0.46   ② 0.92
③ 1.08   ④ 1.21

50
동기발전기의 단락비를 계산하는 데 필요한 시험의 종류는?
① 동기화 시험, 3상 단락시험
② 부하 포화시험, 동기화 시험
③ 무부하 포화시험, 3상 단락시험
④ 전기자 반작용시험, 3상 단락시험

51
변압기에서 부하에 관계없이 자속만을 만드는 전류는?
① 철손전류   ② 자화전류
③ 여자전류   ④ 교차전류

52
변압기의 정격을 정의한 것 중 옳은 것은?
① 전부하의 경우 1차 단자전압을 정격 1차 전압이라 한다.
② 정격 2차 전압은 명판에 기재되어 있는 2차 권선의 단자전압이다.
③ 정격 2차 전압을 2차 권선의 저항으로 나눈 것이 정격 2차 전류이다.
④ 2차 단자 간에서 얻을 수 있는 유효전력을 [kW]로 표시한 것이 정격출력이다.

53
저항부하를 갖는 단상 전파제어 정류기의 평균 출력전압은?(단, α는 사이리스터의 점호각, V_m은 교류 입력 전압의 최댓값이다)
① $V_{dc} = \dfrac{V_m}{2\pi}(1+\cos\alpha)$
② $V_{dc} = \dfrac{V_m}{\pi}(1+\cos\alpha)$
③ $V_{dc} = \dfrac{V_m}{2\pi}(1-\cos\alpha)$
④ $V_{dc} = \dfrac{V_m}{\pi}(1-\cos\alpha)$

54
동기전동기의 V곡선(위상특성)에 대한 설명으로 틀린 것은?
① 횡축에 여자전류를 나타낸다.
② 종축에 전기자전류를 나타낸다.
③ V곡선의 최저점에는 역률이 0[%]이다.
④ 동일출력에 대해서 여자가 약한 경우가 뒤진 역률이다.

55
발전기의 종류 중 회전계자형으로 하는 것은?
① 동기발전기
② 유도발전기
③ 직류 복권발전기
④ 직류 타여자발전기

56
10[kW], 3상, 200[V] 유도전동기의 전부하 전류는 약 몇 [A]인가?(단, 효율 및 역률 85[%]이다)
① 60
② 80
③ 40
④ 20

57
단상 유도전동기에서 기동토크가 가장 큰 것은?
① 반발기동형
② 분상기동형
③ 콘덴서전동기
④ 셰이딩코일형

58
변압기 온도시험을 하는 데 가장 좋은 방법은?
① 실부하법
② 반환부하법
③ 단락시험법
④ 내전압시험법

59
전기기기에 있어 와전류손(Eddy Current Loss)을 감소시키기 위한 방법은?
① 냉각압연
② 보상권선 설치
③ 교류전원을 사용
④ 규소강판을 성층하여 사용

60
동기발전기에서 전기자전류를 I, 유기기전력과 전기자전류와의 위상각을 θ라 하면 직축 반작용을 나타내는 성분은?
① $I\tan\theta$
② $I\cot\theta$
③ $I\sin\theta$
④ $I\cos\theta$

제4과목 회로이론

61
자동제어의 각 요소를 블록선도로 표시할 때 각 요소는 전달함수로 표시하고, 신호의 전달경로는 무엇으로 표시하는가?

① 전달함수　② 단 자
③ 화살표　　④ 출 력

62
$t=0$에서 스위치 S를 닫을 때의 전류 $i(t)$는?

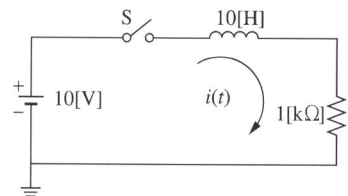

① $0.01(1-e^{-t})$
② $0.01(1+e^{-t})$
③ $0.01(1-e^{-100t})$
④ $0.01(1+e^{-100t})$

63
[Var]는 무엇의 단위인가?

① 효 율　　② 유효전력
③ 피상전력　④ 무효전력

64
다음과 같은 4단자 회로에서 영상 임피던스[Ω]는?

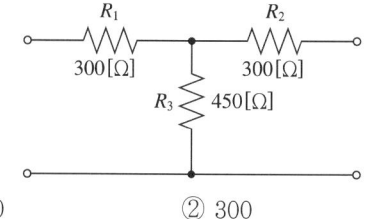

① 200　② 300
③ 450　④ 600

65
임피던스 $Z=15+j4[\Omega]$의 회로에 $I=5(2+j)$ [A]의 전류를 흘리는 데 필요한 전압 V[V]는?

① $10(26+j23)$　② $10(34+j23)$
③ $5(26+j23)$　④ $5(34+j23)$

66
$e_1=6\sqrt{2}\sin\omega t$[V], $e_2=4\sqrt{2}\sin(\omega t-60°)$ [V]일 때, e_1-e_2의 실횻값[V]은?

① $2\sqrt{2}$　② 4
③ $2\sqrt{7}$　④ $2\sqrt{13}$

67
다음 회로에서 4단자 정수 A, B, C, D 중 C의 값은?

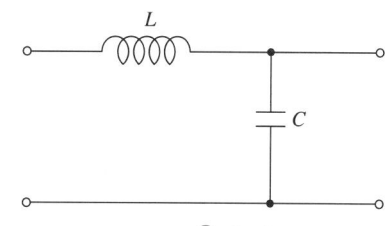

① 1　② $j\omega L$
③ $j\omega C$　④ $1+j\omega(L+C)$

68
회로에서 V_{30}과 V_{15}는 각각 몇 [V]인가?

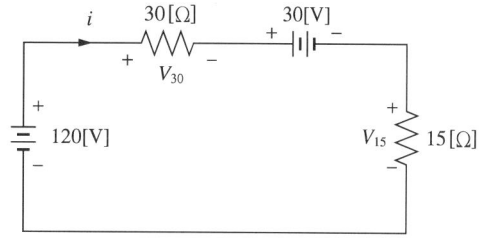

① $V_{30}=60$, $V_{15}=30$
② $V_{30}=80$, $V_{15}=40$
③ $V_{30}=90$, $V_{15}=45$
④ $V_{30}=120$, $V_{15}=60$

69

그림과 같은 비정현파의 주기함수에 대한 설명으로 틀린 것은?

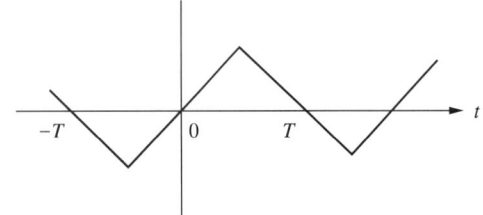

① 기함수파이다.
② 반파 대칭파이다.
③ 직류성분은 존재하지 않는다.
④ 홀수차의 정현항 계수는 0이다.

70

그림에서 10[Ω]의 저항에 흐르는 전류는 몇 [A]인가?

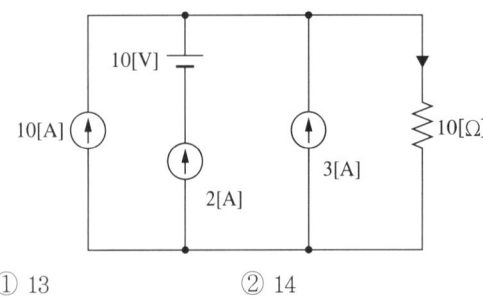

① 13
② 14
③ 15
④ 16

71

3상 불평형 전압에서 불평형률[%]은?

① $\dfrac{영상전압}{정상전압} \times 100$

② $\dfrac{역상전압}{정상전압} \times 100$

③ $\dfrac{정상전압}{역상전압} \times 100$

④ $\dfrac{정상전압}{영상전압} \times 100$

72

그림은 평형 3상 회로에서 운전하고 있는 유도전동기의 결선도이다. 각 계기의 지시가 $W_1 = 2.36$[kW], $W_2 = 5.95$[kW], $V = 200$[V], $I = 30$[A]일 때, 이 유도전동기의 역률은 약 몇 [%]인가?

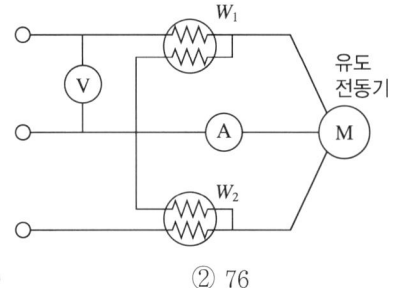

① 80
② 76
③ 70
④ 66

73

기본파의 30[%]인 제3고조파와 기본파의 20[%]인 제5고조파를 포함하는 전압파의 왜형률은?

① 0.21
② 0.31
③ 0.36
④ 0.42

74

코일의 권수 $N = 1,000$회, 저항 $R = 10$[Ω]이다. 전류 $I = 10$[A]를 흘릴 때 자속 $\phi = 3 \times 10^{-2}$[Wb]이라면 이 회로의 시정수[s]는?

① 0.3
② 0.4
③ 3.0
④ 4.0

75

800[kW], 역률 80[%]의 부하가 있다. $\dfrac{1}{4}$ 시간 동안 소비되는 전력량[kWh]은?

① 800
② 600
③ 400
④ 200

76

$f(t) = \dfrac{d}{dt}\cos\omega t$를 라플라스 변환하면?

① $\dfrac{\omega^2}{s^2+\omega^2}$

② $\dfrac{-s^2}{s^2+\omega^2}$

③ $\dfrac{s}{s^2+\omega^2}$

④ $\dfrac{-\omega^2}{s^2+\omega^2}$

77

3상 불평형 전압을 V_a, V_b, V_c라고 할 때 정상전압 [V]은?(단, $a = -\dfrac{1}{2}+j\dfrac{\sqrt{3}}{2}$ 이다)

① $\dfrac{1}{3}(V_a + aV_b + a^2V_c)$

② $\dfrac{1}{3}(V_a + a^2V_b + aV_c)$

③ $\dfrac{1}{3}(V_a + a^2V_b + V_c)$

④ $\dfrac{1}{3}(V_a + V_b + V_c)$

78

평형 3상 Y결선 회로의 선간전압 V_l, 상전압 V_p, 선전류 I_l, 상전류가 I_p일 때 다음의 관련식 중 틀린 것은?(단, P_y는 3상 부하전력을 의미한다)

① $V_l = \sqrt{3}\,V_p$

② $I_l = I_p$

③ $P_y = \sqrt{3}\,V_l I_l \cos\theta$

④ $P_y = \sqrt{3}\,V_p I_p \cos\theta$

79

그림과 같이 접속된 회로에 평형 3상 전압 E[V]를 가할 때의 전류 I_1[A]은?

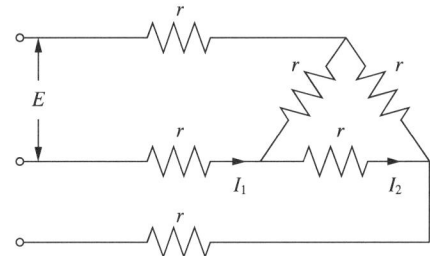

① $\dfrac{\sqrt{3}}{4E}$

② $\dfrac{4E}{\sqrt{3}}$

③ $\dfrac{4r}{\sqrt{3}\,E}$

④ $\dfrac{\sqrt{3}\,E}{4r}$

80

그림과 같은 커패시터 C의 초기 전압이 $V(0)$일 때 라플라스 변환에 의하여 s 함수로 표시된 등가회로로 옳은 것은?

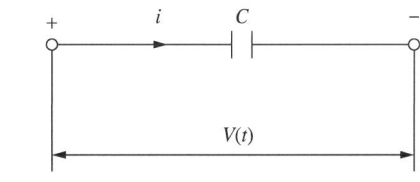

①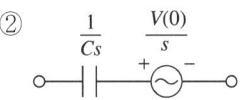

②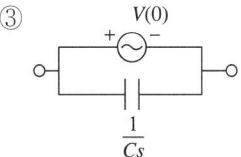

③

④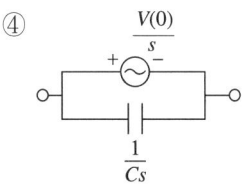

제5과목 전기설비기술기준

81 ※ KEC 규정 적용으로 문제 삭제
옥내배선의 사용전압이 220[V]인 경우 금속관공사의 기술기준으로 옳은 것은?
① 금속관에는 제3종 접지공사를 하였다.
② 전선은 옥외용 비닐절연전선을 사용하였다.
③ 금속관과 접속부분의 나사는 3턱 이상으로 나사결합을 하였다.
④ 콘크리트에 매설하는 전선관의 두께는 1.0[mm]를 사용하였다.

82
폭발성 또는 연소성의 가스가 침입할 우려가 있는 지중함에 그 크기가 몇 [m³] 이상의 것은 통풍장치 기타 가스를 방산시키기 위한 적당한 장치를 시설하여야 하는가?
① 0.9
② 1.0
③ 1.5
④ 2.0

83
차량, 기타 중량물의 압력을 받을 우려가 없는 장소에 지중 전선로를 직접 매설식에 의하여 매설하는 경우에는 매설 깊이를 몇 [cm] 이상으로 하여야 하는가?
① 40
② 60
③ 80
④ 100

84
전력용 커패시터의 용량 15,000[kVA] 이상은 자동적으로 전로로부터 차단하는 장치가 필요하다. 자동적으로 전로로부터 차단하는 장치가 필요한 사유로 틀린 것은?
① 과전류가 생긴 경우
② 과전압이 생긴 경우
③ 내부에 고장이 생긴 경우
④ 절연유의 압력이 변화하는 경우

85
고압 가공전선로의 지지물로 철탑을 사용한 경우 최대 경간은 몇 [m] 이하이어야 하는가?
① 300
② 400
③ 500
④ 600

86
무선용 안테나를 지지하는 목주의 풍압하중에 대한 안전율은?
① 1.2 이상
② 1.5 이상
③ 2.0 이상
④ 2.2 이상

87
목주, A종 철주 및 A종 철근 콘크리트주 지지물을 사용할 수 없는 보안공사는?
① 고압 보안공사
② 제1종 특고압 보안공사
③ 제2종 특고압 보안공사
④ 제3종 특고압 보안공사

88
특고압 가공전선로의 지지물로 사용하는 목주의 풍압하중에 대한 안전율은 얼마 이상이어야 하는가?
① 1.2
② 1.5
③ 2.0
④ 2.5

89 ※ KEC 규정 적용으로 문제 삭제
전기집진장치에서 변압기로부터 정류기에 이르는 케이블을 넣는 방호장치의 금속제 부분 및 케이블의 피복에 사용되는 금속체에는 원칙적으로 몇 종 접지공사를 하여야 하는가?
① 제1종 접지공사
② 제2종 접지공사
③ 제3종 접지공사
④ 특별 제3종 접지공사

90
※ KEC 규정 적용으로 문제 삭제

금속제 지중관로에 대하여 전식작용에 의한 장해를 줄 우려가 있어 배류시설에 사용되는 선택 배류기를 보호할 목적으로 시설하여야 하는 것은?

① 피뢰기
② 유입 개폐기
③ 과전류 차단기
④ 과전압 계전기

91
※ KEC 규정 적용으로 변경(400[V] 미만 ➡ 이하)

진열장 안의 사용전압이 400[V] 미만인 저압 옥내배선으로 외부에서 보기 쉬운 곳에 한하여 시설할 수 있는 전선은?(단, 진열장은 건조한 곳에 시설하고 또한 진열장 내부를 건조한 상태로 사용하는 경우이다)

① 단면적이 0.75[mm^2] 이상인 코드 또는 캡타이어 케이블
② 단면적이 0.75[mm^2] 이상인 나전선 또는 캡타이어 케이블
③ 단면적이 1.25[mm^2] 이상인 코드 또는 절연전선
④ 단면적이 1.25[mm^2] 이상인 나전선 또는 다심형 전선

92
저압 옥내배선을 가요전선관공사에 의해 시공하고자 한다. 이 가요전선관에 설치하는 전선으로 단선을 사용할 경우 그 단면적은 최대 몇 [mm^2] 이하이어야 하는가?(단, 알루미늄선은 제외한다)

① 2.5
② 4
③ 6
④ 10

93
ACSR을 사용한 고압가공전선의 이도계산에 적용되는 안전율은?

① 2.0
② 2.2
③ 2.5
④ 3.0

94
※ KEC 규정 적용으로 문제 삭제

변압기의 고압측 전로의 1선 지락전류가 4[A]일 때, 일반적인 경우의 제2종 접지저항값은 몇 [Ω] 이하로 유지되어야 하는가?

① 18.75
② 22.5
③ 37.5
④ 52.5

95
KS C IEC 60364에서 충전부 전체를 대지로부터 절연시키거나 한 점에 임피던스를 삽입하여 대지에 접속시키고, 전기기기의 노출 도전성 부분 단독 또는 일괄적으로 접지하거나 또는 계통접지로 접속하는 접지계통을 무엇이라 하는가?

① TT 계통
② IT 계통
③ TN-C 계통
④ TN-S 계통

96
전기공급설비 및 전기사용설비에서 변압기 절연유에 대한 설명으로 옳은 것은?

① 사용전압이 20,000[V] 이상의 중성점 직접접지식 전로에 접속하는 변압기를 설치하는 곳에는 절연유의 구외유출 및 지하침투를 방지하기 위한 설비를 갖추어야 한다.
② 사용전압이 25,000[V] 이상의 중성점 직접접지식 전로에 접속하는 변압기를 설치하는 곳에는 절연유의 구외유출 및 지하침투를 방지하기 위한 설비를 갖추어야 한다.
③ 사용전압이 100,000[V] 이상의 중성점 직접접지식 전로에 접속하는 변압기를 설치하는 곳에는 절연유의 구외유출 및 지하침투를 방지하기 위한 설비를 갖추어야 한다.
④ 사용전압이 150,000[V] 이상의 중성점 직접접지식 전로에 접속하는 변압기를 설치하는 곳에는 절연유의 구외유출 및 지하침투를 방지하기 위한 설비를 갖추어야 한다.

97
발전기·변압기·조상기·계기용 변성기·모선 또는 이를 지지하는 애자는 어떤 전류에 의하여 생기는 기계적 충격에 견디는 것인가?

① 지상전류   ② 유도전류
③ 충전전류   ④ 단락전류

98
※ KEC 규정 적용으로 문제 삭제

저압전로에서 그 전로에 지락이 생겼을 경우에 0.5초 이내에 자동적으로 전로를 차단하는 장치를 시설하는 경우에는 자동차단기의 정격감도전류가 200[mA]이면 특별 제3종 접지공사의 저항값은 몇 [Ω] 이하로 하여야 하는가?(단, 전기적 위험도가 높은 장소인 경우이다)

① 30   ② 50
③ 75   ④ 150

99
화약류 저장소에 전기설비를 시설할 때의 사항으로 틀린 것은?

① 전로의 대지전압이 400[V] 이하이어야 한다.
② 개폐기 및 과전류 차단기는 화학류 저장소 밖에 둔다.
③ 옥내배선은 금속관배선 또는 케이블배선에 의하여 시설한다.
④ 과전류 차단기에서 저장소 인입구까지의 배선에는 케이블을 사용한다.

100
※ KEC 규정 적용으로 문제 삭제

네온방전관을 사용한 사용전압 12,000[V]인 방전등에 사용되는 네온변압기 외함의 접지공사로서 옳은 것은?

① 제1종 접지공사
② 제2종 접지공사
③ 제3종 접지공사
④ 특별 제3종 접지공사

2017년 제1회 기출문제

제1과목 전기자기학

01
유도기전력의 크기는 폐회로에 쇄교하는 자속의 시간적 변화율에 비례한다는 법칙은?
① 쿨롱의 법칙
② 패러데이 법칙
③ 플레밍의 오른손 법칙
④ 앙페르의 주회적분 법칙

02
저항 24[Ω]의 코일을 지나는 자속이 $0.6\cos 800t$ [Wb]일 때 코일에 흐르는 전류의 최댓값은 몇 [A]인가?
① 10
② 20
③ 30
④ 40

03
대전도체 표면의 전하밀도를 $\sigma[C/m^2]$이라 할 때, 대전도체 표면의 단위면적이 받는 정전응력은 전하밀도 σ와 어떤 관계에 있는가?
① $\sigma^{\frac{1}{2}}$에 비례
② $\sigma^{\frac{3}{2}}$에 비례
③ σ에 비례
④ σ^2에 비례

04
전자파 파동임피던스 관계식으로 옳은 것은?
① $\sqrt{\varepsilon}H = \sqrt{\mu}E$
② $\sqrt{\varepsilon\mu} = EH$
③ $\sqrt{\mu}H = \sqrt{\varepsilon}E$
④ $\varepsilon\mu = EH$

05
자기인덕턴스 L[H]의 코일에 I[A]의 전류가 흐를 때 저장되는 자기에너지는 몇 [J]인가?
① LI
② $\frac{1}{2}LI$
③ LI^2
④ $\frac{1}{2}LI^2$

06
극판면적 10[cm²], 간격 1[mm]인 평행판 콘덴서에 비유전율이 3인 유전체를 채웠을 때 전압 100[V]를 가하면 축적되는 에너지는 약 몇 [J]인가?
① 1.32×10^{-7}
② 1.32×10^{-9}
③ 2.64×10^{-7}
④ 2.64×10^{-9}

07
자화의 세기 $J_m[C/m^2]$을 자속밀도 $B[Wb/m^2]$와 비투자율 μ_r로 나타내면?
① $J_m = (1 - \mu_r)B$
② $J_m = (\mu_r - 1)B$
③ $J_m = \left(1 - \frac{1}{\mu_r}\right)B$
④ $J_m = \left(\frac{1}{\mu_r} - 1\right)B$

08
평행판 공기콘덴서 극판 간에 비유전율 6인 유리판을 일부만 삽입한 경우, 유리판과 공기 간의 경계면에서 발생하는 힘은 약 몇 [N/m²]인가?(단, 극판 간의 전위경도는 30[kV/cm]이고 유리판의 두께는 평행판 간 거리와 같다)
① 199
② 223
③ 247
④ 269

정답 1② 2② 3④ 4③ 5④ 6① 7③ 8①

09

비유전율이 4이고, 전계의 세기가 20[kV/m]인 유전체 내의 전속밀도는 약 몇 [μC/m^2]인가?

① 0.71
② 1.42
③ 2.83
④ 5.28

10

단면적이 같은 자기회로가 있다. 철심의 투자율을 μ라 하고 철심회로의 길이를 l이라 한다. 지금 그 일부에 미소공극 l_0을 만들었을 때 자기회로의 자기저항은 공극이 없을 때의 약 몇 배인가?(단, $l \gg l_0$이다)

① $1 + \dfrac{\mu l}{\mu_0 l_0}$
② $1 + \dfrac{\mu l_0}{\mu_0 l}$
③ $1 + \dfrac{\mu_0 l}{\mu l_0}$
④ $1 + \dfrac{\mu_0 l_0}{\mu l}$

11

그림과 같이 도체구 내부 공동의 중심에 점전하 Q[C]가 있을 때 이 도체구의 외부로 발산되어 나오는 전기력선의 수는?(단, 도체내외의 공간은 진공이라 한다)

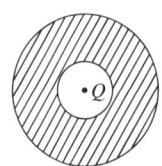

① 4π
② $\dfrac{Q}{\varepsilon_0}$
③ Q
④ $\varepsilon_0 Q$

12

매초마다 S면을 통과하는 전자에너지를 $W = \int_S P \cdot n \, dS$[W]로 표시하는데 이 중 틀린 설명은?

① 벡터 P를 포인팅 벡터라 한다.
② n이 내향일 때는 S면 내에 공급되는 총전력이다.
③ n이 외향일 때는 S면에서 나오는 총전력이 된다.
④ P의 방향은 전자계의 에너지 흐름의 진행방향과 다르다.

13

자위(Magnetic Potential)의 단위로 옳은 것은?

① [C/m]
② [N·m]
③ [AT]
④ [J]

14

$E = xi - yj$[V/m]일 때 점 (3, 4)[m]를 통과하는 전기력선의 방정식은?

① $y = 12x$
② $y = \dfrac{x}{12}$
③ $y = \dfrac{12}{x}$
④ $y = \dfrac{3}{4}x$

15

1,000[AT/m]의 자계 중에 어떤 자극을 놓았을 때 3×10^2[N]의 힘을 받았다고 한다. 자극의 세기[Wb]는?

① 0.03
② 0.3
③ 3
④ 30

16

임의의 절연체에 대한 유전율의 단위로 옳은 것은?

① [F/m]
② [V/m]
③ [N/m]
④ [C/m^2]

17

-1.2[C]의 점전하가 $5a_x + 2a_y - 3a_z$[m/s]인 속도로 운동한다. 이 전하가 $B = -4a_x + 4a_y + 3a_z$[Wb/m^2]인 자계에서 운동하고 있을 때 이 전하에 작용하는 힘은 약 몇 [N]인가?(단, a_x, a_y, a_z는 단위벡터이다)

① 10
② 20
③ 30
④ 40

18
평행판 콘덴서의 양극판 면적을 3배로 하고 간격을 $\frac{1}{3}$로 줄이면 정전용량은 처음의 몇 배가 되는가?

① 1　　② 3
③ 6　　④ 9

19
0.2[Wb/m²]의 평등자계속에 자계와 직각방향으로 놓인 길이 30[cm]의 도선을 자계와 30°의 방향으로 30[m/s]의 속도로 이동시킬 때 도체 양단에 유기되는 기전력은 몇 [V]인가?

① 0.45　　② 0.9
③ 1.8　　④ 90

20
전기 쌍극자에서 전계의 세기(E)와 거리(r)의 관계는?

① E는 r^2에 반비례
② E는 r^3에 반비례
③ E는 $r^{\frac{3}{2}}$에 반비례
④ E는 $r^{\frac{5}{2}}$에 반비례

제2과목　전력공학

21
어떤 건물에서 총설비 부하용량이 700[kW], 수용률이 70[%]라면, 변압기 용량은 최소 몇 [kVA]로 하여야 하는가?(단, 여기서 설비 부하의 종합 역률은 0.80이다)

① 425.9　　② 513.8
③ 612.5　　④ 739.2

22
전력계통에서 안정도의 종류에 속하지 않는 것은?

① 상태 안정도　　② 정태 안정도
③ 과도 안정도　　④ 동태 안정도

23
다음 중 VCB의 소호원리로 맞는 것은?

① 압축된 공기를 아크에 불어넣어서 차단
② 절연유 분해가스의 흡부력을 이용해서 차단
③ 고진공에서 전자의 고속도 확산에 의해 차단
④ 고성능 절연특성을 가진 가스를 이용하여 차단

24
직접접지방식에 대한 설명이 아닌 것은?

① 과도안정도가 좋다.
② 변압기의 단절연이 가능하다.
③ 보호계전기의 동작이 용이하다.
④ 계통의 절연수준이 낮아지므로 경제적이다.

25
3,300[V], 60[Hz], 뒤진 역률 60[%], 300[kW]의 단상부하가 있다. 그 역률을 100[%]로 하기 위한 전력용 콘덴서의 용량은 몇 [kVA]인가?

① 150　　② 250
③ 400　　④ 500

26
일반적으로 전선 1가닥의 단위 길이당 작용 정전용량이 다음과 같이 표시되는 경우 D가 의미하는 것은?

$$C_n = \frac{0.02413\varepsilon_s}{\log_{10}\frac{D}{r}}[\mu F/km]$$

① 선간거리　　② 전선 지름
③ 전선 반지름　　④ 선간거리 × $\frac{1}{2}$

27
19/1.8[mm] 경동연선의 바깥지름은 몇 [mm]인가?
① 5 ② 7
③ 9 ④ 11

28
갈수량이란 어떤 유량을 말하는가?
① 1년 365일 중 95일간은 이보다 낮아지지 않는 유량
② 1년 365일 중 185일간은 이보다 낮아지지 않는 유량
③ 1년 365일 중 275일간은 이보다 낮아지지 않는 유량
④ 1년 365일 중 355일간은 이보다 낮아지지 않는 유량

29
동작전류가 커질수록 동작시간이 짧게 되는 특성을 가진 계전기는?
① 반한시 계전기 ② 정한시 계전기
③ 순한시 계전기 ④ 부한시 계전기

30
3상 3선식 1선 1[km]의 임피던스가 $Z[\Omega]$이고, 어드미턴스가 $Y[\mho]$일 때 특성 임피던스는?
① $\sqrt{\dfrac{Z}{Y}}$ ② $\sqrt{\dfrac{Y}{Z}}$
③ $\sqrt{ZY}$ ④ $\sqrt{Z+Y}$

31
피뢰기의 제한전압에 대한 설명으로 옳은 것은?
① 방전을 개시할 때의 단자전압의 순시값
② 피뢰기 동작 중 단자전압의 파곳값
③ 특성요소에 흐르는 전압의 순시값
④ 피뢰기에 걸린 회로전압

32
가공 선로에서 이도를 D[m]라 하면 전선의 실제 길이는 경간 S[m]보다 얼마나 차이가 나는가?
① $\dfrac{5D}{8S}$ ② $\dfrac{3D^2}{8S}$
③ $\dfrac{9D}{8S^2}$ ④ $\dfrac{8D^2}{3S}$

33
유도뢰에 대한 차폐에서 가공지선이 있을 경우 전선상에 유기되는 전하를 q_1, 가공지선이 없을 때 유기되는 전하를 q_0라 할 때 가공지선의 보호율을 구하면?
① $\dfrac{q_0}{q_1}$ ② $\dfrac{q_1}{q_0}$
③ $q_1 \times q_0$ ④ $q_1 - \mu_s q_0$

34
선간 단락 고장을 대칭좌표법으로 해석할 경우 필요한 것 모두를 나열한 것은?
① 정상 임피던스
② 역상 임피던스
③ 정상 임피던스, 역상 임피던스
④ 정상 임피던스, 영상 임피던스

35
거리계전기의 종류가 아닌 것은?
① 모(Mho)형
② 임피던스(Impedance)형
③ 리액턴스(Reactance)형
④ 정전용량(Capacitance)형

36
저수지에서 취수구에 제수문을 설치하는 목적은?
① 낙차를 높인다. ② 어족을 보호한다.
③ 수차를 조절한다. ④ 유량을 조절한다.

37
전력용 퓨즈의 설명으로 옳지 않은 것은?
① 소형으로 큰 차단용량을 갖는다.
② 가격이 싸고 유지 보수가 간단하다.
③ 밀폐형 퓨즈는 차단 시에 소음이 없다.
④ 과도전류에 의해 쉽게 용단되지 않는다.

38
송전단 전압이 154[kV], 수전단 전압이 150[kV]인 송전선로에서 부하를 차단하였을 때 수전단 전압이 152[kV]가 되었다면 전압변동률은 약 몇 [%]인가?
① 1.11
② 1.33
③ 1.63
④ 2.25

39
전력 원선도의 가로축(㉠)과 세로축(㉡)이 나타내는 것은?
① ㉠ 최대전력, ㉡ 피상전력
② ㉠ 유효전력, ㉡ 무효전력
③ ㉠ 조상용량, ㉡ 송전손실
④ ㉠ 송전효율, ㉡ 코로나손실

40
역률개선을 통해 얻을 수 있는 효과와 거리가 먼 것은?
① 고조파 제거
② 전력손실의 경감
③ 전압강하의 경감
④ 설비용량의 여유분 증가

제3과목 전기기기

41
450[kVA], 역률 0.85, 효율 0.9인 동기발전기의 운전용 원동기의 입력은 500[kW]이다. 이 원동기의 효율은?
① 0.75
② 0.80
③ 0.85
④ 0.90

42
단상 반파정류회로에서 평균출력전압은 전원전압의 약 몇 [%]인가?
① 45.0
② 66.7
③ 81.0
④ 86.7

43
다음 중 일반적인 동기전동기 난조 방지에 가장 유효한 방법은?
① 자극수를 적게 한다.
② 회전자의 관성을 크게 한다.
③ 자극면에 제동권선을 설치한다.
④ 동기리액턴스 x_x를 작게 하고 동기화력을 크게 한다.

44
그림과 같이 전기자 권선에 전류를 보낼 때 회전방향을 알기 위한 법칙 및 회전방향은?

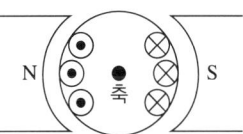

① 플레밍의 왼손 법칙, 시계방향
② 플레밍의 오른손 법칙, 시계방향
③ 플레밍의 왼손 법칙, 반시계방향
④ 플레밍의 오른손 법칙, 반시계방향

45
출력과 속도가 일정하게 유지되는 동기전동기에서 여자를 증가시키면 어떻게 되는가?
① 토크가 증가한다.
② 난조가 발생하기 쉽다.
③ 유기기전력이 감소한다.
④ 전기자전류의 위상이 앞선다.

46
동기발전기의 전기자 권선법 중 집중권에 비해 분포권이 갖는 장점은?
① 난조를 방지할 수 있다.
② 기전력의 파형이 좋아진다.
③ 권선의 리액턴스가 커진다.
④ 합성 유도기전력이 높아진다.

47
와류손이 50[W]인 3,300/110[V], 60[Hz]용 단상 변압기를 50[Hz], 3,000[V]의 전원에 사용하면 이 변압기의 와류손은 약 몇 [W]로 되는가?
① 25
② 31
③ 36
④ 41

48
다음 전자석의 그림 중에서 전류의 방향이 화살표와 같을 때 위쪽부분이 N극인 것은?

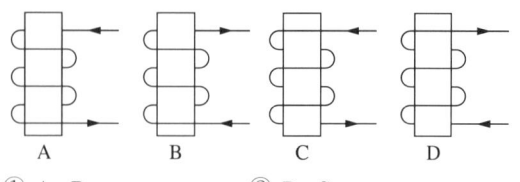

① A, B
② B, C
③ A, D
④ B, D

49
4극 단중 파권 직류발전기의 전전류가 I[A]일 때, 전기자 권선의 각 병렬회로에 흐르는 전류는 몇 [A]가 되는가?
① $4I$
② $2I$
③ $\dfrac{I}{2}$
④ $\dfrac{I}{4}$

50
3상 유도전동기의 전원주파수와 전압의 비가 일정하고 정격속도 이하로 속도를 제어하는 경우 전동기의 출력 P와 주파수 f와의 관계는?
① $P \propto f$
② $P \propto \dfrac{1}{f}$
③ $P \propto f^2$
④ P는 f에 무관

51
교류전동기에서 브러시 이동으로 속도변화가 용이한 전동기는?
① 동기전동기
② 시라게 전동기
③ 3상 농형 유도전동기
④ 2중 농형 유도전동기

52
일반적인 농형 유도전동기에 관한 설명 중 틀린 것은?
① 2차 측을 개방할 수 없다.
② 2차 측의 전압을 측정할 수 있다.
③ 2차저항 제어법으로 속도를 제어할 수 없다.
④ 1차 3선 중 2선을 바꾸면 회전방향을 바꿀 수 있다.

53
3상 유도전동기가 경부하로 운전 중 1선의 퓨즈가 끊어지면 어떻게 되는가?

① 전류가 증가하고 회전은 계속한다.
② 슬립은 감소하고 회전수는 증가한다.
③ 슬립은 증가하고 회전수는 증가한다.
④ 계속 운전하여도 열손실이 발생하지 않는다.

54
변압기의 병렬운전 조건에 해당하지 않는 것은?

① 각 변압기의 극성이 같을 것
② 각 변압기의 정격출력이 같을 것
③ 각 변압기의 백분율 임피던스 강하가 같을 것
④ 각 변압기의 권수비가 같고 1차 및 2차의 정격전압이 같을 것

55
변압기의 철심이 갖추어야 할 조건으로 틀린 것은?

① 투자율이 클 것
② 전기저항이 작을 것
③ 성층 철심으로 할 것
④ 히스테리시스손 계수가 작을 것

56
단상 유도전압 조정기의 1차 전압 100[V], 2차 전압 100±30[V], 2차 전류는 50[A]이다. 이 전압 조정기의 정격용량은 약 몇 [kVA]인가?

① 1.5   ② 2.6
③ 5   ④ 6.5

57
2대의 동기발전기를 병렬운전할 때, 무효횡류(무효순환전류)가 흐르는 경우는?

① 부하분담의 차가 있을 때
② 기전력의 위상차가 있을 때
③ 기전력의 파형에 차가 있을 때
④ 기전력의 크기에 차가 있을 때

58
1차 측 권수가 1,500인 변압기의 2차 측에 접속한 저항 16[Ω]을 1차 측으로 환산했을 때 8[kΩ]으로 되어 있다면 2차 측 권수는 약 얼마인가?

① 75   ② 70
③ 67   ④ 64

59
sE_2는 권선형 유도전동기의 2차 유기전압이고 E_c는 외부에서 2차 회로에 가하는 2차 주파수와 같은 주파수의 전압이다. E_c가 sE_2와 반대 위상일 경우 E_c를 크게 하면 속도는 어떻게 되는가?(단, $sE_2 - E_c$는 일정하다)

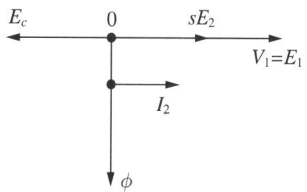

① 속도가 증가한다.
② 속도가 감소한다.
③ 속도에 관계없다.
④ 난조현상이 발생한다.

60
포화하고 있지 않은 직류발전기의 회전수가 $\frac{1}{2}$로 감소되었을 때 기전력을 속도 변화 전과 같은 값으로 하려면 여자를 어떻게 해야 하는가?

① $\frac{1}{2}$로 감소시킨다.
② 1배로 증가시킨다.
③ 2배로 증가시킨다.
④ 4배로 증가시킨다.

제4과목 회로이론

61
인덕턴스 $L = 20[\mathrm{mH}]$인 코일에 실횻값 $V = 50[\mathrm{V}]$, 주파수 $f = 60[\mathrm{Hz}]$인 정현파 전압을 인가했을 때 코일에 축적되는 평균 자기에너지(W_L)는 약 몇 [J]인가?

① 0.22 ② 0.33
③ 0.44 ④ 0.55

62
그림과 같은 회로가 있다. $I = 10[\mathrm{A}]$, $G = 4[\mho]$, $G_L = 6[\mho]$일 때 G_L의 소비전력[W]은?

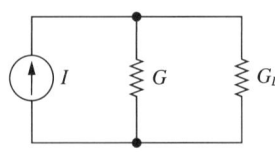

① 100 ② 10
③ 6   ④ 4

63
단위 임펄스 $\delta(t)$의 라플라스 변환은?

① e^{-s} ② $\dfrac{1}{s}$
③ $\dfrac{1}{s^2}$ ④ 1

64
다음의 4단자 회로에서 단자 a-b에서 본 구동점 임피던스 $Z_{11}[\Omega]$은?

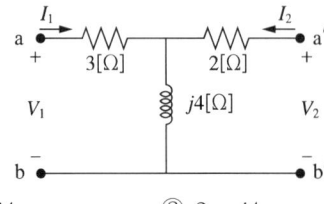

① $2 + j4$ ② $2 - j4$
③ $3 + j4$ ④ $3 - j4$

65
정현파 교류전압의 파고율은?

① 0.91 ② 1.11
③ 1.41 ④ 1.73

66
불평형 3상 전류가 다음과 같을 때 역상전류 I_2는 약 몇 [A]인가?

$$I_a = 15 + j2[\mathrm{A}]$$
$$I_b = -20 - j14[\mathrm{A}]$$
$$I_c = -3 + j10[\mathrm{A}]$$

① $1.91 + j6.24$ ② $2.17 + j5.34$
③ $3.38 - j4.26$ ④ $4.27 - j3.68$

67
어떤 회로의 단자전압과 전류가 다음과 같을 때, 회로에 공급되는 평균전력은 약 몇 [W]인가?

$$v(t) = 100\sin\omega t + 70\sin 2\omega t + 50\sin(3\omega t - 30°)[\mathrm{V}]$$
$$i(t) = 20\sin(\omega t - 60°) + 10\sin(3\omega t + 45°)[\mathrm{A}]$$

① 565 ② 525
③ 495 ④ 465

68
그림과 같이 π형 회로에서 Z_3를 4단자 정수로 표시한 것은?

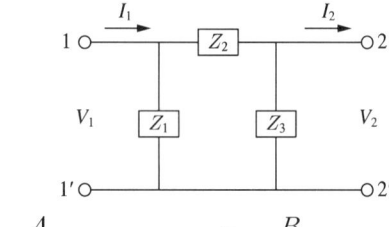

① $\dfrac{A}{1-B}$ ② $\dfrac{B}{1-A}$
③ $\dfrac{A}{B-1}$ ④ $\dfrac{B}{A-1}$

69

그림과 같은 회로에서 스위치 S를 $t=0$에서 닫았을 때 $(V_L)_{t=0}=100$[V], $\left(\dfrac{di}{dt}\right)_{t=0}=400$[A/s]이다. L[H]의 값은?

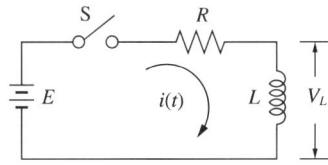

① 0.75　　② 0.5
③ 0.25　　④ 0.1

70

전류 $I=30\sin\omega t + 40\sin(3\omega t+45°)$[A]의 실횻값은 약 몇 [A]인가?

① 25　　② 35.4
③ 50　　④ 70.7

71

저항 $R[\Omega]$과 리액턴스 $X[\Omega]$이 직렬로 연결된 회로에서 $\dfrac{X}{R}=\dfrac{1}{\sqrt{2}}$일 때, 이 회로의 역률은?

① $\dfrac{1}{\sqrt{2}}$　　② $\dfrac{1}{\sqrt{3}}$
③ $\sqrt{\dfrac{2}{3}}$　　④ $\dfrac{\sqrt{3}}{2}$

72

테브낭의 정리를 이용하여 (a)회로를 (b)와 같은 등가회로로 바꾸려 한다. V[V]와 R[Ω]의 값은?

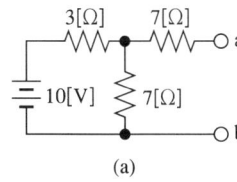
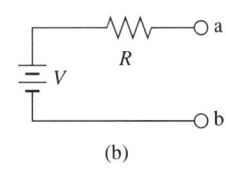

① 7[V], 9.1[Ω]　　② 10[V], 9.1[Ω]
③ 7[V], 6.5[Ω]　　④ 10[V], 6.5[Ω]

73

$F(s)=\dfrac{s+1}{s^2+2s}$의 역라플라스 변환은?

① $\dfrac{1}{2}(1-e^{-t})$　　② $\dfrac{1}{2}(1-e^{-2t})$
③ $\dfrac{1}{2}(1+e^{t})$　　④ $\dfrac{1}{2}(1+e^{-2t})$

74

임피던스 함수 $Z(s)=\dfrac{s+50}{s^2+3s+2}$[$\Omega$]으로 주어지는 2단자 회로망에 100[V]의 직류 전압을 가했다면 회로의 전류는 몇 [A]인가?

① 4　　② 6
③ 8　　④ 10

75

$\mathcal{L}^{-1}\left[\dfrac{\omega}{s(s^2+\omega^2)}\right]$은?

① $\dfrac{1}{\omega}(1-\sin\omega t)$　　② $\dfrac{1}{\omega}(1-\cos\omega t)$
③ $\dfrac{1}{s}(1-\sin\omega t)$　　④ $\dfrac{1}{s}(1-\cos\omega t)$

76

그림과 같은 회로에서 $t=0$에서 스위치를 닫으면 전류 $i(t)$[A]는?(단, 콘덴서의 초기 전압은 0[V]이다)

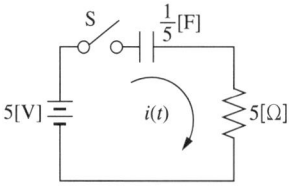

① $5(1-e^{-t})$　　② $1-e^{-t}$
③ $5e^{-t}$　　　　④ e^{-t}

77
그림과 같은 회로에서 r_1 저항에 흐르는 전류를 최소로 하기 위한 저항 $r_2[\Omega]$는?

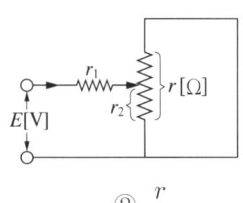

① $\dfrac{r_1}{2}$ ② $\dfrac{r}{2}$
③ r_1 ④ r

78
다음과 같은 회로에서 E_1, E_2, E_3[V]를 대칭 3상 전압이라 할 때 전압 E_0[V]은?

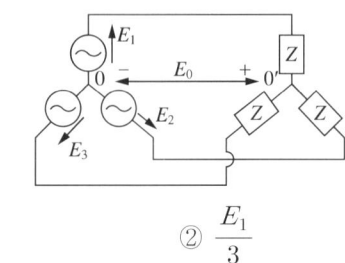

① 0 ② $\dfrac{E_1}{3}$
③ $\dfrac{2}{3}E_1$ ④ E_1

79
100[kVA] 단상 변압기 3대로 △결선하여 3상 전원을 공급하던 중 1대의 고장으로 V결선 하였다면 출력은 약 몇 [kVA]인가?

① 100 ② 173
③ 245 ④ 300

80
옴의 법칙은 저항에 흐르는 전류와 전압의 관계를 나타낸 것이다. 회로의 저항이 일정할 때 전류는?

① 전압에 비례한다.
② 전압에 반비례한다.
③ 전압의 제곱에 비례한다.
④ 전압의 제곱에 반비례한다.

제5과목 전기설비기술기준

81
저압 가공전선 또는 고압 가공전선이 도로를 횡단할 때 지표상의 높이는 몇 [m] 이상으로 하여야 하는가? (단, 농로 기타 교통이 번잡하지 않은 도로 및 횡단보도교는 제외한다)

① 4 ② 5
③ 6 ④ 7

82
다음 (㉮), (㉯)에 들어갈 내용으로 옳은 것은?

> 지중전선로는 기설 지중 약전류 전선로에 대하여 (㉮) 또는 (㉯)에 의하여 통신상의 장해를 주지 않도록 기설 약전류 전선로로부터 충분히 이격시키거나 기타 적당한 방법으로 시설하여야 한다.

① ㉮ 정전용량 ㉯ 표피작용
② ㉮ 정전용량 ㉯ 유도작용
③ ㉮ 누설전류 ㉯ 표피작용
④ ㉮ 누설전류 ㉯ 유도작용

83
B종 철주 또는 B종 철근 콘크리트주를 사용하는 특고압 가공전선로의 경간은 몇 [m] 이하이어야 하는가?

① 150 ② 250
③ 400 ④ 600

84
22.9[kV] 특고압 가공전선로의 시설에 있어서 중성선을 다중 접지하는 경우에 각각 접지한 곳 상호 간의 거리는 전선로에 따라 몇 [m] 이하이어야 하는가?

① 150 ② 300
③ 400 ④ 500

85
전력보안 통신선 시설에서 가공전선로의 지지물에 시설하는 가공 통신선에 직접 접속하는 통신선의 종류로 틀린 것은?
① 조가용선
② 절연전선
③ 광섬유 케이블
④ 일반통신용 케이블 이외의 케이블

86
특고압으로 시설할 수 없는 전선로는?
① 지중전선로   ② 옥상전선로
③ 가공전선로   ④ 수중전선로

87
변전소의 주요 변압기에서 계측하여야 하는 사항 중 계측장치가 꼭 필요하지 않은 것은?(단, 전기철도용 변전소의 주요 변압기는 제외한다)
① 전 압   ② 전 류
③ 전 력   ④ 주파수

88
변압기 1차 측 3,300[V], 2차 측 220[V]의 변압기 선로의 절연내력시험 전압은 각각 몇 [V]에서 10분간 견디어야 하는가?
① 1차 측 4,950[V], 2차 측 500[V]
② 1차 측 4,500[V], 2차 측 400[V]
③ 1차 측 4,125[V], 2차 측 500[V]
④ 1차 측 3,300[V], 2차 측 400[V]

89
저압 옥내배선을 금속덕트공사로 할 경우 금속덕트에 넣는 전선의 단면적(절연피복의 단면적 포함)의 합계는 덕트의 내부 단면적의 몇 [%]까지 할 수 있는가?
① 20   ② 30
③ 40   ④ 50

90
22.9[kV] 전선로를 제1종 특고압 보안공사로 시설할 경우 전선으로 경동연선을 사용한다면 그 단면적은 몇 [mm^2] 이상의 것을 사용하여야 하는가?
① 38   ② 55
③ 80   ④ 100

91
※ KEC 규정 적용으로 변경(미만 ➡ 이하)

무대·무대마루 밑·오케스트라박스·영사실 기타 사람이나 무대 도구가 접촉할 우려가 있는 곳에 시설하는 저압 옥내배선·전구선 또는 이동전선은 사용전압이 몇 [V] 미만이어야 하는가?
① 100   ② 200
③ 300   ④ 400

92
저압 가공전선로와 기설 가공약전류전선로가 병행하는 경우에는 유도작용에 의하여 통신상의 장해가 생기지 아니하도록 전선과 기설 약전류전선 간의 이격거리는 몇 [m] 이상이어야 하는가?
① 1   ② 2
③ 2.5   ④ 4.5

93
※ KEC 규정 적용으로 문제 삭제

금속관공사에 의한 저압 옥내배선의 방법으로 틀린 것은?
① 전선으로 연선을 사용하였다.
② 옥외용 비닐절연전선을 사용하였다.
③ 콘크리트에 매설하는 관은 두께 1.2[mm] 이상을 사용하였다.
④ 사용전압 400[V] 이상이고 사람의 접촉우려가 없어 제3종 접지공사를 하였다.

정답 85 ① 86 ② 87 ④ 88 ① 89 ① 90 ② 91 ④ 92 ② 93 ×

94 ※ KEC 규정 적용으로 문제 삭제

저압 옥내배선의 사용전압이 400[V] 미만인 경우에는 금속제 트레이에 몇 종 접지공사를 하여야 하는가?

① 제1종 접지공사
② 제2종 접지공사
③ 제3종 접지공사
④ 특별 제3종 접지공사

95

고압 가공전선로의 가공지선으로 나경동선을 사용할 경우 지름 몇 [mm] 이상으로 시설하여야 하는가?

① 2.5　　② 3
③ 3.5　　④ 4

96

옥내의 네온방전등 공사의 방법으로 옳은 것은?

① 전선 상호 간의 간격은 5[cm] 이상일 것
② 관등회로의 배선은 애자사용공사에 의할 것
③ 전선의 지지점 간의 거리는 2[m] 이하로 할 것
④ 관등회로의 배선은 점검할 수 없는 은폐된 장소에 시설할 것

97

가공전선로의 지지물에 취급자가 오르고 내리는 데 사용하는 발판 볼트 등은 지표상 몇 [m] 미만에 시설하여서는 아니 되는가?

① 1.2　　② 1.5
③ 1.8　　④ 2

98 ※ KEC 규정 적용으로 문제 삭제

교류 전차선 등이 교량 기타 이와 유사한 것의 밑에 시설되는 경우에 시설 기준으로 틀린 것은?

① 교류 전차선 등과 교량 등 사이의 이격거리는 30[cm] 이상일 것
② 교량의 가더 등의 금속제 부분에는 제1종 접지공사를 할 것
③ 교량 등의 위에서 사람이 교류 전차선 등에 접촉할 우려가 있는 경우에는 방호장치를 하고 위험표지를 할 것
④ 기술상 부득이한 경우에는 사용전압이 25[kV]인 교류 전차선과 교량 등 사이의 이격거리를 25[cm]까지로 감할 수 있을 것

99

타랭식 특고압용 변압기의 냉각장치에 고장이 생긴 경우 시설해야 하는 보호장치는?

① 경보장치
② 온도측정장치
③ 자동차단장치
④ 과전류 측정장치

100 ※ KEC 규정 적용으로 문제 삭제

혼촉 사고 시에 1초를 초과하고 2초 이내에 자동 차단되는 6.6[kV] 전로에 결합된 변압기 저압측의 전압이 220[V]인 경우 제2종 접지저항값[Ω]은?(단, 고압측 1선 지락전류는 30[A]라 한다)

① 5　　② 10
③ 20　　④ 30

2017년 제2회 기출문제

제1과목 전기자기학

01
전기력선의 기본 성질에 관한 설명으로 틀린 것은?
① 전기력선의 방향은 그 점의 전계의 방향과 일치한다.
② 전기력선은 전위가 높은 점에서 낮은 점으로 향한다.
③ 전기력선은 그 자신만으로도 폐곡선을 만든다.
④ 전계가 0이 아닌 곳에서는 전기력선은 도체 표면에 수직으로 만난다.

02
동일용량 $C[\mu F]$의 콘덴서 n개를 병렬로 연결하였다면 합성용량은 얼마인가?
① $n^2 C$
② nC
③ $\dfrac{C}{n}$
④ C

03
반지름 $r = 1[\text{m}]$인 도체구의 표면 전하밀도가 $\dfrac{10^{-8}}{9\pi}[\text{C/m}^2]$이 되도록 하는 도체구의 전위는 몇 $[\text{V}]$인가?
① 10
② 20
③ 40
④ 80

04
도전율의 단위로 옳은 것은?
① $[\text{m}/\Omega]$
② $[\Omega/\text{m}^2]$
③ $[1/\mho \cdot \text{m}]$
④ $[\mho/\text{m}]$

05
여러 가지 도체의 전하 분포에 있어서 각 도체의 전하를 n배할 경우 중첩의 원리가 성립하기 위해서는 그 전위는 어떻게 되는가?
① $\dfrac{1}{2}n$배가 된다.
② n배가 된다.
③ $2n$배가 된다.
④ n^2배가 된다.

06
$A = i + 4j + 3k$, $B = 4i + 2j - 4k$의 두 벡터는 서로 어떤 관계에 있는가?
① 평행
② 면적
③ 접근
④ 수직

07
전류가 흐르는 도선을 자계 내에 놓으면 이 도선에 힘이 작용한다. 평등자계의 진공 중에 놓여 있는 직선전류 도선이 받는 힘에 대한 설명으로 옳은 것은?
① 도선의 길이에 비례한다.
② 전류의 세기에 반비례한다.
③ 자계의 세기에 반비례한다.
④ 전류와 자계 사이의 각에 대한 정현(sine)에 반비례한다.

08
영역 1의 유전체 $\varepsilon_{r1} = 4$, $\mu_{r1} = 1$, $\sigma_1 = 0$과 영역 2의 유전체 $\varepsilon_{r2} = 9$, $\mu_{r2} = 1$, $\sigma_2 = 0$일 때 영역 1에서 영역 2로 입사된 전자파에 대한 반사계수는?
① -0.2
② -5.0
③ 0.2
④ 0.8

정답 1 ③ 2 ② 3 ③ 4 ④ 5 ② 6 ④ 7 ① 8 ①

09

정전용량이 $0.5[\mu F]$, $1[\mu F]$인 콘덴서에 각각 $2\times 10^{-4}[C]$ 및 $3\times 10^{-4}[C]$의 전하를 주고 극성을 같게 하여 병렬로 접속할 때 콘덴서에 축적된 에너지는 약 몇 [J]인가?

① 0.042
② 0.063
③ 0.083
④ 0.126

10

정전용량 및 내압이 $3[\mu F]/1,000[V]$, $5[\mu F]/500[V]$, $12[\mu F]/250[V]$인 3개의 콘덴서를 직렬로 연결하고 양단에 가한 전압을 서서히 증가시킬 경우 가장 먼저 파괴되는 콘덴서는?

① $3[\mu F]$
② $5[\mu F]$
③ $12[\mu F]$
④ 3개 동시에 파괴

11

정전용량 $10[\mu F]$인 콘덴서의 양단에 $100[V]$의 일정 전압을 인가하고 있다. 이 콘덴서의 극판 간의 거리를 $\frac{1}{10}$로 변화시키면 콘덴서에 충전되는 전하량은 거리를 변화시키기 이전의 전하량에 비해 어떻게 되는가?

① $\frac{1}{10}$로 감소
② $\frac{1}{100}$로 감소
③ 10배로 증가
④ 100배로 증가

12

접지 구도체와 점전하 간의 작용력은?

① 항상 반발력이다.
② 항상 흡인력이다.
③ 조건적 반발력이다.
④ 조건적 흡인력이다.

13

전계의 세기가 $1,500[V/m]$인 전장에 $5[\mu C]$의 전하를 놓았을 때 이 전하에 작용하는 힘은 몇 [N]인가?

① 4.5×10^{-3}
② 5.5×10^{-3}
③ 6.5×10^{-3}
④ 7.5×10^{-3}

14

$500[AT/m]$의 자계 중에 어떤 자극을 놓았을 때 $4\times 10^3[N]$의 힘이 작용했다면 이때 자극의 세기는 몇 [Wb]인가?

① 2
② 4
③ 6
④ 8

15

도전성을 가진 매질 내의 평면파에서 전송계수 γ를 표현한 것으로 알맞은 것은?(단, α는 감쇠정수, β는 위상정수이다)

① $\gamma = \alpha + j\beta$
② $\gamma = \alpha - j\beta$
③ $\gamma = j\alpha + \beta$
④ $\gamma = j\alpha - \beta$

16

자극의 세기가 $8\times 10^{-6}[Wb]$이고, 길이가 $30[cm]$인 막대자석을 $120[AT/m]$ 평등자계 내에 자력선과 $30°$의 각도로 놓았다면 자석이 받는 회전력은 몇 $[N\cdot m]$인가?

① 1.44×10^{-4}
② 1.44×10^{-5}
③ 2.88×10^{-4}
④ 2.88×10^{-5}

17

자기회로의 퍼미언스(Permeance)에 대응하는 전기회로의 요소는?

① 서셉턴스(Susceptance)
② 컨덕턴스(Conductance)
③ 엘라스턴스(Elastance)
④ 정전용량(Electrostatic Capacity)

18

전류가 흐르고 있는 도체에 자계를 가하면 도체 측면에 정·부(+, -)의 전하가 나타나 두 면 간에 전위차가 발생하는 현상은?

① 홀효과
② 핀치효과
③ 톰슨효과
④ 제베크효과

19
그림과 같이 직렬로 접속된 두 개의 코일이 있을 때 $L_1 = 20[\mathrm{mH}]$, $L_2 = 80[\mathrm{mH}]$, 결합계수 $k = 0.8$ 이다. 여기에 $0.5[\mathrm{A}]$의 전류를 흘릴 때 이 합성코일에 저축되는 에너지는 약 몇 $[\mathrm{J}]$인가?

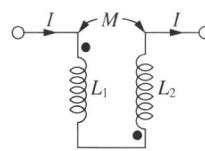

① 1.13×10^{-3} ② 2.05×10^{-2}
③ 6.63×10^{-2} ④ 8.25×10^{-2}

20
도체 1을 Q가 되도록 대전시키고, 여기에 도체 2를 접촉했을 때 도체 2가 얻은 전하를 전위계수로 표시하면?(단, P_{11}, P_{12}, P_{21}, P_{22}는 전위계수이다)

① $\dfrac{Q}{P_{11} - 2P_{12} + P_{22}}$

② $\dfrac{(P_{11} - P_{12})Q}{P_{11} - 2P_{12} + P_{22}}$

③ $\dfrac{(P_{11}P_{12} + P_{22})Q}{P_{11} + 2P_{12} + P_{22}}$

④ $\dfrac{(P_{11} - P_{12})Q}{P_{11} + 2P_{12} + P_{22}}$

제2과목 전력공학

21
개폐 서지를 흡수할 목적으로 설치하는 것의 약어는?
① CT   ② SA
③ GIS   ④ ATS

22
다음 중 표준형 철탑이 아닌 것은?
① 내선 철탑   ② 직선 철탑
③ 각도 철탑   ④ 인류 철탑

23
전력계통의 전압안정도를 나타내는 $P-V$ 곡선에 대한 설명 중 적합하지 않은 것은?
① 가로축은 수전단 전압을, 세로축은 무효전력을 나타낸다.
② 진상무효전력이 부족하면 전압은 안정되고 진상무효전력이 과잉되면 전압은 불안정하게 된다.
③ 전압 불안정 현상이 일어나지 않도록 전압을 일정하게 유지하려면 무효전력을 적절하게 공급하여야 한다.
④ $P-V$ 곡선에서 주어진 역률에서 전압을 증가시키더라도 송전할 수 있는 최대 전력이 존재하는 임계점이 있다.

24
3상으로 표준전압 3[kV], 800[kW]를 역률 0.9로 수전하는 공장의 수전회로에 시설할 계기용 변류기의 변류비로 적당한 것은?(단, 변류기의 2차 전류는 5[A]이며, 여유율은 1.2로 한다)
① 10   ② 20
③ 30   ④ 40

25
발전기나 변압기의 내부 고장 검출에 주로 사용되는 계전기는?
① 역상계전기
② 과전압계전기
③ 과전류계전기
④ 비율차동계전기

26
3,000[kW], 역률 80[%](뒤짐)의 부하에 전력을 공급하고 있는 변전소에 전력용 콘덴서를 설치하여 변전소에서의 역률을 90[%]로 향상시키는 데 필요한 전력용 콘덴서의 용량은 약 몇 [kVA]인가?

① 600
② 700
③ 800
④ 900

27
역률 0.8인 부하 480[kW]를 공급하는 변전소에 전력용 콘덴서 220[kVA]를 설치하면 역률은 몇 [%]로 개선할 수 있는가?

① 92
② 94
③ 96
④ 99

28
수전단을 단락한 경우 송전단에서 본 임피던스는 300[Ω]이고, 수전단을 개방한 경우에는 1,200[Ω]일 때 이 선로의 특성 임피던스는 몇 [Ω]인가?

① 300
② 500
③ 600
④ 800

29
배전전압, 배전거리 및 전력손실이 같다는 조건에서 단상 2선식 전기방식의 전선 총중량을 100[%]라 할 때 3상 3선식 전기방식은 몇 [%]인가?

① 33.3
② 37.5
③ 75.0
④ 100.0

30
외뢰(外雷)에 대한 주 보호장치로서 송전계통의 절연협조의 기본이 되는 것은?

① 애자
② 변압기
③ 차단기
④ 피뢰기

31
배전선로의 전기적 특성 중 그 값이 1 이상인 것은?

① 전압강하율
② 부등률
③ 부하율
④ 수용률

32
1,000[kVA]의 단상변압기 3대를 △-△결선의 1뱅크로 하여 사용하는 변전소가 부하 증가로 다시 1대의 단상변압기를 증설하여 2뱅크로 사용하면 최대 약 몇 [kVA]의 3상 부하에 적용할 수 있는가?

① 1,730
② 2,000
③ 3,460
④ 4,000

33
3,300[V] 배전선로의 전압을 6,600[V]로 승압하고 같은 손실률로 송전하는 경우 송전전력은 승압전의 몇 배인가?

① $\sqrt{3}$
② 2
③ 3
④ 4

34
송전선로에 근접한 통신선에 유도장해가 발생하였다. 전자유도의 주된 원인은?

① 영상전류
② 정상전류
③ 정상전압
④ 역상전압

35
기력발전소의 열사이클 과정 중 단열팽창 과정에서 물 또는 증기의 상태변화로 옳은 것은?

① 습증기 → 포화액
② 포화액 → 압축액
③ 과열증기 → 습증기
④ 압축액 → 포화액 → 포화증기

36
3상 배전선로의 전압강하율[%]을 나타내는 식이 아닌 것은?(단, V_s : 송전단전압, V_r : 수전단전압, I : 전부하전류, P : 부하전력, Q : 무효전력이다)

① $\dfrac{PR+QX}{V_r^2} \times 100$

② $\dfrac{V_s - V_r}{V_r} \times 100$

③ $\dfrac{V_s(PR+QX)}{V_r} \times 100$

④ $\dfrac{\sqrt{3}I}{V_r}(R\cos\theta + X\sin\theta) \times 100$

37
송전선로의 보호방식으로 지락에 대한 보호는 영상전류를 이용하여 어떤 계전기를 동작시키는가?
① 선택지락 계전기
② 전류차동 계전기
③ 과전압 계전기
④ 거리 계전기

38
경수감속 냉각형 원자로에 속하는 것은?
① 고속증식로
② 열중성자로
③ 비등수형 원자로
④ 흑연감속 가스 냉각로

39
장거리 송전선로의 특성을 표현한 회로로 옳은 것은?
① 분산부하회로
② 분포정수회로
③ 집중정수회로
④ 특성 임피던스회로

40
배전선로에 3상 3선식 비접지방식을 채용할 경우 장점이 아닌 것은?
① 과도안정도가 크다.
② 1선 지락고장 시 고장전류가 작다.
③ 1선 지락고장 시 인접 통신선의 유도장해가 작다.
④ 1선 지락고장 시 건전상의 대지전위 상승이 작다.

제3과목 전기기기

41
직류기에서 전기자 반작용의 영향을 설명한 것으로 틀린 것은?
① 주자극의 자속이 감소한다.
② 정류자편 사이의 전압이 불균일하게 된다.
③ 국부적으로 전압이 높아져 섬락을 일으킨다.
④ 전기적 중성점이 전동기인 경우 회전방향으로 이동한다.

42
6,300/210[V], 20[kVA] 단상변압기 1차 저항과 리액턴스가 각각 15.2[Ω]과 21.6[Ω], 2차 저항과 리액턴스가 각각 0.019[Ω]과 0.028[Ω]이다. 백분율 임피던스는 약 몇 [%]인가?
① 1.86
② 2.86
③ 3.86
④ 4.86

43
권선형 유도전동기의 속도제어 방법 중 저항제어법의 특징으로 옳은 것은?
① 효율이 높고 역률이 좋다.
② 부하에 대한 속도 변농률이 작다.
③ 구조가 간단하고 제어조작이 편리하다.
④ 전부하로 장시간 운전하여도 온도에 영향이 적다.

44
직류 분권전동기의 공급전압의 극성을 반대로 하면 회전방향은 어떻게 되는가?
① 반대로 된다.
② 변하지 않는다.
③ 발전기로 된다.
④ 회전하지 않는다.

45
단상 50[Hz], 전파정류회로에서 변압기의 2차 상전압 100[V], 수은정류기의 전압강하 20[V]에서 회로 중의 인덕턴스는 무시한다. 외부 부하로서 기전력 50[V], 내부 저항 0.3[Ω]의 축전지를 연결할 때 평균출력은 약 몇 [W]인가?

① 4,556 ② 4,667
③ 4,778 ④ 4,889

46
3상 동기발전기의 여자전류 5[A]에 대한 1상의 유기기전력이 600[V]이고 그 3상 단락전류는 30[A]이다. 이 발전기의 동기임피던스[Ω]는?

① 10 ② 20
③ 30 ④ 40

47
동기발전기의 전기자 권선을 단절권으로 하는 가장 큰 이유는?

① 과열을 방지
② 기전력 증가
③ 기본파를 제거
④ 고조파를 제거해서 기전력 파형 개선

48
권선형 유도전동기가 기동하면서 동기속도 이하까지 회전속도가 증가하면 회전자의 전압은?

① 증가한다. ② 감소한다.
③ 변함없다. ④ 0이 된다.

49
3상 직권 정류자 전동기의 중간변압기의 사용목적은?

① 역회전의 방지
② 역회전을 위하여
③ 전동기의 특성을 조정
④ 직권 특성을 얻기 위하여

50
전기자 지름 0.2[m]의 직류발전기가 1.5[kW]의 출력에서 1,800[rpm]으로 회전하고 있을 때 전기자 주변속도는 약 몇 [m/s]인가?

① 18.84 ② 21.96
③ 32.74 ④ 42.85

51
2방향성 3단자 사이리스터는?

① SCR ② SSS
③ SCS ④ TRIAC

52
동기전동기의 특징으로 틀린 것은?

① 속도가 일정하다.
② 역률을 조정할 수 없다.
③ 직류전원을 필요로 한다.
④ 난조를 일으킬 염려가 있다.

53
정격 주파수 50[Hz]의 변압기를 일정 전압 60[Hz]의 전원에 접속하여 사용했을 때 여자전류, 철손 및 리액턴스 강하는?

① 여자전류와 철손은 $\frac{5}{6}$ 감소, 리액턴스 강하 $\frac{6}{5}$ 증가
② 여자전류와 철손은 $\frac{5}{6}$ 감소, 리액턴스 강하 $\frac{5}{6}$ 감소
③ 여자전류와 철손은 $\frac{6}{5}$ 증가, 리액턴스 강하 $\frac{6}{5}$ 증가
④ 여자전류와 철손은 $\frac{6}{5}$ 증가, 리액턴스 강하 $\frac{5}{6}$ 감소

54
어떤 주상 변압기가 4/5 부하일 때 최대효율이 된다고 한다. 전부하에 있어서의 철손과 동손의 비 P_c/P_i는 약 얼마인가?

① 0.64 ② 1.56
③ 1.64 ④ 2.56

55
직류기의 손실 중 기계손에 속하는 것은?
① 풍 손
② 와전류손
③ 히스테리시스손
④ 브러시의 전기손

56
직류기에서 양호한 정류를 얻는 조건으로 틀린 것은?
① 정류주기를 크게 한다.
② 브러시의 접촉저항을 크게 한다.
③ 전기자권선의 인덕턴스를 작게 한다.
④ 평균 리액턴스 전압을 브러시 접촉면 전압강하보다 크게 한다.

57
동기전동기의 제동권선은 다음 어떤 것과 같은가?
① 직류기의 전기자
② 유도기의 농형 회전자
③ 동기기의 원통형 회전자
④ 동기기의 유도자형 회전자

58
권선형 3상 유도전동기의 2차 회로는 Y로 접속되고 2차 각 상의 저항은 0.3[Ω]이며 1차, 2차 리액턴스의 합은 1.5[Ω]이다. 기동 시에 최대토크를 발생하기 위해서 삽입하여야 할 저항[Ω]은?(단, 1차 각 상의 저항은 무시한다)
① 1.2
② 1.5
③ 2
④ 2.2

59
3상 유도전압 조정기의 특징이 아닌 것은?
① 분로권선에 회전자계가 발생한다.
② 입력전압과 출력전압의 위상이 같다.
③ 두 권선은 2극 또는 4극으로 감는다.
④ 1차 권선은 회전자에 감고 2차 권선은 고정자에 감는다.

60
변압기의 부하가 증가할 때의 현상으로서 틀린 것은?
① 동손이 증가한다.
② 온도가 상승한다.
③ 철손이 증가한다.
④ 여자전류는 변함없다.

제4과목 회로이론

61
어떤 회로망의 4단자 정수가 $A = 8$, $B = j2$, $D = 3 + j2$이면 이 회로망의 C는?
① $2 + j3$
② $3 + j3$
③ $24 + j14$
④ $8 - j11.5$

62
다음과 같은 회로에서 $i_1 = I_m \sin \omega t$ [A]일 때, 개방된 2차 단자에 나타나는 유기기전력 e_2는 몇 [V]인가?

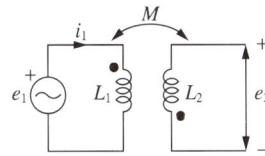

① $\omega M I_m \sin(\omega t - 90°)$
② $\omega M I_m \cos(\omega t - 90°)$
③ $-\omega M \sin \omega t$
④ $\omega M \cos \omega t$

63
다음 회로에서 부하 R에 최대전력이 공급될 때의 전력 값이 5[W]라고 하면 $R_L + R_i$의 값은 몇 [Ω]인가? (단, R_i는 전원의 내부 저항이다)

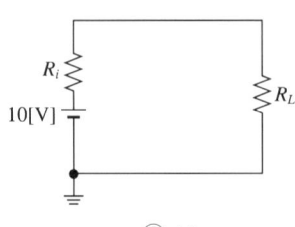

① 5　　　　② 10
③ 15　　　 ④ 20

64
부동작 시간(Dead Time) 요소의 전달함수는?

① K　　　　② $\dfrac{K}{s}$
③ Ke^{-Ls}　　④ Ks

65
회로의 양 단자에서 테브낭의 정리에 의한 등가 회로로 변환할 경우 V_{ab} 전압과 테브낭 등가저항은?

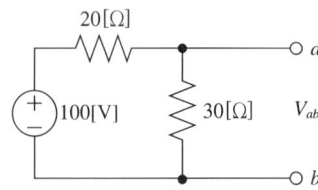

① 60[V], 12[Ω]
② 60[V], 15[Ω]
③ 50[V], 15[Ω]
④ 50[V], 50[Ω]

66
저항 $R[\Omega]$, 리액턴스 $X[\Omega]$와의 직렬회로에 교류전압 $V[V]$를 가했을 때 소비되는 전력[W]은?

① $\dfrac{V^2 R}{\sqrt{R^2+X^2}}$　　② $\dfrac{V}{\sqrt{R^2+X^2}}$

③ $\dfrac{V^2 R}{R^2+X^2}$　　④ $\dfrac{X}{R^2+X^2}$

67
그림과 같은 회로에서 $V_1(s)$를 입력, $V_2(s)$를 출력으로 한 전달함수는?

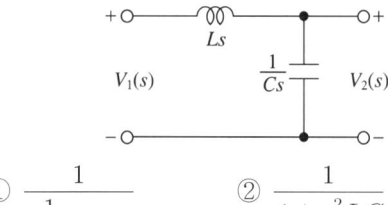

① $\dfrac{1}{\dfrac{1}{Ls}+Cs}$　　② $\dfrac{1}{1+s^2 LC}$

③ $\dfrac{1}{LC+Cs}$　　④ $\dfrac{Cs}{s^2(s+LC)}$

68
RLC 직렬회로에서 각주파수 ω를 변화시켰을 때 어드미턴스의 궤적은?

① 원점을 지나는 원
② 원점을 지나는 반원
③ 원점을 지나지 않는 원
④ 원점을 지나지 않는 직선

69
대칭 6상 기전력의 선간 전압과 상기전력의 위상차는?

① 120°　　② 60°
③ 30°　　　④ 15°

70
RL 병렬회로의 양단에 $e = E_m \sin(\omega t + \theta)$[V]의 전압이 가해졌을 때 소비되는 유효전력[W]은?

① $\dfrac{E_m^2}{2R}$ ② $\dfrac{E_m^2}{\sqrt{2}\,R}$
③ $\dfrac{E_m}{2R}$ ④ $\dfrac{E_m}{\sqrt{2}\,R}$

71
2단자 회로 소자 중에서 인가한 전류파형과 동위상의 전압파형을 얻을 수 있는 것은?
① 저 항 ② 콘덴서
③ 인덕턴스 ④ 저항+콘덴서

72
다음과 같은 교류 브리지 회로에서 Z_0에 흐르는 전류가 0이 되기 위한 각 임피던스의 조건은?

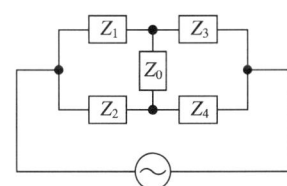

① $Z_1 Z_2 = Z_3 Z_4$
② $Z_1 Z_2 = Z_3 Z_0$
③ $Z_2 Z_3 = Z_1 Z_0$
④ $Z_2 Z_3 = Z_1 Z_4$

73
불평형 3상 전류가 $I_a = 15 + j2$[A], $I_b = -20 - j14$[A], $I_c = -3 + j10$[A]일 때의 영상전류 I_0[A]는?

① $1.57 - j3.25$ ② $2.85 + j0.36$
③ $-2.67 - j0.67$ ④ $12.67 + j2$

74
회로에서 $L = 50$[mH], $R = 20$[kΩ]인 경우 회로의 시정수는 몇 [μs]인가?

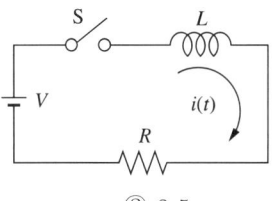

① 4.0 ② 3.5
③ 3.0 ④ 2.5

75
주기적인 구형파 신호의 구성은?
① 직류성분만으로 구성된다.
② 기본파 성분만으로 구성된다.
③ 고조파 성분만으로 구성된다.
④ 직류 성분, 기본파 성분, 무수히 많은 고조파 성분으로 구성된다.

76
$F(s) = \dfrac{5s+3}{s(s+1)}$ 일 때 $f(t)$의 최종값은?

① 3 ② -3
③ 5 ④ -5

77
다음 미분방정식으로 표시되는 계에 대한 전달함수는?(단, $x(t)$는 입력, $y(t)$는 출력을 나타낸다)

$$\dfrac{d^2 y(t)}{dt^2} + 3\dfrac{dy(t)}{dt} + 2y(t) = x(t) + \dfrac{dx(t)}{dt}$$

① $\dfrac{s+1}{s^2+3s+2}$ ② $\dfrac{s-1}{s^2+3s+2}$
③ $\dfrac{s+1}{s^2-3s+2}$ ④ $\dfrac{s-1}{s^2-3s+2}$

78
RC 회로에 비정현파 전압을 가하여 흐른 전류가 다음과 같을 때 이 회로의 역률은 약 몇 [%]인가?

$$v = 20 + 220\sqrt{2}\sin 120\pi t + 40\sqrt{2}\sin 360\pi t [V]$$
$$i = 2.2\sqrt{2}\sin(120\pi t + 36.87°)$$
$$\quad + 0.49\sqrt{2}\sin(360\pi t + 14.04°)[A]$$

① 75.8　　② 80.4
③ 86.3　　④ 89.7

79
대칭 좌표법에 관한 설명이 아닌 것은?
① 대칭 좌표법은 일반적인 비대칭 3상 교류회로의 계산에도 이용된다.
② 대칭 3상 전압의 영상분과 역상분은 0이고, 정상분만 남는다.
③ 비대칭 3상 교류회로는 영상분, 역상분 및 정상분의 3성분으로 해석한다.
④ 비대칭 3상 회로의 접지식 회로에는 영상분이 존재하지 않는다.

80
3상 Y결선 전원에서 각 상전압이 100[V]일 때 선간전압[V]은?
① 150　　② 170
③ 173　　④ 179

제5과목　전기설비기술기준

81
변전소의 주요 변압기에 시설하지 않아도 되는 계측장치는?
① 전압계　　② 역률계
③ 전류계　　④ 전력계

82
애자사용공사에 의한 고압 옥내배선을 시설하고자 할 경우 전선과 조영재 사이의 이격거리는 몇 [cm] 이상인가?
① 3　　② 4
③ 5　　④ 6

83
특고압 전선로에 접속하는 배전용 변압기의 1차 및 2차 전압은?
① 1차 : 35[kV] 이하, 2차 : 저압 또는 고압
② 1차 : 50[kV] 이하, 2차 : 저압 또는 고압
③ 1차 : 35[kV] 이하, 2차 : 특고압 또는 고압
④ 1차 : 50[kV] 이하, 2차 : 특고압 또는 고압

84
※ KEC 규정 적용으로 문제 삭제

관·암거·기타 지중전선을 넣은 방호장치의 금속제 부분(케이블을 지지하는 금구류는 제외한다)·금속제의 전선 접속함 및 지중전선의 피복으로 사용하는 금속체에 시설하는 접지공사의 종류는?
① 제1종 접지공사
② 제2종 접지공사
③ 제3종 접지공사
④ 특별 제3종 접지공사

85
폭연성 분진 또는 화약류의 분말이 전기설비가 발화원이 되어 폭발할 우려가 있는 곳에 시설하는 저압 옥내 전기설비를 케이블 공사로 할 경우 관이나 방호장치에 넣지 않고 노출로 설치할 수 있는 케이블은?
① 미네럴인슈레이션 케이블
② 고무절연 비닐 시스케이블
③ 폴리에틸렌절연 비닐 시스케이블
④ 폴리에틸렌절연 폴리에틸렌 시스케이블

86
지선을 사용하여 그 강도를 분담시켜서는 아니 되는 가공전선로 지지물은?

① 목 주 ② 철 주
③ 철 탑 ④ 철근콘크리트주

87
특고압 가공전선로의 지지물 중 전선로의 지지물 양쪽의 경간의 차가 큰 곳에 사용하는 철탑은?

① 내장형 철탑 ② 인류형 철탑
③ 보강형 철탑 ④ 각도형 철탑

88
※ KEC 규정 적용으로 문제 삭제

정격전류가 15[A] 이하인 과전류차단기로 보호되는 저압 옥내전로에 접속하는 콘센트는 정격전류가 몇 [A] 이하인 것이어야 하는가?

① 15 ② 20
③ 25 ④ 30

89
※ KEC 규정 적용으로 문제 삭제

풀용 수중조명등의 시설공사에서 절연변압기는 그 2차 측 전로의 사용전압이 몇 [V] 이하인 경우에는 1차 권선과 2차 권선 사이에 금속제의 혼촉방지판을 설치하여야 하며, 제 몇 종 접지공사를 하여야 하는가?

① 30[V], 제1종 접지공사
② 30[V], 제2종 접지공사
③ 60[V], 제1종 접지공사
④ 60[V], 제2종 접지공사

90
수소냉각식 발전기 및 이에 부속하는 수소냉각장치 시설에 대한 설명으로 틀린 것은?

① 발전기 안의 수소의 온도를 계측하는 장치를 시설할 것
② 발전기 안의 수소의 순도가 70[%] 이하로 저하한 경우에 이를 경보하는 장치를 시설할 것
③ 발전기 안의 수소의 압력을 계측하는 장치 및 그 압력이 현저히 변동한 경우에 이를 경보하는 장치를 시설할 것
④ 발전기는 기밀구조의 것이고 또한 수소가 대기압에서 폭발하는 경우에 생기는 압력에 견디는 강도를 가지는 것일 것

91
옥내에 시설하는 전동기에 과부하 보호장치의 시설을 생략할 수 없는 경우는?

① 정격출력이 0.75[kW]인 전동기
② 전동기의 구조나 부하의 성질로 보아 전동기가 소손할 수 있는 과전류가 생길 우려가 없는 경우
③ 전동기가 단상의 것으로 전원측 전로에 시설하는 배선용 차단기의 정격전류가 20[A] 이하인 경우
④ 전동기가 단상의 것으로 전원측 전로에 시설하는 과전류 차단기의 정격전류가 15[A] 이하인 경우

92
가공전선로의 지지물에 시설하는 통신선 또는 이에 직접 접속하는 가공 통신선의 높이에 대한 설명 중 틀린 것은?

① 도로를 횡단하는 경우에는 지표상 6[m] 이상으로 한다.
② 철도 또는 궤도를 횡단하는 경우에는 레일면상 6[m] 이상으로 한다.
③ 횡단보도교의 위에 시설하는 경우에는 그 노면상 5[m] 이상으로 한다.
④ 도로를 횡단하는 경우, 저압이나 고압의 가공전선로의 지지물에 시설하는 통신선이 교통에 지장을 줄 우려가 없는 경우에는 지표상 5[m]까지로 감할 수 있다.

93
※ KEC 규정 적용으로 문제 삭제

물기가 있는 장소의 저압전로에서 그 전로에 지락이 생긴 경우, 0.5초 이내에 자동적으로 전로를 차단하는 장치를 시설하는 경우에는 자동차단기의 정격감도 전류가 50[mA]라면 제3종 접지공사의 접지저항값은 몇 [Ω] 이하로 하여야 하는가?

① 100 ② 200
③ 300 ④ 500

94
※ KEC 규정 적용으로 문제 삭제

접지공사의 특례와 관련하여 특별 제3종 접지공사를 하여야 하는 금속체와 대지 간의 전기저항값이 몇 [Ω] 이하인 경우에는 특별 제3종 접지공사를 한 것으로 보는가?

① 3 ② 10
③ 50 ④ 100

95
아크가 발생하는 고압용 차단기는 목재의 벽 또는 천장, 기타의 가연성 물체로부터 몇 [m] 이상 이격하여야 하는가?

① 0.5 ② 1
③ 1.5 ④ 2

96
지중전선로를 관로식에 의하여 시설하는 경우에는 매설 깊이를 몇 [m] 이상으로 하여야 하는가?

① 0.6 ② 1.0
③ 1.2 ④ 1.5

97
가공전선로의 지지물이 원형 철근콘크리트주인 경우 갑종 풍압하중은 몇 [Pa]를 기초로 하여 계산하는가?

① 294 ② 588
③ 627 ④ 1,078

98
100[kV] 미만인 특고압 가공전선로를 인가가 밀집한 지역에 시설할 경우 전선로에 사용되는 전선의 단면적이 몇 [mm^2] 이상의 경동연선이어야 하는가?

① 38 ② 55
③ 100 ④ 150

99
교류식 전기철도는 그 단상부하에 의한 전압 불평형의 허용한도가 그 변전소의 수전점에서 몇 [%] 이하이어야 하는가?

① 1 ② 2
③ 3 ④ 4

100
터널 내에 교류 220[V]의 애자사용공사로 전선을 시설할 경우 노면으로부터 몇 [m] 이상의 높이로 유지해야 하는가?

① 2 ② 2.5
③ 3 ④ 4

2017년 제3회 기출문제

제1과목 전기자기학

01
100[kV]로 충전된 8×10^3[pF]의 콘덴서가 축적할 수 있는 에너지는 몇 [W] 전구가 2초 동안 한 일에 해당되는가?
① 10 ② 20
③ 30 ④ 40

02
제베크(Seebeck)효과를 이용한 것은?
① 광전지
② 열전대
③ 전자냉동
④ 수정 발진기

03
마찰전기는 두 물체의 마찰열에 의해 무엇이 이동하는 것인가?
① 양자
② 자하
③ 중성자
④ 자유전자

04
두 벡터 $A = -7i - j$, $B = -3i - 4j$가 이루는 각은?
① 30° ② 45°
③ 60° ④ 90°

05
그림과 같이 반지름 a[m], 중심간격 d[m]인 평행원통 도체가 공기 중에 있다. 원통도체의 선전하밀도가 각각 $\pm \rho_L$[C/m]일 때 두 원통도체 사이의 단위길이당 정전용량은 약 몇 [F/m]인가?(단, $d \gg a$이다)

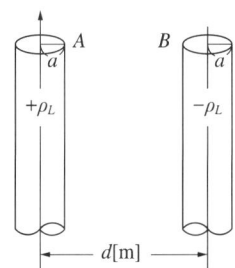

① $\dfrac{\pi \varepsilon_0}{\ln \dfrac{d}{a}}$
② $\dfrac{\pi \varepsilon_0}{\ln \dfrac{a}{d}}$
③ $\dfrac{4\pi \varepsilon_0}{\ln \dfrac{d}{a}}$
④ $\dfrac{4\pi \varepsilon_0}{\ln \dfrac{a}{d}}$

06
횡전자파(TEM)의 특성은?
① 진행방향의 E, H 성분이 모두 존재한다.
② 진행방향의 E, H 성분이 모두 존재하지 않는다.
③ 진행방향의 E 성분만 모두 존재하고, H 성분은 존재하지 않는다.
④ 진행방향의 H 성분만 모두 존재하고, E 성분은 존재하지 않는다.

07
반자성체가 아닌 것은?
① 은(Ag) ② 구리(Cu)
③ 니켈(Ni) ④ 비스무트(Bi)

정답 1 ② 2 ② 3 ④ 4 ② 5 ① 6 ② 7 ③

08
맥스웰 전자계의 기초 방정식으로 틀린 것은?

① $\text{rot } H = i_c + \dfrac{\partial D}{\partial t}$ ② $\text{rot } E = -\dfrac{\partial B}{\partial t}$

③ $\text{div } D = \rho$ ④ $\text{div } B = -\dfrac{\partial D}{\partial t}$

09
무한히 긴 두 평행도선이 2[cm]의 간격으로 가설되어 100[A]의 전류가 흐르고 있다. 두 도선의 단위길이당 작용력은 몇 [N/m]인가?

① 0.1   ② 0.5
③ 1   ④ 1.5

10
-1.2[C]의 점전하가 $5a_x + 2a_y - 3a_z$[m/s]인 속도로 운동한다. 이 전하가 $E = -18a_x + 5a_y - 10a_z$[V/m] 전계에서 운동하고 있을 때 이 전하에 작용하는 힘은 약 몇 [N]인가?

① 21.1   ② 23.5
③ 25.4   ④ 27.3

11
전계 $E = \sqrt{2}\, E_e \sin\omega\left(t - \dfrac{z}{v}\right)$ [V/m]의 평면 전자파가 있다. 진공 중에서의 자계의 실횻값은 약 몇 [AT/m]인가?

① $2.65 \times 10^{-4} E_e$ ② $2.65 \times 10^{-3} E_e$
③ $3.77 \times 10^{-2} E_e$ ④ $3.77 \times 10^{-1} E_e$

12
전자석의 재료로 가장 적당한 것은?

① 잔류자기와 보자력이 모두 커야 한다.
② 잔류자기는 작고, 보자력은 커야 한다.
③ 잔류자기와 보자력이 모두 작아야 한다.
④ 잔류자기는 크고, 보자력은 작아야 한다.

13
유전체 내의 전계의 세기가 E, 분극의 세기가 P, 유전율이 $\varepsilon = \varepsilon_s \varepsilon_0$인 유전체 내의 변위전류밀도는?

① $\varepsilon \dfrac{\partial E}{\partial t} + \dfrac{\partial P}{\partial t}$ ② $\varepsilon_0 \dfrac{\partial E}{\partial t} + \dfrac{\partial P}{\partial t}$

③ $\varepsilon_0 \left(\dfrac{\partial E}{\partial t} + \dfrac{\partial P}{\partial t} \right)$ ④ $\varepsilon \left(\dfrac{\partial E}{\partial t} + \dfrac{\partial P}{\partial t} \right)$

14
점전하 $+Q$[C]의 무한 평면도체에 대한 영상전하는?

① Q[C]와 같다.   ② $-Q$[C]와 같다.
③ Q[C]보다 작다.   ④ Q[C]보다 크다.

15
두 코일 A, B의 자기인덕턴스가 각각 3[mH], 5[mH]라 한다. 두 코일을 직렬연결 시, 자속이 서로 상쇄되도록 했을 때의 합성인덕턴스는 서로 증가하도록 연결했을 때의 60[%]이었다. 두 코일의 상호인덕턴스는 몇 [mH]인가?

① 0.5   ② 1
③ 5   ④ 10

16
고립 도체구의 정전용량이 50[pF]일 때 이 도체구의 반지름은 약 몇 [cm]인가?

① 5   ② 25
③ 45   ④ 85

17
N회 감긴 환상 솔레노이드의 단면적이 S[m²]이고 평균길이가 l[m]이다. 이 코일의 권수를 반으로 줄이고 인덕턴스를 일정하게 하려면?

① 길이를 1/2로 줄인다.
② 길이를 1/4로 줄인다.
③ 길이를 1/8로 줄인다.
④ 길이를 1/16로 줄인다.

정답 8 ④ 9 ① 10 ③ 11 ② 12 ④ 13 ② 14 ② 15 ② 16 ③ 17 ②

18
고유저항이 $\rho[\Omega \cdot m]$, 한 변의 길이가 $r[m]$인 정육면체의 저항$[\Omega]$은?

① $\dfrac{\rho}{\pi r}$ ② $\dfrac{r}{\rho}$
③ $\dfrac{\pi r}{\rho}$ ④ $\dfrac{\rho}{r}$

19
내외 반지름이 각각 a, b이고 길이가 l인 동축원통도체 사이에 도전율 σ, 유전율 ε인 손실유전체를 넣고, 내원통과 외원통 간에 전압 V를 가했을 때 방사상으로 흐르는 전류 I는?(단, $RC=\varepsilon\rho$이다)

① $\dfrac{2\pi l V}{\sigma \ln\dfrac{b}{a}}$ ② $\dfrac{\pi \sigma l V}{\ln\dfrac{b}{a}}$
③ $\dfrac{2\pi \sigma l V}{\ln\dfrac{b}{a}}$ ④ $\dfrac{4\pi \sigma l V}{\ln\dfrac{b}{a}}$

20
콘덴서를 그림과 같이 접속했을 때 C_x의 정전용량은 몇 $[\mu F]$인가?(단, $C_1 = C_2 = C_3 = 3[\mu F]$이고, a-b 사이의 합성정전용량은 $5[\mu F]$이다)

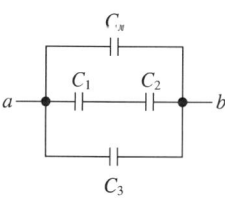

① 0.5 ② 1
③ 2 ④ 4

제2과목 전력공학

21
전력계통에 과도안정도 향상 대책과 관련 없는 것은?
① 빠른 고장 제거
② 속응 여자시스템 사용
③ 큰 임피던스의 변압기 사용
④ 병렬 송전선로의 추가 건설

22
다음 중 페란티 현상의 방지대책으로 적합하지 않은 것은?
① 선로전류를 지상이 되도록 한다.
② 수전단에 분로리액터를 설치한다.
③ 동기조상기를 부족여자로 운전한다.
④ 부하를 차단하여 무부하가 되도록 한다.

23
보호계전기의 구비조건으로 틀린 것은?
① 고장상태를 신속하게 선택할 것
② 조정범위가 넓고 조정이 쉬울 것
③ 보호동작이 정확하고 감도가 예민할 것
④ 접점의 소모가 크고, 연적 기계적 강도가 클 것

24
우리나라의 화력발전소에서 가장 많이 사용되고 있는 복수기는?
① 분사 복수기
② 방사 복수기
③ 표면 복수기
④ 증발 복수기

25
뒤진 역률 80[%], 1,000[kW]의 3상 부하가 있다. 이것에 콘덴서를 설치하여 역률을 95[%]로 개선하려면 콘덴서의 용량은 약 몇 [kVA]로 해야 하는가?

① 240
② 420
③ 630
④ 950

26
154[kV] 송전선로에 10개의 현수애자가 연결되어 있다. 다음 중 전압부담이 가장 적은 것은?(단, 애자는 같은 간격으로 설치되어 있다)

① 철탑에 가장 가까운 것
② 철탑에서 3번째에 있는 것
③ 전선에서 가장 가까운 것
④ 전선에서 3번째에 있는 것

27
교류송전에서는 송전거리가 멀어질수록 동일 전압에서의 송전 가능 전력이 적어진다. 그 이유로 가장 알맞은 것은?

① 표피효과가 커지기 때문이다.
② 코로나 손실이 증가하기 때문이다.
③ 선로의 어드미턴스가 커지기 때문이다.
④ 선로의 유도성 리액턴스가 커지기 때문이다.

28
충전된 콘덴서의 에너지에 의해 트립되는 방식으로 정류기, 콘덴서 등으로 구성되어 있는 차단기의 트립방식은?

① 과전류 트립방식
② 콘덴서 트립방식
③ 직류전압 트립방식
④ 부족전압 트립방식

29
어느 일정한 방향으로 일정한 크기 이상의 단락전류가 흘렀을 때 동작하는 보호계전기의 약어는?

① ZR
② UFR
③ OVR
④ DOCR

30
전선의 자체 중량과 빙설의 종합하중을 W_1, 풍압하중을 W_2라 할 때 합성하중은?

① $W_1 + W_2$
② $W_2 - W_1$
③ $\sqrt{W_1 - W_2}$
④ $\sqrt{W_1^2 + W_2^2}$

31
보호계전기 동작속도에 관한 사항으로 한시 특성 중 반한시형을 바르게 설명한 것은?

① 입력 크기에 관계없이 정해진 한시에 동작하는 것
② 입력이 커질수록 짧은 한시에 동작하는 것
③ 일정 입력(200[%])에서 0.2초 이내로 동작하는 것
④ 일정 입력(200[%])에서 0.04초 이내로 동작하는 것

32
다음 중 배전선로의 부하율이 F일 때 손실계수 H와의 관계로 옳은 것은?

① $H = F$
② $H = \dfrac{1}{F}$
③ $H = F^3$
④ $0 \leq F^2 \leq H \leq F \leq 1$

33
송전선에 낙뢰가 가해져서 애자에 섬락이 생기면 아크가 생겨 애자가 손상되는데 이것을 방지하기 위하여 사용하는 것은?

① 댐퍼(Damper)
② 아킹 혼(Arcing Horn)
③ 아머 로드(Armour Rod)
④ 가공지선(Overhead Ground Wire)

34
154[kV] 3상 1회선 송전선로의 1선의 리액턴스가 10[Ω], 전류가 200[A]일 때 %리액턴스는?

① 1.84 ② 2.25
③ 3.17 ④ 4.19

35
우리나라에서 현재 가장 많이 사용되고 있는 배전방식은?

① 3상 3선식 ② 3상 4선식
③ 단상 2선식 ④ 단상 3선식

36
조상설비가 아닌 것은?

① 단권변압기 ② 분로리액터
③ 동기조상기 ④ 전력용콘덴서

37
단거리 송전선의 4단자 정수 A, B, C, D 중 그 값이 0인 정수는?

① A ② B
③ C ④ D

38
전원측과 송전선로의 합성 %Z_s가 10[MVA] 기준용량으로 1[%]의 지점에 변전설비를 시설하고자 한다. 이 변전소에 정격용량 6[MVA]의 변압기를 설치할 때 변압기 2차 측의 단락용량은 몇 [MVA]인가?(단, 변압기의 %Z_t는 6.9[%]이다)

① 80 ② 100
③ 120 ④ 140

39
그림과 같은 단상 2선식 배선에서 인입구 A점의 전압이 220[V]라면 C점의 전압[V]은?(단, 저항값은 1선의 값이며 AB 간은 0.05[Ω], BC 간은 0.1[Ω]이다)

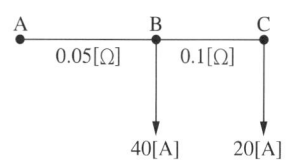

① 214 ② 210
③ 196 ④ 192

40
파동임피던스가 300[Ω]인 가공송전선 1[km]당 인덕턴스는 몇 [mH/km]인가?(단, 저항과 누설컨덕턴스는 무시한다)

① 0.5 ② 1
③ 1.5 ④ 2

제3과목 전기기기

41
3상 전원의 수전단에서 전압 3,300[V], 전류 1,000[A], 뒤진 역률 0.8의 전력을 받고 있을 때 동기조상기로 역률을 개선하여 1로 하고자 한다. 필요한 동기조상기의 용량은 약 몇 [kVA]인가?

① 1,525 ② 1,950
③ 3,150 ④ 3,429

42
기동장치를 갖는 단상 유도전동기가 아닌 것은?
① 2중 농형 ② 분상기동형
③ 반발기동형 ④ 셰이딩코일형

43
일반적인 직류전동기의 정격표시 용어로 틀린 것은?
① 연속정격 ② 순시정격
③ 반복정격 ④ 단시간정격

44
직류전동기의 속도제어 방법 중 광범위한 속도제어가 가능하며 운전효율이 높은 방법은?
① 계자제어 ② 전압제어
③ 직렬저항제어 ④ 병렬저항제어

45
트라이액(Triac)에 대한 설명으로 틀린 것은?
① 쌍방향성 3단자 사이리스터이다.
② 턴오프 시간이 SCR보다 짧으며 급격한 전압변동에 강하다.
③ SCR 2개를 서로 반대방향으로 병렬연결하여 양방향 전류제어가 가능하다.
④ 게이트에 전류를 흘리면 어느 방향이든 전압이 높은 쪽에서 낮은 쪽으로 도통한다.

46
탭전환 변압기 1차 측에 몇 개의 탭이 있는 이유는?
① 예비용 단자
② 부하전류를 조정하기 위하여
③ 수전점의 전압을 조정하기 위하여
④ 변압기의 여자전류를 조정하기 위하여

47
스테핑전동기의 스텝각이 3°이고, 스테핑주파수(Pulse Rate)가 1,200[pps]이다. 이 스테핑전동기의 회전속도[rps]는?
① 10 ② 12
③ 14 ④ 16

48
직류기의 전기자 반작용의 영향이 아닌 것은?
① 주자속이 증가한다.
② 전기적 중성축이 이동한다.
③ 정류작용에 악영향을 준다.
④ 정류자편간 전압이 상승한다.

49
유도전동기 역상제동의 상태를 크레인이나 권상기의 강하 시에 이용하고 속도제한의 목적에 사용되는 경우의 제동방법은?
① 발전제동 ② 유도제동
③ 회생제동 ④ 단상제동

50
단락비가 큰 동기기의 특징 중 옳은 것은?
① 전압변동률이 크다.
② 과부하 내량이 크다.
③ 전기자 반작용이 크다.
④ 송전선로의 충전용량이 작다.

51
전류가 불연속인 경우 전원전압 220[V]인 단상 전파정류회로에서 점호각 $\alpha = 90°$일 때의 직류 평균전압은 약 몇 [V]인가?
① 45 ② 84
③ 90 ④ 99

52
변압기의 냉각방식 중 유입 자랭식의 표시기호는?
① ANAN   ② ONAN
③ ONAF   ④ OFAF

53
타여자 직류전동기의 속도제어에 사용되는 워드 레오나드(Ward Leonard) 방식은 다음 중 어느 제어법을 이용한 것인가?
① 저항제어법   ② 전압제어법
③ 주파수제어법   ④ 직병렬제어법

54
단상변압기 2대를 사용하여 3,150[V]의 평형 3상에서 210[V]의 평형 2상으로 변환하는 경우에 각 변압기의 1차 전압과 2차 전압은 얼마인가?

① 주좌 변압기 : 1차 3,150[V], 2차 210[V]
   T좌 변압기 : 1차 3,150[V], 2차 210[V]

② 주좌 변압기 : 1차 3,150[V], 2차 210[V]
   T좌 변압기 : 1차 $3,150 \times \frac{\sqrt{3}}{2}$[V], 2차 210[V]

③ 주좌 변압기 : 1차 $3,150 \times \frac{\sqrt{3}}{2}$[V], 2차 210[V]
   T좌 변압기 : 1차 $3,150 \times \frac{\sqrt{3}}{2}$[V], 2차 210[V]

④ 주좌 변압기 : 1차 $3,150 \times \frac{\sqrt{3}}{2}$[V], 2차 210[V]
   T좌 변압기 : 1차 3,150[V], 2차 210[V]

55
3상 유도전동기의 속도제어법 중 2차 저항제어와 관계가 없는 것은?
① 농형 유도전동기에 이용된다.
② 토크 속도특성에 비례추이를 응용한 것이다.
③ 2차 저항이 커져 효율이 낮아지는 단점이 있다.
④ 조작이 간단하고 속도제어를 광범위하게 행할 수 있다.

56
직류발전기의 무부하 특성곡선은 다음 중 어느 관계를 표시한 것인가?
① 계자전류-부하전류   ② 단자전압-계자전류
③ 단자전압-회전속도   ④ 부하전류-단자전압

57
용량이 50[kVA] 변압기의 철손이 1[kW]이고 전부하 동손이 2[kW]이다. 이 변압기를 최대효율에서 사용하려면 부하를 약 몇 [kVA] 인가하여야 하는가?
① 25   ② 35
③ 50   ④ 71

58
농형 유도전동기 기동법에 대한 설명 중 틀린 것은?
① 전전압 기동법은 일반적으로 소용량에 적용된다.
② Y-△ 기동법은 기동전압(V)이 $\frac{1}{\sqrt{3}}V$로 감소한다.
③ 리액터 기동법은 기동 후 스위치로 리액터를 단락한다.
④ 기동보상기법은 최종속도 도달 후에도 기동보상기가 계속 필요하다.

59
3상 반작용 전동기(Reaction Motor)의 특성으로 가장 옳은 것은?
① 역률이 좋은 전동기
② 토크가 비교적 큰 전동기
③ 기동용 전동기가 필요한 전동기
④ 여자권선 없이 동기속도로 회전하는 전동기

정답 52 ② 53 ② 54 ② 55 ① 56 ② 57 ② 58 ④ 59 ④

60
2대의 3상 동기발전기를 동일한 부하로 병렬운전하고 있을 때 대응하는 기전력 사이에 60°의 위상차가 있다면 한쪽 발전기에서 다른 쪽 발전기에 공급되는 1상당 전력은 약 몇 [kW]인가?(단, 각 발전기의 기전력(선간)은 3,300[V], 동기리액턴스는 5[Ω]이고 전기자저항은 무시한다)

① 181
② 314
③ 363
④ 720

제4과목 회로이론

61
코일에 단상 100[V]의 전압을 가하면 30[A]의 전류가 흐르고 1.8[kW]의 전력을 소비한다고 한다. 이 코일과 병렬로 콘덴서를 접속하여 회로의 역률을 100[%]로 하기 위한 용량리액턴스는 약 몇 [Ω]인가?

① 4.2
② 6.2
③ 8.2
④ 10.2

62
그림과 같은 회로에서 저항 r_1, r_2에 흐르는 전류의 크기가 1:2의 비율이라면 r_1, r_2는 각각 몇 [Ω]인가?

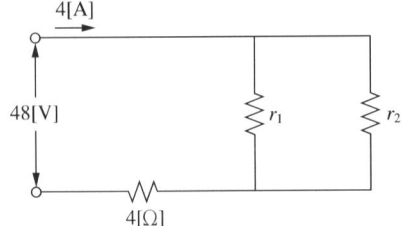

① $r_1 = 6$, $r_2 = 3$
② $r_1 = 8$, $r_2 = 4$
③ $r_1 = 16$, $r_2 = 8$
④ $r_1 = 24$, $r_2 = 12$

63
회로에서 스위치를 닫을 때 콘덴서의 초기전하를 무시하면 회로에 흐르는 전류 $i(t)$는 어떻게 되는가?

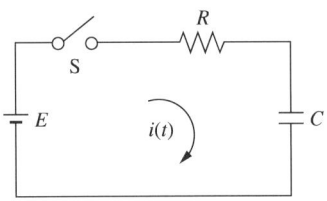

① $\dfrac{E}{R}e^{\frac{C}{R}t}$
② $\dfrac{E}{R}e^{\frac{R}{C}t}$
③ $\dfrac{E}{R}e^{-\frac{1}{CR}t}$
④ $\dfrac{E}{R}e^{\frac{1}{CR}t}$

64
다음 그림과 같은 전기회로의 입력을 e_i, 출력을 e_o라고 할 때 전달함수는?

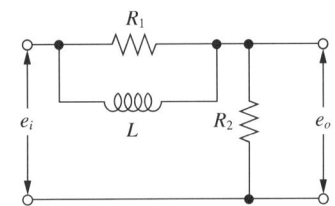

① $\dfrac{R_2(1+R_1Ls)}{R_1+R_2+R_1R_2Ls}$
② $\dfrac{1+R_2Ls}{1+(R_1+R_2)Ls}$
③ $\dfrac{R_2(R_1+Ls)}{R_1R_2+R_1Ls+R_2Ls}$
④ $\dfrac{R_2+\dfrac{1}{Ls}}{R_1+R_2+\dfrac{1}{Ls}}$

65
3대의 단상변압기를 △결선으로 하여 운전하던 중 변압기 1대가 고장으로 제거하여 V결선으로 한 경우 공급할 수 있는 전력은 고장 전 전력의 몇 [%]인가?

① 57.7 ② 50.0
③ 63.3 ④ 67.7

66
3상 회로의 영상분, 정상분, 역상분을 각각 I_0, I_1, I_2라 하고 선전류를 I_a, I_b, I_c라 할 때 I_b는?(단, $a = -\frac{1}{2} + j\frac{\sqrt{3}}{2}$ 이다)

① $I_0 + I_1 + I_2$
② $I_0 + a^2 I_1 + a I_2$
③ $\frac{1}{3}(I_0 + I_1 + I_2)$
④ $\frac{1}{3}(I_0 + a I_1 + a^2 I_2)$

67
전압의 순시값이 $v = 3 + 10\sqrt{2}\sin\omega t$[V]일 때 실횻값은 약 몇 [V]인가?

① 10.4 ② 11.6
③ 12.5 ④ 16.2

68
시간지연 요인을 포함한 어떤 특정계가 다음 미분방정식 $\frac{dy(t)}{dt} + y(t) = x(t-T)$로 표현된다. $x(t)$를 입력, $y(t)$를 출력이라 할 때 이 계의 전달함수는?

① $\frac{e^{-sT}}{s+1}$ ② $\frac{s+1}{e^{-sT}}$
③ $\frac{e^{sT}}{s-1}$ ④ $\frac{e^{-2sT}}{s+2}$

69
다음과 같은 회로에서 단자 a, b 사이의 합성저항[Ω]은?

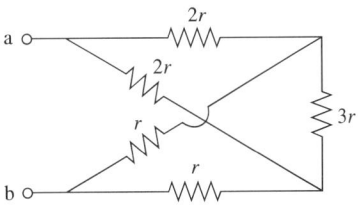

① r ② $\frac{1}{2}r$
③ $\frac{3}{2}r$ ④ $3r$

70
4단자 회로망이 가역적이기 위한 조건으로 틀린 것은?

① $Z_{12} = Z_{21}$
② $Y_{12} = Y_{21}$
③ $H_{12} = -H_{21}$
④ $AB - CD = 1$

71
그림과 같은 회로에서 유도성 리액턴스 X_L의 값[Ω]은?

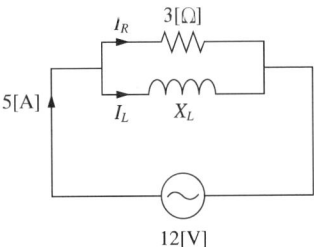

① 8 ② 6
③ 4 ④ 1

72
그림과 같은 단일 임피던스 회로의 4단자 정수는?

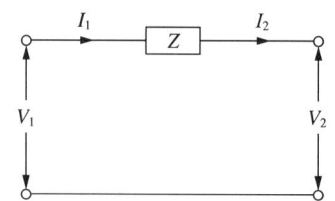

① $A = Z$, $B = 0$, $C = 1$, $D = 0$
② $A = 0$, $B = 1$, $C = Z$, $D = 1$
③ $A = 1$, $B = Z$, $C = 0$, $D = 1$
④ $A = 1$, $B = 0$, $C = 1$, $D = Z$

73
저항 3개를 Y로 접속하고 이것을 선간전압 200[V]의 평형 3상 교류전원에 연결할 때 선전류가 20[A] 흘렀다. 이 3개의 저항을 △로 접속하고 동일 전원에 연결하였을 때의 선전류는 몇 [A]인가?

① 30 ② 40
③ 50 ④ 60

74
$R = 4,000[\Omega]$, $L = 5[H]$의 직렬회로에 직류전압 200[V]를 가할 때 급히 단자 사이의 스위치를 단락시킬 경우 이로부터 1/800초 후 회로의 전류는 몇 [mA]인가?

① 18.4 ② 1.84
③ 28.4 ④ 2.84

75
다음과 같은 파형을 푸리에 급수로 전개하면?

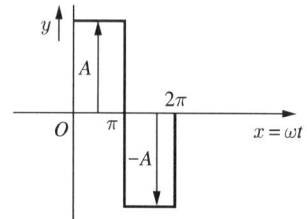

① $y = \dfrac{4A}{\pi}\left(\sin\alpha \sin x + \dfrac{1}{9}\sin 3\alpha \sin 3x + \cdots\right)$
② $y = \dfrac{4A}{\pi}\left(\sin x + \dfrac{1}{3}\sin 3x + \dfrac{1}{5}\sin 5x + \cdots\right)$
③ $y = \dfrac{4}{\pi}\left(\dfrac{\cos 2x}{1.3} + \dfrac{\cos 4x}{3.5} + \dfrac{\cos 6x}{5.7} + \cdots\right)$
④ $y = \dfrac{A}{x} + \dfrac{\sin 2x}{2} + \dfrac{\sin 4x}{4} + \cdots$

76
$i_1 = I_m \sin \omega t$[A]와 $i_2 = I_m \cos \omega t$[A]인 두 교류전류의 위상차는 몇 도인가?

① $0°$ ② $30°$
③ $60°$ ④ $90°$

77
$R-L$ 직렬회로에서 $e = 10 + 100\sqrt{2}\sin \omega t + 50\sqrt{2}\sin(3\omega t + 60°) + 60\sqrt{2}\sin(5\omega t + 30°)$[V]인 전압을 가할 때 제3고조파 전류의 실횻값은 몇 [A]인가?(단, $R = 8[\Omega]$, $\omega L = 2[\Omega]$이다)

① 1 ② 3
③ 5 ④ 7

78
대칭 n상 Y결선에서 선간전압의 크기는 상전압의 몇 배인가?

① $\sin \dfrac{\pi}{n}$ ② $\cos \dfrac{\pi}{n}$
③ $2\sin \dfrac{\pi}{n}$ ④ $2\cos \dfrac{\pi}{n}$

79
다음 함수 $F(s) = \dfrac{5s + 3}{s(s+1)}$의 역라플라스 변환은?

① $2 + 3e^{-t}$ ② $3 + 2e^{-t}$
③ $3 - 2e^{-t}$ ④ $2 - 3e^{-t}$

80
그림과 같은 회로가 공진이 되기 위한 조건을 만족하는 어드미턴스는?

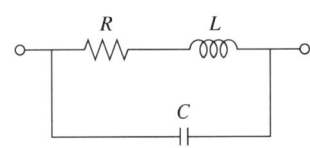

① $\dfrac{CL}{R}$ ② $\dfrac{CR}{L}$
③ $\dfrac{L}{CR}$ ④ $\dfrac{LR}{C}$

제5과목 전기설비기술기준

81
저압 절연전선을 사용한 220[V] 저압 가공전선이 안테나와 접근상태로 시설되는 경우 가공전선과 안테나 사이의 이격거리는 몇 [cm] 이상이어야 하는가?(단, 전선이 고압 절연전선, 특고압 절연전선 또는 케이블인 경우는 제외한다)

① 30 ② 60
③ 100 ④ 120

82
금속덕트에 넣은 전선의 단면적의 합계는 덕트의 내부 단면적의 몇 [%] 이하이어야 하는가?

① 10 ② 20
③ 32 ④ 48

83
지선을 사용하여 그 강도를 분담시키면 안 되는 가공전선로의 지지물은?

① 목 주 ② 철 주
③ 철 탑 ④ 철근 콘크리트주

84
저압 가공인입선 시설 시 도로를 횡단하여 시설하는 경우 노면상 높이는 몇 [m] 이상으로 하여야 하는가?

① 4   ② 4.5
③ 5   ④ 5.5

85
60[kV] 이하의 특고압 가공전선과 식물과의 이격거리는 몇 [m] 이상이어야 하는가?

① 2   ② 2.12
③ 2.24 ④ 2.36

86
전기부식방지 시설에서 전원장치를 사용하는 경우로 옳은 것은?

① 전기부식방지 회로의 사용전압은 교류 60[V] 이하일 것
② 지중에 매설하는 양극(+)의 매설깊이는 50[cm] 이상일 것
③ 지표 또는 수중에서 1[m] 간격의 임의의 2점 간의 전위차는 7[V]를 넘지 말 것
④ 수중에 시설하는 양극(+)과 그 주위 1[m] 이내의 거리에 있는 임의점과의 사이의 전위차는 10[V]를 넘지 말 것

87
※ KEC 규정 적용으로 문제 삭제

400[V] 미만인 저압용 전동기 외함을 접지공사할 경우 접지선의 공칭단면적은 몇 [mm²] 이상의 연동선이어야 하는가?

① 0.75 ② 2.5
③ 6   ④ 16

88
345[kV] 변전소의 충전 부분에서 5.98[m] 거리에 울타리를 설치할 경우 울타리 최소 높이는 몇 [m]인가?
① 2.1   ② 2.3
③ 2.5   ④ 2.7

89
동기발전기를 사용하는 전력계통에 시설하여야 하는 장치는?
① 비상 조속기
② 분로 리액터
③ 동기검정장치
④ 절연유 유출방지설비

90   ※ KEC 규정 적용으로 변경(이상 ➡ 초과)
특고압 가공전선로의 지지물에 시설하는 통신선 또는 이에 직접 접속하는 통신선 중 옥내에 시설하는 부분은 몇 [V] 이상의 저압 옥내배선의 규정에 준하여 시설하도록 하고 있는가?
① 150   ② 300
③ 380   ④ 400

91
제2종 특고압 보안공사 시 B종 철주를 지지물로 사용하는 경우 경간은 몇 [m] 이하인가?
① 100   ② 200
③ 400   ④ 500

92
전체의 길이가 18[m]이고, 설계하중이 6.8[kN]인 철근 콘크리트주를 지반이 튼튼한 곳에 시설하려고 한다. 기초 안전율을 고려하지 않기 위해서는 묻히는 깊이를 몇 [m] 이상으로 시설하여야 하는가?
① 2.5   ② 2.8
③ 3   ④ 3.2

93
변전소를 관리하는 기술원이 상주하는 장소에 경보장치를 시설하지 아니하여도 되는 것은?
① 조상기 내부에 고장이 생긴 경우
② 주요 변압기의 전원측 전로가 무전압으로 된 경우
③ 특고압용 타냉식변압기의 냉각장치가 고장난 경우
④ 출력 2,000[kVA] 특고압용 변압기의 온도가 현저히 상승한 경우

94
케이블 트레이 공사에 대한 설명으로 틀린 것은?
① 금속재의 것은 내식성 재료의 것이어야 한다.
② 케이블 트레이의 안전율은 1.25 이상이어야 한다.
③ 비금속제 케이블 트레이는 난연성 재료의 것이어야 한다.
④ 전선의 피복 등을 손상시킬 돌기 등이 없이 매끈하여야 한다.

95
의료장소의 수술실에서 전기설비의 시설에 대한 설명으로 틀린 것은?
① 의료용 절연변압기의 정격출력은 10[kVA] 이하로 한다.
② 의료용 절연변압기의 2차 측 정격전압은 교류 250[V] 이하로 한다.
③ 절연감시장치를 설치하는 경우 누설전류가 5[mA]에 도달하면 경보를 발하도록 한다.
④ 전원측에 강화절연을 한 의료용 절연변압기를 설치하고 그 2차 측 전로는 접지한다.

96
전등 또는 방전등에 저압으로 전기를 공급하는 옥내의 전로의 대지전압을 몇 [V] 이하이어야 하는가?
① 100   ② 200
③ 300   ④ 400

97
저압 가공인입선 시설 시 사용할 수 없는 전선은?
① 절연전선, 다심형 전선, 케이블
② 지름 2.6[mm] 이상의 인입용 비닐절연전선
③ 인장강도 1.2[kN] 이상의 인입용 비닐절연전선
④ 사람의 접촉우려가 없도록 시설하는 경우 옥외용 비닐절연전선

98
※ KEC 규정 적용으로 문제 삭제

전용부지가 아닌 가공 직류 전차선의 레일면상의 높이는 몇 [m] 이상으로 하여야 하는가?
① 3.6   ② 4
③ 4.4   ④ 4.8

99
고압 가공전선로의 가공지선으로 나경동선을 사용하는 경우의 지름은 몇 [mm] 이상이어야 하는가?
① 3.2   ② 4.0
③ 5.5   ④ 6.0

100
※ KEC 규정 적용으로 문제 삭제

저압의 옥측배선 또는 옥외배선 시설로 틀린 것은?
① 400[V] 이상 저압의 전개된 장소에 애자사용공사로 시설
② 합성수지관 또는 금속관공사, 가요전선관공사로 시설
③ 400[V] 이상 저압의 점검 가능한 은폐장소에 버스덕트공사로 시설
④ 옥내전로의 분기점에서 10[m] 이상인 저압의 옥측배선 또는 옥외배선의 개폐기를 옥내전로용과 겸용으로 시설

2018년 제1회 기출문제

제1과목 전기자기학

01
비투자율 μ_s, 자속 밀도 B[Wb/m²]인 자계 중에 있는 m[Wb]의 자극이 받는 힘[N]은?

① $\dfrac{Bm}{\mu_0\mu_s}$ ② $\dfrac{Bm}{\mu_0}$

③ $\dfrac{\mu_0\mu_s}{Bm}$ ④ $\dfrac{Bm}{\mu_s}$

02
비유전율이 9인 유전체 중에 1[cm]의 거리를 두고 1[μC]과 2[μC]의 두 점전하가 있을 때 서로 작용하는 힘은 약 몇 [N]인가?

① 18 ② 20
③ 180 ④ 200

03
그림과 같이 권수가 1이고 반지름 a[m]인 원형전류 I[A]가 만드는 자계의 세기[AT/m]는?

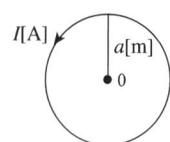

① $\dfrac{I}{a}$ ② $\dfrac{I}{2a}$

③ $\dfrac{I}{3a}$ ④ $\dfrac{I}{4a}$

04
균일한 자장 내에서 자장에 수직으로 놓여 있는 직선도선이 받는 힘에 대한 설명 중 옳은 것은?

① 힘은 자장의 세기에 비례한다.
② 힘은 전류의 세기에 반비례한다.
③ 힘은 도선 길이의 $\dfrac{1}{2}$ 승에 비례한다.
④ 자장은 방향에 상관없이 일정한 방향으로 힘을 받는다.

05
반지름이 1[m]인 도체구에 최고로 줄 수 있는 전위는 몇 [kV]인가?(단, 주위 공기의 절연내력은 3×10^6[V/m]이다)

① 30 ② 300
③ 3,000 ④ 30,000

06
다음이 설명하고 있는 것은?

> 수정, 로셀염 등에 열을 가하면 분극을 일으켜 한쪽 끝에 양(+) 전기, 다른 쪽 끝에 음(-) 전기가 나타나며, 냉각할 때에는 역분극이 생긴다.

① 강유전성
② 압전기현상
③ 파이로(Pyro)전기
④ 톰슨(Thomson)효과

정답 1① 2② 3② 4① 5③ 6③

07
무한장 원주형 도체에 전류 I가 표면에만 흐른다면 원주 내부의 자계의 세기는 몇 [AT/m]인가?(단, r[m]는 원주의 반지름이고, N은 권선수이다)

① 0　　　　　② $\dfrac{NI}{2\pi r}$

③ $\dfrac{I}{2r}$　　　④ $\dfrac{I}{2\pi r}$

08
그림과 같은 정전용량이 C_0[F]가 되는 평행판 공기콘덴서가 있다. 이 콘덴서의 판면적의 $\dfrac{2}{3}$가 되는 공간에 비유전율 ε_s인 유전체를 채우면 공기콘덴서의 정전용량[F]은?

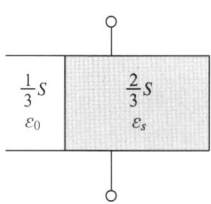

① $\dfrac{2\varepsilon_s}{3}C_0$　　　② $\dfrac{3}{1+2\varepsilon_s}C_0$

③ $\dfrac{1+\varepsilon_s}{3}C_0$　　④ $\dfrac{1+2\varepsilon_s}{3}C_0$

09
단면적 S[m²], 자로의 길이 l[m], 투자율 μ[H/m]의 환상 철심에 1[m]당 N회 코일을 균등하게 감았을 때 자기인덕턴스[H]는?

① μNlS　　　② $\mu N^2 lS$

③ $\dfrac{\mu N^2 l}{S}$　　　④ $\dfrac{\mu N^2 S}{l}$

10
접지구 도체와 점전하 간의 작용력은?

① 항상 반발력이다.　② 항상 흡인력이다.
③ 조건적 반발력이다.　④ 조건적 흡인력이다.

11
공기 중에서 무한평면 도체로부터 수직으로 10^{-10}[m] 떨어진 점에 한 개의 전자가 있다. 이 전자에 작용하는 힘은 약 몇 [N]인가?(단, 전자의 전하량 : -1.602×10^{-19}[C]이다)

① 5.77×10^{-9}
② 1.602×10^{-9}
③ 5.77×10^{-19}
④ 1.602×10^{-19}

12
각각 $\pm Q$[C]로 대전된 두 개의 도체 간의 전위차를 전위계수로 표시하면?(단, $P_{12}=P_{21}$이다)

① $(P_{11}+P_{12}+P_{22})Q$
② $(P_{11}+P_{12}-P_{22})Q$
③ $(P_{11}-P_{12}+P_{22})Q$
④ $(P_{11}-2P_{12}+P_{22})Q$

13
유전체 중의 전계의 세기를 E, 유전율을 ε이라 하면 전기변위는?

① εE　　　② εE^2

③ $\dfrac{\varepsilon}{E}$　　　④ $\dfrac{E}{\varepsilon}$

14
평행판 콘덴서에서 전극 간에 V[V]의 전위차를 가할 때 전계의 세기가 공기의 절연내력 E[V/m]를 넘지 않도록 하기 위한 콘덴서의 단위 면적당 최대용량은 몇 [F/m²]인가?

① $\dfrac{\varepsilon_0 V}{E}$　　　② $\dfrac{\varepsilon_0 E}{V}$

③ $\dfrac{\varepsilon_0 V^2}{E}$　　　④ $\dfrac{\varepsilon_0 E^2}{V}$

15
두 점전하 q, $\frac{1}{2}q$가 a만큼 떨어져 놓여 있다. 이 두 점전하를 연결하는 선상에서 전계의 세기가 영(0)이 되는 점은 q가 놓여 있는 점으로부터 얼마나 떨어진 곳인가?

① $\sqrt{2}a$
② $(2-\sqrt{2})a$
③ $\frac{\sqrt{3}}{2}a$
④ $\frac{(1+\sqrt{2})a}{2}$

16
자속밀도 B[Wb/m²]가 도체 중에서 f[Hz]로 변화할 때 도체 중에 유기되는 기전력 e는 무엇에 비례하는가?

① $e \propto Bf$
② $e \propto \frac{B}{f}$
③ $e \propto \frac{B^2}{f}$
④ $e \propto \frac{f}{B}$

17
유전율 ε, 투자율 μ인 매질 내에서 전자파의 전파속도는?

① $\sqrt{\varepsilon\mu}$
② $\sqrt{\frac{\varepsilon}{\mu}}$
③ $\frac{1}{\sqrt{\varepsilon\mu}}$
④ $\sqrt{\frac{\mu}{\varepsilon}}$

18
맥스웰의 전자방정식으로 틀린 것은?

① $\mathrm{div}B = \phi$
② $\mathrm{div}D = \rho$
③ $\mathrm{rot}E = -\frac{\partial B}{\partial t}$
④ $\mathrm{rot}H = i + \frac{\partial D}{\partial t}$

19
전류밀도 J, 전계 E, 입자의 이동도 μ, 도전율을 σ라 할 때 전류밀도[A/m²]를 옳게 표현한 것은?

① $J = 0$
② $J = E$
③ $J = \sigma E$
④ $J = \mu E$

20
반지름 a[m]인 접지 도체구의 중심에서 r[m]되는 거리에 점전하 Q[C]을 놓았을 때 도체구에 유도된 총전하는 몇 [C]인가?

① 0
② $-Q$
③ $-\frac{a}{r}Q$
④ $-\frac{r}{a}Q$

제2과목 전력공학

21
차단기의 정격투입전류란 투입되는 전류의 최초 주파수의 어느 값을 말하는가?

① 평균값
② 최댓값
③ 실횻값
④ 직류값

22
화력 발전소에서 가장 큰 손실은?

① 소내용 동력
② 복수기의 방열손
③ 연돌 배출가스 손실
④ 터빈 및 발전기의 손실

23
보일러 급수 중에 포함되어 있는 산소 등에 의한 보일러 배관의 부식을 방지할 목적으로 사용되는 장치는?

① 탈기기
② 공기 예열기
③ 급수 가열기
④ 수위 경보기

24
수차의 특유속도 N_S를 나타내는 계산식으로 옳은 것은?(단, 유효낙차 : H[m], 수차의 출력 : P[kW], 수차의 정격 회전수 : N[rpm]이라 한다)

① $N_S = \dfrac{NP^{\frac{1}{2}}}{H^{\frac{5}{4}}}$ ② $N_S = \dfrac{H^{\frac{5}{4}}}{NP}$

③ $N_S = \dfrac{HP^{\frac{1}{4}}}{N^{\frac{5}{4}}}$ ④ $N_S = \dfrac{NP^2}{H^{\frac{5}{4}}}$

25
송전계통에서 발생한 고장 때문에 일부 계통의 위상각이 커져서 동기를 벗어나려고 할 경우 이것을 검출하고 계통을 분리하기 위해서 차단하지 않으면 안 될 경우에 사용되는 계전기는?

① 한시계전기 ② 선택단락계전기
③ 탈조보호계전기 ④ 방향거리계전기

26
배전선로의 용어 중 틀린 것은?

① 궤전점 : 간선과 분기선의 접속점
② 분기선 : 간선으로 분기되는 변압기에 이르는 선로
③ 간선 : 급전선에 접속되어 부하로 선력을 공급하거나 분기선을 통하여 배전하는 선로
④ 급전선 : 배전용 변전소에서 인출되는 배전선로에서 최초의 분기점까지의 전선으로 도중에 부하가 접속되어 있지 않은 선로

27
3상 계통에서 수전단전압 60[kV], 전류 250[A], 선로의 저항 및 리액턴스가 각각 7.61[Ω], 11.85[Ω]일 때 전압강하율은?(단, 부하역률은 0.8(늦음)이다)

① 약 5.50[%] ② 약 7.34[%]
③ 약 8.69[%] ④ 약 9.52[%]

28
송전선로의 중성점 접지의 주된 목적은?

① 단락전류 제한
② 송전용량의 극대화
③ 전압강하의 극소화
④ 이상전압의 발생장치

29
선간거리를 D, 전선의 반지름을 r이라 할 때 송전선의 정전용량은?

① $\log_{10} \dfrac{D}{r}$ 에 비례한다.
② $\log_{10} \dfrac{r}{D}$ 에 비례한다.
③ $\log_{10} \dfrac{D}{r}$ 에 반비례한다.
④ $\log_{10} \dfrac{r}{D}$ 에 반비례한다.

30
피뢰기의 구비조건이 아닌 것은?

① 속류의 차단능력이 충분할 것
② 충격 방전 개시 전압이 높을 것
③ 상용 주파 방전 개시 전압이 높을 것
④ 방전 내량이 크고, 제한 전압이 낮을 것

31
가공 송전선에 사용되는 애자 1연 중 전압부담이 최대인 애자는?

① 중앙에 있는 애자
② 철탑에 제일 가까운 애자
③ 전선에 제일 가까운 애자
④ 전선으로부터 1/4 지점에 있는 애자

32
선간전압, 부하역률, 선로손실, 전선중량 및 배전거리가 같다고 할 경우 단상 2선식과 3상 3선식의 공급전력의 비(단상/3상)는?

① $\dfrac{3}{2}$ ② $\dfrac{1}{\sqrt{3}}$
③ $\sqrt{3}$ ④ $\dfrac{\sqrt{3}}{2}$

33
영상변류기와 관계가 가장 깊은 계전기는?
① 차동계전기   ② 과전류계전기
③ 과전압계전기   ④ 선택접지계전기

34
다음 중 그 값이 1 이상인 것은?
① 부등률   ② 부하율
③ 수용률   ④ 전압강하율

35
송전선에 복도체를 사용하는 주된 목적은?
① 역률개선   ② 정전용량의 감소
③ 인덕턴스의 증가   ④ 코로나 발생의 방지

36
고장점에서 전원 측을 본 계통 임피던스를 $Z[\Omega]$, 고장점의 상전압을 $E[V]$라 하면 3상 단락전류[A]는?

① $\dfrac{E}{Z}$ ② $\dfrac{ZE}{\sqrt{3}}$
③ $\dfrac{\sqrt{3}\,E}{Z}$ ④ $\dfrac{3E}{Z}$

37
송전계통의 안정도 증진방법에 대한 설명이 아닌 것은?
① 전압변동을 작게 한다.
② 직렬리액턴스를 크게 한다.
③ 고장 시 발전기 입·출력의 불평형을 작게 한다.
④ 고장전류를 줄이고 고장구간을 신속하게 차단한다.

38
전력계통에서의 단락용량 증대가 문제가 되고 있다. 이러한 단락용량을 경감하는 대책이 아닌 것은?
① 사고 시 모선을 통합한다.
② 상위전압 계통을 구성한다.
③ 모선 간에 한류 리액터를 삽입한다.
④ 발전기와 변압기의 임피던스를 크게 한다.

39
150[kVA] 전력용 콘덴서에 제5고조파를 억제시키기 위해 필요한 직렬리액터의 최소용량은 몇 [kVA]인가?
① 1.5   ② 3
③ 4.5   ④ 6

40
전주 사이의 경간이 80[m]인 가공전선로에서 전선 1[m]당의 하중이 0.37[kg], 전선의 이도가 0.8[m]일 때 수평장력은 몇 [kg]인가?
① 330   ② 350
③ 370   ④ 390

제3과목 전기기기

41
220[V], 50[kW]인 직류 직권전동기를 운전하는데 전기자 저항(브러시의 접촉저항 포함)이 0.05[Ω]이고 기계적 손실이 1.7[kW], 표유손이 출력의 1[%]이다. 부하전류가 100[A]일 때의 출력은 약 몇 [kW]인가?
① 14.5   ② 16.7
③ 18.2   ④ 19.6

42
유도전동기의 출력과 같은 것은?
① 출력 = 입력전압 − 철손
② 출력 = 기계출력 − 기계손
③ 출력 = 2차 입력 − 2차 저항손
④ 출력 = 입력전압 − 1차 저항손

43
농형 유도전동기의 속도제어법이 아닌 것은?
① 극수변환　② 1차 저항변환
③ 전원전압변환　④ 전원주파수변환

44
2대의 동기발전기가 병렬 운전하고 있을 때 동기화 전류가 흐르는 경우는?
① 부하분담에 차가 있을 때
② 기전력의 크기에 차가 있을 때
③ 기전력의 위상에 차가 있을 때
④ 기전력의 파형에 차가 있을 때

45
다이오드를 사용한 정류회로에서 여러 개를 병렬로 연결하여 사용할 경우 얻는 효과는?
① 인가전압 증가
② 다이오드의 효율 증가
③ 부하 출력의 맥동률 감소
④ 다이오드의 허용전류 증가

46
△결선 변압기의 한 대가 고장으로 제거되어 V결선으로 공급할 때 공급할 수 있는 전력은 고장 전 전력에 대하여 몇 [%]인가?
① 57.7　② 66.7
③ 75.0　④ 86.6

47
60[Hz], 12[극], 회전자의 외경 2[m]인 동기발전기에 있어서 회전자의 주변속도는 약 몇 [m/s]인가?
① 43　② 62.8
③ 120　④ 132

48
유도전동기의 특성에서 토크와 2차 입력 및 동기속도의 관계는?
① 토크는 2차 입력과 동기속도의 곱에 비례한다.
② 토크는 2차 입력에 반비례하고, 동기속도에 비례한다.
③ 토크는 2차 입력에 비례하고, 동기속도에 반비례한다.
④ 토크는 2차 입력의 자승에 비례하고, 동기속도의 자승에 반비례한다.

49
75[W] 이하의 소 출력으로 소형공구, 영사기, 치과의료용 등에 널리 이용되는 전동기는?
① 단상 반발전동기
② 영구자석 스텝전동기
③ 3상 직권 정류자전동기
④ 단상 직권 정류자전동기

50
직류 타여자발전기의 부하전류와 전기자전류의 크기는?
① 전기자전류와 부하전류가 같다.
② 부하전류가 전기자전류보다 크다.
③ 전기자전류가 부하전류보다 크다.
④ 전기자전류와 부하전류는 항상 0이다.

51
직류발전기를 병렬운전할 때 균압선이 필요한 직류발전기는?

① 분권발전기, 직권발전기
② 분권발전기, 복권발전기
③ 직권발전기, 복권발전기
④ 분권발전기, 단극발전기

52
전기자저항이 각각 R_A=0.1[Ω]과 R_B=0.2[Ω]인 100[V], 10[kW]의 두 분권발전기의 유기기전력을 같게 해서 병렬 운전하여, 정격전압으로 135[A]의 부하전류를 공급할 때 각 기기의 분담전류는 몇 [A]인가?

① I_A=80, I_B=55
② I_A=90, I_B=45
③ I_A=100, I_B=35
④ I_A=110, I_B=25

53
변압기에서 권수가 2배가 되면 유기기전력은 몇 배가 되는가?

① 1
② 2
③ 4
④ 8

54
전압이나 전류의 제어가 불가능한 소자는?

① SCR
② GTO
③ IGBT
④ Diode

55
직류 분권전동기에서 단자전압 210[V], 전기자전류 20[A], 1,500[rpm]으로 운전할 때 발생토크는 약 몇 [N·m]인가?(단, 전기자저항은 0.15[Ω]이다)

① 13.2
② 26.4
③ 33.9
④ 66.9

56
병렬 운전하고 있는 2대의 3상 동기발전기 사이에 무효순환전류가 흐르는 경우는?

① 부하의 증가
② 부하의 감소
③ 여자전류의 변화
④ 원동기의 출력변화

57
선박추진용 및 전기자동차용 구동전동기의 속도제어로 가장 적합한 것은?

① 저항에 의한 제어
② 전압에 의한 제어
③ 극수변환에 의한 제어
④ 전원주파수에 의한 제어

58
220[V], 60[Hz], 8[극], 15[kW]의 3상 유도전동기에서 전부하 회전수가 864[rpm]이면 이 전동기의 2차 동손은 몇 [W]인가?

① 435
② 537
③ 625
④ 723

59
변압기의 2차를 단락한 경우에 1차 단락전류 I_{s1}은?
(단, V_1 : 1차 단자전압, Z_1 : 1차 권선의 임피던스, Z_2 : 2차 권선의 임피던스, a : 권수비, Z : 부하의 임피던스)

① $I_{s1} = \dfrac{V_1}{Z_1 + a^2 Z_2}$

② $I_{s1} = \dfrac{V_1}{Z_1 + a Z_2}$

③ $I_{s1} = \dfrac{V_1}{Z_1 - a Z_2}$

④ $I_{s1} = \dfrac{V_1}{Z_1 + Z_2 + Z}$

60
변압기의 등가회로를 작성하기 위하여 필요한 시험은?

① 권선저항측정, 무부하시험, 단락시험
② 상회전시험, 절연내력시험, 권선저항측정
③ 온도상승시험, 절연내력시험, 무부하시험
④ 온도상승시험, 절연내력시험, 권선저항측정

제4과목 회로이론

61
$R = 50[\Omega]$, $L=200[mH]$의 직렬회로에서 주파수 $f = 50[Hz]$의 교류에 대한 역률[%]은?

① 82.3 ② 72.3
③ 62.3 ④ 52.3

62
$r[\Omega]$인 6[개]의 저항을 그림과 같이 접속하고 평형 3상 전압 E를 가했을 때 전류 I는 몇 [A]인가?(단, $r=3[\Omega]$, $E=60[V]$이다)

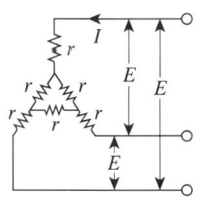

① 8.66 ② 9.56
③ 10.8 ④ 12.6

63
다음과 같은 회로에서 $t = 0$인 순간에 스위치 S를 닫았다. 이 순간에 인덕턴스 L에 걸리는 전압[V]은?(단, L의 초기 전류는 0이다)

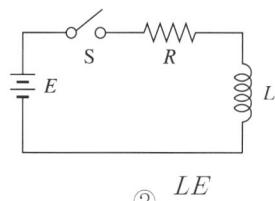

① 0 ② $\dfrac{LE}{R}$
③ E ④ $\dfrac{E}{R}$

64
그림과 같이 주기가 3[s]인 전압 파형의 실횻값은 약 몇 [V]인가?

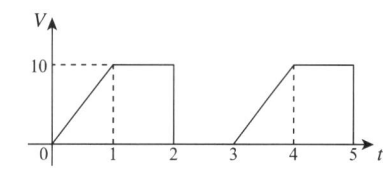

① 5.67 ② 6.67
③ 7.57 ④ 8.57

65
측정하고자 하는 전압이 전압계의 최대눈금보다 클 때에 전압계에 직렬로 저항을 접속하여 측정 범위를 넓히는 것은?

① 분류기 ② 분광기
③ 배율기 ④ 감쇠기

66
회로의 전압비 전달함수 $G(s) = \dfrac{V_2(s)}{V_1(s)}$ 는?

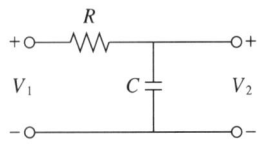

① RC ② $\dfrac{1}{RC}$

③ $RCs+1$ ④ $\dfrac{1}{RCs+1}$

67
비정현파 $f(x)$가 반파대칭 및 정현대칭일 때 옳은 식은?(단, 주기는 2π이다)

① $f(-x) = f(x),\ f(x+\pi) = f(x)$
② $f(-x) = f(x),\ f(x+2\pi) = f(x)$
③ $f(-x) = -f(x),\ -f(x+\pi) = f(x)$
④ $f(-x) = -f(x),\ -f(x+2\pi) = f(x)$

68
다음과 같은 Y 결선 회로와 등가인 △결선회로의 A, B, C 값은 몇 $[\Omega]$인가?

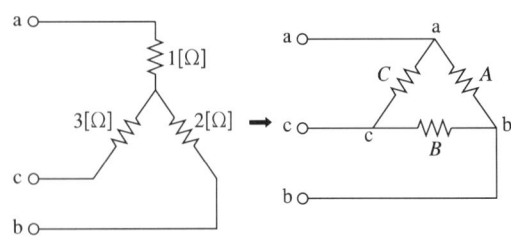

① $A = \dfrac{7}{3},\ B = 7,\ C = \dfrac{7}{2}$

② $A = 7,\ B = \dfrac{7}{2},\ C = \dfrac{7}{3}$

③ $A = 11,\ B = \dfrac{11}{2},\ C = \dfrac{11}{3}$

④ $A = \dfrac{11}{3},\ B = 11,\ C = \dfrac{11}{2}$

69
대칭 3상 교류전원에서 각 상의 전압이 v_a, v_b, v_c 일 때 3상 전압[V]의 합은?

① 0   ② $0.3v_a$
③ $0.5v_a$ ④ $3v_a$

70
1[mV]의 입력을 가했을 때 100[mV]의 출력이 나오는 4단자 회로의 이득[dB]은?

① 40   ② 30
③ 20   ④ 10

71
어느 회로망의 응답 $h(t) = (e^{-t} + 2e^{-2t})u(t)$의 라플라스 변환은?

① $\dfrac{3s+4}{(s+1)(s+2)}$ ② $\dfrac{3s}{(s-1)(s-2)}$

③ $\dfrac{3s+2}{(s+1)(s+2)}$ ④ $\dfrac{-s-4}{(s-1)(s-2)}$

72
그림과 같은 $e = E_m \sin\omega t$인 정현파 교류의 반파정류파형의 실횻값은?

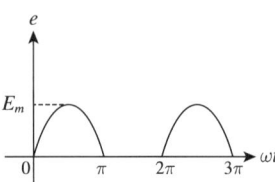

① E_m ② $\dfrac{E_m}{\sqrt{2}}$

③ $\dfrac{E_m}{2}$ ④ $\dfrac{E_m}{\sqrt{3}}$

73

그림과 같은 회로에서 스위치 S를 닫았을 때 시정수[s]의 값은?(단, L = 10[mH], R = 20[Ω]이다)

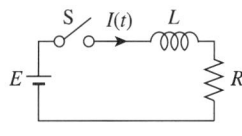

① 200
② 2,000
③ 5×10^{-3}
④ 5×10^{-4}

74

전압 $e = 100\sin 10t + 20\sin 20t$ [V]이고, 전류 $i = 20\sin(10t - 60) + 10\sin 20t$ [A]일 때 소비전력은 몇 [W]인가?

① 500
② 550
③ 600
④ 650

75

회로에서 단자 1-1′에서 본 구동점 임피던스 Z_{11}은 몇 [Ω]인가?

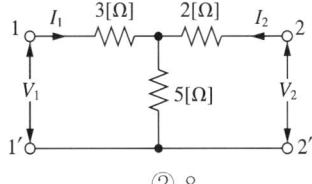

① 5
② 8
③ 10
④ 15

76

RLC 직렬회로에서 공진 시의 전류는 공급전압에 대하여 어떤 위상차를 갖는가?

① 0°
② 90°
③ 180°
④ 270°

77

$f(t) = 3u(t) + 2e^{-t}$인 시간함수를 라플라스 변환한 것은?

① $\dfrac{3s}{s^2 + 1}$
② $\dfrac{s+3}{s(s+1)}$
③ $\dfrac{5s+3}{s(s+1)}$
④ $\dfrac{5s+1}{(s+1)s^2}$

78

$F(s) = \dfrac{2(s+1)}{s^2 + 2s + 5}$의 시간함수 $f(t)$는 어느 것인가?

① $2e^t \cos 2t$
② $2e^t \sin 2t$
③ $2e^{-t} \cos 2t$
④ $2e^{-t} \sin 2t$

79

대칭 10상회로의 선간전압이 100[V]일 때 상전압은 약 몇 [V]인가?(단, sin18°=0.309이다)

① 161.8
② 172
③ 183.1
④ 193

80

다음 중 정전용량의 단위 [F](패럿)와 같은 것은?(단, [C]는 쿨롬, [N]은 뉴턴, [V]는 볼트, [m]은 미터이다)

① [V/C]
② [N/C]
③ [C/m]
④ [C/V]

제5과목 전기설비기술기준

81
금속관공사에 의한 저압 옥내배선 시설에 대한 설명으로 틀린 것은?

① 인입용 비닐절연전선을 사용했다.
② 옥외용 비닐절연전선을 사용했다.
③ 짧고 가는 금속관에 연선을 사용했다.
④ 단면적 10[mm²] 이하의 전선을 사용했다.

82
전광표시 장치에 사용하는 저압옥내 배선을 금속관공사로 시설할 경우 연동선의 단면적은 몇 [mm²] 이상 사용하여야 하는가?

① 0.75   ② 1.25
③ 1.5   ④ 2.5

83 ※ KEC 규정 적용으로 문제 삭제
다음 괄호 안에 들어갈 내용으로 옳은 것은?

> 강체방식에 의하여 시설하는 직류식 전기철도용 전차선로는 전차선의 높이가 지표상 (   )[m] 이상인 경우 이외에는 사람이 쉽게 출입할 수 없는 전용부지 안에 시설하여야 한다.

① 4.5   ② 5
③ 5.5   ④ 6

84
지중 전선로의 시설방식이 아닌 것은?

① 관로식
② 압착식
③ 암거식
④ 직접매설식

85
지중 전선로에 사용하는 지중함의 시설기준으로 틀린 것은?

① 조명 및 세척이 가능한 장치를 하도록 할 것
② 그 안의 고인 물을 제거할 수 있는 구조일 것
③ 견고하고 차량 기타 중량물의 압력에 견딜 수 있을 것
④ 뚜껑은 시설자 이외의 자가 쉽게 열 수 없도록 할 것

86 ※ KEC 규정 적용으로 문제 삭제
자동 차단기가 설치되어 있지 않는 전로에 접속되어 있는 440[V] 전동기의 외함을 접지할 때, 접지저항 값은 몇 [Ω] 이하이어야 하는가?

① 5   ② 10
③ 30   ④ 50

87
태양전지 발전소에 태양전지 모듈 등을 시설할 경우 사용 전선(연동선)의 공칭단면적은 몇 [mm²] 이상인가?

① 1.6   ② 2.5
③ 5   ④ 10

88
철근 콘크리트주로서 전장이 15[m]이고, 설계하중이 8.2[kN]이다. 이 지지물을 논이나 기타 지반이 연약한 곳 이외에 기초 안전율의 고려 없이 시설하는 경우에 그 묻히는 깊이는 기준보다 몇 [cm]를 가산하여 시설하여야 하는가?

① 10   ② 30
③ 50   ④ 70

정답 81 ② 82 ③ 83 × 84 ② 85 ① 86 × 87 ② 88 ②

89
고압 가공전선로에 케이블을 조가용선에 행거로 시설할 경우 그 행거의 간격은 몇 [cm] 이하로 하여야 하는가?

① 50
② 60
③ 70
④ 80

90
특고압 가공전선과 저압 가공전선을 동일 지지물에 병가하여 시설하는 경우 이격거리는 몇 [m] 이상이어야 하는가?

① 1
② 2
③ 3
④ 4

91
345[kV] 변전소의 충전 부분에서 6[m]의 거리에 울타리를 설치하려고 한다. 울타리의 최소높이는 약 몇 [m]인가?

① 2
② 2.28
③ 2.57
④ 3

92 ※ KEC 규정 적용으로 문제 삭제
변압기의 고압측 1선 지락전류가 30[A]인 경우에 제2종 접지공사의 최대 접지저항 값은 몇 [Ω]인가?(단, 고압측 전로가 저압측 전로와 혼촉하는 경우 1초 이내에 자동적으로 차단하는 장치가 설치되어 있다)

① 5
② 10
③ 15
④ 20

93
특고압 가공전선은 케이블인 경우 이외에는 단면적이 몇 [mm^2] 이상의 경동연선이어야 하는가?

① 8
② 14
③ 22
④ 30

94
전력보안 통신용 전화설비를 시설하지 않아도 되는 것은?

① 원격감시제어가 되지 아니하는 발전소
② 원격감시제어가 되지 아니하는 변전소
③ 2 이상의 급전소 상호 간과 이들을 총합운용하는 급전소 간
④ 발전소로서 전기공급에 지장을 미치지 않고, 휴대용 전력보안통신 전화설비에 의하여 연락이 확보된 경우

95
케이블 트레이공사에 사용되는 케이블 트레이가 수용된 모든 전선을 지지할 수 있는 적합한 강도의 것일 경우 케이블 트레이의 안전율은 얼마 이상으로 하여야 하는가?

① 1.1
② 1.2
③ 1.3
④ 1.5

96 ※ KEC 규정 적용으로 문제 삭제
케이블 공사에 의한 저압 옥내배선의 시설방법에 대한 설명으로 틀린 것은?

① 전선은 케이블 및 캡타이어케이블로 한다.
② 콘크리트 안에는 전선에 접속점을 만들지 아니한다.
③ 400[V] 미만인 경우 전선을 넣은 방호장치의 금속제 부분에는 제3종 접지공사를 한다.
④ 전선을 조영재의 옆면에 따라 붙이는 경우 전선의 지지점 간의 거리를 케이블은 3[m] 이하로 한다.

97 ※ KEC 규정 적용으로 문제 삭제
교통신호등 제어장치의 금속제 외함에는 몇 종 접지공사를 하여야 하는가?

① 제1종 접지공사
② 제2종 접지공사
③ 제3종 접지공사
④ 특별 제3종 접지공사

98
고압 가공전선로에 사용하는 가공지선은 인장강도 5.26[kN] 이상의 것 또는 지름이 몇 [mm] 이상의 나경동선을 사용하여야 하는가?

① 2.6 ② 3.2
③ 4.0 ④ 5.0

99
전가섭선에 관하여 각 가섭선의 상정 최대장력의 33[%]와 같은 불평균 장력의 수평종분력에 의한 하중을 더 고려하여야 할 철탑의 유형은?

① 직선형 ② 각도형
③ 내장형 ④ 인류형

100
최대사용전압이 23,000[V]인 중성점 비접지식전로의 절연내력 시험전압은 몇 [V]인가?

① 16,560 ② 21,160
③ 25,300 ④ 28,750

2018년 제2회 기출문제

제1과목 전기자기학

01
평면 전자파의 전계 E와 자계 H 사이의 관계식은?

① $E = \sqrt{\dfrac{\varepsilon}{\mu}} H$
② $E = \sqrt{\mu\varepsilon} H$
③ $E = \sqrt{\dfrac{\mu}{\varepsilon}} H$
④ $E = \sqrt{\dfrac{1}{\mu\varepsilon}} H$

02
균등하게 자화된 구(球)자성체가 자화될 때의 감자율은?

① $\dfrac{1}{2}$ ② $\dfrac{1}{3}$ ③ $\dfrac{2}{3}$ ④ $\dfrac{3}{4}$

03
반지름 a[m]인 두 개의 무한장 도선이 d[m]의 간격으로 평행하게 놓여 있을 때, $a \ll d$인 경우, 단위 길이당 정전용량[F/m]은?

① $\dfrac{2\pi\varepsilon_0}{\ln\dfrac{d}{a}}$
② $\dfrac{\pi\varepsilon_0}{\ln\dfrac{d}{a}}$
③ $\dfrac{4\pi\varepsilon_0}{\dfrac{1}{a}-\dfrac{1}{d}}$
④ $\dfrac{2\pi\varepsilon_0}{\dfrac{1}{a}-\dfrac{1}{d}}$

04
자계의 세기가 H인 자계 중에 직각으로 속도 v로 발사된 전하 Q가 그리는 원의 반지름 r은?

① $\dfrac{mv}{QH}$
② $\dfrac{mv^2}{QH}$
③ $\dfrac{mv}{\mu HQ}$
④ $\dfrac{mv^2}{\mu HQ}$

05
크기가 1[C]인 두 개의 같은 점전하가 진공 중에서 일정한 거리가 떨어져 9×10^9[N]의 힘으로 작용할 때, 이들 사이의 거리는 몇 [m]인가?

① 1 ② 2 ③ 4 ④ 10

06
자유공간(진공)에서의 고유임피던스[Ω]는?

① 144 ② 277 ③ 377 ④ 544

07
진공 중의 도체계에서 임의의 도체를 일정 전위의 도체로 완전 포위하면 내외공간의 전계를 완전 차단시킬 수 있는데 이것을 무엇이라 하는가?

① 홀효과
② 정전차폐
③ 핀치효과
④ 전자차폐

정답 1 ③ 2 ② 3 ② 4 ① 5 ① 6 ③ 7 ②

08

공극을 가진 환상 솔레노이드에서 총권수 N, 철심의 비투자율 μ_r, 단면적 A, 길이 l이고 공극이 δ일 때, 공극부에 자속밀도 B를 얻기 위해서는 전류를 몇 [A] 흘려야 하는가?

① $\dfrac{10^7 B}{2\pi N}\left(\dfrac{l}{\mu_r}+\delta\right)$ ② $\dfrac{10^7 B}{2\pi N}\left(\dfrac{\delta}{\mu_r}+l\right)$

③ $\dfrac{10^7 B}{4\pi N}\left(\dfrac{l}{\mu_r}+\delta\right)$ ④ $\dfrac{10^7 B}{4\pi N}\left(\dfrac{\delta}{\mu_r}+l\right)$

09

그림과 같이 유전체 경계면에서 $\varepsilon_1 < \varepsilon_2$이었을 때, E_1과 E_2의 관계식 중 옳은 것은?

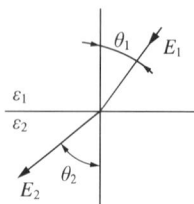

① $E_1 > E_2$ ② $E_1 < E_2$
③ $E_1 = E_2$ ④ $E_1 \cos\theta_1 = E_2 \cos\theta_2$

10

동심구 사이의 공극에 절연내력이 50[kV/mm]이며 비유전율이 3인 절연유를 넣으면, 공기인 경우의 몇 배의 전하를 축적할 수 있는가?(단, 공기의 절연내력은 3[kV/mm]라 한다)

① 3 ② $\dfrac{50}{3}$
③ 50 ④ 150

11

유전체에 가한 전계 E[V/m]와 분극의 세기 P[C/m²]와의 관계로 옳은 것은?

① $P = \varepsilon_0(\varepsilon_s + 1)E$ ② $P = \varepsilon_0(\varepsilon_s - 1)E$
③ $P = \varepsilon_s(\varepsilon_0 + 1)E$ ④ $P = \varepsilon_s(\varepsilon_0 - 1)E$

12

도체의 성질에 대한 설명으로 틀린 것은?

① 도체 내부의 전계는 0이다.
② 전하는 도체 표면에만 존재한다.
③ 도체의 표면 및 내부의 전위는 등전위이다.
④ 도체 표면의 전하밀도는 표면의 곡률이 큰 부분일수록 작다.

13

금속도체의 전기저항은 일반적으로 온도와 어떤 관계인가?

① 전기저항은 온도의 변화에 무관하다.
② 전기저항은 온도의 변화에 대해 정특성을 갖는다.
③ 전기저항은 온도의 변화에 대해 부특성을 갖는다.
④ 금속도체의 종류에 따라 전기저항의 온도특성은 일관성이 없다.

14

그림과 같은 반지름 a[m]인 원형 코일에 I[A]의 전류가 흐르고 있다. 이 도체 중심축상 x[m]인 P점의 자위는 몇 [A]인가?

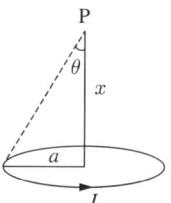

① $\dfrac{I}{2}\left(1 - \dfrac{x}{\sqrt{a^2+x^2}}\right)$

② $\dfrac{I}{2}\left(1 - \dfrac{a}{\sqrt{a^2+x^2}}\right)$

③ $\dfrac{I}{2}\left(1 - \dfrac{x^2}{(a^2+x^2)^{\frac{3}{2}}}\right)$

④ $\dfrac{I}{2}\left(1 - \dfrac{a^2}{(a^2+x^2)^{\frac{3}{2}}}\right)$

15
두 개의 코일이 있다. 각각의 자기인덕턴스가 0.4[H], 0.9[H]이고, 상호인덕턴스가 0.36[H]일 때, 결합계수는?

① 0.5 ② 0.6
③ 0.7 ④ 0.8

16
자계의 벡터퍼텐셜을 A라 할 때, A와 자계의 변화에 의해 생기는 전계 E 사이에 성립하는 관계식은?

① $A = \dfrac{\partial E}{\partial t}$ ② $E = \dfrac{\partial A}{\partial t}$
③ $A = -\dfrac{\partial E}{\partial t}$ ④ $E = -\dfrac{\partial A}{\partial t}$

17
면전하밀도 $\sigma[C/m^2]$, 판간 거리 $d[m]$인 무한평행판 대전체 간의 전위차[V]는?

① σd ② $\dfrac{\sigma}{\varepsilon}$
③ $\dfrac{\varepsilon_0 \sigma}{d}$ ④ $\dfrac{\sigma d}{\varepsilon_0}$

18
전류에 의한 자계의 방향을 결정하는 법칙은?

① 렌츠의 법칙
② 플레밍의 왼손 법칙
③ 플레밍의 오른손 법칙
④ 앙페르의 오른나사 법칙

19
비유전율이 2.4인 유전체 내의 전계의 세기가 100 [mV/m]이다. 유전체에 축적되는 단위체적당 정전에너지는 몇 [J/m³]인가?

① 1.06×10^{-13} ② 1.77×10^{-13}
③ 2.32×10^{-13} ④ 2.32×10^{-11}

20
자기인덕턴스가 각각 L_1, L_2인 두 코일을 서로 간섭이 없도록 병렬로 연결했을 때, 그 합성인덕턴스는?

① $L_1 L_2$ ② $\dfrac{L_1 + L_2}{L_1 L_2}$
③ $L_1 + L_2$ ④ $\dfrac{L_1 L_2}{L_1 + L_2}$

제2과목 전력공학

21
정정된 값 이상의 전류가 흘렀을 때 동작전류의 크기와 상관없이 항상 정해진 시간이 경과한 후에 동작하는 보호계전기는?

① 순시 계전기 ② 정한시 계전기
③ 반한시 계전기 ④ 반한시성 정한시 계전기

22
교류 저압 배전방식에서 밸런서를 필요로 하는 방식은?

① 단상 2선식 ② 단상 3선식
③ 3상 3선식 ④ 3상 4선식

23
변류기 개방 시 2차 측을 단락하는 이유는?

① 측정 오차 방지 ② 2차 측 절연 보호
③ 1차 측 과전류 방지 ④ 2차 측 과전류 보호

24
전력용 퓨즈는 주로 어떤 전류의 차단을 목적으로 사용하는가?

① 지락전류 ② 단락전류
③ 과도전류 ④ 과부하전류

정답 15 ② 16 ④ 17 ④ 18 ④ 19 ① 20 ④ 21 ② 22 ② 23 ② 24 ②

25
소호리액터 접지에 대한 설명으로 틀린 것은?
① 지락전류가 작다.
② 과도안정도가 높다.
③ 전자유도장애가 경감된다.
④ 선택지락계전기의 작동이 쉽다.

26
단상 2선식의 교류 배전선이 있다. 전선 한 줄의 저항은 0.15[Ω], 리액턴스는 0.25[Ω]이다. 부하는 무유도성으로 100[V], 3[kW]일 때 급전점의 전압은 약 몇 [V]인가?
① 100
② 110
③ 120
④ 130

27
보호계전기 동작이 가장 확실한 중성점접지방식은?
① 비접지방식
② 저항접지방식
③ 직접접지방식
④ 소호리액터접지방식

28
3상 차단기의 정격차단용량을 나타낸 것은?
① $\sqrt{3}$ × 정격전압 × 정격전류
② $\frac{1}{\sqrt{3}}$ × 정격전압 × 정격전류
③ $\sqrt{3}$ × 정격전압 × 정격차단전류
④ $\frac{1}{\sqrt{3}}$ × 정격전압 × 정격차단전류

29
송전선로의 뇌해방지와 관계없는 것은?
① 댐퍼
② 피뢰기
③ 매설지선
④ 가공지선

30
3상 1회선 전선로에서 대지정전용량은 C_s 이고 선간정전용량을 C_m 이라 할 때, 작용정전용량 C_n 은?
① $C_s + C_m$
② $C_s + 2C_m$
③ $C_s + 3C_m$
④ $2C_s + C_m$

31
우리나라에서 현재 사용되고 있는 송전전압에 해당되는 것은?
① 150[kV]
② 220[kV]
③ 345[kV]
④ 700[kV]

32
유효낙차가 40[%] 저하되면 수차의 효율이 20[%] 저하된다고 할 경우 이때의 출력은 원래의 약 몇 [%]인가?(단, 안내 날개의 열림은 불변인 것으로 한다)
① 37.2
② 48.0
③ 52.7
④ 63.7

33
제5고조파를 제거하기 위하여 전력용 콘덴서 용량의 몇 [%]에 해당하는 직렬 리액터를 설치하는가?
① 2~3
② 5~6
③ 7~8
④ 9~10

34
저압 뱅킹(Banking) 배전방식이 적당한 곳은?
① 농촌
② 어촌
③ 화학공장
④ 부하 밀집지역

35
변전소에서 사용되는 조상설비 중 지상용으로만 사용되는 조상설비는?
① 분로 리액터
② 동기 조상기
③ 전력용 콘덴서
④ 정지형 무효전력 보상장치

36
장거리 송전선로의 4단자 정수(A, B, C, D) 중 일반식을 잘못 표기한 것은?
① $A = \cosh\sqrt{ZY}$
② $B = \sqrt{\dfrac{Z}{Y}}\sinh\sqrt{ZY}$
③ $C = \sqrt{\dfrac{Z}{Y}}\sinh\sqrt{ZY}$
④ $D = \cosh\sqrt{ZY}$

37
3상 3선식 배전선로에 역률이 0.8(지상)인 3상 평형부하 40[kW]를 연결했을 때 전압강하는 약 몇 [V]인가?(단, 부하의 전압은 200[V], 전선 1조의 저항은 0.02[Ω]이고, 리액턴스는 무시한다)
① 2
② 3
③ 4
④ 5

38
분기회로용으로 개폐기 및 자동차단기의 2가지 역할을 수행하는 것은?
① 기중차단기
② 진공차단기
③ 전력용 퓨즈
④ 배선용 차단기

39
보일러에서 흡수열량이 가장 큰 것은?
① 수냉벽
② 과열기
③ 절탄기
④ 공기예열기

40
단상 승압기 1대를 사용하여 승압할 경우 승압 전의 전압을 E_1이라 하면, 승압 후의 전압 E_2는 어떻게 되는가?(단, 승압기의 변압비는 $\dfrac{\text{전원측전압}}{\text{부하측전압}} = \dfrac{e_1}{e_2}$이다)
① $E_2 = E_1 + e_1$
② $E_2 = E_1 + e_2$
③ $E_2 = E_1 + \dfrac{e_2}{e_1}E_1$
④ $E_2 = E_1 + \dfrac{e_1}{e_2}E_1$

제3과목 전기기기

41
권선형 유도전동기의 설명으로 틀린 것은?
① 회전자의 3개의 단자는 슬립링과 연결되어 있다.
② 기동할 때에 회전자는 슬립링을 통하여 외부에 가감저항기를 접속한다.
③ 기동할 때에 회전자에 적당한 저항을 갖게 하여 필요한 기동토크를 갖게 한다.
④ 전동기 속도가 상승함에 따라 외부저항을 점점 감소시키고 최후에는 슬립링을 개방한다.

42
단상변압기를 병렬운전하는 경우 부하전류의 분담에 관한 설명 중 옳은 것은?
① 누설리액턴스에 비례한다.
② 누설임피던스에 비례한다.
③ 누설임피던스에 반비례한다.
④ 누설리액턴스의 제곱에 반비례한다.

43
단상 유도전압조정기의 원리는 다음 중 어느 것을 응용한 것인가?
① 3권선변압기
② V결선변압기
③ 단상 단권변압기
④ 스코트결선(T결선)변압기

44
3상 동기기에서 제동권선의 주목적은?
① 출력 개선
② 효율 개선
③ 역률 개선
④ 난조 방지

45
단상 반파정류회로에서 평균직류전압 200[V]를 얻는 데 필요한 변압기 2차 전압은 약 몇 [V]인가?(단, 부하는 순저항이고 정류기의 전압강하는 15[V]로 한다)
① 400
② 478
③ 512
④ 642

46
동기기의 단락전류를 제한하는 요소는?
① 단락비
② 정격 전류
③ 동기 임피던스
④ 자기 여자 작용

47
정격 전압에서 전 부하로 운전하는 직류 직권전동기의 부하전류가 50[A]이다. 부하 토크가 반으로 감소하면 부하전류는 약 몇 [A]인가?(단, 자기포화는 무시한다)
① 25
② 35
③ 45
④ 50

48
병렬운전 중인 A, B 두 동기발전기 중 A발전기의 여자를 B발전기보다 증가시키면 A발전기는?
① 동기화 전류가 흐른다.
② 부하 전류가 증가한다.
③ 90°진상 전류가 흐른다.
④ 90°지상 전류가 흐른다.

49
변압기 단락시험과 관계없는 것은?
① 전압 변동률
② 임피던스 와트
③ 임피던스 전압
④ 여자 어드미턴스

50
전기자 저항이 0.3[Ω]인 분권발전기가 단자전압 550[V]에서 부하전류가 100[A]일 때, 발생하는 유도기전력[V]은?(단, 계자전류는 무시한다)
① 260
② 420
③ 580
④ 750

51
임피던스 전압강하 4[%]의 변압기가 운전 중 단락되었을 때, 단락전류는 정격전류의 몇 배가 흐르는가?
① 15
② 20
③ 25
④ 30

52
3상 동기발전기가 그림과 같이 1선 지락이 발생하였을 경우 단락전류 I_0를 구하는 식은?(단, E_a는 무부하 유기기전력의 상전압, Z_0, Z_1, Z_2는 영상, 정상, 역상 임피던스이다)

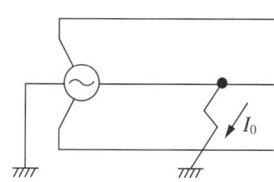

① $\dot{I}_0 = \dfrac{3\dot{E}_a}{\dot{Z}_0 \times \dot{Z}_1 \times \dot{Z}_2}$
② $\dot{I}_0 = \dfrac{\dot{E}_a}{\dot{Z}_0 \times \dot{Z}_1 \times \dot{Z}_2}$
③ $\dot{I}_0 = \dfrac{3\dot{E}_a}{\dot{Z}_0 + \dot{Z}_1 + \dot{Z}_2}$
④ $\dot{I}_0 = \dfrac{3\dot{E}_a}{\dot{Z}_0 + \dot{Z}_1^2 + \dot{Z}_2^3}$

53
4극, 60[Hz]의 정류자 주파수 변환기가 회전자계 방향과 반대방향으로 1,440[rpm]으로 회전할 때의 주파수는 몇 [Hz]인가?
① 8
② 10
③ 12
④ 15

54
유도전동기의 속도제어 방식으로 틀린 것은?
① 크레머 방식
② 일그너 방식
③ 2차 저항제어 방식
④ 1차 주파수제어 방식

55
직류전동기의 속도제어법 중 광범위한 속도제어가 가능하며 운전효율이 좋은 방법은?
① 병렬 제어법
② 전압 제어법
③ 계자 제어법
④ 저항 제어법

56
유도전동기의 슬립 s의 범위는?
① $1 < s < 0$
② $0 < s < 1$
③ $-1 < s < 1$
④ $-1 < s < 0$

57
직류 직권전동기의 운전상 위험속도를 방지하는 방법 중 가장 적합한 것은?
① 무부하 운전한다.
② 경부하 운전한다.
③ 무여자 운전한다.
④ 부하와 기어를 연결한다.

58
교류 단상 직권전동기의 구조를 설명한 것 중 옳은 것은?
① 역률 및 정류개선을 위해 약계자 강전기자형으로 한다.
② 전기자 반작용을 줄이기 위해 약계자 강전기자형으로 한다.
③ 정류개선을 위해 강계자 약전기자형으로 한다.
④ 역률개선을 위해 고정자와 회전자의 자로를 성층철심으로 한다.

59
3상 전원에서 2상 전원을 얻기 위한 변압기의 결선방법은?
① △
② T
③ Y
④ V

60
유도전동기의 동기와트에 대한 설명으로 옳은 것은?
① 동기속도에서 1차 입력
② 동기속도에서 2차 입력
③ 동기속도에서 2차 출력
④ 동기속도에서 2차 동손

제4과목 회로이론

61
$R-L-C$ 직렬회로에서 시정수의 값이 작을수록 과도현상이 소멸되는 시간은 어떻게 되는가?

① 짧아진다. ② 관계없다.
③ 길어진다. ④ 일정하다.

62
전기회로의 입력을 V_1, 출력을 V_2라고 할 때 전달함수는?(단, $s=j\omega$이다)

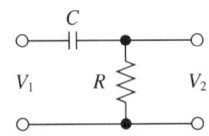

① $\dfrac{1}{R+\dfrac{1}{j\omega C}}$ ② $\dfrac{1}{j\omega+\dfrac{1}{RC}}$

③ $\dfrac{j\omega}{j\omega+\dfrac{1}{RC}}$ ④ $\dfrac{j\omega}{R+\dfrac{1}{j\omega C}}$

63
$\mathcal{L}[u(t-a)]$는 어느 것인가?

① $\dfrac{e^{as}}{s^2}$ ② $\dfrac{e^{-as}}{s^2}$

③ $\dfrac{e^{as}}{s}$ ④ $\dfrac{e^{-as}}{s}$

64
그림과 같은 회로에서 $G_2[\mho]$ 양단의 전압강하 $E_2[V]$는?

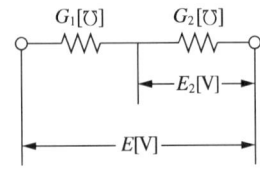

① $\dfrac{G_2}{G_1+G_2}E$ ② $\dfrac{G_1}{G_1+G_2}E$

③ $\dfrac{G_1 G_2}{G_1+G_2}E$ ④ $\dfrac{G_1+G_2}{G_1+G_2}E$

65
그림과 같은 회로에서 0.2[Ω]의 저항에 흐르는 전류는 몇 [A]인가?

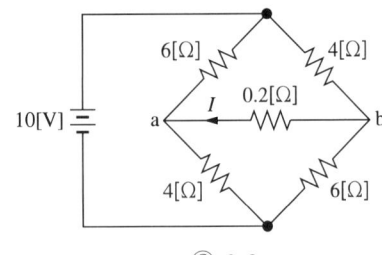

① 0.1 ② 0.2
③ 0.3 ④ 0.4

66
정현파의 파고율은?

① 1.111 ② 1.414
③ 1.732 ④ 2.356

67
어떤 회로의 단자전압이
$V=100\sin\omega t+40\sin 2\omega t+30\sin(3\omega t+60°)$ [V]이고 전압강하의 방향으로 흐르는 전류가
$I=10\sin(\omega t-60°)+2\sin(3\omega t+105°)$ [A]일 때 회로에 공급되는 평균전력[W]은?

① 271.2
② 371.2
③ 530.2
④ 630.2

정답 61 ① 62 ③ 63 ④ 64 ② 65 ④ 66 ② 67 ①

68
저항 $\frac{1}{3}[\Omega]$, 유도리액턴스 $\frac{1}{4}[\Omega]$인 $R-L$ 병렬회로의 합성 어드미턴스[℧]는?

① $3+j4$
② $3-j4$
③ $\frac{1}{3}+j\frac{1}{4}$
④ $\frac{1}{3}-j\frac{1}{4}$

69
$\frac{1}{s^2+2s+5}$ 의 라플라스 역변환값은?

① $e^{-2t}\cos 2t$
② $\frac{1}{2}e^{-t}\sin t$
③ $\frac{1}{2}e^{-t}\sin 2t$
④ $\frac{1}{2}e^{-2t}\cos 2t$

70
$i(t)=I_0 e^{st}$ [A]로 주어지는 전류가 콘덴서 C[F]에 흐르는 경우 임피던스[Ω]는?

① C
② sC
③ $\frac{C}{s}$
④ $\frac{1}{sC}$

71
부하에 $100\angle 30°$[V]의 전압을 가하였을 때 $10\angle 60°$[A]의 전류가 흘렀다면 부하에서 소비되는 유효전력은 약 몇 [W]인가?

① 400
② 500
③ 682
④ 866

72
3상 대칭분 전류를 I_0, I_1, I_2라 하고 선전류를 I_a, I_b, I_c라고 할 때 I_b는 어떻게 되는가?

① $I_0+I_1+I_2$
② $I_0+a^2 I_1+aI_2$
③ $I_0+aI_1+a^2 I_2$
④ $\frac{1}{3}(I_0+I_1+I_2)$

73
대칭 3상 Y결선 부하에서 각 상의 임피던스가 $Z=16+j12[\Omega]$이고 부하전류가 5[A]일 때, 이 부하의 선간전압[V]은?

① $100\sqrt{2}$
② $100\sqrt{3}$
③ $200\sqrt{2}$
④ $200\sqrt{3}$

74
비정현파 전압 $v=100\sqrt{2}\sin\omega t+50\sqrt{2}\sin 2\omega t+30\sqrt{2}\sin 3\omega t$[V]의 왜형률은 약 얼마인가?

① 0.36
② 0.58
③ 0.87
④ 1.41

75
대칭 좌표법에서 사용되는 용어 중 3상에 공통된 성분을 표시하는 것은?

① 공통분
② 정상분
③ 역상분
④ 영상분

76
다음과 같은 회로의 a-b 간 합성 인덕턴스는 몇 [H]인가?(단, $L_1=4$[H], $L_2=4$[H], $L_3=2$[H], $L_4=2$[H]이다)

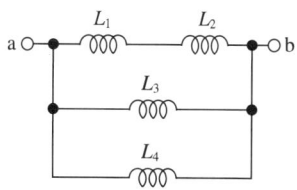

① $\frac{8}{9}$
② 6
③ 9
④ 12

77
2단자 임피던스함수 $Z(s) = \dfrac{(s+2)(s+3)}{(s+4)(s+5)}$ 일 때 극점(Pole)은?

① -2, -3
② -3, -4
③ -2, -4
④ -4, -5

78
3상 불평형 전압에서 역상전압이 50[V], 정상전압이 200[V], 영상전압이 10[V]라고 할 때 전압의 불평형률[%]은?

① 1
② 5
③ 25
④ 50

79
그림과 같은 T형 회로의 영상 전달정수 θ는?

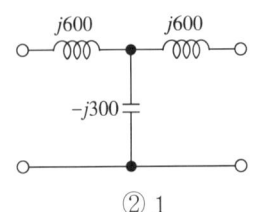

① 0
② 1
③ -3
④ -1

80
부동작 시간(Dead Time) 요소의 전달함수는?

① Ks
② $\dfrac{K}{s}$
③ Ke^{-Ls}
④ $\dfrac{K}{Ts+1}$

제5과목 전기설비기술기준

81
※ KEC 규정 적용으로 문제 삭제

도로에 시설하는 가공 직류 전차 선로의 경간은 몇 [m] 이하로 하여야 하는가?

① 30
② 40
③ 50
④ 60

82
가공전선로의 지지물 중 지선을 사용하여 그 강도를 분담시켜서는 안 되는 것은?

① 철 탑
② 목 주
③ 철 주
④ 철근콘크리트주

83
최대 사용전압이 23[kV]인 권선으로서 중성선 다중접지방식의 전로에 접속되는 변압기권선의 절연내력시험 시험전압은 약 몇 [kV]인가?

① 21.16
② 25.3
③ 28.75
④ 34.5

84
사용전압이 100[kV] 이상의 변압기를 설치하는 곳의 절연유 유출방지 설비의 용량은 변압기 탱크 내장유량의 몇 [%] 이상으로 하여야 하는가?

① 25
② 50
③ 75
④ 100

85
목주, A종 철주 및 A종 철근 콘크리트주를 사용할 수 없는 보안공사는?

① 고압 보안공사
② 제1종 특고압 보안공사
③ 제2종 특고압 보안공사
④ 제3종 특고압 보안공사

정답: 77 ④ 78 ③ 79 ① 80 ③ 81 × 82 ① 83 ① 84 ② 85 ②

86 ※ KEC 규정 적용으로 문제 삭제
과전류 차단 목적으로 정격전류가 70[A]인 배선용 차단기를 저압전로에서 사용하고 있다. 정격전류의 2배 전류를 통한 경우 자동적으로 동작해야 하는 시간은?

① 2분 ② 4분
③ 6분 ④ 8분

87 ※ KEC 규정 적용으로 문제 삭제
과전류차단기로 저압전로에 사용하는 퓨즈는 수평으로 붙인 경우에 정격전류의 몇 배의 전류에 견뎌야 하는가?

① 1.1 ② 1.25
③ 1.6 ④ 2.0

88
특고압 가공전선로의 경간은 지지물이 철탑인 경우 몇 [m] 이하이어야 하는가?(단, 단주가 아닌 경우이다)

① 400 ② 500
③ 600 ④ 700

89
백열전등 또는 방전등에 전기를 공급하는 옥내전로의 대지전압은 몇 [V] 이하이어야 하는가?

① 150 ② 220
③ 300 ④ 600

90
"조상설비"에 대한 용어의 정의로 옳은 것은?

① 전압을 조정하는 설비를 말한다.
② 전류를 조정하는 설비를 말한다.
③ 유효전력을 조정하는 전기기계기구를 말한다.
④ 무효전력을 조정하는 전기기계기구를 말한다.

91 ※ KEC 규정 적용으로 문제 삭제
특고압 가공전선과 발전소 금속제의 울타리 등이 교차하는 경우에 울타리에는 교차점에서 좌, 우로 45[m] 이내에 시설하는 접지공사의 종류는 무엇인가?

① 제1종 접지공사
② 제2종 접지공사
③ 제3종 접지공사
④ 특별 제3종 접지공사

92 ※ KEC 규정 적용으로 문제 삭제
저압 옥내배선의 사용전선으로 틀린 것은?

① 단면적 2.5[mm^2] 이상의 연동선
② 단면적 1[mm^2] 이상의 미네럴인슈레이션 케이블
③ 사용전압 400[V] 미만의 전광표시장치 배선 시 단면적 1.5[mm^2] 이상의 연동선
④ 사용전압 400[V] 미만의 출퇴 표시등 배선 시 단면적 0.5[mm^2] 이상의 다심케이블

93
특고압 가공전선로에 사용하는 철탑 중에서 전선로의 지지물 양쪽의 경간의 차가 큰 곳에 사용하는 철탑의 종류는?

① 각도형 ② 인류형
③ 보강형 ④ 내장형

94
전력보안통신 설비인 무선통신용 안테나를 지지하는 목주는 풍압하중에 대한 안전율이 얼마 이상이어야 하는가?

① 1.0 ② 1.2
③ 1.5 ④ 2.0

95
사용전압이 380[V]인 옥내배선을 애자사용공사로 시설할 때, 전선과 조영재 사이의 이격거리는 몇 [cm] 이상이어야 하는가?

① 2
② 2.5
③ 4.5
④ 6

96
고압 가공전선로의 경간은 B종 철근 콘크리트주로 시설하는 경우 몇 [m] 이하로 하여야 하는가?

① 100
② 150
③ 200
④ 250

97 ※ KEC 규정 적용으로 문제 삭제
가요전선관공사에 의한 저압 옥내배선 시설에 대한 설명으로 틀린 것은?

① 옥외용 비닐전선을 제외한 절연전선을 사용한다.
② 제1종 금속제 가요전선관의 두께는 0.8[mm] 이상으로 한다.
③ 중량물의 압력 또는 기계적 충격을 받을 우려가 없도록 시설한다.
④ 옥내배선의 사용전압이 400[V] 이상인 경우에 제3종 접지공사를 한다.

98 ※ KEC 규정 적용으로 문제 삭제
정격전류 20[A]인 배선용 차단기로 보호되는 저압 옥내전로에 접속할 수 있는 콘센트 정격전류는 몇 [A] 이하인가?

① 15
② 20
③ 22
④ 25

99
345[kV] 가공 송전선로를 평야에 시설할 때, 전선의 지표상의 높이는 몇 [m] 이상으로 하여야 하는가?

① 6.12
② 7.36
③ 8.28
④ 9.48

100
저압 가공전선이 가공약전류 전선과 접근하여 시설될 때, 저압 가공전선과 가공약전류 전선 사이의 이격거리는 몇 [cm] 이상이어야 하는가?

① 40
② 50
③ 60
④ 80

2018년 제3회 기출문제

제1과목 전기자기학

01
그림과 같이 반지름 a[m], 중심간격 d[m], A에 $+\lambda$[C/m], B에 $-\lambda$[C/m]의 평행원통도체가 있다. $d \gg a$라 할 때의 단위길이당 정전용량은 약 몇 [F/m]인가?

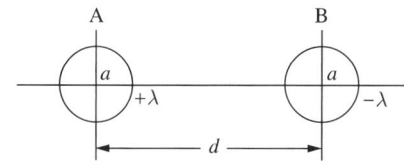

① $\dfrac{2\pi\varepsilon_0}{\ln\dfrac{a}{d}}$ ② $\dfrac{\pi\varepsilon_0}{\ln\dfrac{a}{d}}$

③ $\dfrac{2\pi\varepsilon_0}{\ln\dfrac{d}{a}}$ ④ $\dfrac{\pi\varepsilon_0}{\ln\dfrac{d}{a}}$

02
모든 전기장치를 접지시키는 근본적 이유는?
① 영상전하를 이용하기 때문에
② 지구는 전류가 잘 통하기 때문에
③ 편의상 지면의 전위를 무한대로 보기 때문에
④ 지구의 용량이 커서 전위가 거의 일정하기 때문에

03
그림과 같이 일정한 권선이 감겨진 권회수 N회, 단면적 S[m²], 평균 자로의 길이 l[m]인 환상솔레노이드에 전류 I[A]를 흘렸을 때 이 환상솔레노이드의 자기인덕턴스[H]는?(단, 환상철심의 투자율은 μ이다)

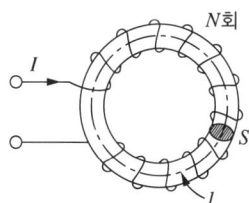

① $\dfrac{\mu^2 N}{l}$ ② $\dfrac{\mu S N}{l}$

③ $\dfrac{\mu^2 S N}{l}$ ④ $\dfrac{\mu S N^2}{l}$

04
강자성체가 아닌 것은?
① 철(Fe) ② 니켈(Ni)
③ 백금(Pt) ④ 코발트(Co)

05
온도 0[℃]에서 저항이 R_1[Ω], R_2[Ω], 저항온도계수가 α_1, α_2[1/℃]인 두 개의 저항선을 직렬로 접속하는 경우, 그 합성저항온도계수는 몇 [1/℃]인가?

① $\dfrac{\alpha_1 R_2}{R_1 + R_2}$ ② $\dfrac{\alpha_1 R_1 + \alpha_2 R_2}{R_1 + R_2}$

③ $\dfrac{\alpha_1 R_1 - \alpha_2 R_2}{R_1 + R_2}$ ④ $\dfrac{\alpha_1 R_2 + \alpha_2 R_1}{R_1 + R_2}$

정답 1 ④ 2 ④ 3 ④ 4 ③ 5 ②

06
두 유전체의 경계면에서 정전계가 만족하는 것은?
① 전계의 법선성분이 같다.
② 전계의 접선성분이 같다.
③ 전속밀도의 접선성분이 같다.
④ 분극 세기의 접선성분이 같다.

07
진공 중의 전계강도 $E = ix + jy + kz$로 표시될 때 반지름 10[m]의 구면을 통해 나오는 전체 전속은 약 몇 [C]인가?
① 1.1×10^{-7}
② 2.1×10^{-7}
③ 3.2×10^{-7}
④ 5.1×10^{-7}

08
물의 유전율을 ε, 투자율을 μ라 할 때 물속에서의 전파속도는 몇 [m/s]인가?
① $\dfrac{1}{\sqrt{\varepsilon\mu}}$
② $\sqrt{\varepsilon\mu}$
③ $\sqrt{\dfrac{\mu}{\varepsilon}}$
④ $\sqrt{\dfrac{\varepsilon}{\mu}}$

09
비투자율 μ_s, 자속밀도 $B[\text{Wb/m}^2]$인 자계 중에 있는 $m[\text{Wb}]$의 점자극이 받는 힘[N]은?
① $\dfrac{mB}{\mu_0}$
② $\dfrac{mB}{\mu_0\mu_s}$
③ $\dfrac{mB}{\mu_s}$
④ $\dfrac{\mu_0\mu_s}{mB}$

10
콘덴서의 성질에 관한 설명으로 틀린 것은?
① 정전용량이란 도체의 전위를 1[V]로 하는 데 필요한 전하량을 말한다.
② 용량이 같은 콘덴서를 n개 직렬 연결하면 내압은 n배, 용량은 $1/n$로 된다.
③ 용량이 같은 콘덴서를 n개 병렬 연결하면 내압은 같고, 용량은 n배로 된다.
④ 콘덴서를 직렬 연결할 때 각 콘덴서에 분포되는 전하량은 콘덴서 크기에 비례한다.

11
평행판 콘덴서에서 전극 간에 $V[\text{V}]$의 전위차를 가할 때, 전계의 강도가 공기의 절연내력 $E[\text{V/m}]$를 넘지 않도록 하기 위한 콘덴서의 단위면적당 최대용량은 몇 $[\text{F/m}^2]$인가?
① $\varepsilon_0 EV$
② $\dfrac{\varepsilon_0 E}{V}$
③ $\dfrac{\varepsilon_0 V}{E}$
④ $\dfrac{EV}{\varepsilon_0}$

12
자화율을 χ, 자속밀도를 B, 자계의 세기를 H, 자화의 세기를 J라고 할 때, 다음 중 성립될 수 없는 식은?
① $B = \mu H$
② $J = \chi B$
③ $\mu = \mu_0 + \chi$
④ $\mu_s = 1 + \dfrac{\chi}{\mu_0}$

13
두 종류의 금속으로 된 폐회로에 전류를 흘리면 양 접속점에서 한쪽은 온도가 올라가고 다른 쪽은 온도가 내려가는 현상을 무엇이라 하는가?
① 볼타(Volta) 효과
② 제베크(Seebeck) 효과
③ 펠티에(Peltier) 효과
④ 톰슨(Thomson) 효과

14
무한 평면도체로부터 거리 $a[\text{m}]$의 곳에 점전하 $2\pi[\text{C}]$가 있을 때 도체 표면에 유도되는 최대 전하밀도는 몇 $[\text{C/m}^2]$인가?
① $-\dfrac{1}{a^2}$
② $-\dfrac{1}{2a^2}$
③ $-\dfrac{1}{2\pi a}$
④ $-\dfrac{1}{4\pi a}$

15
[Ω·s]와 같은 단위는?
① [F]   ② [H]
③ [F/m]   ④ [H/m]

16
두 도체 사이에 100[V]의 전위를 가하는 순간 700[μC]의 전하가 축적되었을 때 이 두 도체 사이의 정전용량은 몇 [μF]인가?
① 4   ② 5
③ 6   ④ 7

17
벡터 $A = 5r\sin\phi a_z$가 원기둥 좌표계로 주어졌다. 점(2, π, 0)에서의 $\nabla \times A$를 구한 값은?
① $5a_r$ ② $-5a_r$
③ $5a_\phi$ ④ $-5a_\phi$

18
반지름 a[m]인 원주 도체의 단위 길이당 내부 인덕턴스[H/m]는?
① $\dfrac{\mu}{4\pi}$ ② $\dfrac{\mu}{8\pi}$
③ $4\pi\mu$ ④ $8\pi\mu$

19
자기 쌍극자의 중심축으로부터 r[m]인 점의 자계의 세기에 관한 설명으로 옳은 것은?
① r에 비례한다.
② r^2에 비례한다.
③ r^2에 반비례한다.
④ r^3에 반비례한다.

20
전자유도작용에서 벡터퍼텐셜을 A[Wb/m]라 할 때 유도되는 전계 E[V/m]는?
① $\dfrac{\partial A}{\partial t}$ ② $\int A dt$
③ $-\dfrac{\partial A}{\partial t}$ ④ $-\int A dt$

제2과목 전력공학

21
중성점 비접지방식을 이용하는 것이 적당한 것은?
① 고전압 장거리   ② 고전압 단거리
③ 저전압 장거리   ④ 저전압 단거리

22
역률개선에 의한 배전계통의 효과가 아닌 것은?
① 전력손실 감소
② 전압강하 감소
③ 변압기 용량 감소
④ 전선의 표피효과 감소

23
초고압용 차단기에서 개폐저항을 사용하는 이유는?
① 차단전류 감소   ② 이상전압 감쇄
③ 차단속도 증진   ④ 차단전류의 역률개선

24
최대 전력의 발생시각 또는 발생시기의 분산을 나타내는 지표는?
① 부등률   ② 부하율
③ 수용률   ④ 전일효율

25
선간전압이 $V[\text{kV}]$이고, 1상의 대지정전용량이 $C[\mu\text{F}]$, 주파수가 $f[\text{Hz}]$인 3상 3선식 1회선 송전선의 소호리액터 접지방식에서 소호리액터의 용량은 몇 $[\text{kVA}]$인가?

① $6\pi f C V^2 \times 10^{-3}$ ② $3\pi f C V^2 \times 10^{-3}$
③ $2\pi f C V^2 \times 10^{-3}$ ④ $\sqrt{3}\pi f C V^2 \times 10^{-3}$

26
전력계통 안정도는 외란의 종류에 따라 구분되는데, 송전선로에서의 고장, 발전기 탈락과 같은 큰 외란에 대한 전력계통의 동기운전 가능 여부로 판정되는 안정도는?

① 과도안정도 ② 정태안정도
③ 전압안정도 ④ 미소신호안정도

27
송전선에 복도체를 사용할 때의 설명으로 틀린 것은?

① 코로나 손실이 경감된다.
② 안정도가 상승하고 송전용량이 증가한다.
③ 정전 반발력에 의한 전선의 진동이 감소된다.
④ 전선의 인덕턴스는 감소하고, 정전용량이 증가한다.

28
영상변류기를 사용하는 계전기는?

① 지락계전기 ② 차동계전기
③ 과전류계전기 ④ 과전압계전기

29
변압기의 손실 중 철손의 감소 대책이 아닌 것은?

① 자속 밀도의 감소
② 권선의 단면적 증가
③ 아몰퍼스 변압기의 채용
④ 고배향성 규소 강판 사용

30
변압기 내부 고장에 대한 보호용으로 현재 가장 많이 쓰이고 있는 계전기는?

① 주파수 계전기 ② 전압차동 계전기
③ 비율차동 계전기 ④ 방향 거리 계전기

31
단상 2선식에 비하여 단상 3선식의 특징으로 옳은 것은?

① 소요 전선량이 많아야 한다.
② 중성선에는 반드시 퓨즈를 끼워야 한다.
③ 110[V] 부하 외에 220[V] 부하의 사용이 가능하다.
④ 전압 불평형을 줄이기 위하여 저압선의 말단에 전력용 콘덴서를 설치한다.

32
원자력 발전의 특징이 아닌 것은?

① 건설비와 연료비가 높다.
② 설비는 국내 관련 사업을 발전시킨다.
③ 수송 및 저장이 용이하여 비용이 절감된다.
④ 방사선 측정기, 폐기물 처리 장치 등이 필요하다.

33
선로의 특성임피던스에 관한 내용으로 옳은 것은?

① 선로의 길이에 관계없이 일정하다.
② 선로의 길이가 길어질수록 값이 커진다.
③ 선로의 길이가 길어질수록 값이 작아진다.
④ 선로의 길이보다는 부하전력에 따라 값이 변한다.

34
수력발전소의 취수 방법에 따른 분류로 틀린 것은?

① 댐 식 ② 수로식
③ 역조정지식 ④ 유역 변경식

35
정삼각형 배치의 선간거리가 5[m]이고, 전선의 지름이 1[cm]인 3상 가공 송전선의 1선의 정전용량은 약 몇 $[\mu F/km]$인가?

① 0.008 ② 0.016
③ 0.024 ④ 0.032

36
수전단전압이 3,300[V]이고, 전압강하율이 4[%]인 송전선의 송전단전압은 몇 [V]인가?

① 3,395 ② 3,432
③ 3,495 ④ 5,678

37
그림과 같은 전로로의 단락 용량은 약 몇 [MVA]인가? (단, 그림의 수치는 10,000[kVA]를 기준으로 한 %리액턴스를 나타낸다)

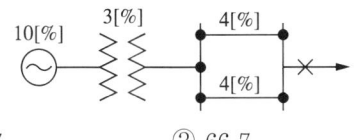

① 33.7 ② 66.7
③ 99.7 ④ 132.7

38
화력발전소에서 증기 및 급수가 흐르는 순서는?

① 보일러 → 과열기 → 절탄기 → 터빈 → 복수기
② 보일러 → 절탄기 → 과열기 → 터빈 → 복수기
③ 절탄기 → 보일러 → 과열기 → 터빈 → 복수기
④ 절탄기 → 과열기 → 보일러 → 터빈 → 복수기

39
현수애자 4개를 1련으로 한 66[kV] 송전선로가 있다. 현수애자 1개의 절연저항은 1,500[MΩ], 이 선로의 경간이 200[m]라면 선로 1[km]당의 누설컨덕턴스는 몇 [℧]인가?

① 0.83×10^{-9} ② 0.83×10^{-6}
③ 0.83×10^{-3} ④ 0.83×10^{-2}

40
전선의 지지점 높이가 31[m]이고, 전선의 이도가 9[m]라면 전선의 평균 높이는 몇 [m]인가?

① 25.0 ② 26.5
③ 28.5 ④ 30.0

제3과목 전기기기

41
자기용량 3[kVA], 3,000/100[V]의 단권변압기를 승압기로 연결하고 1차 측에 3,000[V]를 가했을 때 그 부하용량[kVA]은?

① 76 ② 85
③ 93 ④ 94

42
2중 농형 유도전동기가 보통 농형 유도전동기에 비해서 다른 점은 무엇인가?

① 기동전류가 크고, 기동토크도 크다.
② 기동전류가 적고, 기동토크도 적다.
③ 기동전류는 적고, 기동토크는 크다.
④ 기동전류는 크고, 기동토크는 적다.

43
일반적으로 전철이나 화학용과 같이 비교적 용량이 큰 수은 정류기용 변압기의 2차 측 결선 방식으로 쓰이는 것은?

① 3상 반파
② 3상 전파
③ 3상 크로즈파
④ 6상 2중 성형

44
3상 유도전동기의 출력이 10[kW], 전부하 때의 슬립이 5[%]라 하면 2차 동손은 약 몇 [kW]인가?

① 0.426　　② 0.526
③ 0.626　　④ 0.726

45
SCR에 관한 설명으로 틀린 것은?

① 3단자 소자이다.
② 전류는 애노드에서 캐소드로 흐른다.
③ 소형의 전력을 다루고 고주파 스위칭을 요구하는 응용분야에 주로 사용된다.
④ 도통 상태에서 순방향 애노드전류가 유지전류 이하로 되면 SCR은 차단상태로 된다.

46
직류 분권전동기의 기동 시에는 계자 저항기의 저항값은 어떻게 설정하는가?

① 끊어 둔다.
② 최대로 해 둔다.
③ 0(영)으로 해 둔다.
④ 중위(中位)로 해 둔다.

47
단상 반발 유도전동기에 대한 설명으로 옳은 것은?

① 역률은 반발기동형보다 나쁘다.
② 기동토크는 반발기동형보다 크다.
③ 전부하 효율은 반발기동형보다 좋다.
④ 속도의 변화는 반발기동형보다 크다.

48
공급전압이 일정하고 역률 1로 운전하고 있는 동기전동기의 여자전류를 증가시키면 어떻게 되는가?

① 역률은 뒤지고 전기자 전류는 감소한다.
② 역률은 뒤지고 전기자 전류는 증가한다.
③ 역률은 앞서고 전기자 전류는 감소한다.
④ 역률은 앞서고 전기자 전류는 증가한다.

49
3상 유도전동기의 특성에 관한 설명으로 옳은 것은?

① 최대토크는 슬립과 반비례한다.
② 기동토크는 전압의 2승에 비례한다.
③ 최대토크는 2차 저항과 반비례한다.
④ 기동토크는 전압의 2승에 반비례한다.

50
유입식 변압기에 콘서베이터(Conservator)를 설치하는 목적으로 옳은 것은?

① 충격 방지　　② 열화 방지
③ 통풍 장치　　④ 코로나 방지

51
동기발전기의 단락비나 동기임피던스를 산출하는 데 필요한 특성곡선은?

① 부하 포화곡선과 3상 단락곡선
② 단상 단락곡선과 3상 단락곡선
③ 무부하 포화곡선과 3상 단락곡선
④ 무부하 포화곡선과 외부 특성곡선

52
3상 유도전동기의 속도제어법이 아닌 것은?

① 극수변환법　　② 1차 여자제어
③ 2차 저항제어　　④ 1차 주파수제어

정답 44 ②　45 ③　46 ③　47 ④　48 ④　49 ②　50 ②　51 ③　52 ②

53
직류전동기의 공급전압을 $V[\text{V}]$, 자속을 $\phi[\text{Wb}]$, 전기자 전류를 $I_a[\text{A}]$, 전기자 저항을 $R_a[\Omega]$, 속도를 $N[\text{rpm}]$이라 할 때 속도의 관계식은 어떻게 되는가? (단, k는 상수이다)

① $N = k\dfrac{V+I_aR_a}{\phi}$
② $N = k\dfrac{V-I_aR_a}{\phi}$
③ $N = k\dfrac{\phi}{V+I_aR_a}$
④ $N = k\dfrac{\phi}{V-I_aR_a}$

54
3상 반파정류회로에서 직류전압의 파형은 전원전압 주파수의 몇 배의 교류분을 포함하는가?

① 1
② 2
③ 3
④ 6

55
3상 Y결선, 30[kW], 460[V], 60[Hz] 정격인 유도전동기의 시험결과가 다음과 같다. 이 전동기의 무부하 시 1상당 동손은 약 몇 [W]인가?(단, 소수점 이하는 무시한다)

| 무부하 시험 : 인가전압 460[V], 전류 32[A] |
| 소비전력 : 4,600[W] |
| 직류시험 : 인가전압 12[V], 전류 60[A] |

① 102
② 104
③ 106
④ 108

56
직류 분권전동기 운전 중 계자 권선의 저항이 증가할 때 회전속도는?

① 일정하다.
② 감소한다.
③ 증가한다.
④ 관계없다.

57
동기기의 과도 안정도를 증가시키는 방법이 아닌 것은?

① 단락비를 크게 한다.
② 속응 여자방식을 채용한다.
③ 회전부의 관성을 작게 한다.
④ 역상 및 영상임피던스를 크게 한다.

58
변압기의 내부고장에 대한 보호용으로 사용되는 계전기는 어느 것이 적당한가?

① 방향계전기
② 온도계전기
③ 접지계전기
④ 비율차동계전기

59
임피던스 강하가 4[%]인 변압기가 운전 중 단락되었을 때 그 단락전류는 정격전류의 몇 배인가?

① 15
② 20
③ 25
④ 30

60
직류발전기의 전기자 권선법 중 단중 파권과 단중 중권을 비교했을 때 단중 파권에 해당하는 것은?

① 고전압 대전류
② 저전압 소전류
③ 고전압 소전류
④ 저전압 대전류

정답 53 ② 54 ③ 55 ① 56 ③ 57 ③ 58 ④ 59 ③ 60 ③

제4과목 회로이론

61
어느 저항에 $v_1 = 220\sqrt{2}\sin(2\pi \cdot 60t - 30°)$ [V]와 $v_2 = 100\sqrt{2}\sin(3 \cdot 2\pi \cdot 60t - 30°)$ [V]의 전압이 각각 걸릴 때의 설명으로 옳은 것은?

① v_1이 v_2보다 위상이 15° 앞선다.
② v_1이 v_2보다 위상이 15° 뒤진다.
③ v_1이 v_2보다 위상이 75° 앞선다.
④ v_1과 v_2의 위상관계는 의미가 없다.

62
0.2[H]의 인덕터와 150[Ω]의 저항을 직렬로 접속하고 220[V] 상용교류를 인가하였다. 1시간 동안 소비된 전력량은 약 몇 [Wh]인가?

① 209.6
② 226.4
③ 257.6
④ 286.9

63
$\dfrac{s\sin\theta + \omega\cos\theta}{s^2 + \omega^2}$ 의 역라플라스 변환을 구하면 어떻게 되는가?

① $\sin(\omega t - \theta)$
② $\sin(\omega t + \theta)$
③ $\cos(\omega t - \theta)$
④ $\cos(\omega t + \theta)$

64
대칭 3상 전압이 있을 때 한 상의 Y전압 순시값 $e_p = 1{,}000\sqrt{2}\sin\omega t + 500\sqrt{2}\sin(3\omega t + 20°) + 100\sqrt{2}\sin(5\omega t + 30°)$[V]이면 선간전압 E_l에 대한 상전압 E_p의 실횻값 비율 $\left(\dfrac{E_p}{E_l}\right)$은 약 몇 [%]인가?

① 55
② 64
③ 85
④ 95

65
같은 저항 $r[\Omega]$ 6개를 사용하여 그림과 같이 결선하고 대칭 3상 전압 V[V]를 가하였을 때 흐르는 전류 I는 몇 [A]인가?

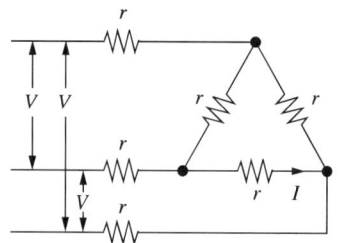

① $\dfrac{V}{2r}$
② $\dfrac{V}{3r}$
③ $\dfrac{V}{4r}$
④ $\dfrac{V}{5r}$

66
100[V], 800[W], 역률 80[%]인 교류회로의 리액턴스는 몇 [Ω]인가?

① 6
② 8
③ 10
④ 12

67
불평형 3상 전류 $I_a = 15 + j2$[A], $I_b = -20 - j14$[A], $I_c = -3 + j10$[A]일 때 영상전류 I_0는 약 몇 [A]인가?

① $2.67 + j0.36$
② $15.7 - j3.25$
③ $-1.91 + j6.24$
④ $-2.67 - j0.67$

68

대칭 3상 전압이 a상 V_a[V], b상 $V_b = a^2 V_a$[V], c상 $V_c = a V_a$[V]일 때 a상을 기준으로 한 대칭분전압 중 정상분 V_1[V]은 어떻게 표시되는가?

$\left(\text{단, } a = -\frac{1}{2} + j\frac{\sqrt{3}}{2} \text{이다}\right)$

① 0 ② V_a
③ aV_a ④ $a^2 V_a$

69

어떤 교류전동기의 명판에 역률 = 0.6, 소비전력 = 120[kW]로 표기되어 있다. 이 전동기의 무효전력은 몇 [kVar]인가?

① 80 ② 100
③ 140 ④ 160

70

$e = E_m \cos\left(100\pi t - \frac{\pi}{3}\right)$[V] 와
$i = I_m \sin\left(100\pi t + \frac{\pi}{4}\right)$[A]의 위상차를 시간으로 나타내면 약 몇 초인가?

① 3.33×10^{-4}
② 4.33×10^{-4}
③ 6.33×10^{-4}
④ 8.33×10^{-4}

71

그림에서 a, b단자의 전압이 100[V], a, b에서 본 능동 회로망 N의 임피던스가 15[Ω]일 때, a, b단자에 10[Ω]의 저항을 접속하면 a, b 사이에 흐르는 전류는 몇 [A]인가?

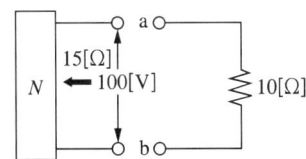

① 2 ② 4
③ 6 ④ 8

72

$\dfrac{dx(t)}{dt} + 3x(t) = 5$의 라플라스 변환 $X(s)$는? (단, $x(0^+) = 0$이다)

① $\dfrac{5}{s+3}$ ② $\dfrac{3s}{s+5}$
③ $\dfrac{3}{s(s+5)}$ ④ $\dfrac{5}{s(s+3)}$

73

RLC 병렬 공진회로에 관한 설명 중 틀린 것은?

① R의 비중이 작을수록 Q가 높다.
② 공진 시 입력 어드미턴스는 매우 작아진다.
③ 공진 주파수 이하에서의 입력전류는 전압보다 위상이 뒤진다.
④ 공진 시 L 또는 C에 흐르는 전류는 입력전류 크기의 Q배가 된다.

74

대칭 좌표법에서 사용되는 용어 중 각 상에 공통인 성분을 표시하는 것은?

① 영상분 ② 정상분
③ 역상분 ④ 공통분

75

그림과 같은 π형 4단자 회로의 어드미턴스 상수 중 Y_{22}는 몇 [℧]인가?

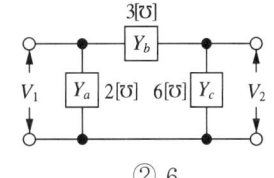

① 5 ② 6
③ 9 ④ 11

76

$e^{j\frac{2}{3}\pi}$ 와 같은 것은?

① $\frac{1}{2} - j\frac{\sqrt{3}}{2}$
② $-\frac{1}{2} - j\frac{\sqrt{3}}{2}$
③ $-\frac{1}{2} + j\frac{\sqrt{3}}{2}$
④ $\cos\frac{2}{3}\pi + \sin\frac{2}{3}\pi$

77

대칭 5상 회로의 선간전압과 상전압의 위상차는?

① 27°
② 36°
③ 54°
④ 72°

78

어떤 제어계의 출력이 $C(s) = \dfrac{5}{s(s^2+s+2)}$ 로 주어질 때 출력의 시간함수 $c(t)$의 최종값은?

① 5
② 2
③ $\frac{2}{5}$
④ $\frac{5}{2}$

79

전원이 Y결선, 부하가 △ 결선된 3상 대칭회로가 있다. 전원의 상전압이 220[V]이고 전원의 상전류가 10[A]일 경우, 부하 한 상의 임피던스[Ω]는?

① $22\sqrt{3}$
② 22
③ $\dfrac{22}{\sqrt{3}}$
④ 66

80

어떤 계에 임펄스 함수(δ함수)가 입력으로 가해졌을 때 시간함수 e^{-2t}가 출력으로 나타났다. 이 계의 전달함수는?

① $\dfrac{1}{s+2}$
② $\dfrac{1}{s-2}$
③ $\dfrac{2}{s+2}$
④ $\dfrac{2}{s-2}$

제5과목 전기설비기술기준

81 ※ KEC 규정 적용으로 문제 삭제

풀용 수중 조명등에 전기를 공급하기 위하여 1차 측 120[V], 2차 측 30[V]의 절연 변압기를 사용하였다. 절연 변압기 2차 측 전로의 접지에 대한 설명으로 옳은 것은?

① 접지하지 않는다.
② 제1종 접지공사로 접지한다.
③ 제2종 접지공사로 접지한다.
④ 제3종 접지공사로 접지한다.

82 ※ 법령 개정으로 변경(전기용품 안전관리법 ➡ 전기용품 및 생활용품 안전관리법)

전격살충기의 시설방법으로 틀린 것은?

① 전기용품안전 관리법의 적용을 받은 것을 설치한다.
② 전용개폐기를 가까운 곳에 쉽게 개폐할 수 있게 시설한다.
③ 전격격자가 지표상 3.5[m] 이상의 높이가 되도록 시설한다.
④ 전격격자와 다른 시설물 사이의 이격거리는 50[cm] 이상으로 한다.

83

고압 보안공사 시에 지지물로 A종 철근 콘크리트주를 사용할 경우 경간은 몇 [m] 이하이어야 하는가?

① 50
② 100
③ 150
④ 400

84 ※ KEC 규정 적용으로 변경(400[V] 미만 ➡ 이하)

옥내 시설하는 사용전압 400[V] 미만의 이동전선으로 사용할 수 없는 전선은?

① 면절연전선
② 고무코드전선
③ 용접용케이블
④ 고무절연 클로로프렌 캡타이어 케이블

정답 76 ③ 77 ③ 78 ④ 79 ④ 80 ① 81 × 82 ④ 83 ② 84 ①

85
폭연성 분진 또는 화학류의 분말이 전기설비가 발화원이 되어 폭발할 우려가 있는 곳에 시설하는 저압 옥내배선의 공사방법으로 옳은 것은?

① 금속관공사
② 애자사용공사
③ 합성수지관공사
④ 캡타이어 케이블공사

86
농사용 저압 가공전선로의 시설에 대한 설명으로 틀린 것은?

① 전선로의 경간은 30[m] 이하일 것
② 목주의 굵기는 말구 지름이 9[cm] 이상일 것
③ 저압 가공전선의 지표상 높이는 5[m] 이상일 것
④ 저압 가공전선은 지름 2[mm] 이상의 경동선일 것

87
수소 냉각식 발전기·조상기 또는 이에 부속하는 수소 냉각 장치의 시설방법으로 틀린 것은?

① 발전기 안 또는 조상기 안의 수소의 순도가 70[%] 이하로 저하한 경우에 경보장치를 시설할 것
② 발전기 또는 조상기는 기밀구조의 것이고 또한 수소가 대기압에서 폭발하는 경우 생기는 압력에 견디는 강도를 가지는 것일 것
③ 발전기 안 또는 조상기 안의 수소의 압력을 계측하는 장치 및 그 압력이 현저히 변동할 경우에 이를 경보하는 장치를 시설할 것
④ 발전기축의 밀봉부에는 질소 가스를 봉입할 수 있는 장치와 누설한 수소가스를 안전하게 외부에 방출할 수 있는 장치를 설치할 것

88
※ KEC 규정 적용으로 문제 삭제

조가용선을 사용하지 않아도 되는 전력 보안 통신선의 굵기는 지름 몇 [mm]의 어떤 선을 사용하는가?(단, 케이블은 제외한다)

① 2.0, 경동선
② 2.0, 연동선
③ 2.6, 경동선
④ 2.6, 연동선

89
154[kV] 가공전선을 사람이 쉽게 들어갈 수 없는 산지(山地)에 시설하는 경우 전선의 지표상 높이는 몇 [m] 이상으로 하여야 하는가?

① 5.0
② 5.5
③ 6.0
④ 6.5

90
가공전선로의 지지물에 취급자가 오르고 내리는 데 사용하는 발판 볼트 등은 지표상 몇 [m] 미만에 시설하여서는 아니되는가?

① 1.2
② 1.5
③ 1.8
④ 2.0

91
154[kV] 가공전선로를 제1종 특고압 보안공사에 의하여 시설하는 경우 사용전선의 단면적은 몇 [mm²] 이상의 경동연선이어야 하는가?

① 35
② 50
③ 95
④ 150

92
조상기의 보호장치로서 내부 고장 시에 자동적으로 전로로부터 차단되는 장치를 설치하여야 하는 조상기 용량은 몇 [kVA] 이상인가?

① 5,000
② 7,500
③ 10,000
④ 15,000

93
전력계통의 운용에 관한 지시 및 급전조작을 하는 곳은?

① 급전소
② 개폐소
③ 변전소
④ 발전소

정답 85 ① 86 ③ 87 ① 88 × 89 ① 90 ③ 91 ④ 92 ④ 93 ①

94
인가가 많이 연접되어 있는 장소에 시설하는 가공전선로의 구성재에 병종 풍압하중을 적용할 수 없는 경우는?
① 저압 또는 고압 가공전선로의 지지물
② 저압 또는 고압 가공전선로의 가섭선
③ 사용전압이 35[kV] 이상의 전선에 특고압 가공전선로에 사용하는 케이블 및 지지물
④ 사용전압이 35[kV] 이하의 전선에 특고압 절연전선을 사용하는 특고압 가공전선로의 지지물

95
지선 시설에 관한 설명으로 틀린 것은?
① 지선의 안전율은 2.5 이상이어야 한다.
② 철탑은 지선을 사용하여 그 강도를 분담시켜야 한다.
③ 지선에 연선을 사용할 경우 소선 3가닥 이상의 연선이어야 한다.
④ 지선근가는 지선의 인장하중에 충분히 견디도록 시설하여야 한다.

96
그룹 2의 의료장소에 상용전원 공급이 중단될 경우 15초 이내에 최소 몇 [%]의 조명에 비상전원을 공급하여야 하는가?
① 30
② 40
③ 50
④ 60

97
사용전압이 22.9[kV]인 가공전선과 지지물 사이의 이격거리는 몇 [cm] 이상이어야 하는가?
① 5
② 10
③ 15
④ 20

98
전선을 접속하는 경우 전선의 세기(인장하중)는 몇 [%] 이상 감소되지 않아야 하는가?
① 10
② 15
③ 20
④ 25

99
횡단보도교 위에 시설하는 경우 그 노면상 전력보안 가공통신선의 높이는 몇 [m] 이상인가?
① 3
② 4
③ 5
④ 6

100 ※ KEC 규정 적용으로 문제 삭제
금속몰드 배선공사에 대한 설명으로 틀린 것은?
① 몰드에는 특별 제3종 접지공사를 할 것
② 접속점을 쉽게 점검할 수 있도록 시설할 것
③ 황동제 또는 동제의 몰드는 폭이 5[cm] 이하, 두께 0.5[mm] 이상인 것일 것
④ 몰드 안의 전선을 외부로 인출하는 부분은 몰드의 관통부분에서 전선이 손상될 우려가 없도록 시설할 것

제1과목 전기자기학

01

그림과 같은 동축케이블에 유전체가 채워졌을 때의 정전용량[F]은?(단, 유전체의 비유전율은 ε_s이고 내반지름과 외반지름은 각각 a[m], b[m]이며 케이블의 길이는 l[m]이다)

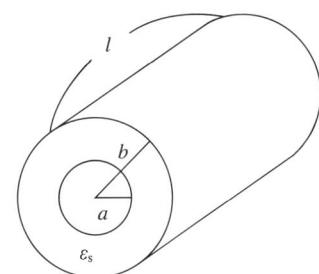

① $\dfrac{2\pi\varepsilon_s l}{\ln\dfrac{b}{a}}$ ② $\dfrac{2\pi\varepsilon_0\varepsilon_s l}{\ln\dfrac{b}{a}}$

③ $\dfrac{\pi\varepsilon_s l}{\ln\dfrac{b}{a}}$ ④ $\dfrac{\pi\varepsilon_0\varepsilon_s l}{\ln\dfrac{b}{a}}$

02

두 벡터가 $A = 2a_x + 4a_y - 3a_z$, $B = a_x - a_y$일 때 $A \times B$는?

① $6a_x - 3a_y + 3a_z$
② $-3a_x - 3a_y - 6a_z$
③ $6a_x + 3a_x - 3a_z$
④ $-3a_x + 3a_y + 6a_z$

03

두 유전체가 접했을 때 $\dfrac{\tan\theta_1}{\tan\theta_2} = \dfrac{\varepsilon_1}{\varepsilon_2}$의 관계식에서 $\theta_1 = 0°$일 때의 표현으로 틀린 것은?

① 전속밀도는 불변이다.
② 전기력선은 굴절하지 않는다.
③ 전계는 불연속적으로 변한다.
④ 전기력선은 유전율이 큰 쪽에 모여진다.

04

공기 중 임의의 점에서 자계의 세기(H)가 20[AT/m]라면 자속밀도(B)는 약 몇 [Wb/m²]인가?

① 2.5×10^{-5}
② 3.5×10^{-5}
③ 4.5×10^{-5}
④ 5.5×10^{-5}

05

전자석의 흡인력은 공극(Air Gap)의 자속밀도를 B라 할 때 다음 어느 것에 비례하는가?

① B
② $B^{0.5}$
③ $B^{1.6}$
④ $B^{2.0}$

정답 1 ② 2 ② 3 ④ 4 ① 5 ④

06

그림과 같이 평행한 두 개의 무한 직선 도선에 전류가 각각 I, $2I$인 전류가 흐른다. 두 도선 사이의 점 P에서 자계의 세기가 0이다. 이때 $\dfrac{a}{b}$는?

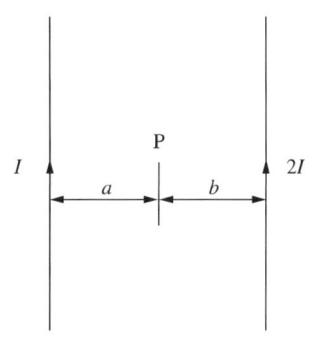

① 4　　　　　　② 2
③ $\dfrac{1}{2}$　　　　　④ $\dfrac{1}{4}$

07

감자율(Demagnetization Factor)이 "0"인 자성체로 가장 알맞은 것은?

① 환상 솔레노이드
② 굵고 짧은 막대 자성체
③ 가늘고 긴 막대 자성체
④ 가늘고 짧은 막대 자성체

08

질량이 m[kg]인 작은 물체가 전하 Q[C]를 가지고 중력 방향과 직각인 무한도체평면 아래쪽 d[m]의 거리에 놓여 있다. 정전력이 중력과 같게 되는 데 필요한 Q[C]의 크기는?

① $d\sqrt{\pi\varepsilon_0 mg}$
② $\dfrac{d}{2}\sqrt{\pi\varepsilon_0 mg}$
③ $2d\sqrt{\pi\varepsilon_0 mg}$
④ $4d\sqrt{\pi\varepsilon_0 mg}$

09

극판의 면적 $S=10[\text{cm}^2]$, 간격 $d=1[\text{mm}]$의 평행판 콘덴서에 비유전율 $\varepsilon_s=3$인 유전체를 채웠을 때 전압 100[V]를 인가하면 축적되는 에너지는 약 몇 [J]인가?

① 0.3×10^{-7}　　② 0.6×10^{-7}
③ 1.3×10^{-7}　　④ 2.1×10^{-7}

10

자기인덕턴스 0.5[H]의 코일에 1/200초 동안에 전류가 25[A]로부터 20[A]로 줄었다. 이 코일에 유기된 기전력의 크기 및 방향은?

① 50[V], 전류와 같은 방향
② 50[V], 전류와 반대 방향
③ 500[V], 전류와 같은 방향
④ 500[V], 전류와 반대 방향

11

어느 점전하에 의하여 생기는 전위를 처음 전위의 $\dfrac{1}{2}$이 되게 하려면 전하로부터의 거리를 어떻게 해야 하는가?

① $\dfrac{1}{2}$로 감소시킨다.
② $\dfrac{1}{\sqrt{2}}$로 감소시킨다.
③ 2배 증가시킨다.
④ $\sqrt{2}$배 증가시킨다.

12

자계의 세기를 표시하는 단위가 아닌 것은?

① [A/m]　　　　② [Wb/m]
③ [N/Wb]　　　④ [AT/m]

13
그림과 같이 면적 $S[m^2]$, 간격 $d[m]$인 극판 간에 유전율 ε, 저항률 ρ인 매질을 채웠을 때 극판 간의 정전용량 C와 저항 R의 관계는?(단, 전극판의 저항률은 매우 작은 것으로 한다)

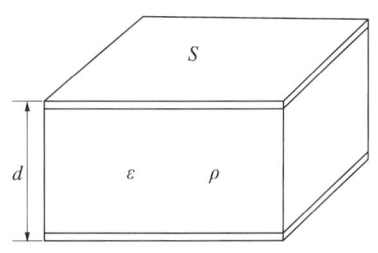

① $R = \dfrac{\varepsilon\rho}{C}$ ② $R = \dfrac{C}{\varepsilon\rho}$

③ $R = \varepsilon\rho C$ ④ $R = \dfrac{1}{\varepsilon\rho C}$

14
점전하 $Q[C]$와 무한평면도체에 대한 영상전하는?
① $Q[C]$와 같다.   ② $-Q[C]$와 같다.
③ $Q[C]$보다 크다.   ④ $Q[C]$보다 작다.

15
전계의 세기 E, 자계의 세기가 H일 때 포인팅 벡터(P)는?

① $P = E \times H$ ② $P = \dfrac{1}{2} E \times H$

③ $P = H \operatorname{curl} E$ ④ $P = E \operatorname{curl} H$

16
철심환의 일부에 공극(Air Gap)을 만들어 철심부의 길이 $l[m]$, 단면적 $A[m^2]$, 비투자율이 μ_r이고 공극부의 길이가 $\delta[m]$일 때 철심부에 총권수 N회인 도선을 감아 전류 $I[A]$를 흘리면 자속이 누설되지 않는다고 하고 공극 내에 생기는 자계의 자속 $\phi_0[Wb]$는?

① $\dfrac{\mu_0 ANI}{\delta \mu_r + l}$ ② $\dfrac{\mu_0 ANI}{\delta + \mu_r l}$

③ $\dfrac{\mu_0 \mu_r ANI}{\delta \mu_r + l}$ ④ $\dfrac{\mu_0 \mu_r ANI}{\delta + \mu_r l}$

17
내구의 반지름이 6[cm], 외구의 반지름이 8[cm]인 동심구 콘덴서의 외구를 접지하고 내구에 전위 1,800[V]를 가했을 경우 내구에 충전된 전기량은 몇 [C]인가?

① 2.8×10^{-8} ② 3.8×10^{-8}
③ 4.8×10^{-8} ④ 5.8×10^{-8}

18
다음 중 ( )에 들어갈 내용으로 옳은 것은?

> 맥스웰은 전극 간의 유전체를 통하여 흐르는 전류를 해석하기 위해 (㉠)의 개념을 도입하였고, 이것도 (㉡)를 발생한다고 가정하였다.

① ㉠ 와전류, ㉡ 자계
② ㉠ 변위전류, ㉡ 자계
③ ㉠ 전자전류, ㉡ 전계
④ ㉠ 파동전류, ㉡ 전계

19
권선수가 N회인 코일에 전류 $I[A]$를 흘릴 경우, 코일에 $\phi[Wb]$의 자속이 지나간다면 이 코일에 저장된 자계에너지(J)는?

① $\dfrac{1}{2} N\phi^2 I$ ② $\dfrac{1}{2} N\phi I$

③ $\dfrac{1}{2} N^2 \phi I$ ④ $\dfrac{1}{2} N\phi I^2$

20
다음 중 인덕턴스의 공식으로 옳은 것은?(단, N은 권수, I는 전류, l은 철심의 길이, R_m은 자기저항, μ는 투자율, S는 철심 단면적이다)

① $\dfrac{NI}{R_m}$ ② $\dfrac{N^2}{R_m}$

③ $\dfrac{\mu NS}{l}$ ④ $\dfrac{\mu_0 NIS}{l}$

제2과목 전력공학

21
직렬콘덴서를 선로에 삽입할 때의 현상으로 옳은 것은?
① 부하의 역률을 개선한다.
② 선로의 리액턴스가 증가한다.
③ 선로의 전압강하를 줄일 수 없다.
④ 계통의 정태안정도를 증가시킨다.

22
송전선로의 중성점을 접지하는 목적으로 가장 옳은 것은?
① 전압강하의 감소
② 유도장해의 감소
③ 전선 동량의 절약
④ 이상전압의 발생 방지

23
그림과 같은 3상 송전계통의 송전전압은 22[kV]이다. 한 점 P에서 3상 단락했을 때 발전기에 흐르는 단락전류는 약 몇 [A]인가?

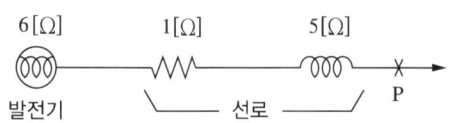

① 725
② 1,150
③ 1,990
④ 3,725

24
전력계통의 전력용 콘덴서와 직렬로 연결하는 리액터로 제거되는 고조파는?
① 제2고조파
② 제3고조파
③ 제4고조파
④ 제5고조파

25
배전선로에서 사용하는 전압 조정방법이 아닌 것은?
① 승압기 사용
② 병렬콘덴서 사용
③ 저전압계전기 사용
④ 주상변압기 탭 전환

26
다음 중 뇌해방지와 관계가 없는 것은?
① 댐 퍼
② 소호환
③ 가공지선
④ 탑각접지

27
다음 (   )에 알맞은 내용으로 옳은 것은?(단, 공급전력과 선로손실률은 동일하다)

> 선로의 전압을 2배로 승압할 경우, 공급전력은 승압 전의 (㉮)로 되고, 선로손실은 승압 전의 (㉯)로 된다.

① ㉮ $\dfrac{1}{4}$, ㉯ 2배
② ㉮ $\dfrac{1}{4}$, ㉯ 4배
③ ㉮ 2배, ㉯ $\dfrac{1}{4}$
④ ㉮ 4배, ㉯ $\dfrac{1}{4}$

28
일반회로정수가 A, B, C, D이고 송전단 상전압이 E_s인 경우, 무부하 시의 충전전류(송전단전류)는?
① CE_s
② ACE_s
③ $\dfrac{C}{A}E_s$
④ $\dfrac{A}{C}E_s$

29
주상변압기의 고장이 배전선로에 파급되는 것을 방지하고 변압기의 과부하 소손을 예방하기 위하여 사용되는 개폐기는?
① 리클로저
② 부하개폐기
③ 컷아웃 스위치
④ 섹셔널라이저

30
중성점 저항접지방식에서 1선 지락 시의 영상전류를 I_0라고 할 때, 접지저항으로 흐르는 전류는?
① $\frac{1}{3}I_0$
② $\sqrt{3}I_0$
③ $3I_0$
④ $6I_0$

31
변전소에서 수용가로 공급되는 전력을 차단하고 소내 기기를 점검할 경우, 차단기와 단로기의 개폐 조작 방법으로 옳은 것은?
① 점검 시에는 차단기로 부하회로를 끊고 난 다음에 단로기를 열어야 하며, 점검 후에는 단로기를 넣은 후 차단기를 넣어야 한다.
② 점검 시에는 단로기를 열고 난 후 차단기를 열어야 하며, 점검 후에는 단로기를 넣고 난 다음에 차단기로 부하회로를 연결하여야 한다.
③ 점검 시에는 차단기로 부하회로를 끊고 단로기를 열어야 하며, 점검 후에는 차단기로 부하회로를 연결한 후 단로기를 넣어야 한다.
④ 점검 시에는 단로기를 열고 난 후 차단기를 열어야 하며, 점검이 끝난 경우에는 차단기를 부하에 연결한 다음에 단로기를 넣어야 한다.

32
설비용량 600[kW], 부등률 1.2, 수용률 60[%]일 때의 합성 최대전력은 몇 [kW]인가?
① 240
② 300
③ 432
④ 833

33
다음 보호계전기 회로에서 박스 (A) 부분의 명칭은?

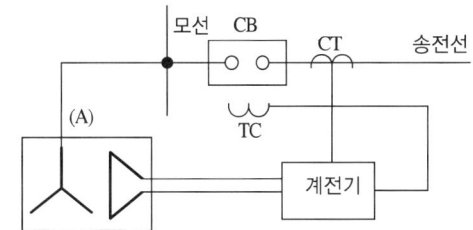

① 차단코일
② 영상변류기
③ 계기용 변류기
④ 계기용 변압기

34
단거리 송전선로에서 정상상태 유효전력의 크기는?
① 선로리액턴스 및 전압위상차에 비례한다.
② 선로리액턴스 및 전압위상차에 반비례한다.
③ 선로리액턴스에 반비례하고 상차각에 비례한다.
④ 선로리액턴스에 비례하고 상차각에 반비례한다.

35
전력원선도의 실수축과 허수축은 각각 어느 것을 나타내는가?
① 실수축은 진입이고, 허수축은 선뮤이다.
② 실수축은 전압이고, 허수축은 역률이다.
③ 실수축은 전류이고, 허수축은 유효전력이다.
④ 실수축은 유효전력이고, 허수축은 무효전력이다.

36
전선로의 지지물 양쪽의 경간의 차가 큰 장소에 사용되며, 일명 E형 철탑이라고도 하는 표준 철탑의 일종은?
① 직선형 철탑
② 내장형 철탑
③ 각도형 철탑
④ 인류형 철탑

37
수차발전기가 난조를 일으키는 원인은?
① 수차의 조속기가 예민하다.
② 수차의 속도변동률이 적다.
③ 발전기의 관성모멘트가 크다.
④ 발전기의 자극에 제동권선이 있다.

38
차단기가 전류를 차단할 때, 재점호가 일어나기 쉬운 차단전류는?
① 동상전류
② 지상전류
③ 진상전류
④ 단락전류

39
배전선에 부하가 균등하게 분포되었을 때 배전선 말단에서의 전압강하는 전 부하가 집중적으로 배전선 말단에 연결되어 있을 때의 몇 [%]인가?
① 25
② 50
③ 75
④ 100

40
송전선의 특성임피던스를 Z_0, 전파속도를 V라 할 때, 이 송전선의 단위길이에 대한 인덕턴스 L은?
① $L = \dfrac{V}{Z_0}$
② $L = \dfrac{Z_0}{V}$
③ $L = \dfrac{Z_0^2}{V}$
④ $L = \sqrt{Z_0}\, V$

제3과목 전기기기

41
정격 150[kVA], 철손 1[kW], 전부하 동손이 4[kW]인 단상변압기의 최대효율[%]과 최대효율 시의 부하[kVA]는?(단, 부하 역률은 1이다)
① 96.8[%], 125[kVA]
② 97[%], 50[kVA]
③ 97.2[%], 100[kVA]
④ 97.4[%], 75[kVA]

42
사이리스터에 의한 제어는 무엇을 제어하여 출력전압을 변환시키는가?
① 토 크
② 위상각
③ 회전수
④ 주파수

43
전동력 응용기기에서 GD^2의 값이 적은 것이 바람직한 기기는?
① 압연기
② 송풍기
③ 냉동기
④ 엘리베이터

44
온도 측정장치 중 변압기의 권선온도 측정에 가장 적당한 것은?
① 탐지코일
② Dial온도계
③ 권선온도계
④ 봉상온도계

45
어떤 변압기의 백분율 저항강하가 2[%], 백분율 리액턴스강하가 3[%]라 한다. 이 변압기로 역률이 80[%]인 부하에 전력을 공급하고 있다. 이 변압기의 전압변동률은 몇 [%]인가?
① 2.4
② 3.4
③ 3.8
④ 4.0

46
직류 및 교류 양용에 사용되는 만능 전동기는?
① 복권전동기   ② 유도전동기
③ 동기전동기   ④ 직권 정류자전동기

47
어떤 IGBT의 열용량은 0.02[J/℃], 열저항은 0.625[℃/W]이다. 이 소자에 직류 25[A]가 흐를 때 전압강하는 3[V]이다. 몇 [℃]의 온도상승이 발생하는가?
① 1.5   ② 1.7
③ 47   ④ 52

48
직류전동기의 속도제어법 중 정지 워드 레오나드 방식에 관한 설명으로 틀린 것은?
① 광범위한 속도제어가 가능하다.
② 정토크 가변속도의 용도에 적합하다.
③ 제철용 압연기, 엘리베이터 등에 사용된다.
④ 직권전동기의 저항제어와 조합하여 사용한다.

49
권수비 30인 단상 변압기의 1차에 6,600[V]를 공급하고, 2차에 40[kW], 뒤진 역률 80[%]의 부하를 걸 때 2차 전류 I_2 및 1차 전류 I_1은 약 몇 [A]인가?(단, 변압기의 손실은 무시한다)
① $I_2 = 145.5$, $I_1 = 4.85$
② $I_2 = 181.8$, $I_1 = 6.06$
③ $I_2 = 227.3$, $I_1 = 7.58$
④ $I_2 = 321.3$, $I_1 = 10.28$

50
동기전동기에서 90° 앞선 전류가 흐를 때 전기자 반작용은?
① 감자작용   ② 증자작용
③ 편자작용   ④ 교차자화작용

51
일정 전압으로 운전하는 직류전동기의 손실이 $x + yI^2$으로 될 때 어떤 전류에서 효율이 최대가 되는가?(단, x, y는 정수이다)
① $I = \sqrt{\dfrac{x}{y}}$ ② $I = \sqrt{\dfrac{y}{x}}$
③ $I = \dfrac{x}{y}$ ④ $I = \dfrac{y}{x}$

52
T-결선에 의하여 3,300[V]의 3상으로부터 200[V], 40[kVA]의 전력을 얻는 경우 T좌 변압기의 권수비는 약 얼마인가?
① 10.2   ② 11.7
③ 14.3   ④ 16.5

53
유도전동기 슬립 s의 범위는?
① $1 < s$
② $s < -1$
③ $-1 < s < 0$
④ $0 < s < 1$

54
전기자 총도체수 500, 6극, 중권의 직류전동기가 있다. 전기자 전류가 100[A]일 때의 발생토크는 약 몇 [kg·m]인가?(단, 1극당 자속수는 0.01[Wb]이다)
① 8.12   ② 9.54
③ 10.25   ④ 11.58

55
3상 동기발전기 각 상의 유기기전력 중 제3고조파를 제거하려면 코일간격/극간격을 어떻게 하면 되는가?
① 0.11   ② 0.33
③ 0.67   ④ 1.34

56
3상 유도전동기의 토크와 출력에 대한 설명으로 옳은 것은?
① 속도에 관계가 없다.
② 동일 속도에서 발생한다.
③ 최대 출력은 최대 토크보다 고속도에서 발생한다.
④ 최대 토크가 최대 출력보다 고속도에서 발생한다.

57
단자전압 220[V], 부하전류 48[A], 계자전류 2[A], 전기자저항 0.2[Ω]인 직류 분권발전기의 유도기전력 [V]은?(단, 전기자 반작용은 무시한다)
① 210　② 220
③ 230　④ 240

58
200[kW], 200[V]의 직류 분권발전기가 있다. 전기자 권선의 저항이 0.025[Ω]일 때 전압변동률은 몇 [%]인가?
① 6.0　② 12.5
③ 20.5　④ 25.0

59
동기발전기에서 전기자전류를 I, 역률을 $\cos\theta$라고 하면 횡축 반작용을 하는 성분은?
① $I\cos\theta$　② $I\cot\theta$
③ $I\sin\theta$　④ $I\tan\theta$

60
단상 유도전동기와 3상 유도전동기를 비교했을 때 단상 유도전동기의 특징에 해당되는 것은?
① 대용량이다.
② 중량이 작다.
③ 역률, 효율이 좋다.
④ 기동장치가 필요하다.

제4과목 회로이론

61
비정현파의 성분을 가장 옳게 나타낸 것은?
① 직류분 + 고조파
② 교류분 + 고조파
③ 교류분 + 기본파 + 고조파
④ 직류분 + 기본파 + 고조파

62
다음과 같은 전류의 초깃값 $i(0^+)$를 구하면?
$$I(s) = \frac{12(s+8)}{4s(s+6)}$$
① 1　② 2
③ 3　④ 4

63
대칭 n상 환상결선에서 선전류와 환상전류 사이의 위상차는 어떻게 되는가?
① $2\left(1-\frac{2}{n}\right)$　② $\frac{n}{2}\left(1-\frac{\pi}{2}\right)$
③ $\frac{\pi}{2}\left(1-\frac{n}{2}\right)$　④ $\frac{\pi}{2}\left(1-\frac{2}{n}\right)$

64
V_a, V_b, V_c를 3상 불평형 전압이라 하면 정상(正相) 전압[V]은?(단, $a = -\frac{1}{2} + j\frac{\sqrt{3}}{2}$이다)
① $3(V_a + V_b + V_c)$
② $\frac{1}{3}(V_a + V_b + V_c)$
③ $\frac{1}{3}(V_a + a^2 V_b + a V_c)$
④ $\frac{1}{3}(V_a + a V_b + a^2 V_c)$

65
그림에서 4단자 회로정수 A, B, C, D 중 출력 단자가 3, 4가 개방되었을 때의 $\dfrac{V_1}{V_2}$인 A의 값은?

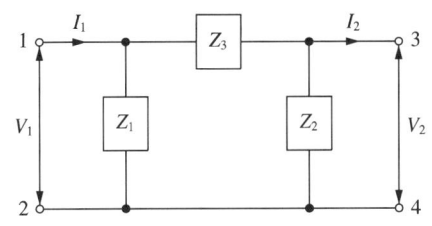

① $1+\dfrac{Z_2}{Z_1}$ ② $1+\dfrac{Z_3}{Z_2}$

③ $1+\dfrac{Z_2}{Z_3}$ ④ $\dfrac{Z_1+Z_2+Z_3}{Z_1Z_3}$

66
$R=1[\text{k}\Omega]$, $C=1[\mu\text{F}]$가 직렬접속된 회로에 스텝(구형파)전압 10[V]를 인가하는 순간에 커패시터 C에 걸리는 최대전압[V]은?

① 0 ② 3.72
③ 6.32 ④ 10

67
저항 $R=6[\Omega]$과 유도리액턴스 $X_L=8[\Omega]$이 직렬로 접속된 회로에서 $v=200\sqrt{2}\sin\omega t[\text{V}]$인 전압을 인가하였다. 이 회로의 소비되는 전력[kW]은?

① 1.2 ② 2.2
③ 2.4 ④ 3.2

68
어느 소자에 전압 $e=125\sin 377t[\text{V}]$를 가했을 때 전류 $i=50\cos 377t[\text{A}]$가 흘렀다. 이 회로의 소자는 어떤 종류인가?

① 순저항
② 용량 리액턴스
③ 유도 리액턴스
④ 저항과 유도 리액턴스

69
기전력 3[V], 내부저항 0.5[Ω]의 전지 9개가 있다. 이것을 3개씩 직렬로 하여 3조 병렬 접속한 것에 부하저항 1.5[Ω]을 접속하면 부하전류[A]는?

① 2.5 ② 3.5
③ 4.5 ④ 5.5

70
$\dfrac{E_o(s)}{E_i(s)}=\dfrac{1}{s^2+3s+1}$의 전달함수를 미분방정식으로 표시하면?(단, $\mathcal{L}^{-1}[E_o(s)]=e_o(t)$, $\mathcal{L}^{-1}[E_i(s)]=e_i(t)$이다)

① $\dfrac{d^2}{dt^2}e_i(t)+3\dfrac{d}{dt}e_i(t)+e_i(t)=e_o(t)$

② $\dfrac{d^2}{dt^2}e_o(t)+3\dfrac{d}{dt}e_o(t)+e_o(t)=e_i(t)$

③ $\dfrac{d^2}{dt^2}e_i(t)+3\dfrac{d}{dt}e_i(t)+\int e_i(t)dt=e_o(t)$

④ $\dfrac{d^2}{dt^2}e_o(t)+3\dfrac{d}{dt}e_o(t)+\int e_o(t)dt=e_i(t)$

71
정격전압에서 1[kW]의 전력을 소비하는 저항에 정격의 80[%]의 전압을 가할 때의 전력[W]은?

① 340 ② 540
③ 640 ④ 740

72
$e=200\sqrt{2}\sin\omega t+150\sqrt{2}\sin 3\omega t+100\sqrt{2}\sin 5\omega t[\text{V}]$인 전압을 $R-L$ 직렬회로에 가할 때 제3고조파 전류의 실횻값은 몇 [A]인가?(단, $R=8[\Omega]$, $\omega L=2[\Omega]$이다)

① 5 ② 8
③ 10 ④ 15

73
대칭 3상 Y결선에서 선간전압이 $200\sqrt{3}$ [V]이고 각 상의 임피던스가 $30 + j40[\Omega]$의 평형부하일 때 선전류[A]는?

① 2
② $2\sqrt{3}$
③ 4
④ $4\sqrt{3}$

74
3상 회로에 △ 결선된 평형 순저항 부하를 사용하는 경우 선간전압 220[V], 상전류가 7.33[A]라면 1상의 부하저항은 약 몇 [Ω]인가?

① 80
② 60
③ 45
④ 30

75
두 대의 전력계를 사용하여 3상 평형 부하의 역률을 측정하려고 한다. 전력계의 지시가 각각 P_1[W], P_2[W]일 때 이 회로의 역률은?

① $\dfrac{\sqrt{P_1+P_2}}{P_1+P_2}$

② $\dfrac{P_1+P_2}{P_1^2+P_2^2-2P_1P_2}$

③ $\dfrac{2(P_1+P_2)}{\sqrt{P_1^2+P_2^2-P_1P_2}}$

④ $\dfrac{P_1+P_2}{2\sqrt{P_1^2+P_2^2-P_1P_2}}$

76
$t = 0$에서 스위치 S를 닫았을 때 정상 전류값[A]은?

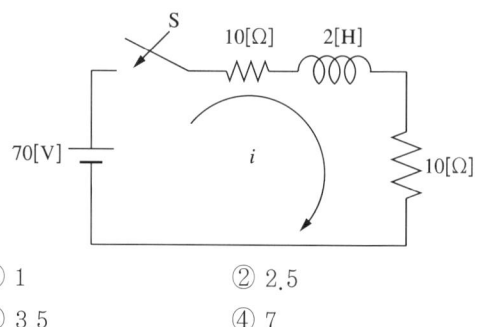

① 1
② 2.5
③ 3.5
④ 7

77
L형 4단자 회로망에서 4단자 정수가 $B = \dfrac{5}{3}$, $C = 1$이고, 영상임피던스 $Z_{01} = \dfrac{20}{3}[\Omega]$일 때 영상임피던스 $Z_{02}[\Omega]$의 값은?

① 4
② $\dfrac{1}{4}$
③ $\dfrac{100}{9}$
④ $\dfrac{9}{100}$

78
다음과 같은 회로에서 a, b 양단의 전압은 몇 [V]인가?

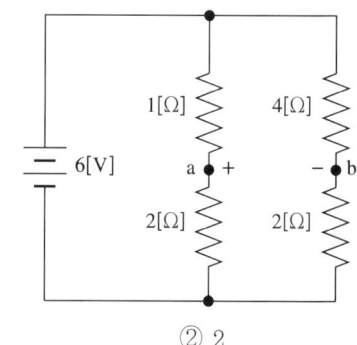

① 1
② 2
③ 2.5
④ 3.5

79
저항 $R_1[\Omega]$, $R_2[\Omega]$ 및 인덕턴스 $L[H]$이 직렬로 연결되어 있는 회로의 시정수[s]는?

① $\dfrac{R_1+R_2}{L}$ ② $\dfrac{L}{R_1+R_2}$

③ $-\dfrac{R_1+R_2}{L}$ ④ $-\dfrac{L}{R_1+R_2}$

80
$F(s) = \dfrac{s}{s^2+\pi^2} \cdot e^{-2s}$ 함수를 시간추이정리에 의해서 역변환하면?

① $\sin\pi(t+a) \cdot u(t+a)$
② $\sin\pi(t-2) \cdot u(t-2)$
③ $\cos\pi(t+a) \cdot u(t+a)$
④ $\cos\pi(t-2) \cdot u(t-2)$

제5과목 전기설비기술기준

81
건조한 장소로서 전개된 장소에 한하여 시설할 수 있는 고압 옥내배선의 방법은?

① 금속관공사
② 애자사용공사
③ 가요전선관공사
④ 합성수지관공사

82
154/22.9[kV]용 변전소의 변압기에 반드시 시설하지 않아도 되는 계측장치는?

① 전압계   ② 전류계
③ 역률계   ④ 온도계

83
22.9[kV] 특고압 가공전선로의 중성선은 다중접지를 하여야 한다. 각 접지선을 중성선으로부터 분리하였을 경우 1[km]마다 중성선과 대지 사이의 합성전기저항 값은 몇 [Ω] 이하인가?(단, 전로에 지락이 생겼을 때에 2초 이내에 자동적으로 이를 전로로부터 차단하는 장치가 되어 있다)

① 5   ② 10
③ 15   ④ 20

84
전기부식방식 시설은 지표 또는 수중에서 1[m] 간격의 임의의 2점(양극의 주위 1[m] 이내의 거리에 있는 점 및 울타리의 내부점을 제외한다) 간의 전위차가 몇 [V]를 넘으면 안 되는가?

① 5   ② 10
③ 25   ④ 30

85
고압 가공전선이 가공약전류전선 등과 접근하는 경우에 고압 가공전선과 가공약전류전선 사이의 이격거리는 몇 [cm] 이상이어야 하는가?(단, 전선이 케이블인 경우)

① 20   ② 30
③ 40   ④ 50

86
가공전선로의 지지물에 지선을 시설하는 기준으로 옳은 것은?

① 소선 지름 : 1.6[mm], 안전율 : 2.0, 허용인장하중 : 4.31[kN]
② 소선 지름 : 2.0[mm], 안전율 : 2.5, 허용인장하중 : 2.11[kN]
③ 소선 지름 : 2.6[mm], 안전율 : 1.5, 허용인장하중 : 3.21[kN]
④ 소선 지름 : 2.6[mm], 안전율 : 2.5, 허용인장하중 : 4.31[kN]

정답 79 ② 80 ④ 81 ② 82 ③ 83 ③ 84 ① 85 ③ 86 ④

87
시가지 등에서 특고압 가공전선로를 시설하는 경우 특고압 가공전선로용 지지물로 사용할 수 없는 것은? (단, 사용전압이 170[kV] 이하인 경우이다)
① 철 탑 ② 목 주
③ 철 주 ④ 철근 콘크리트주

88
중성선 다중접지식의 것으로 전로에 지락이 생겼을 때에 2초 이내에 자동적으로 이를 전로로부터 차단하는 장치가 되어 있는 22.9[kV] 가공전선로를 상부 조영재의 위쪽에서 접근상태로 시설하는 경우, 가공전선과 건조물과의 이격거리는 몇 [m] 이상이어야 하는가?(단, 전선으로는 나전선을 사용한다고 한다)
① 1.2 ② 1.5
③ 2.5 ④ 3.0

89
시가지에서 시설하는 고압 가공전선으로 경동선을 사용하려면 그 지름은 최소 몇 [mm]이어야 하는가?
① 2.6 ② 3.2
③ 4.0 ④ 5.0

90
케이블을 지지하기 위하여 사용하는 금속제 케이블 트레이의 종류가 아닌 것은?
① 사다리형 ② 통풍 밀폐형
③ 통풍 채널형 ④ 바닥 밀폐형

91
※ KEC 규정 적용으로 문제 삭제
출퇴표시등 회로에 전기를 공급하기 위한 변압기의 2차 측 전로의 사용전압이 몇 [V] 이하인 절연 변압기이어야 하는가?
① 40 ② 60
③ 150 ④ 300

92
발전소·변전소 또는 이에 준하는 곳의 특고압 전로에는 그의 보기 쉬운 곳에 어떤 표시를 반드시 하여야 하는가?
① 모선(母線) 표시
② 상별(相別) 표시
③ 차단(遮斷) 위험표시
④ 수전(受電) 위험표시

93
전력 보안 통신용 전화설비를 시설하여야 하는 곳은?
① 2 이상의 발전소 상호 간
② 원격 감시 제어가 되는 변전소
③ 원격 감시 제어가 되는 급전소
④ 원격 감시 제어가 되지 않는 발전소

94
6.6[kV] 지중전선로의 케이블을 직류전원으로 절연내력시험을 하자면 시험전압은 직류 몇 [V]인가?
① 9,900 ② 14,420
③ 16,500 ④ 19,800

95
전기부식방지 시설을 시설할 때 전기부식방지용 전원장치로부터 양극 및 피방식체까지의 전로의 사용전압은 직류 몇 [V] 이하이어야 하는가?
① 20 ② 40
③ 60 ④ 80

96
※ KEC 규정 적용으로 문제 삭제
변압기의 안정권선이나 유휴권선 또는 전압조정기의 내장권선을 이상전압으로부터 보호하기 위하여 특히 필요할 경우에 그 권선에 접지공사를 할 때에는 몇 종 접지공사를 하여야 하는가?
① 제1종 접지공사 ② 제2종 접지공사
③ 제3종 접지공사 ④ 특별 제3종 접지공사

97
※ KEC 규정 적용으로 문제 삭제

가공직류전차선의 레일면상의 높이는 몇 [m] 이상이어야 하는가?

① 6.0 ② 5.5
③ 5.0 ④ 4.8

98
※ KEC 규정 적용으로 문제 삭제

제1종 접지공사의 접지저항값은 몇 [Ω] 이하로 유지하여야 하는가?

① 10   ② 30
③ 50   ④ 100

99
고압 가공전선 상호 간의 접근 또는 교차하여 시설되는 경우, 고압 가공전선 상호 간의 이격거리는 몇 [cm] 이상이어야 하는가?(단, 고압 가공전선은 모두 케이블이 아니라고 한다)

① 50   ② 60
③ 70   ④ 80

100
과전류차단기로 시설하는 퓨즈 중 고압 전로에 사용하는 비포장 퓨즈는 정격전류의 몇 배의 전류에 견디어야 하는가?

① 1.1 ② 1.25
③ 1.5 ④ 2

2019년 제2회 기출문제

제1과목 전기자기학

01
전자파의 에너지 전달방향은?
① $\nabla \times E$의 방향과 같다.
② $E \times H$의 방향과 같다.
③ 전계 E의 방향과 같다.
④ 자계 H의 방향과 같다.

02
자기회로의 자기저항에 대한 설명으로 틀린 것은?
① 단위는 [AT/Wb]이다.
② 자기회로의 길이에 반비례한다.
③ 자기회로의 단면적에 반비례한다.
④ 자성체의 비투자율에 반비례한다.

03
자위의 단위에 해당되는 것은?
① [A]
② [J/C]
③ [N/Wb]
④ [Gauss]

04
자기 유도계수가 20[mH]인 코일에 전류를 흘릴 때 코일과의 쇄교 자속수가 0.2[Wb]였다면 코일에 축적된 에너지는 몇 [J]인가?
① 1
② 2
③ 3
④ 4

05
비자화율 $\chi_m = 2$, 자속밀도 $B = 20ya_x [\text{Wb/m}^2]$인 균일 물체가 있다. 자계의 세기 H는 약 몇 [AT/m]인가?
① $0.53 \times 10^7 ya_z$
② $0.13 \times 10^7 ya_z$
③ $0.53 \times 10^7 xa_y$
④ $0.13 \times 10^7 xa_y$

06
맥스웰 전자방정식에 대한 설명으로 틀린 것은?
① 폐곡면을 통해 나오는 전속은 폐곡면 내의 전하량과 같다.
② 폐곡면을 통해 나오는 자속은 폐곡면 내의 자극의 세기와 같다.
③ 폐곡선에 따른 전계의 선적분은 폐곡선 내를 통하는 자속의 시간 변화율과 같다.
④ 폐곡선에 따른 자계의 선적분은 폐곡선 내를 통하는 전류와 전속의 시간적 변화율을 더한 것과 같다.

07
진공 중 반지름이 a[m]인 원형 도체판 2매를 사용하여 극판거리 d[m]인 콘덴서를 만들었다. 만약 이 콘덴서의 극판거리를 2배로 하고 정전용량은 일정하게 하려면 이 도체판의 반지름 a는 얼마로 하면 되는가?
① $2a$
② $\frac{1}{2}a$
③ $\sqrt{2}a$
④ $\frac{1}{\sqrt{2}}a$

정답 1② 2② 3① 4① 5① 6② 7③

08

비유전율 $\varepsilon_r = 5$인 유전체 내의 한 점에서 전계의 세기가 $10^4 [\text{V/m}]$라면, 이 점의 분극의 세기는 약 몇 $[\text{C/m}^2]$인가?

① 3.5×10^{-7}
② 4.3×10^{-7}
③ 3.5×10^{-11}
④ 4.3×10^{-11}

09

진공 중에 서로 떨어져 있는 두 도체 A, B가 있다. A에만 1[C]의 전하를 줄 때 도체 A, B의 전위가 각각 3[V], 2[V]였다고 하면, A에 2[C], B에 1[C]의 전하를 주면 도체 A의 전위는 몇 [V]인가?

① 6
② 7
③ 8
④ 9

10

자기인덕턴스 0.05[H]의 회로에 흐르는 전류가 매초 500[A]의 비율로 증가할 때 자기유도기전력의 크기는 몇 [V]인가?

① 2.5
② 25
③ 100
④ 1,000

11

MKS 단위계에서 진공 유전율값은?

① $4\pi \times 10^{-7} [\text{H/m}]$
② $\dfrac{1}{9 \times 10^9} [\text{F/m}]$
③ $\dfrac{1}{4\pi \times 9 \times 10^9} [\text{F/m}]$
④ $6.33 \times 10^{-4} [\text{H/m}]$

12

원점 주위의 전류밀도가 $J = \dfrac{2}{r} a_r [\text{A/m}^2]$의 분포를 가질 때 반지름 5[cm]의 구면을 지나는 전전류는 몇 [A]인가?

① 0.1π
② 0.2π
③ 0.3π
④ 0.4π

13

유전체의 초전효과(Pyroelectric Effect)에 대한 설명이 아닌 것은?

① 온도변화에 관계없이 일어난다.
② 자발 분극을 가진 유전체에서 생긴다.
③ 초전효과가 있는 유전체를 공기 중에 놓으면 중화된다.
④ 열에너지를 전기에너지로 변화시키는 데 이용된다.

14

권선수가 400회, 면적이 $9\pi [\text{cm}^2]$인 장방형 코일에 1[A]의 직류가 흐르고 있다. 코일의 장방형면과 평행한 방향으로 자속밀도가 $0.8[\text{Wb/m}^2]$인 균일한 자계가 가해져 있다. 코일의 평행한 두 변의 중심을 연결하는 선을 축으로 할 때 이 코일에 작용하는 회전력은 약 몇 $[\text{N} \cdot \text{m}]$인가?

① 0.3
② 0.5
③ 0.7
④ 0.9

15

점전하 $+Q$의 무한 평면도체에 대한 영상전하는?

① $+Q$
② $-Q$
③ $+2Q$
④ $-2Q$

16
다음 조건 중 틀린 것은?(단, χ_m : 비자화율, μ_r : 비투자율이다)

① $\mu_r \gg 1$이면 강자성체
② $\chi_m > 0$, $\mu_r < 1$이면 상자성체
③ $\chi_m < 0$, $\mu_r < 1$이면 반자성체
④ 물질은 χ_m 또는 μ_r의 값에 따라 반자성체, 상자성체, 강자성체 등으로 구분한다.

17
등전위면을 따라 전하 $Q[C]$를 운반하는 데 필요한 일은?

① 항상 0이다.
② 전하의 크기에 따라 변한다.
③ 전위의 크기에 따라 변한다.
④ 전하의 극성에 따라 변한다.

18
접지된 직교 도체 평면과 점전하 사이에는 몇 개의 영상 전하가 존재하는가?

① 1
② 2
③ 3
④ 4

19
두 개의 코일에서 각각의 자기인덕턴스가 $L_1 = 0.35$[H], $L_2 = 0.5$[H]이고, 상호인덕턴스는 $M = 0.1$[H]이라고 하면 이때 코일의 결합계수는 약 얼마인가?

① 0.175
② 0.239
③ 0.392
④ 0.586

20
두 종류의 유전체 경계면에서 전속과 전기력선이 경계면에 수직으로 도달할 때에 대한 설명으로 틀린 것은?

① 전속밀도는 변하지 않는다.
② 전속과 전기력선은 굴절하지 않는다.
③ 전계의 세기는 불연속적으로 변한다.
④ 전속선은 유전율이 작은 유전체 쪽으로 모이려는 성질이 있다.

제2과목 전력공학

21
화력발전소의 기본 사이클이다. 그 순서로 옳은 것은?

① 급수펌프 → 과열기 → 터빈 → 보일러 → 복수기 → 급수펌프
② 급수펌프 → 보일러 → 과열기 → 터빈 → 복수기 → 급수펌프
③ 보일러 → 급수펌프 → 과열기 → 복수기 → 급수펌프 → 보일러
④ 보일러 → 과열기 → 복수기 → 터빈 → 급수펌프 → 축열기 → 과열기

22
저압 뱅킹 배전방식에서 저전압측의 고장에 의하여 건전한 변압기의 일부 또는 전부가 차단되는 현상은?

① 아킹(Arcing)
② 플리커(Flicker)
③ 밸런서(Balancer)
④ 캐스케이딩(Cascading)

23
증기의 엔탈피(Enthalpy)란?

① 증기 1[kg]의 잠열
② 증기 1[kg]의 기화 열량
③ 증기 1[kg]의 보유 열량
④ 증기 1[kg]의 증발열을 그 온도로 나눈 것

24
그림에서 X부분에 흐르는 전류는 어떤 전류인가?

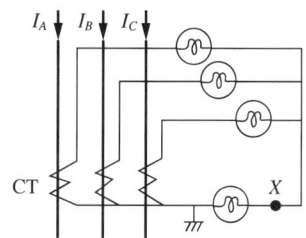

① b상 전류 ② 정상전류
③ 역상전류 ④ 영상전류

25
지름 5[mm]의 경동선을 간격 1[m]로 정삼각형 배치를 한 가공전선 1선의 작용 인덕턴스는 약 몇 [mH/km]인가?(단, 송전선은 평형 3상 회로)

① 1.13 ② 1.25
③ 1.42 ④ 1.55

26
직류송전방식의 장점은?

① 역률이 항상 1이다.
② 회전자계를 얻을 수 있다.
③ 전력변환장치가 필요하다.
④ 전압의 승압, 강압이 용이하다.

27
송전선로의 후비 보호계전방식의 설명으로 틀린 것은?

① 주보호계전기가 그 어떤 이유로 정지해 있는 구간의 사고를 보호한다.
② 주보호계전기에 결함이 있어 정상 동작을 할 수 없는 상태에 있는 구간 사고를 보호한다.
③ 차단기 사고 등 주보호계전기로 보호할 수 없는 장소의 사고를 보호한다.
④ 후비 보호계전기의 정정값은 주보호계전기와 동일하다.

28
최대 수용전력의 합계와 합성 최대 수용전력의 비를 나타내는 계수는?

① 부하율 ② 수용률
③ 부등률 ④ 보상률

29
주파수 60[Hz], 정전용량 $\frac{1}{6\pi}[\mu F]$의 콘덴서를 △ 결선해서 3상 전압 20,000[V]를 가했을 때의 충전용량은 몇 [kVA]인가?

① 12 ② 24
③ 48 ④ 50

30
3상 3선식 3각형 배치의 송전선로에 있어서 각 선의 대지 정전용량이 0.5038[μF]이고, 선간정전용량이 0.1237[μF]일 때 1선의 작용 정전용량은 약 몇 [μF]인가?

① 0.6275 ② 0.8749
③ 0.9164 ④ 0.9755

31
지상 역률 80[%], 10,000[kVA]의 부하를 가진 변전소에 6,000[kVA]의 콘덴서를 설치하여 역률을 개선하면 변압기에 걸리는 부하[kVA]는 콘덴서 설치 전의 몇 [%]로 되는가?

① 60 ② 75
③ 80 ④ 85

32
가공지선을 설치하는 주된 목적은?

① 뇌해 방지
② 전선의 진동 방지
③ 철탑의 강도 보강
④ 코로나의 발생 방지

33
송전계통의 안정도를 증진시키는 방법은?
① 중간 조상설비를 설치한다.
② 조속기의 동작을 느리게 한다.
③ 계통의 연계는 하지 않도록 한다.
④ 발전기나 변압기의 직렬 리액턴스를 가능한 크게 한다.

34
보일러 절탄기(Economizer)의 용도는?
① 증기를 과열한다.
② 공기를 예열한다.
③ 석탄을 건조한다.
④ 보일러 급수를 예열한다.

35
345[kV] 송전계통의 절연협조에서 충격절연내력의 크기순으로 나열한 것은?
① 선로애자 > 차단기 > 변압기 > 피뢰기
② 선로애자 > 변압기 > 차단기 > 피뢰기
③ 변압기 > 차단기 > 선로애자 > 피뢰기
④ 변압기 > 선로애자 > 차단기 > 피뢰기

36
전선에서 전류의 밀도가 도선의 중심으로 들어갈수록 작아지는 현상은?
① 표피효과
② 근접효과
③ 접지효과
④ 페란티효과

37
차단기의 정격차단시간을 설명한 것으로 옳은 것은?
① 계기용 변성기로부터 고장전류를 감지한 후 계전기가 동작할 때까지의 시간
② 차단기가 트립 지령을 받고 트립 장치가 동작하여 정류차단을 완료할 때까지의 시간
③ 차단기의 개극(발호)부터 이동행정 종료 시까지의 시간
④ 차단기 가동접촉자 시동부터 아크 소호가 완료될 때까지의 시간

38
연가를 하는 주된 목적은?
① 미관상 필요
② 전압강하 방지
③ 선로정수의 평형
④ 전선로의 비틀림 방지

39
변압기의 보호방식에서 차동계전기는 무엇에 의하여 동작하는가?
① 1, 2차 전류의 차로 동작한다.
② 전압과 전류의 배수 차로 동작한다.
③ 정상전류와 역상전류의 차로 동작한다.
④ 정상전류와 영상전류의 차로 동작한다.

40
보호 계전 방식의 구비 조건이 아닌 것은?
① 여자돌입전류에 동작할 것
② 고장 구간의 선택 차단을 신속 정확하게 할 수 있을 것
③ 과도 안정도를 유지하는 데 필요한 한도 내의 동작 시한을 가질 것
④ 적절한 후비 보호 능력이 있을 것

제3과목 전기기기

41
자극수 4, 전기자 도체수 50, 전기자저항 0.1[Ω]의 증권 타여자전동기가 있다. 정격전압 105[V], 정격전류 50[A]로 운전하던 것을 전압 106[V] 및 계자회로를 일정히 하고 무부하로 운전했을 때 전기자전류가 10[A]이라면 속도변동률[%]은?(단, 매극의 자속은 0.05[Wb]라 한다)

① 3
② 5
③ 6
④ 8

42
동기발전기의 권선을 분포권으로 하면?

① 난조를 방지한다.
② 파형이 좋아진다.
③ 권선의 리액턴스가 커진다.
④ 집중권에 비하여 합성 유도기전력이 높아진다.

43
직류 분권발전기가 운전 중 단락이 발생하면 나타나는 현상으로 옳은 것은?

① 과전압이 발생한다.
② 계자저항선이 확립된다.
③ 큰 단락전류로 소손된다.
④ 작은 단락전류가 흐른다.

44
단락비가 큰 동기발전기에 대한 설명 중 틀린 것은?

① 효율이 나쁘다.
② 계자전류가 크다.
③ 전압변동률이 크다.
④ 안정도와 선로 충전용량이 크다.

45
어떤 변압기의 부하역률이 60[%]일 때 전압변동률이 최대라고 한다. 지금 이 변압기의 부하역률이 100[%]일 때 전압변동률을 측정했더니 3[%]였다. 이 변압기의 부하역률이 80[%]일 때 전압변동률은 몇 [%]인가?

① 2.4
② 3.6
③ 4.8
④ 5.0

46
직류발전기에서 기하학적 중성축과 각도 θ만큼 브러시의 위치가 이동되었을 때 감자기자력[AT/극]은? $\left(단, K=\dfrac{I_a Z}{2Pa}\right)$

① $K\dfrac{\theta}{\pi}$
② $K\dfrac{2\theta}{\pi}$
③ $K\dfrac{3\theta}{\pi}$
④ $K\dfrac{4\theta}{\pi}$

47
동기주파수 변환기의 주파수 f_1 및 f_2 계통에 접속되는 양극을 P_1, P_2라 하면 다음 어떤 관계가 성립되는가?

① $\dfrac{f_1}{f_2}=P_2$
② $\dfrac{f_1}{f_2}=\dfrac{P_2}{P_1}$
③ $\dfrac{f_1}{f_2}=\dfrac{P_1}{P_2}$
④ $\dfrac{f_2}{f_1}=P_1 \cdot P_2$

48
다음은 직류발전기의 정류곡선이다. 이 중에서 정류 말기에 정류의 상태가 좋지 않은 것은?

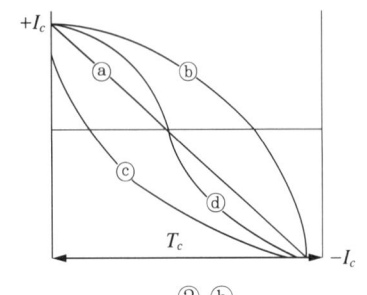

① ⓐ ② ⓑ
③ ⓒ ④ ⓓ

49
직류전압의 맥동률이 가장 작은 정류회로는?(단, 저항 부하를 사용한 경우이다)

① 단상 전파 ② 단상 반파
③ 3상 반파 ④ 3상 전파

50
권선형 유도전동기의 저항제어법의 장점은?
① 부하에 대한 속도변동이 크다.
② 역률이 좋고, 운전효율이 양호하다.
③ 구조가 간단하며, 제어조작이 용이하다.
④ 전부하로 장시간 운전하여도 온도 상승이 적다.

51
권선형 유도전동기에서 비례추이를 할 수 없는 것은?
① 토 크 ② 출 력
③ 1차 전류 ④ 2차 전류

52
직류 직권전동기의 속도제어에 사용되는 기기는?
① 초 퍼 ② 인버터
③ 듀얼 컨버터 ④ 사이클로 컨버터

53
6극 유도전동기의 고정자 슬롯(Slot) 홈수가 36이라면 인접한 슬롯 사이의 전기각은?

① 30° ② 60°
③ 120° ④ 180°

54
그림은 복권발전기의 외부 특성곡선이다. 이 중 과복권을 나타내는 곡선은?

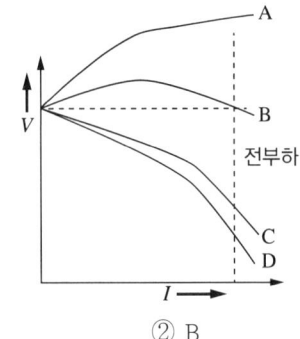

① A ② B
③ C ④ D

55
누설변압기에 필요한 특성은 무엇인가?
① 수하 특성 ② 정전압 특성
③ 고저항 특성 ④ 고임피던스 특성

56
단상변압기 3대를 이용하여 △-△ 결선하는 경우에 대한 설명으로 틀린 것은?
① 중성점을 접지할 수 없다.
② Y-Y결선에 비해 상전압이 선간전압의 $\frac{1}{\sqrt{3}}$ 배이므로 절연이 용이하다.
③ 3대 중 1대에서 고장이 발생하여도 나머지 2대로 V결선하여 운전을 계속할 수 있다.
④ 결선 내에 순환전류가 흐르나 외부에는 나타나지 않으므로 통신장애에 대한 염려가 없다.

57
직류전동기의 속도제어 방법에서 광범위한 속도제어가 가능하며, 운전효율이 가장 좋은 방법은?
① 계자제어
② 전압제어
③ 직렬 저항제어
④ 병렬 저항제어

58
200[V]의 배전선 전압을 220[V]로 승압하여 30[kVA]의 부하에 전력을 공급하는 단권변압기가 있다. 이 단권변압기의 자기용량은 약 몇 [kVA]인가?
① 2.73
② 3.55
③ 4.26
④ 5.25

59
동기발전기의 단락시험, 무부하시험에서 구할 수 없는 것은?
① 철 손
② 단락비
③ 동기리액턴스
④ 전기자 반작용

60
유도전동기에서 공간적으로 본 고정자에 의한 회전자계와 회전자에 의한 회전자계는?
① 항상 동상으로 회전한다.
② 슬립만큼의 위상각을 가지고 회전한다.
③ 역률각만큼의 위상각을 가지고 회전한다.
④ 항상 180°만큼의 위상각을 가지고 회전한다.

제4과목 회로이론

61
$f(t) = e^{-t} + 3t^2 + 3\cos 2t + 5$의 라플라스 변환식은?

① $\dfrac{1}{s+1} + \dfrac{6}{s^2} + \dfrac{3s}{s^2+5} + \dfrac{5}{s}$

② $\dfrac{1}{s+1} + \dfrac{6}{s^3} + \dfrac{3s}{s^2+4} + \dfrac{5}{s}$

③ $\dfrac{1}{s+1} + \dfrac{5}{s^2} + \dfrac{3s}{s^2+5} + \dfrac{4}{s}$

④ $\dfrac{1}{s+1} + \dfrac{5}{s^3} + \dfrac{2s}{s^2+4} + \dfrac{4}{s}$

62
그림의 회로에서 전류 I는 약 몇 [A]인가?(단, 저항의 단위는 [Ω]이다)

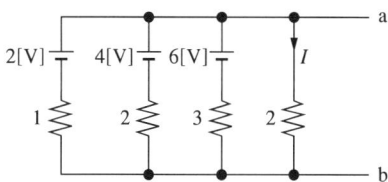

① 1.125
② 1.29
③ 6
④ 7

63
구형파의 파형률(㉠)과 파고율(㉡)은?
① ㉠ 1, ㉡ 0
② ㉠ 1.11, ㉡ 1.414
③ ㉠ 1, ㉡ 1
④ ㉠ 1.57, ㉡ 2

64
a-b단자의 전압이 $50\angle 0°[V]$, a-b단자에서 본 능동 회로망(N)의 임피던스가 $Z = 6 + j8[\Omega]$일 때, a-b 단자에 임피던스 $Z' = 2 - j2[\Omega]$를 접속하면 이 임피던스에 흐르는 전류[A]는?

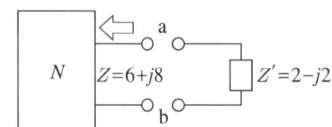

① $3 - j4$ ② $3 + j4$
③ $4 - j3$ ④ $4 + j3$

65
3상 평형회로에서 선간전압이 200[V]이고 각 상의 임피던스가 $24 + j7[\Omega]$인 Y결선 3상 부하의 유효전력은 약 몇 [W]인가?

① 192 ② 512
③ 1,536 ④ 4,608

66
$Z(s) = \dfrac{2s+3}{s}$ 로 표시되는 2단자 회로망은?

① ──2[Ω]──$\frac{1}{3}$[F]──
② ──2[H]──3[Ω]──
③ ──2[Ω]──3[H]──
④ ──3[F]──2[Ω]──

67
$F(s) = \dfrac{2}{(s+1)(s+3)}$ 의 역라플라스 변환은?

① $e^{-t} - e^{-3t}$ ② $e^{-t} - e^{3t}$
③ $e^{t} - e^{3t}$ ④ $e^{t} - e^{-3t}$

68
그림과 같은 회로의 영상 임피던스 Z_{01}, $Z_{02}[\Omega]$는 각각 얼마인가?

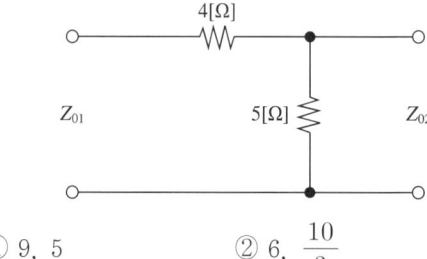

① 9, 5 ② 6, $\dfrac{10}{3}$
③ 4, 5 ④ 4, $\dfrac{20}{9}$

69
$e_1 = 6\sqrt{2}\sin\omega t[V]$, $e_2 = 4\sqrt{2}\sin(\omega t - 60°)$[V]일 때, $e_1 - e_2$의 실횻값[V]은?

① 4 ② $2\sqrt{2}$
③ $2\sqrt{7}$ ④ $2\sqrt{13}$

70
기본파의 60[%]인 제3고조파와 80[%]인 제5고조파를 포함하는 전압의 왜형률은?

① 0.3 ② 1
③ 5 ④ 10

71
인덕턴스가 각각 5[H], 3[H]인 두 코일을 모두 dot 방향으로 전류가 흐르게 직렬로 연결하고 인덕턴스를 측정하였더니 15[H]이었다. 두 코일 간의 상호 인덕턴스[H]는?

① 3.5 ② 4.5
③ 7 ④ 9

72
1상의 직렬 임피던스가 $R=6[\Omega]$, $X_L=8[\Omega]$인 △결선의 평형부하가 있다. 여기에 선간전압 100[V]인 대칭 3상 교류전압을 가하면 선전류는 몇 [A]인가?

① $3\sqrt{3}$
② $\dfrac{10\sqrt{3}}{3}$
③ 10
④ $10\sqrt{3}$

73
RL 직렬회로에서 시정수의 값이 클수록 과도현상은 어떻게 되는가?

① 없어진다.
② 짧아진다.
③ 길어진다.
④ 변화가 없다.

74
대칭 6상 전원이 있다. 환상결선으로 각 전원이 150[A]의 전류를 흘린다고 하면 선전류는 몇 [A]인가?

① 50
② 75
③ $\dfrac{150}{\sqrt{3}}$
④ 150

75
RLC 직렬회로에서 $R=100[\Omega]$, $L=5[mH]$, $C=2[\mu F]$일 때 이 회로는?

① 과제동이다.
② 무제동이다.
③ 임계제동이다.
④ 부족제동이다.

76
$i=20\sqrt{2}\sin\left(377t-\dfrac{\pi}{6}\right)$의 주파수는 약 몇 [Hz]인가?

① 50
② 60
③ 70
④ 80

77
그림과 같은 회로의 전압 전달함수 $G(s)$는?

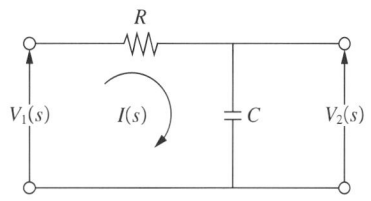

① $\dfrac{RC}{s+\dfrac{1}{RC}}$
② $\dfrac{RC}{s+RC}$
③ $\dfrac{RC}{RCs+1}$
④ $\dfrac{1}{RCs+1}$

78
평형 3상 부하에 전력을 공급할 때 선전류가 20[A]이고 부하의 소비전력이 4[kW]이다. 이 부하의 등가 Y회로에 대한 각 상의 저항은 약 몇 [Ω]인가?

① 3.3
② 5.7
③ 7.2
④ 10

79
$f(t)=e^{at}$의 라플라스 변환은?

① $\dfrac{1}{s-a}$
② $\dfrac{1}{s+a}$
③ $\dfrac{1}{s^2-a^2}$
④ $\dfrac{1}{s^2+a^2}$

80
그림과 같은 평형 3상 Y결선에서 각 상이 8[Ω]의 저항과 6[Ω]의 리액턴스가 직렬로 연결된 부하에 선간전압 $100\sqrt{3}$ [V]가 공급되었다. 이때 선전류는 몇 [A]인가?

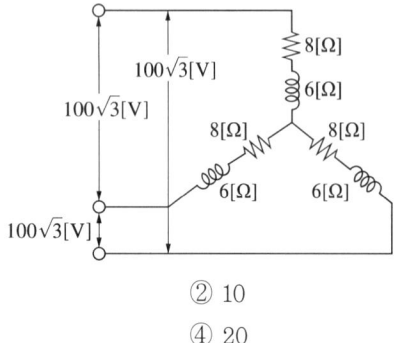

① 5
② 10
③ 15
④ 20

제5과목 전기설비기술기준

81
저압 옥내배선과 옥내 저압용의 전구선의 시설방법으로 틀린 것은?

① 쇼케이스 내의 배선에 0.75[mm²]의 캡타이어케이블을 사용하였다.
② 출퇴표시등용 전선으로 1.0[mm²]의 연동선을 사용하여 금속관에 넣어 시설하였다.
③ 전광표시장치의 배선으로 1.5[mm²]의 연동선을 사용하고 합성수지관에 넣어 시설하였다.
④ 조영물에 고정시키지 아니하고 백열전등에 이르는 전구선으로 0.55[mm²]의 케이블을 사용하였다.

82
사용전압이 20[kV]인 변전소에 울타리·담 등을 시설하고자 할 때 울타리·담 등의 높이는 몇 [m] 이상이어야 하는가?

① 1
② 2
③ 5
④ 6

83
최대사용전압 440[V]인 전동기의 절연내력 시험전압은 몇 [V]인가?

① 330
② 440
③ 500
④ 660

84
고압 옥내배선을 애자사용공사로 하는 경우, 전선의 지지점 간의 거리는 전선을 조영재의 면을 따라 붙이는 경우 몇 [m] 이하이어야 하는가?

① 1
② 2
③ 3
④ 5

85
특고압 가공전선로의 지지물에 시설하는 통신선 또는 이것에 직접 접속하는 통신선일 경우에 설치하여야 할 보안장치로서 모두 옳은 것은?

① 특고압용 제2종 보안장치, 고압용 제2종 보안장치
② 특고압용 제1종 보안장치, 특고압용 제3종 보안장치
③ 특고압용 제2종 보안장치, 특고압용 제3종 보안장치
④ 특고압용 제1종 보안장치, 특고압용 제2종 보안장치

86
사용전압 60,000[V]인 특고압 가공전선과 그 지지물·지주·완금류 또는 지선 사이의 이격거리는 몇 [cm] 이상이어야 하는가?

① 35
② 40
③ 45
④ 65

87
특고압 가공전선로에서 발생하는 극저주파 전자계는 지표상 1[m]에서 전계가 몇 [kV/m] 이하가 되도록 시설하여야 하는가?

① 3.5
② 2.5
③ 1.5
④ 0.5

88
동일 지지물에 저압 가공전선(다중접지된 중성선은 제외)과 고압 가공전선을 시설하는 경우 저압 가공전선은?

① 고압 가공전선의 위로 하고 동일 완금류에 시설
② 고압 가공전선과 나란하게 하고 동일 완금류에 시설
③ 고압 가공전선의 아래로 하고 별개의 완금류에 시설
④ 고압 가공전선과 나란하게 하고 별개의 완금류에 시설

89 ※ KEC 규정 적용으로 문제 삭제
23[kV] 특고압 가공전선로의 전로와 저압 전로를 결합한 주상변압기의 2차 측 접지선의 굵기는 공칭단면적이 몇 [mm²] 이상의 연동선인가?(단, 특고압 가공전선로는 중성선 다중접지식의 것을 제외한다)

① 2.5
② 6
③ 10
④ 16

90
특고압 가공전선로의 지지물 양쪽의 경간의 차가 큰 곳에 사용되는 철탑은?

① 내장형 철탑
② 인류형 철탑
③ 각도형 철탑
④ 보강형 철탑

91
철탑의 강도 계산에 사용하는 이상 시 상정하중의 종류가 아닌 것은?

① 좌굴하중
② 수직하중
③ 수평 횡하중
④ 수평 종하중

92 ※ KEC 규정 적용으로 문제 삭제
교류 전차선 등이 교량 등의 밑에 시설되는 경우 교량의 거더 등의 금속제 부분에는 제 몇 종 접지공사를 하여야 하는가?

① 제1종 접지공사
② 제2종 접지공사
③ 제3종 접지공사
④ 특별 제3종 접지공사

93
사용전압 15[kV] 이하인 특고압 가공전선로의 중성선 다중 접지시설은 각 접지선을 중성선으로부터 분리하였을 경우 1[km]마다의 중성선과 대지 사이의 합성 전기저항값은 몇 [Ω] 이하이어야 하는가?

① 30
② 50
③ 400
④ 500

94 ※ KEC 규정 적용으로 문제 삭제
고압 가공전선에 케이블을 사용하는 경우의 조가용선 및 케이블의 피복에 사용하는 금속체에는 몇 종 접지공사를 하여야 하는가?

① 제1종 접지공사
② 제2종 접지공사
③ 제3종 접지공사
④ 특별 제3종 접지공사

95 ※ KEC 규정 적용으로 문제 삭제
강색 차선의 레일면상의 높이는 몇 [m] 이상이어야 하는가?(단, 터널 안, 교량 아래 그 밖에 이와 유사한 곳에 시설하는 경우는 제외한다)

① 2.5
② 3.0
③ 3.5
④ 4.0

96
"지중관로"에 포함되지 않는 것은?

① 지중전선로
② 지중레일선로
③ 지중약전류전선로
④ 지중광섬유케이블선로

97
수소냉각식의 발전기·조상기에 부속하는 수소 냉각 장치에서 필요 없는 장치는?

① 수소의 압력을 계측하는 장치
② 수소의 온도를 계측하는 장치
③ 수소의 유량을 계측하는 장치
④ 수소의 순도 저하를 경보하는 장치

98
고압 가공전선이 경동선 또는 내열 동합금선인 경우 안전율의 최솟값은?

① 2.0　　② 2.2
③ 2.5　　④ 4.0

99
전체의 길이가 16[m]이고 설계하중이 6.8[kN] 초과 9.8[kN] 이하인 철근 콘크리트주를 논, 기타 지반이 연약한 곳 이외의 곳에 시설할 때, 묻는 깊이를 2.5[m]보다 몇 [cm] 가산하여 시설하는 경우에는 기초의 안전율에 대한 고려 없이 시설하여도 되는가?

① 10　　② 20
③ 30　　④ 40

100
저압 및 고압 가공전선의 높이에 대한 기준으로 틀린 것은?

① 철도를 횡단하는 경우는 레일면상 6.5[m] 이상이다.
② 횡단보도교 위에 시설하는 경우 저압 가공전선은 노면상에서 3[m] 이상이다.
③ 횡단보도교 위에 시설하는 경우 고압 가공전선은 그 노면상에서 3.5[m] 이상이다.
④ 다리의 하부 기타 이와 유사한 장소에 시설하는 저압의 전기철도용 급전선은 지표상 3.5[m]까지로 감할 수 있다.

2019년 제3회 기출문제

제1과목 전기자기학

01
인덕턴스가 20[mH]인 코일에 흐르는 전류가 0.2초 동안 6[A]가 변화되었다면 코일에 유기되는 기전력은 몇 [V]인가?

① 0.6
② 1
③ 6
④ 30

02
어떤 물체에 $F_1 = -3i + 4j - 5k$와 $F_2 = 6i + 3j - 2k$의 힘이 작용하고 있다. 이 물체에 F_3을 가하였을 때 세 힘이 평형이 되기 위한 F_3은?

① $F_3 = -3i - 7j + 7k$
② $F_3 = 3i + 7j - 7k$
③ $F_3 = 3i - j - 7k$
④ $F_3 = 3i - j + 3k$

03
직류 500[V] 절연저항계로 절연저항을 측정하니 2[MΩ]이 되었다면 누설전류[μA]는?

① 25
② 250
③ 1,000
④ 1,250

04
동심구에서 내부도체의 반지름이 a, 절연체의 반지름이 b, 외부도체의 반지름이 c이다. 내부도체에만 전하 Q를 주었을 때 내부도체의 전위는?(단, 절연체의 유전율은 ε_0이다)

① $\dfrac{Q}{4\pi\varepsilon_0 a}\left(\dfrac{1}{a} + \dfrac{1}{b}\right)$

② $\dfrac{Q}{4\pi\varepsilon_0}\left(\dfrac{1}{a} - \dfrac{1}{b}\right)$

③ $\dfrac{Q}{4\pi\varepsilon_0}\left(\dfrac{1}{a} - \dfrac{1}{b} - \dfrac{1}{c}\right)$

④ $\dfrac{Q}{4\pi\varepsilon_0}\left(\dfrac{1}{a} - \dfrac{1}{b} + \dfrac{1}{c}\right)$

05
MKS 단위로 나타낸 진공에 대한 유전율은?

① 8.855×10^{-12}[N/m]
② 8.855×10^{-10}[N/m]
③ 8.855×10^{-12}[F/m]
④ 8.855×10^{-10}[F/m]

06
인덕턴스의 단위에서 1[H]는?

① 1[A]의 전류에 대한 자속이 1[Wb]인 경우이다.
② 1[A]의 전류에 대한 유전율이 1[F/m]이다.
③ 1[A]의 전류가 1초간에 변화하는 양이다.
④ 1[A]의 전류에 대한 자계가 1[AT/m]인 경우이다.

정답 1 ① 2 ① 3 ② 4 ④ 5 ③ 6 ①

07
자유공간의 변위전류가 만드는 것은?
① 전 계
② 전 속
③ 자 계
④ 분극지력선

08
평행한 두 도선 간의 전자력은?(단, 두 도선 간의 거리는 $r[m]$라 한다)
① r에 반비례
② r에 비례
③ r^2에 비례
④ r^2에 반비례

09
간격 $d[m]$인 두 평행판 전극 사이에 유전율 ε인 유전체를 넣고 전극 사이에 전압 $\varepsilon = E_m \sin\omega t [V]$를 가했을 때 변위전류밀도[A/m²]는?
① $\dfrac{\varepsilon\omega E_m \cos\omega t}{d}$
② $\dfrac{\varepsilon E_m \cos\omega t}{d}$
③ $\dfrac{\varepsilon\omega E_m \sin\omega t}{d}$
④ $\dfrac{\varepsilon E_m \sin\omega t}{d}$

10
10^6[cal]의 열량은 약 몇 [kWh]의 전력량인가?
① 0.06
② 1.16
③ 2.27
④ 4.17

11
전기기기의 철심(자심)재료로 규소강판을 사용하는 이유는?
① 동손을 줄이기 위해
② 와전류손을 줄이기 위해
③ 히스테리시스손을 줄이기 위해
④ 제작을 쉽게 하기 위하여

12
접지 구도체와 점전하 사이에 작용하는 힘은?
① 항상 반발력이다.
② 항상 흡인력이다.
③ 조건적 반발력이다.
④ 조건적 흡인력이다.

13
플레밍의 왼손 법칙에서 왼손의 엄지, 검지, 중지의 방향에 해당되지 않는 것은?
① 전 압
② 전 류
③ 자속밀도
④ 힘

14
반지름 1[m]인 원형코일에 1[A]의 전류가 흐를 때 중심점의 자계의 세기[AT/m]는?
① $\dfrac{1}{4}$
② $\dfrac{1}{2}$
③ 1
④ 2

15
전류가 흐르는 도선을 자계 내에 놓으면 이 도선에 힘이 작용한다. 평등자계의 진공 중에 놓여 있는 직선전류 도선이 받는 힘에 대한 설명으로 옳은 것은?
① 도선의 길이에 비례한다.
② 전류의 세기에 반비례한다.
③ 자계의 세기에 반비례한다.
④ 전류와 자계 사이의 각에 대한 정현(Sine)에 반비례한다.

16
여러 가지 도체의 전하 분포에 있어서 각 도체의 전하를 n배할 경우, 중첩의 원리가 성립하기 위해서 그 전위는 어떻게 되는가?
① $\dfrac{1}{2}n$이 된다.
② n배가 된다.
③ $2n$배가 된다.
④ n^2배가 된다.

17

$E = i + 2j + 3k$ [V/cm]로 표시되는 전계가 있다. 0.02[μC]의 전하를 원점으로부터 $r = 3i$ [m]로 움직이는 데 필요로 하는 일[J]은?

① 3×10^{-6}
② 6×10^{-6}
③ 3×10^{-8}
④ 6×10^{-8}

18

동일 용량 C[μF]의 커패시터 n개를 병렬로 연결하였다면 합성정전용량은 얼마인가?

① $n^2 C$
② nC
③ $\dfrac{C}{n}$
④ C

19

무한장 직선 도체에 선전하밀도 λ[C/m]의 전하가 분포되어 있는 경우, 이 직선 도체를 축으로 하는 반지름 r[m]의 원통면상의 전계[V/m]는?

① $\dfrac{\lambda}{2\pi\varepsilon_0 r^2}$
② $\dfrac{\lambda}{2\pi\varepsilon_0 r}$
③ $\dfrac{\lambda}{4\pi\varepsilon_0 r^2}$
④ $\dfrac{\lambda}{4\pi\varepsilon_0 r}$

20

전류 2π[A]가 흐르고 있는 무한직선 도체로부터 2[m]만큼 떨어진 자유공간 내 P점의 자속밀도의 세기[Wb/m²]는?

① $\dfrac{\mu_0}{8}$
② $\dfrac{\mu_0}{4}$
③ $\dfrac{\mu_0}{2}$
④ μ_0

제2과목 전력공학

21

가공 왕복선 배치에서 지름이 d[m]이고 선간거리가 D[m]인 선로 한 가닥의 작용 인덕턴스는 몇 [mH/km]인가?(단, 선로의 투자율은 1이라 한다)

① $0.5 + 0.4605 \log_{10} \dfrac{D}{d}$
② $0.05 + 0.4605 \log_{10} \dfrac{D}{d}$
③ $0.5 + 0.4605 \log_{10} \dfrac{2D}{d}$
④ $0.05 + 0.4605 \log_{10} \dfrac{2D}{d}$

22

송전계통의 중성점을 접지하는 목적으로 틀린 것은?

① 지락 고장 시 전선로의 대지 전위 상승을 억제하고 전선로와 기기의 절연을 경감시킨다.
② 소호리액터 접지방식에서는 1선 지락 시 지락점 아크를 빨리 소멸시킨다.
③ 차단기의 차단용량을 증대시킨다.
④ 지락고장에 대한 계전기의 동작을 확실하게 한다.

23

다음 중 전력선 반송 보호계전방식의 장점이 아닌 것은?

① 저주파 반송전류를 중첩시켜 사용하므로 계통의 신뢰도가 높아진다.
② 고장 구간의 선택이 확실하다.
③ 동작이 예민하다.
④ 고장점이나 계통의 여하에 불구하고 선택차단개소를 동시에 고속도 차단할 수 있다.

정답 17 ② 18 ② 19 ② 20 ③ 21 ④ 22 ③ 23 ①

24
발전소의 발전기 정격전압[kV]으로 사용되는 것은?
① 6.6
② 33
③ 66
④ 154

25
송전선로를 연가하는 주된 목적은?
① 페란티효과의 방지
② 직격뢰의 방지
③ 선로정수의 평형
④ 유도뢰의 방지

26
뒤진 역률 80[%], 10[kVA]의 부하를 가지는 주상변압기의 2차 측에 2[kVA]의 전력용 콘덴서를 접속하면 주상변압기에 걸리는 부하는 약 몇 [kVA]가 되겠는가?
① 8
② 8.5
③ 9
④ 9.5

27
부하전류 및 단락전류를 모두 개폐할 수 있는 스위치는?
① 단로기
② 차단기
③ 선로개폐기
④ 전력퓨즈

28
송전선로에 낙뢰를 방지하기 위하여 설치하는 것은?
① 댐 퍼
② 초호환
③ 가공지선
④ 애 자

29
송, 수전단 전압을 E_S, E_R이라 하고 4단자 정수를 A, B, C, D라 할 때 전력원선도의 반지름은?
① $\dfrac{E_S E_R}{A}$
② $\dfrac{E_S^2 E_R^2}{A}$
③ $\dfrac{E_S E_R}{B}$
④ $\dfrac{E_S^2 E_R^2}{B}$

30
양수발전의 주된 목적으로 옳은 것은?
① 연간 발전량을 늘리기 위하여
② 연간 평균 손실 전력을 줄이기 위하여
③ 연간 발전비용을 줄이기 위하여
④ 연간 수력발전량을 늘리기 위하여

31
동일한 부하전력에 대하여 전압을 2배로 승압하면 전압강하, 전압강하율, 전력손실률은 각각 얼마나 감소하는지를 순서대로 나열한 것은?
① $\dfrac{1}{2}$, $\dfrac{1}{2}$, $\dfrac{1}{2}$
② $\dfrac{1}{2}$, $\dfrac{1}{2}$, $\dfrac{1}{4}$
③ $\dfrac{1}{2}$, $\dfrac{1}{4}$, $\dfrac{1}{4}$
④ $\dfrac{1}{4}$, $\dfrac{1}{4}$, $\dfrac{1}{4}$

32
송전선로에 근접한 통신선에 유도장해가 발생하였을 때, 전자유도의 원인은?
① 역상전압
② 정상전압
③ 정상전류
④ 영상전류

33
66[kV], 60[Hz] 3상 3선식 선로에서 중성점을 소호리액터 접지하여 완전 공진상태로 되었을 때 중성점에 흐르는 전류는 몇 [A]인가?(단, 소호리액터를 포함한 영상회로의 등가저항은 200[Ω], 중성점 잔류전압은 4,400[V]라고 한다)

① 11 ② 22
③ 33 ④ 44

34
변류기 개방 시 2차 측을 단락하는 이유는?

① 2차 측 절연 보호
② 2차 측 과전류 보호
③ 측정오차 방지
④ 1차 측 과전류 방지

35
3상 3선식 송전선로에서 정격전압이 66[kV]이고 1선당 리액턴스가 10[Ω]일 때, 100[MVA] 기준의 %리액턴스는 약 얼마인가?

① 17[%] ② 23[%]
③ 52[%] ④ 69[%]

36
정격용량 150[kVA]인 단상변압기 두 대로 V결선을 했을 경우 최대 출력은 약 몇 [kVA]인가?

① 170 ② 173
③ 260 ④ 280

37
배전선로의 역률개선에 따른 효과로 적합하지 않은 것은?

① 전원측 설비의 이용률 향상
② 선로절연에 요하는 비용 절감
③ 전압강하 감소
④ 선로의 전력손실 경감

38
어떤 수력발전소의 수압관에서 분출되는 물의 속도와 직접적인 관련이 없는 것은?

① 수면에서의 연직거리
② 관의 경사
③ 관의 길이
④ 유량

39
송전단 전압 161[kV], 수전단 전압 155[kV], 상차각 40°, 리액턴스가 49.8[Ω]일 때 선로손실을 무시한다면 전송 전력은 약 몇 [MW]인가?

① 289 ② 322
③ 373 ④ 869

40
차단기에서 정격차단 시간의 표준이 아닌 것은?

① 3[Hz] ② 5[Hz]
③ 8[Hz] ④ 10[Hz]

제3과목 전기기기

41
동기발전기에 회전계자형을 사용하는 이유로 틀린 것은?

① 기전력의 파형을 개선한다.
② 계자가 회전자이지만 저전압 소용량의 직류이므로 구조가 간단하다.
③ 전지가 고정자이므로 고전압 대전류용에 좋고 절연이 쉽다.
④ 전기자보다 계자극을 회전자로 하는 것이 기계적으로 튼튼하다.

42
60[Hz], 12극 회전자 외경 2[m]의 동기발전기에 있어서 자극면의 주변속도[m/s]는 약 얼마인가?

① 34
② 43
③ 59
④ 63

43
단상 전파정류회로를 구성한 것으로 옳은 것은?

①
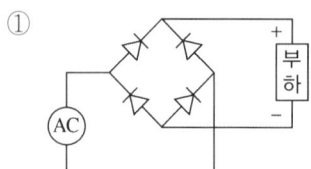

②
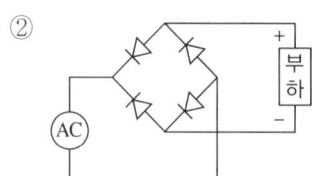

③
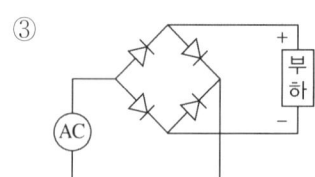

④
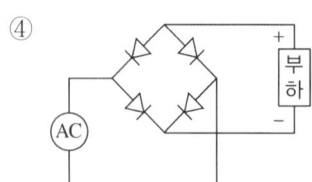

44
동기전동기의 전기자 반작용에서 전기자전류가 앞서는 경우 어떤 작용이 일어나는가?

① 증자작용
② 감자작용
③ 횡축반작용
④ 교차자화작용

45
3상 유도전동기의 원선도 작성에 필요한 기본량이 아닌 것은?

① 저항 측정
② 슬립 측정
③ 구속 시험
④ 무부하 시험

46
유도전동기 원선도에서 원의 지름은?(단, E를 1차 전압, r는 1차로 환산한 저항, x를 1차로 환산한 누설 리액턴스라 한다)

① rE에 비례
② rxE에 비례
③ $\dfrac{E}{r}$에 비례
④ $\dfrac{E}{x}$에 비례

47
단상 직권 정류자전동기에 관한 설명 중 틀린 것은?(단, A : 전기자, C : 보상권선, F : 계자권선이라 한다)

① 직권형은 A와 F가 직렬로 되어 있다.
② 보상 직권형은 A, C 및 F가 직렬로 되어 있다.
③ 단상 직권 정류자전동기에서는 보극권선을 사용하지 않는다.
④ 유도 보상 직권형은 A와 F가 직렬로 되어 있고 C는 A에서 분리한 후 단락되어 있다.

48
PN 접합 구조로 되어 있고 제어는 불가능하나 교류를 직류로 변환하는 반도체 정류소자는?

① IGBT
② 다이오드
③ MOSFET
④ 사이리스터

49
3상 분권 정류자전동기의 설명으로 틀린 것은?
① 변압기를 사용하여 전원전압을 낮춘다.
② 정류자 권선은 저전압 대전류에 적합하다.
③ 부하가 가해지면 슬립의 발생 소요 토크는 직류전동기와 같다.
④ 특성이 가장 뛰어나고 널리 사용되어 있는 전동기는 시라게 전동기이다.

50
유도전동기의 회전자에 슬립주파수의 전압을 공급하여 속도를 제어하는 방법은?
① 2차 저항법   ② 2차 여자법
③ 직류 여자법   ④ 주파수 변환법

51
권선형 유도전동기의 속도-토크 곡선에서 비례추이는 그 곡선이 무엇에 비례하여 이동하는가?
① 슬립   ② 회전수
③ 공급전압   ④ 2차 저항

52
정격전압 200[V], 전기자전류 100[A]일 때 1,000[rpm]으로 회전하는 직류 분권전동기가 있다. 이 전동기의 무부하 속도는 약 몇 [rpm]인가?(단, 전기자저항은 0.15[Ω], 전기자 반작용은 무시한다)
① 981   ② 1,081
③ 1,100   ④ 1,180

53
이상적인 변압기에서 2차를 개방한 벡터도 중 서로 반대 위상인 것은?
① 자속, 여자전류
② 입력 전압, 1차 유도기전력
③ 여자전류, 2차 유도기전력
④ 1차 유도기전력, 2차 유도기전력

54
동일 정격의 3상 동기발전기 2대를 무부하로 병렬 운전하고 있을 때, 두 발전기의 기전력 사이에 30°의 위상차가 있으면 한 발전기에서 다른 발전기에 공급되는 유효전력은 몇 [kW]인가?(단, 각 발전기의(1상의) 기전력은 1,000[V], 동기리액턴스는 4[Ω]이고, 전기자저항은 무시한다)
① 62.5   ② $62.5 \times \sqrt{3}$
③ 125.5   ④ $125.5 \times \sqrt{3}$

55
어떤 단상변압기의 2차 무부하 전압이 240[V]이고 정격부하 시의 2차 단자전압이 230[V]이다. 전압변동률은 약 몇 [%]인가?
① 2.35   ② 3.35
③ 4.35   ④ 5.35

56
정격전압 6,000[V], 용량 5,000[kVA]의 Y결선 3상 동기발전기가 있다. 여자전류 200[A]에서의 무부하 단자전압 6,000[V], 단락전류 600[A]일 때, 이 발전기의 단락비는 약 얼마인가?
① 0.25   ② 1
③ 1.25   ④ 1.5

57
다음은 직류발전기의 정류곡선이다. 이 중에서 정류 초기에 정류의 상태가 좋지 않은 것은?

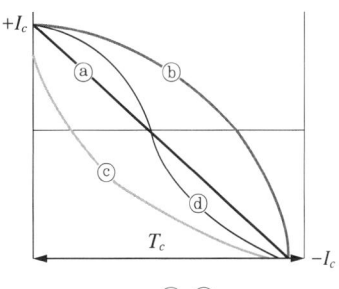

① ⓐ   ② ⓑ
③ ⓒ   ④ ⓓ

58
2대의 변압기로 V결선하여 3상 변압하는 경우 변압기 이용률[%]은?

① 57.8 ② 66.6
③ 86.6 ④ 100

59
직류기의 전기자에 일반적으로 사용되는 전기자권선법은?

① 2층권 ② 개로권
③ 환상권 ④ 단층권

60
3,300/200[V], 50[kVA]인 단상변압기의 %저항, %리액턴스를 각각 2.4[%], 1.6[%]라 하면 이때의 임피던스전압은 약 몇 [V]인가?

① 95 ② 100
③ 105 ④ 110

제4과목 회로이론

61
전달함수 출력(응답)식 $C(s) = G(s)R(s)$에서 입력함수 $R(s)$를 단위임펄스 $\delta(t)$로 인가할 때 이 계의 출력은?

① $C(s) = G(s)\delta(s)$
② $C(s) = \dfrac{G(s)}{\delta(s)}$
③ $C(s) = \dfrac{G(s)}{s}$
④ $C(s) = G(s)$

62
단자 a와 b사이에 전압 30[V]를 가했을 때 전류 I가 3[A] 흘렀다고 한다. 저항 $r[\Omega]$은 얼마인가?

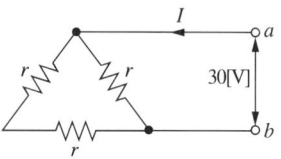

① 5 ② 10
③ 15 ④ 20

63
3상 불평형 전압에서 불평형률은?

① $\dfrac{\text{영상전압}}{\text{정상전압}} \times 100[\%]$ ② $\dfrac{\text{역상전압}}{\text{정상전압}} \times 100[\%]$
③ $\dfrac{\text{정상전압}}{\text{역상전압}} \times 100[\%]$ ④ $\dfrac{\text{정상전압}}{\text{영상전압}} \times 100[\%]$

64
전압과 전류가 각각 $v = 141.4\sin\left(377t + \dfrac{\pi}{3}\right)$[V], $i = \sqrt{8}\sin\left(377t + \dfrac{\pi}{6}\right)$[A]인 회로의 소비(유효)전력은 약 몇 [W]인가?

① 100 ② 173
③ 200 ④ 344

65
다음과 같은 4단자 회로에서 영상 임피던스[Ω]는?

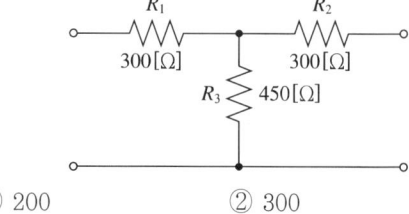

① 200 ② 300
③ 450 ④ 600

66
저항 1[Ω]과 인덕턴스 1[H]를 직렬로 연결한 후 60[Hz], 100[V]의 전압을 인가할 때 흐르는 전류의 위상은 전압의 위상보다 어떻게 되는가?

① 뒤지지만 90° 이하이다.
② 90° 늦다.
③ 앞서지만 90° 이하이다.
④ 90° 빠르다.

67
어떤 정현파 교류전압의 실횻값이 314[V]일 때 평균값은 약 몇 [V]인가?

① 142
② 283
③ 365
④ 382

68
평형 3상 저항 부하가 3상 4선식 회로에 접속되어 있을 때 단상 전력계를 그림과 같이 접속하였더니 그 지시값이 W[W]이었다. 이 부하의 3상 전력[W]은?

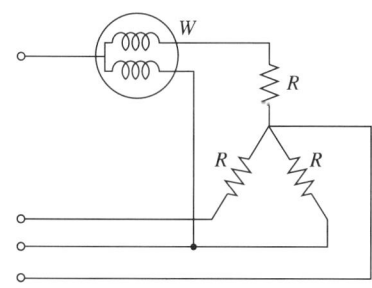

① $\sqrt{2}\,W$
② $2\,W$
③ $\sqrt{3}\,W$
④ $3\,W$

69
그림과 같은 RC 직렬회로에 $t=0$에서 스위치 S를 닫아 직류전압 100[V]를 회로의 양단에 인가하면 시간 t에서의 충전전하는?(단, $R=10$[Ω], $C=0.1$[F]이다)

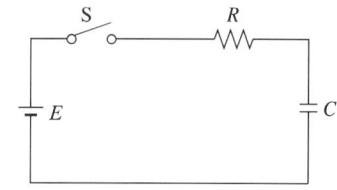

① $10(1-e^{-t})$ ② $-10(1-e^{t})$
③ $10e^{-t}$ ④ $-10e^{t}$

70
다음 두 회로의 4단자 정수 A, B, C, D가 동일할 조건은?

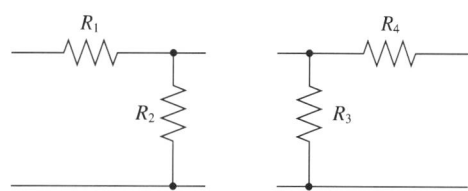

① $R_1=R_2$, $R_3=R_4$
② $R_1=R_3$, $R_2=R_4$
③ $R_1=R_4$, $R_2=R_3=0$
④ $R_2=R_3$, $R_1=R_4=0$

71
Y결선된 대칭 3상 회로에서 전원 한 상의 전압이 $V_a=220\sqrt{2}\sin\omega t$[V]일 때 선간전압의 실횻값 크기는 약 몇 [V]인가?

① 220   ② 310
③ 380   ④ 540

정답 66 ① 67 ② 68 ② 69 ① 70 ④ 71 ③

72
$a + a^2$의 값은?(단, $a = e^{j2\pi/3} = 1 \angle 120°$ 이다)
① 0
② -1
③ 1
④ a^3

73
평형 3상 Y결선 회로의 선간전압이 V_l, 상전압이 V_p, 선전류가 I_l, 상전류가 I_p일 때 다음의 수식 중 틀린 것은?(단, P는 3상 부하전력을 의미한다)
① $V_l = \sqrt{3}\, V_p$
② $I_l = I_p$
③ $P = \sqrt{3}\, V_l I_l \cos\theta$
④ $P = \sqrt{3}\, V_p I_p \cos\theta$

74
전압이 $v = 10\sin 10t + 20\sin 20t$[V]이고 전류가 $i = 20\sin 10t + 10\sin 20t$[A]이면, 소비(유효)전력 [W]은?
① 400
② 283
③ 200
④ 141

75
코일의 권수 $N = 1,000$회이고, 코일의 저항 $R = 10$[Ω]이다. 전류 $I = 10$[A]를 흘릴 때 코일의 권수 1회에 대한 자속이 $\phi = 3 \times 10^{-2}$[Wb]이라면 이 회로의 시정수[s]는?
① 0.3
② 0.4
③ 3.0
④ 4.0

76
$\mathcal{L}[f(t)] = F(s) = \dfrac{5s+8}{5s^2+4s}$일 때, $f(t)$의 최종값 $f(\infty)$는?
① 1
② 2
③ 3
④ 4

77
평형 3상 부하의 결선을 Y에서 △로 하면 소비전력은 몇 배가 되는가?
① 1.5
② 1.73
③ 3
④ 3.46

78
정현파 교류 $i = 10\sqrt{2}\sin\left(\omega t + \dfrac{\pi}{3}\right)$를 복소수의 극좌표 형식인 페이저(Phasor)로 나타내면?
① $10\sqrt{2} \angle \dfrac{\pi}{3}$
② $10\sqrt{2} \angle -\dfrac{\pi}{3}$
③ $10 \angle \dfrac{\pi}{3}$
④ $10 \angle -\dfrac{\pi}{3}$

79
$V_1(s)$을 입력, $V_2(s)$를 출력이라 할 때, 다음 회로의 전달함수는?(단, $C_1 = 1$[F], $L_1 = 1$[H])

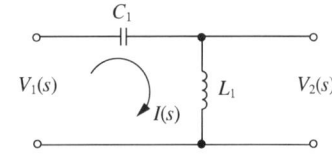

① $\dfrac{s}{s+1}$
② $\dfrac{s^2}{s^2+1}$
③ $\dfrac{1}{s+1}$
④ $1 + \dfrac{1}{s}$

80
$\dfrac{dx(t)}{dt} + 3x(t) = 5$의 라플라스 변환은?(단, $x(0) = 0$, $X(s) = \mathcal{L}[x(t)]$)
① $X(s) = \dfrac{5}{s+3}$
② $X(s) = \dfrac{3}{s(s+5)}$
③ $X(s) = \dfrac{3}{s+5}$
④ $X(s) = \dfrac{5}{s(s+3)}$

제5과목 전기설비기술기준

81
전용 개폐기 또는 과전류차단기에서 화약류 저장소의 인입구까지의 배선은 어떻게 시설하는가?
① 애자사용공사에 의하여 시설한다.
② 케이블을 사용하여 지중으로 시설한다.
③ 케이블을 사용하여 가공으로 시설한다.
④ 합성수지관공사에 의하여 가공으로 시설한다.

82 ※ KEC 규정 적용으로 문제 삭제
전기철도에서 직류 귀선의 비절연 부분에 대한 전식 방지를 위해 귀선의 극성은 어떻게 해야 하는가?
① 감극성으로 한다.
② 가극성으로 한다.
③ 정극성으로 한다.
④ 부극성으로 한다.

83
과전류차단기를 설치하지 않아야 할 곳은?
① 수용가의 인입선 부분
② 고압 배전선로의 인출장소
③ 직접 접지계통에 설치한 변압기의 접지선
④ 역률조정용 고압 병렬콘덴서 뱅크의 분기선

84
사용전압 154[kV] 가공전선을 시가지에 시설하는 경우 지표상의 높이는 최소 몇 [m] 이상이어야 하는가? (단, 발전소·변전소 또는 이에 준하는 곳의 구내와 구외를 연결하는 1경간 가공전선은 제외한다)
① 7.44
② 9.44
③ 11.44
④ 13.44

85
특고압 가공전선로의 지지물에 시설하는 가공통신 인입선은 조영물의 붙임점에서 지표상의 높이를 몇 [m] 이상으로 하여야 하는가?(단, 교통에 지장이 없고 또한 위험의 우려가 없을 때에 한한다)
① 2.5
② 3
③ 3.5
④ 4

86
발전기의 보호장치에 있어서 과전류, 압유장치의 유압 저하 및 베어링의 온도가 현저히 상승한 경우 자동적으로 이를 전로로부터 차단하는 장치를 시설하여야 한다. 해당되지 않는 것은?
① 발전기에 과전류가 생긴 경우
② 용량 10,000[kVA] 이상인 발전기의 내부에 고장이 생긴 경우
③ 원자력발전소에 시설하는 비상용 예비발전기에 있어서 비상용 노심냉각장치가 작동한 경우
④ 용량 100[kVA] 이상의 발전기를 구동하는 풍차의 압유장치의 유압, 압축공기장치의 공기압이 현저히 저하한 경우

87
지중 또는 수중에 시설되어 있는 금속체의 부식을 방지하기 위한 전기부식방지 회로의 사용전압은 직류는 몇 [V] 이하이어야 하는가?(단, 전기부식방지 회로는 전기부식방지용 전원 장치로부터 양극 및 피방식체까지의 전로를 말한다)
① 30
② 60
③ 90
④ 120

88
특고압 전선로에 사용되는 애자장치에 대한 갑종 풍압 하중은 그 구성재의 수직 투영면적 1[m^2]에 대한 풍압 하중을 몇 [Pa]를 기초로 하여 계산한 것인가?
① 588
② 666
③ 946
④ 1,039

정답 81 ② 82 × 83 ③ 84 ③ 85 ③ 86 ③ 87 ② 88 ④

89
특고압 가공전선로에서 철탑(단주 제외)의 경간은 몇 [m] 이하로 하여야 하는가?

① 400 ② 500
③ 600 ④ 700

90
※ KEC 규정 적용으로 답 변경

지중전선로를 직접 매설식에 의하여 시설하는 경우에 차량 및 기타 중량물의 압력을 받을 우려가 있는 장소의 매설 깊이는 몇 [m] 이상인가?

① 1.0 ② 1.2
③ 1.5 ④ 1.8

91
지중전선이 지중약전류전선 등과 접근하거나 교차하는 경우에 상호 간의 이격거리가 저압 또는 고압의 지중전선이 몇 [cm] 이하일 때, 지중전선과 지중약전류전선 사이에 견고한 내화성의 격벽(隔壁)을 설치하여야 하는가?

① 10 ② 20
③ 30 ④ 60

92
가공전선로의 지지물에 시설하는 지선의 안전율과 허용 인장하중의 최저값은?

① 안전율은 2.0 이상, 허용 인장하중 최저값은 4[kN]
② 안전율은 2.5 이상, 허용 인장하중 최저값은 4[kN]
③ 안전율은 2.0 이상, 허용 인장하중 최저값은 4.4[kN]
④ 안전율은 2.5 이상, 허용 인장하중 최저값은 4.31[kN]

93
건조한 장소로서 전개된 장소에 한하여 고압 옥내배선을 할 수 있는 것은?

① 금속관공사   ② 애자사용공사
③ 합성수지관공사 ④ 가요전선관공사

94
※ KEC 규정 적용으로 문제 삭제

전기욕기용 전원장치로부터 욕조 안의 전극까지의 전선 상호 간 및 전선과 대지 사이에 절연저항값은 몇 [MΩ] 이상이어야 하는가?

① 0.1 ② 0.2
③ 0.3 ④ 0.4

95
피뢰기를 반드시 시설하지 않아도 되는 곳은?

① 발전소·변전소의 가공전선의 인출구
② 가공전선로와 지중전선로가 접속되는 곳
③ 고압 가공전선로로부터 수전하는 차단기 2차 측
④ 특고압 가공전선로로부터 공급을 받는 수용장소의 인입구

96
※ KEC 규정 적용으로 문제 삭제

교류 전차선로의 전로에 시설하는 흡상변압기(吸上變壓器)·직렬커패시터나 이에 부속된 기구 또는 전선이나 교류식 전기철도용 신호 회로에 전기를 공급하기 위한 특고압용 변압기를 옥외에 시설하는 경우 지표상 몇 [m] 이상에 시설해야 하는가?(단, 시가지 이외의 지역으로 울타리를 시설하지 않는 경우이다)

① 5
② 6
③ 7
④ 8

97
백열전등 또는 방전등에 전기를 공급하는 옥내전로의 대지전압은 몇 [V] 이하이어야 하는가?

① 150
② 300
③ 400
④ 600

98
내부에 고장이 생긴 경우에 자동적으로 전로로부터 차단하는 장치가 반드시 필요한 것은?

① 뱅크용량 1,000[kVA]인 변압기
② 뱅크용량 10,000[kVA]인 조상기
③ 뱅크용량 300[kVA]인 분로리액터
④ 뱅크용량 1,000[kVA]인 전력용 커패시터

99
특고압 가공전선로에 사용하는 가공지선에는 지름 몇 [mm] 이상의 나경동선을 사용하여야 하는가?

① 2.6
② 3.5
③ 4
④ 5

100
※ KEC 규정 적용으로 문제 삭제

제2종 접지공사에 사용하는 접지선을 사람이 접촉할 우려가 있는 곳에 철주 기타의 금속체를 따라서 시설하는 경우에는 접지극을 그 금속체로부터 지중에서 몇 [m] 이상 이격시켜야 하는가?(단, 접지극을 철주의 밑면으로부터 30[cm] 이상의 깊이에 매설하는 경우는 제외한다)

① 1
② 2
③ 3
④ 4

2020년 제1·2회 통합 기출문제

제1과목 전기자기학

01
유전율이 각각 다른 두 종류의 유전체 경계면에 전속이 입사될 때 이 전속은 어떻게 되는가?(단, 경계면에 수직으로 입사하지 않는 경우이다)

① 굴절 ② 반사
③ 회절 ④ 직진

02
반지름이 9[cm]인 도체구 A에 8[C]의 전하가 균일하게 분포되어 있다. 이 도체구에 반지름 3[cm]인 도체구 B를 접촉시켰을 때 도체구 B로 이동한 전하는 몇 [C]인가?

① 1 ② 2
③ 3 ④ 4

03
내구의 반지름 a[m], 외구의 반지름 b[m]인 동심 구도체 간에 도전율이 k[S/m]인 저항물질이 채워져 있을 때의 내외구 간의 합성저항[Ω]은?

① $\dfrac{1}{8\pi k}\left(\dfrac{1}{a}-\dfrac{1}{b}\right)$

② $\dfrac{1}{4\pi k}\left(\dfrac{1}{a}-\dfrac{1}{b}\right)$

③ $\dfrac{1}{2\pi k}\left(\dfrac{1}{a}-\dfrac{1}{b}\right)$

④ $\dfrac{1}{\pi k}\left(\dfrac{1}{a}+\dfrac{1}{b}\right)$

04
대전된 도체 표면의 전하밀도를 σ[C/m²]이라고 할 때, 대전된 도체 표면의 단위면적이 받는 정전응력 [N/m²]은 전하밀도 σ와 어떤 관계에 있는가?

① $\sigma^{\frac{1}{2}}$에 비례 ② $\sigma^{\frac{3}{2}}$에 비례
③ σ에 비례 ④ σ^2에 비례

05
양극판의 면적이 S[m²], 극판 간의 간격이 d[m], 정전용량이 C_1[F]인 평행판 콘덴서가 있다. 양극판 면적을 각각 $3S$[m²]로 늘이고 극판 간격을 $\dfrac{1}{3}d$[m]로 줄였을 때의 정전용량 C_2[F]는?

① $C_2 = C_1$ ② $C_2 = 3C_1$
③ $C_2 = 6C_1$ ④ $C_2 = 9C_1$

06
투자율이 각각 μ_1, μ_2인 두 자성체의 경계면에서 자기력선의 굴절의 법칙을 나타낸 식은?

① $\dfrac{\mu_1}{\mu_2}=\dfrac{\sin\theta_1}{\sin\theta_2}$ ② $\dfrac{\mu_1}{\mu_2}=\dfrac{\sin\theta_2}{\sin\theta_1}$

③ $\dfrac{\mu_1}{\mu_2}=\dfrac{\tan\theta_1}{\tan\theta_2}$ ④ $\dfrac{\mu_1}{\mu_2}=\dfrac{\tan\theta_2}{\tan\theta_1}$

07
전계 내에서 폐회로를 따라 단위전하가 일주할 때 전계가 한 일은 몇 [J]인가?

① ∞ ② π
③ 1 ④ 0

정답 1① 2② 3② 4④ 5④ 6③ 7④

08

진공 중에서 멀리 떨어져 있는 반지름이 각각 a_1[m], a_2[m]인 두 도체구를 V_1[V], V_2[V]인 전위를 갖도록 대전시킨 후 가는 도선으로 연결할 때 연결 후의 공통전위 V[V]는?

① $\dfrac{V_1}{a_1} + \dfrac{V_2}{a_2}$ ② $\dfrac{V_1 + V_2}{a_1 a_2}$

③ $a_1 V_1 + a_2 V_2$ ④ $\dfrac{a_1 V_1 + a_2 V_2}{a_1 + a_2}$

09

그림과 같이 도체 1을 도체 2로 포위하여 도체 2를 일정 전위로 유지하고 도체 1과 도체 2의 외측에 도체 3이 있을 때 용량계수 및 유도계수의 성질로 옳은 것은?

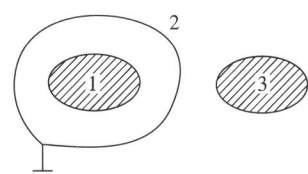

① $q_{23} = q_{11}$ ② $q_{13} = -q_{11}$
③ $q_{31} = q_{11}$ ④ $q_{21} = -q_{11}$

10

와전류(Eddy Current)손에 대한 설명으로 틀린 것은?

① 주파수에 비례한다.
② 저항에 반비례한다.
③ 도전율이 클수록 크다.
④ 자속밀도의 제곱에 비례한다.

11

전계 E[V/m] 및 자계 H[AT/m]의 에너지가 자유공간 사이를 C[m/s]의 속도로 전파될 때 단위시간에 단위면적을 지나는 에너지[W/m²]는?

① $\dfrac{1}{2}EH$ ② EH

③ EH^2 ④ $E^2 H$

12

공기 중에 선간거리 10[cm]의 평행왕복 도선이 있다. 두 도선 간에 작용하는 힘이 4×10^{-6}[N/m]이었다면 도선에 흐르는 전류는 몇 [A]인가?

① 1   ② 2
③ $\sqrt{2}$ ④ $\sqrt{3}$

13

자기 인덕턴스가 L_1, L_2이고 상호 인덕턴스가 M인 두 회로의 결합계수가 1일 때, 성립되는 식은?

① $L_1 \cdot L_2 = M$
② $L_1 \cdot L_2 < M^2$
③ $L_1 \cdot L_2 > M^2$
④ $L_1 \cdot L_2 = M^2$

14

어떤 콘덴서에 비유전율 ε_s인 유전체로 채워져 있을 때의 정전용량 C와 공기로 채워져 있을 때의 정전용량 C_0의 비 $\left(\dfrac{C}{C_0}\right)$는?

① ε_s ② $\dfrac{1}{\varepsilon_s}$

③ $\sqrt{\varepsilon_s}$ ④ $\dfrac{1}{\sqrt{\varepsilon_s}}$

15

유전체에서의 변위전류에 대한 설명으로 틀린 것은?

① 변위전류가 주변에 자계를 발생시킨다.
② 변위전류의 크기는 유전율에 반비례한다.
③ 전속밀도의 시간적 변화가 변위전류를 발생시킨다.
④ 유전체 중의 변위전류는 진공 중의 전계변화에 의한 변위전류와 구속전자의 변위에 의한 분극전류와의 합이다.

정답 8 ④ 9 ④ 10 ① 11 ② 12 ② 13 ④ 14 ① 15 ②

16
환상 솔레노이드의 자기 인덕턴스[H]와 반비례하는 것은?

① 철심의 투자율
② 철심의 길이
③ 철심의 단면적
④ 코일의 권수

17
자성체에 대한 자화의 세기를 정의한 것으로 틀린 것은?

① 자성체의 단위체적당 자기모멘트
② 자성체의 단위면적당 자화된 자하량
③ 자성체의 단위면적당 자화선의 밀도
④ 자성체의 단위면적당 자기력선의 밀도

18
두 전하 사이 거리의 세제곱에 비례하는 것은?

① 두 구전하 사이에 작용하는 힘
② 전기쌍극자에 의한 전계
③ 직선 전하에 의한 전계
④ 전하에 의한 전위

19
정사각형 회로의 면적을 3배로, 흐르는 전류를 2배로 증가시키면 정사각형의 중심에서의 자계의 세기는 약 몇 [%]가 되는가?

① 47
② 115
③ 150
④ 225

20
그림과 같이 권수가 10이고 반지름이 a[m]인 원형 코일에 전류 I[A]가 흐르고 있다. 원형 코일 중심에서의 자계의 세기[AT/m]는?

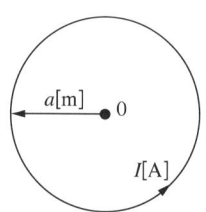

① $\dfrac{I}{a}$
② $\dfrac{I}{2a}$
③ $\dfrac{I}{3a}$
④ $\dfrac{I}{4a}$

제2과목 전력공학

21
전압이 일정값 이하로 되었을 때 동작하는 것으로서 단락 시 고장검출용으로도 사용되는 계전기는?

① OVR
② OVGR
③ NSR
④ UVR

22
반동수차의 일종으로 주요부분은 러너, 안내날개, 스피드링 및 흡출관 등으로 되어 있으며 50~500[m] 정도의 중낙차 발전소에 사용되는 수차는?

① 카플란수차
② 프란시스수차
③ 펠턴수차
④ 튜블러수차

23
페란티현상이 발생하는 원인은?
① 선로의 과도한 저항
② 선로의 정전용량
③ 선로의 인덕턴스
④ 선로의 급격한 전압강하

24
전력계통의 경부하 시나 또는 다른 발전소의 발전전력에 여유가 있을 때, 이 잉여전력을 이용하여 전동기로 펌프를 돌려서 물을 상부의 저수지에 저장하였다가 필요에 따라 이 물을 이용해서 발전하는 발전소는?
① 조력 발전소
② 양수식 발전소
③ 유역 변경식 발전소
④ 수로식 발전소

25
열의 일당량에 해당되는 단위는?
① [kcal/kg]
② [kg/cm^2]
③ [kcal/cm^3]
④ [kg·m/kcal]

26
가공전선을 단도체식으로 하는 것보다 같은 단면적의 복도체식으로 하였을 경우에 대한 내용으로 틀린 것은?
① 전선의 인덕턴스가 감소된다.
② 전선의 정전용량이 감소된다.
③ 코로나 발생률이 적어진다.
④ 송전용량이 증가한다.

27
연가의 효과로 볼 수 없는 것은?
① 선로정수의 평형
② 대지 정전용량의 감소
③ 통신선의 유도장해의 감소
④ 직렬 공진의 방지

28
발전기나 변압기의 내부고장검출로 주로 사용되는 계전기는?
① 역상계전기
② 과전압계전기
③ 과전류계전기
④ 비율차동계전기

29
송전선로에서 역섬락을 방지하는 가장 유효한 방법은?
① 피뢰기를 설치한다.
② 가공지선을 설치한다.
③ 소호각을 설치한다.
④ 탑각 접지저항을 작게 한다.

30
교류 송전방식과 직류 송전방식을 비교할 때 교류 송전방식의 장점에 해당되는 것은?
① 전압의 승압, 강압 변경이 용이하다.
② 절연계급을 낮출 수 있다.
③ 송전효율이 좋다.
④ 안정도가 좋다.

31
단상 2선식 교류 배전선로가 있다. 전선의 1가닥 저항이 0.15[Ω]이고, 리액턴스는 0.25[Ω]이다. 부하는 순저항부하이고 100[V], 3[kW]이다. 급전점의 전압[V]은 약 얼마인가?
① 105
② 110
③ 115
④ 124

32
반한시성 과전류계전기의 전류-시간 특성에 대한 설명으로 옳은 것은?
① 계전기 동작시간은 전류의 크기와 비례한다.
② 계전기 동작시간은 전류의 크기와 관계없이 일정하다.
③ 계전기 동작시간은 전류의 크기와 반비례한다.
④ 계전기 동작시간은 전류의 크기의 제곱에 비례한다.

정답 23 ② 24 ② 25 ④ 26 ② 27 ② 28 ④ 29 ④ 30 ① 31 ② 32 ③

33
지상부하를 가진 3상 3선식 배전선로 또는 단거리 송전선로에서 선간 전압강하를 나타낸 식은?(단, I, R, X, θ는 각각 수전단전류, 선로저항, 리액턴스 및 수전단전류의 위상각이다)

① $I(R\cos\theta + X\sin\theta)$
② $2I(R\cos\theta + X\sin\theta)$
③ $\sqrt{3}\,I(R\cos\theta + X\sin\theta)$
④ $3I(R\cos\theta + X\sin\theta)$

34
다음 중 송·배전선로의 진동 방지대책에 사용되지 않는 기구는?

① 댐 퍼
② 조임쇠
③ 클램프
④ 아머 로드

35
단락전류를 제한하기 위하여 사용되는 것은?

① 한류리액터
② 사이리스터
③ 현수애자
④ 직렬콘덴서

36
어느 변전설비의 역률을 60[%]에서 80[%]로 개선하는 데 2,800[kVA]의 전력용 커패시터가 필요하였다. 이 변전설비의 용량은 몇 [kW]인가?

① 4,800
② 5,000
③ 5,400
④ 5,800

37
교류 단상 3선식 배전방식을 교류 단상 2선식에 비교하면?

① 전압강하가 크고, 효율이 낮다.
② 전압강하가 작고, 효율이 낮다.
③ 전압강하가 작고, 효율이 높다.
④ 전압강하가 크고, 효율이 높다.

38
배전선로의 전압을 $\sqrt{3}$ 배로 증가시키고 동일한 전력 손실률로 송전할 경우 송전전력은 몇 배로 증가되는가?

① $\sqrt{3}$
② $\dfrac{3}{2}$
③ 3
④ $2\sqrt{3}$

39
주상변압기의 2차 측 접지는 어느 것에 대한 보호를 목적으로 하는가?

① 1차 측의 단락
② 2차 측의 단락
③ 2차 측의 전압강하
④ 1차 측과 2차 측의 혼촉

40
100[MVA]의 3상 변압기 2뱅크를 가지고 있는 배전용 2차 측의 배전선에 시설할 차단기 용량[MVA]은?(단, 변압기는 병렬로 운전되며, 각각의 %Z는 20[%]이고, 전원의 임피던스는 무시한다)

① 1,000
② 2,000
③ 3,000
④ 4,000

제3과목 전기기기

41
단상 다이오드 반파정류회로인 경우 정류효율은 약 몇 [%]인가?(단, 저항부하인 경우이다)

① 12.6
② 40.6
③ 60.6
④ 81.2

42
직류발전기의 병렬운전에서 균압모선을 필요로 하지 않는 것은?
① 분권발전기
② 직권발전기
③ 평복권발전기
④ 과복권발전기

43
3상 유도전동기의 전원측에서 임의의 2선을 바꾸어 접속하여 운전하면?
① 즉각 정지된다.
② 회전방향이 반대가 된다.
③ 바꾸지 않았을 때와 동일하다.
④ 회전방향은 불변이나 속도가 약간 떨어진다.

44
직류 분권전동기의 정격전압 220[V], 정격전류 105[A], 전기자저항 및 계자회로의 저항이 각각 0.1 [Ω] 및 40[Ω]이다. 기동전류를 정격전류의 150[%]로 할 때의 기동저항은 약 몇 [Ω]인가?
① 0.46
② 0.92
③ 1.21
④ 1.35

45
전기자저항과 계자저항이 각각 0.8[Ω]인 직류 직권전동기가 회전수 200[rpm], 전기자전류 30[A]일 때 역기전력은 300[V]이다. 이 전동기의 단자전압을 500[V]로 사용한다면 전기자전류가 위와 같은 30[A]로 될 때의 속도[rpm]는?(단, 전기자 반작용, 마찰손, 풍손 및 철손은 무시한다)
① 200
② 301
③ 452
④ 500

46
수은정류기에 있어서 정류기의 밸브작용이 상실되는 현상을 무엇이라고 하는가?
① 통 호
② 실 호
③ 역 호
④ 점 호

47
3상 유도전동기의 전원주파수와 전압의 비가 일정하고 정격속도 이하로 속도를 제어하는 경우 전동기의 출력 P와 주파수 f와의 관계는?
① $P \propto f$
② $P \propto \dfrac{1}{f}$
③ $P \propto f^2$
④ P는 f에 무관

48
SCR에 대한 설명으로 옳은 것은?
① 증폭기능을 갖는 단방향성 3단자 소자이다.
② 제어기능을 갖는 양방향성 3단자 소자이다.
③ 정류기능을 갖는 단방향성 3단자 소자이다.
④ 스위칭기능을 갖는 양방향성 3단자 소자이다.

49
유도전동기의 주파수가 60[Hz]이고 전부하에서 회전수가 매분 1,164회이면 극수는?(단, 슬립은 3[%]이다)
① 4
② 6
③ 8
④ 10

50
동기기의 과도안정도를 증가시키는 방법이 아닌 것은?
① 속응 여자방식을 채용한다.
② 동기 탈조계전기를 사용한다.
③ 동기화 리액턴스를 작게 한다.
④ 회전자의 플라이휠 효과를 작게 한다.

51

전압비 3,300/110[V], 1차 누설임피던스 $Z_1 = 12 + j13[\Omega]$, 2차 누설임피던스 $Z_2 = 0.015 + j0.013[\Omega]$인 변압기가 있다. 1차로 환산된 등가임피던스[Ω]는?

① $22.7 + j25.5$
② $24.7 + j25.5$
③ $25.5 + j22.7$
④ $25.5 + j24.7$

52

동기발전기의 단자 부근에서 단락이 발생되었을 때 단락전류에 대한 설명으로 옳은 것은?

① 서서히 증가한다.
② 발전기는 즉시 정지한다.
③ 일정한 큰 전류가 흐른다.
④ 처음은 큰 전류가 흐르나 점차 감소한다.

53

어떤 공장에 뒤진 역률 0.8인 부하가 있다. 이 선로에 동기조상기를 병렬로 결선해서 선로의 역률을 0.95로 개선하였다. 개선 후 전력의 변화에 대한 설명으로 틀린 것은?

① 피상전력과 유효전력은 감소한다.
② 피상전력과 무효전력은 감소한다.
③ 피상전력은 감소하고 유효전력은 변화가 없다.
④ 무효전력은 감소하고 유효전력은 변화가 없다.

54

기동 시 정류자의 불꽃으로 라디오의 장해를 주며 단락 장치의 고장이 일어나기 쉬운 전동기는?

① 직류 직권전동기
② 단상 직권전동기
③ 반발기동형 단상 유도전동기
④ 셰이딩코일형 단상 유도전동기

55

8극, 유도기전력 100[V], 전기자전류 200[A]인 직류 발전기의 전기자권선을 중권에서 파권으로 변경했을 경우의 유도기전력과 전기자전류는?

① 100[V], 200[A]
② 200[V], 100[A]
③ 400[V], 50[A]
④ 800[V], 25[A]

56

8극, 50[kW], 3,300[V], 60[Hz]인 3상 권선형 유도전동기의 전부하 슬립이 4[%]라고 한다. 이 전동기의 슬립링 사이에 0.16[Ω]의 저항 3개를 Y로 삽입하면 전부하 토크를 발생할 때의 회전수[rpm]는?(단, 2차 각 상의 저항은 0.04[Ω]이고, Y접속이다)

① 660
② 720
③ 750
④ 880

57

임피던스강하가 5[%]인 변압기가 운전 중 단락되었을 때 그 단락전류는 정격전류의 몇 배인가?

① 20
② 25
③ 30
④ 35

58

변압기의 임피던스와트와 임피던스전압을 구하는 시험은?

① 부하시험
② 단락시험
③ 무부하시험
④ 충격전압시험

59

변압기에서 1차 측의 여자 어드미턴스를 Y_0라고 한다. 2차 측으로 환산한 여자 어드미턴스 Y_0'을 옳게 표현한 식은?(단, 권수비를 a라고 한다)

① $Y_0' = a^2 Y_0$
② $Y_0' = a Y_0$
③ $Y_0' = \dfrac{Y_0}{a^2}$
④ $Y_0' = \dfrac{Y_0}{a}$

60
3상 동기기의 제동권선을 사용하는 주목적은?
① 출력이 증가한다.
② 효율이 증가한다.
③ 역률을 개선한다.
④ 난조를 방지한다.

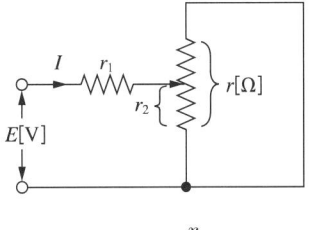

① $\dfrac{r_1}{2}$ ② $\dfrac{r}{2}$
③ r_1 ④ r

제4과목 회로이론

61
$Z = 5\sqrt{3} + j5\,[\Omega]$인 3개의 임피던스를 Y결선하여 선간전압 250[V]의 평형 3상 전원에 연결하였다. 이때 소비되는 유효전력은 약 몇 [W]인가?
① 3,125 ② 5,413
③ 6,252 ④ 7,120

62
그림과 같은 회로에서 스위치 S를 $t=0$에서 닫았을 때 $v_L(t)|_{t=0} = 100[\text{V}]$, $\left.\dfrac{di(t)}{dt}\right|_{t=0} = 400[\text{A/s}]$ 이다. $L[\text{H}]$의 값은?

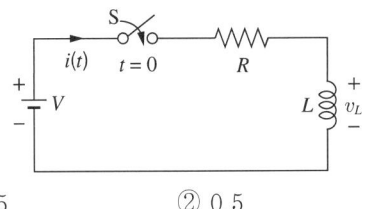

① 0.75 ② 0.5
③ 0.25 ④ 0.1

63
$r_1[\Omega]$인 저항에 $r[\Omega]$인 가변저항이 연결된 그림과 같은 회로에서 전류 I를 최소로 하기 위한 저항 $r_2[\Omega]$는?(단, $r[\Omega]$은 가변저항의 최대 크기이다)

64
다음과 같은 회로에서 V_a, V_b, $V_c[\text{V}]$를 평형 3상 전압이라 할 때 전압 $V_0[\text{V}]$은?

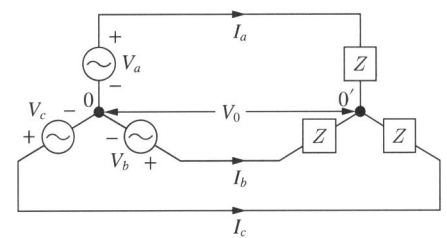

① 0 ② $\dfrac{V_1}{3}$
③ $\dfrac{2}{3}V_1$ ④ V_1

65
9[Ω]과 3[Ω]인 저항 6개를 그림과 같이 연결하였을 때, a와 b 사이의 합성저항[Ω]은?

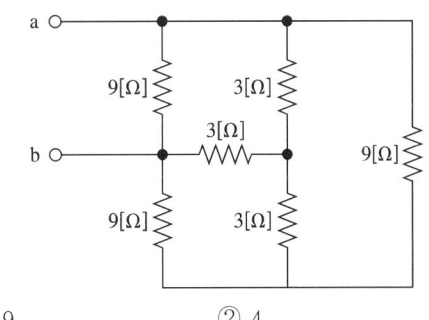

① 9 ② 4
③ 3 ④ 2

66
그림과 같은 회로의 전달함수는?(단, 초기조건은 0이다)

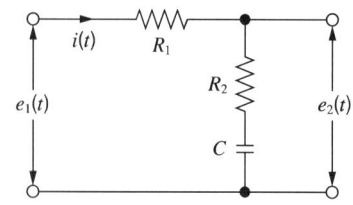

① $\dfrac{R_2 + Cs}{R_1 + R_2 + Cs}$

② $\dfrac{R_1 + R_2 + Cs}{R_1 + Cs}$

③ $\dfrac{R_2 Cs + 1}{R_2 Cs + R_1 Cs + 1}$

④ $\dfrac{R_1 Cs + R_2 Cs + 1}{R_2 Cs + 1}$

67
그림과 같은 회로에서 5[Ω]에 흐르는 전류 I는 몇 [A]인가?

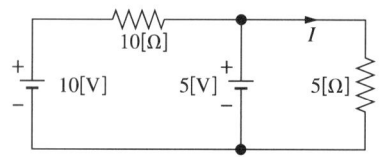

① $\dfrac{1}{2}$ ② $\dfrac{2}{3}$

③ 1 ④ $\dfrac{5}{3}$

68
전류의 대칭분이 $I_0 = -2 + j4$[A], $I_1 = 6 - j5$[A], $I_2 = 8 + j10$[A]일 때 3상 전류 중 a상 전류(I_a)의 크기($|I_a|$)는 몇 [A]인가?(단, I_0는 영상분이고, I_1은 정상분이고, I_2는 역상분이다)

① 9 ② 12
③ 15 ④ 19

69
$V = 50\sqrt{3} - j50$[V], $I = 15\sqrt{3} + j15$[A]일 때 유효전력 P[W]와 무효전력 Q[Var]는 각각 얼마인가?

① $P = 3{,}000$, $Q = -1{,}500$
② $P = 1{,}500$, $Q = -1{,}500\sqrt{3}$
③ $P = 750$, $Q = -750\sqrt{3}$
④ $P = 2{,}250$, $Q = -1{,}500\sqrt{3}$

70
푸리에 급수로 표현된 왜형파 $f(t)$가 반파대칭 및 정현대칭일 때 $f(t)$에 대한 특징으로 옳은 것은?

$$f(t) = a_0 + \sum_{n=1}^{\infty} a_n \cos n\omega t + \sum_{n=1}^{\infty} b_n \sin n\omega t$$

① a_n의 우수항만 존재한다.
② a_n의 기수항만 존재한다.
③ b_n의 우수항만 존재한다.
④ b_n의 기수항만 존재한다.

71
그림과 같은 회로에서 L_2에 흐르는 전류 I_2[A]가 단자 전압 V[V]보다 위상이 90° 뒤지기 위한 조건은?(단, ω는 회로의 각주파수[rad/s]이다)

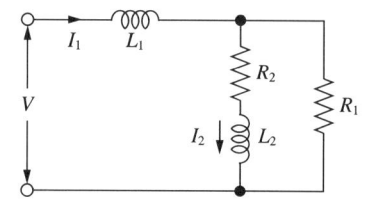

① $\dfrac{R_2}{R_1} = \dfrac{L_2}{L_1}$
② $R_1 R_2 = L_1 L_2$
③ $R_1 R_2 = \omega L_1 L_2$
④ $R_1 R_2 = \omega^2 L_1 L_2$

72
RC 직렬회로의 과도현상에 대한 설명으로 옳은 것은?

① $(R \times C)$의 값이 클수록 과도전류는 빨리 사라진다.
② $(R \times C)$의 값이 클수록 과도전류는 천천히 사라진다.
③ 과도전류는 $(R \times C)$의 값에 관계가 없다.
④ $\frac{1}{R \times C}$의 값이 클수록 과도전류는 천천히 사라진다.

73
용량이 50[kVA]인 단상 변압기 3대를 △ 결선하여 3상으로 운전하는 중 1대의 변압기에 고장이 발생하였다. 나머지 2대의 변압기를 이용하여 3상 V결선으로 운전하는 경우 최대출력은 몇 [kVA]인가?

① $30\sqrt{3}$
② $50\sqrt{3}$
③ $100\sqrt{3}$
④ $200\sqrt{3}$

74
각 상의 전류가 $i_a = 30\sin\omega t$[A], $i_b = 30\sin(\omega t - 90°)$[A], $i_c = 30\sin(\omega t + 90°)$[A]일 때 영상분 전류[A]의 순시치는?

① $10\sin\omega t$
② $10\sin\frac{\omega t}{3}$
③ $30\sin\omega t$
④ $\frac{30}{\sqrt{3}}\sin(\omega t + 45°)$

75
$f(t) = \sin t + 2\cos t$를 라플라스 변환하면?

① $\frac{2s}{s^2+1}$
② $\frac{2s+1}{(s+1)^2}$
③ $\frac{2s+1}{s^2+1}$
④ $\frac{2s}{(s+1)^2}$

76
어떤 회로에 흐르는 전류가 $i(t) = 7 + 14.1\sin\omega t$[A]인 경우 실횻값은 약 몇 [A]인가?

① 11.2
② 12.2
③ 13.2
④ 14.2

77
어떤 전지에 연결된 외부 회로의 저항은 5[Ω]이고 전류는 8[A]가 흐른다. 외부 회로에 5[Ω] 대신 15[Ω]의 저항을 접속하면 전류는 4[A]로 떨어진다. 이 전지의 내부기전력은 몇 [V]인가?

① 15
② 20
③ 50
④ 80

78
파형률과 파고율이 모두 1인 파형은?

① 고조파
② 삼각파
③ 구형파
④ 사인파

79
회로의 4단자 정수로 틀린 것은?

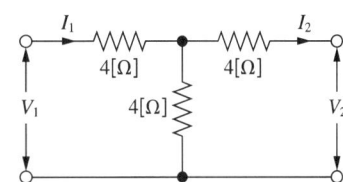

① $A = 2$
② $B = 12$
③ $C = \frac{1}{4}$
④ $D = 6$

80

그림과 같은 4단자 회로망에서 출력측을 개방하니 $V_1 = 12[V]$, $I_1 = 2[A]$, $V_2 = 4[V]$이고, 출력측을 단락하니 $V_1 = 16[V]$, $I_1 = 4[A]$, $I_2 = 2[A]$이었다. 4단자 정수 A, B, C, D는 얼마인가?

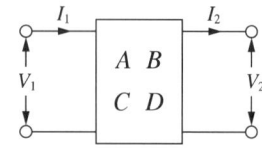

① $A = 2$, $B = 3$, $C = 8$, $D = 0.5$
② $A = 0.5$, $B = 2$, $C = 3$, $D = 8$
③ $A = 8$, $B = 0.5$, $C = 2$, $D = 3$
④ $A = 3$, $B = 8$, $C = 0.5$, $D = 2$

제5과목 전기설비기술기준

81
※ KEC 규정 적용으로 변경(400[V] 이상 → 초과)

버스덕트공사에 의한 저압의 옥측배선 또는 옥외배선의 사용전압이 400[V] 이상인 경우의 시설기준에 대한 설명으로 틀린 것은?

① 목조 외의 조영물(점검할 수 없는 은폐장소)에 시설할 것
② 버스덕트는 사람이 쉽게 접촉할 우려가 없도록 시설할 것
③ 버스덕트는 KS C IEC 60529(2006)에 의한 보호등급 IPX4에 적합할 것
④ 버스덕트는 옥외용 버스덕트를 사용하여 덕트 안에 물이 스며들어 고이지 아니하도록 한 것일 것

82

가공전선로의 지지물에 지선을 시설하려는 경우 이 지선의 최저 기준으로 옳은 것은?

① 허용인장하중 : 2.11[kN], 소선지름 : 2.0[mm], 안전율 : 3.0
② 허용인장하중 : 3.21[kN], 소선지름 : 2.6[mm], 안전율 : 1.5
③ 허용인장하중 : 4.31[kN], 소선지름 : 1.6[mm], 안전율 : 2.0
④ 허용인장하중 : 4.31[kN], 소선지름 : 2.6[mm], 안전율 : 2.5

83
※ KEC 규정 적용으로 문제 삭제

직류식 전기철도에서 배류선의 상승 부분 중 지표상 몇 [m] 미만의 부분은 절연전선(옥외용 비닐절연전선을 제외한다), 캡타이어케이블 또는 케이블을 사용하고 사람이 접촉할 우려가 없고 또한 손상을 받을 우려가 없도록 시설하여야 하는가?

① 1.5   ② 2.0
③ 2.5   ④ 3.0

84
※ KEC 규정 적용으로 문제 삭제

고압전로 또는 특고압전로와 저압전로를 결합하는 변압기의 저압측의 중성점에는 제 몇 종 접지공사를 하여야 하는가?

① 제1종 접지공사   ② 제2종 접지공사
③ 제3종 접지공사   ④ 특별 제3종 접지공사

85

변압기에 의하여 특고압전로에 결합되는 고압전로에는 사용전압의 몇 배 이하인 전압이 가하여진 경우에 방전하는 장치를 그 변압기의 단자에 가까운 1극에 설치하여야 하는가?

① 3   ② 4
③ 5   ④ 6

86
수상전선로의 시설기준으로 옳은 것은?

① 사용전압이 고압인 경우에는 클로로프렌 캡타이어 케이블을 사용한다.
② 수상전선로에 사용하는 부대는 쇠사슬 등으로 견고하게 연결한다.
③ 고압 수상전선로에 지락이 생길 때를 대비하여 전로를 수동으로 차단하는 장치를 시설한다.
④ 수상전선로의 전선은 부대의 아래에 지지하여 시설하고 또한 그 절연피복을 손상하지 아니하도록 시설한다.

87
특고압 가공전선이 가공약전류전선 등 저압 또는 고압의 가공전선이나 저압 또는 고압의 전차선과 제1차 접근상태로 시설되는 경우 60[kV] 이하 가공전선과 저·고압 가공전선 등 또는 이들의 지지물이나 지주 사이의 이격거리는 몇 [m] 이상인가?

① 1.2　　② 2
③ 2.6　　④ 3.2

88
가공전선로의 지지물에는 취급자가 오르고 내리는 데 사용하는 발판볼트 등은 특별한 경우를 제외하고 지표상 몇 [m] 미만에는 시설하지 않아야 하는가?

① 1.5　　② 1.8
③ 2.0　　④ 2.2

89
특고압 가공전선과 가공약전류전선 사이에 보호망을 시설하는 경우 보호망을 구성하는 금속선 상호 간의 간격은 가로 및 세로를 각각 몇 [m] 이하로 시설하여야 하는가?

① 0.75　　② 1.0
③ 1.25　　④ 1.5

90
옥내 고압용 이동전선의 시설기준에 적합하지 않은 것은?

① 전선은 고압용의 캡타이어케이블을 사용하였다.
② 전로에 지락이 생겼을 때에 자동적으로 전로를 차단하는 장치를 시설하였다.
③ 이동전선과 전기사용기계기구와는 볼트조임 기타의 방법에 의하여 견고하게 접속하였다.
④ 이동전선에 전기를 공급하는 전로의 중성극에 전용 개폐기 및 과전류차단기를 시설하였다.

91　　※ KEC 규정 적용으로 문제 삭제
교통신호등의 시설기준에 관한 내용으로 틀린 것은?

① 제어장치의 금속제 외함에는 제3종 접지공사를 한다.
② 교통신호등회로의 사용전압은 300[V] 이하로 한다.
③ 교통신호등회로의 인하선은 지표상 2[m] 이상으로 시설한다.
④ LED를 광원으로 사용하는 교통신호등의 설치는 KS C 7528 "LED 교통신호등"에 적합한 것을 사용한다.

92　　※ KEC 규정 적용으로 문제 삭제
터널 안의 윗면, 교량의 아랫면 기타 이와 유사한 곳 또는 이에 인접하는 곳에 시설하는 경우 가공직류전차선의 레일면상의 높이는 몇 [m] 이상인가?

① 3　　② 3.5
③ 4　　④ 4.5

93
사람이 상시 통행하는 터널 안 배선의 시설기준으로 틀린 것은?

① 사용전압은 저압에 한한다.
② 전로에는 터널의 입구에 가까운 곳에 전용 개폐기를 시설한다.
③ 애자사용공사에 의하여 시설하고 이를 노면상 2[m] 이상의 높이에 시설한다.
④ 공칭단면적 2.5[mm^2] 연동선과 동등 이상의 세기 및 굵기의 절연전선을 사용한다.

94
고압 가공전선이 교류전차선과 교차하는 경우, 고압 가공전선으로 케이블을 사용하는 경우 이외에는 단면적 몇 [mm²] 이상의 경동연선(교류전차선 등과 교차하는 부분을 포함하는 경간에 접속점이 없는 것에 한한다)을 사용하여야 하는가?

① 14　　② 22
③ 30　　④ 38

95
1차 측 3,300[V], 2차 측 220[V]인 변압기전로의 절연내력 시험전압은 각각 몇 [V]에서 10분간 견디어야 하는가?

① 1차 측 4,950[V], 2차 측 500[V]
② 1차 측 4,500[V], 2차 측 400[V]
③ 1차 측 4,125[V], 2차 측 500[V]
④ 1차 측 3,300[V], 2차 측 400[V]

96
저압 가공전선과 고압 가공전선을 동일 지지물에 시설하는 경우 이격거리는 몇 [cm] 이상이어야 하는가? (단, 각도주·분기주 등에서 혼촉의 우려가 없도록 시설하는 경우는 제외한다)

① 50　　② 60
③ 70　　④ 80

97
중성선 다중접지식의 것으로서 전로에 지락이 생겼을 때 2초 이내에 자동적으로 이를 전로로부터 차단하는 장치가 되어 있는 22.9[kV] 특고압 가공전선이 다른 특고압 가공전선과 접근하는 경우 이격거리는 몇 [m] 이상으로 하여야 하는가?(단, 양쪽이 나전선인 경우이다)

① 0.5　　② 1.0
③ 1.5　　④ 2.0

98　　※ KEC 규정 적용으로 문제 삭제
고압 또는 특고압 가공전선과 금속제의 울타리가 교차하는 경우 교차점과 좌, 우로 몇 [m] 이내의 개소에 제1종 접지공사를 하여야 하는가?(단, 전선에 케이블을 사용하는 경우는 제외한다)

① 25　　② 35
③ 45　　④ 55

99
의료장소 중 그룹 1 및 그룹 2의 의료 IT계통에 시설되는 전기설비의 시설기준으로 틀린 것은?

① 의료용 절연변압기의 정격출력은 10[kVA] 이하로 한다.
② 의료용 절연변압기의 2차 측 정격전압은 교류 250[V] 이하로 한다.
③ 전원측에 강화절연을 한 의료용 절연변압기를 설치하고 그 2차 측 전로는 접지한다.
④ 절연감시장치를 설치하여 절연저항이 50[kΩ]까지 감소하면 표시설비 및 음향설비로 경보를 발하도록 한다.

100
전력보안 통신설비인 무선통신용 안테나를 지지하는 목주의 풍압하중에 대한 안전율은 얼마 이상으로 해야 하는가?

① 0.5　　② 0.9
③ 1.2　　④ 1.5

정답　94 ④　95 ①　96 ①　97 ③　98 ×　99 ③　100 ④

2020년 제3회 기출문제

제1과목 전기자기학

01
맥스웰(Maxwell) 전자방정식의 물리적 의미 중 틀린 것은?

① 자계의 시간적 변화에 따라 전계의 회전이 발생한다.
② 전도전류와 변위전류는 자계를 발생시킨다.
③ 고립된 자극이 존재한다.
④ 전하에서 전속선이 발산한다.

02
무한평면도체로부터 $d[m]$인 곳에 점전하 $Q[C]$가 있을 때 도체 표면상에 최대로 유도되는 전하밀도는 몇 $[C/m^2]$인가?

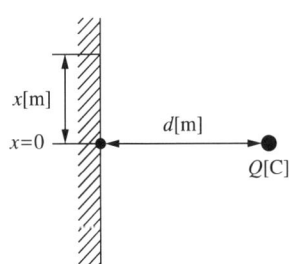

① $-\dfrac{Q}{2\pi d^2}$

② $-\dfrac{Q}{2\pi \varepsilon_0 d^2}$

③ $-\dfrac{Q}{4\pi d^2}$

④ $-\dfrac{Q}{4\pi \varepsilon_0 d^2}$

03
자기회로에 대한 설명으로 틀린 것은?(단, S는 자기회로의 단면적이다)

① 자기저항의 단위는 [H](Henry)의 역수이다.
② 자기저항의 역수를 퍼미언스(Permeance)라고 한다.
③ "자기저항 = (자기회로의 단면을 통과하는 자속) / (자기회로의 총기자력)"이다.
④ 자속밀도 B가 모든 단면에 걸쳐 균일하다면 자기회로의 자속은 BS이다.

04
전계의 세기가 $5 \times 10^2 [V/m]$인 전계 중에 $8 \times 10^{-8}[C]$의 전하가 놓일 때 전하가 받는 힘은 몇 [N]인가?

① 4×10^{-2}
② 4×10^{-3}
③ 4×10^{-4}
④ 4×10^{-5}

05
진공 중에 판 간 거리가 $d[m]$인 무한평판도체 간의 전위차[V]는?(단, 각 평판도체에는 면전하밀도 $+\sigma[C/m^2]$, $-\sigma[C/m^2]$가 각각 분포되어 있다)

① σd
② $\dfrac{\sigma}{\varepsilon_0}$
③ $\dfrac{\varepsilon_0 \sigma}{d}$
④ $\dfrac{\sigma d}{\varepsilon_0}$

06
어떤 자성체 내에서의 자계의 세기가 800[AT/m]이고 자속밀도가 $0.05[Wb/m^2]$일 때 이 자성체의 투자율은 몇 [H/m]인가?

① 3.25×10^{-5}
② 4.25×10^{-5}
③ 5.25×10^{-5}
④ 6.25×10^{-5}

정답 1 ③ 2 ① 3 ③ 4 ④ 5 ④ 6 ④

07
비유전율이 2.8인 유전체에서의 전속밀도가 $D = 3.0 \times 10^{-7}$ [C/m²]일 때 분극의 세기 P는 약 몇 [C/m²]인가?

① 1.93×10^{-7}
② 2.93×10^{-7}
③ 3.50×10^{-7}
④ 4.07×10^{-7}

08
자기인덕턴스의 성질을 설명한 것으로 옳은 것은?

① 경우에 따라 정(+) 또는 부(-)의 값을 갖는다.
② 항상 정(+)의 값을 갖는다.
③ 항상 부(-)의 값을 갖는다.
④ 항상 0이다.

09
반지름이 a[m]인 도체구에 전하 Q[C]을 주었을 때, 구 중심에서 r[m] 떨어진 구 외부($r > a$)의 한 점에서의 전속밀도 D[C/m²]는?

① $\dfrac{Q}{4\pi a^2}$
② $\dfrac{Q}{4\pi r^2}$
③ $\dfrac{Q}{4\pi\varepsilon a^2}$
④ $\dfrac{Q}{4\pi\varepsilon r^2}$

10
1[Ah]의 전기량은 몇 [C]인가?

① $\dfrac{1}{3,600}$
② 1
③ 60
④ 3,600

11
공기 중에 있는 무한직선도체에 전류 I[A]가 흐르고 있을 때 도체에서 r[m] 떨어진 점에서의 자속밀도는 몇 [Wb/m²]인가?

① $\dfrac{I}{2\pi r}$
② $\dfrac{2\mu_0 I}{\pi r}$
③ $\dfrac{\mu_0 I}{r}$
④ $\dfrac{\mu_0 I}{2\pi r}$

12
2[Wb/m²]인 평등 자계 속에 길이가 30[cm]인 도선이 자계와 직각 방향으로 놓여 있다. 이 도선에 자계와 30°의 방향으로 30[m/s]의 속도로 이동할 때, 도체 양단에 유기되는 기전력[V]의 크기는?

① 3
② 9
③ 30
④ 90

13
무손실 유전체에서 평면 전자파의 전계 E와 자계 H 사이 관계식으로 옳은 것은?

① $H = \sqrt{\dfrac{\varepsilon}{\mu}}\, E$
② $H = \sqrt{\dfrac{\mu}{\varepsilon}}\, E$
③ $H = \dfrac{\varepsilon}{\mu} E$
④ $H = \dfrac{\mu}{\varepsilon} E$

14
강자성체가 아닌 것은?

① 철
② 구 리
③ 니 켈
④ 코발트

15
2[μF], 3[μF], 4[μF]의 커패시터를 직렬로 연결하고 양단에 가한 전압을 서서히 상승시킬 때의 현상으로 옳은 것은?(단, 유전체의 재질 및 두께는 같다고 한다)

① 2[μF]의 커패시터가 제일 먼저 파괴된다.
② 3[μF]의 커패시터가 제일 먼저 파괴된다.
③ 4[μF]의 커패시터가 제일 먼저 파괴된다.
④ 3개의 커패시터가 동시에 파괴된다.

16
패러데이관의 밀도와 전속밀도는 어떠한 관계인가?

① 동일하다.
② 패러데이관의 밀도는 항상 높다.
③ 전속밀도는 항상 높다.
④ 항상 틀리다.

17
표의 ㉠, ㉡과 같은 단위로 옳게 나열한 것은?

㉠	[Ω·s]
㉡	[s/Ω]

① ㉠ [H], ㉡ [F]
② ㉠ [H/m], ㉡ [F/m]
③ ㉠ [F], ㉡ [H]
④ ㉠ [F/m], ㉡ [H/m]

18
선간전압이 66,000[V]인 2개의 평행 왕복도선에 10[kA]의 전류가 흐르고 있을 때 도선 1[m]마다 작용하는 힘의 크기는 몇 [N/m]인가?(단, 도선 간의 간격은 1[m]이다)

① 1
② 10
③ 20
④ 200

19
지름 2[mm]의 동선에 π[A]의 전류가 균일하게 흐를 때 전류밀도는 몇 [A/m²]인가?

① 10^3
② 10^4
③ 10^5
④ 10^6

20
대전 도체 표면의 전하밀도는 도체 표면의 모양에 따라 어떻게 되는가?

① 곡률이 작으면 작아진다.
② 곡률 반지름이 크면 커진다.
③ 평면일 때 가장 크다.
④ 곡률 반지름이 작으면 작다.

제2과목 전력공학

21
수전용 변전설비의 1차 측에 설치하는 차단기의 용량은 어느 것에 의하여 정하는가?

① 수전전력과 부하율
② 수전계약용량
③ 공급측 전원의 단락용량
④ 부하설비용량

22
어떤 발전소의 유효 낙차가 100[m]이고, 사용 수량이 10[m³/s]일 경우 이 발전소의 이론적인 출력[kW]은?

① 4,900
② 9,800
③ 10,000
④ 14,700

23
다음 중 전력선에 의한 통신선의 전자유도장해의 주된 원인은?

① 전력선과 통신선 사이의 상호 정전용량
② 전력선의 불충분한 연가
③ 전력선의 1선 지락사고 등에 의한 영상전류
④ 통신선 전압보다 높은 전력선의 전압

24
다음 중 전압강하의 정도를 나타내는 식이 아닌 것은? (단, E_S는 송전단전압, E_R은 수전단전압이다)

① $\dfrac{I}{E_R}(R\cos\theta + X\sin\theta) \times 100[\%]$

② $\dfrac{\sqrt{3}\,I}{E_R}(R\cos\theta + X\sin\theta) \times 100[\%]$

③ $\dfrac{E_S - E_R}{E_R} \times 100[\%]$

④ $\dfrac{E_S + E_R}{E_S} \times 100[\%]$

25
피뢰기의 제한전압이란?

① 상용주파전압에 대한 피뢰기의 충격방전 개시전압
② 충격파 침입 시 피뢰기의 충격방전 개시전압
③ 피뢰기가 충격파 방전 종류 후 언제나 속류를 확실히 차단할 수 있는 상용주파 최대전압
④ 충격파 전류가 흐르고 있을 때의 피뢰기 단자전압

26
3상 1회선의 송전선로에 3상 전압을 가해 충전할 때 1선에 흐르는 충전전류는 30[A], 또 3선을 일괄하여 이것과 대지 사이에 상전압을 가하여 충전시켰을 때 전 충전전류는 60[A]가 되었다. 이 선로의 대지정전용량과 선간정전용량의 비는?(단, 대지정전용량= C_s, 선간정전용량= C_m 이다)

① $\dfrac{C_m}{C_s} = \dfrac{1}{6}$
② $\dfrac{C_m}{C_s} = \dfrac{8}{15}$
③ $\dfrac{C_m}{C_s} = \dfrac{1}{3}$
④ $\dfrac{C_m}{C_s} = \dfrac{1}{\sqrt{3}}$

27
변류기를 개방할 때 2차 측을 단락하는 이유는?

① 1차 측 과전류 보호
② 1차 측 과전압 방지
③ 2차 측 과전류 보호
④ 2차 측 절연보호

28
30,000[kW]의 전력을 50[km] 떨어진 지점에 송전하려고 할 때 송전전압[kV]은 약 얼마인가?(단, Still식에 의하여 산정한다)

① 22
② 33
③ 66
④ 100

29
송전선로에서 4단자 정수 A, B, C, D 사이의 관계는?

① $BC - AD = 1$
② $AC - BD = 1$
③ $AB - CD = 1$
④ $AD - BC = 1$

30
역률 0.8(지상), 480[kW] 부하가 있다. 전력용 콘덴서를 설치하여 역률을 개선하고자 할 때 콘덴서 220[kVA]를 설치하면 역률은 몇 [%]로 개선되는가?

① 82
② 85
③ 90
④ 96

31
송전선로의 중성점을 접지하는 목적으로 가장 알맞은 것은?

① 전선량의 절약
② 송전용량의 증가
③ 전압강하의 감소
④ 이상전압의 경감 및 발생 방지

32
철탑의 접지저항이 커지면 가장 크게 우려되는 문제점은?

① 정전유도
② 역섬락 발생
③ 코로나 증가
④ 차폐각 증가

33
단상 교류회로에 3,150/210[V]의 승압기를 80[kW], 역률 0.8인 부하에 접속하여 전압을 상승시키는 경우 약 몇 [kVA]의 승압기를 사용하여야 적당한가?(단, 전원전압은 2,900[V]이다)

① 3.6
② 5.5
③ 6.8
④ 10

34
발전기의 정태안정 극한전력이란?
① 부하가 서서히 증가할 때의 극한전력
② 부하가 갑자기 크게 변동할 때의 극한전력
③ 부하가 갑자기 사고가 났을 때의 극한전력
④ 부하가 변하지 않을 때의 극한전력

35
( ) 안에 들어갈 알맞은 내용은?

"화력발전소의 (㉠)은 발생 (㉡)을 열량으로 환산한 값과 이것을 발생하기 위하여 소비된 (㉢)의 보유열량 (㉣)를 말한다."

① ㉠ 손실률   ㉡ 발열량
  ㉢ 물   ㉣ 차
② ㉠ 열효율   ㉡ 전력량
  ㉢ 연료   ㉣ 비
③ ㉠ 발전량   ㉡ 증기량
  ㉢ 연료   ㉣ 결과
④ ㉠ 연료소비율 ㉡ 증기량
  ㉢ 물   ㉣ 차

36
수전단전압이 송전단전압보다 높아지는 현상과 관련된 것은?
① 페란티 효과   ② 표피 효과
③ 근접 효과   ④ 도플러 효과

37
전력 사용의 변동 상태를 알아보기 위한 것으로 가장 적당한 것은?
① 수용률   ② 부등률
③ 부하율   ④ 역률

38
3상으로 표준전압 3[kV], 용량 600[kW], 역률 0.85로 수전하는 공장의 수전회로에 시설할 계기용 변류기의 변류비로 적당한 것은?(단, 변류기의 2차 전류는 5[A]이며, 여유율은 1.5배로 한다)
① 10   ② 20
③ 30   ④ 40

39
화력발전소에서 탈기기를 사용하는 주목적은?
① 급수 중에 함유된 산소 등의 분리 제거
② 보일러 관벽의 스케일 부착의 방지
③ 급수 중에 포함된 염류의 제거
④ 연소용 공기의 예열

40
조상설비가 있는 발전소측 변전소에서 주변압기로 주로 사용되는 변압기는?
① 강압용 변압기   ② 단권 변압기
③ 3권선 변압기   ④ 단상 변압기

제3과목 전기기기

41
직류기의 구조가 아닌 것은?
① 계자권선   ② 전기자권선
③ 내철형 철심   ④ 전기자철심

42
인버터에 대한 설명으로 옳은 것은?
① 직류를 교류로 변환
② 교류를 교류로 변환
③ 직류를 직류로 변환
④ 교류를 직류로 변환

정답 34 ① 35 ② 36 ① 37 ③ 38 ④ 39 ① 40 ③ 41 ③ 42 ①

43
표면을 절연 피막 처리한 규소강판을 성층하는 이유로 옳은 것은?
① 절연성을 높이기 위해
② 히스테리시스손을 작게 하기 위해
③ 자속을 보다 잘 통하게 하기 위해
④ 와전류에 의한 손실을 작게 하기 위해

44
직류전동기의 역기전력에 대한 설명으로 틀린 것은?
① 역기전력은 속도에 비례한다.
② 역기전력은 회전방향에 따라 크기가 다르다.
③ 역기전력이 증가할수록 전기자전류는 감소한다.
④ 부하가 걸려 있을 때에는 역기전력은 공급전압보다 크기가 작다.

45
동기발전기 종류 중 회전계자형의 특징으로 옳은 것은?
① 고조파 발전기에 사용
② 극소용량, 특수용으로 사용
③ 소요전력이 크고 기구적으로 복잡
④ 기계적으로 튼튼하여 가장 많이 사용

46
직류전동기 중 부하가 변하면 속도가 심하게 변하는 전동기는?
① 분권전동기
② 직권전동기
③ 자동 복권전동기
④ 가동 복권전동기

47
직류기에서 전류용량이 크고 저전압 대전류에 가장 적합한 브러시 재료는?
① 탄소질
② 금속 탄소질
③ 금속 흑연질
④ 전기 흑연질

48
변압기의 효율이 가장 좋을 때의 조건은?
① 철손 = 동손
② 철손 = $\frac{1}{2}$ 동손
③ $\frac{1}{2}$ 철손 = 동손
④ 철손 = $\frac{2}{3}$ 동손

49
3상, 6극, 슬롯수 54의 동기발전기가 있다. 어떤 전기자코일의 두 변이 제1슬롯과 제8슬롯에 들어있다면 단절권 계수는 약 얼마인가?
① 0.9397
② 0.9567
③ 0.9837
④ 0.9117

50
1차 전압 6,900[V], 1차 권선 3,000회, 권수비 20의 변압기가 60[Hz]에 사용할 때 철심의 최대 자속[Wb]은?
① 0.76×10^{-4}
② 8.63×10^{-3}
③ 80×10^{-3}
④ 90×10^{-3}

51
30[kW]의 3상 유도전동기에 전력을 공급할 때 2대의 단상변압기를 사용하는 경우 변압기의 용량은 약 몇 [kVA]인가?(단, 전동기의 역률과 효율은 각각 84[%], 86[%]이고 전동기 손실은 무시한다)
① 17
② 24
③ 51
④ 72

52
12극과 8극인 2개의 유도전동기를 종속법에 의한 직렬접속법으로 속도제어할 때 전원주파수가 60[Hz]인 경우 무부하속도 N_0는 몇 [rps]인가?
① 5
② 6
③ 200
④ 360

53
부흐홀츠계전기로 보호되는 기기는?
① 변압기
② 발전기
③ 유도전동기
④ 회전변류기

54
단상 유도전동기 중 기동토크가 가장 작은 것은?
① 반발 기동형
② 분상 기동형
③ 셰이딩 코일형
④ 커패시터 기동형

55
유도전동기의 실부하법에서 부하로 쓰이지 않는 것은?
① 전동발전기
② 전기동력계
③ 프로니 브레이크
④ 손실을 알고 있는 직류발전기

56
동기기의 전기자권선법으로 적합하지 않은 것은?
① 중 권
② 2층권
③ 분포권
④ 환상권

57
어떤 정류기의 출력전압 평균값이 2,000[V]이고 맥동률이 3[%]이면 교류분은 몇 [V] 포함되어 있는가?
① 20
② 30
③ 60
④ 70

58
돌극형 동기발전기에서 직축 리액턴스 X_d와 횡축 리액턴스 X_q는 그 크기 사이에 어떤 관계가 있는가?
① $X_d = X_q$
② $X_d > X_q$
③ $X_d < X_q$
④ $2X_d = X_q$

59
단상 및 3상 유도전압조정기에 대한 설명으로 옳은 것은?
① 3상 유도전압조정기에는 단락권선이 필요없다.
② 3상 유도전압조정기의 1차와 2차 전압은 동상이다.
③ 단락권선은 단상 및 3상 유도전압조정기 모두 필요하다.
④ 단상 유도전압조정기의 기전력은 회전자계에 의해서 유도된다.

60
전압비 a인 단상변압기 3대를 1차 △결선, 2차 Y결선으로 하고 1차에 선간전압 V[V]를 가했을 때 무부하 2차 선간전압[V]은?
① $\dfrac{V}{a}$
② $\dfrac{a}{V}$
③ $\sqrt{3} \cdot \dfrac{V}{a}$
④ $\sqrt{3} \cdot \dfrac{a}{V}$

제4과목 회로이론

61
불평형 Y결선의 부하 회로에 평형 3상 전압을 가할 경우 중성점의 전위 $V_{n'n}$[V]는?(단, Z_1, Z_2, Z_3는 각 상의 임피던스[Ω]이고, Y_1, Y_2, Y_3는 각 상의 임피던스에 대한 어드미턴스[℧]이다)

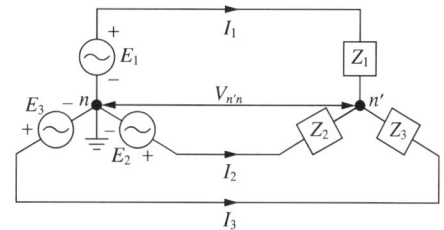

① $\dfrac{E_1 + E_2 + E_3}{Z_1 + Z_2 + Z_3}$
② $\dfrac{Z_1 E_1 + Z_2 E_2 + Z_3 E_3}{Z_1 + Z_2 + Z_3}$
③ $\dfrac{E_1 + E_2 + E_3}{Y_1 + Y_2 + Y_3}$
④ $\dfrac{Y_1 E_1 + Y_2 E_2 + Y_3 E_3}{Y_1 + Y_2 + Y_3}$

62
RL 병렬회로에서 $t=0$일 때 스위치 S를 닫는 경우 $R[\Omega]$에 흐르는 전류 $i_R(t)$[A]는?

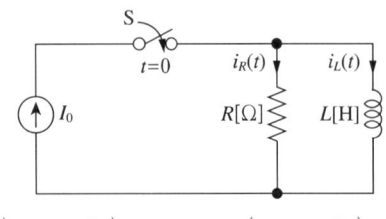

① $I_0\left(1-e^{-\frac{R}{L}t}\right)$ ② $I_0\left(1+e^{-\frac{R}{L}t}\right)$

③ I_0 ④ $I_0 e^{-\frac{R}{L}t}$

63
$i(t)=3\sqrt{2}\sin(377t-30°)$[A]의 평균값은 약 몇 [A]인가?

① 1.35   ② 2.7
③ 4.35   ④ 5.4

64
$i(t)=100+50\sqrt{2}\sin\omega t+20\sqrt{2}\sin\left(3\omega t+\frac{\pi}{6}\right)$

[A]로 표현되는 비정현파 전류의 실횻값은 약 몇 [A]인가?

① 20   ② 50
③ 114   ④ 150

65
2단자 회로망에 단상 100[V]의 전압을 가하면 30[A]의 전류가 흐르고 1.8[kW]의 전력이 소비된다. 이 회로망과 병렬로 커패시터를 접속하여 합성 역률을 100[%]로 하기 위한 용량성 리액턴스는 약 몇 [Ω]인가?

① 2.1   ② 4.2
③ 6.3   ④ 8.4

66
10[Ω]의 저항 5개를 접속하여 얻을 수 있는 합성저항 중 가장 적은 값은 몇 [Ω]인가?

① 10   ② 5
③ 2   ④ 0.5

67
1상의 임피던스가 $14+j48$[Ω]인 평형 △ 부하에 선간전압이 200[V]인 평형 3상 전압이 인가될 때 이 부하의 피상전력[VA]은?

① 1,200   ② 1,384
③ 2,400   ④ 4,157

68
어느 회로에 $V=120+j90$[V]의 전압을 인가하면 $I=3+j4$[A]의 전류가 흐른다. 이 회로의 역률은?

① 0.92   ② 0.94
③ 0.96   ④ 0.98

69
동일한 용량 2대의 단상 변압기를 V결선하여 3상으로 운전하고 있다. 단상 변압기 2대의 용량에 대한 3상 V결선 시 변압기 용량의 비인 변압기 이용률은 약 몇 [%]인가?

① 57.7   ② 70.7
③ 80.1   ④ 86.6

70
20[Ω]과 30[Ω]의 병렬회로에서 20[Ω]에 흐르는 전류가 6[A]이라면 전체 전류 I[A]는?

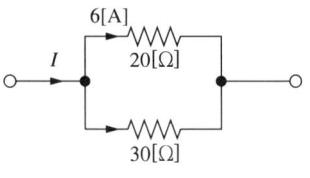

① 3   ② 4
③ 9   ④ 10

71
기본파의 30[%]인 제3고조파와 기본파의 20[%]인 제5고조파를 포함하는 전압의 왜형률은 약 얼마인가?

① 0.21
② 0.31
③ 0.36
④ 0.42

72
$e_i(t) = Ri(t) + L\dfrac{di(t)}{dt} + \dfrac{1}{C}\int i(t)dt$ 에서 모든 초깃값을 0으로 하고 라플라스 변환했을 때 $I(s)$는? (단, $I(s)$, $E_i(s)$는 각각 $i(t)$, $e_i(t)$를 라플라스 변환한 것이다)

① $\dfrac{Cs}{LCs^2 + RCs + 1}E_i(s)$

② $\dfrac{1}{R + Ls + \dfrac{1}{C}s}E_i(s)$

③ $\dfrac{1}{s^2 + \dfrac{L}{R}s + \dfrac{1}{LC}}E_i(s)$

④ $\left(R + Ls + \dfrac{1}{Cs}\right)E_i(s)$

73
4단자 회로망에서의 영상 임피던스[Ω]는?

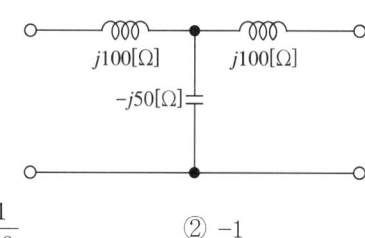

① $j\dfrac{1}{50}$
② -1
③ 1
④ 0

74
회로에서 10[Ω]의 저항에 흐르는 전류[A]는?

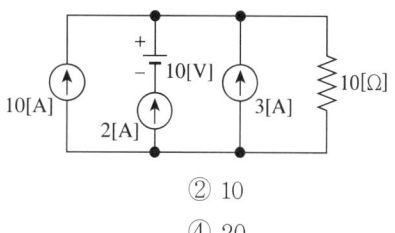

① 8
② 10
③ 15
④ 20

75
저항만으로 구성된 그림의 회로에 평형 3상 전압을 가했을 때 각 선에 흐르는 선전류가 모두 같게 되기 위한 $R[\Omega]$의 값은?

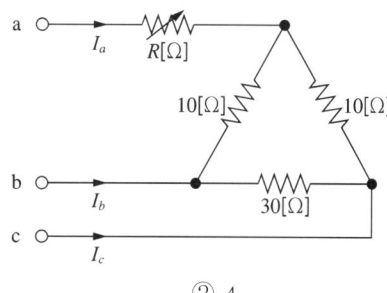

① 2
② 4
③ 6
④ 8

76
RC 직렬회로의 과도현상에 대한 설명으로 옳은 것은?

① 과도상태 전류의 크기는 $(R \times C)$의 값과 무관하다.
② $(R \times C)$의 값이 클수록 과도상태 전류의 크기는 빨리 사라진다.
③ $(R \times C)$의 값이 클수록 과도상태 전류의 크기는 천천히 사라진다.
④ $\dfrac{1}{R \times C}$의 값이 클수록 과도상태 전류의 크기는 천천히 사라진다.

77
3상 회로의 대칭분 전압이 $V_0 = -8+j3[V]$, $V_1 = 6-j8[V]$, $V_2 = 8+j12[V]$일 때 a상의 전압[V]은?(단, V_0는 영상분, V_1은 정상분, V_2는 역상분 전압이다)

① $5-j6$
② $5+j6$
③ $6-j7$
④ $6+j7$

78
$F(s) = \dfrac{A}{\alpha+s}$ 의 라플라스 역변환은?

① αe^{At}
② $Ae^{\alpha t}$
③ αe^{-At}
④ $Ae^{-\alpha t}$

79
어드미턴스 $Y[\mho]$로 표현된 4단자 회로망에서 4단자 정수 행렬 T는?(단, $\begin{bmatrix} V_1 \\ I_1 \end{bmatrix} = T \begin{bmatrix} V_2 \\ I_2 \end{bmatrix}$, $T = \begin{bmatrix} A & B \\ C & D \end{bmatrix}$)

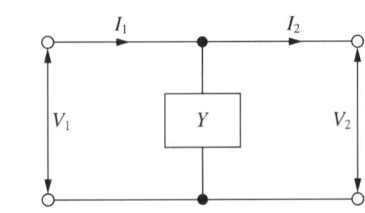

① $\begin{bmatrix} 1 & 0 \\ Y & 1 \end{bmatrix}$
② $\begin{bmatrix} 1 & Y \\ 0 & 1 \end{bmatrix}$
③ $\begin{bmatrix} 1 & 0 \\ \dfrac{1}{Y} & 1 \end{bmatrix}$
④ $\begin{bmatrix} Y & 1 \\ 1 & 0 \end{bmatrix}$

80
22[kVA]의 부하가 0.8의 역률로 운전될 때 이 부하의 무효전력[kVar]은?

① 11.5
② 12.3
③ 13.2
④ 14.5

제5과목 전기설비기술기준

81
발열선을 도로, 주차장 또는 조영물의 조영재에 고정시켜 시설하는 경우, 발열선에 전기를 공급하는 전로의 대지전압은 몇 [V] 이하이어야 하는가?

① 220
② 300
③ 380
④ 600

82
발전기를 구동하는 풍차의 압유장치의 유압, 압축공기장치의 공기압 또는 전동식 브레이드 제어장치의 전원전압이 현저히 저하한 경우 발전기를 자동적으로 전로로부터 차단하는 장치를 시설하여야 하는 발전기 용량은 몇 [kVA] 이상인가?

① 100
② 300
③ 500
④ 1,000

83
특고압 가공전선로의 지지물에 시설하는 통신선 또는 이에 직접 접속하는 통신선이 도로·횡단보도교·철도의 레일 등 또는 교류 전차선 등과 교차하는 경우의 시설기준으로 옳은 것은?

① 인장강도 4.0[kN] 이상의 것 또는 지름 3.5[mm] 경동선일 것
② 통신선이 케이블 또는 광섬유 케이블일 때는 이격거리의 제한이 없다.
③ 통신선과 삭도 또는 다른 가공약전류전선 등 사이의 이격거리는 20[cm] 이상으로 할 것
④ 통신선이 도로·횡단보도교·철도의 레일과 교차하는 경우에는 통신선의 지름 4[mm]의 절연전선과 동등 이상의 절연 효력이 있을 것

84
뱅크용량 15,000[kVA] 이상인 분로리액터에서 자동적으로 전로로부터 차단하는 장치가 동작하는 경우가 아닌 것은?
① 내부 고장 시
② 과전류 발생 시
③ 과전압 발생 시
④ 온도가 현저히 상승한 경우

85
고압 가공전선으로 ACSR(강심알루미늄연선)을 사용할 때의 안전율은 얼마 이상이 되는 이도(弛度)로 시설하여야 하는가?
① 1.38　　② 2.1
③ 2.5　　　④ 4.01

86
※ KEC 규정 적용으로 문제 삭제
22,900[V]용 변압기의 금속제 외함에는 몇 종 접지공사를 하여야 하는가?
① 제1종 접지공사
② 제2종 접지공사
③ 제3종 접지공사
④ 특별 제3종 접지공사

87
시가지 또는 그 밖에 인가가 밀집한 지역에 154[kV] 가공전선로의 전선을 케이블로 시설하고자 한다. 이때 가공전선을 지지하는 애자장치의 50[%] 충격섬락전압값이 그 전선의 근접한 다른 부분을 지지하는 애자장치값의 몇 [%] 이상이어야 하는가?
① 75　　　② 100
③ 105　　④ 110

88
저압 가공전선(다중접지된 중성선은 제외한다)과 고압 가공전선을 동일 지지물에 시설하는 경우 저압 가공전선과 고압 가공전선 사이의 이격거리는 몇 [cm] 이상이어야 하는가?(단, 각도주(角度柱)·분기주(分岐柱) 등에서 혼촉(混觸)의 우려가 없도록 시설하는 경우가 아니다)
① 50　　　② 60
③ 80　　　④ 100

89
가공전선로의 지지물에 사용하는 지선의 시설기준과 관련된 내용으로 틀린 것은?
① 지선에 연선을 사용하는 경우 소선(素線) 3가닥 이상의 연선일 것
② 지선의 안전율은 2.5 이상, 허용 인장하중의 최저는 3.31[kN]으로 할 것
③ 지선에 연선을 사용하는 경우 소선의 지름이 2.6[mm] 이상의 금속선을 사용한 것일 것
④ 가공전선로의 지지물로 사용하는 철탑은 지선을 사용하여 그 강도를 분담시키지 않을 것

90
욕조나 샤워시설이 있는 욕실 또는 화장실 등 인체가 물에 젖어 있는 상태에서 전기를 사용하는 장소에 콘센트를 시설하는 경우에 적합한 누전차단기는?
① 정격감도전류 15[mA] 이하, 동작시간 0.03초 이하의 전류동작형 누전차단기
② 정격감도전류 15[mA] 이하, 동작시간 0.03초 이하의 전압동작형 누전차단기
③ 정격감도전류 20[mA] 이하, 동작시간 0.3초 이하의 전류동작형 누전차단기
④ 정격감도전류 20[mA] 이하, 동작시간 0.3초 이하의 전압동작형 누전차단기

정답　84 ④　85 ③　86 ×　87 ③　88 ①　89 ②　90 ①

91
※ KEC 규정 적용으로 변경(400[V] 미만 ➡ 이하)

건조한 곳에 시설하고 또한 내부를 건조한 상태로 사용하는 진열장 안의 사용전압이 400[V] 미만인 저압 옥내배선은 외부에서 보기 쉬운 곳에 한하여 코드 또는 캡타이어케이블을 조영재에 접촉하여 시설할 수 있다. 이때 전선의 붙임점 간의 거리는 몇 [m] 이하로 시설하여야 하는가?

① 0.5
② 1.0
③ 1.5
④ 2.0

92
※ KEC 규정 적용으로 문제 삭제

다음 ( )의 ㉠, ㉡에 들어갈 내용으로 옳은 것은?

> "전기철도용 급전선"이란 전기철도용 (㉠)로부터 다른 전기철도용 (㉠) 또는 (㉡)에 이르는 전선을 말한다.

① ㉠ 급전소, ㉡ 개폐소
② ㉠ 궤전선, ㉡ 변전소
③ ㉠ 변전소, ㉡ 전차선
④ ㉠ 전차선, ㉡ 급전소

93
기구 등의 전로의 절연내력시험에서 최대사용전압이 60[kV]를 초과하는 기구 등의 전로로서 중성점 비접지식 전로에 접속하는 것은 최대사용전압의 몇 배의 전압에 10분간 견디어야 하는가?

① 0.72
② 0.92
③ 1.25
④ 1.5

94
폭연성 분진이 많은 장소의 저압 옥내배선에 적합한 배선공사방법은?

① 금속관공사
② 애자사용공사
③ 합성수지관공사
④ 가요전선관공사

95
변압기에 의하여 154[kV]에 결합되는 3,300[V] 전로에는 몇 배 이하의 사용전압이 가하여진 경우에 방전하는 장치를 그 변압기의 단자에 가까운 1극에 시설하여야 하는가?

① 2
② 3
③ 4
④ 5

96
절연내력시험은 전로와 대지 사이에 연속하여 10분간 가하여 절연내력을 시험하였을 때에 이에 견디어야 한다. 최대사용전압이 22.9[kV]인 중성선 다중접지식 가공전선로의 전로와 대지 사이의 절연내력 시험전압은 몇 [V]인가?

① 16,488
② 21,068
③ 22,900
④ 28,625

97
제1종 특고압 보안공사로 시설하는 전선로의 지지물로 사용할 수 없는 것은?

① 목 주
② 철 탑
③ B종 철주
④ B종 철근콘크리트주

98
154[kV] 가공전선과 식물과의 최소 이격거리는 몇 [m]인가?

① 2.8
② 3.2
③ 3.8
④ 4.2

99 ※ KEC 규정 적용으로 문제 삭제

풀장용 수중조명등에 전기를 공급하기 위하여 사용되는 절연변압기에 대한 설명으로 틀린 것은?

① 절연변압기 2차 측 전로의 사용전압은 150[V] 이하이어야 한다.
② 절연변압기의 2차 측 전로에는 반드시 제2종 접지공사를 하며, 그 저항값은 5[Ω] 이하가 되도록 하여야 한다.
③ 절연변압기 2차 측 전로의 사용전압이 30[V] 이하인 경우에는 1차 권선과 2차 권선 사이에 금속제의 혼촉방지판이 있어야 한다.
④ 절연변압기의 2차 측 전로의 사용전압이 30[V]를 초과하는 경우에는 그 전로에 지락이 생겼을 때에 자동적으로 전로를 차단하는 장치가 있어야 한다.

100
저압 가공인입선 시설 시 도로를 횡단하여 시설하는 경우 노면상 높이는 몇 [m] 이상으로 하여야 하는가?

① 4
② 4.5
③ 5
④ 5.5

정답 99 × 100 ③

2021년 제1회 CBT

제1과목 전기자기학

01
다음 식에서 관계없는 것은?

$$\oint_c H\,dl = \int_s J\,ds = \int_s (\nabla \times H)\,ds = I$$

① 맥스웰의 방정식
② 앙페르의 주회법칙
③ 스토크스(Stokes)의 정리
④ 패러데이 법칙

02
다음 중 전자유도 현상의 응용이 아닌 것은?

① 발전기 ② 전동기
③ 전자석 ④ 변압기

03
전계 E[V/m] 및 자계 H[AT/m]의 에너지가 자유공간 사이를 C[m/s]의 속도로 전파될 때 단위시간에 단위 면적을 지나는 에너지[W/m²]는?

① $\frac{1}{2}EH$ ② EH
③ EH^2 ④ E^2H

04
역자성체 내에서 비투자율 μ_s는?

① $\mu_s \gg 1$ ② $\mu_s > 1$
③ $\mu_s < 1$ ④ $\mu_s = 1$

05
면적 S[m²], 간격 d[m]인 평행판 콘덴서에 그림과 같이 두께 d_1, d_2[m]이며 유전율 ε_1, ε_2[F/m]인 두 유전체를 극판 간에 평행으로 채웠을 때 정전용량[F]은?

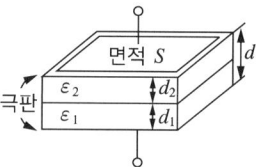

① $\dfrac{S}{\dfrac{d_1}{\varepsilon_1} + \dfrac{d_2}{\varepsilon_2}}$

② $\dfrac{S^2}{\dfrac{d_1}{\varepsilon_2} + \dfrac{d_2}{\varepsilon_1}}$

③ $\dfrac{\varepsilon_1 S}{d_1} + \dfrac{\varepsilon_2 S}{d_2}$

④ $\dfrac{\varepsilon_1 \varepsilon_2 S}{d}$

06
유전율 ε[F/m]인 유전체 중에서 전하가 Q[C], 전위가 V[V], 반지름 a[m]인 도체구가 갖는 에너지는 몇 [J]인가?

① $\dfrac{1}{2}\pi\varepsilon a V^2$
② $\pi\varepsilon a V^2$
③ $2\pi\varepsilon a V^2$
④ $4\pi\varepsilon a V^2$

07
단면적이 같은 자기회로가 있다. 철심의 투과율을 μ라 하고 철심회로의 길이를 l이라 한다. 지금 그 일부에 미소공극 l_0을 만들었을 때 자기회로의 자기저항은 공극이 없을 때의 약 몇 배인가?

① $1 + \dfrac{\mu l}{\mu_0 l_0}$ ② $1 + \dfrac{\mu l_0}{\mu_0 l}$

③ $1 + \dfrac{\mu_0 l}{\mu l_0}$ ④ $1 + \dfrac{\mu_0 l_0}{\mu l}$

08
비유전율 $\varepsilon_s = 5$인 유전체 내의 분극률은 몇 [F/m]인가?

① $\dfrac{10^{-8}}{9\pi}$ ② $\dfrac{10^9}{9\pi}$

③ $\dfrac{10^{-9}}{9\pi}$ ④ $\dfrac{10^8}{9\pi}$

09
반지름 $r = a$[m]인 원통 도선에 I[A]의 전류가 균일하게 흐를 때, 자계의 최댓값[AT/m]은?

① $\dfrac{I}{\pi a}$ ② $\dfrac{I}{2\pi a}$

③ $\dfrac{I}{3\pi a}$ ④ $\dfrac{I}{4\pi a}$

10
전류에 의한 자계의 발생 방향을 결정하는 법칙은?

① 비오-사바르의 법칙
② 쿨롱의 법칙
③ 패러데이의 법칙
④ 앙페르의 오른손 법칙

11
유전율 $\varepsilon_1 > \varepsilon_2$인 두 유전체 경계면에 전속이 수직일 때, 경계면상의 작용력은?

① ε_1의 유전체에서 ε_2의 유전체 방향
② ε_2의 유전체에서 ε_1의 유전체 방향
③ 전속밀도의 방향
④ 전속밀도의 반대방향

12
공간도체 중의 정상 전류밀도를 i, 공간 전하밀도를 ρ라고 할 때 키르히호프의 전류법칙을 나타내는 것은?

① $i = 0$ ② $\mathrm{div}\, i = 0$

③ $i = \dfrac{\partial \rho}{\partial t}$ ④ $\mathrm{div}\, i = \infty$

13
전계의 세기를 주는 대전체 중 거리 r에 반비례하는 것은?

① 구전하에 의한 전계
② 점전하에 의한 전계
③ 선전하에 의한 전계
④ 전기쌍극자에 의한 전계

14
정전용량 6[μF], 극간거리 2[mm]의 평행 평판 콘덴서에 300[μC]의 전하를 주었을 때 극판 간의 전계는 몇 [V/mm]인가?

① 25   ② 50
③ 150   ④ 200

15
W_1, W_2의 에너지를 갖는 두 콘덴서를 병렬로 연결하였을 경우 총에너지 W에 대한 관계식으로 옳은 것은? (단, $W_1 \neq W_2$이다)

① $W_1 + W_2 > W$ ② $W_1 + W_2 < W$
③ $W_1 + W_2 = W$ ④ $W_1 - W_2 = W$

정답 7 ② 8 ③ 9 ② 10 ④ 11 ① 12 ② 13 ③ 14 ① 15 ①

16
전기력선의 성질에 관한 설명으로 틀린 것은?
① 전기력선의 방향은 그 점의 전계의 방향과 같다.
② 전기력선은 전위가 높은 점에서 낮은 점으로 향한다.
③ 전하가 없는 곳에서도 전기력선의 발생, 소멸이 있다.
④ 전계가 0이 아닌 곳에서 2개의 전기력선은 교차하는 일이 없다.

17
두 벡터 $A = 2i + 4j$, $B = 6j - 4k$가 이루는 각은 약 몇 °인가?
① 36 ② 42
③ 50 ④ 61

18
2[cm]의 간격을 가진 두 평행도선에 1,000[A]의 전류가 흐를 때 도선 1[m]마다 작용하는 힘은 몇 [N/m]인가?
① 5 ② 10
③ 15 ④ 20

19
환상솔레노이드 코일에 흐르는 전류가 2[A]일 때 자로의 자속이 10^{-2}[Wb]였다고 한다. 코일의 권수를 500회라고 하면, 이 코일의 자기인덕턴스는 몇 [H]인가? (단, 코일의 전류와 자로의 자속과의 관계는 비례하는 것으로 한다)
① 2.5 ② 3.5
③ 4.5 ④ 5.5

20
두 종류의 금속 접합면에 전류를 흘리면 접속점에서 열의 흡수 또는 발생이 일어나는 현상은?
① 제베크 효과 ② 펠티에 효과
③ 톰슨 효과 ④ 파이로 효과

제2과목 전력공학

21
3상 배전선로의 전압강하율[%]을 나타내는 식이 아닌 것은?(단, V_s : 송전단 전압, V_r : 수전단 전압, I : 전부하전류, P : 부하전력, Q : 무효전력이다)
① $\dfrac{PR + QX}{V_r^2} \times 100$
② $\dfrac{V_s - V_r}{V_r} \times 100$
③ $\dfrac{V_s(PR + QX)}{V_r} \times 100$
④ $\dfrac{\sqrt{3}\,I}{V_r}(R\cos\theta + X\sin\theta) \times 100$

22
송전선로의 안정도 향상대책이 아닌 것은?
① 병행 다회선이나 복도체 방식 채용
② 계통의 직렬리액턴스 증가
③ 속응여자방식 채용
④ 고속도 차단기 이용

23
1,000[kVA]의 단상 변압기 3대를 △-△결선의 1뱅크로 하여 사용하는 변전소가 부하 증가로 다시 1대의 단상 변압기를 증설하여 2뱅크로 사용하면 최대 약 몇 [kVA]의 3상 부하에 적용할 수 있는가?
① 1,730 ② 2,000
③ 3,460 ④ 4,000

24
송・배전 전선로에서 전선의 진동으로 인하여 전선이 단선되는 것을 방지하기 위한 설비는?
① 오프셋 ② 클램프
③ 댐퍼 ④ 초호환

25
기준 선간전압 23[kV], 기준 3상 용량 5,000[kVA], 1선의 유도리액턴스가 15[Ω]일 때 %리액턴스는?

① 28.36[%] ② 14.18[%]
③ 7.09[%]   ④ 3.55[%]

26
철탑의 탑각 접지저항이 커질 때 생기는 문제점은?

① 속류 발생
② 역섬락 발생
③ 코로나 증가
④ 가공지선의 차폐각 증가

27
3상 배전선로의 말단에 지상역률 80[%], 160[kW]인 평형 3상 부하가 있다. 부하점에 전력용 콘덴서를 접속하여 선로손실을 최소가 되게 하려면 전력용 콘덴서의 필요한 용량[kVA]은?(단, 부하단 전압은 변하지 않는 것으로 한다)

① 100   ② 120
③ 160   ④ 200

28
배전계통에서 전력용 콘덴서를 설치하는 목적으로 가장 타당한 것은?

① 배전선의 전력손실 감소
② 전압강하 증대
③ 고장 시 영상전류 감소
④ 변압기 여유율 감소

29
그림과 같은 단상 2선식 배선에서 인입구 A점의 전압이 220[V]라면 C점의 전압[V]은?(단, 저항값은 1선의 값이며 AB 간은 0.05[Ω], BC 간은 0.1[Ω]이다)

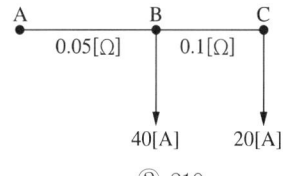

① 214   ② 210
③ 196   ④ 192

30
고장 즉시 동작하는 특성을 갖는 계전기는?

① 순한시 계전기
② 정한시 계전기
③ 반한시 계전기
④ 반한시성 정한시 계전기

31
발전기의 정태안정 극한전력이란?

① 부하가 서서히 증가할 때의 극한전력
② 부하가 갑자기 크게 변동할 때의 극한전력
③ 부하가 갑자기 사고가 났을 때의 극한전력
④ 부하가 변하지 않을 때의 극한전력

32
송전계통에서 발생한 고장 때문에 일부 계통의 위상각이 커져서 동기를 벗어나려고 할 경우 이것을 검출하고 계통을 분리하기 위해서 차단하지 않으면 안 될 경우에 사용되는 계전기는?

① 한시 계전기
② 선택단락 계전기
③ 탈조보호 계전기
④ 방향거리 계전기

33
수차의 특유속도 N_S를 나타내는 계산식으로 옳은 것은?(단, 유효낙차 : H[m], 수차의 출력 : P[kW], 수차의 정격 회전수 : N[rpm]이라 한다)

① $N_S = \dfrac{NP^{\frac{1}{2}}}{H^{\frac{5}{4}}}$ ② $N_S = \dfrac{H^{\frac{5}{4}}}{NP}$

③ $N_S = \dfrac{HP^{\frac{1}{4}}}{N^{\frac{5}{4}}}$ ④ $N_S = \dfrac{NP^2}{H^{\frac{5}{4}}}$

34
중거리 송전선로의 T형 회로에서 송전단 전류 I_s는? (단, Z, Y는 선로의 직렬 임피던스와 병렬 어드미턴스이고, E_r은 수전단 전압, I_r은 수전단 전류이다)

① $I_r\left(1+\dfrac{ZY}{2}\right)+E_rY$

② $E_r\left(1+\dfrac{ZY}{2}\right)+ZI_r\left(1+\dfrac{ZY}{4}\right)$

③ $E_r\left(1+\dfrac{ZY}{2}\right)+ZI_r$

④ $I_r\left(1+\dfrac{ZY}{2}\right)+E_rY\left(1+\dfrac{ZY}{4}\right)$

35
차단 시 재점호가 발생하기 쉬운 경우는?
① $R-L$ 회로의 차단
② 단락전류의 차단
③ C 회로의 차단
④ L 회로의 차단

36
송전선로에서 1선 지락의 경우 지락전류가 가장 작은 중성점접지방식은?
① 비접지방식 ② 직접접지방식
③ 저항접지방식 ④ 소호리액터접지방식

37
화력발전소에서 증기 및 급수가 흐르는 순서는?
① 보일러 → 과열기 → 절탄기 → 터빈 → 복수기
② 보일러 → 절탄기 → 과열기 → 터빈 → 복수기
③ 절탄기 → 보일러 → 과열기 → 터빈 → 복수기
④ 절탄기 → 과열기 → 보일러 → 터빈 → 복수기

38
송전선로에 충전전류가 흐르면 수전단 전압이 송전단 전압보다 높아지는 현상과 이 현상의 발생원인으로 가장 옳은 것은?
① 페란티 효과, 선로의 인덕턴스 때문
② 페란티 효과, 선로의 정전용량 때문
③ 근접 효과, 선로의 인덕턴스 때문
④ 근접 효과, 선로의 정전용량 때문

39
저압 뱅킹방식에 대한 설명 중 맞지 않은 것은?
① 전압동요가 작다.
② 캐스케이딩 현상에 의해 고장확대가 축소된다.
③ 부하증가에 대해 융통성이 좋다.
④ 고장보호방식이 적당할 때 공급신뢰도는 향상된다.

40
그림과 같이 반지름 r [m]인 세 개의 도체가 선간거리 D [m]로 수평배치하였을 때 A도체의 인덕턴스는 몇 [mH/km]인가?

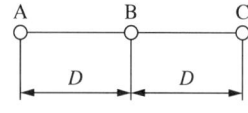

① $0.05 + 0.4605\log_{10}\dfrac{D}{r}$

② $0.05 + 0.4605\log_{10}\dfrac{2D}{r}$

③ $0.05 + 0.4605\log_{10}\dfrac{\sqrt[3]{2}\,D}{r}$

④ $0.05 + 0.4605\log_{10}\dfrac{\sqrt{2}\,D}{r}$

제3과목 전기기기

41
제13차 고조파에 의한 회전자계의 회전방향과 속도를 기본파 회전자계와 비교할 때 옳은 것은?
① 기본파와 반대방향이고, 1/13의 속도
② 기본파와 동일방향이고, 1/13의 속도
③ 기본파와 동일방향이고, 13배의 속도
④ 기본파와 반대방향이고, 13배의 속도

42
3상 동기기의 제동권선을 사용하는 주목적은?
① 출력이 증가한다. ② 효율이 증가한다.
③ 역률을 개선한다. ④ 난조를 방지한다.

43
4극, 60[Hz], 3상 권선형 유도전동기에서 전부하 회전수는 1,600[rpm]이다. 동일토크로 회전수를 1,200[rpm]으로 하려면 2차 회로에 몇 [Ω]의 외부저항을 삽입하면 되는가?(단, 2차 회로는 Y결선이고, 각 상의 저항은 r_2이다)
① r_2 ② $2r_2$
③ $3r_2$ ④ $4r_2$

44
단상 반파정류회로에서 변압기 2차 전압의 실횻값을 E[V]라 할 때, 직류 전류 평균값[A]은?(단, 정류기의 전압강하는 e[V], 부하저항은 R[Ω]이다)
① $\dfrac{\frac{\sqrt{2}}{\pi}E - e}{R}$ ② $\dfrac{1}{2} \cdot \dfrac{E-e}{R}$
③ $\dfrac{2\sqrt{2}}{\pi} \cdot \dfrac{E}{R}$ ④ $\dfrac{\sqrt{2}}{\pi} \cdot \dfrac{E-e}{R}$

45
동기발전기의 병렬운전조건에서 같지 않아도 되는 것은?
① 기전력 ② 위상
③ 주파수 ④ 용량

46
직류 분권발전기의 무부하 포화곡선이 $V = \dfrac{950 I_f}{30 + I_f}$ 이고, I_f는 계자전류[A], V는 무부하 전압[V]으로 주어질 때 계자회로의 저항이 25[Ω]이면 몇 [V]의 전압이 유기되는가?
① 200 ② 250
③ 280 ④ 300

47
용량 150[kVA]의 단상 변압기의 철손이 1[kW], 전부하 동손이 4[kW]이다. 이 변압기의 최대효율은 몇 [kVA]에서 나타나는가?
① 50 ② 75
③ 100 ④ 150

48
10[kVA], 2,000/380[V]의 변압기 1차 환산 등가임피던스가 $3 + j4$[Ω]이다. %임피던스 강하는 몇 [%]인가?
① 0.75 ② 1.0
③ 1.25 ④ 1.5

49
전기자를 고정자로 하고, 계자극을 회전자로 한 회전계자형으로 가장 많이 사용되는 것은?
① 직류발전기 ② 회전변류기
③ 동기발전기 ④ 유도발전기

정답 41 ② 42 ④ 43 ② 44 ① 45 ④ 46 ① 47 ② 48 ③ 49 ③

50
3,300/200[V] 10[kVA]의 단상 변압기의 2차를 단락하여 1차 측에 300[V]를 가하니 2차에 120[A]가 흘렀다. 이 변압기의 임피던스전압[V]과 백분율 임피던스강하[%]는?

① 125, 3.8
② 200, 4
③ 125, 3.5
④ 200, 4.2

51
직류발전기에 있어서 계자철심에 잔류자기가 없어도 발전되는 직류기는?

① 분권 발전기
② 직권 발전기
③ 타여자 발전기
④ 복권 발전기

52
시라게 전동기의 특성과 가장 가까운 전동기는?

① 3상 평복권 정류자전동기
② 3상 복권 정류자전동기
③ 3상 직권 정류자전동기
④ 3상 분권 정류자전동기

53
10극인 직류발전기의 전기자 도체수가 600, 단중파권이고 매극의 자속수가 0.01[Wb], 600[rpm]일 때의 유도기전력[V]은?

① 150
② 200
③ 250
④ 300

54
정·역 운전을 할 수 없는 단상 유도전동기는?

① 분상 기동형
② 셰이딩 코일형
③ 반발 기동형
④ 콘덴서 기동형

55
단상 변압기에서 전부하의 2차 전압은 100[V]이고, 전압변동률은 4[%]이다. 1차 단자전압[V]은?(단, 1차, 2차 권선비는 20 : 1이다)

① 1,920
② 2,080
③ 2,160
④ 2,260

56
농형 유도전동기에 주로 사용되는 속도제어법은?

① 극수제어법
② 2차 여자제어법
③ 2차 저항제어법
④ 종속제어법

57
병렬운전을 하고 있는 두 대의 3상 동기발전기 사이에 무효순환전류가 흐르는 경우는?

① 여자전류의 변화
② 부하의 증가
③ 부하의 감소
④ 원동기 출력변화

58
60[kW], 4극, 전기자 도체의 수 300개, 중권으로 결선된 직류 발전기가 있다. 매극당 자속은 0.05[Wb]이고 회전속도는 1,200[rpm]이다. 이 직류 발전기가 전부하에 전력을 공급할 때 직렬로 연결된 전기자 도체에 흐르는 전류[A]는?

① 32
② 42
③ 50
④ 57

59
반도체 소자 중 3단자 사이리스터가 아닌 것은?

① SCS
② SCR
③ GTO
④ TRIAC

60
주파수가 일정한 3상 유도전동기의 전원전압이 80[%]로 감소하였다면, 토크는?(단, 회전수는 일정하다고 가정한다)

① 64[%]로 감소
② 80[%]로 감소
③ 89[%]로 감소
④ 변화없음

제4과목 회로이론

61
그림 (a)의 회로를 그림 (b)와 같은 등가회로로 구성하고자 한다. 이때 V 및 R의 값은?

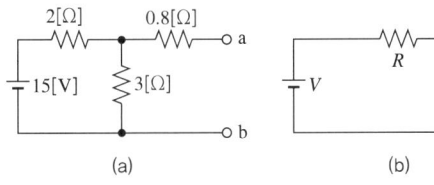

① 6[V], 2[Ω]
② 6[V], 6[Ω]
③ 9[V], 2[Ω]
④ 9[V], 6[Ω]

62
그림과 같은 4단자 회로망에서 출력 측을 개방하니 $V_1 = 12$[V], $I_1 = 2$[A], $V_2 = 4$[V]이고, 출력 측을 단락하니 $V_1 = 16$[V], $I_1 = 4$[A], $I_2 = 2$[A]이었다. 4단자 정수 A, B, C, D는 얼마인가?

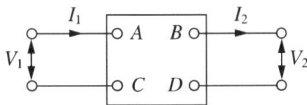

① $A = 2$, $B = 3$, $C = 8$, $D = 0.5$
② $A = 0.5$, $B = 2$, $C = 3$, $D = 8$
③ $A = 8$, $B = 0.5$, $C = 2$, $D = 3$
④ $A = 3$, $B = 8$, $C = 0.5$, $D = 2$

63
10[Ω]의 저항 5개를 접속하여 얻을 수 있는 합성저항 중 가장 적은 값은 몇 [Ω]인가?

① 10
② 5
③ 2
④ 0.5

64
전달함수에 대한 설명으로 틀린 것은?

① 어떤 계의 전달함수는 그 계에 대한 임펄스 응답의 라플라스 변환과 같다.
② 전달함수는 $\dfrac{출력\ 라플라스\ 변환}{입력\ 라플라스\ 변환}$으로 정의된다.
③ 전달함수 s가 될 때 적분요소라 한다.
④ 어떤 계의 전달함수의 분모를 0으로 놓으면 이것이 곧 특성방정식이 된다.

65
그림과 같은 파형의 라플라스 변환은?

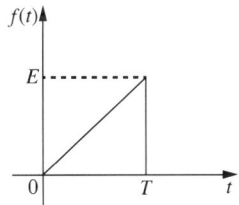

① $\dfrac{E}{Ts}(1 - e^{-Ts})$
② $\dfrac{E}{Ts^2}(1 - e^{-Ts})$
③ $\dfrac{E}{Ts}(1 - e^{-Ts} - Ts \cdot e^{-Ts})$
④ $\dfrac{E}{Ts^2}(1 - e^{-Ts} - Ts \cdot e^{-Ts})$

66
각 상의 전류가 $i_a = 30\sin\omega t$[A],
$i_b = 30\sin(\omega t - 90°)$[A], $i_c 30\sin(\omega t + 90°)$[A]일 때 영상분 전류[A]의 순시치는?

① $10\sin\omega t$
② $10\sin\dfrac{\omega t}{3}$
③ $30\sin\omega t$
④ $\dfrac{30}{\sqrt{3}}\sin(\omega t + 45°)$

67
어떤 코일에 흐르는 전류를 0.5[ms] 동안에 5[A]만큼 변화시킬 때 20[V]의 전압이 발생한다. 이 코일의 자기인덕턴스[mH]는?

① 2
② 4
③ 6
④ 8

68
권수가 2,000회이고, 저항이 12[Ω]인 솔레노이드에 전류 10[A]를 흘릴 때, 자속이 6×10^{-2}[Wb]가 발생하였다. 이 회로의 시정수[s]는?

① 1
② 0.1
③ 0.01
④ 0.001

69
3상 평형회로에서 선간전압이 200[V]이고 각 상의 임피던스가 $24 + j7$[Ω]인 Y결선 3상 부하의 유효전력은 약 몇 [W]인가?

① 192
② 512
③ 1,536
④ 4,608

70
각 상의 임피던스 $Z = 6 + j8$[Ω]인 평형 △ 부하에 선간전압이 220[V]인 대칭 3상 전압을 가할 때의 선전류[A] 및 전전력[W]은?

① 17[A], 5,620[W]
② 25[A], 6,570[W]
③ 27[A], 7,180[W]
④ 38.1[A], 8,712[W]

71
0.1[μF]의 콘덴서에 주파수 1[kHz], 최대전압 2,000[V]를 인가할 때 전류의 순시값[A]은?

① $4.446\sin(\omega t + 90°)$
② $4.446\cos(\omega t - 90°)$
③ $1.256\sin(\omega t + 90°)$
④ $1.256\cos(\omega t - 90°)$

72
다음과 같은 비정현파 전압을 RL 직렬회로에 인가할 때에 제3고조파 전류의 실횻값[A]은?(단, $R = 4$[Ω], $\omega L = 1$[Ω]이다)

$$e = 100\sqrt{2}\sin\omega t + 75\sqrt{2}\sin 3\omega t + 20\sqrt{2}\sin 5\omega t \,[\text{V}]$$

① 4
② 15
③ 20
④ 75

73
$\dfrac{dx(t)}{dt} + x(t) = 1$의 라플라스 변환 $X(s)$의 값은?
(단, $x(0) = 0$이다)

① $s + 1$
② $s(s + 1)$
③ $\dfrac{1}{s}(s + 1)$
④ $\dfrac{1}{s(s + 1)}$

74
RLC 직렬회로에서 $t = 0$에서
교류전압 $e = E_m \sin(\omega t + \theta)$를 가할 때,
$R^2 - 4\dfrac{L}{C} > 0$이면 이 회로는?

① 진동적이다.
② 비진동적이다.
③ 임계진동적이다.
④ 비감쇠진동이다.

75

$i = 10\sin\left(\omega t - \dfrac{\pi}{6}\right)$[A]로 표시되는 전류와 주파수는 같으나 위상이 45° 앞서는 실횻값 100[V]의 전압을 표시하는 식으로 옳은 것은?

① $100\sin\left(\omega t - \dfrac{\pi}{10}\right)$

② $100\sqrt{2}\sin\left(\omega t + \dfrac{\pi}{12}\right)$

③ $\dfrac{100}{\sqrt{2}}\sin\left(\omega t - \dfrac{5}{12}\pi\right)$

④ $100\sqrt{2}\sin\left(\omega t - \dfrac{\pi}{12}\right)$

76

$e^{j\omega t}$의 라플라스 변환은?

① $\dfrac{1}{s - j\omega}$

② $\dfrac{1}{s + j\omega}$

③ $\dfrac{1}{s^2 + \omega^2}$

④ $\dfrac{\omega}{s^2 + \omega^2}$

77

RLC 직렬회로에서 제 n 고조파의 공진주파수 f[Hz]는?

① $\dfrac{1}{2\pi\sqrt{LC}}$

② $\dfrac{1}{2\pi\sqrt{nLC}}$

③ $\dfrac{1}{2\pi n\sqrt{LC}}$

④ $\dfrac{1}{2\pi n^2\sqrt{LC}}$

78

그림과 같은 회로에서 저항 0.2[Ω]에 흐르는 전류는 몇 [A]인가?

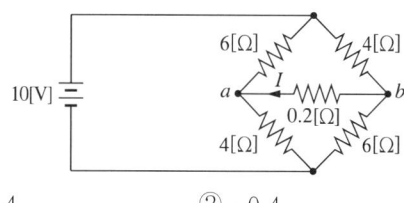

① 0.4
② −0.4
③ 0.2
④ −0.2

79

다음 회로에서 전압비 전달함수 $\dfrac{V_2(s)}{V_1(s)}$는 어떻게 되는가?

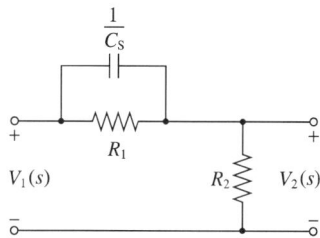

① $\dfrac{R_1 + R_2 + R_1 R_2 Cs}{R_2 + R_1 R_2 Cs}$

② $\dfrac{R_1 R_2 Cs + R_2}{R_1 R_2 Cs + R_1 + R_2}$

③ $\dfrac{R_1 Cs + R_2}{R_2 + R_1 R_2 Cs}$

④ $\dfrac{R_1 R_2 Cs}{R_1 R_2 Cs + R_1 + R_2}$

80

전압 100[V], 전류 15[A]로써 1.2[kW]의 전력을 소비하는 회로의 리액턴스는 약 몇 [Ω]인가?

① 4
② 6
③ 8
④ 10

정답 75 ② 76 ① 77 ③ 78 ① 79 ② 80 ①

제5과목 전기설비기술기준

81
고압 옥상전선로의 전선이 다른 시설물과 접근하거나 교차하는 경우 이들 사이의 이격거리는 몇 [m] 이상이어야 하는가?

① 0.3 ② 0.6
③ 0.9 ④ 1.2

82
특고압 가공전선로의 중성선의 다중접지 시설에서 각 접지선을 중성선으로부터 분리하였을 경우 각 접지점의 대지 전기저항값은 몇 [Ω] 이하이어야 하는가?

① 100 ② 150
③ 300 ④ 500

83
발전기·전동기·조상기·기타 회전기(회전 변류기 제외)의 절연내력 시험 시 시험전압은 권선과 대지 사이에 연속하여 몇 분 이상 가하여야 하는가?

① 10 ② 15
③ 20 ④ 30

84
발전소 등의 울타리·담 등을 시설할 때 사용전압이 154[kV]인 경우 울타리·담 등의 높이와 울타리·담 등으로부터 충전 부분까지의 거리의 합계는 몇 [m] 이상이어야 하는가?

① 5 ② 6
③ 8 ④ 10

85
지선 시설에 관한 설명으로 틀린 것은?

① 철탑은 지선을 사용하여 그 강도를 분담시켜야 한다.
② 지선의 안전율은 2.5 이상이어야 한다.
③ 지선에 연선을 사용할 경우 소선 3가닥 이상의 연선이어야 한다.
④ 지선근가는 지선의 인장하중에 충분히 견디도록 시설하여야 한다.

86
사용전압 66[kV]의 가공전선을 시가지에 시설할 경우 전선의 지표상 최소 높이는 몇 [m]인가?

① 6.48 ② 8.36
③ 10.48 ④ 12.36

87
저압 가공전선과 고압 가공전선을 동일 지지물에 시설하는 경우 이격거리는 몇 [m] 이상이어야 하는가?

① 0.5 ② 0.6
③ 0.7 ④ 0.8

88
옥내에 시설하는 전동기에 과부하 보호장치의 시설을 생략할 수 없는 경우는?

① 전동기가 단상의 것으로 전원측 전로에 시설하는 과전류 차단기의 정격전류가 16[A] 이하인 경우
② 전동기가 단상의 것으로 전원측 전로에 시설하는 배전용 차단기의 정격전류가 20[A] 이하인 경우
③ 전동기 운전 중 취급자가 상시 감시할 수 있는 위치에 시설하는 경우
④ 전동기의 정격출력이 0.75[kW]인 전동기

정답 81 ② 82 ③ 83 ① 84 ② 85 ① 86 ③ 87 ① 88 ④

89
저압 연접인입선은 폭 몇 [m]를 초과하는 도로를 횡단하지 않아야 하는가?

① 5　　② 6
③ 7　　④ 8

90
화약류 저장소의 전기설비의 시설기준으로 틀린 것은?

① 전로의 대지전압은 150[V] 이하일 것
② 전기기계기구는 전폐형의 것일 것
③ 전용 개폐기 및 과전류 차단기는 화약류저장소 밖에 설치할 것
④ 개폐기 또는 과전류 차단기에서 화약류저장소의 인입구까지의 배선은 케이블을 사용할 것

91
옥내 저압전선으로 나전선의 사용이 기본적으로 허용되지 않는 것은?

① 애자공사의 전기로용 전선
② 유희용 전차에 전기 공급을 위한 접촉 전선
③ 제분 공장의 전선
④ 애자공사의 전선 피복 절연물이 부식하는 장소에 시설하는 전선

92
내부고장이 발생하는 경우를 대비하여 자동차단장치 또는 경보장치를 시설하여야 하는 특고압용 변압기의 뱅크용량의 구분으로 알맞은 것은?

① 5,000[kVA] 미만
② 5,000[kVA] 이상 10,000[kVA] 미만
③ 10,000[kVA] 이상
④ 10,000[kVA] 이상 15,000[kVA] 미만

93
케이블공사에 의한 저압 옥내배선의 시설방법에 대한 설명으로 틀린 것은?

① 전선은 케이블 및 캡타이어케이블로 한다.
② 콘크리트 안에는 전선에 접속점을 만들지 아니한다.
③ 전선을 박스 또는 풀박스 안에 인입하는 경우는 물이 박스 또는 풀박스 안으로 침입하지 아니하도록 적당한 구조의 부싱 또는 이와 유사한 것을 사용할 것
④ 전선을 조영재의 옆면에 따라 붙이는 경우 전선의 지지점 간의 거리를 케이블은 3[m] 이하로 한다.

94
KS C IEC 60364에서 전원의 한 점을 직접 접지하고, 설비의 노출 도전성 부분을 전원계통의 접지극과 별도로 전기적으로 독립하여 접지하는 방식은?

① TT 계통　　② TN-C 계통
③ TN-S 계통　　④ TN-CS 계통

95
직류귀선은 궤도 근접 부분이 금속제 지중관로와 접근하거나 교차하는 경우에 전기부식방지를 위한 상호 이격거리는 몇 [m] 이상이어야 하는가?

① 1.0　　② 1.5
③ 2.5　　④ 3.0

96
시가지에 시설하는 특고압 가공전선로용 지지물로 사용될 수 없는 것은?(단, 사용전압이 170[kV] 이하의 전선로인 경우이다)

① 철근 콘크리트주　　② 목 주
③ 철 탑　　④ 철 주

97
저압 옥내배선을 케이블 트레이 공사로 시설하려고 한다. 틀린 것은?

① 저압 케이블과 고압 케이블은 동일 케이블 트레이 내에 시설하여서는 아니 된다.
② 케이블 트레이 내에서는 전선을 접속하여서는 아니 된다.
③ 수평으로 포설하는 케이블 이외의 케이블은 케이블 트레이의 가로대에 견고하게 고정시킨다.
④ 절연전선을 금속관에 넣으면 케이블 트레이 공사에 사용할 수 있다.

98
한 수용장소의 인입선에서 분기하여 지지물을 거치지 않고 다른 수용 장소의 인입구에 이르는 부분의 전선을 무엇이라고 하는가?

① 가공인입선　　② 인입선
③ 연접인입선　　④ 옥측배선

99
그룹 2의 의료장소에 상용전원 공급이 중단될 경우 15초 이내에 최소 몇 [%]의 조명에 비상전원을 공급하여야 하는가?

① 30　　② 40
③ 50　　④ 60

100
다음의 ⓐ, ⓑ에 들어갈 내용으로 옳은 것은?

> 과전류차단기로 시설하는 퓨즈 중 고압전로에 사용하는 비포장 퓨즈는 정격전류의 (ⓐ)배의 전류에 견디고 또한 2배의 전류로 (ⓑ)분 안에 용단되는 것이어야 한다.

① ⓐ 1.1　　ⓑ 1
② ⓐ 1.2　　ⓑ 1
③ ⓐ 1.25　　ⓑ 2
④ ⓐ 1.3　　ⓑ 2

정답 97 ② 98 ③ 99 ③ 100 ③

제1과목 전기자기학

01

다음 설명 중 틀린 것은?

① 저항의 역수는 컨덕턴스이다.
② 저항률의 역수는 도전율이다.
③ 도체의 저항은 온도가 올라가면 그 값이 증가한다.
④ 저항률의 단위는 $[\Omega/m^2]$이다.

02

속도 v[m/s]되는 전자가 자속밀도 B[Wb/m²]인 평등 자계 중에 자계와 수직으로 입사했을 때 전자궤도의 반지름 r은 몇 [m]인가?

① $\dfrac{ev}{mB}$
② $\dfrac{mB}{ev}$
③ $\dfrac{eB}{mv}$
④ $\dfrac{mv}{eB}$

03

정전용량이 4[μF], 5[μF], 6[μF]이고, 각각의 내압이 순서대로 500[V], 450[V], 350[V]인 콘덴서 3개를 직렬로 연결하고 전압을 서서히 증가시키면 콘덴서의 상태는 어떻게 되겠는가?(단, 유전체의 재질이나 두께는 같다)

① 동시에 모두 파괴된다.
② 4[μF]가 가장 먼저 파괴된다.
③ 5[μF]가 가장 먼저 파괴된다.
④ 6[μF]가 가장 먼저 파괴된다.

04

반지름 1[m]인 원형코일에 1[A]의 전류가 흐를 때 중심점의 자계의 세기는 몇 [AT/m]인가?

① $\dfrac{1}{4}$
② $\dfrac{1}{2}$
③ 1
④ 2

05

10[mH] 인덕턴스 2개가 있다. 결합계수를 0.1로부터 0.9까지 변화시킬 수 있다면 이것을 직렬 접속시켜 얻을 수 있는 합성인덕턴스의 최댓값과 최솟값의 비는?

① 9 : 1
② 13 : 1
③ 16 : 1
④ 19 : 1

06

지면에 평행으로 높이 h[m]에 가설된 반지름 a[m]인 가공직선도체의 대지 간 정전용량은 몇 [F/m]인가? (단, $h \gg a$이다)

① $\dfrac{\pi\varepsilon_0}{\ln\dfrac{2h}{a}}$
② $\dfrac{2\pi\varepsilon_0}{\ln\dfrac{2h}{a}}$
③ $\dfrac{\pi\varepsilon_0}{\ln\dfrac{a}{2h}}$
④ $\dfrac{2\pi\varepsilon_0}{\ln\dfrac{a}{2h}}$

07

다음의 맥스웰 방정식 중 틀린 것은?

① $\mathrm{rot}\,H = i + \dfrac{\partial D}{\partial t}$
② $\mathrm{rot}\,E = -\dfrac{\partial H}{\partial t}$
③ $\mathrm{div}\,B = 0$
④ $\mathrm{div}\,D = \rho$

정답 1 ④ 2 ④ 3 ② 4 ② 5 ④ 6 ② 7 ②

08

액체 유전체를 포함한 콘덴서 용량이 C[F]인 것에 V[V]의 전압을 가했을 경우에 흐르는 누설전류[A]는?(단, 유전체의 유전율은 ε, 고유저항은 ρ라 한다)

① $\dfrac{\rho\varepsilon}{C}V$ ② $\dfrac{C}{\rho\varepsilon}V$

③ $\dfrac{C}{\rho\varepsilon}V^2$ ④ $\dfrac{\rho\varepsilon}{CV}$

09

전계 E[V/m] 및 자계 H[AT/m]의 전자계가 평면파를 이루고 공기 중을 3×10^8[m/s]의 속도로 전파될 때 단위시간당 단위면적을 지나는 에너지는 몇 [W/m²]인가?

① EH

② $\sqrt{\varepsilon\mu}\,EH$

③ $\dfrac{EH}{\sqrt{\varepsilon\mu}}$

④ $\dfrac{1}{2}(\varepsilon E^2+\mu H^2)$

10

평면 전자파의 전계 E와 자계 H와의 관계식으로 알맞은 것은?

① $H=\sqrt{\dfrac{\varepsilon}{\mu}}\,E$ ② $H=\sqrt{\dfrac{\mu}{\varepsilon}}\,E$

③ $H=\dfrac{\varepsilon}{\mu}E$ ④ $H=\dfrac{\mu}{\varepsilon}E$

11

비투자율 800의 환상철심으로 하여 권선 600회를 감아서 환상솔레노이드를 만들었다. 이 솔레노이드의 평균 반경이 20[cm]이고, 단면적이 10[cm²]이다. 이 권선에 전류 1[A]를 흘리면 내부에 통하는 자속[Wb]은?

① 2.7×10^{-4} ② 4.8×10^{-4}

③ 6.8×10^{-4} ④ 9.6×10^{-4}

12

그림과 같은 자기회로에서 $R_1=0.1$[AT/Wb], $R_2=0.2$[AT/Wb], $R_3=0.3$[AT/Wb]이고 코일은 10회 감았다. 이때 코일에 10[A]의 전류를 흘리면 $\overline{\mathrm{ACB}}$ 간에 투과하는 자속 ϕ은 약 몇 [Wb]인가?

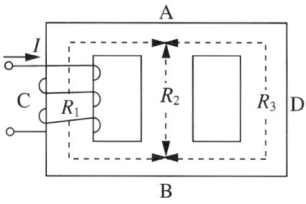

① 2.25×10^2 ② 4.55×10^2

③ 6.50×10^2 ④ 8.45×10^2

13

6.28[A]가 흐르는 무한장 직선 도선상에서 1[m] 떨어진 점의 자계의 세기[A/m]는?

① 0.5 ② 1

③ 2 ④ 3

14

투자율이 다른 두 자성체의 경계면에서 굴절각과 입사각의 관계가 옳은 것은?(단, μ : 투자율, θ_1 : 입사각, θ_2 : 굴절각이다)

① $\dfrac{\sin\theta_1}{\sin\theta_2}=\dfrac{\mu_1}{\mu_2}$ ② $\dfrac{\tan\theta_2}{\tan\theta_1}=\dfrac{\mu_1}{\mu_2}$

③ $\dfrac{\cos\theta_1}{\cos\theta_2}=\dfrac{\mu_1}{\mu_2}$ ④ $\dfrac{\tan\theta_1}{\tan\theta_2}=\dfrac{\mu_1}{\mu_2}$

15

2[cm]의 간격을 가진 두 평행도선에 1,000[A]의 전류가 흐를 때 도선 1[m]마다 작용하는 힘은 몇 [N/m]인가?

① 5 ② 10

③ 15 ④ 20

16
전기쌍극자로부터 임의의 점의 거리가 r이라 할 때, 전계의 세기는 r과 어떤 관계에 있는가?

① $\frac{1}{r}$에 비례 ② $\frac{1}{r^2}$에 비례
③ $\frac{1}{r^3}$에 비례 ④ $\frac{1}{r^4}$에 비례

17
전하 Q_1, Q_2 간의 전기력이 F_1이고 이 근처에 전하 Q_3를 놓았을 경우의 Q_1과 Q_2 간의 전기력을 F_2라 하면 F_1과 F_2의 관계는 어떻게 되는가?

① $F_1 > F_2$
② $F_1 = F_2$
③ $F_1 < F_2$
④ Q_3의 크기에 따라 다르다.

18
코로나 방전이 3×10^6[V/m]에서 일어난다고 하면 반지름 10[cm]인 도체구에 저축할 수 있는 최대전하량은 몇 [C]인가?

① 0.33×10^{-5} ② 0.72×10^{-6}
③ 0.84×10^{-7} ④ 0.98×10^{-8}

19
한 변의 길이가 a[m]인 정육각형의 각 정점에 각각 Q[C]의 전하를 놓았을 때 정육각형의 중심 0의 전계의 세기는 몇 [V/m]인가?

① 0 ② $\frac{Q}{2\pi\varepsilon_0 a}$
③ $\frac{Q}{4\pi\varepsilon_0 a}$ ④ $\frac{Q}{8\pi\varepsilon_0 a}$

20
면적이 S[m²], 극 사이의 거리가 d[m], 유전체의 비유전율이 ε_s인 평행 평판콘덴서의 정전용량은 몇 [F]인가?

① $\frac{\varepsilon_0 S}{d}$ ② $\frac{\varepsilon_0 \varepsilon_s S}{d}$
③ $\frac{\varepsilon_0 d}{S}$ ④ $\frac{\varepsilon_0 \varepsilon_s d}{S}$

제2과목 전력공학

21
선로의 작용정전용량 0.008[μF/km], 선로길이 100[km], 전압 37,000[V]이고 주파수 60[Hz]일 때 한 상에 흐르는 충전전류는 약 몇 [A]인가?

① 6.7 ② 8.7
③ 11.2 ④ 14.2

22
3상 배전선로의 말단에 지상역률 80[%], 160[kW]인 평형 3상 부하가 있다. 부하점에 전력용 콘덴서를 접속하여 선로손실을 최소가 되게 하려면 전력용 콘덴서의 필요한 용량[kVA]은?(단, 부하단 전압은 변하지 않는 것으로 한다)

① 100 ② 120
③ 160 ④ 200

23
정정된 값 이상의 전류가 흘러 보호계전기가 동작할 때 동작전류가 낮은 구간에서는 동작전류의 증가에 따라 동작시간이 짧아지고, 그 이상이면 동작전류의 크기에 관계없이 일정한 시간에서 동작하는 특성을 무슨 특성이라 하는가?

① 정한시 특성 ② 반한시 특성
③ 순시 특성 ④ 반한시성 정한시 특성

24
동일한 부하전력에 대하여 전압을 2배로 승압하면 전압강하, 전압강하율, 전력손실률은 각각 어떻게 되는지 순서대로 나열한 것은?

① $\frac{1}{2}, \frac{1}{2}, \frac{1}{2}$ ② $\frac{1}{2}, \frac{1}{2}, \frac{1}{4}$
③ $\frac{1}{2}, \frac{1}{4}, \frac{1}{4}$ ④ $\frac{1}{4}, \frac{1}{4}, \frac{1}{4}$

25
페란티 현상이 발생하는 주된 원인은?

① 선로의 저항 ② 선로의 인덕턴스
③ 선로의 정전용량 ④ 선로의 누설컨덕턴스

26
송전선로에 낙뢰를 방지하기 위하여 설치하는 것은?

① 댐 퍼 ② 초호환
③ 가공지선 ④ 애 자

27
송전전력, 송전거리, 전선로의 전력손실이 일정하고 같은 재료의 전선을 사용한 경우 단상 2선식에 대한 3상 3선식의 1선당의 전력비는 얼마인가?

① 0.7 ② 1.0
③ 1.15 ④ 1.33

28
제5고조파 전류의 억제를 위해 전력용 콘덴서에 직렬로 삽입하는 유도리액턴스의 값으로 적당한 것은?

① 전력용 콘덴서 용량의 약 6[%] 정도
② 전력용 콘덴서 용량의 약 12[%] 정도
③ 진력용 콘덴서 용량의 약 18[%] 정도
④ 전력용 콘덴서 용량의 약 24[%] 정도

29
송전선로에서 역섬락을 방지하는 유효한 방법은?

① 가공지선을 설치한다.
② 소호각을 설치한다.
③ 탑각 접지저항을 작게 한다.
④ 피뢰기를 설치한다.

30
SF_6 가스차단기의 설명으로 틀린 것은?

① 밀폐구조이므로 개폐 시 소음이 작다.
② SF_6 가스는 절연내력이 공기보다 크다.
③ 근거리 고장 등 가혹한 재기전압에 대해서 성능이 우수하다.
④ 아크에 의해 SF_6 가스는 분해되어 유독가스를 발생시킨다.

31
전력계통의 주파수가 기준값보다 증가하는 경우 어떻게 하는 것이 타당한가?

① 발전출력[kW]을 증가시켜야 한다.
② 발전출력[kW]을 감소시켜야 한다.
③ 무효전력[kVar]을 증가시켜야 한다.
④ 무효전력[kVar]을 감소시켜야 한다.

32
전력용 콘덴서에 직렬로 콘덴서 용량의 5[%] 정도의 유도리액턴스를 삽입하는 목적은?

① 제3고조파 전류의 억제
② 제5고조파 전류의 억제
③ 이상전압의 발생 방지
④ 정전용량의 조절

33
가공전선로의 전선 진동을 방지하기 위한 방법으로 틀린 것은?

① 토셔널 댐퍼(Torsional Damper)의 설치
② 스프링 피스톤 댐퍼와 같은 진동 제지권을 설치
③ 경동선을 ACSR로 교환
④ 클램프나 전선 접촉기 등을 가벼운 것으로 바꾸고 클램프 부근에 적당히 전선을 첨가

34
어떤 발전소의 유효낙차가 100[m]이고, 최대사용수량이 10[m³/s]일 경우 이 발전소의 이론적인 출력은 몇 [kW]인가?

① 4,900   ② 9,800
③ 10,000 ④ 14,700

35
62,000[kW]의 전력을 60[km] 떨어진 지점에서 송전하려면 전압은 몇 [kV]로 하면 좋은가?(단, Still식을 사용한다)

① 66   ② 110
③ 140 ④ 154

36
60[Hz], 154[kV], 길이 200[km]인 3상 송전선로에서 대지정전용량 $C_s = 0.008[\mu F/km]$, 선간정전용량 $C_m = 0.0018[\mu F/km]$일 때, 1선에 흐르는 충전전류는 약 몇 [A]인가?

① 68.9 ② 78.9
③ 89.8 ④ 97.6

37
보일러에서 절탄기의 용도는?

① 증기를 과열한다.
② 공기를 예열한다.
③ 보일러 급수를 데운다.
④ 석탄을 건조한다.

38
수전용량에 비해 첨두부하가 커지면 부하율은 그에 따라 어떻게 되는가?

① 높아진다.
② 낮아진다.
③ 변하지 않고 일정하다.
④ 부하의 종류에 따라 달라진다.

39
비접지식 송전선로에서 1선 지락고장이 생겼을 경우 지락점에 흐르는 전류는?

① 직선성을 가진 직류이다.
② 고장상의 전압과 동상의 전류이다.
③ 고장상의 전압보다 90° 늦은 전류이다.
④ 고장상의 전압보다 90° 빠른 전류이다.

40
그림과 같은 3상 송전계통의 송전전압은 22[kV]이다. 한 점 P에서 3상 단락했을 때 발전기에 흐르는 단락전류는 약 몇 [A]인가?

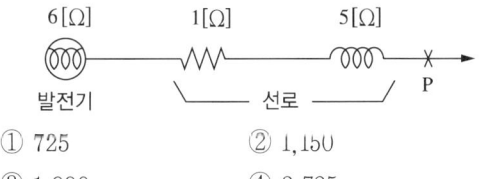

① 725   ② 1,150
③ 1,990 ④ 3,725

제3과목 전기기기

41
계자저항 100[Ω], 계자전류 2[A], 전기자 저항이 0.2[Ω]이고, 무부하 정격속도로 회전하고 있는 직류분권 발전기가 있다. 이때의 유기기전력[V]은?

① 196.2 ② 200.4
③ 220.5 ④ 320.2

42
변압기의 임피던스와트와 임피던스전압을 구하는 시험은?
① 충격전압시험　② 부하시험
③ 무부하시험　　④ 단락시험

43
60[Hz], 12극의 동기전동기 회전자계의 주변속도[m/s]는?(단, 회전자계의 극 간격은 1[m]이다)
① 10　　　② 31.4
③ 120　　④ 377

44
단상 전파제어 정류회로에서 순저항 부하일 때의 평균 출력 전압은?(단, V_m은 인가전압의 최댓값이고 점호각은 α이다)
① $\dfrac{V_m}{\pi}(1+\cos\alpha)$
② $\dfrac{V_m}{\pi}(1+\tan\alpha)$
③ $\dfrac{2V_m}{\pi}(1+\cos\alpha)$
④ $\dfrac{2V_m}{\pi}(1+\tan\alpha)$

45
[보기]의 설명에서 빈칸(㉠~㉢)에 알맞은 말은?

> 권선형 유도전동기에서 2차 저항을 증가시키면 기동전류는 (㉠)하고 기동토크는 (㉡)하며, 2차 회로의 역률이 (㉢) 되고 최대토크는 일정하다.

① ㉠ 감소, ㉡ 증가, ㉢ 좋아지게
② ㉠ 감소, ㉡ 감소, ㉢ 좋아지게
③ ㉠ 감소, ㉡ 증가, ㉢ 나빠지게
④ ㉠ 증가, ㉡ 감소, ㉢ 나빠지게

46
동기조상기를 부족여자로 사용하면?
① 리액터로 작용
② 저항손의 보상
③ 일반 부하의 뒤진 전류를 보상
④ 콘덴서로 작용

47
출력이 20[kW]인 직류발전기의 효율이 80[%]이면 손실[kW]은 얼마인가?
① 1　　② 2
③ 5　　④ 8

48
전동력 응용기기에서 GD^2의 값이 작은 것이 바람직한 기기는?
① 압연기　　② 엘리베이터
③ 송풍기　　④ 냉동기

49
직류기에서 전기자 반작용을 방지하기 위한 보상권선의 전류 방향은?
① 계자전류의 방향과 같다.
② 계자전류의 방향과 반대이다.
③ 전기자 전류방향과 같다.
④ 전기자 전류방향과 반대이다.

50
어떤 변압기의 단락시험에서 %저항강하 1.5[%]와 %리액턴스 강하 3[%]를 얻었다. 부하 역률이 80[%] 앞선 경우의 전압 변동률[%]은?
① -0.6　　② 0.6
③ -3.0　　④ 3.0

51
유도전동기의 회전력 발생 요소 중 제곱에 비례하는 요소는?
① 슬 립
② 2차 권선저항
③ 2차 임피던스
④ 2차 기전력

52
전압변동률이 작은 동기발전기는?
① 동기리액턴스가 크다.
② 전기자 반작용이 크다.
③ 단락비가 크다.
④ 자기 여자작용이 크다.

53
3상 농형 유도전동기를 전전압 기동할 때의 토크는 전부하 시의 $1/\sqrt{2}$ 배이다. 기동보상기로 전전압의 $1/\sqrt{3}$ 로 기동하면 토크는 전부하토크의 몇 배가 되는가?(단, 주파수는 일정)
① $\frac{\sqrt{3}}{2}$ 배
② $\frac{1}{\sqrt{3}}$ 배
③ $\frac{2}{\sqrt{3}}$ 배
④ $\frac{1}{3\sqrt{2}}$ 배

54
10[kVA], 2,000/100[V] 변압기에서 1차에 환산한 등가임피던스는 $6.2 + j7[\Omega]$이다. 이 변압기의 퍼센트 리액턴스 강하는?
① 3.5
② 0.175
③ 0.35
④ 1.75

55
1,000[kW], 500[V]의 직류 발전기가 있다. 회전수 246[rpm], 슬롯수 192, 각 슬롯 내의 도체수 6, 극수는 12이다. 전부하에서의 자속수[Wb]는?(단, 전기자 저항은 0.006[Ω]이고, 전기자권선은 단중 중권이다)
① 0.502
② 0.305
③ 0.2065
④ 0.1084

56
와류손이 200[W]인 3,300/210[V], 60[Hz]용 단상 변압기를 50[Hz], 3,000[V]의 전원에 사용하면 이 변압기의 와류손은 약 몇 [W]로 되는가?
① 85.4
② 124.2
③ 165.3
④ 248.5

57
전압이 일정한 모선에 접속되어 역률 100[%]로 운전하고 있는 동기전동기의 여자전류를 증가시키면 역률과 전기자전류는 어떻게 되는가?
① 뒤진 역률이 되고 전기자전류는 증가한다.
② 뒤진 역률이 되고 전기자전류는 감소한다.
③ 앞선 역률이 되고 전기자전류는 증가한다.
④ 앞선 역률이 되고 전기자전류는 감소한다.

58
50[Hz]로 설계된 3상 유도전동기를 60[Hz]에 사용하는 경우 단자전압을 110[%]로 높일 때 일어나는 현상이 아닌 것은?
① 철손 불변
② 여자전류 감소
③ 출력이 일정하면 유효전류 감소
④ 온도상승 증가

59
변압기에서 콘서베이터의 용도는?

① 통풍장치
② 변압유의 열화방지
③ 강제순환
④ 코로나 방지

60
사이리스터를 이용한 교류전압 크기 제어 방식은?

① 정지 레오나드방식
② 초퍼방식
③ 위상제어방식
④ TRC방식

제4과목 회로이론

61
회로에서 각 계기들의 지시값은 다음과 같다. 전압계 Ⓥ는 240[V], 전류계 Ⓐ는 5[A], 전력계 Ⓦ는 720[W]이다. 이때 인덕턴스 L[H]은 얼마인가?(단, 전원주파수는 60[Hz]이다)

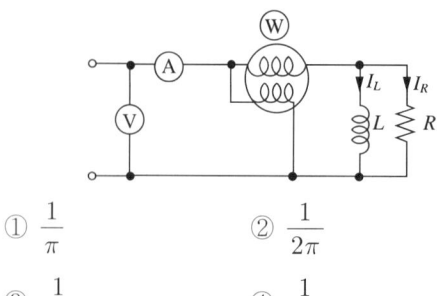

① $\dfrac{1}{\pi}$
② $\dfrac{1}{2\pi}$
③ $\dfrac{1}{3\pi}$
④ $\dfrac{1}{4\pi}$

62
3상 불평형 전압에서 역상전압 50[V], 정상전압 250[V] 및 영상전압 20[V]이면, 전압 불평형률은 몇 [%]인가?

① 10
② 15
③ 20
④ 25

63
회로에서 Z 파라미터가 잘못 구하여진 것은?

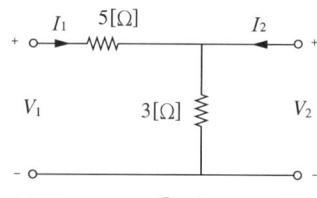

① $Z_{11} = 8\,[\Omega]$
② $Z_{12} = 3\,[\Omega]$
③ $Z_{21} = 3\,[\Omega]$
④ $Z_{22} = 5\,[\Omega]$

64
RL 직렬회로에서 시정수의 값이 클수록 과도현상이 소멸되는 시간에 대한 설명으로 옳은 것은?

① 짧아진다.
② 과도기가 없어진다.
③ 길어진다.
④ 변화가 없다.

65
그림과 같은 회로에서 단자 $a-b$ 간의 전압 V_{ab}[V]는?

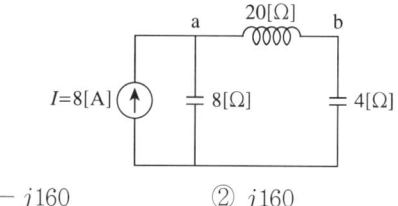

① $-j160$
② $j160$
③ 40
④ 80

66
다음 두 회로의 4단자 정수 A, B, C, D가 동일할 조건은?

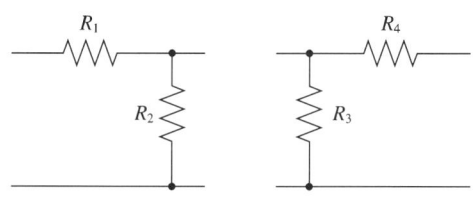

① $R_1 = R_2$, $R_3 = R_4$
② $R_1 = R_3$, $R_2 = R_4$
③ $R_1 = R_4$, $R_2 = R_3 = 0$
④ $R_2 = R_3$, $R_1 = R_4 = 0$

67
$F(s) = \dfrac{2(s+1)}{s^2 + 2s + 5}$ 의 시간함수 $f(t)$는 어느 것인가?

① $2e^t \cos 2t$
② $2e^t \sin 2t$
③ $2e^{-t} \cos 2t$
④ $2e^{-t} \sin 2t$

68
3상 평형부하가 있다. 선간전압이 200[V], 역률이 0.8이고 소비전력이 10[kW]라면 선전류는 약 몇 [A]인가?

① 30
② 32
③ 34
④ 36

69
다음 회로에 대한 설명으로 옳은 것은?

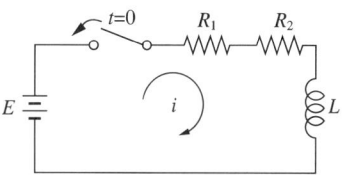

① 이 회로의 시정수는 $\dfrac{L}{R_1 + R_2}$ 이다.

② 이 회로의 특성근은 $\dfrac{R_1 + R_2}{L}$ 이다.

③ 정상전류값은 $\dfrac{E}{R_2}$ 이다.

④ 이 회로의 전류값은
$i(t) = \dfrac{E}{R_1 + R_2}\left(1 - e^{-\frac{L}{R_1 + R_2}t}\right)$ 이다.

70
$\dfrac{E_0(s)}{E_i(s)} = \dfrac{1}{s^2 + 3s + 1}$ 의 전달함수를 미분방정식으로 표시하면?(단, $\mathcal{L}^{-1}[E_0(s)] = e_0(t)$, $\mathcal{L}^{-1}[E_i(s)] = e_i(t)$ 이다)

① $\dfrac{d^2}{dt^2}e_0(t) + 3\dfrac{d}{dt}e_0(t) + e_0(t) = e_i(t)$

② $\dfrac{d^2}{dt^2}e_i(t) + 3\dfrac{d}{dt}e_i(t) + e_i(t) = e_0(t)$

③ $\dfrac{d^2}{dt^2}e_i(t) + 3\dfrac{d}{dt}e_i(t) + \int e_i(t)dt = e_0(t)$

④ $\dfrac{d^2}{dt^2}e_0(t) + 3\dfrac{d}{dt}e_0(t) + \int e_0(t)dt = e_i(t)$

71
다음 회로에서 10[Ω]의 저항에 흐르는 전류는 몇 [A]인가?

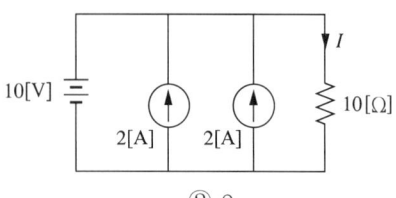

① 1
② 2
③ 4
④ 5

72
그림과 같은 회로의 전압비 전달함수 $G(j\omega)$는?(단, 입력 $V(t)$는 정현파 교류전압이며, V_R은 출력이다)

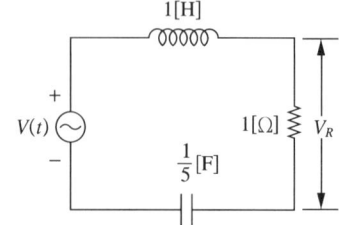

① $\dfrac{j\omega}{(5-\omega^2)+j\omega}$

② $\dfrac{j\omega}{(5+\omega^2)+j\omega}$

③ $\dfrac{j\omega}{(5-\omega)^2+j\omega}$

④ $\dfrac{j\omega}{(5+\omega)^2+j\omega}$

73
전류 $\sqrt{2}\,I\sin(\omega t+\theta)$[A]와 기전력 $\sqrt{2}\,V\cos(\omega t-\phi)$[V] 사이의 위상차는?

① $\dfrac{\pi}{2}-(\phi-\theta)$
② $\dfrac{\pi}{2}-(\phi+\theta)$
③ $\dfrac{\pi}{2}+(\phi+\theta)$
④ $\dfrac{\pi}{2}+(\phi-\theta)$

74
그림과 같은 회로의 구동점 임피던스[Ω]는?

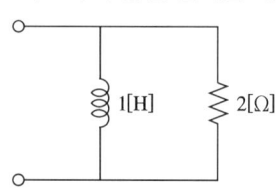

① $2+j\omega$
② $\dfrac{2\omega^2+j4\omega}{3}$
③ $\dfrac{\omega^2+j8\omega}{4+\omega^2}$
④ $\dfrac{2\omega^2+j4\omega}{4+\omega^2}$

75
다음 미분방정식으로 표시되는 계에 대한 전달함수를 구하면?(단, $x(t)$는 입력, $y(t)$는 출력을 나타낸다)

$$\dfrac{d^2y(t)}{dt^2}+3\dfrac{dy(t)}{dt}+2y(t)=x(t)+\dfrac{dx(t)}{dt}$$

① $\dfrac{s+1}{s^2+3s+2}$
② $\dfrac{s-1}{s^2+3s+2}$
③ $\dfrac{s+1}{s^2-3s+2}$
④ $\dfrac{s-1}{s^2-3s+2}$

76
그림과 같은 직류회로에서 저항 $R[\Omega]$의 값은?

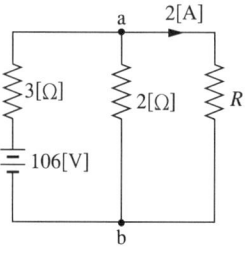

① 10
② 20
③ 30
④ 40

77
전류 $I = 30\sin\omega t + 40\sin(3\omega t + 45°)$[A]의 실횻값은 약 몇 [A]인가?

① 25
② 35.4
③ 50
④ 70.7

78
다음과 같은 전류의 초깃값 $i(0^+)$를 구하면?

$$I(s) = \frac{12(s+8)}{4s(s+6)}$$

① 1
② 2
③ 3
④ 4

79
r[Ω]인 6개의 저항을 그림과 같이 접속하고 평형 3상 전압 E를 가했을 때 전류 I는 몇 [A]인가?(단, $r = 3$[Ω], $E = 60$[V]이다)

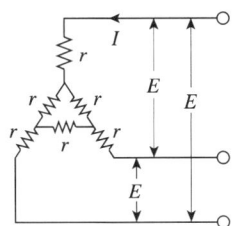

① 8.66
② 9.56
③ 10.8
④ 12.6

80
굵기가 일정한 도체에서 체적은 변하지 않고 지름을 $\frac{1}{n}$로 줄였다면 저항은?

① $\frac{1}{n^2}$로 된다.
② n배로 된다.
③ n^2배로 된다.
④ n^4배로 된다.

제5과목 전기설비기술기준

81
저압 옥내전로의 인입구에 가까운 곳으로서 쉽게 개폐할 수 있는 곳에 개폐기를 시설하여야 한다. 그러나 사용전압이 400[V] 이하인 옥내전로로서 다른 옥내전로에 접속하는 길이가 몇 [m] 이하인 경우는 개폐기를 생략할 수 있는가?(단, 정격전류가 16[A] 이하인 과전류차단기 또는 정격전류가 16[A]를 초과하고 20[A] 이하인 배선차단기로 보호되고 있는 것에 한한다)

① 15
② 20
③ 25
④ 30

82
폭연성 분진 또는 화약류의 분말이 존재하는 곳의 저압 옥내배선은 어느 공사에 의하는가?

① 금속관공사
② 애자공사
③ 합성수지관공사
④ 캡타이어케이블공사

83
폭발성 또는 연소성의 가스가 침입할 우려가 있는 것에 시설하는 시중함으로서 그 크기가 몇 [m³] 이상의 것은 통풍장치 기타 가스를 방산시키기 위한 적당한 장치를 시설하여야 하는가?

① 0.9
② 1.0
③ 1.5
④ 2.0

84
발전소에서 장치를 시설하여 계측하지 않아도 되는 것은?

① 발전기의 회전자 온도
② 특고압용 변압기의 온도
③ 발전기의 전압 및 전류 또는 전력
④ 주요 변압기의 전압 및 전류 또는 전력

85
건조한 장소로서 전개된 장소에 한하여 시설할 수 있는 고압 옥내배선의 방법은?

① 금속관공사
② 애자공사
③ 가요전선관공사
④ 합성수지관공사

86
22.9[kV] 특고압 가공전선로의 중성선은 다중 접지를 하여야 한다. 각 접지선을 중성선으로부터 분리하였을 경우 1[km]마다 중성선과 대지 사이의 합성전기저항 값은 몇 [Ω] 이하인가?(단, 전로에 지락이 생겼을 때에 2초 이내에 자동적으로 이를 전로로부터 차단하는 장치가 되어 있다)

① 5
② 10
③ 15
④ 20

87
고압 가공전선이 가공약전류전선 등과 접근하는 경우에 고압 가공전선과 가공약전류전선 사이의 이격거리는 몇 [m] 이상이어야 하는가?(단, 전선이 케이블인 경우)

① 0.2
② 0.3
③ 0.4
④ 0.5

88
가공전선로의 지지물에 지선을 시설하는 기준으로 옳은 것은?

① 소선 지름 : 1.6[mm], 안전율 : 2.0, 허용인장하중 : 4.31[kN]
② 소선 지름 : 2.0[mm], 안전율 : 2.5, 허용인장하중 : 2.11[kN]
③ 소선 지름 : 2.6[mm], 안전율 : 1.5, 허용인장하중 : 3.21[kN]
④ 소선 지름 : 2.6[mm], 안전율 : 2.5, 허용인장하중 : 4.31[kN]

89
특고압 가공전선로의 지지물에 시설하는 통신선 또는 이것에 직접 접속하는 통신선일 경우에 설치하여야 할 보안장치로서 모두 옳은 것은?

① 특고압용 제2종 보안장치, 고압용 제2종 보안장치
② 특고압용 제1종 보안장치, 특고압용 제3종 보안장치
③ 특고압용 제2종 보안장치, 특고압용 제3종 보안장치
④ 특고압용 제1종 보안장치, 특고압용 제2종 보안장치

90
특고압 가공전선로의 지지물 양쪽 경간의 차가 큰 곳에 사용되는 철탑은?

① 내장형 철탑
② 인류형 철탑
③ 각도형 철탑
④ 보강형 철탑

91
교류 전기철도 급전시스템은 접촉전압을 감소시키기 위해 고려하여야 하는 방법이 아닌 것은?

① 귀선도체의 보강
② 등전위본딩
③ 전자기적 커플링을 고려한 귀선로의 강화
④ 전압제한소자 적용

92
과전류차단기를 설치하지 않아야 할 곳은?

① 수용가의 인입선 부분
② 고압 배전선로의 인출장소
③ 직접 접지계통에 설치한 변압기의 접지선
④ 역률조정용 고압 병렬콘덴서 뱅크의 분기선

93
특고압 전선로에 사용되는 애자장치에 대한 갑종 풍압하중은 그 구성재의 수직 투영면적 1[m²]에 대한 풍압하중을 몇 [Pa]를 기초로 하여 계산한 것인가?

① 588
② 666
③ 946
④ 1,039

94
케이블트레이공사에 사용하는 케이블트레이에 적합하지 않은 것은?

① 비금속제 케이블트레이는 난연성 재료가 아니어도 된다.
② 금속제의 것은 적절한 방식처리를 한 것이거나 내식성 재료의 것이어야 한다.
③ 금속제 케이블트레이계통은 기계적 및 전기적으로 완전하게 접속하여야 한다.
④ 케이블트레이가 방화구획의 벽 등을 관통하는 경우에 관통부는 불연성의 물질로 충전하여야 한다.

95
최대사용전압이 7[kV]를 초과하는 회전기의 절연내력시험은 최대사용전압의 몇 배의 전압(10.5[kV] 미만으로 되는 경우에는 10.5[kV])에서 10분간 견디어야 하는가?

① 0.92 ② 1
③ 1.1 ④ 1.25

96
안전을 위한 보호대책이 아닌 것은?

① 감전에 대한 보호
② 과전류에 대한 보호
③ 열영향에 대한 보호
④ 전원공급에 대한 보호

97
사용전압이 FELV인 경우 절연저항 최솟값은 몇 [MΩ]인가?

① 0.1 ② 0.2
③ 0.5 ④ 1

98
주택 등 저압수용장소에서 고정전기설비에 TN-C-S 접지방식으로 접지공사 시 중성선 겸용 보호도체(PEN)를 알루미늄으로 사용할 경우 단면적은 몇 [mm^2] 이상이어야 하는가?

① 2.5 ② 6
③ 10 ④ 16

99
피뢰시스템의 적용범위에서 전기전자설비가 설치된 건축물·구조물로서 낙뢰로부터 보호가 필요한 것 또는 지상으로부터 높이가 몇 [m] 이상인가?

① 5 ② 10
③ 20 ④ 25

100
감전에 대한 일반적 보호대책의 요구사항이 아닌 것은?

① 전원의 자동차단
② 이중절연 또는 강화절연
③ 한 개의 전기사용기기에 전기를 공급하기 위한 전기적 합성결선
④ SELV와 PELV에 의한 특별저압

2022년 제2회 CBT

제1과목 전기자기학

01
자속밀도 10[Wb/m²] 자계 중에 10[cm] 도체를 자계와 30°의 각도로 30[m/s]로 움직일 때, 도체에 유기되는 기전력은 몇 [V]인가?
① 15
② $15\sqrt{3}$
③ 1,500
④ $1,500\sqrt{3}$

02
맥스웰의 방정식과 연관이 없는 것은?
① 패러데이 법칙
② 쿨롱의 법칙
③ 스토크스의 법칙
④ 가우스 정리

03
정전용량이 C_0[μF]인 평행판 공기콘덴서판의 면적 $\frac{2}{3}S$에 비유전율 ε_s인 에보나이트판을 삽입하면 콘덴서의 정전용량은 몇 [μF]인가?

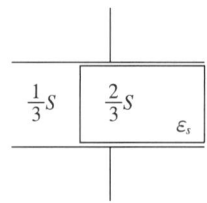

① $\frac{1}{2}\varepsilon_s C_0$
② $\frac{3}{1+2\varepsilon_s}C_0$
③ $\frac{1+\varepsilon_s}{3}C_0$
④ $\frac{1+2\varepsilon_s}{3}C_0$

04
반지름 a[m]인 원통 도체에 전류 I[A]가 균일하게 분포되어 흐르고 있을 때의 도체 내부의 자계의 세기는 몇 [A/m]인가?(단, 중심으로부터의 거리는 r[m]라 한다)
① $\frac{Ir}{\pi a^2}$
② $\frac{Ir}{2\pi a}$
③ $\frac{Ir}{2\pi a^2}$
④ $\frac{Ir}{4\pi a^2}$

05
비투자율 μ_s는 역자성체에서 다음 중 어느 값을 갖는가?
① $\mu_s = 1$
② $\mu_s < 1$
③ $\mu_s > 1$
④ $\mu_s = 0$

06
진공 중에 있는 반지름 a[m]인 도체구의 표면전하밀도가 σ[C/m²]일 때 도체구 표면의 전계의 세기는 몇 [V/m]인가?
① $\frac{\sigma}{\varepsilon_0}$
② $\frac{\sigma}{2\varepsilon_0}$
③ $\frac{\sigma^2}{2\varepsilon_0}$
④ $\frac{\varepsilon_0\sigma^2}{2}$

07
$\varepsilon_1 > \varepsilon_2$인 두 유전체의 경계면에 전계가 수직일 때 경계면에 작용하는 힘의 방향은?
① 전계의 방향
② 전속밀도의 방향
③ ε_1의 유전체에서 ε_2의 유전체 방향
④ ε_2의 유전체에서 ε_1의 유전체 방향

1 ① 2 ② 3 ④ 4 ③ 5 ② 6 ① 7 ③ **정답**

08
변위전류에 대한 설명으로 옳지 않은 것은?
① 전도전류이든 변위전류이든 모두 전자 이동이다.
② 유전율이 무한히 크면 전하의 변위를 일으킨다.
③ 변위전류는 유전체 내에 유전속 밀도의 시간적 변화에 비례한다.
④ 유전율이 무한대이면 내부 전계는 항상 0(Zero)이다.

09
진공 중에서 어떤 대전체의 전속이 Q이었다. 이 대전체를 비유전율 2.2인 유전체 속에 넣었을 경우의 전속은?
① Q
② $\dfrac{2.2Q}{\varepsilon}$
③ $\dfrac{Q}{2.2\varepsilon}$
④ $2.2Q$

10
단면적이 같은 자기회로가 있다. 철심의 투과율을 μ라 하고 철심회로의 길이를 l이라 한다. 지금 그 일부에 미소공극 l_0을 만들었을 때 자기회로의 자기저항은 공극이 없을 때의 약 몇 배인가?
① $1 + \dfrac{\mu l}{\mu_0 l_0}$
② $1 + \dfrac{\mu l_0}{\mu_0 l}$
③ $1 + \dfrac{\mu_0 l}{\mu l_0}$
④ $1 + \dfrac{\mu_0 l_0}{\mu l}$

11
두 평행 왕복 도선 사이의 도선 외부의 자기인덕턴스는 몇 [H/m]인가?(단, r은 도선의 반지름, D는 두 왕복 도선 사이의 거리이다)
① $\dfrac{\mu_0}{4\pi} \ln \dfrac{D}{r}$
② $\dfrac{\mu_0}{2\pi} \ln \dfrac{D}{r}$
③ $\dfrac{\mu_0}{\pi} \ln \dfrac{r}{D}$
④ $\dfrac{\mu_0}{\pi} \ln \dfrac{D}{r}$

12
단면의 지름이 D[m], 권수가 n[회/m]인 무한장 솔레노이드에 전류 I[A]를 흘렸을 때, 길이 l[m]에 대한 인덕턴스 L[H]는 얼마인가?
① $4\pi^2 \mu_s n D^2 l \times 10^{-7}$
② $4\pi \mu_s n^2 D l \times 10^{-7}$
③ $\pi^2 \mu_s n D^2 l \times 10^{-7}$
④ $\pi^2 \mu_s n^2 D^2 l \times 10^{-7}$

13
대지면에서 높이 h[m]로 가설된 대단히 긴 평행도선의 선전하(선전하밀도 λ[C/m])가 지면으로부터 받는 힘[N/m]은?
① h에 비례
② h^2에 비례
③ h에 반비례
④ h^2에 반비례

14
공기 중에서 무한평면도체에서 표면 아래의 1[m] 떨어진 곳에 1[C]의 점전하가 있다. 전하가 받는 힘의 크기는 몇 [N]인가?
① 9×10^9
② $\dfrac{9}{2} \times 10^9$
③ $\dfrac{9}{4} \times 10^9$
④ $\dfrac{9}{16} \times 10^9$

15
정전용량 6[μF], 극간거리 2[mm]의 평행 평판 콘덴서에 300[μC]의 전하를 주었을 때 극판 간의 전계는 몇 [V/mm]인가?
① 25
② 50
③ 150
④ 200

16
전류가 흐르고 있는 도체와 직각방향으로 자계를 가하게 되면 도체 측면에 정·부의 전하가 생기는 것을 무슨 효과라 하는가?

① 톰슨(Thomson)효과
② 펠티에(Peltier)효과
③ 제베크(Seebeck)효과
④ 홀(Hall)효과

17
한 변의 길이가 l[m]인 정삼각형 회로에 전류 I[A]가 흐르고 있을 때 삼각형 중심에서의 자계의 세기[AT/m]는?

① $\dfrac{\sqrt{2}\,I}{3\pi l}$
② $\dfrac{9I}{\pi l}$
③ $\dfrac{2\sqrt{2}\,I}{3\pi l}$
④ $\dfrac{9I}{2\pi l}$

18
패러데이관에 대한 설명으로 틀린 것은?

① 관 내의 전속수는 일정하다.
② 관의 밀도는 전속밀도와 같다.
③ 진전하가 없는 점에서 불연속이다.
④ 관 양단에 양(+), 음(-)의 단위전하가 있다.

19
표피효과에 대한 설명으로 옳은 것은?

① 주파수가 높을수록 침투깊이가 얇아진다.
② 투자율이 크면 표피효과가 작게 나타난다.
③ 표피효과에 따른 표피저항은 단면적에 비례한다.
④ 도전율이 큰 도체에는 표피효과가 작게 나타난다.

20
자기인덕턴스와 상호인덕턴스와의 관계에서 결합계수 k에 영향을 주지 않는 것은?

① 코일의 형상
② 코일의 크기
③ 코일의 재질
④ 코일의 상대 위치

제2과목 전력공학

21
직류송전방식이 교류송전방식에 비하여 유리한 점이 아닌 것은?

① 선로의 절연이 용이하다.
② 통신선에 대한 유도잡음이 적다.
③ 표피효과에 의한 송전손실이 적다.
④ 정류가 필요 없고 승압 및 강압이 쉽다.

22
중성점접지방식에서 직접접지방식을 다른 접지방식과 비교하였을 때 그 설명으로 틀린 것은?

① 변압기의 저감절연이 가능하다.
② 지락고장 시의 이상전압이 낮다.
③ 다중접지사고로의 확대 가능성이 대단히 크다.
④ 보호계전기의 동작이 확실하여 신뢰도가 높다.

23
가공송전선로에서 총단면적이 같은 경우 단도체와 비교하여 복도체의 장점이 아닌 것은?

① 안정도를 증대시킬 수 있다.
② 공사비가 저렴하고 시공이 간편하다.
③ 전선표면의 전위경도를 감소시켜 코로나 임계전압이 높아진다.
④ 선로의 인덕턴스가 감소되고 정전용량이 증가해서 송전용량이 증대된다.

24
전력원선도에서 구할 수 없는 것은?

① 송·수전할 수 있는 최대전력
② 필요한 전력을 보내기 위한 송·수전단 전압 간의 상차각
③ 선로 손실과 송전 효율
④ 과도극한전력

정답 16 ④ 17 ④ 18 ③ 19 ① 20 ③ 21 ④ 22 ③ 23 ② 24 ④

25
전계통에서 부등률이란?

① $\dfrac{\text{최대수용전력}}{\text{부하설비용량}}$

② $\dfrac{\text{부하의 평균전력의 합}}{\text{부하설비의 최대전력}}$

③ $\dfrac{\text{최대부하 시의 설비용량}}{\text{정격용량}}$

④ $\dfrac{\text{각 수용가의 최대수용전력의 합}}{\text{합성최대수용전력}}$

26
변전소에서 지락사고의 경우 사용되는 계전기에 영상전류를 공급하기 위하여 설치하는 것은?

① PT
② ZCT
③ GPT
④ CT

27
뒤진 역률 80[%], 1,000[kW]의 3상 부하가 있다. 여기에 콘덴서를 설치하여 역률을 95[%]로 개선하려면 콘덴서의 용량[kVA]은?

① 328
② 421
③ 765
④ 951

28
송전선로의 안정도 향상대책이 아닌 것은?

① 병행 다회선이나 복도체 방식 채용
② 계통의 직렬리액턴스 증가
③ 속응여자방식 채용
④ 고속도 차단기 이용

29
같은 선로와 같은 부하에서 교류 단상 3선식은 단상 2선식에 비하여 전압강하와 배전효율은 어떻게 되는가?

① 전압강하는 작고, 배전효율은 높다.
② 전압강하는 크고, 배전효율은 낮다.
③ 전압강하는 작고, 배전효율은 낮다.
④ 전압강하는 크고, 배전효율은 높다.

30
다음 중 부하전류의 차단에 사용되지 않는 것은?

① ABB
② OCB
③ VCB
④ DS

31
송전선로의 수전단을 단락한 경우 송전단에서 본 임피던스가 300[Ω]이고 수전단을 개방한 경우에는 900[Ω]일 때 이 선로의 특성임피던스 Z_0[Ω]는 약 얼마인가?

① 490
② 500
③ 510
④ 520

32
동기조상기(A)와 전력용 콘덴서(B)를 비교한 것으로 옳은 것은?

① 조성 : (A)는 계단적, (B)는 연속적
② 전력손실 : (A)가 (B)보다 작음
③ 무효전력 : (A)는 진상·지상 양용, (B)는 진상용
④ 시송전 : (A)는 불가능, (B)는 가능

33
전력계통의 경부하 시나 또는 다른 발전소의 발전전력에 여유가 있을 때, 이 잉여전력을 이용하여 전동기로 펌프를 돌려서 물을 상부의 저수지에 저장하였다가 필요에 따라 이 물을 이용해서 발전하는 발전소는?

① 조력 발전소
② 양수식 발전소
③ 유역 변경식 발전소
④ 수로식 발전소

34
변류기 개방 시 2차 측을 단락하는 이유는?
① 2차 측 절연보호   ② 2차 측 과전류 보호
③ 측정오차 방지   ④ 1차 측 과전류 방지

35
뇌해 방지와 관계가 없는 것은?
① 매설지선   ② 가공지선
③ 소호각   ④ 댐 퍼

36
㉠~㉣의 괄호 안에 들어갈 알맞은 내용은?

"화력발전소의 (㉠)은 발생 (㉡)을 열량으로 환산한 값과 이것을 발생하기 위하여 소비된 (㉢)의 보유열량 (㉣)를 말한다."

① ㉠ 손실률, ㉡ 발열량, ㉢ 물, ㉣ 차
② ㉠ 열효율, ㉡ 전력량, ㉢ 연료, ㉣ 비
③ ㉠ 발전량, ㉡ 증기량, ㉢ 연료, ㉣ 결과
④ ㉠ 연료 소비율, ㉡ 증기량, ㉢ 물, ㉣ 차

37
다음 중 3상 차단기의 정격차단용량으로 알맞은 것은?
① 정격전압×정격차단전류
② $\sqrt{3}$×정격전압×정격차단전류
③ 3×정격전압×정격차단전류
④ $3\sqrt{3}$×정격전압×정격차단전류

38
송전단 전압이 3.4[kV], 수전단 전압이 3[kV]인 배전 선로에서 수전단의 부하를 끊은 경우의 수전단 전압이 3.2[kV]로 되었다면 이때의 전압변동률은 약 몇 [%]인가?
① 5.88   ② 6.25
③ 6.67   ④ 11.76

39
송전선로에 복도체를 사용하는 주된 이유는?
① 철탑의 하중을 평형시키기 위해서이다.
② 선로의 진동을 없애기 위해서이다.
③ 선로를 뇌격으로부터 보호하기 위해서이다.
④ 코로나를 방지하고 인덕턴스를 감소시키기 위해서이다.

40
경간 200[m]의 지지점이 수평인 가공전선로가 있다. 전선 1[m]의 하중은 2[kg], 풍압하중은 없는 것으로 하고 전선의 인장하중은 4,000[kg], 안전율은 2.2로 하면 이도는 몇 [m]인가?
① 4.7   ② 5.0
③ 5.5   ④ 6.2

제3과목 전기기기

41
직류기의 정류작용에 관한 설명으로 틀린 것은?
① 리액턴스 전압을 상쇄시키기 위해 보극을 둔다.
② 정류작용은 직선정류가 되도록 한다.
③ 보상권선은 정류작용에 큰 도움이 된다.
④ 보상권선이 있으면 보극은 필요 없다.

42
어느 변압기의 무유도 전부하의 효율이 96[%], 전압변동률은 3[%]이다. 이 변압기의 최대효율은?
① 약 96.3
② 약 97.1
③ 약 98.4
④ 약 99.2

43
변압기 온도상승 시험을 하는 데 가장 좋은 방법은?

① 충격전압시험
② 단락시험
③ 반환부하법
④ 무부하시험

44
2[kVA], 3,000/100[V]의 단상변압기의 철손이 200[W]이면 1차에 환산한 여자 컨덕턴스[℧]는?

① 66.6×10^{-3}
② 22.2×10^{-6}
③ 22×10^{-2}
④ 2×10^{-6}

45
권선형 유도전동기에서 비례추이를 할 수 없는 것은?

① 회전력
② 1차 전류
③ 2차 전류
④ 출력

46
단락비가 큰 동기기는?

① 안정도가 높다.
② 전압변동률이 크다.
③ 기계가 소형이다.
④ 전기자 반작용이 크다.

47
직류 분권전동기의 공급전압의 극성을 반대로 하면 회전방향은 어떻게 되는가?

① 변하지 않는다.
② 반대로 된다.
③ 발전기로 된다.
④ 회전하지 않는다.

48
분로권선 및 직렬권선 1상에 유도되는 기전력을 각각 E_1, E_2[V]라 하고 회전자를 0°에서 180°까지 변화시킬 때 3상 유도전압 조정기의 출력측 선간전압의 조정범위는?

① $(E_1 \pm E_2)/\sqrt{3}$
② $\sqrt{3}(E_1 \pm E_2)$
③ $E_1 - E_2$
④ $3(E_1 + E_2)$

49
변압기에 사용되는 절연유의 성질이 아닌 것은?

① 절연내력이 클 것
② 인화점이 낮을 것
③ 비열이 커서 냉각효과가 클 것
④ 절연재료와 접촉해도 화학작용을 미치지 않을 것

50
3상 동기기에서 제동권선의 주목적은?

① 출력 개선
② 효율 개선
③ 역률 개선
④ 난조 방지

51
게이트 조작에 의해 부하전류 이상으로 유지 전류를 높일 수 있어 게이트의 턴온, 턴오프가 가능한 사이리스터는?

① SCR
② GTO
③ LASCR
④ TRIAC

52
동기기의 전기자권선이 매극 매상당 슬롯수가 4, 상수가 3인 권선의 분포계수는 얼마인가?
(단, sin7.5° = 0.1305, sin15° = 0.2588, sin22.5° = 0.3827, sin30° = 0.5이다)

① 0.487
② 0.844
③ 0.866
④ 0.958

53
자동제어장치에 쓰이는 서보모터(Servo Motor)의 특성을 나타내는 것 중 틀린 것은?

① 빈번한 시동, 정지, 역전 등의 가혹한 상태에 견디도록 견고하고 큰 돌입전류에 견딜 것
② 시동토크는 크나, 회전부의 관성모멘트가 작고 전기적 시정수가 짧을 것
③ 발생토크는 입력신호(入力信號)에 비례하고 그 비가 클 것
④ 직류 서보모터에 비하여 교류 서보모터의 시동토크가 매우 클 것

54
저항 부하인 사이리스터 단상 반파 정류기로 위상 제어를 할 경우 점호각을 0°에서 60°로 하면 다른 조건이 동일한 경우 출력 평균전압은 몇 배가 되는가?

① $\frac{3}{4}$
② $\frac{4}{3}$
③ $\frac{3}{2}$
④ $\frac{2}{3}$

55
직류전동기의 역기전력에 대한 설명 중 틀린 것은?

① 역기전력이 증가할수록 전기자 전류는 감소한다.
② 역기전력은 속도에 비례한다.
③ 역기전력은 회전방향에 따라 크기가 다르다.
④ 부하가 걸려 있을 때에는 역기전력은 공급전압보다 크기가 작다.

56
정격 6,600/220[V]인 변압기의 1차 측에 6,600[V]를 가하고 2차 측에 순저항 부하를 접속하였더니 1차에 2[A]의 전류가 흘렀다. 이때 2차 출력[kVA]은?

① 19.8
② 15.4
③ 13.2
④ 9.7

57
3상 동기발전기에 평형 3상 전류가 흐를 때 전기자 반작용은 이 전류가 기전력에 대하여 (A) 때 감자작용이 되고 (B) 때 증자작용이 된다. A, B의 적당한 것은?

① A : 90° 뒤질   B : 90° 앞설
② A : 90° 앞설   B : 90° 뒤질
③ A : 90° 뒤질   B : 동상일
④ A : 동상일   B : 90° 앞설

58
3상, 60[Hz] 전원에 의해 여자되는 6극 권선형 유도전동기가 있다. 이 전동기가 1,150[rpm]으로 회전할 때 회전자 전류의 주파수는 몇 [Hz]인가?

① 1
② 1.5
③ 2
④ 2.5

59
직류 분권전동기가 단자전압 215[V], 전기자 전류 50[A], 1,500[rpm]으로 운전되고 있을 때 발생토크는 약 몇 [N·m]인가?(단, 전기자 저항은 0.1[Ω]이다)

① 6.8
② 33.2
③ 46.8
④ 66.9

60
3상 유도전동기를 급속하게 정지시킬 경우에 사용되는 제동법은?

① 발전 제동법
② 회생 제동법
③ 마찰 제동법
④ 역상 제동법

제4과목 회로이론

61
20[mH]와 60[mH]의 두 인덕턴스가 병렬로 연결되어 있다. 합성인덕턴스의 값[mH]은?(단, 상호인덕턴스는 없는 것으로 한다)

① 15 ② 20
③ 50 ④ 75

62
그림과 같은 순저항으로 된 회로에 대칭 3상 전압을 가했을 때, 각 선에 흐르는 전류가 같으려면 $R[\Omega]$의 값은?

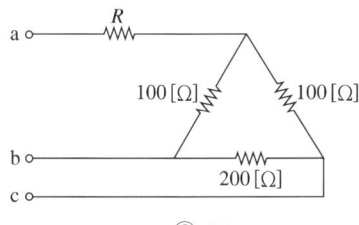

① 20 ② 25
③ 30 ④ 35

63
$f(t) = u(t-a) - u(t-b)$의 라플라스 변환은?

① $\dfrac{1}{s}\left(e^{-as} - e^{-bs}\right)$

② $\dfrac{1}{s}\left(e^{as} + e^{bs}\right)$

③ $\dfrac{1}{s^2}\left(e^{-as} - e^{-bs}\right)$

④ $\dfrac{1}{s^2}\left(e^{as} + e^{bs}\right)$

64
리액턴스 함수가 $Z(s) = \dfrac{3s}{s^2+15}$ 로 표시되는 리액턴스 2단자망은?

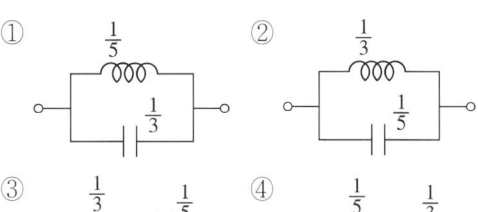

65
그림과 같은 RLC 회로에서 입력전압 $e_i(t)$, 출력전류가 $i(t)$인 경우 이 회로의 전달함수 $I(s)/E(s)$는? (단, 모든 초기 조건은 0이다)

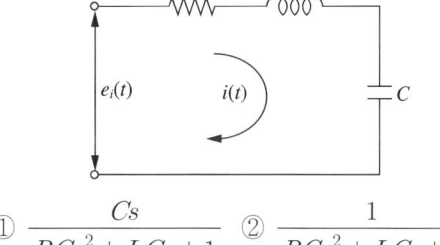

① $\dfrac{Cs}{RCs^2 + LCs + 1}$ ② $\dfrac{1}{RCs^2 + LCs + 1}$

③ $\dfrac{Cs}{LCs^2 + RCs + 1}$ ④ $\dfrac{1}{LCs^2 + RCs + 1}$

66
다음과 같은 4단자 회로에서 영상임피던스[Ω]는?

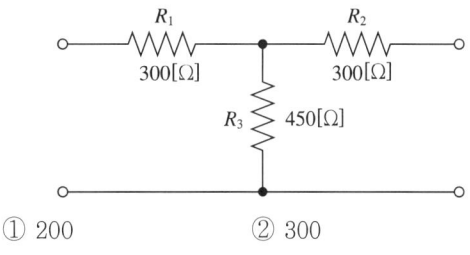

① 200 ② 300
③ 450 ④ 600

정답 61 ① 62 ② 63 ① 64 ① 65 ③ 66 ④

67
그림과 같은 파형의 파고율은?

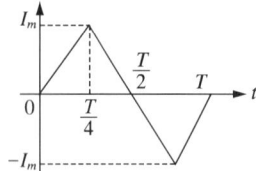

① $\dfrac{1}{\sqrt{3}}$

② $\dfrac{2}{\sqrt{3}}$

③ $\sqrt{2}$

④ $\sqrt{3}$

68
$F(s)= \dfrac{2}{(s+1)(s+3)}$ 의 역라플라스 변환은?

① $e^{-t} - e^{-3t}$

② $e^{-t} - e^{3t}$

③ $e^{t} - e^{3t}$

④ $e^{t} - e^{-3t}$

69
코일에 단상 100[V]의 전압을 가하면 30[A]의 전류가 흐르고 1.8[kW]의 전력을 소비한다고 한다. 이 코일과 병렬로 콘덴서를 접속하여 회로의 합성역률을 100[%]로 하기 위한 용량리액턴스는 대략 몇 [Ω]이어야 하는가?

① 1.2　② 2.6
③ 3.2　④ 4.2

70
다음 회로에서 I를 구하면 몇 [A]인가?

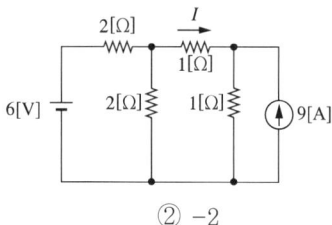

① 2　② -2
③ -4　④ 4

71
회로의 전압비 전달함수 $G(s)=\dfrac{V_2(s)}{V_1(s)}$ 는?

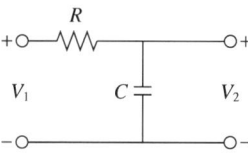

① RC　② $\dfrac{1}{RC}$

③ $RCs+1$　④ $\dfrac{1}{RCs+1}$

72
저항 R인 검류계 G에 그림과 같이 r_1인 저항을 병렬로, 또 r_2인 저항을 직렬로 접속하였을 때 A, B 단자 사이의 저항을 R과 같게 하고 또한 G에 흐르는 전류를 전전류의 $\dfrac{1}{n}$로 하기 위한 r_1[Ω]의 값은?

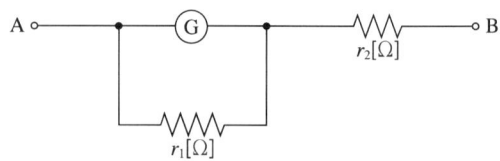

① $\dfrac{n-1}{R}$　② $R\left(1-\dfrac{1}{n}\right)$

③ $\dfrac{R}{n-1}$　④ $R\left(1+\dfrac{1}{n}\right)$

73

전기회로의 입력을 V_1, 출력을 V_2라고 할 때 전달함수는?(단, $s=j\omega$이다)

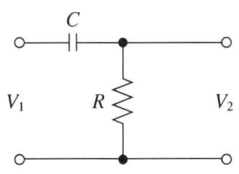

① $\dfrac{1}{R+\dfrac{1}{j\omega C}}$ ② $\dfrac{1}{j\omega+\dfrac{1}{RC}}$

③ $\dfrac{j\omega}{j\omega+\dfrac{1}{RC}}$ ④ $\dfrac{j\omega}{R+\dfrac{1}{j\omega C}}$

74

대칭 3상 전압이 공급되는 3상 유도전동기에서 각 계기의 지시는 다음과 같다. 유도전동기의 역률은 약 얼마인가?

전력계(W_1) : 2.84[kW], 전력계(W_2) : 6.00[kW]
전압계(V) : 200[V], 전류계(A) : 30[A]

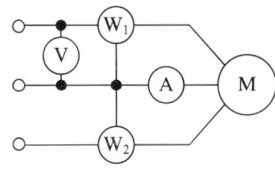

① 0.70 ② 0.75
③ 0.80 ④ 0.85

75

내부임피던스가 $0.3+j2[\Omega]$인 발전기에 임피던스가 $1.7+j3[\Omega]$인 선로를 연결하여 전력을 공급한다. 부하임피던스가 몇 $[\Omega]$일 때 최대전력이 전달되는가?

① $2[\Omega]$ ② $2-j5[\Omega]$
③ $\sqrt{29}[\Omega]$ ④ $2+j5[\Omega]$

76

다음과 같은 π형 회로의 4단자 정수 중 D의 값은?

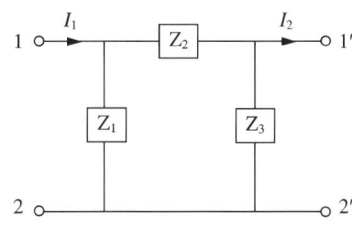

① Z_2 ② $1+\dfrac{Z_2}{Z_1}$

③ $\dfrac{1}{Z_1}+\dfrac{1}{Z_2}$ ④ $1+\dfrac{Z_2}{Z_3}$

77

$f(t)=\sin t+2\cos t$를 라플라스 변환하면?

① $\dfrac{2s}{s^2+1}$ ② $\dfrac{2s+1}{(s+1)^2}$

③ $\dfrac{2s+1}{s^2+1}$ ④ $\dfrac{2s}{(s+1)^2}$

78

3상 불평형 전압을 V_a, V_b, V_c라고 할 때 역상전압 V_2는?

① $V_2=\dfrac{1}{3}(V_a+V_b+V_c)$

② $V_2=\dfrac{1}{3}(V_a+aV_b+a^2V_c)$

③ $V_2=\dfrac{1}{3}(V_a+a^2V_b+V_c)$

④ $V_2=\dfrac{1}{3}(V_a+a^2V_b+aV_c)$

79

다음 회로에서 $t=0$일 때 스위치 K를 닫았다. $i_1(0^+)$, $i_2(0^+)$의 값은?(단, $t<0$에서 C 전압과 L 전압은 각각 0[V]이다)

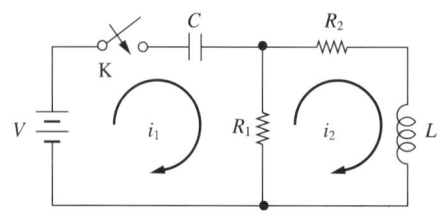

① $\dfrac{V}{R_1}$, 0
② 0, $\dfrac{V}{R_2}$
③ 0, 0
④ $-\dfrac{V}{R_1}$, 0

80

어떤 소자가 60[Hz]에서 리액턴스값이 10[Ω]이었다. 이 소자를 인덕터 또는 커패시터라 할 때, 인덕턴스[mH]와 정전용량[μF]은 각각 얼마인가?

① 26.53[mH], 295.37[μF]
② 18.37[mH], 265.25[μF]
③ 18.37[mH], 295.37[μF]
④ 26.53[mH], 265.25[μF]

제5과목 전기설비기술기준

81

저압전로에 사용하는 정격전류 20[A]인 전로는 몇 배인 경우 불용단되어야 하는가?

① 1.5배
② 1.25배
③ 1.1배
④ 1배

82

고압 가공전선이 안테나와 접근상태로 시설되는 경우에 가공전선과 안테나 사이의 수평이격거리는 최소 몇 [m] 이상이어야 하는가?(단, 가공전선으로는 케이블을 사용하지 않는다고 한다)

① 0.6
② 0.8
③ 1
④ 1.2

83

빙설의 정도에 따라 풍압하중을 적용하도록 규정하고 있는 내용 중 옳은 것은?(단, 빙설이 많은 지방 중 해안지방, 기타 저온계절에 최대풍압이 생기는 지방은 제외한다)

① 빙설이 많은 지방에서는 고온계절에는 갑종 풍압하중, 저온계절에는 을종 풍압하중을 적용한다.
② 빙설이 많은 지방에서는 고온계절에는 을종 풍압하중, 저온계절에는 갑종 풍압하중을 적용한다.
③ 빙설이 적은 지방에서는 고온계절에는 갑종 풍압하중, 저온계절에는 을종 풍압하중을 적용한다.
④ 빙설이 적은 지방에서는 고온계절에는 을종 풍압하중, 저온계절에는 갑종 풍압하중을 적용한다.

84

전선의 식별 표시가 잘못된 것은?

① L1 - 백색
② L2 - 흑색
③ L3 - 회색
④ N - 청색

85

철탑의 강도계산에 사용하는 이상 시 상정하중이 가하여지는 경우의 그 이상 시 상정하중에 대한 철탑의 기초에 대한 안전율은 얼마 이상이어야 하는가?

① 1.2
② 1.33
③ 1.5
④ 2.5

86
사용전압이 35[kV] 이하인 특고압 가공전선과 가공약전류전선 등을 동일 지지물에 시설하는 경우, 특고압 가공전선로는 어떤 종류의 보안공사로 하여야 하는가?

① 제1종 특고압 보안공사
② 제2종 특고압 보안공사
③ 제3종 특고압 보안공사
④ 고압 보안공사

87
전기부식방지 시설은 지표 또는 수중에서 1[m] 간격의 임의의 2점(양극의 주위 1[m] 이내의 거리에 있는 점 및 울타리의 내부점을 제외한다) 간의 전위차가 몇 [V]를 넘으면 안 되는가?

① 5
② 10
③ 25
④ 30

88
중성점 직접접지식 전로에 연결되는 최대사용전압이 69[kV]인 전로의 절연내력 시험전압은 최대사용전압의 몇 배인가?

① 1.25
② 0.92
③ 0.72
④ 1.5

89
가공전선로의 지지물에 시설하는 지선에 관한 사항으로 옳은 것은?

① 소선은 지름 2.0[mm] 이상인 금속선을 사용한다.
② 도로를 횡단하여 시설하는 지선의 높이는 지표상 6.0[m] 이상이다.
③ 지선의 안전율은 1.2 이상이고 허용인장하중의 최저는 4.31[kN]으로 한다.
④ 지선에 연선을 사용할 경우에는 소선은 3가닥 이상의 연선을 사용한다.

90
중성선 다중접지식의 것으로 전로에 지락이 생겼을 때에 2초 이내에 자동적으로 이를 전로로부터 차단하는 장치가 되어 있는 22.9[kV] 가공전선로를 상부조영재의 위쪽에서 접근상태로 시설하는 경우, 가공전선과 건조물과의 이격거리는 몇 [m] 이상이어야 하는가? (단, 전선으로는 나전선을 사용한다고 한다)

① 1.2
② 1.5
③ 2.5
④ 3.0

91
특고압용 변압기로서 그 내부에 고장이 생긴 경우에 반드시 자동 차단되어야 하는 변압기의 뱅크용량은 몇 [kVA] 이상인가?

① 5,000
② 10,000
③ 50,000
④ 100,000

92
지중전선로에 사용하는 지중함의 시설기준으로 틀린 것은?

① 지중함은 견고하고 차량 기타 중량물의 압력에 견디는 구조일 것
② 지중함은 그 안의 고인 물을 제거할 수 있는 구조로 되어 있을 것
③ 지중함의 뚜껑은 시설자 이외의 자가 쉽게 열 수 없도록 시설할 것
④ 폭발성의 가스가 침입할 우려가 있는 것에 시설하는 지중함으로서 그 크기가 0.5[m^3] 이상인 것에는 통풍장치 기타 가스를 방산시키기 위한 적당한 장치를 시설할 것

93
사용전압이 220[V]인 가공전선을 절연전선으로 사용하는 경우 그 최소 굵기는 지름 몇 [mm]인가?

① 2
② 2.6
③ 3.2
④ 4

94
접지선을 사람이 접촉할 우려가 있는 곳에 시설하는 경우, 전기용품 및 생활용품 안전관리법을 적용받는 합성수지관(두께 2[mm] 미만의 합성수지제 전선관 및 난연성이 없는 콤바인덕트관을 제외한다)으로 덮어야 하는 범위로 옳은 것은?

① 접지선의 지하 0.3[m]로부터 지표상 1[m]까지의 부분
② 접지선의 지하 0.5[m]로부터 지표상 1.2[m]까지의 부분
③ 접지선의 지하 0.6[m]로부터 지표상 1.8[m]까지의 부분
④ 접지선의 지하 0.75[m]로부터 지표상 2[m]까지의 부분

95
저압 및 고압 가공전선의 최소 높이는 도로를 횡단하는 경우와 철도를 횡단하는 경우에 각각 몇 [m] 이상이어야 하는가?

① 도로 : 지표상 6[m], 철도 : 레일면상 6.5[m]
② 도로 : 지표상 6[m], 철도 : 레일면상 6[m]
③ 도로 : 지표상 5[m], 철도 : 레일면상 6.5[m]
④ 도로 : 지표상 5[m], 철도 : 레일면상 6[m]

96
숙련자 또는 기능자의 통제하에 있는 설비에 적용 가능한 보호대책으로서 적합하지 않은 것은?

① 비도전성 장소
② 비접지 국부등전위본딩에 의한 보호
③ 두 개 이상의 전기사용기기에 전원 공급을 위한 전기적 분리
④ SELV와 PELV에 의한 특별저압

97
수뢰부시스템 방식이 아닌 것은?

① 돌 침 ② 수평도체
③ 메시도체 ④ 인하도선도체

98
사용전압이 154[kV]인 가공전선로를 제1종 특고압 보안공사로 시설할 때 사용되는 경동연선의 단면적은 몇 [mm²] 이상이어야 하는가?

① 55 ② 100
③ 150 ④ 200

99
도체와 과부하 보호장치 사이의 협조 조건을 적합하게 나타낸 것은?

① $I_B \leq I_n \leq I_Z$, $I_2 \leq 1.25 I_Z$
② $I_B \leq I_n \geq I_Z$, $I_2 \leq 1.25 I_Z$
③ $I_n \leq I_Z \leq I_B$, $I_2 \leq 1.45 I_Z$
④ $I_B \leq I_n \leq I_Z$, $I_2 \leq 1.45 I_Z$

100
사용전압이 380[V]인 옥내배선을 애자공사로 시설할 때, 전선과 조영재 사이의 이격거리는 몇 [mm] 이상이어야 하는가?

① 20 ② 25
③ 45 ④ 60

2023년 제1회 CBT

제1과목 전기자기학

01
길이 $l[m]$, 지름 $d[m]$인 원통이 길이 방향으로 균일하게 자화되어 자화의 세기가 $J[Wb/m^2]$인 경우 원통 양단에서의 전자극의 세기[Wb]는?

① $\pi d^2 J$
② $\pi d J$
③ $\dfrac{4J}{\pi d^2}$
④ $\dfrac{\pi d^2 J}{4}$

02
전자계에 대한 맥스웰의 기본이론이 아닌 것은?

① 자계의 시간적 변화에 따라 전계의 회전이 생긴다.
② 전도전류는 자계를 발생시키나, 변위전류는 자계를 발생시키지 않는다.
③ 자극은 N-S극이 항상 공존하다.
④ 전하에서는 전속선이 발산된다.

03
면전하밀도가 $\sigma[C/m^2]$인 대전도체가 진공 중에 놓여 있을 때 도체표면에 작용하는 정전응력$[N/m^2]$은?

① σ^2에 비례한다.
② σ에 비례한다.
③ σ^2에 반비례한다.
④ σ에 반비례한다.

04
다음 (가), (나)에 대한 법칙으로 알맞은 것은?

> 전자유도에 의하여 회로에 발생되는 기전력은 쇄교 자속수의 시간에 대한 감소비율에 비례한다는 (가)에 따르고 특히, 유도된 기전력의 방향은 (나)에 따른다.

① (가) 패러데이의 법칙, (나) 렌츠의 법칙
② (가) 렌츠의 법칙, (나) 패러데이의 법칙
③ (가) 플레밍의 왼손법칙, (나) 패러데이의 법칙
④ (가) 패러데이의 법칙, (나) 플레밍의 왼손법칙

05
공기 중에 1변 40[cm]의 정방형 전극을 가진 평행판 콘덴서가 있다. 극판의 간격을 4[mm]로 하고 극판 간에 100[V]의 전위차를 주면 축적되는 전하는 몇 [C]인가?

① 3.54×10^{-9}
② 3.54×10^{-8}
③ 6.56×10^{-9}
④ 6.56×10^{-8}

06
분포정수회로에서 선로의 감쇠정수 α, 위상정수를 β라 할 때 전파정수는 어떻게 되는가?

① $\alpha - j\beta$
② $\alpha + j\beta$
③ $j\alpha\beta$
④ $\dfrac{\alpha}{j\beta}$

07
직류 500[V] 절연저항계로 절연저항을 측정하니 2[MΩ]이 되었다면 누설전류는?

① $25[\mu A]$
② $250[\mu A]$
③ $1,000[\mu A]$
④ $1,250[\mu A]$

정답 1 ④ 2 ② 3 ① 4 ① 5 ② 6 ② 7 ②

08
최대자속밀도 B_m, 주파수 f에서 유도기전력이 E_1일 때, 최대자속밀도가 $2B_m$, 주파수 $2f$에서의 유도기전력을 E_2라 하면, E_1과 E_2의 관계는?

① $E_2 = E_1$ ② $E_2 = 2E_1$
③ $E_2 = 4E_1$ ④ $E_2 = 0.25E_1$

09
다음 설명 중 영전위로 볼 수 없는 것은?

① 가상 음전하가 존재하는 무한원점
② 전지의 음극
③ 지구의 대지
④ 전계 내의 대전도체

10
내압 및 정전용량이 각각 1,000[V]-2[μF], 700[V]-3[μF], 600[V]-4[μF], 300[V]-8[μF]인 4개의 커패시터가 있다. 이 커패시터들을 직렬로 연결하여 양단에 전압을 인가한 후, 전압을 상승시키면 가장 먼저 절연이 파괴되는 커패시터는?(단, 커패시터의 재질이나 형태는 동일하다)

① 1,000[V]-2[μF]   ② 700[V]-3[μF]
③ 600[V]-4[μF]   ④ 300[V]-8[μF]

11
판자석의 세기가 P[Wb/m]되는 판자석을 보는 입체각 ω인 점의 자위는 몇 [A]인가?

① $\dfrac{P}{4\pi\mu_0\omega}$ ② $\dfrac{P\omega}{4\pi\mu_0}$
③ $\dfrac{P}{2\pi\mu_0\omega}$ ④ $\dfrac{P\omega}{2\pi\mu_0}$

12
펠티에효과에 관한 공식 또는 설명으로 틀린 것은?(단, H는 열량, P는 펠티에계수, I는 전류, t는 시간이다)

① $H = P\displaystyle\int_0^t I dt [\text{cal}]$
② 펠티에효과는 제베크효과와 반대의 효과이다.
③ 반도체와 금속을 결합시켜 전자냉동 등에 응용된다.
④ 펠티에효과란 동일한 금속이라도 그 도체 중의 2점 간에 온도차가 있으면 전류를 흘림으로써 열의 발생 또는 흡수가 생긴다는 것이다.

13
두 자성체 경계면에서 정자계가 만족하는 것은?

① 자계의 법선성분이 같다.
② 자속밀도의 접선성분이 같다.
③ 자속은 투자율이 작은 자성체에 모인다.
④ 양측 경계면상의 두 점 간의 자위차가 같다.

14
다음의 관계식 중 성립할 수 없는 것은?(단, μ는 투자율, μ_0는 진공의 투자율, χ는 자화율, J는 자화의 세기이다)

① $\mu = \mu_0 + \chi$ ② $J = \chi B$
③ $\mu_s = 1 + \dfrac{\chi}{\mu_0}$ ④ $B = \mu H$

15
π[C]의 점전하가 진공 중에 8[m/s]의 속도로 운동 중이다. 운동방향에 대하여 θ의 각도로 2[m] 떨어진 점에서의 자계의 세기는 얼마인가?

① $\dfrac{1}{8}\sin\theta$ ② $\dfrac{1}{4}\cos\theta$
③ $\dfrac{1}{2}\sin\theta$ ④ $\dfrac{\pi}{8}$

16
등전위면을 따라 전하 Q[C]를 운반하는 데 필요한 일은?

① 항상 0이다.
② 전하의 크기에 따라 변한다.
③ 전위의 크기에 따라 변한다.
④ 전하의 극성에 따라 변한다.

17
$\phi = \phi_m \sin\omega t$ [Wb]의 정현파로 변화하는 자속이 권선수 n인 코일과 쇄교할 때의 유도기전력의 위상을 자속에 비교하면?

① $\frac{\pi}{2}$ 만큼 빠르다.
② $\frac{\pi}{2}$ 만큼 늦다.
③ π 만큼 빠르다.
④ π 만큼 늦다.

18
서로 결합하고 있는 두 코일의 자기유도계수가 각각 3[mH], 5[mH]이다. 이들을 자속이 서로 합해지도록 직렬접속하면 합성유도계수가 L[mH]이고, 반대되도록 직렬접속하면 합성유도계수 L'는 L의 60[%]이었다. 두 코일 간의 결합계수는 약 얼마인가?

① 0.25   ② 0.36
③ 0.46   ④ 0.55

19
안테나에서 파장 40[cm]의 평면파가 자유공간에 방사될 때 발신 주파수는 몇 [MHz]인가?

① 650   ② 700
③ 750   ④ 800

20
전위가 V_A인 A점에서 Q[C]의 전하를 전계와 반대 방향으로 l[m] 이동시킨 점 P의 전위[V]는?(단, 전계 E는 일정하다고 가정한다)

① $V_P = V_A - El$ ② $V_P = V_A + El$
③ $V_P = V_A - EQ$ ④ $V_P = V_A + EQ$

제2과목 전력공학

21
다음 중 원자로 냉각재의 구비 조건으로 적절하지 않은 것은?

① 비열이 클 것   ② 중성자 흡수가 많을 것
③ 열전도도가 클 것   ④ 유도 방사능이 적을 것

22
증기사이클에 대한 설명 중 틀린 것은?

① 랭킨사이클의 열효율은 초기 온도 및 초기 압력이 높을수록 효율이 크다.
② 재열사이클은 저압 터빈에서 증기가 포화상태에 가까워졌을 때 증기를 다시 가열하여 고압 터빈으로 보낸다.
③ 재생사이클은 증기 원동기 내에서 증기의 팽창 도중에서 증기를 추출하여 급수를 예열한다.
④ 재열재생사이클은 재생사이클과 재열사이클을 조합하여 병용하는 방식이다.

23
어느 화력발전소에서 40,000[kWh]를 발전하는 데 발열량 860[kcal/kg]의 석탄이 60톤 사용된다. 이 발전소의 열효율[%]은 약 얼마인가?

① 56.7   ② 66.7
③ 76.7   ④ 86.7

24
유효낙차 100[m], 최대유량 20[m³/s]의 수차가 있다. 낙차가 81[m]로 감소하면 유량[m³/s]은?(단, 수차에서 발생되는 손실 등은 무시하며 수차 효율은 일정하다)

① 15 ② 18
③ 24 ④ 30

25
전력 계통 주파수가 기준값보다 증가하는 경우 어떻게 하는 것이 타당한가?

① 발전출력[kW]을 증가시켜야 한다.
② 발전출력[kW]을 감소시켜야 한다.
③ 무효전력[kVar]을 증가시켜야 한다.
④ 무효전력[kVar]을 감소시켜야 한다.

26
전력용 퓨즈의 설명으로 옳지 않은 것은?

① 소형으로 큰 차단용량을 갖는다.
② 가격이 싸고 유지 보수가 간단하다.
③ 밀폐형 퓨즈는 차단 시에 소음이 없다.
④ 과도전류에 의해 쉽게 용단되지 않는다.

27
유효낙차 50[m]에서 출력 7,500[kW] 되는 수차가 있다. 유효낙차가 2.5[m]만큼 저하되면 출력은 약 몇 [kW]로 되는가?(단, 수차의 수구 개도는 일정하며, 효율의 변화는 무시한다)

① 6,650 ② 6,755
③ 6,850 ④ 6,945

28
전력설비의 수용률을 나타낸 것으로 옳은 것은?

① 수용률 = $\dfrac{평균전력[kW]}{부하설비용량[kW]} \times 100[\%]$

② 수용률 = $\dfrac{부하설비용량[kW]}{평균전력[kW]} \times 100[\%]$

③ 수용률 = $\dfrac{최대수용전력[kW]}{부하설비용량[kW]} \times 100[\%]$

④ 수용률 = $\dfrac{부하설비용량[kW]}{최대수용전력[kW]} \times 100[\%]$

29
변전소에서 수용가로 공급되는 전력을 차단하고 소내 기기를 점검할 경우, 차단기와 단로기의 개폐 조작 방법으로 옳은 것은?

① 점검 시에는 차단기로 부하회로를 끊고 난 다음에 단로기를 열어야 하며, 점검 후에는 단로기를 넣은 후 차단기를 넣어야 한다.
② 점검 시에는 단로기를 열고 난 후 차단기를 열어야 하며, 점검 후에는 단로기를 넣고 난 다음에 차단기로 부하회로를 연결하여야 한다.
③ 점검 시에는 차단기로 부하회로를 끊고 단로기를 열어야 하며, 점검 후에는 차단기로 부하회로를 연결한 후 단로기를 넣어야 한다.
④ 점검 시에는 단로기를 열고 난 후 차단기를 열어야 하며, 점검이 끝난 경우에는 차단기를 부하에 연결한 다음에 단로기를 넣어야 한다.

30
차단기가 전류를 차단할 때 재점호가 일어나기 쉬운 차단전류는?

① 동상전류 ② 지상전류
③ 진상전류 ④ 단락전류

31
6.6[kV] 고압 배전 선로(비접지 선로)에서 지락 보호를 위하여 특별히 필요하지 않은 것은?
① DG
② CT
③ ZCT
④ GPT

32
그림에서 A점의 차단기 용량으로 가장 적당한 것은?

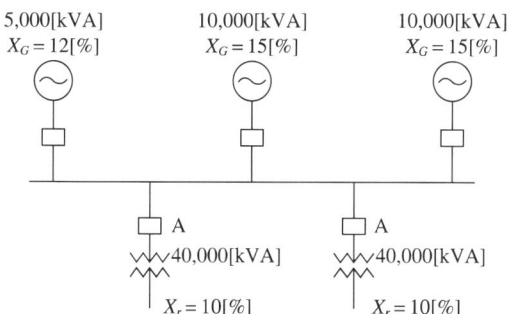

① 50[MVA]
② 100[MVA]
③ 150[MVA]
④ 200[MVA]

33
전력계통에서 안정도의 종류에 속하지 않는 것은?
① 상태안정도
② 정태안정도
③ 과도안정도
④ 동태안정도

34
30,000[kW]의 전력을 51[km] 떨어진 지점에 송전하는 데 필요한 전압은 약 몇 [kV]인가?(단, Still의 식에 의하여 산정한다)
① 22
② 33
③ 66
④ 100

35
일반회로 정수가 A, B, C, D이고 송전단 전압이 E_S인 경우 무부하 시 수전단 전압은?
① $\dfrac{E_S}{A}$
② $\dfrac{E_S}{B}$
③ $\dfrac{A}{C}E_S$
④ $\dfrac{C}{A}E_S$

36
선간거리를 D, 전선의 반지름을 r이라 할 때 송전선의 정전용량은?
① $\log_{10}\dfrac{D}{r}$에 비례한다.
② $\log_{10}\dfrac{r}{D}$에 비례한다.
③ $\log_{10}\dfrac{D}{r}$에 반비례한다.
④ $\log_{10}\dfrac{r}{D}$에 반비례한다.

37
전선로에 댐퍼(Damper)를 사용하는 목적은?
① 전선의 진동 방지
② 전력손실 격감
③ 낙뢰의 내습 방지
④ 많은 전력을 보내기 위하여

38
그림과 같이 각 도체와 연피 간의 정전용량이 C_0, 각 도체 간의 정전용량이 C_m인 3심 케이블의 도체 1조당 작용 정전용량은?

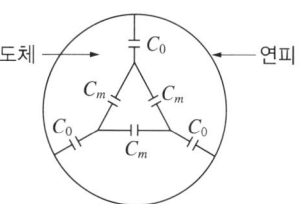

① $C_0 + C_m$
② $3C_0 + 3C_m$
③ $3C_0 + C_m$
④ $C_0 + 3C_m$

39
리액터의 종류와 그 목적이 틀린 것을 찾으시오.
① 병렬 리액터 : 페란티현상 방지
② 병렬 콘덴서 : 송전단의 역률개선
③ 직렬 리액터 : 제5고조파 제거
④ 직렬 콘덴서 : 전압강하 방지

40
변전소, 발전소 등에 설치하는 피뢰기에 대한 설명 중 틀린 것은?
① 정격전압은 상용주파 정현파전압의 최고한도를 규정한 순시값이다.
② 피뢰기의 직렬갭은 일반적으로 저항으로 되어 있다.
③ 방전전류는 뇌충격전류의 파곳값으로 표시한다.
④ 속류란 방전현상이 실질적으로 끝난 후에도 전력계통에서 피뢰기에 공급되어 흐르는 전류를 말한다.

제3과목　전기기기

41
정격 150[kVA], 철손 1[kW], 전부하동손이 4[kW]인 단상 변압기의 최대효율[%]과 최대효율 시의 부하[kVA]는?(단, 부하 역률은 1이다)
① 96.8[%], 125[kVA]　② 97[%], 50[kVA]
③ 97.2[%], 100[kVA]　④ 97.4[%], 75[kVA]

42
전압변동률이 작은 동기발전기는?
① 동기리액턴스가 크다.
② 전기자 반작용이 크다.
③ 단락비가 크다.
④ 값이 싸진다.

43
사이리스터에서의 래칭(Latching)전류에 관한 설명으로 옳은 것은?
① 게이트를 개방한 상태에서 사이리스터 도통 상태를 유지하기 위한 최소의 순전류
② 게이트 전압을 인가한 후에 급히 제거한 상태에서 도통 상태가 유지되는 최소의 순전류
③ 사이리스터의 게이트를 개방한 상태에서 전압이 상승하면 급히 증가하게 되는 순전류
④ 사이리스터가 턴온하기 시작하는 순전류

44
20극, 11.4[kW], 60[Hz], 3상 유도전동기의 슬립이 5[%]일 때 2차 동손이 0.6[kW]이다. 전부하토크[N·m]는?
① 523　② 318
③ 276　④ 189

45
전기자반작용이 직류발전기에 영향을 주는 것을 설명한 것 중 틀린 것은?
① 전기자 중성축을 이동시킨다.
② 자속을 감소시켜 부하 시 전압강하의 원인이 된다.
③ 정류자 편간전압이 불균일하게 되어 섬락의 원인이 된다.
④ 전류의 파형은 찌그러지나 출력에는 변화가 없다.

46
단상 및 3상 유도전압조정기에 관하여 옳게 설명한 것은?
① 단락권선은 단상 및 3상 유도전압조정기 모두 필요하다.
② 3상 유도전압조정기에는 단락권선이 필요 없다.
③ 3상 유도전압조정기의 1차와 2차 전압은 동상이다.
④ 단상 유도전압조정기의 기전력은 회전자계에 의해서 유도된다.

47
동기전동기에 관한 다음 기술사항 중 틀린 것은?
① 회전수를 조정할 수 없다.
② 직류여자기가 필요하다.
③ 난조가 일어나기 쉽다.
④ 역률을 조정할 수 없다.

48
코일피치와 자극피치의 비를 β라 하면 기본파 기전력에 대한 단절계수는?
① $\sin\beta\pi$
② $\cos\beta\pi$
③ $\sin\dfrac{\beta\pi}{2}$
④ $\cos\dfrac{\beta\pi}{2}$

49
반도체 사이리스터(Thyristor)를 사용하여 전압위상 제어 시 그 평균값을 제어하는 속도 제어용으로 간단하여 널리 사용되는 것은?
① 전압제어
② 2차 저항법
③ 역상제동
④ 1차 저항법

50
직류발전기에서 브러시 간에 유기되는 기전력 파형의 맥동을 방지하는 대책이 될 수 없는 것은?
① 사구(Skewed Slot)를 채용할 것
② 갭의 길이를 균일하게 할 것
③ 슬롯 폭에 대하여 갭을 크게 할 것
④ 정류자편수를 적게 할 것

51
유도전동기의 동기와트에 대한 설명으로 옳은 것은?
① 동기속도에서 1차 입력
② 동기속도에서 2차 입력
③ 동기속도에서 2차 출력
④ 동기속도에서 2차 동손

52
변압기 온도시험을 하는 데 가장 좋은 방법은?
① 실부하법
② 반환부하법
③ 단락시험법
④ 내전압시험법

53
사이리스터 명칭에 관한 설명 중 틀린 것은?
① SCR은 역저지 3극 사이리스터이다.
② SSS은 2극 쌍방향 사이리스터이다.
③ TRIAC은 2극 쌍방향 사이리스터이다.
④ SCS는 역저지 4극 사이리스터이다.

54
화학공장에서 선로의 역률은 앞선 역률 0.7이었다. 이 선로에 동기조상기를 병렬로 결선해서 과여자로 하면 선로의 역률은 어떻게 되는가?
① 뒤진 역률이며 역률은 더욱 나빠진다.
② 뒤진 역률이며 역률은 더욱 좋아진다.
③ 앞선 역률이며 역률은 더욱 좋아진다.
④ 앞선 역률이며 역률은 더욱 나빠진다.

55
대용량 발전기 권선의 층간 단락보호에 가장 적합한 계전방식은?
① 과부하계전기
② 접지계전기
③ 차동계전기
④ 온도계전기

56
직류기에 탄소 브러시를 사용하는 주된 이유는?
① 고유저항이 작기 때문에
② 접촉저항이 작기 때문에
③ 접촉저항이 크기 때문에
④ 고유저항이 크기 때문에

정답 47 ④ 48 ③ 49 ① 50 ④ 51 ② 52 ② 53 ③ 54 ④ 55 ③ 56 ③

57
단상 변압기의 3상 Y-Y결선에 대한 설명으로 잘못된 것은?
① 제3고조파 전류가 흐르며 유도장해를 일으킨다.
② 역 V결선이 가능하다.
③ 권선전압이 선간전압의 3배이므로 절연이 용이하다.
④ 중성점 접지가 된다.

58
3상 권선형 유도전동기의 토크속도 곡선이 비례추이 한다는 것은 그 곡선이 무엇에 비례해서 이동하는 것을 말하는가?
① 슬 립
② 회전수
③ 2차 저항
④ 공급전압의 크기

59
변압기의 결선 중에서 6상 측의 부하가 수은정류기일 때 주로 사용되는 결선은?
① 포크 결선(Fork Connection)
② 환상 결선(Ring Connection)
③ 2중 3각 결선(Double Star Connection)
④ 대각 결선(Diametrical Connection)

60
전기기기에 사용되는 절연물의 종류 중 H종 절연물에 해당되는 최고 허용온도[℃]는?
① 105
② 120
③ 155
④ 180

제4과목 회로이론

61
RL 직렬회로에 직류전압 5[V]를 $t=0$에서 인가하였더니 $i(t) = 50(1-e^{-20\times 10^{-3}t})$[mA]$(t \geq 0)$이었다. 이 회로의 저항을 처음 값의 2배로 하면 시정수는 얼마가 되겠는가?
① 10[ms]
② 40[ms]
③ 5[s]
④ 25[s]

62
주기적인 구형파 신호의 구성은?
① 직류 성분만으로 구성된다.
② 기본파 성분만으로 구성된다.
③ 고조파 성분만으로 구성된다.
④ 직류 성분, 기본파 성분, 무수히 많은 고조파 성분으로 구성된다.

63
3상 전류가 $I_a = 10+j3$[A], $I_b = -5-j2$[A], $I_c = -3+j4$[A]일 때 정상분 전류의 크기는 약 몇 [A]인가?
① 5
② 6.4
③ 10.5
④ 13.34

64
동일한 용량 2대의 단상 변압기를 V결선하여 3상으로 운전하고 있다. 단상 변압기 2대의 용량에 대한 3상 V결선 시 변압기 용량의 비인 변압기 이용률은 약 몇 [%]인가?
① 57.7
② 70.7
③ 80.1
④ 86.6

65
$i(t) = 3\sqrt{2}\sin(377t - 30°)$ [A]의 평균값은 약 몇 [A]인가?

① 1.35 ② 2.7
③ 4.35 ④ 5.4

66
그림과 같은 회로의 합성인덕턴스는?

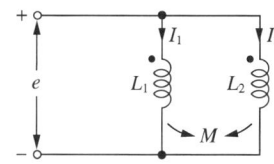

① $\dfrac{L_1 L_2 - M^2}{L_1 + L_2 - 2M}$ ② $\dfrac{L_1 L_2 + M^2}{L_1 + L_2 - 2M}$

③ $\dfrac{L_1 L_2 - M^2}{L_1 + L_2 + 2M}$ ④ $\dfrac{L_1 L_2 + M^2}{L_1 + L_2 + 2M}$

67
회로에서 단자 1-1'에서 본 구동점 임피던스 Z_{11}은 몇 [Ω]인가?

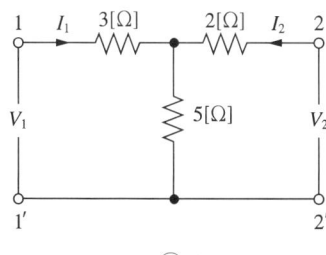

① 5   ② 8
③ 10 ④ 15

68
비정현파 전류가 $i(t) = 56\sin\omega t + 20\sin 2\omega t + 30\sin(3\omega t + 30°) + 40\sin(4\omega t + 60°)$로 표현될 때, 왜형률은 약 얼마인가?

① 1.0   ② 0.96
③ 0.55 ④ 0.11

69
20[Ω]과 30[Ω]의 병렬회로에서 20[Ω]에 흐르는 전류가 6[A]이라면 전체 전류 I[A]는?

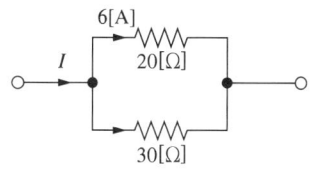

① 3 ② 4
③ 9 ④ 10

70
그림과 같은 회로에서 전류 I[A]는?

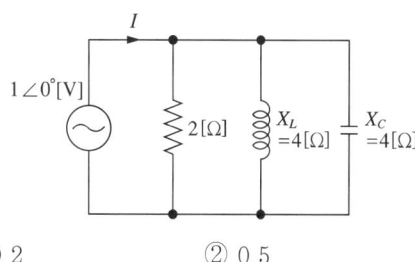

① 0.2 ② 0.5
③ 0.7 ④ 0.9

71
그림과 같은 회로의 전압비 전달함수 $G(j\omega)$는?(단, 입력 $V(t)$는 정현파 교류전압이며, V_R은 출력이다)

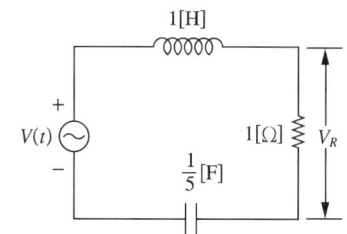

① $\dfrac{j\omega}{(5-\omega^2)+j\omega}$ ② $\dfrac{j\omega}{(5+\omega^2)+j\omega}$

③ $\dfrac{j\omega}{(5-\omega)^2+j\omega}$ ④ $\dfrac{j\omega}{(5+\omega)^2+j\omega}$

72
그림과 같은 회로에서 저항 0.2[Ω]에 흐르는 전류는 몇 [A]인가?

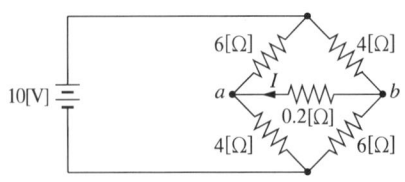

① 0.4
② −0.4
③ 0.2
④ −0.2

73
다음 두 회로의 4단자 정수 A, B, C, D가 동일할 조건은?

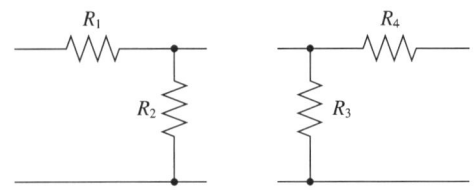

① $R_1 = R_2$, $R_3 = R_4$
② $R_1 = R_3$, $R_2 = R_4$
③ $R_1 = R_4$, $R_2 = R_3 = 0$
④ $R_2 = R_3$, $R_1 = R_4 = 0$

74
다음 회로에서 스위치 S를 닫을 때 회로에 흐르는 전류 $i(t)$의 시정수는?(단, C에 초기 전하가 없었다)

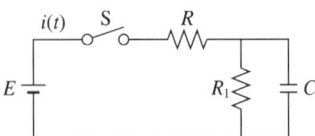

① $\dfrac{R_1 + R_2}{RR_1 C}$
② $\dfrac{RR_1 C}{R + R_1}$
③ $(RR_1 + R_1)C$
④ $\dfrac{C}{RR_1 + R_1}$

75
어떤 코일의 임피던스를 측정하고자 직류전압 100[V]를 가했더니 500[W]가 소비되고, 교류전압 150[V]를 가했더니 720[W]가 소비되었다. 코일의 저항[Ω]과 리액턴스[Ω]는 각각 얼마인가?

① $R = 20$, $X_L = 15$
② $R = 15$, $X_L = 20$
③ $R = 25$, $X_L = 20$
④ $R = 30$, $X_L = 25$

76
저항 $\dfrac{1}{3}$[Ω], 유도리액턴스 $\dfrac{1}{4}$[Ω]인 R-L 병렬회로의 합성 어드미턴스[℧]는?

① $3 + j4$
② $3 - j4$
③ $\dfrac{1}{3} + j\dfrac{1}{4}$
④ $\dfrac{1}{3} - j\dfrac{1}{4}$

77
3상 불평형 회로의 전압에서 불평형률[%]은?

① $\dfrac{\text{영상전압}}{\text{정상전압}} \times 100[\%]$
② $\dfrac{\text{정상전압}}{\text{역상전압}} \times 100[\%]$
③ $\dfrac{\text{정상전압}}{\text{영상전압}} \times 100[\%]$
④ $\dfrac{\text{역상전압}}{\text{정상전압}} \times 100[\%]$

78
3상 유도전동기의 출력이 3.7[kW], 선간전압 200[V], 효율 90[%], 역률 80[%]일 때, 이 전동기에 유입되는 선전류는 약 몇 [A]인가?

① 8
② 10
③ 12
④ 15

79

전압과 전류가 각각 $e = 141.4\sin\left(377t + \dfrac{\pi}{3}\right)$[V], $i = \sqrt{8}\sin\left(377t + \dfrac{\pi}{6}\right)$[A]인 회로의 소비전력은 약 몇 [W]인가?

① 100 ② 173
③ 200 ④ 344

80

그림과 같은 함수의 라플라스 변환은?

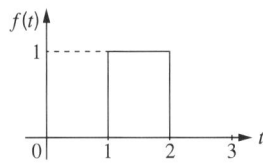

① $\dfrac{1}{s}(e^s - e^{2s})$ ② $\dfrac{1}{s}(e^{-s} - e^{-2s})$
③ $\dfrac{1}{s}(e^{-2s} - e^{-s})$ ④ $\dfrac{1}{s}(e^{-s} + e^{-2s})$

제5과목 전기설비기술기준

81

특고압 가공전선로의 지지물 양측의 경간의 차가 큰 곳에 사용하는 철탑의 종류는?

① 내장형 ② 보강형
③ 직선형 ④ 인류형

82

전원의 한 점을 직접 접지하고 설비의 노출도 전부는 전원의 접지전극과 전기적으로 독립적인 접지극에 접속시키고 배전계통에서 PE도체를 추가로 접지할 수 있는 계통은?

① TN ② TT
③ IT ④ TN-C

83

전기온상 등의 시설에서 전기온상 등에 전기를 공급하는 전로의 대지전압은 몇 [V] 이하인가?

① 300 ② 500
③ 600 ④ 700

84

최대사용전압이 1차 22,000[V], 2차 6,600[V]의 권선으로서 중성점 비접지식 전로에 접속하는 변압기의 특고압 측 절연내력 시험전압은?

① 24,000[V] ② 27,500[V]
③ 33,000[V] ④ 44,000[V]

85

스러스트 베어링의 온도가 현저히 상승하는 경우 자동적으로 이를 전로로부터 차단하는 장치를 시설하여야 하는 수차발전기의 용량은 최소 몇 [kVA] 이상인 것인가?

① 500 ② 1,000
③ 1,500 ④ 2,000

86

154[kV] 가공전선로를 제1종 특고압 보안공사에 의하여 시설하는 경우 사용전선은 인장강도 58.84[kN] 이상의 연선 또는 단면적 몇 [mm²] 이상의 경동연선이어야 하는가?

① 100 ② 125
③ 150 ④ 200

87

금속관공사를 콘크리트에 매설하여 시행하는 경우 관의 두께는 몇 [mm] 이상이어야 하는가?

① 1.0 ② 1.2
③ 1.4 ④ 1.6

88
피뢰레벨을 선정하는 과정에서 위험물의 제조소·저장소 및 처리장의 피뢰시스템은 몇 등급 이상으로 해야 하는가?

① Ⅰ등급　　② Ⅱ등급
③ Ⅲ등급　　④ Ⅳ등급

89
저압의 전로로 중 절연부분의 전선과 대지 간의 절연저항은 사용전압에 대한 누설전류가 최대 공급전류의 얼마를 넘지 않도록 유지하여야 하는가?

① $\dfrac{1}{1,000}$　　② $\dfrac{1}{2,000}$
③ $\dfrac{1}{3,000}$　　④ $\dfrac{1}{4,000}$

90
애자공사에 의한 고압 옥내배선을 시설하고자 할 경우 전선과 조영재 사이의 이격거리는 몇 [m] 이상인가?

① 0.03　　② 0.05
③ 0.06　　④ 0.08

91
가공전선으로의 지지물에 시설하는 지선의 시방세목으로 옳은 것은?

① 안전율은 1.2일 것
② 소선은 3가닥 이상의 연선일 것
③ 소선은 지름 2.0[mm] 이상인 금속선을 사용할 것
④ 허용 인장하중의 최저는 3.2[kN]으로 할 것

92
발전소에서 계측장치를 시설하지 않아도 되는 것은?

① 발전기의 전압, 전류 또는 전력
② 발전기의 베어링 및 고정자의 온도
③ 특고압 모선의 전압 및 전류 또는 전력
④ 특고압용 변압기의 온도

93
다음 중 옥내에 시설하는 고압용 이동전선의 종류는?

① 150[mm²] 연동선
② 비닐 캡타이어케이블
③ 고압용 캡타이어케이블
④ 강심 알루미늄 연선

94
전압을 구분하는 경우 교류에서 저압은 몇 [kV] 이하인가?

① 0.5　　② 1
③ 1.5　　④ 7

95
사용전압이 400[V] 이하인 저압 가공전선은 케이블이나 절연전선인 경우를 제외하고 인장강도가 3.43[kN] 이상인 것 또는 지름 몇 [mm] 이상의 경동선이어야 하는가?

① 1.2　　② 2.6
③ 3.2　　④ 4.0

96
저압 연접인입선은 인입선에서 분기하는 점으로부터 몇 [m]를 초과하는 지역에 미치지 아니하도록 시설하여야 하는가?

① 10　　② 20
③ 100　　④ 200

97
전력보안 통신설비인 무선통신용 안테나를 지지하는 목주의 풍압하중에 대한 안전율은 얼마 이상으로 해야 하는가?

① 0.5　　② 0.9
③ 1.2　　④ 1.5

정답: 88 ② 89 ② 90 ② 91 ② 92 ③ 93 ③ 94 ② 95 ③ 96 ③ 97 ④

98
계통접지에 사용되는 문자 중 제1문자의 정의로 맞게 설명한 것은?

① 전원계통과 대지의 관계
② 전기설비의 노출도전부와 대지의 관계
③ 중성선과 보호도체의 배치
④ 노출도전부와 보호도체의 배치

99
가공약전류전선을 사용전압이 22.9[kV]인 특고압 가공전선과 동일 지지물에 공가하고자 할 때 가공전선으로 경동연선을 사용한다면 단면적이 몇 [mm^2] 이상인가?

① 22 ② 38
③ 50 ④ 55

100
연료전지설비의 접지도체의 굵기는 얼마 이상의 연동선을 사용하여야 하는가?

① 2.5[mm^2] ② 6[mm^2]
③ 10[mm^2] ④ 16[mm^2]

제1과목 전기자기학

01
대전도체 표면의 전하밀도를 $\sigma[C/m^2]$라 할 때, 대전도체 표면의 단위면적이 받는 정전응력의 크기$[N/m^2]$와 방향은?

① $\dfrac{\sigma^2}{2\varepsilon_0}$, 도체 내부 방향

② $\dfrac{\sigma^2}{2\varepsilon_0}$, 도체 외부 방향

③ $\dfrac{\sigma^2}{\varepsilon_0}$, 도체 외부 방향

④ $\dfrac{\sigma^2}{\varepsilon_0}$, 도체 내부 방향

02
자기회로에서 전기회로의 도전율 $\sigma[\mho/m]$에 대응되는 것은?

① 자 속   ② 기자력
③ 투자율   ④ 자기저항

03
어떤 종류의 결정을 가열하면 한 면에 정(+), 반대면에 부(-)의 전기가 나타나 분극을 일으키며 반대로 냉각하면 역의 분극이 일어나는 것은?

① 파이로(Pyro)전기
② 볼타(Volta)효과
③ 바크하우젠(Barkhausen)효과
④ 압전기(Piezo-electric)의 역효과

04
대전 도체의 표면전하밀도가 $\sigma[C/m^2]$일 때 도체 내부의 전속밀도는 몇 $[C/m^2]$인가?

① σ ② $\dfrac{\sigma}{2}$

③ 0   ④ $4\pi\sigma$

05
단면적이 균일한 환상철심에 권수 N_A인 A코일과 권수 N_B인 B코일이 있을 때, B코일의 자기인덕턴스가 $L_A[H]$라면 두 코일의 상호인덕턴스[H]는?(단, 누설자속은 0이다)

① $\dfrac{L_A N_A}{N_B}$ ② $\dfrac{L_A N_B}{N_A}$

③ $\dfrac{N_A}{L_A N_B}$ ④ $\dfrac{N_B}{L_A N_A}$

06
진공 중에 한 변의 길이가 0.1[m]인 정삼각형의 3정점 A, B, C에 각각 $2.0\times10^{-6}[C]$의 점전하가 있을 때, 점 A의 전하에 작용하는 힘은 몇 [N]인가?

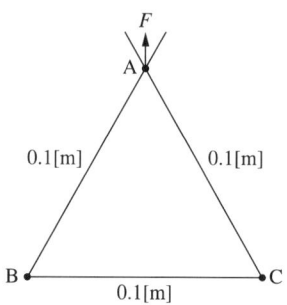

① $1.8\sqrt{2}$ ② $1.8\sqrt{3}$
③ $3.6\sqrt{2}$ ④ $3.6\sqrt{3}$

07
구리의 저항률은 20[℃]에서 $1.69 \times 10^{-8}[\Omega \cdot m]$이고 온도계수는 0.00390이다. 단면이 2[mm²]인 구리선 200[m]의 50[℃]에서의 저항값은 몇 [Ω]인가?

① 1.69×10^{-3}
② 1.89×10^{-3}
③ 1.69
④ 1.89

08
비투자율은?(단, μ_0는 진공의 투자율, χ_m은 자화율이다)

① $1 + \dfrac{\chi_m}{\mu_0}$
② $\mu_0(1 + \chi_m)$
③ $\dfrac{1}{1 + \chi_m}$
④ $\dfrac{1}{1 - \chi_m}$

09
유전체 내에서 변위전류를 발생하는 것은?

① 분극전하밀도의 시간적 변화
② 전속밀도의 시간적 변화
③ 자속밀도의 시간적 변화
④ 분극전하밀도의 공간적 변화

10
진공 중에 무한 평면도체와 d[m]만큼 떨어진 곳에 선전하밀도 λ[C/m]의 무한 직선도체가 평행하게 놓여 있는 경우 직선도체의 단위길이당 받는 힘은 몇 [N/m]인가?

① $\dfrac{\lambda^2}{\pi \varepsilon_0 d}$
② $\dfrac{\lambda^2}{2\pi \varepsilon_0 d}$
③ $\dfrac{\lambda^2}{4\pi \varepsilon_0 d}$
④ $\dfrac{\lambda^2}{16\pi \varepsilon_0 d}$

11
간격이 1.5[m]이고 평행한 무한히 긴 단상 송전선로가 가설되었다. 여기에 선간전압 6,600[V], 3[A]를 송전하면 단위길이당 작용하는 힘은?

① 1.2×10^{-3}[N/m], 흡인력
② 5.89×10^{-5}[N/m], 흡인력
③ 1.2×10^{-6}[N/m], 반발력
④ 6.28×10^{-7}[N/m], 반발력

12
정전용량 C_1, C_2, C_x의 3개 커패시터를 그림과 같이 연결하고, 단자 a, b 간에 100[V]의 전압을 가하였다. 현재 C_1=0.02[μF], C_2=0.1[μF]이며 C_1에 90[V]의 전압이 걸렸을 때 C_x는 몇 [μF]인가?

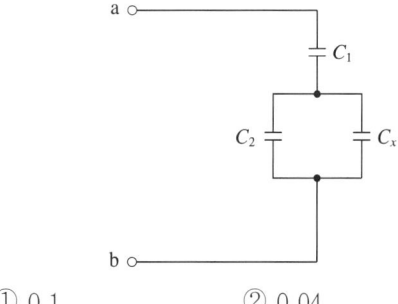

① 0.1
② 0.04
③ 0.06
④ 0.08

13
전계의 세기 E, 자계의 세기가 H일 때 포인팅벡터 (P)는?

① $P = E \times H$
② $P = \dfrac{1}{2} E \times H$
③ $P = H \, \mathrm{curl}\, E$
④ $P = E \, \mathrm{curl}\, H$

14
점전하에 의한 전계의 세기[V/m]를 나타내는 식은? (단, r은 거리, Q는 전하량, λ는 선전하밀도, σ는 표면전하밀도이다)

① $\dfrac{1}{4\pi\varepsilon_0}\dfrac{Q}{r^2}$ ② $\dfrac{1}{4\pi\varepsilon_0}\dfrac{\sigma}{r^2}$
③ $\dfrac{1}{2\pi\varepsilon_0}\dfrac{Q}{r^2}$ ④ $\dfrac{1}{2\pi\varepsilon_0}\dfrac{\sigma}{r^2}$

15
전기력선의 기본 성질에 관한 설명으로 틀린 것은?
① 전기력선의 방향은 그 점의 전계의 방향과 일치한다.
② 전기력선은 전위가 높은 점에서 낮은 점으로 향한다.
③ 전기력선은 그 자신만으로도 폐곡선을 만든다.
④ 전계가 0이 아닌 곳에서는 전기력선은 도체 표면에 수직으로 만난다.

16
고립 도체구의 정전용량이 50[pF]일 때 이 도체구의 반지름은 약 몇 [cm]인가?
① 5   ② 25
③ 45   ④ 85

17
분극의 세기 P, 전계 E, 전속밀도 D의 관계를 나타낸 것으로 옳은 것은?(단, ε_0는 진공의 유전율이고, ε_r은 유전체의 비유전율이고, ε은 유전체의 유전율이다)
① $P = \varepsilon_0(\varepsilon+1)E$ ② $E = \dfrac{D+P}{\varepsilon_0}$
③ $P = D - \varepsilon_0 E$ ④ $\varepsilon_0 = D - E$

18
비투자율 μ_s, 자속밀도 B인 자계 중에 있는 m[Wb]의 점자극이 받는 힘[N]은?

① $\dfrac{mB}{\mu_0}$ ② $\dfrac{mB}{\mu_0\mu_s}$
③ $\dfrac{mB}{\mu_s}$ ④ $\dfrac{\mu_0\mu_s}{mB}$

19
유전체의 초전효과(Pyroelectric Effect)에 대한 설명이 아닌 것은?
① 온도변화에 관계없이 일어난다.
② 자발 분극을 가진 유전체에서 생긴다.
③ 초전효과가 있는 유전체를 공기 중에 놓으면 중화된다.
④ 열에너지를 전기에너지로 변화시키는 데 이용된다.

20
다음 초전도체의 성질 중 틀린 것은?
① 임계온도 이하에서 저항이 없다.
② 전류를 흘려도 열이 발생하지 않는다.
③ 내부에 자기장이 형성된다.
④ 자석 위에 놓으면 뜨는 성질이 있다.

제2과목 전력공학

21
조상설비가 있는 1차 변전소에서 주변압기로 주로 사용되는 변압기는?
① 승압용 변압기   ② 단권 변압기
③ 단상 변압기   ④ 3권선 변압기

22
송전계통의 중성점을 접지하는 목적으로 틀린 것은?

① 지락고장 시 전선로의 대지 전위상승을 억제하고 전선로와 기기의 절연을 경감시킨다.
② 소호리액터 접지방식에서는 1선 지락 시 지락점 아크를 빨리 소멸시킨다.
③ 차단기의 차단용량을 증대시킨다.
④ 지락고장에 대한 계전기의 동작을 확실하게 한다.

23
3ϕ 송전선로에서 평형 3상일 경우 중성점의 전위는 얼마인가?

① 1
② 0
③ ∞
④ 송전전압과 같다.

24
66[kV], 60[Hz] 3상 3선식 선로에서 중성점을 소호리액터접지하여 완전 공진상태로 되었을 때 중성점에 흐르는 전류는 몇 [A]인가?(단, 소호리액터를 포함한 영상회로의 등가저항은 200[Ω], 중성점 잔류전압은 4,400[V]라고 한다)

① 11
② 22
③ 33
④ 44

25
주파수 60[Hz], 정전용량 $\frac{1}{6\pi}[\mu F]$의 콘덴서를 △ 결선해서 3상 전압 20,000[V]를 가했을 때의 충전용량은 몇 [kVA]인가?

① 12
② 24
③ 48
④ 50

26
전력용 퓨즈의 설명으로 옳지 않은 것은?

① 소형으로 큰 차단용량을 갖는다.
② 가격이 싸고 유지 보수가 간단하다.
③ 밀폐형 퓨즈는 차단 시에 소음이 없다.
④ 과도전류에 의해 쉽게 용단되지 않는다.

27
변전소에서 수용가로 공급되는 전력을 차단하고 소내 기기를 점검할 경우, 차단기와 단로기의 개폐 조작 방법으로 옳은 것은?

① 점검 시에는 차단기로 부하회로를 끊고 난 다음에 단로기를 열어야 하며, 점검 후에는 단로기를 넣은 후 차단기를 넣어야 한다.
② 점검 시에는 단로기를 열고 난 후 차단기를 열어야 하며, 점검 후에는 단로기를 넣고 난 다음에 차단기로 부하회로를 연결하여야 한다.
③ 점검 시에는 차단기로 부하회로를 끊고 단로기를 열어야 하며, 점검 후에는 차단기로 부하회로를 연결한 후 단로기를 넣어야 한다.
④ 점검 시에는 단로기를 열고 난 후 차단기를 열어야 하며, 점검이 끝난 경우에는 차단기를 부하에 연결한 다음에 단로기를 넣어야 한다.

28
송전선에 코로나가 발생하면 전선이 부식된다. 무엇에 의하여 부식되는가?

① 산 소
② 오 존
③ 수 소
④ 질 소

29
총낙차 300[m], 사용수량 20[m³/s]인 수력발전소의 발전기 출력은 약 몇 [kW]인가?(단, 수차 및 발전기 효율은 각각 90[%], 98[%]라 하고, 손실낙차는 총낙차의 6[%]라고 한다)

① 48,750
② 51,860
③ 54,170
④ 54,970

30
송전선에 복도체를 사용할 때의 설명으로 틀린 것은?
① 코로나 손실이 경감된다.
② 안정도가 상승하고 송전용량이 증가한다.
③ 정전 반발력에 의한 전선의 진동이 감소된다.
④ 전선의 인덕턴스는 감소하고, 정전용량이 증가한다.

31
기력발전소에서 석탄연료 사용 시 집진장치의 효율이 가장 큰 것은?
① 전기식 집진장치
② 수세식 집진장치
③ 원심력식 집진장치
④ 직렬 결합식 집진장치

32
가공지선에 대한 설명 중 틀린 것은?
① 유도뢰 서지에 대하여도 그 가설구간 전체에 사고 방지의 효과가 있다.
② 직격뢰에 대하여 특히 유효하며 탑 상부에 시설하므로 뇌는 주로 가공지선에 내습한다.
③ 송전선의 1선 지락 시 지락전류의 일부가 가공지선에 흘러 차폐작용을 하므로 전자유도장해를 적게 할 수 있다.
④ 가공지선 때문에 송전선로의 대지정전용량이 감소하므로 대지 사이에 방전할 때 유도전압이 특히 커서 차폐효과가 좋다.

33
송전선로에 충전전류가 흐르면 수전단 전압이 송전단 전압보다 높아지는 현상과 이 현상의 발생원인으로 가장 옳은 것은?
① 페란티 효과, 선로의 인덕턴스 때문
② 페란티 효과, 선로의 정전용량 때문
③ 근접 효과, 선로의 인덕턴스 때문
④ 근접 효과, 선로의 정전용량 때문

34
다음 그림에서 송전선로의 건설비와 전압과의 관계를 옳게 나타낸 것은?

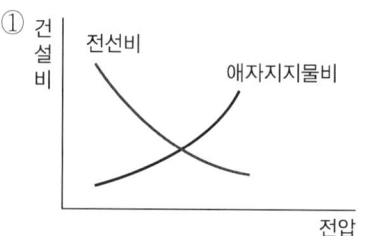

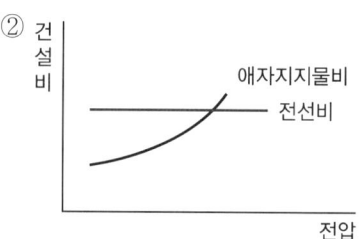

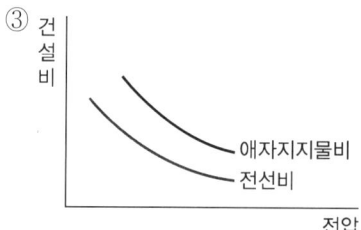

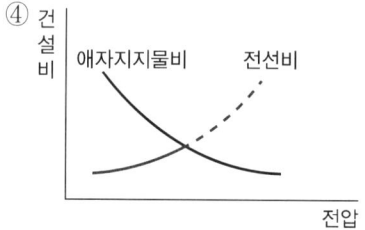

35
피뢰기의 제한전압이란?
① 상용주파 전압에 대한 피뢰기의 충격방전 개시전압
② 충격파 침입 시 피뢰기의 충격방전 개시전압
③ 피뢰기 충격파 방전 종료 후 언제나 속류를 확실히 차단할 수 있는 상용주파 최대전압
④ 충격파 전류가 흐르고 있을 때의 피뢰기 단자전압

36
저압 네트워크 배전방식의 장점이 아닌 것은?

① 인축의 접지사고가 적어진다.
② 부하 증가 시 적응성이 양호하다.
③ 무정전 공급이 가능하다.
④ 전압변동이 작다.

37
연간 전력량이 E[kWh]이고, 연간 최대전력이 W[kW]인 연부하율은 몇 [%]인가?

① $\dfrac{E}{W} \times 100$
② $\dfrac{W}{E} \times 100$
③ $\dfrac{8,760\,W}{E} \times 100$
④ $\dfrac{E}{8,760\,W} \times 100$

38
전력계통의 전압을 조정하는 가장 보편적인 방법은?

① 발전기의 유효전력 조정
② 부하의 유효전력 조정
③ 계통의 주파수 조정
④ 계통의 무효전력 조정

39
전력계통에서 무효전력을 조정하는 조상설비 중 전력용 콘덴서를 동기조상기와 비교할 때 옳은 것은?

① 전력손실이 크다.
② 지상 무효전력분을 공급할 수 있다.
③ 전압조정을 계단적으로만 할 수 있다.
④ 송전선로를 시송전할 때 선로를 충전할 수 있다.

40
그림과 같은 22[kV] 3상 3선식 전선로의 P점에 단락이 발생하였다면 3상 단락전류는 약 몇 [A]인가?(단, %리액턴스는 8[%]이며, 저항분은 무시한다)

22[kV]
20,000[kVA]

① 6,561 ② 8,560
③ 11,364 ④ 12,684

제3과목 전기기기

41
15[kW] 3상 유도전동기의 기계손이 350[W], 전부하 시의 슬립이 3[%]이다. 전부하 시의 2차 동손[W]은 약 얼마인가?

① 439.5 ② 453
③ 460.5 ④ 475

42
서보모터의 특징에 대한 설명으로 틀린 것은?

① 발생토크는 입력신호에 비례하고, 그 비가 클 것
② 직류 서보모터에 비하여 교류 서보모터의 시동토크가 매우 클 것
③ 시동토크는 크나 회전부의 관성모멘트가 작고, 전기적 시정수가 짧을 것
④ 빈번한 시동, 정지, 역전 등의 가혹한 상태에 견디도록 견고하고, 큰 돌입전류에 견딜 것

43
직류발전기의 무부하 특성곡선은 다음 중 어느 관계를 표시한 것인가?

① 계자전류-부하전류
② 단자전압-계자전류
③ 단자전압-회전속도
④ 부하전류-단자전압

44
1상의 유도기전력이 6,000[V]인 동기발전기에서 1분간 회전수를 900[rpm]에서 1,800[rpm]으로 하면 유도기전력은 약 몇 [V]인가?

① 6,000 ② 12,000
③ 24,000 ④ 36,000

45
직류발전기의 정류 초기에 전류변화가 크며 이때 발생되는 불꽃정류로 옳은 것은?

① 과정류 ② 직선정류
③ 부족정류 ④ 정현파정류

46
그림과 같은 단상 브리지 정류회로에서 전원부분과 연결해야 될 단자는?

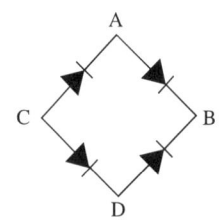

① A-B ② B-C
③ C-D ④ D-A

47
3상 동기발전기의 각 상의 유기기전력 중에서 제5고조파를 제거하려면 단절계수(코일간격/극 피치)는 얼마가 가장 적당한가?

① 0.4 ② 0.8
③ 1.2 ④ 1.6

48
단상 변압기에서 전부하의 2차 전압은 100[V]이고, 전압변동률은 4[%]이다. 1차 단자전압[V]은?(단, 1차, 2차 권선비는 20 : 1이다)

① 1,920 ② 2,080
③ 2,160 ④ 2,260

49
변압기 내부고장 검출을 위해 사용하는 계전기가 아닌 것은?

① 과전압계전기 ② 비율차동계전기
③ 부흐홀츠계전기 ④ 충격압력계전기

50
A, B 2대의 동기발전기를 병렬 운전 중 계통 주파수를 바꾸지 않고 B기의 역률을 좋게 하는 방법은?

① A기의 여자전류를 증대
② A기의 원동기 출력을 증대
③ B기의 여자전류를 증대
④ B기의 원동기 출력을 증대

51
단상 반파의 정류 효율은?

① $\frac{4}{\pi^2} \times 100[\%]$ ② $\frac{\pi^2}{4} \times 100[\%]$
③ $\frac{8}{\pi^2} \times 100[\%]$ ④ $\frac{\pi^2}{8} \times 100[\%]$

52
어떤 변압기의 전압변동률은 부하역률 100[%]에서 2[%], 부하역률 80[%]에서 3[%]이다. 이 변압기의 최대 전압변동률은 약 몇 [%]인가?

① 3.1 ② 4.2
③ 5.1 ④ 6.2

53
전압비가 420/105[V]의 변압기를 감극성으로 결선하고 고압측에 400[V]의 전압을 가하면 고압측과 저압측 사이에 접속된 전압계의 지시는 몇 [V]인가?

① 200 ② 300
③ 400 ④ 500

54
단상 유도전동기의 기동 시 브러시를 필요로 하는 것은?

① 분상 기동형
② 반발 기동형
③ 콘덴서 분상 기동형
④ 셰이딩 코일 기동형

55
직류 복권발전기의 병렬운전에 있어 균압선을 붙이는 목적은 무엇인가?

① 손실을 경감한다.
② 운전을 안정하게 한다.
③ 고조파의 발생을 방지한다.
④ 직원계자 간의 전류증가를 방지한다.

56
2,200/210[V], 5[kVA] 단상 변압기의 퍼센트 저항강하 2.4[%], 리액턴스강하 1.8[%]일 때 임피던스와트[W]는?

① 90   ② 120
③ 240 ④ 320

57
직류분권발전기의 무부하포화곡선이 $V = \dfrac{940 I_f}{33 + I_f}$ 일 때 계자저항이 20[Ω]이면 몇 [V]의 전압이 유기되는가?(단, I_f는 계자전류[A], V는 무부하전압[V]이다)

① 140 ② 160
③ 280 ④ 300

58
유도전동기의 기동계급은?

① 16종 ② 19종
③ 23종 ④ 26종

59
정류기의 직류 측 평균전압이 2,000[V]이고 리플률이 3[%]일 경우, 리플전압의 실횻값[V]은?

① 20   ② 30
③ 50   ④ 60

60
3상 유도전동기에서 동기와트로 표시되는 것은?

① 각속도   ② 토크
③ 2차 출력 ④ 1차 입력

정답 52 ① 53 ② 54 ② 55 ② 56 ② 57 ③ 58 ② 59 ④ 60 ②

제4과목 회로이론

61
전기회로의 입력을 V_1, 출력을 V_2라고 할 때 전달함수는?(단, $s = j\omega$ 이다)

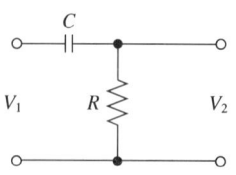

① $\dfrac{1}{R+\dfrac{1}{j\omega C}}$ ② $\dfrac{1}{j\omega+\dfrac{1}{RC}}$

③ $\dfrac{j\omega}{j\omega+\dfrac{1}{RC}}$ ④ $\dfrac{j\omega}{R+\dfrac{1}{j\omega C}}$

62
대칭 n상 Y결선에서 선간전압의 크기는 상전압의 몇 배인가?

① $\sin\dfrac{\pi}{n}$ ② $\cos\dfrac{\pi}{n}$

③ $2\sin\dfrac{\pi}{n}$ ④ $2\cos\dfrac{\pi}{n}$

63
1,000[Hz]인 정현파 교류에서 5[mH]인 유도리액턴스와 같은 용량리액턴스를 갖는 C의 값은 약 몇 [μF]인가?

① 4.07   ② 5.07
③ 6.07   ④ 7.07

64
그림과 같은 회로에서 공진 시의 어드미턴스[℧]는?

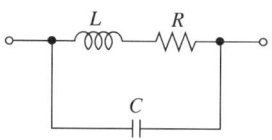

① $\dfrac{CR}{L}$ ② $\dfrac{LC}{R}$

③ $\dfrac{C}{RL}$ ④ $\dfrac{R}{LC}$

65
$i(t) = 100 + 50\sqrt{2}\sin\omega t + 20\sqrt{2}\sin\left(3\omega t+\dfrac{\pi}{6}\right)$

[A]로 표현되는 비정현파 전류의 실횻값은 약 몇 [A]인가?

① 20   ② 50
③ 114   ④ 150

66
전류의 대칭분이 $I_0 = -2+j4$[A], $I_1 = 6-j5$[A], $I_2 = 8+j10$[A]일 때 3상 전류 중 a상 전류(I_a)의 크기($|I_a|$)는 몇 [A]인가?(단, I_0는 영상분이고, I_1은 정상분이고, I_2는 역상분이다)

① 9   ② 12
③ 15   ④ 19

67
그림과 같은 회로에서 임피던스 파라미터 Z_{11}은?

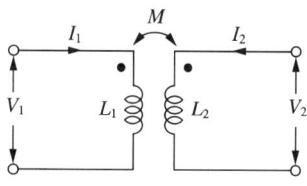

① sL_1 ② sM
③ $sL_1 L_2$ ④ sL_2

68

다음과 같은 회로에서 $i_1 = I_m \sin\omega t$[A]일 때, 개방된 2차 단자에 나타나는 유기기전력 e_2는 몇 [V]인가?

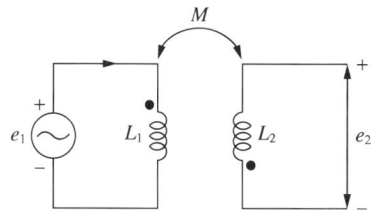

① $\omega M I_m \sin(\omega t - 90°)$
② $\omega M I_m \cos(\omega t - 90°)$
③ $-\omega M \sin\omega t$
④ $\omega M \cos\omega t$

69

각 상의 전류가
$i_a = 30\sin\omega t$[A], $i_b = 30\sin(\omega t - 90°)$[A],
$i_c = 30\sin(\omega t + 90°)$[A]일 때 영상분 전류[A]의 순시치는?

① $10\sin\omega t$
② $10\sin\dfrac{\omega t}{3}$
③ $30\sin\omega t$
④ $\dfrac{30}{\sqrt{3}}\sin(\omega t + 45°)$

70

어떤 전지의 외부 회로의 저항은 3[Ω]이고, 전류는 5[A]가 흐른다. 외부 회로에 3[Ω] 대신에 8[Ω]의 저항을 접속하면 전류는 2.5[A]로 떨어진다. 전지의 기전력[V]은?

① 5
② 15
③ 25
④ 35

71

전압 $v(t)$를 RL 직렬회로에 인가했을 때 제3고조파 전류의 실횻값[A]의 크기는?(단, $R = 8$[Ω], $\omega L = 2$[Ω], $v(t) = 100\sqrt{2}\sin\omega t + 200\sqrt{2}\sin3\omega t + 50\sqrt{2}\sin5\omega t$[V]이다)

① 10
② 14
③ 20
④ 28

72

$Z = 8 + j6$[Ω]인 평형 Y부하에 선간전압 200[V]인 대칭 3상 전압을 가할 때, 선전류는 약 몇 [A]인가?

① 20
② 11.5
③ 7.5
④ 5.5

73

인덕턴스가 각각 5[H], 3[H]인 두 코일을 모두 dot 방향으로 전류가 흐르게 직렬로 연결하고 인덕턴스를 측정하였더니 15[H]이었다. 두 코일 간의 상호 인덕턴스[H]는?

① 3.5
② 4.5
③ 7
④ 9

74

평형 3상 3선식 회로에서 부하는 Y결선이고, 선간전압이 173.2∠0°[V]일 때 선전류는 20∠-120°[A]이었다면, Y결선된 부하 한 상의 임피던스는 약 몇 [Ω]인가?

① $5\angle 60°$
② $5\angle 90°$
③ $5\sqrt{3}\angle 60°$
④ $5\sqrt{3}\angle 90°$

75

RC 직렬회로의 과도현상에 대하여 옳게 설명한 것은?

① $\dfrac{1}{RC}$의 값이 클수록 과도전류값은 천천히 사라진다.
② RC 값이 클수록 과도전류값은 빨리 사라진다.
③ 과도전류는 RC 값에 관계가 없다.
④ RC 값이 클수록 과도전류값은 천천히 사라진다.

76
그림과 같은 4단자 회로망에서 출력 측을 개방하니 $V_1 = 12[V]$, $I_1 = 2[A]$, $V_2 = 4[V]$이고, 출력 측을 단락하니 $V_1 = 16[V]$, $I_1 = 4[A]$, $I_2 = 2[A]$이었다. 4단자 정수 A, B, C, D는 얼마인가?

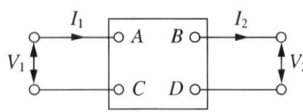

① $A=2$, $B=3$, $C=8$, $D=0.5$
② $A=0.5$, $B=2$, $C=3$, $D=8$
③ $A=8$, $B=0.5$, $C=2$, $D=3$
④ $A=3$, $B=8$, $C=0.5$, $D=2$

77
$f(t) = e^{-t} + 3t^2 + 3\cos 2t + 5$의 라플라스 변환식은?

① $\dfrac{1}{s+1} + \dfrac{6}{s^2} + \dfrac{3s}{s^2+5} + \dfrac{5}{s}$

② $\dfrac{1}{s+1} + \dfrac{6}{s^3} + \dfrac{3s}{s^2+4} + \dfrac{5}{s}$

③ $\dfrac{1}{s+1} + \dfrac{5}{s^2} + \dfrac{3s}{s^2+5} + \dfrac{4}{s}$

④ $\dfrac{1}{s+1} + \dfrac{5}{s^3} + \dfrac{2s}{s^2+4} + \dfrac{4}{s}$

78
$8 + j6[\Omega]$인 임피던스에 $13 + j20[V]$의 전압을 인가할 때 복소전력은 약 몇 [VA]인가?

① $12.7 + j34.1$
② $12.7 + j55.5$
③ $45.5 + j34.1$
④ $45.5 + j55.5$

79
그림과 같은 파형의 순시값은?

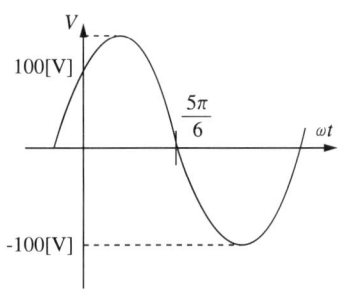

① $v = 100\sqrt{2}\sin\omega t$
② $v = 100\sqrt{2}\cos\omega t$
③ $v = 100\sin\left(\omega t + \dfrac{\pi}{6}\right)$
④ $v = 100\sin\left(\omega t - \dfrac{\pi}{6}\right)$

80
다음 그림과 같은 회로에서 스위치 S가 닫힌 상태에서 회로에 정상 전류가 흐르고 있다. $t = 0$에서 스위치 S를 열 때 회로의 전류는 몇 [A]인가?

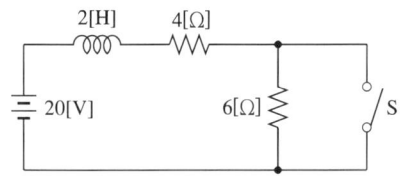

① $2 + 3e^{-5t}$
② $2 + 3e^{-2t}$
③ $2 + 2e^{-2t}$
④ $2 + 2e^{-5t}$

제5과목 전기설비기술기준

81
건조한 장소로서 전개된 장소에 한하여 시설할 수 있는 고압 옥내배선의 방법은?
① 금속관공사
② 애자사용공사
③ 가요전선관공사
④ 합성수지관공사

82
터널 안 전선로의 시설방법으로 옳은 것은?
① 저압 전선은 지름 2.6[mm]의 경동선의 절연전선을 사용하였다.
② 고압 전선은 절연전선을 사용하여 합성수지관공사로 하였다.
③ 저압 전선을 애자공사에 의하여 시설하고 이를 레일면상 또는 노면상 2.2[m]의 높이로 시설하였다.
④ 고압 전선을 금속관공사에 의하여 시설하고 이를 레일면상 또는 노면상 2.4[m]의 높이로 시설하였다.

83
케이블트레이공사에 사용되는 케이블트레이가 수용된 모든 전선을 지지할 수 있는 적합한 강도의 것일 경우 케이블트레이의 안전율은 얼마 이상으로 하여야 하는가?
① 1.1
② 1.2
③ 1.3
④ 1.5

84
태양전지 모듈의 시설에 대한 설명으로 옳은 것은?
① 충전 부분은 노출하여 시설할 것
② 출력배선은 극성별로 확인 가능토록 표시할 것
③ 전선은 공칭단면적 1.5[mm^2] 이상의 연동선을 사용할 것
④ 전선을 옥내에 시설할 경우에는 애자사용공사에 준하여 시설할 것

85
지지물이 A종 철근 콘크리트주일 때 고압 가공전선로의 경간은 몇 [m] 이하인가?
① 150
② 250
③ 400
④ 600

86
전력보안 가공통신선을 횡단보도교 위에 시설하는 경우 그 노면상 높이는 몇 [m] 이상인가?(단, 가공전선로의 지지물에 시설하는 통신선 또는 이에 직접 접속하는 가공통신선은 제외한다)
① 3
② 4
③ 5
④ 6

87
의료장소의 안전을 위한 보호설비에서 누전차단기를 설치할 경우 기준으로 적합한 것은?
① 정격감도전류 30[mA] 이하, 동작시간 0.03초 이내
② 정격감도전류 30[mA] 이하, 동작시간 0.3초 이내
③ 정격감도전류 50[mA] 이하, 동작시간 0.03초 이내
④ 정격감도전류 50[mA] 이하, 동작시간 0.3초 이내

88
제어회로에 사용하는 배선을 금속덕트공사로 할 경우 금속덕트에 넣는 전선의 단면적(절연피복의 단면적 포함)의 합계는 덕트의 내부 단면적의 몇 [%]까지 할 수 있는가?
① 20
② 30
③ 40
④ 50

89
옥내에 시설하는 저압 전선으로 나전선을 사용해서는 안 되는 경우는?
① 금속덕트공사에 의한 전선
② 버스덕트공사에 의한 전선
③ 이동기중기에 사용되는 접촉전선
④ 전개된 곳의 애자공사에 의한 전기로용 전선

정답 81 ② 82 ① 83 ④ 84 ② 85 ① 86 ① 87 ① 88 ④ 89 ①

90
지중전선로를 관로식에 의하여 시설하는 경우에는 매설 깊이를 몇 [m] 이상으로 하여야 하는가?

① 0.6 ② 1.0
③ 1.2 ④ 1.5

91
저압 가공전선이 가공약전류전선과 접근하여 시설될 때, 저압 가공전선과 가공약전류전선 사이의 이격거리는 몇 [m] 이상이어야 하는가?

① 0.4 ② 0.5
③ 0.6 ④ 0.8

92
저압전로의 절연성능에서 전로의 사용전압이 500[V] 초과 시 절연저항은 몇 [MΩ] 이상인가?

① 0.1 ② 0.2
③ 0.5 ④ 1.0

93
뱅크용량이 20,000[kVA]인 전력용 콘덴서에 자동적으로 이를 전로로부터 차단하는 보호장치를 하려고 한다. 다음 중 반드시 시설하여야 할 보호장치가 아닌 것은?

① 내부에 고장이 생긴 경우에 동작하는 장치
② 절연유의 압력이 변화할 때 동작하는 장치
③ 과전류가 생긴 경우에 동작하는 장치
④ 과전압이 생긴 경우에 동작하는 장치

94
전기온상용 발열선은 그 온도가 몇 [℃]를 넘지 않도록 시설하여야 하는가?

① 50 ② 60
③ 80 ④ 100

95
피뢰시스템을 적용해야 하는 건축물의 최소 높이는 지상으로부터 몇 [m] 이상인가?

① 10 ② 20
③ 30 ④ 40

96
감전에 대한 보호에서 설비의 각 부분에 하나 이상의 보호대책을 적용해야 하는데 이에 해당하지 않는 것은?

① 전원의 자동차단
② 단절연 및 저감절연
③ 한 개의 전기사용기기에 전기를 공급하기 위한 전기적 분리
④ SELV와 PELV를 적용한 특별저압

97
풍력발전설비의 접지설비에서 고려해야 할 것은?

① 타워기초를 이용한 통합접지공사를 할 것
② 공통접지를 할 것
③ IT접지계통을 적용하여 인체에 감전사고가 없도록 할 것
④ 단독접지를 적용하여 전위차가 없도록 할 것

98
특고압 가공전선로의 지지물로 사용하는 B종 철주에서 각도형은 전선로 중 몇 도를 넘는 수평각도를 이루는 곳에 사용되는가?

① 1 ② 2
③ 3 ④ 5

99
다음 중 제1종 특고압 보안공사를 필요로 하는 가공전선로에 지지물로 사용할 수 있는 것은?

① A종 철근콘크리트주
② B종 철근콘크리트주
③ A종 철주
④ 목 주

100
가요전선관공사에 의한 저압 옥내배선시설에 대한 설명으로 옳지 않은 것은?

① 옥외용 비닐전선을 제외한 절연전선을 사용한다.
② 제1종 금속제가요전선관의 두께는 0.8[mm] 이상으로 한다.
③ 중량물의 압력 또는 기계적 충격을 받을 우려가 없도록 시설한다.
④ 전선은 연선을 사용하나 단면적 10[mm^2] 이상인 경우에는 단선을 사용한다.

2023년 제3회 CBT

제1과목 전기자기학

01
자극의 세기가 8×10^{-6}[Wb]이고, 길이가 30[cm]인 막대자석을 120[AT/m] 평등자계 내에 자력선과 30°의 각도로 놓았다면 자석이 받는 회전력은 몇 [N·m]인가?

① 1.44×10^{-4}
② 1.44×10^{-5}
③ 2.88×10^{-4}
④ 2.88×10^{-5}

02
맥스웰 전자방정식에 대한 설명으로 틀린 것은?

① 폐곡면을 통해 나오는 전속은 폐곡면 내의 전하량과 같다.
② 폐곡면을 통해 나오는 자속은 폐곡면 내의 자극의 세기와 같다.
③ 폐곡선에 따른 전계의 선적분은 폐곡선 내를 통하는 자속의 시간 변화율과 같다.
④ 폐곡선에 따른 자계의 선적분은 폐곡선 내를 통하는 전류와 전속의 시간적 변화율을 더한 것과 같다.

03
전자석에 사용하는 연철(Soft Iron)은 다음 어느 성질을 갖는가?

① 잔류자기, 보자력이 모두 크다.
② 보자력이 크고 잔류자기가 작다.
③ 보자력이 크고 히스테리시스 곡선의 면적이 작다.
④ 보자력과 히스테리시스 곡선의 면적이 모두 작다.

04
접지구도체와 점전하 사이에 작용하는 힘은?

① 항상 반발력이다.
② 항상 흡인력이다.
③ 조건적 반발력이다.
④ 조건적 흡인력이다.

05
동심구에서 내부도체의 반지름이 a, 절연체의 반지름이 b, 외부도체의 반지름이 c이다. 내부도체에만 전하 Q를 주었을 때 내부도체의 전위는?(단, 절연체의 유전율은 ε_0이다)

① $\dfrac{Q}{4\pi\varepsilon_0 a}\left(\dfrac{1}{a}+\dfrac{1}{b}\right)$

② $\dfrac{Q}{4\pi\varepsilon_0}\left(\dfrac{1}{a}-\dfrac{1}{b}\right)$

③ $\dfrac{Q}{4\pi\varepsilon_0}\left(\dfrac{1}{a}-\dfrac{1}{b}-\dfrac{1}{c}\right)$

④ $\dfrac{Q}{4\pi\varepsilon_0}\left(\dfrac{1}{a}-\dfrac{1}{b}+\dfrac{1}{c}\right)$

06
점전하 $+Q$의 무한평면도체에 대한 영상전하는?

① $+Q$
② $-Q$
③ $+2Q$
④ $-2Q$

07
한 변의 길이가 a[m]인 정육각형 A, B, C, D, E, F의 각 정점에 각각 Q[C]의 전하를 놓을 때 정육각형의 중심 O에 있어서의 전계는 몇 [V/m]인가?

① 0
② $\dfrac{3Q}{2\pi\varepsilon_0 a}$
③ $\dfrac{3Q}{2\pi\varepsilon_0 a^2}$
④ $\dfrac{Q}{4\pi\varepsilon_0 a^2}$

08
무한히 넓은 평행판 콘덴서에서 두 평행판 사이의 간격이 d[m]일 때 단위면적당 두 평행판 사이의 정전용량 [F/m^2]은?(단, 매질은 공기이다)

① $\dfrac{1}{4\pi\varepsilon_0 d}$ ② $\dfrac{4\pi\varepsilon_0}{d}$

③ $\dfrac{\varepsilon_0}{d}$ ④ $\dfrac{\varepsilon_0}{d^2}$

09
무손실 유전체에서 평면 전자파의 전계 E와 자계 H 사이 관계식으로 옳은 것은?

① $H = \sqrt{\dfrac{\varepsilon}{\mu}}\,E$ ② $H = \sqrt{\dfrac{\mu}{\varepsilon}}\,E$

③ $H = \dfrac{\varepsilon}{\mu} E$ ④ $H = \dfrac{\mu}{\varepsilon} E$

10
공간도체 중의 정상 전류밀도를 i, 공간 전하밀도를 ρ라고 할 때 키르히호프의 전류법칙을 나타내는 것은?

① $i = 0$ ② $\mathrm{div}\, i = 0$

③ $i = \dfrac{\partial \rho}{\partial t}$ ④ $\mathrm{div}\, i = \infty$

11
철심이 들어 있는 환상코일이 있다. 1차 코일의 권수 $N_1 = 100$회일 때 자기인덕턴스는 0.01[H]였다. 이 철심에 2차 코일 $N_2 = 200$회를 감았을 때 1, 2차 코일의 상호인덕턴스는 몇 [H]인가?(단, 이 경우 결합계수 $k = 1$로 한다)

① 0.01 ② 0.02
③ 0.03 ④ 0.04

12
대전도체 표면의 전하밀도를 σ[C/m^2]이라 할 때, 대전도체 표면의 단위면적이 받는 정전응력은 전하밀도 σ와 어떤 관계에 있는가?

① $\sigma^{\frac{1}{2}}$에 비례 ② $\sigma^{\frac{3}{2}}$에 비례

③ σ에 비례 ④ σ^2에 비례

13
감자율(Demagnetization Factor)이 "0"인 자성체로 가장 알맞은 것은?

① 환상솔레노이드
② 굵고 짧은 막대 자성체
③ 가늘고 긴 막대 자성체
④ 가늘고 짧은 막대 자성체

14
공기콘덴서의 극판 사이에 비유전율 ε_s의 유전체를 채운 경우, 동일 전위차에 대한 극판 간의 전하량은?

① $\dfrac{1}{\varepsilon_s}$로 감소 ② ε_s배로 증가

③ $\pi\varepsilon_s$배로 증가 ④ 불 변

15
자유공간 내 전자파의 진행에서 전계와 자계의 시간적인 위상관계는?

① 위상이 서로 같다.
② 전계가 자계보다 90° 빠르다.
③ 전계가 자계보다 90° 늦다.
④ 전계가 자계보다 45° 빠르다.

16

그림과 같은 동축 원통의 왕복 전류회로가 있다. 도체 단면에 고르게 퍼진 일정 크기의 전류가 내부 도체로 흘러 들어가고 외부 도체로 흘러 나올 때, 전류에 의하여 생기는 자계에 대하여 틀린 것은?

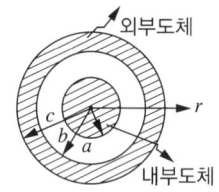

① 외부 공간($r > c$)의 자계는 영(0)이다.
② 내부 도체 내($r < a$)에 생기는 자계의 크기는 중심으로부터 거리에 비례한다.
③ 외부 도체 내($b < r < c$)에 생기는 자계의 크기는 중심으로부터 거리에 관계없이 일정하다.
④ 두 도체 사이(내부공간)($a < r < b$)에 생기는 자계의 크기는 중심으로부터 거리에 반비례한다.

17

공극(Air Gap)이 δ[m]인 강자성체로 된 환상 영구자석에서 성립하는 식은?(단, l[m]은 영구자석의 길이이며 $l \gg \delta$이고, 자속밀도와 자계의 세기를 각각 B[Wb/m^2], H[AT/m]라 한다)

① $\dfrac{B}{H} = -\dfrac{l\mu_0}{\delta}$ ② $\dfrac{B}{H} = -\dfrac{\delta\mu_0}{l}$
③ $\dfrac{B}{H} = \dfrac{\delta\mu_0}{l}$ ④ $\dfrac{B}{H} = \dfrac{l\mu_0}{\delta}$

18

평등자계 내에 전자가 원운동을 하고 있다. 전자의 속도 $v = 2 \times 10^{16}$[m/s], 각속도 $\omega = 0.35 \times 10^{-10}$[rad/s]일 때 전자에 작용하는 구심력은?(단, 전자의 질량은 9.1095×10^{-31}[kg]이다)

① 3.19×10^{-22} ② 3.19×10^{-25}
③ 6.38×10^{-22} ④ 6.38×10^{-25}

19

유전율이 각각 다른 두 종류의 유전체 경계면에 전속이 입사될 때 이 전속의 방향은?

① 직 진   ② 반 사
③ 회 절   ④ 굴 절

20

전기력선의 성질에 대한 설명 중 옳은 것은?

① 전기력선은 도체 표면과 직교한다.
② 전기력선은 전위가 낮은 점에서 높은 점으로 향한다.
③ 전기력선은 도체 내부에 존재할 수 있다.
④ 전기력선은 등전위면과 평행하다.

제2과목 전력공학

21

전력용 퓨즈의 설명으로 옳지 않은 것은?

① 소형으로 큰 차단용량을 갖는다.
② 가격이 싸고 유지 보수가 간단하다.
③ 밀폐형 퓨즈는 차단 시에 소음이 없다.
④ 과도전류에 의해 쉽게 용단되지 않는다.

22

송전단 전압이 66[kV], 수전단 전압이 60[kV]인 송전선로에서 수전단의 부하를 끊을 경우에 수전단 전압이 63[kV]가 되었다면 전압변동률은 몇 [%]가 되는가?

① 4.5   ② 4.8
③ 5.0   ④ 10.0

23
부하역률이 $\cos\phi$인 배전선로의 저항손실은 같은 크기의 부하전력에서 역률 1일 때 저항손실의 몇 배인가?

① $\cos^2\phi$
② $\cos\phi$
③ $\dfrac{1}{\cos\phi}$
④ $\dfrac{1}{\cos^2\phi}$

24
송전선에 코로나가 발생하면 전선이 부식된다. 무엇에 의하여 부식되는가?

① 산 소
② 오 존
③ 수 소
④ 질 소

25
철탑에서 전선의 오프셋을 주는 이유로 옳은 것은?

① 불평형 전압의 유도 방지
② 상하 전선의 접촉 방지
③ 전선의 진동 방지
④ 지락사고 방지

26
154/22.9[kV], 40[MVA] 3상 변압기의 %리액턴스가 14[%]라면 고압 측으로 환산한 리액턴스는 약 몇 [Ω]인가?

① 95
② 83
③ 75
④ 61

27
다음 중 송전선의 1선 지락 시 선로에 흐르는 전류를 바르게 나타낸 것은?

① 영상전류만 흐른다.
② 영상전류 및 정상전류만 흐른다.
③ 영상전류 및 역상전류만 흐른다.
④ 영상전류, 정상전류 및 역상전류가 흐른다.

28
피뢰기가 그 역할을 잘하기 위하여 구비되어야 할 조건으로 틀린 것은?

① 속류를 차단할 것
② 내구력이 높을 것
③ 충격방전 개시전압이 낮을 것
④ 제한전압은 피뢰기의 정격전압과 같게 할 것

29
초고압용 차단기에서 개폐저항기를 사용하는 이유 중 가장 타당한 것은?

① 차단전류의 역률 개선
② 차단전류 감소
③ 차단속도 증진
④ 개폐서지 이상전압 억제

30
송전계통의 안정도 증진방법에 대한 설명이 아닌 것은?

① 전압변동을 작게 한다.
② 직렬리액턴스를 크게 한다.
③ 고장 시 발전기 입·출력의 불평형을 작게 한다.
④ 고장전류를 줄이고 고장구간을 신속하게 차단한다.

정답 23 ④ 24 ② 25 ② 26 ② 27 ④ 28 ④ 29 ④ 30 ②

31
전력선 a의 충전전압을 E, 통신선 b의 대지정전용량을 C_b, $a-b$ 사이의 상호정전용량을 C_{ab}라고 하면 통신선 b의 정전유도전압 E_s는?

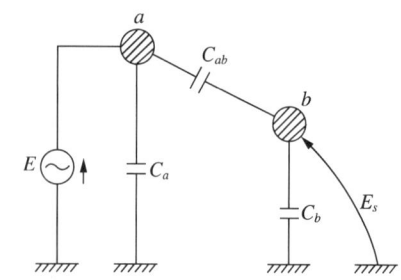

① $\dfrac{C_{ab}+C_b}{C_b}\times E$ ② $\dfrac{C_{ab}+C_b}{C_{ab}}\times E$

③ $\dfrac{C_b}{C_{ab}+C_b}\times E$ ④ $\dfrac{C_{ab}}{C_{ab}+C_b}\times E$

32
3상 3선식 송전선에서 한 선의 저항이 10[Ω], 리액턴스가 20[Ω]이며, 수전단의 선간전압이 60[kV], 부하역률이 0.8인 경우에 전압강하율이 10[%]라 하면 이 송전선로로는 약 몇 [kW]까지 수전할 수 있는가?

① 10,000 ② 12,000
③ 14,400 ④ 18,000

33
계기용 변성기 중에서 전압 전류를 동시에 변성하여 전력량을 측정할 목적으로 사용하는 기기의 약호는?

① CT ② MOF
③ PT ④ ZCT

34
1[BTU]는 약 몇 [kcal]인가?

① 0.252 ② 0.2389
③ 47.86 ④ 71.67

35
전압이 일정값 이하로 되었을 때 동작하는 것으로서 단락 시 고장 검출용으로도 사용되는 계전기는?

① OVR ② OVGR
③ NSR ④ UVR

36
저압뱅킹 배전방식에서 캐스케이딩 현상을 방지하기 위하여 인접 변압기를 연락하는 저압선의 중간에 설치하는 것으로 알맞은 것은?

① 구분 퓨즈
② 리클로저
③ 섹셔널라이저
④ 구분 개폐기

37
송전선로의 단락보호 계전방식이 아닌 것은?

① 과전류 계전방식
② 방향단락 계전방식
③ 거리 계전방식
④ 과전압 계전방식

38
1년 365일 중 185일은 이 양 이하로 내려가지 않는 유량은?

① 평수량 ② 풍수량
③ 고수량 ④ 저수량

39
주상변압기의 고압 측 및 저압 측에 설치하는 보호 장치가 아닌 것은?

① 피뢰기
② 1차 컷아웃 스위치
③ 캐치홀더
④ 케이블헤드

40
154[kV] 2회선 송전선로에서 송전거리가 154[km]일 때 송전용량계수법에 의하면 송전용량은 몇 [MW]인가?(단, 송전용량계수는 1,300이다)

① 250 ② 300
③ 350 ④ 400

제3과목 전기기기

41
10[kW] 3상 380[V] 유도전동기의 전부하 전류는 약 몇 [A]인가?(단, 전동기의 효율은 85[%], 역률은 85[%]이다)

① 15 ② 21
③ 26 ④ 36

42
직류기발전기에서 양호한 정류(整流)를 얻는 조건으로 틀린 것은?

① 정류주기를 크게 할 것
② 리액턴스 전압을 크게 할 것
③ 브러시의 접촉저항을 크게 할 것
④ 전기자 코일의 인덕턴스를 작게 할 것

43
동기발전기의 단락비를 계산하는 데 필요한 시험은?

① 부하시험과 돌발 단락시험
② 단상 단락시험과 3상 단락시험
③ 무부하 포화시험과 3상 단락시험
④ 정상, 역상, 영상 리액턴스의 측정시험

44
변압기의 전일효율을 최대로 하기 위한 조건은?

① 전부하 시간이 짧을수록 무부하손을 적게 한다.
② 전부하 시간이 짧을수록 철손을 크게 한다.
③ 부하시간에 관계없이 전부하 동손과 철손을 같게 한다.
④ 전부하 시간이 길수록 철손을 적게 한다.

45
직류발전기의 전기자 반작용의 영향이 아닌 것은?

① 주자속이 증가한다.
② 전기적 중성축이 이동한다.
③ 정류작용에 악영향을 준다.
④ 정류자 편 사이의 전압이 불균일하게 된다.

46
일반적인 농형 유도전동기에 비하여 2중 농형 유도전동기의 특징으로 옳은 것은?

① 손실이 적다.   ② 슬립이 크다.
③ 최대토크가 크다. ④ 기동토크가 크다.

47
슬롯수 48의 고정자가 있다. 여기에 3상 4극의 2층권을 시행할 때 매극 매상의 슬롯수와 총 코일수를 차례대로 나열하면?

① 4, 28 ② 4, 48
③ 12, 24 ④ 12, 48

48
직류 분권전동기의 기동 시 계자전류는?

① 큰 것이 좋다.
② 정격출력 때와 같은 것이 좋다.
③ 작은 것이 좋다.
④ 0에 가까운 것이 좋다.

정답 40 ④ 41 ② 42 ② 43 ③ 44 ① 45 ① 46 ④ 47 ② 48 ①

49
실리콘 다이오드의 특성으로 잘못된 것은?
① 전압강하가 크다. ② 정류비가 크다.
③ 허용온도가 높다. ④ 역내전압이 크다.

50
직권전동기에서 위험속도가 되는 경우는?
① 정격전압, 무부하
② 저전압, 과여자
③ 전기자에 저저항 접속
④ 정격전압, 과부하

51
30[kVA], 3,300/200[V], 60[Hz]의 3상 변압기 2차 측에 3상 단락이 생겼을 경우 단락전류는 약 몇 [A]인가?(단, %임피던스전압은 3[%]라고 한다)
① 2,250 ② 2,620
③ 2,730 ④ 2,886

52
권수비 10 : 1인 동일 정격의 3대의 단상 변압기를 Y-△로 결선하여 2차 단자에 200[V], 75[kVA]의 평형부하를 걸었을 때 각 변압기의 1차 권선의 전류 및 1차 선간전압을 구하면?(단, 여자전류와 임피던스는 무시한다)
① 12.5[A], 2,000[V]
② 12.5[A], 3,464[V]
③ 21.6[A], 2,000[V]
④ 21.6[A], 3,464[V]

53
트랜지스터에 비해 스위칭속도가 매우 빠른 이점이 있는 반면에 용량이 적어서 비교적 저전력용에 주로 사용되는 전력용 반도체소자는?
① SCR ② GTO
③ IGBT ④ MOSFET

54
6,000/200[V], 5[kVA]의 단상 변압기를 승압기로 연결하여 1차 측에 6,000[V]를 가할 때 2차 측에 걸수 있는 최대부하용량[KVA]은?
① 150 ② 155
③ 160 ④ 165

55
3상 동기발전기에 3상 전류(평형)가 흐를 때 전기자반 작용은 이 전류가 기전력에 대하여 A일 때 감자작용이 되고 B일 때 증자작용이 된다. A, B에 적당한 것은?
① A : 90° 뒤질 때, B : 90° 앞설 때
② A : 90° 앞설 때, B : 90° 뒤질 때
③ A : 90° 뒤질 때, B : 90° 동상일 때
④ A : 90° 동상일 때, B : 90° 앞설 때

56
동기발전기 2대로 병렬운전할 때 일치하지 않아도 되는 것은?
① 기전력의 크기 ② 기전력의 위상
③ 부하전류 ④ 기전력의 주파수

57
380[V], 60[Hz], 4극, 10[kW]인 3상 유도전동기의 전부하 슬립이 4[%]이다. 전원 전압을 10[%] 낮추는 경우 전부하 슬립은 약 몇 [%]인가?
① 3.3 ② 3.6
③ 4.4 ④ 4.9

58
2상 교류 서보모터를 구동하는 데 필요한 2상 전압을 얻는 방법으로 널리 쓰이는 방법은?
① 2상 전원을 직접 이용하는 방법
② 환상 결선 변압기를 이용하는 방법
③ 여자권선에 리액터를 삽입하는 방법
④ 증폭기 내에서 위상을 조정하는 방법

59

3상 유도전동기에서 회전자가 슬립 s로 회전하고 있을 때 2차 유기전압 E_{2s} 및 2차 주파수 f_{2s}와 s와의 관계는?(단, E_2는 회전자가 정지하고 있을 때 2차 유기기전력이며 f_1은 1차 주파수이다)

① $E_{2s} = sE_2$, $f_{2s} = sf_1$

② $E_{2s} = sE_2$, $f_{2s} = \dfrac{f_1}{s}$

③ $E_{2s} = \dfrac{E_2}{s}$, $f_{2s} = \dfrac{f_1}{s}$

④ $E_{2s} = (1-s)E_2$, $f_{2s} = (1-s)f_1$

60

변압기에서 1차 측의 여자어드미턴스를 Y_0라고 한다. 2차 측으로 환산한 여자어드미턴스 Y_0'을 옳게 표현한 식은?(단, 권수비를 a라고 한다)

① $Y_0' = a^2 Y_0$
② $Y_0' = a Y_0$
③ $Y_0' = \dfrac{Y_0}{a^2}$
④ $Y_0' = \dfrac{Y_0}{a}$

제4과목 회로이론

61

9[Ω]과 3[Ω]인 저항 6개를 그림과 같이 연결하였을 때, a와 b 사이의 합성저항[Ω]은?

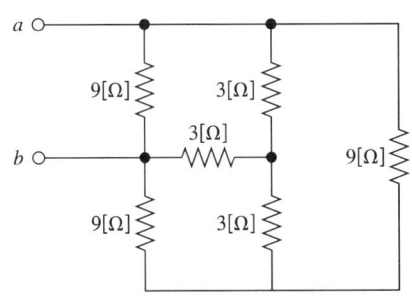

① 9
② 4
③ 3
④ 2

62

다음 회로에 대한 설명으로 옳은 것은?

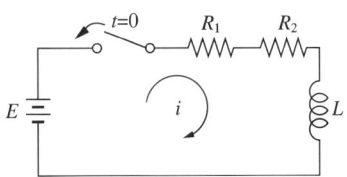

① 이 회로의 시정수는 $\dfrac{L}{R_1 + R_2}$이다.

② 이 회로의 특성근은 $\dfrac{R_1 + R_2}{L}$이다.

③ 정상전류값은 $\dfrac{E}{R_2}$이다.

④ 이 회로의 전류값은
$i(t) = \dfrac{E}{R_1 + R_2}\left(1 - e^{-\frac{L}{R_1+R_2}t}\right)$이다.

63

$e = 200\sqrt{2}\sin\omega t + 150\sqrt{2}\sin 3\omega t + 100\sqrt{2}\sin 5\omega t$[V]인 전압을 $R-L$ 직렬회로에 가할 때 제3고조파 전류의 실횻값은 몇 [A]인가?(단, $R = 8[\Omega]$, $\omega L = 2[\Omega]$이다)

① 5
② 8
③ 10
④ 15

64

저항 $R[\Omega]$, 리액턴스 $X[\Omega]$인 직렬회로에 교류전압 $V = 14 + j38$[V]를 인가하니 $I = 6 + j2$[A]가 흐른다. 이때 저항과 리액턴스는 각각 몇 [Ω]인가?

① 4, $j5$
② 5, $j4$
③ 6, $j3$
④ 7, $j2$

65
전원과 부하가 다 같이 △ 결선된 3상 평형회로에서 전원전압이 200[V], 부하 한 상의 임피던스가 $6+j8$ [Ω]인 경우 선전류는 몇 [A]인가?

① 20
② $\dfrac{20}{\sqrt{3}}$
③ $20\sqrt{3}$
④ $40\sqrt{3}$

66
$R[\Omega]$의 저항 3개를 Y로 접속하고 이것을 선간전압 200[V]의 평형 3상 교류전원에 연결할 때 선전류가 20[A]흘렀다. 이 3개의 저항을 △로 접속하고 동일 전원에 연결하였을 때의 선전류는 몇 [A]인가?

① 30
② 40
③ 50
④ 60

67
다음과 같은 4단자 회로에서 영상임피던스[Ω]는?

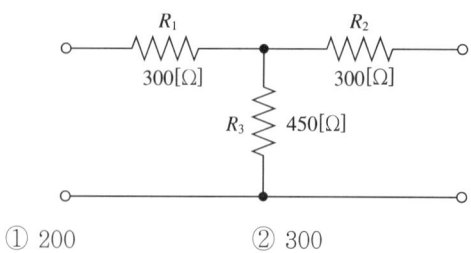

① 200
② 300
③ 450
④ 600

68
600[kVA] 역률 0.6(지상)의 부하 A와 800[kVA] 역률 0.8(진상)의 부하 B가 함께 접속되어 있을 때 전체 피상전력[kVA]은?

① 0
② 960
③ 1,000
④ 1,400

69
그림에서 4단자 회로 정수 A, B, C, D 중 출력단자가 3, 4가 개방되었을 때의 $\dfrac{V_1}{V_2}$인 A의 값은?

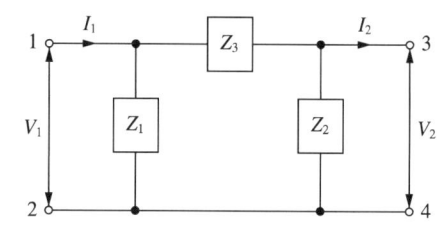

① $1+\dfrac{Z_2}{Z_1}$
② $1+\dfrac{Z_3}{Z_2}$
③ $1+\dfrac{Z_2}{Z_3}$
④ $\dfrac{Z_1+Z_2+Z_3}{Z_1 Z_3}$

70
전원 측 저항 1[kΩ], 부하저항 10[Ω]일 때, 이것에 변압비 $n:1$의 이상변압기를 사용하여 정합을 취하려 한다. n의 값으로 옳은 것은?

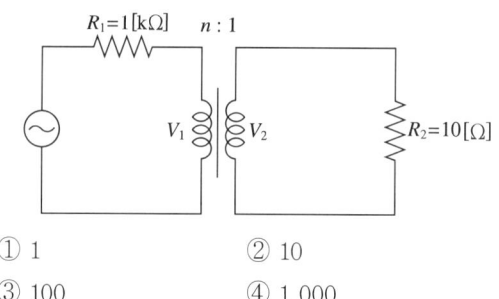

① 1
② 10
③ 100
④ 1,000

71
저항 $R=6[\Omega]$과 유도리액턴스 $X_L=8[\Omega]$이 직렬로 접속된 회로에서 $v=200\sqrt{2}\sin\omega t[V]$인 전압을 인가하였다. 이 회로의 소비되는 전력[kW]은?

① 1.2
② 2.2
③ 2.4
④ 3.2

72
그림과 같은 회로의 전달함수는? (단, $T_1 = R_1 C$, $T_2 = \dfrac{R_2}{R_1 + R_2}$ 이다)

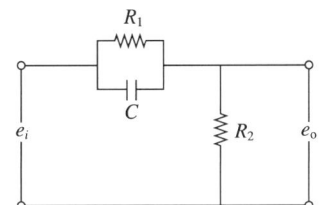

① $\dfrac{1}{1 + T_1 s}$
② $\dfrac{T_2(1 + T_1 s)}{1 + T_1 T_2 s}$
③ $\dfrac{1 + T_1 s}{1 + T_2 s}$
④ $\dfrac{T_2(1 + T_1 s)}{T_1(1 + T_2 s)}$

73
그림에서 10[Ω]의 저항에 흐르는 전류는 몇 [A]인가?

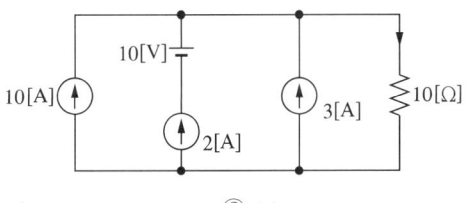

① 13 ② 14
③ 15 ④ 16

74
그림과 같은 회로에서 $L_1[\text{H}]$ 양단의 전압 $V_1[\text{V}]$ 은?(단, 상호 인덕턴스는 무시한다)

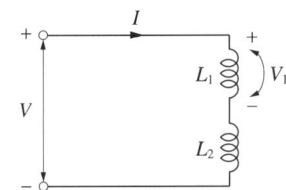

① $\dfrac{L_1}{L_1 + L_2} V$
② $\dfrac{L_1 + L_2}{L_1} V$
③ $\dfrac{L_2}{L_1 + L_2} V$
④ $\dfrac{L_1 + L_2}{L_2} V$

75
$F(s) = \dfrac{2}{(s+1)(s+3)}$ 의 역라플라스 변환은?

① $e^{-t} - e^{-3t}$ ② $e^{-t} - e^{3t}$
③ $e^{t} - e^{3t}$ ④ $e^{t} - e^{-3t}$

76
그림과 같은 반파정현파의 실횻값은?

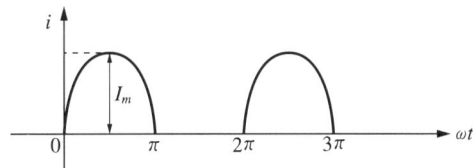

① $\dfrac{1}{\sqrt{2}} I_m$ ② $\dfrac{2}{\pi} I_m$
③ $\dfrac{1}{\pi} I_m$ ④ $\dfrac{1}{2} I_m$

77
두 개의 회로망 N_1 과 N_2 가 있다. $a-b$단자, $a'-b'$ 단자의 각각의 전압은 50[V], 30[V]이다. 또 양 단자에서 N_1, N_2를 본 임피던스가 15[Ω]과 25[Ω]이다. $a-a'$, $b-b'$를 연결하면 이때 흐르는 전류는 몇 [A]인가?

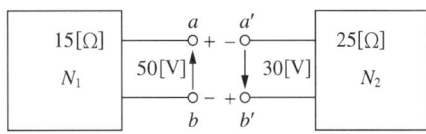

① 0.5 ② 1
③ 2 ④ 4

78
$\mathcal{L}[f(t)] = F(s) = \dfrac{5s + 8}{5s^2 + 4s}$ 일 때, $f(t)$의 최종 값 $f(\infty)$는?

① 1 ② 2
③ 3 ④ 4

79
대칭좌표법에 관한 설명이 아닌 것은?
① 대칭좌표법은 일반적인 비대칭 3상 교류회로의 계산에도 이용된다.
② 대칭 3상 전압의 영상분과 역상분은 0이고, 정상분만 남는다.
③ 비대칭 3상 교류회로는 영상분, 역상분 및 정상분의 3성분으로 해석한다.
④ 비대칭 3상 회로의 접지식 회로에는 영상분이 존재하지 않는다.

80
저항 1[Ω]과 인덕턴스 1[H]를 직렬로 연결한 후 60[Hz], 100[V]의 전압을 인가할 때 흐르는 전류의 위상은 전압의 위상보다 어떻게 되는가?
① 뒤지지만 90° 이하이다.
② 90° 늦다.
③ 앞서지만 90° 이하이다.
④ 90° 빠르다.

제5과목 전기설비기술기준

81
가공전선로의 지지물에 취급자가 오르고 내리는 데 사용하는 발판 볼트 등은 지표상 몇 [m] 미만에 시설하여서는 아니 되는가?
① 1.2
② 1.8
③ 2.2
④ 2.5

82
전력보안통신 설비인 무선통신용 안테나를 지지하는 목주는 풍압하중에 대한 안전율이 얼마 이상이어야 하는가?
① 1.0
② 1.2
③ 1.5
④ 2.0

83
교통신호등 회로의 사용전압은 몇 [V] 이하여야 하는가?
① 110
② 200
③ 220
④ 300

84
전력보안통신용 전화설비를 시설하지 않아도 되는 것은?
① 원격감시제어가 되지 아니하는 발전소
② 원격감시제어가 되지 아니하는 변전소
③ 2개 이상의 급전소 상호 간과 이들을 통합 운용하는 급전소 간
④ 발전소로서 전기공급에 지장을 미치지 않고, 휴대용 전력보안통신 전화설비에 의하여 연락이 확보된 경우

85
온도가 낮고 눈이 적은 지방이면서 인가가 많이 연접되어 있는 곳에 가공전선로를 시설하는 경우 어떤 풍압하중을 적용하는가?
① 갑종 풍압하중
② 을종 풍압하중
③ 병종 풍압하중
④ 갑종 풍압하중의 30[%]

86
전기철도와 전차선로의 충전부 건조물과의 동적 최소 절연이격거리는 몇 [mm] 이상이어야 하는가?(단, 단상 교류식(AC 25,000[V])이며, 비오염 지역이다)

① 150 ② 170
③ 220 ④ 270

87
태양광발전설비에 관한 내용으로 틀린 것은?

① 태양전지 모듈, 전선 및 기타 기구는 충전 부분이 노출되지 않도록 시설할 것
② 옥외에 시설하는 경우 방수등급은 IPX4 이상일 것
③ 옥외에 시설하는 경우 방수등급은 IPX5 이상일 것
④ 주택 옥내전로의 대지전압은 직류 600[V] 이하일 것

88
방전등용 안정기로부터 방전관까지의 전로를 무엇이라 하는가?

① 가섭선 ② 가공인입선
③ 관등회로 ④ 지중관로

89
전력계통의 일부가 전력계통의 전원과 전기적으로 분리된 상태에서 분산형전원에 의해서만 가압되는 상태를 무엇이라 하는가?

① 단독운전 ② 계통연계
③ 급전회로 ④ 리플프리

90
최대사용전압이 69[kV]인 정류기의 절연내력 시험전압은 교류 측 최대사용전압의 몇 배인가?

① 1.0 ② 1.1
③ 1.25 ④ 1.5

91
금속관공사에서 절연부싱을 사용하는 가장 주된 목적은?

① 관의 끝이 터지는 것을 방지
② 관 내 해충 및 이물질 출입 방지
③ 관의 단구에서 조영재의 접촉 방지
④ 관의 단구에서 전선 피복의 손상 방지

92
전기온상용 발열선은 그 온도가 몇 [℃]를 넘지 않도록 시설하여야 하는가?

① 50 ② 60
③ 80 ④ 100

93
사용전압 22.9[kV]의 가공전선이 철도를 횡단하는 경우, 전선의 레일면상의 높이는 몇 [m] 이상인가?

① 5 ② 5.5
③ 6 ④ 6.5

94
저압 및 고압 가공전선의 최소 높이는 도로를 횡단하는 경우와 철도를 횡단하는 경우에 각각 몇 [m] 이상이어야 하는가?

① 도로 : 지표상 6[m], 철도 : 레일면상 6.5[m]
② 도로 : 지표상 6[m], 철도 : 레일면상 6[m]
③ 도로 : 지표상 5[m], 철도 : 레일면상 6.5[m]
④ 도로 : 지표상 5[m], 철도 : 레일면상 6[m]

95
저압 가공전선이 가공약전류전선과 접근하여 시설될 때, 저압 가공전선과 가공약전류전선 사이의 이격거리는 몇 [m] 이상이어야 하는가?

① 0.4 ② 0.5
③ 0.6 ④ 0.8

96
주택용 배선차단기가 B형인 경우 순시트립범위는 얼마인가?

① $3I_n$ 초과 $5I_n$ 이하
② $5I_n$ 초과 $10I_n$ 이하
③ $10I_n$ 초과 $20I_n$ 이하
④ $3I_n$ 초과 $10I_n$ 이하

97
사용전압이 22.9[kV]인 가공전선로를 시가지에 시설하는 경우 전선의 지표상 높이는 몇 [m] 이상인가?(단, 전선은 특고압 절연전선을 사용한다)

① 6　　② 7
③ 8　　④ 10

98
전기저장장치를 전용건물에 시설하는 경우에 대한 설명이다. 다음 ( )에 들어갈 내용으로 옳은 것은?

> 전기저장장치 시설장소는 주변 시설(도로, 건물, 가연물질 등)로부터 (㉠)[m] 이상 이격하고 다른 건물의 출입구나 피난계단 등 이와 유사한 장소로부터는 (㉡)[m] 이상 이격하여야 한다.

① ㉠ 3, ㉡ 1　　② ㉠ 2, ㉡ 1.5
③ ㉠ 1, ㉡ 2　　④ ㉠ 1.5, ㉡ 3

99
고압 보안공사 시에 지지물로 A종 철근 콘크리트주를 사용할 경우 경간은 몇 [m] 이하이어야 하는가?

① 50　　② 100
③ 150　　④ 400

100
전기적 접속방법 중 고려해야 할 사항에 속하지 않는 것은?

① 도체와 절연재료
② 도체를 구성하는 소선의 가닥수와 형상
③ 도체의 단면적
④ 도체의 허용전류

2024년 제1회 CBT

제1과목 전기자기학

01
다음 정전계에 관한 식 중에서 틀린 것은?(단, D는 전속밀도, V는 전위, ρ는 공간(체적)전하밀도, ε은 유전율이다)

① 가우스의 정리 : $\text{div} D = \rho$
② 푸아송의 방정식 : $\nabla^2 V = \dfrac{\rho}{\varepsilon}$
③ 라플라스의 방정식 : $\nabla^2 V = 0$
④ 발산의 정리 : $\oint_s D \cdot ds = \int_v \text{div} D dv$

02
서로 다른 두 유전체 사이의 경계면에 전하분포가 없다면 경계면 양쪽에서의 전계 및 전속밀도는?

① 전계 및 전속밀도의 접선성분은 서로 같다.
② 전계 및 전속밀도의 법선성분은 서로 같다.
③ 전계의 법선성분이 서로 같고, 전속밀도의 접선성분이 서로 같다.
④ 전계의 접선성분이 서로 같고, 전속밀도의 법선성분이 서로 같다.

03
반지름이 9[cm]인 도체구 A에 8[C]의 전하가 균일하게 분포되어 있다. 이 도체구에 반지름 3[cm]인 도체구 B를 접촉시켰을 때 도체구 B로 이동한 전하는 몇 [C]인가?

① 1 ② 2
③ 3 ④ 4

04
지름 20[cm]의 구리로 만든 반구의 볼에 물을 채우고 그 중에 지름 10[cm]의 구를 띄운다. 이때 양 구가 동심구라면 양 구 간의 저항[Ω]은 약 얼마인가?(단, 물의 도전율은 10^{-3}[℧/m]이고 물은 충만되어 있다)

① 159 ② 1,590
③ 2,800 ④ 2,850

05
진공 중에 있는 반지름 a[m]인 도체구의 정전용량[F]은?

① $4\pi\varepsilon_0 a$ ② $2\pi\varepsilon_0 a$
③ $8\pi\varepsilon_0 a$ ④ a

06
진공 중의 평등자계 H_0 중에 반지름이 a[m]이고, 투자율이 μ인 구 자성체가 있다. 이 구 자성체의 감자율은?(단, 구 자성체 내부의 자계는 $H = \dfrac{3\mu_0}{2\mu_0 + \mu} H_0$ 이다)

① 1 ② $\dfrac{1}{2}$
③ $\dfrac{1}{3}$ ④ $\dfrac{1}{4}$

07
투자율 μ_1 및 μ_2인 두 자성체의 경계면에서 자력선의 굴절법칙을 나타낸 식은?

① $\dfrac{\mu_1}{\mu_2} = \dfrac{\sin\theta_1}{\sin\theta_2}$ ② $\dfrac{\mu_1}{\mu_2} = \dfrac{\sin\theta_2}{\sin\theta_1}$
③ $\dfrac{\mu_1}{\mu_2} = \dfrac{\tan\theta_1}{\tan\theta_2}$ ④ $\dfrac{\mu_1}{\mu_2} = \dfrac{\tan\theta_2}{\tan\theta_1}$

정답 1 ② 2 ④ 3 ② 4 ① 5 ① 6 ③ 7 ③

08
전류가 흐르는 도선을 자계 안에 놓으면, 이 도선에 힘이 작용한다. 평등자계의 진공 중에 놓여 있는 직선전류도선이 받는 힘에 대하여 옳은 것은?
① 전류의 세기에 반비례한다.
② 도선의 길이에 비례한다.
③ 자계의 세기에 반비례한다.
④ 전류와 자계의 방향이 이루는 각 $\tan\theta$에 비례한다.

09
상이한 매질의 경계면에서 전자파가 만족해야 할 조건이 아닌 것은?(단, 경계면은 두 개의 무손실 매질 사이이다)
① 경계면은 양측에서 전계의 접선성분은 서로 같다.
② 경계면의 양측에서 자계의 접선성분은 서로 같다.
③ 경계면의 양측에서 자속밀도의 접선성분은 서로 같다.
④ 경계면의 양측에서 전속밀도의 법선성분은 서로 같다.

10
반지름이 a[m]이고 단위길이에 대한 권수가 n인 무한장 솔레노이드의 단위길이당 자기인덕턴스는 몇 [H/m]인가?
① $\mu\pi a^2 n^2$
② $\mu\pi an$
③ $\dfrac{an}{2\mu\pi}$
④ $4\mu\pi a^2 n^2$

11
도체계에서 전위계수의 성질로 옳지 않은 것은?
① $P_{rr} \geq P_{rs}$
② $P_{rr} < 0$
③ $P_{rs} \geq 0$
④ $P_{rs} = P_{sr}$

12
비투자율 $\mu_s = 4$인 자성체 내에서 주파수 1[GHz]인 전자기파의 파장[m]은?
① 0.1
② 0.15
③ 0.25
④ 0.4

13
벡터 $A = 2i - 6j - 3k$와 $B = 4i + 3j - k$에 수직한 단위벡터는?
① $\pm\left(\dfrac{3}{7}i - \dfrac{2}{7}j + \dfrac{6}{7}k\right)$
② $\pm\left(\dfrac{3}{7}i + \dfrac{2}{7}j - \dfrac{6}{7}k\right)$
③ $\pm\left(\dfrac{3}{7}i - \dfrac{2}{7}j - \dfrac{6}{7}k\right)$
④ $\pm\left(\dfrac{3}{7}i + \dfrac{2}{7}j + \dfrac{6}{7}k\right)$

14
그림과 같이 진공 내의 A, B, C 각 점에 $Q_A = 4 \times 10^{-6}$[C], $Q_B = 2 \times 10^{-6}$[C], $Q_C = 5 \times 10^{-6}$[C]의 점전하가 일직선상에 놓여 있을 때 B점에 작용하는 힘은 몇 [N]인가?

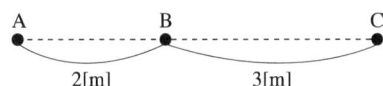

① 0.8×10^{-2}
② 1.2×10^{-2}
③ 1.8×10^{-2}
④ 2.4×10^{-2}

15
액체 유전체를 넣은 콘덴서의 용량이 30[μF]이다. 여기에 500[V]의 전압을 가했을 때 누설전류는 약 몇 [mA]인가?(단, 고유저항은 $\rho = 10^{11}$[$\Omega \cdot$m], 비유전율은 $\varepsilon_s = 2.2$이다)
① 5.1
② 7.7
③ 10.2
④ 15.4

16
단면적 $S = 100 \times 10^{-4} [\text{m}^2]$인 전자석에 자속밀도 $B = 4,000[\text{G}]$인 자속이 발생할 때, 철편을 흡인하는 힘[N]은?

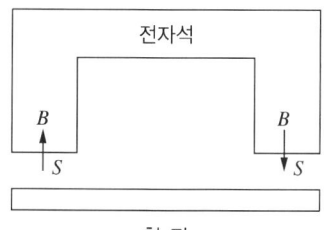

① $\frac{\pi}{4} \times 10^3$ ② $\frac{\pi}{8} \times 10^3$

③ $\frac{4}{\pi} \times 10^3$ ④ $\frac{8}{\pi} \times 10^3$

17
각각의 자기 인덕턴스가 $L_1 = 4[\text{mH}]$, $L_2 = 9[\text{mH}]$인 두 코일을 결합하였을 때 상호 인덕턴스[mH]는?(단, 결합계수는 1이다)

① 6 ② 12
③ 24 ④ 36

18
접지된 무한 평면도체 전방의 한 점 P에 있는 점전하 $+Q[\text{C}]$의 평면도체에 대한 영상 전하의 개수와 전하의 총합은?

	영상 전하 개수	전하의 총합
①	1	0
②	1	$-\frac{a}{d}Q$
③	3	0
④	3	$-\frac{a^2}{d}Q$

19
자기 인덕턴스 $L[\text{H}]$인 코일에 전류 $I[\text{A}]$를 흘렸을 때, 자계의 세기가 $H[\text{A/m}]$이다. 이 코일에 전류 $\frac{I}{2}[\text{A}]$를 흘리면 저장되는 자기에너지 밀도$[\text{J/m}^3]$는?

① $\frac{1}{2}LI^2$ ② $\frac{1}{8}LI^2$

③ $\frac{1}{2}\mu_0 H^2$ ④ $\frac{1}{8}\mu_0 H^2$

20
자유공간에서 z축을 따라 무한직선도체 l이 있고, $y-z$ 평면상에 정사각 코일 ABCD가 있다. 직선도체 l을 따라 $+z$ 방향으로 I_1이 흐르고, 정사각 코일에는 ABCD 방향으로 I_2가 흐른다고 할 때 $+z$ 방향으로 힘을 받는 정사각 코일의 면은?

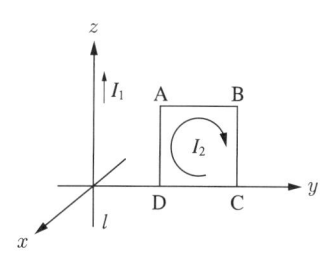

① AB ② BC
③ CD ④ DA

제2과목 전력공학

21
송전선로에 복도체를 사용하는 주된 이유는?
① 철탑의 하중을 평형시키기 위해서이다.
② 선로의 진동을 없애기 위해서이다.
③ 선로를 뇌격으로부터 보호하기 위해서이다.
④ 코로나를 방지하고 인덕턴스를 감소시키기 위해서이다.

22
중성점 접지방식 중 1선 지락고장일 때 선로의 전압상승이 최대이고, 또한 통신장애가 최소인 것은?
① 비접지방식　② 직접접지방식
③ 저항접지방식　④ 소호리액터접지방식

23
송배전 선로에서 도체의 굵기는 같게 하고 도체 간의 간격을 크게 하면 도체의 인덕턴스는?
① 커진다.
② 작아진다.
③ 변함이 없다.
④ 도체의 굵기 및 도체 간의 간격과는 무관하다.

24
단로기에 대한 설명으로 틀린 것은?
① 소호장치가 있어 아크를 소멸시킨다.
② 무부하 및 여자전류의 개폐에 사용된다.
③ 배전용 단로기는 보통 디스커넥팅바로 개폐한다.
④ 회로의 분리 또는 계통의 접속 변경 시 사용한다.

25
교류 배전선로에서 전압강하 계산식은 $V_d = k(R\cos\theta + X\sin\theta)I$로 표현된다. 3상 3선식 배전선로인 경우에 k는?
① $\sqrt{3}$　② $\sqrt{2}$
③ 3　④ 2

26
캐비테이션 현상에 대한 설명으로 옳지 못한 것은?
① 수차의 진동을 일으켜 소음이 발생한다.
② 유수에 접한 러너나 버킷 등에 침식이 발생한다.
③ 흡출관 입구에서 수압의 변동이 심화된다.
④ 토출측의 물이 역류되는 현상이 발생한다.

27
다음 그래프에서 송전선로의 전압이 높아짐에 따른 전선비를 나타낸 것은?

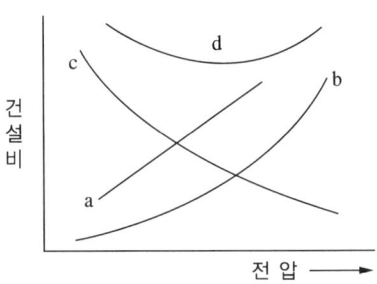

① a　② b
③ c　④ d

28
3φ 송전선로에서 전력 3,700[kW] 선로의 저항 R = 10[Ω], 리액턴스 X = 15[Ω], 역률 80[%]일 때 송전단 전압[kV]는?(단, 무부하 시 수전단 전압은 70[kV]이고 전압변동률은 10[%]이다)
① 64.9　② 68.5
③ 70.4　④ 71.1

29
선로의 전압을 25[kV]에서 50[kV]로 승압할 경우, 공급전력을 동일하게 취급하면 공급전력은 승압 전의 (㉠)배로 되고, 선로손실은 승압 전의 (㉡)배로 된다(단, 동일 조건에서 공급전력과 선로손실률을 동일하게 취급한다).
① ㉠ $\frac{1}{4}$, ㉡ 2
② ㉠ $\frac{1}{4}$, ㉡ 4
③ ㉠ 2, ㉡ $\frac{1}{4}$
④ ㉠ 4, ㉡ $\frac{1}{4}$

30
전력설비의 수용률을 나타낸 것으로 옳은 것은?

① 수용률 = $\dfrac{평균전력[kW]}{부하설비용량[kW]} \times 100[\%]$

② 수용률 = $\dfrac{부하설비용량[kW]}{평균전력[kW]} \times 100[\%]$

③ 수용률 = $\dfrac{최대수용전력[kW]}{부하설비용량[kW]} \times 100[\%]$

④ 수용률 = $\dfrac{부하설비용량[kW]}{최대수용전력[kW]} \times 100[\%]$

31
소하천(小河川) 등의 적은 유량을 측정하는 방법으로 가장 적합한 것은?

① 언측법 ② 유속계법
③ 부자법 ④ 염수속도법

32
30,000[kW]의 전력을 51[km] 떨어진 지점에 송전하는 데 필요한 전압은 약 몇 [kV]인가?(단, Still의 식에 의하여 산정한다)

① 22 ② 33
③ 66 ④ 100

33
3상 3선식 변압기 결선방식이 아닌 것은?

① △결선 ② V결선
③ T결선 ④ Y결선

34
송전선로에 매설지선을 설치하는 주된 목적은?

① 철탑 기초의 강도를 보강하기 위하여
② 직격뢰로부터 송전선을 차폐보호하기 위하여
③ 현수애자 1연의 전압분담을 균일화하기 위하여
④ 철탑으로부터 송전선로의 역섬락을 방지하기 위하여

35
조상설비가 있는 1차 변전소에서 주변압기로 주로 사용되는 변압기는?

① 승압용 변압기 ② 단권 변압기
③ 단상 변압기   ④ 3권선 변압기

36
원자력발전소와 화력발전소의 특성을 비교한 것 중 틀린 것은?

① 원자력발전소는 화력발전소의 보일러 대신 원자로와 열교환기를 사용한다.
② 원자력발전소의 건설비는 화력발전소에 비해 싸다.
③ 동일 출력일 경우 원자력발전소의 터빈이나 복수기가 화력발전소에 비하여 대형이다.
④ 원자력발전소는 방사능에 대한 차폐 시설물의 투자가 필요하다.

37
배전반에 접속되어 운전 중인 계기용 변압기(PT) 및 변류기(CT)의 2차 측 회로를 점검할 때 조치사항으로 옳은 것은?

① CT만 단락시킨다.
② PT만 단락시킨다.
③ CT와 PT 모두를 단락시킨다.
④ CT와 PT 모두를 개방시킨다.

38
4단자 정수 $A = D = 0.8$, $B = j1.0$인 3상 송전선로에 송전단 전압 160[kV]를 인가할 때 무부하 시 수전단 전압은 몇 [kV]인가?

① 154 ② 164
③ 180 ④ 200

39
송전계통의 안정도 증진방법에 대한 설명이 아닌 것은?
① 전압변동을 작게 한다.
② 직렬리액턴스를 크게 한다.
③ 고장 시 발전기 입·출력의 불평형을 작게 한다.
④ 고장전류를 줄이고 고장구간을 신속하게 차단한다.

40
전력계통 설비인 차단기와 단로기는 전기적 및 기계적으로 인터로크를 설치하여 연계하여 운전하고 있다. 인터로크(Interlock)의 설명으로 알맞은 것은?
① 부하통전 시 단로기를 열 수 없다.
② 차단기가 열려 있어야 단로기를 닫을 수 있다.
③ 차단기가 닫혀 있어야 단로기를 열 수 있다.
④ 부하투입 시에는 차단기를 우선 투입한 후 단로기를 투입한다.

제3과목 전기기기

41
직류기에서 양호한 정류를 얻는 조건으로 틀린 것은?
① 정류주기를 길게 한다.
② 브러시의 접촉저항을 크게 한다.
③ 전기자 권선의 인덕턴스를 작게 한다.
④ 평균 리액턴스 전압을 브러시 접촉면 전압강하보다 크게 한다.

42
부하의 변동에 대해 속도변동이 가장 큰 직류전동기는?
① 분권 전동기
② 가동복권 전동기
③ 차동복권 전동기
④ 직권 전동기

43
전기기계에 있어서 히스테리시스손을 감소시키기 위한 조치로 옳은 것은?
① 성층철심 사용
② 규소강판 사용
③ 보극 설치
④ 보상권선 설치

44
동기기의 권선법 중 기전력의 파형을 좋게 하는 권선법은?
① 전절권, 2층권
② 단절권, 집중권
③ 단절권, 분포권
④ 전절권, 집중권

45
단락비가 큰 동기기의 특징으로 옳지 않은 것은?
① 동기 임피던스가 작다.
② 선로 충전용량이 크다.
③ 전압변동률이 크다.
④ 전기자 반작용이 작다.

46
직류 분권전동기의 공급전압의 극성을 반대로 하면 회전방향은?
① 변하지 않는다.
② 반대로 된다.
③ 회전하지 않는다.
④ 발전기로 된다.

47
변압기에서 사용되는 변압기유의 구비 조건으로 틀린 것은?
① 점도가 높을 것
② 응고점이 낮을 것
③ 인화점이 높을 것
④ 절연내력이 클 것

정답 39 ② 40 ② 41 ④ 42 ④ 43 ② 44 ③ 45 ③ 46 ① 47 ①

48
1차 측 권수가 1,500인 변압기의 2차 측에 16[Ω]의 저항을 접속하니 1차 측에서는 8[kΩ]으로 환산되었다. 2차 측 권수는?

① 약 67
② 약 87
③ 약 107
④ 약 207

49
3,300/210[V], 5[kVA] 단상 변압기의 퍼센트 저항강하 2.4[%], 퍼센트 리액턴스강하 1.8[%]이다. 임피던스 와트[W]는?

① 320
② 240
③ 120
④ 90

50
3상 유도전동기의 원선도 작성에 필요한 기본량이 아닌 것은?

① 저항 측정
② 슬립 측정
③ 구속시험
④ 무부하시험

51
220[V], 6극, 60[Hz], 10[kW]의 3상 유도전동기에서 회전자의 저항이 0.1[Ω], 리액턴스가 0.5[Ω]이고 정격 회전상태에서 슬립이 4[%]라고 할 때 회전자의 전류는 약 몇 [A]인가?(단, 유도전동기의 고정자와 회전자의 결선은 모두 △결선이며 고정자의 권수는 300, 회전자의 권수는 150이고 각각의 권선계수는 동일하다)

① 24.9
② 43.1
③ 86.7
④ 74.7

52
직류 및 교류 양용에 사용되는 만능전동기는?

① 복권전동기
② 유도전동기
③ 동기전동기
④ 직권 정류자전동기

53
동기발전기의 병렬운전 조건에 해당되지 않는 것은?

① 기전력의 위상이 같아야 한다.
② 기전력의 파형이 같아야 한다.
③ 임피던스 및 상회전 방향과 각 변위가 같아야 한다.
④ 기전력의 크기가 같아야 한다.

54
동기 전동기의 위상 특성곡선(V곡선)에 대한 설명으로 옳은 것은?

① 출력을 일정하게 유지할 때, 전기자전류와 역률의 관계를 나타낸 곡선
② 역률을 일정하게 유지할 때, 전기자전류와 계자전류의 관계를 나타낸 곡선
③ 공급전압과 출력을 일정하게 유지할 때, 전기자전류와 역률의 관계를 나타낸 곡선
④ 공급전압과 출력을 일정하게 유지할 때, 전기자전류와 계자전류의 관계를 나타낸 곡선

55
스텝모터(Step Motor)의 특징으로 옳지 않은 것은?

① 가속과 감속이 용이하고 정회전·역회전 및 변속이 쉽다.
② 위치제어를 할 때 각도의 오차가 적고 누적된다.
③ 저속으로 높은 토크 운전을 할 수 있다.
④ 피드백 없이 오픈 루프로 손쉽게 속도 및 위치제어를 할 수 있다.

56
3상 농형 유도전동기의 기동법에 해당하지 않는 것은?

① 전력 기동법
② 전전압 기동법
③ 단권변압기법
④ Y-△ 기동법

정답 48 ① 49 ③ 50 ② 51 ② 52 ④ 53 ③ 54 ④ 55 ② 56 ①

57
단상 유도전압 조정기에서 단락권선에 대한 설명으로 옳은 것은?
① 직렬권선과 수직으로 설치한다.
② 2차 측 전압의 조정을 용이하게 한다.
③ 분로권선의 누설자속에 의한 전압강하를 경감시킨다.
④ 유도전압 조정기의 절연내력을 향상시킨다.

58
변류기의 점검을 위해 변류기 2차 측 회로를 분리할 때, 과전압으로 인한 절연파괴를 방지하기 위한 변류기 2차 측의 조치는?
① 2차 측 단자를 개방시킨다.
② 2차 측 단자를 단락시킨다.
③ 2차 측 단자 간에 고저항체를 삽입한다.
④ 각 단자의 절연내력을 높여준다.

59
6상 회전변류기의 정격출력이 2,000[kW]이고 직류 측 정격전압이 1,000[V]이다. 교류 측 입력전류는 몇 [A]인가?(단, 역률은 80[%]이고 효율은 100[%]로 계산한다)
① 754.2
② 942.8
③ 1,178.5
④ 1,472.4

60
어떤 변압기의 백분율 저항강하가 2[%], 백분율 리액턴스강하가 3[%]라 한다. 이 변압기로 역률이 80[%]인 부하에 전력을 공급하고 있다. 이 변압기의 전압변동률은 몇 [%]인가?
① 2.4
② 3.4
③ 3.8
④ 4.0

제4과목 회로이론

61
시간함수 $f(t) = 5\sin 2t$의 라플라스 변환값은?
① $\dfrac{5}{s^2+4}$
② $\dfrac{5}{s^2-4}$
③ $\dfrac{10}{s^2+4}$
④ $\dfrac{10}{s^2-4}$

62
다음 회로에서 단자 a와 단자 b 간의 전압 $V_{ab}[\text{V}]$는?

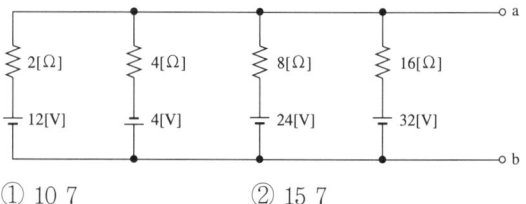

① 10.7
② 15.7
③ 19.2
④ 23.1

63
시정수 τ를 갖는 $R-L$ 직렬 회로에 직류 전압을 인가할 때 $t = 3\tau$가 되는 시간에 회로에 흐르는 전류는 최종치의 몇 [%]가 되는가?
① 63
② 86
③ 95
④ 98

64
코일에 단상 100[V]의 전압을 가하면 30[A]의 전류가 흐르고 1.8[kW]의 전력을 소비한다고 한다. 이 코일과 병렬로 콘덴서를 접속하여 회로의 합성역률을 100[%]로 하기 위한 용량리액턴스는 대략 몇 [Ω]이어야 하는가?
① 1.2
② 2.6
③ 3.2
④ 4.2

65
상순이 abc의 3상 회로에 있어서 대칭분 전압이 $V_0 = -8+j3$[V], $V_1 = 6-j8$[V], $V_2 = 8+j12$[V]일 때, a상의 전압 V_a[V]는?

① $6+j7$ ② $8+j12$
③ $6+j14$ ④ $16+j4$

66
RC 직렬회로에 직류전압 V[V]가 인가되었을 때, 전류 $i(t)$에 대한 전압방정식(KVL)이 $V = Ri(t) + \frac{1}{C}\int i(t)dt$[V]이다. 전류 $i(t)$의 라플라스 변환인 $I(s)$는?(단, C에는 초기 전하가 없다)

① $I(s) = \frac{V}{R}\frac{1}{s - \frac{1}{RC}}$

② $I(s) = \frac{C}{R}\frac{1}{s + \frac{1}{RC}}$

③ $I(s) = \frac{V}{R}\frac{1}{s + \frac{1}{RC}}$

④ $I(s) = \frac{R}{C}\frac{1}{s - \frac{1}{RC}}$

67
비정현파의 일그러짐의 정도를 표시하는 양으로서 왜형률이란?

① $\frac{평균값}{실횻값}$

② $\frac{실횻값}{최댓값}$

③ $\frac{고조파만의 실횻값}{기본파의 실횻값}$

④ $\frac{기본파의 실횻값}{고조파만의 실횻값}$

68
$r[\Omega]$인 6개의 저항을 그림과 같이 접속하고 평형 3상 전압 E를 가했을 때 전류 I는 몇 [A]인가?(단, $r = 3[\Omega]$, $E = 60$[V]이다)

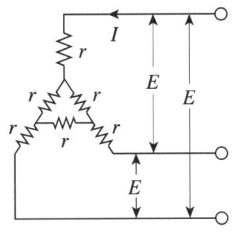

① 8.66 ② 9.56
③ 10.8 ④ 12.6

69
구형파의 파형률(㉠)과 파고율(㉡)은?

① ㉠ 1 ㉡ 0
② ㉠ 1.11 ㉡ 1.414
③ ㉠ 1 ㉡ 1
④ ㉠ 1.57 ㉡ 2

70
그림과 같은 4단자 회로망에서 출력 측을 개방하니 $V_1 = 12$[V], $I_1 = 2$[A], $V_2 = 4$[V]이고, 출력 측을 단락하니 $V_1 = 16$[V], $I_1 = 4$[A], $I_2 = 2$[A]이었다. 4단자 정수 A, B, C, D는 얼마인가?

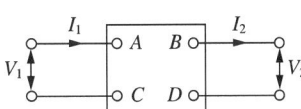

① $A=2$, $B=3$, $C=8$, $D=0.5$
② $A=0.5$, $B=2$, $C=3$, $D=8$
③ $A=8$, $B=0.5$, $C=2$, $D=3$
④ $A=3$, $B=8$, $C=0.5$, $D=2$

71
$i(t) = I_m \sin(\omega t - 15°)$[A]인 정현파에서 순시값과 실횻값이 같기 위한 ωt는?

① 15° ② 30°
③ 45° ④ 60°

72
어떤 교류전동기의 명판에 역률 = 0.6, 소비전력 = 120[kW]로 표기되어 있다. 이 전동기의 무효전력은 몇 [kVar]인가?

① 80 ② 100
③ 140 ④ 160

73
선간전압이 200[V], 선전류가 $10\sqrt{3}$[A], 부하역률이 80[%]인 평형 3상 회로의 무효전력[Var]은?

① 3,600 ② 3,000
③ 2,400 ④ 1,800

74
다음과 같은 비정현파 기전력 및 전류에 의한 평균전력을 구하면 몇 [W]인가?

$$e = 100\sin\omega t - 50\sin(3\omega t + 30°)$$
$$+ 20\sin(5\omega t + 45°)[V]$$
$$I = 20\sin\omega t + 10\sin(3\omega t - 30°)$$
$$+ 5\sin(5\omega t - 45°)[A]$$

① 825 ② 875
③ 925 ④ 1,175

75
그림과 같은 4단자망의 영상전달정수 θ는?

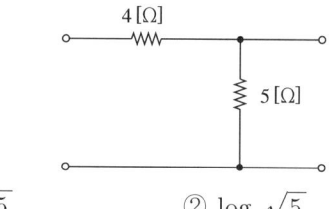

① $\sqrt{5}$ ② $\log_e \sqrt{5}$
③ $\log_e \dfrac{1}{\sqrt{5}}$ ④ $5\log_e \sqrt{5}$

76
$V_1(s)$을 입력, $V_2(s)$를 출력이라 할 때, 다음 회로의 전달함수는?(단, $C_1 = 1$[F], $L_1 = 1$[H])

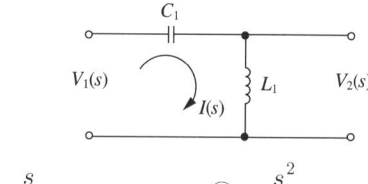

① $\dfrac{s}{s+1}$ ② $\dfrac{s^2}{s^2+1}$
③ $\dfrac{1}{s+1}$ ④ $1 + \dfrac{1}{s}$

77
그림과 같은 교류 브리지가 평형상태에 있다. L[H]의 값은 얼마인가?

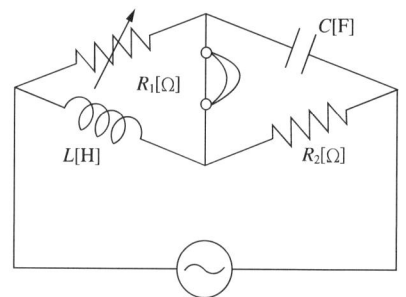

① $L = \dfrac{R_1 R_2}{C}$ ② $L = \dfrac{C}{R_1 R_2}$
③ $L = R_1 R_2 C$ ④ $L = \dfrac{R_2}{R_1 C}$

78

1,000[Hz]인 정현파 교류에서 5[mH]인 유도리액턴스와 같은 용량리액턴스를 갖는 C의 값은 약 몇 [μF]인가?

① 4.07
② 5.07
③ 6.07
④ 7.07

79

리액턴스 함수가 $Z(s) = \dfrac{3s}{s^2 + 15}$로 표시되는 리액턴스 2단자망은?

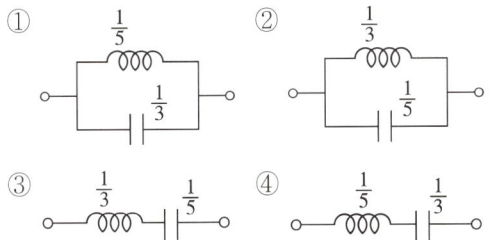

80

RL 직렬회로에서 $i = I_1\sin\omega t + I_3\sin 3\omega t [\mathrm{A}]$의 전류를 흘리는 데 필요한 단자전압 $e[\mathrm{V}]$는?

① $(R\sin\omega t + \omega L\cos\omega t)I_1$
   $+ (R\sin 3\omega t + 3\omega L\cos 3\omega t)I_3$
② $(R\sin\omega t + \omega L\cos 3\omega t)I_1$
   $+ (R\sin 3\omega t + 3\omega L\cos 3\omega t)I_3$
③ $(R\sin 3\omega t + \omega L\cos\omega t)I_1$
   $+ (R\sin\omega t + 3\omega L\cos 3\omega t)I_3$
④ $(R\sin 3\omega t + \omega L\cos 3\omega t)I_1$
   $+ (R\sin\omega t + 3\omega L\cos\omega t)I_3$

제5과목 전기설비기술기준

81

직류 전기철도시스템이 매설 배관 또는 케이블과 인접할 경우 누설전류를 피하기 위해 최대한 이격시켜야 하며, 주행레일과 최소 몇 [m] 이상의 거리를 유지하여야 하는가?

① 0.5
② 1.0
③ 2.0
④ 3.0

82

금속관공사에 의한 저압 옥내배선 시설에 대한 설명으로 틀린 것은?

① 인입용 비닐절연전선을 사용했다.
② 옥외용 비닐절연전선을 사용했다.
③ 짧고 가는 금속관에 연선을 사용했다.
④ 단면적 10[mm^2] 이하의 전선을 사용했다.

83

방전등용 안정기로부터 방전관까지의 전로를 무엇이라 하는가?

① 가섭선
② 가공인입선
③ 관등회로
④ 지중관로

84

목주, A종 철주 및 A종 철근 콘크리트주를 사용할 수 없는 보안공사는?

① 고압 보안공사
② 제1종 특고압 보안공사
③ 제2종 특고압 보안공사
④ 제3종 특고압 보안공사

85
B종 철주 또는 B종 철근 콘크리트주를 사용하는 특고압 가공전선로의 지지물 간 거리는 몇 [m] 이하이어야 하는가?
① 150
② 250
③ 400
④ 600

86
고압 옥내배선의 공사방법으로 틀린 것은?
① 케이블공사
② 합성수지관공사
③ 케이블트레이공사
④ 애자사용공사(건조한 장소로서 전개된 장소에 한한다)

87
플로어덕트공사에 의한 저압 옥내배선에서 연선을 사용하지 않아도 되는 전선(동선)의 단면적은 최대 몇 [mm²]인가?
① 2
② 4
③ 6
④ 10

88
태양광발전설비에 관한 내용으로 틀린 것은?
① 태양전지 모듈, 전선 및 기타 기구는 충전 부분이 노출되지 않도록 시설할 것
② 옥외에 시설하는 경우 방수등급은 IPX4 이상일 것
③ 옥외에 시설하는 경우 방수등급은 IPX5 이상일 것
④ 주택 옥내전로의 대지전압은 직류 600[V] 이하일 것

89
등전위본딩의 본딩도체로 직접 접속이 적합하지 않거나 허용되지 않는 장소는 무엇으로 연결하여야 하는가?
① 접지선
② 본딩도체
③ 금속체 도전성 부분
④ 서지보호장치

90
주택용 배선차단기가 B형인 경우 순시트립범위는 얼마인가?
① $3I_n$ 초과 $5I_n$ 이하
② $5I_n$ 초과 $10I_n$ 이하
③ $10I_n$ 초과 $20I_n$ 이하
④ $3I_n$ 초과 $10I_n$ 이하

91
발전기에서 자동적으로 전로로부터 차단하는 장치가 동작되어야 하는 경우는?
① 용량이 2,000[kVA] 이상인 수차 발전기의 스러스트 베어링 온도가 하강하는 경우
② 정격출력이 10,000[kW]를 초과하는 증기터빈의 스러스트 베어링 온도가 하강하는 경우
③ 용량이 10,000[kVA] 이상의 발전기가 정격으로 운전하는 경우
④ 발전기에 과전류나 과전압이 생긴 경우

92
22.9[kV]의 특고압 가공전선로를 시가지에 시설할 때, 전선의 단면적이 몇 [mm²] 이상인 절연전선을 사용해야 하는가?
① 38
② 55
③ 95
④ 150

85 ② 86 ② 87 ④ 88 ③ 89 ④ 90 ① 91 ④ 92 ②

93
사용전압이 400[V] 초과 1[kV] 이하인 방전등의 관등회로의 배선 공사방법이 아닌 것은?(단, 건조하고 전개된 장소에 한한다)
① 금속몰드공사
② 합성수지몰드공사
③ 버스덕트공사
④ 애자공사

94
저압 이웃 연결 인입선은 폭 몇 [m]를 초과하는 도로를 횡단하지 않아야 하는가?
① 5 ② 6
③ 7 ④ 8

95
자동차도 전용터널 안의 저압 배선을 애자공사에 의하여 시설하는 경우, 저압 배선의 노면상 높이는 몇 [m] 이상으로 해야 하는가?
① 2.0 ② 2.5
③ 3.0 ④ 4.0

96
저압 가공전선 건조물의 상부 조영재 위쪽으로 접근하는 경우 저압 가공전선과 건조물의 조영재 사이의 간격은 몇 [m] 이상이어야 하는가?(단, 케이블을 사용하는 경우이다)
① 0.5 ② 1.0
③ 2.0 ④ 3.0

97
지중통신선로설비에 대한 규정에서 지중 공가설비로 사용하는 광섬유 케이블 및 동축케이블의 최대 지름은 몇 [mm]인가?
① 10 ② 16
③ 19 ④ 22

98
전기자동차 충전소에서 충전장치의 충전 케이블 인출부는 옥외용의 경우 지면으로부터 몇 [m] 이상에 위치하여야 하는가?
① 0.45 ② 0.5
③ 0.6   ④ 1.2

99
전기저장장치를 시설하는 곳에 설치해야 하는 계측장치가 아닌 것은?
① 주요 변압기의 전압
② 이차전지 출력단자의 전압
③ 주요 변압기의 전력
④ 이차전지 출력단자의 주파수

100
시가지에 시설하는 단선의 통신선을 특고압 가공전선로의 지지물에 시설하려면 지름이 몇 [mm] 이상이어야 하는가?
① 2.6 ② 4
③ 5   ④ 8

정답: 93 ③ 94 ① 95 ② 96 ② 97 ④ 98 ③ 99 ④ 100 ②

2024년 제2회 CBT

제1과목 전기자기학

01
맥스웰 전자계의 기초방정식으로 틀린 것은?

① $\operatorname{rot} H = i_c + \dfrac{\partial D}{\partial t}$

② $\operatorname{rot} E = -\dfrac{\partial B}{\partial t}$

③ $\operatorname{div} D = \rho$

④ $\operatorname{div} B = -\dfrac{\partial D}{\partial t}$

02
전계의 세기 E, 자계의 세기가 H일 때 포인팅벡터 (P)는?

① $P = E \times H$

② $P = \dfrac{1}{2} E \times H$

③ $P = H \operatorname{curl} E$

④ $P = E \operatorname{curl} H$

03
물의 유전율을 ε, 투자율을 μ라 할 때 물속에서의 전파속도는 몇 [m/s]인가?

① $\dfrac{1}{\sqrt{\varepsilon\mu}}$

② $\sqrt{\varepsilon\mu}$

③ $\sqrt{\dfrac{\mu}{\varepsilon}}$

④ $\sqrt{\dfrac{\varepsilon}{\mu}}$

04
정전계 해석에 관한 설명으로 틀린 것은?

① 푸아송 방정식은 가우스 정리의 미분형으로 구할 수 있다.
② 도체 표면에서의 전계의 세기는 표면에 대해 법선방향을 갖는다.
③ 라플라스 방정식은 전극이나 도체의 형태에 관계없이 체적전하밀도가 0인 모든 점에서 $\nabla^2 V = 0$을 만족한다.
④ 라플라스 방정식은 비선형 방정식이다.

05
전계 $E = i3x^2 + j2xy^2 + kx^2yz$의 $\operatorname{div} E$는 얼마인가?

① $-i6x + jxy + kx^2y$

② $i6x + j6xy + kx^2y$

③ $-6x - 6xy - x^2y$

④ $6x + 4xy + x^2y$

06
500[AT/m]의 자계 중에 어떤 자극을 놓았을 때 4×10^3[N]의 힘이 작용했다면 이때 자극의 세기는 몇 [Wb]인가?

① 2   ② 4
③ 6   ④ 8

정답 1 ④ 2 ① 3 ① 4 ④ 5 ④ 6 ④

07
유전율이 ε인 유전체 내에 있는 점전하 Q에서 발산되는 전기력선의 수는 총 몇 개인가?

① Q
② $\dfrac{Q}{\varepsilon_0 \varepsilon_s}$
③ $\dfrac{Q}{\varepsilon_s}$
④ $\dfrac{Q}{\varepsilon_0}$

08
DC 전압을 가하면 전류는 도선 중심 쪽으로 흐르려고 한다. 이러한 현상을 무슨 효과라고 하는가?

① Skin효과
② Pinch효과
③ 압전효과
④ Peltier효과

09
반자성체가 아닌 것은?

① 은(Ag)
② 구리(Cu)
③ 니켈(Ni)
④ 비스무트(Bi)

10
자화의 세기 $J_m[\text{C/m}^2]$을 자속밀도 $B[\text{Wb/m}^2]$와 비투자율 μ_r로 나타내면?

① $J_m = (1 - \mu_r)B$
② $J_m = (\mu_r - 1)B$
③ $J_m = \left(1 - \dfrac{1}{\mu_r}\right)B$
④ $J_m = \left(\dfrac{1}{\mu_r} - 1\right)B$

11
두 종류의 유전율(ε_1, ε_2)을 가진 유전체 경계면에 진전하가 존재하지 않을 때 성립하는 경계조건을 옳게 나타낸 것은?(단, θ_1, θ_2는 각각 유전체 경계면의 법선벡터와 E_1, E_2가 이루는 각이다)

① $E_1 \sin\theta_1 = E_2 \sin\theta_2$, $D_1 \sin\theta_1 = D_2 \sin\theta_2$, $\dfrac{\tan\theta_1}{\tan\theta_2} = \dfrac{\varepsilon_2}{\varepsilon_1}$

② $E_1 \cos\theta_1 = E_2 \cos\theta_2$, $D_1 \sin\theta_1 = D_2 \sin\theta_2$, $\dfrac{\tan\theta_1}{\tan\theta_2} = \dfrac{\varepsilon_2}{\varepsilon_1}$

③ $E_1 \sin\theta_1 = E_2 \sin\theta_2$, $D_1 \cos\theta_1 = D_2 \cos\theta_2$, $\dfrac{\tan\theta_1}{\tan\theta_2} = \dfrac{\varepsilon_1}{\varepsilon_2}$

④ $E_1 \cos\theta_1 = E_2 \cos\theta_2$, $D_1 \cos\theta_1 = D_2 \cos\theta_2$, $\dfrac{\tan\theta_1}{\tan\theta_2} = \dfrac{\varepsilon_1}{\varepsilon_2}$

12
자기인덕턴스 L_1, L_2와 상호인덕턴스 M 사이의 결합계수는?

① $\dfrac{M}{\sqrt{L_1 L_2}}$
② $\dfrac{M}{L_1 L_2}$
③ $\dfrac{\sqrt{L_1 L_2}}{M}$
④ $\dfrac{L_1 L_2}{M}$

13
그림과 같은 유전속 분포가 이루어질 때 ε_1과 ε_2의 크기 관계는?

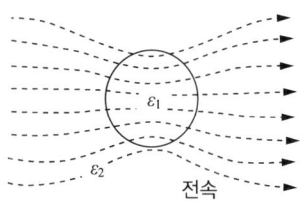

① $\varepsilon_1 > \varepsilon_2$
② $\varepsilon_1 < \varepsilon_2$
③ $\varepsilon_1 = \varepsilon_2$
④ $\varepsilon_1 > 0$, $\varepsilon_2 > 0$

14
압전기 현상에서 전기분극이 기계적 응력에 수직한 방향으로 발생하는 현상은?

① 종효과 ② 횡효과
③ 역효과 ④ 직접효과

15
한 변의 길이가 l[m]인 정사각형 도체에 전류 I[A]가 흐르고 있을 때 중심점 P에서의 자계의 세기는 몇 [A/m]인가?

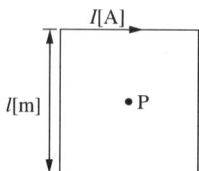

① $16\pi l I$ ② $4\pi l I$
③ $\dfrac{\sqrt{3}\pi}{2l}I$ ④ $\dfrac{2\sqrt{2}}{\pi l}I$

16
자계와 전류계의 대응으로 틀린 것은?

① 자속 ↔ 전류
② 기자력 ↔ 기전력
③ 투자율 ↔ 유전율
④ 자계의 세기 ↔ 전계의 세기

17
액체 유전체를 포함한 콘덴서 용량이 C[F]인 것에 V[V]의 전압을 가했을 경우에 흐르는 누설전류는 몇 [A]인가?(단, 유전체 유전율은 ε, 고유저항은 ρ[Ω·m]이다)

① $\dfrac{CV}{\rho\varepsilon}$ ② $\dfrac{C}{\rho\varepsilon V}$
③ $\dfrac{\rho\varepsilon V}{C}$ ④ $\dfrac{\rho\varepsilon}{CV}$

18
그림에서 N = 1,000회, l = 100[cm], S = 10[cm²]인 환상철심의 자기회로에 전류 I = 10[A]를 흘렸을 때 축적되는 자계에너지는 몇 [J]인가?(단, 비투자율 μ_r = 100이다)

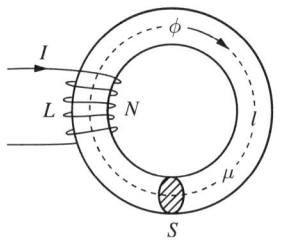

① $2\pi \times 10^{-3}$
② $2\pi \times 10^{-2}$
③ $2\pi \times 10^{-1}$
④ 2π

19
3.6×10^{-5}[Wb/m²]인 평등자계에 수직한 방향으로 한쪽 날개의 길이가 40[m]인 비행기의 속도가 1,000[km/s]로 날아가는 경우 양 날개 끝의 전위차 [V]는 얼마인가?

① 1,180
② 1,440
③ 2,500
④ 2,880

20
다음 그림에서 외구 A의 반지름이 R, 안쪽의 내구 B의 반지름이 r인 두 도체구 간 중심 사이의 거리는 d이다. A구에 Q_A, B구에 Q_B의 전하를 준 후 가는 도선으로 두 도체구를 연결할 때 전위는 얼마인가?

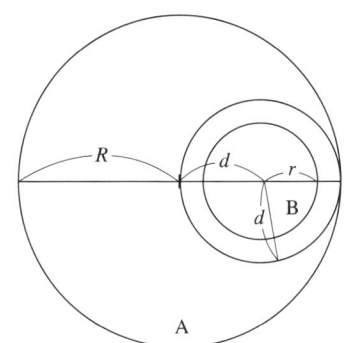

① $V_A = \dfrac{Q_A + Q_B}{4\pi\varepsilon(R+r)}, V_B = \dfrac{Q_A + Q_B}{4\pi\varepsilon(R+r)}$

② $V_A = \dfrac{Q_A}{4\pi\varepsilon R}, V_B = \dfrac{Q_B}{4\pi\varepsilon r}$

③ $V_A = \dfrac{Q_A}{4\pi\varepsilon(R+r)}, V_B = \dfrac{Q_B}{4\pi\varepsilon(R+r)}$

④ $V_A = \dfrac{Q_A + Q_B}{4\pi\varepsilon(R+r)},$
$V_B = \dfrac{1}{4\pi\varepsilon}\left(\dfrac{Q_A}{R} - \dfrac{Q_A + Q_B}{\pi} + \dfrac{Q_B}{r}\right)$

제2과목 전력공학

21
연가를 하는 주된 목적에 해당되는 것은?

① 선로정수를 평형시키기 위하여
② 단락사고를 방지하기 위하여
③ 대전력을 수송하기 위하여
④ 페란티 현상을 줄이기 위하여

22
임피던스 Z_1, Z_2 및 Z_3를 그림과 같이 접속한 선로의 A 쪽에서 전압파 E가 진행해 왔을 때 접속점 B에서 무반사로 되기 위한 조건은?

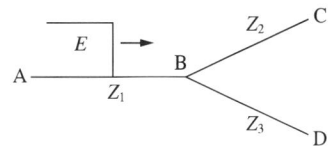

① $Z_1 = Z_2 + Z_3$
② $\dfrac{1}{Z_3} = \dfrac{1}{Z_1} + \dfrac{1}{Z_2}$
③ $\dfrac{1}{Z_1} = \dfrac{1}{Z_2} + \dfrac{1}{Z_3}$
④ $\dfrac{1}{Z_2} = \dfrac{1}{Z_1} + \dfrac{1}{Z_3}$

23
수전전압이 22.9[kV]이고 정격차단전류가 3,000[A]인 차단기의 정격차단용량[MVA]은?(단, 다음 표준용량 규격에서 선정한다)

표준용량 규격								
10	20	30	50	75	100	150	250	300

① 10
② 30
③ 150
④ 250

24
직렬콘덴서를 선로에 삽입할 때의 이점이 아닌 것은?

① 선로의 인덕턴스를 보상한다.
② 수전단의 전압변동률을 줄인다.
③ 정태안정도를 증가한다.
④ 수전단의 역률을 개선한다.

25
배전선로용 퓨즈(Power Fuse)는 주로 어떤 전류의 차단을 목적으로 사용하는가?

① 충전전류
② 단락전류
③ 부하전류
④ 과도전류

26
그림과 같은 3상 무부하 교류발전기에서 a상이 지락된 경우 지락전류는 어떻게 나타내는가?

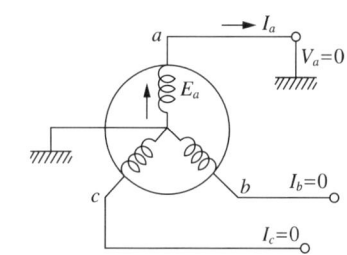

① $\dfrac{E_a}{Z_0 + Z_1 + Z_2}$ ② $\dfrac{2E_a}{Z_0 + Z_1 + Z_2}$

③ $\dfrac{3E_a}{Z_0 + Z_1 + Z_2}$ ④ $\dfrac{\sqrt{3}\,E_a}{Z_0 + Z_1 + Z_2}$

27
조속기의 폐쇄시간이 짧을수록 옳은 것은?

① 수격작용은 작아진다.
② 발전기의 전압상승률은 커진다.
③ 수차의 속도변동률은 작아진다.
④ 수압관 내의 수압상승률은 작아진다.

28
3상 3선식 송전선로에서 각 선의 대지정전용량이 0.5096[μF]이고, 선간정전용량이 0.1295[μF]일 때, 1선의 작용정전용량은 약 몇 [μF]인가?

① 0.6 ② 0.9
③ 1.2 ④ 1.8

29
가공전선을 단도체식으로 하는 것보다 같은 단면적의 복도체식으로 하였을 경우에 대한 내용으로 틀린 것은?

① 전선의 인덕턴스가 감소된다.
② 전선의 정전용량이 감소된다.
③ 코로나 발생률이 적어진다.
④ 송전용량이 증가한다.

30
송전선로의 고장전류의 계산에 영상임피던스가 필요한 경우는?

① 3상 단락 ② 3선 단선
③ 1선 지락 ④ 선간 단락

31
배전선로의 손실을 경감하는 방법이 아닌 것은?

① 역률을 개선한다.
② 배전 전압을 조정한다.
③ 대용량 변압기를 채용한다.
④ 전류밀도를 감소시키고 평형이 되도록 한다.

32
뒤진 역률 80[%], 10[kVA]의 부하를 가지는 주상변압기의 2차 측에 2[kVA]의 전력용 콘덴서를 접속하면 주상변압기에 걸리는 부하는 약 몇 [kVA]가 되는가?

① 8 ② 8.5
③ 9 ④ 9.5

33
각각의 수용설비용량이 60[kW], 75[kW], 80[kW], 105[kW]인 수용가 4개소가 있다. 4개소의 수용가에 대한 합성 최대 수요전력이 250[kW]인 경우 부등률은 얼마인가?

① 1.04 ② 1.15
③ 1.28 ④ 1.36

34
3상용 차단기의 정격전압은 170[kV]이고 정격차단전류가 50[kA]일 때 차단기의 정격차단용량은 약 몇 [MVA]인가?

① 5,000 ② 10,000
③ 15,000 ④ 20,000

35
전력계통의 전압안정도를 나타내는 $P-V$ 곡선에 대한 설명 중 적합하지 않은 것은?
① 가로축은 수전단 전압을, 세로축은 무효전력을 나타낸다.
② 진상무효전력이 부족하면 전압은 안정되고 진상무효전력이 과잉되면 전압은 불안정하게 된다.
③ 전압 불안정 현상이 일어나지 않도록 전압을 일정하게 유지하려면 무효전력을 적절하게 공급하여야 한다.
④ $P-V$ 곡선에서 주어진 역률에서 전압을 증가시키더라도 송전할 수 있는 최대전력이 존재하는 임계점이 있다.

36
전력계통에서 무효전력을 조정하는 조상설비 중 전력용 콘덴서를 동기조상기와 비교할 때 옳은 것은?
① 전력손실이 크다.
② 지상 무효전력분을 공급할 수 있다.
③ 전압조정을 계단적으로만 할 수 있다.
④ 송전선로를 시송전할 때 선로를 충전할 수 있다.

37
송전선로의 중성점에 접지하는 목적이 아닌 것은?
① 송전용량의 증가
② 과도안정도의 증진
③ 이상전압 발생의 억제
④ 보호계전기의 신속, 확실한 동작

38
자기용량 20[kVA]의 단권 변압기를 이용하여 배전선 전압 6,000[V]를 6,600[V]로 승압하는 경우, 역률 80[%]의 부하용량[kW]은?
① 161
② 176
③ 184
④ 200

39
랭킨사이클에서 급수의 엔탈피가 130[kJ/kg], 터빈 입구 엔탈피가 970[kJ/kg], 터빈 출구 엔탈피가 550[kJ/kg]일 때, 랭킨사이클의 열사이클 효율은? (단, 주어진 조건 외에는 무시한다)
① 0.3
② 0.4
③ 0.5
④ 0.6

40
그림과 같은 수전단 전력원선도가 있다. 부하직선을 참고하여 전압조정을 위한 조상설비가 없어도 정전압 운전이 가능한 부하전력은 대략 어느 정도일 때인가?

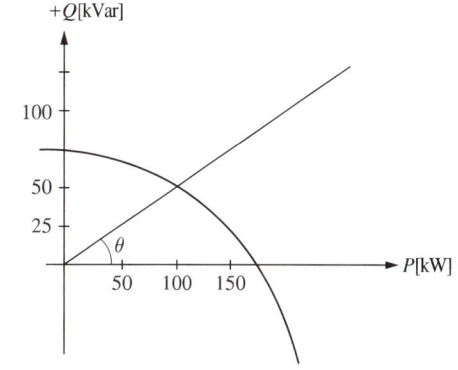

① 무부하일 때
② 50[kW]일 때
③ 100[kW]일 때
④ 150[kW]일 때

제3과목 전기기기

41
타여자 직류전동기의 속도제어에 사용되는 워드-레오나드(Ward-Leonard) 방식은 다음 중 어느 제어법을 이용한 것인가?
① 저항제어법
② 전압제어법
③ 주파수제어법
④ 직병렬제어법

42
직류발전기 중 무부하일 때보다 부하가 증가한 경우에 단자전압이 상승하는 발전기는?
① 직권발전기
② 분권발전기
③ 과복권발전기
④ 차동 복권발전기

43
SCR에 관한 설명으로 틀린 것은?
① 3단자 소자이다.
② 전류는 애노드에서 캐소드로 흐른다.
③ 소형의 전력을 다루고 고주파 스위칭을 요구하는 응용분야에 주로 사용된다.
④ 도통상태에서 순방향 애노드전류가 유지전류 이하로 되면 SCR은 차단상태로 된다.

44
단상 유도전동기에서 기동토크가 가장 큰 것은?
① 반발 기동형
② 분상 기동형
③ 콘덴서 전동기
④ 셰이딩 코일형

45
일반적으로 전철이나 화학용과 같이 비교적 용량이 큰 수은정류기용 변압기의 2차 측 결선방식으로 쓰이는 것은?
① 6상 2중 성형
② 3상 반파
③ 3상 전파
④ 3상 크로스파

46
3상 직권 정류자전동기에서 중간변압기를 사용하는 주된 이유는?
① 발생토크를 증가시키기 위해
② 역회전 방지를 위해
③ 직권특성을 얻기 위해
④ 경부하 시 급속한 속도상승 억제를 위해

47
동기전동기에 관한 설명 중 틀린 것은?
① 기동토크가 작다.
② 유도전동기에 비해 효율이 양호하다.
③ 여자기가 필요하다.
④ 역률을 조정할 수 없다.

48
동기발전기의 전기자권선법 중 집중권에 비해 분포권이 갖는 장점은?
① 난조를 방지할 수 있다.
② 기전력의 파형이 좋아진다.
③ 권선의 리액턴스가 커진다.
④ 합성유도기전력이 높아진다.

49
계자저항 50[Ω], 계자전류 2[A], 전기자저항 3[Ω]인 분권발전기가 무부하로 정격속도로 회전할 때 유기기전력[V]은?
① 106
② 112
③ 115
④ 120

50
전체 도체수는 100, 단중 중권이며 자극수는 4, 자속수는 극당 0.628[Wb]인 직류 분권전동기가 있다. 이 전동기의 부하 시 전기자에 5[A]가 흐르고 있었다면 이때의 토크[N·m]는?
① 12.5
② 25
③ 50
④ 100

51
탭전환 변압기 1차 측에 몇 개의 탭이 있는 이유는?
① 예비용 단자
② 부하전류를 조정하기 위하여
③ 수전점의 전압을 조정하기 위하여
④ 변압기의 여자전류를 조정하기 위하여

52
권선형 유도 전동기의 2차 여자 제어법으로 사용되는 제어방식은?
① 발전 방식　② 세르비우스 방식
③ 회생 방식　④ 플러깅 방식

53
다음 중 기동토크가 가장 큰 직류 전동기는?
① 직류 가동 복권 전동기
② 직류 차동 복권 전동기
③ 직류 직권 전동기
④ 직류 분권 전동기

54
변압기에서 사용되는 절연유의 구비조건으로 틀린 것은?
① 고온에서 화학적으로 안정하고 석출물이 생기지 않을 것
② 인화점이 높고 비열이 클 것
③ 응고점과 점성이 낮을 것
④ 절연내력과 냉각효과가 작을 것

55
회전 변류기의 전류비 관계식으로 옳은 것은?(단, I_a는 교류전류[A], I_d는 직류전류[A], m은 상의 수를 의미한다)
① $\dfrac{I_a}{I_d} = \dfrac{2\sqrt{2}}{m\cos\theta}$
② $\dfrac{I_a}{I_d} = \dfrac{m\sin\theta}{2\sqrt{2}}$
③ $\dfrac{I_a}{I_d} = \dfrac{\sin\theta}{2\sqrt{2}\,m}$
④ $\dfrac{I_a}{I_d} = \dfrac{2\sqrt{2}}{m\sin\theta}$

56
슬립이 5[%]인 유도 전동기의 등가 부하저항은 2차 저항의 몇 배인가?
① 5　② 19
③ 20　④ 24

57
3상 권선형 유도 전동기의 슬립이 n배가 되었을 때, 이에 비례하여 n배가 되는 것은?
① 2차 저항　② 토크
③ 전류　④ 역률

58
단락비가 큰 동기기의 특징으로 옳지 않은 것은?
① 동기임피던스가 작다.
② 기계의 치수가 크므로 외형이 크다.
③ 부하변화에 대한 전압변동률이 작다.
④ 전기자 반작용이 크다.

59
100[V], 10[kW]의 직류 분권 발전기의 계자저항이 20[Ω]일 때, 발전기의 전기자 전류[A]는?(단, 주어지지 않은 조건은 무시한다)
① 95　② 100
③ 105　④ 110

60
선간전압을 E[V], 정격전류를 I[A], 한 상의 임피던스를 z[Ω]이라고 할 때, 동기기의 %Z[%]는?
① $\dfrac{E}{z} \times 100$
② $\dfrac{Iz}{E} \times 100$
③ $\dfrac{\sqrt{3}\,Iz}{E} \times 100$
④ $\dfrac{Iz}{\sqrt{3}\,E} \times 100$

제4과목　회로이론

61
$V = 50\sqrt{3} - j50$ [V], $I = 15\sqrt{3} + j15$ [A]일 때 유효전력 P [W]와 무효전력 P_r [Var]은 각각 얼마인가?

① $P = 3,000$, $P_r = 1,500$
② $P = 1,500$, $P_r = 1,500\sqrt{3}$
③ $P = 750$, $P_r = 750\sqrt{3}$
④ $P = 2,250$, $P_r = 1,500\sqrt{3}$

62
$Z(s) = \dfrac{2s+3}{s}$ 로 표시되는 2단자 회로망은?

① 2[Ω] ─ $\frac{1}{3}$[F]
② 2[H] ─ 3[Ω]
③ 2[Ω] ─ 3[H]
④ 3[F] ─ 2[Ω]

63
저항만으로 구성된 그림의 회로에 평형 3상 전압을 가했을 때 각 선에 흐르는 선전류가 모두 같게 되기 위한 R[Ω]의 값은?

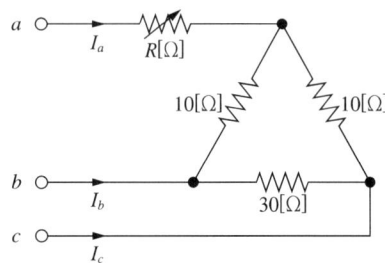

① 2　② 4
③ 6　④ 8

64
임피던스 궤적이 직선일 때 이의 역수인 어드미턴스 궤적은?

① 원점을 통하는 직선
② 원점을 통하지 않는 직선
③ 원점을 통하는 원
④ 원점을 통하지 않는 원

65
어느 저항에 $v_1 = 220\sqrt{2}\sin(2\pi \cdot 60t - 30°)$[V]와 $v_2 = 100\sqrt{2}\sin(3 \cdot 2\pi \cdot 60t - 30°)$의 전압이 각각 걸릴 때 올바른 것은?

① v_1이 v_2보다 위상이 15° 앞선다.
② v_1이 v_2보다 위상이 15° 뒤진다.
③ v_1이 v_2보다 위상이 75° 앞선다.
④ v_1이 v_2의 위상관계는 의미가 없다.

66
최댓값이 100[V]인 정현파 전압이 있다. $t = 0$에서의 순시값이 50[V]이고 이 순간에 전압이 감소하고 있을 때, 전압의 순시값[V]은?

① $100\sin(\omega t + 30°)$
② $100\sin(\omega t + 45°)$
③ $100\sin(\omega t + 150°)$
④ $100\sin(\omega t + 145°)$

67
$F(s) = \dfrac{s+1}{s^2 + 2s}$ 의 역라플라스 변환은?

① $\dfrac{1}{2}(1 - e^{-t})$　② $\dfrac{1}{2}(1 - e^{-2t})$
③ $\dfrac{1}{2}(1 + e^{t})$　④ $\dfrac{1}{2}(1 + e^{-2t})$

68
주기함수 $f(t)$의 푸리에 급수 전개식으로 옳은 것은?

① $f(t) = \sum_{n=1}^{\infty} a_n \sin n\omega t + \sum_{n=1}^{\infty} b_n \sin n\omega t$

② $f(t) = b_0 + \sum_{n=2}^{\infty} a_n \sin n\omega t + \sum_{n=2}^{\infty} b_n \cos n\omega t$

③ $f(t) = a_0 + \sum_{n=1}^{\infty} a_n \cos n\omega t + \sum_{n=1}^{\infty} b_n \sin n\omega t$

④ $f(t) = \sum_{n=1}^{\infty} a_n \cos n\omega t + \sum_{n=1}^{\infty} b_n \cos n\omega t$

69
3상 불평형 전압을 V_a, V_b, V_c라고 할 때 정상전압은?
(단, $a = -\frac{1}{2} + j\frac{\sqrt{3}}{2}$ 이다)

① $\frac{1}{3}(V_a + aV_b + a^2 V_c)$

② $\frac{1}{3}(V_a + a^2 V_b + aV_c)$

③ $\frac{1}{3}(V_a + a^2 V_b + V_c)$

④ $\frac{1}{3}(V_a + V_b + V_c)$

70
인덕턴스 0.5[H], 저항 2[Ω]의 직렬회로에 30[V]의 직류전압을 급히 가했을 때 스위치를 닫은 후 0.1초 후의 전류의 순시값 i[A]와 회로의 시정수 τ[s]는?

① $i = 4.95$, $\tau = 0.25$
② $i = 12.75$, $\tau = 0.35$
③ $i = 5.95$, $\tau = 0.45$
④ $i = 13.95$, $\tau = 0.25$

71
$i(t) = 100 + 50\sqrt{2}\sin\omega t + 20\sqrt{2}\sin\left(3\omega t + \frac{\pi}{6}\right)$
[A]로 표현되는 비정현파 전류의 실횻값은 약 몇 [A]인가?

① 20   ② 50
③ 114 ④ 150

72
그림과 같이 T형 4단자 회로망의 A, B, C, D 파라미터 중 B값은?

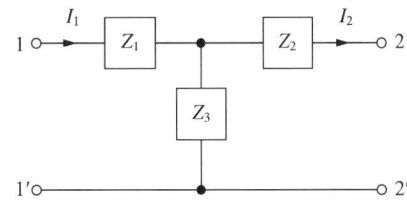

① $\frac{1}{Z_3}$

② $1 + \frac{Z_1}{Z_3}$

③ $\frac{Z_3 + Z_2}{Z_3}$

④ $\frac{Z_1 Z_2 + Z_2 Z_3 + Z_3 Z_1}{Z_3}$

73
용량이 50[kVA]인 단상 변압기 3대를 △결선하여 3상으로 운전하는 중 1대의 변압기에 고장이 발생하였다. 나머지 2대의 변압기를 이용하여 3상 V결선으로 운전하는 경우 최대출력은 몇 [kVA]인가?

① $30\sqrt{3}$ ② $50\sqrt{3}$
③ $100\sqrt{3}$ ④ $200\sqrt{3}$

74
저항 $R_1 = 10$[Ω]과 $R_2 = 40$[Ω]이 직렬로 접속된 회로에 100[V], 60[Hz]인 정현파 교류전압을 인가할 때, 이 회로에 흐르는 전류는 몇 [A]인가?

① $\sqrt{2}\sin 377t$ ② $2\sqrt{2}\sin 377t$
③ $\sqrt{2}\sin 422t$ ④ $2\sqrt{2}\sin 422t$

75

그림과 같이 접속된 회로에 평형 3상 전압 E [V]를 가할 때의 전류 I_1[A]은?

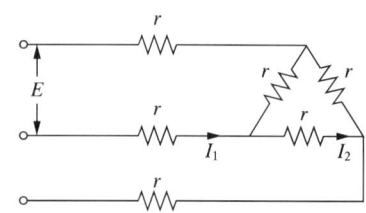

① $\dfrac{\sqrt{3}}{4E}$ ② $\dfrac{4E}{\sqrt{3}}$

③ $\dfrac{4r}{\sqrt{3}\,E}$ ④ $\dfrac{\sqrt{3}\,E}{4r}$

76

불평형 3상 전류가 다음과 같을 때 역상전류 I_2는 약 몇 [A]인가?

$$I_a = 15 + j2[A]$$
$$I_b = -20 - j14[A]$$
$$I_c = -3 + j10[A]$$

① $1.91 + j6.24$ ② $2.17 + j5.34$
③ $3.38 - j4.26$ ④ $4.27 - j3.68$

77

$E = 40 + j30$[V]의 전압을 가하면 $I = 30 + j10$[A]의 전류가 흐른다. 이 회로의 역률은?

① 0.456 ② 0.567
③ 0.854 ④ 0.949

78

3대의 단상 변압기를 △결선으로 하여 운전하던 중 변압기 1대가 고장으로 제거되어 V결선으로 한 경우 공급할 수 있는 전력은 고장 전 전력의 몇 [%]인가?

① 57.7 ② 50.0
③ 63.3 ④ 67.7

79

그림의 회로에서 $t = 0$[s]에 스위치(S)를 닫은 후 $t = 1$[s]일 때 이 회로에 흐르는 전류는 약 몇 [A]인가?

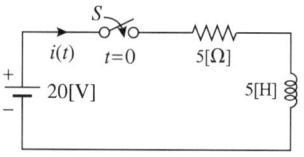

① 2.52 ② 3.16
③ 4.21 ④ 6.32

80

그림과 같은 회로에서 유도성 리액턴스 X_L의 값[Ω]은?

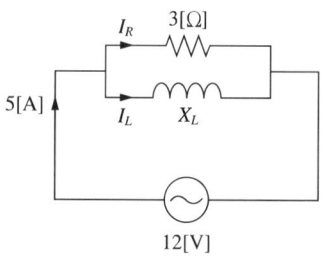

① 8 ② 6
③ 4 ④ 1

제5과목 전기설비기술기준

81

저압 가공전선(다중접지된 중성선은 제외한다)과 고압 가공전선을 동일 지지물에 시설하는 경우 저압 가공전선과 고압 가공전선 사이의 간격은 몇 [m] 이상이어야 하는가?(단, 각도주(角度柱)·분기주(分岐柱) 등에서 혼촉(混觸)의 우려가 없도록 시설하는 경우가 아니다)

① 0.5 ② 0.6
③ 0.8 ④ 1.0

82

고압 가공전선로에 시설하는 피뢰기의 접지공사의 접지선이 그 접지공사 전용의 것인 경우에 접지저항값은 몇 [Ω]까지 허용되는가?

① 20 ② 30
③ 50 ④ 75

83

다음 ( )에 들어갈 내용으로 옳은 것은?

전차선로는 무선설비의 기능에 계속적이고 또한 중대한 장해를 주는 ( )가 생길 우려가 있는 경우에는 이를 방지하도록 시설하여야 한다.

① 전 파 ② 혼 촉
③ 단 락 ④ 정전기

84

금속덕트공사에 적당하지 않은 것은?

① 전선은 절연전선을 사용한다.
② 덕트의 끝부분은 항시 개방시킨다.
③ 덕트 안에는 전선의 접속점이 없도록 한다.
④ 덕트의 안쪽 면 및 바깥 면에는 산화 방지를 위하여 아연도금을 한다.

85

폭연성 먼지 또는 화약류의 분말이 존재하는 곳의 저압 옥내배선은 어느 공사에 의하는가?

① 금속관공사 ② 애자공사
③ 합성수지관공사 ④ 캡타이어케이블공사

86

특고압 가공전선로의 지지물로 사용하는 B종 철주에서 각도형은 전선로 중 몇 도를 넘는 수평각도를 이루는 곳에 사용되는가?

① 1 ② 2
③ 3 ④ 5

87

전기저장장치를 전용건물에 시설하는 경우에 대한 설명이다. 다음 ( )에 들어갈 내용으로 옳은 것은?

전기저장장치 시설장소는 주변 시설(도로, 건물, 가연물질 등)로부터 (㉠)[m] 이상 이격하고 다른 건물의 출입구나 피난계단 등 이와 유사한 장소로부터는 (㉡)[m] 이상 이격하여야 한다.

① ㉠ 3 ㉡ 1
② ㉠ 2 ㉡ 1.5
③ ㉠ 1 ㉡ 2
④ ㉠ 1.5 ㉡ 3

88

시가지에 시설하는 154[kV] 가공전선로에는 지락 또는 단락이 발생한 경우 몇 초 이내에 자동적으로 이를 전로로부터 차단하는 장치를 시설하여야 하는가?

① 1 ② 2
③ 3 ④ 5

89

전로의 중성점을 접지하는 목적이 아닌 것은?

① 이상 시 전위상승 억제
② 대지전압의 저하
③ 부하전류의 일부를 대지로 흐르게 함으로써 전선 절약
④ 보호장치의 확실한 동작 확보

90

다음의 전차선과 건조물 간의 최소 절연간격의 표에서 빈칸에 들어갈 값은?

시스템 종류	공칭전압 [V]	동적[mm]		정적[mm]	
		비오염	오 염	비오염	오 염
직류	( )	25	25	25	25

① 750 ② 1,500
③ 2,000 ④ 25,000

91
특고압 옥내배선의 사용전압은 몇 [kV] 이하여야 하는가?(단, 케이블트레이공사에 의하여 시설하는 경우이다)

① 35 ② 75
③ 100 ④ 150

92
지중 전선로를 직접 매설식에 의하여 시설하는 경우에는 매설 깊이를 차량 기타 중량물의 압력을 받을 우려가 있는 장소에서는 몇 [m] 이상으로 하면 되는가?

① 0.6 ② 0.8
③ 1.0 ④ 1.2

93
파이프라인 등의 전열장치에 대한 규정 중 직접 가열장치에 있어서의 발열체 시설 규정으로 옳지 않은 것은?

① 발열체 상호 간의 플랜지 접합부에는 발열체가 발생하는 열에 견디는 절연물을 삽입할 것
② 발열체에는 슈를 직접 붙이지 않을 것
③ 발열체는 그 온도가 피가열 액체의 발화온도의 90[%]를 넘지 않도록 시설할 것
④ 발열체 상호 간의 접속은 용접 또는 플랜지 접합에 의할 것

94
수도관을 접지극으로 사용하는 경우에 대한 다음 규정의 빈칸에 들어갈 것은?

> 전기저항 값이 3[Ω] 이하의 값을 유지하는 경우, 접지도체와 금속제 수도관로의 접속은 안지름 (㉠)[mm] 이상인 부분 또는 여기에서 분기한 안지름 (㉡)[mm] 미만인 분기점으로부터 5[m] 이내의 부분에서 하여야 한다. 다만, 금속제 수도관로와 대지 사이의 전기저항 값이 (㉢)[Ω] 이하인 경우에는 분기점으로부터의 거리는 5[m]를 넘을 수 있다.

	㉠	㉡	㉢
①	75	75	3
②	75	75	2
③	75	50	2
④	50	50	3

95
저압 옥내간선에서 분기하여 전기사용기계기구에 이르는 저압 옥내 전로는 분기점과 분기회로의 과부하 보호장치의 설치점 사이의 배선 부분에 다른 분기회로나 콘센트 회로의 접속이 없고, 단락의 위험과 화재 및 인체에 대한 위험성이 최소화되도록 시설된 경우, 보호장치는 분기회로의 분기점으로부터 몇 [m]까지 이동하여 설치할 수 있는가?

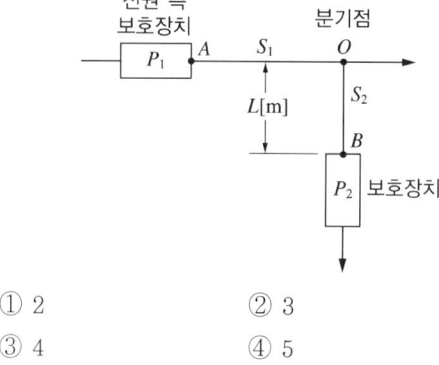

① 2 ② 3
③ 4 ④ 5

96
주택에 시설하는 전기저장장치는 이차전지에서 전력변환장치에 이르는 옥내 직류 전로를 사람이 접촉할 우려가 없도록 케이블공사에 의하여 시설하고 전선에 방호장치를 시설한 경우, 주택의 옥내전로의 대지전압은 직류 몇 [V]까지 적용할 수 있는가?(단, 전로에 지락이 생겼을 때 자동적으로 전로를 차단하는 장치를 시설한 경우이다)

① 150 ② 300
③ 400 ④ 600

97
개폐기의 시설기준으로 옳지 않은 것은?

① 고압용 또는 특고압용 개폐기는 그 작동에 따라 그 개폐 상태를 표시하는 장치가 되어 있어야 한다.
② 고압용 또는 특고압용의 개폐기로서 중력 등에 의하여 자연히 작동할 우려가 있는 것은 자물쇠장치를 시설하여야 한다.
③ 고압용 또는 특고압용의 개폐기로서 부하전류를 차단하기 위한 것이 아닌 개폐기는 부하전류가 통하고 있을 경우에는 회로가 열리지 않도록 시설하여야 한다.
④ 특고압 가공전선로로서 다중 접지를 한 중성선에 개폐기를 시설하여야 한다.

98
한국전기설비규정상 고압 또는 특고압의 기계기구·모선 등을 옥외에 시설하는 발전소·변전소·개폐소 또는 이에 준하는 곳에 취급자 이외의 사람이 들어가지 아니하도록 해야 하는 조치사항에 해당하지 않는 것은?

① 울타리·담을 시설할 것
② 출입구에 출입금지의 표시를 할 것
③ 출입구에 감시 카메라를 설치할 것
④ 출입구에 자물쇠장치를 설치할 것

99
전력보안 통신설비의 전원공급기에 대한 규정으로 옳지 않은 것은?

① 전원공급기 시설 시 통신사업자는 기기 전면에 명판을 부착할 것
② 기기주, 변압기 전주, 분기주 등 설비 복잡개소에는 전원공급기를 시설할 것
③ 지상에서 4[m] 이상의 높이를 유지할 것
④ 시설방향은 인도 측으로 시설하며 외함은 접지를 시행할 것

100
특고압을 직접 저압으로 변성하는 변압기의 시설규정에 해당하지 않는 것은?

① 전기로 등 전류가 큰 전기를 소비하기 위한 변압기
② 발전소·변전소·개폐소 또는 이에 준하는 곳의 소내용 변압기
③ 사용전압이 100[kV] 이하인 변압기로서 그 특고압 측 권선과 저압 측 권선 사이에 접지공사를 한 금속체의 혼촉판이 없는 것
④ 교류식 전기철도용 신호회로에 전기를 공급하기 위한 변압기

정답 97 ④ 98 ③ 99 ② 100 ③

2024년 제3회 CBT

제1과목 전기자기학

01
전기력선의 설명 중 틀린 것은?
① 전기력선은 부전하에서 시작하여 정전하에서 끝난다.
② 단위 전하에서는 $1/\varepsilon_0$ 개의 전기력선이 출입한다.
③ 전기력선은 전위가 높은 점에서 낮은 점으로 향한다.
④ 전기력선의 방향은 그 점의 전계의 방향과 일치하며 밀도는 그 점에서의 전계의 크기와 같다.

02
두 유전체의 경계면에서 정전계가 만족하는 것은?
① 전계의 법선성분이 같다.
② 전계의 접선성분이 같다.
③ 전속밀도의 접선성분이 같다.
④ 분극 세기의 접선성분이 같다.

03
반지름 a[m]의 반구형 도체를 대지표면에 그림과 같이 묻었을 때 접지저항 $R[\Omega]$은?(단, $\rho[\Omega \cdot m]$는 대지의 고유저항이다)

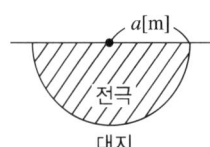

① $\dfrac{\rho}{2\pi a}$
② $\dfrac{\rho}{4\pi a}$
③ $2\pi a\rho$
④ $4\pi a\rho$

04
자성체 내 자계의 세기가 H[AT/m]이고 자속밀도가 B[Wb/m²]일 때, 자계에너지밀도[J/m³]는?
① HB
② $\dfrac{1}{2\mu}H^2$
③ $\dfrac{\mu}{2}B^2$
④ $\dfrac{1}{2\mu}B^2$

05
균등하게 자화된 구(球)자성체가 자화될 때의 감자율은?
① $\dfrac{1}{2}$
② $\dfrac{1}{3}$
③ $\dfrac{2}{3}$
④ $\dfrac{3}{4}$

06
제베크(Seebeck)효과를 이용한 것은?
① 광전지
② 열전대
③ 전자냉동
④ 수정 발진기

07
20[℃]에서 저항의 온도계수가 0.002인 니크롬선의 저항이 100[Ω]이다. 온도가 60[℃]로 상승하면 저항은 몇 [Ω]이 되겠는가?
① 108
② 112
③ 115
④ 120

08
2[Wb/m²]인 평등자계 속에 길이가 30[cm]인 도선이 자계와 직각 방향으로 놓여 있다. 이 도선에 자계와 30°의 방향으로 30[m/s]의 속도로 이동할 때, 도체 양단에 유기되는 기전력[V]의 크기는?

① 3 ② 9
③ 30 ④ 90

09
면적이 $S[m^2]$, 극 사이의 거리가 $d[m]$, 유전체의 비유전율이 ε_s인 평행 평판콘덴서의 정전용량은 몇 [F]인가?

① $\dfrac{\varepsilon_0 S}{d}$ ② $\dfrac{\varepsilon_0 \varepsilon_s S}{d}$
③ $\dfrac{\varepsilon_0 d}{S}$ ④ $\dfrac{\varepsilon_0 \varepsilon_s d}{S}$

10
플레밍의 왼손 법칙에서 왼손의 엄지, 검지, 중지의 방향에 해당되지 않는 것은?

① 전 압 ② 전 류
③ 자속밀도 ④ 힘

11
다음 물질 중 반자성체는?

① 구 리 ② 백 금
③ 니 켈 ④ 알루미늄

12
전자파의 에너지 전달방향은?

① $\nabla \times E$의 방향과 같다.
② $E \times H$의 방향과 같다.
③ 전계 E의 방향과 같다.
④ 자계 H의 방향과 같다.

13
맥스웰(Maxwell) 전자방정식의 물리적 의미 중 틀린 것은?

① 자계의 시간적 변화에 따라 전계의 회전이 발생한다.
② 전도전류와 변위전류는 자계를 발생시킨다.
③ 고립된 자극이 존재한다.
④ 전하에서 전속선이 발산한다.

14
전자가 자계에 수직으로 입사했을 때 원운동을 한다. 원운동의 반지름에 대한 내용으로 옳은 것은?

① 입사속도에 비례한다.
② 입사속도에 반비례한다.
③ 자속밀도에 비례한다.
④ 자속밀도와 입사속도에 반비례한다.

15
벡터 $A = 2i - 6j - 3k$, $B = 4i + 3j - k$에 수직한 단위벡터는?

① $\pm \left(\dfrac{3}{7}i - \dfrac{2}{7}j + \dfrac{6}{7}k\right)$
② $\pm \left(\dfrac{3}{7}i + \dfrac{2}{7}j - \dfrac{6}{7}k\right)$
③ $\pm \left(\dfrac{3}{7}i - \dfrac{2}{7}j - \dfrac{6}{7}k\right)$
④ $\pm \left(\dfrac{3}{7}i + \dfrac{2}{7}j + \dfrac{6}{7}k\right)$

16
도체계의 전위계수의 설명 중 옳지 않은 것은?

① $P_{rr} \geq P_{rs}$ ② $P_{rr} < 0$
③ $P_{rs} \geq 0$ ④ $P_{rs} = P_{sr}$

17
자기인덕턴스가 각각 L_1[H], L_2[H]인 코일을 동일한 방향으로 병렬로 연결할 때, 합성 인덕턴스[H]는?(단, M은 상호 인덕턴스[H]이다)

① $\dfrac{L_1 L_2 - M^2}{L_1 + L_2 + 2M}$

② $\dfrac{L_1 L_2 - M^2}{L_1 + L_2 - 2M}$

③ $L_1 + L_2 + 2M$

④ $L_1 + L_2 - 2M$

18
그림과 같이 AB = BC = 1[m]일 때 A와 B에 동일한 +1[μC]이 있는 경우 C점의 전위는 몇 [V]인가?

A   B   C

① 6.25×10^3 ② 8.75×10^3

③ 12.5×10^3 ④ 13.5×10^3

19
진공 중에서 1[μF]의 정전용량을 갖는 구의 반지름은 몇 [km]인가?

① 0.9   ② 9

③ 90   ④ 900

20
점전하 Q[C]에 의한 무한평면도체의 영상전하는?

① Q[C]보다 작다.

② Q[C]보다 크다.

③ $-Q$[C]와 같다.

④ 0

제2과목 전력공학

21
66[kV], 60[Hz] 1회선의 3상 지중전선로에 대한 무부하 시 충전용량은 몇 [kVA]인가?(단, 지중전선로의 길이는 7[km], 1선당 정전용량은 0.4[μF/km]이다)

① 2,600   ② 3,600

③ 4,600   ④ 5,600

22
그림과 같은 22[kV] 3상 3선식 전선로의 P점에 단락이 발생하였다면 3상 단락전류는 약 몇 [A]인가?(단, %리액턴스는 8[%]이며, 저항분은 무시한다)

22[kV]
20,000[kVA]

① 6,561   ② 8,560

③ 11,364   ④ 12,684

23
연간 전력량이 E[kWh]이고, 연간 최대전력이 W[kW]인 연부하율은 몇 [%]인가?

① $\dfrac{E}{W} \times 100$

② $\dfrac{W}{E} \times 100$

③ $\dfrac{8,760\,W}{E} \times 100$

④ $\dfrac{E}{8,760\,W} \times 100$

24
송전선에 복도체를 사용하는 주된 목적은?

① 역률 개선   ② 정전용량의 감소

③ 인덕턴스의 증가   ④ 코로나 발생의 방지

25
직격뢰에 대한 방호설비로 가장 적당한 것은?
① 복도체 ② 가공지선
③ 서지흡수기 ④ 정전방전기

26
다음 중 송전선로의 코로나 임계전압이 높아지는 경우가 아닌 것은?
① 날씨가 맑다.
② 기압이 높다.
③ 상대공기밀도가 낮다.
④ 전선의 반지름과 선간거리가 크다.

27
어느 화력발전소에서 40,000[kWh]를 발전하는 데 발열량 860[kcal/kg]의 석탄이 60톤 사용된다. 이 발전소의 열효율[%]은 약 얼마인가?
① 56.7 ② 66.7
③ 76.7 ④ 86.7

28
3φ 송전선로에서 평형 3상일 경우 중성점의 전위는 얼마인가?
① 1 ② 0
③ ∞ ④ 송전전압과 같다.

29
경간 200[m], 장력 1,000[kg], 하중 2[kg/m]인 가공전선의 이도(Dip)는 몇 [m]인가?
① 10 ② 11
③ 12 ④ 13

30
전력계통의 전압을 조정하는 가장 보편적인 방법은?
① 발전기의 유효전력 조정
② 부하의 유효전력 조정
③ 계통의 주파수 조정
④ 계통의 무효전력 조정

31
66[kV], 60[Hz] 3상 3선식 선로에서 중성점을 소호리액터접지하여 완전 공진상태로 되었을 때 중성점에 흐르는 전류는 몇 [A]인가?(단, 소호리액터를 포함한 영상회로의 등가저항은 200[Ω], 중성점 잔류전압은 4,400[V]라고 한다)
① 11 ② 22
③ 33 ④ 44

32
변전소에서 수용가로 공급되는 전력을 차단하고 소내 기기를 점검할 경우, 차단기와 단로기의 개폐 조작 방법으로 옳은 것은?
① 점검 시에는 차단기로 부하회로를 끊고 난 다음에 단로기를 열어야 하며, 점검 후에는 단로기를 넣은 후 차단기를 넣어야 한다.
② 점검 시에는 단로기를 열고 난 후 차단기를 열어야 하며, 점검 후에는 단로기를 넣고 난 다음에 차단기로 부하회로를 연결하여야 한다.
③ 점검 시에는 차단기로 부하회로를 끊고 단로기를 열어야 하며, 점검 후에는 차단기로 부하회로를 연결한 후 단로기를 넣어야 한다.
④ 점검 시에는 단로기를 열고 난 후 차단기를 열어야 하며, 점검이 끝난 경우에는 차단기를 부하에 연결한 다음에 단로기를 넣어야 한다.

정답 25 ② 26 ③ 27 ② 28 ② 29 ① 30 ④ 31 ② 32 ①

33
전력계통에서 무효전력을 조정하는 조상설비 중 전력용 콘덴서를 동기조상기와 비교할 때 옳은 것은?
① 전력손실이 크다.
② 지상 무효전력분을 공급할 수 있다.
③ 전압조정을 계단적으로만 할 수 있다.
④ 송전선로를 시송전할 때 선로를 충전할 수 있다.

34
유효낙차 50[m]에서 출력 7,500[kW] 되는 수차가 있다. 유효낙차가 2.5[m]만큼 저하되면 출력은 약 몇 [kW]로 되는가?(단, 수차의 수구 개도는 일정하며, 효율의 변화는 무시한다)
① 6,650
② 6,755
③ 6,850
④ 6,945

35
조상설비가 있는 1차 변전소에서 주변압기로 주로 사용되는 변압기는?
① 승압용 변압기
② 단권 변압기
③ 단상 변압기
④ 3권선 변압기

36
기력발전소에서 석탄연료 사용 시 집진장치의 효율이 가장 큰 것은?
① 전기식 집진장치
② 수세식 집진장치
③ 원심력식 집진장치
④ 직렬 결합식 집진장치

37
송전선로에 충전전류가 흐르면 수전단 전압이 송전단 전압보다 높아지는 현상과 이 현상의 발생원인으로 가장 옳은 것은?
① 페란티 효과, 선로의 인덕턴스 때문
② 페란티 효과, 선로의 정전용량 때문
③ 근접 효과, 선로의 인덕턴스 때문
④ 근접 효과, 선로의 정전용량 때문

38
저압 네트워크 배전방식의 장점이 아닌 것은?
① 인축의 접지사고가 적어진다.
② 부하 증가 시 적응성이 양호하다.
③ 무정전 공급이 가능하다.
④ 전압변동이 작다.

39
송전계통의 중성점을 접지하는 목적으로 틀린 것은?
① 지락고장 시 전선로의 대지 전위상승을 억제하고 전선로와 기기의 절연을 경감시킨다.
② 소호리액터 접지방식에서는 1선 지락 시 지락점 아크를 빨리 소멸시킨다.
③ 차단기의 차단용량을 증대시킨다.
④ 지락고장에 대한 계전기의 동작을 확실하게 한다.

40
송전선로에서 매설지선을 사용하는 주된 목적은?
① 코로나 전압을 저감시키기 위하여
② 뇌해를 방지하기 위하여
③ 탑각 접지저항을 줄여서 역섬락을 방지하기 위하여
④ 인축의 감전사고를 막기 위하여

제3과목 전기기기

41
전기자 총도체수 500, 6극, 중권의 직류전동기가 있다. 전기자 전 전류가 100[A]일 때의 발생토크는 약 몇 [kg·m]인가?(단, 1극당 자속수는 0.01[Wb]이다)
① 8.12
② 9.54
③ 10.25
④ 11.58

42
동기조상기의 여자전류를 줄이면?
① 콘덴서로 작용
② 리액터로 작용
③ 진상전류로 됨
④ 저항손의 보상

43
3상 동기기에서 제동권선의 주목적은?
① 출력 개선
② 효율 개선
③ 역률 개선
④ 난조 방지

44
6,600/210[V], 10[kVA] 단상 변압기의 퍼센트 저항강하는 1.2[%], 리액턴스강하는 0.9[%]이다. 임피던스전압[V]은?
① 99
② 81
③ 65
④ 37

45
직류전동기의 속도제어방법에서 광범위한 속도제어가 가능하며, 운전효율이 가장 좋은 방법은?
① 계자제어
② 전압제어
③ 직렬 저항제어
④ 병렬 저항제어

46
단상 유도전동기에서 기동토크가 가장 큰 것은?
① 반발 기동형
② 분상 기동형
③ 콘덴서 전동기
④ 셰이딩 코일형

47
직류발전기의 전기자 반작용의 영향이 아닌 것은?
① 주자속이 증가한다.
② 편자작용으로 전기적 중성축이 이동한다.
③ 정류작용에 악영향을 준다.
④ 정류자 편 사이의 전압이 불균일하게 된다.

48
임피던스 전압강하 4[%]의 변압기가 운전 중 단락되었을 때, 단락전류는 정격전류의 몇 배가 흐르는가?
① 15
② 20
③ 25
④ 30

49
3상 직권 정류자전동기의 중간변압기의 사용목적은?
① 역회전의 방지
② 역회전을 위하여
③ 전동기의 특성을 조정
④ 직권 특성을 얻기 위하여

50
200[kW], 200[V]의 직류 분권발전기가 있다. 전기자 권선의 저항이 0.025[Ω]일 때 전압변동률은 몇 [%]인가?
① 6.0
② 12.5
③ 20.5
④ 25.0

정답 41 ① 42 ② 43 ④ 44 ① 45 ② 46 ① 47 ① 48 ③ 49 ③ 50 ②

51
정격전압 220[V], 무부하 단자전압 230[V], 정격출력이 40[kW]인 직류 분권발전기의 계자저항이 22[Ω], 전기자 반작용에 의한 전압강하가 5[V]라면 전기자 회로의 저항[Ω]은 약 얼마인가?

① 0.026 ② 0.028
③ 0.035 ④ 0.042

52
변압기의 내부고장에 대한 보호용으로 사용되는 계전기는 어느 것이 적당한가?

① 방향계전기
② 온도계전기
③ 접지계전기
④ 비율차동계전기

53
동기발전기의 병렬운전에 필요한 조건이 아닌 것은?

① 기전력의 크기가 같을 것
② 기전력의 위상이 같을 것
③ 기전력의 주파수가 같을 것
④ 기전력의 용량이 같을 것

54
△ 결선 변압기의 한 대가 고장으로 제거되어 V결선으로 전력을 공급할 때, 고장 전 전력에 대하여 몇 [%]의 전력을 공급할 수 있는가?

① 81.6 ② 75.0
③ 66.7 ④ 57.7

55
다음 전자석의 그림 중에서 전류의 방향이 화살표와 같을 때 위쪽 부분이 N극인 것은?

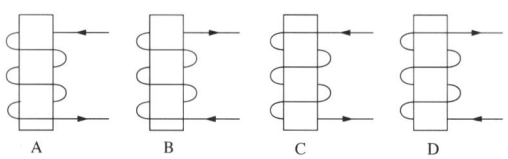

① A, B ② B, C
③ A, D ④ B, D

56
유도전동기에서 인가전압이 일정하고 주파수가 정격값에서 수 [%] 감소할 때 나타나는 현상으로 틀린 것은?

① 철손이 증가한다.
② 효율이 나빠진다.
③ 동기속도가 감소한다.
④ 누설리액턴스가 증가한다.

57
50[kVA], 3,300/110[V]인 변압기가 있다. 무부하일 때 1차 전류 0.5[A], 입력 600[W]이다. 이때 자화전류[A]는 약 얼마인가?

① 0.17 ② 0.27
③ 0.37 ④ 0.47

58
60[Hz], 4극 유도전동기의 슬립이 4[%]일 때 회전수[rpm]는?

① 1,728 ② 1,738
③ 1,748 ④ 1,758

59

3상 유도전동기에 직결된 펌프가 있다. 펌프의 출력은 100[kW], 효율 74.6[%], 전동기의 효율과 역률은 각각 94[%], 90[%]라고 하면 전동기의 입력은 약 몇 [kVA]인가?

① 95.74 ② 104.4
③ 121.1 ④ 158.4

60

전부하에 있어 철손과 동손의 비율이 1 : 2인 변압기에서 효율이 최고인 부하는 전부하의 대략 몇 [%]인가?

① 50 ② 60
③ 70 ④ 80

제4과목 회로이론

61

그림에서 전류 I_1 값을 구하시오.

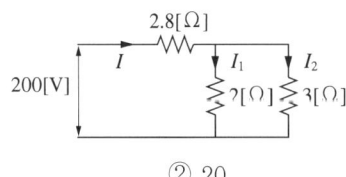

① 10 ② 20
③ 30 ④ 40

62

$i_1 = I_m \sin\omega t$[A]와 $i_2 = I_m \cos\omega t$[A]인 두 교류전류의 위상차는 몇 도인가?

① 0° ② 30°
③ 60° ④ 90°

63

그림의 회로가 정저항 회로가 되기 위한 L[mH]은? (단, $R = 10[\Omega]$, $C = 1,000[\mu F]$이다)

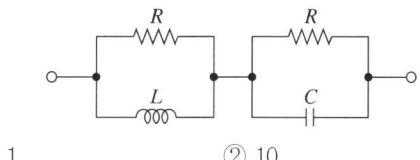

① 1 ② 10
③ 100 ④ 1,000

64

$f(t)$와 $\dfrac{df}{dt}$는 라플라스 변환이 가능하며 $\mathcal{L}[f(t)]$를 $F(s)$라고 할 때 최종값 정리는?

① $\lim\limits_{s \to 0} F(s)$ ② $\lim\limits_{s \to \infty} sF(s)$

③ $\lim\limits_{s \to \infty} F(s)$ ④ $\lim\limits_{s \to 0} sF(s)$

65

그림과 같은 4단자 회로망에서 출력 측을 개방하니 $V_1 = 12$[V], $I_1 = 2$[A], $V_2 = 4$[V]이고, 출력 측을 단락하니 $V_1 = 16$[V], $I_1 = 4$[A], $I_2 = 2$[A]이었다. 4단자 정수 A, B, C, D는 얼마인가?

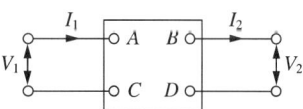

① $A = 2$, $B = 3$, $C = 8$, $D = 0.5$
② $A = 0.5$, $B = 2$, $C = 3$, $D = 8$
③ $A = 8$, $B = 0.5$, $C = 2$, $D = 3$
④ $A = 3$, $B = 8$, $C = 0.5$, $D = 2$

66

그림과 같은 회로에서 $t=0$일 때 스위치 K를 닫을 때 과도전류 $i(t)$값을 구하시오.

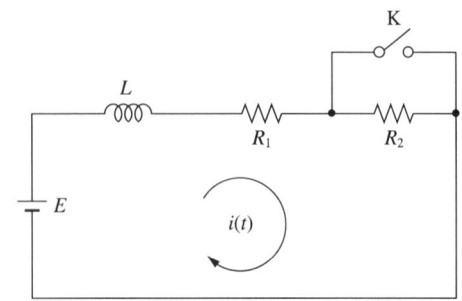

① $i(t) = \dfrac{E}{R_1}\left(1 - \dfrac{R_2}{R_1+R_2}e^{-\frac{R_1}{L}t}\right)$

② $i(t) = \dfrac{E}{R_1+R_2}\left(1 + \dfrac{R_2}{R_1}e^{-\frac{(R_1+R_2)}{L}t}\right)$

③ $i(t) = \dfrac{E}{R_1}\left(1 + \dfrac{R_2}{R_1}e^{-\frac{R_1}{L}t}\right)$

④ $i(t) = \dfrac{R_1 E}{R_1+R_2}\left(1 + \dfrac{R_1}{R_1+R_2}e^{-\frac{(R_1+R_2)}{L}t}\right)$

67

1,000[Hz]인 정현파 교류에서 5[mH]인 유도리액턴스와 같은 용량리액턴스를 갖는 C의 값은 약 몇 [μF]인가?

① 4.07   ② 5.07
③ 6.07   ④ 7.07

68

선간전압 220[V], 부하용량 10[kW], 역률 0.6(지상)인 3상 평형부하에서 선전류는 약 몇 [A]인가?

① 25.3   ② 32.8
③ 43.7   ④ 53.6

69

용량이 50[kVA]인 단상 변압기 3대를 △ 결선하여 3상으로 운전하는 중 1대의 변압기에 고장이 발생하였다. 나머지 2대의 변압기를 이용하여 3상 V결선으로 운전하는 경우 최대출력은 몇 [kVA]인가?

① $30\sqrt{3}$ ② $50\sqrt{3}$
③ $100\sqrt{3}$ ④ $200\sqrt{3}$

70

3상 불평형 전압에서 역상전압이 50[V], 정상전압이 200[V], 영상전압이 10[V]라고 할 때, 전압의 불평형률[%]은?

① 1   ② 5
③ 25   ④ 50

71

어떤 코일에 흐르는 전류를 0.5[ms] 동안에 5[A]만큼 변화시킬 때 20[V]의 전압이 발생한다. 이 코일의 자기인덕턴스[mH]는?

① 2   ② 4
③ 6   ④ 8

72

회로에서 20[Ω]의 저항이 소비하는 전력은 몇 [W]인가?

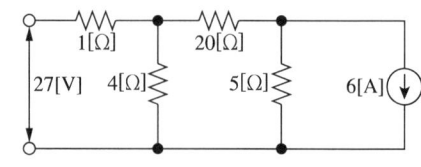

① 14   ② 27
③ 40   ④ 80

73

$F(s) = \dfrac{2(s+1)}{s^2+2s+5}$ 의 시간함수 $f(t)$는 어느 것인가?

① $2e^t\cos 2t$
② $2e^t\sin 2t$
③ $2e^{-t}\cos 2t$
④ $2e^{-t}\sin 2t$

74

그림과 같은 L형 회로의 4단자 A, B, C, D 정수 중 A는?

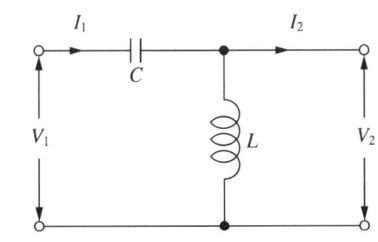

① $1 + \dfrac{1}{\omega LC}$
② $1 - \dfrac{1}{\omega^2 LC}$
③ $1 + \dfrac{1}{j\omega L}$
④ $\dfrac{1}{2\sqrt{LC}}$

75

600[kVA] 역률 0.6(지상)의 부하 A와 800[kVA] 역률 0.8(진상)의 부하 B가 접속되어 있을 때 전체 피상전력[kVA]을 구하시오.

① 0
② 960
③ 1,000
④ 1,400

76

$R = 4[\Omega]$, $\omega L = 3[\Omega]$의 직렬회로에
$e = 100\sqrt{2}\sin\omega t + 50\sqrt{2}\sin 3\omega t$[V]를 가할 때 이 회로의 소비전력은 약 몇 [W]인가?

① 1,414
② 1,514
③ 1,703
④ 1,903

77

전류의 대칭분이 $I_0 = -2 + j4$[A], $I_1 = 6 - j5$[A], $I_2 = 8 + j10$[A]일 때 3상 전류 중 a상 전류(I_a)의 크기($|I_a|$)는 몇 [A]인가?(단, I_0는 영상분이고, I_1은 정상분이고, I_2는 역상분이다)

① 9
② 12
③ 15
④ 19

78

주기함수 $f(t)$의 푸리에 급수 전개식으로 옳은 것은?

① $f(t) = \sum\limits_{n=1}^{\infty} a_n \sin n\omega t + \sum\limits_{n=1}^{\infty} b_n \sin n\omega t$
② $f(t) = b_0 + \sum\limits_{n=2}^{\infty} a_n \sin n\omega t + \sum\limits_{n=2}^{\infty} b_n \cos n\omega t$
③ $f(t) = a_0 + \sum\limits_{n=1}^{\infty} a_n \cos n\omega t + \sum\limits_{n=1}^{\infty} b_n \sin n\omega t$
④ $f(t) = \sum\limits_{n=1}^{\infty} a_n \cos n\omega t + \sum\limits_{n=1}^{\infty} b_n \cos n\omega t$

79

리액턴스 함수가 $Z(s) = \dfrac{3s}{s^2+15}$로 표시되는 리액턴스 2단자망은?

①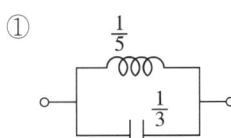

②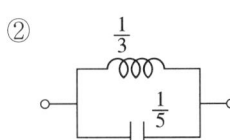

③

④

80
그림과 같은 회로에서 5[Ω]에 흐르는 전류 I는 몇 [A]인가?

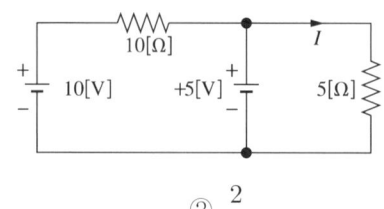

① $\dfrac{1}{2}$ ② $\dfrac{2}{3}$

③ 1 ④ $\dfrac{5}{3}$

제5과목 전기설비기술기준

81
목주, A종 철주 및 A종 철근 콘크리트주를 사용할 수 없는 보안공사는?

① 고압 보안공사
② 제1종 특고압 보안공사
③ 제2종 특고압 보안공사
④ 제3종 특고압 보안공사

82
전압의 구분에 대한 설명으로 옳은 것은?

① 직류에서의 저압은 1[kV] 이하의 전압을 말한다.
② 교류에서의 저압은 1.5[kV] 이하의 전압을 말한다.
③ 직류에서의 고압은 3.5[kV]를 초과하고 7[kV] 이하인 전압을 말한다.
④ 특고압은 7[kV]를 초과하는 전압을 말한다.

83
전로의 사용전압이 500[V] 이하인 옥내전로에서 분기회로의 절연저항값은 몇 [MΩ] 이상이어야 하는가?

① 0.1 ② 0.5
③ 1 ④ 1.5

84
저압 옥내전로의 인입구에 가까운 곳으로서 쉽게 개폐할 수 있는 곳에 개폐기를 시설하여야 한다. 그러나 사용전압이 400[V] 이하인 옥내전로로서 다른 옥내전로에 접속하는 길이가 몇 [m] 이하인 경우는 개폐기를 생략할 수 있는가?(단, 정격전류가 16[A] 이하인 과전류차단기 또는 정격전류가 16[A]를 초과하고 20[A] 이하인 배선차단기로 보호되고 있는 것에 한한다)

① 15 ② 20
③ 25 ④ 30

85
다음 중 케이블트렁킹시스템이 아닌 것은?

① 합성수지몰드공사 ② 금속몰드공사
③ 금속관공사 ④ 금속트렁킹공사

86
가요전선관 및 부속품의 시설에 대한 내용이다. 다음 ( )에 들어갈 내용으로 옳은 것은?

> 1종 금속제 가요전선관에는 단면적 ( )[mm²] 이상의 나연동선을 전체 길이에 걸쳐 삽입 또는 첨가하여 그 나연동선과 1종 금속제 가요전선관을 양쪽 끝에서 전기적으로 완전하게 접속할 것. 다만, 관의 길이가 4[m] 이하인 것을 시설하는 경우에는 그러하지 아니하다.

① 0.75 ② 1.5
③ 2.5 ④ 4

87
금속몰드공사에 대한 설명으로 틀린 것은?
① 몰드에는 옥외용 비닐절연전선을 사용할 것
② 접속점을 쉽게 점검할 수 있도록 시설할 것
③ 황동제 또는 동제의 몰드는 폭이 50[mm] 이하, 두께 0.5[mm] 이상인 것일 것
④ 몰드 안의 전선을 외부로 인출하는 부분은 몰드의 관통 부분에서 전선이 손상될 우려가 없도록 시설할 것

88
전용 개폐기 또는 과전류차단기에서 화약류 저장소의 인입구까지의 배선은 어떻게 시설하는가?
① 애자공사에 의하여 시설한다.
② 케이블을 사용하여 지중으로 시설한다.
③ 케이블을 사용하여 가공으로 시설한다.
④ 합성수지관공사에 의하여 가공으로 시설한다.

89
저압 이웃 연결 인입선은 폭 몇 [m]를 초과하는 도로를 횡단하지 않아야 하는가?
① 5
② 6
③ 7
④ 8

90
옥내의 네온방전등공사 방법으로 옳은 것은?
① 방전등용 변압기는 절연변압기일 것
② 관등회로의 배선은 점검할 수 없는 은폐장소에 시설할 것
③ 관등회로의 배선은 애자공사에 의할 것
④ 전선이 지지점 간의 거리는 2[m] 이하일 것

91
발전기의 용량에 관계없이 자동적으로 이를 전로로부터 차단하는 장치를 시설하여야 하는 경우는?
① 베어링 과열
② 과전류 및 과전압이 발생한 경우
③ 유압의 과팽창
④ 발전기의 내부고장

92
고압 가공전선로의 지지물 간 거리는 B종 철근 콘크리트주로 시설하는 경우 몇 [m] 이하로 하여야 하는가?
① 100
② 150
③ 200
④ 250

93
시가지에 시설하는 154[kV] 가공전선로를 도로와 제1차 접근상태로 시설하는 경우, 전선과 도로와의 간격은 몇 [m] 이상이어야 하는가?
① 4.4
② 4.8
③ 5.2
④ 5.6

94
철도·궤도 또는 자동차도의 전용터널 안의 터널 내 전선로의 시설방법으로 틀린 것은?
① 저압 전선으로 지름 2.0[mm]의 경동선을 사용하였다.
② 고압 전선은 케이블공사로 하였다.
③ 저압 전선을 애자공사에 의하여 시설하고 이를 레일면상 또는 노면상 2.5[m] 이상으로 하였다.
④ 저압 전선을 가요전선관공사에 의하여 시설하였다.

95
태양전지발전소에 시설하는 태양전지 모듈, 전선 및 개폐기 기타 기구의 시설기준에 대한 내용으로 틀린 것은?
① 충전 부분은 노출되지 아니하도록 시설할 것
② 옥내에 시설하는 경우에는 전선을 케이블공사로 시설할 수 있다.
③ 태양전지 모듈의 프레임은 지지물과 전기적으로 완전하게 접속하여야 한다.
④ 태양전지 모듈을 병렬로 접속하는 전로에는 과전류 차단기를 시설하지 않아도 된다.

96
금속제 가요전선관공사에 의한 저압 옥내배선의 시설 기준으로 틀린 것은?
① 가요전선관 안에는 전선에 접속점이 없도록 한다.
② 옥외용 비닐절연전선을 제외한 절연전선을 사용한다.
③ 점검할 수 없는 은폐된 장소에는 1종 가요전선관을 사용할 수 있다.
④ 습기 많은 장소에 시설하는 때에는 비닐 피복 가요전선관으로 한다.

97
154[kV] 전선로를 제1종 특고압 보안공사로 시설할 때 경동연선의 최소굵기는 몇 [mm²]이어야 하는가?
① 55
② 100
③ 150
④ 200

98
최대사용전압이 22,900[V]인 3상 4선식 중성선 다중 접지식 전로와 대지 사이의 절연내력 시험전압은 몇 [V]인가?
① 21,068
② 25,229
③ 28,752
④ 32,510

99
22.9[kV]의 특고압 가공전선로를 시가지에 시설할 때, 전선의 단면적이 몇 [mm²] 이상인 절연전선을 사용해야 하는가?
① 38
② 55
③ 95
④ 150

100
시가지에 시설하는 단선의 통신선을 특고압 가공전선로의 지지물에 시설하려면 지름이 몇 [mm] 이상이어야 하는가?
① 2.6
② 4
③ 5
④ 8

2025년 제1회 CBT

제1과목 　전기자기학

01
전하 q[C]이 공기 중의 자계 H[AT/m]에 수직 방향으로 v[m/s] 속도로 돌입하였을 때 받는 힘은 몇 [N]인가?

① $\dfrac{qH}{\mu_0 v}$　　　　② $\dfrac{1}{\mu_0}qvH$

③ qvH　　　　④ $\mu_0 qvH$

02
각각 $\pm Q$[C]로 대전된 두 개의 도체 간의 전위차를 전위계수로 표시하면?(단, $P_{12} = P_{21}$이다)

① $(P_{11} + P_{12} + P_{22})Q$
② $(P_{11} + P_{12} - P_{22})Q$
③ $(P_{11} - P_{12} + P_{22})Q$
④ $(P_{11} - 2P_{12} + P_{22})Q$

03
자기인덕턴스 0.5[H]의 코일에 1/200초 동안에 전류가 25[A]로부터 20[A]로 줄었다. 이 코일에 유기된 기전력의 크기 및 방향은?

① 50[V], 전류와 같은 방향
② 50[V], 전류와 반대 방향
③ 500[V], 전류와 같은 방향
④ 500[V], 전류와 반대 방향

04
두 종류의 금속으로 된 회로에 전류를 통하면 각 접속점에서 열의 흡수 또는 발생이 일어나는 현상은?

① 톰슨(Thomson)효과
② 제베크(Seebeck)효과
③ 볼타(Volta)효과
④ 펠티에(Peltier)효과

05
반지름 a[m]인 두 개의 무한장 도선이 d[m]의 간격으로 평행하게 놓여 있을 때, $a \ll d$인 경우, 단위 길이당 정전용량[F/m]은?

① $\dfrac{2\pi\varepsilon_0}{\ln\dfrac{d}{a}}$　　　　② $\dfrac{\pi\varepsilon_0}{\ln\dfrac{d}{a}}$

③ $\dfrac{4\pi\varepsilon_0}{\dfrac{1}{a} - \dfrac{1}{d}}$　　　　④ $\dfrac{2\pi\varepsilon_0}{\dfrac{1}{a} - \dfrac{1}{d}}$

06
공극을 가진 환상솔레노이드에서 총권수 N, 철심의 비투자율 μ_r, 단면적 A, 길이 l이고 공극이 δ일 때, 공극부에 자속밀도 B를 얻기 위해서는 전류를 몇 [A] 흘려야 하는가?

① $\dfrac{10^7 B}{2\pi N}\left(\dfrac{l}{\mu_r} + \delta\right)$　　② $\dfrac{10^7 B}{2\pi N}\left(\dfrac{\delta}{\mu_r} + l\right)$

③ $\dfrac{10^7 B}{4\pi N}\left(\dfrac{l}{\mu_r} + \delta\right)$　　④ $\dfrac{10^7 B}{4\pi N}\left(\dfrac{\delta}{\mu_r} + l\right)$

정답　1 ④　2 ④　3 ③　4 ④　5 ②　6 ③

07
액체 유전체를 포함한 콘덴서 용량이 C [F]인 것에 V [V]의 전압을 가했을 경우에 흐르는 누설전류는 몇 [A]인가?(단, 유전체 유전율은 ε, 고유저항은 ρ[Ω·m]이다)

① $\dfrac{CV}{\rho\varepsilon}$ ② $\dfrac{C}{\rho\varepsilon V}$

③ $\dfrac{\rho\varepsilon V}{C}$ ④ $\dfrac{\rho\varepsilon}{CV}$

08
전기력선의 기본 성질에 관한 설명으로 틀린 것은?
① 전기력선의 방향은 그 점의 전계의 방향과 일치한다.
② 전기력선은 전위가 높은 점에서 낮은 점으로 향한다.
③ 전기력선은 그 자신만으로도 폐곡선을 만든다.
④ 전계가 0이 아닌 곳에서는 전기력선은 도체 표면에 수직으로 만난다.

09
반지름 a[m]인 접지 도체구의 중심에서 r[m]되는 거리에 점전하 Q[C]을 놓았을 때 도체구에 유도된 총전하는 몇 [C]인가?

① 0 ② $-Q$

③ $-\dfrac{a}{r}Q$ ④ $-\dfrac{r}{a}Q$

10
권수 500의 코일에 3[A]인 전류를 흘릴 때 코일 면을 지나는 자속이 3×10^{-6}[Wb]라면 이 코일의 자기인덕턴스[mH]는?

① 0.5 ② 4.5
③ 5 ④ 5.5

11
지름 5[cm]인 A 도체구와 지름 10[cm]인 B 도체구에 동일한 전기량을 인가한 경우 A 도체구의 전위와 B 도체구의 전위는 어떤 관계인가?

① $V_A = \dfrac{1}{4}V_B$ ② $V_A = 4V_B$

③ $V_A = 2V_B$ ④ $V_A = \dfrac{1}{2}V_B$

12
변위전류밀도를 나타낸 식은?(단, Φ는 자속, D는 전속밀도, B는 자속밀도, $N\Phi$는 자속쇄교수이다)

① $i = \dfrac{\partial(N\Phi)}{\partial t}$ ② $i = \dfrac{\partial\Phi}{\partial t}$

③ $i = \dfrac{\partial D}{\partial t}$ ④ $i = \dfrac{\partial B}{\partial t}$

13
무한장 직선도체에 선전하밀도 λ[C/m]의 전하가 분포되어 있는 경우, 이 직선도체를 축으로 하는 반지름 r[m]의 원통면상의 전계[V/m]는?

① $\dfrac{\lambda}{2\pi\varepsilon_0 r^2}$ ② $\dfrac{\lambda}{2\pi\varepsilon_0 r}$

③ $\dfrac{\lambda}{4\pi\varepsilon_0 r^2}$ ④ $\dfrac{\lambda}{4\pi\varepsilon_0 r}$

14
진공 중에 무한히 긴 두 직선도체를 거리 r [m] 간격으로 평행하게 놓고, 각각에 I_1, I_2의 전류를 흘릴 때 단위길이당 작용하는 힘[N/m]은 어떻게 표현되는가?

① $\dfrac{I_1 I_2}{r}\times 10^{-7}$ ② $\dfrac{2I_1 I_2}{r}\times 10^{-7}$

③ $\dfrac{I_1 I_2}{r^2}\times 10^{-7}$ ④ $\dfrac{2I_1 I_2}{r^2}\times 10^{-7}$

15
자기 인덕턴스 L[H]인 코일에 전류 I[A]를 흘렸을 때 자계의 세기가 H[A/m]이다. 이 코일에 전류 $\frac{I}{2}$[A]를 흘리면 저장되는 자기에너지[J]는 얼마인가?

① $\frac{1}{2}\mu_0 H^2$ ② $\frac{1}{8}\mu_0 H^2$
③ $\frac{1}{2}LI^2$ ④ $\frac{1}{8}LI^2$

16
진공 중에 +20[μC]과 -3.2[μC]인 2개의 점전하가 1.2[m] 간격으로 놓여 있을 때 두 전하 사이에 작용하는 힘[N]과 작용력은 어떻게 되는가?

① 0.2[N], 반발력 ② 0.2[N], 흡인력
③ 0.4[N], 반발력 ④ 0.4[N], 흡인력

17
비투자율 μ_s가 1인 자성체 내에서 주파수 2[GHz]인 전자기파의 파장[m]은?

① 0.1 ② 0.15
③ 0.25 ④ 0.4

18
10^{-5}[Wb]와 1.2×10^{-5}[Wb]의 점자극을 공기 중에서 2[cm] 거리에 놓았을 때 극 간에 작용하는 힘은 약 몇 [N]인가?

① 1.9×10^{-2} ② 1.9×10^{-3}
③ 3.8×10^{-2} ④ 3.8×10^{-3}

19
점전하에 의한 전계의 세기[V/m]를 나타내는 식은? (단, r은 거리, Q는 전하량, λ는 선전하밀도, σ는 표면전하밀도이다)

① $\frac{1}{4\pi\varepsilon_0}\frac{Q}{r^2}$ ② $\frac{1}{4\pi\varepsilon_0}\frac{\sigma}{r^2}$
③ $\frac{1}{2\pi\varepsilon_0}\frac{Q}{r^2}$ ④ $\frac{1}{2\pi\varepsilon_0}\frac{\sigma}{r^2}$

20
두 자성체 경계면에서 정자계가 만족하는 것은?
① 자계의 법선성분이 같다.
② 자속밀도의 접선성분이 같다.
③ 자속은 투자율이 작은 자성체에 모인다.
④ 양측 경계면상의 두 점 간의 자위차가 같다.

제2과목 전력공학

21
3상용 차단기의 정격전압은 22.9[kV]이고 정격차단용량이 500[MVA]일 때 차단기의 정격차단전류는 몇 [kA]인가?

① 11.2 ② 25.4
③ 33.6 ④ 51.6

22
수조와 방수로 간의 총낙차 35[m] 수차의 전부하의 경우 수차에 취부한 수압계의 지시값이 2.8[kg/cm²]이고 흡출관의 진공계의 지시는 4[m]라고 한다. 손실낙차는 몇 [m]인가?

① 1.8 ② 3
③ 4 ④ 6.8

23
1선 지락 시 건전상의 전압상승이 가장 적은 중성점접지방식은?
① 직접접지방식 ② 비접지방식
③ 저항접지방식 ④ 소호리액터접지방식

24
변전소의 가스차단기에 대한 설명으로 틀린 것은?
① 공기차단기에 비해 개폐 시 소음이 크다.
② 불연성이므로 화재 위험성이 적다.
③ 자력소호가 가능하다.
④ 특고압계통의 차단기로 많이 사용한다.

25
배전선로의 주상변압기에서 고압 측-저압 측에 주로 사용되는 보호장치의 조합으로 적합한 것은?
① 고압 측 : 컷아웃 스위치, 저압 측 : 캐치홀더
② 고압 측 : 캐치홀더, 저압 측 : 컷아웃 스위치
③ 고압 측 : 리클로저, 저압 측 : 라인퓨즈
④ 고압 측 : 라인퓨즈, 저압 측 : 리클로저

26
송전선에 복도체를 사용할 때의 설명으로 틀린 것은?
① 코로나 손실이 경감된다.
② 안정도가 상승하고 송전용량이 증가한다.
③ 정전 반발력에 의한 전선의 진동이 감소된다.
④ 전선의 인덕턴스는 감소하고, 정전용량이 증가한다.

27
전압이 일정값 이하로 되었을 때 동작하는 것으로서 단락 시 고장 검출용으로도 사용되는 계전기는?
① OVR ② OVGR
③ NSR ④ UVR

28
선간전압이 V[kV]이고 3상 정격용량이 P[kVA]인 전력계통에서 리액턴스가 X[Ω]라고 할 때, 이 리액턴스를 %리액턴스로 나타내면?
① $\dfrac{XP}{10V}$ ② $\dfrac{XP}{10V^2}$
③ $\dfrac{XP}{V^2}$ ④ $\dfrac{10V^2}{XP}$

29
애자가 갖추어야 할 구비조건으로 맞는 것은?
① 온도의 급변에 잘 견디고 습기도 잘 흡수해야 한다.
② 지지물에 전선을 지지할 수 있는 충분한 기계적 강도를 갖추어야 한다.
③ 비, 눈, 안개 등에 대해서도 충분한 절연내력을 가지며 누설전류가 많아야 한다.
④ 선로전압에는 충분한 절연내력을 가지며, 이상전압에는 절연내력이 매우 작아야 한다.

30
어떤 건물에서 총설비부하용량이 700[kW], 수용률이 70[%]라면, 변압기용량은 최소 몇 [kVA]로 하여야 하는가?(단, 여기서 설비부하의 종합역률은 0.80이다)
① 425.9 ② 513.8
③ 612.5 ④ 739.2

31
송전선로의 중성점에 접지하는 목적이 아닌 것은?
① 송전용량의 증가
② 과도안정도의 증진
③ 이상전압 발생의 억제
④ 보호계전기의 신속, 확실한 동작

32
변전소에서 사용되는 조상설비 중 지상용으로만 사용되는 조상설비는?

① 분로리액터
② 동기조상기
③ 전력용 콘덴서
④ 정지형 무효전력 보상장치

33
동일한 전압전력을 송전할 경우 처음 역률 0.6을 0.93으로 개선하면 전력손실은 약 몇 [%] 감소하는가?

① 32　　② 39
③ 58　　④ 63

34
단거리 송전선의 4단자 정수 A, B, C, D 중 그 값이 0인 정수는?

① A　　② B
③ C　　④ D

35
가공전선로에 대한 지중전선로의 장점으로 옳은 것은?

① 건설비가 싸다.
② 송전용량이 많다.
③ 인축에 대한 안전성을 높이고, 환경조화를 이룰 수 있다.
④ 사고복구에 효율적이다.

36
선로의 특성임피던스에 관한 내용으로 옳은 것은?

① 선로의 길이에 관계없이 일정하다.
② 선로의 길이가 길어질수록 값이 커진다.
③ 선로의 길이가 길어질수록 값이 작아진다.
④ 선로의 길이보다는 부하전력에 따라 값이 변한다.

37
저압 네트워크 배전방식의 장점이 아닌 것은?

① 인축의 접지사고가 적어진다.
② 부하 증가 시 적응성이 양호하다.
③ 무정전 공급이 가능하다.
④ 전압변동이 작다.

38
전력계통에서 안정도의 종류에 속하지 않는 것은?

① 상태안정도
② 정태안정도
③ 과도안정도
④ 동태안정도

39
수압관로의 평균유속을 V[m/s], 관의 지름을 D[m], 사용유량을 Q[m³/s]로 하면 유량 Q를 구하는 식은?

① $\frac{4}{\pi} \times D^2 \times V$

② $\frac{\pi}{4} \times D^2 \times V$

③ $4\pi \times D \times V$

④ $4\pi \times D^2 \times V$

40
수전전압이 22.9[kV]이고 정격차단전류가 3,000[A]인 차단기의 정격차단용량[MVA]은?(단, 다음 표준용량 규격에서 선정한다)

표준용량 규격								
10	20	30	50	75	100	150	250	300

① 10　　② 30
③ 150　　④ 250

제3과목　전기기기

41
6상 회전변류기의 정격출력이 2,000[kW]이고 직류 측 정격전압이 1,000[V]이다. 교류 측 입력전류는 몇 [A]인가?(단, 역률은 80[%]이고 효율은 100[%]로 계산한다)

① 754.2　　② 942.8
③ 1,178.5　④ 1,472.4

42
직류전동기 중 부하가 변하면 속도가 심하게 변하는 전동기는?

① 분권전동기
② 직권전동기
③ 자동 복권전동기
④ 가동 복권전동기

43
변압기유에 요구되는 특성으로 틀린 것은?

① 점도가 클 것
② 응고점이 낮을 것
③ 인화점이 높을 것
④ 절연내력이 클 것

44
단상 유도전압 조정기에서 단락권선에 대한 설명으로 옳은 것은?

① 직렬권선과 수직으로 설치한다.
② 2차 측 전압의 조정을 용이하게 한다.
③ 분로권선의 누설자속에 의한 전압강하를 경감시킨다.
④ 유도전압 조정기의 절연내력을 향상시킨다.

45
220[V], 6극, 60[Hz], 10[kW]의 3상 유도전동기에서 회전자의 저항이 0.1[Ω], 리액턴스가 0.5[Ω]이고 정격 회전상태에서 슬립이 4[%]라고 할 때 회전자의 전류는 약 몇 [A]인가?(단, 유도전동기의 고정자와 회전자의 결선은 모두 △결선이며 고정자의 권수는 300, 회전자의 권수는 150이고 각각의 권선계수는 동일하다)

① 24.9　　② 43.1
③ 86.7　　④ 74.7

46
전기기계에 있어서 히스테리시스손을 감소시키기 위한 조치로 옳은 것은?

① 성층철심 사용　② 규소강판 사용
③ 보극 설치　　　④ 보상권선 설치

47
동기 전동기의 위상 특성곡선(V곡선)에 대한 설명으로 옳은 것은?

① 출력을 일정하게 유지할 때, 전기자전류와 역률의 관계를 나타낸 곡선
② 역률을 일정하게 유지할 때, 전기자전류와 계자전류의 관계를 나타낸 곡선
③ 공급전압과 출력을 일정하게 유지할 때, 전기자전류와 역률의 관계를 나타낸 곡선
④ 공급전압과 출력을 일정하게 유지할 때, 전기자전류와 계자전류의 관계를 나타낸 곡선

48
단락비가 큰 동기발전기에 대한 설명 중 틀린 것은?

① 효율이 나쁘다.
② 계자전류가 크다.
③ 전압변동률이 크다.
④ 안정도와 선로 충전용량이 크다.

49
직류기에서 양호한 정류를 얻는 조건으로 틀린 것은?
① 정류주기를 길게 한다.
② 브러시의 접촉저항을 크게 한다.
③ 전기자 권선의 인덕턴스를 작게 한다.
④ 평균 리액턴스 전압을 브러시 접촉면 전압강하보다 크게 한다.

50
3,300/210[V], 5[kVA] 단상 변압기의 퍼센트 저항강하 2.4[%], 퍼센트 리액턴스강하 1.8[%]이다. 임피던스 와트[W]는?
① 320
② 240
③ 120
④ 90

51
동기발전기의 병렬운전 조건에 해당되지 않는 것은?
① 기전력의 위상이 같아야 한다.
② 기전력의 파형이 같아야 한다.
③ 임피던스 및 상회전 방향과 각 변위가 같아야 한다.
④ 기전력의 크기가 같아야 한다.

52
동기기의 권선법 중 기전력의 파형을 좋게 하는 권선법은?
① 전절권, 2층권
② 단절권, 집중권
③ 단절권, 분포권
④ 전절권, 집중권

53
3상 유도전동기의 원선도 작성 시 필요한 시험이 아닌 것은?
① 슬립측정
② 무부하시험
③ 구속시험
④ 고정자권선의 저항측정

54
3상 유도전동기의 기동법으로 옳지 않은 것은?
① 전력 기동법
② 전전압 기동법
③ 단권 변압기 기동법
④ Y-△ 기동법

55
다음 중 교류 전압제어기를 전원과 부하회로에 연결된 조광기에 교류 실효전압을 변화시켜서 사용할 수 있는 소자는?
① TRIAC
② MOSFET
③ Diode
④ Power Transistor

56
어느 변압기의 1차 권수가 1,500인 변압기의 2차 측에 접속한 20[Ω]의 저항을 1차 측으로 환산했을 때 8[kΩ]으로 되었다고 한다. 이 변압기의 2차 권수는?
① 400
② 250
③ 150
④ 75

57
스테핑 모터의 특징을 설명한 것으로 틀린 것은?
① 위치제어를 할 때 각도 오차가 작고 누적되지 않는다.
② 속도제어 범위가 좁으며 초저속에서 토크가 크다.
③ 가속, 감속이 용이하며 정역전 및 변속이 쉽다.
④ 피드백 루프가 필요 없이 오픈 루프로 손쉽게 속도 및 위치제어를 할 수 있다.

58
변압기의 표유부하손을 옳게 설명한 것은?
① 부하전류 중 누전에 의한 손실
② 무부하 시 여자전류에 의한 동손
③ 누설자속에 의하여 외함, 기타 철물에 생기는 손실
④ 1, 2차 권선 간의 누설자속에 의하여 생기는 손실

59
직류발전기의 특성곡선 중 상호 관계가 옳지 않은 것은?
① 무부하 포화곡선 : 계자전류와 단자전압
② 외부 특성곡선 : 부하전류와 단자전압
③ 부하 특성곡선 : 계자전류와 단자전압
④ 내부 특성곡선 : 부하전류와 단자전압

60
가정용 재봉틀, 소형 공구, 영사기, 치과의료용, 엔진 등에 사용하고 있으며, 교류, 직류 양쪽 모두에 사용되는 만능전동기는?
① 전기 동력계
② 3상 유도전동기
③ 차동 복권전동기
④ 단상 직권 정류자전동기

제4과목 회로이론

61
다음 회로에 대한 설명으로 옳지 않은 것은?

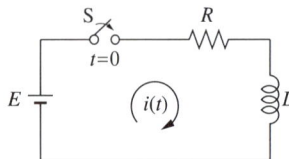

① 이 회로의 시정수는 $\dfrac{L}{R}$이다.
② $t=0$에서 직류전압 $E[\text{V}]$를 가할 때 $t[\text{s}]$ 후 전류는 $i(t)=\dfrac{E}{R}(1-e^{-\frac{R}{L}t})$이다.
③ 과도 기간에 있어 인덕턴스 L의 단자전압 $E_L = Ee^{-\frac{L}{R}t}$이다.
④ 과도 기간에 있어 저항 R의 단자전압 $E_R = E(1-e^{-\frac{R}{L}t})$이다.

62
3상 불평형 회로의 전압에서 불평형률[%]은?
① $\dfrac{\text{영상전압}}{\text{정상전압}} \times 100[\%]$
② $\dfrac{\text{정상전압}}{\text{역상전압}} \times 100[\%]$
③ $\dfrac{\text{정상전압}}{\text{영상전압}} \times 100[\%]$
④ $\dfrac{\text{역상전압}}{\text{정상전압}} \times 100[\%]$

63
$Z=5\sqrt{3}+j5[\Omega]$인 3개의 임피던스를 Y결선하여 선간전압 250[V]의 평형 3상 전원에 연결하였다. 이때 소비되는 유효전력은 약 몇 [W]인가?
① 3,125
② 5,413
③ 6,252
④ 7,120

64
$i(t)=3\sqrt{2}\sin(377t-30°)[\text{A}]$의 평균값은 약 몇 [A]인가?
① 1.35
② 2.7
③ 4.35
④ 5.4

65
$1-\cos\omega t$를 라플라스 변환하면?
① $\dfrac{s}{s^2+\omega^2}$
② $\dfrac{\omega^2}{s(s^2+\omega^2)}$
③ $\dfrac{s}{s(s^2-\omega^2)}$
④ $\dfrac{\omega^2}{s(s^2-\omega^2)}$

66
다음과 같은 회로에서 a, b 양단의 전압은 몇 [V]인가?

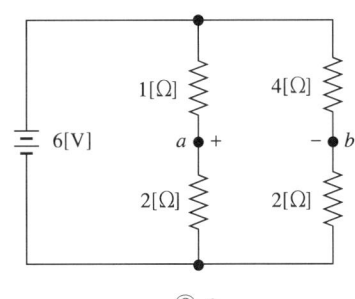

① 1
② 2
③ 2.5
④ 3.5

67
어드미턴스 $Y[\mho]$로 표현된 4단자 회로망에서 4단자 정수 행렬 T는?

(단, $\begin{bmatrix} V_1 \\ I_1 \end{bmatrix} = T \begin{bmatrix} V_2 \\ I_2 \end{bmatrix}$, $T = \begin{bmatrix} A & B \\ C & D \end{bmatrix}$)

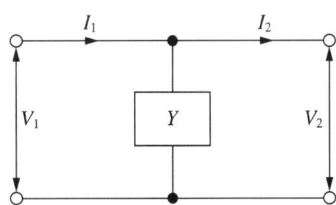

① $\begin{bmatrix} 1 & 0 \\ Y & 1 \end{bmatrix}$

② $\begin{bmatrix} 1 & Y \\ 0 & 1 \end{bmatrix}$

③ $\begin{bmatrix} 1 & 0 \\ \frac{1}{Y} & 1 \end{bmatrix}$

④ $\begin{bmatrix} Y & 1 \\ 1 & 0 \end{bmatrix}$

68
그림의 회로에서 스위치 S를 닫을 때의 충전전류 $i(t)[A]$는 얼마인가?(단, 콘덴서에 초기 충전전하는 없다)

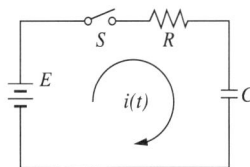

① $\frac{E}{R}e^{-\frac{1}{CR}t}$
② $\frac{E}{R}e^{\frac{R}{C}t}$
③ $\frac{E}{R}e^{-\frac{C}{R}t}$
④ $\frac{E}{R}e^{\frac{1}{CR}t}$

69
1상의 직렬임피던스가 $R=6[\Omega]$, $X_L=8[\Omega]$인 △결선 평형부하가 있다. 여기에 선간전압 100[V]인 대칭 3상 교류전압을 가하면 선전류는 몇 [A]인가?

① $\frac{10\sqrt{3}}{3}$
② $3\sqrt{3}$
③ 10
④ $10\sqrt{3}$

70
전압 $v(t)$를 RL 직렬회로에 인가했을 때 제3고조파 전류의 실횻값[A]의 크기는?
(단, $R=8[\Omega]$, $\omega L=2[\Omega]$, $v(t)=100\sqrt{2}\sin\omega t + 200\sqrt{2}\sin 3\omega t + 50\sqrt{2}\sin 5\omega t$[V]이다)

① 10
② 14
③ 20
④ 28

71
$F(s)=\dfrac{2}{(s+1)(s+3)}$의 역라플라스 변환은?

① $e^{-t}-e^{-3t}$
② $e^{-t}-e^{3t}$
③ $e^{t}-e^{3t}$
④ $e^{t}-e^{-3t}$

72
그림과 같은 회로에서 3[Ω]에 발생하는 전압은 몇 [V]인가?

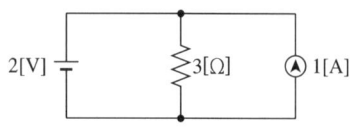

① 2 ② 2.5
③ 3 ④ 4.5

73
RLC 직렬회로 공진 시 선택도(전압확대비) Q는 얼마인가?(단, $R = 100[\Omega]$, $L = 314[mH]$, $C = 125.6[pF]$이다)

① 2×10^2 ② 3×10^2
③ 4×10^2 ④ 5×10^2

74
불평형 3상 전류가 다음과 같을 때 역상전류 I_2는 약 몇 [A]인가?

$$I_a = 15 + j2 [A]$$
$$I_b = -20 - j14 [A]$$
$$I_c = -3 + j10 [A]$$

① $1.91 + j6.24$ ② $2.17 + j5.34$
③ $3.38 - j4.26$ ④ $4.27 - j3.68$

75
정현파 교류에서 실횻값 전압이 100[V]이고 $t = 0$일 때 순시값이 $-50\sqrt{2}$ [V]일 때 이 전압의 순시값은?

① $100\sin\left(\omega t + \dfrac{\pi}{6}\right)$
② $100\sqrt{2}\sin\left(\omega t - \dfrac{\pi}{6}\right)$
③ $100\sqrt{2}\sin\left(\omega t + \dfrac{\pi}{6}\right)$
④ $100\sqrt{2}\cos\left(\omega t - \dfrac{\pi}{6}\right)$

76
비정현파에서 정현대칭의 조건은 어느 것인가?

① $f(t) = f(-t)$
② $f(t) = -f(-t)$
③ $f(t) = -f(t)$
④ $f(t) = -f\left(t + \dfrac{T}{2}\right)$

77
$i(t) = 20e^{-2t}$[A]의 전류가 $L = 2$[H]에 흐를 때 L 단자의 전압은 몇 [V]인가?

① $40e^{-2t}$ ② $-40e^{-2t}$
③ $80e^{-2t}$ ④ $-80e^{-2t}$

78
다음 회로에서 $V_1 = 30$[V]일 때 저항 $R[\Omega]$을 구하시오.

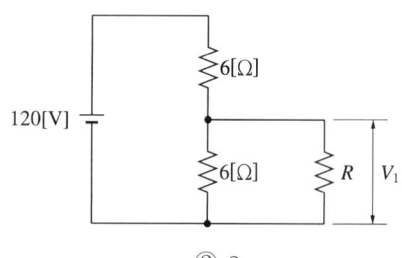

① 2 ② 3
③ 4 ④ 5

79
다음 그림에서 전류 I를 구하시오.

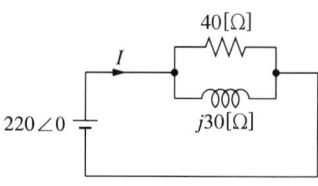

① $5.5 + j7.33$ ② $5.5 - j7.33$
③ $9.16 \angle 53°$ ④ $14.4 + j19.2$

80
유효전력이 50[W]이고, $V = 10[V]$, $I = 10[A]$인 회로에서 전압과 전류의 위상차를 구하시오.
① 0   ② 30°
③ 45°   ④ 60°

제5과목 전기설비기술기준

81
B종 철주 또는 B종 철근 콘크리트주를 사용하는 특고압 가공전선로의 지지물 간 거리는 몇 [m] 이하이어야 하는가?
① 150   ② 250
③ 400   ④ 600

82
중성점 접지용 접지도체의 최소 공칭단면적[mm²]은?
① 10   ② 16
③ 25   ④ 50

83
풀용 수중조명등에 사용되는 절연 변압기의 2차 측 전로의 사용전압이 몇 [V]를 초과하는 경우에는 그 전로에 지락이 생겼을 때에 자동적으로 전로를 차단하는 장치를 하여야 하는가?
① 30   ② 60
③ 150   ④ 300

84
사용전압이 22.9[kV]인 가공전선로를 시가지에 시설하는 경우 전선의 지표상 높이는 몇 [m] 이상인가?(단, 전선은 특고압 절연전선을 사용한다)
① 6   ② 7
③ 8   ④ 10

85
금속관공사에 의한 저압 옥내배선 시설방법으로 틀린 것은?
① 전선은 절연전선일 것
② 전선은 연선일 것
③ 관의 두께는 콘크리트에 매설 시 1.2[mm] 이상일 것
④ 사용전압이 400[V] 초과인 관에는 접지공사를 생략할 수 있다.

86
수소냉각식 발전기 및 이에 부속하는 수소냉각장치의 시설에 대한 설명으로 틀린 것은?
① 발전기 안의 수소의 밀도를 계측하는 장치를 시설할 것
② 발전기 안의 수소의 순도가 85[%] 이하로 저하한 경우에 이를 경보하는 장치를 시설할 것
③ 발전기 안의 수소의 압력을 계측하는 장치 및 그 압력이 현저히 변동한 경우에 이를 경보하는 장치를 시설할 것
④ 발전기는 기밀구조의 것이고 또한 수소가 대기압에서 폭발하는 경우에 생기는 압력에 견디는 강도를 가지는 것일 것

87
뱅크용량이 몇 [kVA] 이상인 무효 전력 보상 장치에는 그 내부에 고장이 생긴 경우에 자동적으로 이를 전로로부터 차단하는 보호장치를 하여야 하는가?
① 10,000   ② 15,000
③ 20,000   ④ 25,000

88
과전류차단기로 저압전로에 사용하는 범용의 퓨즈(전기용품 및 생활용품 안전관리법에서 규정하는 것을 제외한다)의 정격전류가 16[A]인 경우 용단전류는 정격전류의 몇 배인가?(단, 퓨즈(gG)인 경우이다)
① 1.25   ② 1.5
③ 1.6   ④ 1.9

정답 80 ④ 81 ② 82 ② 83 ① 84 ③ 85 ④ 86 ① 87 ② 88 ③

89
고압 가공전선으로 ACSR(강심알루미늄연선)을 사용할 때의 안전율은 얼마 이상이 되는 처짐정도로 시설하여야 하는가?

① 1.38　　② 2.1
③ 2.5　　④ 4.01

90
이동형의 용접 전극을 사용하는 아크용접장치의 시설 기준으로 틀린 것은?

① 용접변압기는 절연변압기일 것
② 용접변압기의 1차 측 전로의 대지전압은 300[V] 이하일 것
③ 용접변압기의 2차 측 전로에는 용접변압기에 가까운 곳에 쉽게 개폐할 수 있는 개폐기를 시설할 것
④ 용접변압기의 2차 측 전로 중 용접변압기로부터 용접전극에 이르는 부분의 전로는 용접 시 흐르는 전류를 안전하게 통할 수 있는 것일 것

91
제1종 특고압 보안공사로 시설하는 전선로의 지지물로 사용할 수 없는 것은?

① 목주
② 철탑
③ B종 철주
④ B종 철근콘크리트주

92
사용전압이 400[V] 이하인 저압 가공전선은 케이블인 경우를 제외하고는 지름이 몇 [mm] 이상이어야 하는가?(단, 절연전선은 제외한다)

① 3.2　　② 3.6
③ 4.0　　④ 5.0

93
전선의 식별 표시가 잘못된 것은?

① L1 - 흰색　　② L2 - 검은색
③ L3 - 회색　　④ N - 파란색

94
지중통신선로설비에 대한 규정에서 지중 공가설비로 사용하는 광섬유 케이블 및 동축케이블의 최대 지름은 몇 [mm]인가?

① 10　　② 16
③ 19　　④ 22

95
합성수지관공사 시 연선이 아닌 경우 사용할 수 있는 전선의 단면적은 몇 [mm²] 이하인가?(단, 알루미늄선은 제외한다)

① 4　　② 6
③ 10　　④ 16

96
사람이 상시 통행하는 터널 안의 교류 220[V] 배선을 애자공사에 의하여 시설할 경우 전선은 노면상 몇 [m] 이상의 높이로 시설하여야 하는가?

① 1.8　　② 2.0
③ 2.5　　④ 3.5

97
임시전선로 시설에서 건조물 상부 조영재 옆쪽에 시설할 경우 최소 간격은 얼마인가?

① 0.1[m]　　② 0.4[m]
③ 1[m]　　④ 4[m]

98

전력계통에서 돌발적으로 발생하는 이상현상에 대비하여 대지와 계통을 연결하는 것으로, 중성점을 대지에 접속하는 접지방식은?

① 계통접지
② 단독접지
③ 보호접지
④ 피뢰시스템 접지

99

특고압 가공전선로 첨가 설치 통신선의 시가지 인입에 시설하는 통신선을 가공전선로의 지지물에 시설하고자 하는 경우 단선의 지름은 몇 [mm] 이상의 절연전선을 사용하여야 하는가?

① 2.6
② 4
③ 5
④ 6

100

저압전선로에 사용하는 주택용 배선차단기의 정격전류가 63[A] 초과인 경우, 과전류트립 동작전류는 정격전류의 몇 배로 하는가?

① 1.2
② 1.25
③ 1.45
④ 1.6

2025년 제2회 CBT

제1과목 전기자기학

01
패러데이관(Faraday Tube)의 성질에 대한 설명으로 틀린 것은?
① 패러데이관 중에 있는 전속수는 그 관속에 진전하가 없으면 일정하며 연속적이다.
② 패러데이관의 양단에는 양 또는 음의 단위 진전하가 존재하고 있다.
③ 패러데이관 한 개의 단위 전위차당 보유 에너지는 1/2[J]이다.
④ 패러데이관의 밀도는 전속밀도와 같지 않다.

02
강자성체의 $B-H$ 곡선을 자세히 관찰하면 매끈한 곡선이 아니라 자속밀도가 어느 순간 급격히 계단적으로 증가 또는 감소하는 것을 알 수 있다. 이러한 현상을 무엇이라 하는가?
① 퀴리점(Curie Point)
② 자왜현상(Magneto-striction)
③ 바크하우젠 효과(Barkhausen Effect)
④ 자기여자 효과(Magnetic After Effect)

03
유전체 중의 전계의 세기를 E, 유전율을 ε이라 하면 전기변위는?
① εE
② εE^2
③ $\dfrac{\varepsilon}{E}$
④ $\dfrac{E}{\varepsilon}$

04
원점 주위의 전류밀도가 $J = \dfrac{2}{r}$ [A/cm²]의 분포를 가질 때 반지름 5[cm]의 구면을 지나는 전전류는 몇 [A]인가?
① 0.1π
② 0.2π
③ 0.3π
④ 0.4π

05
무한길이의 직선 도체에 전하가 균일하게 분포되어 있다. 이 직선 도체로부터 l인 거리에 있는 점의 전계의 세기는?
① l에 비례한다.
② l에 반비례한다.
③ l^2에 비례한다.
④ l^2에 반비례한다.

정답 1 ④ 2 ③ 3 ① 4 ④ 5 ②

06

그림과 같은 반지름 a[m]인 원형 코일에 I[A]의 전류가 흐르고 있다. 이 도체 중심축상 x[m]인 P점의 자위는 몇 [A]인가?

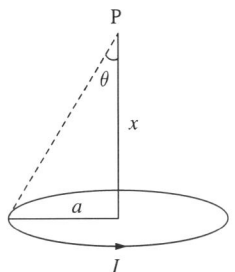

① $\dfrac{I}{2}\left(1-\dfrac{x}{\sqrt{a^2+x^2}}\right)$

② $\dfrac{I}{2}\left(1-\dfrac{a}{\sqrt{a^2+x^2}}\right)$

③ $\dfrac{I}{2}\left(1-\dfrac{x^2}{(a^2+x^2)^{\frac{3}{2}}}\right)$

④ $\dfrac{I}{2}\left(1-\dfrac{a^2}{(a^2+x^2)^{\frac{3}{2}}}\right)$

07

자기쌍극자의 중심축으로부터 r[m]인 점의 자계의 세기에 관한 설명으로 옳은 것은?

① r에 비례한다. ② r^2에 비례한다.
③ r^2에 반비례한다. ④ r^3에 반비례한다.

08

자기인덕턴스가 L_1, L_2이고 상호인덕턴스가 M인 두 회로의 결합계수가 1일 때, 성립되는 식은?

① $L_1 \cdot L_2 = M$ ② $L_1 \cdot L_2 < M^2$
③ $L_1 \cdot L_2 > M^2$ ④ $L_1 \cdot L_2 = M^2$

09

무한평면도체로부터 d[m]인 곳에 점전하 Q[C]가 있을 때 도체 표면상에 최대로 유도되는 전하밀도는 몇 [C/m²]인가?

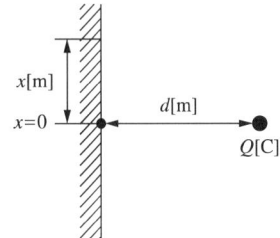

① $-\dfrac{Q}{2\pi d^2}$ ② $-\dfrac{Q}{2\pi\varepsilon_0 d^2}$

③ $-\dfrac{Q}{4\pi d^2}$ ④ $-\dfrac{Q}{4\pi\varepsilon_0 d^2}$

10

내구의 반지름이 6[cm], 외구의 반지름이 8[cm]인 동심구 콘덴서의 외구를 접지하고 내구에 전위 1,800[V]를 가했을 경우 내구에 충전된 전기량은 몇 [C]인가?

① 2.8×10^{-8} ② 3.8×10^{-8}
③ 4.8×10^{-8} ④ 5.8×10^{-8}

11

그림과 같이 진공 중에 서로 평행인 무한길이 두 직선도선 A, B가 d[m] 떨어져 있다. A, B의 선전하 밀도를 각각 λ_1[C/m], λ_2[C/m]이라 할 때, A로부터 $\dfrac{d}{3}$[m]인 점의 전계의 세기가 0이었다면 λ_1과 λ_2의 관계는?

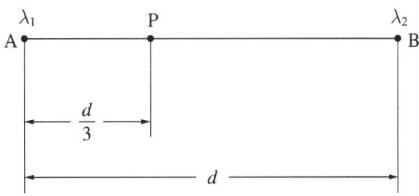

① $\lambda_2 = \dfrac{1}{2}\lambda_1$ ② $\lambda_2 = 2\lambda_1$
③ $\lambda_2 = 3\lambda_1$ ④ $\lambda_2 = 9\lambda_1$

12
다음 조건 중 틀린 것은?(단, χ_m : 비자화율, μ_r : 비투자율이다)

① $\mu_r \gg 1$이면 강자성체
② $\chi_m > 0$, $\mu_r < 1$이면 상자성체
③ $\chi_m < 0$, $\mu_r < 1$이면 반자성체
④ 물질은 χ_m 또는 μ_r의 값에 따라 반자성체, 상자성체, 강자성체 등으로 구분한다.

13
진공 중에 놓인 반지름 2[m]의 도체구에 전하 Q[C]이 있다면 그 표면에 있어서의 전속밀도 D는 몇 [C/m²]인가?

① Q　　② $\dfrac{Q}{16\pi}$
③ $\dfrac{Q}{2\pi}$　　④ $\dfrac{Q}{4\pi}$

14
비투자율이 4,000인 철심의 자속밀도가 0.1[Wb/m²]일 때, 이 철심의 단위체적당 축적되는 에너지밀도는 몇 [J/m³]인가?

① 1　　② 2
③ 3　　④ 4

15
전자유도에 의하여 회로에 발생되는 기전력에 대한 법칙은 무엇인가?

① 패러데이의 법칙
② 옴의 법칙
③ 가우스의 법칙
④ 앙페르의 법칙

16
강자성체의 자화에 관한 설명으로 틀린 것은?

① 강자성체의 자화의 세기는 자계의 세기에 비례한다.
② 강자성체의 자계를 변화시키면 히스테리시스 현상이 나타난다.
③ 강자성체의 히스테리시스손은 히스테리시스 곡선의 면적과 같다.
④ 강자성체의 자속밀도 B는 자계의 세기 H에 비례하지 않는다.

17
어떤 자성체 내에서의 자계의 세기가 800[AT/m]이고 자속밀도가 0.05[Wb/m²]일 때 이 자성체의 투자율은 몇 [H/m]인가?

① 3.25×10^{-5}　　② 4.25×10^{-5}
③ 5.25×10^{-5}　　④ 6.25×10^{-5}

18
공기 중에서 반지름 0.03[m]의 구도체에 줄 수 있는 최대전하는 약 몇 [C]인가?(단, 이 구도체의 주위 공기에 대한 절연내력은 5×10^6[V/m]이다)

① 5×10^{-7}　　② 2×10^{-6}
③ 5×10^{-5}　　④ 2×10^{-4}

19
전기쌍극자에서 전계의 세기(E)와 거리(r)의 관계는?

① E는 r^2에 반비례　　② E는 r^3에 반비례
③ E는 $r^{\frac{3}{2}}$에 반비례　　④ E는 $r^{\frac{5}{2}}$에 반비례

20
각각의 자기 인덕턴스가 $L_1 = 4$[mH], $L_2 = 9$[mH]인 두 코일을 결합하였을 때 상호 인덕턴스[mH]는? (단, 결합계수는 1이다)

① 6　　② 12
③ 24　　④ 36

정답　12 ②　13 ②　14 ①　15 ①　16 ④　17 ④　18 ①　19 ②　20 ①

제2과목 전력공학

21
송전선에 낙뢰가 가해져서 애자에 섬락이 생기면 아크가 생겨 애자가 손상되는데 이것을 방지하기 위하여 사용하는 것은?
① 댐퍼(Damper)
② 아킹혼(Arcing Horn)
③ 아머로드(Armour Rod)
④ 가공지선(Overhead Ground Wire)

22
다음 중 특유속도가 가장 낮은 수차는?
① 사류수차   ② 펠턴수차
③ 프란시스수차   ④ 프로펠러수차

23
선로정수에 영향을 가장 많이 주는 것은?
① 송전전압   ② 역 률
③ 전선의 배치   ④ 송전전류

24
가공전선로에서 1[m]당 하중이 0.37[kg]이고 전주 사이의 경간이 50[m], 이도가 0.8[m]일 때, 이 전선로의 수평장력은 약 몇 [kg]인가?
① 144   ② 164
③ 171   ④ 191

25
200[kVA] 단상변압기 3대를 △-△ 결선으로 사용하다가 변압기 1대의 고장으로 V-V결선을 사용하면 약 몇 [kVA] 부하까지 사용할 수 있는가?
① 173   ② 346
③ 447   ④ 600

26
임피던스 Z_1, Z_2 및 Z_3를 그림과 같이 접속한 선로의 A 쪽에서 전압파 E가 진행해 왔을 때 접속점 B에서 무반사로 되기 위한 조건은?

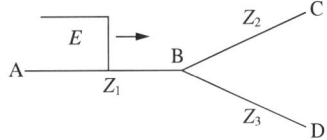

① $Z_1 = Z_2 + Z_3$
② $\dfrac{1}{Z_3} = \dfrac{1}{Z_1} + \dfrac{1}{Z_2}$
③ $\dfrac{1}{Z_1} = \dfrac{1}{Z_2} + \dfrac{1}{Z_3}$
④ $\dfrac{1}{Z_2} = \dfrac{1}{Z_1} + \dfrac{1}{Z_3}$

27
1[kWh]를 열량으로 환산하면 약 몇 [kcal]인가?
① 80   ② 256
③ 539   ④ 860

28
공통 중성선 다중접지방식의 배전선로에서 Recloser(R), Sectionalizer(S), Line Fuse(F)의 보호협조가 가장 적합한 배열은?(단, 보호협조는 변전소를 기준으로 한다)
① S - F - R
② S - R - F
③ F - S - R
④ R - S - F

정답 21 ② 22 ② 23 ③ 24 ① 25 ② 26 ③ 27 ④ 28 ④

29

그림과 같은 평형 3상 발전기가 있다. a상이 지락한 경우 지락전류는 어떻게 표현되는가?(단, Z_0 : 영상임피던스, Z_1 : 정상임피던스, Z_2 : 역상임피던스이다)

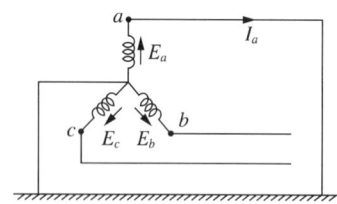

① $\dfrac{E_a}{Z_0 + Z_1 + Z_2}$ ② $\dfrac{3E_a}{Z_0 + Z_1 + Z_2}$

③ $\dfrac{-Z_0 E_a}{Z_0 + Z_1 + Z_2}$ ④ $\dfrac{2Z_2 E_a}{Z_1 + Z_2}$

30

3ϕ 송전계통에서 수전단 전압이 60,000[V], 전류가 200[A], 선로의 저항이 9[Ω], 리액턴스가 13[Ω]일 때 전압강하율과 송전단전압을 구하시오(단, 수전단 역률은 60[%]라고 한다)

① 전압강하율 : 9.1[%] 송전단 전압 : 65.47[kV]
② 전압강하율 : 8.1[%] 송전단 전압 : 65.47[kV]
③ 전압강하율 : 9.1[%] 송전단 전압 : 82.45[kV]
④ 전압강하율 : 8.1[%] 송전단 전압 : 82.45[kV]

31

중성점 직접접지방식에 대한 설명으로 틀린 것은?
① 계통의 과도안정도가 나쁘다.
② 변압기의 단절연(段絶緣)이 가능하다.
③ 1선 지락 시 건전상의 전압은 거의 상승하지 않는다.
④ 1선 지락전류가 적어 차단기의 차단능력이 감소된다.

32

변전소에서 수용가로 공급되는 전력을 차단하고 소내 기기를 점검할 경우, 차단기와 단로기의 개폐 조작 방법으로 옳은 것은?
① 점검 시에는 차단기로 부하회로를 끊고 난 다음에 단로기를 열어야 하며, 점검 후에는 단로기를 넣은 후 차단기를 넣어야 한다.
② 점검 시에는 단로기를 열고 난 후 차단기를 열어야 하며, 점검 후에는 단로기를 넣고 난 다음에 차단기로 부하회로를 연결하여야 한다.
③ 점검 시에는 차단기로 부하회로를 끊고 단로기를 열어야 하며, 점검 후에는 차단기로 부하회로를 연결한 후 단로기를 넣어야 한다.
④ 점검 시에는 단로기를 열고 난 후 차단기를 열어야 하며, 점검이 끝난 경우에는 차단기를 부하에 연결한 다음에 단로기를 넣어야 한다.

33

반지름 r[m]이고 소도체 간격 S인 4 복도체 송전선로에서 전선 A, B, C가 수평으로 배열되어 있다. 등가선간 거리가 D[m]로 배치되고 완전 연가된 경우 송전선로의 인덕턴스는 몇 [mH/km]인가?

① $0.4605\log_{10}\dfrac{D}{\sqrt{rS^2}} + 0.0125$

② $0.4605\log_{10}\dfrac{D}{\sqrt[2]{rS}} + 0.025$

③ $0.4605\log_{10}\dfrac{D}{\sqrt[3]{rS^2}} + 0.0167$

④ $0.4605\log_{10}\dfrac{D}{\sqrt[4]{rS^3}} + 0.0125$

34

단거리 송전선로에서 정상상태 유효전력의 크기는?
① 선로리액턴스 및 전압위상차에 비례한다.
② 선로리액턴스 및 전압위상차에 반비례한다.
③ 선로리액턴스에 반비례하고 상차각에 비례한다.
④ 선로리액턴스에 비례하고 상차각에 반비례한다.

35
보호계전기의 반한시·정한시 특성은?
① 동작전류가 커질수록 동작시간이 짧게 되는 특성
② 최소동작전류 이상의 전류가 흐르면 즉시 동작하는 특성
③ 동작전류의 크기에 관계없이 일정한 시간에 동작하는 특성
④ 동작전류가 작은 동안에는 동작전류가 커질수록 동작시간이 짧아지고 어떤 전류 이상이 되면 동작전류의 크기에 관계없이 일정한 시간에서 동작하는 특성

36
각 수용가의 수용설비용량이 50[kW], 100[kW], 80[kW], 60[kW], 150[kW]이며, 각각의 수용률이 0.6, 0.6, 0.5, 0.5, 0.4일 때 부하의 부등률이 1.30이라면 변압기 용량은 약 몇 [kVA]가 필요한가?(단, 평균부하역률은 80[%]라고 한다)
① 142
② 165
③ 183
④ 212

37
다음 중 송전선로의 코로나 임계전압이 높아지는 경우가 아닌 것은?
① 날씨가 맑다.
② 기압이 높다.
③ 상대공기밀도가 낮다.
④ 전선의 반지름과 선간거리가 크다.

38
송전선로에서 사용하는 변압기 결선에 △결선이 포함되어 있는 이유는?
① 직류분의 제거
② 제3고조파의 제거
③ 제5고조파의 제거
④ 제7고조파의 제거

39
모선 보호에 사용되는 계전방식이 아닌 것은?
① 선택접지 계전방식
② 방향거리 계전방식
③ 위상 비교방식
④ 전류차동 보호방식

40
고압고온을 채용한 기력발전소에서 채용되는 열사이클로 그림과 같은 장치선도의 열사이클은?

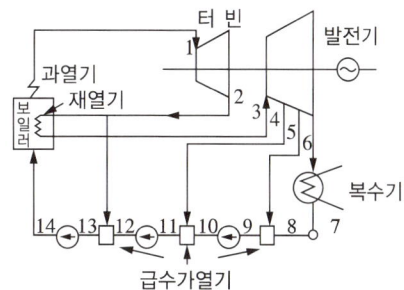

① 랭킨사이클
② 재생사이클
③ 재열사이클
④ 재열재생사이클

제3과목 전기기기

41
변압기에서 권수가 2배가 되면 유기기전력은 몇 배가 되는가?
① 1
② 2
③ 4
④ 8

42
3상 권선형 유도전동기의 기동법에 해당하는 것은?
① 반발 기동법
② 콘덴서 기동법
③ 2차 저항 기동법
④ 분상 기동법

43
동기발전기에 회전계자형을 사용하는 경우에 대한 이유로 틀린 것은?
① 기전력의 파형을 개선한다.
② 전기자가 고정자이므로 고압 대전류용에 좋고, 절연하기 쉽다.
③ 계자가 회전자지만 저압 소용량의 직류이므로 구조가 간단하다.
④ 전기자보다 계자극을 회전자로 하는 것이 기계적으로 튼튼하다.

44
2방향성 3단자 사이리스터는 어느 것인가?
① SCR
② SSS
③ SCS
④ TRIAC

45
15[kVA], 3,000/200[V] 변압기의 1차 측 환산 등가임피던스가 $5.4+j6[\Omega]$일 때, %저항강하 p와 %리액턴스강하 q는 각각 약 몇 [%]인가?
① $p=0.9$, $q=1$
② $p=0.7$, $q=1.2$
③ $p=1.2$, $q=1$
④ $p=1.3$, $q=0.9$

46
3상 유도전동기의 원선도 작성에 필요한 기본량이 아닌 것은?
① 저항 측정
② 슬립 측정
③ 구속시험
④ 무부하시험

47
스텝각이 2°, 스테핑주파수(Pulse Rate)가 1,800[pps]인 스테핑모터의 축속도[rps]는?
① 8
② 10
③ 12
④ 14

48
용량 1[kVA], 3,000/200[V]의 단상 변압기를 단권변압기로 결선해서 3,000/3,200[V]의 승압기로 사용할 때 그 부하용량[kVA]은?
① $\frac{1}{16}$
② 1
③ 15
④ 16

49
3상 유도전동기의 2차 입력 P_2, 슬립이 s일 때의 2차 동손 P_{c2}은?
① $P_{c2}=P_2/s$
② $P_{c2}=sP_2$
③ $P_{c2}=s^2P_2$
④ $P_{c2}=(1-s)P_2$

50
단상 반파정류회로에서 평균출력전압은 전원전압의 약 몇 [%]인가?
① 45.0
② 66.7
③ 81.0
④ 86.7

51
정격용량 12,000[kVA], 정격전압 6,600[V]의 3상 교류발전기가 있다. 무부하 곡선에서의 정격전압에 대한 계자전류는 300[A]이며, 이때 단락전류는 920[A]이다. 이 발전기의 단락비는 얼마인가?
① 0.67
② 0.88
③ 1.14
④ 1.45

52
동기발전기에 설치된 제동권선의 효과로 틀린 것은?
① 난조 방지
② 과부하 내량의 증대
③ 송전선의 불평형 단락 시 이상전압 방지
④ 불평형 부하 시의 전류, 전압 파형의 개선

53
직류기에서 전압변동률이 (-)로 표시되는 발전기는?

① 분권발전기 ② 평복권발전기
③ 과복권발전기 ④ 타여자발전기

54
그림은 복권발전기의 외부 특성곡선이다. 이 중 과복권을 나타내는 곡선은?

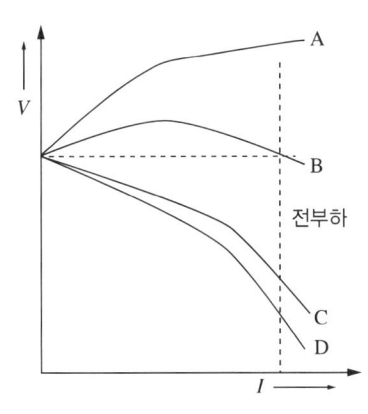

① A ② B
③ C ④ D

55
직류발전기에서 자속을 끊어 기전력을 유기시키는 부분을 무엇이라 하는가?

① 정류자 ② 전기자
③ 계자 ④ 계철

56
브러시의 이동으로 속도제어가 가능한 전동기는 무엇인가?

① 단상 직권전동기
② 직류 직권전동기
③ 반발 전동기
④ 정류자형 주파수 변환기

57
3상 유도전동기에 불평형 3상 전압을 가한 경우 다음 전동기의 특성 중 옳은 것은?

① 영상전압은 존재하지 않는다.
② 영상전압을 고려하여야 한다.
③ 정상전압과 역상전압에 의한 회전자계의 방향은 같다.
④ 정상운전 상태에서 역상분은 제동작용을 하지 않는다.

58
150[kVA]의 변압기의 철손이 1[kW], 전부하동손이 2.5[kW]이다. 역률 80[%]에 있어서의 최대효율은 약 몇 [%]인가?

① 95 ② 96
③ 97.4 ④ 98.5

59
1차 측 권수가 1,500인 변압기의 2차 측에 16[Ω]의 저항을 접속하니 1차 측에서는 8[kΩ]으로 환산되었다. 2차 측 권수는?

① 약 67 ② 약 87
③ 약 107 ④ 약 207

60
권선형 유도전동기에서 비례추이에 대한 설명으로 틀린 것은?(단, S_m은 최대토크 시 슬립이다)

① r_2를 크게 하면 S_m은 커진다.
② r_2를 삽입하면 최대토크가 변한다.
③ r_2를 크게 하면 기동토크도 커진다.
④ r_2를 크게 하면 기동전류는 감소한다.

정답 53 ③ 54 ① 55 ② 56 ③ 57 ① 58 ③ 59 ① 60 ②

제4과목 회로이론

61
전압 $v = V_m \sin\omega t$,
전류 $i = I_m \sin 3\omega t - I_m \sin 5\omega t$ 인
교류의 평균전력은?

① 0
② $\frac{1}{2}VI$
③ $\frac{1}{\sqrt{2}}VI\cos\theta$
④ $\frac{1}{2}VI\sin\theta$

62
3상 부하가 Y결선이고 각 상의 임피던스가 각각 $Z_a = 3[\Omega]$, $Z_b = 3[\Omega]$, $Z_c = j3[\Omega]$이다. 이 부하의 영상 임피던스$[\Omega]$는?

① $6+j3$
② $3+j6$
③ $2+j$
④ $1+2j$

63
인덕턴스가 L인 유도기에 $i = \sqrt{2}I\sin\omega t$ [A]의 전류가 흐를 때 유도기에 축적되는 에너지[J]는?

① $\frac{1}{2}LI^2\sin^2\omega t$
② $\frac{1}{2}LI^2\cos 2\omega t$
③ $\frac{1}{2}LI^2(1-\cos 2\omega t)$
④ $\frac{1}{2}LI^2\sin 2\omega t$

64
전기회로의 입력을 V_1, 출력을 V_2라고 할 때 전달함수는?(단, $s=j\omega$이다)

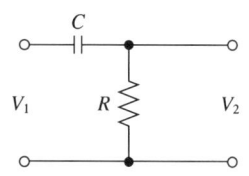

① $\dfrac{1}{R+\dfrac{1}{j\omega C}}$
② $\dfrac{1}{j\omega + \dfrac{1}{RC}}$
③ $\dfrac{j\omega}{j\omega + \dfrac{1}{RC}}$
④ $\dfrac{j\omega}{R+\dfrac{1}{j\omega C}}$

65
RLC 직렬회로에서 $t=0$에서 교류전압 $e = E_m\sin(\omega t + \theta)$를 가할 때, $R^2 - 4\dfrac{L}{C} > 0$이면 이 회로는?

① 진동적이다.
② 비진동적이다.
③ 임계진동적이다.
④ 비감쇠진동이다.

66
상전압이 120[V]인 평형 3상 Y결선의 전원에 Y결선 부하를 도선으로 연결하였다. 도선의 임피던스는 $1+j[\Omega]$이고 부하의 임피던스는 $20+j10[\Omega]$이다. 이때 부하에 걸리는 전압은 약 몇 [V]인가?

① $67.18 \angle -25.4°$
② $101.62 \angle 0°$
③ $113.14 \angle -1.1°$
④ $118.42 \angle -30°$

67

선간전압이 200[V]인 대칭 3상 전원에 평형 3상 부하가 접속되어 있다. 부하 1상의 저항은 10[Ω], 유도리액턴스 15[Ω], 용량리액턴스 5[Ω]가 직렬로 접속된 것이다. 부하가 △ 결선일 경우, 선로전류[A]와 3상 전력[W]은 약 얼마인가?

① $I_l = 10\sqrt{6}$, $P_3 = 6{,}000$
② $I_l = 10\sqrt{6}$, $P_3 = 8{,}000$
③ $I_l = 10\sqrt{3}$, $P_3 = 6{,}000$
④ $I_l = 10\sqrt{3}$, $P_3 = 8{,}000$

68

어떤 콘덴서를 300전하는 데 9[J]의 에너지가 필요하였다. 이 콘덴서의 정전용량은 몇 [μF]인가?

① 100
② 200
③ 300
④ 400

69

전원이 Y결선, 부하가 △ 결선된 3상 대칭회로가 있다. 전원의 상전압이 220[V]이고 전원의 상전류가 10[A]일 경우, 부하 한 상의 임피던스[Ω]는?

① 66
② $22\sqrt{3}$
③ 22
④ $\dfrac{22}{\sqrt{3}}$

70

다음 회로의 4단자 정수는?

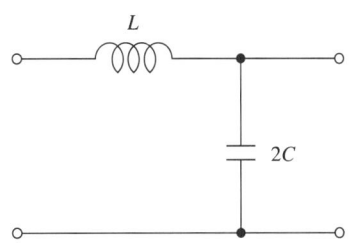

① $A = 1 + 2\omega^2 LC$, $B = j2\omega C$, $C = j\omega L$, $D = 0$
② $A = 1 - 2\omega^2 LC$, $B = j\omega L$, $C = j2\omega C$, $D = 1$
③ $A = 2\omega^2 LC$, $B = j\omega L$, $C = j2\omega C$, $D = 1$
④ $A = 2\omega^2 LC$, $B = j2\omega L$, $C = j\omega L$, $D = 0$

71

$t = 0$에서 스위치 S를 닫았을 때 정상 전류값[A]은?

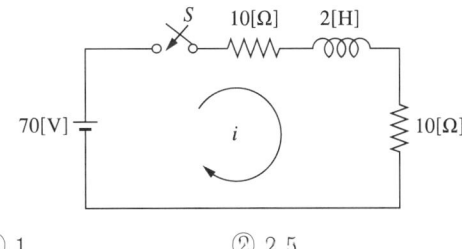

① 1
② 2.5
③ 3.5
④ 7

72

단자 a, b에서 저항 3[Ω]을 연결할 때 단자 a, b 사이의 소비전력은 몇 [W]인가?

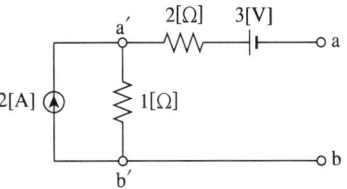

① $\dfrac{1}{12}$
② $\dfrac{1}{3}$
③ 3
④ 12

정답 67 ① 68 ② 69 ① 70 ② 71 ③ 72 ①

73
$F(s) = \dfrac{2}{(s+1)(s+3)}$ 의 역라플라스 변환은?

① $e^{-t} - e^{-3t}$ ② $e^{-t} - e^{3t}$
③ $e^{t} - e^{3t}$ ④ $e^{t} - e^{-3t}$

74
$Z(s) = \dfrac{2s+3}{s}$ 로 표시되는 2단자 회로망은?

① ─[2Ω]─∥─[⅓ F]─
② ─[2H]─[3Ω]─
③ ─[2Ω]─[3H]─
④ ─[3F]─[2Ω]─

75
그림 (a)의 Y결선 회로를 그림 (b)의 △ 결선 회로로 등가변환했을 때 R_{ab}, R_{bc}, R_{ca}는 각각 몇 [Ω]인가? (단, $R_a = 2[\Omega]$, $R_b = 3[\Omega]$, $R_c = 4[\Omega]$)

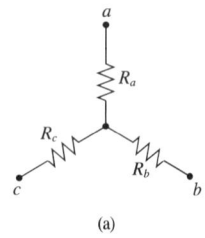

① $R_{ab} = \dfrac{6}{9}$, $R_{bc} = \dfrac{12}{9}$, $R_{ca} = \dfrac{8}{9}$
② $R_{ab} = \dfrac{1}{3}$, $R_{bc} = 1$, $R_{ca} = \dfrac{1}{2}$
③ $R_{ab} = \dfrac{13}{2}$, $R_{bc} = 13$, $R_{ca} = \dfrac{26}{3}$
④ $R_{ab} = \dfrac{11}{3}$, $R_{bc} = 11$, $R_{ca} = \dfrac{11}{2}$

76
600[kVA] 역률 0.6(지상)의 부하 A와 800[kVA] 역률 0.8(진상)의 부하 B가 함께 접속되어 있을 때 전체 피상전력[kVA]은?

① 0 ② 960
③ 1,000 ④ 1,400

77
기본파의 30[%]인 제3고조파와 기본파의 20[%]인 제5고조파를 포함하는 전압파의 왜형률은 약 얼마인가?

① 0.21 ② 0.33
③ 0.36 ④ 0.42

78
그림과 같은 회로에서 유도성 리액턴스 X_L의 값[Ω]은?

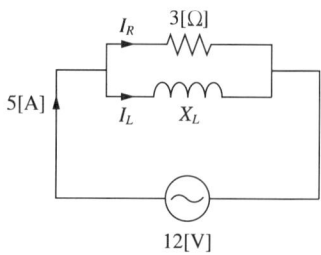

① 8 ② 6
③ 4 ④ 1

79
저항 $R_1 = 10[\Omega]$과 $R_2 = 40[\Omega]$이 직렬로 접속된 회로에 100[V], 60[Hz]인 정현파 교류전압을 인가할 때, 이 회로에 흐르는 전류는 몇 [A]인가?

① $\sqrt{2}\sin 377t$
② $2\sqrt{2}\sin 377t$
③ $\sqrt{2}\sin 422t$
④ $2\sqrt{2}\sin 422t$

80
최댓값이 100[V]인 정현파 전압이 있다. $t = 0$에서의 순시값이 50[V]이고 이 순간에 전압이 감소하고 있을 때, 전압의 순시값[V]은?

① $100\sin(\omega t + 30°)$
② $100\sin(\omega t + 45°)$
③ $100\sin(\omega t + 150°)$
④ $100\sin(\omega t + 145°)$

제5과목 전기설비기술기준

81
지중전선로에 있어서 폭발성 가스가 침입할 우려가 있는 장소에 시설하는 지중함은 크기가 몇 [m³] 이상일 때 가스를 방산시키기 위한 장치를 시설하여야 하는가?

① 0.25   ② 0.5
③ 0.75   ④ 1.0

82
개폐기의 시설기준으로 옳지 않은 것은?

① 고압용 또는 특고압용 개폐기는 그 작동에 따라 그 개폐 상태를 표시하는 장치가 되어 있어야 한다.
② 고압용 또는 특고압용의 개폐기로서 중력 등에 의하여 자연히 작동할 우려가 있는 것은 자물쇠장치를 시설하여야 한다.
③ 고압용 또는 특고압용의 개폐기로서 부하전류를 차단하기 위한 것이 아닌 개폐기는 부하전류가 통하고 있을 경우에는 회로가 열리지 않도록 시설하여야 한다.
④ 특고압 가공전선로로서 다중 접지를 한 중성선에 개폐기를 시설하여야 한다.

83
22.9[kV] 특고압 가공전선로의 중성선은 다중 접지를 하여야 한다. 각 접지선을 중성선으로부터 분리하였을 경우 1[km]마다 중성선과 대지 사이의 합성전기저항 값은 몇 [Ω] 이하인가?(단, 전로에 지락이 생겼을 때에 2초 이내에 자동적으로 이를 전로로부터 차단하는 장치가 되어 있다)

① 5   ② 10
③ 15   ④ 20

84
저압 옥측전선로에서 목조의 조영물에 시설할 수 있는 공사방법은?

① 금속관공사
② 버스덕트공사
③ 합성수지관공사
④ 연피 또는 알루미늄 케이블공사

85
전력보안 통신설비의 전원공급기에 대한 규정으로 옳지 않은 것은?

① 전원공급기 시설 시 통신사업자는 기기 전면에 명판을 부착할 것
② 기기주, 변압기 전주, 분기주 등 설비 복잡개소에는 전원공급기를 시설할 것
③ 지상에서 4[m] 이상의 높이를 유지할 것
④ 시설방향은 인도 측으로 시설하며 외함은 접지를 시행할 것

86
제2종 특고압 보안공사 시 B종 철주를 지지물로 사용하는 경우 지지물 간 거리는 몇 [m] 이하인가?

① 100   ② 200
③ 400   ④ 500

87
전기철도차량에 전력을 공급하는 전차선의 가선방식에 포함되지 않는 것은?
① 가공방식
② 강체방식
③ 제3레일방식
④ 지중조가선방식

88
고압 가공전선로의 가공지선으로 나경동선을 사용하는 경우의 지름은 몇 [mm] 이상이어야 하는가?
① 3.2　② 4.0
③ 5.5　④ 6.0

89
주택의 전기저장장치의 축전지에 접속하는 부하 측 옥내배선을 사람이 접촉할 우려가 없도록 케이블공사에 의하여 시설하고 전선에 적당한 방호장치를 시설한 경우 주택의 옥내전로의 대지전압은 직류 몇 [V]까지 적용할 수 있는가?(단, 전로에 지락이 생겼을 때 자동적으로 전로를 차단하는 장치를 시설한 경우이다)
① 150　② 300
③ 400　④ 600

90
접지시스템에서 선도체와 보호도체의 재질이 모두 구리이고 선도체의 단면적(S)이 35[mm²]를 초과하는 경우 보호도체의 최소 단면적은 몇 [mm²]인가?
① 16　② 4
③ S　④ $S/2$

91
고장보호에 대한 설명으로 틀린 것은?
① 고장보호는 일반적으로 직접 접촉을 방지하는 것이다.
② 고장보호는 인축의 몸을 통해 고장전류가 흐르는 것을 방지하여야 한다.
③ 고장보호는 인축의 몸에 흐르는 고장전류를 위험하지 않은 값 이하로 제한하여야 한다.
④ 고장보호는 인축의 몸에 흐르는 고장전류의 지속시간을 위험하지 않은 시간까지로 제한하여야 한다.

92
애자공사에 의한 저압 옥내배선공사에서 전선 상호간의 간격은 몇 [m] 이상이어야 하는가?
① 0.02　② 0.04
③ 0.06　④ 0.08

93
감전보호용 등전위본딩 적용에 해당하지 않는 것은?
① 일상생활에서 접촉이 가능한 금속제 난방배관 및 공조설비 등 계통외도전부
② 건축물·구조물의 철근, 철골 등 금속보강재
③ 수도관·가스관 등 외부에서 내부로 인입되는 금속배관
④ 수도관·가스관 등 외부에서 내부로 인입되는 최초 밸브 후단

94
특고압 가공전선이 건조물과 1차 접근상태로 시설되는 경우, 특고압 가공전선로의 보안공사 방법은?
① 제1종 특고압 보안공사
② 제2종 특고압 보안공사
③ 제3종 특고압 보안공사
④ 특별 제3종 특고압 보안공사

95
저압전로에 사용하는 산업용 배선차단기의 정격전류가 63[A] 이하인 경우, 과전류트립 동작전류는 정격전류의 몇 배로 하여야 하는가?

① 1.25
② 1.3
③ 1.45
④ 1.6

96
수소냉각식 발전기 또는 이에 부속하는 수소냉각장치에 관한 시설기준으로 틀린 것은?

① 발전기 안의 수소의 온도를 계측하는 장치를 시설할 것
② 조상기 안의 수소의 압력 계측장치 및 압력 변동에 대한 경보장치를 시설할 것
③ 발전기 안의 수소의 순도가 70[%] 이하로 저하할 경우에 경보하는 장치를 시설할 것
④ 발전기는 기밀구조의 것이고 또한 수소가 대기압에서 폭발하는 경우에 생기는 압력에 견디는 강도를 가지는 것일 것

97
22.9[kV] 특고압 가공전선과 조영물 이외의 시설물이 접근하는 경우의 간격은 몇 [m]인가?(단, 전선은 케이블이다)

① 0.5
② 1
③ 1.2
④ 2

98
저압선로를 다리의 윗면에 시설하는 경우 전선의 높이를 다리의 노면상 몇 [m] 이상으로 하여 시설하는가?

① 3
② 4
③ 5
④ 6.5

99
옥내전로의 대지전압에 대한 내용이다. ( ) 안에 들어갈 내용으로 옳은 것은?

> 주택의 전로 인입구에는 감전보호용 누전차단기를 시설하여야 한다. 다만, 전로의 전원 측에 정격용량이 (㉠)[kVA] 이하인 절연변압기(1차 전압이 저압이고 2차 전압이 (㉡)[V] 이하인 것에 한한다)를 사람이 쉽게 접촉할 우려가 없도록 시설하고 또한 그 절연변압기의 부하 측 전로를 접지하지 않는 경우에는 예외로 한다.

① ㉠ 1, ㉡ 500
② ㉠ 1, ㉡ 300
③ ㉠ 3, ㉡ 300
④ ㉠ 3, ㉡ 500

100
절연내력시험은 전로와 대지 사이에 연속하여 10분간 가하여 절연내력을 시험하였을 때에 이에 견디어야 한다. 최대사용전압이 22.9[kV]인 중성선 다중접지식 가공전선로의 전로와 대지 사이의 절연내력 시험전압은 몇 [V]인가?

① 16,488
② 21,068
③ 22,900
④ 28,625

2025년 제3회 CBT

제1과목 전기자기학

01
맥스웰 전자방정식에 대한 설명으로 틀린 것은?
① 폐곡면을 통해 나오는 전속은 폐곡면 내의 전하량과 같다.
② 폐곡면을 통해 나오는 자속은 폐곡면 내의 자극의 세기와 같다.
③ 폐곡선에 따른 전계의 선적분은 폐곡선 내를 통하는 자속의 시간 변화율과 같다.
④ 폐곡선에 따른 자계의 선적분은 폐곡선 내를 통하는 전류와 전속의 시간적 변화율을 더한 것과 같다.

02
점전하 Q [C]와 무한평면도체에 대한 영상전하는?
① Q[C]와 같다.
② $-Q$[C]와 같다.
③ Q[C]보다 크다.
④ Q[C]보다 작다.

03
유전체의 초전효과(Pyroelectric Effect)에 대한 설명이 아닌 것은?
① 온도변화에 관계없이 일어난다.
② 자발 분극을 가진 유전체에서 생긴다.
③ 초전효과가 있는 유전체를 공기 중에 놓으면 중화된다.
④ 열에너지를 전기에너지로 변화시키는 데 이용된다.

04
철심이 들어 있는 환상코일이 있다. 1차 코일의 권수 N_1 = 100회일 때 자기인덕턴스는 0.01[H]였다. 이 철심에 2차 코일 N_2 = 200회를 감았을 때 1, 2차 코일의 상호인덕턴스는 몇 [H]인가?(단, 이 경우 결합계수 k = 1로 한다)
① 0.01   ② 0.02
③ 0.03   ④ 0.04

05
$\nabla \cdot i = 0$에 대한 설명이 아닌 것은?
① 도체 내에 흐르는 전류는 연속이다.
② 도체 내에 흐르는 전류는 일정하다.
③ 단위시간당 전하의 변화가 없다.
④ 도체 내의 전류가 흐르지 않는다.

06
무손실 유전체에서 평면 전자파의 전계 E와 자계 H 사이 관계식으로 옳은 것은?
① $H = \sqrt{\dfrac{\varepsilon}{\mu}} E$ ② $H = \sqrt{\dfrac{\mu}{\varepsilon}} E$
③ $H = \dfrac{\varepsilon}{\mu} E$ ④ $H = \dfrac{\mu}{\varepsilon} E$

07
공기 중에 있는 무한히 긴 직선 도선에 10[A]의 전류가 흐르고 있을 때 도선으로부터 2[m] 떨어진 점에서의 자속밀도는 몇 [Wb/m²]인가?
① 10^{-5} ② 0.5×10^{-6}
③ 10^{-6} ④ 2×10^{-6}

08
자극의 세기가 8×10^{-6}[Wb], 길이가 3[cm]인 막대자석을 120[AT/m]의 평등자계 내에 자력선과 30°의 각도로 놓으면 이 막대자석이 받는 회전력은 몇 [N·m]인가?

① 3.02×10^{-5} ② 3.02×10^{-4}
③ 1.44×10^{-5} ④ 1.44×10^{-4}

09
z축 상에 놓인 길이가 긴 직선 도체에 10[A]의 전류가 $+z$ 방향으로 흐르고 있다. 이 도체 주위의 자속밀도가 $3\hat{x} - 4\hat{y}$[Wb/m²]일 때 도체가 받는 단위 길이당 힘[N/m]은?(단, $\hat{x}$, $\hat{y}$는 단위벡터이다)

① $-40\hat{x} + 30\hat{y}$ ② $-30\hat{x} + 40\hat{y}$
③ $30\hat{x} + 40\hat{y}$ ④ $40\hat{x} + 30\hat{y}$

10
한 변의 길이가 a[m]인 정육각형의 각 정점에 각각 Q[C]의 전하를 놓을 때 정육각형의 중심 O에 있어서의 전계[V/m]는?

① 0   ② $\dfrac{3Q}{2\pi\varepsilon_0 a}$
③ $\dfrac{3Q}{2\pi\varepsilon_0 a^2}$ ④ $\dfrac{Q}{4\pi\varepsilon_0 a^2}$

11
공기 중에 1변 40[cm]의 정방형 전극을 가진 평행판 콘덴서가 있다. 극판의 간격을 4[mm]로 하고 극판 간에 100[V]의 전위차를 주면 축적되는 전하는 몇 [C]인가?

① 3.54×10^{-9} ② 3.54×10^{-8}
③ 6.56×10^{-9} ④ 6.56×10^{-8}

12
전자석에 사용하는 연철(Soft Iron)은 다음 어느 성질을 갖는가?

① 잔류자기, 보자력이 모두 크다.
② 보자력이 크고 잔류자기가 작다.
③ 보자력이 크고 히스테리시스 곡선의 면적이 작다.
④ 보자력과 히스테리시스 곡선의 면적이 모두 작다.

13
그림에서 2[μF]에 100[μC]의 전하가 충전되어 있다면 3[μF]의 양단의 전위차는 몇 [V]인가?

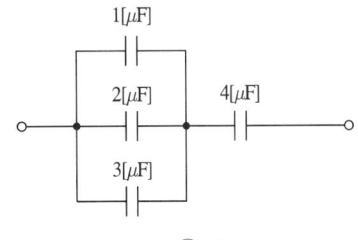

① 50   ② 100
③ 200   ④ 260

14
권수가 200회이고, 자기 인덕턴스가 20[mH]인 코일에 2[A]의 전류를 흘리면, 쇄교 자속수[Wb·T]는?

① 0.04   ② 0.01
③ 4×10^{-4} ④ 2×10^{-4}

15
자속밀도가 0.3[Wb/m²]인 평등자계 내에 5[A]의 전류가 흐르는 길이 2[m]인 직선도체가 있다. 이 도체를 자계 방향에 대하여 60°의 각도로 놓았을 때 이 도체가 받는 힘은 약 몇 [N]인가?

① 1.3   ② 2.6
③ 4.7   ④ 5.2

16
동심구에서 내부도체의 반지름이 a, 절연체의 반지름이 b, 외부도체의 반지름이 c이다. 내부도체에만 전하 Q를 주었을 때 내부도체의 전위는?(단, 절연체의 유전율은 ε_0이다)

① $\dfrac{Q}{4\pi\varepsilon_0 a}\left(\dfrac{1}{a}+\dfrac{1}{b}\right)$

② $\dfrac{Q}{4\pi\varepsilon_0}\left(\dfrac{1}{a}-\dfrac{1}{b}\right)$

③ $\dfrac{Q}{4\pi\varepsilon_0}\left(\dfrac{1}{a}-\dfrac{1}{b}-\dfrac{1}{c}\right)$

④ $\dfrac{Q}{4\pi\varepsilon_0}\left(\dfrac{1}{a}-\dfrac{1}{b}+\dfrac{1}{c}\right)$

17
대전 도체의 표면전하밀도가 σ[C/m²]일 때 도체 내부의 전속밀도는 몇 [C/m²]인가?

① σ ② $\dfrac{\sigma}{2}$

③ 0 ④ $4\pi\sigma$

18
비유전율이 2.4인 유전체 내의 전계의 세기가 100[mV/m]이다. 유전체에 축적되는 단위체적당 정전에너지는 몇 [J/m³]인가?

① 1.06×10^{-13}

② 1.77×10^{-13}

③ 2.32×10^{-13}

④ 2.32×10^{-11}

19
두 종류의 유전율(ε_1, ε_2)을 가진 유전체 경계면에 진전하가 존재하지 않을 때 성립하는 경계조건을 옳게 나타낸 것은?(단, θ_1, θ_2는 각각 유전체 경계면의 법선벡터와 E_1, E_2가 이루는 각이다)

① $E_1\sin\theta_1 = E_2\sin\theta_2$, $D_1\sin\theta_1 = D_2\sin\theta_2$,
$\dfrac{\tan\theta_1}{\tan\theta_2} = \dfrac{\varepsilon_2}{\varepsilon_1}$

② $E_1\cos\theta_1 = E_2\cos\theta_2$, $D_1\sin\theta_1 = D_2\sin\theta_2$,
$\dfrac{\tan\theta_1}{\tan\theta_2} = \dfrac{\varepsilon_2}{\varepsilon_1}$

③ $E_1\sin\theta_1 = E_2\sin\theta_2$, $D_1\cos\theta_1 = D_2\cos\theta_2$,
$\dfrac{\tan\theta_1}{\tan\theta_2} = \dfrac{\varepsilon_1}{\varepsilon_2}$

④ $E_1\cos\theta_1 = E_2\cos\theta_2$, $D_1\cos\theta_1 = D_2\cos\theta_2$,
$\dfrac{\tan\theta_1}{\tan\theta_2} = \dfrac{\varepsilon_1}{\varepsilon_2}$

20
다음 중 비투자율(μ_r)이 가장 큰 것은?

① 금 ② 은
③ 구리 ④ 니켈

제2과목 전력공학

21
진상 전류뿐만 아니라 지상 전류도 광범위하게 연속적인 전압을 조정할 수 있는 조상설비는?

① 전력용 콘덴서 ② 분로리액터
③ 직렬 리액터 ④ 동기조상기

22

그림과 같은 66[kV] 3상 3선식 전선로의 P점에 단락이 발생하였다면 3상 단락전류는 약 몇 [A]인가?(단, %리액턴스는 10[%]이며, 저항분은 무시한다)

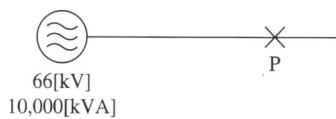

① 820
② 875
③ 950
④ 1,000

23

기력발전소에서 석탄연료 사용 시 집진장치의 효율이 가장 큰 것은?

① 전기식 집진장치
② 수세식 집진장치
③ 원심력식 집진장치
④ 직렬 결합식 집진장치

24

송전선에 코로나가 발생하면 전선이 부식된다. 무엇에 의하여 부식되는가?

① 산 소
② 오 존
③ 수 소
④ 질 소

25

유효낙차 50[m]에서 출력 7,500[kW] 되는 수차가 있다. 유효낙차가 2.5[m]만큼 저하되면 출력은 약 몇 [kW]로 되는가?(단, 수차의 수구 개도는 일정하며, 효율의 변화는 무시한다)

① 6,650
② 6,755
③ 6,850
④ 6,945

26

다음 그래프에서 송전선로의 전압이 높아짐에 따른 전선비를 나타낸 것은?

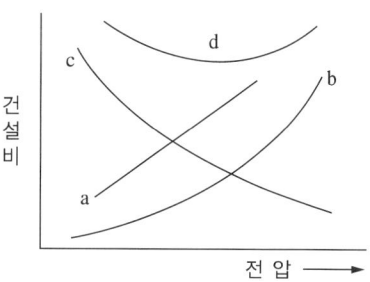

① a
② b
③ c
④ d

27

송전선로에 복도체를 사용하는 주된 이유는?

① 철탑의 하중을 평형시키기 위해서이다.
② 선로의 진동을 없애기 위해서이다.
③ 선로를 뇌격으로부터 보호하기 위해서이다.
④ 코로나를 방지하고 인덕턴스를 감소시키기 위해서이다.

28

저압 네트워크 배전방식의 장점이 아닌 것은?

① 인축의 접지사고가 적어진다.
② 부하 증가 시 적응성이 양호하다.
③ 무정전 공급이 가능하다.
④ 전압변동이 작다.

29

조상설비가 있는 1차 변전소에서 주변압기로 주로 사용되는 변압기는?

① 승압용 변압기
② 단권 변압기
③ 단상 변압기
④ 3권선 변압기

정답 22 ② 23 ① 24 ② 25 ④ 26 ③ 27 ④ 28 ① 29 ④

30
직격뢰에 대한 방호설비로 가장 적당한 것은?
① 복도체
② 가공지선
③ 서지흡수기
④ 정전방전기

31
66[kV], 60[Hz] 1회선의 3상 지중전선로에 대한 무부하 시 충전용량은 몇 [kVA]인가?(단, 지중전선로의 길이는 7[km], 1선당 정전용량은 0.4[μF/km]이다)
① 2,600
② 3,600
③ 4,600
④ 5,600

32
피뢰기가 방전을 개시할 때 단자전압의 순시값을 방전개시전압이라 한다. 피뢰기 방전 중 단자전압의 파곳값을 무슨 전압이라고 하는가?
① 뇌전압
② 상용주파교류전압
③ 제한전압
④ 충격절연강도전압

33
다음 중 페란티 현상의 방지대책으로 적합하지 않은 것은?
① 선로전류를 지상이 되도록 한다.
② 수전단에 분로리액터를 설치한다.
③ 동기조상기를 부족여자로 운전한다.
④ 부하를 차단하여 무부하가 되도록 한다.

34
전력용 퓨즈의 설명으로 옳지 않은 것은?
① 소형으로 큰 차단용량을 갖는다.
② 가격이 싸고 유지 보수가 간단하다.
③ 밀폐형 퓨즈는 차단 시에 소음이 없다.
④ 과도전류에 의해 쉽게 용단되지 않는다.

35
송전계통의 중성점을 직접 접지하는 목적과 관계없는 것은?
① 고장전류 크기의 억제
② 이상전압 발생의 방지
③ 보호 계전기의 신속 정확한 동작
④ 전선로 및 기기의 절연레벨을 경감

36
전력계통의 전압을 조정하는 가장 보편적인 방법은?
① 발전기의 유효전력 조정
② 부하의 유효전력 조정
③ 계통의 주파수 조정
④ 계통의 무효전력 조정

37
변전소에서 수용가로 공급되는 전력을 차단하고 소내 기기를 점검할 경우, 차단기와 단로기의 개폐 조작 방법으로 옳은 것은?
① 점검 시에는 차단기로 부하회로를 끊고 난 다음에 단로기를 열어야 하며, 점검 후에는 단로기를 넣은 후 차단기를 넣어야 한다.
② 점검 시에는 단로기를 열고 난 후 차단기를 열어야 하며, 점검 후에는 단로기를 넣고 난 다음에 차단기로 부하회로를 연결하여야 한다.
③ 점검 시에는 차단기로 부하회로를 끊고 단로기를 열어야 하며, 점검 후에는 차단기로 부하회로를 연결한 후 단로기를 넣어야 한다.
④ 점검 시에는 단로기를 열고 난 후 차단기를 열어야 하며, 점검이 끝난 경우에는 차단기를 부하에 연결한 다음에 단로기를 넣어야 한다.

30 ② 31 ③ 32 ③ 33 ④ 34 ④ 35 ① 36 ④ 37 ①

38
중성점 접지방식 중 직접접지 송전방식에 대한 설명으로 틀린 것은?

① 1선 지락사고 시 지락전류는 타접지방식에 비하여 최대로 된다.
② 1선 지락사고 시 지락계전기의 동작이 확실하고 선택 차단이 가능하다.
③ 통신선에서의 유도장해는 비접지방식에 비하여 크다.
④ 기기의 절연레벨을 상승시킬 수 있다.

39
6.6[kV], 60[Hz], 3상 3선식 비접지식에서 선로의 길이가 10[km]이고, 1선의 대지정전용량이 0.005[μF/km]일 때 1선 지락 시의 고장전류 I_g[A]의 범위로 옳은 것은?

① $I_g < 1$
② $1 \leq I_g < 2$
③ $2 \leq I_g < 3$
④ $3 \leq I_g < 4$

40
3ϕ 송전선로에서 평형 3상일 경우 중성점의 전위는 얼마인가?

① 1
② 0
③ ∞
④ 송전전압과 같다.

제3과목 전기기기

41
두 대의 직류발전기 A, B를 병렬운전 시 A기의 유효전력 분담을 크게 하기 위한 방법으로 옳은 것은?

① A기의 계자전류 증가
② B기의 계자전류 증가
③ A기의 속도 감소
④ B기의 속도 감소

42
포화하고 있지 않은 직류발전기의 회전수가 $\frac{1}{2}$로 감소되었을 때 기전력을 속도변화 전과 같은 값으로 하려면 여자를 어떻게 해야 하는가?

① $\frac{1}{2}$로 감소시킨다.
② 1배로 증가시킨다.
③ 2배로 증가시킨다.
④ 4배로 증가시킨다.

43
전력용 반도체 소자 중 양방향 2단자 저항소자이며 TRIAC 또는 SCR 게이트에 트리거용에 적합한 소자는?

① LASCR
② UJT
③ SUS
④ DIAC

44
3상 동기발전기에서 그림과 같이 1상의 권선을 서로 똑같은 2조로 나누어서 그 1조의 권선전압을 E[V], 각 권선의 전류를 I[A]라 하고 지그재그 Y형(Zigzag Star)으로 결선하는 경우 선간전압, 선전류 및 피상전력은?

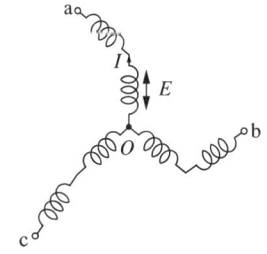

① $3E$, I, $\sqrt{3} \times 3E \times I = 5.2EI$
② $\sqrt{3}E$, $2I$, $\sqrt{3} \times \sqrt{3}E \times 2I = 6EI$
③ E, $2\sqrt{3}I$, $\sqrt{3} \times E \times 2\sqrt{3}I = 6EI$
④ $\sqrt{3}E$, $\sqrt{3}I$, $\sqrt{3} \times \sqrt{3}E \times \sqrt{3}I = 5.2EI$

정답 38 ④ 39 ① 40 ② 41 ① 42 ③ 43 ④ 44 ①

45
3상 유도전동기로서 작용하기 위한 슬립 s의 범위는?

① $s \geq 1$
② $0 < s < 1$
③ $-1 \leq s \leq 0$
④ $s = 0$ 또는 $s = 1$

46
20[kVA]의 단상 변압기가 역률 1일 때 전부하 효율이 97[%]이다. 3/4 부하일 때 이 변압기는 최고 효율을 나타낸다. 전부하에서 철손 P_i와 동손 P_c는 몇 [W]인가?

① $P_i = 222$, $P_c = 396$
② $P_i = 619$, $P_c = 528$
③ $P_i = 222$, $P_c = 528$
④ $P_i = 619$, $P_c = 396$

47
어떤 IGBT의 열용량은 0.02[J/℃], 열저항은 0.625[℃/W]이다. 이 소자에 직류 25[A]가 흐를 때 전압강하는 3[V]이다. 몇 [℃]의 온도상승이 발생하는가?

① 1.5　　② 1.7
③ 47　　④ 52

48
부하 급변 시 부하각과 부하속도가 진동하는 난조현상을 일으키는 원인이 아닌 것은?

① 원동기의 조속기 감도가 너무 예민한 경우
② 자속의 분포가 기울어져 자속의 크기가 감소한 경우
③ 전기자 회로의 저항이 너무 큰 경우
④ 원동기의 토크에 고조파가 포함된 경우

49
3상 권선형 유도전동기의 전부하 슬립 5[%], 2차 1상의 저항 0.5[Ω]이다. 이 전동기의 기동토크를 전부하 토크와 같도록 하려면 외부에서 2차에 삽입할 저항[Ω]은?

① 8.5　　② 9
③ 9.5　　④ 10

50
유도전동기에서 크라울링(Crawling) 현상으로 맞는 것은?

① 기동 시 회전자의 슬롯수 및 권선법이 적당하지 않은 경우 정격속도보다 낮은 속도에서 안정운전이 되는 현상
② 기동 시 회전자의 슬롯수 및 권선법이 적당하지 않은 경우 정격속도보다 높은 속도에서 안정운전이 되는 현상
③ 회전자 3상 중 1상이 단선된 경우 정격속도의 50[%] 속도에서 안정운전이 되는 현상
④ 회전자 3상 중 1상이 단락된 경우 정격속도보다 높은 속도에서 안정운전이 되는 현상

51
3상 직권 정류자전동기에서 중간변압기를 사용하는 주된 이유는?

① 발생토크를 증가시키기 위해
② 역회전 방지를 위해
③ 직권특성을 얻기 위해
④ 경부하 시 급속한 속도상승 억제를 위해

52
변압기의 부하가 증가할 때의 현상으로서 틀린 것은?

① 동손이 증가한다.　② 온도가 상승한다.
③ 철손이 증가한다.　④ 여자전류는 변함없다.

---

45 ②　46 ①　47 ③　48 ②　49 ③　50 ①　51 ④　52 ③

53
600[rpm]으로 회전하는 타여자발전기가 있다. 이때 유기기전력은 150[V], 여자전류는 5[A]이다. 이 발전기를 800[rpm]으로 회전하여 180[V]의 유기기전력을 얻으려면 여자전류는 몇 [A]로 하여야 하는가?(단, 자기회로의 포화현상은 무시한다)

① 3.2 ② 3.7
③ 4.5 ④ 5.2

54
대형 변압기의 호흡작용으로 인한 절연내력 저하방지를 위해 봉입하는 가스는?

① 질 소 ② 오 존
③ 아르곤 ④ 수 소

55
부하의 변동에 대해 속도변동이 가장 큰 직류전동기는?

① 분권 전동기 ② 가동복권 전동기
③ 차동복권 전동기 ④ 직권 전동기

56
직류기에 탄소 브러시를 사용하는 주된 이유는?

① 고유저항이 작기 때문에
② 접촉저항이 작기 때문에
③ 접촉저항이 크기 때문에
④ 고유저항이 크기 때문에

57
유도전동기 원선도에서 원의 지름은?(단, E는 1차 전압, r은 1차로 환산한 저항, X는 1차로 환산한 누설 리액턴스라 한다)

① rE에 비례 ② rXE에 비례
③ $\dfrac{E}{r}$에 비례 ④ $\dfrac{E}{X}$에 비례

58
단상 반파정류회로에서 평균출력전압은 전원전압의 약 몇 [%]인가?

① 45.0 ② 66.7
③ 81.0 ④ 86.7

59
전기자저항이 0.04[Ω]인 직류 분권발전기가 있다. 단자전압 100[V], 회전속도 1,000[rpm]일 때 전기자전류는 50[A]라 한다. 이 발전기를 전동기로 사용할 때 전동기의 회전속도는 약 몇 [rpm]인가?(단, 전기자 반작용은 무시한다)

① 759 ② 883
③ 894 ④ 961

60
단상변압기 2대를 사용하여 3,150[V]의 평형 3상에서 210[V]의 평형 2상으로 변환하는 경우에 각 변압기의 1차 전압과 2차 전압은 얼마인가?

① 주좌 변압기 : 1차 3,150[V], 2차 210[V]
   T좌 변압기 : 1차 3,150[V], 2차 210[V]

② 주좌 변압기 : 1차 3,150[V], 2차 210[V]
   T좌 변압기 : 1차 $3,150 \times \dfrac{\sqrt{3}}{2}$[V], 2차 210[V]

③ 주좌 변압기 : 1차 $3,150 \times \dfrac{\sqrt{3}}{2}$[V], 2차 210[V]
   T좌 변압기 : 1차 $3,150 \times \dfrac{\sqrt{3}}{2}$[V], 2차 210[V]

④ 주좌 변압기 : 1차 $3,150 \times \dfrac{\sqrt{3}}{2}$[V], 2차 210[V]
   T좌 변압기 : 1차 3,150[V], 2차 210[V]

정답 53 ③ 54 ① 55 ④ 56 ③ 57 ④ 58 ① 59 ④ 60 ②

제4과목 회로이론

61
다음 파형을 푸리에 급수로 전개하면 a_0은?

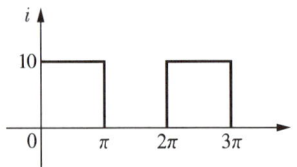

① 5
② 7.05
③ 10
④ 14.14

62
복소전력 A [kVA] 임피던스 $Z = R + jX$일 때 역률 공식이 아닌 것은?(단, $A = P + jQ$, $Z = R + jX$, $Y = G + jB$이다)

① $\dfrac{Q}{P}$
② $\dfrac{R}{|Z|}$
③ $\dfrac{P}{|A|}$
④ $\dfrac{G}{|Y|}$

63
그림과 같은 회로에서 2[Ω]의 단자전압은?

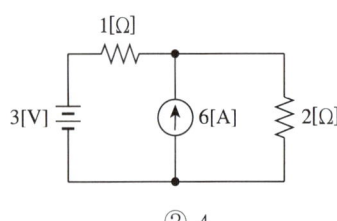

① 3
② 4
③ 6
④ 8

64
다음 그림과 같은 주기의 전압파가 $v = 5 \times 10^4 (t - 0.02)^2$로 표시될 때 평균값은?

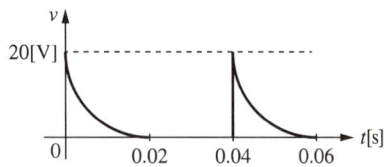

① 2.2
② 3.3
③ 4.4
④ 5.5

65
전류 1[H]인 인덕터를 흐르고 있을 때 인덕터에 축적되는 에너지는[J]?
(단, $i = 5 + 10\sqrt{2} \sin\omega t + 5\sqrt{2} \sin 3\omega t$이다)

① 50
② 75
③ 100
④ 150

66
RC 직렬회로에 $t = 0$에서 직류 전압 10[V]를 인가하면 $t = 0.1$[s]일 때 전류 I [mA]의 값은?(단, $R = 1$[kΩ], $C = 50[\mu F]$, 초기 정전용량의 전하는 없는 것으로 한다)

① 1.35
② 1.8
③ 2.25
④ 2.4

67

그림과 같은 L형 4단자 회로망에 R_1, R_2를 정합하기 위한 Z_1을 구하시오(단, $R_2 > R_1$ 이다).

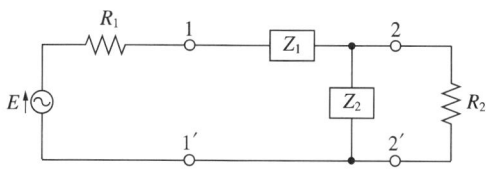

① $\pm jR_2 \sqrt{\dfrac{R_1}{R_2 - R_1}}$

② $\pm jR_1 \sqrt{\dfrac{R_1}{R_2 - R_1}}$

③ $\pm j\sqrt{R_2(R_2 - R_1)}$

④ $\pm j\sqrt{R_1(R_2 - R_1)}$

68

그림과 같은 회로에서 유도성 리액턴스 X_L의 값[Ω]은?

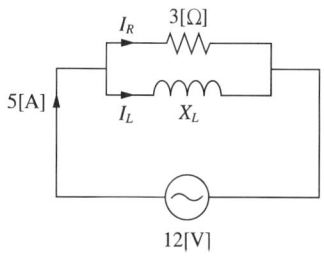

① 8　　② 6
③ 4　　④ 1

69

그림과 같은 회로에서 스위치 S를 닫았을 때 시정수[s]의 값은?(단, $L = 10$[mH], $R = 20$[Ω]이다)

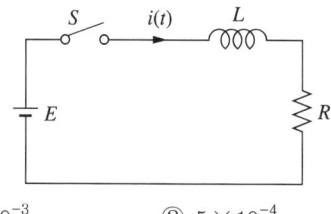

① 5×10^{-3}　　② 5×10^{-4}
③ 200　　④ 2,000

70

△결선된 저항부하를 Y결선으로 바꾸면 소비전력은?(단, 저항과 선간전압은 일정하다)

① 3배로 된다.
② 9배로 된다.
③ $\dfrac{1}{9}$로 된다.
④ $\dfrac{1}{3}$로 된다.

71

다음과 같은 교류 브리지회로에서 Z_0에 흐르는 전류가 0이 되기 위한 각 임피던스의 조건은?

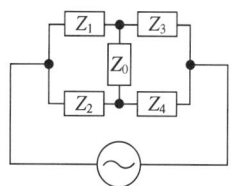

① $Z_1 Z_2 = Z_3 Z_4$
② $Z_1 Z_2 = Z_3 Z_0$
③ $Z_2 Z_3 = Z_1 Z_0$
④ $Z_2 Z_3 = Z_1 Z_4$

72

그림과 같은 순 저항회로에서 대칭 3상 전압을 가할 때 각 선에 흐르는 전류가 같으려면 R의 값은 몇 [Ω]인가?

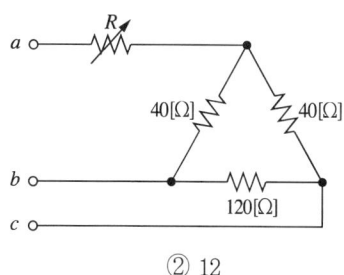

① 8　　② 12
③ 16　　④ 20

73
대칭좌표법에 관한 설명이 아닌 것은?
① 대칭좌표법은 일반적인 비대칭 3상 교류회로의 계산에도 이용된다.
② 대칭 3상 전압의 영상분과 역상분은 0이고, 정상분만 남는다.
③ 비대칭 3상 교류회로는 영상분, 역상분 및 정상분의 3성분으로 해석한다.
④ 비대칭 3상 회로의 접지식 회로에는 영상분이 존재하지 않는다.

74
대칭 3상 Y결선 부하에서 각 상의 임피던스가 $Z = 16 + j12[\Omega]$이고 부하전류가 5[A]일 때, 이 부하의 선간전압[V]은?
① $100\sqrt{3}$ ② $100\sqrt{2}$
③ $200\sqrt{3}$ ④ $200\sqrt{2}$

75
저항 $R[\Omega]$, 리액턴스 $X[\Omega]$인 직렬회로에 교류전압 $V = 14 + j38[V]$를 인가하니 $I = 6 + j2[A]$가 흐른다. 이때 저항과 리액턴스는 각각 몇 [Ω]인가?
① 4, $j5$ ② 5, $j4$
③ 6, $j3$ ④ 7, $j2$

76
그림과 같은 함수의 라플라스 변환은?

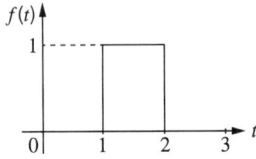

① $\frac{1}{s}(e^s - e^{2s})$ ② $\frac{1}{s}(e^{-s} - e^{-2s})$
③ $\frac{1}{s}(e^{-2s} - e^{-s})$ ④ $\frac{1}{s}(e^{-s} + e^{-2s})$

77
3상 불평형 회로의 전압에서 불평형률[%]은?
① $\frac{영상전압}{정상전압} \times 100[\%]$
② $\frac{정상전압}{역상전압} \times 100[\%]$
③ $\frac{정상전압}{영상전압} \times 100[\%]$
④ $\frac{역상전압}{정상전압} \times 100[\%]$

78
부하에 $100\angle 30°[V]$의 전압을 가하였을 때 $10\angle 60°[A]$의 전류가 흘렀다면 부하에서 소비되는 유효전력은 약 몇 [W]인가?
① 400   ② 500
③ 682   ④ 866

79
그림과 같은 4단자망의 영상전달정수 θ는?

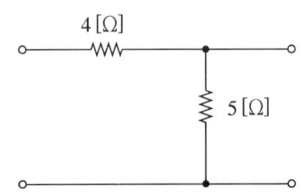

① $\sqrt{5}$
② $\log_e \sqrt{5}$
③ $\log_e \frac{1}{\sqrt{5}}$
④ $5\log_e \sqrt{5}$

80

그림은 평형 3상 회로에서 운전하고 있는 유도전동기의 결선도이다. 각 계기의 지시가 W_1 = 2.36[kW], W_2 = 5.95[kW], V = 200[V], I = 30[A]일 때, 이 유도전동기의 역률은 약 몇 [%]인가?

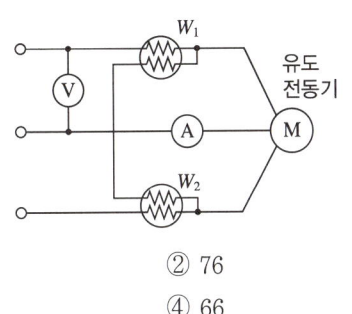

① 80　　　　　② 76
③ 70　　　　　④ 66

제5과목　전기설비기술기준

81

전력계통에서 돌발적으로 발생하는 이상 현상에 대비하여 대지와 계통을 연결하는 것으로 중성점을 대지에 접속하는 접지 방법은?

① 계통접지　　② 단독접지
③ 보호접지　　④ 피뢰시스템접지

82

금속관공사에 의한 저압 옥내배선공사 방법에 대한 설명으로 틀린 것은?

① 전선은 연선일 것
② 콘크리트 매설 시 관 두께는 1.2[mm] 이상일 것
③ 금속관 안에 접속점이 없을 것
④ 알루미늄 전선은 16[mm²] 초과 시 단선일 것

83

시가지에 시설하는 단선의 통신선을 특고압 가공전선로의 지지물에 시설하려면 지름이 몇 [mm] 이상이어야 하는가?

① 2.6　　　　　② 4
③ 5　　　　　　④ 8

84

지중통신선로설비에 대한 규정에서 지중 공가설비로 사용하는 광섬유 케이블 및 동축케이블의 최대 지름은 몇 [mm]인가?

① 10　　　　　② 16
③ 19　　　　　④ 22

85

이동형의 용접 전극을 사용하는 아크용접장치의 시설 기준으로 틀린 것은?

① 용접변압기는 절연변압기일 것
② 용접변압기의 1차 측 전로의 대지전압은 300[V] 이하일 것
③ 용접변압기의 2차 측 전로에는 용접변압기에 가까운 곳에 쉽게 개폐할 수 있는 개폐기를 시설할 것
④ 용접변압기의 2차 측 전로 중 용접변압기로부터 용접전극에 이르는 부분의 전로는 용접 시 흐르는 전류를 안전하게 통할 수 있는 것일 것

86

최대사용전압이 154[kV]인 중성점 직접접지식 전로의 절연내력 시험전압은 몇 [kV]인가?

① 110.88　　　② 141.68
③ 169.40　　　④ 192.50

87
22.9[kV] 특고압 가공전선로의 시설에 있어서 중성선을 다중접지하는 경우에 각각 접지한 곳 상호 간의 거리는 전선로에 따라 몇 [m] 이하이어야 하는가?
① 150 ② 300
③ 400 ④ 500

88
중성점 접지용 접지도체의 최소 공칭단면적[mm²]은?
① 10 ② 16
③ 25 ④ 50

89
뱅크용량이 몇 [kVA] 이상인 무효 전력 보상 장치에는 그 내부에 고장이 생긴 경우에 자동적으로 이를 전로로부터 차단하는 보호장치를 하여야 하는가?
① 10,000 ② 15,000
③ 20,000 ④ 25,000

90
옥외용 비닐절연전선을 사용한 저압 가공전선이 횡단보도교 위에 시설되는 경우에 그 전선의 노면상 높이는 몇 [m] 이상으로 하여야 하는가?
① 2.5 ② 3.0
③ 3.5 ④ 4.0

91
사람이 상시 통행하는 터널 안의 배선(전기기계기구 안의 배선, 관등회로의 배선, 소세력회로의 전선 및 출퇴표시등회로의 전선은 제외)의 시설기준에 적합하지 않은 것은?(단, 사용전압이 저압의 것에 한한다)
① 합성수지관공사로 시설하였다.
② 공칭단면적 2.5[mm²]의 연동선을 사용하였다.
③ 애자공사 시 전선의 높이는 노면상 2[m]로 시설하였다.
④ 전로에는 터널의 입구 가까운 곳에 전용 개폐기를 시설하였다.

92
제1종 특고압 보안공사로 시설하는 전선로의 지지물로 사용할 수 없는 것은?
① 목 주 ② 철 탑
③ B종 철주 ④ B종 철근콘크리트주

93
지중전선로는 기설 지중약전류전선로에 대하여 다음의 어느 것에 의하여 통신상의 장해를 주지 아니하도록 기설 약전류전선로로부터 이격시키는가?
① 충전전류 또는 표피작용
② 누설전류 또는 유도작용
③ 충전전류 또는 유도작용
④ 누설전류 또는 표피작용

94
교통신호등 회로의 사용전압이 몇 [V]를 넘는 경우는 전로에 지락이 생겼을 경우 자동적으로 전로를 차단하는 누전차단기를 시설하는가?
① 60 ② 150
③ 300 ④ 450

95
345[kV] 변전소의 충전 부분에서 6[m]의 거리에 울타리를 설치하려고 한다. 울타리의 최소높이는 약 몇 [m]인가?
① 2 ② 2.28
③ 2.57 ④ 3

96
저압 옥측전선로를 시설하는 경우 적합하지 않은 공사방법은?(단, 전개된 장소로서 목조 이외의 조영물에 시설하는 경우이다)
① 애자공사 ② 금속몰드공사
③ 케이블공사 ④ 합성수지관공사

97
수소냉각식 발전기 및 이에 부속하는 수소냉각장치의 시설에 대한 설명으로 틀린 것은?

① 발전기 안의 수소의 밀도를 계측하는 장치를 시설할 것
② 발전기 안의 수소의 순도가 85[%] 이하로 저하한 경우에 이를 경보하는 장치를 시설할 것
③ 발전기 안의 수소의 압력을 계측하는 장치 및 그 압력이 현저히 변동한 경우에 이를 경보하는 장치를 시설할 것
④ 발전기는 기밀구조의 것이고 또한 수소가 대기압에서 폭발하는 경우에 생기는 압력에 견디는 강도를 가지는 것일 것

98
고압 가공전선로에 사용하는 가공지선은 지름 몇 [mm] 이상의 나경동선을 사용하여야 하는가?

① 2.6
② 3.0
③ 4.0
④ 5.0

99
지중전선로의 시설방식이 아닌 것은?

① 관로식
② 압착식
③ 암거식
④ 직접 매설식

100
전로의 사용전압이 500[V] 이하인 옥내전로에서 분기회로의 절연저항값은 몇 [MΩ] 이상이어야 하는가?

① 0.1
② 0.5
③ 1
④ 1.5

교육은 우리 자신의 무지를 점차 발견해 가는 과정이다.

– 윌 듀란트 –

정답 및 해설편

전기산업기사

2016년~2025년

※ 시행처에서 발표한 최종 답안에 따라 복수정답과 전항정답(정답없음)을 수록하였으며, 출제 기준 및 법령 변경 등으로 유효하지 않은 문제는 변경 또는 삭제하였습니다.
CBT 형식으로 진행(산업기사 : 2020년 4회부터)됨에 따라 수험자의 기억에 의해 문제를 복원하여 수록하였기 때문에 실제 시행 문제와 일부 상이할 수 있으며, 모든 회차를 복원하지 못한 점 양해바랍니다.

합격의 공식 *시대에듀* www.sdedu.co.kr

2016년 제1회 기출문제

1	2	3	4	5	6	7	8	9	10	11	12	13	14	15	16	17	18	19	20
①	③	③	④	③	②	②	②	②	①	①	②	②	②	②	①	①	④	④	①
21	22	23	24	25	26	27	28	29	30	31	32	33	34	35	36	37	38	39	40
③	②	④	④	②	②	①	③	①	④	②	①	①	④	①	①	②	②	③	③
41	42	43	44	45	46	47	48	49	50	51	52	53	54	55	56	57	58	59	60
①	④	③	①	②	③	②	②	③	①	③	①	④	③	④	①	④	③	③	②
61	62	63	64	65	66	67	68	69	70	71	72	73	74	75	76	77	78	79	80
②	③	①	②	③	③	②	③	④	②	④	①	④	④	④	①	②	③	④	④
81	82	83	84	85	86	87	88	89	90	91	92	93	94	95	96	97	98	99	100
①	②	③	×	×	③	③	④	②	×	④	④	①	③	×	④	①	④	×	④

× : 문제삭제

01 유전체 경계면에 수직으로 전계가 가해졌을 때 $D_1 = D_2$가 된다.
맥스웰 응력($\varepsilon_1 > \varepsilon_2$)
$$f = \frac{1}{2}\left(\frac{1}{\varepsilon_2} - \frac{1}{\varepsilon_1}\right)D^2 [\text{N/m}^2]$$
유전율이 큰 유전체가 작은 유전체 쪽으로 끌려 들어가는 힘을 받는다.

02 최대전압
$$E_m = \omega\phi N = 2\pi f BSN = 2\pi \times \frac{1,800}{60} \times 0.5 \times \pi \times 0.1^2 \times 1,000 \fallingdotseq 2,961 [\text{V}]$$
따라서 전류의 최댓값 $I_m = \dfrac{E_m}{R} = \dfrac{2,961}{100} = 29.61 [\text{A}]$

03 1[eV]는 1[V]의 전압하에 전자 1개가 음극에서 양극으로 이동하는 운동에너지를 말하며, 1.6×10^{-19}[J]이다.
따라서 10^{20}[eV] $= 1.6 \times 10^{-19} \times 10^{20} = 16$[J] 이다.

04 최대유기기전력 $E_m = \omega NBS = 2\pi f NBS$이므로 $E_m \propto f \cdot S$이다.
따라서 $E_m' = 2f \times 2S = 4E_m$이므로 유기기전력의 최댓값은 4배로 된다.

05 푸아송 방정식
$$\nabla^2 V = \frac{\partial^2 V}{\partial x^2} + \frac{\partial^2 V}{\partial y^2} + \frac{\partial^2 V}{\partial z^2} = \frac{\partial^2}{\partial x^2}(x^2 + y^2) + \frac{\partial^2}{\partial y^2}(x^2 + y^2) = 2 + 2 = -\frac{\rho}{\varepsilon_0}$$
$\therefore \rho = -4\varepsilon_0 = -4 \times 8.855 \times 10^{-12} \fallingdotseq -35.4 \times 10^{-12} [\text{C/m}^3]$

06 원형 전류에 의한 축방향의 자계
$$H_x = -\frac{\partial U}{\partial x} = \frac{a^2 I}{2(a^2 + x^2)^{3/2}} = \frac{I}{2a}\sin^3\theta [\text{AT/m}]$$

07 $P = E_e H_e = E_e \left(\dfrac{E_e}{\sqrt{\dfrac{\mu_0}{\varepsilon_0}}} \right) = \dfrac{1}{377} E_e^2 \left(\because \sqrt{\dfrac{\mu_0}{\varepsilon_0}} = \sqrt{\dfrac{4\pi \times 10^{-7}}{8.85 \times 10^{-12}}} \fallingdotseq 377 \right)$

$\therefore E_e = \sqrt{377P}$

08 무한평면으로부터 $r[\mathrm{m}]$ 떨어진 점 P에 점전하 $+Q[\mathrm{C}]$가 있는 경우 영상전하는 무한 평면 뒤쪽으로 점 P의 대칭점에 존재하며, 그 크기는 점전하와 같고 부호는 반대로 $Q' = -Q[\mathrm{C}]$이다.

09 두 전하의 곱이 (+)인 경우 두 전하 사이에 전계가 0인 지점이 있다.

$\dfrac{q}{4\pi\varepsilon x^2} = \dfrac{q}{4\pi\varepsilon(d-x)^2}$

$\dfrac{1}{x^2} = \dfrac{1}{(d-x)^2}$ 에서 $x^2 = (d-x)^2$, $x = d-x$

$\therefore x = \dfrac{d}{2}[\mathrm{m}]$

10 전계 내의 전하는 그 자신의 에너지가 최소가 되는 가장 안정된 전하분포를 가지는 정전계를 형성하려 한다.

11 자계 내에 놓인 운동 전하가 받는 힘
$F = evB\sin\theta = ev\mu_0 H\sin\theta[\mathrm{N}]$에서 수직방향($\theta = 90°$)이므로 $F = ev\mu_0 H[\mathrm{N}]$이다.

12 $V = Ed[\mathrm{V}]$에서 유전체의 두께
$d = \dfrac{V}{E} = \dfrac{150}{3 \times 10^4} = 0.005[\mathrm{m}] = 5[\mathrm{mm}]$

13 공극 발생 전후 자기저항비 $= \dfrac{R_m'}{R_m} = \dfrac{\dfrac{l}{\mu S} + \dfrac{l_0}{\mu_0 S}}{\dfrac{1}{\mu S}} = 1 + \dfrac{\mu l_0}{\mu_0 l} = 1 + \dfrac{l_0}{l}\mu_r$ 이며

따라서 $1 + \dfrac{l_0}{l}\mu_r = 2$에서 $l_0 = \dfrac{l}{\mu_r}[\mathrm{m}]$

14 구도체 표면의 전계의 세기 $E = \dfrac{Q}{4\pi\varepsilon_0 a^2}$

따라서 구도체 표면에 작용하는 정전응력
$F = \dfrac{\sigma^2}{2\varepsilon_0} = \dfrac{1}{2}\varepsilon_0 E^2 = \dfrac{1}{2}\varepsilon_0 \left(\dfrac{Q}{4\pi\varepsilon_0 a^2} \right)^2 = \dfrac{1}{2}\varepsilon_0 \left(\dfrac{Q^2}{16\pi^2\varepsilon_0^2 a^4} \right) = \dfrac{Q^2}{32\varepsilon_0 \pi^2 a^4}[\mathrm{N/m^2}]$

15 $RC = \varepsilon\rho \rightarrow R = \dfrac{\varepsilon\rho}{C_{ab}}$

$C_{ab} = \dfrac{4\pi\varepsilon}{\dfrac{1}{a} - \dfrac{1}{b}}$ 이므로, $R = \dfrac{\rho}{4\pi}\left(\dfrac{1}{a} - \dfrac{1}{b} \right)$이다.

$\therefore I = \dfrac{V}{R} = \dfrac{4\pi V}{\rho\left(\dfrac{1}{a} - \dfrac{1}{b} \right)} = \dfrac{4\pi \times 150}{2 \times 10^{12} \times \left(\dfrac{1}{0.2} - \dfrac{1}{0.5} \right)} \fallingdotseq 3.14 \times 10^{-10}[\mathrm{A}]$

16 가우스 정리의 미분형 $\text{div}D = \rho$에서 알 수 있듯이 유전체 중의 전속밀도의 발산은 진전하밀도 ρ만에 의해 좌우된다.

17 고유임피던스 $\eta = \dfrac{E}{H} = \sqrt{\dfrac{\mu}{\varepsilon}}$ 이고
$E = \eta H$에서 η가 실수이므로 E와 H는 동상이다.

18 판자석의 자위
$$U_m = \pm \dfrac{P}{4\pi\mu_0}\omega[\text{A}]$$
여기서, $P[\text{Wb/m}]$: 판자석의 세기

19 점의 전계 $E = \dfrac{Q}{4\pi\varepsilon_0 r^2} = 9 \times 10^9 \times \dfrac{Q}{r^2} = 9 \times 10^9 \times \dfrac{3 \times 10^{-6}}{3^2} = 3{,}000[\text{V/m}]$

20 쿨롱의 법칙 $F = 9 \times 10^9 \times \dfrac{Q_1 Q_2}{r^2}[\text{N}]$에서 $1[\text{C}]$의 점전하가 $1[\text{m}]$ 떨어져 있다면,
작용력 $F = 9 \times 10^9 \dfrac{Q_1 Q_2}{r^2} = 9 \times 10^9 \times \dfrac{1 \times 1}{1^2} = 9 \times 10^9[\text{N}]$ 이다.

21 연가(Transposition)
3상 3선식 선로에서 선로정수를 평형시키기 위하여 길이를 3등분하여 각 도체의 배치를 변경하는 것
※ 효과 : 선로정수 평형, 임피던스 평형, 유도장해 감소, 소호리액터 접지 시 직렬공진 방지

22 $P = 9.8 QH = 9.8 \times 10 \times 100 = 9{,}800[\text{kW}]$

23 22.9[kV] 배전선로는 3상 4선식 다중접지, 송전선로는 3상 3선식 방식을 채용한다.

24 전압변동률 $\delta = \dfrac{V_{R1} - V_{R2}}{V_{R2}} \times 100[\%]$
여기서, V_{R1} : 무부하 시 수전단 전압, V_{R2} : 수전단 전압

25 단상 변압기 상용 3대 중 1대 고장 시
공급가능전력 $P = \sqrt{3}\, P_V = \sqrt{3} \times 100 = 173.2[\text{kVA}]$

26

22.9[kV] 이하	2,500[A]
66[kV]	5,000[A]
154[kV]	10,000[A]

27 중성점 접지방식

방 식	보호계전기동작	지락전류	전위상승	과도안정도	유도장해	특 징
직접접지 22.9, 154, 345[kV]	확실	크다.	1.3배	작다.	크다.	중성점 영전위 단절연 가능
저항접지	↓	↓	$\sqrt{3}$ 배	↓	↓	
비접지 3.3, 6.6[kV]	×	↓	$\sqrt{3}$ 배	↓	↓	저전압 단거리
소호리액터접지 66[kV]	불확실	0	$\sqrt{3}$ 배 이상	크다.	작다.	병렬 공진

28
$$P_s = \frac{100}{\%Z} \times P_n = \frac{100}{0.5} \times 15{,}000 \times 10^{-3} = 3{,}000[\text{MVA}]$$

29 직렬콘덴서의 역할
- 선로의 인덕턴스 보상
- 수전단의 전압변동률 감소
- 정태안정도 증가(역률 개선에는 큰 영향을 주지 않는다)
- 부하 역률이 나쁠수록 효과가 큼

30
- 부하변동이 심한 곳, 최근에 많이 사용, 배전선로 전체의 전압강하 방지 : 유도전압조정기
- 6.6[kV]에 사용하며, 배전선로 말단의 전압강하 방지 : 승압기

31
② 차단기 : 부하전류개폐, 사고전류 차단
①단로기, ③ 선로개폐기 : 무부하전류 개폐
④ 전력퓨즈 : 단락전류 차단

32
전자유도 : L, M(인덕턴스, 상호인덕턴스와의 관계)

33 집중부하와 분산부하

구 분	전력손실	전압강하
말단집중부하	$I^2 RL$	IRL
평등분산부하	$\frac{1}{3}I^2 RL$	$\frac{1}{2}IRL$

$$\therefore \frac{\text{평등분산부하의 전압강하}}{\text{말단집중부하의 전압강하}} = \frac{1}{2}$$

34
$$\eta = \frac{860W}{mH} \times 100, \quad W = \frac{\eta mH}{860} = \frac{0.4 \times 1 \times 5{,}000}{860} \fallingdotseq 2.33[\text{kWH}]$$

35 전압을 n배로 승압 시

항목	송전전력	전압강하	단면적 A	총중량 W	전력손실 P_l	전압 강하율 ε
관계	$P \propto V^2$	$e \propto \frac{1}{V}$	$[A,\ W,\ P_l,\ \varepsilon] \propto \frac{1}{V^2}$			

36　변압기 용량$[kVA] = \dfrac{합성최대수용전력}{역률 \times 부등률} = \dfrac{설비용량 \times 수용률}{역률 \times 부등률} = \dfrac{160 \times 0.6}{0.8} = 120$

37　$P_s = \dfrac{100}{\%Z} \times P_n = \dfrac{100}{25} \times 100 = 400[\text{MVA}]$

38　아크혼 : 뇌로부터 애자련을 보호

39　$Q_L = Q_C = 6\pi fCE^2 \times 10^{-3} = 2\pi fCV^2 \times 10^{-3} [\text{kVA}]$

40　250[mm] 현수애자의 개수

전 압	22.9[kV-Y]	66[kV]	154[kV]	345[kV]	765[kV]
현수애자수	2~3개	4~6개	9~11개	18~23개	38~43개

41　교류 정류자 전동기는 직류기와 같이 정류자를 가지고 있는 회전자와 유도기와 같은 고정자로 구성되어 있으며 정류작용이 직류기보다 더욱 곤란하기 때문에 출력에 제한을 받는다.

42　계자저항 $R_f \uparrow = \dfrac{V 일정}{I_f \downarrow}$, $I_f \propto \phi$이므로 ϕ는 감소한다.

따라서 속도 $N = k \dfrac{V - I_a R_a}{\phi \downarrow}$ 이므로 속도는 증가한다.

43　
- 출력 $P = \sqrt{3} V_2 I_2$ 식에서 $I_2 = \dfrac{P}{\sqrt{3} V_2} = \dfrac{100 \times 10^3}{\sqrt{3} \times 200} = \dfrac{1,000}{2\sqrt{3}}[\text{A}]$
- 무효 전류 $I_c = I_2 \sin\theta$ 식에서 $I_c = I_2 \sin\theta = \dfrac{1,000}{2\sqrt{3}} \times \sqrt{1 - 0.8^2} = 100\sqrt{3}[\text{A}]$

44　비례추이의 기본원리인 2차 저항을 변화시켜도 최대토크는 불변이다.

45　슬립 $s = \dfrac{N_s - N}{N_s}$

슬립(s)의 범위

정 지	동기속도	전동기	발전기	제동기
$N = 0$ $s = 1$	$N = N_s$ $s = 0$	$0 < s < 1$	$s < 0$	$s > 1$

46　열화방지 설비 : 브리더, 질소봉입, 콘서베이터 설치
※ 수소가스는 권선 사이에서 아크에 의해 발생하는 가스이다.

47　스텝 모터(Step Motor)의 장점
- 스테핑 주파수(펄스수)로 회전각도를 조정한다.
- 회전각을 검출하기 위한 피드백(Feedback)이 불필요하다.
- 디지털신호로 제어하기 용이하므로 컴퓨터로 사용하기에 아주 적합하다.
- 가·감속이 용이하며 정·역전 및 변속이 쉽다.
- 각도 오차가 매우 작아 주로 자동제어장치에 많이 사용된다.

48 동기기의 안정도 증진법
- 동기화 리액턴스를 작게 할 것
- 회전자의 플라이휠 효과를 크게 할 것
- 속응여자방식을 채용할 것
- 발전기의 조속기 동작을 신속하게 할 것
- 동기탈조 계전기를 사용할 것

49 전기자 전류에 의하여 발생 자속이 계자에 의해 발생되는 주자속(계자극)에 영향을 주는 현상을 전기자 반작용이라 한다.

50 동기속도 $N_s = \dfrac{120f}{p}[\text{rpm}]$에서 주파수에 비례한다.

51 사이리스터의 구분

단방향		양방향	
3단자	4단자	2단자	3단자
SCR GTO LASCR	SCS	DIAC SSS	TRIAC

52 회전수 $N = (1-s)N_s[\text{rpm}] = (1-0.04) \times \dfrac{120 \times 60}{4} = 1,728[\text{rpm}]$

53 비례추이는 2차 저항을 조절할 수 있는 권선형에만 해당된다.

54 전부하 시 효율 $\eta = \dfrac{V_{2n}\,I_{2n}\cos\theta}{V_{2n}\,I_{2n}\cos\theta + P_i + r_{12}\,I_{2n}^{\,2}} \times 100[\%] = \dfrac{200 \times 0.8}{200 \times 0.8 + 1.6 + 2.5} \times 100 \fallingdotseq 97.5[\%]$

55 직류 직권전동기

자기포화 \ 관계	토크와 회전수
자기포화 전	$T = kI_a^2[\text{N}\cdot\text{m}]$, $T \propto I_a^2 \propto \dfrac{1}{N^2}$
자기포화 시	$T = kI_a[\text{N}\cdot\text{m}]$, $T \propto I_a \propto \dfrac{1}{N}$

56 $\dfrac{1}{m}$ 부하에서 최대효율조건

$\left(\dfrac{1}{m}\right)^2 P_c = P_i$

$\therefore \dfrac{1}{m} = \sqrt{\dfrac{P_i}{P_c}} = \sqrt{\dfrac{120}{270}} \fallingdotseq 0.666$

57 최대역전압 $\text{PIV} = \sqrt{2} \times E_a = \sqrt{2} \times \dfrac{150}{0.45} \fallingdotseq 471.4[\text{V}]$

58 자기동법은 제동권선을 사용하는데, 기동 시에는 계자권선 중에 고전압이 유도되어 절연을 보호하기 위해 방전저항을 접속하여 단락상태로 기동한다.

59 부하 증가에 따라 부하전류를 이용하여 전압강하를 이루는 발전기로는 복권을 사용하며 부하 증가 시 전압상승은 과복권, 하강은 차동복권을 사용한다.

60
- 발전기
  - 앞선 전류 – 진전류 – C 부하(진상) = 증자 작용
  - 뒤진 전류 – 지전류 – L 부하(지상) = 감자 작용
- 전동기
  - 앞선 전류 – 진전류 – C 부하(진상) = 감자 작용
  - 뒤진 전류 – 지전류 – L 부하(지상) = 증자 작용

61 $Z_3 = \sqrt{4^2 + (1 \times 3)^2} = 5$

$I_3 = \dfrac{e_3}{Z_3} = \dfrac{75}{5} = 15[\text{A}]$

62 $P = \sqrt{3}\, V_l I_l \cos\theta$ 에서

$I_l = \dfrac{P}{\sqrt{3}\, V_l \cos\theta} = \dfrac{10 \times 10^3}{\sqrt{3} \times 220 \times 0.6} \fallingdotseq 43.7[\text{A}]$

63 $s^2 E_o(s) + 3 S E_o(s) + E_o(s) = E_i(s)$

$\dfrac{d^2}{dt^2} e_o(t) + 3 \dfrac{d}{dt} e_o(t) + e_o(t) = e_i(t)$

64 반파대칭 및 정현파대칭이므로 $b_n = 0$, $a_0 = 0$ 이 되어 기수차의 sin항만 존재한다.

65 $I = \sqrt{I_{\text{o}}^2 + I_{\text{1}}^2} = \sqrt{5^2 + 12^2} = 13$

66 $\lim\limits_{s \to 0} sF(s) = \lim\limits_{s \to 0} s \dfrac{3s + 10}{s^3 + 2s^2 + 5s} = \lim\limits_{s \to 0} s \dfrac{3s + 10}{s(s^2 + 2s + 5)} = 2$

67 $Z_n = R + j\left(n\omega L - \dfrac{1}{n\omega C}\right)$ 에서 $n\omega L = \dfrac{1}{n\omega C}$

$f_n = \dfrac{1}{2\pi n \sqrt{LC}}[\text{Hz}]$

68 $f(t) = \mathcal{L}^{-1}\left[\dfrac{1}{s+3}\right] = e^{-3t}$

69 $P_V = \sqrt{3}\, V_P I_P = \sqrt{3} \times 20 \fallingdotseq 34.64[\text{kVA}]$

70 $P_r = 3I_P^2 X = 3\left(\dfrac{\dfrac{V_l}{\sqrt{3}}}{\sqrt{R^2+X^2}}\right)^2 X = 3\left(\dfrac{\dfrac{200}{\sqrt{3}}}{\sqrt{6^2+8^2}}\right)^2 \times 8 = 3,200[\text{Var}]$

71
- $Z_{11} = Z_1 + Z_3$
- $Z_{12} = Z_{21} = Z_3$
- $Z_{22} = Z_2 + Z_3$

72 $I_c = \omega CE$

$C = \dfrac{I_c}{\omega E} = \dfrac{60 \times 10^{-3}}{2\pi \times 60 \times 100} \times 10^6 \fallingdotseq 1.592[\mu\text{F}]$

73

Y결선 → △결선	△결선 → Y결선
3배	$\dfrac{1}{3}$ 배
저항, 임피던스, 선전류, 소비전력	

74 ***R−L−C 직렬회로***

- 회로방정식 $E(s) = \left(R + Ls + \dfrac{1}{Cs}\right)I(s)$

- 어드미턴스 $\dfrac{I(s)}{E(s)} = \dfrac{I(s)}{\left(R + Ls + \dfrac{1}{Cs}\right)I(s)}$

분모, 분자에 $\times Cs$

$\dfrac{I(s)}{E(s)} = \dfrac{Cs}{(CsR + CsLs + 1)} = \dfrac{Cs}{(LCs^2 + RCs + 1)}$

75 $i_L(t) = I_0(1 - e^{-\frac{R}{L}t})$

키르히호프 법칙(전류법칙)

$I_0 = i_R(t) + i_L(t)$

$i_R(t) = I_0 - i_L(t) = I_0 - I_0\left(1 - e^{-\frac{R}{L}t}\right) = I_0 e^{-\frac{R}{L}t}[\text{A}]$

76 $\theta = 45° - 30° = 15°$에서 $\dfrac{\pi}{12} = \omega t$

$t = \dfrac{\pi}{12} \times \dfrac{1}{\omega} = \dfrac{\pi}{12} \times \dfrac{1}{100\pi} = 8.33 \times 10^{-4}[\text{s}]$

77 중첩의 원리에 의해서
- 전압원 2[V]에 의해서는 전류원이 개방상태이므로 +2[V]
- 전류원 1[A]에 의해서는 전압원이 단락상태이므로 0[V]
∴ 3[Ω]의 저항에는 전압원의 2[V]가 걸린다.

78 대칭 3상일 때 정상분전압은 기준전압 V_a만 발생된다.

79 전류 $I = \dfrac{V}{\omega L} = \dfrac{V}{2\pi f L} = \dfrac{120}{2\pi \times 60 \times 314 \times 10^{-3}} = 1$

80 $Z = \dfrac{1}{\dfrac{1}{j\omega L} + \dfrac{1}{R}} = \dfrac{1}{\dfrac{1}{j\omega} + \dfrac{1}{2}} = \dfrac{2j\omega}{2+j\omega} = \dfrac{2j\omega(2-j\omega)}{(2+j\omega)(2-j\omega)} = \dfrac{2\omega^2 + j4\omega}{4+\omega^2} [\Omega]$

81 KEC 223.1/334.1(지중전선로의 시설)
- 사용전선 : 케이블, 트로프를 사용하지 않을 경우는 CD(콤바인덕트)케이블을 사용한다.
- 매설방식 : 직접 매설식, 관로식, 암거식(공동구)
- 직접 매설식의 매설깊이 : 트로프 기타 방호물에 넣어 시설

장소	차량, 기타 중량물의 압력	기 타
깊이	1.0[m] 이상	0.6[m] 이상

82 KEC 231.3(저압 옥내배선의 사용전선 및 중성선의 굵기)
저압 옥내배선의 사용전선
- 단면적이 2.5[mm²] 이상의 연동선
- 사용전압 400[V] 이하인 경우
  - 전광표시장치에 사용한 단면적 0.75[mm²] 이상의 다심케이블
  - 전광표시장치에 사용한 단면적 1.5[mm²] 이상의 연동선

83 KEC 341.11(과전류차단기의 시설 제한)
접지공사의 접지도체, 다선식 전로의 중성선, 전로의 일부에 접지공사를 한 저압 가공전선로의 접지측 전선에는 과전류차단기를 시설하여서는 안 된다.

84 ※ KEC(한국전기설비규정)의 적용으로 문제가 성립되지 않음

85 ※ KEC(한국전기설비규정)의 적용으로 문제가 성립되지 않음

86 KEC 351.1(발전소 등의 울타리·담 등의 시설)

특고압	간격($a+b$)	기 타
35[kV] 이하	5.0[m] 이상	울타리의 높이(a) : 2[m] 이상 울타리에서 충전부까지 거리(b) 지면과 하부(c) : 0.15[m] 이하 ※ H = (160[kV] 초과분/10[kV])×0.12[m]
35[kV] 초과 160[kV] 이하	6.0[m] 이상	
160[kV] 초과	6.0[m] + H 이상	

87 KEC 231.4(나전선의 사용 제한)
옥내에 시설하는 저압전선은 나전선 사용을 제한(다음의 경우는 예외)
- 애자공사의 경우로 전기로용 전선, 절연물이 부식하는 장소 전선, 취급자 이외의 자가 출입할 수 없도록 설비한 장소에 시설하는 전선
- 버스덕트 또는 라이팅덕트공사에 의하는 경우
- 이동기중기, 놀이용 전차선 등의 접촉전선을 시설하는 경우

88 KEC 333.1(시가지 등에서 특고압 가공전선로의 시설)
사용전압이 170[kV] 이하인 전로를 지지하는 애자장치는 50[%] 충격 불꽃 방전 전압 값이 그 전선의 근접한 다른 부분을 지지하는 애자장치값의 110[%] 이상인 것을 사용한다.

89 KEC 364.1(무선용 안테나 등을 지지하는 철탑 등의 시설)
무선통신용 안테나 반사판을 지지하는 지지물들의 안전율 : 1.5 이상

90 ※ KEC(한국전기설비규정)의 적용으로 문제가 성립되지 않음

91 KEC 333.22(특고압 보안공사) − 제1종 특고압 보안공사(35[kV] 초과, 제2차 접근상태인 경우)

사용전압	전 선
100[kV] 미만	인장강도 21.67[kN] 이상, 단면적 55[mm^2] 이상의 경동연선
100[kV] 이상 300[kV] 미만	인장강도 58.84[kN] 이상, 단면적 150[mm^2] 이상의 경동연선
300[kV] 이상	인장강도 77.47[kN] 이상, 단면적 200[mm^2] 이상의 경동연선

92 KEC 341.15(압축공기계통)
- 압축공기장치나 가스절연기기의 탱크나 관은 압력시험에 견딜 것
  - 수압시험 : 최고사용압력×1.5배를 10분간 가해서 견딜 것
  - 기압시험 : 최고사용압력×1.25배를 10분간 가해서 견딜 것
- 사용압력에서 공기의 보급이 없는 상태로 개폐기 또는 차단기의 투입 및 차단을 연속하여 1회 이상 할 수 있는 용량을 가지는 것일 것
- 주공기탱크에는 사용압력의 1.5배 이상 3배 이하의 최고눈금이 있는 압력계를 시설할 것

93 COS에는 퓨즈를 끼우지 않고 단면적 6[mm^2] 이상의 나동선을 직결한다.

94 KEC 333.23(특고압 가공전선과 건조물의 접근)

제1종 특고압 보안공사	제2종 특고압 보안공사	제3종 특고압 보안공사
2차 접근상태		1차 접근상태
35[kV] 초과	35[kV] 이하	

95 ※ KEC(한국전기설비규정)의 적용으로 문제가 성립되지 않음

96 KEC 224.3/335.3(수상전선로의 시설)
전선은 저압인 경우에는 클로로프렌 캡타이어 케이블이어야 하며, 고압인 경우에는 고압용 캡타이어 케이블이어야 한다.

97 KEC 333.23(특고압 가공전선과 건조물의 접근)

건조물과 조영재의 구분	접근형태	간 격	
		특고압 절연	케이블
조영물의 상부조영재	위 쪽	2.5[m]	1.2[m]
	옆쪽 또는 아래쪽	1.5[m](전선에 사람이 쉽게 접촉할 우려가 없도록 시설한 경우는 1[m])	0.5[m]
기타 조영재		1.5[m](전선에 사람이 쉽게 접촉할 우려가 없도록 시설한 경우는 1[m])	0.5[m]

98 KEC 222.2/331.11(지지선의 시설)
- 안전율 : 2.5 이상
- 최저인장하중 : 4.31[kN]
- 2.6[mm] 이상의 금속선을 3조 이상 꼬아서 사용
- 지중 및 지표상 30[cm]까지의 아연도금철봉 등을 사용

99 ※ 전기설비기술기준 개정으로 문제가 성립이 되지 않음

100 기술기준 제23조(발전기 등의 기계적 강도)
발전기·변압기·무효 전력 보상 장치·계기용 변성기·모선 및 이를 지지하는 애자는 단락전류에 의하여 생기는 기계적 충격에 견디는 것이어야 한다.

2016년 제2회 기출문제

page 15

1	2	3	4	5	6	7	8	9	10	11	12	13	14	15	16	17	18	19	20
④	④	②	③	④	①	②	③	①	④	①	③	②	②	②	②	③	①	②	②
21	22	23	24	25	26	27	28	29	30	31	32	33	34	35	36	37	38	39	40
②	②	②	①	④	②	③	①	④	③	④	①	②	②	③	①	④	③	④	③
41	42	43	44	45	46	47	48	49	50	51	52	53	54	55	56	57	58	59	60
①	②	②	①	④	③	①	②	④	③	①	③	①	②	①	①	③	③	③	②
61	62	63	64	65	66	67	68	69	70	71	72	73	74	75	76	77	78	79	80
④	③	③	③	②	③	②	③	④	①	④	②	①	①	①	②	②	③	④	④
81	82	83	84	85	86	87	88	89	90	91	92	93	94	95	96	97	98	99	100
③	①	①	①	④	①	②	①	×	③	②	×	③	④	④	③	②	③	②	③

× : 문제삭제

01 고유저항과 저항온도계수(20[℃])

금속	고유저항($\rho \times 10^{-8}[\Omega \cdot m]$)	저항온도계수(α_{20})
금	2.44	0.0034
알루미늄	2.83	0.0042
철	10	0.0050
백금	10.5	0.0030

일반적으로 온도계수가 작은 금속일수록 저항도 크고 경도도 큰 금속이다.

02 ④ 경계면상 두 점 간의 자위차는 같다.
① 자계의 접선성분이 같다.
② 자속밀도의 법선성분이 같다.
③ 자속은 투자율이 높은 쪽으로 모이려는 성질이 있다.

03 자기에너지 $W = \frac{1}{2}LI^2 = \frac{1}{2} \times 100 \times 10^{-3} \times 10^2 = 5[J]$

04 ③ 비유전율은 유전체의 종류에 따라 다르다.
① 비유전율은 진공의 유전율과 다른 절연물의 유전율과의 비이며, 단위는 없다.
② 모든 유전체의 비유전율은 1보다 크다.
④ 진공의 비유전율은 1, 공기의 비유전율은 약 1이다.

05 운동전하 q에 전계와 자계가 동시에 작용하고 있으면 전체적으로 $F = q(E + v \times B)[N]$의 전자력을 받으며 이렇듯 자계 내에서 운동전하가 받는 힘을 로렌츠의 힘이라고 한다.

06 $F = \frac{1}{4\pi\mu_0} \cdot \frac{m_1 m_2}{r^2} = 6.33 \times 10^4 \times \frac{10^{-5} \times 1.2 \times 10^{-5}}{0.02^2} \fallingdotseq 1.9 \times 10^{-2}[N]$

07 **구도체의 정전용량**

$C = 4\pi\varepsilon_0 a = \dfrac{1}{9\times 10^9} \times a$ 이므로

반지름$(a) = 9\times 10^9 C = 9\times 10^9 \times 1\times 10^{-6} = 9\times 10^3 [\text{m}] = 9[\text{km}]$

08
- 표피효과 : 전류의 주파수가 증가할수록 도체 내부의 전류밀도가 지수함수적으로 감소되는 현상
- 표피두께 또는 침투깊이 $\delta = \sqrt{\dfrac{2}{\omega\sigma\mu}} = \sqrt{\dfrac{1}{\pi f \sigma \mu}}[\text{m}]$ 이므로

    f(주파수), σ(도전율), μ(투자율)가 클수록 δ가 작게 되어 표피효과가 심해진다.

09 $\dfrac{dI_1}{dt} = 120[\text{A/s}]$일 때 $e_1 = 90[\text{V}]$, $e_2 = 40[\text{V}]$이므로

- 자기인덕턴스 : $e_1 = L_1 \dfrac{dI_1}{dt}$ 이므로 $L_1 = \dfrac{e_1}{\dfrac{dI_1}{dt}} = \dfrac{90}{120} = 0.75[\text{H}]$

- 상호인덕턴스 : $e_2 = M\dfrac{dI_1}{dt}$ 이므로 $M = \dfrac{e_2}{\dfrac{dI_1}{dt}} = \dfrac{40}{120} = 0.33[\text{H}]$

10 지구는 정전용량이 크므로 많은 전하가 축적되어도 지구의 전위는 일정하다. 따라서 대지를 실용상 영전위로 한다.

11 전류밀도 $i = kE = 10^{-4} \times 6 = 6\times 10^{-4} [\text{A/cm}^2]$

12 전하밀도 $\sigma[\text{C/m}^2]$에서 나오는 전기력선 밀도 $\dfrac{\sigma}{\varepsilon_0}[\text{개/m}^2] = \dfrac{\sigma}{\varepsilon_0}[\text{V/m}]$(전계의 세기 E)이므로

$V = Ed = \dfrac{\sigma}{\varepsilon_0}d[\text{V}]$

13
- 전하는 도체 내부에는 존재하지 않고, 도체 표면에만 분포한다.
- 도체 표면의 전하 밀도를 $\sigma[\text{C/m}^2]$이라 하면 표면상의 정전응력은 $\dfrac{\sigma^2}{2\varepsilon_0}[\text{N/m}^2]$이다.
- 도체 표면의 전계는 $E = \dfrac{\sigma}{\varepsilon_0}[\text{V/m}]$이다.
- 도체 표면과 내부의 전위는 동일하고(등전위), 표면은 등전위면이다.
- 도체 면에서의 전계의 세기는 도체 표면(등전위면)에 항상 수직이다.

14
- 앙페르 오른나사 법칙에 의해 도선 아래의 자기장 방향 : ⊗(지면 위 → 아래)
- 자침의 N극의 방향은 자기장 방향과 일치하므로 지면 위에서 아래로 향하는 방향으로 회전력 작용

15 영구자석 재료 : 보자력 및 잔류자속밀도가 다 커야 한다. 따라서 H-loop 면적도 크다.

16 맥스웰의 제2기본방정식

$\text{rot } E = -\dfrac{\partial B}{\partial t}$

17 무한평면으로부터 $r[m]$ 떨어진 점 P에 점전하 $+Q[C]$가 있는 경우 영상전하는 무한 평면 뒤쪽으로 점 P의 대칭점에 존재하며, 그 크기는 점전하와 같고 부호는 반대로 $Q' = -Q[C]$이다.

18 자기인덕턴스 $L = \dfrac{N\phi}{I} = \dfrac{500 \times 1 \times 10^{-2}}{2} = 2.5[H]$

19 주파수 $(f) = \dfrac{BQ}{2\pi m}$

$\therefore\ T = \dfrac{1}{f} = \dfrac{2\pi m}{BQ}[s]$

주기의 식에 속도 v가 없으므로 주기는 속도의 변화에 관계가 없다.

20
- z축에 전하가 균일 분포되어 a_y방향으로 전계가 작용한다.
- 면전하밀도 $\rho_s = D = \varepsilon E$에서

  전계 $E = \dfrac{\rho_s}{\varepsilon} a_y = \dfrac{2 \times 10^{-9}}{\dfrac{1}{4\pi \times 9 \times 10^9} \times 2} a_y = 36\pi a_y [V/m]$

[별해] 무한평면 시 전계의 세기

$E = \dfrac{Q}{\varepsilon S} = \dfrac{\rho_s}{\varepsilon} = \dfrac{\rho_s}{\varepsilon_0 \varepsilon_s} = 36\pi \times 10^9 \times \dfrac{2 \times 10^{-9}}{2} = 36\pi [V/m]$

21
- 부족전압 계전기(UVR) : 전압이 일정값 이하 시 동작
- 과전압 계전기(OVR) : 전압이 일정값 초과 시 동작

22 전력 퓨즈(Power Fuse)는 특고압 기기의 단락전류 차단을 목적으로 설치한다.
- 장점 : 소형 및 경량, 차단용량이 큼, 고속 차단, 보수가 간단, 가격이 저렴, 정전용량이 작음
- 단점 : 재투입이 불가능

23 차단기 소호매질
- 공기차단기 : 압축 공기
- 가스차단기 : SF_6 가스
- 진공차단기 : 진공
- 유입차단기 : 절연유
- 자기차단기 : 전자력

24 $P = 9.8 QH\eta = 9.8 \times 200 \times 75 \times 0.7 \times 10^{-3} = 102.9[MW]$

25 특성임피던스 $Z_0 = \sqrt{\dfrac{Z}{Y}} = \sqrt{\dfrac{R + j\omega L}{G + j\omega C}}$ 에서

무손실 선로 : $R = G = 0$

$\therefore\ Z_0 = \sqrt{\dfrac{Z}{Y}} = \sqrt{\dfrac{L}{C}} = \sqrt{\dfrac{1.6 \times 10^{-3}}{0.008 \times 10^{-6}}} = 447[\Omega]$

26 배전거리를 줄여 리액턴스를 줄여서 전압강하를 방지한다(변전소의 수는 증가).

27 중성점 접지방식

방 식	보호계전기동작	지락전류	전위상승	과도안정도	유도장해	특 징
직접접지 22.9, 154, 345[kV]	확실	크다.	1.3배	작다.	크다.	중성점 영전위 단절연 가능
저항접지	↓	↓	$\sqrt{3}$ 배	↓	↓	
비접지 3.3, 6.6[kV]	×	↓	$\sqrt{3}$ 배	↓	↓	저전압 단거리
소호리액터접지 66[kV]	불확실	0	$\sqrt{3}$ 배 이상	크다.	작다.	병렬 공진

28 C_a에 충전전압 E_1가 인가, 정전용량 C_m와 C_0의 직렬회로이므로 전압이 분배된다.

정전유도전압 $E_0 = \dfrac{C_m}{C_m + C_0} \times E_1$

29 복도체(다도체) 방식의 주목적 : 코로나 방지
- 인덕턴스는 감소, 정전용량은 증가
- 같은 단면적의 단도체에 비해 전력용량의 증대
- 코로나의 방지, 코로나 임계전압의 상승
- 송전용량의 증대
- 소도체 충돌현상(대책 : 스페이서의 설치)
- 단락 시 대전류 등이 흐를 때 소도체 사이에 흡인력이 발생

30 전기방식별 비교(전력손실비 = 전선중량비)

종 별	전 력(P)	1선당 공급전력	1선당 공급전력 비교	전력손실비	손 실
$1\phi 2W$	$VI\cos\theta$	$1/2P = 0.5P$	100[%]	24	$2I^2R$
$1\phi 3W$	$2VI\cos\theta$	$2/3P = 0.67P$	133[%]	9	
$3\phi 3W$	$\sqrt{3}\,VI\cos\theta$	$\sqrt{3}/3P = 0.58P$	115[%]	18	$3I^2R$
$3\phi 4W$	$3VI\cos\theta$	$3/4P = 0.75P$	150[%]	8	

31 수소냉각방식-고속기
공기냉각방식과 비교하면
- 출력 20~25[%] 증대
- 풍손 $\dfrac{1}{10}$ 감소
- 권선의 수명이 길다.
- 단점 : 공기와 혼합 시 폭발이 우려되고 냉각수가 많이 들어간다.

32 재열기가 있으면 재열사이클, 급수가열기가 있으면 재생사이클, 재열기, 급수가열기가 모두 존재하면 재생재열사이클(대용량에 사용)이다.

33 $D = 2D_1 = 2 \times 12 = 24[\text{cm}]$

34

내부적인 요인	외부적인 요인
개폐서지	뇌서지(직격뢰, 유도뢰)
대책 : 개폐저항기	대책 : 서지흡수기

35 $P = V^2 = \left(\dfrac{5,700}{3,300}\right)^2 \fallingdotseq 3$

36 변압기 용량[kVA] $= \dfrac{\text{합성최대수용전력}}{\text{역률} \times \text{부등률}} = \dfrac{\text{설비용량} \times \text{수용률}}{\text{역률} \times \text{부등률}} = \dfrac{800 \times 0.6}{1.2 \times 0.9} \fallingdotseq 444$

37 중성점 접지방식

방 식	보호계전기동작	지락전류	전위상승	과도안정도	유도장해	특 징
직접접지 22.9, 154, 345[kV]	확실	크다.	1.3배	작다.	크다.	중성점 영전위 단절연 가능
저항접지	↓	↓	$\sqrt{3}$ 배	↓	↓	
비접지 3.3, 6.6[kV]	×	↓	$\sqrt{3}$ 배	↓	↓	저전압 단거리
소호리액터접지 66[kV]	불확실	0	$\sqrt{3}$ 배 이상	크다.	작다.	병렬 공진

38 전력원선도
- 작성 시 필요한 값 : 송·수전단 전압, 일반정수회로(A, B, C, D)
- 가로축 : 유효전력, 세로축 : 무효전력
- 구할 수 있는 값 : 최대출력, 조상설비용량, 4단자 정수에 의한 손실, 송·수전 효율 및 전압, 선로의 일반회로정수
- 구할 수 없는 값 : 과도안정 극한전력, 코로나 손실, 사고값, 송전단의 역률

39 $P_V = \sqrt{3}\, V_P I_P = \sqrt{3} \times 200 \fallingdotseq 346 [\text{kVA}]$

$\dfrac{516}{346} = 1.491$, $1.49 \times 100 = 149[\%]$

40 제한전압 : 피뢰기 동작 중에 계속해서 걸리고 있는 단자전압의 파곳값

41 $\%Z = \dfrac{V_s}{V_n}$ 에서 $V_s = \%Z \times V_n = \sqrt{0.012^2 + 0.009^2} \times 6,600 = 99[\text{V}]$

42 직류전동기 속도제어 $n = K' \dfrac{V - I_a R_a}{\phi}$ (K' : 기계정수)

종 류	특 징
전압제어	• 광범위 속도제어가 가능하다. • 워드레오나드 방식(광범위한 속도 조정, 효율양호) • 일그너 방식(부하가 급변하는 곳, 플라이휠 효과 이용, 제철용 압연기) • 정토크 제어 • SCR과 조합하여 사용하는 방식
계자제어	• 세밀하고 안정된 속도제어를 할 수 있다. • 속도제어 범위가 좁다. • 효율은 양호하나 정류가 불량하다. • 정출력 가변속도 제어
저항제어	• 속도 조정 범위가 좁다. • 효율이 저하된다.

43 $E \propto N$이므로 $E:N=E':N'$에서 $E=200-100\times0.15=185$
E'는 무부하일 때이므로 $E'=200$, $N=1,000$
∴ $185:1,000=200:N'$

$$N'=\frac{200}{185}\times1,000 \fallingdotseq 1,081[\text{rpm}]$$

44 동기기에서 회전계자형을 쓰는 이유
- 전기자권선은 고전압에 결선이 복잡하며 대용량인 경우 전류도 커지고 3상 결선 시 인출선은 4개이다.
- 계자권선에 저압 직류회로로 소요동력이 적다(인출도선 2개).
- 절연이 용이하다.
- 전기자권선은 고전압에 유리하다(Y결선).
- 기계적으로 튼튼하다.

45 위상 특성곡선(V곡선 I_a-I_f 곡선, P 일정) : 계자전류의 변화에 대한 전기자전류의 변화를 나타낸 곡선(동기조상기로 조정)

가로축 I_f	최저점 $\cos\theta=1$	세로축 I_a
감 소	계자전류 I_f	증 가
증 가	전기자전류 I_a	증 가
뒤진 역률(지상)	역 률	앞선 역률(진상)
L	작 용	C
부족여자	여 자	과여자
$\cos\theta=1$에서 전력 비교 $P\propto I_a$, 위 곡선의 전력이 크다.		

즉, 과여자 시 앞선 전류가 더욱 증가하여 앞선 역률이 증가하므로 역률은 더욱 나빠진다.

46 단절권계수 $k_p=\sin\dfrac{\beta\pi}{2}$

47 각 발전기의 계자저항손 $R_f I_f^2=200[\text{W}]$
전류에 의한 나머지 손$=VI_0=100\times22=2,200$

∴ 1대 발전기 효율 $\eta_g=\dfrac{P_0}{P_0+\dfrac{1}{2}VI_0+R_f I_f^2}\times100=\dfrac{10,000}{10,000+\dfrac{1}{2}\times2,200+200}\times100\fallingdotseq 88.5$

48 $X_l \propto N^2$, $I_0 \propto \dfrac{1}{N^2}$, $\phi \propto \dfrac{1}{N}$

- 누설리액턴스·인덕턴스 $L=\dfrac{MSN^2}{l}$ ∴ $L\propto N^2$
- 여자전류는 총자속 $\phi_m=NI$에 의해 $\dfrac{I_0'\times 4N}{I_0\times N}=\dfrac{\phi_m'}{\phi_m}=\dfrac{1}{4}$에 의해 $I_0'=\left(\dfrac{1}{N^2}\right)I_0$
- 공급전압이 일정한 경우 $E=4.44f\phi N$에서 $\phi\propto\dfrac{1}{N}$이다.

49 $X_l=2\pi fL$에 의해 비례한다.

50 2차 효율 $=\dfrac{P_0}{P_2}=\dfrac{P_{m0}+P_m}{P_2}=\dfrac{7,500+130}{7,950}≒0.9597$

51 유도전동기의 자기회로에는 갭이 있어 정격전류에 대한 여자전류의 비율이 매우 커서 일반적으로 전부하전류의 25~50[%]에 이르며 여자전류의 값은 용량이 작을수록 크고 같은 용량에서는 극수가 많을수록 크다.

52 전동기의 회전을 정지시키고자 할 때 1차 권선을 교류전원에서 분리한 다음 직류로 여자하면 전동기는 발전기로 바뀌고 회전자에서 기전력이 생기며 이로 인한 전류로 제동작용을 한다. 이때 외부저항은 발전된 전력을 열로 소비하는 데 사용한다.

53 토크발생은 고정자에 권선을 따로 설치하는 것과 브러시 위치를 바꾸는 방법 두 종류를 사용하며 이중 브러시를 이동하여 속도제어하는 방식이 반발전동기이다.

54 단락비 공식에 의해 $K_s=\dfrac{I_s}{I_n}=\dfrac{1}{\%Z}$

$\therefore I_s=\dfrac{1}{\%Z}\times I_n=\dfrac{1}{0.03}\times\dfrac{100,000}{\sqrt{3}\times 200}≒9,622.5[A]$

55 • 진권 : 권선의 진행방향은 시계방향의 방사형이며, 후절(뒤)이 전절(앞)보다 크다.
• 누권(역진권) : 권선방향은 반시계방향으로 감겨지게 되고, 후절(뒤)이 전절(앞)보다 적다.

56 2차를 개방하면 1차 선전류가 모두 여자전류가 되므로 많은 자속이 생겨 고전압이 유기되며 자속밀도 또한 커져 철손증가로 과열되어 절연파괴가 된다.

57 동기발전기의 병렬운전 조건

필요조건	다른 경우 현상
기전력의 크기가 같을 것	무효순환전류(무효횡류)
기전력의 위상이 같을 것	동기화전류(유효횡류)
기전력의 주파수가 같을 것	동기화전류 : 난조 발생
기전력의 파형이 같을 것	고주파 무효순환전류 : 과열 원인
(3상) 기전력의 상회전 방향이 같을 것	

58 단상 유도전동기
• 종류(기동토크가 큰 순서대로) : 반발기동형 > 반발유도형 > 콘덴서기동형 > 분상기동형 > 셰이딩코일형 > 모노사이클릭형
• 단상 유도전동기의 특징
 - 교번자계 발생
 - 기동 시 기동토크가 존재하지 않으므로 기동장치가 필요하다.
 - 슬립이 0이 되기 전에 토크는 미리 0이 된다.
 - 2차 저항이 증가되면 최대토크는 감소한다(비례추이할 수 없다).
 - 2차 저항값이 어느 일정값 이상이 되면 토크는 부(−)가 된다.

59 위상 특성곡선(V곡선 $I_a - I_f$ 곡선, P 일정) : 계자전류의 변화에 대한 전기자전류의 변화를 나타낸 곡선(동기조상기로 조정)
- 과여자(진역률) : 콘덴서 C로 작용
- 부족여자(지역률) : 인덕턴스 L로 작용

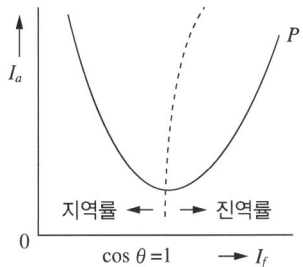

가로축 I_f	최저점 $\cos\theta = 1$	세로축 I_a
감 소	계자전류 I_f	증 가
증 가	전기자전류 I_a	증 가
뒤진 역률(지상)	역 률	앞선 역률(진상)
L	작 용	C
부족여자	여 자	과여자
$\cos\theta = 1$에서 전력 비교 $P \propto I_a$, 위 곡선의 전력이 크다.		

60 $T = 0.975 \dfrac{P_2}{N_s}$ 에서 동기와트 $P_2 = \dfrac{T \times N_s}{0.975} = \dfrac{54.134 \times \dfrac{120 \times 60}{8}}{0.975} \fallingdotseq 49.99 [\text{kW}]$

※ 출제 당시는 6[Hz]로 제시되어 정답없음으로 처리되었다.

61

파 형		실횻값(V)	평균값(V_{av})	파형률	파고율
전 파	정현파	$\dfrac{V_m}{\sqrt{2}}$	$\dfrac{2}{\pi}V_m$	1.11	1.414
	구형파	V_m	V_m	1	1
	삼각파(톱니파)	$\dfrac{V_m}{\sqrt{3}}$	$\dfrac{V_m}{2}$	1.155	1.732
반 파	정현파	$\dfrac{1}{2}V_m$	$\dfrac{V_m}{\pi}$	$\dfrac{\pi}{2}$	2

62 $i(t) = \dfrac{E}{R}e^{-\frac{1}{RC}t}$ 에서 콘덴서 양단의 전압 $v_c(t)$는 적분구간을 $0 \sim t$로 잡으면

$v_c(t) = \dfrac{1}{C}\displaystyle\int_0^t i(t)dt = \dfrac{1}{C}\int_0^t \dfrac{E}{R}e^{-\frac{1}{RC}t}dt = E(1-e^{-\frac{1}{RC}t})$

$v_c(t) = 100(1-e^{-\frac{1}{5,000 \times 20 \times 10^{-6}}t}) = 100(1-e^{-10t})[\text{V}]$

63 전전류를 I라 하면 $I_G = \dfrac{1}{n}I = \dfrac{r_1}{R+r_1}I$ (전류는 남은 것이 올라간다)

$nr_1 = R + r_1$
$r_1(n-1) = R$
$r_1 = \dfrac{R}{n-1}[\Omega]$

64 $I = \dfrac{E_1 + E_2}{R_1 + R_2} = \dfrac{50+30}{15+25} = 2[\text{A}]$

65 중첩의 원리(전압원 : 단락, 전류원 : 개방)

- 전류원만 인가 시 : 전압원 단락 $I_R{'} = \dfrac{1}{1+2} \times -9 = -3[A]$

- 전압원만 인가 시 : 전류원 개방 $I' = \dfrac{V}{R} = \dfrac{6}{3} = 2[A]$

$$I_R{''} = \dfrac{V_R}{R} = \dfrac{2}{2} = 1[A]$$

∴ $I = I_R{'} + I_R{''} = -3 + 1 = -2[A]$

66

$$G(s) = \dfrac{e_2}{e_1} = \dfrac{\left(R_2 + \dfrac{1}{sC}\right)I(s) \times sC}{\left(R_1 + R_2 + \dfrac{1}{sC}\right)I(s) \times sC} = \dfrac{R_2 sC + 1}{R_1 sC + R_2 sC + 1}$$

67

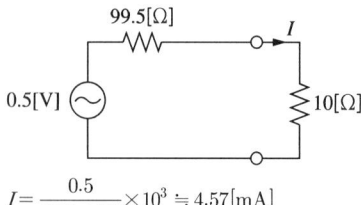

$R_T = 50 + \dfrac{110 \times 90}{110 + 90} = 99.5[\Omega]$

$V_b = 5[V]$

$V_d = \dfrac{90}{110+90} \times 10 = 4.5[V]$

$I = \dfrac{0.5}{99.5 + 10} \times 10^3 ≒ 4.57[mA]$

68 $V_l = \sqrt{3}\, V_P = \sqrt{3} \times 220 ≒ 380[V]$

69 $f(t) = 10u(t-2) - 10u(t-4) - 10u(t-8) + 10u(t-9)$

70 4단자(T형 회로 A, B, C, D)

A	B	C	D
$1 + \dfrac{Z_1}{Z_3}$	$\dfrac{Z_1 Z_2 + Z_2 Z_3 + Z_3 Z_1}{Z_3}$	$\dfrac{1}{Z_3}$	$1 + \dfrac{Z_2}{Z_3}$

71 $i = i_1 + i_2$

$i(t) = \dfrac{e_0}{\dfrac{1}{sC_1}} + \dfrac{e_0}{\dfrac{1}{sC_2}}$ 에서 $i(t) = sC_1 e_0 + sC_2 e_0$

전달함수 $G(s) = \dfrac{E_0(s)}{I(s)} = \dfrac{1}{sC_1 + sC_2} = \dfrac{1}{s(C_1 + C_2)}$

72 $R = \sqrt{\dfrac{L}{C}} = \sqrt{\dfrac{4 \times 10^{-3}}{0.1 \times 10^{-6}}} = 200[\Omega]$

73 $2W = 3V_P I_P$ 에서 $W = \dfrac{3\left(\dfrac{V_l}{\sqrt{3}}\right) \times \left(\dfrac{\dfrac{V_l}{\sqrt{3}}}{Z}\right)}{2} = \dfrac{3\left(\dfrac{220}{\sqrt{3}} \times \dfrac{\dfrac{220}{\sqrt{3}}}{100}\right)}{2} = 242[W]$

74 $X_2(s) = sX_1(s)$

$X_3(s) = sX_1(s) + \dfrac{3}{s}X_3(s) + 2s \cdot sX_1(s) - 2X_1(s)$

$X_3(s) - \dfrac{3}{s}X_3(s) = 2s^2 X_1(s) + sX_1(s) - 2X_1(s)$

$\left(\dfrac{s-3}{s}\right)X_3(s) = (2s^2 + s - 2)X_1(s)$

$\dfrac{X_3(s)}{X_1(s)} = \dfrac{2s^2 + s - 2}{\dfrac{s-3}{s}}$

$\dfrac{X_3(s)}{X_1(s)} = \dfrac{s(2s^2 + s - 2)}{s - 3}$

75 80[V], 50[V], 50[V]를 벡터로 표현하면

$V_a = 80, \ V_b = -40 - j30, \ V_c = -40 + j30$

$a = -\dfrac{1}{2} + j\dfrac{\sqrt{3}}{2}, \ a^2 = -\dfrac{1}{2} - j\dfrac{\sqrt{3}}{2}$

불평형률 $= \dfrac{\text{역상분}}{\text{정상분}} \times 100 = \dfrac{\dfrac{1}{3}(V_a + a^2 V_b + a V_c)}{\dfrac{1}{3}(V_a + a V_b + a^2 V_c)} \times 100$

공식에 위수식을 아래수식에 대입하여 계산하면 39.6[%]가 나온다.

76 대칭 : 원형, 비대칭 : 타원형

77 $A = 1 + \dfrac{\dfrac{1}{j\omega C}}{j\omega L} = 1 - \dfrac{1}{\omega^2 LC}$

78 $f(t) = u(t-a) - u(t-b)$

$F(s) = \dfrac{1}{s}e^{-as} - \dfrac{1}{s}e^{-bs} = \dfrac{1}{s}(e^{-as} - e^{-bs})$

79

정현대칭	여현대칭	반파대칭
sin항	직류, cos항	고조파의 홀수항
$f(t) = -f(-t)$	$f(t) = f(-t)$	$f(t) = -f\left(t + \dfrac{T}{2}\right)$
원점 대칭, 기함수	수직선 대칭, 우함수	반주기마다 크기가 같고 부호가 반대인 대칭

80 $W_C = \dfrac{1}{2}Ce^2$, $W_L = \dfrac{1}{2}LI^2$

81 KEC 341.11(과전류차단기의 시설 제한)
접지공사의 접지도체, 다선식 전로의 중성선, 전로의 일부에 접지공사를 한 저압 가공전선로의 접지측 전선에는 과전류차단기를 시설하여서는 안 된다.

82 KEC 503.2.4(계통 연계용 보호장치의 시설)
계통 연계하는 분산형 전원설비를 설치하는 경우 다음에 해당하는 이상 또는 고장 발생 시 자동적으로 분산형 전원설비를 전력계통으로부터 분리하기 위한 장치 시설 및 해당 계통과의 보호협조를 실시하여야 한다.
• 분산형 전원설비의 이상 또는 고장
• 연계한 전력계통의 이상 또는 고장
• 단독운전 상태

83 KEC 234.6(점멸기의 시설)
자동 소등 시간
• 관광숙박업 또는 숙박업 객실 입구등 : 1분 이내
• 일반주택 및 아파트 각 호실의 현관등 : 3분 이내

84 KEC 333.11(특고압 가공전선로의 철주·철근 콘크리트주 또는 철탑의 종류)
• 직선형 : 전선로의 직선 부분(3° 이하인 수평각도를 이루는 곳을 포함)
• 각도형 : 전선로 중 3°를 초과하는 수평각도를 이루는 곳
• 잡아당김형 : 전가섭선을 잡아당기는 곳에 사용하는 것
• 내장형 : 전선로의 지지물 양쪽의 지지물 간 거리의 차가 큰 곳에 사용하는 것
• 보강형 : 전선로의 직선 부분에 그 보강을 위하여 사용하는 것

85 KEC 222.14/332.14(저·고압 가공전선과 안테나의 접근 또는 교차)

구 분	저 압			고 압			25[kV] 이하 특고압 가공전선		
	일 반	고압절연	케이블	일 반	고압절연	케이블	일 반	특고압절연	케이블
접근, 교차, 안테나	0.6[m]	0.3[m]	0.3[m]	0.8[m]	−	0.4[m]	1.5[m]	1.0[m]	0.5[m]

86
• 전기설비가 인체에 위해를 주거나 물체에 손상을 주지 않도록 할 것
• 전기설비의 손괴에 의하여 전기의 공급에 현저한 지장을 주지 아니하도록 할 것
• 전기설비가 다른 전기적 설비 기타 물건의 기능에 전기적 또는 자기적 장해를 주지 아니하도록 할 것
• 전기의 합리적인 사용을 적절하도록 하기 위하여 발전, 송전, 변전, 배전 또는 전기사용을 위하여 설치하는 기계, 기구, 전선로, 보안통신선로, 기타 공작물의 기술기준을 규정함을 목적으로 한다.

87 KEC 333.14(이상 시 상정하중)
종류 : 수직하중, 수평 가로 하중, 수평 종하중

88 KEC 351.4(특고압용 변압기의 보호장치)

뱅크용량의 구분	동작조건	장치의 종류
5,000[kVA] 이상 10,000[kVA] 미만	변압기 내부고장	자동차단장치 또는 경보장치
10,000[kVA] 이상	변압기 내부고장	자동차단장치
타냉식 변압기 (변압기의 권선 및 철심을 직접 냉각 - 냉매강제순환)	냉각장치 고장, 변압기 온도가 현저히 상승	경보장치

89 ※ KEC(한국전기설비규정)의 적용으로 문제가 성립되지 않음

90 KEC 222.7/332.5(저·고압 가공전선의 높이)

설치장소		가공전선의 높이
도로횡단		지표상 6[m] 이상
철도 또는 궤도횡단		레일면상 6.5[m] 이상
횡단보도교 위	저 압	노면상 3.5[m] 이상. 단, 절연전선의 경우 3[m] 이상
	고 압	노면상 3.5[m] 이상

91 KEC 231.3(저압 옥내배선의 사용전선 및 중성선의 굵기)
저압 옥내배선의 사용전선
- 단면적이 2.5[mm^2] 이상의 연동선
- 사용전압 400[V] 이하인 경우
  - 전광표시장치에 사용한 단면적 0.75[mm^2] 이상의 다심케이블
  - 전광표시장치에 사용한 단면적 1.5[mm^2] 이상의 연동선

92 ※ KEC(한국전기설비규정)의 적용으로 문제가 성립되지 않음

93 KEC 364.2(무선용 안테나 등의 시설 제한)
무선용 안테나 등은 전선로의 주위 상태를 감시하거나 배전자동화, 원격검침 등 지능형전력망을 목적으로 시설하는 것 이외에는 가공전선로의 지지물에 시설하여서는 아니 된다.

94 KEC 211.2.4(누전차단기의 시설), 341.12(지락차단장치 등의 시설)
- 사용전압 50[V] 넘는 금속제 외함을 가진 저압 기계기구로서 사람 접촉 우려 시 전로에 지기가 발생한 경우
  ※ 특고압, 고압의 전로가 변압기에 의해서 결합되는 사용전압 400[V] 초과의 저압전로에 지기가 생긴 경우 전로를 자동 차단하는 장치 시설
- 발·변전소 또는 이에 준하는 곳의 인출구(고압, 특고압인 경우)
- 다른 전기사업자로부터 공급받는 수전점(고압, 특고압인 경우)
- 배전용 변압기(단권 변압기 제외) 시설장소(고압, 특고압인 경우)

95 KEC 333.23(특고압 가공전선과 건조물의 접근)

구 분			35[kV] 이하의 가공전선			35[kV] 초과의 가공전선
			일 반	특고압절연	케이블	
건조물	상부 조영재	위 쪽	3[m]	2.5[m]	1.2[m]	표준 + N = 표준 + $\left(\dfrac{35[kV] \text{ 초과분}}{10[kV]} \times 0.15[m]\right)$
		옆쪽 또는 아래쪽, 기타 조영재	3[m]	1.5[m]	0.5[m]	

96 KEC 333.25(특고압 가공전선과 삭도의 접근 또는 교차)
- 제1차 접근상태 : 제3종 특고압 보안공사
- 제2차 접근상태 : 제2종 특고압 보안공사

97 KEC 331.4(가공전선로 지지물의 철탑오름 및 전주오름 방지)
가공전선로 지지물에 취급자가 오르고 내리는 데 사용하는 발판 볼트 등 : 지지물의 발판 볼트는 특별한 경우를 제외하고 지표상 1.8[m] 미만에 시설하여서는 아니 된다.

98 KEC 232.11(합성수지관공사)
- 전선은 절연전선(옥외용 비닐절연전선을 제외한다)일 것
- 연선일 것(단, 전선관이 짧거나 10[mm^2] 이하(알루미늄은 16[mm^2])일 때 예외)
- 관의 두께는 2[mm] 이상일 것
- 지지점 간의 거리 : 1.5[m] 이하
- 전선관 상호 간 삽입 깊이 : 관 바깥지름의 1.2배(접착제 0.8배)
- 습기가 많거나 물기가 있는 장소는 방습장치를 할 것

99 KEC 241.10(아크용접기)
- 용접변압기는 절연 변압기일 것
- 용접변압기의 1차 측 전로의 대지전압은 300[V] 이하일 것
- 용접변압기의 1차 측 전로에는 용접변압기에 가까운 곳에 쉽게 개폐할 수 있는 개폐기를 시설할 것

100 KEC 322.1(고압 또는 특고압과 저압의 혼촉에 의한 위험방지 시설)
접지공사를 하는 경우에 토지의 상황에 의하여 규정에 의하기 어려울 때에는 다음에 따라 가공공동지선을 설치하여 2 이상의 시설장소에 규정에 의하여 접지공사를 할 수 있다.
- 가공공동지선은 인장강도 5.26[kN] 이상 또는 지름 4[mm] 이상의 경동선을 사용하여 저압 가공전선에 관한 규정에 준하여 시설할 것
- 접지공사는 각 변압기를 중심으로 하는 지름 400[m] 이내의 지역으로서 그 변압기에 접속되는 전선로 바로 아래의 부분에서 각 변압기의 양쪽에 있도록 할 것. 단, 그 시설장소에서 접지공사를 한 변압기에 대하여는 그러하지 아니하다.
- 가공공동지선과 대지 사이의 합성 전기저항값은 1[km]를 지름으로 하는 지역 안마다 규정에 의해 접지저항값을 가지는 것으로 하고 또한 각 접지도체를 가공공동지선으로부터 분리하였을 경우의 각 접지도체와 대지 사이의 전기저항값은 300[Ω] 이하로 할 것
- 접지공사가 어려운 경우 변압기의 시설장소로부터 200[m]까지 떼어놓을 수 있다(5.26[kN], 4[mm] 이상가공접지도체).

page 28

1	2	3	4	5	6	7	8	9	10	11	12	13	14	15	16	17	18	19	20
④	③	④	④	①	①	③	②	②	①	②	①	②	③	④	③	④	④	②	③
21	22	23	24	25	26	27	28	29	30	31	32	33	34	35	36	37	38	39	40
②	①	①	④	③	④	②	②	③	③	②	②	④	①	③	②	②	④	③	③
41	42	43	44	45	46	47	48	49	50	51	52	53	54	55	56	57	58	59	60
①	①	②	④	①,③	④	①	④	④	③	②	②	②	③	①	③	①	②	④	③
61	62	63	64	65	66	67	68	69	70	71	72	73	74	75	76	77	78	79	80
③	③	④	③	③	③	①	④	③	②	①	③	①	④	④	①	④	④	④	②
81	82	83	84	85	86	87	88	89	90	91	92	93	94	95	96	97	98	99	100
×	②	②	④	④	②	②	②	×	×	①	④	③	×	②	③	④	×	①	×

※ : 문제삭제

01 환상솔레노이드 $F = NI[\text{AT}]$ 에서 회전수 $N = \dfrac{F}{I} = \dfrac{2{,}000}{5} = 400[\text{회}]$

02 벡터 E 방향으로 그려진 단위체적에서 발산(Divergence)하는 선속수의 물리적 의미를 가지므로 E(벡터 함수)는 벡터양이지만 발산의 결과인 $\text{div} E$는 스칼라양이 된다.

벡터의 발산

$$\nabla \cdot E = \left(i\frac{\partial}{\partial x} + j\frac{\partial}{\partial y} + k\frac{\partial}{\partial z}\right) \cdot (iE_x + jE_y + kE_z) = \frac{\partial E_x}{\partial x} + \frac{\partial E_y}{\partial y} + \frac{\partial E_z}{\partial z} = \text{div} E$$

03
- 저항 $R = \rho\dfrac{l}{S}$ 이므로 고유저항(또는 저항률)과 길이에 비례하며, 단면적에 반비례한다.
- 금속도체의 전기저항은 온도 상승에 따라 증가한다.

04 각 점전하에서의 전압을 순서대로 V_1, V_2, V_3, V_4 라 하고, 중첩의 원리를 이용하여

$$V_1 = \sum_i \frac{Q_i}{4\pi\varepsilon_0 r_i} = \frac{1}{4\pi\varepsilon_0}\left(\frac{4}{1} + \frac{6}{2} + \frac{8}{3}\right) \times 10^{-9} = 9 \times 10^9 \times \left(\frac{4}{1} + \frac{6}{2} + \frac{8}{3}\right) \times 10^{-9} = 87[\text{V}]$$

$$V_2 = 9 \times 10^9 \times \left(\frac{2}{1} + \frac{6}{1} + \frac{8}{2}\right) \times 10^{-9} = 108[\text{V}]$$

$$V_3 = 9 \times 10^9 \times \left(\frac{2}{2} + \frac{4}{1} + \frac{8}{1}\right) \times 10^{-9} = 117[\text{V}]$$

$$V_4 = 9 \times 10^9 \times \left(\frac{2}{3} + \frac{4}{2} + \frac{6}{1}\right) \times 10^{-9} = 78[\text{V}]$$

따라서 전체 축적에너지

$$W = \sum \frac{1}{2} Q_i V_i = \frac{1}{2}(Q_1 V_1 + Q_2 V_2 + Q_3 V_3 + Q_4 V_4) = \frac{1}{2}(2 \times 87 + 4 \times 108 + 6 \times 117 + 8 \times 78) \times 10^{-9} = 966[\text{nJ}]$$

05 점전하에 의한 전계의 세기

$$E = 9 \times 10^9 \times \frac{Q}{r^2} = 9 \times 10^9 \times \frac{10^{-10}}{2^2} = 2.25 \times 10^{-1}[\text{V/m}]$$

06 전계 $E = \dfrac{\rho - \rho'}{\varepsilon_0} = \dfrac{D - P}{\varepsilon_0}$ [V/m]

전속밀도 $D = \varepsilon_0 E + P = \varepsilon_0 \varepsilon_s E$ [C/m²]

따라서 분극의 세기 $P = \varepsilon_0(\varepsilon_s - 1)E$ [C/m²]

여기서, ρ : 진전하, ρ' : 속박전하, $\rho - \rho'$: 자유전하

07 와전류는 도체 내에 국부적으로 흐르는 맴돌이 전류로 $\mathrm{rot}\, i = -K\dfrac{\partial B}{\partial t}$ 로 자속의 변화를 방해하기 위한 역자속을 만드는 전류이다. 따라서 이 전류는 자속의 수직되는 면을 회전한다.

08 상호인덕턴스 $M = L_1 \dfrac{N_2}{N_1} = 0.01 \times \dfrac{200}{100} = 0.02$ [H]

09 • 진동주파수 $f = \dfrac{1}{2\pi\sqrt{LC}} = \dfrac{1}{2\pi \times \sqrt{20 \times 10^{-3} \times 5 \times 10^{-6}}} = 503 ≒ 500$ [Hz]

• 코일에 축적되는 에너지 $W = \dfrac{1}{2}CV^2 = \dfrac{1}{2} \times 5 \times 10^{-6} \times 200^2 = 0.1$ [J]

10 직렬회로에서 각 콘덴서의 전하용량이 작을수록 빨리 파괴된다.

$Q_1 = C_1 \times V_1 = 5 \times 10^{-6} \times 200 = 1 \times 10^{-3}$ [C]

$Q_2 = C_2 \times V_2 = 4 \times 10^{-6} \times 300 = 1.2 \times 10^{-3}$ [C]

$Q_3 = C_3 \times V_3 = 3 \times 10^{-6} \times 400 = 1.2 \times 10^{-3}$ [C]

$Q_4 = C_4 \times V_4 = 3 \times 10^{-6} \times 500 = 1.5 \times 10^{-3}$ [C]

따라서 전하용량이 $Q_4 > Q_3 = Q_2 > Q_1$ 이므로 전하용량이 가장 작은 200[V] 5[μF]의 콘덴서가 가장 빨리 파괴된다.

11 도체 표면의 정전응력(단위면적당 작용력)

$F = \dfrac{1}{2}\varepsilon_0 E^2 = \dfrac{1}{2}\varepsilon_0 \left(\dfrac{V}{d}\right)^2$ [N/m²]

12 • 내구가 접지된 동심구 콘덴서의 정전용량 $C = 4\pi\varepsilon_0 \dfrac{b^2}{b-a}$ [F]

• 내구는 절연, 외구는 접지된 동심구 콘덴서의 정전용량 $C = 4\pi\varepsilon_0 \dfrac{ab}{a-b}$ [F]

13 누설전류 $I = \dfrac{V}{R} = \dfrac{500}{2 \times 10^6} = 250 \times 10^{-6}$ [A] $= 250$ [μA]

14 플레밍의 왼손 법칙

자속밀도가 B[Wb/m²]인 자계 중에 길이 l의 도체를 놓고 I[A]의 전류를 흘릴 경우 자계 내에서 도체가 받는 힘의 크기 $F = BIl\sin\theta$[N] 이다.

따라서 힘은 도선의 길이에 비례한다.

15 두 자극면 사이에 작용하는 힘의 크기

$$F = \frac{1}{2}BHS = \frac{1}{2}\mu H^2 S = \frac{B^2}{2\mu_0}S[N] = \frac{2^2}{2\times 4\pi \times 10^{-7}} \times 2\times 10^{-4} \fallingdotseq 318.5[N]$$

16 $V = E \cdot r = 5\times 10^3 \times 10^3 [\text{V/m}] \times \frac{2}{2}[\text{m}] = 5\times 10^6 [\text{V}] = 5\times 10^3 [\text{kV}]$

17 자계의 세기 $H = \frac{I}{2\pi r}[\text{AT/m}]$ 이므로,

$I = 2\pi r H = 2\pi \times 2 \times \frac{4}{\pi} = 16[\text{A}]$

18 패러데이 법칙
- 유도기전력의 크기는 폐회로에 쇄교하는 자속의 시간적 변화율에 비례한다.
- 유도기전력 $e = -\frac{d\phi}{dt} = -N\frac{d\phi}{dt}$

19
- $C = \frac{\varepsilon S}{d}$ 이므로, 정전용량(C)은 유전율(ε)과 비례한다.
- $Q = CV$ 이므로, 전하량(Q)은 정전용량(C)과 비례한다.
  따라서 $\varepsilon_s \propto C \propto Q$ 관계이다.

20 전도전류 $i_\sigma = \sigma E$, 변위전류 $i_d = \omega \varepsilon E$ 일 때
이 둘을 같게 하면($i_\sigma = i_d$)
$\sigma E = \omega \varepsilon E \rightarrow \sigma = 2\pi f_c \varepsilon (\because \omega = 2\pi f)$에서
임계주파수 $f_c = \frac{\sigma}{2\pi \varepsilon}$

따라서 유전손실 $\tan\delta = \frac{i_\sigma}{i_d} = \frac{\sigma E}{\omega \varepsilon E} = \frac{\sigma}{2\pi f \varepsilon} = \frac{f_c}{f}$

21 **페란티 현상** : 선로의 충전전류 때문에 무부하 시 송전단 전압보다 수전단 전압(앞선 충전전류)이 커지는 현상이다. 방지법으로는 분로리액터 설치 및 동기조상기의 지상용량을 공급한다.

22

구 분	원 인	공 식	비 고
전자유도장해	영상전류, 상호인덕턴스	$V_m = -3I_0 \times j\omega Ml[\text{V}]$	주파수, 길이 비례
정전유도장해	영상전압, 상호정전용량	$V_0 = \frac{C_m}{C_m + C_s} \times V_s$	길이와 무관

23 제수문의 설치 목적 : 취수구에 설치하고 유입되는 물을 막아 취수량을 조절한다.

24 발전기는 효율을 곱하고, 전동기는 효율을 나눈다.

25 복수기는 화력발전에서 증기를 물로 환원하며, 손실이 가장 크다.

26 고저압 혼촉 시 수용가에 침입하는 상승전압을 억제하기 위해서 고압측의 중성선과 저압측의 중성선을 전기적으로 연결한다.

27 정격차단시간 : 트립코일 여자로부터 불꽃이 완전 소호할 때까지 걸리는 시간(3~8[C/s])

28 $\%X = \dfrac{PX}{10V^2}$ 에서 $X = \dfrac{10V^2 \%X}{P} = \dfrac{10 \times 154^2 \times 14}{40 \times 10^3} \fallingdotseq 83[\Omega]$

29 보호계전기의 기본기능 : 확실성, 선택성, 신속성

30 차단기 종류
- GCB(가스차단기) : SF$_6$로 소호
- OCB(유입차단기) : 절연유로 소호
- MBB(자기차단기) : 전자력에 의해 소호
- VCB(진공차단기) : 진공 소호
- ABB(공기차단기) : 수십 기압의 압축공기로 소호

현재 154[kV] 계통 이상에서 GCB(가스차단기)를 사용, 22.9[kV] 이하 계통에서는 VCB(진공차단기)를 사용한다.

31 부하율 $= \dfrac{\text{평균전력}}{\text{합성최대전력}} = \dfrac{\text{평균전력}}{\text{개별수용최대전력의 합/부등률}} = \dfrac{\text{평균전력}}{\text{설비용량의 합계} \times \text{수용률/부등률}} = \dfrac{\text{평균전력} \times \text{부등률}}{\text{설비용량의 합계} \times \text{수용률}}$

32 $C_0 = C_1 + 3C_2 = 0.002 + 3 \times 0.007 = 0.023[\mu\text{F/km}]$

33 2단자 b, c상 지락 시 $\dot{I}_a = 0$, $\dot{V}_b = \dot{V}_c = 0$, $V_0 = V_1 = V_2$
$V_a = V_0 + V_1 + V_2 = 3V_0$
$\dot{I}_b = \dfrac{(a^2 - a)\dot{Z}_0 + (a^2 - 1)\dot{Z}_2}{\dot{Z}_0(\dot{Z}_1 + \dot{Z}_2) + \dot{Z}_1 \dot{Z}_2} \dot{E}_a$
$\dot{I}_c = \dfrac{(a - a^2)\dot{Z}_0 + (a - 1)\dot{Z}_2}{\dot{Z}_0(\dot{Z}_1 + \dot{Z}_2) + \dot{Z}_1 \dot{Z}_2} \dot{E}_a$
$\dot{V}_a = \dfrac{3\dot{Z}_0 \dot{Z}_2}{\dot{Z}_0(\dot{Z}_1 + \dot{Z}_2) + \dot{Z}_1 \dot{Z}_2} \dot{E}_a$
정상분 전류와 역상분 전류는 방향이 반대

34 댐퍼 : 전선의 진동을 흡수하여 단선사고를 방지한다.

35 $P_L = 3I^2 R = \dfrac{P^2 R}{V^2 \cos^2\theta} = \dfrac{P^2 \rho l}{V^2 \cos^2\theta A}$[W], 부하 불평형 시 전류값이 커져 손실이 증가한다.

36 $\eta = \dfrac{860W}{mH} \times 100 = \dfrac{860 \times 350 \times 10^3 \times 10 \times 24}{1.6 \times 10^7 \times 10{,}000} \times 100 \times 0.8 = 36.1[\%]$

37 $P_L = 3I^2 R = \dfrac{P^2 R}{V^2 \cos^2\theta} = \dfrac{P^2 \rho l}{V^2 \cos^2\theta A}$[W] 에서 $P_L \propto P^2$
$2P_L = (\sqrt{2}P)^2$, $2P_L = (1.414P)^2$

38 $P_s = \dfrac{100}{\%Z} \times P_n = \dfrac{100}{0.4} \times 10 = 2{,}500[\text{MVA}]$

39 변압기에서는 고정손(철손)과 가변손(동손)으로 되어 있다.

40
- 3ϕ : △, Y, V결선
- T(스코트결선) : 1ϕ 대용량 부하가 2개일 때 사용

41 동기발전기의 병렬운전 조건

필요조건	다른 경우 현상
기전력의 크기가 같을 것	무효순환전류(무효횡류)
기전력의 위상이 같을 것	동기화전류(유효횡류)
기전력의 주파수가 같을 것	동기화전류 : 난조 발생
기전력의 파형이 같을 것	고주파 무효순환전류 : 과열 원인
(3상) 기전력의 상회전 방향이 같을 것	

42

종류	단상 유도전압 조정기	3상 유도전압 조정기
2차 전압	θ : 0~180°일 때 $V_2 = V_1 \pm E_2\cos\theta$	$V_2 = \sqrt{3}(V_1 \pm E_2)$
조정범위	$V_1 - E_2 \sim V_1 + E_2$	$\sqrt{3}(V_1 - E_2) \sim \sqrt{3}(V_1 + E_2)$
조정 정격 용량	$P_2 = E_2 I_2 \times 10^{-3}[\text{kVA}]$	$P_2 = \sqrt{3}\, E_2 I_2 \times 10^{-3}[\text{kVA}]$

축이 일치할 때이므로 ①번이 된다.

43 변압기 절연유의 구비조건
- 절연내력이 클 것
- 점도가 작고 비열이 커서 냉각효과(열방사)가 클 것
- 인화점은 높고, 응고점은 낮을 것
- 고온에서 산화하지 않고, 침전물이 생기지 않을 것

44 $N_s = \dfrac{120f}{p} = \dfrac{120 \times 60}{6} = 1{,}200[\text{rpm}]$, $s = \dfrac{N_s - N}{N_s} = \dfrac{1{,}200 - 1{,}140}{1{,}200} = 0.05$

역전제동할 때에 슬립 s'는

$s' = \dfrac{N_s - (-N)}{N_s} = \dfrac{1{,}200 - (-1{,}140)}{1{,}200} = 1.95$

$s' = 1.95$에서 전부하 토크를 발생시키는 데 필요한 2차 삽입저항 R은

$\dfrac{r_2}{s} = \dfrac{r_2 + R}{s'}$, $\dfrac{0.005}{0.05} = \dfrac{0.005 + R}{1.95}$

$\therefore R = \dfrac{0.005}{0.05} \times 1.95 - 0.005 = 0.19[\Omega]$

45 주로 홀소자를 사용한다. 즉, 홀소자는 자속을 감지(자전변환)할 수 있는 소자로서 회전자 영구자석의 자극을 검출한다.

46 $E \propto N$이므로 $E : N = E' : N'$에서 발전기일 때 $E = 100 + 50 \times 0.04 = 102$
E'는 전동기일 때이므로 $E' = 100 - 50 \times 0.04 = 98$
$N = 1,000$
∴ $102 : 1,000 = 98 : N'$

$$N' = \frac{98}{102} \times 1,000 ≒ 960.78 [\text{rpm}]$$

47 • 장 점
 − 동기발전기에 비해 가격이 싸다.
 − 기동과 취급이 간단하며 고장이 적다.
 − 동기발전기와 같이 동기화할 필요가 없으며 난조 등의 이상현상도 없다.
 − 단락전류는 동기기에 비해 적다.
• 단 점
 − 병렬로 운전되는 동기기에서 여자전류를 취해야 한다.
 − 공극의 치수가 작기 때문에 운전 시 주의해야 한다.
 − 효율과 역률이 동기기에 비해 낮다.

48 직류기 전기자 권선법 : 고상권, 폐로권, 이층권, 중권 및 파권

49 직류 분권전동기 $I_s = 1.5 \times I_n = 1.5 \times 105 = 157.5 [\text{A}]$
이중 전기자에 대한 전류 $I_{as} = I - I_f = 157.5 - \frac{200}{40} = 152.5 [\text{A}]$
전기자 저항 $R_s = r_a + r_s = \frac{E}{I_{as}} = \frac{200}{152.5} = 1.311$
∴ $r_s = R_s - r_a = 1.311 - 0.1 = 1.211 [\Omega]$

50

측정 항목	특성 시험
철손, 기계손	무부하시험
동기임피던스, 동기리액턴스	단락시험
단락비	무부하시험, 단락시험

51 변압기에서 자속을 만드는 전류는 자화전류이다.

52 정격 2차 전압은 명판에 기재되어 있는 2차 권선의 단자전압이다.

53 $V_{dc} = \frac{\sqrt{2}}{\pi} V(1 + \cos\alpha) = \frac{V_m}{\pi}(1 + \cos\alpha) = \frac{2\sqrt{2} \, V}{\pi} \left(\frac{1 + \cos\alpha}{2} \right)$

54 V곡선의 최저점은 역률이 100[%]일 때이다.

55 **동기발전기** : 회전계자형과 회전전기자형이 있으나 회전계자형이 표준이 된다.

56 정격전류 $I = \frac{10,000}{\sqrt{3} \times 200 \times 0.85 \times 0.85} ≒ 39.95 [\text{A}]$

57 단상 유도전동기
- 종류(기동토크가 큰 순서대로) : 반발기동형 > 반발유도형 > 콘덴서기동형 > 분상기동형 > 셰이딩코일형 > 모노사이클릭형
- 단상 유도전동기의 특징
  - 교번자계 발생
  - 기동 시 기동토크가 존재하지 않으므로 기동장치가 필요하다.
  - 슬립이 0이 되기 전에 토크는 미리 0이 된다.
  - 2차 저항이 증가되면 최대토크는 감소한다(비례추이할 수 없다).
  - 2차 저항값이 어느 일정값 이상이 되면 토크는 부(-)가 된다.

58
- 직류기의 토크 측정 시험
  - 소형 : 와전류 제동기법, 프로니 브레이크법
  - 대형 : 전기 동력계법
- 온도시험 : 반환부하법(카프법, 홉킨스법, 블론델법), 실부하법, 저항법
- 앰플리다인 : 계자전류를 변화시켜 출력을 조정하는 직류발전기

59
- 와전류손을 감소 : 강판성층
- 히스테리시스손을 감소 : 규소강판

60 $I\cos\theta$는 기전력과 같은 위상의 전류성분으로서 횡축 반작용을 하며, 무효분 $I\sin\theta$는 $\frac{\pi}{2}[\text{rad}]$만큼 뒤지거나 앞서기 때문에 직축 반작용을 한다.

61 자동제어계의 각 요소의 블록선도를 신호전달경로로 표시할 때 화살표로 표시한다.

62 $i(t) = \frac{E}{R}(1-e^{-\frac{R}{L}t}) = \frac{10}{1,000}(1-e^{-\frac{1,000}{10}\times t}) = 0.01(1-e^{-100t})$

63
- 효율 $= \frac{출력}{입력} \times 100$
- 유효전력[W], 피상전력[VA], 무효전력[Var]

64 $Z_{01} = \sqrt{\frac{AB}{CD}}$, $Z_{02} = \sqrt{\frac{DB}{CA}}$ 에서 대칭일 때 $A = D$

$Z_{01} = Z_{02} = \sqrt{\frac{B}{C}} = \sqrt{\frac{300\times 300 + 300\times 450 + 450\times 300}{450}} = 600[\Omega]$

65 $V = IZ = (10+j5)(15+j4) = 150+j40+j75-20 = 130+j115 = 5(26+j23)[\text{V}]$

66 $V = 6\angle 0° - 4\angle -60° = 4+j2\sqrt{3} = \sqrt{4^2 + (2\sqrt{3})^2} = 2\sqrt{7}[\text{V}]$

67 $C = \frac{1}{\frac{1}{j\omega C}} = j\omega C$

68
$V = 120 - 30 = 90[\text{V}]$
$I = \dfrac{V}{R} = \dfrac{90}{45} = 2[\text{A}]$
$V_{30} = IR_{30} = 2 \times 30 = 60[\text{V}]$
$V_{15} = IR_{15} = 2 \times 15 = 30[\text{V}]$

69 반파 정현 대칭함수이므로 $f(t) = -f(t+\pi)$와 $f(t) = -f(-t)$의 두 조건을 만족하는 기함수파이다. 직류분은 존재하지 않는다.

70 **중첩의 원리**
- 전압원 적용 : 전류 = 0
- 전류원 적용 : 전류원 총합 $I = 10 + 2 + 3 = 15[\text{A}]$

71 3상 불평형률 $= \dfrac{\text{역상전압}}{\text{정상전압}} \times 100[\%]$

72 $\cos\theta = \dfrac{W_1 + W_2}{2\sqrt{W_1^2 + W_2^2 - W_1 W_2}} = \dfrac{2.36 + 5.95}{2\sqrt{2.36^2 + 5.95^2 - 2.36 \times 5.95}} \times 100 = 80[\%]$

73 왜형률 $= \dfrac{\text{전고조파의 실횻값}}{\text{기본파의 실횻값}} \times 100 = \dfrac{\sqrt{V_3^2 + V_5^2}}{V_1} = \sqrt{0.3^2 + 0.2^2} = 0.36$
여기서, 실횻값이나 최댓값을 통일하면 결과는 같다.

74 $\tau = \dfrac{L}{R} = \dfrac{3}{10} = 0.3[\text{s}]$
여기서, $LI = N\phi$
$L = \dfrac{N\phi}{I} = \dfrac{1{,}000 \times 3 \times 10^{-2}}{10} = 3$

75 $W = Pt = 800 \times 0.25 = 200[\text{kWh}]$

76 $\mathcal{L}[-\omega \sin\omega t] = \dfrac{-\omega \times \omega}{s^2 + \omega^2} = \dfrac{-\omega^2}{s^2 + \omega^2}$

77 3상 불평형 전압 V_a, V_b, V_c
- 영상전압 : $V_0 = \dfrac{1}{3}(V_a + V_b + V_c)$
- 정상전압 : $V_1 = \dfrac{1}{3}(V_a + aV_b + a^2 V_c)$
- 역상전압 : $V_2 = \dfrac{1}{3}(V_a + a^2 V_b + aV_c)$

78 Y결선 $I_l = I_p$, $V_l = \sqrt{3}\, V_p$
$P_y = 3V_p I_p \cos\theta = \sqrt{3}\, V_l I_l \cos\theta = 3I_p^2 R = \sqrt{P_a^2 - P_r^2} = \dfrac{V_l^2 R}{R^2 + X^2}$

79 I_l 선전류 : $I_l = I_p = \dfrac{E}{R} = \dfrac{\dfrac{E}{\sqrt{3}}}{\dfrac{4}{3}r} = \dfrac{\sqrt{3}}{4r}E[\mathrm{A}]$

80 $V(t) = \dfrac{1}{C}\displaystyle\int i(t)dt$, $V(s) = \dfrac{1}{Cs}I(s) + \dfrac{1}{Cs}i^{-1}(0)$

$i^{-1}(0)$은 초기 충전전하이므로 $Q_0 = CV(0)$, ∴ $V(s) = \dfrac{1}{Cs}I(s) + \dfrac{V(0)}{s}$

※ 편 법

C ─┤├─ → $\dfrac{1}{sC}$

L ─◯◯◯◯─ → sL

R ─/\/\/\─ → R

$V(t)$는 상수 $\dfrac{V(0)}{s}$

81 ※ KEC(한국전기설비규정)의 적용으로 문제가 성립되지 않음

82 KEC 223.2/334.2(지중함의 시설)
- 지중함은 견고하고 차량 기타 중량물의 압력에 견디는 구조일 것
- 지중함은 그 안의 고인 물을 제거할 수 있는 구조로 되어 있을 것
- 폭발성 또는 연소성의 가스가 침입할 우려가 있는 것에 시설하는 지중함으로서 그 크기가 1[m^3] 이상인 것에는 통풍장치 기타 가스를 방산시키기 위한 장치를 시설할 것
- 지중함의 뚜껑은 시설자 이외의 자가 쉽게 열 수 없도록 시설할 것

83 KEC 223.1/334.1(지중전선로의 시설)
- 사용전선 : 케이블, 트로프를 사용하지 않을 경우는 CD(콤바인덕트)케이블을 사용한다.
- 매설방식 : 직접 매설식, 관로식, 암거식(공동구)
- 직접 매설식의 매설깊이 : 트로프 기타 방호물에 넣어 시설

장 소	차량, 기타 중량물의 압력	기 타
깊 이	1.0[m] 이상	0.6[m] 이상

84 KEC 351.5(조상설비의 보호장치)

설비종별	뱅크용량의 구분	자동적으로 전로로부터 차단하는 장치
전력용 커패시터 및 분로리액터	500[kVA] 초과 15,000[kVA] 미만	내부고장이나 과전류가 생긴 경우에 동작하는 장치
	15,000[kVA] 이상	내부고장이나 과전류 및 과전압이 생긴 경우에 동작하는 장치
무효 전력 보상 장치	15,000[kVA] 이상	내부고장이 생긴 경우에 동작하는 장치

85 KEC 332.9(고압), 333.1(시가지), 333.21(특고압)(가공전선로 지지물 간 거리의 제한)

구 분	표 준	전선굵기에 따른 장경간 사용		시가지
		고압 22[mm^2]	특고압 50[mm^2]	
목주·A종	150[m]	300[m] 이하		75[m](목주사용불가)
B종	250[m]	500[m] 이하		150[m]
철 탑	600[m]	−		400[m]

86 KEC 364.1(무선용 안테나 등을 지지하는 철탑 등의 시설)
무선통신용 안테나나 반사판을 지지하는 지지물들의 안전율 : 1.5 이상

87 KEC 333.22(특고압 보안공사)
제1종 특고압 보안공사
- 제1종 특고압 보안공사의 지지물에는 B종 철주·B종 철근 콘크리트주 또는 철탑을 사용할 것
- 전선에는 압축 접속에 의한 경우 이외에는 지지물과 지지물 중간에 접속점을 시설하지 아니할 것
- 지락 또는 단락 시 3초(100[kV] 이상 2초) 이내 차단하는 장치를 시설
- 애자는 1련으로 하는 경우는 50[%] 충격 불꽃 방전 전압이 타 부분의 110[%] 이상일 것(사용전압 130[kV]를 넘는 경우 105[%] 이상이거나, 아킹혼 붙은 2련 이상)

88 KEC 222.8/332.7(저·고압 가공전선로의 지지물의 강도), 333.10(특고압 가공전선로의 목주 시설)
- 목주 : 풍압하중에 대한 안전율(저압 : 1.2, 고압 : 1.3, 특고압 : 1.5)
- 철주 : A종과 B종으로 구분
- 철근 콘크리트주 : A종과 B종으로 구분
- 철탑 : 지지선이 필요 없음

89 ※ KEC(한국전기설비규정)의 적용으로 문제가 성립되지 않음

90 ※ KEC(한국전기설비규정)의 적용으로 문제가 성립되지 않음

91 KEC 234.8(진열장 또는 이와 유사한 것의 내부 배선)
건조한 장소에 시설하고 또한 내부를 건조한 상태로 사용하는 진열장 또는 이와 유사한 것의 내부에 사용전압이 400[V] 이하의 배선을 외부에서 잘 보이는 장소에 한하여 단면적 0.75[mm^2] 이상의 코드 또는 캡타이어케이블로 직접 조영재에 밀착하여 배선할 수 있다.

92 KEC 232.13(금속제 가요전선관공사)
- 옥외용 비닐절연전선 제외
- 단선 10[mm^2], 알루미늄 16[mm^2] 이하만 사용하며, 넘는 경우 연선 사용
- 관 안에는 접속점, 나전선 사용금지

93 KEC 222.6/332.4(저·고압 가공전선의 안전율) – 고압 가공전선의 안전율
- 경동선, 내열동 합금선 : 2.2 이상
- 기타 전선 : 2.5 이상

94 ※ KEC(한국전기설비규정)의 적용으로 문제가 성립되지 않음

95 KEC 203.4(IT계통)
- 충전부 전체를 대지로부터 절연시키거나, 한 점을 임피던스를 통해 대지에 접속시킨다. 전기설비의 노출도 전부를 단독 또는 일괄적으로 계통의 PE도체에 접속시킨다. 배전계통에서 추가접지가 가능하다.
- 계통은 높은 임피던스를 통하여 접지할 수 있다. 이 접속은 중성점, 인위적 중성점, 선도체 등에서 할 수 있다. 중성선은 배선할 수도 있고, 배선하지 않을 수도 있다.

96 사용전압이 100,000[V] 이상의 중성점 직접접지식 전로에 접속하는 변압기를 설치하는 곳에는 절연유의 구외유출 및 지하침투를 방지하기 위한 설비를 갖추어야 한다.

97 기술기준 제23조(발전기 등의 기계적 강도)
발전기·변압기·무효 전력 보상 장치·계기용 변성기·모선 및 이를 지지하는 애자는 단락전류에 의하여 생기는 기계적 충격에 견디는 것이어야 한다.

98 ※ KEC(한국전기설비규정)의 적용으로 문제가 성립되지 않음

99 KEC 242.5.1(화약류 저장소에서 전기설비의 시설)
• 전로의 대지전압은 300[V] 이하일 것
• 전기기계기구는 전폐형
• 전용 개폐기 및 과전류 차단기는 화약류 저장소 밖에 설치할 것
• 취급자 이외의 자가 쉽게 조작할 수 없도록 시설
• 개폐기 또는 과전류 차단기에서 화약류 저장소의 인입구까지의 배선은 케이블을 사용할 것

100 ※ KEC(한국전기설비규정)의 적용으로 문제가 성립되지 않음

2017년 제 1 회 기출문제

page 41

1	2	3	4	5	6	7	8	9	10	11	12	13	14	15	16	17	18	19	20
②	②	④	③	④	①	③	①	①	②	②	②	④	③	③	②	①	④	②	②
21	22	23	24	25	26	27	28	29	30	31	32	33	34	35	36	37	38	39	40
③	①	③	①	③	①	③	④	①	①	②	④	②	③	④	④	④	②	②	①
41	42	43	44	45	46	47	48	49	50	51	52	53	54	55	56	57	58	59	60
③	①	③	①	④	②	④	③	③	①	②	②	①	②	②	①	④	③	②	③
61	62	63	64	65	66	67	68	69	70	71	72	73	74	75	76	77	78	79	80
③	③	④	③	③	①	①	④	③	②	③	①	④	①	②	④	②	①	②	①
81	82	83	84	85	86	87	88	89	90	91	92	93	94	95	96	97	98	99	100
③	④	②	①	①	②	④	①	①	②	④	②	×	×	④	②	③	×	①	×

× : 문제삭제

01
- 패러데이의 법칙(노이만의 법칙) : 유도기전력의 크기
  폐회로에 쇄교하는 자속의 시간적 변화율에 비례하는 유도기전력을 발생한다.
- 렌츠의 법칙 : 유도기전력의 방향

02 $E_m = \dfrac{d\phi}{dt} = \omega\phi_m \cos\omega t$ 에서 최댓값이므로, $E_m = \omega\phi_m = 800 \times 0.6 = 480[\text{V}]$

$I_m = \dfrac{E_m}{R} = \dfrac{480}{24} = 20[\text{A}]$

03 정전에너지 $W = \dfrac{Q^2}{2C} = \dfrac{Q^2}{2\left(\dfrac{\varepsilon_0 S}{d}\right)} = \dfrac{Q^2 d}{2\varepsilon_0 S} = \dfrac{\sigma^2 d}{2\varepsilon_0} S[\text{J}]$

∴ 정전응력 $F = -\dfrac{\partial W}{\partial d} = -\dfrac{\sigma^2}{2\varepsilon_0} S[\text{N}]$

04 파동임피던스 $Z_0 = \dfrac{E}{H} = \sqrt{\dfrac{\mu}{\varepsilon}} = \sqrt{\dfrac{\mu_0}{\varepsilon_0}} \sqrt{\dfrac{\mu_s}{\varepsilon_s}}$

∴ $\sqrt{\mu} H = \sqrt{\varepsilon} E$

05 자기에너지 $W = \dfrac{1}{2} L I^2$

06
- 정전용량 $C = \varepsilon \dfrac{S}{d} = 3 \times 8.855 \times 10^{-12} \times \dfrac{10 \times 10^{-4}}{1 \times 10^{-3}} \fallingdotseq 2.66 \times 10^{-11}[\text{F}]$
- 정전에너지 $W = \dfrac{1}{2} C V^2 = \dfrac{1}{2} \times 2.66 \times 10^{-11} \times 100^2 = 1.32 \times 10^{-7}[\text{J}]$

07 자화의 세기

$$J = \mu_0(\mu_s - 1)H = B - \mu_0 H = \left(1 - \frac{1}{\mu_s}\right)B\,[\text{Wb/m}^2]$$

08 경계면에 작용하는 힘

$$f = \frac{1}{2}\varepsilon_0 E^2(\varepsilon_s - 1) = \frac{1}{2}\varepsilon_0\left(\frac{V}{d}\right)^2 \cdot (\varepsilon_s - 1) = \frac{1}{2}\times\varepsilon_0\times\left(\frac{30{,}000}{0.01}\right)^2 \times (6-1) \fallingdotseq 199.22\,[\text{N/m}^2]$$

09 전속밀도 $D = \varepsilon_0\varepsilon_s E = 8.855 \times 10^{-12} \times 4 \times 20 \times 10^3 = 0.708 \fallingdotseq 0.71\,[\mu\text{C/m}^2]$

10 환상솔레노이드

- 철심저항 $R = \dfrac{l}{\mu S}$

- 공극저항 $R_\mu = \dfrac{l_0}{\mu_0 S}$

- 전체저항 $R_m = R + R_\mu = \dfrac{l}{\mu S} + \dfrac{l_0}{\mu_0 S} = \left(1 + \dfrac{l_0}{l}\dfrac{\mu}{\mu_0}\right)R$

11 중공도체 내 전하가 있는 경우
- 내부표면 : 같은 양, 다른 부호 전하 분포
  외부표면 : 같은 양, 같은 부호 전하 분포
- 중공도체 내 $+Q[\text{C}]$ → 정전유도현상(도체 내부 표면 $-Q[\text{C}]$ → 도체 외부 표면 $+Q[\text{C}]$)
- 전기력선수 $N = \displaystyle\int_S E\,dS = \dfrac{Q}{\varepsilon_0}$
- 전속수 $Q[\text{C}]$

12 전자기파에서 에너지 흐름의 크기와 방향을 나타내는 양으로
- 포인팅 벡터 크기는 전기장(E)의 크기와 자기장 벡터(B)의 크기, 이 두 벡터가 이루는 각도의 사인값에 비례한다.
- 포인팅 벡터의 방향은 벡터 E와 B로 결정되는 평면에 수직이다.
- 전파되는 전자기파에서 포인팅 벡터는 파동의 방향을 가르킨다. 즉, 에너지 흐름의 진행방향을 나타낸다.

13 자위의 단위는 [AT]이다.

14 전기력선의 방정식에 의해

- $E = xi + yj$인 경우는 $\dfrac{x}{y} = P_2$

- $E = xi - yj$인 경우는 $x \cdot y = k$이므로 $x \cdot y = 3 \times 4$ $\therefore\ y = \dfrac{12}{x}$

15 자계 중의 자극이 받는 힘

$$F = mH = \frac{mB}{\mu_s\mu_0}\ \text{에서 자극의 세기 } m = \frac{F}{H} = \frac{3 \times 10^2}{1{,}000} = 0.3\,[\text{Wb}]$$

16 진공(공기) 유전율의 단위는 [F/m]이다.

17 전자력 $F = q(v \times B) = -1.2 \begin{vmatrix} a_x & a_y & a_z \\ 5 & 2 & -3 \\ -4 & 4 & 3 \end{vmatrix} = -1.2(18a_x - 3a_y + 28a_z) = \sqrt{(1.2 \times 18)^2 + (1.2 \times 3)^2 + (1.2 \times 28)^2} \fallingdotseq 40.1[\text{N}]$

18 정전용량 $C = \varepsilon \dfrac{S}{d}[\text{F}]$에서 $C' = \varepsilon \dfrac{3S}{\dfrac{d}{3}} = \varepsilon \dfrac{9S}{d} = 9C[\text{F}]$

19 유기기전력의 크기 $e = Blv \sin\theta = 0.2 \times 0.3 \times 30 \times \sin 30° = 0.9[\text{V}]$

20 전기 쌍극자에 의한 전계 $E = \dfrac{M}{4\pi\varepsilon_0 r^3}\sqrt{1+3\cos^2\theta}\,[\text{V/m}]$, $E \propto \dfrac{1}{r^3}$

21 변압기 용량[kVA] $= \dfrac{\text{설비용량[kW]} \times \text{수용률}}{\text{역률}} = \dfrac{700 \times 0.7}{0.8} = 612.5[\text{kVA}]$

22
- 정태 안정도 : 정상운전 시(부하가 서서히 증가할 때 극한전력)
- 동태 안정도 : AVR(자동전압조정기) 등 안전하게 운전
- 과도 안정도 : 사고 시(부하가 갑자기 증가할 때 극한전력)

23 차단기 종류
- GCB(가스차단기) : SF_6로 소호
- OCB(유입차단기) : 절연유로 소호
- MBB(자기차단기) : 전자력에 의해 소호
- VCB(진공차단기) : 진공 소호
- ABB(공기차단기) : 수십 기압의 압축공기로 소호

24 **직접접지(유효접지방식)** : 154[kV], 345[kV], 765[kV]의 송전선로에 사용
- 장 점
  - 1선 지락고장 시 건전상 전압상승이 거의 없다(대지전압의 1.3배 이하).
  - 계통에 대해 절연레벨을 낮출 수 있다.
  - 지락전류가 크므로 보호계전기 동작이 확실하다.
- 단 점
  - 1선 지락고장 시 인접 통신선에 대한 유도장해가 크다.
  - 절연수준을 높여야 한다.
  - 과도안정도가 나쁘다.
  - 큰 전류를 차단하므로 차단기 등의 수명이 짧다.
  - 통신유도장해가 최대가 된다.

25 $Q_c = P\left(\dfrac{\sin\theta_1}{\cos\theta_1} - \dfrac{\sin\theta_2}{\cos\theta_2}\right) = 300\left(\dfrac{0.8}{0.6} - \dfrac{0}{1}\right) = 400$

26 D : 선간거리, r : 도체의 반지름, ε_s : 비유전율

27 $D = (2n+1)d = (2 \times 2+1) \times 1.8 = 9[\text{mm}]$

28 풍수량 : 95일, 평수량 : 185일, 저수량 : 275일, 갈수량 : 355일

29 시한특성
- 순한시 계전기 : 최소동작전류 이상의 전류가 흐르면 즉시 동작, 고속도 계전기(0.5~2Cycle)
- 정한시 계전기 : 동작전류의 크기에 관계없이 일정시간에 동작
- 반한시 계전기 : 동작전류가 작을 때는 동작시간이 길고, 동작전류가 클 때는 동작시간이 짧다.
- 반한시성 정한시 계전기 : 반한시 + 정한시 특성

30 특성임피던스 $Z_0 = \sqrt{\dfrac{Z}{Y}} = \sqrt{\dfrac{R+j\omega L}{G+j\omega C}}$ 에서

무손실 선로 : $R = G = 0$

∴ 특성임피던스 $Z_0 = \sqrt{\dfrac{Z}{Y}} = \sqrt{\dfrac{L}{C}}$

31 제한전압 : 피뢰기 동작 중에 계속해서 걸리고 있는 단자전압의 파곳값

32 실제전선의 길이 $L = S + \dfrac{8D^2}{3S}[\text{m}]$

33 보호율 = $\dfrac{\text{가공지선이 있을 경우 유기되는 전하}}{\text{가공지선이 없을 때 유기되는 전하}}$

34 고장별 대칭분 및 전류의 크기

고장종류	대칭분	전류의 크기
1선 지락	정상분, 역상분, 영상분	$I_0 = I_1 = I_2 \neq 0$
선간 단락	정상분, 역상분	$I_1 = -I_2 \neq 0$, $I_0 = 0$
3상 단락	정상분	$I_1 \neq 0$, $I_0 = I_2 = 0$

1선 지락전류 $I_g = 3I_0 = \dfrac{3E_a}{Z_0 + Z_1 + Z_2}$

35 계전기 쪽에서 본 송전선의 임피던스가 일정값 이하면 작동한다. 이 임피던스는 사고지점까지의 거리에 대응한다. 정전용량과는 관계가 없다.
※ 거리계전기 = 임피던스계전기

36 제수문의 설치 목적 : 취수구에 설치하고 유입되는 물을 막아 취수량을 조절한다.

37 전력용 퓨즈 장단점

장 점	단 점
• 가격이 저렴하다. • 소형·경량이다. • 고속차단이다. • 보수가 간단하다. • 차단능력이 크다.	• 재투입이 불가능하다. • 과도전류에 용단되기 쉽다. • 계전기를 자유로이 조정할 수 없다. • 한류형은 과전압이 발생된다. • 고 임피던스 접지사고는 보호할 수 없다.

38 $\varepsilon = \dfrac{V_{or} - V_r}{V_r} \times 100 = \dfrac{152 - 150}{150} \times 100 = 1.33[\%]$

39 전력원선도
- 작성 시 필요한 값 : 송·수전단 전압, 일반회로정수(A, B, C, D)
- 가로축 : 유효전력, 세로축 : 무효전력
- 구할 수 있는 값 : 최대출력, 조상설비 용량, 4단자 정수에 의한 손실, 송·수전 효율 및 전압, 선로의 일반회로정수
- 구할 수 없는 값 : 과도안정 극한전력, 코로나손실, 사고값

40 역률개선 효과 : 전압강하 경감, 전력손실 경감, 설비용량의 여유분 증가, 전력요금의 절약

41 $\eta = \dfrac{P_o}{P_o + P'}$

발전기 입력 $P_{M0} = \dfrac{P_G \times \cos\theta}{\eta} = \dfrac{450 \times 0.85}{0.9} = 425[\text{kW}]$

원동기 효율 $\eta = \dfrac{P_{M0}}{P_M} = \dfrac{425}{500} = 0.85$

42 $E_d = \dfrac{\sqrt{2}}{\pi} E = \dfrac{\sqrt{2}}{\pi} \times 100 \fallingdotseq 45.0[\%]$

43 회전자의 관성을 크게 하면 난조의 발생방지에는 유효하나 난조가 일어난 후에는 오히려 그 정지를 저해할 우려가 있다. 동기화력도 이와 같아 자극수의 감소도 효과가 있으나 이것은 원동기의 조건으로 정해지는 것으로서 이 목적에는 맞지 않으며, 난조시 제동권선을 설치하는 것이 난조방지에 가장 유효하다.

44 전기자 전류를 보낼 때라는 것은 전기에너지를 입력으로 하고 회전방향을 출력으로 보는 것이므로 전동기를 의미하고 플레밍의 왼손 법칙이다.

45 발전기의 경우 전기자전류의 위상이 뒤지며, 전동기의 경우 전기자전류의 위상이 앞선다.

46 분포권의 특징
- 분포권은 집중권에 비하여 합성 유기기전력이 감소한다.
- 기전력의 고조파가 감소하여 파형이 좋아진다.
- 권선의 누설리액턴스가 감소한다.
- 전기자 권선에 의한 열을 고르게 분포시켜 과열을 방지한다.

47 와류손은 주파수와 무관하며 전압의 제곱에 비례

$P_e' = P_e \times \left(\dfrac{E'}{E}\right)^2 = 50 \times \left(\dfrac{3,000}{3,300}\right)^2 \fallingdotseq 41[\text{W}]$

48 앙페르의 오른나사 법칙을 이용

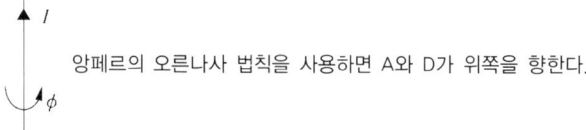

앙페르의 오른나사 법칙을 사용하면 A와 D가 위쪽을 향한다.

49 단중 파권에서는 $a = 2$이므로 각 권선전류 $i_a = \dfrac{I}{a} = \dfrac{I}{2}$

50 $n = (1-s)n_s = (1-s)\dfrac{120f}{P}$ 에서 $n \propto f$

∴ $P \propto n \propto f$

51 시라게 전동기
- 3상 분권 정류자 전동기
- 직류 분권전동기와 특성이 비슷한 정속도 전동기
- 브러시 이동으로 간단히 원활하게 속도 제어

52 농형 유도전동기는 2차 권선이 없으므로 2차 측 전압을 측정할 수 없다.

53 경부하에서 회전을 계속한다면
- 슬립이 2배 정도로 되고 회전수는 떨어진다.
- 1차 전류가 2배 가까이 되어서 열 손실이 증가하고, 계속 운전하면 과열로 소손된다.

54 변압기 병렬운전조건
- 각 변압기의 극성이 같을 것
- 각 변압기의 권수비가 같고, 1차 및 2차의 정격전압이 같을 것
- 각 변압기의 백분율 임피던스강하가 같을 것
- 각 변압기의 $\dfrac{r}{x}$ 비가 같을 것

55 변압기 철심의 조건
- 자기저항이 작을 것 : $R[\text{Wb/AT}] = \dfrac{l}{\mu S}$
- 투자율이 클 것
- 히스테리시스계수가 작을 것 : 히스테리시스손 감소
- 성층철심으로 할 것 : 와류손 감소

56 단상 유도 전압조정기의 용량은

$P = $ 부하용량 $\times \dfrac{\text{승압전압}}{\text{고압측전압}} = 130 \times 50 \times \dfrac{30}{130} \times 10^{-3} = 1.5[\text{kVA}]$

57 두 발전기의 기전력의 크기에 차가 있을 때 무효순환전류가 흐른다.

58 변압기 저항비 $a^2 = \dfrac{R_1}{R_2}$ 에서 $a = \sqrt{\dfrac{8,000}{16}} ≒ 22.36$

∴ 권수비 $a = \dfrac{N_1}{N_2}$ 에서

$N_2 = \dfrac{N_1}{a} = \dfrac{1,500}{22.36} ≒ 67.08[\text{회}]$

59 권선형 유도전동기의 2차 여자법에 의한 속도제어에서 슬립주파수의 전압을 2차 유기전압과 같은 방향으로 가하면 속도가 상승하고, 반대 방향으로 가하면 속도가 감소한다.

60 $E = K\phi N$에서 N이 $\frac{1}{2}$로 되면, ϕ가 2배가 되어야 E가 일정하다.

61 $W_L = \frac{1}{2}LI^2 = \frac{1}{2}L\left(\frac{V}{Z}\right)^2 = \frac{1}{2}L\left(\frac{V}{X_L}\right)^2 = \frac{1}{2}L\left(\frac{V}{2\pi fL}\right)^2 = \frac{1}{2} \times 20 \times 10^{-3} \times \left(\frac{50}{2\pi \times 60 \times 20 \times 10^{-3}}\right)^2 = 0.44 \text{[J]}$

62 $P_{GL} = G_L V^2 = 6 \times 1^2 = 6 \text{[W]}$

여기서, $V = \frac{I}{G} = \frac{10}{4+6} = 1 \text{[V]}$

63 $\delta(t) \rightarrow 1, \; u(t) = \frac{1}{s}, \; t = \frac{1}{s^2}$

64 $Z_{11} = 3 + j4, \; Z_{12} = Z_{21} = j4, \; Z_{22} = 2 + j4$

65 파고율 $= \dfrac{\text{최댓값}}{\text{실횻값}} = \dfrac{V_m}{\frac{1}{\sqrt{2}}V_m} = \sqrt{2} = 1.414$

66 $I_2 = \frac{1}{3}(I_a + a^2 I_b + a I_c) = \frac{1}{3}\{15 + j2 + 1 \angle 240° \times (-20 - j14) + 1 \angle 120° \times (-3 + j10)\} = 1.91 + j6.24 \text{[A]}$

67 $P = \dfrac{V_{m1}}{\sqrt{2}} \times \dfrac{I_{m1}}{\sqrt{2}} \cos\theta_1 + \dfrac{V_{m3}}{\sqrt{2}} \times \dfrac{I_{m3}}{\sqrt{2}} \cos\theta_3$ (θ는 전압과 전류의 위상차)

$P = \dfrac{100}{\sqrt{2}} \times \dfrac{20}{\sqrt{2}} \cos 60 + \dfrac{50}{\sqrt{2}} \times \dfrac{10}{\sqrt{2}} \cos 75 = 564.7 \fallingdotseq 565 \text{[W]}$

68 $A = 1 + \dfrac{Z_2}{Z_3}, \; B = Z_2$

$A = 1 + \dfrac{B}{Z_3} \Rightarrow A - 1 = \dfrac{B}{Z_3}$

$\therefore Z_3 = \dfrac{B}{A-1}$

69 $e = L\dfrac{di}{dt}$

$L = e \times \dfrac{dt}{di} = 100 \times \dfrac{1}{400} = 0.25 \text{[H]}$

70 $I = \sqrt{\left(\dfrac{I_{m1}}{\sqrt{2}}\right)^2 + \left(\dfrac{I_{m3}}{\sqrt{2}}\right)^2} = \sqrt{\left(\dfrac{30}{\sqrt{2}}\right)^2 + \left(\dfrac{40}{\sqrt{2}}\right)^2} = 35.35 \text{[A]}$

71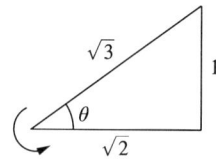

$$\cos\theta = \frac{\sqrt{2}}{\sqrt{3}}$$

(가로축 : 유효분, 세로축 : 무효분)

72 $R = \dfrac{3\times 7}{3+7} + 7 = 9.1[\Omega]$

$V = \dfrac{7}{3+7} \times 10 = 7[\text{V}]$

73 $\dfrac{s+1}{s^2+2s} = \dfrac{s+1}{s(s+2)} = \dfrac{k_1}{s} + \dfrac{k_2}{s+2} = \dfrac{1}{2}\dfrac{1}{s} + \dfrac{1}{2}\dfrac{1}{s+2} = \dfrac{1}{2} + \dfrac{1}{2}e^{-2t} = \dfrac{1}{2}(1+e^{-2t})$

여기서, $k_1 = \left|\dfrac{s+1}{s+2}\right|_{s=0} = \dfrac{1}{2}$, $k_2 = \left|\dfrac{s+1}{s}\right|_{s=-2} = \dfrac{1}{2}$

74 $Z(s) = \dfrac{50}{2} = 25$

$I = \dfrac{V}{Z} = \dfrac{100}{25} = 4[\text{A}]$ (직류는 $j\omega = s = 0$으로 놓고 계산 : 무효분이 존재하지 않음)

75 $\dfrac{1}{\omega} - \dfrac{1}{\omega}\cos\omega t = \dfrac{1-\cos\omega t}{\omega} = \dfrac{\dfrac{1}{s} - \dfrac{s}{s^2+\omega^2}}{\omega} = \dfrac{\dfrac{s^2+\omega^2-s^2}{s(s^2+\omega^2)}}{\omega} = \dfrac{\omega}{s(s^2+\omega^2)}$

※ 답을 문제로 하여 거꾸로 푼다.

76 $i(t) = \dfrac{E}{R}e^{-\frac{1}{RC}t} = \dfrac{5}{5}e^{-\frac{1}{5\times\frac{1}{5}}t} = e^{-t}[\text{A}]$

77 $R_0 = r_1 + \dfrac{r_2(r-r_2)}{r_2+(r-r_2)} = r_1 + \dfrac{r_2(r-r_2)}{r}$

전류를 최소로 하기 위해서 R_0가 최대, r_1은 일정하므로 $r_2(r-r_2)$가 최대이어야 한다.

$\dfrac{d}{dr_2}\{r_2(r-r_2)\} = 0$

$r - 2r_2 = 0$

$r = 2r_2$

$\therefore r_2 = \dfrac{1}{2}r$ (※ 무조건 $\dfrac{1}{2}$로 외우기)

78 3φ3W식에서 대칭일 때 중성점의 전압은 0[V]

79 $P_v = \sqrt{3}\, V_p I_p = \sqrt{3} \times 100 = 173[\text{kVA}]$

80 저항이 일정할 때 $\uparrow I = \dfrac{V\uparrow}{R}$

81 KEC 222.7/332.5(저·고압 가공전선의 높이)

설치장소		가공전선의 높이
도로횡단		지표상 6[m] 이상
철도 또는 궤도횡단		레일면상 6.5[m] 이상
횡단보도교 위	저 압	노면상 3.5[m] 이상. 단, 절연전선의 경우 3[m] 이상
	고 압	노면상 3.5[m] 이상

82 KEC 223.5/334.5(지중 약전류 전선에서의 유도장해의 방지)
지중전선로는 기설 지중 약전류 전선로에 대하여 누설전류 또는 유도작용에 의하여 통신상의 장해를 주지 않도록 기설 약전류 전선로로부터 이격시키거나 기타 보호장치를 시설하여야 한다.

83 KEC 333.21(특고압 가공전선로의 지지물 간 거리 제한)

구 분	표 준	특고압 시가지	보안공사		
			저·고압	제1종 특고압	제2, 3종 특고압
목주/A종	150[m]	75[m](목주 ×)	100[m]	목주 불가	100[m]
B종	250[m]	150[m]	150[m]	150[m]	200[m]
철 탑	600[m]	400[m]	400[m]	400[m], 단주 300[m]	

84 KEC 333.32(25[kV] 이하인 특고압 가공전선로의 시설)
15[kV] 초과 25[kV] 이하인 특고압 가공전선로의 시설에 있어서 중성선을 다중 접지하는 경우 각 접지점 상호의 거리는 전선로에 따라 150[m] 이하일 것

85 KEC 362.1(전력보안통신설비의 시설 요구사항)
- 방호장치나 보호피복을 사용할 것
- 가공통신선은 조가선으로 조가할 것
  ※ 조가선은 단면적 38[mm²] 이상의 아연도강연선을 사용할 것
- 가공통신선에 직접 접속이 가능한 통신선 : 절연전선, 통신용 케이블 이외의 케이블, 광섬유 케이블

86 KEC 331.14(옥상전선로)
특고압 옥상전선로(특고압 인입선의 옥상 부분을 제외한다)는 시설하여서는 아니 된다.

87 KEC 351.6(감시 및 계측장치 등)
발전기의 전압 및 전류, 전력, 베어링 및 고정자의 온도, 주요 변압기의 전압 및 전력, 특고압용의 온도

88 KEC 132(전로의 절연저항 및 절연내력)
- 7[kV] 이하 비접지식에서 1.5배를 취한다. 즉, 3,300 × 1.5 = 4,950[V]
- 1차 측에 시험전압을 가하고 2차 측은 200 × 1.5 = 300[V]가 되나, 최저 시험전압은 500[V]이므로 500[V]의 시험전압을 가하여야 한다.

89 KEC 232.31(금속덕트공사)
금속덕트에 넣는 전선의 단면적의 합계는 덕트 내부 단면적의 20[%](전광표시장치, 제어회로 등의 배선선만을 넣는 경우는 50[%]) 이하일 것

90 KEC 333.22(특고압 보안공사) – 제1종 특고압 보안공사의 전선 굵기

사용전압	전 선
100[kV] 미만	인장강도 21.67[kN] 이상, 단면적 55[mm^2] 이상의 경동연선
100[kV] 이상 300[kV] 미만	인장강도 58.84[kN] 이상, 단면적 150[mm^2] 이상의 경동연선
300[kV] 이상	인장강도 77.47[kN] 이상, 단면적 200[mm^2] 이상의 경동연선

91 KEC 242.6(전시회, 쇼 및 공연장의 전기설비)
상설극장, 영화관 등의 무대, 무대마루 밑, 영사실 등의 배선은 400[V] 이하로 전용의 개폐기 및 과전류차단기를 설치할 것

92 KEC 222.3/332.1(가공약전류전선로의 유도장해 방지)
유도작용에 의하여 통신상의 장해가 생기지 아니하도록 전선과 기설 약전류전선 간의 간격은 2[m] 이상이어야 한다.

93 ※ KEC(한국전기설비규정)의 적용으로 문제가 성립되지 않음

94 ※ KEC(한국전기설비규정)의 적용으로 문제가 성립되지 않음

95 KEC 332.6(고압 가공전선로의 가공지선), 333.8(특고압 가공전선로의 가공지선)
• 고압 가공전선로 : 인장강도 5.26[kN] 이상, 4[mm] 이상의 나경동선
• 특고압 가공전선로 : 인장강도 8.01[kN] 이상, 5[mm] 이상의 나경동선

96 KEC 234.12(네온방전등)
• 전선 상호 간의 간격은 60[mm] 이상일 것
• 관등회로의 배선은 애자공사에 의할 것
• 전선 지지점 간의 거리는 1[m] 이하로 할 것
• 관등회로의 배선은 외상을 받을 우려가 없고 사람이 접촉될 우려가 없는 노출장소에 시설할 것

97 KEC 331.4(가공전선로 지지물의 철탑오름 및 전주오름 방지)
다음의 경우를 제외하고 발판 볼트 등은 1.8[m] 미만에 시설하여서는 아니 된다.
• 발판 볼트를 내부에 넣을 수 있는 구조
• 지지물의 승탑 및 승주 방지장치를 시설한 경우
• 취급자 이외의 자가 출입할 수 없도록 울타리·담 등을 시설한 경우
• 산간 등에 있으며 사람이 쉽게 접근할 우려가 없는 곳

98 ※ KEC(한국전기설비규정)의 적용으로 문제가 성립되지 않음

99 KEC 351.4(특고압용 변압기의 보호장치)
변압기의 온도가 상승할 경우 경보장치는 타랭식(수랭식, 송유 풍랭식, 송유 자랭식)에 한하여 그 시설 의무가 정해져 있다.

100 ※ KEC(한국전기설비규정)의 적용으로 문제가 성립되지 않음

2017년 제2회 기출문제

page 53

1	2	3	4	5	6	7	8	9	10	11	12	13	14	15	16	17	18	19	20
③	②	③	④	②	④	①	①	③	②	②	③	②	④	④	①	①	②	①	②
21	22	23	24	25	26	27	28	29	30	31	32	33	34	35	36	37	38	39	40
②	①	①	④	④	③	③	③	③	④	②	③	④	①	③	①	③	③	②	④
41	42	43	44	45	46	47	48	49	50	51	52	53	54	55	56	57	58	59	60
④	②	③	②	①	②	④	②	③	①	④	②	①	②	①	④	②	①	②	③
61	62	63	64	65	66	67	68	69	70	71	72	73	74	75	76	77	78	79	80
④	①	②	③	①	④	①	②	①	①	①	④	③	④	④	①	①	②	④	③
81	82	83	84	85	86	87	88	89	90	91	92	93	94	95	96	97	98	99	100
②	③	①	×	①	③	①	×	×	②	①	②	×	×	②	②	②	②	③	②

× : 문제삭제

01 전기력선의 성질
- 전기력선은 정전하에서 시작하여 부전하에서 그친다.
- 전하가 없는 곳에서는 전기력선의 발생, 소멸이 없고 연속적이다.
- 전위가 높은 점에서 낮은 점으로 향한다.
- 그 자신만으로 폐곡선이 되는 일은 없다.
- 전계가 0이 아닌 곳에서는 2개의 전기력선은 교차하지 않는다.
- 도체 내부에는 전기력선이 없다.
- 수직 단면의 전기력선 밀도는 전계의 세기이고(1[개/m^2] = 1[N/C]), 전기력선의 접선방향은 전계의 방향이다.
- 도체면(등전위면)에서 전기력선은 수직으로 출입한다.
- 단위전하 ±1[C]에서는 $\dfrac{1}{\varepsilon_0}$ 개의 전기력선이 출입한다.

02 같은 정전용량 C를 n개 병렬연결 시 합성정전용량 $C_0 = nC$

03 전계 $E = \dfrac{V}{r}$

전하밀도 $\sigma = \varepsilon E = \varepsilon \dfrac{V}{r}$ 에서 $V = \dfrac{\sigma r}{\varepsilon} = \dfrac{10^{-8} \times 1}{9\pi\varepsilon_0} = 39.94 ≒ 40[\text{V}]$

04 도전율은 저항의 역수이며 단위는 [℧/m]을 사용한다.

05 중첩의 원리
한 회로 내에 두 개 이상의 전원이 있을 시 임의의 점에는 그 점에 흐르는 전류를 대수적으로 합한 것과 같다는 것으로 이 원리가 성립하는 조건을 이용하면 전위는 각 전하의 합과 같이 나타나므로 전하를 n배 시 전위 또한 n배가 된다.

06 스칼라곱 $A \cdot B = AB\cos\theta$ 에서
$\cos\theta = \dfrac{A \cdot B}{AB} = \dfrac{(i+4j+3k) \cdot (4i+2j-4k)}{\sqrt{1^2+4^2+3^2} \cdot \sqrt{4^2+2^2+(-4)^2}} = \dfrac{0}{6\sqrt{26}} = 0$
$\theta = 90°$가 되므로 벡터 A와 B는 수직관계이다.

07 도체가 받는 힘(전자력) $F = BIl\sin\theta = \mu HlI\sin\theta [\text{N}]$

08 고유임피던스 $\eta_1 = \sqrt{\dfrac{\mu}{\varepsilon}} = \sqrt{\dfrac{1}{4}}$, $\eta_2 = \sqrt{\dfrac{1}{9}}$

반사계수 $R = \dfrac{\eta_2 - \eta_1}{\eta_1 + \eta_2} = \dfrac{\sqrt{\dfrac{1}{9}} - \sqrt{\dfrac{1}{4}}}{\sqrt{\dfrac{1}{4}} + \sqrt{\dfrac{1}{9}}} = -0.2$

09 $Q = Q_1 + Q_2 = 5 \times 10^{-4} [\text{C}]$
$C = C_1 + C_2 = (0.5 + 1) \times 10^{-6} = 1.5 \times 10^{-6} [\text{F}]$
$\therefore W = \dfrac{Q^2}{2C} = \dfrac{(5 \times 10^{-4})^2}{2 \times 1.5 \times 10^{-6}} \fallingdotseq 0.083 [\text{J}]$

10 직렬 회로에서 각 콘덴서의 전하용량이 작을수록 빨리 파괴된다.
$Q_1 = C_1 \times V_1 = 3 \times 10^{-6} \times 1{,}000 = 3 \times 10^{-3} [\text{C}]$
$Q_2 = C_2 \times V_2 = 5 \times 10^{-6} \times 500 = 2.5 \times 10^{-3} [\text{C}]$
$Q_3 = C_3 \times V_3 = 12 \times 10^{-6} \times 250 = 3 \times 10^{-3} [\text{C}]$
따라서 전하용량이 $Q_1 = Q_3 > Q_2$이므로 전하용량이 가장 작은 $5[\mu\text{F}]$의 콘덴서가 가장 빨리 파괴된다.

11 전하량 $Q = CV$에서 $C = \dfrac{\varepsilon S}{d}$를 대입하면 $Q = \dfrac{\varepsilon S}{d}V$

따라서 $Q \propto \dfrac{1}{d}$이므로 $Q = \dfrac{1}{\dfrac{1}{10}} = 10$배로 증가

12 영상법, 접지구도체에서
• 영상전하의 위치 $x = \dfrac{a^2}{d} [\text{m}]$

• 영상전하의 크기 $Q' = -\dfrac{P_{12}}{P_{11}}Q = -\dfrac{a}{d}Q [\text{C}]$

• 작용하는 힘 $F = \dfrac{Q\left(-\dfrac{a}{d}\right)Q}{4\pi\varepsilon_0\left(d - \dfrac{a^2}{d}\right)^2} = -\dfrac{adQ^2}{4\pi\varepsilon_0(d^2 - a^2)^2} [\text{N}]$ (흡인력)

13 전하에 작용하는 힘 $F = EQ = 1{,}500 \times 5 \times 10^{-6} = 7.5 \times 10^{-3} [\text{N}]$

14 자계 중의 자극이 받는 힘
$F = mH = \dfrac{mB}{\mu_s\mu_0}$에서 자극의 세기 $m = \dfrac{F}{H} = \dfrac{4 \times 10^3}{500} = 8 [\text{Wb}]$

15 전송계수(전파계수)
$\gamma = \sqrt{ZY} = \sqrt{(R + j\omega L)(G + j\omega C)} = \alpha + j\beta [\text{rad/m}]$
여기서, α : 감쇠비, β : 위상비

16 자성체의 회전력 $T = M \times H$에 쌍극자 모멘트 $M = ml[\text{Wb} \cdot \text{m}]$ 대입
$T = MH\sin\theta = mlH\sin\theta[\text{N} \cdot \text{m}] = 8 \times 10^{-6} \times 0.3 \times 120 \times \sin 30° = 1.44 \times 10^{-4}[\text{N} \cdot \text{m}]$

17 자기저항의 역수를 퍼미언스라 하고 전기회로의 컨덕턴스에 대응한다.

18 전류가 흐르고 있는 도체에 자계를 가하면 도체 내부의 전하가 횡방향으로 힘을 받아 도체 측면에 정, 부전하가 나타나는 현상을 홀효과라 한다.

19 $I_1 = I_2 = I$라 놓으면(자속의 방향이 같으므로)
$W = \frac{1}{2}(L_1 + L_2 + 2M)I^2 = \frac{1}{2}(L_1 + L_2 + 2k\sqrt{L_1 L_2})I^2[\text{J}]$
$M = k\sqrt{L_1 L_2} = 0.8\sqrt{20 \times 80 \times 10^{-6}} = 32[\text{mH}]$
$\therefore W = \frac{1}{2}(20 + 80 + 64) \times 10^{-3} \times 0.5^2 = 2.05 \times 10^{-2}[\text{J}]$

20 $V_1 = P_{11}Q_1 + P_{12}Q_2$, $V_2 = P_{21}Q_1 + P_{22}Q_2$에서
$P_{12} = P_{21}$, $V_1 = V_2$, $Q_1 = Q - Q_2$이므로
$P_{11}(Q - Q_2) + P_{12}Q_2 = P_{21}(Q - Q_2) + P_{22}Q_2$
$(P_{11} - P_{12})Q = (P_{11} + P_{22} - 2P_{12})Q_2$
$Q_2 = \dfrac{P_{11} - P_{12}}{P_{11} - 2P_{12} + P_{22}}Q$

21 ② SA : 서지흡수기
① CT : 계기용변류기
③ GIS : 가스개폐기
④ ATS : 자동전환개폐기

22 철탑의 종류

종류		특징
철탑	A형(직선형)	전선로 각도가 3° 이하인 경우 시설한다.
	각도형 B형	경각도형 3° 초과 20° 이하
	각도형 C형	경각도형 20° 초과
	D형(잡아당김형, 억류지지형)	분기·인류 개소가 있을 때 시설한다.
	E형(내장형)	장경간, 지지물 간 거리의 차가 큰 곳에 시설, 철탑의 크기가 커진다.
	보강형	직선형 철탑 강도 보강 5기마다 시설한다.

23 전력원선도
- 작성 시 필요한 값 : 송·수전단 전압, 일반회로정수(A, B, C, D)
- 가로축 : 유효전력, 세로축 : 무효전력
- 구할 수 있는 값 : 최대출력, 조상설비 용량, 4단자 정수에 의한 손실, 송·수전 효율 및 전압, 선로의 일반회로정수
- 구할 수 없는 값 : 과도안정 극한전력, 코로나손실, 사고값

24 $I = \dfrac{P}{\sqrt{3}\,V\cos\theta} = \dfrac{800}{\sqrt{3} \times 3 \times 0.9} \times 1.2 = 205.28$
$\therefore 200/5 = 40$

25

발·변압기 보호	
전기적 이상	• 차동 계전기(소용량) • 비율차동 계전기(대용량) • 반한시 과전류 계전기(외부)

기계적 이상	• 부흐홀츠 계전기
	  - 가스 온도 이상 검출
	  - 주탱크와 콘서베이터 사이에 설치
	• 온도 계전기
	• 압력 계전기(서든프레서)

26

$$\theta_C = 3{,}000\left(\frac{0.6}{0.8} - \frac{\sqrt{1-0.9^2}}{0.9}\right) = 797.03$$

27

초기 $Q = 480 \times \frac{0.6}{0.8} = 360$

$P = 480$, 콘덴서 투입 시 무효전력 $Q = 480 \times \frac{0.6}{0.8} - Q_c = 360 - 220 = 140$

$\cos\theta = \frac{480}{\sqrt{480^2 + 140^2}} = 0.96 \times 100 = 96[\%]$

28

$$Z_0 = \sqrt{\frac{Z}{Y}} = \sqrt{\frac{300}{\frac{1}{1{,}200}}} = 600[\Omega]$$

29 저압 배전선로의 전기방식 비교

전기방식	가닥수	전 력	전력손실	1선당 전력	1φ2W기준(전력)	중량 비교
1φ2W	2W	$VI\cos\theta$	$2I^2R$	$0.5 VI\cos\theta$	1(100[%])	1
1φ3W	3W	$2VI\cos\theta$	$2I^2R$	$0.67 VI\cos\theta$	1.33(133[%])	3/8
3φ3W	3W	$\sqrt{3} VI\cos\theta$	$3I^2R$	$0.57 VI\cos\theta$	1.15(115[%])	3/4
3φ4W	4W	$3VI\cos\theta$	$3I^2R$	$0.75 VI\cos\theta$	1.5(150[%])	1/3

30 피뢰기의 제한전압은 절연협조의 기본이 되는 부분으로 가장 낮게 잡으며 피뢰기의 제1보호대상은 변압기이다.
※ 절연협조 배열 : 피뢰기의 제한전압 < 변압기 < 부싱, 차단기 < 결합콘덴서 < 선로애자

31

부등률 $= \dfrac{\text{개별수용가 최대전력의 합}}{\text{합성최대수용전력}} \geq 1$

32 $\sqrt{3} \times 1{,}000 \times 2 = 3{,}464[\text{kVA}]$

33 $P \propto V^2 = 2^2 = 4$

34

구 분	원 인	공 식	비 고
전자유도장해	영상전류, 상호인덕턴스	$V_m = -3I_0 \times j\omega Ml [\text{V}]$	주파수, 길이 비례
정전유도장해	영상전압, 상호정전용량	$V_0 = \dfrac{C_m}{C_m + C_s} \times V_s$	길이와 무관

35
① 습증기 → 포화액(보일러 : 등압가열)
② 포화액 → 압축액(터빈 : 단열팽창)
③ 과열증기 → 습증기(복수기 : 등압냉각)
④ 압축액 → 포화액 → 포화증기(급수펌프 : 단열압축)

36 수전단 전압에 대한 전압강하율

$$\delta = \frac{e}{V_r} \times 100 = \frac{V_s - V_r}{V_r} \times 100 = \frac{\sqrt{3}\, I(R\cos\theta + X\sin\theta)}{V_r} \times 100 \quad \text{분모와 분자에 } V \text{를 곱하면}$$

$$= \frac{\sqrt{3}\, IV(R\cos\theta + X\sin\theta)}{V_r \times V} \times 100 = \frac{PR + QX}{V_r^2} \times 100\,[\%]$$

37 사고별 보호 계전기
- 단락사고 : 과전류 계전기(OCR)
- 지락사고 : 선택접지 계전기(SGR), 접지 변압기(GPT) - 영상전압 검출, 영상 변류기(ZCT) - 영상전류 검출

38 비등수형 원자로(BWR)는 가압수형 원자로(PWR)와 마찬가지로 저농축 우라늄을 연료로 사용하고 감속재와 냉각재로서는 경수를 사용한다.

39
- 단거리선로(수[km]) : $R,\ L$ 적용 - 집중정수회로, $R > X$
- 중거리선로(수십[km]) : $R,\ L,\ C$ 적용 - 집중정수회로
- 장거리선로(100[km] 이상) : $R,\ L,\ C,\ G$ 적용 - 분포정수회로, $R < X$

40 직접접지(유효접지방식) : 154[kV], 345[kV], 765[kV]의 송전선로에 사용
- 장 점
  - 1선 지락고장 시 건전상 전압상승이 거의 없다(대지전압의 1.3배 이하).
  - 계통에 대해 절연레벨을 낮출 수 있다.
  - 지락전류가 크므로 보호계전기 동작이 확실하다.
- 단 점
  - 1선 지락고장 시 인접 통신선에 대한 유도장해가 크다.
  - 절연수준을 높여야 한다.
  - 과도안정도가 나쁘다.
  - 큰 전류를 차단하므로 차단기 등의 수명이 짧다.
  - 통신유도장해가 최대가 된다.

41 전기자 반작용의 영향
- 주자속 감소 : 발전기 - 유기기전력 감소, 전동기 - 토크 감소, 속도 증가
- 전기적 중성축 이동 : 발전기 - 회전방향, 전동기 - 회전 반대방향
- 정류자 편간의 불꽃 섬락 발생 : 정류불량의 원인

42 단상 변압기

정격전류 $I_{1n} = \dfrac{P}{V_{1n}} = \dfrac{20 \times 10^3}{6,300} \fallingdotseq 3.18[\text{A}]$

2차를 1차로 환산
$r_{21} = r_1 + a^2 \times r_2 = 15.2 + 30^2 \times 0.019 = 32.3[\Omega]$
$x_{21} = x_1 + a^2 \times x_2 = 21.6 + 30^2 \times 0.028 = 46.8[\Omega]$
$z_{21} = \sqrt{r_{21}^2 + x_{21}^2} = \sqrt{32.3^2 + 46.8^2} \fallingdotseq 56.8[\Omega]$

%임피던스 강하
$\%z = \dfrac{I_{1n} z_{21}}{V_{1n}} \times 100 = \dfrac{3.18 \times 56.8}{6,300} \times 100 \fallingdotseq 2.867[\%]$

43 권선형 유도전동기의 저항제어법
- 장 점
  - 기동용 저항기를 겸한다.
  - 구조가 간단하여 제어 조작이 용이하고 내구성이 풍부하다.
- 단 점
  - 속도 변화의 [%]와 같은 [%]의 효율을 희생하기 때문에 운전 효율이 나쁘다. 즉, 2차 회로의 효율 $\eta_2 = P/P_2 = (1-s)$이다.
  - 부하에 대한 속도 변동이 크다.
  - 부하가 적을 때는 광범위한 속도 조정이 곤란하다.
  - 제어용 저항은 전부하에서 장시간 운전해도 위험한 온도가 되지 않을 만큼의 충분한 크기가 필요하므로 가격이 비싸다.

44 직류 분권전동기에서 공급전압의 극성을 반대로 하면 계자전류와 전기자전류가 동시에 반대가 되므로 회전방향은 변하지 않는다.

45 직류 평균전압 $E_d = \dfrac{2\sqrt{2}}{\pi} E_2 - e_a = \dfrac{2\sqrt{2}}{\pi} \times 100 - 20 \fallingdotseq 70[\text{V}]$

평균 부하전류 $I_d = \dfrac{E_d - E}{R_a} = \dfrac{70 - 50}{0.3} \fallingdotseq 66.67[\text{A}]$

∴ 평균출력 $P_0 = E_d I_d = 70 \times 66.67 \fallingdotseq 4,667[\text{W}]$

46 동기임피던스 $Z_s = \dfrac{E_n}{I_s} = \dfrac{600}{30} = 20[\Omega]$

47 단절권 특징
- 고조파를 제거하여 기전력의 파형을 개선
- 동량 감소
- 코일단이 짧게 되므로 재료가 절약
- 단점 : 권선계수 $K_\omega < 1$, 유기기전력($E = 4.44 k_\omega f \omega \phi$) 감소

48 $s = \dfrac{N_s - N}{N_s}$ 에서 N이 증가하면 s는 감소, $E_2' = sE_2$ 이므로 회전자전압은 감소한다.

49 3상 직권 정류자 전동기에서 중간변압기를 사용하는 경우
- 전원전압의 크기에 관계없이 회전자전압을 정류 작용에 맞는 값으로 선정할 수 있다.
- 중간변압기의 권수비를 바꾸어서 전동기의 특성을 조정할 수 있다.
- 경부하 시 직권 특성 $\left(Z \propto I^2 \propto \dfrac{1}{N^2}\right)$ 이므로 속도가 크게 상승할 수 있다. 따라서 중간변압기를 사용하여 속도의 상승을 억제할 수 있다.

50 전기자 주변속도
$$V = \pi D \dfrac{N}{60} = 3.14 \times 0.2 \times \dfrac{1,800}{60} = 18.84 [\text{m/s}]$$

51 사이리스터의 구분

구 분		종 류
방 향	단일방향성	SCR, LASCR, GTO, SCS
	양방향성	DIAC, SSS, TRIAC
단자수	2단자	DIAC, SSS
	3단자	SCR, LASCR, GTO, TRIAC
	4단자	SCS

52 동기전동기의 특징

장 점	단 점
• 속도가 N_s로 일정 • 역률을 항상 1로 운전 가능 • 효율이 좋음 • 공극이 크고 기계적으로 튼튼함	• 보통 기동토크가 작음 • 속도 제어가 어려움 • 직류 여자가 필요함 • 난조가 일어나기 쉬움

53 $P_h \propto \dfrac{1}{f}$, $x \propto f$

54 $\dfrac{P_i}{P_c} = \left(\dfrac{1}{m}\right)^2$ 에서 역수이므로 $\dfrac{P_c}{P_i} = \left(\dfrac{5}{4}\right)^2 ≒ 1.56$

55 기계손은 브러시 마찰손, 베어링 마찰손, 풍손 등이다. 또한 다른 항은 다음과 같다.
- 와류손 : 철손
- 표유 부하손 : 철손, 동손, 기계손 이외의 손실
- 브러시의 전기손 : 동손

56 양호한 정류 방법
- 보극과 탄소 브러시를 설치한다.
- 평균 리액턴스 전압을 줄인다.
- 정류주기를 길게 한다.
- 회전속도를 늦게 한다.
- 인덕턴스를 작게 한다(단절권 채용).

57 제동권선은 회전 자극 표면에 설치한 유도전동기의 농형 권선과 같은 권선이다.

58 1차 저항 $r_1 = 0$이므로

$R_s{'} = \sqrt{r_1^2 + (x_1 + x_2{'})^2} - r_2{'} = \sqrt{(x_1 + x_2{'})^2} - r_2{'}$

$x_1 + x_2{'} = 1.5[\Omega]$, $r_2 = 0.3[\Omega]$이므로

$R_s = \sqrt{(x_1 + x_2{'})^2} - r_2 = \sqrt{(1.5)^2} - 0.3 = 1.2[\Omega]$

59 유도전압 조정기

종류	단상 유도전압 조정기	3상 유도전압 조정기
특징	• 교번자계 이용 • 입력과 출력의 위상차가 없음 • 단락권선 필요	• 회전자계 이용 • 입력과 출력의 위상차 있음 • 단락권선 필요 없음

• 단락권선의 역할 : 누설 리액턴스에 의한 2차 전압강하 방지
• 3상 유도전압 조정기 위상차 해결 → 대각 유도전압 조정기

60 철손은 무부하손이므로 부하와 관계가 없다.

61 $AD - BC = 1$
$8(3+j2) - j2C = 1$
$-j2C = 1 - 8(3+j2)$
$C = \dfrac{1 - 8(3+j2)}{-j2} = \dfrac{1 - 24 - j16}{-j2} = \dfrac{-23}{-j2} + 8 = 8 - 11.5j$

62 $e = -M\dfrac{di}{dt} = -M\dfrac{d}{dt}I_m \sin\omega t = -\omega M I_m \cos\omega t = -\omega M I_m \sin(\omega t + 90°) = \omega M I_m \sin(\omega t - 90°)[V]$

$\sin\omega t \xrightarrow{\text{미분}} \omega\cos\omega t \quad \cos\omega t \xrightarrow{\text{미분}} -\omega\sin\omega t$

63 $P_{\max} = \dfrac{V^2}{4R}$ 에서 $5 = \dfrac{10^2}{4R}$

$R = 5$이므로 $r + R = 10[\Omega]$

64 ③ Ke^{-Ls} : 부동작시간요소
① K : 비례요소
② $\dfrac{K}{s}$: 적분요소
④ Ks : 미분요소

65 테브낭 등가저항 $R = \dfrac{30 \times 20}{30 + 20} = 12[\Omega]$

$V_{ab} = \dfrac{30}{20 + 30} \times 100 = 60[V]$

66 유효전력 $P = \dfrac{V^2 R}{R^2 + X^2}$, 피상전력 $P_a = \dfrac{V^2 Z}{R^2 + X^2}$, 무효전력 $P_r = \dfrac{V^2 X}{R^2 + X^2}$

67

$$G(s) = \frac{\frac{1}{sC} \times sC}{\left(sL + \frac{1}{sC}\right) \times sC} = \frac{1}{s^2LC+1}$$

68

	임피던스 궤적	어드미턴스 궤적
$R-L$ 직렬회로	가변하는 축에 평행한 반직선 벡터 궤적(1상한)	가변하지 않는 축에 원점이 위치한 반원 벡터 궤적(4상한)
$R-C$ 직렬회로	가변하는 축에 평행한 반직선 벡터 궤적(4상한)	가변하지 않는 축에 원점이 위치한 반원 벡터 궤적(1상한)
$R-L$ 병렬회로	가변하지 않는 축에 원점이 위치한 반원 벡터 궤적(1상한)	가변하는 축에 평행한 반직선 벡터 궤적(4상한)
$R-C$ 병렬회로	가변하지 않는 축에 원점이 위치한 반원 벡터 궤적(4상한)	가변하는 축에 평행한 반직선 벡터 궤적(1상한)

69 $V_l = 2\sin\frac{\pi}{n} V_p \angle \frac{\pi}{2}\left(1-\frac{2}{n}\right)$ 에서 $\frac{\pi}{2}\left(1-\frac{2}{6}\right) = \frac{\pi}{2} \times \frac{4}{6} = \frac{\pi}{3} = 60°$

70

$$P = \frac{V^2}{R} = \frac{\left(\frac{E_m}{\sqrt{2}}\right)^2}{R} = \frac{E_m^2}{2R}[\text{W}]$$

71 동위상은 저항만의 회로에서 얻을 수 있다.

72 Z_0에 흐르는 전류가 0이 되기 위한 조건 : $Z_1Z_4 = Z_2Z_3$

73 $I_0 = \frac{1}{3}(I_a + I_b + I_c) = \frac{1}{3}(15+j2-20-j14-3+j10) = -2.67-j0.67[\text{A}]$

74 $\tau = \frac{L}{R} = \frac{50 \times 10^{-3}}{20 \times 10^3} \times 10^6 = 2.5[\mu\text{s}]$

75 **구형파** : 무수히 많은 고조파 성분이 포함되어 있다.

76 $\lim_{s \to 0} sF(s) = \lim_{s \to 0} s\frac{5s+3}{s(s+1)} = 3$

77
- 미분방정식
$$\frac{d^2y(t)}{dt^2}+3\frac{dy(t)}{dt}+2y(t)=x(t)+\frac{dx(t)}{dt}$$
- 라플라스 변환
$$s^2Y(s)+3sY(s)+2Y(s)=X(s)+sX(s)$$
- 전달함수
$$G(s)=\frac{Y(s)}{X(s)}=\frac{s+1}{s^2+3s+2}$$

78
$$\cos\theta=\frac{P}{P_a}\times100=\frac{220\times2.2\cos36.87+40\times0.49\cos14.04}{\sqrt{20^2+220^2+40^2}\sqrt{2.2^2+0.49^2}}\times100\fallingdotseq80.4[\%]$$

79 접지식, 지락, 3φ4W식의 중성선은 영상분이 존재한다.

80 Y결선에서 $I_l=I_p[A]$, $V_l=\sqrt{3}V_p[V]$
∴ 선간전압 $V_l=\sqrt{3}V_p=100\sqrt{3}=173[V]$

81 KEC 351.6(감시 및 계측장치 등)
변압기 계측장치로는 전압계, 전류계, 전력계, 특고변압기의 온도계가 있다.

82 KEC 232.56(애자공사), 342.1(고압 옥내배선 등의 시설)
- 전선은 공칭단면적 4[mm²] 이상의 연동 절연전선(옥외용 비닐절연전선 및 인입용 비닐절연전선 제외)
- 고압 : 전선은 공칭단면적 6[mm²] 이상의 고압 절연전선이나 특고압 절연전선

구 분		전선과 조영재 간격	전선 상호 간의 간격	전선 지지점 간의 거리	
				조영재 윗면 또는 옆면	조영재 따라 시설 않는 경우
저 압	400[V] 이하	25[mm] 이상	0.06[m] 이상	2[m] 이하	–
	400[V] 초과	건 조 25[mm] 이상			6[m] 이하
		기 타 45[mm] 이상			
고 압		0.05[m] 이상	0.08[m] 이상		

83 KEC 341.2(특고압 배전용 변압기의 시설)
특고압 배전용 변압기의 1차 전압은 35[kV] 이하이고, 2차 측은 저압 또는 고압이어야 한다.

84 ※ KEC(한국전기설비규정)의 적용으로 문제가 성립되지 않음

85 KEC 242.2(먼지 위험장소)
저압용 케이블 : 무기물 절연 케이블

86 KEC 222.2/331.11(지지선의 시설)
- 가공전선로의 지지물로서 사용하는 철탑은 지지선을 사용하여 그 강도를 분담시켜서는 아니 된다.
- 지지선의 설치목적은 지지물의 강도를 보강, 전선로의 안정성을 증가, 불평형 장력의 감소에 있다.

87 KEC 333.11(특고압 가공전선로의 철주·철근 콘크리트주 또는 철탑의 종류)
- 직선형 : 전선로의 직선 부분(3° 이하인 수평 각도를 이루는 곳을 포함)
- 각도형 : 전선로 중 3°를 초과하는 수평 각도를 이루는 곳
- 잡아당김형 : 전가섭선을 잡아당기는 곳에 사용하는 것
- 내장형 : 전선로의 지지물 양쪽의 지지물 간 거리의 차가 큰 곳에 사용하는 것
- 보강형 : 전선로의 직선 부분에 그 보강을 위하여 사용하는 것

88 ※ KEC(한국전기설비규정)의 적용으로 문제가 성립되지 않음

89 ※ KEC(한국전기설비규정)의 적용으로 문제가 성립되지 않음

90 KEC 351.10(수소냉각식 발전기 등의 시설)
- 수소냉각식의 발전기·무효 전력 보상 장치 또는 이에 부속하는 수소냉각장치는 발전기 내부 또는 무효 전력 보상 장치 내부의 수소의 순도가 85[%] 이하로 저하한 경우에 이를 경보하는 장치를 시설할 것
- 발전기 내부 또는 무효 전력 보상 장치 내부의 수소의 압력을 계측하는 장치 및 그 압력이 현저히 변동한 경우에 이를 경보하는 장치를 시설할 것
- 발전기 내부 또는 무효 전력 보상 장치 내부의 수소의 온도를 계측하는 장치를 시설할 것
- 발전기 또는 무효 전력 보상 장치는 기밀구조의 것이고 또한 수소가 대기압에서 폭발하는 경우에 생기는 압력에 견디는 강도를 가지는 것일 것
- 발전기축의 밀봉부에는 질소 가스를 봉입할 수 있는 장치 또는 발전기축의 밀봉부로부터 누설된 수소 가스를 안전하게 외부에 방출할 수 있는 장치를 시설할 것

91 KEC 212.6(저압전로 중의 개폐기 및 과전류차단장치의 시설)
과부하 보호장치를 생략하는 경우
- 전동기를 운전 중 상시 취급자가 감시할 수 있는 위치에 시설
- 전동기의 구조나 부하의 성질로 보아 전동기가 손상될 수 있는 과전류가 생길 우려가 없는 경우
- 단상 전동기로 전원측 전로에 시설하는 과전류차단기의 정격전류가 16[A](배선차단기는 20[A]) 이하인 경우
- 전동기 용량이 0.2[kW] 이하인 경우

92 KEC 222.7/332.5(저·고압 가공전선의 높이)

설치장소		가공전선의 높이
도로횡단		지표상 6[m] 이상
철도 또는 궤도횡단		레일면상 6.5[m] 이상
횡단보도교 위	저 압	노면상 3.5[m] 이상(단, 절연전선의 경우 3[m] 이상)
	고 압	노면상 3.5[m] 이상
일반 장소		지표상 5[m] 이상(단, 저압으로 교통에 지장이 없는 경우 4[m])

93 ※ KEC(한국전기설비규정)의 적용으로 문제가 성립되지 않음

94 ※ KEC(한국전기설비규정)의 적용으로 문제가 성립되지 않음

95 KEC 341.7(아크를 발생하는 기구의 시설)
가연성 천장으로부터 일정 간격

전 압	고 압	특고압
간 격	1[m] 이상	2[m] 이상(단, 35[kV] 이하로 화재 위험이 없는 경우 : 1[m] 이상)

96 KEC 223.1/334.1(지중 전선로의 시설)
지중 전선로를 관로식에 의하여 시설하는 경우에는 매설깊이를 1.0[m] 이상으로 한다.

97 KEC 331.6(풍압하중의 종별과 적용)
갑종 : 고온계에서의 구성재의 수직 투영면적 1[m^2]에 대한 풍압을 기초로 계산

풍압을 받는 구분			풍압하중
지지물	목주, 철주, 철근 콘크리트주	원 형	588[Pa]
	철 주	3각	1,412[Pa]
		4각	1,117[Pa]
	철 탑	단주(원형)	588[Pa]
		단주(기타)	1,117[Pa]
		강 관	1,255[Pa]
전선, 기타 가섭선	다도체		666[Pa]
	단도체		745[Pa]
특고압 애자장치			1,039[Pa]

98 KEC 333.22(특고압 보안공사)

사용전압	전 선
100[kV] 미만	인장강도 21.67[kN] 이상, 단면적 55[mm^2] 이상의 경동연선
100[kV] 이상 300[kV] 미만	인장강도 58.84[kN] 이상, 단면적 150[mm^2] 이상의 경동연선
300[kV] 이상	인장강도 77.47[kN] 이상, 단면적 200[mm^2] 이상의 경동연선

※ 시가지 동일 (100[kV] 미만, 100[kV] 이상 300[kV] 미만)

99 전압 불평형에 의한 장해방지로 전압 불평형률은 3[%] 이하로 할 것

100 KEC 224.1/335.1(터널 안 전선로의 시설)

구 분	사람 통행이 없는 경우		사람 상시 통행
	저 압	고 압	저압과 동일
공사방법	합성수지관, 가요관, 애자, 케이블	케이블, 애자	케이블
전 선	2.30[kN] 이상 절연전선, 2.6[mm] 이상 경동선	5.26[kN] 이상 절연전선, 4.0[mm] 이상 경동선	특고압 시설 불가
높 이	노면·레일면 위		
	2.5[m] 이상	3[m] 이상	

2017년 제3회 기출문제

page 65

1	2	3	4	5	6	7	8	9	10	11	12	13	14	15	16	17	18	19	20
②	②	④	②	①	②	③	④	①	③	②	④	②	②	②	②	③	②	④	③	①
21	22	23	24	25	26	27	28	29	30	31	32	33	34	35	36	37	38	39	40
③	④	④	③	②	②	④	②	④	④	②	④	②	②	②	①	③	①	②	②
41	42	43	44	45	46	47	48	49	50	51	52	53	54	55	56	57	58	59	60
④	①	②	②	②	③	①	①	②	②	④	②	②	②	①	②	②	④	④	②
61	62	63	64	65	66	67	68	69	70	71	72	73	74	75	76	77	78	79	80
①	④	③	③	①	②	①	①	③	④	③	③	④	①	②	④	③	③	②	②
81	82	83	84	85	86	87	88	89	90	91	92	93	94	95	96	97	98	99	100
②	②	③	③	①	④	×	②	③	④	②	④	②	④	③	③	③	×	②	×

× : 문제삭제

01
- 일 $W = \dfrac{1}{2}CV^2 = \dfrac{1}{2} \times 8 \times 10^3 \times 10^{-12} \times (100,000)^2 = 40[\text{J}]$
- 에너지 $P = \dfrac{W}{t} = \dfrac{40}{2} = 20[\text{W}]$

02 **제베크효과** : 두 종류의 금속 접속면에 온도차를 주면 기전력이 발생하는 현상으로 주로 열전대에 이용한다.

03 두 종류의 물체를 마찰하면 주위의 가벼운 물체를 끌어당기는 힘이 마찰에 의해 발생(자유전자의 이동)하는데, 이것을 마찰전기라 한다.

04
$$\cos\theta = \dfrac{A \cdot B}{|A||B|} = \dfrac{A_x B_x + A_y B_y}{\sqrt{A^2}\sqrt{B^2}}$$
$$= \dfrac{(-7)\times(-3) + (-1)\times(-4)}{\sqrt{(-7)^2 + (-1)^2}\sqrt{(-3)^2 + (-4)^2}} = \dfrac{21+4}{\sqrt{50}\times 5}$$
$$= \dfrac{25}{25\sqrt{2}} = \dfrac{1}{\sqrt{2}}$$
$$\therefore \theta = \cos^{-1}\dfrac{1}{\sqrt{2}} = 45°$$

05
평형 도선의 정전용량 $C = \dfrac{\pi\varepsilon_0}{\ln\dfrac{d-a}{a}}[\text{F/m}]$

조건 $d \gg a$에서 $C = \dfrac{\pi\varepsilon_0}{\ln\dfrac{d}{a}}[\text{F/m}]$

06 횡전자파(TEM)는 전파 E와 자파 H가 모두 전파방향에 수직으로 전송방향 성분은 존재하지 않는다.

07 니켈(Ni)은 강자성체이다.

반자성체	$\mu_s < 1$ $\mu < \mu_0$	$\chi < 0$	비스무트, 은, 구리, 탄소 등

08 맥스웰의 전자방정식
- $\operatorname{rot} H = i_c + \dfrac{\partial D}{\partial t}$ (앙페르의 주회적분)
- $\operatorname{rot} E = -\dfrac{\partial B}{\partial t}$ (패러데이 법칙)
- $\operatorname{div} D = \rho$ (가우스 법칙)
- $\operatorname{div} B = 0$ (가우스 법칙)

09 $F = \dfrac{\mu_0 I_1 I_2}{2\pi r} = \dfrac{2I^2}{r} \times 10^{-7} = \dfrac{2 \times 100^2}{2 \times 10^{-2}} \times 10^{-7} = 0.1 [\mathrm{N/m}]$

10 $F = E \cdot Q = (-18a_x + 5a_y - 10a_z) \cdot (-1.2) = 21.6a_x - 6a_y + 12a_z$
$|F| = \sqrt{21.6^2 + 6^2 + 12^2} \fallingdotseq 25.4 [\mathrm{N}]$

11 특성임피던스에서 전계와 자계의 관계식
$\dfrac{E_e}{H_e} = \sqrt{\dfrac{\mu_0}{\varepsilon_0}} = 377$
$\therefore H_e = \dfrac{1}{377} E_e = 2.65 \times 10^{-3} E_e [\mathrm{A/m}]$

12 규소강판은 전자석의 재료이므로 H-loop 면적과 보자력(H_c)은 작고 잔류자기(B_r)는 큰 특성을 갖는다.

13 유전체 중에서의 변위전류밀도는 $D = \varepsilon E = \varepsilon_0 E + P$의 관계식에서
$i_d = \dfrac{\partial D}{\partial t} = \varepsilon \dfrac{\partial E}{\partial t} = \varepsilon_0 \dfrac{\partial E}{\partial t} + \dfrac{\partial P}{\partial t} [\mathrm{A/m^2}]$로 표시할 수 있다.

14 무한평면으로부터 $r[\mathrm{m}]$ 떨어진 점 P에 점전하 $+Q[\mathrm{C}]$가 있는 경우 영상전하는 무한 평면 뒤쪽으로 점 P의 대칭점에 존재하며, 그 크기는 점전하와 같고 부호는 반대로 $Q' = -Q[\mathrm{C}]$이다.

15 가동접속 시 $L = L_a + L_b + 2M$ ⋯⋯⋯⋯⋯ ⓐ
차동접속 시 $L = L_a + L_b - 2M = 0.6L$ ⋯⋯⋯ ⓑ
ⓐ식을 ⓑ식에 대입하면 $L_a + L_b - 2M = 0.6(L_a + L_b + 2M)$
⇒ $3 + 5 - 2M = 0.6(3 + 5 + 2M)$
$\therefore M = \dfrac{8 - 4.8}{2 + 1.2} = 1 [\mathrm{mH}]$

16 구도체의 정전용량
$C = 4\pi\varepsilon_0 a = \dfrac{1}{9 \times 10^9} \times a$이므로
반지름 $a = 9 \times 10^9 C = 9 \times 10^9 \times 50 \times 10^{-12} = 0.45 \times 10^2 = 45 [\mathrm{cm}]$

17 환상코일의 자기 인덕턴스 L은 $L = \dfrac{\mu S N^2}{l}$ [H] 이므로 권수를 $\dfrac{1}{2}$로 하면

L은 $\left(\dfrac{1}{2}\right)^2 = \dfrac{1}{4}$ 배로 되므로 S를 4배 또는 l을 $\dfrac{1}{4}$ 배로 하면 L은 일정하게 된다.

18 $R = \rho \dfrac{l}{A}$ [Ω]에서 정육면체 한 변의 길이가 r[m]이므로 $A = r^2$, $l = r$을 대입하면

$R = \rho \dfrac{l}{A} = \rho \dfrac{r}{r^2} = \dfrac{\rho}{r}$ [Ω]

19 전류 $I = \dfrac{V}{R} = \dfrac{V}{\dfrac{\rho \varepsilon}{C}} = \dfrac{V}{\left(\dfrac{\rho \varepsilon}{\dfrac{2\pi \varepsilon l}{\ln \dfrac{b}{a}}}\right)} = \dfrac{2\pi \sigma l V}{\ln \dfrac{b}{a}}$ [A]

20 $C_0 = C_x + C_3 + \dfrac{C_1 C_2}{C_1 + C_2}$

$\therefore C_x = C_0 - C_3 - \dfrac{C_1 C_2}{C_1 + C_2} = 5 - 3 - \dfrac{3 \times 3}{3 + 3} = 0.5$ [μF]

21 안정도 향상 대책
- 발전기
  - 동기리액턴스 감소(단락비 크게, 전압변동률 작게)
  - 속응 여자방식 채용
  - 제동권선 설치(난조 방지)
  - 조속기 감도 둔감
- 송전선
  - 리액턴스 감소
  - 복도체(다도체) 채용
  - 병행 2회선 방식
  - 중간조상방식
  - 고속도 재폐로방식 채택 및 고속 차단기 설치

22 페란티 현상 : 선로의 충전전류 때문에 무부하 시 송전단전압보다 수전단전압(앞선 충전전류)이 커지는 현상이다. 방지법으로는 분로 리액터 설치 및 동기조상기의 지상용량 공급이 있다.

23 보호계전기의 구비조건
- 고장의 정도 및 위치를 정확히 파악할 것
- 고장 개소를 정확히 선택할 것
- 동작이 예민하고 오동작이 없을 것
- 소비전력이 적고, 경제적일 것
- 후비 보호능력이 있을 것

24 화력(기력) 발전소는 현재 표면 복수기를 많이 사용하고 있다.

25 역률개선용 콘덴서 용량

$$Q_c = P(\tan\theta_1 - \tan\theta_2) = P\left(\frac{\sin\theta_1}{\cos\theta_1} - \frac{\sin\theta_2}{\cos\theta_2}\right)$$

$$= P\left(\frac{\sqrt{1-\cos^2\theta_1}}{\cos\theta_1} - \frac{\sqrt{1-\cos^2\theta_2}}{\cos\theta_2}\right)$$

$$Q_c = 1{,}000 \times \left(\frac{\sqrt{1-0.8^2}}{0.8} - \frac{\sqrt{1-0.95^2}}{0.95}\right) = 421.32 [\text{kVA}]$$

26
- 전압부담 최대 : 전선 쪽 애자
- 전압부담 최소 : 철탑에서 $\frac{1}{3}$ 지점 애자 $\left(\text{전선에서 } \frac{1}{3} \text{ 지점}\right)$

27 $P = \dfrac{E_S E_R}{X} \sin\delta$ 에서와 같이 선로의 유도 리액턴스가 커지기 때문에 송전 가능 전력은 적어진다.

28 차단기의 트립방식
- 과전류 트립방식 : 차단기의 주회로에 접속된 변류기의 2차 전류에 의해 차단기가 트립되는 방식
- 콘덴서 트립방식 : 충전된 콘덴서의 에너지에 의해 트립되는 방식
- 직류전압 트립방식 : 별도로 설치된 축전지 등의 제어용 직류전원의 에너지에 의하여 트립되는 방식
- 부족전압 트립방식 : 부족전압 트립 장치에 인가되어 있는 전압의 저하에 의해 차단기가 트립되는 방식

29 보호계전기의 약어
- ZR : 거리 계전기
- UFR : 저주파수 계전기
- OVR : 과전압 계전기
- DOCR : 방향 과전류 계전기

30 합성하중 $W = \sqrt{\text{빙설의 하중}^2 + \text{풍압하중}^2} = \sqrt{W_1^2 + W_2^2}$

31 시한특성
- 순한시 계전기 : 최소 동작전류 이상의 전류가 흐르면 즉시 동작, 고속도 계전기(0.5~2Cycle)
- 정한시 계전기 : 동작전류의 크기에 관계없이 일정 시간에 동작
- 반한시 계전기 : 동작전류가 작을 때는 동작시간이 길고, 동작전류가 클 때는 동작시간이 짧다.
- 반한시성 정한시 계전기 : 반한시 + 정한시 특성

32 $0 \leq F^2 \leq H \leq F \leq 1$

33 아킹혼(초호환, 초호각, 소호각) : 뇌로부터 애자련 보호, 애자의 전압분담 균일화

34 %리액턴스 $\%X = \dfrac{I_m X}{E_m} \times 100 = \dfrac{200 \times 10}{\frac{154{,}000}{\sqrt{3}}} \times 100 ≒ 2.25$

35 우리나라의 송전방식은 3상 3선식, 배전방식은 3상 4선식을 채택하고 있다.

36 조상설비로는 동기 조상기, 진상 콘덴서, 분로 리액터 등이 있다.

37 임피던스회로 4단자망 정수

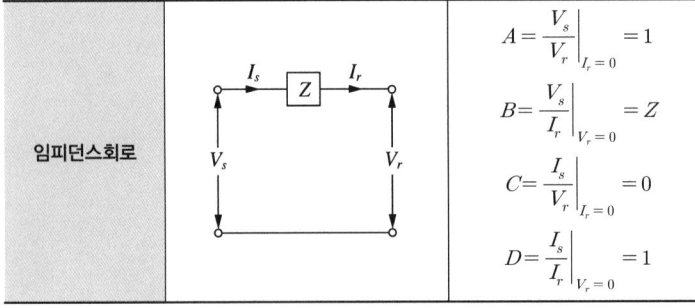

38 10[MVA] 기준용량 $\%Z_S = 1[\%]$

$TR = \dfrac{10}{6} \times 6.9 = 11.5[\%]$

직렬이므로 합성 $\%Z = 12.5[\%]$

$P_s = \dfrac{100}{\%Z} P_n = \dfrac{100}{12.5} \times 10 = 80[\text{MVA}]$

39 $V_B = V_A - 2IR = 220 - 2 \times 60 \times 0.05 = 214[\text{V}]$

$V_C = V_B - 2IR = 214 - 2 \times 20 \times 0.1 = 210[\text{V}]$

40 파동임피던스

$Z_0 = \sqrt{\dfrac{L}{C}} = 138 \log_{10} \dfrac{D}{r} = 300[\Omega]$ 에서

$\log_{10} \dfrac{D}{r} = \dfrac{300}{138} = 2.17$

작용인덕턴스

$L = 0.4605 \log \dfrac{D}{r} = 0.4605 \times 2.17 = 0.999[\text{mH/km}]$

41 $Q_c = P(\tan\theta_1 - \tan\theta_2) = \sqrt{3} \times 3{,}300 \times 1{,}000 \times 0.8 \times 10^{-3} \times \left(\dfrac{0.6}{0.8} - 0 \right) \fallingdotseq 3{,}429[\text{kVA}]$

42 기동장치 기동토크가 큰 순서
반발기동형 > 반발유도형 > 콘덴서기동형 > 분상기동형 > 셰이딩코일형

43 **직류전동기의 정격표시**
- 연속정격
- 단시간정격
- 반복정격
- 공칭정격(전기철도용 전원기기에 사용)

44 직류전동기 속도제어법

종 류	특 징
전압제어	• 광범위 속도제어가 가능하다. • 워드레오나드 방식(광범위한 속도 조정, 효율양호) • 일그너 방식(부하가 급변하는 곳, 플라이휠 효과 이용, 제철용 압연기) • 정토크 제어 • SCR과 조합하여 사용하는 방식
계자제어	• 세밀하고 안정된 속도제어를 할 수 있다. • 속도제어 범위가 좁다. • 효율은 양호하나 정류가 불량하다. • 정출력 가변속도 제어
저항제어	• 속도 조정 범위가 좁다. • 효율이 저하된다.

45 트라이액(Triac)의 특징
- SCR은 한 방향으로만 도통할 수 있는 데 반하여 이 소자는 양방향으로 도통할 수 있다.
- TRIAC은 기능상으로 2개의 SCR을 역병렬 접속한 것과 같다.
- TRIAC의 게이트에 전류를 흘리면 그 상황에서 어느 방향이건 전압이 높은 쪽에서 낮은 쪽으로 도통한다.
- 일단 도통하면 SCR과 같이 그 방향으로 전류가 더 이상 흐르지 않을 때까지 계속 도통한다. 따라서 전류방향이 바뀌려고 하면 소호되고 일단 소호되면 다시 점호시킬 때까지 차단상태를 유지한다.

46 탭전환방식은 1차 측 탭을 조정하여 수전점 전압을 조정한다.

47 회전속도 $N_s = \dfrac{\alpha}{360} \cdot f_s = \dfrac{3}{360} \times 1,200 = 10 [\text{rps}]$

48 전기자 반작용의 영향
- 주자속 감소 : 발전기 - 유기기전력 감소, 전동기 - 토크 감소, 속도 증가
- 전기적 중성축 이동 : 발전기 - 회전방향, 전동기 - 회전 반대 방향
- 정류자 편간의 불꽃 섬락 발생 : 정류 불량의 원인

49 유도제동 : 유도전동기의 역상제동의 상태를 크레인이나 권상기의 강하 시에 이용하고, 속도제한의 목적에 사용하는 제동방법이다. 2차 저항을 크게 하면, 전류가 제한되는 동시에 커다란 제동토크를 얻는 특성이 있다.
   ※ 주의 - 회생제동
   크레인이나 언덕길에 운전되는 전기기관차 등에 사용되는 것이며, 유도전동기를 전원에 연결시킨 상태로 동기속도 이상의 속도에서 운전하여 유도발전기로 작동시키고, 발생된 전력을 전원으로 반환하면서 제동하는 방법이다. 기계적인 제동과 같이 마찰로 인한 마모나 발열이 없고 전력을 회수할 수 있으므로 유리하다.

50 단락비가 큰 기계
- 동기임피던스, 전압변동률, 전기자 반작용, 효율이 작다.
- 출력, 선로의 충전 용량, 계자기자력, 공극, 단락전류가 크다.
- 안정도가 좋고 중량이 무거우며 가격이 비싸다.
- 철기계로 저속인 수차 발전기(K_s=0.9~1.2)에 적합하다.

51 전파 정류회로의 직류평균값
$E_d = 0.45E(1+\cos\alpha) = 0.45 \times 220(1+\cos 90°) = 99[\text{V}]$

52 냉각방식의 분류 및 표시기호

냉각방식	표시기호	권선철심의 냉매체 종류	권선철심의 냉매체 순환방식	주변의 냉각매체 종류	주변의 냉각매체 순환방식
건식 자랭식	AN	Air	Nature(자연)	–	–
건식 풍랭식	AF	Air	Forcing(강제)	–	–
건식 밀폐 자랭식	ANAN	Air	Nature(자연)	Air	Nature(자연)
유입 자랭식	ONAN	Oil	Nature(자연)	Air	Nature(자연)
유입 풍랭식	ONAF	Oil	Nature(자연)	Air	Forcing(강제)
유입 수랭식	ONWF	Oil	Nature(자연)	Water	Forcing(강제)
송유 자랭식	OFAN	Oil	Forcing(강제)	Air	Nature(자연)
송유 풍랭식	OFAF	Oil	Forcing(강제)	Air	Forcing(강제)
송유 수랭식	OFWF	Oil	Forcing(강제)	Water	Forcing(강제)

53 직류전동기 속도제어법

종 류	특 징
전압제어	• 광범위 속도제어가 가능하다. • 워드레오나드 방식(광범위한 속도 조정, 효율양호) • 일그너 방식(부하가 급변하는 곳, 플라이휠 효과 이용, 제철용 압연기) • 정토크 제어 • SCR과 조합하여 사용하는 방식
계자제어	• 세밀하고 안정된 속도제어를 할 수 있다. • 속도제어 범위가 좁다. • 효율은 양호하나 정류가 불량하다. • 정출력 가변속도 제어
저항제어	• 속도 조정 범위가 좁다. • 효율이 저하된다.

54

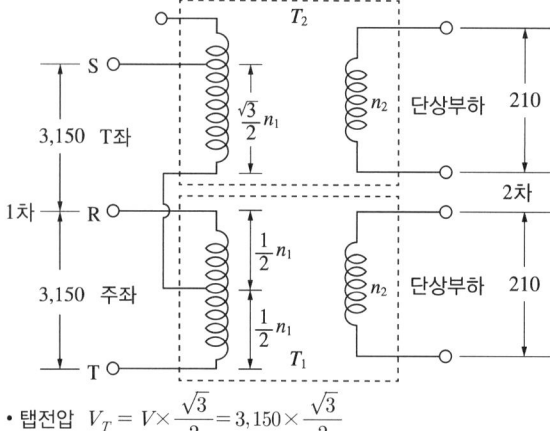

- 탭전압 $V_T = V \times \dfrac{\sqrt{3}}{2} = 3,150 \times \dfrac{\sqrt{3}}{2}$
- $V_2 = V_l = 210$

55
- 농형 유도전동기 속도 제어법
  - 주파수를 바꾸는 방법
  - 극수를 바꾸는 방법
  - 전원 전압을 바꾸는 방법
- 권선형 유도전동기 속도 제어법
  - 2차 저항을 제어하는 방법
  - 2차 여자법

56

종 류	횡 축	종 축	조 건
무부하 포화곡선	I_f (계자전류)	V (단자전압)	n 일정, $I=0$
외부 특성곡선	I (부하전류)	V (단자전압)	n 일정, R_f 일정
내부 특성곡선	I (부하전류)	E (유기기전력)	n 일정, R_f 일정
부하 특성곡선	I_f (계자전류)	V (단자전압)	n 일정, I 일정
계자 조정곡선	I (부하전류)	I_f (계자전류)	n 일정, V 일정

57
- 최대효율을 얻기 위한 부하 $\dfrac{1}{m}=\sqrt{\dfrac{P_i}{P_c}}=\sqrt{\dfrac{1}{2}}$
- 최대효율을 얻기 위한 부하용량 $P'=\dfrac{1}{m}P=\sqrt{\dfrac{1}{2}}\times 50 \fallingdotseq 35.35[\text{kVA}]$

58 약 15[kW] 정도 이상의 전동기에서 기동전류를 제한하려는 경우와 고압의 농형 전동기에서는 기동보상기로서 3상 단권변압기를 사용하여 기동전압을 낮추는 방법이 사용되며 이 방법은 우선 조작핸들을 기동측에 넣으면 기동보상기의 1차 측이 전원에, 2차 측이 전동기에 접속되며 기동전압이 전동기에 가해져서 기동하고 최종속도에 가까워졌을 때에 핸들을 운전측으로 변환하여 정격전압을 공급함과 동시에 기동보상기를 회로에서 분리하는 것이다.

59 Reaction Motor : 회전자는 알루미늄 또는 구리의 농형권선을 감고 이것에 의해 유도전동기로 기동한다. 고정자는 3상권선 또는 단상권선에 콘덴서 부착으로 회전자계를 발생한다. 특징은 토크가 작고 역률과 효율이 나쁘나 구조가 간단하고 직류여자가 필요하지 않은 장점이 있다.

60 수수전력 $P=\dfrac{E^2}{2Z_s}\sin\delta=\dfrac{\left(\dfrac{3,300}{\sqrt{3}}\right)^2}{2\times 5}\times \sin 60°\times 10^{-3}\fallingdotseq 314[\text{kW}]$

61 $P_r=\dfrac{V^2}{X_C}$ 에서 $X_C=\dfrac{V^2}{P_r}=\dfrac{V^2}{\sqrt{P_a^2-P^2}}=\dfrac{100^2}{\sqrt{(100\times 30)^2-1,800^2}}\fallingdotseq 4.17$

62
- 합성저항 $R=\dfrac{V}{I}=\dfrac{48}{4}=12[\Omega]$
- 전류비 $I_1:I_2=1:2$ 일 때 $r_1:r_2=2:1$ 에서 $r_1=2r_2$
- 병렬회로의 합성저항

$$r_T=12-4=8[\Omega]=\dfrac{r_2\times 2r_2}{r_2+2r_2}=\dfrac{2}{3}r_2[\Omega]$$

$$\therefore r_2=\dfrac{8}{\frac{2}{3}}=12[\Omega],\ r_1=2r_2=2\times 12=24[\Omega]$$

63 $R-C$ 직렬회로에 직류인가

- 회로방정식 $RI(s) + \dfrac{1}{Cs}I(s) = \dfrac{E}{s}$
- 전류 $i(t) = \dfrac{E}{R}e^{-\frac{1}{RC}t}$ [V]
- 전압 $v_c(t) = E\left(1 - e^{-\frac{1}{RC}t}\right)$
- 시정수 $\tau = RC$

64
- 입력측 합성 임피던스 $Z_1 = \dfrac{R_1 Ls}{R_1 + Ls}$
- 입력측 전압 $E_i = \left(\dfrac{R_1 Ls}{R_1 + Ls}\right)I(s) + R_2 I(s) = \left(\dfrac{R_1 Ls + R_1 R_2 + LR_2 s}{R_1 + Ls}\right)I(s)$
- 출력측 전압 $E_o = R_2 I(s)$
- 전달함수 $\dfrac{E_o(s)}{E_i(s)} = \dfrac{R_2 I(s)}{\left(\dfrac{R_1 Ls + R_1 R_2 + LR_2 s}{R_1 + Ls}\right)I(s)} = \dfrac{R_2(R_1 + Ls)}{R_1 R_2 + R_1 Ls + LR_2 s}$

65 출력 $P_V = \sqrt{3}\,P_1 = \sqrt{3}\,V_l I_l \cos\theta$ [W]
- V결선의 출력비 $= \dfrac{P_V}{P_\triangle} = \dfrac{\sqrt{3}\,P_1}{3P_1} \times 100 = 57.7[\%]$
- V결선의 이용률 $= \dfrac{\sqrt{3}\,P_1}{2P_1} \times 100 = 86.6[\%]$

66 3상 불평형전류 I_a, I_b, I_c
- $I_a = I_0 + I_1 + I_2$
- $I_b = I_0 + a^2 I_1 + a I_2$
- $I_c = I_0 + a I_1 + a^2 I_2$

67 $E = \sqrt{3^2 + 10^2} = 10.44$ [V]

68
- 미분방정식 : $\dfrac{d}{dt}y(t) + y(t) = x(t-T)$
- 라플라스 변환 : $sY(s) + Y(s) = e^{-sT}X(s)$
- 전달함수 : $G(s) = \dfrac{Y(s)}{X(s)} = \dfrac{e^{-sT}}{s+1}$

69 브리지 회로의 평형상태이므로
$R = \dfrac{3r \times 3r}{3r + 3r} = \dfrac{9r^2}{6r} = \dfrac{3}{2}r\,[\Omega]$

70 4단자 회로망이 가역성을 가질 때 각 파라미터의 조건은
$Z_{12} = Z_{21}$, $Y_{12} = Y_{21}$, $H_{12} = -H_{21}$, $AD - BC = 1$이고
좌우 대칭인 경우는
$Z_{11} = Z_{22}$, $Y_{11} = Y_{22}$, $H_{11}H_{22} - H_{12}H_{21} = 1$, $A = D$이다.

71 $R-L$ 병렬회로에서 교류일 때
전전류 $I = I_R - jI_L = \sqrt{I_R^2 + I_L^2}$ [A]
$I_L = \sqrt{I^2 - I_R^2} = \sqrt{5^2 - \left(\dfrac{12}{3}\right)^2} = 3$ [A]
유도리액턴스 $X_L = \dfrac{V}{I_L} = \dfrac{12}{3} = 4\,[\Omega]$

72 $\begin{bmatrix} A & B \\ C & D \end{bmatrix} = \begin{bmatrix} 1 & Z \\ 0 & 1 \end{bmatrix}$
$\therefore A=1,\ B=Z,\ C=0,\ D=1$

73

Y결선 → △결선	△결선 → Y결선
3배	$\dfrac{1}{3}$ 배

저항, 임피던스, 선전류, 소비전력

• 전원, Y결선에서 $I_{lY} = I_{pY}$[A], $V_{lY} = \sqrt{3}\,V_{pY}$[V]
 – 상전류 $I_{pY} = \dfrac{V_{pY}}{R} = \dfrac{\dfrac{200}{\sqrt{3}}}{R} = \dfrac{200}{\sqrt{3}\,R}$ [A]
 – 선전류 $I_{lY} = I_{pY}$ [A]
• 부하, △결선에서 $I_{l\triangle} = \sqrt{3}\,I_{p\triangle}$ [A], $V_{p\triangle} = V_{pY}\sqrt{3}$ [V]
 – 상전류 $I_{p\triangle} = \dfrac{V_{p\triangle}}{R} = \dfrac{200}{R}$ [A]
 – 선전류 $I_{l\triangle} = \sqrt{3}\,I_{p\triangle} = \sqrt{3} \times \dfrac{200}{R}$ [A]

$\dfrac{I_{l\triangle}}{I_{lY}} = \sqrt{3} \times \dfrac{200}{R} \times \dfrac{\sqrt{3}\,R}{200}$

$\therefore I_{l\triangle} = \sqrt{3} \times \dfrac{200}{R} \times \dfrac{\sqrt{3}\,R}{200} I_{lY} = 3I_{lY} = 3 \times 20 = 60$ [A]

74 $i(t) = \dfrac{E}{R}e^{-\frac{R}{L}t} = \dfrac{200}{4{,}000}e^{-\frac{4{,}000}{5} \times \frac{1}{800}} \times 10^3 \fallingdotseq 18.4$ [mA]

75 반파대칭 및 정현파대칭이므로 $b_n = a_n = 0$이 되어 기수항의 sin항만 존재한다.
$f(t) = b_1 \sin\omega t + b_3 \sin\omega t + \cdots$

76 $i_1 = I_m \sin\omega t$ [A]
$i_2 = I_m \cos\omega t$ [A] $= I_m \sin(\omega t + 90°)$ [A]
i_2가 i_1보다 90° 앞선다.

77 제3고조파 전압의 실횻값
$I_3 = \dfrac{V_3}{Z_3} = \dfrac{V_3}{\sqrt{R^2 + (3\omega L)^2}} = \dfrac{50}{\sqrt{8^2 + 6^2}} = 5$ [A]

78

$$V_l = 2V_p \sin\frac{\pi}{n}$$

$$\therefore \frac{V_l}{V_p} = 2\sin\frac{\pi}{n}$$

79

$$F(s) = \frac{5s+3}{s(s+1)} = \frac{k_1}{s} + \frac{k_2}{s+1}$$

$$k_1 = \left.\frac{5s+3}{s+1}\right|_{s=0} = 3$$

$$k_2 = \left.\frac{5s+3}{s}\right|_{s=-1} = 2$$

$$F(s) = 3\frac{1}{s} + 2\frac{1}{s+1} \text{에서 } f(t) = 3 + 2e^{-t}$$

80 어드미턴스

$$Y = \frac{1}{R+j\omega L} + j\omega C = \frac{R-j\omega L}{(R+j\omega L)(R-j\omega L)} + j\omega C = \frac{R-j\omega L}{R^2+(\omega L)^2} + j\omega C$$

$$= \frac{R}{R^2+(\omega L)^2} - \frac{j\omega L}{R^2+(\omega L)^2} + j\omega C$$

$$= \frac{R}{R^2+(\omega L)^2} + j\left(\omega C - \frac{\omega L}{R^2+(\omega L)^2}\right)$$

공진 시 $\omega C = \frac{\omega L}{R^2+(\omega L)^2}$ 이므로

$R^2+(\omega L)^2 = \frac{\omega L}{\omega C}$ 에서 $R^2+(\omega L)^2 = \frac{L}{C}$

$Y = \frac{R}{R^2+(\omega L)^2}$ 에서 $Y = \frac{R}{\frac{L}{C}} = \frac{CR}{L}[\mho]$

81 KEC 222.14/332.14(저·고압 가공전선과 안테나의 접근 또는 교차)

구 분	저 압			고 압			25[kV] 이하 특고압가공전선		
	일 반	고압절연	케이블	일 반	고압절연	케이블	일 반	고압절연	케이블
접근, 교차, 안테나	0.6[m]	0.3[m]	0.3[m]	0.8[m]	–	0.4[m]	1.5[m]	1.0[m]	0.5[m]

82 KEC 232.31(금속덕트공사)
- 전선은 절연전선(옥외용 비닐절연전선을 제외한다)일 것
- 전선 단면적 : 덕트 내부 단면적의 20[%] 이하(제어회로 등 50[%] 이하)
- 지지점 간의 거리 : 3[m] 이하(취급자 외 출입 없고 수직인 경우 : 6[m] 이하)
- 폭 40[mm] 이상, 두께 1.2[mm] 이상인 철판 또는 동등 이상의 기계적 강도를 가지는 금속제의 것으로 제작한 것
- 211(감전에 대한 보호), 140(접지시스템)의 규정에 의해 접지공사

83 KEC 222.2/331.11(지지선의 시설)
- 가공전선로의 지지물로 사용하는 철탑은 지지선을 사용하여 그 강도를 분담시켜서는 아니 된다.
- 지지선의 설치 목적은 지지물의 강도를 보강, 전선로의 안전성을 증가, 불평형 장력 감소에 있다.

84 KEC 221.1(구내인입선)
저압 인입선
- 도로(차도와 보도의 구별이 있는 도로인 경우에는 차도)를 횡단하는 경우 : 노면상 5[m](기술상 부득이한 경우에 교통지장이 없을 때에는 3[m]) 이상
- 철도 또는 궤도를 횡단하는 경우 : 레일면상 6.5[m] 이상
- 횡단보도교 위에 시설하는 경우 : 노면상 3[m] 이상
- 이외의 경우에는 지표상 4[m](기술상 부득이한 경우에 교통이 지장이 없을 때에는 2.5[m]) 이상

85 KEC 333.30(특고압 가공전선과 식물의 간격)

사용전압의 구분	간 격
60[kV] 이하	2[m]
60[kV] 초과	• 간격 = 2 + 단수 × 0.12[m] • 단수 = $\dfrac{(전압[kV] - 60)}{10}$ 단수 계산에서 소수점 이하는 절상

86 KEC 241.16(전기부식방지 시설)
- 전기부식방지 회로의 사용전압은 직류 60[V] 이하일 것
- 지중에 매설하는 양극의 매설깊이는 0.75[m] 이상일 것
- 지표 또는 수중에서 1[m] 간격의 임의의 2점 간의 전위차가 5[V]를 넘지 아니할 것
- 수중에 시설하는 양극과 그 주위 1[m] 이내의 거리에 있는 임의점과의 사이의 전위차는 10[V]를 넘지 아니할 것

87 ※ KEC(한국전기설비규정)의 적용으로 문제가 성립되지 않음

88 KEC 351.1(발전소 등의 울타리·담 등의 시설)
울타리의 높이와 울타리에서 충전부분까지 거리의 합계는 160[kV]를 넘는 경우 6[m]에 160[kV]를 넘는 10[kV] 또는 그 단수마다 0.12[m]를 가한 값이므로
345 - 160 = 185[kV] → 19단
6 + (19 × 0.12) = 8.28[m]
∴ 울타리에서 충전 부분까지의 거리는 5.98[m]이므로
울타리 최소 높이 = 8.28 - 5.98 = 2.3[m]

89 KEC 351.6(감시 및 계측장치 등)
- 계측장치 : 전압계 및 전류계, 전력계
- 발전기의 베어링 및 고정자의 온도
- 특고압용 변압기의 온도
- 정격출력이 10,000[kW]를 초과하는 증기터빈에 접속하는 발전기의 진동의 진폭
- 동기발전기, 무효 전력 보상 장치는 반드시 동기검정장치가 있어야 하나 용량이 현저히 작은 경우 생략 가능

90 KEC 362.7(특고압 가공전선로 전선 첨가 설치 통신선에 직접 접속하는 옥내 통신선의 시설)
특고압 가공전선로의 지지물에 시설하는 통신선(광섬유 케이블을 제외한다) 또는 이에 직접 접속하는 통신선 중 옥내에 시설하는 부분은 400[V] 초과의 저압옥내 배선시설에 준하여 시설해야 한다.

91 KEC 222.10/332.9/332.10/333.1/333.21/333.22(가공전선로 및 보안공사 지지물 간 거리)

구 분		표 준	특고압 시가지	보안공사		
				저·고압	제1종 특고압	제2, 3종 특고압
목주/A종		150[m]	75[m(목주 ×)]	100[m]	목주 불가	100[m]
B종		250[m]	150[m]	150[m]	150[m]	200[m]
철 탑		600[m]	400[m]	400[m]	400[m], 단주 300[m]	
표준 적용		• 저압 보안공사 : 22[mm^2]인 경우 • 고압 보안공사 : 38[mm^2]인 경우 • 제1종 특고압 보안공사 : 150[mm^2]인 경우 • 제2, 3종 특고압 보안공사 : 95[mm^2]인 경우 　- 목주/A종 : 제2종(100[m]), 제3종(150[m])				
기 타		• 고압(22[mm^2]), 특고압(50[mm^2])인 경우 　- 목주/A종 : 300[m] 이하 　- B종 : 500[m] 이하				

※ KEC(한국전기설비규정)의 적용으로 100[mm^2]에서 95[mm^2]로, 55[mm^2]에서 50[mm^2]로 변경됨〈2021.01.01.〉

92 KEC 331.7(가공전선로 지지물의 기초의 안전율) – 철근 콘크리트주 매설깊이

설계하중	전주길이		매설깊이
6.8[kN] 이하	15[m] 이하		l = 전장×1/6[m] 이상
	15[m] 초과 16[m] 이하		2.5[m]
	16[m] 초과 20[m] 이하		2.8[m]
6.8[kN] 초과 9.8[kN] 이하	14[m] 이상 20[m] 이하	15[m] 이하	l + 30[cm]
		15[m] 초과	2.8[m]
9.81[kN] 초과 14.72[kN] 이하	14[m] 이상 20[m] 이하	15[m] 이하	l + 0.5[m]
		15[m] 초과 18[m] 이하	3[m] 이상
		18[m] 초과	3.2[m] 이상

93 KEC 351.9(상주 감시를 하지 아니하는 변전소의 시설)
상주 감시를 하지 아니하는 변전소는 다음의 경우에 기술원 주재소에 경보하는 장치를 하여야 한다.
• 무효 전력 보상 장치 내부에 고장이 생긴 경우
• 주요 변압기의 전원측 전로가 무전압으로 된 경우
• 특고압용 타냉식변압기의 냉각장치가 고장난 경우
• 출력 3,000[kVA] 특고압용 변압기의 온도가 현저히 상승한 경우

94 KEC 232.41(케이블트레이공사)
• 금속재의 것은 내식성 재료의 것이어야 한다.
• 케이블 트레이의 안전율은 1.5 이상이어야 한다.
• 비금속제 케이블 트레이는 난연성 재료의 것이어야 한다.
• 전선의 피복 등을 손상시킬 돌기 등이 없이 매끈하여야 한다.

95 KEC 242.10(의료장소)
전원측에 강화절연을 한 비단락 보증 절연변압기를 설치하고 그 2차 측 전로는 접지하지 않는다.

96 KEC 234.11(1[kV] 이하 방전등)
방전등에 전기를 공급하는 전로의 대지전압은 300[V] 이하로 하여야 하며, 다음에 의하여 시설하여야 한다. 다만, 대지전압이 150[V] 이하의 것은 적용하지 않는다.
• 방전등은 사람이 접촉될 우려가 없도록 시설할 것
• 방전등용 안정기는 옥내배선과 직접 접속하여 시설할 것

97 KEC 221.1(구내인입선)
저압 인입선
인장강도 2.30[kN] 이상의 것 또는 지름 2.6[mm] 이상의 인입용 비닐절연전선(단, 지지물 간 거리가 15[m] 이하인 경우는 인장강도 1.25[kN] 이상의 것 또는 지름 2[mm] 이상의 인입용 비닐절연전선)을 사용하여 애자공사로 하거나 케이블공사에 의하여 도로횡단 시 노면상 5[m] 이상, 철도횡단 시 6.5[m] 이상, 횡단보도교 위에 시설하는 경우 3[m] 이상, 일반 장소 4[m] 이상, 교통에 지장이 없는 경우 2.5[m] 이상의 높이에 시설한다.

98 ※ KEC(한국전기설비규정)의 적용으로 문제가 성립되지 않음

99 KEC 332.6(고압 가공전선로의 가공지선), 333.8(특고압 가공전선로의 가공지선)
가공지선 : 직격뢰로부터 가공전선로를 보호하기 위한 설비

구 분		특 징
지 선	고 압	5.26[kN] 이상, 4.0[mm] 이상 나경동선
	특고압	8.01[kN] 이상, 5.0[mm] 이상 나경동선, 22[mm^2] 이상의 나경동연선, 아연도강연선 또는 OPGW전선
안전율		경동선 2.2 이상, 기타 2.5

100 ※ KEC(한국전기설비규정)의 적용으로 문제가 성립되지 않음

2018년 제1회 기출문제

page 78

1	2	3	4	5	6	7	8	9	10	11	12	13	14	15	16	17	18	19	20
①	②	②	①	③	③	①	④	②	②	①	④	①	②	②	①	③	①	③	③
21	22	23	24	25	26	27	28	29	30	31	32	33	34	35	36	37	38	39	40
②	②	①	①	③	①	④	④	③	②	③	④	④	①	④	①	②	①	④	③
41	42	43	44	45	46	47	48	49	50	51	52	53	54	55	56	57	58	59	60
④	②, ③	②	③	④	①	②	③	④	①	③	②	②	④	②	③	④	③	①	①
61	62	63	64	65	66	67	68	69	70	71	72	73	74	75	76	77	78	79	80
③	①	③	②	③	④	③	④	①	①	①	③	④	③	②	①	③	③	①	④
81	82	83	84	85	86	87	88	89	90	91	92	93	94	95	96	97	98	99	100
②	③	×	②	①	×	②	②	①	●	②	×	③	④	④	×	×	③	③	④

● : 전항정답 / × : 문제삭제

01 자계 중의 자극이 받는 힘 : $F = mH = \dfrac{mB}{\mu_s \mu_0}$

02 작용하는 힘 $F = 9 \times 10^9 \times \dfrac{Q_1 Q_2}{\varepsilon_s r^2} = 9 \times 10^9 \times \dfrac{1 \times 10^{-6} \times 2 \times 10^{-6}}{9 \times 0.01^2} = 20[\text{N}]$

03 $H_x = \dfrac{I}{2} \cdot \dfrac{a^2}{(a^2 + x^2)^{\frac{3}{2}}}$ 에서 원형 코일 중심의 자계의 세기 H_0는 $x = 0$이므로

$H_0 = \dfrac{I}{2a} [\text{AT/m}]$

04 플레밍의 왼손 법칙
자속밀도가 $B[\text{Wb/m}^2]$인 자계 중에 길이 l의 도체를 놓고 $I[\text{A}]$의 전류를 흘릴 경우 자계 내에서 도체가 받는 힘의 크기 $F = BIl\sin\theta = \mu_0 HIl\sin\theta[\text{N}]$이다.
따라서 힘은 자장의 세기에 비례한다.

05 전위 $V = E \cdot r = 3 \times 10^6 \times 1 \times 10^{-3} = 3,000[\text{kV}]$

06 파이로(Pyro)전기
전기석이나 티탄산바륨의 결정에 가열을 하거나 냉각을 시키면 결정의 한쪽 면에는 (+) 전하, 다른 쪽 면에는 (−) 전하가 나타나는 분극현상

07 도체의 전류가 표면에만 흐르면 내부 자계는 0이다.

08 평행판 공기콘덴서 병렬접속에서

- $C_1 = \varepsilon_0 \dfrac{\frac{S}{3}}{l} = \varepsilon_0 \dfrac{S}{3l} = \dfrac{1}{3} C_0$

- $C_2 = \varepsilon_0 \varepsilon_s \dfrac{\frac{2S}{3}}{l} = \varepsilon_0 \varepsilon_s \dfrac{2S}{3l} = \dfrac{2}{3} \varepsilon_s C_0$

- $C = C_1 + C_2 = \left(\dfrac{1}{3} + \dfrac{2}{3}\varepsilon_s\right) C_0 = \left(\dfrac{1+2\varepsilon_s}{3}\right) C_0 [\text{F}]$

09 인덕턴스 $L = \dfrac{\mu S N^2}{l} = \mu S N^2 l [\text{H}]$

단위길이당 권수 $N = \dfrac{N'}{l}$

10 영상법, 접지구도체에서

- 영상전하의 위치 $x = \dfrac{a^2}{d}[\text{m}]$

- 영상전하의 크기 $Q' = -\dfrac{P_{12}}{P_{11}} Q = -\dfrac{a}{d} Q [\text{C}]$

- 작용하는 힘 $F = \dfrac{Q\left(-\dfrac{a}{d}\right)Q}{4\pi\varepsilon_0 \left(d - \dfrac{a^2}{d}\right)^2} = -\dfrac{adQ^2}{4\pi\varepsilon_0 (d^2 - a^2)^2}[\text{N}]$ (흡인력)

11 작용하는 힘 $F = \dfrac{Q^2}{16\pi\varepsilon_0 r^2} = \dfrac{9}{4} \times 10^9 \times \dfrac{(1.602 \times 10^{-19})^2}{(10^{-10})^2} = 5.77 \times 10^{-9} [\text{N}]$

12 전위계수

전위 $V_1 = P_{11} Q_1 + P_{12} Q_2 = P_{11} Q - P_{12} Q$
전위 $V_2 = P_{21} Q_1 + P_{22} Q_2 = P_{21} Q - P_{22} Q$
∴ 전위차 $V = V_1 - V_2 = (P_{11} - 2P_{12} + P_{22}) Q [\text{V}]$

13 도체 내부의 전계의 세기 $E = 0$ 이므로 전속밀도 $D = \varepsilon E$

14 정전용량 $C = \dfrac{\varepsilon_0 S}{d}[\text{F}]$ 에서

$C = \dfrac{\varepsilon_0}{d}[\text{F/m}^2] = \dfrac{\varepsilon_0}{\dfrac{V}{E}} = \dfrac{\varepsilon_0 E}{V}[\text{F/m}^2]$

15 전계의 세기 $E = \dfrac{q}{4\pi\varepsilon_0 x^2} = \dfrac{\frac{1}{2}q}{4\pi\varepsilon_0 (a-x)^2}$

$\dfrac{1}{2}x^2 = (a-x)^2$

$x^2 = 2(a-x)^2$

$x = \sqrt{2}(a-x)$

$x + \sqrt{2}x = \sqrt{2}a$

$(1+\sqrt{2})x = \sqrt{2}a$

$x = \dfrac{\sqrt{2}a}{\sqrt{2}+1}$ 의 분자와 분모에 $\sqrt{2}-1$을 곱하면

$= 2a - \sqrt{2}a$

$= (2-\sqrt{2})a$

16 기전력 $e = 2\pi fN\phi$

자속밀도 $B = \dfrac{\phi}{S} \Rightarrow \phi = BS$

∴ 기전력 $e \propto Bf$

17 전파속도 $v = \dfrac{1}{\sqrt{\varepsilon\mu}} = \dfrac{1}{\sqrt{\varepsilon_0\mu_0}} \times \dfrac{1}{\sqrt{\varepsilon_s\mu_s}} = \dfrac{c}{\sqrt{\varepsilon_s\mu_s}} = \dfrac{3\times 10^8}{\sqrt{\varepsilon_s\mu_s}}[\text{m/s}]$

18 **맥스웰 전자방정식(미분형)**
- 패러데이 법칙 : $\text{rot}\,E = -\dfrac{\partial B}{\partial t}$
- 앙페르의 주회법칙 : $\text{rot}\,H = i_c + \dfrac{\partial D}{\partial t}$
- 가우스 법칙 : $\text{div}\,D = \rho$
- 가우스 법칙 : $\text{div}\,B = 0$

19 전류밀도 $J = \dfrac{E}{\rho} = kE = \sigma E$

20 점 P에서 Q의 전하를 주고, 도체구를 접지($V=0$)하였을 때 유도되는 전하를 Q'라 하면 $V_1 = 0 = P_{11}Q' + P_{12}Q$

∴ 전하 $Q' = -\dfrac{P_{12}}{P_{11}}Q = \dfrac{\frac{1}{4\pi\varepsilon_0 r}}{\frac{1}{4\pi\varepsilon_0 a}}Q = -\dfrac{a}{r}Q[\text{C}]$

21 정격투입전류란 최초 주파수의 최댓값으로 표시한다.

22 복수기는 응축기의 일종으로 공급되는 냉각수에 의해 흘러오는 증기의 증발열을 빼앗아 증기를 물로 환원시키는 작용으로 손실이 가장 크다.

23 급수 중에 용해되어 있는 산소는 증기계통, 급수계통 등을 부식시킨다. 탈기기는 용해 산소를 분리한다.

24

특유속도(1분간 회전수) $n_s = \dfrac{NP^{\frac{1}{2}}}{H^{\frac{5}{4}}}$ [rpm]

수차의 종류	펠턴	프란시스	사류	카플란 및 프로펠러
특유속도 범위	12~23	65~350	150~250	350~800

25 탈조보호계전기
송전 계통에 발생한 고장 때문에 일부 계통의 위상각이 커져서 동기를 벗어나려고 할 경우 이것을 검출하고 그 계통을 분리하기 위해서 차단하지 않으면 안 될 경우에 사용한다.

26 궤전점 : 전차 등에 전력을 공급하기 위하여 곳곳에 두어 여기에 궤전분기선을 접속한다. 이것을 궤전점이라고 한다.

27 $f = \dfrac{e}{Vr} \times 100 = \dfrac{\sqrt{3}\,I(R\cos\theta + X\sin\theta)}{Vr} \times 100 = \dfrac{\sqrt{3} \times 250(7.61 \times 0.8 + 11.85 \times 0.6)}{60{,}000} \times 100 \fallingdotseq 9.5\,[\%]$

28 1선 지락 시 전위상승을 억제하여 기기의 절연을 보호한다.

29 $C = \dfrac{0.02413}{\log_{10}\dfrac{D}{r}}$

30 피뢰기의 구비조건
- 속류차단 능력이 클 것
- 제한전압이 낮을 것
- 충격방전 개시전압이 낮을 것
- 상용주파 방전 개시전압이 높을 것
- 방전내량이 클 것
- 내구성 및 경제성이 있을 것

31
- 전압부담 최대 : 전선 쪽 애자
- 전압부담 최소 : 철탑에서 $\dfrac{1}{3}$ 지점 애자(전선에서 $\dfrac{2}{3}$ 지점)

32
$W_0 = 2W_1 = 3W_3 = 2A_1 l = 3A_3 l$

$\dfrac{A_3}{A_1} = \dfrac{2}{3} = \dfrac{R_1}{R_3} \;\rightarrow\; \dfrac{R_3}{R_1} = \dfrac{3}{2}$

$2I_1^2 R_1 = 3I_3^2 R_3 \;\Rightarrow\; \left(\dfrac{I_1}{I_3}\right)^2 = \dfrac{3}{2}\dfrac{R_3}{R_1} = \dfrac{3}{2} \times \dfrac{3}{2} \;\rightarrow\; \dfrac{I_1}{I_3} = \dfrac{3}{2}$

$\dfrac{P_1}{P_3} = \dfrac{VI_1}{\sqrt{3}\,VI_3} = \dfrac{1}{\sqrt{3}}\dfrac{I_1}{I_3} = \dfrac{1}{\sqrt{3}} \times \dfrac{3}{2} = \dfrac{\sqrt{3}}{2}$

33 사고별 보호계전기
- 단락사고 : 과전류계전기(OCR)
- 지락사고 : 선택접지계전기(SGR), 접지변압기(GPT) - 영상전압 검출, 영상변류기(ZCT) - 영상전류 검출

34 부등률 $=\dfrac{\text{개별수용가 최대전력의 합}}{\text{합성최대수용전력}} \geq 1$

35 복도체(다도체) 방식의 주목적 : 코로나 방지
- 인덕턴스는 감소, 정전용량은 증가
- 같은 단면적의 단도체에 비해 전력용량의 증대
- 코로나의 방지, 코로나 임계전압의 상승
- 송전용량의 증대
- 소도체 충돌 현상(대책 : 스페이서의 설치)
- 단락 시 대전류 등이 흐를 때 소도체 사이에 흡인력이 발생

36 옴법에 의한 단상 및 3상 단락전류
$$I_S = \frac{E}{Z} = \frac{E}{Z_g + Z_t + Z_l}[\text{A}]$$
여기서, Z_g : 발전기, Z_t : 변압기, Z_l : 선로의 임피던스

37 안정도 향상 대책
- 발전기
  - 동기리액턴스 감소(단락비 크게, 전압변동률 작게)
  - 속응여자방식 채용
  - 제동권선설치(난조 방지)
  - 조속기 감도 둔감
- 송전선
  - 리액턴스 감소
  - 복도체(다도체) 채용
  - 병행 2회선 방식
  - 중간조상방식
  - 고속도 재폐로방식 채택 및 고속 차단기 설치

38 사고 시 모선을 통합하면 계통에 고장전류가 파급되므로 사고 모선을 분리시킨다.

39 이론상 $150 \times 0.04 = 6[\text{kVA}]$
실제 $150 \times 0.06 = 9[\text{kVA}]$
※ 이론상과 실제용량이 같이 있을 경우 실제용량이 답이며, 실제용량이 없으면 이론상 용량이 정답임

40 $T = \dfrac{WS^2}{8D} = \dfrac{0.37 \times 80^2}{8 \times 0.8} = 370[\text{kg}]$

41 $E_c = V - (R_a + R_s)I = 220 - 0.05 \times 100 = 215[\text{V}]$
$\therefore P = E_c I = 215 \times 100 = 21{,}500[\text{kW}] = 21.5[\text{kW}]$
$\therefore P' = 21.5 - 1.7 - (21.5 \times 0.01) = 19.585[\text{kW}] \fallingdotseq 19.6[\text{kW}]$

42 공단에서 ②와 ③을 정답 처리함

43 농형 유도전동기 특징
- 주파수 변환법(VVVF)
  - 역률이 양호하며 연속적인 속도제어가 되지만, 전용전원이 필요하다.
  - 인견·방직 공장의 포트모터, 선박의 전기추진기
- 극수 변환법 : 비교적 단계적인 속도를 제어한다(효율이 좋다).
- 전압 제어법(전원전압) : 유도전동기의 토크가 전압의 2승에 비례하여 변환하는 성질을 이용하여 부하운전 시 슬립을 변화시켜 속도를 제어한다.

44 동기발전기의 병렬운전 조건

필요조건	다른 경우 현상
기전력의 크기가 같을 것	무효순환전류(무효횡류)
기전력의 위상이 같을 것	동기화전류(유효횡류)
기전력의 주파수가 같을 것	동기화전류 : 난조 발생
기전력의 파형이 같을 것	고주파 무효순환전류 : 과열 원인
(3상) 기전력의 상회전 방향이 같을 것	

45 다이오드의 연결
- 직렬연결 : 과전압을 방지한다.
- 병렬연결 : 과전류를 방지한다.

46 변압기 V결선
- 출력비 $= \dfrac{P_V}{P_\triangle} = \dfrac{\sqrt{3}\, V_2 I_2}{3 V_2 I_2} ≒ 0.577 = 57.7[\%]$
- 이용률 $= \dfrac{\sqrt{3}\, V_2 I_2}{2 V_2 I_2} = \dfrac{\sqrt{3}}{2} ≒ 0.866 = 86.6[\%]$

47 동기발전기의 회전자 주변속도
$v = \pi D \dfrac{N_s}{60} = \dfrac{\pi D}{60} \cdot \dfrac{120 f}{P}[\text{rpm}] = \dfrac{\pi \times 2}{60} \times \dfrac{120 \times 60}{12} ≒ 62.8[\text{m/s}]$

48 토크 $T = \dfrac{60 P_2}{2\pi N_s}[\text{N·m}]$ 이므로 2차 입력에 비례하고 동기속도에 반비례한다.

49 단상 직권 정류자 전동기의 용도
75[W] 정도 : 소출력, 소형공구, 치과의료용, 믹서 등

50 직류 타여자발전기에서 전기자전류와 부하전류는 같다.

51 균압선
- 병렬운전을 안정하게 하기 위하여 설치하는 것
- 직렬계자권선을 가지는 발전기에 필요 : 직권 및 복권 발전기

52 저항의 비가 1 : 2이면 전류는 2 : 1이므로 $I_A = 90[\text{A}]$, $I_B = 45[\text{A}]$

53 유기기전력 $E = 4.44fNBS$에서 권수와 기전력은 비례이므로 2배가 된다.

54 Diode는 스위칭 기능(On-Off)만 있고 제어 기능은 없다.

55 토크
$$T = \frac{P}{\omega} = \frac{EI_a}{2\pi \times \frac{N}{60}} = \frac{(V-I_aR_a)I_a}{2\pi \times \frac{N}{60}} = \frac{(210 - 20 \times 0.15) \times 20}{2\pi \times \frac{1,500}{60}} \fallingdotseq 26.35 \fallingdotseq 26.4[\text{N} \cdot \text{m}]$$

56 동기발전기의 병렬운전 조건에서 유기기전력의 크기가 같지 않으면 여자전류의 변화에 의해 두 발전기 사이에 무효순환전류가 흐르게 된다.

무효순환전류 $I_c = \dfrac{E_1 - E_2}{2Z_s} = \dfrac{E_c}{2Z_c}$

57 농형 유도전동기의 속도 제어법
- 주파수 변환법(VVVF)
  - 역률이 양호하며 연속적인 속도 제어가 되지만, 전용 전원이 필요
  - 인견·방직 공장의 포트모터, 선박의 전기추진기
- 극수 변환법 : 비교적 효율이 좋고 단계적인 속도 제어한다.
- 전압 제어법(전원전압) : 유도전동기의 토크가 전압의 2승에 비례하여 변환하는 성질을 이용하여 부하운전 시 슬립을 변화시켜 속도를 제어한다.

58 2차 동손 $P_{c2} = sP_2 = s \times \dfrac{P_1}{1-s} = 0.04 \times \dfrac{15 \times 10^3}{1-0.04} = 625[\text{W}]$

여기서, 동기속도 $N_s = \dfrac{120f}{P} = \dfrac{120 \times 60}{8} = 900[\text{rpm}]$

슬립 $s = \dfrac{N_s - N}{N_s} = \dfrac{900 - 864}{900} = 0.04$

59 $I_{s1} = \dfrac{V_1}{Z_1 + Z_2'} = \dfrac{V_1}{Z_1 + a^2 Z_2}[\text{A}]$

60 변압기 등가회로 작성에 필요한 시험은 단락시험, 무부하시험, 저항측정시험이 있다.

61 $\cos\theta = \dfrac{R}{\sqrt{R^2 + X_L^2}} \times 100 = \dfrac{R}{\sqrt{R^2 + (2\pi fL)^2}} \times 100 = \dfrac{50}{\sqrt{50^2 + (2\pi \times 50 \times 200 \times 10^{-3})^2}} \times 100 = 62.3[\%]$

62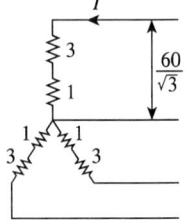

$I = \dfrac{E}{r} = \dfrac{\frac{60}{\sqrt{3}}}{4} = 8.66[\text{A}]$

63 $R-L$ 직렬회로, 직류 인가하여 스위치를 닫는 순간 인덕턴스에 걸리는 전압
$E_L = Ee^{-\frac{R}{L}t} = Ee^{-\frac{R}{L}\times 0} = E$

64 $I = \sqrt{\frac{1}{3}\left(\int_0^1 (10t)^2 + \int_1^2 (10)^2\right)} = \sqrt{\frac{1}{3}\left\{\left|\frac{100}{3}t^3\right|_0^1 + \left|100t\right|_1^2\right\}} = \sqrt{\frac{1}{3}\left(\frac{100}{3}+100\right)} = \sqrt{\frac{400}{9}} = 6.67[\text{V}]$

65
- 배율기 → 저항을 직렬
- 분류기 → 저항을 병렬

66 $G(s) = \frac{V_2(s)}{V_1(s)} = \frac{\frac{1}{Cs}I(s)\times sC}{\left(R+\frac{1}{Cs}\right)I(s)\times sC} = \frac{1}{RCs+1}$

67
- 정현대칭 $f(x) = -f(-x) \to f(-x) = -f(x)$
- 반파대칭 $f(x) = -f\left(x+\frac{X}{2}\right) = -f\left(x+\frac{2\pi}{2}\right) = -f(x+\pi) \to -f(x+\pi) = f(x)$

68 Y결선을 △결선으로 변환
$A = \frac{R_a \cdot R_b + R_b \cdot R_c + R_c \cdot R_a}{R_c} = \frac{3+6+2}{3} = \frac{11}{3}[\Omega]$
$B = \frac{11}{1} = 11[\Omega], \ C = \frac{11}{2}[\Omega]$

69 a상 기준 3상 전압의 합
$v_a + v_b + v_c = v_a + a^2 v_a + a v_a = (1+a^2+a)v_a = 0$
$(1+a+a^2) = 0$

70 $20\log G = 20\log 100 = 20\log 10^2 = 40[\text{dB}]$

71 $h(t) = (e^{-t}+2e^{-2t})u(t) = \frac{1}{s+1}+\frac{2}{s+2} = \frac{s+2+2s+2}{(s+1)(s+2)} = \frac{3s+4}{(s+1)(s+2)}$

72

	파 형	실횻값(V)	평균값(V_{av})	파형률	파고율
전 파	정현파	$\frac{V_m}{\sqrt{2}}$	$\frac{2}{\pi}V_m$	1.11	1.414
	구형파	V_m	V_m	1	1
	삼각파(톱니파)	$\frac{V_m}{\sqrt{3}}$	$\frac{V_m}{2}$	1.155	1.732
반 파	정현파	$\frac{1}{2}V_m$	$\frac{V_m}{\pi}$	$\frac{\pi}{2}$	2

73 시정수(τ)
최종값(정상값)의 63.2[%] 도달하는 데 걸리는 시간

$R-C$ 직렬회로	$R-L$ 직렬회로
$\tau = RC\,[\text{s}]$	$\tau = \dfrac{L}{R}\,[\text{s}]$

$R-L$ 회로의 시정수 $\tau = \dfrac{L}{R} = \dfrac{10 \times 10^{-3}}{20} = 5 \times 10^{-4}\,[\text{s}]$

74 $P = \dfrac{100}{\sqrt{2}} \times \dfrac{20}{\sqrt{2}} \times \cos 60° + \dfrac{20}{\sqrt{2}} \times \dfrac{10}{\sqrt{2}} \times \cos 0° = 600\,[\text{W}]$

75 $Z_{11} = 3 + 5 = 8$
$Z_{12} = Z_{21} = 5$
$Z_{22} = 2 + 5 = 7$

76 RLC 직렬공진 시(전압과 전류가 동상 0°)
$I =$ 최대, $Z =$ 최소
$f = \dfrac{1}{2\pi\sqrt{LC}}$, $Q = \dfrac{1}{R}\sqrt{\dfrac{L}{C}}$

77 $f(t) = 3u(t) + 2e^{-t} = \dfrac{3}{s} + \dfrac{2}{s+1} = \dfrac{3s+3+2s}{s(s+1)} = \dfrac{5s+3}{s(s+1)}$

78 $F(s) = \dfrac{2(s+1)}{s^2+2s+5} = \dfrac{2(s+1)}{(s+1)^2 + 2^2} = 2e^{-t}\cos 2t$

79 $V_l = 2\sin\dfrac{\pi}{n}V_P$

$100 = 2 \times \sin\dfrac{\pi}{10} \times V_P$

$V_P = \dfrac{100}{2 \times \sin\dfrac{\pi}{10}} = 161.8\,[\text{V}]$

80 정전용량 $C = \dfrac{Q}{V}$

여기서, C : 정전용량[F], Q : 전기량[C], V : 전위[V]

81 KEC 232.12(금속관공사)
- 전선은 절연전선(옥외용 비닐절연전선을 제외한다)일 것
- 연선일 것(단, 전선관이 짧거나 10[mm^2] 이하(알루미늄은 16[mm^2])일 때 예외)
- 관의 두께 : 콘크리트에 매입하는 것은 1.2[mm] 이상(노출공사 1.0[mm] 이상. 단, 길이 4[m] 이하이고 건조한 노출한 공사 : 0.5[mm] 이상)
- 폭발방지형 부속품 : 전선관과의 접속부분 나사는 5산 이상 완전히 나사결합
- 관의 끝 부분에는 전선의 피복을 손상하지 아니하도록 부싱을 사용할 것
- 접지공사 생략
  - 건조하고 총 길이 4[m] 이하인 곳
  - 8[m] 이하, DC 300[V], AC 150[V] 이하인 사람 접촉이 없는 경우

82　KEC 231.3.1(저압 옥내배선의 사용전선)
- 단면적 2.5[mm²] 이상의 연동선 또는 이와 동등 이상의 강도 및 굵기의 것
- 전광표시 장치 기타 이와 유사한 장치 또는 제어회로 등에 사용하는 배선에 단면적 1.5[mm²] 이상의 연동선을 사용하고 이를 합성수지관공사·금속관공사·금속몰드공사·금속덕트공사·플로어덕트공사 또는 셀룰러덕트공사에 의하여 시설
- 전광표시 장치 기타 이와 유사한 장치 또는 제어회로 등의 배선에 단면적 0.75[mm²] 이상인 다심케이블 또는 다심 캡타이어 케이블을 사용하고 또한 과전류가 생겼을 때에 자동적으로 전로에서 차단하는 장치를 시설

83　※ KEC(한국전기설비규정)의 적용으로 문제가 성립되지 않음

84　KEC 223.1/334.1(지중전선로의 시설)
- 사용전선 : 케이블, 트로프를 사용하지 않을 경우는 CD(콤바인덕트)케이블을 사용한다.
- 매설방식 : 직접 매설식, 관로식, 암거식(공동구)
- 직접 매설식의 매설깊이 : 트로프 기타 방호물에 넣어 시설

장소	차량, 기타 중량물의 압력	기타
깊이	1.0[m] 이상	0.6[m] 이상

85　KEC 223.2/334.2(지중함의 시설)
- 지중함은 견고하고 차량 기타 중량물의 압력에 견디는 구조일 것
- 지중함은 그 안의 고인 물을 제거할 수 있는 구조로 되어 있을 것
- 폭발성 또는 연소성의 가스가 침입할 우려가 있는 것에 시설하는 지중함으로서 그 크기가 1[m³] 이상인 것에는 통풍장치 기타 가스를 방산시키기 위한 장치를 시설할 것
- 지중함의 뚜껑은 시설자 이외의 자가 쉽게 열 수 없도록 시설할 것

86　※ KEC(한국전기설비규정)의 적용으로 문제가 성립되지 않음

87　KEC 520(태양광발전설비)
- 충전부분 노출되지 않도록 시설할 것
- 공칭단면적 2.5[mm²] 이상의 연동선
- 옥내·외 공사 : 금속관, 합성수지관, 케이블, 가요전선관공사
- 태양전지 모듈을 병렬로 접속하는 전로에는 전로를 보호하는 과전류 차단기 등을 시설할 것

88　KEC 331.7(가공전선로 지지물의 기초의 안전율) - 철근 콘크리트주 매설깊이

설계하중	전주길이		매설깊이
6.8[kN] 이하	15[m] 이하		l = 전장 × 1/6[m] 이상
	15[m] 초과 16[m] 이하		2.5[m]
	16[m] 초과 20[m] 이하		2.8[m]
6.8[kN] 초과 9.8[kN] 이하	14[m] 이상 20[m] 이하	15[m] 이하	l + 30[cm]
		15[m] 초과	2.8[m]
9.81[kN] 초과 14.72[kN] 이하	14[m] 이상 20[m] 이하	15[m] 이하	l + 0.5[m]
		15[m] 초과 18[m] 이하	3[m] 이상
		18[m] 초과	3.2[m] 이상

89 KEC 222.4/332.2(가공케이블의 시설), 333.3(특고압 가공케이블의 시설)

조가선	인장강도	굵기	접지	간 격	
				행 거	금속제테이프
저·고압	5.93[kN] 이상	22[mm²] 이상 아연도강연선	케이블 피복의 금속체 140(접지시스템)의 규정에 준하여 접지공사	0.5[m] 이하	0.2[m] 이하, 나선형
특고압	13.93[kN] 이상				

90 공단에서 전항정답 처리함

91 최소 높이

단수 $= \dfrac{160[kV] \text{ 초과}}{10} = \dfrac{345-160}{10} = 18.5 ≒ 19$

$N =$ 단수 × 0.12

일반 지표상의 높이는 $6 + 19 \times 0.12 = 8.28$이지만 문제에서 충전부분이 6[m]로 표기되어 있어서 $8.28 - 6 = 2.28[m]$가 된다.

92 ※ KEC(한국전기설비규정)의 적용으로 문제가 성립되지 않음

93 KEC 222.5(저압 가공전선의 굵기 및 종류), 333.4(특고압 가공전선의 굵기 및 종류)

전 압		조 건	인장강도	경동선의 굵기
저 압	400[V] 이하	절연전선	2.3[kN] 이상	2.6[mm] 이상
		나전선	3.43[kN] 이상	3.2[mm] 이상
	400[V] 초과	시가지	8.01[kN] 이상	5.0[mm] 이상
		시가지 외	5.26[kN] 이상	4.0[mm] 이상
특고압		일 반	8.71[kN] 이상	22[mm²] 이상

94 KEC 362.1(전력보안통신설비의 시설 요구사항)
- 원격감시제어가 되지 아니하는 발전소·변전소·개폐소, 전선로 및 이를 운용하는 급전소 및 급전분소 간
- 2개 이상의 급전소(분소) 상호 간과 이들을 통합 운용하는 급전소(분소) 간
- 수력설비 중 필요한 곳, 수력설비의 안전상 필요한 양수소 및 강수량 관측소와 수력발전소 간
- 동일 수계에 속하고 안전상 긴급연락의 필요가 있는 수력발전소 상호 간
- 동일 전력계통에 속하고 또한 안전상 긴급연락의 필요가 있는 발전소·변전소 및 개폐소 상호 간
- 발전소·변전소 및 개폐소와 기술원 주재소 간
- 발전소·변전소·개폐소·급전소 및 기술원 주재소와 전기설비의 안전상 긴급연락의 필요가 있는 기상대, 측후소·소방서 및 방사선 감시계측 시설물 등의 사이

95 KEC 232.41(케이블트레이공사)
- 비금속제 케이블트레이는 난연성 재료일 것
- 케이블트레이의 안전율은 1.5 이상일 것

96 ※ KEC(한국전기설비규정)의 적용으로 문제가 성립되지 않음

97 ※ KEC(한국전기설비규정)의 적용으로 문제가 성립되지 않음

98 KEC 332.6(고압 가공전선로의 가공지선), 333.8(특고압 가공전선로의 가공지선)
가공지선 : 직격뢰로부터 가공전선로를 보호하기 위한 설비

구 분		특 징
지 선	고 압	5.26[kN] 이상, 4.0[mm] 이상 나경동선
	특고압	8.01[kN] 이상, 5.0[mm] 이상 나경동선, 22[mm^2] 이상의 나경동연선, 아연도강연선 또는 OPGW전선
안전율		경동선 2.2 이상, 기타 2.5

99 KEC 333.13(상시 상정하중)
잡아당김형, 내장형, 보강형의 철탑은 가섭선의 불평형 장력에 의한 수평 종하중을 가산하는 것이며, 잡아당김형은 상정 최대 장력과 같은 불평형 장력의 수평 종분력에 의한 하중, 내장형과 보강형은 33[%]

100 KEC 132(전로의 절연저항 및 절연내력)

종 류	비접지	중성점 접지	중성점 직접접지
170[kV]	×1.25	×1.1	×0.64
60[kV]	(최저시험전압 10.5[kV])	(최저시험전압 75[kV])	×0.72
7[kV]	×1.5	25[kV] 이하 중성점 다중접지 ×0.92	

2018년 제2회 기출문제

page 91

1	2	3	4	5	6	7	8	9	10	11	12	13	14	15	16	17	18	19	20
③	②	②	③	①	③	②	③	①	③	②	④	②	①	②	④	④	④	①	④
21	22	23	24	25	26	27	28	29	30	31	32	33	34	35	36	37	38	39	40
②	②	②	②	④	②	③	③	①	③	③	①	②	④	①	③	③	④	①	③
41	42	43	44	45	46	47	48	49	50	51	52	53	54	55	56	57	58	59	60
④	③	③	④	②	③	②	④	④	③	③	●	③	②	②	②	④	①	②	②
61	62	63	64	65	66	67	68	69	70	71	72	73	74	75	76	77	78	79	80
①	③	④	②	④	②	①	③	③	③	③	②	②	②	④	①	④	③	①	③
81	82	83	84	85	86	87	88	89	90	91	92	93	94	95	96	97	98	99	100
×	①	①	②	②	×	×	③	③	④	×	④	③	②	④	×	×	③	③	③

● : 전항정답 / × : 문제삭제

01 특성 임피던스 $Z_0 = \dfrac{E}{H} = \sqrt{\dfrac{\mu}{\varepsilon}}$ 에서 $E = Z_0 H = \sqrt{\dfrac{\mu}{\varepsilon}} H$

02 감자율 $N = \dfrac{1}{\mu_s - 1}\left(\dfrac{H_0}{H} - 1\right)$

$H = \dfrac{3\mu_0}{2\mu_0 + \mu} H_0$ 이므로

$N = \dfrac{1}{\mu_s - 1}\left(\dfrac{H_0}{\dfrac{3\mu_0}{2\mu_0 + \mu} H_0} - 1\right) = \dfrac{1}{\mu_s - 1}\left(\dfrac{2 + \mu_s}{3} - 1\right) = \dfrac{1}{3}$

03 평형 도선의 정전용량 $C = \dfrac{\pi\varepsilon_0}{\ln\dfrac{d-a}{a}}$ [F/m]

조건 $d \gg a$에서 $C = \dfrac{\pi\varepsilon_0}{\ln\dfrac{d}{a}}$ [F/m]

04 자계 내 전자의 원운동
$mv = Ber$에서

반지름 $r = \dfrac{mv}{Be} = \dfrac{mv}{\mu He}$

05 점전하 사이에 작용하는 힘 $F = 9 \times 10^9 \times \dfrac{Q_1 Q_2}{r^2}$ 에서

거리 $r = \sqrt{\dfrac{9 \times 10^9 \times Q_1 \times Q_2}{F}} = \sqrt{\dfrac{9 \times 10^9 \times 1 \times 1}{9 \times 10^9}} = 1$ [m]

06 자유공간의 특성임피던스 Z_0는
$$Z_0 = \frac{E}{H} = \sqrt{\frac{\mu_0}{\epsilon_0}} = \sqrt{\frac{4\pi \times 10^{-7}}{8.855 \times 10^{-12}}} = 376.6 \fallingdotseq 377[\Omega]$$

07 임의의 도체를 접지된 도체로 완전 포위하면 외부에서 유도되는 전하를 차단할 수 있다. 이것을 정전차폐라고 한다.

08 공극 발생 시 전류 $I = \frac{F}{N} = \frac{B}{N}\left(\frac{l}{\mu} + \frac{l_g}{\mu_0}\right) = \frac{B}{\mu_0 N}\left(\frac{l}{\mu_s} + l_g\right) = \frac{10^7}{4\pi} \times \frac{B}{N}\left(\frac{l}{\mu_s} + l_g\right)$[A]

09
- 법선성분 : $D_1 \cos\theta_1 = D_2 \cos\theta_2$
- 접선성분 : $E_1 \sin\theta_1 = E_2 \sin\theta_2$
- 굴절의 법칙 : $\frac{\tan\theta_1}{\tan\theta_2} = \frac{\varepsilon_1}{\varepsilon_2}$
- 유전율이 큰 쪽으로 굴절
  $\varepsilon_1 > \varepsilon_2$: $\theta_1 > \theta_2$, $D_1 > D_2$, $E_1 < E_2$
  $\varepsilon_1 < \varepsilon_2$: $\theta_1 < \theta_2$, $D_1 < D_2$, $E_1 > E_2$
- 수직 입사 : $\theta_1 = 0$, 비굴절, 전속밀도 연속($D_1 = D_2$, $E_1 \neq E_2$)
- 수평 입사 : $\theta_1 = 90$, 전계 연속($D_1 \neq D_2$, $E_1 = E_2$)

10 $C' = \frac{C}{C_0} = \frac{50 \times 3}{3} = 50$배

11 분극의 세기 $P = \varepsilon_0(\varepsilon_s - 1)E$, 분극률 $\chi = \varepsilon_0(\varepsilon_s - 1)$

12 **도체의 성질과 전하분포**
- 도체 내부 전계의 세기는 0이다.
- 도체 내부는 중성이라 전하를 띠지 않고 도체 표면에만 전하가 분포한다.
- 도체 면에서의 전계의 세기는 도체 표면에 항상 수직이다.
- 도체 표면에서 전하 밀도는 곡률이 클수록, 곡률 반지름은 작을수록 높다.

13 도체의 전기저항은 온도의 변화에 정특성을 가지고 절연체와 반도체는 온도의 변화에 부특성을 갖는다.

14 그림과 같이 점 P에서 코일을 바라보는 입체각 ω는 $\omega = 2\pi(1 - \cos\theta)$이므로
자위는 $U_m = \frac{I}{4\pi}\omega = \frac{I}{4\pi} \cdot 2\pi(1 - \cos\theta) = \frac{I}{2}\left(1 - \frac{x}{\sqrt{a^2 + x^2}}\right)$[AT]

15 결합계수 $k = \frac{M}{\sqrt{L_1 L_2}} = \frac{0.36}{\sqrt{0.4 \times 0.9}} = 0.6$

16 $B = \nabla \times A$로 정의되고 $\nabla \times E = -\frac{\partial B}{\partial t}$에서
$$\nabla \times E = -\frac{\partial B}{\partial t} = -\frac{\partial}{\partial t}(\nabla \times A) = \nabla \times \left(-\frac{\partial A}{\partial t}\right)$$
$$\therefore E = -\frac{\partial A}{\partial t}$$

17 전하밀도 $\sigma[\text{C/m}^2]$에서 나오는 전기력선 밀도 $\dfrac{\sigma}{\varepsilon_0}[\text{개/m}^2] = \dfrac{\sigma}{\varepsilon_0}[\text{V/m}]$(전계의 세기 E)이므로

$V = Ed = \dfrac{\sigma}{\varepsilon_0}d[\text{V}]$

18
- 전류에 의한 자계의 크기 : 비오-사바르의 법칙
- 방향 : 앙페르의 오른손 법칙

19 단위체적당 정전에너지 $\omega = \dfrac{1}{2}\varepsilon E^2 = \dfrac{1}{2} \times \varepsilon_0 \times 2.4 \times (100 \times 10^{-3})^2 = 1.06 \times 10^{-13}[\text{J/m}^3]$

20 병렬회로 합성인덕턴스 $L = \dfrac{L_1 \cdot L_2}{L_1 + L_2 \mp 2M}$에서 무간섭일 때 $M=0$이므로 $L = \dfrac{L_1 \cdot L_2}{L_1 + L_2}[\text{H}]$

21 시한특성
- 순한시 계전기 : 최소동작전류 이상의 전류가 흐르면 즉시 동작, 고속도 계전기(0.5~2Cycle)
- 정한시 계전기 : 동작전류의 크기에 관계없이 일정시간에 동작
- 반한시 계전기 : 동작전류가 작을 때는 동작시간이 길고, 동작전류가 클 때는 동작시간이 짧다.
- 반한시성 정한시 계전기 : 반한시 + 정한시 특성

22 단상 3선식의 특징
- 장 점
  - 전선 소모량이 단상 2선식에 비해 37.5[%](경제적)
  - 110/220[V]의 2종류의 전압을 얻을 수 있다.
  - 단상 2선식에 비해 효율이 높고 전압강하가 작다.
- 단 점
  - 중성선이 단선되면 전압의 불평형이 생기기 쉽다.
  - 대책 : 저압 밸런서(여자 임피던스가 크고 누설 임피던스가 작고 권수비가 1:1인 단권 변압기)
- 주의 사항
  - 개폐기는 동시 동작형
  - 중성선에 퓨즈를 설치하지 말 것

23 변류기(CT)는 2차 측 개방 불가 : 과전압 유기 및 절연파괴되므로 반드시 2차 측을 단락해야 한다.

24 전력 퓨즈(Power Fuse)는 특고압 기기의 단락전류 차단을 목적으로 설치한다.
- 장점 : 소형 및 경량, 차단용량이 큼, 고속 차단, 보수가 간단, 가격이 저렴, 정전용량이 작음
- 단점 : 재투입이 불가능

25 중성점 접지방식

방 식	보호계전기동작	지락전류	전위상승	과도안정도	유도장해	특 징
직접접지 22.9, 154, 345[kV]	확실	크다.	1.3배	작다.	크다.	중성점 영전위 단절연 가능
저항접지	↓	↓	$\sqrt{3}$ 배	↓	↓	
비접지 3.3, 6.6[kV]	×	↓	$\sqrt{3}$ 배	↓	↓	저전압 단거리
소호리액터접지 66[kV]	불확실	0	$\sqrt{3}$ 배 이상	크다.	작다.	병렬 공진

26 송전단전압 $V_s = V_r + 2IR = 100 + 2 \times \dfrac{3,000}{100} \times 0.15 = 109[\text{V}] ≒ 110[\text{V}]$

27 중성점 접지방식

방식	보호계전기동작	지락전류	전위상승	과도안정도	유도장해	특징
직접접지 22.9, 154, 345[kV]	확실	크다.	1.3배	작다.	크다.	중성점 영전위 단절연 가능
저항접지	↓	↓	$\sqrt{3}$ 배	↓	↓	
비접지 3.3, 6.6[kV]	×	↓	$\sqrt{3}$ 배	↓	↓	저전압 단거리
소호리액터접지 66[kV]	불확실	0	$\sqrt{3}$ 배 이상	크다.	작다.	병렬 공진

28
- 3상 차단기 정격용량 : $P_s = \sqrt{3} \times$정격전압$\times$정격차단전류[MVA]
- 단상 차단기 정격용량 : $P_s =$ 정격전압$\times$정격차단전류[MVA]
- 정격전압 $=$공칭전압$\times \dfrac{1.2}{1.1}$

29 댐퍼 : 송전선로의 진동을 억제하는 장치, 지지점 가까운 곳에 설치

30
- 단상 2선식 : 전선 1가닥에 대한 작용정전용량
  단도체 $C = C_s + 2C_m[\mu\text{F/km}]$
- 3상 3선식 : 전선 1가닥에 대한 작용정전용량
  단도체 $C = C_s + 3C_m[\mu\text{F/km}]$
여기서, C_s : 대지정전용량, C_m : 선간정전용량

31 우리나라 송전전압은 66[kV], 154[kV], 345[kV], 765[kV]이다.

32 $P \propto QH\eta$에서 낙차에 의한 수차의 특성변화에서 $P \propto H^{\frac{3}{2}} \times \eta$
$P = \left(0.6^{\frac{3}{2}} \times 0.8\right) \times 100 ≒ 37.18 ≒ 37.2[\%]$

33
- 직렬리액터 : 제5고조파의 제거, 콘덴서 용량의 이론상 4[%], 실제 5~6[%]
- 병렬(분로)리액터 : 페란티 효과 방지
- 소호리액터 : 지락아크의 소호
- 한류리액터 : 단락전류 제한(차단기 용량의 경감)

34 가지식 방식 ⇒ 농·어촌 화학공장
저압 뱅킹방식 ⇒ 부하밀집지역

35 조상설비의 비교

구분	진상	지상	시충전	조정	전력손실
콘덴서	○	×	×	단계적	0.3[%] 이하
리액터	×	○	×	단계적	0.6[%] 이하
동기조상기	○	○	○	연속적	1.5~2.5[%]

36 $E_s = \cosh rl E_r + Z_0 \sinh rl I_r$

$I_s = \dfrac{1}{Z_0} \sinh rl E_r + \cosh rl I_r$

$\begin{bmatrix} A & B \\ C & D \end{bmatrix} = \begin{bmatrix} \cosh rl & Z_0 \sinh rl \\ \dfrac{1}{Z_0} \sinh rl & \cosh rl \end{bmatrix}$

$A = \cosh \sqrt{ZY}$ $\qquad\qquad B = \sqrt{\dfrac{Z}{Y}} \sinh \sqrt{ZY}$

$C = \sqrt{\dfrac{Y}{Z}} \sinh \sqrt{ZY}$ $\qquad\qquad D = \cosh \sqrt{ZY}$

37 전압강하 $e = \sqrt{3} \times \dfrac{40 \times 10^3}{\sqrt{3} \times 200 \times 0.8} (0.02 \times 0.8) = 4[\text{V}]$

38 배선용 차단기는 부하전류 개폐 및 사고전류를 자동적으로 전로를 차단한다.

39 • 절탄기 : 10~15[%]
   • 수냉벽 : 40~50[%]
   • 과열기 : 15~20[%]
   • 공기예열기 : 5~10[%]

40 $\dfrac{E_2}{E_1} = \dfrac{n_1 + n_2}{n_1}$

$E_2 = E_1 \left(\dfrac{n_1}{n_1} + \dfrac{n_2}{n_1} \right)$

$E_2 = E_1 \left(1 + \dfrac{e_2}{e_1} \right)$

$E_2 = E_1 + \dfrac{e_2}{e_1} E_1$ $\left(\text{권수비 } a = \dfrac{e_1}{e_2} = \dfrac{I_2}{I_1} = \dfrac{N_1}{N_2} \right)$

41 비례추이에서 $\dfrac{r_2}{s} = \dfrac{r_2 + R}{s'}$ 외부저항 R 감소 시 s'도 감소

$N = (1 - s') N_s$에서 s' 감소 시 N은 증가

그러나 슬립링을 개방 시 회로 구성이 안 되므로 2차 회로에 전류가 흐르지 못함

42 $P_{an} = m P_{bn}$ $\quad \therefore \dfrac{I_a}{I_b} = m \dfrac{\%Z_b}{\%Z_a} = \dfrac{P_{an}}{P_{bn}} \times \dfrac{\%Z_b}{\%Z_a}$

용량에 비례하고 누설임피던스에 반비례한다.

43 전압조정기는 단상용과 3상용이 있는데 단상 유도전압조정기의 원리는 단상 단권변압기를 응용한 전압조정기이다.

44 **제동권선의 효과**
   • 난조 방지
   • 기동토크 발생
   • 불평형 부하 시의 전류 및 전압 파형 개선
   • 송전선의 불평형 단락 시의 이상전압 방지

45 2차 전압 $E = \dfrac{\pi}{\sqrt{2}}(E_d + e_d) = \dfrac{\pi}{\sqrt{2}}(200+15) ≒ 477.6 ≒ 478[\text{V}]$

46 단락전류를 제한하는 것은 누설리액턴스지만 동기임피던스는 전기자저항과 전기자 반작용 리액턴스, 누설리액턴스의 합으로 나타낸다.

47 직권 전동기에서 자기포화를 무시한 경우($I_a = \phi$)

토크 $T = \dfrac{Pz}{2\pi a}\phi I_a = kI_a^2[\text{N}\cdot\text{m}], \ T \propto I_a^2$

$T[\text{kg}\cdot\text{m}] : T'[\text{kg}\cdot\text{m}] = I_a^2 : I_a'^2$

$1 : \dfrac{1}{2} = 50^2 : I_a'^2$ 에서

부하전류 $I_a' = \sqrt{\dfrac{1}{2}} \times 50 ≒ 35.4[\text{A}]$

48 동기발전기의 병렬운전
- 유기기전력이 높은 발전기(여자전류가 높은 경우) : 90° 지상전류가 흘러 역률이 저하된다.
- 유기기전력이 낮은 발전기(여자전류가 낮은 경우) : 90° 진상전류가 흘러 역률이 상승된다.

49 변압기의 시험

무부하(개방)시험	단락시험
• 여자전류 측정 • 철손 측정 • 여자 어드미턴스 측정	• 임피던스 전압 측정 • 임피던스 와트(동손) 측정 • 전압변동률 측정

50 직류 분권발전기
- 조건 $I_a = I + I_f$에서 계자전류 무시이므로 $I_a = I = 100[\text{A}]$
- 유기기전력 : $E = V + I_a R_a = 550 + 100 \times 0.3 = 580[\text{V}]$

51 단락전류 $I_s = \dfrac{100}{\%Z}I_n = \dfrac{100}{4} = 25$배

52 공단에서 전항정답 처리함

53 운전할 때 회전자의 주파수

$f_{2s} = sf_2 = 0.2 \times 60 = 12[\text{Hz}]$

여기서, 동기속도 $N_s = \dfrac{120f}{p} = \dfrac{120 \times 60}{4} = 1{,}800[\text{rpm}]$

슬립 $s = \dfrac{N_s - N}{N_s} = \dfrac{1{,}800 - 1{,}440}{1{,}800} = 0.2$

54 일그너 방식은 직류전동기의 속도 제어법이다.

55 직류전동기 속도제어 $n = K' \dfrac{V - I_a R_a}{\phi}$ (K' : 기계정수)

종류	특징
전압제어	• 광범위 속도제어가 가능하다. • 워드레오나드 방식(광범위한 속도 조정, 효율양호) • 일그너 방식(부하가 급변하는 곳, 플라이휠 효과 이용, 제철용 압연기) • 정토크 제어 • SCR과 조합하여 사용하는 방식
계자제어	• 세밀하고 안정된 속도제어를 할 수 있다. • 속도제어 범위가 좁다. • 효율은 양호하나 정류가 불량하다. • 정출력 가변속도 제어
저항제어	• 속도 조정 범위가 좁다. • 효율이 저하된다.

56 슬립 $s = \dfrac{N_s - N}{N_s}$

슬립(s)의 범위

정지	동기속도	전동기	발전기	제동기
$N=0$ $s=1$	$N=N_s$ $s=0$	$0<s<1$	$s<0$	$s>1$

57 직권 전동기의 위험속도는 정격전압에 무부하 시이므로 기어운전을 한다.

58 단상 정류자 전동기는 약계자형과 강전기자형으로 되어 있으며, 역률이 좋고 변압기 기전력을 작게 한다.

59 **상수변환법**
• 3상에서 2상 변환 : Scott 결선(T결선), Meyer 결선, Wood Bridge 결선
• 3상에서 6상 변환 : Fork 결선, 2중 성형결선, 환상결선, 대각결선, 2중 △결선

60 동기와트 $T = \dfrac{P}{\omega} = \dfrac{P}{2\pi n} = \dfrac{(1-s)P_2}{2\pi(1-s)n_s} = \dfrac{P_2}{\omega_s}$

$\therefore T = \dfrac{60}{2\pi} \dfrac{P_2}{N_s} [\mathrm{N \cdot m}] = P_2$(동기와트)

61 • 시정수 : 최종값(정상값)의 63.2[%] 도달하는 데 걸리는 시간
• 시정수가 클수록 과도현상은 오래 지속된다.
• 시정수는 소자(R, L, C)의 값으로 결정된다.
• 특성근 역의 절댓값이다.

62 $\dfrac{V_2}{V_1} = \dfrac{R \times sC}{\left(R + \dfrac{1}{sC}\right) \times sC} = \dfrac{RsC \times \dfrac{1}{RC}}{(RsC+1) \times \dfrac{1}{RC}} = \dfrac{s}{s + \dfrac{1}{RC}} = \dfrac{j\omega}{j\omega + \dfrac{1}{RC}}$

63 라플라스 변환

$$\mathcal{L}[u(t-a)] = \frac{1}{s}e^{-as}$$

64 $E_2 = \dfrac{G_1}{G_1+G_2}E[\text{V}]$

65

$\dfrac{6\times 4}{6+4} = 2.4[\Omega]$

$2.4[\Omega] + 2.4[\Omega] = 4.8[\Omega]$

$V_a = 4[\text{V}], \ V_b = 6[\text{V}]\ (V_a,\ V_b점의\ 전위차)$

$I = \dfrac{2}{4.8+0.2} = 0.4[\text{A}]$

66 파고율 $= \dfrac{최댓값}{실횻값} = \dfrac{V_m}{\dfrac{1}{\sqrt{2}}V_m} = \sqrt{2} = 1.414$

67 $P = \dfrac{100}{\sqrt{2}} \times \dfrac{10}{\sqrt{2}} \cos 60° + \dfrac{30}{\sqrt{2}} \times \dfrac{2}{\sqrt{2}} \cos 45° = 271.2[\text{W}]$

68 $Y = Y_1 + Y_2 = \dfrac{1}{R} + \dfrac{1}{jX_L} = \dfrac{1}{\dfrac{1}{3}} + \dfrac{1}{j\dfrac{1}{4}} = 3 - j4[\mho]$

69 $\dfrac{1}{(s+1)^2+2^2} = \dfrac{1}{2}\dfrac{2}{(s+1)^2+2^2} = \dfrac{1}{2}\sin 2t\, e^{-t}$

70 C 회로에서의 전압 $v(t) = \frac{1}{C}\int i(t)dt = \frac{1}{C}\int I_0 e^{st} dt = \frac{I_0 e^{st}}{sC}$

∴ 임피던스 $Z = \frac{v(t)}{i(t)} = \frac{\frac{I_0 e^{st}}{sC}}{I_0 e^{st}} = \frac{1}{sC}[\Omega]$

71 $P = 100 \times 10 \times \cos 30° = 866[\text{W}]$

72 3상 불평형전류 I_a, I_b, I_c
- $I_a = I_0 + I_1 + I_2$
- $I_b = I_0 + a^2 I_1 + a I_2$
- $I_c = I_0 + a I_1 + a^2 I_2$

73 Y결선에서 $I_l = I_p[\text{A}]$, $V_l = \sqrt{3} V_p[\text{V}]$
상전압 $V_p = I_p \times Z = 5 \times \sqrt{16^2 + 12^2} = 100[\text{V}]$
∴ 선간전압 $V_l = \sqrt{3} V_p = 100\sqrt{3}[\text{V}]$

74 왜형률 $= \sqrt{\left(\frac{50}{100}\right)^2 + \left(\frac{30}{100}\right)^2} = 0.58$

75 대칭 좌표법에서 불평형 3상 전압이나 전류를 평행의 세 성분으로 분해하면
- 영상 $V_0 = \frac{1}{3}(V_a + V_b + V_c)$
- 정상 $V_1 = \frac{1}{3}(V_a + a V_b + a^2 V_c)$
- 역상 $V_2 = \frac{1}{3}(V_a + a^2 V_b + a V_c)$

공통성분은 영상분이다.

76 $L = \frac{1}{\frac{1}{8} + \frac{8}{8}} = \frac{1}{\frac{9}{8}} = \frac{8}{9}[\text{H}]$

77
- 극점(Pole) : 2단자 임피던스의 분모=0인 경우 $Z = \infty$(회로 개방)
- 2단자 임피던스 $Z(s) = \frac{영점}{극점} = \frac{(s+2)(s+3)}{(s+4)(s+5)}$

∴ 극점 : $s = -4, -5$

78 3상 불평형률 $= \frac{역상전압}{정상전압} \times 100[\%] = \frac{50}{200} \times 100 = 25[\%]$

79 $\theta = \log_e(\sqrt{AD} + \sqrt{BC})$
   $= \log_e(\sqrt{(-1)\times(-1)} + \sqrt{(-j300\times 0)}) = 0$
   $A = D = 1 + \dfrac{j600}{-j300} = -1$
   $B = j600 + j600 + \dfrac{j600\times j600}{-j300} = 0$
   $C = -\dfrac{1}{j300}$

80

비례요소	미분요소	적분요소	1차 지연요소	부동작 시간요소
K	Ks	$\dfrac{K}{s}$	$\dfrac{K}{Ts+1}$	Ke^{-Ls}

81 ※ KEC(한국전기설비규정)의 적용으로 문제가 성립되지 않음

82 KEC 222.2/331.11(지지선의 시설)
   • 가공전선로의 지지물로 사용하는 철탑은 지지선을 사용하여 그 강도를 분담시켜서는 아니 된다.
   • 지지선의 설치 목적은 지지물의 강도를 보강, 전선로의 안전성을 증가, 불평형 장력을 감소에 있다.

83 KEC 132(전로의 절연저항 및 절연내력)

종 류	비접지	중성점 접지	중성점 직접접지
170[kV]	×1.25	×1.1	×0.64
60[kV]	(최저시험전압 10.5[kV])	(최저시험전압 75[kV])	×0.72
7[kV]	×1.5	25[kV] 이하 중성점 다중접지 ×0.92	

절연내력 시험전압 $= 23\times 0.92 = 21.16[\text{kV}]$

84 사용전압이 100[kV] 이상의 변압기를 설치하는 곳에는 절연유의 구외 유출 및 지하침투를 방지하기 위하여 다음과 같이 절연유 유출 방지설비를 하여야 한다.
   • 변압기 주변에 집유조 등을 설치할 것
   • 절연유 유출방지설비의 용량은 변압기 탱크 내장유량의 50[%] 이상으로 할 것
   • 변압기 탱크가 2개 이상일 경우에는 공동의 집유조 등을 설치할 수 있으며 그 용량은 변압기 1 탱크 내장유량이 최대인 것의 50[%] 이상일 것

85 KEC 333.22(특고압 보안공사)
   제1종 특고압 보안공사
   • 전선로의 지지물에는 B종 철주·B종 철근 콘크리트주 또는 철탑을 사용할 것
   • 전선에는 압축 접속에 의한 경우 이외에는 지지물과 지지물 중간에 접속점을 시설하지 아니할 것
   • 지락 또는 단락 시 3초(100[kV] 이상 2초) 이내 차단하는 장치를 시설
   • 애자는 1련으로 하는 경우는 50[%] 충격 불꽃 방전 전압이 타 부분의 110[%] 이상일 것(사용전압 130[kV]를 넘는 경우 105[%] 이상이거나, 아킹혼 붙은 2련 이상)

86 ※ KEC(한국전기설비규정)의 적용으로 문제가 성립되지 않음

87 ※ KEC(한국전기설비규정)의 적용으로 문제가 성립되지 않음

88 KEC 332.9(고압 가공전선로 지지물 간 거리의 제한), 333.1(시가지 등에서 특고압 가공전선로의 시설), 333.21(특고압 가공전선로의 지지물 간 거리 제한)

구 분	표 준	전선굵기에 따른 장경간 사용		시가지
		고압 22[mm^2]	특고압 50[mm^2]	
목주·A종	150[m]	300[m] 이하		75[m](목주사용불가)
B종	250[m]	500[m] 이하		150[m]
철 탑	600[m]	–		400[m]

89 KEC 234.11(1[kV] 이하 방전등)
방전등에 전기를 공급하는 전로의 대지전압은 300[V] 이하로 하여야 하며, 다음에 의하여 시설하여야 한다. 다만, 대지전압이 150[V] 이하의 것은 적용하지 않는다.
- 방전등은 사람이 접촉될 우려가 없도록 시설할 것
- 방전등용 안정기는 옥내배선과 직접 접속하여 시설할 것

90 무효 전력 보상 설비 : 무효전력을 조정하는 전기기계기구이다.

91 ※ KEC(한국전기설비규정)의 적용으로 문제가 성립되지 않음

92 ※ KEC(한국전기설비규정)의 적용으로 문제가 성립되지 않음

93 KEC 333.11(특고압 가공전선로의 철주·철근 콘크리트주 또는 철탑의 종류)
- 직선형 : 전선로의 직선 부분(3° 이하인 수평각도를 이루는 곳을 포함)
- 각도형 : 전선로 중 3°를 초과하는 수평각도를 이루는 곳
- 잡아당김형 : 전가섭선을 잡아당기는 곳에 사용하는 것
- 내장형 : 전선로의 지지물 양쪽의 지지물 간 거리의 차가 큰 곳에 사용하는 것
- 보강형 : 전선로의 직선 부분에 그 보강을 위하여 사용하는 것

94 무선통신용 안테나 반사판을 지지하는 지지물들의 안전율 : 1.5 이상

95 KEC 232.56(애자공사), 342.1(고압 옥내배선 등의 시설)
- 전선의 종류 : 절연전선. 단, 옥외용 비닐절연전선(OW) 및 인입용 비닐절연전선(DV)은 제외한다.
- 간 격

구 분		전선과 조영재 간격	전선 상호 간의 간격	전선 지지점 간의 거리	
				조영재 윗면 또는 옆면	조영재 따라 시설 않는 경우
저 압	400[V] 이하	25[mm] 이상	0.06[m] 이상	2[m] 이하	–
	400[V] 초과 건조	25[mm] 이상			6[m] 이하
	400[V] 초과 기타	45[mm] 이상			
고 압		0.05[m] 이상	0.08[m] 이상		

96 KEC 222.10/332.9/332.10/333.1/333.21/333.22(가공전선로 및 보안공사 지지물 간 거리)

구 분	표 준	특고압 시가지	보안공사		
			저·고압	제1종 특고압	제2, 3종 특고압
목주/A종	150[m]	75[m(목주 ×)]	100[m]	목주 불가	100[m]
B종	250[m]	150[m]	150[m]	150[m]	200[m]
철 탑	600[m]	400[m]	400[m]	400[m], 단주 300[m]	
표준 적용	• 저압 보안공사 : 22[mm²]인 경우 • 고압 보안공사 : 38[mm²]인 경우 • 제1종 특고압 보안공사 : 150[mm²]인 경우 • 제2, 3종 특고압 보안공사 : 95[mm²]인 경우 - 목주/A종 : 제2종(100[m]), 제3종(150[m])				
기 타	• 고압(22[mm²]), 특고압(50[mm²])인 경우 - 목주/A종 : 300[m] 이하 - B종 : 500[m] 이하				

※ KEC(한국전기설비규정)의 적용으로 100[mm²]에서 95[mm²]로, 55[mm²]에서 50[mm²]로 변경됨 〈2021.01.01.〉

97 ※ KEC(한국전기설비규정)의 적용으로 문제가 성립되지 않음

98 ※ KEC(한국전기설비규정)의 적용으로 문제가 성립되지 않음

99 단수 $= \dfrac{160[kV] \text{ 초과}}{10} = \dfrac{345-160}{10} = 18.5$에서 절상하면 19가 된다.

$N=$ 단수 $\times 0.12 = 19 \times 0.12 = 2.28$

∴ 평야의 가공전선 높이는 $6 + N = 6 + 2.28 = 8.28[m]$

100 KEC 222.13/332.13(저·고압 가공전선과 가공약전류전선 등의 접근 또는 교차), 222.14/332.14(저·고압 가공전선과 안테나의 접근 또는 교차), 222.19/332.19(저·고압 가공전선과 식물의 간격)

구 분	저압 가공전선			고압 가공전선		
	일 반	절 연	케이블	일 반	절 연	케이블
가공약전류전선	0.6[m]	0.3[m]	0.3[m]	0.8[m]	–	0.4[m]
가공약전선(케이블)	위 값의 0.5배			–		
안테나	0.6[m]	0.3[m]	0.3[m]	0.8[m]	–	0.4[m]
식 물	접촉하지 않으면 된다.					

2018년 제3회 기출문제

page 103

1	2	3	4	5	6	7	8	9	10	11	12	13	14	15	16	17	18	19	20
④	④	④	③	②	②	①	①	②	④	②	②	③	①	②	④	②	②	④	③
21	22	23	24	25	26	27	28	29	30	31	32	33	34	35	36	37	38	39	40
④	④	②	①	③	①	③	①	②	③	③	①,③	①	③	①	②	②	③	①	①
41	42	43	44	45	46	47	48	49	50	51	52	53	54	55	56	57	58	59	60
③	③	④	②	③	③	④	④	②	②	③	②	②	③	①	③	③	④	③	③
61	62	63	64	65	66	67	68	69	70	71	72	73	74	75	76	77	78	79	80
④	③	②	②	③	①	④	②	④	④	②	④	①	①	③	③	③	④	④	①
81	82	83	84	85	86	87	88	89	90	91	92	93	94	95	96	97	98	99	100
×	④	②	①	①	③	①	×	①	③	④	④	①	③	②	③	④	③	①	×

×: 문제삭제

01 평행 도선의 정전용량 $C = \dfrac{\pi \varepsilon_0}{\ln \dfrac{d-a}{a}}$ [F/m]

조건 $d \gg a$에서 $C = \dfrac{\pi \varepsilon_0}{\ln \dfrac{d}{a}}$ [F/m]

02 지구는 정전용량이 크므로 많은 전하가 축적되어도 지구의 전위는 일정하다. 따라서 대지를 실용상 영전위로 한다.

03 인덕턴스 $L = \dfrac{N\phi}{I} = \dfrac{\mu S N^2}{l}$ [H]

04 강자성체 종류 : 철, 니켈, 코발트

05 저항 $R_1, R_2 [\Omega]$이고 온도계수가 α_1, α_2일 때의 합성온도계수
$\alpha(R_1 + R_2) = \alpha_1 R_1 + \alpha_2 R_2$
$\alpha = \dfrac{\alpha_1 R_1 + \alpha_2 R_2}{R_1 + R_2}$

06 • 전계 : 경계면에서 접선(수평)성분이 양측에서 같다.
$E_{1t} = E_{2t}$
∴ $E_1 \sin\theta_1 = E_2 \sin\theta_2$
• 전속밀도 : 경계면에서 법선(수직)성분이 양측에서 같다.
$D_{1n} = D_{2n}$
∴ $D_1 \cos\theta_1 = D_2 \cos\theta_2$

07 $\text{div} E = \dfrac{\rho}{\varepsilon_0}$

$\nabla \cdot E = \dfrac{\rho}{\varepsilon_0} [\text{C/m}^3]$

$\nabla \cdot E = \left(i\dfrac{\partial}{\partial x} + j\dfrac{\partial}{\partial y} + k\dfrac{\partial}{\partial z} \right)(ix + jy + kz) = 1 + 1 + 1 = 3$

∴ $\rho = 3\varepsilon_0$

$Q[\text{C}] = \rho v = \rho \cdot \dfrac{4}{3}\pi r^3 = 3\varepsilon_0 \dfrac{4}{3}\pi \times 10^3 [\text{C}]$

08 전파속도 $v = \dfrac{1}{\sqrt{\mu\varepsilon}} = \dfrac{1}{\sqrt{\mu_0 \varepsilon_0}} \times \dfrac{1}{\sqrt{\mu_s \varepsilon_s}} [\text{m/s}]$

09 자계 중의 자극이 받는 힘 $F = mH = \dfrac{mB}{\mu_s \mu_0}$

10
```
──┤├──┤├──
   Q₁   Q₂
```
콘덴서를 직렬 연결 시 두 콘덴서에 충전되는 전하량은 같다.

11 $C = \dfrac{\varepsilon_0 S}{d} [\text{F}]$

$C' = \dfrac{\varepsilon_0}{d} = \dfrac{\varepsilon_0}{\dfrac{V}{E}} = \dfrac{\varepsilon_0 E}{V} [\text{F/m}^2]$

$V = E \cdot d, \ d = \dfrac{V}{E}$

12
- $J = \chi H [\text{Wb/m}^2]$
- $\mu = \mu_0 + \chi [\text{H/m}]$
- $B = \mu H [\text{Wb/m}^2], \ \mu_s = \dfrac{\mu}{\mu_0} = \dfrac{\mu_0 + \chi}{\mu_0} = 1 + \dfrac{\chi}{\mu_0}$
- $B = \mu_0 H + J = \mu_0 H + \chi H = (\mu_0 + \chi)H = \mu_0 \mu_s H [\text{Wb/m}^2]$

13
- 볼타효과 : 유전체와 유전체, 유전체와 도체를 접촉시키면 전자가 이동하여 양, 음으로 대전되는 현상
- 제베크효과 : 두 종류 금속 접촉면에 온도차를 주면 기전력이 발생하는 현상
- 펠티에효과 : 두 종류의 금속선에 전류를 흘리면 접속점에서 열이 흡수 또는 발생하는 현상
- 톰슨효과 : 동일한 금속 도선에 전류를 흘리면 열이 발생 또는 흡수되는 현상

14 영상법에서 무한 평면도체 표면에 유도되는 최대 전하밀도($y = 0$)

$\sigma_m = -\varepsilon_0 E = \varepsilon_0 \dfrac{-aQ}{2\pi\varepsilon_0 (a^2 + 0)^{\frac{3}{2}}} = -\dfrac{aQ}{2\pi a^3} = -\dfrac{Q}{2\pi a^2} = -\dfrac{2\pi}{2\pi a^2} = -\dfrac{1}{a^2} [\text{C/m}^2]$

15 인덕턴스의 기본 단위 : $L[\text{H}]$

$L = \dfrac{N\phi}{I} \left[\dfrac{\text{Wb}}{\text{A}}\right]$, $\phi = \dfrac{W}{I}\left[\dfrac{\text{J}}{\text{A}}\right]$ 대입

$L = \dfrac{N\phi}{I} \left[\dfrac{\text{J}}{\text{A}^2}\right]$

$L = \dfrac{dt}{di} e_L \left[\dfrac{\text{V}\cdot\text{s}}{\text{A}} = \Omega \cdot \text{s}\right]$

16 정전용량 $C = \dfrac{Q}{V} = \dfrac{700[\mu\text{C}]}{100[\text{V}]} = 7[\mu\text{F}]$

17
$\nabla \times A = \dfrac{1}{r}\begin{vmatrix} a_r & ra_\phi & a_z \\ \dfrac{\partial}{\partial r} & \dfrac{\partial}{\partial \phi} & \dfrac{\partial}{\partial z} \\ A_r & rA_\phi & A_z \end{vmatrix} = \left[\dfrac{1}{r}\dfrac{\partial A_z}{\partial \phi} - \dfrac{\partial A_\phi}{\partial z}\right]a_r + \left[\dfrac{\partial A_r}{z} - \dfrac{\partial A_z}{\partial r}\right]a_\phi + \dfrac{1}{r}\left[\dfrac{\partial rA_\phi}{\partial r} - \dfrac{\partial A_r}{\partial \phi}\right]a_z$

$\vec{A} = 5r\sin\phi\, a_z$

$\nabla \times A = \dfrac{1}{r}\dfrac{\partial}{\partial \phi}5r\sin\phi\, a_r - \dfrac{\partial}{\partial r}5r\sin\phi\, a_\phi$

$= 5\cos\phi\, a_r - 5\sin\phi\, a_\phi$

$= 5\cos\pi\, a_r - 5\sin\pi\, a_\phi$

$= -5a_r$

※ $(2, \pi, 0)$
 ↑ ↑ ↑
 r, ϕ, z

18 도선(원통도체)에서 $L = \dfrac{\mu}{8\pi} + \dfrac{\mu_0}{2\pi}\ln\dfrac{b}{a} = $ 내부 + 외부 $[\text{H/m}]$

19 $H = H_r + H_\theta = \dfrac{M\cos\theta}{2\pi\mu_0 r^3}a_r + \dfrac{M\sin\theta}{4\pi\mu_0 r^3}a_\theta$

$H = \dfrac{M}{4\pi\mu_0 r^3}\sqrt{1+3\cos^2\theta}\,[\text{AT/m}] \propto \dfrac{1}{r^3}$

20 • 자속밀도과 벡터퍼텐셜 $B = \text{rot}\,A$

• 전계의 세기와 벡터퍼텐셜 $E = -\dfrac{\partial A}{\partial t}$

21 △-△결선 : 저전압 단거리 송전선로(20~30[kV] 이하)

22 **역률개선 효과** : 전압강하 경감, 전력손실 경감, 설비용량의 여유분 증가, 전력요금의 절약

23

내부적인 요인	외부적인 요인
개폐서지	뇌서지(직격뢰, 유도뢰)
대책 : 개폐저항기	대책 : 서지흡수기

24
- 부등률 : 최대전력의 발생 시각 또는 시기의 분산을 나타내는 척도
- 부하율 : 전기설비가 얼마나 유효하게 이용되는지를 나타내는 척도
- 수용률 : 수요를 예측하고 상정할 경우 경우를 나타내는 척도
- 전일효율 : 하루 동안의 에너지 효율을 이르는 것으로, 24시간 중의 출력에 상당한 전력량을 전력량과 그 날의 손실전력의 합으로 나눈 것

25
$$Q_C = 3\omega CE^2 = 3\times(2\pi f)CE^2 = 6\pi fC\left(\frac{V}{\sqrt{3}}\right)^2 = 6\pi f \times C \times 10^{-6} \times \left(\frac{V\times 10^3}{\sqrt{3}}\right)^2 \times 10^{-3} = 2\pi fCV^2 \times 10^{-3}[\text{kVA}]$$

26
- 정태안정도 : 정상운전 시(부하가 서서히 증가할 때 극한전력)
- 동태안정도 : AVR(자동전압조정기) 등 안전하게 운전
- 과도안정도 : 사고 시(부하가 갑자기 증가할 때 극한전력)

27 복도체(다도체) 방식의 주목적 : 코로나 방지
- 인덕턴스는 감소, 정전용량은 증가
- 같은 단면적의 단도체에 비해 전력용량의 증대
- 코로나의 방지, 코로나 임계전압의 상승
- 송전용량의 증대
- 소도체 충돌 현상(대책 : 스페이서의 설치)
- 단락 시 대전류 등이 흐를 때 소도체 사이에 흡인력이 발생

28 사고별 보호계전기
- 단락사고 : 과전류 계전기(OCR)
- 지락사고 : 선택접지계전기(SGR), 접지변압기(GPT) – 영상전압검출, 영상변류기(ZCT) – 영상전류검출

29 철손 = 히스테리시스손 + 와전류손
- 히스테리시스손 감소
  - 규소강판을 사용한다.
  - 루프면적을 작게 한다.
- 와류손 감소 : 성층철심을 사용한다.

히스테리시스손	와류손
$P_h = \eta f B_m^{1.6\sim 2}[\text{W}]$	$P_e = \delta f^2 B_m^2 t^2[\text{W}]$
전압 일정할 때	
$P_h \propto f \times \left(\frac{1}{f}\right)^2 \to P_h \propto \frac{1}{f}$	$P_e \propto f^2 \times \left(\frac{1}{f}\right)^2 \to P_e$는 f와 무관

② 권선의 단면적 증가 : 동손 감소

30
	발·변압기 보호
전기적 이상	• 차동 계전기(소용량) • 비율차동 계전기(대용량) • 반한시 과전류 계전기(외부)

기계적 이상	• 부흐홀츠 계전기
	  – 가스 온도 이상 검출
	  – 주탱크와 콘서베이터 사이에 설치
	• 온도 계전기
	• 압력 계전기(서든프레서)

31 **단상 3선식의 특징**
   • 장 점
     – 전선 소모량이 단상 2선식에 비해 37.5[%] 적다.
     – 110/220[V]의 2종류의 전압을 얻을 수 있다.
     – 단상 2선식에 비해 효율이 높고 전압강하가 작다.
   • 단 점
     – 중성선이 단선되면 전압의 불평형이 생기기 쉽다.
     – 대책 : 저압 밸런서(여자 임피던스가 크고 누설 임피던스가 작고 권수비가 1:1인 변압기)
   • 주의 사항
     – 개폐기는 동시 동작형
     – 중성선에 퓨즈를 설치하지 말 것

32 공단에서 ①과 ③을 정답 처리함

33 특성 임피던스는 가공전선로의 길이와 관계없이 일정하며 일반적으로 300~500[Ω] 정도이다.
    지중 전선로(케이블) 120[Ω]

34
발전소	용 도
수로식	유량이 적고 하천의 기울기가 큰 자연낙차 이용하여 발전
댐 식	유량이 많고 낙차가 작은 장소에 발전
댐 수로식	댐으로부터 수로를 통해 낙차가 큰 지점까지 물을 유도하는 발전
유역 변경식	인공적으로 수로를 만들어 큰 낙차를 얻어 발전

35 **작용정전용량**
$$C = \frac{0.02413}{\log_{10}\frac{D}{r}}[\mu\text{F/km}] = \frac{0.02413}{\log_{10}\frac{5\times 10^2}{0.5}} \fallingdotseq 0.008[\mu\text{F/km}]$$

36 **전압강하율**
$$\delta = \frac{V_s - V_r}{V_r} \times 100 \text{에서}$$
$$4 = \frac{V_s - 3{,}300}{3{,}300} \times 100 \text{이면 송전단 전압 } V_s = 3{,}432[\text{V}]$$

37 10,000[kVA]를 기준
$$P_s = \frac{100}{\%X}P_n = \frac{100}{15} \times 10{,}000 \times 10^{-3} \fallingdotseq 66.7[\text{MVA}]$$
여기서, %X는 $\%X = 10 + 3 + \frac{4\times 4}{4+4} = 15$

38 **랭킨사이클(Ranking Cycle)**
급수펌프(단열압축) → 보일러(등압가열) → 과열기 → 터빈(단열팽창) → 복수기(등압냉각) → 다시 급수펌프

39 $G = \dfrac{1}{nR} = \dfrac{1}{4\times 1{,}500\times 10^6} = 1.66\times 10^{-10}$
    1[km]에 경간 200[m]당 1기씩 신설하므로 철탑 5개를 설치한다.
    $1.66\times 10^{-10} \times 5 = 8.33\times 10^{-10}[\mho] \fallingdotseq 0.83\times 10^{-9}[\mho]$

40 전선의 지표상 평균높이

$$H = H' - \frac{2}{3}D = 31 - \frac{2}{3} \times 9 = 25 \,[\text{m}]$$

41 $\dfrac{\text{자기용량}}{\text{부하용량}} = \dfrac{e_2}{V_h} = \dfrac{\text{승압전압}}{\text{고압측전압}} = \dfrac{V_h - V_l}{V_h}$

∴ 부하용량 = 자기용량 × $\dfrac{\text{고압측전압}}{\text{승압전압}} = 3 \times \dfrac{3,100}{3,100 - 3,000} = 93 \,[\text{kVA}]$

42 2중 농형 유도전동기는 보통 농형전동기에 비해 기동토크는 크고, 기동전류는 적다.

43 수은 정류기의 직류 측 전압은 맥동이 있으므로 맥동을 적게 하기 위하여 상수를 6상 또는 12상을 사용한다. 특히 대용량의 경우는 보통 6상식이 쓰인다.

44 유도전동기에서 전력변환

$P_2 : P_0 : P_{c2} = 1 : (1-s) : s$

2차 동손 $P_{c2} = \dfrac{s}{1-s} P_0 = \dfrac{0.05}{1-0.05} \times 10,000 ≒ 526 \,[\text{W}]$

∴ $P_{c2} = 0.526 \,[\text{kW}]$

45
- 정류 기능을 가진 단일 방향성 3단자 소자이다.
- 과전압에 약하고 열용량이 적어 고온에 약하다.
- 아크가 생기지 않으므로 열의 발생이 적다.
- 역방향 내전압이 크고, 전압강하가 작다.
- Turn On 조건은 양극과 음극 간에 브레이크 오버전압 이상의 전압을 인가하고, 게이트에 래칭전류 이상의 전류를 인가한다.
- Turn Off 조건은 애노드의 극성을 부(−)로 한다.
- 래칭전류는 사이리스트가 Turn On하기 시작하는 순전류이다.
- 이온이 소멸되는 시간이 짧다.
- 직류 및 교류전압 제어를 하며 스위칭 소자이다.

46 직류 분권전동기의 계자저항

$T = k\phi I_a \,[\text{N} \cdot \text{m}]$, $I_f = \dfrac{V}{R_f + R_{FR}}$ 에서 기동토크를 크게 하려면 자속이 증가해야 하고 여자전류는 클수록 좋다. 따라서 계자권선과 직렬로 연결된 계자저항을 0으로 해 둔다.

47
- 농형권선과 반발형 전동기 권선을 가져서 운전
- 반발기동형과 비교 시 기동토크는 작지만 최대토크는 크며 부하에 의한 속도변화는 반발기동형보다 크다.

48 위상 특성곡선(V곡선 $I_a - I_f$ 곡선, P 일정) : 계자전류의 변화에 대한 전기자전류의 변화를 나타낸 곡선(동기조상기로 조정)
- 과여자(진역률) : 콘덴서 C로 작용
- 부족여자(지역률) : 인덕턴스 L로 작용

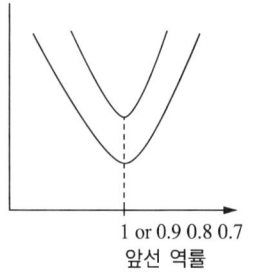

가로축 I_f	최저점 $\cos\theta = 1$	세로축 I_a
감 소	계자전류 I_f	증 가
증 가	전기자전류 I_a	증 가
뒤진 역률(지상)	역 률	앞선 역률(진상)
L	작 용	C
부족여자	여 자	과여자

$\cos\theta = 1$에서 전력 비교 $P \propto I_a$, 위 곡선의 전력이 크다.

49 유도전동기 토크와 전압과의 관계

$$T = k_0 \frac{sE_2^2 r_2}{r_2^2 + (sx_2)^2} = k_0 \frac{r_2}{\frac{r_2^2}{s} + sx_2^2} \times E_2^2, \ E \propto V$$

$T \propto V^2$, 토크(회전력)는 단자전압의 2승에 비례한다.

50 변압기 기름의 열화
열화 방지 설비 : 브리더, 질소봉입, 콘서베이터

51

측정 항목	특성 시험
철손, 기계손	무부하시험
동기임피던스, 동기리액턴스	단락시험
단락비	무부하시험, 단락시험

52 유도전동기의 속도 제어
- 농형 유도전동기 : 주파수 변환법(VVVF), 극수 변환법, 전압 제어법
- 권선형 유도전동기 : 2차 저항법, 2차 여자법, 종속 접속법

53 속도 $N = k \dfrac{V - I_a R_a}{\phi}$

54 3상 반파정류회로 직류전압의 파형은 전원전압 주파수의 3배의 교류분을 포함하고 있다.

55 Y결선 시 1상당 동손(P_c) $= I^2 R = 32^2 \times 0.1 ≒ 102[\mathrm{W}]$

1상당 저항$(R) = \dfrac{2\text{상 저항}}{2} = \dfrac{0.2}{2} = 0.1[\Omega]$

직류시험에 의해 2상당 저항$(R) = \dfrac{V_{DC}}{I_{DC}} = \dfrac{12}{60} = 0.2[\Omega]$

56 직류 분권전동기

$N = k\dfrac{E}{\phi}$ 에서 $N \propto \dfrac{1}{\phi} \propto \dfrac{1}{I_f} \propto R_f$

57 동기기의 안정도 증진법
- 동기화리액턴스를 작게 할 것
- 회전자의 플라이휠 효과를 크게 할 것
- 속응여자방식을 채용할 것
- 발전기의 조속기 동작을 신속하게 할 것
- 동기탈조 계전기를 사용할 것

58 변압기 보호 계전기 및 측정

발 · 변압기 보호	
전기적 이상	• 차동 계전기(소용량) • 비율차동 계전기(대용량) • 반한시 과전류 계전기(외부)

기계적 이상	• 부흐홀츠 계전기
	   - 가스 온도 이상 검출
	   - 주탱크와 콘서베이터 사이에 설치
	• 온도 계전기
	• 압력 계전기(서든프레서)

59 단락전류 $I_s = \dfrac{100}{\%Z} \times I_n = \dfrac{100}{4} I_n = 25 I_n$

60

	중 권	파 권
전기자 병렬회로수(a)	$a = p$	$a = 2$
브러시 수(b)	$b = p$	$b = 2$
용 도	저전압, 대전류	고전압, 소전류
다중도인 경우(a)	$a = mp$	$a = 2m$
균압선	○	×

61 v_1은 기본파이고 v_2는 제3고조파이므로 위상 관계는 의미가 없다.
반드시 주파수가 같은 파에서만 위상 관계가 존재한다.

62 $R-L$ 직렬회로
$W = Pt\,[\text{Wh}]$

$P = I^2 R = 1.31^2 \times 150 ≒ 257.4$, $I = \dfrac{V}{Z} = \dfrac{220}{167.8} ≒ 1.31$

$Z = \sqrt{R^2 + X_L^2} = \sqrt{150^2 + 75.4^2} ≒ 167.8$

여기서, $X_L = \omega L = 2\pi f L = 2\pi \times 60 \times 0.2 ≒ 75.4\,[\Omega]$

$\therefore\ W = Pt = 257.4 \times 1 = 257.4\,[\text{Wh}]$

63 역라플라스 변환(삼각함수)

$$F(s) = \frac{s\sin\theta + \omega\cos\theta}{s^2 + \omega^2} = \frac{s}{s^2+\omega^2}\sin\theta + \frac{\omega}{s^2+\omega^2}\cos\theta$$

$$\xrightarrow{\mathcal{L}^{-1}} f(t) = \cos\omega t\sin\theta + \sin\omega t\cos\theta = \sin(\omega t + \theta)$$

64
Y결선 시 선간전압에는 3고조파 성분을 포함을 포함하지 않는다.

$$\frac{V_p}{V_{ab}} = \frac{\sqrt{V_1^2+V_3^2+V_5^2}}{\sqrt{3}(\sqrt{V_1^2+V_5^2})} = \frac{\sqrt{1{,}000^2+500^2+100^2}}{\sqrt{3}(\sqrt{1{,}000^2+100^2})} \fallingdotseq 0.645 = 64.5[\%]$$

65

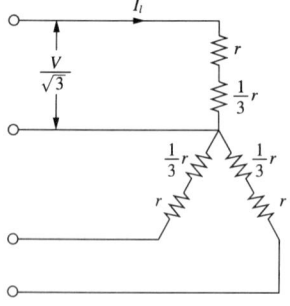

△→Y로 바꾸면 $\frac{1}{3}r$

$$I_l = \frac{\frac{V}{\sqrt{3}}}{\frac{1}{3}r + r} = \frac{\frac{V}{\sqrt{3}}}{\frac{4r}{3}} = \frac{3V \times \sqrt{3}}{4\sqrt{3}r \times \sqrt{3}}$$

$$= \frac{\sqrt{3}\,V}{4r}$$

△결선의 $I_l = \sqrt{3}\,I_p$

$I_p = \frac{1}{\sqrt{3}}I_l$

$\therefore I = \frac{V}{4r}$

66

$\cos\theta = \dfrac{P}{P_a}$

$0.8 = \dfrac{800}{P_a}$

$P_a = 1{,}000[\text{VA}]$

$P_a = VI = 100 \times I = 1{,}000$

$\therefore I = 10[\text{A}]$

$Z = \dfrac{V}{I} = \dfrac{100}{10} = 10[\Omega]$

$X = Z\sin\theta = 10 \times 0.6 = 6[\Omega]$

※ $\sin\theta = \sqrt{1 - \cos^2\theta}$

67 영상전류 $i_0 = \dfrac{1}{3}(15+j2-20-j14-3+j10)$

$\qquad = \dfrac{1}{3}(-8-j2)$

$\qquad \fallingdotseq -2.67-j0.67[\text{A}]$

68 평행 대칭 3상 전압

a상 V_a, b상 $V_b = a^2 V_a$, c상 $V_c = aV_a$

$V_1 = \dfrac{1}{3}(V_a + aV_b + a^2 V_c)$에서 위 값을 대입하면

$V_1 = \dfrac{1}{3}(V_a + a^3 V_a + a^3 V_a) = \dfrac{1}{3}(1 + a^3 + a^3)V_a$

$\quad = \dfrac{1}{3}V_a(1+1+1)$

$\quad = V_a$

69 $Q_r = P_a \sin\theta$

$\qquad = P\dfrac{\sin\theta}{\cos\theta} = 120 \times \dfrac{0.8}{0.6} = 160\,[\text{kVar}]$

70 $e = E_m \cos\left(100\pi t - \dfrac{\pi}{3}\right)$

$\quad = E_m \sin\left(100\pi t - \dfrac{\pi}{3} + \dfrac{\pi}{2}\right)$

$\quad = E_m \sin\left(100\pi t + \dfrac{\pi}{6}\right)$

$i = I_m \sin\left(100\pi t + \dfrac{\pi}{4}\right)$

$\theta = 45° - 30° = 15° = \dfrac{\pi}{12}$

$\theta = \omega t$에서 $t = \dfrac{\theta}{\omega} = \dfrac{\dfrac{\pi}{12}}{100\pi} \fallingdotseq 8.33 \times 10^{-4}\,[\text{s}]$

71 $I = \dfrac{E}{R_1 + R_2} = \dfrac{100}{15+10} = 4\,[\text{A}]$

72 $sX(s) + 3X(s) = \dfrac{5}{s}$

$(s+3)X(s) = \dfrac{5}{s}$

$\therefore X(s) = \dfrac{5}{s(s+3)}$

73 $R-L-C$ 병렬 공진회로 $Q = R\sqrt{\dfrac{C}{L}}$ 에서 선택도 Q는 R과 비례한다.

74 대칭 좌표법에서 불평형 3상 전압이나 전류를 평행의 세 성분으로 분해하면
- 영상 $V_0 = \dfrac{1}{3}(V_a + V_b + V_c)$
- 정상 $V_1 = \dfrac{1}{3}(V_a + aV_b + a^2 V_c)$
- 역상 $V_2 = \dfrac{1}{3}(V_a + a^2 V_b + aV_c)$

공통성분은 영상분이다.

75 $\dot{Y}_{11} = Y_a + Y_b$
$\dot{Y}_{12} = -Y_b$
$\dot{Y}_{21} = -Y_b$
$\dot{Y}_{22} = Y_b + Y_c$
$\therefore \dot{Y}_{22} = Y_b + Y_c = 3 + 6 = 9[\mho]$

76 지수를 복소수로 변환
$e^{j\frac{2}{3}\pi} = \cos\dfrac{2\pi}{3} + j\sin\dfrac{2\pi}{3} = -\dfrac{1}{2} + j\dfrac{\sqrt{3}}{2}$

77 선간전압과 상전압 간의 위상차 $\theta = \dfrac{\pi}{2}\left(1 - \dfrac{2}{n}\right) = \dfrac{\pi}{2}\left(1 - \dfrac{2}{5}\right) = 54°$만큼 앞선다.

78

구 분	초깃값 정리	최종값 정리
라플라스 변환	$x(0) = \lim\limits_{s \to \infty} sX(s)$	$x(\infty) = \lim\limits_{s \to 0} sX(s)$

$\therefore \lim\limits_{s \to 0} sI(s) = \lim\limits_{s \to 0} s\dfrac{5}{s(s^2 + s + 2)} = \lim\limits_{s \to 0} \dfrac{5}{(s^2 + s + 2)} = \dfrac{5}{2}$

79 Y결선에서 $I_{lY} = I_{pY}[A]$, $V_{lY} = \sqrt{3}\,V_{pY}[V]$
부하, △결선에서 $I_{l\triangle} = \sqrt{3}\,I_{p\triangle}[A]$, $V_{p\triangle} = V_{pY}\sqrt{3}[V]$
임피던스 $Z_a = \dfrac{V_{p\triangle}}{I_{p\triangle}} = \dfrac{220\sqrt{3}}{\dfrac{10}{\sqrt{3}}} = 66[\Omega]$

80 라플라스 변환(지수함수)
$f(t) = e^{-2t}$에서 $F(s) = \dfrac{1}{s+2}$

81 ※ KEC(한국전기설비규정)의 적용으로 문제가 성립되지 않음

82 KEC 241.7(전격살충기)
- 지표상 높이 : 3.5[m] 이상(단, 2차 측 전압이 7[kV] 이하 : 1.8[m])
- 장치와 식물(시설물)의 간격 : 0.3[m] 이상

83 KEC 222.10/332.9/332.10/333.1/333.21/333.22(가공전선로 및 보안공사 지지물 간 거리)

구 분	표 준	특고압 시가지	보안공사		
			저·고압	제1종 특고압	제2, 3종 특고압
목주/A종	150[m]	75[m(목주 ×)]	100[m]	목주 불가	100[m]
B종	250[m]	150[m]	150[m]	150[m]	200[m]
철 탑	600[m]	400[m]	400[m]	400[m], 단주 300[m]	
표준 적용	• 저압 보안공사 : 22[mm^2]인 경우 • 고압 보안공사 : 38[mm^2]인 경우 • 제1종 특고압 보안공사 : 150[mm^2]인 경우 • 제2, 3종 특고압 보안공사 : 95[mm^2]인 경우 - 목주/A종 : 제2종(100[m]), 제3종(150[m])				

기 타	• 고압(22[mm^2]), 특고압(50[mm^2])인 경우
	  - 목주/A종 : 300[m] 이하
	  - B종 : 500[m] 이하				

※ KEC(한국전기설비규정)의 적용으로 100[mm^2]에서 95[mm^2]로, 55[mm^2]에서 50[mm^2]로 변경됨 〈2021.01.01.〉

84 옥내에 시설하는 사용전압 400[V] 이하의 이동전선으로 사용할 수 없는 전선은 면절연전선이다.

85 KEC 242.2(먼지 위험장소)
폭연성 먼지 위험장소

금속관공사	• 박강전선관 이상, 패킹 사용, 분진 방폭형 유연성 부속 • 관 상호 및 관과 박스 등은 5산 이상의 나사 조임 접속
케이블공사	개장된 케이블 또는 무기물 절연 케이블을 사용하는 경우 이외에는 관 기타의 방호 장치에 넣어 사용할 것

86 KEC 222.22(농사용 저압 가공전선로의 시설)
• 사용전압은 저압일 것
• 저압 가공전선은 인장강도는 1.38[kN] 이상의 것 또는 지름 2[mm] 이상의 경동선일 것
• 저압 가공전선의 지표상의 높이는 3.5[m] 이상일 것. 다만, 사람이 출입하지 아니하는 곳은 3[m]
• 목주의 굵기는 위쪽 끝 지름이 0.09[m] 이상일 것
• 전선로의 지지물 간 거리는 30[m] 이하일 것
• 다른 전선로에 접속하는 곳 가까이에 그 저압 가공전선로 전용의 개폐기 및 과전류 차단기를 각 극(과전류 차단기는 중성극을 제외한다)에 시설할 것

87 KEC 351.10(수소냉각식 발전기 등의 시설)
• 수소냉각식의 발전기·무효 전력 보상 장치 또는 이에 부속하는 수소냉각장치는 발전기 내부 또는 무효 전력 보상 장치 내부의 수소의 순도가 85[%] 이하로 저하한 경우에 이를 경보하는 장치를 시설할 것
• 발전기 내부 또는 무효 전력 보상 장치 내부의 수소의 압력을 계측하는 장치 및 그 압력이 현저히 변동한 경우에 이를 경보하는 장치를 시설할 것
• 발전기 내부 또는 무효 전력 보상 장치 내부의 수소의 온도를 계측하는 장치를 시설할 것
• 발전기 또는 무효 전력 보상 장치는 기밀구조의 것이고 또한 수소가 대기압에서 폭발하는 경우에 생기는 압력에 견디는 강도를 가지는 것일 것
• 발전기축의 밀봉부에는 질소 가스를 봉입할 수 있는 장치 또는 발전기축의 밀봉부로부터 누설된 수소 가스를 안전하게 외부에 방출할 수 있는 장치를 시설할 것

88 ※ KEC(한국전기설비규정)의 적용으로 문제가 성립되지 않음

89 KEC 222.7/337.5(저·고압 가공전선의 높이), 333.7(특고압 가공전선의 높이)

장소	저압	고압	특고압[kV]		
			35[kV] 이하	35[kV] 초과 160[kV] 이하	160[kV] 초과
횡단보도교	3.5[m](절연전선인 경우 3[m])	3.5[m]	절연 또는 케이블 4[m]	케이블 5[m]	불가
일반	5[m](교통지장 없음 4[m])		5[m]	6[m]	6[m] + 단수 × 0.12
도로횡단	6[m]		6[m]	–	불가
철도횡단	6.5[m]		6.5[m]	6.5[m]	6.5[m] + 단수 × 0.12
산지	–		–	5[m]	5[m] + 단수 × 0.12

90 KEC 331.4(가공전선로 지지물의 철탑오름 및 전주오름 방지)
가공전선로 지지물에 취급자가 오르고 내리는 데 사용하는 발판 볼트 등 : 지지물의 발판 볼트는 특별한 경우를 제외하고 지표상 1.8[m] 미만에 시설하여서는 아니 된다.

91 KEC 333.22(특고압 보안공사)
제1종 특고압 보안공사의 전선 굵기

사용전압	전선
100[kV] 미만	인장강도 21.67[kN] 이상, 단면적 55[mm^2] 이상의 경동연선
100[kV] 이상 300[kV] 미만	인장강도 58.84[kN] 이상, 단면적 150[mm^2] 이상의 경동연선
300[kV] 이상	인장강도 77.47[kN] 이상, 단면적 200[mm^2] 이상의 경동연선

92 KEC 351.5(조상설비의 보호장치)

설비종별	뱅크용량의 구분	자동적으로 전로로부터 차단하는 장치
무효 전력 보상 장치	15,000[kVA]	내부고장이 생긴 경우에 동작하는 장치

93 급전소 : 전력계통의 운용에 관한 지시를 하는 곳이다.

94 KEC 331.6(풍압하중의 종별과 적용)
- 갑종 : 고온계에서의 구성재의 수직 투영면적 1[m^2]에 대한 풍압을 기초로 계산
- 을종 : 빙설이 많은 지역(비중 0.9의 빙설이 두께 6[mm] 얼어붙어 있을 경우), 갑종 풍압하중의 $\frac{1}{2}$을 기초
- 병종 : 빙설이 적은 지역(인가 밀집한 도시, 35[kV] 이하의 가공전선로), 갑종 풍압하중의 $\frac{1}{2}$을 기초

95 KEC 222.2/331.11(지지선의 시설)

안전율	2.5 이상(목주나 A종 : 1.5 이상)	아연도금철봉	지중 및 지표상 0.3[m]까지
구조	4.31[kN] 이상, 3가닥 이상의 연선	도로횡단	5[m] 이상(교통 지장 없는 장소 : 4.5[m])
금속선	2.6[mm] 이상(아연도강연선 2.0[mm] 이상)	기타	철탑은 지지선으로 그 강도를 분담시키지 않을 것

96 KEC 242.10(의료장소)
의료장소에 상용전원 공급이 중단될 경우 15초 이내 최소 50[%]의 조명에 비상전원을 공급해야 한다.

97 KEC 333.5(특고압 가공전선과 지지물 등의 간격)

사용전압	간격[m]	사용전압	간격[m]
15[kV] 미만	0.15	70[kV] 이상 80[kV] 미만	0.45
15[kV] 이상 25[kV] 미만	0.2	80[kV] 이상 130[kV] 미만	0.65
25[kV] 이상 35[kV] 미만	0.25	130[kV] 이상 160[kV] 미만	0.9
35[kV] 이상 50[kV] 미만	0.3	160[kV] 이상 200[kV] 미만	1.1
50[kV] 이상 60[kV] 미만	0.35	200[kV] 이상 230[kV] 미만	1.3
60[kV] 이상 70[kV] 미만	0.4	230[kV] 이상	1.6

98 KEC 123(전선의 접속)
- 전선의 전기저항을 증가시키지 아니하도록 접속
- 전선의 세기(인장하중)를 20[%] 이상 감소시키지 아니할 것
- 도체에 알루미늄 전선과 동 전선을 접속하는 경우에는 접속 부분에 전기적 부식이 생기지 아니하도록 할 것
- 접속 부분을 그 부분의 절연전선 절연물과 동등 이상의 절연성능이 있는 것으로 피복할 것
- 두 개 이상의 전선을 병렬로 사용하는 경우 : 각 전선의 굵기는 구리선 50[mm^2] 이상 또는 알루미늄 70[mm^2] 이상

99 KEC 222.7/332.5(저·고압 가공전선의 높이), 333.7(특고압 가공전선의 높이)

시설 장소	가공통신선	가공전선로 지지물에 시설	
		저·고압	특고압
일 반	3.5[m]	5[m]	5[m]
도로횡단(교통지장 없음)	5(4.5)[m]	6(5)[m]	6[m]
철도, 궤도횡단	6.5[m]	6.5[m]	6.5[m]
횡단보도교 위[절연전선(고·저압), 광섬유케이블(특고압) 사용 시]	3[m]	3.5(3)[m]	5(4)[m]

100 ※ KEC(한국전기설비규정)의 적용으로 문제가 성립되지 않음

2019년 제1회 기출문제

page 115

1	2	3	4	5	6	7	8	9	10	11	12	13	14	15	16	17	18	19	20
②	②	④	①	④	③	①	④	③	③	③	③	①	②	①	③	③	②	②	②
21	22	23	24	25	26	27	28	29	30	31	32	33	34	35	36	37	38	39	40
④	④	②	④	③	①	④	③	③	③	①	②	④	③	④	②	①	③	②	②
41	42	43	44	45	46	47	48	49	50	51	52	53	54	55	56	57	58	59	60
④	②	④	③	②	④	③	④	③	①	①	③	④	①	③	③	③	②	①	④
61	62	63	64	65	66	67	68	69	70	71	72	73	74	75	76	77	78	79	80
④	③	④	④	②	①	③	②	③	②	③	④	③	④	④	③	②	②	②	④
81	82	83	84	85	86	87	88	89	90	91	92	93	94	95	96	97	98	99	100
②	③	③	①	③	④	②	④	④	②	×	②	④	④	③	×	×	×	④	②

× : 문제삭제

01 동축케이블의 정전용량 $C = \dfrac{2\pi\varepsilon}{\ln\dfrac{b}{a}}\,[\mu\text{F/km}]$

02 $A \times B = \begin{vmatrix} a_x & a_y & a_z \\ 2 & 4 & -3 \\ 1 & -1 & 0 \end{vmatrix} = -3a_x - 3a_y - 2a_z - 4a_z = -3a_x - 3a_y - 6a_z$

03
- 법선성분 : $D_1\cos\theta_1 = D_2\cos\theta_2$
- 접선성분 : $E_1\sin\theta_1 = E_2\sin\theta_2$
- 굴절의 법칙 : $\dfrac{\tan\theta_1}{\tan\theta_2} = \dfrac{\varepsilon_1}{\varepsilon_2}$
- 유전율이 큰 쪽으로 굴절
 $\varepsilon_1 > \varepsilon_2$: $\theta_1 > \theta_2$, $D_1 > D_2$, $E_1 < E_2$
 $\varepsilon_1 < \varepsilon_2$: $\theta_1 < \theta_2$, $D_1 < D_2$, $E_1 > E_2$
- 수직 입사 : $\theta_1 = 0$, 비굴절, 전속밀도 연속($D_1 = D_2$, $E_1 \neq E_2$)
- 수평 입사 : $\theta_1 = 90$, 전계 연속($D_1 \neq D_2$, $E_1 = E_2$)

04 자속밀도 $B = \mu_0 H \fallingdotseq 2.5 \times 10^{-5}\,[\text{Wb/m}^2]$

05 단위면적당 작용하는 전자력 $F = \dfrac{B^2}{2\mu_0}$ 이므로 $f \propto B^2$ 이다.

06 $\dfrac{I}{2\pi a} = \dfrac{2I}{2\pi b}$ $\dfrac{1}{2} = \dfrac{a}{b}$

07 환상철심은 감자력이 없으므로 감자율이 0이다.

08 힘 $F = \dfrac{Q^2}{16\pi\varepsilon_0 d^2} = mg$

$Q = \sqrt{16\pi\varepsilon_0 d^2 mg} = 4d\sqrt{\pi\varepsilon_0 mg}\,[\text{C}]$

09 에너지

$W = \dfrac{1}{2}CV^2 = \dfrac{1}{2}\dfrac{\varepsilon_0\varepsilon_s}{d}V^2$

$= \dfrac{1}{2} \times \dfrac{8.855 \times 10^{-12} \times 3 \times 10 \times 10^{-4}}{10^{-3}} \times 100^2$

$\fallingdotseq 1.3 \times 10^{-7}\,[\text{J}]$

10 $e = -L\dfrac{di}{dt} = -0.5 \times \dfrac{(-5)}{\dfrac{1}{200}} = 500\,[\text{V}]$

11 전위 $V = E \cdot r = \dfrac{Q}{4\pi\varepsilon_0 r^2} \times r = \dfrac{Q}{4\pi\varepsilon_0 r}$

$\dfrac{Q}{4\pi\varepsilon_0 r} \propto \dfrac{1}{2}$

$\therefore \dfrac{1}{r} = \dfrac{1}{2}$

12 $H = \dfrac{NI}{2\pi r}\,[\text{AT/m}]$

$H = \dfrac{F}{m}\,[\text{N/Wb}]$

13 저항의 계산 $R = \dfrac{\rho\varepsilon}{C} = \dfrac{\varepsilon}{\sigma C}\,[\Omega]$

여기서, R : 저항, ρ : 고유저항, C : 정전용량, ε : 유전율, σ : 도전율(전도율)

14 무한평면으로부터 $r[\text{m}]$ 떨어진 점 P에 점전하 $+Q[\text{C}]$가 있는 경우 영상전하는 무한평면 뒤쪽으로 점 P의 대칭점에 존재하며, 그 크기는 점전하와 같고 부호는 반대로 $Q' = -Q[\text{C}]$이다.

15 **포인팅 벡터** : 단위시간에 단위면적을 지나는 에너지, 임의의 점을 통과할 때의 전력밀도

$P = E \times H = EH\sin\theta\,[\text{W/m}^2]$ 에서 자계와 전계는 수직이므로 $P = EH\,[\text{W/m}^2]$

16 자속 $\phi = \dfrac{NI}{R_m}$ $R_m = \dfrac{l}{\mu A}$

이때, 자기저항 $R_m' = \dfrac{l}{\mu A} + \dfrac{\delta}{\mu_0 A} \times \dfrac{\mu_r}{\mu_r} = \dfrac{l + \delta\mu_r}{\mu A}$

자속 $\phi_0 = \dfrac{NI}{R_m'} = \dfrac{NI}{\dfrac{l + \delta\mu_r}{\mu A}} = \dfrac{\mu_0\mu_r ANI}{l + \delta\mu_r}\,[\text{Wb}]$

17 $Q = CV = 2.67 \times 10^{-11} \times 1,800 ≒ 4.8 \times 10^{-8}$

$C = \dfrac{4\pi\varepsilon_0}{\dfrac{1}{a} - \dfrac{1}{b}} = \dfrac{4\pi\varepsilon_0 ab}{b-a} = \dfrac{4\pi\varepsilon_0 \, 0.08 \times 0.06}{0.08 - 0.06} ≒ 2.67 \times 10^{-11}$

18 맥스웰은 전극 간의 유전체를 통하여 흐르는 전류를 해석하기 위해 변위전류의 개념을 도입하였고, 변위전류도 자계를 발생한다고 가정하였다.

19 $LI = N\phi$에서 $L = \dfrac{N\phi}{I}$이므로

자계에너지$(J) = \dfrac{1}{2}LI^2 = \dfrac{1}{2}\left(\dfrac{N\phi}{I}\right)I^2 = \dfrac{1}{2}N\phi I$이다.

20 기자력$(F) = NI = R\phi$, 기전력 $e = LI = \phi N$에서 $\phi = \dfrac{LI}{N}$이므로 $R = \dfrac{NI}{\phi} = \dfrac{NI}{\left(\dfrac{LI}{N}\right)}$

따라서 $R = \dfrac{N^2}{L}$에서 $L = \dfrac{N^2}{R}$이다.

21 **직렬콘덴서의 역할**
- 선로의 인덕턴스 보상
- 수전단의 전압변동률 감소
- 정태안정도 증가
- 선로 역률이 나쁠수록 효과가 큼
- 부하의 역률을 개선시키는 것은 전력용 콘덴서

22 1선 지락 시 전위상승을 억제하고 기기의 절연을 보호한다.

23 단락전류 $I_s = \dfrac{E}{Z} = \dfrac{\dfrac{22 \times 10^3}{\sqrt{3}}}{\sqrt{1^2 + (6+5)^2}} ≒ 1,150\,[\text{A}]$

24
- △결선방식 : 제3고조파 제거
- 직렬리액터 : 제5고조파 제거
- 한류리액터 : 단락사고 시 단락전류 제한
- 소호리액터 : 지락 시 지락전류 제한
- 분로리액터 : 페란티 현상 방지

25

목 적	구 분
전압 조정 (정격전압 유지)	• 승압기(단권변압기) : 말단 전압강하 방지 • 유도전압조정기(AVER) : 부하의 전압변동이 심한 경우 • 주상변압기 탭 조정 • 전력용 콘덴서(SC) : 역률 개선 효과

26 댐퍼 : 송전선로의 진동을 억제하는 장치, 지지점 가까운 곳에 설치

27 전압을 n배로 승압 시

항목	송전전력	전압강하	단면적 A	총중량 W	전력손실 P_l	전압 강하율 ε
관계	$P \propto V^2$	$e \propto \dfrac{1}{V}$	\multicolumn{4}{c}{$[A,\ W,\ P_l,\ \varepsilon] \propto \dfrac{1}{V^2}$}			

28 전송파라미터의 4단자 정수

$E_S = AE_R + BI_R,\ I_S = CE_R + DI_R$

무부하 시 $I_R = 0$이므로

$E_S = AE_R + BI_R$에서 $E_S = AE_R \rightarrow E_R = \dfrac{1}{A}E_S$

$I_S = CE_R + DI_R$에서 $I_S = CE_R = \dfrac{C}{A}E_S$

29

명칭	약호	용도(역할)
컷아웃 스위치	COS	변압기 과부하 보호

30 고장별 대칭분 및 전류의 크기

고장종류	대칭분	전류의 크기
1선 지락	정상분, 역상분, 영상분	$I_0 = I_1 = I_2 \neq 0$
선간 단락	정상분, 역상분	$I_1 = -I_2 \neq 0,\ I_0 = 0$
3상 단락	정상분	$I_1 \neq 0,\ I_0 = I_2 = 0$

1선 지락전류 $I_g = 3I_0 = \dfrac{3E_a}{Z_0 + Z_1 + Z_2}$

31
- 정전 : CB Off → DS Off
- 급전 : DS On → CB On

※ 인터로크 : 차단기가 열려 있어야만 단로기 개폐가능(상대 동작 금지회로)

32

합성 최대 수용전력 $= \dfrac{\text{설비용량} \times \text{수용률}}{\cos\theta \times \text{부등률}} = \dfrac{600 \times 0.6}{1 \times 1.2} = 300[\text{kW}]$

33

계기용 변압기(PT) ⇒ 계전기 및 계기에 전원공급

34

$P_S = \dfrac{E_S E_R}{X} \sin\delta$

∴ 선로리액터스에 반비례하고 상차각에 비례한다.

35 전력원선도

- 작성 시 필요한 값 : 송·수전단 전압, 일반회로정수($A,\ B,\ C,\ D$)
- 가로축 : 유효전력, 세로축 : 무효전력
- 구할 수 있는 값 : 최대출력, 조상설비 용량, 4단자 정수에 의한 손실, 송·수전효율 및 전압, 선로의 일반회로정수
- 구할 수 없는 값 : 과도안정 극한전력, 코로나손실, 사고값

36 **철탑의 종류**

종류		특징
철탑	A형(직선형)	전선로 각도가 3° 이하인 경우 시설한다.
	각도형 B형	경각도형 3° 초과 20° 이하
	각도형 C형	경각도형 20° 초과
	D형(잡아당김형, 억류지지형)	분기·인류 개소가 있을 때 시설한다.
	E형(내장형)	장경간, 지지물 간 거리 차가 큰 곳에 시설, 철탑의 크기가 커진다.
	보강형	직선형 철탑 강도 보강 5기마다 시설한다.

37 • 조속기 감도가 예민한 경우 : 난조를 발생하고 심하면 탈조를 일으킨다.
　• 방지법 : 발전기의 관성모멘트를 크게 하거나 제동권선을 사용한다.

38 재점호전류는 커패시터회로의 무부하 충전전류(진상전류)에 의해 발생한다.

39
구 분	전력손실	전압강하
말단집중부하	$I^2 RL$	$I RL$
평등분산부하	$\frac{1}{3} I^2 RL$	$\frac{1}{2} I RL$

∴ $\frac{평등분산부하의 전압강하}{말단집중부하의 전압강하} = \frac{1}{2}$

40 특성임피던스 $Z_0 = \sqrt{\frac{L}{C}}$, $V = \frac{1}{\sqrt{LC}}$

∴ $L = \frac{Z_0}{V}$

41 **최대효율조건** : $\left(\frac{1}{m}\right)^2 P_c = P_i$

부하 $\frac{1}{m} = \sqrt{\frac{P_i}{P_c}} = \sqrt{\frac{1}{4}} = 0.5$

최대효율 시 용량 $P \times \frac{1}{m} = 150 \times 0.5 = 75 [\text{kVA}]$

효율 $\eta = \frac{출력}{출력 + 철손 + 동손} = \frac{75}{75 + 1 + 1} \times 100 = 97.4 [\%]$

동손 $P_C = 4\left(\frac{1}{m}\right)^2 = 4\left(\frac{1}{2}\right)^2 = 1$

42 **사이리스터** : 정류전압의 크기를 위상으로 제어한다.

43 GD^2은 플라이휠 효과이므로, 즉 관성모멘트가 작은 것을 뜻하므로 엘리베이터는 관성모멘트가 적어야 한다.

44 변압기 권선온도 측정장치 중 가장 적당한 것은 권선온도계이다.

45 변압기의 전압변동률
$\varepsilon = p\cos\theta \pm q\sin\theta$ (+ : 지상, − : 진상)
$= 0.8 \times 2 + 0.6 \times 3 = 3.4[\%]$
여기서, p : %저항강하, q : %리액턴스강하

46 브러시의 위치 변경으로 회전방향 조정하는 기계
- 단상 반발 전동기(아트킨손형, 톰슨형, 데리형) : 교·직 양용 − 만능전동기
- 단상 직권 정류자 전동기(직권형, 보상 직권형, 유도보상 직권형)
- 3상 분권 정류자 전동기(시라게 전동기)

47 $P = VI = 3 \times 25 = 75[\text{W}]$
이때 열저항은 $0.625[\text{℃/W}]$ 이다.
$\therefore 75 \times 0.625 ≒ 47[\text{℃}]$

48

종 류	전동기의 특징
타여자	• 회전 방향 반대 : (+), (−) 극성을 반대 • 정속도 전동기
분 권	• 정속도 특성의 전동기 • 위험상태 : 정격전압 시 무여자 상태 • (+), (−) 극성을 반대 : 회전 방향이 불변 • $T \propto I \propto \dfrac{1}{N}$
직 권	• 변속도 전동기(전기철도, 기중기 등에 적합) • 부하에 따라 속도가 심하게 변한다. • (+), (−) 극성을 반대 : 회전 방향이 불변 • 위험상태 : 정격전압 시 무부하 상태 • $T \propto I^2 \propto \dfrac{1}{N^2}$

49
- 1차 전류(I_1) $= \dfrac{P}{V_1 \cos\theta} = \dfrac{40,000}{6,600 \times 0.8} ≒ 7.58[\text{A}]$
- 2차 전류(I_2) $= aI_1 = 30 \times 7.58 ≒ 227.3[\text{A}]$

50
- 발전기
  − 앞선 전류 − 진상전류 − C부하(진상) = 증자작용
  − 뒤진 전류 − 지상전류 − L부하(지상) = 감자작용
- 전동기
  − 앞선 전류 − 진상전류 − C부하(진상) = 감자작용
  − 뒤진 전류 − 지상전류 − L부하(지상) = 증자작용

51 최대효율조건 고정손(철손) = 가변손(동손)
$x + yI^2$ (여기서, x : 고정손, y : 가변손)
$\therefore I = \sqrt{\dfrac{x}{y}}$

52 스코트 결선에서 T좌 변압기의 권선비

$a_T = \dfrac{\sqrt{3}}{2} a_M = \dfrac{\sqrt{3}}{2} \cdot \dfrac{V_1}{V_2} = \dfrac{\sqrt{3}}{2} \cdot \dfrac{3,300}{200} ≒ 14.3$

여기서, a_M : 주좌 변압기의 권수비, a_T : T좌 변압기의 권수비

T좌 변압기는 1차 권선이 주좌 변압기와 같다면 $\dfrac{\sqrt{3}}{2}$ 지점에서 인출한다.

53 슬립 $s = \dfrac{N_s - N}{N_s}$

슬립(s)의 범위

정 지	동기속도	전동기	발전기	제동기
$N=0$ $s=1$	$N=N_s$ $s=0$	$0 < s < 1$	$s < 0$	$s > 1$

54 토크 $T = \dfrac{PZ\phi I_a}{2\pi a} [\text{N}\cdot\text{m}] = \dfrac{1}{9.8} \dfrac{PZ\phi I_a}{2\pi a} [\text{kg}\cdot\text{m}]$

$= \dfrac{1}{9.8} \times \dfrac{6 \times 500 \times 0.01 \times 100}{2\pi \times 6} = 8.12 [\text{kg}\cdot\text{m}]$

55 • 제3고조파를 제거하기 위해서는 코일간격/극간격을 67[%]로 해야 한다.
• 제5고조파를 제거하기 위해서는 코일간격/극간격을 80[%]로 해야 한다.
∴ 0.67

56 3상 유도전동기 최대 출력은 최대 토크보다 고속도에서 발생한다.

57 직류 분권발전기 유기기전력
$E = V + R_a(I + I_f) = 220 + 0.2(48 + 2) = 230 [\text{V}]$
여기서, $I_a = I + I_f$

58 $E = V + I_a R_a = 200 + (1,000 \times 0.025) = 225 [\text{V}]$

$I_a = I = \dfrac{P}{V} = \dfrac{200 \times 10^3}{200} = 1,000 [\text{A}]$

∴ $\varepsilon = \dfrac{V_0 - V_n}{V_n} = \dfrac{225 - 200}{200} \times 100 = 12.5 [\%]$

59 $I\cos\theta$는 기전력과 같은 위상의 전류성분으로서 횡축반작용을 하며, 무효분 $I\sin\theta$는 $\dfrac{\pi}{2}$ [rad]만큼 뒤지거나 앞서기 때문에 직축 반작용을 한다.

60 단상 유도전동기 특징
• 기동 시$(s=1)$ 토크가 0으로 기동장치를 필요로 한다.
• r_2가 증가하면 최대토크는 감소(cf. 3상 유도전동기에서 최대토크는 불변)한다.
• 0.75[kW] 이하의 소출력으로 회전자는 농형, 고정자는 단상권선을 사용한다.

61 비정현파(일그러진 파형의 총칭)는 직류분과 기본파, 고조파로 구성되어 있다.

62 $\lim_{s \to \infty} s \cdot \dfrac{12(s+8)}{4s(s+6)} = \lim_{s \to \infty} \dfrac{12s+96}{4s+24}$

$\lim_{s \to \infty} \dfrac{12 + \dfrac{96}{s}}{4 + \dfrac{24}{s}} = 3$

63 대칭 n상 Y결선(성형결선)

선간전압과 상전압 간의 위상차 $\theta = \dfrac{\pi}{2}\left(1 - \dfrac{2}{n}\right)$ 만큼 앞선다.

64 3상 불평형 전압 V_a, V_b, V_c

- 영상전압 : $V_0 = \dfrac{1}{3}(V_a + V_b + V_c)$
- 정상전압 : $V_1 = \dfrac{1}{3}(V_a + aV_b + a^2 V_c)$
- 역상전압 : $V_2 = \dfrac{1}{3}(V_a + a^2 V_b + aV_c)$

65 4단자(π형 회로 A, B, C, D 정수)

A	B	C	D
$1 + \dfrac{Z_2}{Z_3}$	Z_2	$\dfrac{Z_1 + Z_2 + Z_3}{Z_1 Z_3}$	$1 + \dfrac{Z_2}{Z_1}$

66 $V_C = E\left(1 - e^{-\frac{1}{RC}t}\right)$

$t = 0$을 대입하면 $V_C = E\left(1 - e^{-\frac{1}{RC}t}\right) = 0[\mathrm{V}]$

67 유효전력 $P = \dfrac{V^2 R}{R^2 + X^2} = \dfrac{200^2 \times 6}{6^2 + 8^2} = 2,400[\mathrm{W}] = 2.4[\mathrm{kW}]$

68 $e = 125\sin 377t$

$i = 50\cos 377t = 50\sin(377t + 90°)$

C만의 회로의 특징
- 전류는 전압보다 90° 빠르다(진상, 앞선 전류).
- 용량성

69 $I = \dfrac{V}{R_0} = \dfrac{V}{r+R} = \dfrac{9}{\dfrac{0.5 \times 3}{3} + 1.5} = 4.5[\mathrm{A}]$

70 $S^2 E_0(S) + 3SE_0(S) + E_0(S) = E_i(S)$

$\dfrac{d^2}{dt^2}e_0(t) + 3\dfrac{d}{dt}e_0(t) + e_0(t) = e_i(t)$

71 $P = \dfrac{V^2}{R}$

$P \propto V^2$

$1,000 \times 0.8^2 = 640[\text{W}]$

72 제3고조파 전류의 실횻값

$I_3 = \dfrac{V_3}{Z_3} = \dfrac{V_3}{\sqrt{R^2+(3\omega L)^2}} = \dfrac{150}{\sqrt{8^2+(2\times 3)^2}} = \dfrac{150}{10} = 15[\text{A}]$

73 $I_l = I_p = \dfrac{V_p}{Z} = \dfrac{200}{50} = 4[\text{A}]$

$V_l = \sqrt{3}\,V_p \Rightarrow V_p = \dfrac{V_l}{\sqrt{3}} = \dfrac{200\sqrt{3}}{\sqrt{3}} = 200[\text{V}]$

74 △결선

$V_l = V_p$

$R = \dfrac{V_p}{I_p} = \dfrac{220}{7.33} \fallingdotseq 30[\Omega]$

75
- 유효전력 $P = P_1 + P_2$
- 무효전력 $P = \sqrt{3}\,(P_1 - P_2)$
- 피상전력 $P_a = 2\sqrt{P_1^2 + P_2^2 - P_1 P_2}$
- 역률 $= \dfrac{\text{유효전력}}{\text{피상전력}} = \dfrac{P_1 + P_2}{2\sqrt{P_1^2 + P_2^2 - P_1 P_2}}$

76 $I = \dfrac{V}{R} = \dfrac{70}{20} = 3.5[\text{A}]$

77 $Z_{01} \cdot Z_{02} = \dfrac{B}{C}$

$Z_{02} = \dfrac{B}{C} \times \dfrac{1}{Z_{01}} = \dfrac{5}{3} \times \dfrac{3}{20} = \dfrac{1}{4}[\Omega]$

78 $V_a = \dfrac{1}{1+2} \times 6 = 2[\text{V}]$

$V_b = \dfrac{4}{4+2} \times 6 = 4[\text{V}]$

$V_{ab} = |V_a - V_b| = 2[\text{V}]$

79 시정수$[\text{s}] = \dfrac{L}{R} = \dfrac{L}{R_1 + R_2}$

80 역라플라스 변환(시간추이 정리)

$$\mathcal{L}[f(t \pm a)] = F(s)e^{\pm as}$$

$F(s) = \dfrac{s}{s^2+\pi^2} \cdot e^{-2s} \xrightarrow{\mathcal{L}^{-1}} f(t) = \cos\pi(t-2) \cdot u(t-2)$

81 KEC 342.1(고압 옥내배선 등의 시설)
- 애자사용공사(건조한 장소로서 전개된 장소에 한한다)
- 케이블공사
- 케이블트레이공사

82 KEC 351.6(감시 및 계측장치 등)
- 계측장치 : 전압계 및 전류계, 전력계
- 발전기의 베어링 및 고정자의 온도
- 특고압용 변압기의 온도
- 정격출력이 10,000[kW]를 초과하는 증기터빈에 접속하는 발전기의 진동의 진폭

83 KEC 333.32(25[kV] 이하인 특고압 가공전선로의 시설)
각 접지도체를 중성선으로부터 분리하였을 경우의 각 접지점의 대지전기저항값과 1[km]마다의 중성선과 대지 사이의 합성전기저항값

사용전압	각 접지점의 대지전기저항값	1[km]마다의 합성전기저항값
15[kV] 이하	300[Ω]	30[Ω]
15[kV] 초과 25[kV] 이하	300[Ω]	15[Ω]

84 KEC 241.16(전기부식방지 시설)
- 전기부식방지 회로의 사용전압은 직류 60[V] 이하일 것
- 지중에 매설하는 양극의 매설깊이는 0.75[m] 이상일 것
- 지표 또는 수중에서 1[m] 간격의 임의의 2점 간의 전위차가 5[V]를 넘지 아니할 것
- 수중에 시설하는 양극과 그 주위 1[m] 이내의 거리에 있는 임의점과의 사이의 전위차는 10[V]를 넘지 아니할 것

85 KEC 222.13/332.13(저·고압 가공전선과 가공약전류전선 등의 접근 또는 교차), 222.14/332.14(저·고압 가공전선과 안테나의 접근 또는 교차), 222.19/332.19(저·고압 가공전선과 식물의 간격)

구 분	저압 가공전선			고압 가공전선		
	일 반	절 연	케이블	일 반	절 연	케이블
가공약전류전선	0.6[m]	0.3[m]	0.3[m]	0.8[m]	–	0.4[m]
가공약전선(케이블)	위 값의 0.5배			–		
안테나	0.6[m]	0.3[m]	0.3[m]	0.8[m]	–	0.4[m]
식 물	접촉하지 않으면 된다.					

86 KEC 222.2/331.11(지지선의 시설)

안전율	2.5 이상(목주나 A종 : 1.5 이상)	아연도금철봉	지중 및 지표상 0.3[m]까지
구 조	4.31[kN] 이상, 3가닥 이상의 연선	도로횡단	5[m] 이상(교통 지장 없는 장소 : 4.5[m])
금속선	2.6[mm] 이상(아연도강연선 2.0[mm] 이상)	기 타	철탑은 지지선으로 그 강도를 분담시키지 않을 것

87 KEC 332.9(고압), 333.1(시가지), 333.21(특고압)(가공전선로 지지물 간 거리의 제한)

구 분	표 준	전선굵기에 따른 장경간 사용		시가지
		고압 22[mm²]	특고압 50[mm²]	
목주·A종	150[m]	300[m] 이하		75[m](목주사용불가)
B종	250[m]	500[m] 이하		150[m]
철 탑	600[m]	–		400[m]

※ KEC(한국전기설비규정)의 적용으로 55[mm²]에서 50[mm²]로 변경됨 〈2021.01.01.〉

88 KEC 333.23(특고압 가공전선과 건조물의 접근)

구 분			35[kV] 이하의 가공전선			35[kV] 초과의 가공전선
			일 반	특고압절연	케이블	
건조물	상부 조영재	위 쪽	3[m]	2.5[m]	1.2[m]	표준 + N = 표준 + $\left(\dfrac{35[kV]\ 초과분}{10[kV]} \times 0.15[m]\right)$
		옆쪽 또는 아래쪽, 기타 조영재	3[m]	1.5[m]	0.5[m]	

89 KEC 222.5(저압 가공전선의 굵기 및 종류), 333.4(특고압 가공전선의 굵기 및 종류)

전 압		조 건	인장강도	경동선의 굵기
저 압	400[V] 이하	절연전선	2.3[kN] 이상	2.6[mm] 이상
		나전선	3.43[kN] 이상	3.2[mm] 이상
	400[V] 초과	시가지	8.01[kN] 이상	5.0[mm] 이상
		시가지 외	5.26[kN] 이상	4.0[mm] 이상
특고압		일 반	8.71[kN] 이상	22[mm²] 이상

90 KEC 232.41(케이블트레이공사)
케이블을 지지하기 위해서 사용하는 금속재 또는 불연성 재료로 제작된 유닛 또는 유닛의 집합체 및 그에 부속하는 부속재 등으로 구성된 견고한 구조물을 말하며 사다리형, 펀칭형, 그물망형, 바닥밀폐형, 기타 이와 유사한 구조물을 포함한다.

91 ※ KEC(한국전기설비규정)의 적용으로 문제가 성립되지 않음

92 특고압 시설 시 상별표시를 해야 한다.

93 KEC 362.1(전력보안통신설비의 시설 요구사항)
- 원격감시제어가 되지 아니하는 발전소·변전소·개폐소, 전선로 및 이를 운용하는 급전소 및 급전분소 간
- 2개 이상의 급전소(분소) 상호 간과 이들을 통합 운용하는 급전소(분소) 간
- 수력설비 중 필요한 곳, 수력설비의 안전상 필요한 양수소 및 강수량 관측소와 수력발전소 간
- 동일 수계에 속하고 안전상 긴급연락의 필요가 있는 수력발전소 상호 간
- 동일 전력계통에 속하고 또한 안전상 긴급연락의 필요가 있는 발전소·변전소 및 개폐소 상호 간
- 발전소·변전소 및 개폐소와 기술원 주재소 간
- 발전소·변전소·개폐소·급전소 및 기술원 주재소와 전기설비의 안전상 긴급연락의 필요가 있는 기상대, 측후소·소방서 및 방사선 감시계측 시설물 등의 사이

94 KEC 132(전로의 절연저항 및 절연내력)

종 류	비접지	중성점 접지	중성점 직접접지
170[kV]	×1.25	×1.1	×0.64
60[kV]	(최저시험전압 10.5[kV])	(최저시험전압 75[kV])	×0.72
7[kV]	×1.5	25[kV] 이하 중성점 다중접지 ×0.92	

직류이므로 2배를 해 준다.
시험전압 $= 6,600 \times 1.5 \times 2 = 19,800$

95 KEC 241.16(전기부식방지 시설)
- 전기부식방지 회로의 사용전압은 직류 60[V] 이하일 것
- 지중에 매설하는 양극의 매설깊이는 0.75[m] 이상일 것
- 지표 또는 수중에서 1[m] 간격의 임의의 2점 간의 전위차가 5[V]를 넘지 아니할 것
- 수중에 시설하는 양극과 그 주위 1[m] 이내의 거리에 있는 임의 점과의 사이의 전위차는 10[V]를 넘지 아니할 것

96 ※ KEC(한국전기설비규정)의 적용으로 문제가 성립되지 않음

97 ※ KEC(한국전기설비규정)의 적용으로 문제가 성립되지 않음

98 ※ KEC(한국전기설비규정)의 적용으로 문제가 성립되지 않음

99 KEC 222.16(저압 가공전선 상호 간의 접근 또는 교차), 332.16(고압 가공전선 등과 저압 가공전선 등의 접근 또는 교차), 332.17(고압 가공전선 상호 간의 접근 또는 교차)

구 분		저압 가공전선			고압 가공전선		
		일 반	절 연	케이블	일 반	절 연	케이블
전 선	저압 가공전선	0.6[m]		0.3[m]	0.8[m]		0.4[m]
	고압 가공전선	–					
지지물		0.3[m]			0.6[m]		0.3[m]

100 KEC 341.10(고압 및 특고압 전로 중의 과전류차단기의 시설)

구 분	견디는 시간	용단시간
포장 퓨즈	1.3배	2배 전류 – 120분
비포장 퓨즈	1.25배	2배 전류 – 2분

2019년 제 2 회 기출문제

page 128

1	2	3	4	5	6	7	8	9	10	11	12	13	14	15	16	17	18	19	20
②	②	①	①	①	②	③	①	③	②	③	④	①	④	②	②	①	③	②	④
21	22	23	24	25	26	27	28	29	30	31	32	33	34	35	36	37	38	39	40
②	④	③	④	②	①	④	③	②	②	③	①	①	④	①	①	②	③	①	①
41	42	43	44	45	46	47	48	49	50	51	52	53	54	55	56	57	58	59	60
②	②	④	③	③	②	③	②	④	③	②	①	①	①	①	②	①	①	④	①
61	62	63	64	65	66	67	68	69	70	71	72	73	74	75	76	77	78	79	80
②	②	③	③	③	①	①	②	③	②	①	④	③	④	③	②	④	①	①	②
81	82	83	84	85	86	87	88	89	90	91	92	93	94	95	96	97	98	99	100
②, ④	②	④	②	④	②	①	③	×	①	①	×	①	×	×	②	③	②	③	②

× : 문제삭제

01 전자파(평면파)의 특성
- 전계와 자계는 공존하면서 서로 직각 방향으로 진동한다.
- 전자파 진행방향은 $E \times H$이고 진행방향성분은 E, H성분이 없다.
- 진공 또는 완전 유전체에서 전파와 자파의 위상차가 없다.
- z방향에 미분계수가 존재한다.
- 횡파이며 속도는 매질에 따라 다르다.
- 반사, 굴절현상이 있다.
- 완전도체 표면에서는 전부 반사된다.

02 자기저항 $R = \dfrac{l}{\mu_0 \mu_s S}$ 이므로 $R \propto \dfrac{1}{\mu}$ 이다. 즉 자기저항은 투자율에 반비례한다.

03 자위 $U_m = -\displaystyle\int_{\infty}^{P} H \cdot dl$ 에서 [A/m]·[m] = [A]

04 $LI = N\phi$에서 전류 $I = \dfrac{N\phi}{L} = \dfrac{1 \times 0.2}{20 \times 10^{-3}} = 10\,[\mathrm{A}]$ 이며

에너지 $W = \dfrac{1}{2}LI^2 = \dfrac{1}{2} \times 20 \times 10^{-3} \times 10^2 = 1\,[\mathrm{J}]$

05 자계의 세기 $H = \dfrac{B}{(1+\chi_s)\mu_0} = \dfrac{20ya_x}{3 \times 4\pi \times 10^{-7}} \fallingdotseq 0.53 \times 10^7 ya_z\,[\mathrm{AT/m}]$

06 폐곡면을 통해 나오는 자속은 0이다 $\left(\displaystyle\oint_s B \cdot ds = 0\right)$.

07 최초 원형 도체판의 반지름을 a_1, 양 극판의 거리를 d, 극판거리를 $2d$로 했을 때의 도체판 반지름을 a_2라 하면

$$C = \frac{\varepsilon \pi a_1^2}{d} = \frac{\varepsilon \pi a_2^2}{2d}$$

$$a_2^2 = 2a_1^2$$

$$\therefore a_2 = \sqrt{2}\, a_1$$

08 분극의 세기 $P = \varepsilon_0(\varepsilon_s - 1)E = \frac{1}{36\pi} \times 10^{-9} \times (5-1) \times 10^4 = \frac{1}{9\pi} \times 10^{-5} \fallingdotseq 3.54 \times 10^{-7}\,[\text{C/m}^2]$

09 전위계수 P [daraf, 엘라스턴스]

구도체 : $V = \dfrac{Q}{4\pi\varepsilon r} = \dfrac{1}{4\pi\varepsilon r} \cdot Q$

전위계수(P) : 전기량 Q에 곱해져서 전위를 결정하는 값

$V = P \cdot Q$, $P = \dfrac{V}{Q} = \dfrac{1}{C}$, $C = \dfrac{Q}{V}$ [Farad]

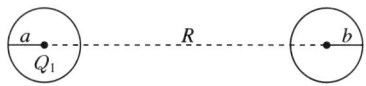

$V_1 = \dfrac{Q_1}{4\pi\varepsilon a} + \dfrac{Q_2}{4\pi\varepsilon R} \rightarrow P_{11}Q_1 + P_{12}Q_2$

$V_2 = \dfrac{Q_1}{4\pi\varepsilon R} + \dfrac{Q_2}{4\pi\varepsilon b} \rightarrow P_{21}Q_1 + P_{22}Q_2$

$\therefore V_1 = P_{11}Q_1 + P_{12}Q_2$, $V_2 = P_{21}Q_1 + P_{22}Q_2$

(여기서, P_{11}, P_{21}, P_{12}, P_{22} : 전위계수)

A에 1[C], B에는 0[C]

$Q_1 = 1[\text{C}]$, $Q_2 = 0[\text{C}]$일 때, $V_1 = 3[\text{V}]$, $V_2 = 2[\text{V}]$를 아래 식에 대입하면

$V_1 = P_{11}Q_1 + P_{12}Q_2$

$3 = P_{11} \times 1 + 0$

$\therefore P_{11} = 3$

$V_2 = P_{21}Q_1 + P_{22}Q_2$

$2 = P_{21} \times 1 + 0$

$\therefore P_{21} = P_{12} = 2$

2[C], 1[C]의 전하를 주면

$V_1 = P_{11}Q_1 + P_{12}Q_2$
$\quad = 3 \times Q_1 + 2 \times Q_2$
$\quad = 3 \times 2 + 2 \times 1 = 8[\text{V}]$

10 유도기전력 $e = -L\dfrac{di}{dt} = -0.05 \times \dfrac{500}{1} = -25[\text{V}]$ (전류와 반대방향)

11 진공의 유전율 $\varepsilon_0 = \dfrac{1}{4\pi \times 9 \times 10^9} = \dfrac{10^7}{4\pi C_0^2} = \dfrac{1}{120\pi C_0} = 8.855 \times 10^{-12}\,[\text{F/m}]$

여기서, C_0 : 진공 중 빛의 속도

12 전류 $I = \oint_s J \cdot ds = \oint_s \frac{2}{r} a_r \cdot a_r ds (a_r \cdot a_r = 1) = \frac{2}{r} \oint_s ds = \frac{2}{r} s = \frac{2}{r} 4\pi r^2$
$= 8\pi r = 8\pi \times 0.05 = 0.4\pi [\text{A}]$

[별해]
전전류(I) = 전류밀도(J) × 면적(S)
$= \frac{2}{r} \times 4\pi \times r^2 = 8\pi r$
$= 8\pi \times 0.05 = 0.4\pi [\text{A}]$

13 파이로(Pyro)전기(초전효과)
로셸염이나 수정의 결정을 가열하면 한 면에 정(+)의 전기가, 반대면에 부(-)의 전기 분극을 일으키고 반대로 냉각시키면 역의 분극이 일어난다. 이 전기를 파이로전기(Pyroelectricity)라 한다(열에너지 → 전기에너지).

14 회전력 $T = nBIl_1 l_2 \cos\theta = 400 \times 0.8 \times 1 \times 9\pi \times 10^{-4} \times \cos 0° ≒ 0.905 [\text{N} \cdot \text{m}]$

15 무한 평면으로부터 $r[\text{m}]$ 떨어진 점 P에 점전하 $+Q[\text{C}]$가 있는 경우 영상전하는 무한 평면 뒤쪽으로 점 P의 대칭점에 존재하며, 그 크기는 점전하와 같고 부호는 반대로 $Q' = -Q[\text{C}]$이다.

16 • 강자성체 : $\mu_s \gg 1$, $\mu \gg \mu_0$, $\chi \gg 0$
• 상자성체 : $\mu_s > 1$, $\mu > \mu_0$, $\chi > 0$
• 반자성체(역자성체) : $\mu_s < 1$, $\mu < \mu_0$, $\chi < 0$

17 정전계에서 전위는 위치만 결정되므로 전계 내에서 폐회로를 따라 전하를 일주시킬 때 하는 일은 항상 0이 된다. 또한 등전위면에서 하는 일은 항상 0이다.

18 $n = \frac{360}{\theta} - 1 = \frac{360}{90} - 1 = 3[\text{개}]$

19 결합계수 $k = \frac{M}{\sqrt{L_1 L_2}} = \frac{0.1}{\sqrt{0.35 \times 0.5}} ≒ 0.239 [\text{H}]$

20 • 법선성분 : $D_1 \cos\theta_1 = D_2 \cos\theta_2$
• 접선성분 : $E_1 \sin\theta_1 = E_2 \sin\theta_2$
• 굴절의 법칙 : $\frac{\tan\theta_1}{\tan\theta_2} = \frac{\varepsilon_1}{\varepsilon_2}$
• 유전율이 큰 쪽으로 굴절
$\varepsilon_1 > \varepsilon_2$: $\theta_1 > \theta_2$, $D_1 > D_2$, $E_1 < E_2$
$\varepsilon_1 < \varepsilon_2$: $\theta_1 < \theta_2$, $D_1 < D_2$, $E_1 > E_2$
• 수직 입사 : $\theta_1 = 0$, 비굴절, 전속밀도 연속$(D_1 = D_2, E_1 \neq E_2)$
• 수평 입사 : $\theta_1 = 90$, 전계 연속$(D_1 \neq D_2, E_1 = E_2)$

21 랭킨사이클(Rankine Cycle)
급수펌프(단열압축) → 보일러(등압가열) → 과열기 → 터빈(단열팽창) → 복수기(등압냉각) → 다시 급수펌프

22 캐스케이딩 현상
- 저압선의 일부 고장으로 건전한 변압기의 일부 또는 전부가 차단되어 고장이 확대되는 현상
- 대책 : 뱅킹 퓨즈(구분 퓨즈) 사용

23 엔탈피는 각 온도에 있어 물 또는 증기의 보유 열량의 뜻이다.

24 각 전구에 각 상(I_a, I_b, I_c)의 전류가 흐르고 X지점에는 영상전류(I_0)가 흐른다.
(접지 = 지락 = 영상)

25 $L = 0.05 + 0.4605 \log_{10} \dfrac{1 \times 10^3}{2.5} ≒ 1.248 [\mathrm{mH/km}]$

26 직류송전방식의 특징
- 리액턴스 손실이 없다.
- 절연레벨이 낮다.
- 송전효율이 좋고 안정도가 높다.
- 차단기 설치 및 전압의 변성이 어렵다.
- 회전자계를 만들 수 없다.

27 후비 보호계전기의 정정값은 주보호계전기보다 크게 설정한다.

28 부등률 = $\dfrac{\text{개별수용가 최대전력의 합}}{\text{합성최대수용전력}} \geq 1$

29 $Q_C = 3\omega C E^2 = 3 \times 2\pi \times 60 \times \dfrac{1}{6\pi} \times 10^{-6} \times 20{,}000^2 \times 10^{-3} = 24 [\mathrm{kVA}]$

30 $C_0 = C_1 + 3C_2 = 0.5038 + 3 \times 0.1237 = 0.8749 [\mu \mathrm{F}]$

31 $P_a = 10{,}000 [\mathrm{kVA}]$
$P = 10{,}000 \times 0.8 = 8{,}000 [\mathrm{kW}]$
$Q = 10{,}000 \times 0.6 = 6{,}000 [\mathrm{kVA}]$
여기서, 콘덴서 6,000[kVA]를 설치하면 무효전력은 0[Var]이므로 역률 100[%]로 개선됨
$\cos \theta = \dfrac{P}{P_a} \times 100 = 100 (P = P_a)$
개선 후 처음 $\dfrac{8{,}000[\mathrm{kVA}]}{10{,}000[\mathrm{kVA}]} \times 100 = 80 [\%]$

32 이상전압의 방지대책
- 매설지선 : 역섬락 방지, 철탑 접지저항의 저감
- 가공지선 : 직격뢰 차폐
- 피뢰기 : 이상전압에 대한 기계기구 보호

33 안정도 향상 대책
- 발전기
  - 동기리액턴스 감소(단락비 크게, 전압변동률 작게)
  - 속응여자방식 채용
  - 제동권선 설치(난조 방지)
  - 조속기 감도 둔감
- 송전선
  - 리액턴스 감소
  - 복도체(다도체) 채용
  - 병행 2회선 방식
  - 중간조상방식
  - 고속도 재폐로방식 채택 및 고속 차단기 설치

34 보일러의 부속 설비
- 과열기 : 건조포화증기를 과열증기로 변환하여 터빈에 공급
- 재열기 : 터빈 내에서의 증기를 뽑아내어 다시 가열하는 장치
- 절탄기 : 배기가스의 여열을 이용하여 보일러 급수 예열
- 공기예열기 : 절탄기를 통과한 여열공기를 예열한다(연도의 맨 끝에 위치).

35 피뢰기의 제한전압은 절연협조의 기본이 되는 부분으로 가장 낮게 잡으며 피뢰기의 제1보호대상은 변압기이다.
※ 절연협조 배열
  피뢰기의 제한전압 < 변압기 < 부싱, 차단기 < 결합콘덴서 < 선로애자

36 **표피효과** : 교류를 흘리면 도체 표면의 전류밀도가 증가하고 중심으로 갈수록 지수함수적으로 감소되는 현상
침투깊이 $\delta = \sqrt{\dfrac{1}{\pi f \sigma \mu}}$ [m]
주파수(f)가 높을수록, 도전율(σ)이 높을수록, 투자율(μ)이 클수록, 침투깊이 δ가 감소하므로 표피효과는 증대된다.

37 **정격차단시간** : 트립코일 여자로부터 불꽃이 완전 소호할 때까지 걸리는 시간(3~8[C/s])

38 **연가**(Transposition) : 3상 3선식 선로에서 선로정수를 평형시키기 위하여 길이를 3등분하여 각 도체의 배치를 변경하는 것
※ 효과 : 선로정수 평형, 임피던스 평형, 유도장해 감소, 소호리액터 접지 시 직렬공진 방지

39 변압기가 △-Y결선 된 경우에는 1, 2차 간의 위상차가 30° 발생하므로 이를 보상하기 위하여 차동계전기를 Y-△로 결선한다.

변압기 결선	비율차동계전기 결선
△-Y	Y-△
Y-△	△-Y

40 보호계전기의 구비조건
- 고장의 정도 및 위치를 정확히 파악할 것
- 고장 개소를 정확히 선택할 것
- 동작이 예민하고 오동작이 없을 것
- 소비전력이 적고, 경제적일 것
- 후비 보호능력이 있을 것

41 $E = V - I_a R_a = 105 - 50 \times 0.1 = 100\,[\text{V}]$

유도기전력 $E = \dfrac{PZ}{a}\phi\dfrac{N}{60}\,[\text{V}]$ 에서

$N = \dfrac{aE \times 60}{PZ\phi} = \dfrac{4 \times 100 \times 60}{4 \times 50 \times 0.05} = 2,400\,[\text{rpm}]$, $E' = V' - I_a' R_a = 106 - 10 \times 0.1 = 105\,[\text{V}]$

$N_0 = \dfrac{105}{100} \times 2,400 = 2,520\,[\text{rpm}]$

속도변동률 $= \dfrac{N_0 - N}{N} \times 100\,[\%] = \dfrac{2,520 - 2,400}{2,400} \times 100 = 5\,[\%]$

42 분포권의 특징
- 분포권은 집중권에 비하여 합성 유기기전력이 감소한다.
- 기전력의 고조파가 감소하여 파형이 좋아진다.
- 권선의 누설리액턴스가 감소한다.
- 전기자권선에 의한 열을 고르게 분포시켜 과열을 방지한다.

43 분권발전기의 부하전류가 증가하면 전기자 저항강하와 전기자 반작용에 의한 감자현상으로 단자전압이 떨어지고 부하전류가 어느 값 이상으로 증가하게 되면 단자전압은 급격히 저하하여 매우 작은 단락전류에 머무르게 된다.

44 단락비가 큰 기계
- 동기임피던스, 전압변동률, 전기자 반작용, 효율이 작다.
- 출력, 선로의 충전 용량, 계자기자력, 공극, 단락전류가 크다.
- 안정도가 좋고 중량이 무거우며 가격이 비싸다.
- 철기계로 저속인 수차 발전기($K_s = 0.9 \sim 1.2$)에 적합하다.

45
- 변압기의 역률 $\varepsilon = p\cos\theta + q\sin\theta$
- 부하역률이 $100\,[\%]$: $\varepsilon = p = 3$
- 최대역률 $\cos\theta_{\max} = 0.6 = \dfrac{p}{\sqrt{p^2 + q^2}} = \dfrac{3}{\sqrt{3^2 + q^2}}$, $\therefore q = 4\,[\%]$
- $\cos\theta = 0.8$일 때 전압변동률 $\varepsilon = p\cos\theta + q\sin\theta = 3 \times 0.8 + 4 \times \sqrt{1 - 0.8^2} = 4.8\,[\%]$

46 감자기자력 $AT_d = \dfrac{2\alpha}{\pi} \cdot \dfrac{2I_a}{2aP}\,[\text{AT/극}]$

여기서, α : 브러시 이동각

47 동기주파수 변환기
- 주파수가 다른 2개의 송전계통을 서로 연결하는 장치
- 동기발전기와 동기전동기가 직결되어 있다.
- 동기속도 $N_s = \dfrac{120f}{p}\,[\text{rpm}]$에서 $f\,[\text{Hz}] \propto p\,[\text{극}]$ 하므로 $f_1 : f_2 = P_1 : P_2$에서 $\dfrac{f_1}{f_2} = \dfrac{P_1}{P_2}$ 가 된다.

48
- ⓐ곡선 : 직선정류로 가장 이상적인 정류이다.
- ⓑ곡선 : 부족정류로 정류 말기에 브러시 후단부에서 전류가 급격히 변화하므로 단락되는 코일의 인덕턴스에 의하여 큰 전압이 발생하고 브러시 뒤쪽(후단)에서 불꽃이 발생된다.
- ⓒ곡선 : 과정류로 정류 초기에 브러시(전단부)에서 전류가 지나치게 급히 변화되어 높은 전압이 발생, 브러시 앞(전단)부분에 불꽃이 발생한다.
- ⓓ곡선 : 정현정류로 전류가 정현파로 표시되는 것으로 전류가 완만하므로 브러시 전단과 후단의 불꽃 발생은 방지할 수 있다.

49
- 단상 반파 맥동률 $v = 1.21$
- 단상 전파 맥동률 $v = 0.48$
- 3상 반파 맥동률 $v = 0.17$
- 3상 전파 맥동률 $v = 0.04$

50 권선형 유도전동기의 저항제어법
- 장 점
  - 기동용 저항기를 겸한다.
  - 구조가 간단하여 제어조작이 용이하고 내구성이 풍부하다.
- 단 점
  - 속도 변화의 [%]와 같은 [%]의 효율을 희생하기 때문에 운전 효율이 나쁘다. 즉, 2차 회로의 효율 $\eta_2 = P/P_2 = (1-s)$ 이다.
  - 부하에 대한 속도변동이 크다.
  - 부하가 적을 때는 광범위한 속도 조정이 곤란하다.
  - 제어용 저항은 전부하에서 장시간 운전해도 위험한 온도가 되지 않을 만큼의 충분한 크기가 필요하므로 가격이 비싸다.

51 비례추이(권선형 유도전동기)
- 비례추이할 수 있는 특성 : 1차 전류, 2차 전류, 역률, 동기와트 등
- 비례추이할 수 없는 특성 : 출력, 2차 동손, 효율 등

52 전력변환기기

인버터	초 퍼	정 류	사이클로 컨버터(주파수 변환)
직류-교류	직류-직류	교류-직류	교류-교류

53 전기각 $\alpha_e = \dfrac{P \times 180}{\text{Slot}} = \dfrac{6 \times 180}{36} = 30°$

54
- A : 과복권
- B : 평복권
- C : 분권
- D : 차동복권

55 정전류 특성이 필요하며, 전류가 증가하면 전압이 저하하는 수하 특성이 필요하다.

56 △-△결선의 특징
- $I_l = \sqrt{3}\,I_p$, $V_l = V_p$ (고전압)이라 절연 문제가 발생한다.
- 변압기 외부에 제3고조파에 의한 순환전류가 발생하지 않는다(통신장애 발생이 없다).
- 비접지 방식(이상전압 및 지락사고 시 보호 곤란)이다.
- 지속운전 및 증설이 쉽다.
- 1대 고장이면 V결선으로 급전 가능하다.

57 직류전동기 속도제어 $n = K' \dfrac{V - I_a R_a}{\phi}$ (K' : 기계정수)

종류	특징
전압제어	• 광범위 속도제어가 가능하다. • 워드레오나드 방식(광범위한 속도 조정, 효율양호) • 일그너 방식(부하가 급변하는 곳, 플라이휠 효과 이용, 제철용 압연기) • 정토크 제어 • SCR과 조합하여 사용하는 방식
계자제어	• 세밀하고 안정된 속도제어를 할 수 있다. • 속도제어 범위가 좁다. • 효율은 양호하나 정류가 불량하다. • 정출력 가변속도 제어
저항제어	• 속도 조정 범위가 좁다. • 효율이 저하된다.

58 자기용량 $= \dfrac{V_h - V_l}{V_h} \times$ 부하용량 $= \dfrac{220 - 200}{220} \times 30 \fallingdotseq 2.73 \, [\text{kVA}]$

59

측정 항목	특성 시험
철손, 기계손	무부하시험
동기임피던스, 동기리액턴스	단락시험
단락비	무부하시험, 단락시험

60 회전자계 속도는 동기속도와 같다.

61 $F(s) = \dfrac{1}{s+1} + \dfrac{6}{s^3} + \dfrac{3s}{s^2 + 4} + \dfrac{5}{s}$

62

$V_{ab} = \dfrac{\dfrac{2}{1} + \dfrac{4}{2} + \dfrac{6}{3}}{\dfrac{1}{1} + \dfrac{1}{2} + \dfrac{1}{3}} \fallingdotseq 3.273 \, [\text{V}]$

$R_0 = \dfrac{1}{\dfrac{1}{1} + \dfrac{1}{2} + \dfrac{1}{3}} \fallingdotseq 0.545 \, [\Omega]$

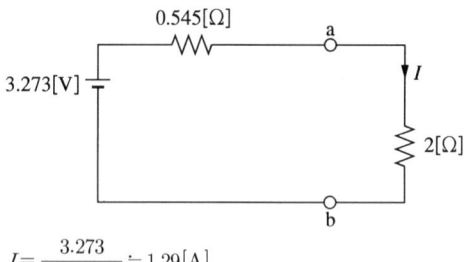

$$I = \frac{3.273}{2+0.543} ≒ 1.29[A]$$

63

파 형		실횻값	평균값	파형률	파고율
전 파	구형파	V_m	V_m	1	1

파형률 = $\frac{실횻값}{평균값}$, 파고율 = $\frac{최댓값}{실횻값}$

64 $I = \dfrac{V}{Z} = \dfrac{50∠0°}{(6+j8)+(2-j2)} = 4-j3[A]$

65 $P = \dfrac{V_e^2 \times R}{R^2+X^2} = \dfrac{200^2 \times 24}{24^2+7^2} = 1,536[W]$

66 2단자 임피던스 $Z(s) = \dfrac{2s+3}{s} = 2 + \dfrac{3}{s}$

∴ $Z(s) = 2 + \dfrac{1}{\frac{1}{3}s}$ ($R-C$ 직렬회로)

67 $\dfrac{K_1}{s+1} + \dfrac{K_2}{s+2} = \dfrac{1}{s+1} - \dfrac{1}{s+3}$ 에서 $\mathcal{L}^{-1}\left[\dfrac{1}{s+1} - \dfrac{1}{s+3}\right] = e^{-t} - e^{-3t}$

$K_1 = \lim_{s \to -1} \dfrac{2}{s+3} = 1$

$K_2 = \lim_{s \to -3} \dfrac{2}{s+1} = -1$

68 $A = 1 + \dfrac{4}{5} = \dfrac{9}{5}$

$B = 4$

$C = \dfrac{1}{5}$

$D = 1$

$Z_{01} = \sqrt{\dfrac{AB}{CD}} = \sqrt{\dfrac{\frac{9}{5} \times 4}{\frac{1}{5} \times 1}} = \sqrt{\dfrac{\frac{36}{5}}{\frac{1}{5}}} = 6[\Omega]$

$Z_{02} = \sqrt{\dfrac{DB}{CA}} = \sqrt{\dfrac{1 \times 4}{\frac{1}{5} \times \frac{9}{5}}} = \sqrt{\dfrac{\frac{4}{1}}{\frac{9}{25}}} = \sqrt{\dfrac{100}{9}} = \dfrac{10}{3}[\Omega]$

69 $V = 6\angle 0° - 4\angle 60° = 4 + j2\sqrt{3} = \sqrt{4^2 + (2\sqrt{3})^2} = 2\sqrt{7}\,[\text{V}]$

70 왜형률 $= \dfrac{\text{전 고조파의 실횻값}}{\text{기본파의 실횻값}} \times 100 = \dfrac{\sqrt{V_3^2 + V_5^2}}{V_1} = \sqrt{0.6^2 + 0.8^2} = 1$

71 $L_0 = L_1 + L_2 + 2M$
$15 = 5 + 3 + 2M$
$\therefore M = 3.5\,[\text{H}]$

72 △결선에서 $I_l = \sqrt{3}\,I_p\,[\text{A}]$, $V_l = V_p\,[\text{V}]$
상전류 $I_p = \dfrac{V_p}{Z} = \dfrac{100}{\sqrt{6^2 + 8^2}} = 10\,[\text{A}]$
$\therefore$ 선전류 $I_l = \sqrt{3}\,I_p = 10\sqrt{3}\,[\text{A}]$

73
- 시정수 : 최종값(정상값)의 63.2[%] 도달하는 데 걸리는 시간
- 시정수가 클수록 과도현상은 오래 지속된다.
- 시정수는 소자(R, L, C)의 값으로 결정된다.
- 특성근 역의 절댓값이다.

74 △결선, 대칭 6상 회로의 선전류
$I_l = 2I_p \sin\dfrac{\pi}{n} = 2 \times 150 \times \sin\dfrac{\pi}{6} = 150\,[\text{A}]$
여기서, n : 상수

75 $R = 2\sqrt{\dfrac{L}{C}}$
$100 = 2\sqrt{\dfrac{5 \times 10^{-3}}{2 \times 10^{-6}}}$

76 전류 $i = I_m \sin(\omega t + \theta) = I_m \sin(2\pi f t + \theta)$인 경우
각주파수 $\omega = 377 = 2\pi f$에서 $f = \dfrac{377}{2\pi} \fallingdotseq 60\,[\text{Hz}]$

77 $G(s) = \dfrac{\dfrac{1}{sC}}{R + \dfrac{1}{sC}} \times \dfrac{sC}{sC} = \dfrac{1}{sRC + 1}$

78 Y결선에서 $I_l = I_p\,[\text{A}]$, $V_l = \sqrt{3}\,V_p\,[\text{V}]$
$P = 3I_p^2 R$에서 $R = \dfrac{P}{3I_p^2} = \dfrac{4,000}{3 \times 20^2} \fallingdotseq 3.33\,[\Omega]$

79 $e^{at} \xrightarrow{\mathcal{L}} \dfrac{1}{s - a}$

80 Y결선에서 $I_l = I_p[A]$, $V_l = \sqrt{3}\,V_p[V]$

$$I_l = I_p = \frac{V_p}{Z} = \frac{\frac{V_l}{\sqrt{3}}}{Z} = \frac{\frac{100\sqrt{3}}{\sqrt{3}}}{10} = \frac{100}{10} = 10[A]$$

81 KEC 231.3.1(저압 옥내배선의 사용전선), 234.3(코드 및 이동전선)
- 옥내배선의 사용전압이 400[V] 이하인 경우 전광표시장치 기타 이와 유사한 장치 또는 제어회로 등에 사용하는 배선에 단면적 1.5[mm²] 이상의 연동선을 사용하고 이를 합성수지관공사·금속관공사·금속몰드공사·금속덕트공사·플로어덕트공사 또는 셀룰러덕트공사에 의하여 시설
- 조명용 전원코드 또는 이동전선은 단면적 0.75[mm²] 이상의 코드 또는 캡타이어케이블을 용도에 따라 선정하여야 함

82 KEC 351.1(발전소 등의 울타리·담 등의 시설)

특고압	간격($a+b$)	기 타
35[kV] 이하	5.0[m] 이상	울타리의 높이(a) : 2[m] 이상 울타리에서 충전부까지 거리(b) 지면과 하부(c) : 15[cm] 이하 단수 = 160[kV] 초과/10[kV] N = 단수 × 0.12
35[kV] 초과 160[kV] 이하	6.0[m] 이상	
160[kV] 초과	6.0[m] + N 이상	

83 **절연내력시험** : 일정 전압을 가할 때 절연이 파괴되지 않는 한도로서 전선로나 기기에 일정 배수의 전압을 일정시간(10분) 동안 흘릴 때 파괴되지 않는 시험

종 류		시험전압	시험방법
회전기	발전기, 전동기, 무효 전력 보상 장치, 기타 회전기	7[kV] 이하 : 1.5배(최저 500[V]) 7[kV] 초과 : 1.25배(최저 10.5[kV])	권선과 대지 간에 연속하여 10분간
	회전변류기	직류측의 최대사용전압의 1배의 교류전압(최저 500[V])	

※ 직류시험 : 교류시험전압값 × 1.6배

∴ 440 × 1.5 = 660[V]

84 KEC 232.56(애자공사), 342.1(고압 옥내배선 등의 시설)
- 전선의 종류 : 절연전선, 단 옥외용 비닐절연전선(OW) 및 인입용 비닐절연전선(DV)은 제외한다.
- 간 격

구 분		전선과 조영재 간격	전선 상호 간의 간격	전선 지지점 간의 거리	
				조영재 윗면 또는 옆면	조영재 따라 시설 않는 경우
저 압	400[V] 이하	25[mm] 이상	0.06[m] 이상	2[m] 이하	−
	400[V] 초과 건조	25[mm] 이상			6[m] 이하
	400[V] 초과 기타	45[mm] 이상			
고 압		0.05[m] 이상	0.08[m] 이상		

85 KEC 362.10(전력보안통신설비의 보안장치)
- 통신선(광섬유 케이블을 제외)에 직접 접속하는 옥내통신설비를 시설하는 곳에는 통신선의 구별에 따라 표준에 적합한 보안장치 또는 이에 준하는 보안장치를 시설하여야 한다. 다만, 통신선이 통신용 케이블인 경우에 뇌(雷) 또는 전선과의 혼촉에 의하여 사람에게 위험을 줄 우려가 없도록 시설하는 경우에는 그러하지 아니하다.
- 특고압 가공전선로의 지지물에 시설하는 통신선 또는 이에 직접 접속하는 통신선에 접속하는 휴대전화기를 접속하는 곳 및 옥외전화기를 시설하는 곳에는 표준에 적합한 특고압용 제1종 보안장치, 특고압용 제2종 보안장치 또는 이에 준하는 보안장치를 시설하여야 한다.

86 KEC 333.5(특고압 가공전선과 지지물 등의 간격)

사용전압	간격[m]	사용전압	간격[m]
15[kV] 미만	0.15	70[kV] 이상 80[kV] 미만	0.45
15[kV] 이상 25[kV] 미만	0.2	80[kV] 이상 130[kV] 미만	0.65
25[kV] 이상 35[kV] 미만	0.25	130[kV] 이상 160[kV] 미만	0.9
35[kV] 이상 50[kV] 미만	0.3	160[kV] 이상 200[kV] 미만	1.1
50[kV] 이상 60[kV] 미만	0.35	200[kV] 이상 230[kV] 미만	1.3
60[kV] 이상 70[kV] 미만	0.4	230[kV] 이상	1.6

87 기술기준 제17조(유도장해 방지)
교류 특고압 가공전선로에서 발생하는 극저주파 전자계는 지표상 1[m]에서 전계가 3.5[kV/m] 이하, 자계가 83.3[μT] 이하가 되도록 시설하고, 직류 특고압 가공전선로에서 발생하는 직류전계는 지표면에서 25[kV/m] 이하, 직류자계는 지표상 1[m]에서 400,000[μT] 이하가 되도록 시설하는 등 상시 정전유도 및 전자유도 작용에 의하여 사람에게 위험을 줄 우려가 없도록 시설

88 KEC 222.9/332.8(저·고압 가공전선 등의 병행설치), 333.17(특고압 가공전선과 저·고압 가공전선의 병행설치)

구 분	고 압	35[kV] 이하	35[kV] 초과 60[kV] 이하	60[kV] 초과
저압·고압(케이블)	0.5[m] 이상(0.3[m])	1.2[m] 이상(0.5[m])	2[m] 이상(1[m])	2[m](1[m]) + 단수 × 0.12[m]

기 타	• 35[kV] 이하
	  − 상부에 고압측을 시설하며 별도의 완금류에 시설할 것
	• 35[kV] 초과 100[kV] 미만의 특고압
	  − 단수 = $\dfrac{60[kV] \text{ 초과}}{10[kV]}$ (반드시 절상하여 계산)
	  − 21.67[kN] 금속선, 50[mm²] 이상의 경동연선			

※ KEC(한국전기설비규정)의 적용으로 55[mm²] 이상에서 50[mm²] 이상으로 변경됨 〈2021.01.01.〉

89 ※ KEC(한국전기설비규정)의 적용으로 문제가 성립되지 않음

90 KEC 333.11(특고압 가공전선로의 철주·철근 콘크리트주 또는 철탑의 종류)
• 직선형 : 전선로가 직선 부분(3° 이하인 수평각도를 이루는 곳을 포함)
• 각도형 : 전선로 중 3°를 초과하는 수평각도를 이루는 곳
• 잡아당김형 : 전가섭선을 잡아당기는 곳에 사용하는 것
• 내장형 : 전선로의 지지물 양쪽의 지지물 간 거리의 차가 큰 곳에 사용하는 것
• 보강형 : 전선로의 직선 부분에 그 보강을 위하여 사용하는 것

91 KEC 333.14(이상 시 상정하중)
종류 : 수직하중, 수평 가로 하중, 수평 종하중

92 ※ KEC(한국전기설비규정)의 적용으로 문제가 성립되지 않음

93 KEC 333.32(25[kV] 이하인 특고압 가공전선로의 시설)
각 접지도체를 중성선으로부터 분리하였을 경우의 각 접지점의 대지전기저항값과 1[km]마다의 중성선과 대지 사이의 합성전기저항값

사용전압	각 접지점의 대지전기저항값	1[km]마다의 합성전기저항값
15[kV] 이하	300[Ω]	30[Ω]
15[kV] 초과 25[kV] 이하	300[Ω]	15[Ω]

94 ※ KEC(한국전기설비규정)의 적용으로 문제가 성립되지 않음

95 ※ KEC(한국전기설비규정)의 적용으로 문제가 성립되지 않음

96 KEC 112(용어 정의)
지중관로 : 지중전선로·지중약전류전선로·지중광섬유케이블선로·지중에 시설하는 수관 및 가스관과 기타 이와 유사한 것 및 이들에 부속하는 지중함 등을 말한다.

97 KEC 351.10(수소냉각식 발전기 등의 시설)
- 수소냉각식의 발전기·무효 전력 보상 장치 또는 이에 부속하는 수소냉각장치는 발전기 내부 또는 무효 전력 보상 장치 내부의 수소의 순도가 85[%] 이하로 저하한 경우에 이를 경보하는 장치를 시설할 것
- 발전기 내부 또는 무효 전력 보상 장치 내부의 수소의 압력을 계측하는 장치 및 그 압력이 현저히 변동한 경우에 이를 경보하는 장치를 시설할 것
- 발전기 내부 또는 무효 전력 보상 장치 내부의 수소의 온도를 계측하는 장치를 시설할 것
- 발전기 또는 무효 전력 보상 장치는 기밀구조의 것이고 또한 수소가 대기압에서 폭발하는 경우에 생기는 압력에 견디는 강도를 가지는 것일 것
- 발전기축의 밀봉부에는 질소 가스를 봉입할 수 있는 장치 또는 발전기축의 밀봉부로부터 누설된 수소 가스를 안전하게 외부에 방출할 수 있는 장치를 시설할 것

98 KEC 222.6/332.4(저·고압 가공전선의 안전율) - 고압 가공전선의 안전율
- 경동선, 내열 동합금선 : 2.2 이상
- 기타 전선 : 2.5 이상

99 KEC 331.7(가공전선로 지지물의 기초의 안전율) - 철근 콘크리트주 매설깊이

설계하중	전주길이		매설깊이
6.8[kN] 이하	15[m] 이하		l = 전장 × 1/6[m] 이상
	15[m] 초과 16[m] 이하		2.5[m]
	16[m] 초과 20[m] 이하		2.8[m]
6.8[kN] 초과 9.8[kN] 이하	14[m] 이상 20[m] 이하	15[m] 이하	l + 30[cm]
		15[m] 초과	2.8[m]
9.81[kN] 초과 14.72[kN] 이하	14[m] 이상 20[m] 이하	15[m] 이하	l + 0.5[m]
		15[m] 초과 18[m] 이하	3[m] 이상
		18[m] 초과	3.2[m] 이상

100 KEC 222.7/332.5(저·고압 가공전선의 높이)

설치장소		가공전선의 높이
도로횡단		지표상 6[m] 이상
철도 또는 궤도횡단		레일면상 6.5[m] 이상
횡단보도교 위	저 압	노면상 3.5[m] 이상. 단, 절연전선의 경우 3[m] 이상
	고 압	노면상 3.5[m] 이상

2019년 제3회 기출문제

page 141

1	2	3	4	5	6	7	8	9	10	11	12	13	14	15	16	17	18	19	20
①	①	②	④	③	①	③	①	①	②	③	②	③	①	②	①	②	②	②	③
21	22	23	24	25	26	27	28	29	30	31	32	33	34	35	36	37	38	39	40
④	③	①	①	③	③	②	③	③	③	③	④	②	①	②	③	②	③	②	④
41	42	43	44	45	46	47	48	49	50	51	52	53	54	55	56	57	58	59	60
①	④	①	②	②	④	③	②	③	②	④	②	②	①	③	③	③	③	①	①
61	62	63	64	65	66	67	68	69	70	71	72	73	74	75	76	77	78	79	80
④	③	②	④	③	①	②	②	①	④	③	②	④	③	①	②	③	③	②	④
81	82	83	84	85	86	87	88	89	90	91	92	93	94	95	96	97	98	99	100
②	×	③	③	③	③	②	④	③	①	③	④	②	×	③	×	②	④	④	×

×: 문제삭제

01 유기기전력 $e = L\dfrac{di}{dt} = 20 \times 10^{-3} \times \dfrac{6}{0.2} = 0.6\,[\text{V}]$

02 $F_1 + F_2 + F_3 = 0$
$\therefore F_3 = -(F_1+F_2) = -\{(-3i+4j-5k)+(6i+3j-2k)\} = -(3i+7j-7k) = -3i-7j+7k$

03 누설전류 $I = \dfrac{V}{R} = \dfrac{500}{2 \times 10^6} = 250 \times 10^{-6}\,[\text{A}] = 250\,[\mu\text{A}]$

04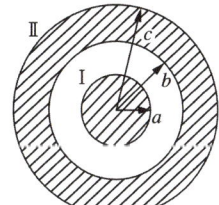

- 내구에만 $+Q$ 전하를 대전한 경우 (V: 안쪽, V_x: 바깥쪽)
  $V = \dfrac{Q}{4\pi\varepsilon_0}\left(\dfrac{1}{a} - \dfrac{1}{b} + \dfrac{1}{c}\right)[\text{V}], \quad V_x = \dfrac{Q}{4\pi\varepsilon_0 r}$

- 내구에 $+Q$ 전하를 대전하고 외구에 $-Q$ 전하를 대전한 경우
  $V = \dfrac{Q}{4\pi\varepsilon_0}\left(\dfrac{1}{a} - \dfrac{1}{b}\right)[\text{V}], \quad V_x = 0$

- 외구에만 $+Q$ 전하를 대전한 경우
  $V = \dfrac{Q}{4\pi\varepsilon_0 c}[\text{V}], \quad V_x = \dfrac{Q}{4\pi\varepsilon_0 r}$

05 진공의 유전율 ε_0는 $\varepsilon = \dfrac{1}{4\pi \times 9 \times 10^9} = \dfrac{10^7}{4\pi C_0^2} = \dfrac{1}{\mu_0 C_0^2} = \dfrac{1}{120\pi C_0} = 8.855 \times 10^{-12}\,[\text{F/m}]$

여기서, C_0: 진공 중 빛의 속도

06 인덕턴스 $L[\text{Wb/m}] = [\text{H}]$
인덕턴스 1[H]는 1[A]의 전류에 대한 자속이 1[Wb]인 경우이다.

07
- 변위전류 I_d : 콘덴서(진공 또는 유전체 내)에서 발생하는 전하의 위치가 변화하여 자계를 발생시키는 전류
- 변위전류밀도 $i_d = \dfrac{I_d}{S} = \dfrac{\partial D}{\partial t} = \varepsilon \dfrac{\partial E}{\partial t}$

여기서, I_d : 변위전류[A], ε : 유전율[F/m], D : 전속밀도[C/m²]

08 평행도선 단위길이당 작용하는 힘이 간격(거리)을 $r[\text{m}]$라 할 때,
$F = \dfrac{\mu_0 I_1 I_2}{2\pi r} = \dfrac{2I_1 I_2}{r} \times 10^{-7} [\text{N/m}]$로 두 전류의 곱에 비례하고, 간격(거리)에 반비례하며
두 전류의 방향이 같은 방향이면 흡인력, 다른 방향이면 반발력이 작용한다.

09 변위전류밀도 $i_d = \dfrac{\partial D}{\partial t} = \dfrac{\partial (\varepsilon E)}{\partial t} = \varepsilon \dfrac{\partial}{\partial t}\left(\dfrac{V}{d}\right) = \varepsilon \dfrac{\partial}{\partial t}\left(\dfrac{E_m}{d}\sin\omega t\right) = \dfrac{\varepsilon \omega E_m}{d}\left(\dfrac{\partial}{\partial t}\sin\omega t\right) = \dfrac{\varepsilon \omega E_m \cos\omega t}{d} [\text{A/m}^2]$

10 $1[\text{kcal}] = \dfrac{1}{860}[\text{kWh}]$

$10^6 [\text{cal}] = 10^3 [\text{kcal}] = \dfrac{1}{860} \times 10^3 = 1.16 [\text{kWh}]$

11 히스테리시스 손실을 줄이기 위해서 히스테리시스 면적이 적은 규소강판을 사용하고, 와류손을 줄이기 위해서 성층하여 사용한다.

12 영상법, 접지구도체에서
- 영상전하의 위치 $x = \dfrac{a^2}{d}[\text{m}]$
- 영상전하의 크기 $Q' = -\dfrac{P_{12}}{P_{11}}Q = -\dfrac{a}{d}Q[\text{C}]$
- 작용하는 힘 $F = \dfrac{Q\left(-\dfrac{a}{d}\right)Q}{4\pi\varepsilon_0\left(d - \dfrac{a^2}{d}\right)^2} = -\dfrac{adQ^2}{4\pi\varepsilon_0(d^2 - a^2)^2}[\text{N}]$ (흡인력)

13
- 엄지 : 힘(F)
- 검지 : 자장(H, B)
- 중지 : 전류(I)

14 원형 코일중심의 자계의 세기 $H_0 = \dfrac{I}{2a} = \dfrac{1}{2 \times 1} = \dfrac{1}{2}[\text{AT/m}]$

15 플레밍의 왼손 법칙
자속밀도가 $B[\text{Wb/m}^2]$인 자계 중에 길이 l의 도체를 놓고 $I[\text{A}]$의 전류를 흘릴 경우 자계 내에서 도체가 받는 힘의 크기 $F = BIl\sin\theta[\text{N}]$이다.
따라서 힘은 도선의 길이에 비례한다.

16 중첩의 원리

한 회로 내에 두 개 이상의 전원이 있을 시 임의의 점에는 그 점에 흐르는 전류를 대수적으로 합한 것과 같다는 것으로 이 원리가 성립하는 조건을 이용하면 전위는 각 전하의 합과 같이 나타나므로 전하를 n배 시 전위 또한 n배가 된다.

17 $W = F \cdot r = QE \cdot r = 0.02 \times 10^{-6}(i + 2j + 3k) \times 10^2 \cdot (3i) = 0.02 \times 10^{-4}(3) = 6 \times 10^{-6}$ [J]

18 같은 정전용량 C를 n개 병렬연결 시 합성정전용량 $C_0 = nC$

19 원통형 도체 전계의 세기

$E = \dfrac{\lambda}{2\pi\varepsilon r}$ 에서 $E = \dfrac{\lambda}{2\pi\varepsilon_0 r}$ [V/m]

20 자속밀도 $B = \mu H = \dfrac{\mu I}{2\pi R} = \dfrac{\mu_0 2\pi}{4\pi} = \dfrac{\mu_0}{2}$ [Wb/m²]

21 $L = 0.05 + 0.4605\log_{10}\dfrac{D'}{r}$ 에서 ($D' = D$)

$L = 0.05 + 0.4605\log_{10}\dfrac{2D}{d}$ [mH/km]

22 직접접지(유효접지방식) : 154[kV], 345[kV], 765[kV]의 송전선로에 사용
- 장 점
  - 1선 지락고장 시 건전상 전압상승이 거의 없다(대지전압의 1.3배 이하).
  - 계통에 대해 절연레벨을 낮출 수 있다.
  - 지락전류가 크므로 보호계전기 동작이 확실하다.
- 단 점
  - 1선 지락고장 시 인접 통신선에 대한 유도장해가 크다.
  - 절연수준을 높여야 한다.
  - 과도안정도가 나쁘다.
  - 큰 전류를 차단하므로 차단기 등의 수명이 짧다.
  - 통신유도장해가 최대가 된다.

23 전력선 보호계전방식 : 200~300[kHz]의 고주파 반송전류를 중첩시켜 이것으로 각 단자에 있는 계전기를 제어하는 방식으로 초고압 송전선 및 간선에 많이 쓰이고 고장구간의 선택이 확실하고, 동작이 예민하다는 장점이 있어 신뢰도가 높은 계전방식

24 일반적으로 출력이 2,500[kW] 초과 5,000[kW]까지는 6.6[kV] 또는 11[kV]를 사용함

25 연가(Transposition) : 3상 3선식 선로에서 선로정수를 평형시키기 위하여 길이를 3등분하여 각 도체의 배치를 변경하는 것
※ 효과 : 선로정수 평형, 임피던스 평형, 유도장해 감소, 소호리액터 접지 시 직렬공진 방지

26 $P = 10 \times 0.8 = 8$
$Q = 10 \times 0.6 = 6$
$P_a \sqrt{8^2 + (6-2)^2} \fallingdotseq 9$ [kVA]

27 ② 차단기 : 부하전류개폐, 사고전류 차단
① 단로기, ③ 선로개폐기 : 무부하전류 개폐
④ 전력퓨즈 : 단락전류 차단

28 ③ 가공지선 : 직격뢰 및 유도뢰 차폐, 통신선에 대한 전자유도장해 경감
① 댐퍼 : 송전선로의 진동을 억제하는 장치, 지지점 가까운 곳에 설치
② 초호환(아킹혼, 초호각, 소호각) : 뇌로부터 애자련 보호, 애자의 전압 분담 균일화
④ 애자 : 전선로 지지 및 절연

29 $P_S = \dfrac{E_S E_R}{X} \sin\delta [\text{MW}]$

$\delta = 90°$일 때 정태안정 극한전력 $P_m = \dfrac{E_S E_R}{X}(\sin\delta = 1) = \dfrac{E_S E_R}{B}$ (전력원선도의 반지름)

30 첨두부하 시에 사용되므로 연간 발전비용을 줄일 수 있다.

31 전압을 n배로 승압 시

항 목	송전전력	전압강하	단면적 A	총중량 W	전력손실 P_l	전압 강하율 ε
관 계	$P \propto V^2$	$e \propto \dfrac{1}{V}$	\multicolumn{4}{c}{$[A,\ W,\ P_l,\ \varepsilon] \propto \dfrac{1}{V^2}$}

32

구 분	원 인	공 식	비 고
전자유도장해	영상전류, 상호인덕턴스	$V_m = -3I_0 \times j\omega Ml [\text{V}]$	주파수, 길이 비례
정전유도장해	영상전압, 상호정전용량	$V_0 = \dfrac{C_m}{C_m + C_s} \times V_s$	길이와 무관

33 공진상태이므로 $I = \dfrac{V}{R} = \dfrac{4,400}{200} = 22[\text{A}]$

34 변류기(CT)는 2차 측 개방 불가 : 과전압 유기 및 절연파괴되므로 반드시 2차 측을 단락해야 한다.

35 $\%X = \dfrac{PX}{10 V^2} = \dfrac{100 \times 10^3 \times 10}{10 \times 66^2} ≒ 22.96[\%]$

36 $P_V = \sqrt{3}\, V_p I_p = \sqrt{3} \times 150 ≒ 259.81[\text{kVA}]$

37 **역률개선 효과** : 전압강하 경감, 전력손실 경감, 설비용량의 여유분 증가, 전력요금의 절약

38 **토리첼리의 정리** : 유속 $v = c_v \sqrt{2gH}$ (여기서, c_v : 유속계수, g : 중력가속도, H : 유효낙차)
$Q = AV$ (여기서, Q : 유량[m³/s], A : 단면적[m²], V : 속도[m/s])

39 $P_s = \dfrac{E_S E_R}{X}\sin\delta = \dfrac{161\times 155}{49.8}\sin 40° ≒ 322.1[\mathrm{MW}]$

40 정격차단 시간
트립코일 여자로부터 완전 불꽃이 소호될 때까지 걸리는 시간(3~8[C/s])

41 동기기에서 회전계자형을 쓰는 이유
- 전기자권선은 고전압에 결선이 복잡하며 대용량인 경우 전류도 커지고 3상 결선 시 인출선은 4개이다.
- 계자권선에 저압 직류회로로 소요동력이 적다(인출도선 2개).
- 절연이 용이하다.
- 전기자권선은 고전압에 유리하다(Y결선).
- 기계적으로 튼튼하다.

42 동기발전기의 회전자 주변속도
$v = \pi D\dfrac{N_s}{60} = \dfrac{\pi D}{60}\cdot\dfrac{120f}{P}[\mathrm{rpm}] = \dfrac{\pi\times 2}{60}\times\dfrac{120\times 60}{12} ≒ 62.8[\mathrm{m/s}]$

43 브리지 회로

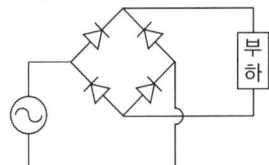

44 동기기 전기자 반작용
- 횡축 반작용(교차 자화작용 : R부하) : 전기자전류와 단자전압 동상
- 직축 반작용(L부하, C부하)

자 속	발전기	전동기
감 자	• 전류가 전압보다 뒤짐 • 뒤진 전류 – 지전류 – L무하(시상) = 감사삭용	• 전류가 전압보다 앞섬 • 앞선 전류 – 진전류 – C부하(진상) = 김자직용
증 자	• 전류가 전압보다 앞섬 • 앞선 전류 – 진전류 – C부하(진상) = 증자작용	• 전류가 전압보다 뒤짐 • 뒤진 전류 – 지전류 – L부하(지상) = 증자작용

45 Heyland 원선도
유도전동기 1차 부하 전류의 선단 부하의 증감과 더불어 그리는 그 궤적이 항상 반원주상에 있는 것을 이용하여 여러 가지 값을 구하는 곡선

작성에 필요한 값	저항 측정	무부하시험	구속시험
		철손, 여자전류	동손, 임피던스 전압, 단락전류
구할 수 있는 값		1차 입력, 2차 입력(동기 와트), 철손, 슬립 1차 저항손, 2차 저항손, 출력, 효율, 역률	
구할 수 없는 값		기계적 출력, 기계손	

46 유도전동기에 대해 간단한 시험의 결과로 반원을 그리면 전동기 특성을 실부하시험을 하지 않고 이 선도에서 쉽게 구할 수 있다. 이를 원선도라 하고 특성을 구하는 방법을 원선도법이라 한다. 이때 시험을 통해 구한 원의 지름은 $\dfrac{E}{X_1 + Y_2'}$ 이므로 $\dfrac{E}{X}$에 비례한다.

47 단상 직권전동기의 보상 권선은 직류 직권전동기와 달리 전기자 반작용으로 생기는 필요 없는 자속을 상쇄하도록 하여, 무효전력의 증대에 따르는 역률의 저하를 방지한다.

48 Diode는 스위칭 기능(On-Off)만 있고 제어 기능은 없다.

49 부하가 가해지면 슬립의 발생 소요 토크는 직류전동기와 다르다.
(2차 권선을 고정자에 설치한 권선형 3상 유도전동기로 볼 수 있다)

50 **권선형 유도전동기의 속도제어법**
  • 2차 저항제어법
    – 토크의 비례추이를 이용
    – 2차 회로에 저항을 넣어서 같은 토크에 대한 슬립 s를 바꾸어 속도를 제어
  • 2차 여자법 : 비교적 효율이 좋고 단계적인 속도제어한다.
    – 유도전동기 회전자에 슬립주파수 전압(주파수)을 공급하여 속도를 제어

51 권선형 유도전동기에서 2차 저항이 증가하면 토크 곡선 등이 슬립이 증가하는 방향으로 2차 저항에 비례하며 이동한다. 즉, 같이 토크에서 2차 저항 슬립은 비례하는데, 이를 비례추이라 한다.

52 $E = K\phi N$에서 분권이므로 ϕ는 일정
∴ $E = 200 - 100 \times 0.15 = 185[\text{V}]$
$E_0 = 200$
$N_0 = \dfrac{E_0}{E} N = \dfrac{200}{185} \times 1,000 = 1,081[\text{rpm}]$

53 $v_1 = -e_1$
$e_1 = -N\dfrac{d\phi}{dt}$
따라서 입력 전압과 1차 유도기전력은 반대 위상이다.

54 두 기기의 수수전력
$P = E_0 I_s \cos\dfrac{\delta}{2} = \dfrac{1,000^2}{2 \times 4} \cdot \sin 30° = 62,500[\text{W}] = 62.5[\text{kW}]$

55 $\varepsilon = \dfrac{V_{20} - V_{2n}}{V_{2n}} \times 100 = \dfrac{240 - 230}{230} \times 100 = \dfrac{10}{230} \times 100 ≒ 4.35[\%]$

56 단락비 $K = \dfrac{1}{Z_s} = \dfrac{1}{0.8} = 1.25$

이때 동기 임피던스 $Z_s = \dfrac{I_n}{I_s} = \dfrac{\frac{P}{\sqrt{3}\,V_n}}{I_s} = \dfrac{\frac{5,000 \times 10^3}{\sqrt{3} \times 6,000}}{600} = 0.8$

$P = \sqrt{3}\,V_n I_n$에서 $I_n = \dfrac{P}{\sqrt{3}\,V_n}$

57
- ⓐ곡선 : 직선정류로 가장 이상적인 정류이다.
- ⓑ곡선 : 부족정류로 정류말기에 브러시 후단부에서 전류가 급격히 변화하므로 단락되는 코일의 인덕턴스에 의하여 큰 전압이 발생하고 브러시의 뒤쪽(후단)에서 불꽃이 발생된다.
- ⓒ곡선 : 과정류로 정류 초기에 브러시(전단부)에서 전류가 지나치게 급히 변화되어 높은 전압이 발생, 브러시 앞(전단)부분에서 불꽃이 발생된다.
- ⓓ곡선 : 정현정류로 전류가 정현파로 표시되는 것으로 전류가 완만하므로, 브러시 전단과 후단의 불꽃 발생은 방지할 수 있다.

58 V결선 변압기 이용률 $= \dfrac{\sqrt{3}}{2} ≒ 0.866 = 86.6[\%]$

59 전기자 권선법
- 직류기 : 고상권, 폐로권, 이층권, 중권, 파권
- 동기기 : 이층권, 중권, 단절권, 분포권

60 임피던스 $Z = \sqrt{p^2 + q^2} = \sqrt{2.4^2 + 1.6^2} = 2.883$

$Z = \dfrac{V_s}{V_{1n}} \times 100[\%]$에서

$V_s = \dfrac{Z \cdot V_{1n}}{100} = \dfrac{2.883 \times 3,300}{100} ≒ 95[\text{V}]$

61 $C(s) = G(s)R(s)$
입력함수가 단위임펄스일 때 $R(s) = 1$이므로 $C(s) = G(s)$

62 전체저항 $R = \dfrac{V}{I} = \dfrac{30}{3} = 10[\Omega]$

$R = \dfrac{r \cdot 2r}{r + 2r} = \dfrac{2r^2}{3r} = \dfrac{2}{3}r = 10[\Omega]$

$r = 10 \times \dfrac{3}{2} = 15[\Omega]$

63 불평형률 $= \dfrac{역상전압}{정상전압} \times 100[\%]$

64 $P = \dfrac{141.4}{\sqrt{2}} \times \dfrac{\sqrt{8}}{\sqrt{2}} \cos 30° ≒ 173[\text{W}]$

65
$$Z_{01} = Z_{02} = \sqrt{\frac{B}{C}} = \sqrt{\frac{800}{\frac{1}{450}}} = 600[\Omega]$$

$$B = 300 + 300 + \frac{300 \times 300}{450} = 800$$

$$C = \frac{1}{450}$$

66
$$i = \frac{v}{z} = \frac{100 \angle 0}{\sqrt{1^2 + (2\pi \times 60 \times 1)^2} \angle \tan^{-1}\left(\frac{377}{1}\right)} \fallingdotseq 0.265 \angle -89.84°$$

67
$$V_{av} = \frac{2}{\pi} V_m = \frac{2}{\pi} \sqrt{2} V = \frac{2}{\pi} \times \sqrt{2} \times 314 \fallingdotseq 283[V]$$

68
$$W = E_{ab} I_a \cos 30° = E_{ab} I_a \times \frac{\sqrt{3}}{2}$$

$$2W = \sqrt{3} E_{ab} I_a$$

$$2W = \sqrt{3} VI = P$$

$$\therefore P = 2W[W]$$

69 $Q = CE_C$

S/W를 닫는 순간 초기전압은 전부 R에 걸리므로

$$E_C = E\left(1 - e^{-\frac{1}{RC}t}\right)$$

$$Q = CE_C = CE\left(1 - e^{-\frac{1}{RC}t}\right) = 0.1 \times 100\left(1 - e^{-\frac{1}{10 \times 0.1}t}\right) = 10(1 - e^{-t})$$

70

$A = 1 + \dfrac{R_1}{R_2}$ $\qquad\qquad\qquad\qquad$ $A = 1$

$B = R_1$ $\qquad\qquad\qquad\qquad\qquad\quad$ $B = R_4$

$C = \dfrac{1}{R_2}$ $\qquad\qquad\qquad\qquad\qquad$ $C = \dfrac{1}{R_3}$

$D = 1$ $\qquad\qquad\qquad\qquad\qquad\quad$ $D = 1 + \dfrac{R_4}{R_3}$

※ $R_2 = R_3$이면 C가 동일

  $R_1 = R_4 = 0$이면 A, B, D가 동일

71 Y결선에서 $V_l = \sqrt{3} V_p = \sqrt{3} \times 220 \fallingdotseq 380[V]$

72
$$a = 1 \angle 120° = -\frac{1}{2} + j\frac{\sqrt{3}}{2}$$

$$a^2 = 1 \angle 240° = -\frac{1}{2} - j\frac{\sqrt{3}}{2}$$

$$a^2 + a = -1$$

73 $P = 3V_p I_p \cos\theta = \sqrt{3} V_l I_l \cos\theta \ (V_l = \sqrt{3} V_p, \ I_l = I_p)$

74 $P = \dfrac{10}{\sqrt{2}} \times \dfrac{20}{\sqrt{2}} \cos 0° + \dfrac{20}{\sqrt{2}} \times \dfrac{10}{\sqrt{2}} \cos 0° = 200[\text{W}]$

75 $\tau = \dfrac{L}{R} = \dfrac{3}{10} = 0.3[\text{s}]$

$L = \dfrac{N\phi}{I} = \dfrac{1{,}000 \times 3 \times 10^{-2}}{10} = 3[\text{H}]$

76 최종값 $\lim\limits_{s \to 0} s \cdot \dfrac{5s+8}{5s^2+4s} = \lim\limits_{s \to 0} \dfrac{5s+8}{5s+4} = \dfrac{8}{4} = 2$

77 $P_\Delta = 3P_Y$

78 순시값 $i = V_m \sin(\omega t + \theta)$

극형식 $V \angle \theta$

∴ $10 \angle \dfrac{\pi}{3}$

79 $G(s) = \dfrac{sL_1}{\dfrac{1}{sC_1} + sL_1} = \dfrac{s}{\dfrac{1}{s} + s} = \dfrac{s}{\dfrac{1+s^2}{s}} = \dfrac{s^2}{1+s^2}$

80 $\dfrac{d}{dt}x(t) + 3x(t) = 5$

$sX(s) + 3X(s) = \dfrac{5}{s}$

$X(s) = \dfrac{5}{s(s+3)}$

81 KEC 242.5.1(화약류 저장소에서 전기설비의 시설)
- 전로의 대지전압은 300[V] 이하일 것
- 전기 기계기구는 전폐형
- 전용 개폐기 및 과전류차단기는 화약류저장소 밖에 설치할 것
- 취급자 이외의 자가 쉽게 조작할 수 없도록 시설
- 개폐기 또는 과전류차단기에서 화약류저장소의 인입구까지의 배선은 케이블을 사용할 것

82 ※ KEC(한국전기설비규정)의 적용으로 문제가 성립되지 않음

83 KEC 341.11(과전류차단기의 시설 제한)
접지공사의 접지도체, 다선식 전로의 중성선, 전로의 일부에 접지공사를 한 저압 가공전선로의 접지측 전선에는 과전류차단기를 시설하여서는 안 된다.

84 KEC 333.1(시가지 등에서 특고압 가공전선로의 시설)

사용전압의 구분	지표상의 높이
35[kV] 이하	10[m](전선이 특고압 절연전선인 경우에는 8[m])
35[kV] 초과	10[m]에 35[kV] 초과하는 10[kV] 또는 그 단수마다 0.12[m]를 더한 값

단수 = $\frac{154-35}{10}$ = 11.9 → 12단

∴ 간격 = 10 + 12 × 0.12 = 11.44[m]

85 KEC 362.12(가공통신 인입선 시설)
- 교통에 지장을 줄 우려가 없을 경우 가공통신인입선 부분의 높이
  - 차량이 통행하는 노면상 높이 : 4.5[m] 이상
  - 조영물의 붙임점에서 지표상 높이 : 2.5[m] 이상
- 특고압 가공전선로의 지지물에 시설하는 통신선
  - 교통에 지장이 없고 또한 위험이 우려가 없을 때 노면상의 높이 : 5[m] 이상
  - 조영물의 붙임점에서 지표상 높이 : 3.5[m] 이상
  - 다른 가공약전류전선 사이의 간격 : 0.6[m] 이상

86 KEC 351.3(발전기 등의 보호장치)
- 발전기에 과전류나 과전압이 생긴 경우
- 압유장치 유압이 현저히 저하된 경우
  - 수차발전기 : 500[kVA] 이상
  - 풍차발전기 : 100[kVA] 이상
- 스러스트 베어링의 온도가 현저히 상승한 경우 : 2,000[kVA] 이상
- 내부고장이 발생한 경우 : 10,000[kVA] 이상

87 KEC 241.16(전기부식방지 시설)
- 전기부식방지 회로의 사용전압은 직류 60[V] 이하일 것
- 지중에 매설하는 양극의 매설깊이는 0.75[m] 이상일 것
- 지표 또는 수중에서 1[m] 간격의 임의 2점 간의 전위차가 5[V]를 넘지 아니할 것
- 수중에 시설하는 양극과 그 주위 1[m] 이내의 거리에 있는 임의 점과의 사이의 전위차는 10[V]를 넘지 아니할 것

88 KEC 331.6(풍압하중의 종별과 적용)
갑종 : 고온계에서의 구성재의 수직 투영면적 1[m^2]에 대한 풍압을 기초로 계산

풍압을 받는 구분			풍압하중
지지물	목주, 철주, 철근 콘크리트주	원 형	588[Pa]
	철 주	3각	1,412[Pa]
		4각	1,117[Pa]
	철 탑	단주(원형)	588[Pa]
		단주(기타)	1,117[Pa]
		강 관	1,255[Pa]
전선, 기타 가섭선	다도체		666[Pa]
	단도체		745[Pa]
특고압 애자장치			1,039[Pa]

89 KEC 332.9(고압), 333.1(시가지), 333.21(특고압)(가공전선로 지지물 간 거리의 제한)

구 분	표 준	전선굵기에 따른 장경간 사용		시가지
		고압 22[mm²]	특고압 50[mm²]	
목주·A종	150[m]	300[m] 이하		75[m](목주사용불가)
B종	250[m]	500[m] 이하		150[m]
철 탑	600[m]	–		400[m]

90 KEC 223.1/334.1(지중전선로의 시설)
- 사용전선 : 케이블, 트로프를 사용하지 않을 경우는 CD(콤바인덕트)케이블을 사용한다.
- 매설방식 : 직접 매설식, 관로식, 암거식(공동구)
- 직접 매설식의 매설깊이 : 트로프 기타 방호물에 넣어 시설

장 소	차량, 기타 중량물의 압력	기 타
깊 이	1.0[m] 이상	0.6[m] 이상

※ KEC(한국전기설비규정)의 변경으로 답은 ②에서 ①로 변경됨

91 KEC 223.6/334.6(지중전선과 지중약전류전선 등 또는 관과의 접근 또는 교차)

구 분	약전류전선	유독성 유체 포함 관
저·고압	0.3[m] 이하	1[m](25[kV] 이하, 다중접지방식 0.5[m]) 이하
특고압	0.6[m] 이하	

92 KEC 222.2/331.11(지지선의 시설)

안전율	2.5 이상(목주나 A종 : 1.5 이상)	아연도금철봉	지중 및 지표상 0.3[m]까지
구 조	4.31[kN] 이상, 3가닥 이상의 연선	도로횡단	5[m] 이상(교통 지장 없는 장소 : 4.5[m])
금속선	2.6[mm] 이상(아연도강연선 2.0[mm] 이상)	기 타	철탑은 지지선으로 그 강도를 분담시키지 않을 것

93 KEC 342.1(고압 옥내배선 등의 시설)
고압 옥내배선은 케이블공사, 케이블트레이공사에 의한다. 다만, 건조하고 전개된 곳에 한하여 애자사용공사를 할 수 있다.

94 ※ KEC(한국전기설비규정)의 적용으로 문제가 성립되지 않음

95 KEC 341.13/341.14(피뢰기의 시설, 접지)
- 시설 장소
  - 발전소·변전소 또는 이에 준하는 장소의 가공전선 인입구 및 인출구
  - 가공전선로에 접속하는 배전용 변압기의 고압측 및 특고압측
  - 고압 및 특고압 가공전선로로부터 공급을 받는 수용장소의 인입구
  - 가공전선로와 지중전선로가 접속되는 곳
- 접 지
  - 고압 및 특고압의 전로에 시설하는 피뢰기 접지저항값은 10[Ω] 이하
  - 단, 피뢰기로 단독 전용 접지된 경우 : 30[Ω] 이하

96 ※ KEC(한국전기설비규정)의 적용으로 문제가 성립되지 않음

97 KEC 234.11(1[kV] 이하 방전등)
방전등에 전기를 공급하는 전로의 대지전압은 300[V] 이하로 하여야 하며, 다음에 의하여 시설하여야 한다. 다만, 대지전압이 150[V] 이하의 것은 적용하지 않는다.
- 방전등은 사람이 접촉될 우려가 없도록 시설할 것
- 방전등용 안정기는 옥내배선과 직접 접속하여 시설할 것

98 KEC 351.5(조상설비의 보호장치)

설비종별	뱅크용량의 구분	자동적으로 전로로부터 차단하는 장치
전력용 커패시터 및 분로리액터	500[kVA] 초과 15,000[kVA] 미만	내부고장이나 과전류가 생긴 경우에 동작하는 장치
	15,000 [kVA] 이상	내부고장이나 과전류 및 과전압이 생긴 경우에 동작하는 장치
무효 전력 보상 장치	15,000[kVA] 이상	내부고장이 생긴 경우에 동작하는 장치

99 KEC 222.6/332.4(저·고압 가공전선의 안전율), 332.6(고압 가공전선로의 가공지선), 333.8(특고압 가공전선로의 가공지선)
가공지선 : 직격뢰로부터 가공전선로를 보호하기 위한 설비

구 분		특 징
지 선	고 압	5.26[kN] 이상, 4.0[mm] 이상 나경동선
	특고압	8.01[kN] 이상, 5.0[mm] 이상 나경동선
안전율		경동선 2.2 이상, 기타 2.5

100 ※ KEC(한국전기설비규정)의 적용으로 문제가 성립되지 않음

2020년 제1·2회 통합 기출문제

page 154

1	2	3	4	5	6	7	8	9	10	11	12	13	14	15	16	17	18	19	20
①	②	②	④	④	③	④	④	④	①	②	③	④	①	②	②	④	●	②	②
21	22	23	24	25	26	27	28	29	30	31	32	33	34	35	36	37	38	39	40
④	②	②	②	④	②	②	④	④	①	②	③	③	②	①	①	③	③	④	①
41	42	43	44	45	46	47	48	49	50	51	52	53	54	55	56	57	58	59	60
②	①	②	④	②	③	①	③	②	④	④	④	①	③	③	②	①	②	①	④
61	62	63	64	65	66	67	68	69	70	71	72	73	74	75	76	77	78	79	80
②	③	②	①	③	③	③	③	②	④	④	②	②	①	③	②	④	②	④	④
81	82	83	84	85	86	87	88	89	90	91	92	93	94	95	96	97	98	99	100
①	④	×	×	①	②	②	②	④	④	×	×	③	④	①	①	③	×	③	④

◉ : 전항정답 / × : 문제삭제

01 전속밀도
법선(수직)성분 : $D_1 \cos\theta_1 = D_2 \cos\theta_2$ 에서 수직으로 입사하지 않는 경우는 θ가 존재하므로 굴절

02 $Q_2' = \dfrac{C_2}{C_1 + C_2}(Q_1 + Q_2)$

$C_1 = 4\pi\varepsilon_0 a$, $a = 9[\text{cm}]$, $Q_1 = 8[\text{C}]$

$C_2 = 4\pi\varepsilon_0 b$, $b = 3[\text{cm}]$, $Q_2 = 0[\text{C}]$

$Q_2' = \dfrac{4\pi\varepsilon_0 b}{4\pi\varepsilon_0 a + 4\pi\varepsilon_0 b}(Q_1+Q_2) = \dfrac{b}{a+b}(Q_1+Q_2) = \dfrac{3\times 10^{-2}}{9\times 10^{-2}+3\times 10^{-2}}(8+0) = 2$

03 $R = \dfrac{\rho\varepsilon}{C} = \dfrac{\rho\varepsilon}{\dfrac{4\pi\varepsilon}{\dfrac{1}{a}-\dfrac{1}{b}}} = \dfrac{\rho}{4\pi}\left(\dfrac{1}{a}-\dfrac{1}{b}\right) = \dfrac{1}{4\pi k}\left(\dfrac{1}{a}-\dfrac{1}{b}\right)[\Omega]$

여기서, ρ : 고유저항

04 정전에너지 $W = \dfrac{Q^2}{2C} = \dfrac{Q^2}{2\left(\dfrac{\varepsilon_0 S}{d}\right)} = \dfrac{Q^2 d}{2\varepsilon_0 S} = \dfrac{\sigma^2 d}{2\varepsilon_0}S[\text{J}]$

∴ 정전응력 $F = -\dfrac{\partial W}{\partial d} = -\dfrac{\sigma^2}{2\varepsilon_0}S[\text{N}]$

05 정전용량 $C = \varepsilon\dfrac{S}{d}[\text{F}]$에서 $C' = \varepsilon\dfrac{3S}{\dfrac{d}{3}} = \varepsilon\dfrac{9S}{d} = 9C[\text{F}]$

06 자계의 경계조건에서 $\dfrac{\tan\theta_1}{\tan\theta_2} = \dfrac{\mu_1}{\mu_2}$에서 굴절각은 투자율에 비례한다.

07 정전계에서 전위는 위치만 결정되므로 전계 내에서 폐회로를 따라 전하를 일주시킬 때 하는 일은 항상 0이 된다. 또한 등전위면에서 하는 일은 항상 0이다.

08 공통전위$(V) = \dfrac{Q}{C} = \dfrac{Q_1 + Q_2}{C_1 + C_2} = \dfrac{C_1 V + C_2 V}{C_1 + C_2} = \dfrac{C_1 V_1 + C_2 V_2}{C_1 + C_2}$

$C_1 = 4\pi\varepsilon_0 a_1$, $C_2 = 4\pi\varepsilon_0 a_2$

$V = \dfrac{4\pi\varepsilon_0 a_1 V_1 + 4\pi\varepsilon_0 a_2 V_2}{4\pi\varepsilon_0 a_1 + 4\pi\varepsilon_0 a_2} = \dfrac{a_1 V_1 + a_2 V_2}{a_1 + a_2}$ [V]

09 용량계수 및 유도계수의 성질
- 용량계수 $q_{11} > 0$
- 유도계수 $q_{12} = q_{21} \leq 0$
- $q_{11} \geq -(q_{21} + q_{31} + \cdots + q_{n1})$

10 와전류손 $P_e = \delta f^2 B_m^2 t^2$ [W]

여기서, δ : 철심의 도전율, t : 두께, f : 주파수

와전류손은 도전율에 비례, 주파수와 자속밀도, 두께의 제곱에 비례한다.

11 포인팅 벡터
- 단위시간에 단위면적을 지나는 에너지
- 임의의 점을 통과할 때의 전력밀도
- $P = E \times H = EH\sin\theta$ [W/m²]에서 자계와 전계는 수직이므로 $P = EH$ [W/m²]

12 $F = \dfrac{\mu_0 I_1 I_2}{2\pi r} = \dfrac{2I_1 I_2}{r} \times 10^{-7}$ [N/m]

$F = \dfrac{\mu_0 I^2}{2\pi r} = \dfrac{2I^2}{r} \times 10^{-7}$

$I^2 = \dfrac{F \cdot r}{2 \times 10^{-7}}$

$I = \sqrt{\dfrac{F \cdot r}{2 \times 10^{-7}}} = \sqrt{\dfrac{4 \times 10^{-6} \times 10 \times 10^{-2}}{2 \times 10^{-7}}} = \sqrt{2}$ [A]

13 $M = k\sqrt{L_1 L_2}$ [H]

$k = \dfrac{M}{\sqrt{L_1 L_2}}$, $0 \leq k \leq 1$

$k = 1$: 이상적인 결합, 누설자속이 없다.

$k = 1$일 때 $M = \sqrt{L_1 L_2}$ $(M^2 = L_1 L_2)$ [H]

14 $C = \dfrac{\varepsilon S}{d} = \dfrac{\varepsilon_0 \varepsilon_s S}{d}$

$C_0 = \dfrac{\varepsilon_0 S}{d}$

$\dfrac{C}{C_0} = \dfrac{\dfrac{\varepsilon_0 \varepsilon_s S}{d}}{\dfrac{\varepsilon_0 S}{d}} = \varepsilon_s$

15 $I_d = i_d \cdot S \text{[A]}$

$i_d = \dfrac{I_d}{S} = \dfrac{\partial D}{\partial t} = \varepsilon \dfrac{\partial E}{\partial t} = \varepsilon_0 \dfrac{\partial E}{\partial t} + \dfrac{\partial P}{\partial t} = \dfrac{\varepsilon}{d} \dfrac{\partial V}{\partial t} \text{[A/m}^2\text{]}$

16 인덕턴스 $L = N\dfrac{\phi}{I} = \dfrac{\mu SN^2}{l} = \dfrac{\mu SN^2}{2\pi r} \text{[H]}$

∴ 인덕턴스는 단면적에 비례하고 권선수의 제곱에 비례, 반지름에 반비례한다.

17 자화의 세기$(J) = \dfrac{M}{V} \text{[Wb/m}^2\text{]} = \dfrac{m}{S}$

18
- 두 구전하 사이에 작용하는 힘$(F) = \dfrac{Q_1 Q_2}{4\pi\varepsilon_0 r^2}$
- 전기쌍극자에 의한 전계$(E) = \dfrac{M}{4\pi\varepsilon_0 r^3}\sqrt{1+3\cos^2\theta}$
- 직선 전하에 의한 전계$(E) = \dfrac{\lambda}{2\pi\varepsilon_0 r}$
- 전하에 의한 전위$(V) = \dfrac{Q}{4\pi\varepsilon_0 r}$

※ 공단에서 전항정답 처리함

19 $H = \dfrac{2\sqrt{2}I}{\pi l} = \dfrac{2}{\sqrt{3}} ≒ 1.15 \times 100 = 115 \text{[\%]}$

$l^2 = S$

면적 S가 3배이므로 $l = \sqrt{3}$ (여기서, l : 1변의 길이)

20 $H_x = \dfrac{I}{2} \cdot \dfrac{a^2}{(a^2+x^2)^{\frac{3}{2}}}$ 에서 원형 코일 중심의 자계의 세기 H_0는 $x=0$이므로

$H_0 = \dfrac{I}{2a} \text{[AT/m]}$

21
- 부족전압 계전기(UVR) : 전압이 정정값 이하 시 동작
- 과전압 계전기(OVR) : 전압이 정정값 초과 시 동작

22 프란시스수차는 전용 낙차 범위 50~530[m]
(펠턴수차 200~1,800[m], 튜블러수차 5~15[m]로 조력발전소용, 카플란수차 저낙차용)

23 **페란티 현상** : 선로의 충전전류 때문에 무부하 시 송전단전압보다 수전단전압(앞선 충전전류)이 커지는 현상이다. 방지법으로는 분로 리액터 설치 및 동기조상기의 지상용량을 공급한다.

24 양수식 발전은 조정지식 또는 저수지식 발전소의 일종으로 잉여전력을 이용하여 하부저수지의 물을 상부저수지로 올려 저장하였다가 첨두부하 시에 발전한다.

25 $W = JQ$

여기서, W : 일[kg·m]
Q : 열량[kcal]
J : 열의 일당량 = 427[kg·m/kcal]
(1[kcal]에 해당하는 일의 양을 열의 일당량이라 부른다)

26 복도체(다도체) 방식의 주목적 : 코로나 방지
- 인덕턴스는 감소, 정전용량은 증가
- 같은 단면적의 단도체에 비해 전력용량의 증대
- 코로나의 방지, 코로나 임계전압의 상승
- 송전용량의 증대
- 소도체 충돌 현상(대책 : 스페이서의 설치)
- 단락 시 대전류 등이 흐를 때 소도체 사이에 흡인력이 발생

27 연가(Transposition) : 3상 3선식 선로에서 선로정수를 평형시키기 위하여 길이를 3등분하여 각 도체의 배치를 변경하는 것
※ 효과 : 선로정수 평형, 임피던스 평형, 유도장해 감소, 소호리액터 접지 시 직렬공진 방지

28

	발·변압기 보호
전기적 이상	• 차동 계전기(소용량) • 비율차동 계전기(대용량) • 반한시 과전류 계전기(외부)

기계적 이상	• 부흐홀츠 계전기
	  – 가스 온도 이상 검출
	  – 주탱크와 콘서베이터 사이에 설치
	• 온도 계전기
	• 압력 계전기(서든프레서)

29 매설지선 : 탑각의 접지저항값을 낮춰 역섬락을 방지한다.

30 교류송전의 특징
- 차단 및 전압의 변성(승압, 강압)이 쉽다.
- 회전자계를 만들 수 있다.
- 유도장해를 발생한다.

31 $V_s = V_R + 2IR = 100 + 2 \times \dfrac{3{,}000}{100} \times 0.15 = 109[\text{V}]$

32 시한특성
- 순한시 계전기 : 최소동작전류 이상의 전류가 흐르면 즉시 동작, 고속도 계전기(0.5~2Cycle)
- 정한시 계전기 : 동작전류의 크기에 관계없이 일정시간에 동작
- 반한시 계전기 : 동작전류가 작을 때는 동작시간이 길고, 동작전류가 클 때는 동작시간이 짧다.
- 반한시성 정한시 계전기 : 반한시 + 정한시 특성

33 3상 전압강하 $e = V_s - V_r = \sqrt{3}\,I(R\cos\theta + X\sin\theta)[\text{V}]$

34　• 댐퍼 : 전선의 진동을 흡수하여 단선사고방지
　　• 클램프 : 고정시켜주는 장치
　　• 아머 로드 : 클램프로 고정된 부분의 전선이 소선으로 절단되는 것을 방지하기 위하여 감아 붙이는 전선과 같은 종류의 재료로 된 보강선

35　한류리액터는 단락사고 시 단락전류를 제한하여 차단기 용량을 줄인다.

36　$Q_c = P\left(\dfrac{\sin\theta_1}{\cos\theta_1} - \dfrac{\sin\theta_2}{\cos\theta_2}\right)$

　　$P = \dfrac{Q_c}{\left(\dfrac{\sin\theta_1}{\cos\theta_1} - \dfrac{\sin\theta_2}{\cos\theta_2}\right)} = \dfrac{2,800}{\left(\dfrac{0.8}{0.6} - \dfrac{0.6}{0.8}\right)} = 4,800\,[\text{kW}]$

37　**단상 3선식의 특징**
　　• 장 점
　　　– 전선 소모량이 단상 2선식에 비해 37.5[%] 적다.
　　　– 110/220[V]의 2종류의 전압을 얻을 수 있다.
　　　– 단상 2선식에 비해 효율이 높고 전압강하가 작다.
　　• 단 점
　　　– 중성선이 단선되면 전압의 불평형이 생기기 쉽다.
　　　– 대책 : 저압 밸런서(여자 임피던스가 크고 누설 임피던스가 작고 권수비가 1:1인 변압기)
　　• 주의 사항
　　　– 개폐기는 동시 동작형
　　　– 중성선에 퓨즈를 설치하지 말 것

38　$P \propto V^2 = (\sqrt{3})^2 = 3$배

39　고저압 혼촉 시 수용가에 침입하는 상승전압을 억제하기 위해서이다.

40　$P_s = \dfrac{100}{\%Z} P_n = \dfrac{100}{10} \times 100 = 1,000\,[\text{MVA}]$
　　(변압기 2대가 병렬이므로 합성 $\%Z = 10$)

41　**정류회로의 특성**

구 분		반파 정류	전파 정류
다이오드		$E_d = \dfrac{\sqrt{2}\,E}{\pi} = 0.45E$	$E_d = \dfrac{2\sqrt{2}\,E}{\pi} = 0.9E$
SCR	단상	$E_d = \dfrac{\sqrt{2}\,E}{\pi}\left(\dfrac{1+\cos\alpha}{2}\right)$	$E_d = \dfrac{2\sqrt{2}\,E}{\pi}\left(\dfrac{1+\cos\alpha}{2}\right)$
	3상	$E_d = \dfrac{3\sqrt{6}}{2\pi} E\cos\alpha$	$E_d = \dfrac{3\sqrt{2}}{\pi} E\cos\alpha$
효 율		40.6[%]	81.1[%]
PIV		PIV $= E_d \times \pi$, 브리지 PIV $= 0.5 E_d \times \pi$	

※ SCR은 항상 부하 역률각보다 큰 범위에서만 제어가 가능하다(제어각 > 역률각).

42 균압선
- 병렬운전을 안정하게 하기 위하여 설치하는 것
- 직렬 계자권선을 가지는 발전기에 필요 : 직권 및 복권발전기

43 역상제동
3상 유도전동기의 전원측에서 임의의 2선을 바꾸어 접속하면 회전자계 방향이 반대가 된다.

44
직류 분권전동기 $I_s = 1.5 \times I_n = 1.5 \times 105 = 157.5[A]$

이 중 전기자에 대한 전류 $I_{as} = I - I_f = 157.5 - \dfrac{220}{40} = 152[A]$

전기자저항 $R_s = r_a + r_s = \dfrac{E}{I_{as}} = \dfrac{220}{152} \fallingdotseq 1.447$

$\therefore r_s = R_s - r_a = 1.447 - 0.1 \fallingdotseq 1.35[\Omega]$

45
$E = k\phi N \propto N$

$E' = V - I_a(R_a + R_s) = 500 - 30(0.8 + 0.8) = 452[V]$

$N' = \dfrac{E'}{E} N = \dfrac{452}{300} \times 200 \fallingdotseq 301[\text{rpm}]$

46
- 정류기의 밸브작용이 상실되는 것 : 역호
- 이상전압과 관계가 없는 것 : 점호

47
$n = (1-s)n_s = (1-s)\dfrac{120f}{p}$ 에서 $n \propto f$

$\therefore P \propto n \propto f$

48 SCR의 특징
- 정류 기능을 가진 단일 방향성 3단자 소자이다.
- 과전압에 약하고 열용량이 적어 고온에 약하다.
- 아크가 생기지 않으므로 열의 발생이 적다.
- 역방향 내전압이 크고, 전압강하가 작다.
- Turn On 조건은 양극과 음극 간에 브레이크 오버전압 이상의 전압을 인가하고, 게이트에 래칭전류 이상의 전류를 인가한다.
- Turn Off 조건은 애노드의 극성을 부(-)로 한다.
- 래칭전류는 사이리스터가 Turn On하기 시작하는 순전류이다.
- 이온이 소멸되는 시간이 짧다.
- 직류 및 교류전압 제어를 하며 스위칭소자이다.

49
동기속도 $N_s = \dfrac{N}{(1-s)} = \dfrac{1,164}{(1-0.03)} = 1,200[\text{rpm}]$

$N_s = \dfrac{120f}{P}$ 의 식에서 $P = \dfrac{120f}{N_s} = \dfrac{120 \times 60}{1,200} = 6[\text{극}]$

50 동기기의 안정도 증진법
- 동기화리액턴스를 작게 할 것
- 회전자의 플라이휠 효과를 크게 할 것
- 속응여자방식을 채용할 것
- 발전기의 조속기 동작을 신속하게 할 것
- 동기 탈조계전기를 사용할 것

51 변압기의 권수비 $a = \dfrac{3,300}{110} = 30$

등가임피던스
$Z_{21}[\Omega] = 12 + 30^2 \times 0.015 + j(13 + 30^2 \times 0.013) = 25.5 + j24.7$

52 평형 3상 전압을 유기하고 있는 발전기의 단자를 갑자기 단락하면 단락 초기에 전기자 반작용이 순간적으로 나타나지 않기 때문에 막대한 과도전류가 흐르고 수초 후에는 영구 단락전류값에 이르게 된다.

53 역률 개선은 무효전력(P_r)을 감소키는 것이며, $P_a = \sqrt{P^2 + P_r^2}$ 에서 P_r을 감소시키면 P_a(피상분)이 감소하므로 유효전력(P)은 관계가 없다.

54 단락장치가 들어가 있는 전동기는 반발기동형 유도전동기

55 중권에서 파권의 극수(병렬회로수) $a = \dfrac{2}{8} = \dfrac{1}{4}$ 배 감소

$E = \dfrac{PZ\phi N}{60a} \propto \dfrac{1}{a}$

a가 $\dfrac{1}{4}$ 배 감소하니 기전력은 4배 증가

$\therefore E = 4 \times 100 = 400[\text{V}]$

$I = \dfrac{I_a}{8} = \dfrac{200}{8} = 25[\text{A}]$

$I_a' = 2I = 2 \times 25 = 50[\text{A}]$

56 $N = N_s(1-s)$

$s \propto r_2$

$r_2 = 0.04[\Omega]$

$r_2 + R = 0.04 + 0.16 = 0.2[\Omega]$

$\dfrac{0.2}{0.04} = 5$배로 변함

$N' = \dfrac{120f}{P}(1-5s) = \dfrac{120 \times 60}{8}(1 - 5 \times 0.04) = 720[\text{rpm}]$

57 단락전류 $I_s = \dfrac{100}{\%Z}I_n = \dfrac{100}{5} = 20$배

58 변압기의 시험

측정 항목	특성 시험
철손, 기계손	무부하시험
동기임피던스, 동기리액턴스	단락시험
단락비	무부하시험, 단락시험

59

$$\text{권수비}(a) = \sqrt{\frac{Z_1}{Z_2}} = \sqrt{\frac{\frac{1}{Y_0}}{\frac{1}{Y_0'}}} = \sqrt{\frac{Y_0'}{Y_0}}$$

$$a^2 = \frac{Y_0'}{Y_0} \Rightarrow Y_0' = a^2 Y_0$$

60 제동권선의 효과
- 난조 방지
- 기동토크 발생
- 불평형 부하 시의 전류 및 전압 파형 개선
- 송전선의 불평형 단락 시의 이상전압 방지

61 $P = \dfrac{V_l^2 R}{R^2 + X^2} = \dfrac{250^2 \times 5\sqrt{3}}{(5\sqrt{3})^2 + 5^2} = 5,413[\text{W}]$

62 $e = L\dfrac{di}{dt}$, $L = e \times \dfrac{dt}{di}$

$L = 100 \times \dfrac{1}{400} = 0.25[\text{H}]$

63 $R_0 = r_1 + \dfrac{r_2(r - r_2)}{r_2 + (r - r_2)} = r_1 + \dfrac{r_2(r - r_2)}{r}$

전류를 최소로 하기 위해서 R_0가 최대, r_1은 일정하므로 $r_2(r - r_2)$가 최대이어야 한다.

$\dfrac{d}{dr_2}\{r_2(r - r_2)\} = 0$

$r - 2r_2 = 0$

$r = 2r_2$

$\therefore r_2 = \dfrac{1}{2}r \left(\text{※ 무조건 } \dfrac{1}{2} \text{로 외우기}\right)$

64 $3\phi 3W$식에서 대칭(평형)일 때 중성점의 전압 0[V]

65

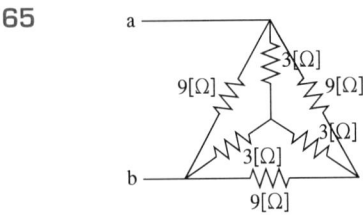 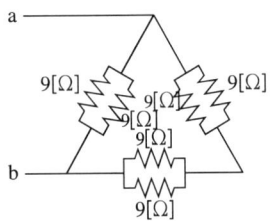 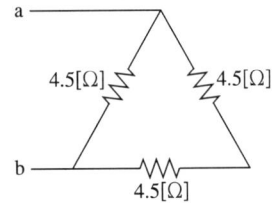

Y결선의 3[Ω]을 △결선으로 바꾸면 9[Ω]　　병렬 9[Ω] → 합성저항 4.5[Ω]　　$R(\text{합성저항}) = \dfrac{4.5 \times 9}{4.5 + 9} = 3[\Omega]$

66
$$G(s) = \frac{e_2}{e_1} = \frac{\left(R_2 + \frac{1}{Cs}\right)I(s) \times sC}{\left(R_1 + R_2 + \frac{1}{Cs}\right)I(s) \times sC} = \frac{R_2Cs + 1}{R_1Cs + R_2Cs + 1}$$

67
$$I = \frac{V}{R} = \frac{5}{5} = 1[\text{A}]$$

68
$$\begin{aligned}I_a &= I_0 + I_1 + I_2 = -2 + j4 + 6 - j5 + 8 + j10 \\ &= 12 + j9 \\ &= \sqrt{12^2 + 9^2} = 15[\text{A}]\end{aligned}$$

69
$$P_a = \dot{V}I = (50\sqrt{3} + j50)(15\sqrt{3} + j15) = 1,500 + j1,500\sqrt{3}$$
$$\therefore P = 1,500[\text{W}], \ P_r = 1,500\sqrt{3}[\text{Var}]$$

70

정현대칭	여현대칭	반파대칭
sin항	직류, cos항	고조파의 홀수항
$f(t) = -f(-t)$	$f(t) = f(-t)$	$f(t) = -f\left(t + \frac{T}{2}\right)$
원점 대칭, 기함수	수직선 대칭, 우함수	반주기마다 크기가 같고 부호 반대인 대칭

71
$$Z = j\omega L_1 + \frac{(R_2 + j\omega L_2)R_1}{R_2 + j\omega L_2 + R_1}$$
$$= \frac{j\omega L_1 R_1 + j\omega L_1 R_2 - \omega^2 L_1 L_2 + R_1 R_2 + j\omega L_2 R_1}{R_1 + R_2 + j\omega L_2}$$
$$= \frac{(-\omega^2 L_1 L_2 + R_1 R_2) + j[\omega L_1(R_1 + R_2) + \omega L_2 R_1]}{R_1 + R_2 + j\omega L_2}$$
$$I_1 = \frac{V}{Z} = \frac{V}{\dfrac{(-\omega^2 L_1 L_2 + R_1 R_2) + j[\omega L_1(R_1 + R_2) + \omega L_2 R_1]}{R_1 + R_2 + j\omega L_2}}$$
$$= \frac{(R_1 + R_2 + j\omega L_2)V}{(-\omega^2 L_1 L_2 + R_1 R_2) + j[\omega L_1(R_1 + R_2) + \omega L_2 R_1]}$$
$$I_2 = \frac{R_1}{R_1 + R_2 + j\omega L_2} \times I_1$$
$$= \frac{R_1}{R_1 + R_2 + j\omega L_2} \times \frac{V(R_1 + R_2 + j\omega L_2)}{(-\omega^2 L_1 L_2 + R_1 R_2) + j[\omega L_1(R_1 + R_2) + \omega L_2 R_1]}$$
$$= \frac{R_1 V}{(-\omega^2 L_1 L_2 + R_1 R_2) + j[\omega L_1(R_1 + R_2) + \omega L_2 R_1]}$$

I_2가 V보다 위상이 90° 뒤지기 위한 조건은 유효분이 0과 같다.
$-\omega^2 L_1 L_2 + R_1 R_2 = 0$
$\therefore R_1 R_2 = \omega^2 L_1 L_2$

72
- 시정수 : 최종값(정상값)의 63.2[%] 도달하는 데 걸리는 시간
- 시정수가 클수록 과도현상은 오래 지속된다.
- 시정수는 소자(R, L, C)의 값으로 결정된다.
- 특성근 역의 절댓값이다.

73 $P_V = \sqrt{3}\, V_p I_p = \sqrt{3} \times 50 [\text{kVA}]$

74
$I_0 = \frac{1}{3}(I_a + I_b + I_c)$
$= \frac{1}{3}(30\sin\omega t + 30\sin(\omega t - 90) + 30\sin(\omega t + 90))$
 (i_b와 i_c의 위상차가 180°이므로, $i_b + i_c = 0$이다)
$= \frac{1}{3} \times 30\sin\omega t$
$= 10\sin\omega t$

75 $F(s) = \frac{1}{s^2 + 1^2} + \frac{2s}{s^2 + 1^2} = \frac{2s + 1}{s^2 + 1}$

76 비정현파의 실횻값 $I = \sqrt{I_0^2 + I_1^2} = \sqrt{7^2 + 10^2} = 12.2$

※ $\frac{14.1}{\sqrt{2}} \fallingdotseq 10$

77

$E = Ir + IR$
$E = 8r + 8 \times 5 = 4r + 4 \times 15$
$8r + 40 = 4r + 60$
$4r = 20$
$r = 5[\Omega]$
$E = 8r + 8 \times 5 = 8 \times 5 + 8 \times 5 = 80[\text{V}]$

78

파 형		실횻값	평균값	파형률	파고율
전 파	구형파	V_m	V_m	1	1

파형률 $= \frac{\text{실횻값}}{\text{평균값}}$, 파고율 $= \frac{\text{최댓값}}{\text{실횻값}}$

79
$A = 1 + \frac{4}{4} = 2$
$B = 4 + 4 + \frac{4 \times 4}{4} = 12$
$C = \frac{1}{4}$
$D = 1 + \frac{4}{4} = 2$

80 4단자 정수

$\dot{A} = \dfrac{\dot{V_1}}{\dot{V_2}}\bigg|_{\dot{I_2}=0} = \dfrac{12}{4} = 3, \quad \dot{B} = \dfrac{\dot{V_1}}{\dot{I_2}}\bigg|_{\dot{V_2}=0} = \dfrac{16}{2} = 8$

$\dot{C} = \dfrac{\dot{I_1}}{\dot{V_2}}\bigg|_{\dot{I_2}=0} = \dfrac{2}{4} = 0.5, \quad \dot{D} = \dfrac{\dot{I_1}}{\dot{I_2}}\bigg|_{\dot{V_2}=0} = \dfrac{4}{2} = 2$

81

시설장소	사용전압	400[V] 이하		400[V] 초과
전개된 장소	건조한 장소	• 애자공사 • 금속몰드공사 • 버스덕트공사	• 합성수지몰드공사 • 금속덕트공사 • 라이팅덕트공사	• 애자공사 • 금속덕트공사 • 버스덕트공사
	기타 장소	• 애자공사	• 버스덕트공사	애자공사
점검할 수 있는 은폐된 장소	건조한 장소	• 애자공사 • 금속몰드공사 • 버스덕트공사 • 라이팅덕트공사	• 합성수지몰드공사 • 금속덕트공사 • 셀룰러덕트공사	• 애자공사 • 금속덕트공사 • 버스덕트공사
	기타 장소	애자공사		애자공사
점검할 수 없는 은폐된 장소	건조한 장소	• 플로어덕트공사	• 셀룰러덕트공사	

합성수지관공사, 금속관공사, 가요전선관공사, 케이블공사는 저압 옥내배선을 할 경우 시설장소에 관계없이 사용할 수 있다.

82 KEC 222.2/331.11(지지선의 시설)

안전율	2.5 이상(목주나 A종 : 1.5 이상)	아연도금철봉	지중 및 지표상 0.3[m]까지
구 조	4.31[kN] 이상, 3가닥 이상의 연선	도로횡단	5[m] 이상(교통 지장 없는 장소 : 4.5[m])
금속선	2.6[mm] 이상(아연도강연선 2.0[mm] 이상)	기 타	철탑은 지지선으로 그 강도를 분담시키지 않을 것

83 ※ KEC(한국전기설비규정)의 적용으로 문제가 성립되지 않음

84 ※ KEC(한국전기설비규정)의 적용으로 문제가 성립되지 않음

85 KEC 322.3(특고압과 고압의 혼촉 등에 의한 위험방지 시설)
변압기에 의하여 특고압 전로에 결합되는 고압 전로에는 사용전압의 3배 이하인 전압이 가하여진 경우에 방전하는 장치를 그 변압기의 단자에 가까운 1극에 설치하여야 한다(단, 사용전압의 3배 이하인 전압이 가하여진 경우에 방전하는 피뢰기를 고압 전로의 모선의 각 상에 시설하거나 특고압권선과 고압권선 간에 혼촉방지판을 시설하여 접지저항값이 10[Ω] 이하 또는 접지공사를 한 경우에는 그러하지 아니하다).

86 KEC 224.3/335.3(수상전선로의 시설)
• 사용전압이 고압인 경우에는 고압용 캡타이어케이블을 사용한다.
• 수상전선로에 사용하는 부유식 구조물은 쇠사슬 등으로 견고하게 연결한다.
• 고압 수상전선로에 지락이 생길 때에는 자동 차단장치를 시설한다.
• 수상전선로의 전선은 부유식 구조물 위에 지지하여 시설한다.

87 KEC 333.26(특고압 가공전선과 저·고압 가공전선 등의 접근 또는 교차)

사용전압의 구분	지지물 간 거리
60[kV] 이하	2[m]
60[kV] 초과	• 간격 = 2 + 단수 × 0.12[m] • 단수 = $\frac{(전압[kV] - 60[kV])}{10[kV]}$ 단수 계산에서 소수점 이하는 절상

88 KEC 331.4(가공전선로 지지물의 철탑오름 및 전주오름 방지)
가공전선로 지지물에 취급자가 오르고 내리는 데 사용하는 발판 볼트 등 : 지지물의 발판 볼트는 특별한 경우를 제외하고 지표상 1.8[m] 미만에 시설하여서는 아니 된다.

89 KEC 333.26(특고압 가공전선과 저·고압 가공전선 등의 접근 또는 교차)
• 보호망을 구성하는 금속선의 인장강도는 8.01[kN] 이상으로 한다.
• 보호망을 구성하는 금속선 상호의 간격은 가로, 세로 각 1.5[m] 이하로 한다.

90 KEC 342.2(옥내 고압용 이동전선의 시설)
• 전선은 고압용의 캡타이어케이블일 것
• 이동전선과 전기사용기계기구와는 볼트 조임 기타의 방법에 의하여 견고하게 접속할 것

91 ※ KEC(한국전기설비규정)의 적용으로 문제가 성립되지 않음

92 ※ KEC(한국전기설비규정)의 적용으로 문제가 성립되지 않음

93 KEC 242.7(터널, 갱도 기타 이와 유사한 장소)
사람이 상시 통행하는 터널 안의 배선의 시설
• 사용전압이 저압의 것에 한한다.
• 합성수지관공사, 금속관공사, 금속제 가요전선관공사, 케이블공사, 애자공사
• 공칭단면적 2.5[mm^2]의 연동선과 동등 이상의 세기 및 굵기의 절연전선(옥외용 비닐절연전선 및 인입용 비닐절연전선을 제외)
• 노면상 2.5[m] 이상의 높이로 할 것
• 전로에는 터널의 입구에 가까운 곳에 전용 개폐기를 시설할 것

94 KEC 332.15(고압 가공전선과 교류전차선 등의 접근 또는 교차)
고압 가공전선은 케이블인 경우 이외에는 인장강도 14.51[kN] 이상의 것 또는 단면적 38[mm^2] 이상의 경동연선(교류전차선 등과 교차하는 부분을 포함하는 지지물 간 거리에 접속점이 없는 것에 한한다)일 것

95 KEC 132(전로의 절연저항 및 절연내력)

종류	비접지	중성점 접지	중성점 직접접지
170[kV]			×0.64
60[kV]	×1.25 (최저시험전압 10.5[kV])	×1.1 (최저시험전압 75[kV])	×0.72
7[kV]	×1.5	25[kV] 이하 중성점 다중접지 ×0.92	

∴ 1차 측 시험전압 = 3,300 × 1.5 = 4,950[V]
 2차 측 시험전압 = 220 × 1.5 = 330[V]에서 500[V] 미만이므로 500[V]가 된다.

96 KEC 222.9/332.8(저·고압 가공전선 등의 병행설치), 333.17(특고압 가공전선과 저·고압 가공전선의 병행설치)

구 분	고 압	35[kV] 이하	35[kV] 초과 60[kV] 이하	60[kV] 초과
저압·고압(케이블)	0.5[m] 이상(0.3[m])	1.2[m] 이상(0.5[m])	2[m] 이상(1[m])	2[m](1[m]) + 단수×0.12[m]
기 타	• 35[kV] 이하 - 상부에 고압측을 시설하며 별도의 완금류에 시설할 것 • 35[kV] 초과 100[kV] 미만의 특고압 - 단수 = $\dfrac{60[kV] \text{ 초과}}{10[kV]}$ (반드시 절상하여 계산) - 21.67[kN] 금속선, 50[mm^2] 이상의 경동연선			

97 KEC 333.32(25[kV] 이하인 특고압 가공전선로의 시설)

전선의 종류	나전선	특고압 절연전선	케이블
간 격	1.5[m]	1.0[m]	0.5[m]

98 ※ KEC(한국전기설비규정)의 적용으로 문제가 성립되지 않음

99 KEC 242.10(의료장소)
전원측에 강화절연을 한 비단락 보증 절연변압기를 설치하고, 그 2차 측 전로는 접지하지 않는다.

100 KEC 364.1(무선용 안테나 등을 지지하는 철탑 등의 시설)
무선통신용 안테나나 반사판을 지지하는 지지물들의 안전율 : 1.5 이상

2020년 제3회 기출문제

page 167

1	2	3	4	5	6	7	8	9	10	11	12	13	14	15	16	17	18	19	20
③	①	③	④	④	④	①	②	②	④	④	②	①	②	①	①	①	③	④	①
21	22	23	24	25	26	27	28	29	30	31	32	33	34	35	36	37	38	39	40
③	②	③	④	④	①	④	④	④	④	④	②	③	①	②	①	③	④	①	③
41	42	43	44	45	46	47	48	49	50	51	52	53	54	55	56	57	58	59	60
③	①	④	②	④	②	③	①	①	②	②	②	①	③	①	④	③	②	①	③
61	62	63	64	65	66	67	68	69	70	71	72	73	74	75	76	77	78	79	80
④	④	②	③	②	③	③	③	④	④	③	①	④	③	②	③	④	④	①	③
81	82	83	84	85	86	87	88	89	90	91	92	93	94	95	96	97	98	99	100
②	①	④	④	③	×	③	①	②	①	②	×	③	①	②	②	①	②	×	③

× : 문제삭제

01 ③ $\text{div}B = 0$

① $\text{rot}E = -\dfrac{\partial B}{\partial t}$

② $\text{rot}H = J + \dfrac{\partial D}{\partial t}$

④ $\text{div}D = \rho$

02 영상법에서 무한평면도체 표면에 유도되는 최대전하밀도($y=0$)

$\sigma_m = -\varepsilon_0 E = -\dfrac{Q}{2\pi d^2}[\text{C/m}^2]$

03 • $F = NI = R\phi[\text{AT}]$

• 자속 $\phi = \mu HS \to H = \dfrac{\phi}{\mu S}$

• 자기저항 $R_m = \dfrac{l}{\mu S} = \dfrac{F}{\phi} = \dfrac{NI}{\phi}[\text{AT/Wb}]$

• 퍼미언스 자기저항의 역수 $= \dfrac{1}{R_m}[\text{H}]$

04 전하에 작용하는 힘 $F = EQ = 5 \times 10^2 \times 8 \times 10^{-8} = 4 \times 10^{-5}[\text{N}]$

05 전하밀도 $\sigma[\text{C/m}^2]$에서 나오는 전기력선밀도 $\dfrac{\sigma}{\varepsilon_0}[\text{개/m}^2] = \dfrac{\sigma}{\varepsilon_0}[\text{V/m}]$(전계의 세기 E)

∴ $V = Ed = \dfrac{\sigma d}{\varepsilon_0}$

06 $B = \mu H$
$\mu = \dfrac{B}{H} = \dfrac{0.05}{800} = 6.25 \times 10^{-5} [\text{H/m}]$

07 분극의 세기 $P = D - \varepsilon_0 E = \varepsilon_0 (\varepsilon_s - 1) E = D\left(1 - \dfrac{1}{\varepsilon_s}\right)$
$= 3.0 \times 10^{-7} \times \left(1 - \dfrac{1}{2.8}\right) \fallingdotseq 1.93 \times 10^{-7} [\text{C/m}^2]$

08 자기인덕턴스란 자신의 회로에 단위전류가 흐를 때의 자속쇄교수를 말하며 항상 정(+)의 값을 갖는다. 반면에 상호인덕턴스는 두 회로 사이의 관계로 두 코일에 흐르는 전류가 만드는 자속이 같은 방향이면 정(+)의 값을 반대방향이면 부(−)의 값을 갖는다.

09 전속밀도 $D = \dfrac{\text{전속}}{S} = \dfrac{Q}{S} = \dfrac{Q}{4\pi r^2} = \rho_s [\text{C/m}^2]$

10 $Q = n \cdot e = I \cdot t [\text{C}]$
$1[\text{Ah}] = 1[\text{A}] \times 1[\text{h}] = 1[\text{A}] \times 3{,}600[\text{s}] = 3{,}600[\text{C}]$

11 무한장 직선형 도선
- 자계의 세기 $H = \dfrac{I}{2\pi r} [\text{AT/m}]$
- 자속밀도 $B = \mu H = \dfrac{\mu I}{2\pi r} [\text{Wb/m}^2]$

12 유기기전력의 크기
$E = Blv \sin\theta = 2 \times 0.3 \times 30 \times \sin 30° = 9 [\text{V}]$

13 특성임피던스 $Z_0 = \dfrac{E}{H} = \sqrt{\dfrac{\mu}{\varepsilon}}$ 에서 $H = \dfrac{E}{Z_0} = \sqrt{\dfrac{\varepsilon}{\mu}} E$

14 강자성체 종류 : 철, 니켈, 코발트

15 직렬회로에서 각 콘덴서의 전하용량이 작을수록 빨리 파괴된다.
$Q_1 = C_1 V = 2 \times 10^{-6} V$
$Q_2 = C_2 V = 3 \times 10^{-6} V$
$Q_3 = C_3 V = 4 \times 10^{-6} V$
따라서 전하용량이 $Q_3 > Q_2 > Q_1$ 이므로 전하용량이 가장 작은 2[μF]의 커패시터가 제일 먼저 파괴된다.

16 패러데이관의 성질
- 패러데이관 수와 전속선수는 같다.
- 패러데이관 양단에 정(+), 부(−)의 단위진전하가 존재한다.
- 진전하가 없는 점에서는 패러데이관은 연속이다.
- 패러데이관의 밀도는 전속밀도와 같다.

17 • 인덕턴스의 기본단위 $L[\text{H}]$

$$L = \frac{dt}{di}e_L \left[\frac{\text{V} \cdot \text{s}}{\text{A}} = \Omega \cdot \text{s} \right]$$

• 정전용량의 기본단위 $C[\text{F}]$

$$C = \frac{Q}{V} = \frac{It}{V}[\text{s}/\Omega]$$

18 2개 평행도선 사이에 작용하는 힘

$$F = \frac{2I_1 I_2}{d} \times 10^{-7} [\text{N/m}] = \frac{2 \times 10 \times 10^3 \times 10 \times 10^3}{1} \times 10^{-7} = 20[\text{N/m}] \, (\text{단위길이 } l = 1[\text{m}])$$

19 전류밀도 $i = \dfrac{I}{S} = \dfrac{E}{\rho} = kE[\text{A/m}^2] = \dfrac{\pi}{\pi \times (1 \times 10^{-3})^2} = 10^6[\text{A/m}^2]$

20 도체의 성질과 전하분포
  • 도체 내부 전계의 세기는 0이다.
  • 도체 내부는 중성이라 전하를 띠지 않고 도체 표면에만 전하가 분포한다.
  • 도체 면에서의 전계의 세기는 도체 표면에 항상 수직이다.
  • 도체 표면에서 전하 밀도는 곡률이 클수록, 곡률 반지름은 작을수록 높다.

21 수변전 설비 1차 측에 설치하는 차단기의 용량은 공급측 단락용량 이상의 것을 설정해야 한다.

22 $P = 9.8QH = 9.8 \times 10 \times 100 = 9{,}800[\text{kW}]$

23 1선 지락사고 발생 시 영상전류에 의한 전자유도장해가 발생한다.
(영상전압에 의해 정전유도장해가 발생)

24 수전단 전압에 대한 전압강하율

$$\delta = \frac{e}{V_r} \times 100 = \frac{V_s - V_r}{V_r} \times 100$$

$$= \frac{E_s - E_r}{E_r} \times 100 = \frac{\sqrt{3}\, I(R\cos\theta + X\sin\theta)}{E_r} \times 100$$

$$= \frac{I}{E_r}(R\cos\theta + X\sin\theta) \times 100 = \frac{P}{E_r^2}(R + X\tan\theta) \times 100$$

$$= \frac{PR + QX}{E_r^2} \times 100[\%]$$

25 제한전압 : 피뢰기 동작 중에 계속해서 걸리고 있는 단자전압의 파곳값

26

$$I_c = \omega CE = \omega C \frac{V}{\sqrt{3}} = \omega(C_s + 3C_m)\frac{V}{\sqrt{3}} = 30[A] \cdots\cdots ⓐ$$

3선 일괄 $I_c = 3\omega C_s E = 3\omega C_s \frac{V}{\sqrt{3}} = \sqrt{3}\omega C_s V = 60[A]$

$$\omega V = \frac{60}{\sqrt{3}\,C_s} \cdots\cdots\cdots\cdots\cdots\cdots\cdots\cdots\cdots\cdots\cdots ⓑ$$

ⓑ식을 ⓐ식에 대입하면

$$\omega V(C_s + 3C_m)\frac{1}{\sqrt{3}} = 30$$

$$\frac{60}{\sqrt{3}\,C_s}(C_s + 3C_m)\frac{1}{\sqrt{3}} = 30$$

$$\frac{60}{\sqrt{3}\,C_s}C_s + \frac{60\times 3C_m}{\sqrt{3}\,C_s} = 30\sqrt{3} \quad (\text{양변에 } \sqrt{3}\text{을 곱하면})$$

$$60 + \frac{180C_m}{C_s} = 90$$

$$\frac{180C_m}{C_s} = 30$$

$$\frac{C_m}{C_s} = \frac{30}{180} = \frac{1}{6}$$

27 변류기(CT)는 2차 측 개방 불가 : 과전압 유기 및 절연파괴되므로 반드시 2차 측을 단락해야 한다.

28
$$V_s = 5.5\sqrt{0.6l + \frac{P}{100}}$$
$$= 5.5\sqrt{0.6\times 50 + \frac{30,000}{100}} = 99.912$$
∴ 100[kV]

29 4단자 정수 관계식
$A = D$
$AD - BC = 1$

30 초기 $Q = 480\times\frac{0.6}{0.8} = 360$

$P = 480$, 콘덴서 투입 시 무효전력 $Q = 480\times\frac{0.6}{0.8} - Q_c = 360 - 220 = 140$

$\cos\theta = \frac{480}{\sqrt{480^2 + 140^2}} = 0.96\times 100 = 96[\%]$

31 1선 지락 시 전위상승을 억제하여 기기의 절연을 보호한다.

32 매설지선 : 탑각의 접지저항값을 낮춰 역섬락을 방지한다.

33

$V_2 = V_1\left(1 + \dfrac{1}{a}\right) = 2,900\left(1 + \dfrac{210}{3,150}\right) \fallingdotseq 3,093[\text{V}]$

$I_2 = \dfrac{P}{V_2\cos\theta} = \dfrac{80 \times 10^3}{3,093 \times 0.8} = 32.33[\text{A}]$

$W = VI_2 = 210 \times 32.33 \times 10^{-3} \fallingdotseq 6.8[\text{kVA}]$

34
- 정태안정도 : 부하를 서서히 증가할 경우 계속해서 송전할 수 있는 능력으로 이때의 최대전력을 정태안정 극한전력이라 함
- 과도안정도 : 계통에 갑자기 부하가 증가하여 급격한 교란이 발생해도 정전을 일으키지 않고 계속해서 공급할 수 있는 최댓값
- 동태안정도 : 자동전압조정기(AVR)의 효과 등을 고려한 안정도
- 동기안정도 : 전력계통에서의 안정도란 주어진 운전조건하에서 계통이 안전하게 운전을 계속할 수 있는가의 능력

35

화력발전소의 효율 $\eta = \dfrac{860Pt}{mH}[\%]$

여기서, H : 발열량, m : 연료 소비량, $Pt[\text{W}]$: 변압기 출력

36 페란티 현상 : 선로의 충전전류 때문에 무부하 시 송전단전압보다 수전단전압(앞선 충전전류)이 커지는 현상이다. 방지법으로는 분로 리액터 설치 및 동기조상기의 지상용량을 공급한다.

37 부하율 : 전기설비가 얼마나 유효하게 이용되는지를 나타내는 척도

부하율 $= \dfrac{\text{평균전력}[\text{kW}]}{\text{최대전력}[\text{kW}]} \times 100[\%]$

38

$I = \dfrac{P}{\sqrt{3}\,V\cos\theta} \times 1.5$

$= \dfrac{600}{\sqrt{3} \times 3 \times 0.85} \times 1.5 = 203.77$

CT비 $= \dfrac{200}{5} = 40$

39 급수 중에 용해되어 있는 산소는 증기계통, 급수계통 등을 부식시킨다. 탈기기는 용해 산소를 분리한다.

40 설비용량별 3차 권선(△결선)의 사용방법
- 345[kV]의 Y-Y-△(345[kV]-154[kV]-23[kV]) : △결선(3차 권선)은 조상설비를 접속하고 변전소 소내 전원용으로 사용한다.
- 154[kV]의 Y-Y-△(154[kV]-23[kV]-6.6[kV]) : △결선(3차 권선)은 외함에 접지하고 부하를 접지하지 않는 안정권선으로 사용한다.

41 직류발전기의 구성
- 정류자, 계자(철심, 권선), 전기자(철심, 권선), 공극
- 변압기의 종류 : 외철형 철심과 내철형 철심

42 전력변환기기

인버터	초 퍼	정 류	사이클로 컨버터(주파수 변환)
직류-교류	직류-직류	교류-직류	교류-교류

43
- 와전류손을 감소 : 강판성층
- 히스테리시스손을 감소 : 규소강판

44 직류전동기의 역기전력
② 역기전력은 회전방향과 무관하다.
① $E = \dfrac{PZ}{60a}\phi N[\text{V}]$: 역기전력은 회전수(속도)에 비례
③ $E = V - I_a R_a[\text{V}]$: 역기전력 증가하면 전기자전류 감소
④ $E = V - I_a R_a[\text{V}]$: 공급전압 > 역기전력

45 동기기에서 회전계자형을 쓰는 이유
- 전기자권선은 고전압에 결선이 복잡하며 대용량인 경우 전류도 커지고 3상 결선 시 인출선은 4개이다.
- 계자권선에 저압 직류회로로 소요동력이 적다(인출도선 2개).
- 절연이 용이하다.
- 전기자권선은 고전압에 유리하다(Y결선).
- 기계적으로 튼튼하다.

46

종 류	전동기의 특징
타여자	• 회전 방향 반대 : (+), (−) 극성을 반대 • 정속도 전동기
분 권	• 정속도 특성의 전동기 • 위험상태 : 정격전압 시 무여자 상태 • (+), (−) 극성을 반대 : 회전 방향이 불변 • $T \propto I \propto \dfrac{1}{N}$
직 권	• 변속도 전동기(전기철도, 기중기 등에 적합) • 부하에 따라 속도가 심하게 변한다. • (+), (−) 극성을 반대 : 회전 방향이 불변 • 위험상태 : 정격전압 시 무부하 상태 • $T \propto I^2 \propto \dfrac{1}{N^2}$

47 금속 가루(주로 구리)와 흑연 가루를 이겨서 성형 소결하여 만든 브러시이다. 주로 저전압 대전류용으로 직류기의 정류자, 유도전동기 또는 회전변류기의 슬립링에 쓰인다.

48 최대효율의 조건
$$y = V_2 \cos\phi + \dfrac{P_0}{I_2} + RI_2$$
$$\dfrac{dy}{dI_2} = -\dfrac{P_0}{I_2^2} + R = 0$$
$$\therefore P_0 = RI_2^2 = P_c\text{(즉, 부하손과 무부하손이 같을 때 최대)}$$

49 단절권 계수

$$K_p = \sin\frac{\beta\pi}{2} = \sin\frac{\left(\frac{7}{9}\right)\times\pi}{2} = \sin\frac{7}{18}\pi = \sin 70° ≒ 0.9397$$

여기서, 극간격 = $\frac{슬롯수}{극수} = \frac{54}{6} = 9$, 단절비율 $\beta = \frac{코일간격}{극간격} = \frac{7}{9}$

50 변압기의 기전력 $E_1 = 4.44f\phi N_1$

자속(ϕ) = $\frac{E}{4.44fN_1} = \frac{6,900}{4.44\times 60\times 3,000} ≒ 8.63\times 10^{-3}$[Wb]

51 단상 변압기 2대의 결선은 V결선이 되고 변압기 용량은 $\frac{P}{\sqrt{3}\cos\theta\times\eta}$[VA]가 된다.

$P_a = \frac{P}{\sqrt{3}\cos\theta\times\eta} = \frac{30\times 10^3}{\sqrt{3}\times 0.84\times 0.86} ≒ 24$[kVA]

52 유도전동기 속도제어법 중 종속접속법

- 직렬종속법 : $P' = P_1 + P_2$, $N = \frac{120}{P_1+P_2}f$
- 차동종속법 : $P' = P_1 - P_2$, $N = \frac{120}{P_1-P_2}f$
- 병렬종속법 : $P' = \frac{P_1-P_2}{2}$, $N = 2\times\frac{120}{P_1+P_2}f$

∴ 직렬종속법의 회전수 $N = \frac{120}{12+8}\times 60 = 360$[rpm] = 6[rps]

53 부흐홀츠계전기는 변압기 내부의 기계적 고장으로 발생하는 기름의 분해가스 증기를 이용하여 부저를 움직여 계전기의 접점을 닫는 것이므로 변압기의 주탱크와 콘서베이터 사이에 설치하며 이에 오동작의 우려가 존재한다.

54 기동장치 기동토크가 큰 순서
반발기동형 > 반발유도형 > 콘덴서기동형 > 분상기동형 > 셰이딩코일형

55 실부하법은 직접 토크회전수 입력 등을 측정한 다음 효율, 슬립 등을 구하는 시험으로 다음의 방법이 있다.
- 보조전동기
- 프로니 브레이크
- 전기동력계법
- 손실을 알고 있는 직류발전기

56 전기자권선법
- 직류기 : 고상권, 폐로권, 이층권, 중권, 파권
- 동기기 : 이층권, 중권, 단절권, 분포권

57 진폭전압은 맥동분만큼 변하는 것으로 전압 $v = V\times\nu = 2,000\times 0.03 = 60$[V]

58
- 돌극(수차)형 동기발전기 : $X_d > X_q$
- 터빈(원통)형 동기발전기 : 공극이 일정하므로 $X_d = X_q$

59 유도전압조정기

종 류	단상 유도전압 조정기	3상 유도전압 조정기
특 징	• 교번자계 이용 • 입력과 출력 위상차 없음 • 단락권선 필요	• 회전자계 이용 • 입력과 출력 위상차 있음 • 단락권선 필요 없음

- 단락권선의 역할 : 누설리액턴스에 의한 2차 전압강하 방지
- 3상 유도전압조정기 위상차 해결 → 대각 유도전압조정기

60 1차 측 상전압 $V_l = V_p = V$

전압비 $a = \dfrac{V_1}{V_2}$ 에서 2차 측 상전압 $V_2 = \dfrac{V_1}{a} = \dfrac{V}{a}$

Y결선에서 $V_l = \sqrt{3}\, V_p$

∴ 2차 측 선간전압 $= \sqrt{3} \cdot \dfrac{V}{a}$

61 밀만의 정리

$$V_n = \frac{Y_1 E_1 + Y_2 E_2 + Y_3 E_3}{Y_1 + Y_2 + Y_3} = \frac{\dfrac{E_1}{Z_1} + \dfrac{E_2}{Z_2} + \dfrac{E_3}{Z_3}}{\dfrac{1}{Z_1} + \dfrac{1}{Z_2} + \dfrac{1}{Z_3}} [\text{V}]$$

62 $i_L(t) = I_0 \left(1 - e^{-\frac{R}{L}t}\right)$

키르히호프 법칙(전류법칙)
$I_0 = i_R(t) + i_L(t)$

$i_R(t) = I_0 - i_L(t) = I_0 - I_0\left(1 - e^{-\frac{R}{L}t}\right) = I_0 e^{-\frac{R}{L}t} [\text{A}]$

63 $I_{av} = \dfrac{2}{\pi} I_m = \dfrac{2}{\pi} \times 3\sqrt{2} \fallingdotseq 2.7 [\text{A}]$

64 $I = \sqrt{I_0^2 + I_1^2 + I_3^2}$
$= \sqrt{100^2 + 50^2 + 20^2} \fallingdotseq 114 [\text{A}]$

65 L회로에서 $P_a = VI = 100 \times 30 = 3,000 [\text{VA}]$

$P_r = \sqrt{P_a^2 - P^2} = \sqrt{3,000^2 - 1,800^2} = 2,400 [\text{Var}]$

역률이 100[%](손실이 최소)가 되기 위해 $Q = \dfrac{V^2}{X_C}[\text{Var}]$의 콘덴서를 병렬접속하여 무효분을 0으로 만든다. 즉, 무효전력만큼 콘덴서를 설치해야 된다.

용량리액턴스 $X_C = \dfrac{V^2}{Q} = \dfrac{100^2}{2,400} \fallingdotseq 4.2 [\Omega]$

66 합성저항이 제일 클 때 → 직렬
합성저항이 제일 작을 때 → 병렬
$$R_0 = \frac{R}{N} = \frac{10}{5} = 2[\Omega]$$

67 $P_a = \dfrac{3V_l^2 Z}{R^2 + X^2} = \dfrac{3 \times 200^2 \times \sqrt{14^2 + 48^2}}{14^2 + 48^2} = 2,400[\text{VA}]$

68 $P_a = \dot{V}I = (120 - j90)(3 + j4) = 720 + j210$
$\cos\theta = \dfrac{P}{\sqrt{P^2 + P_r^2}} = \dfrac{720}{\sqrt{720^2 + 210^2}} \fallingdotseq 0.96$

69 출력비(고장률) = 57.7[%]
이용률 = 86.6[%]

70 $V_{20} = I_{20}R_{20} = 6 \times 20 = 120[\text{V}]$
$V_{30} = I_{30}R_{30} = I_{30} \times 30 = 120[\text{V}]$
$I_{30} = 4[\text{A}]$
$I = I_{20} + I_{30} = 6 + 4 = 10[\text{A}]$

71 왜형률 $= \sqrt{\left(\dfrac{V_3}{V_1}\right)^2 + \left(\dfrac{V_5}{V_1}\right)^2}$
$= \sqrt{0.3^2 + 0.2^2} = 0.36$

72 $R-L-C$ 직렬회로
- 회로방정식 $E_i(s) = \left(R + Ls + \dfrac{1}{Cs}\right)I(s)$
- 전류 $I(s) = \dfrac{1 \times sC}{\left(R + Ls + \dfrac{1}{Cs}\right) \times sC} E_i(s) = \dfrac{Cs}{(CLs^2 + RCs + 1)} E_i(s)$

73 대칭일 때 $Z_{01} = Z_{02} = \sqrt{\dfrac{B}{C}}$
$B = j100 + j100 + \dfrac{j100 \times j100}{-j50} = 0$
B가 0이므로 영상 임피던스는 0이다.

74 중첩의 원리
- 전압원 적용 : 전류 = 0
- 전류원 적용 : 전류원 총합 $I = 10 + 2 + 3 = 15[\text{A}]$

75

$A = \dfrac{10 \times 10}{10+10+30} = 2$

$B = \dfrac{10 \times 30}{10+10+30} = 6$

$C = \dfrac{10 \times 30}{10+10+30} = 6$

3ϕ 평형일 때 $R = 4[\Omega]$

76
- 시정수 : 최종값(정상값)의 63.2[%] 도달하는 데 걸리는 시간
- 시정수가 클수록 과도현상은 오래 지속된다.
- 시정수는 소자(R, L, C)의 값으로 결정된다.
- 특성근 역의 절댓값이다.

77 a상의 전압 $V_a = V_0 + V_1 + V_2 = -8+j3+6-j8+8+j12 = 6+j7[\mathrm{V}]$

78 역라플라스 변환(복소추이 정리)

$F(s) = \dfrac{A}{\alpha+s} = \dfrac{A}{s+\alpha}$

$\xrightarrow{\mathcal{L}^{-1}} f(t) = Ae^{-\alpha t}$

79 $Y = \begin{pmatrix} A & B \\ C & D \end{pmatrix} = \begin{pmatrix} 1 & 0 \\ Y & 1 \end{pmatrix}$

$Z = \begin{pmatrix} A & B \\ C & D \end{pmatrix} = \begin{pmatrix} 1 & Z \\ 0 & 1 \end{pmatrix}$

80 $P_r = P_a \sin\theta = 22 \times 0.6 = 13.2[\mathrm{kVar}]$

81 KEC 241.12(도로 등의 전열장치)
- 발열선에 전기를 공급하는 전로의 대지전압은 300[V] 이하일 것
- 발열선은 사람이 접촉할 우려가 없고 또한 손상을 받을 우려가 없도록 콘크리트 기타 견고한 내열성이 있는 것 안에 시설할 것
- 발열선은 그 온도가 80[℃]를 넘지 아니하도록 시설할 것. 다만, 도로 또는 옥외주차장에 금속피복을 한 발열선을 시설할 경우에는 발열선의 온도를 120[℃] 이하로 할 수 있다.

82 KEC 351.3(발전기 등의 보호장치)
- 발전기에 과전류나 과전압이 생긴 경우
- 압유장치 유압이 현저히 저하된 경우
  - 수차발전기 : 500[kVA] 이상
  - 풍차발전기 : 100[kVA] 이상
- 스러스트 베어링의 온도가 현저히 상승한 경우 : 2,000[kVA] 이상
- 내부고장이 발생한 경우 : 10,000[kVA] 이상

83 KEC 362.2(전력보안통신선의 시설 높이와 간격)
- 통신선이 도로·횡단보도교·철도의 레일 또는 삭도와 교차하는 경우에는 통신선은 연선의 경우 단면적 16[mm^2](단선의 경우 지름 4[mm])의 절연전선과 동등 이상의 절연 효력이 있는 것, 인장강도 8.01[kN] 이상의 것 또는 연선의 경우 단면적 25[mm^2](단선의 경우 지름 5[mm])의 경동선일 것
- 통신선과 삭도 또는 다른 가공약전류전선 등 사이의 간격은 0.8[m](통신선이 케이블 또는 광섬유케이블일 때는 0.4[m]) 이상으로 할 것

84 KEC 351.5(조상설비의 보호장치)

설비종별	뱅크용량의 구분	자동적으로 전로로부터 차단하는 장치
전력용 커패시터 및 분로리액터	500[kVA] 초과 15,000[kVA] 미만	내부고장이나 과전류가 생긴 경우에 동작하는 장치
	15,000 [kVA] 이상	내부고장이나 과전류 및 과전압이 생긴 경우에 동작하는 장치
무효 전력 보상 장치	15,000[kVA] 이상	내부고장이 생긴 경우에 동작하는 장치

85 KEC 222.6/332.4(저·고압 가공전선의 안전율) - 고압 가공전선의 안전율
- 경동선, 내열 동합금선 : 2.2 이상
- 기타 전선 : 2.5 이상

86 ※ KEC(한국전기설비규정)의 적용으로 문제가 성립되지 않음

87 KEC 333.1(시가지 등에서 특고압 가공전선로의 시설)

종류	특성		
지지물(목주 불가)	A종	B종	철탑
지지물 간 거리	75[m] 이하	150[m] 이하	400[m] 이하(도체 수평 간격 4[m] 미만 : 250[m])
사용전선	100[kV] 미만		100[kV] 이상
	55[mm^2] 이상		150[mm^2] 이상
전선로의 높이	35[kV] 이하		35[kV] 초과
	10[m] 이상(특고압절연전선 8[m] 이상)		10[m] + 단수 × 12[cm]
애자장치	애자는 50[%] 충격 불꽃 방전 전압이 타 부분의 110[%] 이상일 것(130[kV]를 초과하는 경우 105[%] 이상), 아킹혼 붙은 2련 이상		
보호장치	지기발생 시 100[kV] 초과의 경우 1초 이내에 자동 차단하는 장치를 시설할 것		

88 KEC 222.9/332.8(저·고압 가공전선 등의 병행설치)
- 저압 가공전선을 고압 가공전선의 아래로 하고 별개의 완금류에 시설할 것
- 저압 가공전선과 고압 가공전선 사이의 간격은 0.5[m] 이상일 것. 다만, 각도주·분기주 등에서 혼촉의 우려가 없도록 시설하는 경우에는 그러하지 아니하다.

89 KEC 222.2/331.11(지지선의 시설)

안전율	2.5 이상(목주나 A종 : 1.5 이상)	아연도금철봉	지중 및 지표상 0.3[m]까지
구조	4.31[kN] 이상, 3가닥 이상의 연선	도로횡단	5[m] 이상(교통 지장 없는 장소 : 4.5[m])
금속선	2.6[mm] 이상(아연도강연선 2.0[mm] 이상)	기타	철탑은 지지선으로 그 강도를 분담시키지 않을 것

90 KEC 234.5(콘센트의 시설)
욕조나 샤워시설이 있는 욕실 또는 화장실 등 인체가 물에 젖어 있는 상태에서 전기를 사용하는 장소에 콘센트를 시설하는 경우
- 전기용품 및 생활용품 안전관리법의 적용을 받는 인체감전보호용 누전차단기(정격감도전류 15[mA] 이하, 동작시간 0.03초 이하의 전류동작형의 것에 한한다) 또는 절연변압기(정격용량 3[kVA] 이하인 것에 한한다)로 보호된 전로에 접속하거나, 인체감전보호용 누전차단기가 부착된 콘센트를 시설
- 콘센트는 접지극이 있는 방적형 콘센트를 사용하여 211(감전에 대한 보호)과 140(접지시스템)의 규정에 준하여 접지

91 KEC 234.11.5(진열장 또는 이와 유사한 것의 내부 관등회로 배선)
진열장 안의 관등회로의 배선을 외부로부터 보기 쉬운 곳의 조영재에 접촉하여 시설하는 경우에는 다음에 의하여야 한다.
- 전선의 사용은 234.3(코드 및 이동전선)을 따를 것
- 전선에는 방전등용 안정기의 연결선 또는 방전등용 소켓 연결선과의 접속점 이외에는 접속점을 만들지 말 것
- 전선의 접속점은 조영재에서 이격하여 시설할 것
- 전선은 건조한 목재, 석재 등 기타 이와 유사한 절연성이 있는 조영재에 그 피복을 손상하지 아니하도록 적당한 기구로 붙일 것
- 전선의 부착점 간의 거리는 1[m] 이하로 하고 배선에는 전구 또는 기구의 중량을 지지하지 않도록 할 것

92 ※ KEC(한국전기설비규정)의 적용으로 문제가 성립하지 않음

93 KEC 132(전로의 절연저항 및 절연내력)

종 류	비접지	중성점 접지	중성점 직접접지
170[kV]	×1.25	×1.1	×0.64
60[kV]	(최저시험전압 10.5[kV])	(최저시험전압 75[kV])	×0.72
7[kV]	×1.5	25[kV] 이하 중성점 다중접지 ×0.92	

94 KEC 242.2(먼지 위험장소)
가연성 먼지 위험장소

금속관공사	폭연성 먼지에 준함
케이블공사	
합성수지관공사	두께 2[mm] 이상, 부식 방지, 먼지 침투 방지

95 KEC 322.3(특고압과 고압의 혼촉 등에 의한 위험방지 시설)
변압기에 의하여 특고압 전로에 결합되는 고압 전로에는 사용전압의 3배 이하인 전압이 가하여진 경우에 방전하는 장치를 그 변압기의 단자에 가까운 1극에 설치하여야 한다(단, 사용전압의 3배 이하인 전압이 가하여진 경우에 방전하는 피뢰기를 고압 전로의 모선의 각 상에 시설하거나 특고압권선과 고압권선 간에 혼촉방지판을 시설하여 접지저항값이 10[Ω] 이하 또는 접지공사를 한 경우에는 그러하지 아니하다).

96 KEC 132(전로의 절연저항 및 절연내력)

종 류	비접지	중성점 접지	중성점 직접접지
170[kV]	×1.25	×1.1	×0.64
60[kV]	(최저시험전압 10.5[kV])	(최저시험전압 75[kV])	×0.72
7[kV]	×1.5	25[kV] 이하 중성점 다중접지 ×0.92	

중성선 다중접지식 22.9[kV]일 때는 0.92배를 한다.
∴ 절연내력 시험전압 = 22,900 × 0.92 = 21,068[V]

97 KEC 333.22(특고압 보안공사)
제1종 특고압 보안공사
- 전선로의 지지물에는 B종 철주·B종 철근 콘크리트주 또는 철탑을 사용할 것
- 전선에는 압축 접속에 의한 경우 이외에는 지지물과 지지물 중간에 접속점을 시설하지 아니할 것
- 지락 또는 단락 시 3초(100[kV] 이상 2초) 이내 차단하는 장치를 시설
- 애자는 1련으로 하는 경우는 50[%] 충격 불꽃 방전 전압이 타 부분의 110[%] 이상일 것(사용전압 130[kV]를 넘는 경우 105[%] 이상이거나, 아킹혼 붙은 2련 이상)

98 KEC 333.30(특고압 가공전선과 식물의 간격)

사용전압의 구분	간 격
60[kV] 이하	2[m]
60[kV] 초과	• 간격 = 2 + 단수 × 0.12[m] • 단수 = $\frac{(전압[kV] - 60[kV])}{10[kV]}$ 단수 계산에서 소수점 이하는 절상

단수 = $\frac{(전압[kV] - 60[kV])}{10[kV]} = \frac{(154[kV] - 60[kV])}{10[kV]} = \frac{94[kV]}{10[kV]} = 9.4 \to 10$(절상)

∴ 간격 = 2 + 10 × 0.12 = 3.2[m]

99 ※ KEC(한국전기설비규정)의 적용으로 문제가 성립되지 않음

100 KEC 221.1(구내인입선)
저압 가공인입선
- 도로(차도와 보도의 구별이 있는 도로인 경우에는 차도)를 횡단하는 경우 : 노면상 5[m](기술상 부득이한 경우에 교통지장이 없을 때에는 3[m]) 이상
- 철도 또는 궤도를 횡단하는 경우 : 레일면상 6.5[m] 이상
- 횡단보도교 위에 시설하는 경우 : 노면상 3[m] 이상
- 이외의 경우에는 지표상 4[m](기술상 부득이한 경우에 교통이 지장이 없을 때에는 2.5[m]) 이상

2021년 제1회 CBT

1	2	3	4	5	6	7	8	9	10	11	12	13	14	15	16	17	18	19	20
④	③	②	③	①	③	②	③	②	④	①	②	③	①	①	③	②	②	①	②
21	22	23	24	25	26	27	28	29	30	31	32	33	34	35	36	37	38	39	40
③	②	③	③	②	②	②	①	②	①	①	③	①	①	③	④	③	②	②	③
41	42	43	44	45	46	47	48	49	50	51	52	53	54	55	56	57	58	59	60
②	④	②	①	④	①	②	③	③	①	③	④	④	②	②	①	①	③	①	①
61	62	63	64	65	66	67	68	69	70	71	72	73	74	75	76	77	78	79	80
③	④	③	③	④	①	①	①	③	④	③	②	④	②	②	①	③	①	②	①
81	82	83	84	85	86	87	88	89	90	91	92	93	94	95	96	97	98	99	100
②	③	①	②	①	③	①	④	①	①	③	②	④	①	①	②	②	③	③	③

01 ① 맥스웰 방정식 $\int_s (\nabla \times H)ds = I$
② 앙페르의 주회법칙 $\oint_c H dl = I$
③ 스토크스의 정리 $\oint_c H dl = \int_s (\nabla \times H)ds$
④ 패러데이의 법칙 $e = -N\left(\dfrac{d\phi}{dt}\right)[V] = -L\left(\dfrac{dI}{dt}\right)[V]$

02 전자유도현상은 전기를 발생하거나 변환시키는 것으로 발전기, 변압기, 전동기 등에 이용된다.

03 포인팅 벡터 : 단위시간에 단위면적을 지나는 에너지, 임의의 점을 통과할 때의 전력밀도
$P = E \times H = EH\sin\theta [W/m^2]$ 에서 자계와 전계는 수직이므로 $P = EH [W/m^2]$

04

자성체 종류	특 징	자기모멘트	영구자기 쌍극자	종 류
강자성체	$\mu_s \gg 1$ $\chi_m \gg 0$	↑↑↑↑↑	동일방향 배열	철, 니켈, 코발트
상자성체	$\mu_s > 1$ $\chi_m > 0$	↗↘↑↙↓	비규칙적인 배열	알루미늄, 백금, 주석, 산소, 질소
반자성체, 역자성체(페리합금체)	$\mu_s < 1$ $\chi_m < 0$	↑↑↑↑↑	없 음	비스무트, 은, 구리, 탄소 등
반강자성체		↑↓↑↓↑	반대방향 배열	

05 평행판 콘덴서에 직렬로 삽입할 때

- $C_1 = \varepsilon_1 \times \dfrac{S}{d_1}$, $C_2 = \varepsilon_2 \times \dfrac{S}{d_2}$

- $C = \dfrac{C_1 C_2}{C_1 + C_2} = \dfrac{\dfrac{\varepsilon_1 S \varepsilon_2 S}{d_1 d_2}}{\dfrac{\varepsilon_1 S}{d_1} + \dfrac{\varepsilon_2 S}{d_2}} = \dfrac{\varepsilon_1 \varepsilon_2 S}{\varepsilon_2 d_1 + \varepsilon_1 d_2} = \dfrac{S}{\dfrac{d_1}{\varepsilon_1} + \dfrac{d_2}{\varepsilon_2}}$ [F]

06 도체구 정전용량 $C = 4\pi\varepsilon a$ [F]

에너지 $W = \dfrac{1}{2} C V^2$ [J]

$\therefore W = \dfrac{1}{2} \times 4\pi\varepsilon a V^2 = 2\pi\varepsilon a V^2$ [J]

07 환상 솔레노이드

- 철심저항 $R = \dfrac{l}{\mu S}$

- 공극저항 $R_\mu = \dfrac{l_0}{\mu_0 S}$

- 전체저항 $R_m = R + R_\mu = \dfrac{l}{\mu S} + \dfrac{l_0}{\mu_0 S} = \left(1 + \dfrac{l_0}{l} \dfrac{\mu}{\mu_0}\right) R$

08
- 분극의 세기 $P = \varepsilon_0 (\varepsilon_s - 1) E$
- 분극률 $\chi = \varepsilon_0 (\varepsilon_s - 1) = \dfrac{1}{36\pi \times 10^9} \times (5-1) = \dfrac{10^{-9}}{9\pi}$

09 원통 도체의 표면에서 자계의 세기가 최대가 된다.

$H_{\max} = \dfrac{I}{2\pi a}$ [AT/m]

10
- 전류에 의한 자계의 크기 : 비오-사바르의 법칙
- 방향 : 앙페르의 오른손 법칙

11 조건 : $\varepsilon_1 > \varepsilon_2$이고 경계면에 전기력선 수직으로 작용
- 법선 성분만 존재하고 전속이 연속(일정)이다. $D_1 = D_2 = D$
- 유전율이 큰 쪽(ε_1)에서 작은 쪽(ε_2)으로 힘이 작용한다(인장응력).

12 키르히호프 전류의 법칙

$\sum I = Q = \int_s i\,ds = \int_v \operatorname{div} V dv$

- 전류밀도의 발산 $\operatorname{div} i = -\dfrac{\partial \rho}{\partial t}$
- 전류의 연속성 $\operatorname{div} i = 0$

13
- 구도체(점전하) $E = \dfrac{Q}{4\pi\varepsilon_0 r^2}$
- 무한장 직선 전하(선전하) $E = \dfrac{\lambda}{2\pi\varepsilon_0 r}$
- 무한평면 $E = \dfrac{\sigma}{2\varepsilon_0}[\mathrm{V/m}]$

14 평행 평판 콘덴서

$V = \dfrac{Q}{C} = \dfrac{300 \times 10^{-6}}{6 \times 10^{-6}} = 50[\mathrm{V}]$ 이며 $V = E \cdot r = E \cdot d = E \cdot l$ 에 의해

$E = \dfrac{V}{l} = \dfrac{50}{2 \times 10^{-3}} = 25 \times 10^3[\mathrm{V/m}] = 25[\mathrm{V/mm}]$

15 전위가 다르게 충전된 콘덴서를 병렬로 접속 시 전위차가 같아지도록 높은 전위 콘덴서의 전하가 낮은 전위 콘덴서 쪽으로 이동하여 이에 따른 전하의 이동으로 도선에서 전력 소모가 일어난다.

16 전하가 없는 곳에서는 전기력선의 발생과 소멸이 없다.

17 $A \cdot B = |A||B|\cos\theta$ 에서

$\cos\theta = \dfrac{A \cdot B}{|A||B|} = \dfrac{(2i+4j) \cdot (6j-4k)}{\sqrt{2^2+4^2} \cdot \sqrt{6^2+(-4)^2}} \fallingdotseq 0.74$

$\theta = \cos^{-1}0.74 = 42.3°$

18 두 평행 도선 사이에 작용하는 힘

$F = \dfrac{2I_1 I_2}{r} \times 10^{-7} \times l = \dfrac{2 \times 1{,}000^2}{0.02} \times 10^{-7} \times 1 = 10[\mathrm{N/m}]$

19 $e = -N\dfrac{d\phi}{dt} = -L\dfrac{dI}{dt}$ 에서 $N\phi = LI$

인덕턴스 $L = \dfrac{N\phi}{I} = \dfrac{500 \times 10^{-2}}{2} = 2.5[\mathrm{H}]$

20 ② 펠티에효과 : 두 종류의 금속선에 전류를 흘리면 접속점에서 열이 흡수 또는 발생하는 현상
① 제베크효과 : 두 종류 금속 접속면에 온도차를 주면 기전력이 발생하는 현상
③ 톰슨효과 : 동일한 금속 도선에 전류를 흘리면 열이 발생 또는 흡수되는 현상
④ 파이로효과 : 전기석이나 티탄산바륨의 결정에 가열을 하거나 냉각을 시키면 결정의 한쪽 면에는 (+)전하, 다른 쪽 면에는 (−)전하가 나타나는 분극현상

21 수전단 전압에 대한 전압강하율 $\delta = \dfrac{e}{V_r} \times 100 = \dfrac{V_s - V_r}{V_r} \times 100 = \dfrac{\sqrt{3}\,I(R\cos\theta + X\sin\theta)}{V_r} \times 100$ 에서

분모와 분자에 V를 곱하면 $\dfrac{\sqrt{3}\,IV(R\cos\theta + X\sin\theta)}{V_r \times V} \times 100 = \dfrac{PR + QX}{V_r^2} \times 100[\%]$

22 안정도 향상대책
- 발전기
  - 동기리액턴스 감소(단락비 크게, 전압변동률 작게)
  - 속응여자방식 채용
  - 제동권선 설치(난조 방지)
  - 조속기 감도 둔감
- 송전선
  - 리액턴스 감소
  - 복도체(다도체) 채용
  - 병행 2회선 방식
  - 중간조상방식
  - 고속도 재폐로방식 채택 및 고속 차단기 설치

23 $\sqrt{3} \times 1,000 \times 2 ≒ 3,464 [\text{kVA}]$

24
③ 댐퍼 : 송전선로의 진동을 억제하는 장치, 지지점 가까운 곳에 설치
① 오프셋 : 전선의 도약에 의한 송전 상하선 혼촉(단락)을 방지하기 위해 전선 배열을 위·아래 전선 간에 수평간격을 두어 설치 → 쌓였던 눈이 떨어지는 경우 상하로 흔들린다.
② 클램프 : 전선과 댐퍼를 연결하는 지지물
④ 초호환 : 섬락 사고 시 애자련 보호, 애자의 전압분담 균일화

25 %리액턴스 $\%X = \dfrac{PX}{10V^2} = \dfrac{5,000 \times 15}{10 \times 23^2} ≒ 14.18[\%]$

26 매설지선 : 탑각의 접지저항값을 낮춰 역섬락을 방지한다.

27 조건 : 선로손실 최소, $\cos\theta_2 = 1$
역률개선용 콘덴서 용량
$Q_c = P\tan\theta_1 = P\left(\dfrac{\sqrt{1-\cos^2\theta_1}}{\cos\theta_1}\right) = 160\left(\dfrac{\sqrt{1-0.8^2}}{0.8}\right) = 120[\text{kVA}]$

28 전력용 콘덴서 설치 효과
- 전력손실 감소
- 변압기, 개폐기 등의 정격용량 감소
- 송전용량 증대
- 전압강하 감소

29 $V_B = V_A - 2IR = 220 - 2 \times 60 \times 0.05 = 214[\text{V}]$
$V_C = V_B - 2IR = 214 - 2 \times 20 \times 0.1 = 210[\text{V}]$

30 시한 특성
- 순한시 계전기 : 최소동작전류 이상의 전류가 흐르면 즉시 동작, 고속도 계전기(0.5~2Cycle)
- 정한시 계전기 : 동작전류의 크기에 관계없이 일정시간에 동작
- 반한시 계전기 : 동작전류가 작을 때는 동작시간이 길고, 동작전류가 클 때는 동작시간이 짧다.
- 반한시성 정한시 계전기 : 반한시 + 정한시 특성

31
- 정태안정도 : 부하를 서서히 증가할 경우 계속해서 송전할 수 있는 능력으로, 이때의 최대전력을 정태안정 극한전력이라 함
- 과도안정도 : 계통에 갑자기 부하가 증가하여 급격한 교란이 발생해도 정전을 일으키지 않고 계속해서 공급할 수 있는 최댓값
- 동태안정도 : 자동전압조정기(AVR)의 효과 등을 고려한 안정도
- 동기안정도 : 전력계통에서의 안정도란 주어진 운전조건하에서 계통이 안전하게 운전을 계속할 수 있는가의 능력

32 송전계통에 발생한 고장 때문에 일부 계통의 위상각이 커져서 동기를 벗어나려고 할 경우 이것을 검출하고 그 계통을 분리하기 위해서 차단하지 않으면 안 될 경우에 사용한다.

33 수차의 특유속도

$$N_s = \frac{NP^{\frac{1}{2}}}{H^{\frac{5}{4}}}$$

34 4단자 정수

$$\begin{bmatrix} E_s \\ I_s \end{bmatrix} = \begin{bmatrix} A & B \\ C & D \end{bmatrix} \begin{bmatrix} E_r \\ I_r \end{bmatrix} = \begin{matrix} AE_r + BI_r \\ CE_r + DI_r \end{matrix}$$

T형 회로와 π형 회로의 4단자 정수값

		T형	π형
A	$\left.\frac{E_s}{E_r}\right\|_{I_r=0}$	$1+\frac{ZY}{2}$	$1+\frac{ZY}{2}$
B	$\left.\frac{E_s}{I_r}\right\|_{V_r=0}$	$Z\left(1+\frac{ZY}{4}\right)$	Z
C	$\left.\frac{I_s}{E_r}\right\|_{I_r=0}$	Y	$Y\left(1+\frac{ZY}{4}\right)$
D	$\left.\frac{I_s}{I_r}\right\|_{V_r=0}$	$1+\frac{ZY}{2}$	$1+\frac{ZY}{2}$

T형 송전단 전류
$$I_s = YE_r + \left(1+\frac{ZY}{2}\right)I_r$$

π형 송전단 전류
$$I_s = Y\left(1+\frac{ZY}{4}\right)E_r + \left(1+\frac{ZY}{2}\right)I_r$$

35 재점호전류는 커패시터회로의 무부하 충전전류(진상전류)에 의해 발생한다.

36 **중성점 접지방식**

방식	보호계전기동작	지락전류	전위상승	과도안정도	유도장해	특징
직접접지 22.9, 154, 345[kV]	확실	크다.	1.3배	작다.	크다.	중성점 영전위 단절연 가능
저항접지	↓	↓	$\sqrt{3}$ 배	↓	↓	
비접지 3.3, 6.6[kV]	×	↓	$\sqrt{3}$ 배	↓	↓	저전압 단거리
소호리액터접지 66[kV]	불확실	0	$\sqrt{3}$ 배 이상	크다.	작다.	병렬 공진

37 랭킨사이클(Rankine Cycle)
급수펌프(단열압축) → 보일러(등압가열) → 과열기 → 터빈(단열팽창) → 복수기(등압냉각) → 다시 급수펌프

38 페란티 현상 : 선로의 충전전류 때문에 무부하 시 송전단 전압보다 수전단 전압(앞선 충전전류)이 커지는 현상이다. 방지법으로는 분로리액터 설치 및 동기조상기의 지상용량을 공급한다.

39 저압 뱅킹방식
- 전압변동이 작다.
- 부하증가에 대한 융통성이 향상된다.
- 플리커 현상이 경감되고, 변압기용량이 저감된다.
- 캐스케이딩 현상이 발생한다.

40
- 등가선간거리 $D = \sqrt[3]{D_{12} \cdot D_{23} \cdot D_{31}} = \sqrt[3]{D \cdot D \cdot 2D} = \sqrt[3]{2}\,D\,[\mathrm{m}]$
- 작용인덕턴스 $L = 0.05 + 0.4605\log_{10}\dfrac{\sqrt[3]{2}\,D}{r}$ [mH/km]

41 고조파차수 $(n) = 2nm \pm 1$

13차 고조파는 +1인 경우이므로 같은 방향으로 $\dfrac{1}{13}$ 배 속도이다.

(+ : 같은 방향, − : 반대방향, $\dfrac{1}{n}$ 배 속도)

42 제동권선의 효과
- 난조 방지
- 기동토크 발생
- 불평형 부하 시의 전류 및 전압 파형 개선
- 송전선의 불평형 단락 시의 이상전압 방지

43 비례추이(3상 권선형 유도전동기)

$\dfrac{r_2}{s_1} = \dfrac{r_2 + R_2}{s_2}$ 에서 $\dfrac{r_2}{0.11} = \dfrac{r_2 + R_2}{0.33}$, $(0.33 - 0.11)r_2 = 0.11 R_2$

∴ 2차 외부저항 $R_2 = 2r_2$

여기서, 동기속도 $N_s = \dfrac{120f}{P} = \dfrac{120 \times 60}{4} = 1{,}800\,[\mathrm{rpm}]$

$s_1 = \dfrac{N_s - N}{N_s} = \dfrac{1{,}800 - 1{,}600}{1{,}800} \fallingdotseq 0.11$

$s_2 = \dfrac{N_s - N}{N_s} = \dfrac{1{,}800 - 1{,}200}{1{,}800} \fallingdotseq 0.33$

44 무부하직류전압 E_{d0} 는

$E_{d0} = \dfrac{1}{2\pi}\displaystyle\int_0^\pi \sqrt{2}\,E\sin\theta \cdot d\theta = \dfrac{\sqrt{2}}{\pi}E = 0.45E\,[\mathrm{V}]$

정류기 내의 전압강하(수은정류기에서는 아크전압강하)를 e 라 하면 직류 전압 평균값 E_d 는 $E_d = E_{d0} - e\,[\mathrm{V}]$

∴ 직류평균값 I_d 는

$I_d = \dfrac{E_d}{R} = \dfrac{E_{d0} - e}{R} = \dfrac{\dfrac{\sqrt{2}}{\pi}E - e}{R}$

45 동기 발전기의 병렬운전 조건

필요조건	다른 경우 현상
기전력의 크기가 같을 것	무효순환전류(무효횡류)
기전력의 위상이 같을 것	동기화전류(유효횡류)
기전력의 주파수가 같을 것	동기화전류 : 난조 발생
기전력의 파형이 같을 것	고주파 무효순환전류 : 과열 원인
(3상) 기전력의 상회전 방향이 같을 것	

46 직류 분권발전기

단자전압 $V = R_f \times I_f$, $I_f = \dfrac{V}{25}$ 대입

$V = \dfrac{950 \times \dfrac{V}{25}}{30 + \dfrac{V}{25}}$ 에서 $30V + \dfrac{V^2}{25} = 950 \times \dfrac{V}{25}$

$\left(30 + \dfrac{V}{25}\right)V = 38V$에서 양변 V를 제거하면

$30 + \dfrac{V}{25} = 38$

따라서 $V = (38-30) \times 25 = 200[\text{V}]$

47 최대효율조건 : $\left(\dfrac{1}{m}\right)^2 P_c = P_i$

부하 $\dfrac{1}{m} = \sqrt{\dfrac{P_i}{P_c}} = \sqrt{\dfrac{1}{4}} = 0.5$

최대효율 시 용량 $P \times \dfrac{1}{m} = 150 \times 0.5 = 75[\text{kVA}]$

48 변압기

정격전류 $I_{1n} = \dfrac{P}{V_{1n}} = \dfrac{10,000}{2,000} = 5[\text{A}]$

동기 임피던스 $z_{21} = \sqrt{3^2 + 4^2} = 5$

%임피던스강하

$\%z = \dfrac{I_{1n} z_{21}}{V_{1n}} \times 100 = \dfrac{5 \times 5}{2,000} \times 100 = 1.25[\%]$

49 동기기에서 회전계자형을 쓰는 이유
- 기계적으로 튼튼하다.
- 전기자권선은 고전압에 유리하다(Y결선).
- 절연이 용이하다.
- 계자권선에 저압 직류회로로 소요동력이 적다.
- 인출선이 2개이다.

50
- 1차 정격전류 $I_{1n} = \dfrac{P}{V_1} = \dfrac{10 \times 10^3}{3,300} ≒ 3.03[\text{A}]$
- 1차 단락전류 $I_{1s} = \dfrac{1}{a} I_{2s} = \dfrac{200}{3,300} \times 120 ≒ 7.27[\text{A}]$
- 누설 임피던스 $Z_{21} = \dfrac{V_s'}{I_{1s}} = \dfrac{300}{7.27} ≒ 41.26[\Omega]$
- 임피던스 전압 $V_s = I_{1n} Z_{21} = 3.03 \times 41.26 ≒ 125.02[\text{V}]$

∴ 임피던스 강하 $\%Z = \dfrac{V_s}{V_{1n}} \times 100 = \dfrac{125.02}{3,300} \times 100 ≒ 3.8[\%]$

51 직류 발전기의 종류

종 류	발전기의 특성
타여자	• 잔류자기가 없어도 발전이 가능 • 운전 중 회전 방향 반대 : +, − 극성이 반대로 되어 가능 • $E = V + I_a R_a + e_a + e_b$, $I_a = I$
분 권	• 잔류자기가 없으면 발전 불가능 • 운전 중 회전 방향 반대 : 발전 불가능(잔류자기소멸) • 운전 중 서서히 단락 : 소전류 발생 • $E = V + I_a R_a + e_a + e_b$, $I_a = I + I_f$
직 권	• 운전 중 회전 방향 반대 : 발전 불가능(잔류자기소멸) • 무부하 시 자기 여자로 전압을 확립할 수 없다. • $E = V + I_a(R_a + R_s) + e_a + e_b$, $I_a = I_f = I$
복 권 (외복권)	• $E = V + I_a(R_a + R_s) + e_a + e_b$, $I_a = I + I_f$ • 분권 발전기 사용 : 직권 계자 권선 단락 • 직권 발전기 사용 : 분권 계자 권선 개방

52 시라게 전동기
- 3상 분권 정류자전동기
- 직류 분권전동기와 특성이 비슷한 정속도 전동기
- 브러시 이동으로 간단히 원활하게 속도 제어

53 파권 직류 발전기의 유기기전력
$E = \dfrac{z}{a} P\phi \dfrac{N}{60} = \dfrac{600}{2} \times 10 \times 0.01 \times \dfrac{600}{60} = 300[\text{V}]$

54 자극 일부에 셰이딩 코일이 감겨져 있고 자극과 셰이딩 코일 사이에 이동자계가 발생하여 회전한다. 기동토크가 매우 작고 역률과 효율이 낮고 정·역회전을 할 수 없지만, 구조가 간단하고 견고하다.

55 변압기의 전압변동률$(\varepsilon) = \dfrac{V_{20} - V_{2n}}{V_{2n}} \times 100$

$V_{20} = \left(1 + \dfrac{\varepsilon}{100}\right) \times V_{2n} = 1.04 \times 100 = 104[\text{V}]$

∴ 1차 단자전압 $V_{10} = a \times V_{20} = 20 \times 104 = 2,080[\text{V}]$

56 농형 유도전동기 특징
- 주파수변환법(VVVF)
  - 역률이 양호하며 연속적인 속도제어가 되지만, 전용전원이 필요하다.
  - 인견·방직 공장의 포트모터, 선박의 전기추진기
- 극수변환법 : 비교적 단계적인 속도를 제어한다(효율이 좋다).
- 전압제어법(전원전압) : 유도전동기의 토크가 전압의 2승에 비례하여 변환하는 성질을 이용하여 부하운전 시 슬립을 변화시켜 속도를 제어한다.

57 동기발전기의 병렬운전 조건에서 유기기전력의 크기가 같지 않으면 여자전류의 변화에 의해 두 발전기 사이에 무효순환전류가 흐르게 된다.

무효순환전류 $I_c = \dfrac{E_1 - E_2}{2Z_s} = \dfrac{E_c}{2Z_c}$

58
- 중권 직류 발전기에서 유기기전력
$$E = \dfrac{PZ}{60a}\phi N = \dfrac{Z}{60}\phi N (\text{중권}) = \dfrac{300}{60} \times 0.05 \times 1,200 = 300[\text{V}]$$
- 회로에 흐르는 전류
$$I = \dfrac{P}{E} = \dfrac{60 \times 10^3}{300} = 200[\text{A}]$$
- 병렬회로에 흐르는 전류
$$I_1 = \dfrac{I}{a} = \dfrac{200}{4} = 50[\text{A}]$$

59 사이리스터의 구분

단방향		양방향	
3단자	4단자	2단자	3단자
SCR GTO LASCR	SCS	DIAC SSS	TRIAC

60 유노선동기 토크와 전압과의 관계

$T \propto V^2$ 에서 $T' \propto \left(\dfrac{V'}{V}\right)^2 T \propto (0.8)^2 T$, $T' \propto 0.64 T$

∴ 64[%]로 감소

61
- 테브낭 등가저항(전압원 단락, 전류원 개방)
$$R_{TH} = 0.8 + \dfrac{2 \times 3}{2 + 3} = 2[\Omega]$$
- 테브낭 등가전압 $V_{TH} = 15 \times \dfrac{3}{2+3} = 9[\text{V}]$

62 4단자 정수

$\dot{A} = \left.\dfrac{\dot{V_1}}{\dot{V_2}}\right|_{\dot{I_2}=0} = \dfrac{12}{4} = 3$, $\dot{B} = \left.\dfrac{\dot{V_1}}{\dot{I_2}}\right|_{\dot{V_2}=0} = \dfrac{16}{2} = 8$

$\dot{C} = \left.\dfrac{\dot{I_1}}{\dot{V_2}}\right|_{\dot{I_2}=0} = \dfrac{2}{4} = 0.5$, $\dot{D} = \left.\dfrac{\dot{I_1}}{\dot{I_2}}\right|_{\dot{V_2}=0} = \dfrac{4}{2} = 2$

63 합성저항이 제일 클 때 → 직렬
합성저항이 제일 작을 때 → 병렬
$$R_0 = \frac{R}{N} = \frac{10}{5} = 2[\Omega]$$

64

비례요소	미분요소	적분요소	1차 지연요소	부동작 시간요소
K	Ks	$\dfrac{K}{s}$	$\dfrac{K}{Ts+1}$	Ke^{-Ls}

65 라플라스 변환(톱니파함수)
$f(t) = \dfrac{E}{T}tu(t) - Eu(t-T) - \dfrac{E}{T}(t-T)u(t-T)$ 에서
$F(s) = \dfrac{E}{T}\dfrac{1}{s^2} - E\dfrac{e^{-Ts}}{s} - \dfrac{E}{T}\dfrac{e^{-Ts}}{s^2}$
$\quad\quad = \dfrac{E}{Ts^2}(1 - e^{-Ts} - Tse^{-Ts})$

66 $I_0 = \dfrac{1}{3}(I_a + I_b + I_c)$
$\quad = \dfrac{1}{3}\{30\sin\omega t + 30\sin(\omega t - 90°) + 30\sin(\omega t + 90°)\}$
$\quad$ (i_b와 i_c의 위상차가 180°이므로, $i_b + i_c = 0$이다)
$\quad = \dfrac{1}{3} \times 30\sin\omega t$
$\quad = 10\sin\omega t$

67 유도기전력 $e = -L\dfrac{dI}{dt} = -N\dfrac{d\phi}{dt}[V]$ 에서
인덕턴스 $L = e \times \dfrac{dt}{dI} = 20 \times \dfrac{0.5 \times 10^{-3}}{5} \times 10^3 = 2[\text{mH}]$

68 시정수(τ)
최종값(정상값)의 $63.2[\%]$ 도달하는 데 걸리는 시간

$R-C$ 직렬회로	$R-L$ 직렬회로
$\tau = RC[\text{s}]$	$\tau = \dfrac{L}{R}[\text{s}]$

인덕턴스 $L = \dfrac{N\phi}{I} = \dfrac{2,000 \times 6 \times 10^{-2}}{10} = 12[\text{H}]$
$\therefore R-L$ 직렬회로 시정수 $\tau = \dfrac{L}{R} = \dfrac{12}{12} = 1[\text{s}]$

69 $P = \dfrac{V_e^2 \times R}{R^2 + X^2} = \dfrac{200^2 \times 24}{24^2 + 7^2} = 1,536[\text{W}]$

70 △결선에서 $I_l = \sqrt{3}\,I_p[\text{A}]$, $V_l = V_p[\text{V}]$

- 상전류 $I_p = \dfrac{V_p}{Z} = \dfrac{220}{\sqrt{6^2+8^2}} = 22[\text{A}]$
- 선전류 $I_l = \sqrt{3}\,I_p = 22\sqrt{3} \fallingdotseq 38.1[\text{A}]$
- ∴ 3상 전력 $P = 3I_p^2 R = 3 \times 22^2 \times 6 = 8,712[\text{W}]$

71
$$i = \dfrac{V_m}{Z}\sin(\omega t)$$
$$= \dfrac{V_m}{\dfrac{1}{j\omega C}}\sin(\omega t)$$
$$= j\omega C V_m \sin(\omega t)$$
$$= \omega C V_m \sin(\omega t + 90°)$$
$$= 2\pi \times 10^3 \times 0.1 \times 10^{-6} \times 2{,}000\sin(\omega t + 90°)$$
$$\fallingdotseq 1.256\sin(\omega t + 90°)$$

72
$Z_3 = \sqrt{4^2 + (1 \times 3)^2} = 5$

$I_3 = \dfrac{e_3}{Z_3} = \dfrac{75}{5} = 15[\text{A}]$

73 라플라스 변환

$f(t) = \dfrac{dx(t)}{dt} + x(t) = 1$에서 $sX(s) + X(s) = \dfrac{1}{s}$

∴ $X(s) = \dfrac{1}{s(s+1)}$

74 RLC 직렬회로에서 자유진동 주파수

$f = \dfrac{1}{2\pi}\sqrt{\dfrac{1}{LC} - \left(\dfrac{R}{2L}\right)^2}$

비진동(과제동)	임계진동	진동(부족제동)
$R^2 > 4\dfrac{L}{C}$	$R^2 = 4\dfrac{L}{C}$	$R^2 < 4\dfrac{L}{C}$

75
- 위상 : 전압이 45° 앞서므로 $\theta = -30° + 45° = 15° = \dfrac{\pi}{12}$
- 전압의 최댓값 : $100\sqrt{2}$
- ∴ 전압의 순시값 $v = 100\sqrt{2}\sin\left(\omega t + \dfrac{\pi}{12}\right)$

76 라플라스 변환(지수함수)

$f(t) = e^{at}$에서 $F(s) = \dfrac{1}{s - j\omega}$, 기호에 주의한다.

77

$Z_n = R + j\left(n\omega L - \dfrac{1}{n\omega C}\right)$ 에서 $n\omega L = \dfrac{1}{n\omega C}$

$f_n = \dfrac{1}{2\pi n \sqrt{LC}}$

78

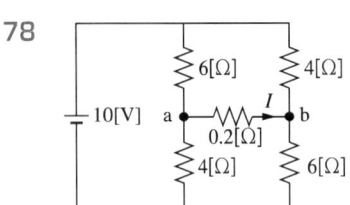 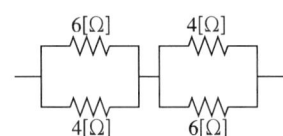

$\dfrac{6 \times 4}{6+4} = 2.4[\Omega]$

$2.4[\Omega] + 2.4[\Omega] = 4.8[\Omega]$

$V_a = 4[V]$, $V_b = 6[V]$ (V_a, V_b점의 전위차)

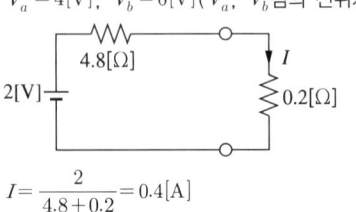

$I = \dfrac{2}{4.8 + 0.2} = 0.4[A]$

79 R-C 직렬회로

- 입력 $v_1(t) = \dfrac{R_1 i(t) \times \dfrac{1}{j\omega C} i(t)}{R_1 i(t) + \dfrac{1}{j\omega C} i(t)} + R_2 i(t)$

$V_1(s) = \left(\dfrac{R_1 \times \dfrac{1}{sC}}{R_1 + \dfrac{1}{sC}} + R_2\right) \times I(s) = \left(\dfrac{R_1}{CR_1 s + 1} + R_2\right) \times I(s)$

- 출력 $v_2(t) = R_2 i(t)$, $V_2(s) = R_2 I(s)$

- 전달함수 $G(s) = \dfrac{V_2(s)}{V_1(s)}$

$= \dfrac{R_2 I(s)}{\left(\dfrac{R_1}{CR_1 s + 1} + R_2\right) \times I(s)} = \dfrac{R_2}{\left(\dfrac{R_1 + R_2(CR_1 s + 1)}{CR_1 s + 1}\right)}$

$= \dfrac{R_1 R_2 Cs + R_2}{R_1 R_2 Cs + R_1 + R_2}$

80

- 역률 $\cos\theta = \dfrac{P}{VI} = \dfrac{1,200}{100 \times 15} = 0.8$

- 무효율 $\sin\theta = \sqrt{1 - 0.8^2} = 0.6$

- 임피던스 $Z = \dfrac{V}{I} = \dfrac{100}{15} \fallingdotseq 6.67[\Omega]$

∴ 리액턴스 $X = Z\sin\theta = 6.67 \times 0.6 \fallingdotseq 4[\Omega]$

81 KEC 331.14(옥상전선로)
고압 전선과 다른 시설물과 접근하거나 교차하는 경우 간격은 0.6[m] 이상이어야 한다.

82 KEC 333.32(25[kV] 이하인 특고압 가공전선로의 시설)
각 접지도체를 중성선으로부터 분리하였을 경우의 각 접지점의 대지전기저항값과 1[km]마다의 중성선과 대지 사이의 합성전기저항값

사용전압	각 접지점의 대지전기저항값	1[km]마다의 합성전기저항값
15[kV] 이하	300[Ω]	30[Ω]
15[kV] 초과 25[kV] 이하	300[Ω]	15[Ω]

83 KEC 132(전로의 절연저항 및 절연내력)
시험전압을 권선과 대지 사이에 연속하여 10분간 가하여 절연내력을 시험하였을 때에 이에 견디어야 한다.

84 KEC 351.1(발전소 등의 울타리·담 등의 시설)

특고압	간격($a+b$)	기 타
35[kV] 이하	5.0[m] 이상	울타리의 높이(a) : 2[m] 이상 울타리에서 충전부까지 거리(b) 지면과 하부(c) : 15[cm] 이하 단수 = 160[kV] 초과/10[kV] N = 단수 × 0.12
35[kV] 초과 160[kV] 이하	6.0[m] 이상	
160[kV] 초과	6.0[m] + N 이상	

85 KEC 222.2/331.11(지지선의 시설)

안전율	2.5 이상(목주나 A종 : 1.5 이상)	아연도금철봉	지중 및 지표상 0.3[m]까지
구 조	4.31[kN] 이상, 3가닥 이상의 연선	도로횡단	5[m] 이상(교통 지장 없는 장소 : 4.5[m])
금속선	2.6[mm] 이상(아연도강연선 2.0[mm] 이상)	기 타	철탑은 지지선으로 그 강도를 분담시키지 않을 것

86 $\dfrac{66-35}{10} = 3.1 ≒ 4$
$(4 \times 0.12) + 10 = 10.48$

87 KEC 222.21/332.21(저·고압 가공전선과 가공약전류전선 등의 공용설치), 333.19(특고압 가공전선과 가공약전류전선 등의 공용설치)

구 분	저 압	고 압	특고압
약전선(케이블)	0.75[m] 이상(0.3[m])	1.5[m] 이상(0.5[m])	2[m] 이상(0.5[m])

기 타	• 저·고압
	  – 전선로의 지지물로서 사용하는 목주의 풍압하중에 대한 안전율은 1.5 이상일 것
	  – 상부에 가공전선을 시설하며 별도의 완금류에 시설할 것
	• 특고압
	  – 제2종 특고압 보안공사에 의할 것
	  – 사용전압 35[kV] 이하에서만 시설
	  – 21.67[kN] 이상의 연선, 50[mm²] 이상인 경동연선 사용		

88 KEC 212.6(저압전로 중의 개폐기 및 과전류차단장치의 시설)
과부하 보호 장치를 생략하는 경우
- 전동기를 운전 중 상시 취급자가 감시할 수 있는 위치에 시설
- 전동기의 구조나 부하의 성질로 보아 전동기가 소손할 수 있는 과전류가 생길 우려가 없는 경우
- 단상전동기로 전원측 전로에 시설하는 과전류 차단기의 정격전류가 16[A](배선차단기는 20[A]) 이하인 경우
- 전동기 용량이 0.2[kW] 이하인 경우

89 KEC 221.1(구내인입선)
이웃 연결 인입선의 시설
- 인입선에서 분기하는 점으로부터 100[m]를 초과하는 지역에 미치지 아니할 것
- 폭 5[m]를 초과하는 도로를 횡단하지 아니할 것
- 옥내를 통과하지 아니할 것

90 KEC 242.5.1(화약류 저장소에서 전기설비의 시설)
- 전로의 대지전압은 300[V] 이하일 것
- 전기기계기구는 전폐형
- 전용 개폐기 및 과전류 차단기는 화약류저장소 밖에 설치할 것
- 취급자 이외의 자가 쉽게 조작할 수 없도록 시설
- 개폐기 또는 과전류차단기에서 화약류저장소의 인입구까지의 배선은 케이블을 사용할 것

91 KEC 231.4(나전선의 사용 제한)
다음 경우를 제외하고 나전선을 사용하여서는 아니 된다.
- 애자공사(전개된 곳)
  - 전기로용 전선로
  - 절연물이 부식하기 쉬운 곳
- 접촉전선을 사용한 곳
- 라이팅덕트공사 또는 버스덕트공사

92 KEC 351.4(특고압용 변압기의 보호장치)

뱅크용량의 구분	동작조건	장치의 종류
5,000[kVA] 이상 10,000[kVA] 미만	변압기 내부고장	자동차단장치 또는 경보장치
10,000[kVA] 이상	변압기 내부고장	자동차단장치
타랭식 변압기	냉각장치 고장, 변압기 온도가 현저히 상승	경보장치

93 KEC 232.51(케이블공사)
- 전선은 케이블 및 캡타이어케이블일 것
- 전선을 조영재의 아랫면 또는 옆면에 따라 붙이는 경우에는 전선의 지지점 간의 거리를 케이블은 2[m](사람이 접촉할 우려가 없는 곳에서 수직으로 붙이는 경우에는 6[m]) 이하, 캡타이어케이블은 1[m] 이하로 하고 또한 그 피복을 손상하지 아니하도록 붙일 것
- 전선을 박스 또는 풀박스 안에 인입하는 경우는 물이 박스 또는 풀박스 안으로 침입하지 아니하도록 적당한 구조의 부싱 또는 이와 유사한 것을 사용할 것
- 콘크리트 안에는 전선에 접속점을 만들지 아니할 것

94 KEC 142.4(전기수용가 접지)
주택 등 저압 수용장소 접지 : TN-C-S 접지방식
KEC 203.3(TT계통)
전원의 한 점을 직접 접지하고, 설비의 노출 도전성 부분을 전원 계통의 접지극과 별도로 전기적으로 독립하여 접지하는 방식
: TT 접지방식

95 KEC 461.5(누설전류 간섭에 대한 방지)
직류 전기철도시스템이 매설 배관 또는 케이블과 인접할 경우 누설전류를 피하기 위해 최대한 이격시켜야 하며, 주행레일과 최소 1[m] 이상의 거리를 유지하여야 한다.

96 KEC 332.9(고압), 333.21(특고압)(가공전선로 지지물 간 거리의 제한)

구 분	표 준	전선굵기에 따른 장경간 사용		시가지
		고압 22[mm^2]	특고압 50[mm^2]	
목주·A종	150[m]	300[m] 이하		75[m](목주사용불가)
B종	250[m]	500[m] 이하		150[m]
철 탑	600[m]	-		400[m]

97 KEC 232.41(케이블트레이공사)
• 전선은 연피케이블, 알루미늄피 케이블 등 난연성 케이블, 기타 케이블 또는 금속관 혹은 합성수지관 등에 넣은 절연전선을 사용하여야 한다.
• 저압 케이블과 고압 또는 특고압 케이블은 동일 케이블트레이 안에 시설하여서는 아니 된다.
• 케이블트레이 안에서 전선을 접속하는 경우에는 전선 접속부분에 사람이 접근할 수 있고 또한 그 부분이 측면 레일 위로 나오지 않도록 하고 그 부분을 절연처리하여야 한다.
• 수평으로 포설하는 케이블 이외의 케이블은 케이블 트레이의 가로대에 케이블 타이 등으로 견고하게 고정시켜야 한다.

98 기술기준 제3조(정의)
이웃 연결 인입선 : 한 수용장소의 인입선에서 분기하여 지지물을 거치지 아니하고 다른 수용장소의 인입구에 이르는 부분의 전선
• 분기점 사이 거리 100[m]를 초과하지 말 것
• 폭 5[m] 초과 도로횡단하지 말 것
• 옥내 관통금지

99 KEC 242.10(의료장소)
의료장소에 상용전원 공급이 중단될 경우 15초 이내 최소 50[%]의 조명에 비상전원을 공급해야 한다.

100 KEC 341.10(고압 및 특고압 전로 중의 과전류차단기의 시설)
고압 또는 특고압 전로 중 기계기구 및 전선을 보호하기 위하여 필요한 곳에 시설

구 분	견디는 시간	용단시간
포장 퓨즈	1.3배	2배 전류 - 120분
비포장 퓨즈	1.25배	2배 전류 - 2분

2022년 제1회 CBT

page 193

1	2	3	4	5	6	7	8	9	10	11	12	13	14	15	16	17	18	19	20
④	④	②	②	④	②	②	②	①	①	②	②	②	②	④	②	③	②	①	②
21	22	23	24	25	26	27	28	29	30	31	32	33	34	35	36	37	38	39	40
③	②	④	③	③	③	③	①	③	④	②	②	③	②	③	③	③	②	④	②
41	42	43	44	45	46	47	48	49	50	51	52	53	54	55	56	57	58	59	60
②	④	③	①	①	①	③	②	④	①	④	③	④	④	④	③	③	④	②	③
61	62	63	64	65	66	67	68	69	70	71	72	73	74	75	76	77	78	79	80
②	③	④	③	①	④	③	④	①	①	①	①	②	④	①	②	②	③	①	④
81	82	83	84	85	86	87	88	89	90	91	92	93	94	95	96	97	98	99	100
①	①	②	①	②	③	④	②	④	①	①	③	④	①	④	④	④	④	③	③

01
- 전기 저항 $R = \rho \dfrac{l}{S} = \dfrac{\sigma l}{S} [\Omega]$
- 저항률(고유저항) $\rho = R \dfrac{S}{l} [\Omega \cdot \text{m}]$

  여기서, σ : 도전율, l : 길이, S : 단면적

02
로렌츠의 힘(구심력 = 원심력) $Bev = \dfrac{mv^2}{r}$ 일 때 발생한다.

∴ 전자의 궤적 반지름 $r = \dfrac{mv}{Be} [\text{m}]$

03 직렬 회로에서 각 콘덴서의 전하용량(Q)이 작을수록 빨리 파괴된다.
- $Q = CV$
- $Q_1 = C_1 V_1 = 4 \times 10^{-6} \times 500 = 2 [\text{mC}]$
- $Q_2 = C_2 V_2 = 5 \times 10^{-6} \times 450 = 2.25 [\text{mC}]$
- $Q_3 = C_3 V_3 = 6 \times 10^{-6} \times 350 = 2.1 [\text{mC}]$

∴ 500[V], 4[μF]가 가장 먼저 절연이 파괴된다.

04 원형코일 자계의 세기 $H = \dfrac{NI}{2a} [\text{AT/m}]$

∴ $N = 1$인 경우 : $H = \dfrac{1}{2} [\text{AT/m}]$

05 직렬접속

$L_{\min} = L_1 + L_2 - 2M = L_1 + L_2 - 2k\sqrt{L_1 L_2} = 10 + 10 - 2 \times 0.9 \sqrt{10 \cdot 10} = 2 [\text{mH}]$

$L_{\max} = L_1 + L_2 + 2M = L_1 + L_2 + 2k\sqrt{L_1 L_2} = 10 + 10 + 2 \times 0.9 \sqrt{10 \cdot 10} = 38 [\text{mH}]$

∴ $L_{\max} : L_{\min} = 38 : 2 = 19 : 1$

06 두 평행 도선 사이의 정전용량

$$C = \frac{\pi\varepsilon_0}{\ln\left(\frac{2h}{a}\right)} [\text{F/m}]$$

도선과 대지 사이의 정전용량 거리가 $\frac{1}{2}$ 이 되므로

$$C_0 = \varepsilon\frac{A}{d} = \varepsilon\frac{A}{\frac{d}{2}} = 2C = \frac{2\pi\varepsilon_0}{\ln\left(\frac{2h}{a}\right)} [\text{F/m}]$$

07 맥스웰 전자방정식(미분형)
- $\text{rot}\, E = -\frac{\partial B}{\partial t}$ (패러데이 법칙)
- $\text{rot}\, H = i_c + \frac{\partial D}{\partial t}$ (앙페르의 주회법칙)
- $\text{div}\, D = \rho$ (가우스 법칙)
- $\text{div}\, B = 0$ (가우스 법칙)

08 $RC = \rho\varepsilon$ 에서 저항 $R = \frac{\rho\varepsilon}{C}[\Omega]$

∴ 누설전류 $I_l = \frac{V}{R} = \frac{V}{\frac{\rho\varepsilon}{C}} = \frac{CV}{\rho\varepsilon}[\text{A}]$

09 포인팅 벡터 : 단위시간에 단위면적을 지나는 에너지, 임의의 점을 통과할 때의 전력밀도

$$P = EH = 377H^2 = \frac{E^2}{377} = \frac{\text{방사전력}}{\text{방사면적}} = \frac{W}{4\pi r^2}[\text{W/m}^2]$$

10 특성 임피던스 $Z_0 = \frac{E}{H} = \sqrt{\frac{\mu}{\varepsilon}}$ 에서 자계의 세기 $H = \sqrt{\frac{\varepsilon}{\mu}}E$

11 환상철심의 자속

$$\phi = \frac{F}{R_m} = \frac{NI}{R_m} = \frac{\mu SNI}{2\pi a} = \frac{4\pi \times 10^{-7} \times 800 \times 10 \times 10^{-4} \times 600 \times 1}{2\pi \times 0.2} = 4.8 \times 10^{-4}[\text{Wb}]$$

12
- 합성 자기저항 $(R_m) = R_1 + \frac{R_2 R_3}{R_2 + R_3} = 0.1 + \frac{0.2 \times 0.3}{0.2 + 0.3} = 0.22$
- 자기회로 옴의 법칙 $\phi = \frac{NI}{R_m} = \frac{10 \times 10}{0.22} \fallingdotseq 454.6[\text{Wb}] = 4.546 \times 10^2[\text{Wb}]$

13 무한장 직선전류에 의한 자계의 세기

$H = \frac{I}{2\pi r}[\text{AT/m}]$ 이므로

$H = \frac{6.28}{2\pi \times 1} = 1[\text{AT/m}]$

14 자계의 경계 조건에서 $\dfrac{\tan\theta_1}{\tan\theta_2}=\dfrac{\mu_1}{\mu_2}$ 에서 굴절각은 투자율에 비례한다.

15 두 평행 도선 사이에 작용하는 힘
$$F=\dfrac{2I_1I_2}{r}\times10^{-7}\times l=\dfrac{2\times1,000^2}{0.02}\times10^{-7}\times1=10[\text{N/m}]$$

16 전기쌍극자에 의한 전계 $E=\dfrac{M\sqrt{1+3\cos^2\theta}}{4\pi\varepsilon_0 r^3}$

17 쿨롱의 법칙 $\left(F=F'=\dfrac{Q_1Q_2}{4\pi\varepsilon_0 r^2}[\text{N}]\right)$ 은 전하 사이의 거리와 전하량의 유전율에 영향을 받지만 Q_3의 영향을 받지 않는다.

18 공기 중 구도체 전계의 세기(절연내력) $E=\dfrac{Q}{4\pi\varepsilon_0 r^2}=3\times10^6[\text{V/m}]$ 에서

최대전하 $Q=4\pi\varepsilon_0 r^2\times E=\dfrac{1}{9\times10^9}\times0.1^2\times3\times10^6=0.33\times10^{-5}[\text{C}]$

19
- 정육각형 중심에서 각 꼭짓점을 직선으로 연결하면 크기는 같고 방향은 반대가 되므로 중심의 전체 전계는 0이 된다.
- 정육각형 중심 전위 $V=\dfrac{Q}{4\pi\varepsilon_0 a}\times6=\dfrac{3Q}{2\pi\varepsilon_0 a}[\text{V}]$

20 평행 평판의 정전용량 $C=\varepsilon\dfrac{S}{d}=\varepsilon_o\varepsilon_s\dfrac{S}{d}[\text{F}]$

21 1선에 흐르는 충전전류
$$I_C=\dfrac{E}{X_C}=\dfrac{E}{\dfrac{1}{\omega C}}=\omega CE=2\pi fClE=2\pi\times60\times0.008\times10^{-6}\times100\times37,000\fallingdotseq11.2[\text{A}]$$
여기서, E : 상전압

22 조건 : 선로손실 최소, $\cos\theta_2=1$
역률개선용 콘덴서 용량
$$Q_c=P\tan\theta_1=P\left(\dfrac{\sqrt{1-\cos^2\theta_1}}{\cos\theta_1}\right)=160\left(\dfrac{\sqrt{1-0.8^2}}{0.8}\right)=120[\text{kVA}]$$

23 시한 특성
- 순한시 계전기 : 최소동작전류 이상의 전류가 흐르면 즉시 동작, 고속도 계전기(0.5~2Cycle)
- 정한시 계전기 : 동작전류의 크기에 관계없이 일정시간에 동작
- 반한시 계전기 : 동작전류가 작을 때는 동작시간이 길고, 동작전류가 클 때는 동작시간이 짧다.
- 반한시성 정한시 계전기 : 반한시 + 정한시 특성

24 전압을 n배로 승압 시

항 목	송전전력	전압강하	단면적 A	총중량 W	전력손실 P_l	전압 강하율 ε
관 계	$P \propto V^2$	$e \propto \dfrac{1}{V}$	\multicolumn{4}{c}{$[A, W, P_l, \varepsilon] \propto \dfrac{1}{V^2}$}			

25 페란티 현상 : 선로의 충전전류 때문에 무부하 시 송전단 전압보다 수전단 전압(앞선 충전전류)이 커지는 현상이다. 방지법으로는 분로리액터 설치 및 동기조상기의 지상용량을 공급한다.

26 ③ 가공지선 : 직격뢰 및 유도뢰 차폐, 통신선에 대한 전자유도장해 경감
① 댐퍼 : 송전선로의 진동을 억제하는 장치, 지지점 가까운 곳에 설치
② 아킹혼(초호환, 초호각, 소호각) : 뇌로부터 애자련 보호, 애자의 전압 분담 균일화
④ 애자 : 전선로 지지 및 절연

27 전기방식별 비교(전력 손실비 = 전선 중량비)

종 별	전 력(P)	1선당 공급전력	1선당 공급전력 비교	전력손실비	손 실
$1\phi 2W$	$VI\cos\theta$	$1/2P = 0.5P$	100[%]	24	$2I^2R$
$1\phi 3W$	$2VI\cos\theta$	$2/3P = 0.67P$	133[%]	9	
$3\phi 3W$	$\sqrt{3}\,VI\cos\theta$	$\sqrt{3}/3P = 0.58P$	115[%]	18	$3I^2R$
$3\phi 4W$	$3VI\cos\theta$	$3/4P = 0.75P$	150[%]	8	

28 • 직렬리액터 : 제5고조파의 제거, 콘덴서 용량의 이론상 4[%], 실제 5~6[%]
• 병렬(분로)리액터 : 페란티 효과 방지
• 소호리액터 : 지락아크의 소호
• 한류리액터 : 단락전류 제한(차단기 용량의 경감)

29 매설지선 : 탑각의 접지저항값을 낮춰 역섬락을 방지한다.

30 가스차단기

소호매질	용 량	특 징
SF$_6$ 가스	대용량	• 절연내력 공기의 2~3배가 된다. • 불연성이다. • 밀폐형 구조라 소음이 거의 없다. • 소호능력이 크다. • SF$_6$의 성질 : 무색, 무취, 무해

31 발전출력과 주파수
• 발전출력 증가 → 주파수 증가
• 발전출력 감소 → 주파수 감소
∴ 발전출력으로 기준값 이내의 주파수를 만들 수 있다.

32 • △결선방식 : 제3고조파 제거
• 직렬리액터 : 제5고조파 제거
• 한류리액터 : 단락사고 시 단락전류 제한
• 소호리액터 : 지락 시 지락전류 제한
• 분로리액터 : 페란티 방지

33 중량이 가벼우면 진동의 원인이 되고, ACSR이나 중공연선은 지름에 비해 중량이 가볍다.

34 $P = 9.8QH = 9.8 \times 10 \times 100 = 9{,}800 [\text{kW}]$

35 Still식 $V_s = 5.5\sqrt{0.6l + \dfrac{P}{100}} = 5.5\sqrt{0.6 \times 60 + \dfrac{62{,}000}{100}} \fallingdotseq 140.87 \fallingdotseq 140 [\text{kV}]$

여기서, l : 송전거리[km], P : 송전전력[kW]

36 1선에 흐르는 충전전류

$$I_C = \dfrac{E}{X_C} = \dfrac{E}{\dfrac{1}{\omega C}} = \omega CE = 2\pi fCl \dfrac{V}{\sqrt{3}}$$

$$= 2\pi f(C_s + 3C_m)l \dfrac{V}{\sqrt{3}}$$

$$= 2\pi \times 60 \times (0.008 + 3 \times 0.0018) \times 10^{-6} \times 200 \times \dfrac{154{,}000}{\sqrt{3}} \fallingdotseq 89.8 [\text{A}]$$

37 보일러의 부속 설비
- 과열기 : 건조포화증기를 과열증기로 변환하여 터빈에 공급
- 재열기 : 터빈 내에서의 증기를 뽑아내어 다시 가열하는 장치
- 절탄기 : 배기가스의 여열을 이용하여 보일러 급수 예열
- 공기예열기 : 절탄기를 통과한 여열공기를 예열한다(연도의 맨 끝에 위치).

38 1일의 부하율 $= \dfrac{\text{평균전력}}{\text{최대전력}} \times 100$

여기서, 최대전력이 첨두부하와 같을 때 부하율이 낮아진다.

39 $I_g = \sqrt{3}\,\omega CV$ 에서 C만의 회로는 전류가 전압보다 90° 앞선다.

40 단락전류 $I_s = \dfrac{E}{Z} = \dfrac{\dfrac{22 \times 10^3}{\sqrt{3}}}{\sqrt{1^2 + (6+5)^2}} \fallingdotseq 1{,}150 [\text{A}]$

41 무부하 직류 분권발전기
유기기전력 $E = V + I_a R_a = 200 + 2 \times 0.2 = 200.4 [\text{V}]$
여기서, 단자전압 $V = I_f R_f = 2 \times 100 = 200 [\text{V}]$, $I_a = I_f$

42 변압기의 시험

측정 항목	특성 시험
철손, 기계손	무부하시험
동기임피던스, 동기리액턴스	단락시험
단락비	무부하시험, 단락시험

43 동기발전기의 회전자 주변속도

$$v = \pi D \frac{N_s}{60} = \frac{\pi D}{60} \cdot \frac{120f}{P} [\text{rpm}] = \frac{12}{60} \times \frac{120 \times 60}{12} = 120 [\text{m/s}]$$

여기서, 회전자 둘레(πD) = 극수 × 극 간격 = 12 × 1 = 12[m]

44 정류회로의 특성

구 분		반파 정류	전파 정류
다이오드		$E_d = \dfrac{\sqrt{2}E}{\pi} = 0.45E$	$E_d = \dfrac{2\sqrt{2}E}{\pi} = 0.9E$
SCR	단 상	$E_d = \dfrac{\sqrt{2}E}{\pi}\left(\dfrac{1+\cos\alpha}{2}\right)$	$E_d = \dfrac{2\sqrt{2}E}{\pi}\left(\dfrac{1+\cos\alpha}{2}\right)$
	3상	$E_d = \dfrac{3\sqrt{6}}{2\pi}E\cos\alpha$	$E_d = \dfrac{3\sqrt{2}}{\pi}E\cos\alpha$
효 율		40.6[%]	81.1[%]
PIV		PIV = $E_d \times \pi$, 브리지 PIV = $0.5E_d \times \pi$	

※ SCR은 항상 부하 역률각보다 큰 범위에서만 제어가 가능하다(제어각 > 역률각).

45 3상 권선형 유도전동기에서 2차 저항을 크게 하면 기동전류는 감소하고 기동토크는 증가한다. 최대토크가 2차 저항에 비례추이하므로 최대토크는 변하지 않는다.

46
- 과여자 : 콘덴서(C)로 작용하므로, 위상이 앞선 전류가 흐른다.
- 부족여자 : 인덕턴스(L)로 작용하므로, 위상이 뒤진 전류가 흐른다.

47 직류 발전기

발전기 규약효율(η_G) = $\dfrac{출력(P_o)}{출력(P_o) + 손실(P')}$ 에서

손실(P') = $\dfrac{출력}{\eta_G}$ - 출력 = $\dfrac{20}{0.8} - 20 = 5[\text{kW}]$

48 엘리베이터용 전동기는 기동전류와 전동기의 GD^2이 작아야 하고, 소음 및 속도와 회전력의 맥동이 없어야 한다.

49 전기자에서 나오는 전류와 직렬로 연결하여 전기자 도체의 전류와 반대방향으로 전류를 통하여 전기자 기전력을 소멸시키도록 한다.

50 변압기의 전압변동률

$\varepsilon = p\cos\theta \pm q\sin\theta (+ : 지상, - : 진상)$
$\quad = 0.8 \times 1.5 - 0.6 \times 3 = -0.6[\%]$

여기서, p : %저항강하, q : %리액턴스강하

51 토크와 전압과의 관계

$$T = k_0 \frac{sE_2^2 r_2}{r_2^2 + (sx_2)^2} = k_0 \frac{r_2}{\dfrac{r_2^2}{s} + sx_2^2} \times E_2^2, \ E \propto V$$

r_2, x_2는 일정하므로 $T \propto V^2$

52

단락비	동기리액턴스	전압 변동률	전기자 반작용	자기 여자현상
소	대	대	대	대
대	소	소	소	소

53 유도전동기 토크와 전압과의 관계

$$T = k_0 \frac{sE_2^2 r_2}{r_2^2 + (sx_2)^2} = k_0 \frac{r_2 E_2^2}{\frac{r_2^2}{s} + sx_2^2}, \quad E \propto V$$

$T \propto V^2$, 토크(회전력)는 전압의 2승에 비례한다.

$V^2 : \dfrac{1}{\sqrt{2}} T = \left(\dfrac{1}{\sqrt{3}} V\right)^2 : T'$ 에서 토크 $T' = \dfrac{1}{3\sqrt{2}} T$

54 리액턴스 강하 $\%X = \dfrac{I_{1n} x_{21}}{V_{1n}} \times 100 = \dfrac{5 \times 7}{2,000} \times 100 = 1.75[\%]$

여기서, $I_{1n} = \dfrac{P}{V_{1n}} = \dfrac{10,000}{2,000} = 5[A]$

55

$E = \dfrac{PZ}{60a} \phi N = \dfrac{Z}{60} \phi N(중권)[V]$ 에서

직류발전기의 자속

$\phi = \dfrac{60a}{PZN} E = \dfrac{60}{ZN} E(중권) = \dfrac{60 \times 512}{192 \times 6 \times 246} \fallingdotseq 0.1084[Wb]$

여기서, $E = V + I_a R_a = 500 + \dfrac{1,000 \times 10^3}{500} \times 0.006 = 512[V]$

56 와류손 $P_e = f^2 B_m^2 = f^2 \left(\dfrac{E^2}{f^2}\right) = E^2$ 에서 $P_e \propto E^2$ 가 된다.

$P_e : E^2 = P_e' : E'^2$

$P_e' = \dfrac{E'^2}{E^2} P_e = \left(\dfrac{3,000}{3,300}\right)^2 \times 200 \fallingdotseq 165.3[W]$

57

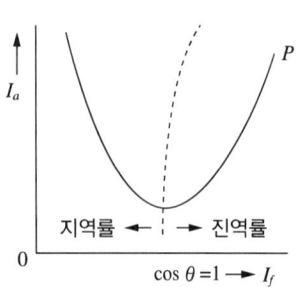

- 여자전류(I_f)를 증가시키면 역률은 앞서고 전기자전류(I_a)는 증가한다.
- 여자전류(I_f)를 감소시키면 역률은 뒤지고 전기자전류(I_a)는 증가한다.

58 ④ 철손 및 동손 감소, 여자전류 감소로 온도는 줄어든다.

① 히스테리시스손 $P_h \propto \dfrac{E^2}{f}$ 에서 $P_h \propto \dfrac{f_2}{f_1}E^2 = \dfrac{50}{60}(1.1E)^2 = 1.008$ 이므로 거의 불변

② 여자전류 $I_0 ≒ I_\phi = \dfrac{V_1}{\omega L} = \dfrac{V_1}{2\pi fL}$[A] 이므로 주파수에 반비례한다.

③ 3상 전력 $P = \sqrt{3}\,VI\cos\theta$[W] 에서 전력 일정, 전압이 증가하면 전류는 감소한다.

59 열화방지 설비 : 브리더, 질소봉입, 콘서베이터 설치
※ 수소가스는 권선 사이에서 아크에 의해 발생하는 가스이다.

60 전압 제어의 방식
- DC인 경우 : 초퍼형 인버터
- AC인 경우 : 위상 제어

61 • 피상전력 $P_a = VI = 240 \times 5 = 1,200$[VA]

• 무효전력 $P_r = \sqrt{P_a^2 - P^2} = \sqrt{1,200^2 - 720^2} = 960$[Var]

$P_r = VI\sin\theta = I^2 X = \dfrac{V^2}{X}$[Var] 에서

$X = \dfrac{V^2}{P_r} = \dfrac{240^2}{960} = 60$[Ω]

∴ 인덕턴스 $L = \dfrac{60}{2\pi \times 60} = \dfrac{1}{2\pi}$[H]

62 전압 불평형률 $= \dfrac{역상분}{정상분} \times 100$
$= \dfrac{50}{250} \times 100 = 20$[%]

63 4단자(T형 회로 : 임피던스 정수)
$Z_{11} = 5 + 3 = 8$[Ω], $Z_{12} = Z_{21} = 3$[Ω], $Z_{22} = 3$[Ω]

64 • 시정수 : 최종값(정상값)의 63.2[%] 도달하는 데 걸리는 시간
• 시정수가 클수록 과도현상은 오래 지속된다.
• 시정수는 소자(R, L, C)의 값으로 결정된다.
• 특성근 역의 절댓값이다.

65 • 전류의 분배 $I_{ab} = \dfrac{-j8}{j20 - j4 - j8} \times 8 = -8$[A]
• 단자전압 $V_{ab} = i \times X_L = -8 \times (j20) = -j160$[V]

66

$A = 1 + \dfrac{R_1}{R_2}$　　　　　　$A = 1$

$B = R_1$　　　　　　　　$B = R_4$

$C = \dfrac{1}{R_2}$　　　　　　　$C = \dfrac{1}{R_3}$

$D = 1$　　　　　　　　$D = 1 + \dfrac{R_4}{R_3}$

※ $R_2 = R_3$이면 C가 동일,
　$R_1 = R_4 = 0$이면 A, B, D가 동일

67

$F(s) = \dfrac{2(s+1)}{s^2 + 2s + 5}$

$= \dfrac{2(s+1)}{(s+1)^2 + 2^2} \xrightarrow{\mathcal{L}^{-1}} 2e^{-t}\cos 2t$

68 3상 소비전력 $P = \sqrt{3}\, V_l I_l \cos\theta\eta\,[\mathrm{W}]$

전류 $I_l = \dfrac{P}{\sqrt{3}\, V_l \cos\theta\eta} = \dfrac{10{,}000}{\sqrt{3} \times 200 \times 0.8 \times 1} \fallingdotseq 36\,[\mathrm{A}]$

69 $R-L$ 직렬회로의 해석

• 전류 $i(t) = \dfrac{E}{R_1 + R_2}\left(1 - e^{-\frac{R_1+R_2}{L}t}\right)[\mathrm{A}]$

• 시정수 $\tau = \dfrac{L}{R} = \dfrac{L}{R_1 + R_2}\,[\mathrm{s}]$

• 특성근 $s = -\dfrac{R_1 + R_2}{L}$

• 정상전류 $I_s = \dfrac{E}{R_1 + R_2}$

70 $S^2 E_0(S) + 3S E_0(S) + E_0(S) = E_i(S)$

$\dfrac{d^2}{dt^2} e_0(t) + 3\dfrac{d}{dt} e_0(t) + e_0(t) = e_i(t)$

71 중첩의 원리(전압원 : 단락, 전류원 : 개방)에 의한

• 전압원 단락 $I_R = 0$
• 전류원 개방 $I_R = 1$

72 $R-L-C$ 직렬회로

• 입력 : $E_i(s) = \left(R + Ls + \dfrac{1}{Cs}\right)I(s) = \left(1 + s + \dfrac{5}{s}\right)I(s)$

• 출력 : $V_R(s) = I(s)$

• 전달함수 $G(s) = \dfrac{I(s) \times s}{\left(1 + s + \dfrac{5}{s}\right)I(s) \times s} = \dfrac{s}{s^2 + s + 5}$

$s = j\omega$를 대입 $H(s) = \dfrac{j\omega}{-\omega^2 + j\omega + 5} = \dfrac{j\omega}{(5 - \omega^2) + j\omega}$

73 $I = \sqrt{2} \angle \theta°$

$V = \sqrt{2} \angle (-\phi° + 90°)(\cos$을 $\sin$으로 변환 : $+90°)$

위상차 $\theta_d = (-\phi + 90°) - \theta = 90° - \theta - \phi = \dfrac{\pi}{2} - (\theta + \phi)$

74 $Z = \dfrac{1}{\dfrac{1}{j\omega L} + \dfrac{1}{R}} = \dfrac{1}{\dfrac{1}{j\omega} + \dfrac{1}{2}} = \dfrac{2j\omega}{2 + j\omega} = \dfrac{2j\omega(2 - j\omega)}{(2+j\omega)(2-j\omega)} = \dfrac{2\omega^2 + j4\omega}{4 + \omega^2}$

75 • 미분방정식

$\dfrac{d^2 y(t)}{dt^2} + 3\dfrac{dy(t)}{dt} + 2y(t) = x(t) + \dfrac{dx(t)}{dt}$

• 라플라스 변환

$s^2 Y(s) + 3s Y(s) + 2 Y(s) = X(s) + sX(s)$

• 전달함수

$G(s) = \dfrac{Y(s)}{X(s)} = \dfrac{s+1}{s^2 + 3s + 2}$

76 테브낭의 정리

테브낭 전압 $V_{TH} = \dfrac{2}{3+2} \times 106 = 42.4[\text{V}]$

테브낭 저항 $R_{TH} = \dfrac{3 \times 2}{3+2} = 1.2[\Omega]$(전압원 단락)

전류 $I = \dfrac{42.4}{1.2 + R} = 2[\text{A}]$에서 $42.4 = 2(1.2 + R)[\text{A}]$

∴ 저항 $R = 20[\Omega]$

77 $I = \sqrt{\left(\dfrac{I_{m1}}{\sqrt{2}}\right)^2 + \left(\dfrac{I_{m3}}{\sqrt{2}}\right)^2} = \sqrt{\left(\dfrac{30}{\sqrt{2}}\right)^2 + \left(\dfrac{40}{\sqrt{2}}\right)^2} \fallingdotseq 35.35[\text{A}]$

78 $\lim\limits_{s \to \infty} s \cdot \dfrac{12(s+8)}{4s(s+6)} = \lim\limits_{s \to \infty} \dfrac{12s + 96}{4s + 24}$

$\lim\limits_{s \to \infty} \dfrac{12 + \dfrac{96}{s}}{4 + \dfrac{24}{s}} = 3$

79

$I = \dfrac{E}{r} = \dfrac{\dfrac{60}{\sqrt{3}}}{4} \fallingdotseq 8.66[\text{A}]$

80
- 체적 일정 $V = Al = \pi\left(\dfrac{D}{2}\right)^2 l$ 에서 지름을 $\dfrac{1}{n}$ 배일 때 단면적은 $\dfrac{1}{n^2}$ 배, 길이는 n^2 배

- 저항 $R = \rho \dfrac{l}{A}$ 에서 $R' = \rho \dfrac{n^2 l}{\dfrac{A}{n^2}} = n^4 \rho \dfrac{l}{A}$

81 KEC 212.6(저압전로 중의 개폐기 및 과전류차단장치의 시설)
사용전압이 400[V] 이하인 옥내전로로서 다른 옥내전로(정격전류가 16[A] 이하인 과전류차단기 또는 정격전류가 16[A]를 초과하고 20[A] 이하인 배선차단기 보호되고 있는 것에 한한다)에 접속하는 길이 15[m] 이하의 전로에서 전기의 공급을 받는 것은 저압 옥내전로의 인입구에 가까운 곳으로서 쉽게 개폐할 수 있는 곳에 개폐기를 시설하지 아니할 수 있다.

82 KEC 242.2(먼지 위험장소)
폭연성 먼지 위험장소

금속관공사	• 박강전선관 이상, 패킹 사용, 분진 방폭형 유연성 부속 • 관 상호 및 관과 박스 등은 5산 이상의 나사 조임 접속
케이블공사	개장된 케이블 또는 무기물 절연 케이블을 사용하는 경우 이외에는 관 기타의 방호 장치에 넣어 사용할 것

83 KEC 223.2/334.2(지중함의 시설)
- 지중함은 견고하고 차량 기타 중량물의 압력에 견디는 구조일 것
- 지중함은 그 안의 고인 물을 제거할 수 있는 구조로 되어 있을 것
- 폭발성 또는 연소성의 가스가 침입할 우려가 있는 것에 시설하는 지중함으로서 그 크기가 1[m³] 이상인 것에는 통풍장치 기타 가스를 방산시키기 위한 장치를 시설할 것
- 지중함의 뚜껑은 시설자 이외의 자가 쉽게 열 수 없도록 시설할 것

84 KEC 351.6(감시 및 계측장치 등)
- 계측장치 : 전압계 및 전류계, 전력계
- 발전기의 베어링 및 고정자의 온도
- 특고압용 변압기의 온도
- 정격출력이 10,000[kW]를 초과하는 증기터빈에 접속하는 발전기의 진동의 진폭

85 KEC 342.1(고압 옥내배선 등의 시설)
- 애자사용공사(건조한 장소로서 전개된 장소에 한한다)
- 케이블공사
- 케이블트레이공사

86 KEC 333.32(25[kV] 이하인 특고압 가공전선로의 시설)
각 접지도체를 중성선으로부터 분리하였을 경우의 각 접지점의 대지전기저항값과 1[km]마다의 중성선과 대지 사이의 합성전기저항값

사용전압	각 접지점의 대지전기저항값	1[km]마다의 합성전기저항값
15[kV] 이하	300[Ω]	30[Ω]
15[kV] 초과 25[kV] 이하	300[Ω]	15[Ω]

87 KEC 222.13/332.13(저·고압 가공전선과 가공약전류전선 등의 접근 또는 교차), 222.14/332.14(저·고압 가공전선과 안테나의 접근 또는 교차), 222.19/332.19(저·고압 가공전선과 식물의 간격)

구 분	저압 가공전선			고압 가공전선		
	일 반	절 연	케이블	일 반	절 연	케이블
가공약전류전선	0.6[m]	0.3[m]	0.3[m]	0.8[m]	-	0.4[m]
가공약전선(케이블)	위 값의 0.5배			-		
안테나	0.6[m]	0.3[m]	0.3[m]	0.8[m]	-	0.4[m]
식 물	접촉하지 않으면 된다.					

88 KEC 222.2/331.11(지지선의 시설)

안전율	2.5 이상(목주나 A종 : 1.5 이상)	아연도금철봉	지중 및 지표상 0.3[m]까지
구 조	4.31[kN] 이상, 3가닥 이상의 연선	도로횡단	5[m] 이상(교통 지장 없는 장소 : 4.5[m])
금속선	2.6[mm] 이상(아연도강연선 2.0[mm] 이상)	기 타	철탑은 지지선으로 그 강도를 분담시키지 않을 것

89 KEC 362.10(전력보안통신설비의 보안장치)
- 통신선(광섬유 케이블을 제외)에 직접 접속하는 옥내통신설비를 시설하는 곳에는 통신선의 구별에 따라 표준에 적합한 보안장치 또는 이에 준하는 보안장치를 시설하여야 한다. 다만, 통신선이 통신용 케이블인 경우에 뇌(雷) 또는 전선과의 혼촉에 의하여 사람에게 위험을 줄 우려가 없도록 시설하는 경우에는 그러하지 아니하다.
- 특고압 가공전선로의 지지물에 시설하는 통신선 또는 이에 직접 접속하는 통신선에 접속하는 휴대전화기를 접속하는 곳 및 옥외전화기를 시설하는 곳에는 표준에 적합한 특고압용 제1종 보안장치, 특고압용 제2종 보안장치 또는 이에 준하는 보안장치를 시설하여야 한다.

90 KEC 333.11(특고압 가공전선로의 철주·철근 콘크리트주 또는 철탑의 종류)
- 직선형 : 전선로의 직선 부분(3° 이하인 수평각도를 이루는 곳을 포함)
- 각도형 : 전선로 중 3°를 초과하는 수평각도를 이루는 곳
- 잡아당김형 : 전가섭선을 잡아당기는 곳에 사용하는 것
- 내장형 : 전선로의 지지물 양쪽의 지지물 간 거리의 차가 큰 곳에 사용하는 것
- 보강형 : 전선로의 직선 부분에 그 보강을 위하여 사용하는 것

91 KEC 461.3(레일 전위의 접촉전압 감소방법)
교류 전기철도 급전시스템은 다음 방법을 고려하여 접촉전압을 감소시켜야 한다.
- 접지극 추가 사용
- 등전위 본딩
- 전자기적 커플링을 고려한 귀선로의 강화
- 전압제한소자 적용
- 보행표면의 절연
- 단락전류를 중단시키는 데 필요한 트래핑 시간의 감소

92 KEC 341.11(과전류차단기의 시설 제한)
접지공사의 접지도체, 다선식 전로의 중성선, 전로의 일부에 접지공사를 한 저압 가공전선로의 접지측 전선에는 과전류차단기를 시설하여서는 안 된다.

93   **KEC 331.6(풍압하중의 종별과 적용)**
갑종 : 고온계에서의 구성재의 수직 투영면적 1[m²]에 대한 풍압을 기초로 계산

풍압을 받는 구분			풍압하중
지지물	목주, 철주, 철근 콘크리트주	원 형	588[Pa]
	철 주	3각	1,412[Pa]
		4각	1,117[Pa]
	철 탑	단주(원형)	588[Pa]
		단주(기타)	1,117[Pa]
		강 관	1,255[Pa]
전선, 기타 가섭선		다도체	666[Pa]
		단도체	745[Pa]
특고압 애자장치			1,039[Pa]

94   **KEC 232.41(케이블트레이공사)**
- 비금속제 케이블트레이는 난연성 재료일 것
- 케이블트레이의 안전율은 1.5 이상일 것
- 금속제 케이블트레이의 종류 : 사다리형, 펀칭형, 그물망형, 바닥밀폐형

95   **KEC 133(회전기 및 정류기의 절연내력)**
절연내력시험 : 일정 전압을 가할 때 절연이 파괴되지 않은 한도로서 전선로나 기기에 일정 배수의 전압을 일정시간(10분) 동안 흘릴 때 파괴되지 않는 시험

종 류			시험전압	시험방법
회전기	발전기, 전동기, 무효 전력 보상 장치, 기타 회전기	7[kV] 이하	1.5배(최저 500[V])	권선과 대지 간에 연속하여 10분간
		7[kV] 초과	1.25배(최저 10.5[kV])	
	회전변류기		직류 측의 최대사용전압의 1배의 교류 전압(최저 500[V])	

96   **KEC 113(안전을 위한 보호)**
- 감전에 대한 보호
  - 기본보호
  - 고장보호
- 열영향에 대한 보호
- 과전류에 대한 보호
- 고장전류에 대한 보호
- 전압외란 및 전자기 장애에 대한 대책
- 전원공급 중단에 대한 보호

97   **기술기준 제52조(저압전로의 절연성능)**

전로의 사용전압[V]	DC시험전압[V]	절연저항[MΩ]
SELV 및 PELV	250	0.5
FELV를 포함한 500[V] 이하	500	1.0
500[V] 초과	1,000	1.0

98 KEC 142.4(전기수용가 접지)
주택 등 저압수용장소 접지
중성선 겸용 보호도체(PEN)는 고정 전기설비에만 사용할 수 있고, 그 도체의 단면적이 구리는 10[mm^2] 이상, 알루미늄은 16[mm^2] 이상이어야 하며, 그 계통의 최고전압에 대하여 절연되어야 한다.

99 KEC 151(피뢰시스템의 적용범위 및 구성)
적용범위
- 전기전자설비가 설치된 건축물·구조물로서 낙뢰로부터 보호가 필요한 것 또는 지상으로부터 높이가 20[m] 이상인 것
- 전기설비 및 전자설비 중 낙뢰로부터 보호가 필요한 설비

100 KEC 211(감전에 대한 보호)
- 전원의 자동차단
- 이중절연 또는 강화절연
- 한 개의 전기사용기기에 전기를 공급하기 위한 전기적 분리
- SELV와 PELV에 의한 특별저압

2022년 제 2 회 CBT

page 206

1	2	3	4	5	6	7	8	9	10	11	12	13	14	15	16	17	18	19	20
①	②	④	③	②	①	③	①	①	②	④	④	③	③	①	④	④	③	①	③
21	22	23	24	25	26	27	28	29	30	31	32	33	34	35	36	37	38	39	40
④	③	②	④	④	②	②	②	①	④	④	③	②	①	④	②	②	③	④	③
41	42	43	44	45	46	47	48	49	50	51	52	53	54	55	56	57	58	59	60
④	①	③	②	④	①	①	②	②	④	②	④	④	①	③	③	①	④	④	④
61	62	63	64	65	66	67	68	69	70	71	72	73	74	75	76	77	78	79	80
①	②	①	①	③	④	④	①	④	④	③	③	④	②	②	②	③	④	①	④
81	82	83	84	85	86	87	88	89	90	91	92	93	94	95	96	97	98	99	100
②	②	①	①	②	②	①	③	④	②	④	④	④	①	④	④	③	④	④	②

01 유기기전력의 크기
$e = Blv\sin\theta = 10 \times 0.1 \times 30 \times \sin 30° = 15[\text{V}]$

02 맥스웰 전자방정식(미분형)

- 패러데이 법칙 : $\text{rot } E = -\dfrac{\partial B}{\partial t}$

- 앙페르의 주회법칙 : $\text{rot } H = i_c + \dfrac{\partial D}{\partial t}$

- 가우스 법칙 : $\text{div } D = \rho$

- 가우스 법칙 : $\text{div } B = 0$

03 평행판 공기콘덴서 병렬접속에서

- $C_1 = \varepsilon_0 \dfrac{\frac{S}{3}}{l} = \varepsilon_0 \dfrac{S}{3l} = \dfrac{1}{3} C_0$

- $C_2 = \varepsilon_0 \varepsilon_s \dfrac{\frac{2S}{3}}{l} = \varepsilon_0 \varepsilon_s \dfrac{2S}{3l} = \dfrac{2}{3} \varepsilon_s C_0$

- $C = C_1 + C_2 = \left(\dfrac{1}{3} + \dfrac{2}{3}\varepsilon_s\right) C_0 = \left(\dfrac{1 + 2\varepsilon_s}{3}\right) C_0 [\text{F}]$

04
- 체적 전류 밀도가 같으므로 $I' = \dfrac{V'I}{V} = \dfrac{\pi r^2 I}{\pi a^2} = \dfrac{r^2}{a^2} I [\text{A}]$

- 원통 도체 내부의 자계의 세기 $H = \dfrac{I'}{2\pi r} = \dfrac{rI}{2\pi a^2} [\text{A/m}]$

05
- 강자성체 $\mu_s \gg 1$, $\mu \gg \mu_0$, $\chi \gg 0$
- 상자성체 $\mu_s > 1$, $\mu > \mu_0$, $\chi > 0$
- 반자성체(역자성체) $\mu_s < 1$, $\mu < \mu_0$, $\chi < 0$

06 표면전하밀도를 $\rho[\text{C/m}^2]$라 하면

- 도체 표면에서의 전계의 세기 : $E = \dfrac{\rho}{\varepsilon_0}$

- 무한평면에서의 전계의 세기 : $E = \dfrac{\rho}{2\varepsilon_0}$

07 두 유전체에 작용하는 정전응력은 유전율이 큰 쪽에서 작은 쪽으로 작용하고 전속 밀도는 유전율이 큰 쪽으로 모인다.

08 ① 전도전류는 전자 이동이고, 변위전류는 전하의 변위에 의해 발생한다.
④ $i_d = \dfrac{I_d}{S} = \dfrac{\partial D}{\partial t}$ 에서 $D = \varepsilon E$에서 $E = \dfrac{D}{\varepsilon}$, $\varepsilon = \infty$이면 $E = 0$

09 전속 : 매질에 상관없이 불변한다.
$\phi = \displaystyle\int_S D dS = Q$

10 환상 솔레노이드

- 철심저항 $R = \dfrac{l}{\mu S}$

- 공극저항 $R_\mu = \dfrac{l_0}{\mu_0 S}$

- 전체저항 $R_m = R + R_\mu = \dfrac{l}{\mu S} + \dfrac{l_0}{\mu_0 S} = \left(1 + \dfrac{l_0}{l}\dfrac{\mu}{\mu_0}\right)R$

11 평행 도선 선로의 자기인덕턴스

$D \gg r$에서 $L = \dfrac{\mu_0}{4\pi}\left(4\ln\dfrac{D}{r} + \mu\right)[\text{H}]$

- 내부 인덕턴스 $L = \dfrac{\mu_0\mu}{4\pi}[\text{H}]$

- 외부 인덕턴스 $L = \dfrac{\mu_0}{\pi}\ln\dfrac{D}{r}[\text{H}]$

12 무한장 솔레노이드의 인덕턴스

$L = \mu\left(\dfrac{N}{l}\right)^2 Sl = 4\pi \times 10^{-7}\mu_s n_0^2 \times \pi\left(\dfrac{D}{2}\right)^2 \times l = \pi^2 \mu_s n_0^2 D^2 l \times 10^{-7}[\text{H}]$

13 지상의 높이 $h[\text{m}]$와 같은 거리에 선전하밀도 $-\lambda[\text{C/m}]$인 영상 전하를 고려하여 선전하 간의 작용력을 구하면

$F = -\lambda E = -\lambda \cdot \dfrac{\lambda}{2\pi\varepsilon_0(2h)} = \dfrac{-\lambda^2}{4\pi\varepsilon_0 h} \propto \dfrac{1}{h}$

14 영상법에서 무한평면도체인 경우

- 자계의 세기 $E = \dfrac{Q}{4\pi\varepsilon_0(2r)^2}[\text{V/m}]$

- 작용하는 힘 $F = QE = \dfrac{Q^2}{16\pi\varepsilon_0 r^2}[\text{N}] = \dfrac{1^2}{16\pi \times \dfrac{1}{36\pi \times 10^9} \times 1^2} = \dfrac{9}{4} \times 10^9 [\text{N}]$

15 평행 평판 콘덴서

$V = \dfrac{Q}{C} = \dfrac{300 \times 10^{-6}}{6 \times 10^{-6}} = 50[\text{V}]$ 이며 $V = E \cdot r = E \cdot d = E \cdot l$ 에 의해

$E = \dfrac{V}{l} = \dfrac{50}{2 \times 10^{-3}} = 25 \times 10^3 [\text{V/m}] = 25[\text{V/mm}]$

16 전류가 흐르고 있는 도체에 자계를 가하면 도체 내부의 전하가 횡방향으로 힘을 받아 도체 측면에 정, 부전하가 나타나는 현상을 홀효과라 한다.

17 삼각형 중심의 자계

$H = 3H_1 = \dfrac{9I}{2\pi l}[\text{AT/m}]$

18 진전하가 없는 점에서 연속적이다.

19 전류의 주파수가 증가할수록 도체 내부의 전류밀도가 지수함수적으로 감소되는 현상을 표피효과라 한다.

표피효과 깊이 $\delta = \sqrt{\dfrac{2}{\omega\sigma\mu}} = \sqrt{\dfrac{1}{\pi f \sigma \mu}}\,[\text{m}]$

δ는 표피두께 또는 침투깊이이므로 f(주파수), σ(도전율), μ(투과율)이 클수록 δ가 작게 되어 표피효과가 심해진다.

20
- 자기인덕턴스 $L = \dfrac{\mu S N^2}{l}$
- 상호인덕턴스 $M = \dfrac{\mu S N_1 N_2}{l}$
- 결합계수 $k = \dfrac{M}{\sqrt{L_1 L_2}}$

∴ 코일의 모양(직선, 원형, 환상, 솔레노이드 등), 권수, 배치위치 및 길이 등과 매질의 투자율에 영향을 받는다.

21 **직류송전방식의 특징**
- 리액턴스 손실이 없다.
- 절연레벨이 낮다.
- 송전효율이 좋고 안정도가 높다.
- 차단기 설치 및 전압의 변성이 어렵다.
- 회전자계를 만들 수 없다.

22 중성점 접지방식

방식	보호계전기동작	지락전류	전위상승	과도안정도	유도장해	특 징
직접접지 22.9, 154, 345[kV]	확실	크다.	1.3배	작다.	크다.	중성점 영전위 단절연 가능
저항접지	↓	↓	$\sqrt{3}$ 배	↓	↓	
비접지 3.3, 6.6[kV]	×	↓	$\sqrt{3}$ 배	↓	↓	저전압 단거리
소호리액터접지 66[kV]	불확실	0	$\sqrt{3}$ 배 이상	크다.	작다.	병렬 공진

23 복도체(다도체) 방식의 주목적 : 코로나 방지
- 인덕턴스는 감소, 정전용량은 증가
- 같은 단면적의 단도체에 비해 전력용량의 증대
- 코로나의 방지, 코로나 임계전압의 상승
- 송전용량의 증대
- 소도체 충돌 현상(대책 : 스페이서의 설치)
- 단락 시 대전류 등이 흐를 때 소도체 사이에 흡인력이 발생

24 전력원선도
- 작성 시 필요한 값 : 송·수전단 전압, 일반회로 정수(A, B, C, D)
- 가로축 : 유효전력, 세로축 : 무효전력
- 구할 수 있는 값 : 최대출력, 조상설비용량, 4단자 정수에 의한 손실, 송·수전 효율 및 전압, 선로의 일반회로 정수
- 구할 수 없는 값 : 과도안정 극한전력, 코로나 손실, 사고값

25
$$부등률 = \frac{개별수용가\ 최대전력의\ 합}{합성최대수용전력} \geq 1$$

26 사고별 보호계전기
- 단락사고 : 과전류 계전기(OCR)
- 지락사고 : 선택접지 계전기(SGR), 접지 변압기(GPT) – 영상전압 검출, 영상 변류기(ZCT) – 영상전류 검출

27 역률 개선용 콘덴서 용량
$$\begin{aligned}
Q_c &= P(\tan\theta_1 - \tan\theta_2) = P\left(\frac{\sin\theta_1}{\cos\theta_1} - \frac{\sin\theta_2}{\cos\theta_2}\right) \\
&= P\left(\frac{\sqrt{1-\cos^2\theta_1}}{\cos\theta_1} - \frac{\sqrt{1-\cos^2\theta_2}}{\cos\theta_2}\right) \\
&= 1{,}000 \times \left(\frac{\sqrt{1-0.8^2}}{0.8} - \frac{\sqrt{1-0.95^2}}{0.95}\right) \fallingdotseq 421.32 \fallingdotseq 421[\text{kVA}]
\end{aligned}$$

28 안전도 향상대책
- 발전기
  - 동기리액턴스 감소(단락비 크게, 전압변동률 작게)
  - 속응여자방식 채용
  - 제동권선 설치(난조 방지)
  - 조속기 감도 둔감
- 송전선
  - 리액턴스 감소
  - 복도체(다도체) 채용
  - 병행 2회선 방식
  - 중간조상방식
  - 고속도 재폐로방식 채택 및 고속 차단기 설치

29 단상 3선식의 특징
- 장 점
  - 전선 소모량이 단상 2선식에 비해 37.5[%] 적다(경제적).
  - 110/220[V]의 2종류의 전압을 얻을 수 있다.
  - 단상 2선식에 비해 효율이 높고 전압강하가 작다.
- 단 점
  - 중성선이 단선되면 전압의 불평형이 생기기 쉽다.
  - 대책 : 저압 밸런서(여자 임피던스가 크고 누설 임피던스가 작고 권수비가 1 : 1인 단권 변압기)
- 주의 사항
  - 개폐기는 동시 동작형
  - 중성선에 퓨즈를 설치하지 말 것

30 단로기(DS)는 소호기능이 없어 부하전류나 사고전류를 차단할 수 없다. 무부하상태, 즉 차단기가 열려 있어야만 전로개방 및 모선접속을 변경할 수 있다(인터로크).

31 $Z_0 = \sqrt{\dfrac{Z}{Y}} = \sqrt{\dfrac{300}{\dfrac{1}{900}}} ≒ 520[\Omega]$

32 조상설비의 비교

구 분	진 상	지 상	시충전	조 정	전력손실
콘덴서	○	×	×	단계적	0.3[%] 이하
리액터	×	○	×	단계적	0.6[%] 이하
동기조상기	○	○	○	연속적	1.5~2.5[%]

33 양수식 발전은 조정지식 또는 저수지식 발전소의 일종으로 잉여전력을 이용하여 하부저수지의 물을 상부저수지로 올려 저장하였다가 첨두부하 시에 발전한다.

34 변류기(CT)는 2차 측 개방 불가 : 과전압 유기 및 절연파괴되므로 반드시 2차 측을 단락해야 한다.

35 댐퍼 : 송전선로의 진동을 억제하는 장치, 지지점 가까운 곳에 설치

36 화력발전소의 효율 $\eta = \dfrac{860Pt}{mH}[\%]$

여기서, H : 발열량, m : 연료 소비량, $Pt[W]$: 변압기 출력

37
- 3상 차단기 정격용량
  $P_s = \sqrt{3} \times$ 정격전압 $\times$ 정격차단전류[MVA]
- 단상 차단기 정격용량
  $P_s =$ 정격전압 $\times$ 정격차단전류[MVA]
- 정격전압 = 공칭전압 $\times \dfrac{1.2}{1.1}$

38 전압변동률
$\delta = \dfrac{V_{R1} - V_{R2}}{V_{R2}} \times 100 = \dfrac{3,200 - 3,000}{3,000} \times 100 ≒ 6.67[\%]$

여기서, V_{R1} : 무부하 시 수전단 전압, V_{R2} : 수전단 전압

39 복도체(다도체) 방식의 주목적 : 코로나 방지
- 인덕턴스는 감소, 정전용량은 증가
- 같은 단면적의 단도체에 비해 전력용량의 증대
- 코로나의 방지, 코로나 임계전압의 상승
- 송전용량의 증대
- 소도체 충돌 현상(대책 : 스페이서의 설치)
- 단락 시 대전류 등이 흐를 때 소도체 사이에 흡인력이 발생

40 이도 $D = \dfrac{WS^2}{8T} = \dfrac{2 \times 200^2}{8 \times 1,818.18} ≒ 5.5 [\text{m}]$

여기서, 전선의 수평장력 $T = \dfrac{인장하중}{안전율} = \dfrac{4,000}{2.2} ≒ 1,818.18 [\text{kg}]$

41
- 보극(역할 : 리액턴스 전압 상쇄) : 전압정류이다.
- 탄소브러시 : 저항 정류, 보극과 보상권선 및 전기자 권선은 모두 직렬 연결한다.
- 보상권선 : 전기자 반작용 방지에 가장 효과적이다.

양호한 정류를 얻는 조건
- 리액턴스 전압을 작게 한다 $\left(e_L = L\dfrac{2I_c}{T_c}\right)$.
- 단절권 채용으로 자기인덕턴스를 작게 한다.
- 저속운전하여 정류주기를 길게 한다.
- 저항정류로 탄소브러시를 사용한다.
- 전압정류로 보극을 설치한다.

42 무유도 전부하출력을 1이라 하고 이때의 동손 및 철손 정격출력에 대한 비를 P_c, P_i라고 하면

$\eta = \dfrac{1}{1 + P_c + P_i}$ 에서 $1 + P_c + P_i = \dfrac{1}{\eta}$

$P_c + P_i = \dfrac{1}{\eta} - 1 = \dfrac{1}{0.96} - 1 = 0.042$

전부하출력 $P = 1$ 일 때 $\varepsilon = P_c = 0.03$

$\therefore P_i = 0.042 - P_c = 0.042 - 0.03 = 0.012$

$\dfrac{1}{m}$ 부하의 경우, 최대효율이 된다고 하면

$\left(\dfrac{1}{m}\right)^2 P_c = P_i$

$\therefore \dfrac{1}{m} = \sqrt{\dfrac{P_i}{P_c}} = \sqrt{\dfrac{0.012}{0.03}} = 0.64$

그러므로 무유도 부하의 최대효율 η_m 는

$\eta_m = \dfrac{0.64}{0.64 + 0.012 \times 2} \times 100 = 96.3 [\%]$

43 변압기 온도상승 시험방법
- 실부하법
- 반환부하법
- 등가부하법

44 여자 컨덕턴스 $g_o = \dfrac{P_i}{V_n^2} = \dfrac{200}{3,000^2} ≒ 22.2 \times 10^{-6} [\text{℧}]$

45 비례추이(권선형 유도전동기)
- 비례추이할 수 있는 특성 : 1차 전류, 2차 전류, 역률, 동기와트 등
- 비례추이할 수 없는 특성 : 출력, 2차 동손, 효율 등

46 단락비가 큰 기계
- 동기임피던스, 전압변동률, 전기자 반작용, 효율이 작다.
- 출력, 선로의 충전 용량, 계자기자력, 공극, 단락전류가 크다.
- 안정도가 좋고 중량이 무거우며 가격이 비싸다.
- 철기계로 저속인 수차 발전기($K_s = 0.9 \sim 1.2$)에 적합하다.

47 직류 분권전동기에서 공급전압의 극성을 반대로 하면 계자전류와 전기자전류가 동시에 반대가 되므로 회전방향은 변하지 않는다.

48

종류	단상 유도전압 조정기	3상 유도전압 조정기
2차 전압	$\theta : 0 \sim 180°$일 때 $V_2 = V_1 \pm E_2\cos\theta$	$V_2 = \sqrt{3}(V_1 \pm E_2)$
조정범위	$V_1 - E_2 \sim V_1 + E_2$	$\sqrt{3}(V_1 - E_2) \sim \sqrt{3}(V_1 + E_2)$

49 변압기 절연유의 구비조건
- 절연내력이 클 것
- 점도가 작고 비열이 커서 냉각효과(열방사)가 클 것
- 인화점은 높고, 응고점은 낮을 것
- 고온에서 산화하지 않고, 침전물이 생기지 않을 것

50 제동권선의 효과
- 난조 방지
- 기동토크 발생
- 불평형 부하 시의 전류 및 전압 파형 개선
- 송전선의 불평형 단락 시의 이상전압 방지

51 역저지 3단자 소자
- SCR : 게이트 신호로 ON
- LASCR : 빛을 게이트 신호로 ON
- GTO : 게이트 신호로 ON/OFF

52
- 매극 매상의 슬롯수 $q = 4$
- 분포권계수 $k_d = \dfrac{\sin\dfrac{\pi}{2m}}{q\sin\dfrac{\pi}{2mq}} = \dfrac{\sin\left(\dfrac{\pi}{2\times 3}\right)}{4\sin\left(\dfrac{\pi}{2\times 3\times 4}\right)} \fallingdotseq 0.958$

53 서보모터의 특징
- 기동토크가 크다.
- 회전자 관성모멘트가 작다.
- 제어권선전압이 0에서는 기동해서는 안 되고 곧 정지해야 한다.
- 직류서보모터의 기동토크가 교류서보모터보다 크다.
- 속응성이 좋고 시정수가 짧으며 기계적 응답이 좋다.
- 회전자팬에 의한 냉각효과를 기대할 수 없다.

54 SCR 단상 반파 정류
- $\theta = 0°$인 경우

$$E_d = \frac{\sqrt{2}}{2\pi}(1+\cos\alpha)E = \frac{\sqrt{2}}{2\pi}(1+\cos 0°)E = 0.45E$$

- $\theta = 60°$인 경우

$$E_d' = \frac{\sqrt{2}}{2\pi}(1+\cos 60°)E = 0.3376$$

$$\therefore \frac{E_d'}{E_d} = \frac{0.3376}{0.45} ≒ \frac{3}{4}$$

55 ③ 역기전력은 회전방향과 무관하다.
① $E = V - I_a R_a [V]$: 역기전력 증가하면 전기자 전류 감소
② $E = \frac{PZ}{60a}\phi N [V]$: 역기전력은 회전수(속도)에 비례
④ $E = V - I_a R_a [V]$: 공급전압 > 역기전력

56 변압기의 2차 출력
1차 출력 = 2차 출력 : $V_1 I_1 = V_2 I_2 [kVA]$
$V_1 I_1 = 6,600 \times 2 = 13,200 [VA] = 13.2 [kVA]$

57 동기기 전기자 반작용
- 횡축 반작용(교차자화작용 : R부하) : 전기자전류와 단자전압 동상
- 직축 반작용(L부하, C부하)

자 속	발전기	전동기
감 자	• 전류가 전압보다 뒤짐 • 뒤진 전류 – 지전류 – L부하(지상) = 감자작용	• 전류가 전압보다 앞섬 • 앞선 전류 – 진전류 – C부하(진상) = 감자작용
증 자	• 전류가 전압보다 앞섬 • 앞선 전류 – 진전류 – C부하(진상) = 증자작용	• 전류가 전압보다 뒤짐 • 뒤진 전류 – 지전류 – L부하(지상) = 증자작용

58 운전할 때 회전자의 주파수
$f_{2s} = sf_2 = 0.042 \times 60 = 2.52 [Hz]$
여기서, 동기속도 $N_s = \frac{120f}{p} = \frac{120 \times 60}{6} = 1,200 [rpm]$, 슬립 $s = \frac{N_s - N}{N_s} = \frac{1,200 - 1,150}{1,200} ≒ 0.042$

59 직류 분권전동기

$$T = \frac{(V - I_a R_a)I_a}{2\pi \frac{N}{60}} = \frac{(215 - 50 \times 0.1) \times 50}{2\pi \times \frac{1,500}{60}} = 66.85 [N \cdot m]$$

60 유도전동기의 제동법
- 회생 제동 : 유도전동기를 발전기로 적용하여 생긴 유기기전력을 전원을 귀환시키는 제동법
- 발전 제동 : 유도전동기를 발전기로 적용하여 생긴 유기기전력을 저항을 통하여 열로 소비하는 제동법
- 역상 제동(플러깅) : 전기자의 접속을 반대로 바꿔서 역토크를 발생시키는 제동법, 비상시 사용

61 인덕턴스의 병렬연결, 감극성($-M$)이므로

합성인덕턴스 $L = \dfrac{L_1 L_2 - M^2}{L_1 + L_2 \mp 2M}$

상호인덕턴스가 $M = 0$으로 주어졌으므로

$L = \dfrac{L_1 L_2}{L_1 + L_2} = \dfrac{20 \times 60}{20 + 60} = 15[\text{mH}]$

62 △저항을 Y저항으로 변환하면 $R_Y = \dfrac{R_1 R_2}{R_1 + R_2 + R_3}[\Omega]$

- $R_{Y1} = \dfrac{100 \times 100}{100 + 100 + 200} = 25[\Omega]$
- $R_{Y2} = \dfrac{100 \times 200}{100 + 100 + 200} = 50[\Omega]$
- $R_{Y3} = \dfrac{100 \times 200}{100 + 100 + 200} = 50[\Omega]$

각 선에 같은 전류가 흐르기 위해 저항도 같아야 하므로 미지 저항 $R = 25[\Omega]$

63 라플라스 변환(구형파)

$f(t) = u(t-a) - u(t-b)$ 에서 $F(s) = \dfrac{1}{s}(e^{-as} - e^{-bs})$

64 2단자 임피던스 $Z(s) = \dfrac{3s}{s^2 + 15}$ 에서 분자를 1로 만든다.

$Z(s) = \dfrac{1}{\dfrac{s}{3} + \dfrac{1}{\dfrac{1}{5}s}}$ ($L-C$ 병렬회로)

$\therefore L = \dfrac{1}{5},\ C = \dfrac{1}{3}$

65 $R-L-C$ 직렬회로

- 회로방정식 $E(s) = \left(R + Ls + \dfrac{1}{Cs}\right)I(s)$
- 어드미턴스 $\dfrac{I(s)}{E(s)} = \dfrac{I(s)}{\left(R + Ls + \dfrac{1}{Cs}\right)I(s)}$ 분모, 분자에 $\times Cs$

$\therefore \dfrac{I(s)}{E(s)} = \dfrac{Cs}{(CsR + CsLs + 1)} = \dfrac{Cs}{(LCs^2 + RCs + 1)}$

66 $Z_{01} = \sqrt{\dfrac{AB}{CD}}\quad Z_{02} = \sqrt{\dfrac{DB}{CA}}$ 에서 대칭일 때 $A = D$

$Z_{01} = Z_{02} = \sqrt{\dfrac{B}{C}} = \sqrt{\dfrac{\dfrac{300 \times 300 + 300 \times 450 + 450 \times 300}{450}}{\dfrac{1}{450}}} = 600[\Omega]$

67

	파 형	실횻값(V)	평균값(V_{av})	파형률	파고율
전 파	정현파	$\dfrac{V_m}{\sqrt{2}}$	$\dfrac{2}{\pi}V_m$	1.11	1.414
	구형파	V_m	V_m	1	1
	삼각파(톱니파)	$\dfrac{V_m}{\sqrt{3}}$	$\dfrac{V_m}{2}$	1.155	1.732
반 파	정현파	$\dfrac{1}{2}V_m$	$\dfrac{V_m}{\pi}$	$\dfrac{\pi}{2}$	2

68 $\dfrac{K_1}{s+1}+\dfrac{K_2}{s+3}=\dfrac{1}{s+1}-\dfrac{1}{s+3}$ 에서 $\mathcal{L}^{-1}\left[\dfrac{1}{s+1}-\dfrac{1}{s+3}\right]=e^{-t}-e^{-3t}$

여기서, $K_1=\lim\limits_{s\to-1}\dfrac{2}{s+3}=1$

$K_2=\lim\limits_{s\to-3}\dfrac{2}{s+1}=-1$

69 L회로에서 $P_a=VI=100\times30=3,000[\text{VA}]$

$P_r=\sqrt{P_a^2-P^2}=\sqrt{3,000^2-1,800^2}=2,400[\text{Var}]$

역률이 100[%](손실이 최소)가 되기 위해 $Q=\dfrac{V^2}{X_C}[\text{Var}]$의 콘덴서를 병렬접속하여 무효분을 0으로 만든다. 즉, 무효전력만큼 콘덴서를 설치해야 된다.

용량리액턴스 $X_C=\dfrac{V^2}{Q}=\dfrac{100^2}{2,400}\fallingdotseq 4.2[\Omega]$

70 중첩의 원리(전압원 : 단락, 전류원 : 개방)

• 전류원만 인가 시 : 전압원 단락 $I_R{}'=\dfrac{1}{1+2}\times(-9)=-3[\text{A}]$

• 전압원만 인가 시 : 전류원 개방 $I=\dfrac{V}{R}=\dfrac{6}{3}=2[\text{A}]$

$I_R{}''=\dfrac{V_R}{R}=\dfrac{2}{2}=1[\text{A}]$

∴ $I=I_R{}'+I_R{}''=-3+1=-2[\text{A}]$

71 $G(s)=\dfrac{V_2(s)}{V_1(s)}=\dfrac{\dfrac{1}{Cs}I(s)\times sC}{\left(R+\dfrac{1}{Cs}\right)I(s)\times sC}=\dfrac{1}{RCs+1}$

72 전전류를 I라 하면 $I_G=\dfrac{1}{n}I=\dfrac{r_1}{R+r_1}I$(전류는 남은 것이 올라간다)

$nr_1=R+r_1$
$r_1(n-1)=R$
$r_1=\dfrac{R}{n-1}[\Omega]$

73
$$\frac{V_2}{V_1} = \frac{(R) \times sC}{\left(R + \frac{1}{sC}\right) \times sC} = \frac{(RsC) \times \frac{1}{RC}}{(RsC+1) \times \frac{1}{RC}} = \frac{s}{s + \frac{1}{RC}} = \frac{j\omega}{j\omega + \frac{1}{RC}}$$

74
$$\cos\theta = \frac{W_1 + W_2}{\sqrt{3}\, VI} = \frac{(2.84 + 6) \times 10^3}{\sqrt{3} \times 200 \times 30} \fallingdotseq 0.85$$

75 최대전력 전달조건 : $Z_L = \overline{Z_g}$
 내부임피던스는 발전기 임피던스와 Z_g인 선로임피던스의 합으로 나타낸다.
 즉, $Z_g = 0.3 + j2 + 1.7 + j3 = 2 + j5[\Omega]$
 ∴ 부하임피던스 $Z_L = 2 - j5[\Omega]$

76 4단자(T형 회로 A, B, C, D)

A	B	C	D
$1 + \dfrac{Z_2}{Z_3}$	Z_2	$\dfrac{Z_1 + Z_2 + Z_3}{Z_1 Z_3}$	$1 + \dfrac{Z_2}{Z_1}$

77
$$\frac{1}{s^2 + 1^2} + \frac{2s}{s^2 + 1^2} = \frac{2s + 1}{s^2 + 1}$$

78 3상 불평형 전압 V_a, V_b, V_c
 • 영상전압 : $V_0 = \dfrac{1}{3}(V_a + V_b + V_c)$
 • 정상전압 : $V_1 = \dfrac{1}{3}(V_a + aV_b + a^2 V_c)$
 • 역상전압 : $V_2 = \dfrac{1}{3}(V_a + a^2 V_b + aV_c)$

79 $R - L(R - C)$ 직렬회로의 해석

구 분	과도($t = 0$)	정상($t = \infty$)
$X_L = \omega L = 2\pi f C$	개 방	단 락
$X_C = \dfrac{1}{\omega C} = \dfrac{1}{2\pi fC}$	단 락	개 방

초기 저항에 흐르는 전류 $i_1(0^+) = \dfrac{V}{R_1}$

초기 인덕턴스에 흐르는 전류 $i_2(0^+) = 0$

80 • 유도리액턴스 $X_L = \omega L = 2\pi f L [\Omega]$에서
 인덕턴스 $L = \dfrac{X_L}{2\pi f} = \dfrac{10}{2\pi \times 60} \times 10^3 \fallingdotseq 26.53 [\text{mH}]$
 • 용량리액턴스 $X_C = \dfrac{1}{\omega C} = \dfrac{1}{2\pi fC}[\Omega]$에서
 정전용량 $C = \dfrac{1}{2\pi f \times X_C} = \dfrac{1}{2\pi \times 60 \times 10} \times 10^6 \fallingdotseq 265.25 [\mu\text{F}]$

81 KEC 212.3(보호장치의 종류 및 특성)
퓨즈(gG)의 용단특성

정격전류의 구분	시 간	정격전류의 배수	
		불용단전류	용단전류
4[A] 이하	60분	1.5배	2.1배
4[A] 초과 16[A] 미만	60분	1.5배	1.9배
16[A] 이상 63[A] 이하	60분	1.25배	1.6배
63[A] 초과 160[A] 이하	120분	1.25배	1.6배
160[A] 초과 400[A] 이하	180분	1.25배	1.6배
400[A] 초과	240분	1.25배	1.6배

82 KEC 222.14/332.14(저·고압 가공전선과 안테나의 접근 또는 교차)

구 분	저 압			고 압		
	일 반	고압 절연	케이블	일 반	고압 절연	케이블
안테나	0.6[m]	0.3[m]	0.3[m]	0.8[m]	-	0.4[m]

83 KEC 331.6(풍압하중의 종별과 적용)
- 갑종 : 고온계에서의 구성재의 수직 투영면적 1[m²]에 대한 풍압을 기초로 계산
- 을종 : 빙설이 많은 지역(비중 0.9의 빙설이 두께 6[mm] 얼어붙어 있을 경우), 갑종 풍압하중의 $\frac{1}{2}$을 기초
- 병종 : 빙설이 적은 지역(인가 밀집한 도시, 35[kV] 이하의 가공전선로), 갑종 풍압하중의 $\frac{1}{2}$을 기초

지 역		고온계절	저온계절
빙설이 많은 지방 이외의 지방		갑 종	병 종
빙설이 많은 지방	일반지역	갑 종	을 종
	해안지방, 기타 저온의 계절에 최대풍압이 생기는 지역	갑 종	갑종과 을종 중 큰 값 선정
인가가 많이 이웃 연결되어 있는 장소		병 종	병 종

84 KEC 121.2(전선의 식별)

상(문자)	색 상
L1	갈 색
L2	검은색
L3	회 색
N	파란색
보호도체	녹색-노란색

85 KEC 331.7(가공전선로 지지물의 기초의 안전율)
- 지지물의 기초 안전율 2 이상
- 상정하중에 대한 철탑의 기초 안전율 1.33 이상

86 KEC 222.21/332.21(저·고압 가공전선과 가공약전류전선 등의 공용설치), 333.19(저·고압 가공전선과 가공약전류전선 등의 공용설치)

구 분	저 압	고 압	특고압
약전선(케이블)	0.75[m] 이상(0.3[m])	1.5[m] 이상(0.5[m])	2[m] 이상(0.5[m])

기 타	• 저·고압
	  - 전선로의 지지물로서 사용하는 목주의 풍압하중에 대한 안전율은 1.5 이상일 것
	  - 상부에 가공전선을 시설하며 별도의 완금류에 시설할 것
	• 특고압
	  - 제2종 특고압 보안공사에 의할 것
	  - 사용전압 35[kV] 이하에서만 시설
	  - 21.67[kN] 이상의 연선, 50[mm^2] 이상인 경동연선 사용		

87 KEC 241.16(전기부식방지 시설)
- 전기부식방지 회로의 사용전압은 직류 60[V] 이하일 것
- 지중에 매설하는 양극의 매설깊이는 0.75[m] 이상일 것
- 지표 또는 수중에서 1[m] 간격의 임의의 2점 간의 전위차가 5[V]를 넘지 아니할 것
- 수중에 시설하는 양극과 그 주위 1[m] 이내의 거리에 있는 임의 점과의 사이의 전위차는 10[V]를 넘지 아니할 것

88 KEC 132(전로의 절연저항 및 절연내력)

종 류	비접지	중성점 접지	중성점 직접접지
170[kV]	×1.25	×1.1	×0.64
60[kV]	(최저시험전압 10.5[kV])	(최저시험전압 75[kV])	×0.72
7[kV]	×1.5	25[kV] 이하 중성점 다중접지×0.92	

89 KEC 222.2/331.11(지지선의 시설)

안전율	2.5 이상(목주나 A종 : 1.5 이상)	아연도금철봉	지중 및 지표상 0.3[m]까지
구 조	4.31[kN] 이상, 3가닥 이상의 연선	도로횡단	5[m] 이상(교통 지장 없는 장소 : 4.5[m])
금속선	2.6[mm] 이상(아연도강연선 2.0[mm] 이상)	기 타	철탑은 지지선으로 그 강도를 분담시키지 않을 것

90 KEC 333.23(특고압 가공전선과 건조물의 접근)

구 분			35[kV] 이하의 가공전선			35[kV] 초과의 가공전선
			일 반	특고압절연	케이블	
건조물	상부 조영재	위 쪽	3[m]	2.5[m]	1.2[m]	표준 + N = 표준 + $\left(\dfrac{35[kV]\ 초과분}{10[kV]} \times 0.15[m]\right)$
		옆쪽 또는 아래쪽, 기타 조영재	3[m]	1.5[m]	0.5[m]	

91 KEC 351.4(특고압용 변압기의 보호장치)

뱅크용량의 구분	동작조건	장치의 종류
5,000[kVA] 이상 10,000[kVA] 미만	변압기 내부고장	자동차단장치 또는 경보장치
10,000[kVA] 이상	변압기 내부고장	자동차단장치
타랭식 변압기	냉각장치 고장, 변압기 온도가 현저히 상승	경보장치

92 KEC 223.2/334.2(지중함의 시설)
- 지중함은 견고하고 차량 기타 중량물의 압력에 견디는 구조일 것
- 지중함은 그 안의 고인 물을 제거할 수 있는 구조로 되어 있을 것
- 폭발성 또는 연소성의 가스가 침입할 우려가 있는 것에 시설하는 지중함으로서 그 크기가 1[m³] 이상인 것에는 통풍장치 기타 가스를 방산시키기 위한 장치를 시설할 것
- 지중함의 뚜껑은 시설자 이외의 자가 쉽게 열 수 없도록 시설할 것

93 KEC 222.5(저압 가공전선의 굵기 및 종류), 333.4(특고압 가공전선의 굵기 및 종류)

전 압		조 건	인장강도	경동선의 굵기
저 압	400[V] 이하	절연전선	2.3[kN] 이상	2.6[mm] 이상
		나전선	3.43[kN] 이상	3.2[mm] 이상
	400[V] 초과	시가지	8.01[kN] 이상	5.0[mm] 이상
		시가지 외	5.26[kN] 이상	4.0[mm] 이상
특고압		일 반	8.71[kN] 이상	22[mm²] 이상

94 KEC 142.3(접지도체·보호도체)
- 접지도체는 지하 0.75[m]부터 지표상 2[m]까지 부분은 합성수지관(두께 2[mm] 미만의 합성수지제 전선관 및 가연성 콤바인덕트관은 제외한다) 또는 이와 동등 이상의 절연효과와 강도를 가지는 몰드로 덮어야 한다.
- 접지도체는 절연전선(옥외용 비닐절연전선은 제외) 또는 케이블(통신용 케이블은 제외)을 사용하여야 한다. 다만, 접지도체를 철주, 기타의 금속체를 따라서 시설하는 경우 이외의 경우에는 접지도체의 지표상 0.6[m]를 초과하는 부분에 대하여는 절연전선을 사용하지 않을 수 있다.

95 KEC 222.7/332.5(저·고압 가공전선의 높이)

설치장소		가공전선의 높이
도로횡단		지표상 6[m] 이상
철도 또는 궤도횡단		레일면상 6.5[m] 이상
횡단보도교 위	저 압	노면상 3.5[m] 이상. 단, 절연전선의 경우 3[m] 이상
	고 압	노면상 3.5[m] 이상

96 KEC 211.9(숙련자와 기능자의 통제 또는 감독이 있는 설비에 적용 가능한 보호대책)
- 비도전성 장소
- 비접지 국부등전위본딩에 의한 보호
- 두 개 이상의 전기사용기기에 전원 공급을 위한 전기적 분리

97 KEC 152.1(수뢰부시스템)
돌침, 수평도체, 그물망도체의 요소 중에 한 가지 또는 이를 조합한 형식으로 시설

98 KEC 333.22(특고압 보안공사)
제1종 특고압 보안공사의 전선 굵기

사용전압	전 선
100[kV] 미만	인장강도 21.67[kN] 이상, 단면적 55[mm²] 이상의 경동연선
100[kV] 이상 300[kV] 미만	인장강도 58.84[kN] 이상, 단면적 150[mm²] 이상의 경동연선
300[kV] 이상	인장강도 77.47[kN] 이상, 단면적 200[mm²] 이상의 경동연선

99 KEC 212.4(과부하전류에 대한 보호)
도체와 과부하 보호장치 사이의 협조
- $I_B \leq I_n \leq I_Z$
- $I_2 \leq 1.45 \times I_Z$
  - I_B : 회로의 설계전류
  - I_Z : 케이블의 허용전류
  - I_n : 보호장치의 정격전류
  - I_2 : 보호장치가 규약시간 이내에 유효하게 동작하는 것을 보장하는 전류

100 KEC 232.56(애자공사), 342.1(고압 옥내배선 등의 시설)
- 전선의 종류 : 절연전선. 단, 옥외용 비닐절연전선(OW) 및 인입용 비닐절연전선(DV)은 제외한다.
- 간 격

구 분			전선과 조영재 간격	전선 상호 간의 간격	전선 지지점 간의 거리	
					조영재 윗면 또는 옆면	조영재 따라 시설 않는 경우
저 압	400[V] 이하		25[mm] 이상	0.06[m] 이상	2[m] 이하	–
	400[V] 초과	건 조	25[mm] 이상			6[m] 이하
		기 타	45[mm] 이상			
고 압			0.05[m] 이상	0.08[m] 이상		

2023년 제1회 CBT

page 219

1	2	3	4	5	6	7	8	9	10	11	12	13	14	15	16	17	18	19	20
④	②	①	①	②	②	②	②	③	④	①	②	④	④	②	③	①	②	①	③
21	22	23	24	25	26	27	28	29	30	31	32	33	34	35	36	37	38	39	40
②	②	②	②	②	④	④	③	①	③	②	④	①	④	①	③	①	④	②	①
41	42	43	44	45	46	47	48	49	50	51	52	53	54	55	56	57	58	59	60
④	③	④	②	④	②	④	③	①	④	②	②	③	④	③	③	③	③	①	④
61	62	63	64	65	66	67	68	69	70	71	72	73	74	75	76	77	78	79	80
④	④	②	④	②	①	③	④	②	③	①	④	②	①	②	④	④	②	②
81	82	83	84	85	86	87	88	89	90	91	92	93	94	95	96	97	98	99	100
①	②	①	②	④	③	②	②	②	②	③	③	②	③	③	④	①	③	④

01 자화의 세기$(J) = \dfrac{m}{S}$[Wb/m²]에서 $m = SJ = \pi a^2 J = \dfrac{\pi d^2}{4} J$[Wb]

02 맥스웰은 전극 간의 유전체를 통하여 흐르는 전류를 해석하기 위해 변위전류의 개념을 도입하였고, 변위전류도 자계를 발생한다고 가정하였다.

03 정전에너지 $W = \dfrac{Q^2}{2C} = \dfrac{Q^2}{2\left(\dfrac{\varepsilon_0 S}{d}\right)} = \dfrac{Q^2 d}{2\varepsilon_0 S} = \dfrac{\sigma^2 d}{2\varepsilon_0} S$ [J]

∴ 정전응력 $F = -\dfrac{\partial W}{\partial d} = -\dfrac{\sigma^2}{2\varepsilon_0} S$ [N]

04 전자유도 법칙 : $e = -N\dfrac{d\phi}{dt}$

- 패러데이 법칙 : 유도기전력 크기 $\left(e = N\dfrac{d\phi}{dt}\right)$ 결정
- 렌츠의 법칙 : 유도기전력 방향(−) 결정

05
- 평행판 콘덴서의 정전용량$(C) = \dfrac{\varepsilon_0 S}{d} = \dfrac{8.855 \times 10^{-12} \times 0.4 \times 0.4}{4 \times 10^{-3}} = 3.542 \times 10^{-10}$ [F]
- 축적되는 전하량$(Q) = CV = 3.542 \times 10^{-10} \times 100 = 3.54 \times 10^{-8}$ [C]

06 전송계수(전파계수)

$\gamma = \sqrt{ZY} = \sqrt{(R+j\omega L)(G+j\omega C)} = \alpha + j\beta$ [rad/m]

여기서, α : 감쇠비, β : 위상비

07 누설전류 $I = \dfrac{V}{R} = \dfrac{500}{2 \times 10^6} = 250 \times 10^{-6}$ [A] = 250 [μA]

08 유도기전력은 주파수 f와 최대자속밀도 B_m에 비례하므로 f와 B_m이 모두 2배 증가하면 유도기전력은 4배 증가한다.
∴ $E_2 = 4E_1$

09 전계 내의 대전된 도체는 대전상태가 되므로 일정 전위를 가지게 된다.

10 직렬회로에서는 콘덴서의 전하용량이 작을수록 빨리 파괴된다.
$Q_1 = C_1 \times V_1 = 2 \times 10^{-6} \times 1{,}000 = 2 \times 10^{-3}\,[\text{C}]$
$Q_2 = C_2 \times V_2 = 3 \times 10^{-6} \times 700 = 2.1 \times 10^{-3}\,[\text{C}]$
$Q_3 = C_3 \times V_3 = 4 \times 10^{-6} \times 600 = 2.4 \times 10^{-3}\,[\text{C}]$
$Q_4 = C_4 \times V_4 = 8 \times 10^{-6} \times 300 = 2.4 \times 10^{-3}\,[\text{C}]$
따라서 전하용량이 $Q_4 = Q_3 > Q_2 > Q_1$이므로 전하용량이 가장 작은 1,000[V]-2[μF]의 콘덴서가 가장 빨리 파괴된다.

11 판자석의 자위 $U_m = \pm \dfrac{P}{4\pi\mu_0}\omega\,[\text{A}]$

여기서, $P[\text{Wb/m}]$: 판자석의 세기

12 ④는 톰슨효과에 관한 내용이다.

13 ④ 경계면상 두 점 간의 자위차는 같다.
① 자계의 접선성분이 같다.
② 자속밀도의 법선성분이 같다.
③ 자속은 투자율이 높은 쪽으로 모이려는 성질이 있다.

14 ② $J = \chi H\,[\text{Wb/m}^2]$
① $\mu = \mu_0 + \chi\,[\text{H/m}]$
③ $B = \mu H\,[\text{Wb/m}^2]$, $\mu_s = \dfrac{\mu}{\mu_0} = \dfrac{\mu_0 + \chi}{\mu_0} = 1 + \dfrac{\chi}{\mu_0}$
④ $B = \mu_0 H + J = \mu_0 H + \chi H = (\mu_0 + \chi)H = \mu_0 \mu_s H\,[\text{Wb/m}^2]$

15 비오-사바르 법칙
$H = \dfrac{qv}{4\pi r^2}\sin\theta = \dfrac{\pi \times 8}{4\pi \times 2^2} \times \sin\theta = \dfrac{1}{2}\sin\theta$

16 정전계에서 전위는 위치만 결정되므로 전계 내에서 폐회로를 따라 전하를 일주시킬 때 하는 일은 항상 0이 된다. 또한 등전위면에서 하는 일은 항상 0이다.

17 유기기전력 $(e) = -N\dfrac{d\phi}{dt} = -N\dfrac{d}{dt}(\phi_m \sin\omega t) = -N\phi_m \omega \cos\omega t = N\phi_m \omega \sin\left(\omega t - \dfrac{\pi}{2}\right)[\text{V}]$

따라서 자속보다 $\dfrac{\pi}{2}$만큼 늦다.

18 가동접속 시 $L = L_a + L_b + 2M$ ················ ⓐ
차동접속 시 $L = L_a + L_b - 2M = 0.6L$ ·········· ⓑ
ⓐ식을 ⓑ식에 대입하면 $L_a + L_b - 2M = 0.6(L_a + L_b + 2M)$
$\Rightarrow 3 + 5 - 2M = 0.6(3 + 5 + 2M)$
$\therefore M = \dfrac{8 - 4.8}{2 + 1.2} = 1[\text{mH}]$

따라서 결합계수 $(k) = \dfrac{M}{\sqrt{L_1 L_2}} = \dfrac{1}{\sqrt{3 \times 5}} = 0.258[\text{mH}]$

19 주파수 $f = \dfrac{v}{\lambda} = \dfrac{3 \times 10^8}{0.4} = 0.75 \times 10^9[\text{Hz}] = 750[\text{MHz}]$

20
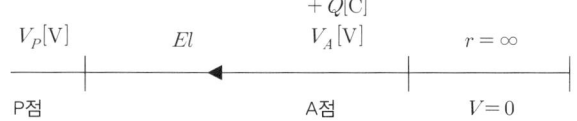

P점 A점 $V=0$

$V_P = V_A + El$
전위의 방향은 전계의 방향과 반대가 되므로 전위는 증가하게 된다.

21 중성자 흡수 단면적이 큰 것은 제어재이다.
냉각재의 구비조건
- 중성자의 흡수가 적을 것
- 열용량이 클 것
- 비열과 열전도율이 클 것
- 녹는점이 낮을 것
- 끓는점이 높을 것

22
- 재생사이클 : 단열팽창 도중 증기의 일부를 추기하여 보일러 급수를 가열하여 복수 열손실을 회수하는 사이클로서 급수가열기가 있는 시스템
- 재열사이클 : 고압 터빈을 돌리고 나온 증기를 전부 추출해서 보일러의 재열기로 증기를 다시 최초의 과열증기온도 부근까지 가열시켜서 터빈 저압단에 공급하는 것으로 재열기가 있는 시스템
- 재열재생사이클 : 재생사이클과 재열사이클의 결합

23 $\eta = \dfrac{860\omega}{mH} \times 100 = \dfrac{860 \times 40{,}000}{60 \times 10^3 \times 860} \times 100 \fallingdotseq 66.67[\%]$

24 $\dfrac{Q_2}{Q_1} = \left(\dfrac{H_2}{H_1}\right)^{\frac{1}{2}}$

$Q_2 = Q_1\left(\dfrac{H_2}{H_1}\right)^{\frac{1}{2}} = 20 \times \left(\dfrac{81}{100}\right)^{\frac{1}{2}} = 18[\text{m}^3/\text{s}]$

25 부하가 증가하면 주파수는 감소하며, 부하가 감소하면 주파수는 증가한다.

26 전력용 퓨즈 장단점

장 점	단 점
• 가격이 저렴하다. • 소형·경량이다. • 고속차단이다. • 보수가 간단하다. • 차단능력이 크다.	• 재투입이 불가능하다. • 과도전류에 용단되기 쉽다. • 계기를 자유로이 조정할 수 없다. • 한류형은 과전압이 발생된다. • 고임피던스 접지사고는 보호할 수 없다.

27

$\dfrac{P_2}{P_1} = \left(\dfrac{H_2}{H_1}\right)^{\frac{3}{2}}$ 에서

$P_2 = P_1 \left(\dfrac{H_2}{H_1}\right)^{\frac{3}{2}} = 7,500 \left(\dfrac{47.5}{50}\right)^{\frac{3}{2}} \fallingdotseq 6,945 [\mathrm{kW}]$

28

수용률 $= \dfrac{\text{최대수용전력[kW]}}{\text{부하설비용량[kW]}} \times 100 [\%]$

29

• 정전 : CB Off → DS Off
• 급전 : DS On → CB On
※ 인터로크 : 차단기가 열려 있어야만 단로기 개폐 가능(상대 동작 금지회로)

30

재점호전류는 커패시터회로의 무부하 충전전류(진상전류)에 의해 발생한다.

31

① 방향지락계전기, ② 계기용 변류기, ③ 영상변류기, ④ 영상접지형 변압기
CT 계기용 변류기는 대전류를 소전류로 변류하여 계기 및 계전기에 전원 공급

32

10,000[kVA] 기준용량으로 해석

$X_G = \dfrac{10,000}{5,000} \times 12 = 24 [\%]$

합성 $\%X_G = \dfrac{1}{\dfrac{1}{24} + \dfrac{1}{15} + \dfrac{1}{15}} = 5.71 [\%]$

차단기 용량 $P_s = \dfrac{100}{\%Z} P_n = \dfrac{100}{5.71} \times 10,000 \times 10^{-3} \fallingdotseq 175.131 [\mathrm{MVA}]$

33

• 정태안정도 : 정상운전 시(부하가 서서히 증가할 때 극한전력)
• 동태안정도 : AVR(자동전압조정기) 등 안전하게 운전
• 과도안정도 : 사고 시(부하가 갑자기 사고 시 증가할 때 극한전력)

34

Still 식 $V_s = 5.5 \sqrt{0.6l + \dfrac{P}{100}} = 5.5 \sqrt{0.6 \times 51 + \dfrac{30,000}{100}} = 100 [\mathrm{kV}]$

여기서, l : 송전거리[km]
P : 송전전력[kW]

35 $E_S = AE_R + BI_R$에서 무부하 시 $I_R = 0$이므로
    $E_S = AE_R$
    $\therefore E_R = \dfrac{E_S}{A}$

36 $C = \dfrac{0.02413}{\log_{10}\dfrac{D}{r}}$

37 댐퍼 : 전선의 진동을 흡수하여 단선사고를 방지한다.

38 3상 3선식 : 전선 1가닥에 대한 작용 정전용량
    단도체 $C = C_0' + 3C_m = \dfrac{0.02413}{\log_{10}\dfrac{D}{r}}[\mu\mathrm{F/km}]$

39 병렬 콘덴서 : 수전단의 역률개선

40 정격전압은 속류를 차단할 수 있는 교류의 최댓값에 대한 실횻값이다.

41 최대효율 조건 : $\left(\dfrac{1}{m}\right)^2 P_c = P_i$

    부하 $\dfrac{1}{m} = \sqrt{\dfrac{P_i}{P_c}} = \sqrt{\dfrac{1}{4}} = 0.5$

    동손 $P_c = 4\left(\dfrac{1}{m}\right)^2 = 4\left(\dfrac{1}{2}\right)^2 = 1$

    ∴ 최대효율 시 용량 $P \times \dfrac{1}{m} = 150 \times 0.5 = 75[\mathrm{kVA}]$

    효율 $\eta = \dfrac{출력}{출력 + 철손 + 동손} = \dfrac{75}{75 + 1 + 1} \times 100 = 97.4[\%]$

42

단락비	소	대
동기리액턴스	대	소
전압변동률	대	소
전기자 반작용	대	소
자기여자현상	대	소

43 SCR의 특징
- 정류기능을 가진 단일 방향성 3단자 소자이다.
- 과전압에 약하고 열용량이 적어 고온에 약하다.
- 아크가 생기지 않으므로 열의 발생이 적다.
- 역방향 내전압이 크고, 전압강하가 작다.
- Turn On 조건은 양극과 음극 간에 브레이크 오버전압 이상의 전압을 인가하고, 게이트에 래칭전류 이상의 전류를 인가한다.
- Turn Off 조건은 애노드의 극성을 부(-)로 한다.
- 래칭전류는 사이리스터가 Turn On하기 시작하는 순전류이다.
- 이온이 소멸되는 시간이 짧다.
- 직류 및 교류 전압제어를 하며 스위칭 소자이다.

44
토크 $T = \dfrac{60P_2}{2\pi N_s} = \dfrac{60 \times \left(\dfrac{P_{c2}}{s}\right)}{2\pi\left(\dfrac{120f}{P}\right)} = \dfrac{60 \times \left(\dfrac{600}{0.05}\right)}{2\pi \times \left(\dfrac{120 \times 60}{20}\right)} = 318.3[\text{N} \cdot \text{m}]$

45 전기자 반작용의 영향
- 주자속 감소 : 발전기 - 유기기전력 감소, 전동기 - 토크 감소, 속도 증가
- 전기적 중성축 이동 : 발전기 - 회전방향, 전동기 - 회전 반대방향
- 정류자 편 간의 불꽃 섬락 발생 : 정류 불량의 원인

46 유도전압조정기

종 류	단상 유도전압조정기	3상 유도전압조정기
특 징	• 교번자계 이용 • 입력과 출력 위상차 없음 • 단락권선 필요	• 회전자계 이용 • 입력과 출력 위상차 있음 • 단락권선 필요 없음

- 단락권선의 역할 : 누설리액턴스에 의한 2차 전압 강하 방지
- 3상 유도전압조정기 위상차 해결 → 대각 유도전압조정기

47 동기전동기의 특징

장 점	단 점
• 속도가 N_s로 일정 • 역률을 항상 1로 운전 가능 • 효율이 좋음 • 공극이 크고 기계적으로 튼튼함	• 보통 기동토크가 작음 • 속도제어가 어려움 • 직류 여자가 필요함 • 난조가 일어나기 쉬움

48 단절권 계수
$K_p = \sin\dfrac{\beta\pi}{2}$

49 사이리스터 : 정류전압의 크기를 위상으로 제어한다.

50 양호한 정류방법
- 보극과 탄소 브러시를 설치한다.
- 평균 리액턴스 전압을 줄인다.
- 정류주기를 길게 한다.
- 회전속도를 늦게 한다.
- 인덕턴스를 작게 한다(단절권 채용).
- 정류자 편수를 많이 설치한다.

51
동기와트 $T = \dfrac{P}{\omega} = \dfrac{P}{2\pi n} = \dfrac{(1-s)P_2}{2\pi(1-s)n_s} = \dfrac{P_2}{\omega_s}$

$\therefore T = \dfrac{60}{2\pi} \dfrac{P_2}{N_s} [\text{N} \cdot \text{m}] = P_2 (\text{동기와트})$

52
- 직류기의 토크 측정 시험
  - 소형 : 와전류 제동기법, 프로니 브레이크법
  - 대형 : 전기 동력계법
- 온도시험 : 반환부하법(카프법, 홉킨스법, 블론델법), 실부하법, 저항법
- 앰플리다인 : 계자전류를 변화시켜 출력을 조정하는 직류발전기

53 사이리스터의 구분

단방향		양방향	
3단자	4단자	2단자	3단자
SCR GTO LASCR	SCS	DIAC SSS	TRIAC

54 위상 특성곡선(V곡선 $I_a - I_f$ 곡선, P 일정) : 계자전류의 변화에 대한 전기자전류의 변화를 나타낸 곡선(동기조상기로 조정)

가로축 I_f	최저점 $\cos\theta = 1$	세로축 I_a
감소	계자전류 I_f	증가
증가	전기자전류 I_a	증가
뒤진 역률(지상)	역률	앞선 역률(진상)
L	작용	C
부족여자	여자	과여자

$\cos\theta = 1$에서 전력 비교 $P \propto I_a$, 위 곡선의 전력이 크다.

55
차동계전기는 발전기, 변압기, 모선 등의 단락사고 시 검출용으로 사용된다.

56 브러시의 조건
접촉저항이 클 것, 마찰저항이 작을 것, 기계적으로 튼튼할 것

57 Y-Y결선의 특징
- 중성점 접지가 가능하여 단절연이 가능
- 이상전압 발생을 방지할 수 있고 지락사고 검출이 용이
- 상전압이 선간전압의 $\dfrac{1}{\sqrt{3}}$ 배이므로 고전압 결선에 용이

58 권선형 유도전동기에서 2차 저항이 증가하면 토크 곡선 등이 슬립이 증가하는 방향으로 2차 저항에 비례하며 이동한다. 즉, 같은 토크에서 2차 저항과 슬립은 비례하는데, 이를 비례추이라 한다.

59
- 3상-2상 간의 상수변환 결선법 : 스코트 결선(T결선), 메이어 결선, 우드 브리지 결선
- 3상-6상 간의 상수변환 결선법 : 환상 결선, 2중 3각 결선, 2중 성형 결선, 대각 결선, 포크 결선

60 **절연물의 허용온도[℃]**

Y	A	E	B	F	H	C
90	105	120	130	155	180	180 초과

61 $R-L$ 직렬회로, 직류인가

회로방정식 $RI(s) + \dfrac{1}{Cs}I(s) = \dfrac{E}{s}$

전류 $i(t) = \dfrac{E}{R}\left(1 - e^{-\frac{R}{L}t}\right)$

시정수 $\tau = \dfrac{L}{R} = \dfrac{1}{20 \times 10^{-3}} = 50[s]$

∴ 저항 2배인 경우 시정수

$\tau \propto \dfrac{1}{R}$, $\tau' = \dfrac{1}{2}\tau = \dfrac{1}{2} \times 50 = 25[s]$

62 **구형파** : 무수히 많은 고조파 성분이 포함되어 있다.

63 $I_1 = \dfrac{1}{3}(I_a + aI_b + a^2 I_c)$

$= \dfrac{1}{3}(10 + j3 + 1\angle 120 \times (-5 - j2) + 1\angle 240 \times (-3 + j4))$

$= 6.398 + j0.0893 = \sqrt{6.398^2 + 0.0893^2} = 6.398 ≒ 6.4[A]$

64 출력비(고장률) = 57.7[%]
이용률 = 86.6[%]

65 $I_{av} = \dfrac{2}{\pi}I_m = \dfrac{2}{\pi} \times 3\sqrt{2} ≒ 2.7[A]$

66 인덕턴스의 병렬연결, 가극성($-M$)이므로

합성인덕턴스 $L = M + \dfrac{(L_1 - M)(L_2 - M)}{(L_1 - M) + (L_2 - M)} = \dfrac{L_1 L_2 - M^2}{L_1 + L_2 - 2M}$

67 $Z_{11} = 3 + 5 = 8$
$Z_{12} = Z_{21} = 5$
$Z_{22} = 2 + 5 = 7$

68

왜형률 = $\dfrac{\text{전고조파의 실횻값}}{\text{기본파의 실횻값}} = \dfrac{\sqrt{\left(\dfrac{20}{\sqrt{2}}\right)^2 + \left(\dfrac{30}{\sqrt{2}}\right)^2 + \left(\dfrac{40}{\sqrt{2}}\right)^2}}{\dfrac{56}{\sqrt{2}}}$ 에서

분모·분자의 $\sqrt{2}$ 가 약분되므로(최댓값을 적용시켜도 됨)

왜형률 = $\dfrac{\sqrt{20^2 + 30^2 + 40^2}}{56} \fallingdotseq 0.96$

69

$V_{20} = I_{20}R_{20} = 6 \times 20 = 120[\text{V}]$

$V_{30} = I_{30}R_{30} = I_{30} \times 30 = 120[\text{V}]$

$I_{30} = 4[\text{A}]$

$\therefore\ I = I_{20} + I_{30} = 6 + 4 = 10[\text{A}]$

70

$I_L = \dfrac{V}{X_L} = \dfrac{V}{j\omega L} = \dfrac{1}{j4} = -j0.25$

$I_C = \dfrac{V}{X_C} = \dfrac{V}{-j\dfrac{1}{\omega C}} = j\dfrac{1}{4} = j0.25$

$I = I_R + I_L + I_C = 0.5 - j0.25 + j0.25 = 0.5[\text{A}]$

(L과 C가 병렬공진이므로 $I = I_R$에 흐르는 전류는 같다)

71 $R-L-C$ 직렬회로

- 입력 : $E_i(s) = \left(R + Ls + \dfrac{1}{Cs}\right)I(s) = \left(1 + s + \dfrac{5}{s}\right)I(s)$

- 출력 : $V_R(s) = I(s)$

- 전달함수 $G(s) = \dfrac{I(s) \times s}{\left(1 + s + \dfrac{5}{s}\right)I(s) \times s} = \dfrac{s}{s^2 + s + 5}$

$s = j\omega$를 대입 $H(s) = \dfrac{j\omega}{-\omega^2 + j\omega + 5} = \dfrac{j\omega}{(5-\omega^2) + j\omega}$

72

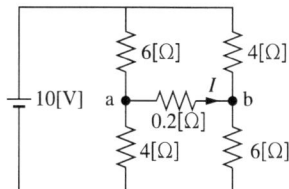

$\dfrac{6 \times 4}{6 + 4} = 2.4[\Omega]$

$2.4[\Omega] + 2.4[\Omega] = 4.8[\Omega]$

$V_a = 4[\text{V}],\ V_b = 6[\text{V}]$ ($V_a,\ V_b$점의 전위차)

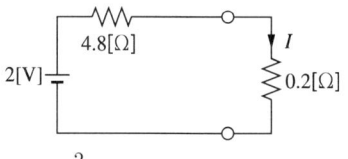

$I = \dfrac{2}{4.8 + 0.2} = 0.4[\text{A}]$

73

$A = 1 + \dfrac{R_1}{R_2}$ $A = 1$

$B = R_1$ $B = R_4$

$C = \dfrac{1}{R_2}$ $C = \dfrac{1}{R_3}$

$D = 1$ $D = 1 + \dfrac{R_4}{R_3}$

※ $R_2 = R_3$이면 C가 동일,
    $R_1 = R_4 = 0$이면 A, B, D가 동일

74 테브낭의 정리를 이용한다.

$R_T = \dfrac{RR_1}{R + R_1}$

RC 직렬 시정수 $\tau = RC = R_T C = \dfrac{RR_1 C}{R + R_1}$

75
- 직류 $P = \dfrac{V^2}{R}$ 에서 $R = \dfrac{V^2}{P} = \dfrac{100^2}{500} = 20[\Omega]$
- 교류 $P = I^2 R = \left(\dfrac{V}{\sqrt{R^2 + X_L^2}}\right)^2 R$ 에서

$R^2 + X_L^2 = \dfrac{RV^2}{P}$

∴ 유도리액턴스

$X_L = \sqrt{\dfrac{RV^2}{P} - R^2} = \sqrt{\dfrac{20 \times 150^2}{720} - 20^2} = 15[\Omega]$

76
$Y = Y_1 + Y_2$
$= \dfrac{1}{R} + \dfrac{1}{jX_L}$
$= \dfrac{1}{\frac{1}{3}} + \dfrac{1}{j\frac{1}{4}} = 3 - j4[\mho]$

77 3상 불평형률 $= \dfrac{\text{역상전압}}{\text{정상전압}} \times 100[\%]$

78 3상 소비전력 $P = \sqrt{3}\, V_l I_l \cos\theta\, \eta\,[\text{W}]$

전류 $I_l = \dfrac{P}{\sqrt{3}\, V_l \cos\theta\, \eta} = \dfrac{3{,}700}{\sqrt{3} \times 200 \times 0.8 \times 0.9} \fallingdotseq 14.8[\text{A}]$

79 단상 소비전력

$$P = VI\cos\theta = \frac{141.4}{\sqrt{2}} \times \frac{\sqrt{8}}{\sqrt{2}} \times \cos 30° ≒ 173.2 ≒ 173[\text{W}]$$

여기서, 위상차 $\theta = \frac{\pi}{3} - \frac{\pi}{6} = \frac{\pi}{6} = 30°$

80
$$f(t) = u(t-1) - u(t-2)$$
$$= \frac{1}{s}e^{-s} - \frac{1}{s}e^{-2s}$$
$$= \frac{1}{s}(e^{-s} - e^{-2s})$$

81 KEC 333.11(특고압 가공전선로의 철주·철근 콘크리트주 또는 철탑의 종류)
- 직선형 : 전선로의 직선 부분(3° 이하인 수평각도를 이루는 곳을 포함)
- 각도형 : 전선로 중 3°를 초과하는 수평각도를 이루는 곳
- 잡아당김형 : 전가섭선을 잡아당기는 곳에 사용하는 것
- 내장형 : 전선로의 지지물 양쪽의 지지물 간 거리의 차가 큰 곳에 사용하는 것
- 보강형 : 전선로의 직선 부분에 그 보강을 위하여 사용하는 것

82 KEC 203.3(TT계통)
전원의 한 점을 직접 접지하고 설비의 노출도전부는 전원의 접지전극과 전기적으로 독립적인 접지극에 접속시킨다. 배전계통에서 PE도체를 추가로 접지할 수 있다.

83 KEC 241.5(전기온상 등)
- 대지전압 : 300[V] 이하, 발열선 온도 : 80[℃]를 넘지 않도록 시설
- 발열선의 지지점 간 거리는 1.0[m] 이하
- 발열선과 조영재 사이의 간격은 0.025[m] 이상

84 KEC 132(전로의 절연저항 및 절연내력)

종 류	비접지	중성점 접지	중성점 직접접지
170[kV]	×1.25	×1.1	×0.64
60[kV]	(최저시험전압 10.5[kV])	(최저시험전압 75[kV])	×0.72
7[kV]	×1.5	25[kV] 이하 중성점 다중접지 ×0.92	

∴ 절연내력 시험전압 = 22,000 × 1.25 = 27,500[V]

85 KEC 351.3(발전기 등의 보호장치)
- 발전기에 과전류나 과전압이 생긴 경우
- 압유장치 유압이 현저히 저하된 경우
  - 수차발전기 : 500[kVA] 이상
  - 풍차발전기 : 100[kVA] 이상
- 스러스트 베어링의 온도가 현저히 상승한 경우 : 2,000[kVA] 이상
- 내부고장이 발생한 경우 : 10,000[kVA] 이상

86 KEC 333.22(특고압 보안공사)
    제1종 특고압 보안공사의 전선 굵기

사용전압	전 선
100[kV] 미만	인장강도 21.67[kN] 이상의 연선 또는 단면적 55[mm^2] 이상의 경동연선
100[kV] 이상 300[kV] 미만	인장강도 58.84[kN] 이상의 연선 또는 단면적 150[mm^2] 이상의 경동연선
300[kV] 이상	인장강도 77.47[kN] 이상의 연선 또는 단면적 200[mm^2] 이상의 경동연선

87 KEC 232.12(금속관공사)
    • 전선은 절연전선(옥외용 비닐절연전선을 제외한다)일 것
    • 연선일 것(단, 전선관이 짧거나 10[mm^2] 이하(알루미늄은 16[mm^2])일 때 예외)
    • 관의 두께 : 콘크리트에 매입하는 것은 1.2[mm] 이상(노출공사 1.0 [mm] 이상. 단, 길이 4[m] 이하이고 건조한 노출된 공사 : 0.5[mm] 이상)
    • 폭발방지형 부속품 : 전선관과의 접속부분 나사는 5산 이상 완전히 나사결합
    • 관의 끝부분에는 전선의 피복을 손상하지 아니하도록 부싱을 사용할 것
    • 접지공사 생략(400[V] 이하)
      - 건조하고 총길이 4[m] 이하인 곳(400[V] 이하)
      - 8[m] 이하, DC 300[V], AC 150[V] 이하인 사람 접촉이 없는 경우

88 KEC 151.3(피뢰시스템 등급선정)
    피뢰시스템 등급은 대상물의 특성에 따라 KS C IEC 62305-1(피뢰시스템-제1부 : 일반원칙)의 "8.2 피뢰레벨", KS C IEC 62305-2(피뢰시스템-제2부 : 리스크관리), KS C IEC 62305-3(피뢰시스템-제3부 : 구조물의 물리적 손상 및 인명위험)의 "4.1 피뢰시스템의 등급"에 의한 피뢰레벨 따라 선정한다. 다만, 위험물의 제조소 등에 설치하는 피뢰시스템은 II 등급 이상으로 하여야 한다.

89 기술기준 제27조(전선로의 전선 및 절연성능)
    저압 전선로 중 절연 부분의 전선과 대지 간 및 전선의 심선 상호 간의 절연저항은 사용전압에 대한 누설전류가 최대공급전류의 1/2,000을 넘지 않도록 하여야 한다(단상 2선식인 경우 1/1,000).

90 KEC 232.56(애자공사), 342.1(고압 옥내배선 등의 시설)
    • 전선의 종류 : 절연전선. 단, 옥외용 비닐절연전선(OW) 및 인입용 비닐절연전선(DV)은 제외한다.
    • 간 격

구 분			전선과 조영재 간격	전선 상호 간의 간격	전선 지지점 간의 거리	
					조영재 윗면 또는 옆면	조영재 따라 시설 않는 경우
저 압	400[V] 이하		25[mm] 이상	0.06[m] 이상	2[m] 이하	–
	400[V] 초과	건 조	25[mm] 이상			6[m] 이하
		기 타	45[mm] 이상			
고 압			0.05[m] 이상	0.08[m] 이상		

91 KEC 222.2/331.11(지지선의 시설)

안전율	2.5 이상(목주나 A종 : 1.5 이상)	아연도금철봉	지중 및 지표상 0.3[m]까지
구 조	4.31[kN] 이상, 3가닥 이상의 연선	도로횡단	5[m] 이상(교통 지장 없는 장소 : 4.5[m])
금속선	2.6[mm] 이상(아연도강연선 2.0[mm] 이상)	기 타	철탑은 지지선으로 그 강도를 분담시키지 않을 것

92　KEC 351.6(감시 및 계측장치 등)
- 계측장치 : 전압계 및 전류계, 전력계
- 발전기의 베어링 및 고정자의 온도
- 특고압용 변압기의 온도
- 정격출력이 10,000[kW]를 초과하는 증기터빈에 접속하는 발전기의 진동의 진폭

93　KEC 342.2(옥내 고압용 이동전선의 시설)
옥내에 시설하는 고압의 이동전선은 다음에 따라 시설하여야 한다.
- 전선은 고압용의 캡타이어케이블일 것
- 이동전선과 전기사용기계기구와는 볼트 조임 기타의 방법에 의하여 견고하게 접속할 것
- 이동전선에 전기를 공급하는 전로(유도 전동기의 2차측 전로를 제외한다)에는 전용 개폐기 및 과전류 차단기를 각극(과전류 차단기는 다선식 전로의 중성극을 제외한다)에 시설하고, 또한 전로에 지락이 생겼을 때에 자동적으로 전로를 차단하는 장치를 시설할 것

94　KEC 111(통칙)

크기＼종류	교류	직류
저압	1[kV] 이하	1.5[kV] 이하
고압	1[kV] 초과 7[kV] 이하	1.5[kV] 초과 7[kV] 이하
특고압	7[kV] 초과	7[kV] 초과

95　KEC 222.5(저압 가공전선의 굵기 및 종류), 333.4(특고압 가공전선의 굵기 및 종류)

전압		조건	인장강도	경동선의 굵기
저압	400[V] 이하	절연전선	2.3[kN] 이상	2.6[mm] 이상
		나전선	3.43[kN] 이상	3.2[mm] 이상
	400[V] 초과	시가지	8.01[kN] 이상	5.0[mm] 이상
		시가지 외	5.26[kN] 이상	4.0[mm] 이상
특고압		일반	8.71[kN] 이상	22[mm^2] 이상

96　KEC 221.1(구내인입선)
이웃 연결 인입선의 시설
- 인입선에서 분기하는 점으로부터 100[m]를 초과하는 지역에 미치지 아니할 것
- 폭 5[m]를 초과하는 도로를 횡단하지 아니할 것
- 옥내를 통과하지 아니할 것

97　KEC 364.1(무선용 안테나 등을 지지하는 철탑 등의 시설)
무선통신용 안테나나 반사판을 지지하는 지지물들의 안전율 : 1.5 이상

98 KEC 203.1(계통접지 구성)
- 저압전로의 보호도체 및 중성선의 접속 방식에 따라 접지계통은 다음과 같이 분류한다.
  - TN 계통
  - TT 계통
  - IT 계통
- 계통접지에서 사용되는 문자의 정의는 다음과 같다.
  - 제1문자 - 전원계통과 대지의 관계
    - T : 한 점을 대지에 직접 접속
    - I : 모든 충전부를 대지와 절연시키거나 높은 임피던스를 통하여 한 점을 대지에 직접 접속
  - 제2문자 - 전기설비의 노출도전부와 대지의 관계
    - T : 노출도전부를 대지로 직접 접속. 전원계통의 접지와는 무관
    - N : 노출도전부를 전원계통의 접지점(교류 계통에서는 통상적으로 중성점, 중성점이 없을 경우는 선도체)에 직접 접속
  - 그 다음 문자(문자가 있을 경우) - 중성선과 보호도체의 배치
    - S : 중성선 또는 접지된 선도체 외에 별도의 도체에 의해 제공되는 보호 기능
    - C : 중성선과 보호 기능을 한 개의 도체로 겸용(PEN 도체)

99 KEC 222.21/332.21(저·고압 가공전선과 가공약전류전선 등의 공용설치), 333.19(저·고압 가공전선과 가공약전류전선 등의 공용설치)

구 분	저 압	고 압	특고압
약전선(케이블)	0.75[m] 이상(0.3[m])	1.5[m] 이상(0.5[m])	2[m] 이상(0.5[m])
기 타	• 저·고압 - 전선로의 지지물로서 사용하는 목주의 풍압하중에 대한 안전율은 1.5 이상일 것 - 상부에 가공전선을 시설하며 별도의 완금류에 시설할 것 • 특고압 - 제2종 특고압 보안공사에 의할 것 - 사용전압 35[kV] 이하에서만 시설 - 21.67[kN] 이상의 연선, 50[mm^2] 이상인 경동연선 사용		

100 KEC 542.2(제어 및 보호장치 등)
접지설비
- 접지극은 고장 시 그 근처의 대지 사이에 생기는 전위차에 의하여 사람이나 가축 또는 다른 시설물에 위험을 줄 우려가 없도록 시설할 것
- 접지도체는 공칭단면적 16[mm^2] 이상의 연동선 또는 이와 동등 이상의 세기 및 굵기의 쉽게 부식하지 아니하는 금속선(저압전로의 중성점에 시설하는 것은 공칭단면적 6[mm^2] 이상의 연동선 또는 이와 동등 이상의 세기 및 굵기의 쉽게 부식하지 않는 금속선)으로서 고장 시 흐르는 전류가 안전하게 통할 수 있는 것을 사용하고 또한 손상을 받을 우려가 없도록 시설할 것
- 접지도체에 접속하는 저항기·리액터 등은 고장 시 흐르는 전류를 안전하게 통할 수 있는 것을 사용할 것
- 접지도체·저항기·리액터 등은 취급자 이외의 자가 출입하지 아니하도록 설비한 곳에 시설하는 경우 이외에는 사람이 접촉할 우려가 없도록 시설할 것

2023년 제2회 CBT

page 232

1	2	3	4	5	6	7	8	9	10	11	12	13	14	15	16	17	18	19	20
①	③	①	③	①	④	④	①	②	③	③	④	①	①	③	③	③	②	①	③
21	22	23	24	25	26	27	28	29	30	31	32	33	34	35	36	37	38	39	40
④	③	②	②	②	④	①	②	①	③	①	④	②	①	④	①	④	④	③	①
41	42	43	44	45	46	47	48	49	50	51	52	53	54	55	56	57	58	59	60
④	②	②	②	①	④	②	②	①	①	①	①	②	②	②	②	③	②	④	②
61	62	63	64	65	66	67	68	69	70	71	72	73	74	75	76	77	78	79	80
③	③	②	①	③	③	①	①	②	①	①	③	②	①	②	④	④	②	③	①
81	82	83	84	85	86	87	88	89	90	91	92	93	94	95	96	97	98	99	100
②	①	④	②	①	①	①	④	①	②	③	④	③	②	②	②	①	③	②	④

01 정전응력은 (+)극판과 (−)극판 사이에서 발생하며 도체 내부 방향이다.
$$F = \frac{1}{2}\varepsilon E^2 = \frac{1}{2}ED = \frac{D^2}{2\varepsilon}$$

02 자기회로와 전기회로의 대응

자기회로	전기회로
자속 $\phi[\text{Wb}]$	전류 $I[\text{A}]$
자계 $H[\text{AT/m}]$	전계 $E[\text{V/m}]$
기자력 $F[\text{AT}]$	기전력 $U[\text{V}]$
자속밀도 $B[\text{Wb/m}^2]$	전류밀도 $i[\text{A/m}^2]$
투자율 $\mu[\text{H/m}]$	도전율 $k[\mho/\text{m}]$
자기저항 $R_m[\text{AT/Wb}]$	전기저항 $R[\Omega]$

03 파이로(Pyro)전기(초전효과)
로셀염이나 수정의 결정을 가열하면 한 면에 정(+)의 전기가, 반대면에 부(−)의 전기 분극을 일으키고, 반대로 냉각시키면 역의 분극이 일어난다. 이 전기를 파이로전기(Pyro-electricity)라 한다(열에너지 → 전기에너지).

04 도체 내부의 전계의 세기 $E = 0$이므로 $D = \varepsilon_0 E = 0$이다.

05 B코일 인덕턴스 $L_A = \dfrac{N_B^2}{R_m}$ 대입

$M = \sqrt{L_B L_A} = \sqrt{\dfrac{N_A^2}{R_m} \dfrac{N_B^2}{R_m}} = \dfrac{N_A N_B}{R_m}[\text{H}]$ 에서 $R_m = \dfrac{N_B^2}{L_A}$ 대입

$\therefore M = \dfrac{N_A N_B}{\dfrac{N_B^2}{L_A}} = \dfrac{N_A L_A}{N_B}[\text{H}]$

06
$$F_A = \left(9 \times 10^9 \times \frac{Q^2}{r^2} \times \cos 30°\right) \times 2$$
$$= 9 \times 10^9 \times \frac{(2 \times 10^{-6})^2}{0.1^2} \times \frac{\sqrt{3}}{2} \times 2 = 3.6\sqrt{3} \text{ [N]}$$

07 20[℃]인 경우 $R = \rho \frac{l}{s} = 1.69 \times 10^{-8} \times \frac{200}{2 \times 10^{-6}} = 1.69[\Omega]$

∴ $R_T = R\{1 + \alpha(T - t)\} = 1.69 \times \{1 + 0.0039(50 - 20)\} = 1.887[\Omega]$

08 자화의 세기 $J = \mu_0(\mu_s - 1)H = \chi H [\text{Wb/m}^2]$에서

자화율 $\chi_m = \mu_0(\mu_s - 1) = \mu - \mu_0$

따라서 비자화율 $\chi_{er} = \frac{\chi_m}{\mu_0} = \mu_s - 1$이므로

비투자율 $\mu_s = 1 + \frac{\chi_m}{\mu_0}$

09 변위전류밀도 $i_d = \frac{\partial D}{\partial t} [\text{A/m}^2]$ (시간에 따라 전속밀도의 크기가 변화하면 변위전류가 발생한다)

10 $F = -\lambda E[\text{N/m}] = -\lambda \frac{\lambda}{2\pi\varepsilon_0 r} = -\lambda \frac{\lambda}{2\pi\varepsilon_0 \times 2d} = \frac{-\lambda^2}{4\pi\varepsilon_0 d} [\text{N/m}]$

11 단상 선로에서 전류는 왕복해서 흐르므로 반발력이 작용하게 된다.

따라서 전자력 $F = \frac{2I^2}{d} \times 10^{-7} = \frac{2 \times 3^2 \times 10^{-7}}{1.5} = 12 \times 10^{-7} = 1.2 \times 10^{-6} [\text{N/m}]$

12 C_2와 C_x를 합성하여 회로를 그리면 다음과 같다.

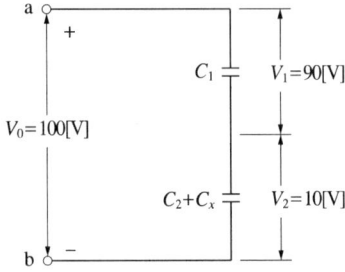

따라서 전압분배법칙에 의해 V_2의 전압을 구하면

$V_2 = \frac{C_1}{C_1 + C_2 + C_x} \times V_0$ 이므로

$10 = \frac{0.02}{0.12 + C_x} \times 100$에서 $0.12 + C_x = 0.2$

∴ $C_x = 0.2 - 0.12 = 0.08[\mu\text{F}]$

13 **포인팅벡터** : 단위시간에 단위면적을 지나는 에너지

임의의 점을 통과할 때의 전력밀도 $P = E \times H = EH\sin\theta [\text{W/m}^2]$에서 자계와 전계는 수직이므로 $P = EH[\text{W/m}^2]$

14 점전하의 전계 $E = \dfrac{1}{4\pi\varepsilon_0}\dfrac{Q}{r^2}[\text{V/m}]$

15 전기력선의 성질
- 전기력선은 정전하에서 시작하여 부전하에서 그친다.
- 전하가 없는 곳에서는 전기력선의 발생, 소멸이 없고 연속적이다.
- 전위가 높은 점에서 낮은 점으로 향한다.
- 그 자신만으로 폐곡선이 되는 일은 없다.
- 전계가 0이 아닌 곳에서는 2개의 전기력선은 교차하지 않는다.
- 도체 내부에는 전기력선이 없다.
- 수직 단면의 전기력선 밀도는 전계의 세기이고(1[개/m²] = 1[N/C]), 전기력선의 접선방향은 전계의 방향이다.
- 도체면(등전위면)에서 전기력선은 수직으로 출입한다.
- 단위전하 ±1[C]에서는 $\dfrac{1}{\varepsilon_0}$ 개의 전기력선이 출입한다.

16 구도체의 정전용량

$C = 4\pi\varepsilon_0 a = \dfrac{1}{9\times 10^9}\times a$ 이므로

반지름 $a = 9\times 10^9 C = 9\times 10^9 \times 50\times 10^{-12} = 0.45\times 10^2 = 45[\text{cm}]$

17
- 전계의 세기$(E) = \dfrac{D-P}{\varepsilon_0} \rightarrow \varepsilon_0 E = D - P$
- 분극의 세기$(P) = D - \varepsilon_0 E = D - \dfrac{D}{\varepsilon_s} = D\left(1 - \dfrac{1}{\varepsilon_s}\right) = \varepsilon_0 \varepsilon_s E - \varepsilon_0 E = \varepsilon_0(\varepsilon_s - 1)E$

18 자계 중의 자극이 받는 힘 $F = mH = \dfrac{mB}{\mu_s \mu_0}$

19 파이로(Pyro)전기(초전효과)
로셀염이나 수정의 결정을 가열하면 한 면에 정(+)의 전기가, 반대면에 부(−)의 전기 분극을 일으키고, 반대로 냉각시키면 역의 분극이 일어난다. 이 전기를 파이로전기(Pyro-electricity)라 한다(열에너지 → 전기에너지).

20 임계온도 이하 시 전기저항은 0이며, 내부자기장도 0이 된다.

21 설비용량별 3차 권선(△결선)의 사용방법
- 345[kV]의 Y-Y-△(345[kV]-154[kV]-23[kV]) : △결선(3차 권선)은 조상설비를 접속하고 변전소 소내 전원용으로 사용한다.
- 154[kV]의 Y-Y-△(154[kV]-23[kV]-6.6[kV]) : △결선(3차 권선)은 외함에 접지하고 부하를 접지하지 않는 안정권선으로 사용한다.

22 **직접접지(유효접지방식)** : 154[kV], 345[kV], 765[kV]의 송전선로에 사용
- 장 점
  - 1선 지락고장 시 건전상 전압상승이 거의 없다(대지전압의 1.3배 이하).
  - 계통에 대해 절연레벨을 낮출 수 있다.
  - 지락전류가 크므로 보호계전기 동작이 확실하다.
- 단 점
  - 1선 지락고장 시 인접 통신선에 대한 유도장해가 크다.
  - 절연수준을 높여야 한다.
  - 과도안정도가 나쁘다.
  - 큰 전류를 차단하므로 차단기 등의 수명이 짧다.
  - 통신유도장해가 최대가 된다.

23 $V_n = V_a + a^2 V_b + a V_c = 0$ (3ϕ 평형일 경우, 중성점 전압, 전류는 0이다)

24 공진상태이므로 $I = \dfrac{V}{R} = \dfrac{4,400}{200} = 22[\text{A}]$

25 $Q_c = 3\omega CE^2 = 3 \times 2\pi \times 60 \times \dfrac{1}{6\pi} \times 10^{-6} \times 20,000^2 \times 10^{-3} = 24[\text{kVA}]$

26 전력용 퓨즈 장단점

장 점	단 점
• 가격이 저렴하다. • 소형·경량이다. • 고속차단이다. • 보수가 간단하다. • 차단능력이 크다.	• 재투입이 불가능하다. • 과도전류에 용단되기 쉽다. • 계전기를 자유로이 조정할 수 없다. • 한류형은 과전압이 발생된다. • 고임피던스 접지사고는 보호할 수 없다.

27
- 정전 : CB Off → DS Off
- 급전 : DS On → CB On
- ※ 인터로크 : 차단기가 열려 있어야만 단로기 개폐 가능(상대 동작 금지회로)

28 **코로나** : 전선로 주변의 전위경도가 상승해서 공기의 부분적인 절연파괴가 일어나는 현상으로 빛과 소리를 동반한다.
- 코로나의 영향
  - 통신선의 유도 장해가 발생한다.
  - 코로나 손실 발생 → 송전손실 → 송전효율 저하
  - 코로나 잡음 및 소음이 발생한다.
  - 전선이 부식된다(원인 : 오존(O_3)).
  - 소호 리액터의 소호 능력이 저하된다.
  - 진행파의 파곳값은 감소한다.
- 코로나의 대책
  - 코로나 임계전압을 크게 한다.
  - 전위경도를 작게 한다.
  - 전선의 지름을 크게 한다.
  - 복도체(다도체) 방식 및 가선금구의 개량을 채용한다.

29 $P = 9.8 QH\eta = 9.8 \times 20 \times (300 \times 0.94) \times 0.9 \times 0.98 \fallingdotseq 48,749.9[\text{kW}]$

30 복도체(다도체) 방식의 주목적 : 코로나 방지
- 인덕턴스는 감소, 정전용량은 증가
- 같은 단면적의 단도체에 비해 전력용량의 증대
- 코로나의 방지, 코로나 임계전압의 상승
- 송전용량의 증대
- 소도체 충돌 현상(대책 : 스페이서의 설치)
- 단락 시 대전류 등이 흐를 때 소도체 사이에 흡인력이 발생

31 집진장치
- 전기식 집진장치 : 코트렐 집진장치
- 기계식 집진장치 : 사이클론 집진장치

효율이 좋은 것은 전기식 집진장치인 코트렐 집진장치이다.

32
- 가공지선의 설치목적 : 직격뢰 차폐, 유도뢰 차폐, 통신선에 대한 전기유도장해 경감
- 매설지선 : 철탑의 접지저항을 줄여 역섬락 방지

33 페란티 현상
선로의 충전전류 때문에 무부하 시 송전단 전압보다 수전단 전압(앞선 충전전류)이 커지는 현상이다. 방지법으로는 분로리액터 설치 및 동기조상기의 지상용량을 공급한다.

34
일정 $P = V\uparrow I\downarrow$ (애자지지물 비용↑, 전선비용↓)
일정 $P = V\downarrow I\uparrow$ (애자지지물 비용↓, 전선비용↑)

35 제한전압
피뢰기 동작 중에 계속해서 걸리고 있는 단자전압의 파곳값

36 저압 네트워크방식
- 무정전 공급방식으로 공급신뢰도가 높다.
- 공급신뢰도가 가장 좋고 변전소의 수를 줄일 수 있다.
- 전압강하, 전력손실이 적다.
- 부하 증가 시 대응이 우수하다.
- 설비비가 고가이다.
- 인축의 접지사고가 있을 수 있다.
- 고장 시 고장전류가 역류할 수 있다.
- 대책 : 네트워크 프로텍터(저압용 차단기, 저압용 퓨즈, 전력방향 계전기)

37
$$연부하율 = \frac{연간전력량/(365 \times 24)}{연간최대전력} \times 100$$
$$= \frac{E}{8,760W} \times 100[\%]$$

38 전력계통의 조정
- P-F Control : 유효전력은 주파수로 제어(거버너 밸브를 통해 유효전력을 조정)
- Q-V Control : 무효전력은 전압으로 제어

39 조상설비의 비교

구 분	진 상	지 상	시충전	조 정	전력손실
콘덴서	○	×	×	단계적	0.3[%] 이하
리액터	×	○	×	단계적	0.6[%] 이하
동기조상기	○	○	○	연속적	1.5~2.5[%]

40 $I_S = \dfrac{100}{\%Z} \dfrac{P[\text{kVA}]}{\sqrt{3} \times V[\text{kV}]} = \dfrac{100}{8} \times \dfrac{20{,}000}{\sqrt{3} \times 22} ≒ 6{,}561[\text{A}]$

41 $P_{c2} = \dfrac{s}{1-s} P_{20} = \dfrac{0.03}{1-0.03}(15{,}000 + 350)$
$= 474.74[\text{W}]$

42 DC 서보전동기와 AC 서보전동기의 비교

DC 서보전동기	AC 서보전동기
브러시의 마찰에 의한 부동작시간(지연시간)이 있다.	마찰이 적다(베어링 마찰뿐이다).
정류자와 브러시의 손질이 필요하다.	튼튼하고 보수가 쉽다.
직류전원이 필요하며 회로의 독립이 곤란하다.	회로는 절연변압기에 의해 쉽게 독립시킬 수 있다.
직류 서보증폭기는 드리프트에 문제가 있다.	비교적 제어가 용이하다.
기동토크는 AC식보다 월등히 크다.	토크는 DC식에 비하여 뒤떨어진다.
회전속도를 임의로 선정할 수 있다.	극수와 주파수로 회전수가 결정된다.
회전 증폭기, 제어발전기의 조합으로 대용량의 것을 만들 수 있다.	대용량의 것은 2차 동손 때문에 온도상승에 대한 특별한 고려를 해야 한다.
전기자 및 계자에 의해서 제어할 수 있다.	전압 및 위상제어를 할 수 있다.
계자에 여러 종류의 제어권선을 병용할 수 있다.	제어전압의 임피던스가 특성에 영향을 미친다.

43

종 류	횡 축	종 축	조 건
무부하 포화곡선	I_f (계자전류)	V (단자전압)	n 일정, $I=0$
외부 특성곡선	I (부하전류)	V (단자전압)	n 일정, R_f 일정
내부 특성곡선	I (부하전류)	E (유기기전력)	n 일정, R_f 일정
부하 특성곡선	I_f (계자전류)	V (단자전압)	n 일정, I 일정
계자 조정곡선	I (부하전류)	I_f (계자전류)	n 일정, V 일정

44 $E = 4.44 k f \phi \omega$ 에서 $f = \dfrac{PN_s}{120}$ 이므로 $E \propto N_s$

$E' = \dfrac{N'}{N} E = \dfrac{1{,}800}{900} \times 6{,}000 = 12{,}000[\text{V}]$

45 **과정류** : 정류 초기에 브러시(전단부)에서 전류가 지나치게 급히 변화되어 높은 전압이 발생, 브러시 앞(전단)부분에서 불꽃이 발생한다.

46 다이오드 동일 방향 중간에 각각 전원을 인가해야 한다.

47 제3고조파를 제거하기 위해서는 $\frac{코일간격}{극간격}$을 67[%]로 해야 한다.

제5고조파를 제거하기 위해서는 $\frac{코일간격}{극간격}$을 80[%]로 해야 한다.

∴ 0.8

48 변압기의 전압변동률 $\varepsilon = \frac{V_{20} - V_{2n}}{V_{2n}} \times 100$에서

$V_{20} = \left(1 + \frac{\varepsilon}{100}\right) \times V_{2n} = 1.04 \times 100 = 104[V]$

∴ 1차 단자전압 $V_{10} = a \times V_{20} = 20 \times 104 = 2,080[V]$

49 변압기 내부고장 보호용
- 전기적인 보호 : 차동계전기(단상), 비율차동계전기(3상)
- 기계적인 보호 : 부흐홀츠계전기, 유온계, 유위계, 서든프레서(압력계전기)

50 동기발전기의 병렬운전
- 유기기전력이 높은 발전기(여자전류가 높은 경우) : 90° 지상전류가 흘러 역률이 저하된다.
- 유기기전력이 낮은 발전기(여자전류가 낮은 경우) : 90° 진상전류가 흘러 역률이 상승된다.

51 단상 반파 정류 효율 $\eta = \frac{4}{\pi^2} \times 100 = 40.5[\%]$

52 역률 100[%]일 때 $\varepsilon = p = 2$
역률 80[%]일 때 $\varepsilon = p\cos\theta + q\sin\theta$에서 $3 = 2 \times 0.8 + q \times 0.6$이므로 $q = 2.33[\%]$
∴ $\varepsilon_{max} = \sqrt{p^2 + q^2} = \sqrt{2^2 + 2.33^2} = 3.1[\%]$

53 권수비 $a = \frac{420}{105} = 4$이므로

$V_1 = 400[V]$ 인가 시 $V_2 = 100[V]$이다.

감극성이므로 $V_3 = V_1 - V_2 = 400 - 100 = 300[V]$

54 반발형은 브러시가 필요하다.

55 균압선
- 병렬운전을 안정하게 하기 위하여 설치하는 것
- 직렬 계자권선을 가지는 발전기에 필요 : 직권 및 복권발전기

56 임피던스와트 $P_c = \%r \times P_n = 0.024 \times 5,000 = 120[W]$

57

$$I_f = \frac{V}{R_f} = \frac{V}{20}$$

$$V = \frac{940 \times \frac{V}{20}}{33 + \frac{V}{20}} \text{에서 } \left(33 + \frac{V}{20}\right)V = 940 \times \frac{V}{20}$$

$$\therefore V = 280[\text{V}]$$

58 유도전동기의 기동계급은 다음과 같다.

기동계급	1[kW]당 입력[kVA]	기동계급	1[kW]당 입력[kVA]
A	4.2 미만	L	12.1 이상 13.4 미만
B	4.2 이상 4.8 미만	M	13.4 이상 15.0 미만
C	4.8 이상 5.4 미만	N	15.0 이상 16.8 미만
D	5.4 이상 6.0 미만	P	16.8 이상 18.8 미만
E	6.0 이상 6.7 미만	R	18.8 이상 21.5 미만
F	6.7 이상 7.5 미만	S	21.5 이상 24.1 미만
G	7.5 이상 8.4 미만	T	24.1 이상 26.8 미만
H	8.4 이상 9.5 미만	U	26.8 이상 30.0 미만
J	9.5 이상 10.7 미만	V	30.0 이상
K	10.7 이상 12.1 미만		

59 리플전압$(V) = \dfrac{E_a}{E_d}$

$E_a = VE_d = 0.03 \times 2{,}000 = 60[\text{V}]$

60 동기와트는 동기 각속도로 회전 시 2차 입력을 토크로 표시한 것이다.

61

$$\frac{V_2}{V_1} = \frac{R \times sC}{\left(R + \frac{1}{sC}\right) \times sC} = \frac{RsC \times \frac{1}{RC}}{(RsC+1) \times \frac{1}{RC}} = \frac{s}{s + \frac{1}{RC}} = \frac{j\omega}{j\omega + \frac{1}{RC}}$$

62

$$V_l = 2V_p \sin\frac{\pi}{n}$$

$$\therefore \frac{V_l}{V_p} = 2\sin\frac{\pi}{n}$$

63
- 유도리액턴스 $X_L = \omega L = 2\pi \times 1{,}000 \times 5 \times 10^{-3} \fallingdotseq 31.42[\Omega]$
- 용량리액턴스 $X_C = \dfrac{1}{\omega C} = \dfrac{1}{2\pi \times 1{,}000 \times C} = X_L = 31.42[\Omega]$

$\therefore$ 정전용량 $C = \dfrac{1}{\omega X_C} = \dfrac{1}{2\pi \times 1{,}000 \times X_C} = \dfrac{1}{2\pi \times 1{,}000 \times 31.42} \times 10^6 \fallingdotseq 5.07[\mu\text{F}]$

64 어드미턴스

$$Y = \frac{1}{R+j\omega L} + j\omega C = \frac{R-j\omega L}{(R+j\omega L)(R-j\omega L)} + j\omega C = \frac{R-j\omega L}{R^2+(\omega L)^2} + j\omega C$$
$$= \frac{R}{R^2+(\omega L)^2} - \frac{j\omega L}{R^2+(\omega L)^2} + j\omega C = \frac{R}{R^2+(\omega L)^2} + j\left(\omega C - \frac{\omega L}{R^2+(\omega L)^2}\right)$$

공진 시 $\omega C = \dfrac{\omega L}{R^2+(\omega L)^2}$ 이므로 대입하면

$R^2 + (\omega L)^2 = \dfrac{\omega L}{\omega C}$ 에서 $R^2 + (\omega L)^2 = \dfrac{L}{C}$

$\therefore Y = \dfrac{R}{R^2+(\omega L)^2}$ 에서 $Y = \dfrac{R}{\dfrac{L}{C}} = \dfrac{CR}{L}\,[\mho]$

65 $I = \sqrt{I_0^2 + I_1^2 + I_3^2} = \sqrt{100^2 + 50^2 + 20^2} \fallingdotseq 114\,[\mathrm{A}]$

66 $I_a = I_0 + I_1 + I_2 = -2 + j4 + 6 - j5 + 8 + j10$
$= 12 + j9$
$= \sqrt{12^2 + 9^2} = 15\,[\mathrm{A}]$

67 4단자(변압기의 임피던스)

$V_1 = sL_1 I_1 + sM I_2$
$V_2 = sM I_1 + sL_2 I_2$

Z 파라미터 $\begin{bmatrix} Z_{11} & Z_{12} \\ Z_{21} & Z_{22} \end{bmatrix} = \begin{bmatrix} sL_1 & sM \\ sM & sL_2 \end{bmatrix}$

68 $e = -M\dfrac{di}{dt} = -M\dfrac{d}{dt}I_m \sin\omega t = -\omega M I_m \cos\omega t = -\omega M I_m \sin(\omega t + 90°) = \omega M I_m \sin(\omega t - 90°)\,[\mathrm{V}]$

$\sin\omega t \xrightarrow{\text{미분}} \omega\cos\omega t \quad \cos\omega t \xrightarrow{\text{미분}} -\omega\sin\omega t$

69 $I_0 = \dfrac{1}{3}(I_a + I_b + I_c)$

$= \dfrac{1}{3}\{30\sin\omega t + 30\sin(\omega t - 90°) + 30\sin(\omega t + 90°)\}$

(i_b와 i_c의 위상차가 180°이므로, $i_b + i_c = 0$이다)

$= \dfrac{1}{3} \times 30\sin\omega t$

$= 10\sin\omega t$

70 $E = 5(3+r) = 15 + 5r$
$E = 2.5(8+r) = 20 + 2.5r$
$15 + 5r = 20 + 2.5r$
$r = 2\,[\Omega]$
$E = 15 + 5r = 15 + 5 \times 2 = 25\,[\mathrm{V}]$

71 $I_3 = \dfrac{E_3}{Z_3} = \dfrac{200}{\sqrt{8^2 + (2 \times 3)^2}} = 20\,[\mathrm{A}]$

72 Y결선에서 $I_l = I_p[A]$, $V_l = \sqrt{3}\,V_p[V]$

- 상전류 $I_p = \dfrac{V_p}{Z} = \dfrac{\frac{200}{\sqrt{3}}}{10} \fallingdotseq 11.5[A]$
- 선전류 $I_l = I_p \fallingdotseq 11.5[A]$

73 $L_0 = L_1 + L_2 + 2M$
$15 = 5 + 3 + 2M$
$\therefore M = 3.5[H]$

74 $Z_p = \dfrac{V_p}{I_p} = \dfrac{\frac{173.2}{\sqrt{3}} \angle -30°}{20 \angle -120°} = \dfrac{100}{20} \angle -30° + 120° = 5 \angle 90°[\Omega]$

75
- 시정수 : 최종값(정상값)의 63.2[%] 도달하는 데 걸리는 시간
- 시정수가 클수록 과도현상은 오래 지속된다.
- 시정수는 소자(R, L, C)의 값으로 결정된다.
- 특성근 역의 절댓값이다.

76 4단자 정수

$\dot{A} = \left.\dfrac{\dot{V_1}}{\dot{V_2}}\right|_{\dot{I_2}=0} = \dfrac{12}{4} = 3$, $\dot{B} = \left.\dfrac{\dot{V_1}}{\dot{I_2}}\right|_{\dot{V_2}=0} = \dfrac{16}{2} = 8$

$\dot{C} = \left.\dfrac{\dot{I_1}}{\dot{V_2}}\right|_{\dot{I_2}=0} = \dfrac{2}{4} = 0.5$, $\dot{D} = \left.\dfrac{\dot{I_1}}{\dot{I_2}}\right|_{\dot{V_2}=0} = \dfrac{4}{2} = 2$

77 $F(s) = \dfrac{1}{s+1} + \dfrac{6}{s^3} + \dfrac{3s}{s^2+4} + \dfrac{5}{s}$

78 $I = \dfrac{V}{Z} = \dfrac{13+j20}{8+j6} = 2.24 + j0.82$

$P_a = V\dot{I} = (13+j20)(2.24 - j0.82) = 45.5 + j34.1$

79 정현파의 순시값

$v = V_m \sin(\omega t + \theta)$, $V_m = 100[V]$, $\theta = \dfrac{\pi}{6}$ 만큼 위상이 앞섬

$\therefore v = 100\sin\left(\omega t + \dfrac{\pi}{6}\right)[V]$

80 스위치 S를 열기 전 L이 단락상태에서

정상전류 $i = \dfrac{E}{R} = \dfrac{20}{4} = 5[\mathrm{A}]$

스위치 S를 열면
$i(t) =$ 정상전류 + 과도전류
$= \dfrac{E}{R} + Ae^{-\frac{R}{L}t} = \dfrac{20}{4+6} + Ae^{-\frac{10}{2}t}$
$= 2 + Ae^{-5t}$

$t(0)$, $i(0) = 2 + A = 5$
$A = 3$
$\therefore i(t) = 2 + 3e^{-5t}[\mathrm{A}]$

81 KEC 342.1(고압 옥내배선 등의 시설)
- 애자사용공사(건조한 장소로서 전개된 장소에 한한다)
- 케이블공사
- 케이블트레이공사

82 KEC 224.1/335.1(터널 안 전선로의 시설)

구 분	사람 통행이 없는 경우		사람 상시 통행
	저 압	고 압	저압과 동일
공사 방법	합성수지관, 금속관, 가요관, 애자, 케이블	케이블, 애자	케이블
전 선	2.30[kN] 이상 절연전선, 2.6[mm] 이상 경동선	5.26[kN] 이상 절연전선, 4.0[mm] 이상 경동선	특고압 시설 불가
높 이	노면・레일면 위		
	2.5[m] 이상	3[m] 이상	

83 KEC 232.41(케이블트레이공사)
- 금속재의 것은 내식성 재료의 것이어야 한다.
- 케이블트레이의 안전율은 1.5 이상이어야 한다.
- 비금속제 케이블트레이는 난연성 재료의 것이어야 한다.
- 전선의 피복 등을 손상시킬 돌기 등이 없이 매끈하여야 한다.

84 KEC 520(태양광발전설비)
- 태양전지 모듈, 전선, 개폐기 및 기타 기구는 충전 부분이 노출되지 않도록 시설할 것
- 모든 접속함에는 내부의 충전부가 인버터로부터 분리된 후에도 여전히 충전상태일 수 있음을 나타내는 경고를 붙일 것
- 주택의 태양전지모듈에 접속하는 부하 측 옥내배선의 대지전압은 직류 600[V]까지 적용
  - 전로에 지락이 생겼을 때 자동적으로 전로를 차단하는 장치를 시설할 것
  - 사람이 접촉할 우려가 없는 은폐된 장소에 합성수지관공사, 금속관공사 및 케이블공사에 의하여 시설하거나, 사람이 접촉할 우려가 없도록 케이블공사에 의하여 시설하고 전선에 방호장치를 시설할 것
- 모듈의 출력배선은 극성별로 확인할 수 있도록 표시할 것
- 모듈을 병렬로 접속하는 전로에는 그 전로에 단락전류가 발생할 경우에 전로를 보호하는 과전류차단기 또는 기타 기구를 시설할 것(단, 그 전로가 단락전류에 견딜 수 있는 경우에는 제외)
- 전선은 공칭단면적 2.5[mm^2] 이상의 연동선 또는 이와 동등 이상의 세기 및 굵기의 것일 것
- 배선설비공사는 옥내에 시설할 경우에는 합성수지관공사, 금속관공사, 금속제 가요전선관공사, 케이블공사 규정에 준하여 시설할 것
- 옥측 또는 옥외에 시설할 경우에는 합성수지관공사, 금속관공사, 금속제 가요전선관공사 또는 케이블공사의 규정에 준하여 시설할 것
- 단자의 접속은 기계적, 전기적 안전성을 확보할 것

85 KEC 222.10/332.9/332.10/333.1/333.21/333.22(가공전선로 및 보안공사 지지물 간 거리)

구 분	표 준	특고압 시가지	보안공사		
			저·고압	제1종 특고압	제2, 3종 특고압
목주 / A종	150[m]	75[m](목주 X)	100[m]	목주 불가	100[m]
B종	250[m]	150[m]	150[m]	150[m]	200[m]
철 탑	600[m]	400[m]	400[m]	400[m], 단주 300[m]	

86 KEC 222.7/332.5(저·고압 가공전선의 높이), 333.7(특고압 가공전선의 높이)

시설 장소	가공통신선	가공전선로 지지물에 시설	
		저·고압	특고압
일 반	3.5[m]	5[m]	5[m]
도로횡단(교통지장 없음)	5[m](4.5[m])	6[m](5[m])	6[m]
철도, 궤도횡단	6.5[m]	6.5[m]	6.5[m]
횡단보도교 위(절연전선(고·저압), 광섬유케이블(특고압) 사용 시)	3[m]	3.5(3)[m]	5(4)[m]

87 의료장소의 전로에는 정격감도전류 30[mA] 이하, 동작시간 0.03초 이내의 누전차단기를 설치할 것

88 KEC 232.31(금속덕트공사)
- 전선은 절연전선(옥외용 비닐절연전선을 제외한다)일 것
- 전선 단면적 : 덕트 내부 단면적의 20[%] 이하(제어회로 등 50[%] 이하)
- 지지점 간의 거리 : 3[m] 이하(취급자 외 출입 없고 수직인 경우 : 6[m] 이하)
- 폭 40[mm] 이상, 두께 1.2[mm] 이상인 철판 또는 동등 이상의 기계적 강도를 가지는 금속제의 것으로 제작한 것

89 KEC 231.4(나전선의 사용 제한)
옥내에 시설하는 저압전선은 나전선 사용을 제한(다음의 경우는 예외)
- 애자공사의 경우로 전기로용 전선, 절연물이 부식하는 장소에 시설하는 전선, 취급자 이외의 자가 출입할 수 없도록 설비한 장소에 시설하는 전선
- 버스덕트 또는 라이팅덕트공사에 의하는 경우
- 이동기중기, 놀이용 전차선 등의 접촉전선을 시설하는 경우

90 KEC 223.1/334.1(지중전선로의 시설)
지중전선로를 관로식에 의하여 시설하는 경우 관로식에 의하여 시설하는 경우에는 매설 깊이를 1.0[m] 이상으로 한다. 단, 중량물의 압력을 받을 우려가 없는 곳은 0.6[m] 이상으로 한다.

91 KEC 222.13/332.13(저·고압 가공전선과 가공약전류전선 등의 접근 또는 교차), 222.14/332.14(저·고압 가공전선과 안테나의 접근 또는 교차), 222.19/332.19(저·고압 가공전선과 식물의 간격)

구 분	저압 가공전선			고압 가공전선		
	일 반	절 연	케이블	일 반	절 연	케이블
가공약전류전선	0.6[m](고압, 케이블 0.3[m])			0.8[m](케이블 0.4[m])		
가공약전선(케이블)	위 값의 0.5배					
안테나	0.6[m]	0.3[m]	0.3[m]	0.8[m]	–	0.4[m]
식 물	접촉하지 않으면 된다.					

92 기술기준 제52조(저압전로의 절연성능)

전로의 사용전압[V]	DC시험전압[V]	절연저항[MΩ]
SELV 및 PELV	250	0.5
FELV를 포함한 500[V] 이하	500	1.0
500[V] 초과	1,000	1.0

93 KEC 351.5(조상설비의 보호장치)

설비종별	뱅크용량의 구분	자동적으로 전로로부터 차단하는 장치
전력용 커패시터 및 분로리액터	500[kVA] 초과 15,000[kVA] 미만	내부고장이나 과전류가 생긴 경우에 동작하는 장치
	15,000[kVA] 이상	내부고장이나 과전류 및 과전압이 생긴 경우에 동작하는 장치
무효 전력 보상 장치	15,000[kVA] 이상	내부고장이 생긴 경우에 동작하는 장치

94 KEC 241.5(전기온상 등)
- 대지전압 : 300[V] 이하, 발열선 온도 : 80[℃]를 넘지 않도록 시설
- 발열선의 지지점 간 거리는 1.0[m] 이하
- 발열선과 조영재 사이의 간격은 0.025[m] 이상

95 KEC 151(피뢰시스템의 적용범위 및 구성)
적용범위
- 전기전자설비가 설치된 건축물·구조물로서 낙뢰로부터 보호가 필요한 것 또는 지상으로부터 높이가 20[m] 이상인 것
- 전기설비 및 전자설비 중 낙뢰로부터 보호가 필요한 설비

96 고장보호
기본절연의 고장에 의한 간접 접촉을 방지(노출도전부에 인축이 접촉하여 일어날 수 있는 위험으로부터 보호)
- 전원의 자동차단에 의한 보호
- 이중절연 또는 강화절연에 의한 보호
- 전기적 분리에 의한 보호
- SELV와 PELV를 적용한 특별저압에 의한 보호
- 숙련자와 기능자의 통제 또는 감독이 있는 설비에 적용 가능한 보호대책
- 인축의 몸을 통해 고장전류가 흐르는 것을 방지
- 인축의 몸에 흐르는 고장전류를 위험하지 않는 값 이하로 제한
- 인축의 몸에 흐르는 고장전류의 지속시간을 위험하지 않은 시간까지로 제한

97 풍력발전설비의 접지설비는 풍력발전설비 타워기초를 이용한 통합접지공사를 하며, 설비 사이에는 등전위본딩을 해야 한다.

98 KEC 333.11(특고압 가공전선로의 철주·철근 콘크리트주 또는 철탑의 종류)
- 직선형 : 전선로의 직선 부분(3° 이하인 수평각도를 이루는 곳을 포함)
- 각도형 : 전선로 중 3°를 초과하는 수평각도를 이루는 곳
- 잡아당김형 : 전가섭선을 잡아당기는 곳에 사용하는 것
- 내장형 : 전선로의 지지물 양쪽의 지지물 간 거리의 차가 큰 곳에 사용하는 것
- 보강형 : 전선로의 직선 부분에 그 보강을 위하여 사용하는 것

99 KEC 333.22(특고압 보안공사)

제1종 특고압 보안공사
- 전선로의 지지물에는 B종 철주·B종 철근 콘크리트주 또는 철탑을 사용할 것
- 전선에는 압축 접속에 의한 경우 이외에는 지지물과 지지물 중간에 접속점을 시설하지 아니할 것
- 지락 또는 단락 시 3초(100[kV] 이상 2초) 이내 차단하는 장치를 시설
- 애자는 1련으로 하는 경우는 50[%] 충격 불꽃 방전 전압이 타 부분의 110[%] 이상일 것(사용전압 130[kV]를 넘는 경우 105[%] 이상이거나, 아킹혼 붙은 2련 이상)

100 KEC 232.13(금속제 가요전선관공사)

- 전선은 절연전선(옥외용 비닐절연전선을 제외한다)일 것
- 전선은 연선일 것. 단, 단면적 10[mm^2] 이하(알루미늄은 16[mm^2]) 이하인 것은 그러하지 아니하다.
- 가요전선관 안에는 전선에 접속점이 없도록 할 것
- 가요전선관은 2종 금속제 가요전선관일 것. 다만, 전개된 장소이거나 점검할 수 있는 은폐된 장소(옥내배선의 사용전압이 400[V] 초과인 경우에는 전동기에 접속하는 부분으로서 가요성을 필요로 하는 부분에 사용하는 것에 한한다) 또는 점검 불가능한 은폐장소에 기계적 충격을 받을 우려가 없는 조건일 경우에는 1종 가요전선관(습기가 많은 장소 또는 물기가 있는 장소에는 비닐 피복 1종 가요전선관에 한한다)을 사용할 수 있다.

2023년 제3회 CBT

page 246

1	2	3	4	5	6	7	8	9	10	11	12	13	14	15	16	17	18	19	20
①	②	④	②	④	②	④	②	①	③	①	②	②	④	①	②	①	③	①	①
21	22	23	24	25	26	27	28	29	30	31	32	33	34	35	36	37	38	39	40
④	③	④	②	②	②	④	④	④	②	④	③	②	①	④	①	④	①	④	④
41	42	43	44	45	46	47	48	49	50	51	52	53	54	55	56	57	58	59	60
②	②	③	①	①	④	②	①	①	①	④	②	④	②	①	③	④	④	①	①
61	62	63	64	65	66	67	68	69	70	71	72	73	74	75	76	77	78	79	80
③	①	④	①	③	④	④	③	②	②	③	②	③	①	①	④	③	②	④	①
81	82	83	84	85	86	87	88	89	90	91	92	93	94	95	96	97	98	99	100
②	③	④	④	③	②	③	③	①	②	④	③	④	①	③	①	③	④	②	④

01 자성체의 회전력 $T = M \times H$에 쌍극자 모멘트 $M = ml\,[\text{Wb} \cdot \text{m}]$ 대입
$T = MH\sin\theta = mlH\sin\theta\,[\text{N} \cdot \text{m}] = 8 \times 10^{-6} \times 0.3 \times 120 \times \sin30° = 1.44 \times 10^{-4}\,[\text{N} \cdot \text{m}]$

02 폐곡면을 통해 나오는 자속은 0이다 $\left(\oint_s B \cdot ds = 0 \right)$.

03 규소강판은 전자석의 재료이므로 H-loop면적과 보자력(H_c)은 작고 잔류자기(B_r)는 큰 특성을 갖는다.

04 영상법, 접지구도체에서
- 영상전하의 위치 $x = \dfrac{a^2}{d}\,[\text{m}]$
- 영상전하의 크기 $Q' = -\dfrac{P_{12}}{P_{11}}Q = -\dfrac{a}{d}Q\,[\text{C}]$
- 작용하는 힘 $F = \dfrac{Q\left(-\dfrac{a}{d}\right)Q}{4\pi\varepsilon_0\left(d - \dfrac{a^2}{d}\right)^2} = -\dfrac{adQ^2}{4\pi\varepsilon_0(d^2 - a^2)^2}\,[\text{N}]$ (흡인력)

05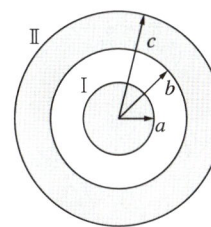
- 내구에만 $+Q$ 전하를 대전한 경우 (V : 안쪽, V_x : 바깥쪽)
$V = \dfrac{Q}{4\pi\varepsilon_0}\left(\dfrac{1}{a} - \dfrac{1}{b} + \dfrac{1}{c}\right)[\text{V}],\ V_x = \dfrac{Q}{4\pi\varepsilon_0 r}$
- 내구에 $+Q$ 전하를 대전하고 외구에 $-Q$ 전하를 대전한 경우
$V = \dfrac{Q}{4\pi\varepsilon_0}\left(\dfrac{1}{a} - \dfrac{1}{b}\right)[\text{V}],\ V_x = 0$
- 외구에만 $+Q$ 전하를 대전한 경우
$V = \dfrac{Q}{4\pi\varepsilon_0 c}[\text{V}],\ V_x = \dfrac{Q}{4\pi\varepsilon_0 r}$

06 무한평면으로부터 r[m] 떨어진 점 P에 점전하 $+Q$[C]가 있는 경우 영상전하는 무한평면 뒤쪽으로 점 P의 대칭점에 존재하며, 그 크기는 점전하와 같고 부호는 반대로 $Q'=-Q$[C]이다.

07
- 정육각형 중심에서 각 꼭짓점을 직선으로 연결하면 크기는 같고 방향은 반대가 되므로 중심의 전체 전계는 0이 된다.
- 정육각형 중심 전위 $V=\dfrac{Q}{4\pi\varepsilon_0 a}\times 6=\dfrac{3Q}{2\pi\varepsilon_0 a}$[V]

08 정전용량 $C=\dfrac{\varepsilon S}{d}$에서 단위면적당이므로 $C'=\dfrac{\varepsilon_0}{d}$

09 특성임피던스 $Z_0=\dfrac{E}{H}=\sqrt{\dfrac{\mu}{\varepsilon}}$에서 $E=Z_0 H=\sqrt{\dfrac{\mu}{\varepsilon}}H$

10 키르히호프의 전류법칙
$$\sum I=Q=\int_s i\,ds=\int_v \operatorname{div}V\,dv$$
- 전류밀도의 발산 $\operatorname{div}i=-\dfrac{\partial\rho}{\partial t}$
- 전류의 연속성 $\operatorname{div}i=0$

11 상호인덕턴스 $M=L_1\dfrac{N_2}{N_1}=0.01\times\dfrac{200}{100}=0.02$[H]

12 정전에너지 $W=\dfrac{Q^2}{2C}=\dfrac{Q^2}{2\left(\dfrac{\varepsilon_0 S}{d}\right)}=\dfrac{Q^2 d}{2\varepsilon_0 S}=\dfrac{\sigma^2 d}{2\varepsilon_0}S$[J]

∴ 정전응력 $F=-\dfrac{\partial W}{\partial d}=-\dfrac{\sigma^2}{2\varepsilon_0}S$[N]

13 환상철심은 감자력이 없으므로 감자율이 0이다.

14 $C=\dfrac{\varepsilon S}{d}$ 이므로, 정전용량(C)은 유전율(ε)과 비례한다.
$Q=CV$이므로, 전하량(Q)은 정전용량(C)과 비례한다.
따라서 $\varepsilon_s\propto C\propto Q$ 관계이다.

15 전자파(평면파)의 특성
- 전계와 자계는 공존하면서 서로 직각 방향으로 진동한다.
- 전자파 진행방향은 $E\times H$이고 진행방향 성분은 E, H 성분이 없다.
- 진공 또는 완전 유전체에서 전파와 자파의 위상차가 없다.
- z방향에 미분 계수가 존재한다.
- 횡파이며 속도는 매질에 따라 다르다.
- 반사, 굴절현상이 있다.
- 완전 도체표면에서는 전부 반사된다.

16 ③ $b<r<c$인 곳의 자계 H_3는 $H_3 2\pi r = \left(1-\dfrac{r^2-b^2}{c^2-b^2}\right)I$에 의해

$H_3 = \dfrac{I}{2\pi r}\left(1-\dfrac{r^2-b^2}{c^2-b^2}\right)$이므로 $H_3 \propto \dfrac{1}{r}$이다.

17 영구자석인 경우 외부 기자력 $F=0$이므로

$F = \dfrac{B}{\mu_0}\delta + Hl = 0$

$\therefore \dfrac{B}{H} = -\dfrac{\mu_0 l}{\delta}$

18 원운동 시 원심력 = 구심력이므로

$Bev = \dfrac{mv^2}{r} = m \times \left(\dfrac{v}{r}\right) \times v = m\omega v$

　　$= 9.1095 \times 10^{-31} \times 0.35 \times 10^{-10} \times 2 \times 10^{16}$

　　$= 6.38 \times 10^{-25}$

19 서로 다른 유전체 경계면에 전기력선 또는 전속선이 입사하면 경계면에서 반드시 굴절현상이 나타난다.

20 전기력선의 성질
- 전기력선은 전위가 높은 점에서 낮은 점으로 향한다.
- 전기력선은 도체 내부에 존재할 수 없다.
- 전기력선은 등전위면과 항상 직교한다.

21 전력용 퓨즈 장단점

장 점	단 점
• 가격이 저렴하다.	• 재투입이 불가능하다.
• 소형·경량이다.	• 과도전류에 용단되기 쉽다.
• 고속차단이다.	• 계전기를 자유로이 조정할 수 없다.
• 보수가 간단하다.	• 한류형은 과전압이 발생된다.
• 차단능력이 크다.	• 고임피던스 접지사고는 보호할 수 없다.

22 전압변동률 $\delta = \dfrac{V_{R1}-V_{R2}}{V_{R2}} \times 100$

$\dfrac{63-60}{60} \times 100 = 5[\%]$

여기서, V_{R1} : 무부하 시 수전단 전압
　　　　V_{R2} : 수전단 전압

23 • 전력손실 $P_L = 3I^2R = \dfrac{P^2R}{V^2\cos^2\theta} = \dfrac{P^2\rho l}{V^2\cos^2\theta A}$[W]

　여기서, P : 부하전력　　　　　　ρ : 고유저항
　　　　　l : 배전거리　　　　　　A : 전선의 단면적
　　　　　V : 수전전압　　　　　　$\cos\theta$: 부하역률

• 경감방법 : 배전전압 승압, 역률 개선, 저항 감소, 부하의 불평형 방지

24 코로나 : 전선로 주변의 전위경도가 상승해서 공기의 부분적인 절연파괴가 일어나는 현상으로 빛과 소리를 동반한다.
- 코로나의 영향
  - 통신선의 유도 장해가 발생한다.
  - 코로나 손실 발생 → 송전손실 → 송전효율 저하
  - 코로나 잡음 및 소음이 발생한다.
  - 전선이 부식된다(원인 : 오존(O_3)).
  - 소호 리액터의 소호 능력이 저하된다.
  - 진행파의 파곳값은 감소한다.
- 코로나의 대책
  - 코로나 임계전압을 크게 한다.
  - 전위경도를 작게 한다.
  - 전선의 지름을 크게 한다.
  - 복도체(다도체) 방식 및 가선금구의 개량을 채용한다.

25 오프셋
전선의 도약에 의한 송전 상하선 혼촉(단락)을 방지하기 위해 전선 배열을 위·아래 전선 간에 수평간격을 두어 설치 → 쌓였던 눈이 떨어지는 경우 상하로 흔들림

26 $\%X = \dfrac{PX}{10V^2}$ 에서 $X = \dfrac{10V^2 \cdot \%X}{P} = \dfrac{10 \times 154^2 \times 14}{40 \times 10^3} ≒ 83[\Omega]$

27 고장별 대칭분 및 전류의 크기

고장종류	대칭분	전류의 크기
1선 지락	정상분, 역상분, 영상분	$I_0 = I_1 = I_2 \neq 0$
선간 단락	정상분, 역상분	$I_1 = -I_2 \neq 0$, $I_0 = 0$
3상 단락	정상분	$I_1 \neq 0$, $I_0 = I_2 = 0$

1선 지락전류 $I_g = 3I_0 = \dfrac{3E_a}{Z_0 + Z_1 + Z_2}$

28 피뢰기의 구비조건
- 속류차단능력이 클 것
- 제한전압이 낮을 것
- 충격방전 개시전압이 낮을 것
- 상용주파 방전 개시전압이 높을 것
- 방전내량이 클 것
- 내구성 및 경제성이 있을 것

29

내부적인 요인	외부적인 요인
개폐서지	뇌서지(직격뢰, 유도뢰)
대책 : 개폐저항기	대책 : 서지흡수기

30 안정도 향상대책
- 발전기
  - 동기리액턴스 감소(단락비 크게, 전압변동률 작게)
  - 속응여자방식 채용
  - 제동권선 설치(난조 방지)
  - 조속기 감도 둔감
- 송전선
  - 리액턴스 감소
  - 복도체(다도체) 채용
  - 병행 2회선 방식
  - 중간조상방식
  - 고속도 재폐로방식 채택 및 고속 차단기 설치

31 C_a에 충전전압 E가 인가, 정전용량 C_{ab}와 C_b의 직렬회로이므로 전압이 분배된다.

정전유도전압 $E_s = \dfrac{C_{ab}}{C_{ab}+C_b} \times E$

32 $\delta = \dfrac{P}{V^2}(R+X\tan\theta)$에서

$P = \dfrac{\delta V^2}{R+X\tan\theta} = \dfrac{0.1 \times 60,000^2}{10+20 \times \dfrac{0.6}{0.8}} \times 10^{-3} = 14,400 [\text{kW}]$

33 MOF 계기용 변압 변류기(전력수급용 계기용 변성기) : 전류, 전압을 변성하여 전력량계에 공급한다.

34 1[BTU] = 0.252[kcal]

35
- 부족전압 계전기(UVR) : 전압이 정정값 이하 시 동작
- 과전압 계전기(OVR) : 전압이 정정값 초과 시 동작

36 저압뱅킹 배선방식은 캐스케이딩 현상의 우려가 있어 고장구간을 축소하기 위하여 변압기 2차 측 저압선의 중간에 구분 퓨즈를 설치한다.

37 선로의 보호계전기
과전류 계전기, 방향단락 계전기, 방향거리 계전기

38
- 고수량 : 매년 1~2회
- 풍수량 : 95일
- 평수량 : 185일
- 저수량 : 275일
- 갈수량 : 355일

39 케이블헤드(CH) : 가공전선과 케이블의 단말(종단) 접속

40 송전용량계수법

$$P = k\frac{V_s^2}{l}[\text{kW}] = 1,300 \times \frac{154^2}{154} \times 2 \times 10^{-3} \fallingdotseq 400.4[\text{MW}]$$

여기서, $V_s[\text{kV}]$: 송전단 선간전압
$l[\text{km}]$: 송전거리

41 전부하 전류 $I = \dfrac{P}{\sqrt{3}\,V\cos\theta\eta} = \dfrac{10 \times 10^3}{\sqrt{3} \times 380 \times 0.85 \times 0.85} \fallingdotseq 21[\text{A}]$

42 양호한 정류방법
- 보극과 탄소 브러시를 설치한다.
- 평균 리액턴스 전압을 줄인다.
- 정류주기를 길게 한다.
- 회전속도를 늦게 한다.
- 인덕턴스를 작게 한다(단절권 채용).

43

측정 항목	특성 시험
철손, 기계손	무부하시험
동기임피던스, 동기리액턴스	단락시험
단락비	무부하시험, 단락시험

44 최대전일효율 조건 : $24P_i = \sum hP_c$
전부하시간이 길수록 철손 P_i를 크게 하고, 짧을수록 철손 P_i를 작게 한다.

45 전기자 반작용의 영향
- 주자속 감소 : 발전기 – 유기기전력 감소, 전동기 – 토크 감소, 속도 증가
- 전기적 중성축 이동 : 발전기 – 회전방향, 전동기 – 회전 반대방향
- 정류자 편 간의 불꽃 섬락 발생 : 정류 불량의 원인

46 2중 농형 유도전동기는 일반적인 농형 유도전동기에 비하여 기동전류가 작고 기동토크가 크다.

47
- 슬롯수 $= \dfrac{\text{슬롯수}}{\text{극수} \times \text{상수}} = \dfrac{48}{4 \times 3} = 4$
- 총 코일수 $= \dfrac{\text{도체수}}{2} = \dfrac{48 \times 2}{2} = 48$

48 직류 분권전동기의 계자저항

$T = k\phi I_a[\text{N} \cdot \text{m}]$, $I_f = \dfrac{V}{R_f + R_{FR}}$ 에서 기동토크를 크게 하려면 자속이 증가해야 하고 여자전류는 클수록 좋다. 따라서 계자권선과 직렬로 연결된 계자저항을 0으로 해 둔다.

49 실리콘 다이오드는 허용온도(150[℃])가 높으며 전류밀도가 크고 효율이 높고 전압강하가 작으며 역방향 내압이 크다.

50 직권전동기의 위험속도는 정격전압에 무부하 시이므로 기어운전을 한다.

51 단락전류 $I_s = \dfrac{1}{\%Z} \times I_n = \dfrac{1}{0.03} \times \dfrac{30,000}{\sqrt{3} \times 200} = 2,886[\text{A}]$

52
- 1차 전류 $I = \dfrac{P}{\sqrt{3}\,V_1} = \dfrac{75,000}{\sqrt{3} \times (2,000\sqrt{3})} = 12.5[\text{A}]$
- 1차 선간전압 $V_1 = \sqrt{3} \times (V_2 \times a) = \sqrt{3} \times (200 \times 10) = 2,000\sqrt{3} = 3,464[\text{V}]$

2차 △결선 $V_2 = 200 \rightarrow$ 권수비 계산 $V_1 = 2,000$은 상전압, 선전압 $V_l = \sqrt{3}\,V_p$이므로, $V_{1l} = 2,000\sqrt{3}$

53 MOSFET는 스위칭속도가 빨라 고속스위칭에 사용되며 저저압 대전류용으로 저전력에 사용된다.

54 부하용량 $= \dfrac{V_h}{V_h - V_l} \times$ 자기용량 $= \dfrac{6,200}{6,200 - 6,000} \times 5 = 155[\text{kVA}]$

55 동기기 전기자 반작용
- 횡축 반작용(교차 자화작용 : R부하) : 전기자전류와 단자전압 동상
- 직축 반작용(L부하, C부하)

자속	발전기	전동기
감자	• 전류가 전압보다 뒤짐 • 뒤진 전류 – 지전류 – L부하(지상) = 감자작용	• 전류가 전압보다 앞섬 • 앞선 전류 – 진전류 – C부하(진상) = 감자작용
증자	• 전류가 전압보다 앞섬 • 앞선 전류 – 진전류 – C부하(진상) = 증자작용	• 전류가 전압보다 뒤짐 • 뒤진 전류 – 지전류 – L부하(지상) = 증자작용

56 동기발전기의 병렬운전 조건

필요조건	다른 경우 현상
기전력의 크기가 같을 것	무효순환전류(무효횡류)
기전력의 위상이 같을 것	동기화전류(유효횡류)
기전력의 주파수가 같을 것	동기화전류 : 난조 발생
기전력의 파형이 같을 것	고주파 무효순환전류 : 과열 원인
(3상) 기전력의 상회전 방향이 같을 것	

57 $T \propto V^2$, $s \propto \dfrac{1}{V^2}$에서

$s : \dfrac{1}{V^2} = s' : \dfrac{1}{V'^2}$

$s' = \left(\dfrac{V}{V'}\right)^2 s = \left(\dfrac{V}{0.9V}\right)^2 s = \left(\dfrac{1}{0.9}\right)^2 \times 4 = 4.9[\%]$

58 서보모터는 펄스 폭으로 위치(각도)의 위상 및 전압, 전압·위상 혼합제어를 이용한다.

59 유도전동기 유도기전력과 주파수

정지		s속도 운전	
주파수	유도기전력	주파수	유도기전력
$f_2 = f_1$	$E_2 = E_1$	$f_2' = sf_2$	$E_2' = sE_2$

60

$$\text{권수비}(a) = \sqrt{\frac{Z_1}{Z_2}} = \sqrt{\frac{\frac{1}{Y_0}}{\frac{1}{Y_0{'}}}} = \sqrt{\frac{Y_0{'}}{Y_0}}$$

$$a^2 = \frac{Y_0{'}}{Y_0} \Rightarrow Y_0{'} = a^2 Y_0$$

61

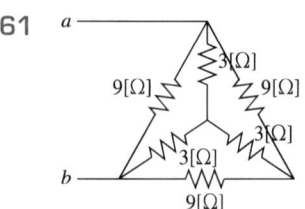

Y결선의 3[Ω]을 △결선으로 바꾸면 9[Ω]

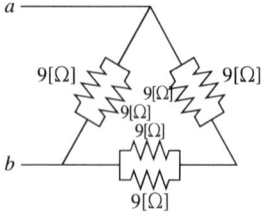

병렬 9[Ω] → 합성저항 4.5[Ω]

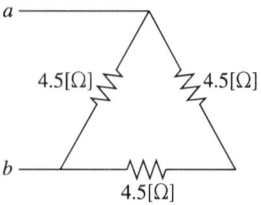

$$R(\text{합성저항}) = \frac{4.5 \times 9}{4.5 + 9} = 3[\Omega]$$

62 $R-L$ 직렬회로의 해석

- 전류 $i(t) = \frac{E}{R_1 + R_2}\left(1 - e^{-\frac{R_1 + R_2}{L}t}\right)$ [A]

- 시정수 $\tau = \frac{L}{R} = \frac{L}{R_1 + R_2}$ [s]

- 특성근 $s = -\frac{R_1 + R_2}{L}$

- 정상전류 $I_s = \frac{E}{R_1 + R_2}$

63 제3고조파 전류의 실횻값

$$I_3 = \frac{V_3}{Z_3} = \frac{V_3}{\sqrt{R^2 + (3\omega L)^2}} = \frac{150}{\sqrt{8^2 + (2 \times 3)^2}} = \frac{150}{10} = 15[\text{A}]$$

64 $Z = \frac{V}{I} = \frac{14 + j38}{6 + j2} = 4 + j5[\Omega]$

65 △결선에서 $I_l = \sqrt{3} I_p [A]$, $V_l = V_p [V]$

상전류 $I_p = \dfrac{V_p}{Z} = \dfrac{200}{\sqrt{6^2 + 8^2}} = 20 [A]$

∴ 선전류 $I_l = \sqrt{3} I_p = 20\sqrt{3} [A]$

66

Y결선 → △결선	△결선 → Y결선
3배	$\dfrac{1}{3}$ 배
저항, 임피던스, 선전류, 소비전력	

- 전원, Y결선에서 $I_{lY} = I_{pY} [A]$, $V_{lY} = \sqrt{3} V_{pY} [V]$

  상전류 $I_{pY} = \dfrac{V_{pY}}{R} = \dfrac{\dfrac{200}{\sqrt{3}}}{R} = \dfrac{200}{\sqrt{3}R} [A]$

  선전류 $I_{lY} = I_{pY} [A]$

- 부하, △결선에서 $I_{l\Delta} = \sqrt{3} I_{p\Delta} [A]$, $V_{p\Delta} = V_{pY}\sqrt{3} [V]$

  상전류 $I_{p\Delta} = \dfrac{V_{p\Delta}}{R} = \dfrac{200}{R} [A]$

  선전류 $I_{l\Delta} = \sqrt{3} I_{p\Delta} = \sqrt{3} \times \dfrac{200}{R} [A]$

  $\dfrac{I_{l\Delta}}{I_{lY}} = \sqrt{3} \times \dfrac{200}{R} \times \dfrac{\sqrt{3}R}{200}$

  ∴ $I_{l\Delta} = \sqrt{3} \times \dfrac{200}{R} \times \dfrac{\sqrt{3}R}{200} I_{lY} = 3 I_{lY} = 3 \times 20 = 60 [A]$

67 $Z_{01} = \sqrt{\dfrac{AB}{CD}}$ $Z_{02} = \sqrt{\dfrac{DB}{CA}}$ 에서 대칭일 때 $A = D$

$Z_{01} = Z_{02} = \sqrt{\dfrac{B}{C}} = \sqrt{\dfrac{\dfrac{300 \times 300 + 300 \times 450 + 450 \times 300}{450}}{\dfrac{1}{450}}} = 600 [\Omega]$

68 부하 A P_A(피상전력) $= 600(0.6 - j0.8) = 360 - j480$
부하 B P_B(피상전력) $= 800(0.8 + j0.6) = 640 + j480$
합성 피상전력 $P = 360 - j480 + 640 + j480 = 1,000$
무효분이 0이므로 $\cos\theta = 1$ (유효전력=피상전력)
$P_a = P = 1,000 [kVA]$

69 4단자(π형 회로 A, B, C, D 정수)

A	B	C	D
$1 + \dfrac{Z_3}{Z_2}$	Z_3	$\dfrac{Z_1 + Z_2 + Z_3}{Z_1 Z_2}$	$1 + \dfrac{Z_3}{Z_1}$

70 변압기 권수비 $a = \dfrac{n}{1} = n = \sqrt{\dfrac{R_1}{R_2}} = \sqrt{\dfrac{1,000}{10}} = 10$

71 유효전력 $P = \dfrac{V^2 R}{R^2 + X^2} = \dfrac{200^2 \times 6}{6^2 + 8^2} = 2,400\,[\text{W}] = 2.4\,[\text{kW}]$

72 $R-C$ 직·병렬회로
- 전달함수

$$G(s) = \dfrac{\text{출력}}{\text{입력}} = \dfrac{R_2}{\dfrac{R_1}{R_1 Cs + 1} + R_2} = \dfrac{R_2 + R_1 R_2 Cs}{R_1 + R_2 + R_1 R_2 Cs}$$

- 조건 : $T_1 = R_1 C$, $T_2 = \dfrac{R_2}{R_1 + R_2}$ 일 때

$$G(s) = \dfrac{\dfrac{R_2}{R_1 + R_2} + \dfrac{R_1 R_2 Cs}{R_1 + R_2}}{1 + \dfrac{R_1 R_2 Cs}{R_1 + R_2}} = \dfrac{T_2 + T_1 T_2 s}{1 + T_1 T_2 s} = \dfrac{T_2(1 + T_1 s)}{1 + T_1 T_2 s}$$

73 중첩의 원리
- 전압원 적용 : 전류=0
- 전류원 적용 : 전류원 총합 $I = 10 + 2 + 3 = 15\,[\text{A}]$

74 $V_1 = \dfrac{L_1}{L_1 + L_2} V\,[\text{V}]$

75 $\dfrac{K_1}{s+1} + \dfrac{K_2}{s+3} = \dfrac{1}{s+1} - \dfrac{1}{s+3}$ 에서 $\mathcal{L}^{-1}\left[\dfrac{1}{s+1} - \dfrac{1}{s+3}\right] = e^{-t} - e^{-3t}$

여기서, $K_1 = \lim\limits_{s \to -1} \dfrac{2}{s+3} = 1$

$K_2 = \lim\limits_{s \to -3} \dfrac{2}{s+1} = -1$

76

	파 형	실횻값(V)	평균값(V_{av})	파형률	파고율
반 파	정현파(전파정류)	$\dfrac{V_m}{2}$	$\dfrac{1}{\pi} V_m$	1.57	2
	구형파	$\dfrac{V_m}{\sqrt{2}}$	$\dfrac{V_m}{2}$	1.414	1.414

77 $I = \dfrac{E_1 + E_2}{R_1 + R_2} = \dfrac{50 + 30}{15 + 25} = 2\,[\text{A}]$

78 최종값 $\lim\limits_{s \to 0} s \cdot \dfrac{5s + 8}{5s^2 + 4s} = \lim\limits_{s \to 0} \dfrac{5s + 8}{5s + 4} = \dfrac{8}{4} = 2$

79 접지식, 지락, $3\phi 4W$식의 중성선은 영상분이 존재한다.

80 $i = \dfrac{v}{z} = \dfrac{100\angle 0°}{\sqrt{1^2 + (2\pi \times 60 \times 1)^2}\,\angle \tan^{-1}\left(\dfrac{377}{1}\right)} \fallingdotseq 0.265 \angle -89.84°$

81 KEC 331.4(가공전선로 지지물의 철탑오름 및 전주오름 방지)
가공전선로 지지물에 취급자가 오르고 내리는 데 사용하는 발판 볼트 등 : 지지물의 발판 볼트는 특별한 경우를 제외하고 지표상 1.8[m] 미만에 시설하여서는 아니 된다.

82 KEC 364.1(무선용 안테나 등을 지지하는 철탑 등의 시설)
무선통신용 안테나 반사판을 지지하는 지지물들의 안전율 : 1.5 이상

83 KEC 234.15(교통신호등)
- 사용전압 : 300[V] 이하(단, 150[V] 초과 시 누전차단기 시설)
- 공칭단면적 2.5[mm^2] 연동선, 450/750[V] 일반용 단심 비닐절연전선(내열성 에틸렌아세테이트 고무절연전선)
- 인하선의 지표상의 높이는 2.5[m] 이상일 것
- 전원 측에는 전용개폐기 및 과전류차단기를 각 극에 시설

84 KEC 362.1(전력보안통신설비의 시설 요구사항)
- 원격감시제어가 되지 아니하는 발전소·변전소·개폐소, 전선로 및 이를 운용하는 급전소 및 급전분소 간
- 2개 이상의 급전소(분소) 상호 간과 이들을 통합 운용하는 급전소(분소) 간
- 수력설비 중 필요한 곳, 수력설비의 안전상 필요한 양수소 및 강수량 관측소와 수력발전소 간
- 동일 수계에 속하고 안전상 긴급연락의 필요가 있는 수력발전소 상호 간
- 동일 전력계통에 속하고 또한 안전상 긴급연락의 필요가 있는 발전소·변전소 및 개폐소 상호 간
- 발전소·변전소 및 개폐소와 기술원 주재소 간
- 발전소·변전소·개폐소·급전소 및 기술원 주재소와 전기설비의 안전상 긴급연락의 필요가 있는 기상대·측후소·소방서 및 방사선 감시계측 시설물 등의 사이

85 KEC 331.6(풍압하중의 종별과 적용)
- 갑종 : 고온계에서의 구성재의 수직 투영면적 1[m^2]에 대한 풍압을 기초로 계산
- 을종 : 빙설이 많은 지역(비중 0.9의 빙설이 두께 6[mm] 얼어붙어 있을 경우), 갑종 풍압하중의 $\dfrac{1}{2}$ 을 기초
- 병종 : 빙설이 적은 지역(인가 밀집한 도시, 35[kV] 이하의 가공전선로), 갑종 풍압하중의 $\dfrac{1}{2}$ 을 기초

지 역		고온계절	저온계절
빙설이 많은 지방 이외의 지방		갑 종	병 종
빙설이 많은 지방	일반지역	갑 종	을 종
	해안지방, 기타 저온의 계절에 최대풍압이 생기는 지역	갑 종	갑종과 을종 중 큰 값 선정
인가가 많이 이웃 연결되어 있는 장소		병 종	병 종

86 전차선과 건조물 간의 최소 절연 간격

시스템 종류	공칭전압[V]	동적[mm]		정적[mm]	
		비오염	오 염	비오염	오 염
직 류	750	25	25	25	25
	1,500	100	110	150	160
단상 교류	25,000	170	220	270	320

87 전력변환장치의 시설
인버터, 절연변압기 및 계통 연계 보호장치 등 전력변환장치의 시설은 다음에 따라 시설하여야 한다.
• 인버터는 실내·실외용을 구분할 것
• 각 직렬군의 태양전지 개방전압은 인버터 입력전압 범위 이내일 것
• 옥외에 시설하는 경우 방수등급은 IPX4 이상일 것

88 KEC 112(용어 정의)
관등회로란 방전등용 안정기 또는 방전등용 변압기로부터 방전관까지의 전로를 말한다.

89 KEC 112(용어 정의)
단독운전이란 전력계통의 일부가 전력계통의 전원과 전기적으로 분리된 상태에서 분산형전원에 의해서만 운전되는 상태를 말한다.

90 KEC 133(회전기 및 정류기의 절연내력)

종류			시험전압	시험방법
회전기	발전기·전동기·무효 전력 보상 장치·기타회전기(회전변류기를 제외한다)	최대사용전압 7[kV] 이하	최대사용전압의 1.5배의 전압(500[V] 미만으로 되는 경우에는 500[V])	권선과 대지 사이에 연속하여 10분간 가한다.
		최대사용전압 7[kV] 초과	최대사용전압의 1.25배의 전압(10.5[kV] 미만으로 되는 경우에는 10.5[kV])	
	회전변류기		직류 측의 최대사용전압의 1배의 교류전압(500[V] 미만으로 되는 경우에는 500[V])	
정류기	최대사용전압이 60[kV] 이하		직류 측의 최대사용전압의 1배의 교류전압(500[V] 미만으로 되는 경우에는 500[V])	충전 부분과 외함 간에 연속하여 10분간 가한다.
	최대사용전압 60[kV] 초과		교류 측의 최대사용전압의 1.1배의 교류전압 또는 직류 측의 최대사용전압의 1.1배의 직류전압	교류 측 및 직류고전압 측 단자와 대지 사이에 연속하여 10분간 가한다.

91 KEC 232.12(금속관공사)
관의 끝부분에는 전선의 피복을 손상하지 아니하도록 부싱을 사용할 것

92 KEC 241.5(전기온상 등)
• 대지전압 : 300[V] 이하, 발열선 온도 : 80[℃]를 넘지 않도록 시설
• 발열선의 지지점 간 거리는 1.0[m] 이하
• 발열선과 조영재 사이의 간격은 0.025[m] 이상

93 KEC 333.7(특고압 가공전선의 높이)

사용전압의 구분	지표상의 높이
35[kV] 이하	5[m] (철도 또는 궤도를 횡단하는 경우에는 6.5[m], 도로를 횡단하는 경우에는 6[m], 횡단보도교의 위에 시설하는 경우로서 전선이 특고압 절연전선 또는 케이블인 경우에는 4[m])
35[kV] 초과 160[kV] 이하	6[m] (철도 또는 궤도를 횡단하는 경우에는 6.5[m], 산지 등에서 사람이 쉽게 들어갈 수 없는 장소에 시설하는 경우에는 5[m], 횡단보도교의 위에 시설하는 경우 전선이 케이블인 때는 5[m])
160[kV] 초과	6[m] (철도 또는 궤도를 횡단하는 경우에는 6.5[m], 산지 등에서 사람이 쉽게 들어갈 수 없는 장소를 시설하는 경우에는 5[m])에 160[kV]를 초과하는 10[kV] 또는 그 단수마다 0.12[m]를 더한 값

94 KEC 222.7/332.5(저·고압 가공전선의 높이)

설치장소		가공전선의 높이
도로횡단		지표상 6[m] 이상
철도 또는 궤도 횡단		레일면상 6.5[m] 이상
횡단보도교 위	저 압	노면상 3.5[m] 이상(단, 절연전선의 경우 3[m] 이상)
	고 압	노면상 3.5[m] 이상

95 KEC 222.13/332.13(저·고압 가공전선과 가공약전류전선 등의 접근 또는 교차), 222.14/332.14(저·고압 가공전선과 안테나의 접근 또는 교차), 222.19/332.19(저·고압 가공전선과 식물의 간격)

구 분	저압 가공전선			고압 가공전선		
	일 반	절 연	케이블	일 반	절 연	케이블
가공약전류전선	0.6[m](고압, 케이블 0.3[m])			0.8[m](케이블 0.4[m])		
가공약전선(케이블)	위 값의 0.5배					
안테나	0.6[m]	0.3[m]	0.3[m]	0.8[m]	–	0.4[m]
식 물	접촉하지 않으면 된다.					

96 KEC 212.3(보호장치의 종류 및 특성)
순시트립에 따른 구분(주택용 배선차단기)

형	순시트립범위
B	$3I_n$ 초과 $5I_n$ 이하
C	$5I_n$ 초과 $10I_n$ 이하
D	$10I_n$ 초과 $20I_n$ 이하

• B, C, D : 순시트립전류에 따른 차단기 분류
• I_n : 차단기 정격전류

97 KEC 333.1(시가지 등에서 특고압 가공전선로의 시설)

종 류	특 성		
지지물(목주 불가)	A종	B종	철 탑
지지물 간 거리	75[m] 이하	150[m] 이하	400[m] 이하(도체 수평 간격 4[m] 미만 : 250[m])
사용전선	100[kV] 미만		100[kV] 이상
	55[mm²] 이상		150[mm²] 이상
전선로의 높이	35[kV] 이하		35[kV] 초과
	10[m] 이상(특고압절연전선 8[m] 이상)		10[m] + 단수 × 12[cm]
애자장치	애자는 50[%] 충격 불꽃 방전 전압이 타 부분의 110[%] 이상일 것(130[kV]를 초과하는 경우 105[%] 이상), 아킹혼 붙은 2련 이상		
보호장치	지기발생 시 100[kV] 초과의 경우 1초 이내에 자동 차단하는 장치를 시설할 것		

98 전기저장장치 시설장소는 주변 시설(도로, 건물, 가연물질 등)로부터 1.5[m] 이상 이격(다른 건물의 출입구나 피난계단 등 이와 유사한 장소로부터는 3[m] 이상 이격)

99 KEC 222.10/332.9/332.10/333.1/333.21/333.22(가공전선로 및 보안공사 지지물 간 거리)

구 분	표 준	특고압 시가지	보안공사		
			저·고압	제1종 특고압	제2, 3종 특고압
목주 / A종	150[m]	75[m](목주 X)	100[m]	목주 불가	100[m]
B종	250[m]	150[m]	150[m]	150[m]	200[m]
철 탑	600[m]	400[m]	400[m]	400[m], 단주 300[m]	

100 KEC 232.3(배선설비 적용 시 고려사항)
전기적 접속방법은 다음 사항을 고려하여 선정한다.
- 도체와 절연재료
- 도체를 구성하는 소선의 가닥수와 형상
- 도체의 단면적
- 함께 접속되는 도체의 수

2024년 제1회 CBT

page 259

1	2	3	4	5	6	7	8	9	10	11	12	13	14	15	16	17	18	19	20
②	④	②	②	①	③	③	②	③	①	②	②	①	①	②	③	①	①	③	①
21	22	23	24	25	26	27	28	29	30	31	32	33	34	35	36	37	38	39	40
④	④	①	①	①	④	③	①	④	③	①	④	③	④	④	②	①	④	②	②
41	42	43	44	45	46	47	48	49	50	51	52	53	54	55	56	57	58	59	60
④	④	②	③	③	①	①	①	③	②	②	④	③	④	②	①	③	②	③	②
61	62	63	64	65	66	67	68	69	70	71	72	73	74	75	76	77	78	79	80
③	①	③	④	①	③	③	①	③	④	④	④	①	②	②	②	③	②	①	①
81	82	83	84	85	86	87	88	89	90	91	92	93	94	95	96	97	98	99	100
②	②	③	②	②	④	③	④	①	④	②	③	①	②	②	④	③	④	③	②

01 푸아송의 방정식은 $\mathrm{div}\,E = \mathrm{div}(-\mathrm{grad}\,V) = -\nabla^2 V = \dfrac{\rho}{\varepsilon}$에서 $\nabla^2 V = -\dfrac{\rho}{\varepsilon}$ 이다.

02 유전체 경계면에서의 경계조건
- 전 계
  경계면에서 접선(수평)성분이 양측에서 같다.
  $E_{1t} = E_{2t}$
  $\therefore\; E_1 \sin\theta_1 = E_2 \sin\theta_2$
- 전속밀도
  경계면에서 법선(수직)성분이 양측에서 같다.
  $D_{1n} = D_{2n}$
  $\therefore\; D_1 \cos\theta_1 = D_2 \cos\theta_2$

03 $Q_2' = \dfrac{C_2}{C_1 + C_2}(Q_1 + Q_2)$

$C_1 = 4\pi\varepsilon_0 a,\; a = 9[\mathrm{cm}],\; Q_1 = 8[\mathrm{C}]$
$C_2 = 4\pi\varepsilon_0 b,\; b = 3[\mathrm{cm}],\; Q_2 = 0[\mathrm{C}]$
$Q_2' = \dfrac{4\pi\varepsilon_0 b}{4\pi\varepsilon_0 a + 4\pi\varepsilon_0 b}(Q_1 + Q_2) = \dfrac{b}{a+b}(Q_1+Q_2) = \dfrac{3\times 10^{-2}}{9\times 10^{-2} + 3\times 10^{-2}}(8+0) = 2[\mathrm{C}]$

04 반동심구 정전용량
$C_{ab} = \dfrac{2\pi\varepsilon}{\dfrac{1}{a} - \dfrac{1}{b}} = \dfrac{2\pi\varepsilon ab}{b-a}[\mathrm{F}] = \dfrac{2\pi\varepsilon \times 0.05 \times 0.1}{0.1 - 0.05} \fallingdotseq 0.628\varepsilon[\mathrm{F}]$

$\therefore\; RC = \rho\varepsilon$ 에서
저항 $R = \dfrac{\rho\varepsilon}{C} = \dfrac{\varepsilon}{\sigma C} = \dfrac{\varepsilon}{10^{-3} \times 0.628\varepsilon} \fallingdotseq 1{,}592.3 \fallingdotseq 1{,}590[\Omega]$

05 도체구의 전위 $V = \dfrac{1}{4\pi\varepsilon_0} \times \dfrac{Q}{a} = 9 \times 10^9 \times \dfrac{Q}{a}[\text{V}]$ 에서

정전용량 $C = \dfrac{Q}{V} = 4\pi\varepsilon_0 a \times \dfrac{1}{Q} \times Q = 4\pi\varepsilon_0 a\,[\text{F}]$

06 감자율 $N = \dfrac{1}{\mu_s - 1}\left(\dfrac{H_0}{H} - 1\right)$

$H = \dfrac{3\mu_0}{2\mu_0 + \mu} H_0$ 이므로

$N = \dfrac{1}{\mu_s - 1}\left(\dfrac{H_0}{\dfrac{3\mu_0}{2\mu_0 + \mu} H_0} - 1\right) = \dfrac{1}{\mu_s - 1}\left(\dfrac{2 + \mu_s}{3} - 1\right) = \dfrac{1}{3}$

07 자계의 경계조건에서 $\dfrac{\tan\theta_1}{\tan\theta_2} = \dfrac{\mu_1}{\mu_2}$ 에서 굴절각은 투자율에 비례한다.

08 도체가 받는 힘(전자력) $F = BIl\sin\theta = \mu HIl\sin\theta\,[\text{N}]$

09 경계면의 양측에서 자속밀도의 법선성분은 서로 같다.
[별해] 경계면의 조건
- 유전체 $E_{t1} = E_{t2}$, $D_{n1} = D_{n2}$
- 자성체 $H_{t1} = H_{t2}$, $B_{n1} = B_{n2}$

10 $L = \dfrac{N^2}{R_m} = \dfrac{\mu s n^2 l^2}{l} = \mu s n^2 l$

∴ 단위길이당 $L_0 = \mu s n^2 = \mu \pi a^2 n^2\,[\text{H/m}]$

11 전위계수의 특징
- $P_{11}, P_{22}, \cdots, P_{rr} > 0$
  $P_{12}, P_{21}, \cdots, P_{rs} = P_{sr} \geq 0$
  $P_{rr} \geq P_{rs}$
- 도체가 놓여 있는 매질, 도체모양, 크기, 간격, 배치상태에 따라 달라짐
- 포위관계
  $P_{11} = P_{12}$ (도체 I이 도체 II에 포위되어 있다)
  $P_{11} = P_{21}$ (도체 II가 도체 I에 포위되어 있다)

12 파장 $\lambda = \dfrac{1}{f\sqrt{\varepsilon\mu}} = \dfrac{1}{1 \times 10^9 \times \sqrt{\varepsilon_0 \mu_0 \times 4}} = 0.1498\,[\text{m}]$

13 수직 벡터 $= A \times B = \begin{bmatrix} i & j & k \\ 2 & -6 & -3 \\ 4 & 3 & -1 \end{bmatrix} = (6+9)i + (-12+2)j + (6+24)k$

$= 15i - 10j + 30k = 3i - 2j + 6k$

단위벡터 $= \dfrac{\text{벡터}}{\text{크기}} = \dfrac{3i - 2j + 6k}{\sqrt{3^2 + 2^2 + 6^2}} = \dfrac{3}{7}i - \dfrac{2}{7}j + \dfrac{6}{7}k$

14 B점의 힘 $F_B = F_{AB} - F_{BC}$
$= \dfrac{Q_B}{4\pi\varepsilon_0}\left(\dfrac{Q_A}{r_1^{\,2}} - \dfrac{Q_C}{r_2^{\,2}}\right)$
$= 9\times 10^9 \times 2\times 10^{-6} \times \left(\dfrac{4\times 10^{-6}}{2^2} - \dfrac{5\times 10^{-6}}{3^2}\right) = 8\times 10^{-3} = 0.8\times 10^{-2}\,[\text{N}]$

15 $RC = \rho\varepsilon$ 에서

저항 $R = \dfrac{\rho\varepsilon}{C}\,[\Omega] = \dfrac{10^{11}\times 2.2\times 8.855\times 10^{-12}}{30\times 10^{-6}} \fallingdotseq 64.94\times 10^3\,[\Omega]$

∴ 누설전류 $I_l = \dfrac{V}{R} = \dfrac{500}{64.94\times 10^3} \fallingdotseq 7.7\times 10^{-3}\,[\text{A}] = 7.7\,[\text{mA}]$

16 힘 $F = \dfrac{B^2}{2\mu_0}S = \dfrac{0.4^2\times 0.01}{2\times 4\pi}\times 10^7 \times 2 = \dfrac{4{,}000}{\pi} = \dfrac{4}{\pi}\times 10^3\,[\text{N}]$

※ 1[G]는 국제단위계(SI단위계)로 10^{-4}[T]와 같다.

17 상호 인덕턴스 $M = k\sqrt{L_1 L_2} = 1\times\sqrt{4\times 9} = 6\,[\text{mH}]$

18 무한 평면이므로 영상 전하 개수는 1이며 전하의 합 $= Q + Q' = Q - Q = 0$이다.

19 자성체 단위체적당 저장되는 에너지
$\omega = \dfrac{1}{2}\mu H^2 = \dfrac{B^2}{2\mu} = \dfrac{1}{2}BH\,[\text{J/m}^3]$

20 $+z$ 방향으로 흐르는 전류 I_1에 의해 생기는 자계의 방향과 ABCD 코일에 흐르는 전류(I_2)에 의해 $\overline{AB}$ 면에 I_2가 흐르는 경우 플레밍의 왼손 법칙에 의해 $\overline{AB}$ 면이 $+z$ 방향으로 힘을 받는다.

21 **복도체(다도체) 방식의 주목적 : 코로나 방지**
- 인덕턴스는 감소, 정전용량은 증가
- 같은 단면적의 단도체에 비해 전력용량의 증대
- 코로나의 방지, 코로나 임계전압의 상승
- 송전용량의 증대
- 소도체 충돌 현상(대책 : 스페이서의 설치)
- 단락 시 대전류 등이 흐를 때 소도체 사이에 흡인력이 발생

22 중성점 접지방식

방 식	보호계전기동작	지락전류	전위상승	과도안정도	유도장해	특 징
직접접지 22.9, 154, 345[kV]	확실	크다.	1.3배	작다.	크다.	중성점 영전위 단절연 가능
저항접지	↓	↓	$\sqrt{3}$ 배	↓	↓	
비접지 3.3, 6.6[kV]	×	↓	$\sqrt{3}$ 배	↓	↓	저전압 단거리
소호리액터접지 66[kV]	불확실	0	$\sqrt{3}$ 배 이상	크다.	작다.	병렬 공진

23 인덕턴스 $L = 0.05 + 0.4605 \log_{10} \frac{D}{r}$

$\therefore L \propto D$

선간거리가 증가하면 인덕턴스는 증가한다.

24 단로기(DS)는 소호기능이 없어 부하전류나 사고전류를 차단할 수 없다. 무부하상태, 즉 차단기가 열려 있어야만 전로개방 및 모선접속을 변경할 수 있다(인터로크).

25 전압강하 $e = V_s - V_r = \sqrt{3}\,I(R\cos\theta + X\sin\theta) = \frac{P}{V}(R + X\tan\theta)$

26 캐비테이션
- 수차를 돌리고 나온 물이 흡출관을 통과할 때 흡출관의 중심부에 진공상태를 형성하는 현상이다.
- 방지방법 : 흡출수두를 낮춘다.

27 일정 $P = V\uparrow I\downarrow$ (애자지지물 비용↑, 전선비용↓)
일정 $P = V\downarrow I\uparrow$ (애자지지물 비용↓, 전선비용↑)

28 $V_s = V_r + \sqrt{3}\,I(R\cos\theta + X\sin\theta)$

$\varepsilon = \frac{V_{0r} - V_r}{V_r} \times 100$

$10 = \frac{70 - V_r}{V_r} \times 100$

$0.1 = \frac{70 - V_r}{V_r}$

$0.1 V_r = 70 - V_r$

$1.1 V_r = 70$

$V_r = \frac{70}{1.1} = 63.636 [\text{kV}]$

$I = \frac{P}{\sqrt{3}\,V_r \cos\theta} = \frac{3,700}{\sqrt{3} \times 63.636 \times 0.8} = 41.916 [\text{A}]$

$V_s = 63.636 + \{\sqrt{3} \times 41.916(10 \times 0.8 + 15 \times 0.6)\} \times 10^{-3} = 64.871 [\text{kV}]$

29 전압을 n배로 승압 시

항 목	송전전력	전압강하	단면적 A	총중량 W	전력손실 P_l	전압 강하율 ε
관 계	$P \propto V^2$	$e \propto \dfrac{1}{V}$	\multicolumn{4}{c}{$[A,\ W,\ P_l,\ \varepsilon] \propto \dfrac{1}{V^2}$}			

30 수용률 $= \dfrac{\text{최대수용전력[kW]}}{\text{부하설비용량[kW]}} \times 100[\%]$

31 하천 유량 측정법 중 대용량 수력발전소에는 유속계법이 적합하고 소하천의 적은 유량은 언측법이 적당하다.

32 Still 식 $V_s = 5.5\sqrt{0.6l + \dfrac{P}{100}} = 5.5\sqrt{0.6 \times 51 + \dfrac{30{,}000}{100}} = 100[\text{kV}]$
여기서, l : 송전거리[km]
　　　 P : 송전전력[kW]

33
- 3ϕ : △, Y, V결선
- T(스코트결선) : 1ϕ 대용량 부하가 2개일 때 사용

34 매설지선 : 탑각의 접지저항값을 낮춰 역섬락을 방지한다.

35 설비용량별 3차권선(△결선)의 사용방법
- 345[kV]의 Y-Y-△(345[kV]-154[kV]-23[kV]) : △결선(3차 권선)은 조상설비를 접속하고 변전소 소내 전원용으로 사용한다.
- 154[kV]의 Y-Y-△(154[kV]-23[kV]-6.6[kV]) : △결선(3차 권선)은 외함에 접지하고 부하를 접지하지 않는 안정권선으로 사용한다.

36 원자력발전소의 건설비는 화력발전소에 비해 비싸다.

37
- PT : 2차 측 개방 ⇒ 과전류에 의한 과열소손 방지
- CT : 2차 측 단락 ⇒ 과전압에 의한 절연파괴 방지

38 $E_s = AE_R + BI_R$
무부하 시 $I_R = 0$
$\therefore E_R = \dfrac{E_s}{A} = \dfrac{160}{0.8} = 200[\text{kV}]$

39 안정도 향상대책
- 발전기
  - 동기리액턴스 감소(단락비 크게, 전압변동률 작게)
  - 속응여자방식 채용
  - 제동권선 설치(난조 방지)
  - 조속기 감도 둔감
- 송전선
  - 리액턴스 감소
  - 복도체(다도체) 채용
  - 병행 2회선 방식
  - 중간조상방식
  - 고속도 재폐로방식 채택 및 고속 차단기 설치

40
단로기(DS)는 소호기능이 없어 부하전류나 사고전류를 차단할 수 없다. 무부하 상태, 즉 차단기가 열려 있어야만 전로개방 및 모선접속 시 변경할 수 있다(인터로크).

41 양호한 정류방법
- 보극과 탄소 브러시를 설치한다.
- 평균 리액턴스 전압을 줄인다.
- 정류주기를 길게 한다.
- 회전속도를 늦게 한다.
- 인덕턴스를 작게 한다(단절권 채용).

42 직류전동기 특성

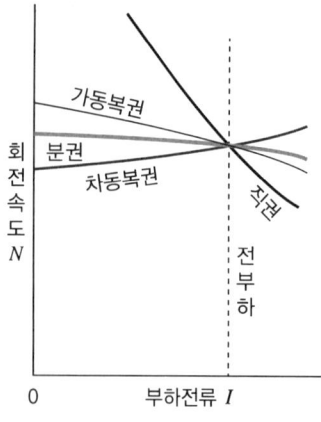
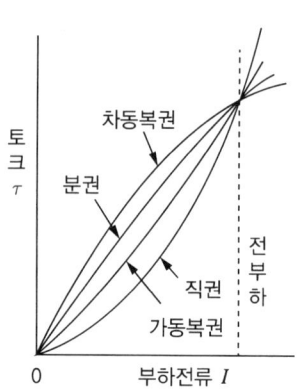

43
- 와전류손을 감소 : 강판성층
- 히스테리시스손을 감소 : 규소강판

44 파형을 좋게 하는 법
- 극면의 모양을 정현파가 나오도록 만든다.
- 결선을 하여 제3고조파 및 그 배수고조파를 제거한다.
- 단절권을 채용한다.
- 분포권을 채용하여 나머지 고조파를 대폭 감축시킨다.
- 매극 매상의 슬롯수(q)를 크게 한다.

45 단락비가 큰 기계
- 동기임피던스, 전압변동률, 전기자 반작용, 효율이 작다.
- 출력, 선로의 충전 용량, 계자기자력, 공극, 단락전류가 크다.
- 안정도가 좋고 중량이 무거우며 가격이 비싸다.
- 철기계로 저속인 수차발전기($K_s = 0.9 \sim 1.2$)에 적합하다.

46

종류	전동기의 특징
타여자	• 회전 방향 반대 : (+), (−) 극성을 반대 • 정속도 전동기
분권	• 정속도 특성의 전동기 • 위험상태 : 정격전압 시 무여자 상태 • (+), (−) 극성을 반대 : 회전 방향이 불변 • $T \propto I \propto \dfrac{1}{N}$
직권	• 변속도 전동기(전기철도, 기중기 등에 적합) • 부하에 따라 속도가 심하게 변한다. • (+), (−) 극성을 반대 : 회전 방향이 불변 • 위험상태 : 정격전압 시 무부하 상태 • $T \propto I^2 \propto \dfrac{1}{N^2}$

47 변압기 절연유의 구비 조건
- 절연내력이 클 것
- 점도가 작고 비열이 커서 냉각효과(열방사)가 클 것
- 인화점은 높고, 응고점은 낮을 것
- 고온에서 산화하지 않고, 침전물이 생기지 않을 것

48
변압기 저항비 $a^2 = \dfrac{R_1}{R_2}$ 에서 $a = \sqrt{\dfrac{8,000}{16}} ≒ 22.36$

권수비 $a = \dfrac{N_1}{N_2}$ 에서

$N_2 = \dfrac{N_1}{a} = \dfrac{1,500}{22.36} ≒ 67.08[\text{회}]$

49 변압기의 임피던스와트
$P_s = \dfrac{p \times P_n}{100} = \dfrac{2.4 \times 5 \times 10^3}{100} = 120[\text{W}]$

여기서, $p = \dfrac{I_{1n} r_{21}}{V_{1n}} \times 100 = \dfrac{I_{1n}^2 r_{21}}{I_{1n} V_{1n}} \times 100 = \dfrac{P_s}{P_n} \times 100$

50 원선도

유도전동기 1차 부하전류의 선단 부하의 증감과 더불어 그리는 그 궤적이 항상 반원주상에 있는 것을 이용하여 여러 가지 값을 구하는 곡선

작성에 필요한 값	저항 측정	무부하시험	구속시험
		철손, 여자전류	동손, 임피던스 전압, 단락전류
구할 수 있는 값		1차 입력, 2차 입력(동기 와트), 철손, 슬립 1차 저항손, 2차 저항손, 출력, 효율, 역률	
구할 수 없는 값		기계적 출력, 기계손	

51

회전 시 2차측 전류 $I_2 = \dfrac{E_2}{\sqrt{\left(\dfrac{r_2}{s}\right)^2 + (x_2)^2}} = \dfrac{110}{\sqrt{\left(\dfrac{0.1}{0.04}\right)^2 + 0.5^2}} = 43.14[\text{A}]$

$E_2 = \dfrac{E_1}{a} = \dfrac{220}{\dfrac{300}{150}} = 110[\text{V}]$

52 브러시의 위치 변경으로 회전방향을 조정하는 기계

- 단상 반발전동기(아트킨손형, 톰슨형, 데리형) : 교·직 양용 – 만능전동기
- 단상 직권정류자 전동기(직권형, 보상 직권형, 유도보상 직권형)
- 3상 분권 정류자전동기(시라게전동기)

53 동기발전기의 병렬운전 조건

필요조건	다른 경우 현상
기전력의 크기가 같을 것	무효순환전류(무효횡류)
기전력의 위상이 같을 것	동기화전류(유효횡류)
기전력의 주파수가 같을 것	동기화전류 : 난조 발생
기전력의 파형이 같을 것	고주파 무효순환전류 : 과열 원인
(3상) 기전력의 상회전 방향이 같을 것	

54 위상 특성곡선(V곡선 $I_a - I_f$ 곡선, P 일정) : 계자전류의 변화에 대한 전기자전류의 변화를 나타낸 곡선(동기조상기로 조정)

가로축 I_f	최저점 $\cos\theta = 1$	세로축 I_a
감 소	계자전류 I_f	증 가
증 가	전기자전류 I_a	증 가
뒤진 역률(지상)	역 률	앞선 역률(진상)
L	작 용	C
부족여자	여 자	과여자

$\cos\theta = 1$에서 전력 비교 $P \propto I_a$, 위 곡선의 전력이 크다.

과여자 시 앞선 전류가 더욱 증가하여 앞선 역률이 증가하므로 역률은 더욱 나빠진다.

55 스텝모터(Step Motor)
디지털신호에 비례하여 일정각도만큼 회전하는 모터로 그 총회전각은 입력펄스의 수로, 회전속도는 입력펄스의 빠르기로 쉽게 제어한다.
- 회전각과 속도는 펄스수에 비례한다.
- 오픈 루프에서 속도 및 위치제어를 할 수 있다.
- 디지털신호를 직접 제어할 수 있다.
- 정역 및 가감속이 쉽다.
- 위치제어를 할 때 각도 오차가 작다.
- 종류는 가변 릴럭턴스형(VR), 영구자석형(PM), 복합형(H)이 있다.

56 유도전동기의 기동법

		특 징	용 량
농 형	전전압 기동법 (직입 기동법)	직접 정격전압을 인가하여 기동, 기동전류가 정격 전류 4~6배 정도	5[kW] 이하
	Y-△ 기동	기동 시 고정자권선을 Y로, 접속하여 기동전류 감소 정격속도가 되면 △로 변경, 기동전류와 기동토크가 각각 $\frac{1}{3}$ 배로 감소	5~15[kW] 이하
	기동보상기법	전동기 1차 쪽에 강압용 단권변압기를 설치하여 전공기에 인가되는 전압을 감소시켜서 기동	15[kW] 이상
	리액터 기동	전동기 1차 측에 리액터를 설치 후 조정하여 전동기 인가전압 제어	
권선형	2차 저항 기동법	비례추이 이용 : 2차 회로 저항값 증가 - 토크 증가, 기동 전류 억제, 속도 감소, 운전특성 불량, 게르게스법	

57 단락권선이란 누설리액턴스에 의한 전압강하 경감

58 2차를 개방하면 1차 선전류가 모두 여자전류가 되므로 많은 자속이 생겨 고전압이 유기되며 자속밀도 또한 커져 철손증가로 과열되어 절연파괴가 된다.

59 직류전류 $I_{DC} = \dfrac{P}{V_{DC}} = \dfrac{2,000 \times 10^3}{1,000} = 2,000[A]$

회전변류기 $I_{AC} = \dfrac{2\sqrt{2}}{m\cos\theta} I_{DC} = \dfrac{2\sqrt{2} \times 2,000}{6 \times 0.8} = 1,178.5[A]$

60 변압기의 전압변동률
$\varepsilon = p\cos\theta \pm q\sin\theta$ (+ : 지상, - : 진상)
$= 0.8 \times 2 + 0.6 \times 3 = 3.4[\%]$
여기서, p : %저항강하, q : %리액턴스강하

61 $f(t) = 5\sin 2t \Rightarrow F(s) = 5 \times \dfrac{2}{s^2 + 2^2} = \dfrac{10}{s^2 + 4}$

62 $V_{ab} = \dfrac{\dfrac{E_1}{Z_1} - \dfrac{E_2}{Z_2} + \dfrac{E_3}{Z_3} + \dfrac{E_4}{Z_4}}{\dfrac{1}{Z_1} + \dfrac{1}{Z_2} + \dfrac{1}{Z_3} + \dfrac{1}{Z_4}} = \dfrac{\dfrac{12}{2} - \dfrac{4}{4} + \dfrac{24}{8} + \dfrac{32}{16}}{\dfrac{1}{2} + \dfrac{1}{4} + \dfrac{1}{8} + \dfrac{1}{16}} \fallingdotseq 10.666[A]$

63 $i(t) = \dfrac{E}{R}(1-e^{-\frac{R}{L}t})$ 에서 $t = 3\tau$ 이므로

$i(t) = \dfrac{E}{R}(1-e^{-\frac{R}{L} \times 3\frac{L}{R}}) = \dfrac{E}{R}(1-e^{-3}) = 0.95\dfrac{E}{R}$

정상전류의 95[%] 값이다.

64 L회로에서 $P_a = VI = 100 \times 30 = 3,000[\text{VA}]$

$P_r = \sqrt{P_a^2 - P^2} = \sqrt{3,000^2 - 1,800^2} = 2,400[\text{Var}]$

역률이 100[%](손실이 최소)가 되기 위해 $Q = \dfrac{V^2}{X_C}[\text{Var}]$의 콘덴서를 병렬접속하여 무효분을 0으로 만든다. 즉, 무효전력만큼 콘덴서를 설치해야 된다.

용량리액턴스 $X_C = \dfrac{V^2}{Q} = \dfrac{100^2}{2,400} \fallingdotseq 4.2[\Omega]$

65 a상의 전압 $V_a = V_0 + V_1 + V_2 = -8 + j3 + 6 - j8 + 8 + j12 = 6 + j7[\text{V}]$

66 $\dfrac{V}{s} = RI(s) + \dfrac{1}{sC}I(s)$

$\dfrac{V}{s} = \left(R + \dfrac{1}{sC}\right)I(s)$

$I(s) = \dfrac{V}{s\left(R + \dfrac{1}{sC}\right)} = \dfrac{V \times \dfrac{1}{R}}{\left(sR + \dfrac{1}{C}\right) \times \dfrac{1}{R}} = \dfrac{V}{R} \dfrac{1}{s + \dfrac{1}{RC}}$

67 왜형률 $= \dfrac{\text{고조파만의 실횻값}}{\text{기본파의 실횻값}} \times 100$

68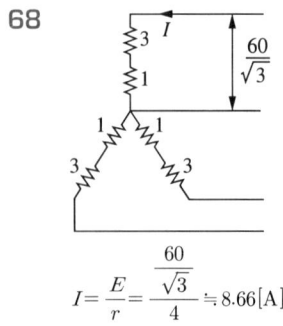

$I = \dfrac{E}{r} = \dfrac{\frac{60}{\sqrt{3}}}{4} \fallingdotseq 8.66[\text{A}]$

69

파 형		실횻값	평균값	파형률	파고율
전 파	구형파	V_m	V_m	1	1

파형률 $= \dfrac{\text{실횻값}}{\text{평균값}}$, 파고율 $= \dfrac{\text{최댓값}}{\text{실횻값}}$

70 4단자 정수

$$\dot{A} = \left.\dfrac{\dot{V}_1}{\dot{V}_2}\right|_{\dot{I}_2=0} = \dfrac{12}{4} = 3, \quad \dot{B} = \left.\dfrac{\dot{V}_1}{\dot{I}_2}\right|_{\dot{V}_2=0} = \dfrac{16}{2} = 8$$

$$\dot{C} = \left.\dfrac{\dot{I}_1}{\dot{V}_2}\right|_{\dot{I}_2=0} = \dfrac{2}{4} = 0.5, \quad \dot{D} = \left.\dfrac{\dot{I}_1}{\dot{I}_2}\right|_{\dot{V}_2=0} = \dfrac{4}{2} = 2$$

71 순시값 $i(t) = I_m \sin(\omega t - 15°)$ [A] 에서 일 $\omega t = 60°$ 일 때

$i(t) = I_m \sin(60° - 15°) = I_m \sin 45°$

$i(t) = \dfrac{\sqrt{2}}{2} I_m \quad I_m = \sqrt{2} I$ 를 대입

$i(t) = \dfrac{\sqrt{2}}{2} \times \sqrt{2} I$

$i(t) = I$

72 $Q_r = P_a \sin\theta$

$= P \dfrac{\sin\theta}{\cos\theta} = 120 \times \dfrac{0.8}{0.6} = 160 \, [\text{kVar}]$

73 $P_r = \sqrt{3} \, VI \sin\theta = \sqrt{3} \times 200 \times 10\sqrt{3} \times 0.6 = 3,600 \, [\text{Var}]$

74 전력 $P = \dfrac{100}{\sqrt{2}} \times \dfrac{20}{\sqrt{2}} \cos 0° + \dfrac{-50}{\sqrt{2}} \times \dfrac{10}{\sqrt{2}} \cos 60° + \dfrac{20}{\sqrt{2}} \times \dfrac{5}{\sqrt{2}} \cos 90° = 875 \, [\text{W}]$

75 4단자(영상전달함수)

$$\begin{bmatrix} A & B \\ C & D \end{bmatrix} = \begin{bmatrix} 1 + \dfrac{4}{5} = \dfrac{9}{5} & 4 \\ \dfrac{1}{5} & 1 \end{bmatrix}$$

$\theta = \log_e (\sqrt{AD} + \sqrt{BC})$

$= \log_e \left(\sqrt{\dfrac{9}{5}} + \sqrt{\dfrac{4}{5}} \right) = \log_e \left(\dfrac{3}{\sqrt{5}} + \dfrac{2}{\sqrt{5}} \right) = \log_e \dfrac{5}{\sqrt{5}}$

∴ 영상전달함수 $\theta = \log_e \sqrt{5}$

76 $G(s) = \dfrac{sL_1}{\dfrac{1}{sC_1} + sL_1} = \dfrac{s}{\dfrac{1}{s} + s} = \dfrac{s}{\dfrac{1+s^2}{s}} = \dfrac{s^2}{1+s^2}$

77 브리지회로 평형조건 : $Z_1 Z_2 = Z_3 Z_4$

$R_1 R_2 = \omega L \times \dfrac{1}{\omega C}$ 에서 $R_1 R_2 = \dfrac{L}{C}$

∴ 인덕턴스 $L = R_1 R_2 C$

78
- 유도리액턴스 $X_L = \omega L = 2\pi \times 1,000 \times 5 \times 10^{-3} \fallingdotseq 31.42[\Omega]$
- 용량리액턴스 $X_C = \dfrac{1}{\omega C} = \dfrac{1}{2\pi \times 1,000 \times C} = X_L = 31.42[\Omega]$
- ∴ 정전용량 $C = \dfrac{1}{\omega X_C} = \dfrac{1}{2\pi \times 1,000 \times X_C} = \dfrac{1}{2\pi \times 1,000 \times 31.42} \times 10^6 \fallingdotseq 5.07[\mu F]$

79
2단자 임피던스 $Z(s) = \dfrac{3s}{s^2 + 15}$ 에서 분자를 1로 만든다.

$Z(s) = \dfrac{1}{\dfrac{s}{3} + \dfrac{1}{\dfrac{1}{5}s}}$ ($L - C$ 병렬회로)

∴ $L = \dfrac{1}{5}$, $C = \dfrac{1}{3}$

80
$e = Ri + L\dfrac{d}{dt}i$
$= R(I_1 \sin\omega t + I_3 \sin 3\omega t) + L\dfrac{d}{dt}(I_1 \sin\omega t + I_3 \sin 3\omega t)$
$= RI_1 \sin\omega t + RI_3 \sin 3\omega t + LI_1 \omega \cos\omega t + LI_3 3\omega \cos 3\omega t$
$= (R\sin\omega t + L\omega\cos\omega t)I_1 + (R\sin 3\omega t + 3\omega L\cos 3\omega t)I_3[V]$

81 KEC 461.5(누설전류 간섭에 대한 방지)
직류 전기철도시스템이 매설 배관 또는 케이블과 인접할 경우 누설전류를 피하기 위해 최대한 이격시켜야 하며, 주행레일과 최소 1[m] 이상의 거리를 유지하여야 한다.

82 KEC 232.12(금속관공사)
- 전선은 절연전선(옥외용 비닐절연전선을 제외한다)일 것
- 연선일 것(단, 전선관이 짧거나 10[mm²] 이하(알루미늄은 16[mm²])일 때 예외)
- 관의 두께 : 콘크리트에 매입하는 것은 1.2[mm] 이상(노출공사 1.0[mm] 이상. 단, 길이 4[m] 이하이고 건조한 노출된 공사 : 0.5[mm] 이상)
- 폭발방지형 부속품 : 전선관과의 접속부분 나사는 5산 이상 완전히 나사결합
- 관의 끝부분에는 전선의 피복을 손상하지 아니하도록 부싱을 사용할 것
- 접지공사 생략(400[V] 이하)
  - 건조하고 총길이 4[m] 이하인 곳(400[V] 이하)
  - 8[m] 이하, DC 300[V], AC 150[V] 이하인 사람 접촉이 없는 경우

83 KEC 112(용어 정의)
관등회로란 방전등용 안정기 또는 방전등용 변압기로부터 방전관까지의 전로를 말한다.

84 KEC 333.22(특고압 보안공사)
제1종 특고압 보안공사
- 전선로의 지지물에는 B종 철주·B종 철근 콘크리트주 또는 철탑을 사용할 것
- 전선에는 압축 접속에 의한 경우 이외에는 지지물 간 거리의 도중에 접속점을 시설하지 아니할 것
- 지락 또는 단락 시 3초(100[kV] 이상 2초) 이내 차단하는 장치를 시설
- 애자는 1련으로 하는 경우는 50[%] 충격 불꽃 방전 전압이 타 부분의 110[%] 이상일 것(사용전압 130[kV]를 넘는 경우 105[%] 이상이거나, 아킹혼 붙은 2련 이상)

85 KEC 222.10/332.9/332.10/333.1/333.21/333.22(가공전선로 및 보안공사 지지물 간 거리)

구 분	표 준	특고압 시가지	보안공사		
			저·고압	제1종 특고압	제2, 3종 특고압
목주 / A종	150[m]	75[m](목주 X)	100[m]	목주 불가	100[m]
B종	250[m]	150[m]	150[m]	150[m]	200[m]
철 탑	600[m]	400[m]	400[m]	400[m], 단주 300[m]	

86 KEC 342.1(고압 옥내배선 등의 시설)
- 애자사용공사(건조한 장소로서 전개된 장소에 한한다)
- 케이블공사
- 케이블트레이공사

87 KEC 232.32(플로어덕트공사)
- 전선은 절연전선(옥외용 비닐절연전선을 제외)일 것
- 점검할 수 없는 은폐장소(바닥)
- 절연전선(연선) 10[mm^2] 이하(알루미늄은 16[mm^2])일 때 단선 사용 가능

88 KEC 522.2.2(전력변환장치의 시설)
인버터, 절연변압기 및 계통 연계 보호장치 등 전력변환장치의 시설은 다음에 따라 시설하여야 한다.
- 인버터는 실내·실외용을 구분할 것
- 각 직렬군의 태양전지 개방전압은 인버터 입력전압 범위 이내일 것
- 옥외에 시설하는 경우 방수등급은 IPX4 이상일 것

89 KEC 153.2(피뢰등전위본딩)
등전위본딩의 상호 접속
- 자연적 구성부재에 의한 전기적 연속성이 확보되지 않은 경우에는 본딩도체로 연결
- 본딩도체로 직접 접속할 수 없는 장소의 경우에는 서지보호장치를 이용
- 본딩도체로 직접 접속이 허용되지 않는 장소의 경우에는 절연방전갭(ISG)을 이용

90 KEC 212.3(보호장치의 종류 및 특성)
순시트립에 따른 구분(주택용 배선차단기)

형	순시트립범위
B	$3I_n$ 초과 $5I_n$ 이하
C	$5I_n$ 초과 $10I_n$ 이하
D	$10I_n$ 초과 $20I_n$ 이하

- B, C, D : 순시트립전류에 따른 차단기 분류
- I_n : 차단기 정격전류

91 KEC 351.3(발전기 등의 보호장치)
- 발전기에 과전류나 과전압이 생긴 경우
- 압유장치 유압이 현저히 저하된 경우
  - 수차발전기 : 500[kVA] 이상
  - 풍차발전기 : 100[kVA] 이상
- 스러스트 베어링의 온도가 현저히 상승한 경우 : 2,000[kVA] 이상
- 내부고장이 발생한 경우 : 10,000[kVA] 이상

92 KEC 333.1(시가지 등에서 특고압 가공전선로의 시설)
특고압 가공전선로를 시가지 그 밖에 인가가 밀집한 지역에 시설할 수 있는 경우

사용전압의 구분	전선의 단면적
100[kV] 미만	인장강도 21.67[kN] 이상의 연선 또는 단면적 55[mm^2] 이상의 경동연선 또는 동등 이상의 인장강도를 갖는 알루미늄 전선이나 절연전선
100[kV] 이상	인장강도 58.84[kN] 이상의 연선 또는 단면적 150[mm^2] 이상의 경동연선 또는 동등 이상의 인장강도를 갖는 알루미늄 전선이나 절연전선

93 KEC 234.11(1[kV] 이하 방전등)
옥내에 시설하는 사용전압이 400[V] 초과, 1[kV] 이하인 관등회로의 배선

시설장소의 구분		공사의 종류
전개된 장소	건조한 장소	애자공사・합성수지몰드공사 또는 금속몰드공사
	기타의 장소	애자공사
점검할 수 있는 은폐된 장소	건조한 장소	금속몰드공사

94 KEC 221.1(구내인입선)
이웃 연결 인입선의 시설
• 인입선에서 분기하는 점으로부터 100[m]를 초과하는 지역에 미치지 아니할 것
• 폭 5[m]를 초과하는 도로를 횡단하지 아니할 것
• 옥내를 통과하지 아니할 것

95 KEC 242.7(터널, 갱도 기타 이와 유사한 장소)
사람이 상시 통행하는 터널 안의 배선의 시설
• 사용전압이 저압의 것에 한한다.
• 합성수지관공사, 금속관공사, 금속제 가요전선관공사, 케이블공사, 애자공사
• 공칭단면적 2.5[mm^2]의 연동선과 동등 이상의 세기 및 굵기의 절연전선(옥외용 비닐절연전선 및 인입용 비닐절연전선을 제외)
• 노면상 2.5[m] 이상의 높이로 할 것
• 전로에는 터널의 입구에 가까운 곳에 전용 개폐기를 시설할 것

96 KEC 222.11/332.11(저・고압 가공전선과 건조물의 접근)

구 분		저압 가공전선			고압 가공전선		
		일 반	절 연	케이블	일 반	절 연	케이블
상부 조영재	위 쪽	2[m]	1[m]	1[m]	2[m]	–	1[m]
	옆쪽 또는 아래쪽, 기타 조영재	1.2[m]	0.4[m]	0.4[m]	1.2[m]	–	0.4[m]
		인체 비접촉 시 0.8[m]					

97 KEC 363.1(지중통신선로설비 시설)
• 통신선 : 지중 공가설비로 사용하는 광섬유 케이블 및 동축케이블은 지름 22[mm] 이하일 것
• 통신선용 내관의 수량
  – 관로 내 통신 케이블용 내관의 수량은 관로의 여유 공간 범위 내에서 시설할 것
  – 전력구의 행거에 시설하는 내관의 최대수량은 일단(一段)으로 시설 가능한 수량까지로 제한할 것

98 충전장치의 충전 케이블 인출부는 옥내용의 경우 지면으로부터 0.45[m] 이상 1.2[m] 이내에, 옥외용의 경우 지면으로부터 0.6[m] 이상에 위치할 것

99 KEC 511.2.10(계측장치)
전기저장장치를 시설하는 곳에는 다음의 사항을 계측하는 장치를 시설하여야 한다.
- 이차전지 출력단자의 전압, 전류, 전력 및 충방전 상태
- 주요 변압기의 전압, 전류 및 전력

100 KEC 362.5(특고압 가공전선로 전선 첨가 설치 통신선의 시가지 인입 제한)
시가지에 시설하는 통신선은 특고압 가공전선로의 지지물에 시설하여서는 아니 된다. 다만, 통신선이 절연전선과 동등 이상의 절연성능이 있고 인장강도 5.26[kN] 이상의 것, 또는 연선의 경우 단면적이 16[mm^2](단선의 경우 지름 4[mm]) 이상의 절연전선 또는 광섬유 케이블인 경우에는 그러하지 아니하다.

2024년 제2회 CBT

page 272

1	2	3	4	5	6	7	8	9	10	11	12	13	14	15	16	17	18	19	20
④	①	①	④	④	④	②	②	③	③	③	①	①	②	④	③	①	④	④	①
21	22	23	24	25	26	27	28	29	30	31	32	33	34	35	36	37	38	39	40
①	③	③	④	②	③	③	②	②	③	③	③	③	①	③	①	③	②	③	③
41	42	43	44	45	46	47	48	49	50	51	52	53	54	55	56	57	58	59	60
②	③	③	①	①	④	④	②	①	③	②	③	④	③	①	②	①	④	③	③
61	62	63	64	65	66	67	68	69	70	71	72	73	74	75	76	77	78	79	80
②	①	②	③	④	③	④	③	①	③	③	④	②	②	④	①	④	①	①	③
81	82	83	84	85	86	87	88	89	90	91	92	93	94	95	96	97	98	99	100
①	②	①	②	①	③	④	①	③	①	④	③	③	②	②	④	④	③	②	③

01 맥스웰의 전자방정식(미분형)
- 앙페르의 주회(적분) 법칙 : $\text{rot}H = \nabla \times H = i_c + \dfrac{\partial D}{\partial t}$
- 패러데이 법칙 : $\text{rot}E = \nabla \times E = -\dfrac{\partial B}{\partial t}$
- 가우스 법칙 : $\text{div}D = \nabla \cdot D = \rho$
- 가우스 법칙 : $\text{div}B = 0$

02 포인팅벡터 : 단위시간에 단위면적을 지나는 에너지
임의의 점을 통과할 때의 전력밀도 $P = E \times H = EH\sin\theta\,[\text{W/m}^2]$에서 자계와 전계는 수직이므로
$P = EH\,[\text{W/m}^2]$

03 전파속도 $v = \dfrac{1}{\sqrt{\mu\varepsilon}} = \dfrac{1}{\sqrt{\mu_0\varepsilon_0}} \times \dfrac{1}{\sqrt{\mu_s\varepsilon_s}}\,[\text{m/s}]$

04 $\nabla^2\phi = 0°$의 표시 방정식을 라플라스 방정식이라 하며 비압축성, 비회전성 방정식을 뜻한다. 즉, 비회전 조건은 라플라스 방정식이 되기 위한 필요조건이다.

05 $\text{div}E = \nabla \cdot E$
$= \left(\dfrac{\partial}{\partial x}i + \dfrac{\partial}{\partial y}j + \dfrac{\partial}{\partial z}k\right) \cdot (3x^2 i + 2xy^2 j + x^2yz k)$
$= \dfrac{\partial 3x^2}{\partial x} + \dfrac{\partial 2xy^2}{\partial y} + \dfrac{\partial x^2yz}{\partial z} = 6x + 4xy + x^2y$

06 자계 중의 자극이 받는 힘 $F = mH = \dfrac{mB}{\mu_s\mu_0}$에서 자극의 세기 $m = \dfrac{F}{H} = \dfrac{4 \times 10^3}{500} = 8\,[\text{Wb}]$

07 전기력선수와 전기력선 밀도는 매질과 전하에 모두 관계되므로 전계에 관한 가우스 정리에서
$\displaystyle\int_s E \cdot dS = \dfrac{Q}{\varepsilon} = \dfrac{Q}{\varepsilon_0\varepsilon_s}$ 이므로 전기력선의 수는 $\dfrac{Q}{\varepsilon_0\varepsilon_s}$ 개다.

08
- 핀치효과 : 직류전압 인가 시 전류가 도선 중심 쪽으로 집중되어 흐르려는 현상
- 표피효과 : 전류의 주파수가 증가할수록 도체 내부의 전류밀도가 지수함수적으로 감소되는 현상
- 압전효과 : 수정, 전기석, 로셸염, 타이타늄산바륨에 압력이나 인장을 가하면 그 응력으로 인하여 전기분극과 분극전하가 나타나는 현상
- 펠티에효과 : 두 종류의 금속선에 전류를 흘리면 접속점에서 열이 흡수 또는 발생하는 현상

09 니켈(Ni)은 강자성체이다.

반자성체	$\mu_s < 1$ $\mu < \mu_0$	$\chi < 0$	비스무트, 은, 구리, 탄소 등

10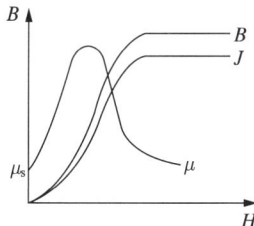

- 자화의 세기
$$J = \mu_0(\mu_s - 1)H = B - \mu_0 H = \left(1 - \frac{1}{\mu_s}\right)B [\text{Wb/m}^2]$$
- 강자성체는 $\mu_s \gg 1$이므로 $J \leq B$, 즉 J는 B보다 약간 작다.

11
- 법선성분 : $D_1\cos\theta_1 = D_2\cos\theta_2$
- 접선성분 : $E_1\sin\theta_1 = E_2\sin\theta_2$
- 굴절의 법칙 : $\dfrac{\tan\theta_1}{\tan\theta_2} = \dfrac{\varepsilon_1}{\varepsilon_2}$
- 유전율이 큰 쪽으로 굴절
  $\varepsilon_1 > \varepsilon_2$: $\theta_1 > \theta_2$, $D_1 > D_2$, $E_1 < E_2$
  $\varepsilon_1 < \varepsilon_2$: $\theta_1 < \theta_2$, $D_1 < D_2$, $E_1 > E_2$
- 수직 입사 : $\theta_1 = 0$, 비굴절, 전속밀도 연속($D_1 = D_2$, $E_1 \neq E_2$)
- 수평 입사 : $\theta_1 = 90$, 전계 연속($D_1 \neq D_2$, $E_1 = E_2$)

12
- 상호인덕턴스 $M = k\sqrt{L_1 L_2}$
- 결합계수 $k = \dfrac{M}{\sqrt{L_1 L_2}}$

(단, 일반 : $0 < k < 1$, 미결합 : $k = 0$, 완전 결합 : $k = 1$)

13 전속선은 유전율이 큰 쪽으로 모이므로 $\varepsilon_1 > \varepsilon_2$이다.

14 압전기 현상
- 종효과 : 결정에 가한 기계적 응력과 전기분극이 동일 방향으로 발생한다.
- 횡효과 : 결정에 가한 기계적 응력과 전기분극이 수직 방향으로 발생한다.

15 코일 중심의 자계

정3각형	정4각형	정6각형	원에 내접 n각형
$H=\dfrac{9I}{2\pi l}$	$H=\dfrac{2\sqrt{2}\,I}{\pi l}$	$H=\dfrac{\sqrt{3}\,I}{\pi l}$	$H_n=\dfrac{nI\tan\dfrac{\pi}{n}}{2\pi R}$

16 자기회로와 전기회로의 대응

자기회로	전기회로
자속 $\phi[\text{Wb}]$	전류 $I[\text{A}]$
자계 $H[\text{AT/m}]$	전계 $E[\text{V/m}]$
기자력 $F[\text{AT}]$	기전력 $U[\text{V}]$
자속밀도 $B[\text{Wb/m}^2]$	전류밀도 $i[\text{A/m}^2]$
투자율 $\mu[\text{H/m}]$	도전율 $k[\mho/\text{m}]$
자기저항 $R_m[\text{AT/Wb}]$	전기저항 $R[\Omega]$

17 $RC=\rho\varepsilon$에서 저항 $R=\dfrac{\rho\varepsilon}{C}[\Omega]$

∴ 누설전류 $I_l=\dfrac{V}{R}=\dfrac{V}{\dfrac{\rho\varepsilon}{C}}=\dfrac{CV}{\rho\varepsilon}[\text{A}]$

18 저축(축적)에너지

$W=\dfrac{1}{2}LI^2=\dfrac{1}{2}\dfrac{\mu_0\mu_r SN^2}{l}I^2=\dfrac{1}{2}\times\dfrac{4\pi\times10^{-7}\times100\times10\times10^{-4}\times1{,}000^2}{1}\times10^2=2\pi[\text{J}]$

19 전위차 $e=Blv\sin\theta$에서 수직이므로 $e=Blv=3.6\times10^{-5}\times80\times1{,}000\times10^3=2{,}880[\text{V}]$
 ※ 양 날개 끝이므로 $40\times2=80[\text{m}]$ 적용

20 두 도체구를 연결 시 V_A와 V_B는 등전위이므로 V_A와 V_B 값은 같아야 한다.
1. 연결 전 전하량 Q_A, Q_B
 연결 후 전하량 $Q_A{'}, Q_B{'}$ 연결 전후의 전하량은 같으므로
 $Q_A+Q_B=Q_A{'}+Q_B{'}$
2. 전위 $V_A=\dfrac{Q_A{'}}{4\pi\varepsilon R}$, $V_B=\dfrac{Q_B{'}}{4\pi\varepsilon r}$에서 연결 시
 $V_A=V_B$이므로 $\dfrac{Q_A{'}}{4\pi\varepsilon R}=\dfrac{Q_B{'}}{4\pi\varepsilon r}=\dfrac{Q_A{'}}{R}=\dfrac{Q_B{'}}{r}$
 ∴ $rQ_A{'}=RQ_B{'}$ ·············· ⓐ
3. $Q_B{'}=Q_A+Q_B-Q_A{'}$로 정리하여 ⓐ식에 대입하면
 $rQ_A{'}=R(Q_A+Q_B-Q_A{'})$이며
 이에 $(r+R)Q_A{'}=(Q_A+Q_B)R$
 $Q_A{'}=\dfrac{(Q_A+Q_B)R}{r+R}$

4. $V_A = \dfrac{Q_A'}{4\pi\varepsilon R} = \dfrac{1}{4\pi\varepsilon R} \times \dfrac{(Q_A+Q_B)R}{(r+R)} = \dfrac{Q_A+Q_B}{4\pi\varepsilon(r+R)}$

   같은 방식으로 V_B를 구하면 $V_B = \dfrac{Q_A+Q_B}{4\pi\varepsilon(r+R)}$ 이 된다.

21 연가(Transposition) : 3상 3선식 선로에서 선로정수를 평형시키기 위하여 길이를 3등분하여 각 도체의 배치를 변경하는 것
※ 효과 : 선로정수 평형, 임피던스 평형, 유도장해 감소, 소호리액터 접지 시 직렬공진 방지

22

구 분	특 징	
	투과파	반사파
$Z_1 \neq Z_2$	$e_3 = \dfrac{2Z_2}{Z_1+Z_2}e_1$	$e_3 = \dfrac{Z_2-Z_1}{Z_1+Z_2}e_1$
$Z_1 = Z_2$	진행파 모두 투과	무반사
$Z_2 = 0$ 종단 접지	투과계수 2	반사계수 1
$Z_2 = \infty$ 종단 개방	투과계수 0	반사계수 −2

23 $P_S = \sqrt{3}\,VI_S\,[\text{VA}]$

$V = 22.9 \times \dfrac{1.2}{1.1} = 24.98 \quad \therefore \ 25.8\,[\text{kV}]$

$P_S = \sqrt{3} \times 25.8\,[\text{kV}] \times 3{,}000 \times 10^{-3}\,[\text{kA}]$
$= 134.06\,[\text{MVA}]$
$\therefore$ 표에서 150[MVA]

24 직렬콘덴서의 역할
- 선로의 인덕턴스 보상
- 수전단의 전압변동률 감소
- 정태안정도 증가
- 선로 역률이 나쁠수록 효과가 큼
- 부하의 역률을 개선시키는 것은 전력용 콘덴서

25 전력 퓨즈(Power Fuse)는 특고압 기기의 단락전류 차단을 목적으로 설치한다.
- 장점 : 소형 및 경량, 차단용량이 큼, 고속 차단, 보수가 간단, 가격이 저렴, 정전용량이 작음
- 단점 : 재투입이 불가능

26 고장별 대칭분 및 전류의 크기

고장종류	대칭분	전류의 크기
1선 지락	정상분, 역상분, 영상분	$I_0 = I_1 = I_2 \neq 0$
선간 단락	정상분, 역상분	$I_1 = -I_2 \neq 0,\ I_0 = 0$
3상 단락	정상분	$I_1 \neq 0,\ I_0 = I_2 = 0$

1선 지락전류 $I_g = 3I_0 = \dfrac{3E_a}{Z_0+Z_1+Z_2}$

27 출력의 증감에 무관하게 수차의 회전수를 일정하게 유지하기 위해서는 출력의 변화에 따라서 수차의 유량을 조정하지 않으면 안 된다. 폐쇄시간이 짧을수록 수차의 속도변동률은 작아진다.

28 전선 1가닥에 대한 작용정전용량(단도체)
$C = C_s + 3C_m = 0.5096 + 3 \times 0.1295 ≒ 0.9[\mu F]$

29 복도체(다도체) 방식의 주목적 : 코로나 방지
- 인덕턴스는 감소, 정전용량은 증가
- 같은 단면적의 단도체에 비해 전력용량의 증대
- 코로나의 방지, 코로나 임계전압의 상승
- 송전용량의 증대
- 소도체 충돌 현상(대책 : 스페이서의 설치)
- 단락 시 대전류 등이 흐를 때 소도체 사이에 흡인력이 발생

30 고장별 대칭분 및 전류의 크기

고장종류	대칭분	전류의 크기
1선 지락	정상분, 역상분, 영상분	$I_0 = I_1 = I_2 \neq 0$
선간 단락	정상분, 역상분	$I_1 = -I_2 \neq 0, I_0 = 0$
3상 단락	정상분	$I_1 \neq 0, I_0 = I_2 = 0$

1선 지락전류 $I_g = 3I_0 = \dfrac{3E_a}{Z_0 + Z_1 + Z_2}$

31
- $P_l = \dfrac{1}{\cos^2\theta}$
- 배전 전압을 조정한다.
- 부하를 평형으로 설치한다.
- 노후설비를 교체한다.

32 $P = 10 \times 0.8 = 8$
$Q = 10 \times 0.6 = 6$
$\therefore P_a = \sqrt{8^2 + (6-2)^2} ≒ 9[kVA]$

33 부등률 $= \dfrac{\text{개별수요 최대전력의 합}[kW]}{\text{합성 최대전력}[kW]}$
$= \dfrac{60 + 75 + 80 + 105}{250} = 1.28$

34 차단용량 $= \sqrt{3} \times$ 정격전압 $\times$ 정격차단전류
$\sqrt{3} \times 170 \times 50 ≒ 14,722.5 ≒ 15,000[MVA]$

35 전력원선도
- 작성 시 필요한 값 : 송·수전단 전압, 일반회로 정수(A, B, C, D)
- 가로축 : 유효전력, 세로축 : 무효전력
- 구할 수 있는 값 : 최대출력, 조상설비용량, 4단자 정수에 의한 손실, 송·수전 효율 및 전압, 선로의 일반회로 정수
- 구할 수 없는 값 : 과도안정 극한전력, 코로나 손실, 사고값

36 조상설비의 비교

구 분	진 상	지 상	시충전	조 정	전력손실
콘덴서	○	×	×	단계적	0.3[%] 이하
리액터	×	○	×	단계적	0.6[%] 이하
동기조상기	○	○	○	연속적	1.5~2.5[%]

37 직접접지(유효접지방식) : 154[kV], 345[kV], 765[kV]의 송전선로에 사용

- 장 점
  - 1선 지락고장 시 건전상 전압상승이 거의 없다(대지전압의 1.3배 이하).
  - 계통에 대해 절연레벨을 낮출 수 있다.
  - 지락전류가 크므로 보호계전기 동작이 확실하다.
- 단 점
  - 1선 지락고장 시 인접 통신선에 대한 유도장해가 크다.
  - 절연수준을 높여야 한다.
  - 과도안정도가 나쁘다.
  - 큰 전류를 차단하므로 차단기 등의 수명이 짧다.
  - 통신유도장해가 최대가 된다.

38

$$\frac{\text{자기용량[kVA]}}{\text{부하용량[kVA]}} = \frac{V_h - V_e}{V_h}$$

$$\text{부하용량[kVA]} = \text{자기용량[kVA]} \times \frac{V_h}{V_h - V_e}$$

$$= 20 \times \frac{6{,}600}{6{,}600 - 6{,}000}$$

$$= 220 [\text{kVA}]$$

부하용량의 단위가 [kW]이므로
$220[\text{kVA}] \times 0.8 = 176 [\text{kW}]$

39

조상설비의 $\eta = \dfrac{i_1 - i_2}{i_1 - i_3} = \dfrac{970 - 550}{970 - 130} \fallingdotseq 0.5$

여기서, i_1 : 터빈 입구에서 증기가 갖는 엔탈피
i_2 : 터빈 출구에서 증기가 갖는 엔탈피
i_3 : 보일러 입구에서 물이 갖는 엔탈피

40

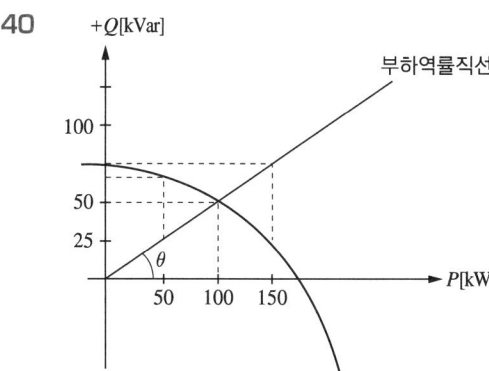

50[kW]일 때 ⇒ 경부하 시이므로 뒤진 무효분을 설치
150[kW]일 때 ⇒ 중부하 시이므로 앞선 무효분을 설치

41 직류전동기 속도제어법

종 류	특 징
전압제어	• 광범위 속도제어가 가능하다. • 워드레오나드 방식(광범위한 속도 조정, 효율양호) • 일그너 방식(부하가 급변하는 곳, 플라이휠 효과 이용, 제철용 압연기) • 정토크 제어 • SCR과 조합하여 사용하는 방식
계자제어	• 세밀하고 안정된 속도제어를 할 수 있다. • 속도제어 범위가 좁다. • 효율은 양호하나 정류가 불량하다. • 정출력 가변속도 제어
저항제어	• 속도 조정 범위가 좁다. • 효율이 저하된다.

42 부하 증가에 따라 부하전류를 이용하여 전압강하를 이루는 발전기로는 복권을 사용하며 부하 증가 시 전압상승은 과복권, 하강은 차동복권을 사용한다.

43 SCR의 특징
- 정류기능을 가진 단일 방향성 3단자 소자이다.
- 과전압에 약하고 열용량이 적어 고온에 약하다.
- 아크가 생기지 않으므로 열의 발생이 적다.
- 역방향 내전압이 크고, 전압강하가 작다.
- Turn On 조건은 양극과 음극 간에 브레이크 오버전압 이상의 전압을 인가하고, 게이트에 래칭전류 이상의 전류를 인가한다.
- Turn Off 조건은 애노드의 극성을 부(-)로 한다.
- 래칭전류는 사이리스터가 Turn On하기 시작하는 순전류이다.
- 이온이 소멸되는 시간이 짧다.
- 직류 및 교류 전압제어를 하며 스위칭 소자이다.

44 단상 유도전동기
- 종류(기동토크가 큰 순서대로) : 반발 기동형 > 반발 유도형 > 콘덴서 기동형 > 분상 기동형 > 셰이딩 코일형 > 모노 사이클릭형
- 단상 유도전동기의 특징
  - 교번자계 발생
  - 기동 시 기동토크가 존재하지 않으므로 기동장치가 필요하다.
  - 슬립이 0이 되기 전에 토크는 미리 0이 된다.
  - 2차 저항이 증가되면 최대토크는 감소한다(비례추이할 수 없다).
  - 2차 저항값이 어느 일정값 이상이 되면 토크는 부(-)가 된다.

45 수은정류기의 직류 측 전압은 맥동이 있으므로 맥동을 적게 하기 위하여 상수를 6상 또는 12상을 사용한다. 특히 대용량의 경우는 보통 6상식이 쓰인다.

46 3상 직권 정류자전동기에서 중간변압기를 사용하는 목적
- 전원전압의 크기에 관계없이 회전자전압을 정류작용에 알맞은 값으로 선정할 수 있다.
- 중간변압기의 권수비를 조정하여 전동기 특성을 조정할 수 있다.
- 경부하 시 직권 특성$\left(Z \propto I^2 \propto \dfrac{1}{N^2}\right)$이므로 속도가 크게 상승할 수 있다. 따라서 중간변압기를 사용하여 속도상승을 억제할 수 있다.

47 동기전동기의 특징

장 점	단 점
• 속도가 N_s로 일정 • 역률을 항상 1로 운전 가능 • 효율이 좋음 • 공극이 크고 기계적으로 튼튼함	• 보통 기동토크가 작음 • 속도제어가 어려움 • 직류 여자가 필요함 • 난조가 일어나기 쉬움

48 분포권의 특징
- 분포권은 집중권에 비하여 합성유기기전력이 감소한다.
- 기전력의 고조파가 감소하여 파형이 좋아진다.
- 권선의 누설리액턴스가 감소한다.
- 전기자권선에 의한 열을 고르게 분포시켜 과열을 방지한다.

49 분권발전기의 유기기전력
$E = V + I_a R_a = 100 + 2 \times 3 = 106 [\text{V}]$
여기서, $I_a = I_f + I$, 무부하 단자 시 $I_a = I_f$
단자전압 $V = I_f R_f = 2 \times 50 = 100 [\text{V}]$

50 직류 분권전동기 중권에서 토크
$T = \dfrac{PZ}{2\pi a}\phi I_a = \dfrac{Z}{2\pi}\phi I_a = \dfrac{100}{2\pi} \times 0.628 \times 5 \fallingdotseq 50 [\text{N} \cdot \text{m}]$

51 탭전환방식은 1차 측 탭을 조정하여 수전점 전압을 조정한다.

52 2차 여자제어법에는 크레머방식과 세르비우스방식이 있는데, 크레머방식은 기계적 제어, 세르비우스 방식은 전기적 제어로 속도를 제어한다.

53 직권 전동기는 전기철도, 기중기 등의 부하변동이 심하고 큰 기동토크가 요구되는 기기에 사용된다.

54 변압기 절연유의 구비 조건
- 절연내력이 클 것
- 점도가 작고 비열이 커서 냉각효과(열방사)가 클 것
- 인화점은 높고, 응고점은 낮을 것
- 고온에서 산화하지 않고, 침전물이 생기지 않을 것

55 전류비
$\dfrac{I_a}{I_d} = \dfrac{2\sqrt{2}}{m\cos\theta}$
여기서, I_a는 교류 측 선전류[A], I_d는 직류 측 선전류[A]

56 부하저항 $R = r_2\left(\dfrac{1}{s}-1\right) = \left(\dfrac{1}{0.05}-1\right)r_2 = 19r_2$

57 비례추이의 원리(권선형 유도전동기)

$$\frac{r_2}{s_m} = \frac{r_2 + R_s}{s_t}$$

- 최대토크가 발생하는 슬립점이 2차 회로의 저항에 비례해서 이동한다.
- 슬립은 변화하지만 최대토크 $\left(T_{\max} = K\dfrac{E_2^{\,2}}{2r_2}\right)$는 불변한다.
- 2차 저항을 크게 하면 기동전류는 감소하고 기동토크는 증가한다.

58 단락비가 큰 기계
- 동기임피던스, 전압변동률, 전기자 반작용, 효율이 작다.
- 출력, 선로의 충전 용량, 계자기자력, 공극, 단락전류가 크다.
- 안정도가 좋고 중량이 무거우며 가격이 비싸다.
- 철기계로 저속인 수차발전기($K_s = 0.9 \sim 1.2$)에 적합하다.

59 분권 발전기 전기자 전류 $I_a = I + I_f = \dfrac{P}{V} + \dfrac{V}{R_f} = \dfrac{10{,}000}{100} + \dfrac{100}{20}$
$$= 105[\text{A}]$$

60 %임피던스$(\%Z) = \dfrac{I_n Z_s}{E_p} \times 100 = \dfrac{\sqrt{3}\, I_n Z_s}{E_l} \times 100[\%]$

　　　　　　　　(상전압)　　　　(선전압)

61 복소전력

$P_a = \overline{V}I = P \pm jP_r [\text{VA}] = (50\sqrt{3} + j50)(15\sqrt{3} + j15) = 1{,}500 + j1{,}500\sqrt{3}$

∴ $P = 1{,}500[\text{W}]$, $P_r = 1{,}500\sqrt{3}[\text{Var}]$

62 2단자 임피던스 $Z(s) = \dfrac{2s+3}{s} = 2 + \dfrac{3}{s}$

∴ $Z(s) = 2 + \dfrac{1}{\frac{1}{3}s}$ ($R-C$ 직렬회로)

63

$A = \dfrac{10 \times 10}{10 + 10 + 30} = 2$

$B = \dfrac{10 \times 30}{10 + 10 + 30} = 6$

$C = \dfrac{10 \times 30}{10 + 10 + 30} = 6$

∴ 3ϕ 평형일 때 $R = 4[\Omega]$

64

	임피던스 궤적	어드미턴스 궤적
$R-L$직렬회로	가변하는 축에 평행한 반직선 벡터 궤적(1상한)	가변하지 않는 축에 원점이 위치한 반원 벡터 궤적(4상한)
$R-C$직렬회로	가변하는 축에 평행한 반직선 벡터 궤적(4상한)	가변하지 않는 축에 원점이 위치한 반원 벡터 궤적(1상한)
$R-L$병렬회로	가변하지 않는 축에 원점이 위치한 반원 벡터 궤적(1상한)	가변하는 축에 평행한 반직선 벡터 궤적(4상한)
$R-C$병렬회로	가변하지 않는 축에 원점이 위치한 반원 벡터 궤적(4상한)	가변하는 축에 평행한 반직선 벡터 궤적(1상한)

65 v_1은 기본파이고 v_2는 제3고조파이므로 위상 관계는 의미가 없다. 반드시 주파수가 같은 파에서만 위상 관계가 존재한다.

66 $t=0$일 때 순시값은
① $v = 100\sin30° = 50[\text{V}]$
② $v = 100\sin45° = 50\sqrt{2}[\text{V}]$
③ $v = 100\sin150° = 50[\text{V}]$
④ $v = 100\sin145° = 57.36[\text{V}]$

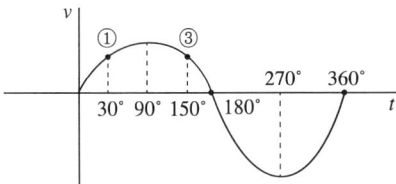

전압이 감소할 때는 ③번 150°이다.
전압이 증가할 때는 ①번 30°이다.

67 $\dfrac{s+1}{s^2+2s} = \dfrac{s+1}{s(s+2)} = \dfrac{k_1}{s} + \dfrac{k_2}{s+2} = \dfrac{1}{2}\dfrac{1}{s} + \dfrac{1}{2}\dfrac{1}{s+2} = \dfrac{1}{2} + \dfrac{1}{2}e^{-2t} = \dfrac{1}{2}(1+e^{-2t})$

여기서, $k_1 = \left.\dfrac{s+1}{s+2}\right|_{s=0} = \dfrac{1}{2}$

$k_2 = \left.\dfrac{s+1}{s}\right|_{s=-2} = \dfrac{1}{2}$

68 푸리에 급수 : 비정현파 = 직류분 + 기본파 + 고조파

$f(t) = a_0 + \sum_{n=1}^{\infty} a_n \cos n\omega t + \sum_{n=1}^{\infty} b_n \sin n\omega t$

69 3상 불평형 전압 $V_a,\ V_b,\ V_c$

• 영상전압 : $V_0 = \dfrac{1}{3}(V_a + V_b + V_c)$

• 정상전압 : $V_1 = \dfrac{1}{3}(V_a + aV_b + a^2V_c)$

• 역상전압 : $V_2 = \dfrac{1}{3}(V_a + a^2V_b + aV_c)$

70
$\tau = \dfrac{L}{R} = \dfrac{0.5}{2} = 0.25[\text{s}]$

$i = \dfrac{E}{R}\left(1-e^{-\frac{R}{L}t}\right) = \dfrac{30}{2}\left(1-e^{-\frac{2}{0.5}\times 0.1}\right) \fallingdotseq 4.945 \fallingdotseq 4.95[\text{A}]$

71 $I = \sqrt{I_0^2 + I_1^2 + I_3^2} = \sqrt{100^2 + 50^2 + 20^2} \fallingdotseq 114[\text{A}]$

72 4단자(T형 회로 A, B, C, D)

A	B	C	D
$1+\dfrac{Z_1}{Z_3}$	$\dfrac{Z_1Z_2 + Z_2Z_3 + Z_3Z_1}{Z_3}$	$\dfrac{1}{Z_3}$	$1+\dfrac{Z_2}{Z_3}$

73 $P_V = \sqrt{3}\, V_p I_p = \sqrt{3}\times 50[\text{kVA}]$

74 $i = \dfrac{V_m}{R}\sin\omega t = \dfrac{100\sqrt{2}}{10+40}\sin(2\pi ft) = \dfrac{100\sqrt{2}}{50}\sin(2\pi\times 60t) = 2\sqrt{2}\sin 377t\,[\text{A}]$

75
I_1 선전류 : $I_l = I_p = \dfrac{E}{R} = \dfrac{\dfrac{E}{\sqrt{3}}}{\dfrac{4}{3}r} = \dfrac{\sqrt{3}}{4r}E[\text{A}]$

76 $I_2 = \dfrac{1}{3}(I_a + a^2 I_b + a I_c) = \dfrac{1}{3}\{15+j2 + 1\angle 240°\times(-20-j14) + 1\angle 120°\times(-3+j10)\} \fallingdotseq 1.91 + j6.24[\text{A}]$

77 복소전력
$P_a = \overline{V}I = P \pm j P_r[\text{VA}] = (40-j30)(30+j10) = 1,500 - j500$
$P = 1,500[\text{W}]$, $P_r = 500[\text{Var}]$
$P_a = \sqrt{P^2 + P_r^2} = \sqrt{1,500^2 + 500^2} \fallingdotseq 1,581[\text{VA}]$ 에서
역률 $\cos\theta = \dfrac{P}{P_a} = \dfrac{1,500}{1,581} \fallingdotseq 0.949$

78 출력 $P_V = \sqrt{3}\,P_1 = \sqrt{3}\,V_l I_l \cos\theta\,[\text{W}]$

- V결선의 출력비 $= \dfrac{P_V}{P_\triangle} = \dfrac{\sqrt{3}\,P_1}{3P_1}\times 100 \fallingdotseq 57.7[\%]$

- V결선의 이용률 $= \dfrac{\sqrt{3}\,P_1}{2P_1}\times 100 \fallingdotseq 86.6[\%]$

79 $i(t) = \dfrac{E}{R}(1-e^{-\frac{R}{L}t}) = \dfrac{20}{5}(1-e^{-\frac{5}{5}\times 1}) = 2.528[\text{A}]$

80 $R-L$ 병렬회로에서 교류일 때

전전류 $I = I_R - jI_L = \sqrt{I_R^2 + I_L^2}\,[\text{A}]$

$I_L = \sqrt{I^2 - I_R^2} = \sqrt{5^2 - \left(\dfrac{12}{3}\right)^2} = 3\,[\text{A}]$

유도리액턴스 $X_L = \dfrac{V}{I_L} = \dfrac{12}{3} = 4\,[\Omega]$

81 KEC 222.9/332.8(저·고압 가공전선 등의 병행설치)
- 저압 가공전선을 고압 가공전선의 아래로 하고 별개의 완금류에 시설할 것
- 저압 가공전선과 고압 가공전선 사이의 간격은 0.5[m] 이상일 것. 다만, 각도주·분기주 등에서 혼촉의 우려가 없도록 시설하는 경우에는 그러하지 아니하다.

82 KEC 341.15(피뢰기의 접지)
- 고압 및 특고압의 전로에 시설하는 피뢰기의 접지저항값은 10[Ω] 이하로 하여야 한다.
- 단, 고압 가공전선로에 시설하는 피뢰기의 접지공사의 접지도체가 전용의 것인 경우에는 접지저항 값이 30[Ω]까지 허용된다.

83 KEC 461.6(전자파 장해의 방지)
전차선로는 무선설비의 기능에 계속적이고 또한 중대한 장해를 주는 전파가 생길 우려가 있는 경우에는 이를 방지하도록 시설하여야 한다.

84 KEC 232.31(금속덕트공사)
- 전선은 절연전선(옥외용 비닐절연전선을 제외한다)일 것
- 전선 단면적 : 덕트 내부 단면적의 20[%] 이하(제어회로 등 50[%] 이하)
- 지지점 간의 거리 : 3[m] 이하(취급자 외 출입 없고 수직인 경우 : 6[m] 이하)
- 폭 40[mm] 이상, 두께 1.2[mm] 이상인 철판 또는 동등 이상의 기계적 강도를 가지는 금속제의 것으로 제작한 것

85 KEC 242.2(먼지 위험장소)

금속관공사	• 박강전선관 이상, 패킹 사용, 분진 방폭형 유연성 부속 • 관 상호 및 관과 박스 등은 5산 이상의 나사 조임 접속
케이블공사	개장된 케이블 또는 무기물 절연 케이블을 사용하는 경우 이외에는 관 기타의 방호 장치에 넣어 사용할 것

86 KEC 333.11(특고압 가공전선로의 철주·철근 콘크리트주 또는 철탑의 종류)
- 직선형 : 전선로의 직선 부분(3° 이하인 수평각도를 이루는 곳을 포함)
- 각도형 : 전선로 중 3°를 초과하는 수평각도를 이루는 곳
- 잡아당김형 : 전가섭선을 잡아당기는 곳에 사용하는 것
- 내장형 : 전선로의 지지물 양쪽의 지지물 간 거리의 차가 큰 곳에 사용하는 것
- 보강형 : 전선로의 직선 부분에 그 보강을 위하여 사용하는 것

87 전기저장장치 시설장소는 주변 시설(도로, 건물, 가연물질 등)로부터 1.5[m] 이상 이격(다른 건물의 출입구나 피난계단 등 이와 유사한 장소로부터는 3[m] 이상 이격)

88 KEC 333.1(시가지 등에서 특고압 가공전선로의 시설)
사용전압이 100[kV]를 초과하는 특고압 가공전선에 지락 또는 단락이 생겼을 때에는 1초 이내에 자동적으로 이를 전로로부터 차단하는 장치를 시설할 것

89 KEC 322.5(전로의 중성점의 접지)
- 보호장치의 확실한 동작의 확보
- 이상전압의 억제 및 대지전압의 저하를 위하여 특히 필요한 경우에 전로의 중성점에 접지공사를 할 수 있다.

90 전차선과 건조물 간의 최소 절연간격

시스템 종류	공칭전압[V]	동적[mm]		정적[mm]	
		비오염	오염	비오염	오염
직 류	750	25	25	25	25
	1,500	100	110	150	160
단상 교류	25,000	170	220	270	320

91 KEC 342.4(특고압 옥내 전기설비의 시설)
- 사용전압은 100[kV] 이하일 것. 다만, 케이블트레이공사에 의하여 시설하는 경우에는 35[kV] 이하일 것
- 전선은 케이블일 것
- 케이블은 철재 또는 철근 콘크리트제의 관·덕트 기타의 견고한 방호장치에 넣어 시설할 것
- 특고압 옥내배선과 저압 옥내전선·관등회로의 배선 또는 고압 옥내전선 사이의 간격은 0.6[m] 이상일 것

92 KEC 223.1/334.1(지중전선로의 시설)
- 사용전선 : 케이블, 트로프를 사용하지 않을 경우는 CD(콤바인덕트)케이블을 사용한다.
- 매설방식 : 직접 매설식, 관로식, 암거식(공동구)
- 직접 매설식의 매설 깊이 : 트로프 기타 방호물에 넣어 시설

장 소	차량, 기타 중량물의 압력	기 타
깊 이	1.0[m] 이상	0.6[m] 이상

93 발열체는 그 온도가 피가열 액체의 발화온도의 80[%]를 넘지 아니하도록 시설할 것

94 KEC 142.2(접지극의 시설 및 접지저항)
- 저항이 3[Ω] 이하
  - 각종 접지극 사용 가능(관 안지름 75[mm] 이상, 분기길이 5[m] 이내 경우만 가능)
- 저항이 2[Ω] 이하 건물의 철골 기타 금속체 : 분기길이 5[m] 넘을 수 있다.
  - 고압 비접지 전로에 시설하는 기계기구 등의 접지공사의 접지극 사용 가능

95 KEC 212.4(과부하전류에 대한 보호)
과부하 보호장치
- 설치위치
  과부하 보호장치는 전로 중 도체의 단면적, 특성, 설치방법, 구성의 변경으로 도체의 허용전류값이 줄어드는 곳(분기점)에 설치해야 한다.
- 설치위치의 예외
  - 분기회로(S_2)의 과부하 보호장치(P_2)의 전원 측에 다른 분기회로 또는 콘센트의 접속이 없고 분기회로에 대한 단락보호가 이루어지고 있는 경우, 보호장치(P_2)는 분기회로의 분기점(O)으로부터 부하 측으로 거리에 구애받지 않고 이동하여 설치할 수 있다.
  - 분기회로(S_2)의 보호장치(P_2)는 보호장치(P_2)의 전원 측에서 분기점(O) 사이에 다른 분기회로 또는 콘센트의 접속이 없고, 단락의 위험과 화재 및 인체에 대한 위험성이 최소화되도록 시설된 경우, 분기회로의 보호장치(P_2)는 분기회로의 분기점(O)으로부터 3[m]까지 이동하여 설치할 수 있다.

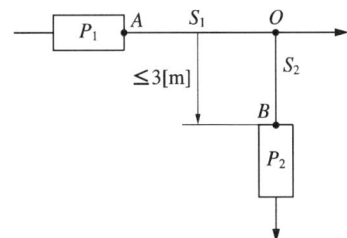

96 KEC 511.1.3(옥내전로의 대지전압 제한)
주택에 시설하는 전기저장장치는 이차전지에서 전력변환장치에 이르는 옥내 직류 전로를 다음에 따라 실시하는 경우에 옥내전로의 대지전압은 직류 600[V]까지 적용할 수 있다.
- 전로에 지락이 생겼을 때 자동적으로 전로를 차단하는 장치를 시설할 것
- 사람이 접촉할 우려가 없는 은폐된 장소에 합성수지관공사, 금속관공사, 케이블공사에 의하여 시설할 것. 다만, 사람이 접촉할 우려가 없도록 케이블공사에 의하여 시설하고 전선에 방호장치를 시설할 것

97 개폐기의 시설
- 전로 중 개폐기는 각 극에 설치한다.
- 고압용, 특고압용 개폐기 : 개폐 상태 표시 장치가 있어야 한다.
- 고압용 또는 특고압용 개폐기로서 중력 등에 의해 자연동작 우려가 있는 것 : 자물쇠장치, 기타 방지장치 시설
- 고압용 또는 특고압용 개폐기로 부하전류를 차단하기 위한 것이 아닌 DS(단로기)는 부하전류가 흐를 때 개로할 수 없도록 시설하지만 보기 쉬운 곳에 부하전류 유무 표시장치, 전화 지령장치, 태블릿을 사용하는 경우 예외이다.
  ※ 개폐기 설치 예외 장소
    - 저압 분기회로용 개폐기로서 중성선, 접지 측 전선
    - 사용전압 400[V] 미만 저압 2선식의 점멸용 개폐기는 단극에서 시설
    - 25[kV] 이하 중성점 다중 접지식 전로의 중성선
    - 제어회로 등에 조작용 개폐기를 시설하는 경우

98 KEC 351.1(발전소 등의 울타리·담 등의 시설)
- 울타리·담 등을 시설할 것
- 출입구에는 출입금지의 표시를 할 것
- 출입구에는 자물쇠장치 등의 장치를 할 것

99 KEC 362.9(전원공급기의 시설)
- 전원공급기는 다음에 따라 시설하여야 한다.
    - 지상에서 4[m] 이상 유지할 것
    - 누전차단기를 내장할 것
    - 시설방향은 인도 측으로 시설하며 외함은 접지를 시행할 것
- 기기주, 변압기 전주, 분기주 등 설비 복잡개소에는 전원공급기를 시설할 수 없다. 다만, 현장 여건상 부득이한 경우에는 예외적으로 전원공급기를 시설할 수 있다.
- 전원공급기 시설 시 통신사업자는 기기 전면에 명판을 부착하여야 한다.

100 KEC 341.3(특고압을 직접 저압으로 변성하는 변압기의 시설)
- 전기로 등 전류가 큰 전기를 소비하기 위한 변압기
- 발전소·변전소·개폐소 또는 이에 준하는 곳의 소내용 변압기
- 교류식 전기철도용 신호에서 전기를 공급하기 위한 변압기
- 사용전압 35[kV] 이하인 변압기로서 특고압 측과 저압 측 권선이 혼촉한 경우에 자동적으로 변압기를 전로로부터 차단하기 위한 장치를 설치한 것
- 사용전압 100[kV] 이하인 변압기로서 특고압 측 권선과 저압 측 권선 사이 접지공사를 한 금속제의 혼촉방지판이 있는 것(접지저항 값 10[Ω] 이하)

2024년 제3회 CBT

page 286

1	2	3	4	5	6	7	8	9	10	11	12	13	14	15	16	17	18	19	20
①	②	①	④	②	②	①	②	②	①	①	②	③	①	①	②	②	④	②	③
21	22	23	24	25	26	27	28	29	30	31	32	33	34	35	36	37	38	39	40
③	①	④	④	②	③	②	②	①	④	②	①	③	④	④	①	②	①	③	③
41	42	43	44	45	46	47	48	49	50	51	52	53	54	55	56	57	58	59	60
①	②	④	①	②	①	①	③	③	②	①	④	④	④	③	④	④	①	④	③
61	62	63	64	65	66	67	68	69	70	71	72	73	74	75	76	77	78	79	80
③	④	③	④	③	①	③	③	②	③	①	④	③	②	③	③	③	③	①	③
81	82	83	84	85	86	87	88	89	90	91	92	93	94	95	96	97	98	99	100
②	④	③	①	③	③	①	②	①	③	②	④	②	①	④	③	③	①	②	②

01 전기력선의 성질
- 전기력선은 정(+)전하에서 출발하여 부(-)전하로 끝난다.
- 단위전하에서는 $\dfrac{Q}{\varepsilon_0}$ 개의 전기력선이 출입하고 전속수는 Q개다.
- 전기력선은 전위가 높은 점에서 낮은 점으로 향한다.
- 전계가 0이 아닌 곳에서는 전기력선은 등전위면(도체면)에 수직으로 출입한다(전계의 방향은 전기력선의 접선방향과 같다).

02 유전체 경계면에서의 경계조건
- 전 계
  경계면에서 접선(수평)성분이 양측에서 같다.
  $E_{1t} = E_{2t}$
  ∴ $E_1 \sin\theta_1 = E_2 \sin\theta_2$
- 전속밀도
  경계면에서 법선(수직)성분이 양측에서 같다.
  $D_{1n} = D_{2n}$
  ∴ $D_1 \cos\theta_1 = D_2 \cos\theta_2$

03 반구의 정전용량 $C = \dfrac{4\pi\varepsilon a}{2} = 2\pi\varepsilon a$
∴ $RC = \rho\varepsilon$에서
접지저항 $R = \dfrac{\rho\varepsilon}{C} = \dfrac{\rho\varepsilon}{2\pi\varepsilon a} = \dfrac{\rho}{2\pi a}[\Omega]$

04 자성체 단위체적당 저장되는 에너지
$\omega = \dfrac{1}{2}\mu H^2 = \dfrac{B^2}{2\mu} = \dfrac{1}{2}BH[\text{J/m}^3]$

05 감자율 $N = \dfrac{1}{\mu_s - 1}\left(\dfrac{H_0}{H} - 1\right)$

$H = \dfrac{3\mu_0}{2\mu_0 + \mu}H_0$ 이므로

$N = \dfrac{1}{\mu_s - 1}\left(\dfrac{H_0}{\dfrac{3\mu_0}{2\mu_0 + \mu}H_0} - 1\right) = \dfrac{1}{\mu_s - 1}\left(\dfrac{2 + \mu_s}{3} - 1\right) = \dfrac{1}{3}$

06 제베크효과는 두 종류의 금속 접속면에 온도차를 주면 기전력이 발생하는 현상으로 주로 열전대에 이용한다.

07 $R = \dfrac{V}{I} = \rho\dfrac{l}{S} = R_t\dfrac{234.5 + T}{234.5 + t} = R_t\{1 + \alpha_t(T - t)\} = \dfrac{\rho\varepsilon}{C}[\Omega]$

$\therefore R_T = 100\{1 + 0.002(60 - 20)\} = 108[\Omega]$

08 유기기전력의 크기

$e = Blv\sin\theta = 2 \times 0.3 \times 30 \times \sin 30° = 9[\text{V}]$

09 평행 평판의 정전용량 $C = \varepsilon\dfrac{S}{d} = \varepsilon_0\varepsilon_s\dfrac{S}{d}[\text{F}]$

10
- 엄지 : 힘(F)
- 검지 : 자장(H, B)
- 중지 : 전류(I)

11

반자성체	$\mu_s < 1$ $\mu < \mu_0$	$\chi < 0$	비스무트, 은, 구리, 탄소 등

12 전자파(평면파)의 특성
- 전계와 자계는 공존하면서 서로 직각 방향으로 진동한다.
- 전자파 진행방향은 $E \times H$이고 진행방향 성분은 E, H 성분이 없다.
- 진공 또는 완전 유전체에서 전파와 자파의 위상차가 없다.
- z방향에 미분 계수가 존재한다.
- 횡파이며 속도는 매질에 따라 다르다.
- 반사, 굴절현상이 있다.
- 완전 도체 표면에서는 전부 반사된다.

13 ③ $\text{div} B = 0$

① $\text{rot} E = -\dfrac{\partial B}{\partial t}$

② $\text{rot} H = J + \dfrac{\partial D}{\partial t}$

④ $\text{div} D = \rho$

14 플레밍의 왼손 법칙에 의하여 전자가 받는 힘은 운동방향에 수직하므로 전자는 원운동을 한다. $v[\text{m/s}]$의 속도를 가진 전자가 $B[\text{Wb/m}^2]$인 평등자계에 직각으로 돌입할 때 전자가 받는 힘은 $F=e(v\times B)$, 크기는 $F=evB$이다.

이때 구심력 $F_0=\dfrac{mv^2}{r}$ 이고 $F_0=F$이므로 $evB=\dfrac{mv^2}{r}$

∴ $r=\dfrac{mv}{eB}[\text{m}] \propto v$

15 수직벡터 $=\dot{A}\times\dot{B}=\begin{vmatrix} i & j & k \\ 2 & -6 & -3 \\ 4 & 3 & -1 \end{vmatrix}=15i-10j+30k=3i-2j+6k$

단위벡터 $=\dfrac{\text{벡터}}{\text{크기}}=\dfrac{3i-2j+6k}{\sqrt{3^2+2^2+6^2}}=\dfrac{3}{7}i-\dfrac{2}{7}j+\dfrac{6}{7}k$

16 P_{rr}은 r 도체에 1[C]을 줄 때의 r 도체 자신의 전위이므로 $P_{rr}>0$이어야 한다.

17 인덕턴스 접속

종 류	가동접속(가극성)	차동접속(감극성)
직 렬	$L=L_1+L_2+2M$	$L=L_1+L_2-2M$
병 렬	$L=\dfrac{L_1L_2-M^2}{L_1+L_2-2M}$	$L=\dfrac{L_1L_2-M^2}{L_1+L_2+2M}$

18 $V_C=V_A+V_B$

$=9\times10^9\times\dfrac{Q_A}{r}+9\times10^9\times\dfrac{Q_B}{2r}=9\times10^9\times1\times10^{-6}\times\left(1+\dfrac{1}{2}\right)$

$=13.5\times10^3\,[\text{V}]$

19 구도체의 정전용량

$C=4\pi\varepsilon_0 a=\dfrac{1}{9\times10^9}\times a$이므로

반지름$(a)=9\times10^9 C=9\times10^9\times1\times10^{-6}=9\times10^3\,[\text{m}]=9\,[\text{km}]$

20 무한평면으로부터 $r[\text{m}]$ 떨어진 점 P에 점전하 $+Q[\text{C}]$가 있는 경우 영상전하는 무한평면 뒤쪽으로 점 P의 대칭점에 존재하며, 그 크기는 점전하와 같고 부호는 반대로 $Q'=-Q[\text{C}]$이다.

21 $Q_C=3\omega CE^2=3\times2\pi\times60\times0.4\times10^{-6}\times7\times\left(\dfrac{66{,}000}{\sqrt{3}}\right)^2\times10^{-3}\fallingdotseq 4{,}598.09\,[\text{kVA}]$

22 $I_s = \dfrac{100}{\%Z} \cdot \dfrac{P[\text{kVA}]}{\sqrt{3} \times V[\text{kV}]} = \dfrac{100}{8} \times \dfrac{20,000}{\sqrt{3} \times 22} \fallingdotseq 6,561[\text{A}]$

23 연부하율 $= \dfrac{\text{연간전력량}/(365 \times 24)}{\text{연간최대전력}} \times 100[\%]$

$= \dfrac{E}{8,760\,W} \times 100[\%]$

24 복도체(다도체) 방식의 주목적 : 코로나 방지
- 인덕턴스는 감소, 정전용량은 증가
- 같은 단면적의 단도체에 비해 전력용량의 증대
- 코로나의 방지, 코로나 임계전압의 상승
- 송전용량의 증대
- 소도체 충돌 현상(대책 : 스페이서의 설치)
- 단락 시 대전류 등이 흐를 때 소도체 사이에 흡인력이 발생

25 가공지선의 역할
- 직격뢰 및 유도뢰 차폐
- 통신선에 대한 전자유도장해 경감

26 코로나 임계전압 $E = 24.3 m_0 m_1 \delta d \log_{10} \dfrac{D}{r} [\text{kV}]$

여기서, m_0 : 전선의 표면상태(단선 : 1, 연선 : 0.8)

m_1 : 기후계수(맑은 날 : 1, 비 : 0.8)

δ : 상대공기밀도 $= \dfrac{0.386b}{273+t}$ (b : 기압, t : 온도)

d : 전선의 지름

D : 선간거리

코로나 임계전압이 높아지는 경우는 상대공기밀도가 높고, 전선의 직경이 클 경우, 맑은 날, 기압이 높고, 온도가 낮은 경우이다.

27 $\eta = \dfrac{860\,W}{mH} \times 100 = \dfrac{860 \times 40,000}{60 \times 10^3 \times 860} \times 100 \fallingdotseq 66.67[\%]$

28 $V_n = V_a + a^2 V_b + a V_c = 0$ (3ϕ 평형일 경우, 중성점 전압, 전류는 0이다)

29 $D = \dfrac{WS^2}{8T} = \dfrac{2 \times 200^2}{8 \times 1,000} = 10$

30 전력계통의 조정
- P-F Control : 유효전력은 주파수로 제어(거버너 밸브를 통해 유효전력을 조정)
- Q-V Control : 무효전력은 전압으로 제어

31 공진상태이므로 $I = \dfrac{V}{R} = \dfrac{4,400}{200} = 22[\text{A}]$

32 • 정전 : CB Off → DS Off
• 급전 : DS On → CB On
※ 인터로크 : 차단기가 열려 있어야만 단로기 개폐 가능(상대 동작 금지회로)

33 조상설비의 비교

구 분	진 상	지 상	시충전	조 정	전력손실
콘덴서	○	×	×	단계적	0.3[%] 이하
리액터	×	○	×	단계적	0.6[%] 이하
동기조상기	○	○	○	연속적	1.5~2.5[%]

34 $\dfrac{P_2}{P_1} = \left(\dfrac{H_2}{H_1}\right)^{\frac{3}{2}}$ 에서

$P_2 = P_1 \left(\dfrac{H_2}{H_1}\right)^{\frac{3}{2}} = 7,500 \left(\dfrac{47.5}{50}\right)^{\frac{3}{2}} = 6,944.59 \text{[kW]}$

35 설비용량별 3차권선(△결선)의 사용방법
• 345[kV]의 Y-Y-△(345[kV]-154[kV]-23[kV]) : △결선(3차 권선)은 조상설비를 접속하고 변전소 소내 전원용으로 사용한다.
• 154[kV]의 Y-Y-△(154[kV]-23[kV]-6.6[kV]) : △결선(3차 권선)은 외함에 접지하고 부하를 접지하지 않는 안정권선으로 사용한다.

36 집진장치
• 전기식 집진장치 : 코트렐 집진장치
• 기계식 집진장치 : 사이클론 집진장치
효율이 좋은 것은 전기식 집진장치인 코트렐 집진장치이다.

37 페란티 현상 : 선로의 충전전류 때문에 무부하 시 송전단 전압보다 수전단 전압(앞선 충전전류)이 커지는 현상이다. 방지법으로는 분로리액터 설치 및 동기조상기의 지상용량을 공급한다.

38 저압 네트워크방식
• 무정전 공급방식으로 공급신뢰도가 높다.
• 공급신뢰도가 가장 좋고 변전소의 수를 줄일 수 있다.
• 전압강하, 전력손실이 적다.
• 부하 증가 시 대응이 우수하다.
• 설비비가 고가이다.
• 인축의 접지사고가 있을 수 있다.
• 고장 시 고장전류가 역류할 수 있다.
• 대책 : 네트워크 프로텍터(저압용 차단기, 저압용 퓨즈, 전력방향 계전기)

39 직접접지(유효접지방식) : 154[kV], 345[kV], 765[kV]의 송전선로에 사용
• 장 점
 - 1선 지락고장 시 건전상 전압상승이 거의 없다(대지전압의 1.3배 이하).
 - 계통에 대해 절연레벨을 낮출 수 있다.
 - 지락전류가 크므로 보호계전기 동작이 확실하다.

- 단 점
  - 1선 지락고장 시 인접 통신선에 대한 유도장해가 크다.
  - 절연수준을 높여야 한다.
  - 과도안정도가 나쁘다.
  - 큰 전류를 차단하므로 차단기 등의 수명이 짧다.
  - 통신유도장해가 최대가 된다.

40 매설지선 : 탑각의 접지저항값을 낮춰 역섬락을 방지한다.

41 토크 $T = \dfrac{PZ\phi I_a}{2a\pi} [\text{N} \cdot \text{m}] = \dfrac{1}{9.8} \dfrac{PZ\phi I_a}{2a\pi} [\text{kg} \cdot \text{m}] = \dfrac{1}{9.8} \dfrac{6 \times 500 \times 0.01 \times 100}{2\pi \times 6} ≒ 8.12 [\text{kg} \cdot \text{m}]$

42
- 과여자 운전 : 콘덴서 작용 - 역률 개선
- 부족여자 운전 : 리액터 작용 - 이상전압의 상승 억제

43 제동권선의 효과
- 난조 방지
- 기동토크 발생
- 불평형 부하 시의 전류 및 전압 파형 개선
- 송전선의 불평형 단락 시의 이상전압 방지

44 $\%Z = \dfrac{V_s}{V_n}$ 에서 $V_s = \%Z \times V_n = \sqrt{0.012^2 + 0.009^2} \times 6{,}600 = 99[\text{V}]$

45 직류전동기 속도제어 : $n = K' \dfrac{V - I_a R_a}{\phi}$ (K' : 기계정수)

종 류	특 징
전압제어	• 광범위 속도제어가 가능하다. • 워드레오나드 방식(광범위한 속도 조정, 효율양호) • 일그너 방식(부하가 급변하는 곳, 플라이휠 효과 이용, 제철용 압연기) • 정토크 제어 • SCR과 조합하여 사용하는 방식
계자제어	• 세밀하고 안정된 속도제어를 할 수 있다. • 속도제어 범위가 좁다. • 효율은 양호하나 정류가 불량하다. • 정출력 가변속도 제어
저항제어	• 속도 조정 범위가 좁다. • 효율이 저하된다.

46 단상 유도전동기
- 종류(기동토크가 큰 순서대로) : 반발 기동형 > 반발 유도형 > 콘덴서 기동형 > 분상 기동형 > 셰이딩 코일형 > 모노 사이클릭형
- 단상 유도전동기의 특징
  - 교번자계 발생
  - 기동 시 기동토크가 존재하지 않으므로 기동장치가 필요하다.
  - 슬립이 0이 되기 전에 토크는 미리 0이 된다.
  - 2차 저항이 증가되면 최대토크는 감소한다(비례추이할 수 없다).
  - 2차 저항값이 어느 일정값 이상이 되면 토크는 부(-)가 된다.

47 전기자 반작용의 영향
- 주자속 감소 : 발전기 – 유기기전력 감소, 전동기 – 토크 감소, 속도 증가
- 전기적 중성축 이동 : 발전기 – 회전방향, 전동기 – 회전 반대방향
- 정류자 편 간의 불꽃 섬락 발생 : 정류 불량의 원인

48 단락전류 $I_s = \dfrac{100}{\%Z}I_n = \dfrac{100}{4} = 25$배

49 3상 직권 정류자전동기에서 중간변압기를 사용하는 목적
- 전원전압의 크기에 관계없이 회전자전압을 정류작용에 알맞은 값으로 선정할 수 있다.
- 중간변압기의 권수비를 조정하여 전동기 특성을 조정할 수 있다.
- 경부하 시 직권 특성 $\left(Z \propto I^2 \propto \dfrac{1}{N^2}\right)$이므로 속도가 크게 상승할 수 있다. 따라서 중간변압기를 사용하여 속도상승을 억제할 수 있다.

50 $E = V + I_a R_a = 200 + (1{,}000 \times 0.025) = 225\,[\text{V}]$

$I_a = I = \dfrac{P}{V} = \dfrac{200 \times 10^3}{200} = 1{,}000\,[\text{A}]$

$\therefore\ \varepsilon = \dfrac{V_0 - V_n}{V_n} = \dfrac{225 - 200}{200} \times 100 = 12.5\,[\%]$

51 전기자전류 $I_a = I + I_f = \dfrac{40 \times 10^3}{220} + \dfrac{220}{22} \fallingdotseq 191.82\,[\text{A}]$

$E = V + I_a R_a + e_a$에서 $R_a = \dfrac{E - V - e_a}{I_a} = \dfrac{230 - 220 - 5}{191.82} \fallingdotseq 0.026\,[\Omega]$

52 변압기 보호계전기 및 측정

	발·변압기 보호
전기적 이상	• 차동 계전기(소용량) • 비율차동 계전기(대용량) • 반한시 과전류 계전기(외부)

기계적 이상	• 부흐홀츠 계전기
	  – 가스 온도 이상 검출
	  – 주탱크와 콘서베이터 사이에 설치
	• 온도 계전기
	• 압력 계전기(서든프레서)

53 동기발전기의 병렬운전 조건

필요조건	다른 경우 현상
기전력의 크기가 같을 것	무효순환전류(무효횡류)
기전력의 위상이 같을 것	동기화전류(유효횡류)
기전력의 주파수가 같을 것	동기화전류 : 난조 발생
기전력의 파형이 같을 것	고주파 무효순환전류 : 과열 원인
(3상) 기전력의 상회전 방향이 같을 것	

54 변압기 V결선

- 출력비 = $\dfrac{P_V}{P_\triangle} = \dfrac{\sqrt{3}\, V_2 I_2}{3\, V_2 I_2} \fallingdotseq 0.577 = 57.7[\%]$

- 이용률 = $\dfrac{\sqrt{3}\, V_2 I_2}{2\, V_2 I_2} = \dfrac{\sqrt{3}}{2} \fallingdotseq 0.866 = 86.6[\%]$

55 앙페르의 오른나사 법칙을 사용하면 A와 D가 위쪽을 향한다.

56 주파수 변환 : 60[Hz]에서 50[Hz]

구 분	자 속	자속밀도	여자전류	철 손	리액턴스	온도상승	속 도
주파수	반비례 $\dfrac{6}{5}$	반비례 $\dfrac{6}{5}$	반비례 $\dfrac{6}{5}$	반비례 $\dfrac{6}{5}$	비례 $\dfrac{5}{6}$	반비례 $\dfrac{6}{5}$	비례 $\dfrac{5}{6}$

57 자화전류 $I_\phi = \sqrt{I_0^2 - I_i^2} = \sqrt{0.5^2 - \left(\dfrac{600}{3{,}300}\right)^2} \fallingdotseq 0.465[\text{A}]$

58 회전수 $N = (1-s)N_s = (1-0.04) \times \dfrac{120 \times 60}{4} = 1{,}728[\text{rpm}]$

59 $P_M = \dfrac{P_0}{\eta_M \eta_P \cos\theta} = \dfrac{100}{0.94 \times 0.746 \times 0.9} \fallingdotseq 158.449[\text{kVA}]$

60 최대효율 $\eta_M = \sqrt{\dfrac{P_i}{P_c}} = \sqrt{\dfrac{1}{2}} \fallingdotseq 0.707$

∴ $0.707 \times 100 \fallingdotseq 70[\%]$

61 $I = \dfrac{\text{전체 전압}}{\text{전체 저항}} = \dfrac{200}{2.8 + \left(\dfrac{2 \times 3}{2+3}\right)} = 50[\text{A}]$

$I_1 = \dfrac{R_2}{R_1 + R_2} \times I = \dfrac{3}{2+3} \times 50 = 30[\text{A}]$

62 $i_1 = I_m \sin\omega t\,[\text{A}]$
$i_2 = I_m \cos\omega t\,[\text{A}] = I_m \sin(\omega t + 90°)\,[\text{A}]$
i_2가 i_1보다 90° 앞선다.

63 $R^2 = \dfrac{L}{C}$

$L = R^2 C = 10^2 \times 1{,}000 \times 10^{-6} \times 10^3 = 100[\text{mH}]$

64

구 분	초깃값 정리	최종값 정리
z 변환	$x(0) = \lim\limits_{z \to \infty} X(z)$	$x(\infty) = \lim\limits_{z \to 1}\left(1 - \dfrac{1}{z}\right)X(z)$
라플라스 변환	$x(0) = \lim\limits_{s \to \infty} sX(s)$	$x(\infty) = \lim\limits_{s \to 0} sX(s)$

65 4단자 정수

$$\dot{A} = \left.\dfrac{\dot{V}_1}{\dot{V}_2}\right|_{\dot{I}_2=0} = \dfrac{12}{4} = 3, \quad \dot{B} = \left.\dfrac{\dot{V}_1}{\dot{I}_2}\right|_{\dot{V}_2=0} = \dfrac{16}{2} = 8$$

$$\dot{C} = \left.\dfrac{\dot{I}_1}{\dot{V}_2}\right|_{\dot{I}_2=0} = \dfrac{2}{4} = 0.5, \quad \dot{D} = \left.\dfrac{\dot{I}_1}{\dot{I}_2}\right|_{\dot{V}_2=0} = \dfrac{4}{2} = 2$$

66

$$L\dfrac{di}{dt} + R_1 i = E$$

$$i_s = \dfrac{E}{R_1} \quad i_t = Ae^{-\frac{R_1}{L}t}$$

$$\therefore i = \dfrac{E}{R_1} + Ae^{-\frac{R_1}{L}t}$$

$t = 0$에서 $i(0) = \dfrac{E}{R_1 + R_2}$ 이므로

$$\dfrac{E}{R_1 + R_2} = \dfrac{E}{R_1} + A$$

$$A = \dfrac{E}{R_1 + R_2} - \dfrac{E}{R_1} = \dfrac{ER_1 - ER_1 - R_2 E}{R_1(R_1 + R_2)} = \dfrac{-R_2 E}{R_1(R_1 + R_2)}$$

$$\therefore i = \dfrac{E}{R_1} - \dfrac{R_2 E}{R_1(R_1 + R_2)} e^{-\frac{R_1}{L}t} = \dfrac{E}{R_1}\left(1 - \dfrac{R_2}{R_1 + R_2} e^{-\frac{R_1}{L}t}\right)$$

67
- 유도리액턴스 $X_L = \omega L = 2\pi \times 1{,}000 \times 5 \times 10^{-3} \fallingdotseq 31.42[\Omega]$
- 용량리액턴스 $X_C = \dfrac{1}{\omega C} = \dfrac{1}{2\pi \times 1{,}000 \times C} = X_L = 31.42[\Omega]$

$\therefore$ 정전용량 $C = \dfrac{1}{\omega X_C} = \dfrac{1}{2\pi \times 1{,}000 \times X_C} = \dfrac{1}{2\pi \times 1{,}000 \times 31.42} \times 10^6 \fallingdotseq 5.07[\mu\text{F}]$

68

$$P = \sqrt{3}\, V_l I_l \cos\theta \text{에서} \quad I_l = \dfrac{P}{\sqrt{3}\, V_l \cos\theta} = \dfrac{10 \times 10^3}{\sqrt{3} \times 220 \times 0.6} \fallingdotseq 43.74[\text{A}]$$

69

$$P_V = \sqrt{3}\, V_p I_p = \sqrt{3} \times 50[\text{kVA}]$$

70

3상 불평형률 $= \dfrac{\text{역상전압}}{\text{정상전압}} \times 100[\%] = \dfrac{50}{200} \times 100 = 25[\%]$

71 유도기전력 $e = -L\dfrac{dI}{dt} = -N\dfrac{d\phi}{dt}[V]$ 에서

인덕턴스 $L = e \times \dfrac{dt}{dI} = 20 \times \dfrac{0.5 \times 10^{-3}}{5} \times 10^3 = 2[\text{mH}]$

72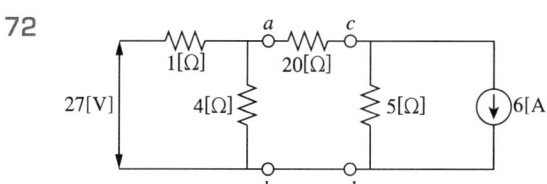

- 테브낭 정리

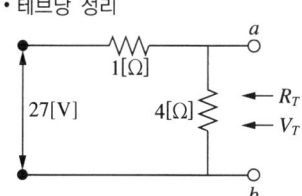

$R_T = \dfrac{4 \times 1}{4+1} = \dfrac{4}{5} = 0.8[\Omega]$ (전압원 단락)

$V_T = \dfrac{4}{1+4} \times 27 = 21.6[V]$

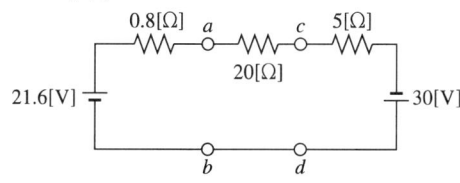

$I = \dfrac{21.6 + 30}{0.8 + 20 + 5} = 2$

$P = I^2 R = 2^2 \times 20 = 80[W]$

73 $F(s) = \dfrac{2(s+1)}{s^2 + 2s + 5} = \dfrac{2(s+1)}{(s+1)^2 + 2^2} \xrightarrow{\mathcal{L}^{-1}} 2e^{-t}\cos 2t$

74 $A = 1 + \dfrac{\dfrac{1}{j\omega C}}{j\omega L} = 1 - \dfrac{1}{\omega^2 LC}$

75 $P_A = 600 \times 0.6 = 360 \quad Q_A = 600 \times -j0.8 = -j480$
$P_B = 800 \times 0.8 = 640 \quad Q_B = 800 \times j0.6 = j480$
$P_0 = 360 + 640 = 1,000 \quad Q_0 = -j480 + j480 = 0$
$P_a = P_0 + Q_0 = 1,000 + 0 = 1,000[\text{kVA}]$

※ 무효전력이 0[kVar]이므로 합성역률 $\cos\theta = 1(100[\%])$이다.
그러므로 피상전력과 유효전력은 같다.

76 고조파의 소비전력
$$P = RI_1^2 + RI_3^2 = 4 \times 20^2 + 4 \times 5.08^2 \fallingdotseq 1,703.22 \fallingdotseq 1,703[\text{W}]$$
여기서, $I_1 = \dfrac{E_1}{\sqrt{R^2 + \omega^2 L^2}} = \dfrac{100}{\sqrt{4^2 + 3^2}} = 20[\text{A}]$

$I_3 = \dfrac{E_2}{\sqrt{R^2 + (3\omega L)^2}} = \dfrac{50}{\sqrt{4^2 + 9^2}} \fallingdotseq 5.08[\text{A}]$

77 $I_a = I_0 + I_1 + I_2 = -2 + j4 + 6 - j5 + 8 + j10 = 12 + j9$
$= \sqrt{12^2 + 9^2} = 15[\text{A}]$

78 푸리에 급수 : 비정현파 = 직류분 + 기본파 + 고조파
$$f(t) = a_0 + \sum_{n=1}^{\infty} a_n \cos n\omega t + \sum_{n=1}^{\infty} b_n \sin n\omega t$$

79 2단자 임피던스 $Z(s) = \dfrac{3s}{s^2 + 15}$ 에서 분자를 1로 만든다.

$Z(s) = \dfrac{1}{\dfrac{s}{3} + \dfrac{1}{\dfrac{1}{5}s}} (L-C \text{ 병렬회로})$

$\therefore L = \dfrac{1}{5},\ C = \dfrac{1}{3}$

80 $I = \dfrac{V}{R} = \dfrac{5}{5} = 1[\text{A}]$

81 KEC 333.22(특고압 보안공사)
제1종 특고압 보안공사
- 전선로의 지지물에는 B종 철주·B종 철근 콘크리트주 또는 철탑을 사용할 것
- 전선에는 압축 접속에 의한 경우 이외에는 지지물 간 거리의 도중에 접속점을 시설하지 아니할 것
- 지락 또는 단락 시 3초(100[kV] 이상 2초) 이내 차단하는 장치를 시설
- 애자는 1련으로 하는 경우는 50[%] 충격 불꽃 방전 전압이 타 부분의 110[%] 이상일 것(사용전압 130[kV]를 넘는 경우 105[%] 이상이거나, 아킹혼 붙은 2련 이상)

82 KEC 111(통칙)

크기 \ 종류	교류	직류
저압	1[kV] 이하	1.5[kV] 이하
고압	1[kV] 초과 7[kV] 이하	1.5[kV] 초과 7[kV] 이하
특고압	7[kV] 초과	7[kV] 초과

83 기술기준 제52조(저압전로의 절연성능)

전로의 사용전압[V]	DC시험전압[V]	절연저항[MΩ]
SELV 및 PELV	250	0.5
FELV를 포함한 500[V] 이하	500	1.0
500[V] 초과	1,000	1.0

84 KEC 212.6(저압전로 중의 개폐기 및 과전류차단장치의 시설)
사용전압이 400[V] 이하인 옥내전로로서 다른 옥내전로(정격전류가 16[A] 이하인 과전류차단기 또는 정격전류가 16[A]를 초과하고 20[A] 이하인 배선차단기 보호되고 있는 것에 한한다)에 접속하는 길이 15[m] 이하의 전로에서 전기의 공급을 받는 것은 저압 옥내전로의 인입구에 가까운 곳으로서 쉽게 개폐할 수 있는 곳에 개폐기를 시설하지 아니할 수 있다.

85 KEC 232.2(배선설비공사의 종류)

종 류	공사방법
전선관시스템	합성수지관공사, 금속관공사, 가요전선관공사
케이블트렁킹시스템	합성수지몰드공사, 금속몰드공사, 금속트렁킹공사[a]
케이블덕팅시스템	플로어덕트공사, 셀룰러덕트공사, 금속덕트공사[b]
애자공사	애자공사
케이블트레이시스템(래더, 브래킷 포함)	케이블트레이공사
케이블공사	고정하지 않는 방법, 직접 고정하는 방법, 지지선 방법

- a : 금속본체와 덮개가 별도로 구성되어 덮개를 개폐할 수 있는 금속덕트공사를 말한다.
- b : 본체와 덮개 구분없이 하나로 구성된 금속덕트공사를 말한다.

86 KEC 232.13.3(금속제 가요전선관 및 부속품의 시설)
- 관 상호 간 및 관과 박스 기타의 부속품과는 견고하고 또한 전기적으로 완전하게 접속할 것
- 가요전선관의 끝부분은 피복을 손상하지 아니하는 구조로 되어 있을 것
- 습기 많은 장소 또는 물기가 있는 장소에 시설하는 때에는 비닐 피복 가요전선관일 것
- 1종 금속제 가요전선관에는 단면적 2.5[mm^2] 이상의 나연동선을 전체 길이에 걸쳐 삽입 또는 첨가하여 그 나연동선과 1종 금속제가요전선관을 양쪽 끝에서 전기적으로 완전하게 접속할 것. 다만, 관의 길이가 4[m] 이하인 것을 시설하는 경우에는 그러하지 아니하다.
- 가요전선관공사는 접지공사를 할 것

87 KEC 232.22(금속몰드공사)
- 전선 : 절연전선(OW 제외)
- 몰드 안에는 전선에 접속점이 없을 것
- 폭 50[mm] 이하, 두께 0.5[mm] 이상

88 KEC 242.5(화약류 저장소에서 전기설비의 시설)
- 전로의 대지전압은 300[V] 이하일 것
- 전기기계기구는 전폐형
- 전용 개폐기 및 과전류차단기는 화약류 저장소 밖에 설치할 것
- 취급자 이외의 자가 쉽게 조작할 수 없도록 시설
- 개폐기 또는 과전류차단기에서 화약류 저장소의 인입구까지의 배선은 케이블을 사용할 것

89 KEC 221.1(구내인입선)
이웃 연결 인입선의 시설
- 인입선에서 분기하는 점으로부터 100[m]를 초과하는 지역에 미치지 아니할 것
- 폭 5[m]를 초과하는 도로를 횡단하지 아니할 것
- 옥내를 통과하지 아니할 것

90 KEC 234.12(네온방전등)
- 전선 상호 간의 간격은 60[mm] 이상일 것
- 관등회로의 배선은 애자공사에 의할 것
- 전선 지지점 간의 거리는 1[m] 이하로 할 것
- 관등회로의 배선은 외상을 받을 우려가 없고 사람이 접촉될 우려가 없는 노출장소에 시설할 것

91 KEC 351.3(발전기 등의 보호장치)
- 발전기에 과전류나 과전압이 생긴 경우
- 압유장치 유압이 현저히 저하된 경우
  - 수차발전기 : 500[kVA] 이상
  - 풍차발전기 : 100[kVA] 이상
- 스러스트 베어링의 온도가 현저히 상승한 경우 : 2,000[kVA] 이상
- 내부고장이 발생한 경우 : 10,000[kVA] 이상

92 KEC 222.10/332.9/332.10/333.1/333.21/333.22(가공전선로 및 보안공사 지지물 간 거리)

구 분	표 준	특고압 시가지	보안공사		
			저·고압	제1종 특고압	제2, 3종 특고압
목주 / A종	150[m]	75[m](목주 X)	100[m]	목주 불가	100[m]
B종	250[m]	150[m]	150[m]	150[m]	200[m]
철 탑	600[m]	400[m]	400[m]	400[m], 단주 300[m]	

93 KEC 333.24(특고압 가공전선과 도로 등의 접근 또는 교차)

구 분	35[kV] 이하	35[kV] 초과
간 격	3[m]	$3[m] + \dfrac{35[kV]\ 초과}{10[kV]} \times 0.15[m]$
1차 접근상태	제3종 특고압 보안공사	-
2차 접근상태	제2종 특고압 보안공사, 특고압 가공전선 중 2차 접근상태의 길이가 연속하여 100[m] 이하이고 또한 첫 번째 지지물까지의 간격 내에서의 그 부분의 길이의 합계가 100[m] 이하	

보호망(1.5[m] 격자, 8.01[kN], 5[mm] 금속선 사용)을 설치하면 보안공사는 생략 가능

∴ $154[kV]\ 간격 = 3 + \dfrac{154-35}{10} \times 0.15 = 4.8[m]$ ㈜ 단수×0.15[m]

94 KEC 224.1/335.1(터널 안 전선로의 시설)

구 분	사람 통행이 없는 경우		사람 상시 통행
	저 압	고 압	저압과 동일
공사 방법	합성수지관, 금속관, 가요관, 애자, 케이블	케이블, 애자	케이블
전 선	2.30[kN] 이상 절연전선, 2.6[mm] 이상 경동선	5.26[kN] 이상 절연전선, 4.0[mm] 이상 경동선	특고압 시설 불가
높 이	노면·레일면 위		
	2.5[m] 이상	3[m] 이상	

95 KEC 520(태양광발전설비)
- 태양전지 모듈, 전선, 개폐기 및 기타 기구는 충전 부분이 노출되지 않도록 시설할 것
- 모든 접속함에는 내부의 충전부가 인버터로부터 분리된 후에도 여전히 충전상태일 수 있음을 나타내는 경고를 붙일 것
- 주택의 태양전지모듈에 접속하는 부하 측 옥내배선의 대지전압은 직류 600[V]까지 적용
  - 전로에 지락이 생겼을 때 자동적으로 전로를 차단하는 장치를 시설할 것
  - 사람이 접촉할 우려가 없는 은폐된 장소에 합성수지관공사, 금속관공사 및 케이블공사에 의하여 시설하거나, 사람이 접촉할 우려가 없도록 케이블공사에 의하여 시설하고 전선에 방호장치를 시설할 것
- 모듈의 출력배선은 극성별로 확인할 수 있도록 표시할 것
- 모듈을 병렬로 접속하는 전로에는 그 전로에 단락전류가 발생할 경우에 전로를 보호하는 과전류차단기 또는 기타 기구를 시설할 것(단, 그 전로가 단락전류에 견딜 수 있는 경우에는 제외)
- 전선은 공칭단면적 2.5[mm^2] 이상의 연동선 또는 이와 동등 이상의 세기 및 굵기의 것일 것
- 배선설비공사는 옥내에 시설할 경우에는 합성수지관공사, 금속관공사, 금속제 가요전선관공사, 케이블공사 규정에 준하여 시설할 것
- 옥측 또는 옥외에 시설할 경우에는 합성수지관공사, 금속관공사, 금속제 가요전선관공사 또는 케이블공사의 규정에 준하여 시설할 것
- 단자의 접속은 기계적, 전기적 안전성을 확보할 것

96 KEC 232.13(금속제 가요전선관공사)
- 전선은 절연전선(옥외용 비닐절연전선을 제외한다)일 것
- 전선은 연선일 것. 단, 단면적 10[mm^2] 이하(알루미늄은 16[mm^2]) 이하인 것은 그러하지 아니하다.
- 가요전선관 안에는 전선에 접속점이 없도록 할 것
- 가요전선관은 2종 금속제 가요전선관일 것. 다만, 전개된 장소이거나 점검할 수 있는 은폐된 장소(옥내배선의 사용전압이 400[V] 초과인 경우에는 전동기에 접속하는 부분으로서 가요성을 필요로 하는 부분에 사용하는 것에 한한다) 또는 점검 불가능한 은폐장소에 기계적 충격을 받을 우려가 없는 조건일 경우에는 1종 가요전선관(습기가 많은 장소 또는 물기가 있는 장소에는 비닐 피복 1종 가요전선관에 한한다)을 사용할 수 있다.

97 KEC 333.22(특고압 보안공사)
제1종 특고압 보안공사의 전선 굵기

사용전압	전 선
100[kV] 미만	인장강도 21.67[kN] 이상의 연선 또는 단면적 55[mm^2] 이상의 경동연선
100[kV] 이상 300[kV] 미만	인장강도 58.84[kN] 이상의 연선 또는 단면적 150[mm^2] 이상의 경동연선
300[kV] 이상	인장강도 77.47[kN] 이상의 연선 또는 단면적 200[mm^2] 이상의 경동연선

98 KEC 132(전로의 절연저항 및 절연내력)

접지방식	최대사용전압	시험전압(최대사용전압배수)	최저시험전압
비접지	7[kV] 이하	1.5배	
	7[kV] 초과	1.25배	10.5[kV]
중성점 접지	60[kV] 초과	1.1배	75[kV]
중성점 직접접지	60[kV] 초과 170[kV] 이하	0.72배	
	170[kV] 초과	0.64배	
중성점 다중접지	25[kV] 이하	0.92배	

전로에 케이블을 사용하는 경우에는 직류로 시험할 수 있으며, 시험 전압은 교류의 경우의 2배가 된다.
∴ 시험전압 = 22,900 × 0.92 = 21,068[V]

99 KEC 333.1(시가지 등에서 특고압 가공전선로의 시설)
특고압 가공전선로를 시가지 그 밖에 인가가 밀집한 지역에 시설할 수 있는 경우

사용전압의 구분	전선의 단면적
100[kV] 미만	인장강도 21.67[kN] 이상의 연선 또는 단면적 55[mm^2] 이상의 경동연선 또는 동등 이상의 인장강도를 갖는 알루미늄 전선이나 절연전선
100[kV] 이상	인장강도 58.84[kN] 이상의 연선 또는 단면적 150[mm^2] 이상의 경동연선 또는 동등 이상의 인장강도를 갖는 알루미늄 전선이나 절연전선

100 KEC 362.5(특고압 가공전선로 전선 첨가 설치 통신선의 시가지 인입 제한)
시가지에 시설하는 통신선은 특고압 가공전선로의 지지물에 시설하여서는 아니 된다. 다만, 통신선이 절연전선과 동등 이상의 절연성능이 있고 인장강도 5.26[kN] 이상의 것. 또는 연선의 경우 단면적이 16[mm^2](단선의 경우 지름 4[mm]) 이상의 절연전선 또는 광섬유 케이블인 경우에는 그러하지 아니하다.

2025년 제1회 CBT

1	2	3	4	5	6	7	8	9	10	11	12	13	14	15	16	17	18	19	20
④	④	③	④	②	③	①	③	③	①	③	③	②	②	④	④	②	①	①	④
21	22	23	24	25	26	27	28	29	30	31	32	33	34	35	36	37	38	39	40
①	②	①	①	①	③	④	②	②	③	①	①	③	③	③	①	①	①	②	③
41	42	43	44	45	46	47	48	49	50	51	52	53	54	55	56	57	58	59	60
③	②	①	③	②	②	④	③	④	③	③	③	①	①	①	④	②	③	④	④
61	62	63	64	65	66	67	68	69	70	71	72	73	74	75	76	77	78	79	80
③	④	②	②	②	②	①	①	④	③	①	①	④	①	③	②	④	②	②	④
81	82	83	84	85	86	87	88	89	90	91	92	93	94	95	96	97	98	99	100
②	②	①	③	④	①	②	③	③	①	①	①	④	③	③	②	①	①	②	③

01 $F = BIl\sin\theta$ 에서 수직입사하면 $\sin 90° = 1$ 이 되어
$F = \mu_0 Hl \dfrac{q}{t} = \mu_0 Hqv = \mu_0 qvH$

02 전위계수
전위 $V_1 = P_{11}Q_1 + P_{12}Q_2 = P_{11}Q - P_{12}Q$
전위 $V_2 = P_{21}Q_1 + P_{22}Q_2 = P_{21}Q - P_{22}Q$
∴ 전위차 $V = V_1 - V_2 = (P_{11} - 2P_{12} + P_{22})Q [\text{V}]$

03 $e = -L\dfrac{di}{dt} = -0.5 \times \dfrac{(-5)}{\dfrac{1}{200}} = 500 [\text{V}]$

04 • 펠티에효과 : 두 종류의 금속선에 전류를 흘리면 접속점에서 열이 흡수 또는 발생하는 현상
• 톰슨효과 : 동일한 금속 도선에 전류를 흘리면 열이 발생되거나 흡수하는 현상
• 제베크효과 : 두 종류 금속 접속면에 온도차를 주면 기전력이 발생하는 현상
• 볼타효과 : 유전체와 유전체, 유전체와 도체를 접촉시키면 전자가 이동하여 양, 음으로 대전되는 현상

05 평행도선의 정전용량 $C = \dfrac{\pi\varepsilon_0}{\ln\dfrac{d-a}{a}} [\text{F/m}]$

조건 $d \gg a$에서 $C = \dfrac{\pi\varepsilon_0}{\ln\dfrac{d}{a}} [\text{F/m}]$

06 공극 발생 시 전류 $I = \dfrac{F}{N} = \dfrac{B}{N}\left(\dfrac{l}{\mu} + \dfrac{l_g}{\mu_0}\right) = \dfrac{B}{\mu_0 N}\left(\dfrac{l}{\mu_s} + l_g\right) = \dfrac{10^7}{4\pi} \times \dfrac{B}{N}\left(\dfrac{l}{\mu_s} + l_g\right)$

07 $RC = \rho\varepsilon$에서 저항 $R = \dfrac{\rho\varepsilon}{C}[\Omega]$

∴ 누설전류 $I_l = \dfrac{V}{R} = \dfrac{V}{\dfrac{\rho\varepsilon}{C}} = \dfrac{CV}{\rho\varepsilon}[\text{A}]$

08 전기력선의 성질
- 전기력선은 정전하에서 시작하여 부전하에서 그친다.
- 전하가 없는 곳에서는 전기력선의 발생, 소멸이 없고 연속적이다.
- 전위가 높은 점에서 낮은 점으로 향한다.
- 그 자신만으로 폐곡선이 되는 일은 없다.
- 전계가 0이 아닌 곳에서는 2개의 전기력선은 교차하지 않는다.
- 도체 내부에는 전기력선이 없다.
- 수직 단면의 전기력선 밀도는 전계의 세기이고(1[개/m²] = 1[N/C]), 전기력선의 접선방향은 전계의 방향이다.
- 도체면(등전위면)에서 전기력선은 수직으로 출입한다.
- 단위전하 ±1[C]에서는 $\dfrac{1}{\varepsilon_0}$개의 전기력선이 출입한다.

09 점 P에서 Q의 전하를 주고, 도체구를 접지($V=0$)하였을 때 유도되는 전하를 Q'라 하면
$V_1 = 0 = P_{11}Q' + P_{12}Q$

∴ 전하 $Q' = -\dfrac{P_{12}}{P_{11}}Q = \dfrac{\dfrac{1}{4\pi\varepsilon_0 r}}{\dfrac{1}{4\pi\varepsilon_0 a}}Q = -\dfrac{a}{r}Q[\text{C}]$

10 인덕턴스 $L = \dfrac{N\phi}{I} = \dfrac{500 \times 3 \times 10^{-6}}{3} \times 10^3 = 0.5[\text{mH}]$

11 구도체 전위 $V = \dfrac{Q}{4\pi\varepsilon r}$에서 $V \propto \dfrac{1}{r}$이므로

$V_A : \dfrac{1}{5} = V_B : \dfrac{1}{10}$에서 $V_A = 2V_B$이다.

12 변위전류밀도 $i_d = \dfrac{\partial D}{\partial t}[\text{A/m}^2]$(시간에 따라 전속밀도의 크기가 변화하면 변위전류가 발생한다)

13 원통형도체 전계의 세기
$E = \dfrac{\lambda}{2\pi\varepsilon r}$에서 $E = \dfrac{\lambda}{2\pi\varepsilon_0 r}[\text{V/m}]$

14 평행도선 사이의 작용력
$F = \dfrac{\mu_0 I_1 I_2}{2\pi d} = \dfrac{2I_1 I_2}{d} \times 10^{-7}[\text{N/m}]$

15 에너지 밀도가 아니라 전체 에너지이므로
자기에너지 $W = \frac{1}{2}LI^2[\text{J}]$

에너지 $W = \frac{1}{2}LI^2 = \frac{1}{2}L\left(\frac{I}{2}\right)^2 = \frac{1}{8}LI^2[\text{J}]$

16 쿨롱의 법칙 $F = 9 \times 10^9 \times \frac{Q_1 Q_2}{r^2} [\text{N}]$ 에서

$F = 9 \times 10^9 \times \frac{+20 \times 10^{-6} \times (-3.2 \times 10^{-6})}{1.2^2} = -0.4[\text{N}]$

부호가 (−)이므로 흡인력 작용, 크기는 $0.4[\text{N}]$이다.

17 전자파의 전파속도

$v = \frac{1}{\sqrt{\varepsilon\mu}} = \frac{3 \times 10^8}{\sqrt{\varepsilon_s \mu_s}} = \frac{3 \times 10^8}{\sqrt{1 \times 1}} = 3 \times 10^8 [\text{m/s}]$

전파속도 $v = f\lambda$에서

파장 $\lambda = \frac{v}{f} = \frac{3 \times 10^8}{2 \times 10^9} = 0.15[\text{m}]$

18 $F = \frac{1}{4\pi\mu_0} \cdot \frac{m_1 m_2}{r^2} = 6.33 \times 10^4 \times \frac{10^{-5} \times 1.2 \times 10^{-5}}{0.02^2} \fallingdotseq 1.9 \times 10^{-2} [\text{N}]$

19 점전하의 전계 $E = \frac{1}{4\pi\varepsilon_0} \frac{Q}{r^2}$

20 ④ 경계면상의 두 점 간의 자위차는 같다.
① 자계의 접선성분이 같다.
② 자속밀도의 법선성분이 같다.
③ 자속은 투자율이 높은 쪽으로 모이려는 성질이 있다.

21 $P_s = \sqrt{3} \times$ 정격전압 $\times$ 정격차단전류

정격전압 $= 22.9 \times \frac{1.2}{1.1} = 24.98$ ∴ $25.8[\text{kV}]$

$I_s = \frac{P_s}{\sqrt{3}\,V} = \frac{500 \times 10^6}{\sqrt{3} \times 25.8 \times 10^3} \times 10^{-3} \fallingdotseq 11.19[\text{kA}]$

22 손실낙차 = 총낙차 − 유효낙차 = 35 − 32 = 3[m]
유효낙차 = 압력수두 + 진공계

$= \frac{P[\text{kg/m}^2]}{w[\text{kg/m}^3]} + 4[\text{m}]$

$= \frac{2.8 \times 10^4 [\text{kg/m}^2]}{1,000[\text{kg/m}^3]} + 4[\text{m}]$

$= 32[\text{m}]$

23 중성점접지방식

방 식	보호계전기 동작	지락전류	전위상승	과도 안정도	유도 장해	특 징
직접접지 22.9, 154, 345[kV]	확 실	크다.	1.3배	작다.	크다.	중성점 영전위 단절연 가능
저항접지	↓	↓	$\sqrt{3}$ 배	↓	↓	
비접지 3.3, 6.6[kV]	×	↓	$\sqrt{3}$ 배	↓	↓	저전압 단거리
소호리액터접지 66[kV]	불확실	0	$\sqrt{3}$ 배 이상	크다.	작다.	병렬 공진

24 가스차단기

소호매질	용 량	특 징
SF_6 가스	대용량	• 절연내력 공기의 2~3배가 된다. • 불연성이다. • 밀폐형 구조라 소음이 거의 없다. • 소호능력이 크다. • SF_6의 성질 : 무색, 무취, 무해 • 공기차단기에 비해 개폐 시 소음이 적다.

25
- 고압 측 : 컷아웃 스위치 ⇒ 변압기 고장으로부터 배전선로 보호
- 저압 측 : 캐치홀더 ⇒ 수용가 사고 시 변압기 보호

26 복도체(다도체) 방식의 주목적 : 코로나 방지
- 인덕턴스는 감소, 정전용량은 증가
- 같은 단면적의 단도체에 비해 전력용량의 증대
- 코로나의 방지, 코로나 임계전압의 상승
- 송전용량의 증대
- 소도체 충돌 현상(대책 : 스페이서의 설치)
- 단락 시 대전류 등이 흐를 때 소도체 사이에 흡인력이 발생

27
- 부족전압 계전기(UVR) : 전압이 정정값 이하 시 동작
- 과전압 계전기(OVR) : 전압이 정정값 초과 시 동작

28
%리액턴스 $\%X = \dfrac{PX}{10V^2}$

29 애자의 구비조건
- 충분한 절연내력을 가질 것
- 충분한 절연저항을 가질 것
- 기계적 강도가 클 것
- 누설전류가 적을 것
- 온도의 급변에 잘 견디고 습기를 흡수하지 말 것
- 경제적일 것(값이 쌀 것)

30 변압기용량[kVA] = $\dfrac{\text{설비용량[kW]} \times \text{수용률}}{\text{역률}}$

= $\dfrac{700 \times 0.7}{0.8} = 612.5$

31 **직접접지(유효접지방식)** : 154[kV], 345[kV], 765[kV]의 송전선로에 사용
- 장점
  - 1선 지락고장 시 건전상 전압상승이 거의 없다(대지전압의 1.3배 이하).
  - 계통에 대해 절연레벨을 낮출 수 있다.
  - 지락전류가 크므로 보호계전기 동작이 확실하다.
- 단점
  - 1선 지락고장 시 인접 통신선에 대한 유도장해가 크다.
  - 절연수준을 높여야 한다.
  - 과도안정도가 나쁘다.
  - 큰 전류를 차단하므로 차단기 등의 수명이 짧다.
  - 통신유도장해가 최대가 된다.

32 조상설비의 비교

구분	진상	지상	시충전	조정	전력손실
콘덴서	○	×	×	단계적	0.3[%] 이하
리액터	×	○	×	단계적	0.6[%] 이하
동기조상기	○	○	○	연속적	1.5~2.5[%]

33
$P_l = \dfrac{1}{\cos^2\theta} = \dfrac{\dfrac{1}{0.93^2}}{\dfrac{1}{0.6^2}} = 0.416$

(1−0.416)×100=58.4[%]

34 임피던스회로 4단자망 정수

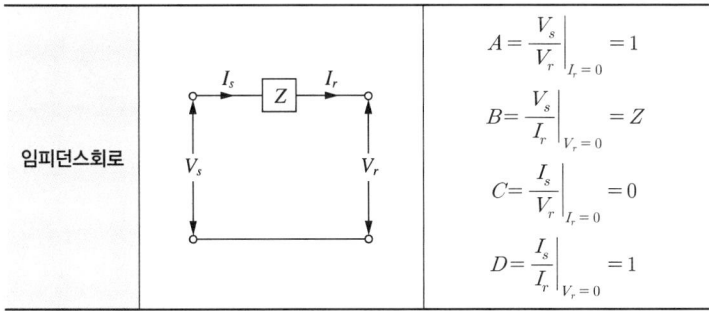

35 **지중전선로**
- 장점 : 자연재해가 감소, 유도 및 전파장해 감소, 미관상 양호
- 단점 : 송전용량이 작음, 고장점 검출 곤란, 유지 및 관리 곤란, 시설비 고가

36 특성임피던스는 가공전선로의 길이와 관계없이 일정하며 일반적으로 300~500[Ω] 정도이다.
지중전선로(케이블) 120[Ω]

37 **저압 네트워크방식**
- 무정전 공급방식으로 공급신뢰도가 높다.
- 공급신뢰도가 가장 좋고 변전소의 수를 줄일 수 있다.
- 전압강하, 전력손실이 적다.
- 부하 증가 시 대응이 우수하다.
- 설비비가 고가이다.
- 인축의 접지사고가 있을 수 있다.
- 고장 시 고장전류가 역류할 수 있다.
- 대책 : 네트워크 프로텍터(저압용 차단기, 저압용 퓨즈, 전력방향 계전기)

38
- 정태안정도 : 부하를 서서히 증가할 경우 계속해서 송전할 수 있는 능력으로, 이때의 최대전력을 정태안정 극한전력이라 함
- 과도안정도 : 계통에 갑자기 부하가 증가하여 급격한 교란이 발생해도 정전을 일으키지 않고 계속해서 공급할 수 있는 최댓값
- 동태안정도 : 자동전압조정기(AVR)의 효과 등을 고려한 안정도
- 동기안정도 : 전력계통에서의 안정도란 주어진 운전조건하에서 계통이 안전하게 운전을 계속할 수 있는가의 능력

39 $Q[\text{m}^3/\text{s}] = A[\text{m}^2] \times V[\text{m/s}]$
$= \dfrac{\pi}{4} D^2[\text{m}^2] \times V[\text{m/s}]$

40 $P_S = \sqrt{3}\, VI_S [\text{VA}]$

$V = 22.9 \times \dfrac{1.2}{1.1} = 24.98 \quad \therefore\ 25.8[\text{kV}]$

$P_S = \sqrt{3} \times 25.8[\text{kV}] \times 3{,}000 \times 10^{-3}[\text{kA}]$
$= 134.06[\text{MVA}]$

∴ 표에서 150[MVA]

41 직류전류 $I_{DC} = \dfrac{P}{V_{DC}} = \dfrac{2{,}000 \times 10^3}{1{,}000} = 2{,}000[\text{A}]$

회전변류기 $I_{AC} = \dfrac{2\sqrt{2}}{m\cos\theta} I_{DC} = \dfrac{2\sqrt{2} \times 2{,}000}{6 \times 0.8} = 1{,}178.5[\text{A}]$

42

종류	특징
타여자	• 회전방향 반대 : (+), (-) 극성을 반대 • 정속도전동기
분권	• 정속도 특성의 전동기 • 위험 상태 : 정격전압 시 무여자 상태 • (+), (-) 극성을 반대 : 회전방향 불변 • $T \propto I \propto \dfrac{1}{N}$
직권	• 변속도전동기(전기철도, 기중기 등에 적합) • 부하에 따라 속도가 심하게 변한다. • (+), (-) 극성을 반대 : 회전방향이 불변 • 위험 상태 : 정격전압 시 무부하 상태 • $T \propto I^2 \propto \dfrac{1}{N^2}$

43 변압기 절연유의 구비 조건
- 절연내력이 클 것
- 점도가 작고 비열이 커서 냉각효과(열방사)가 클 것
- 인화점은 높고, 응고점은 낮을 것
- 고온에서 산화하지 않고, 침전물이 생기지 않을 것

44 단락권선이란 누설리액턴스에 의한 전압강하 경감

45 회전 시 2차 측 전류 $I_2 = \dfrac{E_2}{\sqrt{\left(\dfrac{r_2}{s}\right)^2 + (x_2)^2}} = \dfrac{110}{\sqrt{\left(\dfrac{0.1}{0.04}\right)^2 + 0.5^2}} = 43.14[\text{A}]$

$E_2 = \dfrac{E_1}{a} = \dfrac{220}{\dfrac{300}{150}} = 110[\text{V}]$

46
- 와전류손을 감소 : 강판성층
- 히스테리시스손을 감소 : 규소강판

47 위상 특성곡선(V곡선 $I_a - I_f$ 곡선, P 일정) : 계자전류의 변화에 대한 전기자전류의 변화를 나타낸 곡선(동기조상기로 조정)

가로축 I_f	최저점 $\cos\theta = 1$	세로축 I_a
감 소	계자전류 I_f	증 가
증 가	전기자전류 I_a	증 가
뒤진 역률(지상)	역 률	앞선 역률(진상)
L	작 용	C
부족여자	여 자	과여자

$\cos\theta = 1$에서 전력 비교 $P \propto I_a$, 위 곡선의 전력이 크다.

과여자 시 앞선 전류가 더욱 증가하여 앞선 역률이 증가하므로 역률은 더욱 나빠진다.

48 단락비가 큰 기계
- 동기임피던스, 전압변동률, 전기자 반작용, 효율이 작다.
- 출력, 선로의 충전 용량, 계자기자력, 공극, 단락전류가 크다.
- 안정도가 좋고 중량이 무거우며 가격이 비싸다.
- 철기계로 저속인 수차발전기($K_s = 0.9 \sim 1.2$)에 적합하다.

49 양호한 정류방법
- 보극과 탄소 브러시를 설치한다.
- 평균 리액턴스 전압을 줄인다.
- 정류주기를 길게 한다.
- 회전속도를 늦게 한다.
- 인덕턴스를 작게 한다(단절권 채용).

50 변압기의 임피던스 와트

$$P_s = \frac{p \times P_n}{100} = \frac{2.4 \times 5 \times 10^3}{100} = 120[\text{W}]$$

여기서, $p = \dfrac{I_{1n} r_{21}}{V_{1n}} \times 100 = \dfrac{I_{1n}^2 r_{21}}{I_{1n} V_{1n}} \times 100 = \dfrac{P_s}{P_n} \times 100$

51 동기발전기의 병렬운전 조건

필요조건	다른 경우 현상
기전력의 크기가 같을 것	무효순환전류(무효횡류)
기전력의 위상이 같을 것	동기화전류(유효횡류)
기전력의 주파수가 같을 것	동기화전류 : 난조 발생
기전력의 파형이 같을 것	고주파 무효순환전류 : 과열 원인
(3상) 기전력의 상회전 방향이 같을 것	

52 파형을 좋게 하는 법
- 극면의 모양을 정현파가 나오도록 만든다.
- 결선을 하여 제3고조파 및 그 배수고조파를 제거한다.
- 단절권을 채용한다.
- 분포권을 채용하여 나머지 고조파를 대폭 감축시킨다.
- 매극 매상의 슬롯수(q)를 크게 한다.

53 Heyland 원선도
유도전동기 1차 부하전류의 선단 부하의 증감과 더불어 그리는 그 궤적이 항상 반원주상에 있는 것을 이용하여 여러 가지 값을 구하는 곡선

작성에 필요한 값	저항 측정	무부하시험	구속시험
		철손, 여자전류	동손, 임피던스 전압, 단락전류
구할 수 있는 값	1차 입력, 2차 입력(동기와트), 철손, 슬립 1차 저항손, 2차 저항손, 출력, 효율, 역률		
구할 수 없는 값	기계적 출력, 기계손		

54 3상 농형 유도전동기 기동법
- 전전압 기동(직입 기동)(3.7[kW])
- Y-△ 기동(5~15[kW])
- 기동 보상기법 : 15[kW] 초과 단권 변압기를 사용하여 감전압 기동

55 TRIAC의 특징
- SCR 2개를 역병렬 접속한 것과 같은 것
- 게이트에 전류를 흘리면 어느 방향이건 전압이 높은 쪽에서 낮은 쪽으로 도통
- 정격전류 이하로 전류를 제어하면 과전압에 의해서는 파괴되지 않음
- 교류 전력제어용

56 권수비 $a = \dfrac{N_1}{N_2} = \sqrt{\dfrac{r_1}{r_2}}$ 에서 $N_2 = \sqrt{\dfrac{r_2}{r_1}} \times N_1 = \sqrt{\dfrac{20}{8,000}} \times 1,500 = 75[\text{회}]$

57 스텝모터(Step Motor)
디지털신호에 비례하여 일정각도만큼 회전하는 모터로 그 총회전각은 입력펄스의 수로, 회전속도는 입력펄스의 빠르기로 쉽게 제어한다.
- 회전각과 속도는 펄스수에 비례한다.
- 오픈 루프에서 속도 및 위치제어를 할 수 있다.
- 디지털신호를 직접 제어할 수 있다.
- 정역 및 가감속이 쉽다.
- 위치제어를 할 때 각도 오차가 작다.
- 종류는 가변 릴럭턴스형(VR), 영구자석형(PM), 복합형(H)이 있다.
- 회전각을 검출하기 위한 피드백이 불필요하다.

58 변압기의 부하손
- 동손 : 권선에 의한 손실
- 표유부하손 : 권선 이외 부분의 누설자속에 의한 손실

59

종류	횡축	종축	조건
무부하 포화곡선	I_f (계자전류)	V (단자전압)	n 일정, $I=0$
외부 특성곡선	I (부하전류)	V (단자전압)	n 일정, R_f 일정
내부 특성곡선	I (부하전류)	E (유기기전력)	n 일정, R_f 일정
부하 특성곡선	I_f (계자전류)	V (단자전압)	n 일정, I 일정
계자 조정곡선	I (부하전류)	I_f (계자전류)	n 일정, V 일정

60 단상 직권 정류자전동기(직권형, 보상 직권형, 유도보상 직권형)
- 만능전동기(직·교류 양용)
- 정류 개선을 위해 약계자, 강전기자형 사용
- 역률 개선을 위해 보상권선을 설치
- 회전속도를 증가시킬수록 역률이 개선됨

61
$$i(t) = \frac{E}{R}(1-e^{-\frac{R}{L}t})[\text{A}]$$

① 특성근 $s = -\frac{R}{L}$

② 시정수 $\tau = \frac{L}{R}[\text{s}]$

③ $E = E_R + E_L = E - Ee^{-\frac{R}{L}t} + E_L$

$E_L = Ee^{-\frac{R}{L}t}$

④ $E_R = Ri(t) = R\frac{E}{R}(1-e^{-\frac{R}{L}t}) = E(1-e^{-\frac{R}{L}t})$

62 3상 불평형률 $= \dfrac{\text{역상전압}}{\text{정상전압}} \times 100[\%]$

63 $P = \dfrac{V_l^2 R}{R^2 + X^2} = \dfrac{250^2 \times 5\sqrt{3}}{(5\sqrt{3})^2 + 5^2} = 5,413[\text{W}]$

64 $I_{av} = \dfrac{2}{\pi} I_m = \dfrac{2}{\pi} \times 3\sqrt{2} \fallingdotseq 2.7[\text{A}]$

65 $f(t) = 1 - \cos \omega t$ 에서

$F(s) = \dfrac{1}{s} - \dfrac{s}{s^2 + \omega^2} = \dfrac{s^2 + \omega^2 - s^2}{s(s^2 + \omega^2)} = \dfrac{\omega^2}{s(s^2 + \omega^2)}$

66 $V_a = \dfrac{1}{1+2} \times 6 = 2[\text{V}]$

$V_b = \dfrac{4}{4+2} \times 6 = 4[\text{V}]$

$V_{ab} = |V_a - V_b| = 2[\text{V}]$

67 $Y = \begin{bmatrix} A & B \\ C & D \end{bmatrix} = \begin{bmatrix} 1 & 0 \\ Y & 1 \end{bmatrix}$

$Z = \begin{bmatrix} A & B \\ C & D \end{bmatrix} = \begin{bmatrix} 1 & Z \\ 0 & 1 \end{bmatrix}$

68 $R-C$ 직렬회로, 직류인가

회로방정식 $RI(s) + \dfrac{1}{Cs} I(s) = \dfrac{E}{s}$

전류 $i(t) = \dfrac{E}{R} e^{-\frac{1}{RC}t} [\text{V}]$

전압 $v_c(t) = E\left(1 - e^{-\frac{1}{RC}t}\right)$

시정수 $\tau = RC$

69 △결선에서 $I_l = \sqrt{3} I_p[\text{A}]$, $V_l = V_p[\text{V}]$

상전류 $I_p = \dfrac{V_p}{Z} = \dfrac{100}{\sqrt{6^2 + 8^2}} = 10[\text{A}]$

∴ 선전류 $I_l = \sqrt{3} I_p = 10\sqrt{3}[\text{A}]$

70 $I_3 = \dfrac{E_3}{Z_3} = \dfrac{200}{\sqrt{8^2 + (2 \times 3)^2}} = 20[\text{A}]$

71 $\dfrac{K_1}{s+1} + \dfrac{K_2}{s+3} = \dfrac{1}{s+1} - \dfrac{1}{s+3}$ 에서 $\mathcal{L}^{-1}\left[\dfrac{1}{s+1} - \dfrac{1}{s+3}\right] = e^{-t} - e^{-3t}$

여기서, $K_1 = \lim\limits_{s \to -1} \dfrac{2}{s+3} = 1$

$K_2 = \lim\limits_{s \to -3} \dfrac{2}{s+1} = -1$

72 전류원 개방 시 3[Ω]에 전압이 2[V] 발생
전압원 단락 시 3[Ω]에 전압은 0[V], 단락된 회로에만 전류가 흐른다.
그래서 전체 2 + 0 = 2[V]이다.

73 $Q = \dfrac{1}{R}\sqrt{\dfrac{L}{C}} = \dfrac{1}{100}\sqrt{\dfrac{314 \times 10^{-3}}{125.6 \times 10^{-12}}} = 500$

74 $I_2 = \dfrac{1}{3}(I_a + a^2 I_b + a I_c) = \dfrac{1}{3}\{15 + j2 + 1\angle 240° \times (-20 - j14) + 1\angle 120° \times (-3 + j10)\} \fallingdotseq 1.91 + j6.24[\text{A}]$

75 $v(t) = 100\sqrt{2}\sin\left(\omega t - \dfrac{\pi}{6}\right)$ 에서 $t = 0$ 일 때
$v(t) = 100\sqrt{2}\sin(-30°) = -70.71 = -50\sqrt{2}[\text{V}]$

76

정현대칭	여현대칭	반파대칭
sin항	직류, cos항	고조파의 홀수항
$f(t) = -f(-t)$	$f(t) = f(-t)$	$f(t) = -f\left(t + \dfrac{T}{2}\right)$
원점 대칭, 기함수	수직선 대칭, 우함수	반주기마다 크기가 같고 부호 반대인 대칭

77 $V_L = L\dfrac{d}{dt}i(t) = 2 \times \dfrac{d}{dt} \times 20e^{-2t} = 2 \times 20 \times -2e^{-2t} = -80e^{-2t}[\text{V}]$

78

$I = \dfrac{V}{R} = \dfrac{90}{6} = 15[\text{A}]$
$I_1 = \dfrac{V_1}{R} = \dfrac{30}{6} = 5[\text{A}]$
$I_2 = I - I_1 = 15 - 5 = 10[\text{A}]$
$R = \dfrac{V_1}{I_2} = \dfrac{30}{10} = 3[\Omega]$

79 $I = YV = \left(\dfrac{1}{40} - j\dfrac{1}{30}\right) \times 220 = 5.5 - j7.33$
(에서 s · 2 · 3) $9.16\angle -53.13°$

80 $P = VI\cos\theta$
$\cos\theta = \dfrac{P}{VI} = \dfrac{50}{10 \times 10} = \dfrac{50}{100} = 0.5$
$\cos\theta = 0.5$
$\theta = \cos^{-1} 0.5 = 60°$

81 KEC 222.10/332.9/332.10/333.1/333.21/333.22(가공전선로 및 보안공사 지지물 간 거리)

구 분	표 준	특고압 시가지	보안공사			
			저·고압	제1종 특고압	제2, 3종 특고압
목주 / A종	150[m]	75[m](목주 X)	100[m]	목주 불가	100[m]
B종	250[m]	150[m]	150[m]	150[m]	200[m]
철 탑	600[m]	400[m]	400[m]	400[m], 단주 300[m]	

82 KEC 142.3(접지도체·보호도체)
- 특고압·고압 전기설비용 접지도체는 단면적 6[mm^2] 이상의 연동선 또는 동등 이상의 단면적 및 강도를 가져야 한다.
- 중성점 접지용 접지도체는 공칭단면적 16[mm^2] 이상의 연동선 또는 동등 이상의 단면적 및 세기를 가져야 한다. 다만, 다음의 경우에는 공칭단면적 6[mm^2] 이상의 연동선 또는 동등 이상의 단면적 및 강도를 가져야 한다.
  - 7[kV] 이하의 전로
  - 사용전압이 25[kV] 이하인 특고압 가공전선로(단, 중성선 다중접지식의 것으로서 전로에 지락이 생겼을 때 2초 이내에 자동적으로 이를 전로로부터 차단하는 장치가 되어 있는 것)

83 KEC 234.14(수중조명등)
- 1차 전압 : 400[V] 이하
- 2차 전압 : 150[V] 이하(2차 측을 비접지식)
  - 30[V] 이하 : 금속제 혼촉방지판 설치
  - 30[V] 초과 : 전로에 지락이 생겼을 때에 자동적으로 전로를 차단하는 장치(정격감도전류 30[mA] 이하)

84 KEC 333.1(시가지 등에서 특고압 가공전선로의 시설)

종 류	특 성		
지지물(목주 불가)	A종	B종	철 탑
지지물 간 거리	75[m] 이하	150[m] 이하	400[m] 이하 (도체 수평 간격 4[m] 미만 : 250[m])
사용전선	100[kV] 미만		100[kV] 이상
	55[mm^2] 이상		150[mm^2] 이상
전선로의 높이	35[kV] 이하		35[kV] 초과
	10[m] 이상(특고압 절연전선 8[m] 이상)		10[m] + 단수 × 0.12[m]
애자장치	애자는 50[%] 충격 불꽃 방전 전압이 타 부분의 110[%] 이상일 것(130[kV] 초과에서는 105[%] 이상), 아킹혼 붙은 2련 이상		
보호장치	지기발생 시 100[kV] 초과의 경우 1[s] 이내에 자동 차단하는 장치를 시설할 것		

85 KEC 232.12(금속관공사)
- 전선은 절연전선(옥외용 비닐절연전선을 제외한다)일 것
- 연선일 것(단, 전선관이 짧거나 10[mm^2] 이하(알루미늄은 16[mm^2])일 때 예외)
- 관의 두께 : 콘크리트에 매입하는 것은 1.2[mm] 이상(노출공사 1.0[mm] 이상. 단, 길이 4[m] 이하이고 건조한 노출된 공사 : 0.5[mm] 이상)
- 폭발방지형 부속품 : 전선관과의 접속 부분 나사는 5산 이상 완전히 나사결합
- 관의 끝부분에는 전선의 피복을 손상하지 아니하도록 부싱을 사용할 것
- 접지공사 생략(400[V] 이하)
  - 건조하고 총길이 4[m] 이하인 곳
  - 8[m] 이하, DC 300[V], AC 150[V] 이하인 사람 접촉이 없는 경우

86 KEC 351.10(수소냉각식 발전기 등의 시설)
- 발전기 안 또는 무효 전력 보상 장치 안의 수소의 순도가 85[%] 이하로 저하한 경우에 이를 경보하는 장치를 시설
- 수소 압력, 온도를 계측하는 장치를 시설할 것(단, 압력이 현저히 변동 시 자동경보장치 시설)

87 KEC 351.5(조상설비의 보호장치)

설비종별	뱅크용량의 구분	자동적으로 전로로부터 차단하는 장치
전력용 커패시터 및 분로리액터	500[kVA] 초과 15,000[kVA] 미만	내부고장이나 과전류가 생긴 경우에 동작하는 장치
	15,000[kVA] 이상	내부고장이나 과전류 및 과전압이 생긴 경우에 동작하는 장치
무효 전력 보상 장치	15,000[kVA] 이상	내부고장이 생긴 경우에 동작하는 장치

88 KEC 212.3(보호장치의 종류 및 특성)
퓨즈(gG)의 용단특성

| 정격전류의 구분 | 시 간 | 정격전류의 배수 | |
		불용단전류	용단전류
4[A] 이하	60분	1.5배	2.1배
4[A] 초과 16[A] 미만	60분	1.5배	1.9배
16[A] 이상 63[A] 이하	60분	1.25배	1.6배
63[A] 초과 160[A] 이하	120분	1.25배	1.6배
160[A] 초과 400[A] 이하	180분	1.25배	1.6배
400[A] 초과	240분	1.25배	1.6배

89 KEC 222.6/332.4(저·고압 가공전선의 안전율)
고압 가공전선의 안전율
- 경동선, 내열 동합금선 : 2.2 이상
- 기타 전선 : 2.5 이상

90 KEC 241.10(아크용접기)
- 용접변압기는 절연변압기일 것
- 용접변압기의 1차 측 전로의 대지전압은 300[V] 이하일 것
- 용접변압기의 1차 측 전로에는 용접변압기에 가까운 곳에 쉽게 개폐할 수 있는 개폐기를 시설할 것

91 KEC 333.22(특고압 보안공사)
제1종 특고압 보안공사
- 전선로의 지지물에는 B종 철주·B종 철근 콘크리트주 또는 철탑을 사용할 것
- 전선에는 압축 접속에 의한 경우 이외에는 지지물 간 거리의 도중에 접속점을 시설하지 아니할 것
- 지락 또는 단락 시 3초(100[kV] 이상 2초) 이내 차단하는 장치를 시설
- 애자는 1련으로 하는 경우는 50[%] 충격 불꽃 방전 전압이 타 부분의 110[%] 이상일 것(사용전압 130[kV]를 넘는 경우 105[%] 이상이거나, 아킹혼 붙은 2련 이상)

92 KEC 222.5(저압 가공전선의 굵기 및 종류), 333.4(특고압 가공전선의 굵기 및 종류)

전 압		조 건	인장강도	경동선의 굵기
저압	400[V] 이하	절연전선	2.3[kN] 이상	2.6[mm] 이상
		나전선	3.43[kN] 이상	3.2[mm] 이상
	400[V] 초과	시가지	8.01[kN] 이상	5.0[mm] 이상
		시가지 외	5.26[kN] 이상	4.0[mm] 이상
특고압		일 반	8.71[kN] 이상	22[mm^2] 이상

93 KEC 121.2(전선의 식별)

상(문자)	색 상
L1	갈 색
L2	검은색
L3	회 색
N	파란색
보호도체	녹색-노란색

94 KEC 363.1(지중통신선로설비 시설)
- 통신선 : 지중 공가설비로 사용하는 광섬유 케이블 및 동축케이블은 지름 22[mm] 이하일 것
- 통신선용 내관의 수량
  - 관로 내 통신 케이블용 내관의 수량은 관로의 여유 공간 범위 내에서 시설할 것
  - 전력구의 행거에 시설하는 내관의 최대수량은 일단(一段)으로 시설 가능한 수량까지로 제한할 것

95 KEC 232.11(합성수지관공사)
- 전선은 절연전선(옥외용 비닐 절연전선을 제외)일 것
- 전선은 연선일 것. 다만, 다음의 것은 적용하지 않는다.
  - 짧고 가는 합성수지관에 넣은 것
  - 단면적 10[mm^2](알루미늄선은 단면적 16[mm^2]) 이하의 것
- 전선은 합성수지관 안에서 접속점이 없도록 할 것

96 KEC 242.7(터널, 갱도 기타 이와 유사한 장소)
사람이 상시 통행하는 터널 안의 배선의 시설
- 사용전압이 저압의 것에 한한다.
- 합성수지관공사, 금속관공사, 금속제 가요전선관공사, 케이블공사, 애자공사
- 공칭단면적 2.5[mm^2]의 연동선과 동등 이상의 세기 및 굵기의 절연전선(옥외용 비닐절연전선 및 인입용 비닐절연전선을 제외)
- 노면상 2.5[m] 이상의 높이로 할 것
- 전로에는 터널의 입구에 가까운 곳에 전용 개폐기를 시설할 것

97

건조물의 조영재	접근형태	간격[m]
상부 조영재	위 쪽	1
	옆쪽 또는 아래쪽	0.4

98 KEC 112(용어 정의)
계통접지(System Earthing)란 전력계통에서 돌발적으로 발생하는 이상현상에 대비하여 대지와 계통을 연결하는 것으로, 중성점을 대지에 접속하는 것을 말한다.

99 KEC 362.5(특고압 가공전선로 전선 첨가 설치 통신선의 시가지 인입 제한)
시가지에 시설하는 통신선은 특고압 가공전선로의 지지물에 시설하여서는 아니 된다. 다만, 통신선이 절연전선과 동등 이상의 절연성능이 있고 인장강도 5.26[kN] 이상의 것. 또는 연선의 경우 단면적이 16[mm^2](단선의 경우 지름 4[mm]) 이상의 절연전선 또는 광섬유 케이블인 경우에는 그러하지 아니하다.

100 KEC 212.3(보호장치의 종류 및 특성)
과전류트립 동작시간 및 특성(주택용 배선차단기)

정격전류의 구분	시 간	정격전류의 배수(모든 극에 통전)	
		부동작전류	동작전류
63[A] 이하	60분	1.13배	1.45배
63[A] 초과	120분	1.13배	1.45배

2025년 제 2 회 CBT

page 312

1	2	3	4	5	6	7	8	9	10	11	12	13	14	15	16	17	18	19	20
④	③	①	④	②	①	④	④	①	③	②	②	②	①	①	④	④	①	②	①
21	22	23	24	25	26	27	28	29	30	31	32	33	34	35	36	37	38	39	40
②	②	③	①	②	③	④	④	②	①	④	①	④	③	④	④	③	②	①	④
41	42	43	44	45	46	47	48	49	50	51	52	53	54	55	56	57	58	59	60
②	③	①	④	①	②	②	④	②	①	②	②	③	①	②	③	①	③	①	②
61	62	63	64	65	66	67	68	69	70	71	72	73	74	75	76	77	78	79	80
①	③	③	②	③	①	②	①	②	③	①	①	①	③	③	③	③	③	②	③
81	82	83	84	85	86	87	88	89	90	91	92	93	94	95	96	97	98	99	100
④	④	④	③	②	②	④	②	④	④	①	③	④	③	②	③	①	③	③	②

01 패러데이관의 성질
- 패러데이관수와 전속선수는 같다.
- 패러데이관 양단에 정(+), 부(−)의 단위 진전하가 존재한다.
- 진전하가 없는 점에서는 패러데이관은 연속이다.
- 패러데이관의 밀도는 전속밀도와 같다.

02 바크하우젠효과
히스테리시스 곡선이 매끄러운 곡선이 아니라 자속밀도(B)가 계단적으로 증가하는 현상이 나타난다라고 정의

03 도체 내부의 전계의 세기 $E=0$이므로 전속밀도 $D=\varepsilon E$

04 전류 $I = \oint_s J \cdot ds = \oint_s \frac{2}{r} a_r \cdot a_r \, ds \, (a_r \cdot a_r = 1)$
$= \frac{2}{r} \oint_s ds = \frac{2}{r} s = \frac{2}{r} 4\pi r^2$
$= 8\pi r = 8\pi \times 0.05 = 0.4\pi \, [\text{A}]$

별해
전전류(I) = 전류밀도(J) × 면적(S)
$= \frac{2}{r} \times 4\pi \times r^2 = 8\pi r$
$= 8\pi \times 0.05 = 0.4\pi \, [\text{A}]$

05 무한장 직선 전하(선전하) $E = \frac{\lambda}{2\pi\varepsilon_0 r}$

06 그림과 같이 점 P에서 코일을 바라보는 입체각 ω는 $\omega = 2\pi(1-\cos\theta)$이므로
자위는 $U_m = \frac{I}{4\pi}\omega = \frac{I}{4\pi} \cdot 2\pi(1-\cos\theta) = \frac{I}{2}\left(1 - \frac{x}{\sqrt{a^2+x^2}}\right)[\text{AT}]$

07 $H = H_r + H_\theta = \dfrac{M\cos\theta}{2\pi\mu_0 r^3}a_r + \dfrac{M\sin\theta}{4\pi\mu_0 r^3}a_\theta$

$H = \dfrac{M}{4\pi\mu_0 r^3}\sqrt{1+3\cos^2\theta}\,[\text{AT/m}] \propto \dfrac{1}{r^3}$

∴ 누설전류 $I_l = \dfrac{V}{R} = \dfrac{V}{\dfrac{\rho\varepsilon}{C}} = \dfrac{CV}{\rho\varepsilon}\,[\text{A}]$

08 $M = k\sqrt{L_1 L_2}\,[\text{H}]$

$k = \dfrac{M}{\sqrt{L_1 L_2}},\ 0 \leq k \leq 1$

$k=1$: 이상적인 결합, 누설자속이 없다.

∴ $k=1$일 때 $M = \sqrt{L_1 L_2}\ (M^2 = L_1 L_2)\,[\text{H}]$

09 영상법에서 무한평면도체 표면에 유도되는 최대 전하밀도($y=0$)

$\sigma_m = -\varepsilon_0 E = -\dfrac{Q}{2\pi d^2}\,[\text{C/m}^2]$

10 $Q = CV = 2.67 \times 10^{-11} \times 1{,}800 \fallingdotseq 4.8 \times 10^{-8}$

$C = \dfrac{4\pi\varepsilon_0}{\dfrac{1}{a}-\dfrac{1}{b}} = \dfrac{4\pi\varepsilon_0 ab}{b-a} = \dfrac{4\pi\varepsilon_0\, 0.08 \times 0.06}{0.08 - 0.06} \fallingdotseq 2.67 \times 10^{-11}$

11 $E_1 = E_2$ 에서

$\dfrac{\lambda_1}{2\pi\varepsilon\left(\dfrac{d}{3}\right)} = \dfrac{\lambda_2}{2\pi\varepsilon\left(\dfrac{2}{3}d\right)}$ 이므로 $\lambda_2 = 2\lambda_1$

12
- 강자성체 : $\mu_s \gg 1,\ \mu \gg \mu_0,\ \chi \gg 0$
- 상자성체 : $\mu_s > 1,\ \mu > \mu_0,\ \chi > 0$
- 반자성체(역자성체) : $\mu_s < 1,\ \mu < \mu_0,\ \chi < 0$

13 전속밀도 $D = \dfrac{Q}{S} = \dfrac{Q}{4\pi r^2} = \dfrac{Q}{4\pi \times 2^2} = \dfrac{Q}{16\pi}\,[\text{C/m}^2]$

※ 구표면적 $S = 4\pi r^2$

14 체적당 에너지밀도

$\omega = \dfrac{1}{2}\mu H^2 = \dfrac{B^2}{2\mu} = \dfrac{1}{2}BH\,[\text{J/m}^3]$ 에서

$\omega = \dfrac{B^2}{2\mu} = \dfrac{0.1^2}{2 \times 4\pi \times 10^{-7} \times 4{,}000} \fallingdotseq 1\,[\text{J/m}^3]$

15 패러데이의 법칙 : 유도기전력의 크기 $\left(e = N\dfrac{d\phi}{dt}\right)$ 결정

16 자속밀도 $B = \mu H$이므로 강자성체의 자속밀도 B는 자계의 세기 H에 비례한다.

17 $B = \mu H$
$\mu = \dfrac{B}{H} = \dfrac{0.05}{800} = 6.25 \times 10^{-5} [\text{H/m}]$

18 $Q = CV = CEr = 4\pi\varepsilon_0 r Er = 4\pi\varepsilon_0 r^2 E$
$E = \dfrac{Q}{4\pi\varepsilon_0 r^2} \Rightarrow Q = 4\pi\varepsilon_0 r^2 E$
$\therefore Q = 4\pi \times 8.855 \times 10^{-12} \times 0.03^2 \times 5 \times 10^6 ≒ 5 \times 10^{-7} [\text{C}]$

19 전기쌍극자에 의한 전계 $E = \dfrac{M}{4\pi\varepsilon_0 r^3}\sqrt{1+3\cos^2\theta}\,[\text{V/m}]$, $E \propto \dfrac{1}{r^3}$

20 상호 인덕턴스 $M = k\sqrt{L_1 L_2} = 1 \times \sqrt{4 \times 9} = 6[\text{mH}]$

21 아킹혼(초호환, 초호각, 소호각) : 뇌로부터 애자련 보호, 애자의 전압부담 균일화

22 사류수차 $N_s \leq \dfrac{20{,}000}{H+20} + 40 \quad 150 \leq N_s \leq 250$
펠턴수차 $12 \leq N_s \leq 23$
프란시스수차 $N_s \leq \dfrac{20{,}000}{H+20} + 30$ (저속도 65~150, 중속도 150~250, 고속도 250~350)
프로펠러수차 $N_s \leq \dfrac{20{,}000}{H+20} + 50$ (350~800)

23 연가(Transposition) : 3상 3선식 선로에서 선로정수를 평형시키기 위하여 길이를 3등분하여 각 도체의 배치를 변경하는 것
※ 효과 : 선로정수 평형, 임피던스 평형, 유도장해 감소, 소호리액터 접지 시 직렬공진 방지

24 $D = \dfrac{WS^2}{8T}$에서 $T = \dfrac{WS^2}{8D} = \dfrac{0.37 \times 50^2}{8 \times 0.8} ≒ 144.53[\text{kg}]$

25 $P_V = \sqrt{3}\,V_P I_P = \sqrt{3} \times 200 ≒ 346.41[\text{kVA}]$

26

구 분	특 징	
	투과파	반사파
$Z_1 \neq Z_2$	$e_3 = \dfrac{2Z_2}{Z_1 + Z_2}e_1$	$e_3 = \dfrac{Z_2 - Z_1}{Z_1 + Z_2}e_1$
$Z_1 = Z_2$	진행파 모두 투과	무반사
$Z_2 = 0$ 종단 접지	투과계수 2	반사계수 1
$Z_2 = \infty$ 종단 개방	투과계수 0	반사계수 -2

27 $1[\text{W}] \times 1[\text{s}] = 1[\text{J}]$
$1[\text{J}] = 0.24[\text{cal}]$
$1[\text{kWh}] = 10^3 \times 1[\text{W}] \times 3,600[\text{s}]$
$= 10^3 \times 3,600[\text{J}]$
$= 10^3 \times 3,600 \times 0.24[\text{cal}]$
$= 10^3 \times 864[\text{cal}] \fallingdotseq 860[\text{kcal}]$

28 보호협조의 배열
- 리클로저(R) – 섹셔널라이저(S) – 전력 퓨즈(F)
- 섹셔널라이저는 고장전류 차단능력이 없으므로 리클로저와 직렬로 조합하여 사용한다.

29 고장별 대칭분 및 전류의 크기

고장종류	대칭분	전류의 크기
1선 지락	정상분, 역상분, 영상분	$I_0 = I_1 = I_2 \neq 0$
선간 단락	정상분, 역상분	$I_1 = -I_2 \neq 0$, $I_0 = 0$
3상 단락	정상분	$I_1 \neq 0$, $I_0 = I_2 = 0$

1선 지락전류 $I_g = 3I_0 = \dfrac{3E_a}{Z_0 + Z_1 + Z_2}$

30 $V_s = V_r + \sqrt{3}\,I(R\cos\theta + X\sin\theta)$
$= \{60,000 + \sqrt{3} \times 200(9 \times 0.6 + 13 \times 0.8)\} \times 10^{-3} = 65.47[\text{kV}]$
$\delta = \dfrac{V_s - V_r}{V_r} \times 100 = \dfrac{65.47[\text{kV}] - 60[\text{kV}]}{60[\text{kV}]} \times 100 = 9.1[\%]$

31 중성점접지방식

방 식	보호계전기 동작	지락전류	전위상승	과도 안정도	유도 장해	특 징
직접접지 22.9, 154, 345[kV]	확 실	크나.	1.3배	작다.	크다.	준선전 영전위 단절연 가능
저항접지	↓	↓	$\sqrt{3}$ 배	↓	↓	
비접지 3.3, 6.6[kV]	×	↓	$\sqrt{3}$ 배	↓	↓	저전압 단거리
소호리액터접지 66[kV]	불확실	0	$\sqrt{3}$ 배 이상	크다.	작다.	병렬 공진

32
- 정전 : CB Off → DS Off
- 급전 : DS On → CB On
※ 인터로크 : 차단기가 열려 있어야만 단로기 개폐 가능(상대 동작 금지회로)

33 복도체 $L = \dfrac{0.05}{n} + 0.4605 \log_{10} \dfrac{D}{r'}$
$r' = r^{\frac{1}{n}} \cdot S^{\frac{n-1}{n}} = r^{\frac{1}{4}} \cdot S^{\frac{3}{4}} = (rS^3)^{\frac{1}{4}} = \sqrt[4]{rS^3}$
$\therefore\ 0.0125 + 0.4605 \log_{10} \dfrac{D}{\sqrt[4]{rS^3}}[\text{mH/km}]$

34 $P_S = \dfrac{E_S E_R}{X} \sin\delta$

∴ 선로리액턴스에 반비례하고 상차각에 비례한다.

35 시한 특성
- 순한시 계전기 : 최소동작전류 이상의 전류가 흐르면 즉시 동작, 고속도 계전기(0.5~2[Cycle])
- 정한시 계전기 : 동작전류의 크기에 관계없이 일정시간에 동작
- 반한시 계전기 : 동작전류가 작을 때는 동작시간이 길고, 동작전류가 클 때는 동작시간이 짧다.
- 반한시성 정한시 계전기 : 반한시 + 정한시 특성

36 변압기용량[kVA] = $\dfrac{\text{개별수용 최대전력의 합}}{\text{부등률} \times \text{역률} \times \text{효율}}$

$= \dfrac{50 \times 0.6 + 100 \times 0.6 + 80 \times 0.5 + 60 \times 0.5 + 150 \times 0.4}{1.3 \times 0.8} ≒ 211.54$

37 코로나 임계전압 $E = 24.3 m_0 m_1 \delta d \log_{10} \dfrac{D}{r}$ [kV]

여기서, m_0 : 전선의 표면상태(단선 : 1, 연선 : 0.8)

m_1 : 기후계수(맑은 날 : 1, 비 : 0.8)

δ : 상대공기밀도 = $\dfrac{0.386b}{273+t}$ (b : 기압, t : 온도)

d : 전선의 지름

D : 선간거리

코로나 임계전압이 높아지는 경우는 상대공기밀도가 높고, 전선의 직경이 클 경우, 맑은 날, 기압이 높고, 온도가 낮은 경우이다.

38
- △결선방식 : 제3고조파 제거
- 직렬리액터 : 제5고조파 제거
- 한류리액터 : 단락사고 시 단락전류 제한
- 소호리액터 : 지락 시 지락전류 제한
- 분로리액터 : 페란티 방지

39 모선 보호용 계전기의 종류 : 전류차동 계전방식, 전압차동 계전방식, 위상비교 계전방식, 방향거리 계전방식

40 열사이클의 종류
- 랭킨사이클 : 가장 간단한 이론 사이클이다.
- 재생사이클 : 급수가열기를 이용하여 증기 일부분을 추출한 후 급수를 가열한다.
- 재열사이클 : 재열기를 이용하여 증기 전부를 추출한 후 증기를 가열한다.
- 재생재열사이클 : 고압고온을 채용한 기력발전소에서 채용하고 가장 열효율이 좋다.

41 유기기전력 $E = 4.44fNBS$에서 권수와 기전력은 비례이므로 2배가 된다.

42 3상 권선형 유도전동기에서 2차 저항을 크게 하면 기동전류는 감소하고 기동토크는 증가한다. 최대토크가 2차 저항에 비례추이하므로 최대토크는 변하지 않는다.

43 동기기에서 회전계자형을 쓰는 이유
- 전기자권선은 고전압에 결선이 복잡하며 대용량인 경우 전류도 커지고 3상 결선 시 인출선은 4개이다.
- 계자권선에 저압 직류회로로 소요동력이 적다(인출도선 2개).
- 절연이 용이하다.
- 전기자권선은 고전압에 유리하다(Y결선).
- 기계적으로 튼튼하다.

44 사이리스터의 구분

단방향		양방향	
3단자	4단자	2단자	3단자
SCR GTO LASCR	SCS	DIAC SSS	TRIAC

45
%저항$(p) = \dfrac{I \times R}{V_1} \times 100 = \dfrac{5 \times 5.4}{3,000} \times 100 = 0.9 [\%]$

%리액턴스$(q) = \dfrac{I \times X}{V_1} \times 100 = \dfrac{5 \times 6}{3,000} \times 100 = 1 [\%]$

정격전류$(I) = \dfrac{P}{V_1} = \dfrac{15 \times 10^3}{3,000} = 5$

46 원선도
유도전동기 1차 부하전류의 선단 부하의 증감과 더불어 그리는 그 궤적이 항상 반원주상에 있는 것을 이용하여 여러 가지 값을 구하는 곡선

작성에 필요한 값	저항 측정	무부하시험	구속시험
		철손, 여자전류	동손, 임피던스 전압, 단락전류
구할 수 있는 값		1차 입력, 2차 입력(동기와트), 철손, 슬립 1차 저항손, 2차 저항손, 출력, 효율, 역률	
구할 수 없는 값		기계적 출력, 기계손	

47 회전속도 $N_s = \dfrac{\alpha}{360} \cdot f_s = \dfrac{2}{360} \times 1,800 = 10 \, [\text{rps}]$

48 $\dfrac{\text{자기용량}}{\text{부하용량}} = \dfrac{V_h - V_l}{V_h}$

∴ 부하용량 $= \dfrac{V_h}{V_h - V_l} \times \text{자기용량} = \dfrac{3,200}{3,200 - 3,000} \times 1 = 16 [\text{kVA}]$

49 2차 동손 $P_{c2} = sP_2 = s \times \dfrac{P_1}{1-s} [\text{W}]$

50 $E_d = \dfrac{\sqrt{2}}{\pi} E = \dfrac{\sqrt{2}}{\pi} \times 100 \fallingdotseq 45.0 [\%]$

51 정격전류 $I_n = \dfrac{P}{\sqrt{3}\,V} = \dfrac{12{,}000 \times 10^3}{\sqrt{3} \times 6{,}600} \fallingdotseq 1{,}050[\mathrm{A}]$

단락비 $K_s = \dfrac{I_s}{I_n} = \dfrac{920}{1{,}050} = 0.88$

52 제동권선의 효과
- 난조 방지
- 기동토크 발생
- 불평형 부하 시의 전류 및 전압 파형 개선
- 송전선의 불평형 단락 시의 이상전압 방지

53 전압변동률 $\varepsilon = \dfrac{V_0 - V}{V} \times 100 = \dfrac{E - V}{V} \times 100 = \dfrac{I_a R_a}{V} \times 100[\%]$ 에서
- $\varepsilon(+)$: 분권, 타여자발전기 ($V_0 > V$)
- $\varepsilon(0)$: 평복권 ($V_0 = V$: 무부하전압=정격전압)
- $\varepsilon(-)$: 과복권발전기 ($V_0 < V$)

54
- A : 과복권
- B : 평복권
- C : 분권
- D : 차동복권

55 직류발전기의 구조
- 전기자 : 원동기로 회전시켜 자속을 끊으면서 기전력을 유도하는 부분이다.
- 계자 : 전기자가 쇄교하는 자속을 만드는 부분(철심은 계자권선으로 자극을 만드는 것)이다.
- 정류자 : 브러시(Brush)와 접촉하여 전기자권선에 유도되는 교류기전력을 정류해서 직류로 만드는 부분(브러시와 접촉하여 마찰이 생기므로 마모됨은 물론 불꽃 등으로 높은 온도가 된다)이다.

56 반발 전동기는 브러시를 이동하여 기동토크, 속도제어를 할 수 있다.

57 3상 유도전동기에 불평형 전압이 가해져도 중성점이 접지되어 있지 않으므로 영상분은 존재하지 않는다.

58 최대효율 $\eta = \dfrac{\dfrac{1}{m}P}{\dfrac{1}{m}P + P_i + \left(\dfrac{1}{m}\right)^2 P_c} \times 100$

- $\dfrac{1}{m} = \sqrt{\dfrac{P_i}{P_c}} = \sqrt{\dfrac{1}{2.5}} \fallingdotseq 0.63$
- $\dfrac{1}{m}P = 150 \times 0.8 \times 0.63 = 75.6[\mathrm{kW}]$
- $\left(\dfrac{1}{m}\right)^2 P_c = 2.5 \times 0.63^2 \fallingdotseq 1[\mathrm{kW}]$

∴ 최대효율 $\eta = \dfrac{75.6}{75.6 + 1 + 1} \times 100 \fallingdotseq 97.4[\%]$

59 변압기 저항비 $a^2 = \dfrac{R_1}{R_2}$ 에서 $a = \sqrt{\dfrac{8{,}000}{16}} ≒ 22.36$

권수비 $a = \dfrac{N_1}{N_2}$ 에서

$N_2 = \dfrac{N_1}{a} = \dfrac{1{,}500}{22.36} ≒ 67.08$[회]

60 최대토크는 2차 저항과 무관

61 전압의 순시값은 기본파, 전류의 순시값은 3고조파, 5고조파이므로 동일 파형이 없으므로 계산할 수 없다. 그러므로 0이다.

62 $Z_0 = \dfrac{1}{3}(Z_a + Z_b + Z_c) = \dfrac{1}{3}(3 + 3 + j3) = 2 + j$[Ω]

63 $W = \dfrac{1}{2}LI^2 = \dfrac{1}{2}L(\sqrt{2}\,I\sin\omega t)^2$

$= \dfrac{1}{2}L(2I^2\sin^2\omega t)$

$= LI^2\,\dfrac{1-\cos 2\omega t}{2} = \dfrac{1}{2}LI^2(1-\cos 2\omega t)$[J]

64

$\dfrac{V_2}{V_1} = \dfrac{R \times sC}{\left(R + \dfrac{1}{sC}\right) \times sC} = \dfrac{RsC \times \dfrac{1}{RC}}{(RsC + 1) \times \dfrac{1}{RC}} = \dfrac{s}{s + \dfrac{1}{RC}} = \dfrac{j\omega}{j\omega + \dfrac{1}{RC}}$

65 *RLC* 직렬회로에서 자유진동 주파수

$f = \dfrac{1}{2\pi}\sqrt{\dfrac{1}{LC} - \left(\dfrac{R}{2L}\right)^2}$

비진동(과제동)	임계진동	진동(부족제동)
$R^2 > 4\dfrac{L}{C}$	$R^2 = 4\dfrac{L}{C}$	$R^2 < 4\dfrac{L}{C}$

66 전체 전류 $I_p = \dfrac{V_p}{Z} = \dfrac{120}{21 + j11} = \dfrac{120}{23.70 \angle 27.64°} = 5.06 \angle -27.64°$

부하에 걸리는 전압 $V_p = I_p Z = (5.06 \angle -27.64°)(20 + j10) = (5.06 \angle -27.64°)(10\sqrt{5} \angle 26.56°) = 113.14 \angle -1.08°$
(복소수로 나온 값을 극형식으로 바꾸는 방법 : 계산에 의해 나온 답을 SHIFT 2·3번을 누르면 됨)

67 $Z = \sqrt{10^2 + 10^2} = 10\sqrt{2}$

$I_l = \sqrt{3}\,I_p = \sqrt{3} \times \dfrac{V_p}{Z} = \sqrt{3} \times \dfrac{200}{10\sqrt{2}} = 10\sqrt{6}$ [A]

$P = 3I_p^2 R = 3\left(\dfrac{200}{10\sqrt{2}}\right)^2 \times 10 = 6{,}000$[W]

68 $W_C = \dfrac{1}{2}CV^2$

$C = \dfrac{2W_C}{V^2} = \dfrac{2 \times 9}{300^2} \times 10^6 = 200[\mu\text{F}]$

69
- Y결선에서 $I_{lY} = I_{pY}[\text{A}]$, $V_{lY} = \sqrt{3}\,V_{pY}[\text{V}]$
- 부하, △결선에서 $I_{l\Delta} = \sqrt{3}\,I_{p\Delta}[\text{A}]$, $V_{p\Delta} = V_{pY}\sqrt{3}[\text{V}]$
- 임피던스 $Z_a = \dfrac{V_{p\Delta}}{I_{p\Delta}} = \dfrac{220\sqrt{3}}{\dfrac{10}{\sqrt{3}}} = 66[\Omega]$

70 $A = 1 + \dfrac{j\omega L}{\dfrac{1}{j2\omega C}} = 1 - 2\omega^2 LC$, $B = j\omega L$, $C = j2\omega C$, $D = 1$

71 $I = \dfrac{V}{R} = \dfrac{70}{20} = 3.5[\text{A}]$

72 (노턴의 정리를 테브낭의 정리로 해석)

$I = \dfrac{V}{R} = \dfrac{3-2}{6} = \dfrac{1}{6}[\text{A}]$

$P = I^2 R = \left(\dfrac{1}{6}\right)^2 \times 3 = \dfrac{3}{36} = \dfrac{1}{12}[\text{W}]$

73 $\dfrac{K_1}{s+1} + \dfrac{K_2}{s+3} = \dfrac{1}{s+1} - \dfrac{1}{s+3}$ 에서 $\mathcal{L}^{-1}\left[\dfrac{1}{s+1} - \dfrac{1}{s+3}\right] = e^{-t} - e^{-3t}$

여기서, $K_1 = \lim\limits_{s \to -1} \dfrac{2}{s+3} = 1$

$K_2 = \lim\limits_{s \to -3} \dfrac{2}{s+1} = -1$

74 2단자 임피던스 $Z(s) = \dfrac{2s+3}{s} = 2 + \dfrac{3}{s}$

$\therefore Z(s) = 2 + \dfrac{1}{\dfrac{1}{3}s}$ ($R-C$ 직렬회로)

75 $R_{ab} = \dfrac{R_a R_b + R_b R_c + R_c R_a}{R_c} = \dfrac{2 \times 3 + 3 \times 4 + 4 \times 2}{4} = \dfrac{26}{4} = \dfrac{13}{2}[\Omega]$

$R_{bc} = \dfrac{R_a R_b + R_b R_c + R_c R_a}{R_a} = \dfrac{26}{2} = 13[\Omega]$

$R_{ca} = \dfrac{R_a R_b + R_b R_c + R_c R_a}{R_b} = \dfrac{26}{3}[\Omega]$

76 부하 A P_A(피상전력) $= 600(0.6-j0.8) = 360-j480$
부하 B P_B(피상전력) $= 800(0.8+j0.6) = 640+j480$
합성 피상전력 $P = 360-j480+640+j480 = 1,000$
무효분이 0이므로 $\cos\theta = 1$ (유효전력 = 피상전력)
$P_a = P = 1,000[\text{kVA}]$

77 왜형률 $= \dfrac{\text{전고조파의 실횻값}}{\text{기본파의 실횻값}} \times 100 = \dfrac{\sqrt{V_3^2+V_5^2}}{V_1} = \sqrt{0.3^2+0.2^2} ≒ 0.36$
여기서, 실횻값이나 최댓값을 통일하면 결과는 같다.

78 $R-L$ 병렬회로에서 교류일 때
전전류 $I = I_R - jI_L = \sqrt{{I_R}^2 + {I_L}^2}[\text{A}]$
$I_L = \sqrt{I^2 - {I_R}^2} = \sqrt{5^2 - \left(\dfrac{12}{3}\right)^2} = 3[\text{A}]$
유도리액턴스 $X_L = \dfrac{V}{I_L} = \dfrac{12}{3} = 4[\Omega]$

79 $i = \dfrac{V_m}{R}\sin\omega t = \dfrac{100\sqrt{2}}{10+40}\sin(2\pi ft) = \dfrac{100\sqrt{2}}{50}\sin(2\pi\times 60t) = 2\sqrt{2}\sin 377t[\text{A}]$

80 $t=0$일 때 순시값은
① $v = 100\sin 30° = 50[\text{V}]$
② $v = 100\sin 45° = 50\sqrt{2}[\text{V}]$
③ $v = 100\sin 150° = 50[\text{V}]$
④ $v = 100\sin 145° = 57.36[\text{V}]$

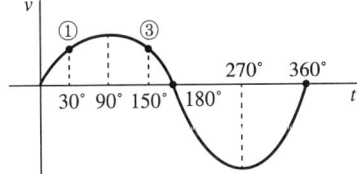

전압이 감소할 때는 ③번 150°이다.
전압이 증가할 때는 ①번 30°이다.

81 KEC 223.2/334.2(지중함의 시설)
- 지중함은 견고하고 차량 기타 중량물의 압력에 견디는 구조일 것
- 지중함은 그 안의 고인 물을 제거할 수 있는 구조로 되어 있을 것
- 폭발성 또는 연소성의 가스가 침입할 우려가 있는 것에 시설하는 지중함으로서 그 크기가 1[m³] 이상인 것에는 통풍장치 기타 가스를 방산시키기 위한 장치를 시설할 것
- 지중함의 뚜껑은 시설자 이외의 자가 쉽게 열 수 없도록 시설할 것

82 개폐기의 시설
- 전로 중 개폐기는 각 극에 설치한다.
- 고압용, 특고압용 개폐기 : 개폐 상태 표시 장치가 있어야 한다.
- 고압용 또는 특고압용 개폐기로서 중력 등에 의해 자연동작 우려가 있는 것 : 자물쇠장치, 기타 방지장치 시설
- 고압용 또는 특고압용 개폐기로 부하전류를 차단하기 위한 것이 아닌 DS(단로기)는 부하전류가 흐를 때 개로할 수 없도록 시설하지만 보기 쉬운 곳에 부하전류 유무 표시장치, 전화 지령장치, 태블릿을 사용하는 경우 예외이다.
  ※ 개폐기 설치 예외 장소
    - 저압 분기회로용 개폐기로서 중성선, 접지 측 전선
    - 사용전압 400[V] 미만 저압 2선식의 점멸용 개폐기는 단극에서 시설
    - 25[kV] 이하 중성점 다중 접지식 전로의 중성선
    - 제어회로 등에 조작용 개폐기를 시설하는 경우

83 KEC 333.32(25[kV] 이하인 특고압 가공전선로의 시설)
각 접지도체를 중성선으로부터 분리하였을 경우의 각 접지점의 대지전기저항값과 1[km]마다의 중성선과 대지 사이의 합성전기저항값

사용 전압	각 접지점의 대지전기저항값	1[km]마다의 합성전기저항값
15[kV] 이하	300[Ω]	30[Ω]
15[kV] 초과 25[kV] 이하	300[Ω]	15[Ω]

84 KEC 221.2(옥측전선로)
저압 옥측전선로 공사방법
- 애자공사(전개된 장소)
- 합성수지관공사
- 금속관공사(목조 이외의 조영물에 시설하는 경우에 한한다)
- 버스덕트공사[목조 이외의 조영물(점검할 수 없는 은폐된 장소는 제외한다)에 시설하는 경우에 한한다]
- 케이블공사(연피케이블·알루미늄피케이블 또는 무기물절연(MI)케이블을 사용하는 경우에는 목조 이외의 조영물에 시설하는 경우에 한한다)

85 KEC 362.9(전원공급기의 시설)
- 전원공급기는 다음에 따라 시설하여야 한다.
  - 지상에서 4[m] 이상 유지할 것
  - 누전차단기를 내장할 것
  - 시설방향은 인도 측으로 시설하며 외함은 접지를 시행할 것
- 기기주, 변압기 전주, 분기주 등 설비 복잡개소에는 전원공급기를 시설할 수 없다. 다만, 현장 여건상 부득이한 경우에는 예외적으로 전원공급기를 시설할 수 있다.
- 전원공급기 시설 시 통신사업자는 기기 전면에 명판을 부착하여야 한다.

86 KEC 222.10/332.9/332.10/333.1/333.21/333.22(가공전선로 및 보안공사 지지물 간 거리)

구 분	표 준	특고압 시가지	보안공사		
			저·고압	제1종 특고압	제2, 3종 특고압
목주 / A종	150[m]	75[m](목주 X)	100[m]	목주 불가	100[m]
B종	250[m]	150[m]	150[m]	150[m]	200[m]
철 탑	600[m]	400[m]	400[m]	400[m], 단주 300[m]	

87 KEC 431.1(전차선 전선 설치방식)
전차선의 전선 설치방식은 열차의 속도 및 노반의 형태, 부하전류 특성에 따라 적합한 방식을 채택하여야 하며, 가공방식, 강체방식, 제3레일방식을 표준으로 한다.

88 KEC 332.6(고압 가공전선로의 가공지선), 332.4(고압 가공전선의 안전율), 333.6(특고압 가공전선의 안전율), 333.8(특고압 가공전선로의 가공지선)
가공지선 : 직격뢰로부터 가공전선로를 보호하기 위한 설비

구 분		특 징
지 선	고 압	5.26[kN] 이상, 4.0[mm] 이상 나경동선
	특고압	8.01[kN] 이상, 5.0[mm] 이상 나경동선, 22[mm^2] 이상의 나경동연선, 아연도강연선 또는 OPGW전선
안전율		경동선 2.2 이상, 기타 2.5

89 KEC 511.3(옥내전로의 대지전압 제한)
주택의 전기저장장치의 축전지에 접속하는 부하 측 옥내배선을 시설하는 경우에 주택의 옥내전로의 대지전압은 직류 600[V]까지 적용할 수 있다.

90 KEC 142.3(접지도체·보호도체)
접지도체 최소 단면적은 기본적으로 보호도체와 동일하므로 보호도체의 최소 단면적을 참조할 것

선도체의 단면적 S [mm^2]	보호도체의 최소 단면적[mm^2]
$S \leq 16$	S
$16 < S \leq 35$	16
$S > 35$	$S/2$

91 고장보호
기본절연의 고장에 의한 간접 접촉을 방지(노출도전부에 인축이 접촉하여 일어날 수 있는 위험으로부터 보호)
• 전원의 자동차단에 의한 보호
• 이중절연 또는 강화절연에 의한 보호
• 전기적 분리에 의한 보호
• SELV와 PELV를 적용한 특별저압에 의한 보호
• 숙련자와 기능자의 통제 또는 감독이 있는 설비에 적용 가능한 보호대책
• 인축의 몸을 통해 고장전류가 흐르는 것을 방지
• 인축의 몸에 흐르는 고장전류를 위험하지 않는 값 이하로 제한
• 인축의 몸에 흐르는 고장전류의 지속시간을 위험하지 않은 시간까지로 제한

92 KEC 232.56(애자공사), 342.1(고압 옥내배선 등의 시설)
• 전선의 종류 : 절연전선. 단, 옥외용 비닐절연전선(OW) 및 인입용 비닐절연전선(DV)은 제외한다.
• 간 격

구 분			전선과 조영재 간격	전선 상호 간의 간격	전선 지지점 간의 거리	
					조영재 상면 또는 측면	조영재 따라 시설 않는 경우
저 압	400[V] 이하		25[mm] 이상	0.06[m] 이상	2[m] 이하	–
	400[V] 초과	건 조	25[mm] 이상			6[m] 이하
		기 타	45[mm] 이상			
고 압			0.05[m] 이상	0.08[m] 이상		

93 KEC 143(감전보호용 등전위본딩)
보호등전위본딩의 적용
• 수도관·가스관 등 외부에서 내부로 인입되는 금속배관
• 건축물·구조물의 철근, 철골 등 금속보강재
• 일상생활에서 접촉이 가능한 금속제 난방배관 및 공조설비 등 계통외도전부

94 KEC 333.23(특고압 가공전선과 건조물의 접근)

제1종 특고압 보안공사	제2종 특고압 보안공사	제3종 특고압 보안공사
2차 접근상태		1차 접근상태
35[kV] 초과	35[kV] 이하	

95 KEC 212.3(보호장치의 종류 및 특성)
과전류트립 동작시간 및 특성(산업용 배선차단기)

정격전류의 구분	시 간	정격전류의 배수(모든 극에 통전)	
		부동작전류	동작전류
63[A] 이하	60분	1.05배	1.3배
63[A] 초과	120분	1.05배	1.3배

96 KEC 351.10(수소냉각식 발전기 등의 시설)
• 발전기 안 또는 무효 전력 보상 장치 안의 수소의 순도가 85[%] 이하로 저하한 경우에 이를 경보하는 장치를 시설
• 수소 압력, 온도를 계측하는 장치를 시설할 것(단, 압력이 현저히 변동 시 자동경보장치 시설)

97 KEC 333.32(25[kV] 이하인 특고압 가공전선로의 시설)

전선의 종류	나전선	특고압 절연전선	케이블
간 격	1.5[m]	1.0[m]	0.5[m]

98 KEC 335.6(다리에 시설하는 전선로)
다리의 윗면에 시설하는 것 : 전선의 높이는 다리의 노면상 5[m] 이상

99 KEC 231.6(옥내전로의 대지전압의 제한)
주택의 전로 인입구에는 「전기용품 및 생활용품 안전관리법」에 적용을 받는 감전보호용 누전차단기를 시설하여야 한다. 다만, 전로의 전원 측에 정격용량이 3[kVA] 이하인 절연변압기(1차 전압이 저압이고 2차 전압이 300[V] 이하인 것에 한한다)를 사람이 쉽게 접촉할 우려가 없도록 시설하고 또한 그 절연변압기의 부하 측 전로를 접지하지 않는 경우에는 예외로 한다.

100 KEC 132(전로의 절연저항 및 절연내력)

종 류	비접지	중성점 접지	중성점 직접접지
170[kV]	×1.25	×1.1	×0.64
60[kV]	(최저시험전압 10.5[kV])	(최저시험전압 75[kV])	×0.72
7[kV]	×1.5	25[kV] 이하 중성점 다중접지×0.92	

중성선 다중접지식 22.9[kV]일 때 0.92배를 한다.
∴ 절연내력 시험전압 = 22,900 × 0.92 = 21,068[V]

2025년 제3회 CBT

page 326

1	2	3	4	5	6	7	8	9	10	11	12	13	14	15	16	17	18	19	20
②	②	①	②	④	①	③	③	④	①	②	④	①	①	②	④	③	①	③	④
21	22	23	24	25	26	27	28	29	30	31	32	33	34	35	36	37	38	39	40
④	②	①	②	④	③	④	①	④	②	③	③	④	④	①	④	①	④	①	②
41	42	43	44	45	46	47	48	49	50	51	52	53	54	55	56	57	58	59	60
①	③	④	①	②	①	③	②	③	①	④	②	③	①	④	③	④	①	④	②
61	62	63	64	65	66	67	68	69	70	71	72	73	74	75	76	77	78	79	80
①	①	③	②	②	①	④	②	④	④	③	④	①	①	②	④	④	②	①
81	82	83	84	85	86	87	88	89	90	91	92	93	94	95	96	97	98	99	100
①	④	②	④	③	①	①	②	②	②	③	①	②	②	②	②	①	③	②	③

01 폐곡면을 통해 나오는 자속은 0이다 $\left(\oint_s B \cdot ds = 0\right)$.

02 무한평면으로부터 $r[m]$ 떨어진 점 P에 점전하 $+Q[C]$가 있는 경우 영상전하는 무한평면 뒤쪽으로 점 P의 대칭점에 존재하며, 그 크기는 점전하와 같고 부호는 반대로 $Q' = -Q[C]$이다.

03 파이로(Pyro)전기(초전효과)
로셀염이나 수정의 결정을 가열하면 한 면에 정(+)의 전기가, 반대면에 부(-)의 전기 분극을 일으키고, 반대로 냉각시키면 역의 분극이 일어난다. 이 전기를 파이로전기(Pyro-electricity)라 한다(열에너지 → 전기에너지).

04 상호인덕턴스 $M = L_1 \dfrac{N_2}{N_1} = 0.01 \times \dfrac{200}{100} = 0.02[H]$

05 키르히호프 제1법칙 적분형 $\nabla \cdot i = 0$
도체 내에 정상전류가 흐를 때 연속이다(일정하다, 변화가 없다).

06 특성임피던스 $Z_0 = \dfrac{E}{H} = \sqrt{\dfrac{\mu}{\varepsilon}}$ 에서 $E = Z_0 H = \sqrt{\dfrac{\mu}{\varepsilon}} H$

07 $B = \dfrac{\phi}{S} = \mu_0 H = \mu_0 \dfrac{I}{2\pi r} = \dfrac{4\pi \times 10^{-7} \times 10}{2\pi \times 2} = 10^{-6}[\text{Wb/m}^2]$

08 쌍극자 모멘트 $M = ml[\text{Wb} \cdot \text{m}]$ 대입
자성체의 회전력 $T = M \times H$
$T = MH\sin\theta = mlH\sin\theta[\text{N} \cdot \text{m}] = 8 \times 10^{-6} \times 0.03 \times 120 \times \sin 30° = 1.44 \times 10^{-5}[\text{N} \cdot \text{m}]$

09 힘 $F = IBl\sin\theta = IB \times 1 \times \sin\theta = IB\sin\theta = I \times B = 40\hat{x} + 30\hat{y}[\text{N/m}]$

10 그림과 같이 크기는 같고 방향은 정반대인 전계가 존재하므로 서로 상쇄되어 합성 전계의 세기는 0이 된다.

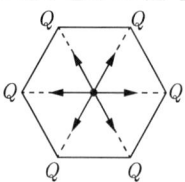

11
- 평행판 콘덴서의 정전용량 $(C) = \dfrac{\varepsilon_0 S}{d} = \dfrac{8.855 \times 10^{-12} \times 0.4 \times 0.4}{4 \times 10^{-3}} = 3.542 \times 10^{-10}\,[\text{F}]$
- 축적되는 전하량 $(Q) = CV = 3.542 \times 10^{-10} \times 100 = 3.54 \times 10^{-8}\,[\text{C}]$

12 규소강판은 전자석의 재료이므로 H-loop면적과 보자력(H_c)은 작고 잔류자기(B_r)는 큰 특성을 갖는다.

13 $2[\mu\text{F}]$의 양단에 걸리는 전압 $V_2 = \dfrac{Q_2}{C_2} = 50[\text{V}]$이며 콘덴서 병렬연결 시 각 콘덴서에 걸리는 전압은 같다.
∴ $3[\mu\text{F}]$ 양단에 걸리는 전압 $V_3 = V_2 = 50[\text{V}]$

14 쇄교 자속수
$\Phi = N\phi = LI = 20 \times 10^{-3} \times 2 = 40 \times 10^{-3}\,[\text{Wb}\cdot\text{T}]$

15 힘 $F = IBl\sin\theta = 5 \times 0.3 \times 2 \times \sin 60° \fallingdotseq 2.6\,[\text{N}]$

16

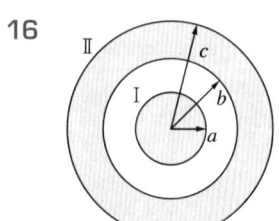

- 내구에만 $+Q$ 전하를 대전한 경우 (V : 안쪽, V_x : 바깥쪽)
  $V = \dfrac{Q}{4\pi\varepsilon_0}\left(\dfrac{1}{a} - \dfrac{1}{b} + \dfrac{1}{c}\right)[\text{V}],\ V_x = \dfrac{Q}{4\pi\varepsilon_0 r}$
- 내구에 $+Q$ 전하를 대전하고 외구에 $-Q$ 전하를 대전한 경우
  $V = \dfrac{Q}{4\pi\varepsilon_0}\left(\dfrac{1}{a} - \dfrac{1}{b}\right)[\text{V}],\ V_x = 0$
- 외구에만 $+Q$ 전하를 대전한 경우
  $V = \dfrac{Q}{4\pi\varepsilon_0 c}[\text{V}],\ V_x = \dfrac{Q}{4\pi\varepsilon_0 r}$

17 도체 내부의 전계의 세기 $E = 0$이므로 $D = \varepsilon_0 E = 0$이다.

18 단위체적당 정전에너지 $\omega = \dfrac{1}{2}\varepsilon E^2 = \dfrac{1}{2} \times \varepsilon_0 \times 2.4 \times (100 \times 10^{-3})^2 \fallingdotseq 1.06 \times 10^{-13}\,[\text{J/m}^3]$

19
- 법선성분 : $D_1\cos\theta_1 = D_2\cos\theta_2$
- 접선성분 : $E_1\sin\theta_1 = E_2\sin\theta_2$
- 굴절의 법칙 : $\dfrac{\tan\theta_1}{\tan\theta_2} = \dfrac{\varepsilon_1}{\varepsilon_2}$
- 유전율이 큰 쪽으로 굴절
  $\varepsilon_1 > \varepsilon_2 : \theta_1 > \theta_2,\ D_1 > D_2,\ E_1 < E_2$
  $\varepsilon_1 < \varepsilon_2 : \theta_1 < \theta_2,\ D_1 < D_2,\ E_1 > E_2$
- 수직 입사 : $\theta_1 = 0$, 비굴절, 전속밀도 연속($D_1 = D_2,\ E_1 \neq E_2$)
- 수평 입사 : $\theta_1 = 90$, 전계 연속($D_1 \neq D_2,\ E_1 = E_2$)

20
- 상자성체($\mu_s > 1$) : 알루미늄, 백금, 산소, 주석
- 역(반)자성체($\mu_s < 1$) : 납, 아연, 비스무트, 금, 은, 동
- 강자성체($\mu_s \gg 1$) : 철, 니켈, 코발트

21 조상설비의 비교

구 분	진 상	지 상	시충전	조 정	전력손실
콘덴서	○	×	×	단계적	0.3[%] 이하
리액터	×	○	×	단계적	0.6[%] 이하
동기조상기	○	○	○	연속적	1.5~2.5[%]

22 $I_s = \dfrac{100}{\%Z} \cdot \dfrac{P[\text{kVA}]}{\sqrt{3} \times V[\text{kV}]} = \dfrac{100}{10} \times \dfrac{10{,}000}{\sqrt{3} \times 66} = 874.77[\text{A}]$

23 집진장치
- 전기식 집진장치 : 코트렐 집진장치
- 기계식 집진장치 : 사이클론 집진장치
효율이 좋은 것은 전기식 집진장치인 코트렐 집진장치이다.

24 **코로나** : 전선로 주변의 전위경도가 상승해서 공기의 부분적인 절연파괴가 일어나는 현상으로 빛과 소리를 동반한다.
- 코로나의 영향
  - 통신선의 유도 장해가 발생한다.
  - 코로나 손실 발생 → 송전손실 → 송전효율 저하
  - 코로나 잡음 및 소음이 발생한다.
  - 전선이 부식된다(원인 : 오존(O_3)).
  - 소호 리액터의 소호 능력이 저하된다.
  - 진행파의 파곳값은 감소한다.
- 코로나의 대책
  - 코로나 임계전압을 크게 한다.
  - 전위경도를 작게 한다.
  - 전선의 지름을 크게 한다.
  - 복도체(다도체) 방식 및 가선금구의 개량을 채용한다.

25
$$\frac{P_2}{P_1} = \left(\frac{H_2}{H_1}\right)^{\frac{3}{2}} \text{에서}$$
$$P_2 = P_1\left(\frac{H_2}{H_1}\right)^{\frac{3}{2}} = 7,500\left(\frac{47.5}{50}\right)^{\frac{3}{2}} \fallingdotseq 6,945[\text{kW}]$$

26 일정 $P = V\uparrow I\downarrow$ (애자지지물 비용↑, 전선비용↓)
일정 $P = V\downarrow I\uparrow$ (애자지지물 비용↓, 전선비용↑)

27 복도체(다도체) 방식의 주목적 : 코로나 방지
- 인덕턴스는 감소, 정전용량은 증가
- 같은 단면적의 단도체에 비해 전력용량의 증대
- 코로나의 방지, 코로나 임계전압의 상승
- 송전용량의 증대
- 소도체 충돌 현상(대책 : 스페이서의 설치)
- 단락 시 대전류 등이 흐를 때 소도체 사이에 흡인력이 발생

28 저압 네트워크방식
- 무정전 공급방식으로 공급신뢰도가 높다.
- 공급신뢰도가 가장 좋고 변전소의 수를 줄일 수 있다.
- 전압강하, 전력손실이 적다.
- 부하 증가 시 대응이 우수하다.
- 설비비가 고가이다.
- 인축의 접지사고가 있을 수 있다.
- 고장 시 고장전류가 역류할 수 있다.
- 대책 : 네트워크 프로텍터(저압용 차단기, 저압용 퓨즈, 전력방향 계전기)

29 설비용량별 3차권선(△결선)의 사용방법
- 345[kV]의 Y-Y-△(345[kV]-154[kV]-23[kV]) : △결선(3차 권선)은 조상설비를 접속하고 변전소 소내 전원용으로 사용한다.
- 154[kV]의 Y-Y-△(154[kV]-23[kV]-6.6[kV]) : △결선(3차 권선)은 외함에 접지하고 부하를 접지하지 않는 안정권선으로 사용한다.

30 가공지선의 역할
- 직격뢰 및 유도뢰 차폐
- 통신선에 대한 전자유도장해 경감

31 $Q_C = 3\omega CE^2 = 3 \times 2\pi \times 60 \times 0.4 \times 10^{-6} \times 7 \times \left(\frac{66,000}{\sqrt{3}}\right)^2 \times 10^{-3} \fallingdotseq 4,598.09[\text{kVA}]$

32 제한전압 : 피뢰기 동작 중에 계속해서 걸리고 있는 단자전압의 파곳값

33 페란티 현상 : 선로의 충전전류 때문에 무부하 시 송전단 전압보다 수전단 전압(앞선 충전전류)이 커지는 현상이다. 방지법으로는 분로리액터 설치 및 동기조상기의 지상용량을 공급한다.

34 전력용 퓨즈 장단점

장 점	단 점
• 가격이 저렴하다. • 소형·경량이다. • 고속차단이다. • 보수가 간단하다. • 차단능력이 크다.	• 재투입이 불가능하다. • 과도전류에 용단되기 쉽다. • 계전기를 자유로이 조정할 수 없다. • 한류형은 과전압이 발생된다. • 고임피던스 접지사고는 보호할 수 없다.

35 **직접접지(유효접지방식)** : 154[kV], 345[kV], 765[kV]의 송전선로에 사용
  • 장 점
    − 1선 지락고장 시 건전상 전압상승이 거의 없다(대지전압의 1.3배 이하).
    − 계통에 대해 절연레벨을 낮출 수 있다.
    − 지락전류가 크므로 보호계전기 동작이 확실하다.
  • 단 점
    − 1선 지락고장 시 인접 통신선에 대한 유도장해가 크다.
    − 절연수준을 높여야 한다.
    − 과도안정도가 나쁘다.
    − 큰 전류를 차단하므로 차단기 등의 수명이 짧다.
    − 통신유도장해가 최대가 된다.

36 전력계통의 조정
  • P-F Control : 유효전력은 주파수로 제어(거버너 밸브를 통해 유효전력을 조정)
  • Q-V Control : 무효전력은 전압으로 제어

37 • 정전 : CB Off → DS Off
  • 급전 : DS On → CB On
  ※ 인터로크 : 차단기가 열려 있어야만 단로기 개폐 가능(상대 동작 금지회로)

38 **직접접지(유효접지방식)** : 154[kV], 345[kV], 765[kV]의 송전선로에 사용
  • 장 점
    − 1선 지락고장 시 건전상 전압상승이 거의 없다(대지전압의 1.3배 이하).
    − 계통에 대해 절연레벨을 낮출 수 있다.
    − 지락전류가 크므로 보호계전기 동작이 확실하다.
  • 단 점
    − 1선 지락고장 시 인접 통신선에 대한 유도장해가 크다.
    − 절연수준을 높여야 한다.
    − 과도안정도가 나쁘다.
    − 큰 전류를 차단하므로 차단기 등의 수명이 짧다.
    − 통신유도장해가 최대가 된다.

39 $I_g = \sqrt{3}\,\omega CV = \sqrt{3} \times 2\pi \times 60 \times 0.005 \times 10^{-6} \times 10 \times 6{,}600 = 0.2154[\text{A}]$
  $\therefore\ I_g < 1$이다.

40 $V_n = V_a + a^2 V_b + a V_c = 0$ (3ϕ 평형일 경우, 중성점 전압, 전류는 0이다)

41 계자전류가 큰 쪽이 유효 분담이 커진다.

42 $E = K\phi N$에서 N이 $\frac{1}{2}$로 되면, ϕ가 2배가 되어야 E가 일정하다.

43 사이리스터의 구분

단방향		양방향	
3단자	4단자	2단자	3단자
SCR GTO LASCR	SCS	DIAC SSS	TRIAC

44 동기발전기의 상간 접속법

구 분	선간전압	선전류
성 형	$V_l = 2\sqrt{3}E$	$I_l = I$
△형	$V_l = 2E$	$I_l = \sqrt{3}I$
지그재그 성형	$V_l = 3E$	$I_l = I$
지그재그 △형	$V_l = \sqrt{3}E$	$I_l = \sqrt{3}I$
2중 성형	$V_l = \sqrt{3}E$	$I_l = 2I$
2중 △형	$V_l = E$	$I_l = 2\sqrt{3}I$

지그재그 성형의 피상전력
$P_a = \sqrt{3} \times 3E \times I ≒ 5.2EI$

45 슬립 $s = \dfrac{N_s - N}{N_s}$

슬립(s)의 범위

정 지	동기속도	전동기	발전기	제동기
$N = 0$ $s = 1$	$N = N_s$ $s = 0$	$0 < s < 1$	$s < 0$	$s > 1$

46 $\left(\dfrac{1}{m}\right)^2 = \dfrac{P_i}{P_c} = \dfrac{9}{16} = 0.5625$이므로 이 비에 근접한 답은 ①이다.

47 $P = VI = 3 \times 25 = 75[\text{W}]$
이때 열저항은 $0.625[℃/\text{W}]$이다.
∴ $75 \times 0.625 ≒ 47[℃]$

48 난조 : 부하가 급변하는 경우 회전속도가 동기속도를 중심으로 진동하는 현상
- 대책 : 계자의 자극면에 제동권선 설치
- 제동권선의 역할
  - 난조 방지
  - 기동토크 발생
  - 파형 개선과 이상전압 방지
  - 유도기의 농형권선과 같은 역할
- 난조의 발생원인과 대책

발생원인	대 책
원동기의 조속기 감도가 너무 예민할 때	조속기를 적당히 조정
전기자 회로의 저항이 너무 클 때	회로 저항이 감소하거나 리액턴스 삽입
부하가 급변하거나 맥동이 생길 때	회전부 플라이휠 설치
원동기의 토크에 고조파가 포함될 때	단절권, 분포권 설치

49 2차 저항 $\dfrac{r_2}{s} = \dfrac{r_2 + R}{s'}$ 에서 $\dfrac{0.5}{0.05} = \dfrac{0.5 + R}{1}$

2차 외부저항 $R = 10 - 0.5 = 9.5[\Omega]$

여기서, 전부하 슬립 $s=0.05$, 기동 시 슬립 $s'=1$

50 크라울링 현상
계자에 고조파가 유기될 경우 정격속도에 이르지 못하고 낮은 속도에서 안정되어 버리는 현상
- 원인 : 고정자와 회전자 슬롯수가 적당하지 않을 경우, 공극이 일정하지 않을 경우
- 결과 : 소음 발생
- 대비책 : 경사 슬롯 채용

51 3상 직권 정류자전동기에서 중간변압기를 사용하는 목적
- 전원전압의 크기에 관계없이 회전자전압을 정류작용에 알맞은 값으로 선정할 수 있다.
- 중간변압기의 권수비를 조정하여 전동기 특성을 조정할 수 있다.
- 경부하 시 직권 특성 $\left(Z \propto I^2 \propto \dfrac{1}{N^2}\right)$ 이므로 속도가 크게 상승할 수 있다. 따라서 중간변압기를 사용하여 속도상승을 억제할 수 있다.

52 철손은 무부하손이므로 부하와 관계가 없다.

53 타여자발전기의 유기기전력 $E = k\phi N = kI_f N[\text{V}]$에서 $E \propto I_f$ 하고, $I_f \propto \phi$이므로

$I_f : \dfrac{E}{N} = I_f' : \dfrac{E'}{N'}$ 에서 $I_f' = \dfrac{E'N}{EN'} I_f = \dfrac{180 \times 600}{150 \times 800} \times 5 = 4.5[\text{A}]$

54 열화방지 설비 : 브리더, 질소봉입, 콘서베이터 설치
※ 수소가스는 권선 사이에서 아크에 의해 발생하는 가스이다.

55 직류전동기 특성

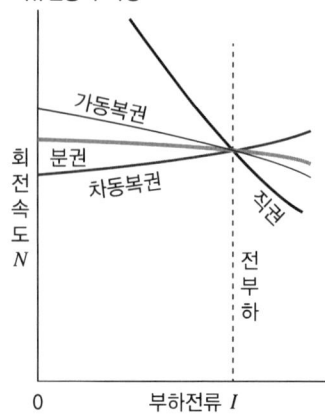
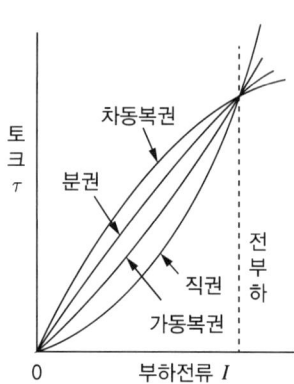

56 브러시의 조건
접촉저항이 클 것, 마찰저항이 작을 것, 기계적으로 튼튼할 것

57 유도전동기에 대해 간단한 시험의 결과로 반원을 그리면 전동기 특성을 실부하시험을 하지 않고 이 선도에서 쉽게 구할 수 있다. 이를 원선도라 하고 특성을 구하는 방법을 원선도법이라 한다. 이때 시험을 통해 구한 원의 지름은 $\dfrac{E}{X_1 + Y_2'}$ 이므로 $\dfrac{E}{X}$ 에 비례한다.

58 $E_d = \dfrac{\sqrt{2}}{\pi} E = \dfrac{\sqrt{2}}{\pi} \times 100 \fallingdotseq 45.0[\%]$

59 $E \propto N$ 이므로 $E : N = E' : N'$ 에서
발전기일 때 $E = 100 + 50 \times 0.04 = 102$
E' 는 전동기일 때이므로 $E' = 100 - 50 \times 0.04 = 98$
$N = 1,000$
∴ $102 : 1,000 = 98 : N'$
$N' = \dfrac{98}{102} \times 1,000 \fallingdotseq 960.78[\text{rpm}]$

60

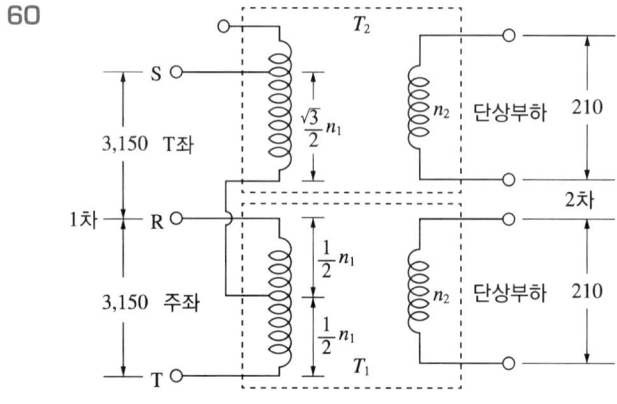

- 탭전압 $V_T = V \times \dfrac{\sqrt{3}}{2} = 3,150 \times \dfrac{\sqrt{3}}{2}$
- $V_2 = V_l = 210$

61 구형 반파의 직류값 = 평균값
$$i_{av} = \frac{1}{2}I_m = \frac{1}{2} \times 10 = 5[A]$$

62 역률 = $\frac{유효분}{피상분}$, 무효율 = $\frac{무효분}{피상분}$

63 전류원 개방 시

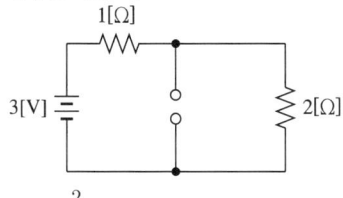

$$V = \frac{2}{1+2} \times 3 = 2[V]$$

전압원 단락 시

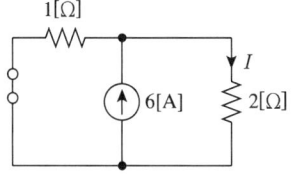

$$I = \frac{1}{1+2} \times 6 = 2[A]$$
$$V = IR = 2 \times 2 = 4[V]$$
∴ 2 + 4 = 6[Ω]

64
$$v_{av} = \frac{1}{T}\int_0^t v\,dt = \frac{1}{0.04}\int_0^{0.02} 5 \times 10^4 (t-0.02)^2\,dt$$
$$= \frac{5 \times 10^4}{0.04}\int_0^{0.02}(t-0.02)^2\,dt$$
$$= \frac{5 \times 10^4}{0.04}\left[\frac{1}{3}(t-0.02)^3\right]_0^{0.02}$$
$$= \frac{5 \times 10^4}{0.04}\left[\frac{1}{3}(0.02-0.02)^3 - \frac{1}{3}(0-0.02)^3\right]$$
$$= 3.33[V]$$

65 $w = \frac{1}{2}LI^2 = \frac{1}{2} \times 1 \times (\sqrt{5^2+10^2+5^2})^2 = 75[J]$

66 $i = \frac{E}{R}e^{-\frac{1}{RC}t} = \left\{\frac{10}{1,000}e^{-\frac{1}{1,000 \times 50 \times 10^{-6}} \times 0.1}\right\} \times 10^3 ≒ 1.353[mA]$

67

$A = 1 + \dfrac{Z_1}{Z_2},\ B = Z_1,\ C = \dfrac{1}{Z_2},\ D = 1$

$R_1 = \sqrt{\dfrac{AB}{CD}} = \sqrt{\dfrac{\left(1+\dfrac{Z_1}{Z_2}\right)Z_1}{\dfrac{1}{Z_2} \times 1}} = \sqrt{\dfrac{Z_1 + \dfrac{Z_1^2}{Z_2}}{\dfrac{1}{Z_2}}} = \sqrt{\dfrac{\dfrac{(Z_1 Z_2 + Z_1^2)}{Z_2}}{\dfrac{1}{Z_2}}} = \sqrt{Z_1(Z_1+Z_2)}$ ················ ⓐ

$R_2 = \sqrt{\dfrac{DB}{CA}} = \sqrt{\dfrac{1 \times Z_1}{\dfrac{1}{Z_2}\left(1+\dfrac{Z_1}{Z_2}\right)}} = \sqrt{\dfrac{Z_1}{\dfrac{1}{Z_2} \times \dfrac{Z_2+Z_1}{Z_2}}} = \sqrt{\dfrac{(Z_1+Z_2^2)}{(Z_1+Z_2)}}$ ················ ⓑ

ⓐ×ⓑ → $R_1 \times R_2 = \sqrt{Z_1(Z_1+Z_2)} \times \sqrt{\dfrac{Z_1 Z_2^2}{Z_1+Z_2}}$

$R_1 R_2 = \sqrt{Z_1^2 Z_2^2} = Z_1 Z_2$ ················ ⓒ

$\dfrac{ⓐ}{ⓑ}$ → $\dfrac{R_1}{R_2} = \sqrt{\dfrac{\dfrac{Z_1(Z_1+Z_2)}{1}}{\dfrac{Z_1 Z_2^2}{Z_1+Z_2}}} = \sqrt{\dfrac{Z_1(Z_1+Z_2)^2}{Z_1 Z_2^2}} = \dfrac{Z_1+Z_2}{Z_2} = 1 + \dfrac{Z_1}{Z_2}$

$\dfrac{R_1}{R_2} - 1 = \dfrac{Z_1}{Z_2}$ ················ ⓓ

ⓒ×ⓓ → $R_1 R_2 \times \left(\dfrac{R_1}{R_2}-1\right) = Z_1 Z_2 \times \dfrac{Z_1}{Z_2}$

$R_1^2 - R_1 R_2 = Z_1^2$

$\sqrt{R_1^2 - R_1 R_2} = Z_1$

$Z_1 = \sqrt{R_1(R_1-R_2)}$

조건에서 $R_1 < R_2$ 이므로

$Z_1 = \sqrt{-R_1(R_2-R_1)} = \pm j\sqrt{R_1(R_2-R_1)}$

∴ $-1 = \pm j$

암기 $Z_2 = \pm R_2 \sqrt{\dfrac{R_1}{R_2-R_1}}$

68 $R-L$ 병렬회로에서 교류일 때

전전류 $I = I_R - jI_L = \sqrt{I_R^2 + I_L^2}\ [\text{A}]$

$I_L = \sqrt{I^2 - I_R^2} = \sqrt{5^2 - \left(\dfrac{12}{3}\right)^2} = 3\ [\text{A}]$

유도리액턴스 $X_L = \dfrac{V}{I_L} = \dfrac{12}{3} = 4\ [\Omega]$

69 시정수(τ)

최종값(정상값)의 $63.2[\%]$ 도달하는 데 걸리는 시간

$R-C$ 직렬회로	$R-L$ 직렬회로
$\tau = RC\ [\text{s}]$	$\tau = \dfrac{L}{R}\ [\text{s}]$

∴ $R-L$ 회로의 시정수 $\tau = \dfrac{L}{R} = \dfrac{10 \times 10^{-3}}{20} = 5 \times 10^{-4}\ [\text{s}]$

70

Y결선 → △결선	△결선 → Y결선
3배	$\frac{1}{3}$배
저항, 임피던스, 선전류, 소비전력	

71 Z_0에 흐르는 전류가 0이 되기 위한 조건 : $Z_1 Z_4 = Z_2 Z_3$

72

$A = \dfrac{40 \times 40}{40 + 40 + 120} = \dfrac{1,600}{200} = 8[\Omega]$

$B = \dfrac{40 \times 120}{40 + 40 + 120} = \dfrac{4,800}{200} = 24[\Omega]$

$C = \dfrac{40 \times 120}{40 + 40 + 120} = \dfrac{4,800}{200} = 24[\Omega]$

(회로: $R = 16[\Omega]$, $A = 8[\Omega]$, $C = 24[\Omega]$, $B = 24[\Omega]$)

73 접지식, 지락, 3φ4W식의 중성선은 영상분이 존재한다.

74 Y결선에서 $I_l = I_p [A]$, $V_l = \sqrt{3}\, V_p [V]$

상전압 $V_p = I_p \times Z = 5 \times \sqrt{16^2 + 12^2} = 100[V]$

∴ 선간전압 $V_l = \sqrt{3}\, V_p = 100\sqrt{3}\,[V]$

75 $Z = \dfrac{V}{I} = \dfrac{14 + j38}{6 + j2} = 4 + j5[\Omega]$

76 $f(t) = u(t-1) - u(t-2) = \dfrac{1}{s}e^{-s} - \dfrac{1}{s}e^{-2s} = \dfrac{1}{s}(e^{-s} - e^{-2s})$

77 3상 불평형률 $= \dfrac{\text{역상전압}}{\text{정상전압}} \times 100[\%]$

78 $P = 100 \times 10 \times \cos 30° \fallingdotseq 866[W]$

79 4단자(영상전달함수)

$\begin{bmatrix} A & B \\ C & D \end{bmatrix} = \begin{bmatrix} 1 + \dfrac{4}{5} = \dfrac{9}{5} & 4 \\ \dfrac{1}{5} & 1 \end{bmatrix}$

$\theta = \log_e (\sqrt{AD} + \sqrt{BC})$

$= \log_e \left(\sqrt{\dfrac{9}{5}} + \sqrt{\dfrac{4}{5}}\right) = \log_e \left(\dfrac{3}{\sqrt{5}} + \dfrac{2}{\sqrt{5}}\right) = \log_e \dfrac{5}{\sqrt{5}}$

∴ 영상전달함수 $\theta = \log_e \sqrt{5}$

80
$$\cos\theta = \frac{W_1 + W_2}{2\sqrt{W_1^2 + W_2^2 - W_1 W_2}} = \frac{2.36 + 5.95}{2\sqrt{2.36^2 + 5.95^2 - 2.36 \times 5.95}} \times 100 ≒ 80[\%]$$
$$\cos\theta = \frac{W_1 + W_2}{\sqrt{3}\,VI} \times 100 ≒ 80[\%]$$

81 **계통접지** : 전력계통에서 이상 현상에 대비하여 중성점을 대지에 접속하는 방법

82 옥내 배선공사 시 구리선 10[mm²], 알루미늄 전선 16[mm²] 이하의 단선 사용

83 KEC 362.5(특고압 가공전선로 전선 첨가 설치 통신선의 시가지 인입 제한)
시가지에 시설하는 통신선은 특고압 가공전선로의 지지물에 시설하여서는 아니 된다. 다만, 통신선이 절연전선과 동등 이상의 절연성능이 있고 인장강도 5.26[kN] 이상의 것. 또는 연선의 경우 단면적이 16[mm²](단선의 경우 지름 4[mm]) 이상의 절연전선 또는 광섬유 케이블인 경우에는 그러하지 아니하다.

84 KEC 363.1(지중통신선로설비 시설)
- 통신선 : 지중 공가설비로 사용하는 광섬유 케이블 및 동축케이블은 지름 22[mm] 이하일 것
- 통신선용 내관의 수량
  - 관로 내 통신 케이블용 내관의 수량은 관로의 여유 공간 범위 내에서 시설할 것
  - 전력구의 행거에 시설하는 내관의 최대수량은 일단(一段)으로 시설 가능한 수량까지로 제한할 것

85 KEC 241.10(아크용접기)
- 용접변압기는 절연변압기일 것
- 용접변압기의 1차 측 전로의 대지전압은 300[V] 이하일 것
- 용접변압기의 1차 측 전로에는 용접변압기에 가까운 곳에 쉽게 개폐할 수 있는 개폐기를 시설할 것

86 KEC 132(전로의 절연저항 및 절연내력)

접지방식	최대사용전압	시험전압(최대사용전압 배수)	최저시험전압
비접지	7[kV] 이하	1.5배	
	7[kV] 초과	1.25배	10.5[kV]
중성점 접지	60[kV] 초과	1.1배	75[kV]
중성점 직접접지	60[kV] 초과 170[kV] 이하	0.72배	
	170[kV] 초과	0.64배	
중성점 다중접지	25[kV] 이하	0.92배	

∴ 154 × 0.72 = 110.88[kV]

87 KEC 333.32(25[kV] 이하인 특고압 가공전선로의 시설)
15[kV] 초과 25[kV] 이하인 특고압 가공전선로의 시설에 있어서 중성선을 다중접지하는 경우 각 접지점 상호의 거리는 전선로에 따라 150[m] 이하일 것

88 KEC 142.3(접지도체 · 보호도체)
- 특고압 · 고압 전기설비용 접지도체는 단면적 6[mm²] 이상의 연동선 또는 동등 이상의 단면적 및 강도를 가져야 한다.
- 중성점 접지용 접지도체는 공칭단면적 16[mm²] 이상의 연동선 또는 동등 이상의 단면적 및 세기를 가져야 한다. 다만, 다음의 경우에는 공칭단면적 6[mm²] 이상의 연동선 또는 동등 이상의 단면적 및 강도를 가져야 한다.
  - 7[kV] 이하의 전로
  - 사용전압이 25[kV] 이하인 특고압 가공전선로(단, 중성선 다중접지식의 것으로서 전로에 지락이 생겼을 때 2초 이내에 자동적으로 이를 전로로부터 차단하는 장치가 되어 있는 것)

89 KEC 351.5(조상설비의 보호장치)

설비종별	뱅크용량의 구분	자동적으로 전로로부터 차단하는 장치
전력용 커패시터 및 분로리액터	500[kVA] 초과 15,000[kVA] 미만	내부고장이나 과전류가 생긴 경우에 동작하는 장치
	15,000[kVA] 이상	내부고장이나 과전류 및 과전압이 생긴 경우에 동작하는 장치
무효 전력 보상 장치	15,000[kVA] 이상	내부고장이 생긴 경우에 동작하는 장치

90 KEC 222.7/332.5(저·고압 가공전선의 높이)

설치장소		가공전선의 높이
도로횡단		지표상 6[m] 이상
철도 또는 궤도 횡단		레일면상 6.5[m] 이상
횡단보도교 위	저 압	노면상 3.5[m] 이상(단, 절연전선의 경우 3[m] 이상)
	고 압	노면상 3.5[m] 이상

91 KEC 242.7(터널, 갱도 기타 이와 유사한 장소)
사람이 상시 통행하는 터널 안의 배선의 시설
- 사용전압이 저압의 것에 한한다.
- 합성수지관공사, 금속관공사, 금속제 가요전선관공사, 케이블공사, 애자공사
- 공칭단면적 2.5[mm^2]의 연동선과 동등 이상의 세기 및 굵기의 절연전선(옥외용 비닐절연전선 및 인입용 비닐절연전선을 제외)
- 노면상 2.5[m] 이상의 높이로 할 것
- 전로에는 터널의 입구에 가까운 곳에 전용 개폐기를 시설할 것

92 KEC 333.22(특고압 보안공사)
제1종 특고압 보안공사
- 전선로의 지지물에는 B종 철주·B종 철근 콘크리트주 또는 철탑을 사용할 것
- 전선에는 압축 접속에 의한 경우 이외에는 지지물 간 거리의 도중에 접속점을 시설하지 아니할 것
- 지락 또는 단락 시 3초(100[kV] 이상 2초) 이내 차단하는 장치를 시설
- 애자는 1련으로 하는 경우는 50[%] 충격 불꽃 방전 전압이 타 부분의 110[%] 이상일 것(사용전압 130[kV]를 넘는 경우 105[%] 이상이거나, 아킹혼 붙은 2련 이상)

93 KEC 223.5/334.5(지중약류전선에의 유도장해 방지)
지중전선로는 기설 지중약류전선로에 대하여 누설전류 또는 유도작용에 의하여 통신상의 장해를 주지 아니하도록 기설 약류전선로로부터 이격시키거나 기타 보호장치를 시설하여야 한다.

94 KEC 234.15(교통신호등)
- 사용전압 : 300[V] 이하(단, 150[V] 초과 시 누전차단기 시설)
- 공칭단면적 2.5[mm^2] 연동선, 450/750[V] 일반용 단심 비닐절연전선(내열성 에틸렌아세테이트 고무절연전선)
- 인하선의 지표상의 높이는 2.5[m] 이상일 것
- 전원 측에는 전용개폐기 및 과전류차단기를 각 극에 시설

95 KEC 351.1(발전소 등의 울타리 · 담 등의 시설)
울타리의 높이와 울타리에서 충전 부분까지 거리의 합계는 160[kV]를 넘는 경우 6[m]에 160[kV]를 넘는 10[kV] 또는 그 단수마다 0.12[m]를 가한 값이므로

$$단수 = \frac{160[kV] \text{ 초과}}{10} = \frac{345-160}{10} = 18.5 \quad \therefore \ 19단수$$

$N = $ 단수 $\times$ 0.12

일반 지표상의 높이는 $6 + 19 \times 0.12 = 8.28$이지만
문제에서 충전 부분에서 6[m]로 표기되어 있어서 $8.28 - 6 = 2.28$[m]가 된다.

96 KEC 221.2(옥측전선로)
저압 옥측전선로 공사방법
- 애자공사(전개된 장소)
- 합성수지관공사
- 금속관공사(목조 이외의 조영물에 시설하는 경우에 한한다)
- 버스덕트공사[목조 이외의 조영물(점검할 수 없는 은폐된 장소는 제외한다)에 시설하는 경우에 한한다]
- 케이블공사(연피케이블 · 알루미늄피케이블 또는 무기물절연(MI)케이블을 사용하는 경우에는 목조 이외의 조영물에 시설하는 경우에 한한다)

97 KEC 351.10(수소냉각식 발전기 등의 시설)
- 발전기 안 또는 무효 전력 보상 장치 안의 수소의 순도가 85[%] 이하로 저하한 경우에 이를 경보하는 장치를 시설
- 수소 압력, 온도를 계측하는 장치를 시설할 것(단, 압력이 현저히 변동 시 자동경보장치 시설)

98 KEC 332.6(고압 가공전선로의 가공지선), 332.4(고압 가공전선의 안전율), 333.6(특고압 가공전선의 안전율), 333.8(특고압 가공전선로의 가공지선)
가공지선 : 직격뢰로부터 가공전선로를 보호하기 위한 설비

구 분		특 징
지 선	고 압	5.26[kN] 이상, 4.0[mm] 이상 나경동선
	특고압	8.01[kN] 이상, 5.0[mm] 이상 나경동선, 22[mm^2] 이상의 나경동연선, 아연도강연선 또는 OPGW전선
안전율		경동선 2.2 이상, 기타 2.5

99 KEC 223.1/334.1(지중전선로의 시설)
- 사용전선 : 케이블, 트로프를 사용하지 않을 경우는 CD(콤바인덕트)케이블을 사용한다.
- 매설방식 : 직접 매설식, 관로식, 암거식(공동구)
- 직접 매설식의 매설 깊이 : 트로프 기타 방호물에 넣어 시설

장 소	차량, 기타 중량물의 압력	기 타
깊 이	1.0[m] 이상	0.6[m] 이상

100 기술기준 제52조(저압전로의 절연성능)

전로의 사용전압[V]	DC시험전압[V]	절연저항[MΩ]
SELV 및 PELV	250	0.5
FELV를 포함한 500[V] 이하	500	1.0
500[V] 초과	1,000	1.0

전기기사 · 산업기사 필기 기출문제집

개정9판1쇄 발행	2026년 01월 05일 (인쇄 2025년 11월 28일)
초 판 발 행	2017년 07월 10일 (인쇄 2017년 06월 15일)
발 행 인	박영일
책 임 편 집	이해욱
편 저	류승헌·민병진
편 집 진 행	윤진영·김경숙
표지디자인	권은경·길전홍선
편집디자인	정경일
발 행 처	(주)시대고시기획
출 판 등 록	제10-1521호
주 소	서울시 마포구 큰우물로 75 [도화동 538 성지 B/D] 9F
전 화	1600-3600
팩 스	02-701-8823
홈 페 이 지	www.sdedu.co.kr
I S B N	979-11-434-0383-4(13560)
정 가	41,000원

※ 저자와의 협의에 의해 인지를 생략합니다.
※ 이 책은 저작권법의 보호를 받는 저작물이므로 동영상 제작 및 무단전재와 배포를 금합니다.
※ 잘못된 책은 구입하신 서점에서 바꾸어 드립니다.

기능사 / 기사·산업기사 / 기능장 / 기술사

단기합격을 위한 완전 학습서

Win-Q 윙크시리즈
WIN QUALIFICATION

Win-Q
승강기기능사
필기+실기

Win-Q
전기기능사
필기

Win-Q
피복아크용접기능사
필기

Win-Q
컴퓨터응용선반·밀링기능사
필기

Win-Q
설비보전기능사
필기+실기

Win-Q
자동화설비기능사
필기

Win-Q
전산응용기계제도기능사
필기

Win-Q
화학분석기능사
필기+실기

자격증 취득에 승리할 수 있도록 **Win-Q시리즈**가 완벽하게 준비하였습니다.

Win-Q
위험물기능사
필기

Win-Q
환경기능사
필기+실기

Win-Q
화훼장식기능사
필기

Win-Q
원예기능사
필기+실기

Win-Q
공조냉동기계산업기사
필기

Win-Q
화학분석기사
필기

Win-Q
위험물산업기사
필기

Win-Q
소방설비기사[전기편]
필기

Win-Q
설비보전산업기사
필기+실기

Win-Q
가스산업기사
필기

Win-Q
에너지관리기사
필기

Win-Q
실내건축산업기사
필기

※ 도서의 이미지 및 구성은 변경될 수 있습니다.

시대에듀가 준비한 합격공식 콘텐츠
전기(산업)기사 필기/실기

동영상 강의 →

합격을 위한 동반자,
시대에듀 동영상 강의와 함께하세요!

---

www.sdedu.co.kr **유료**

수강회원을 위한 특별한 혜택

- 최신 기출해설 특강 제공
- 기초수학&계산기 특강 제공
- 1:1 맞춤 학습 Q&A 제공
- 모바일 서비스 제공

※ 강의 커리큘럼 및 혜택은 변동될 수 있습니다.